Tratado de Botânica de **Strasburger**

Equipe de tradução:

Alessandra Fidelis
Doutora em Ecologia.

Fabíola Ferreira Oliveira
Bióloga. Mestre em Ecologia pela Universidade de Brasília (UnB).

Heinrich Hasenack
Geógrafo. Especialista em GIS Technology in the Field of Environment pela United Nations Institute For Training And Research. Mestre em Ecologia pela Universidade Federal do Rio Grande do Sul (UFRGS). Professor do Departamento de Ecologia do Instituto de Biociências da UFRGS.

Luís Rios de Moura Baptista
Biólogo. Especialista em Biologia pela Universidade de São Paulo. Doutor em Botânica pela UFRGS. Professor titular aposentado do Departamento de Botânica do Instituto de Biociências da UFRGS.

Mara Lisiane Tissot-Squalli
Mestre em Botânica pela UFRGS. Doutora em Ciências Naturais pela Ruhr Universität Bochum. Professora adjunta da Universidade Regional do Noroeste do Estado do Rio Grande do Sul (UNIJUI). Chefe do Departamento de Biologia e Química, tutora do PET-Biologia (Programa de Educação Tutorial MEC/SESU) e curadora do Herbário Rogério Bueno (HUI).

Paulo Luiz de Oliveira
Biólogo. Mestre em Botânica pela UFRGS. Doutor em Ciências Agrárias pela Universität Hohenheim, Stuttgart, República Federal da Alemanha. Professor titular aposentado do Departamento de Ecologia do Instituto de Biociências da UFRGS.

T776   Tratado de botânica de Strasburger / Andreas Bresinsky ... [et al.] ; tradução: Alessandra Fidelis ... [et al.] ; revisão técnica: Paulo Luiz de Oliveira. – 36. ed. – Porto Alegre : Artmed, 2012.
xviii, 1166 p. : il. color. ; 28 cm.

ISBN 978-85-363-2608-5

1. Botânica. I. Bresinsky, Andreas.

CDU 58

Catalogação na publicação: Ana Paula M. Magnus – CRB 10/2052

Andreas Bresinsky   Christian Körner   Joachim W. Kadereit
Gunther Neuhaus   Uwe Sonnewald

Tratado de Botânica de Strasburger

36ª Edição

Consultoria, supervisão e revisão técnica desta edição:

Paulo Luiz de Oliveira

Biólogo. Mestre em Botânica pela UFRGS. Doutor em Ciências Agrárias pela Universität Hohenheim, Stuttgart, República Federal da Alemanha. Professor titular aposentado do Departamento de Ecologia do Instituto de Biociências da UFRGS.

2012

Obra originalmente publicada sob o título
Strasburger Lehrbuch der Botanik, 36th Edition.
ISBN 3-8274-1455-5/978-3-8274-1455-7

Copyright©2008, Spektrum Akademischer Verlag Heidelberg.
Spektrum Akademischer Verlag is a part of Springer Science+Business Media.
All Rights Reserved.

This translation is published under arrangement with the proprietors.
We hereby assertain that those named here as the Authors of this book are the truly the Authors
and have moral rights to named as such for the original work and all publications of this work.

Capa: *Mário Röhnelt / VS Digital – arte sobre capa original*

Preparação de originais: *Henrique Guerra*

Leitura final: *Rebeca dos Santos Borges*

Gerente editorial – Biociências: *Letícia Bispo de Lima*

Editoração eletrônica: *Techbooks*

Reservados todos os direitos de publicação, em língua portuguesa, à
ARTMED® EDITORA S.A.
Av. Jerônimo de Ornelas, 670 – Santana
90040-340 – Porto Alegre – RS
Fone: (51) 3027-7000   Fax: (51) 3027-7070

É proibida a duplicação ou reprodução deste volume, no todo ou em parte, sob quaisquer
formas ou por quaisquer meios (eletrônico, mecânico, gravação, fotocópia, distribuição na Web
e outros), sem permissão expressa da Editora.

Unidade São Paulo
Av. Embaixador Macedo Soares, 10.735 – Pavilhão 5 – Cond. Espace Center
Vila Anastácio – 05095-035 – São Paulo – SP
Fone: (11) 3665-1100   Fax: (11) 3667-1333

SAC 0800 703-3444 – www.grupoa.com.br

IMPRESSO NA CHINA
PRINTED IN CHINA

Eduard Strasburger

* 01/02/1844 Varsóvia – † 19/05/1912 Bonn
Iniciador do *Tratado de Botânica* para escolas superiores

Após estudar Ciências Naturais em Paris, Bonn e Jena, bem como realizar o doutorado em Jena, Eduard Strasburger concluiu a livre-docência em Varsóvia, em 1867. Em 1869, aos 25 anos de idade, foi nomeado professor de botânica na Universidade de Jena e em 1881 na Universidade de Bonn. Sob sua direção, o Instituto de Botânica no castelo Popelsdorfer (*Popelsdorfer Schloss*) foi um dos centros internacionais de botânica. Nesse ambiente, junto com seus colaboradores, F. Noll, H. Schenck e A.F.W Schimper, iniciou, em 1894, o *Tratado de Botânica para Escolas Superiores* (chamado abreviadamente de *Tratado de Bonn*). As obras *Pequeno Livro de Prática de Botânica* (*Kleine Botanische Praktikum*) e *Prática de Botânica* (*Botanische Praktikum*, mais abrangente), publicadas igualmente em muitas edições, são empregadas até hoje em práticas microscópicas de botânica de cursos superiores. A área de atuação científica de Strasburger era prioritariamente sobre desenvolvimento e citologia. Ele constatou que os fenômenos da divisão nuclear (formação, separação e deslocamento dos cromossomos) nas plantas e nos animais – portanto, em todos organismos – se processam da mesma maneira (1875). Além disso, observou, pela primeira vez em plantas floríferas, o fenômeno da fecundação e a fusão do núcleo masculino com o feminino, concluindo que o núcleo da célula é o portador mais importante da estrutura hereditária (1884).

Publicado pela primeira vez por Eduard Strasburger, Fritz Noll, Hienrich Schenck e A.F. Wilhelm Schimper, botânicos da Universidade de Bonn, a obra teve prosseguimento com eles e posteriormente com seus sucessores.
Eduard Strasburger,
Fritz Noll,
Heinrich Schenck,
A.F.Wilhelm Schimpe

Embora todos colaboradores sempre participassem do livro como um todo, cabe destacar a seguinte divisão de trabalho:

Introdução e Morfologia ou Estrutura:
1ª–11ª Edição 1894-1911 – por Eduard Strasburger
12ª–26ª Edição 1913-1954 – por Hans Fitting
27ª–32ª Edição 1958-1983 – por Dietrich von Denffer
33ª–35ª Edição 1991-2002 – por Peter Sitte
36ª Edição 2008 – por Gunther Neuhaus

Fisiologia:
1ª–9ª Edição 1894-1908 – por Fritz Noll
10ª–16ª Edição 1909-1923 – por Ludwig Jost
17ª–21ª Edição 1928-1939 – por Hermann Sierp
22ª–30ª Edição 1944-1971 – por Walter Schumacher
31ª–34ª Edição 1978-1998 – por Hubert Ziegler
35ª Edição 2002 – por Elmar W. Weiler
36ª Edição 2008 – por Uwe Sonnewald

Evolução e Sistemática, fundamentos gerais:
30ª-34ª Edição 1971-1998 – por Friedrich Ehrendorfer
35ª-36ª Edição 2002-2008 – por Joachim W. Kadereit

Plantas inferiores:
1ª-16ª Edição 1894-1923 – por Heinrich Schenck
17ª-28ª Edição 1928-1962 – por Richard Harder
29ª-31ª Edição 1967-1978 – por Karl Mägdefrau
32ª-36ª Edição 1983-2008 – por Andreas Bresinsky

Espermatófitas:
1ª-5ª Edição 1894-1901 – por A.F.W. Schimper
6ª-19ª Edição 1904-1936 – por George Karsten
20ª-29ª Edição 1939-1967 – por Franz Firbas
30ª-34ª Edição 1971-1998 – por Friedrich Ehrendorfer
35ª-36ª Edição 2002-2008 – por Joachim W. Kadereit

Fitogeografia, Geobotânica ou Ecologia:
20ª-29ª Edição 1939-1967 – por Franz Firbas
30ª-34ª Edição 1971-1998 – por Friedrich Ehrendorfer
35ª-36ª Edição 2002-2008 – por Christian Körner

Edições em outros idiomas

Inglês:
Londres: 1896, 1902, 1907, 1911, 1920, 1930, 1965, 1971, 1975

Italiano:
Milão: 1896, 1913, 1921, 1928, 1954, 1965, 1982, 1995

Polonês:
Varsóvia: 1960, reimpressão 1962, 1967, 1971, reimpressão 1973

Espanhol:
Barcelona: 1923, 1935, 1943, 1953, 1960, 1974, 1986, 1994, 2004

Servo-croata:
Zagreb: 1980, 1982, 1988, reimpressão 1991

Turco:
Estambul: 1998

Russo: 2007

Os Autores desta Edição

Andreas Bresinsky nasceu em Tallin/Reval, em 1935. Realizou estudos universitários de Biologia, Química e Ciência do Solo, em Munique. Em 1973, assumiu a cátedra de Botânica na Universidade de Regensburg, incluindo organização e direção do Jardim Botânico. Linhas de pesquisa: evolução, multiplicidade e relações de parentesco dos fungos superiores.

Christian Körner nasceu em Salzburg, em 1949. Estudou Biologia e Ciências da Terra em Innsbruck. Em 1989, assumiu a docência permanente de Botânica na Universidade de Basel. Área de pesquisa: ecologia vegetal experimental. Linhas de pesquisa: altas montanhas, campos, florestas, mudanças ambientais globais e estudos comparados universais.

Joachim W. Kadereit nasceu em Hannover, em 1956. Estudou Biologia em Hamburg e Cambridge/Reino Unido. Em 1991, assumiu a cátedra de Botânica na Universidade de Mainz, atuando também como diretor do Jardim Botânico. Linhas de pesquisa: sistemática, evolução e biogeografia das plantas superiores.

Gunther Neuhaus nasceu em Linz, em 1953. Estudou Biologia e Filosofia em Salzburg. Em 1995, assumiu a cátedra de Biologia Celular em Freiburg. Cofundador da *greenovation Biotech GmbH* (1999). Linhas de pesquisa: redes de sinais em plantas com ênfase em estresse abiótico e luz, desenvolvimento da simetria durante a embriogênese vegetal.

Uwe Sonnenwald nasceu em Köln, em 1959. Estudou Biologia em Köln e Berlin. De 1998 a 2004, foi chefe do Departamento de Biologia Celular Molecular do Instituto Leibniz de Genética Vegetal e Estudos de Plantas Cultivadas, em Gatersleben. Em 2004, assumiu a cátedra de Bioquímica da Universidade Erlangen-Nürnberg. Linhas de pesquisa: biologia molecular e fisiologia vegetal, fisiologia da interação entre plantas e parasitos, biotecnologia vegetal.

Prefácio da 36ª Edição

Tratado de Botânica por mais de um século contribuiu para a formação especializada de jovens, necessitando, de edição para edição, propor o desafio de adaptar seu conteúdo aos avanços da pesquisa e de encontrar uma forma adequada na apresentação de um tema tão extenso. Os dois colegas que saíram do grupo de autores tiveram um papel destacado no cumprimento dessa meta. Nessa oportunidade, manifestamos nosso sincero agradecimento. Peter Sitte retirou-se por motivos de idade: como mentor da equipe de autores, sempre se preocupou com o capítulo por ele elaborado, bem como com a concepção integral do livro e, com isso, deixou nela a sua marca. Como seu sucessor, Gunther Neuhaus passou a ser o responsável pela parte denominada *Estrutura*. A parte sobre *Fisiologia*, na edição anterior, foi elaborada por Elmar Weiler e reformulada com novos enfoques. Devido a novos compromissos assumidos, ele se despediu como coautor do livro, mas sua contribuição permanece evidente em muitas partes, mesmo quando encontramos em Uwe Sonnewald um sucessor altamente produtivo, apesar do pouco tempo disponível dedicado aos capítulos correspondentes.

A atualização e as circunstâncias externas constituem em um desafio permanente. O título *Tratado de botânica de Strasburger*, por exemplo, não está muito arraigado a uma tradição antiquada, não é mais justificada de acordo com os novos objetivos, métodos, resultados e também a importância da matéria? A expressão "Ciências Vegetais", em vez de Botânica, não proporcionaria uma compreensão moderna do assunto? A inclinação por manter o título antigo foi apoiada na "tradição de Strasburger", que permite considerar bactérias e fungos no contexto da botânica.

Quanto ao conteúdo e alcance do livro, os autores concordam que a força especial do "Strasburger" reside na apresentação geral equilibrada da matéria. Uma apresentação fortemente reduzida de um tema extenso, algo adaptado ao currículo do curso de biologia, não parece adequado. Contudo, a abrangência do livro não deve aumentar visivelmente.

Na parte referente à *Estrutura*, os tópicos sobre biologia celular foram especialmente atualizados. Na parte da *Fisiologia*, houve uma complementação na apresentação do metabolismo primário, e a matéria no todo foi adaptada às novas exigências. Na elaboração da *Sistemática* e *Filogenia*, foram considerados novos achados moleculares de significado sistemático. O capítulo sobre *História da Vegetação* foi bastante reformulado. Na parte sobre *Ecologia*, a orientação do texto é cada vez mais voltada para uma visão global do tema.

Os autores se sentem na obrigação de expressar diversas formas de agradecimentos, os quais são manifestados no início de cada parte. Nesta oportunidade, agradecemos a todos os colegas que nos incentivaram e apontaram erros e inadequações. Esperamos que nenhuma das legítimas observações tenha passado despercebida e, ademais, solicitamos o acompanhamento crítico desse livro no sentido do seu aperfeiçoamento constante.

A editora e seus colaboradores se identificaram plenamente com o livro e não pouparam esforços para, de maneira adequada, desenvolver uma cooperação construtiva com os autores. Agradecemos ao Sr. Dr. Ulrich G. Moltmann, diretor de programas de biologia, à Sra. Bettina Saglio, coordenadora, à Sra. Ute Kreutzer, produtora, e ao Sr. Dr. Martin Lay, pela formatação gráfica de muitas ilustrações. Um agradecimento especial é dedicado à Sra. Dra. Birgit Jarosch, redatora, que se sujeitou ao fatigante trabalho de organizar e harmonizar, de modo rápido e efetivo, o fichário do texto conforme as normas para a obra como um todo. A despeito de algumas contrariedades, ela cuidou da evolução regular das etapas necessárias do trabalho. Por isso, deve-se a ela não só o reconhecimento, mas também um agradecimento cordial!

Os autores

Prefácio da 1ª Edição

Os autores deste tratado atuam juntos há anos na Universidade de Bonn, como docentes de botânica. Eles se mantêm em permanente troca de ideias científicas e muitas vezes se auxiliam nas atividades de ensino. Eles procuram, agora coletivamente, trazer para este livro suas experiências reunidas ao longo da vida. Eles dividiram o conteúdo entre si, com a seguinte distribuição: Eduard Strasburger, Introdução e Morfologia; Fritz Noll, Fisiologia; Heinrich Schenck, Criptógamas; A.F.W. Schimper, Fanerógamas.

Cada autor assume a responsabilidade científica apenas pela parte por ele realizada, mas a participação homogênea de todos foi garantida por um entendimento permanente. Por isso, apesar de contar com quatro autores, o livro pode ter um rendimento uniforme.

Este tratado é dirigido a estudantes de escolas superiores, visando despertar neles o interesse por meio da promoção de conhecimentos científicos. Ao mesmo tempo, ele leva também em consideração as exigências práticas do estudo em nível superior, procurando satisfazer as necessidades de estudantes de medicina e de farmácia. Assim, a partir das suas imagens coloridas, os estudantes de medicina podem obter conhecimentos sobre aquelas plantas tóxicas que interessam a eles; os estudantes de farmácia encontram indicações sobre plantas e drogas oficiais.

Onde não são informados outros autores, as numerosas ilustrações foram produzidas pelos próprios autores.

Todo o reconhecimento à boa vontade do senhor editor não é suficiente. Ele assumiu os custos das representações coloridas no texto e fez tudo para proporcionar ao livro uma apresentação perfeita.

Sumário

Parte I
Estrutura

Capítulo 1
Fundamentos Moleculares:
Os Componentes das Células 15

1.1	Estrutura e propriedades da água	16
1.2	Ácidos nucleicos	18
1.3	Proteínas	24
1.4	Polissacarídeos	30
1.5	Lipídeos	33

Capítulo 2
Estrutura e Ultraestrutura da Célula 39

2.1	Biologia celular	40
2.2	Célula vegetal	45
2.3	Estrutura celular de procariotos	113
2.4	Teoria endossimbionte e hipótese do hidrogênio	118

Capítulo 3
Os Tecidos das Angiospermas 123

3.1	Tecidos formadores (meristemas)	124
3.2	Tecidos permanentes	130

Capítulo 4
Morfologia e Anatomia das Cormófitas 153

4.1	Morfologia e anatomia	154
4.2	Caule	158
4.3	Folhas: formas e metamorfoses	195
4.4	Raízes	209

Parte II
Fisiologia

Capítulo 5
Fisiologia do Metabolismo 223

5.1	Energética do metabolismo	225
5.2	Nutrição mineral	242
5.3	Relações hídricas	257
5.4	Fotossíntese: reação luminosa	274
5.5	Fotossíntese: rota do carbono	294
5.6	Assimilação de nitrato	318
5.7	Assimilação de sulfato	321
5.8	Transporte de assimilados na planta	323
5.9	Ganho de energia pela decomposição de carboidratos	327
5.10	Formação dos lipídeos estruturais e de reserva	339
5.11	Mobilização dos lipídeos de reserva	343
5.12	Formação dos aminoácidos	345
5.13	Formação de purinas e pirimidinas	349
5.14	Formação de tetrapirróis	351
5.15	Metabolismo secundário	352
5.16	Polímeros fundamentais típicos de plantas	367
5.17	Secreções das plantas	372

Capítulo 6
Fisiologia do Desenvolvimento 375

6.1	Princípios fundamentais da fisiologia do desenvolvimento	376
6.2	Bases genéticas do desenvolvimento	380
6.3	Bases celulares do desenvolvimento	407
6.4	Interações de células no processo de desenvolvimento	424
6.5	Controle sistêmico do desenvolvimento	431
6.6	Controle hormonal do desenvolvimento	432
6.7	Controle do desenvolvimento por fatores externos	463

Capítulo 7
Fisiologia dos Movimentos 485

7.1	Conceitos fundamentais da fisiologia dos estímulos	485
7.2	Movimentos livres	486
7.3	Movimentos de órgãos vivos	496
7.4	Movimentos especiais	517

Capítulo 8
Alelofisiologia 521

8.1	Particularidades da nutrição heterotrófica	522
8.2	Simbiose	526
8.3	Patógenos	537
8.4	Herbivoria	547
8.5	Alelopatia	552

Parte III
Evolução e Sistemática

Capítulo 9
Evolução 557
9.1 Variação 558
9.2 Padrões e causas da variação natural 583
9.3 Especiação 589
9.4 Macroevolução 605

Capítulo 10
Sistemática e Filogenia 609
10.1 Métodos da sistemática 610
10.2 Bactérias, fungos e plantas 619
10.3 História da vegetação 923

Parte IV
Ecologia

Capítulo 11
Fundamentos de Ecologia Vegetal 949
11.1 Limitação, aptidão e ótimo 950
11.2 Estresse e adaptação 951
11.3 O fator tempo e reações não lineares 951
11.4 Variação biológica 954
11.5 O ecossistema e sua estrutura 955
11.6 Enfoques da pesquisa fitoecológica 965

Capítulo 12
Plantas no Hábitat 971
12.1 Radiação e balanço energético 971
12.2 A luz como sinal 976
12.3 Resistência à temperatura 978
12.4 Influências mecânicas 982
12.5 Balanço hídrico 982
12.6 Balanço de nutrientes 991
12.7 Crescimento e balanço do carbono 1002
12.8 Interações bióticas 1025
12.9 Uso de biomassa e da terra pelo homem 1028

Capítulo 13
Ecologia de Populações e Ecologia da Vegetação ... 1035
13.1 Ecologia de populações 1036
13.2 Áreas de distribuição das plantas 1048
13.3 Ecologia da vegetação 1063

Capítulo 14
A Vegetação da Terra 1079
14.1 A vegetação das zonas temperadas 1080
14.2 Os biomas da Terra 1085

Referências 1121
Índice 1125
Abreviaturas 1163
Unidades e Símbolos 1165

Sumário dos Quadros

Quadro 2-1	Fracionamento celular	42
Quadro 2-2	O fuso acromático	68
Quadro 3-1	Meristemas residuais e meristemoides	126
Quadro 4-1	Morfologia das inflorescências	174
Quadro 4-2	Formação do estelo	184
Quadro 4-3	As folhas de plantas carnívoras	206
Quadro 4-4	Metamorfoses da Raiz	212
Quadro 5-1	Procedimentos em Eletrofisiologia	254
Quadro 5-2	Unidades importantes na fotobiologia	317
Quadro 6-1	*Arabidopsis thaliana*	382
Quadro 6-2	Convenções para denominação de genes, proteínas e fenótipos	386
Quadro 6-3	Produção de plantas transgênicas	387
Quadro 6-4	Empregos das plantas transgênicas	392
Quadro 6-5	Evolução dos receptores vegetais	480
Quadro 8-1	O vírus do mosaico da couve-flor	540
Quadro 8-2	Biologia dos tumores do colo da raiz	544
Quadro 9-1	Obtenção e análise de informações sobre variação fenotípica e genética	574
Quadro 9-2	Genética de populações	586
Quadro 10-1	A origem da vida	621
Quadro 10-2	Filogenia das plantas e dos fungos	624
Quadro 10-3	Do unicelular ao multicelular	640
Quadro 10-4	Ocorrência e modo de vida dos fungos (incluindo fungos celulósicos)	686
Quadro 10-5	Utilização de algas	736
Quadro 10-6	Ocorrência e modo de vida das algas	740
Quadro 10-7	Ocorrência e modo de vida dos musgos	762
Quadro 10-8	Ocorrência e forma de vida dos fetos	797
Quadro 10-9	Espermatófitas (Spermatophytina)	801
Quadro 10-10	Poales – Evolução da ecologia do hábitat e biologia da polinização	864
Quadro 10-11	Chenopodiaceae – Evolução da fotossíntese C_4	876
Quadro 10-12	Asterales – Evolução da apresentação secundária de pólen	916
Quadro 10-13	Extinções em massa	924
Quadro 11-1	Classificação dos solos	966
Quadro 12-1	Análise dos balanços de carbono e água por meio do $\delta^{13}C$	1013
Quadro 12-2	O efeito do CO_2 no crescimento vegetal	1024
Quadro 13-1	Metapopulações: as consequências da fragmentação de hábitats para a sobrevivência das espécies	1040

Sumário das Tabelas

Tabela 1-1	Eletronegatividade dos elementos biologicamente importantes	17
Tabela 1-2	Tamanhos aproximados e funções dos três tipos de RNA, em comparação ao DNA	24
Tabela 1-3	Polissacarídeos de reserva e estruturais de ocorrência frequente	34
Tabela 1-4	Participações (em % do conteúdo de acil-lipídeos) das diferentes classes de lipídeos na formação das membranas celulares	37
Tabela 2-1	Resumo dos cinco tipos fundamentais de histonas	59
Tabela 2-2	Alguns dados sobre ribossomos	76
Tabela 2-3	Enzimas-chave/compostos característicos de membranas e compartimentos celulares	80
Tabela 2-4	Cromoplastos e gerontoplastos	112
Tabela 4-1	Plantas trepadeiras (lianas) e seus órgãos fixadores	180
Tabela 5-1	Diferentes rotas de assimilação de carbono pelos organismos	225
Tabela 5-2	Calor de combustão de diferentes substâncias orgânicas importantes para o metabolismo celular	227
Tabela 5-3	Mudanças da entalpia livre padrão molar em pH = 7 (ΔG°), para algumas reações metabólicas importantes (hidrólises)	228
Tabela 5-4	Classificação internacional de enzimas	237
Tabela 5-5	Cofatores importantes	238
Tabela 5-6	Conteúdos de água	243
Tabela 5-7	Conteúdo de cinzas e componentes nas cinzas de diferentes partes vegetais	243
Tabela 5-8	Necessidade de elementos minerais para organismos distintos	244
Tabela 5-9	Composição da solução nutritiva segundo Knop	249
Tabela 5-10	Principais nutrientes absorvidos sob forma iônica	251
Tabela 5-11	Mobilidade dos elementos minerais no floema	257
Tabela 5-12	Concentração relativa do vapor de água	267
Tabela 5-13	Transpiração de folhas de espécies vegetais distintas	269
Tabela 5-14	Superfície da seção transversal do sistema condutor de água em plantas distintas	271
Tabela 5-15	Velocidades dos fluxos de transpiração de tipos vegetais diferentes	272
Tabela 5-16	Capacidade condutora hidráulica do xilema de espécies diferentes	272
Tabela 5-17	Dependência do conteúdo de energia	276
Tabela 5-18	Componentes da cadeia fotossintética de transporte de elétrons em plantas	288
Tabela 5-19	Localização preferida de algumas enzimas nos dois tipos de cloroplastos de plantas C_4	310

Tabela 5-20 Subgrupos das espécies C_4, quanto ao tipo e ao destino do produto primário da fixação de CO_2 312

Tabela 5-21 O equilíbrio do nitrogênio sobre a Terra.............. 319

Tabela 5-22 Potenciais redox-padrão dos sistemas redox na cadeia respiratória.. 333

Tabela 5-23 Respiração de folhas adultas no escuro no verão, a 20°C, relacionada à massa seca (MS) 339

Tabela 5-24 Grupos principais de toxinas vegetais................ 354

Tabela 5-25 Visão geral das classes de terpenos e alguns representantes típicos... 359

Tabela 6-1 Duração e velocidade do crescimento em alongamento de alguns órgãos vegetais........................ 379

Tabela 6-2 Tamanhos de alguns genomas completamente sequenciados 381

Tabela 6-3 Código genético padrão.................................... 408

Tabela 6-4 Algumas divergências do código genético padrão 408

Tabela 6-5 Algumas fotomorfoses da plântula da mostarda branca (*Sinapis alba*) 467

Tabela 6-6 Indução floral dependente do fotoperíodo, em espécies vegetais diferentes 470

Tabela 6-7 Exemplos de ritmos circadianos em plantas 472

Tabela 6-8 Exemplos de fotorreceptores e fenômenos regulados pela luz mediados por fotorreceptores, em plantas inferiores e superiores 476

Tabela 6-9 Reversibilidade da indução da germinação de aquênios de alface 478

Tabela 6-10 Classificação das respostas dos fitocromos segundo critérios físicos 478

Tabela 7-1 Exemplos de compostos com eficácia quimiotáctica em procariotos e eucariotos 489

Tabela 8-1 Gêneros que apresentam espécies com actinomicetos-nódulos de raízes 529

Tabela 8-2 Participação de organismos prejudiciais às plantas, dentro de determinados grupos 537

Tabela 8-3 Exemplos de interações tritróficas entre plantas, herbívoros e seus parasitos 551

Tabela 10-1 Visão geral das principais categorias sistemáticas 619

Tabela 10-2 Alguns caracteres químicos das classes de algas 695

Tabela 11-1 Classes granulométricas adotadas na Alemanha ... 964

Tabela 11-2 Classes de tamanhos de poros.......................... 964

Tabela 12-1 Concentração de nitrogênio foliar (% N) e área foliar específica (AFE) nos mais importantes biomas e em plantas cultivadas 993

Tabela 12-2 Valores típicos da análise funcional do crescimento 1011

Tabela 12-3 Massa total das raízes e por unidade de superfície nos grandes biomas e em terras cultivadas 1016

Tabela 12-4 Biomassas de uma floresta mista com dominância de carvalho e carpino, na Europa Central..... 1018

Tabela 12-5 Safras mundiais de produtos vegetais utilizados pelo homem 1029

Tabela 13-1 Massa de sementes correlacionada com o tamanho da planta 1046

Tabela 13-2 Classificação dos valores de abundância........... 1065

Tabela 13-3 Espectros de formas de vida de algumas formações importantes e suas séries ecológicas 1066

Tabela 13-4 Sistema sintaxonômico das comunidades vegetais, segundo J. Braun-Blanquet 1072

Tabela 13-5 Valores indicadores, segundo Ellenberg, para a Europa Central....................................... 1073

Quadro Cronológico

cerca de 300 antes de Cristo	"História Natural das Plantas": THEOPHRASTOS ERESIOS (371-286 antes de Cristo)
1151-1158	*De plantis*, *De arboribus*: descrição de 300 plantas medicinais e plantas cultivadas, especiarias e drogas: HILDEGARD VON BINGEN
a partir de 1530	Os mais antigos "Livros das Ervas": OTTO BRUNFELS, HIERONYMUS BOCK, LEONHART FUCHS
1533	Primeiro professor de botânica em Pádua
1583	Primeiro livro-texto de botânica: ANDREA CESALPINO, *De Plantis*
1590	Invenção do microscópio: JOHANNES e ZACHARIAS JANSSEN
1665	Descoberta da estrutura celular de tecidos: ROBERT HOOKE, *Micrographia* ("Micrografia")
1675	*Anatomia plantarum* ("Anatomia das plantas"): MARCELLO MALPIGHI
1682	*Anatomy of Plants* ("Anatomia das plantas"): NEHEMIAH GREW
1683	Primeira ilustração de bactérias: ANTONIUS VAN LEEUWENHOEK
1694	Sexualidade vegetal: RUDOLPH JACOB CAMERARIUS
1735	*Systema naturae*; 1753: *Species plantarum*. Nomenclatura binominal: CARL V. LINNÉ (CAROLUS LINNAEUS, 1707-1778)
1779	Descoberta da fotossíntese: JAN INGENHOUSZ
1790	"A metamorfose das plantas": JOHANN WOLFGANG V. GOETHE
1793	Estabelecimento da ecologia floral: CHRISTIAN KONRAD SPRENGEL
1804	Descoberta do metabolismo vegetal: NICOLAS THÉODORE DE SAUSSURE
1805	Estabelecimento da Fitogeografia: ALEXANDER V. HUMBOLDT
1809	*Philosophie zoologique* ("Filosofia zoológica"), Teoria da origem e desenvolvimento da vida: JEAN BAPTISTE DE LAMARCK
1822	Descoberta da osmose: HENRI DUTROCHET
1831	Descoberta do núcleo: ROBERT BROWN
1835	Divisão celular em plantas: HUGO VON MOHL
1838	Estabelecimento da Citologia: MATTHIAS JACOB SCHLEIDEN, junto com o anatomista e fisiologista THEODOR SCHWANN
1939	Nutrição mineral das plantas, refutação da teoria do humo: JUSTUS V. LIEBIG
1846	Conceito de "Protoplasma": HUGO V. MOHL
1851	Homologia na alternância de gerações em plantas: WILHELM HOFMEISTER
1855	*Omnis cellula e cellula* ("Toda a célula provém de outra célula"): RUDOLF VIRCHOW
1858	Teoria micelar: CARL NÄGELI
1859	*Origin of Species* ("Origem das espécies"): CHARLES DARWIN
1860	Hidrocultura: JULIUS SACHS
1860	Refutação da teoria da geração espontânea: HERMANN HOFFMANN, LOUIS PASTEUR
1862	Amido como produto da fotossíntese: JULIUS SACHS
1866	"Experimentos com híbridos vegetais", Leis da hereditariedade: GREGOR MENDEL (1822-1884)
1866	Concepção da Ecologia: ERNST HAECKEL
1867-1869	Natureza dupla dos liquens: SIMON SCHWENDENER
1869	Descoberta do DNA: FRIEDRICH MIESCHER, "nucleico" contendo fósforo
1875	Descoberta da divisão nuclear vegetal: EDUARD STRASBURGER
1877	"Pesquisas sobre osmose": WILHELM PFEFFER
1883	Plastídios como organelas autorreduplicáveis, possíveis descendentes dos simbiontes intracelulares: ANDREAS F.W. SCHIMPER; F. SCHMITZ
1884	"Anatomia vegetal ecológica": GOTTLIEB HABERLANDT
1884	"Morfologia e biologia comparadas de fungos, micetozoários e bactérias": ANTON DE BARY
1884	Descoberta da fusão nuclear na reprodução das plantas floríferas: EDUARD STRASBURGER
1887	Meiose: THEODOR BOVERI

1888	Função dos nódulos de raízes de leguminosas: H. Hellriegel e H. Wilfahrt, M.W. Beijerinck, A. Prazmowski	1930-1934	Análise física da transpiração, resistências à transpiração: A. Seybold
1894	Primeira edição deste Tratado de Botânica, iniciado por Eduard Strasburger	1930-1950	Síntese da genética e teoria da evolução: R.A. Fisher; J.B.S. Haldane; T.G. Dobzhansky; E. Mayr; J.S. Huxley; G.G. Simpson; G.L. Stebbins
1897	Fermentação através de extratos de levedura sem células: Eduard Buchner	1931	O_2 da fotossíntese provém da água: C. van Niel
a partir de 1898	Organografia das plantas: Karl v. Boebel	1931	Primeiro microscópio eletrônico: E. Ruska; a partir de 1939: produção comercial de "supermicroscópios", segundo E. Ruska e B. v. Borries pela Siemens, segundo H. Mahl (entre outros) pela AEG
1900	Redescoberta das leis da hereditariedade de Mendel: Erich Tschermak v. Seysenegg, Carl Correns e Hugo de Vries		
		1933	Teoria da respiração celular: Heinrich O. Wieland
1901	"A teoria da mutação": Hugo de Vries	1934	Conceito de nicho na coexistência dos organismos: G.F. Gause
1902	Simbiogênese, plastídios como descendentes de cianobactérias: Constantin Mereschkowsky	1935	Conceito de ecossistema: T.A. Tansley
		1935	Fundamentos fisiológicos da produção das florestas: P. Boysen-Jensen
1907	*Agrobacterium tumefaciens* como agente causador de tumores em planta lenhosa ("Strauchmagarite"): Erwin F. Smith, C.O. Townsend	1935	Cristalização do vírus do mosaico do tabaco: W.M. Stanley
		1935	Primeira aplicação de isótopos em pesquisas metabólicas: R. Schoenheimer e D. Rittenberg
1909	Plastídios como portadores de fatores hereditários: Carl Correns e Erwin Baur	1937	Ciclo do ácido cítrico: H.A. Krebs
		1937	Fotólise da água com auxílio de cloroplastos isolados: R. Hill
1910	Poliploidia: Eduard Strasburger	1937-1943	"Morfologia comparada das plantas superiores": W. Troll
1913	Elucidação da estrutura da clorofila: Richard Willstätter		
1913	"Microquímica das plantas": Hans Molisch	1938	"Morfologia submicroscópica do protoplasma e dos seus derivados": A. Frey-Wyssling
1916	Produção experimental de um tomateiro poliploide: H. Winkler		
1917	Matemática do crescimento, alometria: "Sobre crescimento e forma": D'Arcy W. Thompson	1938-1947	Biossistemática com enfoque citogenético e pesquisa sobre evolução em plantas vasculares: E.B. Babcock, G.L. Stebbins
		1939-1941	Papel central do ATP no balanço energético da célula: Fritz Lipmann
1920	Primeiras pesquisas sistemáticas sobre fotoperiodismo: W. Garner e H.A. Allard	1939-1953	Discriminação do ^{13}C em plantas: A. Nier e E.A. Gulbranson, H.C. Urey, M. Calvin, J.W. Weigel, P. Baertschi
a partir de 1920	Química macromolecular: H. Staudinger		
1922	Conceito de genótipo da adaptação vegetal: G. Turesson	1941	Referências sobre exemplares vivos de *Metasequoia*, que até então era conhecida apenas como fóssil: T. Kan, W. Wang, Ch. Wu; descrição como *M. glyptostroboides*, em 1948, por H.H. Hu e W.C. Cheng
1925	Modelo da bicamada das biomembranas: E. Gorter, F. Grendel		
1926	Comprovação da formação de um fator de crescimento (giberelina) mediante *Gibberella fujikuroi*: E. Kurosawa		
		1943	Comprovação da eficácia genética do DNA: O.T. Avery, C.M. McLeod, M. McCarty
1928	Descoberta da penicilina: A. Fleming		
1928	Transformação em pneumococos: F. Griffith	1947-1949	Metabolismo CAM: W. e J. Bonner, M. Thomas
1928	Eucromatina e heterocromatina: E. Heitz	1950	Métodos cladísticos da sistemática: W. Hennig
1930	Teoria do transporte no floema: E. Münch		
1930	Ressíntese experimental de *Galeopsis tetrahit*, espécie híbrida alotetraploide: A. Müntzing	1950	Variação e evolução em plantas: G. Ledyard Stebbins

1952	Comprovação da transdução da predisposição hereditária em bactérias: Joshua Lederberg
1952/1953	Métodos de fixação e de cortes finos para a microscopia eletrônica: K.R. Porter, F.S. Sjöstrand, G.E. Palade
1952-1954	Sistema de fitocromos: H.A. Borthwick, S.B. Hendricks
1953	Produção de aminoácidos sob as condições da Terra primitiva: S. Miller
1953	Modelo da hélice dupla do DNA: J.D. Watson e F.H.C. Crick
1953	Princípios do aproveitamento da luz em comunidades vegetais: M. Monsi, T. Saeki
1954	Fotofosforilação: D. Arnon
1954	Analisador de gases por infravermelho para medição contínua da fotossíntese: K. Egle e A. Ernst
1954	Isolamento de substâncias com ação de citocinina: F. Skoog, C.O. Miller
1954-1966	Descoberta da fotossíntese C_4: H.P. Kortschak, Y.S. Karpilov, M.D. Hatch e C.R. Slack
1955	Primeira comprovação de uma "automontagem" (*self-assembly*) (no vírus do mosaico do tabaco): H. Fraenkel-Conrat e R. Williams
1957	Ciclo fotossintético: M. Calvin
1958	Confirmação experimental da replicação semiconservadora do DNA: M. Meselson e F.W. Stahl
1960	Isolamento do protoplasto: E. C. Cocking
1960/1961	Duas reações luminosas em organismos fototróficos eucarióticos: R. Hill, L.N.M. Duysens, H.T. Witt, B. Kok
1961	Teoria quimiosmótica da síntese do ATP: P. D. Mitchell
1961	Elucidação do código genético: M.W. Nirenberg, J.H. Matthaei e outros; universalidade do código: F.H.C. Crick, L. Barnett, S. Brenner e R.J. Watts-Tobin
1961	Modelo para regulamentar a atividade genética: F. Jacob e J. Monod
1961	*Life, its Nature, Origin and Development* ("Vida, sua natureza, origem e desenvolvimento"): A.I. Oparin
1961	Hibridização do DNA: S. Spiegelman
1962	Fotorrespiração: N.E. Tolbert
1962	Quimiotaxonomia das plantas: R. Hegnauer
1963/1964	Descoberta do ácido abscísico: P.F. Wareing e F.T. Addicott
1964	Princípios da compartimentalização em eucitos: E. Schnepf
1964-1966	Culturas de haplontes: S. Gupta e S.C. Maheswari
1965	Primeiro microscópio eletrônico de varredura comercial: C. Oates, Cambridge Instr.
1968	Sequências repetitivas no genoma dos eucariotos: R.J. Britten e D.E. Kohne
1970	Procariotos e eucariotos como reinos de organismos separados: R.Y. Stanier
1970	Formulação moderna da teoria endossimbionte: Lynn Margulis
1970	Primeiras árvores genealógicas sequenciais: Margaret O. Dayhoff
1971	Cultura de plantas superiores a partir de protoplastos foliares: I. Takebe e G. Melchers
1971/1972	Sequências de sinais no transporte de proteínas através de membranas: G. Blobel e B. Dobberstein, C. Milstein
1972	Modelo do mosaico fluído da biomembrana: S.J. Singer e G.L. Nicholson
1974	Endonucleases de restrição como ferramenta para análise de DNA: Werner Arber
1974	Comprovação de um tumor induzido por plasmídeo presente em *Agrobacterium tumefaciens*: Ivo Zaenen, Jeff Schell, Marc van Mantagu
1976	Técnica *Patch-Clamp* para estudo dos canais iônicos em membranas: Erwin Neher, Bert Sakmann
1977	Sequenciamento do DNA: Walter Gilbert e Frederick Sanger
1977	Posição especial das Archaea (Arqueobactérias): C.R. Woese e O. Kandler
1977	Genes do mosaico, estrutura de íntrons/éxons de genes: S. Hogness, J.L. Mandel, P. Chambon
1977-1979	*Agrobacterium tumefaciens* como transportadora de genes: Mary-Dell Chilton, Jeff Schell, Marc van Montagu e outros
1979f	*Arabidopsis thaliana* como planta-modelo para experimentos em biologia molecular ("*Drosophila* vegetal"): C.R. Sommerville, E.M. Meyerowitz e outros
1980	Reconstrução de um gametófito dos psilófitos: W. Remy
1981	Produção do primeiro indivíduo transgênico de tabaco: Jeff Schell
1982	Elucidação da estrutura de um centro de reação fotossintético bacteriano: J. Deisenhofer, H. Michel, R. Huber

1982	"Ribozimas", RNAs como enzimas: T.R. CECH, S. ALTMAN
1985	Primeiros experimentos ao ar livre com tomateiros resistentes a insetos e indivíduos de tabaco tolerantes a herbicidas (EUA)
1986	Primeiros sequenciamentos completos de DNA de cloroplastos (*Nicotiana*: M. SUGIURA e colaboradores; *Marchantia*: K. OHYAMA e colaboradores)
1991	Programação genética da formação de flores através de genes homeóticos, "modelo ABC": E.M. MEYEROWITZ, E.S. COEN; H. SAEDLER
1993	Cladrograma molecular das angiospermas com base nas sequências de DNA do gene do cloroplasto *rbcL*: M. CHASE e colaboradores
1995	Primeiras sequências completas de DNA do genoma de bactérias (*Haemophilus influenze* e *Mycoplasma genitalium*: J.C. VENTER e colaboradores
1996	Primeiras sequências completas de DNA do genoma de uma arqueobactéria (*Methanococcus jannaschii*: J.C. VENTER) e de um eucarioto (levedura, *Saccharomyces cerevisiae*: mais de 100 laboratórios participantes)
1999	Identificação das Amborellaceae como linha de desenvolvimento basal das angiospermas: S. MATHEWS e M. DONOGHUE; P.S. SOLTIS e colaboradores; Y.-L. QIU e colaboradores
2000	Primeira sequência completa de DNA de uma planta superior, *Arabidopsis thaliana* ("Acker-Schmalwand"): *The Arabidopsis Genome Iniciative*; 27 laboratórios participantes nos EUA, Europa e Japão
2001	"Goldener Reis" ("Arroz dourado"): Primeira introdução de uma rota de biossíntese (da pró-vitamina A) em um tecido vegetal, o endosperma do arroz (especialmente importante para a alimentação humana), através de transformação: I. POTRYKUS e P. BEYER
2002	Sequenciamento completo de DNA de uma espécie vegetal cultivada (arroz, *Oriza*): ACADEMIA CHINESA DE CIÊNCIAS, SYNGENTA
2005	*Millenium Ecosystem Assesment*: relatório sobre a situação dos ecossistemas da Terra
2006	Sequenciamento completo de DNA de uma espécie arbórea, *Populus trichocarpa*, através de um consórcio internacional de cientistas
2007	Prêmio Nobel para INTERGOVERNMENTAL PANEL ON CLIMATE CHANGE (IPCC) (PAINEL INTERGOVERNAMENTAL SOBRE MUDANÇAS CLIMÁTICAS): efeito das mudanças globais sobre a biosfera

Introdução

Botânica como ciência biológica

A botânica é a ciência das plantas. Esta conceituação foi proposta por Dioskorides, no século I, entendo como tal o estudo de plantas herbáceas (medicinais). De fato, o termo grego *botané* significa "gras" ("erva"), em uma conotação geral de forrageira ou planta de utilidade para os humanos. No sentido amplo, a designação grega para planta é *phýton*. Em vez de botânica, tanto no idioma alemão quanto no inglês, emprega-se atualmente a denominação ciência vegetal.

Como plantas, são reunidos essencialmente todos os organismos cujas células contêm plastídios, além de núcleos verdadeiros com membrana e vários cromossomos. Os plastídios ocorrem como cloroplastos ou, sob condições adequadas, podem se transformar neles. Os cloroplastos são as organelas (órgãos celulares) da fotossíntese, processo de transformação de energia luminosa em energia química e da síntese de compostos orgânicos (assimilação do carbono) a ela associada. As plantas verdes são fototróficas (fotoautotróficas). Ao contrário dos animais e de todos os outros organismos heterotróficos (organotróficos), as plantas verdes podem viver sem nutrição orgânica.

No âmbito da botânica, tradicionalmente também são considerados os **fungos**, embora eles não possuam plastídios. Eles são heterotróficos e se nutrem de matéria orgânica morta (saprotróficos) ou de organismos vivos (parasíticos ou simbióticos). Embora se aproximem dos animais quanto à origem, os fungos têm muito em comum com as plantas, por exemplo, vacúolos em suas células envolvidas por paredes resistentes, modo de vida sedentário e absorção de nutrientes dissolvidos. Os fungos podem exibir uma simbiose quase obrigatória com plantas (micorriza).

Na área dos organismos unicelulares (**protistas**), a distinção de plantas e animais se torna problemática. Nos flagelados, em um mesmo gênero (portanto, em espécies aparentadas) encontram-se formas sem plastídios e outras com cloroplastos, correspondendo aos zooflagelados e aos fitoflagelados, respectivamente. As células das bactérias e arqueas são menores e em princípio de organização mais simples do que as células de todos os animais, fungos e plantas (Figura 1). As bactérias arqueas não possuem núcleo verdadeiro e nenhuma divisão nuclear. A divisão celular de todas os demais organismos tem multiplicação celular comparável, as formas fototróficas não possuem plastídios e assim por diante. Por essa razão, como **protocitos** as células desses grupos distinguem-se dos **eucitos** e de todos os demais organismos; como **procariotos**, as bactérias e arqueas opõem-se aos **eucariotos** (plantas, fungos, animais; todos os protistas com núcleo verdadeiro). No mundo orgânico atual (recente), não existem

Figura 1 Comparação geral entre protocitos e eucitos. **A** Células bacterianas (*Escherichia coli*). **B** Células de uma folha de Elodea canadensis. Três características de células vegetais são reconhecíveis: paredes celulares, cloroplastos e vacúolos centrais. Observação: as duas imagens têm o mesmo aumento (380x).

transições entre procariotos e eucariotos. Não obstante, os eucariotos mais antigos desenvolveram-se a partir dos procariotos. A **microbiologia** é uma das ciências biológicas que se dedica ao estudo de organismos microscopicamente menores, tanto eucarióticos quanto procarióticos. A microbiologia abrange também os vírus, fagos, viroides e príons, sistemas subcelulares situados no limite entre o vivo e o não vivo.

Apesar de todas as diferenças entre protocitos e eucitos, existem muitas características em comum entre esses dois tipos de células, e de maneira mais acentuada entre animais superiores e plantas, grupos distintos com células de formas e funções bem diferentes. Neles, é possível encontrar tipos moleculares semelhantes e muitas funções básicas dos sistemas vivos são iguais em todos os organismos. O mesmo vale para muitos genes. Nisto se expressa uma unidade fundamental de todos os seres vivos, que aponta para uma origem filogenética comum. Provavelmente, todos os organismos hoje viventes se desenvolveram a partir de uma única raiz (**origem monofilética**).

O que é vida?

Existe uma série de atributos, os quais caracterizam cada sistema vivo. Porém, somente a soma dessas características possibilita uma delimitação inequívoca de formas de organização sem vida. As características vitais são:

- **Composição da matéria**. Na massa seca de todos os seres vivos predominam proteínas, ácidos nucleicos, polissacarídeos e lipídios. Além disso, observa-se uma quantidade grande e heterogênea de outras moléculas orgânicas e íons. As moléculas orgânicas, especialmente as macromoléculas, são sintetizadas na natureza apenas pelos seres vivos (biossíntese auxiliada por catalisadores específicos denominados **enzimas**).
- **Estrutura complexa com caráter de sistema**. A vida está sempre associada a formas de organização celulares. Mesmo os seres vivos mais simples são identificados por meio de estruturas complexas, que possuem caráter de sistema. Isto significa que há um vínculo e uma sintonia funcionais entre os componentes moleculares e supermoleculares. Somente por meio de uma efetiva cooperação elas podem executar as funções que constituem o estado vital. Isoladamente, nenhum dos componentes teria condições de atuar. Em princípio, um **sistema** representa mais do que uma mera soma das partes, e a vida é sempre um resultado do sistema. Abaixo do nível de complexidade da **célula** não existe vida independente: a célula representa a forma de organização elementar. As células contêm estruturas portadoras de informações, uma abundância de diferentes enzimas e são delimitadas do seu ambiente mediante as membranas seletivamente permeáveis. (Isto não contradiz a constatação segundo a qual, na maioria das plantas multicelulares, tecidos conectados entre si por meio de plasmodesmos – canais plasmáticos nas paredes celulares – constituem um **simplasto** supracelular).
- **Nutrição**. Do ponto de vista energético e entrópico, os seres vivos são um produto bastante "improvável". Eles consistem de moléculas instáveis, ricas em energia; sua ordem, altamente estrutural e funcional, corresponde a um nível de entropia baixo. A manutenção desses estado lábil é possível apenas com o fornecimento de energia. Por isto, os sistemas vivos são por princípio sistemas abertos, ou seja, eles captam fótons ou materiais ricos em energia, liberando produtos pobres em energia (por exemplo, CO_2, H_2O). Entre esse **metabolismo** e um intercâmbio energético estabelece-se um vínculo indissolúvel. O metabolismo não provoca equilíbrios estacionários, mas sim, ao contrário, são mantidos sempre desequilíbrios (equilíbrios "dinâmicos" com processos parciais irreversíveis: assim chamados **equilíbrios correntes**). A troca de matéria e energia possibilita a formação da própria molécula (macromolécula) (**anabolismo**, troca de material estrutural) por meio do acoplamento a processos fornecedores de energia – captação de energia solar e/ou decomposição de compostos ricos em energia (**catabolismo**, troca de trabalho). O valor de entropia baixo dos seres vivos é mantido mediante liberação (dissipação) do excedente de entropia para o entorno. Somente como **estruturas dissipativas** os seres vivos podem evitar uma caotização letal. "Vida", portanto, não é um estado, mas um processo permanente. Enquanto a forma externa de organismos em geral se modifica apenas lentamente, no âmbito molecular estabelece-se uma constante reorganização por meio da substituição dos componentes decompostos por novos formados (*turnover*).
- **Movimento**. Todo organismo vivo e todas as células individuais permitem reconhecer movimentos (**motilidade**). No entanto, muitas células e organismos podem exibir fases de repouso e, neste sentido, as sementes e os esporos, por exemplo, podem formar cistos. Além de não serem visíveis, quaisquer movimentos durante esses estágios da vida, também quase todas as demais manifestações vitais paralisam temporariamente.
- **Absorção de estímulos e resposta**. Para manutenção do estado vital, todos organismos e células dependem de sinais ambientais e sinais internos, com receptores correspondentes para captação (percepção) e conversão em reações adequadas. A multiplicidade dos respectivos mecanismos é muito grande.
- **Desenvolvimento**. Uma vez alcançada uma estrutura, os seres vivos são incapazes de mantê-la a longo

prazo. Nenhum organismo tem a mesma aparência em todas as fases de vida. Uma nova célula formada por divisão cresce até o tamanho da célula-mãe (**crescimento**). Na maioria dos casos, os organismos multicelulares começam seu desenvolvimento individual com uma única célula (oosfera fecundada = zigoto; esporo). Por multiplicação celular, eles crescem até o seu tamanho definitivo. Com isso, a sua forma também se modifica. O desenvolvimento até um organismo multicelular sexualmente maduro (ontogênese) está associado a processos morfogenéticos e, ao nível celular, com uma desigualdade das células embrionárias, inicialmente semelhantes (**diferenciação**).

- **Reprodução**. A alternância de gerações consiste de ciclos vitais ou reprodutivos encadeados entre si. Com isso, a vida sempre continua, apesar da impossibilidade duradoura em manter um determinado estado de desenvolvimento de indivíduos isolados. Como última etapa, isto faz parte do desenvolvimento individual. Como morte "fisiológica", em contraposição à "morte catastrófica", isto resulta de causas internas por meio da realização de programas de autoextermínio estabelecidos geneticamente. Ao contrário, os indivíduos podem surgir apenas como descendentes de antepassados da mesma espécie. A geração espontânea (origem de sistemas vivos a partir de matéria não viva), pelo menos nas condições atuais da Terra, não é possível, assim como nunca foi demonstrada: *omne vivum e vivo* ("todo ser vivo provém de um ser vivo"). Esse conhecimento, hoje evidente, não é antigo. Até os experimentos revolucionários de L. Pasteur e H. Hoffmann (1860), admitia-se que micro-organismos, como fungos e vermes, surgissem de forma espontânea em meios líquidos em fermentação e putrefação.
- **Multiplicação**. Normalmente, a reprodução está associada à multiplicação. Só assim é assegurada a continuidade de uma espécie, apesar das perdas motivadas por influências externas. Especialmente em organismos menores, as taxas de multiplicação são com frequência enormes. Sob condições ótimas, as células bacterianas se dividem a cada 20 minutos. Isto significa que, por multiplicação, sem impedimento de uma única célula e de todos os seus descendentes, em apenas 2 dias seria alcançada uma massa celular equivalente ao volume da Terra. Em organismos maiores, as taxas de multiplicação são muito mais baixas; em contrapartida, a vida individual é melhor protegida mediante dispositivos dos mais diferentes tipos.
- **Hereditariedade**. Em essência, o desenvolvimento individual se processa em gerações sucessivas de uma sequência reprodutiva. Nela se expressa a multiplicação e a transmissão da **informação genética**. Ela contém o programa para o andamento adequado do desenvolvimento individual. A informação genética de todos os organismos celulares – procariotos e eucariotos – é armazenada na sequência de bases, ou melhor, de nucleotídeos de moléculas do ácido desoxirribonucleico (**DNA**). Estas são macromoléculas com hélice dupla, lineares ou circulares. Nos vírus, a informação genética pode ser também transmitida por meio de moléculas de DNA com hélice simples, bem como, através de moléculas de ácido ribonucleico (**RNA**; com hélice dupla ou com hélice simples).
- **Evolução**. Cópia (replicação) e transmissão da informação genética ocorre com alta precisão. No entanto, em sequências de gerações mais longas, com uma frequência não desprezível manifestam-se alterações, as quais são herdadas (**mutações**). Essas alterações podem ser induzidas também por influências ambientais. Em parte, elas consistem apenas de uma ativação ou desativação herdada dos genes existentes (epigenética). Por essa razão, a longo prazo observam-se consideráveis diferenças entre os indivíduos de uma população, que podem ter distintas chances de reprodução. Essa seleção natural provoca mudanças nos atributos dos representantes de uma espécie e, por fim, o estabelecimento de novas espécies: evolução e desenvolvimento filogenético (**filogênese**).

Como principal critério de vida, em todos os organismos destaca-se sua **capacidade de reprodução**. Todas as demais características são condição ou consequência desse atributo central. Em todos os organismos, a informação genética contém o plano de desenvolvimento para uma maquinaria molecular bastante complexa, cuja função principal é a sua própria reprodução. A vida (pelo menos nas condições atuais da Terra) só é demonstrável e concebível como um *continuum*. Essa experiência é acentuada pela irreversibilidade da morte individual e pela extinção de espécies. Na natureza inerte não há nada comparável.

Origem e evolução da vida

O mundo, dos organismos, atual (recente) é o resultado de uma longa evolução. A partir da radioatividade natural e da composição das formações rochosas mais antigas é possível estimar a idade da Terra em cerca de 4,6 bilhões de anos. O estudo de resíduos de organismos (fósseis; **paleontologia**) em sedimentos de idades diferentes mostra que, em épocas anteriores da história da Terra, viveram espécies de plantas e animais diferentes das atuais. A continuidade filética se expressa pelo fato de que as floras e faunas das épocas pretéritas do mundo dos organismos recente são tanto mais distintas quanto mais distantes temporalmente elas estiverem. Os organismos multicelulares de maior porte são comprovados apenas por volta do final do pré-cambriano (cerca de 570 milhões de anos). Até então, dominavam os organismos unicelulares e, entre estes, inicialmente os procariotos. A partir do arcaico, existem referências sobre extensas colônias de cianobactérias: sedimentos de idade correspondente na Austrália e África do Sul contêm estomatólitos (rochas estratificadas) de mais de 30 cm de tamanho. Trata-se, nesse caso, de sedimentos biogênicos característicos, como os que são formados também atualmente de acúmulos espessos de cianobactérias fototróficas em corpos d'água quentes.

Como a vida pode ter surgido? Tenta-se chegar a respostas a essa pergunta fundamental da biologia por meio de experimentos, nos quais as condições presumidamente reinantes nos primórdios da Terra são simuladas. O pré-requisito para a formação dos sistemas auto-reprodutivos mais simples foi a existência de macromoléculas orgânicas. Ao contrário do que acontece hoje, sobre a Terra primitiva ainda quente, por abiogênese, puderam se originar compostos orgânicos. Além de vapor d'água, a atmosfera primitiva continha principalmente dióxido de carbono e nitrogênio, e supostamente também uma pequena participação de gases redutores, mas praticamente nada de oxigênio livre. Por esse motivo, não havia camada de ozônio que filtrasse a radiação UV do sol, rica em energia. Sob essas condições, diferentes compostos orgânicos puderam se formar de forma espontânea. Mesmo em misturas aquosas de monóxido de carbono, ácido sulfídrico e sulfetos metálicos, como as que são lançadas de fontes termais no oceano, por abiogênese podem se originar ácido acético e tioéster rico em energia. Em alguns locais da Terra primitiva, tais compostos poderiam ter se enriquecido, já que os seres vivos (seus potenciais consumidores) ainda não existiam e os impactos por oxidação ainda não ocorriam.

Mesmo as mais simples células imagináveis, como as que existem em micoplasmas saprobióticos recentes, são tão complexas, que é improvável a sua origem a partir de uma mistura caótica de componentes celulares moleculares por meio de um único acontecimento aleatório. Porém, pelo menos em termos especulativos, é plausível pensar na origem dos sistemas de automultiplicação mais simples como distribuição de níveis intermediários (**hipótese de muitas etapas**): se as etapas isoladas necessárias dessa evolução pré-biótica fossem suficientemente pequenos, a probabilidade de sua participação em períodos muito longos torna-se bastante grande. Algumas moléculas, que poderiam ter se originado por abiogênese, mostram atividades enzimáticas, ou seja, elas atuam como biocatalisadores. Nesse sentido, determinadas moléculas de RNA (**ribozimas**) podem catalisar alterações em si próprias e, junto com íons de metais pesados, até governar a sua própria multiplicação, mesmo que apenas de modo imperfeito ("**mundo do RNA**"). O passo decisivo para a vida verdadeira foi dado quando, mediante a participação de catalisadores proteicos, de maneira efetiva e precisa, tornou-se possível a replicação de ácidos nucleicos, e a síntese dessas proteínas enzimáticas efetuou-se conforme uma informação contida nos ácidos nucleicos. Com esse avanço duplo, que presumidamente de novo resultou de pequenas etapas individuais, foi assentada a relação entre proteínas e ácidos nucleicos, essencial todo o tipo de vida em sua forma atual. Estabelecia-se, então, um **código genético** para tradução da sequência de nucleotídeos de ácidos nucleicos em sequências de polipeptídeos de proteínas; a separação de **gene** (fator hereditário) e **fene** (caráter formado de acordo com a informação hereditária).

Enquanto perdurou a formação abiótica das moléculas orgânicas, puderam viver de maneira organotrófica os primeiros sistemas com capacidade de multiplicação, os **progenotos**, dos quais resultaram finalmente os procariotos desenvolvidos. Porém, com a exploração progressiva e pelo esgotamento dessas fontes de nutrientes, as formas fototróficas assumiram o primeiro plano. Entre essas formas, estavam as que, na fotossíntese, dissociavam a água e liberavam oxigênio. Assim, pouco a pouco surgiu uma atmosfera oxidante, que, a partir de substâncias orgânicas e por meio da respiração celular, possibilitou um ganho em energia muito mais efetivo. Ao mesmo tempo, originou-se na estratosfera uma camada de ozônio, a qual absorve a radiação UV do sol (fortemente mutagênica) e, com isso, permitiu a ocupação das zonas oceânicas próximas à superfície e da terra firme.

Achados fósseis da longa evolução do pré-cambriano são raros e cheios de lacunas. Porém, com o auxílio de comparações de sequências em proteínas e ácidos nucleicos dos organismos recentes, foi possível verificar graus de parentesco e as evoluções filéticas. Quanto maior a diferença das sequências de proteínas, RNAs e DNAs correspondentes, mais cedo devem ter vivido os últimos antepassados em comum dos organismos portadores. Na verdade, as alterações evolutivas se processaram com velocidades diferentes em sequências (sequências parciais) distintas. Por isso, para a reconstrução da filogênese primitiva foram escolhidas sequências ou segmentos de sequências que se modificam muito lentamente e, mesmo em organismos recentes totalmente diferentes, assemelham-se. A partir da comparação dessas sequências bastante conservadas, é possível deduzir que as arqueas e as bactérias se separaram há mais de 3 bilhões de anos. Nos eucitos recentes, plastídios e mitocôndrias, organelas da fotossíntese e da respiração celular, possuem informação genética própria e sintetizam uma parte das suas próprias proteínas. Elas podem resultar apenas de suas iguais, ocupando, portanto, uma posição autônoma (semiautônoma) nos eucitos. Além disso, elas apresentam inúmeros atributos de procariotos, por exemplo, no tipo de divisão e em detalhes de sua composição. Quanto aos plastídios, trata-se de descendentes de bactérias outrora de vida livre, que há mais de 1 bilhão de anos foram incorporadas com simbiontes intracelulares em células de eucariotos primitivos e se desenvolveram em organelas celulares (**teoria endossimbionte**).

Restos de **macrorganismos** pluricelulares são encontrados somente em sedimentos com menos de 1 bilhão de anos. Tais seres vivos são, sem exceção, eucariotos. Também sua evolução, que vem sendo reconstruída mediante os estudos de sistemática molecular, resultou principalmente da combinação de mutações aleatórias e seleção direcionada ("**darwinismo**"). Com isso, aceita-se que a evolução resultou da soma de inumeráveis pequenas alterações (**gradualismo**). Contudo, sempre se volta às **grandes transições** macroevolutivas (*major evolutionary transitions*). Estas se distinguem não no tipo de sua realização, mas no seu efeito na maioria das alterações evolutivas graduais. Na verdade, elas foram mais raras e mais consequentes do que as demais etapas evolutivas graduais. As unidades de reprodução, que até um determinado momento se desenvolveram de maneira independente, reuniram-se em unidades maiores e mais complexas. Com isso, originaram-se sistemas novos, que puderam se tornar pontos de partida das diferentes linhas de desenvolvimento.

Limites da vida

A questão sobre os limites da vida tem um duplo sentido: por um lado, os **limites de distribuição** dos seres vivos e, por outro lado, a respeito dos menores ou maiores seres vivos. Quanto ao primeiro aspecto – ele é objeto da **ecologia** – pode-se dizer que as necessidades vitais gerais estabelecem condições marginais bastante estreitas, apesar do extraordinário poder de adaptação. Elas são determinadas principalmente pelos valores máximos e mínimos de conteúdo de água, temperatura e luz. Para a maioria dos organismos, o ótimo situa-se nas temperaturas médias (10-40ºC) e conteúdo de água elevado. Da mesma forma, os alimentos podem ser protegidos da decomposição e conservados sob temperaturas baixas em refrigerador ou congelador, ao serem depositados em estado seco (frutos, grãos, cereais, pão, massas, etc.) ou esterilizados (leite, etc.). Na natureza, as regiões de frio extremo ou quentes são ocupadas apenas esparsamente. Em hibernação, muitos organismos podem sobreviver a temperaturas próximas ao zero absoluto; no entanto, em geral sob temperaturas entre 0 e –10ºC as funções vitais entram em estado de repouso. Contudo, para os organismos criófilos (por exemplo, algumas espécies de algas da neve) as temperaturas ótimas para o crescimento situam-se entre 1 e 2ºC. Os **organismos termófilos**, ao contrário, podem suportar temperaturas acima de 100ºC, sendo predominantes apenas em poucos lugares da Terra. Algumas arqueas apresentam temperaturas ótimas em torno de 100ºC, possivelmente um relicto de adaptação dos tempos primitivos da Terra. São considerados como produtores de matéria orgânica (biomassa) essencialmente apenas os organismos fototróficos, a vida é limitada predominantemente a zonas bem iluminadas da superfície terrestre e oceanos. A Terra é coberta por uma **biosfera** relativamente delgada. Ela não representa o centésimo de um por cento do volume terrestre.

Os **seres vivos de grande porte** encontram-se, como fósseis e atuais, nos vertebrados (dinossauros; baleias), e também nas coníferas e latifoliadas – na verdade, em número muito maior de espécies e indivíduos. Eles são encontrados também, embora não evidentes imediatamente, em clones de determinadas plantas, como choupo (*Populus*), "cana" (*Phragmites*), samambaia-águia (*Pteridium*) e fungos. Os gigantes entre essas árvores (sequoias, criptomérias, determinados eucaliptos) são ao mesmo tempo os seres vivos mais pesados.

Para a biologia teórica, a questão sobre quão pequeno os seres vivos podem ser é substancial: qual é o limite inferior de complexidade dos sistemas biológicos auto-reprodutivos? As **células menores** apresentam organização procariótica e se encontram nos micoplasmas. O diâmetro desses prócitos sem paredes fica em torno de 0,3 μm e seu DNA pode codificar cerca de 500 proteínas diferentes. Este valor se aproxima do mínimo indispensável para a multiplicação do DNA, para a realização da informação genética nele depositada, a manutenção de uma troca heterotrófica de matéria e de energia e uma estrutura celular simples (aproximadamente 350 genes). Em termos comparativos: as células das bactérias típicas têm diâmetro com cerca de 2 μm e contêm mais de 3.000 proteínas distintas; o diâmetro da maioria dos eucitos se situa entre 10 e 100 μm, e podem formar mais de 30.000 proteínas diferentes. O genoma completamente sequenciado de *Arabidopsis thaliana*, uma espécie-modelo, possui cerca de 25.000 genes, o que representa 11.000 a mais do que o de *Drosophila* (mosca-da-fruta).

Os **vírus** têm uma organização muito mais simples e a maioria deles é bem menor. Um víron (partícula virótica) não representa uma célula. Enquanto a célula mais simples contém tanto DNA (como armazenador de informação) quanto RNA (para realização da informação genética), um vírio abriga DNA ou RNA. O ácido nucleico frequentemente está associado a apenas moléculas de um tipo de proteína, como no vírus do mosaico do tabaco (TMV, Figura 2); ou ele está rodeado por um envoltório

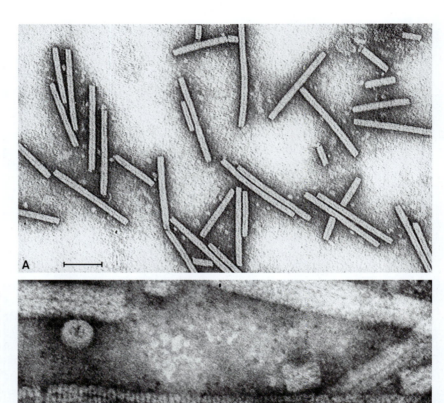

Figura 2 Partículas do vírus do mosaico do tabaco (TMV, *Tabakmosaikvirus*) são vistas como bastonetes ao microscópio eletrônico (ME). Cada vírion contém uma molécula de RNA em forma de parafuso, Na molécula de RNA de vírions não lesados são encadeadas 2.130 moléculas de proteínas, cada qual com 158 resíduos de aminácidos. O canal axial central, formado pela hélice de RNA, está claramente visível neste preparado de contraste negativo. (A: 0,1 µm; B: 0,02 µm.). (ME: A segundo F. Amelunxen; B segundo C. Weichan.)

proteico (capsídeo), que consiste de uma única proteína ou de poucas proteínas diferentes. O nucleocapsídeo assim formado exibe muitas vezes simetria cristalina. Os vírus ou **fagos** (bacteriófagos) (vírus que atacam protocitos) cumprem parcialmente os critérios de vida. Eles não dispõem de troca de matéria e de energia, não têm capacidade de replicação própria, não sintetizam proteínas e, por isso, não podem se reproduzir de maneira independente. Eles podem se multiplicar somente com o aproveitamento da troca de matéria e de energia das células vivas, sendo, portanto, parasitos intracelulares obrigatórios ("vida sob abrigo"). Os **vírions** ocorrentes fora das células vivas como formas de propagação representam sistemas orgânicos sem vida.

O nível de organização mais simples foi alcançado com os **viroides**, ácidos nucleicos infecciosos (RNA) sem envoltório proteico. As moléculas de RNA, muito curtas e em forma de anel, não codificam qualquer proteína. Os viroides se tornaram conhecidos como graves parasitos de plantas.

Apesar da sua organização simples, não se pode considerar vírus e viroides como formas primitivas da vida, pois sua multiplicação pressupõe a existência de células vivas. Eles são elementos genéticos, que puderam se tornar parcialmente independentes das suas células hospedeiras ("genes vagabundos"). De fato, existem em muitos eucitos e procitos segmentos da informação genética, as quais são legadas independentemente das estruturas portadoras de genes (cromossomos, genóforos) ou podem se separar delas pelo menos em momentos. Fazem parte desse grupo heterogêneo, por um lado, os **plasmídeos** de muitas bactérias e de alguns eucariotos e, por outro lado, as assim chamadas sequências de inserção e transposons ("**genes saltadores**").

Biologia como ciência natural

A natureza viva impressiona, sobretudo pela enorme multiplicidade de seres vivos. O registro, a descrição e a classificação de todas as espécies recentes e extintas constituem uma tarefa – imensa e ainda não totalmente realizada – da biologia, em especial da **sistemática**. Porém, a biologia não se esgota na descrição do existente; pelo contrário, tenta-se descobrir as leis em que se baseia essa multiplicidade. Além da observação e da comparação, realiza-se o **experimento**: a observação de processos sob condições artificiais e variadas. Dados de experimentos e observações, no entanto, fornecem apenas o material bruto para a elaboração de hipóteses e teorias, ou seja, para o esclarecimento de relações causais. (H. Poincaré: "Assim como um monte de pedras não é uma casa, tampouco um acúmulo de fatos é uma ciência."). Através da construção de um arcabouço teórico (ver abaixo), a descoberta de relações regulares e sua subsequente formulação como **leis da natureza**, muitos dados de observação podem ser reunidos de modo mais compreensível e processados. Sem essa abstração seria inviável uma incursão intelectual no mundo real pleno de estruturas e de eventos em princípio inatingíveis. Uma compreensão da vida fundamentada nas leis da natureza (com base na **explicação**) possibilita também a previsão de eventos e, por fim, a **aplicação** conveniente e geral dos resultados científicos. Nisto se baseia o enorme significado das ciências naturais na idade moderna, especialmente também da biologia moderna nos nossos dias (por exemplo, biotecnologia, tecnologia genética).

A soma das leis da natureza tornadas conhecidas e das suas interpretações constitui o **quadro do mundo natural**, uma visão simplificada da natureza quanto a conceitos, símbolos e ideias. Esse quadro do mundo é a expressão mais ampla do nosso conhecimento da natureza. Ele permite operações mentais (experimentos de ideias), que no mundo real seriam dispendiosas, arriscadas ou absolutamente irrealizáveis. O quadro do mundo natural é em princípio aberto (dinâmico), isto é, seja com capacidade permanente de se ampliar e de se alterar com o progresso da pesquisa e novas interpretações. Por isso, necessariamente ele possui um caráter transitório e fragmentário e, por conseguinte, nunca pode se tornar definitivo. Contudo, ele é ao mesmo tempo o melhor do qual a humanidade pode dispor neste âmbito. O caráter fragmentário do quadro do mundo natural se relaciona não apenas com os limites (embora nem sempre conhecidos e observados) do objeto das ciências naturais, mas também com as limitações dos métodos e, principalmente, com o tipo de busca do conhecimento. Na axiomática, isto nunca pode ser direto, pois o objetivo (o resultado final) é desconhecido. Na busca indireta do objetivo, são feitas tentativas de explicação comprováveis em forma de hipóteses (do grego *hypóthesis* = suposição). Uma **hipótese** (genericamente, um conceito científico), mediante tantos dados em uniformização, não pode ser comprovada; além disso, é baixa a participação dos casos comprováveis no grande número ilimitado. Ao contrário, uma declaração geral pode ser refutada por um único (inequivocamente contraditório) resultado (assimetria da comprovação e refutação: ver em K.R. Popper). A afirmação "Todas as rosas florescem vermelhas" pode não ser comprovada mesmo por centenas de rosas vermelhas, mas pode ser refutada por uma única amarela ou branca.

As **correlações** expressam relações regulares ao nível de fenômenos observáveis (por exemplo, fumantes/câncer de pulmão; mas também a frequência de cegonhas/taxas de nascimentos em determinadas regiões). As correlações podem significar uma relação causal, mas não necessariamente. Se duas grandezas B e C estão correlacionadas, B pode ser a causa de C ou o inverso; mas B e C podem ter como causa comum uma terceira grandeza A, até então não observada; logo, elas estão relacionadas, mas não apresentam qualquer relação causal (apenas coincidência). Ao mesmo tempo em que a ausência de correlação indica a falta de uma relação causal, mesmo uma correlação assegurada não é uma certeza dela, ou seja, ela não pode valer como comprovação de uma correspondente suposição.

Devido à assimetria da comprovação e refutação, os progressos do conhecimento não se tornam diretos, mas sim alcançados indiretamente por refutação de hipóteses erradas (método de tentativa e erro; em inglês, *trial and error*). O objetivo (o conhecimento correto e esclarecedor) só pode ser atingido por insucessos e desvios (a palavra grega *méthodos* significa não só investigação profunda, mas também desvio).

Com cada tentativa fracassada de refutação aumenta a probabilidade de uma hipótese ser verdadeira. A autenticidade de uma hipótese cresce quando for possível aplicá-la com êxito a experiências de outras áreas independentes dela. Hipóteses amplas, que apesar de várias tentativas não podem ser refutadas, são válidas como **teorias**. Teorias são elementos do quadro do mundo natural. A partir de uma teoria (por exemplo, teoria da descendência ou teoria da evolução, central para a biologia), é possível explicar muitas experiências, e ela permite a formulação de inúmeros postulados passíveis de exame. No âmbito teórico da ciência, uma teoria representa uma matriz disciplinar, um **paradigma**, que propicia o ambiente intelectual para o trabalho experimental na área em questão. Como observações visadas e experimentos convenientes só podem ser realizados com base em hipótese, a maior parte da pesquisa surpreendentemente não é indutiva (ou seja, oriunda da experiência e levada ao conhecimento correto), mas sim dedutiva; ela não é dirigida para a descoberta do inesperado e do novo, mas serve para o atendimento ou exame de um paradigma. No entanto, mesmo teorias reconhecidas válidas como "consolidadas" podem ser ainda refutadas. Nesse caso, deve-se tentar uma nova teoria, mais ampla. Entretanto, tais **revoluções científicas** (ver L. Fleck; T.S. Kuhn) são bem sucedidas apenas quando a nova teoria pode se tornar compreensível, porque sua antecessora foi capaz de proporcionar boas explicações. Com frequência, em determinados limites inicialmente não observados, constata-se que a teoria mais antiga permanece válida. Na história das ciências biológicas encontram-se muitos exemplos para tais revoluções, como no desenvolvimento da citologia e da genética.

Esse tema aqui apresentado é uma parte da **epistemologia** (estudo das possibilidades e limites do conhecimento humano), à qual cabe uma posição central não apenas nas ciências naturais teóricas, mas também na filosofia (por exemplo, em I. Kant). Nesse sentido, por longo tempo permaneceu um enigma: por que existe uma lógica (mais a matemática, etc.) independente da experiência, que, no entanto, pode ser aplicada à natureza real. (A. Einstein: "O mais incompreensível no mundo é sua suscetibilidade de compreensão.")

Posição especial da Biologia

Com a posição especial dos seres vivos na natureza, nas ciências naturais é concedida à biologia uma posição especial correspondente. Cada vez mais, tem sido levantada a questão, se os sistemas vivos estão sujeitos a outras leis que não à natureza abiótica, sendo frequentemente postuladas as forças vitais especiais (**vitalismo**). Todavia, até hoje não se conhece qualquer caso, em que as leis físicas e químicas fossem anuladas nos seres vivos. Por outro lado, a extraordinária complexidade e o caráter sistêmico dos organismos implicam na biologia, evidenciando-se as leis que não podem ser observadas. Fala-se, neste caso, em **propriedades emergentes**. Uma consequência importante da complexidade dos sistemas vivos é que a matéria da biologia, do ponto de vista da lógica ou com métodos matemáticos, não teve tanta penetração quanto os temas da física e da química. Quanto à sua estruturação, a biologia é uma ciência natural exata e orientada pelo conhecimento de leis; nela, observações, descrições e comparações exercem um papel essencialmente maior do que na física. Em todo o caso, é ilusória uma recondução completa de todos fenômenos biológicos às leis conhecidas da química e física, como seria reivindicado no sentido de um **reducionismo** consequente.

Com a caracterização dos seres vivos como sistemas autorreprodutores, é considerado um outro ponto, que o evidencia: a **teleonomia** biológica. Os seres vivos se comportam orientados por objetivos, reagem de modo oportuno e mostram-se convenientemente estruturados. Além da pergunta "por que?" (**causalidade**), na biologia – e, entre as ciências naturais, apenas na biologia – a pergunta "para que?" também é conveniente e legítima (**finalidade**). Isto depende do desenvolvimento cíclico dos seres vivos (comparar os conceitos: ciclo de desenvolvimento, ciclo reprodutivo ou ciclo de gerações). De uma determinada situação de partida, sobre rotas de desenvolvimento fixadas geneticamente, esses ciclos reconduzem a situações de partida comparáveis (por exemplo, oosferas, esporos). Com isto, surgem cadeias de acontecimentos e cadeias causais quase cíclicas. Por exemplo: um determinado estado de desenvolvimento B apresenta-se não só como consequência do precedente A, mas por meio dos estados seguintes C, D, etc., ao mesmo tempo também novamente como uma causa da nova (embora subordinada temporalmente) ocorrência de A. Por isto, o modo de consideração final coloca-se na biologia quase no mesmo nível do causal. Na natureza não via, os fenômenos cíclicos (por exemplo, vibrações) não dispõem de mecanismos para compensar perdas de amortecimento mediante ganho de energia e chegam finalmente ao estado de repouso. Os seres vivos, ao contrário, podem adicionalmente se multiplicar por reprodução.

Mesmo na investigação da evolução e origem da vida, a biologia se encontra em uma situação incomum para as ciências naturais. Aqui muitas vezes o acontecimento singular e casual também é decisivo, embora ele seja examinado principalmente segundo leis, que se manifestam em repetições regulares de estruturas ou processos. Isto se relaciona com a multiplicação e a seleção dos organismos. As mutações naturais são acontecimentos aleatórios, singulares e imprevisíveis. Tais mutações podem permanecer por muito tempo insignificantes (neutras), até que, sob determinadas condições vitais, repentinamente tenham consequências negativas ou positivas para um organismo. Se a mutação for benéfica ao seu portador, então, conforme a evolução da seleção natural, passo a passo ela se impõe por completo em gerações sucessivas. A este respeito, os seres vivos mostram-se como reforçadores extremamente eficazes: todos os seus atributos hereditários, observáveis, remontam a acontecimentos aleatórios raros e improváveis (**singularidades**), mas que posteriormente foram muito acentuados (reforçados) em seu efeito, por meio de processos de multiplicação.

Animal e planta

Após a dominação das especializações fundadoras, mais histórica do que realista, na moderna biologia domina a visão interdisciplinar: conhecimentos genéticos, biofísicos, bioquímicos e fisiológicos formam o amplo fundamento de uma biologia geral; do mesmo modo, a biologia molecular e a biologia celular ultrapassaram os limites das "clássicas" especialidades botânica e zoologia. Todavia, esse entrelaçamento não deve deixar esquecer que o animal típico e a planta típica (ambos os conceitos entendidos no sentido da linguagem corrente) mostram várias diferenças essenciais.

O **animal** típico é capaz de mudar de local. Por isso, seu corpo tem uma estrutura compacta; todos os órgãos, excetuando os órgãos dos sentidos dirigidos para percepção de sinais ambientais, são orientados para dentro. Para observar esses órgãos, o corpo do animal precisa ser aberto (anatomia, palavra de origem grega, com significado de cortar). As grandes superfícies, necessárias para a respiração, absorção de alimentos e excreção, são formadas por dobras no interior do corpo. A superfície externa é minimizada; o animal é um organismo "fechado". A estrutura corporal compacta proporciona o desenvolvimento dos órgãos centrais para circulação e excreção. Mesmo o sistema nervoso, o qual possibilita coordenações rápidas, mostra na filogenia uma tendência para a centralização. Na maioria, os órgãos são formados em número limitado, no embrião já estão estabelecidos, pelo menos de modo rudimentar, e aumentam em estreitas proporções com o crescimento do organismo. A simetria corporal é predominantemente bilateral e dorsiventral, correspondendo aos dois vetores de força da gravidade e movimento, orientados perpendicularmente entre si. No sentido restrito, formas com simetria radial ocorrem quase apenas em espécies sésseis ou naquelas suspensas na água. A especialização de tecidos e órgãos é muito extensa. Já os tecidos formadores frequentemente são especializados na produção de tipos de células bem definidos (células iniciais da flor e do sistema imune, da pele, do epitélio intestinal, etc.). Mesmo para os animais de grande porte, o tempo de vida é limitado. Nos animais mais desenvolvidos, o poder de regeneração é baixo. Neles, algumas células muito diferenciadas permanecem ativas por longo tempo e normalmente não são de novo formadas no animal adulto (grandes neurônios, fibras musculares estriadas, células da lente do olho).

A **planta** típica em geral é desenvolvida para suportar as tensões da vida. Para os grãos de pólen, sementes e esporos, no entanto, a dispersão teoricamente não tem limites. Ela desenvolve seus órgãos (raízes, folhas e caules) em grande número e livres para fora. A superfície corporal é maximizada por dobramentos e ramificações. A planta é um organismo "aberto"; em cada período de crescimento, as plantas perenes continuam aumentando de tamanho por meio de inúmeros pontos vegetativos (em árvores: crescimento anual em todas as brotações, anéis anuais do lenho, etc.). A organização do corpo vegetal restringe o desenvolvimento dos órgãos centrais. Produtos residuais do metabolismo devem ser eliminados por cada célula individualmente; em vez de uma excreção central, encontra-se nesse caso uma excreção celular local. Em geral, o corpo apresenta simetria radial. A capacidade de regeneração é enorme. Em princípio, cada ponto vegetativo pode redundar em uma nova planta completa; nisso se baseia a multiplicação "vegetativa", muitas vezes aplicada em práticas de jardinagem e agricultura por meio de enxertia, estaquia, tubérculos, gemas, etc. Além disso, em excrescências celulares caóticas (tecido do calo), que comumente se formam após uma lesão, podem originar novos pontos de vegetação. Por isto, a partir de culturas de células vegetais (até mesmo a partir de células vegetativas isoladas) podem ser regeneradas plantas inteiras, o que não é possível em culturas de células e de tecidos animais. Não são raras as plantas com mais de 100 até 1.000 anos de vida. As plantas multiplicadas por clonagem são imortais. Assim, todas as maçãs, por exemplo, provêm sempre da mesma linhagem, desde a descoberta/surgimento dos primeiros indivíduos; através de enxertia, o clone é mantido vivo, independente da parte do mundo onde essa linhagem é multiplicada.

Os animais e as plantas também diferem bastante quanto à estrutura e à função das suas células. Uma comparação geral evidencia que as células vegetais (**fitócitos**) se caracterizam não só pela presença de plastídios. Elas não são apenas fototróficas, são também osmotróficas, ou seja, absorvem matéria somente de maneira dissolvida; já as células animais (**zoócitos**) são fagotróficas, isto é, podem absorver alimento em forma de partículas. (Nos flagelados, ocorrem as chamadas espécies mixotróficas, com ambas as formas de nutrição celular; Figura 3.) Em estado adulto, a célula vegetal possui um vacúolo central, que muitas vezes representa mais de 90% do volume celular, e uma parede. A parede celular amortece a pressão hidrostática do vacúolo (turgor) e, assim, protege a célula de ruptura. O turgor é uma consequência dos fenômenos osmóticos; a concentração molar global do suco celular no vacúolo é muito mais elevada do que a da água nas paredes celulares. As células dos tecidos animais não possuem nem grandes vacúolos nem paredes resistentes, que sirvam à sua estabilização. Seu turgor é baixo, pois seus tecidos são mantidos por líquidos isotônicos. A substância intercelular maciça do tecido conjuntivo e do tecido de sustentação dos animais não estabiliza células, mas sim estruturas supracelulares. Por ocasião da divisão celular, origina-se a primeira estrutura de parede em células vege-

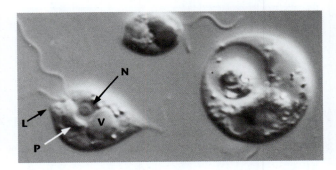

Figura 3 *Poterioochromonas malhamensis*, um flagelado mixotrófico da ordem Chrysomonadales (comparar com Figura 10-83), com dois flagelos de comprimentos desiguais e pedículo para apreensão de alimento na extremidade anterior (lobopódio L), bem como um apêndice posterior para fixação (1.160x). Na célula à esquerda, são reconhecíveis: núcleo (N) com nucléolo, plastídio P e vacúolo de reserva V. A célula à direita mostra um vacúolo digestivo grande e, no seu interior, uma célula de alga parcialmente digerida. (Imagem por *microblitz* segundo W. Herth.)

tais e de fungos entre as células-filhas, por meio de secreção "interna" de substâncias de parede. A maneira típica de divisão celular nos animais, ao contrário, consiste de um sulco da célula-mãe. Enquanto as células do corpo vegetal, quase sem exceção, permanecem fixas ao seu local de formação, durante o desenvolvimento do embrião animal ocorrem deslocamentos e migrações celulares.

Excetuando os plastídios e a fototrofia, as células dos fungos estão próximas às células vegetais típicas. Suas células são vacuoladas e osmotróficas, com paredes resistentes à ruptura. As paredes celulares, em geral, não se dividem por meio de sulcos, mas sim por secreção interna das paredes novas.

Organização e significado das ciências vegetais

O estudo do mundo das plantas, dos fungos e dos protistas pode ser realizado a partir de pontos de vista distintos – como, em geral, o mundo dos organismos. Por exemplo, pode-se orientar a gama das áreas de pesquisas biológicas segundo a hierarquia das estruturas a serem investigadas (Tabela 1). A esse respeito, o **estudo dos fundamentos** tenta compreender a forma e a função em sua interdependência, sua realização e sua multiplicidade. Neste caso, o objeto de estudo está em primeiro plano. Por outro lado, na pesquisa aplicada trata-se da utilização de plantas, animais e microrganismos para a alimentação de pessoas e animais domésticos; das plantas medicinais, tóxicas e fitoterápicos – fundamentos da farmacologia; do melhoramento, manipulação e biotecnologia genética, na agricultura (no sentido amplo) e silvicultura; na fitopatologia, combate a pragas e ervas daninhas; na proteção da paisagem, do ambiente natural e das espécies e na ecologia, no sentido da linguagem midiática moderna. O estudo dos fundamentos fornece a base de conhecimentos essencial de cada espécie da pesquisa aplicada.

No presente livro, a descrição das bases estruturais gerais é feita no começo. Neste sentido, a abordagem se estende das dimensões atômicas até as macroscópicas. Após uma vista geral dos **fundamentos moleculares**, são examinadas a estrutura e ultraestrutura das células das plantas (**citologia**), a seguir dos seus tecidos (**histologia**) e, por fim, da sua estrutura externa, visível a olho nu (**morfologia**).

A apresentação das estruturas é feita na segunda parte do livro. Cada uma das funções gerais é abordada no âmbito das trocas de matéria e energia, da mudança de forma e dos movimentos; neste domínio, da fisiologia, a dinâmica dos processos vitais ocupa uma posição de destaque. Após a abordagem pormenorizada da **fisiologia do metabolismo**, segue-se a **fisiologia do desenvolvimento** e, por fim, a **fisiologia do movimento**. Um capítulo final é dedicado a aspectos atuais da **alelofisiologia**, ou seja, das múltiplas relações fisiológicas da plantas com diversos outros organismos.

A organização deste livro em partes e capítulos não ignora o fato de que a biologia moderna se distingue pela interdisciplinaridade. Áreas antes separadas crescem juntas e resultam em novos campos de pesquisa, especialmente fecundos. Assim, por exemplo, a **biologia celular** atual resultou da conjunção do estudo celular descritivo (citologia), bioquímica e biologia molecular.

A terceira parte do livro é iniciada pelo estudo da **evolução**, que se ocupa dos princípios e causas da formação de grupos e espécies e trata dos seus fundamentos genéticos. Nesta mesma parte, a **sistemática** vegetal ocupa um espaço amplo. Como estudo das relações de parentesco, ela se ampara nos resultados de todas as outras disciplinas e se ocupa da descrição, denominação e ordenação das mais de 500.000 espécies vegetais conhecidas. A ordenação almejada se orienta na **filogenia** reconstruída do reino vegetal. A este respeito, as comparações de sequências de ácidos

Tabela 1 Áreas das pesquisas biológicas e a complexidade dos objetos

Estruturas	Área de pesquisa
Átomos	Biofísica
Moléculas	Bioquímica
Portadores de informações (macromoléculas semânticas)	Biologia molecular
Genes, cromossomos	Genética
Células	Biologia celular
Tecidos	Histologia
Órgãos	Anatomia; fisiologia
Organismos	Morfologia; fisiologia do desenvolvimento; sistemática; filogenia; autoecologia
Populações	Geobotânica; sinecologia

nucleicos e proteínas (análise filogenética molecular) e o exame de fósseis vegetais (paleobotânica) exercem um papel dominante. A parte da sistemática contém referências sobre especialidades, que se ocupam intensivamente com grupos individuais de organismos (microbiologia e bacteriologia, micologia e assim por diante), assim como sobre disciplinas aplicadas, que examinam o significado prático de plantas para a humanidade.

A **ecologia vegetal**, por fim, ocupa-se com as relações entre plantas e comunidade vegetais com seu ambiente biótico e abiótico. A ecologia vegetal busca compreender, fatos, princípios e causas da distribuição e do convívio das plantas sobre a Terra, no espaço e no tempo.

A ecologia vegetal contempla um aspecto que destaca também o especial **significado da botânica** no mundo atual. A totalidade da vida sobre a Terra depende de organismos fototróficos e substancialmente de plantas: como os únicos produtos qualitativamente relevantes, elas estão na posição de partida de praticamente todas as cadeias alimentares e formam o fundamento de todas as pirâmides alimentares. Isto é assim há menos de 1 bilhão de anos. Não por último, graças à sua grande multiplicidade (**biodiversidade**), as plantas possibilitam a manutenção estrutural e funcional de ecossistemas sob as mais diferentes condições de vida (de regiões polares até os trópicos). Atualmente, tanto a multiplicidade quanto a função de indivíduos isolados estão sob perigo pela influência humana (em breve de 7 bilhões de pessoas) sobre a biosfera. Por meio do uso não sustentável da terra e das mudanças atmosféricas, a ameaça à biosfera alcança proporções globais ("mudanças globais"). A propósito, também o homem pertence àqueles organismos que necessitam de um ambiente estável para a sobrevivência como indivíduos e espécies. Sob essas circunstâncias, o melhor conhecimento científico possível sobre **proteção ambiental** é mais que nunca necessário.

A ciência vegetal tem um papel importante para o **desenvolvimento das ciências biológicas**. Muitos conhecimentos biológicos fundamentais foram obtidos inicialmente por meio de estudos com plantas. Assim, com elas resultou a descoberta da célula e do núcleo, dos cromossomos, mitose e meiose, da osmose e leis da hereditariedade. E mesmo hoje quando, para a solução dos vários problemas da moderna biologia em microrganismos e determinados representantes do reino animal, sistemas adequados têm sido descobertos (ou puderam ser estabelecidos) e muitas perguntas médicas relevantes (como câncer, sistema imune, memória e consciência) só puderam ser trabalhadas em animais (superiores). Em todo caso, a botânica permanece como um domínio essencial da pesquisa biológica fundamental, o que acentua os enorme progressos da ciência vegetal moderna (ver a planta-modelo *Arabidopsis thaliana*). Como antes, compete a ela um significado proeminente para a pesquisa aplicada. Na **biotecnologia**, ao lado das bactérias, as plantas e os fungos desempenham um papel central. Não surpreende, pois, que a **tecnologia genética** também adquire rapidamente um significado crescente na agricultura ("tecnologia genética verde"). Como em geral na biologia moderna, a decifração de genomas (**genômica**) está em franco progresso, mediante o domínio do arsenal proteico (**proteômica**) e da análise dos metabólitos (metabolômica) de células desiguais do mesmo organismo.

Referências

História da Botânica

Hoffmann D, Laitko H, Müller-Wille S, Hrsg (2006) Lexikon der bedeutenden Naturwissenschaftler. Spektrum Verlag, Heidelberg

Jahn I, Hrsg (2000) Geschichte der Biologie, 3. Aufl. Spektrum Akademischer Verlag, Heidelberg

Mägdefrau K (1992) Geschichte der Botanik, 2. Aufl. Gustav Fischer, Stuttgart

Léxicos, terminologia, dados, figuras

Flindt R (2000) Biologie in Zahlen, 5. Aufl. Spektrum Akademischer Verlag, Heidelberg

Lexikon der Biologie (seit 2000). Spektrum Akademischer Verlag, Heidelberg

Medawar PB, Medawar JS (1986) Von Aristoteles bis Zufall. Ein philosophisches Wörterbuch der Biologie. Piper, München

Purves WK, Sadava D, Orians GH, Markl J, Hrsg (2007) Biologie. Spektrum Akademischer Verlag, Heidelberg

Wagenitz G (2003) Wörterbuch der Botanik. Spektrum Akademischer Verlag, Heidelberg

Teoria científica e teoria do conhecimento

Popper KR (1994) Logik der Forschung, 10. Aufl. Mohr, Tübingen

Popper KR (1995) Objektive Erkenntnis, 3. Aufl. Hoffmann & Campe, Hamburg

Origem e desenvolvimento da vida

Horneck G, Rettberg P, ed (2007) Complete Course in Astrobiology. Wiley-VCH, Berlin

Schopf JW, ed (1983) Earth's Earliest Biosphere. Princeton University Press, Princeton

Internet

http://www.accessexcellence.org/
http://images.botany.org/

PARTE I
Estrutura

Conforme discutido na Introdução, os seres vivos podem ser caracterizados como **teleonomias**, ou seja, **sistemas com capacidade de propagação**. Essa afirmação cabe às pequenas bactérias microscópicas, bem como aos maiores organismos multicelulares. De fato, as massas corporais de organismos podem ter diferenças na ordem da décima potência. A sequoia é 10^9 (bilhões) vezes maior do que uma célula de *Mycoplasma* (Figura 1-1). A essas diferenças quantitativas são acrescentadas as qualitativas – a multiplicidade de formas dos seres vivos também excede qualquer exercício de imaginação. Por outro lado, há também numerosas propriedades básicas comuns a todos os organismos, que apontam para sua origem a partir de uma única forma de vida.

Nos sistemas teleonômicos de cada espécie – também em máquinas (motores, computador, etc.) – existem estreitas **relações entre estrutura e função**: determinadas estruturas possibilitam determinadas funções; desempenhos vitais relevantes pressupõem estruturas correspondentes. O objetivo central da biologia é desvendar essa relação de interdependência e torná-la compreensível, em cada caso isolado.

Em uma breve visão geral, na primeira parte deste livro são apresentados os fundamentos estruturais. A era da biologia molecular baseia-se na busca da estrutura das moléculas, características de todos os seres vivos; esse é o tópico do Capítulo 1. Por sua vez, o Capítulo 2 trata da estrutura das células, as unidades vitais elementares. O Capítulo 3 mostra como, a partir dessas células, se formam os tecidos das plantas superiores multicelulares. Seguindo dimensões progressivamente maiores, é apresentada uma visão geral das formas macroscópicas de plantas, dando como exemplo as pteridófitas e as espermatófitas (Capítulo 4). Muitas dessas **cormófitas*** são bastante familiares, entre as quais se encontram também as mais importantes plantas cultivadas e de interesse econômico. Portanto, a limitação às cormófitas feita no Capítulo 4 tem motivos didáticos e econômicos.

---

* N. de T. Segundo o dicionário Houaiss da Língua Portuguesa, o termo **cormófita** "reúne as plantas com eixo caulinar bem diferenciado, ou seja, com cormo".

◀ **Figura:** Porções apicais espécie-específicas de diferentes Dasycladales e hábito de *Acetabularia acetabulum*. Estas algas verdes representam um modelo clássico em biologia celular, pois, apesar de unicelulares, apresentam diferenciação espécie-específica complexa. Isso já havia sido reconhecido por Joachim Hämmerling (1901-1980) no início do século XX, fato que o levou a formular a hipótese das "substâncias morfológicas". As "substâncias morfogenéticas" são formadas no núcleo e liberadas no citoplasma, onde são responsáveis pela conversão da morfogênese espécie-específica. Com base nas descobertas mediante experimentos com trocas nucleares, Hämmerling já definira o papel fundamental do RNAm, sem conhecer a sua existência. A *Acetabularia* foi uma das primeiras células vegetais modificada geneticamente por meio de microinjeção no núcleo isolado. Com base nos resultados essenciais sobre biologia celular (por exemplo, ritmo circadiano, teoria endossimbionte, citoesqueleto, etc.) e técnicas, essas células também representam o desenvolvimento da moderna biologia celular, qualquer que seja, a integração de métodos bioquímicos e biológicos moleculares. (Segundo G. Neuhaus, modificada; montagem M. Lay.)

Agradecimentos

A tarefa de colaborar na realização deste livro foi desafiadora e, ao mesmo tempo, exaustiva, e não seria exequível sem a ajuda de muitos colegas, a quem dedico sinceros agradecimentos. Em primeiro lugar, gostaria de agradecer ao meu antecessor e amigo, Peter Sitte, por sua constante disponibilidade para discussão e apoio essencial e qualificado.

Nesse sentido, tenho a agradecer a muitos colegas, cujas contribuições ainda estão sendo recebidas, sobretudo Wilhelm Barthlott (Bonn), Friedrich-Wilhelm Bentrup (Salzburg), Arno Bogenrieder (Freiburg), Wolfram Braune (Jena), R. Malcolm Brown, Jr. (Austin, Texas), Inge Dörr (Kiel), Rudolf Hagemann (Halle), Gerd Jürgens (Tübingen), Hans Kleinig (Freiburg), Rainer Kollmann (Kiel), Ulrich Kutschera (Kassel), Uwe G. Maier (Marburg), Ulli Meier (Tübingen), Diedrik Menzel (Bonn), Ralf Reski (Freiburg), David G. Robinson (Heidelberg), Rolf Rutishauser (Zürich), Hainfried Schenk (Tübingen), Eberhard Schnepf (Heidelberg), Andreas Sievers (Bonn), Thomas Speck (Freiburg), L. Andrew Staehelin (Boulder, Colorado), Ioannis Tsekos (Thesalonik), Helmut Uhlarz (Kiel), Walter Url (Wien) e Dieter Vogellehner (Freiburg); finalmente, um agradecimento especial a Focko Weberling (Ulm), que realizou o Quadro 4-1 (morfologia das inflorescências). Agradeço também aos meus colegas, que muito me apoiaram durante a execução deste livro: Volker Speth (Freiburg), Marta Rodriguez Franco (Freiburg) e Peter Beyer (Freiburg). Dedico especial agradecimento também a Fritz Schweingruber (Birmensdorf), pela formatação atual da parte sobre dendrologia.

Por fim, gostaria de agradecer aos meus coautores, que durante todo o tempo me apoiaram ativamente.

Meu agradecimento também é endereçado aos estudantes, que me forneceram numerosas ideias e sugestões para melhora do conteúdo, que pretende estimulá-los ao estudo, e, por extensão, à vida.

Freiburg, janeiro de 2008.   Gunther Neuhaus

Capítulo 1
Fundamentos Moleculares: Os Componentes das Células

1.1	Estrutura e propriedades da água	16	1.3.2.2	Estrutura espacial das proteínas	27
			1.3.2.3	Complexos proteicos	29
1.2	Ácidos nucleicos	18			
1.2.1	Os componentes dos ácidos nucleicos	18	1.4	Polissacarídeos	30
1.2.2	Estrutura do ácido desoxirribonucleico (DNA)	19	1.4.1	Monossacarídeos, os componentes dos polissacarídeos	31
1.2.3	A replicação do DNA	21	1.4.2	A formação de glicosídeos	31
1.2.4	Ácidos ribonucleicos (RNA)	23	1.4.3	Polissacarídeos de reserva e polissacarídeos estruturais	33
1.2.5	Vírus, fagos, viroides	24			
1.3	Proteínas	24	1.5	Lipídeos	33
1.3.1	Aminoácidos, os componentes das proteínas	25	1.5.1	Lipídeos de reserva	34
1.3.2	Organização das proteínas	26	1.5.2	Lipídeos estruturais: formação de bicamadas lipídicas	36
1.3.2.1	Estrutura primária	26			

A botânica abrange formas com diferenças enormes de tamanho, entre as quais reinos florísticos e ecossistemas que se estendem por milhares de quilômetros até o mundo das moléculas, medidas numa escala de milionésimos de milímetro (nanômetro), portanto, com diferenças extremamente grandes de tamanho, na ordem da décima potência (Figura 1-1). Em geral, a **água** constitui cerca de 70% da massa do citoplasma. Células vacuolizadas de plantas e fungos são ainda mais ricas em água. A esses valores, são acrescidos cerca de 2% de **íons inorgânicos** e 8% de **substâncias de baixa massa molecular**. Nesse caso, trata-se de compostos orgânicos com massas moleculares inferiores a 1.000 Da (= 1 kDa, $1 \cdot 10^3$ Da), excepcionalmente até 4.000 Da. Dalton (Da) é a unidade de **massa atômica**; 1 Da = $1,66 \cdot 10^{-24}$ g, corresponde a 1/12 da massa de um átomo de ^{12}C (ver Capítulo 6).

O quinto restante da massa celular é constituído por **macromoléculas**. A essa categoria, pertencem os ácidos nucleicos, as proteínas e os polissacarídeos. A maioria dessas moléculas tem massas superiores a 4.000 Da (4 kDa). Com frequência, as macromoléculas prestam-se a finalidades estruturais. As proteínas estruturais, os polissacarídeos estruturais e alguns ácidos nucleicos têm essa função. Muitas proteínas atuam como biocatalisadores, sendo denominadas enzimas. A maioria dos ácidos nucleicos serve ao armazenamento ou transporte de informações; em casos isolados, também cumprem função reguladora (por exemplo, Quadro 6-4; RNAsi) e numerosos polissacarídeos são empregados como armazenadores de energia e carbono. Os **polímeros** são macromoléculas biologicamente relevantes que se originam por ligação covalente de monômeros, muitas vezes com saída de água. Esse processo é denominado **condensação**. Um **homopolímero** se forma quando uma macromolécula consistir em apenas um único tipo de componente monomérico, como, por exemplo, celulose a partir de β-D-glicose; no caso de dois ou mais componentes diferentes, fala-se em **heteropolímero**. As proteínas e os ácidos nucleicos são exemplos de heteropolímeros. Mediante a reações de condensação, os polímeros formados podem ser decompostos (na maioria das vezes facilmente) em seus monômeros, por meio de **hidrólise** química ou enzimática. A decomposição de amidos de reserva em sementes durante a germinação baseia-se na hidrólise, catalisada por amilases (ver 5.16.1.2). No caso de proteínas, a decomposição também se processa por hidrólise

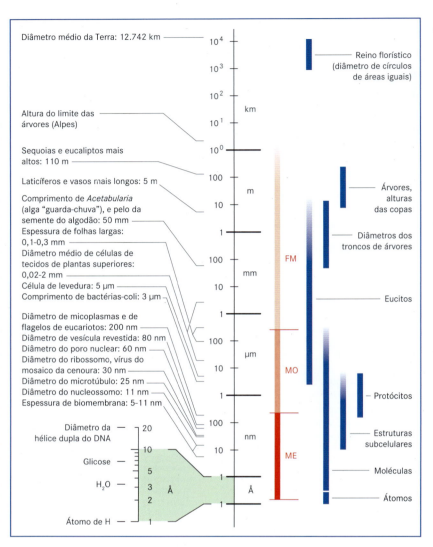

Figura 1-1 Faixas de dimensões. Do diâmetro de um átomo de H até o diâmetro da Terra, a escala das ordens de grandeza abrange uma faixa na ordem da décima potência, de 10^{-10} m (1 Ångström, 1Å) até 10^7 m (10.000 km). A faixa macroscópica (FM) é visível a olho nu; ela é seguida da faixa da microscopia óptica (MO) e, finalmente, da faixa da microscopia eletrônica (ME). A escala de dimensões é subdividida logaritmicamente. Essa escala não tem ponto zero; cada traço da escala representa um valor dez vezes maior do que o mais próximo abaixo e dez vezes menor do que o mais próximo acima. Por isso, as dimensões pequenas apresentam-se alongadas e a dimensões grandes apresentam-se comprimidas: nessa escala, podem ser representadas desde dimensões atômicas até dimensões cósmicas. A unidade SI de comprimento é o metro, m (SI, *Sistema Internacional de Unidades*); cada uma das subunidades usuais é menor em três ordens de grandeza – mili- (milésima, 10^{-3}, símbolo: m), micro- (milionésima, 10^{-6}, símbolo: μ), nano- (bilionésima, 10^{-9}, símbolo: n) – ou maior – quilo- (mil, 10^3, símbolo: k); 1 nm = 10^{-3} μm = 10^{-6} mm = 10^{-9} m = 10^{-12} km. O Ångström (Å, 1 Å = 0,1 nm) não representa uma unidade SI, mas é empregado, por ser muito útil para a descrição de dimensões atômicas e moleculares: o diâmetro de um átomo de água tem 1 Å, o diâmetro da hélice dupla de DNA tem 20 Å; as distâncias dos núcleos atômicos em ligações químicas covalentes têm aproximadamente 1 Å. (Segundo P. Sitte.)

e é mediada por proteases. A lignina, polímero estrutural tipicamente vegetal (parte componente da madeira), assume uma posição especial entre os heteropolímeros. Ela se origina a partir de vários componentes monoméricos, por meio de polimerização radical. (Nas polimerizações – radicais ou iônicas – a partir de monômeros com ligações duplas, originam-se longas cadeias de polímeros, em uma reação em cadeia que transcorre sem níveis reconhecíveis. Nesse caso, não ocorrem quaisquer deslocamentos nem separação de partes componentes de moléculas.) Por conta da multiplicidade de tipos de ligações dos componentes monoméricos entre si, a lignina é estável, dificilmente hidrolisável e também de difícil decomposição enzimática (ver 5.16.2).

Os metabólitos e as múltiplas reações metabólicas são tratados no Capítulo 5, dedicado à fisiologia do metabolismo. A seguir, é feita uma breve exposição sobre a estrutura das macromoléculas relevantes biologicamente, bem como sobre os lipídeos. Na verdade, os lipídeos não são macromoléculas, mas ocorrem nas células como formadores estruturais, principalmente como componentes de biomembranas. Inicialmente, são apresentadas as propriedades da água, o solvente biológico universal.

1.1 Estrutura e propriedades da água

Na célula, a água funciona como solvente. A água é um meio polar; suas moléculas representam fortes dipolos elétricos (Figura 1-2A, B).

Em comparação com o hidrogênio, o caráter dipolar da água baseia-se na maior eletronegatividade do oxigênio (Tabela 1-1). A consequência dessa diferença na eletronegatividade é que os elétrons da ligação entre átomos de hidrogênio e átomos de oxigênio são deslocados: a ligação é

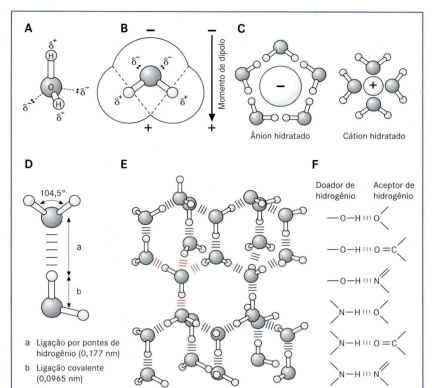

Figura 1-2 Estrutura e propriedades da água. A Modelo em esfera-bastão e B modelo em calota da molécula de água (pontos = elétrons livres do oxigênio). C Disposição de moléculas de água ao redor de ânions e cátions, formação de capas de hidratação. D Moléculas de água interagem mediante formação de ligações por pontes de hidrogênio. E Estrutura cristalina do gelo. Cada átomo de oxigênio é rodeado por quatro átomos de hidrogênio. Quando o gelo derrete, apenas 15% das pontes de hidrogênio são perdidas. F Pontes de hidrogênio frequentes entre elementos estruturais de biomoléculas. (Segundo A.L. Lehninger, D. L. Nelson e M.M. Cox.)

polarizada. Na molécula de água, portanto, o oxigênio possui carga parcial negativa (δ^-) e o hidrogênio carga parcial positiva (δ^+). No campo elétrico de íons, os dipolos de água são unidos e orientados; as moléculas de água formam uma **capa de hidratação** (Figura 1-2C). A carga elétrica de ânions e cátions assim coberta impede sua associação por meio de ligação iônica; eles permanecem em solução. As capas de hidratação também se formam em moléculas com ligações polarizadas (por exemplo, ligações C-O ou ligações C-N). Por esse motivo, a água é um solvente apropriado para substâncias carregadas e polares.

Na fase líquida, formam-se **pontes de hidrogênio** entre as moléculas de água: as cargas parciais opostas dos átomos de H e de O condicionam a atração eletrostática (Figura 1-2D, E). Muitas particularidades da água – como tensão superficial relativamente alta, entalpia de vaporização e densidade – se baseiam na formação dessas ligações por pontes de hidrogênio. As forças de coesão entre moléculas de água têm um significado importante para o transporte de líquidos por longas distâncias na planta (ver 5.3.5). No cristal de gelo, cada átomo de oxigênio está rodeado por quatro átomos de hidrogênio (Figura 1-2E); na água líquida à temperatura ambiente, ele está rodeado por 3,4 átomos de hidrogênio.

As ligações por pontes de hidrogênio não estão limitadas à água, mas podem se formar facilmente entre átomos de hidrogênio – ligados a um átomo mais eletronegativo (em geral, nitrogênio ou oxigênio) – de uma outra molécula ou da mesma. A Figura 1-2F apresenta exemplos de pontes de hidrogênio frequentes. A estabilização da estrutura de ácidos nucleicos e proteínas se efetua, entre outras maneiras, mediante ligações por pontes de hidrogênio (Figuras 1-6, 1-10 e 1-4). Sob formação de pontes intermoleculares de hidrogênio, as moléculas de celulose se dispõem em microfibrilas e, com isso, contribuem para a extensibilidade das paredes celulares vegetais (ver 2.2.7 e 5.16.1.1).

As substâncias **hidrofílicas** (do grego, *philía* = afinidade) possuem (muitos) grupos polares suficientes e, por isso, podem ser inseridas na rede das pontes de hidrogênio da fase líquida, sendo, portanto, hidrossolúveis. A hidro-

Tabela 1-1 Eletronegatividade dos elementos biologicamente importantes, em porcentagem de flúor (= 100%)

Elemento	Eletronegatividade relativa (%)
Oxigênio (O)	85
Nitrogênio (N)	75
Carbono (C)	65
Enxofre (S)	65
Hidrogênio (H)	55
Fósforo (P)	55

filia é ainda aumentada, quando, além dos grupos polares, existem grupos ionizáveis, como o grupo carboxila (–COOH → –COO$^-$ + H$^+$) ou o grupo amino (–NH$_2$ + H$^+$ → –NH$_3^+$), que formam capas de hidratação fortes.

Os compostos **hidrofóbicos** (do grego *hydrophobia* = aversão à água), ao contrário, não são hidrossolúveis. Eles são caracterizados por uma grande participação em ligações não polarizadas e, às vezes, apresentam exclusivamente essas ligações. Nas ligações covalentes apolares, os dois parceiros possuem eletronegatividades semelhantes, de modo que nos átomos que estabelecem a ligação não ocorrem cargas parciais elétricas. Esses grupos não formam quaisquer pontes de hidrogênio. As ligações carbono-hidrogênio e carbono-carbono são exemplos frequentes de ligações apolares. Por isso, os hidrocarbonetos puros, como benzol ou carotenos, exibem péssima hidrossolubilidade, mas se dissolvem em solventes orgânicos apolares, como os óleos, razão pela qual são denominados **lipofílicos**.

Nas moléculas complexas, a relação de quantidade de ligações polares e apolares é importante. Por isso, constatam-se todas as transições entre compostos extremamente hidrofóbicos (por exemplo, hidrocarbonetos) e substâncias extremamente hidrofílicas (por exemplo, poliânions, como poligalacturonato com muitos grupos ácidos, que podem ligar à água 100 vezes da sua própria massa).

1.2 Ácidos nucleicos

Os ácidos nucleicos são moléculas heteropoliméricas, que se prestam ao **armazenamento de informação** (ácido desoxirribonucleico, DNA) ou ao **transporte e realização de informação** (ácido ribonucleico, RNA). Além disso, determinados RNA possuem função estrutural na elaboração dos ribossomos (RNA ribossômico, RNAr). Em todos os organismos – procariotos e eucariotos – o DNA dupla fita atua no armazenamento da informação genética e na sua multiplicação por replicação. As moléculas de DNA se distinguem pelo fato de poder causar a formação de moléculas com sequências iguais (**replicação**, ver 1.2.3). Além dos vírus de RNA e viroides (ver 1.2.5), apenas o DNA mostra tal **função autocatalítica**. Os RNAsi reguladores são discutidos com mais detalhe no Capítulo 6. Uma vez que a reprodução, a multiplicação e a transmissão genética são os critérios fundamentais para a vida, a função autocatalítica do DNA situa-se no centro de todos os fenômenos vitais. O DNA também tem o poder de estabelecer as sequências de RNA e, por meio deste, as sequências de aminoácidos das proteínas. Devido à **função heterocatalítica** do DNA, a informação hereditária pode se manifestar: os fatores hereditários (**gene**, do grego *génos*) tornam-se visíveis como fenes (características dos organismos reconhecíveis externamente; do grego *pháinein* = tornar visível).

1.2.1 Os componentes dos ácidos nucleicos

Os ácidos nucleicos são polinucleotídeos, policondensados não ramificados a partir de componentes monoméricos, os **nucleotídeos**. Um nucleotídeo consiste em três partes: 1) uma base, a N-glicosídica ligada a um 2) açúcar, o **nucleosídeo**, e 3) um a três restos da fosfato ligados ao açúcar, de modo que é possível distinguir nucleosídeo mono, di ou trifosfato (Figura 1-3).

Como bases, encontram-se no DNA as **purinas** adenina (A) e guanina (G), bem como as **pirimidinas** citosina (C) e timina (T). O conceito "base" (ou "**nucleobase**") indica a natureza básica dessa substância aromática heterocíclica e dotada de nitrogênio. Nas pirimidinas, a ligação ao açúcar se dá pelo N$_1$; nas purinas, ela ocorre pelo N$_9$. Os açúcares participantes são as pentoses ribose (no RNA) ou 2-desoxirribose (no DNA), respectivamente, na forma β-D-furanose (para nomenclatura de açúcares, ver 1.4.1). Os nucleosídeos são denominados adenosina, guanosina, uridina ou citidina, se contiverem ribose, e desoxiadenosina, desoxiguanosina, desoxitimidina ou desoxicitidina, se o açúcar for 2-desoxirribose. Mediante a esterificação do grupo hidroxila primário no C$_5$ da pentose, com ácido fosfórico, originam-se os nucleosídeos monofosfato. Uma ou duas outras moléculas de ácido fosfórico podem ser conectadas a esse grupo α-fosfato, formando-se anidridos ricos em energia: nucleosídeo difosfato ou nucleosídeo trifosfato. Os nucleosídeos trifosfato servem como precursores da biossíntese de DNA ou RNA. Além disso, esses compostos com potencial elevado de transferência de grupos possuem muitas outras funções metabólicas. A adenosina trifosfato (ATP), por exemplo, é o mais importante fornecedor de energia para reações enzimáticas (ver 5.1).

Com a ajuda de um resto de ácido α-fosfórico, um nucleotídeo pode ser ligado covalentemente à pentose de um segundo nucleotídeo, com saída de água, de modo que inicialmente origina-se um dinucleotídeo. A partir deste, podem ser formados oligonucleotídeos e por fim **polinucleotídeos**. Com isso, nos ácidos nucleicos formam-se pontes fosfodiéster entre os átomos de C 5' e o 3' de pentoses vizinhas (para poder distinguir entre átomos das nucleobases (bases dos nucleosídeos) e dos açúcares, os átomos de C dos açúcares de nucleosídeos são indicados). Conforme a Figura 1-4 destaca, um ácido nucleico apresenta, portanto, um "esqueleto" de riboses (ou desoxirriboses), ligadas por pontes 5',3'-fosfodiéster. Em uma extremidade da molécula, existe um grupo 5'-OH livre (extremidade 5' do ácido nucleico); na outra extremidade, existe um grupo 3'-OH livre (extremidade 3'). As nucleobases têm ligações glicosídicas a esse "esqueleto" de açúcar-fosfato.

A **estrutura primária** do ácido nucleico é identificada por uma sequência linear de bases característica, sempre lida na direção 5'→3', que corresponde também à direção da síntese. A **sequência de bases** (**código do tríplete**, ver

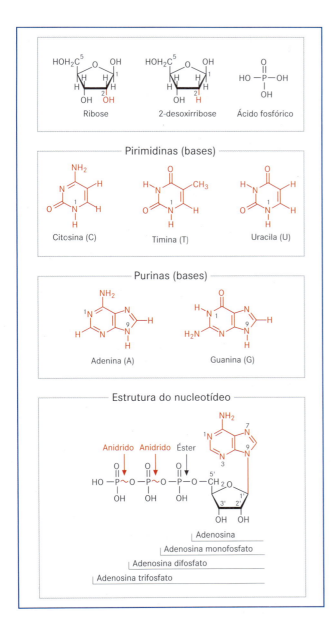

Figura 1-3 Os nucleotídeos consistem em três componentes: uma base pirimidina ou base purina, uma pentose e ácido fosfórico. A base possui uma ligação N-β-glicosídica com a pentose, precisamente com N_1 da pirimidina ou N_9 da purina. O ácido fosfórico forma um éster com o grupo álcool primário da pentose. A esse resto de ácido α-fosfórico podem estar unidos, em ligação anidra, até dois outros restos de ácido fosfórico. O glicosídeo formado a partir de base e ribose é denominado nucleosídeo; o formado a partir de base e 2-desoxirribose é denominado desoxinucleosídeo (d-nucleosídeo). Logo, os nucleotídeos são nucleosídeo monofosfato, difosfato e trifosfato, conforme é mostrado abaixo no exemplo da adenosina e do seu nucleotídeo. Os desoxinucleotídeos são, respectivamente, desoxinucleosídeo monofosfato, difosfato ou trifosfato. O açúcar do ácido ribonucleico (RNA) é a ribose e do ácido desoxirribonucleico (DNA) é a 2-desoxirribose. Os átomos de carbono do açúcar são indicados em nucleosídeos e nucleotídeos (1, 2 ... 5). C_1 forma a ligação glicosídica. Para simplificação, em fórmulas complicadas (por exemplo, em anéis) muitas vezes se suprimem os hidrogênios situados nos átomos de carbono (comparar as fórmulas de baixo com as situadas acima). Para mais clareza, nas próximas figuras deste livro, esse procedimento é adotado muitas vezes.

6.3.1.1) contém a informação. O número de pares de bases (pb, DNA) ou de bases (b, RNA) é indicado como medida do tamanho de um ácido nucleico.

1.2.2 Estrutura do ácido desoxirribonucleico (DNA)

Apenas em alguns fagos e vírus, o DNA ocorre em forma de molécula de fita simples (DNAss, do inglês *single-stranded* DNA). Na maioria dos vírus e fagos e em todas as células, o DNA se apresenta sob forma de fita dupla de duas moléculas antiparalelas e com disposição helicoidal. Essa estrutura é identificada como **hélice dupla do DNA**. Nesse caso, as cadeias de açúcar-fosfato estão voltadas para fora; os sistemas em anel achatados das bases estão voltados para o centro, mais ou menos perpendiculares ao eixo longitudinal da hélice dupla (Figura 1-5).

As bases opostas das duas fitas situam-se na mesma altura e formam pontes de hidrogênio na região do eixo da hélice (ver 1.1). Certamente, isso pressupõe o ajuste estérico das regiões dos heterociclos voltadas umas para outras (Figura 1-6). Uma base purina (A ou G) está sempre na frente de uma base pirimidina (T ou G), e apenas os pares de bases AT e GC apresentam complementaridade estérica.

Logo, as sequências de bases das duas fitas de DNA de uma hélice dupla também são complementares: a base de uma fita está fixada à base da outra. Assim, a sequência complementar da fita oposta à ordem de bases 5'-GATTACA-3' seria 3'-CTAATGT-5'. A consequência desse princípio estrutural é que a relação quantitativa molar de bases de purina e de pirimidina na hélice dupla é 1, ou seja, há igualmente tantos C quantos G e tantos A quantos T. Por outro lado, a relação de bases (A + T):(G + C) pode variar. Em procariotos, a relação de bases oscila dentro de limites amplos (0,3-3,5); em eucariotos, ela situa-se em torno de 1 ou acima de 1. A temperatura de fusão (T_m) do DNA também depende da relação de bases. A **fusão** ou **desnaturação** do DNA é a separação das suas duas fitas (causada pela temperatura, por exemplo). Nesse caso, as pontes de hidrogênio se dissolvem entre as bases opostas. Os pares GC, com suas três pontes de hidrogênio, são mais estáveis do que os pares AT, com apenas duas pontes de hidrogênio. Por isso, as sequências ricas em AT se fundem em temperaturas mais baixas do que as sequências ricas em GC.

A sequência de bases de uma molécula de DNA é identificada como sua **estrutura primária**; a estrutura

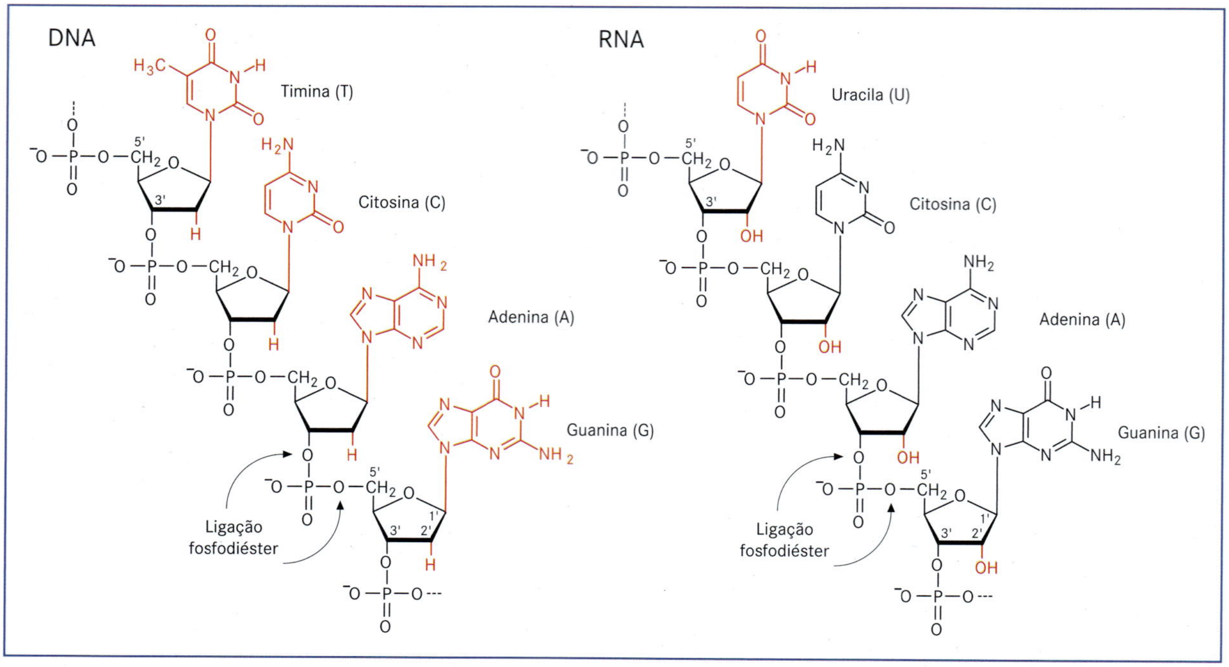

Figura 1-4 Cortes curtos de moléculas de DNA e RNA. A timina não ocorre no RNA, onde é substituída pela uracila. As respectivas direções da síntese e da leitura são da esquerda para a direita, da extremidade 5' para a extremidade 3' das moléculas.

helicoidal da fita dupla de DNA é identificada como **estrutura secundária**. As proteínas que se ligam ao DNA frequentemente reconhecem a estrutura secundária em locais determinados da hélice dupla de DNA (ver

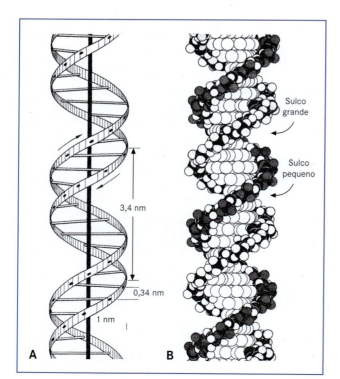

Figura 1-5 O modelo de Watson-Crick da hélice dupla do DNA (Forma B). **A** Esquema. **B** Modelo de escada em caracol.

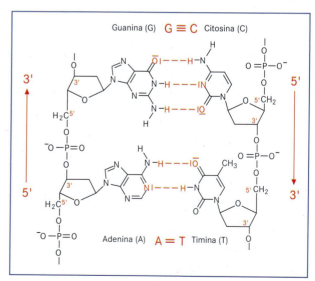

Figura 1-6 Pareamento específico de bases, mediante formação de pontes de hidrogênio entre duas fitas antiparalelas de DNA. A estrutura molecular das bases permite apenas os pareamentos AT e GC. Um para AT forma duas pontes de hidrogênio e um par GC forma três.

6.2.2.3). O modelo da hélice dupla, proposto por J.D. Watson e E.H.C. Crick em 1953 e apresentado na Figura 1-5, que se baseia em dados de cristalografia de raios X de M.H.F. Wilkins e R. Franklin, mostra a chamada forma B predominante de DNA, uma hélice dirigida para a direita. A hélice dupla do DNA tem diâmetro de 2 nm (20 Å). Uma volta completa (3,4 nm na direção do eixo) compreende 10 pb, ou seja, o ângulo de torção de uma base em relação à outra é de 36°. Medições posteriores mais exatas mostraram que, por rotação completa na forma B de DNA em solução, estão dispostas 10,5 pb sobre um comprimento de 3,6 nm. Além da forma B, existe a forma A de DNA, igualmente dirigida para a direita e que se distingue da forma B na conformação dos açúcares. Sob condições especiais *in vitro* (concentrações salinas elevadas), pode existir uma forma Z de DNA dirigida para a esquerda. Ela pressupõe uma fita de bases purinas e bases pirimidinas alternantes. A função biológica da forma Z de DNA não está esclarecida. A hélice dupla do DNA é flexível, isto é, ela pode ser facilmente torcida a um raio de curvatura mínimo de apenas 5 nm (por exemplo, em nucleossomos, Figura 2-21). No âmbito celular, a hélice dupla do DNA não existe fora de ordem, mas forma **estruturas terciárias**, que, com participação de numerosas proteínas, alcançam até as supraestruturas altamente compactas dos cromossomos das células eucarióticas (ver 2.2.3.2).

1.2.3 A replicação do DNA

As duas fitas de uma hélice dupla do DNA, devido à complementaridade de bases, mantêm entre si uma relação positiva/negativa. Portanto, com a hélice dupla do DNA existe uma estrutura que parece predestinada à duplicação idêntica, à replicação do genoma: as duas fitas se separam e em cada uma é novamente formada uma fita-parceira com pareamento complementar de bases (Figura 1-7). Em sua essência, esse modelo de **replicação semiconservativa** tem sido reiteradamente confirmado. Tem sido mostrado que os cromossomos inteiros de eucariotos são replicados de maneira semiconservativa. Levando em conta que os cromossomos contêm apenas uma hélice dupla de DNA (modelo de fita simples, ver 2.2.3.2), esse achado é definitivamente compreensível.

Na realidade, o processo de replicação é muito mais complicado do que o apresentado na Figura 1-7. Assim, por um lado, devido à torção helicoidal da fita dupla do DNA (estrutura plectonêmica), a separação das fitas na forquilha de replicação força rotações rápidas em torno do seu eixo (até 300 voltas por segundo). Todavia, pela ação de **enzimas de relaxação** (**topoisomerases I**) especiais, o desenrolamento e a quebra da hélice dupla são evitados: elas provocam rupturas das fitas simples, refeitas logo depois. Com isso, originam-se sítios transitórios com giro livre, nos quais se equilibram as tensões de torção ou se evitam forças perigosas, sem que as regiões vizinhas necessitem acompanhar os giros.

Por outro lado, as duas fitas da hélice dupla são antiparalelas: na forquilha de replicação encontram-se para o crescimento, de cada vez, uma extremidade 3' e uma extremidade 5'. No entanto, devido ao mecanismo de reação do crescimento da cadeia, as DNA polimerases (bem como as RNA polimerases) podem crescer exclusivamente extremidades 3'. De fato, apenas a fita com a extremidade 3' (a "fita contínua", que cresce "para frente"; do inglês, *leading strand*) cresce continuamente; a "fita descontínua"

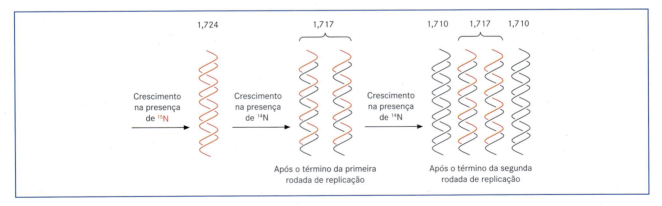

Figura 1-7 Demonstração da replicação semiconservativa do DNA, por meio do experimento de Meselson-Stahl. Células de *Escherichia coli* cultivadas na presença de ^{15}N (isótopo pesado de nitrogênio) forma DNA contendo ^{15}N, com densidade de 1,724 g cm^{-3} (determinável mediante centrifugação, com formação de um gradiente de densidade). Deixando as células crescerem de modo sincronizado na ausência de ^{15}N e na presença de ^{14}N (isótopo leve de nitrogênio), após o término da primeira e segunda rodada de replicação, respectivamente, as moléculas de DNA nas densidades indicadas (ver os números acima dos desenhos) comportam-se na relação 1:1. No final da segunda rodada de replicação, a clivagem em duas espécies de DNA de densidade média (em cada espécie, uma fita de DNA não marcada) ou de densidade mais baixa (ambas as fitas de DNA não marcadas) comprova o modelo da replicação semiconservativa do DNA.

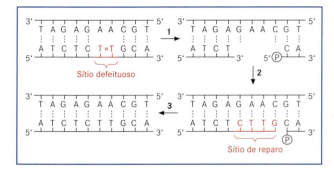

Figura 1-8 Reparo por excisão de nucleotídeo de um sítio com dano provocado por UV (dímero de timidina) em fita dupla de DNA. **1** Reconhecimento do sítio defeituoso, separação das fitas de DNA (fusão) na região do sítio defeituoso e excisão do trecho de DNA com o sítio defeituoso. Numerosas proteínas participam deste processo, entre as quais, nos eucariotos, o fator de transcrição geral TFIIH (ver 6.2.2.2), que também desempenha um papel na síntese de RNAm. Isso explica porque os danos na região do DNA transcrito (em RNA transcrito) são reparados mais rapidamente do que na região dos genes não transcritos. **2** Preenchimento da lacuna a partir da extremidade 3' livre pela DNA polimerase. **3** Por meio da DNA ligase, ligação da extremidade 3' livre com o fosfato 5' na cadeia original produz novamente uma fita dupla de DNA sem defeito.

(do inglês, *lagging strand*), ao contrário, sintetiza por partes – descontinuamente – "para trás" e posteriormente os fragmentos resultantes desse processo são ligados covalentemente por meio de uma ligase (**replicação semidescontínua**). **Ligases** são enzimas que podem ligar covalentemente as extremidades 3' livres com as extremidades 5' livres. Elas exercem um papel importante nas reações de reparo de fitas de DNA danificadas (Figura 1-8), mas também na replicação. Nos organismos com ligases defeituosas, as sequências parciais na fita descontínua permanecem separadas e podem ser isoladas como fragmentos de Okazaki (assim denominados em homenagem ao seu descobridor).

Ao contrário das **RNA polimerases**, as **DNA polimerases** conseguem alongar apenas as extremidades 3' já existentes. Por isso, além da matriz em forma de DNAss (fita molde), elas necessitam também do **iniciador** (*primer*), para poder começar (do zero) a síntese de uma fita de DNA. Em distâncias regulares (correspondentes ao comprimento dos fragmentos de Okazaki) da fita descontínua, uma RNA polimerase denominada **primase** forma, como iniciador, sequências curtas de RNA; nas extremidades 3' dessas sequências, a DNA polimerase pode então sintetizar. Os iniciadores são posteriormente decompostos; as lacunas de sequências resultantes são preenchidas por polimerases de reparo e ligases.

A **estrutura molecular da forquilha de replicação** apresenta-se hoje mais ou menos como a Figura 1-9 mostra esquematicamente. Em princípio, esse modelo é válido para a replicação do DNA em procariotos, em mitocôndrias e plastídios, bem como no núcleo de eucariotos – onde sempre existe DNAds em células. Contudo, enquanto os DNA das organelas e dos procariotos, relativamente curtos e circulares (ver 6.2.1), possuem apenas um ponto de partida da replicação (denominado **origem** ou **replicador**), do qual se deslocam duas forquilhas de replicação em direção oposta ao redor do círculo de DNA, nas moléculas lineares do DNA (com centímetros e decímetros de comprimento) dos cromossomos dos eucariotos há muitas origens; não fosse isso, apesar da alta eficiência das polimerases, a replicação completa de um cromossomo duraria semanas ou meses. A região da sequência replicada por um replicador é conhecida como *replicon*. Os DNA circulares de bactérias e de organelas apresentam um *replicon* (**monorreplicon**), ao passo que o DNA linear dos cromossomos eucarióticos apresenta

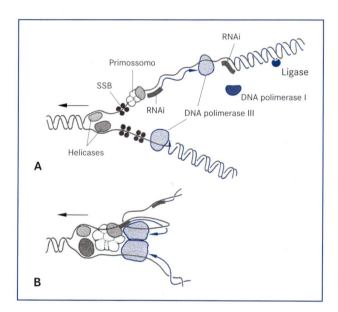

Figura 1-9 Replicação do DNA em *Escherichia coli*; a forquilha de replicação progride na direção da seta. **A** Desenrolamento da hélice dupla de DNA por meio de helicases específicas às fitas; estabilização temporária por meio de proteínas ligadas à fita simples (SSB). Na fita contínua (parte inferior), síntese ininterrupta da nova fita-parceira (colorida, ponta da seta: extremidade 3' em crescimento) pela DNA polimerase III. Na fita descontínua (topo), a polimerase trabalha em sentido contrário, para trás (contudo, igualmente 5'→3'); ela alonga as extremidades 3' de iniciadores de RNA (RNAi), que, por sua vez, são sintetizados por primases (enzimas parciais de primossomos) em distâncias regulares (replicação descontínua). Os iniciadores de RNA são finalmente decompostos; as lacunas são preenchidas mediante síntese de reparo (DNA polimerase I) e as brechas das fitas simples restantes são ligadas de maneira covalente mediante ligase. **B** Modelo hipotético de um "replissomo", no qual todas as enzimas e fatores proteicos do aparato de replicação são reunidos em um complexo. O antiparalelismo das fitas parentais de DNA é localmente suprimido pela formação de uma alça na fita descontínua. (Segundo A. Kornberg, de H. Kleinig e U. Maier.)

muitos *replicons* (**polirreplicon**). Outras diferenças na replicação dos cromossomos eucarióticos, em comparação à replicação bacteriana (Figura 1-9), dizem respeito à DNA polimerase: a DNA polimerase α, que atua nos eucariotos em lugar da DNA polimerase III procariótica, possui atividade de primase própria, que sintetiza o iniciador de RNA tanto na "fita contínua" quanto na "fita descontínua". No entanto, a DNA polimerase α não é capaz de sintetizar seções mais longas de DNA; mas, quando o iniciador foi alongado em cerca de 30 nucleotídeos, a DNA polimerase δ é substituída pela enzima de replicação principal, a DNA polimerase δ.

1.2.4 Ácidos ribonucleicos (RNA)

Ao contrário do DNA, que excepcionalmente em alguns vírus e fagos possui uma única fita (e na maioria das vezes ocorre como fita dupla), as moléculas de RNA em geral apresentam-se com fita única. Mediante pareamento intramolecular de bases (Figura 1-10A, C), formam-se **estruturas secundárias** estabilizadoras e, além disso, **estruturas terciárias**, muitas vezes devido a uma associação com proteínas. Por isso, ao contrário do DNA, existem moléculas de RNA em estruturas múltiplas e como com-

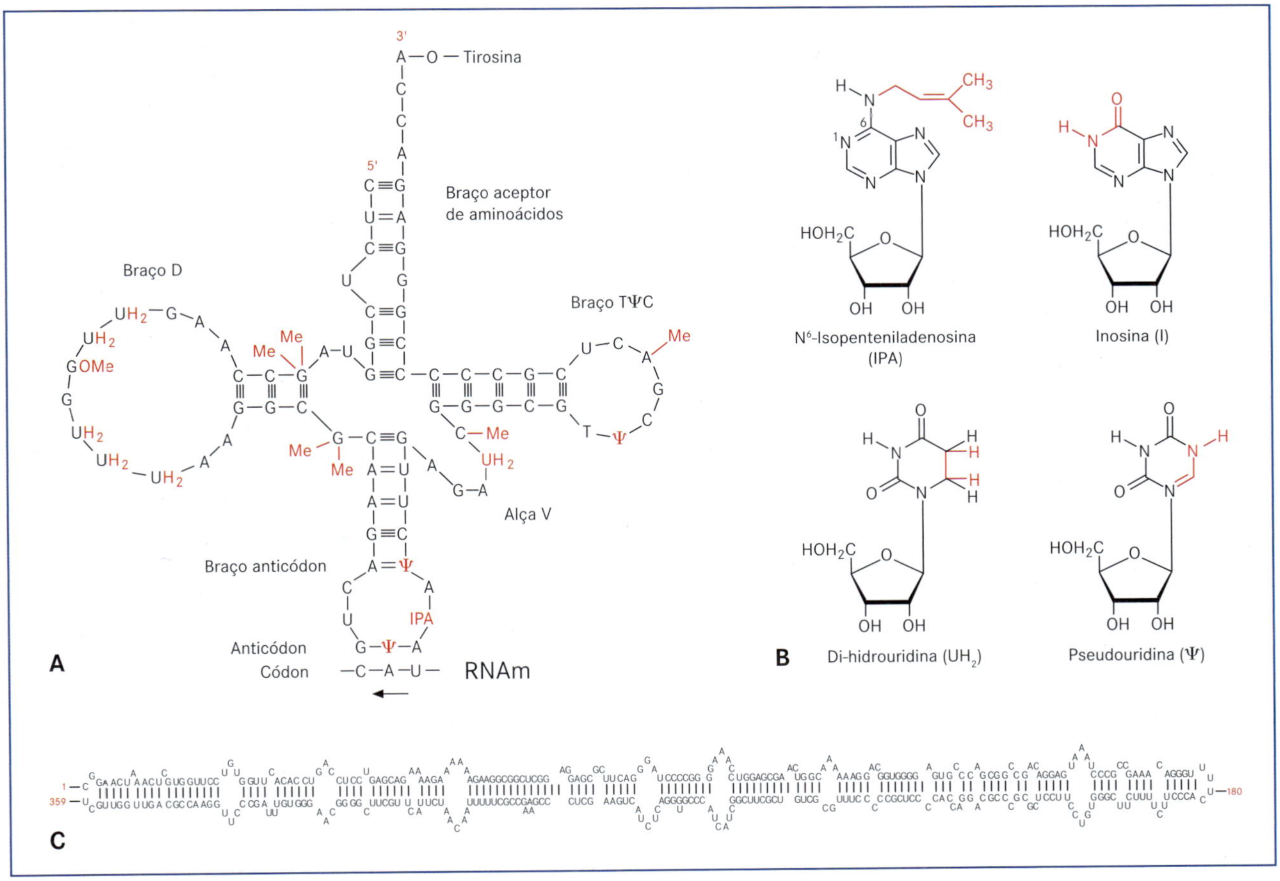

Figura 1-10 Ácidos ribonucleicos. **A** Estrutura "em folha de trevo" de uma molécula de RNAt, como exemplo do RNAt portador de tirosina (RNAt^tir) da levedura. A estrutura é estabilizada por regiões dentro da molécula fita simples, capazes de efetuar pareamentos de bases entre si; além disso, encontram-se regiões não pareadas. Muitas bases de RNAt (destacadas em vermelho) estão modificadas; alguns exemplos importantes de bases modificadas estão apresentados em **B**. Além destas, encontram-se bases metiladas (com Me, identificadas em vermelho). Um tríplete de bases, o anticódon, realiza pareamentos de bases com um tríplete de bases complementar do RNAm, o códon. A série do tríplete sobre o RNAm mediante o pareamento códon-anticódon especifica, portanto, a ordem dos aminoácidos em uma proteína (Código genético, ver 6.3.1.1, Síntese de proteínas, ver 6.3.1.2). O braço D é denominado de acordo com a presença acumulada de di-hidrouracila (UH2); o braço TΨC é denominado segundo a sequência de bases 5'-T-Ψ-C-3' sempre presente. Em RNAt distintos, a alça V possui tamanho variável. O braço aceptor de aminoácidos e o braço do anticódon são importantes para o reconhecimento dos RNAt convenientes e dos seus aminoácidos correspondentes por meio das aminoacil-RNAt sintetases; o braço do anticódon "apresenta" o anticódon ao mesmo tempo que, no ribossomo, pode efetuar um pareamento de bases com o códon do RNAm. Presume-se que o braço TΨC e o braço D sejam especialmente importantes para a ligação do RNAt ao ribossomo. **C** Exemplo de uma molécula de RNA em anel fechado. O viroide do tubérculo afilado da batata (PSTV, **P**otato **S**pindle **T**uber **V**iroid) consiste em um anel fechado covalente de 359 nucleotídeos. A estrutura é estabilizada mediante pareamentos de bases intramoleculares, que por motivos de clareza são apresentados como traços simples.

Tabela 1-2 Tamanhos aproximados e funções dos três tipos de RNA, em comparação ao DNA

Ácido nucleico	Tamanho	Função
DNA	Até mais de 100 milhões de pares de bases	Armazenamento de informações (genes)
RNAm	Várias centenas até mais de 10.000 bases	Representa a cópia de um gene; leva aos ribossomos a informação relevante para a síntese de proteínas
RNAr	4 tipos (em células eucarióticas), com cerca de 120, 150, 1.700 e 3.500 bases, respectivamente	Garantia de estrutura e função dos ribossomos
RNAt	80-90 bases	Transporte de aminoácidos para os ribossomos

plexos ribonucleoproteicos (RNPs). Por não se associarem a proteínas, apenas os RNA transportadores (RNAt) constituem uma exceção. Uma vez que o RNA fita simples é facilmente decomposto enzimaticamente por nucleases, o pareamento intramolecular de bases e a associação a proteínas aumentam a estabilidade das moléculas de RNA. Além disso, as estruturas secundárias e terciárias são importantes para as funções dos RNA.

Uma multiplicidade funcional dos diferentes tipos de RNA corresponde à multiplicidade estrutural (Tabela 1-2). As moléculas de **RNA mensageiro** de vida curta (RNAm), na maioria, representam cópias dos trechos de um gene relevantes para a síntese de proteínas (ver 6.2.2). No processo de tradução no ribossomo, elas funcionam como matriz para a anexação sequencial de **RNA de transporte** (RNAt), estáveis e específicos aos aminoácidos, e, com isso, estabelecem a ordem dos aminoácidos na proteína. Os **RNA ribossômicos** (RNAr), igualmente estáveis, participam da formação dos ribossomos. Além deles, ocorrem pequenos RNA citoplasmáticos (RNAsi; do inglês *small interfering* RNA; ou RNAmi, do inglês *microRNA*), que desempenham um papel regulador. Os RNA nucleares pequenos (RNAsn; do inglês *small nuclear* RNA) colaboram no processamento dos transcritos primários para RNAm e RNAt (ver 6.2.2.2).

1.2.5 Vírus, fagos, viroides

Os **vírus** são parasitos obrigatórios de eucariotos, e os **fagos**, de procariotos. Trata-se de partículas que exibem estrutura muito mais simples para a multiplicação espontânea; por isso, para sua multiplicação estão ajustadas às atividades metabólicas das células vivas. No entanto, seus ácidos nucleicos – DNAds e DNAss ou RNA – apresentam informação genética que sofre mutações e em circunstâncias adequadas também pode ser recombinada. Em especial, os fagos exerceram um papel importante como organismos-modelo no desenvolvimento da genética moderna.

Nos vírus e fagos, o ácido nucleico está complexado com proteínas. Com frequência, as moléculas de proteína formam estruturas envoltórias altamente simétricas, os **capsídeos** (Figura 1-17). Eles têm função estrutural e de proteção e são importantes para a infecção de novas células hospedeiras. Nos vírus "complexos", existe ainda um envoltório membranoso frouxo. Ele provém da membrana celular da última célula hospedeira, mas também possui glicoproteínas vírus-específicas.

Os **viroides** não possuem qualquer envoltório. São moléculas nuas de RNA, muito pequenas, contendo cerca de 250-370 bases, em forma de anel ou bastonete, que podem atuar como agentes patogênicos em plantas (Figura 1-10C). A doença do tubérculo afilado da batata e a doença *cadang-cadang* do coqueiro, por exemplo, são causadas por viroides. Os viroides são transmitidos para novas plantas hospedeiras por meio de células lesadas e afetam o metabolismo das células infectadas, enquanto interferem negativamente no processo de síntese de RNAm.

1.3 Proteínas

As proteínas (do grego, *prótos* = o primeiro) exibem grande multiplicidade em todas as células. As enzimas são bastante numerosas e, como biocatalisadores específicos aos substratos, efetuam o metabolismo (ver 5.1.6) ou catalisam o dobramento correto de proteínas recém-formadas. Esses auxiliares no dobramento são enquadrados em duas classes: os **chaperones** e as **chaperoninas** (do francês, *chaperon* = dama-de-companhia) (ver 6.3.1.2 e 6.3.1.4). As **proteínas estruturais** não apresentam atividade enzimática, mas, pelo aumento da estabilidade, são capazes de formar complexos altamente organizados, possibilitando originar fios moleculares ou estruturas tubulares – filamentos ou microtúbulos, respectivamente. As proteínas estruturais e as enzimas têm ocorrência não apenas intracelular, mas também extracelular. Por fim, as **proteínas receptoras** prestam-se ao reconhecimento específico de agentes sinalizadores, como hormônios, feromônios, eliciadores ou de estruturas superficiais específicas sobre gametas por ocasião da fecundação, por exemplo. A ligação do ligante, que tem um reconhecimento altamente específico, desencadeia na célula reações em série características, que ao final provocam uma resposta celular. As **proteínas translocadoras** são proteínas de membrana, especializadas no reconhecimento de determinadas moléculas ou íons e na sua condução pelas membranas. As **proteínas motoras**, por fim, são estruturas moleculares que convertem energia química em trabalho mecânico. As **proteínas de reserva** ocorrem em grandes quantidades em sementes, mas também em órgãos vegetativos de reserva e em quantidades menores na maioria dos tipos celulares. Mediante de proteólise, os aminoácidos liberados de proteínas de reserva são de novo empregados para a síntese de outras proteínas (ver 5.16.4).

1.3.1 Aminoácidos, os componentes das proteínas

As proteínas são **polipeptídeos**, macromoléculas formadas por heteropolímeros, compostas de ácidos α-aminocarbônicos (de modo simplificado, **aminoácidos**) com ligação linear. Com base em atributos característicos, na Figura 1-11 os 20 aminoácidos proteinogênicos são reunidos em grupos.

Em todos os aminoácidos, o modelo de substituição do C_α, mostrado à esquerda e acima na Figura 1-11, apresenta um grupo carboxila, um grupo amino, um átomo de hidrogênio e um resíduo R, o qual é distinto nos diferentes aminoácidos. No aminoácido glicina, que é o caso mais simples, R = H. Esse aminoácido, ao contrário de todos os demais, não é opticamente ativo, pois o C_α é substituído não assimetricamente. Os demais 19 aminoácidos mostram atividade óptica e pertencem à série L. O fato de pertencer à série L resulta da disposição das fórmulas estruturais segundo Emil Fischer (**projeção de Fischer**): escrevendo para cima aquele átomo de C com o nível de oxidação mais alto, aqui o grupo

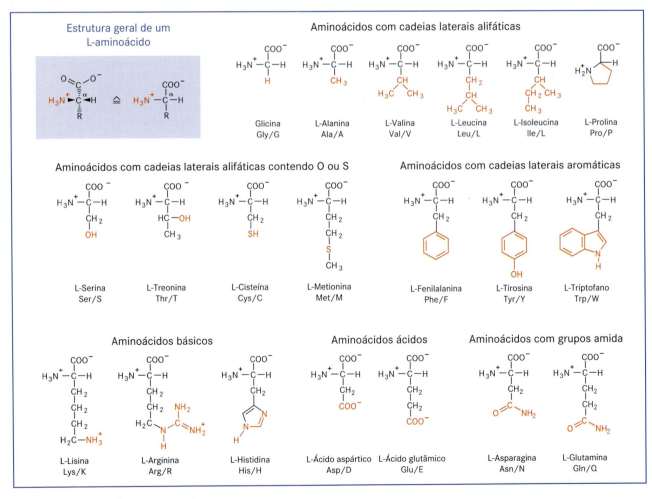

Figura 1-11 Os 20 aminoácidos proteinogênicos. A disposição estérica dos substituintes no átomo de C_α é igual nos aminoácidos proteinogênicos (caixa); excetuando a glicina, que não está substituída de maneira assimétrica, quanto à posição eles pertencem ao grupo amino da série L. Por simplificação, junto aos nomes triviais dos aminoácidos, muitas vezes emprega-se um código de três letras; nas indicações das sequências de aminoácidos para polipeptídeos usa-se um código de uma letra.

carboxila, e dispondo-se a cadeia C mais longa perpendicularmente, o composto considerado pertence à série L, quando o substituinte característico – aqui, o grupo amino (-NH$_2$) – estiver voltado para a esquerda (do latim *laevis* = esquerda). Se o substituinte estiver voltado para a direita, ocorre a forma D (do latim, *dexter* = direita). Segundo a **nomenclatura de Cahn-Ingold-Prelog**, C$_\alpha$ apresenta configuração S (exceto na cisteína: R e na glicina, ver acima). Com base nas regras de prioridade, a **configuração** R ou a configuração S de um átomo de C assimetricamente substituído é estipulada para os quatro ligantes e independe completamente da nomenclatura D ou L, respectivamente, do sistema de classificação geral empregado.

Nas proteínas, mediante **ligações peptídicas** entre o grupo carboxila de um aminoácido e o grupo amino do próximo aminoácido, os aminoácidos individuais estão linearmente conectados entre si. A formação de uma ligação peptídica corresponde à formação de uma amida ácida e pode ser considerada formalmente como reação de condensação com saída de água (Figura 1-12). De fato, como se processa nos ribossomos, a síntese de polipeptídeos (ver 6.3.1.2) é muito mais complicada. Contudo, as ligações peptídicas podem ser clivadas por hidrólise. A digestão de proteínas corresponde a uma decomposição hidrolítica.

Em todas as proteínas, os átomos e os átomos de C$_\alpha$ participantes das ligações peptídicas estão conectados a um esqueleto flexível, de estrutura monotônica. As múltiplas estruturas e propriedades das proteínas são determinadas pela ordem das cadeias laterais de aminoácidos (R) e das consequências estruturais dela resultantes. Como mostra a Figura 1-11, essas cadeias laterais se distinguem pelo tamanho, polaridade, bem como nos aminoácidos básicos e ácidos pela existência dos grupos dissociáveis.

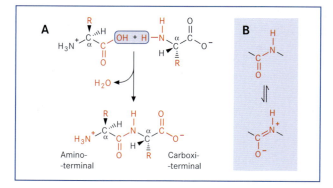

Figura 1-12 Ligação peptídica. **A** A formação da ligação peptídica pode (formalmente) ser formulada como reação de condensação com saída de água. As ligações peptídicas e os átomos de C$_\alpha$ formam um "esqueleto", do qual as cadeias laterais dos aminoácidos (R) apontam para fora. Devido ao caráter de ligação dupla parcial (**B**), a ligação peptídica é rígida e plana; as ligações vizinhas aos átomos de C$_\alpha$ são livremente giráveis.

Conforme o compartimento, os valores de pH fisiológicos podem chegar a 8,5 (estroma dos cloroplastos, sob exposição à luz), partindo do pH 4 (região da parede celular, vacúolo) e passando pelo pH 7 (citoplasma). Nessa faixa de valores de pH, as proteínas apresentam cargas elétricas. O **ponto isoelétrico** da proteína é o valor de pH em que não há qualquer carga líquida na proteína (portanto, as cargas positivas e negativas se compensam). No ponto isoelétrico, as proteínas podem facilmente se tornar insolúveis, pois possuem capas de hidratação fracas (ver 1.1).

1.3.2 Organização das proteínas

1.3.2.1 Estrutura primária

A sequência linear precisa dos aminoácidos em uma proteína resulta em sua **estrutura primária**. A **sequência de aminoácidos** é lida partindo do aminoácido que apresenta um grupo NH$_2$ livre no átomo C$_\alpha$ (**amino-terminal, N-terminal**) e termina com um aminoácido que apresenta um grupo carboxila livre (**carboxi-terminal, C-terminal**). A direção da leitura corresponde também à direção da síntese.

O número de sequências de aminoácidos possíveis é grande. Uma vez que, em cada posição de uma cadeia de aminoácidos pode ocorrer cada um dos 20 aminoácidos, o número das sequências possíveis é 20^n. Mesmo em uma proteína pequena com apenas 100 aminoácidos resultam $20^{100} = 1,26 \cdot 10^{130}$ sequências possíveis. Estima-se que na natureza existam $10^{10} - 10^{20}$ proteínas diferentes; uma planta forma cerca de 20.000–60.000 proteínas distintas. Para comparação: o número de moléculas de água em todos os oceanos situa-se em torno de apenas $4 \cdot 10^{46}$.

A sequência de aminoácidos é típica para cada proteína, mas não basta para a compreensão da função. Certamente, com base em suas **semelhanças de sequências**, proteínas aparentadas podem ser identificadas; até mesmo relações de parentesco de organismos podem ser verificadas a partir do conhecimento de comparações de sequências de várias proteínas (ou de genes) (sistemática molecular, ver 10.1.3.1).

Exemplificando: o citocromo c ocorre nos procariotos e nas mitocôndrias de todos os eucariotos com um transportador de elétrons essencial. Trata-se de uma proteína com cerca de 110 aminoácidos e com um grupo heme ligado da maneira covalente. Sua sequência de aminoácidos (Figura 1-13) é conhecida em mais de 100 organismos. Uma comparação de sequências mostra que, mesmo em organismos com parentesco distante, em determinadas posições aparece sempre o mesmo aminoácido, em outras posições são encontrados aminoácidos semelhantes, ao passo que em outras posições podem ocorrer aminoácidos muito diferentes. Muitas vezes, os aminoácidos mais conservados têm um significado substancial para a estrutura e/ou função de uma proteína. Nas mesmas posições, o número de aminoácidos idênticos ou semelhantes é verificado porcentualmente em uma comparação de sequências. Se as semelhanças de sequências se situarem acima do valor de concordância ao acaso (cerca de 5%; além disso, em proteínas não homólogas é improvável a ocorrência de sequências parciais com concordância total, mesmo as mais curtas), as sequências comparadas são **homólogas**, ou seja, também aparentadas filogeneticamente. Todas as proteínas sequenciadas até agora podem ser distribuídas em menos de 150 famílias de sequências sem homologia entre si. Com isso, cada família de sequências abrange também muitas proteínas desiguais funcionalmente. É admirável que a evolução das proteínas (e, por conseguinte, dos genes) partiu de poucas sequências primitivas.

A maioria das proteínas tem entre 100-800 aminoácidos, embora possam existir cadeias polipeptídicas menores e maiores. Os **oligopeptídeos** ou, simplesmente, **peptídeos** têm menos de 30 aminoácidos. A partir da massa molecular de uma proteína, o número dos aminoácidos participantes pode ser aproximadamente calculado e vice-versa. A massa molecular média de um resíduo de aminoácidos na cadeia polipeptídica é indicada com 111 Da. Logo, os polipeptídeos com 100-800 aminoácidos possuem massas moleculares de aproximadamente 11-88 kDa. As cadeias polipeptídicas com mais de 100 kDa (> 900 aminoácidos) são raras.

1.3.2.2 Estrutura espacial das proteínas

A estrutura das moléculas de proteínas é determinada pelo desenvolvimento espacial da cadeia polipeptídica e, ao fim, estabelecida pela sequência primária. No entanto, ainda não se conhecem as regras segundo as quais as cadeias polipeptídicas se dobram para a formação da ordem superior. Regiões limitadas de uma cadeia polipeptídica de aproximadamente 5-20 aminoácidos formam **estruturas secundárias** localizadas, que são estabilizadas por meio de pontes de hidrogênio entre os grupos C=O e NH das ligações peptídicas dos aminoácidos separados entre si na sequência primária. Devido ao seu caráter de ligação dupla parcial, a ligação peptídica é plana e rígida, mas as ligações aos átomos de C_α vizinhos podem girar livremente (Figura 1-12). Por isso, a cadeia de ligações peptídicas alternantes e átomos de C_α pode assumir várias conformações estéricas. Como elementos frequentes da estrutura secundária distinguem-se a α-**hélice** voltada para a direita e a **folha β-preguada** (do inglês β-*sheet*); além disso, existem β-**voltas** (do inglês β-*turns*), assim como **espirais aleatórias** (do inglês *random coils*). Em geral, as espirais aleatórias unem as α-hélices e/ou as folhas β-pregueadas entre si.

Na α-hélice, as pontes de hidrogênio situam-se entre o grupo C=O de um aminoácido e o grupo NH de cada quarto aminoácido próximo na sequência contínua (Figura 1-14). Assim, origina-se uma hélice voltada para a

```
Hom_sa   --------GDVEKGKKIFIMKCSQCHTVEKGGKHKTGPNLHGLFGRKTGQAPGYSYTAAN--
Dro_me   ----GVPAGDVEKGKKLFVQRCAQCHTVEAGGKHKVGPNLHGLIGRKTGQAAGFAYTDAN--
Sac_ce   ---TEFKAGSAKKGATLFKTRCLQCHTVEKGGPHKVGPNLHGIFGRHSGQAEGYSYTDAN--
Neu_cr   ----GFSAGDSKKGANLFKTRCAQCHTLEEGGGNKIGPALHGLFGRKTGSVDGYAYTDAN--
Cuc_ma   ASFDEAPPGNSKAGEKIFKTKCAQCHTVDKGAGHKQGPNLNGLFGRQSGTTPGYSYSAAN--
Pha_au   ASFDEAPPGNSKSGEKIFKTKCAQCHTVDKGAGHKQGPNLNGLFGRQSGTTAGYSYSTAN--
Tri_ae   ASFSEAPPGNPDAGAKIFKTKCAQCHTVDAGAGHKQGPNLHGLFGRQSGTTAGYSYSAAN--
Gin_bi   ATFSEAPPGDPKAGEKIFKTKCAZCHTVZKGAGHKQGPNLHGLFGRQSGTTAGYSYSTGN--
Chl_re   STFAEAPAGDLARGEKIFKTKCAQCHVAEKGGGHKQGPNLGGLFGRVSGTAAGFAYSKAN--
Rho_ru   --------EGDAAAGEKVSK-KCLACHTFDQGGANKVGPNLFGVFENTAAHKDDYAYSESYTE

Hom_sa   -KNKGIIWGEDTLMEYLENPKKYIP---G-----TKMIFVGIKKKEERADLIAYLKKATNE-
Dro_me   -KAKGITWNEDTLFEYLENPKKYIP---G-----TKMIFAGLKKPNERGDLIAYLKSATK--
Sac_ce   -IKKNVLWDENNMSEYLTNPKKYIP---G-----TKMAFGGLKKEKDRNDLITYLKKACE--
Neu_cr   -KQKGITWDENTLFEYLENPKKYIP---G-----TKMAFGGLKKDKDRNDIITFMKEATA--
Cuc_ma   -KNRAVIWEEKTLYDYLLNPKKYIP---G-----TKMVFPGLKKPQDRADLIAYLKEATA--
Pha_au   -KNMAVIWEEKTLYDYLLNPKKYIP---G-----TKMVFPGLKKPQDRADLIAYLKESTA--
Tri_ae   -KNKAVEWEENTLYDYLLNPKKYIP---G-----TKMVFPGLKKPQDRADLIAYLKKATSS-
Gin_bi   -KNKAVNWGZZTLYEYLLNPKKYIP---G-----TKMVFPGLKKPZZRADLISYLKQATSQE
Chl_re   -KEAAVTWGESTLYEYLLNPKKYMP---G-----NKMVFAGLKKPEERADLIAYLKQATA--
Rho_ru   MKAKGLTWTEANLAAYVKDPKAFVLEKSGDPKAKSKMTFK-LTKDDEIENVIAYLKTLK---
```

Figura 1-13 Comparação de sequências no citocromo c. Dez sequências de aminoácidos (código de uma letra), escolhidas dos mais diversos organismos, estão dispostas de tal modo que as posições correspondentes mutuamente se sobrepõem em colunas verticais. As concordâncias no sistema como um todo estão marcadas em vermelho; as posições de restos de aminoácidos semelhantes (por exemplo, I/L/V: Isoleucina/Leucina/Valina) estão indicadas em azul. São apresentadas as sequências do citocromo c das seguintes espécies: homem (*Homo sapiens*, Hom_sa), mosca-das-frutas (*Drosophila melanogaster*, Dro_me), dos ascomicetos (*Saccharomyces cerevisiae*, Sac_ce) e *Neurospora crassa* (Neu_cr), da abóbora (*Cucurbita maxima*, Cuc_ma), do feijão (*Phaseolus aureus*, Pha_au), do trigo (*Triticum aestivum*, Tri_ae), do ginkgo (*Ginkgo biloba*, Gin_bi), da alga verde (*Chlamydomonas reinhardtii*, Chl_re), bem como da bactéria (*Rhodospirillum rubrum*, Rho_ru) como representante dos procariotos. (Segundo compilação de S. Rensing.)

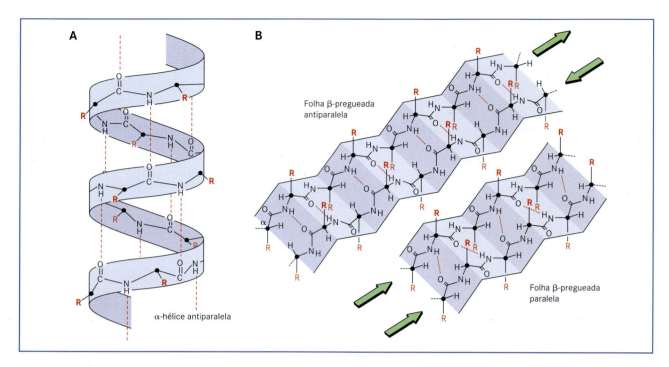

Figura 1-14 Estruturas secundárias de polipeptídeos. **A** α-hélice. **B** Folha β-pregueada antiparalela e paralela: em uma folha β-pregueada, os elementos C=O e NH da ligação peptídica opõem-se diretamente; em uma folha β-pregueada antiparalela, a um grupo C=O opõe-se um grupo NH (e vice-versa). Os átomos de C_α estão representados por círculos pretos e as cadeias laterais dos aminoácidos estão indicadas com R. Linhas tracejadas em vermelho: ligações por pontes de hidrogênio. Para mais clareza na apresentação das estruturas terciárias (ver Figura 1-15), com frequência os elementos estruturais secundários são representados esquematicamente e com supressão dos resíduos R. Neste caso, as folhas pregueadas são representadas por setas, na direção do amino-terminal para o carboxi-terminal, e as hélices por cilindros ou fitas helicoidais. (Segundo P. Karlson.)

direita, que contém 3,6 aminoácidos por volta completa. Os resíduos dos aminoácidos, que não participam da formação do "esqueleto" de átomos de ligações peptídicas e átomos de C_α, se estendem para fora da hélice. Os aminoácidos alanina, ácido glutâmico, leucina e metionina são encontrados com frequência em estruturas secundárias em α-hélice; os aminoácidos asparagina, tirosina, glicina e, principalmente, prolina são raros.

Para a formação de pontes de hidrogênio entre as funções de C=O e NH, em uma folha β-pregueada, ocorrem diferentes segmentos de uma cadeia polipeptídica, as chamadas fitas β (do inglês *β-strands*). As fitas β podem ter entre si uma disposição **paralela** ou **antiparalela**. No primeiro caso, as fitas β dispõem-se paralelamente do N-terminal para o C-terminal; no segundo caso, uma fita β vai do N-terminal para o C-terminal e a outra vai do C-terminal para o N-terminal (Figura 1-14). Nas fitas, os resíduos de aminoácidos situam-se alternadamente acima ou abaixo do nível da fita. Muitas vezes, os aminoácidos valina e isoleucina, bem como os aminoácidos aromáticos, são encontrados em fitas β; os aminoácidos ácidos e básicos são raros. Elementos estruturais secundários vizinhos, em especial fitas β, estão muitas vezes unidos por alças β de 4-8 aminoácidos, em geral estabilizadas mediante pontes de hidrogênio. Em uma alça β, a cadeia polipeptídica altera abruptamente a direção, razão pela qual utiliza-se a expressão "alças de grampos de cabelo" (do inglês *hairpin turns*). Assim, as alças β contribuem para a produção de estruturas proteicas compactas. Nas alças β, encontram-se com frequência os aminoácidos prolina e glicina, mas também asparagina e ácido aspártico.

O processo de dobramento da proteína termina com a formação da **estrutura terciária**. Sob esse conceito, entende-se a estrutura tridimensional e compacta que assume o conjunto dos elementos estruturais secundários de uma cadeia polipeptídica. As proteínas pequenas com até 200 aminoácidos dobram-se em um só **domínio**; nas proteínas maiores, com mais de 200 aminoácidos, podem ser formados dois ou mais domínios, que se dobram independentemente uns dos outros. Muitas vezes, o processo de dobramento conta com a participação de proteínas auxiliares, os **chaperones** ou **chaperoninas** já mencionados (ver 6.3.1.2 e 6.3.1.4). Com frequência, a estabilização da estrutura terciária se processa com:

- formação de pontes de hidrogênio adicionais;
- formação de pontes dissulfeto;
- estabelecimento de interações apolares, especialmente no interior de uma proteína;

- outras modificações complexas, como glicosilações;
- isomerização de X-pro-ligações peptídicas, que, ao contrário da ligação peptídica habitual (que sempre apresenta isomeria *trans*, Figura 1-12), podem aparecer tanto na isomeria *cis* quanto na isomeria *trans* (X = qualquer aminoácido).

Até a formação das pontes de hidrogênio e das interações apolares, esses processos são catalisados por enzimas.

As técnicas da radiocristalografia e espectroscopia por ressonância nuclear (NMR-espectroscopia) permitiram esclarecer em dimensões atômicas as estruturas espaciais de muitas proteínas, até mesmo as mais complexas (Figura 1-15). Nesse sentido, ressalta-se também que a respeito da estrutura terciária tridimensional existe um número limitado de famílias de proteínas. Estima-se que seu número seja algo superior a 1.100. Dentro de uma família estrutural, podem ocorrer representantes cujas sequências de aminoácidos não sejam homólogas.

Conforme a participação dos elementos estruturais individuais, formam-se **proteínas globulares** ou **proteínas fibrosas**. As primeiras são características de enzimas e as últimas encontram-se em muitas proteínas estruturais. Várias proteínas têm **grupos prostéticos** (do grego, *prosthetos* = adicionado) não peptídicos. Conforme o tipo de grupo adicional, elas são identificadas como glicoproteínas, cromoproteínas, fosfoproteínas ou metaloproteínas (ver Capítulo 6). O citocromo c é uma cromoproteína e apresenta heme como grupo prostético.

A estrutura proteica tridimensional conjuga **estabilidade** com **dinâmica**. Assim, os centros ativos de enzimas (ver 5.1.6) geralmente são muito pequenos, em relação ao tamanho total da proteína. A parte preponderante da estrutura terciária serve para possibilitar uma formação precisa e estabilização da estrutura do centro ativo. Muitas proteínas exibem **mudanças de conformação** funcionais, como, por exemplo, receptores ou enzimas após ligação dos seus ligantes. Fala-se, nesse caso, de **ajuste induzido** (do inglês *induced fit*). As mudanças de conformação são experimentadas por proteínas motoras durante um ciclo de reações (por exemplo, miosina, dineína, cinesina, ver 2.2.2.2) ou por translocadores durante um ciclo de transporte (ver 5.1.5 e 5.2.3). Modificações químicas reversíveis de aminoácidos especiais, como fosforilações, muitas vezes influenciam a atividade das proteínas por meio de mudanças de conformação. Isso corresponde ao depósito de efetores alostéricos em enzimas (ver 5.1.7). Desse modo, a estrutura e a função de proteínas estão sujeitas a múltiplos processos de regulação. De maneira mais exata, em seu modo de ação as proteínas podem ser qualificadas como as máquinas moleculares das células.

Estrutura e função da maioria das proteínas dependem de um ambiente celular apropriado (pH, concentração iônica do entorno, entre outros fatores). Devido à ocorrência frequente de resíduos de aminoácidos polares ou carregados sobre a sua superfície, as proteínas solúveis estão fortemente hidratadas (ver 1.1). Os aminoácidos situados no interior da proteína, ao contrário, são estabilizados por interações polares.

Mudanças intensas do pH ou da temperatura provocam **desnaturação** das proteínas. Nesse caso, prejudica-se a estrutura terciária e talvez também a estrutura secundária. Por meio da interação de diferentes proteínas, por exemplo, devido ao desnudamento dos resíduos apolares durante a desnaturação, ocorre formações de agregados e, por fim, precipitação das proteínas. Com frequência, essa situação não pode mais ser anulada e é, então, qualificada como desnaturação irreversível.

1.3.2.3 Complexos proteicos

Muitas proteínas só podem exercer sua função em conexão supramolecular com proteínas iguais ou com outras proteínas. Esses complexos proteicos são denominados **estruturas quaternárias** e suas subunidades são os **protômeros** (do grego, *merós* = parte). Se houver apenas um tipo de subunidades, o complexo proteico é homo-oligômero; os complexos proteicos hetero-oligômeros, por sua vez, são compostos de duas ou mais subunidades diferentes. Em geral, as estruturas quaternárias não são mantidas por valências principais, mas por valências secundárias (ligações por pontes de hidrogênio, ligações iônicas, interações hidrofóbicas). Nas proteínas estruturais, as estruturas quaternárias podem alcançar dimensões considerá-

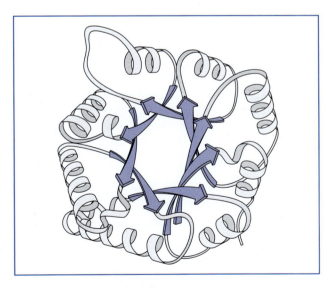

Figura 1-15 Estrutura terciária da triosefosfato isomerase da levedura (*Saccharomyces cerevisiae*). Esquema de um monômero da enzima existente em forma ativa como dímero. A representação considera apenas a conformação do esqueleto da cadeia de aminoácidos (comparar com a Figura 1-14). A estrutura consiste em oito fitas β (setas azuis) no centro da proteína e oito α-hélices de disposição periférica, unidas entre si por meio de alças. (Segundo L. Stryer.)

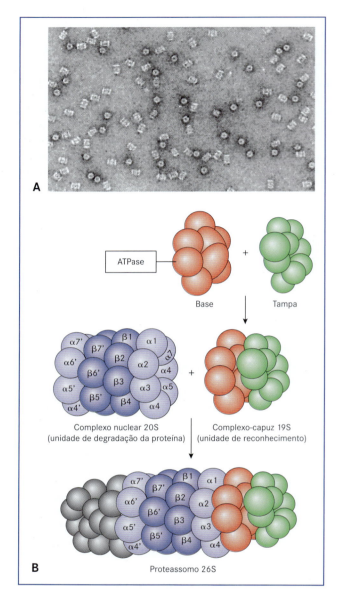

Figura 1-16 O proteassomo 26S como exemplo de um complexo proteico multímero. **A** Imagem do complexo (apenas a unidade catalítica 20S), com ajuda de microscopia eletrônica da alta resolução (técnica de contraste negativo). **B** Representação esquemática do proteassomo 26S: um proteassomo consiste em um "tonel" central cilíndrico (parte nuclear 20S) e dois complexos-capuz 19S. Esses complexos dispõem-se assimetricamente dos dois lados frontais do "tonel" e assumem uma função reguladora. Até agora, somente nos eucariotos puderam ser comprovados complexos-capuz 19S. Em Archaea e bactérias encontrou-se apenas o complexo 20S. (A, Original H. Zühl.)

veis: microtúbulos e filamentos de actina frequentemente têm vários micrômetros de comprimento, ao passo que seus protômeros globulares apresentam diâmetro de apenas 4 nm.

A Figura 1-16 apresenta o **proteassomo** como exemplo de complexo proteico. Os proteassomos estão distribuídos em quase todos os organismos – mas em todos os eucariotos – e servem para a degradação das proteínas reguladoras e com falta de dobramento. Com isso, os proteassomos ocupam-se da conversão de proteínas (do inglês *protein turnover*), ou seja, da constante renovação do componente proteico da célula mediante degradação e nova síntese (ver 6.3.1). O proteassomo possui estrutura quaternária tubular (Figura 1-16B); no lado interno do tubo situam-se os centros ativos das diferentes proteases, que participam da síntese do proteassomo. Como consequência, apenas são clivados aqueles polipeptídeos que foram introduzidos no interior do proteassomo. Essa degradação de proteínas-alvo é utilizada pelas células como função reguladora (por exemplo, **ubiquitinação** de proteínas e sua degradação direcionada; por exemplo, no ciclo celular, ver 2.2.3.5). As chaperoninas são outros exemplos de complexos proteicos, aos quais pertence a chaperonina HSP60 dos plastídios, formada por 14 protômeros idênticos (ver 6.3.1.4, Figura 6-18).

Um **complexo multienzimático** ocorre quando enzimas diferentes estão reunidas em uma estrutura quaternária. Alguns desses complexos, que podem catalisar sequências de reações completas, apresentam massas de partículas extremamente altas – por exemplo, no complexo-piruvato desidrogenase, composto de quase 100 protômeros (ver 5.9.3.1), ela é superior a $7 \cdot 10^6$ Da. Com frequência, as proteínas de ação catalítica estão ligadas a proteínas de ação reguladora. Os protômeros em estruturas quaternárias podem se influenciar mutuamente, por exemplo, no sentido de que a transição de um protômero, da conformação inativa para a ativa, favorece a transição correspondente em todos os demais protômeros (**cooperatividade**, ver 5.1.7).

Os ácidos nucleicos, em geral, aparecem associados a complexos proteicos. Assim, o DNA dos cromossomos ocorre no núcleo em grande parte complexado com um octâmero de histonas, em nucleossomos (Figura 2-21); os RNA ribossômicos agregam-se a um grande número de proteínas diferentes em ribossomos (ver 2.2.4). Muitos vírus são igualmente partículas ribonucleoproteicas (Figura 1-17).

1.4 Polissacarídeos

Ao lado dos ácidos nucleicos e das proteínas, os polissacarídeos formam o terceiro grande grupo de polímeros fundamentais. Os **polissacarídeos** (**glicanos**) se originam por ligação de monossacarídeos (**hexoses** e/ou **pentoses**) e constituem macromoléculas não ramificadas ou ramificadas. Os **homoglicanos** são polissacarídeos formados por apenas um tipo de componentes monoméricos; aqueles formados por dois ou mais tipos de componentes monoméricos são denominados **heteroglicanos**. Os **po-**

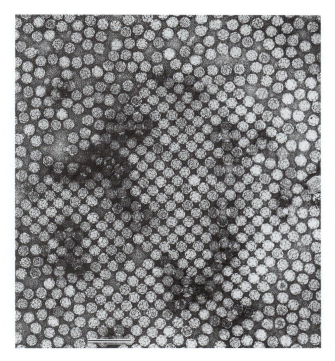

Figura 1-17 Partícula de vírus do mosaico da beterraba amarela (TYMV – *Turnip Yellow Mosaic Vírus*) em contraste negativo. O capsídeo – invólucro proteico do vírus, formado regularmente por 32 capsômeros – envolve o centro contendo RNA. Cada capsômero, por sua vez, consiste em 5 ou 6 moléculas proteicas globulares como os protômeros da estrutura quaternária (0,1 μm). (Segundo P. Klengler, Siemens AG.)

lissacarídeos estruturais têm ocorrência extracelular e participam da elaboração de paredes celulares vegetais. Os **polissacarídeos de reserva**, depositados tanto intracelular quanto extracelularmente, servem com reservas de matéria e de energia.

1.4.1 Monossacarídeos, os componentes dos polissacarídeos

Os monossacarídeos são ligações de poli-hidroxicarbonila, isto é, além de vários grupos hidroxila, eles possuem uma função carbonila, seja um grupo aldeído (**aldoses**) ou uma função ceto (**cetoses**). De acordo com o número de átomos de carbono (n), distinguem-se trioses (n = 3, por exemplo, gliceraldeído), tetroses (n = 4, por exemplo, eritrose), pentoses (n = 5, por exemplo, ribose, ribulose, xilulose), hexoses (n = 6, por exemplo, glicose, frutose, galactose) ou heptoses (n= 7, por exemplo, sedo-heptulose) (Figura 1-18). A classificação de um açúcar na série D ou na série L se dá com base na posição do grupo hidroxila no correspondente átomo de C substituído assimetricamente com o número mais alto (observar a projeção de Fischer, ver 1.3.1). Nas plantas, preponderam monossacarídeos da série D. Os açúcares L encontram-se ocasionalmente em polissacarídeos.

A função carbonila condiciona as reações características de monossacarídeos. Os grupos carbonila, em uma reação sob catálise ácida podem ser acrescentados aos grupos hidroxila, com formação de **hemiacetais**. Em pentoses e hexoses, essa formação de hemicetal tem transcurso intramolecular, com formação de estruturas em anel do **tipo furanose** ou **piranose**, apresentadas na Figura 1-18, conforme representação de Haworth (**projeção de Haworth**). Essa representação foi escolhida aqui por sua clareza, mas não reproduz a verdadeira conformação dos açúcares. Os anéis de piranose ocorrem geralmente na forma de cadeira (Figura 1-18F). Os grupos hidroxila, que nas fórmulas de Haworth se localizam no lado inferior do anel, nas fórmulas da projeção de Fischer estão à direita. Condicionado pelas duas posições possíveis do grupo carbonila na formação do hemiacetal, para cada forma de furanose ou piranose resultam duas estruturas isômeras, que se distinguem pela posição do grupo OH do hemiacetal e são denominadas **anômeros** (α-anômero e β-anômero, respectivamente). Em solução, devido à forma de cadeia aberta, eles se mantêm em equilíbrio entre si.

1.4.2 A formação de glicosídeos

Os hemiacetais podem reagir com grupos hidroxila alifáticos ou aromáticos, aminas secundárias e grupos hidroxila de ácidos, como grupos carboxila ou ácido fosfórico, com saída de água, formando **acetais integrais** (Figura 1-19). A ligação assim resultante é denominada **ligação glicosídica**. Por consequência, distinguem-se ligações O-glicosídicas e N-glicosídicas. Se o parceiro da reação for um não açúcar (**aglicona**), os compostos resultantes são denominados **glicosídeos**; se o parceiro for um açúcar, fala-se em **sacarídeos**, para indicar que o composto consiste exclusivamente em açúcares (monossacarídeos). A reação é reversível. Por hidrólise, as ligações glicosídicas podem ser clivadas em ácidos. As enzimas que hidrolisam ligações glicosídicas são denominadas **glicosidases**.

Muitas substâncias naturais vegetais de massa molecular pequena (ver 5.15) são depositadas como glicosídeos nos vacúolos. Os glicosídeos se dissolvem melhor na água do que as agliconas. Os **glicolipídeos** são O-glicosídeos, componentes essenciais de membrana (ver 1.5.2). Nas plantas, encontram-se especialmente **galactolipídeos**, típicos das membranas de plastídios. As **glicoproteínas** são muitas proteínas integrais de membrana e proteínas secretadas para o exterior das células, bem como algumas proteínas de ocorrência intracelular; entre elas ocorrem tanto ligações O-glicosídicas (nos aminoácidos serina, treonina e tirosina) quanto ligações N-glicosídicas (no aminoácido asparagina).

Quando dois monossacarídeos reagem para formar um dissacarídeo, os dois grupos hemicetais podem par-

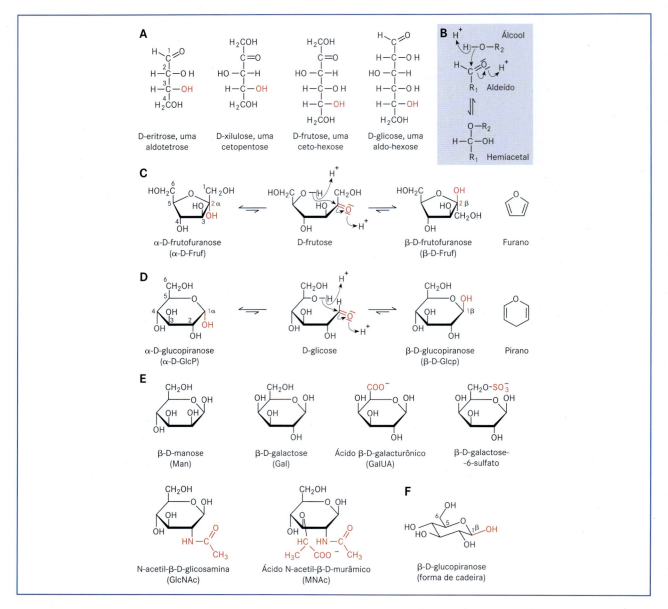

Figura 1-18 Fórmulas estruturais e formação intramolecular de hemiacetal de monossacarídeos. **A** Fórmulas da projeção de Fischer, de aldoses e cetoses escolhidas com n = 4 (terose), n = 5 (pentose) e n = 6 (hexose) átomos de carbono. A posição do grupo OH no "mais inferior" átomo de C substituído assimetricamente determina a classificação em série D ou série L. Todos os monossacarídeos representados pertencem à série D. **B** Os aldeídos reagem com grupos hidroxilas, com formação de hemiacetais. Esse processo apresenta catálise ácida e, conforme mostrado no exemplo de D-frutose (**C**) e D-glicose (**D**), em monossacarídeos pode ter andamento intramolecular, especialmente em hexoses e aldopentoses. Nesse caso, estabelecem-se formas de piranose ou furanose de açúcar, cujos nomes derivam de pirano e furano, respectivamente. Sobre a forma de cadeia aberta, duas formas isômeras se mantêm em equilíbrio entre si em solução aquosa; essas formas se distinguem pela posição do grupo hidroxila no hemiacetal. Esses isômeros são denominados anômeros: α-anômero e β-anômero. **E** Monossacarídeos da série piranose, que frequentemente aparecem como monômeros em polissacarídeos, com abreviatura de uso corrente e substituintes característicos coloridos. Por exemplo, o ácido galacturônico ocorre em pectinas, a N-acetil-β-D-glicosamina na quitina e o ácido N-acetil-β-D-murâmico no peptidoglicano das bactérias. As fórmulas da projeção de Haworth empregadas em **C-E** são claras, mas não reproduzem a conformação verdadeira da molécula. Assim, em solução prevalece a forma de cadeira da β-D-glucopiranose (**F**).

ticipar ou o hemiacetal de um açúcar reage com um grupo hidroxila alifático do outro açúcar. No primeiro caso, formam-se dissacarídeos do **tipo tre-halose** sem função hemiacetal; no segundo caso, formam-se dissacarídeos do **tipo maltose**, que ainda têm função hemiacetal (Figura 1-19). Os hemiacetais são agentes redutores suaves. Em solução de tartrato alcalina, eles reduzem Cu^{2+} a Cu^+, que se torna insolúvel como Cu_2O (**teste de Fehling**). Por isso, a função hemiacetal livre de um sacarídeo é também identificada pela sua extremidade redutora. Em consequência, os açúcares do tipo tre-halose, como a própria tre-halose ou a sacarose, não têm extremidade redutora. Conforme o número de monossacarídeos ligados, originam-se di, tri, tetrassacarídeos e assim por diante (n = 2, 3, 4 ...); até n < 30, eles são denominados **oligossacarídeos**; a partir de n = 30, eles são **polissacarídeos**. Uma vez que na união de açúcares são possíveis vários açúcares, o tipo de ligação deve ser indicado com exatidão; a indicação dos átomos de C integrantes dos parceiros da reação, da anomeria e da forma em anel (furanose, piranose) faz parte desse processo, pois em alguns açúcares (ribose, por exemplo) existe tanto a forma furanose quanto a forma piranose. As Figuras 1-18 e 1-19 apresentam exemplos da nomenclatura de sacarídeos.

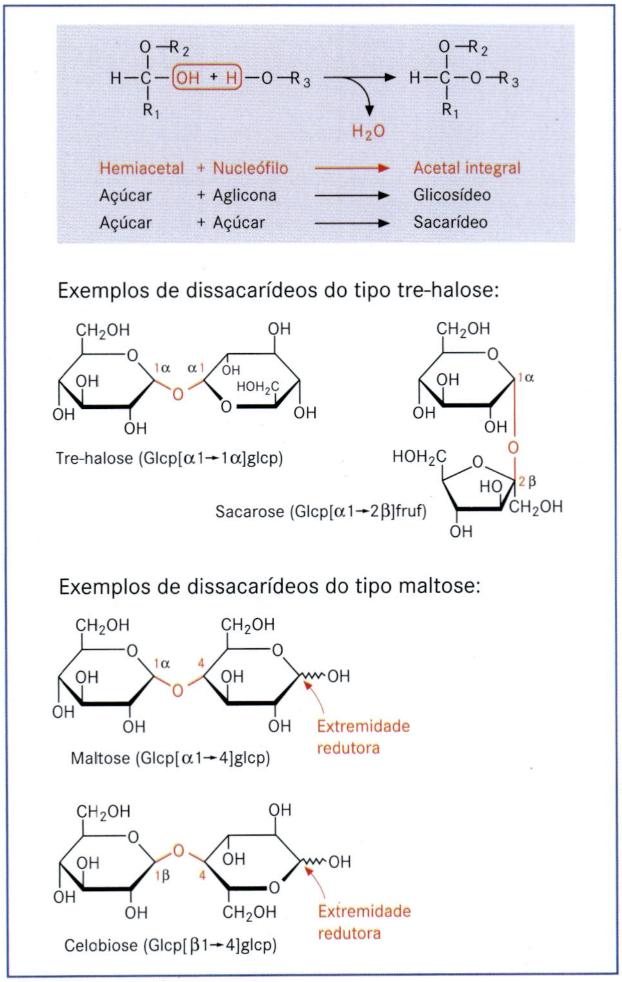

1.4.3 Polissacarídeos de reserva e polissacarídeos estruturais

Os polissacarídeos (ver 5.16.1) funcionam como **material de suporte** das plantas (polissacarídeos estruturais) e têm localização extracelular ou eles constituem **material de reserva** (polissacarídeos de reserva) e, com isso, servem como reserva de carbono reduzido. Os polissacarídeos de reserva ocorrem predominantemente dentro das células; no entanto, em frutos e sementes às vezes se encontram também carboidratos de reserva sob forma de substâncias mucilaginosas, com disposição extracelular. Os polissacarídeos são classificados de acordo como o tipo dos monômeros existentes. Os **glucanos** consistem apenas em glicose (homoglucanos) ou de glicose como componente preponderante (heteroglucanos). A mesma correspondência observa-se para os **frutanos** (formados de frutose), os **galactanos** (formados de galactose) e assim por diante. Dois monossacarídeos com partes aproximadamente comparáveis também recebem denominação especial. Assim, por exemplo, os **glucomananos** contêm partes predominantes de glicose e manose, os **arabinogalactanos** possuem arabinose e galactose como componentes principais. A Tabela 1-3 fornece uma visão geral dos diferentes polissacarídeos; as estruturas mais importantes são apresentadas na Figura 1-20. Além dos polissacarídeos não ramificados, os ramificados também são importantes (por exemplo, amilopectina e glicogênio).

1.5 Lipídeos

Embora os lipídeos não pertençam às macromoléculas, devido ao seu significado especial na elaboração das membranas celulares e, com isso, da estrutura das células, eles são considerados nessa categoria. Além dos **lipídeos estruturais**, na célula encontram-se também **lipídeos de reserva**. Nas sementes armazenadoras de gordura (por exemplo, do girassol e da colza), os lipídeos de reserva podem representar a forma de reserva principal de carbono ligado organicamente (biossíntese de lipídeos, ver 5.10; metabolismo de lipídeos, ver 5.11).

Figura 1-19 Formação de acetais integrais. As reações glicosídicas originam-se da reação do grupo hemiacetal de um açúcar com grupos nucleófilos de um segundo parceiro de reação, que pode ser uma aglicona ou mesmo um açúcar. Esse açúcar pode participar da reação com sua função hemiacetal ou com um dos restantes grupos hidroxila. No primeiro caso, formam-se dissacarídeos do tipo tre-halose e o segundo caso os do tipo maltose. É possível identificar claramente a estrutura mediante a indicação da abreviatura do monossacarídeo e do tipo de ligação glicosídica (entre colchetes). Uma vez que, em sacarídeos do tipo maltose e em monossacarídeos em solução, na extremidade redutora as formas de anômeros α e β se encontram em equilíbrio sobre a estrutura de cadeia aberta, a posição do grupo -OH fica indefinida nas fórmulas.

Tabela 1-3 Polissacarídeos de reserva e estruturais de ocorrência frequente

Polissacarídeo	Monossacarídeo(s) constituinte(s)	Ligação(ções) glicosídica(s)	Função
Amilose	α-D-glicose	α-(1→4)	Componente do amido; substância de reserva
Amilopectina	α-D-glicose	α-(1→4) + α-(1→6)	Componente do amido (70-90%); substância de reserva; grau de ramificação de aproximadamente 1:25
Glicogênio	α-D-glicose	α-(1→4) + α-(1→6)	Substância de reserva de bactérias e fungos; grau de ramificação de aproximadamente 1:14
Inulina	β-D-frutose + 1 mol α-D-glicose	β-(2→1) α-(1→2)-β	Frutano, substância de reserva em Asteraceae, por exemplo
Fleína	β-D-frutose + 1 mol α-D-glicose	β-(1→4)	Frutano, substância de reserva em Asteraceae, por exemplo
Celulose	β-D-glicose	β-(1→3)	Material de suporte das paredes de células vegetais
Galacturonano	Ácido α-D-galacturônico	α-(1→4)	Material de suporte das paredes de células vegetais, componente da pectina
Xiloglucano	β-D-glicose + α-D-xilose	β-(1→4) α-(1→6)	Componente da hemicelulose, material de suporte das paredes de células vegetais; β-(1→4) Glucano com cadeias laterais de xilose em ligação α-(1→6)
Quitina	N-acetil-β-D-glucosamina	β-(1→4)	Substância de suporte das paredes celulares de muitos fungos e de algumas algas
Calose	β-D-glicose	β-(1→3)	Função de vedação; fechamento de poros de tubos crivados, plasmodesmos, tubos polínicos; acumula-se em locais de penetração de hifas em áreas lesadas
Agarose	β-D-galactose, 3,6-anidro-L-galactose	α-(1→3) + β-(1→4)	Substância de suporte das paredes celulares de algas vermelhas
Muropolissacarídeo	N-acetil-β-D-glucosamina + N-acetil-ácido β-D-murâmico	β-(1→4)	Substância de suporte das paredes celulares de bactérias; sequência alternante de N-acetilglucosamina e N-acetil-ácido murânico

1.5.1 Lipídeos de reserva

Os **lipídeos de reserva** servem como depósito intermediário de energia e carbono no metabolismo e ocorrem principalmente como **triacilgliceróis** apolares (= **triglicerídeos**, Figura 1-21) e, por isso, insolúveis na água. Eles são **gorduras**, se permanecerem sólidos à temperatura ambiente; os **óleos** são líquidos à temperatura ambiente. Um triacilglicerol consiste em uma molécula de glicerol, cujos três grupos hidroxilas se unem aos ácidos graxos por ligações ésteres. Os ácidos graxos podem ser iguais ou, em geral, diferentes. Com frequência, nos lipídeos de reserva ocorrem ácidos graxos saturados (ácido palmítico e ácido esteárico) e ácidos graxos não saturados (ácido oleico, ácido linoleico e ácido linolênico). Os óleos contêm uma proporção elevada de ácidos graxos não saturados. Os ácidos graxos saturados são ácidos alcanocarbônicos e os ácidos graxos não saturados são alcenocarbônicos; os últimos, portanto, contêm ligações C=C (uma até várias; Figura 1-21) (Biossíntese de ácidos graxos, ver 5.10.1). Os lipídeos de reserva se acumulam sob forma de corpos lipídicos (**oleossomos**, Figura 5-98) no citoplasma das células armazenadoras de gordura ou como **plastoglóbulos** (gotas de óleo) em plastídios. Os oleossomos têm diâmetro de 0,5 – 2 μm e derivam-se do retículo endoplasmático liso (RE liso, ver 5.11, Figura 5-98), o sítio da biossíntese celular de triacilgliceróis. Eles consistem em uma gota de óleo envolvida por uma membrana lipídica simples, a qual provém do RE liso. As **oleosinas**, proteínas características que exercem uma função na mobilização dos lipídeos de reserva (ver 5.10.3 e 5.11), são integradas a essa membrana.

Os lipídeos de reserva são hidrofóbicos. As moléculas hidrofóbicas são desalojadas das fases aquosas polares; pela sua incapacidade de formar pontes de hidrogênio (ver 1.1), elas por assim dizer perturbam a "estrutura" da água. Isso condiciona a imiscibilidade de solventes orgânicos apolares (por exemplo, benzol, ben-

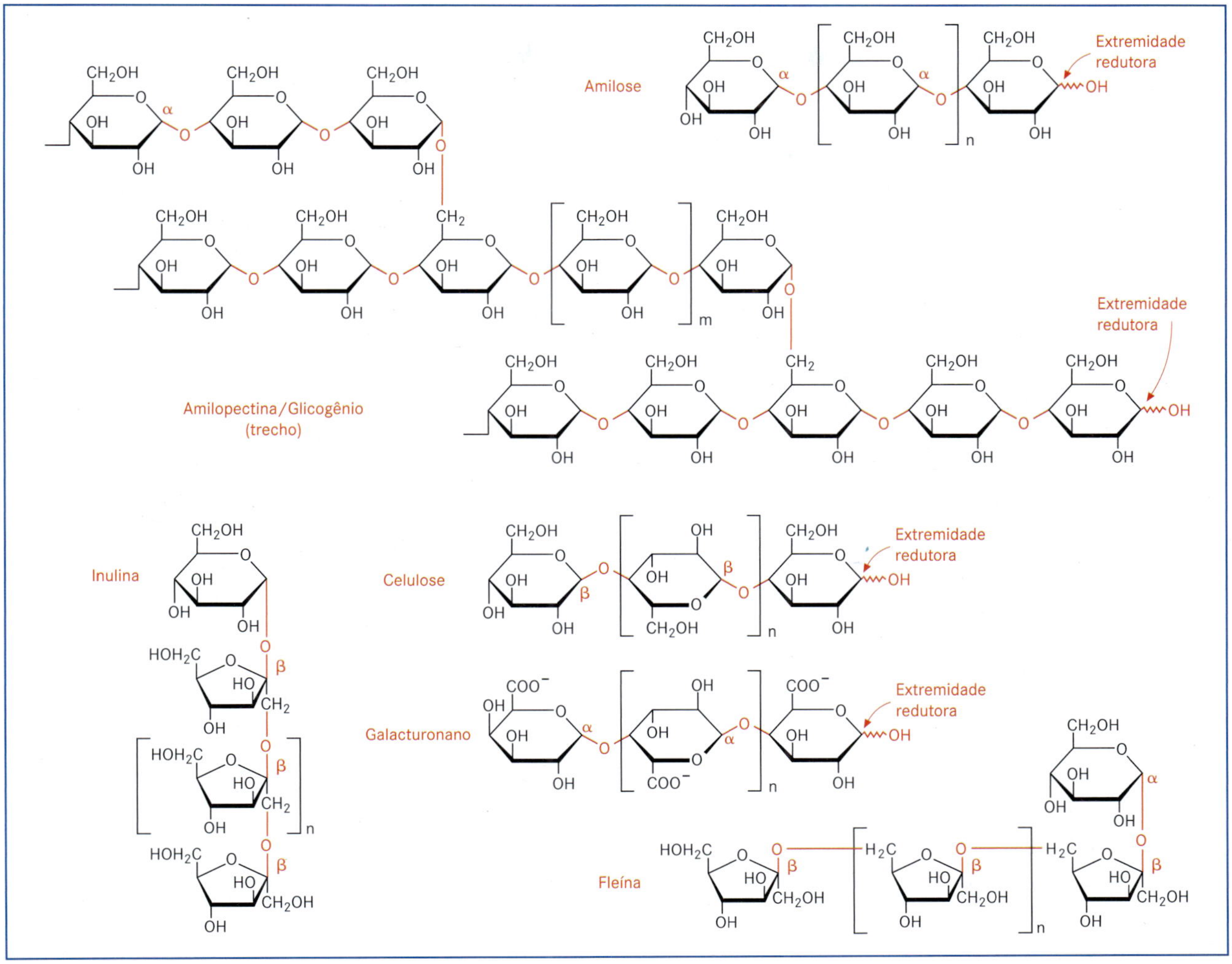

Figura 1-20 Exemplos de polissacarídeos (sobre a função, comparar Tabela 1-3). As moléculas têm tamanhos diferentes. Assim, na amilose, n é aproximadamente 200-1.000; na amilopectina e na celulose, é 2.000-10.000; no galacturonano, até 200; na inulina ou fleína, apenas 3-40. A quantidade m de componentes monoméricos entre duas ramificações da amilopectina é aproximadamente 23-25. O glicogênio é igualmente estruturado, mas m importa em aproximadamente 12-14. Portanto, o glicogênio é mais fortemente ramificado do que a amilopectina.

zina, éter de petróleo) com água. O estado mais pobre em energia e mais estável de uma mistura de líquidos hidrofílicos e hidrofóbicos é alcançado quando – por dissolução da mistura nas partes originais – a superfície de contato entre fases hidrofílica (polar) e hidrofóbica (apolar) se torna mínima. Disso depende, por exemplo, o depósito de lipídeos de reserva em células, sob forma de oleossomos esféricos. A agregação de substâncias hidrofóbicas em ambiente hidrofílico é denominada **efeito hidrofóbico**: moléculas hidrofóbicas em meio aquoso são comprimidas no espaço mais restrito, de modo tão intenso como se fossem atraídas umas contra outras. Na verdade, a atração intermolecular em compostos apolares é muito pequena. Entretanto, ela é suficientemente forte para possibilitar, mesmo aos compostos apolares, o estado de agregação líquido e, às vezes, até sólido. As forças intermoleculares, postuladas originalmente por J. van der Waals e, em 1930, esclarecidas por F. London (as chamadas forças de London-van-der-Waals), baseiam-se em dipolos elétricos fracos, que se produzem devido à distribuição desigual (estocástica e de curto prazo) de elétrons de ligação. A monocamada proteica dos oleossomos, em virtude do efeito hidrofóbico, impede que as gotículas de triacilgliceróis se concentrem em uma única gota na célula (confluência), pois para a mobilização enzimática das reservas de gordura uma grande superfície é vantajosa (ver 5.11). Os plastoglóbulos também são impedidos de confluência por uma camada de proteínas.

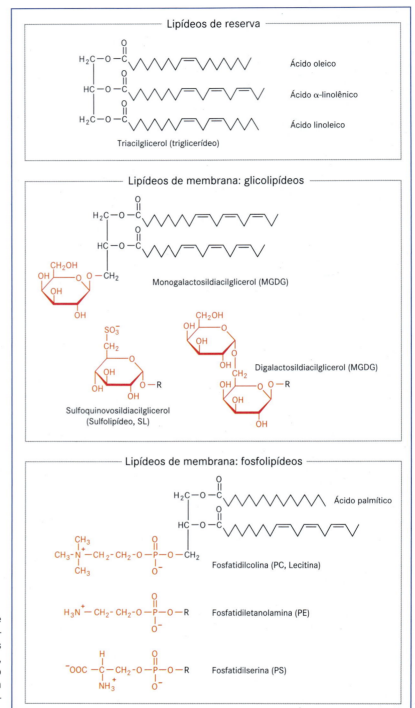

Figura 1-21 Estruturas de lipídeos de reserva e de lipídeos de membrana. Os lipídeos de reserva são triacilgliceróis apolares (hidrofóbicos). Os lipídeos de membrana são moléculas anfifílicas, cujos grupos-cabeça apresentados em vermelho são polares (hidrofílicos) (a Tabela 1-4 apresenta as participações percentuais na formação das diferentes membranas celulares).

1.5.2 Lipídeos estruturais: formação de bicamadas lipídicas

Diferentemente dos lipídeos de reserva apolares, os lipídeos estruturais participantes da formação das membranas biológicas são moléculas **anfipolares** (sinônimo: anfifílicas, anfipáticas) (Figura 1-21). Eles têm regiões hidrofóbicas e hidrofílicas. A capacidade dos lipídeos de membrana de formar estruturas planas em meio aquoso baseia-se nessa estrutura molecular especial. As moléculas se orientam sobre a superfície da água de modo que as regiões hidrofílicas

Tabela 1-4 Participações (em % do conteúdo de acil-lipídeos) das diferentes classes de lipídeos na formação das membranas celulares

Classe de lipídeo*	Cloroplasto Membrana externa	Cloroplasto Membrana do tilacoide	Membrana interna da mitocôndria	Plasmalema	Membrana do peroxissomo
MGDG	35	51	0	0	0
DGDG	30	26	0	0	0
SL	6	7	0	0	0
PC	20	3	27	32	52
PE	1	0	29	46	48
PS	0	0	25	0	0
outros	8	13	19	22	0

* Abreviatura como na Figura 1-21. (Segundo J. Joyard e H.W. Heldt.)

submergem na fase aquosa e, com isso, formam capas de hidratação, ao passo que os restos apolares não estabelecem contato com o meio aquoso. Em uma disposição suficientemente densa, originam-se espontaneamente películas lipídicas monomoleculares (do inglês, *monolayer* = monocamada). Por outro lado, no interior da fase aquosa e por depósito de duas películas lipídicas monomoleculares, formam-se películas lipídicas bimoleculares (do inglês, *bilayer* = bicamadas lipídicas). Nessas bicamadas lipídicas, as "cabeças" hidrofílicas dos lipídeos de membrana anfipolares são hidratadas e passam à fase aquosa; já as "caudas" hidrofóbicas, por exclusão da água no interior da bicamada, reúnem-se (Figura 1-22) e se estabilizam mediante interação apolar (forças de London-van-der-Waals).

Uma vez que nos lipídeos estruturais – em contraposição aos lipídeos de reserva – existe uma forte adesão à água, devido às cabeças hidrofílicas, a superfície de contato não é minimizada, mas sim maximizada, de modo que por auto-organização resultam agregados lipídicos delgados e de orientação plana. Na verdade, as moléculas lipídicas das bicamadas têm orientação uniforme, porém não dispostas com a regularidade de grade cristalina. Pelo contrário, as películas lipídicas são fluidas, ou seja, a mobilidade lateral de uma molécula lipídica na película é muito alta. Em contrapartida, muito raramente acontece mudança de uma molécula lipídica do lado oposto da membrana (*flip-flop*, meia-vida: várias horas). Por essa razão, a composição lipídica das duas superfícies parciais de uma bicamada é em geral distinta.

Como os lipídeos de reserva, os lipídeos de membrana são **glicerolipídeos**. Aqui existem dois grupos hidroxilas (vizinhos) do glicerol esterificados com ácidos graxos; o terceiro grupo apresenta um grupo cabeça. Se este for esterificado com glicerol via um resíduo de ácido fosfórico, fala-se de **fosfolipídeos**; ao formar-se um glicosídeo com um açúcar, obtêm-se **glicolipídeos**. Em células vegetais, os glicolipídeos estão restritos às membranas dos plastídios.

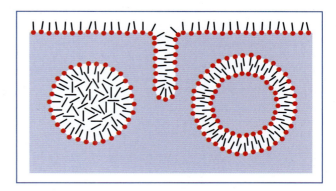

Figura 1-22 Mono e bicamada lipídica. A superfície de contato com o meio aquoso é formada pelas cabeças hidrofílicas (vermelho); a orientação preferencial dos resíduos de ácidos graxos apolares (preto) é perpendicular a essa superfície. À direita na fase aquosa, um lipossomo; à esquerda, uma gotícula de óleo (oleossomo), cuja superfície é formada por uma monocamada de lipídeos de membrana, enquanto no interior dominam lipídeos neutros desorganizados. Os lipossomos se originam experimentalmente, por exemplo, mediante o tratamento de misturas adequadas de lipídeos de membrana com ultrassom. As proteínas de membrana podem ser instaladas em membranas dos lipossomos, que se pode usar para determinação das propriedades de proteínas de transporte.

Como açúcares, ocorrem galactose (s) (**galactolipídeos**) ou sulfoquinovose (**sulfolipídeos**) (Figura 1-21). A composição lipídica das diferentes membranas celulares pode ser muito distinta. Isso se torna claro com base nos valores apresentados na Tabela 1-4.

Referências

Berg JM, Tymoczko JL, Stryer L (2007) Biochemie, 6. Aufl. Spektrum Akademischer Verlag, Heidelberg

Lewin B (2008) Genes IX. Jones and Bartlett, Boston

Capítulo 2
Estrutura e Ultraestrutura da Célula

2.1	**Biologia celular**	**40**
2.1.1	Microscopia óptica	42
2.1.2	Microscopia eletrônica	45
2.2	**Célula vegetal**	**45**
2.2.1	Visão geral	45
2.2.2	Citoplasma	50
2.2.2.1	Citoesqueleto	51
2.2.2.2	Proteínas motoras e fenômenos de movimentos celulares	54
2.2.2.3	Flagelos e centríolos	56
2.2.3	**Núcleo**	**58**
2.2.3.1	Cromatina	59
2.2.3.2	Cromossomos e cariótipo	61
2.2.3.3	Nucléolos e pré-ribossomos	62
2.2.3.4	Matriz nuclear e envoltório nuclear	63
2.2.3.5	Mitose e ciclo celular	64
2.2.3.6	Divisão celular	69
2.2.3.7	Meiose	71
2.2.3.8	*Crossing over*	75
2.2.3.	Singamia	75
2.2.4	**Ribossomos**	**76**
2.2.5	**Biomembranas**	**78**
2.2.5.1	Componentes moleculares	78
2.2.5.2	Modelo do mosaico fluido	79
2.2.5.3	Membranas como limites de compartimentos	79
2.2.6	**Membranas e compartimentos celulares**	**81**
2.2.6.1	Membrana celular	82
2.2.6.2	Retículo endoplasmático (RE)	83
2.2.6.3	Dictiossomos e complexo de Golgi	84
2.2.6.4	Fluxo de membrana, exocitose e endocitose	86
2.2.6.5	Vesículas revestidas	87
2.2.6.6	Peroxissomos e glioxissomos	88
2.2.6.7	Vacúolos e tonoplasto	88
2.2.7	**Paredes celulares**	**91**
2.2.7.1	Desenvolvimento e diferenciação	92
2.2.7.2	Parede celular primária	92
2.2.7.3	Plasmodesmos e campos de pontuações	96
2.2.7.4	Paredes secundárias de fibras e de células do lenho	99
2.2.7.5	Pontuações	101
2.2.7.6	Paredes secundárias isolantes	101
2.2.8	**Mitocôndrias**	**103**
2.2.8.1	Dinâmica da forma e multiplicação	105
2.2.8.2	Membranas e compartimentalização das mitocôndrias	106
2.2.9	**Plastídios**	**106**
2.2.9.1	Formas e ultraestrutura dos cloroplastos	107
2.2.9.2	Outras formas de plastídios, amido	110
2.3	**Estrutura celular de procariotos**	**113**
2.3.1	Multiplicação e aparato genético	114
2.3.2	Flagelos das bactérias	116
2.3.3	Estruturas de parede	116
2.4	**Teoria endossimbionte e hipótese do hidrogênio**	**118**
2.4.1	Endocitobiose	118
2.4.2	Origem dos plastídios e mitocôndrias por simbiogênese	119

A forma e as expressões vitais de células são o objeto **da biologia celular**. Nela, reúnem-se pesquisas sobre ultraestrutura, bioquímica e biologia molecular, assim como muitos aspectos da fisiologia. Antes de 1950, em época anterior ao estabelecimento dos métodos modernos da pesquisa celular, o ensino da célula era denominado **citologia** (do grego, *kýtos* = vesícula, célula). Ele foi limitado em grande parte ao exame de células em microscopia óptica.

O **significado da pesquisa** celular baseia-se no fato de que todos os seres vivos são organizados em células. Muitos organismos são **unicelulares**, ou seja, uma única célula representa o indivíduo. Isto vale para a maioria dos procariotos e, por definição, para todos os protistas eucarióticos, entre os quais, por exemplo, os flagelados de diferentes divisões das algas, bem como as diatomáceas. Nos eucariotos, predominam os organismos **multicelulares** quanto ao número de espécies. Na maioria dos casos, as células são microscopicamente pequenas; nos multicelulares grandes, frequentemente o número de células é muito alto. Uma árvore pode conter mais de 10.000 bilhões de células. Uma folha de tamanho médio pode ser formada por cerca de 20 milhões de células.

Os organismos multicelulares são filogeneticamente mais jovens do que os unicelulares. Na evolução dos organismos multicelulares, os processos vitais permaneceram essencialmente fixados ao nível das células individualmente. Isto vale principalmente para armazenamento, multiplicação, realização e recombinação da informação genética. Quase toda célula do corpo contém um núcleo com uma completa constituição de genes ou cromossomos, em geral diploide. Por replicação do DNA, a célula pode duplicar essa composição gênica e transmitir partes idênticas às células-filhas (**mitose**, ver 2.2.3.5). Por isso, todas células do corpo de um organismo multicelular, geralmente, dispõem da mesma composição gênica, pertencendo a um clone celular. Sob essas circunstâncias, parece paradoxal que elas, no entanto, se diferenciem (e de maneira regular) durante o desenvolvimento individual (**ontogênese**), ou seja, assumem formas diferentes e exercem funções distintas. Atualmente, esse problema de diferenciação ou de determinação está basicamente resolvido, por meio da constatação que um determinado estado de diferenciação corresponde à ativação de uma parte característica da composição gênica e à repressão dos genes restantes. Ativação e repressão de genes são governadas por sinais de integração, que (contanto que não venham do ambiente e provoquem adaptações individuais) em sistemas multicelulares de novo partem de células e são respondidos por outras células com competência para tal.

Os **fenômenos sexuais** não podem deixar de se processar em células individuais. Para isso, em geral são formadas **células germinativas** (**gametas**). Os fenômenos sexuais essenciais no sentido biológico são a **meiose** com recombinação, bem como a **singamia** – fusão celular e fusão nuclear dos mesmos tipos de gametas, mas não idênticos geneticamente (ver 2.2.3.7-2.2.3.9).

As células se originam apenas de suas iguais, por meio de divisão ou fusão: *omnis cellula e cellula* (R. Virchow, 1855). As características dos sistemas vivos, enumeradas na introdução, são expressas ao nível de célula, nunca abaixo deste. Portanto, a célula se manifesta como a menor unidade com capacidade vital, como **organismo elementar**. Os processos sexuais mencionados já mostram que isso vale também para os organismos multicelulares, o que é provado também, por exemplo, por meio da possibilidade de culturas (Figura 2-1).

2.1 Biologia celular

O desenvolvimento da pesquisa celular mostra exemplarmente que os progressos das ciências naturais dependem

Figura 2-1 Cultura em suspensão autotrófica de células de soja, *Glycine max* (120x), com um semana. Algumas células já se dividiram uma ou mais vezes. Isto pode ser usado para "clonagem", isto é, para a produção artificial de material vegetal geneticamente uniforme.

das possibilidades metodológicas. A maioria das células tem dimensões microscópicas. As primeiras descrições de células surgem no século XVII, após a invenção do microscópio. No entanto, a semelhança entre células de plantas, animais e protistas só foi descoberta, após o microscópio ter sido aperfeiçoado no começo do século XIX. Depois da descoberta do núcleo em células de tecidos vegetais e da sua existência ter sido evidenciada também em células de animais e humanas, Th. Schwann publicou seu marcante trabalho "Pesquisas microscópicas sobre a concordância na estrutura e no crescimento de animais e plantas", em 1839. A partir daí, foi estabelecido o primeiro pilar de uma biologia geral. De maneira constante, seguiram-se outras descobertas, mediante a exploração consequente das possibilidades de observações microscópicas e por meio dos primeiros experimentos sobre fisiologia celular (por exemplo, osmose). Na segunda metade do século XIX, cristalizaram-se cada vez mais nitidamente três **conceitos fundamentais da citologia**:

- Todos os seres vivos são formados de células.
- Muitos organismos são unicelulares.
- O desenvolvimento individual dos organismos multicelulares começa – pelo menos na reprodução sexual – com um estágio unicelular.

Por volta de 1880, com um impulso de aperfeiçoamento da microscopia óptica, por E. Abbe, é atingido pela primeira vez o limite de resolução teórico de 0,2 μm. Ao mesmo tempo, a técnica de preparação experimentou avanços importantes. Até 1900, todas as organelas celulares visíveis ao microscópio óptico já estavam descritas (Figura 2-2). Após a redescoberta das leis da hereditariedade de Mendel no começo do século passado, por quatro décadas o enfoque das pesquisas deslocou-se para o núcleo e para os cromossomos (**cariologia**, **citogenética**).

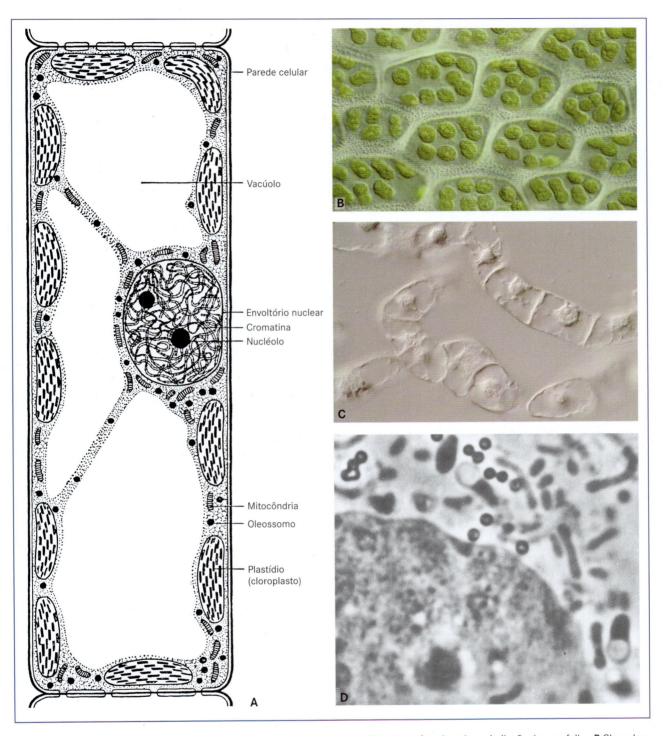

Figura 2-2 A célula vegetal ao microscópio óptico (MO). **A** Esquema de uma célula do parênquima de assimilação de uma folha. **B** Cloroplastos em células de uma folha de *Katharinea undulata* (contraste interferencial, 300x). **C** Células de uma cultura em suspensão (tabaco; BY2) (contraste interferencial, 350x): as células grandes são quase totalmente preenchidas pelo vacúolo central; no cordão citoplasmático situado junto às paredes e ampliado nos cantos celulares, estão os núcleos com nucléolos; muitos outros cordões citoplasmáticos são visíveis em outras partes das células. **D** Região nuclear de uma célula de *Allium* (contraste de fase, 3.100x); no núcleo, cromatina e um nucléolo; no citoplasma, leucoplastos (dois deles com inclusões claras de amido), mitocôndrias em forma de "salsicha" e oleossomos esféricos. (A, segundo D. von Denfer; B, C, D, segundo P. Sitte.)

Quadro 2-1

Fracionamento celular

Com a **ultracentrífuga**, podem ser obtidas frações uniformes de partículas subcelulares para estudos bioquímicos e analíticos (Figura). Neste caso, naturalmente se abre mão da conservação da estrutura celular. Massas maiores das células uniformes são abertas com cuidado em meios de separação adequados, como, por exemplo, mediante mistura, trituração ou com auxílio de ultrassom. Em situação ideal, o produto homogeneizado resultante não contém células inteiras, mas apresenta ainda núcleos, plastídios, mitocôndrias, etc., intactos. Os componentes celulares individuais, então, podem ser separados de diferentes maneiras.

Por meio da **centrifugação diferencial**, o produto homogeneizado é submetido a sucessivas etapas com rotações crescentes (100-50.000 rpm, rotações por minuto; em etapas altamente aceleradas, a aceleração centrífuga pode se tornar 100.000 vezes superior à aceleração da Terra, g). Neste caso, o fracionamento se processa segundo os pesos ou dimensões das partículas. Inicialmente, sob rotações baixas (correspondendo a cerca de 10^3 g por 10 min) núcleos e plastídios são transformados em pelotas, ou seja, separados por sedimentação do produto homogeneizado. Após a decantação do sobrenadante, a pelota é ressuspensa como fração mais ou menos "limpa". Após, sob rotações elevadas, o sobrenadante é de novo centrifugado, sendo que as mitocôndrias sedimentam como fração seguinte (10^4 g por 30 min), e assim por diante.

Na **centrifugação por gradiente de densidade**, a densidade do meio aumenta no túbulo da centrífuga de cima para baixo, em consequência de concentrações crescentes de sacarose, CsCl o. dgl. Neste caso, as partículas do produto homogeneizado são classificadas segundo sua densidade (densidade de suspensão): independente de dimensão e peso, cada partícula se ordena no gradiente onde a densidade do meio circundante corresponde à sua própria (centrifugação isopícnica ou por equilíbrio).

A ultracentrífuga permite não apenas a classificação de partículas subcelulares, mas também sua caracterização segundo os **valores em S** (S de T. Svedberg, o inventor da ultracentrífuga). Para um determinado tipo de partícula, esses valores indicam a velocidade de sedimentação por aceleração centrífuga em unidades de Svedberg, sendo 1 S = 10^{-13} s. Para partículas esféricas, o valor em S é proporcional a $M^{2/3}$ (M = massa da partícula). Ribossomos especiais e suas subunidades (partícula ribonucleoproteica geral) e complexos proteicos são caracterizados por seus valores em S.

Figura Fração de mitocôndrias, obtida por centrifugação isopícnica de um produto homogeneizado de tecidos de espinafre. A matriz mitocondrial está enrugada (comparar com Figura 2-78), mas a compartimentalização se manteve inalterada. Impurezas provenientes de outras organelas são praticamente desprezíveis (1 µm). (Segundo B. Liedvogel; ME segundo H. Falk.)

Bibliografia

Graham J, Rickwood D (1997) Subcellular Fractionation: A Practical Approach. IRL Oress at OUP.

O desenvolvimento intenso da pesquisa celular após 1945 – sua **fase ultraestrutural**, **bioquímica** e **molecular** – foi de novo impulsionado por novos desenvolvimentos metodológicos: microscopia eletrônica, fracionamento celular com auxílio da ultracentrífuga (Quadro 2-1) e radioanálise estrutural de biomacromoléculas. Mais recentemente, distintas técnicas de observação e de preparação ampliaram expressivamente as possibilidades de **exame das células vivas**. A transição da era genômica para a era proteômica tem um significado especial.

2.1.1 Microscopia óptica

A lente objetiva do microscópio óptico (MO, Figura 2-3) gera uma imagem (aumentada e passível de ser fotografada) do objeto (preparado). A imagem intermediária é observada mediante a lente ocular, do mesmo modo como é vista por meio de uma lupa. Os menores detalhes do objeto, visíveis no limite de resolução óptica, devem estar no mínimo 0,2 µm (= 200 nm) separados entre si; estruturas

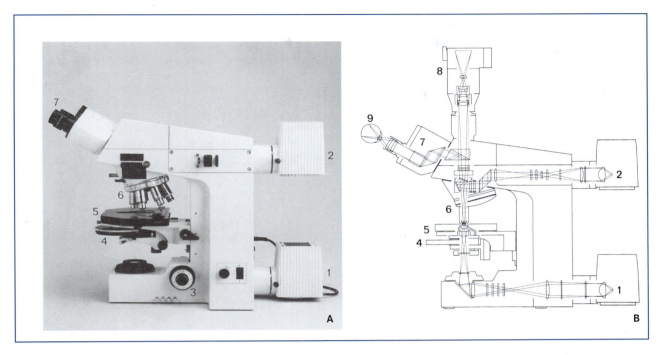

Figura 2-3 Microscópio de pesquisa (Axioplan, marca Carl Zeiss) para a microscopia óptica (MO). **A** Vista lateral, observação da esquerda. **B** Trajetória luminosa: 1; 2 lâmpadas para luz transmitida e luz incidente; 3 parafuso micrométrico para ajustes finos mediante elevação e abaixamento da platina; 5 condensador para iluminação de campo claro, contraste de fase e contraste diferencial de interferência; 6 revólver das objetivas; acima, introdução de filtros de cor e de polarização, entre outros acessórios ópticos; 7 tubo de observação binocular; 8 câmara microscópica automática; 9 olho.

celulares macromoleculares ficam imperceptíveis. No entanto, ao lado do microscópio eletrônico (com poder de resolução consideravelmente maior), o microscópio óptico manteve sua importância, porque ele permite observação de material vivo e o gasto em preparação, em geral, é muito mais baixo.

As estruturas celulares são, na verdade, incolores e se distinguem muito pouco entre si, inclusive em seu índice de refração. Elas permanecem, por isso, muitas vezes invisíveis, mesmo quando suas dimensões se situam acima dos limites de resolução. Por esse motivo, na microscopia óptica clássica, as preparações eram predominantemente fixadas (mortas, com manutenção das estruturas) e examinadas após coloração artificial. Estruturas celulares opticamente anisotrópicas, como as paredes celulares, os grãos de amido e os fusos da divisão nuclear, podem ser representadas também em células vivas pelo **microscópio de polarização** e analisadas em sua estrutura macromolecular. O problema de contraste é resolvido por manipulações ópticas, que não influenciam o próprio objeto. Mediante **contraste de fase** ou **contraste diferencial de interferência** (DIC), as diferenças de fases das ondas luminosas são transformadas, após atravessar a preparação em diferença de contraste ou manifestações de relevo (Figuras 2-2C, D, 2-80 e 3-9). A representação espacial das estruturas celulares é possível por meio da **microscopia a laser confocal** (**CLSM**). Trata-se, neste caso, de uma tomografia em dimensões microscópicas, ou seja, a preparação – sem ser alterada – é decomposta opticamente em "cortes" seriados bem finos, que são montados em uma imagem espacial por um computador. Essa imagem pode ser contemplada em uma tela, a partir de qualquer ângulo. Nas imagens individuais dos cortes ópticos (eles são montados segundo um procedimento de varredura, isto é, linha por linha como uma imagem de televisão) geralmente os detalhes microscópicos são muito melhor reconhecidos do que na própria preparação, pois ficam suprimidas as sobreposições prejudiciais.

Os **métodos citoquímicos** servem para a comprovação e para a localização de determinadas moléculas na célula. Entre eles, os procedimentos de fluorescência, especialmente sensíveis, desempenham um papel importante. No **microscópio de fluorescência**, a preparação é iluminada com radiação de ondas curtas; os respectivos componentes da preparação são estimulados para emissão de luz fluorescente de ondas longas. Para reprodução da imagem, a radiação é filtrada, de modo que somente brilham as partes fluorescentes do objeto. Uma vez que apenas poucos componentes celulares apresentam uma boa fluorescência própria, foi desenvolvida uma série de técnica para marcação específica de determinadas moléculas. Neste particular, a **imunofluorescência** tem um papel especial. Neste caso, é utilizada a especificidade extrema das proteínas dos anticorpos do imunopreparado de mamíferos, para localizar com exatidão proteínas, polissacarídeos ou ácidos nucleicos atuantes como antígenos nas células (por exemplo, Figura 2-10). Na última década, o emprego da **proteína verde fluorescente** (*green fluorescent protein*, **GFP**) e de suas variantes de cores, como marcador de fluorescência, revolucionou a microscopia analítica (Zacharias e Tsien, 2006). Ela possibilita a comprovação de atividades gênicas em células vivas, e determinadas proteínas podem ser examinadas quanto à ocorrência, localização e comportamento (comparar com Figura 2-82C). Os múltiplos métodos de fluorescência complementam a **microradioautografia**, anteriormente empregada com frequência. Neste método extremamente sensível, é explorada a incorporação específica dos isótopos radioativos a determinadas matérias/estruturas das células vivas (por exemplo, da timidina marcada com trítio no DNA, correspondendo à ^{3}H-uridina no RNA ou ^{35}S-metionina em proteínas). Em uma emulsão fotográfica, com a qual as camadas finas das células/tecidos marcados foram cobertas, após longa exposição no escuro e desenvolvimento sobre os locais da preparação (que contêm radionucleotídeos), aparecem grãos de prata acumulados (Figura 2-4).

Em muitos exames, é importante poder manipular as células individuais visadas. Para isso, existem **micromanipuladores**, sendo que mais recentemente são empregados com mais frequência os instrumentos a laser (**pinças ópticas**), em vez de aparelhos mecânicos.

Ao lado dos novos procedimentos de observação ao microscópio óptico, uma série de outras técnicas é importante para a biologia celular moderna. Como base, serve muitas vezes a obtenção de clones geneticamente uniformes por meio da **cultura de células** (Figura 2-1). Mediante a atuação de enzimas, **protoplastos** destituídos de paredes possibilitam o emprego de uma série de métodos, os quais foram desenvolvidos para células animais e humanas. Além disso, existem **fusões celulares** artificiais (Figura 2-49) e **o método Patch-Clamp**, para o estudo de canais iônicos e receptores. Para poder manipular uma célula individual visada, a membrana celular deve ser tornada permeável, ao menos temporária e/ou localmente, de modo que os parâmetros do metabolismo celular escolhidos (meio iônico, pH, nível energético, etc.) possam ser influenciados experimentalmente. **Células permeabilizadas** (membrana celular tornada permeável mediante detergentes) ou os chamados **modelos celulares** (restos celulares parcialmente ativos após a retirada da membrana celular, que não sobrevivem por muito tempo) atendem a essas finalidades. As **microinjeções** (comparar com Figura 2-48) oferecem uma alternativa. Outras possibilidades de exame de macromoléculas em células vivas são oferecidas por eletroporação (produção a curto prazo de locais permeáveis na membrana celular, por meio de impulsos elétricos) e **biolística** (partículas de ouro ou de tungstênio com cerca de 1 μm de diâmetro envolvidas com DNA ou RNA e disparadas no tecido vegetal com auxílio de uma onda de pressão). Com esses métodos, é possível, por exemplo, bloquear especificamente determinadas enzimas através de anticorpos introduzidos; além disso, atividades genéticas podem ser transformadas mediante a injeção de DNA estranho (**transfecção**), fatores de transcrição ou RNAm antissenso (ver 6.2.2.3).

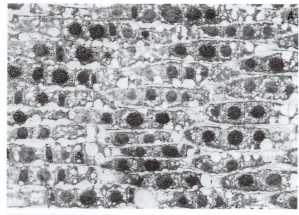
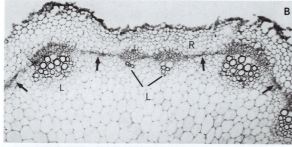

Figura 2-4 Microrradioautogramas. **A** Tecido do ápice de raiz de cebola, após marcação por pulsos com ^{3}H-timidina. Os núcleos, cujo DNA foi replicado durante o pulso (fase S, ver 2.2.3.5), após o desenvolvimento da fotoemulsão sobre a camada estão cobertos com vários grãos de prata pretos. Os núcleos não marcados não se encontravam na fase S durante a marcação por pulsos. Estruturas celulares livres de DNA não são marcadas por ^{3}H-timidina (380x). **B-E** Comprovação de transcritos (RNAm) através de hibridização *in situ* com sondas de RNA radioativas e sintéticas, em cortes transversais do caule de mostarda (*Sinapis alba*). **B** Com feixes vasculares F, tecido cortical C e câmbio, setas. **C, D** Atividade de transcrição diferente dos genes para uma proteína ligadora de RNA, na dependência do período do dia (**C** máxima no final da fase luminosa, câmbio com marcação contínua; **D** mínima, sem marcação, as partes lenhosas do feixe vascular, mesmo não marcadas, brilham no campo escuro). **E** O RNAm para uma proteína de parede celular é formado apenas nas células do córtex externo (60x). (Segundo D. Staiger e C. Heintzen.)

2.1.2 Microscopia eletrônica

No **microscópio eletrônico** (**ME**, Figura 2-5), a iluminação e a geração de imagens dos objetos se efetuam com elétrons rápidos, que são focalizados nos campos das lentes eletromagnéticas. A imagem ampliada é observada em uma tela fluorescente e pode ser armazenada fotográfica ou eletronicamente. O comprimento de ondas radiação de elétrons, para uma aceleração com 100.000 V (= 100 kV), é de apenas 1/100.000 daquele da luz visível. Com isso, é alcançada uma resolução muito melhor do que ao microscópio óptico. Em preparações biológicas, a resolução é aumentada em duas ordens de grandeza muito importantes.

Para o exame ao **microscópio eletrônico de transmissão** (**MET**), as preparações biológicas não devem ter espessura inferior a 80 nm, o que é menos de 1/1.000 da espessura de uma folha de papel. Existem outros procedimentos para montar preparações biológicas a serem observadas ao MET. Partículas que permitem a passagem da radiação (macromoléculas, complexos multienzimáticos, fitas de DNA, ribossomos, vírus, fibrilas de celulose, frações de membranas) são desidratadas sobre finíssimas folhas de plástico ou de carbono e observadas diretamente. Para salientar contrastes, muitas vezes metais pesados são armazenados (contraste positivo), acumulados (contraste negativo, comparar, por exemplo, Figuras 1-16A, 1-17, 2-44, 2-65 e 2-70) ou pulverizados (sombreamento em alto-relevo, Figura 2-71). Células e tecidos, após fixação em glutaraldeído e tetróxido de ósmio, são polimerizados em plástico duro, e cortados em **ultramicrótomos** com navalhas de diamante afiadas (comparar, por exemplo, Figuras 2-7 e 2-92). Alternativamente, mediante o resfriamento rápido a uma temperatura inferior a –150ºC, o tecido vivo pode ser criofixado, processo pelo qual a água solidifica nas células em cristalizar. Em seguida, o preparado congelado é rompido e da superfície fraturada obtém-se uma réplica, que é observada ao MET (**criofratura**, *freeze-etching*; comparar, por exemplo, Figuras 2-8, 2-26A, 2-84 e 2-93A, C). Cortes relativamente espessos, sob tensões de aceleração entre 300 e 700 kV, são atravessados por radiação e as imagens das respectivas partes da preparação são armazenadas por meios digitais. Desse material, por computador, é calculada uma representação tridimensional do objeto, que reproduz sua estrutura espacial (como ao microscópio a laser confocal).

Para objetos que não permitem a passagem da radiação, a estrutura superficial pode ser visível ao ME de varredura (MEV; também conhecido como SEM: S de *scanning*). Este procedimento trabalha conforme o princípio da televisão. A preparação biológica é rastreada de modo regular, por uma radiação de feixes de elétrons bem fina que se move sobre uma região superficial limitada. Daqueles locais da preparação já submetidos a essa radiação primária, partem elétrons secundários e elétrons dispersados. Sincronizados com o rastreamento da superfície da preparação, eles comandam a formação da imagem em linhas sobre a tela de um monitor. Não há lentes produtoras de imagem. As imagens ao MEV distinguem-se de esculturas de objetos pela acentuada profundidade de campo e pela peculiar reprodução plástica (comparar, por exemplo, Figuras 3-3C, D, 3-10, 3-11 e 3-14).

Nos últimos tempos, a microscopia eletrônica experimentou um grande avanço técnico, de modo que o espectro analítico dos objetos biológicos tem sido ampliado até estruturas moleculares (Lucic e colaboradores, 2007).

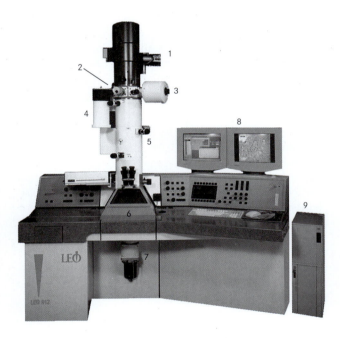

Figura 2-5 Microscópio eletrônico (ME) moderno. Os feixes de elétrons partem do gerador de raios **1** e percorrem no tubo vertical (**5**, de cima para baixo) um sistema de lentes condensadoras, o objeto separado no vácuo do tubo (separação da preparação biológica; **2**, com recipiente lateral; **4**, com nitrogênio líquido, para resfriamento do ambiente do objeto; **3** dispositivo móvel motorizado para a preparação biológica), seguem pelos campos das lentes eletromagnéticas (lentes objetiva e projetiva) e finalmente são focalizados numa tela fluorescente. A imagem final que aparece pode ser observada através de uma janela (**6**) ou em monitores (**8**) e ser armazenada por meio fotográfico ou digital (câmera digital **7**). A pressão do gás residual no tubo é mantida, por bombas de vácuo, em valores abaixo de 1 milionésimo da pressão atmosférica. **9** Torre do computador, para aquisição e processamento da imagem. O preço desse microscópio eletrônico de transmissão (MET) é superior a 300.000 euros. (LEO microscopia eletrônica GmbH, Oberkochen, tipo LEO 912.)

2.2 Célula vegetal

2.2.1 Visão geral

As Figura 2-2, 2-7 e 2-8 mostram células vegetais típicas, vistas aos microscópios óptico e eletrônico. Nelas estão representados os componentes celulares mais importantes, de ocorrência geral. Esses componentes são caracterizados por meio de descrições sucintas. Estrutura, função e gênese das organelas individuais serão tratadas nos capítulos seguintes. A Figura 2-6 apresenta um panorama da ultraestrutura celular.

Organelas. Organelas são unidades funcionais subcelulares (do latim, *organellum* = aparelho pequeno).

Parede celular. Ela envolve o corpo celular vivo (protoplasto) como exoesqueleto que determina a forma (moldagem) e contém fibrilas resistentes de celulose ou quitina; ela é atravessada por canais delgados (**plasmodesmos**) – pontes plasmáticas entre células vizinhas (do grego, *désmos* = cadeia, ligação).

Membrana celular (**membrana plasmática**, **plasmalema**). Ela é uma biomembrana que envolve por inteiro o protoplasto (do latim, *membrana* = pele). Como a maiorias das biomembranas, ela é seletivamente permeável: deixa passar água e moléculas não carregadas; íons e partículas polares maiores, só passam quando existem translocadores específicos na membrana.

Biomembranas. Elas são viscosas e têm 6-11 nm de espessura. O elemento fundamental de todas biomembranas é a bicamada lipídica, a qual é atravessada por proteínas integrais de membrana; proteínas periféricas de membrana são aderidas superficialmente. As biomembranas limitam **compartimentos** e os envolvem sem deixar espaços; portanto, elas não possuem margens laterais e separam "interior" do "exterior".

Citoplasma. Ele é a massa fundamental da célula, viscosa a gelatinosa, na qual se localizam as diferentes organelas (do grego, *kýtos* = vesícula, célula; *plásma* = forma, composição); local de muitas reações metabólicas; no fracionamento celular, ocorre como **citosol** ("fração solúvel").

Citoesqueleto. Endoesqueleto, citoplasma pode solidificar localmente (sol → gel); por outro lado, com auxílio de **proteínas motoras**, possibilita fenômenos de movimento no interior da célula (por exemplo, corrente plasmática, deslocamentos de vesículas, migrações cromossômicas na divisão nuclear); nas plantas, por **microtúbulos** e **filamentos de actina** (do latim, *tubulus* = túbulo; *filum* = filamento). Além disso, as células vegetais possuem um citoesqueleto adicional em seus plastídios, a **proteína FtsZ** (ver 2.3.1), cuja função foi descrita pela primeira vez na divisão dos plastídios. Os genes dessa proteína do citoesqueleto, identificada em bactérias, nas células vegetais são codificados no DNA nuclear.

Ribossomos. Partículas pequenas (30 nm), densas, presentes no citoplasma e nas membranas do RE (do grego, *sóma* = corpo, partícula); na maioria das vezes, reunido em **polissomos**. São complexos ribonucleoproteicos e sítios da biossíntese de proteínas (tradução).

Retículo endoplasmático (**RE**) (do latim, *reticulum* = rede). Como sistema de membranas ramificado, atravessa o citoplasma; apresenta duas formas: **RE rugoso** (**RER**), membranas do lado externo são cobertas de polissomos, e **RE liso** (**REL**), sem polissomos. Os espaços internos do RER são na maioria planos; as membranas do RE dispõem-se paralelamente através do citoplasma ("membranas duplas"); fala-se de **cisternas**. Exemplo típico: o **envoltório nuclear** (cisterna perinuclear) é formado de cisternas do RE.

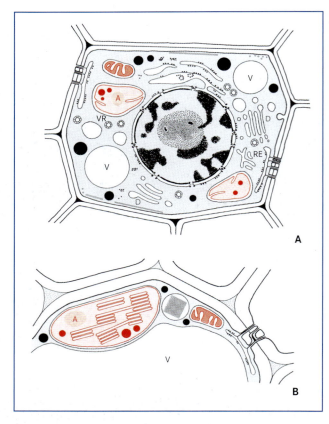

Figura 2-6 Ultraestrutura de células vegetais. **A** Célula embrionária: parede celular com lamela média e plasmodesmos; no citoplasma, dois dictiossomos, RE liso e rugoso, ribossomos e polissomos, diferentes vesículas (entre as quais, também vesículas revestidas) e gotículas lipídicas (oleossomos, em preto). Entre as membranas celulares, alguns microtúbulos cortados longitudinal e transversalmente; vacúolos; no núcleo (de posição central), um nucléolo e cromatina densa; dois proplastídios (vermelho claro, com plastoglóbulos e amido) e uma mitocôndria (vermelho escuro, com cristas). As organelas vermelhas contêm DNA próprio; compartimentos não plasmáticos, em branco. **B** Corte de uma célula foliar, por exemplo, com vacúolo bem ampliado. Parede primária desenvolvida (sacoderme), espaços intercelulares nos cantos da célula (pontuado); no citoplasma, além de uma mitocôndria, RER e oleossomos, um peroxissomo com cristal de catalase, bem como um cloroplasto com tilacoides, plastoglóbulos e grão de amido. – VR, vesículas revestida; D, dictiossomos; RE, retículo endoplasmático; A, amido; V, vacúolo.

Dictiossomos (do grego, *diktyon* = rede). Pequenas pilhas de cisternas sem ribossomos (cisternas de Golgi), que recebem material do RER por afluência de pequenas vesículas, reorganizam-no em secreções (por exemplo, proteínas, material de parede) e as fornecem à membrana celular através da **vesícula de Golgi**; nesta, ocorre a liberação das secreções para o exterior (**exocitose**); a soma dos dictiossomos de uma célula é denominada **complexo de Golgi**, em referência a C. Golgi, descobridor da organela.

Vesícula (do latim, *vesica* = vesícula, bexiga). Compartimentos pequenos e arredondados; prestam-se com frequência à transferência de matéria no interior da célula; originam-se em compartimentos maiores, através de estrangulamento; forma especial: vesículas com apenas 0,1

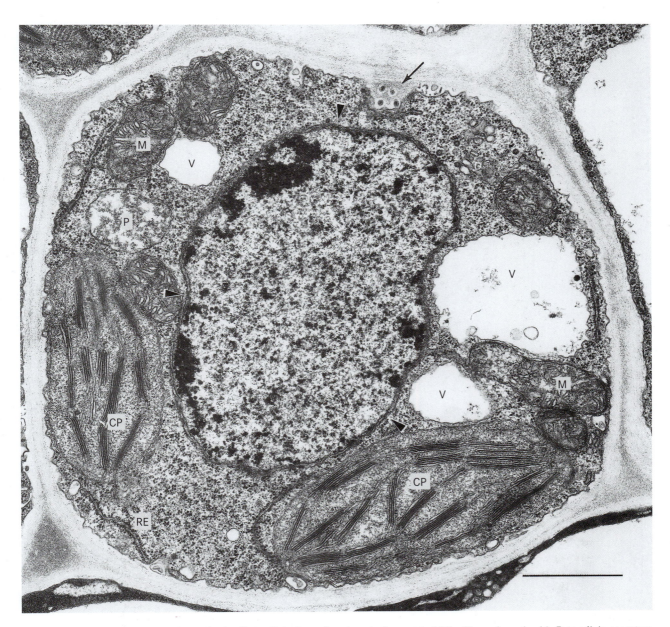

Figura 2-7 Célula vegetal ao ME (camada ultrafina, célula do parênquima do floema do feijão, *Phaseolus vulgaris*). Esta célula secretora mostra muitas características de células jovens, metabolicamente ativas (vários vacúolos pequenos, citoplasma cheio de ribossomos/polissomos), mas possui cloroplastos, mitocôndrias e peroxissomos. O nucléolo ficou fora do nível de corte; cabeças de setas: poros do núcleo. Seta: plasmodesmos, vistos transversalmente. Nas proximidades do dictiossomo, quatro vesículas revestidas. No núcleo (posição central), predomina eucromatina frouxa; no envoltório nuclear, por vezes heterocromatina densa (1 μm). – CP, cloroplastos; M, mitocôndrias; P, peroxissomo; demais denominações, como na Figura 2-6. (ME segundo H. Falk.)

μm de diâmetro e envoltório proteico denso (do inglês, *coated vesicles*); transportes mediante fluxos de vesículas são reunidos como fenômenos de fluxo de membrana (**citoses**).

Vacúolos (do latim, *vaccus* = vazio). Compartimentos arredondados e grandes; em células maduras, formam o **vacúolo central**, que muitas vezes consiste em mais de 90% do volume celular; contém a maior parte do **suco celular** ácido, o qual está delimitado no citoplasma pela membrana do vacúolo (**tonoplasto**) (do grego, *tónos* = tensão, pressão; *plásis* = produção); encerram com frequência substâncias de armazenamento e resíduos, além de pigmentos e outros metabólitos secundários, entre eles também o produtos tóxicos.

Peroxissomos. Vesículas densas, relativamente grandes (cerca de 1 μm de diâmetro), que contêm, entre outras substâncias, a enzima catalase para decomposição do peróxido de hidrogênio (H_2O_2), o qual se origina mediante fenômenos metabólicos.

Oleossomos. Gotículas de óleo no citoplasma (do latim, *oleum* = óleo); devido à sua forma esférica, eram chamados de esferossomos.

Plastídios. Em todas células verdes de algas, musgos e cormófitas como **cloroplastos** dotados de clorofila (do grego, *chlorós* = verde-amarelado), as organelas da fotossíntese. A conversão da energia luminosa (do grego, *phos* = luz solar) em energia química se realiza em complexos sistemas, que são formados de cisternas de membranas contendo clorofila (**tilacoide**; do grego, *thýlakos* = saco). Entre outros produtos, desse processo resulta adenosina trifosfato (**ATP**; energia química é liberada por separação do terceiro resíduo de fosfato e pode ser empregada em reações consumidoras de energia – sínteses, movimento, transporte ativo em membranas, etc.; ver 5.1.5). As células de tecidos aclorofilados dos vegetais acima mencionados contêm outras formas de plastídios, que nos tecidos formadores, por exemplo, são **proplastídios** pequenos e não pigmentados. Os **cromoplastos** (do grego, *chróma* = cor) são amarelos até verdes e em flores e frutos servem para atração de animais na polinização. Os plastídios são sempre revestidos por um envoltório de duas membranas e contêm DNA (DNApt = DNAct) e ribossomos próprios, que se distinguem daqueles do citoplasma (plastorribossomos). O aumento do número de plastídios ocorre por divisão. Todas as formas de plastídios são capazes de formar **grãos de amido** e gotículas de óleo (**plastoglóbulos**).

Mitocôndrias (do grego, *mítos* = filamento; *chóndros* = grão – devido ao contorno filamentoso ou oval-curto em outros casos). Como os plastídios, munidos do próprio e dos próprios ribossomos (DNAmt, mitorribossomos); elas se originam somente a partir de outras mitocôndrias, por meio de divisão; revestidas por um envoltório de duas membranas; organelas da **respiração celular** e, com isso, formam ATP. A formação de ATP e partes da respiração celular se processam no interior do envoltório, cuja superfície é aumentada por dobramentos no corpo da organela (**cristas**; do latim, *crista* = crista).

Núcleo (do latim, *nucleus* e do grego, *káryon* = núcleo). Na maioria dos eucitos (células de eucariotos), é a maior organela plasmática (com cerca de 10% do volume plasmático), geralmente única; envolvido por membrana dupla com poros característicos e livre de membranas no interior; contém a maior parte do patrimônio genético da célula: **informação genética** codificada em sequências de bases da longa hélice dupla de **DNA**. As moléculas de DNA são elementos centrais na estrutura e no funcionamento dos **cromossomos**. Na cromatina (substância dos cromossomos), o DNA é complexado com proteínas básicas, as histonas; partes alternantes de proteínas não histonas igualmente participam. O núcleo contém um ou mais **nucléolos**, onde são formados precursores dos ribossomos citoplasmáticos. Aumento do número por divisão (**mitose**): normalmente, o envoltório nuclear e os nucléolos se decompõem; a "forma de trabalho" da cromatina, fisiologicamente ativa e descondensada, torna-se a "forma de transporte" por condensação dos cromossomos individuais. (Devido ao formato de bastão até filamento e às formações passíveis de se colorir e que durante a mitose representam a cromatina, originalmente foi adotado o termo "cromossomo"). Através do **aparato do fuso** (fuso mitótico; estrutura do citoesqueleto, principalmente de microtúbulos), os cromossomos são distribuídos uniformemente pelas células-filhas; nestas, ocorre então a reprodução do envoltório nuclear e dos nucléolos, assim como a descondensação da cromatina, ao menos da porção "eurocromática", enquanto a **heterocromatina** condensa e permanece inativa. Na **eucromatina** se processa a síntese de RNA em determinadas sequências de

◀ **Figura 2-8** Células vegetais embrionárias de uma gema caulinar da couve-flor, ao ME (preparação por criofratura). O rompimento das células fixadas por congelamento ocorre ao longo de membranas, que se dispõem mais ou menos paralelamente à superfície de fratura; por isso, essas membranas aparecem em vista superficial. Esta é a situação das membranas envoltórias dos dois núcleos da figura, com inúmeros poros. As mitocôndrias e os proplastídios estão em parte rompidos e em parte identificáveis em vista externa, como relevo plástico. As membranas celulares (membrana plasmática) e membranas de vacúolos, por vezes, estão representadas em ruptura transversal (corte) e em outros locais mostram-se em vista superficial. Além disso, são visíveis cisternas do retículo endoplasmático, bem como um dictiossomo. Em certos locais da parede celular são reconhecíveis fibrilas de celulose (setas; 1 μm). – RE, retículo endoplasmático; D, dictiossomo; M, mitocôndrias; N, núcleo; MP, membrana plasmática; PP, proplastídios; V, vacúolos; P, parece celular. (ME segundo K.A. Platt-Aloia e W.W. Thomson; imagem cedida por J. Electron Micr. Techn. John Wiley e Sons, New York.)

DNA (transcrição dos genes ativos). Estágios repetidos, regulares e sucessivos constituem o **ciclo celular**. Na fase S do ciclo celular, o DNA é replicado e, com isso, os cromossomos são duplicados.

Na verdade, as células se modificam nos processos de diferenciação, mas muitas organelas mantêm forma e função. Em geral, apenas plastídios, vacúolos e paredes celulares são fortemente alterados.

2.2.2 Citoplasma

A massa viscosa ou gelatinosa é identificada como **plasma fundamental**, no qual se localizam os ribossomos e os elementos do citoesqueleto. Plastídios, mitocôndrias, núcleo e muitas vezes, também, agregados de substâncias de reserva (oleossomos, grânulos de glicogênio nos fungos) estão embebidos no citoplasma. Ele é rico em proteínas enzimáticas; a concentração proteica total situa-se entre 10 e 30%. No citoplasma, uma parte considerável da água está ligada a proteínas. No citoplasma é mantido um **meio iônico** especial, através de bombas de íons ativas (ou seja, consumidoras de ATP) nas membranas limitantes. Em comparação como o meio externo, o citoplasma é rico em K^+, pobre em Na^+ e contém muito pouco Ca^{2+}. O pH fica um pouco acima de 7, considerado ótimo para as enzimas do citoplasma.

No citoplasma ocorrem reações e rotas de reações metabólicas muito importantes (glicólise, formação de lipídeos de reserva, síntese de aminoácidos e – nos ribossomos – a síntese de proteínas, além da síntese de nucleotídeos e da sacarose; ver 5.9-5.16). No citoplasma das células de muitas plantas e de fungos são produzidas substâncias farmacologicamente importantes (alcaloides, glicosídeos), que são depois transferidos para os vacúolos ou paredes celulares e lá armazenados. Por fim, no citoplasma de células de fungos e animais também se processa a síntese de ácidos graxos, que em plantas está localizada nos plastídios.

O citoplasma pode existir como **plasmassol** ou **plasmagel**. Os elementos do citoesqueleto mantêm estabilidade da célula. Soluções das macromoléculas globulares (esferocoloides, aos quais pertencem as proteínas enzimáticas do plasma fundamental) permanecem com viscosidade baixa mesmo em concentrações elevadas. Ao contrário, partículas alongadas (coloides lineares) formam gelatinas, já em concentrações baixas. Devido à sua superfície relativamente grande, elas tendem a se emaranhar. Filamentos de actina e microtúbulos são realmente coloides lineares. Contudo, ao mesmo tempo eles são polímeros (em geral, é empregado esse conceito, embora se trate propriamente de agregados lineares, pois os polímeros apresentam uma ligação covalente) de proteínas globulares. Nas células vivas, esses polímeros podem ser formados e decompostos depressa, de modo que a viscosidade do citoplasma pode ser adaptada às respectivas necessidades. Nas células de

plantas e de fungos, por disporem de um exoesqueleto sólido através de suas paredes celulares, citoplasma fluido é encontrado com mais frequência do que em zoócitos ou em células nuas de muitos flagelados e fungos inferiores. Em todas as células, as partes plasmáticas (**ectoplasma**, plasma cortical; do latim, *cortex* = córtex) têm disposição externa e existem como gel, o **endoplasma**, de localização interna, é um fluido. Somente no endoplasma a corrente plasmática é evidenciada.

A **corrente plasmática** rápida é observada em células especialmente grandes. Elas servem ao rápido transporte intracelular de matéria, para o qual a mera difusão não basta. Nas células, distingue-se **corrente de rotação** de **corrente de circulação**. No caso da rotação plasmática, o endoplasma submete o vacúolo central a um movimento constante e uniforme, em rotações simples ou em "montanha russa". Este tipo de corrente plasmática é observado, por exemplo, nas células grandes dos entrenós de *Chara* e *Nitella* (Figura 10-124), mas também em células foliares de *Elodea* e *Vallisneria*, conhecidas como plantas de aquário. Em células com crescimento apical (hifas de fungos, tricomas de raízes, tubos polínicos), em células de tricomas (por exemplo, em tricomas urticantes da urtiga) e em muitas células epidérmicas, o movimento plasmático se realiza em várias correntes (em parte em sentidos contrários); essas correntes se manifestam em cordões plasmáticos, que tensionam o vacúolo central (Figura 2-58C; ver, 7.2.2, referente à fisiologia dos movimentos intracelulares).

O **movimento ameboide** de células sem paredes ou plastídios depende igualmente de correntes plasmáticas. O chamado movimento pendular na "rede de nervuras" de fungos plasmodiais (Figura 2-9) sustenta o recorde de velocidade de 1 mm s^{-1}. Ele se realiza como corrente de pressão hidráulica pelo fato de que o tubo contrátil de ectoplasma se contrai em alguns lugares do plasmódio e se expande em outros. A direção

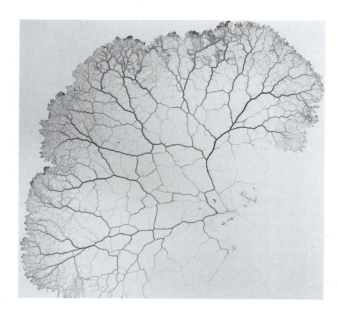

Figura 2-9 Plasmódio do fungo plasmodial *Physarum confertum* (1,25x). (Segundo R. Stiemerling.)

da corrente se inverte a cada 2,5 min. Não só neste caso, mas também nas correntes de circulação e de rotação uma ordem de grandeza mais lentas, o sistema de actomiosina celular (ver 2.2.2.2) fornece as forças motoras necessárias; ao contrário da corrente pendular dos mixomicetos, na verdade não são geradas correntes hidráulicas, mas sim forças motoras que deslocam o endoplasma para o ectoplasma fixo.

2.2.2.1 Citoesqueleto

Devido às forças superficiais limítrofes atuantes na membrana plasmática, as células sem paredes (**gimnoblastos**) tendem à forma arredondada, à minimização da sua superfície. As células de plantas, de fungos e de bactérias, cujas paredes foram retiradas artificialmente, assumem a forma esférica correspondente (comparar com Figura 2-48). Formas diferentes da esférica são proporcionadas por estruturas de enrijecimento externamente à membrana celular (**dermatoblastos**, com parede celular) e/ou mediante um **citoesqueleto** no próprio citoplasma. O citoesqueleto é bem desenvolvido especialmente em gimnoblastos, ou seja, na ausência de paredes: em organismos unicelulares sem paredes e em células de tecidos dos animais e do homem. Nos plasmódios ameboides e multicelulares dos fungos plasmodiais (Figura 2-9), a actina (proteína do citoesqueleto) representa cerca de 15% da proteína total. Enquanto a alteração das paredes celulares por crescimento irreversível e a sua desagregação se processam devagar, o citoesqueleto pode ser formado e decomposto rapidamente. Ele comporta-se como **formador estrutural dinâmico**, que governa a forma de células, sua arquitetura interna e todos os movimentos celulares.

O citoesqueleto das algas, plantas superiores e fungos consiste, acima de tudo, de microfilamentos de actina e de microtúbulos (Figura 2-10).

A **actina** foi isolada inicialmente de fibras musculares. Em seguida, sua distribuição geral foi comprovada em eucitos. A molécula globular de actina (**actina-G**) tem um diâmetro de 40 nm e uma massa de 42 kDa. No segmento de ligação de um C-terminal maior e de um domínio N-terminal menor está localizado um sítio de ligação para ATP. Em soluções de G-actina, formam-se filamentos de actina (**microfilamentos: actina-F**; Figura 2-11). Neste caso, o ATP da actina-G é clivado, ADP permanece ligado aos protômeros da actina-F. A hidrólise de ATP não é condição para a formação de filamentos, mas a favorece por estabilização dos filamentos por meio de efeitos alostéricos.

Os microfilamentos exibem **polaridade cinética**: a incorporação das outras moléculas de actina se realiza principalmente na chamada extremidade *mais*. A formação dos filamentos começa nas células vivas em sítios de nucleação especiais, por exemplo, em determinados locais da membrana celular que estão ocupadas com proteínas de ligação à actina. (por exemplo, α-actinina). A extremidade *mais* do filamento se estabelece nesses centros de formação. Portanto, o crescimento de microfilamentos ocorre por alongamento na extremidade fixada, não na livre. (A este respeito, os microtúbulos se comportam de modo oposto.)

A velocidade e a magnitude do crescimento de microtúbulos, assim como a sua posição e orientação, podem ser influenciadas por muitos fatores naturais e artificiais. Através de **proteínas associadas à actina**, nas células vivas os microfilamentos são estabilizados ou desestabilizados, entrelaçados ou reunidos em feixes, inibidos ou cortados no crescimento posterior. A alta dinâmica do esqueleto de actina se baseia no efeito dessas proteínas – em células de mamíferos, especialmente bem estudadas, há mais de 100 diferentes tipos delas (Higaki e colaboradores, 2007). Neste sentido, em plantas distinguem-se duas proteínas de efeitos antagônicos: **profilina** e o **fator de despolimerização da actina** (ADF, *actindepolymerisierende faktor*). O enriquecimento dessas proteínas ocorre onde houver formações estruturais nas superfícies celulares, como no crescimento apical de células (tricomas de raízes, tubos polínicos) e também na divisão celular (formação da placa celular e dos plasmodesmos primários, ver 2.2.3.6 ou 2.2.7.3). A **citocalasina B** (uma substância tóxica de fungo) causa a dissociação de microfilamentos. Os fenômenos de movimentos intracelulares, dos quais participam microfilamentos, são bloqueados por citocalasina. Isto afeta, por exemplo, as correntes plasmáticas e os deslocamentos de cloroplastos. A **faloidina**, uma substância tóxica do fungo verde da folha da batata (*Amanita phalloides*), tem efeito semelhante. Na verdade, ela deixa agregar a actina celular total a filamentos não mais degradáveis ("Ph-actina") e, com isso, suprime a importante dinâmica do citoesqueleto. A actina é uma das proteínas mais conservadas dos eucariotos, pois sua sequência de aminoácidos não se modificou durante o desenvolvimento filogenético. No genoma da maioria dos eucariotos, no entanto, existem vários genes de actina, cujos produtos não são idênticos. Fala-se, neste caso, de isotipos ou isovariantes. Em células não musculares, em geral é expresso o γ-isotipo da actina.

O componente molecular dos microtúbulos (Figura 2-12) é uma unidade dimérica composta de duas proteínas semelhantes: α-tubulina e β-tubulina ("heterodímeros"). Na presença de GTP e na ausência de íons de cálcio, os heterodímeros de tubulina (100 kDa) mostram uma forte tendência à agregação. Sua estrutura *self-assembly* típica é o microtúbulo (do latim, *tubulus* = túbulo). Sua parede consiste de 13 séries longitudinais (protofilamentos) de heterodímeros de tubulina igualmente orientados. O diâmetro externo da estrutura quaternária tubular é de 25 nm, enquanto o diâmetro dos filamentos de actina é de apenas 6 nm. Por isso, os microtúbulos são formas relativamente estendidas e rígidas; quando há exigência de dobramento excessivo, que não ocorre na célula viva, eles se curvam.

As estruturas moleculares das tubulinas (α e β) são muito semelhantes, embora as sequências de aminoácidos coincidam em apenas 40%. É possível comprovar uma homologia com a proteína **FtsZ** da divisão celular das bactérias. Cada molécula de tubulina possui um sítio de ligação para GTP/GDP. Os heterodímeros de tubuli-

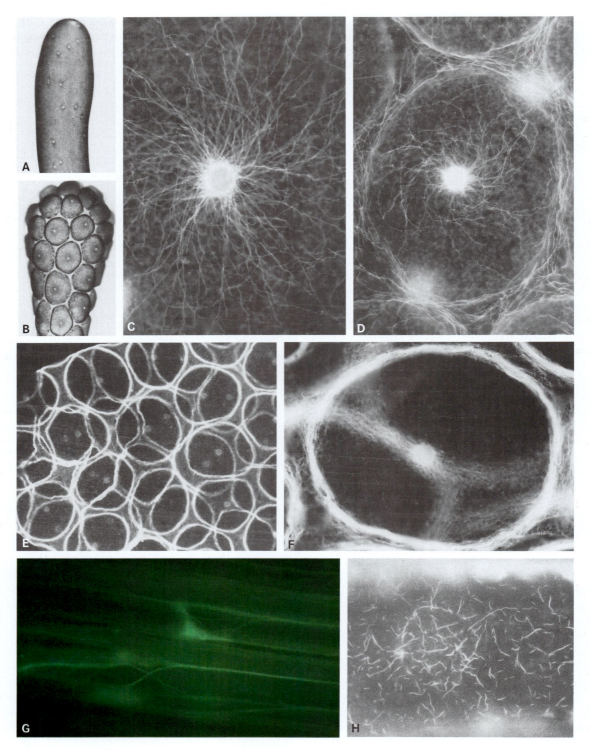

Figura 2-10 Citoesqueleto em células vegetais. **A-F** Formação de cistos na Dasycladaceae *Acetabularia cliftoni* (comparar com Figura 10-112). **A, B** Imigração dos núcleos secundários em uma célula do escudo da alga e organização inicial de cistos por meio da formação celular livre (ver 2.2.3.6; 30x). **C, D** Microtúbulos visíveis indiretamente por imunofluorescência; no centro de cada figura, observa-se um núcleo (C, 350x; D, 235x). **E, F** Localização correspondente de microfilamentos de actina na formação de cistos; no aumento maior (**F**), são visíveis filamentos individuais (E, 60x; F, 235x). **G** Microfilamentos de actina em células epidérmicas vivas de *Arabidopsis thaliana*, visíveis ao microscópio de fluorescência por meio de marcação indireta de uma proteína de ligação à actina (Kost e colaboradores, 1998) fusionada com GFP (630x). **H** Decomposição dos microfilamentos em epiderme célula de um catáfilo de cebola através da citocalasina, marcação ao microscópio de fluorescência com faloidina-rodamina (H 400x). (A-F segundo D. Menzel; H segundo H. Quader.)

Figura 2-11 Microfilamento de actina. Os monômeros globulares de actina (elipsoides) se agregam em forma helicoidal, com aproximadamente duas moléculas por volta. Isto confere ao microfilamento a aparência de uma hélice dupla íngreme com um período de apenas 40 nm.

na livres, presentes na maioria das células, têm ligação à GTP, após agregação à GDP – correspondente às relações análogas em actina-G/actina-F com respeito à ligação ATP/ADP.

Os sítios de nucleação dos microtúbulos na célula são conhecidos como **centros organizadores de microtúbulos** (**MTOC**, *microtubules organizing centers*). Como eles atuam principalmente nos corpos basais de flagelos (eles correspondem aos centríolos, ver 2.2.2.3), as duas regiões polares do fuso de divisão nuclear (Quadro 2-2), além de determinadas regiões de membranas. Como os microfilamentos, cada microtúbulo possui igualmente uma extremidade (+) e uma (-), que se manifesta também na orientação uniforme dos heterodímeros de tubulina ao longo de cada um dos microtúbulo. Porém, ao contrário dos microfilamentos, nos microtúbulos a extremidade (-) se fixa no MTOC e a extremidade (+) cresce afastada dele. Os tipos de formação moldados como hélices curtas para esquerda (sítios de nucleação) dos novos microtúbulos no MTOC consistem de várias proteínas específicas e contêm um terceiro isotipo de tubulina: a γ-tubulina. A extremidade (-) do microtúbulo é sua extremidade α, ao passo que, a extremidade (+) corresponde à extremidade β. Nas plantas superiores, a γ-tubulina está associada não apenas aos sítios de nucleação dos microtúbulos, os chamados complexos em anel de γ-tubulina; ela é encontrada com frequência ao longo dos microtúbulos completos e também junto às endomembranas (por exemplo, junto à membrana nuclear externa).

Excetuando a disponibilidade de heterodímeros de tubulina e de GTP, a velocidade e a magnitude do alongamento de microtúbulos dependem de vários fatores e podem ser governadas por eles. Assim, a agregação de tubulina só ocorre sob concentrações de cálcio abaixo de 10^{-7} M. Nas células vivas, principalmente diferentes fatores proteicos exercem um papel importante. Resumidamente, eles são identificados como **proteínas associadas aos microtúbulos** (**MAP**, *mikrotubuliassoziierte proteine*). Existem duas classes dessas proteínas: o fator-τ (fator tau, 55-65 kDa), que é incorporado aos microtúbulos, e as MAPs com massa molecular elevada (250-350 kDa), que normalmente distam dos microtúbulos como braços laterais de 30 nm de comprimento e podem atuar como pontes entre eles e membranas (por exemplo). Algumas dessas

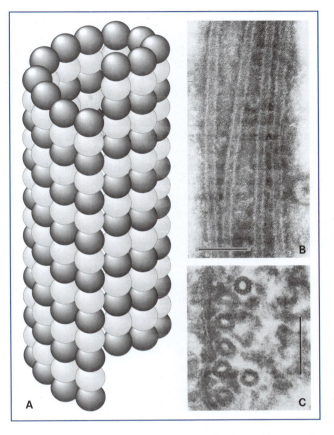

Figura 2-12 Tubulina e microtúbulos. **A** Heterodímeros de α-tubulina e β-tubulina globulares (claro/escuro; cada um de aproximadamente 50 kDa, 4 nm de diâmetro) estão alinhados em fileiras longitudinais, os protofilamentos. O microtúbulo cilíndrico oco é formado por 13 protofilamentos. Os heterodímeros dos protofilamentos vizinhos são deslocados entre si, de modo que resulta uma estrutura helicoidal plana. Na chamada borda (à frente, no esquema), as unidades de α-tubulina não se localizam junto às de α-tubulina e as de β-tubulina junto às de β-tubulina, como de costume, mas sim as unidades de α-tubulina ficam junto às de β-tubulina. **B** Microtúbulos da banana (*Musa paradisiaca*) em contraste negativo. **C** Cortes transversais de microtúbulos de uma banda pré-prófase (Figura 2-13B), de célula embrionária da coifa de raiz de cebola; 13 protofilamentos parcialmente reconhecíveis (B, C: 0,1 μm). (ME – B segundo I. Dörr; C segundo H. Falk.)

MAPs com massa molecular elevada são enzimas, podendo fosforilar proteínas, por exemplo, ou são ATPases. Dineína e cinesina são as mais importantes dessas ATPases (ver seção seguinte).

Como nos microfilamentos, a formação e a dissociação de microtúbulos também podem ser influenciadas experimentalmente por drogas específicas. A droga conhecida há mais tempo é a **colchicina**, um alcaloide do cólquico (*Colchicum autumnale*). Ela se liga à β-tubulina dos heterodímeros de tubulina livres e bloqueia sua incorporação aos microtúbulos. Para dissociação experimental de microtúbulos vegetais são empregados herbicidas mais potentes e específicos, como o orizalin e o amiprofosmetil (APM).

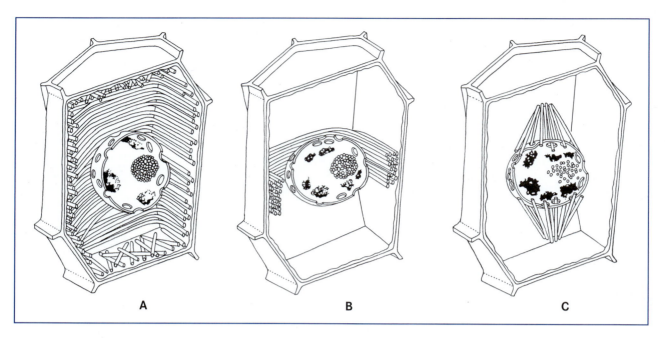

Figura 2-13 Modificações do arranjo dos microtúbulos, antes do começo de uma mitose em células do meristema de raiz. **A** Interfase. **B** Formação da banda pré-prófase, antes do ingresso na prófase. Sua posição marca o futuro equador do fuso e o nível da divisão celular. **C** Prófase tardia. (Segundo M.C. Ledbetter.)

O **taxol**, um alcaloide do teixo (*Taxus*, Figura 5-121), tem efeito contrário. Ele estabiliza microtúbulos e, com isso, diminui o *pool* de heterodímeros livres.

Os microtúbulos da mesma célula muitas vezes têm estabilidades diferentes, distinguindo-se microtúbulos "estáveis e "lábeis". Sob influência da colchicina, os microtúbulos lábeis se desagregam (por exemplo, do fuso de divisão nuclear), mas não os microtúbulos estáveis de flagelos. Enquanto os microtúbulos de flagelos se mantêm, mesmo em temperaturas baixas e sob fixação com tetróxido de ósmio, os microtúbulos lábeis desaparecem nas duas situações. A ampla distribuição de microtúbulos do tipo lábil só pode ser comprovada após introdução da fixação com glutardialdeído na microscopia eletrônica. A estabilidade distinta dos microtúbulos se baseia supostamente em diferentes isotipos de tubulina (em *Arabidopsis*, 9 α-tubulinas e 6 β-tubulinas) e/ou proteínas acompanhantes específicas.

Em muitas células, ocorrem modelos estruturais complexos de microtúbulos, às vezes com funções limitadas no tempo, em outros casos como formações duradouras.

O exemplo mais conhecido dessas estruturas funcionais é o fuso de divisão nuclear (Quadro 2-2). Todavia, ele não aparece apenas na mitose, mas também durante as fases restantes do ciclo celular das células de plantas superiores, frequentemente com arranjos ou deslocamentos característicos de microtúbulos (**ciclo dos microtúbulos**, Figura 2-13). Na interfase, os microtúbulos estão localizados em geral no plasma cortical abaixo da membrana celular. Nesse local, eles desempenham um papel importante na configuração da parede celular (orientação de microfibrilas de celulose; distinção da membrana celular em relação à parede celular, para formações restritas de parede secundária, como na diferenciação de elementos de vaso helicoidais, comparar Figuras 2-73C e 3-24E) e em processos morfogenéticos.

Modelos proeminentes de microtúbulos estáveis são encontrados nos protistas sem paredes e espermatozoides, onde eles se relacionam com a rigidez das formas de células características e/ou da ancoragem do aparelho flagelar.

Nas células de vertebrados, ao lado de microfilamentos de actina e microtúbulos, encontram-se também outros elementos de citoesqueleto em forma de filamentos, cujo diâmetro se situa em torno de 10 nm. Esse valor fica entre o dos microtúbulos (25 nm) e o dos microfilamentos (6 nm), razão pela qual eles são chamados de **filamentos intermediários** (**FI**; **filamentos de 10 nm**). Em células de mamíferos, eles podem formar redes de filamentos, em parte bastante densas e estendidas. Eles se distinguem por serem insolúveis – exceto em solução de ureia concentrada. Os FI são feixes proteicos lineares. Até agora, são conhecidas seis subfamílias; cerca de 40 diferentes proteínas de FI são homólogos sequenciais. (Nesse grupo estão também as lâminas nucleares, ver 2.2.3.4.)

2.2.2.2 Proteínas motoras e fenômenos de movimentos celulares

O citoesqueleto tem uma participação decisiva nos processos de movimentos celulares (contratilidade e mobilidade). Por um lado, há direções de movimentos, como uma rede de ferrovias ou uma rede de rodovias. Por outro lado, de acordo com o princípio de Newton (igualdade numérica de ação e reação), cada elemento gerador de força necessita de um contraforte (comparar musculatura e esqueleto). Na célula, existem ATPases específicas como transformadoras quimiomecânicas de energia (**moléculas motoras**), que mediante hidrólise de ATP convertem a energia liberada em mudanças de conformação e, com isso, em movimentos e, neste sentido, cooperam diretamente com os elementos do citoesqueleto. Nos eucariotos, em correspondência a ambos os componentes principais do citoesqueleto, estão distribuídos dois desses sistemas: o sistema de actomiosina e o sistema de microtúbulos-dineína/cinesina.

A **miosina** (do grego, *myon* = músculo) acompanha a actina na produção de forças tração e de impulso no plasma fundamental. Ela é uma ATPase complexa, ativada pela actina. A miosina foi estudada em músculos de vertebrados e de insetos. A miosina II, que nesses músculos ocorre em grande quantidade, possui uma estrutura quaternária (470 kDa) de duas cadeias longas paralelas, "pesadas", e quatro mais curtas, "leves" (Figura 2-14A, B). A partícula fortemente anisométrica tem uma longa região da cauda de α-hélice e dois N-terminais, segmentos globulares da cabeça. Estes são idênticos e operam em processos de contração, independentes entre si. Neles estão localizados os sítios de ligação à actina e a atividade de ATPase; as cadeias leves de ligação ao Ca^{2+} são vizinhas. Por meio dos domínios da cauda, miosina II agrega às fibras musculares estriadas filamentos de miosina estáveis. Havendo uma concentração de Ca^{2+} suficientemente alta, as duas cabeças da miosina se prendem a um filamento de actina, e são liberados os produtos da clivagem de ATP já ocorrida. Isto provoca uma drástica mudança de conformação da miosina, a cabeça vira e desloca o microfilamento em cerca de 10 nm. Com uma nova acumulação de ATP, a ligação à actina é desfeita e, sob clivagem de ATP, a cabeça retorna à posição original. Por ocasião da contração muscular, esses processos se repetem ciclicamente e actina e miosina se deslocam uma contra outra. O sistema de dois componentes, portanto, não atua no sentido de que os próprios filamentos se encurtem, mas sim que eles se desloquem. Este **modelo de filamentos deslizantes** (*sliding filament-modell*), em princípio, é válido também para o sistema microtúbulos-dineína/cinesina.

Por meio de comparações de sequências e ensaios de mobilidade (rações proteicas são testadas sobre sua capacidade de desencadear movimentos em filamentos de actina isolados), nos últimos anos foram encontradas várias miosinas, que em parte divergem da miosina II de células musculares. Isto vale principalmente para miosinas vegetais, as quais são acrescentadas às classes VIII, XI e XII da superfamília das miosinas (Figura 2-14C-E). Seu modo de ação é semelhante ao da miosina II. Na verdade, suas regiões da cauda não formam filamentos de miosina (eles existem apenas em células musculares); ao contrário, elas se prendem diretamente a membranas ou vesículas ou outras estruturas celulares (exceto microtúbulos). As corrente plasmática e os deslocamentos de cloroplastos em geral são efetuados pelo sistema de actomiosina.

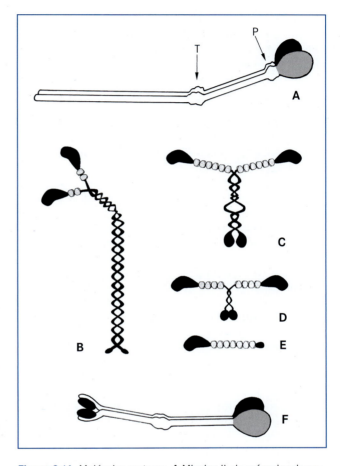

Figura 2-14 Moléculas motoras. **A** Miosina II, de músculos de mamíferos, é a molécula motora conhecida há mais tempo e melhor estudada. Através da tripsina (T, uma proteinase), ela é dividida em duas partes: cabeça e cauda. Papaína (P) decompõe a parte da cabeça em domínios globulares N-terminais das cadeias pesadas de miosina com locais de ligação à actina e atividade de ATPase e uma porção do pescoço, com o qual as cadeias leves estão associadas (não apresentadas aqui). As porções do pescoço e da cauda são domínios estendidos de α-hélice. Os sítios de ataque de T e P situam-se em partes frouxas da estrutura secundária, nas quais as partículas de miosina podem dobrar (como em articulações). O movimento recíproco de filamentos de actina e miosina se baseia na torção da articulação em P. **B** Estrutura dos domínios de miosina II. As unidades globulares nas porções dos pescoços correspondem às cadeias leves (como também em **C-E**). **C-E** Miosinas de células vegetais: miosinas da classe-XI e da classe-VIII de girassol e *Arabidopsis thaliana*, respectivamente; **E** miosina da classe-XII de *Acetabularia* (alga verde, sifonal). **F** Cinesina; as duas cadeias α formam, nas suas extremidades-amino (à direita), domínios globulares com atividade de ATPase e locais de ligação à tubulina; duas cadeias leves estão posicionadas nos C-terminais. Miosinas da classe-II têm 160 nm de comprimento; tetrâmeros de cinesina têm mais ou menos a metade desse comprimento. (B-E segundo D. Menzel.)

Em contraposição ao sistema de actomiosina, nos movimentos dependentes de microtúbulos existem duas classes diferentes de proteínas motoras: dineína e cinesina (do grego, *dýnamis* = força e *kinesis* = movimento). A **dineína** é um complexo de massa molecular elevada, proeminente sobretudo em flagelos e cílios (ver a seção seguinte). Porém, como "dineína citoplasmática" com estrutura mais simples, ela tem uma distribuição geral também em células não flageladas. Ela atua junto com **dinactina**, uma outra proteína grande do complexo da dinamina, e ainda outras proteínas companheiras, alternantes dxe caso para caso. Os movimentos mediados por dineína ocorrem sempre na direção da extremidade (-) dos microtúbulos que funcionam como contraforte/trilha: dineínas são motores (-). As **cinesinas**, ao contrário, são em geral motores (+). (Atuam como motores (-) apenas representantes da superfamília das cinesinas com estrutura um pouco divergente, nos quais o domínio motor se fixa do carboxila-terminal em vez do amino-terminal.) Elas foram descobertas nos apêndices axiais de células nervosas. Entretanto, sua ocorrência está bem documentada também em vegetais. Em sua forma molecular (Figura 2-14F), elas se assemelham às miosinas, que são igualmente motores (+) (apenas nos microfilamentos de actina). Embora as cinesinas não tenham parentesco sequencial com as miosinas, a estrutura tridimensional dos domínios motores é semelhante em ambos os casos.

Os movimentos celulares se realizam em alguns casos sem os sistemas descritos. Assim, o mero alongamento ou encurtamento de microfilamentos ou microtúbulos pode provocar deslocamentos de organelas ou mudança de forma. Um mecanismo totalmente divergente, baseado em outros componentes moleculares bem diferentes, é o seguinte: o pedúnculo das vorticelas unicelulares (ciliados sésseis) se contrai de repente por contato do corpo celular. Neste caso, um cordão central no pedúnculo, o espasmonema, assume a forma de parafuso plano (Figura 2-15). O espasmonema consiste na fosfoproteína de massa molecular baixa (cerca de 20 kDa), pertencente à família das **centrinas** (espasmina, caltractina). Ela altera sua conformação – e, com isso, a forma do espasmonema – por ligação com íons de cálcio. Nesta situação, o ATP não é clivado. Entretanto, para retirar Ca^{2+} após a contração e estender de novo o espasmonema, é necessário um processo mais lento. Em sua sequência de aminoácidos, as centrinas são aparentadas com a calmodulina (proteína de ligação ao cálcio). Com auxílio de anticorpos específicos, a centrina pôde ser comprovada em muitos eucitos, inclusive em plantas superiores. Ela está associada a corpos basais e centríolos, bem como a estruturas de ancoragem de flagelos (raízes de flagelos, ver 2.2.2.3). Nas divisões celulares, ela se encontra também no centroplasma e no fragmoplasto (ver 2.2.3.6). Não se conhecem ainda quais as funções que ela exerce.

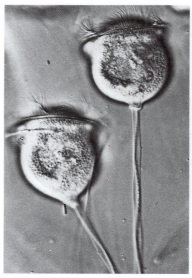

Figura 2-15 Os espasmonema contrátil de *Vorticella*, à esquerda com pedúnculo estendido. Após estímulo, espasmonema e pedúnculo encurtam, tomando a forma de parafuso. (420x; Segundo P. Sitte.)

2.2.2.3 Flagelos e centríolos

Onde existirem flagelos em eucariotos, sua estrutura interna é essencialmente igual. Trata-se de uma das estruturas celulares mais conservadas.

Os **cílios**, distribuídos em animais e humanos, também exibem em princípio uma ultraestrutura igual. Os cílios são mais curtos que os flagelos e sempre ocorrem em grande número (células epiteliais vibratórias; unicelulares: ciliados). As organelas de locomoção análogas, os **flagelos** (do latim, *flagellum* = chicote, flagelo) das bactérias, têm uma estrutura totalmente diferente e funcionam também de maneira distinta (ver 2.3.2).

No corte transversal do flagelo distingue-se uma disposição característica de 20 microtúbulos (Figura 2-16). Ela é conhecida como **padrão 9 + 2**. Dois túbulos centrais isolados (singuletes) são envolvidos simetricamente por um cilindro de 9 pares de túbulos (dupletes). Os dupletes não têm uma orientação tangencial exata: o túbulo A apresenta localização um pouco mais interna do que o túbulo B. Apenas o túbulo A é composto de 13 protofilamentos. O túbulo B, que apresenta um diâmetro maior, com 11 protofilamentos se junta lateralmente ao túbulo A e compartilha 4 desses protofilamentos, tornando-se também um tubo completo (porém não cilíndrico). Singuletes e dupletes, junto com várias outras proteínas, formam o citoesqueleto complexo dos flagelos (Figura 2-17). Junto com dineína como molécula motora, ele provoca o batimento flagelar. A estrutura completa móvel, que, com um diâmetro de 200 nm atravessa longitudinalmente o flagelo, é denominada **axonema** (do grego, *áxon* = eixo e *néma* = fio).

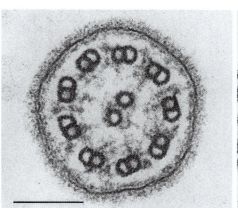
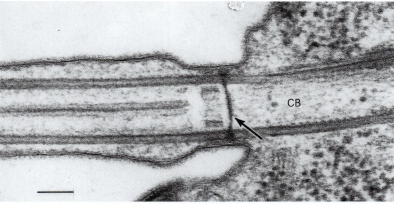

Figura 2-16 Flagelo de *Scourfieldia caeca*, um flagelado verde: à esquerda, em vista transversal; à direita, base do flagelo, com corpo basal visto longitudinalmente. Os singuletes centrais, que não apresentam corpos basais, começam somente 100 nm além da placa. Em corte transversal, reconhecem-se os braços de dineína e raios (0,1 μm). – CB, corpo basal; seta: placa basal na transição do corpo basal para flagelo. (ME segundo M. Melkonian.)

A dineína do flagelo é uma ATPase muito complexa, ativada por tubulina. A dineína dos chamados braços externos possui, por exemplo, uma massa de partícula de apenas 2 MDa e consiste de cerca de 12 protômeros diferentes. Ao ME, ela mostra-se como uma estrutura multiarticulada. Os braços de dineína, que partem dos túbulos A e chegam aos túbulos B vizinhos, podem passar pelos dupletes vizinhos – aqui também vale o modelo de filamentos deslizantes. Os raios e as pontes de nexina convertem os deslocamentos longitudinais resultantes no interior do axonema nos característicos movimentos de torção dos flagelos.

A superfície dos flagelos é modificada em muitos organismos. Os **flagelos barbulados** são densamente cobertos de **mastigonemas** filamentosos, tornando seu atrito na água maior (Figuras 10-21A-C e 10-98F; do grego, *mástix* = flagelo). Os mastigonemas são produzidos no complexo de Golgi como secreção moldada e chegam às superfícies dos flagelos mediante exocitose dirigida. Os **flagelos do tipo chicote** são caracterizados por uma zona apical delgada e alongada, na qual apenas os 2 microtúbulos do singulete se sobressaem.

Cada flagelo está ancorado no citoplasma cortical com um **corpo basal**, um cilindro curto de 9 tripletes de microtúbulos (túbulos A, B e C); não há singuletes centrais (Figuras 2-16 e 2-18). O corpo basal está orientado perpendicularmente à superfície celular. Na origem dos flagelos, ele funciona como centro de formação, do qual o flagelo cresce. Na zona de transição entre corpo basal e haste do flagelo terminam os túbulos C e começa os dois singuletes. Os túbulos A e B do corpo basal continuam nos 9 dupletes do axonema. Portanto, os corpos basais têm (também) a função de MTOCs, e as extremidades (+) dos microtúbulos situam-se na extremidade livre do flagelo.

A estrutura do corpo basal é idêntica a de **centríolos**. Em geral, eles se apresentam aos pares. Quando presentes, os pares de centríolos ocupam os polos do fuso da divisão nuclear.

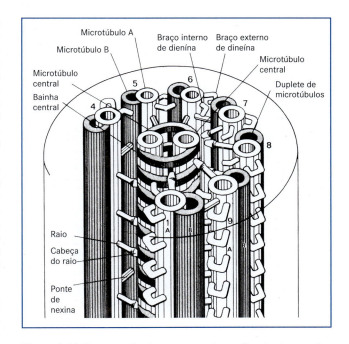

Figura 2-17 Esquema da ultraestrutura de um flagelo de eucarioto. Os dois microtúbulos centrais (singuletes) são envolvidos por uma bainha helicoidal, com a qual os dupletes estão ligados por meio de raios elásticos. O microtúbulo A (claro) de cada duplete está ligado frouxamente com o microtúbulo B (escuro) do duplete vizinho, por meio de braços proteicos elásticos (nexina). Além disso, todo o microtúbulo A porta braços internos e externos de dineína. A numeração dos dupletes começa no nível de simetria do singulete com 1 e circula em direção dos braços de dineína (partir da base do flagelo para a extremidade livre, no sentido horário). Para melhor clareza, foram desenhados apenas 7 dupletes; a lacuna – dupletes 2 e 3 – está caracterizada pela interrupção do círculo, que marca a posição da membrana plasmática. (Segundo P. Satir.)

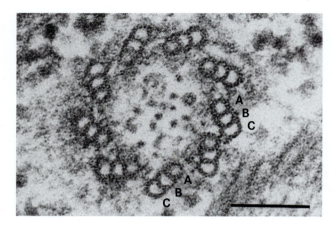

Figura 2-18 Corpo basal de *Scourfieldia*, transversalmente. Nos tripletes de microtúbulos, são distinguíveis parcialmente protofilamentos, em corte transversal. Apenas os microtúbulos mais internos do triplete (A) estão completos; os dois microtúbulos (B e C) posicionados obliquamente para fora têm forma de calha e possuem alguns protofilamentos em comum com o próximo microtúbulo interno. Os microtúbulos C terminam na placa basal, A e B continuam nos dupletes do axonema do flagelo (0,1 μm). (ME segundo M. Melkkonian.)

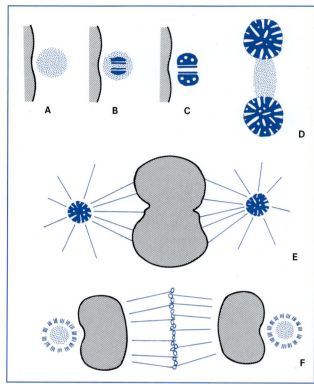

Figura 2-19 Reorganização de centríolos/corpos basais durante a microsporogênse de *Marsilea*, uma samambaia aquática. **A-C** Em partes plasmáticas condensadas, nas proximidades do envoltório nuclear, forma-se uma estrutura bissimétrica, da qual se originam dois blefaroplastos (coloridos). Estes se separam antes da próxima divisão nuclear (**D**) e ocupam os polos do fuso (**E, F**). De cada blefaroplasto, resultam cerca de 150 corpos basais do espermatozoide flagelado. O processo global mostra que a estrutura complexa característica de centríolos ou corpos basais pode se originar de novo. (Segundo P.K. Hepler.)

Os corpos basais ou centríolos não nascem por divisão dos seus iguais, mas sim são novamente formados de cada vez. Na verdade, isso acontece muitas vezes na vizinhança imediata de um corpo basal/centríolo, do qual parte uma ação indutora. Os corpos basais de pteridófitas altamente desenvolvidas e de gimnospermas, que ainda produzem espermatozoides flagelados (em alguns casos, com mais de 1.000 flagelos por célula), originam-se em uma região esférica com citoplasma condensado, o **blefaroplasto** (do grego, *blépharon* = pestana; Figura 2-19). Os blefaroplastos representam uma forma estruturada do **centroplasma** (**centrossomo**), de uma zona plasmática não definida estruturalmente, a qual atua como MTOC e organiza os polos do fuso da divisão nuclear nas plantas floríferas sem centríolo, por exemplo.

2.2.3 Núcleo

A informação genética de todas as células – de protocitos e eucitos – está cifrada na sequência de nucleotídeos de moléculas de DNA. Nos eucitos, o DNA é encontrado em mitocôndrias e plastídios, mas sobretudo no núcleo. Ele é o compartimento principal para armazenamento e multiplicação (replicação) de DNA, bem como para a síntese (transcrição) e amadurecimento (processamento) de RNA. Todos esses processos ocorrem no **carioplasma** (**nucleoplasma**), que é limitado do citoplasma circundante pelo **envoltório nuclear** (do inglês, *nuclear envelope*), constituído de duas camadas. Ele corresponde a uma cisterna de RE esférica oca e, como característica especial, mostra vários **complexos do poro**, para o intercâmbio de macromoléculas entre núcleo e citoplasma. Os RNAm, RNAt e pré-ribossomos formados no nucléolo abandonam o núcleo através desses complexos do poro; proteínas específicas de núcleo penetram nele através dos complexos do poro (Figura 2-20; Figuras 6-9 e 6-17). No interior do núcleo não se encontram membranas, mas por outro lado há moléculas de DNA com extensões de centímetros e decímetros (10-100 bilhões de Da). A imprescindível ordem funcional e estrutural é garantida por um tipo de esqueleto nuclear, a **matriz nuclear**. Nesse gel de proteínas estruturais, o complexo de desoxirribonucleoproteína (complexo DNP) – a **cromatina** – está distribuído. As histonas básicas, como proteínas acompanhantes imediatas do DNA, exercem um papel dominante na cromatina. A cromatina ocorre em diferentes graus de compactação (graus de condensação). A cromatina ativa em termos de replicação ou transcrição é descondensada no núcleo (**eucromatina**). Os "cromo-

2.2.3.1 Cromatina

A maior parte do DNA nuclear é complexada com histonas. As histonas têm uma distribuição geral nos eucariotos. (Uma exceção é observada nos dinoflagelados (Figura 10-80), cuja cromatina mostra uma organização distinta. Em todos os outros aspectos, entretanto, esses organismos unicelulares são eucariotos típicos.) A razão de massa de histona/DNA é de mais ou menos 1 : 1. As histonas ocorrem somente nas células vivas ligadas ao DNA. Elas são sintetizadas de maneira sincronizada com o DNA na fase de replicação do ciclo celular (fase S) no citoplasma e imediatamente transferidas para o núcleo. Como poliânion, o DNA fortemente ácido atrai, por meio de vários resíduos de lisina e arginina, as moléculas de histona que, por sua vez, são básicas (pH aproximadamente 12) e representam policátions (Tabela 2-1). A ordem de H1–H4 obedece a partes decrescentes de lisina e crescentes de arginina. As histonas, especialmente H3 e H4, foram pouco alteradas na filogênese. Contudo, existem variações específicas de tecidos, que se baseiam parcialmente na ativação diferencial de genes de histonas pouco divergentes entre si (isótipos) e parcialmente nas modificações reversíveis e pós-traducionais das moléculas de histona (acetilações ou fosforilações de aminoácidos individuais; ver 6.2.2.2).

As quatro histonas H2A-H4, que possuem dimensões e formas moleculares semelhantes, constituem estruturas quaternárias elípticas planas autoativas – também sem DNA. Nessas partículas com diâmetros de 10 nm e espessura de 5 nm existem duas moléculas de cada tipo de histona participante. Por isso, elas se denominam **octâmeros de histonas** e seus componentes são **histonas-núcleo** (do inglês, *core* = núcleo). Um segmento plano de DNA compreendendo 145 pb se enrola em torno do octâmero de histonas, onde se situam também os N-terminais das moléculas de histonas (Figura 2-21), especialmente básicos. A hélice dupla de DNA dá apenas duas voltas em torno do octâmero de histonas e, após, se destina ao próximo. A porção intermediária de cerca de 60 pb de comprimento, conhecida como ligante (porção de ligação), é o sítio preferido de ataque das endonucleases. Por isso, em tentativas

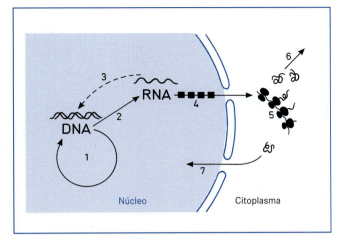

Figura 2-20 O "dogma central" da biologia molecular significa que o fluxo de informações na célula vai do DNA para as proteínas, passando pelo RNA: "DNA faz RNA faz proteínas". Porém, o DNA não serve apenas como matriz para a síntese de RNA (transcrição, **2**), mas instrui também sua própria multiplicação (replicação, **1**). Do RNA, é possível uma inequívoca transcrição reversa em sequências de DNA (**3**, praticada, entre outros, por vírus-RNA, que incorporam seu genoma ao DNA da célula hospedeira). Em eucitos, esses processos e o processamento de RNA recém formado (**4**) ocorrem no interior do envoltório nuclear atravessado por complexos do poro. Os RNA formados e processados no núcleo, quando no citoplasma, tornam-se ativos na síntese de proteínas ao nível de ribossomos (tradução, **5**). Como enzimas, muitas proteínas governam o metabolismo de matéria e de energia da célula (**6**); outras migram para o núcleo (**7**), onde colaboram na replicação e transcrição, por exemplo, ou assumem funções importantes como proteínas companheiras de DNA.

centros" especialmente compactados, ao contrário, são muito condensados e inativos geneticamente (**heterocromatina**). O mesmo vale para os **cromossomos** compactos durante as divisões nucleares. A **ativação gênica** como condição para a transcrição é alcançada para determinadas sequências de DNA, por meio de diferentes proteínas não histonas (NHPr) e principalmente através de fatores de transcrição (FT). Diferentes padrões de expressão gênica e ativação gênica condicionam a diferenciação das células dos tecidos em organismos multicelulares (**expressão gênica diferencial**).

Os componentes estruturais moleculares e supramoleculares do núcleo, na maioria, são estruturas funcionais não duradouras. O envoltório nuclear e os nucléolos, por exemplo, se desfazem nos estágios iniciais da divisão nuclear e são formados de novo somente na sua fase final. O esqueleto nuclear também se mostra como uma estrutura dinâmica, seus componentes moleculares mudam no **ciclo celular**, a sequência característica de estados entre e durante as divisões do núcleo e da célula. Sob condições normais, o DNA é o único componente nuclear que – uma vez originado por replicação – não está sujeito à reorganização ou à decomposição.

Tabela 2-1 Resumo dos cinco tipos fundamentais de histonas

Designação	Massa molecular (kDa)	Forma molecular
H1	> 24	Dois apêndices carregados positivamente (c-terminal e n-terminal) e domínio central globular
H2A	~18,5	Domínios globulares n-terminais, com acúmulo de resíduos de aminoácidos básicos lateralmente distantes
H2B	~17	
H3	15,5	
H4	11,5	

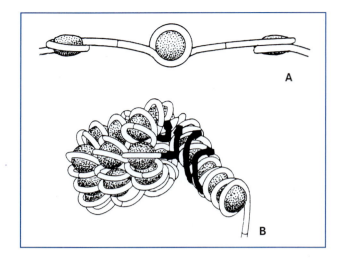

Figura 2-21 Nucleossomos, esquematicamente. **A** Padrão de colar de pérolas: três octâmeros de histonas (pontuados) envolvidos em espiral por hélice dupla de DNA, unidos por ligantes de DNA; traços transversais: pontos de ataque de *micrococcus*-nuclease. **B** Estruturas supranucleossômicas, que se formam por intermediação de h1 (preto); à direita, nucleofilamento; à esquerda, fibrila de cromatina (h1 não está marcada). (Segundo A. Worcel e C. Benyajati.)

de clivagem, originam-se complexos núcleos de histonas da massa da partícula uniforme, os **nucleossomos**. Ao ME, a cromatina sem H1, bastante frouxa, mostra um "padrão de colar de pérolas" típico (Figura 2-22A).

A imagem se modifica quando H1 é acrescida. Essa histona (de massa molecular grande e menos conservada na evolução) não participa da formação dos octâmeros de histonas ou, melhor, de nucleossomos. Contudo, mediante união de sequência específica ao ligante de DNA e a octâmeros de histonas envolvidos por DNA, ela pode ligar nucleossomos, tornando-os muito próximos entre si. Por isso, H1 é conhecida também como **histona ligante**. Ela efetua uma condensação da cromatina, que se torna cada vez mais compacta com participação crescente de H1 (Figura 2-22B-D). Nesse sentido, inicialmente se formam **nucleofilamentos** (fibrilas elementares ou fibrilas básicas) com diâmetros transversais de 10 nm; após a condensação, surgem diferentes supraestruturas (por exemplo, **solenoides**, que são estruturas helicoidais com seis nucleossomos por volta; do grego, *solén* = tubo), estruturas em ziguezague menos regulares ou grânulos supranucleossômicos (**nucleômeros**). Por fim, origina-se uma estrutura fibrilar com cerca de 35 nm de espessura, a **fibrila de cromati-**

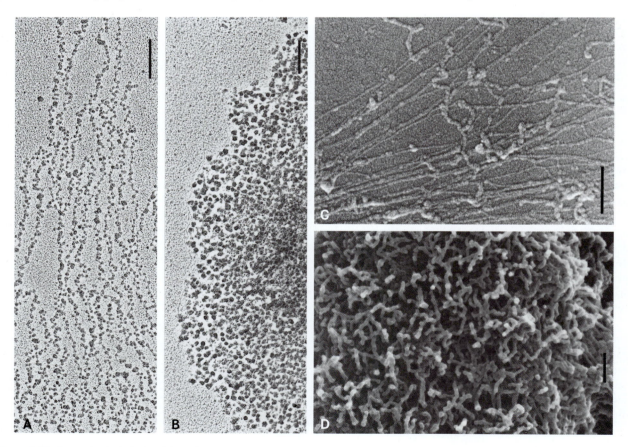

Figura 2-22 Cromatina isolada de núcleos da cebola (*Allium cepa*) (**A, B**) e da cevada (*Hordeum vulgare*) (**C, D**, ao ME de varredura). **A** Padrão de colar de pérolas de cromatina expandida em potência iônica baixa. **B** Estruturas supranucleossômicas em concentrações salinas fisiológicas (100 mM NaCl). **C** Cromatina após tratamento com proteinase K; junto ao DNAnu, são visíveis nucleofilamentos e fibrilas de cromatina. **D** Após curto tratamento com proteinase K, ressaltam-se em um cromossomo principalmente fibrilas de cromatina (0,2 μm). (ME: A, B segundo H. Zentgraf; imagens ao MEV segundo C; D segundo G. Wanner.)

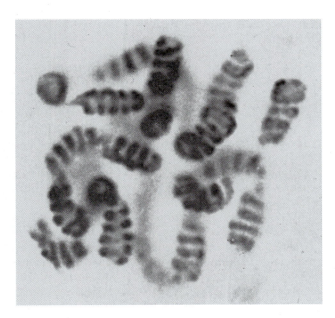

Figura 2-23 Estrutura helicoidal de cromossomos de meiose, em *Tradescantia virginiana* (4.050x). (Segundo C.D. Darlington e L.F. La Cour.)

na. Uma hélice dupla de DNA contida em uma fibrila de cromatina, em forma estendida, seria 20 vezes mais longa.

Graus mais elevados de compartimentalização da cromatina ocorrem principalmente durante as divisões nucleares. Diferentes proteínas não histonas formam então um **esqueleto cromossômico** filamentoso, do qual as fibrilas de cromatina se distanciam como laços laterais para todas as direções. Assim se percebem os **cromonemas**, já visíveis ao MO, com diâmetros transversais de 0,2 μm (ver 2.2.3.7). O extremo da compartimentalização da cromatina é alcançado finalmente mediante torção nos cromossomos em metáfase durante a mitose e, de modo mais acentuado, na meiose (Figuras 2-23, 2-24, 2-291 e 2-35F-H).

Ao contrário da cromatina condensada inativa, a **cromatina ativa** exibe o máximo de descondensação. Nas regiões correspondentes, as histonas são modificadas por metilação, acetilação ou fosforilação, o que reduz sua afinidade ao DNA. Com isso, o próprio DNA se torna mais facilmente acessível a fatores de transcrição e enzimas replicativas e transcritivas, mas também fica especialmente sensível à DNase I. Em uma sequência específica, os **fatores de transcrição** (**FT**) se ligam a zonas do DNA e iniciam sua transcrição (ver 6.2.2.2).

2.2.3.2 Cromossomos e cariótipo

A denominação "cromossomo" (do grego, *chróma* = cor, devido à boa capacidade de coloração dos cromossomos condensados) foi proposta pelo anatomista W. Waldeyer há mais de 100 anos. Desde que o DNA foi reconhecido como portador da informação genética, a denominação é empregada, muitas vezes, para todas as estruturas portadoras de genes. Desse modo, usa-se o termo em plastídios e mitocôndrias, em bactérias e até em vírus, embora aqui as histonas não participem e faltem os ciclos de condensação/descondensação característicos. O conjunto de todos os genes ou das estruturas portadoras de genes de organismos é denominado **genoma** (do grego, *génos* = proveniência, gênero). Além do genoma nuclear (**nucleoma**), nas células vegetais existem ainda o **plastoma** (genoma dos plastídios) e o **condroma** (condrioma) das mitocôndrias (ver 6.2.1), os quais são menores do que o nucleoma (Figura 6-4). Hoje em dia, as dimensões do genoma são em geral descritas por meio da totalidade dos pares de bases do DNA (Tabela 6-2).

Cariótipo é o conjunto de cromossomos dos representantes de uma espécie, que está contido nos núcleos. Ele abrange a totalidade das características cromossômicas citologicamente reconhecíveis (dimensão, forma e número). O cariótipo é um atributo genético, sistemático e filogenético especialmente importante. O número dos conjuntos cromossômicos iguais em um núcleo determina seu **grau de ploidia n**. Os núcleos haploides têm apenas um conjunto de cromossomos (1 n; do grego, *haplós* = simples). As células (e tecidos) somáticas são predominantemente diploides (2 n) em pteridófitas e espermatófitas. Os núcleos extraordinariamente grandes são geralmente poliploides; eles contêm algumas – até muitas – cópias do conjunto de genes e do conjunto cromossômico da espécie considerada. Os núcleos tornados poliploides artificialmente também provocam aumentos celulares correspondentes. Por **valor C** entende-se a quantidade total de DNA do genoma haploide, representado em picogramas (1 pg = 10^{-12} g). O valor C da bactéria *Escherichia coli* é de 0,004, do tabaco é de 1,6, do milho é de 7,5 e de algumas espécies de lírio fica acima de 30.

Os cromossomos individuais de um conjunto cromossômico armazenam diferentes partes da informação genética e, na maioria das vezes, apresentam formas distintas correspondentes (Figura 2-24). A representação esquemática do conjunto cromossômico haploide simples de uma espécie de organismo é identificada pelas denominações cariograma ou idiograma (Figura 9-9; Quadro 6-1C). A tipificação do cariótipo se baseia no exame ao microscópio óptico do estágio da divisão nuclear em que os cromossomos apresentam condensação máxima (metáfase, ver 2.2.3.5). Nesse sentido, as seguintes características dos cromossomos têm importância especial (Figura 2-24): comprimento, posição do centrômero, existência ou falta de uma região organizadora de nucléolo e segmento heterocromático. O centrômero (constrição primária; do grego, *kéntron* = ponto médio e *méros* = parte) é o local de estreitamento de um cromossomo, onde ele se encurva durante os deslocamentos dos cromossomos nas divisões nucleares e em que se inserem os microtúbulos do fuso acromático. Esses microtúbulos terminam em uma estrutura multiestratificada plana ou semiesférica, que se insere lateralmente no centrômero e é denominada cinetocoro (do grego, *kinesis* = movimento; *chóros* = sítio, local). O centrômero dispõe o cromossomo em dois bra-

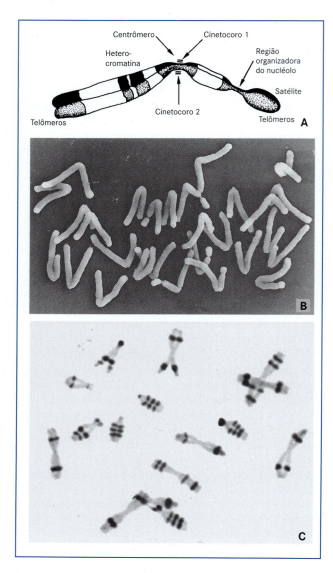

Figura 2-24 Durante as divisões nucleares, os cromossomos se destacam como unidades compactas (por exemplo, na metáfase e na anáfase da mitose). O conceito de "cromossomo" foi proposto originalmente para essas unidades. **A** Esquema de um cromossomo satélite (cromossomo SAT) com os dois telômeros, o centrômero com os dois cinetócoros (sítios de inserção dos microtúbulos do aparato do fuso), as bandas de heterocromatina (regiões adicionais nos telômeros e no âmbito do centrômero), bem como a região organizadora do nucléolo (RON) característica dos cromossomos satélites e um satélite heterocromático. O cromossomo é dividido longitudinalmente em duas cromátides, que mais tarde se tornam cromossomos-filhos. **B** Cromossomos da anáfase da cevada (*Hordeum vulgare*), número cromossômico duplicado (2 n = 28), dois cromossomos SAT por conjunto; as quatro RON e os quatro satélites de ambos os conjuntos de cromossomos-filhos são bem distinguíveis (1.880x). **C** Conjunto cromossômico de *Anemone blanda* (2 n = 16); bandas heterocromáticas (fora do centrômero) são salientadas por coloração (600x). (B, preparação de R. Martin, imagem ao MEV segundo G. Wanner; C, imagem ao MO segundo D. Schweizer.)

ços, cujos comprimentos relativos variam de semelhantes até muito diferentes. A expressão numérica da relação de comprimentos é índice centromérico (comprimento do braço curto do cromossomo dividido pelo comprimento total do cromossomo).

Os **telômeros** são formados nas extremidades dos cromossomos. Eles impedem a fusão de cromossomos, que ocorre, por exemplo, após rupturas cromossômicas (ver 6.2.1.1). Proteínas específicas podem realizar a junção dos telômeros ao envoltório nuclear. O DNA dos telômeros é caracterizado por sequências moderadamente repetitivas. A replicação desse DNA é efetuada por uma **telomerase** especial que contém RNA.

Experimentos de microdigestão mostram que cada cromossomo possui apenas uma fita contínua (duas fitas, após a replicação na fase S do ciclo celular) de DNA (**modelo de fita simples**). Depois que o sequenciamento de DNA se tornou possível, numa sucessão cada vez mais rápida as sequências totais de cromossomos e genomas inteiros se tornaram conhecidas. Com isso, atualmente podem ser esclarecidos muitos detalhes da **organização sequencial** da cromatina, como, por exemplo, a posição relativa e a estrutura especial de sítios de partida da replicação do DNA (origens), trechos de sequências codificantes e não codificantes, éxons e íntrons ou sequências reguladoras e múltiplas. Esses temas são tratados nas seções 6.2.1 e 6.2.2 da parte sobre fisiologia.

2.2.3.3 Nucléolos e pré-ribossomos

Os nucléolos são os sítios da biogênese dos ribossomos. Em microscopia óptica, eles são bem distinguíveis nos núcleos (com base na sua elevada densidade proteica), como estruturas densas e compactas. Cada nucléolo é atravessado por um segmento de DNA cromossômico, denominado **região organizadora do nucléolo** (**RON**), e é portador de genes repetitivos para os RNAr, com exceção do 5S-RNAr. Os cromossomos com uma RON são conhecidos como cromossomos satélites (cromossomos SAT). Na metáfase, mesmo ao microscópio óptico, a RON é identificável como o local de estreitamento de um cromossomo (Figura 2-24A, B). Ela é designada constrição secundária (a primária corresponde ao centrômero). No conjunto cromossômico haploide, existe no mínimo um cromossomo SAT (e em plantas geralmente um), de modo que o número de nucléolos corresponde ao grau de ploidia: núcleos de células de tecidos diploides contém dois nucléolos, os núcleos triploides do tecido que nutre as sementes de angiospermas possuem três.

O DNAr é um exemplo de sequências múltiplas: numerosas unidades de transcrição dispostas em *tandem* e separadas entre si por regiões intermediárias não codificantes mais curtas (espaçador). Cada unidade de transcrição contém os genes para os RNAr "grandes" sempre na mesma ordem e é transcrita como um todo. O transcrito primário – o pré-RNAr – posteriormente é decomposto nos RNAr individuais e liberado das sequências laterais, resíduos de ribose e bases são parcialmente metilados. Para isso, o nucléolo dispõe de uma maquinaria de processamento própria, que difere daquela do restante do espaço nuclear.

O DNAr é livre de nucleossomos. Sua transcrição se efetua por meio da **RNA-polimerase I**, permanente no nucléolo e pouco sensível à amanitina. As moléculas da RNA-polimerase I são encadeadas nas unidades de transcrição; cada unidade é transcrita de modo sincronizado cerca de 100 vezes. Acresce-se a isso uma expressiva repetição dos genes de RNAr. Nas plantas superiores, foram alcançados graus extremos de repetição (no trigo até 15.000 cópias por núcleo, na abóbora até 20.000, no milho até 23.000). Isso é a expressão de uma realidade, segundo a qual a demanda de ribossomos é enorme, especialmente em células em crescimento. Os ribossomos têm uma existência de apenas poucas horas, razão pela qual o estoque de ribossomos dessas células deve ser permanentemente renovado. O tamanho dos nucléolos corresponde à intensidade da síntese de proteínas em uma célula. Nas células onde não há síntese de proteínas (por exemplo, células generativas de tubos polínicos), os núcleos contêm apenas nucléolos pequenos ou simplesmente não existem nucléolos.

Com o crescente grau de amadurecimento dos transcritos, juntam-se também proteínas dos ribossomos, até que finalmente os **pré-ribossomos** prontos se desligam como precursores imediatos das unidades ribossômicas grandes e pequenas e são transportados para o citoplasma através dos complexos do poro.

A sequência temporal desses fenômenos se reflete na **estrutura dos nucléolos** (Figura 2-25). Existem três zonas distintas: o DNAr da RON atravessa o nucléolo de maneira tortuosa e é envolvido por material filamentoso frouxo (**centros fibrilares**); esses centros são os sítios da transcrição. Para o exterior, o material filamentoso se torna compacto, constituindo **zonas fibrilares densas** onde se dá o processamento. Por fim, a periferia do nucléolo é formada por uma **zona granular**, na qual se acumulam pré-ribossomos.

2.2.3.4 Matriz nuclear e envoltório nuclear

Se os envoltórios nucleares de núcleos isolados forem destruídos por detergentes e todas as proteínas solúveis retiradas com cuidado, após a clivagem pela nuclease permanece uma estrutura frouxa, semelhante a um gel, que em forma e tamanho ainda corresponde ao núcleo original. Essa **matriz nuclear** (**esqueleto nuclear**) consiste em uma mistura de diferentes proteínas. As regiões cromossômicas participantes da replicação ou transcrição estão intimamente ligadas a essa matriz. O mesmo vale para enzimas da replicação de DNA e para RNA-polimerases. Elas se fixam ao esqueleto nuclear e atraem o DNA. Por imunomicroscopia pôde ser mostrado que a transcrição e o processamento estão concentrados em determinados locais do espaço nuclear. O próprio DNA

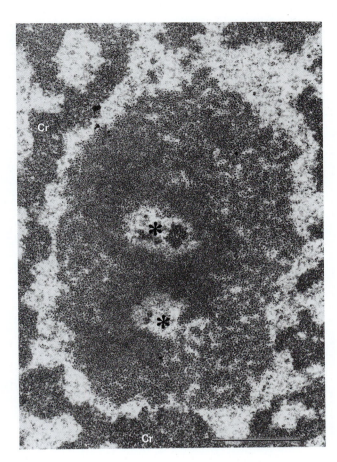

Figura 2-25 Nucléolo no núcleo de uma célula do meristema da raiz de cebola (*Allium cepa*). Os sítios de passagem da região organizadora do nucléolo do cromossomo SAT (*) são envolvidos por material fibrilar adensado. O cromossomo contém os transcritos primários, enquanto os pré-ribossomos estão acumulados na zona externa granular (1 μm). – Cr, Cromatina. (Imagem ao ME segundo H. Falk.)

possui, em intervalos determinados, sequências de junção para a matriz nuclear, e forma entre elas voltas como pontos de fixação, que se comportam como DNA circular – apesar da linearidade do DNA cromossômico. Em cada um desses círculos, a transcrição ou a replicação podem ser reguladas, independente de voltas vizinhas do mesmo cromossomo.

No interior do envoltório nuclear, a matriz nuclear se condensa em **lâmina nuclear**, que só é encontrada em núcleos de células animais, pois nas células vegetais faltam todos os filamentos intermediários. A lâmina nuclear é formada por proteínas características, as **lamininas**. O colapso do envoltório nuclear durante as divisões nucleares é iniciado por intensa fosforilação da laminina. A reestruturação do envoltório nuclear na formação dos núcleos-filhos, ao contrário, está ligada à desfosforilação da laminina. O esqueleto nuclear restante também se dissolve, em parte, durante as divisões nucleares; nos cromossomos compactos, é possível constatar ainda apenas um esqueleto **cromossômico** de composição sensivelmente mais simples.

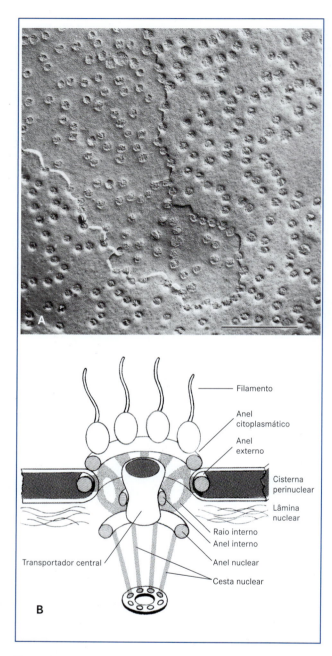

Figura 2-26 Complexos do poro do envoltório nuclear. **A** Envoltório nuclear da cebola (*Allium cepa*), por criofratura (1 μm). **B** Modelo da ultraestrutura de um complexo do poro. Na cisterna perinuclear se localiza o anel externo que, junto com o anel nuclear e o anel citoplasmático, sustenta os raios. As regiões entre os raios são vedadas mediante material amorfo. O anel citoplasmático porta oito partículas, das quais se erguem filamentos para o citoplasma. Os raios sustentam uma estrutura central tubular (grânulo central) sobre o raio interno. Através dela são conduzidas as diferentes partículas que são trocadas entre o núcleo e o citoplasma. (A, imagem ao ME segundo V. Speth.)

Em muitos locais, o **envoltório nuclear** se prende diretamente às cisternas de RE e porta ribossomos no seu lado externo. Com isso, ele apresenta-se como parte do RE que, sem dúvida, caracteriza-se por estar em posição especial entre carioplasma e citoplasma e por possuir **complexos do poro** (**NPC**; do inglês, *nuclear pore complexes*; Figura 2-26). Através dos poros nucleares ocorre o transporte externo de RNA (por exemplo, RNAm, RNAt) e RNP (por exemplo, subunidades de ribossomos). Através deles se processa também o transporte interno de proteínas "cariófilas" (por exemplo, histonas, DNA-polimerases e RNA-polimerases) e a emigração/imigração repetida de determinadas proteínas e complexos, que oscilam em um "vaivém" entre o espaço nuclear e o espaço citoplasmático (por exemplo, importinas, exportinas; Figura 6-17). O transporte nuclear é regulado pela proteína monomérica RAN de ligação à GTP (ver 6.3.1.4). Por μm^2 de envoltório nuclear, podem estar presentes até 80 NPC.

Os complexos do poro, que se apresentam muito semelhantes em todos os eucariotos, têm uma complexidade enorme. Com uma massa de mais de 100 MDa, o complexo global supera a massa de um ribossomo em 10 a 30 vezes. Em sua formação, participam 30 proteínas-núcleo (**nucleoporinas**) e mais de 100 proteínas adicionais. Muitas nucleoporinas contêm a sequência duplicada fenilalanina-glicina com muitas repetições. Isso aponta para um parentesco filético das nucleoporinas.

2.2.3.5 Mitose e ciclo celular

Mitose é a forma mais frequente de divisão nuclear (**cariocinese**). Pela mitose, de um núcleo se originam dois núcleos-filhos geneticamente idênticos. A denominação deve-se à participação dos cromossomos condensados nesse processo (do grego, *mítos* = filamento). Os primeiros estudos pormenorizados sobre mitoses foram conduzidos por E. Strasburger, o precursor deste tratado, e pelo anatomista W. Flemming. Tais estudos trataram, respectivamente, de plantas e animais com cromossomos especialmente longos (Figura 2-27). Antes de cada mitose, na **interfase** (fase entre duas mitoses consecutivas) é replicada a informação genética armazenada no núcleo. A mitose é então o processo em que, com auxílio do **fuso acromático** (fuso mitótico), os dois conjuntos cromossômicos idênticos são igualmente distribuídos para os dois núcleos-filhos em reorganização. Portanto, do ponto de vista genético, a mitose é uma **divisão com igualdade** (do latim, *aequalis* = igual). Todas as células provenientes de uma célula mediante mitoses representam um clone celular, um grupo de células geneticamente idênticas (do grego, *klon* = clone, ramo). Por meio de mutações, a igualdade genética pode ser desfeita. A mitose está frequentemente vinculada à divisão celular (**citocinese**). Apesar da divisão com igualdade do núcleo, a citocinese pode ser totalmente desigual e levar a duas células-filhas de tamanhos diferentes, por exemplo. Tais **divisões celulares desiguais** estão sempre no começo dos processos de diferenciação.

Nos procariotos, não há mitoses. Contudo, nesses organismos é assegurada a distribuição igualitária do material hereditário replicado para as células-filhas, mesmo por meio de outros mecanismos bem diferentes (ver 2.3.1), de modo

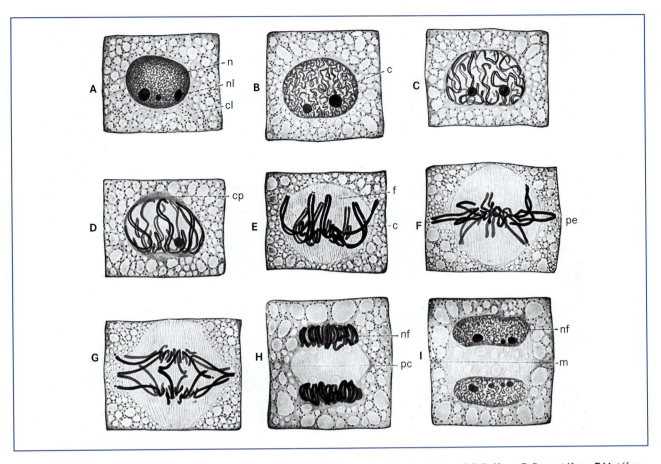

Figura 2-27 Mitose e divisão de uma célula embrionária (ápice da raiz de *Aloe thraskii*). **A** Interfase. **B-D** Prófase. **E**. Prometáfase. **F** Metáfase. **G** Anáfase. **H, I** Telófase e divisão celular (1.000x). – n, núcleo; nl, nucléolo; c, cromossomos; cl, citoplasma; f, fuso; cp, calota polar; pe, placa equatorial; nf, núcleos-filhos; pc, placa celular em desenvolvimento no fragmoplasto; m, placa celular, que mais tarde se torna a lamela média da nova parede celular. (Segundo G. Schaffstein.)

que nesse grupo também existem clones. A clonagem de DNA, ou seja, a reprodução idêntica de sequências de DNA desejadas, em culturas de bactérias de crescimento rápido, é um método central da biologia molecular.

O andamento da mitose é conhecido há aproximadamente 100 anos. Ela é habitualmente dividida em cinco fases (Figuras 2-27 e 2-28). Em uma fase de preparação relativamente longa, a **prófase**, na qual os cromossomos se condensam lentamente, o sensível material genético é convertido da "forma de trabalho" frouxa na "forma de transporte" compacta (Figura 2-29). Ao microscópio óp-

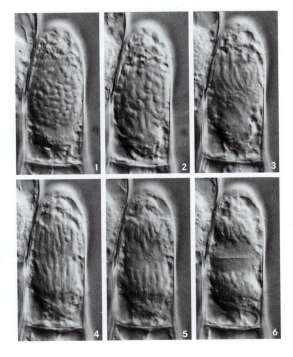

Figura 2-28 Mitose e divisão celular na célula terminal de um pelo de filete de *Tradescantia virginiana*, em preparação com material vivo (68x). **1** Final da prófase, com calotas polares nítidas acima e abaixo dos cromossomos condensados. **2** Prometáfase (metacinese, duração de 15 min). **3** Metáfase (15 min). **4, 5** Anáfase (10 min). **6** Início da telófase e divisão celular mediante formação da placa celular. (Imagens por microscopia de contraste diferencial de interferência segundo P.K. Hepler (1985) com permissão da Rockefeller University Press.)

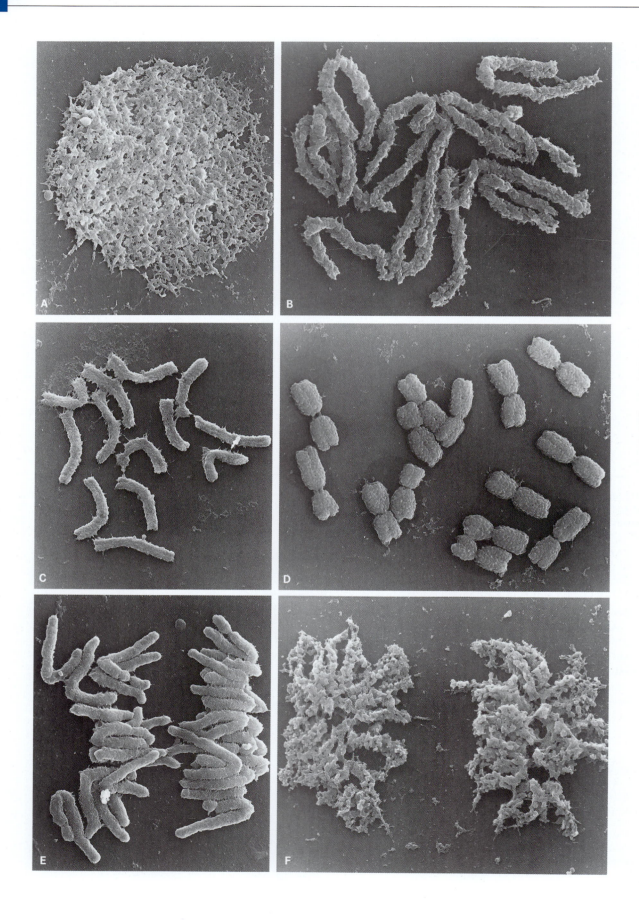

tico, evidencia-se que, em uma ampliação da estrutura de cromatina, os cromossomos são reconhecidos individualmente. Por vezes, seus braços aparecem separados longitudinalmente. Com isso, a precedente replicação do DNA também é manifestada na estrutura cromossômica. A condensação da cromatina é causada por proteínas, entre as quais se destacam as histonas ligantes do grupo H1 e as chamadas proteínas SMC. (O acrônimo SMC se refere a um gene *SMC1* descoberto na levedura *Saccharomyces*, cujo produto promove a **e**stabilidade de **m**ini-**c**romossomos.)

Durante a prófase, o aparato do fuso se organiza no citoplasma. Já, antes da condensação da cromatina, em muitos casos os microtúbulos periféricos se juntam em uma **banda da pré-prófase**, que marca o futuro equador celular na célula vegetal (Figura 2-13). Mais tarde, os microtúbulos se organizam no **fuso mitótico** característico (Quadro 2-2). Todas as organelas citoplasmáticas maiores são desalojadas da região do fuso. O final da prófase é alcançado quando o envoltório nuclear se torna fragmentado. Neste caso, a cisterna perinuclear se desintegra em vesículas e cisternas pequenas, que são transferidas para os polos do fuso. Mais tarde, elas se reaproximam para reorganização dos envoltórios dos núcleos-filhos.

A prófase sucede a uma fase de transição, na qual inicialmente os cinetocoros dos cromossomos estabelecem contato com microtúbulos do aparato do fuso e se deslocam para o equador celular, o nível de simetria entre os polos do fuso (**metacinese** durante a **prometáfase**). Imediatamente após a fragmentação do envoltório nuclear, os nucléolos das constrições secundárias dos cromossomos SAT também se desligam e emigram da região do fuso. A maioria se dissolve no citoplasma. Na verdade, uma parte do material dos nucléolos se encontra adsorvida à superfície dos cromossomos e, mais tarde, é transportada destes para os núcleos-filhos.

Os centrômeros são distinguidos por sequências de DNA especiais, muitas vezes altamente repetitivas, que nunca são transcritas. Aqui participam também muitas proteínas específicas (**CENP**, proteínas centroméricas), que formam os cinetocoros achatados e as ancoram no DNA do cromômero. A placa externa do cinetocoro tem uma afinidade elevada às extremidades (+) de microtúbulos do fuso; a placa interna tem afinidade à cromatina do centrômero.

Pouco a pouco, os centrômeros dos cromossomos (agora com condensação máxima) chegam ao equador celular; os braços, na maioria, apontam para os polos a partir da "placa equatorial". Com isso, a **metáfase** é alcançada (do grego, *metá* = no meio). Nesse estágio, pode-se ter a melhor observação do conjunto cromossômico total ao microscópio óptico (Figura 2-24B, C). Com o alcaloide colchicina, que provoca a decomposição dos microtúbulos lábeis do fuso, a mitose pode ser bloqueada na metáfase.

A metáfase tem uma duração relativamente longa. Isto possibilita a disposição correta dos cromossomos – que têm movimentos levemente oscilantes – no aparato do fuso. Ao mesmo tempo, é preparada a divisão definitiva dos cromossomos replicados; os futuros cromossomos-filhos são visíveis cada vez com mais nitidez como metades longitudinais dos cromossomos (**cromátides**). Por fim, as cromátides ainda permanecem unidas, frequentemente, apenas no centrômero. A manutenção delas juntas é garantida pela **coesina**, um complexo proteico.

Com a decomposição proteolítica sincronizada (por meio da ativação do complexo promotor da anáfase, uma ubiquitina ligase E3) do complexo da coesina, começa repentinamente a **anáfase** (do grego, *aná* = para cima, ao longo de); os cromossomos-filhos, tornados independentes, são movidos aos polos do fuso com auxílio do fuso acromático (Quadro 2-2). Com isso, um cromossomo-filho é puxado para um polo e o outro é puxado para o outro polo: na anáfase ocorre a distribuição do material genético para os futuros núcleos-filhos ou células-filhas. Nesta fase, a célula ainda não dividida se encontra em um nível mais alto de ploidia. Se o núcleo era, por exemplo, diploide (2n), a célula, então, é agora temporariamente tetraploide (4n).

Pode-se tirar proveito da manipulação de plantas poliploides. Por meio do emprego de colchicina nos pontos vegetativos, originam-se muitas células tetraploides no tecido meristemático do caule. Por transtorno continuado do aparato do fuso, os cromossomos divididos finalmente são reunidos novamente em um único "núcleo de restituição", que é correspondentemente maior e nas mitoses seguintes permanece tetraploide. Devido à razão núcleo/plasma, aumenta também o tamanho celular e, com isso, a produtividade das plantas cultivadas.

Como resultado dos movimentos da anáfase, os dois conjuntos cromossômicos filhos da célula-mãe ainda não dividida finalmente são, tanto quanto possível, separados um do outro. Desse modo, o deslocamento dos cromossomos entra em pausa e é atingido o final da anáfase, o mais curto estágio da mitose.

◀ **Figura 2-29** Condensação e descondensação da cromatina durante a mitose. **A** Interfase. **B, C** Condensação crescente durante a prófase e a metacinese. **D** Metáfase (bloqueada por amiprofosmetil, que causa condensação especialmente intensa). **E** Anáfase. **F** Descondensação na telófase. Na preparação, foram produzidas suspensões celulares de ápices de raízes da cevada (*Hordeum vulgare*), mediante digestão enzimática das paredes celulares. Os proplastos rebentam ao gotejamento sobre objetivas submetidas a baixas temperaturas. Após a cobertura com lamínulas, as preparações são congeladas; após a retirada da lamínula, a preparação é cuidadosamente desidratada e examinada ao MEV. (Segundo G. Wanner.)

Quadro 2-2

O fuso acromático

Os movimentos cromossômicos durante a mitose e a meiose são efetuados predominantemente pelo aparato do fuso. Para cada divisão nuclear, ele é reestruturado e, após seu final, novamente decomposto.

O que ao MO, sob condições favoráveis, pode ser reconhecido como **fibras do fuso**, mostra-se ao ME como feixes de microtúbulos, pertencentes ao tipo lábil. A figura representa esquematicamente os três componentes microtubulares do fuso acromático, distinguíveis segundo posição e função. O aparato do fuso é uma estrutura bipolar, de simetria especular, que consiste em dois semifusos antiparalelos. Os dois **polos do fuso** atuam como centros de organização dos microtúbulos (MTOC, ver 2.2.21). Eles são ponto de partida para:

- Microtúbulos dos cinetocoros, que chegam aos centrômeros dos cromossomos, onde fazem contato com as placas de ligação de três camadas – os cinetocoros. As fibras do fuso, formadas pelos microtúbulos dos cinetocoros, antigamente eram chamadas de fibras dos cromossomos ou fibras de tração.
- Microtúbulos polares (antigamente denominados fibras contínuas ou fibras polares), que se estendem para o equador do fuso, onde (no nível de simetria do fuso) formam uma zona de sobreposição. Nessa região, origina-se o fragmoplasto na telófase (ver 2.2.3.6).
- Astromicrotúbulos, que não se estendem nem para os cinetocoros nem para a zona de sobreposição, mas se propagam dos polos para diferentes direções. Os "astros" (do grego, *ástron* = astro) são produzidos em grande quantidade principalmente em algumas células animais; eles cercam os pares de centríolos (dispostos nos polos) dessas células como uma densa coroa de raios. Nos vegetais, esse componente do fuso, com frequência, é pouco desenvolvido e, às vezes, falta totalmente.

O aparato do fuso é envolvido por RE, e apêndices desse sistema de membranas penetram entre os microtúbulos do fuso.

Durante a prófase, os microtúbulos do fuso se organizam à volta do núcleo. Ao MO, em contato com o lado externo do envoltório nuclear, são visíveis regiões planas birrefringentes, a partir das quais são excluídas todas as organelas celulares maiores (**calotas polares**). Nesse caso, os centríolos frequentemente não exercem qualquer papel, ao contrário da maioria das células animais. Isso é válido não só para as angiospermas, que não têm centríolos, mas também para muitas gimnospermas e até para alguns fungos e algas (ao menos no âmbito vegetativo). Nos polos do fuso, localizam-se zonas plasmáticas sem nítida delimitação, as quais são identificadas como **centroplasma**. (Com frequência, elas são também chamadas de **centrossomos**; atenção: não confundir com os centrômeros dos cromossomos.) Elas atuam como MTOC.

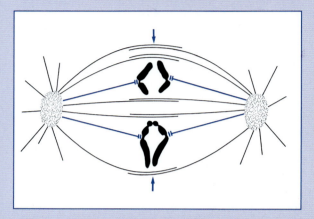

Figura Fuso acromático, esquematicamente, no início da anáfase. – Astromicrotúbulos e microtúbulos polares, em preto; cinetócoros e microtúbulos dos cinetócoros, em azul; seta: equador.

Na anáfase, transcorrem dois movimentos mais ou menos sincronizados. Por um lado, os centrômeros dos cromossomos-filhos, por encurtamento dos microtúbulos dos cinetocoros, migram em direção aos polos (**anáfase A**); por outro lado, os polos se afastam um do outro (**anáfase B**). Ambos os fenômenos de movimento se processam constante e lentamente, na ordem de 1 µm min^{-1}. Juntos, eles garantem a mais ampla distância possível entre os dois conjuntos cromossômicos filhos.

Uma vez que no aparato do fuso apenas os polos do fuso atuam como MTOC, todos os microtúbulos têm sua extremidade (-) nos polos; as extremidades (+) se encontram na zona de sobreposição equatorial e nos cinetocoros. Na zona de sobreposição, os microtúbulos dos dois semifusos têm disposição antiparalela. Aqui, durante a anáfase, uma ATPase semelhante à cinesina causa um deslizamento de separação dos microtúbulos de orientação oposta e, com isso, uma impulsão dos semifusos para direções opostas (ação dos microtúbulos polares como **corpos oponentes**, anáfase B). O mecanismo da anáfase A é menos conhecido. Experimentos com inibidores mostraram que o sistema da actomiosina da célula não tem participação. Surpreendentemente, os microtúbulos dos cinetocoros não se deslocam durante a anáfase; eles não se encurtam no polo, mas no cinetocoro, ou seja, na sua extremidade (+). Aqui, também está concentrada dineína citoplasmática. Não está claro até onde os aumentos locais da concentração de Ca^{2+} participam na degradação dos microtúbulos dos cinetocoros (os íons poderiam ser liberados do retículo mitótico). Calmodulina encontra-se ligada a microtúbulos dos cinetocoros, enquanto os microtúbulos polares estão livres disso.

Na fase final (**telófase**; do grego, *télos* = final, alvo), os processos parciais essenciais da prófase transcorrem em ordem e direção contrárias. O aparato do fuso se desfaz; em torno dos cromossomos (densamente dispostos nas regiões polares), novamente se formam envoltórios nucleares fechados por meio da fusão de cisternas de RE; os poros logo aparecem de novo nos envoltórios nucleares. Os cromossomos se desenrolam e suas partes eucromáticas se transformam na típica cromatina dos núcleos da interfase, para poder se tornar fisiologicamente ativa. Muito rapidamente, os nucléolos também são novamente estruturados, inicialmente por condensação do material que foi levado às superfícies dos cromossomos, mas também pela retomada da síntese de precursores do RNAr nas RON dos cromossomos SAT. No citoplasma, estabelece-se outra vez a síntese de proteínas, que durante a mitose estava paralisada, e em geral se processa agora também a divisão celular (ver 2.2.3.6).

Com a conclusão da telófase, é alcançada a **interfase**, a verdadeira fase de trabalho da cromatina. Ela é muito mais longa do que a mitose total. A ordem regular de mitose e interfase é identificada como **ciclo celular** (Figuras 2-30 e 6-20). As células de tecidos meristemáticos cumprem o ciclo celular continuamente; na passagem para células de tecidos diferenciados, ele paralisa após a última mitose. Experimentos usando isótopos mostraram que a replicação do DNA cromossômico ocorre em um período médio da interfase, conhecido como **fase S** (S de síntese do novo DNA). O período entre a mitose (**fase M**) e a fase S denomina-se **fase G$_1$**; o estágio entre a fase S e a próxima mitose corresponde à **fase G$_2$** (G de *gap* = lacuna). Em ciclos celulares sucessivos, multiplicação e distribuição, replicação e segregação do material genético se alternam constantemente entre si. As fases G intercaladas servem ao crescimento da célula (principalmente G$_1$) ou à preparação da próxima mitose (G$_2$). Um ponto de controle decisivo se situa antes do início da fase S; uma vez ultrapassado esse ponto, a célula em questão está determinada a realizar novamente uma mitose, ou seja, a cumprir outra vez o ciclo celular. Se o ponto de controle, ao contrário, não for ultrapassado, a divisão do núcleo e da célula não segue adiante, e ocorre a diferenciação em um tecido permanente ou célula permanente (**fase G$_0$**).

Em alguns casos, ocorrem marcantes desvios do transcurso normal do ciclo celular. Embora, em termos gerais, G$_1$ seja a fase do crescimento celular embrionário (baseado nas sínteses de proteínas e de membranas e não no aumento do vacúolo), na multiplicação nuclear ou celular especialmente rápida ela se mostra reduzida ou falta completamente. Este é o caso, por exemplo, do fungo plasmodial *Physarum*, em cujas massas plasmodiais multinucleadas todos os núcleos se dividem de maneira sincrônica; a multiplicação plasmática se realiza aqui na fase G$_2$. Um desvio ainda mais intenso do ciclo celular normal leva a células endopoliploides: neste caso, as fases S se repetem sem as fases M in-

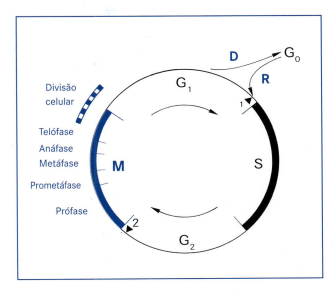

Figura 2-30 Sequências de fases no ciclo celular. M, Mitose; G$_1$, fase de crescimento pós-mitótica; D, diferenciação em células de tecidos cujo DNA permanece não replicado (G$_0$); R, reembrionalização, por exemplo, na regeneração; S, replicação do DNA; G$_2$, fase pré-mitótica; cabeças de seta 1 e 2: pontos de controle. A Figura 6-19 fornece informações sobre a regulação complexa do ciclo celular.

tercaladas. (A propósito, a denominação habitual "endomitose" é falsa.) Os processos de regulação do ciclo celular (**controle do ciclo celular**) são tratados na parte referente à fisiologia (ver 6.3.2).

Os núcleos altamente endopoliploides das glândulas salivares de muitos insetos (especialmente os dípteros) apresentam os conhecidos **cromossomos gigantes** politênicos, com suas bandas transversais características. Em plantas, características semelhantes a essas são encontradas apenas excepcionalmente, embora células endopoliploides não sejam raras e, na região do saco embrionário, por exemplo, apareçam regularmente (Figura 2-31).

2.2.3.6 Divisão celular

Normalmente, as divisões nucleares estão vinculadas às divisões celulares. Enquanto na telófase o aparato do fuso é desfeito, no equador celular é formada uma grande quantidade de novos microtúbulos, relativamente curtos, que são orientados perpendicularmente ao nível equatorial. Por meio do alinhamento uniforme dos microtúbulos, toda a zona plasmática entre os núcleos-filhos se torna birrefringente. Ela é denominada **fragmoplasto** ("formador de parede": do grego, *phrágma* = delimitação; *plástes* = formador). Os filamentos de actina também se agregam ao fragmoplasto. No entorno do fragmoplasto se concentram muitos dictiossomos ativos. Deles, as vesículas de Golgi preenchidas emigram para o fragmoplasto com a matriz de parede celular, ordenam-se no nível equatorial e fusionam-se para a formação de "túbulos de fusão" especiais. Assim, origina-se

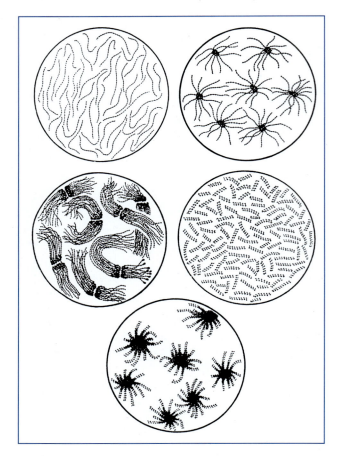

Figura 2-31 Diferentes estruturas de cromatina dos núcleos endopoliploides de antípodas (saco embrionário) da papoula (*Papaver rhoeas*), em representação semiesquemática. (Segundo G. Hasitschka.)

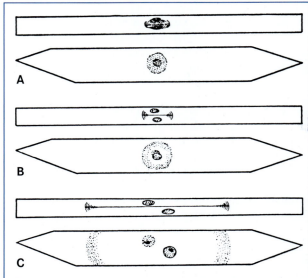

Figura 2-32 Formação da placa celular em uma célula cambial. **A** Telófase, organização do fragmoplasto. **B, C** O fragmoplasto apresenta crescimento centrífugo e alcança inicialmente as paredes laterais da célula estendida; as paredes celulares ainda não estão divididas. (Segundo I.W. Bailey.)

a **placa celular**, como primeira camada de parede entre as células-filhas. O processo de formação começa em geral na metade da antiga célula-mãe; a placa celular então vai crescendo pela contínua incorporação de outras vesículas de Golgi em suas margens, até alcançar a parede da célula-mãe. Em geral, esse processo acontece rapidamente e a separação das células-filhas dura muitas vezes apenas minutos. Em células grandes, como, por exemplo, as iniciais cambiais (Figura 2-32; ver 3.1.2), o crescimento centrífugo da placa celular pode ter duração muito maior. Já durante seu surgimento, a placa celular é atravessada por tubos de RE, ao redor dos quais se formam os primeiros plasmodesmos. Tão logo a delimitação recíproca das células-filhas esteja consumada, cada uma delas começa a secreção das primeiras lamelas da parede primária propriamente, a qual já contém algumas fibrilas de celulose.

Nem sempre a citocinese sucede à cariocinese. O resultado de tais divisões nucleares "livres" são células multinucleadas denominadas **plasmódios**. Os plasmódios podem atingir dimensões macroscópicas (Figura 2-9; plasmódios do fungo plasmodial *Physarum polycephalum*, do tamanho da palma da mão, contém cerca de 1 bilhão de núcleos). Em algas (por exemplo, algas verdes sifonais) e fungos (Ooomycetes, Chytridiomycetes e Zygomycetes), os plasmódios não são raros e mesmo nas plantas superiores eles ocorrem ocasionalmente. O endosperma "nuclear" de muitas sementes, por exemplo, é um plasmódio (exemplo mais conhecido: a água-de-coco), bem como os laticíferos não articulados e multinucleados das espécies de eufórbia. Mediante formação livre de células, o endosperma nuclear pode se transformar em celular (Figura 2-33). Células com muitos núcleos (**cenoblastos**), no entanto, podem também resultar da fusão de células mononucleadas. Nesses casos, trata-se de **sincícios**. Os laticíferos articulados do dente-de-leão (*Taraxacum*) e o tapete dos sacos polínicos são exemplos de cenoblastos sinciciais.

Do mesmo modo que a mitose, a divisão celular em muitas plantas inferiores e fungos também desvia consideravelmente do esquema registrado em livros. Em flagelados e algumas algas, foi observado o sulco divisão, até então típico para células animais: constrição da célula-mãe com auxílio de um anel equatorial de actomiosina. Em leveduras, a célula-mãe não é dividida; em vez disso, um dos dois núcleos-filhos é deslocado para dentro de uma protuberância celular formada de antemão, a qual mais tarde se desliga (**brotamento**, Figura 2-34). Nos Basidiomicetes, ocorre divisão das células das hifas do estágio de dicário, que contêm núcleos com material genético desigual, formando-se protuberâncias laterais (Figura 10-59); ambos os núcleos se dividem de modo sincrônico e paralelo, um na própria hifa da célula, o outro na fíbula. Com isso, é garantido que cada célula-filha contém um par de núcleos geneticamente idênticos.

Figura 2-33 Polienérgide endospérmico de *Reseda*, com formação de paredes avançando para a direita (240x). (Segundo E. Strasburger.)

2.2.3.7 Meiose

Na mitose, os dois núcleos-filhos recebem um material exatamente igual quanto à informação genética, que é idêntico ao do núcleo da célula-mãe. Na meiose, ao contrário, a partir de uma célula-mãe diploide, em dois passos sucessivos de divisão originam-se quatro células-filhas haploides. Geneticamente, essas células-filhas não são exatamente iguais entre si e nem à célula-mãe. Por **singamia**, mediante fusão de dois **gametas** (células germinativas; do grego, *gamétes* = marido) haploides (na verdade da mesma espécie, mas geneticamente distintos), origina-se uma célula diplode com dois conjuntos cromossômicos semelhantes, mas não idênticos, denominada **zigoto** (do grego, *zýgios* = reunido). A singamia é o fenômeno celular central da fecundação. Meiose e singamia constituem a base da **sexualidade** no sentido científico-biológico.

Em diferentes organismos de uma espécie (independentes uns dos outros), a **sexualidade** abre a possibilidade de combinar alelos originados por mutações e de selecionar também as combinações favoráveis, ao lado das desvantajosas ou neutras. Nisso se baseia a vantagem da seleção dos ciclos de reprodução sexual na evolução, que se evidencia quando existem genomas expressivos, portanto, em todos os organismos multicelulares complexos.

Mediante mitoses, a precisão da duplicação de DNA e da distribuição dos cromossomos através do aparato do fuso excluem as casualidades inconvenientes. Por meio de processos sexuais, ao contrário, é oferecida ao acaso toda chance possível. No ciclo reprodutivo completo com a sexualidade, os geradores do acaso são colocados em três posições:

- Na prófase meiótica (ver a seguir), ocorre troca frequente de material entre cromossomos paternos e maternos do conjunto cromossômico diploide (**recombinação intracromossômica**); sítio e magnitude desses eventos de troca recíprocos são consideravelmente aleatórios.
- Por ocasião da primeira divisão meiótica, os cromossomos maternos e paternos são distribuídos ao acaso para as duas células-filhas (**recombinação intercromossômica**).
- Na fusão gamética, novamente fica ao acaso a decisão de quais gametas concretamente se fundem em um zigoto.

Antigamente, a meiose era denominada **divisão redutora**, porque por meio dela o conjunto cromossômico diploide (2n) é reduzido à situação haploide (1n). A redução de 2n para 1n poderia ser atingida em um único passo de divisão. De fato, após a primeira divisão meiótica (meiose I), as duas células-filhas já são haploides. Porém, no grupo de organismos em que sempre ocorre meiose, a **meiose I** é sucedida pela **meiose II**, da qual resultam quatro células haploides. A seguir, é mostrado que somente por meio desse processo a **recombinação** do patrimônio genético pode ser plenamente eficaz. Por isso, a meiose não é apenas uma divisão redutora, mas também, principalmente, uma **divisão de recombinação**.

Meiose e singamia, como processos fundamentais complementares, genéticos e celulares de cada reprodução sexual, possibilitam a mistura permanente do conjunto de genes ou de alelos ("***pool* genético**") de uma espécie, que, por sua vez, pode ser definida como uma coletividade reprodutiva imaginária. (**Alelos** são formas diferentes de apresentação de um gene, que em cromossomos homólogos assumem posições iguais, mas cuja influência a característica correspondente é formada de modo distinto; do grego, *alloios* = diferente.)

A meiose começa com uma **prófase** complexa, temporalmente estendida. Nela, é possível distinguir vários estágios, porque os cromossomos no interior do envoltório nuclear intacto se tornam visíveis ao microscópio óptico, e se processa uma série de alterações características (Figura 2-35A-E):

No **leptóteno** (após uma fase S e aumento do núcleo), os cromossomos se tornam visíveis como delicados **cromonemas** (do grego, *leptós* = delgado; *tainía* = fita; *néma* = fio). Em muitos locais, característicos para cada cromossomo, o cromonema está enovelado em cromômeros (Figura 2-36). Os telômeros dos cromossomos isolados estão fixados ao envoltório nuclear ou à lâmina nuclear.

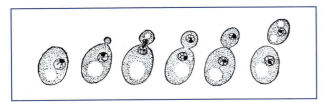

Figura 2-34 Brotamento no fermento da cerveja (*Saccharomyces cerevisiae*) (100x). (Segundo A. Guilliermond.)

No **zigóteno**, os cromossomos homólogos se orientam; eles são os cromossomos correspondentes dos conjuntos cromossômicos materno e paterno, inteiramente emparelhados ao longo de seus comprimentos (**sinapse**). Normalmente, a sinapse começa nos telômeros e se estende como zíper até os centrômeros. É muito rara a presença de um outro cromossomo entre os participantes do pareamento (do inglês, *interlocking*). Isso pressupõe uma disposição correspondente dos cromossomos no núcleo na interfase, que é alcançada pela união dos telômeros ao lado interno do envoltório nuclear e consequente junção dos respectivos locais de fixação. Entre os homólogos pareados forma-se o **complexo sinaptonemal**, uma estrutura proteica facilmente reconhecível ao ME, que estabiliza a união (Figura 2-37).

No **paquíteno**, o pareamento dos homólogos é concluído (Figura 2-38). O número dos pares de cromossomos (bivalentes) no espaço nuclear corresponde ao número cromossômico haploide n da espécie do organismo em questão. Nessa fase, realiza-se a recombinação intracromossômica. Isso se manifesta em uma elevação temporária de uma síntese reparadora de DNA e, morfologicamente, no aparecimento de nódulos de recombinação, estruturas esféricas densas com cerca de 100 nm de diâmetro, contíguos ao complexo sinaptonemal. O verdadeiro processo de troca molecular, *crossing over* (entrecruzamento), permanece invisível.

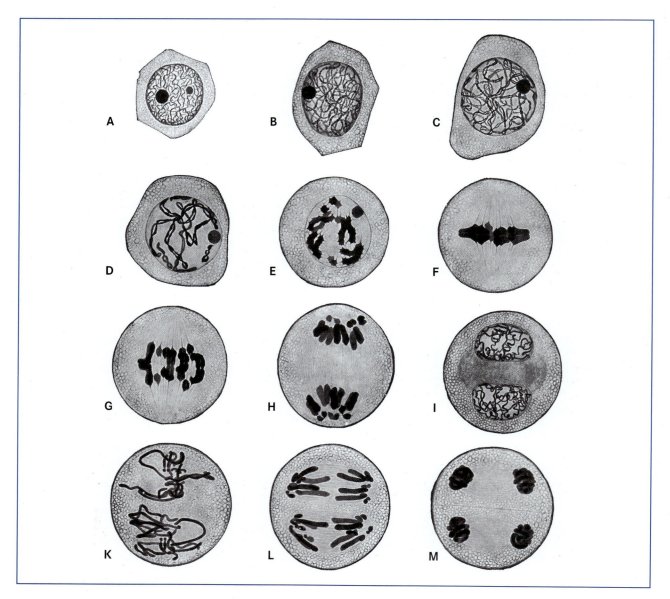

Figura 2-35 Meiose na célula-mãe de pólen de *Aloe thraskii* (1.000x). **A-E** Prófase da meiose I (**A** Leptóteno, **B** Zigóteno, **C** Paquíteno, **D** Diplóteno, **E** Diacinese). **F** Metáfase I. **G** Anáfase I. **H** Telófase I. **I** Intercinese. **K-M** Meiose II, formação de quatro células.

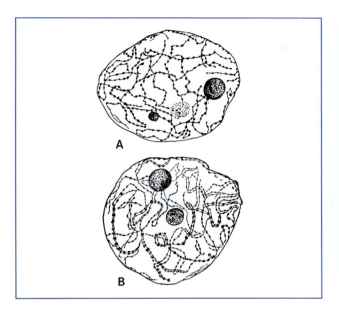

Figura 2-36 Leptóteno (**A**) e zigóteno (**B**) em uma célula-mãe de pólen de *Trillium erectum* (1.500x). No pareamento dos cromossomos homólogos, cromômeros idênticos ficam lado a lado: "aspecto de escada de corda". (Segundo C.L. Huskins e S.G. Smith.)

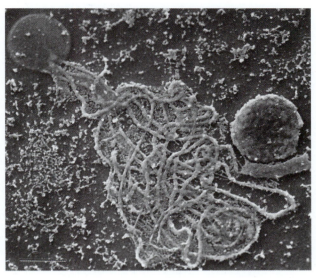

Figura 2-38 Cromossomos homólogos pareados (bivalentes) do centeio, *Secale cereale* (antera, paquíteno inicial). Os bivalentes saíram do núcleo rompido na prófase (à esquerda, acima); à direita, um núcleo intacto (20 μm). (Imagem ao MEV segundo G. Wanner.)

Pouco a pouco, os cromossomos se encurtam mediante posterior condensação, tornando-se mais espessos (do grego, *pachýs* = espesso, grosso). Com isso, o próximo estágio se prepara: o **diplóteno**. Seu início é marcado pelo final da sinapse, os complexos sinaptonemais desaparecem e os homólogos começam a se separar. Porém, nos locais onde houve *crossing over*, eles permanecem presos entre si. Conforme a letra grega χ (chi), esses entrecruzamentos, bem visíveis também ao MO, são identificados como quiasmas. Cada **quiasma** é uma expressão aumentada do entrecruzamento molecular, que está na origem da recombinação intracromossômica (ver 2.2.3.8). Os cromossomos continuam se encurtando, e agora se torna evidente que eles já estavam replicados: cada cromossomo é dividido longitudinalmente em duas cromátides; de bivalentes,

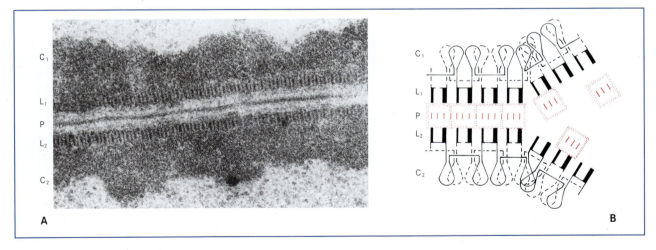

Figura 2-37 Complexo sinaptonemal (CS) entre cromossomos pareados C1 e C2, no fungo tubular *Neottiella*. **A** Corte longitudinal ao ME. **B** Esquema. Mesmo antes do começo do pareamento, os cromossomos replicados são cobertos unilateralmente de sinaptômeros dispostos transversalmente, que em sequência regular formam um elemento lateral L com aspecto de faixa. No zigóteno, por meio de complexos proteicos, os elementos laterais dos cromossomos homólogos são unidos entre si com forte tendência de agregação; origina-se um elemento central P denso, ladeado de elementos transversais indistintos. No CS, por vezes ocorre pareamento molecular das sequências homólogas de DNA de cada duas das quatro cromátides. Isso é condição para a recombinação intracromossômica por *crossing over*. (Segundo D. von Wettstein.)

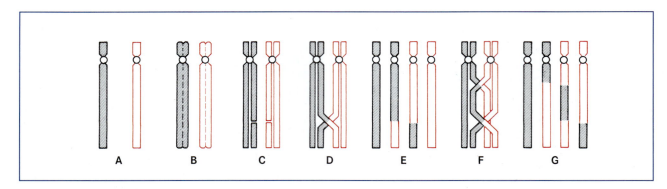

Figura 2-39 Origem do quiasma. **A, B** Pareamento de cromossomos homólogos. **C** Origem de quebras de cromátides correspondentes e **D** religamento cruzado dos dois segmentos homólogos de cromátides. **E** Pré-redução para os segmentos cromossômicos ("proximais") vizinhos do centrômero; pós-redução para os segmentos "distais" (do outro lado do quiasma). **F, G** *Crossing over* duplo com três trocas de cordões, sendo que a segunda troca se dá entre uma cromátide que já participara da primeira troca e uma até então não participante. Apenas duas das quatro cromátides participam de um *crossing over*: sempre uma cromátide materna e uma cromátide paterna. (Segundo R. Rieger e A. Michaelis.)

tornaram-se tétrades (estágio de quatro cordões). Observações mais acuradas mostram que, das quatro cromátides de um par de homólogos, em cada quiasma, apenas duas de fato estão entrecruzadas (Figura 2-39D, F).

O diplóteno é muitas vezes uma fase de crescimento da célula; sua duração é correspondentemente longa. Em geral, o crescimento celular pressupõe uma transcrição acentuada, e, de fato, os cromossomos diplotênicos com frequência estão desenrolados (**estrepsíteno**; do grego, *streptós* = franjado, enrugado).

A **diacinese** é o último estágio da prófase meiótica. A atividade de transcrição se extingue novamente, a condensação dos cromossomos se torna máxima; os cromossomos são agora ainda mais curtos e mais espessos do que na metáfase mitótica. Os centrômeros não divididos de cada um dos pares de homólogos se afastam um do outro tanto quanto possível. Esse movimento de separação é limitado pelos quiasmas mais próximos. Porém, muitas vezes, os quiasmas são deslocados em direção aos telômeros suspensos no envoltório nuclear e seu número diminui paulatinamente (Terminações dos quiasmas, Figura 2-40).

A diacinese (e, assim, a prófase meiótica) é concluída com a fragmentação do envoltório nuclear. Na **metáfase I**, os pares de homólogos se alinham no equador do fuso. Os homólogos ainda se prendem pelos quiasmas, mas muitas vezes, ainda, apenas aos telômeros. Nos centrômeros de cada cromossomo encontra-se apenas um cinetocoro. A orientação de um dos dois cromossomos de um par de homólogos para um determinado polo do fuso é uma decisão atribuída ao acaso. Esse é o fundamento da recombinação intercromossômica.

O número de padrões de distribuição possíveis para os cromossomos maternos e paternos na anáfase I ou de padrões de combinação desses cromossomos nas células-filhas é 2^n. Em um organismo com n = 10 cromossomos no conjunto haploide, há, portanto, mais de 1.000 combinações diferentes; em n = 23 (por exemplo, humanos), há quase 8,4 milhões; em n = 50, mais de um trilhão ($> 10^{15}$). A chance de gametas se originarem com herança exclusivamente paterna ou materna, portanto, é extremamente baixa, devido à distribuição ao acaso dos cromossomos paternos e maternos; quanto à troca adicional de segmentos, sempre presente, a chance é praticamente nula. Somente na meiose a mistura do estoque de alelos já é extremamente efetiva, ainda sem considerar a singamia.

Na **anáfase I**, os quiasmas são definitivamente desfeitos, os cromossomos homólogos não se prendem mais e migram separados no fuso acromático. O essencial é que, ao contrário da anáfase mitótica, não são as cromátides ou os cromossomos-filhos que chegam aos núcleos-filhos, mas sim os cromossomos já replicados com centrômero ainda não dividido e cinetocoro não duplicado. Esses cromossomos não correspondem a cromossomos da telófase, mas a cromossomos da prófase de uma mitose normal. Portanto, as células-filhas, os chamados meiócitos, têm em seus núcleos, na verdade, o conjunto cromossômico haploide, mas, comparando ao genoma haploide não replicado, com a quantidade de DNA de C (valor C) têm ainda a quantidade duplicada de DNA 2 C.

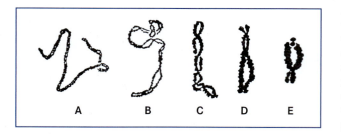

Figura 2-40 Diminuição do número de quiasmas por terminação de paquíteno (**A**) até metáfase I (**E**) (*Anemone baicalensis*, 1.000x.) (Segundo A.A. Moffett.)

Na **meiose II**, então, 2 C é também reduzido a 1 C. Na interfase entre a primeira e a segunda divisão meiótica - a **intercinese** - não há qualquer replicação de DNA, a fase S não se realiza. Em consequência disso, a intercinese é frequentemente curta e pode faltar completamente. Apenas os cinetocoros são duplicados. No decorrer da meiose II, as cromátides, originadas durante a fase S pré-meiótica e em parte modificadas no paquíteno mediante troca (*crossing over*), são separadas entre si e incluídas respectivamente em núcleos diferentes. Com isso, a meiose II se assemelha superficialmente a uma mitose haploide. Com relação ao seu conjunto de alelos, no entanto, as cromátides-irmãs dos cromossomos individuais não são idênticas nesse caso. Em consequência da recombinação intracromossômica durante o paquíteno na prófase meiótica, os sítios gênicos correspondentes, dispostos em série, são ocupados com alelos distintos (paternos ou maternos). Esse é o caso onde aconteceu um número ímpar de *crossing over* entre centrômero e o sítio considerado. Essas sequências muitas vezes não idênticas, junto com as sequências idênticas das cromátides-irmãs originais, são agora separadas umas das outras (**pós-redução**, Figura 2-9). Os gametas haploides contêm apenas um alelo de cada gene. Assim, fica assegurado que nas mitoses seguintes todos os descendentes de um cromossomo sejam idênticos.

2.2.3.8 *Crossing over*

As sequências de DNA correspondentes a determinados genes são unidas em um cromossomo ou em uma cromátide, através das ligações de valências principais ao longo do DNA hélice dupla. Por isso, na genética, todos os genes localizados em um determinado cromossomo são designados como acoplados. Um cromossomo é a correspondência estrutural do que em genética é denominado **grupo de ligação**. A união dos genes em um grupo de ligação é desfeita então por *crossing over*: cromátides não irmãs dos cromossomos homólogos pareados trocam partes entre si. No paquíteno, esse fenômeno é induzido à medida que, por endonucleases, em locais correspondentes nas duplas-hélices de DNA de duas cromátides não irmãs vizinhas, ocorrem rupturas de fitas duplas ou de fitas simples, que, por meio de cruzamento, são restituídas por ligação (Figura 2-41). O processo é muitas vezes complicado, pois as rupturas de fitas simples não ocorrem na altura exatamente igual, de modo que, adicionalmente, são necessárias a síntese de reparação de sequências de DNA e a decomposição de extremidades de sequências sobressalentes. Esses processos transcorrem no complexo sinaptonemal nos nódulos de recombinação, nos quais estão concentradas todas as enzimas necessárias.

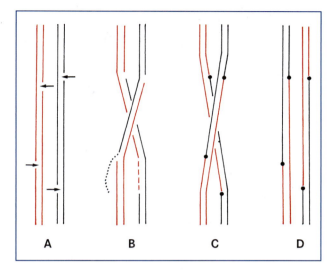

Figura 2-41 Processos moleculares na recombinação intracromossômica. **A** No DNA hélice dupla das duas cromátides não irmãs pareadas (de um total de quatro), rupturas de fitas simples são induzidas enzimaticamente a uma altura mais ou menos igual (setas; não está representada a estrutura em hélice do DNA). **B** Entrecruzamento após pareamento alternativo; as fitas simples sobressalentes (pontuadas) são decompostas, as lacunas (tracejadas) são preenchidas por síntese de reparação. **C** Ligação das extremidades livres. **D** Por meio de *crossing over*, é realizada a recombinação dos genes maternos e paternos.

2.2.3.9 Singamia

A singamia é uma fusão celular (sincitose), mais exatamente uma fusão de dois gametas sexualmente distintos. Inicialmente, dá-se uma plasmogamia, resultando em uma célula com dois núcleos. Na maioria das vezes, a **plasmogamia** é imediatamente seguida da **cariogamia**, por uma fusão dos envoltórios nucleares dos dois núcleos gaméticos ("pré-núcleo") ou, ao contrário, por dissolução dos envoltórios nucleares e disposição dos cromossomos paternos e maternos em um aparato de fuso comum, de modo que logo se processa a primeira mitose diploide. Contudo, singamia e cariogamia também podem estar separadas temporal e espacialmente, o que acontece, por exemplo, em muitos ascomicetos e basidiomicetos. Entre ambos os processos parciais da singamia, então, intercala-se uma **dicariófase**, e as células em questão são binucleadas.

De todo, encontram-se as mais diferentes formas de singamia na natureza. Em alguns casos, nenhum tipo especial de gameta é formado, pois quaisquer células corporais de um parceiro do pareamento podem se fundir com células do outro (**somatogamia**, por exemplo, na alga *Spirogyra* e em fungos superiores). Em outros casos, os gametas são células extremamente diferenciadas, e a união dos parceiros é favorecida por uma grande diversidade de adaptações difíceis de visualizar conjuntamente. Para isso, no Capítulo 10 são feitas apresentações detalhadas dos grupos sistemáticos individuais.

2.2.4 Ribossomos

Os ribossomos são complexos ribonucleoproteicos, nos quais ocorre a biossíntese de proteínas. Células de crescimento rápido em tecidos meristemáticos são, por isso, ricas em ribossomos.

A biossíntese de proteínas se baseia em uma **tradução** de sequências de polinucleotídeos em sequências de polipeptídeos (ver 6.3.1.2). Energeticamente e quanto à técnica da informação, este processo estabelece as mais elevadas exigências e, correspondentemente, requer unidades funcionais grandes e com múltiplas composições. De fato, as massas de partículas de citorribossomos (ribossomos citoplasmáticos de eucariotos), por exemplo, situam-se em 4 MDa (4 megadálton = 4 milhões Da; Tabela 2-2).

Os ribossomos dos procariotos são menores do que os dos eucariotos. De acordo com seu comportamento de sedimentação na ultracentrífuga, eles são caracterizados como ribossomos 70S ou ribossomos 80S. Eles se distinguem não apenas estruturalmente, mas também funcionalmente. Assim, a tradução nos ribossomos 70S é bloqueada pelos antibióticos cloranfenicol, estreptomicina, lincomicina e eritromicina, enquanto concentrações iguais desses antibióticos não têm ação em ribossomos 80S; a cicloeximida, ao contrário, inibe apenas a função de ribossomos 80S. Os "ribossomos de organelas" dos plastídios e mitocôndrias são, em muitos aspectos, mais semelhantes aos ribossomos 70S bacterianos (Figura 2-42) do que aos citorribossomos 80S eucarióticos.

Todos os ribossomos – procarióticos, ribossomos de organelas e citorribossomos eucarióticos – consistem em duas subunidades de tamanhos diferentes. Em geral, essas subunidades estão ligadas entre si apenas durante a tra-

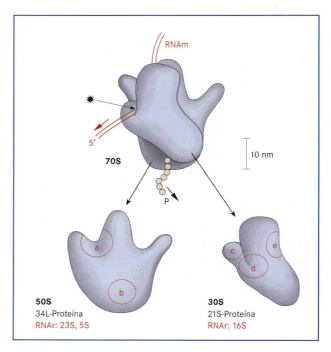

Figura 2-42 Estrutura ribossômica, tendo como exemplo o ribossomo 70S de *Escherichia coli*. Subunidades grande e pequena ocorrem pareadas no ribossomo ativo. O processo de tradução se realiza no local indicado por seta com estrela entre as subunidades, a cadeia polipeptídica crescente P sai na extremidade inferior da subunidade grande. Sítios funcionais nas subunidades: **a** síntese de polipeptídeos (centro de peptidiltransferase); **b** saída da cadeia polipeptídica e junção de membrana; **c** junção do RNAm, reconhecimento códon-anticódon; **d** junção do RNAt; **e** interação com fatores de alongamento. As proteínas r da subunidade grande são identificadas com L 1, L 2 e assim por diante; as pequenas são identificadas com S 1, S 2 e assim por diante. (do inglês, *large*, *small*). Citorribossomos de eucariotos (tipo 80S) mostram formas de contorno semelhantes, mas são maiores.

Tabela 2-2 Alguns dados sobre ribossomos

Atributo	Citorribos- somos		Plastorribos- somos		Ribossomos de *E. coli*	
Diâmetro (nm)	33		27		27	
Massa (kDa)	4.200		2.500		2	
Sedimentação	80S		70S		70S	
Participação proteica (% massa seca)	50		47		40	
Subunidades	60S	40S	50S	30S	50S	30S
Número, proteínas r	49	33	30	23	34	21
RNAr	28S	18S	23S	16S	23S	16S
	5,8S		5S		5S	
	5S		4,5S			

Os RNAr ocorrem apenas 1 vez por ribossomo, do mesmo modo que quase todas proteínas r. Nos diferentes organismos, os mitorribossomos são em parte distintamente estruturados.

dução, mais precisamente durante o alongamento de uma cadeia polipeptídica recém-originada. Com a liberação do polipeptídeo pronto (terminação), as subunidades ribossômicas se separam. A subunidade menor, então, pode se ligar novamente a sequências de terminações 5' de um novo RNAm (iniciação) e, após junção de uma subunidade grande, entrar de novo na ordem de reações repetitiva do alongamento.

As duas subunidades ribossômicas são associações de muitas **proteínas ribossômicas** distintas, em parte básicas, com diferentes **RNAr** (o ribossomo 80S a partir do ribossomo 40S – com RNAr 18S e 33 proteínas – e da subunidade 60S – com RNAr 5S, 5,8S e 28S e 49 proteínas; o ribossomo 70S a partir do ribossomo 30S – com RNAr 16S e 21 proteínas – e da subunidade 50S – com RNAr 5S e 23S e 32 proteínas.

A arquitetura molecular das subunidades ribossômicas pôde ser verificada, até os detalhes atômicos, primeiramente para ribossomos bacterianos. A interação de RNAm e RNAt se realiza onde a "cabeça" da subunidade pequena e a "coroa" da subunidade grande estão frente a frente (Figura 2-42). A partir daqui, a cadeia polipeptídica crescente atravessa a subunidade grande e se evidencia apenas na extremidade oposta dessa subunidade. Cerca de 40 resíduos de aminoácidos da cadeia polipeptídica crescente são protegidos nos citorribossomos e não podem ser atacados por peptidases/proteinases, por exemplo.

Além de RNAm como portador de informação e RNAr como mediadores estruturais e parceiros de ligação no ribossomo, **RNAs transportadores (RNAt)** também participam da tradução. Eles transportam resíduos de aminoácidos ativados até o ribossomo e atuam como mediadores da sua incorporação à cadeia polipeptídica crescente. Para isso, eles captam a informação codificada nos códons do RNAm com auxílio de anticódons, sob pareamento temporário de bases.

Os RNAt são moléculas comparativamente pequenas, que consistem em apenas cerca de 80 nucleotídeos (aproximadamente 25 kDa). Sua sequência permite considerável pareamento intramolecular de bases, originando uma "estrutura em folha de trevo" com quatro braços e três voltas (Figura 2-43A), característica de todos os RNAt. O chamado braço aceptor com terminações 3' e 5' não têm qualquer volta; o resíduo de aminoácido ativado prende-se ao de terminação 3'. O anticódon correspondente a esse aminoácido, que pode ligar-se a um triplete complementar de bases do RNAm, tem posição oposta. Na realidade, o RNAt não tem essa estrutura tridimensional, mas é uma molécula em forma de L. As terminações aceptoras e as voltas do anticódon distam aproximadamente 9 nm entre si, nas duas terminações do L (Figura 2-43B). Os dois braços laterais da folha de trevo, com suas voltas, estão localizados na dobra da molécula e abertos para fora; eles contêm sinais de reconhecimento para aquelas enzimas, que carregam com seus aminoácidos cada RNAt, de maneira altamente específica. A confiabilidade dessas enzimas - **aminoacil-RNAt sintetases** – garante, mesmo para os critérios da técnica mais moderna, uma precisão da tradução extraordinariamente alta, sem a qual a sobrevivência de células e organismos seria inviável.

Os RNAr e RNAt ocorrem em todos os organismos, das menores bactérias até os maiores seres unicelulares, basicamente com estruturas semelhantes e exercendo sempre a mesma função. Durante a evolução filogenética dos seres vivos, suas sequências se mantêm, em parte, extremamente conservadas. Por essa razão, eles são testemunhas especialmente confiáveis da evolução e permitem a reconstrução dos processos filogenéticos mesmo bastante remotos. Por exemplo, a posição especial e a grande heterogeneidade das arqueas entre os procariotos têm sido desvendadas sobretudo com auxílio de comparações de sequências em RNAr.

Durante a tradução, são reunidos inúmeros a muitos ribossomos (monossomos), por meio de uma fita de RNAm, os quais formam um **polissomo** (Figura 2-44A, B). Os polissomos são as organelas da tradução propria-

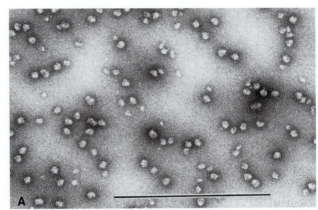
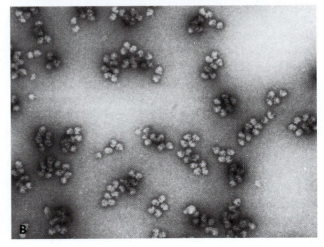

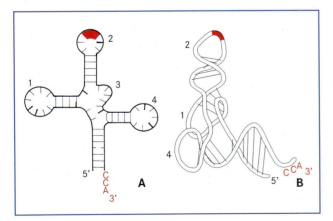

Figura 2-43 RNA transportador (RNAt). **A** Forma de folha de trevo com quatro braços e três voltas. 1: a chamada volta T-Psi-C (ribo**t**imidina-**ps**eudouridina-**c**itidina; RNAt se liga com ela, no RNAr 5S ou RNAr 5,8S); 2: volta do anticódon com anticódon (vermelho); 3: volta variável, em RNAt distintos, de tamanhos diferentes até ausentes; 4: volta DHU (**d**i-**h**idro**u**ridina).O aminoácido pré-ativado é preso à sequência CCA, na terminação 3'. As "bases raras" são simbolizadas por traços mais grossos. **B** Modelo espacial, "forma L".

Figura 2-44 Ribossomos e polissomos, isolados de gemas florais de *Narcissus pseudonarcissus*, contraste negativo. **A** Monossomos. **B** Polissomos; em algumas partes, é distinguível a formação dos ribossomos a partir de duas subunidades de tamanhos desiguais (0,5 µm). (Preparação segundo R. Junker; ME segundo H. Falk.)

mente ditas. De ocorrência livre no plasma, elas são helicoidais. Junto às membranas, por outro lado, elas formam figuras bidimensionais, principalmente espirais (Figura 2-50B). A ligação à membrana efetua-se na subunidade ribossômica grande, nas proximidades do local de saída da cadeia polipeptídica crescente. Com frequência, esta é empurrada através da membrana já durante sua síntese. Assim, proteínas secretadas e enzimas lisossômicas, por exemplo, chegam ao interior das cisternas de RE. Em outros casos, a cadeia polipeptídica em formação, com uma série de pelo menos 20 resíduos de aminoácidos hidrofóbicos em sequência, permanece ancorada na própria membrana por longo tempo e torna-se assim uma proteína integral de membrana (ver 2.2.5.1). Os polissomos livres sintetizam principalmente proteínas solúveis dos compartimentos celulares plasmáticos. Porém, proteínas mitocondriais e plastidiais, bem como todas as proteínas nucleares e as enzimas características de peroxissomos, também são traduzidas em polissomos livres do citoplasma e chegam só mais tarde (pós-tradução) ao seu local de destino (ver 6.3.1.4).

2.2.5 Biomembranas

Biomembranas são **estruturas lipoproteicas** planas e delgadas, com 6-11 nm (ver 1.5.2). Por um lado, elas envolvem cada célula individualmente e, por outro lado, separam uns dos outros os mais diferentes compartimentos no interior da célula. Elas são capacitadas para essa função mediante dois atributos especiais: elas são **seletivamente permeáveis** (ver 2.2.5.3 e 5.1.5) e não apresentam margens livres, mas envolvem sem lacunas um compartimento. Apesar de planas, elas não são formas bidimensionais, mas sim tridimensionais. As biomembranas são viscosas; se forem rasgadas artificialmente, elas se fecham de novo imediatamente – uma consequência do efeito hidrofóbico (ver 1.5.1; a possibilidade de efetuar microinjeções em células vivas, por exemplo, também se baseia nisso).

As membranas originam-se nas células sempre a partir de membranas já existentes. A biogênese das membranas baseia-se no crescimento da superfície das membranas existentes, mediante incorporação de novas moléculas e finalmente partição de compartimentos através do fluxo de membrana. Os dois componentes importantes de biomembranas – lipídeos estruturais e proteínas de membrana – são sintetizados principalmente no RE. Deste local, eles podem alcançar as membranas do complexo de Golgi e as membranas vacuolares, bem como a membrana celular (membrana plasmática) e as membranas externas dos plastídios e mitocôndrias. As membranas internas destas organelas, que em sua composição também derivam nitidamente de todas as outras membranas da célula, não mantêm intercâmbio direto com elas.

2.2.5.1 Componentes moleculares

Películas bimoleculares de **lipídeos estruturais** produzidas artificialmente (comparar com Figuras 1-21 e 1-22) correspondem às biomembranas em propriedades como espessura, fluidez e semipermeabilidade, porém, elas não apresentam transporte de membrana ativo e específico. Além disso, nas películas lipídicas bimoleculares, os lados externo e interno são idênticos, ao passo que nas biomembranas eles são diferentes. Essas diferenças explicam-se pela falta e existência, respectivamente, de proteínas de membrana. São sobretudo as **proteínas de membrana** que possibilitam as diferentes funções das membranas nas células. A razão de massa entre proteína e lipídeo é normalmente de 3 : 2, mas ela pode apresentar grandes desvios. Em membranas dominadas por proteínas, como as membranas internas das mitocôndrias, a participação proteica fica acima de 70%; em membranas dominadas por lipídeos, como as de cromoplastos membranosos (ver 2.2.9.2), ela fica abaixo de 20%.

Existem dois tipos de proteínas de membrana: as **proteínas de membrana periféricas** (extrínsecas) são embebidas apenas superficialmente na bicamada lipídica e são presas às partes polares dos lipídeos de membrana através de interações eletrostáticas; elas não mantêm contato com as cadeias apolares de hidrocarboneto dos lipídeos. Por isso, elas podem ser facilmente retiradas de biomembranas, por exemplo, por elevação da concentração iônica. Na verdade, algumas proteínas de membrana periféricas estão covalentemente ancoradas em membranas por meio das cadeias de hidrocarboneto dos ácidos graxos ou prenil lipídeos. As **proteínas integrais de membrana** (intrínsecas) atravessam o interior polar da bicamada lipídica de biomembranas; elas são proteínas transmembrana. Somente por destruição da bicamada lipídica (por exemplo, por meio de detergentes), elas podem ser isoladas das membranas. Essas moléculas proteicas são caracterizadas por regiões superficiais hidrofóbicas. Muitas vezes, tratam-se de regiões em α-hélice de 20-25 aminoácidos com cadeias laterais apolares como leucina e isoleucina, valina ou alanina (comparar com Figura 1-11). Existem proteínas integrais de membrana com várias passagens de membrana e muitos domínios hidrofóbicos em α-hélice correspondentes: na bacteriorrodopsina, por exemplo, são sete; em canais iônicos, até 24. Por meio do efeito hidrofóbico, as proteínas integrais de membrana são ancoradas na bicamada lipídica da membrana e imediatamente se processam interações da proteína com as cadeias apolares de hidrocarboneto da molécula lipídica. Os domínios das proteínas transmembrana, que se sobressaem dos dois lados da membrana, mostram superfícies hidrofílicas. Muitas proteínas de membrana são glicosiladas e portam resíduos de açúcar ou cadeias de oligossacarídeos ligados covalentemente no lado externo da membrana.

2.2.5.2 Modelo do mosaico fluido

De acordo com o modelo do mosaico fluido, uma biomembrana típica apresenta um mosaico (em permanente modificação) de proteínas de membrana, que, com domínios hidrofóbicos, são integradas a uma película fluido-cristalina dupla de lipídeos estruturais (Figura 2-45). Embora as proteínas integrais girem na superfície da membrana, por causa do estado fluido, e possam deslocar-se lateralmente (**difusão lateral**), e também as moléculas lipídicas mudem constantemente de posição na película lipídica, não ocorre uma troca transversal das moléculas (*flip-flop*), devido ao efeito hidrofóbico. Portanto, uma molécula lipídica (encontrada na camada lipídica simples de uma bicamada da membrana) não pode chegar até a outra camada lipídica, nem os domínios hidrófilos de uma proteína integral de membrana dos dois lados do domínio transmembrana podem trocar de posição. Por isso, as biomembranas são assimétricas: as superfícies externa e interna são diferentes quanto a composição e características.

O estado fluido das membranas celulares é mantido por mudanças de temperatura mediante deslocamentos respectivos do padrão de lipídeos. O aumento do depósito de esteróis e a elevação do número das ligações duplas *cis* nas cadeias de hidrocarboneto dos ácidos graxos nos lipídeos têm efeito fluidificante. Nos organismos que vivem em ambiente mais frio, há um aumento da incorporação dos ácidos graxos insaturados aos lipídeos de membrana. Assim, em vez do ácido esteárico (insaturado e sem ligações duplas), para síntese de lipídeos são usados o ácido oleico (insaturado simples) com uma ligação dupla, o ácido linoleico (insaturado duplo), o ácido linolênico com três ligações duplas e o ácido araquidônico com quatro ligações duplas no átomo 18 C. O óleo de linhaça mais valioso (com muitas ligações duplas) provém de cultivos em locais frios.

Ao ME, as biomembranas cortadas transversalmente apresentam-se como linhas duplas finas (Figura 2-46A, B), uma expressão da presença de camadas duplas. Proteínas integrais de membrana, em preparações por criofratura, são visíveis como **partículas de membrana interna** (**PMI**, Figuras 2-66, 2-84 e 2-93C).

2.2.5.3 Membranas como limites de compartimentos

A existência de células e compartimentos celulares seria inimaginável sem o **efeito de barreira** de membranas. Por essa razão, a tarefa essencial das biomembranas é impedir a difusão e criar espaços para reações. Por outro lado, células e compartimentos metabolicamente ativos, como sistemas abertos, necessitam trocar determinadas matérias com o seu entorno. Sítios de reconhecimento e de passagem para íons ou moléculas selecionadas cumprem essa exigência. Nesse sentido, muitas vezes é necessária até a concentração de determinados íons ou moléculas na célula ou em um compartimento. Ela é alcançada à medida que os sítios

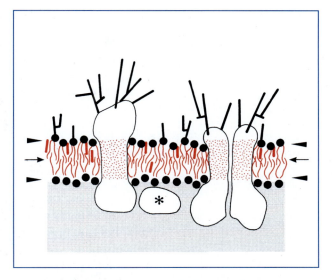

Figura 2-45 Representação esquemática de um corte transversal de uma membrana celular, segundo o modelo do mosaico fluido. A bicamada lipídica viscosa é atravessada por proteínas integrais de membrana (à direita, um dímero), cujos domínios extraplasmáticos portam cadeias de glicanos não ramificadas e/ou ramificadas. As cadeias de glicanos de glicolipídeos também ficam para fora do lado extraplasmático da membrana. No lado plasmático, nem lipídeos nem proteínas são glicosilados. Esteróis são armazenados nas regiões apolares (em vermelho) da bicamada lipídica; os domínios transmembrana das proteínas integrais de membrana são igualmente hidrofóbicos no seu lado externo. * Proteína periférica de membrana. Setas: plano de clivagem em criofratura. Cabeças de setas: depósito preferencial dos átomos de ósmio usados para contraste, por meio do qual evidencia-se ao ME o aspecto trilaminar das biomembranas em corte transversal (comparar com Figura 2-46A). Todas as moléculas participantes estão em movimento térmico; constantemente, acontecem reações de mudança de local no nível da membrana e rotações em volta dos eixos, perpendicularmente ao nível da membrana. Ao contrário, a troca transversal de moléculas de lipídeos ou moléculas de proteínas (*flip-flop*) praticamente inexiste.

de passagem específicos atuam como bombas (**transporte ativo** dependente de energia = **transporte metabólico**). O exame da permeabilidade de biomembranas mostra que seu efeito de barreira depende essencialmente da bicamada lipídica, enquanto o transporte de membrana específico e especialmente ativo é garantido por proteínas integrais de membrana, conhecidas como **translocadores** (permeases, carreadores). Os translocadores reconhecem e se ligam à substância a ser transportada, com ajuda de formas apropriadas estéricas (situação análoga à ligação específica de complexos-enzima-substrato, ver 5.1.6), e por mudança de conformação a transferem de um compartimento para outro vizinho (ver 5.1.5; Figura 5-4).

Cada compartimento distingue-se dos demais compartimentos da célula por uma determinada composição (Tabela 2-3) e por um meio iônico de pH e redox definido. Se as diferenças de concentração nos limites dos compartimentos (muitas vezes bastante elevadas) forem niveladas (por exemplo, mediante substâncias

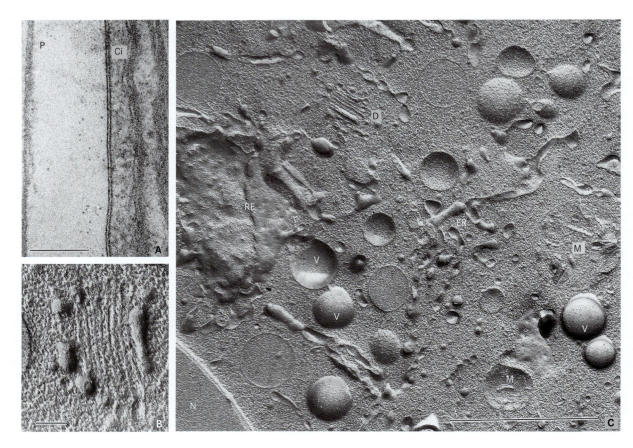

Figura 2-46 Biomembranas ao ME. **A** Membrana celular trilaminar entre a parede celular e o citoplasma da alga *Botrydium granulatum*, após fixação com glutaraldeído-OsO$_4$. **B** Aspecto trilaminar das membranas de Golgi não fixadas de um dictiossomo, após criofratura (transversal, célula embrionária do ápice de raiz de cebola). **C** Vista parcial de uma célula de meristema de raiz da cebola, em preparação por criofratura: várias membranas em fratura transversal, bem como em vista superficial com partículas de membrana interna, cujo número por unidade de superfície é uma característica dos respectivos tipos de membranas. (A, B: 0,1 μm; C: 1 μm). – Ci, citoplasma; D, dictiossomo; RE, retículo endoplasmático; M, mitocôndrias; N, núcleo; V, vacúolos; P, parede celular. (A, ME segundo H. Falk; B, C, ME segundo V. Speth.)

Tabela 2-3 Enzimas-chave/compostos característicos de membranas e compartimentos celulares

Componentes celulares	Enzima-chave/composto característico
Membrana celular	Celulose sintase; bomba de K+/Na+
Citoplasma	Nitrato redutase; ribossomos 80S
Núcleo	Cromatina (nuc-DNA linear, histonas, etc.); DNA-polimerases nucleares e RNA-polimerases
Plasma + núcleo	Actina, miosina, tubulina
Plastídios	Amido e amido sintase; DNApt circular; plastorribosomos (70S); nitrito redutase; em cloroplastos; ribulose bisfosfato carboxilase (rubisco), clorofilas, plastoquinona, ATP-sintase plastidial
Mitocôndrias	Fumarase, sucinato desidrogenase, citocromoxidase; ubiquinona; ATP-sintase mitocondrial; DNAmt circular; Mitorribossomos (tipo 70S)
RER	Receptor SRP; riboforinas
Dictiossomos	Glicosiltransferases
Vacúolos/lisossomos	Fosfatase ácida, α-manosidase; diferentes substâncias de reserva, substâncias tóxicas e corantes (proteínas, açúcares, ácidos; alcaloides, glicosídeos, oxalato de Ca; flavonoides entre outros quimocromos)
Oleossomos	Triacilglicerois

tóxicas, os chamados ionóforos, ou determinados antibióticos), a consequência é a morte da célula. Os **potenciais** de **membrana**, que exercem um papel importante em todas as células vivas, também resultam da constituição iônica distinta dos compartimentos vizinhos. Devido à pequena espessura da bicamada lipídica (4 nm), dos potenciais de membrana (ordem de grandeza de 100 mV) resultam intensidades do campo elétrico em torno de 100.000 V cm^{-1}. Com isso, o potencial de membrana situa-se no limite da tensão de ruptura para bicamadas lipídicas.

Na verdade, as biomembranas não são barreiras de difusão perfeitas. Muitas substâncias lipofílicas, como venenos, narcóticos e similares, podem se dissolver na bicamada lipídica e até se concentrarem, de modo que esta não representa para elas um obstáculo à difusão. Mesmo partículas polares podem passar, desde que sejam suficientemente pequenas (< 70 Da). A membrana atua como um filtro, com uma largura média de poros de 0,3 nm. Neste sentido, locais lesados (de curta duração) funcionam como poros, como os que sempre resultam por ocasião de movimentos térmicos das moléculas lipídicas presentes nas membranas fluídas. A permeabilidade relativamente alta para água depende em muitos casos da existência de **aquaporinas**, que formam canais transmembrana com 0,4 nm de largura para moléculas de água (Figura 5-23). Através de um canal deste tipo, quando aberto por fosforilação da aquaporina, não passam íons nem metabólitos, mas atravessam até 4 bilhões de moléculas de H$_2$O por segundo.

O comportamento da permeabilidade da bicamada lipídica é descrito resumidamente pela **teoria do filtro lipídico**. Ela significa que substâncias polares, conforme o tamanho, não podem se difundir através de poros hidrofílicos da membrana (efeito peneira), ao passo que substâncias apolares podem se dissolver na membrana e atravessá-la. Excetuando os parâmetros tamanho de partícula e lipofilia, esta permeação passiva, no entanto, é inespecífica: não existem estruturas de reconhecimento para substâncias determinadas. A Figura 2-47 ilustra um elucidativo experimento sobre a teoria do filtro lipídico, a "armadilha de íons" (comparar com Figura 6-37).

2.2.6 Membranas e compartimentos celulares

Os diversos sistemas de membrana da célula não se relacionam diretamente, mas podem se comunicar indiretamente pelo **fluxo de membrana** (**citoses**), por meio de correntes de vesículas. Pela fluidez das biomembranas e a decorrente possibilidade de deslocamento, no nível da membrana, mesmo de complexos maiores de proteínas, a separação espacial dos compartimentos individuais com seus envoltórios de membranas cria as condições necessárias para a diversificação funcional.

O fluxo de membrana pressupõe decomposição e fusão rigorosamente reguladas por compartimentos. A fusão de compartimentos está baseada na fusão de membranas. Como biomembranas não podem fusionar-se espontaneamente, as forças de repulsão precisam ser vencidas por proteínas especializadas. A especificidade da fusão de compartimentos é, ao mesmo tempo, garantida por estas proteínas (ver 2.2.6.4 e 2.2.6.5).

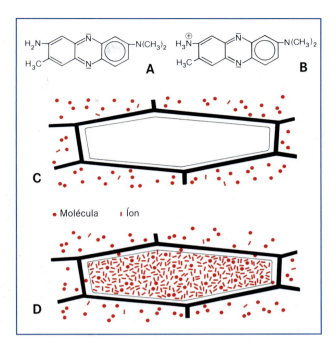

Figura 2-47 Armadilha de íons, concentração de vermelho neutro no vacúolo de uma célula vegetal. O vermelho neutro ocorre em solução alcalina como molécula lipofílica (**A**); como cátion colorido, em solução ácida por adição de um próton (**B**). **C** Estado de partida: célula viva em solução de vermelho neutro diluída, pH 8 (moléculas coloridas apresentadas como pontos, cátions coloridos como traços). **D** Estado final: moléculas coloridas estão permeadas no vacúolo (pH 5), o qual elas não podem mais deixar como íons coloridos hidrofílicos. Um equilíbrio se estabelece somente quando a concentração das moléculas de vermelho neutro no vacúolo se iguala à da solução externa. Porém, aqui é alcançada uma concentração do vermelho neutro no vacúolo (forma iônica) superior a 1.000 vezes.

A maioria das membranas intracelulares (**endomembranas**) e a membrana celular estão em contato através de processos de fluxo de membrana; elas pertencem, em última análise, a um sistema central superior de membranas. Porém, as membranas mitocondriais internas, bem como as membranas internas dos envoltórios e tilacoides (ver 2.2.8.2 e 2.2.9.1), não pertencem a este sistema. Assim, a célula vegetal contém não apenas três tipos de plasma permanentemente separados, mas também três sistemas de membrana não interligados por fluxo de membrana, que também apresentam diferentes características na composição lipídica e estrutura proteica.

Dentre os compartimentos internos das células de plantas, os grandes vacúolos foram descobertos já no século XIX, e suas membranas foram melhor caracterizadas por meio de experimentos de osmose. Hoje é possível isolá-las em sua forma intacta (Figura 2-58A). Concomitantemente, com a pesquisa da estrutura celular por meio da microscopia eletrônica, que levou à descoberta do RE, com o envoltório nuclear como elemento central, o complexo de Golgi (dictiossomos) e os diversos tipos de vesículas, por meio do fracionamento celular se tornou possível

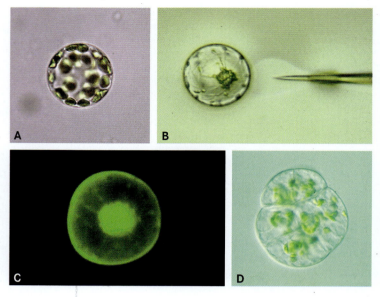

Figura 2-48 Protoplastos obtidos artificialmente por meio de digestão enzimática das paredes celulares. **A** Protoplasto de célula do mesofilo (com cloroplastos) de *Nicotiana tabacum*, após esferamento (do protoplasto) em sorbitol 0,6 M. **B, C** Microinjeção em um protoplasto de *Nicotiana tabacum*; **B** antes e **C** depois da injeção de dextran-FITC no citoplasma do protoplasto; citoplasma visivelmente corado (C em microscopia de fluorescência). **C** Clone celular em cultura de células, desenvolvendo-se por divisão a partir do protoplasto (regeneração) (B, C 200x).

a caracterização bioquímica dos diversos compartimentos e suas membranas (Quadro 2-1). Com isso, muitas relações entre estrutura e função puderam ser esclarecidas. Por outro lado, células vegetais e fúngicas são menos fáceis de analisar do que as células de mamíferos, desprovidas de parede e vacúolos.

2.2.6.1 Membrana celular

A **membrana celular ou plasmática** (plasmalema) é mais espessa e mais densa que as demais membranas celulares, devido à elevada participação de glicoproteínas. Ela cria e estabiliza o meio iônico especial no citoplasma, possibilitando que prótons, íons Ca^{2+} e Na^{2+} sejam bombeados para fora da célula e íons K^+ para dentro dela, mediante translocadores específicos e com consumo de ATP. A membrana plasmática é ampliada, por meio de evaginações ou invaginações, em todas as regiões onde ocorrem trocas intensivas de materiais (comparar com, por exemplo, Figura 3-27).

Protoplastos desprovidos de parede podem ser facilmente obtidos mediante a digestão das paredes celulares com pectinases e celulases (Figura 2-48). Eles se mantêm vivos, se estabilizados osmoticamente. Com protoplastos, podem ser realizadas **fusões celulares**, por exemplo, através de polietilenoglicol ou descargas elétricas (Figura 2-49). Desta forma, é possível também produzir artificialmente **híbridos celulares** ("cíbridos"), isto é, células mistas de organismos de posições sistemáticas muito distantes, que jamais ocorreriam na natureza.

A membrana celular é pressionada pelo turgor para a face interna da parede. Todavia, em determinados locais, ela também está intimamente ligada à parede por meio de interações químicas específicas. Isto vale, por um lado, para os sítios onde são formadas microfibrilas de celulose (ver 2.2.7.2). Por outro lado, com o uso de anticorpos, foi possível demonstrar que proteínas integrais de membrana (integrinas) interagem com componentes da parede celular e permitem assim uma ligação mútua firme (como com a matriz extraplasmática em células animais).

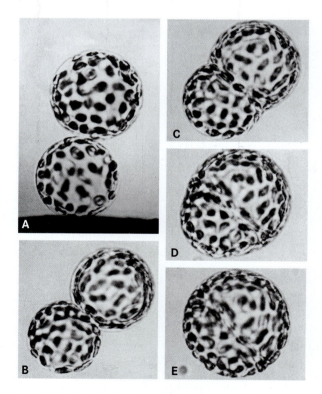

Figura 2-49 Eletrofusão de protoplastos do musgo *Funaria hygrometrica* (640x). Dois protoplastos em contato (**A**), conectados a um eletrodo, são fusionados (**B-E**) por meio de uma descarga elétrica (força do campo 1 kV cm^{-1}, 70 μs). Em algumas semanas, um novo indivíduo de musgo pode crescer a partir de uma célula híbrida assim obtida. (Segundo A. Mejía, G. Spangenberg, H.-U Koop e M. Boop.)

2.2.6.2 Retículo endoplasmático (RE)

O RE ocorre em duas formas diferentes estrutural e funcionalmente: **RE rugoso** (**RER**) e **RE liso** (**REL**). O RE rugoso, coberto de polissomos, ocorre como cisternas achatadas e expandidas, caracterizadas por rápidas mudanças de forma (Figuras 2-50 e 2-51). Ao contrário, o REL, desprovido de ribossomos, constitui uma malha de túbulos membranosos ramificados (Figura 2-52).

No **RER** encontra-se intensa síntese proteica. Neste caso, as proteínas formadas pelos polissomos ligados à membrana são proteínas de membrana integrais ou proteínas que são deslocadas para compartimentos não plasmáticos (como vacúolos) ou secretadas para fora (proteínas de secreção = proteínas de exportação, por exemplo, proteínas de parede celular ou exoenzimas dos fungos parasíticos, digestoras de parede). As membranas do RER são as únicas que dispõem de receptores para citoribossomos e podem fixar polissomos em seu lado plasmático (LP). A respeito da translocação das proteínas sintetizadas nos ribossomos ligados ao RE, ver 6.3.1.4.

As funções do **REL** são múltiplas, principalmente as relacionadas à síntese de lipídios, flavonoides e terpenos (ver 5.15.1 e 5.15.2). Nas células vegetais, a produção de ácidos graxos ocorre principalmente nos plastídios. Porém, a transformação dos ácidos graxos, inicialmente saturados, em ácidos graxos insaturados e a incorporação dos lipídios recém formados às membranas, é uma função do REL também nas células vegetais, como em todos os eucitos. Esta incorporação se dá apenas no lado (LP) das membranas do RE voltado para o citoplasma, de modo que as moléculas lipídicas recém sintetizadas podem ser absorvidas apenas na camada disposta sobre o lado plasmático da membrana.

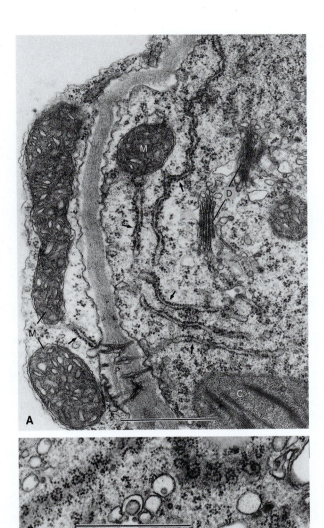

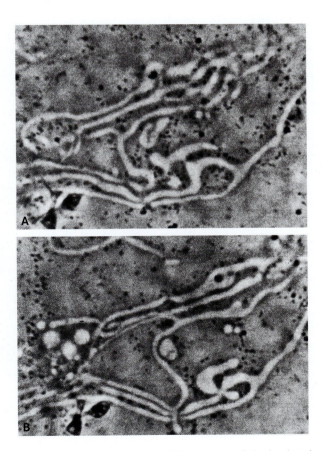

Figura 2-50 Retículo endoplasmático com ribossomos (rugoso). **A** Cisternas em corte transversal (setas) junto a mitocôndrias (M), dictiossomos (D) e cloroplasto (C); plasmodesmos (P) em um campo primário de pontoação da parede celular; célula da folha do feijão. **B** Cisternas do RER em corte superficial, com polissomos espiralados, no tubo polínico do tabaco (*Nicotiana tabacum*) (1 μm). – C, cloroplastídio; D, dictiossomos; M, mitocôndrias; P, plasmodesmos. (ME: A, segundo H. Falk; B, segundo U. Kristen.)

Figura 2-51 A Retículo endoplasmático em uma célula viva de cultura de tecidos do tabaco (940x). **B** Fotografada 10,5 s depois de **A**. Nas fotografias são visíveis, além do RE, também oleossomos, mitocôndrias e (abaixo à esquerda) plastídios. (Segundo W. Url.)

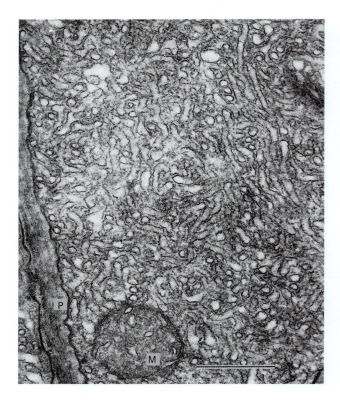

Figura 2-52 REL de uma célula secretora de óleo da bardana (*Arctium lappa*), com inúmeros cortes transversais e longitudinais dos túbulos de RE dobrados e ramificados (0,5 µm). – M, mitocôndria; P, parede celular. (ME segundo E. Schnepf.)

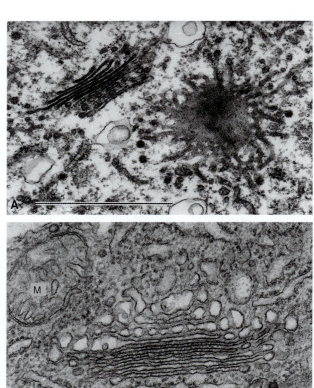

Figura 2-53 Dictiossomos. **A** Dictiossomos em cortes transversal e superficial na célula da lígula de isóete (*Isoetes lacustris*); periferia reticular-tubular das cisternas de Golgi e muitas vesículas pequenas (1 µm). **B** Dictiossomos em corte transversal em célula secretora de *Veronica beccabunga*; face *cis* abaixo, voltada para o RER; sobre a face *trans*, estão visíveis entre as cisternas delicados filamentos de Golgi; cisternas externas da face *trans* dilatadas e fenestradas (rede *trans* de Golgi) (0,5 µm). – M, mitocôndria; RE, retículo endoplasmático. (ME: A, segundo U. Kristen; B, segundo J. Lockhause e U. Kristen.)

Essas membranas apresentam uma proteína especial denominada **flipase**, que catalisa a inversão (*flip-flap*) de moléculas de lipídeos da camada plasmática da membrana para a extraplasmática, o que de outro modo é praticamente impossível.

2.2.6.3 Dictiossomos e complexo de Golgi

Nos dictiossomas, principalmente proteínas integrais de membrana e proteínas secretoras são modificadas e distribuídas, sendo ejetadas da célula em vesículas de secreção (**vesículas de Golgi**) ou depositadas em vacúolos. Os dictiossomas são elementos do complexo de Golgi. Os pequenos organismos unicelulares frequentemente possuem um único dictiossomo. Porém, em células maiores estão presentes sempre muitos dictiossomos, em alguns casos até mais de mil e, em geral, (ao contrário de muitas células animais) dispersos por todo o citoplasma (complexo de Golgi "disperso").

O **dictiossomo** típico é formado por uma pilha de **cisternas de Golgi**. Ele localiza-se sempre próximo a uma cisterna de RE ou ao envoltório nuclear e é paralelo a ele (Figuras 2-53B e 2-55). A face do dictiossomo voltada para o RE é denominada **face *cis***, a oposta a ele é a **face *trans***. Na face *cis*, formam-se novas cisternas de Golgi pela confluência de vesículas; na face *trans*, novas vesículas de Golgi se separam. Em muitos casos, as zonas marginais das cisternas distais de Golgi são reticulares (**rede *trans* de Golgi, RTG**). Nos chamados dictiossomos hipertróficos não são formadas vesículas isoladas, mas cisternas inteiras inflam e migram para a superfície celular (Figura 2-54D).

Os dictiossomos são formações temporárias. Eles podem ser formados novamente a partir do RE, conforme a necessidade. A **estrutura dos dictiossomos** varia em organismos diferentes e em células diferentes de um mesmo organismo multicelular. Em muitos fungos primitivos, e também nas células de sementes secas, no lugar de dictiossomos, são encontrados no citoplasma aglomerados de pequenas vesículas membranosas ou túbulos membranosos. Enquanto nos dictiossomos típicos de plantas superiores o número de cisternas de Golgi varia entre 4-10, em protistas este número pode atingir até mais de 30.

Nas cisternas de Golgi, processam-se principalmente **sínteses de oligossacrídeos e polissacarídeos**. Determinadas glicosil-transferases (por exemplo, galactosil-transferase, transfere unidades de galactose para cadeias de glicanos em formação) são as principais enzimas do complexo de Golgi. Com sua ajuda são produzidos, entre outros, os polissacarídeos da matriz da parede celular (ver 5.16.1.1; para a síntese de polissacarídeos de reserva, como amido e glicogênio, existem sistemas enzimáticos citoplasmáticos ou plastidiais ou mitocondriais próprios, ver 5.16.1.2). Nas cisternas de Golgi também são glicosiladas proteínas integrais de membrana nos seus domínios extraplamáticos – um processo que já se inicia no lume do RER, mas só é finalizado no complexo de Golgi. Todas as proteínas de exportação e proteínas integrais da membrana plasmática são glicoproteínas.

Também as secreções produzidas são muito diversas. Como extremas, por um lado, ocorrem **secreções com formas**; nas cisternas ou vesículas de Golgi são constituídas estruturas características, por meio de processos de auto-organização. Exemplos conhecidos são as escamas de paredes celulares, além de extrussomos (ejectossomos ou tricocistos) dos criptófitos e dinoflagelados unicelulares – ejeções explosivas, muitas vezes venenosas para defesa contra inimigos ou anestesia de presas – assim como os mastigonemas de flagelos barbulados (Figuras 10-21A-C e 10-89F). Por outro lado, são secretados mucopolissacarídeos especialmente ricos em água. Um caso especial de secreção de Golgi é a **excreção ativa de água**. Todos os protistas de água doce sem parede celular rígida são instáveis, pois absorvem água osmoticamente, sem que possam compensar a pressão interna através da pressão oposta exercida por um esqueleto externo. Por isso, tais organismos possuem dispositivos para a secreção ativa de água, na maioria dos casos, **vacúolos pulsáteis** (**contráteis**). Por expansão, eles absorvem mecânica ou osmoticamente a água do plasma circundante (diástole) e por contração periodicamente a ejetam, através de um canal aberto provisoriamente (sístole). Na alga unicelular *Vacuolaria*, inúmeros dictiossomos assumem esta função. Eles formam um complexo de Golgi "perinuclear" em densa distribuição junto à face externa do envoltório nuclear. As vesículas de Golgi em grande número, contendo um muco extremamente rico em água, são constantemente separadas e fusionam-se rapidamente em vacúolos de secreção cada vez maiores, que são por fim exocitados (Figura 2-54).

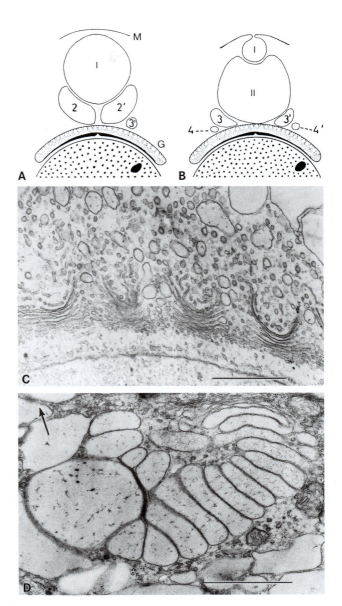

Figura 2-54 Secreção de água através do complexo de Golgi. **A-C** *Vacuolaria virescens*. **A, B** Esquema da formação e exocitose de vesículas de Golgi (vacúolos) ricas em água, em estádios sucessivos; o complexo de Golgi (finamente pontilhado, constituído de cerda de 50 dictiossomos) situa-se nas proximidades do núcleo (grosseiramente pontilhado); números romanos designam os vacúolos "pulsáteis" formados pela fusão de vacúolos menores (números arábicos). Em 30 minutos é secretada tanta água quanto o volume da própria célula. **C** Quatro dictiossomos do complexo de Golgi, vacúolos de Golgi cada vez maiores em direção ao exterior (acima). **D** Na alga *Glaucocystis* geitleri, também unicelular, cisternas de Golgi inteiras inflam-se pela absorção de água e se esvaziam ritmicamente para fora na direção da seta (C e D: 1 μm). (A, B: segundo R. Poisson e A. Hollande; C, D: ME segundo E. Schnepf e W. Koch.) – G, complexo de Golgi; M, membrana celular.

2.2.6.4 Fluxo de membrana, exocitose e endocitose

Ao contrário do transporte de membrana (transferência de substâncias através de biomembranas), fluxo de membrana (**transporte vesicular**) significa o transporte de compartimentos inteiros. Por meio do fluxo de membrana, pequenos compartimentos parciais podem ser separados de maiores, deslocados de modo direcionado na célula. Com o auxílio do citoesqueleto e suas proteínas motoras, fusionam-se com outros compartimentos. A Figura 2-55 apresenta uma visão geral desses processos (**citoses**) (ver também Figura 6-16). Assim, vesículas secretoras são destacadas na rede *trans* de Golgi, migram para a membrana celular, fusionam-se com ela e descarregam seu conteúdo para fora. A membrana da vesícula torna-se parte da plasmalema. Este tipo de secreção celular é denominado **exocitose**.

Durante a separação de vesículas de secreção, o dictiossomo perde material de membrana. Como nos dictiossomos não podem ser sintetizados nem lipídeos nem proteínas, um novo material de membrana precisa ser fornecido pelo RE. Isto ocorre através de **vesículas de trânsito** em magnitude exatamente coordenada, de modo que a aparência do dictiossomo permanece inalterada, apesar da constante perda e ganho de material. É uma estrutura dinâmica em equilíbrio constante e apresenta polaridade estrutural e funcional: na face proximal, *cis* ou de formação, voltada para o RE, são produzidas novas cisternas de Golgi a partir de vesículas de trânsito, na face distal (face *trans*, de secreção) são perdidas membranas de Golgi por meio da separação de vesículas de secreção. Assim, membranas de Golgi migram com os precursores dos materiais de secreção por elas envolvidos, através da pilha de cisternas de *cis* para *trans*, seja como cisternas inteiras ou por correntes de vesículas na margem do dictiossomo. Com isso, a altura das cisternas diminui, a espessura das membranas aumenta. Algumas atividades enzimáticas ligadas à membrana são proximais, outras são distais. O alongamento contínuo de cadeias de oligossacarídeos e polissacarídeos e a participação de glicanos nas pré-secreções aumentam ao mesmo tempo o interior da cisterna é acidificado. A ordem dos radicais de açúcar nas cadeias de oligossacarídeos de glicoproteínas é determinada temporal e espacialmente ao longo de uma esteira diante das etapas de montagem.

A **endocitose** se processa quando vesículas são formadas na superfície celular, por dobramentos da membrana celular, e deslocadas para o interior da célula. Ela corresponde formalmente a uma inversão dos últimos passos da exocitose. Neste caso, por exemplo, macromoléculas que foram ligadas por receptores específicos à face externa da membrana celular, podem ser levadas aos endossomos e lisossomos através de **vesículas revestidas** (**VR**) e, então, digeridas. Muitos organismos unicelulares e a maioria dos zoócitos podem também ingerir partículas alimentares microscópicas mediante endocitose (**fagocitose**, Figura 2-55 A, 5 e 6). A endocitose foi comprovada também em células vegetais, mas apenas em pequena escala, pois a os-

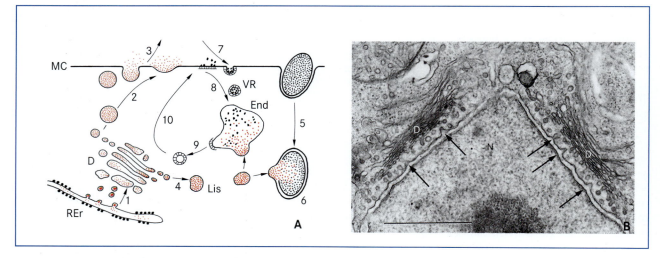

Figura 2-55 Fluxo de membrana, exocitose e endocitose. **A** As proteínas sintetizadas no RER chegam ao dictiossomo (D) através de vesículas de trânsito (1). Elas, são modificadas por glicosilação e transportadas por vesículas de Golgi para a membrana celular (2) e exocitadas (3) ou empacotadas em lisossomos primários (4). Partículas maiores ingeridas por meio da fagocitose (5) são degradadas com o auxílio de enzimas lisossômicas nos vacúolos digestivos (6). Partículas menores, por exemplo, macromoléculas utilizáveis pela célula, são adsorvidas por receptores específicos na membrana celular e transferidas para endossomas por vesículas que revestidas (8) cujo meio ácido são deixadas pelos receptores e hidrolisadas. Os receptores são reciclados: inicialmente, através de membranas celulares em dictiossomos (9) e após de novo para a superfície celular (10). **B** Corrente de vesículas do RER (aqui representado pelo envoltório do núcleo da alga *Botrydium granulatum*) para dictiossomos vizinhos; setas: desligamento de vesículas de trânsito. (1 μm). – MC, membrana celular; VR, vesículas revestidas; D, dictiossomo; End, endossomo; Lis, lisossomo; N, núcleo. (B, imagem ao ME segundo H. Falk.)

motrofia dessas células e das paredes celulares excluem a fagocitose. Vesículas revestidas são encontradas com frequência também em células vegetais, especialmente na região da membrana celular e no entorno dos dictiossomos (Figura 2-56D). Elas estão envolvidas principalmente na reciclagem de membranas e receptores ou servem para o transporte intracelular de membranas e de substâncias (**intracitose**).

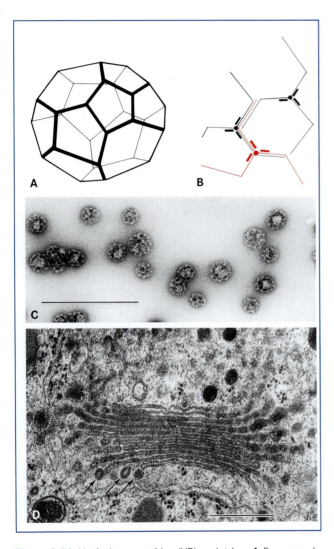

Figura 2-56 Vesículas revestidas (VR) e clatrina. **A** Esquema de uma vesícula de clatrina. **B** Três tricélios (um deles colorido) como componentes da estrutura de treliça pentagonal ou hexagonal. Cada tricélio consiste de três cadeias pesadas (cada uma com 150 kDa, 50% alfa-hélice: os braços dobrados) e três cadeias leves (cada uma com 35 kDa); ao longo de cada aresta da grade de clatrina dispõem-se quatro cadeias pesadas, as cadeias leves dispõem-se nos ângulos. **C** VR isolada do hipocótilo da abobrinha (um cultivar de *Cucurbita pepo*), em contraste negativo. **D** VR (setas) em um dictiossomo da alga *Micrasterias* (observe também a disposição unilateral dos ribossomos das cisternas do RE opostas à face *cis* do dictiossomo) (C e D: 0,5 μm). (ME de C segundo D.G. Robinson; ME de D segundo O. Kiermayer.)

2.2.6.5 Vesículas revestidas

As vesículas revestidas (Figura 2-56), com diâmetros em torno de 0,1 μm, estão entre os menores compartimentos celulares. Elas possuem um esqueleto de membrana, que constitui o revestimento propriamente dito (do inglês, *coat* = casca). Conforme as proteínas do envoltório, podem ser distinguidos dois tipos de VR: vesículas de clatrina e vesículas revestidas de proteína. As **vesículas de clatrina** (**VRC**) são observadas na endocitose e no trânsito de vesículas entre dictiossomos e lisossomos ou vacúolos. As vesículas revestidas de proteína ocorrem principalmente na exocitose e intracitose. Os dois tipos de VR são temporários e sujeitos a um constante *turnover*.

A estrutura faveolada que a proteína estrutural **clatrina** (do grego, *kláthron* = grade) forma em torno da VRC é constituída por trímeros de clatrina, denominados tricélios (Figura 2-56B). A construção e a degradação são governadas por proteínas acompanhantes; a decomposição, por exemplo, é controlada por uma ATPase especial. A formação de VRC por endocitose é iniciada pela estruturação de um padrão faveolado de clatrina no lado interno da membrana plasmática. Neste processo participam proteínas-*assembly* especiais, aparentadas com as proteínas das células de mamíferos de funções análogas (adaptinas). As regiões determinadas da membrana plasmática são denominadas "membranas revestidas" ou – após o aprofundamento no citoplasma – "pontoações revestidas" (do inglês, *pit* = depressão, cova). Em células vegetais, até mais de 7% da superfície da membrana plasmática pode estar ocupada com polígonos de clatrina. A formação de pontoações revestidas e sua constrição como VRC demanda energia, sendo preciso que seja realizado trabalho contra o turgor (comparação: pressão local em uma câmara de bicicleta plenamente cheia de ar). Por isso, a endocitose em células vegetais é observada principalmente onde o turgor é menor (tricomas de raízes, células do endosperma, protoplastos produzidos artificialmente). A **dinamina**, uma GTPase que supre a necessidade de energia pela clivagem de GTP, está envolvida na formação do envoltório de clatrina. Nas **vesículas com proteína de revestimento** (**vesículas COP**; do inglês, *coat-protein* = proteína de revestimento), o complexo do envoltório é constituído por várias proteínas não relacionadas à clatrina e denominadas **coatômeros**. As etapas decisivas do transporte de vesículas puderam ser amplamente esclarecidas em células de levedura, das quais a análise genética é especialmente acessível, e em células nervosas de mamíferos, nas quais a liberação em massa de vesículas de neurotransmissores pode ser controlada por impulsos elétricos.

Essas etapas envolvem o brotamento de vesículas nas membranas doadoras, sua ligação às membranas de destino e a fusão com estas. Para a **formação de vesículas**, os coatômeros do citoplasma são montados em um revestimento (*coat*) nas áreas determinadas da membrana do RE ou dos dictiossomos. Isto exige a ativação de uma pequena proteína-G, que contém GDP ligado e o troca por GTP. Este processo, que desencadeia o brotamento da vesícula, pode ser bloqueado pela brefeldina, uma toxina de fungo. A ligação da vesícula à membrana de destino só é possível após a ruptura do revestimento. Este processo é causado pela clivagem de GTP na proteína-G. Contudo, além disso são necessárias estruturas específicas de reconhecimento, para excluir falhas de orientação no transporte de vesículas. Várias destas estruturas são reunidas sob a abreviatura **SNARE**: v-SNARE (sobre a vesícula) e t-SNARE (sobre a membrana de destino).

2.2.6.6 Peroxissomos e glioxissomos

No início da era da microscopia eletrônica, foram designadas como **microcorpos** todas as vesículas de 0,3-1,5 μm de tamanho com conteúdo denso, que desempenham atividades metabólicas e, portanto, contêm determinadas enzimas em altas concentrações. As funções dos microcorpos são diferentes em cada tipo de célula (tecido). Porém, estão sempre em destaque as transformações oxidativas, em geral aquelas de degradação de materiais. Nessas reações, é formado o peróxido de hidrogênio H_2O_2, substância tóxica para a célula, que é clivada em água e oxigênio pela enzima catalase. A catalase é a enzima mais comum nos microcorpos, que, em consequência, são reunidos como **peroxissomos**. Em plantas, principalmente os peroxissomos de células fotossinteticamente ativas (**peroxissomos foliares**, Figura 2-57) tornaram-se conhecidos como organelas da fotorrespiração (ver 5.5.6), assim como os peroxissomos de sementes armazenadoras de óleo, que, como os **glioxissomos**, desempenham um papel decisivo na mobilização de reservas de gorduras (ver 5.11). Em ambos casos, as relações metabólicas na célula viva são evidentes pela localização dos peroxissomos próximos aos plastídios e mitocôndrias ou oleossomos.

Os peroxissomos são formados apenas a partir de outros peroxissomos, embora não contenham ácidos nucleicos (ao contrário de mitocôndrias e plastídios). Todas as enzimas características são sintetizadas em polissomos livres do citoplasma e só, então, com a cisão de uma sequência parcial (do peptídeo de trânsito), são transferidas para os microcorpos. Isto lembra os processos correspondentes em mitocôndrias e plastídios (ver 2.2.8.2 e 2.2.9).

2.2.6.7 Vacúolos e tonoplasto

Vacúolos cheios de suco celular, especialmente o grande **vacúolo central** das células de tecidos, são característicos da célula vegetal. O volume de todos os vacúolos de uma célula corresponde, já em células do meristema primário, cerca de 20% do volume celular, podendo atingir mais de 90% (comparar Figuras 2-2A, C; 2-48A-C e 2-58). Vacúolos são compartimentos não plasmáticos, seu conteúdo tem em geral valores de pH em torno de 5,5, muitas vezes até inferiores. Os vacúolos são delimitados do citoplasma fracamente alcalino pela **membrana do tonoplasto**, geralmente denominada "tonoplasto".

Sob condições normais, a concentração molar total do suco celular situa-se muito acima da concentração dos líquidos nas paredes celulares, que, por outro lado, corresponde à concentração da água praticamente pura, desmineralizada. O **suco celular** é hipertônico, razão pela qual absorve água através da membrana plasmática e tonoplasto (**osmose**, ver 5.3.2.1). A pressão hidrostática assim originada, **turgor**, expande a célula e é recebida pela pressão de parede. Como o suco celular, sendo um líquido não é compressível, a resistência de partes herbáceas (não lenhosas) das plantas é devida ao antagonismo entre turgor e pressão de parede. Se a parede celular possuir fendas ou partes frouxas, como nos tecidos glandulares vegetais, secreções podem ser espremidas para fora com o auxílio do turgor.

Se o meio externo de uma célula tornar-se experimentalmente hipertônico em relação ao suco celular, então o vacúolo perde água até que a concentração molar total de todos os componentes não permeáveis do suco celular se torne igual à do meio externo. Pela redução do volume do vacúolo, primeiramente a parede celular é tensionada, para finalmente o protoplasto se soltar da parede: **plasmólise** (Figuras 2-58B e 2-59). Porém, existem partes da parede das quais a membrana celular não se solta, mesmo na plasmólise ("sítios de plasmólise negativos", por exemplo, a estrias de Caspary nas endodermes, ver 3.2.2.3). Nesses locais, as cadeias de glicanos das proteínas integrais estão firmemente ancoradas na parede celular.

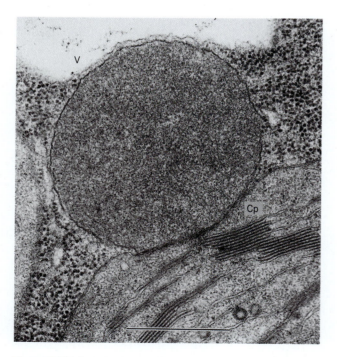

Figura 2-57 Peroxissomo foliar no espinafre, localizado muito próximo a um cloroplasto (com *grana*). No citoplasma, inúmeros ribossomos (0,5 μm). – Cp, cloroplastío; V, vacúolo. (ME segundo H. Falk.)

Há mais de 120 anos, W. Pfeffer comprovou, através de plasmólise, a semipermeabilidade ou permeabilidade seletiva das membranas de células vivas. Por volta de 1900, a partir de observações semelhantes, E. Overton desenvolveu as primeiras propostas sobre as propriedades químicas e características moleculares de biomembranas.

Os vacúolos são muitas vezes **compartimentos de reserva**. Além dos íons inorgânicos (K^+, Cl^-, Na^+), encontram-se entre as substâncias dissolvidas no suco celular principalmente metabólitos orgânicos como açúcar e ácidos orgânicos (ácidos málico, cítrico e oxálico, aminoácidos). Com frequência, o vacúolo serve também como local de reserva para excedentes temporários de metabólitos (por exemplo, acúmulo de sacarose em vacúolos, especialmente desenvolvida em cana-de-açúcar e beterraba-sacarina; acúmulo noturno de ácido málico ou malato em plantas CAM, ver 5.5.9). Nos vacúolos de muitas células são encontradas também distintas formas de cristais de oxalato de cálcio insolúvel (Figura 2-60), o que serve para a deposição de cálcio excedente.

Ainda mais conspícua é a constante retirada de substâncias dos locais do citoplasma onde ocorre a síntese e sua concentração nos vacúolos. A heterogeneidade desses metabólitos secundários é enorme. A maioria é originada no **metabolismo secundário das plantas** (ver 5.15). Uma parte significativa desses compostos, reunidos como **substâncias vegetais ou naturais** tem, por exemplo, importância farmacêutica ou possibilita a utilização das plantas para obtenção de aromas, condimentos ou medicamentos.

Uma forma de reserva de substâncias nos vacúolos também importante para a alimentação humana é encontrada em muitas sementes, principalmente das leguminosas e dos cereais. As sementes são especialmente adequadas ao transporte e armazenamento devido à sua durabilidade ao seu baixo conteúdo de água. Durante a maturação da semente, são formados vacúolos de reserva de proteína nas células periféricas de sementes de cereais e leguminosas (ervilha, feijão, lentilha, etc.), denominados **grãos de aleurona** (do grego *áleuron* = farinha de trigo, Figura 2-61). As proteínas de reserva são sintetizadas no RER. Os grãos de aleurona são formados diretamente de cisternas infladas do RER ou através de dictiossomas pela confluência de vesículas de Golgi (Figura 2-62).

Muitas vezes, as proteínas de reserva são complexos polímeros com elevadas massas de partículas (em leguminosas, por exemplo, viscelinas trímeras com 150-210 kDa e leguminas hexâmeras com mais de 300 kDa). Por ocasião da germinação, as proteínas de reserva são rapidamente hidrolisadas e os aminoácidos resultantes transferidos para o embrião em crescimento. Os vacúolos de aleurona revelam-se como citolisossomas, como compartimentos da degradação intracelular de substâncias.

Todas as atividades dos vacúolos citadas anteriormente baseiam-se na função de barreira do tonoplasto e nos

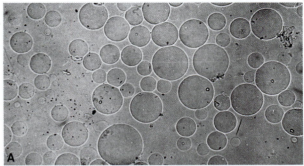
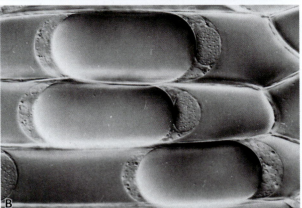
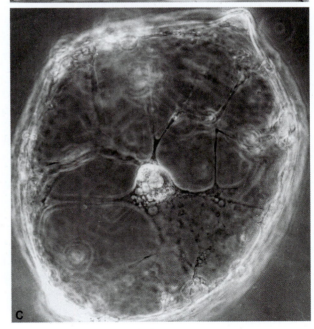

Figura 2-58 Vacúolos. **A** Isolados do protoplasto do parênquima da raiz de reserva da beterraba (*Beta vulgaris* ssp. *altissima*, 320x). **B** Em células plasmolisadas da epiderme de catáfilo do bulbo da cebola (*Allium cepa*); tubos plasmáticos pelo uso de um plasmolítico (KSCN 1M) (210x). **C** Célula do mesocarpo da baga-da-neve (*Symphoricarpos albus*). O núcleo está suspenso por cordões plasmáticos no centro do grande vacúolo; estes cordões são ricos em filamentos de actina (320x). (A, preparação e imagem segundo: J. Willenbrink; B, imagem por contraste interferencial segundo H. Falk; C, imagem por contraste de fase segundo W. Url.)

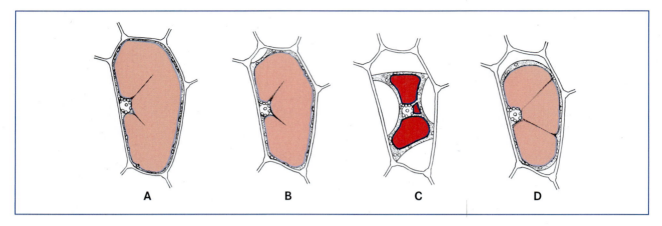

Figura 2-59 Células da face abaxial da epiderme de *Rhoeo discolor*. **A** Na água. **B** Início da plasmólise em KNO$_3$ 0,5 M. **C** Plasmólise completa, suco celular concentrado. **D** Desplasmólise após retorno à água. (Segundo W. Schumacher.)

processos específicos de transporte no tonoplasto. Por meio de vacúolos isolados (Figura 2-58A), é possível demonstrar o espectro total dos mecanismos do transporte de substâncias através de biomembranas. Por marcação de anticorpos de proteínas intrínsecas do tonoplasto tornou-se mais evidente a existência de diferentes compartimentos vacuolares em uma mesma célula.

A **dinâmica dos compartimentos de suco celular** é considerável. Dela depende, por exemplo, o crescimento em extensão dos órgãos vegetais (ver 6.1.1). Geralmente, o **vacúolo central** se forma pela fusão de pequenos **pré-vacúolos** (em inglês, *prevacuolar compartments*). Em células cambiais de plantas lenhosas (ver 3.1.2), constata-se o processo inverso durante o inverno: o vacúolo central divide-se em inúmeros pequenos vacúolos, que se fusionam novamente na primavera seguinte.

Em alguns casos, está bem documentada uma maneira diferente de formação: uma região plasmática livre de organelas é cercada por cisternas do RE que se fusionam em uma única cisterna esférica. Inicia-se, então, a autólise (autodigestão) do meio interno, do qual é formado o vacúolo. A membrana do tonoplasto é formada a partir da membrana das cisternas do ER voltadas para fora.

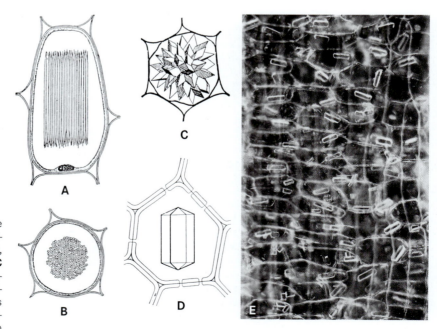

Figura 2-60 Diferentes formas de cristais de oxalato de cálcio. **A, B** Ráfides (feixes de agulhas de cristal, monoidratos) em *Impatiens*, em vista longitudinal e transversal (200x). **C** Drusas, monoidratos (*Opuntia*, 200x). **D** Cristal tetragonal isolado em uma célula da epiderme de *Vanilla* (diidrato, 150x). **E** Estiloides de oxalato de cálcio em catáfilos secos da cebola (*Allium cepa*) (diidrato; imagem de campo escuro 65x). (A-D segundo D. von Denffer.)

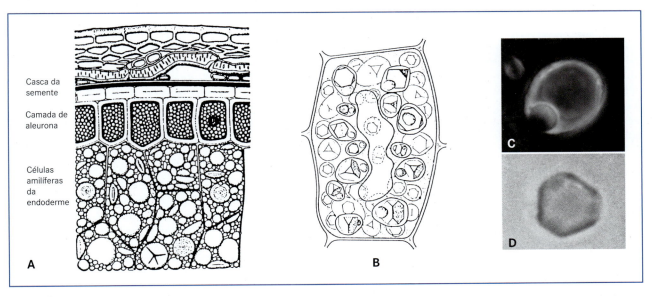

Figura 2-61 Aleurona. **A** Corte transversal da camada externa de um grão de centeio (135x). **B-D** Endosperma de *Ricinus communis*. **B** Célula com vacúolos centrais de óleo (óleo de rícino) e inúmeros grãos de aleurona, cada um com um cristaloide tetraédrico de proteína e um globoide amorfo (400x). **C, D** Grão de aleurona e cristaloide isolados, respectivamente (670x). (A segundo Gassner; B segundo D. von Denffer.)

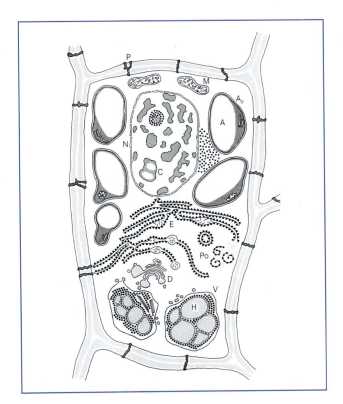

Figura 2-62 Formação e armazenamento de proteínas de reserva na cevada (*Hordeum vulgare*). Núcleo com cromatina e nucléolo, amiloplasto com amido; RER com polirribossomos; dictiossomo com vesículas proteicas destacadas; vacúolo proteico com hordeína amorfa e globulina granular. – A_p, amiloplasto; C, cromatina; E, RER; D, dictiossomo; H, hordeína; N, núcleo; M, mitocôndrias; P, plasmodesmos; Po, polirribossomos; A, amido; V, vacúolo proteico. (Segundo D. von Wettstein.)

2.2.7 Paredes celulares

A parede das células vegetais e fúngicas, como um **exoesqueleto** determinante da forma, oferece resistência ao turgor, que pressiona o protoplasto contra a parede com cerca de 0,5-1 MPa (5-10 bar) e, assim, mantém a célula com vacúolos em equilíbrio osmótico-mecânico. A parede é um produto de secreção da célula viva que, embora externo à membrana celular, se encontra em constante interação com o citoplasma. Ao menos em condições naturais, a parede é um componente integral da célula viva. Sob o ponto de vista químico, trata-se de uma associação de muitos polissacarídeos e proteínas diferentes; sob o ponto de vista estrutural, é um corpo misto de uma **substância fundamental amorfa** (**matriz**) e a **substância de suporte** nela depositadas é uma estrutura fibrilar. A maioria das paredes de células de tecidos é atravessada por inúmeros plasmodesmos – ligações plasmáticas entre células vizinhas, que se encontram no limite da visibilidade dos microscópios ópticos.

A parede está entre os componentes especialmente característicos das células vegetais e fúngicas. Sua divisão ocorre por secreção interna de uma primeira estrutura de parede, a placa celular. A existência de uma parede que circunda toda a célula torna a nutrição fagotrófica impossível. Em uma célula cercada por parede (um **dermatoblasto**), ao contrário, o citoplasma pode se encontrar em grande parte em estado de sol. De fato, correntes de plasma são comuns em algas e plantas superiores. Finalmente, devido à estrutura da parede celular, transferência de células não ocorre no corpo vegetal.

Laticíferos não articulados ou fibras podem imiscuir-se entre células de tecidos ou até mesmo crescer entre elas, mas não são observadas nas plantas migrações de células como as que ocorrem durante a ontogênese de animais multicelulares. Uma vez formadas, as paredes celulares vegetais raramente são dissolvidas. Em plantas lenhosas perenes, grande parte do corpo vegetal consiste de paredes celulares de tecidos mortos (lenho, tecido suberoso da periderme).

2.2.7.1 Desenvolvimento e diferenciação

O desenvolvimento da parede celular vegetal inicia-se na divisão celular com a formação da **placa celular**, através da confluência de vesículas de Golgi no fragmoplasto (ver 2.2.3.6). A placa celular consiste apenas da matriz (substância fundamental da parede celular), isto é, predominantemente de pectinas com uma pequena parte proteica. Ela permanece como **lamela média**, de modo que as paredes celulares são constituídas fundamentalmente de três camadas. Por não apresentar um suporte fibrilar, a lamela média pode ser facilmente dissolvida. O tecido, então, decompõe-se em suas células isoladas (**maceração**; do latim, *macerare* = macerar).

Logo após a divisão celular, cada uma das células filhas inicia a secreção de lamelas de parede, que contêm uma estrutura fibrilar. Desse modo, surge a **parede primária**, inicialmente plástica. Expandida pelo turgor, ela acompanha o lento crescimento embrionário e o rápido crescimento pós-embrionário da célula. Trata-se, neste caso, de verdadeiro crescimento, pois a parede primária torna-se cada vez mais espessa e sua massa seca aumenta pela secreção de novas lamelas de parede. Através de estudos fisiológicos, sabe-se que durante o crescimento celular a parede primária aumenta não pelo turgor, mas muito mais pela elasticidade (plasticidade), mediante depósito de material de parede novo, principalmente de substância fundamental. A proporção de fibrilas de suporte também aumenta, até que atinja cerca de ¼ da massa seca da parede celular. As fibrilas (em muitas algas verdes e em todas as plantas superiores, elas consistem de celulose) são flexíveis, mas muito resistentes. A célula sofre uma constrição, que, embora sendo ainda flexível, não é mais capaz de alongamento plástico. Com isso, é atingido um estado final estável da parede celular primária, frequentemente mantido até a morte da célula. A parede celular neste estado é denominada **sacoderme** (do grego, *sákkos* = vestimenta; *derma* = pele).

Em organismos pluricelulares, a diferenciação celular é expressa também em mudanças químicas posteriores da sacoderme ou na formação posterior de camadas especiais de parede. Nestes casos, fala-se em **paredes celulares secundárias**. Camadas secundárias de parede são depositadas sobre ou na (aposição) sacoderme. A composição e a estrutura fina dependem das funções que essas camadas de parede desempenham. Em plantas terrestres, são mais importantes as funções de endurecimento e vedação (isolamento). Paredes secundárias "mecânicas" (ver 2.2.7.4) são características de tecidos de sustentação, paredes isolantes de tecidos de revestimento (ver 2.2.7.6).

2.2.7.2 Parede celular primária

Em paredes primárias, predominam os diversos componentes da **matriz** – substâncias pécticas, hemiceluloses e proteínas de parede (Figura 2-63). As substâncias da matriz são secretadas através de vesículas de Golgi. Sua resistência mecânica é baixa; na matriz da parede primária, trata-se de uma substância gelatinosa isotrópica de composição complexa que intumesce facilmente.

- **Substâncias pécticas** são quimicamente heterogêneas. Originalmente, os polissacarídeos ácidos fortemente negativos (galacturonanos e ramnogalacturonanos) eram considerados protopectinas; após a esterificação de uma parte dos grupos carboxila com metil-álcool, passaram a ser tratados como pectinas. Atualmente, são consideradas substâncias pécticas também diversos polissacarídeos de cadeia curta fracamente negativos, mas também fortemente hidrofílicos – arabinanos, galactanos, arabinogalactanos. Em geral, eles são caracterizados pela sua leve solubilidade em água e extrema capacidade de intumescer. Prin-

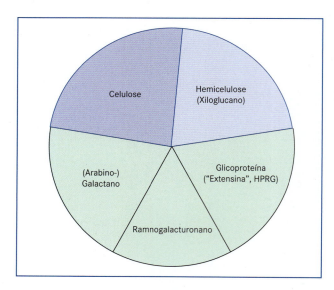

Figura 2-63 Composição (massa seca) das paredes primárias de uma cultura de células do ácer-da-montanha (*Acer pseudoplatanus*). A hemicelulose xiloglucano (21%) é companheira das fibrilas estruturais de celulose (23,9%). Arabiongalactanos e ramnogalacturonanos correspondem às substâncias pécticas (juntas 36%). HPRG = glicoproteína rica em hidroxiprolina (18,9%). As porcentagens correspondentes para paredes celulares de células foliares de *Arabidopsis thaliana* são 28, 14, 42 e 14, respectivamente. (Segundo dados de P. Albersheim e colaboradores.)

cipalmente na lamela média, as moléculas individuais são interligadas umas às outras através de cátions bivalentes (Ca^{2+}, Mg^{2+}). Se estes íons forem retirados (por exemplo, por oxalato ou quelantes como EDTA = ácido etilenodiamino tetracético), as substâncias pécticas se dissolvem. Elas fazem com que as paredes celulares se tornem eficazes trocadores de cátions. Em determinados órgãos vegetais (especialmente frequente, por exemplo, na casca das sementes) ocorre uma produção em massa de substâncias pécticas, conhecida como mucilagem ou goma (por exemplo, goma do marmeleiro, goma arábica).

- **Hemiceluloses** são menos hidrofílicas e geralmente constituídas de moléculas maiores. Para solubilizá-las, é necessário o uso de álcalis. Os principais representantes das hemiceluloses são os **glucanos**, com ligações β-(1→3) e β-(1→4), e os **xiloglucanos** (em gramíneas substituídos por xilanos com resíduos de arabinose, entre outros). Os xiloglucanos consistem de unidades de glicose com ligações β-(1→4), das quais a maioria possui cadeias de xilose com ligações α-(1→6). Elas envolvem fibrilas de celulose e conferem dureza às paredes celulares. Em paredes secundárias mecânicas, sua proporção é caracteristicamente elevada.

Durante muito tempo, a enorme heterogeneidade dos polissacarídeos de matriz – e especialmente daqueles componentes que contribuem pouco para a dureza da parede – foi enigmática. Então, foi demonstrado que as substâncias de parede celular apresentam uma série de importantes funções. Como no corpo animal, onde heterossacarídeos da superfície celular estão entre as mais importantes estruturas receptoras e de reconhecimento da célula (por exemplo, determinantes dos grupos sanguíneos), também em plantas as substâncias de parede têm participação decisiva no reconhecimento de gametas ou no direcionamento do crescimento do tubo polínico no tecido do estilete. Fungos parasíticos têm seu crescimento inibido no tecido vegetal por substâncias antibióticas de defesa, as chamadas **fitoalexinas**. A síntese de fitoalexinas é iniciada por eliciadores; alguns dos eliciadores mais potentes são oligossacarídeos, liberados durante a degradação da parede celular por enzimas do fungo ou da planta atacada (ver 8.3.4).

- As principais **proteínas** da parede celular são glicoproteínas com proporções incomumente elevadas de prolina hidroxilada. Quase todos os resíduos de hidroxiprolina (mais de 13 dos resíduos de aminoácidos) são glicosilados, e contêm cadeias de tri-L-arabinosídeos e, principalmente, tetra-L-arabinosídeos. A proporção polipeptídica dessas **glicoproteínas ricas em hidroxiprolinas** (HRGPs) representa apenas 1/3% da massa molecular de 86 kDa, sendo o restante carboidrato. A parte proteica constitui uma estrutura em bastonete rígida de 80 nm de comprimento, revestida por um envoltório de arabinosídeos. As HRGPs possuem forte tendência à associação. Admite-se que elas formem uma rede de resistência na matriz da parede celular. Em situação de estresse, lesão ou ataque de parasitos, elas são produzidas em maior quantidade. Porém, há também plantas, especialmente entre as monocotiledôneas, cujas paredes celulares possuem apenas uma pequena quantidade de proteína estrutural. Nas paredes secundárias mecânicas, essas proteínas em geral inexistem completamente.

Em relação à sequência de aminoácidos das HRGPs, há semelhanças impressionantes com a dos colágenos, que são as proteínas estruturais mais importantes na matriz intercelular de animais e humanos. Isto indica uma origem filogenética comum dos genes para essas proteínas estruturais extracelulares ricas em hidroxiprolinas. Em determinadas algas (por exemplo, *Chlamydomonas*), a parede celular consiste quase integralmente de uma camada cristalina de HRGP.

Entre as HRGP, está a proteína estrutural de maior ocorrência nas paredes primárias: a **extensina**. Um importante subgrupo das HRGPs são as **proteínas arabinogalactanos** (**AGP**). Nestes proteoglicanos, a proporção proteica é em geral menos de 10% da massa total. Além das HRGPs, ocorrem também outras duas classes de glicoproteínas de parede celular, ricas em prolina e em glicina (PRPs, GRPs).

Em todas as plantas superiores o **suporte da parede celular** consiste de **celulose**. De 2.000 até mais de 15.000 unidades de β-glicose formam cadeias de moléculas longas, não ramificadas e retas (como comparativo: as cadeias de α-D-glucanos dos polissacarídeos de reserva amido e glicogênio são espiralados e em parte ramificados).

Na celulose, as unidades de glicose são torcidas em torno de 180° uma contra a outra ao longo da molécula (e em torno desse eixo) e fixadas nesta posição por pontes de hidrogênio em ambos os lados da ligação glicosídica (Figura 2-64). Os anéis de piranose de cada monômero dispõem-se mais ou menos em um mesmo plano, justamente por causa desta torção ao longo de toda a cadeia de glucanos. Desse modo, as cadeias moleculares de celulose, com até 8 μm de comprimento, têm forma de fita. Estas moléculas possuem uma forte tendência à associação; sob formação de pontes de hidrogênio, elas facilmente se dispõem longitudinalmente umas em relação às outras, constituindo inicialmente fibrilas elementares (diâmetro em torno de 3 nm) – finalmente – em especial nas paredes secundárias – formam também microfibrilas mais espessas com 5-30 nm de diâmetro (Figura 2-65). Nestas fibrilas es-

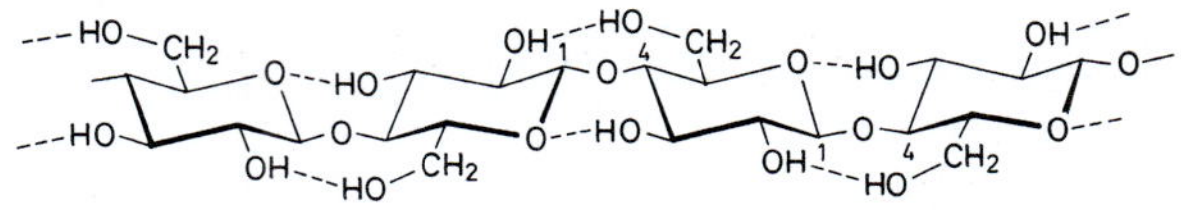

Figura 2-64 Celulose, parte da cadeia de glucanos com ligações β-(1→4): duas unidades de celobiose (= quatro resíduos de glicosil). Pontes de hidrogênio tracejadas lateralmente à cadeia de valência principal.

truturais, que também tem formato de fita, existe ao longo de longos trechos uma organização semelhante à estrutura cristalina. Especialmente as microfibrilas mais espessas de camadas secundárias de parede são pouco flexíveis, devido ao elevado grau de cristalinidade; sob pressão intensa dobram-se como agulhas de cristal. Sob o aspecto funcional é importante que as fibrilas estruturais sejam muito resistentes à ruptura. Um fio compacto de celulose com 1 mm de espessura poderia suportar 60 kg (ou seja, uma tensão de tração de 600 Newton); isto representa 80% da resistência do aço.

A anisotropia óptica incomumente forte da celulose está baseada na orientação rigorosamente paralela das moléculas de celulose nas fibrilas estruturais e é percebida em uma birrefringência característica das camadas de parede ricas em celulose. Além disso, a celulose também apresenta picos de difração característicos em diagramas de raios X, devido à cristalinidade das fibrilas. Também nestes dois atributos, a parede celular estrutural difere diametralmente da matriz de parede isotrópica-amorfa.

A biossíntese da celulose ocorre em complexos proteicos lineares raros com formato de roseta localizados na membrana plasmática (Figura 2-66). Cada complexo de celulose sintase (complexo terminal) produz várias cadeias de celulose, que cristalizam em fibrilas elementares logo após sua síntese. As microfibrilas mais espessas surgem pela atividade concentrada de vários complexos de sintase vizinhos.

A síntese e a formação de fibrilas estão acopladas em condições naturais, mas podem ser artificialmente separadas uma da outra. A cristalização é impedida através de corantes que se ligam às moléculas de celulose (vermelho-congo ou calcoflúor branco); a síntese de celulose continua, mas não se formam fibrilas.

Os Tunicata (tunicados), único grupo de animais que produzem microfibrilas de celulose ("tunicina"), possuem complexos lineares de celulose sintase nas membranas celulares externas de suas células epidérmicas.

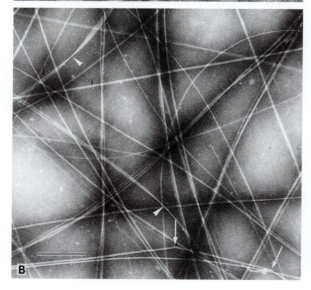

Figura 2-65 Fibrilas isoladas de celulose em contraste negativo. **A** Fibrilas elementares de mucilagem de marmelo. **B** Microfibrilas da alga verde sifonal Valonia; as diferenças no diâmetro explicam-se, em parte, pela forma de fita destas fibrilas estruturais (pontas de setas); sob elevada pressão elas se dobram como agulhas de cristal (setas). (A 0,2 µm) (B 0,4 µm) (Eletrofotomicrografias segundo W.W. Franke.)

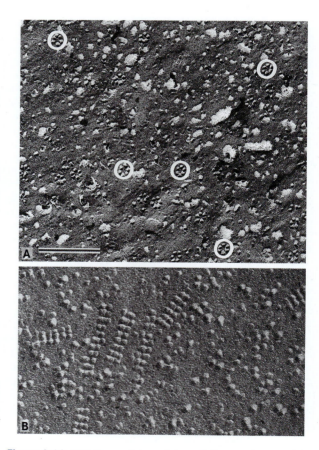

Figura 2-66 Complexo celulose sintase. **A** Na membrana celular do musgo *Funaria hygrometrica* (protonema). Cinco das 20 rosetas visíveis na imagem estão marcadas. **B** "Complexos lineares" na alga vermelha *Porphyra yezoensis*. (0,1 µm) (A Preparações por congelamento e Eletrofotomicrografias segundo U. Rudolph; B segundo I. Tsekos e H.-D. Reiss.)

Todos os átomos C1 das unidades isoladas de glicose possuem a mesma direção ao longo do eixo da molécula. As moléculas nativas de celulose e as moléculas das microfibrilas apresentam, sob este aspecto, a mesma orientação (celulose 1) – uma consequência de sua formação concomitante nos complexos sintase. Porém, a orientação paralela não corresponde ao estado energeticamente mais econômico. Na técnica usada de precipitação de celulose a partir de soluções (por exemplo, na produção de *rayon* a partir de soluções de celulose em hidróxido cúprico amoniacal = reagente de Schweizer), formam-se fibrilas cujas moléculas estão dispostas antiparalelamente; esta celulose II é mais estável por ser mais pobre em energia que a celulose I nativa.

A celulose é a molécula orgânica mais frequente na biosfera, anualmente são sintetizadas mais de 10^{11} toneladas de celulose. A importância econômica da celulose e de seus inúmeros derivados é enorme, especialmente, na indústria têxtil, mas também como matéria prima para o biodiesel (biocombustíveis). A celulose pura é obtida principalmente dos tricomas da semente do algodão, assim como da madeira, por meio de diversos processos. Por outro lado, a celulose não tem significado nutricional para seres humanos; alimentos ricos em celulose são considerados ricos em fibras. Muitos herbívoros, especialmente os ruminantes, possuem estruturas especiais para digestão da celulose. Nestes casos, bactérias e ciliados endossimbiontes que produzem celulase têm um papel importante.

Sobretudo no reino animal (Artrópodes), mas também em muitas plantas e fungos e algumas algas ocorre como substância de estrutura extracelular a quitina, um polímero de N-acetilglicosamina. As fibrilas de quitina têm estrutura semelhante à da celulose, apesar dos monômeros diferentes. Sua resistência é ainda maior que a da celulose, devido ao intenso entrosamento entre cadeias moleculares vizinhas.

Nas algas marinhas, caracterizadas pelas células polienérgicas gigantes, a celulose é substituída por xilano ou manano como substâncias estruturais. Estes polissacarídios são capazes de formar agregados cristalinos, mas a formação de fibrilas não é tão característica para eles como é na celulose ou na quitina. Em todas as plantas terrícolas maiores, fotossinteticamente ativas, a celulose é a substância estrutural por excelência. Ela pode ser formada diretamente a partir de produtos da fotossíntese. Substâncias estruturais ricas em nitrogênio (quitina, proteínas) são preferenciais em organismos heterotróficos – para eles o nitrogênio não é um fator limitante.

As fibrilas de celulose ou de quitina, em sua maioria cristalinas, são praticamente incapazes de absorver água. Por outro lado, as substâncias da matriz, amorfas e hidrofílicas, podem inchar ou desidratar conforme a disponibilidade de água. Sem água elas murcham e formam massas densas, com água formam geleias semelhantes a pudins, cuja massa seca não atinge 3% da massa fresca. (Isto fica evidente na preparação de meios de cultura, por exemplo, o ágar, alginato usado também na preparação de geleias.) Movimentos higroscópicos de paredes celulares ou tecidos (ver 7.4) estão em geral baseados na inalterabilidade do comprimento de fibrilas estruturais por um lado e por outro lado na expansibilidade das substâncias da matriz. Isto é visível quando estrutura e matriz não interpenetram uma à outra como nas paredes primárias, mas encontram-se separadas como, por exemplo, no caso dos conhecidos hápteros dos esporos das cavalinhas (Figura 10-169H, J). Seu comportamento higroscópico tem base no fato de que uma segunda camada de arabinoglicano expansível está depositada sobre uma camada interna de celulose.

Modelos de estrutura molecular da parede primária (Figura 2-67) atribuem às fibrilas de celulose um revestimento superficial especialmente resistente composto de xilanos e xiloglucanos. Estes ligam em rede a estrutura de fibrilas.

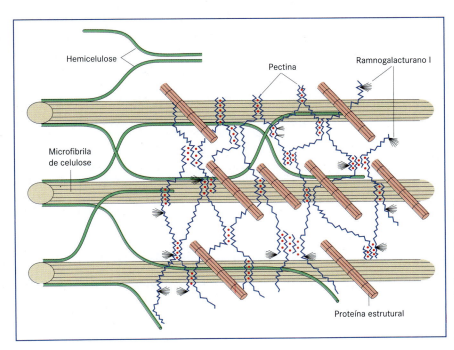

Figura 2-67 Esquema simplificado da estrutura molecular da parede celular primária. Dentre os muitos componentes de parede, estão representadas apenas as microfibrilas de celulose, nas quais cadeias de xiloglicanos (hemicelulose, verde), pectinas (ligadas por íons Ca^{2+}, vermelho) e proteínas de parede estão fixadas por pontes-H formando uma rede. (C. Brett e K. Waldron, de L. Taiz e E. Zeiger, modificado.)

Figura 2-68 Plasmodesmos e campos primários de pontuações em microscópio óptico (MO) e em microscópio eletrônico (ME). **A** Calose tornada visível pela fluorescência de azul de anilina no parênquima do caule da aboboreira *Cucurbita pepo* (220x). **B** Paredes celulares espessadas em contraste por impregnação de iodo de prata em *Royena villosa* (770x). **C** Paredes celulares do septo da síliqua de *Lunaria rediviva*, as interrupções aparentes na parede são regiões delgadas, que correspondem a campos primários de pontuações (300x). **D** Plasmodesmos em contato com o RER na parede entre células de calo de *Vicia faba* (0,5 µm). **E** Corte transversal de plasmodesmos em um campo primário de pontuações em *Metasequoia glyptostroboides*; cada plasmodesmo está separado por uma membrana celular trilaminar da capa de calose mais clara na parede celular, com desmotúbulos centrais. **F, G** Modificações de plasmodesmos primários entre células-de-Strasburger nas acículas de *Metasequoia glyptostroboides*, estádios de desenvolvimento precoce e terminal (0,2 µm). – W, parede. (A Fotografias MO segundo O. Dörr; B MO segundo O. Dörr e B. von Cleve; C Fotomicrografia de campo-escuro; D-G Fotografias ME: R. Kollmann e C. Glockmann.)

Nas malhas destas rede, substâncias pécticas formam uma segunda malha, tornando a matriz mais compacta. Enquanto a abertura média da malha (porosidade) da parede primária original está entre 5-10 nm (valores máximos 20 nm; proteínas globulares com até cerca de 50 kDa podem permear), a parede da qual foi extraída a pectina é permeável para partículas com até 40 nm de diâmetro.

Durante o crescimento em superfície da parede celular primária, as lamelas de parede sucessivamente secretadas são expandidas plasticamente com intensidade crescente. As novas camadas de parede também são secretadas continuadamente pela célula. Cada lamela é empurrada cada vez mais para fora na parede e, pela tensão, se torna cada vez mais delgada; a malha da estrutura da parede torna-se cada vez mais frouxa. A célula em crescimento determina a direção das fibrilas estruturais nas lamelas de parede recém formadas. Como cada fibrila estrutural emergente está presa entre a membrana plasmática e as lamelas de parede já existentes, os complexos celulose sintase precisam deslocar-se para trás na membrana plasmática fluida, durante sua atividade de síntese. Este movimento é dirigindo provavelmente por microtúbulos corticais localizados na membrana (Figura 2-71). Em muitas células em crescimento foi observado que a orientação das fibrilas estruturais em lamelas sequenciais apresenta rotação em um ângulo determinado e constante, sendo que em um dia normalmente é atingida uma volta completa – uma expressão impressionante de um ritmo circadiano (ver 6.7.2.3).

A plasticidade de paredes celulares é controlada por substâncias de crescimento (ver 6.6.1.4). A plasticidade é decisiva para o crescimento em superfície e tem base em uma redução da reticulação das fibrilas estruturais, de modo que estas possam divergir e deslizar umas sobre as outras.

Paredes celulares primárias contêm diversas enzimas que conferem este afrouxamento. Glucanases, inclusive as "celulases", podem degradar a matriz de glucanos. Pontes de hidrogênio entre as fibrilas de celulose e xiloglucanos são temporariamente dissolvidas por expansina. Outras enzimas podem alongar cadeias de xiloglucanos pela introdução de novos monômeros.

Os diversos componentes da parede celular estão diretamente relacionadas ao citoesqueleto através de proteínas integrais da membrana celular. Estas proteínas-ponte são caracterizadas pela sequência trímera –Arg-Gli-Asn-(RGD). Se a ligação do citoesqueleto com o exoesqueleto da célula é perturbada por oferta excessiva de peptídios com esta sequência, as células atingidas não são mais capazes de dividirem-se regularmente e de posicionarem-se corretamente no tecido.

A forma final de células de plantas e fungos depende se a parede primária cresce isométrica ou anisometricamente. Células com crescimento acentuado em apenas uma direção demonstram crescimento apical. Neste caso a secreção de substâncias da matriz, que ocorre por exocitose de vesículas de Golgi, está limitada ao ápice da célula em crescimento, onde o citoplasma é especialmente rico em filamentos de actina. Células com crescimento apical podem introduzir-se entre estruturas espacialmente fixadas, por exemplo, entre partículas do solo no caso de tricomas radiciais e hifas de fungos, ou entre células vizinhas no caso de fibras, laticíferos e tubos polínicos (crescimento intrusivo).

2.2.7.3 Plasmodesmos e campos de pontuações

Os plasmodesmos são ligações plasmáticas através de paredes celulares de células vizinhas. Eles ligam as células de tecidos em um continuum simplasmático. Frequentemente os plasmodesmos ocorrem em grupos que são designados campos primários de pontuações, porque podem tornar-se lamelas de pontuações (ver 2.2.7.5). Nesta região, as paredes celulares são mais delgadas (Figura 2-68C). Cada plasmodesmo é envolvido na parede celular por uma capa de calose. Como a calose (ver 2.2.7.6) pode facilmente ser comprovada por microscopia de fluorescência, os plasmodesmos podem ser facilmente localizados em microscopia óptica (Figura 2-68A), apesar de seu diâmetro diminuto de apenas 30-60 nm. Em microscopia eletrônica, os plasmodesmos apresentam-se como canalículos simples ou ramificados (Figuras 2-68D-G e 2-70), delimitados por membrana plasmática. As membranas plasmáticas das células ligadas são contínuas. Cada plasmodesmo é atravessado por um feixe central, o desmotúbulo (Figuras 2-68E e 2-69). Este corresponde a uma modificação local do RE, porém não é (contrariamente ao seu nome enga-

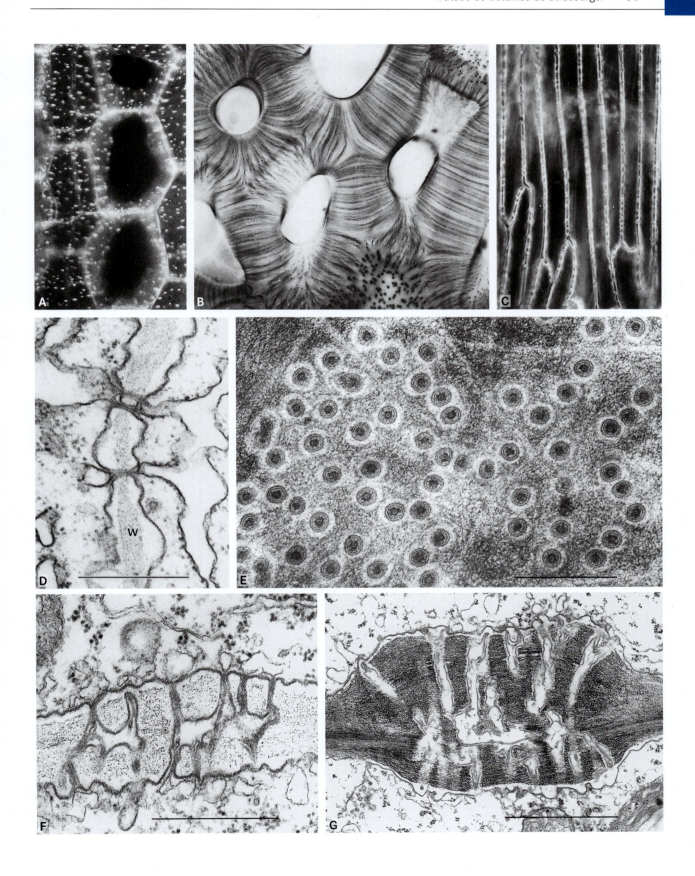

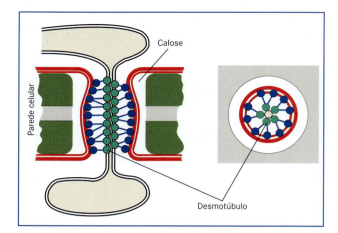

Figura 2-69 Modelo da ultra-estrutura de um plasmodesmo, esquerda em corte longitudinal, direita em corte transversal. Membrana plasmática em vermelho. (Segundo W.J. Lukas.)

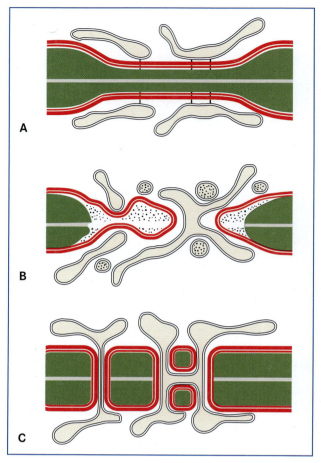

Figura 2-70 Formação de plasmodesmos secundários. **A** Elementos do RE de duas células vizinhas aproximam-se da membrana celular (vermelho), a parede celular (verde) é degradada nesta região. **B** Os elementos do RE das duas células se fusionam; vesículas de Golgi fornecem novo material de parede. **C** A parede celular completa é atravessada por plasmodesmos secundários, em parte, ramificados ("nós medianos" na região da lamela média). (Segundo R. Kollmann e C. Glockmann.)

noso) uma estrutura tubular, mas sim um feixe compacto de proteínas estruturais, conectadas a cisternas do RE nas duas células vizinhas. O espaço cilíndrico entre desmotúbulo e membrana plasmática pertence ao compartimento citoplasmático. Este deveria, pelas suas próprias dimensões, permitir a passagem de grandes moléculas proteicas e isto ocorre em casos especiais, por exemplo, vírus de plantas propagam-se no tecido através dos plasmodesmos. Normalmente, porém, a passagem de partículas está limitada a massas moleculares inferiores a 1 kDa (diâmetro de 2 nm), porque proteínas de ligação estendem-se entre proteínas globulares da membrana plasmática e proteínas correspondentes do desmotúbulo, dividindo o lúmen plasmático do cilindro em um grande número de microcanais. Estes podem ser ampliados por proteínas especiais de movimento, que mediam o transporte específico e direcionado (ver 6.4.4.1, Figura 6-30).

Muitos plasmodesmos são formados na divisão celular como recessos na placa celular (plasmodesmos primários). Mas novos plasmodesmos também são formados continuadamente mais tarde. Deste modo, o número de plasmodesmos por unidade de superfície permanece estável mesmo em paredes em crescimento (plasmodesmos secundários), embora a parede se expanda com frequência em mais de 100 vezes a sua superfície inicial durante o crescimento celular pós-embrionário. Em enxertos ou ataques de parasitos (por exemplo, por *Cuscuta*, Figuras 4-38, 4-39A e 10-150D) são formados plasmodesmos até mesmo entre células de indivíduos de raças ou espécies diferentes. Plasmodesmos secundários – estes são mais ramificados – são formados conforme o esquema na Figura 2-70.

Em 100 µm² de superfície de parede ocorrem no tecido parenquimático 5-10 plasmodesmos. Se células vizinhas cooperam uma com a outra, como em células companheiras e elementos de tubo crivado no floema (ver 3.2.4.1) ou entre células do mesofilo e da bainha do feixe vascular em plantas C4 (ver 5.5.8), densidades muito maiores de plasmodesmos são observadas, em meristemas até mais de 1.200 por 100 µm². Ao contrário, estes são raros em células fisiologicamente isoladas, por exemplo, nas células-guarda dos estômatos (ver 3.2.2.1).

Os plasmodesmos são secundariamente expandidos, devendo ser possíveis correntes massivas entre as células. O exemplo mais conhecido são os crivos nas placas crivadas dos tubos crivados condutores do floema (ver 3.2.4.1). O tamanho destas interrupções de parede pode atingir em casos extremos 15 µm, valores em torno de 0,5 e 3 µm são comuns. Ao contrário, plasmodesmos podem também ser obstruídos ou, com a participação da ubiquitina, completamente degradados. Se, por exemplo, uma célula no tecido morre, seus plasmodesmos são comprimidos e fechados por meio de um espessamento muito rápido da calota de calose, as células vizinhas podem sobreviver sem serem perturbadas.

Plasmodesmos pré-existentes podem desaparecer completamente mesmo entre células ou grupos de células vivas se os chamados "domínios simplásticos" devam ser isolados do entorno durante os processos morfogenéticos. Contrariamente a ideias anteriores, os plasmodesmos não são formações estáticas, mas sim estruturas dinâmicas em alto grau, cuja frequência e permeabilidade podem ser adaptadas muito rapidamente às necessidades locais específicas.

Em tecidos animais não ocorrem plasmodesmos. Mas células vizinhas também podem estar fisiologicamente conectadas através de *gap junctions*, regiões especiais de membrana plasmática com muitos canais (conexões) formados cada um por 6 moléculas de proteína (conexina). Plasmodesmos e conexões são análogos, isto é, possuem estruturas diferentes, mas a mesma função – troca de íons e moléculas sinalizadoras entre células.

2.2.7.4 Paredes secundárias de fibras e de células do lenho

Em plantas aquáticas, o peso do corpo vegetativo é compensado pelo empuxo. Plantas que crescem na atmosfera precisam, ao contrário, ser capazes de suportar seu próprio peso (exceção: plantas trepadeiras; Tabela 4-1). Especialmente em plantas terrícolas de grande porte, são formados para esta função tecidos de resistência especiais (ver 3.2.3). Neles são encontrados dois tipos celulares: para tensão, fibras e se uma pressão externa deve ser suportada, células lignificadas (por exemplo, células pétreas, traqueídes, elementos de vaso) com paredes rígidas.

As maciças camadas de espessamento secundário das paredes de fibras e de muitos tricomas vegetais (por exemplo, algodão) consistem principalmente de microfibrilas densamente dispostas de celulose. Sua proporção no peso seco destas camadas de parede pode atingir 90%. As fibras (e muitas células de tricomas de paredes espessadas) refletem em uma dimensão e nível estrutural maior as características típicas das microfibrilas estruturais: elas não se rompem mesmo sob forte tensão de tração, são porém flexíveis. A grande importância econômica das fibras vegetais tem base nestas propriedades.

Como as camadas secundárias de parede são depositadas de dentro para fora somente após o término do crescimento em superfície da parede celular primária, o lúmen celular é estreitado na mesma proporção na qual a parede é espessada. O espaço para o protoplasto vivo é finalmente reduzido a menos de 5% do volume inicial, a célula morre. Sem o protoplasto, o envoltório de parede é ainda importante.

As microfibrilas de celulose depositam-se sempre paralelas à membrana celular. Na superfície assim determinada, são possíveis vários arranjos (texturas, tecido, rede; Figuras 2-71 e 2-72). Enquanto as paredes primárias apresentam em geral textura irregular – mas frequentemente com uma direção preferencial –, as lamelas das camadas secundárias de parede são caracterizadas por textura paralela. Em células alongadas, como são as fibras, podem ser diferenciadas texturas fibrosas, espiraladas e tubulares, conforme a direção das microfibrilas em relação ao eixo do comprimento da célula. Texturas tubulares e fibrosas são casos extremos da textura espiralada. A direção da textura corresponde à direção de maior tensão.

As paredes de fibras apresentam em geral textura espiralada, a qual – ao contrário da textura longitudinal mais rara (textura fibrosa) – é capaz de suportar tensões bruscas. O sentido da rotação da textura é variável. As fibrilas da parede secundária das fibras de cânhamo e juta apresentam giros para a direita (volta-Z), linho e urtiga apresentam giros para a esquerda (volta-S). (Em fibrilas dextrógiras a face voltada para o observador corresponde à letra Z, em fibrilas levógiras à letra S.) Em trico-

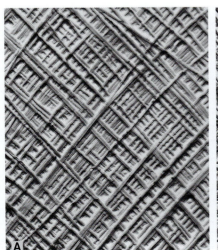
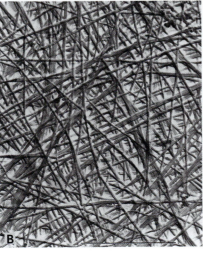

Figura 2-71 Texturas paralela e irregular de microfibrilas de celulose. A parede celular da alga *Oocystis solitaria* é constituída de muitas lamelas depositadas umas sobre as outras. **A** Sob condições normais as fibrilas estruturais correm paralelas em cada lamela, de lamela para lamela ocorrem mudanças de direção de 90° (textura cruzada). **B** A colchicina, sob cuja influência os microtúbulos corticais na face interna da membrana celular se dissolvem, provoca a formação da estrutura irregular (1 μm). (Eletromicrografias segundo D.G. Robinson.)

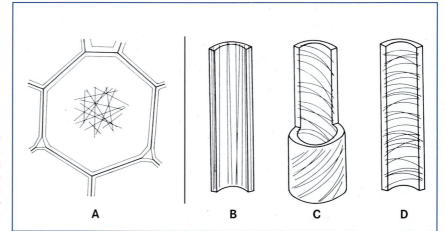

Figura 2-72 Arranjo das microfibrilas de celulose nas paredes celulares. **A** Textura irregular típica da sacoderme de células isodiamétricas. Lamelas secundárias de parede apresentam, ao contrário, textura paralela. **B** Textura fibrosa; **C** textura espiralada – a forma mais freqüente; **D** Textura tubular.

mas vegetais com paredes espessadas o sentido da rotação pode mudar várias vezes, nos tricomas do algodão, com vários cm de comprimento, até 150 vezes.

Compreensivelmente, a textura tubular não ocorre em fibras. Seu nome deriva dos laticíferos de muitas plantas (ver 3.2.5.1), em cujas paredes é típica. Os laticíferos encontram-se sob pressão interna e, embora este líquido seja isotópico, a tensão de parede na direção transversal é maior do que na direção longitudinal.

A aposição de camadas secundárias de parede ocorre intermitentemente. São formadas lamelas que, freqüentemente, correspondem ao crescimento de um dia e, por sua vez, podem constituir pacotes de lamelas que são identificados como camadas secundárias de parede. O esquema geral da estrutura e a nomenclatura comum são apresentados na Figura 2-73. Sobre a sacoderme é formada a seguir a camada S1 (camada intermediária), camada relativamente delgada de parede secundária, com textura espiralada plana. A ela segue-se para dentro a camada S2 espessa, que pode consistir de mais de 50 lamelas de parede. Esta camada é funcionalmente decisiva. As microfibrilas estruturais densamente arranjadas apresentam textura espiralada ou fibrosa. Em direção ao lúmen celular é depositada por último uma delgada camada S3 (parede terciária), novamente com textura diferente. Ela pode, por sua vez, ser recoberta por uma "camada verrucosa" isotrópica-homogênea, com estrutura e componentes diversos, cuja denominação é devida à superfície granulosa.

Em paredes celulares resistentes à pressão, as fibrilas estruturais são envolvidas por materiais rígidos "incrustados". Estas paredes celulares incrustadas contêm como incrustações, além de substâncias minerais (por exemplo, silicatos: gramíneas; carbonato de cálcio: Dasycladaceae), principalmente ligninas. Incrustação com lignina significa lignificação de uma parede celular (do latim *lignum* = madeira). As ligninas – há três formas químicas diferentes em monocotiledôneas, eudicotiledôneas e coníferas – são produzidas em paredes celulares em lignificação através da polimerização a partir de corpos fenólicos (monolignóis, ver 5.16.2, Figuras 5-129 a 5-131), os quais por sua vez são exocitados na forma de glicosídios solúveis através de vesículas de Golgi. As moléculas gigantes de lignina, que crescem em todas as direções, penetram na estrutura de microfibrilas da parede celular. Como macromoléculas de lignina concrescem secundariamente formando unidades maiores e são capazes de se expandir através das lamelas médias (em geral fortemente lignificadas), a massa de lignina de um tronco de árvore corresponde provavelmente a uma única molécula de polímero gigante, cuja massa pode ser expressa em toneladas. Durante a lignificação, a matriz da parede celular original

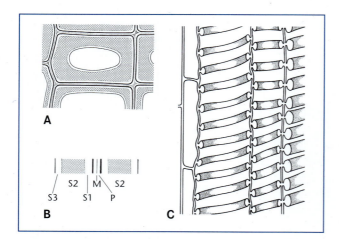

Figura 2-73 Espessamentos secundários na parede de traqueídes de uma conífera. **A** Corte transversal (800x). **B** Camadas da parede celular: M, lamela média; P, parede primária (sacoderme); S1, lamelas intermediárias; S2, parede secundária, composta geralmente de muitas lamelas; S3, parede terciária. **C** Traqueíde espiralada em aboboreira, com barras de espessamento características que pertencem à camada S2 (ver Figura 3-24E); à esquerda, células parenquimáticas. (A, B segundo I.W. Bailey.)

é substituída ou reprimida pelo polímero compacto de lignina. Paredes celulares lignificadas consistem, nos casos típicos, de cerca de 2/3 de celulose e hemiceluloses resistentes (principalmente xilanos; do grego *xýlon* = madeira) e 1/3 de lignina.

As fibrilas de celulose são por fim envolvidas por lignina, não podem mais deslizar umas sobre as outras, perdendo sua limitada capacidade de hidratação. Enquanto a celulose nas paredes primárias pode ser afrouxada por meio de uma solução concentrada de cloreto de zinco até o ponto de depositar iodo, corando-se de violeta profundo, esta reação de cloreto de zinco não ocorre em paredes lignificadas. A característica de extraordinária rigidez destas paredes celulares e dos tecidos lignificados – principalmente a madeira propriamente dita – deve-se a recíproca interpenetração de fibrilas estruturais flexíveis resistentes à ruptura com o material de preenchimento denso e rígido da lignina.

Compressão existe também nos condutos de transporte de água, no lenho (xilema) de feixes vasculares e na madeira de caules ou raízes com vários anos de idade. Os elementos condutores de água do xilema (traqueídes e vasos, ver 3.2.4.2) são formados a partir de células vivas, mas no estado funcional são apenas tubos mortos de parede celular enrigecidos pela lignificação. Graças à lignificação, os feixes de xilema e a madeira são as estruturas de suporte mais importantes no corpo vegetativo de plantas terrícolas.

2.2.7.5 Pontuações

A lignificação não torna as paredes celulares apenas rígidas, mas também menos permeáveis. Enquanto que nas paredes primárias não lignificadas podem passar partículas com diâmetro de até 5 nm, em paredes lignificadas até mesmo a permeabilidade à água declina consideravelmente. Também isto é significativo para os condutores de água nas raízes, caules e folhas: pela lignificação é impedida a entrada ou saída laterais de água. Onde a passagem de água (ou troca de substâncias em geral) é necessária, são formados canais de pontuações – canais de parede de dimensões compatíveis com o microscópio óptico. A Figura 2-74 mostra estruturas de pontuações típicas em paredes secundariamente espessadas. Os canais de pontuações de células vizinhas se correspondem, eles se encontram em campos primários de pontuações. A parede primária e a lamela média ainda existentes funcionam então como lamela da pontuação.

Pontuações areoladas (do inglês *bordered pits*) são características para condutores de água. Neles as camadas secundárias de parede são elevadas acima da lamela da pontuação ao redor do canal da pontuação (poro), de modo que é formado um espaço com formato de funil. As traqueídes das coníferas são caracterizadas por pontuações areoladas especialmente grandes e circulares. Por meio delas corre a água levada pelo caule. As lamelas da pontuação são espessadas no centro por um toro (almofada), preso frouxamente em fios radiais de celulose. A água pode atravessar entre os fios de celulose de uma traqueíde para a outra. Em caso de embolia, as pontuações areoladas servem de válvulas de retenção, nas quais o toro é pressionado contra a face com menor pressão, fechando o poro (Figura 2-74C; Choat e colaboradores, 2008).

2.2.7.6 Paredes secundárias isolantes

Entre as premissas mais importantes para a vida vegetal (e vida ativa em geral) está a constante disponibilidade de água (ver 5.3 e 12.5). A maioria das plantas terrícolas possui estruturas especiais para limitar a dessecação ao ar. Especialmente importantes são as camadas secundárias de parede lipofílicas nas células localizadas na superfície do corpo vegetativo (células epidérmicas) ou nas proximidades da superfície (células de cortiça). Ao contrário dos mecanismos de enrigecimento das paredes secundárias, que sempre contém muita celulose, as camadas secundárias isolantes de paredes consistem em material hidrofóbico, impermeável à água e nos casos típicos não contém celulose. A impermeabilidade à água é provida pela aposição (acrustamento) de massas lipofílicas em uma sacoderme preexistente, que serve de base para o acrustamento e oferece a resistência mecânica necessária. Como acrustamento ocorrem, a cutina (cútis, pele, superfície) no caso da epiderme, e a quimicamente próxima suberina (súber, cortiça; ver 5.16.3) em células de cortiça. Cutina e suberina formam uma matriz de polímeros sobre a qual são depositadas diversas ceras como componentes especialmente hidrofóbicos.

A parede celular suberificada consiste de uma camada de suberina livre de celulose dentro de uma sacoderme (Figura 2-75). Ela é geralmente separada do lúmen celular por mais uma camada delgada de parede, que novamente contém celulose (parede terciária). O papel funcionalmente decisivo é desempenhado pela camada de suberina, como parte acrustada da parede secundária. Ela mesma é praticamente impermeável à água. Isto é devido à cera depositada, que forma camadas de 3 nm paralelas à camada de suberina (Figura 2-76A). As moléculas de cera em forma de bastão são orientadas perpendicularmente ao plano da lamela. Com a retirada das ceras (principalmente éster de ácidos graxos com álcool de cera) permanece a matriz insolúvel amorfa-isotrópica de polímeros, a suberina propriamente dita. Esta matriz representa um retículo condensado tridimensional de ácidos graxos de cadeia longa, alcoóis graxos e substâncias similares. Ela serve de suporte estável para o filme delicado de ceras, que por sua vez bloqueiam a entrada de substâncias hidrofílicas. Através da estrutura de lamelas da parede secundária fica garantido que, mesmo em caso de defeito em camadas isoladas, no conjunto uma barreira muito eficaz é mantida.

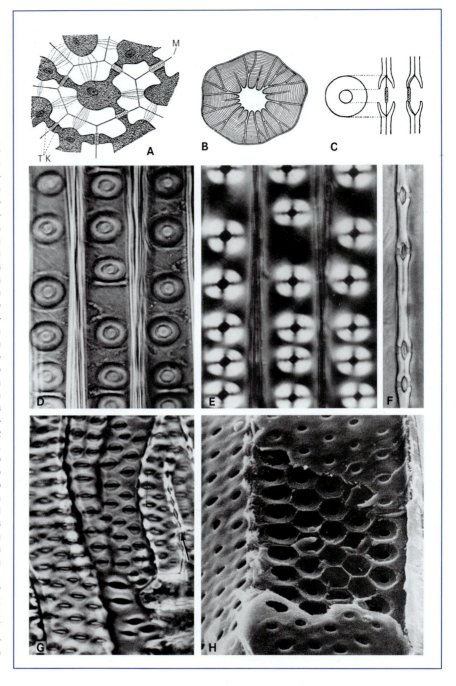

Figura 2-74 Pontuações. **A** Detalhe do "endosperma pétreo" da palma-do-marfim *Phytelephas*; as paredes celulares fortemente espessadas servem como depósito para polissacarídeos de reserva; as células estão em contato através de plasmodesmos, especialmente também através de canais de pontuação (230x). **B** Célula pétrea (esclereídeo) da casca da noz com canais de pontuação ramificados; canais que aparentemente não atravessam todas as camadas de parede secundária, correm obliquamente para fora do nível do corte (670x). **C-F** Pontuações areoladas de coníferas: **C** esquematicamente, à esquerda vista frontal, no meio corte transversal; à direita o mesmo, funcionamento de válvula com pressão unilateral. **D, E** Pontuação areolada da conífera *Pinus sylvestris* em vista frontal, em contraste de fase e em microscópio de polarização (as fibrilas de celulose circulam o poro preto; a estrutura concêntrica geral mostra a "cruz de Sphërite" – ver Figura 2-89B) (330x). **F** Pontuação areolada do pinheiro-anão *Pinus mugo*, corte longitudinal: formação da câmara de pontuação pela elevação das paredes secundárias, poro e lamela da pontuação com toro visível (600x). **G, H** Pontuação areolada em eudicotiledôneas arbóreas: **G** com poro em forma de fenda ("olho de gato") nas paredes dos vasos do carvalho *Quercus robur*, à direita em corte transversal da parede (seta; 530x). **H** Vaso pontuado na madeira de um salgueiro (*Salix*). (1.000x). – M, lamela média; TK, canais de pontuação. (A segundo W. Halbsguth; B segundo Rothert e Reinke; F Fotomicrografia segundo H. Falke; H Eletrofotomicrografia de varredura segundo A. Resch.)

Os blocos moleculares de suberina e lamelas de cera não são secretados através de vesículas de Golgi (*granulokrin*) pelas células em suberificação, mas sim por difusão (ecrina; grego *krínein*, precipitar). Seu local de formação é o RE liso. A formação da camada de suberina pode ocorrer muito rapidamente; para o fechamento de feridas, por exemplo, em poucas horas.

Em princípio, a cutícula apresenta estrutura semelhante à camada de suberina de células de cortiça (ver 3.2.2.1). Também neste caso, ela representa uma camada de parede livre de celulose e lipofílica, com películas de cera paralelas à superfície sobre uma matriz de polímeros de cutina, e o complexo inteiro está depositado sobre a parede celular primária (Figura 2-17B). Neste caso, porém, a acrustação ocorre na face externa da sacoderme. Portanto, as unidades moleculares são secretadas pelas células epidérmicas para fora, através da parede primária, um processo em que estão envolvidas pequenas proteínas básicas de transferência de lipídios na matriz da parede. Assim é formada uma camada de parede acrustada abrangendo juntas todas as células epidérmicas, ou seja, a cutícula.

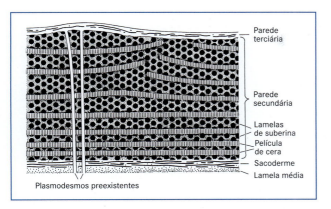

Fig. 2-75 Modelo da ultra-estrutura da parede celular suberificada. A camada lipofílica de suberina não contém celulose. Na parede terciária ocorrem novamente fibrilas estruturais.

As ceras cuticulares apresentam cadeias de hidrocarbonetos mais longas que as cadeias das ceras de cortiça, elas são portanto ainda mais hidrofóbicas (o número de átomos de carbono varia entre 25 e 33, contra 18-28 em ceras de cortiça).

Especialmente em plantas de ambientes mais secos são encontrados cristais sobre a superfície da cutícula (ceras epicuticulares, ver Figura 3-11), com isto a cutícula torna-se impermeável. Com frequência, ocorrem também depósitos de massas de cutina nas lamelas externas da parede primária de células epidérmicas, abaixo da cutícula propriamente dita. Nestas camadas cuticulares ocorrem cutina e ceras assessórias como incrustações. A limitada capacidade destas substâncias hidrofóbicas de parede de se misturarem com componentes hidrofílicos da parede primária é expressa em uma restrita ordem ultra-estrutural. As películas de cera são interrompidas e não mais paralelas à superfície e o acréscimo de proteção contra transpiração é apenas mediano, mesmo em camadas cuticulares espessas. Um fenômeno correspondente não é observado em células de cortiça; no tecido pluriestratificado do súber, um isolamento melhor pode ser obtido através da formação de mais camadas de células suberificadas, enquanto que a cutícula está depositada sobre superfície externa da epiderme em contato com a atmosfera e por isto é, por definição, uniestratificada.

A superfície do corpo de atrópodes também possui uma cutícula. As camadas internas massivamente estruturadas da cutícula dos insetos (endo e exocutícula), como exoesqueleto rico em quitina, conferem principalmente resistência mecânica, enquanto a epicutícula externamente acrustada, pelo seu elevado conteúdo em ceras, é uma excelente proteção contra a transpiração. A epicutícula apresenta, tanto sob o aspecto químico quanto ultra-estrutural, muitos paralelos com a cutícula vegetal – um exemplo impressionante de evolução convergente em animais e plantas.

Também esporos e grãos de pólen, geralmente microscópicos, possuem paredes celulares acrustadas (esporodermes, Figuras 10-198 e 10-200). Nestes casos, ocorre como acrustação a especialmente resistente esporopolenina. Sua função consiste não no isolamento contra a água; isto seria ilusório, considerando-se a relação superfície/volume extremamente elevada e estas células sobrevivem até mesmo à completa dessecação. Trata-se muito mais de camadas de proteção capazes, entre outras coisas, de absorver radiação UV prejudicial. As esporodermes diferem não só funcionalmente, mas também em composição química, ultra-estrutura e desenvolvimento das paredes cutinizadas das epidermes e das camadas suberinizadas das células de cortiça. Elas são importantes para a sistemática e para a reconstrução de processos evolutivos da vegetação (análise de pólen).

Um material isolante de um tipo especial é a calose, um glucano com ligações 1 → 3 dos monômeros que possui moléculas espiraladas sempre muito compactas e sem mistura de outras substâncias. Os plasmodesmos e crivos podem ser fechados com calose (ver 2.2.7.3); a calose pode ser sintetizada na membrana plasmática muito rapidamente em quantidades consideráveis e pode ser degradada. Muitas vezes, a calose funciona como um sistema de proteção em nível celular.

2.2.8 Mitocôndrias

A Figura 2-77 reúne alguns dados estruturais gerais de mitocôndrias:

- **Envoltório duplo** constituído de duas membranas distintas, entre as quais existe um compartimento não plasmático, o **espaço intermembranas**. A membrana

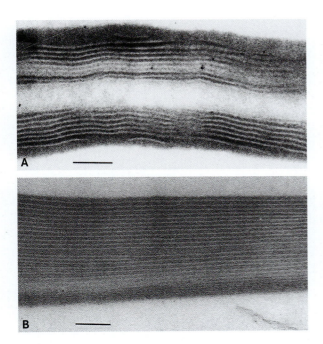

Figura 2-76 Estrutura lamelar de camadas de parede celular acrustadas (cortes transversais); películas de cera sem contraste, matriz de polímeros (suberina, cutina) em escuro. **A** Parede celular de cortiça de cicatrização na batata; paredes de duas células de cortiça vizinhas com camadas de suberina lamelares. **B** Cutícula destacada de *Agave americana* (0,1 μm). (Eletromicrografias A segundo H. Falk; B segundo J. Wattendorff.)

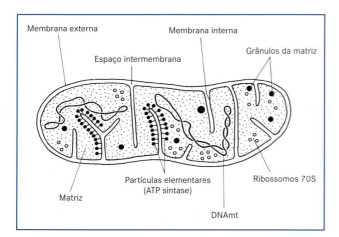

Figura 2-77 Esquema de uma mitocôndria. As membranas interna e externa se distinguem não apenas pela forma e conteúdo enzimático, mas também pela sua composição lipídica (cardiolipina/colesterol, comparar com Figura 2-99). Por meio de dobramentos, a membrana interna forma cristas, no lado voltado para o mitoplasma (da matriz) estão localizados os complexos ATP sintase. (Segundo H. Ziegler.)

interna forma dobras denominadas **cristas**. Na sua base, as cristas são estreitas e no interior da mitocôndria elas se expandem, tornando-se pouco infladas (Figura 2-78). Em alguns casos, as cristas formam uma rede espacial.

- "Partículas elementares" no lado interno da membrana interna da mitocôndria, que ao ME correspondem aos componentes visíveis do **complexo ATP sintase** mitocondrial (Figura 2-79). Elas consistem de uma porção pediculada (complexo F_0), que atravessa a membrana interna da mitocôndria como canal de

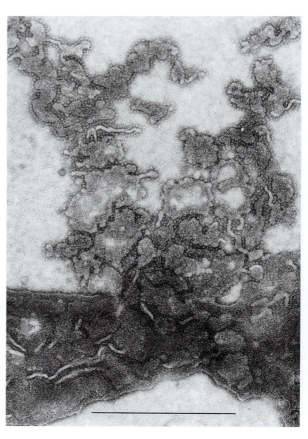

Figura 2-79 Em preparação com contraste negativo desta mitocôndria isolada (e rompida) de tecido de batata-inglesa, os complexos ATP sintase das membranas com cristas são visíveis como partículas "elementares" ou partículas F_1 claras. Eles são ligados às membranas por meio de pedicelos tênues (F_0, não identificáveis aqui). A estrutura molecular é semelhante à da ATP sintase de cloroplastos (comparar com Figura 5-59) (0,5 μm). (Imagem ao ME segundo H. Falk.)

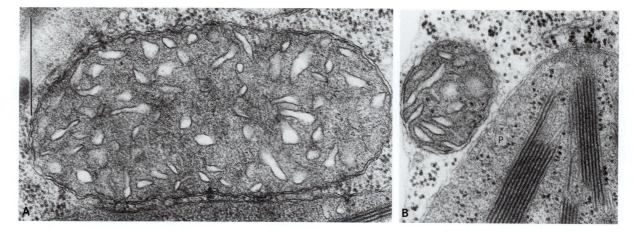

Figura 2-78 Mitocôndrias ao ME. **A** Em célula da folha de espinafre, são visíveis várias porções de cristas, cujo interior não plasmático se mantém em contato com o espaço intermembrana do envoltório de duas membranas. Essas comunicações não estão visíveis aqui, pois elas se situam fora do plano de corte. Em **B**, ao contrário, elas são identificáveis. Os ribossomos mitocondriais – assim como os plastoribossomos no cloroplasto P – são nitidamente menores do que os citorribossomos (A e B: 0,5 μm). (Imagens ao ME segundo H. Falk.)

prótons, e o complexo F_1 capitado, que representa o complexo ATP sintase propriamente dito. Durante a síntese de ATP, o complexo gira em torno do seu eixo longitudinal, que se dispõe perpendicularmente à superfície da membrana.
- Matriz com **ribossomos 70S** e **DNA mitocondrial** circular (**DNAmt**). Com frequência, estão presentes muitos anéis de DNA na organela. Eles estão concentrados nas regiões frouxas do plasma, as quais, em analogia às relações com bactérias, são denominadas nucleoides. Histonas e nucleossomos inexistem.
- Algumas vezes, ocorrem **grânulos de matriz** densos, nos quais são armazenados íons de cálcio e magnésio, entre outros.

2.2.8.1 Dinâmica da forma e multiplicação

Em cortes finos (Figura 2-78) e após isolamento (Quadro 2-1, Figura A), as mitocôndrias manifestam-se em geral como corpos esféricos ou elípticos, de aproximadamente 1 μm de diâmetro. Em células vivas pós-embrionárias, por outro lado, são constatadas mitocôndrias filamentosas e alongadas e até mesmo ramificadas (Figura 2-80).

As mitocôndrias têm a capacidade de alterar sua forma rapidamente. Na levedura e em algumas algas, em determinados estágios do desenvolvimento ou sob condições externas especiais, as inúmeras mitocôndrias de uma célula se fundem em uma única (gigante e reticular), que mais tarde se divide em mitocôndrias in-

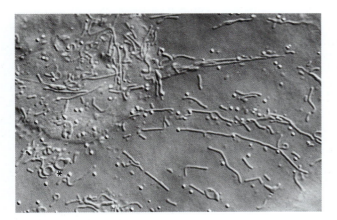

Figura 2-80 Nas células vivas, as mitocôndrias são capazes de rápidas alterações de forma. Na maioria dos casos, elas ocorrem em formas filamentosas ou de "salsicha", como aqui na epiderme superior (interna) do catáfilo de cebola (*Allium cepa*). Além de muitas "mitocôndrias em espaguete", também são visíveis mitocôndrias curtas, bem como oleossomos esféricos e vários leucoplastos com inclusões semelhantes a grãos de amido (identificadas por *, por exemplo); à esquerda, acima está o núcleo indistinto (670x). (Imagem por contraste interferencial segundo W. Url.)

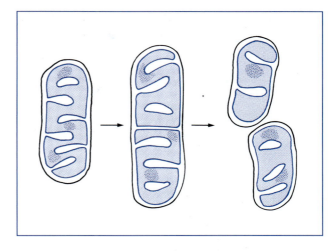

Figura 2-81 Divisão de uma mitocôndria; nucleoides pontuados.

dividuais pequenas. Nas plantas superiores, a fusão de mitocôndrias e a posterior divisão em muitas outras, não são raras.

As mitocôndrias só podem se originar de suas iguais. Sua **multiplicação** ocorre principalmente nas células dos tecidos meristemáticos (tecidos formadores). Ela se processa por uma constrição do corpo da organela, após a formação de um septo do espaço intermembrana (Figura 2-81). Com relação ao DNAmt, por meio do grande número de suas moléculas na mitocôndria, é assegurado que nenhuma mitocôndria-filha fique sem informação genética. Na multiplicação celular rápida, a estrutura enzimática das mitocôndrias permanece inicialmente incompleta e as **pró-mitocôndrias** não têm atividade respiratória.

Na levedura, existem também mitocôndrias sem DNA, que, no entanto, permanecem com capacidade de multiplicação. As leveduras são anaeróbias facultativas, podendo também viver sem oxigênio e prescindir da respiração e de mitocôndrias, o que representa uma exceção entre os eucariotos. Por isso, as alterações mutatórias do DNAmt de levedura, que provocam o surgimento de mitocôndrias com defeito de respiração, a princípio não são letais. Os chamados mutantes *petite colonie* da levedura da cerveja (*Saccharomyces cerevisiae*) surgem espontaneamente com uma frequência de 1-2%; por meio de mutágenos como acriflavina e brometo de etídio, a taxa de mutações pode subir até próximo de 100%. Os *petites* têm defeito de respiração; sob condições aeróbias, eles crescem mais lentamente do que as leveduras selvagens; sobre ágar de glicose sólido, eles permanecem menores, daí sua denominação. Nos *petites*, os DNAmt são mutilados (mutantes ρ) ou faltam completamente ($ρ^0$); determinadas proteínas e componentes de complexos multienzimáticos podem não ser mais formados.

Apesar do conjunto gênico ser semelhante, os DNAmt de fungos e de plantas possuem massas moleculares ou perímetros (20 até mais de 800 μm) bem distintos. Essas distinções são condicionadas por diferenças na ocorrência de sequências parciais não codificantes (ver 6.2.1.3). Em inúmeras plantas, em consequência de processos intramoleculares de recombinação, as mitocôndrias contêm DNAmt grandes, ocorrendo incompletos ao lado de cópias completas (Figura 6-7).

2.2.8.2 Membranas e compartimentalização das mitocôndrias

As mitocôndrias são, sobretudo, as organelas da **respiração celular**. Sua função mais importante é disponibilizar energia química em forma de ATP (ver 5.9.3).

O ATP é formado em reação endergônica a partir de ADP e fosfato. Esta **fosforilação oxidativa** ocorre nos complexos ATP sintase da membrana interna da mitocôndria. A energia necessária provém de um **transporte de elétrons** (que se processa na membrana interna da mitocôndria) de substratos respiratórios ricos em energia para o oxigênio (**cadeia respiratória**, ver 5.9.3.3). Vinculado ao transporte de elétrons, estabelece-se um gradiente de prótons na membrana interna da mitocôndria; no espaço intermembrana, o pH diminui. Ao mesmo tempo, sobre a membrana forma-se um potencial de membrana, com interior mais negativo do que o exterior. Gradiente de prótons e potencial de membrana são descarregados por meio dos complexos ATP sintase rotatórios, o que é ligado à formação de ATP. A afirmativa central da **teoria quimiosmótica** de P. Mitchell, também é válida para a fosforilação em cloroplastos (ver 5.4.9 e 5.9.3.3). As estações intermediárias de cadeias metabólicas ricas em energia podem aparecer não apenas como moléculas altamente energéticas, mas também em forma de gradientes de íons e potenciais de membrana. Esta teoria permite ressaltar o significado da compartimentalização para a energética celular.

Os elétrons para o transporte de elétrons da cadeia respiratória provêm da oxidação de ácidos orgânicos no **ciclo do ácido cítrico** (ver 5.9.3.2, Figura 5-92). Quase todas as enzimas para este ciclo estão localizadas na matriz mitocondrial.

Além da respiração celular, as mitocôndrias participam também de muitas outras atividades metabólicas de células vegetais, principalmente na chamada respiração luminosa (ver 5.5.6) e na morte celular programada (apoptose, ver 6.3.2).

Membranas mitocondriais externa e interna distinguem-se bastante quanto às suas proteínas integrais. Sua estrutura lipídica também é distinta. A membrana externa contém colesterol, geralmente, em membranas de eucariotos. Em vez deste, a membrana interna apresenta um conteúdo considerável de cardiolipina, um fosfolipídeo que, só ocorre em membranas de bactérias (Figura 2-99). A teoria endossimbionte oferece uma explicação para essas relações (ver 2.4).

A permeabilidade da mitomembrana externa é elevada. Ela contém complexos tubiformes das proteínas integrais de membrana (**porinas**), que deixam passar partículas hidrófilas de até 1 kDa (para comparação: ATP tem uma massa molecular de 0,5 kDa). A membrana interna, ao contrário, é impermeável até para os prótons – do contrário, a energização das ATP sintases não seria possível. Para adequar essa pequena permeabilidade às exigências do metabolismo, a mitomembrana interna é equipada com vários translocadores específicos. Estes garantem, por exemplo, o intercâmbio de ATP e ADP (**translocador de adenilato**), fosfato, bem como de ácidos orgânicos.

A **importação de proteínas** do citoplasma para as mitocôndrias representa um transporte de membrana de um tipo especial. Acima de 95% das mais de 200 proteínas mitocondriais e até mesmo alguns RNAs (por exemplo, RNAt) não podem ser sintetizados nas próprias mitocôndrias. As proteínas mitocondriais codificadas no núcleo, em geral, são sintetizadas no citoplasma como moléculas precursoras não dobradas, que apresentam um **peptídeo de trânsito** no seu terminal amino. Este funciona como sequência de reconhecimento, possibilitando a junção pós-traducional do estágio inicial aos **complexos translocadores** integrais (TOM e TIM) do envoltório mitocondrial (um, TOM, na membrana externa, e dois diferentes, TIM22 e TIM23, na membrana interna) e a facilitação da passagem do polipeptídeo. O trânsito se processa em locais onde as membranas interna e externa temporariamente mantêm contato. Quando a proteína alcança seu sítio funcional, o peptídeo de trânsito é separado e, com isso, a conformação definitiva e a atividade da proteína são estabelecidas (ver 6.3.1.4).

2.2.9 Plastídios

Em uma mesma planta, os plastídios aparecem em diferentes formas. Este fato já é reconhecível macroscopicamente na distinta pigmentação: os pró-plastídios dos meristemas e os leucoplastos nos tecidos fundamentais e nos tecidos de reserva são incolores; os cloroplastos, fotossinteticamente ativos e portadores de clorofila, são verdes; os gerontoplastos da folhagem de outono e os cromoplastos em pétalas e carpelos exibem cor amarela a vermelha pela presença dos carotenoides. Todas as formas de plastídios são interconversíveis; apenas os gerontoplastos são estágios finais de um processo irreversível. Como as mitocôndrias, os plastídios também são delimitados no citoplasma por um duplo **envoltório de membranas**. Do mesmo modo que as mitocôndrias, a membrana externa é muito mais permeável do que a interna, em consequência disso, está equipada com muitos translocadores específicos. O envoltório interno do plastídio, é o sítio principal da síntese de lipídeos nas células vegetais.

Os plastídios multiplicam-se exclusivamente por **divisão**. Neste sentido, como nas bactérias, acontece uma constrição da organela, com auxílio de uma zona anelar contrátil central. Ela contém a proteína **FtsZ**, que tem função igual nas bactérias e na estrutura e sequência é homóloga à tubulina (ver 2.3.1).

Os plastídios possuem continuidade hereditária graças à informação genética em forma de **DNA plastidial** (DNApt = DNAct; Figuras 2-85 e 6-5; ver 6.2.1.2). No entanto, como nas mitocôndrias, também nos plastídios a capacidade codificante do DNA da própria organela não é suficiente para codificar todas as proteínas plastídio-específicas. Os genes para mais de 90% dessas proteínas são localizados no núcleo, e os polipeptídeos (polipetídeos precursores) sintetizados em polissomos livres no citoplasma precisam ser translocados por meio do envoltório do plastídio até os seus sítios finais. Isto acontece de modo semelhante ao que se observa nas mitocôndrias, com auxílio de peptídeos de trânsito N-terminais nas pré-proteínas e complexos translocadores correspondentes nas membranas externa (TOC) e interna (TIC) dos plastídios (Figura 6-18). Apesar da função igual, as proteínas desses complexos mostram poucas semelhanças com as das mitocôndrias. Nos cloroplastos, são necessários dispositivos adicionais para a incorporação correta ao sítio de proteínas de tilacoides. Enquanto no envoltório do plastídio um único sistema de translocação é eficaz, para o deslocamento e a incorporação corretos de proteínas de tilacoides, puderam ser comprovados quatro sistemas diferentes.

Na primeira década do século XX, E. Baur e C. Correns, a partir da herança exclusivamente materna de defeitos de pigmentação verde de *Antirrhinum* e *Mirabilis*, deduziram que os plastídios dispõem de informação hereditária própria (ver 9.1.2.5). Por ocasião da singamia nessas plantas, não são levados plastídios para os zigotos por meio dos gametas masculinos. (Por outro lado, em outras espécies vegetais, por exemplo, em pelargônios e enoteras, os plastídios têm herança biparental.) Contudo, apenas na década de 1960 o DNApt pôde ser comprovado, finalmente isolado como hélice dupla circular e melhor compreendido. Em 1966, dois grupos de pesquisadores japoneses comprovaram o sequenciamento completo do DNApt do tabaco (Figura 6-5) e da hepática *Marchantia*; os DNApt de muitas outras plantas também estão sequenciados (ver 6.2.1.2).

2.2.9.1 Formas e ultraestrutura dos cloroplastos

Os cloroplastos são as organelas características de todos os eucariotos fotoautotróficos. Por meio das reações luminosas da fotossíntese (ver 5.4), eles convertem energia radiante do sol em energia química e, com isso, fornecem a base energética para todas as formas de vida organotróficas (heterotróficas). Ao mesmo tempo, carbono, hidrogênio e fósforo são assimilados, nitrato e sulfato reduzidos, e oxigênio liberado a partir da água. O oxigênio na atmosfera terrestre – condição para o ganho aeróbio de energia a partir da nutrição orgânica e para a formação de uma camada de ozônio formada na alta atmosfera – provém quase exclusivamente da fotossíntese.

As membranas internas dos cloroplastos típicos (Figura 2-82), os **tilacoides**, contêm diferentes carotenoides e – ligadas a proteínas – clorofilas. Ao contrário das cristas das mitocôndrias, os tilacoides não estão em contato direto com a membrana interna da organela. Nos tilacoides se processam as reações luminosas da fotossíntese. Com frequência, os tilacoides estão em zonas delimitadas, dispostos em camadas sobrepostas (***grana***); entre os *grana*, no **estroma**, os tilacoides dispõem-se isoladamente (Figura 2-83). A estrutura molecular da membrana do tilacoide reflete suas funções. A estrutura proteica rica (Figuras 2-84 e 5-52) e a precisa e assimétrica disposição ou orientação dos complexos de proteínas são expressões morfológicas do andamento das reações luminosas. A formação de ATP ocorre em complexos de ATP sintase plastidiais (comparar com Figura 5-59), cuja estrutura corresponde à das mitocôndrias e estão localizados sobre os tilacoides do estroma.

A **matriz do estroma** representa a fase plasmática da organela. Nela é possível constatar um "plastoesqueleto" de FtsZ, que estabiliza a forma do cloroplasto (Figura 2-82C). Além de enzimas para as reações no escuro da fotossíntese (ver 5.5), a matriz do estroma abriga também grãos de amido e outras estruturas de reserva (por exemplo, plastoglóbulos como reserva lipídica) e cristais de proteína (por exemplo, os da proteína fitoferritina, armazenadora de ferro). Na matriz do estroma localizam-se também muitos nucleoides, regiões frouxas com acúmulos de moléculas de DNApt como portadoras do **plastoma** (Figura 2-85; ver 6.2.1.2), assim como os ribossomos 70S.

Muitas vezes, este esquema estrutural do cloroplasto apresenta grande variação, especialmente em algas. Isto é válido inicialmente para a forma externa da organela. As folhas das plantas superiores possuem cloroplastos lentiformes, com diâmetro entre 4 e 10 µm, e muitos ocorrem como típicos grãos de clorofila nas células. Em algas verdes, por outro lado, existem **megaplastos** especialmente grandes e às vezes com formas singulares, frequentemente apenas um por célula (Figura 2-86). Os cloroplastos de muitas algas e de antóceros contêm condensações da matriz do estroma delimitados, que com frequência apresentam-se rodeados por grãos de amido e nos quais os tilacoides são esporádicos ou inexistem. Essas delimitações de matriz são identificadas como **pirenoides** (do grego, *pyrén* = núcleo). Os pirenoides são caracterizados por uma concentração especialmente alta da enzima-chave da fixação de CO_2: ribulose-1,5-bisfosfato carboxilase/oxigenase (rubisco). Esta enzima, um complexo composto de oito subunidades grandes e oito subunidades pequenas, representa em geral uma considerável porção da massa da matriz do estroma, o que em tecidos foliares verdes, muitas vezes, é superior a 60% de todas as proteínas solúveis (sobre função, ver 5.5.1).

Nem todos os cloroplastos apresentam a organização em *grana*/estroma. Nos **cloroplastos "homogêneos"** sem grana não se realiza o empilhamento dos tilacoides (isto vale para os plastídios das algas vermelhas) ou bastam duas ou três pilhas de tilacoides para todo o plastídio (Figura 2-87).

Os plastídios das algas vermelhas são caracterizados pelos tilacoides isolados e por uma forma especial de complexos de pigmentos proteicos, que funcionam como antenas de radiação (captação de luz) da fotossíntese. Enquanto normalmente esses complexos são visíveis apenas em vista frontal (principalmente em preparações por criofratura) de tilacoides (Figu-

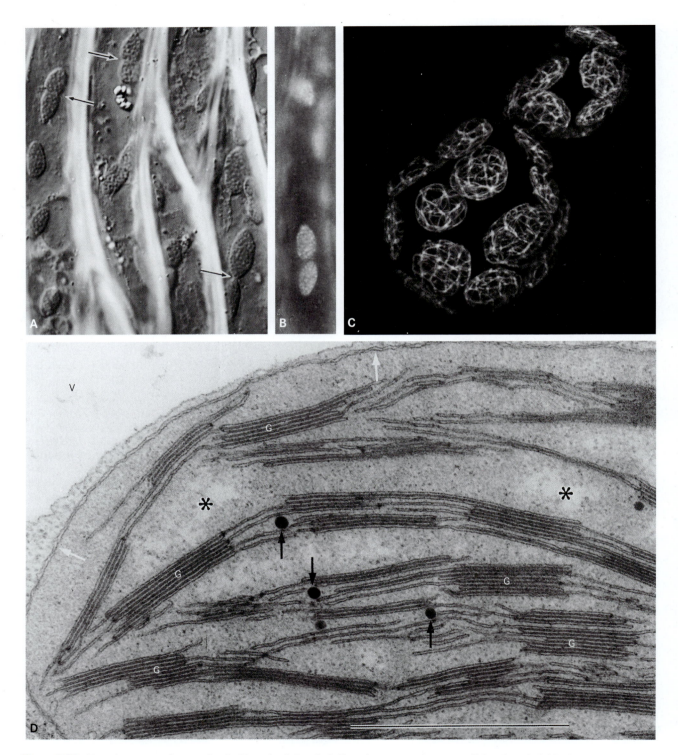

Figura 2-82 Cloroplastos em microscopias óptica e eletrônica. **A, B** Cloroplastos granulares em células vivas de filídio do musgo *Fontinalis antipyretica* (1.230x). **A** Divisão de cloroplastos por meio de constrição mediana (setas). **B** Fluorescência da clorofila dos *grana*. **C** Plastoesqueleto em cloroplastos do musgo *Physcomitrella patens* (protoplasto regenerante, vivo, FtsZ 1 fluorescente por meio da GFP; ver 2.1.1) (2.050x). **D** Cloroplasto granular da folha de feijão, ao ME. Os vários tilacoides são distinguíveis como membranas duplas planas; nos *grana* (alguns identificados com G), eles estão densamente empilhados; entre os *grana*, situam-se os tilacoides do estroma não empilhados. Setas pretas: plastoglóbulos; as regiões frouxas da matriz do estroma (*) contêm DNApt ("nucleoide"); setas brancas: duplo envoltório dos plastídios (1 μm). – G, *granum*; V, vacúolo. (C: imagem segundo J. Kiessling e R. Reski; D: imagem segundo H. Falk.)

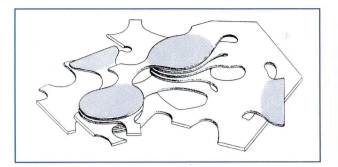

Figura 2-83 Tilacoides dos *grana* e tilacoides do estroma não constituem compartimentos especiais, mas sim representam um *continuum* espacial com várias sobreposições de membranas. *Grana* em azul. (Segundo W. Wehrmeyer.)

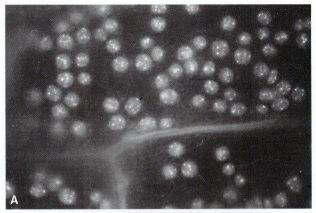

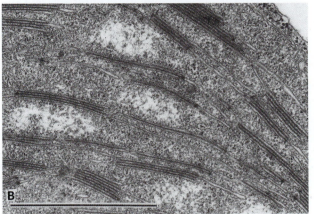

ra 2-84), os complexos de captação de luz das algas vermelhas (constituídos de ficobiliproteínas e denominados **ficobilissomos**) destacam-se das superfícies dos tilacoides (Figuras 2-88 e 5-48B). Os respectivos complexos de captação de luz mostram também as membranas da fotossíntese das cianobactérias procarióticas.

Os cloroplastos das algas vermelhas (devido ao seu conteúdo de ficobilina, elas são vermelhas-lilás: "rodoplastos"), bem como de muitos outros grupos de algas, contêm tantos pigmentos acessórios (ou seja, além da clorofila), que eles não se apresentam verdes – assim como, os "feoplastos" das algas pardas ou os plastídios amarelos dos dinoflagelados e de muitas crisófitas. Como conceito superior para todos os plastídios pigmentados é empregado o termo **cromatóforo** (portador de substância colorida).

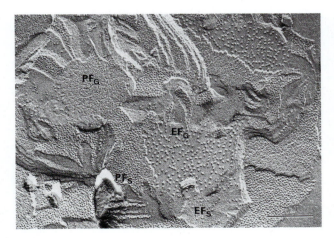

Figura 2-84 As membranas dos tilacoides são portadoras de complexos proteicos, que participam das reações luminosas da fotossíntese (comparar com Figura 5-52). Em preparação por criofratura (cloroplasto da ervilha), esses complexos se distinguem como partículas de membrana. G *grana*, S região do estroma; as diferenças funcionais dessas regiões dos tilacoides são destacadas também no padrão de partículas (0,3 μm). (Imagem ao ME segundo L.A. Staehelin.)

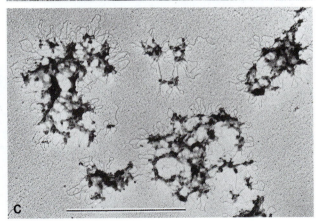

Figura 2-85 Nucleoides de plastídios. **A** Cloroplastos de células foliares de elódea (*Elodea canadensis*), submetidos à coloração por fluorescência do DNApt com DAPI (4-5-Diamidino-2-fenilindol); cada cloroplasto contém vários nucleoides e cada nucleoide várias moléculas circulares de DNApt (1.000x). **B** Cinco nucleoides como regiões frouxas na matriz do estroma de um cloroplasto de feijão. **C** Nucleoides isolados de cloroplastos de espinafre; DNApt forma alças em torno da estrutura proteica (B: e C: 1 μm). (A: segundo H. Dörle; B imagem ao ME segundo P. Hansmann.)

O **estigma** de muitos flagelados, corado de vermelho intenso devido à presença de carotenoides especiais, corresponde a um denso coletor dos plastoglóbulos pigmentados (Figuras 10-83A e 10-114A). Essa agregação de gotículas lipídicas está localizada em cloroplastos ou situa-se fora dos plastídios, visível no citoplasma; no segundo caso, presume-se que sejam plastídios bastante modificados no decorrer da filogenia.

2.2.9.2 Outras formas de plastídios, amido

Em plantas superiores, a variabilidade estrutural e funcional dos plastídios supera de longe a das mitocôndrias. Neste sentido, a forma do plastídio encontrado em um determinada célula é sobretudo a expressão da função desta célula, portanto, uma consequência da diferenciação do tecido. Como exemplo, os **proplastídios**, comparativamente pequenos e com muitas divisões, refletem a elevada frequência de divisões das células meristemáticas.

Os **leucoplastos** são típicos de células que não se dividem mais, as quais não atuam na fotossíntese e não desenvolvem sinais visuais para animais. No entanto, elas podem assumir funções de reserva. Os "elaioplastos" armazenam óleo em vários plastoglóbulos, os "proteinoplastos" contêm cristais proteicos. O armazenamento de amido em grande quantidade é a função de **amiloplastos** não pigmentados, encontrados nos respectivos tecidos de reserva dos grãos de amido de cereais, tubérculos de batata-inglesa e assemelhados.

O **amido** é o polissacarídeo de reserva das plantas verdes e de muitas algas. Ele é o mais importante alimento básico da humanidade – trigo, arroz, milho e batata-inglesa respondem por 70% da alimentação da população mundial. Nos organismos heterotróficos (fungos, bactérias, animais), o correspondente do amido é o glicogênio, que é depositado em forma de flocos no citoplasma. Quimicamente, como o glicogênio, o amido é um homopolímero de unidades de α-glicose (Figura 1-20). As cadeias helicoidais de glucano, não ramificadas, formam a **amilose**; a **amilopectina** possui cadeias rami-

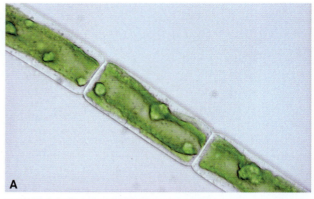

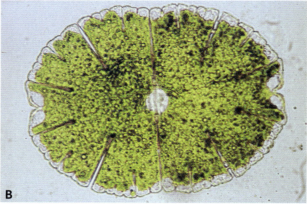

Figura 2-86 Megaplastos em células da alga *Mougotia* (**A**; 380x) e de *Micrasterias denticulata* (alga do grupo das desmidiáceas) (**B**; 260x).

ficadas. (A molécula de glicogênio é ainda mais ramificada.) Amilose e amilopectina são depositadas no interior dos plastídios ou – em algumas algas – nas suas proximidades no citoplasma. Elas reúnem-se em **grãos de amido** densos, birrefringentes. Em geral, forma e tamanho dos grãos de amido no tecido de reserva são característicos da espécie (Figura 2-89).

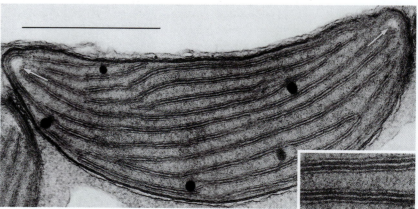

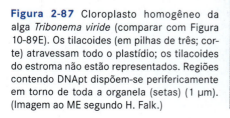

Figura 2-87 Cloroplasto homogêneo da alga *Tribonema viride* (comparar com Figura 10-89E). Os tilacoides (em pilhas de três; corte) atravessam todo o plastídio; os tilacoides do estroma não estão representados. Regiões contendo DNApt dispõem-se perifericamente em torno de toda a organela (setas) (1 μm). (Imagem ao ME segundo H. Falk.)

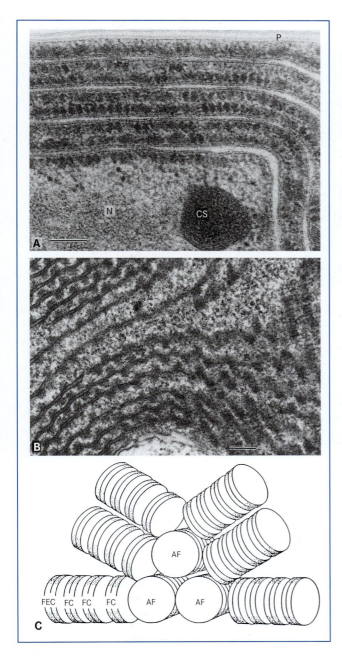

Figura 2-88 Ficobilissomos. **A** Na cianobactéria *Phormidium persicinum*. **B** Na alga vermelha *Rhodella violacea*: à direita, vista de superfície; à esquerda, vista de perfil (A e B: 0,1 μm). **C** Modelo molecular (semicircular – em forma de disco) dos ficobilissomos de algas vermelhas, com estrutura nuclear de aloficocianina e, a partir dela, fileiras radiais de ficocianina e ficoeritrocianina. Sobre a função dos ficobilissomos na fotossíntese, comparar com Figura 5-59. – AF, aloficocianina; CS, carboxissomo; FC, ficocianina; FEC, ficoeritrocianina (comparar com Figura 2-93A); N, centroplasma contendo DNA; P, parede celular. (Imagem ao ME segundo W. Wehrmeyer.)

Em muitas plantas floríferas, as últimas etapas da gênese dos tilacoides são dependentes da luz. Sob carência de luz, os plastídios dessas plantas tornam-se **estioplastos**, nos quais os componentes da membrana do tilacoide (ou precursores deles) estão dispostos em forma de um **corpo prolamelar** (Figura 2-90). Os estioplastos apresentam cor amarelo claro, devido à presença de carotenoides. Os caules de batata-inglesa crescidos no escuro têm essa coloração (estiolamento; do francês *étioler* = estiolar).

Se as partes verdes dessas plantas forem mantidas no escuro por muito tempo, após a decomposição dos tilacoides do estroma e dos tilacoides dos *grana* (nesta ordem), surgem corpos prolamelares: os cloroplastos se tornam estioplastos.

Conforme as estruturas internas, nos **cromoplastos** é possível distinguir tipos ultraestruturais distintos, nos quais os carotenoides lipofílicos (caroteno e xantofilas; Figura 5-45) são armazenados (Figura 2-91).

- Com frequência, observam-se **cromoplastos globulosos** com vários plastoglóbulos, nos quais estão concentradas as moléculas dos pigmentos.
- Os **cromoplastos tubulosos** contêm feixes paracristalinos de filamentos com 20 nm de diâmetro, que nas imagens em corte transversal vistas ao ME aparecem como tubos. Na realidade, trata-se cristais nemáticos (filamentosos) dos pigmentos apolares, que são envolvido por um manto de lipídeos estruturais anfipolares e uma proteína estrutural de 32 kDa denominada fibrilina. Os cromoplastos tubulosos são fortemente birrefringentes e podem assumir formas de contornos esquisitos.
- O mesmo vale para os **cromoplastos cristaloides**, nos quais o β-caroteno cristaliza, na verdade no interior de sacos membranosos planos.
- Os **cromoplastos membranosos** têm a menor distribuição. Nesses cromoplastos, as moléculas dos pigmentos incorporam-se às membranas, que são formadas pela membrana interna do envoltório e, por fim, apresentam-se como convoluto concêntrico de cisternas de membranas justapostas. Essas membranas contêm muito pouca proteína; elas são um exemplo de biomembranas com predominância de lipídeos.

As estruturas internas dos cromoplastos formam-se mediante processos de auto-organização moleculares, na dependência dos tipos de moléculas disponíveis.

Os cromoplastos, que muitas vezes originam-se de cloroplastos jovens ou de cloroplastos (frutos imaturos, de tomateiro, pimenteira, etc., são verdes), podem se multiplicar como os cloroplastos, por divisão em forma de uma constrição. Neste caso, o número de nucleoides por organela é reduzido, até um único. Ao mesmo tempo, os ribossomos plastidiais são decompostos e os DNApt desativados por compactação. As proteínas específicas de cloroplastos, como a fibrilina dos cromoplastos tubulosos, são sempre codificadas no núcleo.

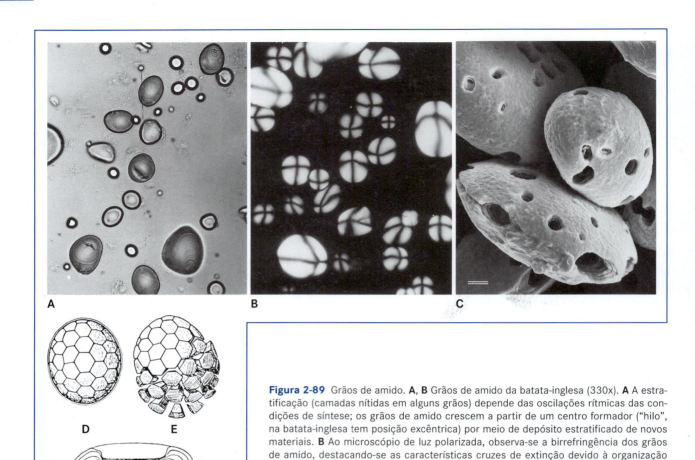

Figura 2-89 Grãos de amido. **A, B** Grãos de amido da batata-inglesa (330x). **A** A estratificação (camadas nítidas em alguns grãos) depende das oscilações rítmicas das condições de síntese; os grãos de amido crescem a partir de um centro formador ("hilo", na batata-inglesa tem posição excêntrica) por meio de depósito estratificado de novos materiais. **B** Ao microscópio de luz polarizada, observa-se a birrefringência dos grãos de amido, destacando-se as características cruzes de extinção devido à organização concêntrica. **C** Amido da cevada, após tratamento com amilase. Esta enzima decompõe os grãos de amido, nas crateras é visível a estrutura em camadas (1 μm). **D, E** Grãos de amido compostos da aveia. **F** Grão de amido em forma de haltere, em um amiloplasto do látex de eufórbia (*Euphorbia splendens*. (C, segundo H.-C. Bartscherer; imagem ao MEV segundo Fa. Kontron, JEOL-EM JSM-840; D-F segundo D. von Denffer.)

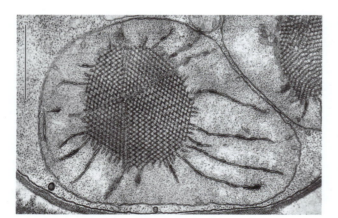

Figura 2-90 Estioplastos em células foliares jovens do feijão (*Phaseolus vulgaris*). Tilacoides individuais iniciam a partir de corpos prolamelares paracristalinos. Os plastorribossomos são menores do que os citorribossomos; no plastoplasma encontram-se vários nucleoides (1 μm). (Imagem ao ME segundo M. Wrischer.)

Tabela 2-4 Cromoplastos e gerontoplastos

Característica	Cromoplastos	Gerontoplastos
Ocorrência	Flores, frutos	Folhagem de outono
Função	Atração de animais	–
Origem a partir de	Diferentes tipos de plastídios, por reorganização ou organização	Cloroplastos, por decomposição
Multiplicação (divisão)	+	–
Tipo	Globuloso, tubuloso, membranoso, cristaloide	Exclusivamente globuloso
Nova síntese de carotenoides	+	–
Status celular	Não senescente, anabólico	Senescente, catabólico

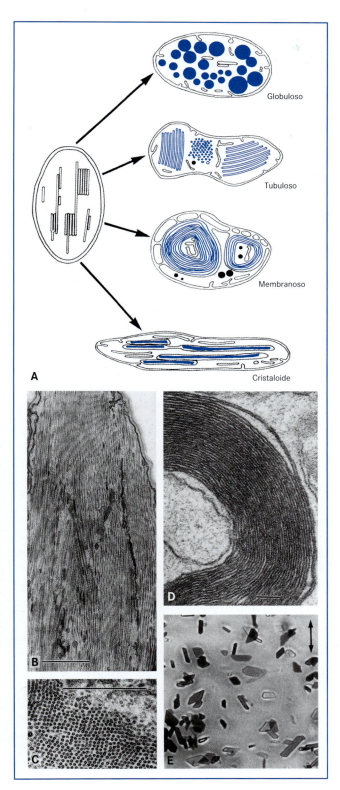

Figura 2-91 Cromoplastos. **A** Tipos de ultraestrutura. Com frequência, o desenvolvimento inicia com cloroplastos (jovens). **B, C** Cromoplastos tubulosos e cortes longitudinal e transversal (respectivamente, fruto e pétala de *Impatiens noli-tangere*) (0,5 µm). **D** Cromoplasto membranoso de *Narcissus pseudonarcissus*, em corte (0,1 µm). **E** Cromoplasto cristaloide isolado da raiz da cenoura, em luz polarizada (750x); os cristais de β-caroteno achatados são dicroicos, ou seja, a absorção da luz depende da direção da sua oscilação (tensor). (A segundo H. Mohr e P. Schopfer; E segundo D. Kühnen.)

Os plastídios da folhagem de outono – eles são denominados **gerontoplastos** (do grego, *géron* = velho) – têm pouco em comum com os cromoplastos propriamente ditos (Tabela 2-4). Eles são encontrados nas células das folhas senescentes, onde acontece uma intensa decomposição de matéria.

2.3 Estrutura celular de procariotos

Do ponto de vista ecológico, fisiológico e estrutural, os procariotos são muito heterogêneos. A seguir, é fornecida uma visão geral sobre as características gerais da estrutura celular de procariotos. Neste sentido, fica evidente o quanto as diferenças entre procitos e eucitos são grandes. Além disso, nos organismos recentes não se conhecem formas de transição autênticas entre estes dois tipos celulares. Apenas os parentescos das sequências das moléculas semânticas (DNAs, RNAs, proteínas) apontam para uma origem filogenética comum de procariotos e eucariotos.

A **diferença** básica **de procariotos e eucariotos** é documentada pelo tamanho desigual de protocitos e eucitos típicos (Figura 1). As dimensões de uma célula da bactéria intestinal *Escherichia coli* situam-se em 2-4x 1 µm, correspondendo a um volume de aproximadamente 2,5 µm³. Por outro lado, o volume da massa plasmática dos eucitos médios, sem o vacúolo, compreende aproximadamente 1.500-3.000 µm³, sendo, portanto, três ordens de grandeza mais alto. De modo correspondente, a quantidade de DNA nos protocitos é muito menor. Enquanto o comprimento do contorno total do DNA do núcleo haploide humano é de 1 m, em *E. coli* ele tem apenas cerca de 1 mm. A miniaturização dos protocitos relaciona-se também com a **duração da geração**, que sob condições ótimas pode ser muito curta, alcançando a 20 minutos em *E. coli*, por exemplo. Os meristemas dos eucitos, ao contrário, não se dividem mais do que uma vez por dia. De uma única célula bacteriana, poderia ser originado mais de um bilhão de células, uma circunstância que permite entender o enorme significado ecológico das bactérias. Entre os procariotos não existem organismos multicelulares autênticos.

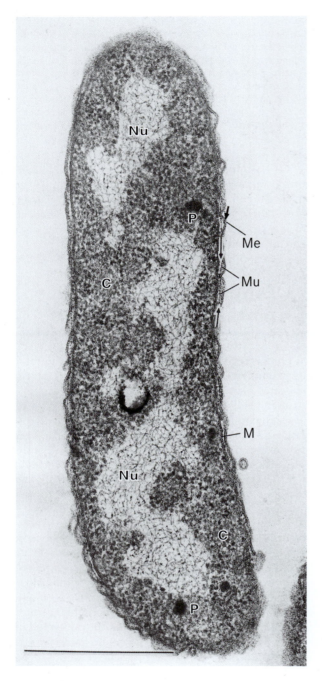

Figura 2-92 Ultraestrutura de uma célula bacteriana típica (gram-negativa): *Rhodospirillum rubrum* (0,5 μm). O nucleotídeo, morfologicamente irregular e evidenciado na fita de DNA, é cercado por citoplasma rico em ribossomos, no qual encontram-se grânulos de polifosfato. A membrana plasmática é justaposta à parede celular. Nesta, existe uma camada semelhante à membrana denominada "membrana externa" (em inglês *outer membrane*), situada externamente ao delgado sáculo de mureína (camada de peptideoglicano, setas finas). A "membrana externa" inexiste nas bactérias gram-positivas, nas quais o sáculo de mureína é mais espesso e multiestratificado (comparar com Figura 2-97). – C, citoplasma; M, membrana plasmática; Mu, sáculo de mureína; Nu, nucleoide; Me, membrana externa; P, grânulos de polifosfato. (Segundo R. Ladwig; ME segundo R. Marx.)

A miniaturização dos protocitos tem como consequência também uma especial **compartimentalização** simples (Figura 2-92). Na maioria dos protocitos, a membrana plasmática é a única membrana; a célula, portanto, representa um único compartimento. Compartimentos intracelulares não plasmáticos raramente são formados nas bactérias

Os tilacoides das cianobactérias (Figura 2-93A) não são propriamente componentes dos plastídios, delimitados por membranas, como nas algas eucarióticas e plantas superiores. Trata-se de membranas duplas planas no citoplasma, que são dotadas de pigmentos fotossintéticos e executam reações luminosas com dissociação da molécula de água. Eles provêm de invaginações da membrana plasmática. Em algumas bactérias, existem invaginações morfologicamente distintas (Figura 2-93B, C), que ficam ligadas à membrana plasmática. Todavia, elas são denominadas **membranas intracitoplasmáticas** (MIC). Essas vesículas membranosas, bolsas membranosas ou túbulos membranosos também portam pigmentos fotossintéticos.

A enorme multiplicidade do procariotos manifesta-se não apenas nas muitas e extraordinárias rotas metabólicas, não encontradas nos eucariotos. Ela é também documentada à medida que existem fortes desvios das características típicas até pouco tempo registradas. Por exemplo, as células bacterianas às vezes atingem dimensões, que correspondem às de eucitos. Valores máximos foram encontrados em *Epulopiscium fishelsoni*, uma bactéria intestinal gram-positiva de peixes marinhos tropicais, cujas células (em forma de bastonete) medem 600 x 80 μm. Ainda maior é *Thiomargarita namibiensis*, uma sulfobactéria esférica de até 750 μm de diâmetro descoberta em sedimentos marinhos da Namíbia, que armazena quantidades consideráveis de enxofre e nitrato em suas células vacuoladas. Esta bactéria forma cadeias celulares com até 50 células. Associações celulares semelhantes são comuns em cianobactérias (Figura 10-13), e em mixobactérias constata-se a formação de "corpos frutíferos" estruturalmente complexos.

2.3.1 Multiplicação e aparato genético

O **DNA** dos procariotos é circular. Ele não existe em várias peças diferentes e lineares, que corresponderiam aos cromossomos de eucariotos. Não obstante, mesmo os aneis de DNA das bactérias são denominados **cromossomos bacterianos**. Esses aneis de DNA possuem um sítio de ligação à membrana e apenas uma origem de replicação; eles são monorreplicantes. A parte do segmento da sequência não codificante é diminuta. Mesmo tendo uma circunferência pequena (entre 0,2 mm em micoplasmas e 37 mm em algumas cianobactérias), o DNA precisa ficar enrolado (compactado), para poder caber no espaço da zona central do protocito, o **nucleoide**. Os nucleoides não são separados do citoplasma (que con-

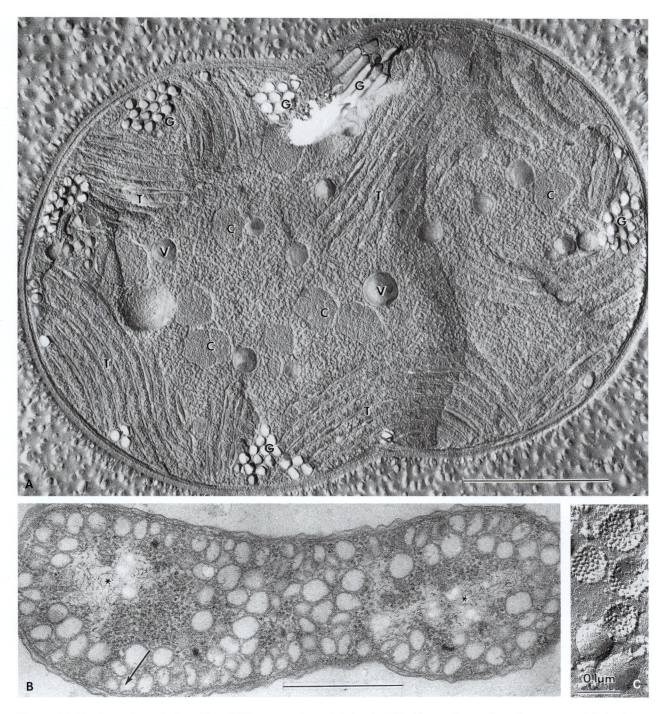

Figura 2-93 Membranas intracitoplasmáticas (MIC) em procariotos. **A** A cianobactéria *Microcystis aeruginosa* (imagem por criofratura) contém vários tipos de MIC: tilacoides, vacúolos com substâncias de reserva, carboxissomos como compartimentos de reserva para a rubisco (ver 5.5.1). Os chamados vacúolos gasosos – cavidades cilíndricas cheias de gás que possibilitam a flutuação das células na água – não são envolvidos por membranas lipoproteicas, mas sim por envoltórios proteicos, os quais podem ser formados *de novo* no plasma. A célula encontra-se no começo de uma divisão (1 μm). **B** Na bactéria gram-negativa *Rhodospirillum rubrum*, na presença da luz e sob condições anaeróbias, estabelece-se um sistema MIC em forma de cromatóforos vesiculosos, que realizam fotossíntese com auxílio de bacterioclorofila – mas sem dissociação da molécula de água; os cromatóforos originam-se como invaginações da membrana celular (seta) e ligam-se parcialmente à ela e em parte ficam permanentemente ligados entre si; * Nucleoide (0,5 μm). **C** Cromatóforos de *Rhodobacter capsulatus*, em preparação por criofratura; dependendo do plano, eles aparecem lisos ou são visíveis como muitas partículas intramembranas; eles correspondem aos complexos de pigmentos proteicos para a fotossíntese. – C, carboxissomos; G vacúolos gasosos; T, tilacoides; V, vacúolos. (ME segundo J.R. Golecki.)

têm ribossomos) por membranas ou membranas duplas, mas se distinguem dele. Nos nucleoides não existem estruturas com nucléolos. Nas células das cianobactérias ("algas azuis"), grandes em comparação com os demais protocitos, o nucleoide (de posição central) é visível em microscopia óptica e localiza-se no centroplasma, o qual é envolvido por um cromatoplasma pigmentado por "tilacoide" (Figura 2-93A).

Nos nucleoides dos procitos não há histonas (exceção arquéas metanógenas). Neutralização e compactação do material genético ocorre mediante outras proteínas básicas, aminas ou cátions inorgânicos. Na transcrição e tradução, torna-se especialmente claro que os nucleoides não têm delimitação por membrana: mesmo antes do término da transcrição de um gene ou de genes vizinhos (de um **óperon**), a tradução já se estabelece na extremidade 5' do RNAm sintetizado em primeiro lugar. Não ocorre um processamento desse RNA. A tradução co-transcricional se dá nos **ribossomos 70S** (subunidades 50S e 30S; Figura 2-42), cuja atividade é inibida por antibióticos diferentes dos que são eficazes em ribossomos 80S de eucariotos (ver 2.2.4). Os ribossomos 70S são menores e estruturalmente mais simples do que os ribossomos 80S.

Os fenômenos correspondentes à mitose ou à meiose não existem em procariotos. Eles não dispõem de microtúbulos, de actina ou miosina, e não há nada que seja comparável ao fuso acromático. A distribuição do material genético para as células-filhas é conseguida à medida que, após a duplicação das moléculas de DNA, os sítios de origem da replicação no nucleotídeo se separam e os sítios de ligação à membrana também são afastados por crescimento de membrana. Entre estes, ocorre a formação de um **septo** (parede transversal) (Figura 2-94). Para a **divisão celular**, o plasma central sofre constrição no nível do septo, por meio de um anel contrátil. Neste anel, um papel dominante é exercido pela **proteína FtsZ**, que homóloga à tubulina e sob condições adequadas forma filamentos e estruturas em anel.

Apesar da falta de singamia e meiose, nas bactérias observam-se processos sexuais, ou seja, ocorre transferência de informação genética de uma célula para outra, bem como há recombinação (**parassexualidade**). Neste sentido, são transferidos principalmente **plasmídeos**, moléculas de DNA em forma de anel e, em geral, pequenas que podem se multiplicar de modo autônomo na célula hospedeira. Eles não contêm genes para o metabolismo básico, mas sim os chamados genes adaptativos, que, por exemplo, causam resistência a antibióticos (genes de resistência em plasmídeos R), atuam na conjugação (plasmídeo F) ou codificam toxinas.

2.3.2 Flagelos das bactérias

Muitas eubactérias são flageladas, mas a estrutura dos seus flagelos é muito diferente daquela dos complexos flagelos ou cílios dos eucariotos. O **flagelo de bactéria** (Figura 2-95) tem espessura de 20 nm e é constituído de uma proteína estrutural uniforme denominada **flagelina**. O flagelo de bactéria tem forma helicoidal, não alterável. Na sua base, ele possui uma estrutura de apoio com quatro aneis coaxiais, com a qual ele tem um encaixe giratório na membrana plasmática e parede celular (Figura 2-96). O flagelo tem disposição extracelular e, ao contrário dos flagelos dos eucariotos (10 vezes mais espessos e variáveis morfologicamente), não é coberto por uma membrana. Por ocasião dos movimentos da célula bacteriana para frente ou para trás (esses movimentos se alternam entre si), o flagelo inteiro realiza rotação, sem alteração de forma, no sentido horário ou anti-horário, respectivamente, atuando como uma hélice. O motor desse movimento de rotação encontra-se na base do flagelo. Ele não é acionado por ATP, mas por um gradiente de prótons na membrana plasmática, que é nivelado por afluxo de prótons para a célula.

2.3.3 Estruturas de parede

As paredes celulares dos procariotos podem ser estruturalmente distintas. Os micoplasmas representam o nível mais baixo de organização celular e suas células, especialmente pequenas e simples, não possuem parede. A maioria dos outros protocitos possui uma parede celular que serve não só para proteção da célula, mas também para estabilização osmótica, para regulação da forma e controle do contato com o ambiente. A parede atua como esqueleto externo. Os protocitos cuja parede foi removida artificialmente tornam-se esféricos (esferoplastos e protoplastos), são osmoticamente lábeis e podem se dividir de novo após a regeneração da parede.

A Figura 2-97 mostra a disposição em camadas de envoltórios celulares de bactérias. (As paredes celulares das arquéas divergem bastante, inclusive em seus integrantes moleculares.) Um componente determinante da estrutura é a **camada de peptideoglicano** ou **cama-**

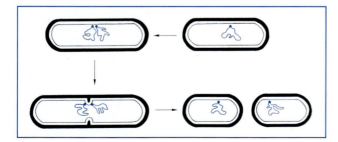

Figura 2-94 Representação esquemática da segregação do genoma e divisão celular em uma bactéria; DNA circular e complexo de ligação à membrana celular estão apresentados em azul.

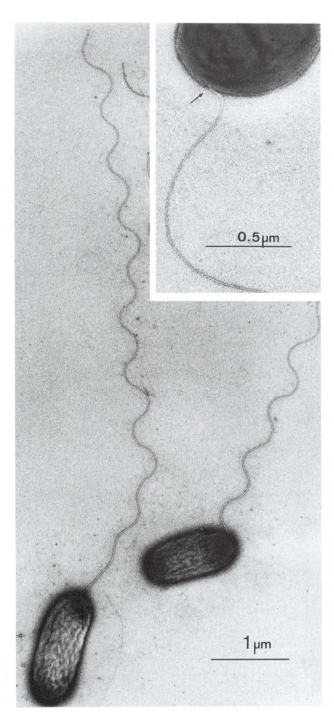

Figura 2-95 Flagelos de bactérias (*Agrobacterium tumefaciens*, contraste negativo). A seta na imagem parcial ampliada mostra o "gancho" do flagelo, onde se encontra o motor do movimento rotatório (Figura 2-96). (ME segundo H. Falk.)

da de mureína. Ela é constituída de cadeias de polissacarídeos não ramificadas, que apresenta um retículo transversal de oligopeptídeos. Como toda a camada de

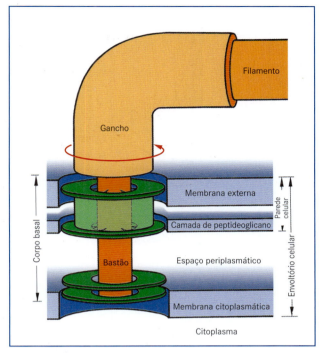

Figura 2-96 Esquema da base do flagelo de *Escherichia coli*. O corpo basal funciona como aparato propulsor e seus quatro anéis têm diâmetro de 20 nm. Os dois anéis externos inexistem nas bactérias gram-positivas. (Segundo J. Adler.)

mureína corresponde a uma única molécula gigante, ela é identificada também como **sáculo de mureína**. Por meio da inserção local de novos componentes, o sáculo pode ser ampliado e pode assim acompanhar o crescimento celular, sem renunciar a função de sustentação e de proteção. A síntese de peptideoglicano é bloqueada por penicilina. Por essa razão, este antibiótico mata células bacterianas, mas não eucitos – nos eucariotos não há peptideoglicanos.

As bactérias gram-positivas e gram-negativas se distinguem entre si na estrutura da parede celular. (A **coloração-gram** – violeta genciana + iodo – nas bactérias gram-negativas pode ser lixiviada de novo por meio de etanol, o que não acontece nas bactérias gram-positivas.) Nas bactérias gram-positivas, o sáculo de mureína (peptideoglicano) é resistente, consistindo de muitas camadas. Nas bactérias gram-negativas e nas cianobactérias, ao contrário, o sáculo de mureína é delgado. Neste caso, além do sáculo, encontra-se também uma outra camada característica, que, pelo seu aspecto em corte observado ao microscópio eletrônico, é denominada **membrana externa** (em inglês *outer membrane*). Em sua estrutura molecular, ela se assemelha a uma biomembrana, à medida que apresenta uma dupla camada lipídica, sendo a interna predominantemente de fosfolipídeos. A camada externa, por sua vez, é formada

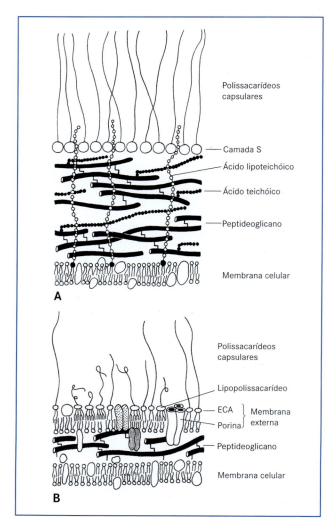

Figura 2-97 Exemplos de paredes celulares bacterianas. **A** Esquema da estrutura da parede celular de um *Bacillus* gram-positivo. Sobre a membrana do citoplasma (membrana celular), existem camadas de peptideoglicano. No nível da parede celular, dispõem-se ácidos teicóicos (polímeros lineares de resíduos de glicerolfosfato ou de ribitolfosfato), que são ligados covalentemente ao peptideoglicano. Os ácidos lipoteichóicos, por outro lado, são ancorados na membrana do citoplasma e se estendem perpendicularmente à superfície da parede. O complexo da parede como um todo é coberto pela camada S (em inglês, *surface* = superfície), à qual são ligadas frouxamente cadeias de polissacarídeos capsulares (dirigidas para fora) por meio de valências secundárias. **B** Esquema correspondente para uma bactéria gram-negativa, tendo como exemplo *Escherichia coli*. O peptideoglicano tem apenas uma camada. A membrana externa é ancorada nela por meio de unidade lipoproteicas (cinza). Ela é atravessada por porinas trímeras e contém proteína A (pontuada) como proteína integral de membrana. A camada externa da membrana externa consiste de lipossacarídeos com os ácidos graxos do lipídeo A orientados para dentro e com as cadeias de polissacarídeos torcidas para fora (os chamados antígeno O), bem como de unidades ECA anfipolares (em inglês, *enterobacterial common antigen*) com cadeias de polissacarídeos estendidas longitudinalmente. Além disso, nela são ancorados polissacarídeos capsulares ("antígeno K"). (Segundo U.J. Jürgens.)

por **lipopolissacarídeos**, polímeros complexos com resíduos de ácidos graxos como porção lipofílica e cadeias características constituídas de oligossacarídeos e polissacarídeos. Juntas, elas formam uma camada protetora hidrófila em torno do protocito, através da qual as moléculas lipofílicas não podem passar. As porções hidrófilas, ao contrário, são permeáveis. Na dupla camada lipídica da membrana externa encontram-se complexos trímeros de uma proteína transmembrana (**porina**), que formam poros hidrófilos com diâmetros de cerca de 1 nm. (As porinas da membrana externa de mitocôndrias e plastídios têm na verdade uma função correspondente, mas, quanto à sua sequência de aminoácidos, elas não se relacionam com as porinas de bactérias, as quais são muito heterogêneas.) A membrana externa não é uma biomembrana autêntica, mas sim uma camada da parede celular. Ao contrário das biomembranas, ela pode ser formada *de novo*, sendo regenerada, por exemplo, após a perda total da parede. Em parte alguma ela confina com o plasma celular, e não possui translocadores para transporte específico ou ativo. Entre a membrana celular e a membrana externa existe o chamado espaço periplasmático.

Sob circunstâncias desfavoráveis, a maioria dos procariotos tem a capacidade de forma **esporos** com paredes resistentes e impermeáveis.

2.4 Teoria endossimbionte e hipótese do hidrogênio

Plastídios e mitocôndrias ocupam uma posição especial nos eucitos: mediante sua membrana dupla, eles são separados do citoplasma e fusionam só como os seus iguais. Eles possuem DNA circulares próprios, assim como dispositivos de transcrição e de tradução, que mostram características bacterianas. Seu modo de divisão também lembra o de bactérias. A teoria endossimbionte permite que esses achados tornem plausível a suposição de que mitocôndrias e plastídios filogeneticamente derivem das bactérias, que em tempos remotos da história terrestre teriam sido incorporadas em eucitos primitivos como simbiontes intracelulares (**endocitobiontes**). Em endocitobioses recentes, é possível verificar os postulados da teoria endossimbionte.

2.4.1 Endocitobiose

Em muitos protistas, animais, fungos e plantas são encontrados endocitobiontes, que em suas células hospedeiras fisiologicamente exercem o papel de organelas.

Por exemplo, as bactérias dos gêneros *Rhizobium* e *Bradyrhizobium*, quando vivem nas células de nódulos de raízes de leguminosas, assimilam nitrogênio do ar e, assim, tornam suas plantas hospedeiras independentes do nitrogênio do solo ou de adubação nitrogenada (ver 8.2.1). Nos corais de pedra, dinoflagelados endocíticos (**zooxantelas**, Figura 10-81), por meio da sua fotossíntese, causam uma aceleração do crescimento de uma a dez vezes. Em algumas amebas, diferentes ciliados, alguns fungos e em *Hydra* (pólipo de água doce) existem formas que, através de algas verdes unicelulares endossimbióticas (**zooxantelas**), podem realizar fotossíntese e, por isso, se tornam parcialmente ou totalmente fotoautotróficas. De qualquer modo, a formação de endocitobioses estáveis é bem distribuída, sendo também em organismos recentes um fenômeno de grande significância ecológica.

Alguns endocitobiontes podem sobreviver independentes de seus hospedeiros. Em outros casos, a dependência recíproca dos parceiros da simbiose é tão acentuada que eles só ocorrem juntos na natureza. As **endocianomas** representam exemplos extremos deste tipo, nas cianobactérias vivem como simbiontes intracelulares permanentes (Figura 2-98). As cianobactérias endocíticas exercem o papel de cloroplastos. Elas são denominadas **cianelas** (do grego, *kýanos* = azul) e não podem ser mantidas vivas fora do seu hospedeiro. Seu DNA tem apenas 1/10 da circunferência ou da capacidade de informação do genoma das cianobactérias de vida livre. A maioria das proteínas específicas de cianelas não é codificada neste DNA, mas sim no DNA do núcleo das células hospedeiras. Com isso, nas cianelas, que ainda dispõem de resíduos de uma parede celular procariótica, é alcançada uma situação que também geneticamente corresponde àquela dos plastídios.

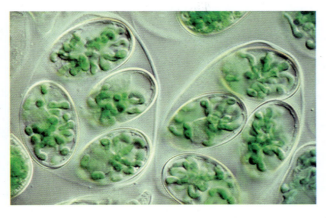

Figura 2-98 Endocianomas. *Glaucocystis nostochinearum* com cianelas em forma de "salsicha"; setas: núcleos (900x). (MO segundo P. Sitte.)

2.4.2 Origem dos plastídios e mitocôndrias por simbiogênese

Como mencionado, a teoria endossimbionte se apoia principalmente em uma série de características especiais de plastídios e mitocôndrias, que também são observadas nas bactérias:

- DNA circular sem sequências altamente repetitivas, com ligação à membrana, concentrado em nucleoides, sem histonas ou nucleossomos;
- replicação independente temporalmente da fase S do ciclo celular;
- parentesco de sequências (por exemplo) do RNArs em mitocôndrias com bactérias purpúreas α, em plastídios com cianobactérias;
- apenas uma RNA polimerase sensível à rifamicina (no núcleo, por outro lado, três, que são sensíveis à amanitina em magnitudes diferentes);
- extremidades dos RNAms: nenhum quepe na extremidade 5', nenhuma extensão (cauda) poli A na extremidade 3' (ver 6.2.2.2);
- ribossomos que, conforme tamanho e sensibilidade a inibidores, correspondem ao tipo 70S bacteriano;
- início da tradução com formilmetionina (em vez de metionina, como nos ribossomos 80S citoplasmáticos).

Existem outras afinidades acentuadas das organelas com bactérias. A membrana mitocondrial interna contém, por exemplo, cardiolipina, então ocorrente apenas em bactérias, e não contém esterolipídeos, típicos para membranas de eucitos (Figura 2-99). A incorporação dos endocitobiontes postulada pela teoria endossimbionte deve ter ocorrido por fagocitose, mecanismo propagado em protozoários (mas também, por exemplo, nos granulócitos e macrófagos dos mamíferos e de humanos) para absorção de alimento particular (Figura 2-100). Na fagocitose, automaticamente resulta a compartimentalização, conhecida para plastídios e mitocôndrias: as células fagocitadas são envolvidas por duas membranas na célula ingestora, sendo que a membrana interna corresponde à membrana plasmática da célula absorvida; a membrana externa, por outro lado, corresponde à membrana fagossômica (membrana endossômica), que, por sua vez, é proveniente da membrana plasmática da célula absorvente. Após a fagocitose, as partículas de alimento absorvidas são digeridas por lisossomos (Figura 2-55A). Contudo, isto não ocorre por ocasião do estabelecimento de endocitobioses; neste caso, os organismos unicelulares que sofreram endocitose sobrevivem na célula hospedeira como simbiontes ou parasitos, conforme atestam os exemplos de situação semelhante entre organismos recentes.

Por esse motivo, é discutida uma hipótese alternativa, a chamada **hipótese do hidrogênio**. Segundo

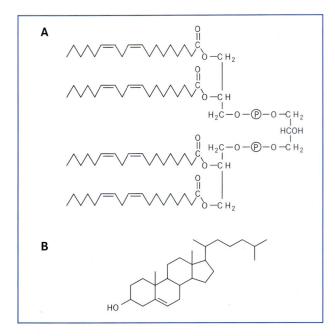

Figura 2-99 Cardiolipina (**A**), é um fosfolipídeo bem distribuído nas bactérias, mas ocorre em eucitos apenas na membrana mitocondrial interna. Os esterolipídeos – como exemplo, neste caso, colesterol (**B**) – inexistem, por outro lado, nas membranas dos procariotos de vida livre e na membrana mitocondrial interna, são integrantes de membrana frequentes em eucariotos.

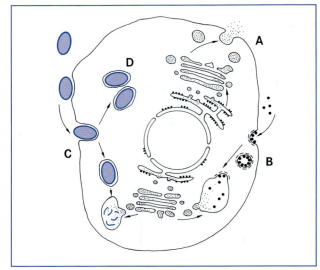

Figura 2-100 Fagocitose e endocitobiose. Além da exocitose e da endocitose de partículas moleculares (**A**, **B**), um fagócito eucariótico (por exemplo, uma ameba), pela invaginação da membrana plasmática e mediante fagocitose, pode também englobar células-presas inteiras em um vacúolo alimentar (fagossomo) (**C**). Com a entrada de lisossomos primários formam-se vacúolos digestivos. Isto não acontece quando da formação de endocitobioses estáveis (**D**): a "célula-presa" sobrevive na célula hospedeira como simbionte (ou parasito) e nela pode se multiplicar.

ela, os seres primitivos não existiram com linha de desenvolvimento própria no início da evolução da vida, mas sim os primeiros eucitos já eram produtos de uma simbiose celular de arquéas metanógenas e proteobactérias α. Sob carência de oxigênio, as bactérias formam hidrogênio, necessário para a produção de metano pelas arquéas. Portanto, a simbiose teria feito as arquéas independentemente de fontes abióticas de H_2. Por meio do crescimento, as arquéas poderiam ter se apoderado totalmente de seus parceiros, que por sua vez, ao longo da evolução, se desenvolveram em **hidrogenossomos** (em organismos unicelulares eucarióticos anaeróbios, estes são equivalentes a mitocôndrias sem DNA) ou em mitocôndrias – quando há disponibilidade de O_2. Segundo esta hipótese, portanto, os eucitos originários já conteriam proteobactérias α e, ao contrário do que propõe a teoria endossimbionte, precisaram se apoderar delas só posteriormente por fagocitose. A hipótese do hidrogênio é sustentada pelo fato de que as arquéas metanógenas – como de costume apenas eucariotos – possuem histonas e formam nucleossomos.

A conclusão geral mais importante da teoria endossimbionte é que os organismos modernos evolutivamente podem surgir não apenas por mutação, recombinação genética ou transferência gênica horizontal, mas também por formação de simbioses intracelulares estáveis. Mediante tal **combinação intertaxonômica**, superorganismos originados recentemente são quimeras do ponto de vista celular e genético. (Na biologia, quimera é um organismo geneticamente não homogêneo.) Eucitos modernos são **células em mosaico** quiméricas, compostas de células de reinos de organismos distintos. Durante a coevolução de células hospedeiras e endocitobiontes de longa duração – denominada **simbiogênese** – os simbiontes se desenvolveram pouco a pouco em organelas, como elas são observadas em eucitos recentes. As transformações dizem respeito à perda de parede; ajuste de multiplicação e configuração concreta às necessidades especiais das células hospedeiras; desenvolvimento de sistemas translocadores nas membranas do envoltório para troca intensiva, até a capacidade de conduzir ATP ou triose fosfatos através dessas membranas; e finalmente o deslocamento de informação genética dos simbiontes/organelas para os núcleos das células hospedeiras, combinado com importação específica de proteínas e RNAts do citoplasma para as organelas.

Referências

Alberts B, Bray D, Lewis J, Raff M, Roberts K, Watson JD (2003) Molekularbiologie der Zelle, 4. Aufl. VCH, Weinheim

Hussey PJ, Ketelaar T, Deeks MJ (2006) Control of the actin cyto-skeleton in plant cell growth. Annu Rev Plant Biol 57: 109-125 Karp G (2005) Cell and Molecular Biology, 4th ed. Wiley, New York

Kessler F, Schnell DJ (2006) The function and diversity of plastid protein import pathways: a multilane GTPase highway into plas- tids. Traffic 7: 249-257

Maple J, Moller SG (2007) Plastid division: evolution, mechanism and complexity. Annals of Botany 99: 565-579

Meier I (2007) Composition of the plant nuclear envelope: theme and variations. J Exper Bot 58: 27-34

Mineyuki Y (2007) Plant microtubule studies: past and present. J Plant Res 120: 45-51

Pollard TD, Earnshaw WC (2007) Cell Biology. Spektrum Akademi- scher Verlag, Heidelberg

Renneberg R, Süßbier D (2006) Biotchnologie für Einsteiger. Spek- trum Akademischer Verlag, Heidelberg

Zhong R, Ye Z-H (2007) Regulation of cell wall biosynthesis. Curr Opin Plant Biol 10: 564-572

http://vlib.org/Biosciences

http://www.zytologie-online.net/

Capítulo 3
Os Tecidos das Angiospermas

3.1	**Tecidos formadores (meristemas)**	**124**	3.2.2.3	Endoderme	140
3.1.1	Meristema apical e meristema primário	125	**3.2.3**	**Tecidos de sustentação**	**141**
3.1.1.1	Ápice do caule	128	**3.2.4**	**Tecidos condutores**	**143**
3.1.1.2	Ápice da raiz	129	3.2.4.1	Floema	144
3.1.2	Meristemas laterais (câmbios)	130	3.2.4.2	Xilema	145
			3.2.4.3	Feixes vasculares	146
3.2	**Tecidos permanentes**	**130**	**3.2.5**	**Tecidos e células glandulares**	**147**
3.2.1	Parênquima	131	3.2.5.1	Laticíferos	150
3.2.2	Tecidos de revestimento	132	3.2.5.2	Canais resiníferos e cavidades secretoras	150
3.2.2.1	Epiderme e cutícula	133	3.2.5.3	Tricomas capitados e emergências glandulares	151
3.2.2.2	Periderme	137			

Um conjunto de células semelhantes denomina-se **tecido**. A similaridade corresponde à aparência das células, mas, ao se tratar da equivalência geral, ela se aplica também às suas capacidades fisiológicas. Na verdade, os tecidos são unidades morfológicas. Unidades funcionais multicelulares são denominadas **órgãos**, muitas vezes compostos de vários tecidos. Os tecidos são o objeto de estudo da **histologia** (do grego, *histós* = tecido).

Uma primeira classificação aproximada das células de um tecido é baseada nos seus formatos. Em geral, as células de tecidos parenquimáticos são isodiamétricas, enquanto as de tecidos fibrosos são alongadas e denominadas prosenquimáticas. Enquanto nos tecidos parenquimáticos não se destaca qualquer orientação espacial (isotropia), os tecidos prosenquimáticos (por exemplo, quanto à sua estabilidade mecânica) possuem uma direção preferencial, a saber, a direção longitudinal das suas células dispostas paralelamente (amisotropia). Além desses dois formatos básicos celulares (isodiamétricos e alongados), existe ainda o formato achatado, que é encontrado em tecidos de revestimento (forma celular epidérmica).

Idioblastos são células que diferem das outras tanto na sua forma quanto na sua função, dentro de tecidos homogêneos (Figura 3-9).

Quanto maior a complexidade da organização dos tecidos de um órgão, maior é seu grau alcançado de diferenciação, assim como a divisão de funções do seu conjunto de células. O nível de organização de um organismo está relacionado ao número dos tipos de células e tecidos envolvidos em sua constituição. Os reinos vegetal e dos fungos se baseiam em tal critério. O desenvolvimento filogenético do reino vegetal em geral se processa das formas de organização mais simples para as mais complexas (muitas vezes também maiores).

Muitas algas alcançaram graus de diferenciação apenas baixos. Nos casos mais simples, todas as células do corpo vegetal são responsáveis por todas as funções vitais, inclusive pela reprodução. Em algas mais complexas e em musgos, vários tecidos diferentes já podem ser distinguidos. A maior diversidade de tecidos no reino vegetal é alcançada pelas traqueófitas. Por isso, a visão geral dos tecidos vegetais deste capítulo se restringe a elas.

As espermatófitas são muito organizadas e ocupam o topo do desenvolvimento filético, representando as cormófitas terrestres mais jovens. Uma característica dessas plantas é a separação nítida de tecidos formadores (meristemas) e tecidos permanentes. A função dos meristemas (do grego, *merízein* = dividir) é produzir células somáticas (do grego, *sóma* = corpo, material). As células dos tecidos permanentes, por outro lado, não se dividem e se especializam em diversas funções. Células meristemáticas passam constantemente pelo ciclo de divisão celular (ver 2.2.3.5 e 6.3.5), enquanto as células dos tecidos permanentes em geral ficam restritas à fase G_1 (fase G_0). Além disso, as células meristemáticas nos ápices de caules e raízes não possuem vacúolo central, são pequenas e com paredes delgadas. As células dos tecidos permanentes são muito maiores, e seu volume pode ser mais do que 1.000 vezes superior ao de células embrionárias. Nelas, o vacúolo central está presente e suas paredes se encontram na fase de deposição primária de celulose. Enquanto as células meristemáticas crescem pela multiplicação da matéria seca (**crescimento embrionário ou plasmático**), na transição para células permanentes, o aumento celular depende do aumento vacuolar (**crescimento pós-embrionário ou de alongamento**, comparar com 6.1.1). As células dos **meristemas apicais** dos caules e raízes e suas derivadas imediatas nos **meristemas primários**, portanto, ainda crescerão em alongamento, enquanto as células dos tecidos permanentes já passaram por tal processo. O alongamento é típico nas células vegetais, não ocorrendo comparável crescimento nas células animais. Uma vez que a fase do crescimento pós-embrionário é rápida, com igual consumo de energia as plantas crescem mais rápido que os animais.

Tanto na regeneração como no curso normal do processo embrionário, as células permanentes podem voltar à condição embrionária e formar **meristemas secundários**. Esse retorno era denominado desdiferenciação, termo considerado enganoso, pois o estado meristemático pode resultar de uma diferenciação – a volta à condição embrionária é mais clara.

3.1 Tecidos formadores (meristemas)

O óvulo fecundado (zigoto) das plantas superiores se desenvolve inicialmente em um **embrião** (Figura 3-1; comparar também com 6.4.1 e Figura 6-27). Já na primeira divisão desigual característica do zigoto, é determinado o futuro eixo de polaridade: as derivadas imediatas da célula apical (menores e mais densas) originam mais tarde o caule, e as células basais, maiores, originam a raiz primária. Na verdade, em posição basal surge inicialmente um **suspensor**, por meio do qual o embrião em crescimento se conecta à planta-mãe (do latim, *suspendere* = suspender) e pode explorar as reservas nutritivas da semente, presentes no endosperma.

Assim que o embrião se torna maior, o crescimento por divisões celulares se restringe às extremidades do polo do caule (ápice do caule) e do polo da raiz (ápice da raiz). Caules e raízes exibem então um crescimento apical, cujas células são provenientes dos seus **meristemas apicais** (do latim, *apex* = ápice). Caules e raízes laterais possuem seus próprios meristemas apicais. As células próximas ao meristema apical estão em geral ativas para divisões celulares. Portanto, elas ainda possuem características meristemáticas; pela sua posição e aparência, muitas vezes é possível prever o destino das células seguintes. Esses tecidos formadores próximos ao ápice são denominados **meristemas primários**, e neles, se distinguem a **protoderme,** da qual provém o tecido de revestimento (a epiderme); o **meristema fundamental**, que origina o tecido fundamental (parênquima); e o **procâmbio,** do qual deriva o sistema condutor.

Com o aumento da distância em relação aos meristemas primários, estabelecem-se a transformação em células permanentes e a organização dos tecidos diferenciados. Próximo ao local onde houve transformação em tecidos permanentes, permanecem grandes complexos meristemáticos, que se distinguem como **meristemas residuais** dos meristemas apicais. Os **meristemas intercalares** podem ser citados como um caso particular. Eles se situam principalmente nos caules entre regiões já diferenciadas e podem causar o alongamento local subapical. **Meristemoides** são grupos celulares ou células isoladas em atividade de divisão que ao final se tornam tecidos permanentes (Quadro 3-1).

Por meio da formação das células nos meristemas apical e primário, assim como mediante processos histogenéticos e morfogenéticos subsequentes, o corpo vegetal é formado em seu estado "primário". Em herbáceas anuais e bianuais, esse é, ao mesmo tempo, o estado final. Essas plantas morrem após a produção de sementes, uma vez que não se propagam vegetativamente. Em plantas lenhosas perenes (arbustos, árvores) manifesta-se um crescimento secundário em espessura, ocorrendo a formação de caule e ramos laterais lenhosos, assim como um aumento em espessura das raízes. Na superfície de caules, ramos e raízes plurianuais se forma a casca. O **crescimento secundário em espessura** depende da atividade dos meristemas laterais (câmbios ou **meristemas secundários**), que pode aumentar o diâmetro dos caules em até 10.000 vezes. Eles são meristemas achatados, orientados paralelamente à superfície dos órgãos. Portanto, eles não estão presentes nos ápices do caule ou da raiz, como os meristemas apicais, mas sim como uma camada lateral de células em torno desses eixos (do latim, *lateralis* = lateral). Existem dois tipos de meristemas laterais: o **câmbio do caule** e **da raiz** (ou simplesmente chamado de "câmbio"), que formam os corpos lenhosos e o floema secundário dos caules e raízes, e o câmbio suberoso ou felogênio, que produz os tecidos de revestimento (periderme) com suas três camadas de tecidos (de fora para dentro: felema ou súber ou cortiça, felogênio e feloderme).

Os meristemas apicais e câmbios são caracterizados pela presença de **células iniciais**. Essas células se dividem de modo desigual (Figuras 4-43A e 6-26A, B): uma célula-filha permanece na condição de célula inicial, enquanto a outra se destina a formar as células permanentes. Com isso, células iniciais sempre podem ser encontradas

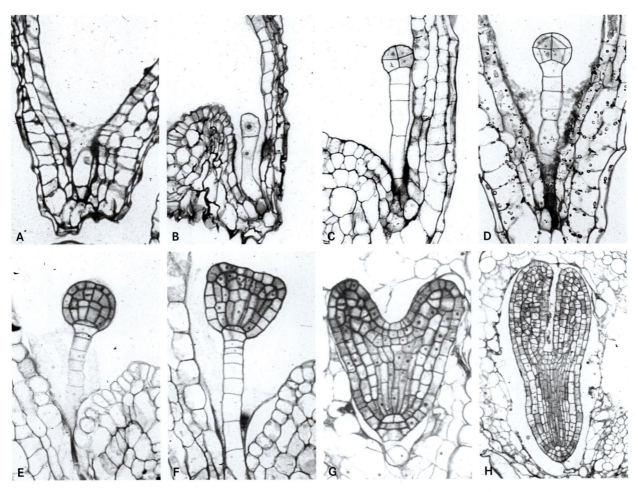

Figura 3-1 Desenvolvimento embrionário de *Arabidopsis thaliana*. **A** Zigoto. **B** Estágio bicelular depois da divisão assimétrica do zigoto. **C** Octante; o meristema caulinar e os cotilédones se formam a partir da metade superior da estrutura esférica de oito células, enquanto da metade inferior se originam o eixo e uma parte significativa da radícula. **D** Estágio de dermatogênio (protoderme); os precursores das células epidérmicas se dispõem na periferia. **E** Estágio globular, a célula superior do suspensor (fileira de células) representa a hipófise da qual são provenientes a região central do meristema da raiz e a coifa **F** Estágio triangular (de transição): desenvolvimento da simetria bilateral, que surge mais claramente pela implementação progressiva dos cotilédones no estágio do coração (**G**) e posteriormente no estágio de torpedo (**H**). (Segundo U. Mayer e G. Jürgens.)

no meristema, possibilitando um crescimento contínuo e a nova formação de órgãos. A presença de um meristema apical com células iniciais caracteriza as plantas como sistemas abertos, distinguindo-as dos animais.

3.1.1 Meristema apical e meristema primário

As células meristemáticas do caule e da raiz são isodiamétricas e pequenas (diâmetro de 10-20 μm). Suas paredes são muito duras e pobres em celulose. Todas as células estão unidas sem espaços entre si. O lúmen é preenchido pelo citoplasma (rico em ribossomos) e por um grande núcleo central. Não há grandes vacúolos centrais nem reservas de nutrientes, e os plastídios estão presentes na forma de proplastídios.

Na maioria das plantas superiores, os meristemas apical e primário ("**pontos vegetativos**") dos ápices de caule e raiz são aproximadamente cônicos (Figuras 3-2, 3-3 e 3-5: como vegetativo). Apesar disso, os meristemas nas extremidades de caules podem ser achatados ou mesmo côncavos, como em plantas rosuladas ou nas grandes "covas apicais" em forma de prato de muitas palmeiras.

A multiplicação celular propriamente dita ocorre no meristema primário, cuja atividade de divisão é temporalmente limitada. Por meio de observações, é possível mostrar que as células iniciais do meristema apical raramente se dividem. Na raiz do milho, o ciclo celular completo das células iniciais (**células-mãe iniciais**) dura mais de 7 dias,

Quadro 3-1

Meristemas residuais e meristemoides

Abaixo da zona histogenética, ou seja, bem abaixo do ápice, o meristema residual, sob forma de camadas celulares limitadas, grupos ou cordões celulares, frequentemente mantém sua capacidade de divisão por um certo tempo. Por exemplo, em diversas monocotiledôneas, as porções basais da estrutura axial permanecem meristemáticas por um longo tempo, como **zonas de crescimento intercalar**. Os câmbios fasciculares (nos feixes vasculares) das dicotiledôneas participam posteriormente do crescimento secundário em espessura dos eixos caulinares (ver 4.2.8.2). O periciclo das raízes servem, de modo correspondente, como base inicial para a formação de raízes laterais (ver 4.2.2.2).

Diversas folhas de monocotiledôneas crescem por um longo período nas suas bases, enquanto os ápices já estão totalmente diferenciados. Em um caso extremo, como o de *Welwitschia* (Figura 10-231A), uma gimnosperma do sudoeste africano, as duas folhas lineares exibem um crescimento basal ilimitado, enquanto as zonas apicais se reduzem constantemente pela sua morte.

Nas zonas de diferenciação de caules e folhas, encontram-se com frequência pequenos aglomerados de células mitoticamente ativas, mas que não possuem células iniciais. Todas as células de tais **meristemoides** se tornam por fim células permanentes, como idioblastos, distintas estrutural e funcionalmente das demais células do tecido. Estômatos e tricomas multicelulares (Figuras 3-13 e 3-14), por exemplo, resultam de meristemoides. Os primórdios foliares presentes no ápice caulinar também são meristemoides, que se expressam no crescimento limitado das folhas. (*Welwitschia*, anteriormente citada, constitui uma exceção.)

Meristemoides derivam geralmente de células isoladas, provenientes de uma divisão desigual: de uma célula-mãe deriva uma célula maior, fortemente vacuolada, que não se divide mais, e uma outra menor, rica em citoplasma que, por meio de divisões contínuas limitadas, forma o meristemoide. A distribuição dos meristemoides ou do que resulta deles é interessante do ponto de vista do desenvolvimento biológico: eles ocorrem em padrões regulares (Figura 3-13). Eles resultam de um local de adensamento de zona de inibição presente ao redor de cada meristemoide formado e, dentro dele, a formação de outros meristemoides é suprimida. A regularidade da filotaxia, por exemplo, depende desse processo (ver 4.2.2 e 6.4.2).

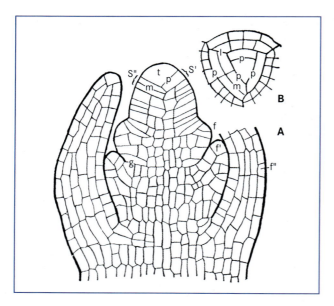

Figura 3-2 Ápice caulinar da cavalinha (*Equisetum* sp.) **A** Corte longitudinal; **B** visão do ápice (180x). A célula apical organizada em segmentos (S', S'') de paredes oblíquas (p). Esses segmentos são posteriormente divididos por paredes adicionais (m). – f, f', f'' primórdios foliares, g células iniciais de uma gema lateral, l parede lateral de um segmento. (Segundo E. Strasburger.)

sendo, portanto, quase 14 vezes tão longo quanto a atividade de divisão das derivadas. Nas células iniciais, que são mais vacuoladas do que as demais, além de possuírem núcleos menores e mais densos, a fase G1 é prolongada. Por isso, os complexos de células iniciais em geral são caracterizados como **centros quiescentes** (do inglês *quiescent centres*).

Os cones vegetativos de caule e raiz exibem diferenças básicas. Na região imediatamente subapical do caule já são produzidas saliências (gemas) (Figuras 3-2 e 3-3), que se tornam folhas ou caules laterais. Nesse sentido, folhas e caules laterais provêm de saliências celulares superficiais com caráter meristemático, ou seja, têm origem **exógena**. As folhas crescem mais rápido que o ápice caulinar, envolvendo-o e protegendo-o. Por outro lado, o seu crescimento é limitado pelo ápice.

As raízes nunca possuem folhas. O ápice das raízes é coberto pela **coifa**, formada pelo meristema apical. As raízes laterais têm origem endógena, crescendo para fora inicialmente através de tecidos corticais e de revestimento. A disposição de uma raiz lateral não ocorre na região apical e sim nas regiões já diferenciadas. As raízes laterais são derivadas do periciclo, que é um tecido vascular já diferenciado, ao passo que os meristemas de ramos laterais e primórdios foliares derivam do meristema apical caulinar (**fracionamento do meristema**).

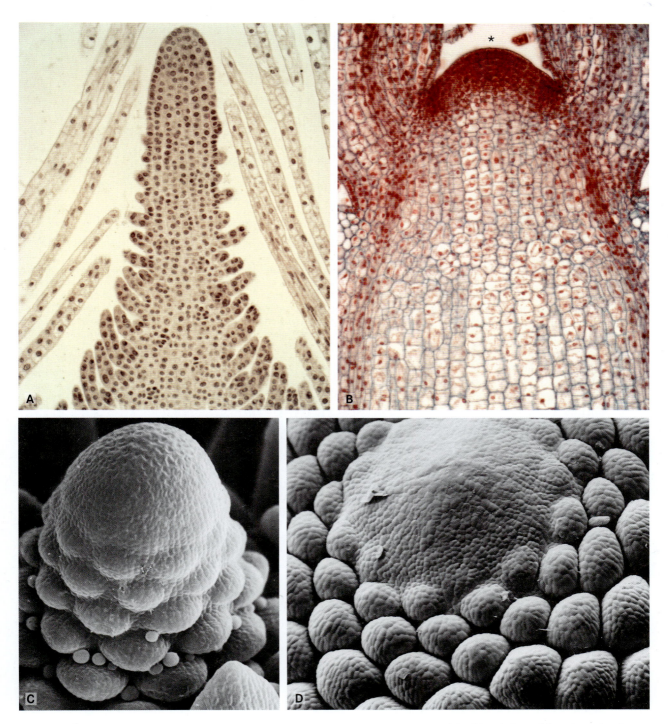

Figura 3-3 Ápice caulinar. **A** Ponto vegetativo (PV) cônico de elódea, *Elodea densa*, com uma túnica bisseriada; as folhas, formadas de apenas duas camadas celulares, se sobrepõem ao ápice caulinar; destaca-se a grande diferença entre as células embrionárias no PV das células vacuoladas e diferenciadas das folhas (140x). **B** Ápice caulinar de *Coleus*; os meristemas (*) do PV e da região axilar se destacam por sua densidade (falta de vacuolização, citoplasma rico em ribossomos, núcleos grandes); em ambas as folhas das gemas mais jovens já houve uma diferenciação do procâmbio (futuro tecido condutor), que se estende ao longo do eixo (85x). **C** PV cônico do cavalinho-d'água, *Hippuris vulgaris* (filotaxia verticilada; comparar com Figura 4-12A) (280x). **D** Ápice caulinar do espruce, *Picea abies* (filotaxia alternada, Figura 4-12D) (100x). (D segundo W. Barthlott.)

3.1.1.1 Ápice do caule

Em diversas algas marinhas, musgos e cavalinhas, assim como na maioria das samambaias, o meristema apical possui apenas uma célula inicial grande, denominada **célula apical**. Ela tem a forma de um tetraedro, cuja base arqueada situa-se no exterior do meristema. A partir das outras três faces, as células se dispõem sucessivamente sempre na mesma orientação com três planos de divisão (célula apical, Figuras 3-2 e 10-138). Os segmentos originados desse processo serão fragmentados por outras divisões, inicialmente bastante regulares. Em samambaias com crescimento pela célula apical, os primórdios foliares também começam a se desenvolver com uma célula apical cuneiforme de dois planos de divisão.

Em pteridófitas superiores, principalmente em Lycopodiaceae, e na maioria das gimnospermas, a célula apical é substituída por um grupo de células iniciais equivalentes, aumentando, com isso, o número de células iniciais. Nesse **complexo de iniciais**, as células podem se dividir tanto de modo anticlinal como periclinal (perpendicular e paralelamente à superfície, respectivamente). Em algumas gimnospermas altamente desenvolvidas e em todas as angiospermas, as células iniciais são ordenadas em camadas. Apenas o grupo mais interno se divide periclinal e anticlinalmente, produzindo, assim, a massa básica do ápice caulinar – o **corpo**. Nas camadas de iniciais acima do corpo, as divisões celulares ocorrem apenas no sentido anticlinal. Essas camadas celulares formam a **túnica** (do latim, *tunica* = pele, camisa; Figuras 3-3A, 3-4 e 3-5). O número total de camadas de células iniciais corresponde às camadas da túnica mais uma.

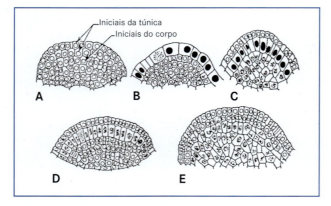

Figura 3-4 Ápice caulinar do estramônio *Datura* (80x). **A** Planta normal diploide (2n). **B-E** Quimeras periclinais são produzidas por tratamento com colchicina. **B** Camada externa da túnica (protoderme) = 8n; **C** segunda camada da túnica = 8n, corpo = 4n; **D** segunda camada da túnica = 4n; **E** corpo = 4n. (Segundo Satina, Blakeslee e Avery.)

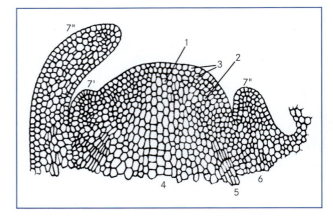

Figura 3-5 Ponto vegetativo do caule em espermatófitas (corte longitudinal). (**1**). Grupo de células apicais com iniciais (células-mãe centrais, em gimnospermas, como centro quiescente muitas vezes bem destacado). Ao meristema marginal (**2**), pertence o dermatogênio (**3**) situado na superfície ele aparece aqui como protoderme (da qual provêm as epidermes axial e foliar) e como subprotoderme, da qual surgem os primórdios foliares (**7'-7"**) por meio de divisões anticlinais. Na zona histogenética adjacente logo abaixo, distinguem-se o meristema medular (**4**), os cordões procambiais (**5**) e o meristema cortical (**6**). Do procâmbio surgem posteriormente os feixes vasculares. Os limites entre as regiões meristemáticas são raramente bem demarcados, e estudos sobre a biologia do desenvolvimento mostram que elas em geral podem se substituir (por exemplo, após perdas parciais).

Os termos túnica e corpo têm caráter apenas descritivo e não dizem nada sobre a ligação do desenvolvimento posterior das células deles derivadas. A teoria túnica-corpo derrubou a antiga teoria histogênica, que propunha que todas as células já tinham seu destino determinado no meristema apical. Porém, sobretudo os estudos com mutantes mostraram que o papel das células anormais no meristema pode ser assumido por outras células. Os meristemas apicais do caule mostram-se como complexos estruturais suscetíveis a correções de danos com considerável potencial regulatório, sem uma destinação rígida para as células (ao contrário das células organizadas do meristema da raiz).

O tamanho total do meristema apical de caule fica entre 50 e 150 μm. Meristemas apicais de cicadáceas e nos capítulos em desenvolvimento de girassóis são excepcionais, com diâmetros na faixa de milímetros.

Normalmente, o **meristema apical do caule** de angiospermas (**SAM**, do inglês *shoot apical meristem*) se apresenta como na Figura 3-5. O **complexo de iniciais** central é circundado pelo meristema primário ativo, por um **meristema marginal circular** e pelo **meristema medular** mais interno. A camada celular mais externa do meristema marginal funciona como a protoderme (dermatogênio). Na direção da base, o meristema periférico se organiza em um meristema cortical e um cilindro oco de células (muitas vezes formado de uma única faixa longitudinal), que começa a se prolongar no sentido do eixo.

Este **procâmbio** corresponde àquela parte do meristema primário, que permaneceu meristemático por todo esse tempo como um tipo de meristema residual. Dele nasce mais tarde o anel de feixes do eixo caulinar e, logo, nele terminam também os primórdios dos feixes vasculares das folhas jovens, que mais tarde se tornam as nervuras foliares. O meristema medular e o meristema cortical formam juntos o meristema fundamental.

Mesmo antes da organização dos tecidos se tornar clara, os **primórdios foliares** já podem ser observados na superfície do meristema apical como saliências laterais. Elas marcam o já mencionado fracionamento do meristema, como locais das divisões mitóticas anticlinais. As células dos primórdios foliares entram na fase de alongamento antes das células do eixo, de modo que as folhas jovens cobrem o ápice caulinar. Nesse processo, o gradiente do crescente alongamento das células (crescimento pós-embrionário) atua adicionalmente, e, assim, a zona de diferenciação se estende do ápice caulinar rumo à base. O lado externo das escamas das gemas (seu futuro lado inferior "abaxial") se encontra do lado oposto do futuro sentido do ápice, no lado adaxial (superior) do crescimento em alongamento, de modo que as folhas jovens se curvam contra o ápice, envolvendo-o e, assim, formando junto com ele uma **gema**.

Já nos primórdios foliares se estabelece uma distinção entre as faces superior e inferior das futuras folhas (sua estrutura dorsiventral). Ela se expressa, por exemplo, na expressão gênica assimétrica. A partir da região primordial adaxial, surgem mais tarde a face superior da epiderme, o parênquima paliçádico e os cordões de xilema da folha, enquanto da parte abaxial, se originam o floema, o parênquima esponjoso e a face inferior da epiderme (ver 4.3.1.3). A formação e o posicionamento dos primórdios foliares são determinados pelo ácido indol-3-acético, fitormônio transportado na zona meristemática estritamente para a base (ver 6.6.1.3).

No meristema apical, independente da organização dos meristemas, podem ser distinguidas três zonas: **zona das células iniciais** (10–50 μm); **zona de diferenciação** ou morfogenética (20–80 μm), onde ocorre a formação dos primórdios foliares e, posteriormente, a determinação da filotaxia; e, finalmente, a **zona histogenética**, onde ocorre a transição para células e tecidos permanentes. Esta última equivale à zona de alongamento do eixo.

No meristema apical do caule, é possível também explicar uma organização formal de acordo com princípios geométricos, que muitas vezes é utilizada para descrições. Posteriormente, os **meristemas em bloco** (meristemas com divisões celulares em todas as direções) são distinguidos dos **meristemas em placa** (achatados, divisões celulares em apenas um plano, paredes celulares alinhadas em relação a esse plano anticlinal) e dos **meristemas em costela** (unidimensionais, formação de fileiras de células mediante divisões transversais). Nos meristemas apicais e primários, o corpo corresponde a um meristema em bloco, a túnica a um meristema em placa, enquanto o procâmbio a um meristema em costela.

3.1.1.2 Ápice da raiz

O ápice da raiz é coberto por uma coifa ou caliptra (palavra de origem grega que significa *cobertura*). As paredes das células mais externas (mais velhas) da coifa são impregnadas por abundante secreção de pectina (mucigel). As células da coifa têm vida curta e se desfazem depois de poucos dias, sendo substituídas por células do meristema da raiz. Elas apresentam diferenciação rápida e terminal, como em geral acontece nas plantas (por exemplo, no crescimento em espessura secundário, ver 4.2.8.2, e na formação da periderme, ver 3.2.2.2). A coifa facilita a penetração do delicado ápice da raiz no solo.

Na maioria das pteridófitas, há uma célula apical tetraédrica no centro do ponto vegetativo da raiz (Figura 3-6A), bem como do caule. A célula apical tetrafacial se divide, originando célula nos quatro planos. A coifa é formada a partir de futuras divisões das células voltadas para o exterior. Em gimnospermas e angiospermas, o ápice da raiz não possui uma única célula apical. No seu lugar, encontram-se dois grupos de células iniciais nas gimnospermas. O grupo mais interno forma a massa principal do corpo da raiz por meio de divisões anticlinais e periclinais alternadas, enquanto o grupo mais externo forma os tecidos corticais e a coifa, ainda não nitidamente delimitada. Nas angiospermas, com frequência encontra-se um centro formador composto de alguns grupos independentes de células iniciais, de onde se originam os diferentes tecidos permanentes (coifa, epiderme, córtex e cilindro central) (Figura 3-6B, ver também 4.4.2.1). Na raiz, a organização das células iniciais em relação às suas derivadas é muito mais rigorosa do que no caule, de modo que nesse caso fala-se em histógenos com linhas celulares que derivam desses histógenos. A exclusão artificial de certas células iniciais por meio da destruição celular local (ablação a *laser*) faz com que muitas vezes as camadas celulares na raiz não sejam mais formadas (Figura 6-26).

Nos seus pormenores, a estrutura da zona de iniciais varia. Por exemplo, no ápice de raízes de gramíneas, a camada mais externa do meristema (a **protoderme**), que fornece o tecido de revestimento (a rizoderme), está unida em um único grupo de iniciais com a camada meristemática subjacente, da qual resulta o tecido cortical. Externamente a esse grupo, encontra-se o caliptrógeno, a camada meristemática formadora da coifa. Na maioria das eudicotiledôneas, no entanto, a coifa é formada por divisões anticlinais do mesmo grupo de células iniciais que também origina a protoderme (dermatocaliptrógeno, Figura 3-6B). Abaixo encontra-se uma segunda camada de células iniciais, de onde se origina o parênquima cortical com o seu tecido de revestimento – a endoderme. Finalmente, a partir de uma terceira camada de células iniciais, se forma o **pleroma**, o cilindro central com o pericâmbio (= periciclo).

Esse tipo de ápice de raiz "fechado" possui três camadas de células iniciais, reconhecidas como histógenos verdadeiros para a coifa, o córtex primário e o cilindro central, que se conservam

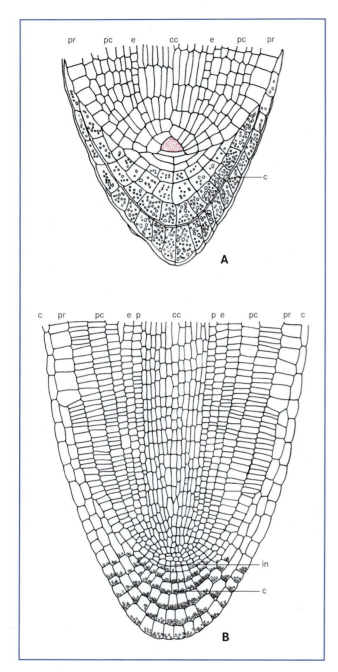

Figura 3-6 Ápice da raiz e a coifa. **A** Corte longitudinal do ápice da raiz da samambaia *Pteris cretica*. Célula apical tetrafacial pontilhada em vermelho (160x). **B** Corte longitudinal do ápice da raiz de *Brassica napus*, uma eudicotiledônia. A mais externa das três camadas de células iniciais (dermocaliptrógeno) forma o dermatógeno, de onde se formam a rizoderme, e a coifa, cujas células contêm estatólitos móveis (amiloplastos para Gravipercepção, ver 7.3.1.2). A segunda camada de células iniciais logo acima fornece as células do córtex da raiz, que inclui a endoderme. A terceira camada de células iniciais forma finalmente o cilindro central com o periciclo (50x) (comparar também com Figura 6-26) – c = coifa; cc = cilindro central; e = endoderme; in = região de células iniciais; p = periciclo; pc = parênquima cortical; pr = protoderme (futura rizoderme). (A segundo E. Strasburger; B segundo L. Kny.)

durante toda a vida da planta (por exemplo *Arabidopsis*, Figura 6-26). Por outro lado, em algumas angiospermas ocorre o tipo "aberto" (por exemplo, na cebola). Nesse caso, o limite original dos histógenos é logo desfeito por um conjunto de células iniciais que proliferam desordenadamente, de modo que os tecidos se diferenciam a partir de um grupo de células meristemáticas e se comportam secundariamente de maneira semelhante aos das gimnospermas.

3.1.2 Meristemas laterais (câmbios)

As células iniciais do câmbio se distinguem das células do meristema apical por suas grandes dimensões e intensa vacuolização. Nas chamadas **células iniciais fusiformes** prosenquimáticas do câmbio do caule e da raiz (ver 4.2.8.2), das quais são formadas as células do sistema condutor secundário, essa vacuolização condiciona uma forma especial de divisão celular: o núcleo se divide em um plasmagel, que perpassa longitudinalmente o vacúolo alongado; o fragmoplasto cresce de maneira centrífuga nesse plasmagel (Figura 2-32). Esse processo requer um longo tempo, pois as células iniciais fusiformes podem alcançar vários milímetros.

Na maioria das vezes, os câmbios são meristemas cujas iniciais não derivam diretamente de meristemas apicais ou primários, mas sim resultam da desdiferenciação de células primárias. Isso ocorre com o câmbio suberoso* (ver 3.2.2.2) e na maior parte das regiões interfasciculares (entre os feixes vasculares) dos câmbios caulinares.

A estrutura e a função do câmbio só podem ser compreendidas tendo por base dados morfológicos e anatômicos, razão pela qual sua discussão será feita posteriormente (ver 4.2.8.2 e 4.4.2.3).

3.2 Tecidos permanentes

Nos tecidos permanentes, não ocorre em geral divisões celulares, as células diferenciadas perdem a capacidade de crescimento e não raramente morrem, permanecendo cheias de água ou ar. A organização aberta do corpo de plantas perenes contém muitas células mortas. Assim como no caule de árvores velhas, a participação de células vivas é mínima; na madeira, no floema secundário** e nos tecidos de revestimento, predominam células mortas.

As células meristemáticas se unem umas às outras, sem espaço intercelular, e geralmente têm forma irregular com 14 faces. Na transição para tecido adulto, as células aumentam de tamanho, em geral por meio de estímulo do crescimento pós-embrionário: as paredes

---

* N. de R.T. Este meristema também é conhecido como felogênio.
** N. de R.T. Obviamente, nesta categoria de células mortas não estão enquadrados os elementos condutores.

celulares se ajustam ao turgor e se expandem irreversivelmente, plasticamente. Desse processo, resulta uma tendência ao arredondamento das células. Em especial nas bordas e nos cantos das células, as paredes celulares vizinhas se desprendem umas das outras ao longo da lamela média menos compacta, originando-se os **espaços intercelulares** cheios de ar (Figuras 3-7 e 3-8). Inicialmente, pequenas aberturas se expandem, entram em contato entre si, para finalmente formar um sistema conectado de espaços intercelulares. Através dos estômatos ou lenticelas (ver 3.2.2.2), esse sistema mantém contato com o ar externo e se presta às trocas gasosas. Espaços intercelulares têm **origem esquizógena** (Figura 3-29), ou seja, resultam da separação das paredes celulares ao longo da lamela média (do grego, *schizein* = separação, divisão) ou da decomposição das células ou do complexo celular (**origem lisógena**, Figura 3-30E), ou finalmente mediante ruptura dos tecidos (**origem rexígena**), devido ao crescimento desigual (por exemplo, caules de diversas plantas com medulas ocas, Figura 4-41). Dependendo da participação do volume dos espaços intercelulares, fala-se de tecidos mais compactos ou mais frouxos. Por exemplo, densos são os tecidos de revestimento e sustentação, enquanto os clorênquimas são tecidos mais frouxos.

3.2.1 Parênquima

O tecido menos especializado do corpo vegetal é o **tecido fundamental** ou parênquima, formado por células vivas (do grego, *pára-énchyma* = esparramado ao lado de). Além de tecidos especializados, como os tecidos condutores de revestimento e de sustentação, raízes, caules e folhas apresentam o parênquima como tecido de preenchimento desses órgãos. Em plantas herbáceas, a massa principal do corpo vegetal é formada pelo parênquima cuja perda de turgor pela carência de água provoca a murcha dessas plantas. O parênquima consiste de células isodiamétricas ("parenquimáticas") grandes, com paredes celulares delgadas. Uma considerável parte do volume do parênquima é formada por espaços intercelulares (Figura 3-7).

O parênquima é um tecido pouco especializado e, ao mesmo tempo, possui uma grande versatilidade funcional. No entanto, dependendo da necessidade, algumas funções podem ser destacadas:

- **Parênquimas de reserva**: servem ao armazenamento de substâncias orgânicas de reserva (polissacarídeos: grãos de amido; polipeptídeos: cristais de proteína; lipídeos: óleos gordurosos em oleossomos). Esses tipos de parênquima dominam em órgãos de reserva "carnosos", como tubérculos e bulbos, assim como nos tecidos nutritivos de sementes. Com frequência, as substâncias de reserva também podem se acumu-

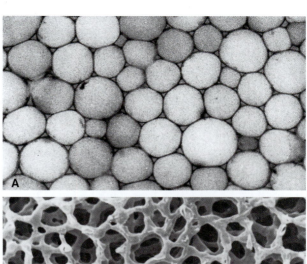
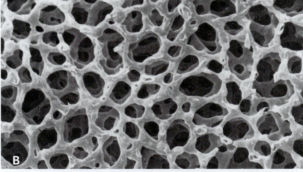
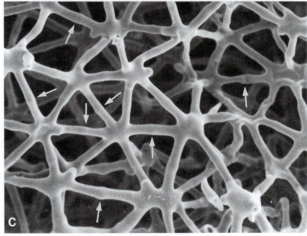

Figura 3-7 Espaços intercelulares. **A** Parênquima em raízes aéreas da orquídea epifítica *Vanda* com espaços intercelulares reduzidos entre as células arredondadas (90x). **B** Parênquima esponjoso (ver 4.3.1.3) na folha da cortina-japonesa, *Parthenocissus tricuspidata*, grandes espaços intercelulares entre as células estreladas (MEV, 160x). **C** "Parênquima estrelado", tecido medular branco do junco, *Juncus*, com alguns limites celulares marcados com a seta; os espaços intercelulares excedem o volume do tecido celular menos denso (MEV, 230x).

lar nos parênquimas medular e cortical. Em ramos de plantas lenhosas, o parênquima do xilema, que perpassa o corpo lenhoso morto como uma rede contínua, assume a função de reserva.

- **Hidrênquima** (parênquima aquífero): plantas de hábitats muito secos, que, mesmo sob longos

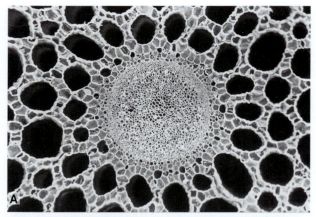

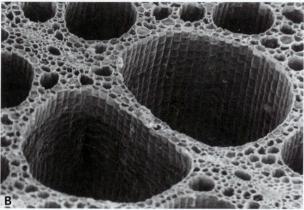

Figura 3-8 Tecidos aeríferos (aerênquima, imagens de MEV). **A** Câmaras de passagem de ar do caule de cavalinho-d'água *Hippuris vulgaris*; a planta enraiza na água e se ergue no ar (53x). **B** Aerênquima no pecíolo da ninfeia, *Nymphaea alba* (55x).

períodos com carência de água, mantêm-se ativas, armazenam a água nos vacúolos das células parenquimáticas aumentadas (diâmetro de até 0,5 mm). Esse processo é visível externamente, pois os respectivos órgãos se intumescem, seu volume aumenta e sua superfície diminui. Em casos extremos, eles atingem a forma esférica. Essa aparência é denominada **suculência** (do latim, *succus* = suco). Os exemplos mais conhecidos são das folhas do pão-de-pássaros, *Sedum* (Figura 4-70) e os caules das cactáceas (Figuras 4-34 e 4-35).

- No **aerênquima** (tecido aerífero; do grego, *aérios* = com ar), o sistema de espaços intercelulares é bem desenvolvido (Figura 3-8), pois mais de 70% do volume dos tecidos corresponde a espaços aeríferos. Em plantas aquáticas e de locais pantanosos, a troca de gases dos órgãos submersos é possível, pois o sistema de espaços intercelulares alcança até os estômatos das folhas e caules flutuantes ou emergentes.
- **Clorênquima** (parênquimas de assimilação). O tecido foliar rico em cloroplasto (mesofilo) é especializado na fotossíntese. No **parênquima paliçádico** do mesofilo, as células são alongadas no sentido perpendicular à área foliar (Figura 4-63). O **parênquima esponjoso** é ao mesmo tempo clorênquima e aerênquima. As células deste tecido menos compacto têm a forma de estrelas irregulares (Figura 3-7B). A riqueza em grandes espaços intercelulares capacita o parênquima ao armazenamento e transporte de vapor d'água. Esse tecido é, portanto, o principal órgão responsável pela transpiração.

3.2.2 Tecidos de revestimento

Em plantas herbáceas e nas partes tenras das plantas lenhosas, em geral há apenas uma camada de células, que cobre a parte externa do órgão como um **tecido de revestimento primário**: a **epiderme** (do grego, *epí dérma* = epiderme, cútis). Quando é rompida devido ao crescimento em espessura de caules e de raízes, ou por lesões, ela é substituída por um **tecido de revestimento secundário** de algumas camadas: a epiderme. Ele é formado por um câmbio próprio, o felogênio ou câmbio suberoso. As células mais externas, oriundas do felogênio, morrem após a impregnação de suberina em suas paredes e formam o súber morto (felema; do grego, *phellós* = súber) (ver 3.2.2.2). Nos caules das árvores, bem como nos ramos e raízes grossos e velhos, a repetida ruptura dessa estrutura suberosa provoca a formação de múltiplos felogênios e tecidos derivados. Com isso, estabelecem-se, ao longo do tempo, massas celulares espessas e mortas, que constituem o **ritidoma** (ver 4.2.8.9).

Uma característica geral dos tecidos de revestimento é a conexão das suas células, sem espaços entre elas. A coesão lateral das células da epiderme e do felema é muito rígida; em geral, as células epidérmicas das folhas ou o felema podem ser consideradas como uma película cobrindo os tecidos subjacentes (Figura 3-9). O intercâmbio gasoso vital com a atmosfera é obtido na epiderme por meio de estômatos (reguláveis) e, na periderme, pelo estabelecimento de lenticelas.

Os plastídios da maioria das epidermes são leucoplastídios ou cloroplastos escassos e granulosos, com exceção das células-guarda dos estômatos. Por outro lado, em diversas pétalas e carpelos, o citoplasma das células epidérmicas é preenchido por cromoplastos, que atraem animais e servem indiretamente para a polinização e a dispersão de sementes e frutos. O mesmo efeito de tal sinalização é alcançado também em outros casos por meio de pigmentos do vacúolo (quimiocromos, antocianinas, betacianinas, flavonoides). Na maioria das vezes, ambas as formas de pigmentação aparecem juntas.

No interior do corpo vegetal, também podem ocorrer tecidos de revestimento, como as endodermes uniestratificadas. Elas servem como delimitação e separação fisiológica dos tecidos condutores no tecido fundamental.

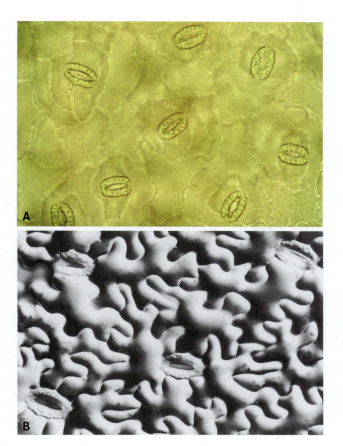

Figura 3-9 A Epiderme uniestratificada do malmequer-dos-brejos, *Caltha palustris*, em vista frontal da face inferior da folha (230x). As células se unem firmemente entre si, pois por meio de seus formatos irregulares estabelecem uma "engrenagem" sem espaços. As células-guarda (nos estômatos) ricas em cloroplastos são idioblastos típicos neste tecido homogêneo (comparar também com Figura 3-13E, F). Em **B** destaca-se o abaulamento em forma de almofada das células, determinado pelo turgor.

3.2.2.1 Epiderme e cutícula

A estrutura molecular da **cutícula** (do latim, *cutis* = pele) impede a passagem da água (ver 2.2.7.6). Em plantas de hábitats secos, a evaporação hídrica pela cutícula pode ser reduzida a menos de 0,01% de uma superfície de água livre com área correspondente. Por outro lado, em locais onde a permeabilidade é necessária (por exemplo, em células secretoras), as cutículas são porosas ou fendidas. As epidermes de órgãos reabsorventes não possuem cutícula. Isso é valido para a rizoderme, o tecido de revestimento primário das raízes jovens.

A cutícula tem a capacidade de crescimento ilimitado em superfície. Ao contrário dos insetos, cuja cutícula também tem a função de proteger contra a evaporação, nas partes vegetais em crescimento, ela é mantida. Nessas partes vegetais, além de permanecer, a cutícula acompanha o crescimento da epiderme. Cutinases extracelulares tornam plasticamente flexíveis a matriz molecular de cutina (entrelaçada) e a capacitam ao armazenamento de mais cutina e cera.

Não raro, o crescimento em superfície da cutícula excede o da epiderme, resultando em dobras que ultrapassam os limites celulares (Figura 3-10). O **dobramento cuticular** diminui o umedecimento da superfície: devido à sua elevada tensão superficial, as gotas de água tocam apenas as cristas das dobras cuticulares e escorrem. Esse efeito muitas vezes é intensificado pelo abaulamento das células epidérmicas (**formação de papilas**). Com a chuva, o escoamento constante das gotas de água retira as impurezas da superfície vegetal. Nesse caso, inclusive possíveis esporos de fungos patogênicos são retirados, permanecendo apenas esparsamente sobre as dobras cuticulares. Essa função de limpeza das superfícies pode ser alternativamente exercida pela **cera epicuticular**. Esse revestimento superficial de cristais de cera é reconhecível a olho nu como uma cobertura cerosa cinza-azulada (por exemplo, variedades glancas de repolho, ameixa e uva; em caso extremo, na Carnaúba, *Copernicia*, cujos cristais de cera em forma de bastonetes podem alcançar até 20 mm de comprimento). Ao microscópio eletrônico, as ceras epicuticulares exibem várias formas (Figura 3-11). Ao mesmo tempo, existe uma forte correlação entre forma e composição química das ceras, o que se explica a partir da auto-organização conforme o parâmetro molecular. O revestimento de cera nunca ocorre simultaneamente com o dobramento cuticular. Essa cobertura de cera impede o umedecimento das superfícies correspondentes (por exemplo, a face superior da folha do capuchinho, *Tropacolum*, ou do lótus-índico, *Nelumbo*. Em caso de remoção, ela é regenerada por nova secreção de cera por meio da cutícula. Neste processo, presume-se que as moléculas de cera alcancem a superfície da epiderme junto com a água que se difunde pela cutícula.

A secreção de monômeros de cutina e cera é sempre estimulada, quando as células estabelecem contato com ar não saturado de vapor de água. Mesmo os espaços intercelulares do mesofilo são revestidos por uma camada cutinizada muito delgada (**cutícula interna**), visível apenas mediante testes histoquímicos e ao microscópio eletrônico. Em folhas e caules permanentes de plantas de hábitats muito secos (por exemplo, em cactáceas e agaváceas), podem ser encontradas cutículas extremamente espessas com camadas cuticulares adicionais. Tanto química quanto mecanicamente, essas camadas superficiais dificilmente são predadas e podem resistir à ação dos órgãos mastigadores de pequenos animais. Em outros casos, ocorre calcificação ou – mais frequentemente – silicificação das paredes celulares externas, tornando-as rígidas. Em gramíneas e ciperáceas, por exemplo, constata-se uma silicificação intensa. Devido a essa propriedade, a cavalinha (*Equisetum*) era utilizada para o polimento de baixelas de estanho.

As paredes das células epidérmicas dos frutos e sementes apresentam uma rica diversidade estrutural e química.

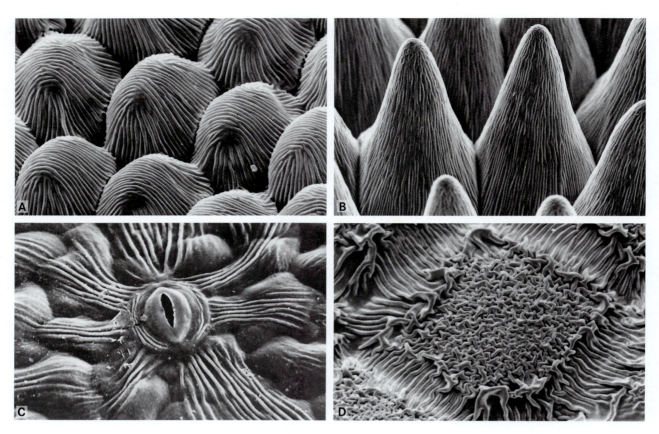

Figura 3-10 Dobras cuticulares. **A** Face superior da epiderme da pétala de *Anthemis tinctoria* (140x). **B** O mesmo em *Viola tricolor*; neste caso, as células da epiderme são ainda mais abauladas do que em *A. tinctoria*, tornando-se "papilosas" (95x). **C** Face inferior da epiderme foliar de *Parthenocissus tricuspidata*, destacando-se um estômato (700x). **D** Superfície da semente da cactácea *Neoporteria brevicylindrica* (120x). (MEV – A, segundo W. Barthlott e N. Ehler; B, D, segundo W. Barthlott.)

Muitas vezes, as células epidérmicas em estado seco têm a consistência mais dura, mas na presença de água elas incham e se tornam macias e mucilaginosas.

Em algumas folhas, a epiderme assume a função de parênquima aquífero, sendo suas células especialmente grandes; em consequência de divisões periclinais das células da protoderme, elas se organizam em várias camadas (até 15) sobrepostas. Em outros casos, as epidermes multisseriadas podem servir como uma estrutura de sustentação, como nas folhas de plantas escleromorfas (Figura 4-70).

Os estômatos (do grego, *stoma* = boca) são característicos em epidermes cuticularizadas. Eles em geral se encontram na face inferior da epiderme foliar, estando presentes também em epidermes de caules e de peças florais. Por outro lado, os estômatos não são encontrados em raízes.

Cada estômato é composto por duas **células-guarda** alongadas (com cloroplastos), firmemente conectadas apenas nas suas extremidades, enquanto as regiões medianas são separadas entre si por uma fenda estomática (estíolo) de origem esquizógena. Por meio da epiderme e cutícula, a fenda estabelece o contato entre a atmosfera e o grande espaço intercelular do mesofilo ou do tecido cortical. A amplitude da fenda estomática pode ser rapidamente regulada pela mudança na forma das células-guarda. A fenda, limitada pelas paredes ventrais das células-guarda, torna-se tanto mais ampla quanto mais elevada por o turgor dessas células (Figuras 3-12, 7-57A e ver 7.3.2.5). Os estômatos são fundamentais na regulação do metabolismo gasoso e da transpiração (ver 5.3.4.1. e 5.5.7).

Mesmo na face inferior da folha, que em geral possui entre 100 e 500 estômatos por mm^2, a área das fendas, mesmo quando totalmente abertas, perfaz apenas 0,5 – 2% da superfície total da folha. Assim sendo, a transpiração estomática pode ser 23 vezes maior do que a evaporação, mas, apesar disso, ela também pode ser limitada a 0.

As células-guarda são idioblastos típicos da epiderme, e podem se distinguir das demais células epidérmicas em forma e tamanho, assim como pela presença de cloroplastos. Algumas vezes, mas não de modo marcante, tal regra pode se aplicar às células vizinhas a elas, denominadas **células adjacentes**. Junto com as células-guarda, essas células formam o complexo estomático ou aparelho estomático, que corresponde ao estado final do desenvolvimento de um meristemoide (Figuras 3-12 e 3-13B, C, E).

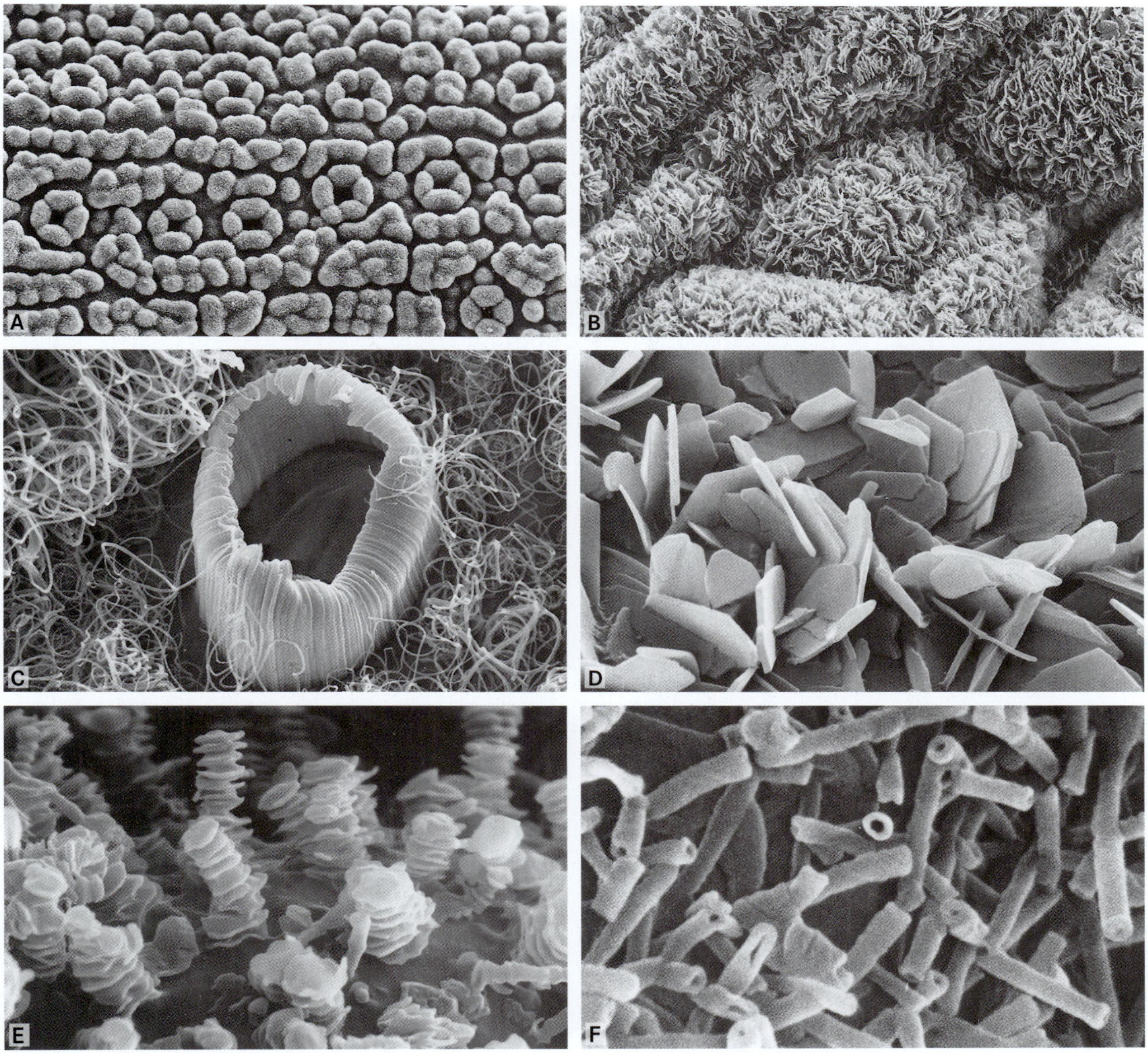

Figura 3-11 Ceras epicuticulares. **A** Face inferior de acículas de teixo, *Taxus baccata*. Visão geral; as células epidérmicas abauladas apresentam uma cobertura densa de cera, constituída de túbulos (comparar com F); as células-guarda são rodeadas por 4-6 células adjacentes (230x). **B** Área foliar de erva-de-são-joão, *Hypericum buckleyi*, com placas de cera (1.360x). **C** Em várias monocotiledôneas (aqui, como exemplo, *Heliconia collinsiana*), os longos "tricomas de cera" são típicos; ao redor das células-guarda uma estrutura tubular de cera (1.280 x). **D** Placas de cera, em *Lecythis chartacea* (5.400x). **E** Bastonetes de cera com sulcos transversais em *Williamodendron quadrilocelathum*; tais "torres de cera" são típicas por exemplo, para Magnoliaceae, Lauraceae e Aristolochiaceae (6.200x). **F** Túbulos de cera se formam (neste caso) na madressilva, *Lonicera tatarica*, na presença de ß-dicetona e 10-nonacosanol como componentes principais (23.000x). (Segundo MEV: W. Barthlott.)

Em gramíneas, as células-guarda têm formato de halteres. Com o aumento do turgor, suas regiões medianas (com lúmen estreito e forma estável, devido ao intenso espessamento de parede) são esticadas de tal modo que as extremidades celulares (de paredes delgadas e vesiculosas) inflam. As aberturas estomáticas máximas alcançadas em espécies de Poaceae ou no "tipo gramíneo" são pequenas (no trigo: 7 μm).

Além desses tipos, existem outros, entre os quais de coníferas com uma complexidade em especial. Nas acículas de coníferas, os estômatos são encontrados em depressões profundas (Figura 4-64), e as células subsidiárias, com paredes irregularmente espessas e parcialmente lignificadas, participam dos movimentos de turgor.

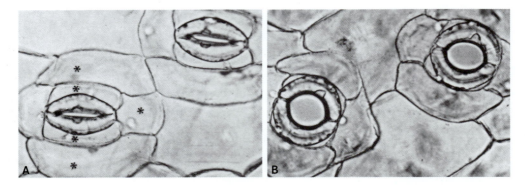

Figura 3-12 Estômatos de *Commelina communis*: à esquerda, murchos em solução de sacarose 200 mM; à direita, turgescentes e com a fenda totalmente aberta, em água; nesta situação, as células-guarda estão alongadas e as células adjacentes (*), deformadas (400x). (Segundo K. Raschke.)

Os **hidatódios são homólogos aos estômatos** e estão presentes em algumas espécies vegetais. Eles atuam na eliminação de água líquida (gutação; do latim, *gutta* = gota; ver 5.3.4.2). A presença de gotas de água nas folhas do capuchinho (*Tropaeolum*) é um exemplo de gutação. Quando a quantidade de água exsudada contém muito carbonato de hidrogênio de cálcio, como em várias espécies de quebra-pedra (*Saxifraga*), formam-se escamas brancas de carbonato de cálcio nas fendas. Muitos nectários eliminam suas secreções contendo açúcar através de fendas de néctar semelhantes aos hidatódios.

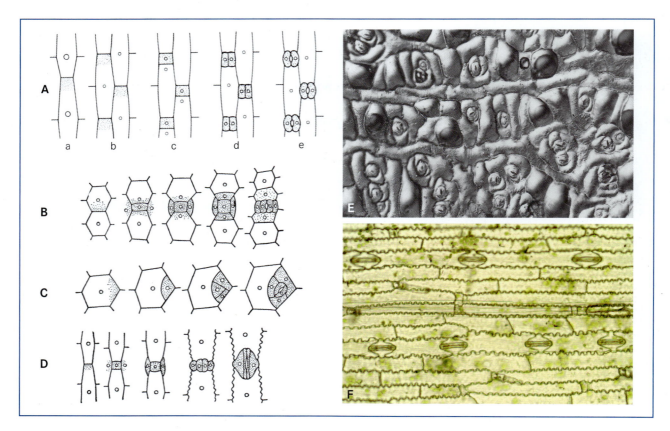

Figura 3-13 Desenvolvimento dos estômatos em *Iris* (**A**), em *Tradescantia* (**B**), no pão-de-pássaros (*Sedum,* **C**) e em milho (*Zea mays*, **D**); meristemoides e complexo estomático estão pontilhados. **E** Como exemplo para C, vista frontal da face inferior da folha de *Sedum maximum* com grupos de estômatos e células adjacentes entre células epidérmicas papilosas (60x). **F** Face inferior da folha de milho (75x). (A-D segundo E. Strasburger e A. de Bary.)

Várias epidermes são pilosas (apresentam tricomas). Com frequência, o crescimento dos **tricomas** se dá a partir de certas células epidérmicas, ou elas se tornam células iniciais de um meristemoide e, assim, formam tricomas multicelulares. Existe uma grande diversidade de tricomas em plantas e a Figura 3-14 mostra alguns exemplos deles. Os tricomas apresentam uma grande diversidade funcional. Com a ajuda deles, que por definição representam idioblastos, a epiderme pode exercer outras funções (como, por exemplo, absorção e secreção), além da primordial de tecido de revestimento.

Os abaulamentos papilosos das células epidérmicas atuam como lentes, deixando as superfícies em questão brilhantes, o que pode servir para a atração de insetos pelas pétalas. Os **tricomas das raízes** (Figura 4-74) servem para a absorção de nutrientes. Tricomas em frutos e sementes podem facilitar a dispersão pelo vento. Os tricomas encontrados em sementes podem ter um grande valor econômico, como por exemplo em **algodão**, cuja produção mundial em 2005 foi de 23,5 milhões de toneladas. Os tricomas encontrados nas suas sementes podem atingir até 5 cm de comprimento e formam (antes da sua morte) paredes celulares secundárias espessas composta apenas de celulose, com textura helicoidal característica. A cobertura densa de tricomas influencia a transpiração. Muitas plantas em locais nebulosos retiram água da névoa com a ajuda de seus tricomas; assim sendo, como os tricomas de raízes, esses tricomas podem ser classificados como órgãos de absorção. Os tricomas mortos e cheios de ar podem dispersar a luz e, assim, parecer brancos, atuando como protetores contra a radiação. Em outros casos, ocorre a formação de tricomas que auxiliam à aderência de plantas com ramos volúveis, como, por exemplo, o lúpulo, outras lianas e *Galium aparine*. Esses tricomas também podem estimular a dispersão de frutos e sementes. A proteção de órgãos foliares tenros contra herbivoria é possível pela presença de **tricomas cerdosos**, com paredes celulares rígidas e silicificadas; até as lesmas não conseguem perceber que a planta está cheia desses tricomas. Os **tricomas urticantes** representam um tipo especial e refinado. Em espécies de urtiga (*Urtica* spp., Figura 3-15), o tricoma urticante é uma célula grande com um núcleo poliploide que emerge de uma base multicelular da epiderme de folhas e ramos. Ao ser tocada, a extremidade esférica e espessa se rompe em um local menos espesso e silicificado. O tricoma urticante funciona neste caso como uma seringa de injeção, através do qual o líquido celular é injetado. Esse líquido contém ácido fórmico, acetilcolina e histamina, podendo provocar inflamações dolorosas. Como em todas as células grandes, também em tricomas de raízes e mesmo nos tricomas urticantes, pode-se observar uma intensa corrente citoplasmática; nos tricomas das urtigas, esse fenômeno foi descoberto há 300 anos (R. Hooke, Micrographi: 1665). Os tricomas podem ser responsáveis pela captação de estímulos (**tricomas sensitivos**; por exemplo, na dioneia, *Dionaea*). **Tricomas glandulares** são muito frequentes e quase sempre possuem uma célula terminal maior ou uma cabeça multicelular (Figuras 3-14D, 3-28C, D e 8-18).

Emergências são protuberâncias cuja formação tem participação do tecido subepidérmico. As emergências correspondem muitas vezes – também na sua multiplicidade estrutural e funcional – aos tricomas, podendo ser consideravelmente maiores. Por exemplo, os tricomas glandulares com frequência são representados por uma vilosidade glandular macroscópica, com função semelhante (Figura 3-31). A polpa dos frutos de *Citrus* é formada por emergências "internas", que crescem como dutos secretores dentro dos ovários. Os acúleos de rosas e amora são emergências e não espinhos, correspondendo a órgãos foliares modificados (como *Berberis*, cactáceas) ou ramos curtos (como no abrunheiro *Prunus spinosa* e *Pyracantha*).

3.2.2.2 Periderme

O câmbio suberoso (**felogênio**) é orientado no sentido periclinal, ou seja, paralelo à superfície do órgão, e forma uma camada delgada de células, com cloroplastos para o interior, denominada **feloderme**. Ela pode ser reconhecida como a camada de tecido verde nos ramos do sabugueiro ou da faia, por exemplo, quando são descascados. Para o lado externo, forma-se o tecido suberoso (**felema**). Todo o complexo desses tecidos – felogênio, feloderme e felema – é chamado de **periderme**, **tecido de revestimento secundário** (Figura 3-17C).

Muitas vezes, o felema é formado apenas por poucas camadas de célula (como a casca da batata e as manchas brancas nos ramos jovens de bétulas). Em outros casos, os felogênios podem se manter ativos por um longo tempo e formar felema de mais de 10 centímetros. O exemplo mais conhecido, de grande importância econômica, é o sobreiro (*Quercus suber*). Os caules de 15 anos de idade dessa espécie mediterrânea são descascados, ou seja, a periderme já formada é retirada. Algumas camadas celulares abaixo da superfície retirada formam um novo e ativo felogênio, que se mantém ativo por vários anos e fornece a cortiça. Tal procedimento se repete a cada 10 anos. Entre as plantas lenhosas, *Eunonymus*, assim como certas variedades de ulmeiro e bordos também têm uma pronunciada produção de cortiça em ramos jovens (Figura 4-53A). Na faia, o felogênio permanece continuamente ativo, de modo que uma estrutura suberosa uniforme e espessa se forma na parte externa de caules e ramos.

A suberização de uma célula se dá por meio da impregnação de uma camada de suberina (impermeável à água) na sacoderme (ver 2.2.7.6). Quando a formação da parede celular termina, as células do felema morrem e se enchem de ar. Por isso, o felema é leve, elástico (com bolsas de ar nas câmaras) e um excelente isolante térmico e de radiação. Pode ser utilizado comercialmente como isolante acústico. A coloração marrom da maioria das cortiças é resultado do armazenamento de tanino, que protege a planta contra a penetração de parasitos (insetos, fungos).

Camadas finas de súber já reduzem muito mais a transpiração do que a epiderme cutinizada. Como os outros tecidos de revestimento, o súber tampouco possui espaços intercelulares. Esse fato não é evidente durante o processo de formação, pois o felogênio se forma como meristema secundário em um parênquima (por exemplo, no parênquima cortical de um caule), que é atravessado por um sistema contínuo de espaços intercelulares. Por

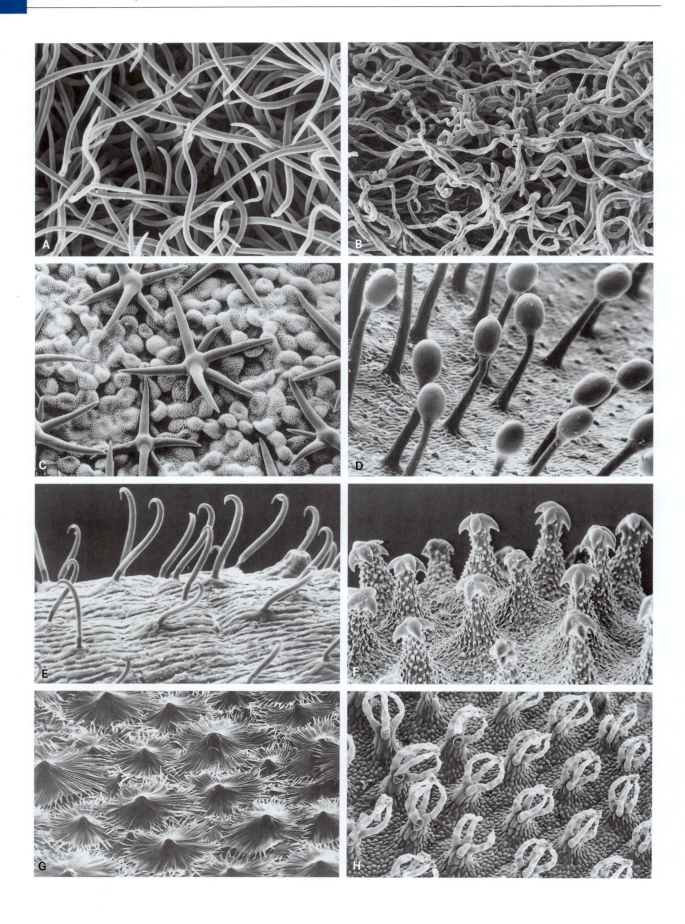

◀ **Figura 3-14** Tricomas. **A** Tricomas unicelulares na face inferior da folha de amora (400x). **B** Tricomas higroscópicos na face inferior da folha de *Dryas octopetala* (350x). **C** Tricomas estrelados de *Virola surinamensis* (Myristicaceae), espécie arbórea da floresta pluvial; as células epidérmicas papilosas são cobertas por cera, enquanto os tricomas não apresentam cera epicuticular (285x). **D** Tricomas glandulares da drósera, *Drosera capensis* (65x). **E** Tricomas em forma de gancho de folhas de feijão; a palha de feijão era antigamente acrescentada no enchimento de colchões para combater piolhos e percevejos (220x). **F** A ação de escalar também pode ser observada nas estruturas farpadas na superfície das sementes da língua-de-cão, *Cynoglossum officinale* (Boraginaceae) (60x). Neste caso, não se trata propriamente de tricomas, mas sim de emergências, pois o tecido subepidérmico também participa de sua formação; formações semelhantes são encontradas em outras plantas, mas também com a presença de tricomas. **G** Tricomas escamiformes multicelulares e concêntricos de *Hippophae rhamnoides*, que formam uma barreira para a transpiração na epiderme (160x). **H** Coroa de tricomas nas folhas flutuantes da pteridófita aquática *Salvinia natans* (50x). Os tricomas são cobertos por cera epicuticular, razão pela qual tornam a área foliar impermeável e, sob imersão, carregam bolhas de ar, permitindo que a folha retorne à superfície da água. (Imagens de MEV: C-F, segundo W. Barthlott; G, segundo C. Grünfelder.)

ocasião da desdiferenciação, no local do futuro felogênio, os espaços intercelulares são fechados por meio do crescimento de certas células. As divisões no felogênio uniestratificado ocorrem, exclusivamente, de modo que as novas paredes celulares ficam orientadas no sentido periclinal. A organização celular regular que pode ser reconhecida em corte transversal se baseia na divisão sincrônica celular no felogênio. Por outro lado, em corte longitudinal tangencial, os contornos das células parenquimáticas originais ainda podem ser reconhecidos (Figura 3-16).

A suberização total da superfície do caule inviabilizaria por abafamento a sobrevivência das outras células nas regiões mais internas do caule. Por isso, o tecido suberoso possui aberturas em certos locais (**lenticelas**; do latim, *lenticula* = pequena lentilha; Figura 3-17). Elas se formam a partir de células do felogênio, dispostas de maneira menos compacta, ou seja, somente células mais arredondadas, permitindo a difusão de vapor d'água, oxigênio e CO_2 entre elas. As células das lenticelas, que em conjunto formam uma massa farinácea, têm suas superfícies ocupadas densamente por pequenos cristais de cera e, portanto, não são permeáveis. Mesmo durante chuvas prolongadas, as lenticelas não se enchem de água, permanecendo abertas para as trocas gasosas. Nas rolhas de cortiça, as lenticelas pre-

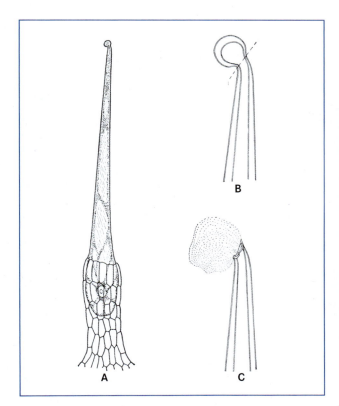

Figura 3-15 Tricoma urticante da urtiga, *Urtica dioica* (**A**, 60x); **B** Extremidade silicificada, com local de ruptura preestabelecido (400x). **C** Após o rompimento da cabeça, o líquido urticante é liberado (400x). (Segundo D. von Denffer.)

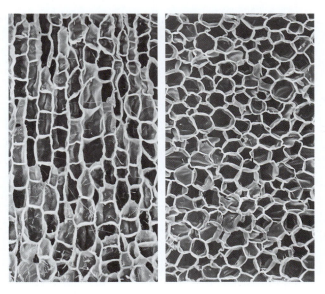

Figura 3-16 Tecido suberoso: cortiça, retirada do sobreiro, *Quercus suber*. Corte transversal à esquerda: fileiras de células do felogênio sem espaços intercelulares; corte tangencial à direita: ainda são reconhecíveis os contornos das células do parênquima cortical que atuam como iniciais do felogênio (210x). (MEV segundo C. Grünfelder.)

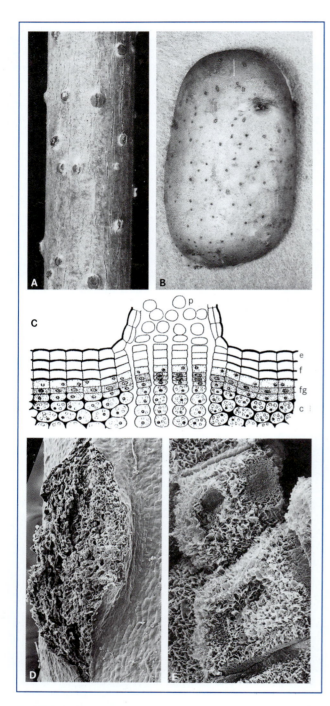

Figura 3-17 Lenticelas. **A** Ramos de dois anos de sabugueiro com lenticelas (1,7x). **B** Felema do tubérculo da batata com várias lenticelas. **C** Histologia da periderme e lenticelas (120x). **D** Lenticelas de *Akebia quinata* (50x). **E** Células de preenchimento da mesma espécie cobertas por cera (1.640x). – e epiderme, p células de preenchimento, f felema, fg felogênio, c colênquima. (C segundo K. Mägdefrau; D, E Fotografias de MEV segundo C. Neinhuis e W. Barthlott.)

cisam estar orientadas transversalmente, senão as garrafas não ficam vedadas.

Muitas vezes se forma, em caules e ramos, um **tecido de cicatrização** de natureza epidérmica, cujas células (vivas) são levemente suberizadas. Esse tecido se origina nas bases das folhas, após a sua queda, ou após a queda de frutos ou outro processo semelhante. A queda programada desses órgãos é precedida pela formação de um tecido de separação semelhante ao câmbio (inclusive com paredes celulares delgadas).

3.2.2.3 Endoderme

Onde as endodermes são formadas – nas raízes, sempre; e em caules e folhas não raro – há uma distinção clara dos tecidos internos e externos adjacentes. Isso se relaciona com a sua função especial, sendo nesse caso usada a endoderme da raiz como exemplo: ela separa os tecidos condutores centrais, o cilindro central, do parênquima cortical circundante (Figuras 4-76 até 4-78).

Em estado inicial, as paredes radiais de cada célula da endoderme apresentam uma faixa permanente e quimicamente modificadas. Essa região é denominada estria de Caspary em homenagem ao seu descobridor (EC, Figura 3-18). Ela não contém plasmodesmas. A membrana plasmática adere firmemente à estria, da qual não se desliga mesmo na plasmólise. A parede celular é incrustada com lignina e substâncias lipofílicas na EC, além de ser impermeável, característica na qual se baseia a ação fisiológica da EC e da endoderme: na zona de absorção das raízes, o fluxo de água e íons minerais nela dissolvidos podem se difundir até a endoderme por meio das paredes celulares frouxas do parênquima cortical, ou seja, através de todos os apoplastos externamente à endoderme. A superfície total de todas as células do parênquima cortical representa uma enorme região de absorção. O caminho de difusão extracelular e apoplástico é bloqueado na endoderme pela EC. Portanto, água e íons só podem chegar ao cilindro central via simplasto (Figura 5-20). A especificidade dos transportadores/canais ao nível de membrana se encarrega da seleção de íons a serem absorvidos. As células da endoderme separam, de modo predominantemente ativo, os íons no cilindro central, onde são conduzidos novamente no apoplasto – nos vasos (mortos) do cilindro central. A saída de água e substâncias minerais do cilindro central também é impedida pela endoderme.

A situação corresponde à verificada no epitélio e endotélio de animais superiores. A EC é análoga à junção aderente (*zonula occludens*), onde as membranas plasmáticas são firmemente conectadas umas às outras por uma proteína de ligação.

Um pouco distante da zona de absorção, em regiões mais antigas da raiz, muitas vezes as paredes das células da

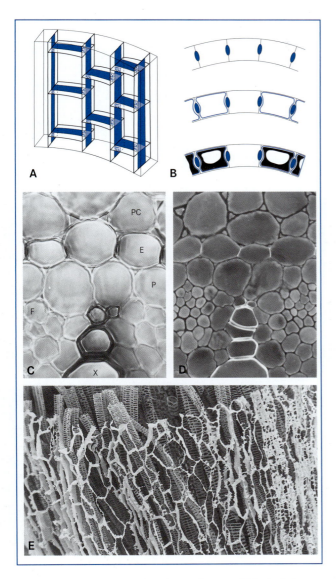

Figura 3-18 Endoderme e estrias de Caspary (EC). **A, B** Representação espacial, (EC em azul) e um corte transversal, estados primário, secundário e terciário (uma célula de passagem). C, D. Endoderme da raiz (E) de *Clivia nobilis* em estado primário (350x). Cortes transversais da raiz; na parte inferior das figuras está o sistema condutor (no interior da raiz). **C** Após o tratamento com floroglucina-ácido clorídrico, as paredes celulares e partes de paredes (EC na parede radial da endoderme) lignificadas se tornaram escuras. **D** Após a coloração com laranja de acridina, fluorescência das paredes lignificadas. **E** Após a retirada enzimática de todas as paredes celulares e partes de paredes não lignificadas de uma raiz de *Clivia* (vista longitudinalmente de fora), restam os elementos condutores do xilema e a EC da endoderme; a rede sem espaços de EC circunda os elementos do xilema (110x). – E Endoderme, P Periciclo, F Floema, PC Parênquima cortical, X Elementos do xilema. (C, D Imagens de microscopia óptica segundo I. Dörr; E segundo L. Schreiber e R. Guggenheim.)

endoderme são suberizadas (estado "secundário" da endoderme). Em consequência de grandes depósitos adicionais, ocorrem espessamentos de paredes, frequentemente assimétricos: neste caso, trata-se de uma endoderme "terciária" (Figura 4-77B). As endodermes secundária e terciária possuem células de passagem junto aos polos do xilema, que permanecem no estado primário.

3.2.3 Tecidos de sustentação

As plantas terrestres possuem células com paredes celulares resistentes e algumas rígidas (ver 2.2.7.4). Pequenas herbáceas e órgãos mais delicados de plantas maiores (como folhas, flores e frutos carnosos) devem sua limitada solidez à interação de turgor e pressão de parede (turgescência), que se torna mais evidente quando elas murcham. As tensões de tecidos, que dependem do crescimento interno dos órgãos contra a superfície, podem também contribuir para o estado enrijecido e firme das bagas. Esses órgãos herbáceos ou "carnosos" não são firmes, podendo ser deformados, esmagados e triturados. Em realidade, o grau de firmeza não é suficiente para este tipo de plantas de locais mais secos e principalmente para plantas perenes e de maior porte. Os impactos de tensão e pressão, sofridos pelas raízes e caules de árvores durante uma tempestade, por exemplo, evidenciam o que o parênquima e o tecido de revestimento podem suportar. Nesse caso, tecidos de sustentação especiais exercem essa função (**estereoma**; do grego, *sterígein* = suportar). Trata-se de um tecido denso, em parte morto, cujas paredes celulares exibem espessamento localizado, em geral, pela deposição de camadas de paredes especiais ricas em celulose. Por meio da incrustação – na maioria das vezes, lignificação – essas paredes celulares podem se tornar rígidas e resistentes à pressão. Essa possibilidade é observada em frutos e sementes (nozes, drupas).

O **colênquima** (do grego, *kólla* = cola) é o tecido de sustentação de partes vegetais herbáceas e em crescimento. As células prosenquimáticas são vivas e capazes de crescer e até se dividir. Os espessamentos das paredes se limitam a certas zonas, aos cantos das células nos colênquimas angulares (Figura 3-19), nas paredes longitudinais (na maioria das vezes, periclinais) nos colênquimas laminares. Os espessamentos de parede consistem de lamela da parede primária com celulose e pectina alternadamente. Sua firmeza é somente moderada, uma vez que não ocorre a lignificação dessas células.

O **esclerênquima** (do grego, *sklerós* = duro) é um tecido morto de células com paredes celulares espessas e lumes estreitos, que ocorrem apenas em partes já totalmente formadas das plantas. Existem duas formas: as fibras de

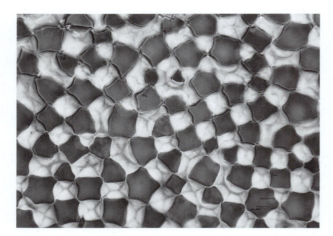

Figura 3-19 Colênquima angular do caule da urtiga-morta branca (*Lamium album*) em corte transversal; as áreas claras são as paredes espessadas (420x). (Imagem de microscópio óptico segundo I. Dörn.)

esclerênquima prosenquimáticas e esclereídes (entre as quais, células pétreas).

Conjuntos de **células pétreas** (Figura 2-74B) têm funções de proteção e sustentação. Suas espessas paredes secundárias, acentuadamente estratificadas e atravessadas por pontoações ramificadas, são lignificadas. As esclereídes são encontradas nas cascas duras de diversos frutos e nos tecidos corticais de plantas lenhosas.

Muitas são as funções das **fibras esclerenquimáticas** (Figura 3-20). Em locais sujeitos à tensão, as fibras habitualmente não se lignificam (fibras moles), enquanto, em locais com impacto de pressão adicional, fibras duras lignificadas se formam. As fibras esclerenquimáticas são encontradas principalmente nos caules e também em grandes folhas de monocotiledôneas. Elas têm de 1 a 2 mm de comprimento.

Certas plantas contêm fibras mais longas, de valor econômico. Essas fibras, principalmente as do floema, são utilizadas desde épocas remotas para a produção de tecidos, barbante e cordas. As fibras vegetais mais importantes são extraídas do linho (*Linum*, comprimento da fibra até 7 cm), cânhamo (*Cannabis*), rami (*Boehmeria,* com células fibrosas de mais de 50 cm de comprimento) e a juta (de *Corchorus*). O sisal (de agaves) e abacá (de *Musa textilis*) são fibras das folhas.

O comprimento das fibras esclerenquimáticas sempre supera as dimensões das células de tecido vizinho. Células fibrosas jovens apresentam um ápice de crescimento, e esse ápice se desloca entre as outras células (**crescimento intrusivo**). Com isso, as zonas de contato entre as fibras e suas novas células vizinhas se mantêm (crescimento por interposição). Nesse caso, podem se formar plasmodemas secundários e, finalmente, pontoações. Por causa da textura paralela das paredes secundárias de fibras, as pontoações têm a forma de fenda. Elas possibilitam reconhecer a direção do depósito de

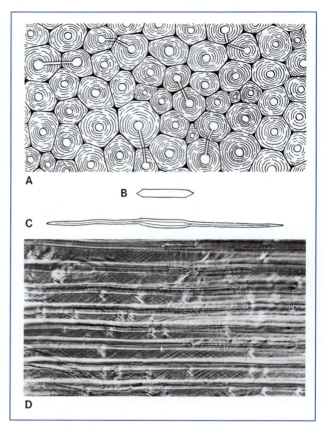

Figura 3-20 Fibras esclerenquimáticas. **A** Corte transversal através do cordão de fibras na folha do cânhamo da Nova Zelândia (*Phormium tenax*) (360x). **B, C** Formação de uma fibra lenhosa de robínia a partir de uma inicial cambial (**B**) através do crescimento dos ápices em ambos os lados, sendo que as extremidades celulares redeslocam entre as células vizinhas (interposição) (150x). **D** Fibrotraqueídes na madeira do pinheiro com textura helicoidal das paredes secundárias (380x). (A segundo H. Fitting; B, C segundo Eames e McDaniels.)

microfibrilas de celulose. Já que a maioria das fibras esclerenquimáticas exibem uma textura helicoidal (e, desse modo, ganham elasticidade), as pontoações em fenda se dispõem diagonalmente em relação ao eixo das fibras (Figura 3-20D).

Não somente as fibras, mas também as partes lenhosas do sistema vascular são responsáveis pela estabilidade dos caules, folhas e raízes. A rigidez dos caules, ramos velhos e raízes baseia-se no seu corpo lenhoso. Entre traqueídes – elementos condutores verdadeiros da parte lenhosa – e fibras há diversas formas de transição (fibrotraqueídes, Figuras 3-20D e 4-47E).

A organização dos tecidos de sustentação tem um significado decisivo para a **biomecânica** de órgãos vegetais e de toda planta (Figura 3-21), o que é nítido em eixos caulinares eretos. Para as plantas, o impacto do dobramento pode atingir proporções críticas mesmo com ventos de velocidades baixas. A rigidez à dobra de um

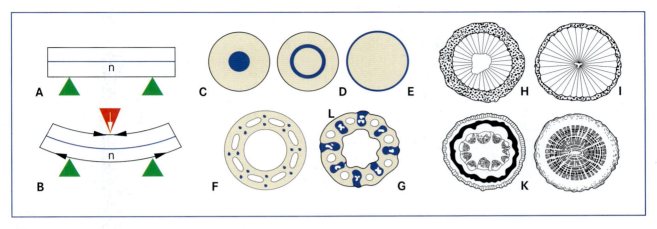

Figura 3-21 Organização funcional dos elementos de sustentação. **A, B** Exigência de uma viga durante a flexão: dilatação do lado convexo, pressão do côncavo; a "fibra neutra" é arqueada, mas não experimenta qualquer mudança no seu comprimento. Aumento na resistência à flexão é alcançado principalmente pela estabilidade dos lados externos côncavos e convexos. **C-E** Cortes transversais esquemáticos com diferentes deposições do tecido de sustentação (preto) em partes iguais da superfície (11,1%) da área total do corte transversal: **C** região central, por exemplo, o cilindro central na raiz; **D** região mediana, como, por exemplo, o anel de esclerênquima com sistema condutor em ramos de eudicotiledôneas; **E** região periférica, por exemplo, talo de gramíneas; já que o tecido de sustentação é aproximadamente 100x mais rígido do que o tecido parenquimático, a proporção da resistência à flexão com o uso do mesmo tipo de material é de 1:2, 5:8. **F** Desenho de composição de chaminés de indústria com pouco material, limitado ao reforço sobre 16 chapas de aço. **G** Em comparação, corte transversal de um ramo do junco de *Trichophorum cespitosum*. **H, I** Amieiro (*Alnus glutinosa*), ramo de um ano (H, ø 4mm) com grande porção de medula e córtex (pontilhado), é facilmente dobrável; um ramo de oito anos (I, ø 37mm) é reforçado por uma grande parte lenhosa. **K, L** Em lianas (como exemplo, *Aristolochia macrophylla*) observa-se uma grande diferença no desenvolvimento: ramos jovens (K, ramo de um ano, 5mm ø) são rígidos graças à presença de colênquima periférico e, logo abaixo, de um anel fechado de esclerênquima (preto), enquanto ramos mais velhos (L, 14 anos, ø 30mm) são corpos lenhosos mais flexíveis devido à fragmentação do tecido de sustentação periférico e à formação de um corpo lenhoso menos compacto com raios largos e vasos de grande calibre. (F, G segundo de W. Rasdorski, H-L segundo T. Speck.)

ramo vegetal é tanto maior quanto mais periférico estiver o tecido (cuja resistência às forças de dobra – módulo de elasticidade na dobra) e quanto mais unidos os tecidos estiverem entre si (**modo de estabelecimento da ligação**). Os processos evolutivos de seleção visam à otimização funcional com o máximo de economia. Dessa forma, as estruturas cilíndricas ocas dos eixos dos órgãos parecem especialmente favoráveis. Elas estão presentes principalmente em talos de gramíneas, que possuem uma razão entre comprimento/diâmetro de até 500:1, pertencendo a uma das construções naturais mais notáveis. Além disso, os eixos cilindros ocos são realizados apenas em herbáceas pequenas, pois existe o perigo de dobra (evitado pelas gramíneas com a presença de muitos entrenós), tornando inviável a maior ramificação (talos de gramíneas – exceto no escapo de inflorescências – não são ramificados). Além disso, a capacidade de absorção de energia, que é importante principalmente para as árvores e também para a região central dos ramos, seria apenas baixa. Em caules de árvores, mostrou-se que nas regiões periféricas há uma tensão, compensada por uma pressão na região central do caule. Com isso, a menor resistência à pressão da madeira, em comparação com a resistência à tensão, é equilibrada – o que seria possível em ramos com cilindros ocos só em quantidade limitada. Em lianas, cujos ramos velhos não são rígidos e necessitam ser flexíveis, a proporção de tecido rígido na periferia do ramo diminui durante o seu crescimento em espessura. Em raízes, onde isso não depende da resistência à torção, mas da resistência à tensão, é realizado o **modo de estabelecimento de cabos** – todos elementos consolidados reunidos em um cilindro central, circundado por parênquima (Figura 4-76).

Soluções de problemas durante o processo evolutivo dos organismos também podem ser aplicadas à tecnologia (biônica). De fato, sugestões importantes podem ser obtidas dessa maneira. De qualquer modo, deve-se considerar que as construções biológicas em geral são otimizadas estruturalmente, enquanto as elaborações técnicas são otimizadas materialmente.

3.2.4 Tecidos condutores

Para deslocar substâncias dissolvidas no organismo, em dimensões celulares microscópicas, é suficiente a difusão dependente do movimento térmico das partículas dissolvidas. A eficiência da difusão, no entanto, diminui com o quadrado do alongamento da difusão (ver 5.3.1.1 e 5.3.1.2). Já entre as grandes células, como tricomas de raízes, células internodais de Characeae (Figuras 10-124 e 10-125A) e outras semelhantes, a difusão sozinha não é mais suficiente, sendo complementada pela corrente protoplasmática. Em organismos pluricelulares, plantas e animais, formam-se sistemas condutores especializados nos quais são mantidos fluxos de massa convectivos.

Enquanto nos animais o fluxo se processa em espaços intercelulares (cavidades do corpo, veias e artérias), nas plantas superiores são formadas células especiais, nas quais os líquidos são transportados. Tais células extremamente diferenciadas compõem o sistema condutor. Nas folhas, tais **feixes condutores** são vistos a olho nu como nervuras. Nas raízes, o sistema condutor se concentra no cilindro central.

Há dois tipos diferentes de tecidos em todos os órgãos condutores: no **floema** (do grego, *phlóios* = liber, casca viva; **leptoma**, do grego, *leptós* = fino, delicado), células vivas, mas sem núcleo (elementos crivados), com paredes delgadas e não lignificadas, atuam no transporte de compostos orgânicos por longas distâncias. No **xilema** (do grego, *xylon* = lenha, madeira; hadroma, do grego, *hadrós* = forte, duro), a água flui com íons inorgânicos provenientes das zonas de absorção das raízes através de células em tubos mortos e vazios com paredes duras e lignificadas; a água chega até as folhas (e outros órgãos aéreos), onde é liberada por transpiração ou gutação (corrente transpiratória, ver 5.3.5). Tanto no floema como no xilema, as células são prosenquimáticas e, no sistema condutor, orientadas no sentido longitudinal. Com isso, são formadas fileiras de células longitudinais como vias condutoras.

3.2.4.1 Floema

As Figuras 3-22 e 3-23 mostram as diferentes formas dos elementos condutores do floema. As **células crivadas** são evolutivamente primitivas e limitadas na sua eficiência de transporte. Elas apresentam lúmen estreito e extremidades agudas, que se ajustam às extremidades das células vizinhas do conjunto. Essas paredes (no contato longitudinal com outras células crivadas, são consideradas paredes laterais) são atravessadas por plasmodesmas ampliados, aqui denominados **poros**. Esses poros são agrupados em áreas crivadas cuja aparência deu origem à nomenclatura utilizada. Em várias angiospermas, esse sistema condutor mais primitivo evoluiu para um sistema de tubos crivados contínuos, formado por células alongadas com diâmetro maior e paredes crivadas oblíquas ou transversais: os chamados **elementos de tubo crivado**. Nas formas mais desenvolvidas de floema, como em lianas, as paredes terminais transversais correspondem a uma placa crivada com poros especialmente grandes.

As células crivadas e os elementos de tubo crivados contêm protoplastos vivos com poucas mitocôndrias e plastídios com reservas de amido ou proteína. Núcleos, tonoplastos, dictiossomos e ribossomos desagregam bem cedo, enquanto o citoplasma e os vacúolos se misturam (uma das poucas exceções para a regra da compartimen-

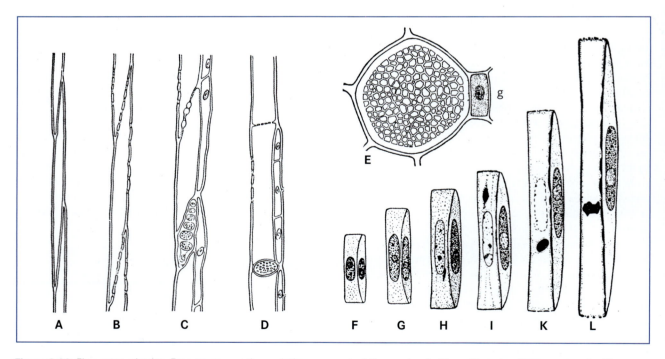

Figura 3-22 Elementos crivados. Em uma perspectiva evolutiva, as características mais primitivas são as de células prosenquimáticas sem uma estrutura especial de parede (por exemplo *Rhynia*, **A**). Em Lycopodiaceae, ocorre a formação de uma área crivada primitiva (**B**) e, seguindo a filogenia, a formação de células crivadas com áreas crivadas (por exemplo, em Solanaceae, **C**), até finalmente a ocorrência de placas crivadas com poros (por exemplo, em Cucurbitaceae, **D**). **E** *Cucurbita pepo*. Tubo crivado em corte transversal, com placa crivada e célula companheira g (600x). **F-L** Desenvolvimento de um elemento de tubo crivado e célula companheira na fava (*Vicia faba*) (F divisão desigual; I-L desagregação do núcleo e do tonoplasto do elemento de tubo crivado). (A-D segundo W. Zimmermann; E segundo H. Fitting; F-L segundo A. Resch.)

talização). O retículo endoplasmático se transforma em um retículo de elementos crivados, constituído de túbulos ramificados e cisternas lisas e empilhadas. Os filamentos ou túbulos de **proteína P** são componentes característicos dos elementos crivados maduros (P deriva de *phloem*).

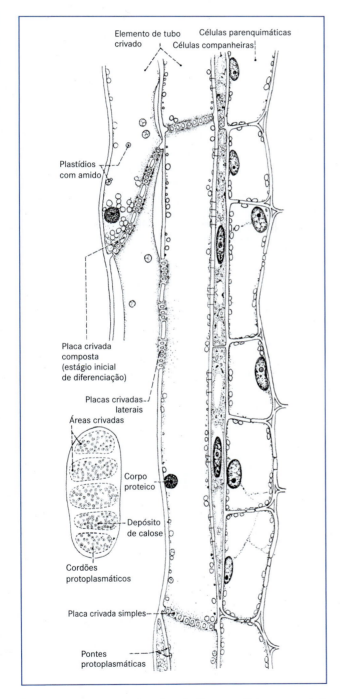

Figura 3-23 Elementos de tubo crivado com células companheiras e parênquima floemático, em *Passiflora coerulea*. Esquerda: placa crivada composta com cinco áreas crivadas (750x). (Segundo R. Kollman.)

Como células sem núcleo e delicadas, os elementos crivados têm vida curta e geralmente colabam no final de um período de vegetação, sendo substituídos por novos em plantas perenes. Por outro lado, em monocotiledôneas perenes, como palmeiras, eles podem sobreviver por anos. Como os plasmodemas, quando dormentes, os poros também podem se fechar através da deposição de calose. Em tubos crivados de dicotiledôneas e algumas monocotiledôneas, cortados ou danificados, encontram-se poros obstruídos por proteína P ou por fragmentos de plastídios.

Em angiospermas, cada elemento de tubo crivado é acompanhado por uma célula companheira (raramente várias) pequena com núcleo e rica em mitocôndrias, (Figura 3-23). Essas células estão ligadas aos elementos de tubo crivado por diversos plasmodemas, por meio dos quais elas mantêm o metabolismo dos elementos condutores sem núcleos. Assim, a proteína P (assim a PP1, 80-120 kDa, formadora de filamentos, bem como a pequena proteína PP2 acompanhante) é sintetizada nas células companheiras e transportada imediatamente para os elementos de tubo crivado, onde se formam os corpos PP, que se decompõem em filamentos individuais. A segunda função principal das células companheiras é o controle do carregamento e descarregamento dos tubos crivados. Destacam-se também algumas características estruturais especiais: formação de diversos plasmodemas para as células companheiras (tipo simplástico, principalmente em plantas tropicais e subtropicais), ou a superfície das células é aumentada por meio de labirintos de paredes (Figura 3-27, tipo apoplástico, em plantas de zonas temperadas e mais frias).

Nas angiospermas, os elementos de tubo crivado e o complexo de células companheiras se originam a partir da divisão desigual de uma célula-mãe. As células crivadas de gimnospermas e pteridófitas não possuem células companheiras. Apesar disso, essas plantas possuem células parenquimáticas ricas em proteínas, conectadas às células crivadas de maneira semelhante ao vínculo entre células companheiras e elementos de tubo crivado, embora elas não se formem a partir da mesma célula-mãe. Estas células são chamadas de células **albuminosas** ou **células de Strasburger**.

3.2.4.2 Xilema

A corrente transpiratória (ver 5.3.5) se movimenta por meio de células tubulares, cujos protoplastos morrem quando elas se tornam funcionalmente aptas e desaparecem por autodegeneração (autólise) – um exemplo clássico de morte celular programada (apoptose) em plantas. Somente as paredes celulares lignificadas atravessadas por pontoações permanecem. Há duas formas de elementos traqueais que transportam água: traqueídes e elementos de vaso. As **traqueídes** são células solitárias, alongadas e com lúmen estreito. Suas paredes terminais são agudas e, ricas em pontoações, por meio das quais se ligam longitudinalmente às traqueídes vizinhas (Figura

2-7C-F). A resistência da corrente em fileiras de células traqueais é relativamente alta. Essa resistência é menor nos **elementos de vaso** (mais curtos e com lúmen mais amplo), cujas paredes terminais são fortemente rompidas ou até mesmo totalmente removidas (Figura 3-24). O maior diâmetro dos vasos (60 até 700 μm) – são reconhecíveis a olho nu como "poros da madeira" – depende do crescimento em largura dos elementos de vasos jovens por poliploidização dos seus núcleos, antes que suas paredes percam a capacidade de crescimento devido ao espessamento secundário.

A **lignificação** das paredes de traqueídes e elementos de vaso evitam o colapso dessas células tubulares, que são submetidas a uma grande pressão por ocasião de transpiração intensa. Quando um caule é cortado, o ar é sugado para os vasos. Como os elementos de vaso helicoidais são semelhantes estruturalmente à traqueia de insetos, que transporta ar, adota-se erroneamente para plantas o termo "traqueia" com significado de vaso (M. Malpighi, 1628-94, cofundador da anatomia vegetal; do grego, *tráchelos* = tubos de ar).

Em briófitas, as vias condutoras de água nos pequenos ramos são extremamente simples, consistindo em faixas de células vazias, alongadas com paredes celulares espessadas (hidroides). Em samambaias e gimnospermas, predominam as traqueídes, com maior diâmetro, e a resistência à corrente é diminuída pela posição oblíqua e pontoações das paredes terminais. A separação entre função de sustentação e de condução só pode ser observada mais tarde no processo evolutivo. Ainda nas gimnospermas, formam-se principalmente traqueídes nos caules. Elementos de vaso se desenvolveram independentemente várias vezes durante a evolução, aparecendo isoladamente em samambaias e gimnospermas, mas de maneira mais expressiva nas angiospermas. Nas angiospermas, eles têm função somente de condução, e a sustentação é exercida pelos tecidos específicos compostos de fibras (fibras libriformes). Apesar disso, na madeira de angiospermas ainda podem ser encontradas traqueídes ao lado dos elementos de vaso, e, ao longo do desenvolvimento ontogenético do sistema vascular, a evolução filogenética é repetida. Lianas possuem vasos bem desenvolvidos com considerável capacidade para o transporte de água. Seus vasos têm grandes diâmetros e comprimentos de até 10 m, com todas as paredes transversais eliminadas, enquanto em intervalos regulares de alguns centímetros até 1 m, paredes transversais isoladas permanecem, provavelmente para evitar a embolia gasosa. A grande capacidade de transporte dos tecidos condutores de lianas explica-se pelo fato de que, embora não precisem de ramos de apoio (para isso utilizam muros, pedras ou plantas de suporte), elas ainda precisam transportar água até sua copa.

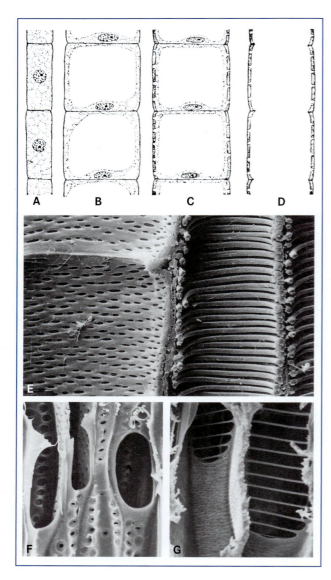

Figura 3-24 Vasos. **A-D** Desenvolvimento de um vaso composto por células enfileiradas pelo aumento dessas células (poliploidização, vacuolização), formação de espessamentos lignificados de parede, dissolução das paredes transversais e morte dos protoplastos (150x). **E** Dependendo do tipo de espessamento de parede, distinguem-se vasos reticulados (esquerda) e helicoidais (direita); corte longitudinal em vasos da abóbora (360x). **F** Poros largos (placas de perfuração simples) entre os elementos de vaso; vasos com pontoações na lenha do sabugueiro (*Sambucus nigra*) (500x). **G.** Placa de perfuração escalariforme, em parede oblíqua de vaso reticulado da madeira de bétula (1.300x). (A-D segundo E.W. Sinnott; E imagem de MEV segundo W. Barthlott; G imagem de MEV segundo S. Gombert.)

3.2.4.3 Feixes vasculares

Em raízes, caules e folhas, a condução se concentra no sistema vascular. O sistema condutor muitas vezes é acompanhado de fibras e rodeado pela endoderme. Os feixes vasculares formam uma rede no caule e folhas, enquanto na raiz, o sistema condutor concentra-se no cilindro central. De acordo com a disposição do floema e xilema, os feixes podem ser classificados como concêntricos e colaterais (Figura 3-25). Os **feixes concêntricos** com xilema voltado para dentro são encontrados nas pteridófitas e aqueles com xilema voltado para fora, em caules subterrâneos e ramos de monocotiledôneas. O **feixe colateral** é o tipo mais frequente (em cavalinhas, gimnospermas e angiospermas, Figura 3-26; do latim, *collateralis* = lado a lado). Nos caules, o xilema se encontra sempre para dentro, enquanto em folhas na posição horizontal, ele está voltado para a face superior da epiderme. Os feixes bicolaterais são formas especiais, com duas partes de floema; esses feixes podem ser encontrados, por exemplo, em Cucurbitaceae e Solanaceae. Quando o xilema e o floema estão diretamente em contato, fala-se em **feixes vasculares fechados** (Figura 3-26A). Eles consistem integralmente em tecidos permanentes. Esse tipo de feixe é característico de monocotiledôneas, o que tem consequências importantes para o crescimento dessas plantas (Quadro 4-2). Os feixes de gimnospermas e dicotiledôneas, na maioria, são **abertos**, ou seja, entre o floema e o xilema há um meristema, denominado **câmbio fascicular** (do latim, *fasciculus* = feixe pequeno). Em corte transversal, destaca-se a organização regular de células com paredes finas (Figura 3-26B, C). Esse câmbio tem um papel fundamental no crescimento secundário em espessura dos caules.

Na formação de feixes colaterais, em geral, o floema ocupa a parte externa, e o xilema, a parte interna do feixe. Por isso, os elementos condutores mais antigos do xilema (comparativamente, o xilema primário menos diferenciado, mais precisamente seu protoxilema) são encontrados mais internamente. Por outro lado, o floema primário (em especial seu protofloema) ocupa a posição mais externa. Os tecidos condutores do metaxilema e metafloema, formados mais tarde, estão voltados para a parte mediana do feixe ou para o câmbio fascicular.

3.2.5 Tecidos e células glandulares

Células glandulares produzem certas substâncias (**secreção**; do latim, *secernere* = secretar, eliminar), que são liberadas para fora. Em outros casos, restos metabólicos, substâncias inúteis e substâncias tóxicas são secretados como **excretas** (ver 5.17). As secreções são substâncias úteis para quem a produz, enquanto as excretas podem causar danos, quando não eliminadas. As secreções são produzidas no citoplasma das células glandulares, onde, o retículo endoplasmático e/ou o complexo de Golgi apresentam-se altamente desenvolvidos. Os núcleos das células glandulares são comparativamente grandes. Por outro lado, os vacúolos são pouco desenvolvidos, exceto quando servem de depósito para secreções ou excretas. Os produtos das células glandulares se acumulam em locais não plasmáticos, entre os quais destacam-se, os vacúolos (secreções intracelulares, assim como excreções: "células secretoras", como, por exemplo, laticíferos e idioblastos de oxalato, ver adiante). Com frequência, a secreção e excreção são liberadas nos apoplastos, o que é facilitado pelos expressivos aumentos de superfície (Figura 3-27). Com isso, é possível o armazenamento no interior das plantas (em depósitos de secreção ou canais resiníferos) ou a liberação para o ambiente (néctar, substâncias aromáticas).

As células glandulares aparecem nas plantas diversas vezes isoladas; mais raramente, se encontram reunidas em várias células formando um tecido glandular (Figuras 3-28 e 3-30). Glândulas corporais grandes, comparáveis às dos animais, não aparecem nas plantas. Por outro lado, a diversidade funcional das glândulas das plantas reflete a imensa amplitude do metabolismo secundário nas plantas, o que é consequência da organização aberta do corpo vegetal. A multiplicidade de secreções e excreções corresponde à multiplicidade de funções às quais elas servem. Alguns exemplos importantes:

- **Proteção** da planta: muitas secreções são venenosas (alcaloides, glicosídeos cianogenéticos), têm gosto amargo ou agem como alérgenos. O crescimento de fungos é bloqueado por compostos fenólicos terpenos; os animais predadores são repelidos ou afetados no metabolismo e desenvolvimento (ver 5.15 e 8.4.1). Pela ação do látex, borracha e resinas, as lesões podem ser desinfetadas e rapidamente fechadas.
- **Atração animal**: óleos voláteis, entre outras substâncias aromáticas – geralmente produzidos em tecidos glandulares especiais de osmóforos – têm função de atração animal para polinização e dispersão de sementes. Os nectários recompensam animais, que são úteis para as plantas. Os nectários são na maioria das

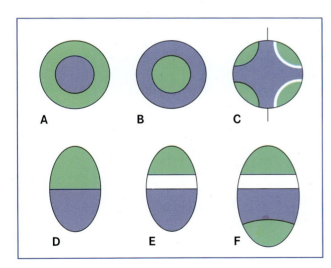

Figura 3-25 Tipos de feixes vasculares. Distribuição de xilema (azul), floema (verde) e câmbio (branco) em cortes transversais. **A** Feixe vascular concêntrico, com xilema interno (feixe "hadrocêntrico" ou "perifloemático"). **B** O mesmo tipo com xilema externo (feixe "leptocêntrico" ou "perixilemático"). **C** Feixe vascular actinomorfo, com xilema interno e – como mostrado neste caso – quatro polos de xilema (padrão tetrarco), encontrado no cilindro central de raízes; na metade à esquerda tipo "fechado" (monocotiledôneas), à direita, "aberto" (magnolídeas e dicotiledôneas). **D-F** Feixes vasculares colaterais. **D** Fechado (monocotiledôneas); **E** Aberto (maioria das dicotiledôneas); **F** Aberto-bicolateral (por exemplo, na abóbora).

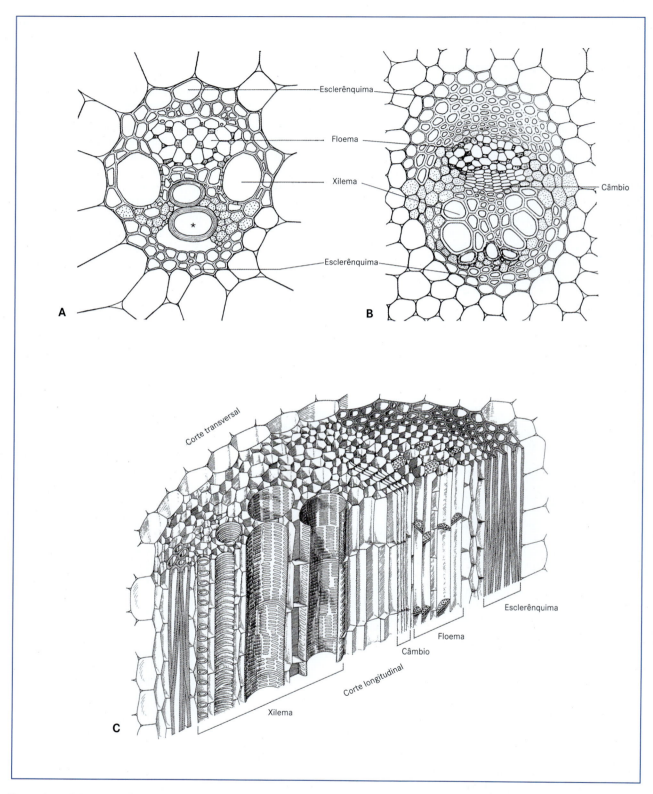

Figura 3-26 Feixes vasculares colaterais. **A** Corte transversal em feixe colateral fechado de milho, *Zea mays*; o anel de um elemento de protoxilema se encontra em uma lacuna do parênquima xilemático, rompido pelo crescimento em alongamento do órgão (comparar com Figura 4-42). **B** Corte transversal em um feixe colateral aberto do ranúnculo, *Ranunculus repens*. **C** Imagem em 3D de um feixe colateral aberto (todos ca. 200x). (A,B segundo D. von Denffer; C segundo K. Mägdefrau.)

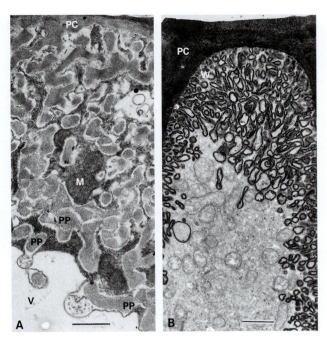

Figura 3-27 Protuberâncias de parede e labirinto apical de células de nectários. Para várias células glandulares, é típico o aumento da superfície na região, onde ocorre a secreção de substâncias. **A** Labirinto de parede de um nectário no cálice de *Gasteria*; da parede celular apical, onde ocorre a eliminação da secreção, estendem-se diversas protuberâncias da parede quase até o vacúolo. No labirinto da parede, mitocôndrias, que fornecem energia para os processos de transporte ativo. De maneira semelhante, as células de transferência também aumentam a superfície da membrana celular através dos labirintos de parede. **B** Região apical de um nectário de *Asclepias curassavica* com várias invaginações da membrana celular, evidenciadas mediante técnica de contraste dos carboidratos da secreção (1 μm). – M mitocôndrias, V Vacúolos, PC Parede celular, PP Protuberância da parede. (Microscopia eletrônica segundo E. Schnepf e P. Christ.)

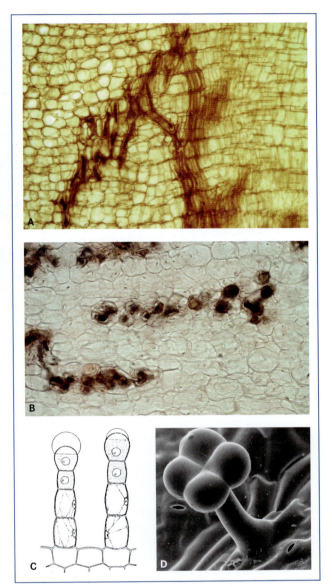

Figura 3-28 Tecido glandular e tricomas glandulares. **A, B** Laticíferos articulados da raiz-preta, *Scorzonera purpurea*, em cortes longitudinal e transversal de raiz (25x). **C** Tricomas glandulares do pecíolo da folha da prímula, *Primula obconica*; eczemas podem ser causados pela secreção acumulada entre a parede celular e a cutícula (80x). **D** Tricoma glandular de *Uncarina* (Pedaliaceae) com cabeças de quatro células (250x). (C segundo D. von Denffer; D Fotografia de MEV segundo W. Barthlott.)

vezes localizados nas flores, mas também existem nectários extraflorais. Sua secreção contendo açúcares alimenta, por exemplo, insetos (cupins e formigas, entre outros) inimigos biológicos de outros insetos que podem danificar as plantas. Em alguns animais insetívoros (ver Quadro 4-3; 8.1.2), os predadores são atraídos e presos por uma secreção mucilaginosa e, finalmente, pela ação de produtos de glândulas digestórias, são quimicamente degradados e se tornam acessíveis à absorção osmótica.

- Células especializadas em eliminação ou tecido glandular responsáveis pela **excreção**. O exemplo mais conhecido são as células de oxalato, que retiram o excesso de cálcio do metabolismo e acumulam nos seus vacúolos como cristais de oxalato de cálcio (Figura 2-60). Plantas de locais com grande salinidade, como, por exemplo, o litoral, possuem – como as aves marinhas – glândulas de sal para a eliminação ativa do excesso de sal.

- Uma situação limite da função glandular é alcançada quando acontece uma intensa **continuidade de transporte** de substâncias produzidas pela própria planta. Células desse tipo são frequentes em tecidos de revestimento: células de passagem da endoderme (Figuras 3-18B e 4-77B), células de transferência em bainhas de feixes e epitema (tecido subepidérmico, pobre em clorofila, que serve à gutação); no floema de tecido condutor de angiospermas, as células companheiras têm essa função. Essas células produzem substâncias transportadas unidirecionalmente (geralmente não para si) e se distinguem, assim, das células glandulares (compare também com as glândulas de sal anteriormente mencionadas). Elas possuem, porém, características citológicas de células glandulares (núcleos grandes, citoplasma denso e aumento da superfície devido a protuberâncias da parede).

Alguns exemplos da diversidade de estruturas glandulares e suas funções nas plantas foram selecionados e serão discutidos a seguir.

3.2.5.1 Laticíferos

Algumas plantas liberam látex quando danificadas. Exemplos conhecidos são as plantas do gênero *Euphorbia*, dente-de-leão, falsa-seringueira, quelidônio e papoula. O látex corresponde ao suco celular ou plasma com baixa viscosidade de sistemas de canais ramificados no corpo vegetal. Esses sistemas são compostos de células secretoras típicas, geralmente grandes. Suas incomuns dimensões se baseiam na presença de muitos núcleos de células gigantes, que atravessam o parênquima como **laticíferos não articulados**. Esses laticíferos – que podem ter vários metros de comprimento, situando-se entre as maiores células – são encontrados em muitas eufórbias, na espirradeira e na falsa-seringueira. Os **laticíferos articulados**, por outro lado, são sincícios: eles se formam pela fusão celular devido à decomposição das paredes transversais originais. Laticíferos desse tipo são encontrados em espécies de Papaveraceae (*Chelidonium*, com látex amarelado, *Papaver somniferum*, como matéria-prima do ópio, uma mistura de alcaloides contendo morfina), bem como em Asteraceae (*Taraxum, Scorzonera*, Figura 3-28A, B; alface, *Lactuca*, cujo nome se deve à presença do látex: do latim, *lac* = leite) e muitas espécies de Euphorbiaceae (seringueira, *Hevea brasiliensis*).

3.2.5.2 Canais resiníferos e cavidades secretoras

Enquanto os laticíferos acumulam látex, a resina assim como o bálsamo são descritos como uma mistura viscosa de tempenos (óleos voláteis) que se acumulam em espaços intercelulares esquizógenos (Figura 3-29). Esses canais resiníferos são revestidos por um epitélio glandular. Como nos laticíferos, os canais resiníferos também são compostos por um sistema de ductos alongados e ramificados, que extravasam quando lesados. Em contato com o ar, a resina coagula como um vedante desinfetante.

Os canais resiníferos são comuns entre as coníferas. A resina de algumas espécies é utilizada comercialmente (terebintina, assim como óleo de terebintina; bálsamo-do-canadá). O âmbar é resina fossilizada. Já nas angiospermas, a produção de resina é mais rara.

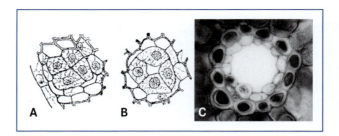

Figura 3-29 Canais resiníferos. **A, B** Origem esquizógena de um canal resinífero com epitélio glandular com grandes núcleos, na madeira do pinheiro (250x). **C** Canal resinífero de uma acícula de pinheiro; o epitélio glandular é separado do mesofilo por uma bainha de tecido (todos 250x). (A, B segundo W.H.Brown.)

Os óleos voláteis são produzidos pela maioria das plantas superiores. Em geral, ou a produção é limitada, ou as secreções efêmeras são eliminadas tão rapidamente que não se formam quaisquer estruturas armazenadoras especiais. Assim, muitas pétalas contêm no citoplasma de suas células epidérmicas e do mesofilo gotículas de óleos essenciais, que de acordo com a temperatura evaporam (os perfumes das flores de rosas, violetas, jasmim). Em algumas espécies, no entanto, ocorre o armazenamento

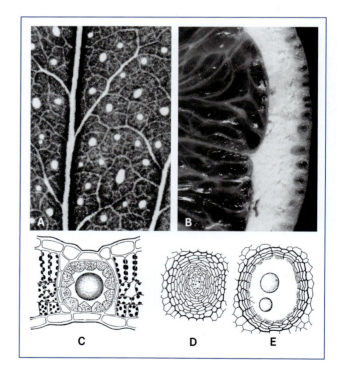

Figura 3-30 Cavidades secretoras de óleos. **A, C** Cavidades secretoras esquizógenas de *Hypericum perforatum*, visão geral (A, 2x) e corte transversal da folha (C, 50x). **B, D, E** Cavidade secretora na camada externa da casca da laranja (B, 2x) e origem lisígena em *Citrus limon* (D, E, 25x). (B segundo G. Haberlandt; D, E segundo A. Tschirch.)

de óleo volátil fluido em **cavidades secretoras de óleos**, esquizógenas ou lisígenas (Figura 3-30). Exemplos conhecidos são de espécies da erva-de-são-joão (*Hypericum*) e de *Eucalyptus* (cavidades secretoras esquizógenas), bem como as cavidades secretoras lisígenas na casca de fruto de *Citrus*.

3.2.5.3 Tricomas capitados e emergências glandulares

Na extremidade de tricomas e emergências das plantas, inserem-se células glandulares ou grupos delas (Figuras 3-28C, D e 3-14D). Essas células glandulares (e tecido) em geral têm uma forma arredondada e são mais espessadas do que os pedúnculos de tricomas e emergências, dando a impressão da forma de uma cabeça acima de um pescoço delgado, dando origem ao nome. As glândulas superficiais "sésseis" não possuem células do pedúnculo. A secreção – geralmente óleo volátil – se acumula entre a parede celular e a cutícula, podendo evaporar pela cutícula graças à sua natureza lipofílica. Em outros casos, a cutícula se rompe e também ocorre a liberação de secreções hidrofílicas (na drósera, *Drosera*, uma substância pegajosa, dotada de polissacarídeos, Figura 3-31; secreções com proteinase em glândulas digestórias de plantas insetívoras).

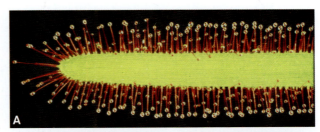
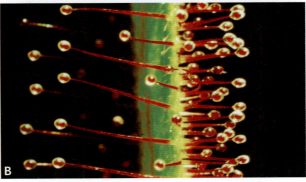

Figura 3-31 Secreção de substância pegajosa na cabeça de emergências glandulares da drósera, *Drosera cuneifolia*, uma planta insetívora (ver Quadro 4-3). A folha com simetria bilateral-dorsiventral vista de cima (**A**) e de lado (**B**) (2,5x). (Imagens segundo P. Sitte.)

Referências

Barlow PW, Lu_ck J (2006) Patterned cell development in the secondary phloem of dicotyledonous trees: a review and a hypothesis. J Plant Res 119: 271–291

Bowes BG (2001) Farbatlas Pflanzenanatomie. Parey, Berlin

Braune W, Leman A, Taubert H (2007) Pflanzenanatomisches Praktikum I. Spektrum Akademischer Verlag, Heidelberg

De Smet I, Ju_rgens G (2007) Patterning the axis in plants–auxin in control. Curr Opin Genet Dev 17: 337–343

Kaussmann B, Schiewer U (1989) Funktionelle Morphologie und Anatomie der Pflanzen. Gustav Fischer, Stuttgart

Long TA, Benfey PN (2006) Transcription factors and hormones: new insights into plant cell differentiation. Curr Opin Cell Biol 18: 710–714

Nardmann J, Werr W (2007) The evolution of plant regulatory networks: what Arabidopsis cannot say for itself. Curr Opin Plant Biol 10: 653–639

Tucker MR, Laux T (2007) Connecting the paths in plant stem cell regulation. Trends Cell Biol 17: 403–410

Turner S, Gallois P, Brown D (2007) Tracheary element differentiation. Annu Rev Plant Biol 58: 407–433

Capítulo 4
Morfologia e Anatomia das Cormófitas

4.1	**Morfologia e anatomia**	**154**		4.2.8.2	Câmbio, lenho e floema secundário	183
4.1.1	Homologia e anatomia	155		4.2.8.3	Crescimento secundário em largura nas monocotiledôneas	187
4.1.2	Cormo e talo	158		4.2.8.4	O lenho	187
4.2	**Caule**	**158**		4.2.8.5	Madeira das gimnospermas	188
4.2.1	Organização longitudinal do caule	160		4.2.8.6	Lenho das angiospermas	189
4.2.2	Filotaxia	162		4.2.8.7	Alburno e cerne	192
4.2.3	Rizomas	166		4.2.8.8	Floema secundário	193
4.2.4	Formas de vida	166		4.2.8.9	Periderme	194
4.2.5	Ramificação do caule	169		**4.3**	**Folhas: formas e metamorfoses**	**195**
4.2.5.1	Ramificações dicotômica e axilar	169		**4.3.1**	**A folha**	**196**
4.2.5.2	Sistemas de ramificação axilares	169		4.3.1.1	Organização e simetria	196
4.2.5.3	Inflorescências	171		4.3.1.2	Desenvolvimento e formas especiais	200
4.2.5.4	Formas de crescimento em plantas lenhosas: arbusto e árvore	172		4.3.1.3	Anatomia	201
4.2.5.5	Metatopia, caulifloria, ramos adventícios; bulbilhos	173		**4.3.2**	**Sequência foliar**	**202**
4.2.6	**Especiais funções e formas de adaptação**	**176**		**4.3.3**	**Modificações na forma das folhas**	**204**
4.2.7	**Anatomia da estrutura primária do caule**	**179**		4.3.3.1	Metamorfoses	204
4.2.7.1	Desenvolvimento	179		4.3.3.2	Folhas escleromórficas	206
4.2.7.2	A estrutura primária	181		4.3.3.3	Folhas de epífitas	209
4.2.7.3	Crescimento primário em largura e por espessamento do meristema apical	182		**4.4**	**Raízes**	**209**
4.2.8	**Caule na fase secundária de crescimento**	**183**		**4.4.1**	**Sistemas radiculares**	**211**
4.2.8.1	Significado funcional do crescimento secundário em largura	183		**4.4.2**	**Anatomia da raiz**	**215**
				4.4.2.1	A estrutura primária	215
				4.4.2.2	Raízes laterais	217
				4.4.2.3	A estrutura secundária	217

Nos capítulos anteriores, as células foram abordadas como unidades de vida elementares e componentes estruturais dos tecidos. Embora cada uma das células permaneça uma unidade vital elementar também em organismos multicelulares, aqui ela não representa o organismo. Sua configuração macroscópica é tão independente da estrutura celular, como a arquitetura de uma obra, dos tijolos e de outros elementos estruturais. É possível (e realmente foi por muito tempo) trabalhar razoavelmente na área de morfologia, sem saber algo a respeito das células. Morfogêneses complexas são possíveis mesmo sem a estruturação celular (Figuras 4-1, 10-90D e 10-113; ver 2.2.3.6). A raridade de organismos unicelulares realmente grandes (como é o caso da *Acetabularia*) e a enorme multiplicidade dos pluricelulares mostram que a **multicelularidade** ofereceu uma base propícia para a evolução de organismos maiores, em comparação com o crescimento e o aumento da complexidade de uma única célula. A formação de organismos multicelulares pressupõe não apenas o aumento em massa, mas também a diferenciação ordenada de células, as quais são inicialmente iguais. Essa diferenciação e a especialização funcional das **células somáticas** (do grego, *sóma* = corpo) fundamentam-se na **ativação gênica diferencial** (ver 2.2.3 e 6.2.2.3). Os sinais para essa ativação devem, de cada célula isolada de tecidos formadores, mediar informações para a diferenciação adequada em cada parte. O organis-

Figura 4-1 Complexa formação estrutural em unicelulares: saliências em "células gigantes" de dasicladáceas (comparar com Figura 10-112). **A** "Tufo de pelos" no talo de *Chlorocladus australasicus*. **B** Formas unicelulares de dasicladáceas (semelhantes a um pequeno "chapéu") em seu ambiente natural (*Acetabularia crenulata*).

mo pluricelular surgiu somente por meio da interação de todas as suas células e sinais intercelulares (ver 6.4). Com isso, não se considera mais como unidade biológica a célula unitária, mas sim o conjunto funcional das várias células do corpo vegetativo pluricelular, o conhecido **blastema** (do grego, *blástema* = broto). É o caráter de um sistema completo que permite distinguir um organismo pluricelular, ou seja, um blastema, de uma colônia celular (**cenóbio**).

Na totalidade do blastema vivo, as células somáticas aparecem como elementos estruturais, componentes e instrumentos – todos com funções limitadas. Só depois de seu isolamento do blastema, é que essas células podem se manifestar como organismos elementares. Distúrbios da comunicação celular em sistemas multicelulares levam a crescimento e diferenciação anormais, por exemplo, formação de tumores.

4.1 Morfologia e anatomia

A macromorfologia das cormófitas fixadas por raízes – característica que as tornaram mais facilmente observáveis – foi por muito tempo o único fundamento para a sistemática e a taxonomia. No entanto, para compreender aquilo que se observa e com que se lida todos os dias (o que muitas vezes já é instintivamente assumido como evidente), é necessário o questionamento, a inclusão de novas perguntas e, por consequência, um esforço intelectual. Como disse o filósofo alemão A. Schopenhauer: "Portanto, a tarefa não é somente a de ver aquilo que ninguém viu, mas sim a de pensar o que ainda não foi pensado sobre aquilo que cada um vê". Já J.W. Goethe, um dos fundadores da morfologia comparada (descobridor do osso intermaxilar em humanos, 1784; autor da obra "A metamorfose das plantas", 1790), questionou: "O que é o mais difícil? O que lhe parece mais fácil: ...ver com os olhos, o que está diante de seus olhos").

A investigação das relações causais no desenvolvimento de organismos multicelulares e em relação às diferentes espécies (**Fisiologia do Desenvolvimento** e **Genética do Desenvolvimento**, ver Capítulo 6) encontra-se em avanço explosivo – processo desencadeado pelos progressos da biologia molecular. No passado, puderam ser obtidos conhecimentos apenas limitados sobre **morfologia causal**, pois as substâncias sinalizadoras e os receptores decisivos são em geral apenas temporários ou formados em concentrações muito reduzidas e, por isso, não era possível manipulá-los experimentalmente. Já relações estruturais e funcionais, bem como adaptações morfológicas ao ambiente e às condições especiais de vida, puderam ser abordadas: com a ajuda de uma abordagem teleonômica (final), a partir da qual as formas de organismos podem ser compreendidas por seu significado biológico, por sua função característica.

Esse princípio foi amplamente introduzido na botânica há mais de 100 anos e teve como base dois estudos que inicialmente provocaram bastante controvérsia: "O princípio mecânico na estrutura anatômica das monocotiledôneas" de S. Schwendener (1874) e a abrangente "Anatomia vegetal fisiológica" de G. Haberlandt (1884). A partir de então, os tecidos das plantas, por exemplo, têm sido definidos não apenas pelo tipo, mas também por sua função (denominação do tecido, ver Capítulo 3). Assim, desde há muito tempo, a pergunta acerca do significado funcional de determinadas formas de organismos serviu, de maneira exitosa, como diretriz para observações – de modo particularmente impressionante por C.K. Sprengel ("O segredo da natureza revelado na estrutura e fertilização de flores", 1793). Contudo, apenas com a aceitação da teoria da seleção natural de Darwin, é que essa linha de raciocínio foi cientificamente corroborada. Com certeza, o princípio da conveniência econômica na interpretação da estrutura corporal dos organismos muitas vezes foi empregado. Com frequência, ocorreram mal-entendidos, isto é, interpretou-se que a seleção natural apenas permitia a sobrevivência dos mais aptos e, por essa razão, tudo no universo da vida seria apto e adaptado em grau máximo. Na realidade, a seleção natural não permite a sobrevivência a longo prazo dos não aptos – o que é uma afirmação totalmente diferente. Se por um lado a seleção age como princípio restritivo, por outro, as mudanças hereditárias aleatórias (mutações, recombinações, tranferência gênica horizontal) e a simbiogênese apresentam-se como energias em expansão. A essas são atribuídas a enorme riqueza de espécies e as diversas soluções fisiológicas, ecológicas e morfológicas de problemas no mundo dos organismos.

O método morfológico específico é o tipológico. Para descobrir os tipos morfológicos, são utilizadas comparações. Os maiores grupos sistemáticos, mesmo com todas as variações e todos os ajustes proporcionais dentro de um gênero, família, etc., podem ser definidos por características principais de organização – que constituem o **tipo** da unidade sistemática correspondente.

Nesse sentido, Goethe sugeriu um "protótipo", que ele denominou *Urpflanze*, ou seja, uma planta arquetípica. Posteriormente, o conceito "plano estrutural" passou a ser utilizado com frequência; porém, por ser fortemente antropomórfico, foi motivo de mal-entendidos. A partir de W. Troll, o mestre da morfologia tipológica no século XX, foi possível "indicar, mas não exatamente mostrar" o tipo de um grupo de organismos. Essa construção é puramente mental, uma abstração, que se fundamenta na ênfase de similaridades: trata-se de semelhanças entre seres vivos diferentes. A **morfologia tipológica** independe de abordagens causais ou finais: oferece a base para o estabelecimento de sistemas "naturais" na biologia. A definição de tipo morfológico é uma expressão de desenvolvimentos filogenéticos hierárquicos (cladograma). Significativamente, foi Darwin quem enunciou que a morfologia sempre significa a pergunta a respeito do tipo.

Para cumprir a enorme tarefa de abranger e descrever, do modo mais preciso possível, todas as espécies de organismos recentes e fósseis, foi desenvolvida uma extensa terminologia, visando uma classificação sistemática e uma correta nomenclatura. A Figura 4-2 traz, como exemplo, alguns conceitos habituais para a descrição das formas das folhas e de suas margens. Livros de identificação de plantas, os quais contêm resumos curtos e concisos dessa "morfologia usual", serão referidos aqui.

O termo **anatomia** (do grego, *anatémnein* = cortar, dissecar) possui para a botânica um significado distinto daquele empregado na medicina e na zoologia. Enquanto o corpo humano ou de um animal – organizado de uma maneira fechada – deve ser cortado para deixar visíveis seus órgãos internos, isso não se faz necessário no caso da maioria dos corpos vegetativos das plantas, devido à sua arquitetura aberta. Assim, por **anatomia vegetal** compreende-se, por conseguinte, o exame microscópico da organização dos tecidos nos fundamentais órgãos. Anatomia e macromorfologia (também conhecida como organografia) das plantas estão relacionadas entre si e são abordadas juntas neste capítulo.

4.1.1 Homologia e anatomia

Semelhança nem sempre significa parentesco hereditário ou filogenético. Além das semelhanças concernentes ao mesmo tipo, ou seja, as que resultam de parentesco filogenético (**homologia**), existem também aquelas que consistem em adaptação para iguais funções (**analogia**). Homologia significa equivalência hereditária, expressão de informações genéticas semelhantes, ao passo que analogia refere-se à equivalência funcional.

Por exemplo, as estruturas de "voo" nos reinos animal e vegetal se desenvolveram de modo bastante independente umas das outras. Com exceção de simples mecanismos de suspensão, essas estruturas são baseadas no uso do paradoxo aerodinâmico e, com isso, na formação de asas. Todas as asas – seja de insetos, peixes voadores, pássaros, morcegos, ou até mesmo de frutos do bordo (*Acer* sp.) ou de sementes de *Zanonia* (Figura 10-217D), bem como asas e hélices de aviões – mostram, portanto, semelhanças básicas sem serem homólogas. No mesmo sentido, a forma aerodinâmica de organismos (e barcos), os quais se locomovem rapidamente na água, sempre se presta à mesma finalidade: a minimização à resistência do atrito – o que é válido para mixamebas e gametas, bem como para a baleia-azul (cuja aparência externa se assemelha, por analogia a dos peixes; mas isso não a torna um deles). A semelhança entre espinhos e acúleos, no que diz respeito à equivalência funcional (Figura 4-7), levou a uma confusão na linguagem popular, como mencionado na seção 3.2.2.1.

Assim como exigências finais podem condicionar a semelhança entre diferentes órgãos, o contrário também pode ocorrer, isto é, estruturas homólogas podem tornar-se menos semelhantes entre si por pressões funcionais e adaptativas. Um exemplo disso seria a distinta formação de órgãos iguais em cada ou em um mesmo organismo, tal como a variação morfológica das folhas em diferentes regiões do corpo da planta (Figuras 4-5 e 4-6; ver 4.3.2 e 4.3.3). Ainda é possível haver utilização/deformação atípica de órgãos, como é o caso de ramos laterais de algumas plantas, que apresentam crescimento limitado e assumem a função de folhas. Esses ramos são chamados **filocládios** – do grego, *phyllon* (folha) e *kládos* (ramo); Figura 4-3 – e, embora tenham estrutura foliácea, ou seja, análoga às folhas, são na realidade braquiblastos (homólogos a ramos). Isso se torna evidente, por exemplo, pelo fato de que filocládios situam-se nas axilas de catafilos ou de folhas modificadas em espinhos e podem portar flores, o que não ocorre com folhas. Para outros vegetais, são as raízes aéreas que assumem o papel das folhas (Figura 4-4). Nesse caso, essas raízes são planas e verdes (devido aos cloroplastos), assemelhando-se a folhas e não a raízes. Essas modificações de órgãos, condicionadas por adaptação a funções especiais, são denominadas na morfologia vegetal como **metamorfoses** (do grego = alteração, modificação; o termo metamorfose é também empregado na zoologia, porém com outro significado).

Para a cladística (ver 10.1.3), a correta distinção entre homologia e analogia é especialmente relevante. O parentesco filogenético (do grego, *phylon* = filo) só é mostrado por meio de semelhanças condicionadas pela homologia, portanto, provenientes de um mesmo tipo morfológico. Existem diversos **critérios homológicos**: moleculares, cariológicos, morfológicos e fisiológicos. Dentre os morfológicos, o fator "posição" representa um papel importante: um órgão (ou afim) é homólogo a outro, portanto, quando uma estrutura de igual forma ocupar relativamente a mesma posição. Desse modo, os filocládios situam-se, como mencionado, nas axilas de brácteas, como é "típico"

◀ **Figura 4-2** Algumas formas de folhas e margens foliares. **A-G** Margens foliares. **A** Inteira (*Zea mays*, milho; aqui, como para quase todas as monocotiledôneas, a margem inteira está relacionada com a nervação paralelinérvea – os feixes vasculares se dispõem paralelamente à margem; 2,8x). **B** Inteira, em *Reynoutria japonica* (uma eudicotiledônea da família Poligonaceae) que possui folhas com nervação reticulada (a venação paralelinérvea não é condição para margem inteira; 2,8x). **C** Crenada (rábano; 2,8x). **D** Denteada (*Castanea sativa*, castanheira-portuguesa; 1x). **E** Serreada (*Urtica* sp., urtiga; 1,7x). **F** Serrilhada (*Kerria* sp., Rosaceae; 1,5x). **G** Penatipartida (*Taraxacum officinale*, dente-de-leão; 0,7x). **H-L** Formas de folhas. **H** Simples lobada (*Quercus robur*, carvalho-vermelho; 1x). **I** Composta penada (*Sorbus aucuparia*, sorvina-brava; 1x). **K** Simples palmatipartida (*Acer campestre*, bordo-campestre; 0,75x). **L** Simples palmatissecta (*Potentilla reptans*, potentila; 0,75). (Fotografias de P. Sitte.)

para ramos laterais (Figura 4-3). Da morfologia, provém o critério da continuidade, ou seja, a conexão de formas diferentes pelas formas intermediárias. Assim, formas de transição, como catáfilos, folhas, brácteas e pétalas (Figura 4-5), além das formas entre pétalas e estames (Figuras 4-6 e 10-195), e por fim, as entre folhas e aquelas modificadas em espinho (Figura 4-7), são consideradas como folhas, embora todas essas estruturas sejam visualmente bem distintas. Na filogenética, são as formas intermediárias fósseis que representam esse papel; elas situam-se morfologicamente entre representantes de unidades sistemáticas que se tornaram diferentes entre si no curso da evolução. Especialmente importante para a comprovação da homologia é a análise dos estágios iniciais do desenvolvimento de um indivíduo (**ontogenia**). A maioria dos órgãos exercem suas funções especiais apenas quando em estado final (completo), passando então a exibir suas respectivas adaptações, enquanto suas formas primordiais ainda permitem, pela homologia, a identificação da equivalência na formação.

A evolução normalmente divergente, que resulta em formas cada vez menos semelhantes, pode se tornar reversa para características únicas por meio de semelhança de adaptação. O zoólogo W. Hennig apresentou uma precisa revisão sobre a terminologia relacionada ao "problema" analogia/homologia, visando uma sistemática filogenética (**cladística**) coerente. Essa terminologia cladística foi, nesse ínterim, difundida internacionalmente. Analogia – semelhança não baseada em origem comum – passou a ser designada por Hennig como **homoplasia**, o que permitiu ainda sua distinção com relação à convergência evolutiva e ao paralelismo. **Convergência** significa, no conceito de Hennig, configuração semelhante de órgãos não homólogos. Como exemplos para convergência podem ser citados espinhos (Figuras 4-7 e 4-36) e gavinhas (Figura 4-68) – órgãos que podem corresponder tanto a folhas modificadas, como a caules metamorfoseados. Por outro lado, por **paralelismo** compreende-se o surgimento filético independente de semelhantes modificações de estruturas homólogas em diferentes grupos sistemáticos, como, por exemplo, o desenvolvimento de suculência em caules de diversas famílias vegetais (Figura 4-35).

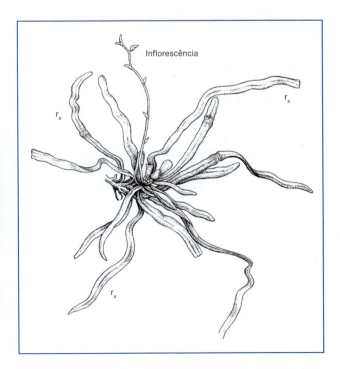

Figura 4-3 Filocládios – ramos planos como "folhas". Galho de *Ruscus aculeatus* (murta-espinhosa) com ramos laterais portando flores que se assemelham a folhas, os quais são desenvolvidos a partir de gemas axilares de folhas escamiformes (1x; comparar com Figura 4-34). (Fotografia segundo W. Barthlott.)

Figura 4-4 *Taeniophyllum zollingeri*, orquídea que vive sobre árvores (epifítica) com raízes aéreas (r_a) verdes e de formato achatado, que servem à assimilação (0,5x). (Segundo K. Goebel.)

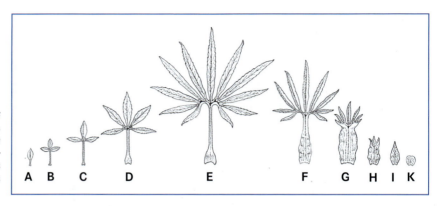

Figura 4-5 Sequência foliar de *Helleborus foetidus* (helíboro) (0,25x). **A** Cotilédone. **B, C** Folhas jovens. **D** Folha do primeiro ano de desenvolvimento. **E** Folha digitiforme do segundo ano. **F** Folha de transição. **G-I** Brácteas do terceiro ano de desenvolvimento. **K** Folhas do perianto. (Segundo D. von Denffer.)

4.1.2 Cormo e talo

Em todas as pteridófitas e espermatófitas, é possível identificar um tipo morfológico comum, denominado **cormo** (do grego, *kormós* = tronco, ramo) e caracterizado por três **órgãos fundamentais** – caule, folha e raiz. A disposição dos órgãos vegetativos sempre é igual nas **cormófitas** (vegetais superiores): folhas sempre são encontradas no caule e nunca em raízes. Além disso, raízes formam raízes laterais endógenas, ao passo que caules originam ramos laterais (ramificação) de um modo distinto. Contudo, as raízes podem também se originar de caules (raízes adventícias), bem como o oposto, isto é, caule a partir de raízes (raízes gemíferas). Cabe ressaltar que **flores** das plantas floríferas não representam *qualquer* órgão fundamental, mas sim um braquiblasto que porta o esporófilo e viabiliza a reprodução.

Os corpos vegetativos totalmente diferentes de organismos multicelulares, como algas, fungos, liquens e hepáticas, não são homólogos a um cormo. Esses corpos são resumidamente designados como **talos** (do grego, *thallós* = folha). Este capítulo se restringirá à morfologia e à anatomia das cormófitas – grupo vegetal que, além de ser o mais conhecido e melhor estudado, apresenta alta riqueza de espécies, possui elevado valor econômico, é o mais jovem na história da Terra e da vida e o mais desenvolvido.

4.2 Caule

Como já mencionado, o cormo é constituído por três órgãos fundamentais: **caule** (eixo), **folha** e **raiz**. Esses órgãos elementares não são homólogos dentre os vegetais superiores hoje existentes e exercem diferentes funções básicas (essa afirmação é válida, salvo para o conceito de que folhas surgiram evolutivamente de ramos laterais ramificados dicotomicamente de plantas terrestres primitivas) (Figura 10-151). Tipicamente, raízes e caules cilíndricos são **uni-**

Figura 4-6 Formas de transição entre diferentes folhas modificadas em rosa-canina, *Rosa canina*. **A** As sépalas mais externas 1 e 2 exibem ainda pinas (reminiscência da forma das folhas), ao passo que as internas 4 e 5 não mais; a sépala 3 é pinada apenas no lado voltado para a 2 (1x). **B** Forma intermediária entre pétalas e estames; as setas indicam anteras na margem das pétalas (1,3x). (Fotografia segundo P. Sitte.)

Figura 4-7 Modificação de folhas em espinhos. **A, B** Uva-espim, *Berberis vulgaris*. **A** Redução progressiva de folhas a espinhos na base de um galho (0,6x). **B** Da axila de folhas completamente modificadas em espinhos crescem braquiblastos, os quais formam folhas com margem denteada no primeiro ano, e flores no segundo (0,9x). **C** Na maioria das cactos (aqui tem-se como exemplo *Notocactus rutilans*), as folhas e também os braquiblastos que surgem nas axilas (aréolas), se tranformam em espinhos lignificados. A função da folha passa a ser exercida por caules suculentos fotossintetizantes (1,9x). (Fotografia segundo P. Sitte.)

faciais (com superfície semelhante em todo seu contorno; do latim, *facies* = aspecto); em corte transversal, exibem simetria radial e crescimento em comprimento teoricamente ilimitado devido à presença de células em seu ápice, os denominados meristemas apicais ou pontos vegetativos. Por outro lado, os **filomas** (folhas ou estruturas derivadas) são **bifaciais** (considerando-se o plano bidimensional). Neste caso, as faces adaxial (superior) e abaxial (inferior) diferem entre si, por exemplo, quanto à ocorrência de estômatos e/ou de tricomas; além disso, o crescimento desses filomas é limitado por células apicais bifurcadas ou pelo meristema lateral linear. A configuração bifacial da folha normalmente corresponde a uma dorsiventralidade da organização do tecido no interior.

As equivalências fundamentais na composição do corpo de todas as cormófitas são especialmente evidentes em esporófitos jovens (por esporófito, compreende-se um corpo vegetativo diploide originado a partir do zigoto). Essa constituição é explicada a seguir, com o exemplo do embrião encontrado nas sementes de espermatófitas (Figura 4-8; comparar também com Figura 3-1). O **embrião** típico é composto por uma raiz embrionária (**radícula**) e um eixo caulinar embrionário, o qual sustentará uma, duas ou mais **folhas embrionárias** (**cotilédones**; do grego, *kotyledón* = proeminência). A formação das extremidades dos eixos caulinar e o da raiz implica uma bipolaridade, que continua determinando os posteriores estágios de desenvolvimento da planta. A zona, em que o caule e a raiz se encontram, é denominada colo. Entre o colo e o ponto de inserção do(s) cotilédone(s) situa-se o **hipocótilo**, sendo a porção acima desde (até o início das primeiras folhas primárias) chamada de **epicótilo**. O eixo termina na extremidade do caule em uma gema terminal (plúmula). Como todos os filomas, os cotilédones são proeminências laterais da superfície do eixo que surgem de maneira exógena (Figura 3-3). E como todas as folhas posteriormente formadas no eixo caulinar, os cotilédones também se distanciam dele imediatamente em direção à plúmula, ultrapassando-a e protegendo-a por meio de revestimento. Um ângulo agudo é formado na base foliar, entre a face adaxial da folha e o eixo. Nessa **axila foliar**, existe (pelo menos) uma **gema lateral** (ou **gema axilar**), que posteriormente pode desenvolver um ramo lateral. Essa relação espacial entre os locais de inserção das folhas e as gemas laterais é observada em todas as plantas floríferas, sobretudo as angiospermas. Assim, a filotaxia (disposição das folhas) do eixo em geral reflete a ramificação do sistema caulinar – fala-se então em ramificação lateral ou, de modo mais geral, em ramificação junto ao filoma. Muitas pteridófitas, no entanto, comportam-se de maneira diferente (também) em relação a esse aspecto. E mesmo em espermatófitas, sob circunstâncias especiais (por exemplo, regeneração após corte ou ferimentos), praticamente em qualquer local de cada órgão fundamental podem se desenvolver novos meristemas de caules ou de raízes por meio da desdiferenciação celular e do crescimento de caules adventícios e raízes adventícias, respectivamente.

Sementes são as unidades típicas de dispersão das espermatófitas, enquanto o embrião corresponde a um está-

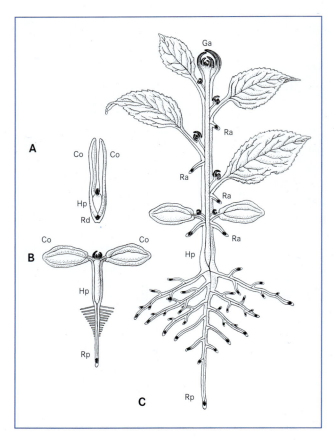

Figura 4-8 Representação esquemática do tipo de uma planta dicotiledônea. **A** Embrião maduro com cotilédones, radícula e hipocótilo. **B** Plântula com raiz primária. **C** Planta em estágio vegetativo com raízes laterais e adventícias, folhas e gema apical, em que: Co = cotilédone, Ga = gema apical, Hp = hipocótilo, Ra = raiz adventícia, Rd = radícula, Rp = raiz primária. (Segundo J. Sachs e W. Troll.)

gio temporário de dormência do esporófito jovem. Com a germinação da semente, os sistemas radical e caulinar começam a se desenvolver. As folhas formadas ao longo do eixo caulinar em crescimento apresentam formas distintas (**sucessão foliar**). Primeiro surgem os cotilédones com constituição simples, seguidos por folhas de transição (folhas primárias) e por **folhas adultas** – verdadeiros órgãos assimiladores que realizam a transpiração das plantas. Em inflorescências, são formadas **brácteas** simples, em cujas axilas podem ser originadas flores ou ramos laterais da inflorescência portando flores. Nas flores, por sua vez, ocorrem modificações substanciais na forma e função das folhas, as quais resultam no surgimento de estames e carpelos. Com a formação de flores, "esgota-se" o meristema apical de um ramo: as flores estabelecem o prazo dos caules.

O caule e a raiz de plântulas não crescem apenas em comprimento, mas também em espessura: crescimento primário em espessura. Em plantas anuais e bianuais (ervas), os crescimentos em comprimento e em largura são interrompidos, pois, por razões internas, elas morrem após a maturação dos frutos e a formação de sementes. Por outro lado, o crescimento em comprimento prossegue por muitos anos ou até mesmo séculos em plantas perenes (arbustos, árvores). Isso se deve, sem dúvida, sobretudo aos meristemas apicais em raízes, caules e ramos laterais, que somente na área da copa de árvores grandes chegam a mais de 100.000. Além disso, em plantas lenhosas, um número consideravelmente maior de gemas laterais permanece inativo ("olhos dormentes"); essas gemas são ativadas, no entanto, quando os pontos vegetativos caem. Principalmente em plantas perenes, o crescimento em comprimento de órgãos axiais é acompanhado de crescimento secundário em espessura – que se baseia na atividade dos meristemas laterais (câmbios; ver 3.1.2). O *status* morfoanatômico atingido pela planta antes da iniciação da atividade cambial (e em plantas herbáceas, permanente ao longo da vida) é denominado **estado primário**. Uma vez que os câmbios se tornam ativos, desenvolve-se progressivamente um **estado secundário**.

4.2.1 Organização longitudinal do caule

Em princípio, todos os tipos de caule – inclusive os subterrâneos (rizomas) – portam folhas. Contudo, essas folhas podem ser inconspícuas, como os catafilos (escamiformes) de muitos caules subterrâneos. Em plantas lenhosas perenes, as porções mais antigas do caule não apresentam folhas, pois, em comparação com o eixo, os filomas possuem vida curta: folhas senescentes caem após a formação de uma camada de separação (Figura 6-62) – processo, que no caso de plantas lenhosas decíduas acontece no final de cada período vegetativo.

Os locais de inserção das folhas, onde os caules de muitas plantas são mais espessos, são designados **nós** (do latim *nodus/nodi*, respectivamente nas formas singular e plural), e o segmento do eixo entre dois nós consecutivos é chamado de **entrenó** (do latim *internodium* – forma singular). A sequência regular de nós e entrenós é a expressão de uma simetria metamerizada fundamental do caule; nesse caso, o **fitômero** (nó com folha, mais entrenó) atua como unidade de repetição.

Normalmente, os comprimentos dos entrenós se situam na faixa de centímetros. Na plúmula, os primórdios foliares se localizam, porém, muito próximo uns aos outros. Portanto, os entrenós crescem em comprimento apenas depois, por alongamento celular e muitas vezes adicionalmente por crescimento intercalar. Isso se baseia na atividade temporalmente limitada de meristemas intercalares, típicos meristemas residuais* (Quadro 3-1).

---

*N. de T. O meristema residual, também denominado meristema terciário, é a porção menos diferenciada do meristema apical e compreende o meristema intercalar e os meristemoides.

Figura 4-9 Macroblastos e braquiblastos. No larício, *Larix decidua*, os ramos do ano atual são macroblastos (**A**), ao passo que em ramos mais antigos, braquiblastos densamente aciculados resultam de gemas laterais (**B**). Em braquiblastos da cerejeira, as cicatrizes que marcam os limites do incremento anual, estão muito próximas umas das outras (**C**, 0,9x; comparar com Figura 4-20). (Fotografias segundo P. Sitte.)

Em geral, o comprimento do entrenó varia notavelmente no sistema caulinar de uma mesma planta. Em vez do típico **macroblasto**, são formados, nesse caso, entrenós curtos ou alongados (respectivamente, por "compressão" e "extensão"). No primeiro caso, surgem braquiblastos, rosetas foliares ou bulbos, enquanto no segundo, escapos ou estolhos.

Em **braquiblastos**, os nós e, por conseguinte, também as folhas, se sucedem; e na maioria dos casos, trata-se de ramos laterais. Um conhecido exemplo para isso é o fascículo de acículas em partes de ramos de larício com dois ou mais anos de idade (Figuras 4-9B e 4-20). Nos pinheiros, as acículas verdes se encontram apenas em braquiblastos, ocorrendo aos pares em *pinus sylvestris* e em agrupamentos de cinco no pinheiro-cembra (*P. cembra*). Do ponto de vista funcional, esses braquiblastos substituem folhas e, em consequência disso, por fim também são desprendidos da planta. Os braquiblastos também ocorrem na copa de muitas árvores latifoliadas, como a faia e diversas espécies de frutíferas. No caso das cerejeiras, os braquiblastos portam inicialmente apenas folhas, porém, a partir de suas gemas laterais podem surgir novos ramos, que, por sua vez, portam flores (Figura 4-9). Esses braquiblastos morrem após a frutificação, enquanto os que portam folhas crescem lentamente por muitos anos, como é o caso do larício.

Entrenós muito curtos são característicos de algumas inflorescências (por exemplo, as das asteráceas) e da maioria das flores, sob o ponto de vista morfológico, são considerados braquiblastos típicos.

Rosetas foliares (Figuras 4-15A e 4-16B) são formadas em algumas plantas com rizomas, por exemplo, em muitas espécies de prímulas e ervas (bi)anuais e, principalmente, em plantas em almofada (Figura 4-21). Logo após a germinação, esses vegetais desenvolvem o sistema radical e uma roseta foliar prostrada ("basilar"), a partir da qual resulta (no caso de ervas bianuais, somente no próximo período vegetativo) um macroblasto portando flores (por exemplo, em verbasco e dedaleira).

Órgãos axiais subterrâneos (**rizomas**) desempenham múltiplas funções de armazenamento e, em consequência disso, podem se tornar espessados, tuberosos (por exemplo, *Arum* sp.). Comumente, a estocagem de substâncias não é efetuada no caule, mas sim em catafilos espessos ("suculentos") e não clorofilados. Caso o alongamento do entrenó cesse, surge então um **bulbo** – que morfologicamente corresponde a uma gema. Isso é característico de muitas aliáceas, como a cebola (Figura 4-10) e o alho, e também de "bulbos florais", por exemplo, em espécies de jacintos, narcisos e amarílis.

Em braquiblastos, os filomas são dispostos bem próximos uns aos outros, mas essa distância pode aumentar à medida que o entrenó se alonga. No caso de prímulas nativas da Europa Central, um ramo vertical não ramificado, aparentemente afilo e apresentando brácteas e flores apenas no ápice, cresce a partir da roseta foliar ao nível do solo. Esse ramo, denominado **escapo**, é considerado um entrenó fortemente alongado. Já em muitas plantas como o morango (*Fragaria* sp.), a língua-de-boi (*Ajuga reptans*), o ranúnculo (*Ranunculus repens*), o caniço ou "cana" (*Phragmites* sp.), dentre outras, são formados **estolões**, ou seja, ramos laterais finos com entrenós bem alongados. Desde o princípio, esses estolões crescem ao longo do solo

Figura 4-10 Bulbo de *Allium cepa* (cebola) secionado longitudinal (**A**) e transversalmente (**B**). A maior parte da cebola é constituída por catafilos suculentos, e por conseguinte, pela base foliar cilíndrica. Durante o crescimento e esverdeamento da planta, essa base forma um caule oco e tubular aparente, por dentro do qual o caule verdadeiro formador de flores cresce.

ou curvam-se devido a seu próprio peso em direção à terra, enraizando-se em um nó um pouco mais adiante da planta-mãe, quando, em geral após a formação de uma roseta foliar, podem desenvolver uma nova planta. Como os segmentos do estolão entre a planta-mãe e a planta-filha morrem após o estabelecimento da planta-filha, essa forma de propagação vegetativa e assexuada é muito importante em práticas de jardinagem (mergulhia). Por sua vez, extremidades espessas de estolões podem assumir função de armazenamento. Um exemplo conhecido é a batata (Figura 4-11): as extremidades subterrâneas dos estolões acumulam amido, se intumescem e constituem um tubérculo; os seus "olhos", por sua vez, correspondem a gemas cau-

linares e podem, após a brotação, originar novas plantas (propagação vegetativa por "batata-semente").

Em algumas plantas, entrenós alongados e curtos alternam-se regularmente ao longo do eixo. No que diz respeito às folhas, isso leva à formação de um verticilo aparente, como os observados, por exemplo, no lírio-martagão (*Lilium martagon*).

4.2.2 Filotaxia

Existem três formas básicas de disposição das folhas (e estruturas derivadas) no caule (**filotaxia**; do grego, *táxis* = disposição): verticilada, dística e helicoidal (dispersa). Na

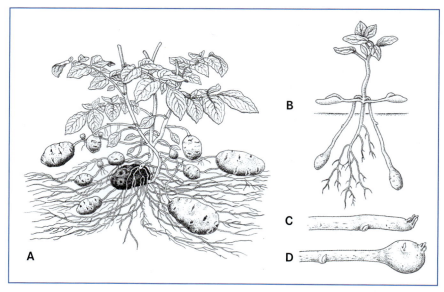

Figura 4-11 *Solanum tuberosum* (batata). **A** Exemplar adulto; o tubérculo mais escuro representa o "tubérculo-mãe" que originou a planta; nos novos tubérculos ("batatas"), pode-se observar as posições dos catafilos com gemas laterais ("olhos"). **B** Plântula; ramos axilares partindo dos cotilédones já com pequenos tubérculos nas extremidades. **C**, **D** Início da formação do tubérculo na extremidade do ramo estolonífero. (Segundo H. Schenck (A), Percival (B) e W.Troll (C e D).)

disposição verticilada, cada gema porta mais de um filoma – em geral dois (com disposição oposta). Para as filotaxias dística e dispersa, ao contrário, existe apenas uma folha junto à gema. Do ponto de vista ontogenético, isso significa que na disposição verticilada surgem dois ou mais primórdios foliares simultaneamente no ponto vegetativo caulinar, enquanto nas filotaxias dística e dispersa, todos os primórdios foliares são formados sucessivamente. Para uma clara representação esquemática da filotaxia, são utilizados comumente diagramas de disposição das folhas (Figura 4-12). Trata-se de projeções do caule em que os nós consecutivos são representados como anéis concêntricos, de modo que o nó mais antigo tem o maior diâmetro. Esses anéis correspondem a seções transversais imaginárias passando pelos nós caulinares.

A **filotaxia verticilada** segue duas regras:

- Os ângulos entre os pontos de inserção das folhas – na maioria da vezes também entre as próprias folhas – são sempre iguais em um nó, e as folhas se situam equidistantes entre si (**regra da equidistância**);
- No caso de nós consecutivos, as folhas são encontradas em lacunas entre aqueles mais novos e os mais antigos (**regra da alternância**). Somente para cada segundo nó é que as folhas se sobrepõem. A partir disso, surgem fileiras verticais características de folhas ao longo do eixo, denominadas **ortósticas** (linhas retas; do grego, *orthós* = reto e *stíchos* = sequência). O número de ortósticas é duas vezes maior que o de folhas em um nó.

As regras de equidistância e alternância valem independentemente do número de filomas por nó. Na filotaxia oposta, resulta a **disposição oposta cruzada** (**decussação**) (Figura 4-13), característica de todas as lamiáceas e também de urtigas, bordos, freixos e castanheiro-da-índia. Nessa disposição decussada, há quatro ortósticas – o menor número possível para a filotaxia verticilada.

Ortósticas também estão presentes na **filotaxia dística**, mas são apenas duas, pois as folhas (uma por nó) dispõem-se alternadamente junto aos nós consecutivos, por exemplo, direita/esquerda (Figura 4-14). O ângulo de

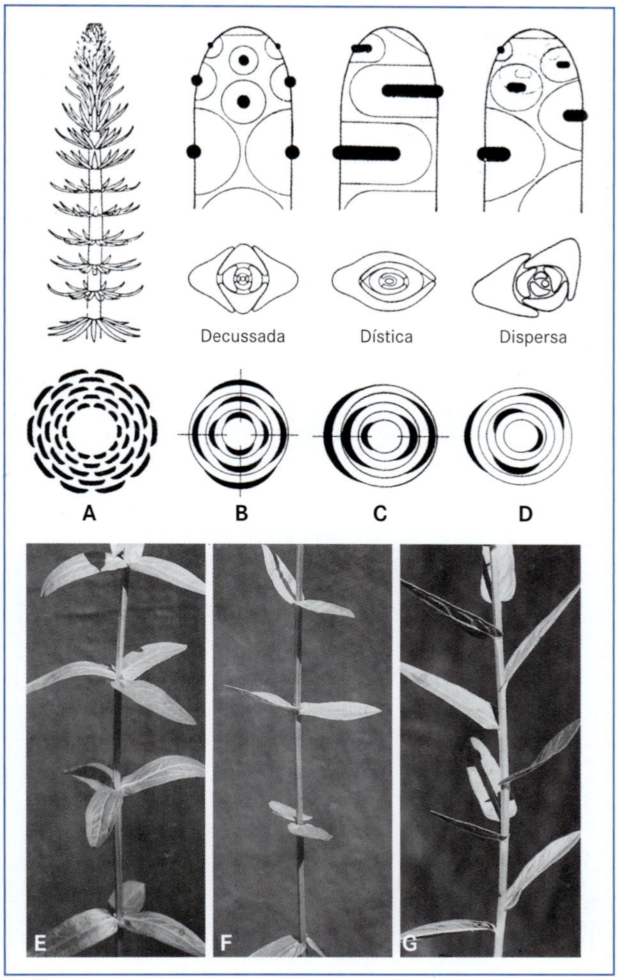

Figura 4-12 Tipos de filotaxia. **A** Disposição verticilada no cavalinho-d'água (*Hippuris vulgaris*), com muitas folhas em cada verticilo, caule e diagrama. **B** Filotaxia decussada (oposta cruzada), por exemplo, em *Syringa* sp. (lilás, Oleaceae); aqui e em **C** e **D**: arranjo dos primórdios foliares (preto) com áreas de inibição, nas quais nenhum outro primórdio pode se formar; abaixo, seções transversais da gema e diagramas. **C** Disposição dística, por exemplo, em *Bupleurum rotundifolium* (Apiaceae). **D** Disposição dispersa, por exemplo, em *Cnicus benedictus* (Asteraceae). **E-G** Em algumas plantas, caules com diferentes filotaxias ocorrem no mesmo indivíduo; o exemplo aqui é de caules de *Lythrum salicaria* (Lythraceae) com filotaxias verticilada (cada verticilo com três folhas), decussada e dispersa. A quebra da regra da alternância em **E** e **F** é apenas aparente – o caule é levemente torcido em cada entrenó (0,5x).

Figura 4-13 Filotaxia oposta cruzada (decussada). Em *Hebe pinguifolia* (Plantaginaceae; 2x).

Figura 4-14 Exemplos para filotaxia dística. **A** Selo-de-salomão (*Polygonatum multiflorum*) (Ruscaceae; 0,4x). **B** *Aloe plicatilis* (Asphodelaceae); o caule só é visível após a queda de folhas suculentas (0,4x). Em outras espécies do gênero *Aloe*, bem como em muitos lírios, gramíneas, orquídeas, etc., as duas ortósticas se tornam, por meio do crescimento torcido do eixo, linhas helicoidais (dístico-espiralada). **C** Espiga de cevada (2x). (Fotografias segundo P. Sitte.)

Figura 4-15 Filotaxia dispersa (helicoidal). **A** Roseta foliar em tanchagem, *Plantago media* (Plantaginaceae): sucessão das folhas ao longo da espiral geratriz; ângulo de divergência de cerca de 135°, equivalente à posição 3/8 (0,7x). **B** Escamas de um estróbilo de pinheiro, numeradas na sequência de seu surgimento (1-56); linhas contínuas 1-13 e linhas tracejadas I-VIII: as numerosas parásticas características da filotaxia dispersa (linhas inclinadas, que não devem ser confundidas com as de uma espiral geratriz); ortósticas não são formadas e as linhas pontilhadas 1-21 são claramente encurvadas. **C-E** Receptáculos obtidos por simulação computadorizada: duas folhas consecutivas estão separadas entre si por um ângulo de divergência selecionado, que corresponde em C, D e E, respectivamente, a 136,5°, 137,5° (corresponde à proporção áurea) e 138°. Uma comparação entre estas simulações com B ou com a Figura 4-16A mostra que a intacta disposição dispersa de folhas ou flores obedece exatamente a proporção áurea do ângulo correspondente. (Segundo W. Troll (A), P.H. Richter e H. Dullin (C-E).)

divergência entre as folhas de nós consecutivos é de 180°. A disposição dística das folhas é típica de muitas monocotiledôneas (gramíneas, *Iris*, *Gasteria*), bem como de ulmeiros e muitas fabáceas (por exemplo, *Vicia*). Além disso, essa filotaxia pode ocorrer em ramos com crescimento horizontal de muitas espécies lenhosas, que normalmente apresentam folhas dispostas de modo disperso, como aveleira, tília e faia. No caso da hera, os ramos que crescem sobre árvores e muros, fixando-se aos mesmos com o auxílio de raízes grampiformes (Quadro 4-4, Figura A), são dispostos disticamente. Contudo, os ramos formados posteriormente, que se estendem livremente no espaço aéreo (sem necessitar de suporte) e portam flores, têm disposição dispersa.

Na **filotaxia dispersa** não existe nenhuma ortóstica, os locais de inserção das folhas de nós consecutivos formam, ao contrário, uma linha helicoidal, que em caso de encurtamento do entrenó – rosetas, estróbilos, inflorescências de asteráceas, etc. – assemelha-se a uma espiral (espiral genética ou geratriz; Figuras 4-15 e 4-16). O ângulo de divergência é, na maioria das vezes, um pouco superior a 130° (do total de 360°), com frequência em torno de 135°. Em eixos com folhas dispostas de modo disperso, as folhas dos nós mais distantes uns dos outros também encontram-se praticamente sobrepostas. Embora não haja aqui verdadeiras ortósticas, existem as chamadas **espirais geratrizes** (linhas helicoidais). O sentido de rotação da helicoide varia entre os ramos, e também entre indivíduos da mesma espécie.

Os diversos tipos de filotaxia têm origem nas diferentes disposições dos primórdios foliares nos meristemas. Todos esses primórdios são formados de modo semelhante (Figura 3-3C, D) e, além disso, encontram-se dispostos o mais próximo possível dos outros na superfície disponível do ápice na zona morfogenética – o que condiciona a formação de um padrão hexagonal muito compacto (Figura 4-17, 1). Todos os tipos de filotaxia conhecidos podem ser atribuídos a esse padrão espacial hexagonal dos primórdios foliares. Como parâmetros determinantes adicionais tem-se: (1) relação entre primórdio foliar e diâmetro do ápice vegetativo, e (2) posição reta ou inclinada do padrão hexagonal dos primórdios. Somente na posição reta – uma das três linhas imaginárias percorre paralelamente o eixo caulinar – são formadas ortósticas. Essa condição existe no caso das filotaxias verticilada e dística. Já, para a posição inclinada do padrão, são possíveis duas disposições muito simples, as quais correspondem aproximadamente às posições 2/5 e 3/8 do modelo clássico da filotaxia.

Os **padrões de formação** dos tipos aqui descritos são comuns em plantas (e animais). No caso dos tecidos, os exemplos que podem ser citados são as disposições de estômatos ou de pelos na epiderme foliar. Na maioria dos casos, os elementos do padrão não se tocam diretamente e disposições com tão alta regularidade e simetria, como em primórdios foliares, ocorrem raramente. Todavia, a base desses padrões sempre corresponde ao mesmo princípio de formação: todo elemento ao surgir, im-

Figura 4-16 Exemplos para filotaxia dispersa. **A** Capítulo de girassol, *Helianthus annuus* (Asteraceae): as mais de 1.000 flores de disco da inflorescência plana se desenvolvem sucessivamente da periferia para o interior (morfologicamente de "baixo" para "cima"); essas flores situam-se nas axilas das páleas e expressam, por conseguinte, a filotaxia dispersa com numerosas parásticas (0,25x). **B** Roseta foliar de *Aeonium manriqueorum* (Crassulaceae; 1,2x). **C** Ramos de abeto (vista dorsal, exibindo as características "linhas de cera" nas acículas) são disticamente aciculados, o que não é consequência de uma filotaxia dística, mas sim dos movimentos realizados durante o crescimento das acículas dispostas dispersamente no caule (2x). (Fotografias segundo P. Sitte.)

pede a gênese de outros elementos semelhantes diretamente ao seu redor (dentro de uma determinada **área de inibição**). Esses elementos, portanto, só podem ser formados externamente às áreas de inibição, o que então – para uma dada tendência de formação – realmente ocorre a uma menor distância possível. Dessa maneira, surge um padrão de áreas de inibição o mais compacto possível, e, com isso, um padrão, devido à distância praticamente igual entre os elementos "vizinhos", tido como padrão regular (**padrão do efeito da interceptação**), podendo

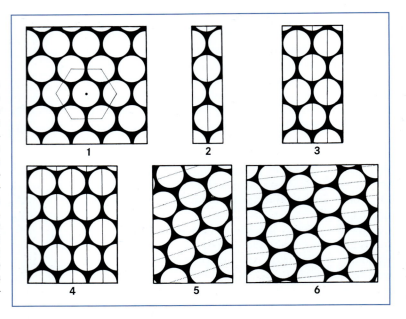

Figura 4-17 Filotaxias podem reconduzir ao padrão mais compacto possível dos primórdios foliares no ápice vegetativo. Assume-se de forma simplicada que todos os primórdios foliares são redondos e de mesmo tamanho; que o ápice vegetativo é um cilindro, cuja superfície é secionada longitudinalmente e planamente estendida. Os desenhos esquemáticos representam as seguintes situações: **1** padrão hexagonal, ou seja, cinco nós consecutivos e cada verticilo com quatro folhas; **2** filotaxia dística; **3** filotaxia decussada; **4** verticilo com três folhas – por exemplo, *Nerium oleander* (espirradeira) e *Impatiens balsamina* (beijo-de-frade); **5, 6** Filotaxia dispersa: posições 3/8 e 2/5, respectivamente. Ortósticas (linhas inteiras) ocorrem em filotaxias verticilada e dística (**1-4**) e não na dispersa, onde o padrão hexagonal dos primórdios é inclinado no caule (linhas pontilhadas em **5** e **6**: espiral geratriz). (Segundo P. Sitte.)

ser facilmente diferenciado de padrões aleatórios (por exemplo, grãos disseminados; ver 6.4.2).

Para a utilização desse conceito sobre meristemas, é possível postular que se por um lado os primórdios foliares apenas podem ser formados a uma determinada distância do ápice vegetativo em crescimento, por outro, os mesmos se unem aos primórdios já existentes da maneira mais próxima possível. Sob essas circunstâncias, o padrão dos primórdios já formados determina sua própria continuação; assim, as regras de equidistância e alternância encontram uma explicação simples e formal. Muitos padrões biológicos, também muito complexos, podem ser reproduzidos com base em simples suposições, por meio de simulação computadorizada.

Durante a gênese de respectivo(s) primórdio(s), a área inicial (área livre de primórdios na zona do ápice vegetativo) modifica sua forma. Contudo, em intervalos regulares de tempo, sempre ocorre novamente a forma original. Essas variações periódicas na forma, que se repetem de maneira rítmica entre a gênese sucessiva de primórdios foliares, ou seja, o respectivo intervalo de tempo, recebem a designação de **plastocrono**.

4.2.3 Rizomas

Muitas plantas herbáceas têm caules subterrâneos, denominados de rizomas. Esses caules crescem no solo predominantemente de modo horizontal e podem ser distinguidos de raízes por meio de sua gênese e estrutura de seu ponto vegetativo, bem como pelo arranjo periférico dos feixes vasculares e pela existência de folhas ou de cicatrizes foliares. As folhas de rizomas são, na maioria das vezes, escamiformes e/ou **catafilos** efêmeros. Os rizomas possibilitam às plantas a passagem segura pelo inverno, sob proteção do solo e, por essa razão, com frequência servem para o armazenamento de substâncias (*Polygonatum* sp. e *Iris* sp.: Figura 4-18B, C, E). Além disso, formam raízes adventícias e se ramificam de tempos em tempos. A morte gradual de segmentos de rizomas mais antigos conduz à propagação vegetativa: a partir de uma planta rizomatosa pode ser formado um **policormo** muito ramificado, que se prolifera por grandes áreas e, sob certas circunstâncias, torna-se muito antigo, embora as partes aéreas das plantas morram anualmente – por exemplo, *Paris quadrifolia* (Melanthiaceae), *Convallaria majalis* (Ruscaceae), *Phragmites australis* ("cana", Poaceae), *Anemone nemorosa* (Ranunculaceae), *Mercurialis perennis* (Euphorbiaceae), muitas espécies do gênero *Primula* (prímulas, Primulaceae) e *Pteridium aquilinum* (feiteira, Dennstaedtiaceae).

4.2.4 Formas de vida

Ao se falar sobre o papel do rizoma como órgão de "dormência", faz-se então indiretamente menção ao problema ecomorfológico enfrentado por plantas de zonas com sazonalidade bem definida. Nesse contexto, dependendo das peculiaridades geográficas, são colocados em primeiro plano diferentes fatores ambientais, sobretudo a água (ver 12.5) e/ou a temperatura (ver 12.3). Na flora da Europa Central e em outras floras em climas semelhantes, a mudança de temperatura entre os meses de inverno e os de verão implica uma série de estratégias adaptativas especiais, que podem ser resumidas no conceito de formas de vida. Nesse conceito, o ponto-chave é a maneira como os sensíveis meristemas do eixo conseguem resistir a invernos com geadas. As formas de vida existentes são (Figura 4-19):

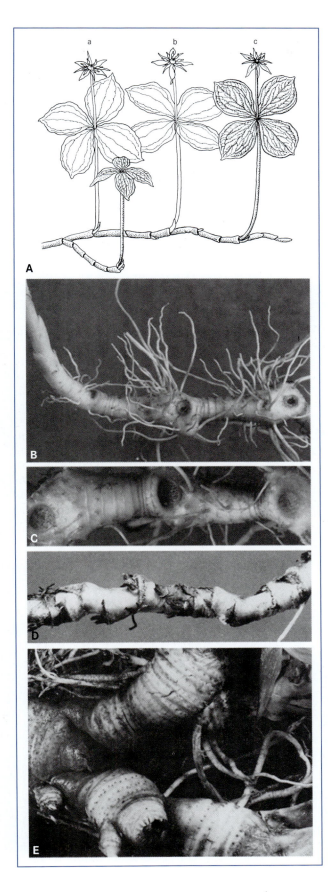

Figura 4-18 Rizomas. **A** Em *Paris quadrifolia* (Melanthiaceae), espécie perene rizomatosa monopodial (ver 4.2.4), os brotos verdes aéreos são ramos laterais do rizoma. a-c Ramos florais de três anos consecutivos. **B, C** Em *Polygonatum multiforum*, a gema apical do rizoma forma anualmente um ramo aéreo com flores, que morre e deixa cicatrizes marcantes (C, 1,5x), que caracterizam seu nome popular: selo-de-salomão. O rizoma continua crescendo de forma simpodial, ou seja, pelo brotamento de uma gema lateral. **D** Rizoma de *Viola odorata* com resquícios escuros de catafilos e evidente metameria de nós e entrenós (2x). **E** Rizoma acumulador ramificado de *Iris* com cicatrizes foliares densas e transversais, onde ainda podem ser observados resquícios de feixes vasculares (0,6x). (Segundo A. Braun (A).) (Fotografias segundo P. Sitte.)

- **Fanerófitas** (do grego, *phanerós* = aberto, visível): são árvores e arbustos, ou seja, plantas lenhosas, cujas gemas caulinares não apenas estão acima do solo, como também atravessam a estação fria sobre a camada de neve protetora. Os meristemas apicais são resistentes a geadas e protegidos da dessecação por um tecido escamiforme compacto. Esses filomas secos, duros e com constituição simples muitas vezes se apresentam lacrados por resina ou por substâncias elásticas ou mucilaginosas secretadas por tricomas glandulares. Os meristemas apicais caem na primavera e suas densas cicatrizes formam anéis característicos nos ramos em crescimento – os quais, por sua vez, demarcam os limites dos incrementos anuais (Figura 4-20). A característica de possuir ou não folhas resistentes a geadas é que permite distinguir as fanerófitas perenifólias das estivais. Entre as plantas perenes com áreas de distribuição fora de zonas susceptíveis a geadas (por exemplo, em regiões mediterrâneas), predominam espécies perenifólias.
- **Caméfitas** (do grego, *chamaiphyés* = pouco crescente): são subarbustos e arbustos anões que apresentam suas gemas praticamente junto à superfície do solo. Essas formas de vida desfrutam de proteção efetiva contra geadas oferecida pela camada de neve invernal, pois esta, devido ao seu elevado teor de ar, é péssima condutora de calor. A este grupo pertencem plantas lenhosas **procumbentes e decumbentes**, além de **plantas em almofada** (Figuras 4-21, 14-10G e 14-18A) da tundra e das montanhas altas, bem como *Erica carnea* e *Calluna* sp. (urze).
- **Criptófitas** (do grego, *kriptós* = escondido; também denominadas **geófitas** ou perenes não lenhosas): apresentam órgãos axiais subterrâneos, ou seja, mantêm suas gemas no solo. Geófitas rizomatosas e as com bulbos são os tipos mais frequentes. Os ramos acima do solo ("escapos") folhosos e com flores são formados novamente a cada ano, para o que há necessidade das reservas armazenadas nos rizomas ou bulbos. Esses órgãos acima do solo morrem no início do inverno, mas muitas vezes a roseta foliar na base da planta (quando existir) resiste.

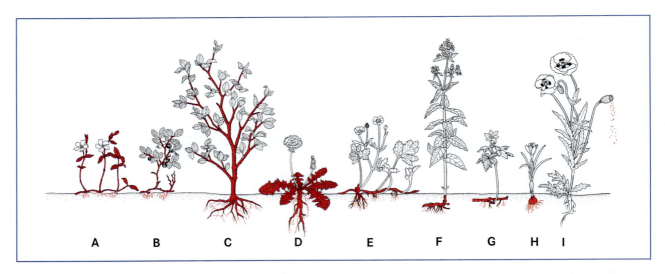

Figura 4-19 Formas de vida. As partes das plantas mostradas em vermelho atravessam o inverno, ao passo que as demais morrem no outono. **A, B** Caméfitas: *Vinca* sp. (pervinca) e *Vaccinum* sp. (mirtilo). **C** Fanerófita: faia. **D-F** Hemicriptófitas. **D** *Taraxacum* sp. (dente-de-leão) como exemplo para plantas rosuladas. **E** Herbácea perene estolonífera: *Ranunculus repens* (ranúnculo). **F** Planta com escapo: *Lysimachia* sp. **G, H** Criptófitas. **G** Geófita rizomatosa: *Anemone* sp. **H** Geófita tuberosa: *Crocus* sp. **I** Terófita: *Papaver rhoeas* (papoula). (Segundo H. Walter.)

- **Hemicriptófitas**: grupo entre o das caméfitas e o das criptófitas, cujas gemas encontram-se diretamente na superfície do solo e são protegidas por neve, serapilheira ou touceiras durante o inverno. A este grupo pertencem o ranúnculo (*Ranunculus repens*), muitas gramíneas (também os cereais de inverno), plantas rosuladas (tanchagem e dente-de-leão) e plantas estoloníferas (morango). Além disso, existem herbáceas perenes de porte alto, cujas gemas encontram-se na base do eixo aéreo (que morre no inverno), como é o caso de *Urtica* sp. (urtiga) e da primulácea *Lysimachia vulgaris*.
- **Terófitas** (do grego, *théros* = verão): não apresentam órgãos axiais persistentes e atravessam o inverno sob forma de sementes. Essas sementes, por sua vez, são extremamente resistentes ao frio devido ao seu baixo teor de água. Ao mesmo tempo, as sementes contêm os nutrientes necessários para a germinação em seu próprio embrião (cotilédones) ou em um tecido nutritivo especial – o endosperma ou o perisperma. As terófitas são as **ervas** propriamente ditas, isto é, morrem após a maturação das sementes, conforme um programa interno de desenvolvimento. O grupo das terófitas é constituído por plantas **anuais** e **bianuais** (do latim, *annus* = ano). As ervas anuais ocorrem principalmente como plantas ruderais (do latim, *rudus* = entulho), ou seja, como colonizadoras rápidas de lavouras abandonadas, terrenos baldios ou afins, ao passo que as plantas rosuladas bianuais também se encontram em comunidades vegetais mais estáveis.

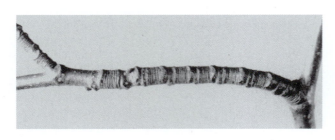

Figura 4-20 Cicatrizes anelares em um galho de faia, o qual cresceu por sete anos como um braquiblasto e, posteriormente, passou a crescer como um macroblasto (com braquiblasto lateral; 2,4x; comparar também com Figura 4-9C). (Fotografia segundo P. Sitte.)

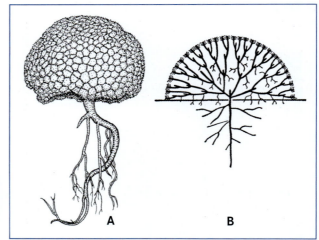

Figura 4-21 Plantas em almofada. **A** *Azorella selago*, apiácea das Ilhas Kerguelen, na parte sul do turbulento Oceano Índico (0,2x). **B** Sistema caulinar simpodial em plantas em almofada. (Segundo A.F.W. Schimper (A) e W. Rauh (B).)

4.2.5 Ramificação do caule

4.2.5.1 Ramificações dicotômica e axilar

As pteridófitas, ao contrário das espermatófitas, raramente apresentam ramificação axilar. No entanto, também nelas, na maioria das vezes, existem relações espaciais fixas entre as bases foliares e gemas laterais (**juntas ao filoma**), apenas que as gemas, por exemplo, encontram-se inclinadas abaixo dos pontos de inserção das folhas.

Um outro tipo de ramificação é a **dicotomia**, que se baseia na divisão do meristema apical (Figuras 10-96 e 10-131). Enquanto a ramificação junto ao filoma se estabelece na zona dos primórdios foliares e, com isso, lateralmente ao ápice vegetativo, a dicotomia se processa diretamente na zona inicial do meristema apical. A ramificação dicotômica predomina em licopódios (Figura 10-156G), porém, é ocasionalmente encontrada em pteridófitas. Sistemas de ramificação que surgem por meio da dicotomia são denominados **dicocládios** (do grego, *dichós* = dobro, e *kládion* = ramo).

4.2.5.2 Sistemas de ramificação axilares

Em espermatófitas, a regra geral é a **ramificação axilar**: ramos laterais crescendo a partir das axilas de folhas. As folhas encontradas na porção vegetativa da planta são denominadas brácteas, ao passo que aquelas em inflorescências denominam-se bractéolas. Enquanto em coníferas as gemas laterais apenas são formadas acima da inserção de algumas acículas, na região vegetativa de angiospermas, todas as axilas estão ocupadas com gemas laterais. Às vezes, existem até mesmo muitas gemas em uma única axila foliar; neste caso, fala-se então de **gemas secundárias** (Figura 4-22).

A determinação das gemas axilares que brotarão, bem como a do grau de robustez dos ramos laterais emitidos a partir delas e a de sua ramificação são, para todas as cormófitas, estreitamente reguladas, conforme a espécie e submetidas ao controle hormonal (ver 6.6). Por meio dessas inter-relações das plantas, simultaneamente são estabelecidas as chamadas **correlações** (ver 6.5), também acerca do **crescimento** vertical (**ortotrópico**) ou horizontal/inclinado (**plagitrópico**) de ramos. Em todos os casos, resultam sistemas de ramificações característicos, os que variam conforme a espécie e sobretudo destacam o aspecto geral de uma planta, ou seja, o seu **hábito** (do latim, *habitus* = aparência, forma).

Em muitos sistemas de ramificação, os ramos laterais apresentam um crescimento atrasado em relação ao do eixo principal. Esses sistemas são formados hieraquicamente (eixo principal, eixos laterais ou secundários de primeira, segunda e terceira ordens, etc.) e denominados **sistemas monopodiais** (Figura 4-23). Um exemplo desse sistema é o espruce (gênero *Picea*): o caule ortotrópico e radialmente simétrico é o eixo principal dominante, ou seja, o monopódio; os ramos laterais – como galhos e ramos, que por

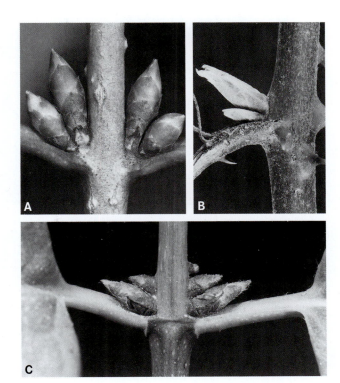

Figura 4-22 Gemas secundárias seriadas encontram-se sobrepostas no eixo. As maiores gemas podem ser as superiores ("ordem decrescente": **A** *Forsythie* sp., Oleaceae, 3,5x; **B** *Rubus*, amora-silvestre, 2x), ou as inferiores ("ordem crescente": **C** *Lonicera xylosteum*, madressilva, 5x). Gemas secundárias situadas lado a lado (onde se destacam como "mãos" das infrutescências de bananeiras ou as observadas em bulbos de alhos, de onde os "dedos" provêm) são denominadas gemas secundárias laterais. (Fotografias segundo P. Sitte.)

sua vez, novamente se ramificam de modo monopodial – possuem crescimento plagiotrópico. Devido à dominância apical, o formato da árvore assemelha-se a um cone. A maioria das coníferas, na realidade, apresenta constituição semelhante (e sempre se ramifica monopodialmente). Nas copas de muitas árvores de folhas largas (latifoliadas), como o choupo (*Populus* sp.), o freixo (*Fraxinus* sp.) e o bordo (*Acer* sp.), também há o predomínio da ramificação monopodial, embora apresentem outro hábito.

Em outros vegetais, os ramos laterais são mais fortemente estimulados que o eixo principal. Nesse caso, a gema apical com frequência torna-se atrofiada ou forma uma flor/inflorescência ou uma gavinha apical; assim, a partir desse ponto não é mais possível a continuidade do crescimento em comprimento. A continuação do sistema axial é então assumida pelas gemas laterais ou pelos ramos, constituindo um **sistema simpodial** (Figura 4-23B, C).

A palavra grego-latina *podium* significa, nesse contexto, parte ou módulo do eixo. Em simpódios, o sistema de ramificação é composto por partes (fitômeros) igualmente robustas e de diferentes ordens. Já em monopódios, o eixo principal é dominante e os ramos laterais, apresentam-se cada vez menos vigorosos, à medida

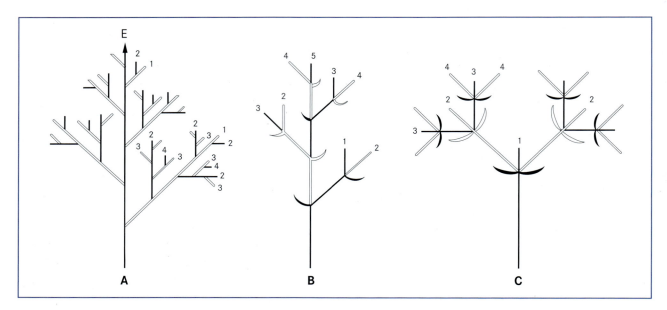

Figura 4-23 Tipos de ramificações. **A** Estrutura monopodial do caule com ramificação lateral (racemosa); E é o eixo principal, enquanto os números de 1 a 4 representam eixos laterais de 1ª a 4ª ordens. **B-C** Ramificação simpodial. **B** Monocásio. **C** Dicásio; o número 1 corresponde ao eixo primário, enquanto 2 a 5, aos ramos laterais.

que se avança na ordem de ramificação (número ordinal crescente). Essa hierarquia e forma de ramificação é constantemente mantida durante o crescimento continuado do sistema total.

O caso mais comum de um simpódio é o **monocásio**, no qual um único ramo lateral ultrapassa o eixo principal bloqueado e assim dá continuidade ao crescimento do sistema de ramificação como um todo. Contudo, após um certo período de crescimento longitudinal, esse ramo para de crescer, pelas mesmas razões que o eixo principal original. Uma nova ultrapassagem é realizada pela ramificação lateral do ramo lateral, e assim por diante (Figura 4-23B). Na maioria das vezes, a orientação desses ramos que ultrapassam os outros é tão fiel à direção de crescimento do eixo principal, que os monocásios só podem ser distinguidos pela análise dos monopódios.

Troncos e ramos de muitas árvores latifoliadas são simpódios, como é o caso dos de tília, faia, choupo-branco, ulmeiro, castanheira-portuguesa e também os de aveleira. A robusta e suposta "gema apical" de galhos dessas espécies lenhosas, a qual surge durante o inverno, na realidade, é uma gema lateral (quase) apical – a "verdadeira" gema apical atrofiou-se e já caiu na maior parte das vezes. Outro exemplo para os sistemas simpodial monocasiais é a videira (Figura 4-24). Evidentemente, tanto os eixos caulinares aéreos, como os rizomas monopodiais ou simpodial-monopodiais podem ser ramificados (Figura 4-18A-C).

Mais raros que os monocásios, são os **dicásios** e **pleiocásios**, nos quais dois ou mais ramos laterais na mesma posição ultrapassam o eixo principal bloqueado (Figura 4-23C). Os exemplos conhecidos para os dicásios são os sistemas axiais de lilás (*Syringa* sp.) e de visco (*Viscum* sp.) (Figura 10-266), bem como os sistemas de ramificações de muitas cariofiláceas, onde a gema apical é utilizada para a formação de flores (Figura 10-254D). A estreita ligação existente entre a filotaxia e a ramificação do eixo, no caso da ramificação axilar, é aqui acentuada, uma vez que dicásios ocorrem em plantas com disposição (decussada) das folhas.

Se a gema apical em monopódios for danificada por influências externas, seu papel é assumido pela gema imediatamente seguinte; nessa situação resulta o crescimento posterior, obrigatória e excepcionalmente, em um monocásio. No entanto, muitas plantas alteram seu sistema de ramificação entre monopodial e simpodial, sob condições normais dependentes de fatores internos – o que é especialmente frequente durante a transição da fases vegetativa para a de desenvolvimento floral.

Figura 4-24 Monocásio da videira, *Vitis vinifera*. Módulos simpodiais consecutivos terminados em gavinhas (mostrados alternadamente em claro e escuro). As gemas encontradas nas axilas de folhas nas extremidades dos módulos simpodiais são secundárias seriadas, cuja remoção realizada pelo vinicultor representa uma importante medida no manejo das videiras. (Modificado de A.W. Eichler.)

Raramente, tem-se o eixo primário de uma plântula crescendo de modo monopodial até a formação de uma flor terminal (como na papoula). O mais frequente é que flores sejam formadas apenas a partir de ramos laterais de ordens superiores, resultando em **sequências caulinares** características. Isso pode ser observado, por exemplo, em tanchagem (*Plantago major*), que apresenta só uma roseta foliar basal em seu primeiro eixo, brácteas inconspícuas em seu eixo lateral de primeira ordem, e apenas seus curtos ramos laterais terminam em flores. A tanchagem é uma planta com "três eixos". No caso de muitas árvores, somente os eixos de ordens hierárquicas muito mais elevadas podem formar flores; por essa razão, com frequência são necessários muitos anos até que espécies lenhosas atinjam a maturação de suas flores.

4.2.5.3 Inflorescências

As inflorescências (do latim, *florescere* = florescer) oferecem exemplos especialmente explícitos para as diversas possibilidades de ramificação. Sua diversidade é enorme, superada apenas pela das flores. Uma classificação da multiplicidade de formas é possível conforme os seguintes pontos de vista:

- **Inflorescências simples/complexas (compostas):** se distinguem pelo grau de ramificação (Figuras 4-25 e 4-26). Nas inflorescências simples, somente são envol-

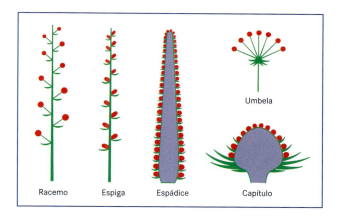

Figura 4-25 Inflorescências simples. Como exemplos de inflorescências racemosas tem-se muitos gêneros das famílias Liliaceae e Brassicaceae, *Epilobium* sp. (Onagraceae) e *Berberis vulgaris* (Berberidaceae). Em espigas, encontram-se as flores de *Oenothera* sp. (Onagraceae), *Plantago* sp. (Plantaginaceae) e da maioria das orquídeas. Espádices podem ser encontrados em milho e aráceas. Umbelas são formadas em *Astrantia* sp. (Apiaceae), hera e prímulas. Já os capítulos e seus correspondentes receptáculos achatados ocorrem em *Scabiosa* sp. (escabiosa, Dipsacaceae), *Knautia* sp. (Dipsacaceae) e em Asteraceae. (Segundo F. Weberling e H.O. Schwantes.)

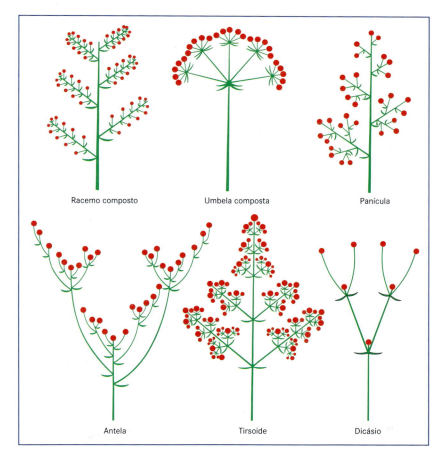

Figura 4-26 Inflorescências compostas. Racemos compostos são encontrados em muitas espécies de trevo, enquanto umbelas compostas são características da maioria das apiáceas. Como exemplos de panículas*, podem ser citados: lilás, ligustro e videira. Um corimbo ocorre quando as flores de uma panícula se encontram aproximadamente no mesmo nível, devido ao prolongamento dos pedicelos laterais anteriormente situados mais abaixo, como pode ser visualizado no sabugueiro, na sorveira-brava e na hortênsia. Em algumas gramíneas, as chamadas espiguetas (pequenas inflorescências características desta família) encontram-se em panículas (por exemplo, aveia e *Poa pratensis*). Para outras gramíneas, como trigo, cevada, centeio, *Lolium* sp. (azevém) e *Agropyrum* sp. (grama-de-ponta), essas espiguetas situam-se em espigas. Antelas (= panícula em forma de funil; do alemão *Trichterrispen*) são mais bem visualizadas em *Filipendula ulmaria*, a ulmária. Tirsoides são encontrados em castanheiro-da-índia, verbasco, borago e em muitas lamiáceas (por exemplo, a sálvia). Dicásios são típicos do morango, da tília e da família Caryophyllaceae – sendo especialmente pronunciados em *cerástio e arenária*, comparar com Figura 11-264D. (Segundo W. Troll e F. Weberling.)

*N. de R.T. Preferiu-se manter as duas denominações (racemo composto e panícula), embora reconhecendo que em algumas obras (p. ex., Judd *et. al*; 2009. Sistemática Vegetal – Um Enfoque Filogenético. 3ª Edição – Artmed) elas sejam tratadas como sinônimos.

vidos os eixos cujo grau (ordem) não ultrapassa mais de um nível; já nas compostas, eixos bastante distintos quanto ao grau ocorrem lado a lado;

- **Inflorescências racemosas/cimosas:** essa distinção equivale à das ramificações monopodial e simpodial. Inflorescências simples são monopodiais, e, por conseguinte, racemosas;
- **Inflorescências abertas/fechadas** (Figura C no Quadro 4-1): quando cada um dos eixos de uma inflorescência – cujo número pode variar de poucas a muitas – termina em uma flor, existe então uma inflorescência fechada. As inflorescências abertas, ao contrário, não apresentam flores terminais. Além disso, as gemas apicais das inflorescências abertas suspendem pouco a pouco o seu crescimento; sob determinadas circunstâncias, porém, essas gemas são reativadas, de modo que esse tipo de inflorescência pode continuar crescendo vegetativamente.

Extensas análises comparativas finalmente conduziram à distinção dos tipos de **inflorescências monotélicas** e **politélicas** (do grego, *télos* = fim). O Quadro 4-1 informa acerca dessas análises e de detalhes da morfologia das inflorescências.

4.2.5.4 Formas de crescimento em plantas lenhosas: arbusto e árvore

O hábito dos **arbustos** resulta de um maior estímulo para o surgimento de gemas e para o crescimento de ramos laterais na base de ramos do que para os situados em porções superiores da planta, comportamento chamado de **basitonia** (Figura 4-27). Arbustos podem, portanto, em qualquer período vegetativo, se "rejuvenescer" a partir da base mediante novos ramos (brotos), os quais estão dispostos em uma zona de renovação basal. Os galhos se ramificam apenas fracamente, sobretudo na região próxima a seus ápices, e igualmente apresentam longevidade e crescimento em altura limitados. A base lenhosa do arbusto, da qual novos brotos se originam anualmente, cresce paulatinamente até constituir um curto, porém nodoso **xilopódio** (do grego, *xylos* = lenho, e *podos* = pé). O sistema de ramificação dos arbustos é fundamentalmente simpodial.

No sistema caulinar das **árvores** – seja monopodial ou simpodial – prevalece a **acrotonia**. Nesse caso, ao contrário das circunstâncias válidas para arbustos, são mais intensamente estimuladas as gemas apicais e aquelas encontradas em suas proximidades, ou seja, as gemas laterais dispostas na parte mais exterior da copa (Figura 4-28; do grego, *akrós* = superior, externo, e *tonos* = acentuação, realce). O crescimento anual ocorre predominantemente em áreas periféricas da copa de um tronco.

O hábito distinto das coníferas (gimnospermas) e das árvores latifoliadas (angiospermas, mais especificamente as eudicotiledôneas) consiste no fato de que em angiospermas, os ramos laterais mais velhos, provenientes de períodos de crescimento anteriores e encontrados na porção inferior do tronco, se desenvolvem apenas fracamente; esses ramos secam e são desprendidos da planta. Por meio dessa "acrotonia sobreposta", surge um tronco quase sem ramos que, na maioria das vezes, suspende o contínuo crescimento em comprimento após alguns anos/algumas décadas, passando a apresentar uma copa larga de formato circular. Por outro lado, em coníferas monopodiais, os ramos laterais mais antigos e situados mais inferiormente também continuam crescendo, de modo que surge o conhecido formato piramidal da copa. Em comunidades muito densas de coníferas, os ramos inferiores não recebem luz suficiente e, em consequência, morrem. No entanto, esses ramos não são desprendidos da planta, mas sim permanecem, constituindo um emaranhado de galhos rígidos e sem acículas. Atualmente, esse estado é intencionalmente provocado em muitas florestas pelo plantio denso sem posteriores desbastes, o qual visa uma melhor aplicabilidade industrial de troncos delgados de crescimento muito rápido e, com isso, lucros mais elevados. A atmosfera som-

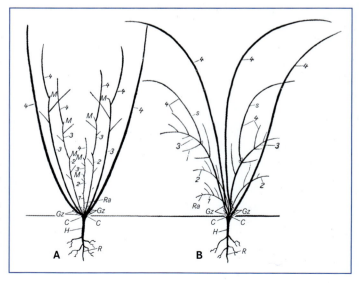

Figura 4-27 Forma de crescimento e de ramificação de arbustos. **A** Aveleira, *Corylus avellana*. **B** Sabugueiro, *Sambucus nigra*; sistema radical com raiz principal **R** somente indicada. Aqui, Ra = ramo principal; números de 1 a 4 representam os ramos anuais; s = ramos do lado superior estimulados; i = ramos do lado inferior inibidos; M = ramos mortos de várias gerações; Gz = gemas na zona de renovação do xilopódio; C = nós cotiledonares e H = hipocótilo. (Segundo W. Rauch.)

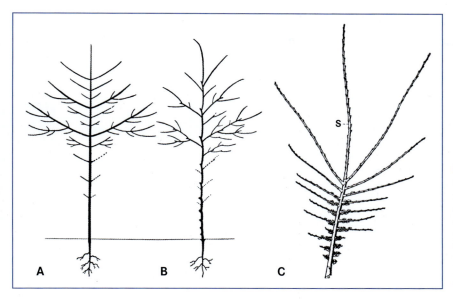

Figura 4-28 Forma de crescimento e ramificação de uma árvore monopodial (**A**) e de uma simpodial (**B**). **C** Ramo de dois anos de idade de *Ulmus minor* com acentuada acrotonia; como um novo módulo simpodial, o ramo lateral superior **S** dá continuidade ao eixo principal; nas porções basais de ramos laterais inferiores e intermediários surgem flores (0,1x). (Segundo W. Rauch (A, B) e W. Troll (C).)

bria dessas comunidades – nas quais há uma camada constituída por acículas recobrindo o solo (ácida e de lenta decomposição), e onde não existe mais qualquer sub-bosque verde – é um sintoma inegável de um ecossistema artificialmente alterado.

Uma posição intermediária particular entre arbusto e árvore é ocupada pelo lilás (*Syringa* sp.): seu sistema caulinar é acrótono, mas sua ramificação é simpodial e, correspondente à filotaxia decussada, um dicásio. Portanto, no final do ramo anual sempre ocorre uma bifurcação em dois "ramos de continuação" igualmente robustos, de modo que não pode ser formado um tronco uniforme.

4.2.5.5 Metatopia, caulifloria, ramos adventícios; bulbilhos

Em algumas plantas floríferas, o princípio da ramificação lateral foi aparentemente abandonado: os locais de inserção dos ramos laterais são deslocados ao longo do eixo principal, como resultado de concrescências (concaulescência; do grego, *kaulós* = caule), ou encontram-se sobre a folha (recaulescência). Nesses casos, fala-se de **metatopia** (do grego = deslocamento; Figura 4-29). Concaulescência é bem difundida em solanáceas, entre as quais a batata.

Igualmente, quando há **caulifloria**, a planta aparentemente prescinde de ramificação lateral. A partir de galhos ou de troncos robustos, surgem abruptamente braquiblatos, os quais portam flores (e, consequentemente, frutos) e devem o seu surgimento à brotação de gemas inicialmente dormentes (Figuras 4-30 e 10-294D).

Em algumas plantas, as gemas laterais formadas produzem **bulbilhos** (Figura 4-31), que se enraizam no solo, originando novas plantas.

No entanto, existem também gemas/ramos em angiospermas que realmente não foram gerados nas axilas foliares. Isso se aplica à formação de embriões, bem como à formação de **gemas** e **caules adventícios**, que surgem em raízes (do inglês *root sucker*)* ou folhas (Figura 4-32). Com frequência, a formação de ramos adventícios está relacionada às injúrias no corpo vegetal. Isso vale, por

---

* N. de R.T. Não existe na língua portuguesa um termo técnico para identificar esse comportamento vegetativo; popularmente, são utilizados os termos "chupão" ou "ladrão".

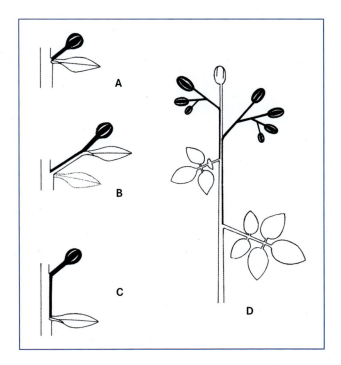

Figura 4-29 Metatopia. **A** Caso normal para a comparação: ramo lateral na axila da folha. **B** Recaulescência. **C** Concaulescência. **D** Inflorescência de *Solanum tuberosum* (batata): concaulescência de dois ramos laterais com monocásios helicoides. (Modificado de W. Troll.)

Quadro 4-1

Morfologia das inflorescências

Inflorescências simples (Figura 4-25): a **espiga** se distingue do **racemo** por apresentar flores sésseis (sem pedicelo) inseridas nas axilas das brácteas; e a umbela, pelo encurtamento do eixo da inflorescência (raque), compensado pelo alongamento dos pedicelos das flores até aproximadamente a mesma altura. No espádice, que se assemelha à espiga, a raque é fortemente espessada, enquanto no **capítulo** apresenta-se relativamente curta e, frequentemente, com um invólucro de brácteas dispostas em roseta na base (folhas involucrais, que não devem ser confundidas com as brácteas das flores de dentro do capítulo).

Se em inflorescências simples dos tipos racemo, espiga e umbela, todas as flores individuais forem substituídas por inflorescências do respectivo padrão, obtêm-se como **inflorescências compostas** (Figura 4-26) o **racemo composto**, a **espiga composta** e a **umbela composta**. Em **panículas**, o ápice da raque termina em uma flor (flor terminal), bem como todos os eixos laterais da inflorescência, cujo grau de ramificação aumenta continuamente da flor individual situada mais próxima da flor terminal para a base da inflorescência. O formato cônico de uma panícula pode mudar se, como consequência do correspondente alongamento dos pedicelos, todas as flores se mantiverem no mesmo nível (**corimbo**, por exemplo, em *Sorbus aucuparia*). Com um estímulo maior na base dos ramos da inflorescência, a panícula pode até mesmo tornar-se totalmente "afunilada" (por exemplo, na ulmária, *Filipendula*), o que é chamado de **antela** (do alemão *spirre*, anagrama do termo *rispe* = panícula).

O **tirsoide** e o **tirso**, respectivamente com e sem flores terminais, ao contrário das panículas, são definidos como inflorescências parciais* cimosas. Por ramificação cimosa, compreende-se uma ramificação única proveniente das axilas dos profilos (bractéolas) (Figura A), que, por sua vez, são o único filoma sob as flores e, em dicotiledôneas (também em algumas monocotiledôneas), comumente ocorrem em par e em posição transversal (oposta ou alterna). Sempre que houver a ramificação a partir dos eixos de ambos profilos, origina-se então um **dicásio** (Figura B), e os ramos que partem dos profilos ultrapassam o eixo principal e continuam a se ramificar. Entretanto, se uma das axilas dos profilos permanecer "estéril", resulta uma ramificação do tipo **monocásio** (ou **cimeira unípara**). Um monocásio é dito **helicoide** (ou **cincino**), quando os pedicelos, que emergem a partir dos outros, desenvolvem-se alternada e sucessivamente em axilas dos profilos à direita e à esquerda. Já quando apenas o profilo de um dos lados é "fértil", seja o direito ou esquerdo (relacionado aqui com a mediana que passa pela bráctea correspondente e pelo eixo original), o resultado é um monocásio **escorpioide** (ou **bóstrix**; Figura B). Se porventura esses tipos de monocásios aparecerem em ambos os ramos de uma inflorescência parcial, inicialmente ramificada em dicásio, teremos então um **cincino composto de monocásios helicoides** (por exemplo, urtiga-morta e outros representantes da família Lamiaceae) ou um **monocásio escorpioide composto**. Em muitas monocotiledôneas e algumas dicotiledôneas, ocorre apenas um único **profilo "dorsal"**, posicionado no ramo lateral do lado mais próximo ao eixo principal e mais distante da bráctea (ou seja, entre o eixo principal e o ramo lateral). Isso resulta em uma ramificação helicoide, denominada **ripídio** (por exemplo, em espécies de *Iris*) – forma de inflorescência parcial cimosa cujos eixos estão todos no mesmo plano.

Inflorescências monotélicas e politélicas. A comparação morfológica permite distinguir as inflorescências monotélicas das politélicas. Nas **monotélicas**, tal como a panícula (Figura 4-26), a raque e os ramos laterais terminam em flor. Os ramos laterais provenientes da raque, situados sob a flor terminal e com flores, independente se ramificados ou não, nesse sistema são interpretados integralmente como elementos equivalentes e homólogos. Todos esses ramos, por repetirem de certo modo o comportamento do eixo principal, são igualmente chamados de unidades de repetição ou **paracládios**; os paracládios são classificados por ordem, desde a primeira até a "n", conforme

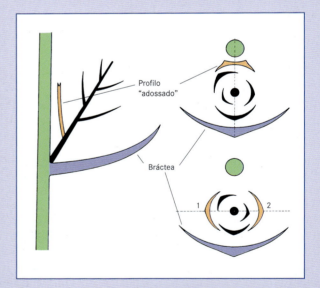

Figura A A foliação de ramos laterais também em inflorescências se inicia com um ou dois "profilos", que se distinguem pela forma e posição em relação a outras folhas. Quando se trata de dois profilos (como na maioria das dicotiledôneas, 1 e 2), em geral eles se dispõem transversalmente. Em monocotiledôneas, na maioria das vezes, surge apenas um profilo não lateral, mas que ocorre no lado do ramo lateral voltado para o eixo principal (em amarelo): profilo "adossado", supostamente resultante da junção de dois outros profilos. À esquerda, tem-se o perfil; à direita, o diagrama; eixos principais em verde. (Segundo D. Von Denffer.)

---

* N. de T. A expressão inflorescência parcial refere-se a cada elemento individual na forma de racemo, espiga, umbela ou capítulo em uma inflorescência composta, ou então aos ramos cimosos de um tirso/tirsoide.

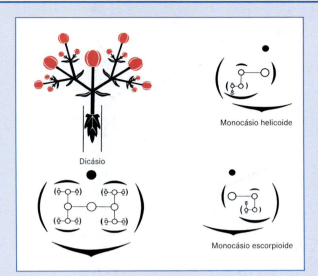

Figura B Algumas formas de ramificação cimosa em inflorescências. Dicásio de perfil e em diagrama. Monocásio helicoide: por exemplo, em *Echium* sp. (Boraginaceae) e *Petunia* sp. (petúnia). Monocásio escorpioide: em *Hypericum* sp. (erva-de-são-joão). (Segundo W. Troll e F. Weberling.)

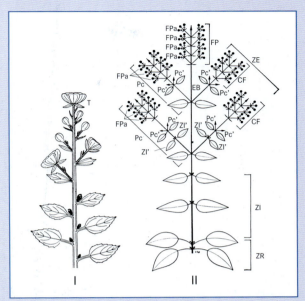

Figura C Inflorescências fechadas e abertas. **I** Inflorescência fechada com flor terminal T, flores laterais abrindo-se no sentido da base para o ápice. **II** Sinflorescência aberta complexa: florescência principal FP e coflorescência CF da zona de enriquecimento ZE com florescências parciais FPa. A zona de enriquecimento é constituída por ramos secundários (paracládios Pc, Pc'). Nas zonas de inibição ZI/ZI', a antese das gemas laterais é impedida por hormônios; zona de renovação ZR. A florescência principal costuma ser destituída da zona de enriquecimento por um saliente entrenó basal EB. (Segundo W. Troll e F. Weberling.)

a sua respectiva ramificação. De acordo com o princípio das proporções variáveis, esse sistema de ramificação pode ser modificado de diversas maneiras: por multiplicação ou diminuição do número de flores até a redução para uma flor terminal, por diferente formação dos entrenós em partes distintas da planta, por outras formas de ramificação (por exemplo, a tirsoide), ou ainda, por diferente estímulo dos ramos superiores ou inferiores (estímulos acrótono ou basítono).

As inflorescências do tipo **politélico** não terminam em flor, mas sim em **florescência multiflora** (**florescência principal**, Figura C, II) constituída por flores isoladas laterais ou, no caso do tirso, por **florescências parciais cimosas**. O ápice da raque, ao contrário de inflorescências do tipo monotélico, permanece aberto – às vezes, posteriormente volta até mesmo ao crescimento vegetativo, como é o caso de *Ananas* sp. (abacaxi). Ramos laterais que antecedem a florescência principal e repetem o comportamento da raque, isto é, terminam do mesmo modo em uma florescência (coflorescência), e, por isso, são chamados de **paracládios** (do tipo politélico). As inflorescências politélicas derivam das monotélicas através de duas etapas: 1) pela **perda da flor terminal** e 2) por uma **especialização** de seus ramos laterais em eixos que agora, como flores isoladas ou florescências parciais, representam elementos de uma unidade de ordem mais elevada (ou seja, a florescência), e também em paracládios, que, por sua vez, terminam em florescência.

A flor terminal de florescências monotélicas, bem como a florescência principal das politélicas, sempre precede uma etapa, em que paracládios se desenvolvem e enriquecem as inflorescências com outras flores. Abaixo dessa "**zona de enriquecimento**", surge mais ou menos subitamente um impedimento na antese de paracládios (**zona de inibição**). Em plantas herbáceas perenes, as gemas nas axilas foliares basais do eixo principal atuam como **gemas de renovação**, das quais resultam novos ramos aéreos nos posteriores períodos vegetativos (zona de renovação). As zonas de enriquecimento, de inibição e de renovação constituem juntas o **fundamento**, o qual abrange por completo a porção mais **vegetativa** da raque. Uma estruturação correspondente pode ser comumente observada em paracládios, quando não é considerada a ausência da zona de renovação. Em ramos florais de **espécies lenhosas** (árvores, arbustos), a zona com gemas de renovação e "ramos de continuação" dela oriundos, muitas vezes antecedem diretamente a zona de enriquecimento.

Em vários casos, as inflorescências monotélicas são tidas como fechadas, enquanto as politélicas, como abertas. Contudo, entre as inflorescências monotélicas, há também algumas nas quais o ápice caulinar do eixo principal permanece aberto e até mesmo continua a crescer ilimitadamente (muitas lianas e plantas rosuladas perenes). A estrutura monotélica dos paracládios mostra, porém, que se trata de inflorescências monotélicas. Os pares conceituais monotélico/politélico e aberto/fechado caracterizam, com isso, diferentes circunstâncias.

Referência

Weberling, F. (1981). Morphologie der Blüten und Blütenstände. Ulmer, Stuttgart.

Figura 4-30 Caulifloria. **A** Em *Goethea cauliflora* (Malvaceae), as flores localizam-se nas axilas de folhas desprendidas da planta, mas cuja posição no eixo ainda é detectável pelas cicatrizes que deixaram. **B** Na árvore-de-judas *Cercis siliquastrum* (Fabaceae), encontrada na região do Mediterrâneo, as flores ocorrem em ramos mais antigos já com ritidoma, razão pela qual nenhuma cicatriz foliar pode ser visualizada. (Fotografias segundo W. Barthlott (A) e D. Zissker (B).)

Figura 4-31 Gemas laterais modificadas em bulbilhos da dentária, *Cardamine bulbifera* (= *Dentaria bulbifera*). (Fotografia segundo P. Sitte.)

Figura 4-32 Bulbilhos na mãe-de-milhares, *Kalanchoe daigremontiana*, planta suculenta da família Crassulaceae. Gemas adventícias formadas nos "dentes" da margem foliar tornam-se plantas jovens, que mais tarde se desprendem da planta-mãe. Gemas axilares estão presentes nesta espécie, mas não são visíveis externamente.

exemplo, ao conhecido rebrotamento de tocos ou à nova formação de meristemas caulinares no tecido de calos – utilizado, por sua vez, na propagação de plantas a partir de cultura de células (Figura 6-47).

4.2.6 Especiais funções e formas de adaptação

Os estolões e os tubérculos estoloníferos da batata (Figura 4-11) são, como mencionados anteriormente, metamorfoses do caule que funcionam como meio de propagação vegetativa e de dispersão. Devido à forma incomum de vida e/ou de adaptação a condições especiais de hábitat, surge uma série de outros metamorfismos do caule, sendo, os mais frequentes:

- **Caules com função de reserva.** Em todos os caules, o parênquima de preenchimento possui uma função armazenadora. Em determinadas plantas, essa função é especialmente salientada. Nestes casos, o respectivo parênquima se multiplica e, por essa razão, os ramos se tornam mais ou menos espessos, dando origem aos **tubérculos caulinares**.

Essa tuberização é principalmente válida para o hipocótilo (surgimento de tubérculos com origem no hipocótilo, por exemplo, em *Cyclamen* sp., rabanete e beterraba. O termo **raízes tuberosas** é em geral empregado na morfologia vegetal, quando partes das raízes também – ou até mesmo principalmente – são incorporadas à formação do tubérculo, Figura 4-33; Figuras D-E no Quadro 4-4). Às vezes, as porções foliáceas do caule são convertidas em tubérculos, o que é o caso da couve-rábano. Em plantas

Figura 4-33 Contribuição da raiz primária e do hipocótilo (azul) na formação da raiz tuberosa em diferentes variedades de *Beta vulgaris*. **A** Beterraba-açucareira. **B** Beterraba-forrageira. **C** Beterraba. (Segundo W. Rauh.)

Figura 4-34 Filocládios de cactáceas como exemplos de cladódios. **A** Flor-de-maio, *Zygocactus truncatus* (0,5x). **B** Opúncia, *Opuntia* sp., com flores e dois frutos; a filotaxia dispersa se desenvolve em um padrão regular de parásticas das aréolas (0,3x). (Modificado de Schumann (B).)

herbáceas perenes com tubérculo anual efêmero, tais como *Colchicum autumnale* (cólquico; Colchicaceae) e *Crocus* sp. (croco; Iridaceae), a base caulinar – a qual é totalmente coberta por solo – se intumesce, constituindo assim, um tubérculo "dormente" durante a época desfavorável de inverno. Na primavera seguinte, uma gema lateral brotará deste tubérculo e originará um ramo de renovação, cuja base se desenvolverá em um novo tubérculo.

- **Caules com função de folha**. O parênquima cortical do caule de herbáceas é verde devido aos cloroplastos, e é nele que também é realizada a fotossíntese. Essa função, que já aparece de forma acentuada, por exemplo, em *Genista* sp. (Fabaceae), pode ser ainda mais pronunciada em caules planos, os denominados **platicládios** (do grego, *platys* = plano). Esses platicládios englobam tanto **filocládios** (Figura 4-3), como **cladódios** (Figura 4-34). Em tais casos, as folhas são reduzidas a escamas ou a espinhos, ou, então, se desprendem da planta precocemente.
- **Suculência caulinar**. Plantas de locais muito secos (xerófitas) precisam, em primeiro lugar, limitar a sua transpiração. Como as folhas não representam somente o órgão responsável pela fotossíntese, mas também o da transpiração, essa limitação ocorre preferencialmente pelo desenvolvimento de espinhos – os quais, ao mesmo tempo as protege contra herbivoria. Assim, a fotossíntese é transferida para o caule. Em vegetais ativos e resistentes a secas, o caule verde se torna suculento (do latim, *succus* = suco), ou seja, se transforma em um armazenador de água de grande volume e reduzida superfície.

A suculência caulinar é principalmente conhecida em cactáceas. E como Goethe admiradamente já havia constatado, suas plântulas assemelham-se àquelas de outras eudicotiledôneas. Em uma fase posterior do desenvolvimento, o parênquima cortical se intumesce e origina o parênquima aquífero; as folhas se tornam espinhos, enquanto as gemas laterais, tufos de pelos ou de espinhos, são denominados aréolas. Cactos globosos e colunares possuem proeminentes nervuras longitudinais e, devido à distinta exposição solar em seus flancos, podem ser geradas acentuadas diferenças de temperatura. Com esse potencial térmico, tais cactos mantêm correntes de ar refrigeradoras em movimento.

No entanto, as cactáceas não são as únicas que apresentam suculência caulinar. Esta característica surge como uma adaptação convergente em plantas de várias ordens (Figura 4-35). Apesar das semelhanças exteriores, a estrutura interna, no entanto, pode variar. Desta maneira, à medida que a medula (e não o córtex) se torna um parênquima aquífero, os feixes vasculares em caules suculentos, passam a não ser mais centrais (como em cactáceas), os mesmos se tornam periféricos.

- **Espinhos caulinares**. Não são somente as folhas que podem se transformar em espinhos (Figura 4-7), mas também os braquiblastos lignificados (Figura 4-36). Como exemplos disso, existem os espinhos não ramificados de algumas rosáceas, como *Prunus spino-*

Figura 4-35 Suculência caulinar como exemplo para paralelismo filogenético sob condições de clima seco com períodos curtos, porém abundantes de chuva. **A-E** Caules em aumento (0,5x). **A** *Cereus iquiquensis* (Cactaceae). **B** *Euphorbia fimbriata* (Euphorbiaceae). **C** *Huernia verekeri* (Asclepiadaceae). **D** *Kleinia stapeliiformis* (Asteraceae). **E** *Cissus cactiformis* (Vitaceae). (Segundo D. von Denffer.)

Figura 4-36 Espinhos caulinares e acúleos. **A** Braquiblasto lenhoso em espinho-de-fogo, *Pyracantha coccinea*. **B** Braquiblastos foliosos ao lado dos lenhosos em espinheiro-marítimo, *Hippophae rhamnoides*. **C** Braquiblasto lenhoso de abrunheiro, *Prunus spinosa* (do latim *spina*, que significa espinho), com botões florais. **D** Espinhos ramificados no caule de espinheiro-da-virgínia, *Gleditsia triacanthos*, os quais surgem a partir de ramos laterais e são totalmente lenhosos; há uma variedade desta espécie, a *inemis*, que não apresenta espinhos, pois este vegetal não forma tais ramos laterais. **E-H** Acúleos. **E** Excrescência no caule de paineira, *Chorisia* sp.; suas pontas lenhosas e bem agudas não permitem a "escalada" da árvore. **F** Rosas; a disposição dos acúleos não está relacionada aos nós caulinares (indicado pelas setas). **G** Framboesa (1,5x). **H** Cardo-penteador, *Dipsacus fullonum* (1,5x). (Fotografias segundo P. Sitte.)

sa (abrunheiro), *Crataegus* sp. (espinheiro-branco) e *Pyracantha* sp. (espinho-de-fogo), e ainda, os espinhos caulinares ramificados de *Gleditsia* sp. (Fabaceae). Análogos aos espinhos, porém não homólogos (já que são excrescências), são os acúleos de rosas e amoras-silvestres (ver 3.2.2.1; Figura 4-37). O efeito pungente-lesivo de espinhos e acúleos (como o de garras, dentes e etc.) basea-se no fato de que nas pontas rígidas, surge uma elevada pressão, mesmo quando aplicada uma mínima força (pressão = força/área).

- **Gavinhas caulinares**. Os caules podem, bem como as folhas (Figura 4-68), se modificam em gavinhas e, com isso, assumem a função de fixação/suporte em plantas trepadeiras. As gavinhas caulinares e foliares crescem em contínuos movimentos de busca, e reagem muito facilmente ao estímulo do toque (tigmonastia, ver 7.3.2.4). Gavinhas caulinares, sem exceção, são extremidades modificadas de ramos laterais, as quais podem surgir de axilas em um monopódio (por exemplo, *Passiflora* sp., maracujá) ou de módulos monocásicos, como em videiras (Figura 4-24). Em *Parthenocissus* sp. (Vitaceae), as extremidades das gavinhas se transformam em discos aderentes (Figura 4-68C).

Plantas trepadeiras se enraizam no solo e escalam outras plantas, rochas, muros ou afins, com seus ramos finos. Assim, tais vegetais melhoram a captação de luz de suas folhas, sem desenvolverem caules. Diante do significado central que o fator luz (junto à disponibilidade de água e a temperatura) possui para a vida das plantas, não é de se surpreender, que a escalada pode ser realizada de diversas maneiras, afinal existem numerosas formações análogas a gavinhas (Tabela 4-1).

- **Haustórios** (do latim, *haurere* = sucção) são órgãos sugadores, com os quais, por exemplo, plantas parasitas estabelecem uma conexão com os vasos condutores das plantas hospedeiras. Dentre as **parasitas** cormófitas, predominam aquelas que parasitam raízes, ou seja, que penetram nas raízes da "vítima". Seus haustórios são raízes parasitas transformadas. Algumas parasitas de caule, como o visco (*Viscum* sp., Santalaceae), também penetram em sua hospedeira com seu sistema radicular (Figura 4-39). Por outro lado, existem parasitas com haustórios adventícios, como é o caso das espécies do gênero *Cuscuta* (cuscuta, Convolvulaceae; Figuras 4-38 e 10-314D).

A *cuscuta* pertence ao grupo das holoparasitas (do grego, hólos = inteiro), seus caules vão desde amarelo-pálido a vermelho, sendo que a maioria das plantas praticamente não contêm clorofila e, por esta razão, são incapazes de realizar fotossíntese. As folhas são, por conseguinte, reduzidas a diminutas escamas foliares e a radícula, por sua vez, morre precocemente sem ser substituída. A plântula cresce exclusivamente em comprimento através de movimentos circulares, até que o mesmo tenha encontrado uma "vítima" apropiada e se enrolado no caule desta. Nos locais de contato, o parênquima cortical papiliforme do parasita cresce e, com o auxílio de seus próprios haustórios, finalmente adentra o tecido hospedeiro. Acima das chamadas hifas "de busca" é estabelecido o contato com os tubos crivados da "vítima" (Figura 4-39A).

4.2.7 Anatomia da estrutura primária do caule

4.2.7.1 Desenvolvimento

No cone vegetativo do ápice caulinar, a **zona de iniciação** apical de apenas 10-50 μm de altura e a área organogenética (**zona de diferenciação** e **zona de determinação**),

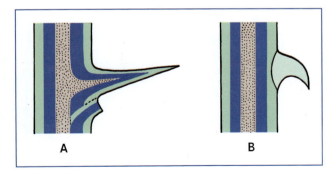

Figura 4-37 Desenho esquemático da secção longitudinal de um espinho (**A**) e de um acúleo (**B**). O corpo lenhoso de um espinho provém do corpo lenhoso da planta que o suporta, o espinho surge na axila de uma bráctea e de sua cicatriz foliar. O acúleo, por sua vez, é exclusivamente formado a partir do tecido cortical, como uma forma de emergência do mesmo, deixando-se facilmente ser destacado do vegetal.

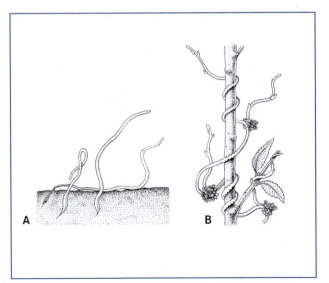

Figura 4-38 Cuscuta, *Cuscuta europea* (0,5x). **A** Plântulas crescendo ao longo do solo, enquanto a extremidade oposta ao ápice morre. **B** Cuscuta florida subindo ao longo de sabugueiro (*Salix* sp.). (Segundo F. Noll.)

Tabela 4-1 Plantas trepadeiras (lianas) e seus órgãos fixadores

Classificação	Órgão de fixação	Exemplos selecionados
Plantas volúveis	Caules com entrenós prolongados para enrolamento em suportes	Dextrorsas: em muitas leguminosas (feijão, *Wisteria* = glicínia) e curcubitáceas (abóbora, pepino, etc.); em convolvuláceas como *Convolvulus arvensis* e cuscuta (Figura 4-38) Sinistrosas: lúpulo (*Humulus lupulus*), madressilva (*Lonicera* sp.) e tamo (*Tamus communis*)
Trapadeiras com gavinhas	Gavinhas: órgãos filamentosos	Gavinhas caulinares: videira (*Vitis* sp., Figuras 4-24 e 4-68C), maracujá (*Passiflora* sp.) Gavinhas foliares: em muitas curcubitáceas (Figura 10-287A) como abóbora e briônia (*Bryonia* sp.) Gavinhas foliares pinadas: em muitas leguminosas (ervilha, vícia = *Vicia* sp., etc., Figura 4-68A, B) e em clêmatis (*Clematis* sp.). Já com ápice foliar prolongado: gloriosa (*Gloriosa* sp.); com gavinha peciolar: nepentes (*Nepenthes* sp.; Figura A no Quadro 4-3) Gavinhas radiculares: baunilha (*Vanilla* sp.)
Trepadeiras com raízes grampiformes	Raízes grampiformes curtas	Hera (*Hedera* sp.; Figura A no Quadro 4-4)
Trepadeiras	Pelos aderentes, acúleos, espinhos ou ramos laterais, para evitar que a planta "deslize", permitindo o crescimento em outros vegetais	Pelos aderente: gálio (*Galium aparine*) Acúleos: rosa trepadeira, amora-silvestre Espinhos: primavera (*Bougainvillea* sp.) Ramos laterais: doce-amarga (*Solanum dulcamara*)

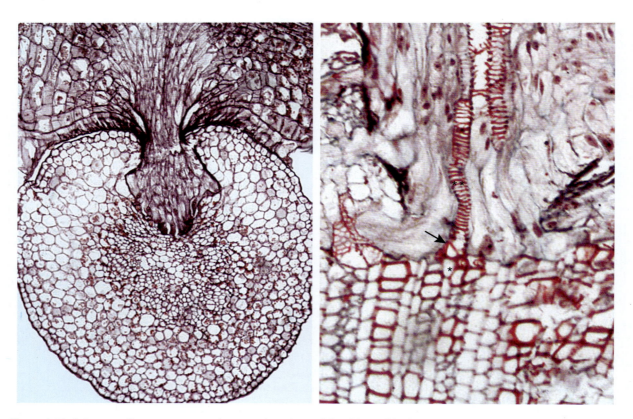

Figura 4-39 A Cuscuta, *Cuscuta europea*, sobre uma planta hospedeira. O haustório da parasita (acima) penetrou em um pecíolo da hospedeira, e no parênquima desta, desenvolveu hifas "de busca" (40x). **B** Em detalhe: a eficiente e adequada conexão (indicada pela seta) existente entre um vaso da hospedeira (*) e os vasos curtos no haustório (**), os quais são constituídos por células parenquimáticas (200x).

na qual os primórios foliares surgem, são seguidas pela **zona histogenética** (ver 3.1.1.1). Nesta zona histogenética (iniciada a 50-150 μm abaixo do ápice), o meristema periférico que circunda o meristema da medula, se divide em procâmbio e meristema fundamental. As células do **procâmbio** se tornam rapidamente prosenquimáticas, ou seja, delgadas, orientadas longitudinalmente e ricas em conteúdo protoplasmático, diferenciando-se das células isodiamétricas e acentuadamente vacuolizadas do meristema fundamental adjacente (Figura 4-40). Cordões procambiais levam, muito precocemente, à formação de primórdios foliares, os quais posteriormente se desenvolverão em traços foliares*.

A partir da zona de diferenciação, é estabelecido o próximo destino das células e com isto, o da futura organização dos tecidos do eixo: a protoderme encontrada mais exteriormente forma a epiderme, o meristema cortical origina o córtex primário, a partir do procâmbio é formado o tecido vascular, e do meristema medular, a medula. A zona histogenética transforma-se, em direção à base, na **zona de alongamento**, onde a atividade mitótica gradualmente cessa e as células passam a delimitar suas formas e medidas definitivas. A partir das células derivadas do procâmbio, são formados os primeiros elementos do floema e (na maioria das vezes, um pouco depois) os do xilema, ou seja, o **protofloema** e o **protoxilema,** respectivamente. Seus elementos vasculares – o floema e o xilema primários – não promovem o alongamento do eixo jovem, eles se tornam passivamente alongados e com frequência se rompem ou comprimem, assim que o crescimento longitudinal e o primário em largura estiverem sido concluídos e que os maiores, mais efetivos e permanentes elementos vasculares do metafloema e metaxilema, passem a funcionar.

4.2.7.2 A estrutura primária

A Figura 4-41 exibe uma secção transversal do caule de uma eudicotiledônea, o qual é praticamente simétrico no

---

*Por traços foliares compreende-se cada cordão vascular que se separa do sistema vascular do eixo e o conecta com as folhas. Ele é válido para traços de ramos sobre as gemas laterais e ramos laterais conectados ao tecido vascular do eixo.

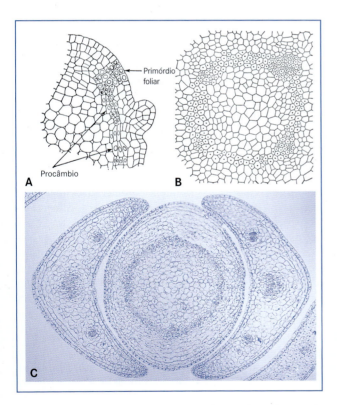

Figura 4-40 Procâmbio. **A** Secção longitudinal do ápice caulinar de linho, *Linum* sp.; um cordão de procâmbio se diferencia abaixo do primórdio foliar (107x). **B** Secção transversal do cone vegetativo de ranúnculo, *Ranunculus acer*, realizada abaixo do ápice; as células do anel de procâmbio são indicadas por pontos, e em quatro locais, há início da diferenciação dos feixes vasculares (90x). **C** Secção transversal no cone vegetativo de verônica, *Veronica traversii*, com anel de procâmbio visível entre a medula e o córtex (60x). (Segundo K. Essau (A); Helm (B).)

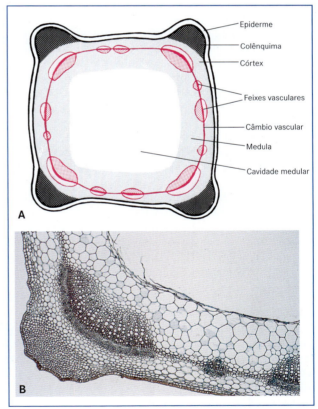

Figura 4-41 Caule de uma eudicotiledônea herbácea em secção transversal. **A** Desenho esquemático. Entre os feixes vasculares podem ser visualizados raios medulares parenquimáticos. O xilema localiza-se na porção dos feixes vasculares direcionada para o interior, e o floema, na porção voltada para o exterior. **B** Parte da secção transversal de urtiga-branca, *Lamium album* (60x).

sentido radial. Do interior para a periferia, é possível reconhecer os seguintes tecidos:

- **Parênquima medular**. Preenche a porção central. Esse tipo de parênquima funciona como tecido de reserva ou então é morto, e nesta situação, as células são ocupadas por gás (por exemplo, em girassol e em sabugueiro). Em outros casos, surge uma **cavidade medular** por ruptura ou desintegração do tecido;
- **Tecido vascular** (ver 3.2.4.3). Nas eudicotiledôneas herbáceas, os feixes vasculares isolados são dispostos ao redor da medula. Os feixes vasculares colaterais abertos (xilema no interior, floema no exterior) são, portanto, separados uns dos outros pelos **raios medulares** parenquimáticos ("parênquima interfascicular"). No exterior e ao redor do floema, com frequência encontram-se fibras liberianas densamente agrupadas. Devido à forma característica do contorno exibida por este tecido de suporte e de proteção quando em corte transversal, muitas vezes, fala-se de um "esclerênquima falciforme";
- **Endoderme caulinar**. A bainha que em geral circunda o anel de feixes vasculares. As células desse último tecido interno (e que possui uma camada; ver 3.2.2.3) posicionam-se uma ao lado da outra sem deixar lacunas e, muitas vezes, contêm muitos amiloplastos. Em algumas plantas (por exemplo, prímulas e asteráceas), podem ser detectadas estrias de Caspary nas paredes celulares anticlinais da endoderme caulinar, enquanto que em outras, a endoderme do caule é pouco reconhecível;
- **Parênquima cortical**. É o tecido de preenchimento entre o anel de feixes vasculares e epiderme, que em geral é um clorênquima. As zonas periféricas do córtex primário com frequência são constituídas por colênquima;
- **Epiderme**. Junto a sua cutícula, representam o limite entre o interior do vegetal e o meio exterior (ver 3.2.2.1). Tal epiderme quase sempre apresenta idioblastos. Estômatos e tricomas (em geral com natureza glandular) pertencem (também) à configuração normal das epidermes caulinares.

O córtex primário e a epiderme constituem o **córtex** (do latim, que significa casca).

Esse esquema do corte transversal pode variar consideravelmente. Em eudicotiledôneas lenhosas e em gimnospermas, nas quais a estrutura primária do caule posteriormente será modificada pelo crescimento secundário em largura, o anel de feixes vasculares é substituído por um anel de tecido vascular (cilindro oco), que por sua vez, será rompido apenas parcialmente por delgados raios medulares de reduzida altura (Figura 4-45C).

Mais acentuadas são as diferenças em monocotiledôneas. Seus feixes vasculares colateralmente fechados não são dispostos em forma de anel, mas sim distribuídos por todo o corte transversal do caule (Figura 4-42). Dessa

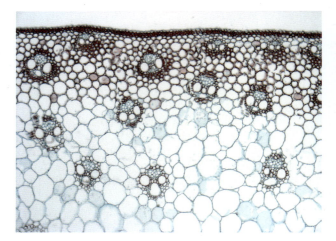

Figura 4-42 Parte de uma secção transversal do caule de milho (50x). Assim como em todas as monocotiledôneas, os feixes vasculares estão distribuídos aqui por toda a secção transversal do caule (comparar com a Figura 3-26A). Os polos de xilema são, sem exceção, orientados para o interior do caule; o protoxilema é muitas vezes rompido por tensão.

maneira, nem a medula e nem o córtex são identificados como áreas delimitadas de tecidos.

Os feixes vasculares do caule e os da raiz de uma planta formam, anatômica e funcionalmente, um sistema conectado chamado de **estelo** (Quadro 4-2).

4.2.7.3 Crescimento primário em largura e por espessamento do meristema apical

Por meio da multiplicação celular e aumento pós-embrionário do tamanho da célula, o caule cresce não apenas em comprimento, mas também em diâmetro, falando-se então em **crescimento primário em largura**. A forma do cone vegetativo se deve ao efeito conjunto dos crescimentos axial e transversal; podendo desta maneira, variar bastante. Se há o predomínio do crescimento em altura, o ápice meristemático será estreito e pontiagudo (Figura 3-3A, C). Contudo, se predomina o crescimento em largura, será arredondado ou plano – em situações extremas (como em palmeiras, cactáceas, plantas rosuladas), até mesmo são formadas **depressões no ápice**.

Em palmeiras de grande porte (cujos caules atingem pelo menos 50 m de altura sem crescimento em largura secundário), o crescimento em largura primário leva, por meio de uma prolongada atividade cambial, à formação de depressões no ápice, cujo diâmetro pode ser superior a 30cm. Desse modo, o diâmetro do caule é determinado e permanece inalterável durante o posterior crescimento em altura: o caule da palmeira é igualmente espesso em todas as partes, como o fuste de uma delgada coluna. Como normalmente o caule não se ramifica, o mesmo não porta uma copa, mas sim apenas um tufo de folhas grandes situado em sua extremidade ("leque").

Em várias eudicotiledôneas também ocorre um maciço crescimento em largura, que essencialmente se aplica ao córtex (forma cortical: cactáceas) ou à medula (forma medular: ápio, couve-rábano, tubérculos de batata). Em ambos os casos, se trata de multiplicação do parênquima de reserva.

Durante o desenvolvimento do caule de uma planta, o meristema também altera seu próprio tamanho. No embrião, a zona de iniciação do ápice caulinar é, na maioria das vezes, pequena; porém, é cada vez mais ampliada em plântulas por multiplicação do número de células no promeristema. Dessa maneira, o perímetro do ápice aumenta (enquanto o crescimento em largura permanece constante), falando-se assim em **crescimento por espessamento do ápice**. O diâmetro (transversal) do meristema finalmente ultrapassa um valor máximo e diminui de novo, quando a transição para a floração se inicia. Devido a essas modificações, o caule primário apresenta uma forma duplamente cônica, que é especialmente pronunciada em monocotiledôneas de 1 ano de idade, visto que nestas, tal forma não é mascarada pelo crescimento em largura.

4.2.8 Caule na fase secundária de crescimento

4.2.8.1 Significado funcional do crescimento secundário em largura

As coníferas e as angiospermas primitivas são as maiores formas de vida; a copa de árvores de sequóia e de eucaliptos podem estar distante cerca de mais de 100 m do solo. Na maioria das vezes, os troncos das árvores suportam um peso de copa de mais de uma tonelada e, além disso, no caso de tempestades, devem resistir a enormes forças do vento. Do mesmo modo que o sistema caulinar se ramifica pelo espaço aéreo, o radicular também se ramifica na direção descendente, penetrando no solo – uma expressão da organização bipolar de todas as fanerógamas. Contudo, a troca total de substâncias entre os sistemas radicular e caulinar deve ser realizado pelo tronco, o qual estabelece a conexão entre ambos os sistemas de ramificação e funciona como um verdadeiro órgão central (na maioria dos casos, o único) na organização descentralizada e aberta da planta. A dupla função de proteção e de via condutora requer um espessamento do caule, que varia conforme a extensão do sistema radicular e a massa das folhas (ou a das acículas). O espessamento do caule é atingido através do **crescimento secundário em largura**, que por sua vez, depende da atividade cambial do caule (ver 3.1.2). Nesse tipo de crescimento em largura, é originado predominantemente o xilema secundário (**lenho**) – o que em estádios posteriores, constituirá, em termos de volume, mais de 45% do crescimento secundário e com isso, do tronco.

O mesmo é válido para os maiores ramos laterais no sistema de ramificação caulinar, os quais por meio do crescimento em largura desenvolvem-se em galhos robustos. Analogamente, há também o crescimento secundário em largura em raízes e raízes laterais (ver 4.4.2.3).

4.2.8.2 Câmbio, lenho e floema secundário

No estado completamente desenvolvido do caule de uma árvore, o câmbio caulinar corresponde a uma camada de células meristemáticas originadas do procâmbio do cone vegetativo, a qual dispõe-se na forma de um cilindro oco. Neste câmbio são formados dois diferentes tipos de células meristemáticas (**iniciais cambiais**): as iniciais radiais isodiamétricas e as iniciais fusiformes alongadas. As **iniciais radiais** originam o parênquima dos raios lenhosos e medulares, e com isso, o sistema condutor transversal (horizontal) de caules lignificados. Já as **células iniciais fusiformes** (do latim *fusus*) formam, por meio de sua atividade mitótica, o sistema condutor lateral (vertical) do lenho. Essas iniciais fusiformes são células alongadas, acuminadas em suas extremidades, mas que no total são planas, apresentando-se dispostas longitudinalmente no caule, enquanto seus lados planos, tangencialmente (periclinalmente). Além disso, são vacuolizadas e relativamente grandes, chegando a 5 mm de comprimento nas coníferas.

Predominantemente, as iniciais cambiais se dividem de modo que a nova parede seja orientada periclinalmente. Isso significa que a partir do câmbio (que em secção transversal assemelha-se a uma zona anelar), novas células são originadas na direção radial, alternadamente para o lado interior e para o exterior (Figura 4-43). Dessa

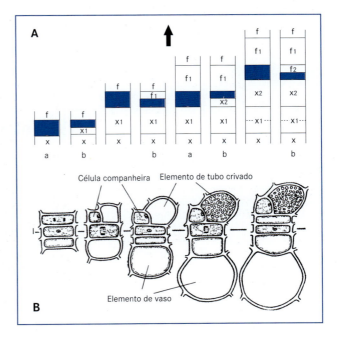

Figura 4-43 Iniciais cambiais como células meristemáticas. **A** Desenho esquemático da sequência de divisão, em secção tranversal: as iniciais são representadas em azul; as letras **a** e **b** mostram, respectivamente, a condição antes e após a divisão celular; a seta indica a periferia do caule. **B** Diversos tipos de diferenciação de células originadas a partir das iniciais. – x, Células do xilema; f, Células do floema; I, Iniciais. (Segundo L. Jost (A); Holman e Robbins (B).)

Quadro 4-2

Formação do estelo

Estelo (palavra grega, que significa coluna): é o conjunto dos feixes vasculares dos órgãos caulinares e radiculares na estrutura primária. O estelo é formado diferentemente entre os diversos grupos de cormófitas, variando bastante especialmente em pteridófitas. Contudo, no século XIX foi implementada uma classificação dos tipos de estelo, a qual posteriormente passou a ser interpretada do ponto de vista evolutivo e a postular uma única origem filogenética para estes diversos tipos de estelo (**teoria dos estelos**). Os estelos podem ser dos seguintes tipos (Figura A):

- **Protostelo**: é um sistema condutor central, concêntrico e, com frequência (mas nem sempre), com xilema no interior. O protoestelo é considerado como original, uma vez que era típico das plantas terrestres mais antigas (Figura 10-152C) e ainda é encontrado até os dias de hoje, por exemplo, nas formas mais jovens de muitas pteridófitas;
- **Actinostelo**: é um feixe robusto e centralizado; seu xilema (interno) apresenta forma estrelada quando em secção tranversal, e o floema está presente entre seus "raios" (do grego *aktinotós*, que significa circundado por raios). O actinostelo já ocorria em pteridófitas primitivas e, atualmente,

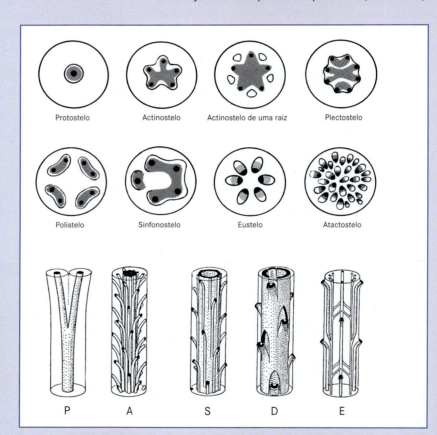

Figura A Tipos de disposição de tecido vascular em caules; acima são apresentadas secções transversais, o xilema em cinza e protoxilema em preto; abaixo, a representação espacial. **A** Actinostelo. **D** Dictiostelo, constituído por tubos de feixes condutores, rompido por lacunas foliares (comparar com Figura B). **E** Eustelo. **P** Protostelo. **S** Sinfonostelo. (Segundo D. von Denffer.)

maneira, surgem fileiras radiais de células, que de modo geral, são características dos tecidos provenientes da atividade cambial. A totalidade de células formadas para o lado interior constitui o **lenho**, o qual histologicamente corresponde a um **xilema secundário** somado aos raios medulares e aos lenhosos. Já o conjunto de todas as células formadas para o lado exterior constituem, por sua vez, o **floema secundário**. A diferenciação das células derivadas das iniciais cambiais é efetuada muito rapidamente, pois as iniciais fusiformes do câmbio já são bem vacuoladas – não necessitando, assim, de um alongamento pós-embrionário. Ao mesmo tempo, tem também como consequência (ao contrário dos meristemas primários) as maiores frequências de divisão das células-mãe, ao passo que suas células-filhas raramente se dividem. No câmbio, a concentração de auxina também é máxima (Figura 6-38), sobretudo no início de cada período vegetativo, quando ocorre a formação do lenho primaveril (ver 4.2.8.5).

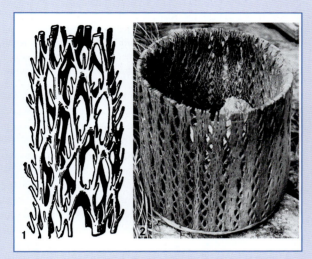

Figura B Tubo fascicular de: (1) feto-macho, *Dryopteris filix-mas* (isolado por meio de maceração artificial), como exemplo de um dictiostelo; os cordões de traços foliares inclinados foram seccionados; e (2) cactus "cardón", *Trichocereus pasacana*, utilizado, de modo artesanal como cesto de lixo. (Segundo J. Reinke (A); Fotografia segundo W. Barthlott (B).)

é bem difundido entre as psilotópsidas (Figuras 10-166B e 10-161B) e licopodiáceas. Até mesmo o cilindro vascular das raízes apresenta este tipo estelar (ver 4.4.2.1);
Em ambos os tipos de estelo anteriormente apresentados, a porção central do caule é ocupada por tecido vascular, e deste modo, normalmente não existe medula. Em todas as seguintes formas de estelo, tal porção central não é preenchida por tecido vascular, podendo haver na mesma a formação de tecido medular, e consequentemente, de cavidades medulares.

- **Polistelo**: é um sistema de eixos paralelos, e na maioria das vezes, com feixes vasculares concêntricos, os quais são distribuídos por todo o diâmetro do caule. O polistelo derivou-se do actinostelo por progressivo fissuramento. O plectostelo, por sua vez, pode ser interpretado como uma forma intermediária deste processo;
- **Plectostelo**: é o tipo de estelo mais frequente em espécies de licopodiáceas (Figura 10-156L; do grego, *plektós* = trama);
- **Sifonostelo**: é um cordão de feixes vasculares tubuliforme com medula central, que ocorre em determinadas famílias de pteridófitas (Figura 10-177A; do grego, *síphon* = tubo flexível);
- **Dictiostelo** (do grego, *díktyon* = rede): um tipo bem semelhante ao sifonostelo, que é designado como típico "tubo de feixes" da maioria das pteridófitas (Figura B). Esse sistema de feixes reticulados é formado por feixes vasculares concêntricos com uma bainha de tecido envoltória originada a partir do periciclo e da endoderme – característica que o distingue do eustelo;
- **Eustelo**: é o tipo de estelo das Magnoliidae e das eudicotiledôneas (Figura 4-41). O eustelo corresponde, em sua totalidade, a um sistema condutor concêntrico único e com medula em seu interior; embora o tecido vascular seja fendido por meio de raios da medula em muitos feixes vasculares aparentemente independentes – ou seja, os feixes não seriam concêntricos, mas sim colaterais. Entretanto, o estelo total é envolvido por uma endoderme comum. Em plantas lenhosas pertencentes às eudicotiledôneas (estas são filogeneticamente mais antigas que as herbáceas, sejam estas perenes ou não), a divisão do sistema condutor concêntrico em muitas ou diversas partes de feixes colaterais ou não foi realizada, ou ainda não está muito avançada;
- **Atactostelo** (do grego, *átaktos* = desorganizado). O atactostelo de monocotiledôneas também originou-se de um sistema vascular concêntrico e isolado. Visto que aqui os feixes isolados são colaterais, seus polos xilemáticos sempre são orientados em direção ao interior e, uma bainha de tecido comum para o estelo como um todo, é às vezes insinuada. A semelhança com o polistelo é somente aparente, não é característica. À propósito, o procâmbio inteiro é utilizado aqui (como para os feixes vasculares de pteridófitas) na formação de floema e xilema, resultando assim, em feixes isolados fechados.

O diâmetro do cilindro do câmbio ("câmbio vascular") se torna cada vez maior, em virtude do crescimento secundário em largura. Nesse caso, fala-se de **crescimento por dilatação**. Para a maioria das árvores, o diâmetro do câmbio cresce em torno de 1.000 vezes em relação ao da estrutura primária; sendo que os valores ainda maiores são atingidos por árvores gigantes. Como o tamanho das iniciais cambiais permanece essencialmente constante, o número dessas células deve aumentar conforme a altura do caule.

O aumento necessário em número de células pode ser atingido por divisões longitudinais, que por sua vez, orientam os septos das paredes anticlinalmente (radial) e ao mesmo tempo, longitudinalmente. Neste caso, é originado o câmbio estratificado (câmbio composto por várias camadas) – típico de muitas espécies arbóreas tropicais. Árvores de zonas frias e temperadas, do contrário, apresentam inicialmente uma divisão transversal das iniciais cambiais, de modo que posteriormente, as células-filhas localizadas abaixo e acima cresçam com suas extremidades na direção axial e entre as iniciais adjacentes – um exemplo de crescimento intrusivo (ver 3.2.3). Assim, originam-se câmbios denominados **fusiformes** ou não nivelados, cujo padrão celular em relação à superfície parece ser menos ordenado do que em câmbios nivelares.

Embora o procâmbio corresponda a um cilindro fechado, o câmbio vascular na estrutura primária do caule com frequência limita-se aos feixes vasculares, correspondendo assim, a um **câmbio fascicular**. Os feixes vasculares, por sua vez, são separados uns dos outros por raios medulares parenquimáticos. Quando o crescimento secundário em largura inicia-se em caules assim organizados, forma-se inicialmente por indução do **câmbio interfascicular**, um câmbio vascular fechado (Figura 4-44). Este processo está associado à desdiferenciação de células parenquimatáticas já especializadas dos raios medulares.

Em lianas, cujos caules lignificados somente se espessam moderadamente (a função de suporte não se aplica a estes tipos de vegetais), as iniciais dos raios medulares originadas secundariamente continuam a formar raios medulares parenquimáticos; os raios medulares primários permanecem então proeminentes e, em cada um dos entrenós, separam feixes vasculares bem definidos uns dos outros (tipo encontrado em *Aristolochia* sp., Figura 4-45A; comparar também com Figuras 4-49 e 3-21L). Cada feixe vascular compreende um tecido fundamental elástico, já o conjunto dos mesmos atua como cordões fibrosos de uma corda – os caules das lianas são resistentes ao rompimento, mas ao mesmo tempo, flexíveis.

Em muitos caules lignificados, contudo, a maioria das células iniciais cambiais em raios medulares desenvolvem-se em iniciais fusiformes, as quais formam células prosenquimáticas dos tecidos condutor e de suporte. Neste caso, os raios medulares se tornam restritos a estreitas faixas de parênquima (tipo encontrado em *Ricinus*, Figura 4-45B). Em espécies verdadeiramente arbóreas, o procâmbio transforma-se diretamente em um espesso cilindro de feixes condutores com câmbio vascular fechado (tipo encontrado em *Tilia*, Figura 4-45C). Somente por ramificações dos feixes vasculares de folhas e de ramos, é que são formadas inicialmente lacunas foliares e de ramos, as quais posteriormente se tornarão fechadas.

Os **raios medulares primários**, que se estendem da medula ao córtex, afastam-se uns dos outros com progressivo crescimento secundário em largura tanto na periferia do corpo lenhoso, como no câmbio vascular e, especialmente, no floema secundário. Uma consequência disso, é que esses raios medulares não podem mais desempenhar suas funções como sistemas transversais (radiais) de transporte e armazenamento. Sob essas condições, há uma formação de **raios lenhosos**, que por sua vez, estendem-se até o floema secundário, já que as iniciais fusiformes – limitadas localmente ao câmbio vascular – se transformam em iniciais de raios medulares. No passado, esse raio parenquimático foi equivocadamente designado por "raio medular secundário", porém, o mesmo não avança da medula em direção ao córtex, mas sim, inicia-se cego no lenho e no floema secundário. Os raios medulares serão mais curtos, quanto maior for o intervalo para o início da transformação das células iniciais. Os locais dessas transformações dependerão se os raios medulares formarão padrões regulares no sentido tangencial (Figura 4-50): em todos os locais, onde a distância dos raios medulares excede um determinado valor por consequência do crescimento secundário em largura, é inserido um novo

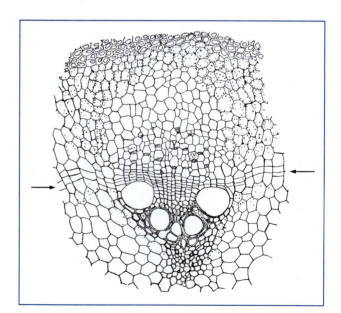

Figura 4-44 Surgimento do câmbio interfascicular (setas) em ambos os lados do câmbio vascular por desdiferenciação e retomada da atividade mitótica por células parenquimáticas nos raios medulares da aristolóquia, *Aristolochia durior* (80x). (Segundo E. Strasburger.)

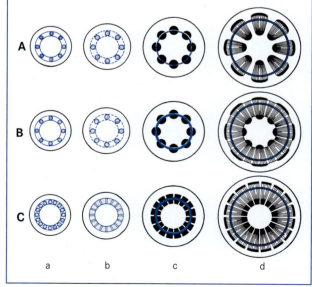

Figura 4-45 Tipos de crescimento secundário em largura nas eudicotiledôneas. **A** Tipo encontrado em aristolóquia (*Aristolochia* sp.). **B** Tipo encontrado em mamona (*Ricinus* sp.). **C** Tipo encontrado em tília (*Tilia* sp.). As letras **a-c** representam a formação da estrutura primária, enquanto **d**, o crescimento secundário em largura; em azul, está o câmbio. (Segundo D. von Denffer.)

raio parenquimático, resultando em um típico padrão de interceptação (*Sperreffektmuster*).(ver 4.2.2).

Em coníferas, embora esse tecido radial possua algumas células de altura, sua largura é de apenas uma fileira celular, sendo sua relação volumétrica inferior a 1/10. Já nas angiospermas, esses raios parenquimáticos com frequência apresentam muitas células de largura e um número superior a 100 células de altura; assim, sua relação volumétrica é claramente superior a 10% e pode atingir 1/5 do volume lenhoso (Figura 4-50D).

4.2.8.3 Crescimento secundário em largura nas monocotiledôneas

Como as monocotiledôneas apresentam atactostelos e feixes vasculares fechados, elas não satisfazem os dois requesitos fundamentais para a formação de um câmbio vascular. De fato, para esse grupo não existe nenhum crescimento secundário em largura de acordo com os mecanismos anteriormente descritos. Assim, não é de se surpreender, que praticamente todas as espécies de árvores e arbustos, pertençam ao grupo das gimnospermas, ou, então, ao das magnoliideas ou eudicotiledôneas. As palmeiras atingem o diâmetro definitivo de seu caule por meio do crescimento primário em largura (ver 4.2.7.3). Somente para algumas espécies arbóreas de Liliaceae – como as dracenas (*Dracaena* sp.) e determinadas iúcas (*Yucca* sp.) e aloés (*Aloe* sp.) – existe um crescimento secundário em largura, o qual é efetuado de forma bem diferente daquele em gimnospermas e eudicotiledôneas (Figura 4-46): neste caso, se tornará ativado como câmbio, um meristema de espessamento secundário, o qual abrange, por completo o estelo, originando o parênquima com feixes vasculares secundários principalmente para o interior.

4.2.8.4 O lenho

O lenho desempenha em árvores e/ou arbustos vivos três funções básicas, as quais sempre são atribuídas a determinados tipos celulares e de tecidos: para a função de suporte, tem como responsável um **sistema de sustentação**; o transporte de água e nutrientes é realizada pelo **sistema condutor**, e o armazenamento de assimilados é promovido por um **sistema de reserva**. A partir dos elementos do lenho (Figura 4-47), é possível diferenciar quatro formas celulares e estabelecer os seguintes sistemas funcionais:

- **Traqueídes**: são células tubulares mortas com 1-5 mm (podendo chegar a 8 mm) de comprimento, apresentando paredes muito espessadas e lignificadas, além de extremidades acuminadas e cuneiformes, onde se acumulam pontoações areoladas (Figura 2-74C–H). As traqueídes pertencem tanto ao sistema de sustentação, quanto ao hidráulico. A velocidade máxima do fluxo em traqueídes é de 0,4 mm s^{-1};
- **Elementos de vaso**: também são células mortas, tubulares com pontoações (de forma geral, estas caracteri-

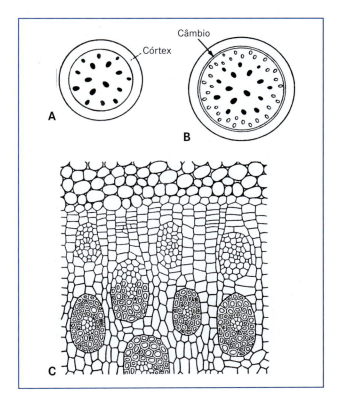

Figura 4-46 Crescimento secundário em dracena, *Dracaena* sp., uma monocotiledônea arbórea. **A** Estrutura primária do caule em secção transversal; feixes vasculares representados em preto. **B** Estrutura secundária; o anel de câmbio formou parênquima com feixes vasculares secundários (claros) para o interior. **C** Secção ampliada da área do câmbio; no parênquima secundário encontram-se feixes vasculares concêntricos em diferentes estádios de maturação (90x). (Segundo W.Troll (A, B) e G. Haberlandt (C).)

zam as células do sistema hidráulico) e preenchidas por água. Contudo, são substancialmente mais curtas e apresentam maior lume que as traqueídes, suas paredes lignificadas são apenas moderadamente espessas, e as paredes transversais inicialmente existentes entre elementos de vaso dispostos uns acima dos outros, se desintegraram (ou, no caso de paredes inclinadas, são porosas ou divididas de forma regular, Figura 3-24). Estes elementos de vaso dispostos longitudinalmente (axialmente) em série constituem longos sistemas tubulares: as **traqueias** ou **vasos**. Esses vasos pertencem exclusivamente ao sistema hidráulico, sendo que seus diâmetros podem até mesmo ser superiores a 0,7 mm. A resistência do fluxo é relativamente baixa, ao passo que a velocidade pode atingir até 15 mm s^{-1} e, em casos extremos, até 40 mm s^{-1} (ver 5.3.5, Tabela 5-15);
- **Fibras lenhosas**: se assemelham às traqueídes na forma e no tamanho, porém, suas paredes são ainda mais espessas e sem pontoações. A celulose da parede secundária dispõe-se de modo helicoidal (Figura 3-20D). Entre traqueídes e fibras lenhosas existem formas de transição, por exemplo, as **fibrotraqueídes**. Também

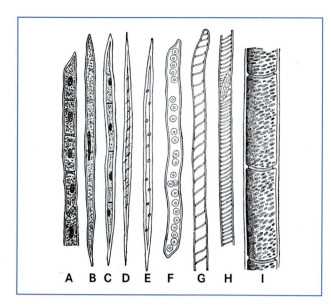

Figura 4-47 Tipos celulares encontrados no lenho de angiospermas arbóreas (150x). **A** Parênquima lenhoso. **B, C** Fibras substitutas não dividida e dividida, respectivamente. **D** Fibra libriforme. **E** Traqueíde fibrosa. **F,G** Traqueídes com pontoações areoladas e com paredes com espessamento helicoidal, respectivamente. **H, I** Vasos: **H** Vaso condutor; **I**, Vaso com pontoações e paredes fundidas entre os elementos de vaso (comparar com Figura 3-24). (Segundo E. Strasburger.)

é possível encontrar formas transicionais entre parênquimas e fibras lenhosas, isto é, fibras substitutas vivas, as quais podem ser uni– ou multicelulares. As fibras lenhosas com frequência são mortas, porém, nem sempre; no primeiro caso, as mesmas pertencem exclusivamente ao sistema de sustentação, enquanto no segundo, também ao sistema de reserva. Traqueídes, vasos e fibras lenhosas apresentam-se dispostos longitudinalmente em caules e ramos – com exceção das traqueídes de raios lenhosos das coníferas, veja a próxima seção).

Células de parênquima lenhoso são as células vivas do lenho. Estas promovem o armazenamento de amido e/ou óleos, e conforme a necessidade, realizam o transporte de nutrientes orgânicos. Além disso, tais células desempenham um importante papel na correção de embolias nos vasos xilemáticos.

4.2.8.5 Madeira das gimnospermas

A **madeira das gimnospermas** é um tecido essencialmente composto por traqueídes (Figura 4-48), arranjado de forma relativamente homogênea e monótona. As traqueídes espessas estão aqui relacionadas tanto ao sistema hidráulico, como ao de sustentação. Por outro lado, faltam vasos e o parênquima restringe-se aos raios lenhosos e ao epitélio glandular dos canais resiníferos (quando existentes).

Entre as traqueídes e as células parenquimáticas dos raios lenhosos são formadas pontoações, as quais apresentam-se areoladas em um só lado e, no caso de pinheiro, são especialmente grandes (mas em compensação, apenas uma por contato celular): pontoação "fenestrada" (Figura 4-50C). Nos limites superior e inferior dos raios lenhosos, muitas vezes ocorrem traqueídes, elas são células alongadas, mortas e dotadas de pontoações, que mediam o transporte de água radial.

Canais resiníferos (Figura 3-29) dispõem-se parcialmente de modo axial e em raios lenhosos radiais, constituindo, em totalidade, um sistema tubular contínuo no tronco de coníferas. A resina extravasada promove a cicatrização asséptica. Em caso de lesões, são formados consequentemente canais resiníferos adi-

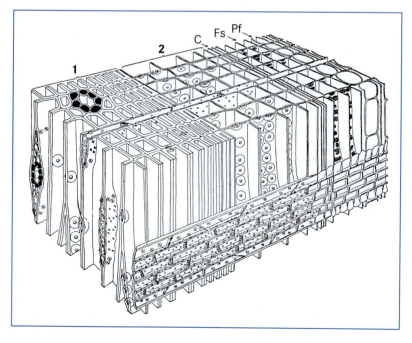

Figura 4-48 Esquema tridimensional do lenho de gimnosperma na região do câmbio vascular, sendo os planos da secção: transversal (acima), radial (à direita, frente) e tangencial (à esquerda, frente). **1** Lenho tardio com canais resiníferos verticais e horizontais (no raio lenhoso); as células de caráter glandular são representadas em preto. **2** Lenho inicial; as grandes pontoações areoladas entre as traqueídes são visíveis somente em secção radial (comparar com Figura 2-74C-F). – C = Câmbio vascular; Fs = floema secundário ativo com parênquima liberiano (Pf), e para o exterior, elementos crivados colapsados. Na parte inferior da secção radial, encontra-se o raio medular cortado longitudinalmente e limitado acima e abaixo por uma sequência de traqueídes do raio lenhoso, as quais continuam a se desenvolver como células albuminosas no floema secundário; entre os traqueídes, são visualizadas quatro fileiras de células parenquimáticas dos raios lenhoso e liberiano (250x). (Segundo K. Mägdefrau.)

cionais e no caso de abetos, cujo lenho inicialmente não apresenta nenhum destes canais, surgem canais resiníferos adaptativos.

Em espécies lenhosas de zonas temperadas com pronunciadas estações do ano, o crescimento secundário em largura limita-se ao período entre o final de abril e o início de setembro – resultando em discretos impulsos anuais. Dessa forma, até julho é formado o chamado **lenho inicial (lenho primaveril)**, e posteriormente, com a atividade cambial já diminuindo, é originado o **lenho tardio (lenho outonal)**. As traqueídes do lenho tardio apresentam paredes mais espessas e lume relativamente mais estreito do que os do lenho inicial. A transição das traqueídes do lenho inicial para as de lenho tardio ocorre, contudo, paulatinamente. Os pronunciados limites dos **anéis anuais** – que são visíveis a olho nu e servem de base para o desenho da madeira cortada ou torneada – resultam da diferença marcante entre as últimas traqueídes originadas no lenho tardio (com menor diâmetro e paredes particularmente espessas) e as primeiras traqueídes do lenho inicial formadas no período vegetativo posterior (com grande diâmetro e paredes extremamente delgadas).

Troncos de árvores fora das zonas temperadas também apresentam anéis anuais, por exemplo, quando há oscilações na precipitação (época chuvosa). Contudo, nenhum anel anual é formado em zonas tropicais úmidas. Caso o contrário, não é formado nenhum anel.

4.2.8.6 Lenho das angiospermas

O **lenho das espécies arbóreas e arbustivas de angiospermas** é estruturado de forma muito mais complexa que o das coníferas. Como o lenho é formado por fibras lenhosas e por vasos, existe uma repartição de funções entre o sistema hidráulico e o de sustentação.

Isto é refletido no desenvolvimento filogenético. Gimnospermas arborescentes se desenvolveram no Permiano, há cerca de 260 milhões de anos. Tal desenvolvimento ocorreu em um clima relativamente frio, o que atualmente corresponderia ao existente na taiga e em florestas em áreas montanhosas de zonas temperadas – áreas estas, que são refúgios (certamente muito extensos) para as coníferas nos tempos modernos. As angiospermas surgiram, porém, há cerca de 100 milhões de anos, em meados do Cretáceo e sob condições climáticas quentes e úmidas – as quais predominam hoje em muitas regiões tropicais e subtropicais, e de forma especialmente pronunciada em florestas tropicais. As angiospermas se difundiram muito rapidamente após seu surgimento e se estabeleceram amplamente. Além disso, o seu lenho estruturalmente complexo, que possibilitou inúmeras combinações de tecidos, provou ser mais adaptável que o das gimnospermas, composto uniformemente por traqueídes.

A evolução progressiva do lenho das angiospermas pode ser reconstruída a partir dos representantes atualmente vivos do grupo. Além de tipos de lenho comparativamente "primitivos", cujo tecido fundamental ainda é predominantemente constituído por traqueídes (por exemplo, em castanheira-da-europa, *Castanea sativa*), existem todas as formas de transição do lenho, nas quais o tecido formado sobretudo por traqueídes é parcialmente (como no carvalho, olmo, nogueira, castanheiro-da-índia) ou totalmente (por exemplo, no freixo e bordo) substituído por fibras lenhosas entremeadas com parênquima de reserva (parênquima fibroso = parênquima interfibrilar).

Os vasos não percorrem o caule de forma estritamente paralela, mas sim acompanham linhas um pouco curvadas; dessa maneira, dentro do incremento de um ano, se aproximam uns dos outros. Em secção transversal, parece haver a formação de grupos de vasos. Nessas zonas de contato, as pontoações areoladas (em angiospermas, na maioria das vezes com poros gretados e aréolas ovais, Figura 2-74G, H) são numerosas, de modo que do ponto de vista funcional, é originada uma **rede de vasos**.

No lenho de muitas angiospermas da Europa Central, há uma grande quantidade de vasos microporosos (diâmetro < 100 μm) distribuídos nas zonas de crescimento anuais: **lenho de poros difusos** (por exemplo em faia, bétula, alno, salgueiro, choupo, bordo, castanheiro-da-índia, tília de folhas grandes; Figura 4-49A, B). Contudo, em outros casos (como em carvalho, olmo, freixo, castanheiro-da-europa) são formados no lenho inicial, poucos vasos macroporosos (diâmetro > 100 μm, e portanto, já visíveis a olho nu): **lenho de poros em anéis** ou **de poros múltiplos** (Figura 4-49C, D). Os vasos são (especialmente em lenhos com poros em anéis) acompanhados por parênquima paratraqueal, em virtude das muitas conexões estabelecidas por pontoações com os elementos de vaso. As células desse tipo de parênquima possuem natureza glandular.

As células de parênquima paratraquel podem secretar açúcares e outras substâncias orgânicas nos vasos, quando, sob uma elevada umidade do ar, não houver fluxo transpiracional que supra de sais minerais, os ramos em intensivo crescimento. Açúcares no xilema "sugam" água por osmose, processo no qual o movimento nos vasos apenas pode ser ascencional (uma diminuição na coluna de água é impedida por endodermes radiculares). Na copa de árvores, a água contendo açúcar pode ser removida por hidatódios por meio de gutação (ver 5.3.4.2), uma vez que as células das folhas tenham sido supridas com sais necessários. Em virtude dessas relações funcionais, torna-se compreensível que, particularmente nos troncos de árvores de grande porte de florestas tropicais, o parênquima de contato paratraqueal seja bem desenvolvido, circundando os vasos como um envoltório estratificado. Os vasos macroporosos de lenhos com poros em anéis também são envolvidos por bainhas de parênquima de contato (Figura 4-50D). As espécies arbóreas e arbustivas que apresentam esse parênquima são particularmente adaptadas ao clima mediterrâneo com seus curtos períodos de crescimento entre invernos mais ou menos úmidos e verões quentes e secos. Já em lenho de poros difusos, o parênquima de contato é pouco desenvolvido. Esse lenho é característico de espécies arbóreas de regiões, onde os solos são úmidos e o ar, raramente saturado de vapor de água. Contudo, também para essas espécies arbóreas (por exemplo, as da Europa Central), o parênquima de contato se torna ativo na primavera, imediatamente antes do surgimento de folhas. Nesse período, as substâncias orgânicas de reserva no parênquima lenhoso são mobilizadas e antes mesmo da respiração foliar, são armazenadas nos vasos. Dessa forma, tais vasos apresentam excessiva pressão. Em caso de lesões, os líquidos contidos nos vasos (uma solução aquosa com

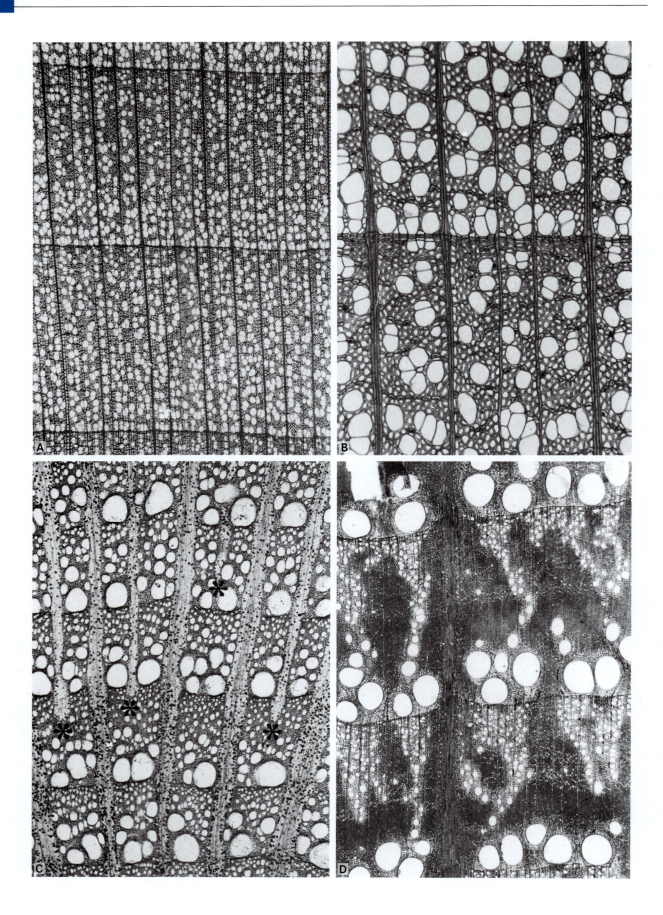

◀ **Figura 4-49** Secções transversais de lenhos de poros em anéis e de poros difusos. **A, B** A tília, *Tilia platyphyllos*, apresenta lenho com vasos de poros difusos relativamente estreitos (diâmetro de 100 μm). Em A, é exibido um lenho com três anéis anuais (25x) e em B, com apenas um anel (70x). Lenho com poros cíclicos: **C** *Aristolochia sipho*, uma liana que apresenta poros lenhosos somente no lenho inicial de cada incremento anual; os raios medulares e lenhosos são largos e os pontos pretos representam drusas de oxalato; o símbolo * indica as posições iniciais de novos raios lenhosos (25x). **D** Três anéis anuais em carvalho, *Quercus robur*. Os maiores vasos do lenho inicial (com diâmetros de até 500 μm) são circundados por parênquima de contato; os vasos microporosos do lenho tardio encontram-se no tecido constituído por traqueídes. As zonas escuras correspondem a fibras lenhosas dispostas de forma compacta (25x). O lenho do carvalho é designado histologicamente como madeira dura *, devido à elevada densidade no material de suas paredes.

---

* Em vez de "madeira dura", muitas vezes encontra-se na literatura em português, o termo em inglês *hardwood*. Esse termo é válido para seu oposto "madeira macia", que em inglês seria *softwood*.

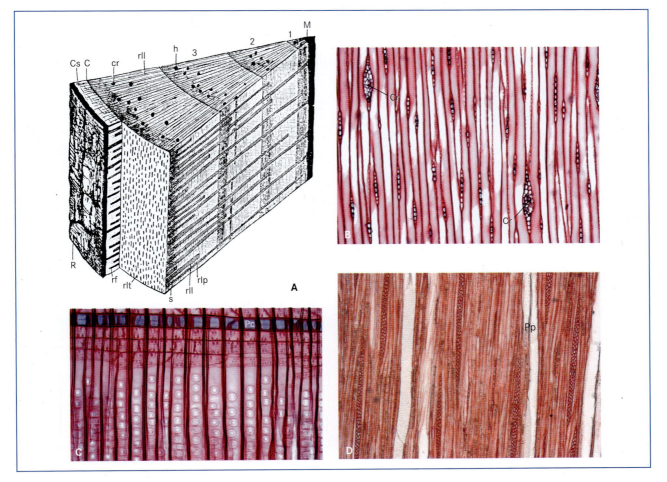

Figura 4-50 Raios medulares e lenhosos. **A-C** Pinheiro (*Pinus sylvestris*). **A** Parte de um ramo de 4 anos de idade, a qual pode ser visualizada, para um aumento de 6x, nos seguintes planos de secção: transversal ou "do miolo" (acima); longitudinal radial (à direita; secção radial = secção "pseudo-radial") e longitudinal tangencial (à esquerda; a secção da madeira correspondente é denominada de secção do cerne). **B** Secção tangencial: numerosos raios lenhosos com uma única fileira de células (transversal), localizados entre traqueídes seccionadas longitudinalmente; nas paredes celulares ingremente inclinadas entre os raios lenhosos existem fileiras de pontoações areoladas; e dois destes (os mais largos) apresentam canais resiníferos (75x). **C** Secção radial: traqueídes com grandes pontoações areoladas; abaixo e longitudinalmente pode ser visualizado o raio medular com uma fileira central de células parenquimáticas de contato, conectadas a traqueídes por meio de grandes e quadradas "aréolas fenestradas"; acima e abaixo, existem traqueídes horizontais do raio lenhoso com pequenas pontoações areoladas (150x). **D** Secção tangencial da madeira de carvalho (*Quercus robur*) apresentando um vaso (*), uma zona de parênquima paratraqueal de contato e numerosos raios lenhosos com uma única fileira de células no denso tecido fibrilar lenhoso; à direita, há vários raios lenhosos "compostos" e densos, os quais são o resultado da inexistência, no câmbio vascular, de iniciais fusiformes entre os raios lenhosos adjacentes. Esse processo é bem pronunciado em carvalho, e por essa razão, raios lenhosos extraordinariamente altos e largos se desenvolvem (75x). – R = Ritidoma, C = câmbio vascular, cr e Cr = canais resiníferos, Pc = parênquima paratraqueal de contato, M = medula, rlt = raios lenhosos transversais; Pc = células parenquimáticas de contato, rlp = raios lenhosos primários, rf = raios do floema, rll = raios lenhosos longitunais, Cs = córtex secundário, os números de 1-4 representam os anéis anuais consecutivos. (Segundo E. Strasburger.)

diversas substâncias orgânicas, sobretudo de açúcares e aminoácidos) saem – às vezes, em quantidades consideráveis – na forma de **exsudação** (ver 5.3.5). A transpiração de folhas desenvolvidas nesse processo oferecerão assim, no início do verdadeiro período vegetativo (que começa posteriormente), a energia para a ascensão do conteúdo dos vasos contra a gravidade e o atrito; enquanto nos vasos predomina baixa pressão.

Na maioria das vezes, os **raios medulares e lenhosos** das madeiras de angiospermas são mais extensos – ou seja, com maior altura e mais largos – que os das gimnospermas e, consequentemente, constituído por várias camadas celulares (Figura 4-50D). O parênquima radial estabelece conexões com os vasos em locais especiais de contato. Além disso, ele forma junto com os parênquimas paratraqueal e interfibrilar (quando este existir), uma rede viva e frouxa, permeada por um tecido lenhoso em todas as direções e que pode chegar a representar, em termos de volume, 1/4-1/3 do total da madeira.

No lenho destas angiospermas que crescem em regiões com estações do ano pronunciadas, também são formados vistosos **anéis anuais**, que como os das gimnospermas, correspondem às zonas de crescimento anual. Dessa maneira, também é possível estudar a **dendrocronologia** de troncos de angiospermas.

Coníferas e angiospermas dicotiledôneas com crescimento secundário em largura formam, em climas sazonais, incrementos radiais, que são anualmente delimitados e dependem das condições ecológicas. Para a dendrocronologia, quaisquer árvores, arbustos, arbustos-anões ou herbáceas com idade de 1 a 5.000 anos, são passíveis de avaliação. Com base nas larguras e compactação dos anéis anuais, a técnica de *crossdating* permite a sincronização global e a reconstituição de taxas de germinação e de mortalidade de plantas e das condições ambientais predominantes nos últimos 14.000 anos. Informações que possibilitam tanto a determinação do arranjo, do número e do diâmetro de vasos, fibras e células parenquimáticas, como também a estimativa da largura, da estrutura, das relações isotópicas e da composição das paredes celulares, fornecem inferências ecológicas para períodos de menos de um ano ou de vários anos. Para o registro de dados dos anéis anuais, são necessários: medidor da largura dos anéis anuais, densitômetro de raios X, micrótomo, captador eletrônico de imagens, além de procedimentos de análise química e espectômetro de massa. As avaliações dos dados têm como base a cronologia, isto é, nos valores médios de várias séries temporais individuais simultâneas. Influências ecológicas a longo prazo são calculadas a partir de funções de correlação. Já os eventos a curto prazo são expressos por mudanças estruturais extremas, abruptas modificações positivas ou negativas do crescimento e indicam, assim, anos de condições climáticas excepcionais. Graças à presença quase global de plantas lenhosas nos biomas terrestres e à utilidade desses vegetais, os anéis anuais geram um arquivo praticamente inesgotável para a reconstituição das atividades humanas e da dinâmica ecológica. A comparação de mudanças ambientais do passado com aquelas atuais representa o foco da pesquisa dendrocronológica. Foi a partir da cronologia continuada estabelecida por anéis de crescimento de carvalhos e pinheiros na Europa Central (abrangendo 12.460 anos), que a escala relativa do método do carbono radioativo se tornou absoluta. Discrepâncias de séries temporais secundárias são explicadas por atividades variáveis do vento solar, pela movimentação das placas tectônicas, pela emissão de CO_2 fóssil e por explosões nucleares. As frequências e a intensidade dos processos geodinâmicos, tais como processos erosivos nos rios, queda de material rochoso em montanhas, deslocamento de costas litorâneas e dinâmica do *permafrost*, são localmente reconstituíveis por intermédio de lesões em troncos, de madeira de reação e de modificações estruturais abruptas em caules e raízes. A fase de aquecimento da atualidade corresponde aproximadamente àquelas existentes por volta do ano 1.000 a.C. Todavia, em montanhas altas, em áreas abaixo das glaciares (sem gelo), a presença de troncos da época do Atlântico (período do Holoceno entre 6.000 e 8.000 a.C.) prova que as glaciares desta época apresentavam dimensões bem reduzidas em relação àqueles do presente. O conhecimento de dados absolutos de anéis anuais também serve como base para a preservação de estruturas históricas para as futuras gerações – o que é importante nos tempos atuais intensivas de construção. Por conseguinte, praticamente nenhuma renovação de edifícios históricos é realizada sem pareceres dendrocronológicos.

4.2.8.7 Alburno e cerne

O lenho é *a priori*, devido a presença de muitas células mortas (traqueídes, elementos de vaso e fibras lenhosas), um tecido predominantemente morto. Além disso, a longevidade do parênquima lenhoso é restrita, sendo que, ele apresenta-se morto em anéis anuais mais antigos. Consequentemente, quando há contínuo crescimento secundário em largura, nenhuma célula viva é encontrada na área central dos troncos de árvores, e a essa região dá-se o nome de **cerne**. Já a madeira "viva" da parte externa do tronco é designada por **alburno**. Enquanto a condutibilidade de água dos vasos é mantida por até mais de 20 anos em muitos lenhos de poros difusos, a mesma pode desaparecer já após poucos anos em especial nos lenhos com poros em anéis (freixo, castanheiro-da-europa, olmo, falsa-acácia) – no caso do carvalho, já no segundo ano. Nessas espécies arbóreas, a formação do cerne ocorre apenas posteriormente, de modo que um **alburno "condutor"** pertencente ao ativo sistema hidráulico, deve ser diferenciado de um **alburno com função de reserva e de sustentação**.

Árvores com alburno "condutor" delgado são especialmente sensíveis a distúrbios externos (por exemplo, elevação da temperatura do tronco devido a uma longa exposição aos raios solares) e também a injúrias mecânicas ou infestação por fungos. Isso se traduz de tempos em tempos em epidemias devastadoras de extensões continentais (morte de carvalhos e castanheiras na América do Norte; morte de ulmeiros ocasionada por um ascomiceto disseminado por besouros de casca).

A **formação do cerne** da madeira não é nenhuma morte lenta, mas sim um processo ativo. Muitas vezes, os vasos são preenchidos com ar ou se tornam adicionalmente obstruídos, quando células adjacentes ao parênquima lenhoso os invadem por meio de pontoações (**formação de tilos**, Figura 4-51; do grego, *thýllis* = bolsa). No parênquima, substâncias de reserva disponíveis são ainda mobilizadas e removidas, ou então, utilizadas para a formação de tilos e

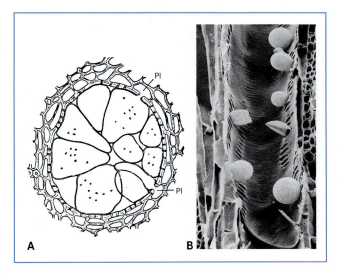

de substâncias do cerne (sobretudo, taninos e resinas). Da mesma forma, nutrientes valiosos (P, K, S) são acumulados no alburno, ao passo que substâncias excedentes como Ca (muitas vezes o Si também) são depositadas no cerne.

A madeira de teca, por exemplo, deve sua excepcional firmeza e capacidade de resistência a uma maciça silificação. Em geral, o cerne de muitas coníferas e angiospermas é tecnicamente a parte mais valiosa da madeira. Por meio do preenchimento dos vasos com ar, os taninos armazenados – que oferecem ao vegetal, resistência à ação de parasitas – podem, aos poucos, ser oxidados a flobafenos fortemente coloridos. Isto resulta, em alguns casos, em madeiras vistosas, naturalmente coloridas e impregnadas, que se cacterizam também por sua elevada estabilidade. As madeiras especialmente valiosas são: o mogno (*Swietenia mahogani*), o jacarandá (*Dalbergia* sp.), a teca (*Tectona grandis*) e o ébano (diversas espécies de *Diospyros*).

4.2.8.8 Floema secundário

O **floema secundário (líber)** é, assim como a madeira, micro-heterogêneo (Figura 4-52), que também corresponde às dadas exigências funcionais tanto do transporte à distância (elemento crivado: células crivadas e elementos de tubo crivado, ver 3.2.4.1) e do armazenamento de assimilados, quanto do transporte radial à curta distância (parênquima e raios liberianos), da firmeza e de mecanismos

Figura 4-51 Obstrução de vasos por tilos. **A** Ao se desenvolverem, as células de parênquima lenhoso atravessam as pontoações e ocupam o lume de um vaso – o que basicamente o obtrui (secção transversal do cerne de robínia, *Robinia* sp., 250x). **B** Interior de um vaso de *Nectandra pichurium*, uma árvore tropical pertencente à família Lauraceae, onde os tilos estão se desenvolvendo dentro do vaso. – Pl = Células do parênquima lenhoso. (Segundo H. Schenck (A); imagem ao MEV segundo S. Fink (B).)

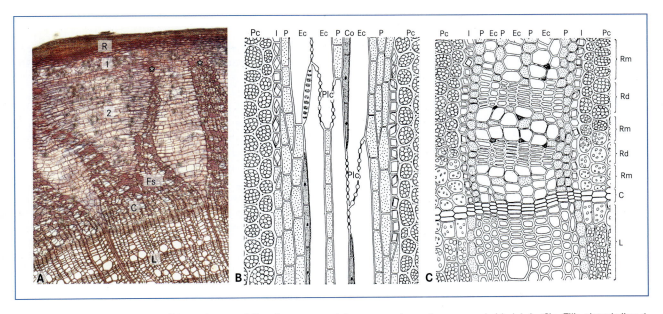

Figura 4-52 Crescimento secundário em largura. **A** Secção transversal de um ramo (com alguns anos de idade) de tília, *Tilia platyphyllos*; **1** córtex e floema primários (indicado em dois locais com o símbolo *); **2** crescimento secundário em largura com floema secundário, sendo as camadas tangenciais, o líber duro (escuro) e o líber macio (claro); entre o floema secundário, encontram-se zonas claras de parênquima cuneiforme (raios liberianos), cuja largura, somente na estação anterior, diminuiu para aquela dos raios lenhosos. No parênquima cortical, existem numerosos ideoblastos pretos preenchidos com drusas de oxalato de cálcio (23x). **B, C** Córtex secundário de uma videira, *Vitis vinifera*, em secção longitudinal e transversal (200x). – R = Ritidoma, C = câmbio vascular, L = lenho, Rd = ritidoma duro, Co = célula companheira, I = ideoblasto, Pc = parênquima radial cortical com reservas de amido, P = parênquima, Fs = floema secundário, Ec = elementos crivados, Plc = placas crivadas, Rm = ritidoma "macio" (elementos crivados + células companheiras). (Segundo D. von Dennfer (B, C).)

de proteção mecânica (esclerênquima: fibras liberianas e esclereides; ideoblastos).

- Os **elementos crivados** do floema secundário dão seguimento àqueles do primário, de modo que ininterruptos vasos condutores chegam das extremidades de ramos e folhas até as raízes. Os elementos crivados anucleados são mantidos vivos por células parenquimáticas com natureza glandular (devido a suas paredes celulares abundantes em aréolas). Além disso, essas células também auxiliam os elementos crivados no desempenho de sua função como vasos condutores, ao promoverem o carregamento e o descarregamento dos mesmos (angiospermas lenhosas: células companheiras; gimnospermas: células albuminosas);
- Os **raios liberianos** representam a continuação dos raios lenhosos em direção ao exterior e estabelecem conexões transversais entre lenho e floema secundário, que passam por cima do câmbio vascular. As células parenquimáticas dos raios liberianos são, na maioria das vezes, providas de reservas de substâncias (amido, óleos). O mesmo é válido para associações de células do parênquima liberiano dispostas longitudinalmente;
- **Fibras liberianas** podem ser muito alongadas (ver 3.2.3). Durante o desenvolvimento dessas fibras e por meio do crescimento apical intrusivo, elas "deslizam" entre centenas de outras células. No passado, faixas de fibras liberianas de ramos de sabugueiro (*Salix* sp.) e de tília (*Tilia* sp.) foram empregadas em jardinagem, como as fibras de ráfia.

Como consequência da posição do câmbio vascular em relação ao lenho e ao floema secundário, há o corpo lenhoso crescendo em sua periferia. O floema secundário, do contrário, cresce em espessura no lado interno do câmbio vascular. Enquanto no lenho, as partes mais antigas se localizam mais interiormente e as mais novas, mais exteriormente, com o floema secundário ocorre o oposto.

Normalmente, os elementos crivados são funcionais somente por alguns anos. Isto significa que, o transporte completo de assimilados em uma árvore grossa fica limitado a uma **camada de floema condutor** secundário de apenas 1 mm, a qual se localiza imediatamente fora do câmbio vascular e que em termos de volume, não chega a corresponder 5 ‰ do tronco. Em áreas mais antigas do **floema secundário "acumulador"**, os elementos crivados e suas células companheiras adjacentes morrem, sendo comprimidas pelo tecido adjacente. Nesse caso, as células parenquimáticas sofrem um crescimento súbito e aumentam consideravelmente de tamanho (inflação das células parenquimáticas). Com isto, tais células preenchem não somente o espaço anteriormente ocupado pelos elementos crivados, mas também ocasionam uma dilatação desse tecido, permitindo que ele consiga acompanhar razoavelmente e sem se romper, o posterior crescimento secundário em largura do caule. No entanto, para a maioria das espécies lenhosas há não somente uma inflação, como também uma multiplicação das células do parênquima liberiano. Ambos os processos podem não ser realizados em zonas de floema secundário morto. Muitas células parenquimáticas se convertem em esclereides e complementam o tecido de proteção, quando o mesmo é rompido por dilatação.

4.2.8.9 Periderme

O aumento do diâmetro caulinar pelo crescimento secundário em largura é interceptado por alguns tecidos periféricos, por meio de um correspondente crescimento por dilatação. O mesmo processo é válido para a epiderme caulinar de determinadas plantas, por exemplo, o ílex (*Ilex* sp.), o corno (*Cornus* sp.), a quérria (*Kerria* sp.), as rosas e cactáceas, cujos ramos permanecem verdes por longo tempo. No entanto, a epiderme normalmente não participa do processo de dilatação, com isto, é rompida e substituída pela **periderme** (tecido de revestimento secundário; ver 3.2.2.2). Essa periderme é composta por três camadas de tecido, que do exterior para o interior seriam: o felema morto (súber), o felogênio cambial e a feloderma parenquimática. Como o súber (**felema**) é muito impermeável, os tecidos localizados na parte exterior à periderme são privados da entrada de água e minerais a partir do caule, os mesmos morrem e ressecam. Isto é externamente perceptível por uma coloração marrom ou acinzentada da superfície do caule.

Essa primeira periderme, a qual substitui funcionalmente a epiderme, surge na porção mais externa do córtex e é denominada como **periderme superficial**. Para algumas espécies arbóreas, o felogênio dessa primeira periderme permanece ativo por muitos anos, e cresce por meio de dilatação com aumento da superfície do caule. Dessa maneira são originadas as lisas superfícies caulinares de faias e carpes, e também as de bétulas jovens. Para a maioria das árvores, a superfície da periderme é fendida (uma consequência do espessamento continuado do caule) predominantemente no sentido longitudinal, já que os caules e as partes de ramos suspendem seu crescimento em altura assim que o crescimento secundário em largura tenha se iniciado. Contudo, as então originadas fissuras serão vedadas por posteriores formações de periderme (**peridermes profundas**) em zonas mais profundas e ainda vivas do córtex, e por fim, nas do floema secundário. O felogênio da periderme profunda permanece ativo, em geral, apenas por um curto período de tempo; em compensação, mais peridermes estão sendo desenvolvidas em zonas cada vez mais interiores. Na superfície do caule, desenvolve-se, aos poucos, uma espessa camada de tecido morto, que é atravessada por muitas camadas delgadas de súber periclinais e está sujeita ao desenvolvimento de profundas fissuras na sua porção exterior. Esse conjunto de tecidos mortos, que continuamente está sendo complementado a partir do interior (Figura 4-53), é o **tecido de revestimento terciário**, o **ritidoma**. As peridermes mais novas são formadas fora do câmbio vascular, na região do floema

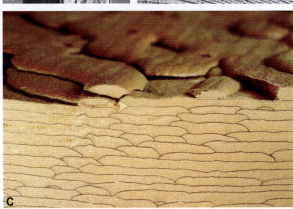

Figura 4-53 Formação do ritidoma. **A** Faixas de súber em um ramo de bordo-campestre, Acer campestre (1,6x). **B** Secção transversal em um caule de abeto-de-Douglas, *Pseudotsuga menziesii* com 96 anos de idade; entre o símbolo ** pode ser visualizados: câmbio vascular e uma camada muito delgada de floema secundário vivo, além do ritidoma escuro situado fora, no qual predominam camadas claras e convexas de súber (súber escamoso; 0,2x). **C** Camadas de súber (escuro) entre os tecidos corticais mortos no súber escamoso de pinheiro, *Pinus ponderosa* (2,6x).

Ritidomas, quando secos, são de difícil inflamabilidade e pouco queimam (comparar com Figuras 12-7A e 12-9). Além disso, por meio da elevada concentração de ar e de pigmentação do ritidoma, ele mesmo oferece à planta proteção contra os raios solares e isolação térmica.

Por conseguinte, as árvores que não chegam a formar um ritidoma, mas possuem troncos protegidos somente pela periderme superficial, são especialmente sensíveis. Este é o caso das faias, cujos troncos que repentinamente se encontram expostos (seja por desbaste, contruções de ruas ou afins), podem ser vítimas de lesões teciduais ocasionadas pelo sol. O oposto é observado em "árvores de sol", por exemplo, em encostas de morros íngremes, como o carvalho, que nesse sentido, está bem protegido por seus espessos ritidomas e por seus ramos proporcionadores de sombra para diferentes estratos do caule (Figura 4-54D). Em fissuras do ritidoma, são ocasionadas devido às diferentes exposições ao sol, evidentes diferenças de temperatura em microescala que mantém uma circulação de ar refrigeradora.

Na maioria dos ritidomas (Figura 4-54), as peridermes profundas não se apresentam especialmente extensas, no tocante à superfície; elas são dispostas de forma côncava e são delimitadas pela borda das camadas mais antigas de súber (Figuras 4-53C e 4-54B, C). Essa periderme demarca áreas de tecidos com aspecto escamoso; nesse caso fala-se de ritidoma escamoso. As escamas mais antigas do ritidoma se esfoliam, o que em pinheiro (*Pinus* sp.), plátano (*Platanus* sp.) e plátano-bastardo (*Acer pseudoplatanoides*) é realizado por camadas especiais abscisão. Mais raras são as peridermes convexas e dispostas estritamente paralelas à superfície, que originam um cilindro peridérmico fechado, chamado de ritidoma anelar (troncos e ramos jovens de juníparo e de cipreste). Em muitas lianas (madressilva, clêmatis, videira), o ritidoma, originalmente formado, se transforma, em virtude da fissura longitudinal, em **ritidoma em faixas**.

Lesões em troncos lenhosos e em galhos espessos não são raras, mesmo quando se trata de natureza não perturbada, uma vez que essas estruturas (ao contrário de ramos flexíveis ou caules de herbáceas) não conseguem evitar o ímpeto de um impacto. Quando a lesão atinge o lenho, originam-se emergências celulares na margem da área lesada, que constituem um tecido desorganizado de células, denominado **calo** (do latim, *callus* = calosidade). Esse calo cresce lentamente, tornando-se lenhoso, de modo gradativo; enquanto sua superfície protegida por uma periderme recobre a lesão, podendo fechá-la totalmente, caso ela não seja muito grande. Em tais lesões fechadas a partir de calos, o lenho normal, o floema secundário e o ritidoma, na maioria das vezes, são formados de novo no final.

secundário vivo, e com isto, limitam o último a uma zona procambial bem delgada.

Em troncos de árvores de maior porte, o ritidoma com frequência cresce até uma espessura de muitos centímetros. Esse tecido é elástico até certos limites, podendo assim evitar ou, até mesmo, minimizar os danos mecânicos ao sensível e essencial floema secundário; além de ser pobre em água e, portanto, especialmente leve. O ritidoma, devido a sua espessura e seus taninos armazenados (ou seja, flobafenos, que lhe conferem sua coloração escura), oferece uma excelente proteção contra fungos e insetos parasitas. Dessa forma, um ataque de afídeos sugadores de seiva aos troncos com ritidoma é descartado.

4.3 Folhas: formas e metamorfoses

A diversidade de tipos de folhas é enorme, podendo variar de inconspícuas escamas até frondes compos-

Figura 4-54 Ritidoma. **A** Ritidoma em faixas em videira, *Vitis vivifera*. **B, C** Típico ritidoma escamoso em plátanos (Platanaceae) e em pinheiro, *Pinus sylvestris*. **D** Carvalho, *Quercus robur*. **E** "Árvore-cortiça", *Phellodendron amurense*. (Fotografias segundo P. Sitte.)

tas de Cyatheales e de palmeiras (que podem chegar a alguns metros de comprimento); de folhas e acículas verdes de diversos formatos até pétalas das cores mais luminosas; de espinhos caulinares até as refinadas folhas de algumas plantas carnívoras, as quais se assemelham a jarras e funcionam como armadilhas na captura de insetos. No entanto, todos estes casos referem-se a diferentes formações de um tipo foliar geral, o **filoma**; cujas funções básicas são a fotossíntese e a respiração. A folha "propriamente dita" é aquela que realizará tais funções – o que permite caracterizá-la como estrutura assimiladora e promotora da transpiração. Do ponto de vista morfológico, essa folha "típica" representa o órgão foliar mais desenvolvido, quando comparada às demais formas – estas, por sua vez, parecem ser reduzidas e simplificadas.

4.3.1 A folha

4.3.1.1 Organização e simetria

A Figura 4-55 reproduz a organização longitudinal morfológica de uma folha típica com limbo inteiro, a partir da história de desenvolvimento.

O **hipofilo** compreende a base foliar e as **estípulas**, quando estas estiverem presentes. Com frequência, a **base foliar** é apenas um alargamento da base do pecíolo. Contudo, especialmente em monocotiledôneas, a base peciolar muitas vezes é tão larga, que chega a circundar o caule em um nó. Nesses casos, o hipofilo comumente se prolonga, passando a constituir uma **bainha foliar** tubular – que pode ser observado na maioria das gramíneas.

Figura 4-55 Folha de sabugueiro, *Salix caprea*, como exemplo para um filoma típico. Tal folha prende-se ao caule com base alargada; em ambos os lados, existem estípulas e diretamente acima de cada uma destas, há uma gema axilar (indicada pela seta). Base foliar e estípulas constituem o hipofilo. O epifilo é composto por pecíolo e limbo (1,2x). Em folhas compostas (comparar com Figura 4-21), o pecíolo se desenvolve em uma raque que continua na área do limbo e, que suporta os folíolos posicionados opostamente e um folíolo terminal.

Figura 4-56 Pseudocaule e invaginação caulinar. **A** Bainhas foliares cilíndricas e tubulares formadas a partir do pseudocaule da cebola, *Allium cepa* (0,6x). **B, C** Uma base foliar que envolve o caule é típica de muitas monocotiledôneas, o verdadeiro caule com frequência permanece inconspícuo; como exemplo, existem as plantas ornamentais aloé (*Aloe spinosissimum*) e as dracena (*Dracaena marginata*) (0,6x). **D, E** Invaginação do caule pelas bases foliares em gimnospermas: **D** tuia, *Thuja orientalis* (filotaxia oposta cruzada, 2,1x); **E** ramo vertical de um espruce, *Picea abies*, com filotaxia dispersa; na imagem da esquerda, com acículas; na imagem da direita, após a queda de acículas. É possível observar, que as bases foliares alongadas posicionam-se lado a lado compactamente (sem lacunas entre si) – ao contrário dos abetos, em que as bases foliares arrendondadas não envolvem o caule (comparar com Figura 4-16C). (Fotografias segundo P. Sitte.)

Tais bainhas foliares atuam como órgãos de sustentação para o "talo" – o delgado caule das gramíneas. As bainhas espessas também são as estruturas que constituem as folhas de reserva em bulbos. Em outros casos, surge um pseudocaule a partir de bainhas foliares alongadas e entrelaçadas umas nas outras (Figura 4-56A), o que é tipicamente acentuado, por exemplo, em bananeiras, e também pode ser observado em monocotiledôneas nativas da Europa Central, quando estas encontram-se na fase inicial do desenvolvimento vegetativo (*Molinia* sp. ou veratro, *Veratrum* sp.). O verdadeiro caule com flores cresce para cima pelo interior do pseudocaule.

Em muitas coníferas, a base foliar não é exatamente formada ao redor do caule, mas sim prolongada ao longo do mesmo, tornando-se concrescente a este. Quando essas bases foliares se tocam, após terem circundado o caule, e estabelecem um padrão espacial compacto sobre a superfície do caule, fala-se então de invaginação do caule (Figura 4-56D, E).

Em muitos vegetais, as **estípulas** ou não são formadas, ou possuem baixa longevidade e caem precocemente (como em aveleiras e carpe, onde desempenham o papel de tegumento). Todavia, essas estruturas podem ainda ser muito proeminentes e assumirem as funções da folha (Figura 4-57). Não muito raras são as estípulas transformadas em **espinhos estipulares**, por exemplo, as que ocorrem em robínia (*Robinia* sp.).

O **epifilo** compreende o pecíolo e o limbo (lâmina) foliares. O **pecíolo** mantém o limbo – o qual representa o verdadeiro assimilador e promotor da transpiração – a uma certa distância do caule, podendo conduzí-lo para uma posição ótima em relação à luz, por meio de movimentos por crescimento e pela variação no tugor. Como estrutura portadora, o pecíolo com frequência apresenta um contorno mais ou menos arredondado, aproximando-se, neste sentido, dos órgãos caulinares. No entanto, o pecíolo também pode se alargar superficialmente e assumir a função da lâmina (Figura 4-58); nesses casos, são chamados de **filódios**. Porém, quando falta o pecíolo, as folhas são denominadas sésseis.

A diversidade total dos filomas se manifesta principalmente na variedade de formas do **limbo** ou **lâmina** (Figura 4-2). Além da forma, o tamanho das folhas também é muito variável, ou seja, é possível existir tanto limbos de alguns milímetros, como folhas compostas com quase 20 m de comprimento – o que é o caso da palmeira *Raphia farinifera*.

Figura 4-57 Base foliar e estípulas. **A** Estípulas de erva-benta, *Geum urbanum*, semelhantes a folíolos (1,6x). Em algumas plantas, as estípulas assumem completamente as funções das folhas, por exemplo, em *Lathyrus aphaca* (uma leguminosa; comparar com Figura 4-68). **B** O gálio, *Galium mollugo*, parece apresentar folhas verticiladas, porém, o caule é tetragonal e somente de duas axilas opostas crescem folhas e ramos laterais – apenas estas é que são folhas de verdade, as demais possuem forma semelhante a estípulas. De modo alternativo, também seria possível falar em sésseis, ou seja, folhas digitadas sem pecíolo (2,1x). **C** Base foliar sem estípulas de nogueira, *Juglans regia* (1,6x). **D, E** Estípulas lignificadas de robínia, que foram transformadas em espinho (espinhos estipulares; D, 0,3x; E, 1,7x).

originam os folíolos de segunda ordem; estes, por sua vez, formam os de terceira ordem – os quais também podem ser divididos. Em folhas compostas simples, quando o crescimento longitudinal da raque é suprimido, todos os folíolos parecem partir da extremidade do pecíolo, resultando em folhas compostas digitadas. Formas especiais de folhas como as peltadas, as arredondadas e as lanceoladas, ou ainda os ascídios em plantas

Figura 4-58 Filódios em acácia, *Acacia heterophylla*. Após as folhas primárias bipinadas terem sido formadas, desenvolvem-se os folíolos com pecíolos alados. Posteriormente, folhas com pecíolos transformados em filódios assumem as funções das folhas. (Segundo J. Reinke.)

Especialmente interessantes do ponto de vista morfológico, são as folhas compostas. Nessas folhas, o pecíolo sustenta uma raque, e esta por sua vez, muitos pares de folíolos posicionados lateralmente e (na maioria dos casos) um folíolo terminal. Particularmente em frondes de pteridófitas, ocorrem folhas recompostas, ou seja, os folíolos de primeira ordem são divididos e carnívoras, também serão abordadas nesta seção, no contexto do desenvolvimento das folhas.

A folha típica é **bilateralmente simétrica**. Essa folha apresenta uma mediana na direção do pecíolo ou da raque, que é percorrida pela nervura mais acentuada. Aberrações da simetria bilateral são raras e, portanto, chamam a atenção (por exemplo, em begônia). Na maioria das vezes, as folhas são dorsiventrais, ou seja, sua face adaxial ou superior – que é voltada para o caule (pelo menos originalmente) – se diferencia em muitas características da face abaxial ou inferior. As diferenças estão relacionadas, por exemplo, com a ocorrência de pelos e de estômatos (a maioria das folhas são hipoestomáticas: > 90% dos estômatos encontram-se na epiderme inferior), com a acumulação de pigmentos nos vacúolos das células epidérmicas e também com a anatomia – o parênquima paliçádico situa-se predominantemente na face superior, ao passo que, o lacunoso, na inferior. Além disso, nos feixes vasculares das folhas, o xilema localiza-se acima e o floema, abaixo.

Já a olho nu, é possível evidenciar a **nervação** (ou **venação**) em muitas folhas, ou seja, o padrão dos feixes condutores nos limbos foliares (Figura 4-59). Os feixes mais acentuados (**nervuras principais**; em inglês, *major veins*) realizam o suprimento de água às folhas e a retiram destas, os produtos fotossintéticos. Essas nervuras principais são envolvidas por **bainhas dos feixes vasculares**, impedindo o seu contato com o sistema intercelular do mesofilo e controlando a troca de substâncias entre os feixes vasculares e mesofilo. Essas bainhas dos feixes vasculares às vezes se aproximam da epiderme e, com isso, assumem a função de suporte. As nervuras principais com frequência apresentam saliências na face inferior da folha semelhantes a nervuras foliares, que conferem um reforço à lâmina. Um caso extremo disto é exibido pelas gigantes folhas flutuantes de vitória-régia, *Victoria amazonica* (Figura 4-60). Contudo, a função básica dos feixes vasculares da folha é suprir as células do mesofilo – especialmente ativas nos processos transpiracional e fotossintético – com água e nutrientes, bem como de realizar a alocação de produtos da fotossíntese. Nos elementos condutores, as correntes de massa se movimentam convectivamente; o transporte de substâncias no exterior dos feixes limita-se à difusão. A eficiência de tais elementos na condução de substâncias diminui com o quadrado da distância a ser percorrida, tornando-se de fato ineficiente para a dimensão de alguns diâmetros celulares. Até mesmo a água flui pelos vasos cerca de um milhão de vezes mais facilmente do que pelos tecidos vivos. Consequentemente, os **feixes vasculares de menor calibre** (em inglês, *minor veins*), que promovem o contato direto com o mesofilo, formam uma estrutura tão densa no limbo, que nas **aréolas*** situadas entre os mesmos, nenhuma

---

* O termo aréola significa aqui, uma pequena área do mesofilo delimitada por nervuras anastomosadas. Porém, o termo é ainda utilizado com um significado completamente diferente (comparar com Figura 4-7C).

Figura 4-59 Nervação foliar, padrão dos feixes vasculares no limbo. **A** Nervação em leque de pteridófitas (*Adiantum pedatum*; 4x). **B** Combinação dos tipos de nervação paralela e reticulada em maranta, *Maranta* sp.; a folha inteira (aqui uma porção) imita um caule com folhas – supostamente um caso de mimetismo – para evitar postura de ovos de insetos considerados praga (2x). **C** Nervação paralela na palmeira *Sabal umbraculifera* (0,7x). **D** Nervação reticulada em cortina-japonesa, *Parthenocissus transpidata* (3,5x). (Fotografias segundo P. Sitte.)

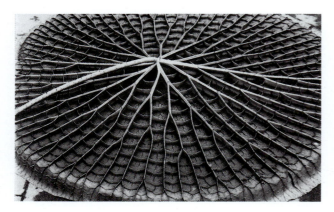

Figura 4-60 Nervuras foliares na face inferior de uma vitória-régia, *Victoria amazonica*; a folha apresenta um diâmetro de quase 2 m. (Fotografia segundo W. Barthlott.)

célula está distante do próximo feixe condutor em mais do que 7 células. O comprimento total dos feixes vasculares de uma folha de faia possui em torno de 30 m.

Essas exigências funcionais podem ser correspondidas de diversas maneiras. Em monocotiledôneas, predomina a **nervação paralela**: todos os feixes vasculares principais dispõem-se longitudinalmente. Especialmente acentuada é essa organização dos feixes em folhas de gramíneas. Em folhas lanceoladas da maioria das demais monocotiledôneas, as nervuras principais dispõem-se como arcos lisos, em evidente relação com a margem foliar igualmente lisa – sendo essa última característica, típica de folhas de monocotiledôneas (Figura 4-14A). No caso da nervação paralela, os feixes vasculares estão conectados uns aos outros por meio de feixes transversais, de modo que existe, na realidade, uma rede regular de nervuras (a qual é macroscopicamente fácil de se identificar, por exemplo, em folhas de clívia, *Clivia* sp., Amaryllidaceae).

Em dicotiledôneas, são formadas redes de feixes vasculares mais complexas: **a nervação em rede** ou **reticulada**. Tal rede admite uma organização do limbo quase arbitrária, em especial nas margens deste. A diferença na nervação reflete significativamente também a organização dos estômatos, isto é, orientam-se (na maioria das vezes) paralelamente em monocotiledôneas, enquanto em Magnoliidae e eudicotiledôneas, dispõem-se de modo irregular (Figura 3-13).

Um terceiro tipo de nervação, a "em leque", é encontrada em pteridófitas e em ginkgo (uma gimnosperma). Nesse caso, os feixes vasculares mais pronunciados são ramificados dicotomicamente e terminam cegos na margem foliar. Por essa razão, essa nervação "aberta" foi confrontada com a suposta "fechada" em mono– e eudicotiledôneas. No entanto, no caso da nervação reticulada, as ramificações mais finas da rede de feixes vasculares terminam cegas no mesofilo.

4.3.1.2 Desenvolvimento e formas especiais

Os primórdios foliares surgem no cone vegetativo como protuberâncias externas, sendo originados por divisões das células meristemáticas (Figuras 3-3 e 3-5).

No caso de pteridófitas, inicialmente ocorrem em uma zona do meristema periférico, a qual é constituída por células pequenas, as células apicais bifurcadas. Tais células desenvolvem uma margem composta por iniciais, ou seja, um meristema cortical linear, em que as células apicais primárias não ocorrem mais. Para a maioria das folhas das pteridófitas, o crescimento acrópeto é o típico, significando que as regiões apicais foliares continuam crescendo, enquanto as células na base foliar estão diferenciadas. A estrutura composta das folhas de pteridófitas baseia-se na divisão de células do meristema cortical, em parte por suspensão da atividade mitótica.

Em angiospermas, os primórdios foliares recém-formados exibem uma marcante tendência para o alargamento vertical de sua base no caule. Assim, é originada uma base foliar larga que pode abraçar o caule, levando à formação de bainhas foliares. Todavia, é o meristema cortical saliente que continuará formando as bainhas foliares. Com isso, prevalece ao contrário das pteridófitas, o **crescimento basípeto**; ou seja, a atividade do meristema cortical cessa inicialmente no ápice, e por último, na base do limbo. Folhas compostas desenvolvem-se como nas pteridófitas, isto é, na maioria das vezes por divisão do meristema cortical. Enquanto a nervura principal se diferencia a partir da base, as de menor calibre são formadas em áreas distais do limbo.

Os pecíolos originam-se por **crescimento intercalar**, isto é, por um meristema que passa a ser ativado entre as áreas diferenciadas. De modo semelhante, os limbos paralelinérveos e com margem inteira da maioria das monocotiledôneas (por exemplo, os das gramíneas) devem seu surgimento a um meristema basal e intercalar. (Isto é válido para as folhas da peculiar espécie de gimnospermas *Welwitschia* sp., que morrem em suas extremidades, mas continuam crescendo nas bases, por mais de 500 anos, Figura 10-231A).

A dorsiventralidade do limbo foliar enuncia que a maioria das plantas são bifaciais (do latim, *facies* = aspecto): faces inferior e superior são diferentemente estruturadas (Figura 4-61A-D). Especialmente em plantas de ambientes com maior radiação solar, também é possível encontrar folhas **isolaterais**, isto é, ambas as suas faces arranjam-se igualmente, por exemplo, apresentam igual densidade de estômatos e um parênquima paliçádico sob a epiderme inferior (Figura 4-61F,I). Essas folhas com frequência são espessas ou aciculares. Se, junto a isso, ainda houver suculência, surgirão folhas cilíndricas isolaterais, como é o caso de alguns sedos (*Sedum* sp., Figura 4-69A). Um outro tipo de formação de folhas cilíndricas consiste no crescimento mais intenso da face inferior em relação ao da superior, de modo que a última chega a desaparecer, falando-se então de **folha unifacial**. Os pecíolos muitas vezes se aproximam da existência de uma única face, atingindo assim, a suas formas tranversais arredondadas e semelhantes a caules. No entanto, os limbos de algumas monocotiledôneas – como juncos (*Juncus* sp.); determinadas espécies de alho (*Allium* sp.), por exemplo, a cebo-

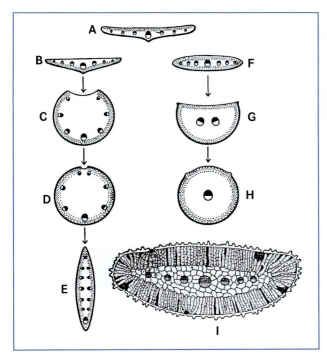

Figura 4-61 Corte transversal de diferentes tipos foliares. O parênquima paliçádico é representado aqui por pontilhado; a face inferior por uma linha espessa; os xilemas dos feixes vasculares em preto. **A** Folha achatada bifacial "normal" (comparar com Figura 4-63). **B** Folha achatada inversamente bifacial (por exemplo, alho-de-urso, *Allium ursinum*). **C, D** Secção de uma folha cilíndrica unifacial (por exemplo, alho, *Allium sativum*; junco, *Juncus effusus*). **E** Folha peltada (íris, *Iris* sp.). **F** Folha achatada isolateral. **G** Acícula isolateral (Figura 4-64A). **H** Folha cilíndrica (por exemplo, sedo, *Sedum* sp., Figura 4-69A). **I** Secção transversal de uma folha isolateral da planta desértica *Reaumuria hirtella*, uma tamaricácea (30x). (Modificado de W. Troll e W. Rauch (esquemas **A-H**) e segundo Volkens (esquema **I**).)

 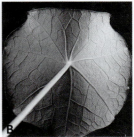

Figura 4-62 Ascídio de capuchinha, *Tropaeolum majus* (0,7x). Em **A**, é visualizada a face superior, e em **B**, a inferior.

4.3.1.3 Anatomia

A Figura 4-63 mostra uma típica secção transversal de uma folha bifacial. As epidermes simples (com uma única camada) compreendem o clorênquima (ou parênquima clorofiliano) do mesofilo, o qual se diferencia em parênquimas paliçádico e lacunoso. O **parênquima paliçádico** é mais denso e constituído por uma a três camadas de células, contém cerca de 45% de todos os cloroplastos da folha, sendo um tecido assimilador. Já o **parênquima lacunoso** é bastante frouxo (Figura 3-7B) e, do contrário, é caracterizado como um tecido que realiza a transpiração. Por meio dos numerosos e, em parte, grandes espaços intercelulares (representam em torno de 90% do volume do mesofilo), a superfície total de todas as células do mesofilo com frequência é 40 vezes maior do que a da superfície foliar. O sistema intercelular do parênquima lacunoso também facilita, no caso de folhas hipoestomáticas, a difusão de CO_2 para o parênquima paliçádico. As células epidérmicas apresentam leucoplastos, às vezes com alguns poucos tilacoides e um baixo teor de clorofila. Os maiores feixes vasculares estão circundados por endodermes, as quais serão aqui designadas como **bainhas dos feixes**. Para dentro, as células de transferência frequentemente se unem, constituindo um anel, o qual corresponde a um periciclo (ver 4.4.2.1). Essa camada celular possui, bem como a própria endoderme, natureza glandular, possibilitando a troca controlada de substâncias entre feixes e mesofilo. Muitas vezes, os feixes vasculares também são acompanhados por fibras de esclerênquima.

Nesse contexto, uma situação especial seria a das plantas C4, cuja fotossíntese é adaptada a condições de ambientes quentes com alta radiação solar (ver 5.5.8). Nessas plantas, a fixação definitiva de CO_2 ocorre em células da bainha do feixe, que por conseguinte, são especialmente grandes e ricas em plastídeos (bainha parenquimática do tipo Kranz, Figura 5-76). Embora os plastídeos da bainha de feixes não formem grana, neles contém muito amido assimilado; os cloroplastos do mesofilo de plantas C4, por sua vez, contêm grana, mas não apresentam amido (dimorfismo dos cloroplastos, Figura 5-77). As células da bainha dos feixes e as do mesofilo estão interligadas por numerosos plasmodesmos. O complexo de tecidos total funciona como uma bomba de CO_2: os plastídeos da bainha de feixes estão bem supridos de CO_2 até

linha – também são unifaciais e radialmente simétricas. Um caso especial são as folhas de íris (*Iris* sp.): tratam-se de folhas unifaciais, as quais voltaram a se tornar folhas achatadas (Figura 4-61E).

Em folhas peltadas (do grego, *pélte* = escudo), o pecíolo não está localizado na extremidade do limbo, mas sim no meio deste (Figura 4-62). Essa disposição ocorre, pois há um pronunciado e intenso crescimento basípeto do meristema cortical do limbo, imediatamente na inseção do pecíolo; embora as margens direita e esquerda situem-se aqui diretamente lado a lado (em virtude da existência de uma única face) e sejam concrescentes. O mesmo ocorre em ascídios de algumas espécies carnívoras das famílias Sarraceniaceae e Nepenthaceae (Figura A no Quadro 4-3).

Em algumas plantas, não são as margens de uma mesma folha que concrescem, mas sim as de diversas folhas de um nó (**gamofilia**). Esse fenômeno também acontece ocasionalmente na porção vegetativa, sendo bem propagado em flores: sépalas e pétalas concrescentes, bem como ovários sincárpicos, são exemplos característicos.

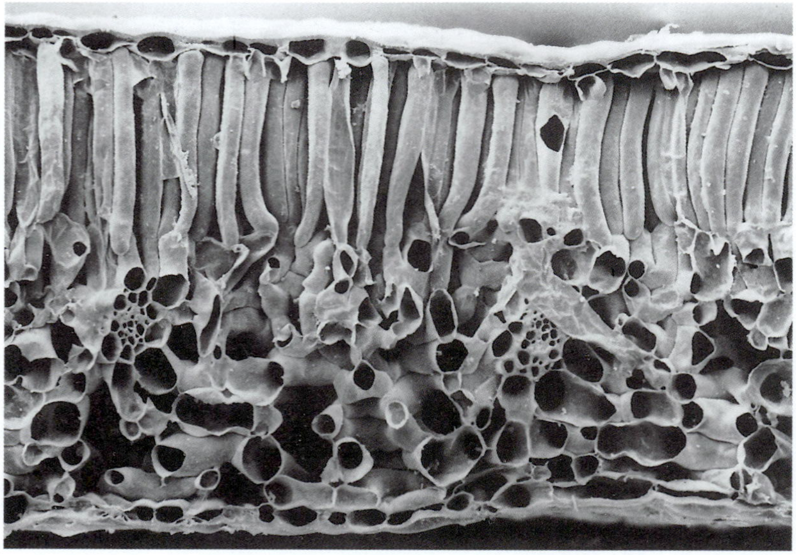

Figura 4-63 Anatomia bifacial da folha: secção transversal de uma folha de heléboro, *Helleborus foetidus* (100x). Abaixo da epiderme superior encontra-se o parênquima paliçádico, e abaixo deste, o parênquima lacunoso com dois feixes vasculares seccionados transversalmente e limitado pela epiderme inferior. Nessas folhas, cerca de 12% do volume é atribuído à epiderme, 5% aos feixes vasculares, aproximadamente 16% aos espaços intercelulares e 68% ao mesofilo – parênquimas paliçádico e lacunoso). (Micrografia eletrônica de varredura segundo H.D. Ihlenfeldt.)

mesmo quando há um fechamento dos estômatos para diminuir a transpiração e, com isso, a concentração de CO_2 nos espaços intercelulares se reduz.

Em algumas plantas, a organização dos tecidos no limbo diferem-se de forma mais ou menos intensa daquela exibida pela Figura 4-63 (Figura 4-61B-I). Um parênquima paliçádico também é encontrado não muito raramente no interior da epiderme inferior (Figura 4-70A). Nas folhas com posição quase vertical de gramíneas, o mesofilo é homogêneo, não dividido em parênquimas paliçádico e lacunoso, e os estômatos são igualmente frequentes nas faces superior e inferior. As folhas de plantas aquáticas (por exemplo, a peste-de-água, *Elodea* sp.) comumente são compostas apenas por uma camada dupla de células, sendo que nos vegetais de ambientes extremamente úmidos, ocorrem até mesmo folhas com uma única camada celular (*Hymenophyllum* sp.).

A organização interna de uma folha isolateral é ilustrada na Figura 4-64, em que se toma como exemplo uma **acícula**. Em folhas isolaterais, a estrutura nos parênquimas paliçádico e lacunoso em geral é pouco clara, estando muitas vezes ausente – também no caso apresentado. Na secção transversal da acícula, as células do mesofilo exibem um formato poligonal. As superfícies celulares se tornam maiores por espessamento das paredes alongadas, projetando-se para o interior das células (projeções de parênquima paliçádico). Espaços intercelulares parecem não existir: camadas discoides do tecido assimilador, que são orientadas verticalmente em relação ao eixo longitudinal da acícula e possuem apenas uma camada de células, são separadas umas das outras por fendas intercelulares. Entre o tecido assimilador e a epiderme (cujas células morrem após extremos espessamentos das paredes), encontra-se o tecido de sustentação esclerenquimático, a **hipoderme**. Os estômatos, cujas células-guardas necessitam uma conexão com o tecido vivo, estão imersos até o tecido assimilador. No mesofilo, vários canais resiníferos percorrem o sentido longitudinal da acícula. Um ou dois feixes não ramificados das acículas são envolvidos por uma frouxa endoderme. O transporte de substâncias entre os elementos vasculares e o mesofilo é realizado por um **tecido de transfusão**, que é composto por células parenquimáticas vivas – diretamente no floema, localizam-se típicas células albuminosas de acentuada natureza glandular – e por traqueídes curtas e mortas.

4.3.2 Sequência foliar

Como apresentado anteriormente (Figuras 4-5 e 4-6), a formação de filomas nas angiospermas acontece de maneira diferenciada no corpo de um indivíduo vegetal – ou seja, fundamenta-se nos genes – ao longo de seu desenvolvimento e dentro de um grande espectro de possibilidades, conforme o seguinte esquema.

Uma comparação entre as diferentes folhas na sequência foliar (Figura 4-65) mostra, que formas mais simples como catáfilos, tegumentos, hipsofilos e pétalas, surgem pela inibição do epifilo e pelo maior estímulo no hipofilo. A sequência foliar é uma demonstração impressionante da capacidade de transformação de um tipo de órgão por meio da modificação das proporções.

Quando os cotilédones servem como acumuladores "carnosos" de substâncias de reserva nas sementes, eles normalmente permanecem, durante a germinação, no interior da testa rompida e com isso, na superfície do solo ou abaixo deste: **germinação hipogeia** (por exemplo, em carvalho, castanheiro-da-índia, ervilha, feijão-da-espanha; do grego, *hipó* = abaixo e *gaia* = terra). Bem mais frequente, é a **germinação epigeia**, a partir da qual os cotilédones alcançam a luz por extensão do hipocótilo e se tornam verdes (por exemplo, em espruce, faia, mostarda, bordo, girassol, feijão-comum).

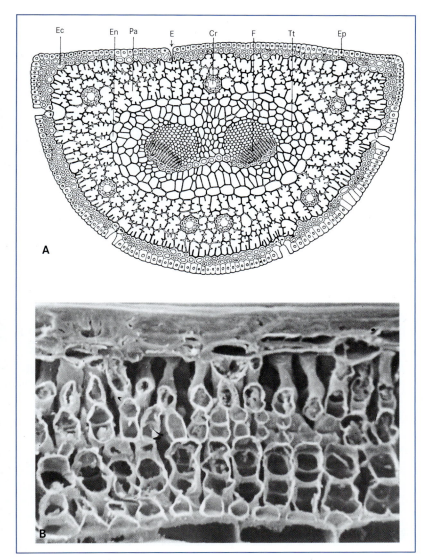

Figura 4-64 **A** Secção transversal de uma acícula de pinheiro-larício, *Pinus nigra* (40x). **B** Uma secção longitudinal mostra no parênquima assimilador, lacunas entre as células de assimilação (Micrografia eletrônica de varredura, 285x). – Cr = Canais resiníferos; E = estômato; Ec = esclerênquima hipodérmico; En = endoderme; Ep = epiderme; F = feixes vasculares (com xilema acima); Pa = parênquima assimilador; Tt = tecido de transfusão. (Segundo R. von Wettstein (A).)

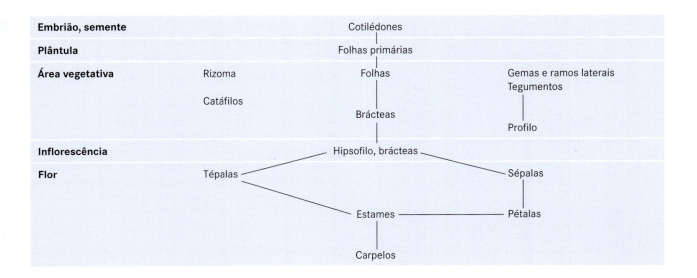

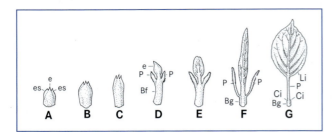

Figura 4-65 Desenvolvimento sequencial do epifilo: transição de tegumentos (**A-C**) para folha (**G**) na maçã *Malus baccata*. **D, E** Folhas de transição. **F** Folha antes do desenrolamento do limbo. A-F com aumento de quase 1x; G com aumento de 0,2x. Bf = Bainha foliar; Ci = cicatrizes deixadas por estípulas já desprendidas do vegetal; es = estípula; e = epifilo; Li = limbo; P = pecíolo.

Por outro lado, as sequências foliares se tornam mais complexas, por exemplo, à medida que formas jovens e adultas se diferenciam, como em hera (*Hedera* sp.). O termo **anisofilia** é empregado, quando folhas adjacentes ou até as existentes em um mesmo nó desenvolvem-se com distintos tamanho e robustez, devido a uma dorsiventralidade de caules plagiotrópicos (Figura 4-66). Contudo, por **heterofilia** compreende-se o aparecimento de folhas totalmente diferentes e com distintas funções, o que depende das condições internas e externas (Figura 4-67; para o caso especial da salvínia, *Salvinia* sp., comparar com Figura 10-185). Os órgãos foliares em uma sequência foliar distinguem-se entre si não somente em forma e em função, mas também em **longevidade**. Especialmente efêmeras são, em geral, os cotilédones e as folhas do perianto. Hipsofilos bastante reduzidos e que, na maioria da vezes, se desprendem do vegetal precocemente, são chamados de brácteas (do latim, *bractea* = lamela, folha). Folhas de plantas lon-

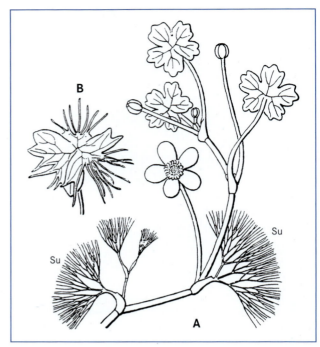

Figura 4-67 Heterofilia em ranúnculo-aquático, *Ranunculus aquatilis*. **A** Caule florido, ramificado simpodialmente, com folhas flutuantes e folhas submersas (folhas compostas finas). **B** Formas de transição. – Su = Folhas submersas. (Segundo W. Troll.)

gevas, porém decíduas (em árvores das angiospermas; no alerce, *Larix* sp.), caem no fim de um período vegetativo. Antes da queda das folhas, os compostos nitrogenados são decompostos e translocados. No decorrer destas dramáticas modificações, os cloroplastos se tornam gerontoplastos, porque com frequência apresentam coloração amarela em virtude dos ácidos graxos de carotinoides esterificados remanescentes. As folhas/acículas de árvores e arbustos sempre-verdes perduram por muitos anos (pínus: 2; abeto: 5-6; araucária: até 15 anos). A queda de folhas resulta da intermediação de um tecido especial de abscisão (Figura 6-62).

4.3.3 Modificações na forma das folhas

4.3.3.1 Metamorfoses

Foi mencionado que as folhas, assim como os caules, podem se tornar espinhos (ver 4.1.1) e gavinhas (ver 4.2.6). As Figuras 4-7 e 4-68 mostram exemplos dessas metamorfoses. Muitas vezes, folhas atuam como **órgãos de reserva**, sendo que junto à suculência caulinar, existe também a **suculência foliar**. Com isso, grandes traqueídes de reserva surgem em camadas celulares subepidérmicas ou no interior da folha (por exemplo, *Lithops* sp., as "pedras vivas" do deserto sul-africano, ver 14.2.6).

Em outros vegetais, as próprias células do mesofilo são ampliadas por vacúolos volumosos incomuns. Nesse caso, trata-se da

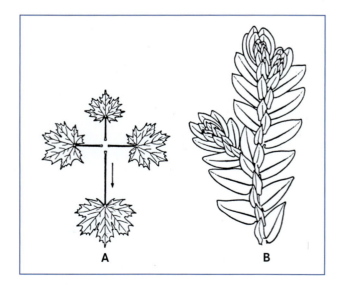

Figura 4-66 Anisofilia. **A** Anisofilia induzida em bordo-da-Noruega, *Acer platanoides*: folhas de dois verticilos adjacentes de um ramo oblíquo; a seta indica o vetor gravidade (0,25x). **B** Anisofilia habitual em selaginela, *Selaginella douglasii*: cada nó suporta uma grande folha ventral e uma pequena dorsal (5x). (Segundo W. Troll (A); K. Goebel (B).)

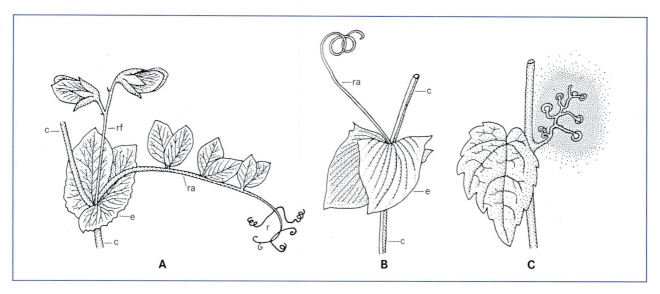

Figura 4-68 Gavinhas. **A** Gavinha na folha composta da ervilha *Pisum sativum*. **B** Gavinha foliar de *Lathryrus aphaca* (Fabaceae). **C** Gavinha caulinar com discos adesivos em cortina-japonesa, *Parthenocissus tricuspidata*. **A-C** com proporção 0,6:1. – C = caule; e = estípula; g = gavinhas originadas de folíolos transformados; ra = raque; rf = ramo caulinar portador de flores. (Segundo H. Schenck (A, B); F. Noll (C).)

correlação morfológica de uma especial adaptação à fotossíntese em ambientes quentes, secos e bastante expostos ao sol, a qual se tornau conhecida como metabolismo ácido das crassuláceas (do inglês *crassulacean acid metabolism*, CAM, ver 5.5.9). As crassuláceas são plantas com folhas grossas (do latim, *crassus* = espesso), por exemplo: a sempre-viva (*Sempervivum* sp.) e o sedo (*Sedum* sp., Figura 4-69). As plantas CAM não existem somente entre as crassuláceas, mas também em outras 27 famílias, inclusive em pteridófitas suculentas. Esses vegetais acumulam provisoriamente CO_2 durante a noite, com seus estômatos abertos. A partir disto, é formado ácido málico, que será acumulado nos grandes vacúolos das células do mesofilo. Durante o dia, os estômatos se fecham em virtude do alto risco de perda de água; e agora, o CO_2 retirado do ácido málico com o auxílio da energia luminosa, pode ser definitivamente assimilado.

As folhas metamorfoseadas encontram-se principalmente em plantas, que sofrem especiais adaptações a condições ambientais extraordinárias ou a formas de vida extravagantes. Nesses casos, não somente os órgãos foliares são atingidos, mas todo o vegetal exibirá as correspondentes modificações, ou seja, existe uma **síndrome de adaptações**. Três dessas síndromes, as quais se aplicam consideravelmente às folhas, serão apresentadas nas próximas seções e no Quadro 4-3, do ponto de vista morfológico (**ecomorfologia**).

Figura 4-69 Suculência foliar (0,75x) em sedo, *Sedum rubrotinctum* (**A**), e em sempre-viva, *Sempervivum schnittspahnii* (B; com rosetas apresentando filotaxia dispersa).

Quadro 4-3

As folhas de plantas carnívoras

Em substratos com escassez de nutrientes, particularmente de nitrogênio (por exemplo, em turfeiras, ocorrem vegetais com nutrição especializada, os quais podem tanto viver de modo fotoautotrófico, como também por meio de suas estruturas de captura e apreensão de pequenos animais – principalmente insetos. Esses insetos, por sua vez, são digeridos extracelularmente por essas plantas **insetívoras** (**carnívoras**; do latim, *vorere* = engolir, comer) e pelas mesmas, explorados como fonte adicional de nitrogênio (ver 8.1.2). Para a captura dos animais, as folhas da planta carnívora se metamorfoseam das mais diferentes maneiras (muitas vezes apresentam formas grotescas).

As **armadilhas do tipo "folhas colantes"** da drósera (*Drosera* sp.) funcionam de um modo relativamente simples. Sobre as folhas dessa espécie, existem emergências que perpassam um cordão de traqueídes, enquanto os tricomas glandulares são semelhantes a tentáculos (comparar com Figura 3-31). As extremidades de suas glândulas secretam gotas brilhantes de um líquido pegajoso, capaz de prender pequenos insetos. Esses animais permanecem colados aos tricomas glandulares e, à medida que se movimentam na tentativa de escapar da armadilha, eles se aderem em outros tricomas, ficando cada vez mais presos. Por meio do estímulo do toque, esses pelos glandulares encurvam-se e pressionam o inseto capturado contra a superfície foliar. As substâncias corporais de tal animal (exceto a qui-

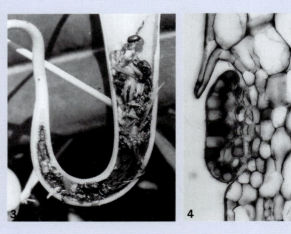

Figura A A armadilha em forma de jarra de *Nepenthes* sp. (nepentes) é formada a partir da metamorfose do limbo foliar em um sifão. Nos muitos centímetros de comprimento da jarra (**1**, 0,3x) acumula-se, em apenas alguns milímetros, uma secreção digestiva, que é produzida por glândulas escutiformes (**4**, 260x) e na qual as vítimas se afogam (**3**, 1x). As presas – insetos em sua maioria – aproximam-se da margem vistosa, recoberta por cera (**2**, 1,2x) e lisa da jarra, e em virtude dos nectários localizarem-se abaixo desta margem, os animais entram na armadilha. A tampa da jarra encontra-se fechada durante o desenvolvimento da armadilha para evitar infiltração de água de precipitação; posteriormente, essa estrutura permanece continuamente aberta. O pecíolo pode atuar como gavinhas (indicado pela seta em **1**) e pendurar a pesada jarra em ramos. A base foliar prolongada G assume o papel do limbo. (Segundo W. Barthlott (3).)

4.3.3.2 Folhas escleromórficas

O termo genérico para todas as formas mais rígidas de folhas é esclerofilia, que por sua vez, pode apresentar muitas origens. A esclerofilia sempre está associada à longevidade das folhas, ocorrendo também com frequência sob condições de escassez de nutrientes. Se tais fatores estiverem relacionados à seca, fala-se também de xeromorfismo (do grego, *xerós* = seco).

Para plantas de zonas secas e áridas (estepes, deserto), ou de locais com essas condições (rochas, solos arenosos), o balanço hídrico é crítico. Como esse balanço não consegue se estabilizar com aumento na absorção de água, resta como possibilidade apenas a limitação da perda de água, ou seja, da transpiração – desde que não seja renunciada a continuação de uma vida ativa em períodos de seca. Foi mencionado, que as folhas de muitas xerófitas se tornam espinhos ou apresentam a forma de pequenas escamas e, também, que a fotossíntese é transferida para cladódios, que por não possuírem

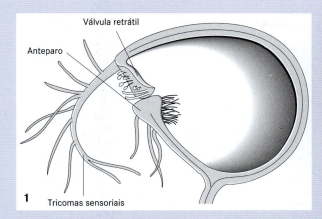
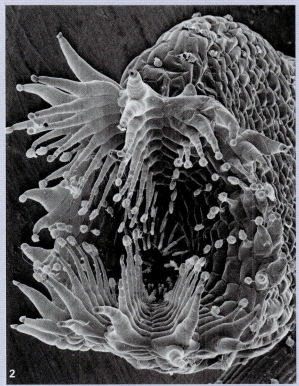

Figura B Armadilha do tipo "sucção" de *Utricularia* sp. **1** Desenho esquemático da vesícula de captura de *U. vulgaris* em secção longitudinal (10x). **2** Micrografia eletrônica de varredura do aparato de tricomas sensoriais de *U. sandersonii* (100x; tomada por W. Barthlott).

tina) são quebradas quimicamente por secreções glandulares e reabsorvidas em sua forma solúvel.

A vênus papa-moscas, *Dionaea* sp., fecha num piscar de olhos sua **armadilha do tipo "folhas retráteis"** – em que o limbo foliar é dividido em dois lóbulos. O mecanismo é realizado osmoticamente por uma articulação por dobradiça na nervura principal, sendo desencadeado assim que o inseto (o qual acabou de aterrissar sobre a folha) tocar um dos pelos sensitivos (ver 7.3.2.4). Uma vez que possui lóbulos do limbo dentados, até mesmo insetos robustos como vespas e abelhas são capturados e digeridos por enzimas secretadas.

Em *Nepenthes* sp. (nepentes), *Cephalotus*, *Sarracenia* (jarrinha) e *Darlingtonia*, os ascídios apresentam forma de jarro e atuam como **armadilhas "de deslizamento"**. Os jarros de nepentes (Figura A) contêm um líquido ácido e aquoso digestivo produzido por glândulas parietais. Animais capturados deslizam na margem da jarra, ela é lisa e "azulejada" com cera adesiva, os mesmos afogam-se no interior da jarra e são enzimaticamente decompostos.

As espécies do gênero *Utricularia* (utriculária), que vivem submersas em corpos de água, apresentam pequenas vesículas verdes em suas folhas laciniadas (Figura B), que servem como **armadilha do tipo "sucção"** e são preenchidas com água. Sua "boca" é fechada com uma válvula retrátil à prova de água. Assim que um pequeno animal aquático encosta em um dos tricomas (com caráter de alavanca) do lado externo, a válvula se abre e suga a presa – que sobretudo compreende pequenos crustáceos, larvas de insetos, rotíferos e protozoários – com uma torrente de água para dentro de uma vesícula de aproximadamente 2 mm. Essa sucção ocorre por distensão das paredes da vesícula, que antes haviam se tornado elasticamente côncavas. A válvula volta à posição inicial, fechando novamente a armadilha.

---

qualquer tecido transpiracional, apresentam uma superfície consideravelmente pequena (em relação ao volume). A transpiração cuticular pode ser extremamente restrita, e em muitos casos, "reservatórios" de água são criados (suculência caulinar; Figura 4-35).

Contudo, numerosas esclerófitas mantêm suas folhas como órgãos assimiladores. De fato, as folhas de esclerófitas diferenciam-se das de mesófitas e higrófitas – vegetais que habitam locais mais ou menos úmidos e úmidos, respectivamente. Enquanto as folhas de higrófitas (bem como as folhas de sombra de carvalhos, Figura 6-74) são bem delgadas, glabras na maioria das vezes, e não possuem estômatos imersos (às vezes apresentam até mesmo estômatos salientes em relação ao nível da epiderme), as de esclerófitas como um todo, são duras, coriáceas, pouco carnudas (por exemplo o louro, a murtas, a espirradeira) e apresentam estômatos imersos (Figura 4-70). Folhas que

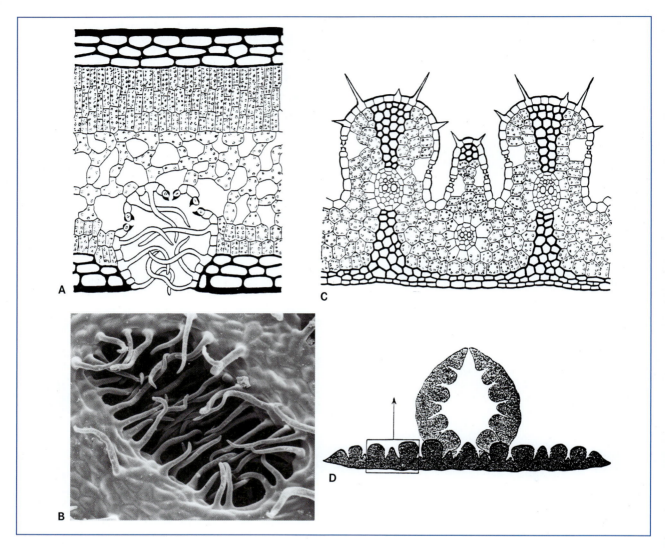

Figura 4-70 Anatomia de folhas xeromórficas. **A** Espirradeira, *Nerium oleander*, com epiderme pluriestratificada (com muitas camadas; em preto), parênquima paliçádico constituído de três camadas e estômatos profundamente imersos; nas cavidades (criptas), as convecções de ar são impedidas por pelos (80x). **B** Micrografia eletrônica do exterior de uma cripta (170x; tomada por W. Barthlott). **C, D** As folhas de *Stipa capillata* (Poaceae) são epistomáticas, ou seja, os estômatos limitam-se à face superior. Em caso de seca, as folhas se enrolam para cima, e com isso, isolam os estômatos do ar/ambiente exterior; quando há considerável suprimento de água, os limbos estão estendidos. Nas gramíneas, uma diferenciação do mesofilo em parênquimas paliçádico e lacunoso, de forma geral, não existe (C, 80x; D, 10x). (Segundo O. Stocker (A, C, D).)

se enrolam quando há seca, isolam os seus estômatos das condições adversas do meio ambiente. A saída de água se torna mais restrita pela cutícula – a qual é bem espessa e com densa deposição de cera – e com frequência também pela cobertura de muitos e densos pelos (formação de zonas sem convecção imediatamente na superfície foliar, onde o ar mais úmido fica congestionado). A rigidez de folhas das esclerófitas, que impede o processo de murcha, se basea no armazenamento de fibras esclerenquimáticas ou de esclereides isoladas em foma de estrela.

A acícula isolateral (Figura 4-64) é tipicamente escleromorfa com adaptações específicas ao xeromorfismo, como a formação de uma endoderme, que separa o feixe vascular central do mesofilo ao redor. A hipoderme rija e esclerificada existente é, por outro lado, característica de folhas escleromorfas.

Por meio da redução da transpiração, o balanço hídrico se estabiliza, porém, o problema do superaquecimento do parênquima foliar e/ou caulinar se torna agudo. (A transpiração produz um forte efeito de resfriamento, devido ao elevado resfriamento por evaporação da água, que é de 41 kJ mol^{-1}.) Aquecimento excessivo dos limbos é evitado, por muitas plantas, por meio da variação nas posições de suas folhas. Um exemplo disso seriam as "florestas sem sombras" formadas por árvores de eucaliptos australianos, cujas folhas falciformes encontram-se penduradas verticalmente para baixo. Também as nervuras salientes e os súberes fissurados profundamente oferecem ao caule um efeito de "refrigeramento" (Figuras 4-53A e 4-54D,E).

4.3.3.3 Folhas de epífitas

Ao contrário das plantas trepadeiras, que sempre enraizam-se no solo, as epífitas (plantas "montadoras") se estabelecem na copa das árvores desde o princípio, para assim garantirem um local com luminosidade. As árvores oferecem às epífitas meramente a base; esta, por sua vez, pode ser substituídas por rochas, telhados ou mesmo por fios telefônicos. Portanto, a maioria das epífitas não são parasitas. Essas plantas podem esmagar a sua base durante seu exuberante desenvolvimento. Somente algumas epífitas, como o visco (*Viscum* sp.), se tornaram parasitas.

Para as epífitas de maior porte e organizadas como cormófitas, as aquisições de água e nutrientes representam um problema decisivo. Por essa razão, essas plantas encontram condições viáveis de vida somente em regiões com elevada umidade do ar e com frequentes e abundantes precipitações, como nas florestas tropicais. As epífitas exibem uma estrutura cada vez mais xeromórfica, à medida que o ar no ambiente em que vivem, se torna mais seco.

Em raízes aéreas, as quais são frequentemente verdes e estão penduradas de forma livre, comumente se desenvolve um especial tecido de absorção de água, o **velame** (Figura 4-72A,B). Em outras epífitas, as raízes aéreas em crescimento formam para cima, um emaranhado bem ramificado, e dentro deste são acumulados húmus e umidade. Em asplênio, *Asplenium nidus*, rosetas desenvolvem-se a partir de grandes frondes, e o espaço interno afunilado daquelas é preenchido, aos poucos, com húmus. No caso de *Platycerium* sp. (Polypodiaceae) são formadas frondes basais e nidiformes, sendo que atrás destas podem ser acumulados água e húmus – um caso de heterofilia (Figura 10-189). Já com *Dischidia* sp. (Asclepiadaceae, uma parte de suas folhas é remodelada: em virtude de um crescimento extremamente intensificado do limbo e, ao mesmo tempo, da inibição do crescimento na margem, folhas se transformam em ascídios com aberturas estreitas (Figura 4-71). Dentro desses ascídios, vivem colônias de formigas, que introduzem solo dentro dessas estruturas; a umidade também se acumula aí, devido à condensação do vapor de água. Em cada urna, cresce uma raiz adventícia associada aos nós caulinares. A planta, por assim dizer, consegue construir o seu vaso.

Em outros casos, os bulbos caulinares são formados como acumuladores de água, sendo preenchidos quando chove (Figura 4-72C). Estruturas especiais para captar efetivamente a água da precipitação são bem difundidas. No caso das bromeliáceas, as raízes funcionam apenas como curtos e reticulados órgãos adesivos; ou ainda, em algumas espécies, como as do gênero *Tillandsia*, que comumente estão penduradas em cabos telefônicos, as raízes podem nem existir. Em tais epífitas, a água é obtida exclusivamente por tricomas absorventes das folhas (Figura 4-73). Além disso, nesses vegetais muitas vezes são originadas, a partir das bases foliares densas das rosetas, cisternas acumuladoras de água da chuva.

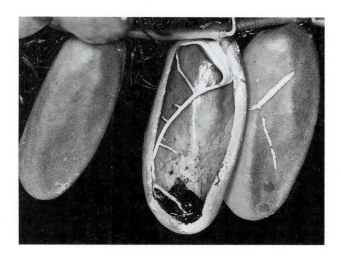

Figura 4-71 Folhas em forma de urna de *Dischidia major* (Asclepiadaceae). É possível visualizar na folha seccionada longitudinalmente, uma raíz adventícia que cresce por dentro da urna a partir da abertura no topo (0,8x). (Fotografia segundo W. Barthlott.)

Geralmente, as estruturas acumuladoras de água da epífitas servem como hábitat ("fitotelmos") para microrganismos, e também para lesmas, insetos e sapos. Em fitotelmo de bromélias da Jamaica, podem viver até mesmo um crustáceo de água-doce, *Metopaulias depressus*.

4.4 Raízes

O sistema radicular possui, por via de regra, uma dupla função: a **fixação** do vegetal no solo e a **absorção** de água e de sais minerais.

Para a realização dessa segunda tarefa, com frequência há um enorme aumento da superfície de absorção das raízes. Muitas células da camada mais externa e não cutinizada, a **rizoderme** (epiderme radicular), crescem e originam **tricomas radiculares** de alguns milímetros de comprimento (Figura 4-74). Os tricomas exibem – bem como as raízes no total – crescimento apical e podem, portanto, avançar entre as partículas do solo. Essas estruturas são efêmeras (3-9 dias) e a zona pilífera de raízes em crescimento é de apenas 2 cm. Contudo, é estimado que uma planta adulta de centeio apresente mais de 10 bilhões de tricomas radiculares, cujo comprimento total chega a 10.000 km e sua superfície total, equivale a um quadrado com arestas de 20 m. Isso representa cerca de 50 vezes a superfície total do sistema caulinar, incluindo as folhas (que é duas vezes mais pesado).

Além de fixação e absorção de nutrientes, as raízes muitas vezes ainda assumem outras funções, por exemplo, a de abrigar sínteses de importantes substâncias vegetais, como os hormônios (citocianina, giberilina, ver 6.6.2 e 6.6.3). Em muitas circunstâncias, a raiz atua como órgão de reserva (Quadro 4-4).

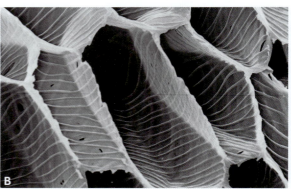
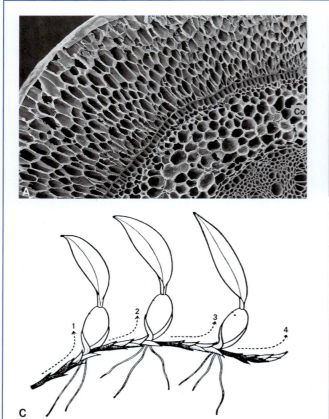

Figura 4-72 Adaptações de orquídeas epífitas de florestas tropicais. **A** Secção transversal de uma raiz aérea de *Dedrobium nobile*; entre o velame (do latim *velamen*, que significa vestimenta, túnica) de células mortas (preenchido por água da precipitação) e a margem, encontra-se uma exoderme com uma camada única de células de passagem; o parênquima cortical é limitado por uma endoderme simples (uma camada de células), a um tecido vascular central (abaixo e à esquerda na figura; 60x). **B** Células do velame com parede reforçada (460x) – o mesmo ocorre em hialócitos de folhas de esfagno, *Sphagnum* sp., comparar com Figura 10-133G. **C** *Coelogyne* sp., sistema simpodial com nós encerrando em gerações de caule 1-4 (0,2x). – V = velame, Co = córtex. (Segundo W. Troll (C); MEV (A, B) tomadas por S. Porembski e W. Barthlott.)

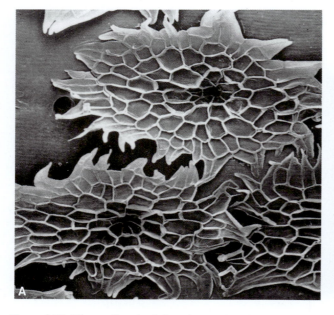
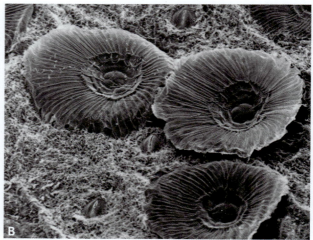

Figura 4-73 Micrografias eletrônicas de varredura dos tricomas absorventes escutiformes (escamas absorventes) de bromeliáceas epífitas (170x). **A** *Tillandsia rauhii*. **B** *Acanathostachys* sp. As células mortas dos tricomas são preenchidas com água da precipitação, o que é realizado na folha pelas células do pé vivas. (Fotografias segundo W. Barthlott.)

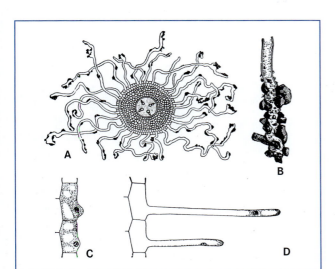

Figura 4-74 Pelos radiculares. **A** Secção transversal da zona de reabsorção de uma raiz, com cilindro vascular tetrarco e pelos radiculares com partículas de solo (10x). **B** Extremidade de um tricoma radicular bastante ampliada (50x). **C, D** Secção longitudinal da rizoderme, com início da formação de pelos radiculares (atente para a posição do núcleo da célula). (Segundo Frank (A); F. Noll (B); Rothert (C, D).)

4.4.1 Sistemas radiculares

Assim como os sistemas caulinares, os radiculares de vários vegetais são formados diferencialmente conforme seus locais mais frequentes de ocorrência. Em plantas jovens e rapidamente propagadas por estolões, o sistema radicular muitas vezes é mais extenso que o caulinar (Figura 4-75). Todavia, o sistema radicular se desenvolve de modo especialmente tênue em cactáceas, que crescem em ambientes secos e quentes, onde o solo constantemente se torna seco por completo (pelo menos durante o dia). No que diz respeito à extensão das raízes, os vegetais podem exibir enraizamento superficial ou profundo. Plantas com raízes extremamente profundas são encontradas em ambientes com solos superficialmente secos, mas que apresentam lençóis freáticos (por exemplo, *Welwitschia* sp., Figura 10-231. As raízes pivotantes de tamárice, *Tamarix* sp., atingem supostamente até 30 m de profundidade; enquanto o algarobo norte-americano *Prosopis juliflora*, até 50 m). É comum que a extensão do sistema radicular em árvores seja sincronizado com o crescimento da copa: as zonas mais externas das raízes extendem-se por expansão horizontal, um pouco mais que a superfície do solo coberta pela copa.

Quanto ao desenvolvimento de sistemas radiculares e, por conseguinte, de suas acentuadas formas finais, é possível diferenciar dois tipos: o heterogêneo (alorrizia) e o homogêneo (homorrizia).

Sistema radicular heterogêneo: em muitos vegetais, a radícula se desenvolve em uma raiz primária e forma uma **raiz pivotante (ou axial)**, que avança verticalmente no solo. Desta raiz pivotante partem raízes secundárias (raízes laterais de primeira ordem), que crescem inclinada ou horizontalmente no solo, e assim, continuam a se ramificar (raízes laterais de segundo, terceiro, até o mais alto grau). As raízes laterais de um grau mais elevado crescem sem nenhuma relação determinada com o vetor gravidade e podem, portanto, penetrar no solo em todas as direções. Um sistema como este, que é estabelecido hierarquicamente, também é designado como **alorrizia** (do grego, *allós* = distinto, diverso; e do latim, *rhiza* = raiz) ou radicação heterogênea (Figura 4-75A).

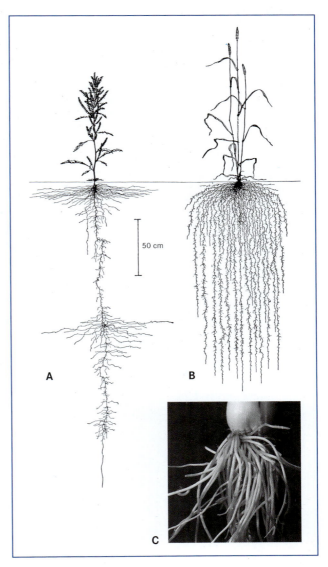

Figura 4-75 Alorrizia e homorrizia. **A** Em paciência (*Rumex crispus*, uma eudicotiledônea) é formado um sistema radicular heterogêneo (alorrizia), cuja raiz primária penetra no solo mais de 3 m. **B** Sistema radicular homorrízico secundário em trigo, com raízes fasciculadas características – as quais são típicas de muitas plantas. **C** Marcante homorrizia é observada em cebolas (como exemplo temos a cebolinha-verde, *Allium fistolosum*): as numerosas e mais ou menos "carnosas" raízes são todas igualmente espessas e não ramificadas (0,7x). (Segundo L. Kutschera (A, B).)

Quadro 4-4

Metamorfoses da Raiz

Numerosas adaptações a especiais funções também são observadas em raízes. Até mesmo o papel de fixação de uma planta pode, sob condições específicas, requerer diferentes formas de raízes. Para isso, temos como exemplo conhecido as **raízes grampiformes** de lianas (Figura A) e epífitas. As **raízes-escoras** de *Rhizophora* sp. possibilitam a fixação dos ramos no lodo de zonas intertidais (ou zona entremarés) de costas marítimas tropicais (Figura B). A princípio, as raízes adventícias de gramíneas de grande porte desempenham uma função semelhante, mesmo que as condições sejam totalmente distintas. **Raízes tabulares** originam-se do excessivo crescimento secundário em largura da porção superior de raízes, as quais crescem horizontalmente e encontram-se abaixo da superfície do solo. Em determinadas espécies arbóreas tropicais de grande porte, essas raízes tabulares ocorrem acima da superfície do solo, conferindo uma maior sustentação à planta (Figura 14-8E).

As **raízes contráteis** desempenham uma função peculiar: aprofundam caules subterrâneos – rizomas ou bulbos – no solo (Figura C). A contração destas raízes é fundamentada na textura longitudinal exibida pelas paredes das células do córtex axialmente alongadas, que permite que as células respondam com encurtamento (e simultâneo espessamento), a um aumento no turgor.

Um número não tão baixo de plantas formam **raízes tuberosas** (Figura D; o tecido de reserva de muitos tubérculos também pertencem, pelo menos parcialmente, a esta região radicular, Figura E). Por meio de um crescimento secundário anormal em largura, surgem regiões espessadas da raiz, porém, apenas levemente ramificadas; em alguns casos, ocorrem também bulbos radiculares que não apresentam nenhuma raiz

Figura A Raízes grampiformes. **1** Em hera, as raízes adventícias não realizam o suprimento de água e nutrientes, mas sim propiciam sustentação ao vegetal e seu suporte em qualquer material (aqui, é o cimento; 0,7x). A filotaxia dística do ramo é característica da forma jovem de hera. **2** Em *Campsis radicans* (Bignoniaceae), as raízes grampiformes ocorrem apenas nos nós (2,6x).

Figura B Raízes-escoras: **1** em *Rhizophora mucronata*, uma eudicotiledônea de mangue, em uma praia inundada (Ilhas Tonga, no sudoeste da Polinésia); e **2** no pandano *Pandanus candelabrum*, uma monocotiledônea da África do Sul. (Fotografias segundo D. Lüpnitz (A); W. Bartlott (B).)

lateral. As substâncias predominantemente acumuladas são di-, oligo- e polissacarídeos (sacarose; amido, inulina).

Espinhos radiculares são curtos, totalmente lignificados e com raízes laterais acuminadas partindo de raízes aéreas adventícias. Os espinhos fornecem a determinadas palmeiras, proteção para as bases de seus caules.

Raízes aéreas com frequência assumem, como anteriormente mencionado, a função de estabilizar o sistema caulinar. Contudo, também garantem a absorção de água em muitas epífitas, uma vez que as mesmas não podem retirar este recurso das reservas do solo (em outros casos, a absorção de água é realizada por folhas). As raízes aéreas são revestidas de uma camada externa especial, o **velame** (comparar com Figura 4-72A,B) – que é originado da protoderme, por divisões periclinais. O velame apresenta numerosas células, que além de grandes, morrem precocemente e possuem paredes reforçadas e com aberturas. De forma semelhante às traqueídes de reserva nos folíolos de esfagno (*Sphagnum* sp.), quando há humidificação, essas células vazias são preenchidas com água, assim, a água da chuva pode ser absorvida e retida pelo velame – camada esta, que funciona como uma esponja.

Em solos constantemente úmidos, o suprimento de oxigênio para as células das raízes de grandes sistemas radiculares é problemático, devido à baixa solubilidade deste elemento na água. Especialmente em árvores e grandes arbustos de florestas tropicais pantanosas ou de mangues, são formadas **raízes respiratórias (pneumatóforos)**, que crescem para cima (gravitropismo negativo) e chegam até a superfície do solo ou da água, de modo que o sistema intercelular dos tecidos corticais passam a ter contato com o ar. Um tipo especial é a **raiz "em joelho"**, que inicialmente cresce para cima e após atingir a superfície do solo, encurva-se de

Figura C Raízes contráteis em árum, *Arum maculatum*. **1** Deslocação contínua do bulbo para maiores profundidades, por contração da raiz: I germinação; II início do segundo ano; III final do ano vigente; IV planta adulta, bulbo a 10 cm abaixo da superfície do solo (0,4x). **2** Bulbos radiculares e raízes contráteis, cuja superfície radicular não é encurtada no processo, mas forma passivamente pregas transversais (1,8x). (Segundo Rimbach (A).)

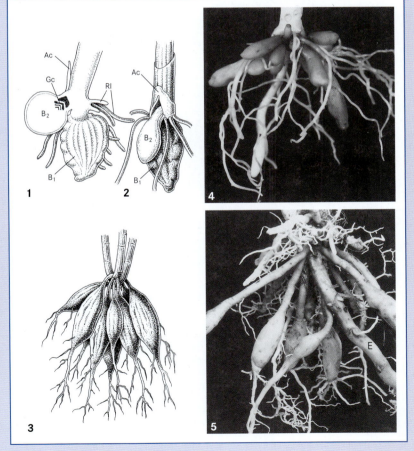

Figura D Raízes como órgãos de reserva. **1, 2** Bulbos radiculares na orquídea *Orchis militans* (0,7x); bulbo do ano anterior (B₁), que no vigente, se desenvolve em um ramo floral; nas axilas dos catáfilos escamosos mais inferiores (Ac), cresce um novo bulbo radicular (B₂) no ramo lateral. **3** Raízes tuberosas de uma dália (0,15x). **4** Bulbos radiculares adventícios de reserva no sistema radicular homorrízico de ranúnculo, *Ranunculus ficaria*; os bulbos separam-se facilmente na base e originam então plantas inteiras (2x). **5** Menos pronunciadas que em dália, são os bulbos radiculares de hemerocale, *Hemerocallis* sp.; neste caso, as raízes laterais também não são formadas na área distal (0,5x). E = estolão; Gc = gema caulinar dos ramos laterais para o próximo período vegetativo; Rl = raiz lateral. (Segundo R. von Wettstein (R); Weber (C).)

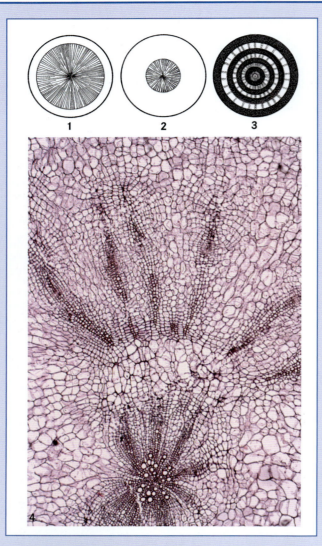

Figura E Anatomia de tubérculos em secção transversal. **1** Em tubérculos lenhosos, principalmente o xilema, se desenvolve de forma intensiva, sendo predominantemente composto por parênquima lenhoso. **2** Com outros tubérculos ocorre o oposto, ou seja, é o floema secundário que se torna tecido de reserva, por exemplo, em cenoura. **3** Em beterrabas (formas derivadas de *Beta vulgaris*: beterraba-açucareira, beterraba-forrageira, beterraba) são formados anéis concêntricos de xilema (claro), e de floema com parênquima (escuro); esses anéis ocorrem em virtude de um crescimento secundário anormal em largura com repetida formação de câmbio no córtex – como é mostrado por microscopia ótica em **4** (abaixo, o cilindro vascular original; 48x).

novo para baixo. Nessas raízes "em joelho", muitas vezes são formadas, por crescimento em largura de um único lado (como em raízes tabulares), excrescências voltadas para o ar, são chamadas de nós radiculares.

Que as raízes podem, em orquídeas epífitas, assumir as funções das folhas, já mencionado (Figura 4-4). Mas ainda não, que simbiontes e parasitas também podem levar a extremas modificações morfológicas, as quais são facilitadas pelas raízes (ver 8.2, 8.3).

Hemiparasitas são as plantas clorofiladas, que embora ainda realizem fotossíntese, obtêm água e sais minerais de plantas hospedeiras, uma vez que perfuram o xilema das últimas com seus **haustórios radiculares**. A esta categoria pertencem, por exemplo, as escrofulariáceas: *Euphrasia* sp. (eufrásia), *Rhinanthus* sp., *Melampyrum* sp., *Pedicularis* sp. (pedicularia) e também a sempre-verde *Viscum* sp. (visco). O visco germina como epífita parasita sobre os ramos de determinadas árvores. Seu sistema radicular distribui-se na forma de "raízes corticais" pelo floema secundário do ramo infestado, avançando para o alburno e estabelecendo neste, graças a característicos vasos curtos, uma conexão direta com o xilema do ramo (Figura 4-39B).

Por **holoparasitas**, compreendem-se as plantas parasitas aclorofiladas, que se nutrem também com substâncias orgânicas de suas plantas hospedeiras. Por meio de seus haustórios radiculares, *Lathraea* sp. se nutri com a seiva bruta do xilema das raízes das árvores. Já as espécies de Orobanche, perfuram o floema das raízes de suas vítimas. Os haustórios radiculares desta holoparasita de flores amarelas, vermelhas ou lilases, irrompem lateralmente nas raízes da planta hospedeira, que terá a morte de sua porção distal devido a sua intensa exploração pelo parasita. Consequentemente, os haustórios localizam-se aparentemente nas extremidades das raízes.

A simbiose com bactérias fixadoras de nitrogênio leva ao surgimento de **nódulos radiculares**, ou seja, excrescências locais do córtex (ver 8.2.1). Nas ampliadas células poliploides do parênquima, os simbiontes procarióticos sobrevivem como "bacterioides" em vacúolos especiais.

Muito mais difundida é **micorriza**, uma simbiose com micélios de fungos do solo (ver 8.2.3). Nesta associação simbiótica, a enorme capacidade de absorção das hifas fúngicas é principalmente aproveitada pelo vegetal para seu suprimento de sais minerais. Assim, não é de se surpreender, que as raízes em contato com hifas não exibem nenhum tricoma absorvente.

A maioria das árvores são alorrízicas, sendo que algumas mantêm, por toda sua vida, o sistema radicular pivotante desenvolvido inicialmente (como o abeto, o pinheiro, o carvalho). Em outras espécies arbóreas (por exemplo, lariço, bétula, tília), as raízes secundárias originam-se paulatinamente e são quase tão espessas quanto a raiz principal original, porém, penetram no solo inclinadamente, constituindo assim, logo abaixo da base do caule, um sistema de raízes "em coração" com formato semiesférico. Nas árvores com raízes pouco profundas (como espruce e freixo) exibem um sistema radicular constituído por raízes secundárias (que crescem diretamente abaixo da superfície do solo de forma horizontal) e por raízes mais curtas e menos espessas, as quais originam-se das secundárias e penetram verticalmente no solo (em alemão *Senkerwurzeln*, do verbo *senken* = abaixar e *Wurzel* = raiz).

Sistema radicular homogêneo: sistemas homorrízicos são sobretudo ou totalmente estruturados por raízes semelhantes (ou seja, de mesma ordem), as quais são moderadamente ramificadas ou não se ramificam (radicação homogênea; do grego, *homós* = igual, semelhante; Figura 4-75B,C). Todas as pteridófitas apresentam esse tipo de sistema radicular. Como as esporófitas não formam sementes, não há nenhuma radícula; com isso, seu corpo não possui extremidade radicular, sendo unipolar. Portanto, todas as raízes em pteridófitas são essencialmente adventícias (**homorrizia primária**). Além disso, as raízes nestes vegetais estão precisamente associadas à inserção das folhas: diretamente abaixo de cada base foliar, surge uma ou mais raízes – em pteridófitas de grande porte, até mais que 100.

A homorrizia primária é, então, típica de pteridófitas. No caso das espermatófitas, por apresentarem embriões bipolares, não há homorrizia primária, mas sim **homorrizia secundária**. Em monocotiledôneas, numerosas raízes da mesma ordem crescem a partir dos nós caulinares inferiores. Neste caso, essas raízes complementam funcionalmente o sistema radicular primário desenvolvido de forma rala, e exibem (como a base caulinar) crescimento primário em largura e por espessamento do ápice. Essas raízes, que muitas vezes também desempenham o papel de sustentação (como no milho; ver também Figura B no Quadro 4-4), surgem no decorrer de um processo de regeneração, sendo um exemplo para raízes adventícias (Figuras 6-21 e 6-24). Em eudicotiledôneas, também são encontradas raízes adventícias, por exemplo em estolões e em todos os vegetais rizomatosos. Casos excepcionais são os de espécies do gênero *Rhizophora* (Figura B do Quadro 4-4), bem como da figueira-de-bengala, *Ficus bengalensis* – cuja copa projetada pode cobrir até 2 ha (diâmetro de 170 m) e é sustentada por centenas de raízes aéreas adventícias colunares.

Para as espermatófitas, é raro existir uma associação rigorosa entre raízes e folhas, como a das pteridófitas. De todo modo, naquele grupo também ocorrem raízes adventícias, que muitas vezes originam-se em nós caulinares. Contudo, para esta regra existem muitas exceções (comparar, por exemplo, com Figura A do Quadro 4-4).

4.4.2 Anatomia da raiz

4.4.2.1 A estrutura primária

A Figura 4-76 mostra um esquema da organização radialmente simétrica dos tecidos de uma raiz no estado primário. A fina **rizoderme** é, do exterior para o interior, seguida por uma camada de células mais grossas, longevas e muitas vezes, levemente suberizadas, a **hipoderme**. Com frequência nas células desta camada, ocorrem estrias de Caspary, o que leva ao desenvolvimento de uma **exoderme**. A exoderme envolve o parênquima cortical, sendo o seu lado interior limitado pela endoderme (ver 3.2.2.3). A endoderme, por sua vez, circunda como uma bainha morfo-fisiológica, o **cilindro vascular**, onde concentram-se os elementos de suporte e de condução da raiz. A posição central deste cilindro e o seu revestimento não tão firme, confere à raiz flexibilidade e resistência à tração (**Tecidos de sustentação,** ver 3.2.3).

A camada celular mais externa do cilindro vascular, o **periciclo**, é constituída por células de paredes delgadas e amplos protoplasmas, as quais mantêm por muito tempo a sua capacidade de divisão. Por esta razão, este periciclo tubular, no qual não existem espaços intercelulares (bem como na rizoderme, exoderme e endoderme), é também denominado como **pericâmbio** (ver 4.4.2.2). O centro do cilindro vascular (organizado como actinostelo) em geral contém xilema. O xilema, estabelece contato como pericâmbio por meio de duas a muitas projeções radialmente dispostas, cujas extremidades são chamadas de polos. De acordo com

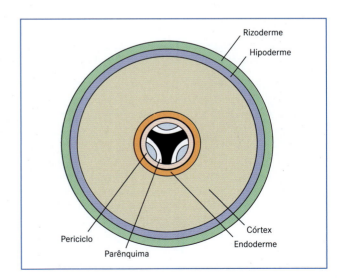

Figura 4-76 Organização dos tecidos radiculares em secção transversal. Cilindro vascular envolvido pelo periciclo (pericâmbio), o xilema aparece em preto, o floema em azul e entre ambos, encontram-se os cordões de parênquima. Há raios xilemáticos e o cilindro vascular é triarco.

o número destes **polos xilemáticos**, é possível diferenciar o padrão dos cilindros vasculares em diarco, triarco, tetrarco, etc., até poliarco (respectivamente com dois, três, quatro ou muitas projeções). Em pteridófitas, Magnoliideae e eudicotiledôneas, predominam os cilindros vasculares, que vão de diarco até tetrarco (Figuras 4-77A e 4-78A); ao passo que, em monocotiledôneas, a forma mais frequente é o poliarco (Figura 4-77B). Alojado entre as projeções do xilema está o floema. Xilema e floema são separados um do outro por camadas de parênquima, que alcançam o pericâmbio em ambos os lados dos polos xilemáticos.

Na formação do cilindro vascular, a diferenciação avança – ao contrário das correspondentes relações no sistema caulinar – do exterior para o interior. Protofloema e protoxilema localizam-se abaixo do pericâmbio, e os grandes vasos do metaxilema, no centro. Às vezes, a formação do metaxilema se encerra antes que seja atingido o estado apresentado nas Figuras 4-76 e 4-77. Nesses casos, é observada no centro do cilindro vascular radicular, uma medula parenquimática – que, com frequência, ocorre em monocotiledôneas, mas que também pode ser encontrada em raízes de eudicotiledôneas. Em raízes, particularmente, robustas de monocotiledôneas de grande porte, também há esclerênquima no cilindro vascular.

Na zona limite entre raiz e caule (no hipocótilo), o actinostelo do cilindro vascular dá lugar às formas: eustelo e atactostelo (Quadro 4-2). Esta **zona de transição** é diferentemente estruturada dentre as angiospermas. Muitas vezes, ao se avançar da raiz em direção ao caule, observa-se a seguinte situação: o cilindro vascular se separa em setores distintos de tecido condutor, de modo que para cada polo xilemático existem duas metades de floema adjacentes, que se fundem lateralmente acima de tal polo. Estes setores são empurrados para a periferia do caule, e entre os mesmos, há agora o parênquima – raios medulares e medula central. O xilema de cada um dos então individualizados feixes vasculares é adicionalmente rotacionado, de maneira que áreas de protoxilema periféricas no cilindro vascular, a partir de então, estejam voltadas para o interior (para a medula), enquanto as de metaxilema, para o exterior.

A organização longitudinal das raízes não apresenta a metameria de nós e entrenós tão característica do caule, pois as mesmas nunca suportam folhas. Na raiz, há um meristema subapical, o qual é envolvido externamente pela **coifa** (ver 3.1.1.2) e seguido pela região do centro quiescente. A partir desta região, inicia-se uma zona de divisão celular e desta, uma de alongamento celular (zona de alongamento, 3-10 mm de comprimento). As maiores frequências de mitoses ocorrem: no córtex radicular em formação (**periblema**), localizado próximo ao meristema apical; no cilindro vascular que está se originando um pouco mais distante das células iniciais (**pleroma**); e na jovem rizoderme (**protoderme** ou epiblema), a mais distante das iniciais. Na zona de alongamento, ainda pode ser observada muita atividade mitótica. Além disso, é a esta zona que se conecta a **zona pilífera** e a região de forma-

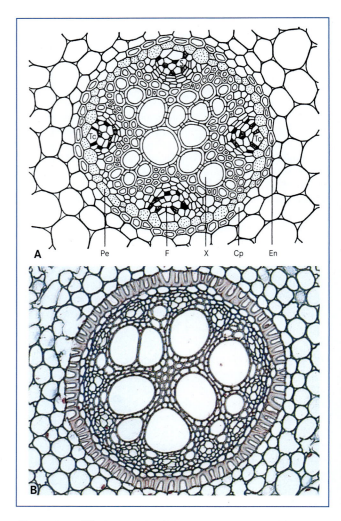

Figura 4-77 Cilindro vascular. **A** Secção transversal de feixes vasculares tetrarcos da raiz de ranúnculo, *Ranunculus acer* (180x). **B** Secção transversal de um cilindro vascular poliarco (com 12 polos de xilema) de uma raiz de íris, *Iris germanica*. Os tecidos apontados em A podem ser facilmente identificados – com exceção de porções de floema situadas imediatamente abaixo do pericâmbio, que possuem delgadas paredes celulares entre os 12 polos xilemáticos. A seta indica as células de passagem; a endoderme é, como em A, tetrárquea (120x). En = endoderme com células de passagem (Cp); F = floema com tubos crivados (Tc) e células companheiras (mostradas em preto); Pe = periciclo; X = xilema com traqueídes. (Segundo D. von Denffer (A, D) e micrografia ótica (B) por G. Neuhaus.)

ção de raízes laterais, a **zona de ramificação** ou **de maturação**. O estado primário final é atingido com a zona pilífera, e com isso, o crescimento em comprimento é encerrado. Portanto, as raízes crescem somente em suas extremidades mais externas (Figura 6-3).

4.4.2.2 Raízes laterais

Ao contrário dos ramos laterais, as raízes laterais originam-se de forma **endógena**, ou seja, no interior do corpo radicular, mais precisamente no limite entre o cilindro vascular e o córtex (Figura 4-78). Com isso, as células pericambiais se desdiferenciam e formam, por meio de divisões peri– e anticlinais, um novo meristema apical da raiz. Esse processo sempre acontece na região após a zona pilífera e se trata, portanto, de um verdadeiro desenvolvimento de novos meristemas – um fracionamento meristemático como o do sistema caulinar não ocorre aqui. Raízes adventícias também se desenvolvem no interior do córtex caulinar. Desta maneira, o tecido condutor das raízes laterais apresenta, já na fase inicial, conexão com o tecido condutor do órgão-mãe – cujo córtex, será rompido em virtude do crescimento de novas raízes. Em seus pontos de emergência, as raízes laterais muitas vezes são circundadas pela margem do córtex radicular ou caulinar revirada para o exterior, bem como por um "colarinho".

Raízes laterais com frequência dispõem-se na raiz primária em vistosas linhas longitudinais, as **rizósticas** (Figura 4-79), pois a reconstituição de meristemas apicais radiculares pela ação do pericâmbio, na maioria das vezes, é efetuado pelos polos xilemáticos do cilindro vascular. Desta forma, é possível a partir do número de rizósticas, estimar (visão macroscópica) o número de cilindros vasculares de uma raiz.

4.4.2.3 A estrutura secundária

Plantas lenhosas perenes exibem uma raiz principal com crescimento secundário radicular em largura tão maciço quanto o do caule (Figura 4-80). Inicialmente, cordões cambiais são formados por desdiferenciação nas fendas côncavas parenquimáticas, as quais situam-se entre o floema e o xilema. Estas fendas, por sua vez, produzem tecidos lenhosos. Um câmbio vascular circunferencialmente fechado é consequência da conexão lateral existente entre os cordões cambiais, a qual foi originada por porções do pericâmbio acima dos polos xilemáticos com alta atividade mitótica. O pericâmbio, que originalmente era constituído por apenas uma camada de células, agora consiste de múltiplas camadas (estratificado). Porém, somente as células mais internas participam da formação do câmbio vascular. Uma vez completo este processo, o câmbio parece ter, em secção transversal, o formato de uma estrela. Todavia, essa estrutura torna-se logo mais circular (e corte transversal), pois o tecido lenhoso é formado abaixo dos cordões de floema. Acima dos polos xilemáticos desenvolvem-se os primeiros raios lenhosos. (Nas raízes, não existem raios medulares verdadeiros). A delgada rizoderme em geral já morre antes da iniciação do cresci-

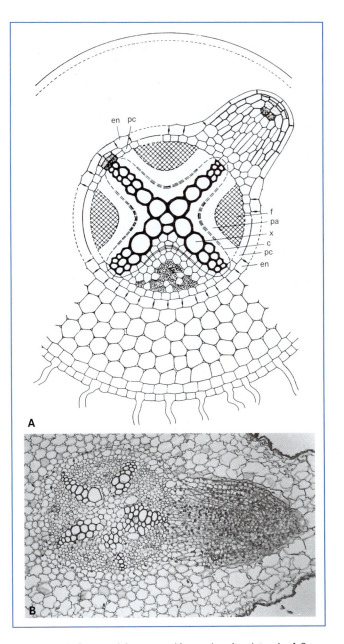

Figura 4-78 Desenvolvimento endógeno de raízes laterais. **A** Secção transversal em uma raiz de eudicotiledônea; acima de um polo xilemático do cilindro vascular (à esqueda, acima) é formado, a partir de uma excrescência celular do pericâmbio, o meristema de uma raiz lateral, o qual posteriormente (à direita, acima) crescerá pelo tecido cortical em direção ao exterior (120x). **B** Secção transversal de uma raiz de vícia, *Vicia faba*, com cilindro vascular pentarco e raiz lateral em desenvolvimento; as células embrionárias exibem, em comparação com as células de passagem bem vacuolizadas, uma estrutura compacta (75x). C = câmbio no parênquima (pa); en = endoderme; f = floema; pc = periciclo; x = xilema. (Segundo O. Stocker.)

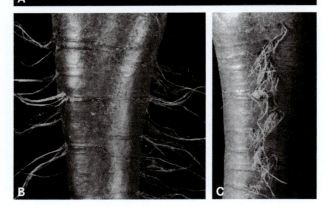

Figura 4-79 Rizósticas em nabo (**A** secção transversal, 1,2x; **B, C** Visão macroscópica, 0,8x). Cada uma das duas linhas de raízes – que indicam um cilindro vascular diarco – é, em realidade, dupla, pois em brassicáceas (família a que pertence o nabo), sobre cada polo xilemático do cilindro vascular são formadas duas linhas de raízes secundárias bem próximas uma da outra. O diâmetro da raiz principal do nabo, a qual é um tubérculo lenhoso, é 100 vezes maior que os de raízes laterais. (Fotografia segundo P. Sitte.)

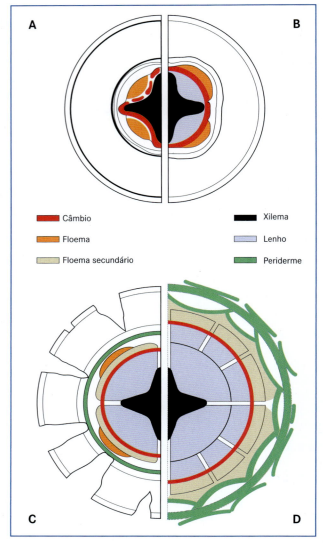

Figura 4-80 Crescimento secundário radicular em largura (secção transversal). **A** Formação de um câmbio fechado por desdiferenciações do parênquima entre o xilema e o floema, e acima dos polos xilemáticos do cilindro vascular tetrarco. **B** Arredondamento do câmbio pela formação de xilema abaixo dos cordões de floema. **C** Início da formação de líber; acima dos polos xilemáticos são encontrados raios xilemáticos e liberianos; córtex e endoderme morrem e se rompem, no pericâmbio estratificado surgem felogênios e para o exterior são produzidas camadas de súber. **D** Em anéis anuais adicionais serão desenvolvidos raios secundários do xilema e do floema; por meio da sucessão de felogênio, originam-se escamas de ritidoma no floema.

mento secundário em largura, sendo substituída pela hipoderme. No entanto, nem esta hipoderme, e nem a casca da raiz suportam o crescimento secundário em largura: ambos são rompidos e arrebentam após a morte das suas células; e por fim, a endoderme também. Por esta razão, a formação do ritidoma, como pode ser observado em raízes muito espessas e antigas, não ocorre por formação de periderme no tecido da casca (como no eixo caulinar), mas sim a partir do pericâmbio, o qual ainda permanece como um anel de tecido após a iniciação do crescimento secundário em largura.

Xilema e floema secundários mostram uma estrutura histológica semelhante àquela do eixo caulinar. O mesmo é valido para os raios xilemáticos. A secção transversal de uma raiz, que cresceu por muitos anos em largura, praticamente não se diferencia mais de uma secção transversal de um tronco. Apenas na porção central, em que o estado primário permanece preservado, é que as diferenças anatômicas continuam visíveis.

Referências

Barkoulas M, Galinha C, Grigg SP, Tsiantis M (2007) From genes to shape: regulatory interactions in leaf development. Curr Opin Plant Biol 10: 660-666

Barnett JR, Bonham VA (2004) Cellulose microfibril angle in the cell wall of wood fibres. Biol Rev Camb Philos Soc 79: 461-472

Barthélémy D, Carablio Y (2007) Plant architecture: a dynamic, multilevel and comprehensive approach to plant form, structure and ontogeny. Ann Bot (Lond) 99: 375-407

Carlsbecker A, Helariutta Y (2005) Phloem and xylem specification: pieces of the puzzle emerge. Curr Opin Plant Biol 8: 512-517

Eschrich W (1995) Funktionelle Pflanzenanatomie. Springer, Berlin

Evert RF, Eichhorn SE (2006) Esau's Plant anatomy. Wiley & Sons, New York

Groover A, Robischon M (2006) Developmental mechanisms regulating secondary growth in woody plants. Curr Opin Plant Biol 9: 55-58

Nogueira FT, Sarkar AK, Chitwood DH, Timmermans MC (2006) Organ polarity in plants is specified through the opposing activity of distinct small regulatory RNAs. Cold Spring Harb Symp Quant Biol 71: 157-164

Schweingruber FH, Börner A, Schulze E-D (2008) Atlas of woody plant stems. Springer, Heidelberg

Sieburth LE, Deyholos MK (2006) Vascular development: the long and winding road. Curr Opin Plant Biol 9: 48-54

http://biology.nebrwesleyan.edu

http://www.emc.maricopa.edu/faculty/farabee/biobk/biobooktoc.html

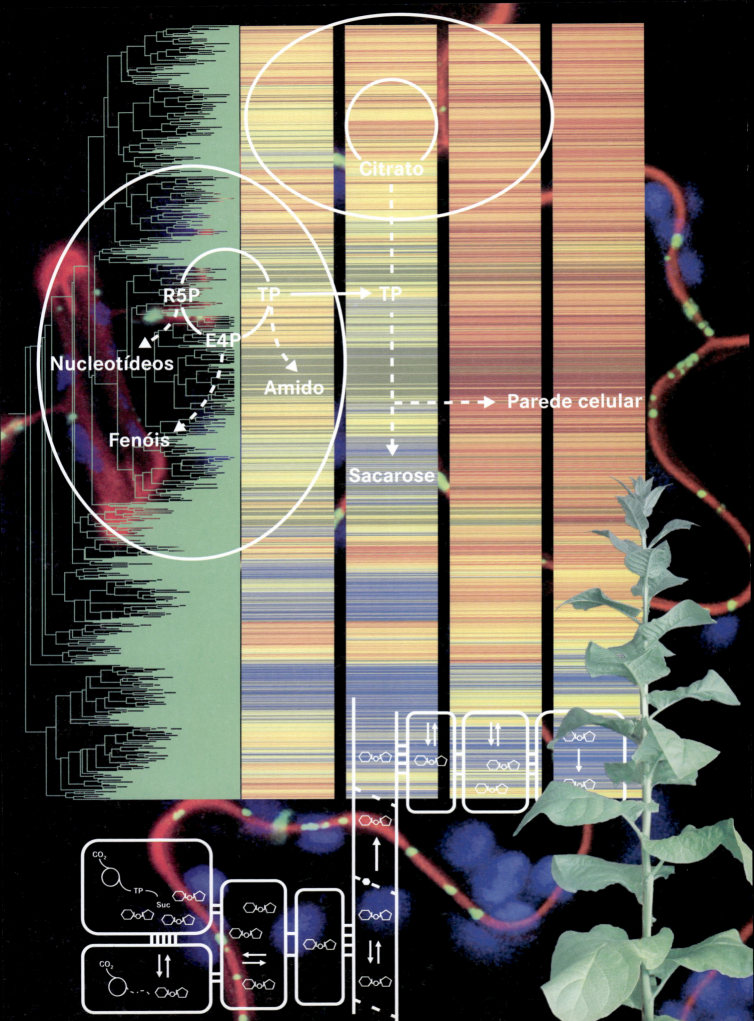

PARTE II
Fisiologia

A morfologia ocupa-se da estrutura de um organismo, começando pela arquitetura molecular dos componentes celulares característicos até a forma externa do ser vivo. A fisiologia (do grego *physis* = ser; *logos* = investigação) busca esclarecer as manifestações vitais, ou seja, a origem e o funcionamento dessas estruturas, não apenas do ponto de vista descritivo, mas também quanto às relações de causa e efeito. Nesse caso, não é suficiente abranger sua finalidade, isto é, seu emprego na relação com o ambiente. Mais do que isso, o objetivo da fisiologia é esclarecer, de maneira conclusiva e completa, os processos em um organismo segundo as leis físicas e químicas consagradas. Isso exige o emprego de métodos físicos e químicos, bem como, em escala crescente, de técnicas da informática. Nesse caso, justifica-se, partir de uma construção adequada e funcionamento das partes de todo o organismo, porque em geral apenas as características vantajosas (ou seja, características com valor de seleção positivo) podem ser transmitidas filogeneticamente. É uma questão em aberto saber se o objetivo citado, ou seja, resolver o mistério da vida em um sistema físico-químico de explicação completamente causal, um dia será alcançado. A fisiologia experimental, no entanto, duvida disso não a partir de ponderações, mas sim em consideração à enorme complexidade mesmo dos organismos relativamente mais simples.

Ao menos no âmbito da biologia molecular, o limite entre morfologia e fisiologia começa a desaparecer. O domínio da biologia molecular poderia ser circunscrito de tal modo que a relação causal entre forma e função ficasse compreensível no plano molecular com a fissão atômica. Assim, na sequência de bases do DNA, por exemplo, estão estabelecidas não apenas a estrutura molecular de todas as moléculas de RNA participantes da síntese de proteínas, mas também a sequência de aminoácidos das proteínas e, com isso, a sua arquitetura molecular e por fim sua função.

Para fins práticos, a fisiologia vegetal pode ser subdividida em cinco ramos: fisiologia do metabolismo, fisiologia do desenvolvimento (incluindo a fisiologia celular), fisiologia do movimento, alelofisiologia e ecofisiologia.

A **fisiologia do metabolismo** (ver Capítulo 5) considera os fenômenos físicos e químicos do metabolismo (material e energético) que devem ocorrer para que o organismo possa se distinguir material e energeticamente do entorno abiótico, com ele estabelecer um intercâmbio material e energético e manter um equilíbrio metabólico contínuo distante do equilíbrio termodinâmico. Portanto, os fundamentos físicos e químicos dos fenômenos vitais são questões importantes no estudo da fisiologia do metabolismo.

A **fisiologia do desenvolvimento** (ver Capítulo 6) ocupa-se das manifestações do crescimento, da diferenciação e da reprodução. Seu objetivo é encontrar relações causais de problemas tratados na morfologia de maneira descritiva e comparativa. Por fim, é importante compreender os processos moleculares, pelos quais a informação contida nos genes é convertida em estrutura e função e transmitida aos descendentes. Sem dúvida, hoje em dia, a genética constitui-se numa ciência biológica própria.

◀ **Figura:** Com base em conhecimentos moleculares, o objetivo da fisiologia é fornecer uma compreensão geral do metabolismo e do desenvolvimento vegetais, bem como sua interação com o mundo vivo e não vivo. Para tanto, são necessários conhecimentos genéticos, bioquímicos e anatômicos, cuja reunião proporciona um panorama global da planta. Essas relações são ilustradas na figura ao lado, onde é apresentado um *heat map* (barras coloridas, que simbolizam uma medida da intensidade da expressão dos genes individualmente) da expressão gênica, que permite uma análise comparativa da atividade de todos os genes expressos. Neste sentido, a figura mostra o metabolismo central de carboidratos da folha de uma planta C3 e a distribuição da sacarose no interior de um vegetal esquematizado, bem como um exemplar de tabaco (*Nicotiana tabacum*). No segundo plano da ilustração, observa-se uma imagem microscópica de uma folha, a qual apresenta os contatos célula-a-célula (plasmodesmos: pontos verdes sobre linhas vermelhas). Imagem e dados segundo U. Sonnewald; delineamento segundo M. Lay.

Todo o organismo vivo é caracterizado pelo metabolismo e pelo desenvolvimento, além da interação com o ambiente, isto é, ele recebe estímulos e reage a eles de maneira conveniente. Os estímulos podem ser de natureza física ou química e provêm do entorno não vivo (abiótico) ou vivo (biótico). As reações das plantas aos estímulos abióticos e às vezes também bióticos servem frequentemente para a orientação espacial do organismo ou de alguns dos seus órgãos, desde células e até mesmo de suas organelas. Essas reações constituem o objeto da **fisiologia do movimento** (ver Capítulo 7). Além disso, as plantas interagem de muitas maneiras com outros organismos do seu ambiente, sejam eles competidores, parasitos, patógenos herbívoros ou simbiontes. Os avanços para a compreensão da base molecular dessas interações são relativamente recentes. Esse ramo da ciência, de acelerado desenvolvimento, é estudado na subdivisão que trata da **alelofisiologia** (do grego, *allélos* = recíproco) (ver Capítulo 8).

Essa **fisiologia geral e molecular** é complementada pela **ecofisiologia** (ver Capítulo 12). Aqui, o organismo vegetal é estudado na totalidade e considerado no seu ambiente complexo, constituído de fatores abióticos e bióticos.

As subdivisões, aqui consideradas em nome da clareza da apresentação, sem dúvida se sobrepõem de muitas maneiras. Por exemplo, todos os movimentos vegetais (desde que não sejam movimentos passivos de órgãos mortos) são acompanhados pelo metabolismo, e a sensibilidade (a captação e a transformação de sinais do ambiente) exerce um papel importante também na fisiologia do metabolismo e fisiologia do desenvolvimento.

Agradecimentos

A Parte II, "Fisiologia", da 35ª edição desta obra foi completamente revisada por Elmar W. Weiler e incorpora os novos conhecimentos científicos. Por isso, eu gostaria de esclarecer que grande parte do texto da edição atual corresponde à versão original de Elmar W. Weiler. Agradeço enfaticamente ao meu antecessor, pois sem a sua grande dedicação ao tema e às novas técnicas científicas desenvolvidas por ele (que em grande parte influenciam a pesquisa nessa área) não seria possível realizar a presente edição.

Desejo agradecer também à equipe de trabalho pelo auxílio cordial e coleguismo durante a realização desta parte do livro. Sem esse apoio moral e profissional, eu não poderia concluir o manuscrito.

Erlangen, janeiro de 2008.

Uwe Sonnenwald

Capítulo 5
Fisiologia do Metabolismo

5.1	**Energética do metabolismo**............	**225**
5.1.1	**Fundamentos de bioenergética**...........	**225**
5.1.2	**Energética dos sistemas fechados**........	**226**
5.1.3	**Energética dos sistemas abertos**.........	**228**
5.1.4	**Potencial químico**.......................	**229**
5.1.4.1	Definição geral...........................	229
5.1.4.2	Potencial hídrico	229
5.1.4.3	Potencial químico de íons e potencial de membrana................................	230
5.1.4.4	Potencial redox	231
5.1.5	**Transformação de energia e acoplamento energético**.............................	**232**
5.1.6	**Catálise enzimática**.....................	**233**
5.1.6.1	Fundamentos da catálise..................	233
5.1.6.2	Mecanismos moleculares da catálise enzimática...............................	235
5.1.6.3	Cinética enzimática......................	236
5.1.6.4	Influência do entorno sobre a atividade enzimática...............................	237
5.1.7	**Regulação da atividade enzimática**	**239**
5.1.7.1	Controle da quantidade enzimática.........	239
5.1.7.2	Controle da atividade enzimática	239
5.1.7.3	Regulação da reunião de enzimas em complexos multienzimáticos ou em compartimentos	241
5.2	**Nutrição mineral**......................	**242**
5.2.1	**Composição material do corpo vegetal**	**242**
5.2.1.1	Conteúdo de água........................	242
5.2.1.2	Matéria seca e conteúdo de cinzas	242
5.2.2	**Nutrientes**	**243**
5.2.2.1	Significado dos nutrientes minerais para as plantas..................................	245
5.2.2.2	Macronutrientes.........................	245
5.2.2.3	Micronutrientes.........................	247
5.2.2.4	Sais minerais como fatores ambientais.....	248
5.2.3	**Absorção e distribuição dos nutrientes minerais**...............................	**250**
5.2.3.1	Disponibilidade dos nutrientes	250
5.2.3.2	Absorção dos nutrientes pelas raízes	252
5.3	**Relações hídricas**	**257**
5.3.1	**Mecanismos de transporte**	**258**
5.3.1.1	Difusão	258
5.3.1.2	Fluxo de massa	259
5.3.2	**Relações hídricas celulares**..............	**260**
5.3.2.1	Osmose	260
5.3.2.2	Efeitos matriciais........................	262
5.3.3	**Absorção de água pelas plantas**	**262**
5.3.4	**Perda de água pelas plantas**	**264**
5.3.4.1	Transpiração	265
5.3.4.2	Gutação.................................	270
5.3.5	**Condução da água**	**271**
5.3.6	**Balanço hídrico**	**274**
5.4	**Fotossíntese: reação luminosa**	**274**
5.4.1	**Luz e energia luminosa**..................	**275**
5.4.2	**Pigmentos fotossintetizantes**	**276**
5.4.3	**Organização das antenas coletoras de luz**..	**282**
5.4.4	**Visão geral sobre o transporte fotossintético de elétrons e de íons hidrogênio**............	**285**
5.4.5	**Fotossistema II**	**289**
5.4.6	**Complexo citocromo b_6f**..................	*290*
5.4.7	**Fotossistema I**.........................	**291**
5.4.8	**Mecanismos de regulação e proteção da reação luminosa**	**292**
5.4.9	**Fotofosforilação**	**293**
5.5	**Fotossíntese: rota do carbono**	**294**
5.5.1	**Fase de carboxilação do ciclo de Calvin**....	**295**
5.5.2	**Fase de redução do ciclo de Calvin**........	**296**
5.5.3	**Fase de regeneração do ciclo de Calvin**....	**298**
5.5.4	**Transformação dos produtos primários da assimilação de carbono**	**298**
5.5.5	**Mecanismos de regulação na produção e distribuição de carboidratos**	**302**
5.5.6	**Fotorrespiração**.........................	**304**
5.5.7	**Absorção de CO_2 pelas plantas**	**306**
5.5.8	**Fixação de CO_2 pelas plantas C_4**	**308**
5.5.9	**Fixação de CO_2 pelas plantas com metabolismo ácido das crassuláceas (CAM)**	**313**
5.5.10	**Concentração de CO_2 mediante bombas de íons carbonato**	**315**
5.5.11	**Assimilação de carbono dependente de fatores externos**	**315**
5.5.11.1	Influência da radiação	315
5.5.11.2	Influência da concentração do dióxido de carbono.................................	316
5.5.11.3	Influência da temperatura	317
5.5.11.4	Influência da água	318

5

224 Bresinsky & Cols.

5.6	**Assimilação de nitrato**	**318**
5.6.1	Assimilação fotossintética de nitrato	319
5.6.2	Assimilação de nitrato em tecidos sem ação fotossintética	321
5.7	**Assimilação de sulfato**	**321**
5.8	**Transporte de assimilados na planta**	**323**
5.8.1	Composição do conteúdo do floema	323
5.8.2	Carregamento do floema	324
5.8.3	Transporte de assimilados no floema	325
5.8.4	Descarregamento do floema	326
5.9	**Ganho de energia pela decomposição de carboidratos**	**327**
5.9.1	Glicólise	327
5.9.2	Fermentações	329
5.9.2.1	Fermentação alcoólica	329
5.9.2.2	Fermentação láctica e outras fermentações	329
5.9.3	Respiração celular	330
5.9.3.1	Formação de acetil coenzima A a partir do piruvato	330
5.9.3.2	Ciclo do ácido cítrico	330
5.9.3.3	Cadeia respiratória mitocondrial	331
5.9.3.4	Ligação do ciclo do ácido cítrico com outras rotas metabólicas	335
5.9.3.5	Rota oxidativa das pentoses fosfato	337
5.9.3.6	Respiração dependente de fatores externos	337
5.10	**Formação dos lipídeos estruturais e de reserva**	**339**
5.10.1	Biossíntese dos ácidos graxos	341
5.10.2	Biossíntese de lipídeos de membrana	341
5.10.3	Biossíntese de lipídeos de reserva	343
5.11	**Mobilização dos lipídeos de reserva**	**343**
5.12	**Formação dos aminoácidos**	**345**
5.12.1	Famílias dos aminoácidos	345
5.12.2	Aminoácidos aromáticos	346
5.12.3	Aminoácidos não proteicos e derivados de aminoácidos	348
5.13	**Formação de purinas e pirimidinas**	**349**
5.14	**Formação de tetrapirróis**	**351**
5.15	**Metabolismo secundário**	**352**
5.15.1	Fenóis	354
5.15.2	Terpenos	358
5.15.3	Alcaloides	362
5.15.4	Glucosinolatos e glicosídeos cianogênicos	363
5.15.5	Coevolução química	364
5.16	**Polímeros fundamentais típicos de plantas**	**367**
5.16.1	Polissacarídeos	367
5.16.1.1	Polissacarídeos estruturais	367
5.16.1.2	Polissacarídeos de reserva	367
5.16.2	Lignina	368
5.16.3	Cutina e suberina	370
5.16.4	Proteínas de reserva	371
5.17	**Secreções das plantas**	**372**

Os fenômenos vitais estão permanentemente vinculados a constantes transformações de matéria e energia. Os seres vivos captam matérias e energia do ambiente e liberam outras matérias e energia (especialmente calor). Na **termodinâmica** (do grego, *therme* = calor; *dynamis* = força motriz), esses sistemas são identificados como **sistemas abertos**. A energia fornecida à biosfera provém predominantemente da luz solar e, no processo da fotossíntese, é convertida em energia química pelas plantas verdes. Com isso, a partir de substâncias inorgânicas são formados compostos orgânicos. Os **organismos autotróficos (produtores primários)** são aqueles que formam substâncias orgânicas a partir de compostos inorgânicos e energia. As plantas são **fotoautotróficas**, pois utilizam a energia da luz. Alguns microrganismos são **quimioautotróficos**, ou seja, usam tanto a matéria quanto a energia de compostos inorgânicos. Os **organismos heterotróficos (consumidores)** dependem dos produtores primários. Portanto, eles são dependentes de substâncias orgânicas e suprem suas necessidades energéticas igualmente a partir da substância orgânica absorvida. Os **saprófitos**, pertencente à categoria dos organismos heterotróficos, alimentam-se de fontes nutricionais não mais vivas. Os **parasitos**, também heterótrofos, alimentam-se de organismos vivos (Tabela 5-1; ver 8.1.1), distinguindo-se os parasitos **biótrofos,** que necessitam de hospedeiro vivo, e os **necrótrofos**, que matam o hospedeiro.

O **metabolismo** (do grego, *metabole* = transformação), que abrange as transformações de matéria e energia da célula, apresenta **rotas de reação anabólicas** (referentes à formação) e **catabólicas** (referentes à decomposição). Para as funções vitais, em princípio, rotas metabólicas importantes constituem o **metabolismo primário**. Neste sentido, as plantas distinguem-se por um **metabolismo secundário** altamente diferenciado. Existem rotas metabólicas especiais integrantes do metabolismo secundário, que, a partir de metabólitos do metabolismo primário, levam à síntese de produtos com funções adicionais (muitas vezes de valor econômico, como, por exemplo, substâncias que protegem da herbivoria). Alguns metabólitos secundários são restritos a determinados grupos vegetais e, por isso, possuem também valor taxonômico.

Na primeira seção deste capítulo, são tratados de maneira sucinta os mais importantes fundamentos termodinâ-

Tabela 5-1 Diferentes rotas de assimilação de carbono pelos organismos

	Autotrofia			Heterotrofia		
Tipo de nutrição	Foto-hidrotrofia	Fotolitotrofia	Quimiolitotrofia	Foto-organotrofia	Saprofitismo	Parasitismo
Fonte de energia	Luz	Luz	Oxidação	Luz	Respiração	Respiração
Fonte de carbono	CO_2	CO_2	CO_2	CO_2 ou substâncias orgânicas	Substâncias orgânicas (de fontes não mais vivas)	Substâncias orgânicas (de fontes vivas)
Doador de elétrons	H_2O	Substâncias inorgânicas (p.ex., H_2S)	Substâncias inorgânicas (p. ex., H_2S, NH_3, Fe^{2+}, H_2)	Substâncias orgânicas	Caso necessário, respiração	Caso necessário, respiração
Ocorrência	Plantas verdes Cianobactérias Proclorobactérias	Sulfobactérias purpúreas (Chromatiaceae) Sulfobactérias verdes (Chlorobiaceae)	Alguns procariotos incolores Bactérias verdes sem enxofre (Chloroflexaceae)	Bactérias purpúreas (Rhodospirillaceae)	Bactérias, fungos, animais	Bactérias, fungos, algumas angiospermas e algas vermelhas, animais

micos dos processos vitais (ver 5.1). A seguir, são examinadas as atividades autotróficas das plantas, começando com a captação e o aproveitamento de substâncias minerais (ver 5.2), intimamente vinculados às relações hídricas (ver 5.3). A síntese de substâncias orgânicas, a partir de precursores inorgânicos e energia luminosa (fotossíntese), e a distribuição dos produtos da fotossíntese (assimilados) na planta compõem as duas primeiras seções (ver 5.4 e 5.5) da caracterização do metabolismo primário (ver 5.4 até 5.14). A essa caracterização, vincula-se uma apreciação geral sobre os aspectos importantes do metabolismo secundário (ver 5.15) e do metabolismo de polímeros vegetais (ver 5.16). A última seção apresenta abreviadamente os processos de secreção, também presentes em plantas (ver 5.17).

5.1 Energética do metabolismo

5.1.1 Fundamentos de bioenergética

Não há dúvida que as transformações de matéria e energia no organismo vivo (também identificadas como bioenergética) obedecem às leis da física e da química. Em outras palavras: os princípios da **termodinâmica** também estão presentes nos seres vivos.

No sentido termodinâmico, os seres vivos são **sistemas abertos**. Eles mantêm com o seu entorno um intercâmbio constante de matéria e energia. Eles se desenvolvem, ou seja, suas mudanças materiais e energéticas estão sujeitas a alterações temporais. Além disso, esses processos vitais são irreversíveis, e um ser vivo está muito distante do estado de equilíbrio termodinâmico. Por isso, os seres vivos deveriam ser descritos de acordo com os princípios da termodinâmica irreversível dos estados de não equilíbrio, façanha (ainda) não realizável considerando a enorme complexidade dos processos vitais. Contudo, a partir da termodinâmica (muito mais simples) de estados de equilíbrio em **sistemas fechados** – sistemas que mantêm intercâmbio de energia com o entorno, mas não de matéria – podem ser obtidos conhecimentos básicos essenciais. Pertencem a esse contexto as predições sobre a possibilidade de ocorrência de uma determinada reação química, em certas condições. No entanto, nas leis da termodinâmica do equilíbrio nada está previsto a respeito da velocidade das reações.

O metabolismo da célula viva presta-se ao cumprimento de tarefas, portanto à realização de **trabalho**. Para isso, há necessidade de **energia**. Assim, a definição do trabalho serve inicialmente como dimensão da energia.

A unidade absoluta de trabalho (força x distância), como de energia, é o joule (J; $1 \text{ kg} \cdot 1 \text{ m}^2 \cdot 1 \text{ s}^{-2} = \text{kg m}^2 \text{ s}^{-2}$), ou seja, unidade de força (newton, N; kg m s^{-2}) x unidade de distância (m). Frequentemente, encontram-se informações em quilojoule (kj; 10^3 J). Uma unidade de energia utilizada antigamente e ainda muitas vezes empregada é a caloria (1 cal = 4,184 J), unidade de calor (1 cal corresponde à quantidade de energia necessária para elevar a temperatura de 1 g de água de 14,5 para 15,5ºC, sob pressão normal). O cálculo para o emprego dessa unidade como medida de energia geral depende da possibilidade de transformação das formas de energia individualmente, isto é, das energias cinética, térmica, química, elétrica e radioativa. A preferência pela unidade de calor ocorre porque o calor representa a forma de energia mais geral; todas as outras formas de energia podem ser completamente convertidas em calor (o contrário não é verdadeiro). A propósito, para efeitos de clareza utiliza-se a unidade ºC para a temperatura, embora de maneira correta a temperatura absoluta devesse ser expressa em K (Kelvin; 0 K = –273,15ºC). (No final do livro, encontram-se as unidades e os fatores de correção, de acordo como o sistema internacional.)

5.1.2 Energética dos sistemas fechados

Via de regra, a termodinâmica considera o comportamento (mais exatamente: mudanças de estado, Δ) de um domínio (= **sistema**) delimitado. Tudo que estiver fora do sistema é o seu **entorno**. O sistema e o entorno constituem o "**Universo**" (Figura 5-1). O sistema possui **energia interna** U, a soma de todas as suas possíveis formas de energia. De acordo com a **primeira lei da termodinâmica**, em um **sistema fechado** (que não troca nem matéria nem energia como o entorno) a energia interna (U) é constante (U = constante). O conteúdo de energia do sistema depende apenas do estado do sistema, mas não de como esse estado foi alcançado. Para um processo circular, em que o sistema retorna ao seu estado de partida, vale, portanto, ΔU = 0. Assim, a energia não pode ser criada nem ser perdida.

Se for fornecida energia a um sistema, como, por exemplo, determinada quantidade de calor (Q) (por definição, não se trata então de sistema fechado e sim de **sistema semifechado**, pois há intercâmbio de energia com o entorno, mas não de matéria), o calor fornecido, de acordo com a primeira lei, deve provocar mudança da energia interna do sistema ou a realização de trabalho (W):

Q = ΔU + W ou ΔU = Q – W.   (Equação 5-1)

Os fenômenos endotérmicos são aqueles em que o sistema absorve calor; nos fenômenos exotérmicos, há perda de calor. Nas reações sob pressão constante (p = constante), como em geral ocorre nos organismos, a mudança de calor Q é chamada também de mudança da entalpia (do grego *enthalpeia* = aquecimento) e identificada como ΔH (Q = ΔH). Desse modo:

ΔU = ΔH – W,   (Equação 5-2)

onde W em geral representa trabalho realizado sob determinado volume, W = p ΔV. Sob volume e pressão constantes, portanto, não há realização de trabalho (W = 0). Então:

ΔU = ΔH.

Portanto, sob essas condições, pela determinação do calor é possível conhecer as mudanças da energia durante o andamento de uma reação. A mudança da entalpia (ΔH) de uma reação pode ser verificada por calorimetria (do grego, *calor* = calor; *métrein* = medir). O processo é **endotérmico**, se ΔH > 0, e **exotérmico**, se ΔH < 0. As substâncias orgânicas têm determinado calor de combustão molar, expresso pela energia (em joule, J) liberada no ambiente por oxidação constante de 1 mol da substância (Tabela 5-2).

A primeira lei não faz qualquer referência sobre a direção de processos físicos nem químicos. A experiência geral, no entanto, mostra que os processos espontâneos apresentam uma direção. Por exemplo, enquanto o calor passa somente de um corpo mais quente para um corpo mais frio, o fenômeno inverso nunca foi observado. Em geral, é válido afirmar que espontaneamente sempre apenas os estados com ordem mais baixa surgem a partir de estados com ordem mais alta, razão pela qual o sistema e o entorno devem ser considerados em conjunto. Como medida da desordem utiliza-se uma função termodinâmica S, a **entropia** (do grego, *entrepein* = transformar). Toda mudança espontânea de estado está vinculada a um aumento da entropia. Esse é o conteúdo da **segunda lei da termodinâmica**. Uma molécula de proteína que de uma conformação não dobrada com grau de ordem bai-

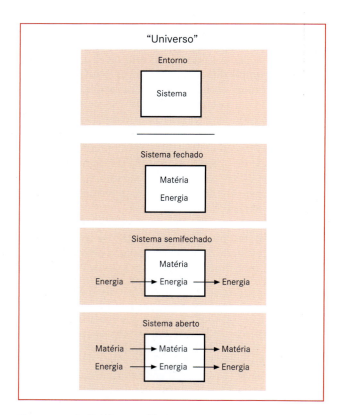

Figura 5-1 Definições de diferentes sistemas termodinâmicos. (Segundo E. Weiler.)

Tabela 5-2 Calor de combustão de diferentes substâncias orgânicas importantes para o metabolismo celular

Substância	Massa molecular (Da)	ΔH (kj mol^{-1})	(kj g^{-1})
Glicose $C_6H_{12}O_6$	180	-2.817	-15,65
Ácido láctico CH_3-CHOH-COOH	90	-1.364	-15,16
Ácido oxálico HOOC-COOH	90	-251	-2,79
Ácido palmítico CH_3-$(CH_2)_{14}$-COOH	256	-10.037	-39,21
Tripalmitina $C_{51}H_{98}O_6$	806	-31.433	-39,00
Glicina NH_2CH_2-COOH	75	-979	-13,05

xo passa espontaneamente ao estado dobrado com ordem mais alta, em consequência da formação de estruturas secundária e terciária, parece não cumprir essa lei. Contudo, o processo de dobramento ocorre por perturbação da estrutura da água no entorno da molécula de proteína que está se dobrando, de modo que aumenta a entropia total no sistema (proteína) mais o entorno (fase hídrica) durante o dobramento. Do mesmo modo, é indispensável que a manutenção do estado de ordem alto (da entropia baixa) dos seres vivos esteja vinculada à elevação da entropia no entorno.

A dimensão da entropia é J K^{-1}. Para cada temperatura, a entropia dos corpos sólidos é relativamente baixa, a dos fluidos é média e a dos gases é alta. A entropia sobe com a temperatura porque as moléculas têm movimento térmico mais elevado. A entropia de um corpo cristalino perfeito, no ponto zero absoluto (-273,15°C = 0 K), é zero (fato frequentemente identificado como a **terceira lei da termodinâmica**).

Conforme já mencionado, o fornecimento de calor pode ser utilizado para a realização de trabalho, como, por exemplo, em uma termoelétrica. Todavia, a célula viva mostra poucas diferenças de temperatura: ela tem comportamento praticamente **isotérmico**. A parte da entalpia total de um sistema, que pode realizar trabalho sob condições isotérmicas, é representada pela **entalpia livre** (G) (a designação G refere-se ao físico norte-americano Josiah Willard Gibbs [1839-1903]). A equação fundamental da relação entre mudanças da entropia e entalpia e mudanças da entalpia livre é:

$$\Delta G = \Delta H - T \Delta S. \qquad \text{(Equação 5-3)}$$

Nesse caso, ΔG é a mudança da entalpia livre do sistema, a mudança da entalpia ΔH é o calor trocado entre o entorno e o sistema, quando o sistema não realiza trabalho (ver acima); T é a temperatura absoluta (em K) e ΔS é a mudança da entropia do sistema.

O sinal de ΔG indica se uma reação pode ocorrer espontaneamente ou não. Se ΔG > 0, a reação não é espontânea; se ΔG < 0, a reação é espontânea (mas não necessariamente rápida). Uma reação espontânea se processa sob diminuição da entalpia livre e aumento da entropia até que: ΔH = T ΔS e, por consequência, ΔG = 0 (**estado de equilíbrio**). O processo com ΔG < 0 denomina-se **exergônico**; aquele com ΔG > 0 é **endergônico**.

Para compreender o andamento de reações químicas, é conveniente vincular a entalpia livre da reação às transformações da matéria e, por fim, ao equilíbrio que se estabelece na reação. Parece evidente que isso é possível, pois uma reação química A → B ocorrerá com diminuição da entalpia livre até que o mínimo de entalpia (ΔG = 0) seja alcançado. A seguir, não há mais qualquer transformação líquida de matéria, estabelece-se um equilíbrio entre A e B e a relação da concentração do produto final [B] com a concentração do produto inicial [A] permanece constante (**lei da ação das massas**). Essa relação é a **constante de equilíbrio termodinâmico K**:

$$K = [B]/[A], \qquad \text{(Equação 5-4)}$$

válida para uma reação A + B ⇌ C + D:

$$K = [C][D]/[A][B]. \qquad \text{(Equação 5-5)}$$

Portanto, essa constante de equilíbrio é sempre representada pelo produto das concentrações dos produtos da reação dividido pelo produto das concentrações dos produtos iniciais, em equilíbrio de reação. Isso vale para a relação entre ΔG e K:

$$\Delta G° = RT \ln K \text{ (unidade: J mol}^{-1}) \qquad \text{(Equação 5-6)}$$

onde ΔG° indica a mudança da **entalpia livre padrão molar** (cada mol da substância inicial é convertido sob condições padrão, a T = 25°C e p = 1 bar = 0,1 MPa), T é a temperatura em graus Kelvin (K) e R é a constante geral dos gases (= 8,314 J mol^{-1} K^{-1}).

Para as reações com presença de íons hidrogênio – situação frequente em sistemas biológicos – a transformação padrão seria também igual a 1 mol. Para definição das condições-padrão, na literatura bioquímica, por motivos práticos, é comum indicar as transformações de matéria não como quantidades de matéria em mol, mas como concentrações molares (M, em mol^{-1}). Para o estado padrão, isso significa a transformação de 1 mol l^{-1} de íons hidrogênio (pH = 0), valor não fisiológico. Por isso, na literatura bioquímica é empregada outra definição do estado padrão, em que a concentração em íons H$^+$ é 10^{-7} M (pH = 7) e a concentração da água (55,5 mol l^{-1}) – praticamente não se altera durante a reação – é igualmente incluída nas constantes (desde que H$_2$O apareça na equação da reação):

$$\Delta G^{o'} = RT \ln K'. \quad \text{(Equação 5-7)}$$

Na Tabela 5-3, encontram-se as mudanças da entalpia livre padrão molar (pH 7) para algumas transformações importantes.

Nas células, entretanto, não predominam condições padrão. Assim, o valor do pH muitas vezes desvia de 7,0, a temperatura desvia de 25°C e especialmente as concentrações de matéria via de regra não correspondem às condições padrão. Por isso, a distinção entre a mudança da entalpia livre padrão molar ΔG^o (que em determinada temperatura representa uma constante) e a mudança atual da entalpia livre ΔG (que depende da temperatura atual e das concentrações reais de matéria) deve ser cuidadosa. A direção de uma reação na célula é decidida por ΔG e não por ΔG^o. Porém, muitas vezes é difícil verificar esses valores de ΔG, pois as condições atuais (concentrações, valor de pH, temperatura) nos locais de reação (compartimentos) são difíceis de medir e frequentemente experimentam flutuações.

5.1.3 Energética dos sistemas abertos

A partir da termodinâmica dos sistemas fechados ou sistemas em equilíbrio, é possível tirar importantes conclusões sobre a energética de reações bioquímicas isoladas (é possível especialmente obter afirmações se um determinado processo ocorre espontaneamente ou não). Os organismos vivos, no entanto, são sistemas abertos, que trocam permanentemente energia e matéria com seu entorno (Figura 5-1). Enquanto todo sistema fechado se aproxima de um estado de equilíbrio estacionário ($\Delta G = 0$), os sistemas abertos podem manter um estado estável, distante do equilíbrio termodinâmico, um **equilíbrio dinâmico**. A descrição termodinâmica desses sistemas abertos é a tarefa da termodinâmica do desequilíbrio ou termodinâmica irreversível, na qual como novo componente é também considerado sobretudo o fator tempo e os fluxos de matéria exercem papel importante. Aqui, a termodinâmica irreversível não pode ser aprofundada. Sem dúvida, o conceito de potencial químico (ver 5.1.4) tem se mostrado muito útil, para compreender melhor a energética de muitos processos fisiológicos. Um estado de equilíbrio dinâmico estável se caracteriza pela produção permanente de entalpia livre no sistema promovida pelo fluxo de matéria e energia. Por fim, isso ocorre pela transformação exergônica de substâncias orgânicas (substâncias nutritivas) com entalpia mais alta e entropia mais baixa em "produtos residuais" com entalpia mais baixa e entropia mais alta (ver 5.9). No processo fortemente endergônico da fotossíntese (ver 5.4 até 5.7), as células fotossinteticamente ativas produzem essas substâncias nutritivas a partir de substâncias inorgânicas e energia luminosa absorvida (**produção primária**). A entalpia livre é utilizada sob forma de ligações ricas em energia, como, por exemplo, o ATP, para realizar trabalho biológico e manter o alto grau de ordem característico dos seres vivos. Se o fluxo de matéria e energia for interrompido, após algum tempo estabelece-se o estado de equilíbrio estacionário ($\Delta G = 0$): a morte.

Pode-se mostrar que o equilíbrio dinâmico é o estado de um sistema aberto, no qual ele produz um mínimo de entropia. Esse estado, portanto, pode ser mantido numa ordem mais elevada com o menor investimento de energia. Por consequência, o equilíbrio dinâmico é o estado de um sistema aberto com eficiência termodinâmica máxima. Além disso, é essencial que – ao contrário de um sistema em equilíbrio estacionário, verificado em sistemas fechados – um sistema em estado de equilíbrio dinâmico possa ser regulado: importante propriedade de todas as células vivas.

Tabela 5-3 Mudanças da entalpia livre padrão molar em pH = 7 (ΔG^o), para algumas reações metabólicas importantes (hidrólises)

Reação	$\Delta G^{o'}$ (kj mol^{-1})
Fosfoenolpiruvato + H$_2$O → Piruvato + P$_i$	-61,9
1,3-bisfosfoglicerato + H$_2$O → 3-fosfoglicerato + P$_i$	-49,4
Pirofosfato + H$_2$O → 2P$_i$	-33,5
ATP + H$_2$O → AMP + PP$_i$	-32,2
ATP + H$_2$O → ADP + P$_i$	-30,5
Glicose-1-fosfato + H$_2$O → Glicose + P$_i$	-20,9
Glicose-6-fosfato + H$_2$O → Glicose + P$_i$	-13,8
Glicerol-3-fosfato + H$_2$O → Glicerol + P$_i$	-9,2

P$_i$ = fosfato inorgânico.

5.1.4 Potencial químico

5.1.4.1 Definição geral

Na prática, não é possível determinar a entalpia livre de um sistema aberto de composição complexa, como o representado por uma célula. No entanto, em muitos casos, é suficiente verificar a capacidade de realizar trabalho de determinados componentes desse sistema. Por exemplo, interessa calcular apenas a diferença da entalpia livre do íon hidrogênio (mas não de outros íons) nos dois lados de uma membrana celular (quando couber), a força motriz do íon hidrogênio para execução de trabalho em processos de transporte acoplados e sua direção; ou é determinada a diferença da entalpia livre da água em soluções aquosas vizinhas separadas por membrana celular, a direção e a extensão da corrente de água sobre essa superfície limítrofe.

A entalpia livre por mol de um componente i de uma mistura de matéria de componentes k é denominada **potencial químico** μ de i (μ_i). A soma dos potenciais químicos de todos os componentes k resulta na entalpia livre por mol da mistura de matéria. Portanto, as contribuições individuais dos componentes têm comportamento aditivo. Por sua vez, o potencial químico de cada componente da mistura de matéria pode ser decomposto em um potencial padrão (μ_i^0) e uma soma de potenciais parciais, que abrangem os desvios do estado padrão:

$$\mu_i = \mu_i^0 + RT \ln x_i + p \overline{V}_i + g h M_i + F E z_i. \quad \text{(Equação 5-8)}$$

$RT \ln x_i$, termo de concentração: R, constante geral de gás; T, temperatura absoluta; x_i, parte da quantidade de matéria de i ($x_i = n_i : n_a + n_b + \ldots + n_k$). A parte da quantidade de matéria é a relação entre a quantidade de matéria (em mol) do respectivo componente e a quantidade total de todas as matérias encontradas na solução, incluindo o solvente:

$p \overline{V}_i$, termo de pressão; $\overline{V}_i$, volume molar parcial de i, corresponde à alteração de volume pelo acréscimo de 1 mol do componente i;

$g h M_i$, termo de gravitação: g, constante de gravitação (9,806 m s^{-2}); h, altura de elevação; M_i, massa molar de i;

$F E z_i$, termo elétrico: F, constante de Faraday (96,49 kJ V^{-1} mol^{-1}); E, potencial elétrico; z_i, número da carga de i.

A dimensão de μ é energia por mol (J mol^{-1}).

Uma vez que frequentemente não interessa o potencial químico, mas sim a alteração do potencial químico pela mudança do estado do sistema referente ao componente i, para a alteração do potencial químico (= da entalpia livre) de i na mistura durante a transição de estado A → B obtém-se a relação:

$$\begin{aligned}\Delta\mu_i &= \mu_i(B) - \mu_i(A) \\ &= \Delta(RT \ln x_i) + \Delta(p \overline{V}_i) + \Delta(g h M_i) + \Delta(F E z_i) \\ &= RT \Delta\ln x_i + \overline{V}_i \Delta p + g M_i \Delta h + F z_i \Delta E.\end{aligned}$$

$$\text{(Equação 5-9)}$$

Os casos especiais dessas equações gerais 5-8 e 5-9 são abordados especialmente em capítulos posteriores e devem ser considerados a seguir.

5.1.4.2 Potencial hídrico

As células vegetais, como as células dos outros organismos, são incapazes de transportar água ativamente. Por isso, a água flui sempre passivamente de um local com entalpia livre mais elevada (mais positiva) para um local com entalpia livre mais baixa (mais negativa); portanto, em um processo de andamento exergônico, espontâneo (mas não necessariamente rápido). Uma vez que apenas as misturas de água com outras matérias têm relevância biológica (por exemplo, as soluções aquosas nas células ou no solo, o vapor de água com uma mistura de gases na atmosfera), para considerações energéticas é conveniente empregar o potencial químico da água (μ_{H_2O}). Como as moléculas de água não são carregadas eletricamente ($z_{H_2O} = 0$), o termo elétrico é deduzido da equação 5-9 e tem-se:

$$\mu_{H_2O} = \mu^0_{H_2O} + RT \ln x_{H_2O} + p \overline{V}_{H_2O} + g h M_{H_2O}$$
$$\text{(Equação 5-10)}$$

Portanto, para a água pura ($x_{H_2O} = 1$) em estado padrão (p h = 0) gilt also $\mu_{H_2O} = \mu^0_{H_2O}$.

Sobre a relação $x_{H_2O} + \Sigma_i x_i = 1$, pode-se escrever o termo da concentração $RT \ln x_{H_2O}$ como função da parte de quantidade de matéria de todas as partículas dissolvidas ($1 - \Sigma_i x_i$): $RT \ln (1 - \Sigma_i x_i)$. Para soluções diluídas, pode-se de maneira aproximada estabelecer: $\ln (1 - x) = -x$ e, pelo emprego da relação $\Sigma_i x_i \approx \overline{V}_{H_2O} \Sigma_i c_i$ (c, concentração molar) obtém-se finalmente

$$RT \ln x_{H_2O} = RT \ln (1 - \Sigma_i x_i) \approx -RT \Sigma_i x_i \approx -RT \overline{V}_{H_2O} \Sigma_i c_i.$$

Para soluções mais concentradas (geralmente 0,1 M ou superior), devem ser empregadas **concentrações molares** (mol kg^{-1}) e, em vez de concentrações, atividades.

Então $RT \Sigma_i c_i \approx \Pi$ (Π = pressão osmótica, **regra de Van't Hoff**), de modo que:

$$RT \ln x_{H_2O} \approx -\Pi \overline{V}_{H_2O} \quad \text{(Equação 5-11)}$$

e assim,

$$\mu_{H_2O} = \mu^0_{H_2O} - \Pi \overline{V}_{H_2O} + p \overline{V}_{H_2O} + g h \rho_{H_2O} \overline{V}_{H_2O}, \quad \text{(Equação 5-12)}$$

com $M_{H_2O} = \rho_{H_2O} \overline{V}_{H_2O}$ (ρ_{H_2O}, densidade da água).

Como em geral interessam as diferenças de potencial químico da água e nem tanto o potencial absoluto, segundo norma adicional sobre o volume molar parcial da água, define-se em primeiro lugar o desvio do potencial químico da água no sistema do estado padrão considerado:

$$\Psi \equiv \frac{\mu_{H_2O} - \mu^0_{H_2O}}{\overline{V}_{H_2O}} \qquad \text{(Equação 5-13)}$$

como o **potencial hídrico** de uma solução. Segue-se, então, da equação 5-12:

$$\Psi = p - \Pi + g\, h\, \rho_{H_2O}. \qquad \text{(Equação 5-14)}$$

Ψ tem a dimensão Energia Volume^{-1} (= Força · Superfície^{-1} = Pressão) e é representada em bar ou Pa (1 bar = 0,1 MPa).

Em dimensões celulares, a diferença de altura não tem importância. Assim, na ausência do termo de gravitação, a equação 5-14 pode ser simplificada:

$$\Psi = p - \Pi. \qquad \text{(Equação 5-15)}$$

Logo, o potencial hídrico de uma solução, ou seja, a entalpia livre da água por unidade de volume ($\overline{V}_{H_2O} \approx 18$ ml), é representado por três potenciais parciais:

- um potencial de pressão p, que representa a pressão hidrostática, à qual a solução é submetida,
- o potencial osmótico $-\Pi$ (o valor negativo da pressão osmótica Π) e
- o potencial de gravitação (para observações em dimensões celulares, este último pode ser desconsiderado).

Deve ser considerado que a pressão hidrostática é definida como o desvio de pressão em relação à pressão do entorno. Ela pode apresentar tanto valores positivos ("pressão excessiva") quanto negativos ("pressão negativa", "tensão"). A pressão absoluta é sempre positiva ou, melhor exprimindo, é igual a zero no vácuo perfeito. O potencial de pressão da água no estado padrão é, portanto, p = 0, mas sua pressão absoluta é 1 bar (0,1 MPa).

Se houver diferença de potencial hídrico entre dois compartimentos ($\Delta\Psi \neq 0$), a água se desloca sempre do local com potencial hídrico mais positivo para o local com potencial hídrico mais negativo. Com isso, sua entalpia livre se reduz. Portanto, esse processo é exergônico e, assim, ocorre espontaneamente.

O conceito de potencial hídrico e sua extensão mostraram-se importantes para a compreensão global das relações hídricas das plantas (ver 5.3).

5.1.4.3 Potencial químico de íons e potencial de membrana

O potencial químico de partículas carregadas eletricamente em uma solução é determinado pela sua concentração e a carga elétrica. Em consequência, para um íon i tem-se:

$$\mu_i = \mu^0_i + RT \ln a_i + F\, E\, z_i \qquad \text{(Equação 5-16)}$$

(a_i = atividade do íon; para soluções diluídas $a_i \approx c_i$; c_i, concentração molar de i).

Considerando duas soluções de i, separadas nos compartimentos A e B por membrana isolante elétrica, resulta para a diferença do potencial químico de i, $\Delta\mu_i$ (também denominado **potencial eletroquímico**), $\Delta\mu_i = \mu^B_i - \mu^A_i$:

$$\Delta\mu_i = RT \ln \frac{a^B_i}{a^A_i} + F\, z_i\, (E^B - E^A)$$

$$\approx RT \ln \frac{c^B_i}{c^A_i} + F\, z_i\, (E^B - E^A). \qquad \text{(Equação 5-17)}$$

Mais adiante, será visto que o potencial eletroquímico do íon hidrogênio (H$^+$) nas membranas celulares (ver 5.1.5) tem significado especial, pois representa a força motriz de muitos processos de transporte através de membranas celulares e da síntese de ATP nos cloroplastos (ver 5.4.9) e mitocôndrias (ver 5.9.3.3). Para H$^+$ tem-se $z_{H^+} = 1$ e, assim:

$$\Delta\mu_{H^+} = RT \ln \frac{[H^+]^B}{[H^+]^A} + F\,(E^B - E^A), \qquad \text{(Equação 5-18)}$$

onde o sítio de reação A representa o compartimento intracelular e o sítio de reação B representa o compartimento extracelular (ou também funcionalmente extracelular). A diferença de potencial $E^B - E^A = \Delta E_M$ é denominada potencial elétrico transmembrana (abreviadamente: **potencial de membrana**). De maneira simplificada, pode-se representar:

$$\frac{\Delta\mu_{H^+}}{F} = \frac{2{,}3\, RT}{F} \log \frac{[H^+]^A}{[H^+]^B} + \Delta E_M$$

e pela união de todas as constantes à temperatura padrão de T = 298 K e com emprego da definição do valor do pH (pH = $-\log[H^+]$) resulta:

$$\frac{\Delta\mu_{H^+}}{F} = -0{,}059\, \Delta pH + \Delta E_M \text{ (Unidade: V).} \qquad \text{(Equação 5-19)}$$

A expressão $\Delta\mu_{H^+}/F$ é identificada como **força motriz de prótons** e usada para caracterização da energia de um gradiente de prótons. Assim, dois potenciais parciais separados ou juntos são capazes de realizar trabalho: por um lado, o potencial de concentração do íon hidrogênio (ΔpH) e, por outro lado, o potencial elétrico (ΔE_M). Para exemplos, ver 5.1.5.

Para o estado de equilíbrio ($\Delta\mu_i = 0$) resulta da Equação 5-17:

$$RT \ln \frac{a_i^B}{a_i^A} + F z_i (E^B - E^A) = 0$$

$$\Delta E_N = E^B - E^A = \frac{2,3\, RT}{F z_i} \log \frac{a_i^A}{a_i^B}\quad \text{quando } T = 298\, K:$$

$$\Delta E_N = \frac{0,059}{z_i} \log \frac{a_i^A}{a_i^B} \approx \frac{0,059}{z_i} \log \frac{c_i^A}{c_i^B}. \qquad \text{(Equação 5-20)}$$

Essa é a **Equação de Nernst** (ΔE_N, potencial de equilíbrio de Nernst, unidade: V).

Portanto, para $c_i^A \neq c_i^B$ estabelece-se uma diferença de potencial entre os dois compartimentos. Em um diferença de concentração efetiva de 1:10 (para $z_i = 1$), a diferença de tensão é de 59 mV (para $z_i = 2$ correspondendo a 29,5 mV). Ao contrário, para uma tensão de 59 mV constante em equilíbrio para um íon permeável, estabelece-se nos compartimentos uma diferença de concentração de 1:10.

5.1.4.4 Potencial redox

Diversas transformações de matéria biologicamente relevantes transcorrem por redução ou oxidação de metabólitos. A **redução** é o ganho de elétrons por uma molécula; por **oxidação** entende-se a perda de elétrons por uma molécula. Oxidação e redução ocorrem geralmente como processos acoplados (**reação redox**). Com o potencial químico de íons (potencial eletroquímico) definido na Equação 5-17, é possível também descrever reações redox. Assim, para reações redox acopladas $A_{ox} + B_{red} \rightleftharpoons A_{red} + B_{ox}$ é válida também a Equação de Nernst correspondente:

$$\Delta E = \Delta E^0 - \frac{2,3\, RT}{F z} \log \frac{[A_{red}][B_{ox}]}{[A_{ox}][B_{red}]}. \qquad \text{(Equação 5-21)}$$

R, T e F são grandezas conhecidas, z é o número de elétrons transportados por conversão da fórmula. ΔE^0 é a diferença dos potenciais redox padrão dos meios de redução e oxidação: $\Delta E^0 = E^{0B} - E^{0A}$. Esses potenciais são averiguados para redutor e oxidante como diferenças de potencial em relação ao eletrodo de hidrogênio normal, sob condições padrão (cujo potencial = 0 é estabelecido arbitrariamente), representando, portanto, diferenças de potencial.

Os valores de E^0 ou ΔE^0, como de costume, são padronizados para 25°C, 1 bar de pressão (0,1 MPa) e 1 M de conversão de matéria. Se os íons hidrogênio participarem de reações redox, então é válida uma conversão de matéria correspondente de 1 M (pH = 0, Equação 5-6). Assim, para fins biológicos, foi escolhida aqui, como já em ΔG^0, outra definição das condições padrão ($E^{0'}$): pH = 7. Corresponde:

$$E^{0'} = E^0 - 0,42\, V. \qquad \text{(Equação 5-22)}$$

A Tabela 5-18 apresenta alguns potenciais padrão para pH = 7 (ver 5.4.5).

O potencial redox ΔE descreve a energia eletroquímica de uma reação redox por mol de elétrons transportados disponíveis para a realização de trabalho. A diferença da entalpia livre da reação a partir do potencial redox, por meio da relação

$$\Delta G = -z\, F\, \Delta E \qquad \text{(Equação 5-23)}$$

pode ser facilmente verificada. De modo correspondente tem-se:

$$\Delta G^{0'} = -z\, F\, \Delta E^{0'}. \qquad \text{(Equação 5-24)}$$

Portanto, a partir dos potenciais redox padrão, para reações redox acopladas é possível determinar a direção em que a reação se processa espontaneamente sob condições padrão. Conforme isso, uma reação redox é exergônica ($\Delta G < 0$) para a transferência de elétrons do participante da reação com potencial redox padrão mais negativo (o agente redutor, oxidado durante a reação) ao participante da reação com potencial redox padrão mais positivo (o agente oxidante, reduzido durante a reação).

As reações redox exercem papel central no metabolismo. Tanto a fotossíntese quanto a respiração celular representam processos redox (Figura 5-2). Na fotossíntese, o carbono é reduzido no nível de oxidação do CO_2 (número de oxidação + IV) para o nível do carboidrato ($[CH_2O]_n$, número de oxidação 0). Os elétrons provenientes da água, por meio de uma cadeia redox complexa acionada pela

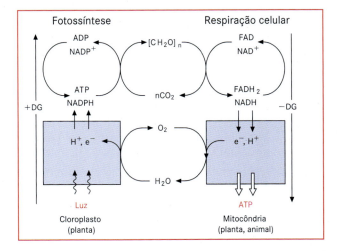

Figura 5-2 Princípios energéticos dos dois processos metabólicos fundamentais da biosfera: fotossíntese e respiração celular. A cor azul indica os processos redox que ocorrem nos sistemas de membranas, que se prestam à transformação de energia (fotossíntese, ver 5.4; respiração celular, ver 5.9.3). (Segundo E. Weiler.)

luz (endergônica), são transferidos para as membranas dos tilacoides dos cloroplastos, inicialmente como nicotinamida adenina dinucleotídeo-fosfato (NADP⁺), resultando em NADPH. O NADPH funciona como molécula de transporte de equivalentes de redução e é reoxidado nas reações de redução da assimilação de CO_2 (ver 5.5.2). O sistema respiratório da respiração mitocondrial contém igualmente cadeias de transporte de elétrons ligadas a membranas. Elas captam os elétrons acumulados pela oxidação de carboidratos (por fim até o nível do CO_2), para usá-los na preparação da molécula de transporte de equivalentes de redução, nicotinamida adenina dinucleotídeo (NADH) reduzida, a partir de nicotinamida adenina dinucleotídeo (NAD) oxidada (ver 5.9.3.3). Além desses dois processos redox fundamentais, muitas outras óxido-reduções de metabólitos exercem um papel no metabolismo celular, as quais são catalisadas por enzimas redox (**óxido-redutases**).

5.1.5 Transformação de energia e acoplamento energético

Segundo os princípios termodinâmicos, a mudança da entalpia livre (ΔG) de uma série acoplada de processos (por exemplo, reações químicas) é igual à soma das mudanças das entalpias livres das reações individuais. Isso apresenta consequências importantes para o metabolismo, pois os inúmeros processos metabólicos endergônicos só podem ter andamento espontâneo quando, por meio de acoplamento em reações exergônicas, a mudança da entalpia livre do processo acoplado é no total negativa (ΔG < 0); a reação total, portanto, tem andamento exergônico. Isso é denominado **acoplamento energético**. Ele aparece primeiramente em **cadeias de reações** e é característico de praticamente todas rotas metabólicas. Muitas vezes, são intercaladas reações fornecedoras de energia específicas, para impulsionar passos endergônicos de reação. Adenosina trifosfato é o armazenador de energia mais frequente nas células (Figura 5-3; estrutura, Figura 1-3).

Às vezes, outros nucleosídeos trifosfato ou pirofosfato, ricos em energia, podem participar também de rotas biossintéticas específicas (por exemplo: ácidos nucleicos, ver 1.2; carboidratos, ver 5.16.1; lipídeos, ver 5.10). A hidrólise: ATP + H_2O → ADP + P_i (P_i = fosfato inorgânico) é fortemente exergônica, o que pode ser reconhecido na entalpia livre padrão molar (pH 7): $\Delta G^{0'}$ = – 30,5 kJ mol⁻¹. A formação de ATP segundo: ADP + P_i → ATP + H_2O é, portanto, fortemente endergônica: $\Delta G^{0'}$ = + 30,5 kJ mol⁻¹. O ATP pode ser formado por acoplamento com uma reação exergônica adequada. O doador do grupo fosfato deve possuir, no mínimo, o mesmo potencial do grupo fosfato, ou seja, fornecer na hidrólise uma quantidade de entalpia livre, no mínimo, igualmente elevada. Isso ocorre, por exemplo, na hidró-

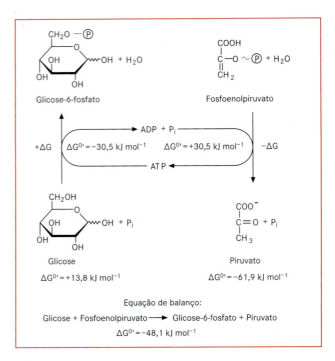

Figura 5-3 Acoplamento energético das reações exergônicas e endergônicas em cadeias de reação, com participação do sistema adenilato (ATP, ADP + P_i), apresentado como um exemplo do acoplamento da hidrólise de fosfoenolpiruvato na fosforilação de glicose a glicose-6-fosfato. (Segundo H. Mohr, P. Schopfer.)

lise de 1,3-bisfosfatoglicerato ou de fosfoenolpiruvato (PEP) (Tabela 5-3, Figura 5-3). O conceito **fosforilação em nível de substrato** é empregado para essas reações de síntese de ATP. No entanto, a parte predominante de ATP das células vegetais é produzida por **quimiosmose**, isto é, mediante acoplamento energético a um gradiente de íons hidrogênio, estruturado nas mitocôndrias pela oxidação de moléculas do substrato (ver 5.9.3.3) e nos cloroplastos no processo das reações luminosas da fotossíntese (ver 5.4.9).

A segunda possibilidade de acoplamento energético de reações endergônicas a exergônicas consiste, pois, no aproveitamento da energia eletroquímica de **gradientes de íons**. Nas plantas, são esses gradientes de íons hidrogênio que se situam junto à plasmalema, ao tonoplasto e aos sistemas de membranas das mitocôndrias e cloroplastos. Nos dois casos citados por último, conforme mencionado, eles prestam-se à síntese de ATP; os gradientes de íons hidrogênio na plasmalema e no tonoplasto são produzidos, por hidrólise de ATP, de ATPases de transporte de íons hidrogênio (H^+-ATPases, bombas de prótons). Adicionalmente, no tonoplasto encontra-se uma bomba de prótons, que aproveita a energia da hidrólise do pirofosfato. Os processos de transporte (como neste caso a translocação do íon hidrogênio através de uma membrana celular), acoplados mecanicamente à hidrólise de uma ligação rica em energia, são denominados processos de **transporte ativo primário**. A força motriz de prótons de um gradiente de íons hidrogênio, conforme mencionado (Equação 5-19) consiste em dois potenciais parciais: um potencial elétrico e um potencial de concentração de íons hidrogênio. Esse potencial eletroquímico fornece a força motriz para o transporte acoplado (endergônico) de outros íons ou também metabólitos eletricamente neutros (**transporte ativo secundário**). Desse modo, podem ser aproveitados o potencial elétrico parcial da força motriz de prótons (por exemplo, no transporte iônico através de canais de íons dependentes de tensão, **acoplamento de fluxo elétrico**) ou tanto o potencial elétrico quanto o potencial de concentração de íons hidrogênio (**acoplamento de fluxo eletroquímico**), como, por exemplo, no transporte acoplado de íons hidrogênio com metabólitos eletricamente neutros por transportadores (carreadores). Em geral, os **canais de íons** são bidirecionais e seletivos para íons individuais ou, pelo menos, para espécies de íons aparentados. Em geral, os **carreadores** são altamente seletivos para o seu substrato. Segundo a direção do transporte, distinguem-se **transportadores do tipo uniporte**, **do tipo simporte** e **do tipo antiporte**. A Figura 5-4 reúne os mais importantes sistemas de transporte ativo primário ou secundário na plasmalema e nos tonoplastos.

Presume-se que a tarefa original das bombas de prótons na plasmalema e no tonoplasto era a de colocar o valor do pH citoplasmático na célula vegetal no espectro estreito de 7,5 a 8,0, em desequilíbrio com o meio externo e o conteúdo vacuolar, na maioria das vezes ácidos. Em algas marinhas, o cloreto é transportado por uma Cl⁻-ATPase (bomba de cloreto) para a osmorregulação na célula; nas glândulas de sal (*Limonium*, *Tamarix*), ao contrário, Cl⁻ é separado; o Na⁺ segue por acoplamento de fluxo elétrico.

As ATPases de transporte de Ca^{2+} na plasmalema e no retículo endoplasmático têm a função de retirar do citoplasma o Ca^{2+} que se difundiu passivamente do apoplasto para o interior da célula. Desse modo, o nível de Ca^{2+} no citoplasma se mantém baixo (aproximadamente 10^{-7} M).

Uma terceira possibilidade do acoplamento energético consiste no armazenamento da entalpia livre sob forma de **conformação proteica ativada**, cuja transição para o estado básico mais pobre em energia é empregada para a realização de trabalho. As proteínas motoras, como a dineína, convertem a energia de uma ligação fosfoanidro do ATP em energia mecânica; neste caso, uma forma fosforilada da proteína faz o papel da formação proteica ativada. A translocação de íons através de ATPases depende de diferentes conformações das moléculas das enzimas não fosforiladas e fosforiladas. No ciclo de reação, os locais de ligação dos íons com afinidade diferente são, por isso, expostos nos dois lados da membrana celular.

Com base em alguns exemplos já expostos, o acoplamento energético ocorre frequentemente sob **conversão de energia**. Assim, as plantas transportam a energia da luz solar inicialmente em forma de energia eletroquímica (separação elétrica de carga e potencial de íons hidrogênio) e, finalmente, como energia química (NADPH, ATP, ver 5.4.4, Figura 5-2). As proteínas motoras convertem energia química em energia mecânica, as ATPases translocadoras de íons transportam energia química em um potencial eletroquímico, e o potencial eletroquímico de gradientes de íons (em plantas, gradientes de íons hidrogênio) é empregado para realizar trabalho "osmótico" (concentração de substâncias contra uma queda de potencial eletroquímico), após passar pelos mais diversos processos de transporte de matéria.

5.1.6 Catálise enzimática

5.1.6.1 Fundamentos da catálise

A termodinâmica do equilíbrio permite afirmar se uma reação é possível energeticamente sob determinadas condições e em que concentrações os seus participantes ocorrem em equilíbrio. No entanto, ela não possibilita qualquer indicação sobre a velocidade das reações espontâneas. Na verdade, essa velocidade pode ser extremamente baixa. Assim, por exemplo, a oxidação de glicose com oxigênio é um processo fortemente exergônico. Contudo, ao contrário do oxigênio, a glicose permanece ilimitadamente estável sob temperaturas e pressão fisiológicas normais. O motivo disso é que os participantes de reações químicas devem ocorrer em estado ativado, a partir do qual elas se efetuam. O transporte dos reagentes, a partir do estado base nesse estado de transição rico em energia, exige o fornecimento de energia. A cota de energia empregada por mol de uma substância é a **entalpia livre molar de ativação** (ΔG), muitas vezes chamada abreviadamente de **energia de ativação**. Em reações químicas, a ativação pode ser realizada mediante elevação da temperatura. O aumento da temperatura eleva o número de moléculas capazes de reagir e, assim, acelera a reação (na maioria dos casos, há uma duplicação com um aumento de 10°C). Para evitar danos celulares, as reações bioquímicas devem processar-se em temperatura relativamente baixas. Por isso, o aumento da temperatura não interessa como meio de aceleração de reações metabólicas.

Os **catalisadores** (do grego, *kata* = para baixo; *lysis* = dissolução) são substâncias cuja adição a uma reação mista aumenta a sua velocidade, enquanto a energia de ativação é reduzida (Figura 5-5). Os catalisadores saem inalterados da reação e não exercem influência sobre a situação do equilíbrio dela (portanto, não modificam a entalpia livre, ΔG, de uma reação). A função dos catalisadores é a de meramente acelerar a reação, permitindo que ela atinja o estado de equilíbrio. Uma vez que não são alterados ou consumidos na reação, os catalisadores podem ser sempre empregados novamente e precisam estar presentes em quantidades pequenas. Os **biocatalisadores** atuam na aceleração de reações metabólicas. Com exceção de alguns ácidos ribonucleicos (**ribozimas**) ativos cataliticamente, os biocatalisadores são proteínas. Eles são classificados como **enzimas** (do grego, *zyme* = fermento) ou **fermentos** (do latim, *fermentum* = fermento) e submetem-se aos

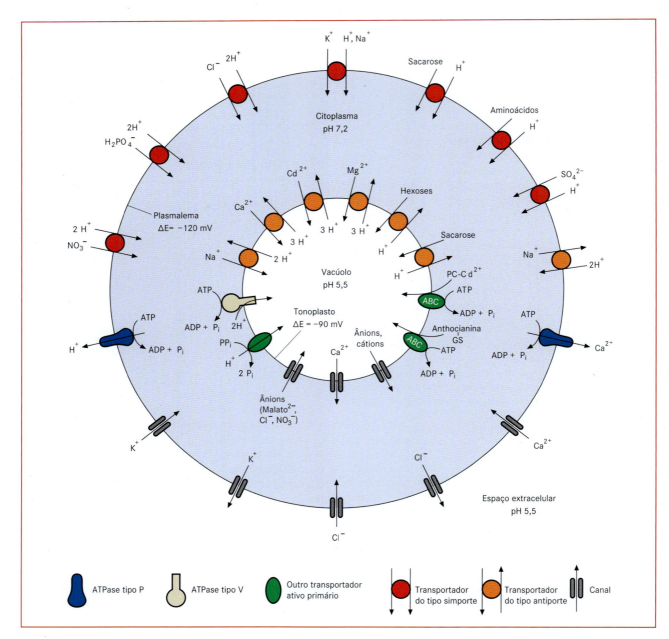

Figura 5-4 Visão geral dos diferentes processos de transporte ativo primário (azul, amarelo, verde) e passivo ou, melhor dizendo, ativo secundário (vermelho, laranja, cinza) na plasmalema e nos tonoplastos de células vegetais. A estequiometria do transportador do tipo simporte e do transportador do tipo antiporte não é conhecida em todos os casos; a representação mostra simplesmente o tipo de partículas transportadas e a direção do transporte. As ATPases tipo P formam um intermediário fosforilado durante o ciclo de transporte (P = intermediário com fósforo); as ATPases tipo V assemelham-se estruturalmente às ATPsintases das mitocôndrias (F_1/F_0-ATPase) ou dos cloroplastos (CF_1/CF_0-ATPase) (V = vacuolar). Os transportadores ABC empregam a energia do ATP para a translocação de ligações e complexos orgânicos maiores, como, por exemplo, do complexo fitoquelatina-Cd^{2+}-($PC-Cd^{2+}$-) ou, melhor exprimindo, de conjugados antocianina-glutationa (antocianina-GS). Os transportadores ABC são identificados pela presença de uma sequência especial de aminoácidos, necessária para a ligação de ATP (ABC = **A**TP-**b**inding **c**assete)*. (Gentilmente cedido por L. Taiz e E. Zeiger.)

---

* N. de T. Proteínas ABC: proteínas transportadoras tipo cassete ligadoras de ATP.

mesmos princípios que os catalisadores da química; portanto, as enzimas também diminuem a energia de ativação da reação catalisada (Figura 5-5), sem alterar o equilíbrio da reação (e, com isso, ΔG).

Assim, a entalpia livre padrão molar importa na ativação ($\Delta G0^{\ddagger}$) da dismutação de peróxido de hidrogênio $H_2O_2 \rightarrow H_2O + \frac{1}{2} O_2$: $\Delta G^{0\ddagger} = +75$ kJ mol^{-1}, quantidade que pode ser obtida mediante aquecimento de uma solução de H_2O_2. Na presença de platina pulverizada, $\Delta G^{0\ddagger} = +49$ kJ mol^{-1}. A platina atua como catalisador, e a reação já é então mensurável à temperatura ambiente. A catálise enzimática executa a dismutação com uma energia de ativação de $\Delta G^{0\ddagger} = +23$ kJ mol^{-1}. Na presença da catálise, H_2O_2 decompõe-se muito rápida em $H_2O + \frac{1}{2}O_2$ à temperatura ambiente. Em cada caso, a entalpia padrão molar da reação exergônica é $\Delta G^{0\ddagger} = -97$ kJ mol^{-1}. As enzimas são extraordinários catalisadores capazes de realizar trabalho. Assim, a anidrase carbônica acelera a hidratação de CO_2, conforme: $H_2O + CO_2 \rightleftharpoons H_2CO_3$, ao fator de 10^7, num total de 10^5 moléculas de CO_2 por segundo por molécula de enzima.

Numa reação catalisada por enzima (Figura 5-5), inicialmente forma-se um complexo enzima-substrato (ES), que se transforma no complexo enzima-produto (EP). O EP, por sua vez, pela formação do produto de reação (P) e liberação da enzima, dissocia-se rapidamente. Geralmente, a energia de ativação total exigida é determinada pela quantidade de energia necessária para a transformação ES → EP. Esse passo determina, então, a velocidade da reação total.

5.1.6.2 Mecanismos moleculares da catálise enzimática

As enzimas têm especificidade de substrato e especificidade de reação. O grau da **especificidade de substrato** difere para as distintas enzimas. Algumas hidrolases, por exemplo, são relativamente inespecíficas, pois hidrolisam substratos diferentes; outras são relativamente específicas para determinados agrupamentos de moléculas. Assim, as α-glicosidases hidrolisam ligações α-glicosídicas em substratos diferentes, mas não hidrolisam ligações β-glicosídicas. Muitas enzimas são extremamente específicas de substratos. Chama a atenção a discriminação de estereoisômeros, frequentemente verificável. A esse respeito, destaca-se a transformação rápida de metabólitos (na maioria das vezes, muito forte) que se distinguem meramente pela disposição espacial de substituintes (por exemplo, isômeros ou moléculas-cis/trans, que se comportam como imagem espelhada, apresentando-se, portanto, como enantiômeros).

A especificidade de substrato depende de um ajuste entre substrato e o sítio ativo catalítico da enzima, o **centro ativo**. Na situação mais simples, o substrato e o centro catalítico se ajustam como chave e fechadura. Contudo, essa metáfora, introduzida por Emil Fischer em 1890, não corresponde integralmente à realidade, pois a ligação do substrato à enzima frequentemente é um processo dinâmico, em cujo andamento a conformação da enzima e do substrato se modificam. Esse fenômeno, postulado por E. Koshland Jr. em 1958, foi denominado **ajuste induzido** (*induced fit*). Muitas vezes, o centro ativo da enzima forma-se apenas depois da ligação do substrato e da mudança da conformação induzida, como no caso da fosfoglicerato-cinase (Figura 5-6).

A fosfoglicerato-cinase, enzima da glicólise (ver 5.9.1), liga 1,3-bisfosfoglicerato e adenosina difosfato (ADP) e catalisa a transferência do resíduo de ácido fosfórico (ligado ao grupo carboxila de 1,3-bisfosfoglicerato) para ADP, formando ATP e 3-fosfoglicerato. Nesse processo, uma ligação de anidrido é desfeita (no 1,3-bisfosfoglicerato) e uma nova ligação de anidrido é estabelecida (no ATP). Em ambiente aquoso, essa reação ocorreria com pequena probabilidade, pois energeticamente o processo da hidrólise seria favorecido. A solução do problema consiste no fato de a ligação de ADP e 1,3-bisfosfoglicerato produzir um ajuste induzido, no qual os dois domínios da enzima (Figura 5-6), com remoção de água, dobram-se sobre os substratos ligados. Somente assim surge o centro ativo e é possível a transferência de grupos fosfato. Após a conclusão da catálise,

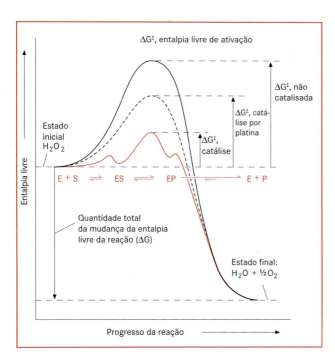

Figura 5-5 Gráfico da energia para uma reação não catalisada e outra catalisada, como exemplo da dismutação de H_2O_2. Para a reação catalisada por enzima (vermelho), o andamento da reação apresenta-se mais exato. Os comprimentos das setas no gráfico são proporcionais às respectivas entalpias livres da dismutação de H_2O_2. — E, enzima; S, substrato; ES, complexo enzima-substrato; EP, complexo enzima-produto; P, produto da reação. (Segundo E. Weiler.)

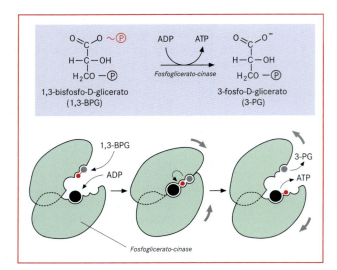

Figura 5-6 Representação semiesquemática da mudança da conformação do substrato induzida (ajuste induzido), com exemplo da fosfoglicerato-cinase. Após a ligação do substrato ADP e 1,3-bisfosfoglicerato, a conformação proteica altera-se drasticamente, enquanto se dobram os dois domínios da enzima sobre os substratos ligados, com remoção de água (esquema do meio). A transferência dos grupos fosfato processa-se no assim formado espaço de reação destituído de água. Após a nova produção da conformação "aberta" da enzima, os produtos da reação difundem-se a partir do centro catalítico. São apresentadas seções semiesquemáticas através da enzima, na altura do centro catalítico, com representação em escala aproximada dos participantes da reação. (Segundo E. Weiler.)

estabelece-se novamente a conformação "aberta", e os produtos da reação se dissociam da enzima.

Além da especificidade de substrato, as enzimas possuem também **especificidade de ação**, ou seja, um biocatalisador catalisa apenas uma das (na maioria das vezes, inúmeras) transformações termodinamicamente possíveis de um substrato. Quanto aos mecanismos envolvidos neste caso, encontram-se apenas relativamente poucos tipos de reações, que estabelecem as bases de uma **nomenclatura** sistemática das enzimas (Tabela 5-4).

Uma vez que nem todas reações químicas podem ser realizadas por meio dos grupos funcionais dos aminoácidos-modelo, muitas enzimas necessitam dos assim-chamados **cofatores** (Tabela 5-5) para a sua atividade catalítica. Os cofatores podem ser divididos em dois grupos: íons metálicos e moléculas orgânicas pequenas, também denominadas **coenzimas**. Se estiverem permanentemente ligadas à proteína, elas constituem um **grupo prostético**. A unidade enzima-cofator é também designada **holoenzima**; a parte proteica (enzimaticamente inativa) das enzimas complexas é denominada **apoenzima**.

Se os cofatores (por exemplo, reações redox) forem estequiometricamente convertidos em substratos, eles podem ser identificados como **cossubstratos**.

5.1.6.3 Cinética enzimática

A transformação catalítica de um substrato em seu produto de reação processa-se segundo o esquema geral apresentado na Figura 5-5. Para análises de cinética, a reação pode ser formulada de maneira simplificada:

$$E + S \underset{k_{-1}}{\overset{k_{+1}}{\rightleftharpoons}} ES \xrightarrow{k_{+2}} E + P \qquad \text{(Equação 5-25)}$$

onde k_{+1}, k_{-1} e k_{+2} representam as constantes de equilíbrio das reações parciais individuais (em s^{-1}). Simplificando, aceita-se o modelo que a reação inversa $E + P \rightarrow ES$ é muito lenta ($k_{-2} \approx 0$) e que a decomposição do complexo enzima-substrato (ES) em enzima + produto (P) é muito mais lenta do que a reação inversa $ES \rightarrow E + S$ ($k_{+2} << k_{-1}$). Portanto, o passo determinante da velocidade da reação total é a transformação $ES \rightarrow E + P$, pois a reação parcial mais lenta determina a velocidade da reação total. A velocidade da transformação do substrato em seu produto, sob essas condições, é dada por:

$$v = \frac{dP}{dt} = -\frac{dS}{dt} = k_{+2}\,[ES]. \qquad \text{(Equação 5-26)}$$

A velocidade máxima $v_{máx}$ é alcançada, quando a enzima total $[E_{tot}]$ ocorre sob forma do complexo substrato:

$$v_{máx} = k_{+2}\,[E_{tot}]. \qquad \text{(Equação 5-27)}$$

Logo, na metade da velocidade máxima (½ $v_{máx}$) existe tanta enzima livre E quanto complexo enzima-substrato ES: $[ES] = [E]$. Em equilíbrio, para a formação do complexo enzima-substrato tem-se:

$$\frac{d\,[ES]}{dt} = k_{+1}\,[E][S] - k_{-1}\,[ES] - k_{+2}\,[ES] = 0 \qquad \text{(Equação 5-28)}$$

e, assim, por meio de transformação e assumindo que $k_{+2} << k_{-1}$:

$$\frac{[E][S]}{[ES]} \approx \frac{k_{-1}}{k_{+1}}. \qquad \text{(Equação 5-29)}$$

A expressão $\frac{k_{-1}}{k_{+1}}$ é denominada **constante de Michaelis-Menten**. Ela pode ser determinada como a concentração do substrato para a qual corresponde: $[ES] = [E]$ (ver acima). K_m indica, portanto, a concentração do substrato na metade da velocidade máxima de reação. Uma vez que pela relação entre v e [S] (Figura 5-7A) não é possível determinar com exatidão nem $v_{máx}$ (e, com isso, ½ $v_{máx}$) nem a concentração do substrato correspondente, verifica-se melhor K_m a partir de uma transformação linearizada do gráfico mostrado na Figura 5-7A, que se manifesta por função recíproca dupla (**diagrama de Lineweaver-Burk**, Figura 5-7B). Para determinada enzima, determinada temperatura e deter-

Tabela 5-4 Classificação internacional de enzimas: designação das classes, número de código e tipo da reação catalisada. Em geral, as enzimas são denominadas de acordo com a reação em que atuam, mas eventualmente catalisam a reação inversa na célula e no entorno (exemplo: chiquimato desidrogenase, ver 5.12.2, Figura 5-10A). A classificação foi realizada de acordo com regras estabelecidas pela comissão sobre enzimas (do inglês, *Enzyme Commission*) da IUB (do inglês, *International Union of Biochemistry*). Cada enzima recebe um código numérico com quatro níveis: por exemplo, segundo a E.C. (*Enzyme Commission*), o código numérico da chiquimato desidrogenase é 1.1.1.25 (Figura 5-105A)

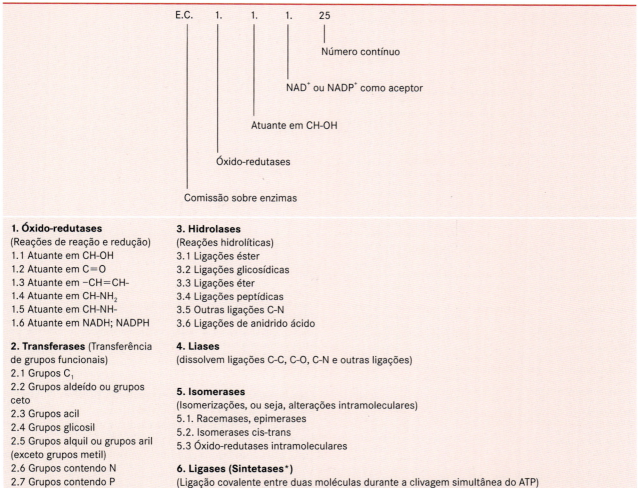

1. Óxido-redutases
(Reações de reação e redução)
1.1 Atuante em CH-OH
1.2 Atuante em C=O
1.3 Atuante em –CH=CH-
1.4 Atuante em CH-NH$_2$
1.5 Atuante em CH-NH-
1.6 Atuante em NADH; NADPH

2. Transferases (Transferência de grupos funcionais)
2.1 Grupos C$_1$
2.2 Grupos aldeído ou grupos ceto
2.3 Grupos acil
2.4 Grupos glicosil
2.5 Grupos alquil ou grupos aril (exceto grupos metil)
2.6 Grupos contendo N
2.7 Grupos contendo P
2.8 Grupos contendo S

3. Hidrolases
(Reações hidrolíticas)
3.1 Ligações éster
3.2 Ligações glicosídicas
3.3 Ligações éter
3.4 Ligações peptídicas
3.5 Outras ligações C-N
3.6 Ligações de anidrido ácido

4. Liases
(dissolvem ligações C-C, C-O, C-N e outras ligações)

5. Isomerases
(Isomerizações, ou seja, alterações intramoleculares)
5.1. Racemases, epimerases
5.2. Isomerases cis-trans
5.3 Óxido-redutases intramoleculares

6. Ligases (Sintetases*)
(Ligação covalente entre duas moléculas durante a clivagem simultânea do ATP)

*As enzimas das reações anabólicas que ocorrem sem clivagem do ATP são denominadas sintetases.

minado substrato, K$_m$ é uma constante indicada em M (mol^{-1}). Para cofatores também é possível determinar de maneira análoga os valores K$_m$.

5.1.6.4 Influência do entorno sobre a atividade enzimática

A atividade enzimática é determinada pela temperatura, pelo valor do pH e pelo conteúdo iônico do meio. Esses fatores atuam sobre a estrutura da enzima.

A dependência da temperatura segue uma curva ótima (Figura 5-8). Elevando a temperatura a 10° C, a velocidade de reação duplica ou triplica, até alcançar o ótimo. A relação das velocidades de reação $v_{T+10°C}/v_T$ é denominada **valor Q$_{10}$**. Por isso, para reações catalisadas por enzima aplica-se na maioria das vezes: Q$_{10}$ = 2–3. Em temperaturas acima do ótimo, geralmente ocorre uma queda muito mais rápida da atividade, atribuída à desnaturação térmica da enzima, reação fortemente favorecida pelo grande aumento da entropia.

Do mesmo modo que a temperatura, o valor do pH do meio circundante frequentemente influencia a atividade enzimática. Com isso, a ionização da enzima e/ou do substrato influencia a ligação e transformação do substrato. Em amplitudes extremas de pH, pode haver inclusive alterações da estrutura proteica. Em função do valor do pH, a velocidade das reações enzimáticas se-

Tabela 5-5 Cofatores importantes

Cofator	Enzima
Íons metálicos	
Cu^{2+}	Citocromo oxidase, plastocianina
Fe^{2+} e Fe^{3+}	Citocromo oxidase, ferredoxina
K^+	Piruvato-cinase
Mg^{2+}	Hexocinase
Mn^{2+}	Superóxido dismutase
Mo	Nitrato redutase, nitrogenase
Ni^{2+}	Urease
Se	Glutationa peroxidase
Zn	Anidrase carbônica
Coenzima	
Biotina	Piruvato carboxilases
Coenzima A	Acetil CoA carboxilase
Flavina adenina nucleotídeo	Sucinato desidrogenase
Ácido graxo	Piruvato desidrogenase
Nicotinamida adenina dinucleotídeo	Gliceraldeído-fosfato desidrogenase
Piridoxal fosfato	Aminotransferases
Ácido tetra-hidrofólico	Timidilato sintase
Pirofosfato de tiamina	Piruvato desidrogenase

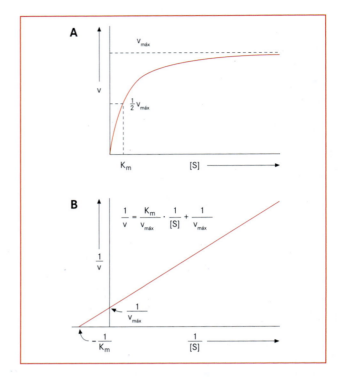

Figura 5-7 A Influência da concentração do substrato [S] sobre a velocidade (v) de uma reação catalisada por enzima, tendo por base o modelo de Michaelis-Menten (Equações 5-25 e 5-26). **B** $v_{máx}$ e $K_{máx}$ podem ser observadas com mais exatidão a partir de uma transformação linear dos gráfico (função recíproca dupla segundo Lineweaver e Burk).

gue uma curva ótima. O ponto de mudança da curva é identificado como valor pK. Esse valor é indicativo e fornece informações sobre aminoácidos que participam da catálise.

Uma vez que as inúmeras enzimas de uma célula possuem ótimos de pH diferentes, e também nos compartimentos individuais podem existir valores de pH distintos, as alterações dos valores de pH têm influência substancial no controle do metabolismo. Por meio do estado de hidratação e alterações de conformação vinculadas a ele, o potencial iônico (a "potência iônica") também pode influenciar as atividades enzimáticas, entre outras.

Por fim, a atividade enzimática depende também diretamente da concentração do substrato e eventualmente da concentração do cofator (Figura 5-7). Quando houver ramificações do metabolismo, a direção preferida dessa atividade pode depender da concentração do substrato coletivo das enzimas concorrentes. Em situação de escas-

sez de substrato, a enzima trabalhará preferencialmente com as constantes de Michaelis-Menten mais baixas (Figura 5-9). Sem dúvida, nesse caso a transformação posterior do produto também exerce um papel no metabolismo, pois com isso o equilíbrio entre substrato e produto é deslocado.

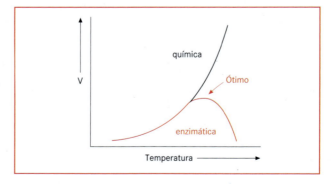

Figura 5-8 Influência da temperatura sobre a velocidade (v) de uma reação química não catalisada (ou catalisada por um catalisador não proteico) e de uma reação química catalisada por enzima. A faixa ótima de temperatura da maioria das enzimas situa-se entre 30 e 50°C. (Segundo E. Libbert.)

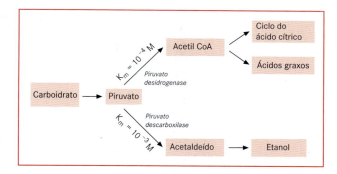

Figura 5-9 O fluxo de metabólitos na bifurcação do metabolismo depende da concentração do substrato coletivo e do valor K_m das enzimas concorrentes no sítio de bifurcação. Quanto mais baixa a concentração do substrato, mais a rota ocorre preferencialmente com participação enzima cujo valor de K_m é i mais baixo. Como exemplo, é apresentado o metabolismo do piruvato por meio da piruvato desidrogenase e da piruvato descaboxilase. (Segundo E. Libbert.)

5.1.7 Regulação da atividade enzimática

Como todas as proteínas, as enzimas estão sujeitas a uma constante alternância de síntese e decomposição nas células. Com isso, a velocidade na qual uma reação se processa na célula pode ser governada primeiramente pela quantidade enzimática. Esse processo pode ser importante para a adaptação às alterações de necessidades metabólicas, mas é muito lento para possibilitar uma rápida regulação fina do metabolismo. Por isso, além de um controle da quantidade de enzimas, existem inúmeros processos efetivos e geralmente reversíveis que atuam no controle direto da atividade enzimática e permitem ao metabolismo celular uma adaptação rápida e flexível às alterações de necessidades.

5.1.7.1 Controle da quantidade enzimática

A quantidade de uma proteína na célula resulta da taxa de sua síntese e de sua decomposição. A taxa de síntese de uma proteína é influenciada pela atividade transcricional dos genes codificantes (ver 6.2.2.2) e por processos pós-transcricionais ligados à síntese do RNAm. Estes últimos determinam, por exemplo, a estabilidade do RNAm e, com isso, além da síntese do RNAm, a quantidade do RNAm na célula. Outros mecanismos de regulação afetam o processo de tradução do código do ácido nucleico em uma sequência colinear de aminoácidos (ver 6.3.1.2) e eventualmente o processamento da proteína enzimaticamente ativa. Assim, nas sementes de *Ricinus* em germinação, por exemplo, a lipase (solvente de gordura) é liberada de uma pró-enzima por meio de uma proteinase.

Em muitos casos, existem várias **isoenzimas**, enzimas catalisadoras da mesma reação. No entanto, elas diferem quanto às suas características químicas (por exemplo, ponto isoelétrico, ver 1.3.1, ou pH ótimo, ver 5.1.6.4). As isoenzimas são frequentemente produtos de genes diferentes, mas podem também ser produtos pós-transcricionais, que levam a variantes distintamente modificadas. No caso de enzimas com estrutura quaternária (ver 1.3.2.3), pela formação do complexo entre isoformas dos protômeros (**hetero-oligomerização**), o número de isoenzimas pode aumentar. As famílias de genes codificantes de isoenzimas oferecem a vantagem que, por meio de um promotor diferente, cada **gene** pode ser regulado de maneira específica em sua transcrição (ver 6.2.2.3). Isso permite ao organismo manter o modelo de atividade enzimática (específica do compartimento, do tecido ou do desenvolvimento, por exemplo) ou reagir a uma grande quantidade de estímulos ambientais. Por outro lado, pelo aumento da necessidade, por exemplo, por intermédio de uma enzima constitutiva, pode ser formada adicionalmente uma isoenzima induzida para o fornecimento básico. Finalmente, as isoenzimas podem distinguir-se quanto aos mecanismos do seu controle enzimático (Figura 5-12).

O controle da quantidade de enzimas é menos acentuado no metabolismo primário do que em enzimas necessárias para atividades especiais e formadas (ou têm a formação aumentada) somente diante de uma necessidade. Os exemplos, neste caso, são os de reações de defesas vegetais contra danos ou patógenos (ver Capítulo 8). A nitrato redutase, entre outras, é uma enzima do metabolismo primário regulada pela quantidade de enzimas. A formação da enzima é induzida pelo nitrito (NO_3^-) e reprimida pelo amônio (NH_4^+). Ao contrário, as **enzimas constitutivas** ou "enzimas da economia doméstica" (em inglês *housekeeping enzymes*), responsáveis pela organização básica das células, são reguladas preponderantemente por mecanismos de controle de atividades.

Além da síntese, a decomposição proteica desempenha um papel essencial na regulação da quantidade de enzimas. Nisto, a decomposição pelo proteassomo no citoplasma com participação mediadora da ubiquitina tem um significado central (ver 6.3.1.3).

5.1.7.2 Controle da atividade enzimática

Em sua atividade, as enzimas podem ser alteradas mediante **modificação covalente** reversível ou **interação não covalente** com moléculas reguladoras (moduladores). As modificações covalentes frequentes são as fosforilações ou, melhor exprimindo, as desfosforilações, catalisadas por proteínas-cinases ou fosfoproteínas-fosfatases, respectivamente. Geralmente, o ATP é o doador de fosfato (Figura 5-10), ao passo que a serina, a treonina, a tirosina e a histidina comportam-se como ami-

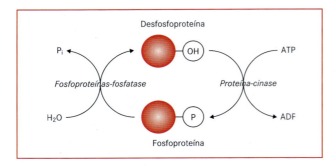

Figura 5-10 Regulação enzimática mediante modificações covalentes reversíveis, como exemplo de fosforilação e desfosforilação.

noácidos aceptores de fosforilações reguladoras. Assim, a fosfoenolpiruvato carboxilase dos cloroplastos é fosforilada em um resíduo de serina específico e, com isso, ativada; a piruvato-ortofosfato-dicinase é desativada pela fosforilação de um resíduo de treonina específico (ver 5.5.8 e 5.5.9). Numerosas enzimas dos cloroplastos e das mitocôndrias, por exemplo, estão sujeitas a um controle redox por modificação ditiol-dissulfeto (Figura 5-64). As tiorredoxinas, proteínas pequenas de aproximadamente 12 kDa de massa molecular, com vários isoformas no citoplasma, mitocôndrias e plastídios, muitas vezes colocam à disposição os equivalentes de redução. Os exemplos de enzimas reguladas por modificação ditiol-dissulfeto, com participação da tiorredoxina, são as do ciclo de Calvin: frutose-1,6-bisfosfato-fosfatase e fosforibulo-cinase (ver 5.5.3). Uma vez que o transporte fotossintético de elétrons ocorre apenas na presença da luz formando, com isso, tiorredoxina reduzida, o controle redox de enzimas do ciclo de Calvin serve para a adaptação da atividade fotossintética de fixação de CO_2 à alternância dia/noite (ver 5.5.5). Outras modificações dizem respeito à acetilação proteica, necessária ao transporte de algumas proteínas para os plastídios, e à miristilação ou palmitilação, que favorecem a ancoragem de proteínas nas membranas.

A influência da atividade enzimática por meio de interação não covalente pode ocorrer no próprio centro catalítico ou distante dele. Se uma molécula estruturalmente aparentada com o próprio substrato, mas não transformada, ligar-se ao centro catalítico, fala-se de **inibição competitiva**, pois, por meio de um excesso de substrato, o inibidor pode ser novamente deslocado do centro catalítico. A amplitude da inibição competitiva depende, portanto, da relação entre concentrações de inibidor e substrato. Os inibidores competitivos não influenciam $v_{máx}$, mas elevam o valor K_m. Se o produto de uma reação enzimática atuar como inibidor competitivo no substrato dessa reação, diz-se que há **inibição pelo produto**. Esse mecanismo estabelece claramente que a quantidade de substrato transformado é apenas a que pode ser trabalhada nas reações a seguir, de modo a ser evitada uma acumulação de intermediários metabólicos desnecessários.

Os inibidores competitivos (Figura 5-11) podem ser extremamente eficazes. Esse é o caso especialmente quando eles representam analogias estruturais do estado de transição do substrato ativado no centro catalítico de uma enzima. Somente com dificuldade, então, eles podem ser deslocados da enzima por grandes excedentes de substrato. Um inibidor competitivo, por exemplo, é o glifosato (um herbicida total), que inibe a ligação de fosfoenolpiruvato à enzima enoilpiruvilchiquimato-3-fosfato-sintase (ver 5.12.2) e, desse modo, bloqueia a rota do chiquimato, essencial para a formação das ligações aromáticas. Como o ser humano não dispõe de uma rota de chiquimato, mas sim ingere aminoácidos aromáticos com o alimento, o glifosato não inibe o metabolismo humano.

O ácido monoflúor cítrico, CH_2F-COOH, representa a toxina nas folhas de *Dichapetalum cymosum* (Dichapetalaceae), espécie sul-africana altamente tóxica para o gado. Monofluoracetato pode ser ligado à coenzima A, no lugar do resíduo de acetil, e ainda do citrato sintase (em vez do resíduo de acetil) ser transferido para o oxalacetato (ciclo do ácido cítrico, ver 5.9.3.2), originando monoflúor citrato. Essa ligação, contudo, é um inibidor competitivo extremamente eficaz da aconitase, enzima que atua no ciclo do ácido cítrico. Nos indivíduos de *D. cymosum*, o efeito do veneno é provavelmente impedido porque a toxina não chega ao sítio de sua ação específica – as mitocôndrias – mas permanece contida em um compartimento próprio (vacúolo).

Em **enzimas alostéricas** (do grego, *allos* = diferente; *stereos* = forma), a ligação do modulador causa mudança de conformação na enzima, desativando o centro catalítico (modulador atua como **inibidor alostérico**) ou ativando (modulador atua como **ativador alostérico**). **Enzimas homótropas** são aquelas em que o modulador é idêntico ao substrato; nas **enzimas heterótropas**, modulador e substrato são diferentes. No metabolismo, o controle alostérico é altamente difundido e muito efetivo.

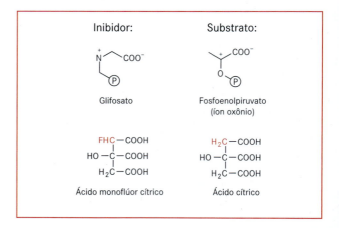

Figura 5-11 Exemplos de inibidores competitivos e correspondentes substratos enzimáticos.

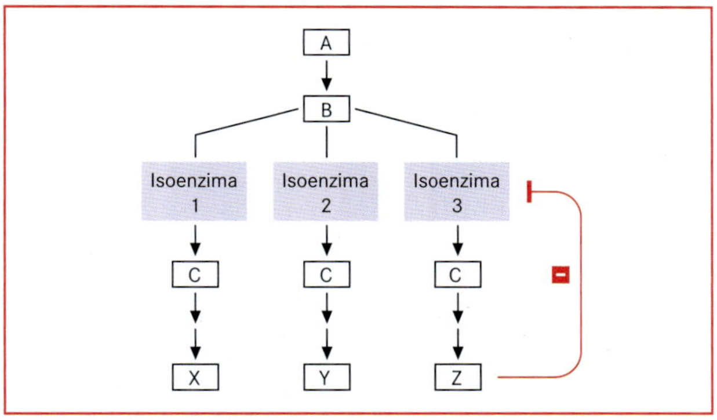

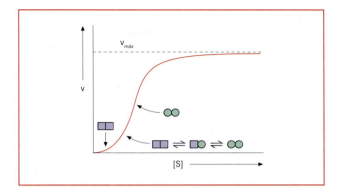

Figura 5-12 Regulação fina das rotas metabólicas paralelas, por retroalimentação negativa de produtos finais sobre isoenzimas reguladas alostericamente. A acumulação de Z inibe a própria produção, mas não as rotas metabólicas para os produtos finais X e Y, oriundas igualmente do intermediário B. (Segundo E. Weiler.)

Figura 5-13 Influência da concentração do substrato [S] sobre a velocidade (v) de uma reação catalisada por enzima homótropa alostérica. As enzimas alostéricas são frequentemente constituídas de várias subunidades (duas são mostradas) e na ausência de substrato ocorrem em uma forma pouco ativa (quadrados). A ligação do substrato a uma das subunidades induz a transição de todas subunidades para a forma altamente ativa (círculos). Assim, com baixas concentrações de substrato, aumenta a velocidade de reação, no começo lentamente e depois exponencialmente. A dependência da velocidade de reação em relação à [S] aproxima-se de uma cinética de Michaelis-Menten, tão logo a enzima seja ativada.

Frequentemente, ele se junta às "enzimas-chave" de rotas metabólicas, que na maioria das vezes catalisam o primeiro passo de uma série de reações e são inibidas pelo produto final acumulado dessa sequência de reações. Essa **inibição por retroalimentação negativa** (do inglês, *feedback inhibition*) é muito econômica, pois, de acordo com a necessidade, garante que o fluxo de metabólitos seja regulado por rotas metabólicas complexas. Quando diminui a concentração do produto final na célula, o inibidor alostérico se separa da enzima, e a aceitação de substrato é novamente intensificada. Em cadeias de reação ramificadas, a regulação individual das sequências parciais processa-se por meio dos diferentes produtos finais; por retroalimentação negativa, cada um desses produtos regula a isoenzima correspondente (a primeira após a ramificação) (Figuras 5-12, 5-106 e 5-110). A **retroalimentação positiva** ocorre quando um modulador ativa uma enzima alostérica.

Geralmente, as enzimas alostéricas consistem em várias subunidades, interdependentes em suas atividades. Esse comportamento é denominado **cooperatividade**. A mudança de conformação causada pela ligação de um modulador (nas enzimas homótropas, a ligação do substrato a um dos centros catalíticos; em enzimas heterótropas, a ligação do regulador a um outro local do complexo) comunica-se com as subunidades restantes e altera (geralmente aumenta) a afinidade ao substrato dos demais centros catalíticos. Por esse motivo, as curvas de saturação do substrato das enzimas alostéricas exibem forma sigmoide (Figura 5-13). Portanto, as enzimas alostéricas transformam efetivamente seu substrato somente a partir de uma concentração limiar; acima dessa concentração, no entanto, pequenas modificações da concentração do substrato já provocam alterações drásticas na velocidade da transformação.

5.1.7.3 Regulação da reunião de enzimas em complexos multienzimáticos ou em compartimentos

Um fundamento essencial para o andamento ordenado e controlado do metabolismo celular é a reunião, em **complexos multienzimáticos**, das enzimas de determinadas sequências de reações ou de todas as regiões do metabolismo em **compartimentos**.

Em um complexo multienzimático, várias enzimas são reunidas em uma superestrutura. Por meio desse arranjo, assegura-se a transformação rápida e ordenada de uma substância em várias etapas sequenciais e impede-se a liberação de produtos intermediários eventuais, tóxicos ou instáveis. Quando os produtos intermediários não são apreensíveis, fala-se de **canalização de metabólitos** (do inglês, *metabolite channeling*). Os complexos multienzimáticos são, por exemplo, a glicina-descarboxilase (ver 5.5.6) ou o complexo piruvato-desidrogenase (ver 5.9.3.1).

A reunião de grupos de enzimas, cofatores e metabólitos em sítios de reações, separados do entorno mediante barreiras metabólicas (compartimentos, como, por exemplo, citoplasma, cloroplasto, mitocôndria), tem um significado decisivo para o funcionamento regular e controle do metabolismo celular. O intercâmbio de metabólitos entre compartimentos ocorre na maioria das vezes mediante transportadores específicos (do inglês, *carrier*), cuja atividade, por sua vez, pode estar sujeita a regulações.

Nos capítulos seguintes, os princípios da bioenergética e da catálise e regulação enzimáticas, examinados nesta seção, serão importantes para a compreensão das múltiplas atividades vegetais.

5.2 Nutrição mineral

5.2.1 Composição material do corpo vegetal

As plantas fotoautotróficas, além da energia luminosa, recebem do ambiente as mais diversas substâncias orgânicas: da atmosfera, CO_2; do solo, muitos outros elementos sob forma iônica, bem como a água. Uma análise da composição química de uma planta revela uma distribuição característica de elementos, que não corresponde à distribuição de elementos da atmosfera, da hidrosfera nem à da litosfera. Por consequência, essa distribuição de elementos torna distinta a individualidade química da biosfera (Figura 5-14).

5.2.1.1 Conteúdo de água

Como em todos os organismos, a maior porção do peso fresco de partes vegetais vivas consiste em água (estrutura e propriedades da água, ver 1.1). O protoplasma contém em média 85-90% de água; mesmo para as organelas ricas em lipídeos, como as mitocôndrias e os cloroplastos, os valores ficam em torno de 50%. Entre os órgãos vegetais mais pobres em água estão as sementes, especialmente as armazenadoras de gorduras (Tabela 5-6).

5.2.1.2 Matéria seca e conteúdo de cinzas

A matéria seca do corpo vegetal pode ser verificada por secagem a uma temperatura pouco acima de 100°C (geralmente 105°C), até que o peso se torne constante. Ela contém grande quantidade de componentes inorgânicos e, principalmente, orgânicos. Esses componentes em parte são de importância vital, mas em parte também são considerados como resíduos do metabolismo. As plantas autotróficas possuem muito mais ligações orgânicas do que os animais.

As ligações orgânicas são formadas por apenas poucos elementos; em essência, de seis elementos básicos: C, O, H, N, S, P. Quantitativamente, predomina a participação do carbono (em torno de 50% da matéria seca), ao passo que a participação do hidrogênio é de 5 a 7% (contudo, as participações molares de C e H não são muito diferentes, Figura 5-14).

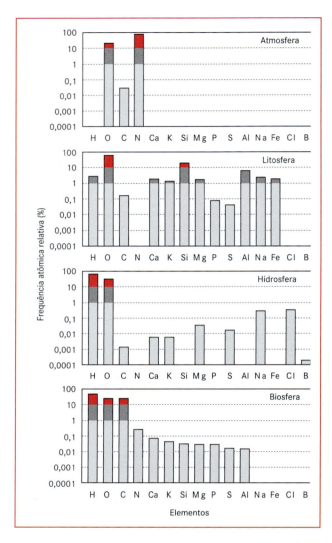

Figura 5-14 Frequência relativa dos elementos, relacionada à quantidade de átomos na biosfera, hidrosfera, litosfera e atmosfera da Terra; litosfera= crosta terrestre (do grego, *lithos* = rocha). O conteúdo de água da atmosfera não foi considerado. (Segundo E.S. Deevey Jr.)

Se a matéria seca for aquecida pela entrada de ar com temperaturas elevadas, uma parte dos elementos básicos dissipa-se em forma de gases de combustão (CO_2, H_2O, NH_3, SO_2), enquanto os óxidos ou carbonatos de inúmeros outros elementos ficam retidos nas cinzas. Dependendo da espécie e dos órgãos vegetais, bem como do ambiente, a participação das cinzas na matéria seca é muito diferente. Ela é baixa, por exemplo, nos liquens (0,4-7%), bem como em sementes e frutos (1-5%); e muito alta em algumas folhas (por exemplo, de *Zygophyllum stapfii*, do sudoeste da África, 56,8%). A

Tabela 5-6 Conteúdos de água

Espécie vegetal	Conteúdo de água (% do peso fresco)
Alface (folhas internas)	94,8
Tomateiro (fruto maduro)	94,1
Rábano (raiz principal)	93,6
Melancia (parte suculenta do fruto)	92,1
Maçã (parte suculenta do fruto)	84,1
Tubérculo da batata	77,8
Madeira (fresca)	ca. 50
Milho (grãos secos)	11,0
Feijão (sementes)	10,5
Amendoim (fruto cru, com casca)	5,1
Pleurococcus (alga aérea), em estado seco, mas ainda vivo	5,0

Tabela 5-7 apresenta demais valores para o conteúdo de cinzas e de elementos individuais de diferentes partes vegetais.

Em porcentagem, predominam nas cinzas K, Na, Ca e P. Além disso, encontram-se sempre Mg, Fe, Si, Cl, S, muitas vezes também Al, Mn, B, Cu, Zn e outros elementos em quantidades mais ou menos maiores. Não existe elemento químico que não tenha sido encontrado em alguma planta.

Pela análise das cinzas isoladamente não é possível afirmar se determinado elemento, em geral ou nas quantidades encontradas, é vital para a planta ou representa apenas um componente absorvido casualmente pela planta. A esse respeito, as informações podem ser obtidas apenas por experimentos com meios de cultura de composição nutricional conhecida.

5.2.2 Nutrientes

A cultura de plantas superiores, realizada experimentalmente pela primeira vez por Julius Sachs em **soluções nutritivas** de composição definida e também adotada na prática de jardinagem, é denominada **hidroponia** (do grego, *hydro* = água; do latim, *ponere* = colocar). Com a variação desejada da composição dessas soluções nutritivas, é possível conhecer as necessidades das plantas quanto aos diferentes nutrientes: havendo suprimento de todos os elementos essenciais, as plantas desenvolvem-se normalmente, ao passo que manifestam **sintomas de carência** quando faltam elementos essenciais ou o seu fornecimento é insuficiente (Figura 5-15).

As plantas necessitam de grandes quantidades (> 20 mg l^{-1}) de cada um dos elementos a seguir, que, por isso, são conhecidos como **macronutrientes**:

C, O, H, N, S, P, Mg, K, Ca e Fe.

Os três primeiros são obtidos do ar e da água, enquanto os outros sete precisam ser fornecidos pelo meio sob forma de íons. Em relação aos outros elementos, o ferro é necessário em quantidades muito pequenas (cerca de 6 mg l^{-1}), o que o coloca no grupo dos **micronutrientes** ou **elementos-traço**.

Tabela 5-7 Conteúdo de cinzas e componentes nas cinzas de diferentes partes vegetais

Parte da planta	Cinzas (% da matéria seca)	K_2O	Na_2O	CaO	MgO	Fe_2O_3	P_2O_5	SO_3	SiO_2	Cl_2
Boleto-doce (cogumelo comestível), corpo frutífero	6,39	57,8	0,9	5,9	2,4	1,0	26,1	8,1	–	3,5
Grãos de centeio	2,09	32,1	1,5	2,9	11,2	1,2	47,7	1,3	1,4	0,5
Maçãs	1,44	35,7	26,2	4,1	8,7	1,4	13,7	6,1	4,3	–
Raízes da cenoura	5,47	36,9	21,2	11,3	4,4	1,0	12,8	6,4	2,4	4,6
Tubérculos da batata	3,79	60,1	2,9	2,6	4,9	1,1	16,9	6,5	2,0	3,5
Pedúnculo floral do tabaco	7,89	43,6	10,3	19,1	0,8	1,9	14,2	3,5	2,4	3,6
Folhas do tabaco	17,16	29,1	3,2	36,0	7,4	1,9	4,7	3,1	5,8	6,7
Repolho, folhas externas	20,82	23,1	8,9	28,5	4,1	1,2	3,7	17,4	1,9	12,6

Figura 5-15 Cultura hidropônica de plantas de tabaco com 12 semanas de idade, para demonstrar sintomas de carência pela falta de determinados nutrientes. (Gentilmente cedido por M.H. Zenk.)

São sempre indispensáveis em quantidades pequenas ($< 500\ \mu g\ l^{-1}$):

Mn, B, Zn, Cu, Mo, Cl.

Os elementos-traço, necessários para apenas determinadas plantas superiores, são Na, Se, Co, Ni e Si (ver 5.2.2.3).

As necessidades nutricionais das plantas inferiores divergem um pouco (Tabela 5-8). Entre as algas, as Chlorophyta em geral exibem necessidades semelhantes às das plantas superiores; na verdade, para elas o cálcio é mais elemento-traço do que macronutriente. De modo semelhante a algumas cianobactérias de água doce, muitas algas marinhas e de água salobra necessitam de sódio e frequentemente de quantidades grandes de cloreto (que para algumas algas pode ser substituído por brometo). *Scenedesmus obliquus*, uma alga verde, necessita de vanádio. Uma série de algas desenvolve-se somente com fornecimento de vitamina B_{12} (que contém cobalto); essas espécies (por exemplo, *Ochromonas malhamensis*) são empregadas também para a determinação biológica da vitamina.

Entre os fungos, os eumicetos necessitam dos mesmos macronutrientes que as plantas superiores autótrofas; somente o potássio é utilizado por alguns representantes apenas em quantidades pequenas. Situação semelhante é a do cálcio, que para algumas espécies é até dispensável. Dos elementos-traço, o boro parece não ser necessário para os fungos.

As bactérias utilizam todos os macronutrientes indispensáveis para as plantas superiores (ferro não incluído nesse cômputo), fora o cálcio, desnecessário ou apenas necessário em quantidades-traço. Entre os elementos-traço, parece que só o ferro e o manganês são de uso geral pelas bactérias. As bactérias de vida livre fixadoras de nitrogênio do ar, como espécies de *Azotobacter*, precisam do molibdênio como elemento-traço, do mesmo modo que as espécies simbiontes fixadoras de N_2. O molibdênio é componente da enzima nitrogenase, que catalisa a produção de amônia (NH_3) a partir do nitrogênio atmosférico. Algumas espécies (*Azotobacter* sp., por exemplo) possuem uma nitrogenase alternativa que contém vanádio. Para as bactérias de gás oxídrico, clostrídios e bactérias metanogênicas, o níquel é indispensável. Nas bactérias, a enzima glutationa peroxidase contém selênio. Muitas bactérias, principalmente as marinhas, são halófilas, ou seja, não apenas crescem melhor com NaCl, mas também esse sal é indispensável para elas. As halófilas extremas exibem crescimento ótimo com cerca de 25% de NaCl na solução (aproximadamente 4 M). Nesse caso, o sal atua em parte osmoticamente e em parte como nutriente.

Tabela 5-8 Necessidade de elementos minerais para organismos distintos

Elementos	Plantas superiores	Algas	Fungos	Bactérias
N, P, S, K, Mg, Fe, Mn, Zn, Cu	+	+	+	+
Ca	+	+	±	±
B	+	±	–	–
Cl	+	+	–	±
Na	±	±	–	±
Mo	+	+	+	±
Se	±	–	–	+
Si	±	±	–	–
Co	–	±	–	±
J	–	±	–	–
V	–	±	–	–
Ni	±			±

+ necessário; – necessidade não comprovada até agora; ± necessidade comprovada até agora apenas para algumas espécies.

5.2.2.1 Significado dos nutrientes minerais para as plantas

Os nutrientes minerais têm funções celulares que, por um lado, são inespecíficas de elementos; por outro lado, há funções que podem ser exercidas apenas por determinados elementos ou, melhor exprimindo, por íons (quando muito, são quimicamente parentes próximos). Entre as funções inespecíficas, estão, por exemplo, a **contribuição ao potencial osmótico** da célula e o papel na **manutenção da neutralidade eletrônica**.

Os efeitos de íons inorgânicos sobre a **hidratação de proteínas** são específicos. Em geral, as proteínas mostram uma carga elétrica líquida para os valores de pH predominantes na célula. Os grupos carregados atraem os dipolos da água (Figura 1-2) e formam capas de hidratação. Ao contrário das concentrações mais elevadas dos íons inorgânicos, que formam igualmente capas de hidratação, estabelece-se uma concorrência pela água disponível, o que por vezes pode provocar desnaturação das proteínas. Isto é utilizado na depuração proteica (inativação com sal, por exemplo, com $(NH_4)_2SO_4$, sulfato de amônio). Nas proteínas carregadas negativamente, observadas principalmente no citoplasma com pH predominante entre 7,2 e 7,4, os cátions atuam no descarregamento e, assim, na desidratação delas ("efeito desintumescente"). O efeito desintumescente de um cátion aumenta com o crescimento da carga e, em carga igual, diminui com o tamanho crescente da própria capa de hidratação. Por isso, o Ca^{2+} descarrega relativamente mais forte que o Mg^{2+}, o K^+ relativamente mais forte que o Na^+ (Figura 5-16). Essas influências sobre a carga e hidratação das moléculas de proteínas podem ter consequências na conformação e na eficácia catalítica. Disso depende parte dos efeitos iônicos, de K^+, Ca^{2+}

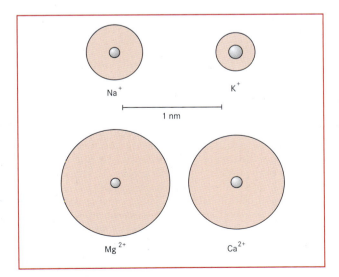

Figura 5-16 Diâmetro de alguns íons e de suas capas de hidratação.

e Mg^{2+}, por exemplo, sobre a atividade enzimática. Nas células vivas, no entanto, os mecanismos de homeostase se encarregam de manter ampla constância da composição iônica intracelular, de modo que habitualmente não se produzem alterações consideráveis no estado geral de hidratação de proteínas. Por **homeostase** (do grego, *homos* = igual; *stasis* = estado), entende-se o estado regulado de um organismo ou de uma célula, que se encarrega da estabilidade do meio interno.

A **regulação de processos metabólicos** por meio de íons inorgânicos, especialmente íons metálicos, depende muitas vezes de interações altamente específicas do íon com grupos especiais na proteína.

- Assim, a ativação da ribulose-1,5-bisfosfato pelo Mg^{2+} depende da formação de um complexo Mg^{2+}-carbamato no grupo ε-amino de uma lisina especial da subunidade grande da enzima (ver 5.5.1). Na presença da luz, a concentração de Mg^{2+} sobe no estroma e assim, ao contrário do CO_2, contribui para a ativação da enzima.

- Na maioria das vezes, o ATP não reage sob forma livre, mas sim como complexo Mg^{2+}-ATP.

- O conteúdo de Ca^{2+} citoplasmático é mantido comumente na faixa de 10^{-7} M. Há referências que em determinadas situações, como também em animais, essa concentração alcança um valor aproximadamente dez vezes maior ($\geq 10^{-6}$ M). Isso leva à ativação, por exemplo, de proteínas-cinases dependentes de Ca^{2+} e – por meio da calmodulina (proteína ligadora de cálcio) – à alteração do estado de ativação de muitas proteínas celulares (entre as quais, várias outras proteínas-cinases). O Ca^{2+} atua dessa maneira como elemento em cadeias de sinalizações celulares.

Os metais têm atuação altamente específica como componentes dos grupos prostéticos. Assim, citocromo, ferredoxina e lipoxigenases contêm ferro; plastocianina, ácido ascórbico oxidase e fenol oxidases contêm cobre; nitrato redutase, nitrogenase e aldeído oxidases contêm molibdênio. Os íons metálicos facilitam a ligação e ativação de substratos a enzimas, além de desempenharem importante papel na transferência de elétrons e no transporte de átomos ou grupos de moléculas.

Finalmente, os nutrientes minerais são essenciais para a biossíntese de ligações orgânicas. Nitrogênio, enxofre e fósforo são encontrados em numerosas biomoléculas. As plantas os absorvem predominantemente sob forma de seus ânions oxo (NO_3^-, SO_4^{2-}, $H_2PO_4^-$). A seguir, os macronutrientes e os micronutrientes minerais serão considerados individualmente de modo mais detalhado.

5.2.2.2 Macronutrientes

- O **nitrogênio** é obtido do meio em geral como nitrato (NO_3^-), mais raramente como NH_4^+. Nas ligações orgânicas (aminoácidos, proteínas, ácidos nucleicos, coenzimas, etc.), ele ocorre sob forma reduzida. Cerca da metade do nitrogênio de um indivíduo vegetal encontra-se nas suas partes verdes e aproximadamente 70% do nitrogênio foliar se localiza nos cloroplastos. Normalmente, na planta apenas 10-20% ou menos do nitrogênio encontra-se sob forma de íons nitrato ou amônio livres (para detalhes sobre o metabolismo do nitrogênio, ver 5.6). Em algumas plantas, o nitrato é concentrado também no suco celular ("nitrófilas", por exemplo, *Chenopodium album* e *Urtica dioica*) e desempenha, então, papel essencial no balanço iônico e na osmorregulação.

- O **fósforo** é absorvido na maioria das vezes como di-hidrogênio fosfato ($H_2PO_4^-$) e não ocorre nas células de forma reduzida, mas sim como fosfato inorgânico em ligação éster ou anidro; por exemplo, com componente de nucleotídeos e de seus derivados, ácidos nucleicos, fosfatos açucarados, fosfolipídeos, coenzimas, no fitato. O fitato (**ácido fitínico**), éster de ácido hexafosfórico do mioinositol, funciona como armazenador de fosfato e outros íons complexados nas plantas (por exemplo, B, K, Mg, Ca, Mn, Fe). O significado do fósforo está na sua ocorrência em componentes estruturais importantes e na sua coação na estrutura energética da célula.

- As plantas absorvem o **enxofre** predominantemente sob forma de sulfato (SO_4^{2-}), em geral reduzido antes da incorporação em ligações orgânicas (ver 5.7); se o sulfato for ligado a substâncias orgânicas, como, por exemplo, em sulfolipídeos (Figura 1-21) ou alguns compostos vegetais secundários (ver 5.15.4), a hidrossolubilidade ou, melhor exprimindo, a polaridade das substâncias é aumentada pela introdução dos grupos ácidos estáveis. Assim como o nitrogênio, o enxofre constitui parte constante das proteínas celulares; para aproximadamente 36 átomos de nitrogênio, encontra-se um átomo de enxofre. Se a absorção do sulfato ultrapassar a necessidade em enxofre reduzido, o sulfato livre pode ser enriquecido na planta. Frequentemente, esse enriquecimento alcança valores maiores do que com nitrato. Ao contrário do nitrogênio, o enxofre reduzido em plantas superiores pode também ser novamente oxidado e, após, armazenado como sulfato. A absorção de sulfato é regulada pela concentração interna desse sal na célula.

- O **potássio** é o único cátion monovalente essencial para todas as plantas; apenas em alguns microrganismos ele pode ser substituído pelo rubídio (Rb^+). Ele funciona como cofator em reações enzimáticas e – por causa da alta participação nos componentes minerais das células (Tabela 5-7) – como regulador osmótico. Também para sua ação como cofator, a concentração alta é significativa, pois o K^+ tem afinidade relativamente baixa com ligantes orgânicos (portanto, também com enzimas, coenzimas e substratos enzimáticos). A concentração do K^+ na planta alcança no citoplasma 10 até 120 mM, nos cloroplastos entre 20 e 200 mM. Como componente osmoticamente eficaz, o K^+ tem papel-chave nas osmorregulações em conexão com movimentos násticos, como, por exemplo, os movimentos estomáticos (ver 7.3.2.5), movimentos de articulações (ver 7.3.2.4). No transporte no floema, o K^+ também teria uma função importante (ver 5.8). Além disso, os íons K^+ são significativos para a ligação do RNAm aos ribossomos. Em ligações orgânicas, o potássio não é integrado à célula.

- O **magnésio** ocorre no solo geralmente como carbonato e é um componente indispensável das clorofilas (ver 5.4.2) e da protopectina, bem como de constituintes de paredes celulares em diferentes algas (por exemplo, algas pardas). O magnésio das clorofilas representa aproximadamente 10% do magnésio foliar, mas o conteúdo total desse elemento nos cloroplastos frequentemente é superior a 50%. Ele é em parte armazenado no fitato. O magnésio é outro cofator em muitas reações enzimáticas, especialmente aquelas em que o ATP (como complexo-Mg^{2+}) participa. Em soluções puras, o magnésio tem forte ação tóxica e em concentrações elevadas impede a absorção de potássio do meio, por exemplo. Por outro lado, a absorção de Mg^{2+} é dificultada por outros cátions, como, por exemplo, K^+, NH_4^+, Ca^{2+}, Mn^{2+} e H^+. A carência de magnésio em consequência da acidificação do solo é discutida como causa de danos em árvores de determinados ambientes. Isso reitera a importância de uma composição nutricional balanceada do meio para o crescimento vegetal.

- O **cálcio** está presente no solo como carbonato, sulfato ou fosfato. Como cátion bivalente (como o Mg^{2+}) na célula, ele pode formar sais com componentes de paredes celulares ácidos (por exemplo, protopectina nas lamelas médias, nas paredes de tricomas de raízes e de tubos polínicos, ou ácido algínico nas paredes celulares de algas) e, por isso, funciona como elemento estrutural essencial. A carência de cálcio impede, por exemplo, a germinação do pólen e o crescimento do tubo polínico, além de levar a danos nos meristemas, principalmente nos meristemas de raízes. Para o crescimento ótimo, as monocotiledôneas necessitam de muito menos Ca^{2+} do que as dicotiledôneas. Um significado essencial do Ca^{2+} consiste na manutenção da estrutura e função de todas as membranas celulares. No citoplasma e nos cloroplastos, a concentração do Ca^{2+} livre é baixa (cerca de 10^{-7} M), embora seja alta no apoplasto e, em parte, também no vacúolo. O pequeno conteúdo em Ca^{2+} no citoplasma depende da baixa permeabilidade ao Ca^{2+} da plasmalema e de bombas dependentes de energia (ATPases), que transportam Ca^{2+} na plasmalema e no retículo endoplasmático contra um enorme gradiente (10.000 até 100.000 vezes, do apoplasto em comparação ao citoplasma). O Ca^{2+} excedente é imobilizado na célula como fitato, oxalato, carbonato ou (mais raramente) como sulfato ou fosfato e, sob forma de sais de difícil solubilidade, torna-se biologicamente inativo (ver 6.3.3 e 7.3.2.5), para estudar o significado do Ca^{2+} nas cadeias de sinalizações celulares; ver o Quadro 6-4, para a determinação do cálcio).

- O **ferro** está igualmente incluído entre os componentes celulares importantes. A esta categoria, pertencem diferentes ligações de porfirina, como os grupos heme dos citocromos e de outras enzimas como catalase e peroxidase, bem como da leg-hemoglobina (ver 5.14, Figura 5-51). Além disso, devem ser mencionadas as ligações de ferro não heme, por exemplo, a ferredoxina (Figura 5-51). Na verdade, o ferro não constitui a clorofila (Figura 5-39), mas como cofator é necessário para sua síntese; por isso, a falta de ferro provoca sintomas de carência de clorofila (cloroses), que se assemelham aos da falta de magnésio. Considerando o papel importante do ferro para a biossíntese de clorofila e das ligações de ferro no transporte fotossintético de elétrons, não é estranho que a maior parte do ferro das folhas se encontre nos cloroplastos.

A carência de ferro não é rara em solos calcários, quando esse nutriente é imobilizado pelo carbonato ou bicarbonato ("clorose calcária"). O excesso de manganês ou de outros metais pesados também pode provocar carência de ferro, porque esses íons concorrem com o ferro por sítios de absorção e de ação.

No solo, o Fe^{3+} e às vezes o Fe^{2+} ocorrem geralmente como complexos. Como principalmente o Fe^{2+} é absorvido pelas raízes (exceção: gramíneas), o Fe^{3+} deve ser reduzido na superfície das raízes (ver 5.2.3).

5.2.2.3 Micronutrientes

- O **manganês** exerce importante papel como cofator de muitas enzimas, como a isocitrato desidrogenase (NAD); como constituinte da superóxido dismutase e como participante do desenvolvimento fotossintético do oxigênio (ver 5.4.5).

A carência de manganês também pode provocar clorose. A **doença das manchas azul-violetas** (*dörrfleckenkrankheit*) da aveia e de outras espécies vegetais, que aparece principalmente em plantas de substratos arenosos e pantanosos, é uma consequência da disponibilidade insuficiente de manganês no solo. As culturas de *Citrus* frequentemente também sofrem pela falta de manganês. Os fungos (por exemplo, *Aspergillus niger*) igualmente necessitam de manganês.

- Em concentrações baixas, o **boro** (como $B(OH)_3$) é um elemento-traço vital para plantas superiores e algumas algas (mas não para muitos microrganismos nem para células animais), mas em concentrações um pouco mais altas já tem efeito tóxico. Quando uma série de sintomas de carência de boro é descrita claramente, então o mecanismo de ação do elemento é bastante confuso; isso está relacionado, entre outros motivos, com a falta de radioisótopo do boro adequado para experimentos bioquímicos. Não há qualquer substância orgânica e qualquer enzima conhecida que incorporem o boro.

Especialmente destacada é a morte dos meristemas por carência de boro ("**necrose de folhas jovens**" da beterraba forrageira e da beterraba açucareira), que possivelmente se deve à perturbação do metabolismo do RNA. A seguir, há o impedimento da formação de flores, irregularidades nas relações hídricas e bloqueio da exportação de açúcar das folhas através do floema. Os grãos de pólen do tomateiro, anêmona e de muitas outras plantas germinam ou prolongam os tubos polínicos somente na presença de pequenas quantidades de borato na secreção do estigma. Além disso, o borato deve influenciar o ciclo das pentoses-fosfato pela formação de complexo com 6-fosfoglucanato (ver 5.9.3.5); na falta de boro, o borato tem um andamento especialmente intenso e, assim, provoca o excesso de compostos fenólicos, característico de plantas carentes de boro. Também são discutidas as reações do boro com membranas, que poderiam influenciar os transportes dependentes de ATP e as ações de hormônios. Além disso, está sendo considerada uma relação com a formação de lignina e com a diferenciação do xilema.

- O **zinco** está presente nas plantas em concentração aproximadamente dez vezes maior do que a do cobre e cerca de 1/10 da do ferro. Ele é transportado no xilema e no floema. Ele é constituinte de mais de 70 enzimas, entre as quais álcool desidrogenase, carboanidrase e superóxido dismutase. Em plantas superiores, a carência de zinco causa grandes perturbações do crescimento: nanismo das folhas e bloqueio do crescimento dos entrenós. Isso é atribuído a uma perturbação no processo de crescimento por falta de zinco. Para muitas plantas inferiores (fungos como *Aspergillus niger* e algas), o zinco também é um micronutriente indispensável. Como o zinco é um componente estrutural dos ribossomos, a sua carência causa perturbações na síntese proteica. Ele é necessário também para a manutenção da estrutura de biomembranas e, por fim, componente de alguns fatores de transcrição ("proteínas dedo de zinco", ver 6.2.2.3).

- No solo, o **cobre** é ligado firmemente a ácidos húmicos e fúlvicos. Ele ocorre nas plantas em concentração de aproximadamente 3-10 $\mu g\ g^{-1}$ de peso seco e é igualmente componente de diferentes enzimas (por exemplo, ácido ascórbico oxidase, superóxido dismutase, citocromo oxidase, fenolase, lacase, fenol oxidase) e substâncias redox (plastocianina). Nos tecidos condutores vegetais, o cobre é predominantemente ligado formando complexos (por exemplo, ligado a aminoácidos). A carência de cobre causa queda prematura das folhas em solos turfosos, com uma produção baixa de cereais. A síntese de lignina também é perturbada pela carência de cobre; todavia, a diamina oxidase, que fornece a H_2O_2 para a oxidação de precursores de lignina, é uma enzima com cobre. O pólen de plantas carentes de cobre não é capaz de viver. Na maioria das plantas de interesse agronômico, a toxicidade do cobre começa em 20-30 $\mu g\ g^{-1}$ de peso seco.

- O **molibdênio** é um componente de enzimas da fixação de N_2 (nitrogenase, ver 8.2.2), da nitrato redutase (ver 5.6.1), bem como da sulfito oxidase, da aldeído oxidase e da xantina desidrogenase. Por isso, sua falta manifesta-se muito mais fortemente no suprimento de nitrato das plantas do que na nutrição com amônio. Com exceção da nitrogenase, em todas as outras enzimas com molibdênio, esse elemento é ligado a uma pterina especial (molibdopeterina, Figura 5-84), que mostra estrutura idêntica em archaea, bactérias e eucariotos (plantas e animais). Esse cofator com molibdênio combinado se liga a diferentes apoproteínas para formar a holoenzima e posiciona o molibdênio no centro ativo das enzimas.

- Nas plantas, o **cloro** encontra-se em concentração de aproximadamente 50-500 $\mu mol\ g^{-1}$ de peso seco (os valores são muito mais elevados nos halófitos) e (como Cl^-) é concentrado principalmente nos cloroplastos e no suco celular. Ele exerce um papel no desenvolvimento fotossintético do oxigênio. Nas plantas, são descritas 130 substâncias orgânicas com cloro, nenhuma delas com significado essencial para o metabolismo. Quantitativamente, o cloreto de metila (CH_3Cl) parece ser mais importante. Anualmente, as algas marinhas, fungos degradadores de madeira e algumas plantas terrestres produzem cerca de 5 milhões de toneladas de cloreto de metila. Em determinadas plantas, como milho, coqueiro e cebola, o Cl^- participa da osmorregulação dos estômatos (ver 7.3.2.5); em muitas outras plantas, ele participa também da osmorregulação em geral. É possível que em experimento a carência em cloreto possa provocar sintomas de murcha. No ambiente natural, não há carência de cloreto, mas uma concentração super ótima de cloreto. O Cl^- é importante para a ATPase de transporte de íons hidrogênio no tonoplasto, que – como na plasmalema – não é dependente de K^+, mas de Cl^-.

- Como componente da vitamina B$_{12}$, o **cobalto** é necessário para muitas bactérias, algas e células animais; em plantas superiores que ativam a fixação simbiótica de N$_2$, ele tem participação indireta (necessidade de vitamina B$_{12}$ dos simbiontes bacterianos). Em *Escherichia coli* e mamíferos, a metilcobalamina funciona como cofator na síntese de metionina, junto com os outros dois transportadores de metil: metiltetra-hidrofolato e S-adenosilmetionina. Em bactérias, o cobalto serve como componente também de algumas enzimas não dependentes de vitamina B$_{12}$ (por exemplo, metionina aminopeptidase, nitril hidratase, bromperoxidase e glicose isomerase); a metionina aminopeptidase do fermento de pão e a enzima aldeído descarboxilase de algas igualmente contêm cobalto.

- Em regiões temperadas, o **sódio** encontra-se na solução do solo em uma concentração de 0,1 a 1mM (semelhante ao K$^+$), mas em regiões semiáridas ou áridas a concentração é de 50 a 100 mM (principalmente como NaCl). Conforme mencionado, na absorção pela maioria das plantas, o sódio é fortemente discriminado em relação ao K$^+$. O Na$^+$ é necessário como elemento-traço para algumas plantas C$_4$ e CAM, mas quase nunca para plantas C$_3$. A absorção de piruvato dependente da luz, pelos cloroplastos do mesofilo de algumas plantas C$_4$ (ver 5.5.8) (não daquelas do tipo da enzima NADP-málica, como *Zea mays* e *Sorghum bicolor*) deve se efetuar por meio de um simporte piruvato/Na$^+$. Quando os halófitos (seja do tipo C$_3$ ou do tipo C$_4$) têm o crescimento promovido por concentrações altas de Na$^+$ no substrato (10-100 mM), esse comportamento não se baseia em uma necessidade específica de um determinado processo metabólico, mas sim na grande necessidade de íons osmoticamente eficazes.

- O **silício** ocorre no solo principalmente como Si(OH)$_4$. Sua concentração na solução do solo oscila geralmente entre 30 – 40 mg SiO$_2$-equivalentes por litro. Nos rios, a concentração média global de SiO$_2$ situa-se em 150 μM. As diatomáceas necessitam de silício não apenas para sua parede celular, mas também como elemento-traço para seu metabolismo, principalmente para a divisão celular. Entre as plantas superiores, distinguem-se as acumuladoras de silício (como, por exemplo, algumas Poaceae e *Equisetum*) e as não acumuladoras (como a maioria das dicotiledôneas). Nas primeiras – como nas diatomáceas – o silício é um elemento essencial para o crescimento. Por causa da sua ocorrência universal e do risco de contaminação da solução nutritiva pelo material de parede dos tubos de ensaio ou pela poeira, os sintomas de carência desse elemento são difíceis de comprovar.

- Em algumas células de archaea, bactérias e mamíferos, o **selênio** está presente como **selenocisteína** (SeC). Na SeC, o grupo SH da cisteína é substituído por um grupo SeH. A SeC encontra-se, por exemplo, no centro ativo da formiato desidrogenase em *Escherichia coli* e da glutationa peroxidase em células de mamíferos. A única selenoproteína de uma planta conhecida até agora é a glutationa peroxidase da alga verde *Chlamydomonas reinhardtii*. As plantas superiores não parecem possuir selenoproteínas; no genoma do fermento de pão não foram encontrados quaisquer genes para selenoproteínas nem quaisquer enzimas para incorporação de selênio. Em *Escherichia coli*, quatro genes participam da incorporação. A tradução é efetuada através do UGA, que atua como códon de parada (ver 6.3.1.1). SO$_4^{2-}$ e SeO$_4^{2-}$ (selenato) competem pelos mesmos sistemas de absorção nas raízes. Determinadas espécies dos gêneros *Astragalus*, *Xylorrhiza* e *Stanleya* são acumuladoras de selênio (ver 5.2.2.4); em quantidades baixas, também o são algumas Brassicaceae, como *Sinapsis arvensis* e *Brassica oleracea* var. *italica* (brócolis). O selênio pode ser liberado na atmosfera pelas plantas, também sob forma gasosa como dimetil selenídeo.

- O **níquel** é um componente da urease em plantas superiores, sendo também necessário para alguns procariotos (como componente de hidrogenases, por exemplo). A carência de níquel provoca necroses foliares na soja, por exemplo, devido à acumulação localizada de ureia (até 2,5%). Outras consequências são a redução do crescimento de plântulas e a diminuição da formação de nódulos. O conteúdo de níquel nas partes vegetativas das plantas superiores situa-se geralmente entre 1 e 10 μg g^{-1} de massa seca.

5.2.2.4 Sais minerais como fatores ambientais

Tanto a composição quanto as quantidades dos sais minerais disponíveis no meio (para as plantas terrestres, o solo; para as plantas aquáticas, a água) podem ser bastante diferentes. Não raro, além de nutrientes minerais necessários, aparecem no ambiente outras substâncias, que têm ação tóxica, especialmente determinados metais pesados. Uma superoferta de elementos essenciais também pode ter efeitos colaterais prejudiciais. Apenas raramente todos os minerais no substrato encontram-se em mistura equilibrada, como a estabelecida, por exemplo, por meio de cultura hidropônica em solução nutritivas otimizadas (Tabela 5-9). Ao contrário, o suprimento de sais nutritivos à planta é muitas vezes limitante ao seu crescimento no ambiente natural, mas principalmente também em solos agrícolas. Enquanto nos ambientes sem influências humanas estabelece-se um equilíbrio do balanço nutricional, ao mesmo tempo em que os nutrientes absorvidos pelos organismos retornam ao solo após a morte, do solo de uso agrícola em cada colheita é retirada uma quantidade considerável de substâncias minerais. Por isso, é preciso fazer uma **adubação** correspondente para repor as perdas, da qual a presença da microflora do solo também é dependente.

Tanto em ambiente natural como ambiente cultivado aplica-se a **Lei do Mínimo** (de autoria de Justus Liebig, o pioneiro da adubação "artificial"), segundo a qual o crescimento é limitado por aquele fator presente na menor quantidade relativa. Em áreas de uso agrícola, principalmente nitrogênio, fósforo e potássio devem ser sempre aplicados ao solo, a fim de assegurar safras invariavelmente altas. A calagem do solo regula o valor do pH e mantém a sua estrutura favorável para a aeração, a condução de água e a disponibilidade de nutrientes (ver 5.2.3.1).

As diferenças consideráveis em ocorrência e disponibilidade das substâncias minerais contribuíram conside-

Tabela 5-9 Composição da solução nutritiva segundo Knop. A concentração total em minerais importa em 0,22% do pH 4,2

Substância	Quantidades de matéria (mg l⁻¹)	Substância	Quantidades de matéria (mg l⁻¹)
Ca(NO$_3$)$_2$	1,00	H$_3$PO$_4$	3,00
KNO$_3$	0,25	MnSO$_4$ · H$_2$O	3,00
KH$_2$PO$_4$	0,25	ZnSO$_4$ · 7 H$_2$O	4,40
KCl	0,12	(NH$_4$)$_6$Mo$_7$SO$_{24}$ · 4 H$_2$O	1,80
MgSO$_4$ · 7H$_2$O	0,50	Fe-EDTA	2,75 ml*

* Contém 24,9 g FeSO$_4$ · 7H$_2$O e 26,1 g de ácido etilenodiaminatetracético por litro.

ravelmente para as adaptações das plantas às condições ambientais (ver 12.6.6). Apenas como exemplo, podem ser mencionadas aqui:

- **Plantas em ambientes salinos**. Por um lado, as concentrações salinas mais altas têm efeitos osmóticos inespecíficos e, por outro lado, produzem-se efeitos específicos, conforme o tipo de íons participantes. As plantas adaptadas (**halófitos**) podem opor-se ao potencial hídrico fortemente negativo de soluções ricas em sal (água do mar: $\Psi \approx -2$ MPa; em lagunas isoladas, por causa da evaporação da água, frequentemente ele é ainda mais negativo) mediante a formação de potenciais hídricos correspondentemente mais negativo, possibilitando a absorção de água do entorno. Isso é muitas vezes alcançado pela acumulação de íons Na$^+$ e Cl$^-$ na célula. O excesso salino pode ser eliminado por meio de glândulas (ver, 5.17) ou pelo desprendimento de partes da planta (por exemplo, tricomas vesiculosos de *Atriplex*); existem também plantas que armazenam o sal em vacúolos grandes, tornando-se suculentas (por exemplo, em *Salicornia*).

Uma vez que a maioria dos solos salinos em regiões úmidas contém NaCl, como na água salgada, os efeitos salinos específicos são atribuídos a Na$^+$ ou Cl$^-$. A sensibilidade das plantas diferentes a esses íons é muito distinta. Bactérias e algas halófilas vivem em soluções concentradas de NaCl. As culturas vegetais relativamente resistentes ao NaCl são a cevada, nabo, espinafre, algodão, tabaco, cebola e rábano, além de videira, oliveira, tamareira, diferentes pinheiros, carvalho, plátano e robínia (por essa razão, essas árvores também sofrem menos os danos do sal espalhado em estradas para o derretimento da neve). Ao contrário, a castanha e as tílias são sensíveis, além do trigo, batata, algumas espécies com caroço, limão e muitas leguminosas.

- **Plantas em ambientes calcários e plantas em ambientes com sílica**. Entre as samambaias e as angiospermas (ver 10.2), existem espécies que evitam o calcário e outras, frequentemente parentes próximas, cuja ocorrência é restrita a solos calcários. As plantas de ambientes calcários são adaptadas a solos com concentrações elevadas de Ca^{2+} e HCO$_3^-$, valor de pH relativamente alto, impermeáveis à água, quentes e secos. Esses solos são pobres em metais pesados e fosfato. Em solos ácidos, as plantas podem sofrer danos, principalmente pelas concentrações mais elevadas de ferro, manganês e alumínio. As plantas com sílica adaptadas a esses solos "desintoxicam" essa superoferta de íons de metais pesados mediante a formação de complexos.

- As **plantas acumuladoras** concentram determinados elementos. A esse grupo pertencem *Orites excelsa* (Proteaceae) com até 79% de Al$_2$O$_3$ nas cinzas da madeira, *Symplocos spicata* (Symplocaceae) com 72 g de Al por kg de matéria seca, *Miconia acinodendron* (Melastomataceae) com 66 g de Al por kg. Também o chá-da-índia (*Camelia sinensis*) tem até 27% de Al na matéria seca das folhas; como Al^{3+} é necessário para o seu desenvolvimento, essa espécie cresce apenas em solos ácidos (ph < 6). Presumivelmente, o alumínio chega à planta como AlF$_4^-$, um análogo do fosfato, pelo sistema de absorção de fosfato. Uma consequência é o conteúdo elevado de fluoretos na folha do chá (folhas jovens até 180 mg kg^{-1}, folhas adultas até 1,5 g kg^{-1} de matéria seca). Também são plantas acumuladoras *Aeolanthus biformifolius* (Lamiaceae africana) com até 1,3% de cobre na matéria seca e *Sebertia acuminata* (Sapotaceae da Nova Caledônia) com 1-2% de níquel na matéria seca. O látex azul-esverdeado dessa espécie consiste em uma solução de citrato de níquel 1 M (26% de níquel na matéria seca). *Psychotria douarrei*, uma Rubiaceae igualmente nativa da Nova Caledônia, contém 4,7% de níquel; *Maytenus bureaviana* (Celastraceae nativa da Nova Caledônia) contém 3,2% de manganês na matéria seca das folhas. Determinadas espécies norte-americanas de *Astragalus* também são acumuladoras, concentrando selênio, urânio e vanádio. *Astragalus pattersoni* pode conter até 1,2 g de selênio por kg de matéria das cinzas. Para o gado, 1-5 mg kg^{-1} de massa seca já são tóxicos. A toxicidade do selênio depende da sua incorporação a aminoácidos no lugar do enxofre (selenocisteína, selenometionina), o que pode provocar a perdas de função de proteínas. As espécies de *Astragalus* tolerantes ao selênio sintetizam metilselenocisteína, um aminoácido não proteinogênico, e o armazenam nos vacúolos.

As espécies cuja composição das cinzas reflete a do substrato podem ser utilizadas como **plantas indicadoras**. Algumas plantas "indicadoras de solo" crescem apenas em determinados solos; por exemplo, a violeta (*Viola calaminaria*) cresce apenas em substrato com Zn, o líquen *Lecanora vinetorum* apenas sobre substrato rico em Cu (por exemplo, em vinhedos no sul do Tirol). As comunidades vegetais também podem indicar a existência de determinados elementos ou combinações de elementos. Assim, uma determinada comunidade de liquens cresce somente sobre substrato contendo metais pesados, principalmente Fe (por exemplo, sobre montes de escória de minérios, em locais medievais de Harz). *Malcolmia maritima* (Brassicacea), em solos contendo Cu, Zn e Pb, exibe mudança da cor das flores de rosa para verde-amarelado (complexos dos metais com antocianina). Uma mudança da cor das flores, semelhante a essa, encontra-se em *Papaver commutatum* (pelo cobre ou molibdênio) e na Myrtaceae *Leptospermum* (pelo cromo). A atenção a essas relações pode ter significado prático para a prospecção de riquezas no solo, diagnóstico das necessidades de adubação dos solos, estudo de ambientes agrícolas e florestais, mapeamentos geológicos e assim por diante.

Até mesmo a "fitoextração" de metais nobres com plantas tem sido proposta. Assim, *Brassica juncea* pode absorver até 50 mg de ouro por kg de matéria seca de metais ou areia contendo Au. Por "fitossaneamento" entende-se a extração de metais pesados (tóxicos para humanos e animais), como cádmio ou chumbo, de solos impactados pelo estabelecimento de plantas acumuladoras. Desse modo, o cultivo de *Brassica juncea* reduz o conteúdo de chumbo de solos contaminados, e *Thlaspi caerulescens* é apropriada para a redução do conteúdo de zinco e cádmio no solo.

Os já mencionados **metais pesados** são metais cuja densidade ultrapassa 5 g cm^{-3}. Nesse grupo, encontram-se nutrientes essenciais para as plantas, como zinco e cobre, mas também cádmio, chumbo, mercúrio, urânio e metais nobres. Em concentrações mais elevadas, muitos metais pesados têm ação tóxica sobre plantas, seres humanos e animais, pois seus íons formam complexos estáveis com grupos tiol (-SH) e, assim, intoxicam muitas enzimas. Os mecanismos que garantem às plantas um fornecimento de metais pesados essenciais servem, ao mesmo tempo, para limitar efeitos tóxicos, em concentrações acima do ótimo.

Em todos os grupos de plantas examinados (algas, musgos, plantas superiores), mediante a oferta de metais pesados é induzida a síntese de **fitoquelatinas**. Elas têm a estrutura (ácido γ-glutâmico-cisteína)$_n$-glicina (n = 2–11) (Figura 5-17) e resultam da glutationa (portanto, não pela tradução nos ribossomos). Nas Fabales, no lugar da fitoquelatina ocorre a homofitoquelatina; aqui, o resíduo de glicina é substituído por β-alanina.

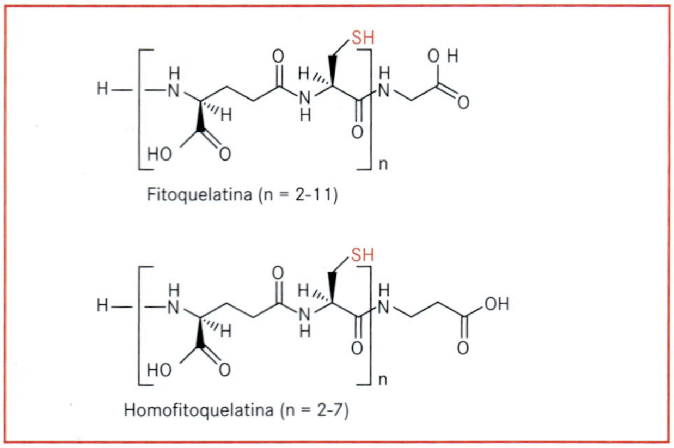

Um outro grupo de substâncias ligantes de metais pesados é o das **metalotioneínas**. Estas são proteínas ricas em cisteína e pequenas (massa molecular de aproximadamente 10 kDa), cuja síntese (nos ribossomos) nas plantas é igualmente dissolvida por metais pesados; do mesmo modo que a fitoquelatina e a homofitoquelatina, elas complexam metais pesados por meio de seus grupos tiol. Assim, por um lado, os metais pesados são desativados e, por outro lado, dependendo da necessidade (por exemplo, como cofatores), podem voltar a participar do metabolismo celular. Um efeito colateral indesejado desses mecanismos é que, por meio do alimento vegetal, os metais pesados podem passar para os seres humanos e animais. Estima-se que cerca da metade da contaminação humana por cádmio realiza-se via alimento vegetal.

5.2.3 Absorção e distribuição dos nutrientes minerais

5.2.3.1 Disponibilidade dos nutrientes

Excetuando o carbono, oxigênio e hidrogênio, absorvidos sob forma de CO_2, O_2 e H_2O, todos os outros elementos necessários são fornecidos sob forma iônica (Tabela 5-1). Nos rizófitos, a absorção de nutrientes é efetuada geralmente pelas raízes, ao passo que as folhas (excetuando algumas especialistas epifíticas, como *Tillandsia* – ver 10.2) apenas num grau muito limitado são capazes de absorver íons. As plantas aquáticas, no entanto, com seus órgãos submersos ou com folhas flutuantes podem absorver nutrientes iônicos da água, pois não possuem cutícula ou esta é bastante permeável. Além disso, nessas plantas ocorre também absorção de íons do solo pelas raízes (se presentes).

O **solo** (Figura 5-18, ver 11.5.2.3) é um sistema complexo e multifásico sujeito a permanentes alterações físicas, químicas e biológicas. A fase sólida consiste principalmente em produtos da desagregação dos minerais formadores da rocha (silicatos, minerais de argila, calcário) e de produtos da decomposição de materiais orgânicos, o **húmus**. Os espaços entre essas partículas são em parte preenchidos com solução aquosa (fase líquida, água do solo, solução do solo) e em parte com gás (ar do solo), o qual frequentemente tem composição diferente daquela do ar atmosférico. O ótimo para o crescimento vegetal estabelece-se quando aproximadamente a metade desses espaços é preenchida com solução e a outra com ar – para manter a respiração das raízes. O solo obtém a estrutura favorável para essa relação equilibrada mediante a redução dos minerais argilosos carregados negativamente através do calcário, o qual, além disso, neutraliza os ácidos húmicos e, assim, impede a acidificação do solo.

O húmus consiste em material em decomposição, microrganismos vivos e ácidos húmicos, ácidos fúlvidos e humina

Figura 5-17 Estrutura da fitoquelatina e homofitoquelatina. A formação de quelato do metal efetua-se através de grupos SH com formação de tiolato. (Com permissão de M.H. Zenk.)

Tabela 5-10 Principais nutrientes absorvidos sob forma iônica

Ânions Elemento	Forma de absorção	Cátions Elemento	Forma de absorção
N	Nitrato (NO_3^-)	K	K^+
S	Sulfato (SO_4^{2-})	Mg	Mg^{2+}
P	Fosfato (PO_4^{3-}, $H_2PO_4^-$)	Ca	Ca^{2+}
Cl	Cloreto (Cl^-)	Fe	$Fe^{2+}(Fe^{3+})$
B	Borato (BO_3^{3-})	Mn	Mn^{2+}
Mo	Molibdato (MoO_4^{2-})	Zn	Zn^{2+}
		Cu	Cu^{2+}

insolúvel em álcalis. Os ácidos húmicos e fúlvidos apresentam macromoléculas complicadas de ácidos fenolcarbônicos e ácidos carbônicos alifáticos e são quimicamente muito estáveis (tempo de existência na natureza de até 1400 anos). Eles possuem alta capacidade de troca catiônica e capacidade redox.

Os nutrientes minerais estão presentes no solo em forma dissolvida ou em forma ligada. Apenas uma parte insignificante está dissolvida (< 0,2% em forma de solução aquosa < 0,01%). Cerca de 98% está fixada em minerais, constituindo ligações de difícil solubilidade (sulfatos, fosfatos, carbonatos), húmus e materiais orgânicos; por desagregação e decomposição, os nutrientes são liberados muito lentamente. O restante de aproximadamente 2% é ligado por adsorção às partículas coloidais do solo com cargas excedentes. Esses íons, ao contrário dos íons dissolvidos, não são facilmente lixiviáveis. Eles podem ser obtidos pela planta mediante troca por íons que ela libera (por exemplo, H^+, HCO_3^-) e, então, utilizados. Os minerais argilosos e as substâncias húmicas destacam-se como portadores desses íons ligados por adsorção. Sua capacidade de troca depende da densidade de carga e da superfície ativa. Em argila montmorilonita, esta última é de aproximadamente 600-800 m^2g^{-1} e 700 m^2g^{-1} em matérias húmicas. Em minerais argilosos e matérias húmicas, a carga é em geral predominantemente negativa, de modo que são ligados principalmente cátions. Numa escala menor, os minerais argilosos podem ligar também ânions. Para os cátions, a firmeza da ligação adsortiva diminui na ordem Al^{3+}, Ca^{2+}, Mag^{2+}, NH_4^+, K^+, Na^+; a ordem correspondente para os ânions é: PO_4^{3-}, SO_4^{2-}, NO_3^-, Cl^-. NO_3^- é levemente móvel no solo, K^+ e principalmente PO_4^{3-} têm menor mobilidade ainda. A ligação adsortiva dos íons no solo tem significado para o suprimento de nutrientes das plantas, pois sua lixiviação é impedida, mas a solução do solo se mantém em contato com uma reserva, que usa os íons e dosa o seu fornecimento (ver 12.6.1).

Por fim, as múltiplas substâncias liberadas pelas raízes (além de ácidos orgânicos e aminoácidos, açúcares, vitaminas etc.) modificam as condições de vida para os microrganismos (fungos e bactérias) no entorno das raízes, a **rizosfera**. Com isso, alteram-se também o grau de transformação dos minerais do solo e o grau de decomposição da matéria orgânica por esses microrganismos.

O **valor do pH**, que pode oscilar bastante num espaço pequeno, tem influência substancial na disponibilidade de nutrientes no solo. O efeito estende-se sobre grau da decomposição e da mineralização dos materiais orgânicos (em solos ácidos, a decomposição é perturbada pelas bactérias sensíveis ao ácido), a seguir sobre a estrutura do solo e finalmente sobre a adsorção iônica e a troca iônica. As diferentes espécies vegetais preferem ou suportam distintas faixas de pH no solo. Assim, por exemplo, alguns musgos de turfeiras podem viver apenas em solos ácidos (**espécies acidófilas**, com faixa de tolerância mais baixa); a vassoura-do-urzal (*Calluna vulgaris*) tem o ótimo de crescimento na faixa ácida, mas tolera também solos neutros ou fracamente alcalinos (**acidófila-basitolerante**). Como **basífila-acidotolerante** enquadra-se, por exemplo, a tussilagem

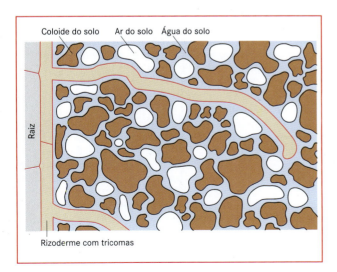

Figura 5-18 Tricomas de raiz no solo. (Segundo E. Weiler.)

(*Tussilago farfara*). A maioria das plantas superiores tolera em cultura isolada valores de pH do solo entre 2,5 e 8,5, com diferentes situações de ótimo. Esse ótimo de desenvolvimento fisiológico frequentemente não concorda com o ótimo de distribuição ecológica, porque muitas espécies são deslocadas por competição para ambientes fora do seu ótimo fisiológico. Com isso, espécies com faixa de tolerância ampla naturalmente têm maior capacidade de adaptação.

5.2.3.2 Absorção dos nutrientes pelas raízes

O sistema de raízes de uma planta, em especial os ápices delas incluindo a zona dos tricomas (ver 4.4.2.1), entra em íntimo contato como o solo (Figura 5-18). A extensão do sistema de raízes no solo pode alcançar valores admiráveis. Assim, para uma parcela de 1 m^2 de azevém perene (*Lolium perenne*) a uma profundidade de raízes de 70 cm, a massa das raízes é de 35 kg, o comprimento é de 55,5 km e a sua superfície é de 50 m^2.

O processo global da absorção de íons pelas raízes pode ser subdividido em quatro partes:

- transferência dos íons para a solução do solo pela troca de nutrientes adsorvidos (troca catiônica);
- difusão dos íons dissolvidos para os espaços livres acessíveis da raiz;
- ingresso dos íons nas células;
- translocação para o xilema (no cilindro central) dos íons absorvidos pelas células.

Uma vez que os íons podem ser absorvidos pelas raízes apenas em forma dissolvida e uma parte substancial fica ligada nos coloides do solo (ver 5.2.3.1), o processo de transferência de íons para a solução do solo, por meio da **troca catiônica**, tem um significado considerável para a planta. Como íons trocáveis, a raiz fornece principalmente H^+ e HCO_3^-. Este último provém do CO_2 da respiração celular e reage na água do solo, conforme a equação: $CO_2 + H_2O \rightleftharpoons H^+ + HCO_3^-$. Os íons H^+ provêm em parte desse processo, em parte dos ácidos orgânicos secretados pelas raízes ou são "bombeados" das células pelo transporte de íons hidrogênio pela ATPase (Figura 5-4). A solubilidade de fosfatos e carbonatos também é aumentada com valores ácidos do pH na região das raízes.

Os íons da solução do solo, por difusão ou com a corrente de água, chegam aos apoplastos livres acessíveis da raiz, ou seja, às paredes dos tricomas e das células corticais. Esse processo é passivo. Com isso, o movimento iônico segue inicialmente o gradiente no potencial químico (Equação 5-9) do íon entre solução do solo e apoplastos. No âmbito das paredes celulares manifestam-se processos adsortivos. O **apoplasto** ou espaço apoplástico é identificado genericamente como a parte do espaço extracelular na qual as moléculas de água e substâncias moleculares nela dissolvidas (por exemplo, íons, metabólitos, fitormônios) podem difundir-se livremente. Por outro lado, a totalidade do espaço citoplasmático de células ligadas entre si por plasmodesmos é denominada **simplasto** ou espaço simplástico.

Tendo em vista a solução aquosa localizada no seu interior, o apoplasto é conhecido também como "espaço livre aparente" (do inglês, AFS = ***a****pparent **f**ree **s**pace*). Ele representa entre 8 a 25% do volume total de tecidos. Como processo não metabólico, a absorção no espaço livre aparente pode não ser muito afetada por temperaturas baixas ou produto metabólicos tóxicos; além disso, ela não é seletiva ou reversível, ou seja, as substâncias no espaço livre aparente pode ser facilmente de novo lixiviadas.

Para partículas carregadas, o espaço livre aparente é subdividido em dois espaços parciais: no espaço livre de água (em inglês, *water free space*, WFS), os íons difundem-se na solução encontrada no apoplasto; no espaço livre de Donnan (em inglês, *Donnan free space*, DFS), eles são retidos pelas cargas fixadas do apoplasto: AFS = WFS + DFS (Figura 5-19B).

As **compartimentalizações de Donnan** então acontecem quando um determinado tipo de íon é impedido de difundir-se através de uma membrana impermeável (para ele) ou é fixado por incorporação a uma fase não difusível (por exemplo, estruturas celulares). Os ânions fixados ou impedidos de difundir-se (representados em vermelho na Figura 5-19; por exemplo, grupos carboxila dissociados da protopectina na parede celular da Figura 5-19B) captariam cátions livres móveis do entorno. Se esse processo progredisse até a neutralização das cargas fixadas, haveria na verdade eletroneutralidade, porém existiria também um gradiente químico para o cátion do próximo (compartimento 1) para o outro entorno (2) dos ânions fixados, isto é, o sistema não estaria em equilíbrio. Por isso, de novo os cátions difundir-se-ão de 1 para 2, até que as forças motoras (gradiente de potencial, por um lado, e gradiente de concentração, por outro) se equilibrem. O equilíbrio obtido é denominado equilíbrio de Donnan. Nesse equilíbrio, a fase de Donnan indifusível de "íons fixados", em comparação com a fase externa, apresenta concentração iônica mais alta e permanece um gradiente de potencial (potencial de Donnan), cuja direção é estabelecida pela carga dos íons não difusíveis; em um ânion fixado, a fase de Donnan em equilíbrio está sempre carregada negativamente, em comparação como o entorno.

No apoplasto existem "íons fixos", igualmente presentes como íons carboxila da protopectina, talvez também nos grupos aniônicos proteicos e fosfatídicos do lado externo da plasmalema. Em todo o caso, no espaço livre aparente predominam sempre as cargas negativas, de modo que os cátions são retidos. Os cátions recém-chegados (por exemplo, captados da solução externa) geralmente não modificam o equilíbrio de Donnan, mas apenas deslocam os cátions já adsorvidos, ou seja, realiza-se a troca catiônica. Assim, por exemplo, uma raiz perde o Ca^{2+} (mantido na solução de Ca^{2+}) adsorvido, por transferência para a solução com K^+, mas não em água pura, isto é, ela comporta-se como uma trocadora de íons.

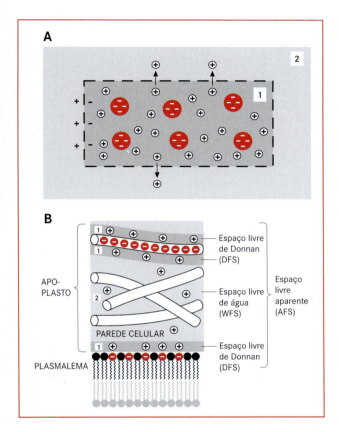

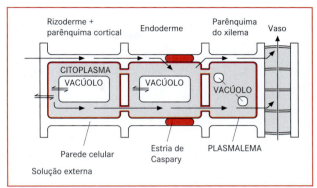

Figura 5-19 Compartimentalização de Donnan. **A** Realização de um potencial de Donnan. Para os cátions, estão disponíveis os compartimentos 1 e 2; os ânions (vermelho), no entanto, são impermeáveis e encontram-se exclusivamente no compartimento 1. Os cátions difundem-se ao longo do seu gradiente de concentração de 1 para 2, até que o potencial elétrico em formação compense o potencial de concentração e que não seja mais observado qualquer fluxo líquido de cátions. O potencial que está se formando na membrana permeável seletiva é denominado potencial de Donnan. **B** Representação esquemática do espaço livre aparente, consistindo do espaço livre de Donnan e do espaço livre de água no apoplasto de células vegetais. O esquema ilustra que os íons dissolvidos na água do apoplasto podem ser retidos no espaço disponível da difusão livre (WFS) e, mais adiante, em estruturas superficiais da plasmalema ou em polímeros carregados da parede celular (DFS), formando-se as compartimentalizações de Donnan. Os dois compartimentos constituem o espaço disponível aparente (AFS) do apoplasto para íons. (Segundo E. Weiler.)

Figura 5-20 Esquema bastante simplificado de uma seção longitudinal de raiz, mostrando os processos de transporte que ocorrem durante a absorção de nutrientes minerais (íons). (Segundo E. Weiler.)

No âmbito da raiz pode ocorrer difusão inespecífica e adsorção dos íons da solução do solo, em direção radial até a endoderme no máximo (ver 3.2.2.3). Na endoderme, a barreira da **estria de Caspary** (Figura 3-18), constituída predominantemente de depósitos de lignina e suberina (estruturas, ver 5.16.2 e 5.16.3) nas paredes celulares radiais, impede a passagem da água e de componentes nela dissolvidos. Mais tarde aqui (na endoderme), mas também já nas demais rotas, atravessando os tricomas da rizoderme e o parênquima cortical da raiz, ocorre a absorção dos íons no simplasto (Figura 5-20). Com isso, a plasmalema representa a barreira seletiva decisiva, pois a fase lipídica das membranas biológicas atua como obstáculo efetivo, em comparação com a difusão não seletiva de íons no cilindro central da raiz (biomembranas, ver 1.5.2 e 2.2.5).

As características de transporte de uma biomembrana são determinadas principalmente pelas proteínas de transporte nela depositadas, as quais funcionam como bombas, translocadores (carregadores) ou canais. Os exemplos de sistemas de absorção de íons bem caracterizados, que exercem um papel na raiz, são reunidos na Figura 5-4, ao lado de outros. Trata-se neste caso de transportador ativo secundário ou canais iônicos, pois a absorção dos nutrientes iônicos do apoplasto para as células da raiz, com exceção do cálcio, está vinculada com trabalho concentrado, portanto, tem andamento endergônico (acoplamento energético, ver 5.1.5). A ATPase do transporte ativo primário de íons hidrogênio (bomba de prótons, Figura 5-4) fornece a força motriz para isso – presente na plasmalema de todas as células vegetais: essa enzima relativamente grande (consiste em uma única cadeia polipeptídica, com cerca de 100-110 kDa de massa molecular) passa por mudanças de conformação por hidrólise de ATP, em cujo andamento os íons H^+ são transportados estequiometricamente do citoplasma para o apoplasto para consumo de ATP. Esse processo de transporte eletrogênico gera uma forma motriz de prótons (ver 5.1.4.3, Equação 5-19) de aproximadamente ≤ – 240 mV ($\Delta pH = 2$, $\Delta E_M = -120$ mV).

Até agora, do ponto de vista molecular, foram caracterizados os transportadores do tipo simporte para absorção de nitrato, sulfato e fosfato, além de canais iônicos para o transporte de íons K^+, Cl^- e Ca^{2+}, todos presentes na plasmalema. Mediante procedimentos eletrofisiológicos, desenvolvidos para o exame de canais iônicos, o fluxo de íons pode ser analisado por meio de uma única molécula-canal (Quadro 5-1).

Quadro 5-1

Procedimentos em Eletrofisiologia

Técnica *Patch-Clamp*

Sobre a superfície de um protoplasto (ou de um vacúolo) é instalado um microeletrodo de vidro (pipeta registradora) (Figura A, 1). Mediante uma leve sucção da célula (Figura A, 2), estabelece-se um contato bastante estreito entre a superfície limítrofe da membrana e a pipeta, cuja resistência de vedação situa-se na ordem de grandeza entre 1 e 100 GΩ (*Gigaseal*). Dessa maneira, a abertura e o fechamento de canais iônicos individuais – localizados no pedacinho (*patch*) da membrana em contato com ponta da pipeta – podem ser registrados. A probabilidade de abertura (P_0) é a parte relativa dentro de um intervalo de tempo escolhido, em que o canal iônico examinado encontra-se no estado aberto (conduzindo íons) ($0 \leq P_0 \leq 1$) nas condições experimentais estabelecidas.

Se o protoplasto for aberto por outra sucção (Figura A, 3), a corrente somada sobre a superfície total do protoplasto pode ser registrada. Se a célula for rompida, um pedacinho isolado de membrana fica retido na ponta da pipeta (Figura A, 4) (no inglês *patch*, *Flicken*, *Fleck*; *clamp*, *Klammer*, *Zwinge*), o qual expõe o lado citoplasmático para a solução do meio. Esse modo de medição é especialmente adequado para exame da regulação de canais iônicos por meio de fatores intracelulares, pois a composição da solução no lado da membrana citoplasmática pode ser modificada (Figura B).

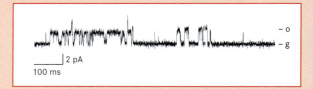

Figura B Análise segundo a técnica *Patch-Clamp* de um canal iônico vegetal. Registro da flutuação de corrente de um canal de potássio do parênquima de uma gavinha de *Bryonia dioica*. Configuração celular (ver Figura A, 2) para uma tensão de 20 mV – com canal o aberto, há corrente iônica; com canal g fechado, não há corrente.

Figura A Princípio da técnica *Patch-Clamp*. (Segundo E. Weiler.)

Técnica da bicamada lipídica

A atividade de um único canal iônico, por exemplo, de membrana, que não é possível examinar com a *técnica Patch-Clamp*, pode ser medida por um circuito elétrico em princípio semelhan-

---

Com a coparticipação de processos de transporte ativos e passivos, produz-se uma concentração seletiva e substancial de nutrientes na raiz.

A capacidade de escolha da célula, ou seja, a preferência na absorção de determinadas matérias em relação a outras (por exemplo, K^+ em relação a Na^+, fosfato em relação a silicato) é grande, mas não absoluta. De um lado, há uma absorção de matéria, até certo ponto passiva e não seletiva; de outro lado, os transportadores e canais iônicos não são rigorosamente específicos. Assim, por exemplo, os íons rubídio (Rb^+) atravessam os canais de potássio, os canais de cálcio (além de cálcio) conduzem também uma certa quantidade de outros cátions, bivalentes e monovalentes. Com métodos de demonstração suficientemente sensíveis, presumivelmente seria possível encontrar nas plantas todos os elementos de ocorrência natural. Por fim, além dos sistemas de absorção específicos, de alta afinidade, existem também os inespecíficos, de baixa afinidade. Isso leva a uma cinética de absorção bifásica (ver abaixo).

Se a absorção de íons for acompanhada em uma raiz (ou outra parte da planta, como tecidos foliares ou tecidos de reserva) sob concentração iônica crescente no meio externo, obtém-se curvas que obedecem formalmente à relação de Michaelis-Menten (Figura 5-21), da mesma maneira como ela se aplica a muitas enzimas (Figura 5-7). Assim, em uma raiz de cevada, a velocidade da absorção de K^+ alcança um máximo de aproximadamente 0,2 mM KCl na solução externa, não ultrapassada nem mesmo com a elevação da concentração para 0,5 mM. No entanto, se for oferecida uma concentração de KCl muito elevada (1-50 mM), a velocidade da absorção eleva-se de novo.

O andamento da curva indica dois mecanismos de absorção distintos para os íons K^+. O mecanismo 1 funciona sob concentrações iônicas baixas (< 1 mM, que correspondem às concentrações naturais no solo), é específico para K^+ (e Rb^+) e não sofre influência da natureza e da taxa de absorção do respectivo ânion: características que indicam que um canal iônico condutor de potássio é responsável por esse transporte. O mecanismo 2 possui menor afinidade ao substrato e funciona, portanto, efetivamente apenas sob concentrações iônicas ele-

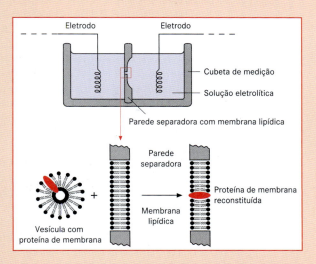

Figura C Princípio da técnica da camada lipídica. (Segundo E. Weiler.)

Figura D Atividade de um canal individual na bicamada lipídica. Padrão de atividade temporal de uma canal de cálcio do retículo endoplasmático de *Bryonia dioica*, após integração a uma bicamada lipídica plana, sendo adotada uma tensão de +50 mV.

te. Segundo essa técnica, dois eletrodos são mergulhados em uma cubeta dividida em duas câmaras por uma parede separadora. No meio da parede, encontra-se um orifício (≤ 0,2 mm), sobre o qual é esticada uma bicamada lipídica plana (em inglês *lipid bilayer*). A essa camada são integrados canais iônicos, cuja atividade pode ser examinada após o estabelecimento de uma tensão; neste caso, também é suficiente uma única molécula-canal (Figura C, D).

(Segundo o modelo original de B. Klüsener, G. Wrobel e A. Wienand, gentilmente cedido.)

Referências

Hille B (1992) Ionic Channels of Excitable Membranes, 2nd ed. Sinauer Associates Inc., Sunderland, Ma, USA
Sakmann B, Neher E, eds (1995) Single-Channel Recording, 2nd ed. Plenum Press, New York, USA

---

vadas; além disso, é relativamente inespecífico (por exemplo, Na^+ e Ca^{2+} concorrem com K^+) e influenciado pelo íon acompanhante. Logo, esse processo baseia-se em um outro sistema de transporte.

Cinéticas de absorção bifásicas semelhantes foram também observadas para outros cátions e ânions. Assim, por exemplo, com alta oferta de sulfato, ocorre nas raízes um sistema de absorção de baixa afinidade e constitutivo (ou seja, permanentemente presente). Se o conteúdo de sulfato no meio diminuir abaixo de um limiar crítico, é induzida a formação de um segundo transportador de sulfato, de alta afinidade, que funciona efetivamente mesmo em concentrações micromolares de sulfato.

As plantas enfrentam um problema especial, pois os ânions NO_3^- e SO_4^{2-} absorvidos são reduzidos (ver 5.6, 5.7) e, com isso, afastados do equilíbrio eletroquímico. Para defender a eletroneutralidade, os cátions não mais balanceados (por exemplo, K^+ por absorção de K_2SO_4 ou KNO_3) devem ser neutralizados por outros ânions. As plantas empregam, além disso, ânions orgânicos, especialmente malato e oxalato.

A absorção seletiva de íons do solo pode provocar modificações do pH fisiologicamente significativas. Se, por exemplo, for adubada com NH_4Cl, por troca catiônica, a planta absorve preferencialmente NH_4^+ em relação a H^+, de modo que os íons hidrogênio se concentram no solo, tornando-o ácido.

Embora se encontre na maioria dos solos em quantidades suficientes, o **ferro** é muitas vezes um fator de carência para as plantas (especialmente em solos alcalinos), pois apenas pouco dele ocorre dissolvido (como Fe^{3+}). Em solos alcalinos, segundo $2\,Fe(OH)_3 \rightarrow Fe_2O_3 \cdot 3\,H_2O$, forma-se óxido de ferro (III) insolúvel. Além disso, as raízes absorvem ferro preferencialmente como Fe^{2+}. A concentração do ferro dissolvido (Fe^{3+}) é certamente bastante aumentada pela secreção de substâncias orgânicas com características quelantes do Fe(III), os chamados **sideróforos** (do grego, *sideros* = ferro; *pherein* = portar), por bactérias e fungos do solo. As dicotiledôneas e as monocotiledôneas (até as Poaceae) liberam fitossideróforos para diminuir o

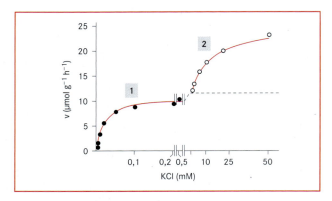

Figura 5-21 Velocidade (v) da absorção de potássio, na dependência da concentração de KCl no meio. A abscissa foi interrompida entre 0,2 e 0,5 mM. A curva observada em concentrações baixas (fase 1 da absorção, continuada pela linha tracejada) é calculada pela Equação de Michaelis-Menten, em que $K_m = 0,021$ mM; $v_{máx} = 11,9$ μmol g^{-1} (peso fresco) h^{-1}. (Segundo E. Epstein.)

valor do pH na rizosfera, melhorando a solubilidade de íons Fe^{3+} e H$^+$ e ácidos orgânicos. Na membrana plasmática do parênquima da raiz, eles reduzem Fe^{3+} (em difusão no apoplasto) a Fe^{2+}, absorvido pela célula mediante uma proteína de transporte específica (**estratégia I**, Figura 5-22A). A redução de Fe^{3+} a Fe^{2+} é realizada por uma redutase ligada à membrana e dependente de NAD(P)H.

A absorção de ferro nas Poaceae ocorre com participação do ácido mugineico (Figura 5-22C), secretado pelas raízes e especificamente com Fe^{3+} forma o complexo quelato. Por isso, o ácido mugineico e substâncias aparentadas são classificados também como **fitossideróforos**. As células da raiz absorvem o complexo Fe^{3+}-ácido mugineico, com participação de uma proteína de transporte específica. Lá, efetua-se a redução a Fe^{2+} (**estratégia II**; Figura 5-22B). A síntese do ácido mugineico é induzida somente por carência de ferro e cessa novamente quando o fornecimento de ferro é suficiente.

No interior da planta, o transporte de Fe^{2+} é efetuado igualmente sob forma de complexos quelatos. O quelante é a nicotianamina (Figura 5-22), estruturalmente aparentada com o ácido mugineico e igualmente sintetizada a partir da metionina. A nicotianamina forma complexos estáveis com Fe^{2+} (e Mn^{2+}, Zn^{2+}, Co^{2+}, Ni^{2+}), mas não com Fe^{3+}, e ocorre em todas as plantas. O mutante *chloronerva* do tomate, com defeito na biossíntese da nicotianamina, apresenta fortes perturbações na distribuição do ferro, que podem ser remediadas mediante fornecimento de nicotianamina.

Os íons absorvidos no simplasto (no âmbito dos pelos da raiz ou das células do parênquima cortical e, mais

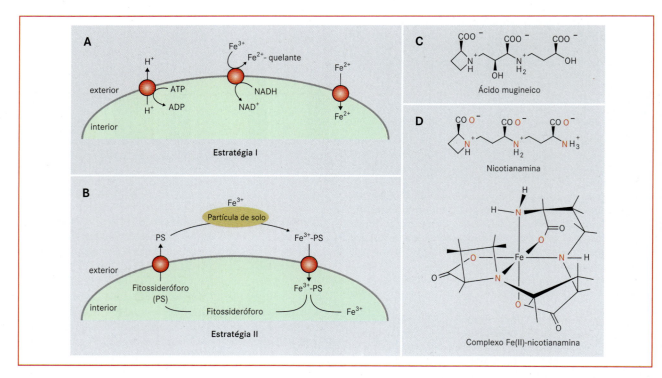

Figura 5-22 Sistemas de absorção de ferro por plantas superiores. **A** Estratégia I. **B** Estratégia II (Poaceae). **C** Fórmula estrutural do ácido mugineico (específico de Fe^{3+}). **D** Fórmula da nicotianamina livre (específica de Fe^{2+}) e do complexo Fe(II)-nicotianamina (em vermelho, os átomos participantes da ligação com ferro). (B segundo K. Schreiber.)

tarde, das células da endoderme) são conduzidos de célula a célula por intermédio dos plasmodesmas (Figura 5-20). Por causa da estria de Caspary, transporte das células endodérmicas para o cilindro central só pode ser efetuado via simplasto. Os processos de liberação de íons nas células condutoras de água do cilindro central não estão esclarecidos em todos os seus detalhes. É provável que processos predominantemente ativos e seletivos na endoderme ou no parênquima do xilema participem da passagem dos íons para o cilindro central (Figura 5-20).

O parênquima cortical da raiz armazena nutrientes iônicos em grandes vacúolos. Esses íons, na verdade, são retirados do transporte parenquimático imediato, mas em caso de necessidade pode ser novamente liberados. Isso contribui para reduzir as oscilações no fornecimento de substâncias minerais para a planta, assim como para a adsorção de íons (principalmente cátions) a grupos carregados das paredes dos vasos, dos quais eles, por uma queda da concentração de íons, podem ser novamente liberados na seiva do xilema (transporte de água, ver 5.3).

Ao longo de todo o comprimento das células condutoras de água, os sais nutricionais procedentes da corrente de transpiração podem passar novamente para o apoplasto ou o simplasto (e, por fim, também para os vacúolos) dos tecidos vizinhos, sendo válidos os mesmos princípios descritos para a raiz. Nos locais de transpiração intensa (por exemplo, projeções cuticulares dos estômatos) as substâncias minerais podem se acumular.

Uma parte dos íons inorgânicos dos vasos ou do parênquima pode também penetrar nos elementos condutores do floema (ver 5.8) e ser distribuída com os assimilados. No floema, alguns íons têm um movimento apenas limitado e outros ficam praticamente imóveis (Tabela 5-11).

Entre os íons do primeiro grupo, que em caso de necessidade podem ser transportados de folhas adultas para jovens e para outros órgãos, o cátion mais importante é o K^+. Presume-se que o potássio pode também exercer funções específicas no transporte do floema (ver 5.8). Enquanto o nitrogênio e o enxofre deslocam-se no floema principalmente como parte de ligações orgânicas, o cloreto e principalmente o fosfato são transportados em grandes quantidades como ânions livres. As concentrações relativamente grandes do fosfato livre nos tubos crivados (cerca de 2-4 mM) exigem que os cátions formadores de fosfatos de difícil solubilidade (por exemplo, cálcio, bário, chumbo) fiquem praticamente imóveis no floema. Isso tem uma série de consequências importantes, principalmente com o cálcio. Assim, cogitou-se que a carência de Ca^{2+}, que exerce um papel considerável na manutenção das estruturas de membranas na célula, poderia ser um motivo substancial das particularidades citológicas marcantes dos elementos de tubo crivado (por exemplo, degeneração do tonoplasto e do núcleo, em parte alterações estruturais profundas das organelas, ver 3.2.4.1). A única biomembrana dos elementos de tubo crivado, essencial para o seu funcionamento (a plasmalema), poderia receber do apoplasto adjacente o Ca^{2+} necessário.

Outra consequência da imobilidade do Ca^{2+} no floema, por um lado, e da sua capacidade de deslocamento com a corrente de transpiração, por outro lado, refere-se ao fato que a relação Ca/K nas cinzas de um órgão é tanto mais baixa quanto mais seu fornecimento pelo floema prevalecer sobre aquele através do xilema. Essa relação é muito baixa, por exemplo, no tubérculo da batata e no fruto do amendoim, supridos quase exclusivamente pelo floema. (Como eles crescem no solo, não se processa qualquer queda de potencial hídrico entre raiz e órgão e, por isso, nenhum suprimento por intermédio da corrente de transpiração.) Pela relação Ca/K, pode-se também distinguir os parasitos vegetais (e animais) do xilema e do floema; para os primeiros (por exemplo, *Viscum*) ela é alta (em parte > 3:1), para os últimos (por exemplo, *Cuscuta*) é baixa (cerca de 1:17).

Finalmente, devido à inexistência de um transporte floemático para cálcio (e outros elementos imóveis), esses elementos são armazenados continuamente nos órgãos de transpiração, principalmente nas folhas (ao contrário do K^+ e fosfato, por exemplo), e antes da queda foliar não são mais reconduzidos aos outros órgãos (por exemplo, ao caule). A armazenagem permanente e irreversível de cálcio e outros elementos não mobilizados pelo floema é presumivelmente o motivo pelo qual as chamadas "perenifólias" devem renovar a sua folhagem de vez em quando. Desse modo, as acículas de pinheiro (*Pinus*) permanecem por 2-3 anos, as do abeto (*Picea*) em altitudes baixas (< 300 m) por 5-7 anos e em altitudes elevadas (1.600-2.000 m) por 11-12 anos, as da árvore de Natal (*Abies*) por 5-7, as do pinheiro-anão-da-montanha por 6-8 anos. As folhas do louro não permanecem por mais de 6 anos; as da hera ou as do azevinho raramente duram mais de 2 anos.

Se plantas crescendo em um ambiente rico em Ca forem transferidas para outro sem esse elemento, as folhas existentes originalmente mostram excesso de Ca, ao passo que as novas (crescendo num período equivalente) evidenciam sintomas de carência de Ca.

5.3 Relações hídricas

A água (ver 1.1) não é apenas o solvente universal das células vivas. Ela serve também como substrato no metabolismo, doando elétrons e íons hidrogênio para a fo-

Tabela 5-11 Mobilidade dos elementos minerais no floema

Mobilidade	Moderadamente móvel	Imóvel
Potássio	Ferro	Lítio
Rubídio	Manganês	Cálcio
Césio	Zinco	Estrôncio
Sódio	Cobre	Bário
Magnésio	Molibdênio	Alumínio
Fósforo	Cobalto	Chumbo
Enxofre	Boro	Polônio
Cloro		Prata
		Flúor

tossíntese, por exemplo. Como componente principal da célula viva, a água tem também função estrutural, e as plantas em crescimento garantem grande parte do seu aumento em volume por conta dela ("**água de crescimento**"). Já que as plantas precisam absorver CO_2 em forma gasosa para a fotossíntese (ver 5.5) e na evolução não foi encontrado qualquer revestimento superficial permeável ao CO_2 e impermeável à água, elas perdem água permanentemente por evaporação (transpiração) (ver 5.3.4.1) ("**água de transpiração**"); para que não ocorra perda da turgescência, precisa haver suprimento de água. Nas plantas terrestres, a evaporação da água serve adicionalmente para um certo resfriamento do organismo. Contudo, essa função não é vital, pois muitas plantas de regiões quentes e áridas – as chamadas plantas CAM, ver 5.5.9 – mantêm seus estômatos fechados durante o dia, o que provoca forte restrição da transpiração. Sob temperaturas elevadas, as plantas em regra reduzem sua transpiração. Como a absorção de água em geral é efetuada por aqueles órgãos que também realizam a absorção de substâncias minerais, e há relação energética entre esses dois processos, o estudo das relações hídricas associa-se à discussão das relações nutricionais minerais. No centro das reflexões estão as plantas superiores terrestres (samambaias e espermatófitas). Para essas plantas, o comportamento hídrico controlado tem significado especial, pois elas vivem em ambientes caracterizados pela regularidade na escassez de água (solos relativamente secos, ar seco).

Uma vez que as plantas não conseguem transportar água ativamente (ver 5.1.4.2), a água se desloca, tanto em dimensões celulares quanto em dimensões macroscópicas, sempre passivamente ao longo do seu gradiente de potencial químico. Portanto, esse deslocamento processa-se do local com potencial hídrico positivo para o local com potencial hídrico negativo (Equações 5-10 e 5-15), reduzindo sua entalpia livre. Logo, esse processo é exergônico e evolui espontaneamente.

A trajetória contínua da água desde o solo (passando pelas raízes, pelos tecidos condutores do xilema e por outros tecidos e chegando finalmente aos locais onde é perdida) e os processos da própria perda de água podem ser compreendidos energeticamente pelo conceito de potencial hídrico; todavia, as forças motrizes e os mecanismos de transporte nos diferentes setores do percurso apresentam detalhes que os distinguem, exigindo uma observação mais acurada. Por razões de clareza, os setores são subdivididos em absorção de água, perda de água e condução de água. Em primeiro lugar, são tratados basicamente os mecanismos de transporte e as relações hídricas celulares.

5.3.1 Mecanismos de transporte

O movimento da água baseia-se em dois mecanismos essenciais: difusão e fluxo de massa.

5.3.1.1 Difusão

Por difusão entende-se a mistura passiva de partículas por agitação térmica aleatória. Por meio da difusão (considerando muitas partículas), estabelece-se então um fluxo líquido de uma substância em determinada direção, quando o potencial químico dessa substância apresenta uma diferença no espaço de difusão. Durante uma fase de mistura (por exemplo, em um solvente com as substâncias nele dissolvidas), todos os componentes (para os quais há um gradiente de potencial químico, incluindo, portanto, o solvente) mostram um fluxo líquido, até que as diferenças de potencial químico sejam equilibradas (ver 5.1.4). Na maioria dos casos, a diferença de potencial químico que impulsiona um processo de difusão parte de um gradiente de concentração da substância.

O fluxo ("velocidade de difusão", J_i) é a quantidade de uma substância i em difusão, por unidade de superfície e intervalo de tempo. A dependência do fluxo em relação ao gradiente de concentração de i, ao longo do trajeto x ($\Delta c_i/\Delta x$) perpendicular à superfície transversal, é descrita pela **primeira lei da difusão de Fick**:

$$J_i = -D_i \frac{\Delta c_i}{\Delta x} \qquad \text{(Equação 5-30)}$$

e pode ser expressa em mol m^{-2} s^{-1}, por exemplo. Portanto, a velocidade de difusão é diretamente proporcional ao gradiente de concentração da substância em difusão. O fator de proporcionalidade D é denominado **coeficiente de difusão** (m^{-2} s^{-1}). Em condições isotérmicas e isobáricas, D é específico da substância e, além disso, depende do meio de difusão. Os gases como CO_2 e O_2, por exemplo, difundem-se no ar aproximadamente 10^5 vezes mais rápido do que na água (CO_2 no ar: 1 cm s^{-1}; na água: 10^{-5} cm s^{-1}). O sinal menos na equação indica que ocorre um fluxo positivo da substância na direção de um gradiente de concentração decrescente (da concentração mais alta da substância para a mais baixa).

Uma vez que a velocidade dos movimentos moleculares aumenta com a elevação da temperatura, a velocidade de difusão da temperatura é proporcional (e no ponto zero absoluto, 0 K, zero).

A **segunda lei de Fick** estabelece a relação entre o trajeto (x) percorrido por uma substância em difusão e o tempo decorrido (t):

$$x = k\sqrt{t}. \qquad \text{(Equação 5-31)}$$

Logo, o trajeto percorrido por difusão é proporcional à raiz quadrada do tempo. O fator de proporcionalidade k tem a dimensão m s$^{-1/2}$. Portanto, a difusão é apenas um mecanismo de transporte efetivo em trajetos muito pequenos e não interessa para a superação de distâncias maiores.

Isso é evidenciado por alguns números: na água, o corante fluoresceína (em determinada temperatura e determinada queda de concentração) difunde-se 87 μm em um segundo, aproximadamente 675 μm em um minuto, cerca de 5 mm em uma hora e apenas aproximadamente 50 cm em um ano. Nas dimensões das células vegetais, portanto, a difusão é bastante efetiva. Contudo, em gradientes de concentração reinantes e condições especiais, uma molécula de açúcar, por exemplo, formada na folha de uma copa a 30 metros de altura, apenas por difusão jamais chegará às raízes durante a vida da árvore; também só por difusão, um nutriente absorvido pela raiz nunca atingirá a folha.

Como mecanismo do movimento da água, a difusão é significativa:

- em parte, para o transporte de água entre a solução do solo e o apoplasto;
- para o transporte de água entre o apoplasto e o simplasto;
- para o transporte de água através de membranas celulares;
- para a passagem da água do apoplasto para o espaço intercelular das folhas, por exemplo; e
- para a passagem das moléculas de água do espaço intercelular para a atmosfera.

A rápida difusão da água através de membranas celulares durante muito tempo não foi compreendida. Hoje se sabe que a baixa resistência à difusão de membranas celulares em relação à água (a água difunde-se através de uma membrana celular quase tão bem como através de uma camada de água de espessura igual) é atribuída ao fato de as moléculas de água difundirem-se por "lacunas" na bicamada lipídica fluida; elas difundem-se também por proteínas-canal específicas para água, as **aquaporinas**, embebidas nas membranas celulares (Figura 5-23). Por meio da regulação da quantidade de aquaporinas e mediante modificações reversíveis da proteína, a permeabilidade à água das membranas adapta-se às necessidades. Em condições de crescimento normais, a proteína fosforila; em estresse por seca, a proteína é desfosforilada e inativada. Em inundação, um resíduo de histidina conservado é protonado, fechando o poro fosforilado.

5.3.1.2 Fluxo de massa

A difusão não interessa para o **transporte de água de longa distância**. Aqui aparecem os fluxos de massa da água, os quais são característicos:

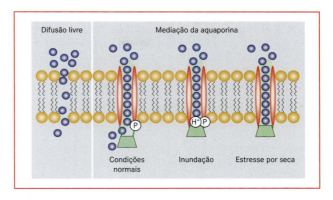

Figura 5-23 Difusão de moléculas de água através de biomembranas ou, melhor exprimindo, através de poros (seletivos à água) da proteína transmembrana, a aquaporina. A aquaporina é ativada por fosforilação reversível. Em inundação, o poro é fechado por protonação de um resto de histidina conservado. Em situação de seca, o poro é desfosforilado e, com isso, fechado. (Segundo Törnroth-Horsefield et al., 2006, modificado.)

- para o transporte de água nos vasos;
- para o transporte de água no solo;
- eventualmente para o transporte no apoplasto, por exemplo, na folha e na raiz; e
- também para o transporte no floema (ver 5.8.3).

Enquanto as diferenças no potencial de concentração são decisivas como força motriz da difusão, o fluxo de massa é impulsionado principalmente pelas diferenças no potencial de pressão entre dois sítios (ver 5.3.5 e 5.8.3). Dentro do potencial químico (ou, melhor exprimindo, do potencial hídrico), os diferentes potenciais parciais fornecem, portanto, contribuições distintas à força motriz para o transporte de água por difusão ou fluxo de massa.

A dependência do fluxo de massa em relação a uma diferença no potencial de pressão é expressa pela **lei de Hagen-Poiseuille**, que vale estritamente para capilares ideais:

$$\frac{\Delta V}{\Delta t} = -\frac{\pi\, r^4}{8\, \eta} \frac{\Delta p}{\Delta x}. \qquad \text{(Equação 5-32)}$$

Logo, para um raio r constante do capilar e para um líquido com viscosidade η constante, o fluxo volumétrico $\Delta V/\Delta t$ (indicado em m^3 s^{-1}, por exemplo) é diretamente proporcional à diferença de pressão adjacente $\Delta p/\Delta x$; por outro lado, para determinadas $\Delta p/\Delta x$ e η, ele depende muito do raio do capilar: com a duplicação do raio, o fluxo volumétrico no tempo aumenta segundo o fator $2^4 = 16$! O sinal negativo é necessário, pois resulta um fluxo positivo na direção de uma pressão hidrostática decrescente ($\Delta p/\Delta x < 0$).

Observe: p é idêntico ao potencial de pressão da equação do potencial hídrico (Equação 5-15); contudo, Π (pi), na Equação 5-32, provém da geometria do capilar com seção transversal circular e não deve ser confundido com a pressão osmótica Π na equação do potencial hídrico.

5.3.2 Relações hídricas celulares

5.3.2.1 Osmose

A entrada ou saída de água através da célula acontece principalmente numa rota osmótica e o mecanismo de transporte é a difusão. Por **osmose**, entende-se a difusão de partículas através de uma membrana com permeabilidade seletiva, como é uma membrana biológica (ver 2.2.5). Para o solvente (água), essa membrana tem boa permeabilidade, mas para os materiais nele dissolvidos (em situação ideal) ela é impermeável ou apresenta permeabilidade baixa. Se uma membrana com permeabilidade seletiva separar dois líquidos com concentrações diferentes de partículas dissolvidas, nos dois lados da membrana estabelece-se consequentemente uma diferença de potencial hídrico ($\Delta\Psi$, Ψ é mais negativo no lado da concentração de partículas mais alta). As moléculas de água difundem-se ao longo do seu gradiente de concentração, da solução diluída para a menos diluída, como pode ser demonstrado experimentalmente com o emprego de um **osmômetro (célula de Pfeffer**, Figura 5-24). Com isso, aumenta o volume da solução concentrada (sob diluição) e estabelece-se uma pressão hidrostática. A absorção de água no compartimento com potencial hídrico mais negativo se processa até que a pressão hidrostática causada pelo afluxo de água tenha compensado a diferença de potencial hídrico dos dois compartimentos ($\Delta\Psi = 0$).

A célula viva é um osmômetro desse tipo. As membranas com permeabilidade seletiva são a plasmalema e o tonoplasto (pois as substâncias osmóticas acumulam-se predominantemente no suco celular). Com disponibilidade suficiente de água, a célula alcança osmoticamente a absorção máxima até que $\Delta\Psi = 0$. Uma vez que as paredes celulares pouco elásticas impõem limites estreitos a um aumento de volume, em consequência de um afluxo osmótico de água, a pressão hidrostática – também denominada **turgor** ou pressão de turgor – estabelece-se rápido em uma célula. Uma contribuição adicional ao potencial de pressão é fornecida a um sistema de tecidos por células vizinhas turgescentes, que se opõem à expansão das células que estão absorvendo água.

Como os potenciais de gravitação podem ser desprezados em nível celular, o potencial hídrico Ψ de uma célula (ou de um tecido) em forma da Equação 5-15 (ver 5.1.4.2) pode ser representado como:

$\Psi = p - \Pi$ (p = pressão hidrostática, turgor;
$-\Pi$ = potencial osmótico.

Neste caso, Ψ de uma célula (de um tecido) oscila nos limites $\Psi = 0$ (quando p = Π) e $\Psi = -\Pi$ (quando p = 0). O potencial hídrico tem valor nulo quando o turgor celular compensa integralmente o potencial osmótico (turgescência completa); na falta de turgor (p = 0, estado de murcha), a célula (o tecido) desenvolve um potencial hídrico negativo máximo, cuja quantidade é determinada por Π, portanto a concentração que representa a soma de todas as substâncias osmóticas na célula (no tecido). As relações entre Ψ, p, Π e o volume celular são evidentes na Figura 5-25.

Além de compostos orgânicos como açúcares e ácidos orgânicos, os sais inorgânicos funcionam como substâncias osmóticas celulares. Esses sais são acumulados no citoplasma, porém predominantemente no vacúolo (portanto, no suco celular) (ver 5.2.3). Quantitativamente, as substâncias osmóticas especialmente significativas são o K^+ e seus íons antagônicos (Cl^- e/ou ácidos orgânicos como o malato). Na maioria das vezes, a concentração global em substâncias osmóticas no suco celular corresponde a 0,2-0,8 M. Em determinadas células (por exemplo, células-guarda, ver 7.3.2.5), ela pode estar submetida a alterações intensas e reversíveis. O potencial osmótico pode ser muito diferente não apenas entre as espécies, mas também nos órgãos e tecidos de uma planta. Nas células do parênquima cortical da raiz, os valores de potencial osmótico situam-se entre –0,5 e –1,5 MPa; nas partes aéreas, geralmente são mais negativos com a distância da raiz; nas células de tecidos foliares, eles são de –3 até –4 MPa. As plantas que suportam sem danos grandes oscilações do potencial osmótico são denominadas **euri-hídricas**. As espécies **esteno-hídricas** toleram apenas uma pequena amplitude osmótica (Figura 5-26).

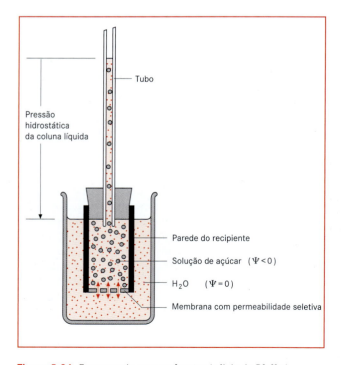

Figura 5-24 Esquema de um osmômetro (célula de Pfeffer).

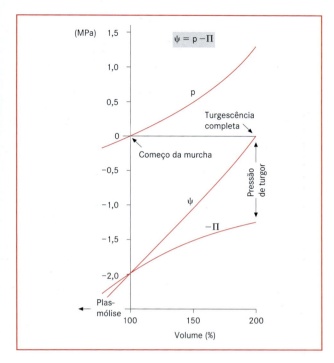

Figura 5-25 Mudança das grandezas dos estados, pela entrada e saída de água de uma célula por via osmótica.

No ambiente natural de uma planta, raramente a maioria das células e dos tecidos alcança o ponto de turgescência completa ($p = \Pi$, $\Psi = 0$), mas possui um potencial hídrico negativo mais ou menos intenso.

O potencial osmótico de uma célula pode ser determinado por procedimentos distintos:

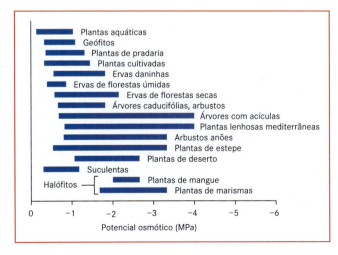

Figura 5-26 Faixa de oscilação do potencial osmótico de sucos foliares de tipos de plantas ecologicamente distintas. As amplitudes informadas resultam da diferença entre o valor mais baixo e o mais alto, encontrado para as espécies que pertencem aos respectivos grupos ecológicos. (Segundo H. Walter.)

Plasmólise. Por plasmólise entende-se a retração do protoplasto, em relação à parede celular, de uma célula em meio hipertônico (meio em que $\Psi_M < \Psi_C$; M = Meio, C = Célula). Sob essas condições, a célula perde água até que $\Psi_M = \Psi_C$ (pela saída de água, reduz-se primeiramente o potencial de pressão – o turgor – e finalmente sobe Π devido à continuidade da perda de água; nesse processo, Ψ_C torna-se mais negativo, até ser atingido o valor de Ψ_M). Em meio hipotônico ($\Psi_M > \Psi_C$), o fenômeno da plasmólise muda novamente: é a chamdada desplasmólise. Em meio hipertônico, com o passar do tempo também é provocada a desplasmólise, pois se estabelece um lento equilíbrio da concentração das substâncias osmóticas extracelulares por difusão através das membranas celulares e as células ajustam as concentrações das substâncias osmóticas endógenas.

Se uma célula (ou células de um tecido) for colocada em soluções com concentrações diferentes em substâncias osmóticas e for verificada a solução (= **isotônica**) na qual realiza-se a plasmólise-limite (= estado em que, devido à saída de água da célula, o protoplasto começa a separar-se da parede celular) e, portanto, o turgor alcança o valor zero (p = 0), então

$$\Psi_C = -\Pi_C = \Psi_M. \quad \text{(Equação 5-33)}$$

Porém, Ψ_M é igual a $-\Pi_M$, pois uma solução em equilíbrio com o seu entorno não apresenta qualquer pressão hidrostática, e, com isso, $\Pi_M = \Pi_C$.

Crioscopia. Outro método para determinar o potencial osmótico de sucos celulares é a crioscopia (do grego, *kryos* = frio), a medição do abaixamento do ponto de congelamento.

O emprego desse método permite que o ponto de congelamento de um solvente seja abaixado mediante suplemento de substâncias solúveis. Com isso, o abaixamento do ponto de congelamento se correlaciona linearmente com a concentração da substância adicionada, da qual a concentração pode ser derivada.

Método da compensação. Pelo método da compensação, segmentos de tecido de peso conhecido são equilibrados em meios (por exemplo, soluções de sacarose) com diferentes potenciais hídricos e, após, pesados novamente (Figura 5-27).

Em meio hipertônico ($\Psi_M < \Psi_G$), o tecido perderá água; em meio hipotônico ($\Psi_M > \Psi_G$), o tecido absorverá água. A partir de uma representação gráfica das mudanças de peso em relação ao Ψ_M, por interpolação pode ser verificado o ponto exato em que não teria ocorrido qualquer mudança de peso dos segmentos de tecido ($\Psi_M = \Psi_G$). Porém, Ψ_M é igual a $-\Pi_M$ (ver acima) e, por isso, também $\Psi_G = -\Pi_M$. Portanto, o potencial hídrico Ψ_G de um tecido é igual ao potencial osmótico $-\Pi_M$ da solução na qual não se produz qualquer fluxo líquido de água no tecido (e, com isso, nenhuma diferença de peso).

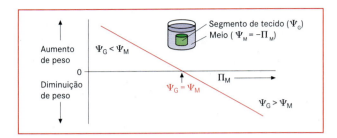

Figura 5-27 Método da compensação, para determinação do potencial hídrico de segmentos de tecido pela verificação das mudanças de peso após a inclusão em soluções de substâncias osmóticas impermeáveis com potenciais osmóticos (potenciais hídricos) distintos. (Segundo E. Weiler.)

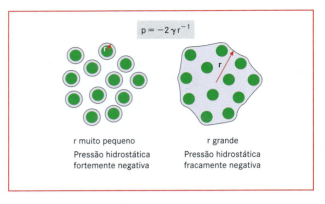

Figura 5-28 Desenvolvimento da pressão hidrostática localizada fortemente negativa em delgadas películas de água com curvatura acentuada (à esquerda; por exemplo, capas de hidratação em torno de filamentos da parede celular, coloides do solo, proteínas). Sob saturação completa de água (à direita), os efeitos são muito pequenos, por causa dos raios grandes. Por isso, por exemplo, as proteínas no plasma contribuem muito pouco para o potencial hídrico da célula. (Segundo E. Weiler.)

5.3.2.2 Efeitos matriciais

Além do movimento osmótico de moléculas de água entre regiões com concentração distinta em matérias dissolvidas, no protoplasto e especialmente nas paredes celulares os efeitos matriciais exercem um papel nas relações hídricas. Esses processos meramente físicos são designados globalmente como **intumescimento**. Trata-se, por um lado, da formação de **capas de hidratação** em volta de macromoléculas polares, como polissacarídeos e proteínas, e, por outro lado, de **efeitos capilares**, como depósitos capilares de água entre as microfibrilas e os espaços intermicelares da parede celular. Nos dois casos, as consequências sobre o potencial hídrico podem ser percebidas a partir da formação de pressões hidrostáticas localizadas muito negativas em películas de água delgadas (poucas camadas moleculares de espessura) e fortemente encurvadas. A causa é a elevada tensão superficial da água ($\gamma = 7{,}28 \cdot 10^{-8}$ MPa m). A relação entre o potencial de pressão p da equação do potencial hídrico (Equações 5-14, 5-15) e a tensão superficial γ é:

$$p = -2\,\gamma\,r^{-1} \quad \text{(Equação 5-34)}$$

com r = raio da curvatura do menisco.

Se o r for muito pequeno, a pressão hidrostática local é muito negativa e o correspondente potencial hídrico é fortemente negativo. Isso acontece, por exemplo, quando as paredes celulares e o protoplasto dessecam (em sementes secas e talos de liquens secos), mas também exerce um papel em paredes celulares de raízes em solos secos e em folhas transpirantes, além de condicionar o potencial hídrico fortemente negativo de solos secos. Por outro lado, as estruturas hidratadas em meio aquoso (por exemplo, proteínas em solução aquosa, polissacarídeos estruturais em paredes celulares saturadas de água) contribuem muito pouco para o potencial hídrico global, pois r é relativamente grande (Figura 5-28).

Em sistemas nos quais os efeitos matriciais determinam o potencial hídrico (por exemplo, em sementes secas e paredes celulares, mas também em solo), comprovou-se ser difícil a determinação separada de p e $-\Pi$ e, portanto, ambos são considerados juntos e identificados como **potencial matricial** (τ, também denominado potencial hídrico matricial). Porém, deve ser observado que não há participação de novas forças na realização do potencial matricial, a não ser exclusivamente aquelas já abrangidas pela equação do potencial químico (Equação 5-10). Por isso, não é admissível adicionar o termo τ à equação geral do potencial hídrico.

Com os conhecimentos adquiridos nas seções 5.3.1 e 5.3.2, é possível então compreender melhor as relações hídricas do organismo vegetal como um todo.

5.3.3 Absorção de água pelas plantas

As talófitas, que não desenvolveram ainda qualquer proteção à transpiração, podem absorver água do substrato úmido; pela superfície, é possível também a absorção direta da água da chuva ou do orvalho. Por isso, a osmose em estado hidratado e os potenciais matriciais em talos dessecados podem desempenhar um papel considerável. Certas algas, liquens e alguns musgos em dessecamento desenvolvem potenciais hídricos tão fortemente negativos (< –100 MPa) que, nessas circunstâncias, podem absorver mesmo vapor de água do ar úmido, para alcançar uma fotossíntese líquida positiva sem fornecimento de água líquida. O intumescimento também é responsável pela absorção de água por sementes secas.

As plantas aquáticas submersas, que não possuem cutícula ou cuja cutícula é bastante permeável, absorvem água por toda a sua superfície (osmoticamente). Em algumas plantas terrestres, nas partes aéreas são formados determinados locais de passagem para água, como os pontos de inserção de tricomas umedecíveis, a base do lado interno de pares de acículas (por exemplo, de *Pinus*) ou também tricomas escamiformes especiais (por exemplo, em bromeliáceas epifíticas, ver 10.2, Figura 4-73). Esses locais de passagem não são cutinizados ou o são apenas fracamente e absorvem água essencialmente por capilaridade. Em geral durante a seca, eles são preservados da intensa perda de água por meio de mudança de situação. As raízes aéreas de alguns epífitos (por exemplo, orquídeas do gênero *Dendrobium*) apresentam um tecido absorvente de água, o velame (ver 4.3.3.3, Figura 4-71), o qual retém água por capilaridade. A partir desse reservatório de água, processa-se osmoticamente o ingresso de água na raiz.

As plantas superiores terrestres (samambaias, espermatófitas), no entanto, absorvem água (com exceção das especializações na parte aérea acima citadas) principalmente pelas raízes, pois a cutícula ou os tecidos suberosos da parte aérea opõem-se fortemente à difusão da água. Como consequência, a absorção de água pelos órgãos aéreos, mesmo o umedecimento pelo orvalho ou chuva, não tem um papel relevante. Devido à sua tensão superficial elevada, a água não penetra também na parte aérea pelos estômatos abertos; presumivelmente, o mesmo vale para as lenticelas (Figura 3-17).

O processo da absorção de água pelas raízes pode ser dividido em vários segmentos:

- a absorção de água do apoplasto para a célula;
- o fornecimento suplementar de água retirada da solução do solo para o apoplasto; e
- o transporte de água no interior da raiz até os elementos condutores do xilema.

A absorção de água do solo pelas raízes só é possível quanto existe uma correspondente queda de potencial hídrico ($\Delta\Psi$). O potencial hídrico do solo é determinado osmoticamente apenas em parte (pequena), porque a solução do solo é bastante diluída (os valores típicos de Ψ são de $-0,02$ MPa, mas em solos salgados chegam a $\leq -0,2$ MPa): dependendo da umidade do solo, em grande parte ele aceita potencial de pressão (potencial de matriz) fortemente oscilante (realização, ver Equação 5-34). Em solos saturados de água após uma chuva ou em camadas profundas do solo junto ao lençol freático, ele fica próximo de zero e, assim: $\Psi \approx 0$.

Parte da chuva permanece no solo como "água retida" por adsorção e também por capilaridade; parte desce como "água gravitacional" até o lençol freático. Em geral, o que fica à disposição do sistema de raízes é apenas uma parte mais ou menos grande da água retida. A capacidade de retenção de água pelo solo (g de H_2O por 100 ml de volume de solo) denomina-se **capacidade de campo**. Ela sobe com o conteúdo crescente em partículas finas e material orgânico no solo e, assim, aumenta a partir da areia, passando pela argila até o solo humoso. Quanto mais finas e porosas forem as partículas do solo, tanto mais fortemente negativos (ver Equação 5-34) serão os potenciais hídricos no dessecamento.

O potencial hídrico do solo torna-se mais negativo à medida que o seu conteúdo de água decresce. Podem ser atingidos valores até menores do que -2 MPa. Conforme já referido, os potenciais hídricos da raiz podem ser determinados essencialmente por meio dos potenciais osmóticos do suco celular. Em determinados limites, por mudança da concentração em substâncias osmóticas, eles podem ser adaptados às necessidades; dependendo também da espécie, eles oscilam consideravelmente. Desse modo, constataram-se nas raízes de *Phaseolus* potenciais osmóticos entre $-0,2$ e $-0,35$ MPa, em *Pelargonium* $-0,5$ MPa, em halófitos < -2 MPa e em plantas de deserto até valores < -10 MPa. Esses valores são suficientes para retirar grande parte da água retida nos respectivos solos.

A absorção de água pelas raízes pode ser caracterizada pela seguinte fórmula:

$$W_a = A \frac{\Psi_{raiz} - \Psi_{solo}}{\Sigma r} . \qquad \text{(Equação 5-35)}$$

Logo, a quantidade de água W_a absorvida pelo sistema de raízes por unidade de tempo é diretamente proporcional à superfície de raízes capacitada para a absorção de água (essencialmente, as superfícies dos tricomas das raízes) e à diferença de potencial hídrico entre raiz e solo e inversamente proporcional à soma de todas das resistências à transpiração (Σr) para a água no solo e na transição do solo para a planta.

A superfície dos tricomas das raízes adequada para a absorção de água é frequentemente grande. Assim, para raízes de uma única planta de centeio, em um volume de solo de 56 litros, foi verificado um número total de $1,43 \cdot 10^{10}$ em tricomas vivos de raízes. Esse valor representa uma superfície de 400 m^2 e, com isso, ultrapassa em mais de 10 vezes a superfície global de contato – relevante para a transpiração – de células do mesofilo com os espaços intercelulares (ver 5.3.4.1).

As zonas dos tricomas das raízes são, com isso, os sítios predominantes da absorção de água e de íons. Contudo, nas plantas com **ectomicorrizas** (ver 8.2.3) os tricomas inexistem. Nesse caso, o fungo da simbiose micorrízica assume as tarefas dos tricomas das raízes. Os tricomas das raízes estabelecem um contato muito estreito com o solo (Figura 5-18). A partir do apoplasto, que está em equilíbrio com a solução do solo, a água penetra osmoticamente nos tricomas da raiz. A água assim retirada do apoplasto provoca uma queda da pressão hidrostática. O gradiente de pressão que se forma na solução do solo fornece água ao apoplasto pelo fluxo de massa (fluxo capilar). A retirada de água do solo na zona dos tricomas das raízes reduz a pressão hidrostática e, com isso, o potencial hídrico do solo da zona dos tricomas das raízes, em comparação com as zonas vizinhas mais profundas (não alcançadas pelas raízes). A água se desloca mediante fluxo de massa ao longo do gradiente de pressão.

Certamente, essa capacidade condutora do solo difere bastante de acordo com o tipo de solo; em solos com poros pequenos (por exemplo, argila), o movimento da água é muito lento e realiza-se por trajetos muito curtos (no máximo, alguns cm). As plantas superam essa dificuldade crescendo as raízes em busca da água. Com isso, partes do sistema de raízes podem morrer, enquanto outras crescem intensamente em regiões do solo ricas em água, de modo que o sistema de raízes total pode exibir crescimento fortemente assimétrico. Em gradientes de potencial hídrico correspondentes, as raízes podem também liberar água para o solo. Por isso, as raízes podem estabelecer um transporte de água das camadas mais úmidas do solo, em geral as mais profundas, para as mais secas, em geral as mais superficiais (em inglês, *hydraulic lift* = "ascensão hidráulica"; Figura 12-25).

A redução acentuada da absorção de água em temperatura mais baixas (em algumas plantas, já alguns graus acima de 0ºC), além do aumento da resistência ao transporte no solo e da diminuição a permeabilidade à água da plasmalema, é atribuída principalmente à redução do crescimento das raízes. Em temperaturas < –1ºC, a água retida no solo congela, impossibilitando qualquer absorção de água (**seca por congelamento**).

Se o solo secar muito, tornando a absorção de água pelo sistema de raízes inexistente ou insuficiente, ou se devido à inversão das diferenças de potencial hídrico a água for perdida para o solo, resulta a **murcha** da planta, que a partir de um determinado potencial hídrico do solo torna-se irreversível ("ponto de murcha permanente"). As plantas herbáceas adaptadas à umidade alcançam esse estado em potencial hídrico do solo de aproximadamente –0,7 até –0,8 MPa; a maioria das plantas de lavoura, em –1 até –2 MPa; plantas de biótopos moderadamente secos e diferentes plantas lenhosas, em aproximadamente –2 até –3 MPa. Na prática agrícola, é admitido um ponto de murcha permanente do solo em –1,5 MPa.

Na raiz, a água difunde-se predominantemente por via simplástica ao longo de um gradiente de potencial osmótico – que se torna mais negativo em direção à endoderme. Como no parênquima cortical da raiz até a barreira da estria de Caspary a água do apoplasto pode penetrar na célula igualmente por osmose, um novo suprimento no protoplasto também deve ocorrer por um fluxo de passa a partir da periferia da raiz. A água chega ao cilindro central da raiz por rota osmótica, especialmente em planta com bom suprimento hídrico e transpiração baixa ou inexistente (por exemplo, à noite). A liberação de íons, da endoderme e do parênquima vascular ao apoplasto do cilindro central, provoca no cilindro central uma queda do potencial hídrico, causando a passagem da água das células para o apoplasto.

Nessas condições – bom fornecimento de água e transpiração baixa – pode se estabelecer no xilema das raízes uma pressão hidrostática positiva, a **pressão de raiz**. Portanto, uma segunda função essencial da endoderme, além da função de barreira à difusão dos componentes dissolvidos da solução do solo em direção ao cilindro central, consiste na "vedação" do cilindro central, de modo que se forma uma pressão de raiz. Essa pressão pode ser determinada pela instalação de um manômetro sobre um segmento de caule (o caule é cortado logo acima da raiz); comumente, ela é de < 0,1 MPa, mas na bétula pode ser superior a 0,2 MPa e no tomateiro pode chegar a mais de 0,6 MPa.

Por isso, em determinadas condições (ver acima), a pressão de raiz pode representar uma contribuição para impulsionar o transporte de água a distâncias longas.

Em piores condições de suprimento hídrico ou de transpiração mais elevada (ver 5.3.4), no entanto, é retirada continuamente tanta água do xilema que não se forma nele qualquer pressão hidrostática positiva; também, no âmbito da raiz uma pressão hidrostática negativa (e um potencial hídrico negativo correspondente) domina. Esse potencial hídrico negativo pode provocar uma retirada de água do protoplasto de células da endoderme e do parênquima xilemático, cujo potencial osmótico (e, com isso, seu potencial hídrico) torna-se, por isso, mais negativo: mais água se difunde por via simplástica a partir da periferia da raiz ou aflui do apoplasto do parênquima cortical da raiz. Nessa situação fisiológica, a estria de Caspary tem igualmente grande importância como barreira, pois impede uma "sucção" descontrolada de solução do solo.

5.3.4 Perda de água pelas plantas

A planta perde, como vapor de água, grande parte da água absorvida ("**água de transpiração**", transpiração, ver 5.3.4.1); como "**água de crescimento**", uma porção é destinada ao aumento de volume da planta em crescimento. Em casos especiais, a água também é liberada sob forma líquida (gutação, ver 5.3.4.2).

Em plantas herbáceas de crescimento rápido, a água de crescimento pode corresponder a uma parte considerável do balanço hídrico global (no milho, por exemplo, representa 10-20% da água transpirada). A transpiração via estômatos representa a força motriz essencial para o transporte de água no xilema. Com estômatos fechados (por exemplo, à noite) ou quando a transpiração é reduzida em consequência da umidade relativa do ar alta, é mantido, contudo, um fluxo de água no xilema. Isso se realiza (ou é mantido) por meio:

- do estabelecimento da pressão de raiz (ver 5.3.3);
- dos potenciais osmóticos fortemente negativos dos órgãos periféricos metabolicamente ativos, especialmente das folhas fotossinteticamente ativas, as quais também "ligam" a parte preponderante da água de crescimento na parte aérea; e finalmente
- do fluxo de água no floema, equilibrado pela água do xilema nos sítios de carregamento do floema (ver 5.8.2); essa **circulação interna da água** pode ser demonstrada diretamente na planta viva mediante imagem gerada por espectroscopia de ressonância nuclear (Figura 5-29); em árvores, ela é estimada em cerca de 1-3% da água de transpiração e no milho, em cerca de 5-10%.

Nessas situações de transpiração reduzida, o conteúdo do xilema flui muito mais lentamente do que em transpiração intensa. No entanto, isso é compensado pela concentração iônica mais elevada no xilema, de modo que, independente da intensidade da transpiração, há um suprimento mineral suficiente para a planta. Isso mostra também o crescimento igualmente rápido de plantas no experimento sob umidade relativa do ar mais baixa, em comparação com mais elevada, e transpiração mais reduzida em até 15 vezes. Em ramo submerso (e, por isso, não transpirante) da espécie aquática *Ranunculus tricophyllus*, também demonstrou-se um transporte de água acropétalo (dirigido da base para o ápice). Sua velocidade (> 80 cm h^{-1}) é suficiente para assegurar o crescimento máximo e o suprimento completo de nutrientes.

A transpiração, portanto, deve ser considerada mais um mal inevitável e não um mecanismo de transporte vital das plantas terrestres.

5.3.4.1 Transpiração

A passagem de molécula de água da fase líquida para a fase gasosa (**transpiração**, evaporação) efetua-se em todas as superfícies-limite de uma planta em relação ao ar não saturado com vapor de água. Em talófitas, esses li-

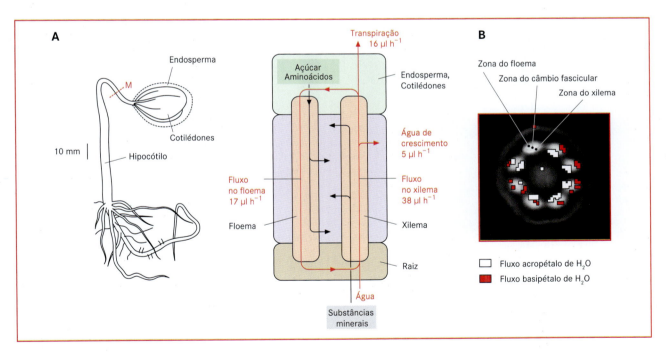

Figura 5-29 Relações hídricas e circulação interna da água, em plântula de *Ricinus* com 6 dias (condições experimentais: 95% de umidade relativa do ar e 28°C no escuro). **A** Hábito da plântula (à esquerda) e balanço hídrico (à direita); vermelho, fluxos de água. A velocidade do fluxo no ponto de medição M foi de: xilema = 1,7 m h^{-1} (acropétalo), floema = 2,1 m h^{-1} (basipétalo). **B** Demonstração do fluxo da água em plântula viva por imagem gerada por espectroscopia de ressonância nuclear ^{1}H (^{1}H-NMR, em inglês ***n**uclear **m**agnetic **r**esonance*). A imagem por NMR representa um disco de tecido com 1 mm de espessura, retirado no ponto de medição M (mostrado em **A**). No floema (externo), a água flui do ápice do caule em direção à raiz (fluxo basipétalo, em vermelho); no xilema, o fluxo tem sentido contrário (acropétalo, em branco). Através do xilema, a plântula transporta substâncias minerais e água para o crescimento e para o abastecimento do floema. A água é perdida continuamente por evaporação. No floema, são transportadas substâncias nutritivas oriundas do endosperma. (Segundo W. Köckenberger, com permissão.)

mites são as superfícies externas do talo. Em cormófitas, as superfícies mais externas da parte aérea são em geral cutinizadas ou suberizadas para reduzir a transpiração; as superfícies-limite das células do interior do cormo têm contato como os espaços intercelulares. A partir dos espaços intercelulares, o vapor de água difunde-se pelos estômatos para fora da planta, tendo que inicialmente superar a camada-limite (camada delgada de ar parado junto à superfície da planta) antes de chegar à atmosfera livre, onde é rapidamente transportado por convecção (Figura 5-30).

A força impulsora da transpiração é igualmente um gradiente no potencial hídrico, em que a faixa crítica é a diferença de potencial hídrico entre o ar externo e o ar de espaços intercelulares. O potencial hídrico do ar é representado por:

$$\Psi = \frac{RT}{\overline{V}_{H_2O}} \ln \frac{c^g_{H_2O}}{c^g_{H_2O,\,sat.}} \qquad \text{(Equação 5-36)}$$

(R, constante gasosa geral; T, temperatura absoluta; V_{H_2O}, volume molar parcial da água líquida; $c^g_{H_2O}$, concentração atual da água na fase gasosa; $c^g_{H_2O,\,sat.}$, concentração de saturação da água na fase gasosa; $c^g_{H_2O} : c^g_{H_2O,\,sat.}$ é denominada também umidade relativa do ar e habitualmente indicada em porcentual.

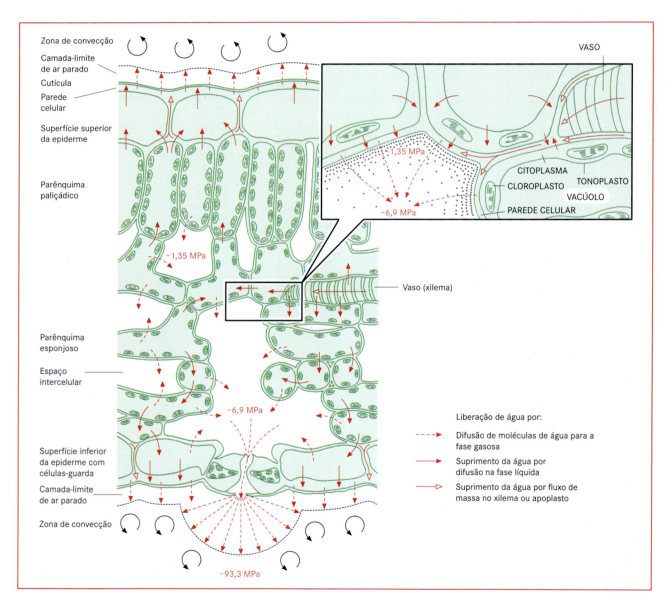

Figura 5-30 Transporte de água em uma folha hipotética. Fundo verde: espaços cheios de água líquida; sem fundo: espaços aeríferos (ar intercelular, ar externo). Os valores numéricos indicam potenciais hídricos, correspondendo: − 1,35 MPa a 99% de umidade relativa do ar, − 6,9 MPa a 95% e − 93,3 MPa a 50% (a 20°C, Tabela 5-12). (Segundo um modelo original de H.-J. Rathke.)

Tabela 5-12 Concentração relativa do vapor de água (% da umidade relativa) do ar, que se encontra em equilíbrio com uma solução de determinado potencial osmótico (-P, em MPa), a 20°C em sistema fechado

Umidade relativa do ar (%)	–Π (MPa)	Umidade relativa do ar (%)	–Π (MPa)
100	0	94,0	–8,32
99,5	–0,67	93,0	–9,79
99,0	–1,35	92,0	–11,2
98,5	–2,03	91,0	–12,6
98,0	–2,72	90,0	–14,1
97,5	–3,41	80,0	–30,1
97,0	–4,10	70,0	–48,1
96,0	–5,50	60,0	–68,7
95,0	–6,91	50,0	–93,3

(Segundo H. Walter.)

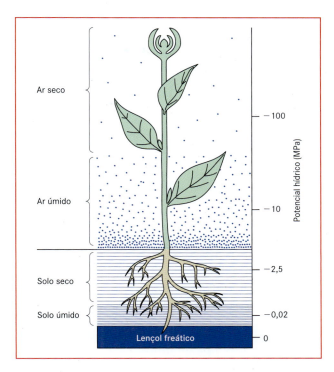

Figura 5-32 Queda de potencial hídrico entre solo, planta e ar. O maior intervalo no potencial não se situa entre o solo e a planta, mas sim entre a planta e o ar (ver Figura 5-30). (Segundo D. Gradmann.)

Como mostra a Tabela 5-12, com grau de saturação decrescente do ar na água sob forma gasosa, o potencial hídrico desce muito rápido até valores fortemente negativos. A umidade relativa do ar intercelular é de aproximadamente 99% ($\Psi = -1,35$ MPa); na câmara subestomática com estômatos abertos, é de aproximadamente 95% ($\Psi = -6,9$ MPa) e, na umidade média do ar atmosférico diretamente acima da fenda estomática, é de aproximadamente 50% ($\Psi = -93,3$ MPa). A Figura 5-31 apresenta alguns valores de potenciais hídricos médios de ramos folhosos pertencentes a tipos de plantas diferentes.

O rizófito, portanto, está "fixado" entre o potencial hídrico do solo, relativamente alto, e o potencial hídrico baixo do ar (Figura 5-32). A força impulsora da transpiração é a queda extrema do potencial hídrico entre o ar externo não saturado de vapor de água e o ar intercelular (ou da camada-limite não misturada). As moléculas de água difundem-se nos gases muito mais rapidamente do que na água líquida. A perda de água dos espaços intercelulares (ou da camada-limite) causa uma nova difusão de moléculas de água do apoplasto para o ar intercelular. Com isso, desenvolvem-se no apoplasto pressões hidrostáticas fortemente negativas (equação 5-34), que provocam uma nova condução a partir dos vasos ou uma nova difusão a partir de células vivas do tecido vegetal. As extremidades das nervuras das folhas são bastante ramificadas, de modo que a maioria das células foliares possui distância máxima de 0,5 mm do próximo vaso.

Um aumento da superfície transpirante tem como consequência uma intensificação da transpiração, do mesmo modo que todos os fatores que tornam mais abrupta a queda de potencial hídrico entre a planta e o ar. A elevação da temperatura do ar diminui a umidade relativa do ar e, com isso, reduz o potencial hídrico do ar (Ψ do ar torna-se mais negativo). A elevação da temperatura dos órgãos transpirantes (por exemplo, das folhas) por absorção de radiação requer a passagem da água da fase líquida para a fase gasosa. O conteúdo de água mais alto da planta (Ψ menos negativo) eleva igualmente a diferença de potencial. O vento reduz a espessura da camada-limite com seu conteúdo de vapor de água relativamente alto e, com isso, torna a queda de potencial mais abrupta. A resistência da camada-limite ao transporte de vapor de água, para uma velocidade do vento de 0,1 m s^{-1}, situa-se ao redor de 1-3 s cm^{-1} e para 10 m s^{-1}, ela reduz-se para 0,1-0,3 s cm^{-1}.

Os principais órgãos de transpiração das cormófitas são as folhas. Por causa da grande superfície das plantas fo-

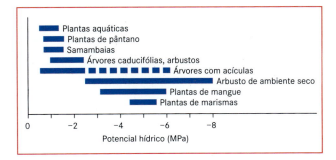

Figura 5-31 Oscilações do potencial hídrico em folhas e ramos de tipos de plantas ecologicamente distintas. Medições feitas com a câmara de pressão segundo Scholander (ver Figura 5-36), durante o dia e sob radiação solar intensa. (Segundo W. Larcher.)

lhosas, as perdas de água por transpiração frequentemente são bastante consideráveis. Se no período da transpiração máxima a planta não tiver qualquer dano, pelo menos a maior parte dessa perda hídrica deve ser reposta mediante a absorção de água do solo.

Para uma floresta de faia, foi calculado que cerca de 60% da quantidade anual de chuvas através da transpiração retorna à atmosfera como vapor de água. Um indivíduo de girassol pode transpirar 1 litro de água em um dia de sol; um indivíduo de bétula com aproximadamente 200.000 folhas transpira 60-70 litros e em dias especialmente quentes e secos esses valores podem chegar a 400 litros. No deserto asiático de Kara-Kum, *Smirnovia turkestana* (Fabaceae) transpira em uma hora cerca de sete vezes mais que sua reserva de água. Nos taludes secos de *Kaiserstuhl*, determinadas plantas transpiram por dia cerca de 12 vezes seu conteúdo de água. Segundo estimativas, uma vez em 4.000 anos as reservas totais de água da Terra fluem através do sistema de raízes das plantas e de lá para os órgãos de transpiração, onde são liberadas sob forma de vapor de água.

A transpiração de uma planta ou de uma parte da planta pode ser verificada em intervalos mais curtos, por meio de pesagem no começo e no final do período de observação; as perdas de peso pela respiração ou os ganhos de peso pela fotossíntese não têm influência sensível em períodos curtos. As medições mais precisas e por tempo longo, mesmo em plantas de grande porte, exigem outros métodos. Tão logo a perda de água é compensada pela absorção, a transpiração pode ser determinada por meio de um **potômetro** (Figura 5-33). Uma combinação de pesagem e medição com potômetro permite a determinação tanto da absorção quanto da perda de água, ou seja, uma verificação do **balanço hídrico** (ver 5.3.6 e 12.5).

O potencial hídrico de uma planta superior (incluindo suas partes aéreas) é muito mais próximo ao do solo do que ao da atmosfera (Figura 5-32). Isso está relacionado com as consideráveis resistências à difusão do vapor de água, que ela estabeleceu para **proteção da transpiração** em suas superfícies transpirantes, principalmente as externas.

A taxa de transpiração (T_T, em mol m^{-2} s^{-1}) é representada por:

$$T_R = \frac{c^g_{H_2O, folha} - c^g_{H_2O, ar}}{\Sigma r} \qquad \text{(Equação 5-37)}$$

($c^g_{H_2O}$, concentração atual da água na fase gasosa; Σr, soma de todas as resistências à difusão).

Para impedir a transpiração, é importante a atuação da **cutícula** (constituintes, ver 5.16.3), a qual surge pela primeira vez nos musgos e – como a suberina e a lignina – representa uma condição indispensável para o desenvolvimento das plantas terrestres de maior porte com regulação das relações hídricas (as chamadas plantas homeo-hídricas) (ver 12.5). As cutículas foliares, isolada e contínuas, têm permeabilidade à água extremamente baixa (coeficiente de permeabilidade: 10^{-7} a 10^{-8} cm s^{-1}); essa propriedade é atribuída principalmente ao seu conteúdo de cera. A permeabilidade à água diminui ainda mais pelos depósitos de outras camadas de cera sobre a cutícula (Figura 3-11) e de cutina nas paredes externas da epiderme. O revestimento formado por tricomas mortos, encontrado sobre folhas de algumas espécies (por exemplo, pé-de-leão), também atua mediante a criação de espaços com ar parado e saturados de vapor de água, que impedem a transpiração (Figura 3-14), da mesma maneira que os espaços protegidos do vento nos estômatos em cavidade.

A **transpiração cuticular**, mesmo em folhas delgadas de ambientes úmidos, representa menos de 10% da evaporação de uma superfície aquática livre com dimensões iguais (da **evaporação**, isto é, sem resistência à difusão e com fornecimento indiscriminado de água). Em coníferas com acículas e latifoliadas perenes, ela representa apenas 0,5%; em cactos, que por períodos longos de seca precisam evitar a evaporação de suas reservas de água, ela representa apenas 0,05% da evaporação.

A proteção constituída por camadas de suberina na cortiça (súber ou felema) e na casca (ver 3.2.2.1 e 3.2.2.2), por exemplo, tem eficácia semelhante à da cutícula. Disso conclui-se, por exemplo, que em uma garrafa de champanhe fechada a rolha é impermeável à água e aos gases. Mesmo a capacidade de armazenagem dos tubérculos de batata depende de seu delgado envoltório de cortiça; batatas descascadas secam rapidamente.

Uma vez que um revestimento contínuo dos órgãos vegetais com cutina ou suberina (estrutura e biossíntese, ver 5.16.3) dificultaria tanto a saída de vapor de água como a difusão de outros gases vitais para o metabolismo vegetal (principalmente de CO_2 para a fotossíntese, ver 5.4), as plantas desenvolveram aberturas reguláveis denominadas

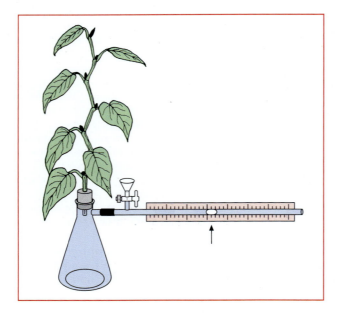

Figura 5-33 Esquema de um potômetro simplificado. A seta indica a bolha de ar, cujo deslocamento pode ser acompanhado no capilar.

estômatos (ver 3.2.2.1). Os estômatos estão presentes nos órgãos mais importantes para as trocas gasosas (as folhas), mas também em outras partes verdes (caules primários e frutos, por exemplo). Já os tecidos suberizados reduzem localmente a resistência à difusão, por meio de sistemas de aberturas não reguláveis, as **lenticelas** (ver 3.2.2.2).

Por um lado, os estômatos têm a função de facilitar o fornecimento do CO_2 necessário para a fotossíntese (ou a captação noturna de CO_2 pelas plantas CAM, ver 5.5.9), pela redução da resistência à difusão (abertura estomática). Por outro lado, quando as relações hídricas são intensas ou também na ausência de condições para a fotossíntese (no escuro), os estômatos impedem a **transpiração estomática**, mediante elevação da resistência à difusão (fechamento estomático).

Os estômatos totalmente abertos diminuem drasticamente a resistência à difusão em comparação com os valores da transpiração cuticular (Tabela 5-13). As diferenças quanto a espécies e características ambientais distintas dependem nesse caso da distribuição (na superfície inferior ou nas duas superfícies da folha), da densidade, do tamanho e também de atributos morfológicos (a "geometria") dos estômatos.

Com estômatos totalmente abertos, uma folha pode perder por transpiração, no máximo, 50-70% da quantidade de vapor de água liberada pela evaporação de uma superfície aquática igual. Isso é admirável, pois os estômatos podem estar presentes em várias centenas por milímetro quadrado, mas a área total das suas aberturas raramente é superior a 1-2% da área foliar porque as fendas estomáticas são muito estreitas (poucos μm de largura). Por meio de experimentos com modelos, constatou-se que, numa área total igual, muitas fendas estomáticas pequenas permitem saída de água muito maior do que poucas fendas grandes. Isto é atribuído ao "**efeito de borda**": as moléculas de vapor de água que se difundem na borda têm campo de difusão livre também para o lado, enquanto as que se difundem a partir do centro são impedidas por todos os lados pelas vizinhas (Figura 5-30). Pelo mesmo motivo, a abertura pequena do estômato inicialmente totalmente fechado obtém o efeito mais forte sobre a transpiração.

Tabela 5-13 Transpiração de folhas de espécies vegetais distintas (mg H_2O m^{-2} s^{-1}) para uma evaporação de 3.360 mg H_2O m^{-2} s^{-1}. Transpiração medida nas duas superfícies da epiderme foliar; evaporação medida com evaporímetro de Piche

Planta	Transpiração total com estômatos abertos	Transpiração cuticular após fechamento dos estômatos	Transpiração cuticular em % da transpiração total
Plantas herbáceas de ambientes ensolarados			
Coronilla varia	5,56	0,53	9,5
Stachys recta	5,00	0,50	10
Oxytropis pilosa	7,72	0,28	6
Ervas de sombra			
Pulmonaria officinalis	2,78	0,69	25
Impatiens noli-tangere	2,08	0,67	32
Asarum europaeum	1,94	0,22	11,5
Oxalis acetosella	1,11	0,14	12,5
Árvores			
Betula pendula	2,17	0,26	12
Fagus sylvatica	1,17	0,25	21
Picea abies	1,33	0,04	3
Pinus sylvestris	1,50	0,03	2,5
Ericáceas perenifólias			
Rhododendron ferrugineum	1,67	0,17	10
Arctostaphylos uva-ursi	1,61	0,13	8

(Segundo W. Larcher.)

O **andamento diário da transpiração vegetal** das cormófitas mostra, na maioria das vezes, um comportamento característico: pela manhã, a transpiração aumenta, devido à abertura fotoativa dos estômatos pela presença da luz (ver 7.3.2.5) e com o crescente déficit de pressão de vapor do ar. Esse aumento é observado até que seja atingida uma taxa de fluxo crítica para os elementos condutores do xilema (limite de cavitação) e os estômatos regulem o fluxo, impedindo, assim, a continuidade da queda do potencial hídrico (ver 12.5.1-12.5.3). Com a chegada do crepúsculo, os estômatos fecham-se novamente. Por exigência crescente das relações hídricas (ver 12.5.2), observam-se restrições progressivamente mais cedo da abertura dos estômatos, raramente também apenas uma restrição passageira ao meio dia. Quando durante o dia o fornecimento de água não repõe completamente a perda, em geral esse déficit pode ser novamente equilibrado durante a noite mais fria e relativamente mais úmida.

Devido ao significado dos estômatos para as trocas gasosas globais, os fatores que regulam a largura da fenda estomática desempenham importante papel para o controle fisiológico desse intercâmbio. Mais adiante, eles serão tratados detalhadamente (ver 5.5.7; mecanismo de reação, ver 7.3.2.5).

As **lenticelas** também são locais de menor resistência à difusão para o vapor de água (na periderme da bétula, seu coeficiente de permeabilidade é na décima potência mais alto do que o da periderme fechada), mas, ao contrário dos estômatos, não são fisiologicamente reguláveis.

O **coeficiente de transpiração** (k_T) indica quantos gramas de água são transpirados, quando 1 g de CO_2 é fixado. Ele é, portanto, uma medida da economia hídrica. O valor recíproco k_T^{-1} é igualmente muitas vezes empregado e identificado como **eficiência no uso da água** (do inglês, *water use efficiency*):

$$k_T = \frac{g\ H_2O\ transpirados}{g\ CO_2\ fixados} \qquad \text{(Equação 5-38)}$$

sendo também habituais as informações em base molar. O coeficiente de transpiração é espécie-específico e muito diferente nos distintos tipos fotossintéticos: 200-800 em plantas C_3, 200-350 em plantas C_4, 30-150 em plantas CAM com fixação noturna de CO_2 e 150-600 em plantas CAM com fixação diurna de CO_2 (metabolismos C_4 e CAM, ver 5.5.8 e 5.5.9, respectivamente).

5.3.4.2 Gutação

A necessidade de manter um fluxo de água na planta, mesmo na ausência da transpiração, é o motivo do fenômeno da gutação, ou seja, a secreção de água líquida sob forma de gotas. Em consequência disso, ela ocorre principalmente nos períodos de umidade relativa do ar mais elevada (à

Figura 5-34 Gotas da gutação em ápices foliares de indivíduos jovens da cevada.

noite, na Europa e em floresta pluvial tropical, por exemplo). As gotas, liberadas em determinados locais da planta, geralmente as folhas, por meio de **hidatódios** (ver 3.2.2.1) ou de tricomas glandulares (hidatódios de tricomas), são muitas vezes erroneamente consideradas gotas de orvalho. A gutação é constatada, por exemplo, em *Alchemilla*, na fúcsia (*Fuchsia*), no capuchinho (*Trapaeolum*) ou nos ápices foliares de muitas gramíneas (Figura 5-34). Uma folha grande de *Colocasia nymphaeifolia*, Araceae de floresta pluvial tropical, em uma única noite pode gotejar até 100 ml. Porém, as plantas inferiores também exibem gutação, principalmente os fungos; por exemplo, a esponja-de-casa (*Serpula* (*Merulius*) *lacrymans*) recebeu esse epíteto específico em alusão à gutação ("lacrimejante").

Nos hidatódios passivos (por exemplo, nas folhas de gramíneas), a força impulsora da secreção do líquido por gutação está na pressão de raiz (ver 5.3.3). Os hidatódios apresentam sistemas de poros, pelos quais o conteúdo do xilema (sob pressão própria) é liberado, passando muitas vezes por colunas de água. Logo, esse tipo de gutação não se realiza quando os hidatódios são separados da raiz. Nos hidatódios ativos (a maioria dos hidatódios com epitema, por exemplo, *Tropaeolum*, *Saxifraga*, e todos os hidatódios de tricoma, por exemplo, *Cicer*, *Phaseolus*) existem glândulas aquíferas, que têm funcionamento independente da pressão de raiz. Nesse caso, como em todas as outras estruturas glandulares, o mecanismo de secreção ainda não está esclarecido em detalhe.

Admite-se que substâncias osmoticamente eficazes são secretadas ativamente para fora, as quais atraem para si a água passivamente. Assim, os hidatódios ativos seriam funcionalmente aparentados com glândulas de sal e nectários (ver 5.17); de fato, a gutação não libera água pura, mas sim uma solução aquosa diluída composta de substâncias inorgânicas e orgânicas.

5.3.5 Condução da água

O transporte da água efetua-se nos elementos do xilema (ver 3.2.4.2) especialmente estruturados para essa função. Na planta em crescimento e transpirante, a força propulsora preponderante é a **tensão de transpiração.** Por outro lado, especialmente em plantas herbáceas ou plantas jovens em fases de transpiração fortemente reduzida ou inexistente, a **pressão de raiz** (Figura 5-29), com um fluxo de massa da água no xilema, oferece uma possibilidade de garantir a distribuição de substâncias dissolvidas na seiva do xilema, sobretudo substâncias nutritivas. Nesses casos, a água é secretada por gutação (ver 5.3.4.2, Figura 5-34), desde que não seja reconduzida no floema ou submetida à transpiração residual.

Com o microscópio de ressonância nuclear, foi medido em uma plântula de *Ricinus* (ver 5.3.4, Figura 5-29) um fluxo de água de 38 μl h^{-1} no xilema e 17 μl h^{-1} no floema, para uma taxa de transpiração de 16 μl h^{-1} e um requerimento em água de crescimento de 5 μl h^{-1}. Portanto, o fluxo do volume no xilema é exatamente igual a: fluxos no floema + taxa de transpiração + requerimento em água de crescimento. Não ocorreu gutação.

A secreção de seiva de diferentes plantas lenhosas no começo da primavera, em consequência de lesões do xilema ("sangria"), também é atribuída à pressão de raiz. As quantidades de líquido que podem sair de uma área lesada são consideráveis, podendo alcançar, em 24 horas, cerca de 1 litro nas videiras e aproximadamente 5 litros nas bétulas.

As análises mostram que o conteúdo dos elementos condutores de água, bem como o liquido da gutação e a secreção de seiva, não consiste em água pura, mas sim em uma solução diluída (0,1-0,4%) de substâncias inorgânicas, açúcar, ácidos orgânicos, aminoácidos, vitaminas, hormônios etc. Sabe-se, por exemplo, que na seiva do bordo (*Acer saccharum*) o conteúdo médio de açúcar (com predominância de sacarose) é de 2,5%, que na América do Norte é empregado na preparação do xarope de bordo (do inglês *maple syrup*). Uma árvore vigorosa produz em meados de março cerca de 4 litros de seiva por dia e aproximadamente 2-3 kg de açúcar na primavera. A propósito, o bordo desenvolve nessa época uma superpressão não apenas na raiz, mas também no caule, como pode ser demonstrado em árvores tombadas.

No entanto, a partir da saída de líquido após uma lesão do xilema, não se pode concluir que nos tecidos condutores de árvores no período sem folhas haja um fluxo intenso de água por pressão de raiz. De fato, no caule desfolhado não se constata qualquer fluxo (por medição termoelétrica do fluxo de água); nesse estado, ele tem apenas que satisfazer as necessidades de água ou repor as perdas. Sobre o significado da secreção da seiva e da pressão excessiva no xilema das plantas caducifólias, considera-se que com o desenvolvimento das gemas na primavera, ou seja, antes das novas folhas se tornarem fotossinteticamente ativas, já existe uma considerável exigência nutricional que, em parte, é satisfeita pelo conteúdo do xilema.

O estabelecimento da pressão hidrostática negativa (= tensão de transpiração) no apoplasto das folhas transpirantes já foi explicado na seção 5.3.4.1. Das folhas até a raiz, via elementos condutores de água do xilema, existe um corpo de água coeso que, devido à tensão de transpiração, é "puxado" através da planta (**fluxo de transpiração**). Os próprios elementos condutores de água, traqueídes e/ou vasos (ver 3.2.4.2), opõem ao fluxo de água resistência relativamente baixa, favorecida pela ausência de protoplasto nesses elementos condutores mortos.

A zona do citoplasma entre o vacúolo e a superfície celular (incluindo o tonoplasto e a plasmalema) de uma única célula de *Chara* tem permeabilidade à água de apenas aproximadamente 10^{-4} cm s^{-1} MPa^{-1}, que corresponde ao valor de 600 m de madeira de pinheiro no sentido longitudinal e de 3 mm no sentido radial.

A superfície da seção transversal total em elementos condutores de água, alcançada no eixo do caule de uma planta, por grama de peso fresco das folhas supridas de água depende do ecotipo: plantas de ambientes mais úmidos (transpiração mais baixa) têm valores mais reduzidos do que as procedentes de locais mais secas (Tabela 5-14). Mesmo no interior de uma copa de árvore esse valor não é igual nos diferentes ramos; assim, por exemplo, a gema apical sem dúvida tem preferência no suprimento de água.

As velocidades de transporte no xilema podem ser determinadas termoeletricamente. Para isso, dois sensores elétricos (e delgados) de temperatura são instalados no lenho, um situado 15 cm acima do outro e aquecido com um fio condutor. A passagem da água esfria o termômetro aquecido e reduz a diferença de temperatura em comparação ao termômetro de referência, permitindo medir o fluxo de transpiração. Os números constatados são muito distintos para as espécies diferentes; por exemplo, os três grandes tipos distintos anatomicamente (gimnospermas, angiospermas com poros difusos e angiospermas com

Tabela 5-14 Superfície da seção transversal do sistema condutor de água em plantas distintas (em mm^2 por grama de peso fresco da folha)

Planta	Corte transversal (mm^2 g^{-1})
Nenúfar (pecíolo)	0,02
Ervas do chão da floresta	0,01–0,80
Árvores aciculadas	0,30–0,61
Árvores caducifólias	0,25–0,79
Plantas de deserto	1,42–7,68

(Segundo B. Huber e F. Gessner.)

Tabela 5-15 Velocidades dos fluxos de transpiração de tipos vegetais diferentes, medidas como o método termoelétrico ao meio-dia

Objeto	Velocidade (m h^{-1})
Musgos	1,2–2,0
Árvores aciculadas perenifólias	1,2
Larício	1,4
Plantas esclerofilas mediterrâneas	0,4–1,5
Caducifólias com poros difusos	1–6
Caducifólias com anéis porosos	4–44
Plantas herbáceas	10–60
Lianas	150

(Segundo B. Huber.)

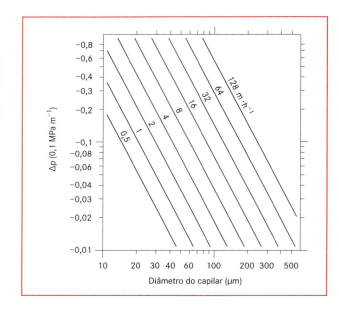

Figura 5-35 Dependência dos gradientes necessários da pressão hidrostática (Δp) em relação aos diâmetros dos capilares, em diferentes velocidades de fluxo segundo Hagen-Poiseuille (Equação 5-32). (Segundo M.H. Zimmermann e C.L. Brown.)

anéis porosos) exibem diferenças consideráveis quanto aos seus valores mais altos e médios (Tabela 5-15).

Com auxílio da lei de Hagen-Poiseuille (equação 5-32), é possível estimar a tensão (pressão hidrostática negativa) a partir da medição das velocidades de fluxo. Para geometria do vaso e viscosidade do conteúdo do xilema (aproximadamente a da água, 10^{-3} Pa s) determinadas, ela é necessária para mover a coluna líquida com a velocidade de fluxo correspondente. Para uma velocidade média de 16 m h^{-1} e um raio médio de vaso de 30 μm (diâmetro de 60 μm), obtém-se um valor de –0,02 MPa m^{-1} (Figura 5-35). Como os vasos e as traqueídes não se comportam como capilares ideais, esse valor deve ser menor. As divergências das efetivas capacidades condutoras hidráulicas do xilema, em relação ao valor ideal, são mostradas na Tabela 5-16 para diferentes espécies. Dependendo da espécie, portanto, os valores reais das reduções da pressão necessárias devem ser consideravelmente mais elevados. As espécies lenhosas com anéis porosos (carvalho, lianas na Tabela 5-16), no entanto, mostram capacidades condutoras hidráulicas próximas às de capilares ideais. Deve-se acrescentar ainda o trabalho de ascensão contra a força da gravidade (uma coluna de água de 1 m de altura produz na sua base uma pressão de 0,01 MPa = 0,1 bar), de modo que no total a redução da pressão é de no mínimo –0,03 MPa m^{-1}. Para as árvores mais altas (*Sequoiadendron*, norte-americana, ou *Eucalyptus* spp., australianas, que alcançam alturas de 100-120 m), portanto, observa-se uma pressão hidráulica mínima mais negativa de –3 até –4 MPa, para puxar a água das raízes até a copa. Com os potenciais matriciais resultantes da evaporação, essas reduções da pressão são facilmente alcançadas (Figura 5-30). Porém, o potencial osmótico nas células do tecido foliar também atinge valores de –3 até –4 MPa (ver 5.3.2.1, Figura 5-26) e, com isso, é plenamente suficiente para transportar água das raízes até a copa, mesmo nas árvores mais altas e na ausência de transpiração.

A demonstração experimental a pressão hidrostática negativa (tensão) no xilema pode ser feita com a câmara de pressão segundo Scholander. Para isso, verifica-se a pressão necessária para mostrar (nas superfícies cortadas) os meniscos das colunas de água "puxadas" pela tensão no interior dos elementos condutores. Assim, primeiramente é verificado o potencial hídrico médio de todo o órgão que se encontra no interior da câmara. O potencial hídrico do xilema geralmente corresponde mais ou menos a esse valor, pois o potencial osmótico da seiva do xile-

Tabela 5-16 Capacidade condutora hidráulica do xilema de espécies diferentes, em % do valor teórico para capilares com diâmetros iguais

Planta	% do valor teórico
Videira (liana)	100
Carvalho (lenho da raiz)	53–84
Árvore de Natal (Europa)	26–43
Bétula (lenho da raiz)	34,8
Choupo (lenho do caule)	21,7
Diferentes ervas e arbustos	12–22

(Segundo M.H. Zimmermann e C.L. Brown.)

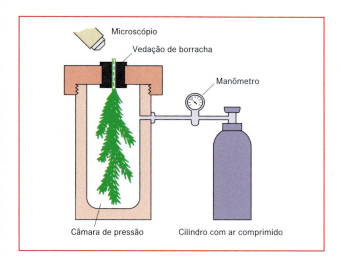

Figura 5-36 Câmara de pressão para medição de pressões hidrostáticas negativas (tensões) no xilema de partes de plantas. (Segundo P. Scholander.)

ma é muito baixo. Por isso, o potencial hídrico do conteúdo do xilema é aproximadamente igual à pressão hidrostática negativa da coluna de água no xilema, que, além disso, mantém contato muito estreito com os tecidos adjacentes.

Com auxílio desse método, em árvores aciculadas altas foi demonstrado um gradiente de pressão na ordem de grandeza requerida (algo mais do que 0,01 MPa m^{-1}). Os valores absolutos da redução da pressão mostraram, além disso, um nítido andamento diário, com valores negativos máximos no período de transpiração mais elevada. Disso resulta que o reabastecimento de água nem sempre acompanha o consumo (balanço hídrico, ver 5.3.6). Devido aos andamentos diários das pressões hidrostáticas negativas, as árvores nos períodos de transpiração mais intensa (ao meio-dia) apresentam diâmetros caulinares menores do que quando a transpiração é mais baixa ou ausente (por exemplo, à noite).

As colunas de água nos elementos condutores podem opor-se à alta "tensão" somente quando a adesão às paredes dos vasos e a coesão das moléculas de água resistem a essa exigência. A tensão na qual a coesão de moléculas de água é superada pode ser calculada teoricamente ou medida experimentalmente. A primeira determinação desse tipo foi realizada em um sistema natural, consistindo no rompimento da coesão da água nas células do anel de um esporângio de samambaia (ver 7.4, Figura 7-37). Os valores obtidos situaram-se entre –22 MPa (solução de açúcar saturada) e –36 MPa (solução de sal de cozinha saturada). Com métodos meramente físicos, obtêm-se valores ainda mais negativos (abaixo de –100 MPa).

Portanto, com as tensões predominantes nos elementos condutores, não existe qualquer perigo de rompimento da coesão da água (**teoria da coesão** do transporte da água).

O perigo de uma interrupção da coluna de água coesa sob tensão reside muito mais na ocorrência de **embolias gasosas** nos elementos condutores; nas relações de pressão reinantes, mesmo as menores bolhas de ar ocupam volumes grandes (falta de coesão das moléculas gasosas). Embora a teoria da coesão explique satisfatoriamente o transporte da água, resultados de pesquisas recentes têm mostrado que a condução da água é um conjunto complexo entre tipos celulares distintos (Zimmermann et al., 2007).

Sobretudo em elementos condutores com lume amplo, a perda de função por embolias – na maioria das vezes irreversíveis – parece ser apenas uma questão de tempo. Nas árvores com anéis porosos (por exemplo, o carvalho), os vasos grandes em geral apresentam capacidade funcional somente durante um período de vegetação; assim, no começo de um novo período de crescimento, todo o sistema de transporte da água precisa ser renovado a partir do câmbio. Esse é um dos motivos porque os carvalhos brotam tão tarde na primavera. Ainda não está esclarecido de que maneira as lianas mantêm os vasos de lume amplo com capacidade funcional por muitos anos.

Os sistemas condutores constituídos de traqueídes, como o lenho das gimnospermas, são muito menos suscetíveis a embolias. Se uma traqueíde perde a função por causa de uma embolia, devido à mudança de pressão, os toros (nas pontoações) interrompem imediatamente, de maneira irreversível, o contato dela com as traqueídes vizinhas (princípio escocês; ver 3.2.4.2, Figura 2-74). Ocorre um fechamento reversível quando o conteúdo da traqueíde começa a congelar e a pressão resultante atua mediante o aumento de volume pela formação de gelo. Nas traqueídes então fechadas, basta o congelamento de uma outra porção pequena da água para compensar uma eventual pressão negativa já existente e, assim, impedir a formação de bolhas de gás. Cada nova formação de gelo comprime a fase líquida remanescente e mantém assim os gases na solução, até que toda a água seja congelada. No descongelamento, os fenômenos processam-se no sentido inverso, de modo que também agora não surjam bolhas de gás pelo reaparecimento de depressões negativas. Essa função das pontoações – além de outras propriedades estruturais – condiciona a aptidão das gimnospermas para colonizar regiões mais frias. É importante destacar que apenas as gimnospermas desprovidas de toro nas pontoações são expostas a geadas (por exemplo, *Cycas* ou os gêneros *Callixylon* e *Cordaites* do Paleozoico).

As células vivas adjacentes aos elementos condutores de água, sobretudo aos vasos grandes (parênquima paratraqueal), poderiam ter uma função protetora contra o ingresso de bolhas de gás nestes elementos. Presume-se que elas também possam remover bolhas de gás já existentes.

À noite, em geral ocorre novamente saturação do xilema, razão pela qual nesse período a transpiração raramente é nula (estômatos parcialmente abertos). Com o estabelecimento da transpiração estomática plena pela manhã, o movimento da água inicia nas partes periféricas da copa e continua então para baixo no caule. À noite, o fluxo de transpiração se reduz na mesma ordem, até a cessação: inicialmente na copa, mais tarde nas partes superiores do caule; muitas vezes, mesmo à noite, ele não cessa completamente na base do caule e nas raízes. Esses órgãos necessitam de muito tempo para abastecer completamente de novo as reservas de água.

5.3.6 Balanço hídrico

A diferença entre a absorção e a perda de água é denominada **balanço hídrico**. Há um balanço hídrico negativo quando a transpiração supera a absorção de água; caso contrário, trata-se de um balanço hídrico positivo. Quando a transpiração for intensa durante o dia, manifesta-se um balanço hídrico negativo, enquanto à noite o déficit é novamente compensado. Em períodos de seca, o restabelecimento não é completo, de modo que o balanço sempre fica mais negativo. Com isso, o potencial osmótico e o potencial hídrico tornam-se mais negativos. Espécies diferentes ou também ecótipos diferentes de uma espécie suportam intensidades e durações distintas de um déficit; suas resistências à seca são diferentes.

Muitas vezes, o balanço hídrico de uma planta (de um órgão) é indicado como o **déficit de saturação de água** (WSD, *Wassersättigungsdefizit*), em porcentagem. Esse déficit representa a quantidade de água que falta para a saturação de um tecido:

$$WSD = \frac{W_s - W_a}{W_s} 100 \,(\%), \qquad \text{(Equação 5-39)}$$

W_s = Conteúdo de água de saturação, W_a = Conteúdo de água atual (sobre a ecologia das relações hídricas, ver 12.5).

Os autores de língua inglesa muitas vezes empregam o conceito *relative water content* (RWC; conteúdo relativo de água). O valor de RWC é uma medida do conteúdo de água de uma planta ou de um órgão, relacionado ao conteúdo de água no estado de saturação, ou seja:

$$RWC = 100 - WSD \,(\%)$$

5.4 Fotossíntese: reação luminosa

A capacidade de sintetizar compostos orgânicos com auxílio de energia luminosa e materiais inorgânicos caracteriza os organismos fotoautotróficos (Tabela 5-1); o processo global é denominado **fotossíntese**. Nesse processo, por um lado são formados carboidratos a partir do CO_2 da atmosfera (**assimilação de carbono**, ver 5.5). A energia luminosa, por outro lado, é utilizada para a formação de amônio a partir do nitrato absorvido (**assimilação do nitrato**, ver 5.6) e para transformação de sulfato em sulfeto (**assimilação do sulfato**, ver 5.7). Carbono, nitrogênio e enxofre são reduzidos e, nas plantas verdes, cianobactérias e proclorobactérias, os elétrons necessários para isso provêm da água; no caso de algumas bactérias fotossintéticas, no entanto, existem outras fontes (Tabela 5-1). Na **reação luminosa** da fotossíntese, após absorção de quanta de luz, os elétrons são transferidos para os centros de reação (ligados a membranas) a partir da clorofila (pigmento fotossintético) e, por meio de cadeias de transporte de elétrons, transportados para a ferredoxina. A ferredoxina reduzida funciona como doador de elétrons na assimilação do nitrogênio e do enxofre ou na redução dos nucleotídeos de pirimidina oxidados ($NADP^+$, nas cianobactérias e plantas verdes; NAD^+, nas demais bactérias fotossinteticamente ativas), com formação do agente redutor $NADPH+H^+$ (ou $NADH+H^+$). Na membrana do tilacoide, o transporte fotossintético de elétrons está acoplado a um transporte vetorial de hidrogênio utilizado para a síntese de ATP. O déficit de elétrons dos centros de reação de plantas superiores, cianobactérias e proclorobactérias, conforme já mencionado, é compensado pelo doador de elétrons (a água). O ATP formado na reação luminosa e o agente redutor NADPH (ou NADH) são empregados na assimilação do carbono. A síntese de carboidratos a partir do CO_2 (ver 5.5) é muitas vezes também denominada **reação no escuro**, pois não é diretamente dependente da luz, mas sim, com disponibilidade de ATP e NAD(P)H, em princípio poderia processar-se também no escuro. A reação luminosa das plantas verdes e cianobactérias ocorre nas membranas dos tilacoides. Nas plantas verdes, estas se encontram no estroma dos cloroplastos (ver 2.2.9.1, Figura 2-82). As membranas dos tilacoides das cianobactérias resultam de dobras da membrana plasmática e localizam-se no citoplasma (Figura 2-88). Nas demais bactérias fotossinteticamente ativas, a reação luminosa ocorre na membrana plasmática.

Entre os autotróficos, os **fotoautotróficos**, cuja necessidade energética global é suprida pela energia luminosa, desempenham o papel mais importante; por outro lado, os **quimioautotróficos** (Tabela 5-1), que recebem energia da oxidação de compostos inorgânicos, não são quantitativamente importantes. Assim, a fotossíntese representa a base para a vida na Terra. Isso fica nítido também quantitativamente: apesar do número de espécies consideravelmente menor (cerca de 400.000 espécies de plantas em comparação com mais de 2 milhões de espécies de animais), a biomassa vegetal total produzida (fitomassa) é quase 1.000 vezes maior do que a biomassa animal correspondente (zoomassa, incluindo os seres humanos). As plantas terrestres, por sua vez, constituem 99% da fitomassa.

5.4.1 Luz e energia luminosa

A base de todos os processos fotossintéticos é a absorção de quanta de luz da energia de radiação pelos pigmentos fotossintéticos. Assim, na natureza, a fotossíntese depende da luz solar. A radiação eletromagnética do sol provém da fusão de átomos de hidrogênio e átomos de hélio:

$$4\,{}^{1}_{1}H \rightarrow {}^{4}_{2}He + 2\,\beta^{+} + \Delta E \qquad \text{(Equação 5-40)}$$

(β^{+}, elétrons carregados positivamente = pósitrons)

A diferença de massa resultante da fusão nuclear (um átomo de hélio é aproximadamente 0,029 unidade de massa mais leve do que quatro átomos de hidrogênio) é liberada como energia ΔE em forma de radiação eletromagnética.

O sol irradia por dia cerca de $3 \cdot 10^{31}$ kJ de energia, da qual aproximadamente $1{,}5 \cdot 10^{19}$ kJ alcançam a Terra. De acordo com a Equação de Einstein $E = mc^{2}$, $9 \cdot 10^{13}$ kJ correspondem a um quilograma de energia de matéria solar transformada. Portanto, a energia que diariamente alcança a Terra corresponde a aproximadamente 165 toneladas de matéria (ao ano, são cerca de 60.000 toneladas). A metade dessa energia irradiada atinge a superfície da Terra e apenas uma pequena parte dela (cerca de 0,01%) é exigida para a fotossíntese, o que representa aproximadamente $3{,}6 \cdot 10^{18}$ kJ por ano, correspondendo a 40 toneladas de matéria solar. Com essa energia, as plantas sintetizam anualmente um total de mais ou menos $2 \cdot 10^{11}$ toneladas de biomassa.

A radiação eletromagnética apresenta natureza dupla e pode ser considerada como onda e como fluxo de partículas constituídas por quanta. A energia de um *quantum* (ΔE_{q}) pode ser calculada pela fórmula:

$$\Delta E_{q} = h\,\nu = h\,c\,\lambda^{-1} \qquad \text{(Equação 5-41)}$$

onde $h = 6{,}626 \cdot 10^{-34}$ J s é a constante de Planck; $c = 3 \cdot 10^{8}$ m s^{-1}, velocidade da luz; λ = comprimento de onda em nm; ν = frequência em s^{-1}. De acordo com a Equação 5-41, a energia da radiação eletromagnética aumenta proporcionalmente à frequência da radiação; ela é inversamente proporcional ao comprimento de onda, ou seja, a energia quântica diminui com o aumento do comprimento de onda da radiação. A faixa do espectro eletromagnético visível para o olho humano é identificada como **luz** e os *quanta* de luz são denominados **fótons** (do grego, *phos* = luz). A luz compreende a faixa de comprimentos de onda de aproximadamente 400 – 700 nm (Figura 5-37); o espectro solar original abrange os comprimentos de onda de 225–3200 nm, estendendo-se, portanto, da faixa do ultravioleta (UV) até o infravermelho (IR, *infrarot*) do espectro eletromagnético.

Pela passagem através de um prisma, a luz pode ser decomposta em cores individuais, mediante flexão de intensidades diferentes (experimento de Isaac Newton). O espectro de cores estende-se do violeta (ondas curtas) até o vermelho (ondas longas), passando pelo azul, verde, amarelo e laranja.

Devido à absorção do ozônio atmosférico na região do ultravioleta e do CO_{2} e da água na região do infravermelho, o espectro que alcança a superfície da Terra situa-se na faixa entre aproximadamente 340 nm e 1100 nm. Nos corpos d'água, o espectro se estreita muito rapidamente com o aumento da profundidade, em especial inicialmente na região do infravermelho. Após, a sequência do estreitamento se dá nesta ordem: vermelho, laranja, amarelo e verde, de modo que, finalmente resta uma tênue "janela" na região do azul (Figura 5-38). Com o aumento da profundidade dos corpos d'águas planta, as plantas desses ambientes precisam deparar-se com alterações na qualidade da luz.

A absorção da radiação ultravioleta abaixo de 290 nm, efetuada pela camada de ozônio a aproximadamente 22-25 km de altura, tem um significado decisivo para a vida na Terra, pois essa radiação é fotoquimicamente muito ativa e tem efeito destruidor sobre ácidos nucleicos e proteínas; ela pode ser empregada até para matar embriões. Por isso, a camada de ozônio protege a biosfera do dano fotoquímico aos ácidos nucleicos e proteínas.

Uma vez que os processos bioquímicos muitas vezes podem ser calculados por mol de transformação (1 mol = $6{,}023 \cdot 10^{23}$ moléculas, denominado número de

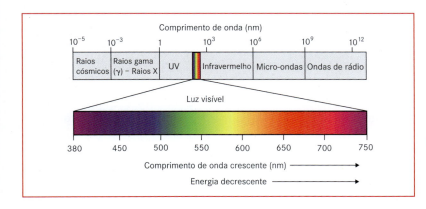

Figura 5-37 Espectro da radiação eletromagnética. A luz visível abrange os comprimentos de onda de 400-700 nm e, por flexão, com auxílio de um prisma pode ser decomposta nas cores componentes.

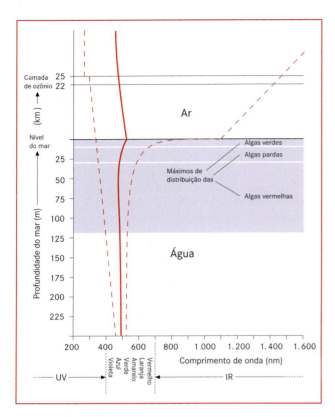

Tabela 5-17 Dependência do conteúdo de energia (ou da entalpia livre da reação) e da diferença de potencial eletroquímico por einstein de fótons de comprimentos de onda diferentes

Comprimento de onda (nm)	Cor	ΔG (kJ einstein^{-1})	ΔE (V)
400	Violeta	297,5	-3,08
500	Verde-azulado	238,0	-2,47
600	Amarelo	198,3	-2,05
700	Vermelho claro	183,1	-1,90
800	Vermelho escuro	170,0	-1,76
900	Infravermelho	148,7	-1,54
97,0	Infravermelho	132,2	-1,37

(Segundo H. Walter.)

Figura 5-38 Modificação do espectro da radiação solar, quando a radiação atravessa a atmosfera e a água. Linha contínua: intensidade máxima da radiação; linha tracejada: limite das ondas curtas e longas do espectro (o limite indicado é um valor médio aproximado). As algas verdes, pardas e vermelhas mostram um máximo de distribuição no mar em profundidades distintas. (Segundo H. Ziegler.)

5.4.2 Pigmentos fotossintetizantes

O processo da fotossíntese começa com a absorção de fótons pelos pigmentos fotossintetizantes, os quais, com isso, passam para um estado excitado. As **clorofilas** têm um significado central para todos os organismos fotoautotróficos. Em todos os organismos com fotossíntese produtora de oxigênio (nos quais o oxigênio provém da água – doador de elétrons – com extração de elétrons) a clorofila *a* exerce

avogadro, N_A), ela se presta também para o cálculo de processos fotoquímicos na base molar. A energia ΔE de um mol de *quanta* (= 1 Einstein) e, com isso, a entalpia livre máxima utilizável (pela absorção da energia de um einstein dos fótons) de uma reação fotoquímica ΔG são indicados por:

$$\Delta G = \Delta E + N_A \, h \, c \, \lambda^{-1}. \quad \text{(Equação 5-42)}$$

Mediante emprego da constante, resulta para λ em nm:

$$\Delta G = \frac{120.000}{\lambda} \, kJ \, mol^{-1} \quad \text{(Equação 5-43)}$$

e com a utilização da Equação 5-23: $\Delta G = -z \, F \, \Delta E$ ($z = 1$) para o potencial redox equivalente à energia de um einstein dos fótons absorvidos (λ em nm):

$$\Delta E = -\frac{1.233}{\lambda} \, Volt. \quad \text{(Equação 5-44)}$$

A Tabela 5-17 apresenta alguns valores calculados.

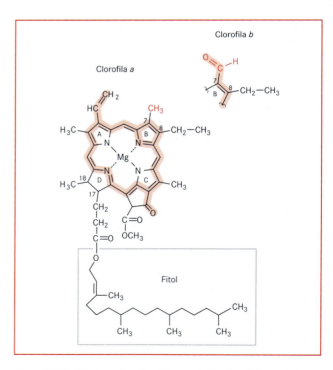

Figura 5-39 Estrutura das clorofilas *a* e *b*. Fundo: sistema deslocalizado de elétrons Π.

o papel principal (Figura 5-39). Nas plantas superiores e em alguns grupos de algas (Tabela 10-2), existe também a clorofila b; a razão entre a clorofila a e a clorofila b é de aproximadamente 3:1. Em alguns grupos de algas, em vez da clorofila b encontra-se a clorofila c. As cianobactérias e as algas vermelhas dispõem exclusivamente da clorofila a. Em lugar da clorofila a, nas bactérias autótrofas ocorrem as chamadas **bacterioclorofilas** (Figura 5-40).

O significado especial da clorofila a nos organismos com fotossíntese produtora de oxigênio (oxigênica) corresponde à sua presença nos **centros de reação**, os sítios dos processos fotossintéticos primários. Na sua maioria, no entanto, as moléculas de clorofila são componentes dos **complexos de captação de luz**, que envolvem os centros de reação como antenas e proporcionam uma absorção de luz mais efetiva (Figura 5-48). Os **carotenoides** são pigmentos-antena adicionais. No seu conjunto, os **pigmentos-antena** são também denominados **pigmentos fotossintéticos acessórios**. Logo, os pigmentos fotossintéticos não existem livremente, mas sim ligados a proteínas. No caso das clorofilas e carotenoides, essas ligações são não covalentes. Porém, os pigmentos acessórios das cianobactérias e algas vermelhas, as **ficobilinas**, são cromoproteídeos com grupo cromóforo ligado covalentemente.

• As **clorofilas** consistem em um sistema de anel tetrapirrólico, a porfirina, com magnésio com átomo central e substituinte característico no anel (Figuras 5-39 e 5-40). Os quatro anéis pirrólicos são ligados por pontes de metenila. O magnésio é ligado covalentemente com dois átomos de nitrogênio e, com os outros dois átomos de nitrogênio, forma uma ligação coordenativa. As clorofilas a e b se distinguem nos substituintes no átomo de carbono 7: a clorofila a tem um grupo metila e a clorofila b um grupo formila. No carbono 17, as duas clorofilas possuem um resíduo de propionila, em regra acoplado a um álcool lipofílico (no caso das clorofilas a e b, o álcool fitol) em ligação éster. Esse substituinte serve à ancoragem da molécula de clorofila na região interna lipofílica das proteínas associadas às clorofilas das antenas ou dos centros de reação. O fitol é um diterpeno e possui, portanto, 20 átomos de carbono (biossíntese de terpenos, ver 5.15.2).

A clorofila liberada pelo fitol é identificada como clorofilídeo; o clorofilídeo sem átomo central é denominado feoforbídeo. Se o átomo central for retirado das clorofilas (por tratamento ácido suave), obtém-se **feofitinas**. Como transportadores de elétrons, as feofitinas são igualmente componentes dos centros de reação (fotossistema II, ver 5.4.5; centro de reação das bactérias purpúreas, ver 5.4.10). A biossíntese de porfirina será tratada na seção 5.15.

A maioria das clorofilas (por exemplo, a e b) absorve luz nas faixas de 400-480 nm (azul) e 550-700 nm (amarelo até vermelho). A bacterioclorofila a das bactérias purpúreas absorve na faixa do UV abaixo de 400 nm e na faixa do vermelho escuro até o infravermelho entre 700 e 850 nm; a bacterioclorofila b das sulfobactérias verdes absorve na faixa além de 1.000 nm. Entre 480 e 550, a faixa da luz verde, a absorção da clorofila é muito baixa ("**lacuna verde**", Figura 5-41). Por isso, ao olho humano as soluções da clorofila e as partes vegetais clorofiladas parecem verdes. A "lacuna verde" (Grünlücke) da clorofila a é parcialmente preenchida pela absorção da clorofila b e carotenoides, pigmentos fotossintéticos acessórios. As cianobactérias e algas vermelhas fecham as lacunas verdes (deixadas abertas pela absorção de luz das algas verdes) por meio de seus pigmentos acessórios, as **ficobilinas**, às quais pertencem a **ficoeritrina** e a **ficocianina**. Por isso, as cianobactérias e as algas vermelhas encontram luz para a fotossíntese em zonas mais profundas da água, abaixo de uma cobertura de algas verdes. As bactérias, que dispõem das bacterioclorofilas a e b, exploram faixas de energia (por exemplo, infravermelho) que não podem ser aproveitadas pelos demais organismos fotossinteticamente ativos (Figura 5-42).

Embora a utilização da luz solar pelas clorofilas não seja ótima ("lacuna verde"), elas formaram-se cedo na evolução (a bacterioclorofila a de bactérias purpúreas, há mais de 3 bilhões de anos) e desde então modificaram-se

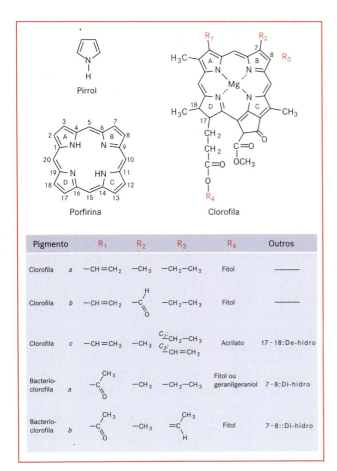

Figura 5-40 Relações estruturais entre diferentes clorofilas e bacterioclorofilas. (Segundo G. Richter.)

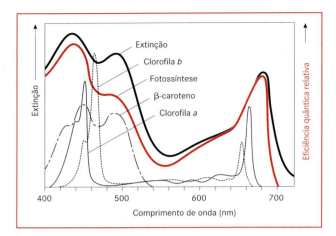

Figura 5-41 Espectro de extinção e espectro de ação (vermelho) da fotossíntese de *Chlorella*, em comparação com os espectros de extinção dos pigmentos fotossintéticos mais importantes (em solventes orgânicos). Um espectro de ação é obtido por irradiação das células com luz monocromática de comprimentos de onda diferentes, mas com fluência de fótons igual (mol fótons m^{-2}) e verificação de um parâmetro fotossintético adequado (por exemplo, evolução do oxigênio). Com frequência, considera-se a ação máxima observada igual a 100% e indica-se o espectro de ação como eficiência quântica relativa, em função do comprimento de onda. (Segundo E. Libbert.)

muito pouco (Figura 5-40). O papel exercido essas moléculas como pigmentos fotossintéticos centrais durante a evolução relaciona-se com características especiais, listadas nos parágrafos abaixo.

O sistema de anel do tipo porfirina e alguns dos seus substituintes (Figura 5-40) formam um sistema de ligações duplas conjugadas. Os elétrons Π participantes formam assim uma orbital molecular uniforme, na qual os elétrons não só oscilam, mas também podem circular no sistema de anel. Esse fenômeno é uma das causas da estabilidade dessa classe de ligação. De fato, as porfirinas pertencem às ligações químicas mais estáveis e encontram-se, por exemplo, no petróleo e no carvão (até 400 milhões de anos) em forma química quase inalterada.

Os elétrons Π do sistema de anel do tipo porfirina, fortemente deslocalizados, mediante baixas energias podem ser levados a níveis energéticos mais altos, por meio da absorção de fótons de ondas relativamente mais longas, por exemplo (Figura 5-43). Com isso, a molécula passa para um **estado excitado**, que pode reagir de maneira característica.

Nas moléculas com número par de elétrons, todas as orbitais são ocupadas de maneira pareada (estado-base de singuleto, S^0). Após absorção de um fóton da energia apropriada, um elétron, com manutenção da sua direção de giro (*spin*), ocupa um nível energético mais alto (estado de singuleto excitado, S^1, S^2, etc., conforme a energia absorvida). Após um curto período com liberação da energia de excitação, esses estados excitados passam novamente ao estado-base ou então efetua-se uma inversão do giro (spin) do elétron excitado (estado de tripleto), de modo que ocorrem dois elétrons não pareados com giro (*spin*) paralelo (Figura 5-43). A inversão do giro (*spin*) pode então se processar, quando o próximo (em altura) estado de singleto excitado possuir um tempo de vida mais longo do que o processo de inversão do giro (*spin*) necessita (aproximadamente 10^{-9} s).

Os estados excitados de maior significado para a clorofila (Figura 5-43) são o primeiro estado de singleto (corresponde à absorção no vermelho), o segundo estado de singleto (corresponde à absorção no azul) e o primeiro estado de tripleto, alcançado apenas a partir do estado S^1, pois o seu tempo de vida é suficientemente longo (cerca de 15 · 10^{-6}). O estado S^2 é de vida muito curta (10^{-12} s) para uma inversão do giro (*spin*).

Conforme mostra a Figura 5-43, a liberação da energia absorvida da clorofila excitada ocorre de maneiras diferentes. Apenas parte desses processos pode ser usada para realizar trabalho químico. Esses são vinculados à transição $S^1 \rightarrow S^0$. Nesse caso, pode ocorrer uma transferência de energia sem radiação (= **transferência de éxcitons**) entre moléculas de clorofila vizinhas, quando elas estiverem suficientemente próximas entre si (distância < 10 nm) e quando a absorção da molécula de pigmento absorvente de energia for energeticamente mais baixa (ondas mais longas) do que a da molécula de pigmento que libera energia. Esse mecanismo tem um significado especial para a condução da energia da radiação absorvida dentro do complexo antena e para a passagem da energia para a clorofila *a* do centro de reação. Uma vez que os espectros de absorção de uma molécula de pigmento dependem do seu entorno (no caso das clorofilas, portanto, do entorno proteico), num complexo antena com diferentes clorofilas absorventes, resulta um transporte de éxcitons na direção da molécula de pig-

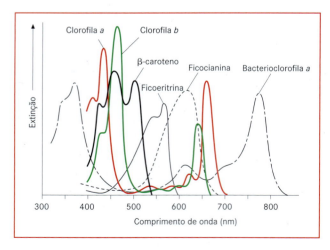

Figura 5-42 Espectros de extinção de alguns pigmentos fotossintéticos importantes (clorofilas e β-caroteno em solventes orgânicos; ficobiliproteínas em solução aquosa). (Segundo E. Libbert.)

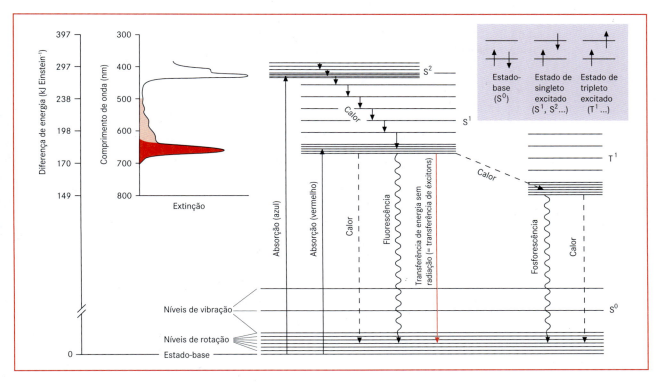

Figura 5-43 Estados de excitação de clorofila, tendo como exemplo a clorofila *a*. Os níveis energéticos principais mostram uma cisão como consequência de vibrações moleculares e esses níveis, por sua vez, apresentam uma cisão fina, que se realiza por rotações na molécula. Em moléculas orgânicas, esses processos provocam o aparecimento de bandas de absorção mais ou menos largas em vez de espectros lineares, como são característicos para átomos. Fundo azul: giros (*spins*) de elétrons dos estados de singleto e tripleto excitados, em comparação com o estado-base. Fundo vermelho: extinção da clorofila *a* provocada por transições $S^0 \rightarrow S^1$. (Segundo H. Mohr e P. Schopfer.)

mento que absorve na onda mais longa, portanto de uma molécula de clorofila *b* para uma molécula de clorofila *a* e dentro desse grupo novamente para a molécula de clorofila *a* sempre absorvente na onda mais longa. Finalmente, a transferência de éxcitons alcança a clorofila *a* do centro de reação, que se distingue do conjunto geral por um entorno proteico especial e seu arranjo como estreito dímero vizinho (em inglês, *special pair*, $Chla_2$) por meio da absorção de energia mais baixa (Figura 5-44).

Diferentemente das clorofilas das antenas, o dímero da clorofila *a* dos centros de reação não libera de novo imediatamente sua energia de excitação, mas sim em estado excitado ele perde inicialmente um elétron, com formação de um radical carregado positivamente ($Chla_2^+$). Com a absorção de um elétron, este finalmente retorna novamente ao estado-base (Figura 5-44). Sob iluminação ótima, esse processo transcorre cerca de 100-200 vezes por segundo. A **separação de cargas** (*Ladungstrennung*):

$$Chla_2 \xrightarrow{\Delta E \text{ ou } h \cdot \nu} Chla_2^{+\cdot} + e^-$$

É o passo decisivo da fotossíntese. A energia de excitação dos prótons, de vida curta, é transferida a um potencial elétrico essencialmente de vida mais longa, e este pode ser convertido em trabalho químico.

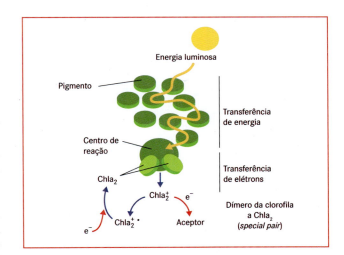

Figura 5-44 Transferência de energia no interior do complexo antena. A energia luminosa é absorvida pelos pigmentos do complexo antena e, por transferência de energia, transportada para as moléculas de pigmentos vizinhas (menos energéticas), até que sejam alcançadas duas moléculas de clorofila *a* especiais (*special pair*) no centro de reação. O dímero da clorofila *a* excitado libera um elétron para um aceptor de elétrons, resultando um radical carregado positivamente e, pela captação de um elétron, o estado-base é novamente alcançado. Sob iluminação substancial, o ciclo de excitação ocorre de 100 a 200 vezes por segundo.

Em uma parte dos eventos de excitação, a energia absorvida é perdida como calor. Este é sempre o caso para a transição $S^2 \rightarrow S^1$, que tem vida muito curta para uma transferência de éxcitons. Por isso, em um estudo experimental da fotossíntese, basta utilizar a luz vermelha para provocar a transição $S^0 \rightarrow S^1$. A energia do estado S^1 excitado também pode ser completamente perdida como calor ou então ser irradiada como fluorescência. O estado de tripleto da clorofila não é relevante para a fotossíntese. Para uma planta iluminada, apenas cerca de uma em 10 milhões de moléculas de clorofila encontra-se no estado de tripleto. Durante a transferência para o estado-base, que se processa muito lentamente devido à necessária inversão do giro (*spin*) (o tempo do meio valor do estado T^1 é de 10^{-4}-10^{-2} s), pode ser emitida luz fluorescente. Na verdade, a clorofila no estado de tripleto pode excitar o oxigênio para um estado de singleto. O oxigênio em estado de singleto é quimicamente muito reativo e causa danos celulares; contra isso, no entanto, a célula desenvolveu mecanismos de proteção (carotenoides, ver abaixo; ver também 5.4.8).

- Os **carotenoides** são pigmentos fotossintéticos acessórios, cuja absorção nas faixas do azul até o verde-azulado (Figuras 5-41 e 5-42) estreita mais a lacuna verde. Nas plantas superiores e algas verdes, existem dois grupos de carotenoides: os **carotenos**, hidrocarbonetos puros com β-caroteno como representante principal e carotenos oxidados, as **xantofilas**, com **luteína** como representante principal. A cor característica das algas pardas e das diatomáceas provém da fucoxantina (uma xantofila); a licopina é encontrada nas bactérias purpúreas (Figura 5-45). Os carotenoides não são bons transportadores de energia e atingem apenas cerca de 20-50% da efetividade da clorofila (a fucoxantina das algas pardas deve alcançar 80%). Por esse motivo, na faixa de absorção dos carotenoides (cerca de 460-500 nm) existe também uma nítida discrepância entre a absorção de luz e o espectro de ação da fotossíntese. As

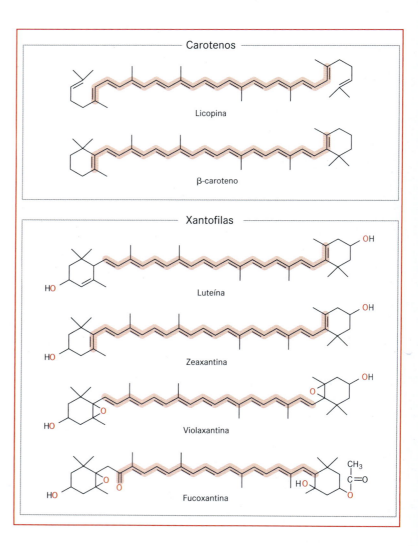

Figura 5-45 Estruturas dos carotenoides fotossinteticamente relevantes, pertencentes ao grupo dos carotenos sem oxigênio e xantofilas e das xantofilas com oxigênio. Fundo: sistemas de elétrons Π deslocalizados.

xantofilas das algas verdes e plantas superiores não transportam qualquer energia de excitação para a clorofila *a*. Sua função principal na antena consiste na proteção contra o estabelecimento do estado de tripleto da clorofila e, com isso, a pressão negativa da formação nocivo oxigênio de singleto.

Os carotenoides são terpenoides como o fitol, mas possuem 40 átomos de C e, com isso, pertencem ao grupo dos tetraterpenos (biossíntese, ver 5.15.2). A absorção de luz depende do grande número de ligações duplas conjugadas, cujos elétrons Π formam uma orbital molecular, na qual os elétrons estão fortemente deslocalizados e levemente excitados.

- Os **ficobiliproteídeos** são os pigmentos fotossintéticos acessórios das cianobactérias, algas vermelhas e criptófitas. As ficocianinas (pigmentos azuis) e as ficoeritrinas (pigmentos vermelhos) ocorrem nesses grupos em relações quantitativas alternantes e se sobrepõem às clorofilas. As estruturas absorventes de luz (**cromóforos**) das ficobilinas são tetrapirróis de cadeia aberta (Figura 5-46) semelhante à bile, que se originam pela decomposição da hemoglobina (daí a denominação, do grego, *bilis* = bile). Pelo grupo vinil no anel A do tetrapirrol, os cromóforos são ligados covalentemente a um resíduo de cisteína da proteína portadora (ligação tioéter), **ficocianobilina** como componente da **ficocianina** e **aloficocianina**, **ficoeritrobilina** como componente da **ficoeritrina**. Os ficobiliproteídeos são armazenados em estruturas altamente organizadas, os **ficobilissomos** (Figuras 2-88 e 5-48), dispostos no lado citoplasmático da membrana do tilacoide e como antenas são muito eficazes na absorção de luz. Por meio da transferência de éxcitons, mais de 95% da energia de excitação absorvida é transmitida para a clorofila a dos centros de reação. Com base nessa efetividade e nas características de absorção (Figura 5-42), as algas azuis e vermelhas podem viver em águas ainda mais profundas e realizar fotossíntese sob uma cobertura de algas verdes.

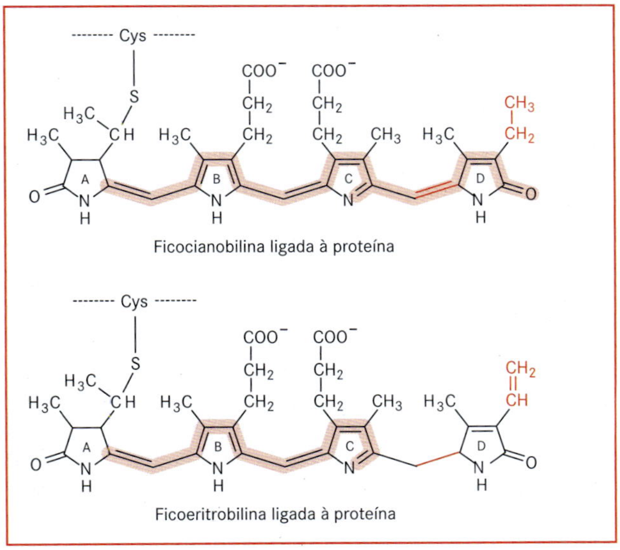

Em cultura de algumas cianobactérias e algas vermelhas sob luz com distribuição espectral diversa, foi observada uma adaptação da estrutura de ficobilinas às qualidades luminosas (**adaptação cromática**).

A efetividade da utilização da luz nas faixas espectrais distintas e, com isso, a contribuição dos diferentes pigmentos para a fotossíntese podem ser verificadas pela comparação do espectro de absorção do organismo fotossinteticamente ativo ou órgãos com o espectro de ação da fotossíntese. Nas plantas verdes (Figura 5-41), a diferença entre o espectro de absorção e o espectro de ação é considerável na faixa dos carotenoides, pois esses pigmentos – conforme já mencionado – possuem eficiência apenas limitada na transferência de energia às clorofilas. A mudança das propriedades de absorção dos pigmentos devido à associação com as proteínas dos complexos de captação de luz explica porque os espectros de absorção de células ou tecidos intactos exibem bandas de absorção mais amplas do que os pigmentos isolados (Figura 5-41). Por esse motivo também a "lacuna verde" é mais estreita. Ao mesmo tempo, de acordo com o ambiente proteico, as faixas de absorção dos pigmentos fotossintéticos – algo diversas, conforme já mencionado – constituem a base para a transferência de éxcitons no interior das antenas.

A comparação entre os espectros de absorção e reflexão de folhas de uma espécie decídua (caducifólia) (Figura 5-47) evidencia que a absorção, além de uma depressão (relativamente fraca) na faixa do verde, mostra forte redução no infravermelho entre 700 e 2.000 nm, enquanto nesta faixa a reflexão é máxima. Como as folhas decíduas apresentam reflexão mais intensa no infravermelho do que as acículas (de coníferas), por meio de aerofotografias nessa faixa do espectro, uma floresta decídua pode ser distinguida facilmente de uma floresta de coníferas aciculadas. Uma vez que a radiação no infravermelho é muito pobre em energia (embora constitua quase a metade da energia solar incidente sobre a superfície terrestre), para ser aproveitada fotoquimicamente, biologicamente não é conveniente absorver esses comprimentos de onda: eles aqueceriam inutilmente a folha. A absorção intensa em comprimentos de onda muito grandes (> 3.000 nm) também é vantajosa. Nessa faixa espectral, apenas pouquíssima radiação solar chega à superfície terrestre. Contudo, como as faixas preferidas para absorção também são as preferidas para emissão de radiação, nessa faixa espectral a folha pode emitir rapidamente o calor absorvido com a luz solar.

Figura 5-46 Estruturas de ficocianobilinas e ficoeritrobilinas. Fundo: sistemas de elétrons Π deslocalizados. Os cromóforos estão ligados covalentemente a um resíduo de cisteína das apoproteínas. (Segundo G. Richter.)

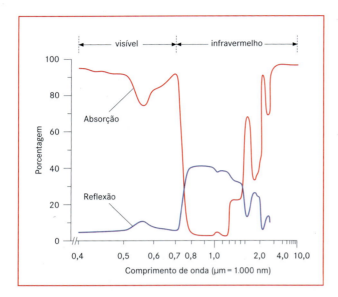

Figura 5-47 Espectros de absorção (vermelho) e reflexão (azul) de folhas do choupo (*Populus deltoides*). Também na faixa do verde a absorção ainda é considerável. Deve ser destacada a forte reflexão no infravermelho ("sombra da mata mais fria"). (Segundo D.M. Gates.)

Mesmo na faixa do visível, a pilosidade (presença de tricomas) das folhas pode aumentar consideravelmente a reflexão e, assim, reduzir a absorção. As folhas densamente pilosas de *Encelia farinosa* (espécie de deserto) absorvem, por exemplo, apenas 30% da radiação entre 400 e 700 nm; as folhas glabras de outras espécies de *Encelia* com conteúdo de clorofila semelhante, ao contrário, absorvem 84%.

5.4.3 Organização das antenas coletoras de luz

Em todos os organismos fotossinteticamente ativos, a energia luminosa é coletada por antenas. Nessas antenas, altamente estruturadas, os pigmentos fotossintéticos são ligados a proteínas, de modo covalente ou não covalente. A orientação exata das moléculas dos pigmentos permite um transporte de energia sem perda de radiação (transferência de éxcitons) no interior da antena. A fixação estrutural das antenas aos centros de reação fotossintéticos possibilita a transferência da energia de excitação da antena para o centro de reação, que se processa igualmente sob forma de uma transferência de éxcitons. Com isso, as antenas coletoras de luz ampliam a efetividade dos centros de reação, pois só raramente uma molécula de pigmento poderia ser excitada diretamente pela absorção de um fóton.

Nos distintos grupos de organismos fotossinteticamente ativos, a estrutura das antenas apresenta diferenças, muitas vezes ainda não conhecidas em detalhe (Figura 5-48). Como nas bactérias purpúreas e plantas verdes, as antenas podem estar localizadas na membrana fotossinteticamente ativa; nas cianobactérias e sulfobactérias verdes, elas podem consistir em componentes integrais de membrana menores e grandes, depositados no lado citoplasmático da membrana. Presume-se que essas antenas grandes sejam adaptações que permitem às cianobactérias e sulfobactérias verdes a utilização fotossintética de luz com intensidade muito baixa, como, por exemplo, em água muito profundas.

• Os **clorossomos** (Figura 5-48A) das sulfobactérias verdes são complexos coletores de luz no lado citoplasmático da plasmalema, que consistem em aproximadamente 10.000 moléculas de bacterioclorofilas (principalmente bacterioclorofila c) ligadas a proteínas. Eles são rodeados por uma membrana lipídica e, por meio de uma placa basal (com bacterioclorofila a como pigmento), mantêm contato com o complexo coletor de luz (integrado à membrana) que envolve o centro de reação. A transferência de éxcitons vai da bacterioclorofila c, que absorve na faixa de 750 nm (B750), passa pela molécula de bacterioclorofila a da placa basal (B790), chega à bacterioclorofila a do complexo intermembrana coletor de luz (B804), até finalmente à bacterioclorofila a do centro de reação (P840).

• Os **ficobilissomos** (Figura 5-48B) são depositados em grande densidade (cerca de 400 por μm^2) no lado citoplasmático da membrana do tilacoide (que se isola da membrana plasmática) da cianobactérias (Figura 2-88). Com a ajuda de proteínas de ancoragem, eles se ligam a centros de reação integrados à membrana do tilacoide, de modo que pode haver uma transferência de éxcitons da ficoeritrina (absorção na faixa de 480-570nm), passando pela ficocianina (absorvida na faixa de 550-650 nm), até a aloficocianina (absorvida na faixa de 600-680 nm) e desta para o dímero da clorofila a do centro de reação do fotossistema (ver 5.4.5).

• As **antenas das bactérias purpúreas** (Figura 5-48C) são componentes integrais da membrana plasmática e consistem em uma antena central (LH1 do inglês, *light harvesting*), que presumivelmente circunda em forma de anel o centro de reação e, além das proteínas de ligação a pigmentos, contém carotenoides e 32 moléculas de bacterioclorofila a com ordenação altamente simétrica. Em algumas espécies, são acrescidas 8-10 antenas periféricas (LH2) por centro de reação, igualmente organizadas em forma de anel e portam 27 moléculas de bacterioclorofila a por anel. Essas moléculas dispõem-se em círculos sobrepostos de 18 ou 9 moléculas, de modo que são agregadas 250-300 moléculas de pigmento a cada centro de reação. A transferência de éxcitons se processa da LH2, passando pela LH1, para o dímero da bacterioclorofila a do centro de reação (P870).

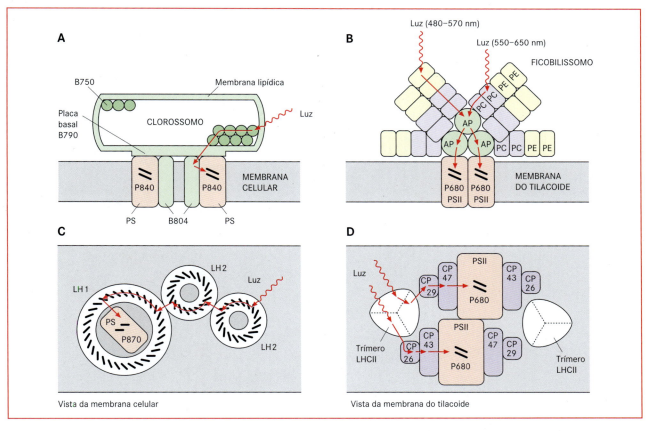

Figura 5-48 Representação esquematizada de diferentes antenas de organismos fotossinteticamente ativos. **A** Estrutura presumida de um clorossomo das sulfobactérias verdes (*Chlorobium*). **B** Ficobilissomo das cianobactérias e rodofíceas. Os ficobilissomos se ligam a um dímero respectivo do fotossistema II. A composição dos pigmentos antena pode oscilar de espécie para espécie. **C** Estrutura da antena das bactérias purpúreas vista da membrana celular. 9-12 complexos LH2 são agregados a um complexo LH1. **D** Estrutura da antena das plantas verdes vista da membrana do tilacoide. CP43 e CP47 formam a antena interna, CP26, CP29 e LHCII a antena periférica, em que LHI funciona como antena principal. Provavelmente, existem quatro (apenas dois são mostrados) complexos antena LHCII trímero por fotossistema II dímero. AP, Aloficocianina; CP, Proteína do cloroplasto (o número indica a massa molecular em kDa); PC, Ficocianina; LH1, Antena central; LH2, Antena periférica; LHC, processo de captação de luz (*light harvesting complex*). (**A** segundo G. Richter; **B** segundo M. Rögner; **C** segundo W. Kühlbrandt; **D** segundo E.J. Boekema e J.P. Dekker.)

- Nas plantas verdes, antenas intimamente associadas (chamadas de "núcleos"– antenas) estão agregadas aos respectivos centros de reação (fotossistemas I e II, ver 5.4.4). No caso do fotossistema I, essas antenas consistem em aproximadamente 100 moléculas de clorofila *a* e são um componente integral do próprio centro de reação (Figura 5-57). O **núcleo-antena** (*core-antenne*) do fotossistema II consiste em duas proteínas (CP43 e CP47), tendo cada uma delas cerca de 15 moléculas de clorofila *a* associadas (Figura 5-55). Os **complexos periféricos coletores de luz** (os igualmente complexos integrais de membrana CP26, CP29 e LHCII formados por proteína e molécula de pigmento) mantêm contato com esse núcleo-antena. A **antena principal** forma **LHCII** (LHC, do inglês, *light harvesting complex*) (Figura 5-48D). A elucidação estrutural de LHCII mostrou que cada proteína ligante de clorofila apresenta 7 moléculas de clorofila *a*, 5 moléculas de clorofila *b* e 2 moléculas de luteína. A clorofila *b* encontra-se na periferia e a clorofila *a* no centro da proteína (Figura 5-49). As distâncias entre as moléculas de clorofila são de apenas 0,5-3 nm, garantindo uma efetiva transferência de éxcitons. O LHCII localiza-se na membrana do tilacoide como trímero. É discutível se o LHCII pode interagir com o núcleo-antena do fotossistema I (em princípio, com estrutura semelhante) e, assim, participar da regulação da distribuição de energia entre os dois sistemas (ver 5.4.4). A cada centro de reação do fotossistema II são agregadas cerca de 300 moléculas de pigmentos-antena. A transferência de éxcitons se processa da clorofila *b* periférica, por meio de moléculas de clorofila *a* do LHCII para a clorofila *a* da antena interna e do núcleo-antena e finalmente para o centro de reação

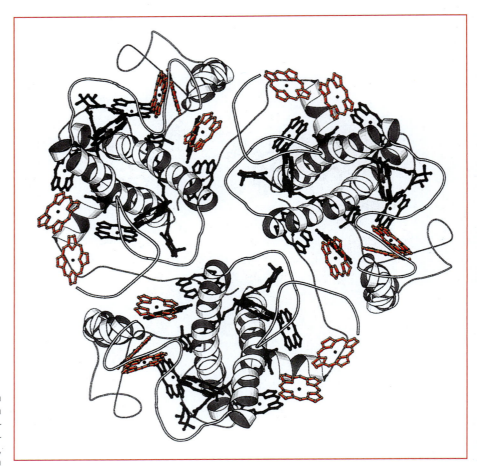

Figura 5-49 Modelo estrutural da proteína ligante à clorofila *a/b* e da disposição dos pigmentos fotossintéticos do complexo trímero de captação de luz do fotossistema II (LHCII, Figura 5-48D). (Gentilmente cedida por W. Kühlbrandt.)

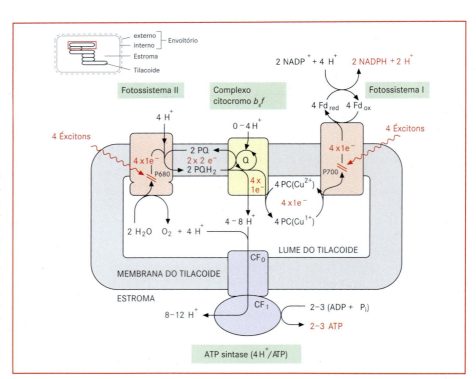

Figura 5-50 Esquema geral dos transportes de elétrons e de íons hidrogênio na fotossíntese, bem como da fotofosforilação das plantas verdes. Outros esclarecimentos estão no texto; localização dos complexos da fotossíntese e da ATP sintase na zona dos tilacoides granais ou estromais, na Figura 5-52. Os sistemas participantes e a série de reações são iguais nas cianobactérias. Na verdade, nesses organismos a plastocianina é substituída por um citocromo *c*. – Fd, ferredoxina; PC, plastocianina; PQ, plastoquinona; Q, ciclo Q (Figura 5-56). (Segundo E. Weiler.)

do fotossistema II (dímero da clorofila *a*, P680). O sistema de captação de luz do fotossistema I deve funcionar de maneira semelhante. Uma "unidade fotossintética", ou seja, uma cadeia completa de transporte de elétrons do fotossistema II até o fotossistema I (ver 5.4.4, Figura 5-50), deve possuir aproximadamente 500 moléculas de pigmentos (clorofila *a* e *b*, carotenoides).

5.4.4 Visão geral sobre o transporte fotossintético de elétrons e de íons hidrogênio

Para uma visão melhor, na apresentação a seguir não se consideram as antenas e é abordada meramente a absorção de éxcitons a partir das antenas. A apresentação se concentra nas plantas verdes (as relações nas cianobactérias e proclorobactérias são muito semelhantes).

Já em 1937, R. Hill observou que extratos foliares (ou membranas dos tilacoides isoladas) iluminados produziam O_2, ao contrário de aceptores artificiais de elétrons (A), como, por exemplo, Fe^{3+} ou pigmentos reduzíveis. Nessa "**reação de Hill**" é necessário exclusivamente H_2O como doador de elétrons; CO_2 não é participante:

$$2\,H_2O + 4\,A \xrightarrow{luz} 4\,A^- + 4\,H^+ + O_2. \quad \text{(Equação 5-45)}$$

Isso significa que o oxigênio produzido na fotossíntese provém da água e que os aceptores de elétrons solúveis nas membranas iluminadas dos tilacoides não reduzem CO_2. Além isso, retiram elétrons da água. Logo, a redução de CO_2 para formação de carboidrato é um processo separado da reação luminosa, a reação no escuro (ver 5.5.1-5.5.3). O $NADP^+$ é o aceptor de elétrons natural da reação de Hill nos cloroplastos:

$$2\,H_2O + 2\,NADP^+ \xrightarrow{luz} 2\,NADPH + 2\,H^+ + O_2.$$
(Equação 5-46)

A entalpia livre padrão molar (pH 7, ver 5.1, Equação 5-7) para essa reação redox é $\Delta G^{0'} = +218$ kJ mol^{-1}, numa reação endergônica em que são transportados dois elétrons de um sistema com potencial redox fortemente positivo ($H_2O/½O_2$: $E^{0'} = +0,82$ V) para um sistema com potencial redox fortemente negativo ($NADPH + H^+/NADP^+$: $E^{0'} = -0,32$ V) ($\Delta E^{0'} = -0,32$ V $- 0,82$ V $= -1,14$ V por dois elétrons, resultando, conforme a Equação 5-24, z = 2, $\Delta G^{0'} = 218$ kJ por mol de $NADPH + H^+$ formado).

Para a redução de $NADP^+$ com elétrons da água, são necessários dois íons da reação luminosa ligados em série. Esses íons ocorrem nos fotossistemas II e I (numerados segundo a ordem da sua descoberta), com o respectivo dímero da clorofila a no centro de reação. Com base no seu comportamento na absorção, esses dímeros da clorofila a dos dois centros de reação podem ser distinguidos: o do fotossistema II (PSII) tem absorção máxima em 680 nm e é identificado como P680; o do fotossistema I (PSI) tem absorção máxima em 700 nm e é denominado P700.

A existência de dois fotossistemas foi reconhecida pela primeira vez nas determinações da **produtividade quântica** (mol de O_2 produzido por moles de quanta absorvidos), na dependência dos comprimentos de onda. Produz-se uma acentuada forte do rendimento quântico na faixa de ondas longas do vermelho (> 680 nm) ("queda no vermelho"), a qual se manifesta da forte diferença entre os espectros de absorção e de ação da fotossíntese nessa faixa de comprimentos de onda (Figura 5-41). Porém, se for feita uma exposição simultânea à luz vermelha de ondas mais curtas (650 nm), obtém-se um aumento sinérgico da produtividade quântica (a produtividade quântica por exposição simultânea à luz de 650 nm e 700 nm é muito maior do que a soma das produtividades quânticas por exposição à luz de 650 nm ou 700 nm). Esse fenômeno é denominado "**efeito de Emerson**", em homenagem ao seu descobridor. Ele provou pela primeira vez a cooperatividade dos dois fotossistemas com comportamentos de absorção levemente diferentes.

A Figura 5-50 mostra uma visão simplificada sobre a ordem da reação luminosa, desde a água até a formação de $NADPH + H^+$. Fica claro que a energia luminosa é utilizada não apenas para transporte de elétrons, mas também o transporte vetorial (acoplado ao transporte de elétrons) de íons hidrogênio para o lume do tilacoide. Evidencia-se também que o potencial químico do íon hidrogênio atua na síntese de ATP. Inicialmente, é apresenta uma visão geral da complexa sequência de reações e após os sistemas de reações participantes são tratados de maneira mais minuciosa. Na Figura 5-51 são apresentadas as estruturas dos sistemas redox participantes da reação luminosa.

O P680 (P680*) excitado pela transferência de éxcitons libera um elétron, que é transportado por uma cadeia de transporte de elétrons no fotossistema II (ver 5.4.5, Figura 5-55), chegando finalmente a uma molécula de plastoquinona (PQ do inglês, *plastoquinone*) frouxamente ligada. Da captação de um outro elétron de um segundo P680 excitado bem como de dois íons hidrogênio provenientes do estroma, resulta a plasto-hidroquinona (PQH_2, Figura 5-51). Pela captação de elétrons da água, o P680 oxidado é reduzido e, assim, chega outra vez ao estado-base. A **fotólise da água** é efetuada pelo complexo de clivagem da água (Figura 5-55), que é componente do fotossistema II. A plasto-hidroquinona deixa o fotossistema II e se difunde na membrana do tilacoide, que contém um *pool* de moléculas de plastoquinona dissolvidas (cerca de sete por fotossistema II, das quais na luz existem até quatro como PQH_2). Da membrana do tilacoide, ela vai para o segundo com-

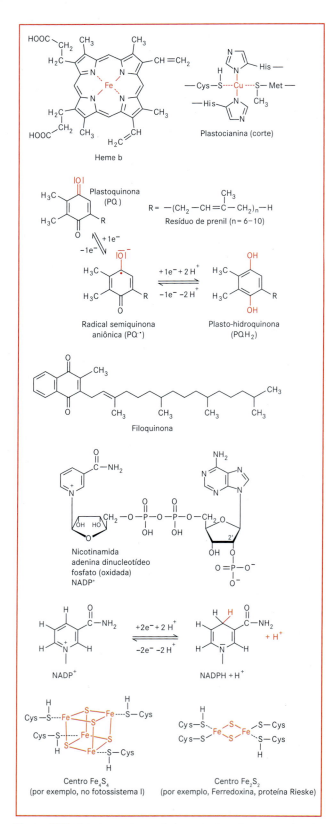

Figura 5-51 Estruturas dos mais importantes sistemas redox do transporte fotossintético de elétrons das plantas verdes.

plexo integral de membranas, o complexo citocromo b_6f (Figura 5-56), onde PQH é reoxidada a PQ. Os elétrons então liberados são transportados em duas reações de transferência sucessivas, por uma cadeia de transporte de elétrons endógena até duas moléculas de plastocianina (proteína contendo Cu^{2+}), com formação da Cu^+-plastocianina reduzida. A plastocianina é uma proteína solúvel localizada no lume da vesícula do tilacoide. Os íons hidrogênio liberados pela reoxidação da plasto-hidroquinona, por meio do complexo citocromo b_6f, são liberados no lume do tilacoide. É discutida se no complexo citocromo b_6f, ocorre um ciclo redox plastoquinona-plasto-hidroquinona (**ciclo Q**) interno, no qual os elétrons retirados de uma molécula de plastoquinona são transportados de volta. Com isso, os íons hidrogênio são captados outra vez do estroma e, pela oxidação renovada da plasto-hidroquinona a ele associada, liberados no lume do tilacoide. No ciclo Q, o complexo citocromo b_6f trabalha como uma bomba de íons hidrogênio e reforça o gradiente de concentração do íon hidrogênio entre o estroma e o lume do tilacoide. No ciclo Q em plena operação, seriam transportados para o lume do tilacoide dois íons de hidrogênio por elétron; sem a contribuição do ciclo Q, a relação seria de 1:1.

Por intermédio de uma cadeia intramolecular de transporte de elétrons (ver 5.4.7, Figura 5-57), o dímero excitado da clorofila a do fotossistema I (P700*) libera 1 elétron na ferredoxina (Fd, proteína solúvel de ferro e enxofre), que se encontra no estroma e, de sua parte, representa o doador de elétrons para $NADP^+$. A $NADP^+$ capta 2 elétrons em sequência, com formação de $NADPH+H^+$ (Figura 5-51). O déficit em elétrons do P700 oxidado é recuperado pela plastocianina reduzida (forma Cu^+).

A cadeia de transporte de elétrons contém, portanto, transportador de um elétron e transportador de dois elétrons. Por molécula de O_2 formada, são transportados 4 elétrons para a formação de 2 moléculas de $NADPH+H^+$, sendo necessários no total 8 éxcitons. A intercalação dos sistemas redox solúveis e móveis (na membrana do tilacoide, plastoquinona/plasto-hidroquinona dissolvida entre PSI e o complexo citocromo b_6f; no lume do tilacoide, plastocianina dissolvida entre o complexo citocromo b_6f e PSI) é vantajosa por vários motivos:

- Ela desacopla os estados de excitação dos dois fotossistemas, que dessa maneira não devem trabalhar em sincronização, o que seria bastante difícil devido aos processos fotoquímicos primários muito rápidos.
- Ela permite a superação da distância espacial entre os três complexos proteicos transmembranas. Estes não são distribuídos estatisticamente na membrana do tilacoide. O fotossistema II ocorre nas membranas empilhadas do tilacoide granal junto com suas antenas; o fotossistema I e o complexo citocromo

b_6f ocorrem principalmente nos tilacoides do estroma (Figura 5-52). O empilhamento das membranas do tilacoide em grana é regulado pela fosforilação reversível de LHII. Sob luz intensa, o PSII absorve mais luz do que o PSI e produz PQH_2 em excesso. A PQH_2 ativa uma proteína-cinase, que fosforila a LHCII. Com isso, a ligação eletrostática de LHCII à membrana do tilacoide vizinho é suprimida. Isso provoca o desempilhamento do tilacoide granal. Nos tilacoides do estroma, fosfo-LHCII eleva a produtividade de prótons de PSI e, com isso, iguala o desequilíbrio entre PSII e PSI. Sob luz fraca, o processo é inverso (Figura 5-53).

O transporte de elétrons dirigido (vetorial) durante a reação luminosa está ligado a um transporte de íons hidrogênio no complexo citocromo b_6f igualmente dirigido, ocorrendo do estroma para o lume do tilacoide. Adicionalmente, a clivagem da água libera íons H^+ no lume do tilacoide. Por molécula de O_2 formada, são acumulados, no mínimo, 8 íons H^+ no lume do tilacoide (4 da clivagem da água, 4 do estroma através da PQH_2). Um ciclo Q completo forneceria outra vez 4 H^+, de modo que, por molécula de O_2 formada, 8-12 íons H^+ são acumulados no lume do tilacoide. O gradiente de concentração de íons hidrogênio que rapidamente se estabelece por exposição à luz pode ser verificado pelos valores de pH: no estroma dos cloroplastos, registra-se um pH em torno de 8; no lume do tilacoide, o pH é 4,5-5. O ΔpH de aproximadamente 3-3,5 unidades corresponde a uma diferença de concentração dos íons hidrogênio de cerca de 1:1.000 até 1:3.000 entre estroma e lume. Uma vez que para o equilíbrio de cargas, simultaneamente com os íons hidrogênio, íons cloreto são transportados no lume do tilacoide (supostamente por meio de um canal de cloreto), não se estabelece na membrana do tilacoide qualquer diferença de potencial elétrico.

Com a energia desse gradiente de íons hidrogênio (força motriz de prótons, Equação 5-19), é ativada a síntese fotossintética de ATP (modelo quimiosmótico da **fotofosforilação** de P. Mitchell). A ATP sintase é localizada na região do tilacoide do estroma (ver 5.4.9, Figura 5-59) e necessita do transporte de 4 íons H^+ para a formação de um ATP. Pela contribuição do ciclo Q, por molécula de O_2 formada obtêm-se 8-12 íons de H^+ no lume do tilacoide. Estes são suficientes para a síntese de 2 (sem o ciclo Q) até 3 (com o ciclo Q completo) moléculas de ATP. Na reação luminosa, a relação de NADPH:ATP é de aproximada-

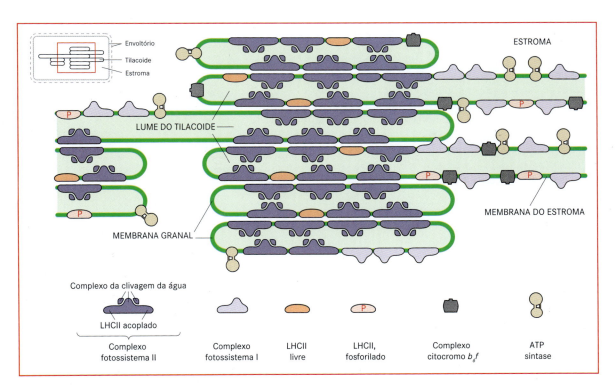

Figura 5-52 Heterogeneidade lateral na distribuição dos complexos da fotossíntese e da ATP sintase na membrana do tilacoide. A representação dos complexos proteicos é proporcional ao tamanho deles e reproduz assim de maneira semiesquemática as vistas laterais, conforme mostram as imagens obtidas ao microscópio eletrônico de alta resolução (ATP sintase, Figura 5-59). (Segundo J.P. Dekker, gentilmente cedida.)

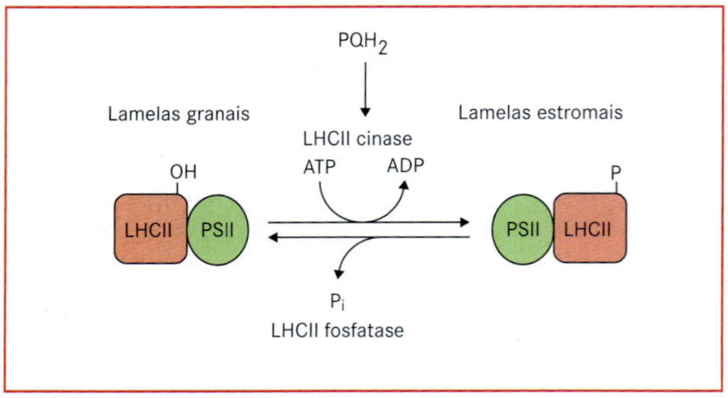

Figura 5-53 Fosforilação reversível de LHCII. Sob exposição à luz intensa, é formado um excesso de PQH$_2$, por meio do PSII. Isso leva a uma ativação da LHCII cinase, com fosforilação de LHCII. A fosforilação de LHCII provoca a supressão do empilhamento granal e uma associação de LHCII com PSI, e, com isso, aumenta-se a produtividade de prótons do PSI. Sob exposição luminosa fraca, LHCII é desfosforilado por meio da LHCII fosfatase, pelo que o processo se inverte.

Tabela 5-18 Componentes da cadeia fotossintética de transporte de elétrons em plantas, ordenado segundo os potenciais redox-padrão

Par redox	$E^{0'}$ (Volt)
P700*	mais negativo do que −1,10
A$_0$	~ −1,10
A$_1$	−0,88
FeS$_X$	0,70
FeS$_B$	0,59
FeS$_A$	−0,53
Ferredoxina (FD)	−0,43
Fd-NADP$^+$ redutase (FNR)	−0,35
NADP$^+$ + 2 H$^+$ + 2 e$^-$ ⇌ NADPH + H$^+$	−0,32
Citocromo b$_6$	−0,02
P680*	mais negativo do que −0,6
Feofitina*	−0,66 até −0,45
Plastoquinona, ligada	−0,25 até 0,05
Plastoquinona, livre	+0,11
FeS$_R$ (proteína Rieske)	+0,29
Citocromo f	+0,35
Plastocianina (PC)	+0,37
P700* + e$^-$ ⇌ P700	+0,45
O$_2$ + 4 H$^+$ + 4e$^-$ ⇌ 2H$_2$O	+0,82
P680$^+$ + e$^-$ ⇌ P680	mais positivo do que +0,82

Caso não indicados, são válidos os valores de $E^{0'}$ para a forma reduzida em equilíbrio com a forma oxidada ou para a forma excitada (*) em equilíbrio com o estado-base.

mente 1:1-1:1,5. Para a reação no escuro (fixação de CO$_2$ no ciclo de Calvin, ver 5.5), NADPH e ATP são necessários na relação 1:1,5.

Qual é a produtividade de energia da reação luminosa? A entalpia livre padrão molar da formação de NADPH+H$^+$ é de $\Delta G^{0'}$ = +218 kJ mol^{-1}, a da formação de ATP a partir de ADP+ P$_i$ é de $\Delta G^{0'}$ = +30,5 kJ mol^{-1}. Logo, o rendimento da reação luminosa endergônica é de, no mínimo, 2 mol · 218 kJ mol^{-1} + 2 mol · 30,5 kJ mol^{-1} = 497 kJ por mol de O$_2$ formado. Para isso, devem ser empregados 8 moles de éxcitons de energia de excitação; portanto, devem ser absorvidos pelo menos 8 moles de fótons de um comprimento de onda de 700 nm. Isso corresponde a uma energia de 8 mol · 170 kJ mol^{-1} = 1360 kJ da energia luminosa absorvida. Assim, a produtividade energética (= eficiência da reação luminosa) é de 497:1.360 = 0,36 (36%). A energia restante é perdida sob forma de calor. Essa perda é inevitável, pois resulta dos processos da separação de cargas nos fotossistemas (ver 5.4.5) que garantem que não ocorra uma recombinação do elétron liberado pelo dímero da clorofila *a* excitado com o dímero oxidado (Chla$_2^{+\bullet}$). Com base nessas inevitáveis perdas de energia sob forma de calor, a fotossíntese oxigênica necessita de dois fotossistemas ligados em série, para poder utilizar os elétrons da água na redução de NADP$^+$. As bactérias fotossintetizantes, que retiram elétrons de substratos com potencial redox-padrão sensivelmente negativo (por exemplo, H$_2$S, $E^{0'}$ = −0,24 V), necessitam de apenas um único fotossistema para a redução de NAD$^+$ e, além disso, podem ainda aproveitar luz de ondas mais longas.

Além do **transporte acíclico de elétrons** da água até NADPH, apresentado na Figura 5-50, sob determinadas condições é realizado também um **transporte cíclico de elétrons**, no qual a energia luminosa do fotossistema I é usada apenas para a síntese de ATP (Figura 5-57B), ou um **transporte pseudocíclico de elétrons**, no qual os elétrons do fotossistema I são transportados de volta para o oxigênio (reação de Mehler, ver 5.4.7).

Se ordenarmos os sistemas-redox envolvidos no transporte não cíclico de elétrons com base nos seus potenciais redox-padrão (Tabela 5-18) e participação nos complexos, resulta o chamado **esquema Z** (de ziguezague, Figura 5-54). Os passos individuais são descritos a seguir, incluindo um exame pormenorizado da estrutura dos fotossistemas. O P700*, com potencial redox-padrão mais negativo do que −1,1 Volt, é o agente redutor mais forte conhecido para uma célula.

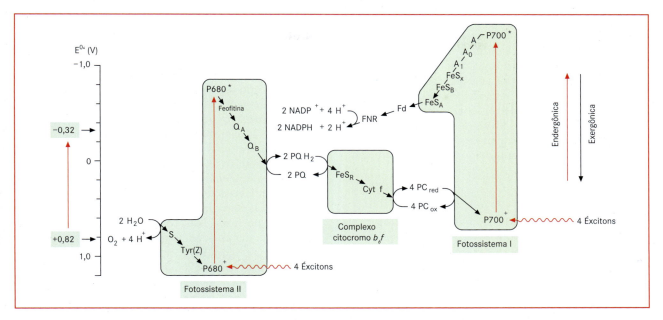

Figura 5-54 Disposição dos sistemas redox participantes da reação luminosa fotossintética, com base nos potenciais redox-padrão. A partir deste esquema Z, fica evidente a mudança da entalpia livre de reação dos passos individuais sob condições padrão. Todavia, as condições reais (concentrações, temperatura, pH) no cloroplasto divergem das condições padrão. Além disso, do esquema depreende-se a agregação aos componentes-redox aos complexos de membranas, mas não sua disposição real nos complexos. P680*, P700*: estados excitados dos dímeros da clorofila *a* nos centros de reação dos fotossistemas II e I, respectivamente. (Segundo E. Weiler.)

5.4.5 Fotossistema II

O fotossistema II (Figura 5-55) consiste em, no mínimo, 16 proteínas diferentes, duas das quais (proteína D_1 e proteína D_2) como heterodímeros formam o próprio centro de reação e outras duas (CP43 e CP47) constituem o núcleo-antena (Figura 5-48D). As proteínas D_1 e D_2 são homólogas entre si e ao centro de reação das bactérias purpúreas, ou seja, evolutivamente elas são originárias de um ancestral comum. A cada heterodímero, estão ligadas 4-5 moléculas de clorofila *a*, 2 de feofitina, 2 de plastoquinona e 1-2 de carotenoide. Além disso, por meio do complexo proteico D_1/D_2, é conservado um grupo (do inglês *cluster*) de provavelmente 4 íons manganês (**grupo manganês**). Esses íons manganês são orientados para o lume do tilacoide e protegidos (para o lado do lume) por uma proteína estabilizante (MSP33, proteína estabilizante de manganês 33 kDa). O dímero da clorofila *a* (P680) é ligado tanto pela proteína D_1 quanto pela proteína D_2.

O transporte de elétrons ocorre após excitação de P680, passando pela feofitina da proteína D_1, até Q_A. Esta é uma plastoquinona firmemente ligada à proteína D_2, que se transforma em um radical semiquinona ($Q_A^{\bullet-}$) (Figura 5-51) e transporta elétron para Q_B, uma segunda molécula de plastoquinona ligada frouxamente à proteína D_1. Num segundo passo de transferência, $Q_B^{\bullet-}$ capta um outro elétron de Q_A de novo reduzida a radical semiquinona Q_A bem como 2 íons H^+, dissocia-se como PQH_2 do centro de reação e passa para o *pool* **de plastoquinona** dissolvido na membrana do tilacoide. Neste caso, a lipossolubilidade é mediada pela cadeia lateral (resíduo de prenil) apolar e terpenoide da plastoquinona.

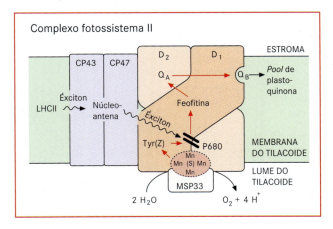

Figura 5-55 Representação esquemática da organização e do fluxo de elétrons no fotossistema II. Por motivos de simplificação, a disposição real do núcleo-antena é diferente da aqui apresentada. MSP33, proteína estabilizante de manganês (33 kDa); para as demais abreviaturas, ver 5.4.5. (Segundo H.W. Heldt.)

Com um potencial normal mais positivo do que +1,1 Volt, o P680 oxidado é um agente oxidante muito forte. Ele cobre seu déficit de elétrons mediante oxidação de um resíduo especial de tirosina (Z) na proteína D_1. O radical tirosina formado, por sua vez, retira 1 elétron do grupo manganês acima referido. O grupo manganês é um depósito de quatro elétrons, cujos 4 átomos de manganês devem ocorrer nos níveis de oxidação Mn^{2+}, Mn^{3+} ou Mn^{4+}. Pela retirada sequencial de 4 elétrons, o grupo manganês (também denominado sistema S) é oxidado passo a passo:

$S^0 \rightarrow S^1 (+1) \rightarrow S^2 (+2) \rightarrow S^3 (+3) \rightarrow S^4 (+4)$.

O estado S^4, por oxidação de 2 moléculas de água e captação simultânea de 4 elétrons, retorna novamente ao estado-base (S^0):

$S^4 (+4) + 2 H_2O \rightarrow O_2 + 4 H^+ + S^0$.

Dessa maneira, na clivagem da água evita-se o estabelecimento de radicais de oxigênio muito reativos e danosos às células.

Mediante determinados inibidores pode-se impedir o transporte de elétrons no PSII. As triazinas (por exemplo, atrazina) deslocam Q_B de seu nicho de ligação na proteína D_1. O DCMU (diclorofenildimetilureia = diuron) tem atuação semelhante. Essas substâncias foram lançadas como herbicidas. Uma mutação pontual na proteína D1 pode impedir a ligação ao herbicida (sem prejuízo da ligação à Q_B) e, assim, causar resistência ao herbicida.

5.4.6 Complexo citocromo b_6f

O complexo citocromo b_6f funciona no transporte fotossintético de elétrons como plasto-hidroquinona-plastoquinona óxido-redutase e simultaneamente como bomba de íons hidrogênio. O complexo transmembrana, homólogo ao complexo citocromo b_6f da cadeia mitocondrial de transporte de elétrons (ver 5.9.3.3), consiste em várias subunidades, entre as quais um citocromo f, um citocromo b_6 e uma proteína ferro-sulfurosa (denominada **proteína Rieske**, em homenagem ao seu descobridor) funcionam como sistemas redox (Figura 5-56).

Como as clorofilas, os **citocromos** derivam do sistema de anel de porfirina, mas, como átomo central do anel tetrapirrólico, eles possuem ferro em vez de magnésio. O anel de porfirina (Figura 5-40) com ferro como átomo central é denominado **heme**, e o átomo de ferro central é identificado também como ferro heme (Figura 5-51). No transporte de elétrons, o átomo central passa por uma troca de valência (Fe^{3+}/Fe^{2+}). Conforme a estrutura do heme ligado, os citocromos são divididos em três grupos principais: citocromos a, b e c (correspondendo aos hemes a, b e c). Os citocromos se distinguem também pela posição de uma determinada banda de absorção da forma reduzida (banda α) e frequentemente são caracterizados pela especificação do máximo de absorção dessa banda (por exemplo, citocromo c_{555}). Os citocromos dos tipos b e c exercem um papel na fotossíntese. Nos citocromos do tipo c, o heme c ocorre ligado covalentemente (adicionado aos grupos SH de cisteínas, através dos seus dois grupos vinil). O citocromo f é assim identificado devido à sua ocorrência no cloroplasto (f representa a palavra latina *frons* = folhagem); quimicamente, ele pertence ao grupo c (citocromo c_{555}). O citocromo f

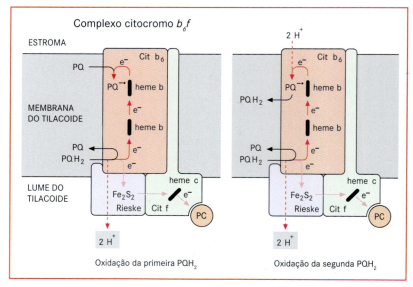

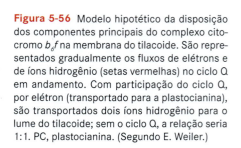

Figura 5-56 Modelo hipotético da disposição dos componentes principais do complexo citocromo b_6f na membrana do tilacoide. São representados gradualmente os fluxos de elétrons e de íons hidrogênio (setas vermelhas) no ciclo Q em andamento. Com participação do ciclo Q, por elétron (transportado para a plastocianina), são transportados dois íons hidrogênio para o lume do tilacoide; sem o ciclo Q, a relação seria 1:1. PC, plastocianina. (Segundo E. Weiler.)

é orientado predominantemente para o lume do tilacoide, onde se encontra também o heme *c*. A proteína é ancorada na membrana com uma cadeia de aminoácidos. O citocromo b_6 é uma proteína integral de membrana. Ele contém duas moléculas de heme *b* sobrepostas, que se dispõem perpendicularmente ao plano da membrana.

A proteína Rieske é periférica e levemente embebida na membrana. Seu sistema redox apresenta um centro Fe_2S_2 que consiste em dois átomos de ferro e dois átomos de enxofre levemente a eles ligados (Figura 5-51). Uma vez que o enxofre pode ser facilmente liberado da estrutura (por exemplo, pela ação de ácidos fracos), diz-se que o enxofre é lábil (ácido) (ao contrário do enxofre da cisteína, que não pode ser retirado por tratamento ácido). O ferro ligado no centro ferro-sulfuroso é frequentemente referido como ferro não heme. Os citocromos e os centros ferro-sulfurosos constituem um transportador de elétrons.

Os elétrons fornecidos pela plasto-hidroquinona (PQH_2, que se liga ao complexo citocromo b_6f) são transportados pelo centro Fe_2-S_2 da proteína Rieske e citocromo *f* para a plastocianina oxidada no lume do tilacoide. A **plastocianina** é uma proteína pequena com massa molecular de aproximadamente 10,5 kDa, contendo um átomo de Cu em um resíduo de cisteína, em um resíduo de metionina e em dois resíduos de histidina (Figura 5-51). Sob troca reversível de valência de Cu^{2+} para Cu^+, a plastocianina recebe ou libera um elétron.

Os íons H^+ liberados na oxidação de PQH_2 são deixados no lume do tilacoide pelo complexo citocromo b_6f. O ciclo Q (ainda desconhecido internamente em detalhe), com participação do citocromo b_6, presumivelmente promove o transporte de mais íons H^+ do estroma para o lume do tilacoide (Figura 5-56).

5.4.7 Fotossistema I

O terceiro complexo transmembrana da reação luminosa fotossintética, fotossistema I, obtém seus elétrons da plastocianina reduzida (PC) e os transporta para a ferredoxina (FD), de onde, com a ação da enzima ferredoxina-$NADP^+$ redutase (FNR), eles passam para $NADP^+$, com formação de $NADPH+H^+$. O fotossistema I (PSI) é homólogo ao centro de reação das sulfobactérias verdes e consiste em doze ou mais subunidades diferentes. O PSI (Figura 5-57) é um heterodímero das proteínas A e B, que, além dos sistemas redox e do dímero P700 da clorofila *a*, contém simultaneamente o núcleo-antena. A é homóloga ao complexo D_1 + CP43 do PSII e B ao D_2 + CP47. A subunidade F interage com a plastocianina, D com a ferredoxina e C é responsável pelo transporte de elétrons do centro de reação para a ferredoxina.

A separação de cargas que ocorre após excitação de P700 também mostra semelhanças com os processos no

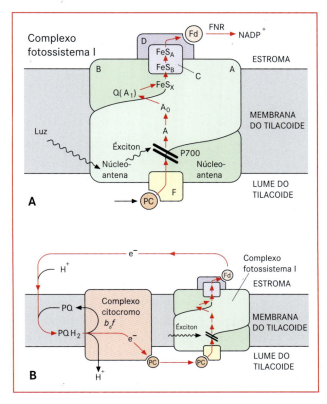

Figura 5-57 Representação esquemática **A** da estrutura e do fluxo de elétrons através do complexo fotossistema I e **B** do transporte cíclico de elétrons. No transportem cíclico de elétrons trabalham o complexo citocromo b_6f e o fotossistema I, com a inclusão do *pool* de plastoquinona como bomba de prótons impulsionada pela luz para produção de ATP, sem formar $NADPH+H^+$ (comparar figura 5-50). (Segundo H.W. Heldt.)

PSII. O elétron emitido pelo P700 excitado, por meio de duas moléculas monômeras da clorofila *a* (A, A_0), é transportado para a **filoquinona** (Figura 5-51), que, como clorofila, dispõe de um resíduo de fitol. Essa filoquinona (Q, também denominada A_1, Figura 5-57A) é ligada à subunidade B do centro de reação e corresponde à Q_A do PSII. Como esta, ela capta um elétron, com formação da forma radical semiquinona. Os próximos passos da transferência de elétrons distinguem-se daqueles dos processos no PSII. Com a intervenção de três centros Fe_4S_4 (Figura 5-51) (os sistemas redox FeS_X, FeS_B e FeS_A), o elétron excitado é transferido do radical semifiloquinona para a **ferredoxina** (ligada ao lado estromal do PSI através da subunidade D). A ferredoxina é uma proteína solúvel e pequena (11 kDa de massa molecular), dotada de um centro Fe_2S_2 (Figura 5-51) e apresenta igualmente um sistema redox de um elétron.

Da ferredoxina reduzida, pode resultar uma transferência de elétrons, em vez de para $NADP^+$, de volta para

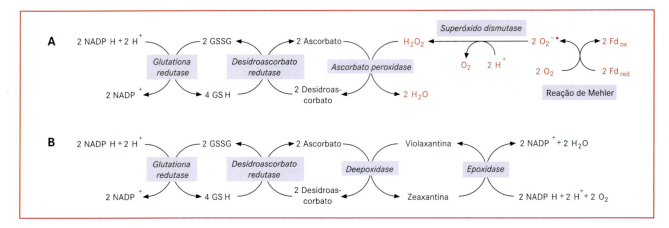

Figura 5-58 **A** Conversão do ânion superóxido ($O_2^{-\bullet}$) no sistema ascorbato-gutationa dos cloroplastos. **B** Ciclo da xantofila para dissipação (= liberação) de energia de excitação do fotossistema II sob forma de calor. O ciclo da xantofila é igualmente acoplado ao sistema ascorbato-glutationa. GSH, glutationa reduzida; GSSG, glutationa oxidada de duas moléculas de glutationa ligadas por uma ponte dissulfeto (2 GSH $\rightleftharpoons$ GSSG + 2 H$^+$ + 2 e$^-$). (Segundo E. Weiler.)

$P700^+$, também por meio do complexo citocromo b_6f e plastocianina. Com participação do complexo citocromo b_6f, esse **transporte cíclico de elétrons** (Figura 5-57B) leva à translocação de íons hidrogênio do estroma para o lume do tilacoide e, com isso, proporciona uma contribuição à síntese de ATP ("fotofosforilação cíclica"), sem que simultaneamente resulte NADPH. O transporte cíclico de elétrons ocorre então principalmente quando a relação NADPH+H$^+$/NADP$^+$ é alta e, por consequência, há uma carência de substrato para a ferredoxina-NADP$^+$ redutase.

Quando há redução acentuada do *pool* de ferredoxina, ocorre transferência de elétrons da ferredoxina para O_2, com formação de H_2O (reação de Mehler, Figura 5-58A). Esse processo é denominado **transporte pseudocíclico de elétrons**, pois assemelha-se ao transporte cíclico de elétrons no sentido de que não se forma NADPH + H$^+$, mas ATP. Contudo, sob as condições da reação de Mehler frequentemente a relação ATP/ADP também é alta, de modo que apenas ADP está disponível para a síntese de ATP. Na reação de Mehler, então, estabelece-se sobre a membrana do tilacoide um gradiente de íons hidrogênio muito forte.

Na oxidação da ferredoxina na reação de Mehler, resulta inicialmente o ânion radical superóxido ($O_2^{-\bullet}$). Este é dismutado para O_2 e H_2O_2 pela ação da enzima **superóxido dismutase**. Mediante a participação de várias enzimas, H_2O_2 é então reduzido a água (Figura 5-58A), sendo reprimida a formação dos radicais hidroxila (OH$^\bullet$) extremamente reativos. Esses radicais se formam (ao contrário dos íons metálicos e $O_2^{-\bullet}$) espontaneamente a partir de H_2O_2 (*Fenton-Chemie*) e causam danos a lipídeos, proteínas e ácidos nucleicos.

As superóxido dismutases (SOD) são metaloenzimas. Os cloroplastos contêm uma FeSOD, uma MnSOD e uma CuZn-SOD. As enzimas estão presentes também no citoplasma (CuZnSOD), nas mitocôndrias (CuZnSOD) e nos peroxissomos (MnSOD).

5.4.8 Mecanismos de regulação e proteção da reação luminosa

A separação espacial de PSII e PSI e suas antenas (Figura 5-52) impede um escoamento descontrolado de éxcitons do PSII para o PSI e, ao mesmo tempo, permite uma distribuição dinâmica da energia de excitação para esses dois sistemas. Se houver pouca disponibilidade de energia de excitação no PSI, PQH$_2$ congestiona-se no *pool* de plastoquinona. Isso tem como consequência a ativação de uma proteína-cinase, que fosforila o complexo de captação de luz LHCII (Figura 5-53). O LHCII se difunde das áreas desempilhadas nas regiões do tilacoide estromal, para se ligar ao PSI. Dessa maneira, a energia dos éxcitons deve ser desviada do PSII para o PSI (Figura 5-52).

Sob elevadas intensidades luminosas e, ao mesmo tempo, necessidade baixa de ATP e NADPH (por exemplo, quando sob temperaturas altas os estômatos são fechados para limitar as perdas de água e quase nada de CO$_2$ fica disponível para a assimilação), pode haver ativação excessiva dos sistemas de pigmentos, sem que os éxcitons escoem. Desse modo, existe o perigo de aumento da formação de tripleto de clorofila e, com isso, de singleto de oxigênio (ver 5.4.2). Tanto os carotenoides quanto o α-tocoferol (ricamente presente na membrana do tilacoide) transportam tripleto de clorofila e oxigênio singleto novamente para o estado-base. Sob intensidades luminosas muito altas, esta proteção parece não bastar. Provavelmente, o fotossistema II (**fotoinibição**) é prejudicado pelo aumento da decomposição da proteína D₁, de vida incomparavelmente muito curta. Assim, o descoramento das acículas em determinadas florestas impactadas pode ser atribuído a fenômenos foto-oxidativos.

A energia de éxcitons em excesso é transformada em calor para a redução de danos luminosos. Nesse processo deve haver participação da xantofila zeaxantina (Figura 5-45). Ela é formada a partir da xantofila violaxantina, presente nas antenas, por desepoxidação, quando há um forte gradiente de íons hidrogênio entre o lume do tilacoide (ácido) e o estroma (básico), um indicativo da grande redução da reação luminosa (Figura 5-58B). Uma vez que a enzima epoxidante catalisadora da reação inversa tem pH ótimo levemente alcalino (pH 7,6), mas a desepoxidase tem pH ácido (pH 5,0), pela diminuição do gradiente de íons hidrogênio na membrana do tilacoide a zeaxantina é novamente transformada em violaxantina (**ciclo da xantofila**).

5.4.9 Fotofosforilação

O gradiente de íons hidrogênio de aproximadamente três unidades de pH, formado por incidência de luz na membrana do tilacoide, produz uma força motriz de prótons (equação 5-19) utilizada para síntese de ATP. Esse processo é denominado fotofosforilação. A mudança da entalpia livre padrão molar para a síntese de ATP, a partir de ADP + P$_i$, é $\Delta G^{0'}$ = 30,5 kJ mol⁻¹. No entanto, considerando as reais relações de concentração dos participantes da reação na célula, a mudança deveria ser $\Delta G \approx$ 45-50 kJ mol⁻¹. A partir da equação 5-19, pode-se verificar que a entalpia livre de um gradiente de íons hidrogênio (ΔpH = 3, a 25°C) é ΔG = –17 kJ mol⁻¹. Logo, para sintetizar uma molécula de ATP seriam movidos, no mínimo, três íons H⁺ ao longo de sua queda de potencial eletroquímico.

Uma vez que a vesícula do tilacoide, na presença de ADP e fosfato inorgânico, sintetiza ATP mesmo no escuro, quando um gradiente de íons hidrogênio é estabelecido sobre a membrana do tilacoide mediante sistemas tampão apropriados, o modelo quimiosmótico da fotofosforilação é válido como prova.

A **ATP sintase** se estabelece na região do tilacoide estromal e estruturalmente assemelha-se à enzima bacteriana e mitocondrial (ver 5.9.3.3). Ela consiste em uma cabeça hetero-oligômera dirigida para o estroma denominada CF₁ (CF do inglês, *coupling factor*) e de uma porção transmembrana igualmente hetero-oligômera (CF₀, o 0 refere-se à capacidade inibidora da parte F₀ da ATPase mitocondrial). A terminologia foi assumida para a enzima do cloroplasto, embora CF₀ não seja sensível à oligomicina. Por isso, atualmente na maioria das vezes, como aqui, o número zero é empregado como índice). CF₀ forma um canal de passagem de íons hidrogênio, enquanto CF₁ efetua a síntese de ATP (Figura 5-59).

A ATP sintase produz um motor giratório acionado por íons H⁺; com dimensões de aproximadamente 10 · 20 nm, ele é o menor motor conhecido desse tipo. Com isso, a assimétrica subunidade γ da cabeça CF₁ deve girar junto com as 12 subunidades III da porção CF₀ (dispostas em anel), como rotor na porção CF₁ composta de três em três subunidades α e β alternantes com até 100 rotações por segundo, enquanto os íons H⁺ fluem pelo canal CF₀. Por rotação, passam 12 íons H⁺ através do canal (um por subunidade III). Pelo contato com a subunidade γ em rotação devem ser induzidas mudanças de conformação nas subunidades α e β, de modo que em cada rotação cada um dos três centros catalíticos (localizados sobre as subunidades β) percorre três estados (Figura 5-59A): um estado sem nucleotídeo; um segundo estado, no qual ADP e fosfato inorgânico são ligados; um terceiro estado, em que se processa a reação ADP + P$_i$ → ATP e finalmente o ATP é liberado da enzima. Admite-se que o terceiro estado, por exclusão de água, seja obtido do centro catalítico, para possibilitar a transferência de fosfato sem a concorrência da reação inversa (hidrólise) (comparar com Figura 5-6). Portanto, por rotação do rotor são sintetizadas 3 moléculas de ATP, resultando uma relação H⁺:ATP de 4:1. Muitos detalhes do mecanismo da reação da ATP sintase são ainda desconhecidos.

Por meio de uma conversão dissulfeto-ditiol (Figura 5-64), na subunidade γ o mecanismo giratório é ligado na presença da luz e desligado no escuro. Na presença da luz, a ferredoxina, via **tiorredoxina**, reduz a ditiol uma ponte dissulfeto dessa subunidade; no escuro, a forma dissulfeto é novamente estabelecida. Esse mecanismo impede que a ATP sintase catalise a reação inversa no escuro, portanto, transportando íons hidrogênio para o lume do tilacoide com clivagem de ATP. A tiorredoxina é uma proteína de massa molecular pequena (cerca de 10 kDa) presente em todas as células procarióticas e eucarióticas, da qual são conhecidas várias isoformas. Todas possuem no centro catalítico a sequência de aminoácidos Cis-Gli-Pro-Cis. As duas cisteínas formam a ponte dissulfeto na tiorredoxina oxidada.

Determinadas substâncias desacoplam o transporte fotossintético de elétrons e a formação de ATP. A reação de Hil continua, mas a fotofosforilação não se realiza. Entre esses **desacopladores** estão, por exemplo, os íons NH₄⁺ e carbonil-cianeto-p-trifluormetoxifenil-hidrazona, que tanto em forma protonada quanto desprotonada atravessam membranas e, assim, decompõem o gradiente de íons hidrogênio na membrana do tilacoide.

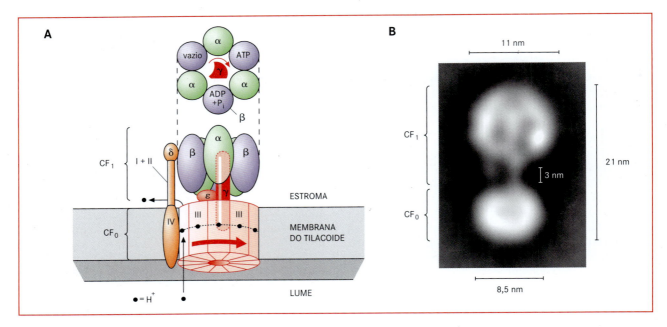

Figura 5-59 ATP sintase. **A** Modelo estrutural do motor giratório da ATP sintase. A subunidade III da porção CF$_0$ forma um dodecâmero e, junto com as subunidades γ e ε, forma o rotor (vermelho); a cabeça α$_3$β$_3$, junto com a subunidade Δ da porção CF$_1$ e as subunidades I, II e IV da porção CF$_0$, forma o estator. O rotor gira (seta vermelha) no estator imóvel, conduzindo 12 íons H$^+$ (um por subunidade III) através do canal de prótons, presumivelmente formado entre as subunidades II e IV. A interação da subunidade assimétrica γ em rotação com as subunidades α e β da cabeça da ATP sintase, por mudanças de conformação, induz os três estados das subunidades β, percorridos na seguinte ordem: vazio → ADP + P$_i$ ligado → ATP ligado. **B** Reconstrução da ATP sintase em vista lateral. A figura foi produzida a partir de numerosas eletromicrografias bastante aumentadas, com a técnica de processamento de imagem. (Gentilmente cedida por B. Böttcher.)

5.5 Fotossíntese: rota do carbono

Na assimilação do carbono, o CO_2 é transformado em carboidrato, $(CH_2O)_n$. Para a formação de uma hexose, aplica-se a equação básica da fotossíntese:

$6\ CO_2 + 12\ H_2O \rightarrow C_6H_{12}O_6 + 6\ H_2O + 6\ O_2$.

A reação é fortemente endergônica ($\Delta G^{0'}$ = 2.862 kJ mol^{-1}, correspondente a 477 kJ mol^{-1} por molécula de CO_2 fixada). O oxigênio formado provém da água (**fotólise da água**, ver 5.4.4). Com isso, o carbono é reduzido: do nível de oxidação +IV no CO_2 para o nível de oxidação 0 em $(CH_2O)_n$. Portanto, por átomo de C devem ser empregados quatro elétrons. Esses elétrons estão sobre NADPH+H$^+$, formado na reação luminosa (ou NADH+H$^+$, em algumas bactérias, ver 5.4.10). Além disso, a conversão necessita de energia em forma de ATP, igualmente preparado na reação luminosa (ver 5.4.4). Por isso, para a formação de uma hexose a partir de 6 CO_2, genericamente a reação pode ser também assim formulada:

$6\ CO_2 + 12\ NADPH + 12\ H^+ + 18\ ATP \rightarrow$
$C_6H_{12}O_6 + 12\ NADP^+ + 18\ ADP + 18\ P_i + 6\ H_2O$.

Ela se processa no estroma do cloroplasto (ou no citoplasma, nos procariotos fotossinteticamente ativos) e é muitas vezes referida como **reação no escuro**, pois a reação *per se* independe da luz. Em princípio, mesmo na ausência da luz a reação ocorreria na presença de NADPH e ATP. Na célula, contudo, a assimilação de CO_2 realiza-se exclusivamente na presença da luz, pois apenas então NADPH e ATP são formados. Além disso, a reação no escuro é ativada na presença da luz e desativada no escuro (ver 5.5.5). A sequência da reação é complexa e abrange um número maior de passos catalíticos enzimáticos, que estabelecem um processo circular, denominado **ciclo de Calvin** em homenagem ao seu descobridor. À luz e na presença de $^{14}CO_2$ radioativo, M. Calvin incubou algas (mais tarde também cloroplastos isolados) por um período curto (poucos segundos); após, extraiu os produtos da reação com etanol fervente e submeteu-os a uma separação bidimensional por cromatografia em papel. Os produtos da reação, separados e marcados radioativamente, puderam ser visíveis autorradiograficamente e identificados por comparação das posições com compostos autênticos.

O ciclo de Calvin (visão geral: Figura 5-60) pode ser subdividido em três partes: a fase de carboxilação, a fase de redução e a fase de regeneração.

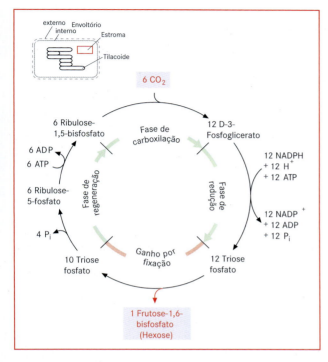

Figura 5-60 Visão geral das três partes do ciclo de Calvin, balanceado pela formação de uma hexose a partir de 6 moléculas de carbono fixado (CO_2). (Segundo E. Weiler.)

A sequência de reações pode também ser identificada como **ciclo redutivo das pentoses fosfato**, pois em grande parte ele representa uma inversão do ciclo oxidativo das pentoses fosfato (ver 5.9.3.5). Por isso, nem todas as enzimas do ciclo de Calvin são características para a fotossíntese.

5.5.1 Fase de carboxilação do ciclo de Calvin

O primeiro produto de reação palpável no ciclo de Calvin é o D-3-fosfoglicerato. Ele resulta da carboxilação do aceptor de CO_2, ribulose-1,5-bisfosfato (RuBP), na reação mostrada na Figura 5-61, catalisada pela enzima **ribulose-1,5-bisfosfato-carboxilase/oxigenase** (**Rubisco**) (a função de oxigenase da enzima será examinada mais tarde no item sobre fotorrespiração, ver 5.5.6).

A reação é fortemente exergônica ($\Delta G^{0'} = -35$ kJ mol^{-1}) e, por isso, transcorre espontaneamente. A partir da ribulose-1,5-bisfosfato, forma-se um enediol, que, com participação do CO_2 (em forma gasosa ocorre dissolvido na água), transforma-se em 2-carbóxi-3-ceto-D-arabinitol-1,5-bisfosfato. Esse produto imediato é extremamente instável e, por hidratação, decompõe-se espontaneamente em 2 moléculas de D-3-fosfoglicerato. **2-carbóxi-D-arabinitol-1-fosfato** (**CA1P**), o produto da hidratação desfosforilado na posição 5 do CO_2 aduzido, é um inibidor efetivo da reação de carboxilação. Ele deve participar *in vivo* da regulação da atividade da rubisco. O carbono recém-fixado aparece em um dos grupos carboxila das duas moléculas de D-3-fosfoglicerato (Figura 5-61).

À noite, CA1P acumula-se em algumas plantas (por exemplo, em leguminosas) e une-se com afinidade muito alta ao sítio de ligação RuBP da rubisco, provocando a inativação da enzi-

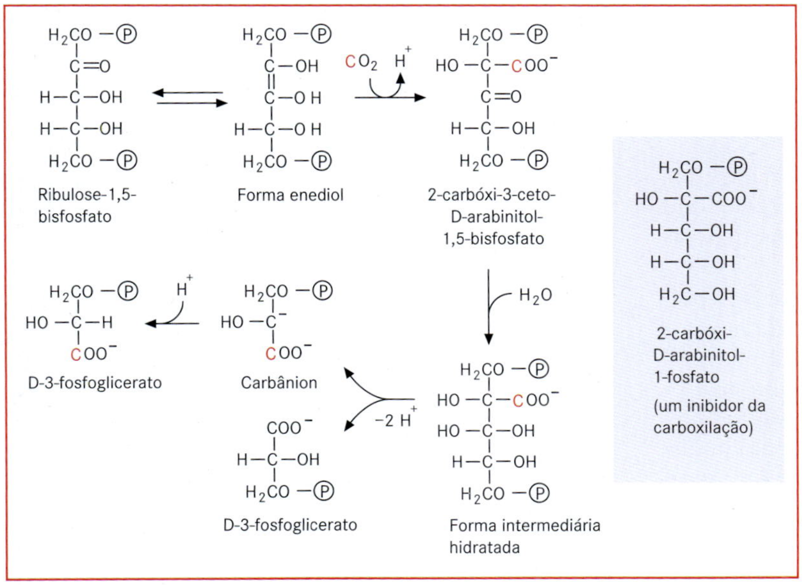

Figura 5-61 Andamento da reação de fixação de CO_2 do ciclo de Calvin. A reação é catalisada pela enzima ribulose-1,5-bisfosfato carboxilase. Um forte inibidor desta enzima é 2-carbóxi-D-arabinitol-1-fosfato, um análogo à forma hidratada de 2-carbóxi-3-ceto-D-arabinitol-1,5-bisfosfato. (Segundo G. Zubay.)

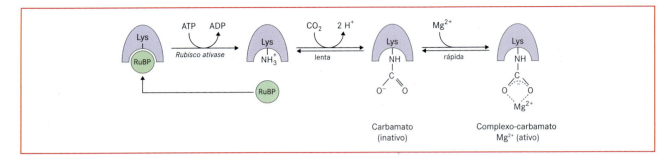

Figura 5-62 Ativação da rubisco pela carbamoilação de um resíduo de lisina. A ligação da RuBP à rubisco não carbamoilada impede uma ativação. Essa ligação é suprimida pela rubisco ativase, com emprego de ATP.

ma. Pela manhã, CA1P é decomposto, possibilitando a ativação da rubisco. Presume-se que a decomposição seja iniciada por uma fosfatase específica para CA1P. Rubisco deposita CO_2 e não o íon HCO_3^-, de ocorrência predominante em solução aquosa. No meio alcalino do estroma do cloroplasto iluminado (pH ≈ 8), o equilíbrio está deslocado mais para o lado do carbonato de hidrogênio. O estabelecimento do equilíbrio $CO_2 + H_2O \rightleftharpoons HCO_3^- + H^+$ é catalisado pela enzima carboanidrase. Contudo, não há qualquer indicação que a atividade dessa enzima possa ser determinante da velocidade da reação no escuro.

A ribulose-1,5-bisfosfato carboxilase/oxigenase é uma das enzimas específicas para a fotossíntese. A enzima dos cloroplastos é um hexadecâmero de oito subunidades grandes e oito pequenas e ativa apenas nessa forma. A subunidade grande (51-58 kDa) é codificada pelo DNA dos plastídios (ver 6.2.1.2) e translada seu RNAm para os ribossomos 70S dos plastídios. A subunidade pequena (12-18 kDa), codificada pelo núcleo, é sintetizada nos ribossomos 80S citoplasmáticos como substância inicial com um peptídeo de trânsito N-terminal, e por clivagem desse peptídeo de trânsito é importada pelo cloroplasto (ver 6.3.1.4). A formação de assembleia das subunidades para constituir a holoenzima transcorre com participação de chaperonas (ver 6.3.1.2). O centro catalítico é parte integrante da subunidade grande. Em algumas bactérias purpúreas, a enzima tem uma estrutura divergente e ocorre como dímero das duas subunidades grandes.

Embora o valor Km (ver 5.1.6.3) da rubisco para CO_2 seja de 10-15 μM e, assim, corresponda mais ou menos à concentração do CO_2 em forma gasosa dissolvido na água (a concentração de 350-360 ppm do CO_2 da atmosfera corresponde a uma concentração de equilíbrio de CO_2 em solução aquosa de 10μM), a catálise não se processa muito rapidamente: o número de troca da enzima por subunidade catalítica é de apenas 3,3 s^{-1} (para comparação, a carboanidrase realiza aproximadamente 10^5 catálises por segundo). Por isso, para uma catálise efetiva são necessárias quantidades muito grandes de enzima: a rubisco pode consistir em até 50% do conteúdo proteico foliar total e é a enzima mais frequente da biosfera.

Além do seu papel como substrato, o CO_2 atua como ativador alostérico da rubisco: inicialmente, com uma lisina especial da subunidade grande, forma-se um complexo carbamato, que, após a ligação de um íon Mg^{2+}, provoca a ativação da enzima (Figura 5-62). A carbamoilação da lisina é auxiliada pela atividade da enzima **rubisco ativase**, à medida que a enzima suprime a ligação de RuBP à rubisco de uma maneira dependente de ATP, e só assim é possível uma carbamoilação. Uma vez que a concentração de Mg^{2+} no estroma aumenta na presença da luz, a carbamoilação e a complexação de Mg^{2+}, dependentes de ATP, são mecanismos efetivos que garantem que a fixação de CO_2 só ocorre na presença de todas as condições.

5.5.2 Fase de redução do ciclo de Calvin

O produto primário da fixação de CO_2, D-3-fosfoglicerato, na segunda parte do ciclo de Calvin é reduzido a gliceraldeído-D-3-fosfato. A reação fortemente endergônica necessita de ATP como fornecedor de energia e de NADPH+H$^+$ como agente redutor, ambos produtos da reação luminosa da fotossíntese (Figura 5-63). No transcurso da reação, por ação da enzima fosfoglicerato-cinase, D-3-fosfoglicerato é convertido em 1,3-bisfosfoglicerato. Este, pela gliceraldeído fosfato desidrogenase (GAPDH) com clivagem do fosfato, é reduzido a gliceraldeído-D-3-fosfato. No citoplasma, existem isoformas das duas enzimas (glicólise/gliconeogênese); no entanto, a GAPDH NADPH/NADP$^+$ de plastídio é específica, ao passo que a isoenzima citoplasmática necessita de NADH/NAD$^+$. NADP-gliceraldeído fosfato desidrogenase, via sistema ferredoxina/tiorredoxina (Figura 5-64), é convertida na forma ditiol e, assim, ativada na presença

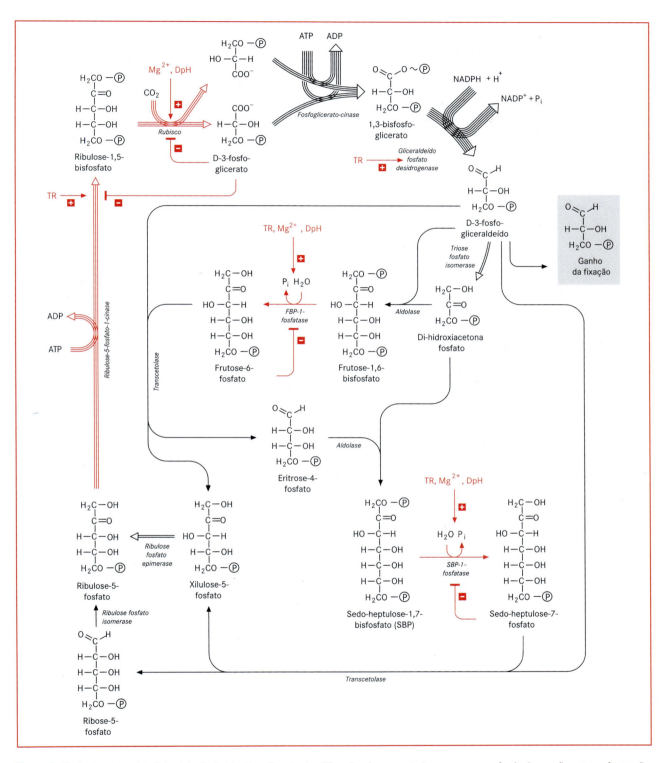

Figura 5-63 Andamento global do ciclo de Calvin. Para fins de simplificação, é apresentada apenas a sequência de reações para a formação de uma molécula de triose fosfato a partir de 3 moléculas de CO_2. As setas vermelhas identificam as reações irreversíveis. Elas são os principais sítios afetados pelos mecanismos de regulação (igualmente representados em vermelho). As setas múltiplas indicam quantas moléculas reagem cada vez para formar, a partir de 3 moléculas de CO_2, uma molécula de triose fosfato com ganho da fixação. Para formar uma molécula de hexose a partir de 6 CO_2 (Figura 5-60), o processo aqui representado precisa transcorrer duas vezes. – TR, tiorredoxina. (Segundo G. Zubay, gentilmente cedido; com acréscimo.)

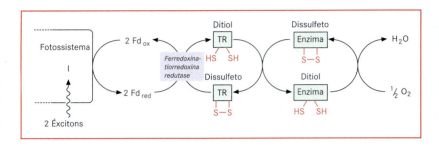

Figura 5-64 Regulação da atividade enzimática, dependente da luz, pela conversão dissulfeto-ditiol mediada pela tiorredoxina. No escuro, efetua-se a reoxidação dos grupos tiol, com formação de pontes dissulfeto por oxigênio molecular. (Segundo E. Weiler.)

da luz. No exemplo da ATP sintase, vimos uma ativação pela luz comparável (ver 5.4.9). Esse princípio de regulação diz respeito também a outras enzimas do ciclo de Calvin (ver 5.5.3).

D-3-fosfogliceraldeído mantém-se em equilíbrio com di-hidroxiacetona fosfato. A enzima triose fosfato isomerase catalisa a regulação do equilíbrio. O D-3-fosfogliceraldeído e a di-hidroxiacetona fosfato são também identificados como **trioses fosfato** e representam carboidratos (trioses). As sequências de reações associadas funcionam

- na síntese de outros carboidratos (por exemplo, sacarose e amido) a partir de trioses fosfato como ganho líquido da fotossíntese e
- na regeneração da ribulose-1,5-bisfosfato, aceptor de CO_2.

5.5.3 Fase de regeneração do ciclo de Calvin

Para que a fixação e a redução de CO_2 possam transcorrer continuamente, o aceptor de CO_2, ribulose-1,5-bisfosfato (RuBP), deve ser permanentemente regenerado. De 6 moléculas de RuBP e 6 moléculas de CO_2 originam-se 12 moléculas de triose fosfato (Figura 5-60). Destas, 2 moléculas de triose fosfato podem ser destinadas para a síntese de outros produtos do metabolismo; as 10 moléculas restantes são empregadas para regeneração de 6 moléculas de RuBP, de modo que resulta um processo circular (Figura 5-60). As reações isoladas desse processo são apresentadas na Figura 5-63. A regeneração do aceptor de CO_2 a partir do precursor imediato (ribulose-5-fosfato) necessita de ATP, de modo que, por molécula de CO_2 fixada no ciclo de Calvin, no total são convertidos 2 NADPH + 2 H^+ e 3 ATP (2 na reação da fosfoglicerato-cinase, 1 na reação da ribulose-5-fosfato-1-cinase).

As enzimas irreversíveis da fase regenerante, ribulose-5-fosfato-1-cinase, frutose-1,6-bisfosfato-1-fosfatase e sedo-heptulose-1,7-bisfosfato-1-fosfatase são ativadas na presença da luz pelo sistema ferredoxina/tiorredoxina (Figura 5-64), assim como a NADP-gliceraldeído fosfa-

to desidrogenase (ver 5.5.2). Além disso, comparável ao comportamento da rubisco, as duas fosfatases mostram estimulação de sua atividade por Mg^{2+} e têm um pH ótimo em torno de 8,0. Uma vez que – condicionado pelo transporte de íons hidrogênio – no estroma do cloroplasto e sob iluminação, o pH aumenta de aproximadamente 7,2 para 8,0, e a concentração de íons Mg^{2+} e tiorredoxina reduzida igualmente sobem, a dependência do pH, de Mg^{2+} e da tiorredoxina em relação a essas enzimas-chave do ciclo de Calvin representa um sistema extremamente efetivo da ativação pela luz (e inibição no escuro) do processo global.

5.5.4 Transformação dos produtos primários da assimilação de carbono

Como ganho líquido da fixação e da redução de CO_2, origina-se inicialmente triose fosfato (Figuras 5-63 e 5-65). Esta, por um lado, é exportada do cloroplasto e no citoplasma está a serviço da síntese de hexoses. A partir destas, é produzido o mais importante **açúcar de transporte**, a **sacarose** (açúcar de cana). A triose fosfato "em excesso", até 30% dos produtos da fotossíntese, não necessária para a síntese de sacarose nem para a regeneração de RuBP, é empregada no cloroplasto para a biossíntese de amido (Figura 5-65). Dessa maneira, o carbono reduzido é armazenado sob forma osmoticamente inativa. No escuro, o **amido de assimilação** (também denominado **amido transitório**) é decomposto em glicose e maltose, a seguir exportadas para o citoplasma e empregadas na síntese da sacarose (Figura 5-65). Além da sacarose, rapidamente também resultam outros compostos orgânicos como produtos da fotossíntese, especialmente carboidratos e aminoácidos. Esses assimilados são exportados das células e, via floema, levados aos órgãos da planta que deles necessitam.

A troca de trioses fosfato entre cloroplasto e citoplasma, na presença da luz, é catalisada por um transportador passivo, o **translocador de trioses fosfato**, que transporta um íon fosfato no sentido contrário, funcionando, portanto, como transportador do tipo antiporte (Figura 5-4). Dessa maneira, evita-se que a exportação de trioses fosfato leve ao empobrecimento de fosfato do cloroplasto e fica garantida a manutenção da síntese de

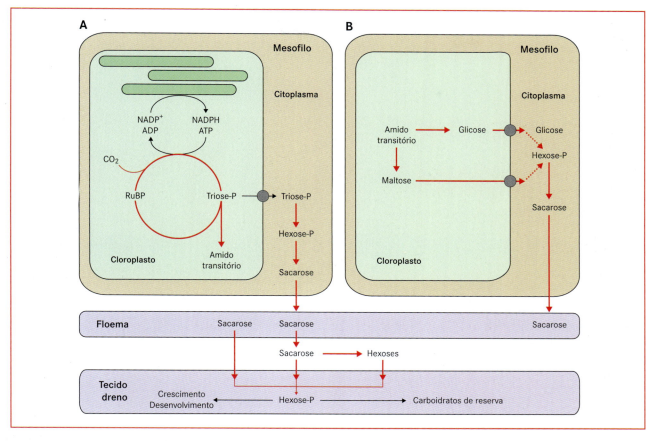

Figura 5-65 Fluxos de carboidratos na folha, sob influência da luz (**A**) e no escuro (**B**). Na presença da luz, durante a reação luminosa são formados ATP e NADPH, com a ajuda dos quais o CO_2 é fixado na reação no escuro (ciclo de Calvin). As trioses fosfato, entre os primeiros produtos fotossintéticos comprováveis em plantas C_3, são empregadas para a produção de amido transitório nos cloroplastos ou servem para a formação de sacarose no citoplasma. A sacarose formada é transportada das células do mesofilo para o floema e distribuída no interior da planta; nos tecidos-dreno, ela é captada ou diretamente ou como hexoses.

ATP. O translocador de triose fosfato, provavelmente um homodímero, cujo monômero apresenta uma molécula de aproximadamente 30 kDa, representa a proteína mais frequente do envoltório interno do cloroplasto (15% das proteínas dessa membrana). Ele é codificado no núcleo e, como pré-proteína, importado pelo cloroplasto com um peptídeo de trânsito N-terminal e, com isso, processado para a forma madura (ver 6.3.1.4). O monômero atravessa o envoltório provavelmente seis vezes, por meio de α-hélices hidrófobas. Dois aminoácidos da quinta hélice (carregados positivamente), uma arginina (R) e uma lisina (K) devem representar os sítios de ligação dos substratos aniônicos (Figura 5-66).

A rota da biossíntese da sacarose transcorre no citoplasma (Figura 5-67) e começa com triose fosfato (na presença da luz) ou glicose (no escuro). Na presença da luz, a partir de 2 moléculas de triose fosfato, inicialmente é formada frutose-1,6-bisfosfato (FBP) (**reação da aldolase**). No segundo passo, um resíduo de fosfato de FBP é clivado, resultando frutose-6-fosfato (F6P).

Três enzimas participam da conversão entre FBP e F6P: **frutose-1,6-bisfosfatase** (FBPase), que leva à formação de F6P; **ATP-frutose-6-fosfato-cinase** (ATP-PFK), que catalisa a reação inversa; e **PP_i-frutose-6-fosfato-cinase** (PP_i-PFK), que, dependendo do conteúdo de PP_i, pode realizar as duas reações. Logo a seguir, uma parte da F6P é isomerizada a glicose-6-fosfato (G6P) (**fosfoglicoisomerase**, PGI). A glicose-6-fosfato formada via glicose-1-fosfato (reação da **fosfoglicomutase**) é convertida em uridina difosfoglicose (UDPG), com participação da **UDP-glicose-pirofosforilase** (UGPase). A partir de F6P e UDPG é formada sacarose fosfato (reação da **sacarose fosfato sintase**), desfosforilada pela **sacarose fosfato fosfatase**, com formação de sacarose. Esse último passo é irreversível e garante uma síntese efetiva da sacarose. No escuro, é desencadeada a síntese de sacarose, por meio da glicose formada pela decomposição do amido. Além disso, com a ação da hexocinase, a glicose é fosforilada e G6P formada. Conforme descrito acima, G6P é transformada em sacarose (Figura 5-67). A sacarose formada

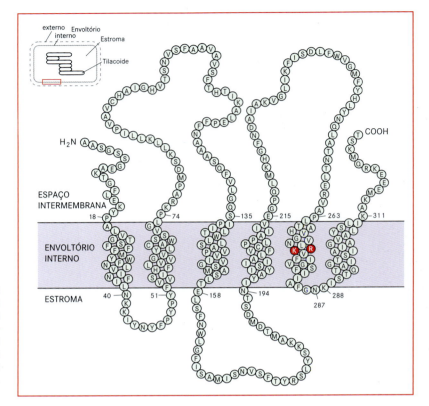

Figura 5-66 Modelo de ordenação da cadeia de polipeptídeos do translocador monômero de trioses fosfato para o envoltório interno dos cloroplastos. Os aminoácidos lisina (K)-273 e arginina (R)-274 identificados por vermelho devem participar da ligação ao substrato (um código de letras, Figura 1-11). O translocador nativo ocorre na membrana presumivelmente como dímero. (Segundo U.I. Flügge.)

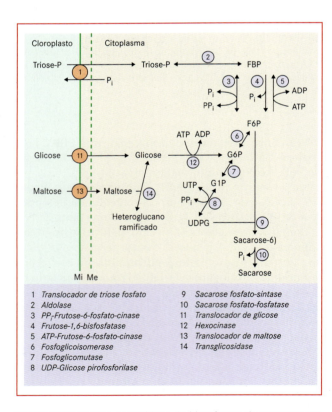

Figura 5-67 Passos enzimáticos da biossíntese da sacarose em células do mesofilo (folha). – Mi, membrana interna; Me, membrana externa.

é transportada no floema para os sítios de consumo e sítios de armazenagem (transporte de assimilados, ver 5.8). Como açúcar do tipo tre-halose (ver 1.4.2, Figura 1-19), a sacarose não possui qualquer extremidade redutora e é quimicamente inerte. Por isso, a sacarose é um metabólito de transporte adequado, diferentemente das hexoses livres. As hexoses livres, devido à sua função de carbonila, são quimicamente reativas e suas formas semiacetal isomerizam em solução aquosa (mutarrotação, ver 1.4.1, Figura 1-18).

Além da sacarose, o amido é formado na folha como produto primário da fotossíntese. Além disso, as trioses fosfato, via isoformas plastidiais das enzimas citoplasmáticas aldolase, FBPase, fosfoglicoisomerase e fosfoglicomutase, são convertidas em G1P no estroma dos cloroplastos (Figura 5-68). G1P e ATP servem de substrato à **ADP-glicose pirofosforilase** (AGPase), que forma **adenosinadifosfoglicose** (ADPG) e pirofosfato (PP_i). Em princípio, a reação da AGPase é reversível, porém a reação é irreversível por hidrólise do PP_i. Essa reação é catalisada por uma **pirofosfatase** inorgânica plastidial. A ADPG formada serve como substrato de amido sintases. O amido consiste em dois polímeros de glicose: amilose e amilopectina. A relação entre amilose e amilopectina (cerca de 10-30% a 70-90%) é fixada geneticamente e pode ser modificada por cultivo e também por técnicas genéticas.

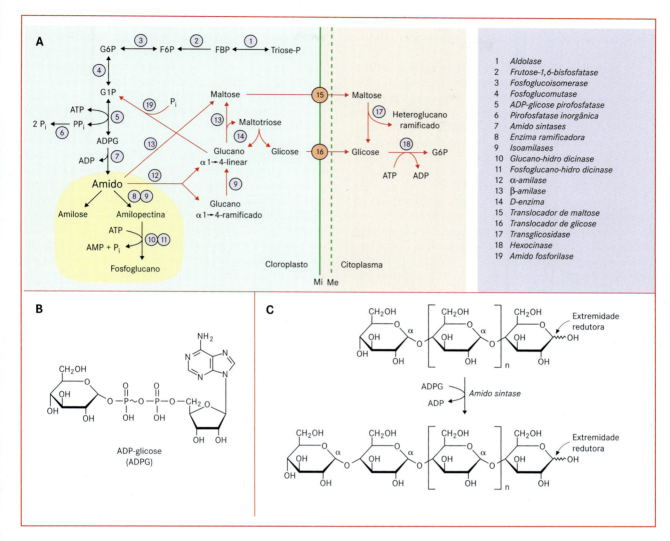

Figura 5-68 Metabolismo do amido no mesofilo (folha). **A** Representação esquemática da síntese e da degradação do amido na folha. A metabolização do amido apresentada não é transferível para outros órgãos e, até agora, foi comprovada em detalhe apenas na espécie-modelo *Arabidopsis thaliana*. Em sementes de gramíneas, a mobilização do amido de reserva é regulada por giberelinas (ver Figura 6-56). **B** Fórmula estrutural da ADP-glicose. **C** Reação catalisada pela amido sintase. – Mi, membrana interna; Me, membrana externa.

A formação de amilose e amilopectina é catalisada pela coparticipação de várias isoenzimas de amido sintase, enzimas de ramificação e isoamilases. A partir da ADP-glicose, com formação de uma ligação glicosídica α-(1→4), contém α-D-glicopiranose para a extremidade não redutora de uma cadeia de glucano α-(1→4). A enzima de ramificação é uma transglicosidase, que na extremidade não redutora de uma cadeia de glucano α-(1→4) cliva um oligômero compreendendo 5-7 glicoses e, mais adiante, no interior da cadeia novamente o junta em ligação glicosídica α-(1→6). Com a atividade conjunta das duas enzimas, resulta a molécula de amilopectina, que a partir da extremidade redutora se ramifica progressivamente para fora. Os comprimentos das cadeias e a frequência dos sítios de ramificação são ajustados por **isoamilases** (enzimas desrramificadoras), formando-se, assim, grãos de amido característicos (ver 2.2.9.2, Figura 2-89).

Além disso, por meio de fosforilação, o amido é menos modificado nos carbonos C3 ou C6. As enzimas **α-glucano-hidro dicinase** e **α-fosfoglucano-hidro dicinase** provavelmente sejam responsáveis por isso. Ambas as enzimas transferem um resíduo de fosfato do ATP para os glucanos, formando-se adicionalmente AMP e Pi. Como substrato, são utilizadas essencialmente ou a amilopectina não fosforilada (α-glucano-hidro dicinase) ou a amilopectina fosforilada (α-fosfoglucano-hidro dicinase). Mesmo quando o mecanismo ainda é desconhecido, a fosforilação do amido é uma condição para a sua degradação. Isso foi demonstrado em mutantes de

Arabidopsis thaliana, que exibiram defeitos nas enzimas e não puderam mais degradar eficientemente o amido as suas folhas.

A mobilização do amido efetua-se ou por fosforólise ou por hidrólise (Figura 5-68); a degradação fosforolítica na folha presumivelmente exerce um papel secundário. Com depósito de fosfato, a **amido fosforilase** cliva a ligação glicosídica da extremidade não redutora de uma cadeia de glucano α-(1→4), formando-se glicose-1-fosfato. A amilose pode ser totalmente degradada, a amilopectina apenas até os pontos de ramificação, com formação de uma "**dextrina-limite**". A degradação hidrolítica do amido é catalisada por **amilases**. As **α-amilases** são endoamilases que atuam no interior de moléculas de amilose e amilopectina e, com clivagem das ligações glicosídicas α-(1→6), podem degradar o amido até os dissacarídeos maltose (Figura 1-19) ou isomaltose – Glcp α-(1→6)Glcp. Ao contrário dessas amilases ubiquitárias, as **β-amilases** encontram-se apenas em plantas. As exoamilases clivam maltoses de extremidade não redutora e podem clivar totalmente a amilose e a amilopectina até a "dextrina-limite". Por meio da β-amilase, em pequena proporção resulta o trissacarídeo maltotriose, que não é substrato subsequente para as amilases. Pela catálise da enzima desproporcionadora (D-enzima), dois resíduos de glicose da maltotriose são transferidos para glucanos lineares de cadeia curta, resultando novos substratos para a continuidade da degradação amilolítica. O terceiro resíduo de glicose é liberado como glicose. As ligações glicosídicas α-(1→6) das dextrinas-limite são clivadas por isoamilases.

A maltose formada não é metabolizada no estroma, como foi aceito por muito tempo. As enzimas necessárias para isso, maltose fosforilase ou maltase, até agora não puderam ser comprovadas em plastídios. Maltose e glicose são exportadas dos plastídios para o citoplasma. Para tanto, na membrana interna dos plastídios encontram-se transportadores específicos: translocador de glicose e translocador de maltose (Figura 5-68). No citoplasma, com consumo de ATP a glicose é fosforilada por hexocinases e fornecida ao metabolismo. O aproveitamento da maltose é um pouco mais oneroso do que se esperava originalmente. Plantas transgênicas que exibiram diminuição da atividade de uma transglicosidase citoplasmática distinguiram-se pela redução da degradação do amido. Análises mais precisas dessas plantas mostraram que a transglicosidase transfere um resíduo da maltose para um heteroglucano ramificado e libera uma molécula de glicose, logo a seguir fosforilada via hexocinases e introduzida no metabolismo. A transformação subsequente do heteroglucano no metabolismo é ainda desconhecida. Conforme descrito acima, no escuro a glicose citoplasmática serve à síntese de sacarose, entre outras.

A rota da degradação do amido descrita não é aplicável a todos os tecidos vegetais e, até o momento, foi observada apenas em folhas de *Arabidopsis thaliana*. A degradação do amido no endosperma de cariopses (frutos de gramíneas) durante a germinação difere nitidamente do esquema descrito. Nesse caso, a formação das α-amilases na camada de aleurona obedece a um sinal hormonal (giberelina, Figura 6-56) do embrião.

Na maioria das plantas, a sacarose produzida na folha serve para o abastecimento dos órgãos fotossinteticamente inativos ou não suficientemente ativos. Com base na sua função no metabolismo primário, os órgãos vegetais classificados em "órgãos-fonte" e "órgãos-dreno". Os órgãos-fonte, como as folhas adultas, produzem um excesso de assimilados e, por isso, exportam o líquido desses produtos. Os órgãos-dreno, como as folhas jovens, raízes e sementes em desenvolvimento, ao contrário, não produzem quantidades suficientes de assimilados e, assim, são encarregados da importação. O transporte de assimilados se processa no floema. Além disso, o floema é carregado de sacarose, a qual, via sistema de condução, é distribuída no interior da planta (transporte de assimilados, ver 5.8). Chegando ao tecido de destino, a sacarose é descarregada simplástica ou apoplasticamente e introduzida no metabolismo (ver 5.8.4, descarregamento do floema).

5.5.5 Mecanismos de regulação na produção e distribuição de carboidratos

Alguns fenômenos de regulação, especialmente em relação à regulação luminosa do ciclo de Calvin, já foram mencionados. Adicionalmente, as enzimas que catalisam as reações irreversíveis do ciclo de Calvin estão sujeitas a uma regulação mediante a inibição do produto final (Figura 5-63). Por meio dessa regulação fina, evita-se a acumulação dos intermediários metabólicos não necessários imediatamente. No entanto, a coordenação das atividades metabólicas de cloroplasto e citoplasma durante as fases luminosa e no escuro necessita de um amplo controle, especialmente para ajustar a distribuição da triose fosfato à necessidade ótima. Assim, uma retirada excessiva de triose fosfato do ciclo de Calvin para a síntese de amido ou sacarose poria em perigo a regeneração do aceptor de CO_2 (ribulose-1,5-bisfosfato) e, com isso, prejudicaria o ciclo. Os pontos de ataque da regulação são, para a síntese de sacarose, a frutose-1,6-bisfosfato fosfatase e a sacarose fosfato sintase citoplasmáticas e, para a síntese de amido, a ADP-glicose pirofosforilase (AGPase) plastidial.

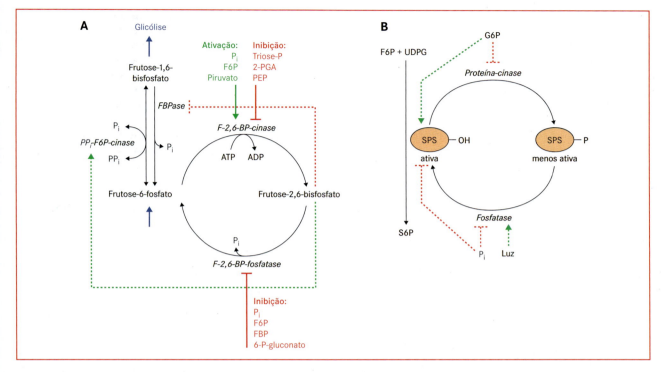

Figura 5-69 **A** Regulação da transformação de frutose-1,6-bisfosfato e frutose-6-fosfato através da frutose-2,6-bisfosfato, um metabólito regulador. **B** Regulação alostérica e pós-traducional da sacarose fosfato sintase (SPS) pela glicose-6-fosfato e fosfato ou fosforilação proteica reversível.

Sob influência da luz, o conteúdo de triose fosfato aumenta nos cloroplastos, ao passo que o conteúdo de fosfato diminui. Para a manutenção da síntese de ATP, é importante um novo fornecimento de fosfato. Isso acontece em parte pela exportação de trioses fosfato para o citoplasma em troca de fosfato inorgânico. A queda do conteúdo citoplasmático de fosfato e o aumento de trioses fosfato provocam uma ativação da biossíntese de sacarose por meio da elevação das atividades da frutose-1,6-bisfosfato fosfatase (FBPase) e da sacarose fosfato sintase (SPS). A atividade da FBPase é regulada negativamente pelo metabólito **frutose-2,6-bisfosfato** (F2,6BP). A quantidade de F2,6BP é determinada pelas atividades relativas dos domínios da **frutose-2,6-bisfosfato-cinase** (PFK2-) e da **frutose-2,6-bisfosfato-fosfatase** (FBPase-) de uma enzima bifuncional de aproximadamente 80 kDa, cujas atividades são estreitamente adaptadas ao conteúdo de metabólitos no citoplasma (Figura 5-69A). A atividade da PFK2 é inibida por triose fosfato, PEP, 2-PGA e PP$_i$, ao passo que é ativada por P$_i$, frutose-6-fosfato e piruvato. Isso assegura que na presença da luz (conteúdo de triose fosfato mais alto e conteúdo de fosfato mais baixo) não se forme qualquer F2,6BP. Adicionalmente, a FBPase2 submete-se também a uma regulação metabólica e é inibida por P$_i$, frutose-6-fosfato, frutose-1,6-bisfosfato e 6-fosfogluconato, de modo que sob a luz a fosfatase é ativada e a F2,6BP existente é degradada a F6P (Figura 5-69A). Isso provoca produção elevada de F6P, que pode ser empregada na síntese de sacarose.

Além do seu efeito inibidor sobre a FBPase, F2,6BP ativa a PP$_i$-frutose-6-fosfato-cinase. Uma vez que a PP$_i$-frutose-6-fosfato-cinase *in vivo* é essencialmente uma enzima glicolítica, a queda do conteúdo de F2,6BP leva à inibição da glicólise; com isso, na presença da luz mais triose fosfato é incorporada à síntese de sacarose. No escuro, o processo se inverte, de modo que o conteúdo de F2,6BP aumenta com a atividade crescente de PFK2 e a atividade inibida de FBPase2, pelo que a atividade da FBPase cai e a atividade da PP$_i$-frutose-6-fosfato-cinase cresce. Dessa maneira, realiza-se um controle metabólico finamente coordenado do aproveitamento da triose fosfato (Figura 5-69A).

A isso deve ser acrescentado que a atividade da sacarose fosfato sintase submete-se a uma regulação metabólica e pós-traducional (Figura 5-69B). Com isso, a atividade é elevada mediante glicose-6-fosfato (um indicador do fornecimento suficiente de hexose do citoplasma) e inibida pelo conteúdo crescente de fosfato. Uma vez que, G6P mantém-se em equilíbrio com F6P, fica assegurado que a atividade da SPS ajusta-se à oferta de substrato. Além disso, ela é regulada pela fosforilação proteica reversível de um resíduo de serina específico. A enzima é fosforilada por uma SPS cinase e, assim, convertida em uma forma menos ativa. A quinase é inibida pela G6P, de modo que com suficiente fornecimento de substrato não haja qualquer fosforilação. A desfosforilação é catalisada por uma SPS fosfatase, cuja atividade é inibida por fosfato e aumentada pela luz (Figura 5-69B). Assim, SPS, na presença da luz, passa da forma fosforilada (menos ativa) para a forma desfosforilada, desde que pela fotossíntese seja produzido suficiente triose fosfato nos cloroplastos e transportada para o citoplasma em troca pelo fosfato. Desse modo, fica garantido que, na presença da luz, as atividades da SPS e da FBPase podem transcorrer passo a passo. Uma aparente contradição é que a síntese da sacarose se realiza também no escuro, embora tanto a FBPase como a SPS deveriam ser inativadas no escuro. Essa aparente contradição pode ser desfeita pelo fato de que na síntese da sacarose no escuro é empregada hexose fosfato em vez de triose fosfato, de modo que o passo da FBPase regulado pela luz é evitado. A atividade da SPS é governada principalmente por metabólitos e, por isso, menos regulada pela luz. Em dicotiledôneas, provavelmente isso é efetuado por diferentes isoenzimas da SPS; presume-se que uma dessas isoenzimas não esteja sujeita à inativação pelo escuro mediante fosforilação e seja responsável pela atividade enzimática no escuro.

A regulação da formação do amido no cloroplasto é bem menos conhecida. A atividade da ADP-glicose pirofosforilase é aumentada pelo D-3-fosfoglicerato. Uma elevação do nível de fosfoglicerato no estroma indica que foi fixado mais CO_2 do que o necessário, sob forma do produto de reação D-3-fosfoglicerato, à exportação para o citoplasma e à manutenção do ciclo de Calvin. Por meio do fosfato, a ADP-glicose pirofosforilase é inibida. Uma elevação do fosfato ocorre especialmente durante a fase escura, quando não há qualquer fotofosforilação. Então, falta também o ativador D-3-fosfoglicerato. Existem relatos que a AGPase está sujeita a uma regulação redox, semelhante às enzimas do ciclo de Calvin. Atualmente, examina-se até que ponto a regulação redox presta uma contribuição importante à regulação da síntese do amido.

5.5.6 Fotorrespiração

Em uma reação colateral – na verdade, muito significativa –, a rubisco catalisa a fixação de uma molécula de O_2 em vez de CO_2, em que a ribulose-1,5-bisfosfato funciona igualmente como aceptor. Diferentemente da reação da carboxilase, a reação da oxigenase fornece apenas uma molécula de D-3-fosfoglicerato e um corpo C_2 (2-fosfoglicolato) (Figura 5-70). Sob iluminação intensa, cerca de 20-30% de todas as reações da rubisco podem transcorrer como oxigenações; em temperaturas altas, esses valores podem chegar a 50%. O motivo dessa dependência da temperatura se deve ao fato de que a afinidade da rubisco para CO_2 diminui com a temperatura crescente e a solubilidade de CO_2 em solução aquosa simultaneamente decresce mais fortemente do que a de O_2. A planta faz um investimento considerável para recuperar o carbono extraído ao ciclo de Calvin em forma de 2-fosfoglicolato (Figura 5-70). Uma vez que, ao mesmo tempo, o oxigênio é consumido e resulta CO_2, o processo é também conhecido como **respiração na presença da luz** ou **fotorrespiração** – por causa da semelhança formal à respiração celular.

Fica evidente que, na reação de oxigenase da rubisco, uma insuficiência na discriminação do substrato na evolução da enzima, devido à ausência de oxigênio molecular na atmosfera, era sem importância e, por isso, não sujeita à seleção. Somente com o aparecimento da fotossíntese oxigênica, houve o enriquecimento gradual de oxigênio na atmosfera. Embora desde então tenham se passado 1,5 bilhão de anos, não foi possível uma otimização evolutiva do centro catalítico da rubisco; por isso, teve que ser desenvolvido um mecanismo bioquímico complexo, com participação de três compartimentos celulares para "reparação" do dano (perda de carbono) causado pela reação de oxigenação da rubisco. Além disso, ainda se discute se a fotorrespiração poderia ser um mecanismo adicional de proteção contra o dano oxidativo dos fotossistemas. Isso poderia então ser significativo quando, por deficiência hídrica e, portanto, fechamento dos estômatos, o CO_2 era menos disponível; todavia, sob radiação luminosa mais elevada, muito ATP e NADPH são formados e a pressão parcial de O_2 (fotólise) é alta. A fotorrespiração presta-se então à remoção de O_2, ATP e NADPH e à liberação de CO_2, de modo que o ciclo de Calvin pode ser mantido.

As reações da fotorrespiração são efetuadas no cloroplasto, peroxissomo e mitocôndria. Como os glioxissomos (ver 5.11), os peroxissomos pertencem aos "microcorpos" (ver 2.2.6.6). Peroxissomos, cloroplastos e mitocôndrias ocorrem nas células do mesofilo frequentemente muito próximos uns dos outros (Figura 5-71), indicativo de intensa troca de matéria entre essas organelas.

A Figura 5-70 apresenta a série de reações da fotorrespiração. No balanço, 2 moléculas de fosfoglicolato (2 • 2 atomos de C) são transformadas em 1 molécula de D-3-fosfoglicerato, empregada para abastecer o ciclo de Calvin. Logo, 75% do carbono extraído ao ciclo (3 de 4 átomos de C) em forma de 2-fosfoglicolato são recuperados; na formação de L-serina a partir de 2 moléculas de

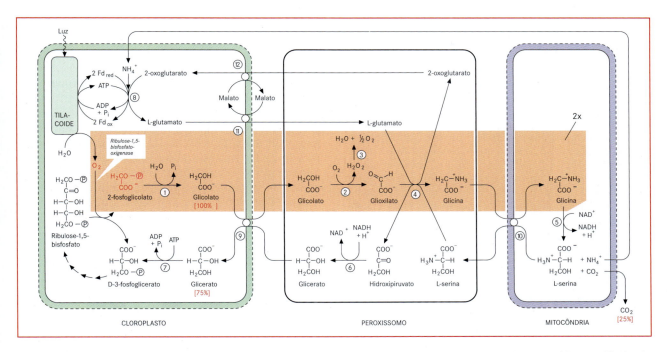

Figura 5-70 Sequência de reações e compartimentalização da fotorrespiração. Para a formação de serina, são necessárias 2 moléculas de glicina: a reação da ribulose-1,5-bisfosfato oxigenase e a formação de glicina a partir de 2-fosfoglicolato, portanto, transcorrem duas vezes (fundo laranja). ① Fosfoglicolato fosfatase, ② glicolato oxidase, ③ catalase, ④ serina-glioxilato aminotransferase e glutamato-glioxilato aminotranferase, ⑤ complexo glicina descarboxilase, ⑥ hidroxipiruvato redutase, ⑦ glicerato-cinase, ⑧ glutamato sintase/ciclo glutamina sintetase (ver 5.6.1), ⑨ translocador de glicerato-glicolato, ⑩ translocador de aminoácidos, ⑪ translocador de malato-glutamato, ⑫ translocador de malato-2-oxoglutarato. (Segundo E. Weiler.)

glicina, um quarto do carbono é liberado nas mitocôndrias como CO_2. O íon NH_4^+, igualmente formado na reação da **glicina descarboxilase**, é refixado no cloroplasto com grande eficiência, com formação de glutamato. Essa reação é tratada de maneira mais precisa na seção 5.6. A glicina descarboxilase é um complexo multienzimático semelhante à piruvato desidrogenase mitocondrial e pode representar até 30-50% do total da matriz proteica mitocondrial em partes verdes vegetais, ao passo que em tecidos aclorofilados a enzima não ocorre ou está presente apenas em quantidades pequenas. Isso evidencia o grande investimento que a planta faz para a realização da fotorrespiração. Nos peroxissomos, ocorre uma quantidade considerável de **catalase**, a enzima principal dos microcorpos. As inclusões cristalinas presentes às vezes nos peroxissomos e visíveis ao microscípio eletrônico consistem em catalase. A enzima catalisa a dismutação do peróxido de hidrogênio (H_2O_2), ocorrida na reação da **glicolato oxidase**, em H_2O e $½O_2$ e impede assim danos celulares pelo forte agente oxidante.

O intercâmbio de metabólitos entre os compartimentos participantes da fotorrespiração é efetuado por

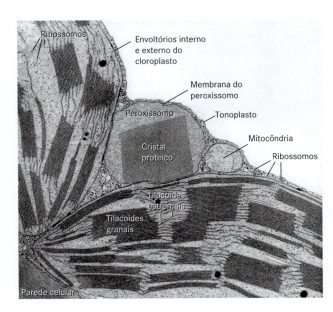

Figura 5-71 Organelas em uma célula do mesofilo de folha de tabaco (corte, 17.000x). (Segundo B.E.S. Gunning e M.W. Steer.)

translocadores da membrana interna do cloroplasto ou da mitocôndria. A troca de matéria através da membrana do peroxissomo (simples) deve ser efetuada via **porinas** (proteínas integrais de membrana, formadoras de poros), que possibilitam a passagem, de maneira relativamente não seletiva, de compostos com massa molecular pequena.

Energeticamente, a fotorrespiração é muito mais dispendiosa do que a fixação de CO_2. Por CO_2, no ciclo de Calvin são gastos no total 3 ATP e 2 NADPH (ver 5.5.3). Para obter um balanço de carbono equilibrado (portanto, não sofrer qualquer perda de carbono devido à reação da oxigenase), os metabólitos existentes em dois ciclos de oxigenase (2 vezes 2-fosfoglicolato e 2 vezes D-3-fosfoglicerato) deveriam ser transformados, e o CO_2 resultante refixado via rubisco. Uma vez que, de 2 moléculas de 2-fosfoglicolato é formada 1 molécula de D-3-fosfoglicerato, no total (no ciclo de Calvin), portanto, seriam 3 moléculas de fosfoglicerato para a conversão em 3 moléculas de triosefosfato, para regenerar 3 moléculas de RuBP, para fixar 1 molécula de CO_2 e para "pagar" os custos-extras da fotorrespiração (1 ATP: glicerato-cinase; 1 ATP e 2 Fd_{red} corrrespondendo a 1 NADPH: para refixação de NH_4^+). Junto, por 2 moléculas de O_2 resulta uma necessidade de apenas 10,5 ATP e 6 NADPH (por O_2, portanto, um pouco mais do que 5 ATP e 3 NADPH), para manter equilibrado o balanço de carbono. Uma vez que, a relação carboxilação/oxigenação situa-se na folha entre 2:1 e 4:1, por conta da fotorrespiração resulta uma necessidade adicional em ATP e NADPH de aproximadamente 50%. Cerca de um terço da energia dos éxcitons posta à disposição pelas antenas é destinada, portanto, para essa reação adicional.

5.5.7 Absorção de CO_2 pelas plantas

A concentração natural de CO_2 na atmosfera representa atualmente cerca de 0,036-0,037 vol. % (360-370 ppm). Na metade da década de 1960, o valor era de aproximadamente 320 ppm. Desde então, a concentração média de CO_2 da atmosfera cresceu quase linearmente sobre o valor atual. Entre o ar do entorno e o ar intercelular existe um gradiente de concentração apenas tênue; com **estômatos** fechados, ele não é suficiente para impulsionar o CO_2 através das barreiras de difusão da cutícula e da epiderme. A situação é outra na absorção de O_2 pela respiração: o abrupto gradiente de concentração entre o ar externo (cerca de 21 vol. %, 210.000 ppm) e as mitocôndrias respirantes (perto de 0%) possibilita uma taxa de difusão suficiente para cobrir a necessidade de O_2 de órgãos não muito volumosos, mesmo quando os estômatos estão fechados. Assim, o CO_2 chega ao interior da planta somente com estômatos fechados, e o estado de abertura desses estômatos tem influência decisiva na fotossíntese. Uma vez que, devido à afinidade não muito alta da rubisco para CO_2 (10-15 µM, ver 5.5.1), a concentração natural de CO_2 (e a concentração de CO_2 – dissolvido em água – em equilíbrio com ela, cerca de 10 µM a 25°C) é subótima para a enzima, há necessidade de uma resistência à difusão dos estômatos mais baixa possível (abertura de poro* maior possível) durante o andamento da fotossíntese, para o efetivo fornecimento de CO_2 aos cloroplastos. Como isso leva a uma perda de água simultânea e considerável pela transpiração estomática, o suprimento hídrico é igualmente decisivo para o rendimento fotossintético. Conforme já mencionado (ver 5.3.4, Equação 5-38), o coeficiente de transpiração (g H_2O transpirado por g CO_2 fixado) de uma folha média de uma planta latifoliada é de aproximadamente 200-800. Isso significa que, por molécula de CO_2 fixada, 500-2.000 moléculas de água são perdidas. Esses números mostram o quanto um controle ótimo da função estomática é crucial para as plantas. Além do suprimento hídrico e da concentração de CO_2 na folha, a luz e a temperatura também regulam o grau de abertura dos estômatos. Os estômatos (ver 3.2.2.1, 5.3.4 e 7.3.2.5) atuam como ventis reguláveis e governados pelo turgor (Figura 5-72). A causa imediata do movimento estomático é em todo o caso uma diferença do turgor nas **células-guarda** e nas células vizinhas, denominadas **células subsidiárias** quando distinguem-se morfologicamente das demais células epidérmicas (ver 3.2.2.1). A elevação do turgor na células-guarda, em relação às células do entorno, provoca abertura estomática, e diminuição de turgor leva ao fechamento da fenda estomática. As mudanças reguladas de turgor nas células-guarda remontam a mudanças do potencial osmótico nas células, que se baseiam especialmente em alterações das concentrações de íons potássio (K^+) e íons cloreto (Cl^-) e/ou íons malato ($malato^{2-}$) como íons opositores. Elas são controladas por círculos regulares mantidos em trocas recíprocas, nos quais as células-guarda funcionam como coordenadores.

O potencial osmótico das células-guarda é regulado pela água disponível no tecido. A natureza do sensor do potencial hídrico (sensor Ψ) é desconhecida. Quando não são alcançados determinados valores-limiar do potencial hídrico (-0,7 até –1,8 MPa na folha), o ácido abscísico (fitormônio, ABA do inglês, *abscisic acid*, ver 6.6.4) é acionado, induzindo o fechamento do estômato em poucos minutos. Além dessa reação hidroativa, às vezes os estômatos têm reação hidropassiva, ou seja, sem alterações do seu potencial osmótico. Isso acontece quando as células-guarda e as células vizinhas perdem ou ganham água em graus diferentes. Assim, por exemplo, quando uma planta sob deficiência hídrica é regada, suas células epidérmicas absorvem água mais rapi-

---

*N. de T. No original, os autores utilizam o termo **poro** para se referir à parte do estômato onde se efetua o controle da transpiração. No entanto, na literatura anatômica consagrada em língua portuguesa, o poro (cujas dimensões e forma se alteram de acordo com os movimentos das células-guarda) é a abertura externa situada acima da **fenda estomática** (ostíolo), ao nível da qual se processa o controle efetivo de abertura/fechamento do estômato.

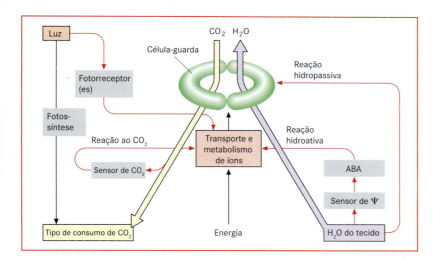

Figura 5-72 Esquema simplificado do sistema de reação dos estômatos. O controle exercido pela temperatura não é mostrado. Outros esclarecimentos encontram-se no texto. – Ψ, potencial hídrico; ABA, ácido abscísico. (Segundo K. Raschke, complementado.)

damente do que as células-guarda. Em consequência, aumenta o turgor das células epidérmicas em relação às células-guarda, causando um fechamento hidropassivo da fenda estomática.

As células-guarda reagem à concentração de CO_2 no interior da folha. O mecanismo sensorial provavelmente está localizado nas células-guarda e sua natureza exata ainda é desconhecida. Uma queda da concentração de CO_2 nas células-guarda provoca elevação do seu potencial osmótico e consequente entrada de água, com aumento de volume dessas células e abertura dos estômatos. O aumento da concentração de CO_2 nas células-guarda causa nova redução do potencial osmótico e as fendas estomáticas se fecham.

Em geral, a dependência dos estômatos em relação à temperatura corresponde àquela da fotossíntese. Em plantas com bom suprimento hídrico, a dependência dos estômatos em relação ao CO_2 pode ser perdida sob temperatura elevadas. Isso é ecologicamente conveniente, pois o esfriamento pela transpiração impede o superaquecimento da folha causado por temperaturas elevadas e a temperatura foliar pode ser mantida mais próxima possível daquela ótima para a fotossíntese.

O grau de abertura dos estômatos pode oscilar em uma mesma folha. A células-guarda respondem às realidades locais. Isso permite à planta uma extrema otimização econômica do metabolismo.

O mecanismo do movimento estomático e seu controle, bem como divergências das realidades gerais em plantas com mecanismos fotossintéticos adicionais (ver 5.5.8, 5.5.9) serão tratados mais tarde (ver 7.3.2.5).

O ingresso de CO_2 na planta pode ser descrito por uma forma derivada da primeira lei da difusão de Fick (Equação 5-30):

$$J_{CO_2} = \frac{\Delta C_{CO_2}}{\Sigma r}$$ (Equação 5-47)

A taxa de difusão para o CO_2 (J_{CO_2}) é, portanto, proporcional ao seu gradiente de concentração (ΔC_{CO_2}) e inversamente proporcional à resistência à difusão r, que resulta da soma de resistências à difusão individuais (Figura 5-73). No ar, o CO_2 (como o O_2) pode se difundir aproximadamente 10^5 vezes mais rápido do que na água (para CO_2: 1 cm s^{-1} na fase gasosa, 10^{-5} cm s^{-1} na fase aquosa). Por isso, é vantajoso para a planta manter na fase gasosa o mais próximo possível aos sítios de reação os gases trocados com o entorno. O sistema de espaços intercelulares presta-se a essa finalidade (ver 3.2.1, Figura 3-7).

A resistência da camada-limite é uma das resistências que o CO_2 precisa vencer no seu caminho para os cloroplastos fotossintetizantes de cormófitas (Figura 5-73). Essa resistência é proporcional à espessura da camada-limite, ou seja, a camada de ar junto à folha ou a camada de água em repouso em plantas aquáticas, na qual não se realizam quaisquer transportes convectivos. No ar parado, essa camada pode ter alguns milímetros de espessura; com vento forte, ela pode desaparecer completamente. A espessura e a estabilidade da camada-limite dependem também da estabilidade foliar (por exemplo, da cobertura de tricomas). Com resistência alta da camada-limite, o CO_2 pode sair dessa camada para o interior da folha mais rapidamente do que é suprido de fora; desse modo, a camada de ar junto à folha fica pobre de CO_2. A resistência cuticular praticamente insuperável impede a difusão de CO_2, de modo que o gás penetra através dos estômatos. A resistência estomática à difusão é regulável fisiologicamente pela planta e exibe limites amplos de oscilação. Com estômatos amplamente abertos, ela é 4 a 5 vezes mais baixa do que a resistência do mesofilo, composta pela resistência à difusão no sistema intercelular, pela resistência da superfície-limite na passagem para a fase líquida nas paredes celulares (por exemplo, das células do parênquima paliçádico) e pela camada de difusão no interior do citoplasma e dos cloroplastos. Uma vez que o caráter abrupto do gradiente de CO_2, em última análise, é determinado pela capacidade de trabalho do sistema de carboxilação, fala-se finalmente também de uma "resistência à carboxilação" (que não é resistência à difusão).

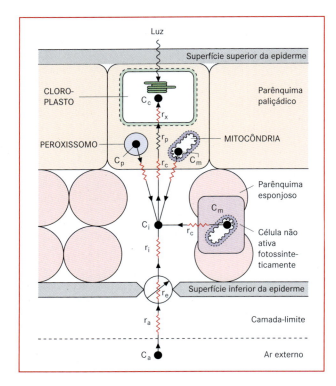

Figura 5-73 Gradiente de concentração de CO_2 e resistências ao transporte em uma folha hipoestomática de planta latifoliada C_3 por ocasião da fotossíntese. Estabelece-se um gradiente de concentração de CO_2 do ar externo (C_a), passando pelo ar dos espaços intercelulares, até um mínimo no sítio de carboxilação (C_c). No sistema de espaços intercelulares, o suprimento de CO_2 provém não apenas do exterior, mas também da respiração nas mitocôndrias (C_m) e da fotorrespiração nos peroxissomos (C_p). Como resistências ao transporte são atuantes: a resistência da camada-limite r_a, a resistência estomática regulável r_e, as resistências à difusão nos espaços intercelulares r_i, resistências no processo de solução e transporte do CO_2 na fase líquida da parede celular r_c e no protoplasma r_p; r_x, "resistência à carboxilação". (Segundo W. Larcher.)

Com a mudança da resistência estomática à difusão, a planta pode manter amplamente constante a concentração de CO_2 nos espaços intercelulares, desde que essa regulação não seja prejudicada por outros fatores (por exemplo, carência hídrica (ver 7.3.2.5).

As chamadas plantas C_4 (ver 5.5.8) e as plantas CAM (ver 5.5.9), plantas de locais áridos e quentes, desenvolveram mecanismos adicionais, que permitem melhor eficiência no uso da água e obtêm coeficientes de transpiração de aproximadamente 200 (plantas C_4) ou 30 (algumas plantas CAM) (ver 5.3.4.1). Isso é alcançado por um mecanismo de prefixação de CO_2 tão compartimentado que serve como "bomba de CO_2" para o ciclo de Calvin. Nas plantas C_4, a compartimentalização é espacial e nas plantas CAM é temporal. Como resultado, durante o período luminoso as plantas C_4 podem manter suas fendas estomáticas mais estreitadas do que as plantas C_3 e, assim, reduzir o consumo de água. As plantas CAM transferem a prefixação de CO_2 para a fase escura fria e, com isso, reduzem a transpiração. Esses processos serão considerados com mais detalhe nos dois próximos capítulos.

5.5.8 Fixação de CO_2 pelas plantas C_4

Ao contrário das plantas C_3, nas plantas C_4 o primeiro produto detectável da fotossíntese não é o D-3-fosfoglicerato (um corpo C_3), mas sim um corpo C_4. Primeiramente, é formado o oxaloacetato e, a partir deste, rapidamente malato ou aspartato (Figura 5-74), como pode ser demonstrado mediante experimento de marcação com $^{14}CO_2$ (Figura 5-75); o fosfoglicerato com $^{14}CO_2$ incorporado aparece um pouco mais tarde.

As plantas C_4 caracterizam-se por uma anatomia foliar especial (**anatomia do tipo *Kranz***). Os feixes vasculares são envolvidos por uma bainha em forma de coroa composta de células grandes (**células da bainha do feixe vascular**). Os cloroplastos dessas células se distinguem dos das **células do mesofilo** pelo seu tamanho, pela ausência de grana nos formadores de malato e pela abundante formação de amido (**dimorfismo de cloroplastos**) (Figuras 5-76 e 5-77). O mesofilo envolve as bainhas dos feixes vasculares e não é diferenciado em parênquimas paliçádico e esponjoso. Nas células do mesofilo e da bainha do feixe vascular existe um alto grau de especialização funcional, evidenciado na ocorrência distinta das importantes enzimas nos dois tipos de células (Tabela 5-19). Os dois tipos de células estão conectados entre si através de inúmeros plasmodesmas. Frequentemente, a troca de matéria apoplástica entre os dois tipos de células é impedida por uma camada impermeável de suberina, que separa as células do mesofilo e as células do feixe vascular.

O corpo C_4 é formado no mesofilo. A partir de fosfoenolpiruvato e HCO_3^- (que se mantém em equilíbrio com o CO_2 em difusão: $CO_2 + H_2O \rightarrow HCO_3^- + H^+$, catalisada pela caroanidrase, ver 5.5.1) resulta inicialmente oxalacetato (Figura 5-74). A reação é catalisada pela enzima **fosfoenolpiruvato carboxilase** (**PEP carboxilase**). Na sua afinidade com HCO_3^- ($K_m \approx \mu10M$), ela não se distingue muito da afinidade da rubisco para CO_2 ($K_m \approx 10\text{-}15$ μM). Contudo, como a rubisco não ocorre em cloroplastos de células do mesofilo, uma concorrência das duas enzimas pelo substrato CO_2 é evitada.

Nos **formadores de malato** (Figura 5-78) com metabolismo C_4, entre os quais encontram-se importantes culturas vegetais (milho, cana-de-açúcar e painço), realiza-se imediatamente a transformação do recém-formado oxaloacetato em L-malato. Essa reação é catalisada pela **malato desidrogenase específica de NADP**, presente no cloroplasto. O malato é exportado dos cloroplastos das células do mesofilo via um translocador e se difunde para as células da bainha do feixe vascular através dos plasmodesmas. Novamente por meio de um translocador específico, lá se processa o seu ingresso nos cloroplastos

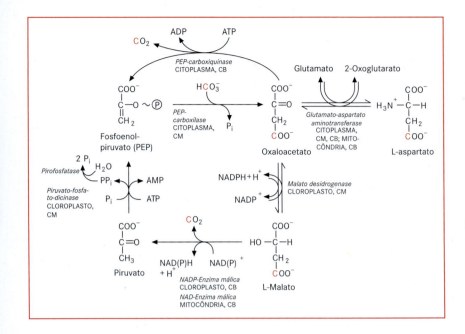

Figura 5-74 Reações relacionadas com a carboxilação de fosfoenolpiruvato, na fotossíntese de plantas C_4. Para outros esclarecimentos sobre as reações individuais nos diferentes tipos de fotossíntese C_4, ver Tabela 5-20 e texto. – CB, célula da bainha do feixe vascular; CM, célula do mesofilo. (Segundo E. Weiler.)

e a decomposição em piruvato e CO_2. A **enzima málica** catalisa essa reação com formação de $NADPH+H^+$ (Figuras 5-74 e 5-78). Condicionada pela alta concentração de malato no estroma das células da bainha do feixe vascular, a concentração do CO_2 liberado no estroma alcança valores de aproximadamente 70 μM. Isso garante uma fixação efetiva por meio da ribulose-1,5-bisfosfato carboxilase. O piruvato originado é transportado de volta para as células do mesofilo, em cujos cloroplastos é convertido em fosfoenolpiruvato, com participação da **piruvato-fosfato-dicinase** (Figuras 5-74 e 5-78). Através do translocador de triose fosfato, em troca pelo fosfato, o fosfoenolpiruvato é transportado para o citoplasma, onde fica à disposição para uma nova reação de fixação (Figura 5-78).

Ao contrário das células do mesofilo, nos cloroplastos das células da bainha do feixe vascular se processa um ciclo de Calvin completo. Todavia, como esses cloroplastos não possuem grana, a atividade do fotossistema II é muito pequena, e os tilacoides expostos à luz exercem o transporte cíclico de elétrons no fotossistema I e complexo citocromo b_6f. Isso leva à formação de ATP, sem que

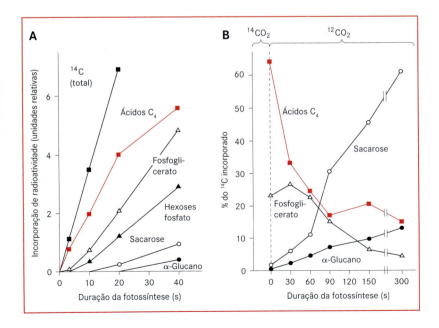

Figura 5-75 Incorporação de ^{14}C em diferentes compostos de plantas C_4, para fotossíntese de durações distintas na presença de $^{14}CO_2$. **A** Folhas de cana-de-açúcar sob condições de fotossíntese em "equilíbrio dinâmico" (*steady-state*) (ou seja, sob constante fornecimento de $^{14}CO_2$). **B** Folhas de *Sorghum* sob condições de "marcação por pulsos" (*pulse-chase-labeling*). Durante 15 s, as folhas assimilaram na presença de $^{14}CO_2$ e logo a seguir foram supridas de CO_2 não marcado ($^{12}CO_2$). Em ambos os casos, encontra-se atividade radioativa em períodos de fixação muito curtos, principalmente em ácidos C_4, só mais tarde em D-3-fosfoglicerato e finalmente na sacarose ou amido (α-glucano). (Segundo M.D. Hatch.)

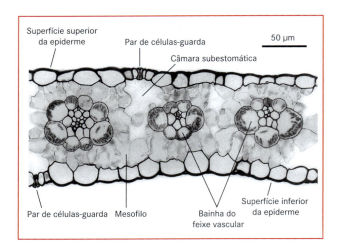

Figura 5-76 Anatomia do tipo *Kranz* em uma planta C_4 (*Zea mays*). Em corte transversal, constata-se que as células da bainha dispõem-se em forma de coroa ao redor dos feixes vasculares e distinguem-se claramente das células do mesofilo. Os cloroplastos das células da bainha dos feixes vasculares são nitidamente maiores do que os das células do mesofilo. (Gentilmente cedida por I. Dörr.)

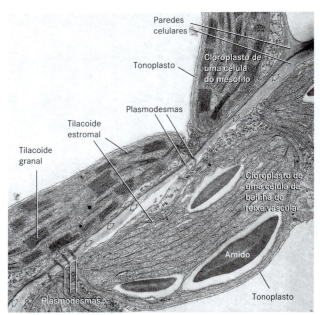

Figura 5-77 Corte em uma célula do mesofilo e uma célula da bainha do feixe vascular de uma folha de milho. A parede celular disposta obliquamente na figura contém uma camada de suberina (setas), que envolve toda a célula da bainha do feixe vascular e reduz fortemente a difusão de CO_2 a partir desta célula. A troca de matéria entre as duas células só é possível pelos plasmodesmas (12.000x). (Segundo B.E.S. Gunning e M.W. Steer.)

resulte $NADPH+H^+$ (ver 5.4.7). A metade da demanda de NADPH do ciclo de Calvin é satisfeita pela enzima málica. Logo, o malato transporta dos cloroplastos do mesofilo para os cloroplastos da bainha de feixe vascular tanto CO_2 quanto equivalentes de redução (um equivalente de NADPH por CO_2). No entanto, por CO_2 fixado são necessários $2\ NADPH + 2H^+$ (ver 5.5.2). Admite-se que a metade do D-3-fosfoglicerato formado saia dos cloroplastos da bainha do feixe vascular e nos cloroplastos do mesofilo seja reduzido a triose fosfato, a qual é reexportada para os cloroplastos da bainha do feixe vascular, com participação do translocador de triose fosfato (Figura 5-78).

Uma consequência da falta da atividade do fotossistema II nos cloroplastos da bainha do feixe vascular é a forte redução até inexistência da fotólise da água. A pequena concentração de oxigênio no estroma, combinada com a concentração elevada de CO_2, praticamente impede a reação da oxigenase da rubisco. Com isso, a fotorrespiração é consideravelmente reprimida. Por isso, as plantas C_4 distinguem-se das C_3 por apresentarem um rendimento fotossintético líquido mais elevado.

Diferentemente das plantas C_3, que necessitam para a fotossíntese 3 ATP e $2\ NADPH + 2\ H^+$ por CO_2, as plantas C_4 formadoras de malato precisam de 4 ATP e $3\ NADPH + 3\ H^+$, e, na verdade, $2\ ATP + 2\ NADPH + 2\ H^+$ nos cloroplastos do mesofilo e $2\ ATP + 1\ NADPH + H^+$ nos cloroplastos da bainha do feixe vascular. Em compensação, porém, cai o aumento do dispêndio em energia para a fotorrespiração, de modo que no total as plantas C_3 e C_4 têm um gasto fotossintético comparável. Em temperaturas mais baixas e, então, em fotorrespiração mais baixa (ver 5.5.6), as plantas C_3 teriam vantagem em relação às C_4. No entanto, em temperaturas altas ($> 25°C$), devido à crescente reação de oxigenase da rubisco, as plantas C_4 estariam em vantagem. Além disso, por causa do mecanismo concentrador de CO_2, a rubisco ainda pode ser suprida com substrato, quando, por escassez de água, a abertura estomática deve ser reduzida para restringir a transpiração

Tabela 5-19 Localização preferida de algumas enzimas nos dois tipos de cloroplastos de plantas C_4

Cloroplastos do mesofilo	Cloroplastos da bainha do feixe vascular
PEP carboxilase	RubP carboxilase
NADP-malato desidrogenase	Enzima málica
Glutamato-aspartato aminotransferase*	Aldolase
Piruvato-fosfato-dicinase	Amido sintase
NADP-gliceraldeído-fosfato desidrogenase	RubP cinase NADP-gliceraldeído-fosfato desidrogenase

(Segundo H. Kindl e G. Wöber; complementado.)
* Os cloroplastos com nível elevado de malato desidrogenase apresentam baixa atividade da aminotransferase e vice-versa.

ou quando, por saturação de luz à fotossíntese, a carência de CO_2 domina mesmo com estômatos totalmente abertos. A efetividade do mecanismo de prefixação de CO_2 por meio da PEP carboxilase não se deve à maior afinidade da enzima pelo substrato, mas sim ao fato de que no estroma dos cloroplastos iluminados (pH ≈ 8) a relação HCO_3^- : CO_2 é de aproximadamente 50:1. Portanto, diferentemente da rubisco, a PEP carboxilase pode recorrer à espécie de molécula dominante nesse equilíbrio e ainda realizar uma fixação líquida positiva, quando, com fendas estomáticas estreitadas sob o nível de rubisco aproveitável, diminui a concentração de CO_2 dissolvido na água.

Do que foi dito, fica claro que, em condições de carência de água, temperaturas altas e radiação solar mais elevada, as plantas C_4 levam vantagem em relação às plantas C_3. Por isso, elas ocorrem predominantemente em regiões quentes, secas e fortemente ensolaradas. No Vale da Morte (*Death Valley*), na Califórnia, estão 70% de todas as

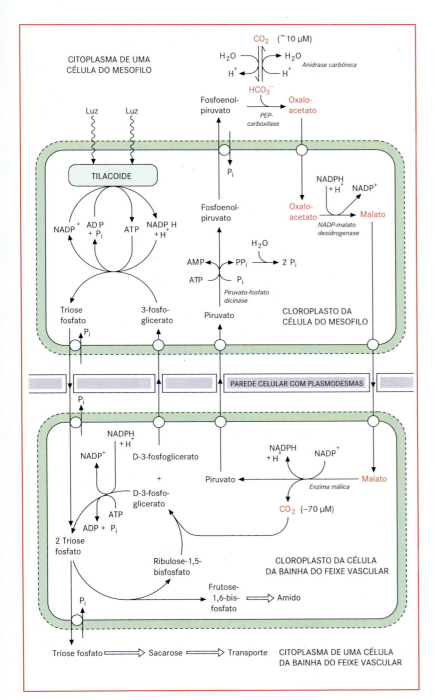

Figura 5-78 Transformações nas células do mesofilo e da bainha do feixe vascular e fluxos de substâncias entre essas células na folha de uma planta C_4 do tipo malato. (Segundo E. Weiler.)

Tabela 5-20 Subgrupos das espécies C_4, quanto ao tipo e ao destino do produto primário da fixação de CO_2

Produto primário da fixação de CO_2 (formado na CM e transferido para CB)	Enzima descarboxilante	Equivalentes de redução ou ATP na descarboxilação	Substância temporária principal CB → CM	Particularidades citológicas da CB (em gramíneas)	Espécie (exemplos)
Malato	Enzima NADP-málica	Formação de 1 NADPH por CO_2	Piruvato	Presença de lamela de suberina Cloroplastos com grana reduzidos, disposição centrífuga	*Zea mays, Saccharum officinarum, Sorghum bicolor, Digitaria sanguinalis*
Aspartato	Enzima NADP-málica	Formação de 1 NADPH por CO_2	Alanina/ piruvato	Sem lamela de suberina Cloroplastos com grana, disposição centrípeta	*Amaranthus retroflexus, Portulaca oleracea, Penicum miliaceum*
Aspartato	PEP carboxiquinase	Consumo de 1 ATP por CO_2	PEP/ alanina	Presença de lamela de suberina Cloroplastos com grana, disposição dispersa ou centrífuga	*Panicum maximum, Chloris gayana*

CM células do mesofilo, CB células da bainha do feixe vascular

espécies de plantas C_4. Calcula-se que as plantas C_4 ocupem cerca de 17% da superfície total de terras e produzam aproximadamente 30% da fotossíntese global.

O princípio da "bomba de CO_2" e as vantagens ecológicas vinculadas valem também para as plantas C_4 **formadoras de aspartato**. Essas plantas se distinguem das formadoras de malato, estruturalmente e em algumas enzimas participantes (Tabela 5-20). De acordo com as reações que liberam CO_2, distingue-se a formadora de aspartato do tipo enzima NAD-málica e a do tipo PEP carboxilase. Em ambos os casos, a formação do aspartato efetua-se no citoplasma das células do mesofilo, mediante uma glutamato-aspartato aminotransferase. Através dos plasmodesmas, o aspartato chega simplasticamente até as células da bainha do feixe vascular. Nas plantas C_4 do tipo enzima NAD-málica, o aspartato é transportado para as mitocôndrias por um translocador de aminoácidos. Nas mitocôndrias, pela atividade de uma isoforma da glutamato-aspartato aminotransferase, o aspartato é transformado em oxaloacetato, que, a seguir, via malato, é convertido em piruvato e CO_2. A malato desidrogenase e a enzima málica são específicas de NAD. O CO_2 liberado se difunde das mitocôndrias para os cloroplastos e é fixado pela rubisco. O piruvato é inicialmente convertido em alanina, que é exportada da célula da bainha do feixe vascular (translocador de aminoácidos), e no citoplasma da célula do mesofilo há uma nova conversão em piruvato. Duas isoformas da alanina-glutamato aminotransferase participam da transformação reversível de piruvato em alanina. Como nas formadoras de malato, o piruvato é novamente convertido em fosfoenolpiruvato.

No tipo PEP carboxiquinase das plantas C_4, parte do CO_2 liberado nas células da bainha do feixe vascular é fornecida via oxaloacetato. Este, por ação da PEP carboxiquinase e com consumo de ATP e liberação de CO_2, é transformado em fosfoenolpiruvato. Nessas plantas, o oxaloacetato é formado a partir do L-aspartato (Figura 5-74). As reações transcorrem no citoplasma das células da bainha do feixe vascular. Uma parte menor do CO_2 é liberada por meio da isoforma mitocondrial da enzima NAD-málica. Da mesma maneira, o malato é sintetizado e colocado à disposição pelas células do mesofilo, como nas formadoras de malato (Figura 5-78). Um translocador ocupa-se do ingresso do malato na mitocôndria.

O metabolismo C4 é acionado na presença da luz. Pela iluminação em um resíduo de serina, a PEP carboxilase é fosforilada e, assim, ativada. Nesta forma, a enzima é inibida somente por concentrações elevadas de malato. A enzima desfosforilada, presente no escuro, é apenas pouco ativa cataliticamente e já é inibida por concentrações muito baixas de malato. A malato desidrogenase, específica de NADP, é ativada à luz através da tiorredoxina (Figura 5-64); na presença da luz, a piruvato-fosfato diquinase é desfosforilada em um resíduo de treonina e, assim, convertida na forma cataliticamente ativa.

As espécies do tipo C_4 de fotossíntese encontram-se em diferentes posições do sistema vegetal, sendo que em alguns táxons são numericamente bastante representativas, como, por exemplo, nas gramíneas (Poaceae). Entre essas, destacam-se algumas espécies cultivadas, como milho, cana-de-açúcar e painço, mas também herbáceas nativas. Muitas espécies C_4 são encontradas também na família Amaranthaceae (que atualmente inclui Chenopodiaceae). No gênero *Atriplex* dessa família, ocorrem espécies C_3 e C_4. Suas espécies C_4 são halófitas (vivem em ambientes salinos) e também toleram carência hídrica (fisiologicamente).

As plantas C_4 podem ser identificadas com base nos produtos primários da fotossíntese (fixação de $^{14}CO_2$ por período curto), na anatomia foliar, no ponto de compensação do CO_2 (portanto, a concentração do CO_2 no ar externo, na qual não se realiza qualquer fixação líquida de CO_2, e a fixação de CO_2 e liberação de CO_2 por respiração celular se compensam), na fotorrespiração pequena ou inexistente ou na relação dos isótopos de carbono $^{13}C:^{12}C$. O último critério mencionado baseia-se no fato de que, por ocasião da fotossíntese, as plantas não captam igualmente os isótopos do carbono que se encontram naturalmente (o CO_2 da atmosfera é constituído por 98,89% de ^{12}C e 1,11% de ^{13}C): $^{12}CO_2$ é preferido em relação ao $^{13}CO_2$ (e ainda mais em relação ao $^{14}CO_2$). A discriminação do $^{13}CO_2$ na fixação de CO_2 pela RuBP carboxilase é maior do que na fixação pela PEP carboxilase. Uma vez que, nas plantas C_4 a rubisco aproveita praticamente todo o CO_2 prefixado pela PEP carboxilase, a quota de ^{13}C nas plantas C_4 corresponde àquela dos produtos da reação da PEP carboxilase, ao passo que a quota nas plantas C_3 é determinada pela RuBP carboxilase. Logo, as plantas C_4 têm uma quota de ^{13}C relativamente mais alta; a respeito do carbono, elas são "mais pesadas" do que as plantas C_3.

A relação 13C:12C é determinada por espectrometria de massa e expressa no valor $\Delta^{13}C$:

$$\delta^{13}C\ (‰) = \left(\frac{^{13}C/^{12}C\ da\ prova}{^{13}C/^{12}C\ do\ padrão} - 1\right) \times 1000,$$

onde o padrão é uma pedra calcária definida. Quanto mais negativo for o valor δ13C, tanto menor será a quota de ^{13}C. As plantas C_4 possuem valores δ13C em torno de –14 ‰ e as plantas C_3 em torno de –28‰. Uma vez que a cana-de-açúcar é uma planta C_4 e a beterraba uma planta C_3, a proveniência da sacarose, por exemplo, pode ser comprovada por espectrometria de massa pela determinação do conteúdo de ^{13}C. Com isso, por exemplo, pode-se distinguir o rum legítimo (produto da cana-de-açúcar) do rum adulterado (fabricado com açúcar de beterraba).

5.5.9 Fixação de CO_2 pelas plantas com metabolismo ácido das crassuláceas (CAM)

Em muitas suculentas, ou seja, plantas com tecidos de armazenamento de água, constata-se uma sequência de reações (semelhante à de plantas C_4 formadoras de malato) para prefixação de CO_2, com separação da fixação final pela da rubisco. Na verdade, os dois processos não transcorrem separados espacialmente, mas sim temporalmente. O armazenamento noturno de grandes quantidades de malato – produto primário da fixação de CO_2 – nos vacúolos (daí a suculência) é característico dessa sequência de reações (Figura 5-79). Durante o dia, o malato é novamente liberado e empregado. Por isso, o conteúdo de ácidos das células oscila no ritmo diurno/noturno, razão pela qual é referido também como ritmo ácido diário. Como esse processo foi constatado pela primeira vez em crassuláceas, foi adotada também a denominação **metabolismo ácido das crassuláceas** ou **CAM** (CAM do inglês, *crassulacean acid metabolism*).

Em todas as plantas CAM, na rota glicolítica pela triose fosfato à noite é formado PEP a partir do amido. A partir deste, com PEP carboxilase e fixação de CO_2 (o

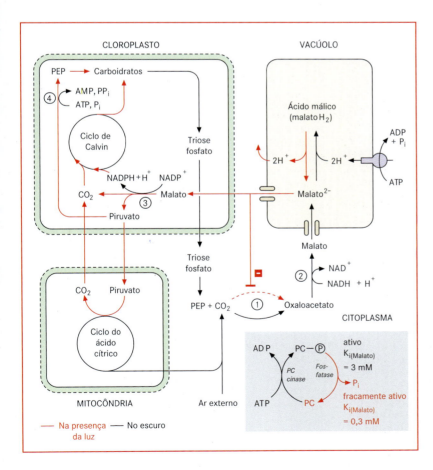

Figura 5-79 Reações no escuro (setas pretas) e reações luminosas (setas vermelhas) e sua compartimentalização, características das plantas com metabolismo ácido das crassuláceas (CAM). Enzimas assinaladas: ①PEP carboxilase, ②NAD-malato desidrogenase, ③Enzima málica, ④Piruvato-fosfato-dicinase. Fundo: a PEP carboxilase existe à noite sob forma ativa (fosforilada, PC-P). Essa forma é inibida apenas levemente pelo malato. Durante o dia, existe a enzima desfosforilada (PC), bastante sensível ao malato. A ativação é efetuada por uma PEP carboxilase-cinase (PC cinase) específica, só comprovável à noite. K_i constante de inibidor (indica a concentração em inibidor, que leva 50% de inibição de uma enzima). (Segundo H. Ziegler.)

substrato é HCO₃⁻), é produzido oxaloacetato. O malato formado com participação da malato desidrogenase (citoplasmática e dependente de NAD) é transportado para o vacúolo via canal de malato (Figura 5-4). A reação pode ser acionada pela força motriz de prótons transmembrana. Essa força é gerada no tonoplasto pela ATPase translocadora de íons hidrogênio e, ao mesmo tempo, fornece os íons opostos para o íon malato. Com o passar do tempo, devido à diminuição do pH do conteúdo do vacúolo, no período escuro o malato pode ter uma presença crescente como ácido málico protonado. Uma vez que o ácido málico, em comparação com o ânion malato²⁻, atravessa melhor o tonoplasto, a crescente concentração de íons hidrogênio limita a capacidade do vacúolo de armazenar malato. Todavia, um aumento do conteúdo de malato no vacúolo inibe a PEP carboxilase. Com a duração progressiva do período escuro, essa reação deve finalmente limitar a prefixação de CO_2.

Durante o dia, o malato armazenado à noite, de maneira não muito bem conhecida, sai do vacúolo pelo canal de malato. Como nas plantas C_4, na descarboxilação diurna existem três tipos: tipo enzima NADP-málica (por exemplo, em Cactaceae, Agavaceae), tipo enzima NAD-málica (por exemplo, Crassulaceae) e tipo PEP carboxilase (por exemplo, Asclepiadaceae, Bromeliaceae, Liliaceae). Deve ser impedida uma fixação repetida do CO_2 (liberado na presença da luz por uma dessas três enzimas) pela PEP carboxilase em vez da rubisco. Isso ocorre porque a PEP carboxilase, na presença da luz e a partir da forma "noturna" ativa (= fosforilada) com pequena suscetibilidade à inibição pelo malato (50% de inibição em cerca de 3mM de malato), é convertida em uma forma "diurna" muito fracamente ativa (desfosforilada) com grande sensibilidade ao malato (50% de inibição em 0,3 mM de malato). Durante o dia, o malato que sai do vacúolo inibe, portanto, a enzima (com atividade catalítica muito fraca) tão fortemente que ela não pode efetuar a fixação de CO_2 – o CO_2 liberado do malato fica, assim, à disposição da rubisco.

Como nas plantas C_4 (ver 5.5.8), a fosforilação da PEP carboxilase realiza-se em um resíduo de serina. A enzima responsável, **PEP carboxilase-cinase**, está sujeita a um controle estrito pelo relógio fisiológico e apresenta **ritmo circadiano** (ver 6.7.2.3). Uma vez que a PEP carboxilase-cinase é suscetível de uma degradação rápida, a quantidade da enzima na célula é determinada principalmente pela intensidade com a qual o gene é transcrito (controle da transcrição, ver 6.2.2.3). À noite, essa intensidade é alta, mas durante o dia é mínima. Mesmo sob relações luminosas constantes (ou no escuro permanente), esse ritmo é mantido, um indicativo da sua natureza endógena (comparar com 6.7.2.3).

A vantagem ecológica do tipo CAM consiste no seguinte: a captação de CO_2 através dos estômatos abertos à noite, período em que a temperatura é muito mais baixa e a umidade relativa do ar é muito alta, tem como consequência perdas de água muito menores do que durante o dia. Em condições de bom suprimento hídrico na presença da luz, as plantas CAM aproveitam o CO_2 liberado pela degradação do malato e, além disso, após o esgotamento da reserva de malato, abrem os estômatos para fixar CO_2 externo pela RuBP carboxilase. No período de seca, ao qual essas plantas são especialmente adaptadas, na fase luminosa elas restringem a abertura estomática e, com isso, a fixação de CO_2 externo muito mais rapidamente do que no escuro. Sob condições de carência hídrica (com fixação de CO_2 principalmente à noite), as plantas CAM alcançam coeficientes de transpiração (ver 5.3.4.1) de 30-150, tendo, portanto, uma baixa necessidade de água em relação às plantas C_3. Na verdade, devido à limitada capacidade de armazenamento de malato no vacúolo, é muito pequeno o incremento diário em substância orgânica pela fixação de CO_2 exclusivamente no escuro. Por isso, as plantas CAM são competitivamente capazes principalmente em ambientes secos, nos quais as noites frias promovem a formação e armazenamento de malato e as abundantes chuvas ocasionais proporcionam o abastecimento dos tecidos armazenadores de água. Com suprimento hídrico suficiente, algumas plantas CAM – por exemplo, espécies do gênero *Mesembryanthemum* – realizam fotossíntese C_3 normal. A carência hídrica ou também o estresse salino induz a formação de enzimas do mecanismo CAM. Em caso extremo de escassez de água, as plantas de deserto do tipo CAM (por exemplo, cactáceas) mantêm seus estômatos fechados mesmo à noite e refixam o CO_2 liberado pela respiração.

A capacidade de comportar-se como CAM não é restrita às espécies vegetais mais ou menos suculentas. São conhecidas mais de 300 espécies que utilizam esse tipo de fixação de CO_2, representando diferentes famílias: Agavaceae, Aizoaceae, Apocynaceae (inclui Asclepiadaceae), Asteraceae, Bromeliaceae (por exemplo, *Ananas*), Cactaceae, Crassulaceae, Didieraceae, Euphorbiaceae, Liliaceae, Orchidaceae (por exemplo, *Vanilla*), Portulacaceae, Vitaceae; o processo CAM é encontrado, por exemplo, em *Tillandsia usneoides* (bromeliácea epífita reduzida, semelhante a uma espécie de líquen) e em algumas samambaias epífitas tropicais (por exemplo, *Pyrrosia piloselloides* e *Pyrrosia longifolia*). O essencial – ao lado do equipamento enzimático – não é a estrutura do órgão, mas sim a estrutura celular (a existência de vacúolos volumosos nas células dotadas de cloroplastos: "suculência ao nível celular").

Com respeito à discriminação dos isótopos, as plantas CAM se comportam, na fixação no escuro e no aproveitamento do CO_2 prefixado na presença da luz, como as plantas C_4 (menor discriminação do $^{13}CO_2$ em relação ao $^{12}CO_2$); na fixação de CO_2 externo na presença da luz, ao contrário, se comportam como plantas C_3. Uma vez que a quota da fixação noturna na fixação total cresce com a seca progressiva, nessas condições as plantas CAM ficam mais ricas em ^{13}C (e, neste sentido, mais semelhantes às plantas C_4). Por isso, mediante a determinação do valor de $\Delta^{13}C$, pode-se verificar em plantas CAM o impacto da seca no ambiente natural.

5.5.10 Concentração de CO$_2$ mediante bombas de íons carbonato

Todas as cianobactérias possuem bombas de íons carbonato (HCO$_3^-$) ligadas à membrana, para elevar a concentração de CO$_2$ nos **carboxissomos** (sítios de localização da rubisco) e, assim, compensar a baixa afinidade da enzima por CO$_2$ e reprimir a fotorrespiração. No mecanismo de concentração de CO$_2$ de algas (também as simbiontes de liquens), funcionalmente semelhante, os pirenoides parecem desempenhar um papel (ver 2.2.9.1).

5.5.11 Assimilação de carbono dependente de fatores externos

Como todos fenômenos vitais, a fotossíntese é influenciada pelos mais diversos fatores. Além do estado geral de desenvolvimento da planta, entre esses fatores estão o suprimento de água e substâncias minerais, qualidade e intensidade da luz, a temperatura e fornecimento de CO$_2$. Como em todos os fenômenos fisiológicos influenciados por uma multiplicidade de fatores, para a fotossíntese também é válida a lei do mínimo, ou seja, o fator presente no mínimo limita o processo global. Com um fornecimento insuficiente de CO$_2$, as relações mais favoráveis de luz, água e temperatura não podem ser exploradas na sua plenitude, enquanto, ao contrário, as concentrações ótimas de CO$_2$ não possibilitam uma fotossíntese máxima, quando a intensidade de luz, por exemplo, for insuficiente. Sob circunstâncias gerais favoráveis, como ponto de referência pode ser admitido que um metro quadrado de área foliar verde forma 1,5 g de equivalentes de glicose por hora. Isso corresponde mais ou menos ao consumo da quantidade de CO$_2$ existente em 3 m^3 de ar.

A seguir, são tratados os fatores individuais na sua ação geral sobre a fotossíntese. Para estudar a ecologia da fotossíntese, ver 12.7.1.

5.5.11.1 Influência da radiação

A estrutura foliar de uma planta latifoliada (ver 4.3.1.1, Figura 4-63) permite uma ótima absorção de luz. Com as suas seções transversais lentiformes, as células epidérmicas orientam a luz em direção às células do parênquima paliçádico subjacente, responsável por cerca de 80% da fotossíntese da folha. Os fótons não absorvidos são dispersos nas superfícies limítrofes (sem qualquer direção preferencial) das células do parênquima esponjoso. Com isso, resulta uma trajetória luminosa mais longa através da folha e um aumento da probabilidade de absorção.

A intensidade de radiação incidente sobre uma folha pode estar sujeita a breves flutuações (por exemplo, em consequência de um sombreamento causado por nuvens). Os cloroplastos de muitas plantas respondem a essas oscilações de intensidade mediante alteração da sua posição em relação à luz incidente. Na chamada **exposição à luz fraca** as organelas lentiformes voltam seu lado mais largo para a luz e na **exposição à luz forte** expõem seu lado mais estreito. Na reorientação das organelas (ver 7.2.2), o citoesqueleto (presume-se que seja a actina) participa de uma reação dependente de cálcio. Por essa mudança da superfície de captação, a absorção de luz das antenas pode se estabilizar em certos limites, apesar das intensidades de ingresso variáveis.

As folhas ou os ramos de muitas plantas acompanham o andamento diário do sol (por exemplo, tremoço, alfafa, feijão, soja, algodão) de tal maneira que as lâminas foliares são mantidas perpendicularmente à direção da incidência da radiação (do inglês, *sun tracking* = acompanhamento solar). Esse fototropismo positivo (ver 7.3.1.1) garante uma exposição das folhas à intensidade luminosa máxima e minimiza as perdas por reflexão.

Em condições naturais, o conteúdo de clorofila não representa um fator limitante para a intensidade da fotossíntese, pois, mesmo sob intensidades luminosas mais baixas, até as folhas com conteúdo de clorofila reduzido absorvem tantos fótons que o aparelho fotossintético fica saturado de luz. No entanto, o conteúdo elevado de clorofila das folhas pode exercer um papel, quando ainda for possível absorver completamente a pequena porção da faixa espectral da luz fotossinteticamente aproveitável que já passou por outras folhas (Figura 5-80). Por isso, as **folhas de sombra** apresentam, via de regra, concentrações mais altas de clorofila por área foliar do que as **folhas de sol**. Elas também mostram grana especialmente grandes, nos quais podem ser encontrados até 100 tilacoides sobrepostos (empilhados). As folhas de sombra possuem mais moléculas de pigmentos por cadeia de transporte de elétrons ("unidade fotossintética"), portanto antenas maiores, e mostram relação clorofila *a*/clorofila *b* reduzida (logo, relativamente mais clorofila *b* para melhor aproveitamento da lacuna verde) e uma participação maior do fotossistema II em relação ao fotossistema I. Por isso, a reação contra a excitação do fotossistema I (que absorve a luz de onda mais longa do que o fotossistema II, ver 5.4.7) reforçada pela parte de vermelho escuro mais elevada na sombra (Figura 5-80). As folhas de sombra são frequentemente mais delgadas que as de sol, razão pela qual o "sombreamento" mútuo de cloroplastos é reduzido (Figura 6-74). Um sistema de fotorreceptores sensível ao vermelho, o **fitocromo**, participa do controle do desenvolvimento de folhas de sol ou de sombra (ver 6.7.2.4).

Sob baixa potência de radiação, a intensidade da fotossíntese é proporcional ao fluxo de fótons (Quadro 5-2)

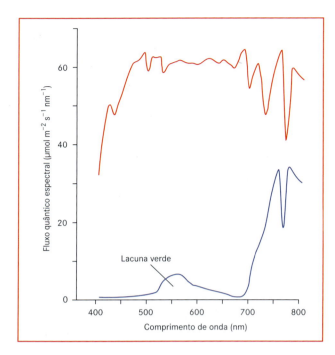

Figura 5-80 Distribuição espectral da energia na luz solar acima de uma parcela de indivíduos de trigo (curva vermelha) e à sombra das folhas no interior da parcela (medida a 80 cm de distância do solo, curva azul; altura da parcela: 90 a 95 cm). (Segundo M.G. Holmes e H. Smith.)

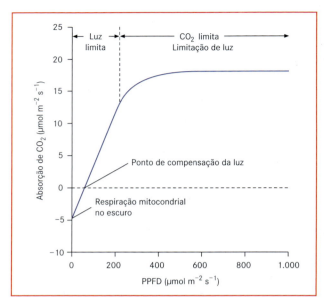

Figura 5-81 Fotossíntese líquida de uma planta C_3, dependente da luz. Representação esquemática baseada em valores típicos, considerando a dependência da radiação fotossinteticamente ativa (400-700 nm; PAR, **p**hotosynthetically **a**ctive **r**adiation), sob temperatura ótima e concentração de CO_2 verificada na natureza. (Segundo E. Weiler.)

(Figura 5-81), contanto que outros fatores não tenham ação limitante. Esse é o caso para intensidades luminosas mais elevadas crescentes. Assim, as curvas da dependência da fotossíntese aparente (líquida) se tornam planas, até que finalmente a intensidade da fotossíntese não pode mais ser aumentada por outra elevação da intensidade luminosa (**saturação de luz**). Nessa situação, em regra geral, o reabastecimento de CO_2 torna-se limitante. A faixa de saturação de luz de plantas adaptadas a ambientes ensolarados situa-se em 500-1500 μmol m^{-2} s^{-1}, a de plantas de sombra em 100-500 μmol m^{-2} s^{-1} (valores de referência). Por terem um fornecimento de CO_2 mais efetivo do ciclo de Calvin (ver 5.5.8), as plantas C_4, diferentemente das plantas C_3, não atingem a saturação de luz, mesmo nas intensidades luminosas mais elevadas existentes na natureza. Portanto, as plantas C_4 em geral são limitadas pela luz acima da faixa fotossintética total, a não ser que uma forte carência hídrica provoque uma limitação de CO_2, em consequência do fechamento substancial ou completo dos estômatos.

Finalmente, sob intensidades de radiação ainda mais elevadas, o aparelho fotossintético pode ser prejudicado, de modo que a intensidade da fotossíntese cai novamente. Em condições naturais, isso pode acontecer com plantas adaptadas à sombra e expostas repentinamente à luz solar, principalmente sob temperatura baixa, quando as reações enzimáticas da fixação de CO_2 são retardadas (mecanismos de proteção contra danos à fotossíntese causados pela luz, ver 5.4.8 e 5.5.6).

O **ponto de compensação da luz** da fotossíntese (Figura 5-81) é a intensidade de luz em que o consumo de CO_2 (ou a produção de O_2) compensa a produção de CO_2 (ou o consumo de O_2) causada pela respiração mitocondrial; nesse caso, a fotossíntese líquida é zero. Em folhas de sol (ou em plantas de sol), o ponto de compensação da luz situa-se em cerca de 10-50 μmol m^{-2} s^{-1}; nas folhas de sombra (ou plantas de sombra), ele fica em torno de 1-10 μmol m^{-2} s^{-1} (valores de referência). Por isso, sob densa cobertura foliar, as plantas de sol não conseguem se desenvolver, ao passo que as plantas de sombra, mesmo à sombra de uma vegetação densa, exibem ainda um balanço de carbono positivo (ver 12.7.1).

5.5.11.2 Influência da concentração do dióxido de carbono

Como já mencionado, a concentração de CO_2 atual na atmosfera é de 360-370 ppm (0,036-0,037 vol. %). Nos últimos 40 anos, ela subiu em média cerca de 1 pp por ano (ver 12.7.6). Isso é atribuído principalmente à queima de reservas fósseis de carbono pelo homem, que atualmente representa cerca de $6 \cdot 10^{12}$ kg C por ano (a quantidade total de carbono fóssil da Terra é estimada em $3500 \cdot 10^{12}$ kg). Por conta dessa elevação da concentração de CO_2,

Quadro 5-2

Unidades importantes na fotobiologia

A **densidade de fluxo quântico** (**densidade de fluxo fotônico**) é a quantidade de fótons (unidade: mol m^{-2} s^{-1} = E m^{-2} s^{-1}, 1 einstein = 1 mol de fótons) emitida por superfície e tempo. Muitas vezes considera-se meramente a faixa de 400-700 nm, portanto a **radiação fotossinteticamente ativa** (PAR, *photosynthetically active radiation*). Sob luz solar plena, posição solar elevada e céu sem nuvens, num caso típico ela é de 1.000 W m^{-2}. É habitual que a intensidade de radiação fotossinteticamente utilizável seja também indicada em unidades molares como densidade de fluxo fotônico (PFD, *photon flux density*) ou densidade fotossintética de fluxo fotônico (PPFD, *photosynthetic photon flux density*). Os valores correspondentes são aproximadamente o dobro, portanto no máximo 2.000 μmol m^{-2} s^{-1}; com céu nublado, mais ou menos 190-220; à sombra da vegetação, cerca de 25-50 (valores de referência), e ao crepúsculo, ainda 1 μmol m^{-2} s^{-1}. Com lua cheia e céu claro, os valores são de 3,2 · 10^{-4} μmol m^{-2} s^{-1}, e a luz das estrelas fornece uma densidade de fluxo fotônico de apenas 1,2 · 10^{-6} μmol m^{-2} s^{-1}. Somente para luz monocromática, como a empregada, por exemplo, na **absorção de espectros de ação**, fluxo energético e fluxo fotônico podem ser facilmente convertidos um no outro; sob radiação policromática, adicionalmente sua distribuição espectral de energia deve ser verificada.

Se for enviada luz através de uma amostra, dependendo da qualidade da amostra, ela pode ser absorvida (Figura). **Transmissão** (T) é a relação de intensidade da luz entre o final (I) e o princípio da amostra (I$_0$). A transmissão indica a quota da luz saindo novamente da amostra. A quantidade da luz retida (absorvida) pela amostra é denominada **absorção** (A). Frequentemente, absorção e transmissão são fornecidas em porcentual. A **extinção** (E) não deve ser confundida com a absorção. Os valores de extinção são muitas vezes empregados na fotometria, pois, para substâncias em solução sob trajetória constante da luz (d), eles são proporcionais à concentração da substância (c) (**lei de Lambert-Beer**). O fator de proporcionalidade (ε) chama-se **coeficiente de extinção molar**. Sua unidade é 1 mol^{-1} cm^{-1}, quando a concentração da substância e a trajetória da luz são indicadas em M (mol^{-1}) e cm, respectivamente.

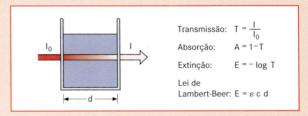

Figura Noções fundamentais da fotometria espectral.

Referência

Schopfer, P. (1986) Experimentelle Pflanzenphysiologie, Bd. 1: Einführung in die Methoden. Springer, Heidelberg.

---

tem aumentado a absorção de radiação de ondas longas na atmosfera. As possíveis consequências no clima ("efeito estufa") e no desenvolvimento da vegetação, bem como os efeitos complexos no interior da planta e no interior do ecossistema, (ver 12.7.6) têm sido investigados intensivamente.

Nas plantas C$_3$, sob radiação solar plena, a quantidade do CO$_2$ disponível pode sempre limitar a fotossíntese (Figura 5-81). Elevando a concentração do CO$_2$ no ambiente, mantendo iguais os demais fatores, obtém-se um aumento da fotossíntese dessas plantas. Esse conhecimento é utilizado na "adubação com CO$_2$" de culturas em casa-de-vegetação. Assim, um aumento de 0,1% na concentração do CO$_2$ em casa-de-vegetação permite um crescimento da produção de tomate e pepino em um terço por estação, caso todos os nutrientes e a luz forem fornecidos em quantidade suficiente (ver 12.7.6, para ecologia das relações nutricionais).

Em comparação com as plantas terrestres, as plantas aquáticas não têm grandes dificuldades com o fornecimento de CO$_2$. Isso acontece porque, em temperaturas normais da água (15ºC), o CO$_2$ se dissolve nela mais ou menos na mesma porcentagem em que está presente no ar (cerca de 10 μM) e porque a sua difusão mais lenta no meio aquático é equilibrada pelo movimento da água (convecção). Nas plantas aquáticas de vida submersa, em que faltam estômatos e uma cutícula desenvolvida, por toda a área foliar é absorvido CO$_2$ apenas dissolvido, em algumas espécies também Ca(HCO$_3$)$_2$.

5.5.11.3 Influência da temperatura

As reações fotoquímicas primárias da fotossíntese transcorrem amplamente sob dependência da temperatura. No entanto, os processos enzimáticos estão sujeitos à forte dependência da temperatura (ver 5.1.6.4), para a qual vale a regra de Van't-Hoff, que relaciona a velocidade de reação à temperatura (**regra RGT**, *reaktionsgeschwindigkeits-temperatur-regel*). Segundo essa regra, um aumento de 10ºC na temperatura (**valor Q$_{10}$**) duplica a velocidade v da reação:

$$Q_{10} = \frac{v_{T+10}}{v_T} \approx 2. \qquad \text{(Equação 5-48)}$$

Assim, a dependência da temperatura da fotossíntese de uma planta C_3 em intensidades luminosas baixas (a luz é limitante) é menor do que em intensidades elevadas (o CO_2 é limitante). Sob temperatura crescente, a intensidade fotossintética em elevação reflete em primeiro lugar o aumento da velocidade das enzimas (Equação 5-48). A diminuição da intensidade da fotossíntese além do ótimo de temperatura por outra elevação da temperatura tem causas complexas: por um lado, com a temperatura eleva-se ainda mais a atividade enzimática da rubisco (deteminante da velocidade), diminuindo sua afinidade por CO_2; ao mesmo tempo, com temperatura crescente, o CO_2 tem solubilidade na água relativamente pior do que o O_2; portanto, com a temperatura, aumenta a fotorrespiração (ver 5.5.6). Com isso, diminui a taxa de fotossíntese líquida. Em temperaturas ainda mais elevadas, no entanto, o aparelho fotossintético entra em colapso, devido à inativação de enzimas e ao dano de membranas. Para plantas de distintos ambientes, as temperaturas limítrofes e os ótimos de temperatura situam-se nas respectivas faixas características (ver 12.7.1, para ecofisiologia).

5.5.11.4 Influência da água

Juntas, as plantas da Terra convertem fotoliticamente por ano aproximadamente 1.875 km³ de água, com formação de oxigênio. Logo, para a fotólise dos estoques totais de água líquida (cerca de 1,5 10⁹ km³) seriam necessários 8 milhões de anos Desde o começo da fotossíntese oxigênica, os estoques de água da Terra, portanto, já foram submetidos à fotólise por várias centenas de vezes. Contudo, apenas uma parte muito pequena da quantidade de água em uma planta serve como substrato para a fotossíntese na clivagem da água (ver 5.4.4).

Portanto, a carência de água não age diretamente como carência de substrato, mas sim indiretamente: por um lado, uma forte desidratação da célula prejudica enzimas e estruturas funcionais (por exemplo, membranas); por outro lado, o fechamento estomático provocado por carência hídrica leva à interrupção do fornecimento de CO_2. Com estômatos fechados, uma folha iluminada pode praticamente apenas reassimilar o CO_2 liberado internamente pela respiração.

5.6 Assimilação de nitrato

Pelas raízes, as plantas absorvem nitrogênio principalmente como nitrato (NO_3^-) (ver 5.2.3.2). Havendo disponibilidade, também pode ser absorvido o amônio (NH_4^+), o qual é incorporado a aminoácidos diretamente nas raízes. O amônio é liberado no solo a partir de compostos orgânicos de organismos mortos ou formado de N_2 por meio de procariotos fixadores de nitrogênio do ar (ver 8.2.1). Com a atividade de microrganismos nitrificantes, o amônio (NH_4^+), passando por nitrito (NO_2^-), é oxidado a nitrato (NO_3^-). Pela desnitrificação ("respiração do nitrato"), NO_3^-, passando por $NO_2^- \rightarrow NO \rightarrow N_2O$, é reduzido a N_2 retirado da biosfera. Anualmente, cerca de 80-120 · 10⁶ t de N_2 são transformadas em NH_4^+ por fixadores de nitrogênio do ar, e aproximadamente outro tanto se perde por desnitrificação. Anualmente, o homem acrescenta a esse ciclo do nitrogênio (Figura 5-82) cerca de 30 · 10⁶ t de nitrogênio do ar, convertidas em amoníaco no processo Haber-Bosch para a produção de adubo artificial utilizado na agricultura (Tabela 5-21).

O nitrogênio é integrante de muitos compostos orgânicos (ver Capítulo 1, 5.2.2.2 e 5.12-5.15). Ele é empregado exclusivamente sob forma reduzida (nível de oxidação – III, nitrogênio do amônio) na síntese de substâncias orgânicas; quando muito, pode secundariamente ser de novo oxidado (por exemplo, o grupo nitro do ácido aristolóquico resulta da oxidação de um grupo amino).

A redução do nitrato a amônio efetua-se em um processo de dois níveis, tendo o nitrito (NO_2^-) como nível intermediário (níveis de oxidação entre parênteses):

$$NO_3^-(+V) \xrightarrow{2e^-} NO_2^-(+III) \xrightarrow{6e^-} NH_4^+(-III).$$

Ela se processa em parte vegetais verdes e não verdes, principalmente em folhas e raízes. O amônio formado é imediatamente empregado na biossíntese de aminácidos, primariamente glutamina e glutamato. Os animais não estão em condições de reduzir nitrato, razão pela

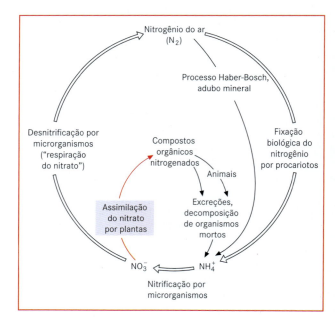

Figura 5-82 Ciclo do nitrogênio na natureza.

Tabela 5-21 O equilíbrio do nitrogênio sobre a Terra

Contribuição	Área	Nitrogênio do ar fixado	
	(10^6 ha)	(kg ha^{-1} a^{-1})	(10^6 t a^{-1})
Fixação biológica			
Leguminosas	250	55–140	14–35
Não leguminosas	1015	5	5
Arrozais	135	30	4
Outros solos e comunidades vegetais	120.00	2,5–3,0	30–36
Mar	36.100	0,3–1,0	10–36
Fixação industrial			30
Fixação atmosférica			7,6
Contribuição juvenil (vulcões)			0,2
Desnitrificação			
Superfície terrestre	13.400	3	40
Mar	36.100	1	36
Depósito em sedimentos			0,2

(Segundo A. Quispel.)

qual, também no abastecimento com compostos de nitrogênio reduzidos, dependem da atividade metabólica das plantas.

5.6.1 Assimilação fotossintética de nitrato

Em células fotossinteticamente ativas (na folha de plantas C$_4$ exclusivamente no mesofilo), o nitrato é reduzido pela enzima citoplasmática **nitrato redutase** (Figura 5-83). Na maioria das vezes, o doador de elétrons é NADH+H$^+$ (em fungos é NADPH+H$^+$, em bactérias é a ferredoxina reduzida). A nitro redutase ocorre como homodímero. O monômero (aproximadamente 100 kDa de massa molecular) consiste em três domínios, cada um com um cofator diferente ligado covalentemente, resultando uma cadeia de transporte de elétrons intramolecular (Figura 5-84). Partindo de NADH e passando por FAD e um citocromo do tipo b, os elétrons chegam a um molibdênio, que nesse caso provavelmente muda do nível de oxidação +VI para +IV. Esse molibdênio do centro catalítico, em ação recíproca com o íon NO$_3^-$, é componente de um cofator de molibdênio, a **molibdopterina**, presente igualmente na sulfito redutase (ver 5.7) bem como em xantina oxidases e aldeído oxidases.

Tanto a formação de NH$_4^+$ a partir de NO$_2^-$ quanto o seu aproveitamento são diretamente dependentes da luz (Figura 5-85). O nitrito formado é reduzido a amônio nos cloroplastos. Essa redução se processa em um passo de seis elétrons sem intermediários, por meio da participação da **nitrito redutase**, existente em alta atividade no estroma. A afinidade muito alta da enzima com seu substrato garante que o íon nitrito, quimicamente reativo, não se acumule. Os elétrons são disponibilizados pela ferredoxina reduzida e pelo cofator Fe$_4$S$_4$-siro-heme (que representa o centro catalítico da enzima ocorrendo como monômero), transferidos para o nitrito, com formação de NH$_4^+$ (Figura 5-84).

No cofator, que ocorre também na sulfito redutase bastante semelhante (ver 5.7), o centro ferro-enxofre, por uma ponte de cisteína-enxofre, é ligado diretamente ao átomo central (ferro) do siro-heme. O siro-heme (Figura 5-110) representa um heme primitivo, que na biossíntese do heme ainda porta as cadeias laterais de acetil e propionil do primeiro tetrapirrol fechado em forma de anel, do uroporfirogênio III (Figura 5-111).

NH$_4^+$, um desacoplador da fotossíntese (ver 5.4.9), em uma série irreversível de reações, passando pela glutamina, é empregado para a formação de glutamato (Figura 5-83) e, assim, não se acumula em concentrações nocivas. As enzimas **glutamina sintetase** e **glutamato sintase** (também denominada **glutamina-2-oxoglutarato aminotransferase**, GOGAT), participantes da síntese de glutamato, catalisam um processo circular "acionado" por ATP e ferredoxina reduzida, no qual NH$_4^+$ (inicialmente em ligação amida) é transferido para o grupo γ-carboxila de um glutamato e de lá para uma molécula de 2-oxoglutarato, com formação de L-glutamato. Como em todas as **transaminases**, o piridoxalfosfato, que se liga ao grupo amino (piridoxaminofosfato), funciona como coenzima da glutamato sintase. L-glu-

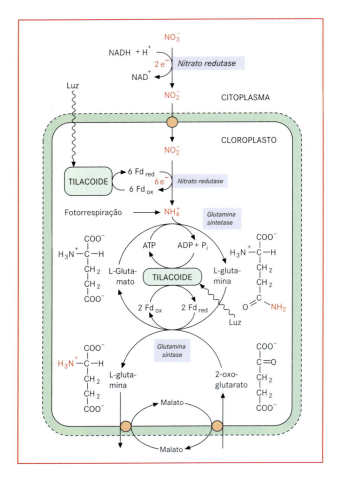

Figura 5-83 Assimilação fotossintética de nitrato.

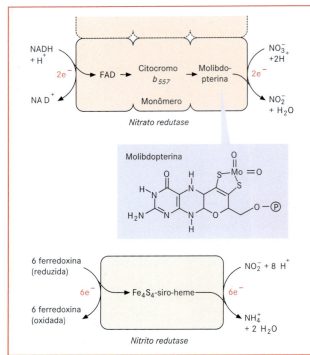

Figura 5-84 Estrutura e esquemas de reação da nitrato redutase e nitrito redutase (nitrato redutase: está representado apenas um monômero como dímero da enzima ativa).

tamato sai dos cloroplastos em troca de 2-oxoglutarato, presumindo-se que cada um deles seja trocado por malato. Assim, além do NH_4^+ formado no cloroplasto, também aquele proveniente da fotorrespiração é convertido em glutamato (Figura 5-83).

NO_2^- é quimicamente muito reativo. Por isso, é preciso assegurar que (por exemplo, no escuro) não se acumule nitrito nos cloroplastos. Isso é alcançado por meio de estrita regulação da nitrato redutase em níveis transcricional e pós-transcricional (Figura 5-85). A luz, carboidratos solúveis (como, por exemplo, glicose) e nitrato atuam na estimulação da transcrição, ao passo o amônio e a glutamina têm ação inibidora.

Uma vez que a enzima possui meia-vida biológica de poucas horas, a regulação transcricional permite a adaptação da quantidade de enzimas na faixa de horas. Uma inativação rápida da nitrato redutase realiza-se mediante proteinofosforilação reversível. Além disso, no escuro é fosforilado um resíduo de serina específi-

co da **nitrato-redutase cinase**. Logo a seguir, a nitrato redutase fosforilada é ligada por uma proteína 14-3-3, interrompendo o transporte de elétrons entre o citocromo b_{557} e o molibdênio e inativando a enzima. Em consequência, a enzima inativada é levada à degradação proteica.

As proteínas 14-3-3 são altamente conservadoras, com funções reguladoras centrais e presentes em todas as células eucarióticas. A designação 14-3-3 se deve ao comportamento das proteínas na separação por eletroforese e refere-se ao seu peso molecular de aproximadamente 14 kDa. Em regra geral, as proteínas 14-3-3 ligam proteínas-alvo fosforiladas e, com isso, influenciam sua atividade e estabilidade. Em vegetais, é conhecida uma série de proteínas 14-3-3. A essa categoria pertencem a H^+-ATPase (ligada à membrana plasmática) das células-guarda e a sacarose fosfato sintase. Com a ligação ao C-terminal autoinibidor da H^+-ATPase, a bomba de prótons é ativada, provocando a abertura das células-guarda. O papel da ligação de proteínas 14-3-3 à SPS é menos conhecido e atualmente é alvo de investigação.

A fosforilação da nitrato redutase é alcançada por meio da regulação da cinase e fosfatase. A cinase é inibida pela luz e ativada pelo Ca^{2+}. A fosfatase é ativada pela luz,

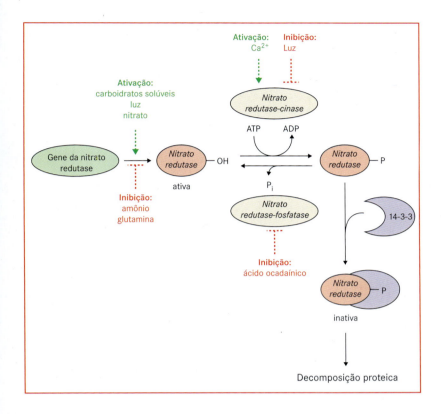

Figura 5-85 Regulação da atividade da nitrato redutase.

ativando rapidamente a enzima existente sob forma inativa no escuro. Esses mecanismos de regulação garantem que a formação de nitrito só ocorra quando houver necessidade e sua conversão no metabolismo for segura. No escuro, o nitrato originado é armazenado nos vacúolos das células do mesofilo.

5.6.2 Assimilação de nitrato em tecidos sem ação fotossintética

Em células aclorofiladas (por exemplo, em raízes, em fungos e bactérias), o nitrato é igualmente convertido em amônio, tendo o nitrito como produto intermediário. A reação da nitrito redutase processa-se nos leucoplastos de raízes, onde a enzima obtém seus elétrons de $NADPH+H^+$. O $NADPH+H^+$ provém do ciclo oxidativo da pentose fosfato (ver 5.9.3.5). A assimilação não fotossintética de nitrato é constatada em plântulas e também em plantas lenhosas (árvores, arbustos), mas em pequeno grau na maioria das plantas herbáceas adultas (exceção: muitas leguminosas). As plantas, que realizam predominantemente a assimilação fotossintética de nitrato, armazenam grandes quantidades desse produto no caule e no sistema de raízes (por exemplo, *Chenopodium, Xanthium, Beta*). O nitrogênio produzido nas raízes em forma de amônio é, nesses órgãos, convertido em aminoácidos. Através do xilema, esses aminoácidos são transportados em forma de glutamina e asparagina para a parte aérea.

5.7 Assimilação de sulfato

Pelas raízes, a planta absorve enxofre em forma de sulfato (SO_4^{2-}, nível de oxidação +VI) (ver 5.2.3.2) e o reduz ao nível de sufeto (S^{2-}, nível de oxidação –II). Esta reação realiza-se principalmente nos cloroplastos e é, então, uma parte da fotossíntese; contudo, em plantas superiores ela pode se processar também nas raízes, nas quais a localização intracelular não está esclarecida. Ao contrário do nitrogênio, que sempre é incorporado a compostos orgânicos em forma reduzida, o enxofre pode ser empregado também em forma oxidada para a síntese de determinados compostos orgânicos, como, por exemplo, dos sulfolipídeos (ver 1.5.2, Figura 1-21), glucosinolatos (ver 5.15.4) e flavonoides sulfatados. No entanto, a parte predominante do enxofre é demandada como sulfeto. O enxofre está presente em aminoácidos e proteínas neste nível de oxidação, no agente redutor glutationa, em algumas coenzimas e nos centros ferro-enxofre de proteínas redox (por exemplo, ferredoxina, Figura 5-51). Apenas bactérias, fungos e plantas verdes são capazes de realizar a assimilação de sulfato, ao passo que os animais precisam absorver junto com o alimento os compostos de enxofre reduzidos.

A redução do sulfato, como a do nitrato, realiza-se em duas etapas:

$$SO_4^{2-} (+VI) \xrightarrow{2e^-} SO_3^{2-} (+IV) \xrightarrow{6e^-} S^{2-} (-II).$$

Contrariando ideias anteriores, o sulfito intermediário (SO_3^{2-}) em forma livre é formado não apenas por bactérias e fungos, mas igualmente por plantas verdes e também é reduzido a sulfeto (S^{2-}) (Figura 5-86).

A sequência de reações começa com a formação de "**sulfato ativo**", a partir de ATP e sulfato:

$$ATP + SO_4^{2-} \rightleftharpoons \text{adenosina fosfossulfato (APS)} + PP_i$$
$$\Delta G^{0'} = 45 \text{ kJ mol}^{-1}$$

O equilíbrio de reação dessa reação fortemente endergônica situa-se distante dos produtos iniciais. Por acoplamento energético (ver 5.1.5) em duas reações exergônicas:

$$PP_i + H_2O \rightleftharpoons 2 P_i \quad \Delta G^{0'} = -33,5 \text{ kJ mol}^{-1}$$
$$APS + ATP \rightleftharpoons PAPS + ADP \quad \Delta G^{0'} = -25 \text{ kJ mol}^{-1}$$

a reação global da ativação do sulfato torna-se exergônica:

$$SO_4^{2-} + 2 ATP \rightleftharpoons PAPS + 2 P_i + ADP$$
$$\Delta G^{0'} = -13,5 \text{ kJ mol}^{-1}.$$

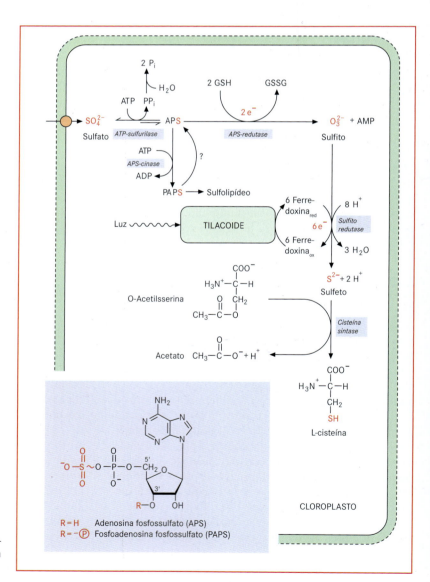

Figura 5-86 Assimilação fotossintética de sulfato. – GSU, glutationa reduzida; GSSG, glutationa oxidada (ver Figura 5-58). (Segundo E. Weiler.)

Em equilíbrio, existe muito pouco APS ao lado de PAPS (3'-fosfoadenosina fosfossulfato, Figura 5-86) predominante. A "ativação" do sulfato em APS e PAPS continua na ligação fosfoanidrido ($\Delta G^{0'} = -71$ kJ mol^{-1}). Nessa forma, o grupo sulfato pode ser facilmente reduzido. A enzima responsável por isso reage preferencialmente com APS, de modo que PAPS tem a função de armazenar "sulfato ativo". A APS redutase transporta 2 elétrons para o enxofre em APS, com liberação de sulfito (SO_3^{2-}). Os elétrons são colocados à disposição via glutationa reduzida. O sulfito é reduzido a sulfeto (Figura 5-86) em uma etapa de seis elétrons sem níveis intermediários detectáveis; os elétrons provêm da ferredoxina. A reação possui não apenas semelhança formal com a redução do nitrito: estruturalmente, a sulfito redutase é também muito semelhante à nitrito redutase e dispõe do mesmo cofator Fe_4S_4-siro-heme para o transporte dos 6 elétrons.

A sulfidrila é imediatamente empregada na síntese de cisteína. A alta afinidade ao substrato da enzima **cisteína sintase** garante que a sulfidrila não se acumule na célula. A reação transcorre com tiólise de O-acetilserina (molécula aceptora de SH); por isso, a enzima é denominada O-acetilserina tioliase (ou O-acetilserina sulfidrase); ela contém piridoxal fosfato como grupo prostético. A cisteína serve como produto inicial para a biossíntese da metionina e de outros tióis de massa molecular baixa, como da glutationa ou da fitoquelatina (ver 5.2.24). De acordo com descobertas mais recentes, também o enxofre com labilidade ácida em centros ferro-enxofre (Figura 5-51) deve provir da cisteína.

5.8 Transporte de assimilados na planta

A distribuição das substâncias orgânicas sintetizadas pela planta (assimilados), dos sítios de produção (órgãos-"fonte"; do inglês *source*) para os sítios de consumo (órgãos-"dreno"; do inglês *sink*), realiza-se nas cormófitas predominantemente via elementos crivados (floema; ver 3.2.4.1). Para superar distâncias mais curtas, os assimilados podem se deslocar de célula a célula também simplasticamente via plasmodesmas (ver 2.2.7.3 e 6.4.4.1) ou apoplasticamente; o mecanismo é por difusão. A saída e entrada de assimilados pela plasmalema são efetuadas por translocadores especiais. Só excepcionalmente os assimilados são transportados no xilema. Isso acontece em árvores caducifólias na primavera (secreção de seiva, ver 5.3.5). Além disso, seguindo a assimilação de nitrato, os aminoácidos formados (especialmente glutamina e asparagina) são transportados das raízes para a parte aérea via xilema; substâncias ativas como fitormônios (ver 6.6) também são encontrados na seiva do xilema (ver 5.3.5).

5.8.1 Composição do conteúdo do floema

Em princípio, devem ser transportadas todas as substâncias (ou seus precursores apropriados) que não podem ser sintetizadas nas células não autotróficas. Os principais metabólitos transportados são os açúcares, ao lado dos quais também se encontram na seiva do floema os aminoácidos, outros compostos nitrogenados, nucleotídeos (destacando-se altas concentrações em ATP), vitaminas, ácidos orgânicos, fitormônios e substâncias minerais. Das mais de 200 proteínas importantes na seiva do floema, a maioria é encontrada especificamente apenas nos elementos crivados.

A análise do conteúdo da seiva do floema pode ser feita pela **técnica do afídeo**. Os pulgões, produtores de secreção açucarada, inserem seu estilete (peça bucal) em um único elemento crivado. A pressão de turgor no elemento crivado "impulsiona" a seiva através do sistema digestório do inseto, onde são retirados especialmente compostos nitrogenados, vitaminas e substâncias minerais; o açúcar excedente, no entanto, é secretado como uma substância açucarada (com diluição de 10-25% em água). Utilizando-se *laser*, retira-se o estilete do corpo do pulgão, do qual é extraída a seiva do floema para análise. Ligando-se o estilete a um medidor de pressão, pode-se também verificar o turgor no elemento crivado.

Em regra geral, os açúcares constituem mais de 90% da massa seca da "seiva dos elementos crivados". Considerando os açúcares transportados no floema, é possível distinguir três grupos principais de plantas:

Espécies que têm a **sacarose** como principal açúcar transportado. A esse grupo pertence a maioria das espécies estudadas, como, por exemplo, todas as samambaias, gimnospermas e monocotiledôneas até agora investigadas; entre as dicotiledôneas, por exemplo, todas as Fabaceae examinadas.

Espécies que, além da sacarose, apresentam quantidades consideráveis de oligossacarídeos da **família da rafinose**, como, por exemplo, rafinose, estaquiose, verbascose, ajugose (nesse caso, trata-se de galactosídeo de sacarose, Figura 5-87). Também nesse grupo encontram-se representantes de várias famílias vegetais, como, por exemplo, Betulaceae (inclui Corylaceae), Malvaceae (inclui Tiliaceae), Ulmaceae e Cucurbitaceae.

Espécies que, além dos açúcares mencionados, contêm ainda grandes quantidades de **açúcares-álcoois** (Figura 5-87), como, por exemplo, o manitol de Oleaceae (a "secreção doce do freixo", com elevado conteúdo de manitol, obtém-se da seiva do floema de *Fraxinus ornus*), o sorbitol de algumas subfamílias de Rosaceae e o dulcitol de Celastraceae.

O nitrogênio reduzido é transportado no floema principalmente em forma de aminoácidos proteinogênicos (especialmente glutamina, glutamato e aspartato). Nas Betulaceae e Junglandaceae, o aminoácido não proteinogênico L-citrulina é a mais importante forma de transporte do nitrogênio (Figura 5-87); ele serve também ao armazenamento de nitrogênio.

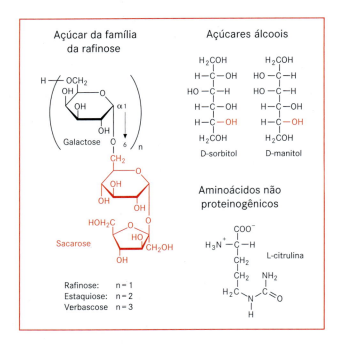

Figura 5-87 Estruturas de alguns assimilados de transporte adicionais que ocorrem em determinados grupos vegetais (ver texto), além de metabólitos de transporte gerais (sacarose como carboidrato, aminoácidos proteinogênicos, especialmente glutamina, glutamato e aspartato).

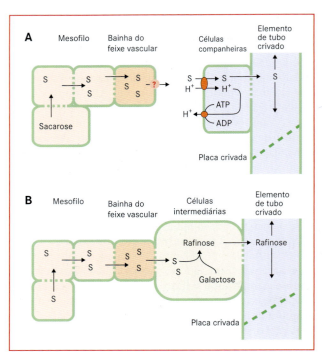

Figura 5-88 Representação esquemática de diferentes rotas do carregamento do floema. **A** Carregamento apoplástico. **B** Carregamento simplástico.

5.8.2 Carregamento do floema

Os assimilados (principalmente carboidratos e aminoácidos) saem das células fotossintetizantes do mesofilo, onde são formados, passam pelas células da bainha que circundam os elementos condutores e o parênquima do floema e chegam aos elementos crivados das nervuras foliares mais finas. Esse trajeto é representado por apenas poucas células (3-5). Esse transporte realiza-se por difusão através dos inúmeros plasmodesmas entre essas células. O carregamento dos elementos crivados (elementos de tubo crivado ou células crivadas) se processa por duas rotas possíveis (Figura 5-88). Pode haver também combinações das duas rotas de carregamento.

O **carregamento apoplástico do floema** prevalece nas espécies que empregam a sacarose como principal açúcar de transporte. Seguindo a rota do mesofilo e passando pela bainha do feixe vascular, a sacarose é liberada no apoplasto (Figura 5-88A). Isso pode acontecer por difusão, pois nessas células a concentração da sacarose é consideravelmente mais elevada do que no apoplasto. O sistema de transporte não é conhecido. A partir do apoplasto, a sacarose ingressa nas células companheiras (ou nas suas equivalentes funcionais), por meio de um translocador específico (um transportador de sacarose-íons hidrogênio do tipo simporte). Um transporte direto para os elementos crivados é igualmente discutido. A força impulsora para o ingresso no floema é fornecida por uma ATPase translocadora de íons hidrogênio, que pertence ao tipo P já mencionado em outro contexto (ver 5.1.5, Figura 5-4); o ingresso de sacarose no floema é, portanto, um processo ativo secundário, com efeito concentrador de sacarose nos elementos crivados. O ATP necessário provém da respiração mitocondrial. Em espécies com carregamento apoplástico do floema, esse processo pode ser efetivamente impedido por substâncias tóxicas prejudiciais à respiração. O transportador de sacarose-íons hidrogênio do tipo simporte pode ser clonado (Quadro 6-3) e localizado com o emprego de anticorpo específico na membrana plasmática das células companheiras (por exemplo, em tanchagem). Por difusão, a sacarose absorvida pelas células companheiras deve chegar via plasmodesmas aos elementos crivados (Figura 5-88A).

O **carregamento simplástico do floema** é encontrado em espécies que, além da sacarose, transportam quantidades consideráveis de oligossacarídeos da família da rafinose (Figura 5-87). Citologicamente, nessas espécies podem ser encontrados numerosos plasmodesmas, que unem simplasticamente todas as células da rota de transporte. Não está definitivamente esclarecido como, também nesse tipo de carregamento, é efetuada a concentração de carboidratos nos elementos crivados. De acordo com o modelo de "aprisionamento de polímeros" (*polymer-trapping-model*), nessas espécies, a síntese da rafinose a partir da sacarose e galactose deve ocorrer só nas células que envolvem os elementos crivados. Desse modo, nessas células (intermediárias) a concentração de sacarose é mantida baixa e novamente difundida a partir do mesofilo (Figura 5-88B). Segundo esse modelo, pode-se depreender que o deslocamento via plasmodesmas é muito seletivo, de modo que a rafinose pode difundir-se para os elementos crivados, mas não de volta para o mesofilo. Até agora, isso não foi comprovado experimentalmente.

Nas plantas com carregamento apoplástico do floema, os aminoácidos também são levados aos elementos crivados, provavelmente via transportador ativo de aminoácidos-íons hidrogênio do tipo simporte. Contudo, esses translocadores são pouco específicos ao substrato, de modo que os aminoácidos formados no sítio de produção chegam ao floema. Chama atenção que plantas com carregamento simplástico do floema também dispõem de aminoácidos de transporte especiais (em Cucurbitaceae, por exemplo, a citrulina [Figura 5-87], aminoácido não proteinogênico intermediário na biossíntese de arginina). Isso talvez se deva ao fato de que um efetivo carregamento simplástico do floema – como no caso dos carboidratos – exige uma síntese vetorial.

5.8.3 Transporte de assimilados no floema

Na zona dos órgãos de assimilação, por meio dos processos do carregamento do floema são produzidas concentrações elevadas de metabólitos ativos osmoticamente (cerca de 0,2-0,7 M de carboidratos e aproximadamente 0,05 M de aminoácidos). O afluxo passivo de água do entorno (em última análise, a partir do xilema) gera um turgor elevado no sítio do carregamento do floema. Os elementos crivados são plasmolisáveis e, portanto, têm uma plasmalema intacta com propriedades permeáveis seletivas. Por outro lado, nos sítios de consumo efetua-se a retirada de assimilados do floema (ver 5.8.4, Figura 5-89), seguida da saída passiva de água e da correspondente diminuição do turgor. A água liberada chega ao xilema. Assim, é plausível a estreita vizinhança de xilema e floema.

Por isso, entre os sítios de carregamento e descarregamento existe um **gradiente de pressão** nos elementos crivados. Segundo a **teoria de fluxo de pressão**, formulada inicialmente por Münch, esse gradiente de pressão provoca um fluxo de massa do conteúdo dos elemen-

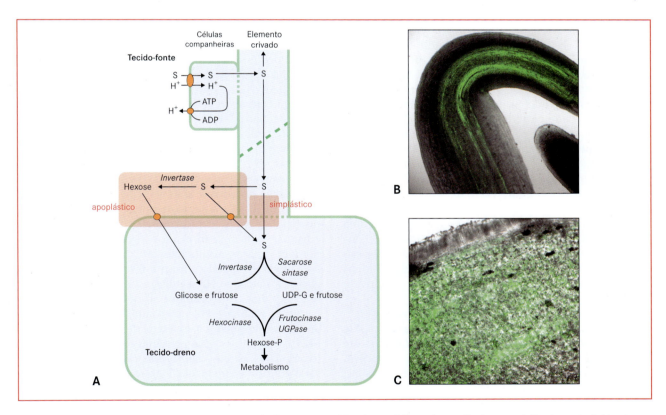

Figura 5-89 **A** Representação do descarregamento do floema em tecidos-dreno. **B** Fotomicrografia de um estolão de um indivíduo transgênico de batata, que expressa a proteína verde fluorescente (GFP, *green fluorescent protein*) nas células companheiras. Com base na limitação da fluorescência ao tecido condutor, pode-se concluir que o floema está isolado simplasticamente das células do entorno, ou seja, o descarregamento se processa apoplasticamente. **C** Fotomicrografia de um tubérculo de batata, que igualmente expressa a GFP nas células companheiras. A distribuição homogênea da fluorescência da GFP no parênquima indica que o floema está vinculado simplasticamente às células adjacentes, isto é, o descarregamento se processa simplasticamente. Nos Quadros 6-3 e 6-4 podem ser encontradas particularidades sobre a produção de plantas transgênicas.

tos crivados do sítio doador (fonte) para o sítio receptor (dreno) (em inglês *source-to-sink*); as substâncias dissolvidas são carregadas nesse fluxo de massa. A esse respeito, são atingidas velocidades de fluxo de 0,5-1,5 m h^{-1}, mesmo em trajetos amplos (na tília, por exemplo, o conteúdo de um elemento crivado é renovado 5 vezes por segundo). Em uma velocidade média de 0,6 m h^{-1} e 0,5 M de sacarose, o fluxo é de aproximadamente 100 kg de sacarose h^{-1} m^{-2} do corte transversal do elemento crivado (lume).

Experimentalmente, foi confirmado de diferentes maneiras um gradiente de turgor nos elementos crivados na direção do transporte. Para superar a resistência dos elementos crivados ao fluxo é necessário um gradiente de pressão de cerca de $-0,04$ MPa m^{-1} (com base em valores típicos de dimensões celulares e viscosidades do conteúdo dos elementos crivados); aproximadamente a metade da resistência ao fluxo se manifesta nas placas crivadas (dos tubos crivados) ou nas áreas crivadas (das células crivadas) (ver 3.2.4.1). Admite-se que a resistência ao fluxo das placas crivadas/áreas crivadas favoreça a manutenção do gradiente de turgor que impulsiona o fluxo, pois um gradiente de pressão em uma coluna líquida contínua seria rapidamente rompido. Com isso, os muitos gradientes osmóticos locais entre os elementos crivados e os sítios doador e receptor no entorno podem constituir a força impulsora.

Segundo a teoria de fluxo de pressão, a direção do transporte no floema é estabelecida por uma queda osmótica (e, com isso, por um gradiente de turgor) da fonte para o dreno dos assimilados. Como **órgãos-fonte** atuam, por exemplo, as folhas adultas fotossintetizantes ou os órgãos armazenadores no período de mobilização das substâncias de reserva (por exemplo, caules ou raízes no começo do desenvolvimento das folhas; cotilédones ou endosperma na germinação de sementes; tubérculos, bulbos e raízes tuberosas no início do desenvolvimento da planta). Uma exportação especialmente intensiva de substâncias nitrogenadas se estabelece em plantas perenes antes da queda das folhas; após sua hidrólise a aminoácidos, uma grande parte do nitrogênio das proteínas foliares é conduzida para os órgãos perenes. Nessa fase, a concentração total de aminoácidos no floema pode ser de até 0,5 M; os carboidratos então têm representação baixa no conteúdo do floema.

Como **órgãos-dreno** atuam em todas as partes vegetais em crescimento (por exemplo, meristemas apicais de caules e raízes; câmbio; folhas jovens em crescimento – até aproximadamente a metade do seu tamanho definitivo, quando se estabelece a exportação; folhas escurecidas; frutos em crescimento; órgãos vegetativos de armazenamento no período do seu abastecimento). No interior de uma planta maior, em períodos diferentes pode haver vários órgãos-fonte e órgãos-dreno alternantes. Assim, por exemplo, as folhas inferiores muitas vezes abastecem as raízes; as folhas superiores, por sua vez, abastecem os ápices caulinares, flores e frutos. Por isso, encontram-se transportes em sentidos contrários em um mesmo segmento da parte aérea de uma planta – contudo, nunca no mesmo elemento crivado.

5.8.4 Descarregamento do floema

O descarregamento do floema, igualmente, pode realizar-se simplástica ou apoplasticamente (Figura 5-89A). No primeiro caso, a retirada dos assimilados se processa via plasmodesmas entre os elementos crivados e as células dos órgãos-dreno. Isso parece acontecer principalmente em tecidos não armazenadores, como raízes e caules em crescimento. Com a metabolização dos assimilados nessas células, presume-se que se mantenha abrupta a queda de concentração, necessária para o descarregamento do floema. No descarregamento apoplástico –, significativo para os tecidos de reserva das sementes – os assimilados ficam inicialmente no apoplasto e de lá ingressam nas células armazenadoras. Os transportadores não estão bem caracterizados nos seus detalhes. Os transportadores de metabólitos-íons hidrogênio do tipo simporte, no entanto, devem exercer um papel no acesso às células armazenadoras.

As rotas simplásticas e apoplásticas de transporte não são estáticas, mas sim podem se alterar durante o desenvolvimento dos órgãos. Assim, durante o desenvolvimento dos tubérculos da batata, por exemplo, efetua-se inicialmente um descarregamento apoplástico de assimilados para os estolões (caules de crescimento subterrâneo, em cujas extremidades se formam os tubérculos da batata) (Figura 5-89B); isso se modifica após a indução dos tubérculos, de modo que o tubérculo da batata em crescimento é suprido de assimilados por via simplástica (Figura 5-89C).

A conversão da sacarose no metabolismo é realizada pela reação da sacarose sintase ou pela reação da invertase (Figura 5-89A). A sacarose sintase é uma enzima citoplasmática e transforma sacarose e UDP em UDG glicose e frutose. A frutose formada é logo a seguir fosforilada por frutocinases, resultando em frutose-6-fosfato. Tanto a UDP glicose quanto a frutose-6-fosfato podem formar glicose fosfato, que, em seguida, é transformada em amido nos plastídios (rota principal nos tecidos-dreno armazenadores de amido). Por outro lado, os açúcares ativados podem ser destinados a uma série de outras rotas metabólicas. As invertases estão presentes em três compartimentos celulares: parede celular, citoplasma e vacúolo. A invertase ligada à parede celular exerce um papel importante no descarregamento apoplástico da sacarose, ao mesmo tempo que cliva sacarose em glicose e frutose. Uma vez que as hexoses formadas não estão móveis no floema, sua permanência é garantida pela hidrólise no tecido-dreno. Logo a seguir, via transportador de hexose-íons hidrogênio do tipo simporte, as hexoses formadas são absorvidas pelas células e, após a fosforilação, com participação de hexocinases suprem o metabolismo. As invertases intracelulares levam igualmente à formação de hexoses a partir de sacarose, sendo atribuído à invertase vacuolar um papel na osmorregulação e no crescimento em extensão das células. O papel da invertase citoplasmática ainda não está esclarecido.

Algumas espécies armazenam carboidratos em forma de sacarose (beterraba, cana-de-açúcar) outras em forma de glicose (alguns frutos, como, por exemplo, uvas). O armazenamento desses açúcares solúveis efetua-se nos vacúolos. Além do amido, outros polissacarídeos funcionam como carboidratos de reserva (ver 5.16.1.2).

Uma vez que muitos fenômenos metabólicos de consumo e mobilização de assimilados são governados por fitormônios e inibidores, não é de se admirar que a respectiva distribuição dos sítios de fonte e dreno tenha uma relação estreita com as atividades locais desses reguladores e que, por exemplo, um câmbio (estimulado por hormônios para exercer a atividade de divisão) comece a atuar como sítio receptor (dreno). Assim, as citocininas (um grupo de fitormônios, ver 6.6.2) devem promover a formação da invertase apoplástica e, por meio da hidrólise de sacarose no apoplasto das células correspondentes, favorecer a retirada de sacarose do floema, regulando, portanto, a "intensidade do dreno" (do inglês, *sink strength*) de um órgão ou tecido.

5.9 Ganho de energia pela decomposição de carboidratos

Uma vez que o ATP formado pela fotofosforilação geralmente é gasto na redução de CO_2 (assimilação de CO_2), o ATP necessário para outras atividades da célula, mesmo nos organismos autotróficos, deve ser fornecido de outra maneira (Figura 5-2). Além disso, mesmo no período escuro, os fotoautotróficos devem poder formar ATP. Todas as células dos organismos heterotróficos e autotróficos empregam exclusivamente compostos de carbono reduzidos, provenientes da fotossíntese, como matéria de partida para a síntese dos seus componentes celulares orgânicos e também como doadores de energia.

A liberação da energia proveniente da degradação de compostos orgânicos reduzidos (respiração) realiza-se sempre mediante reações redox, ou seja, por transferências de elétrons de um doador para um receptor de elétrons. Dependendo do aceptor final de elétrons nas reações de degradação fornecedoras de energia (= reações catabólicas), distinguem-se dois tipos principais de respiração: em um tipo, o O_2 serve como aceptor final de elétrons (**respiração aeróbia** ou **respiração celular**, Figura 5-2); no segundo tipo, é uma molécula orgânica que se origina por degradação (**respiração anaeróbia** ou **fermentação**). Logo, nos fenômenos de fermentação não há qualquer oxidação líquida do substrato, mas sim oxidorredução interna, portanto uma transferência de elétrons dentro de um substrato ou entre produtos da clivagem de um substrato.

Os organismos incapazes de utilizar oxigênio, os anaeróbios obrigatórios (que obrigatoriamente realizam fermentação), são raros e restritos a algumas bactérias e invertebrados, encontrados, por exemplo, no lodo de corpos de água e no intestino de animais. Os anaeróbios facultativos, isto é, aqueles que só na carência de oxigênio obtêm sua energia por fermentação, representam a maioria das células vivas, embora a capacidade de trabalho da respiração anaeróbia (e, com isso, a sensibilidade à carência de oxigênio) e seu mecanismo sejam diferentes. A maioria das leveduras, por exemplo, pode manter vida anaeróbia por fermentação, mas se multiplicam apenas de maneira aeróbia, ou seja, respirando. A mudança do catabolismo aeróbico para o anaeróbio pode ser facilitada pelo fato de que as duas rotas de reação transcorrem de modo idêntico em muitos níveis e a degradação aeróbia utiliza compostos também formados de maneira anaeróbia.

Em geral, as hexoses (principalmente glicose) servem de substratos para as fermentações. Porém, especialistas (entre as bactérias, por exemplo) podem também fermentar pentoses, aminoácidos e ácidos graxos. A respiração também, na maioria das vezes, começa da glicose como substrato. A rota comum da reação das fermentações da glicose e da respiração da glicose leva até o piruvato e é denominada **glicólise** (ver 5.9.1). A glicólise se processa no citoplasma.

A glicose está à disposição da planta diretamente pela série de reações do ciclo de Calvin (ver 5.5, Figura 5-63) ou a partir da degradação de carboidratos de transporte ou de reserva (Figura 5-65, ver 5.16.1.2), permitindo o abastecimento de células ou tecidos não ativos fotossinteticamente. Além disso, as plantas podem transformar lipídeos de reserva em carboidratos (ver 5.11). Finalmente, a degradação dos esqueletos de carboidratos dos aminoácidos (por exemplo, a partir de proteínas de reserva) pode também servir à formação de ATP.

5.9.1 Glicólise

A glicose fica à disposição por meio da degradação da sacarose por invertases ou da degradação do amido. A glicose-1-fosfato resulta da degradação da sacarose, pela ação de sacarose sintase e UDP-glicose pirofosforilase, ou por degradação fosforolítica do amido. Com gasto de ATP e ação da hexocinase, a glicose é convertida em glicose-1-fosfato e esta, com a ajuda da fosfoglicomutase, em glicose-6-fosfato. A glicose-6-fosfato está em equilíbrio com a frutose-6-fosfato, metabólito de início da glicólise (Figura 5-90) (reação da hexose fosfato isomerase).

Duas enzimas (PP$_i$-Frutose-6-fosfato-cinase e ATP-Frutose-6-fosfato-cinase) são responsáveis pela conversão de frutose-6-fosfato em frutose-1,6-bisfosfato em plantas. Dessas enzimas, presume-se que a cinase PP$_i$-dependente exerça um papel superior, pois ela está sob estrita regulação metabólica (Figuras 5-65 e 5-69). Com ação da aldolase, frutose-1,6-bisfosfato é clivada em uma molécula de gliceraldeído fosfato e uma molécula de di-hidroacetona fosfato, que se mantém em um equilíbrio catalisado por triose-fosfato isomerase. As reações da glicólise fornecedoras de energia transcorrem com formação de piruvato a partir gliceraldeído fosfato. A sequência de reações mostrada na Figura 5-90 é processada duas vezes por hexose empregada (para cada uma, duas trioses-fosfato) e fornece 2 ATP por triose-fosfato (portanto, 4 ATP por hexose). Considerando o balanço de glicose, para formação de frutose-1,6-bisfosfato, são consumidas 2 moléculas de ATP. O ganho líquido da glicólise é, então, de 2 ATP por glicose (para a fosforilação de frutose-6-fosfato, é usado pirifosfato em vez de ATP, de modo que a produtividade energética aumenta em 2 ATP, razão pela qual sob carência de oxigênio atribui-se um papel à cinase PP$_i$-dependente).

As transformações da frutose-1,6-bisfosfato até 3-fosfoglicerato transcorrem no sentido contrário como

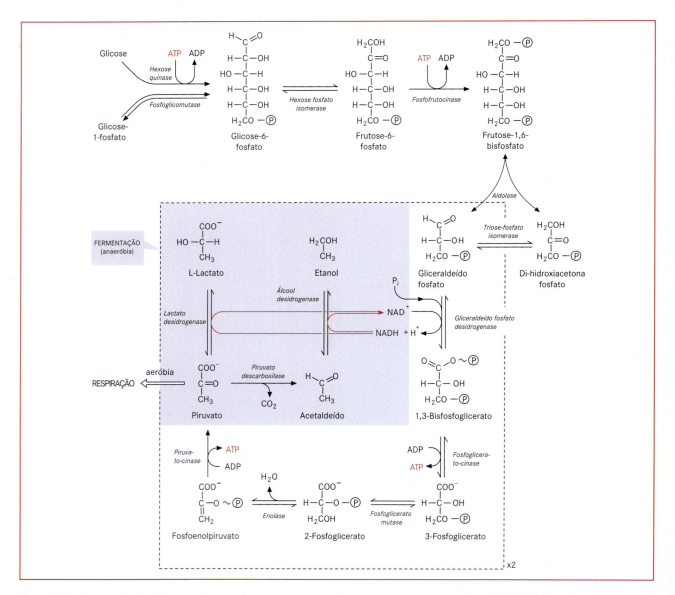

Figura 5-90 Degradação glicolítica da glicose a piruvato e (fundo azul) fermentações para reoxidação de NADH+H$^+$ formada na glicólise, sob carência de oxigênio. As reações dentro da caixa tracejada se processam duas vezes por molécula de glicose, pois se formam 2 trioses-fosfato como produtos da reação da aldolase. (Segundo E. Weiler.)

parte do ciclo de Calvin (Figura 5-63). No entanto, em parte as isoenzimas participantes se distinguem claramente em sua estrutura molecular; a gliceraldeído fosfato desidrogenase dos cloroplastos é dependente de NADP.

A síntese de ATP durante a glicólise é denominada **fosforilação em nível de substrato**. As duas reações de síntese são exergônicas. A entalpia livre padrão molar da hidrólise de fosfoenolpiruvato a piruvato e fosfato inorgânico é de $\Delta G^{0'} = -61,9$ kJ mol^{-1} (Figura 5-3). A reação catalisada pela **piruvato-cinase**, na qual o resíduo de fosfato é transferido para o ADP, formando ATP ($\Delta G^{0'} = +30,5$ kJ mol^{-1}), é portanto no total exergônica ($\Delta G^{0'} = -31,4$ kJ mol^{-1}) e praticamente irreversível. Assim, cerca de 50% da energia da síntese de fosfoenol sob condições padrão é conservada no ATP.

A entalpia livre padrão molar da hidrólise de 1,3-bisfosfoglicerato em 3-fosfoglicerato e fosfato ($\Delta G^{0'} = -49,4$ kJ mol^{-1}, Tabela 5-3) é também suficientemente grande para a síntese de ATP. Logo, a reação da **fosfoglicerato-cinase** é igualmente exergônica ($\Delta G^{0'} = -49,4 + 30,5$ kJ mol$^{-1} = -18,9$ kJ mol^{-1}). A distância do 1,3-bisfosfoglicerato do equilíbrio de reação "aciona" a oxidação endergônica fraca do gliceraldeído fosfato para a reação da gliceraldeído fosfato desidrogenase ($\Delta G^{0'} = +6,3$ kJ mol^{-1}), de modo que a reação global da oxidação do gliceraldeído fosfato para 3-fosfoglicerato é exergônica ($\Delta G^{0'} = -18,9 + 6,3$ kJ mol$^{-1} = -12,6$ kJ mol^{-1}).

5.9.2 Fermentações

Na presença de oxigênio, o piruvato é finalmente oxidado a CO$_2$ e, com isso, também o NADH formado na glicólise é reoxidado. Sob carência de oxigênio, isso não é possível ou ocorre de maneira bastante restrita. Por isso, muitas células têm a possibilidade de reoxidar NADH, à medida que os elétrons são transferidos para metabólitos da glicólise, para o piruvato ou para o acetaldeído formado a partir deste. No primeiro caso, forma-se ácido láctico (fermentação láctica, ver 5.9.2.2) e no segundo caso, etanol (fermentação alcoólica, ver 5.9.2.1). Em cada caso, a fermentação garante a manutenção da glicólise e, com isso, do fornecimento de ATP da célula por meio da fosforilação em nível de substrato, sob carência de oxigênio (Figura 5-90).

5.9.2.1 Fermentação alcoólica

O etanol como produto final da decomposição da glicose ocorre não apenas nas leveduras empregadas tecnicamente, mas também em muitos outros microrganismos e em tecidos de diferentes plantas superiores (sementes de muitas espécies, como arroz e ervilha; raízes sob inundação, por exemplo, arroz e milho) sob carência de oxigênio.

Uma vez que o etanol em concentrações mais elevadas é um tóxico celular que, devido à sua alta permeabilidade à membrana, não pode ser afastado por compartimentos, ele só é formado naqueles organismos que vivem permanentemente no meio aquático e são capazes de liberar álcool.

A fermentação alcoólica é representada pela seguinte equação bruta:

$$C_6H_{12}O_6 \rightarrow 2\ C_2H_5OH + 2\ CO_2$$
$$\Delta G^{0'} = -234\ kJ\ mol^{-1}$$

Em uma degradação completa da glicose até CO$_2$, $\Delta G^{0'} = -2877$ kJ mol^{-1}. Por isso, do ponto de vista energético, a fermentação alcoólica é uma processo muito ineficaz, no qual grandes quantidades de substrato são convertidas e um substrato ainda ricamente energético (etanol) é eliminado. O CO$_2$ produzido pela levedura do pão igualmente durante a fermentação alcoólica no cozimento faz a massa fermentada "crescer" e ficar porosa.

A Figura 5-90 apresenta a sequência de reações desde o piruvato até o etanol. A descarboxilação do piruvato para acetaldeído necessita da tiamina pirofosfato como coenzima. O rendimento de ATP da fermentação alcoólica é o da glicólise: partindo de 1 glicose, a produção líquida é de 2 ATP. Assim, sob condições padrão, a conservação de energia é de 2 · 30,5 kJ mol^{-1}/234 kJ mol^{-1} = 0,26 (26%). Nas células cujos participantes da reação não se encontram sob condições-padrão o rendimento é muito maior.

5.9.2.2 Fermentação láctica e outras fermentações

Na fermentação láctica pura (Figura 5-90), apenas o ácido láctico é formado a partir da glicose (**homofermentação**): $C_6H_{12}O6 \rightarrow 2$ lactato$^-$ + 2 H$^+$; $\Delta G^{0'} = -197$ kJ mol^{-1}. Essa degradação anaeróbia ocorre (exceto no músculo animal), por exemplo, nas bactérias *Streptococcus lactis* (empregada para a cultura de partida na fabricação de manteiga e queijo; causa também a acidificação espontânea do leite) e *Lactobacillus delbrückii* (usada na produção de ácido láctico), bem como em algumas plantas superiores (batata, por exemplo) e diferentes algas verdes (*Chlorella*, *Scenedesmus*, por exemplo). Na fermentação láctica, o piruvato, mediante catálise da lactato desidrogenase (Figura 5-90), é reduzido diretamente a L-ácido láctico (L-lactato), com regeneração de NAD$^+$ para a glicólise. Com $\Delta G^{0'} = -25$ kJ mol^{-1}, a reação é fortemente exergônica e, de acordo com a realidade da célula, irreversível.

O balanço de ATP da fermentação láctica corresponde ao da fermentação alcoólica. Sob condições padrão, o rendimento energético é de 31%, mas pode, novamente, ser muito mais alto na célula.

Na fermentação láctica impura (**heterofermentação**), além do ácido láctico, produzem-se etanol e CO₂ em quantidades equimolares. Ela é encontrada, por exemplo, igualmente em determinadas espécies de *Lactobacillus*.

Existem ainda outras formas de fermentação, denominadas de acordo com seus produtos finais: por exemplo, fermentação propiônica, fermentação fórmica, fermentação butírica, fermentação succínica; basicamente, elas transcorrem segundo mecanismos semelhantes aos das fermentações alcoólica e láctica. Embora seja assim designada, a "fermentação acética" não é uma fermentação, pois ela se processa com consumo de oxigênio:

$C_2H_5OH + O_2 \rightarrow CH_3COOH + H_2O \quad \Delta G^{0'} = -753 \text{ kJ mol}^{-1}$.

Essa reação é realizada, por exemplo, por espécies de *Acetobacter* utilizadas para a produção de vinagre.

5.9.3 Respiração celular

Sob condições aeróbicas, a energia ainda existente no piruvato torna-se utilizável para a célula sob forma de ATP e, com isso, ao mesmo tempo regenera NAD⁺ (necessária para a glicólise) a partir de NADH+H⁺.

Nos eucariotos, esses processos transcorrem nas mitocôndrias (ver 2.2.8). Com o auxílio de um translocador localizado na sua membrana interna, as mitocôndrias importam o piruvato do citoplasma, em intercâmbio com íons hidroxila. A NADH formada na glicólise – diferentemente dos animais – é reoxidada pelas mitocôndrias vegetais (na sua membrana interna) (Figura 5-95). A membrana interna da mitocôndria, como a dos cloroplastos, é praticamente impermeável a nucleotídeos de piridina.

A conversão do piruvato na decomposição oxidativa nas mitocôndrias se processa em três níveis:

1. Formação de acetil coenzima A a partir do piruvato (ver 5.9.3.1)
2. Conversão da acetil coenzima A no ciclo de Calvin, com formação de CO2 e agentes redutores (ver 5.9.3.2)
3. Transporte de elétrons na cadeia respiratória, com reoxidação dos agentes redutores e aproveitamento da energia redox para a síntese de ATP (ver 5.9.3.3).

5.9.3.1 Formação de acetil coenzima A a partir do piruvato

O piruvato formado na glicólise sofre nas mitocôndrias uma descarboxilação inicialmente oxidativa. Durante a reação, o acetato formado torna-se livre como **acetil coenzima A** (**acetil-CoA**, Figura 5-91). Essa conversão oxidativa realiza-se em uma complicada sequência de reações, na qual participam três enzimas e cinco coenzimas diferentes, que cons-

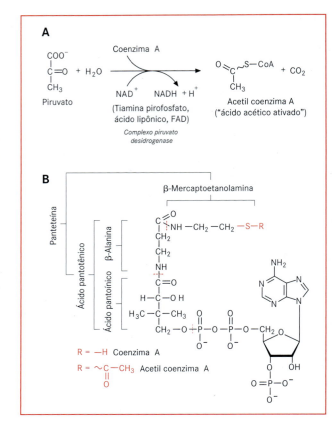

Figura 5-91 A Reação da piruvato desidrogenase. **B** Estrutura da coenzima A ou acetil coenzima A.

tituem o **complexo piruvato desidrogenase** (para detalhes, ver livros de bioquímica). A reação é fortemente exergônica ($\Delta G^{0'} = -33,5 \text{ kJ mol}^{-1}$). Os dois elétrons retirados do substrato servem para a redução de NAD⁺ a NADH+H⁺.

O resíduo de acetil na acetil-CoA representa o "ácido acético ativado", que pode ser transformado catabolicamente não apenas no ciclo de Calvin (Figura 5-92), mas também serve como elemento estrutural para numerosas sínteses. Uma vez que não somente os açúcares, mas também os ácidos graxos e diferentes aminoácidos podem ser degradados a acetil-CoA, cabe a esse composto um papel essencial no metabolismo.

5.9.3.2 Ciclo do ácido cítrico

No ciclo do ácido cítrico, o resíduo de acetil da acetil-CoA é oxidado a duas moléculas de CO₂; os 8 elétrons oriundos desse processo servem para a redução de 3 NAD⁺ a NADH+H⁺ e 1 FAD a FADH₂ (Figura 5-92).

O ciclo do ácido cítrico, que não necessita de O₂, é também denominado **ciclo de Krebs-Martius**, em homenagem aos seus principais descobridores. Como é habitual

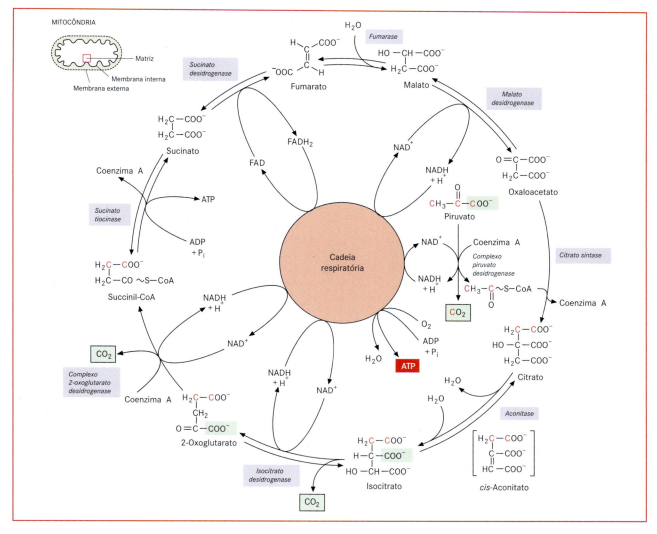

Figura 5-92 Sequência de reações da piruvato desidrogenase e do ciclo do ácido cítrico. Por cada volta do ciclo do ácido cítrico, é incorporado um corpo C₂ (acetato) e 2 moléculas de CO₂ são liberadas, embora os átomos de C incorporados não sejam os liberados no mesma circulação do ciclo (ver átomos destacados em vermelho).

em um processo circular, ele inclui reações de regeneração da molécula aceptora de acetato, oxaloacetato.

As duas reações com moléculas de CO_2 liberadas são descarboxilações oxidativas e em cada uma delas um par de elétrons é transferido para NAD^+. A descarboxilação do 2-oxoglutarato, catalisada pelo complexo 2-oxoglutarato desidrogenase, transcorre da mesma maneira complexa da piruvato desidrogenase. Além da coenzima A e NAD^+, tiamina pirofosfato, ácido lipônico e FAD também participam aqui como coenzimas. A ligação tioéster, rica em energia, do produto da reação succinil CoA é utilizada para síntese de ATP (GTP, em mamíferos) (reação da tiocinase, **fosforilação em nível de substrato**).

Os outros dois pares de elétrons são liberados na oxidação do sucinato e do malato. Enquanto NAD^+ atua igualmente como aceptor de elétrons para a malato desidrogenase, a sucinato desidrogenase contém, ligada covalentemente, a flavina adenina dinucleotídeo (FAD, Figura 5-93) como aceptor de elétrons.

5.9.3.3 Cadeia respiratória mitocondrial

Os 10 elétrons gerados na oxidação do piruvato a 3 moléculas de CO_2, durante a reação da piruvato desidrogenase e do ciclo do ácido cítrico, são, assim, transferidos para quatro NAD^+ e uma FAD. As coenzimas reduzidas,

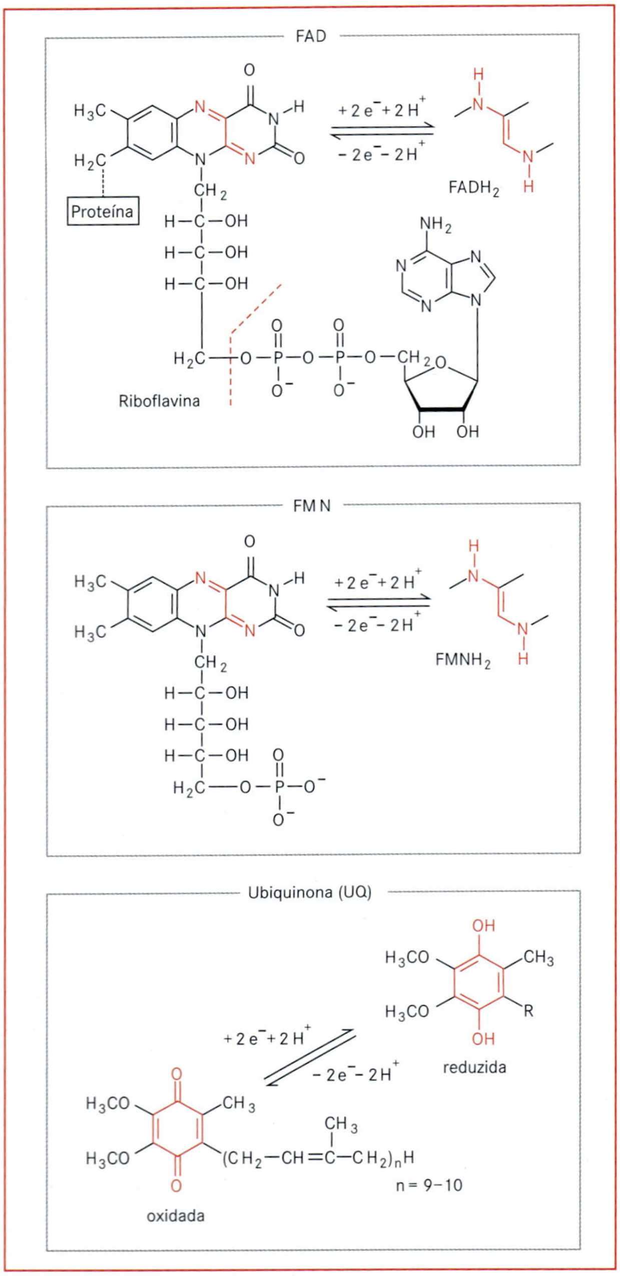

Figura 5-93 Sistemas redox da cadeia respiratória, que atuam como transportadores de 2 elétrons/2 íons hidrogênio. FAD é componente da sucinato desidrogenase (ligada covalentemente), FMN é componente da NADH desidrogenase (complexo I) e a ubiquinona é transportadora de elétrons difusível, entre o complexo I e o complexo III (Figura 5-94). A ubiquinona apresenta, como a plastoquinona (Figura 5-51), um resíduo de prenil, que nos microrganismos consiste geralmente em 6 unidades de isopreno e nas plantas superiores possui 10 unidades (ver 5.15.2). O resíduo de prenil lipofílico fixa a molécula na membrana mitocondrial.

quatro NADH+H$^+$ e uma FADH$_2$ cedem seus elétrons à cadeia respiratória localizada na membrana mitocondrial interna; nessa cadeia, eles finalmente são transferidos ao O$_2$, com formação de H$_2$O. A energia dessa transferência exergônica é empregada para a formação de um gradiente de íons hidrogênio transmembrana na membrana mitocondrial interna. A **força motriz de prótons** assim gerada é utilizada para a síntese de ATP (**fosforilação oxidativa, fosforilação da cadeia respiratória**).

Existem características em comum entre a cadeia respiratória mitocondrial e a cadeia de transporte de elétrons da reação luminosa da fotossíntese. Nas cianobactérias, as duas cadeias de transporte de elétrons estão localizadas na mesma membrana e utilizam como módulo comum o complexo citocromo b_6f, bem como plastoquinona como doador de elétrons e citocromo c como aceptor de elétrons do complexo citocromo b_6f. Como complexos específicos da cadeia respiratória ocorrem meramente o complexo NADH desidrogenase e o complexo citocromo aa_3. Por meio da NADH desidrogenase, plastoquinona, complexo citocromo b_6f e citocromo c, os elétrons são transferidos pela NADH (formada no ciclo do ácido cítrico) para o complexo citocromo aa_3, de onde passam para o oxigênio molecular, com formação de água. Como um "relicto" dessa situação, os cloroplastos também ainda possuem em suas membranas tilacoidais subunidades do complexo NADH desidrogenase da cadeia respiratória. Sua função não é conhecida.

Na cadeia respiratória mitocondrial, no lugar dos componentes usados em conjunto com a cadeia fotossintética de transporte de elétrons nas cianobactérias (plastoquinona, complexo citocromo b_6f, citocromo c) é coloca-se a sequência **ubiquinona** (= **coenzima Q**) → complexo citocromo bc_1 → citocromo c. Com respeito aos seus grupos funcionais, plastoquinona e ubiquinona (Figuras 5-51 e 5-93) são equivalentes em estrutura e função, e o complexo citocromo bc_1 igualmente é homólogo ao complexo citocromo b_6f (o citocromo f é um citocromo do tipo c, ver 5.4.6). A cadeia global de transporte de elétrons, da NADH desidrogenase até o complexo citocromo aa_3 (também denominada **citocromo oxidase** ou **endoxidase**), forma na membrana mitocondrial interna uma unidade dos compostos individuais com participação molar definida e aproximadamente 400-500 nm^2 de necessidade de superfície. Em uma mitocôndria pode haver até 20.000 dessas cadeias de transporte de elétrons.

Portanto, o princípio estrutural e funcional da cadeia respiratória é semelhante ao do transporte fotossintético de elétrons. Os elos da cadeia respiratória são oxidorredutases; a disposição sequencial delas na cadeia respiratória obedece ao seu potencial redox (Tabela 5-22, Figura 5-94). Os elétrons passam de um sistema redox com potencial padrão negativo (NADH+H$^+$/NAD$^+$ $E^{0'}$ = –0,32 V) para um sistema redox com um potencial padrão muito positivo (½O$_2$/H$_2$O $E^{0'}$ = +0,82 V); logo, a reação é fortemente

Tabela 5-22 Potenciais redox-padrão dos sistemas redox na cadeia respiratória

Par redox	E⁰' (V)
NAD⁺ + 2 H⁺ + 2 e⁻ ⇌ NADH + H⁺	–0,32
FMN + 2 H⁺ + 2 e⁻ ⇌ FMNH$_2$	–0,22
FAD + 2 H⁺ + 2 e⁻ ⇌ FADH$_2$	–0,22
UQ + H⁺ + e⁻ ⇌ UQH·	+0,03
Citocromo b (F^{3+}) + e⁻ ⇌ Citocromo b (F^{2+})	+0,05
UQH· + H⁺ + e⁻ ⇌ UQH$_2$	+0,19
Citocromo c1 (F^{3+}) + e⁻ ⇌ Citocromo c1 (F^{2+})	+0,23
Citocromo c (F^{3+}) + e⁻ ⇌ Citocromo c (F^{2+})	+0,24
Citocromo a (F^{3+}) + e⁻ ⇌ Citocromo a (F^{2+})	+0,28
Citocromo a3 (F^{3+}) + e⁻ ⇌ Citocromo a3 (F^{2+})	+0,35
O$_2$ + 4 H⁺ + 4 e⁻ ⇌ 2 H$_2$O	+0,82

A Figura 5-94 apresenta esquematicamente a disposição dos componentes da cadeia respiratória da membrana mitocondrial interna. Os três complexos transmembrana (NADH desidrogenase – complexo I, complexo citocromo bc_1 – complexo III, complexo citocromo aa_3 – complexo IV) consistem em numerosos polipeptídeos com sistemas redox a eles ligados: flavinas, centros ferro-enxofre e citocromos, cuja estrutura básica é conhecida pelo estudo da fotossíntese (Figura 5-93). A numeração ainda utilizada remonta à nomenclatura original dos complexos isolados, cuja composição era então desconhecida. Como particularidade, o complexo IV contém um centro cobre-enxofre e um centro cobre-citocromo a_3. Este último liga o oxigênio molecular (O$_2$) e transfere para ele 4 elétrons, provavelmente em sequência, com formação de 2 moléculas de água. Em vez de O$_2$, o centro cobre-citocromo a_3 deposita também, firmemente, monóxido de carbono (CO), azida (N$_3^-$) ou cianeto (CN⁻), de modo que essas substâncias são potentes inibidores da respiração e, como isso, tóxicas.

Entre os complexos transmembrana, componentes solúveis atuam como transportadores redox, mais precisamente na molécula de ubiquinona (UQ do inglês, *ubiquinone*), localizada na membrana mitocondrial interna entre os complexos I e III. Como a plastoquinona na reação luminosa, a ubiquinona é um transportador de 2 elétrons/2

exergônica ($\Delta G^{0'}$ = –221 kJ mol^{-1}) e, assim, transcorre espontaneamente.

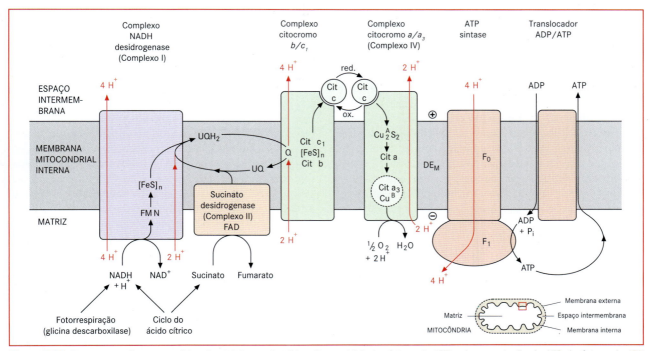

Figura 5-94 Representação esquemática da cadeia respiratória mitocondrial, da síntese de ATP e da exportação de ATP. A síntese de ATP consiste na "haste" F$_0$ transmembrana (cuja função pode ser inibida pela oligomicina) e no fator 1 ("cabeça" F$_1$), que efetua a síntese de ATP. As estruturas e os mecanismos da ATP sintase F$_0$/F$_1$ e da ATP sintase CF$_0$/CF$_1$ cloroplastídica exibem uma ampla correspondência (Figura 5-59). – Cit, citocromo; ΔE_M, Potencial de membrana; F$_0$, Fator sensível à oligomicina; [FeS]$_n$, Vários centros ferro-enxofre; Q, Ciclo Q (Figura 5=56); UQ, Ubiquinona; UQH$_2$, Ubi-hidroquinona. (Segundo E. Weiler.)

íons hidrogênio. O citocromo *c*, um transportador solúvel de 1 elétron, se difunde no espaço intermembrana entre os complexos III e IV e fecha, assim, a cadeia de transporte de elétrons.

Muitos detalhes são ainda desconhecidos, especialmente a translocação de íons hidrogênio da matriz para o espaço intermembrana, acoplada ao transporte de elétrons nos três complexos transmembrana. As estequiometrias apresentadas na Figura 5-94 representam a situação atual; os valores exatos, no entanto, não são conhecidos. Tomando por base o – bastante provável – ciclo Q no complexo citocromo bc_1 (ver, além disso, as reações correspondentes no complexo citocromo b_6f, Figura 5-56), são transportados 10 íons H^+ por $NADH+H^+$ (portanto, por 2 elétrons transferidos para o oxigênio): 4 pela NADH desidrogenase, 4 pelo complexo citocromo bc_1 e 2 pelo complexo citocromo aa_3.

Sucinato desidrogenase, uma enzima do ciclo do ácido cítrico, é uma proteína periférica de membrana e localizada no lado da membrana mitocondrial interna voltado para a matriz. Ela transfere os 2 elétrons retirados do sucinato diretamente para a ubiquinona, com participação da FAD ligada como coenzima. A sucinato desidrogenase é também chamada de complexo II da cadeia respiratória. Como o complexo I não participa dessa reação, por 2 elétrons da oxidação do sucinato são translocados apenas 6 íons hidrogênio através da membrana mitocondrial interna. É discutido se não apenas a sucinato desidrogenase, mas também as enzimas restantes do ciclo do ácido cítrico estão associadas à membrana mitocondrial interna e entre si (frouxamente) na organela intacta, formando, assim, uma unidade funcional ("metábolo"), que possibilitaria uma efetiva transmissão de substratos (em inglês, *metabolite channeling*) entre os componentes individuais. Pela elucidação da organela, essa interação não se sustenta, de modo que, após a centrifugação do homogeneizado, todas as enzimas do ciclo do ácido cítrico (salvo a sucinato desidrogenase) aparecem como componentes separados no sobrenadante solúvel, enquanto a sucinato desidrogenase é encontrada no sedimento com as membranas mitocondriais. Admite-se que na célula viva numerosas rotas metabólicas são organizadas em "metábolos"; para isso, existem indicações fidedignas, por exemplo, também para enzimas glicolíticas, que devem existir associadas à membrana externa das mitocôndrias.

A síntese mitocondrial de ATP é realizada por uma ATP sintase igualmente localizada na membrana interna da mitocôndria, que na estrutura e mecanismo de reação é muito semelhante à ATP sintase CF_1/CF_0 dos cloroplastos (Figura 5-59). Também neste caso, a força impulsora da síntese de ATP a partir de $ADP + P_i$ é a força motriz de prótons (ver Equação 5-19). Diferentemente da que ocorre nos cloroplastos, a translocação de íons hidrogênio na membrana interna da mitocôndria não é acompanhada de um equilíbrio de cargas devido a um transporte de ânions acoplado. Esse equilíbrio de cargas na membrana do tilacoide tem como consequência que, nos dois lados dela, estabelece-se uma grande diferença de concentração dos íons hidrogênio, sem que resulte um potencial elétrico digno de menção; a síntese de ATP dos cloroplastos, portanto, é "impulsionada" pelo potencial químico de concentração do íon hidrogênio, que fornece a contribuição principal para a força motriz de prótons. A falta do equilíbrio de cargas no transporte mitocondrial de H^+ provoca rapidamente a formação de uma diferença de potencial elétrico na membrana interna da mitocôndria ($\Delta E_M \approx -200$ mV, lado negativo da matriz), enquanto a diferença de concentração dos íons H^+ permanece pequena (o pH no espaço intermembrana fica em torno de apenas 0,2 unidade mais baixo do que o da matriz). Logo, a síntese de ATP das mitocôndrias é "impulsionada" principalmente pelo potencial elétrico parcial da força motriz de prótons (Equação 5-19).

Diferentemente dos cloroplastos, que utilizam o ATP formado na presença da luz (essencialmente para a fixação de CO_2), o ATP formado nas mitocôndrias é amplamente exportado para o citoplasma. O responsável por isso é um translocador localizado na membrana interna, que transporta ATP para o citoplasma em estrita troca de ADP (**translocador ADP/ATP**). O fosfato inorgânico necessário em quantidades estequiométricas deve ser disponibilizado por um transportador de fosfato/OH^- do tipo antiporte. A membrana externa das mitocôndrias – como a dos plastídios – é caracterizada pela presença de **porinas**, proteínas transmembrana. Elas formam poros relativamente grandes, através dos quais compostos de massa molecular pequena e até mesmo proteínas pequenas (limite de exclusão de cerca de 10 kDa) podem difundir-se livremente. Portanto, as membranas externas dessas organelas não representam barreiras para a troca de metabólitos.

A cadeia respiratória mitocondrial das plantas evidencia diferenças em relação à dos animais (Figura 5-95). Assim, $NADH+H^+$, originada na glicólise vegetal, é reoxidada no lado externo da membrana interna da mitocôndria através de uma **NADH desidrogenase externa**. Os dois elétrons são transferidos diretamente para a ubiquinona, sem participação do complexo I. Contudo, a reação só tem significado quando a concentração citoplasmática de NADH é muito elevada; ela serve, portanto, menos à síntese de ATP do que à preparação de NAD^+. A **NADH desidrogenase alternativa**, localizada na membrana mitocondrial interna voltada para a matriz, deve ter função semelhante; ela reoxida $NADH+H^+$ e transfere os elétrons para a ubiquinona, sem que ocorra transporte de íons hidrogênio. Nessa situação (superoferta de NADH com a consequência de uma relação $NADH/NAD^+$ muito alta), se processa a reoxidação da ubi-hidroquinona (UQH_2) mediante uma **oxidase alternativa**, que transfere elétrons e íons H^+ da UQH_2 para o oxigênio, com formação de água. A energia é liberada como calor

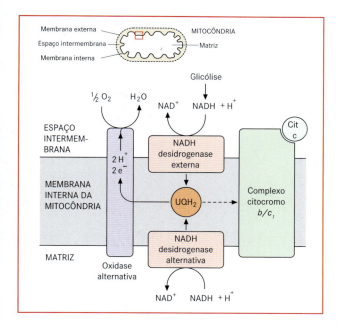

Figura 5-95 Rota alternativa da reoxidação de ubi-hidroquinona (UQH$_2$) por oxidase alternativa. Esta rota é percorrida especialmente quando a concentração de NADH+H$^+$ no citoplasma ou na matriz da mitocôndria é muito alta. A energia é transformada em calor, sem contribuir para a síntese de ATP. Nesta situação, apenas pouca ubi-hidroquinona pode ser reoxidada no complexo citocromo b/c_1 (seta tracejada). (Segundo E. Weiler.)

e não é formado ATP. A enzima é adicionalmente ativada por meio de concentrações elevadas de piruvato na matriz (indício da carência de NAD$^+$, Figura 5-7). A oxidase alternativa não é inibida por cianeto, azida ou CO (um inibidor, por exemplo, é o ácido salicil-hidroxâmico, SHAM). Essa **respiração sensível à cianidina** transforma a energia de NADH+H$^+$ em calor, sem que seja formado ATP. Em *Arum maculatum* e outras Araceae, essa termogênese por oxidase alternativa serve para melhorar a volatilização dos aromas florais; em *Symplocarpus foetidus*, ela protege a inflorescência dos danos do frio; em frutos, ela permite uma degradação mais rápida dos ácidos orgânicos e carboidratos durante o amadurecimento ("climatério", ver 6.6.5.2)

A **produtividade energética da respiração (glicose como substrato):**

$$C_6H_{12}O_6 + 6\, O_2 + 6\, H_2O \rightarrow 6\, CO_2 + 12\, H_2O$$
($\Delta G^{0'} = -2877$ kJ mol^{-1})

tendo por base as mudanças da entalpia livre padrão em pH = 7 ($\Delta G^{0'}$), dá como resultado um valor de 31,8%. Isso é verificado como segue:

Glicólise
- Ganho líquido (fosforilação em nível de substrato) → 2 ATP
- Reoxidação de 2 NADH+H$^+$ através de uma NADH desidrogenase externa → 12 H$^+$ → 3 ATP
- 2 x Piruvato para respiração

Respiração
- Oxidação de 2 piruvato a CO$_2$ no ciclo do ácido cítrico fornece: 8 NADH+H$^+$ → 80 H$^+$ → 20 ATP 2 FADH$_2$ → 12 H$^+$ → 3 ATP e da reação da sucinato tiocinase (fosforilação oxidativa) → 2 ATP.

Logo, em situação favorável, isto é, quando todos os íons H$^+$ contribuem integralmente para a síntese de ATP (o que não deve ser o caso nas condições de reação na célula, pois, por exemplo, os íons H$^+$ se difundem para o citoplasma através da membrana externa), formam-se no total até 30 ATP por glicose, correspondendo a 30 V $\Delta G^{0'}$ (ADP + P$_i$/ATP, $\Delta G^{0'} = +30,5$ kJ mol^{-1}), portanto 915 kJ mol^{-1} em forma de ATP da entalpia livre armazenada. Isso representa 31,8% de 2.877 kJ mol^{-1} por glicose da entalpia liberada (a diferença é perdida como calor). Considerando as condições reais da célula, que não correspondem ao estado padrão, o ganho energético poderia ser mais alto (para a formação de ATP, admite-se $\Delta G^{0'}$ com aproximadamente 50 kJ mol^{-1}).

5.9.3.4 Ligação do ciclo do ácido cítrico com outras rotas metabólicas

O ciclo do ácido cítrico serve principalmente para a oxidação de acetato a CO$_2$ e para a transferência de elétrons para NAD$^+$ ou FAD. Além disso, esse ciclo prepara intermediários para a biossíntese de outros metabólitos. Com a exportação desses metabólitos, o ciclo sucumbiria rapidamente, se essa perda não fosse reposta por reações abastecedoras (**reações anapleróticas**). Por fim, o ciclo do ácido cítrico une as rotas metabólicas de formação (anabólicas) e de degradação (catabólicas); ele é **anfibólico**.

A Figura 5-96 apresenta algumas das mais importantes vinculações do ciclo do ácido cítrico com outras rotas metabólicas.

Além da síntese em plastídios (ver 5.6.5.12), o aminoácido glutamato é sintetizado no citoplasma. O carbono provém em menor parte do 2-oxoglutarato do ciclo do ácido cítrico e predominantemente do citrato, convertido em 2-oxoglutarato pelas isoenzimas citoplasmáticas da aconitase e NAD isocitrato desidrogenase. O glutamato atua como precursor da glutamina e de arginina e prolina (ver 5.12.1) e, diferentemente dos animais, é ponto de partida (em plastídios vegetais) da biossíntese de tetrapirróis (ver 5.14). Para o abastecimento do ciclo com compostos de carbono, as mitocôndrias importam oxaloacetato, disponibilizado pela fosfoenolpiruvato carboxilase ou originado do malato (malato desidrogenase).

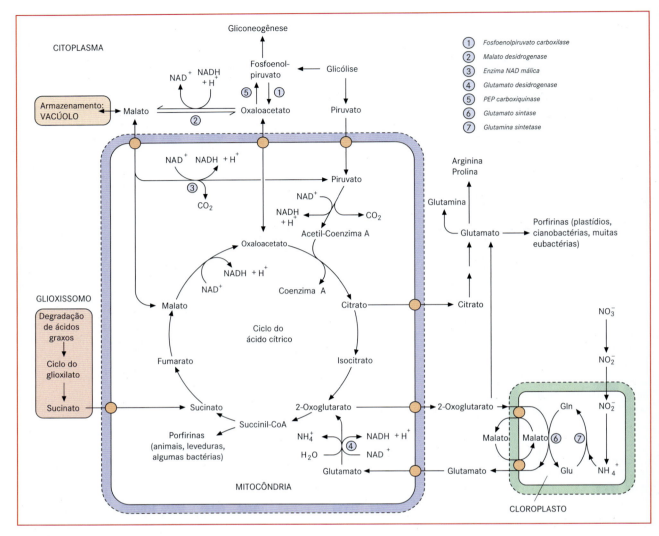

Figura 5-96 Algumas vinculações importantes do ciclo do ácido cítrico com outras rotas metabólicas. (Segundo E. Weiler.)

Além disso, as mitocôndrias dispõem de um translocador de malato e captam malato do citoplasma; esse malato pode servir para abastecer diretamente o ciclo do ácido cítrico ou, com a ajuda de uma enzima málica localizada na matriz, ser convertido em piruvato, com descarboxilação e formação de NADH. Ao mesmo tempo, essas reações (Figura 5-96) são um mecanismo para distribuição de equivalentes de redução (NADH+H$^+$) entre citoplasma e mitocôndrias. Ao lado de piruvato e malato, o glutamato representa um terceiro substrato importante da respiração mitocondrial. O glutamato é o produto principal da assimilação de nitrato no cloroplasto e existe em concentrações consideráveis em células fotossintetizantes. Após ingresso nas mitocôndrias, com participação da enzima **glutamato desidrogenase**, uma parte desse glutamato é decomposta em 2-oxoglutarato (incorporado ao ciclo do ácido cítrico) e NH$_4^+$, formando NADH+H$^+$ (Figura 5-96).

O ciclo do ácido cítrico cumpre função importante na transformação de gorduras em carboidratos. Essa transformação exerce um papel na germinação de sementes com reserva de gordura (ver 5.11), mas também durante os processos de envelhecimento (por exemplo, na senescência foliar no outono), quando os lipídeos de membrana hidrossolúveis (especialmente na senescência de cloroplastos) são transformados em carboidratos de transporte, que ficam depositados em tecidos de reserva. Nesta sequência de reações, a ser tratada em detalhes mais tarde, se dá a degradação dos ácidos graxos a acetato e daí para a síntese de sucinato, sequência de reações que se processa nos **glioxissomos** (ver 5.11). O sucinato se difunde para as mitocôndrias e no ciclo do ácido cítrico é convertido em oxaloacetato. Por meio de um carreador, o oxaloacetato é transportado para o citoplasma e, por meio da fosfoenolpiruvato carboxiquinase, transformado em fosfoenolpiruvato (essa reação foi apresentada na seção 5.5.8, Figura 5-74). Partindo da fosfoenolpiruvato, as reações reversíveis da glicólise (Figura 5-90) transcorrem até a formação da frutose-1,6-bisfosfato (**gliconeogênese**). Em uma reação irreversível, a frutose-1,6-bisfosfato é convertida em frutose-6-fosfato ($\Delta G^{0'} = -17$ kJ mol^{-1}) pela frutose-1,6-bisfosfato-fosfatase (Figura 5-70). A partir desse metabólito, é possível a síntese de carboidratos estruturais e de reserva (ver 5.16.1), bem como outros compostos que contêm açúcar (glicolipídeos, glicoproteínas). A glicose-6-fosfato se mantém em equilíbrio com a frutose-6-fosfato (reação da hexose isomerase, Figura 5-68) e é o metabólito de partida para a rota oxidativa das pentoses fosfato (ver 5.9.3.5), a qual, além de pentoses fosfato, disponibiliza especialmente NADPH+H$^+$ para outras rotas anabólicas no citoplasma.

Os distintos substratos respiratórios, dependendo da sua composição molecular, necessitam de quantidades diferentes de O_2 para a sua conversão completa em CO_2. A relação de volume do CO_2 produzido para o O_2 consumido é conhecida como **quociente respiratório** ($QR = V_{CO_2} : V_{O_2}$).

Uma vez que, de acordo com a lei de Avogadro, os mesmos números de moléculas de todos os gases possuem volumes iguais, o valor de QR na degradação de um substrato uniforme é teoricamente fácil de calcular; por outro lado, verificando esse valor com certa cautela podem ser tiradas conclusões sobre o substrato respiratório. Correspondente à equação bruta da respiração tendo a glicose como substrato (ver 5.9.3.3), o valor de QR na respiração de carboidratos é igual a 1. Na degradação de moléculas ricas em hidrogênio, como gorduras e proteínas, esse valor fica abaixo de 1 (gorduras, aproximadamente 0,7; proteínas, cerca de 0,8):

respiração com o ácido palmítico como substrato:

$C_{16}H_{32}O_2 + 23\,O_2 \rightarrow 16\,CO_2 + 16\,H_2O$
$QR = 16/23 = 0,7.$

As plântulas que utilizam gorduras como substratos respiratórios têm valores de QR correspondentes em torno de 0,7. Se as gorduras forem transformadas em carboidratos, por exemplo, durante determinadas fases de sementes armazenadoras de gorduras ou em caules armazenadores de gorduras na primavera, obtém-se QR < 1, porque muito O_2 é consumido e pouco CO_2 é produzido. Na transformação de carboidratos em gordura, observa-se o contrário, ou seja, QR > 1 (em gansos durante a engorda, por exemplo, QR = 1,38).

5.9.3.5 Rota oxidativa das pentoses fosfato

A rota oxidativa das pentoses fosfato se processa no citoplasma e nos cloroplastos. Nos cloroplastos ocorre ao mesmo tempo uma série de etapas de reação ao inverso do ciclo de Calvin, que, por isso, denomina-se também ciclo redutivo das pentoses fosfato (ver 5.5.3). A rota oxidativa das pentoses fosfato pode ser formulada como ciclo, que, numa circulação de seis vezes, degrada uma molécula de glicose a 6 moléculas de CO_2. Contudo, geralmente a sequência de reações não se presta à degradação da glicose, mas sim à disponibilização de NADPH+H$^+$ para reações anabólicas (nos cloroplastos, por exemplo, para a síntese de ácidos graxos, mesmo no escuro, ver 5.10.1) e açúcares fosfato específicos para outras rotas de síntese (por exemplo, de ribose-5-fosfato para a síntese de ácidos nucleicos). Na rota das pentoses fosfato, os açúcares C_3, C_4, C_5, C_6 e C_7 estão em equilíbrio entre si, conforme se depreende do esquema geral na Figura 5-97.

As enzimas características da rota oxidativa das pentoses fosfato, ausentes na rota redutiva, são glicose-6-fosfato desidrogenase e 6-fosfogluconato desidrogenase, que catalisam reações irreversíveis, e a transaldolase. Essa enzima, a partir da sedo-heptulose-7-fosfato, transfere um corpo C_3 (que consiste em C_1-C_3 da heptose) para gliceraldeído-3-fosfato, com formação de frutose-6-fosfato. Eritrose-4-fosfato é o segundo produto da reação.

No cloroplasto, é essencial que as rotas oxidativa e redutiva das pentoses fosfato não ocorram simultaneamente. Isso é garantido, por um lado, com a ativação pela luz de algumas enzimas-chave do ciclo de Calvin (ver 5.5.5); por outro lado, a glicose-6-fosfato desidrogenase é inativada à luz e ativada no escuro. Uma vez que a frutose-1,6-bisfosfato-fosfatase também é ativada pela luz, o andamento cíclico da rota oxidativa das pentoses fosfato (Figura 5-97) é improvável no cloroplasto. Por meio da reversibilidade das reações da transcetolase e da transaldolase, constata-se que, por exemplo, o abastecimento da síntese de ácidos nucleicos com ribose-5-fosfato pode se realizar mesmo na presença da luz e sem formação de NADPH+H$^+$.

5.9.3.6 Respiração dependente de fatores externos

Dependendo da espécie vegetal e, dentro de uma espécie, dependendo do órgão, estado de desenvolvimento e atividade, a intensidade de respiração é muito diferente (Tabela 5-23); além disso, ela é influenciada por fatores externos. A **temperatura** é o fator externo mais importante. Como processo enzimático, a respiração obedece a uma função exponencial em dependência da temperatura. A situação dos valores limites (mínimo, ótimo e máximo) depende da espécie vegetal e, dentro de uma espécie, também de seus antecedentes (robustez, debilidade). A temperatura mínima na qual ainda é possível medir a respiração situa-se geralmente em torno –10°C. Tecidos resistentes ao congelamento (por exemplo, em acículas de coníferas adaptadas ao frio) ainda respiram a < –20°C, ao passo que a respiração de plantas tropicais sensíveis ao frio já pode ser restringida entre 0 e 5°C.

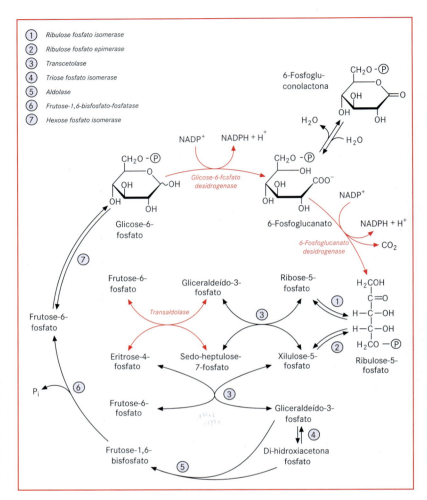

Figura 5-97 Rota oxidativa das pentoses fosfato. As fórmulas estruturais, não apresentadas aqui, podem ser vistas na Figura 5-63. As três reações características da rota oxidativa das pentoses fosfato no citoplasma são apresentadas em vermelho; todas as demais reações representam inversões ou reações do ciclo de Calvin (= ciclo redutivo das pentoses fosfato). (Segundo E. Weiler.)

Na parte ascendente da curva da temperatura (por exemplo, entre 15 e 25ºC), é medido na maioria das vezes um Q_{10} (Equação 5-48, ver 5.5.11.3) de aproximadamente 2.

O valor limite superior da temperatura da respiração geralmente é mais alto do que o da fotossíntese. Na verdade, em temperaturas mais elevadas, a produção de ATP não acompanha o aumento da respiração. Isso poderia ter origem no crescente desacoplamento do transporte de elétrons e da fosforilação oxidativa ou em uma intensificação da respiração sensível à cianidina (ver 5.9.3.3).

Existe uma série de indicativos que a adaptação de uma planta a relações térmicas modificadas é acompanhada de um aumento das correspondentes isoenzimas adaptadas. Logo, dependendo das condições de temperatura, a célula tem "estojo" de enzimas diferente.

O calor gerado pela respiração das plantas geralmente é mensurável apenas sob condições experimentais especiais (por exemplo, em uma garrafa térmica, para sementes germinando). Como não há plantas homeotérmicas (ajustada a uma determinada temperatura), elas não possuem qualquer dispositivo para a regulação da temperatura. Apenas em casos excepcionais, pode ser diretamente comprovado o aquecimento pela respiração de partes vegetais (espádice de *Arum italicum* +17ºC, flores de vitória-régia + 10ºC, flores de *Cucurbita* +5ºC acima da temperatura do ambiente). Na inflorescência de *A. italicum*, essa produção de calor é biologicamente útil para a atração dos polinizadores. Por meio da degradação (desacoplada pela fosforilação oxidativa) muito rápida do amido depositado em grandes quantidades na espádice, as substâncias aromáticas são fartamente liberadas pelo desenvolvimento do calor. Pelo menos na espádice de *Sauromatum guttatum* (Araceae), o **ácido salicílico** funciona como desencadeador ("calorígeno"). (Na inflorescência de *Arum*, encontram-se 1-6 µg g^{-1} de peso fresco; na inflorescência de *Dioon edule*, igualmente produtora de calor, encontram-se 100 µg g^{-1}.) A sensibilidade da espádice ao calorígeno aumenta com a maturação crescente e é controlada fotoperiodicamente (ver 6.7.2.2). No interior de massa vegetal úmida e densamente depositada (por exemplo, monte de feno), pela atividade respiratória de determinados fungos e bactérias termófilos, podem ocorrer aumentos de temperatura acima de 70ºC; as conversões exotérmicas ativadas dessa maneira podem provocar até combustão espontânea. As folhas de plantas atacadas por fungos da podridão das raízes (por exemplo, beterraba ou algodão), ao meio-dia, apresentam temperaturas 3-5ºC acima das de plantas saudáveis. Isso pode ser utilizado para o sensoriamento remoto (do inglês, *remote sensing*) das plantas infestadas.

Tabela 5-23 Respiração de folhas adultas no escuro no verão, a 20°C, relacionada à massa seca (MS)

Grupo de plantas	Liberação de CO$_2$ (mg g^{-1} MS h^{-1})
Plantas herbáceas cultivadas	3–8
Plantas herbáceaas silvestres	
Ervas de sol	5–8
Ervas de sombra	2–5
Árvores decíduas (verdes no verão) latifoliadas	
Folhas de sol	3–4
Folhas de sombra	1–2
Árvores perenifólias latifoliadas	
Folhas de sol	em torno de 0,7
Folhas de sombra	em torno de 0,3
Árvores perenifólias de folhas aciculadas	
Adaptadas à luz	em torno de 1
Adaptadas à sombra	em torno de 0,2

(Segundo W. Larcher.)

O **suprimento hídrico** também tem uma influência substancial na intensidade respiratória. Em plantas submersas ou em solos saturados de água, a carência de oxigênio pode limitar a intensidade respiratória. Essa carência se deve à baixa solubilidade do oxigênio na água (sob saturação do ar, 1 litro de água do mar contém apenas 7,8 mg de oxigênio; aparecimento de bolhas de O$_2$ na fotossíntese de plantas aquáticas). Isso é evitado, por exemplo, pela distribuição de oxigênio no sistema de espaços intercelulares a partir de partes vegetais (ver 3.2.1, Figura 3-7) que se encontram na atmosfera e ainda liberam adicionalmente O$_2$ pela fotossíntese (em muitas plantas de ambientes pantanosos). Porém, desenvolveram-se também órgãos próprios para esse fornecimento de O$_2$ (raízes respiratórias, "joelhos de raízes", Quadro 4-4). O intenso desenvolvimento do sistema de espaços intercelulares em plantas aquáticas e de ambientes pantanosos (Figura 3-8) genericamente facilita o fornecimento de O$_2$ e, por outro lado, o oxigênio da fotossíntese é armazenado para a respiração no escuro.

Em *Nuphar luteum*, por exemplo, pelos espaços intercelulares do rizoma, pecíolos, lâminas foliares e estômatos, o metano do lodo do corpo de água também pode chegar até a atmosfera. Genericamente, o sistema de espaços intercelulares facilita o transporte gasoso. As lavouras de arroz são responsáveis por aproximadamente 25% da emissão global de metano troposférico, estimada em 3-5 · 10^{14} g por ano. Os meristemas com intensidade metabólica elevada e que ainda mal desenvolveram um sistema de espaços intercelulares devem em parte realizar fermentações, cujos produtos podem ser importantes também para o desenvolvimento.

As partes (principalmente rizomas) de uma série de plantas suportam longos períodos sem oxigênio (anoxia). Os rizomas do junco-do-pântano (*Schoenoplectus lacustris*), por exemplo, podem suportar mais do que 90 dias e, ao mesmo tempo, ainda desenvolverem novas partes aéreas. Nesse caso, a necessidade de energia é satisfeita por fermentação. O perigo ameaça os órgãos também após o final da anoxia, quando, por novo fornecimento de oxigênio, podem surgir radicais de oxigênio. Esta ameaça é combatida, por exemplo, com a ajuda de antioxidantes (por exemplo, ácido ascórbico ou glutationa).

A subtração de água reprime drasticamente a respiração a partir de um determinado valor do potencial hídrico. Por isso, espécies pecilo-hídricas (ver 12.5.2) ou estágios (por exemplo, sementes e esporos) que não apresentam quaisquer danos têm em estado de ar seco (conteúdo de água em torno de 10% do peso fresco) respiração apenas mínima e, com isso, consumo mínimo de matéria. Essa é uma condição para que sementes, esporos, grãos de pólen e plantas secas inteiras (por exemplo, liquens, algumas algas, musgos, samambaias e fanerógamas) passem por longos períodos de dormência.

Concentrações elevadas de **dióxido de carbono** restringem a respiração. Elas são constatadas em partes lenhosas de caules, bem como em sementes com envoltórios de baixa permeabilidade para CO$_2$.

A **luz** tem diferentes efeitos sobre a respiração. Excetuando a fotorrespiração (ver 5.5.6), que não é uma respiração autêntica, a prévia exposição à luz de plantas fotossinteticamente ativas pode aumentar a respiração na fase escura seguinte, mediante acentuado fornecimento de substrato. A competição entre respiração e fotossíntese por diferentes coenzimas é plausível, mas pouco esclarecida. Assim, a respiração mitocondrial de células fotossintetizantes, na presença da luz, deve ser diminuída (efeito Kok). Além disso, a faixa de ondas curtas do espectro (azul) tem um efeito crescente específico sobre a respiração. Finalmente, a luz pode modificar a intensidade respiratória também por meio do sistema de fitocromos (ver 6.7.2.4), portanto pela influência do desenvolvimento.

5.10 Formação dos lipídeos estruturais e de reserva

A montagem e a manutenção da compartimentalização da célula vegetal exige síntese permanente de lipídeos estruturais para serem empregados como componentes de membrana. Além disso, as células vegetais armazenam carbono reduzido em forma de lipídeos (certas sementes armazenam até 50% de gorduras). Em comparação com os polissacarídeos de reserva, o armazenamento de carbono precisa de apenas a metade da massa de lipídeos e, com isso, facilitar a dispersão das sementes (mais leves). Outros lipídeos estruturais, as ceras, são

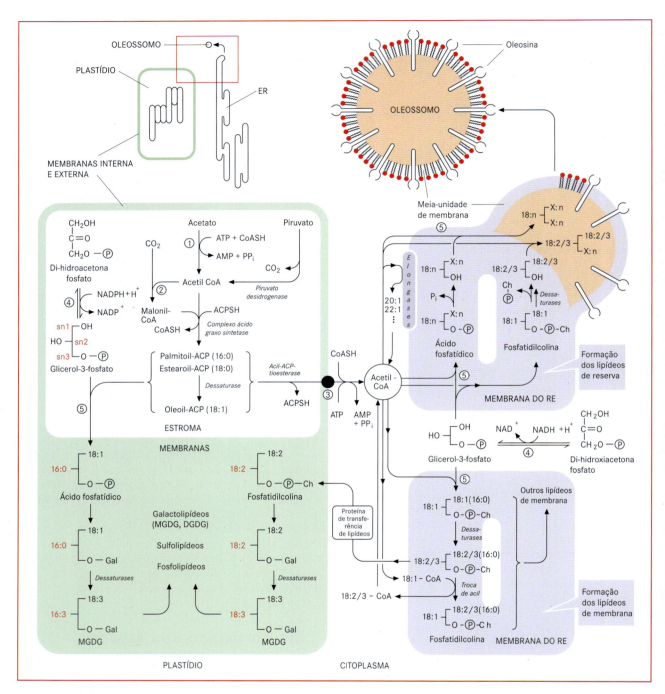

Figura 5-98 Visão geral esquemática do metabolismo de ácidos graxos e de glicerolipídeos de uma célula vegetal. As reações individuais são explicadas no texto; exemplos da estrutura das diferentes classes de lipídeos e de suas abreviaturas são encontrados na Figura 1-21. As reações que se processam nas membranas estão com um fundo verde ou azul. ① Acetil-CoA sintetase; ② Acetil-CoA carboxilase; ③ Acil-CoA sintetase; ④ Glicerol-3-fosfato desidrogenase; ⑤ Acil transferases. Anotação de ácido graxos: Exemplos 18:1, 18 átomos de C, 1 ligação dupla; X:n, qualquer ácido graxo. Os resíduos de acil destacados com cor mostram a distância de um glicerolipídeo da rota de síntese procariótica (16:n na posição 2, assim também em cianobactérias) ou da rota eucariótica (18:n na posição 2). Glicerol-3-fosfato, por definição, foi descrito na configuração L (grupo OH no átomo de C central substituído assimetricamente, voltado para a esquerda) e disposto e numerado em analogia ao gliceraldeído-3-fosfato (estruturalmente semelhante). Fala-se de numeração estereoespecífica (sn) e identifica-se o átomo de C com sn-1, sn-2 e sn-3. Nas fórmulas de constituição semiesquemáticas da figura, o arranjo dos resíduos de acil inclui as posições convencionais das esterificações, o que não foi feito nas fórmulas da Figura 1-21 por motivos de espaço. O arranjo dos substituintes na Figura 1-21, além disso, reproduz melhor a estrutura espacial real dos glicerolipídeos e torna, assim, compreensível a formação de estruturas de membrana. O C-terminal e o N-terminal da oleosina encontram-se no lado citoplasmático da meia-unidade de membrana e formam um domínio-cabeça hidrofílico; a parte central grande da proteína forma um domínio lipofílico, que presumivelmente preenche o oleossomo de triglicerídeos. – Gal, Galactose; Ch, Colina; ACPSH, Proteína portadora de acil. (Segundo E. Weiler.)

depositados em camadas extracelulares sobre a cutícula ou impregnam as paredes de determinadas células vegetais: cutina (por exemplo, na estria de Caspary) e suberina (cortiça, no felema). A cutina é, além disso, um componente da cutícula. Uma vez que pouco se sabe a respeito da síntese de ceras, cutina e suberina, ela é considerada aqui sucintamente.

Os lipídeos de membrana e lipídeos de reserva são **glicerolipídeos** (ver 1.5, Figura 1-21). Eles consistem em glicerol (um álcool trivalente) e três resíduos de acil com ele esterificado (lipídeos de reserva = triacilgliceróis ou triglicerídeos) ou contêm, no caso dos lipídeos de membrana, dois resíduos de acil esterificados, ao passo que o terceiro grupo hidroxila apresenta um substituinte polar ("grupo da cabeça") (fosfolipídeos, glicolipídeos).

O metabolismo de lipídeos de uma célula vegetal é uma estrutura de reações complicada, da qual participam plastídios, citoplasma e retículo endoplasmático. Uma visão geral desse metabolismo encontra-se na Figura 5-98. As reações são descritas mais detalhadamente nos capítulos seguintes.

5.10.1 Biossíntese dos ácidos graxos

De acordo com o estado atual de conhecimentos, a biossíntese *de novo* de ácidos graxos em vegetais se processa exclusivamente nos plastídios, portanto, nos cloroplastos das células vegetais verdes, além dos cromoplastos, leucoplastos ou proplastídios. Em algumas algas (por exemplo, *Euglena gracilis*), encontra-se uma ácido graxo sintetase citoplasmática, além da plastidial; os fungos sintetizam ácidos graxos no citoplasma. A molécula inicial é uma acetil-CoA, na qual unidades de C_2 sucessivas são condensadas e fornecidas pela malonil-CoA. O acetil-CoA origina-se em plastídios a partir do piruvato, com participação da isoforma plastidial da piruvato desidrogenase, ou (em maior parte) a partir do acetato, que provém do citoplasma, cuja reação, no entanto, é desconhecida. O **acetil-CoA sintetase** (Figura 5-98) transfere o resíduo de AMP (resíduo de adelinato) para o acetato, com clivagem de pirofosfato, com formação de um anidrido de ácido fosfórico do grupo carboxila do ácido acético. Numa segunda etapa, o resíduo de adenilato é então trocado por coenzima A. Pela carboxilação de acetil-CoA, malonil-CoA origina-se no complexo multienzimático **acetil-CoA carboxilase**, com biotina como grupo prostético (Figura 5-99).

O **complexo ácido graxo sintetase**, igualmente um complexo multienzimático, consiste em enzimas individuais, as quais – diferentemente da ácido graxo sintetase de fungos e animais – podem se separar e funcionar isoladamente, e de uma **proteína carregadora de acil**, livre e solúvel (10-14 kDa, do inglês, ACP = *acyl carrier protein*). Essa proteína liga tanto os compostos de partida acetato ou malonato quanto os resíduos de acil originados como intermediários do alongamento da cadeia. A ácido graxo sintetase aceita apenas metabólitos ligados à ACP. O arranjo de ACP e os componentes da ácido graxo sintetase assemelham-se muito aos de bactérias. Logo, a ácido graxo sintetase vegetal tem uma estrutura procariótica. A Figura 5-99 apresenta o andamento da reação. A síntese é interrompida quando se produz uma cadeia C_{16} ou C_{18}, portanto quando existe palmitoil-ACP (16:0-ACP) ou estearoil-ACP (18:0-ACP) (a notação de um ácido graxo indica o número de átomos de C antes dos dois pontos e o número de ligações duplas após os dois pontos).

Ainda no estroma dos plastídios, uma **dessaturase** solúvel forma o composto simples insaturado oleoil-ACP (18:1-ACP), a partir de estearoil-ACP. Os produtos da síntese plastidial de ácidos graxos prestam-se, por um lado, à montagem de uma parte dos lipídeos de membrana dos plastídios, ou os ácidos graxos são exportados para o citoplasma (Figura 5-98). Imediatamente ou durante a passagem das membranas, a ACP é clivada por uma **acil ACP tioesterase**. No entanto, não são se acumulam quantidades expressivas de ácidos graxos livres, pois, a partir deles, uma acil-CoA sintetase localizada na membrana externa forma acil-CoA, com consumo de ATP.

As acil-CoAs então existentes (palmitoil-CoA, estearoil-CoA e oleoil-CoA) podem continuar a reagir de diferentes maneiras (Figura 5-98):

- No retículo endoplasmático realiza-se um alongamento da cadeia, por meio de **elongases** ligadas à membrana. Assim, originam-se os ácidos graxos com 20 ou mais átomos de carbono, encontrados em lipídeos de reserva entre outros.
- Igualmente no RE ocorre a incorporação em lipídeos de membrana ou lipídeos de reserva.
- Ácidos graxos reiteradamente insaturados, como, por exemplo, ácido linoleico (18:2) e ácido linolênico (18:3), não são sintetizados por seres humanos e, portanto, devem ser ingeridos com o alimento como ácidos graxos essenciais. Eles originam-se no RE somente no nível de glicerolipídeo por meio de **dessaturases** ligadas à membrana e, depois de uma troca de acil por oleoil-CoA, podem ser liberados como linoleil-CoA (18:2-CoA) ou linolenil-CoA (18:3-CoA) (Figura 5-98).

5.10.2 Biossíntese de lipídeos de membrana

Conforme mencionado, a formação de lipídeos de membrana (Figura 5-98) se realiza tanto nas membranas dos plastídios quanto no RE. A estrutura básica de glicerol é obtida no estroma do plastídio ou no citoplasma por redução de di-hidroxiacetona fosfato, resultando em gli-

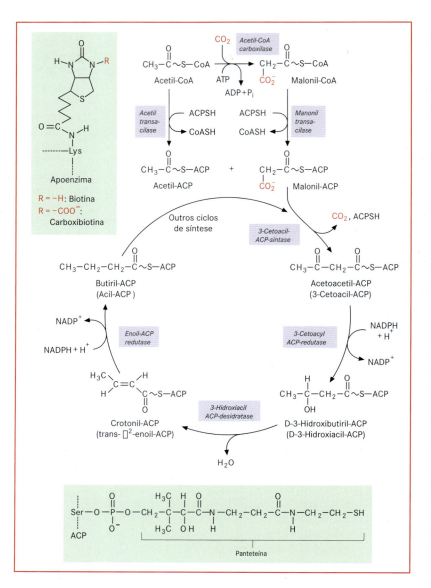

Figura 5-99 Andamento da nova síntese de ácidos graxos no estroma dos plastídios. O grupo prostético da acetil-CoA carboxilase, biotina, é ligado à apoenzima por meio de um resíduo de lisina. As estruturas da biotina e da carboxibiotina são apresentadas no campo em cima, à esquerda. A formação de acetil-ACP e malonil-ACP a partir das respectivas coenzimas A adutoras processa-se energeticamente neutra e, por isso, sem direção preferida. A descarboxilação na condensação dos dois corpos C_2 (reação da 3-cetoacil sintase) é fortemente exergônica; com isso, essa reação transcorre de modo irreversível. Essa e as próximas descarboxilações dão direção à sequência da síntese, pois as enzimas restantes catalisam reações em princípio reversíveis. Os reagentes ligados à ACP estão presentes como tioéster. Como na coenzima A (Figura 5-91), o grupo tiol é disponibilizado por um resíduo de panteteína; conjugado à ACP, este resíduo é esterificado via fosfato com uma serina da apoenzima (ver campo em baixo). – ACP, proteína carregadora de acil; ACPSH, ACP livre com grupo tiol (-SH) desocupado.

cerol-3-fosfato (**glicerol-3-fosfato desidrogenase**). Pela ação de **acil transferases** na rota plastidial, os resíduos de acil são transferidos diretamente por acil-ACP; na rota do RE, são transferidos por acil-CoA. A especificidade das enzimas é distinta. A presença obrigatória de um resíduo de acil com 16 C é característica para glicerolipídeos de origem plastidial, ao passo que os glicerolipídeos formados no RE apresentam sempre nessa posição um resíduo de acil com 18 C.

Em primeiro lugar, origina-se um diacilglicerol fosfato (= ácido fosfatídico). A partir disso, os plastídios produzem inicialmente um glicolipídeo, o monogalactosildiglicerídeo (MGDG, Figura 1-21), que, possivelmente após a dessaturação dos resíduos de acil, representa o ponto de partida para a formação de outros glicolipídeos, sulfolipídeos e fosfolipídeos nos plastídios (Figuras 5-98, 1-21 e Tabela 1-4). No entanto, apenas parte dos lipídeos de membrana plastidial origina-se na própria organela; outra parte é formada pelo metabolismo da fosfatidilcolina (glicerolipídeo) importada do RE.

A partir de glicerol-3-fosfato, mediante dupla transferência de acil, igualmente em primeiro lugar forma-se no RE um ácido fosfatídico e a partir deste, por anexação do grupo da cabeça (colina-fosfato, disponibilizada via citidina-difosfocolina) fosfatidilcolina, um fosfolipídeo. Pela atuação de dessaturases, a partir da fosfatidilcolina são produzidos os outros lipídeos de membrana do RE (Tabela 1-4). Parte da fosfatidilcolina, preferencialmente a dilinoleilfosfatidilcolina (possui dois resíduos de ácido linoleico, 18:2), é levada às membranas do plastídio, com a participação de **proteínas de transferência de lipídeos**. Lá, ela é transformada em MGDG e, pela atuação de dessaturases, empregada para formação de outros lipídeos de membrana. É possível que as proteínas de transferência de lipídeos também participem da dotação de lipídeos para outras membranas, onde eles não podem ser formados (membrana do tilacoide, membranas mitocondriais, membrana dos glioxissomos, membrana dos peroxissomos).

A composição dos ácidos graxos dos lipídeos de membrana tem influência sobre as propriedades físicas da membrana (por exemplo, fluidez sob determinada temperatura). Isso parece ser um importante componente da tolerância ou sensibilidade vegetal ao frio. Um significado importante nesse caso é atribuído à fosfatidilcolina, que em espécies tolerantes ao frio exibe aumento de ácidos graxos insaturados e em espécies sensíveis ao frio tem aumento de ácidos graxos saturados. Modificando a estrutura lipídica mediante técnica genética, foi possível influenciar efetivamente a tolerância ao frio da espécie-modelo *Arabidopsis thaliana* (Quadro 6-1).

5.10.3 Biossíntese de lipídeos de reserva

Todas as células armazenam (ao menos pequenas quantidades) de **triacilgliceróis** (**triglicerídeos, gorduras neutras**). Em determinadas sementes, a cota de gordura armazenada pode representar 50% da sua massa (amendoim, linhaça). Em tecidos de frutos de determinadas espécies (por azeitona, abacate) podem ser encontradas quantidades maiores de gorduras neutras. No entanto, nesse caso elas não servem à reciclagem, mas sim para atrair consumidores e, portanto, para dispersar as sementes. Em muitas espécies, o tapete forma grandes quantidades de triglicerídeos e, com a dissolução dele, os triglicerídeos chegam ao lume da antera e constituem uma camada lipídica extracelular ao redor do grão de pólen maduro. Os grãos de pólen, além disso, podem ter 20-30% do seu peso representado por reservas lipídicas intracelulares. Os triacilgliceróis, que consistem em grande parte de ácidos graxos saturados e se mantêm sólidos à temperatura ambiente, são identificados como **gorduras**. Gorduras são chamadas de **óleos** quando contêm ácidos graxos insaturados em quantidade elevada e líquidos à temperatura ambiente.

A síntese dos lipídeos de reserva processa-se no retículo endoplasmático, partindo de diferentes acil-CoAs e glicerol-3-fosfato. Nesse sentido, são seguidas duas rotas: uma leva ao diacilglicerol, passa pela formação de um ácido fosfatídico e sua descarboxilação e conclui-se com a transferência do terceiro resíduo de acil para o grupo hidroxila liberado; a outra rota, da fosfatidilcolina, leva ao diacilglicerol e finalmente ao triglicerídeo (Figura 5-98). A segunda rota parece ser a preferida para a formação de lipídeos de reserva com repetidos ácidos graxos insaturados.

Admite-se que triacilglicerois bastante apolares se acumulam entre as duas superfícies de membrana da bicamada lipídica do RE e as separam, até que finalmente uma mera gotícula lipídica envolvida por uma "meia" membrana elementar (camada lipídica simples) é isolada (Figura 5-98). A organela armazenadora de lipídeos é denominada **oleossomo** (às vezes também **esferossomo**). Oleossomos de sementes muito secas contêm grande quantidade de proteínas anfipáticas, as **oleosinas**, sintetizadas no RE e durante desprendimento dos oleossomos depositadas na meia membrana (Figura 5-98). As oleosinas não estão presentes nos oleossomos de tecidos de frutos ricos em lipídeos, sementes não secas e oleossomos de pólen. Na absorção de água pelas sementes secas durante a germinação, as oleosinas impedem claramente a "confluência" dos oleossomos para um produto maior e, assim, facilitam (por meio da manutenção das superfícies maiores) a mobilização dos lipídeos de reserva.

5.11 Mobilização dos lipídeos de reserva

Durante a germinação das sementes, as gorduras neutras armazenadas nos oleossomos são degradadas, e o carbono é empregado na formação de carboidratos, que então sustentam os metabolismos estrutural e energético da plântula, enquanto ela for heterótrofa. Citoplasma, glioxissomos e mitocôndrias participam da sequência de reações. Os **glioxissomos**, organelas aparentadas com peroxissomos (ver 5.5.6), ocorrem em grande número nas células armazenadoras durante a fase de mobilização; eles desaparecem na presença da luz com o início da fotossíntese e são substituídos por peroxissomos, necessários para a fotorrespiração (ver 5.5.6). Experimentos mais recentes têm mostrado que na presença da luz, por transformação da estrutura enzimática, os peroxissomos resultam dos glioxissomos.

A mobilização dos lipídeos de reserva começa com a liberação hidrolítica dos ácidos graxos dos triglicerídeos, catalisada por **lipases**. O glicerol, originado ao mesmo tempo, é convertido inicialmente em glicerol-3-fosfato por uma **glicerol-3-cinase**, com consumo de ATP. Após, o glicerol-3-fosfato é convertido em di-hidroxiacetona fosfato, através de uma **glicerol-3-fosfato desidrogenase** (reação ④, Figura 5-98). Essa triose fosfato entra no metabolismo citoplasmático de açúcares.

Os ácidos graxos liberados no citoplasma chegam aos glioxissomos (presumivelmente por difusão através dos poros formados pelas **porinas**, permeáveis a metabólitos de massa molecular pequena, ver 5.5.6), onde, por **β-oxidação**, são convertidos a acetil-CoA. Diferentemente

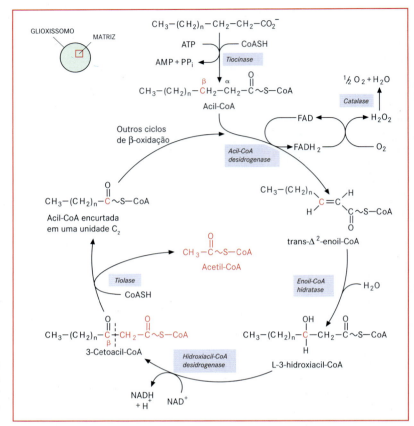

Figura 5-100 Andamento da β-oxidação no glioxissomo de um ácido graxo saturado. A β-oxidação completa dos ácidos graxos insaturados exige várias reações enzimáticas adicionais, as quais não são tratadas aqui.

dos animais, as plantas não possuem β-oxidação mitocondrial, que se processa exclusivamente nos glioxissomos ou peroxissomos. A sequência de reações (Figura 5-100) é muito semelhante à mitocondrial, com a diferença que na mitocôndrias a FAD ligada à acil-CoA desidrogenase (que durante a reação é reduzida a FADH) não é reoxidada pela cadeia respiratória (ver 5.9.3.3, Figura 5-94), mas sim por meio do oxigênio molecular. O produto da reação, H_2O_2, quimicamente muito agressivo, é decomposto em H_2O + ½ O_2 pela **catalase**, presente em grandes quantidades nos peroxissomos e nos glioxissomos.

O destino da acetil-CoA é deduzido do esquema geral da Figura 5-101. No ciclo do glioxilato (Figura 5-102), a partir da acetil-CoA, são formalmente condensadas a sucinato duas unidades de acetato. Além das plantas verdes, essa sequência de reações é encontrada também em fungos e bactérias (que, por isso, podem crescer sobre acetato como fonte de C), mas não em animais. Os glioxissomos, no entanto, ocorrem apenas em eucariotos.

As enzimas características do ciclo do glioxilato são **isocitrato liase** e **malato sintase**; as demais são conhecidas do ciclo do ácido cítrico (Figura 5-92). Em culturas de células do pepino constatou-se que a carência de glicose ativa os genes das enzimas do ciclo do glioxilato. Por esse mecanismo, seria assegurado que a conversão de gorduras em carboidratos pode se adaptar à necessidade.

O sucinato formado no ciclo do glioxilato deixa os glioxissomos através das porinas e nas mitocôndrias é

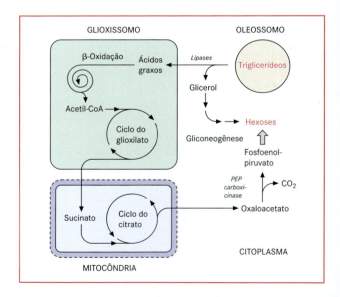

Figura 5-101 Visão geral da transformação de gorduras neutras (= triglicerídeos) em hexoses e os compartimentos participantes. A reação da fosfoenolpiruvato carboxiquinase (PEP carboxiquinase) está apresentada detalhadamente na Figura 5-74. (Segundo E. Weiler.)

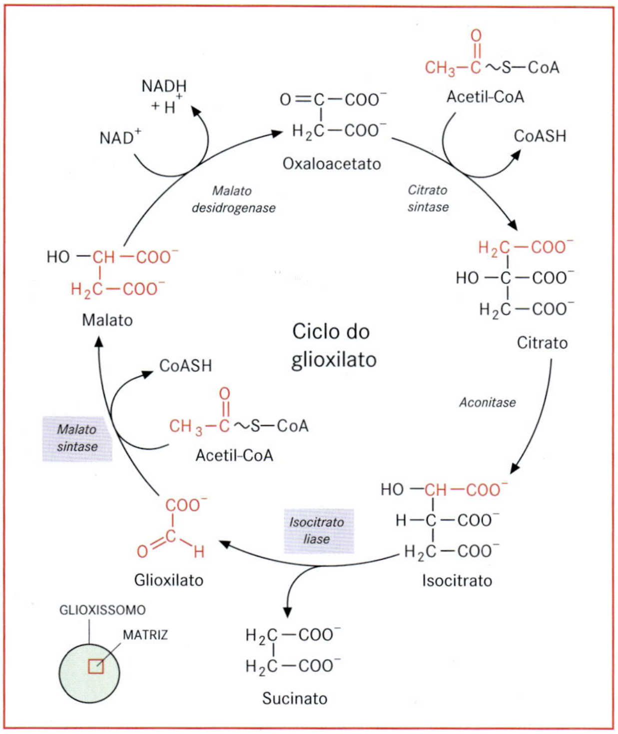

Figura 5-102 Sequência de reações do ciclo do glioxilato. Fundo azul: enzimas fundamentais dos glioxissomos.

5.12 Formação dos aminoácidos

As plantas sintetizam todos os próprios aminoácidos proteicos (Figura 1-11), entre os quais se encontram os aminoácidos aromáticos essenciais para os seres humanos (fenilalanina, tirosina, triptofano), além de valina, leucina e isoleucina. Os esqueletos dos carboidratos provêm, em última análise, da fotossíntese. Provavelmente, todos os aminoácidos podem ser formados nos cloroplastos; entretanto, muitos se originam também em outros compartimentos (por exemplo, glicina nos peroxissomos, serina nas mitocôndrias durante a fotorrespiração, Figura 5-70).

5.12.1 Famílias dos aminoácidos

Com base na procedência dos esqueletos de carboidratos, os aminoácidos podem ser classificados em vários grupos (Figura 5-103): família do piruvato, família do 2-oxoglutarato e família do oxaloacetato; família do 2-fosfoglicolato, família do chiquimato e histidina, que se origina da ribose-5-fosfato. A formação de glicina e serina a partir do 2-fosfoglicolato na fotorrespiração já foi tratada (Figura 5-70), bem como a formação da cisteína a partir da serina (via O-acetilserina, Figura 5-86). Nos últimos anos, a síntese da histidina em

convertido em oxaloacetato em alguns passos do ciclo do ácido cítrico (ver 5.9.3.2, Figuras 5-92 e 5-96). O oxaloacetato, por sua vez, por meio da **fosfoenolpiruvato carboxiquinase** é transformado em fosfoenolpiruvato no citoplasma. A partir desse metabólito, é formada hexose pelas reações da gliconeogênese (ver 5.9.3.4, Figura 5-96). Fazendo um balanço das sequências de reações descritas, teoricamente 75% do carbono de um ácido graxo (3 de 4 átomos de C) podem ser convertidos em hexoses, sendo o restante (1 de 4 átomos de C) perdido como CO_2 na reação da fosfoenolpiruvato carboquinase. Mediante experimentos com radioisótopos marcados (com ^{14}C marcado), foi possível demonstrar em ácidos graxos que o melhor valor teórico para plantas é de fato alcançado. Portanto, por meio de uma compartimentalização efetiva, as perdas por reações colaterais são quase totalmente evitadas.

Além de na germinação de sementes armazenadoras de gordura, as reações de conversão de gorduras a carboidratos são encontradas também em folhas senescentes (transformação de lipídeos de membrana em carboidratos com o objetivo de transferência para o caule) e em caules na primavera (transformação dos lipídeos, neles armazenados no outono, em carboidratos e transferência para o xilema: "sangria", ver 5.3.5) para abastecimento das partes jovens.

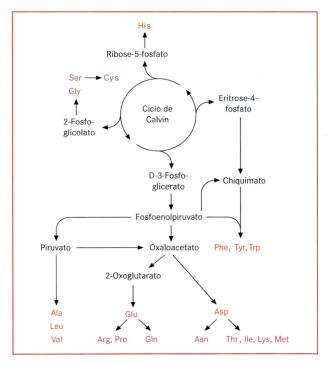

Figura 5-103 Derivação do esqueleto de carbono das diferentes famílias de aminoácidos, a partir da assimilação fotossintética do CO_2. (Segundo E. Weiler.)

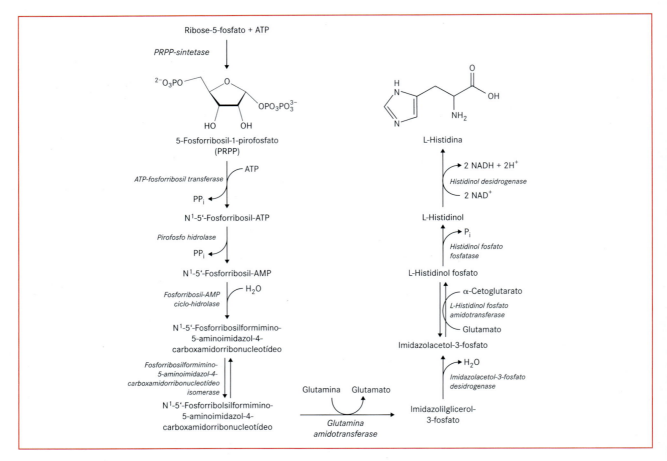

Figura 5-104 Sequência de reações da síntese de histidina.

plantas foi examinada em detalhes e as etapas enzimáticas esclarecidas (Figura 5-104). Partindo da 5-fosforribosil-1-pirofosfato (PRPP, *phosphoribosyl-pyrophosphat*), formada de ribose-5-fosfato e ATP, origina-se histidina em nove etapas (Figura 5-104). Os demais aminoácidos derivam, totalmente ou em parte, de 3-fosfoglicerato via fosfoenolpiruvato. A formação de piruvato ou oxaloacetato a partir de fosfoenolpiruvato já foi discutida em outro contexto (Figuras 5-74 e 5-90), assim como a formação de oxaloacetato a partir do piruvato nas mitocôndrias (Figura 5-92). Na mitocôndria, do oxaloacetato pode ser sintetizado 2-oxoglutarato via citrato (Figura 5-92); mas, conforme já mencionado, o citrato no citoplasma (para onde foi exportado) pode também ser convertido em 2-oxoglutarato (ver 5.9.3.4).

5.12.2 Aminoácidos aromáticos

Devido ao seu significado especial para o metabolismo vegetal quanto ao atendimento da necessidade de aminoácidos para a síntese de proteínas, os três aminoácidos aromáticos (triptofano, fenilalanina e tirosina) recebem maior atenção. Partindo de fosfoenolpiruvato e eritrose-4-fosfato (Figura 5-13), a rota da biossíntese é denominada **rota do chiquimato**, de acordo com um nível intermediário característico. Ela é realizada em plantas (localizada nos plastídios), fungos e bactérias, mas não em animais. A rota do chiquimato fornece, além disso, níveis intermediários para a síntese de inúmeros outros compostos vegetais e representa uma interface entre os metabolismos primário e secundário.

A eritrose-4-fosfato é um intermediário do ciclo de Calvin e do ciclo oxidativo das pentoses-fosfato. O fosfoenolpiruvato provém da glicólise e é importado pelos cloroplastos. A Figura 5-105 apresenta o andamento da sequência de reações.

A enzima **5-enolpiruvilchiquimato-3-fosfato sintase** (EPSP sintase) é o ponto de ataque de um herbicida amplamente utilizado, o **glifosato** (N-fosfonometilglicina, Figura 5-106). Esse herbicida é um inibidor fortemente competitivo que impede o depósito do fosfoenolpiruvato no centro catalítico. No entanto, as plantas não morrem por falta de aminoácidos aromáticos, mas sim por causa do ácido chiquímico tóxico que se acumula nos tecidos (especialmente nos meristemas).

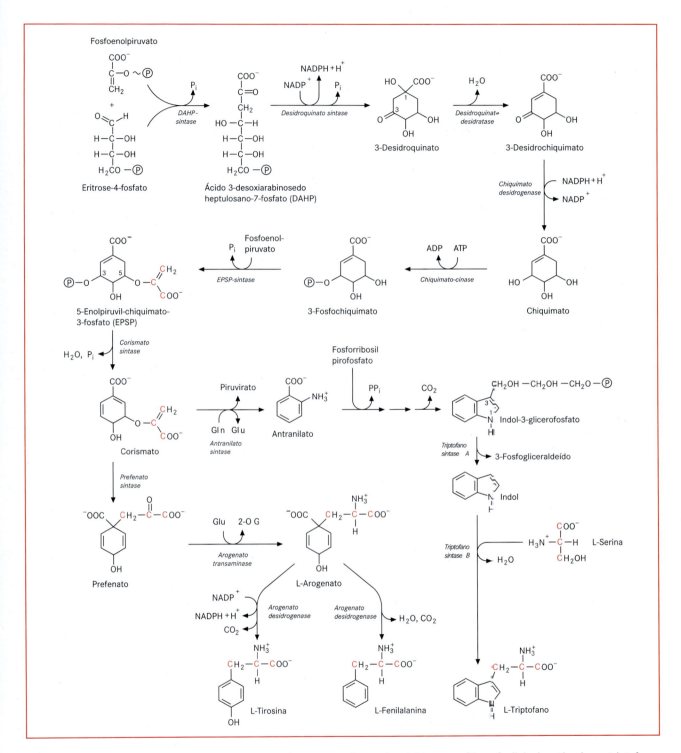

Figura 5-105 Sequência de reações da rota do chiquimato para síntese dos ácidos aromáticos fenilalanina, tirosina e triptofano. (Segundo E. Weiler.)

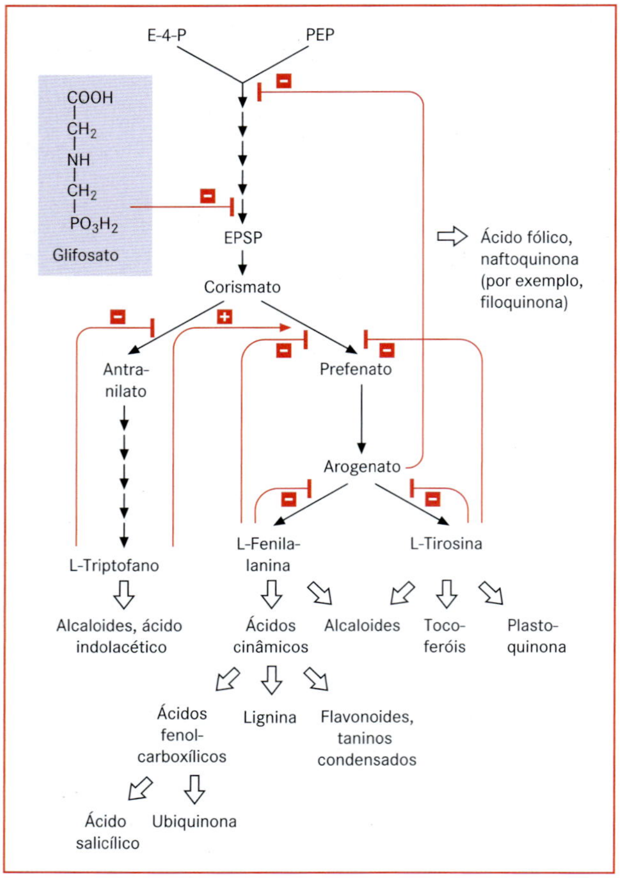

Figura 5-106 Regulação da atividade enzimática na rota do chiquimato por meio do controle dos produtos (vermelho) e visão geral de seu papel como fornecedor de precursores para várias outras rotas metabólicas adicionais (não mostradas) à síntese de proteínas. O herbicida glifosato (N-fosfonometilglicina) é um forte inibidor competitivo da enzima 5-enilpiruvilchiquimato-3-fosfato (EPSP) sintase. (Segundo E. Weiler.)

Como exemplo da rota do chiquimato, o controle dos produtos finais das rotas metabólicas ramificadas pode ser muito bem elucidado (Figura 5-106).

O triptofano inibe a sua própria síntese e estimula a síntese da tirosina e a da fenilalanina. A fenilalanina e tirosina inibem, respectivamente, sua própria formação. Assim, é evitada a acumulação de um aminoácido desnecessário, enquanto a formação dos demais pode continuar.

5.12.3 Aminoácidos não proteicos e derivados de aminoácidos

Além dos 20 aminoácidos proteicos, existem em plantas mais de 400 outros, os **aminoácidos não proteicos**, frequentemente derivados de aminoácidos proteicos (Figura 5-107A). Além disso, igualmente com frequência ocorrem as **aminas biogênicas**, originadas de aminoácidos por descarboxilação (Figura 5-107B). Os aminoácidos não proteicos podem ser metabólitos de transporte e metabólitos de reserva para nitrogênio reduzido, como a citrulina já mencionada (Figura 5-87) em Betulaceae e Juglandaceae, que ao mesmo tempo representa um intermediário na síntese de arginina. A canavanina das leguminosas (Figura 5-107A) tem também **função de transporte** e **reserva**. Essa substância, que às vezes constitui 10% ou mais do peso seco das sementes e contém até 50% do nitrogênio ligado – como muitos aminoácidos não proteicos –, é simultaneamente um **protetor** com potencial tóxico para herbívoros. O efeito tóxico baseia-se na semelhança estrutural com L-arginina (Figura 1-11), de modo que na herbivoria podem se formar proteínas defeituosas, pois as aminoacil-RNAt sintetases do herbívoro – diferente daquelas da planta – não distinguem o aminoácido natural do análogo. Por transformação no animal, a partir da canavanina origina-se o aminoácido canalina, não proteico e neurotóxico. Larvas do besouro *Caryedes brasiliensis*, cuja única fonte de alimento são sementes de leguminosas, mediante desaminação redutiva podem desintoxicar a canalina, transformando-a em homosserina (Figura 5-107A), o nível intermediário natural da síntese de treonina.

Os aminoácidos da cebola (*Allium cepa*) e do alho (*Allium sativum*) (propenilaliina e aliina, respectivamente, Figura 5-107A) são derivados de cisteína e precursores dos protetores contra a herbivoria. Com a lesão das células, que armazenam aliina (alho) e propenilaliina (cebola) nos vacúolos, pela ação da enzima aliina liase os compostos são degradados em piruvato, amônia e óleos de alho. Alicina e sulfóxido de propantial são fortemente pungentes (o sulfóxido de propantial é o fator que provoca lágrimas ao se manipular as cebolas) e, ao mesmo tempo, eficazes antimicrobianos (isolamento do crescimento microbiano em tecido vegetal lesado); o dissulfito de dialila é o responsável pelo odor característico do alho.

Muitas aminas biogênicas resultam da descarboxilação de seus aminoácidos homólogos: por exemplo, cadaverina da lisina, triptamina do triptofano e histamina da histidina (Figura 5-107B). As aminas biogênicas podem representar precursores biossintéticos de alcaloides (ver 5.15.3). A triptamina é um dos precursores da síntese do fitormônio ácido indol-3-acético (ver 6.6.1.2). A histamina é, além da serotonina e acetilcolina, componente do conteúdo dos tricomas urticantes (Figura 3-15) das urtigas e corresponsável pelo desencadeamento da reação de coceira e dor dos tecidos (formação de pápula) na pele de vertebrados; portanto, uma substância defensiva altamente eficaz contra potenciais predadores desse grupo de organismos (defesa contra herbivoria, ver 8.4.1).

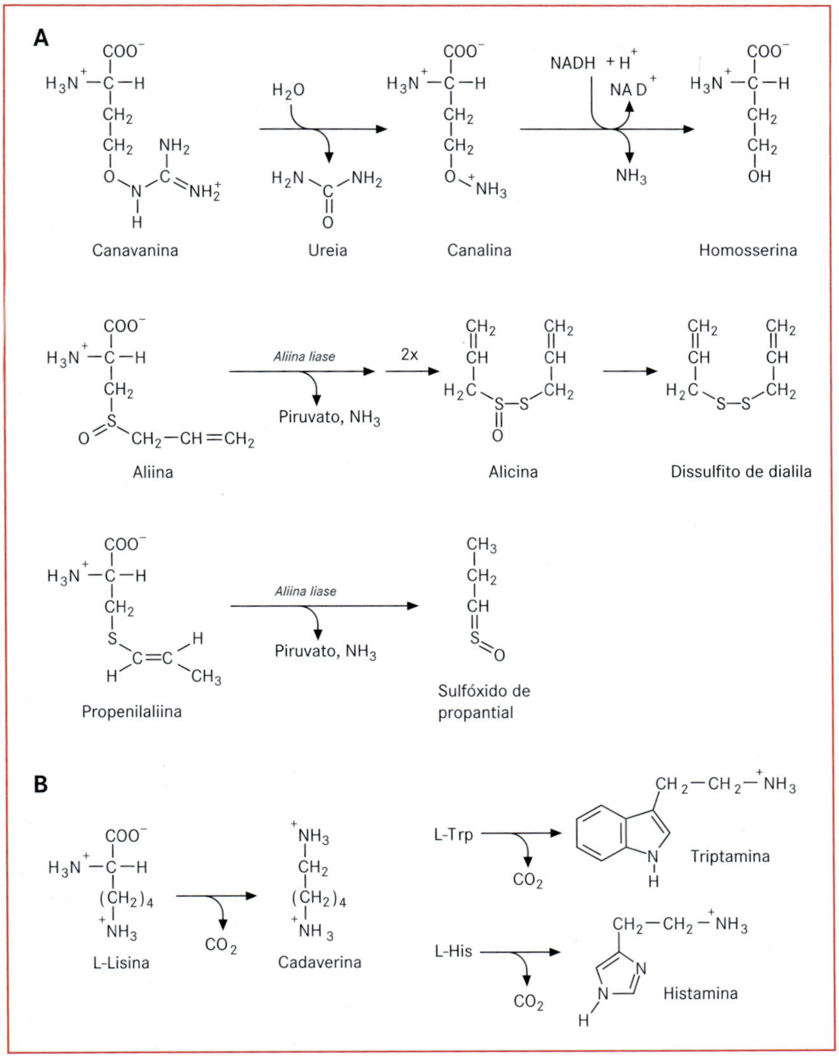

Figura 5-107 **A** Exemplos de aminoácidos vegetais não proteicos e do seu metabolismo. **B** Formação de aminas biogênicas por descarboxilação de aminoácidos. (Segundo E. Weiler.)

5.13 Formação de purinas e pirimidinas

Purinas e pirimidinas, as bases dos ácidos nucleicos (Figura 1-3), são formadas nos plastídios como nucleosídeos monofosfato, mas presume-se que se originem também em outros compartimentos. Partindo de 5-fosforribosil-1-pirofosfato, que também serve de estrutura básica na síntese do triptofano (Figura 5-105) e da histidina (Figura 5-104), o corpo da purina é montado passo a passo (Figura 5-108). Dois dos quatro átomos de nitrogênio do anel de purina provêm da glutamina (transamidação), um do aspartato (que, com isso, transforma-se em fumarato) e um incorporado ao esqueleto de carbono da glicina. Um dos átomos de carbono restantes do anel é fornecido via carboxibiotina (Figura 5-99) e provém do CO_2; os outros dois são fornecidos pelo ácido tetra-hidrofólico – importante carregador de grupos C_1 – sob forma de N^{10}-formil-tetra-hidrofolato. Além do grupo formila (-CHO-), tetra-hidrofolato também governa os grupos metila (-CH_3-) e hidroximetila (-CH_2OH-) para muitas outras sínteses, como, por exemplo, nos aminoácidos serina (ver 5.5.6) e metionina e em alcaloides (ver 5.15.3).

A síntese de purinas fornece inicialmente inosina-5-monofosfato (IMP), que, por oxidação seguida de transamidação, é convertida em guanosina-5-monofosfato (GMP) ou por transamidação é convertida em adenosina-5-monofosfato (AMP) (Figura 5-108). Controlando o nível de difosfato, as nucleosídeo-monofosfato e nucleosídeo-difosfato-cinases formam os trifosfatos ATP e GTP a partir dos monofosfatos. Ao nível de difosfato, os desonucleotídeos são formados através da **ribonucleosídeo-difosfato redutase**. Os elétrons são fornecidos pela conversão ditiol-dissulfeto. A enzima é novamente reduzi-

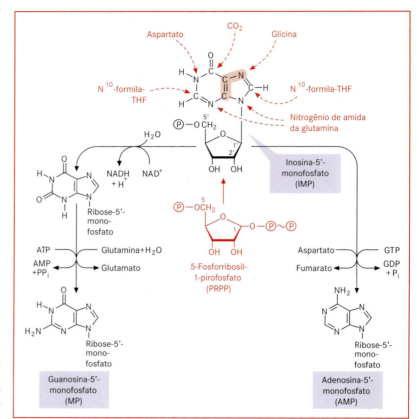

Figura 5-108 Derivação biossintética do sistema de anéis de purina e do resíduo de açúcar fosfato, na síntese de adenosina-5-monofosfato ou guanosina-5-monofosfato a partir de inosina-5-monofosfato. – THF, ácido tetra-hidrofólico.

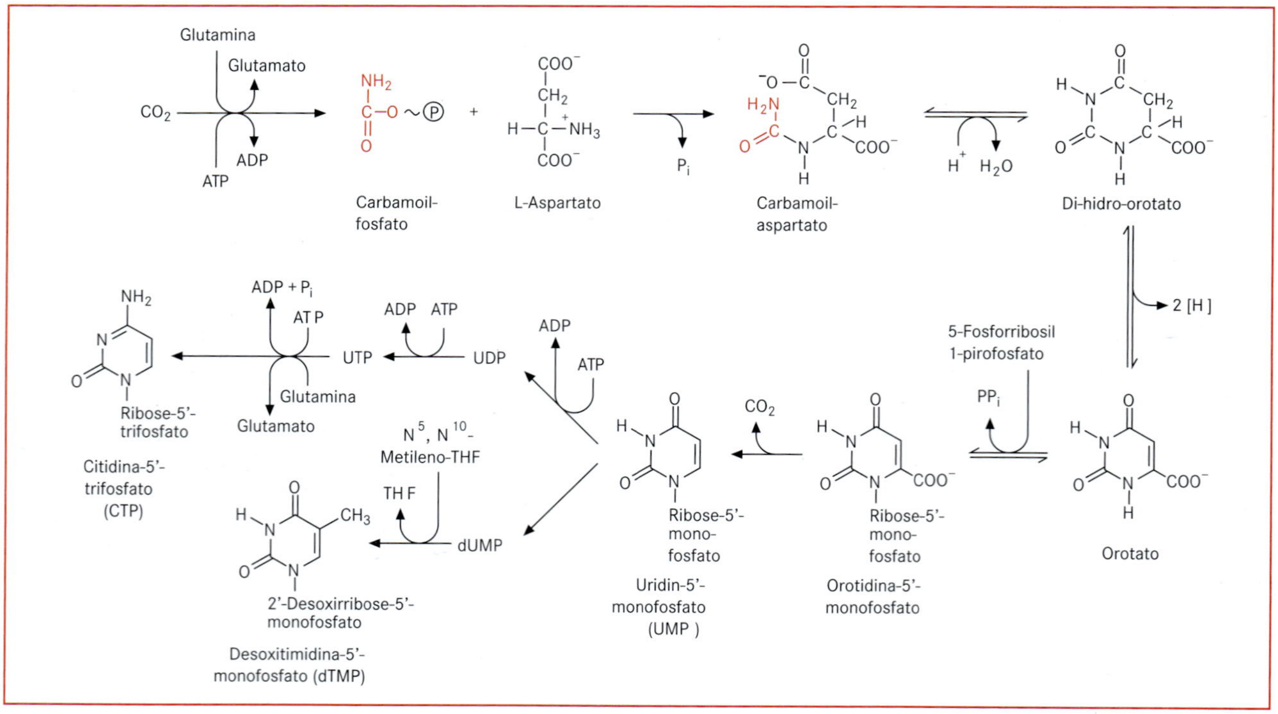

Figura 5-109 Biossíntese das pirimidinas. – THF, ácido tetra-hidrofólico. (Segundo E. Weiler.)

da via NADPH+H⁺ e tiorredoxina (análoga à reação mostrada na Figura 5-64).

A partir da condensação de carbamoil fosfato e aspartato, a biossíntese das pirimidinas (Figura 5-109) fornece inicialmente orotato, o qual, com participação de 5-fosforribosil-1-pirofosfato, é convertido a 5-mononucleotídeo. A descarboxilação fornece uridina-5-monofosfato (UMP), transformado inicialmente no trifosfato (UTP) e, mediante troca do oxigênio no C_4 por um grupo amino (nitrogênio da amida da glutamina), em citidina-5-trifosfato (CTP). A base timina, existente apenas no DNA, partindo de 2-desoxiuridina-5-monofosfato (dUMP) e por transferência do grupo metila, é formada sobre C_5. O doador do grupo metila é novamente o ácido tetra-hidrofólico (N^5,N^{10}-metilenotetra-hidrofolato).

5.14 Formação de tetrapirróis

Tanto os tetrapirróis fechados em forma de anel (**porfirinas**) quanto os tetrapirróis de cadeia aberta exercem diferentes funções nas plantas. Clorofilas e bacterioclorofilas captam energia luminosa na fotossíntese (ver 5.4.2); o heme é componente dos citocromos, de catalases e peroxidases e encontra-se na leg-hemoglobina dos nódulos de raízes. Os citocromos são transportadores de elétrons na respiração celular (ver 5.9.3) e na fotossíntese (ver 5.4.2), por exemplo; o citocromo P540 é integrante de mono-oxigenases (ver 6.6.3.2), o heme das catalases é responsável pela remoção de "oxigênio reativo", H_2O_2, em peroxissomos e glioxissomos (ver 5.5.6 e 5.11). As peroxidases têm múltiplas funções nas reações de oxidação (por exemplo, na desentoxicação de **xenobióticos**, ou seja, substâncias potencialmente nocivas) e são essenciais para a formação da lignina (ver 5.16.2). O grupo heme, como componente da sulfito redutase (ver 5.7) e da nitrito redutase (ver 5.6.1), é igualmente um transportador de elétrons. A leg-hemoglobina dos nódulos de raízes de leguminosas (ver 8.2.1) atua no armazenamento de oxigênio molecular por ocasião da fixação do nitrogênio do ar.

Diferentemente dos hemes (contêm ferro) e das clorofilas (contêm magnésio), o anel tetrapirrólico na vitamina B_{12} (cianocobalamina) possui cobalto como átomo central. A vitamina B_{12} é sintetizada apenas por algumas espécies de bactérias, mas não por plantas (não necessitam dela) nem por animais (para os quais ela é vitamina essencial). Os animais e os seres humanos ingerem vitamina B_{12} com o alimento de origem animal ou a recebem da flora bacteriana intestinal (comedora de plantas!). Embora os seres humanos necessitem de apenas alguns microgramas de vitamina B_{12} por dia, em dieta estritamente vegetariana podem surgir sintomas de carência (anemia).

Os tetrapirróis de cadeia aberta são os grupos cromóforos dos ficobiliproteídeos, pigmentos fotossintéticos acessórios da cianobactérias e algas vermelhas (ver 5.4.2 e 5.4.3). A fitocromobilina, o cromóforo dos receptores de luz vermelha vegetais (fitocromos, ver 6.7.2.4), é estruturalmente aparentada com a ficocianobilina e a ficoeritrobilina.

A biossíntese do sistema de anel do tipo porfirina ocorre, nas plantas verdes, nos plastídios, que também assumem as outras etapas para a síntese de clorofilas, heme, grupo heme e fitocromobilina. A síntese mitocondrial do heme parte de precursores plastidiais. Presume-se que os plastídios exportem heme para utilização como grupo prostético de enzimas de outros compartimentos. A Figura 5-110 ilustra as relações até agora conhecidas.

A complicada biossíntese de tetrapirróis pode ser apresentada aqui apenas em traços essenciais (Figura 5-111). O elemento estrutural fundamental do sistema tetrapirrólico, o porfobilinogênio, origina-se por condensação de 2 moléculas de 5-aminolevulinato. O ácido 5-aminolevulínico forma-se em plantas, cianobactérias e em muitas outras bactérias a partir de glutamato (em animais, leveduras e algumas bactérias, a partir de succinil-CoA e glicina), reduzido a 1-semialdeído, de uma transaminação intramolecular dependente de tiamina pirofosfato, é convertido em 5-aminolevulinato. Detalhe interessante: o ácido anidro fosfórico não serve como precursor ativado para a redução do grupo carboxila, mas sim o glutamil-RNAt (que no transporte plastidial também é doador de glutamato); a redução realiza-se no nível do aminoacil-RNAt.

Quatro moléculas de porfobilinogênio, sob desaminação, são condensadas a um precursor de cadeia aberta, o hidroximetilbilano. Este, através da uroporfirinogênio sintase, com saída de água, é ciclizado ao primeiro tetrapirrol cíclico, o uroporfirinogênio III. Ao longo de vários níveis intermediários, forma-se a protoporfirina IX, transformada em proto-heme por uma ferroquelatase ou em protoclorofilídeo *a* por uma magnésio quelatase. A redução do anel D leva do protoclorofilídeo *a* ao clorofilídeo *a*, para o qual uma clorofila sintetase (denominada prenil transferase) transporta o resíduo de fitol (estrutura da clorofila, Figura 5-39). A clorofila *b* é sintetizada da clorofila *a* ou clorofilídeo *a* (os detalhes não são conhecidos). A síntese do grupo heme ramifica-se já no nível do uroporfirinogênio III. A formação do tetrapirrol de cadeia aberta realiza-se pela abertura do anel a partir de um precursor de porfirina derivado do proto-heme (Figura 5-110).

A maioria das algas verdes, gimnospermas, bactérias fotossintetizantes e cianobactérias sintetiza clorofila na presença da luz e no escuro, mas as angiospermas apenas na presença da luz. Nas angiospermas, a protoclorofilídeo redutase é regulada pela luz.

A adaptação da síntese do tetrapirrol à necessidade é garantida por outros processos de regulação (Figura 5-110). Assim, os produtos finais protoclorofilídeo e proto-heme inibem a formação do ácido 5-aminolevulí-

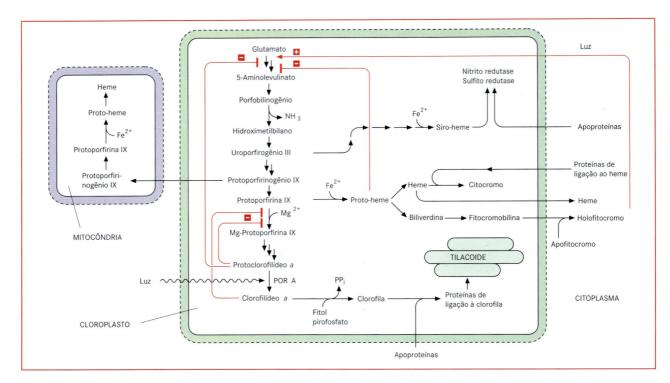

Figura 5-110 Compartimentalização e regulação (vermelho) do metabolismo do tetrapirrol vegetal. A dependência da luz da protoclorofilídeo oxidorredutase (POR A) é típica de angiospermas, que ficam verdes apenas na presença da luz. (Segundo E. Weiler.)

nico; a magnésio quelatase é inibida por protoclorofilídeo e clorofilídeo. A formação do ácido 5-aminolevulínico é intensificada na presença da luz pelo fitocromo (fotorreceptor). Mediante esses mecanismos, é evitada no escuro uma acumulação excessiva das moléculas de protoclorofilídeo fotorreativas.

5.15 Metabolismo secundário

As reações especiais derivadas do metabolismo primário são identificadas coletivamente como **metabolismo secundário** e as substâncias dele decorrentes como metabólitos secundários ou **matérias vegetais secundárias** (também matérias naturais vegetais). Esses compostos quimicamente muito distintos – já são conhecidas mais de 200.000 estruturas – ocorrem muitas vezes em apenas determinados grupos vegetais, sendo, por isso, de significado quimiotaxonômico. Cada espécie é identificada pela presença de um espectro característico de diferentes metabólitos secundários, muitos dos quais são mantidos como reserva permanente, enquanto a formação de outros é induzida por determinadas influências ambientais bióticas ou abióticas.

Os metabólitos secundários despertam múltiplos interesses econômicos (ver Capítulo 8, 12.8). Eles atuam como atrativos ou repelentes, inibidores da predação, microbicidas ou inibidores contra concorrentes vegetais (= **alelopatia**, ver 8.5). Um grande número de metabólitos secundários forma uma espécie de escudo químico protetor, com o qual a planta pode se defender eficazmente contra inúmeros herbívoros e patógenos microbianos (viroides, vírus, bactérias e fungos). Considerando a abundância de inimigos potenciais (dois terços de todas as espécies vegetais são herbívoras, 30% de todas as espécies de fungos, 10-15% de todas as espécies de bactérias, 45% de todos vírus e todos os viroides são fitopatógenos), o contingente vegetal encontrado na natureza, predominantemente não danificado ou pouco danificado, testemunha quantitativamente a eficácia protetora dos metabólitos secundários, ao lado de barreiras mecânicas (espinhos, acúleos, paredes celulares, cutícula etc.). Por isso, não causa surpresa que inúmeros metabólitos secundários sejam tóxicos (Tabela 5-24): até o momento, foram isoladas de plantas mais de 17.000 toxinas, muitas das quais com efeito sobre seres humanos. Nos milênios de seleção de culturas vegetais para a alimentação humana, o caráter utilitário esteve geralmente ligado à redução ou eliminação intencional de importantes toxinas e substâncias de-

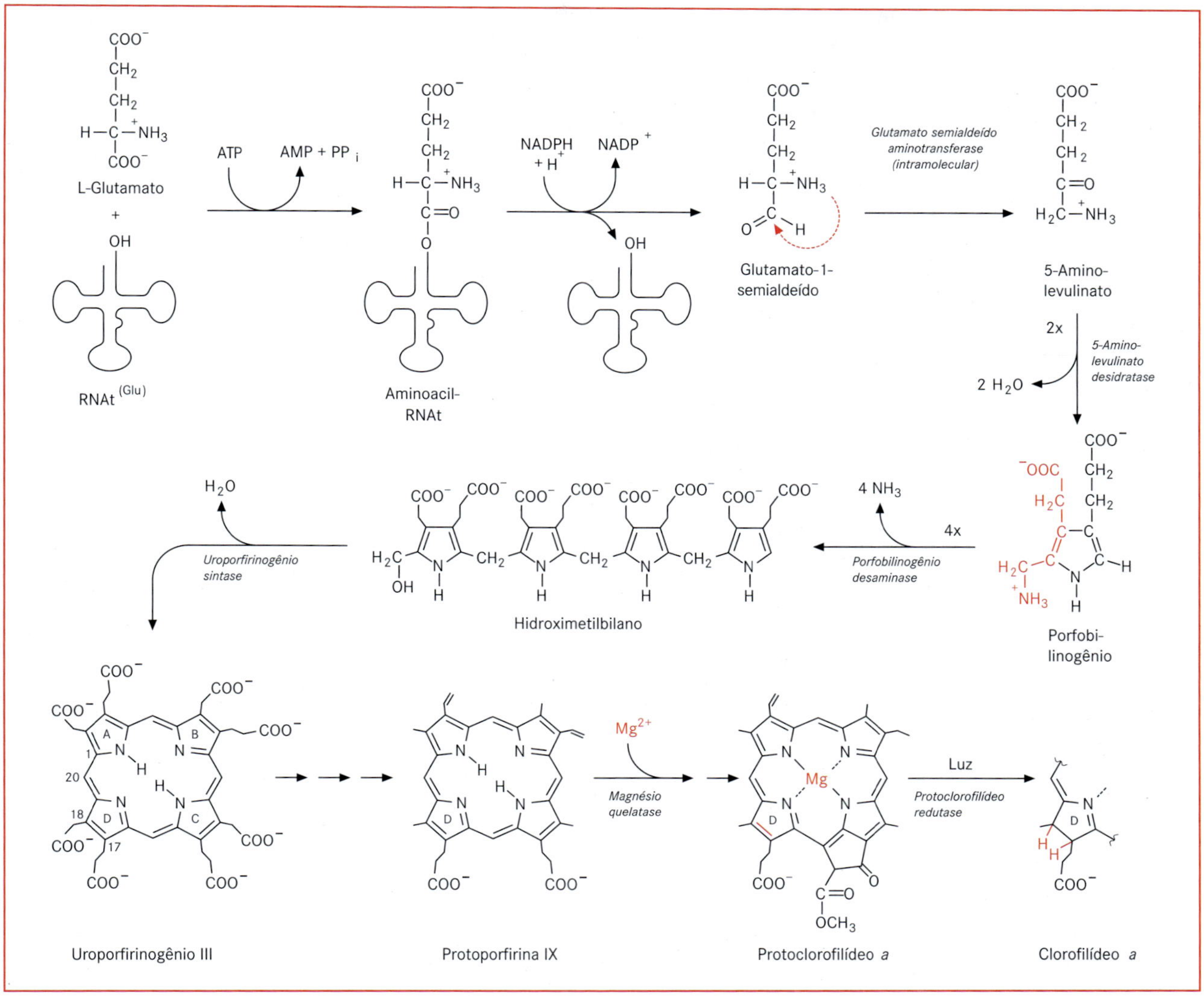

Figura 5-111 Biossíntese de tetrapirróis a partir do glutamato. Os passos até o uroporfirinogênio são conjuntamente tetrapirróis. A protoporfirina IX é o precursor comum das clorofilas e hemes (Figura 5-110), bem como dos tetrapirróis de cadeia aberta, que resultam do proto-heme pela abertura do anel.

sagradáveis (produtos nocivos para o homem e protetores para as plantas). Justamente por essas plantas de interesse agronômico ficarem em monocultura, relativamente sem proteção, expostas a herbívoros e patógenos, o perigo de epidemias é grande. Assim, de 1845 a 1846, uma epidemia fúngica (*Phytophthora infestans*) em culturas de batata provocou fome na Irlanda, matando quase 1 milhão de pessoas e obrigando uma considerável parcela da população – 1,5 milhão de habitantes – a emigrar (principalmente para os EUA). Somente no século XX, quando os inexistentes mecanismos naturais de defesa das plantas cultivadas foram progressivamente supridos por medidas químicas eficazes, pôde ser assegurado um abastecimento de alimentos pela agricultura intensiva.

Os múltiplos efeitos de metabólitos secundários sobre o organismo humano (tóxico, analgésico, anti-inflamatório, estimulante etc.) certamente muito cedo na evolução humana foram observados e utilizados. Presume-se que a farmacologia seja mais antiga do que a agricultura. Até hoje, muitos metabólitos secundários são medicamentos insubstituíveis ou matérias-primas para medicamentos: por exemplo, glicosídeos para combater a insuficiência cardíaca, vimblastina e taxol para combater certas formas de câncer, codeína e morfina como poderosos analgésicos.

Com base em poucos exemplos, são apresentadas a seguir a formação, as estruturas e funções de alguns metabólitos secundários. Os grupos estruturais com mais representantes são os **fenóis**, os **terpenoides** e os **alcaloides**.

Tabela 5-24 Grupos principais de toxinas vegetais

Classe de substância	Número aproximado de compostos conhecidos	Exemplo	Ocorrência
Alcaloides	10.000	Senecionina	*Senecio jacobaea*
Glicosídeos cardiotônicos	200	Digitoxina	*Digitalis purpurea*
Glicosídeos cianogênicos	60	Amigdalina	*Prunus amygdalus*
Glucosinolatos	150	Sinigrina	*Brassica oleracea*
Furanocumarinas	400	Xantotoxina	*Pastinaca sativa*
Iridoides	250	Aucubina	*Aucuba japonica*
Isoflavonoides	1.000	Rotenona	*Derris elliptica*
Aminoácidos não proteicos	400	β-Cianoalanina	*Vicia sativa*
Poliacetilenos	650	Enantetoxina	*Oenanthe crocata*
Quinonas	800	Hipericina	*Hypericum perforatum*
Saponinas	600	Lematoxina	*Phytolacca dodecandra*
Sesquiterpenos lactônicos	3.000	Himenoxina	*Hymenoxys odorata*
Peptídeos	50	Viscotoxina	*Viscum album*
Proteínas	100	Abrina	*Abrus precatorius*

(Segundo J.B. Harborne.)

5.15.1 Fenóis

Como característica estrutural comum, os fenóis possuem, no mínimo, um anel aromático substituído por um ou mais grupos OH que, por sua vez, podem ser substituídos (por exemplo, $-OCH_3$, grupo metóxi). Diferentes rotas metabólicas levam aos fenóis, sendo as mais importantes:

- a rota do chiquimato e as rotas metabólicas dela derivadas,
- a rota do acetato-malonato,
- a rota da síntese de terpenoides (ver 5.15.2) e
- combinações dessas rotas metabólicas.

Na Figura 5-112 encontram-se exemplos de fenóis derivados da rota do chiquimato, entre os quais plastoquinona e filoquinona (transportadores de elétrons da fotossíntese, Figura 5-51), ubiquinona (sistema redox da cadeia respiratória, Figura 5-93) e α-tocoferol, que ocorre nas membranas plastidiais e protege da oxidação seus lipídeos de membrana. Juglona é uma naftoquinona presente em folhas e frutos da nogueira (*Juglans regia*) que exibe propriedades antimicrobianas e alelopáticas (ver 8.5, Figura 8-23).

Um papel importante no metabolismo dos fenóis compete à **família do ácido cinâmico** e seus inúmeros derivados, dos quais apenas alguns são mostrados na Figura 5-112. O ácido cinâmico origina-se nos plastídios, a partir da fenilalanina (reação da **fenilalanina amônia liase** (reação da **PAL**), Figura 5-113). A PAL é uma enzima-chave do metabolismo do fenilpropano (os fenilpropanos são caracterizados pela presença de um anel benzênico e de uma cadeia lateral C_3 linear, como, por exemplo, no ácido cinâmico; o conceito é muitas vezes empregado também para todos os metabólitos deles derivados), regulada por múltiplos fatores (por exemplo, luz, ferimentos, ataque de patógenos). Os inibidores da enzima, como, por exemplo, o ácido 2-aminoindano-2-fosfônico (AIP), têm muito a contribuir para o esclarecimento do significado da PAL e dos fenilpropanos.

Por intermédio de substituições características, originam-se derivados do ácido cinâmico (Figura 5-113), que junto com este passam a compor uma família. A variação de uma estrutura básica mediante substituição é um dos motivos da multiplicidade de metabólitos secundários em plantas. As **cumarinas** são metabólitos secundários derivados do(s) ácido(s) cinâmico(s) e, como repelentes, inibem a herbivoria (existentes, por exemplo, na aspérula). A biossíntese das cumarinas é mostrada na

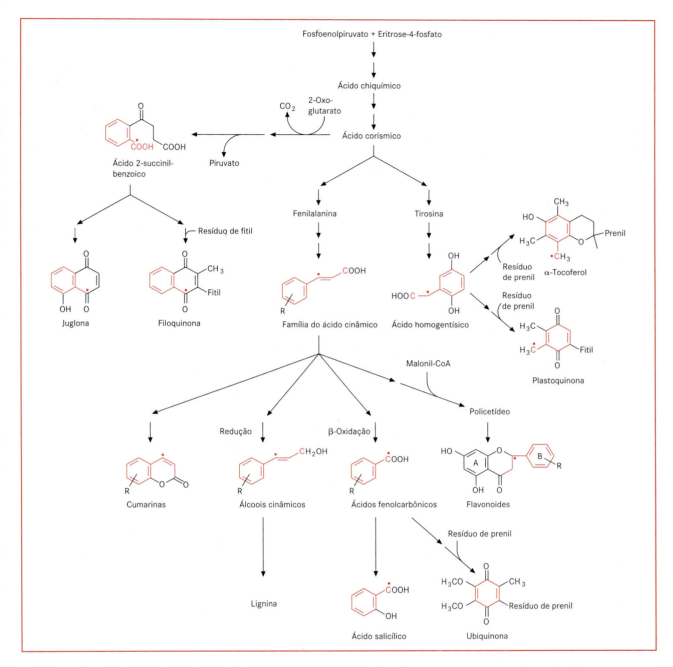

Figura 5-112 Derivação, a partir da rota do chiquimato, de alguns grupos mais difundidos de compostos fenólicos. O resíduo R representa todos os substituintes existentes. Para melhor orientação, a derivação de alguns átomos de C dos respectivos precursores é evidenciada por pontos vermelhos. (Segundo E. Weiler.)

Figura 5-114. A substância responsável pelo odor característico só é liberada por lesão da planta e em células intactas é armazenada nos vacúolos como precursor.

Os **ácidos fenolcarbônicos** resultam de ácidos cinâmicos por β-oxidação. A partir do próprio ácido cinâmico, deriva dessa maneira o ácido benzoico e deste, por orto-hidroxilação, o ácido salicílico. O ácido salicílico é um fenol de eficácia antimicrobiana, para o qual é discutida uma função adicional como sinalizador na indução da resistência sistêmica adquirida (SAR, ver 8.3.1 e 8.3.4). Os álcoois cinâmicos derivam de ácidos cinâmicos por meio de redução e representam as unidades manoméricas na lignina. A biossíntese da lignina é tratada na seção 5.16.2.

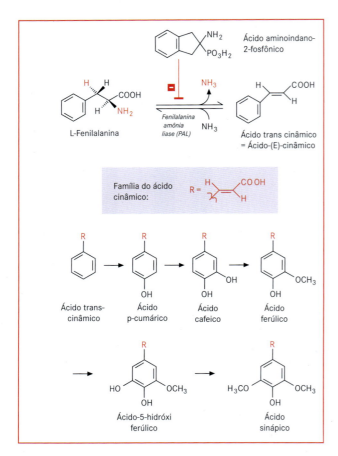

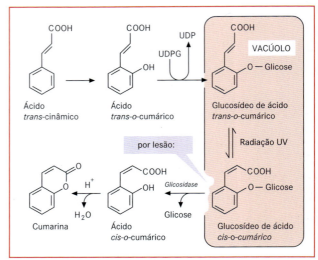

Figura 5-114 Biossíntese da cumarina. Outros membros da família do ácido cinâmico (Figura 5-113) reagem de maneira igual às respectivas cumarinas substituídas.

Figura 5-113 Formação e substituição do ácido *trans*-cinâmico. O ácido 2-aminoindano-2-fosfônico é um inibidor fortemente competitivo da fenilalanina amônia liase.

Os **flavonoides** (derivados de flavan, estrutura básica, Figura 5-112, outras estruturas Figura 5-115) constituem um grande grupo de metabólitos secundários com inúmeras funções, especialmente bem representado em angiospermas. Até agora, os flavonoides não foram encontrados em algas, fungos, hepáticas e antóceros. De acordo com a estrutura do heterociclo dotado de oxigênio, os flavonoides podem ser divididos em diferentes grupos, cujas relações biossintéticas encontram-se na Figura 5-115. O conjunto é o esqueleto básico de flavan. A biossíntese começa com ácido *p*-cumárico "ativado", *p*-cumaroil-CoA. A esta molécula inicial são acrescidas gradativamente pela enzima chalcona sintase três unidades de malonil-CoA, com descarboxilação e clivagem da coenzima A. Desse modo, forma-se um nível intermediário de policetídeo, que, pela clivagem da quarta molécula da coenzima A, é ciclizado a chalcona. Passando pelos níveis de flavanona, di-hidroflavonol e flavan-3,4-diol, é alcançado finalmente o grupo das antocianidinas, no qual os sistemas de elétrons Π dos anéis aromáticos A e B, via heterociclo insaturado, são conjugados um com outro. Por isso, as antocianidinas absorvem luz visível, e suas soluções, dependendo do padrão de substituição, têm coloração rosa-clara até azul-escura; os demais grupos de flavonoides representados absorvem radiação ultravioleta.

As estruturas básicas dos flavonoides são modificadas pela substituição do anel B (padrão de substituição, Figura 5-113) e pela glicosilação das diferentes posições (grupos OH do anel A e do heterociclo, mais raramente do anel B), resultando em considerável multiplicidade estrutural. Os glicosídeos de flavonoides são acumulados nos vacúolos. Eles funcionam como pigmentos protetores dos efeitos da radiação UV (concentrações altas nas células epidérmicas), as antocianinas (glicosídeos das antocianidinas) como pigmentos (vacuolares, hidrossolúveis) nas flores (por exemplo, rosas, espora, *Agrostemma githago*, begônias), folhas (repolho roxo), frutos (por exemplo, maçã) e raramente nas raízes (balsaminas). As cores vão do rosa-claro, passando por azul-escuro, até violeta, dependendo do padrão de substituição, pH vacuolar e composição catiônica do conteúdo vacuolar. Algumas antocianinas formam agregados de massa molecular grande, com a inclusão de íons metálicos, açúcares e outros metabólitos. Os flavonoides também devem possuir um efeito de proteção contra oxidação. Os flavonoides do tipo catecol (com dois grupos OH vizinhos no anel B) são excretados como sideróforos pelas raízes. Bactérias dos gêneros *Rhizobium* (simbionte em nódulos de raízes) e *Agrobacterium* (agente causador de tumores nas raízes) utilizam flavonoides exsudados pelas raízes como sinalizadores para o reconhecimento de plantas hospedeiras (ver 8.2.1, Quadro 8-2).

Mediante giro do anel B, são formadas isoflavonas a partir de flavanonas (Figura 5-16). A isoflavona genisteína, isolada da *Genista tinctoria* e da soja, é um inibidor da tirosina-cinase em-

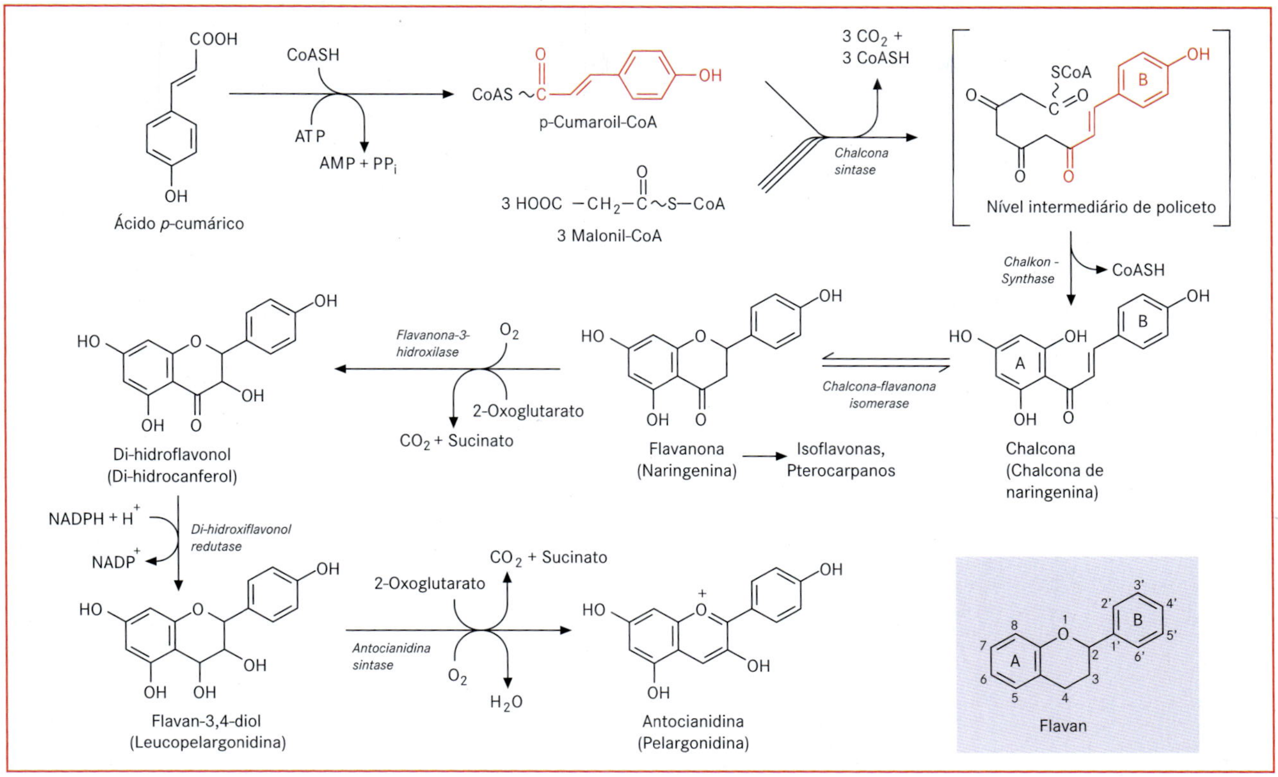

Figura 5-115 Biossíntese de alguns grupos de flavonoides a partir de *p*-cumaroil-CoA e malonil-CoA. Junto às designações dos grupos de flavonoides estão indicados entre parêntese os nomes das respectivas substâncias. Geralmente, os flavonoides encontram-se armazenados nos vacúolos como glicosídeos (comparar texto). Outras substituições do anel B (grupos –OH-, –OCH$_3$-) realizam-se ao nível dos diferentes grupos de flavonoides. Em vez de *p*-cumaroil-CoA, a biossíntese pode partir também de um ácido cinâmico substituído superior (mas não do próprio ácido cinâmico). Flavanona-3-hidroxilase e antocianidina sintase pertencem ao grupo das dioxigenases dependentes de Fe^{2+} e ascorbato, as quais como, co-substrato, oxidam o 2-oxoglutarato. Andamento da reação, Figura 6-53. (Segundo E. Weiler.)

pregado na terapia da leucemia. Daidzeína, igualmente do grupo das isoflavonas, é o precursor dos pterocarpanos (por exemplo, gliceolinas da soja, *Glycine max*), enquadrados no grupo das **fitoalexinas**. Nesse grupo, encontram-se metabólitos secundários com eficácia antimicrobiana, sendo formados pela planta (= induzidos por patógenos) em resposta a uma infecção (ver 8.3.4). Pterocarpanos e isoflavonas, encontrados especialmente na família Fabaceae, são fungicidas e bactericidas.

Com a síntese do anel A dos derivados de flavan, além da rota do chiquimato, conhecemos uma segunda possibilidade de biossíntese dos anéis aromáticos na célula vegetal, identificada como **rota do acetato-malonato** (pela carboxilação da acetil-CoA, é formada a malonil-CoA, Figura 5-99). Uma vez nessas reações pela condensação repetida de unidades de acetato – ao contrário da biossíntese de ácidos graxos – não há redução imediata, resultam produtos intermediários (não aparecem livres), denominados policetídeos e ciclizados a anéis benzênicos hidroxilados. Essas substâncias, resultantes da aromatização de policetídeos, são também identificadas como **acetogeninas**. A rota da biossíntese é seguida por plantas e microrganismos, especialmente fungos e bactérias, para síntese de inúmeros de-

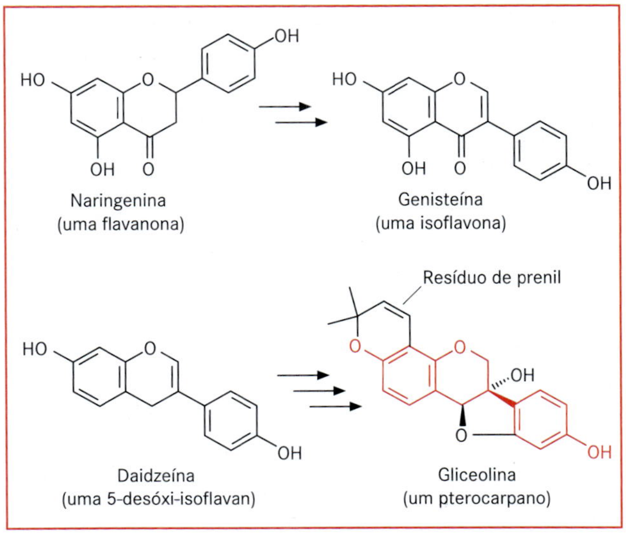

Figura 5-116 Derivação das isoflavonas mediante giro oxidativo de flavanonas e derivação dos pterocarpanos a partir de isoflavonas (vermelho = átomos provenientes do precursor de isoflavonas). (Segundo E. Weiler.)

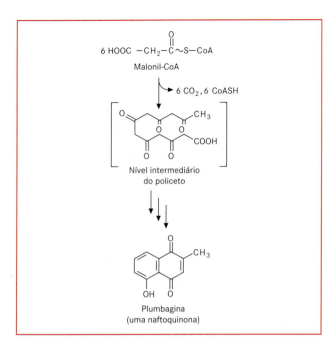

Figura 5-117 Biossíntese da plumbagina a partir de *Drosophyllum lusitanicum*, via rota do acetato-malonato. O nível intermediário do policeto não ocorre como produto intermediário detectável. (Segundo E. Weiler.)

rivados do ácido benzoico, como antraquinonas, diferentes antibióticos (por exemplo, tetraciclinas a partir de estreptomicetos ou griseofulvino de espécies de *Pinicillium*) e diferentes ácidos liquênicos. As policetídeo sintases são enzimas multifuncionais, que já foram produzidas por recombinação e empregadas em *Streptomyces* para sínteses biotécnicas. A Figura 5-117 apresenta um exemplo de uma simples biossíntese de acetogenina. A plumbagina, uma naftoquinona, ocorre em grandes quantidades nas folhas de *Drosophyllum lusitanicum* (Droseraceae) e tem efeito microbicida. Ela protege os órgãos foliares (ricos em mucilagem) dessa espécie insetívora, presumivelmente de doenças fúngicas e bacterianas. Observa-se que a juglona, substância estruturalmente muito parecida, é sintetizada de maneira completamente diferente (Figura 5-112): semelhança estrutural nem sempre indica parentesco biossintético.

Uma terceira possibilidade de síntese de anéis aromáticos é oferecida pela biossíntese de terpenos, a ser tratada na seção seguinte (ver 5.15.2).

5.15.2 Terpenos

Terpenos (ou **isoprenoides**) são todos os compostos que formalmente podem ser decompostos em unidades isoprênicas e que biossinteticamente derivam do isopentenilpirofosfato (Figura 5-118). De acordo com o número de unidades C_5, os terpenos são reunidos em grupos (Tabela 5-25)

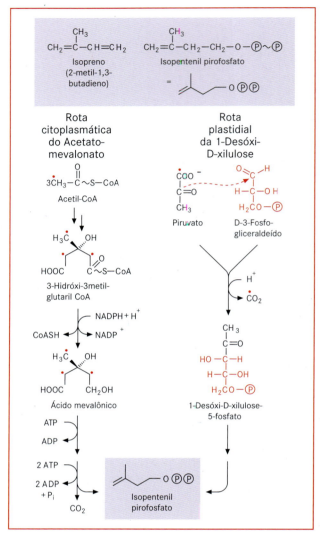

Figura 5-118 Formação do precursor do terpeno, isopentenil pirofosfato, pela rota citoplasmática do acetato-mevalonato e pela rota plastidial da 1-desóxi-D-xilulose. Informações sobre a distribuição das duas rotas em plantas inferiores e procariotos são encontradas no texto. (Segundo E. Weiler.)

com muitos representantes, que desempenham múltiplas funções, entre as quais muitas de interesse econômico.

Só recentemente foi descoberto que as plantas dispõem de duas possibilidades para formação da unidade C_5 de isopentenil pirofosfato (Figura 5-118):

- biossíntese citoplasmática, partindo da acetil-CoA, com ácido mevalônico como intermediário, e
- biossíntese plastidial, partindo do piruvato e D-3-fosfogliceraldeído, com 1-desóxi-D-xilulose-5-fosfato como intermediário.

A rota da desóxi-D-xilulose-5-fosfato também é estabelecida em cianobactérias e algumas outras bactérias, en-

Tabela 5-25 Visão geral das classes de terpenos e alguns representantes típicos

Número de unidades C$_5$	Classe	Exemplo	Função (ões) da (s) substância (s)
1	Hemiterpenos	Isopreno Resíduo de prenil em citocininas Resíduo de prenil em pterocarpanos	Proteção de membranas dos danos por aquecimento (?) Fitormônios Fitoalexinas
2	Monoterpenos	Timol, mentol, cânfora 1,8-Cineol	Efeitos irritantes em artrópodes Alelopático
3	Sesquiterpenos	Sirenina Capsidol	Atrativo de gametas (= gamon) de *Allomyces* Fitoalexina
4	Diterpenos	Fitol Giberelinas Taxol	Ancoragem da molécula de clorofila na proteína Fitormônios Fungicida, inibidor da divisão celular
6 (2 vezes 3)	Triterpenos	Fitosteróis (por exemplo, sitosterol) Glicosídeos cardiotônicos (cardenolídeos) Saponinas (por exemplo, digitonina) Brassinolídeos	Componentes básicos de membrana Neurotóxicos e cardiotóxicos Microbicidas com ação detergente Reguladores do crescimento
8 (2 vezes 4)	Tetraterpenos	Carotenoides (carotenos, xantofilas)	Pigmentos acessórios da fotossíntese, pigmentos
6-10	Oligoterpenos	Resíduos de prenil de plastoquinona, ubiquinona	Ancoragem de membranas dos sistemas redox na membrana do tilacoide ou da mitocôndria
15	Oligoterpenos	Dolicol	Aceptor de oligossacarídeos para biossíntese de glicoproteínas, ancorado no RE
≥500 ≈100	Politerpenos	Borracha (*all*-cis) Guta-percha (*all*-trans) Esporopoleninas	Proteção contra herbivoria (no látex) Proteção contra herbivoria (no látex) Polímero estrutural da exina (esporo e pólen)

quanto outras bactérias utilizam a rota do acetato-mevalonato. Nas algas verdes, parece existir apenas a rota da 1-desóxi-D-xilulose; em *Euglena gracilis*, são sintetizados isoprenoides citoplasmáticos e plastidiais, via rota do acetato-mevalonato.

A Figura 5-119 apresenta a derivação das diferentes classes de terpenoides conhecidas, por meio das rotas do acetato-mevalonato e da 1-desóxi-D-xilulose. A Figura 5-120 ilustra o princípio da reação da condensação linear de unidades C$_5$ e da biossíntese dos precursores de tri e tetraterpenos.

O isopentenil pirofosfato mantém-se em equilíbrio com a forma isômera dimetilalil pirofosfato. Da reação de isopentenil pirofosfato (IPP) e dimetilalil pirofosfato resulta geranil pirofosfato (ligação cabeça-cauda), do qual formam-se os monoterpenos (C$_{10}$). De maneira semelhante, os sesquiterpenos (C$_{15}$) resultam de geranil pirofosfato e IPP, enquanto diterpenos (C$_{20}$) de farnesil pirofosfato e IPP (Figura 5-20). As enzimas catalisadoras dessas reações são denominadas **prenil transferases**. As moléculas lineares geranil pirofosfato (C$_{10}$), farnesil pirofosfato (C$_{15}$) e geranilgeranil pirofosfato (C$_{20}$) são as substâncias precursoras das várias transformações moleculares das séries de mono, sesqui e diterpenos, respectivamente (Tabela 5-25, Figuras 5-120 e 5-121). Apenas na família Asteraceae, até o momento foram encontrados cerca de 1.000 sesqui e diterpenos.

Para os **hemiterpenos** são típicos um ou mais resíduos de prenil condensados a moléculas não terpenoides. Fazem parte dos hemiterpenos os pterocarpanos (gliceolina, Figura 5-116) e as citocininas (ver 6.6.2), um grupo de fitormônios. Sob temperaturas altas, sobretudo as árvores (especialmente espécies de *Quercus* e *Populus*, além de espécies de *Picea* entre as coníferas) sintetizam **isopreno** (a partir de dimetilalil pirofasfato) e liberam na atmosfera. Não está comprovada a hipótese de que o isopreno protege as membranas de organelas fotossintéticas contra os danos de temperaturas elevadas. O desenvolvimento do isopreno pode ser considerável e provocar perdas de 15-50%

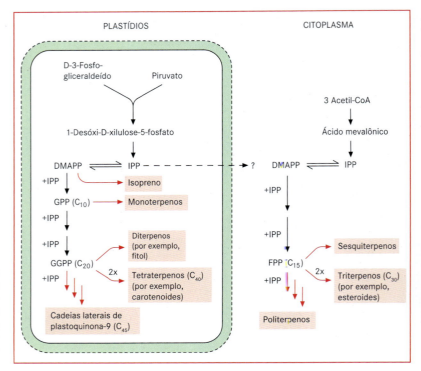

Figura 5-119 Compartimentalização da síntese de terpenos em plantas superiores. Ainda não está claro em que grau o isopentenpenil pirofosfato formado nos plastídios é exportado para o citoplasma. DMAPP, dimetilalil pirofosfato; FPP, farnesil pirofosfato; GGPP, geranilgeranil pirofosfato; GPP, geranil pirofosfato; IPP, isopentenil pirofosfato. (Segundo H.K. Lichtenthaler.)

do carbono fixado. O vapor azulado acima das florestas sob temperaturas elevadas é atribuído à emissão de isopreno. Globalmente, a emissão de isopreno pelas plantas corresponde a muitas vezes a emissão antrópica de hidrogênio. Piretrinas (de espécies de *Chrysanthemum*) são hemiterpenos, nos quais duas unidades C_5 estão ligadas entre si e com uma ciclopropanona (Figura 5-121). Elas representam inseticidas naturais muito eficazes, empregados também comercialmente.

Os **monoterpenos** são encontrados com abundância como componentes dos óleos etéreos e podem ter funções como substâncias atrativas, mas também como repelentes (as últimas especialmente contra artrópodes). O cânfora e 1,8-cineol são constituintes de compostos alelopáticos voláteis produzidos por *Salvia leucophylla* no chaparral da Califórnia, que se precipitam no solo a uma distância de 1-2 metros em torno das plantas produtoras e inibem fortemente o crescimento de outras espécies vegetais (ver 8.5).

Os **sesquiterpenos** são, por exemplo, a juvabiona da madeira do bálsamo-do-canadá (*Abies balsaminea*), que, devido ao seu efeito semelhante a hormônio juvenil, inibe o desenvolvimento de insetos, e a sirenina, um atrativo de gametas de *Allomyces*, um fungo aquático (ver 7.2.1.1).

Os exemplos de **diterpenos** são o fitol, existente na clorofila (ancorado nas proteínas de ligação à clorofila) (ver 5.4.2) e a classe de fitormônios das giberelinas (ver 6.6.3). O taxol do teixo-do-pacífico-ocidental (*Taxus brevifolia*) é um diterpeno, depositado na casca das árvores e presumivelmente com ação tóxica sobre fungos. O taxol liga-se aos microtúbulos do fuso mitótico (Quadro 2-2) e impede sua despolimerização: a mitose é paralisada. O efeito citotóxico do taxol baseia-se nesse mecanismo, razão pela qual ele vem sendo utilizado no tratamento de tumores (eficaz contra o câncer de mama, por exemplo).

Os **triterpenos** são formados a partir de duas moléculas C_{15} (farnesil pirofosfato), através da dimerização cauda-cauda (Figura 5-120). O esqualeno resultante, com formação do esqueleto básico de esterano, é ciclizado e representa a substância de partida para a biossíntese de esteroides (por exemplo, fitoesterois, saponinas, brassinolídeos) e outras classes de triterpenos.

Os glicosídeos de esteroides são as amplamente distribuídas **saponinas**. Elas estão presentes na testa de muitas sementes, em raízes e rizomas, protegendo-os contra a ação microbiana. A ação tóxica das saponinas é atribuída aos danos às membranas; as saponinas são detergentes (daí a denominação!)*. Diosgenina, a aglícona (= resíduo sem açúcar de um glicosídeo) dos glicosídeos de diosgenina, durante muitos anos foi obtida de rizomas de lianas tropicais centroamericanas do gênero *Dioscorea* e empregada como matéria-prima para a síntese de esteroides (por exemplo, corticoesteroides, inibidores da ovulação), fármacos de uso semissintético; a escassez dessas plantas nativas motivou a proibição da exportação. Atualmente, são utilizados como matérias-primas os ácidos biliares coletados em matadouros de animais.

Determinadas linhagens do fungo *Gaeumannomyces graminis* podem infectar *Avena sativa*, após terem degradado enzimaticamente a saponina (avenacina A-1) encontrada nas células epidérmicas das raízes dessa espécie. Linhagens que não possuem a enzima correspondente podem atacar apenas espécies de *Avena* sem saponina (por exemplo, *Avena longiglumis*).

Os cardenolídeos de ação cardiotônica (**glicosídeos cardioativos**), por exemplo, a estrofantina e os glicosídeos digitálicos digitoxina e digoxina, pertencem também ao grupo dos esteróis.

---

* N. de T. O termo saponina tem origem latina: sapone = sabão.

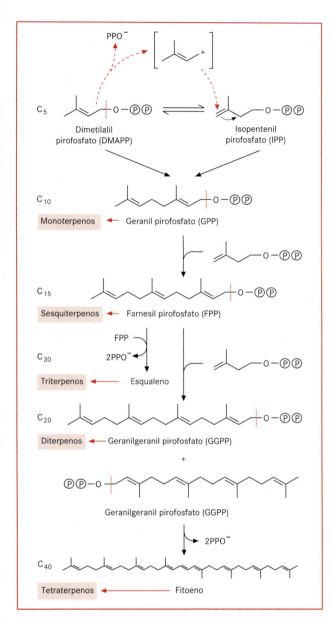

Figura 5-120 Síntese modular dos terpenos. Da ligação cabeça-cauda entre níveis iniciais resultam os precursores dos monoterpenos, sesquiterpenos e diterpenos (e também, aqui não apresentados, dos oligoterpenos e politerpenos). Mediante ligação cauda-cauda de duas moléculas de farnesil pirofosfato, origina-se o precursor C_{30} dos triterpenos, o esqualeno; a ligação cauda-cauda de duas moléculas de geranilgeranil pirofosfato origina o precursor C_{40} dos tetraterpenos, o fitoeno. (Segundo E. Weiler.)

Especialmente estes últimos são empregados no tratamento de insuficiência cardíaca. Na dosagem exata, eles reduzem os batimentos cardíacos; em doses mais elevadas, no entanto, são altamente tóxicos para mamíferos. Sua ação baseia-se em uma perturbação da condução de estímulo no sistema nervoso (inibição da Na^+/K^+ ATPase). Lagartas da borboleta-monarca (*Danaus plexippus*) alimentam-se de asclépias (*Asclepias curassavica*, Apocynaceae, antigamente Asclepiadaceae) e armazenam no abdômen os glicosídeos

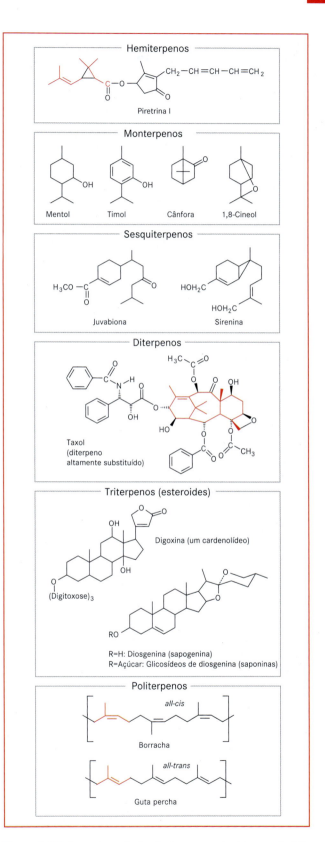

Figura 5-121 Exemplos estruturais de representantes característicos de diferentes classes de terpenos. (Segundo E. Weiler.)

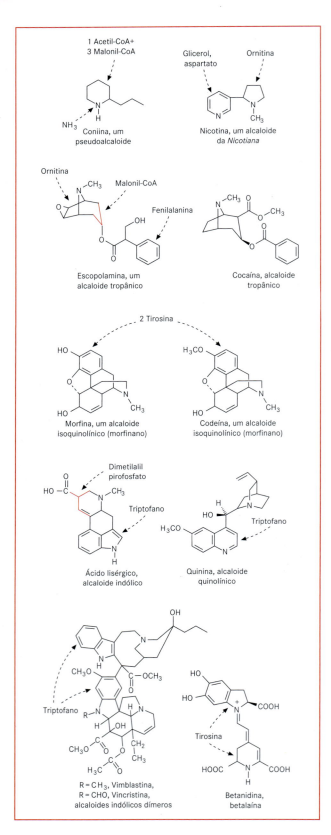

Figura 5-122 Exemplos estruturais e derivação metabólica de representantes típicos dos alcaloides. (Segundo E. Weiler.)

cardioativos da planta. Com isso, as borboletas adultas são intoleráveis para as aves, seus principais predadores, pois os glicosídeos cardioativos causam fortes náuseas. As aves jovens logo aprendem a evitar a borboleta-monarca como alimento, além de contar com a colaboração do chamativo aparato de advertência das borboletas.

De modo semelhante aos triterpenos, os **tetraterpenos** originam-se por dimerização cauda-cauda de duas unidades C_{20} (geranilgeranil pirofosfato) (Figura 5-120), com formação de fitoeno. Esse é o nível inicial da biossíntese dos carotenoides (Figura 5-45), funcionalmente já considerados pigmentos acessórios da fotossíntese (ver 5.4.2). Os carotenoides, além disso, são responsáveis pela pigmentação de flores (por exemplo, violaxantina em *Viola*) e frutos (licopeno, pigmento vermelho do tomate, é um carotenoide de cadeia aberta), mas encontram-se também em outros órgãos (por exemplo, o β-caroteno na raiz da cenoura, *Daucus carota*). Esses pigmentos plasmocromos (= ligados às membranas) acumulam-se nos plastídios (cloroplastos, cromoplastos).

Os **oligoterpenos** consistem de 5 a 15 unidades C_5. Eles encontram-se como âncoras lipofílicas nas membranas, por exemplo, em ubiquinona, plastoquinona e filoquinona (Figuras 5-51 e 5-93). Dolicol pirofosfato (C_{75}) é o doador de oligossacarídeos para a biossíntese de glicoproteínas no retículo endoplasmático.

A borracha (existente no látex de *Hevea brasiliensis* e *Parthenium argentatum*, por exemplo) e a guta-percha (de *Palaquium balata*, Sapotaceae) são **politerpenos** e resultam igualmente da condensação sucessiva de unidades C_5; na borracha são utilizadas até 5.000 unidades. Os polímeros existentes na seiva leitosa (látex) atuam como protetores da planta contra a herbivoria. O látex de *H. brasiliensis* (poli-isopreno *all-cis*) é usado na fabricação da borracha natural; a guta-percha (poli-isopreno *all-trans*) era empregada no isolamento de condutores elétricos antes do surgimento dos polímeros sintéticos. Presume-se que as esporopoleninas da exina (Figura 10-198) tenham estrutura semelhante. O chicle, um politerpeno do tipo borracha produzido pelo sapotizeiro (*Manilkara zapota*, Sapotaceae), fornece a matéria-prima para a goma de mascar natural.

5.15.3 Alcaloides

Grupo com o maior número de representantes de metabólitos secundários, conta atualmente com 10.000 substâncias conhecidas (ver Tabela 5-24). Essas substâncias exibem estruturas distintas, em parte altamente complexas, e são encontradas em organismos inferiores (fungos) e plantas superiores (Figura 5-122). Solanaceae, Papaveraceae, Apocynaceae e Ranunculaceae são exemplos de famílias ricas em alcaloides. Famílias pobres em alcaloides são, em geral, ricas em terpenos, como, por exemplo, as Labitae (= Lamiaceae) e as Compositae (= Asteraceae).

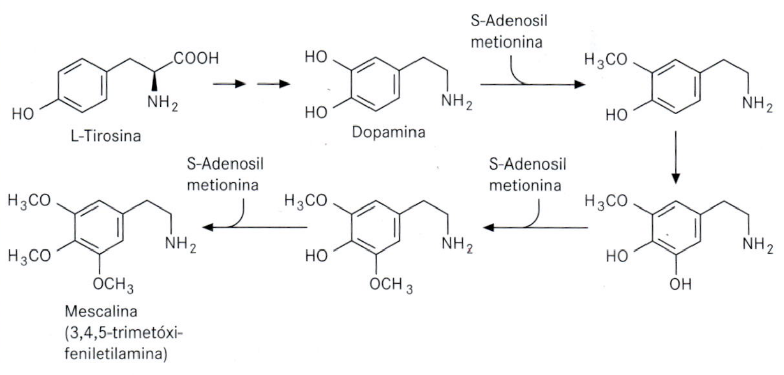

Figura 5-123 Biossíntese da mescalina a partir da L-tirosina. (Segundo E. Weiler.)

No sentido estrito, são considerados **alcaloides** todas as substâncias que contêm nitrogênio em um anel heterocíclico (por isso, o caráter alcalino). Na sua biossíntese, os alcaloides podem ser derivados de aminoácidos e com frequência atuam especificamente sobre o sistema nervoso de vertebrados. A esses autênticos alcaloides se contrapõem os **pseudoalcaloides**, nos quais o nitrogênio não provém de um aminoácido (por exemplo, coniina, o veneno da cicuta-da-europa (*Conium maculatum*), Figura 5-122, cujo nitrogênio é disponibilizado pela amônia. Certos aminoácidos originam **protoalcaloides**, alcaloides em que o nitrogênio não está em anel heterocíclico (por exemplo, mescalina, presente em *Lophophora williamsii*, Figura 5-123).

Os alcaloides são na maioria substâncias pungentes ou toxinas que protegem a planta contra a herbivoria; alguns têm o efeito reforçado pelo ataque de patógeno, representando, portanto, fitoalexinas microbicidas (por exemplo, macarpina, o alcaloide benzofenantridina da papoula-da-califórnia, *Eschscholzia californica*). O efeito protetor anti-herbivoria dos alcaloides é voltado não apenas contra vertebrados, mas também contra invertebrados: a nicotina do tabaco (*Nicotiana tabacum*) é um inseticida eficaz.

As **betalaínas**, pigmentos aos quais pertencem as **betaxantinas** (cor amarela), e as **betacianinas** (cor vermelha a violeta) fazem parte do grupo dos alcaloides. Elas ocorrem em Caryophyllales (por exemplo, Cactaceae e Amaranthaceae, que inclui Chenopodiaceae, ver 10.2), entre outras, como pigmentos florais e nunca são encontradas junto com antocianinas. O pigmento da beterraba vermelha (*Beta vulgaris*) é a betanidina (Figura 5-122), betalaína do grupo das betacianinas. O pigmento vermelho do chapéu da amanita (*Amanita muscaria*) é igualmente uma betalaína. A rota da biossíntese das betalaínas manifesta-se pelo menos duas vezes na evolução.

O efeito de muitos alcaloides sobre o sistema nervoso central os torna entorpecentes problemáticos com considerável potencial de provocar dependência. Entre eles, estão a morfina da papoula-dormideira (*Papaver sominiferum*), a mescalina do peiote, a cocaína da coca (*Erythroxylum coca*) e os alcaloides do ácido lisérgico da cravagem (*Claviceps purpurea*), antigamente utilizados no culto a Deméter. A escopolamina, alcaloide tropânico encontrado em determinadas "*plantas da sombra da noite*"*, era a substância principal dos rituais de feitiçaria na Idade Média, responsável pelas visões manifestadas em dosagens muito altas.

Muitos alcaloides, no entanto, são benéficos antes de maldição e insubstituíveis como medicamentos. Assim, cabe mencionar a vimblastina e a vincristina (alcaloides indólicos diméros) da pervinca-branca (*Catharanthus roseus*), empregadas no tratamento da leucemia; a quinina da quina (*Cinchona*), para a profilaxia da malária; a codeína (substância muito semelhante à morfina) da papoula-dormideira, eficaz como expectorante.

As biossínteses de alcaloides, em parte altamente complicadas, não podem ser descritas aqui. Como exemplo de uma síntese simples, a Figura 5-123 mostra a formação da mescalina, um protoalcaloide.

5.15.4 Glucosinolatos e glicosídeos cianogênicos

Devido à sua ampla distribuição, os **glicosídeos cianogênicos** e os **glucosinolatos** são importantes compostos vegetais, que nunca ocorrem juntos e servem de proteção contra a herbivoria. Cerca de 60 glicosídeos cianogênicos diferentes e 150 glucosinolatos distintos são conhecidos. Mais de 2.500 espécies cianogênicas das mais diversas famílias foram descritas. Os glucosinolatos são encontrados especialmente nas famílias da ordem Capparales (por exemplo, Brassicaceae, Capparidaceae, Tropaeolaceae). *Arabidopsis thaliana* (Brassicaceae) contém mais de 25 glucosinolatos diferentes.

Os glucosinolatos e os glicosídeos cianogênicos derivam de aminoácidos e têm em comum os primeiros passos da biossíntese, a formação do intermediário da aldoximina

---

* N. de T. Na tradução literal, *Nachtschattengewächsen* correspondente à denominação popularmente adotada na Idade Média para plantas empregadas como venenos. O termo *Nachtschattengewächs* pode ser traduzido também como solanácea (Solanaceae), família com vários representantes dotados de alcaloides (entre os quais, a escopolamina. (Ver Simões et al., 1999 [organizadores]. Farmacognosia – da planta ao medicamento. Editora da Universidade Federal do Rio Grande do Sul.)

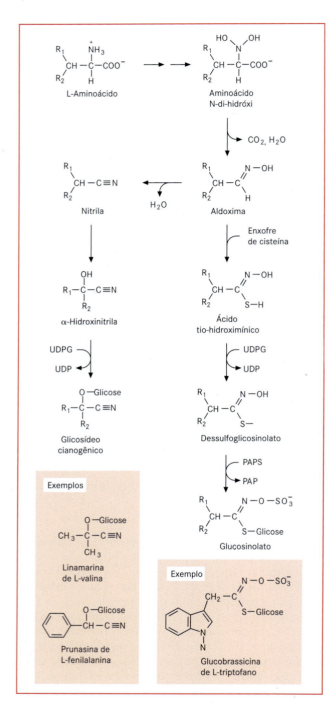

Figura 5-124 Biossíntese e exemplos de glicosídeos cianogênicos e glucosinolatos. Embora nos primeiros passos até a aldoxima sejam iguais e derivem de aminoácidos, os glicosídeos cianogênicos e os glucosinolatos nunca são encontrados juntos. Os glicosídeos cianogênicos mostrados contêm glicose como açúcar componente. Além desse, há outros açúcares, como, por exemplo, gentiose na amigdalina (aglícona como prunasina). (Segundo E. Weiler.)

(Figura 5-124). Outras características em comum consistem no armazenamento dos produtos finais em forma de glicosídeos nos vacúolos. Nos vacúolos, esses glicosídeos alcançam concentrações elevadas como matérias-primas preformadas de compostos protetores contra herbívoros e patógenos. Quando os tecidos são destruídos, os glicosídeos são clivados por enzimas, que em células intactas se encontram separadas do seu substrato (Figura 5-125).

Além do açúcar (com frequência glicose ou gentiobiose), resulta dos glicosídeos cianogênicos uma cianidrina, a qual, por meio de hidroxinitrila liases, é decomposta em um aldeído e ácido cianídrico (HCN). O ácido cianídrico é um forte inibidor da citocromo oxidase e intoxica a respiração mitocondrial (ver 5.9.3.3). As plantas desintoxicam ácido cianídrico, que também sempre origina-se em pequenas quantidades durante a biossíntese do etileno (ver 6.6.5.1), por meio da β-cianoalanina sintase e da conversão da β-cianoalanina em asparagina e ácido aspártico (Figura 5-126).

A clivagem enzimática do glucosinolato pela mirosinase fornece, além da glicose, uma aglícona instável que se decompõe em produtos diferentes, especialmente isotiocianatos (óleos de mostarda) e nitrilas, cuja formação também é controlada enzimaticamente (Figura 5-125). Os óleos de mostarda possuem odor e sabor penetrantes (rábano-bastardo) e atuam como inibidores da herbivoria; eles provocam danos às membranas e são fortemente tóxicos para bactérias e fungos. O destino dos isotiocianatos na planta não é conhecido. Por meio de nitrilases, as nitrilas formadas são decompostas hidroliticamente em amônia e os ácidos carbônicos correspondentes. Admite-se que a indolacetonitrila originada da glucobrassicina, ao menos em determinados estágios de desenvolvimento (germinação), funciona como precursora do hormônio de crescimento ácido indol-3-acético (ver 6.6.1.2).

Tanto os glucosinolatos quanto os glicosídeos cianogênicos estão sujeitos a constantes formação e degradação. Portanto, eles não devem ser considerados exclusivamente como formas de depósito de substâncias protetoras. Pelo menos em determinadas situações, presume-se que eles sejam depósitos de nitrogênio e enxofre (glucosinolatos), particularmente em raízes e sementes, que podem exibir conteúdos elevados desses metabólitos secundários. Durante a germinação da semente, o conteúdo de glucosinolatos, por exemplo, diminui rapidamente.

5.15.5 Coevolução química

Não há dúvida que os metabólitos secundários, entre outros, representam um componente importante da defesa vegetal contra herbívoros e patógenos (ver 8.3 e 8.4) e que justamente a multiplicidade de estratégias individuais de defesa – entre as quais se encontra também um amplo espectro de metabólitos secundários

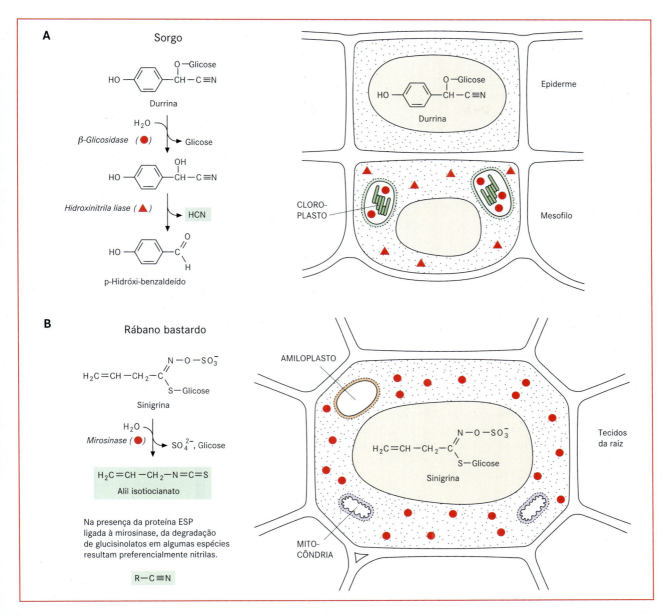

Figura 5-125 Armazenamento e degradação de glicosídeos cianogênicos e glucosinolatos. Glicosídeos cianogênicos (**A**) e glucosinolatos (**B**) representam pró-toxinas, das quais é liberado o princípio tóxico (ácido cianídrico ou isotiocianato e nitrila) somente quando a estrutura celular for destruída – por exemplo, em consequência da predação por animais. Nas células intactas, os substratos estão separados das suas enzimas por compartimentalização. No caso da durrina do sorgo (*Sorghum bicolor*), o glicosídeo cianogênio é depositado nos vacúolos das células epidérmicas, a β-glicosidase nos cloroplastos e a hidroxinitrila liase no citoplasma das células subjacentes do mesofilo. O glucosinolato sinigrina localiza-se nos vacúolos das células da raiz do rábano-bastardo (*Armoracia rusticana*), a mirosinase nos citoplasmas das mesmas células. (Segundo P. Matile.)

(em uma planta podem ocorrer centenas de substâncias diferentes) – estabelece um eficiente sistema de defesa. Por meio da coevolução química, os especialistas (entre os herbívoros e os patógenos) adaptam-se a determinadas espécies vegetais e estão sujeitos às suas estratégias químicas de proteção. Às vezes, para atingir seus objetivos, eles empregam até as substâncias protetoras da sua planta hospedeira. Assim, para a maioria dos animais os glucosinolatos representam efetivos inibidores da predação; as lagartas da borboleta-da-couve (*Pieris brassicae*), no entanto, procuram apenas alimento que contenha glucosinolatos (por exemplo, sinigrina). Já foi mencionado o armazenamento de glicosídeos cardioativos pelas lagartas da borboleta-monarca, após ingestão da planta do gênero *Asclepias* como alimento (ver 5.15.2). Os glicosídeos cardioativos são transferidos

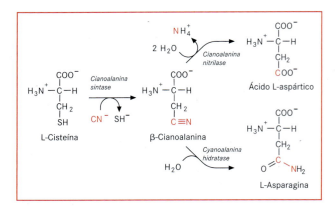

Figura 5-126 Desintoxicação de cianeto (CN⁻) por plantas superiores. (Segundo E. Weiler.)

para a imago e protegem os animais de seus inimigos – principalmente aves.

Os alcaloides do tremoço são extremamente tóxicos para muitos animais. Por isso, foi necessário um grande esforço de melhoristas para que fosse possível o cultivo de tremoços sem alcaloides (tremoços doces) como plantas forrageiras. Em uma parcela mista com tremoços doces e tremoços com alcaloides, em poucos períodos de vegetação os primeiros são eliminados pelos herbívoros. A toxicidade da giesta (*Cytisus scoparius*) também depende da presença de alcaloides do tremoço (por exemplo, esparteína). O afídeo *Acyrthosiphon spartii*, entretanto, é atraído pela esparteína e possui com sua planta forrageira um nicho ecológico inacessível a outros animais.

A ecologia química dos alcaloides pirrolizidínicos está especialmente bem investigada (Figura 5-127). Esses alcaloides ocorrem em alguns gêneros de Asteraceae (por exemplo, *Senecio*, *Eupatorium*), além de em Boraginaceae, no gênero *Crotalaria* (Fabaceae) e no gênero *Phalaenopsis* (Orchidaceae), assim como esporadicamente também em outras famílias. Os alcaloides pirrolizidínicos (por exemplo, senecionina) ocorrem nas plantas como N-óxidos polares e hidrossolúveis; eles são produtos tóxicos de sabor amargo, que protegem contra a herbivoria e em insetos atuam como mitógenos (= indutores de divisão celular). Na passagem pelo intestino, os N-óxidos são reduzidos a aminas terciárias lipófilas, que facilmente se difundem para as células e lá são oxidadas a derivados de pirrolina pelas monoxigenases contendo citocromo P450. Esses derivados são fortemente hepatotóxicos e pneumotóxicos e representam agentes de alquilação reativos. Larvas de *Thyria jacobaea* (Arctiidae) ingerem alcaloides pirrolizidínicos com o alimento vegetal (*Senecio jacobaea*) e os armazenam durante todos os estágios da metamorfose; os alcaloides pirrolizidínicos de *Utetheisa ornatrix* (Arctiidae) provêm da forrageira do gênero *Crotalaria* (Fabaceae) são até transmitidos dos genitores para os ovos. A falta de toxicidade dos alcaloides para as espécies adaptadas baseia-se em uma oxidação reiterada das aminas terciárias lipófilas (que passam do intestino para as células do corpo) a N-óxidos salinos e polares (Figura 5-127). Por meio dos alcaloides armazenados, os arctiídeos – larvas e imagos – são eficientemente protegidos contra seus predadores, bem como os ovos (por exemplo, do ataque de formigas). Isso é apoiado por um visível aparato de advertência das lagartas e imagos.

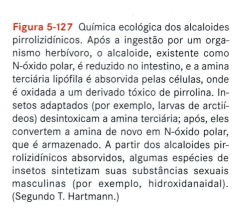

Figura 5-127 Química ecológica dos alcaloides pirrolizidínicos. Após a ingestão por um organismo herbívoro, o alcaloide, existente como N-óxido polar, é reduzido no intestino, e a amina terciária lipófila é absorvida pelas células, onde é oxidada a um derivado tóxico de pirrolina. Insetos adaptados (por exemplo, larvas de arctiídeos) desintoxicam a amina terciária; após, eles convertem a amina de novo em N-óxido polar, que é armazenado. A partir dos alcaloides pirrolizidínicos absorvidos, algumas espécies de insetos sintetizam suas substâncias sexuais masculinas (por exemplo, hidroxidanaidal). (Segundo T. Hartmann.)

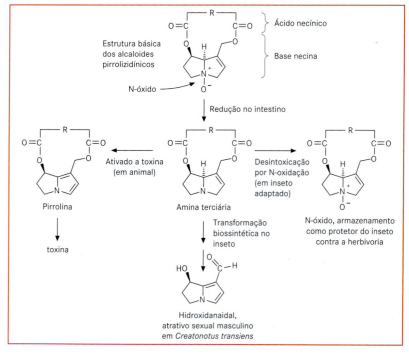

Borboletas das subfamílias Danainae (por exemplo, espécies de *Danaus*) e Ithomiinae são atraídas por alcaloides pirrolizidínicos e os ingerem (junto com o néctar, por exemplo) apenas quando são adultas. No entanto, com frequência elas retiram os alcaloides de partes vegetais, enquanto liberam sobre as plantas um líquido reabsorvido junto com os alcaloides. Como nesse caso a planta não serve como alimento, utiliza-se o termo **farmacofagia**. Os alcaloides podem representar 2-20% da massa seca dos animais. Algumas das borboletas armazenadoras de alcaloides pirrolizidínicos (por exemplo, *Danaus plexippus* e *Creatonotus transiens*, Arctiidae) sintetizam suas substâncias sexuais masculinas (feromônios sexuais, hidroxidanaidal em *Creatonotus*) a partir dos alcaloides absorvidos.

5.16 Polímeros fundamentais típicos de plantas

Além dos metabólitos secundários e primários de baixa massa molecular, as plantas sintetizam compostos orgânicos polímeros. Alguns desses compostos são encontrados em todas as células vivas e, por conseguinte, não são típicos de plantas; outros, no entanto, não ocorrem em animais (a não ser em casos excepcionais). As próximas seções são dedicadas a esses polímeros típicos de plantas, contanto que tenham um significado mais geral (polímeros fundamentais). Os polímeros fundamentais típicos de plantas são os polissacarídeos estruturais e de reserva, a lignina, a cutina, a suberina, bem como várias classes de proteínas de reserva.

5.16.1 Polissacarídeos

As estruturas básicas de carboidratos já foram apresentadas na seção 1.4 (Figuras 1-18–1-20). Os polímeros glicanos (polissacarídeos) funcionam como substâncias estruturais ou de reserva.

5.16.1.1 Polissacarídeos estruturais

As paredes vegetais primárias e secundárias contêm uma série de polissacarídeos estruturais (bem como proteínas estruturais) nas partes em modificação (ver 1.4.3, Figura 2-63). A **celulose** domina nas paredes secundárias (até 90% da substância orgânica); nas paredes primárias, ela é responsável também pela estabilidade básica, embora com participação menor (5-10%). A celulose é componente das paredes celulares dos oomicetos. Além disso, ela é encontrada na túnica dos tunicados e sintetizada por esses mesmos animais. Algumas bactérias igualmente sintetizam celulose.

As moléculas de celulose consistem em numerosas (acima de 15.000) unidades lineares de β-D-glucopiranose unidas entre si por ligações glicosídicas β-(1→4). Mediante o estabelecimento de pontes intermoleculares de hidrogênio, essas unidades se reúnem em agregados pseudocristalinos, as fibrilas elementares e microfibrilas (Figuras 2-64 e 2-67). A síntese de celulose se processa vetorialmente pela ação da **celulose sintase**, proteína integral da membrana da plasmalema. Nesse caso, várias sintases são oligomerizadas em **complexo de rosetas** (Figura 2-66A); cada sintase pode transferir unidades de glicose do citoplasma para o crescimento da cadeia de celulose. O doador de glicose é a UDP-glicose. Existem boas evidências de que, por clivagem da sacarose, a UDP-glicose seja disponibilizada por meio de uma sacarose sintase ligada à membrana (Figura 5-128A). Presume-se que o iniciador (*primer*) da síntese seja o **sitosterol** (Figura 5-128B), presente em membranas, ao qual são anexados resíduos de glicose por uma ligação glicosídica. Os primeiros passos do alongamento da cadeia devem ocorrer no lado interno da membrana plasmática. Após ter alcançado um comprimento crítico, o sitosterol-glucosídeo chega ao lado externo da membrana, onde a cadeia de açúcares é separada do lipídeo-iniciador, por ação de uma endoglucanase. Posteriormente, a cadeia de açúcares (livre) é de novo alongada. Essa molécula de celulose é disposta pela sintase sobre o lado apoplástico da membrana. Presume-se que cada monômero da celulose sintase de um complexo de rosetas forme uma molécula de celulose, de modo que cada complexo produza várias moléculas de celulose, que se reúnem em fibrilas. Admite-se que os complexos celulose sintase atuantes no lado citoplasmático "deslizem ao longo" de microtúbulos do citoesqueleto cortical. Com isso, o alinhamento das fibrilas de celulose na parede celular seria determinado (e controlado) pelo arranjo dos microtúbulos corticais. Muito menos se conhece sobre a biossíntese dos demais polissacarídeos de parede celular (hemiceluloses, pectinas, ver 2.2.7.2).

A **quitina**, componente estrutural importante da parede celular de muitos fungos, é um polímero linear de unidades de N-acetilglicosamina com ligações β-(1→4) (estrutura, Figura 1-18E); o doador de N-acetilglicosamina é a UDP-N-acetilglicosamina (UDP-GlcNAc). O peptídeoglicano da parede celular bacteriana (ver 2.3.3, Figura 2-97) pode ser considerado formalmente como um substituto da quitina.

5.16.1.2 Polissacarídeos de reserva

Com algumas exceções (por exemplo, cana-de-açúcar e beterraba, que armazenam sacarose nos vacúolos, bem como leguminosas e lamiáceas, que armazenam o açúcar da família da rafinose, especialmente estaquiose), as plantas depositam carboidratos de reserva principalmente sob forma de polissacarídeos hidrossolúveis,

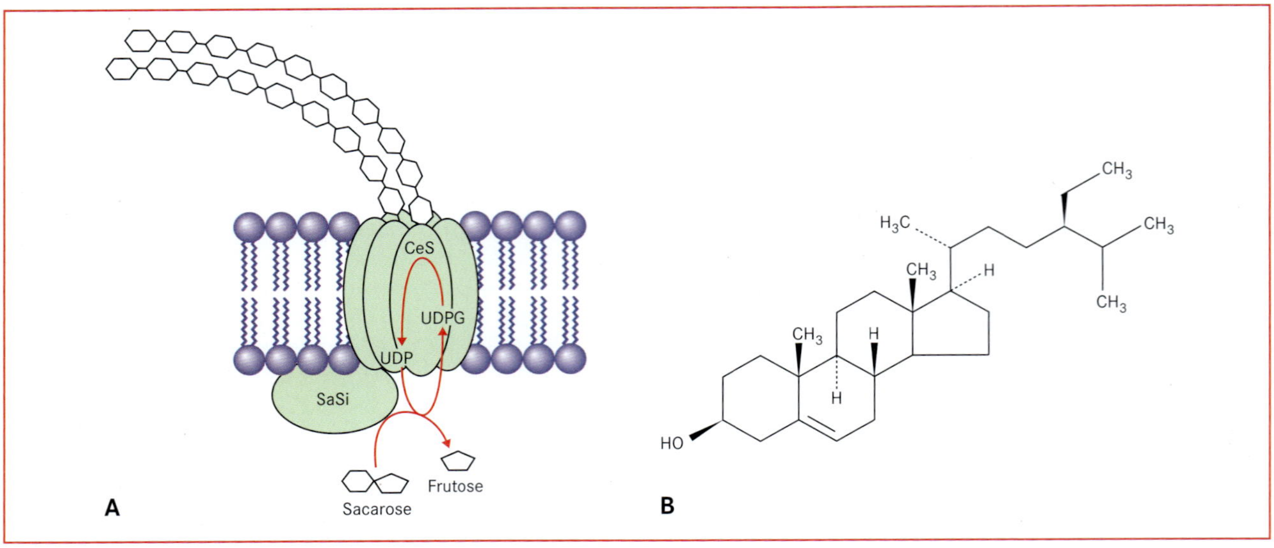

Figura 5-128 A Modelo da síntese de celulose por meio de um complexo multienzimático, consistindo em celulose sintase (CeS) e sacarose sintase (SaSi). **B** Fórmula estrutural do sitosterol UDPG = UDP-glicose.

de preferência sob forma de amido nos amiloplastos (Figura 2-89). Os dois componentes do amido, **amilose** e **amilopectina** (Figura 1-20), representam homoglicanos, que contêm α-D-glucopiranose como único elemento estrutural. Na amilose, macromolécula não ramificada com formação helicoidal, existem 200-1.000 glicoses com ligações glicosídicas α-(1→ 4). A amilopectina contém adicionalmente ramificações com ligações glicosídicas α-(1→ 6) (aproximadamente 1 por 25 ligações α-(1→ 4)) e, com 2.000-10.000 monômeros, é nitidamente maior do que a amilose. A comprovação do amido (cor azul), obtida pelo teste com solução de iodo/iodeto de potássio, baseia-se no armazenamento de moléculas de iodo nas hélices da amilose. O **glicogênio** tem uma organização semelhante à da amilopectina. Ele é o carboidrato de reserva preferencial de bactérias, algas e fungos, mas seu grau de ramificação com aproximadamente 1:14 é maior do que o da amilopectina. A biossíntese e a degradação do amido já foram discutidas na seção 5.5.4.

Os frutanos são polissacarídeos de reserva de ampla distribuição, solúveis e depositados em vacúolos. Além da β-D-frutofuranose, esses heteroglicanos contêm por molécula uma molécula de α-D-glucopiranose e ocorrem, por exemplo, em Asteraceae (inulina e frutano semelhante à inulina, Figura 1-20) e em Poaceae e outras monocotiledôneas (fleína e frutano semelhante à fleína, Figura 1-20). Partindo da sacarose, os frutanos são sintetizados no vacúolo. A sacarose é transportada para o vacúolo, onde inicialmente um resíduo de frutose da sacarose é transferido para uma segunda sacarose (sacarose-sacarose- frutosil transferase), sendo formada 1 cestose. O alongamento da cadeia é realizado pela frutano-frutano-frutosil transferase, que emprega cestose como substrato.

5.16.2 Lignina

Junto com a celulose, a lignina constitui a madeira. Depois da celulose, a lignina é a substância orgânica mais importante na natureza (produção anual de aproximadamente $2 \cdot 10^{10}$ t, em comparação com $2 \cdot 10^{11}$ t da celulose). No processo de formação da madeira, ocorre uma polimerização de lignina no esqueleto celulósico das paredes secundárias. Lignina, celulose e outros componentes de parede celular são ligados covalentemente. A polimerização da lignina é um processo radical, no qual a formação dos radicais, mas não a sua reação a seguir, é governada enzimaticamente. Por isso, a lignina tem composição rígida e constitui um enorme polímero com capacidade de resistência igual em todas as direções espaciais, o que confere extraordinária estabilidade à madeira (o cimento armado tem "arquitetura" semelhante).

As unidades monoméricas da lignina são fenilpropanos, de álcoois cinamílicos membros da família dos ácidos cinâmicos (Figura 5-113) resultantes da redução do grupo carboxila (Figura 5-129). Uma ativação dos precursores (ácido p-cumárico, ácido ferúlico e ácido sinápico) precede a redução a coenzima A-tioésteres (Figura 5-115). Por clivagem da coenzima A pela **cinamoil-CoA redutase**, esses tioésteres são convertidos em aldeídos cinâmicos, que, por sua vez, são reduzidos a álcoois cinâmicos pela **álcool cinâmico desidrogenase** (CAD, *Cinnamalkohol-Dehydrogenase*, componente da família das álcool desidrogenases, dotadas de zinco); NADPH+H⁺ é o agente redutor para as duas enzimas. A especificidade ao substrato da CAD parece ser correspondível pelas distintas relações de monômeros na lignina das diferentes espécies. A enzima das angiopermas reduz todos os três aldeídos

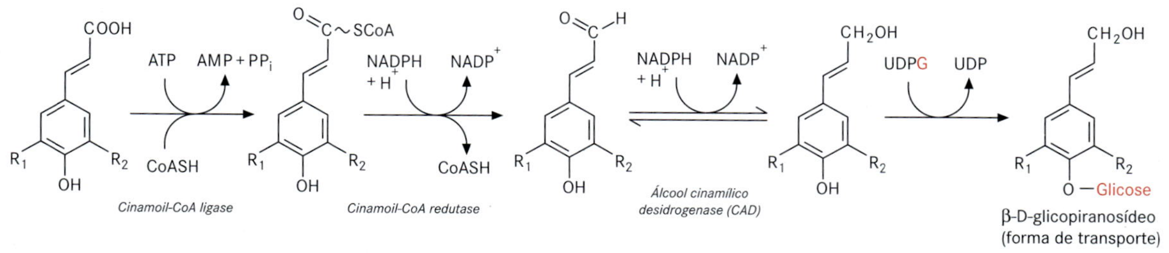

Ácido p-cumárico ($R_1 = R_2 = H$)	*p*-Cumaroil-CoA	Aldeído *p*-cumarílico	Álcool *p*-cumarílico	Álcool glicocumarílico
Ácido ferúlico ($R_1 = OCH_3$, $R_2 = H$)	Feruloil-CoA	Aldeído ferulílico	Álcool coniferílico	Coniferina
Ácido sinápico ($R_1 = R_2 = OCH_3$)	Sinapoil-CoA	Aldeído sinapílico	Álcool sinapílico	Siringina

Figura 5-129 Ativação e redução de ácidos cinâmicos, que servem como precursores da lignina. Os álcoois cinâmicos são levados para fora da célula como β-D-glicopiranosídeos. (Segundo E. Weiler.)

cinamílicos, ao passo que para a CAD das gimnospermas o aldeído sinapílico é um substrato ruim. A lignina das pteridófitas e das gimnospermas distingue-se por uma participação predominante do álcool coniferílico e partes pequenas dos outros dois. Na lignina das dicotiledôneas, o álcool coniferílico e o álcool sinapílico estão presentes em quantidades iguais, e o álcool cumarílico apenas em quantidades-traço. Já na lignina das monocotiledôneas (principalmente nas gramíneas), além dos dois outros componentes, também estão incorporadas grandes quantidades de álcool p-cumarílico. O conteúdo de grupos metoxil caracteriza as unidades estruturais e, por isso, é um importante indicador da origem de uma lignina.

Mesmo em uma única planta os grupos de tecidos diferentes (como, por exemplo, a casca e o lenho, bem como o lenho tardio e o lenho inicial) podem apresentar ligninas com composições distintas. Assim, por exemplo, o lenho tardio (ou outonal) do carvalho tem um conteúdo de metoxil mais elevado do que o lenho inicial (ou primaveril).

A polimerização radical desidratante da lignina processa-se fora da célula. Os precursores dos álcoois cinâmicos são secretados na região da parede celular como β-glicosídeos levemente hidrossolúveis e não polimerizáveis espontaneamente – álcool glicocumarílico, coniferina e siringina (Figura 5-129); os álcoois são liberados enzimaticamente por uma **β**-glicosidase da parede celular. A formação do radical efetua-se por meio de **peroxidases de parede celular** e necessita de H_2O_2 como cossubstrato (Figura 5-130). A lignina em formação, para a qual pode ser apresentado um mero esquema de constituição (Figura 5-131), contém os elementos estruturais polimerizados nas mais diferentes ligações. Isso reflete as numerosas estruturas limites mesômeras dos radicais produzidos (Figura 5-130). Os resíduos de carbonila ocasionalmente presentes na lignina (Figura 5-131, mostra-

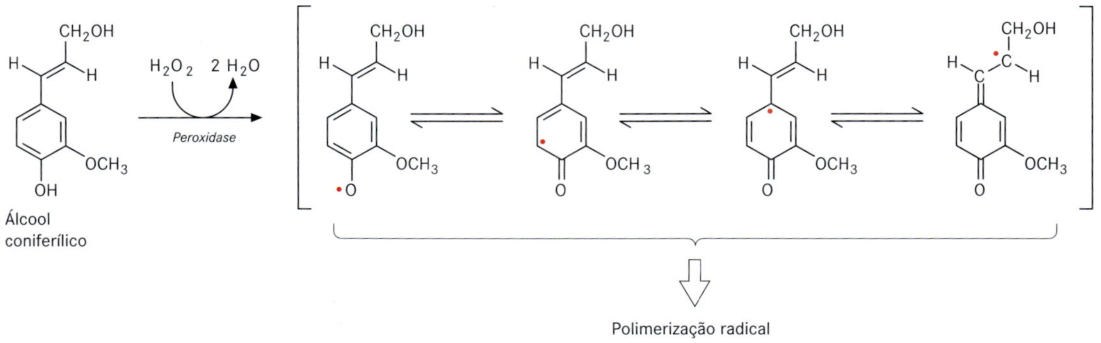

Figura 5-130 Formação dos precursores radicais da lignina por oxidação de álcoois cinâmicos (exemplo: álcool coniferílico) por ação de peroxidase ligada à parede celular. Os elétrons não pareados são apresentados como pontos vermelhos. (Segundo E. Weiler.)

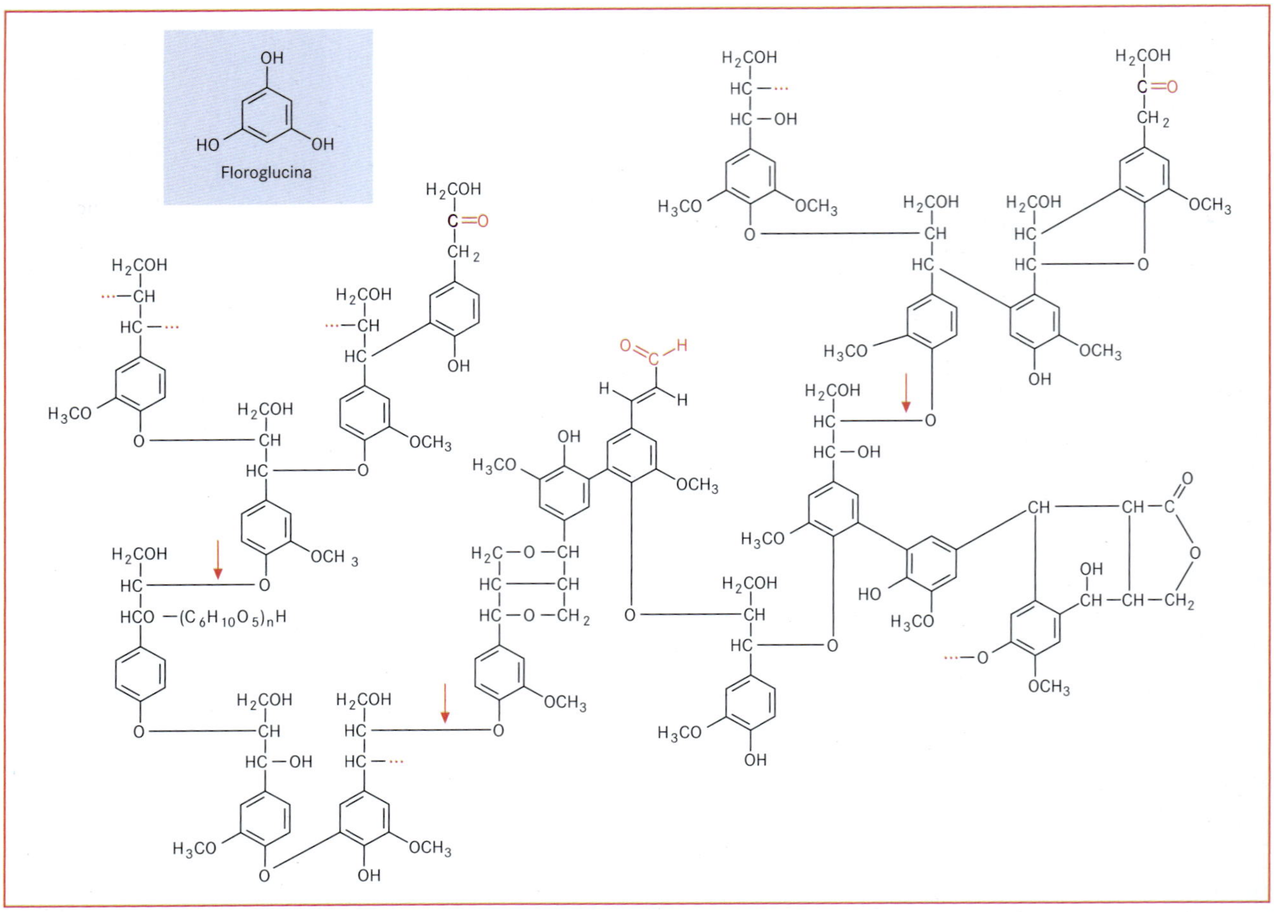

Figura 5-131 Esquema da constituição da lignina do abeto segundo Freudenberg. São apresentadas as possíveis ligações dos elementos estruturais monoméricos. A molécula deve ser imaginada tridimensionalmente. A ligação arila-éter entre o átomo β-c da cadeia lateral e o anel de fenila do vizinho (setas vermelhas) é o ponto de ataque da despolimerização da lignina por fungos. A comprovação histoquímica da presença de lignina, com floroglucina ácida, baseia-se na formação de semiacetal (Figura 1-18B) com grupos carbonila (vermelho) na lignina. (Segundo H. Ziegler.)

dos em vermelho) são a base para a cor vermelha da lignina com floroglucina/ácido clorídrico (formação de semiacetal dos resíduos de carbonila e dos grupos hidroxila fenólicos).

A **lignificação** da parede celular processa-se em três fases:

- Impregnação de lignina nos ângulos das células e na lamela média, após a conclusão da deposição de pectina na parede primária (ver 2.2.7.4).
- Impregnação lenta e progressiva de lignina na camada S2 da parede secundária (Figura 2-73B).
- Lignificação principal após a formação das microfibrilas de celulose da camada S3. A composição da lignina dessas três zonas é distinta.

A **degradação da lignina**, efetuada principalmente pelos chamados fungos da "podridão branca", em geral é um processo aeróbico, energeticamente intensivo e muito lento. Participam desse processo, entre outras, uma oxigenase lignolítica ("ligninase"), enzima dependente de O_2 e H_2O_2 (contendo heme e com natureza de peroxidase), que cliva oxidativamente sobretudo ligações C-C, e enzimas despolimerizantes, que clivam especialmente ligações arila-éter (Figura 5-131). A pequena velocidade com que esse processo de degradação transcorre (apodrecimento de troncos de árvores na floresta!) prova que a lignina, devido à rigidez da sua composição, à multiplicidade de ligações e ao seu conteúdo de núcleos aromáticos (pobres em energia e, com isso, muito estáveis), é uma barreira estrutural eficaz contra a penetração de microrganismos.

5.16.3 Cutina e suberina

A cutina e a suberina são polímeros mistos lipofílicos, estruturalmente aparentados, que formam barreiras permeáveis a gases e à água, mas de difícil penetração por microrganismos. Biossinteticamente, elas derivam do ácido palmítico e do ácido esteárico, dois ácidos graxos.

Ao lado de glicanos da parede celular, a **cutina** é o componente principal da cutícula, a qual é isolada externamente por uma camada de cera. As **ceras** são ácidos graxos de cadeias longas de monoésteres e mono-hidroxialcanos também de cadeias longas. Elas tendem a formar camadas, mas não polimerizam. A cutina, ao contrário, é um poliéster de ácidos graxos várias vezes hidroxilados, com grande participação de ácido 10,16-di-hidróxi-esteárico e ácido 9,10,16-tri-hidróxi-esteárico e corpos fenólicos como componentes complementares.

Os ácidos graxos componentes da suberina derivam do ácido esteárico, a partir do qual são sintetizados ácidos graxos de cadeia muito longa (até C_{30}), hidroxialcanos de cadeia muito longa (até C_{30}) e ácidos dicarbônicos (até C_{20}). Essas substâncias formam ésteres entre si e especialmente com os grupos hidroxila alifáticos de álcoois cinâmicos (com prevalência do álcool p-cumarílico). Os fenilpropanos são ligados entre si de maneira semelhante como na lignina, de modo que a suberina representa um corpo básico de lignana, cujos grupos hidroxila alifáticos livres estão esterificados por meio de componentes de acila de cadeia muito longa. Junto com a lignina, a suberina está presente na estria de Caspary (endoderme, ver 5.3.3), como barreira à difusão entre as células do mesofilo e as células da bainha do feixe vascular de muitas plantas C_4 (ver 5.5.8) e – junto com as ceras – como componente principal nas paredes de células do felema (ver 3.2.2.2).

5.16.4 Proteínas de reserva

Ao lado dos carboidratos e dos lipídeos, as proteínas representam importantes substâncias de reserva vegetais. As proteínas de reserva encontram-se especialmente nas sementes. Nas sementes, essas proteínas localizam-se no endosperma (por exemplo, na camada de aleurona da cariopse) ou em cotilédones de reserva (por exemplo, em leguminosas). Essas proteínas podem estar presentes também em órgãos vegetativos de reserva (por exemplo, raízes, tubérculos) e tecidos de reserva da parte aérea (por exemplo, parênquima do floema, câmbio). Quanto à composição em aminoácidos e estrutura, as proteínas de reserva, em geral, distinguem-se substancialmente de enzimas e proteínas estruturais; elas apresentam-se em inúmeras formas moleculares diferentes mesmo dentro de uma espécie e, até o momento, muitas puderam ser caracterizadas apenas superficialmente.

As proteínas de reserva dos tipos de cereais, com base em sua solubilidade, são subdivididas em **prolamina** (solúvel em álcool 60-80%) e **glutelina** (solúvel em álcalis ou ácidos). No entanto, os dois grupos são estruturalmente aparentados (atualmente, eles são com frequência identificados conjuntamente como prolaminas) e apresentam uma mistura das mais diferentes subunidades, em parte ligadas entre si por pontes dissulfeto. A biossíntese das subunidades ocorre no retículo endoplasmático, talvez também a agregação, de modo que os **corpos proteicos** destinados ao armazenamento se desprendem do RE rugoso diretamente como vesículas preenchidas de proteína e envolvidas por membrana.

A gliadina e a gluteína do trigo e do centeio pertencem ao grupo das prolaminas. Sua presença na farinha é condição para a capacidade de cozimento.

A maioria das proteínas de reserva das outras espécies vegetais pertence às **globulinas**. Diferentemente das **albuminas**, elas são insolúveis em água destilada, mas solúveis em soluções salinas diluídas, das quais (com a ajuda de soluções salinas com concentrações mais altas, como solução semissaturada de sulfato de amônio) podem ser retiradas. As leguminas e vicilinas, principais proteínas de reserva das leguminosas, pertencem às globulinas. As leguminas são complexos hexaméricos, os monômeros apresentam heterômeros de uma cadeia α e de uma cadeia β, ligadas covalentemente por pontes dissulfeto. As vicilinas apresentam trímeros, os monômeros consistem apenas em uma cadeia peptídica com semelhança à legumina na sequência de aminoácidos. As vicilinas glicolisadas diferem desses tipos. A biossíntese das globulinas processa-se no RE; desse local, as proteínas de reserva, por meio do complexo de Golgi (onde eventualmente ocorrem glicosilações), são transportadas para os vacúolos de armazenamento de proteínas, que finalmente se fragmentam em corpos proteicos envolvidos por membrana. As proteínas de reserva das sementes de leguminosas representam até 40% da massa seca.

Para a alimentação humana, a composição em aminoácidos das proteínas de reserva geralmente não é ótima. Assim, as proteínas de reserva das leguminosas contêm pouquíssima metionina; as prolaminas dos cereais carecem de lisina e contêm pouco triptofano e treonina. A prática de uma dieta exclusivamente vegetal com alta participação de "grãos" pode levar, especialmente em crianças, a sintomas severos de carência, pois o corpo humano não forma esses aminoácidos. Métodos biotecnológicos procuram ajustar a composição de aminoácidos de sementes e frutos armazenadores de proteínas às necessidades humanas.

A mobilização das proteínas de reserva (por exemplo, na germinação de sementes) realiza-se por hidrólise com participação de diferentes proteinases. As **endopeptidases** hidrolisam ligações peptídicas no interior das moléculas de proteínas; as **exopeptidase** atacam uma das extremidades, as **carboxipeptidases** na porção carbóxi-terminal, as **aminopeptidases** na porção amino-terminal. Pelo menos nos cereais, a tiorredoxina reduzida parece participar da clivagem das pontes dissulfeto.

Os produtos da hidrólise proteica, os aminoácidos, são empregados novamente para a síntese de proteínas (por exemplo, para atender a demanda enzimática durante a germinação de sementes). Além disso, os aminoácidos não utilizados na síntese proteica (por exemplo, aqueles que, por motivos estruturais, têm uma presença nas proteínas de reserva muito acima da necessidade média da síntese proteica) continuam a ser degradados, ao mesmo tempo que, por transaminases, são convertidos nos correspondentes ácidos 2-oxo; o nitrogênio do amino é transportado para outros ácidos 2-oxo (por exemplo, para o ácido 2-oxoglutárico) com formação de glutamato (ver 5.6.1). Os ácidos 2-oxo, geralmente em poucos passos controlados enzimaticamente, são

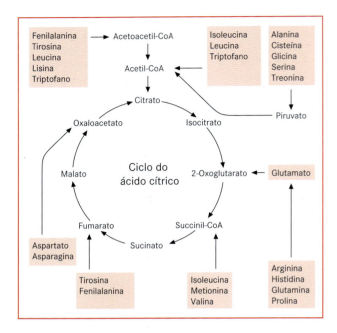

Figura 5-132 Locais de entrada dos esqueletos de carbono de aminoácidos na formação de piruvato e no ciclo do ácido cítrico, conforme constatados principalmente mediante experimentos em bactérias. (Segundo H. Ziegler.)

transformados em membros intermediários da degradação glicolítica ou do ciclo do ácido cítrico. Com certeza, o catabolismo dos aminoácidos individuais é muito melhor conhecido em bactérias do que em plantas (Figura 5-132).

Algumas proteínas de reserva, especialmente em sementes, prestam-se adicionalmente à proteção contra a herbivoria. Nessa categoria, encontram-se as **lectinas**. Entre as lectinas, encontram-se genericamente proteínas ou glicoproteínas que se ligam a açúcares, em geral presentes em sementes em grandes quantidades, principalmente em leguminosas. As lectinas ligam-se especificamente a determinados resíduos de açúcar, bem como a glicoproteínas e polissacarídeos. A elas, cuja denominação antiga era fito-hemoglobina, é atribuída também a aglutinação característica de eritrócitos (utilizada para comprovação). As lectinas ligam-se a glicoproteínas na superfície do intestino e provocam distúrbios funcionais no trato digestório. A concanavalina A de *Canavalia ensiformis* (Fabaceae), bem conhecida estruturalmente, e a trifoliina de *Trifolium repens* (Fabaceae) são exemplos de lectinas, às quais, como a outras lectinas de superfície de raízes de Fabaceae, atribui-se um papel na ligação específica dos rizóbios durante o estabelecimento da simbiose nos nódulos (ver 8.2.1).

Outras proteínas de reserva com ação protetora são as **inibidoras de proteinases**, encontradas em órgãos de armazenamento de muitas plantas, inclusive em fontes de alimento importantes (por exemplo, sementes de leguminosas, batata). Essas proteínas inibem sobretudo proteinases de origem animal ou bacteriana e podem exercer um papel na defesa da planta contra herbívoros e microrganismos patógenos. Por isso, batata e sementes de leguminosas são apropriadas para consumo humano só após o cozimento (desnaturação das proteínas pelo calor). Na categoria das proteínas de reserva, além das inibidoras de proteinases constitutivas, por necessidade (por exemplo, por ataque de herbívoros), muitas plantas formam também inibidoras de proteinases induzidas (ver 8.4.1). Entre as proteínas de reserva tóxicas, está a **ricina** de *Ricinus communis* e as inibidoras de amilases de espécies de *Phaseolus*. A ricina inativa a subunidade 60S dos ribossomos eucarióticos.

5.17 Secreções das plantas

Os protoplastos de células individuais ou de células associadas em uma planta multicelular excretam substâncias que, como restos metabólicos ou como substâncias especiais (por exemplo, substâncias orgânicas), não são ou não serão mais utilizadas no metabolismo celular e eventualmente poderiam até causar perturbações (por exemplo, concentrações elevadas de NaCl; $Ca(OH)_2$ em plantas aquáticas submersas). Essa eliminação de restos ou de substâncias especiais é denominada **excreção** e a matéria excretada é a **excreta**. Afora isso, com frequência há substâncias excretadas que executam determinadas funções no exterior da célula, como, por exemplo, gamonas (ver 7.2.1.1), substâncias para atração e forrageio de animais polinizadores (ver 10.2), e antibióticos contra microrganismos ou enzimas contra plantas carnívoras (ver 8.1.2). Esses compostos são conhecidos também como **secreções**.

Muitas vezes é difícil ou mesmo fora de propósito decidir se uma substância eliminada é uma excreta ou uma secreção no sentido descrito. Assim, a solução açucarada liberada pelos nectários extraflorais (Figura 10-280) seria identificada como excreção; nos nectários florais, onde ela atua na atração de polinizadores, ela seria uma secreção.

De acordo com o local e o tipo de secreção, distinguem-se cinco mecanismos diferentes (Figura 5-133):

- **Intracelular com permanência no protoplasto.** Os produtos ficam diretamente no citoplasma ou em organelas citoplasmáticas.

Como exemplo, são as partículas de látex nos laticíferos articulados de *Hevea* (Figura 5-134), *Papaver* e *Taraxacum*, que se localizam diretamente no plasma básico. Já em *Euphorbia*, elas se encontram nos vacúolos.

- **Intracelular sem permanência no protoplasto.** As substâncias saem do protoplasto, mas não da célula.

Assim, por exemplo, os óleos etéreos em espécies de muitas famílias (por exemplo, Araceae, Zingiberaceae, Piperaceae,

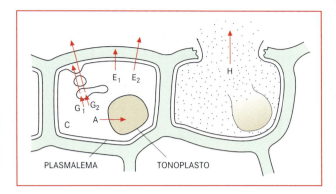

Figura 5-133 Algumas possibilidades de secreção de matéria de uma célula. A = Secreção sem permanência no protoplasto (intracelular); C = secreção no citoplasma; secreção granulócrina através da plasmalema (G_1) e através da plasmalema + parede celular (G_2); secreção écrina através da plasmalema (E_1) e através da plasmalema + parede celular (E_2); H = secreção holócrina em consequência de lise celular. (Segundo E. Schnepf.)

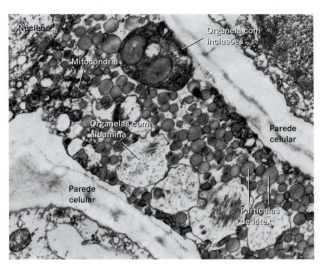

Figura 5-134 Partículas de látex no citoplasma de um laticífero de *Hevea brasiliensis*. Além dos componentes celulares normais, como núcleo, mitocôndrias e parede, o laticífero contém ainda organelas características de função desconhecida: organelas com fibrilas de albumina e partículas de Frey-Wyssling (nome do seu descobridor) com inclusões de natureza desconhecida (20.000x). (Gentilmente cedida por H. Ziegler.)

Lauraceae, Valerianaceae) ficam em uma bolsa extraplasmática (bolsa de óleo) situada junto à parede celular. Podem fazer parte desse mecanismo as substâncias transportadas para o vacúolo, pois pelo tonoplasto elas ficam protegidas dos locais de metabolismo ativo.

- **Secreção granulócrina**. Após a formação no citoplasma ou em organelas (por exemplo, plastídeos), a secreção ou a excreta (ou seus precursores), atravessando uma membrana plasmática interna, entra em compartimentos formados pelo retículo endoplasmático, pelo complexo de Golgi ou pelo vacúolo. Ela migra então (com frequência após transformar-se nesses "saquinhos") com os envoltórios membranosos para a superfície celular, onde é liberada para o exterior pelo orifício da vesícula (extrusão, **exocitose**).

Com muita frequência, a secreção ocorre por meio do complexo de Golgi (ver 2.2.6.3). Cada grupo importante de macromoléculas pode ser separado. Um exemplo para a secreção granulócrina por vacúolos é a extrusão líquida por vacúolos pulsáteis ou contráteis, que se presta à osmorregulação de plantas inferiores e animais na água doce.

- **Secreção écrina**. A substância não é transportada por uma vesícula membranosa, mas sim vai para o exterior diretamente através da plasmalema. Secreções écrinas são, por exemplo, parte das substâncias de parede celular (ver 5.16.1.1, outra parte apresenta separação granulócrina), geralmente também do néctar (mas nos nectários das sépalas de *Abutilon* o néctar tem secreção granulócrina pela vesícula do RE ou pelo "retículo de secreção"), água (mas em alguns fitoflagelados a água tem liberação granulócrina por meio do complexo de Golgi) e sais. A maioria das secreções e excretas lipofílicas é secretada também desse modo.

Presume-se que a maioria dos **nectários**, **hidatódios com epitema** e **glândulas de sal** tenha um mecanismo de secreção análogo, pois estão relacionados entre si por meio de transições. Esse mecanismo de secreção ainda não está totalmente esclarecido. Não havendo qualquer secreção granulócrina, passaria a ser considerado um transportador dos açúcares ou dos sais para o exterior, pela plasmalema; a água seria então transportada osmoticamente. Na verdade, esse mecanismo de secreção tornaria compreensível a estrita dependência metabólica do fenômeno de secreção, mas, ao mesmo tempo, seria difícil explicar a composição das secreções, muitas vezes variada; assim, o néctar, por exemplo, geralmente contém, além de diferentes açúcares, aminoácidos, enzimas, vitaminas, fitormônios, substâncias inorgânicas etc. Isso é facilmente compreensível quando se admite como mecanismo de secreção uma permeabilidade local da plasmalema das glândulas de sal para os sítios de secreção, pela qual a pressão de turgor (mantida por uma entrada ativa de matéria das células vizinhas) da célula comprime uma solução aquosa por filtração. A alteração verificada no estoque de matéria, por exemplo, do néctar em relação ao tecido da glândula poderia realizar-se (comprovada experimentalmente) por meio da reabsorção de determinadas substâncias.

Para cada um dos mecanismos mencionados da secreção écrina existe uma grande superfície da célula secretora a ser utilizada. Por isso, muitas vezes elas têm o caráter das chamadas **células de transição** (**células de transferência**), que são identificadas por característicos engrossamentos (vilosidades) de parede (ver 3.2.5, Figura 3-27).

Essas células de transição encontram-se em determinadas estruturas secretoras (nectários, hidatódios, glândulas de sal, glândulas digestórias), também em outras que absorvem substâncias do entorno (por exemplo, células epidérmicas de plantas submersas, como em *Elodea* e *Vallisneria* ou hidropótios, como em *Nymphaea*), em outras que absorvem substâncias de células vizinhas (por exemplo, células do embrião, haustórios de angiospermas parasitas, como em *Orobanche* e *Cuscuta*) e finalmente naquelas que liberam substâncias para células vizinhas (por exemplo, células do endosperma, células do cotilédone, células do tapete, células companheiras e parênquima do floema em finas nervuras foliares, células em nódulos de raízes).

O produto dessas glândulas secretoras, para o exterior (exótropo; por exemplo, glândulas de sal, nectários) ou para o interior do corpo (endótropo; por exemplo, células companheiras, células de transferência em nódulos de raízes, células epiteliais em dutos resiníferos; ver 3.2.5.2, Figura 3-29) é muitas vezes bastante considerável. Assim por exemplo, as glândulas de sal, encontradas principalmente em plantas de ambientes ricos em sal (por exemplo, espécies das famílias Frankeniaceae e Plumbaginaceae), não raro desempenham um papel significativo no equilíbrio salino. Na planta de mangue *Aegialitis annulata*, por exemplo, na superfície adaxial da epiderme foliar encontram-se > 900 glândulas de sal por cm^2, que secretam solução salina com 450 μmol ml^{-1} de Cl$^-$, 355 μmol ml^{-1} de Na$^+$ e 27 μmol ml^{-1} de K$^+$. Uma vez que a razão das concentrações Na$^+$:K$^+$ no tecido vegetal é de apenas 3:1, processa-se aqui a secreção (ou a reabsorção por uma filtração por pressão) seletiva e ativa. Ela pode também ser inibida por tóxicos metabólicos.

- **Secreção holócrina.** Neste tipo de secreção, a substância é liberada por desintegração das células (lisígena). Esse processo pode ser novamente endótropo (por exemplo, nas cavidades secretoras da casca do fruto de *Citrus*; Figura 3-30) ou exótropo, como na secretação das substâncias quimiotácticas em arquegoniadas por desintegração das células dos canais do colo e do ventre (ver 10.2) ou na formação da gota da polinização das gimnospermas (ver 10-2, Figura 10-229D) por desintegração do ápice do nucelo.

Além dos mecanismos de secreção mencionados, substâncias podem sair da planta, por exemplo, por desprendimento e desintegração de células, e chegar ao entorno; nas raízes, células da coifa, por exemplo, desprendem-se e novas são formadas (Figura 3-6). As matérias liberadas, como açúcares, substâncias nitrogenadas, hormônios, vitaminas, metabólitos secundários (por exemplo, substâncias alelopáticas), têm influência considerável sobre a superfície direta da raiz e sobre a rizosfera (ou seja, o espaço vital de microrganismos no entorno das raízes). Grandes quantidades de matéria são liberadas pela queda foliar. Por meio da lavagem (pela chuva, por exemplo), também podem ser liberadas das folhas quantidades consideráveis de íons (principalmente K$^+$, menos Ca^{2+}).

Referências

Alberts B, Johnson A, Lewis J, Raff M, Roberts KJ, Walter P (2004) Molekularbiologie der Zelle. Wiley-VCH, Weinheim

Alberts B, Johnson A, Lewis J. (2008) Molecular Biology of the Cell. Taylor & Francis, London

Atkins PW, de Paula J (2006) Physikalische Chemie. Wiley-VCH, Weinheim

Berg JM, Tymoczko JL, Stryer L (2007) Streyer Biochemie. Spektrum Akademischer Verlag, Heidelberg

Bergethon PR (2000) The Physical Basis of Biochemistry. Springer, Berlin

Bowyer JR, Leegood RC (1997) Photosynthesis. In: Dey PM, Harborne JB, eds, Plant Biochemistry. Academic Press, San Diego

Buchanan BB, Gruissem W, Jones RL (2000) Biochemistry & Molecular Biology of Plants. American Society of Plant Physiologists Press, Rockville, Maryland

Dennis DT, Turpin DH, Lefebvre DK, Layzell DB (1997) Plant Metabolism. Longman, Essex

Epstein E, Bloom AS (2004) Mineral Nutrition of Plants: Principles and Perspectives. Sinauer, Sunderland

Heldt HW (2003) Pflanzenbiochemie. Spektrum Akademischer Verlag, Heidelberg

Lösch R (2003) Wasserhaushalt der Pflanzen. Quelle & Meyer, Stuttgart

Lottspeich F, Engels JW (2006) Bioanalytik. Spektrum Akademischer Verlag; Heidelberg

McMurry J, Begley T (2006) Organische Chemie der biologischen Stoffwechselwege. Spektrum Akademischer Verlag, Heidelberg

Molnar P, Hickman JJ (2007) Patch-Clamp Methods and Protocols in Methods in Molecular Biology. Springer, Berlin

Murata N, Yamada M, Nishida I, Okuyama H, Sekiya J, Hajime W (2003) Advanced Research on Plant Lipids. Springer, Netherlands

Nelson DL, Cox MM. (2005) Principles of Biochemistry. Freeman, New York

Raven PH, Evert RF, Eichhorn SE (2006) Biologie der Pflanzen. De Gruyter, Berlin

Taiz L, Zeiger E (2006) Plant Physiology. Sinauer, Sunderland

Vollhardt KPC, Schore NE (2004) Organische Chemie. Wiley-VCH, Weinheim

Capítulo 6
Fisiologia do Desenvolvimento

6.1	**Princípios fundamentais da fisiologia do desenvolvimento**	**376**
6.1.1	Crescimento	378
6.2	**Bases genéticas do desenvolvimento**	**380**
6.2.1	Sistemas genéticos da célula vegetal	380
6.2.1.1	Genoma nuclear	380
6.2.1.2	Genoma plastidial	396
6.2.1.3	Genoma mitocondrial	396
6.2.2	Bases da atividade gênica	399
6.2.2.1	Estrutura gênica	399
6.2.2.2	Processo de transcrição	400
6.2.2.3	Controle da transcrição	406
6.3	**Bases celulares do desenvolvimento**	**407**
6.3.1	Metabolismo e distribuição de proteínas no interior da célula	407
6.3.1.1	Código genético	407
6.3.1.2	Biossíntese proteica	410
6.3.1.3	Degradação proteica	412
6.3.1.4	Separação das proteínas na célula: biogênese das organelas celulares	413
6.3.2	Ciclo celular e controle do ciclo celular	417
6.3.3	Diferenciação celular	419
6.4	**Interações de células no processo de desenvolvimento**	**424**
6.4.1	Controle da embriogênese	425
6.4.2	Formação de modelo nas camadas de tecidos	427
6.4.3	Controle da identidade de meristemas e de órgãos no meristema apical do caule	427
6.4.4	Mecanismos da comunicação celular	429
6.4.4.1	Troca de macromoléculas entre células	430
6.5	**Controle sistêmico do desenvolvimento**	**431**
6.6	**Controle hormonal do desenvolvimento**	**432**
6.6.1	Auxinas	433
6.6.1.1	Ocorrência	433
6.6.1.2	Metabolismo	433
6.6.1.3	Transporte do ácido indol-3-acético	436
6.6.1.4	Efeitos das auxinas	437
6.6.1.5	Mecanismos moleculares do efeito das auxinas	441
6.6.2	Citocininas	441
6.6.2.1	Ocorrência	442
6.6.2.2	Metabolismo e transporte	443
6.6.2.3	Efeitos das citocininas	444
6.6.2.4	Mecanismos moleculares do efeito da citocinina	447
6.6.3	Giberelinas	448
6.6.3.1	Ocorrência	448
6.6.3.2	Metabolismo e transporte	448
6.6.3.3	Efeitos das giberelinas	450
6.6.4	Ácido abscísico	453
6.6.4.1	Ocorrência, metabolismo e transporte do ácido abscísico	453
6.6.4.2	Efeitos do ácido abscísico	454
6.6.5	Etileno	455
6.6.5.1	Ocorrência, metabolismo e transporte	456
6.6.5.2	Efeitos fisiológicos do etileno	456
6.6.5.3	Mecanismos moleculares do efeito do etileno	459
6.6.6	Outros sinalizadores com efeito semelhante a fitormônios	460
6.6.6.1	Brassinolídeo	460
6.6.6.2	Oxilipinos	461
6.7	**Controle do desenvolvimento por fatores externos**	**463**
6.7.1	Efeito da temperatura	463
6.7.1.1	Termoperiodismo e termomorfoses	463
6.7.1.2	Quebra da dormência pela ação de determinadas temperaturas	464
6.7.1.3	Indução floral pela ação de determinada temperatura	465
6.7.2	Efeito da luz	466
6.7.2.1	Fotomorfogênese e escotomorfogênese	466
6.7.2.2	Morfoses induzidas pelo fotoperíodo	468
6.7.2.3	Ritmos circadianos e relógios fisiológicos	471
6.7.2.4	Fotorreceptores e rotas de sinalização do desenvolvimento governado pela luz	473
6.7.3	Outros fatores externos	482

Por **desenvolvimento** entende-se o conjunto de todos os processos de mudança de forma e função no ciclo de vida de um organismo unicelular ou multicelular. Os processos de desenvolvimento podem transcorrer no nível de moléculas, compartimentos, células, tecidos e órgãos e estão vinculados à existência do metabolismo tratado no Capítulo 5. A fisiologia do desenvolvimento ocupa-se da análise causal dos fenômenos de desenvolvimento. O objetivo é compreender os processos moleculares, pelos quais, com a cooperação de ácidos nucleicos, proteínas e compostos de massa molecular baixa, a informação genética (o **genótipo**) é realizada (**fenótipo**). Nos descendentes, isso leva tanto a uma fiel **reprodução dos atributos característicos da espécie da geração paterna** quanto a uma **variabilidade individual** na manifestação do fenótipo no âmbito da norma de reação estabelecida pelo genótipo. Nos vegetais, essa plasticidade do desenvolvimento presta-se principalmente à adaptação do organismo a realidades ambientais distintas. Na seção 10.2 são apresentados os ciclos de desenvolvimento das plantas de posições sistemáticas diferentes.

6.1 Princípios fundamentais da fisiologia do desenvolvimento

O desenvolvimento de um ser vivo abrange processos de crescimento e de diferenciação. Por **crescimento** entende-se um incremento irreversível de volume; a **diferenciação** é uma alteração qualitativa da forma ou da função de uma célula, de um tecido ou de um órgão.

Geralmente, considera-se um fenômeno de crescimento, por exemplo, o desenvolvimento de um tubérculo de batata, desde o intumescimento da extremidade do estolão até alcançar o tamanho definitivo; o aumento do comprimento de um coleóptilo, que se realiza exclusivamente por alongamento celular, ou a multiplicação de tecidos em uma cultura de células. Uma diferenciação é sobretudo, por exemplo, a transformação de célula epidérmica em célula-guarda (Figura 3-13) ou a transformação de células do procâmbio em diferentes elementos de feixe vascular (ver 3.2.4, Figura 3-22F-L).

A **regeneração** de plantas a partir de culturas de células (Figura 6-1) possibilita separar experimentalmente os processos de crescimento e diferenciação. Contudo, crescimento e diferenciação geralmente transcorrem lado a lado. A separação dos dois é feita sobretudo por motivos didáticos. Por outro lado, existe a possibilidade de regenerar uma planta inteira a partir de uma célula diferenciada – por exemplo, a partir de uma célula do mesofilo ou de uma célula da medula do caule. Isso é conhecido como **totipotência** das células vegetais vivas, ou seja, a disponibilidade da informação genética integral mesmo após a conclusão da diferenciação celular, desde que as organelas portadoras da informação hereditária (ver 6.2.1) sejam mantidas. Durante a diferenciação, os elementos de tubo crivado, por exemplo, perdem o núcleo, razão pela qual não há possibilidade de regeneração a partir dessas células.

Durante a ontogênese de um organismo multicelular, manifestam-se diferentes eventos de diferenciação, conforme mostra a Figura 6-2 como exemplo do desenvolvimento de uma angiosperma. Durante a embriogênese, além do eixo embrionário (hipocótilo e radícula) e de 1-2 cotilédones, são estabelecidos os dois meristemas primários (meristemas do caule e da raiz), a partir dos quais originam-se todos os outros órgãos da planta. Esse evento de desenvolvimento pode ser considerado um processo hierárquico, em cujo andamento é fixada primeiramente a identidade meristemática. Após, dentro dos meristemas estabelecem-se a identidade, o número e as posições dos órgãos. Finalmente, nas zonas de formação dos órgãos (por exemplo, primórdios foliares), estabelecem-se o número, a disposição e a diferenciação das células que levam à formação dos tecidos e determinam a forma e o tamanho dos órgãos.

A primeira divisão zigótica já é desigual e origina duas células: por um lado, a célula basal, da qual são provenientes o suspensor, o centro quiescente e o estatênquima da coifa; por outro lado, a célula apical, da qual se forma o restante do embrião. Já nas plantas inferiores verifica-se **polaridade** do zigoto; a polaridade celular, no entanto, encontra-se também em outros tipos de células (ver 6.3.3). Os gradientes de matéria são considerados como a causa da polaridade celular. Ao mesmo tempo, eles são relevantes para a produção de **informação sobre a posição** em uma unidade multicelular (ver 6.4). O estabelecimento do destino da diferenciação (a **determinação**) de uma célula vegetal apenas em parte segue um andamento autônomo (= governado exclusivamente pela genética). Por conseguinte, as iniciais meristemáticas, por exemplo, determinariam a rota de diferenciação a seguir das células-filhas delas derivadas (modelo de descendência da diferenciação celular; *cell-lineage model*); em vez disso, a posição de uma célula em um conjunto assume uma influência considerável sobre o seu destino. A diferenciação de uma célula, portanto, é controlada eficazmente pelo seu entorno. Dessa maneira, um organismo multicelular não se desenvolve em um aglomerado de processos individuais de células autônomas (devido à pequena possibilidade de corrigir processos defeituosos, isso facilmente levaria à instabilidade do programa global de desenvolvimento), mas sim como um conjunto de células interativas (na maioria das vezes, com conexões simplásticas), cujas atividades exibem coordenação e controle mútuos.

Os gradientes de matéria têm influência no destino da diferenciação de células individuais ou de células em uma unidade e também são responsáveis pela **formação do modelo**. Sob esse conceito estão os processos que determinam o número, a posição e a diferença de eventos de diferenciação. Assim, por exemplo, a densidade de estômatos, a formação de tricomas, a formação de tricomas

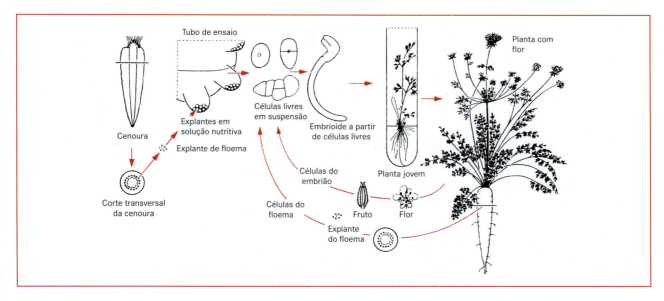

Figura 6-1 Desenvolvimento de plantas com capacidade de propagação a partir de células individuais isoladas, tendo como exemplo *Daucus carota*. Células individuais tanto de explantes de floema como de embriões imaturos, passando por um estágio semelhante a embrião (embrioides, também denominados embriões somáticos), transformam-se em plantas jovens, que crescem até plantas adultas portadoras de flores e frutos. O crescimento como suspensão celular e a regeneração de plantas intactas, a partir de células individuais de uma cultura, são regulados por uma composição hormonal da solução nutritiva (ver 6.6.2.3). De maneira semelhante, é possível multiplicar vegetativamente muitas espécies. (Segundo F.C. Stewart, de D. Heß, modificado.)

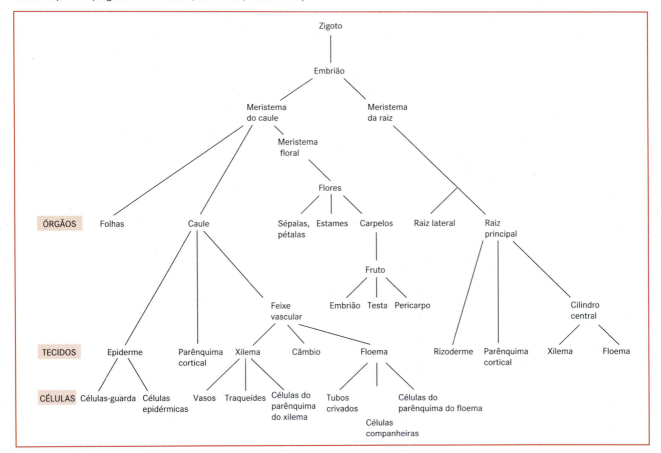

Figura 6-2 Níveis de diferenciação durante o desenvolvimento de uma planta superior. (Segundo P.F. Wareing e I.D.J. Phillips.)

das raízes e das raízes laterais, bem como o número e a posição das folhas no eixo caulinar estão sujeitos a controle pelos processos de formação do modelo. A natureza química das substâncias participantes da formação dos gradientes de matéria relevantes no desenvolvimento é conhecida em apenas raras situações (ver 6.4.2). Esse não é o caso dos fitormônios (ver 6.4.2), especialmente o ácido indol-3-acético, uma auxina (ver 6.6.1).

Diferentemente dos animais, as plantas altamente desenvolvidas apresentam estrutura "modular". Os módulos são também denominados **fitômeros**. Eles são formados pelos **meristemas apicais** – portanto, os **meristemas do caule** e os **meristemas da raiz**. A unidade de organização do caule consiste em nó, entrenó, gema axilar e folha; a unidade de organização da raiz consiste em um segmento do eixo da raiz e de um primórdio de raiz lateral. As raízes laterais e as gemas axilares em desenvolvimento, por sua vez, formam fitômeros novamente e assim por diante. Embora a formação de estacas mostre que o conceito de indivíduo (do latim *indivisível*) para plantas não se aplica no sentido restrito, os fitômeros, no entanto, não são unidades de desenvolvimento totalmente independentes, mas sim submetem-se a um controle na conexão do organismo vegetal como um todo. Esse processo de **controle sistêmico do desenvolvimento** é denominado **correlação** (ver 6.5). Assim, a gema localizada no ápice do caule inibe o crescimento das gemas axilares (dominância apical, ver 6.5 e 6.6.1.4). O controle sistêmico é também constatado na indução na formação de flores, no desenvolvimento de frutos e na formação de órgãos perenes.

6.1.1 Crescimento

Em uma célula individual o **crescimento** já é um fenômeno complicado; em organismos vivos multicelulares, o crescimento deve, além disso, ajustar espacialmente e temporalmente cada célula individual às vizinhas e a todas as demais células do organismo, o que torna o processo ainda mais complicado.

O **crescimento celular** abrange, por um lado, multiplicação quantitativa dos componentes celulares (**crescimento plasmático**), que pode realizar-se sem aumento celular considerável (por exemplo, no crescimento de células meristemáticas entre as divisões celulares, Figura 3-5). Por outro lado, ele compreende o **crescimento em alongamento** (considerado um processo de diferenciação e frequentemente acompanhado de considerável aumento do volume celular), no qual uma célula se estende mais ou menos igualmente em todas as direções (**crescimento isodiamétrico**; por exemplo, em muitas células parenquimáticas, Figura 3-7A) ou se expande em determinadas direções preferenciais (**crescimento prosenquimático**). Em células condutoras do floema ou em fibras de coleóptilos isso pode levar à formação de células bastante alongadas (Figura 3-20). No alongamento celular, o aumento de volume é realizado principalmente por absorção de água. Por isso, o crescimento em alongamento é sempre vinculado a um aumento dos vacúolos e à formação de um vacúolo central; a quantidade total de proteínas não deve aumentar durante o alongamento celular. Com frequência, o material de parede celular tem um aumento apenas moderado durante o alongamento celular: no pedúnculo da cápsula de *Lophocolea* (hepática foliosa), por exemplo, foi verificado um aumento de 1,8 para um alongamento celular de 48 vezes, em 3-4 dias.

O crescimento em alongamento pode abranger toda a superfície celular de modo mais ou menos uniforme ou ficar restrito a determinados segmentos da parede celular. As células apicais de algumas algas, de hifas, de tricomas de raízes, do tubo polínico e de algumas células prosenquimáticas longas reunidas em tecido, por exemplo, podem exibir **crescimento apical** pronunciado. Crescimento fortemente desigual em vários locais da superfície celular é a base para a formação de formas celulares complicadas (por exemplo, em células do parênquima esponjoso, células parenquimáticas braciformes, alguns idioblastos e tricomas na alga unicelular *Micrasterias*, Figura 3-7B, C).

O crescimento de organismos multicelulares compreende geralmente, além do crescimento celular, também a multiplicação celular (**crescimento por divisão**). Em alguns órgãos (raízes, por exemplo), a zona dos crescimentos plasmático e por divisão (= zona meristemática, embrionária) é nitidamente distinguível daquela do crescimento em alongamento, enquanto nos ápices caulinares ambas se confundem. A conclusão do alongamento celular com frequência é seguida de outros processos de diferenciação.

Muitas vezes, o crescimento de partes vegetais se deve exclusivamente ao alongamento celular, sem que as divisões celulares participem. Isso vale, por exemplo, para:

- o crescimento de coleóptilos de gramíneas;
- a emergência de gemas e a antese de flores de muitas árvores em poucos dias na primavera;
- a primeira fase do crescimento de radículas;
- o alongamento rápido de alguns caules (por exemplo, bambus);
- o alongamento de filetes (por exemplo, em gramíneas);
- o alongamento do pedúnculo da cápsula (seta) em esporogôneos de musgos;
- os pedúnculos de corpos frutíferos de basidiomicetos.

A velocidade do alongamento dos órgãos é em parte considerável (Tabela 6-1). Nas raízes subterrâneas, a zona do crescimento em alongamento situa-se diretamente atrás do ápice e tem apenas poucos milímetros de comprimento (Figura 6-3).

Tabela 6-1 Duração e velocidade do crescimento em alongamento de alguns órgãos vegetais

Órgão	Duração do alongamento	Velocidade do alongamento
Radícula do feijão-de-porco	3 dias	0,012 mm min^{-1} = 1,7 cm d^{-1}
Coleóptilo da aveia	2 dias	0,025 mm min^{-1} = 3,6 cm d^{-1}
Caule aéreo do bambu	Vários dias	0,4 mm min^{-1} = 58 cm d^{-1}
Filete do centeio	10 minutos	2,5 mm min^{-1}
Corpo frutífero do cogumelo-de-véu (*Dictyophora*)	15 minutos	5 mm min^{-1}

(Segundo A. Frey-Wyssling.)

No milho, o meristema apical forma por dia cerca de 10.000 células da coifa; assim, diariamente a coifa é completamente renovada, bem como aproximadamente 170.000 células para o crescimento longitudinal da raiz. Na região de formação dos tricomas da raiz, as células geralmente já alcançaram seu tamanho máximo e começam a diferenciação definitiva. Nas raízes aéreas, a zona de crescimento em alongamento é mais extensa e no caule é ainda consideravelmente mais longa, como em *Asparagus officinalis*, onde alcança mais de 50 cm. Nos caules com nós e entrenós, a base do entrenó mantém a capacidade de crescimento por mais tempo. Em gramíneas, esse **crescimento intercalar** é mantido por longo tempo; os segmentos de entrenó acima dos nós exibem crescimento plasmático e por divisão, além do crescimento em alongamento. Essas zonas intercalares basais de crescimento são observadas também em folhas (especialmente nítidas em coníferas e monocotiledôneas, bem como em dicotiledôneas). Desse modo, o pecíolo, por exemplo, é sempre intercalado entre a "folha superior" (oberblatt) e a "folha inferior" (unterblatt).

Se acompanharmos a velocidade de crescimento local ao longo de uma zona de crescimento, como na zona de alongamento da raiz (Figura 6-3A), verificamos elevação gradual da velocidade de crescimento até um máximo, seguida de redução até a cessação ("período grande do crescimento"). Naturalmente, o aumento e a redução da velocidade de crescimento são constatados também em todas células individuais que "percorre" a zona de alongamento. O fornecimento de células a partir do meristema e seu ingresso no crescimento em alongamento estão vinculados tão harmonicamente com a redução da intensidade do crescimento nas partes mais velhas do órgão que a raiz, no todo, mantém um crescimento constante. Em caules observam-se muitas vezes, com periodicidade diária, o aumento e a diminuição da velocidade do crescimento – no escuro ela é um pouco maior do que durante o dia. Esse processo é governado pela luz (ver 6.7.2). Um crescimento periódico pode também ocorrer (por exemplo, em Poaceae), quando um entrenó jovem só inicia seu crescimento em alongamento após a conclusão do crescimento do entrenó próximo mais antigo. Na cevada, foi medida elevação periódica

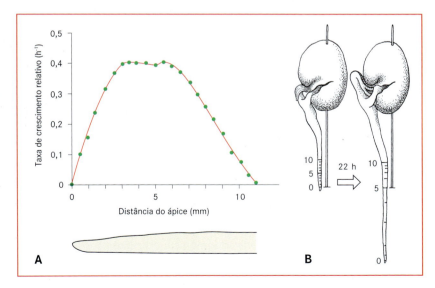

Figura 6-3 Crescimento da raiz. **A** Distribuição das velocidades de crescimento ao longo da raiz primária da plântula de milho. Foi examinado o aumento longitudinal por hora (0,1 = 10%) a partir de medições temporárias em locais diferentes da raiz. **B** Distribuição do aumento no ápice da raiz de *Vicia faba*. Os traços indicam a posição das marcas de tinta, cujos intervalos no começo do experimento eram de 1 mm (à esquerda); à direita é mostrada a situação após 22 horas. Devido ao crescimento desigual das distintas zonas, as marcas de tinta estão separadas umas das outras com intervalos diferentes. (A segundo W.K. Silk, B segundo J. Sachs.)

da concentração do fitormônio giberelina A_1, promotor do alongamento dos entrenós (ver 6.6.3), antes de cada aumento da velocidade do crescimento de um entrenó (sobre os mecanismos do crescimento plasmático, ver 6.3.1; do crescimento por divisão, ver 6.3.2; do alongamento celular, ver 6.3.3 e 6.6.1.4).

A diferenciação e o controle do desenvolvimento correlato serão abordados mais tarde (ver 6.3-6.5). Inicialmente, serão tratadas as bases genéticas do desenvolvimento.

6.2 Bases genéticas do desenvolvimento

A totipotência das células vegetais prova que, independente do seu estado de diferenciação (em angiospermas, são distinguíveis cerca de 70 tipos de células), todas as células de um organismo dispõem da mesma informação genética e esta, em princípio, permanece disponível. Uma vez que durante o desenvolvimento não aparecem novas características hereditárias nem as características hereditárias existentes são alteradas, como base do evento da diferenciação durante o desenvolvimento deve ser considerada uma **atividade gênica diferencial**, tanto espacial quanto temporalmente. Ela está na origem também do desenvolvimento de células individuais. A atividade gênica diferencial manifesta-se em diferentes composições das frações de RNAm ou do modelo proteico das distintas células diferenciadas. Ela pode ser examinada de maneira especialmente precisa por meio de análises das atividades de promotores (promotor, ver 6.2.2.1) de genes em plantas transgênicas (Quadro 6-3 e 6-4), talvez até *in vivo* (portanto, na planta viva).

Uma planta superior possui mais de 25.000 genes (mais informações sobre o assunto, em 6.2.1; sobre a nomenclatura de genes e produtos gênicos, ver Quadro 6-2). Muitos desses genes (o número exato não é conhecido) têm expressão **constitutiva** (= permanente); os produtos gênicos exercem funções básicas, necessárias para todas as células (do inglês *housekeeping genes*; a esse grupo pertencem os genes para proteínas do citoesqueleto, como actina ou tubulina, mas também genes para muitas enzimas do metabolismo primário). A esse respeito, dependendo da situação fisiológica ou no âmbito de um processo de desenvolvimento, são ativados os respectivos genes característicos, enquanto outros são reprimidos (atividades suprimidas). Estima-se que mais da metade de todos os genes tem atividade **regulável** e que cada tipo de célula é distinguida por centenas de genes com expressão diferencial (específicos de células). O modelo de atividade do conjunto de genes modifica-se de maneira dinâmica e complexa durante o processo de desenvolvimento.

6.2.1 Sistemas genéticos da célula vegetal

A quantidade total de DNA de uma célula (ela abrange todos os genes, inclusive todas as regiões intergênicas) é denominada **genoma**. Os procariotos possuem uma única molécula de DNA, em geral circular, que ocorre como **nucleotídeo** junto à membrana celular e representa o genoma total ou grande parte dele. Além disso, encontram-se com frequência moléculas de DNA circulares adicionais, os **plasmídeos**. Os plasmídeos codificam funções especiais. Assim, os plasmídeos portam genes que medeiam a resistência a antibióticos ou a degradação de substâncias químicas tóxicas ou os que exercem um papel na reprodução sexuada. Como **subgenoma**, todos os eucariotos possuem o **genoma nuclear** (**nucleoma**) e o **genoma mitocondrial** (**condroma**, também denominado **condrioma**). As plantas dotadas de plastídios (algas e embriófitas) possuem adicionalmente, como terceiro subgenoma, um **genoma plastidial** (**plastoma**), inexistente, portanto, em fungos e animais. Por motivo de espaço, a seguir serão tratados apenas os eucariotos (para procariotos, consultar livros de microbiologia).

O conceito de genoma não é adotado de maneira uniforme na literatura científica e, às vezes, é empregado como sinônimo de genoma nuclear. Nesse caso, plastoma e condroma, reunidos em plasmona, são opostos a genoma.

Genomas nuclear, plastidial e mitocondrial (ver 6.2.1.1-6.2.1.3) são identificados pelas diferentes estruturas e conjuntos de genes característicos. Em uma célula, os genomas interagem de múltiplas maneiras, ainda pouco conhecidas em detalhes.

6.2.1.1 Genoma nuclear

O DNA existente no núcleo consiste em várias moléculas lineares diferentes de DNA fita dupla, exatamente uma em cada cromossomo (ver 2.2.3.2) em estado não replicado (duas moléculas idênticas após a replicação, uma para cada cromátide-filha, Figura 1-9). No conjunto cromossômico haploide (1 n), cada cromossomo está presente uma vez; no conjunto diploide (2 n), duas vezes (3n, triploide, três vezes, e assim por diante). As moléculas de DNA dos cromossomos homólogos das células diploides (triploides, etc.) são praticamente idênticas (**homozigose**) somente em organismos com autofertilização (ou em organismos propagados por estaquia); em cruzamento, os indivíduos são iguais quanto à estrutura básica e o conjunto de genes, mas exibem muitas divergências na sequência de bases (**heterozigose**).

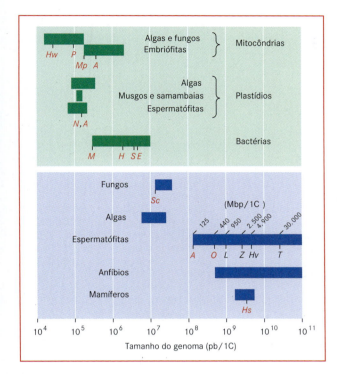

Figura 6-4 Tamanhos dos genomas de condromas, plastomas e nucleomas de diferentes organismos. As informações em pares de bases (pb) referem-se sempre ao genoma haploide não replicado (1 C, 1 n). O valor C indica normalmente a quantidade de DNA em picograma (pg), mas pode ser expressa também em pb (1 pg de DNA = $0,96 \cdot 10^9$ pb). Os genomas assinalados com letras vermelhas encontram-se completamente sequenciados (Tabela 6-2). As abreviações significam: *A Arabidopsis thaliana*, *E Escherichia coli*, *H Haemophilus influenzae*, *Hs Homo sapiens*, *Hv Hordeum vulgare*, *Hw Hansenula wingei*, *L. Lycopersicon esculentum*, *M Mycoplasma*, *Mp Marchantia polymorpha*, *N. Nicotiana tabacum*, *O Oryza sativa*, *P Podospora anserina*, *S Synechocystis*, *Sc Saccharomyces cerevisiae*, *T Tulipa*, *Z Zea mays*. Barras vermelhas: Genomas de organelas e procariotos, barras azuis: nucleomas (1 pMb = 10^6 pb). (Segundo E. Weiler.)

Tabela 6-2 Tamanhos de alguns genomas completamente sequenciados

Espécies	bp/1C	Número de genes
Condromas:		
Prototheca wickerhamii	55.328	63
Saccharomyces cerevisiae	85.779	35
Podospora anserina	94.192	43
Marchantia polymorpha	186.608	66
Arabidopsis thaliana	366.924	58
Plastomas:		
Nicotiana tabacum	155.939	127
Arabidopsis thaliana	154.478	128
Genomas de bactérias:		
Mycoplasma pneumoniae	816.394	677
Haemophilus influenzae	1.830.138	1.709
SynechocystisPCC 6803	3.573.470	3.169
Escherichia coli K12	4.639.221	4.397
Nucleomas:		
Saccharomyces cerevisiae	ca. 13.469.000	6.327
Arabidopsis thaliana	ca. 125.000.000	25.498

Todas as informações referem-se ao genoma haploide, não replicado (1 C, comparar com Figura 6-4). O número de pares de bases (pb) para genomas nucleares (nucleomas) de eucariotos não pode ser indicado exatamente por causa das sequências repetitivas e das estruturas dos telômeros (ver 6.2.1.1). O número informado dos genes dos condromas e plastomas refere-se apenas aos genes identificados, codificantes de proteínas, bem como genes do RNAr e RNAt; com base meramente em critérios estruturais gerais, ele não compreende quaisquer genes potenciais ou regiões de íntrons codificantes de proteínas previstos. Para os genomas de bactérias e nucleomas, no entanto, foram adicionados todos os genes conhecidos e potenciais. O número dos genes nesses casos é, portanto, entendido como uma informação aproximada, mas concreta para fins comparativos. (Plastomas e condromas, segundo U. Kück.)

A quantidade de DNA total (Figura 6-4) nos genomas nucleares de espermatófitas de espécies distintas pode diferir em um fator acima de 200; ela vai de aproximadamente 125 pares de megabases (125 pMb, 1 pMb = 1.000.000 pares de bases) em *Arabidopsis* até mais de 30.000 pMb em algumas Liliaceae. As informações referem-se por definição sempre ao conjunto cromossômico haploide em estado não replicado (conteúdo de 1C-DNA). Os genomas nucleares das algas e dos fungos são nitidamente menores; os tamanhos dos menores sobrepõem-se aos dos genomas maiores dos procariotos. Vários genomas de procariotos e alguns de eucariotos, entre os quais o genoma nuclear *Arabidopsis thaliana* (Brassicaceae, Quadro 6-1), que, entre as espermatófitas, possui o menor genoma até agora conhecido, já foram completamente sequenciados (Tabela 6-2) e, por isso, são muito bem conhecidos em sua estrutura e conjunto de genes.

Muitas são as causas dessas grandes diferenças nos tamanhos dos genomas:

- Apenas em parte, eles se encontram no número ou no tamanho dos genes. Mesmo os genomas nucleares maiores podem apresentar apenas duas ou até três vezes mais genes do que os menores, condicionadas pelas maiores famílias de genes, não tanto por um número maior das diferentes funções de codificação. O tamanho gênico médio em genomas grandes também não ultrapassa substancialmente o dos genomas menores.
- O tamanho do genoma podem aumentar por autopoliploidia ou alopoliploidia (ver 9.3.3.4). Assim, o tabaco (*Nicotiana tabacum*) é alotetraploide e o trigo (*Triticum aestivum*), alo-hexaploide.

Quadro 6-1

Arabidopsis thaliana

Como planta-modelo de biologia molecular e de biologia do desenvolvimento, há mais ou menos 10 anos, *Arabidopsis thaliana* (L.) Heynh. (Brassicaceae, Capparales) passou a ter um significado especial entre as angiospermas (Figura A, 6-66).

Figura A Flor de *Arabidopsis thaliana*. (Original de A. Müller, gentilmente cedido.)

Distribuição

O mapa da Figura B permite reconhecer uma distribuição principal euro-asiática/norte-africana, com ocorrência disjunta na Patagônia, noroeste e nordeste da América do Norte, Japão, bem como em regiões costeiras do sudeste da África e do sudeste da Austrália, que indicam propagação antrópica por conta da colonização. O maior acervo mundial de coleções de diferentes procedências geográficas pertence ao Centro de Recursos Biológicos de *Arabidopsis* (*Arabidopsis* Biological Resource Center), Universidade Estadual de Michigan, Ohio, EUA. Nesse centro encontram-se também coleções de mutantes, bem como volumosos bancos de genes e de dados (acessíveis no endereço http://arabidopsis.org, a página de entrada de TAIR, The *Arabidopsis* Information Resource, a partir da qual todos os bancos de dados sobre *Arabidopsis* podem ser selecionados).

Ciclo de vida e cultura

Arabidopsis thaliana é uma espécie herbácea anual. Ela forma inicialmente uma roseta plana de folhas que, após mais ou menos 6-8 semanas, cresce verticalmente e a partir daí começa a florescer. Com duração correspondente ao fotoperíodo (normalmente, são ≥ 16 h de exposição à luz), o período de florescimento dessa espécie de dias longos facultativa (ver 6.7.2.2, Tabela 6-6) pode ser ainda mais antecipado. A autopolinização é a regra; as numerosas sementes formadas germinam na presença da luz. Elas mostram inicialmente dormência moderada que pode ser quebrada por estratificação (normalmente, 5 dias

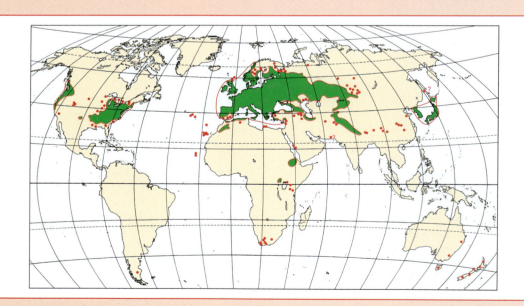

Figura B Distribuição geográfica de *Arabidopsis thaliana*. A área de distribuição principal está representada em verde. Os pontos vermelhos representam locais isolados onde a espécie foi encontrada. (Segundo o mapa original de M.H. Hoffmann e E.J. Jäger, gentilmente cedido.)

a 4-6°C). O ciclo de vida total de *Arabidopsis thaliana* no ambiente natural é de aproximadamente 10-12 semanas; experimentalmente, pode ser reduzido em cerca de 6 semanas, redução especialmente vantajosa para estudos genéticos. Em câmara climatizada, a situação ótima de cultivo de *A. thaliana* é: temperatura noturna de 16-18°C, temperatura diurna de 22-24°C, umidade relativa do ar de 5-70% e intensidade de iluminação (PAR, Quadro 5-2) de 100-200 µE m^{-2} s^{-1}; como fontes de luz, são suficientes tubos de néon neutro-brancos.

Organização do genoma e mutagênese

Arabidopsis thaliana exibe plastoma (154.478 pb) e condroma (366.924 pb) considerados típicos para angiospermas. Por outro lado, possui genoma nuclear extraordinariamente pequeno, distribuído em cinco cromossomos (1 n, conjunto haploide) e reconhecido como o menor entre as plantas superiores estudadas até o momento. As sequências de nucleotídeos dos três sistemas genéticos são totalmente conhecidas; a sequência de nucleotídeos (publicada no final de 2000) foi a primeira de uma planta superior a ser completamente determinada. Em conjunto cromossômico haploide, não replicado, ela compreende 125 pMb e contém cerca de 25.500 genes. Uma vez que, apenas com base em critérios gerais da organização dos genes (ver 6.2.2.2, Figura 6-8), aproximadamente a metade de todos os genes pôde ser prevista, mas até o presente não agregada funcionalmente, é possível apenas uma informação aproximada. Isso vale igualmente para o conteúdo de bases do nucleoma, pois regiões com sequências altamente repetitivas (como, por exemplo, a região telomérica, ver 6.2.1.1) não podem ser sequenciadas com exatidão. A sequência averiguada com precisão (115.409.949 pb) abrange todas as regiões codificantes de genes até uma região nos cromossomos 2 e 4, que contém genes altamente repetitivos codificantes de RNAr, bem como as regiões teloméricas e centroméricas de todos os cromossomos, igualmente altamente repetitivas (Figura C).

O tamanho pequeno do nucleoma tem como consequência uma grande "densidade de genes" sobre os cromossomos (Figura C). Cerca de 80% do DNA nuclear de *A. thaliana* consistem em sequências singulares, que representam predominantemente sequências de genes; apenas 20% representam sequências moderada até altamente repetitivas (ver 2.2.3.2; por exemplo, sequências teloméricas e centroméricas, bem como as regiões DNAr dos cromossomos 2 e 4). O tamanho médio do gene (incluindo os promotores, Figura 6-8) é de aproximadamente 4

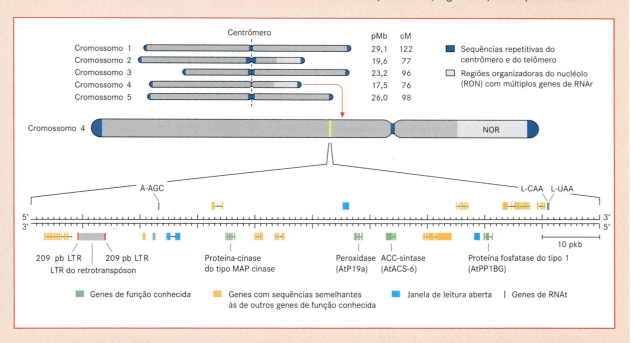

Figura C Genoma nuclear de *Arabidopsis thaliana*. Cariótipo dos cinco cromossomos do conjunto cromossômico haploide (acima). O "tamanho" dos cromossomos individuais está informado em pMb da respectiva molécula de DNA (1 C, estado não duplicado). As unidades genéticas (cM = centiMorgan) indicam a frequência máxima de recombinações de *loci* gênicos em porcentagem, obtida por adição de frequências de recombinações entre *loci* gênicos vizinhos ao longo do cromossomo. Fragmento do cromossomo 4 de *A. thaliana* (abaixo). O fragmento apresentado abrange 100 pkb e corresponde à região do cromossomo 4 desenhada em amarelo. Nas duas fitas da molécula de DNA são codificados genes; os éxons estão coloridos e os íntrons estão representados por traços transversais pretos. Como na Figura 6-5, os genes de RNAt estão legendados com o código de uma letra do aminoácido transportado pelo respectivo RNAt, bem como com a sequência de bases 5'→3' do seu anticódon. No fragmento de DNA escolhido encontra-se um retrotranspóson. Os transpósons são elementos genéticos móveis. O retrotranspóson muda de lugar no genoma com participação de um estágio intermediário de RNA, que serve a uma transcriptase reversa como molde para a síntese da forma de DNA do retrotranspóson, por fim integrado ao DNA cromossômico. Longas repetições de sequências nas extremidades do retrotranspóson (LTR, *long terminal repeat*) participam da integração. No retrotranspóson (com também nos retrovírus semelhantes) há inversão do fluxo da informação genética (RNA→DNA) (do latim, *retro* = para trás). (Segundo K. Lemcke e H.W. Mewes, gentilmente cedido.)

Figura D Mutagênese química com etilmetanossulfonato (EMS). Pontos vermelhos: pontos de ataque de mutagênico alquilante às bases de DNA; no caso de EMS, ocorrem etilações. Organização do DNA: Figura 1-4.

pkb. Se a sequência do DNA do genoma nuclear fosse impressa neste livro com letras de tamanho normal, seriam necessárias 2.000 páginas.

A alta densidade de genes permite mutagênese efetiva. Com frequência, são empregadas inserções de DNA-T para deleção de genes (Quadro 8-2). A integração do DNA-T a um gene muitas vezes interrompe seu módulo de leitura. Em geral, isso provoca a formação de RNAm encurtados (aparecimento de códons de parada), não traduzidos ou que produzem proteínas sem função. Além disso, uma mutagênese com etilmetanossulfonato (EMS) (Figura D) seria usual e especialmente vantajosa, quando, em homozigose, a perda completa de função do gene mutante (geralmente observada devido a uma inserção de T-DNA) produzisse um fenótipo letal. Por mutações pontuais, como acontecem por mutagênese química mediante agente de alquilação, a função gênica não é totalmente deletada, de modo que podem ser examinados genes cuja perda total teria consequências letais.

A mutagênese química é realizada na maioria das vezes em sementeira, a mutagênese por inserção de DNA-T pela submersão (frequentemente junto com infiltração a vácuo) de inflorescências em uma cultura de *Agrobacterium tumefaciens*, as quais contêm plasmídeos Ti apropriados (Quadro 6-3, 6-4 e 8-2). A transformação de células vegetais (entre outras, na região meristemática) efetua-se pelo processo natural de penetração de DNA-T no nucleoma vegetal por meio de bactérias (Quadro 8-2); na verdade, com o emprego de plasmídeos Ti, aos quais falta o gene *onc* (Quadro 6-3), fica garantida a não formação de tumores. Uma vez que o meristema (com 12 células) do caule de *Arabidopsis thaliana*, contém só duas células formadoras de inflorescência, a mutação em um gene de uma dessas duas células mesmo no caso de recessividade da característica mutada – leva a uma segregação de 7:1 (tipo selvagem fenotípico: mutado homozigoto) na geração segregada (M_2), ou seja, a uma porcentagem de mutantes bastante praticável (Figura E). Isso possibilita a produção de grandes coleções de mutantes, que abrangem mais da metade de todos os genes.

Outras informações sobre *Arabidopsis thaliana* neste livro

Em várias locais encontram-se informações que se referem a pesquisas com *Arabidopsis thaliana* ou que mesmo mostram a planta:

- Hábito (Figura 6-66, em comparação com mutante deficiente em brassinolídeo; Figura 10-292A, B, hábito, diagrama floral)
- Comparação de tamanhos de genomas (Figura 6-4)
- Controle do ciclo celular (Figura 6-19)
- Organização da raiz (Figuras 6-26 e 8-2C)
- Delimitação celular na raiz (Figura 6-26)
- Embriogênese (Figuras 3-1 e 6-27)
- Formação de modelo (Figura 6-28)
- Estabelecimento da identidade de órgãos no meristema floral e diagrama floral (Figura 6-29)

- Durante a evolução, as duplicações no interior de um genoma também levaram ao aumento do quantidade de DNA (e do número de genes), processo estudado com exatidão em *A. thaliana* (Quadro 6-1). Nessa espécie, os segmentos duplicados, que muitas vezes representam grandes trechos cromossômicos de vários pares de megabases, constituem quase 60% do genoma nuclear. Isso explica o número mais alto de genes dessa espécie (25.498 genes, Tabela 6-2), em confronto com animais de complexidade comparável, que não exibem tais duplicações no genoma (a mosca-das-frutas, *Drosophila melanogaster*, possui 13.601 genes; o verme *Caenorhabditis elegans* tem 19.099 genes).
- O motivo principal dos tamanhos diferentes dos genomas nucleares reside, no entanto, na porção do DNA (em parte altamente repetitivo e em grande parte não codificante) que, em genomas muito grandes, pode representar mais de 90%. Portanto, nos genomas nucleares pequenos, os genes dis-

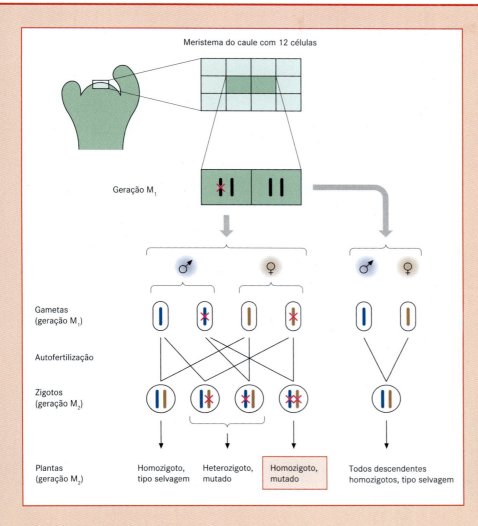

Figura E Segregação de mutações no meristema do caule de *Arabidopsis thaliana*. As duas células do meristema (de 12 células), identificadas por verde escuro, mais tarde formarão a inflorescência. Cruzes vermelhas: alelos mutados.

- Rota de sinalização do etileno (Figura 6-64), mutantes por adição de etileno (Figura 6-63)
- Mutante deficiente de brassinolídeo *cbb3* (Figura 6-66)
- Ritmo circadiano endógeno (Figura 6-80)
- Família dos fitocromos (Figura 6-85) e espectros de ação dos fitocromos (Figura 6-86A, B)
- Controle da atividade gênica por fitocromo (Figura 6-87)

Referências

Meyerowitz EM, Somerville CR, eds (1994) Arabidopsis. Cold Spring Harbor Laboratory Press, New York

The Arabidopsis Genome Initiative (2000) Analysis of the genome sequence of the flowering plant Arabidopsis thaliana. Nature 408, 796-815

http://www.aspb.org/publications/arabidopsis/

põem-se mais próximos do que nos grandes. Contudo, na molécula de DNA de um cromossomo eles não estão uniformemente distribuídos, mas sim se acumulam em determinadas regiões, entre as quais situam-se regiões mais ou menos extensas de DNA não codificante.

As sequências repetitivas ocorrem como blocos das múltiplas repetições em tandem dos curtos segmentos monoméricos de sequência ou em cópias individuais a poucas, mas distribuídas em vários locais distintos do cromossomo (sequências repetitivas dispersas). Repetições de sequências em tandem e não codificantes são encontradas na **região do centrômero** e na zona do **telômero** (ver 2.2.3.2). Os telômeros formam as extremidades dos cromossomos. A extremidade 3' da molécula de DNA dupla-fita é um pouco mais longa do que a extremidade 5' (extremidade coesiva 3') e, por corte da dupla-hélice do telômero, hibridiza com uma sequência coesiva complementar da fita oposta. Com isso, na extremidade do

Quadro 6-2

Convenções para denominação de genes, proteínas e fenótipos

Já é consagrada uma ortografia econômica para a designação de genes e proteínas. Nesse sentido, ao longo do tempo foram adotadas convenções diferentes para organismos distintos. A não ser que se trate de designações estabelecidas historicamente, para todos os **organismos eucarióticos** é empregada neste livro uma terminologia uniforme, conforme a estabelecida para *Arabidopsis thaliana* (Quadro 6-1).

Genes não mutados (também denominados genes do tipo selvagem) são designados com três letras maiúsculas em itálico, genes mutados com três letras minúsculas em itálico. As proteínas codificadas pelos genes são designadas com três letras maiúsculas eretas (sem itálico) (para proteínas de genes mutados, não se emprega qualquer convenção). Quando se tratar de um holoproteína, apenas para a apoproteína empregam-se letras maiúsculas; a holoproteína é designada com três letras minúsculas eretas. Quando houver uma família de genes, os seus membros são distinguidos por números arábicos (1, 2, 3...) ou letras maiúsculas eretas (A, B, C). Utilizando fitocromo como exemplo (ver 6.7.2.4):

*PHY*A designa o gene para fitocromo A,
*phy*A designa um gene mutado para fitocromo A,
PHYA designa a apoproteína para fitocromo A,
phyA designa a holoproteína para fitocromo A
 (= apoproteína + grupo ligado, neste caso o grupo do fitocromo absorvente de luz, fitocromobilina).

Muitas vezes, os genes são denominados de acordo com os fenótipos de mutantes que deram motivo à sua descoberta. A designação do fenótipo de um mutante é escrita com letras minúsculas em itálico. Exemplo: o gene encontrado no mutante *non phototropic hypocotyl* (mutado) é denominado *nph* 1; o gene não mutado é *NPH* 1. Ele codifica a apoproteína NPH 1 do fotorreceptor nph 1, para o qual mais tarde foi proposto o nome fototropina (ver 7.3.1.1).

Nos **procariotos**, para a designação de genes do tipo selvagem é empregado também um código de três letras com letras minúsculas em itálico; neste caso, genes de um óperon frequentemente munido do mesmo código e letras maiúsculas atreladas para distinção dos diferentes genes (por exemplo, genes *lac*, são os genes do óperon da lactose de *Escherichia coli*; *lacZ* codifica a enzima β-galactosidase, *lacI* codifica uma proteína repressora para *lacZ*; óperon *lac*, comparar também Quadro 6-3, Figura C e livros de microbiologia ou genética molecular). Os genes do tipo selvagem são munidos de um sinal de mais sobrescrito (por exemplo, *lac*$^+$); para a designação de um gene mutado, no entanto, não é empregado sinal de menos. A designação das proteínas em procariotos também segue, via de regra, outra convenção: código de três letras, mas apenas a primeira maiúscula (exemplo: VirA é a proteína codificada por *virA*). Os fenótipos também são munidos de um código de três letras, mas com letra maiúscula no início e sem itálico (por exemplo, His$^+$ para uma cepa com capacidade de biossíntese de histidina). Os fenótipos mutantes podem ser munidos de sinal de menos sobrescrito (por exemplo, His$^-$ para mutante que não pode mais formar histidina).

A designação dos genes mutados ou não mutados do **plastoma** e **condroma** segue à convenção para procariotos.

---

cromossomo forma-se uma estrutura em "laço", à qual provavelmente se ligam proteínas específicas que a estabilizam. Isso permite à célula distinguir "verdadeiras" extremidades cromossômicas das não naturais, originadas em conseqüência da clivagem da dupla-fita do DNA, e impede a fusão de cromossomos durante o reparo do DNA. Além disso, os telômeros têm um significado para a replicação correta das extremidades cromossômicas. No núcleo em interfase, proteínas específicas ancoram os telômeros na membrana nuclear. Durante a divisão celular, nos centrômeros desenvolvem-se os cinetócoros, aos quais se juntam os microtúbulos do fuso acromático (Quadro 2-2). Nos cromossomos de algumas poucas espécies (por exemplo, *Luzula*, ver 10.2), não se localizam quaisquer centrômeros, de modo que os microtúbulos podem se ligar a muitos locais dos cromossomos: neste caso, diz-se que os centrômeros são "difusos". As repetições de sequências dispostas em tandem caracterizam os **DNA satélites**, não codificantes e de função desconhecida. O DNA satélite é assim chamado porque se acumula em forma de bandas acessórias (satélites) nas proximidades da banda principal de DNA; isto se verifica na centrifugação de fragmentos de DNA de densidades diferentes, com base na sua composição pares de bases e na sua densidade de equilíbrio a ela vinculada. Os DNA satélites não devem ser confundidos com os satélites morfologicamente definidos, localizados na vizinhança das **regiões organizadoras do nucléolo** (ver 2.2.3.3, Figura 2-25). Fragmentos de DNA de densidades diferentes são separados por centrifugação. Os genes dos RNA ribossômicos (RNAr), situados nessas regiões organizadoras do nucléolo, ocorrem também em grande número (até mais de 20.000 cópias por genoma), como repetições de sequências em tandem dos genes praticamente idênticos e das regiões intergênicas igualmente idênticas; no entanto, eles são restritos a um ou poucos cromossomos (Quadro 6-1).

Entre os fragmentos de DNA repetitivos dispersivos, espalhados no genoma nuclear, especialmente os transpósons e os retrotranspósons são essenciais. Os dois são **elementos genéticos móveis**, que mudam de lugar no genoma com frequência relativamente alta ou, sob replicação,

Quadro 6-3

Produção de plantas transgênicas

A metade da década de 1970, com a descoberta das **endonucleases de restrição** (enzimas de procariotos que hidrolisam as moléculas de DNA fita dupla em sequências definidas específicas, Figura A, B), trouxe para as ciências biológicas a era da **biotecnologia**. Sob esse conceito, encontra-se um espectro de métodos para obter uma nova combinação de informação hereditária. Se um **DNA recombinante** for inserido em uma célula viva e se tornar integrado ao genoma de maneira estável (em geral ao genoma nuclear, mas em eucariotos vegetais talvez também ao plastoma), resulta uma célula (ou um organismo, no caso de seres unicelulares) modificada por biotecnologia. Em organismos multicelulares, a partir da célula original modificada, inicialmente deve ser regenerado um organismo cujas células portem a modificação por essa técnica. Independente se for um

Figura A Hidrólise enzimática de DNA. As endonucleases de restrição do tipo II reconhecem segmentos de sequências curtos em moléculas de DNA fita dupla e hidrolisam ("cortam") as duas moléculas de DNA em locais bem definidos, na maioria das vezes dentro de uma sequência de reconhecimento. A endonuclease de restrição EcoRI (Eco deriva de *Escherichia coli*) reconhece a sequência GATTC (em vermelho) palindrômica (ou seja, em ambas as fitas de DNA, é lida na direção 5'→3' de maneira idêntica) e hidrolisa especificamente em ambas as fitas, entre guanosina e adenosina (setas), a ligação entre o grupo 3'-OH da ribose e o grupo fosfato. Por meio da clivagem assimétrica do DNA, a enzima EcoRI produz duas extremidades de fragmentos complementares de um fita, caracterizadas por uma cauda (cada uma compreendendo quatro nucleotídeos) em cada uma das extremidades 5' formadas (extremidades coesivas). Tais extremidades coesivas podem ser empregadas, por exemplo, para hibridização com outras moléculas de DNA, igualmente "cortadas" pela EcoRI (Figura B).

---

integram locais adicionais no genoma. Os transpósons são caracterizados por curtas repetições de sequências inversas em seus limites, necessárias para a transpósons. Os transpósons autônomos (por exemplo, o transpóson Ac do milho) portam adicionalmente pelo menos um gene, necessário para a transposição e codifica uma **transposase**; outros transpósons (por exemplo, elementos Ds do milho) precisam de um transpóson autônomo para transposição, pois não possuem mais qualquer zona de codificação interna completa. Os elementos Ac/Ds do milho foram os primeiros elementos genéticos móveis descobertos por B. McClintock entre 1940-1955. Diferentemente dos transpósons, os retrotranspósons utilizam RNA intermediário transcrito em uma cópia de DNA (DNAc, do inglês *copy-DNA*) por meio de uma **transcriptase reversa** codificada pelo próprio transpóson. Esse DNAc pode ser integrado a outro local do genoma. Para essa finalidade, prestam-se repetições de sequências diretas longas (LTR, em inglês *long terminal repeats*) localizadas nas extremidades do retrotranspóson (ou do DNAc). O mecanismo de transposição mostra grande semelhança com o de retrovírus. Os retrotranspósons podem abranger uma porção considerável do genoma nuclear, chegando a quase 50% no milho.

Figura B Princípio da clonagem de um DNA desejado, pelo emprego de um plasmídeo como vetor. A fita dupla circular de DNA do plasmídeo é hidrolisada com a mesma endonuclease de restrição, empregada também para obtenção do fragmento de DNA ("fragmento de restrição") para clonagem. No exemplo escolhido, originam-se caudas curtas (extremidades coesivas) de nucleotídeos fosforiladas nas extremidades 5' formadas (Figura A). Enquanto o plasmídeo aberto (linearizado) é desfosforilado, grupos fosfato 5' ficam no fragmento de restrição. Quando vetor linearizado e fragmento de restrição são misturados, ocorre também (além de "pareamentos próprios" dentro do DNA do plasmídeo e do DNA do fragmento de restrição) um pareamento de bases (do inglês *annealing*) entre o plasmídeo e o fragmento de restrição, conforme mostrado abaixo. Por meio da enzima DNA-ligase, com saída de água, os grupos fosfato são ligados aos grupos 3'-OH vizinhos, com formação de ligações fosfodiéster (Figura 1-4). Onde dois grupos OH se opõem não ocorre ligação. Contudo, o plasmídeo formado, recombinante, é suficientemente estável para sustentar a inserção em uma célula hospedeira bacteriana (transfecção, na maioria das vezes por eletroporação). Nos ciclos de replicação seguintes, a célula hospedeira forma moléculas de plasmídeo completas, fechadas, sem cortes da fita simples. Na função de vetores são utilizados descendentes de plasmídeos de resistência bacterianos, que, além da origem na replicação, portam um gene de resistência a antibióticos. Por isso, essas células bacterianas que contêm plasmídeos recombinantes podem crescer na presença do antibiótico, enquanto as células não transfectadas são mortas. O sistema apresentado, bastante simples, não permite estabelecer a orientação do fragmento de restrição no vetor (plasmídeo). No entanto, se para a abertura do plasmídeo e obtenção do fragmento de restrição forem empregadas sucessivamente duas endonucleases de restrição diferentes, de modo que resultem coesivas de sequência diferentes em ambas as extremidades, pode ser obtida então uma inserção "correta" do fragmento de restrição no vetor da clonagem.

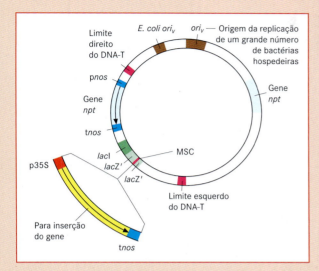

Figura C Organização de um vetor de transformação, que tanto se multiplica em *Escherichia coli* como se introduz em *Agrobacterium tumefaciens* e pode ser empregado para a transferência do DNA-T (DNA transferido, Quadro 8-2) para plantas. O vetor possui características de plasmídeos de resistência bacterianos e, ao mesmo tempo, contém todos os elementos de DNA-T de um plasmídeo Ti de *Agrobacterium tumefaciens* necessários para a integração ao nucleoma. Contudo, sozinho ele não pode efetuar a transformação da célula vegetal, pois faltam funções gênicas essenciais de um plasmídeo Ti completo (por exemplo, a região *vir*). Para serem capazes de transformar a planta, as cepas de agrobactérias necessitam possuir ainda um plasmídeo auxiliar (em princípio, um plasmídeo Ti sem a região DNA-T), que disponibiliza ao vetor de transformação as funções gênicas que faltam. O vetor modelar mostrado apresenta os seguintes elementos: origem de replicação para replicação do plasmídeo em *Escherichia coli* (*E. coli ori*) e origem de replicação para replicação de plasmídeos em um grande número de bactérias hospedeira (entre outras, *A. tumefaciens*); gene de resistência para a seleção nas bactérias hospedeiras (por exemplo, o gene *npt*, que codifica neomicina fosfotransferase e obtém resistência para com os antibióticos neomicina e canamicina); e regiões-limites direita e esquerda do DNA-T de um plasmídeo Ti (estrutura e função desses segmentos de DNA, no Quadro 8-2). Essas regiões-limites e todos os segmentos de DNA dentro delas são transferidos para o genoma nuclear vegetal. Dentro da região do DNA-T encontram-se: 1) Um gene de resistência para seleção das células vegetais transformadas. Com frequência, o gene *npt* mostrado, sob o controle do promotor *A. tumefaciens*-nopalina sintase (p*nos*), é empregado com o segmento do gene da nopalina sintase (t*nos*) que efetua a terminação da transcrição. O promotor da nopalina sintase é reconhecido pela RNA polimerase II vegetal e contém os elementos que promovem fortemente a transcrição (ver 6.2.2.3). Um "sítio de clonagem múltiplo" (MSC, do inglês **m**ultiple **c**loning **s**ite) também denominado "poliligante" (*Polylinker*); trata-se neste caso de um segmento de DNA, que possui sequências de reconhecimento (justapostas e mesmo em parte sobrepostas) para um grande número de endonucleases de restrição e, por isso, é adequado para receber os mais diferentes fragmentos de restrição. No exemplo mostrado, para a sequência de clonagem múltipla é trazido um gene-alvo que, por um lado, é flanqueado pelo segmento terminador da transcrição da nopalina sintase e, por outro lado, pelo promotor do RNAm 35S do vírus do mosaico da couve-flor (p35S, Quadro 8-1). O "promotor 35S" é muito forte e ativo em quase todas as células vegetais. No exemplo apresentado, o sítio de clonagem múltiplo localiza-se dentro do domínio codificante do gene *lac*Z' bacteriano, ao qual o gene *lac*I é ligado. Essa disposição é empregada também em muitos outros plasmídeos para clonagem de DNA estranho, pois, em células bacterianas hospedeiras apropriadas, ela pode apresentar uma prova muito simples da inserção bem sucedida de DNA (seleção "azul-branco"). O seguinte princípio serve de base para isso: o segmento 5' do gene *lac*Z' bacteriano codificante da enzima β-galactosidase. Bactérias hospedeiras apropriadas contêm o segmento 3' desse gene codificado no cromossomo, mas nenhum gene *lac*Z' completo. Na presença do gene *lac*Z' codificado por plasmídeo na célula, ambas as "enzimas parciais" β-galactosidase são formadas separadas. Contudo, elas podem se unir em uma β-galactosidase com capacidade funcional, histoquimicamente bastante semelhante à β-glucuronidase (Quadro 6-4), como pode ser demonstrado com emprego do substrato 5-bromo-4-cloro-3-indolil-β-D-galactopiranosídeo (coloração azul das colônias de bactérias). O sítio de clonagem múltiplo inserido foi assim escolhido porque ele não interrompe o módulo de leitura do gene *lac*Z' e não perturba a função enzimática. No entanto, se o módulo de leitura do gene *lac*Z' for destruído por um segmento de DNA inserido, as bactérias hospedeiras não formam mais qualquer β-galactosidase-enzima parcial amino-terminal com capacidade funcional, e as colônias incolores são uma manifestação da ausência de atividade da β-galactosidase. Sobre uma placa de ágar com várias colônias, é possível distinguir facilmente aquelas com inserção de DNA (colônias brancas) daquelas com inserção de DNA (colônias azuis). Além disso, o gene *lac*Z' (e, com isso, a atividade da β-galactosidase) é induzível, mediado por *lac*I. Esse gene codifica uma enzima repressora, que, por meio da ligação à região operadora-promotora do gene *lac*Z', impede a transcrição de *lac*Z' enquanto isopropiltiogalactosídeo (IPTG) for levado até as células. IPTG liga-se à proteína repressora, que a seguir deixa a região operadora-promotora do gene *lac*Z' e pode estabelecer a transcrição de *lac*Z' (para o estudo da estrutura e função do óperon *lac* de *Escherichia coli*, ver livros de genética molecular e microbiologia). (Segundo E. Weiler.)

gene da própria espécie, de outra espécie, de um híbrido (gene composto de partes de organismos diferentes) ou um gene sintético, trata-se de um **organismo transgênico**.

Desde a sua introdução na metade da década de 1980, as **plantas transgênicas** tornaram-se importantes objetos de pesquisa, com os quais especialmente podem ser investigadas questões metabólicas e de fisiologia do desenvolvimento e esclarecidas funções gênicas. Em várias partes deste livro são mencionados conhecimentos obtidos com base em estudos com plantas transgênicas. Ao mesmo tempo, as plantas transgênicas têm uma importância considerável para a agricultura e a cultura de plantas de interesse econômico em geral. A partir da metade da década de 1990, plantas transgênicas de interesse agronômico são cultivadas em grandes áreas, principalmente na América do Norte, América do Sul, Austrália e de maneira crescente também na Ásia. São discutidos os riscos e as possibilidades do emprego de plantas modificadas por biotecnologia. Sobretudo as consequências ecológicas do emprego universal dessas culturas vegetais têm recebido exame cuidadoso.

A **produção de plantas transgênicas** é um processo de muitos níveis. Ele consiste, no mínimo, nos seguintes passos:

- **Isolamento** e **caracterização** exata do molécula de DNA a ser transferida. Pode se tratar de segmento de genoma, gene individual ou **DNAc** (do inglês, *copy* DNA). O DNAc é formado por uma enzima **transcriptase reversa** na presença de matriz de RNAm e por 2'-desoxinucleotídeos (Figura 1-4).
- Construção de um **vetor de clonagem**, com o qual pode ser conservado em recipiente apropriado (geralmente cepa bacteriana hospedeira) o gene a ser transferido e replicado em um número elevado de cópias ("clonagem"). Em regral geral, como **vetores de clonagem** são empregados descendentes dos plasmídeos de resistência bacterianos (plasmídeo R, ver livros de microbiologia). As cepas hospedeiras são **cepas de segurança** – na maior parte de *Escherichia coli* – que, devido a inúmeras mutações, podem crescer apenas em solos de laboratório com composições nutricionais especiais.
- Construção de um **vetor de transformação** – em geral, um plasmídeo para receber o DNA clonado – e do vetor para as bactérias capazes de transformação de células vegetais. Atualmente, para transformação de plantas emprega-se, quase sem exceção, *Agrobacterium tumefaciens*, agente que provoca tumores nas raízes. (ver Quadro 8-2). Como vetores de transformação, são utilizados descendentes do **plasmídeo Ti** dessa bactéria. Na maioria das vezes, empregam-se plasmídeos replicados tanto em *Escherichia coli* quanto em *Agrobacterium tumefaciens*, que, portanto, servem simultaneamente como vetores de clonagem e como vetores de transformação (Figura C). Uma zona definida do plasmídeo Ti, a região **DNA-T** (DNA-T = DNA transferido), é transferida para a célula vegetal e se integra de maneira estável a um local qualquer no seu genoma nuclear (Quadro 8-2).
- **Transformação** da planta hospedeira. Ela é efetuada com utilização de *Agrobacterium tumefaciens*, por meio do cocultivo de explantes vegetais (por exemplo, pedacinhos de folhas em tabaco) com as agrobactérias ou por infiltração a vácuo das bactérias em sementes ou meristemas florais (empregados especialmente em *Arabidopsis thaliana*, Quadro 6-1). Os processos envolvidos na transferência do DNA-T são tratados mais detalhadamente no Quadro 8-2.

Além da transformação mediada por *Agrobacterium tumefaciens*, há outros procedimentos à disposição (bombardeamento de partículas, eletroporação, microinjeção, lipofecção). A transferência gênica bombardeamento de partículas (do inglês *particle bombardment*) baseia-se no bombardeio de células com DNA, que para atravessar as rígidas paredes celulares vegetais é acoplado a partículas de ouro ou tungstênio. Esses microprojéteis carregados são disparados com alta pressão nas células-alvo (daí a denominação **canhão de genes**), onde, seguindo o princípio do acaso, podem ser integrados ao genoma da célula-alvo. Após a integração do DNA ao patrimônio da célula-alvo, por meio de procedimento de cultura de célula e de tecidos, as plantas transformadas podem ser selecionadas e regeneradas. Um aspecto desvantajoso nesse procedimento é a frequência com que aparecem múltiplas inserções de genes inteiros ou

Tabela Exemplos de genes estranhos empregados em plantas.

Gene codifica	Gene é empregado para
Neomicina fosfotransferase (NPT) (= Canamicina-cinase)	Seleção de plantas transgênicas (resistência a antibiótico)
Cloranfenicol-acetil transferase (CAT)	Seleção de plantas transgênicas (resistência a antibiótico)
Fosfinotricina-acetil transferase (PAT)	Seleção de plantas transgênicas (resistência a herbicidas)
β-D-glucuronidase (GUS)	Repórter para atividade gênica (teste histoquímico, resultado a cores)
Proteína verde fluorescente (GFP)	Repórter para atividade gênica (comprovação óptica direta *in vivo*)

Figura D Regeneração de brotos de tomate a partir de pedaços de folhas. **1** Cultura mista de *Agrobacterium tumefaciens* e segmentos foliares de cotilédones de tomate. **2, 3** Desenvolvimento do broto após a formação do calo, mediante cultivo dos segmentos foliares em meio nutritivo apropriado. **4** Indivíduo de tomate enraizado, após regeneração completa.

segmentos gênicos fragmentados, que podem levar a mutações indesejadas e à expressão instável do gene estranho.
- **Seleção** bem-sucedida das células transformadas (ou transfectadas). Uma vez que a eficiência da transformação geralmente é muito baixa, de maneira convencional os genes-alvo são introduzidos nas células vegetais junto com marcadores genéticos. Atualmente, são conhecidos cerca de 50 marcadores genéticos, que podem ser usados para seleção ou identificação de células transformadas (Tabela). Os marcadores para seleção podem ser divididos em diferentes categorias, que contêm marcadores visuais, bem como positivos e negativos. Os marcadores visuais são as proteínas fluorescentes (GFP, *grünfluoreszierendes* *p*rotein) ou proteínas, que, na presença de substratos adequados, manifestam cores demonstráveis (GUS, -D-glucuronidase) que podem ser observadas ao microscópio. Os marcadores positivos permitem que as células transformadas cresçam em meios que não fornecem nutrientes suficientes para células não transformadas (por exemplo, marcadores nutritivos) ou que contêm substâncias tóxicas (por exemplo, antibióticos, herbicidas, e assim por diante). Os marcadores genéticos mediadores de resistência a antibióticos e a herbicidas são amplamente distribuídos; o gene *npt*II codificante da neomicina fosfotransferase II é o mais significativo (Figura C). Por fosforilação, a enzima inativa o antibiótico canamicina, tóxico para células vegetais. Além do gene *npt*II, higromicina-B-fosfotransferase, fosfinotricina-N-acetil transferase e 5-enolpiruvilchiquimato-3-fosfato sintase são empregadas muitas vezes para seleção.
- **Regeneração** de plantas diferenciadas a partir de células selecionadas. Quando foram empregados protoplastos para a transfecção (inserção), na presença do princípio de seleção (no exemplo, canamicina), as células sobreviventes em um meio de cultura apropriado (que contém auxina e citocinina) podem transformar-se em calo (ver 6.6.2.3). A partir desses calos, por meio de uma variação adequada da relação auxina/citocinina, podem ser regeneradas plantas completas em grande número (Figura 6-47). Para transformação com emprego de *Agrobacterium tumefaciens*, é feita uma cultura mista de tecidos vegetais (por exemplo, discos de folhas) e bactérias (Figura D1). De maneira semelhante aos protoplastos, na presença do princípio de seleção contendo solo nutritivo com hormônio, as células transformadas podem tornar-se calos, enquanto o tecido não transformado morre. A partir dos calos, novamente são regeneradas plantas intactas (Figura D2-4). Com frequência (por exemplo, em *Arabidopsis thaliana*), é suficiente até o broto no começo do florescimento, com aplicação de vácuo e imersão na solução bacteriana por período curto, para iniciar a transformação celular mediante *Agrobacterium tumefaciens*. Assim, sendo transformadas as células do meristema floral eficazes para a formação dos rudimentos seminais (óvulos), após a polinização e fecundação resultam sementes não transformadas ao lado de transformadas. Na presença do princípio de seleção (no nosso exemplo, canamicina), as sementes transformadas desenvolvem-se e as não transformadas morrem. Por meio da autopolinização (por exemplo, *A. thaliana*), obtêm-se plantas transformadas puras (homozigotas) (Quadro 6-1).
- Seguem-se a **caracterização** genética, bioquímica e fisiológica das plantas transgênicas regeneradas e talvez outro trato cultural.

Apenas poucos detalhes técnicos desse processo podem ser descritos aqui. Para o exame de particularidades, consultar livros de genética molecular ou de biotecnologia molecular.

Referências

Glick BR, Pasternak JJ (1995) Molekulare Biotechnologie. Spektrum Akademischer Verlag, Heidelberg

Kempken F, Kempken R (2000) Gentechnik bei Pflanzen. Springer, Berlin

Quadro 6-4

Empregos das plantas transgênicas

Há muitos anos, as plantas transgênicas têm um grande significado para as ciências básicas. Além disso, nos últimos anos elas tiveram um emprego crescente na agricultura, depois que, em 1995, foram comercializadas nos EUA pela primeira vez. Os múltiplos campos de aplicação das plantas transgênicas podem ser apresentados aqui com base em apenas poucos exemplos. Eles abrangem entre outros:

- o **aumento da intensidade da expressão** de genes da própria espécie, por exemplo, por meio do emprego de promotores ativos mais fortes (especialmente do promotor 35S do vírus do mosaico da couve-flor, ver 8.3.2, Quadro 8-1).
- a **redução da intensidade da expressão** de genes da própria espécie, por exemplo, pela **técnica "antissenso"**. Nessa técnica, uma cópia do gene a ser examinado (ou do seu DNAc) é ligada em direção inversa com um promotor apropriado (por exemplo, ao promotor 35S do vírus do mosaico da couve-flor) e esse acoplamento, conforme descrito, é integrado ao genoma, de modo que na transcrição do gene é lido pela RNA polimerase II (DNA-dependente) da fita codificante e não da fita-molde (transcrição, Figura 6-11A). Desse modo, é formado um RNAm complementar à fita-molde. A fita-molde, ao mesmo tempo, é complementar ao RNAm, que se origina na célula em consequência da transcrição do gene orientado corretamente e, por isso, é também denominado RNAm "antissenso" (RNAm "de sinal contrário"). As moléculas complementares de RNA provavelmente formam moléculas de RNA fita dupla. Essas moléculas são o substrato para enzimas (DICER) semelhantes à RNAse III, que degradam o RNA fita dupla em pequenos RNA de interferência (do inglês, RNAsi = *small interfering* RNA) (21-26 nucleotídeos de comprimento). Os RNAsi fita dupla levam à iniciação do complexo do "complexo silenciador induzido por RNA" (**R**NA-*induced silencing complex*, RISC). A ativação do complexo RISC processa-se em dois níveis: inicialmente, o RNAsi fita dupla é desenrolado por helicases, com consumo de ATP; logo a seguir, a atividade da endonuclease do complexo inicia a degradação do RNAm complementar ao RNAsi resultante (Figura A1). Esse processo, chamado de "**silenciamento de genes**" (em inglês *gene silencing*), é um mecanismo natural de defesa da planta contra ataque viral. A primeira espécie vegetal transgênica de interesse econômico comercializada, um tomateiro com frutos mais consistentes, conquistou sua qualidade especial graças à técnica "antissenso". Devido à expressão de um gene da poligalacturonase "antissenso" nos frutos, a formação dessa enzima foi fortemente diminuída e, com isso, a desagregação da lamela média ficou bastante restringida. Observe que a desagregação da lamela média (em grande parte constituída de poligalacturonato, uma pectina) ocorre durante o amadurecimento do fruto e contribui para o seu amolecimento. Inicialmente, o silenciamento é desencadeado pela presença do RNA fita dupla. Por isso, os vetores atuais para a redução da expressão dos genes endógenos empregam as assim chamadas construções gênicas em "grampo-de-cabelo" (*hairpin*), que podem formar RNA fita dupla intramoleculares e, com isso, induzem o silenciamento de maneira bastante eficiente (Figura A2).

- a **expressão do gene estranho à espécie** na planta, por exemplo, para introdução de resistência à doença ou

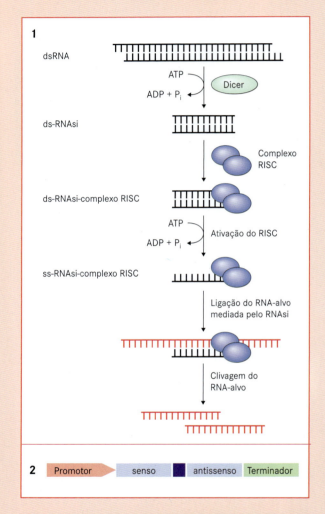

Figura A 1 "Silenciamento de genes". Partindo de um RNA fita dupla (dsRNA, **d**oppel**s**trängig RNA) mediante Dicer são formadas moléculas pequenas de RNA fita dupla. As moléculas de RNA fita dupla com 21-26 nucleotídeos de comprimento são ligadas pelo complexo RISC. A ativação do complexo RISC requer o desenvolvimento do RNA fita dupla por meio de helicases. O RNA fita simples (do inglês *guidance*-RNA) ligado ao complexo RISC possibilita a degradação sequência-específica do RNA-alvo. **2** Representação de um vetor de RNAi quimérico. Entre o promotor e o terminador sequências parciais idênticas de um gene-alvo são clonadas em uma orientação senso e uma antissenso. Os dois fragmentos são separados mediante um outro fragmento gênico (com frequência, um íntron), de modo após a transcrição pode formar-se uma estrutura em "grampo-de-cabelo" (*hairpin*).

obtenção de um desempenho metabólico modificado ou novo. Por exemplo, com a expressão de proteínas em sementes com uma composição de aminoácidos adequada para a alimentação humana, procurou-se obter uma dieta balanceada constituída só de vegetais. A introdução dos genes da rota biossintética completa do β-caroteno no arroz (Figura B) e sua expressão no endosperma (antes sem carotenoides) dessa espécie poderia representar um marco no combate à carência de vitamina A. Constata-se essa carência de maneira mais acentuada em crianças de países onde o arroz é a principal fonte de alimento de origem vegetal (β-caroteno = pró-vitamina A).

- o **exame do controle da transcrição** dos genes vegetais. Para isso, o promotor em exame é ligado a um gene indicador fácil de ser comprovado, também denominado **gene repórter** (ou a um DNAc que abranja a região codificante desse gene), e integra essa construção gênica ao genoma da planta pesquisada. A atividade do promotor e sua regulação na planta transgênica podem então ser analisadas, enquanto o produto gênico formado é comprovado. Muitas vezes, o gene *uid*A da β-glucuronidase, de *Escherichia coli*, é empregado como gene repórter, que pode ser comprovado histoquimicamente (Figura C-E), ou o gene da proteína verde fluorescente (GFP) de *Aequorea victoria*, que emite luz fluorescente verde quando estimulada por radiação com ondas curtas (luz azul). Por isso, a GFP é especialmente apropriada para exame de atividades gênicas em células vivas.

- o **exame dos processos moleculares na célula viva**. Na maioria das vezes, emprega-se igualmente a proteína verde fluorescente (GFP) de *Aequorea victoria* ou variantes dessa proteína com propriedades de emissão ou estímulo modificadas. Para o **exame da localização subcelular** de proteínas, são sugeridos **genes quiméricos** para expressão, nos quais a zona de codificação do gene a ser examinado foi anteposta ou posposta com a sequência de codificação para GFP, de maneira que resulte um módulo de leitura contínuo. Da sua transcrição, resulta um único RNAm; e da sua tradução, uma **proteína de fusão** com GFP acrescida ao N-terminal ou C-terminal da proteína em exame. A distribuição intracelular da proteína de fusão pode ser observada na célula viva por meio de microscópio de fluorescência, sendo possível também a obtenção de imagens de vídeo em tempo real. Dessa maneira, por exemplo, é possível acompanhar diretamente ao microscópio óptico a dinâmica do citoesqueleto ou o fluxo de vesículas em uma célula.

Especialmente aprimorados é o emprego de plantas transgênicas que formam proteínas detectoras com organização modular e constituídas de vários domínios com as quais é possível de maneira seletiva e com alta sensibilidade de tornar visíveis modificações dinâmicas da concentração de determinados íons (por exemplo, de íons Ca^{2+}) na célula e até mesmo dimensioná-las. O Ca^{2+} é um regulador central do metabolismo celular. A concentração de Ca^{2+} citoplas-

Figura B Produção de β-caroteno no endosperma de cariopses de arroz transgênico. O β-caroteno é formado em cariopses de arroz transgênico pela superexpressão de uma fitoeno sintase de plantas e de uma dessaturase bacteriana bifuncional (fitoeno dessaturase e ζ-caroteno dessaturase). Em cariopses de arroz não transformadas, essa rota metabólica não é ativada. A cor amarela (daí o nome "arroz dourado") é causada pela acumulação de até 20 mg kg^{-1} de β-caroteno. (*Golden Rice Humanitarian Board*, gentilmente cedida.)

Figura C Comprovação histoquímica da atividade da β-glucuronidase. A presença de hexacianoferrato-(III), $[Fe(CN)_6]^{3-}$, acelera a oxidação (também espontânea na presença de O_2) e dimerização do indoxil formado para a cor do índigo. O resíduo de 5-bromo-4-cloro-3-indolil também é empregado em testes histoquímicos de outras hidrolases – por exemplo, β-galactosidase (acoplada à β-D-galactose) e fosfatase (acoplada ao fosfato).

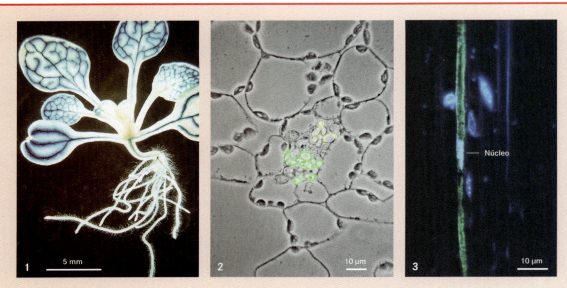

Figura D Análise da especificidade do tecido de um promotor. **1** O teste histoquímico β-da glucuronidase cor azul, reação: Figura B) indica a atividade do promotor do transportador de sacarose SUC2 específico de células companheiras, em feixes vasculares de *Arabidopsis thaliana*. Nas folhas mais jovens, que representam os drenos, não há registro de qualquer atividade; nas folhas que contêm tanto regiões-dreno como regiões-fonte, o promotor SUC2 é ativo no ápice foliar (região-fonte); nas folhas-fonte encontra-se atividade no âmbito de todos os feixes vasculares foliares. Esse padrão sugere que o SUC2 participa do carregamento do floema. As análises de promotor-gene repórter permitem afirmar sobre a atividade gênica de algum tecido, mas não permitem qualquer afirmação sobre se a proteína correspondente (que mostra atividade gênica) no tecido é de fato também formada. **2** A localização da proteína SUC2 nas células companheiras foi, por isso, mostrada mediante marcação da proteína com anticorpos específicos marcados por fluorescência, seguida de análise microscópica (sobreposição de uma fotomicrografia de campo claro de um corte transversal da folha com uma imagem do mesmo preparado sob luz fluorescente). As regiões que exibem um verde brilhante intenso mostram a marcação por imunofluorescência da proteína SUC2 em células do floema. Adicionalmente, aparece autofluorescência das paredes celulares lignificadas na região do xilema, manifestada por um amarelo fraco. **3** Em corte longitudinal do escapo (haste da inflorescência), é possível distinguir a célula companheira (forma alongada e presença de núcleo) dos elementos de tubo crivado (sem núcleo) (o DNA foi marcado com o corante azul fluorescente 4,6-diamidino-2-fenilindol, DAPI). A proteína SUC2, reconhecível na fluorescência verde dos anticorpos, é demonstrável na célula companheira. (Transporte no floema: ver 5.8 e Figura 5-65.) (Originais de N. Sauer, gentilmente cedidos.)

Figura E Análise da regulação da atividade de um promotor, por influências externas. A enzima alenóxido sintase, catalisadora de uma reação inicial da biossíntese do ácido jasmônico, é regulada por inúmeros fatores (ver 6.6.6.2, Figura 6-67) que influenciam a intensidade da transcrição do gene da alenóxido sintase. A ativação do promotor da aleno óxido sintase em decorrência de ferimento pode ser mostrada em plantas transgênicas que expressam a β-glucuronidase sob o controle do promotor da alenóxido sintase. Após poucas horas, a lesão (seta) causa forte ativação localizada do promotor, visível pela atividade intensa da β-glucuronidase (quatro horas após a lesão, a planta de tabaco mostrada foi submetida ao teste histoquímico enzimático). Simultaneamente, o promotor foi ativado ao longo dos elementos condutores; essa ativação propaga-se rapidamente nos tecidos condutores da planta, inclusive para os tecidos não lesados. Neste caso, é uma indução sistêmica. Ela expressa a propagação de um fator de lesão, indutor da atividade de numerosos genes de defesa (ver 8.4.1) na planta. No tomateiro, é a peptídeo sistemina (Figura 8-19); em outras espécies, a estrutura do fator de lesão ainda não pôde ser esclarecida. (Original de I. Kubigsteltig, gentilmente cedido.)

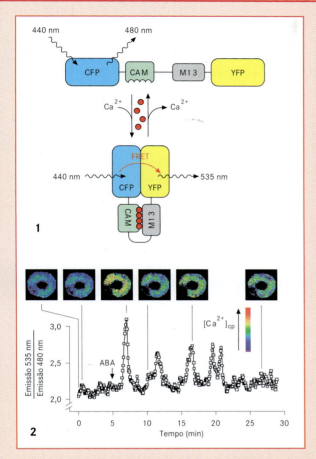

Figura F Técnica da FRET (*fluoreszen resonanz energie transfer*), para demonstração de alterações do nível de cálcio citoplasmático em células-guarda, após tratamento com o fitormônio ácido abscísico (ABA). **1** Princípio do procedimento. Indivíduos transgênicos de *Arabidopsis thaliana* exprimem um gene quimérico, cuja janela de leitura aberta consiste em quatro partes diferentes, que codificam uma proteína que atua na célula como detectora de cálcio e apresenta quatro módulos funcionais relacionados em sequência: CFP (do inglês **c**yan **f**luorescing **p**rotein), CAM (calmodulina), M13 (um peptídeo, ligado à calmodulina na presença de íons Ca^{2+}), YFP (do inglês **y**ellow **f**luorescing **p**rotein). CFP e YFP, produzidos por mutações gênicas, são descendentes da GFP ocorrente em *Aequorea* (ver texto) com características de absorção e emissão modificadas; calmodulina é uma proteína ligadora de Ca^{2+}, com quatro sítios de ligação para íons Ca^{2+}. Em concentrações baixas de Ca^{2+} na célula, a calmodulina ocorre sob a forma livre de cálcio, e a proteína detectora quimérica possui uma estrutura aberta. Se a célula for submetida à luz azul de 440 nm de comprimento de onda, apenas a CFP é estimulada, resultando em emissão de luz fluorescente de 480 nm de comprimento de onda (Cyan). Se a concentração de cálcio aumentar na célula, Ca^{2+} liga-se à calmodulina, e o peptídeo M13 associa-se ao complexo Ca^{2+}-CAM. Com isso, o domínio YFP é levado para a vizinhança imediata ao domínio CFP. Nessa forma, sob excitação com luz de 440 nm de comprimento de onda, CFP não emite mais qualquer luz fluorescente; ela transfere sua energia de excitação sem radiação para a YFP. Essa proteína, por sua vez, emite a energia como luz fluorescente de 535 nm de comprimento de onda (amarelo); ocorre transferência de energia por ressonância fluorescente (FRET). Verificando a relação das emissões de fluorescência em 535 nm:480 nm, é possível calcular a concentração dos íons Ca^{2+} no citoplasma; mediante fotometria microespectral de alta resolução, pode ser visualizada a distribuição dos íons Ca^{2+} na célula. **2** Análise, por meio da FRET, da concentração citoplasmática de Ca^{2+} ($[Ca^{2+}]_{cp}$) em células-guarda de indivíduos transgênicos de *Arabidopsis thaliana*, após adição de ABA (10 μM). As figuras indicam, em codificação falsa-cor, a distribuição dos íons Ca^{2+} nas células nos momentos da marcação; o gráfico mostra a relação de intensidade da emissão de luz em 535 nm:480 nm, plotada em relação ao tempo e verificada para uma das duas células-guarda apresentadas. A análise mostra que a indução do fechamento estomático pelo ABA é acompanhada de uma elevação periódica do nível de cálcio intracelular nas células-guarda (Movimento das células-guarda: Figura 7-33). (1 Segundo R. Tsien, modificado; 2 segundo G. Allen e J. Schroeder, gentilmente cedido.)

---

mático é de apenas aproximadamente 0,1 μM, mas, por reação a algum estímulo, pode temporariamente subir alguns μM; nas células-guarda, por exemplo, isso pode acontecer por ação do ácido abscísico, um fitormônio (ver 7.3.2.5 e Figura 7-33). Esse processo pode ser acompanhado diretamente por meio da **técnica da FRET** (*fluoreszen resonanz energie transfer* = transferência de energia por ressonância fluorescente), mostrada e explicada na Figura F.

Embora há muito tempo as plantas transgênicas tenham se tornado imprescindíveis como objeto de pesquisa, seu cultivo é questionado pela opinião pública, principalmente na Europa Central, enquanto especialmente na América, Austrália e Ásia desde a metade da década de 1990 já são utilizadas na agricultura. Em 2006, a área de cultivo de plantas transgênicas no mundo alcançou cerca de 100 milhões de hectares, sendo aproximadamente 110.000 hectares na Europa (principalmente na Espanha). As novas características introduzidas em plantas modificadas biotecnologicamente limitam-se essencialmente a dois campos (resistência a insetos ou tolerância a herbicidas) e a poucas espécies cultivadas, destacando-se o milho, a soja e o algodão. A resistência a insetos é alcançada por meio da expressão de toxinas de *Bacillus thuringensis* (toxina-Bt). As toxinas-Bt têm espectro de ação limitado, pois no intestino do inseto elas devem interagir com receptores específicos. Desse modo, é alcançada alta seletividade e segurança biológica. As espécies modificadas por biotecnologia encontradas atualmente na lavoura servem prioritariamente ao agricultor, pois ele pode aplicar defensivos agrícolas mais efetivos em menor quantidade. No caso da toxina-Bt, há vantagens também para o usuário, pois pela redução do ataque de insetos foi observada igualmente uma diminuição do ataque de fungos (muitas vezes, os fungos penetram nos locais de lesões na planta, que podem ser provocadas pelo ataque de insetos) e, com isso, menor impacto de micotoxinas.

Referência

Kempken F, Kempken R (2000) Gentechnik bei Pflanzen. Springer, Berlin

6.2.1.2 Genoma plastidial

Diferentemente do genoma nuclear, existe o subgenoma dos plastídios, o plastoma, em forma de molécula de DNA fechada circular (DNApt), que – dependendo do estado de desenvolvimento – nos cloroplastos ocorre em aproximadamente 20 até 200 cópias idênticas por organela. Como nos procariotos, as moléculas de DNA ocorrem em **nucleotídeos**. Os cloroplastos apresentam 10-20 nucleotídeos junto à membrana do tilacoide ou à sua membrana interna, cada um dos quais contém 2-20 DNApt. Os plastídios, portanto, são poliploides e polienérgides. Uma vez que as células do tecido de assimilação de folhas podem conter mais de 100 cloroplastos, em uma célula clorofilada existem cerca de 10.000 cópias de plastoma.

Os plastomas de plantas inferiores e superiores têm comprimentos semelhantes. Eles compreendem geralmente 150 kpb (Figuras 6-4 e 6-5), com limites inferiores e superiores de 70 kpb (*Epifagus virginiana*) ou 400 kpb (*Acetabularia*); muitos foram completamente sequenciados. Nas embriófitas, os plastomas contêm um efetivo homogêneo de aproximadamente 120-130 genes, 90 dos quais codificam proteínas. O plastoma do tabaco, exemplo representativo a esse respeito, compreende 155.939 pares de bases e possui 97 genes de função conhecida, bem como 30 outros, possivelmente regiões codificantes de proteínas, constituindo as chamadas **janelas de leitura abertas** (ver 6.2.2.1) de função ainda desconhecida (Figura 6-5).

O plastoma da maioria das plantas consiste em duas grandes repetições de sequência inversas, que separam uma região singular pequena de uma grande. Contudo, nas coníferas e leguminosas, bem como em espécies de outras famílias, elas não aparecem.

O plastoma extraordinariamente pequeno do dinoflagelado *Heterocapsa triquetra* contém apenas nove genes, cada um dos quais localizado em um próprio cromossomo minicircular.

A respeito da sua organização genética, o DNApt diverge bastante do DNA nuclear, mas exibe muitas semelhanças com os genomas circulares de bactérias (teoria endossimbionte, ver 2.4). Entre outros aspectos, a falta de sequências repetitivas é característica de genomas procarióticos. Elas inexistem também no DNApt, não considerando os genes duplos na região gênica duplicada, aos quais pertencem os genes de RNAr.

O plastoma contém um conjunto completo de genes de RNAt e de RNAr, 20 genes para proteínas ribossômicas, bem como os quatro genes para uma das duas RNA polimerases plastidiais (a segundo é codificada no núcleo). Além disso, o plastoma codifica algumas proteínas necessárias para as reações luminosas da fotossíntese. Todavia, apenas uma única enzima do ciclo de Calvin, a ribulose-1,5-bisfosfato carboxilase/oxigenase (Rubisco), é formada com participação do plastoma, que possui o gene para as oito subunidades grandes (identificado como gene *rbc*L; L de *large* = grande). As oito subunidades pequenas são codificadas no genoma nuclear.

Os genes da grande maioria das proteínas plastidiais encontram-se no genoma nuclear. As estimativas mostram que os plastídios contêm aproximadamente 1.900-2.300 proteínas diferentes, das quais, conforme mencionado, apenas cerca de 90 também são codificadas no plastoma. Embora os plastídios – como as mitocôndrias – disponham de um próprio aparato de tradução e transcrição, em sua função, portanto, eles dependem muito do material genético do núcleo. Por isso, os plastídios e as mitocôndrias são também conhecidos como **organelas semiautônomas** (teoria endossimbionte, ver 2.4). Os procariotos atuais possuem cerca de 2.000-4.000 genes, só raramente menos ou mais (Figura 6-4, Tabela 6-2). Durante a **evolução de plastídios** (algo comparável vale para as mitocôndrias, ver 6.2.1.3), a maioria dos genes do endossimbionte original foi transferida para o núcleo, permanecendo nos plastídios apenas um resíduo. Hoje, admite-se que no plastoma são mantidos essencialmente apenas aqueles genes que codificam funções básicas (transcrição, tradução), bem como aqueles sujeitos a um controle rápido e direto pelo metabolismo dos plastídios. Assim, por exemplo, o estado redox do sistema plastoquinona (ver 5.4.5) controla a transcrição do gene plastidial para a proteína D1 do centro de reação do fotossistema II (gene *psb*A, Figuras 5-55 e 6-5), bem como para ambas as proteínas do centro de reação do fotossistema I (gene *psa*A, gene *psa*B, Figuras 5-57 e 6-5); a ferredoxina reduzida, por regulação redox ditiol/dissulfeto direta, controla a iniciação da tradução de *psb*A-RNAm (Figura 6-5).

Contudo, as atividades do nucleoma e do plastoma devem também ter uma sincronização fina. Assim, a rubisco e todos os complexos do transporte fotossintético de elétrons, do mesmo modo como a ATP sintase, contêm subunidades codificadas tanto no núcleo quanto em plastídios. Os mecanismos de cooperação de nucleoma e plastoma não estão esclarecidos. No entanto, a expressão gênica plastidial submete-se ao controle dos genes reguladores nucleares; por outro lado, também as atividades de genes nucleares – por exemplo, dos genes para as proteínas de ligação das clorofilas *a/b* do complexo de captação de luz (LHCII, **l**ight-**h**arvesting **c**omplex II) (ver 5.4.3) ou do gene para a pequena subunidade da ribulose-1,5-bisfosfato carboxilase/oxigenase, situado no nucleoma – são influenciadas pelo estado funcional dos cloroplastos.

6.2.1.3 Genoma mitocondrial

Os genomas mitocondriais (condromas) das plantas são variáveis quanto a tamanho e estrutura e geralmente muito maiores do que os de animais (vertebrados: cerca de 16 kpb). O tamanho variável é acompanhado em parte do aumento correspondente do efetivo gênico; essencialmente, ele baseia-se em partes de tamanhos diferentes das sequências não codificantes, muitas das quais montadas a partir de elementos repetitivos de sequências. Entre estas, encontram-se até segmentos de DNA estranho, provenientes do plastoma ou do nucleoma. O tamanho considerável dos condromas de plantas, portanto, é o resultado de uma expansão secundária, tipicamente vegetal, e não de uma pequena perda de genes durante a evolução mitocondrial. Os condromas também

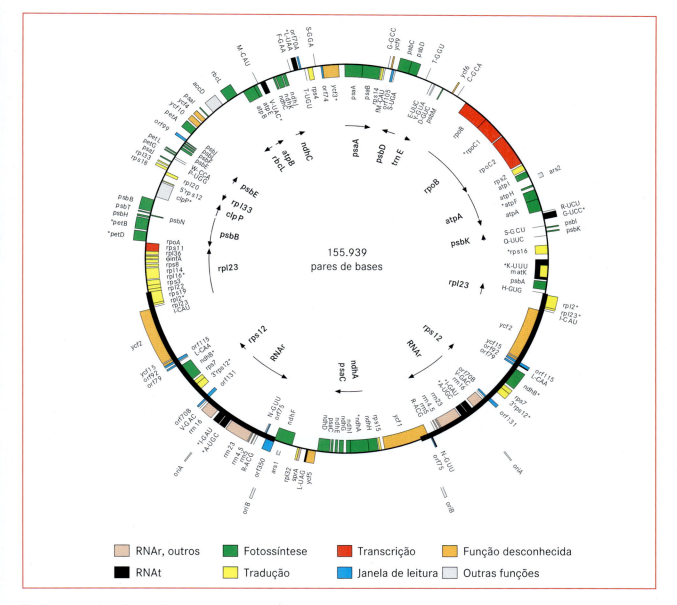

Figura 6-5 Mapa genético do DNA de plastídios do tabaco (*Nicotiana tabacum*). A posição e a dimensão dos genes são identificadas por caixinhas; os genes voltados para dentro são transcritos no sentido horário e os voltados para fora são transcritos no sentido anti-horário. As setas marcam unidades de transcrição policistrônicas e sua direção de transcrição. Os genes assinalados com * contêm íntrons. Os segmentos do círculo do DNA apresentados com uma linha preta espessa representam as duas repetições de sequências inversas e grandes, que contêm também as origens da replicação; os segmentos do círculo apresentados com uma linha delgada representam as duas regiões singulares. A nomenclatura para os genes plastidiais é a mesma adotada para procariotos (Quadro 6-2). Alguns genes ou grupos de genes importantes: *psa* do fotossistema I, *psb* do fotossistema II, *pet* do transporte fotossintético de elétrons, *atp* da ATP sintase, *rbc*L da subunidade grande (L de *large*) da ribulose-1,5-bisfosfato carboxilase/oxigenase. Além destes: genes para proteínas ribossômicas da subunidade pequena (*rps*) ou grande (*rpl*) do ribossomo; RNA polimerase codificada em plastídios (*rpo*), RNA ribossômicos (*rrn*). Os genes dos RNAt estão indicados com o código de uma letra (Figura 1-11) do aminoácido transferido, assim como a sequência 5'→3' do seu anticódon, por exemplo, H-GUG: RNAt[HIS], anticódon 5'-GUG-3', mas: fMet-CAU = gene para o RNAt, que se liga ao códon de iniciação 5'-AUG-3' através do seu anticódon 5'-CAU-3' e transporta N-formilmetionina (fMet). As janelas de leitura abertas (*open reading frames*, *orf*) são indicadas pelo seu número de código, por exemplo, ORF 350. (Segundo P. Westhof e um modelo de G. Link, gentilmente cedido.)

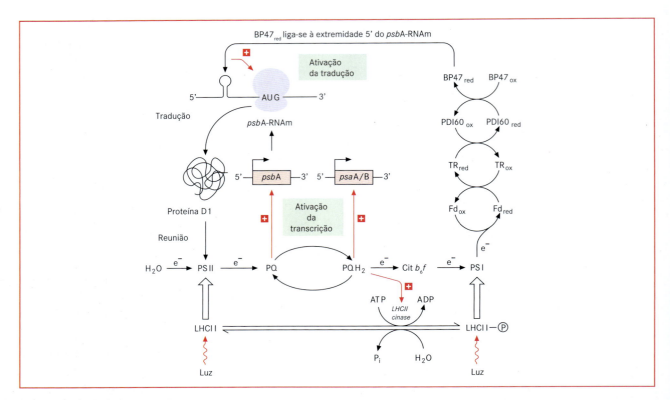

Figura 6-6 Controle redox da fotossíntese. Além da regulação da distribuição de energia (descrita na seção 5.4.8) por meio da agregação do complexo de captação de luz (LHCII) ao fotossistema II ou fotossistema I (dependente da fosforilação de LHCII mediante uma LHCII cinase – parte inferior da figura – ativada pela plastoquinona reduzida (PQH$_2$)), outros mecanismos de controle redox atuam nos níveis de transcrição e de tradução. A plastoquinona oxidada (PQ) induz a transcrição do gene para a proteína D1 do PSII (*psb*A); a plastoquinona reduzida (PQH2) induz a transcrição dos genes para as proteínas A e B do centro de reação do PSI (*psa*A, *psa*B). Mediante a conversão tiol/dissulfeto (Figura 5-64) por tiorredoxina (TR) e uma proteína dissulfeto isomerase de 60-kDa (PDI60), a ferredoxina reduzida efetua a ativação de uma proteína de ligação ao RNA (BP47), que na forma reduzida liga-se especificamente à extremidade 5' do *psb*A-RNAm. A extremidade 5' deste RNAm forma uma estrutura secundária especial (estrutura *stem-loop*), que se origina por pareamento interno de bases na região do "*stem*". A ligação da BP47 ao RNAm ativa sua tradução. Admite-se que o comando complexo da transcrição e da tradução dos genes para as proteínas dos centros de reação da fotossíntese seja um motivo para que ele, como a maioria dos genes, durante a evolução dos plastídios a partir do genoma do endossimbionte original não pudesse ser transferido para o núcleo. (Segundo E. Weiler.)

são estruturalmente poliploides e polienérgides – comparável aos plastomas. Na levedura, encontram-se cerca de 100 cópias de condromas em vários nucleotídeos por mitocôndria; por célula, existem aproximadamente 6.500.

O condroma da alga verde *Chlamydomonas reinhardtii* compreende 16 kbp de DNA mitocondrial (DNAmt) e consiste em uma molécula linear de DNA fita dupla. Os condromas dos fungos possuem comprimento de aproximadamente 18-180 pkb (*Saccharomyces cerevisiae* tem 78 pkb) e os das embriófitas vão de 189 pkb (*Brassica oleracea*) até 2.400 pkb (*Cucumis melo*) (Figura 6-4). A maioria dos condromas de embriófitas consiste em várias moléculas circulares de DNA fita dupla de tamanhos diferentes (Figura 6-7) – transformadas umas nas outras por meio de fenômenos de recombinação na região das repetições da sequência – e só esporadicamente de uma molécula circular de DNA simples. No caso de condromas em fragmentação, a molécula maior de DNAmt é denominada anel-mestre (do inglês *master circle*). O condroma da hepática *Marchantia polymorpha* consiste também em um único anel de DNAmt fita dupla; esse é um dos genomas mitocondriais com a sequência de bases totalmente conhecida (186.608 pb).

Como no caso dos plastídios, a capacidade do genoma mitocondrial não basta para codificar todas as próprias proteínas necessárias; a maioria é codificada no genoma nuclear e importada pela organela (ver 6.3.1.4). Diferentemente dos plastídios, as mitocôndrias precisam importar até determinados RNA.

O efetivo gênico dos condromas de espécies diferentes é diverso e vai de 12 (*Chlamydomonas reinhardtii*) até acima de 60 genes (por exemplo, *Arabidopsis thaliana*: 58, *Marchantia polymorpha*: 66). Além disso, diferentemente do plastoma, com base em eventos de recombinação, também a disposição dos genes no condroma é diferente de espécie para espécie. Além dos componentes da cadeia respiratória e da ATP sintase, exis-

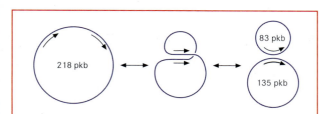

Figura 6-7 Recombinação intramolecular de DNA mitocondrial em plantas superiores. Em *Brassica rapa*, existem nas mitocôndrias moléculas circulares de DNAmt de três tamanhos diferentes; no círculo principal (218 pkb) está contida uma repetição de sequência (seta), de modo que os processos de recombinação podem resultar em dois círculos de DNA pequenos e incompletos; o fenômeno é reversível. (Segundo E. Weiler.)

tem genes para algumas proteínas ribossômicas (ausentes, no entanto, nos condromas menores) e 2-3 dos quatro RNAr. Contudo, nenhum dos condromas conhecidos codifica todos os RNAt necessários para a tradução mitocondrial (*M. polymorpha*: 29, *A. thaliana*: 22, *C. reinhardtii*: 3), de modo que os RNAt mitocondriais codificados no núcleo devem ser importados pelas mitocôndrias. O mecanismo de importação é desconhecido. A RNA polimerase necessária para a transcrição dos genes mitocondriais, em plantas, também é codificada no genoma nuclear.

Uma consequência dos frequentes eventos de recombinação, que ocorrem em diferentes distâncias dos *loci* gênicos, é a existência de cópias gênicas defeituosas em muitos genomas mitocondriais. Assim, às vezes podem resultar proteínas defeituosas. Essas proteínas são responsáveis pela **esterilidade masculina citoplasmática** (CMS, *cytoplasmatisch vererbte männliche sterilität*), encontrada em muitas angiospermas, entre as quais importantes culturas (milho, painço, trigo, beterraba), e motivada pela esterilidade do pólen. O fenótipo CMS tem herança materna, pois os gametas masculinos da maioria das angiospermas não possuem mitocôndrias (e tampouco plastídios). A esterilidade do pólen tem um grande significado para a cultura de plantas de interesse econômico. Por exemplo, pela cultura de híbridos de milho, que depende da estrita interrupção da autopolinização, pode ser evitada a dispendiosa retirada manual das inflorescências masculinas.

6.2.2 Bases da atividade gênica

O capítulo anterior mostrou que a grande maioria dos genes de uma célula vegetal, e entre estes praticamente todos relevantes para o desenvolvimento, está localizada no núcleo. Igualmente todas as proteínas que governam a atividade gênica do plastoma e do condroma são codificadas no núcleo, assim como todas as proteínas que participam da regulação da biossíntese protéica dessas organelas. A discussão a seguir sobre a estrutura gênica e o controle da atividade gênica limita-se, por isso, aos genes nucleares, especialmente aos que codificam proteínas. Onde for necessário, as relações nos genes plastidiais serão brevemente esclarecidas.

6.2.2.1 Estrutura gênica

O **gene** é um trecho do genoma transcrito em RNA. Pode se tratar de um RNA codificante de proteína, então denominado RNA mensageiro (RNAm), ou de RNA não codificante (RNAr, RNAt, entre outros tipos de RNA, ver 1.2.4). A região de um gene codificante de proteína, traduzida em proteína chama-se **janela de leitura aberta** (do inglês *open reading frame*, ORF). Em princípio, a organização de um gene é igual nos eucariotos; a Figura 6-8 mostra a estrutura típica, da qual, porém, podem existir detalhes divergentes.

Na maioria dos genes eucarióticos a janela de leitura aberta pode ser interrompida por sequências de DNA não codificantes, os **íntrons** (do inglês *intervening regions*). Os trechos de sequência codificantes de proteínas são denominados **éxons** (do inglês *expressed regions*), os genes são identificados como **genes em mosaico**. A transcrição começa em um ponto de iniciação da transcrição (a primeira base transcrita é numerada com +1), frequentemente várias centenas de bases antes do começo da janela de leitura aberta; ela termina – às vezes igualmente distante – depois do final da janela de leitura aberta e inclui as regiões dos éxons e dos íntrons. O RNAm resultante é denominado **transcrito primário** e submete-se a **processamento** tanto cotranscricional (ou seja, que ocorre durante o fenômeno de transcrição) quanto pós-transcricional. A região na direção 5' antes da iniciação da tradução é denominada região não traduzida 5' (do inglês *leader*) do RNAm; o segmento 3' após a parada da tradução é a região não traduzida 3' (do inglês *trailer*) do RNAm. Ambas têm funções diferentes, em parte reguladoras.

Um emprego simplificado de linguagem designa todos os segmentos de sequência na direção 5' de um sítio considerado de uma sequência de ácidos nucleicos – por exemplo, da iniciação da transcrição de um gene – como situados "a montante" (do inglês *upstream*); todos os trechos na direção 3' desse sítio estão situados "a jusante" (do inglês, *downstream* = a jusante).

Em geral, a transcrição de um gene eucariótico tem transcurso **monocistrônico**, ou seja, o RNAm formado codifica uma única proteína. O trecho de DNA que controla a transcrição de um gene é denominado **promotor**. Os promotores situam-se "antes", numa posição imediatamente anterior à iniciação da transcrição, e compreendem cerca de 150-200 pares de bases. Podem, no entanto, chegar até a região transcrita do gene e abranger íntrons e talvez

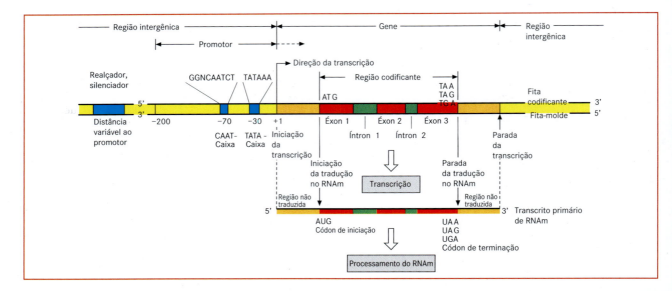

Figura 6-8 Organização geral de um gene em mosaico do núcleo e do seu promotor. Com frequência, é chamado de gene o conjunto formado pelo promotor e a região transcrita. Os elementos estruturais são explicados individualmente no texto. A = Adenina. C = Citosina, G = Guanina, T = Timina, U = Uracila, N = Base qualquer. (Segundo E. Weiler.)

até trechos de DNA situados "depois" da janela de leitura aberta. Por esses motivos, com frequência é chamado de gene o trecho transcrito de uma molécula de DNA junto com o seu promotor (Figura 6-8). Por fim, para muitos genes encontram-se trechos de DNA que se situam muito distantes do próprio gene, mas cuja transcrição fomentam ou inibem. Esses trechos de DNA são denominados **realçadores** (do inglês, *to enhance* = realçar) ou **silenciadores** (do inglês, *to silence* = silenciar). Enquanto os promotores controlam um gene de cada vez, os realçadores ou silenciadores, em geral, atuam sobre vários genes e – ao contrário dos elementos reguladores de um promotor – independem da posição e da orientação.

Diferentemente do genoma nuclear, numerosos genes do DNApt, de maneira semelhante às bactérias, são controlados de cada vez em grupos de vários genes por um promotor comum e transcritos a RNAm policistrônicos (Figura 6-5). O RNAm policistrônico pode ser processado de maneiras diferentes. Além disso, em alguns genes plastidiais existem íntrons – uma raridade em bactérias, mas encontrados em Archaea.

6.2.2.2 Processo de transcrição

A conversão da informação genética em estrutura e função da célula viva requer o fluxo de informações DNA →RNAm → Proteína. Com isso, inicialmente o código do DNA é transcrito no código colinear do RNAm (**transcrição**), esse código do RNA é então traduzido em um código de aminoácidos de um polipeptídeo igualmente linear (**tradução**, ver 6.3.1.2). Tanto quanto se sabe, a sequência primária de um polipeptídeo contém todas as informações para a formação da proteína com capacidade funcional (ver 1.3.2, para formação das estruturas secundária, terciária e talvez quaternária), embora não raramente a formação da conformação nativa exija a atuação de outras proteínas (os auxiliares no dobramento, denominados chaperonas e chaperoninas, ver 6.3.1.2 e 6.3.1.4).

O processo global da realização da informação genética (do gene até a proteína) tem muitos níveis (Figura 6-9) e pode ser mostrado aqui apenas nos seus aspectos essenciais, com ênfase nos pontos de controle mais importantes.

A intensidade da **expressão gênica** ("**atividade gênica**") é determinada pela frequência com a qual uma síntese de RNAm bem-sucedida é começada no ponto de iniciação da transcrição do gene. A velocidade da síntese do RNAm é determinada pela processabilidade da RNA polimerase DNA-dependente; ela é praticamente constante. Os genes codificantes de proteínas são transcritos pela DNA polimerase II DNA-dependente. A RNA polimerase I transcreve os genes para os RNAr grandes (RNAr 28S, 18S e 5,8S). A RNA polimerase III transcreve os genes para o RNAr 5S (pequeno), os genes para os RNAt e os genes para outros RNA pequenos. A seguir, são considerados apenas os genes transcritos pela polimerase II.

Das três fases da transcrição:

- iniciação da transcrição,
- alongamento do RNA,
- terminação da transcrição,

principalmente a primeira fase está sujeita a uma regulação. Os processos moleculares subjacentes foram examinados de maneira especialmente intensiva em animais e na levedura do pão, mas no essencial devem valer para todos os eucariotos.

Como **iniciação da transcrição** considera-se a organização do **transcriptossomo**, um complexo multiproteico de massa molecular grande, com participação da RNA polimerase II, no ponto de iniciação da transcrição (Figura 6-10). A primeira fase da transcrição termina com a saída da RNA polimerase do complexo e começa com o alongamento do RNAm, após o que o transcriptossomo novamente se decompõe, para eventualmente logo a seguir se formar de novo.

A acessibilidade do promotor para as proteínas participantes é decisiva para a formação do complexo. Ao longo do genoma, essa acessibilidade é controlada pela estrutura da cromatina, com participação de mecanismos específicos para os genes. É em geral aceito que, mesmo durante a transcrição, os genes mostram estrutura de nucleossomos (ver 2.2.3.1), e a cromatina ocorre na forma de solenoide (estrutura de 30 nm) ou na conformação de "colar de pérolas" (Figuras 2-21 e 2-22A). No núcleo em interfase, essas regiões localizam-se na **eucromatina**; na **heterocromatina** (ver 2.2.3), o DNA está fortemente condensado e não é transcrito. A indução da formação da cromatina é um mecanismo de inativação de grupos maiores de genes, para, por exemplo, com a conclusão de processos de desenvolvimento, não mais paralisar funções necessárias (em princípio reversíveis). Por isso, as regiões de heterocromatina também se distinguem em diferentes tecidos diferenciados.

O DNA da eucromatina forma domínios estruturais que, ao microscópio eletrônico, podem ser caracterizados como estruturas em alça; por meio de determinadas regiões de sequência de DNA ricas em AT (do inglês *scaffold attachment regions*, SARs), as alças estão fixadas a proteínas estruturais da **matriz nuclear**. Admite-se que os genes ativos na transcrição são encontrados nessas alças. Esses domínios funcionais são caracterizados por uma estrutura de cromatina "aberta", que se forma em consequência da acetilação de restos de lisina das histonas (proteínas) dos nucleossomos por **histona acetilases**. Mediante à acetilação, o número de cargas positivas das histonas se reduz. Desse modo, sua interação com o DNA carregado negativamente fica mais fraca. As **histonas desacetilases** são responsáveis pelo processo inverso da condensação da cromatina, que implica na redução parcial ou total da atividade de transcrição. A desacetilação de histonas ocorre preferencialmente em regiões de DNA metilado. Essa modificação do DNA, típica de eucariotos, é catalisada por **citosina-metil transferases**, que convertem determinadas citosinas (que na posição 3' apresentam uma guanina como base vizinha direta ou duas posições adiante) em 5-metilcitosina. Em vegetais, até 30% das citosinas do genoma podem ser metiladas. Na replicação (ver 1.2.3), o padrão de metilação da fita-mãe do DNA é copiado sobre a fita-filha: dessa maneira, o estado de condensação (ao longo do genoma) da cromatina é transmitido às células-filhas. Provavelmente, as regiões metiladas são abertas por proteínas de ligação específicas, que, por um lado, dificultam o depósito de fatores de transcrição e, por outro lado, facilitam a ligação das histona desacetilases, as quais iniciam a condensação da cromatina. Os trechos repetitivos da sequência de DNA e os transpósons são frequentemente hipermetilados e, desse modo, heterocromáticos. Isso é visto como um mecanismo de inativação que impede a transposição de transpósons e, com isso, opõe-se

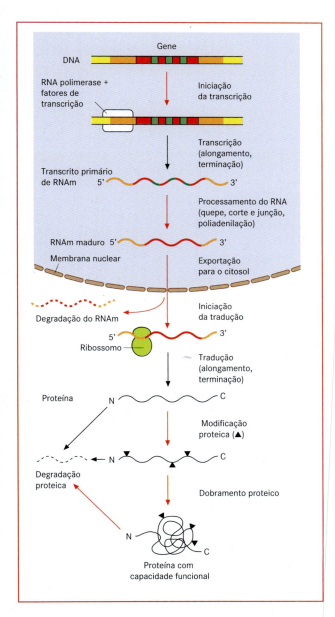

Figura 6-9 Fluxo de informações do gene até a proteína com capacidade funcional. As regiões dos ácidos nucleicos, mostradas em vermelho, têm função de codificação de proteínas. Alguns passos isolados na célula em parte paralelamente (ver texto) e estão apresentados sequencialmente apenas para uma visão geral melhor. Setas vermelhas: sítios principais de regulação. O andamento apresentado é válido para os genes do núcleo. (Segundo E. Weiler.)

aos movimentos indesejados do DNA. Além disso, outros fatores, em parte ainda não examinados mais detidamente, parecem modificar a deposição de nucleossomos na região das histonas acetiladas.

Pode-se admitir que, por intermédio dos processos descritos, numerosos genes do genoma são transferidos para um estado competente de transcrição, requisito para a formação do **complexo de iniciação da transcrição** (**transcriptossomo**).

A união do transcriptossomo ao promotor de um gene competente de transcrição abrange vários níveis (Figura 6-10):

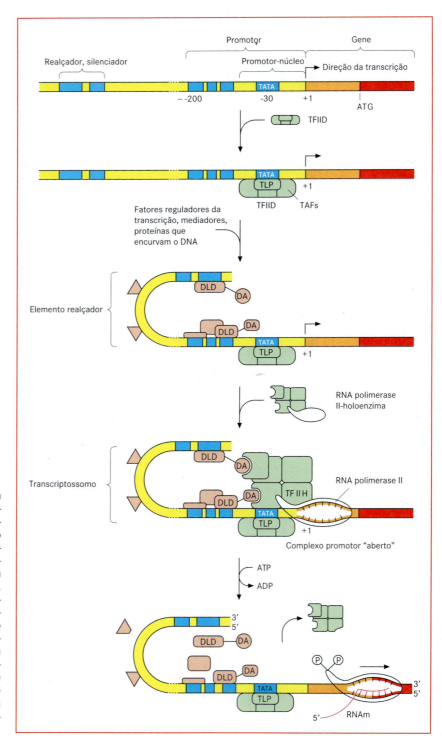

Figura 6-10 Etapas parciais da iniciação da transcrição para um gene codificante de proteínas no núcleo. Segundo esta representação, na região da caixa TATA, um complexo RNA polimerase II-holoenzima já formado liga-se ao fator de transcrição (geral) D da polimerase (TFIID), em interação simultânea com o complexo realçador igualmente já formado. De acordo com outra representação, a ligação do complexo RNA polimerase II-holoenzima ao TFIID se realiza sequencialmente pelo depósito de componentes individuais, seguido de uma formação igualmente sucessiva do elemento realçador. Outros esclarecimentos encontram-se no texto. DLD, **D**omínio de **l**igação ao **D**NA; DA, **D**omínio de **a**tivação de um fator de transcrição regulador; TPL, Caixa **T**ATA-**p**roteína de **l**igação; TFA, **T**PL-**f**ator **a**ssociado. (Segundo E. Weiler.)

1. Formação de uma plataforma para a ligação da RNA polimerase II ao promotor na proximidade do início da transcrição. Essa função é exercida por um fator de transcrição TFIID, complexo proteico de uma caixa TATA-proteína de ligação (TBP) e vários fatores associados a TBP (TAFs, todos são proteínas). Uma vez que vários dos TAFs mostram domínios proteicos semelhantes a histonas, presumiu-se que a plataforma constituísse uma estrutura semelhante a nucleossomo. A região de início da transcrição de localização "a montante" até a região -70, que contém eventualmente a caixa CAAT (Figura 6-8) e abrange principalmente a caixa TATA, é também conhecida como **promotor-núcleo** (do inglês *core promotor*).
2. Formação de um **elemento realçador** na região dos segmentos do promotor com localização "a montante", talvez com a inclusão de regiões realçadoras ou silenciadoras. De modo semelhante ao promotor-núcleo, esses segmentos de DNA são identificados por curtos trechos de sequência característicos, que aparecem em grande número e alta densidade (até mesmo sobrepostos) e representam sequências-alvo para a ligação de **fatores reguladores de transcrição** (que devem ser distinguidos dos fatores de transcrição gerais, como TFIID e outros, que pertencem ao conjunto polimerase-holoenzima). Esses segmentos de DNA são designados também como **elementos *cis*** reguladores e as proteínas a eles ligadas como **fatores *trans***. Distinguem-se várias classes de fatores de transcrição: 1) aqueles que possuem tanto características de ligação ao DNA quanto a proteínas e, por conta dos domínios de ligação ao DNA com os correspondentes elementos *cis* do promotor, estabelecem uma interação específica da sequência, enquanto com seus domínios de ligação a proteínas ligam-se a outros fatores de transcrição ou componentes do complexo RNA polimerase II-holoenzima, e outros 2) que estabelecem interações proteína-proteína e são identificados como mediadores ou coativadores. Um terceiro grupo de fatores de transcrição causa encurvamento do DNA (Figura 6-10). A formação do elemento realçador, constituído de muitos componentes proteicos, permite numerosas e sutis possibilidades de regulação da atividade gênica (ver 6.2.2.3).
3. Recrutamento da RNA polimerase II DNA-dependente. Junto com outras proteínas mediadoras e a plataforma ao promotor-núcleo, o elemento realçador forma uma estrutura à qual o complexo RNA polimerase II-holoenzima se liga. A holoenzima consiste na própria RNA polimerase II DNA-dependente (na levedura, consiste de 14 subunidades) e em outros fatores de transcrição gerais (TFIIA, B, E, F, H), bem como em numerosas proteínas mediadoras. Com isso, o complexo de iniciação da transcrição está completamente montado.

O começo da transcrição é introduzido por meio de uma fusão local do DNA na zona do ponto de partida da transcrição. Isso poderia ser facilitado pelo fator de transcrição geral TFIIH, que possui **atividade de helicase** que desenrola o DNA. Forma-se o assim chamado "complexo promotor aberto". TFIIH possui adicionalmente uma atividade de cinase e fosforila resíduos de aminoácidos no C-terminal da RNA polimerase II. A enzima fosforilada começa então com a síntese de RNAm, deixa o complexo de iniciação (que se desfaz na sequência), desloca-se ao longo da **fita-molde** na direção 3'→5' e produz o transcrito de RNAm com a sequência complementar de bases na direção 5'→3'. A fita de DNA com sequência idêntica à do RNAm formado (com a particularidade que, no lugar da timina (T) no DNA, está a uracila (U) no RNAm, ver 1.2.4) é denominada **fita codificante**. Conforme a definição, as informações da sequência para os elementos do promotor e genes se efetuam sempre na direção 5'→3' da fita codificante (Figura 6-11).

As análises da estrutura fina de núcleos em interfase, com auxílio de anticorpos a anti-elementos proteicos do aparato de transcrição (por exemplo, anti-RNA polimerase) mostraram que a atividade de transcrição não tem distribuição uniforme no núcleo, mas sim é concentrada em determinadas regiões. Nessas regiões, denominadas "fábricas de transcrição", os complexos de iniciação da transcrição devem se formar, e a polimerase deve permanecer durante a transcrição, presumivelmente ligada à matriz nuclear. Portanto, segundo esta ideia, a enzima não se deslocaria ao longo do DNA, mas sim "atravessaria" o DNA com a polimerização simultânea do RNA. De maneira semelhante, a replicação do DNA também deve ser realizada por enzimas ancoradas ("fábrica de replicação"), enquanto a molécula de DNA se move.

Enquanto em bactérias o RNAm transcrito é produzido diretamente em forma madura e mesmo a ligação dos ribossomos e a tradução (ou seja, a síntese proteica) já começam durante a transcrição em andamento no RNAm em formação, a transcrição dos genes eucarióticos fornece inicialmente transcrito primários (em conjunto, denominados **RNA heteronuclear**, RNAhn), que são processados ainda no núcleo. O processamento compreende:

- a formação de um **quepe** (do inglês *cap*) na extremidade 5' do RNAm (o processo em inglês denomina-se *capping*);
- a **remoção dos íntrons**, em um processo denominado **corte e junção** (do inglês *splicing*); e
- a adição de uma **cauda de poli A** na extremidade 3' da maioria dos RNA.

O RNAm maduro processado sai do núcleo pelos poros nucleares e é traduzido no citoplasma (ver 6.3.1.2).

As reações do processamento transcorrem de modo cotranscricional, portanto, já durante o alongamento do transcrito primário através de RNA polimerase II.

A estrutura do quepe é formada logo que a extremidade 5' do RNA resultante deixa a RNA polimerase. A **guanilil transferase** transfere de GTP um resíduo de GMP para a estrutura trifosfatada na extremidade do RNA, com separação do resíduo γ-fosfato do RNAm e formação de uma ponte trifosfato 5'-5' (Figura 6-12). Após, uma guanina-metil transferase metila o átomo 7 de nitrogênio da guanina acrescida. Essa estrutura básica pode ser modificada por outras metilações (na primeira base do RNA, à qual o resto de GMP foi anexado, bem como nos grupos 2'-OH das riboses da primeira e/ou segunda base do RNA). Admite-se que o quepe seja importante tanto para a exportação do RNAm maduro a partir do núcleo como para a iniciação da tradução (ver 6.3.1.2) e talvez para a estabilidade do RNAm.

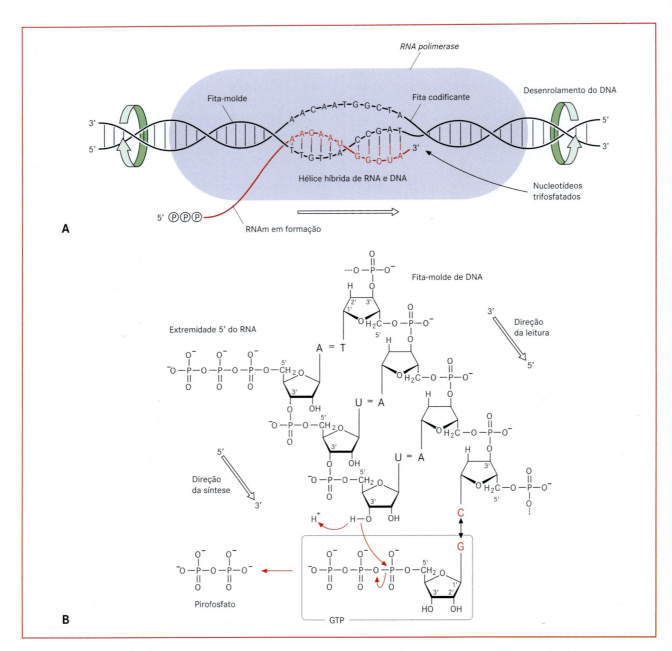

Figura 6-11 Fase de alongamento da síntese de um RNAm. **A** A RNA polimerase II DNA-dependente liga-se ao DNA dupla-hélice com desenrolamento localizado do DNA. Na direção 5'→3' da região desta "bolha de transcrição" (*Transkriptionsblase*; região em que as fitas do DNA estão desenroladas), a polimerase II sintetiza o RNAm com a sequência de bases complementar à fita-molde e idêntica à fita codificante; no lugar da T no DNA, é adicionada a U no RNAm (Figura 1-3, 1-4). Na região da "bolha de transcrição", forma-se uma hélice híbrida de DNA e RNA com cerca de 10-12 pb, da qual participa a fita-molde complementar ao RNAm. A ordem de nucleotídeos transcrita é um códon de metionina (AUG, Tabela 6-3), que devido a seu entorno (5'-AACA **AUG** GC-3') é identificado como ponto de partida da tradução. Essa e outras sequências semelhantes na região do códon de partida da tradução são conhecidas também como sequências de Kozak. **B** Andamento da síntese do RNAm. (A segundo L. Stryer, modificado.)

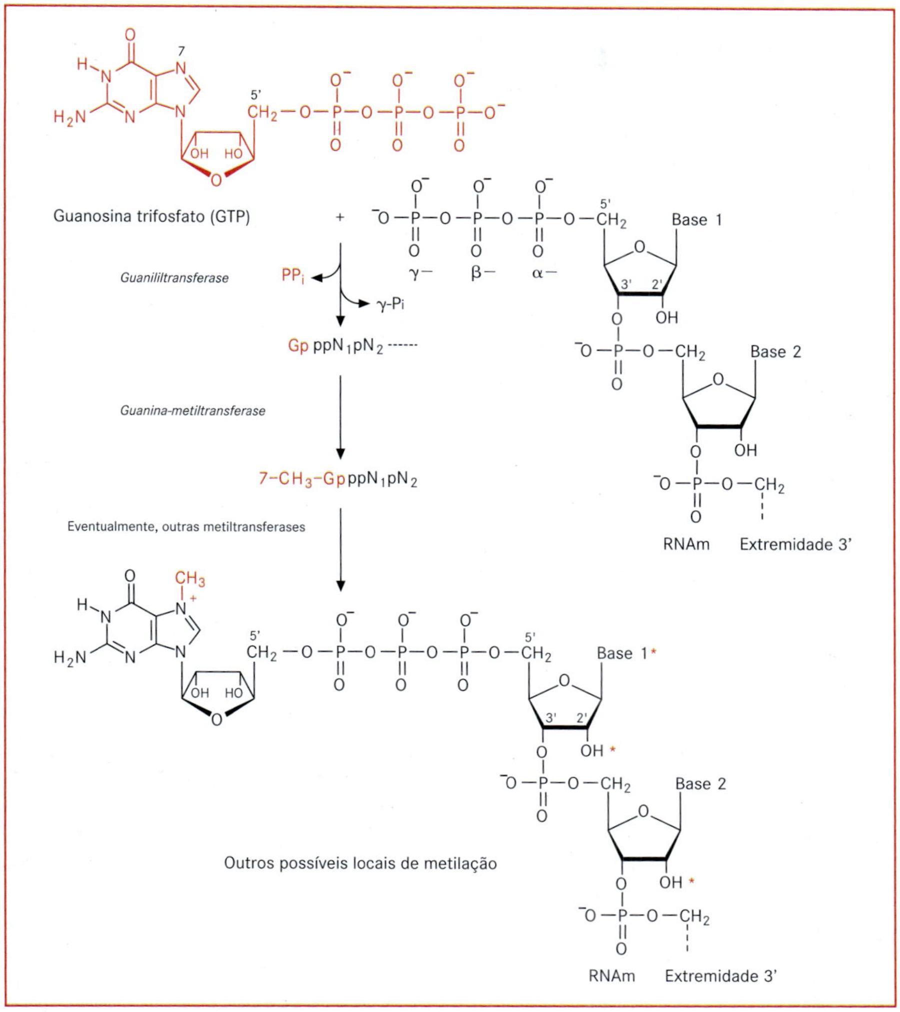

Figura 6-12 Formação da estrutura de quepe na extremidade 5', no transcrito primário do gene codificado no núcleo. A síntese transcorre de modo cotranscricional, tão logo a extremidade 5' do RNAm resultante na RNA polimerase torna-se livre. N_1, N_2, quaisquer nucleotídeos; P = fosfato (essa grafia diverge da convenção bioquímica, mas é geralmente usada em ácidos nucleicos). (Segundo E. Weiler.)

A remoção dos íntrons, a qual não detalharemos aqui por motivo de espaço, acontece de maneira bastante precisa nos sítios de corte e junção, caracterizados por ordens de bases conservadas (isto é, ordens de bases idênticas em quase todos os genes). Os limites dos íntrons de quase todos os genes nucleares codificantes de proteínas são determinados pela ordem de bases:

5' – ↓ GU.... AG ↓ – 3'

(as setas marcam os sítios de junção). A composição de bases dos íntrons em geral é mais rica em AT do que a dos éxons; logo, o DNA dupla-hélice na região dos íntrons pode ser "fundido" mais facilmente. Além de fatores proteicos, vários RNA nucleares pequenos (do inglês *small nuclear RNA*, RNAsn) participam do processo de corte e junção.

Os íntrons de genes de RNAr ou de RNAt, bem como os existentes no plastoma e no condroma, têm outras estruturas e outros mecanismos de junção. Assim, alguns desses íntrons exibem autojunção: eles realizam seu fenômeno de junção de maneira autocatalítica. Os ácidos ribonucleicos ativos enzimaticamente são denominados **ribozimas**. Admite-se que as ribozimas sejam resíduos de um "mundo de RNA", de um nível bastante inicial da evolução da vida, cujo quimismo continha predominantemente reações de ácidos ribonucleicos. A **atividade da peptidil transferase** na produção das ligações peptídicas durante a síntese proteica (ver 6.3.1.2), segundo o conhecimento atual, também é efetuada por uma ribozima, o RNAr 23S da grande subunidade do ribossomo 70S (ou o RNAr 28S nos ribossomos 80S, ver 2.2.4).

A poliadenilação da extremidade 3' do RNAm, típica para RNAm eucarióticos (mas às vezes não está presente), relaciona-se com a terminação da transcrição desses genes e é catalisada por uma RNA polimerase independente da fita-molde, a **poli (A) polimerase**. A reação precede a hidrólise do RNAm perto da extremidade de transcrição, que produz uma nova extremidade 3', à qual é adicionada a cauda de poli A (adição sucessiva de AMP a partir do ATP, até várias centenas de resíduos). O sítio de processamento é frequentemente marcado por uma sequência curta de RNA, que, no entanto, pode ser bastante variável em vegetais. Além da sua participação na terminação da transcrição, parece que a poliadenilação também influencia a estabilidade do RNAm. Ainda precisa ser esclarecido se ela também é importante para a iniciação da tradução, conforme fora cogitado.

A sequência de bases apresenta modificação pós-transcricional em determinados sítios, algo extremamente raro em RNAm codificados no núcleo, esporádico em RNAm plastidiais e frequente em RNAm mitocondriais. Esse processo é denominado **edição do RNA**. Com isso, citosina é convertida em uracila (raramente acontece o contrário) e só assim produz o molde de RNAm correta para a tradução. A edição de RNA mitocondriais até agora não foi encontrada em algas e musgos; ela é típica para as cormófitas (samambaias, angiospermas e gimnospermas). O mecanismo da edição é pouco conhecido. A formação das bases raras no RNAr e especialmente no RNAt (Figura 1-10) efetua-se de modo pós-transcricional.

Da iniciação da transcrição de um gene até a existência do RNAm maduro, podem passar vários minutos. Partindo do processamento de cerca de 2.000 bases por minuto por parte da RNA polimerase, o alongamento do RNAm em um gene de tamanho mediano (3,5-5 pkb) sozinho dura cerca 2-3 minutos.

A transcrição dos genes plastidiais é realizada por: duas RNA polimerases DNA-dependentes; uma enzima codificada em plastídios, com organização muito semelhante à da RNA polimerase bacteriana e diferentes fatores Û (todos são codificados no núcleo) específicos de promotores; e uma RNA polimerase (estruturalmente diferente e codificada no núcleo), que em organização se assemelha às duas RNA polimerases das mitôndrias, também codificadas no núcleo. Esse segundo tipo de polimerase tem parentesco com RNA polimerases de bacteriófagos, distingue-se presumivelmente por uma velocidade de síntese bastante alta e é empregado em plastídios para a síntese dos transcritos mais longos. Hipotetiza-se que os protoeucitos (teoria endossimbionte, ver 2.4) contraíram doença de procariotos infectados por fagos.

Os processos de transcrição podem ser fortemente inibidos com antibióticos e toxinas. Assim, as rifamicinas de *Streptomyces* (ou a **rifampicina**, derivado semissintético) impedem a iniciação da síntese de RNA por meio da inibição da RNA polimerase procariótica, mas não da eucariótica. A **actinomicina D**, de uma outra cepa de *Streptomyces*, impede a transcrição em procariotos e eucariotos mediante ligação a moléculas de DNA dupla-fita, que, por isso, não são mais utilizáveis como matrizes para a síntese de RNA. A **α-amanitina**, toxina do fungo *Amanita phalloides*, inibe fortemente a RNA polimerase II DNA-dependente (inibe fracamente a RNA polimerase III e não inibe a RNA polimerase I) e, assim, bloqueia a fase de alongamento da síntese de RNAm, especialmente dos genes codificantes de proteínas no núcleo.

A concentração de um determinado RNAm na célula depende não só da frequência da iniciação da transcrição no respectivo promotor gênico e da efetividade das etapas de processamento, mas também da **estabilidade do RNAm** na célula. Portanto, ela depende do metabolismo subsequente da molécula, em que a vida média biológica (portanto, o tempo necessário para a degradação de 50% das moléculas, após a cessação da síntese) pode ser de alguns minutos até vários anos (RNAm em sementes). Muito pouco é conhecido a respeito da degradação de RNAm vegetais. Como em outros eucariotos, a degradação muitas vezes parece ser introduzida pela remoção da cauda de poli A e do quepe na extremidade 5' e catalisada por **exonucleases 5'** (enzimas que, por hidrólise, liberam mononucleotídeos da extremidade 5'). Existem indícios que a degradação do RNAm está sujeita a uma regulação, mas não há qualquer ideia concreta sobre os mecanismos reguladores.

6.2.2.3 Controle da transcrição

Embora na rota do gene até a proteína sejam percorridos múltiplos pontos de controle (Figura 6-9) que, em conjunto, decidem sobre a quantidade da respectiva proteína em uma célula, a atividade gênica diferencial subjacente aos fenômenos de desenvolvimento é regulada durante o processo da iniciação da transcrição. Aqui são determinados os genes a serem transcritos e em que grau. São acrescidos mecanismos de controle gênico, que afetam a estrutura da cromatina (ver 6.2.2.2). O controle da atividade dos genes isolados é essencialmente governado durante a formação do elemento realçador (Figura 6-10). Para isso, são importantes os respectivos elementos *cis* e sua combinação na região do promotor, além de realçadores e silenciadores adicionais (Figuras 6-8 e 6-10), bem como os fatores de transcrição existentes em uma determinada célula (ou formados de acordo com a necessidade) e seu estado de atividade. O genoma nuclear de *Arabidopsis thaliana* (Quadro 6-1) contém mais de 1.700 genes que codificam diferentes fatores de transcrição, compreendendo mais de 5% de todos os genes. Tanto a transcrição dos genes para a formação de determinados fatores de transcrição reguladores como o estado de atividade dessas proteínas estão sujeitos ao controle por fatores endógenos e exógenos. Dessa maneira, com frequência são percorridas cascatas de vários níveis de processos de regulação gênica: um padrão de atividade (altamente estruturado espacial e temporalmente) de genes reguladores da transcrição exerce um comando diferenciado das atividades de muitos genes-alvo codificadores de proteínas estruturais e enzimas, que ao fim realizam a expressão fenotípica da característica do desenvolvimento.

Assim, conhecem-se elementos *cis* hormônio-responsivos, aos quais, por atuação de um fitormônio sobre a célula, se ligam proteínas de ativação específicas, ou elementos *cis* responsivos à luz, os quais mediam a regulação luminosa de determinados genes (Figura 6-87). A indução da formação *de novo* de enzimas mediante substratos (exemplo: nitrato redutase, indutor: nitrato) ou a repressão da formação *de novo* de enzimas por meio de produtos (exemplo: repressão da nitrato redutase por meio de íons amônio e glutamina; da glutamina sintase pela glutamina) já foram mencionadas no capítulo sobre fisiologia do desenvolvimento; elas são exemplos de um controle de metabólitos da transcrição. Esses processos estão bem examinados em procariotos (ver livros de microbiologia). Muitos fenômenos moleculares do controle da transcrição, no entanto, são ainda desconhecidos em eucariotos e especialmente em plantas superiores.

Além desses elementos *cis* específicos e seus respectivos fatores de transcrição, em promotores dos genes reguláveis encontram-se também os elementos *cis*, que ocorrem em diferentes genes e ligam fatores de transcrição correspondentemente muito frequentes. Isso provoca a promoção geral, embora não seletiva, da atividade de transcrição desses genes, que somente devido ao acoplamento com elementos *cis* específicos e seus fatores de transcrição é submetida a controle seletivo. Dois elementos *cis* bem caracterizados, presentes em forma típica ou variada nos promotores de numerosos genes regulados, são a **caixa G** (5'-CACGTG-3') e a **caixa GT-1** (5'-GG-TTAA-3'), cujas respectivas proteínas de ligação puderam ser identificadas. Pela combinação gene-específica do promotor-núcleo + elementos *cis* reguladores gerais + elementos *cis* que concedem especificidade é possível um controle extraordinariamente múltiplo da expressão gênica. O espectro de possibilidades é ainda aumentado pela evolução de **famílias de genes**, cujos membros, mediante a combinação com um respectivo promotor próprio, podem ser submetidos a uma regulação de transcrição diferente. Assim, o tabaco possui nove genes para a ATPase do tipo P, que se presta à organização da força motora de prótons na plasmalema (ver 5.1.4.3, Figura 5-4).Cada um desses genes é controlado por um outro promotor estruturado.

Os genes, cuja região codificante permite reconhecer um nítido parentesco de sequência, são conhecidos como **homólogos**. Os genes homólogos são **ortólogos**, quando podem ser encontrados em organismos diferentes e descendem de um precursor comum; eles são **parálogos**, quando resultam de duplicação (ões) gênica (s) no interior de um genoma.

Diferentemente dos procariotos, cuja RNA polimerase DNA-dependente liga-se diretamente de maneira muito forte aos seus promotores, a RNA polimerase II DNA-dependente dos eucariotos liga-se apenas muito fracamente ao promotor-núcleo. Por isso, a "atividade básica" de um promotor bacteriano é muito alta e a de um promotor eucariótico é muito baixa. Esse é o motivo pelo qual os mecanismos de repressão para redução da atividade gênica são amplamente distribuídos em procariotos, mas muito raros em eucariotos. Nos eucariotos, os mecanismos da iniciação da transcrição atuam preponderantemente no sentido de uma elevação da taxa de iniciação por meio de ativadores de transcrição.

6.3 Bases celulares do desenvolvimento

6.3.1 Metabolismo e distribuição de proteínas no interior da célula

Na rota da realização da informação genética, após efetuada a transcrição, a informação contida no RNAm é empregada para formação de proteínas. Esse processo ocorre nos ribossomos e é denominado **tradução**. Com isso, o código genético (ver 6.3.1.1) é transcrito em uma sequência colinear de aminoácidos. O dobramento proteico e talvez as modificações proteicas, ambos os processos que podem acontecer já durante a síntese proteica (cotradução) ou após a conclusão da síntese proteica (pós-tradução) concluem a formação das proteínas com capacidade funcional (ver 6.3.1.2). O equipamento proteico de uma célula resulta de uma simultaneidade regular de síntese e degradação (6.3.1.3). Nos eucitos, síntese proteica realiza-se no citoplasma, em plastídios (desde que presentes) e em mitocôndrias. As proteínas formadas em plastídios ou mitocôndrias permanecem na respectiva organela, ao passo que as sintetizadas no citoplasma têm muitos destinos celulares diferentes ou são separadas da célula. A distribuição correta das proteínas no interior da célula é decisiva para a realização e a manutenção da compartimentalização dos eucitos (ver 6.3.1.4).

6.3.1.1 Código genético

Dos numerosos aminoácidos existentes naturalmente, em regra apenas 20, os assim chamados aminoácidos proteicos são empregados para a síntese de proteínas durante a tradução (Figura 1-11). Sua ordem em uma proteína é estabelecida na sequência das bases no DNA ou, mais precisamente, no RNAm.

O conteúdo da informação do DNA ou do RNAm, expresso com quatro sinais ("letras do código"), na síntese proteica deve ser traduzido em no máximo 20 sinais (igualmente informativos) do polipeptídeo. Fica claro que os quatro sinais dos ácidos nucléicos são utilizáveis somente em combinação para codificação do 20 sinais das proteínas. Se cada dupla de bases (do alemão, *basenduplett*), das quatro bases diferentes, representasse uma "palavra-código" do **código genético**, ela especificaria um determinado aminoácido, podendo portanto, ser codificados no máximo $4^2 = 16$ aminoácidos diferentes. Se três nucleotídeos em sequência (trio; do alemão *triplett*) formarem uma palavra-código, podem ser codificados $4^3 = 64$ aminoácidos diferentes. Está comprovado que o código genético consiste em trios de bases sequenciais e

Tabela 6-3 Código genético padrão

UUU	Phe	UCU	Ser	UAU	Tyr	UGU	Cys
UUC	Phe	UCC	Ser	UAC	Tyr	UGC	Cys
UUA	Leu	UCA	Ser	UAA	Terminação	UGA	Terminação
UUG	Leu	UCG	Ser	UAG	Terminação	UGG	Trp
CUU	Leu	CCU	Pro	CAU	His	CGU	Arg
CUC	Leu	CCC	Pro	CAC	His	CGC	Arg
CUA	Leu	CCA	Pro	CAA	Gln	CGA	Arg
CUG	Leu	CCG	Pro	CAG	Gln	CGG	Arg
AUU	Ile	ACU	Thr	AAU	Asn	AGU	Ser
AUC	Ile	ACC	Thr	AAC	Asn	AGC	Ser
AUA	Ile	ACA	Thr	AAA	Lys	AGA	Arg
AUG	Met	ACG	Thr	AAG	Lys	AGG	Arg
GUU	Val	GCU	Ala	GAU	Asp	GGU	Gly
GUC	Val	GCC	Ala	GAC	Asp	GGC	Gly
GUA	Val	GCA	Ala	GAA	Glu	GGA	Gly
GUG	Val	GCG	Ala	GAG	Glu	GGG	Gly

Os trios de bases estão indicados na direção 5'→3'. Ver na Figura 1-11 o significado do código de três letras dos aminoácidos. Vermelho: códon de terminação ou códon da metionina, que marca a iniciação da tradução na posição apropriada da sequência (Figura 6-11).

não sobrepostas, os **códons**, aos quais estão relacionados os respectivos aminoácidos (Tabela 6-3). O código genético é geral (ou seja, é válido para vírus, bactérias, vegetais, animais e seres humanos), mas não universal e, por isso, é denominado código padrão. As exceções (Tabela 6-4) serão abordadas mais tarde. Os códons são indicados na direção 5'→3', a qual corresponde à direção da leitura do RNAm na tradução.

Enquanto para o triptofano e a metionina existe respectivamente um único códon, os demais aminoácidos são representados por 2-6 códons: o código genético é **degenerado**. A degeneração afeta especialmente a terceira posição das bases do códons. Isso talvez seja uma vantagem evolutiva, pois nem toda mutação pontual (troca de uma base por uma outra) acarreta uma modificação da sequência de aminoácidos da proteína em questão. Chama a atenção que os aminoácidos codificados várias vezes são encontrados com uma frequência correspondente nas proteínas e trios com UC codificam aminoácidos hidrófobos e os com AG, ao contrário, codificam aminoácidos hidrófilos; por isso, os primeiros são encontrados no lado esquerdo/superior da tabela do código e

Tabela 6-4 Algumas divergências do código genético padrão

Códon 5'→3'	Está no código padrão para	Codifica divergindo para	Organismo
Condromas			
UGA	Terminação	Trp	Fungos
AUA	Ile	Met	Dinoflagelado
CGG	Arg	Trp	Alguns protozoários
Plastomas			
AUA	Ile	Iniciação	*Heterocapsa triquetra* (Dinoflagellat)
UUG	Leu	Iniciação	*Heterocapsa triquetra* (Dinoflagellat)
Genomas procarióticos			
UGA	Terminação	Trp	*Mycoplasma* sp.
Nucleomas			
CUG	Leu	Ser	Dependendo do contexto da sequência, em alguns procariotos e eucariotos (p. ex., *Chlamydomonas*)
UAA, UAG	Terminação	Gln	
UGA	Terminação	Selenocisteína	

os últimos no lado direito/inferior (Tabela 6-3). Por fim, as famílias de trios de bases (primeira base comum) definem aminoácidos que mostram propriedades em comum em sua biossíntese e, com isso, na sua estrutura. A agregação dos códons nos aminoácidos, portanto, não é casual: ela envolve uma coevolução dos códons e dos aminoácidos. Como mecanismo molecular, discute-se uma complementaridade entre determinados ácidos ribonucleicos e determinadas moléculas de aminoácidos no "mundo do RNA".

Além de códons que especificam aminoácidos, o código contém também "sinais de pontuação": o simultâneo códon de iniciação 5'-AUG-3' que codifica metionina, bem como os três códons de terminação: 5'-UAA-3', 5'-UAG-3' e 5'-UGA-3', também conhecidos como "ochre", "amber" e "opal"; eles marcam o ponto de terminação ou o final da região traduzida de um RNAm.

Ao longo do tempo, foram descobertas divergências no emprego do código de trios de bases padrão (Tabela 6-4). Chama a atenção especial o fato de que em alguns procariotos e eucariotos o códon de terminação 5'-UGA-3' codifica selenocisteína, o 21º aminoácido proteico. Até agora, a presença desse aminoácido em vegetais foi comprovada apenas na enzima glutationa peroxidase de *Chlamydomonas reinhardtii*. Essa "recodificação" depende da formação de uma estrutura em "grampo-de-cabelo" no RNAm, resultante de um pareamento interno de bases, que em procariotos encontra-se na direção 3' imediatamente após o códon UGA e em eucariotos na região 3' não traduzida do RNAm.

Os RNAt servem como moléculas adaptadoras que no final permitem a transferência da ordem de códons do RNAm para uma sequência de aminoácidos (Figuras 1-10A e 6-13). Essas moléculas de RNAt compreendem 74-94 nucleotídeos diferentes, dos quais as bactérias possuem 30-45 e os eucariotos até 50. Cada RNAt carrega no braço do anticódon (Figura 1-10A) um trio de bases complementar ao códon, o **anticódon**, que no ribossomo realiza um pareamento de bases específico com o códon e, assim, aproxima o aminoácido especificado pelo códon do dispositivo de síntese proteica do ribossomo. Todos os RNAt são caracterizados pela ordem de bases 5'-CCA-3' na sua extremidade 3' coesiva e portam na forma carregada sempre apenas um aminoácido característico. Este, com seu grupo carboxila na ligação éster, ocorre ligado ao grupo hidroxila 2' ou 3' da ribose situada na extremidade. O carregamento do RNAt é catalisado por **aminoacil-RNAt sintetases** (Figura 6-14), cada uma específica para cada aminoácido. Os vários contatos entre a respectiva sintetase, o aminoácido e os aceptores de RNAt, que incluem o anticódon e muitos outros elementos estruturais do RNAt (papel das bases raras, Figura 1-10A, B) garantem que somente RNAt e aminoácidos corretos reajam ao aminoacil-RNAt. Adicionalmente, como função de correção (do inglês *proofreading function*), as aminoacil-RNAt sintetases possuem atividade de esterase, que elimina por hidrólise os resíduos errados de aminoacil. A atividade de esterase contra o aminoácido correto é sensivelmente mais fraca. Os experimentos mostraram que a taxa de erro de tradução em *Escherichia coli* é de 1 para 10^4 aminoácidos incorporados. Como existem mais RNAt diferentes do que aminoácidos proteicos, para alguns aminoácidos há vários RNAt isoaceptores.

A síntese das bases raras dos RNAt, que podem representar até 10% das bases de uma molécula de RNAt e ocorrem principalmente nas regiões em forma de "laço" não pareadas (Figura 1-10A), realiza-se por modificação pós-transcricional principalmente no citoplasma. Essa síntese compreende metilações, reduções ou a fixação de um resíduo de dimetilalil a um resíduo de adenina, por meio da dimetilalil transferase citoplasmática. No último caso, como componente do RNAt, geralmente na posição 3' junto ao anticódon, origina-se N^6 (δ^2-isopentenil)-adenina

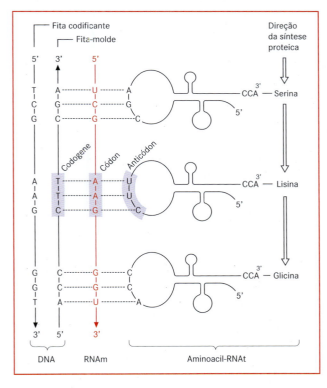

Figura 6-13 Relações da codificação da informação dos aminoácidos com DNA, RNAm e RNAt. Os códons do RNAm têm ordem de bases idêntica aos correspondentes tripletes da fita de DNA codificante (no entanto, no RNAm encontra-se U em vez de T). Os tripletes complementares da fita-molde empregada para a síntese de RNAm são denominados codogenes; em princípio, eles têm uma ordem de bases idêntica aos anticódons do RNAt (novamente, no RNA encontra-se U em vez de T). Contudo, às vezes encontram-se bases raras nos anticódons, as quais resultam de modificação secundária das bases originais, surgindo por fim pareamentos de bases fora do padrão (ver texto). (Segundo E. Weiler.)

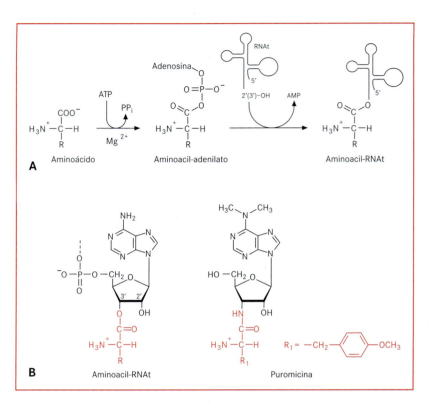

Figura 6-14 Aminoacil-RNAt. **A** Síntese de aminoacil-RNAt. O aminoácido é primeiro ativado com ATP, com formação de um aminoaciladenilato. As aminoacil-RNAt sintetases da classe II transportam o aminoácido ativado, liberando de AMP para o grupo 3'-OH da ribose na extremidade 3' do RNAt. As enzimas da classe I transportam o aminoácido para o grupo 2'-OH. **B** Extremidade 3' de um aminoacil-RNAt, cuja formação foi catalisada por uma aminoacil-RNAt sintetase da classe II. Puromicina é um análogo estrutural da extremidade 3' de um RNAt carregado com tirosina ou fenilalanina. A ligação amida da puromicina pode não ser quebrada pela peptidil transferase, de modo que o depósito de puromicina no sítio aceptor do ribossomo leva ao rompimento da síntese proteica. (Segundo E. Weiler.)

(IPA), composto que na forma livre como citocinina exerce efeitos radicais sobre o desenvolvimento vegetal (ver 6.6.2).

Selenocisteína-RNAt é formada por modificação secundária, ao mesmo tempo que ao RNAt primeiramente é ligada a serina, que, pela ação da enzima selenocisteína sintase, é transformada em selenocisteína no RNAt; o doador de selênio é o selênio-fosfato. Em bactérias, mediante modificação secundária a partir de metionina-RNAt origina-se também N-formilmetionina-RNAt, que em vez de metionina é utilizada como primeiro aminoácido na iniciação da tradução no códon de iniciação 5'-AUG-3'.

Com o encurvamento do anticódon decorrente da formação em "laço", a primeira base do anticódon e a terceira base do códon do RNAm não aceitam um pareamento de bases bem exato (Figura 6-13). Com isso, é possível a formação de outros pareamentos de bases que não os habituais (G com C ou A com U, Figura 1-6). Isso é conhecido como "**wobble**" ("**oscilação**"). Por exemplo, são possíveis pares G-U (duas pontes de hidrogênio). A inosina (I) derivada de guanina, no sítio do anticódon, pode parear até com três bases (A, U, C) (duas pontes de hidrogênio). Em casos raros, na posição mediana do triplete do anticódon, entra até uma base rara (por exemplo, pseudouridina, Ψ, que forma um par de bases com A, Figura 1-10). Devido à "oscilação", reduz-se o número de RNAt necessários para a descodificação de todos os tripletes. Os RNAt mitocondriais podem frequentemente parear com todas as quatro bases da 3ª posição de um códon. Por meio dessa "superoscilação", o número necessário de RNAt nas mitocôndrias é reduzido.

6.3.1.2 Biossíntese proteica

A síntese proteica pode ser dividida em:

- fase inicial,
- fase de alongamento e
- fase de terminação.

A exposição a seguir limita-se à tradução nos ribossomos 80S (ver 2.2.4) dos eucitos, sendo referidas as diferenças essenciais em relação aos procariotos (ribossomos 70S).

A **fase de iniciação** da tradução começa no quepe 5' do RNAm (Figura 6-12) com a formação do complexo pré-iniciação. Esse complexo consiste na pequena (40S) subunidade de ribossoma, do RNAt iniciador carregado com metionina (diferente do metionina-RNAt, que reconhece os códons 5'-AUG-3' situados no interior de uma janela aberta de leitura) e de outras proteínas, os **fatores de iniciação**. Em vegetais, a cauda de poli A na extremidade 3' do RNAm e a proteína de ligação de poli A também participam da iniciação da tradução; quanto mais longo o resíduo da poli A, mais frequente é a ocorrência de iniciação da tradução. O **complexo de iniciação** formado busca então o RNAm na direção 5'→3' segundo um códon de iniciação. Por sua posição na sequência (**sequência de Kozak**, Figura 6-11), o códon de iniciação é distinguível do códon de metionina "interno". Assim que o complexo de iniciação tenha alcançado essa posição, liga a subunidade de grande (60S) dos ribossomos e começa a síntese protei-

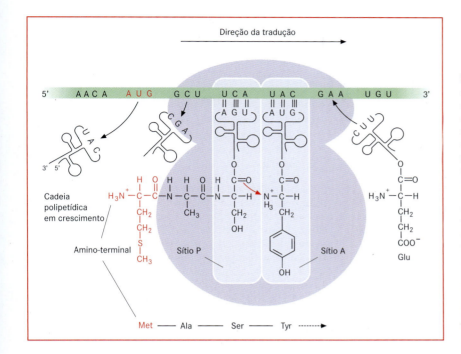

Figura 6-15 Representação esquemática da tradução no ribossomo. Está representado o começo de uma síntese polipeptídica em um ribossomo 80S. O códon de iniciação (vermelho) é reconhecido com base na sua posição na sequência (sequência de Kozak, Figura 6-11) e pareia com o anticódon do RNAt^MET iniciador. O RNAm é lido códon por códon na direção 5'→3'. Duas ligações peptídicas já foram estabelecidas, os RNAt correspondentes deixaram o ribossomo. O terceiro RNAt, com a cadeia peptídica ligada, ocupa o sítio P (sítio do **p**eptidil); o quarto aminoacil-RNAt – carregado com tirosina no exemplo mostrado – ligou-se ao sítio A (sítio do **a**ceptor) e o pareamento anticódon-códon foi executado: a reação da peptidil transferase se processa (seta vermelha). Por motivo de clareza, a cadeia peptídica foi apresentada sem consideração às relações estéricas (Figura 1-12). (Segundo E. Weiler.)

ca. Em procariotos, diferentemente, a iniciação da tradução começa com a formação do complexo de iniciação em um sítio de ligação ao ribossomo de 3-10 bases (**sequência de Shine-Dalgarno**: 5'-AGGAGGU-3' ou variantes dessa sequência) colocado na direção 5' antes do códon de iniciação. Nos procariotos também é empregado um RNAt iniciador próprio. No entanto, ele não possui metionina, mas sim N-formilmetionina.

A **fase de alongamento** processa-se em procariotos e eucariotos de maneira bastante semelhante (Figura 6-15) e requer outras proteínas, os **fatores de alongamento**. Com a ligação da subunidade 60S, dois sítios de ligação ao RNAt ficam à disposição no ribossomo: o sítio P (sítio do **p**eptidil), em primeiro lugar ocupado com o iniciador-RNAt, e o sítio A (sítio do **a**ceptor), no qual se deposita o segundo aminoacil-RNAt, especificado no códon de iniciação seguinte ao triplete de bases. A interação códon-anticódon ocorre na subunidade 40S e a síntese de peptídeos na subunidade 60S, pela **ribozima peptidil transferase** (função do RNAr 28S ou do RNAr 23S, em procariotos). Nessa altura, o grupo carboxila da primeira reage com o grupo amino da segunda; os aminoácidos ficam ligados ao RNAt e, após, este é liberado. Logo, a proteína possui no seu começo um grupo amino livre (ou um grupo N-formilamino, em procariotos). Por isso, o início de um polipeptídeo é denominado também amino-terminal ou N-terminal; o final da proteína com o grupo carboxila livre é denominado carboxila-terminal ou C-terminal. Após a conclusão da reação da peptidil transferase, o primeiro RNAt dissocia-se do ribossomo; o seguinte move-se para o sítio P com o dipeptídeo ligado, movendo junto o RNAm pareado com o anticódon

(**translocação**). No sítio A liberado é exposto então um outro triplete, e o aminoacil-RNAt correspondente deposita-se, após o que se realiza a próxima reação da peptidil transferase. O alongamento da cadeia de aminoácidos processa-se em eucariotos com uma velocidade de cerca da 25 aminoácidos por segundo e em bactérias são aproximadamente 50 aminoácidos por segundo. Com base no tamanho do ribossomo, o amino-terminal da cadeia proteica resultante só se dissocia dele quando existem cerca de 35-40 aminoácidos ligados entre si.

Quando um dos três códons de terminação é alcançado, o sítio A do ribossomo é ocupado por uma proteína identificada como **fator de terminação**; com o desligamento do RNAt no sítio P, o polipeptídeo sintetizado é liberado, após o que o complexo de tradução se decompõe. Nos eucariotos, tanto a fase de iniciação quanto o alongamento e a terminação da tradução são dependentes de energia; GTP é a fonte de energia. Em procariotos, a iniciação e o alongamento necessitam de GTP, mas a terminação não.

Como a transcrição, a tradução também é regulada. A expressão dos genes codificados no núcleo submete-se principalmente ao controle da transcrição; com menos frequência foi comprovado um controle da tradução. Isso deve exercer um papel quando houver carência de oxigênio ou lesão, por exemplo. Por outro lado, o controle da tradução é um mecanismo significativo da regulação da expressão gênica plastidial (Figura 6-6). Participam desse mecanismo as proteínas de ligação ao RNA codificadas no núcleo e os segmentos da sequência no RNAm situados na direção 5' antes da região traduzida, aos quais esses proteínas reguladores se ligam.

A tradução pode ser bloqueada de maneira específica por diferentes inibidores. Devido à sua semelhante estrutural com fenilalanina-RNAt ou tirosina-RNAt, o antibiótico **puromicina** (Figura 6-14) concorre pelos sítios de ligação no ribossomo e efetua o rompimento das cadeias proteicas que estão se ligando, as quais são liberadas como peptidilpuromicina. O **cloranfenicol** inibe a atividade da peptidil transferase da subunidade 50S dos ribossomos 70S, mas não a da subunidade 60S dos ribossomos 80S. Por isso, ele inibe a tradução apenas em bactérias, plastídios e mitocôndrias, mas não a tradução no citoplasma. A **ciclo-heximida**, por outro lado, inibe a peptidil transferase da subunidade 60S, mas não a da subunidade 50S, e, com isso, a síntese proteica citoplasmática.

A cadeia polipeptídica liberada do ribossomo não é ainda biologicamente ativa, mas só por meio de outros processos é convertida na forma ativa. Entre esses processos, o **dobramento proteico** ocorre sempre, **modificações químicas** e o **processamento proteolítico** são frequentes, e a **clivagem proteica** é rara.

Embora a conformação definitiva (nativa) de uma proteína seja determinada pela sua sequência de aminoácidos, em tubo de ensaio apenas as proteínas pequenas se dobram espontaneamente (mas lentamente). Nas células, a maioria das proteínas alcança a conformação nativa com auxílio de determinadas proteínas, as auxiliares no dobramento ou **chaperonas** (ver 1.3.2.2). Proteínas pequenas de até aproximadamente 60 kDa de massa molecular, que no estado dobrado formam apenas um único domínio, são dobradas pelas **chaperoninas**, complexos proteicos de grande massa molecular presentes em procariotos e eucariotos (também em plastídios e mitocôndrias). As chaperoninas cercam as cadeias polipeptídicas em sua cavidade central e só as liberam após a conclusão do processo de dobramento (Figura 6-18). O processo de dobramento requer ATP. Em plastídios e mitocôndrias, a chaperonina Hsp60 participa do dobramento proteico. A chaperonina é um complexo cilíndrico de grande massa molecular com 14 subunidades do conjunto Hsp60-proteína dispostas em dois anéis (cada um com sete subunidades sobrepostas). O Hsp60 é uma proteína de choque térmico (Hsp, **hitzes**chock**p**rotein): o número 60 representa a massa molecular do promotor em kDa. Ela é produzida após um choque térmico (= elevação rápida da temperatura acima de 32ºC), para dobrar novamente proteínas desnaturadas termicamente.

As proteínas maiores e as proteínas que consistem em vários domínios, que se dobram de maneira independente umas das outras, utilizam chaperonas como auxiliares no dobramento. A chaperona mais generalizada é igualmente uma proteína de choque térmico, Hsp70. Em forma de monômero, ele se liga a segmentos hidrófobos de proteínas desdobradas ou dobradas apenas parcialmente. Admite-se que após a cadeia polipeptídica se desligar da chaperona (o que depende de ATP) o dobramento propriamente se processa espontaneamente. As chaperonas se ligam a cadeias polipeptídicas já durante a sua síntese, tratando-se, portanto, de uma cotradução. Assim, eles impedem, por exemplo, uma agregação de proteínas sintetizadas em polissomos (ver 2.2.4), portanto por meio de ribossomos vizinhos que funcionam na mesma molécula de RNAm, em uma distância de apenas aproximadamente 80 nucleotídeos. Frequentemente, chaperonas e chaperoninas cooperam na célula. Assim, durante a importação de proteínas em plastídios e mitocôndrias (ver 6.3.1.4), mediante ligação à chaperona citoplasmática Hsp70 é impedido o dobramento prematuro em cadeias polipeptídicas. Após atravessar as membranas das organelas, elas são "recepcionadas" por isoformas de Hsp70 plastidiais ou mitocondriais e levadas à chaperonina do tipo Hsp60 (situada no estroma ou na matriz, respectivamente) para o dobramento definitivo (Figura 6-18).

O processamento de proteínas por meio de modificação química e/ou proteólise pode igualmente ocorrer como cotradução ou postradução. A este respeito, na seção 6.3.1.4 são apresentados exemplos; já foi chamada a atenção sobre modificações químicas para regulação da atividade enzimática (ver 5.1.7.2, Figuras 5-10, 5-62 e 5-64).

Só recentemente foi descoberto que (em casos raros) proteínas são convertidas em sua forma definitiva por meio de processos de clivagem (ver 6.2.2.2). Neste caso, a partir da pré-proteína é eliminada uma sequência interna da proteína (**inteína**, *interne proteinsequenz*) e os segmentos externos da proteína (**exteínas**, *externen proteinabschnitte*) são anexados à proteína madura. Com frequência, esse processo é autocatalítico, sendo, portanto, realizado pela própria pré-proteína. No caso da subunidade de 69 kDa da ATPase do tipo V vacuolar translocadora de íons hidrogênio (Figura 5-4) da levedura, durante o fenômeno de clivagem autocatalítica, a partir de um precursor de 119 kDa é afastada uma inteína de 50 kDa, que por sua vez é ativada enzimaticamente. Como endonuclease específica da sequência, ela participa da integração do DNA (codificador da inteína) em sítios especiais do genoma. Logo, a inteína e seu DNA representam um elemento genético móvel (ver 6.2.1.1).

6.3.1.3 Degradação proteica

A quantidade de uma proteína na célula é determinada não só pela taxa de sua síntese, mas também pela taxa de degradação. Vários aspectos confirmam que a degradação proteica também é um processo celular controlado. Em células de eucariotos (e Archaea) encontra-se uma protease muito grande (massa molecular de 600-900 kDa), o **proteassomo** (ver 1.3.2.3, Figura 1-16). Ele ocorre no citoplasma e no núcleo dos eucitos e degrada, de maneira inespecífica, proteínas a peptídeos pequenos de aproximadamente 6-9 aminoácidos. Na verdade, só são degradadas aquelas proteínas de antemão marcadas por ligação covalente a várias (mais de quatro) moléculas de **ubiquitina**. A ubiquitina é uma proteína presente em todos os eucariotos (ubiquitária) e constituída de 76 aminoácidos. Em uma reação covalente ATP-dependente, enzimas específicas transportam ubiquitina para resíduos de lisina dos substratos proteicos (a sequência de reações está apresentada esquematicamente na Figura 6-44). A ubiquitinação pode ter andamento induzido e, portanto, depender do estado da proteína (por exemplo, fosforilada/desfosforilada; além disso, proteínas falsamente dobradas são rapidamente ubiquinadas) ou então ser constitutiva. A seguir, o aminoácido na porção N-terminal, junto com resíduos internos de lisina (esses elementos estruturais em conjunto são também conhecidos como **N-Degron**), determina a meia-vida biológica da proteína. Por exemplo, proteínas com arginina ou lisina, como aminoácido na porção N-terminal, estão sujeitas à degradação acelerada pelo proteassomo.

Além do sistema ubiquitina/proteassomo, é atribuído um significado à degradação proteica (igualmente ATP-dependente) por meio de proteases Clp – assim denominadas de acordo com a sua descoberta como protease que degrada caseína em *Escherichia coli* (do inglês *caseinolytic protease*). As proteases Clp estão presentes em bactérias, animais e vegetais; nos vegetais, elas são encontradas no citoplasma, núcleo, plastídios e mitocôndrias.

Muito pouco se conhece a respeito da degradação proteica em mitocôndrias e plastídios. Em vegetais, as proteases vacuolares, que frequentemente existem em grandes quantidades, podem também participar da degradação das próprias proteínas celulares. Sobre esses fenômenos também pouco é conhecido. Presume-se, no entanto, que as proteases vacuolares tenham funções de proteção, ao mesmo tempo em que durante o ataque do patógeno são liberadas da célula perturbada e danificam o microrganismo penetrante (ver 8.3.4).

6.3.1.4 Separação das proteínas na célula: biogênese das organelas celulares

As proteínas formadas em mitocôndrias ou plastídios permanecem na respectiva organela. Já as proteínas codificadas no núcleo e, portanto, sintetizadas no citoplasma, são secretadas ou devem ter diferentes destinos celulares, para execer sua função. Logo, a distribuição correta das proteínas codificadas no núcleo é um processo decisivo para a biogênese das organelas celulares e para a manutenção da compartimentalização (Figura 6-16).

A informação sobre o local-alvo celular está contida na própria proteína – em última análise, na sequência de nucleotídeos do seu gene. Esses sinais topogênicos são segmentos de proteína nas porções N-terminal ou C-terminal ou no interior da cadeia de aminoácidos, que interagem com receptores específicos. Com isso, em primeira instância, há dependência da estrutura e da acessibilidade e não da sequência de aminoácidos do sinal topogênico. Isso explica porque em muitos casos um sinal topogênico não pode ser reconhecido só com base na sequência de aminoácidos ou proteínas, que, tendo o mesmo sítio-alvo na célula, podem dispor de sequência de aminoácidos completamente diferente na região dos seus sinais topogênicos.

A tradução de todos RNAm do núcleo começa no citoplasma. As proteínas cuja tradução é concluída no RE possuem uma sequência **peptídeo sinal** na extremidade amino-terminal com cerca de 16-30 aminoácidos, que no centro exibe 4-12 aminoácidos hidrofóbicos. Assim que essa sequência peptídeo sinal tenha deixado o ribossomo (quando a cadeia peptídica em crescimento tenha aproximadamente 70 aminoácidos de comprimento), o complexo ribonucleoproteico PRS (**p**artícula de **r**econhecimento de **s**inal) liga-se a essa sequência e interrompe a tradução. O complexo de PRS, ribossomo, da cadeia proteica resultante e RNAm liga-se então a um receptor de PRS na superfície da membrana do RE. Nesse local, com a liberação da PRS e hidrólise de GTP, o começo da cadeia proteica é entregue um complexo de translocação (**translócon**) e a alongamento do polipeptídeo tem continuidade. Com isso, por meio de um poro hidrófilo do complexo de translocação, a cadeia polipeptídica é levada simultaneamente (cotradução) para o lume do RE. O processo transcorre com clivagem da sequência de sinais. Igualmente por cotradução, os domínios proteicos já se dobram, formam-se pontes dissulfeto e a cadeias de oligoglicanos são transportadas para determinados resíduos de asparagina por ligação N-glicosídica. As proteínas de membrana do RE são formadas de maneira igual. As regiões de aminoácidos de aproximadamente 20 resíduos hidrofóbicos, que assumem uma estrutura de α-hélice (ou às vezes também uma estrutura de folha β pregueada), no entanto, são deixadas na membrana pelo translócon e ancoram, como domínio transmembrana, a proteína na membrana do RE. Por motivo de espaço, os detalhes do exame acurado da síntese proteica no RE não podem ser aqui apresentados.

As proteínas sintetizadas no RE, com o fluxo de membrana (fluxo de vesícula), por meio dos dictiossomos são transportadas para a membrana plasmática ou para o vacúolo ou permanecem no RE. Se não existirem quaisquer outras estruturas topogênicas, uma proteína depositada no lume do RE é secretada pelo complexo de Golgi. As proteínas de membrana sem outras estruturas topogênicas chegam por essa rota até a membrana plasmática. Para todos os demais locais-alvo puderam ser identificados sinais topogênicos adicionais. Assim, proteínas que permanecem no RE são caracterizadas por um sinal de retenção C-terminal – a ordem de aminoácidos Lys-Asp-Glu-Leu (COOH) ou uma sequência semelhante. Para os vacúolos ou tonoplastos, determinadas proteínas apresentam igualmente sequências de sinais. Em geral, as sequências N-terminais com 12-16 aminoácidos de comprimento são as que quase sempre apresentam o motivo de sequência Asn-Pro-Ile-Arg. As proteínas armazenadas em vacúolos (típicas de sementes), ao contrário, portam sequências C-terminais ou, mais raramente, motivos de sequência internos. Em todos os casos conhecidos, as sequências de sinais vacuolares no local-alvo são quebradas por proteólise. No caso da ricina tóxica de *Ricinus communis*, mediante a retirada da sequência interna de sinais, são formados dois polipeptídeos, que logo a seguir são novamente ligados entre si por pontes dissulfeto e produzem a cadeia A ou cadeia B da ricina madura. A formação dos vacúolos armazenadores de proteínas acontece apenas parcialmente pelas vesículas do complexo de Golgi; além disso, vesículas contendo proteínas de reserva são também desprendidas diretamente do RE.

Caso no início da tradução não seja formado qualquer RE-peptídeo sinal, a síntese proteica progride no citoplasma com formação de polissomos, e a cadeia polipeptídica produzida é liberada no citoplasma. Por outro lado, a outra distribuição subcelular dessas proteínas, transportadas para plastídios, mitocôndrias, peroxissomos (ou glioxissomos) e núcleo ou talvez retiradas da célula através de plasmodesmos, ocorre em regiões proteicas topogênicas específicas, cuja compreensão tem avançado rapidamente nos últimos tempos. Na falta dessa distribuição, a proteína permanece no citoplasma da célula na qual havia sido formada. Por motivo de espaço, podem ser apresentados brevemente apenas os andamentos típicos; em caso isolado, são possíveis numerosas variantes (ver livros de biologia celular).

A biogênese de peroxissomos é bem conhecida especialmente na levedura. Nos peroxissomos e glioxissomos das plantas superiores as relações podem ser semelhantes. Os peroxissomos originam-se devido à importação na pós-tradução de proteínas já completamente dobradas em pré-peroxissomos, que se desprendem como vesículas do RE e devido ao depósito proteico aumentam de volume. Para a importação nessas organelas, determinadas proteínas possuem dois tipos de sequências de aminoácidos: SEP1 (C-terminal) ou SEP2 (N-terminal) (do inglês PTS, *p*eroxisomal *t*argeting *se*quence; SEP, *s*equência de *e*ndereçamento *p*eroxissômico). SEP2 consiste em aminoácidos e SEP1 em apenas três. Em caso típico, ocorre o tripeptídeo Ser-Lys-Leu (COOH), não

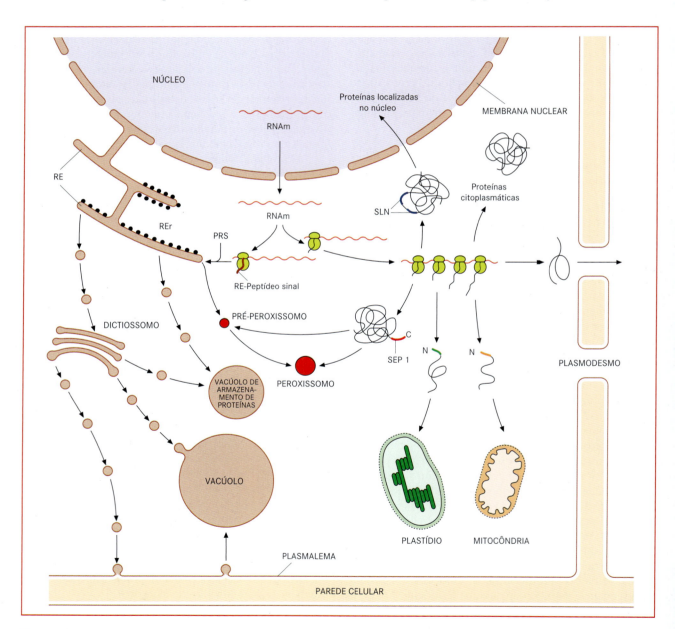

Figura 6-16 Representação esquemática dos processos mais importantes para a distribuição das proteínas codificadas no núcleo. Outros esclarecimentos dos processos são encontrados no texto. C ou N identificam respectivamente as porções C-terminal ou N-terminal da proteína. SLN, *s*inal de *l*ocalização *n*uclear; SEP, *s*inal de *e*ndereçamento *p*eroxissômico; PRS, *p*artícula de *r*econhecimento de *s*inal. (Segundo E. Weiler.)

clivado após o transporte. Os detalhes do mecanismo de importação, para o qual se presume que exista um poro grande ou um processo semelhante à endocitose, não são ainda conhecidos. Igualmente, são importadas pela organela, junto com a proteína, partículas coloidais de ouro com até 9 nm de diâmetro, adsorvidas a proteínas peroxissômicas.

Durante a germinação, em sementes armazenadoras de gordura são formadas primeiramente grandes números de glioxissomos (mobilização dos lipídeos de reserva, ver 5.11), que desaparecem com a retomada da fotossíntese e são substituídos por peroxissomos (fotorrespiração, ver 5.5.6). Foi possível mostrar que durante esse processo houve uma reorganização de glioxissomos em peroxissomos. Assim, demonstrou-se imunologicamente que as organelas continham enzimas-guias (em alemão, *leitenzyme*) (enzimas cuja existência é típica para um determinado compartimento) tanto glioxissômicas quanto peroxissômicas. Uma vez que glioxissomos e peroxissomos têm numerosas enzimas em comum (por exemplo, catalase e as enzimas da β-oxidação de ácidos graxos), a reorganização de glioxissomos em peroxissomos é especialmente econômica. Ainda não se sabe como ela se realiza.

As determinadas proteínas para (por exemplo, histonas, fatores de transcrição, proteínas do ciclo celular) são igualmente transportadas em um estado dobrado. No citoplasma, uma sequência interna – de sinais de 10-18 aminoácidos, frequentemente básicos – (SLN, **s**inal de **l**ocalização **n**uclear), que pode ser simples ou de duas partes, é ligada por um receptor de SLN, a importina α (Figura 6-17). A importina α liga-se à importina β, que por sua vez interage com proteínas dos poros nucleares (estrutura, ver 2.2.3.4 e Figura 2-26) e, desse modo, conduzem até eles a proteína a ser importada. Aqui ocorre, com hidrólise do ATP, o ingresso do complexo proteína-importina α/β na matriz nuclear, onde ele se desfaz. As importinas α e β são transportadas de volta, para serem reutilizadas no citoplasma. A passagem dos complexo importina-proteína pelo poro nuclear efetua-se com participação da forma GDP da proteína Ran de ligação ao GTP (GDP de Ran); o retorno de importina α e importina β para o citoplasma ocorre com participação da forma GTP de Ran (GTP de Ran) (Ran, do inglês *ras nuclear*) a primeira proteína Ras localizada no núcleo. Ras, em inglês *rat adenosarcoma*, significa tecido tumoral de rato, no qual foi descoberta a primeira proteína de ligação ao GTP dessa família).

Com a modificação covalente (por exemplo, fosforilação) de uma proteína contendo SLN, o seu reconhecimento pode ser alterado por meio do receptor de SLN. Esse é um mecanismo de regulação da importação pelo núcleo de determinados fatores de transcrição, cujo estado de fosforilação se altera sob a influência de sinais (do ambiente, por exemplo). O fitocromo receptor de luz vermelha (ver 6.7.2.4) em estado inativo também deve estar localizado no citoplasma e sob exposição à luz – que leva a uma alteração da fosforilação da proteína – migra para o núcleo (Figura 6-87).

A importação de proteínas pelas mitocôndrias e pelos plastídios também é muito bem conhecida. A exposição a

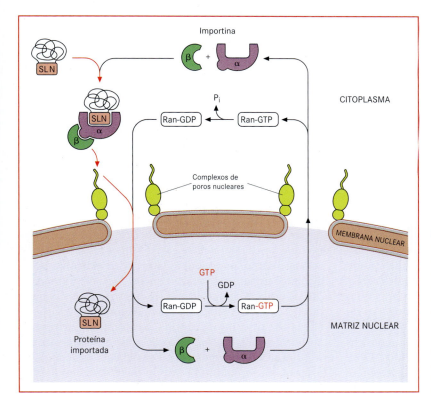

Figura 6-17 Representação esquemática (bastante simplificada) do transporte de proteínas dependente de importinas, desde o citoplasma passando por poros nucleares até o núcleo. O complexo de importação liga-se ao complexo de poros nucleares (Figura 2-26) e, com participação da proteína Ran-GDP e de ATP, é conduzido pelo poro nuclear. Por meio de proteínas Ran na forma GTP, as importinas são exportadas novamente para o citoplasma. Para outras particularidades, ver texto. SLN **s**inal de **l**ocalização **n**uclear. (Segundo H.M.S. Smith e N. Raikhel, modificado.)

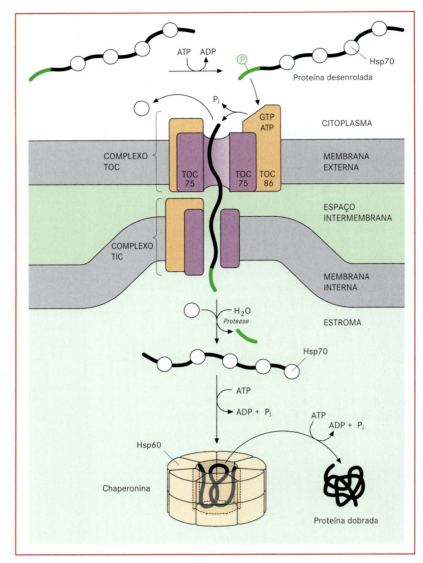

Figura 6-18 Representação esquemática da importação de proteínas pelos cloroplastos. Nos sítios de contato, as membranas interagem com componentes proteicos do aparato de translocação representado de maneira simplificada (complexo TOC, complexo TIC). As proteínas – em estado desenrolado – são importadas, caso disponham de uma sequência de sinais na porção N-terminal, o peptídeo de trânsito (verde). O peptídeo de trânsito fosforilado é ligado inicialmente à proteína TOC86 (massa molecular de 86 kDa), com desfosforilação desta, e depois passa através do poro de translocação formado pela TOC75. Outros esclarecimentos encontram-se no texto. (Segundo G.M. Cooper e J. Soll, modificado.)

seguir limita-se aos cloroplastos; ela refere-se às diferenças – processo semelhante – em relação à importação de proteínas pelas mitocôndrias. Contudo, aqui pode ser considerada apenas a rota principal de transporte (Figura 6-18).

Para a importação nos cloroplastos e mitocôndrias, determinadas proteínas apresentam na porção N-terminal um segmento, conhecido como **peptídeo de trânsito** no caso dos cloroplastos e **pré-sequência** no caso das mitocôndrias. Após a importação, esse segmento é clivado proteoliticamente. As pré-sequências mitocondriais têm 15-35 aminoácidos de comprimento, são sempre carregadas positivamente e formam α-hélice anfipática: os resíduos hidrofóbicos situam-se em um lado da hélice e os resíduos hidrofílicos ficam do lado oposto. Os peptídeos de trânsito são mais longos (30-100 aminoácidos; EPSP sintase, por exemplo, tem 77 aminoácidos). Eles contêm muitos aminoácidos polares, mas como pouca ou nenhuma carga positiva, e não formam α-hélice anfipática. Diferentemente das pré-sequências mitocondriais, eles são fosforilados em resíduos de serina e/ou de treonina. A segregação correta das proteínas em cloroplastos ou mitocôndrias depende dessas diferenças marcantes, embora o processo de translocação propriamente – em cada caso na pós-tradução – tenha um transcurso bem semelhante e nos dois casos as proteínas a serem importadas são desenroladas; portanto, podem mostrar relativamente poucos atributos estruturais característicos. Durante a importação de uma proteína pela matriz ou estroma da organela, duas membranas precisam ser transpostas. O transporte efetua-se nos **sítios de contato**. Nesses sítios encontram-se os receptores de sequências de sinais e os complexos de translocação. Distinguem-se o translócon da membrana externa do cloroplasto (TOC, do inglês *translocon of the outer chloroplast membrane*) e o da membrana interna do cloroplasto (TIC, do inglês *translocon of the inner chloroplast membrane*). Nas mitocôndrias, há os sistemas TOM e TIM análogos, cujas proteínas, no entanto, não são homólogas a TOC e TIC.

De acordo com a ideia atual, o estado desenrolado para as proteínas a serem importadas é mantido por chaperonas (ver 6.3.1.2) citoplasmáticas, especialmente Hsp70. Após a formação da sequência de sinais em uma proteína receptora – nos cloroplastos é a proteína com 86 kDA do complexo TOC – ocorre a inserção da cadeia polipeptídica no aparato de translocação, em uma reação dependente de ATP e GTP. Em cloroplastos, há participação da TOC75, que forma um poro, pelo qual também podem passar íons. Antes, o peptídeo de trânsito é desfosforilado. No lado do estroma, a sequência de sinais é clivada por proteólise e, mediada pela isoforma Hsp70 plastidial e a chaperonina Hsp60 (ver 6.3.1.2), a proteína madura e biologicamente ativa é dobrada. O processo integral de importação de uma proteína (pelo estroma a partir do citoplasma) requer ATP, tanto no citoplasma quanto no espaço intermembrana e no estroma (Figura 6-18). Para a importação mitocondrial de proteínas, é necessário, além disso, uma diferença de potencial elétrico na membrana interna da mitocôndria.

Algumas proteínas dos cloroplastos (por exemplo, a plastocianina, ver 5.4.4), localizadas no lume do tilacoide a partir do citoplasma devem ser transportadas através de três membranas. A pré-plastocianina possui uma dupla sequência de sinais na porção N-terminal: um peptídeo de trânsito com 38 aminoácidos, clivado no estroma, e um segundo peptídeo de sinalização com 28 aminoácidos de comprimento e acoplado ao peptídeo de trânsito. Após a clivagem do peptídeo de trânsito, o peptídeo de sinalização fica livre e é necessário para o transporte através da membrana do tilacoide. Em algumas proteínas, o transporte através da membrana do tilacoide depende de um gradiente de pH entre o estroma e o lume do tilacoide.

6.3.2 Ciclo celular e controle do ciclo celular

Divisão celular, **crescimento celular** e **diferenciação celular** são processos subjacentes ao desenvolvimento vegetal. A **migração celular**, verificada em animais, não exerce qualquer papel em vegetais, e a **apoptose**, importante para o desenvolvimento animal, tem significado secundário em vegetais. Entende-se por **apoptose** a morte ordenada e a consequente desintegração de células, no processo do desenvolvimento de órgãos, como na formação dos dedos. A apoptose inicial pode ser reconhecida com base na fragmentação do DNA entre os nucleossomos (ver 2.2.3.1), mediante, por exemplo, separação por eletroforese em gel dos fragmentos resultantes. A fragmentação do DNA foi observada na senescência do carpelo. Por senescência do carpelo entende-se o envelhecimento (ver 6.6.2.3) e a morte do carpelo de muitas flores, quando não há fecundação. Processos semelhantes à apoptose são identificados em vegetais geralmente como **morte celular programada**. A formação de tecidos de aeração (**aerênquima**, Figura 3-8) é suscetível de morte celular programada por desagregação de células no parênquima cortical de raízes, quando as raízes são submetidas à carência de oxigênio (por exemplo, no milho, ver 6.6.5.2). Outro exemplo, em angiospermas, é a eliminação de três das quatro células-filhas resultantes da **meiose** da célula-mãe do saco embrionário, com a remanescente (a célula do saco embrionário) formando o gametófito feminino (ver 10.2). Além disso, é considerada morte celular programada a morte do suspensor durante a embriogênese (Figura 3-1), bem como a morte de determinadas células durante a diferenciação celular (por exemplo, células do esclerênquima, elementos de vaso, traqueídes). Por fim, a assim chamada **morte celular como resposta de hiperssensibilidade** na defesa contra patógenos ocorre de maneira programada: ela é desencadeada pelos produtos gênicos da avirulência do patógeno, em uma reação específica mediada por receptor (ver 8.3.1, 8.3.4 e Figura 9-17).

A diferenciação celular ocorre só após a conclusão da atividade de divisão celular. As células diferenciadas não se dividem mais, mas sob condições apropriadas (por exemplo, em caso de lesão de tecidos ou em cultura experimental com nutrientes adequados, ver 6.1 e Figura 6-1) podem se "desdiferenciar", ou seja, assumir novamente a atividade de divisão celular. O **controle do ciclo celular**, portanto, a sequência ordenada de mitoses e interfases (ver 2.2.3.5 e Figura 2-30), tem, por isso, um significado essencial no desenvolvimento. Conforme mencionado, a mitose é identificada como a fase M do ciclo celular. Ela termina com a divisão celular. O período entre duas mitoses, a interfase, é a fase propriamente dita da atividade gênica. A replicação do material genético (ver 1.2.3; Figuras 1-7 e 1-9) realiza-se na fase S. As fases S e M são separadas entre si por dois períodos, as fases G_1 ou G_2. A atividade de transcrição ocorre durante toda a interfase, portanto, também durante a replicação do DNA.

Os períodos isolados do ciclo celular (Figuras 2-30 e 6-19) podem ter durações muito diferentes. Assim, no milho, um ciclo em células do centro quiescente do meristema da raiz dura em média 170 horas (na fase G_1 são 135 horas), ao passo que as células iniciais da coifa se dividem, em média, uma vez em 14 horas, falta uma fase G_1 (portanto, a replicação do DNA se estabelece novamente logo após a realização da divisão celular). Na região apical de um meristema de caule, o ciclo celular dura entre 20 (*Silene coeli-rosa*) e 288 horas (*Sinapis alba*); em meristemas florais, entre 10 (*Silene*) e 47 horas (*Ranunculus*); nas células iniciais do câmbio de *Tsuga canadensis*, entre 10 e 28 dias, em *Pinus*, cerca de 1 dia.

Os pontos principais de controle situam-se um pouco antes das transições decisivas entre os respectivos períodos individuais do ciclo celular (Figura 6-19):

- antes da transição $G_1 \rightarrow S$ (ponto de restrição R, na levedura também denominado START); aqui acontece

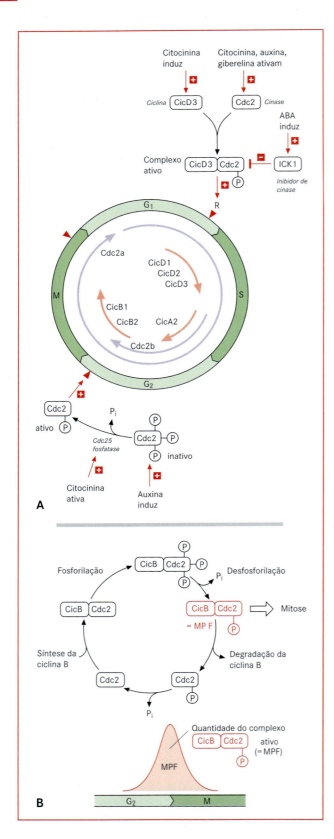

Figura 6-19 Regulação no ciclo celular vegetal. **A** A progressão do ciclo celular é controlada de modo decisivo por cinases do ciclo celular (Cdk, do inglês *cyclin-dependent kinase*, em *Arabidopsis thaliana* Cdc2a e Cdc2b) e seus ativadores, as ciclinas específicas dos estágios (três tipos em vegetais: ciclinas dos tipos A, B e D, em *Arabidopsis thaliana*: CicA2, CicB1 e B2, CicD1, D2 e D3). Nos pontos de controle (triângulos vermelhos), os fitormônios têm influência sobre o evento da divisão celular. Para outros esclarecimentos, ver texto. **B** Formação e degradação do complexo controlador da transição $G_2 \rightarrow M$ a partir da cinase Cdc2 e de uma ciclina do tipo B específica de $G_2 \rightarrow M$. O processo ativo (= MPF, do inglês, *maturation promoting factor*) forma-se após associação das duas proteínas, seguido de hiperfosforilação e da desfosforilação parcial de Cdc2 até a existência de uma forma fosforilada simples. O MPF induz a entrada na mitose, por meio da fosforilação de histona H1 (introdução da condensação da cromatina, ver 6.2.2.2) e das lâminas (indução da degradação da membrana nuclear). Cdc2 fosforilado simples induz simultaneamente a ubiquitinação e, com isso, a degradação proteolítica da sua ciclina associada. A síntese e a degradação da ciclina determinam, com isso, a quantidade em MPF, que durante a transição $G_2 \rightarrow M$ mostra um andamento característico. (Segundo E. Weiler.)

o controle sobre o início da replicação e, com isso, sobre o ingresso em um novo ciclo de divisão celular; uma interrupção do ciclo celular na fase G1 precede o começo da diferenciação celular;

- antes da transição $G_2 \rightarrow M$; aqui acontece o controle sobre o início da mitose. No caso de replicação incompleta do genoma nuclear ou dano ao DNA, ocorre uma interrupção do ciclo celular neste ponto; e
- antes da transição $M \rightarrow G_1$; aqui realiza-se o controle sobre a introdução da divisão celular propriamente dita; em caso de distúrbios na disposição dos cromossomos no fuso mitótico, o ciclo celular é interrompido na metáfase (ver 2.2.3.5).

Os processo moleculares do controle do ciclo celular foram examinados especialmente em células de mamíferos e na levedura, mas em plantas superiores (e presumidamente em todos os eucariotos) eles parecem ser muito semelhantes. Um papel essencial é desempenhado pelas **proteínas-cinases dependentes de ciclina** (Cdk, do inglês *cyclin-dependent kinase*), das quais a levedura possui um único semelhante (Cdc2, do inglês *cell division cycle mutant*, denominado segundo os mutantes de levedura, que levaram à identificação do gene), mas em plantas superiores possuem vários (por exemplo, *Arabidopsis thaliana* possui dois, Cdc2 e Cdc2b, Figura 6-19). **Ciclinas** são proteínas do ciclo celular, específicas de estágios; sua síntese e sua degradação são rigorosamente controladas pelo sistema ubiquitina/proteassomo (ver 6.3.1.3). Admite-se que as transições individuais do ciclo celular sejam controladas por combinações distintas de ciclinas com cinases dependentes de ciclinas, que mediante fosforilação em sua atividade regulam diferentes grupos de proteínas-alvo (por exemplo, fatores de transcrição, histonas, proteínas da lâmina nuclear) importantes para as respectivas transições. O fator MPF (do inglês *maturation promoting factor*) desencadeador da divisão celular, por exemplo, foi evidenciado com complexo da Cdc2 cinase com uma $G_2 \rightarrow M$-ciclina B. Além da associação com ciclinas, as cinases, por sua vez, são reguladas por fosforilação (são ativas em forma hiperfosforilada e ativadas por fosfatases específicas, por exemplo Cdc25) e inibidas por associação com proteínas inibidoras (ICK, do inglês *inhibitor of cyclin-dependent kinase*), de modo que existe abundância de mecanismos de regulação eficazes para o controle das cinases do ciclo celular. No total, até agora foram encontrados mais de 50 diferentes genes de Cdc na levedura.

Na regulação do ciclo celular intervêm fatores externos: assim, na levedura, a transição $G_1 \rightarrow S$ é controlada no ponto START pela oferta de nutrientes, o tamanho celular e fitormônios; em células animais, o ponto de restrição é controlado por fatores de crescimento. Mais recentemente, evidenciou-se em plantas superiores que fitormônios participam da regulação do controle do ciclo celular (Figura 6-19). As citocininas promotoras de divisão celular induzem a formação da ciclina $G_1 \rightarrow S$ CicD3 e participam da ativação de cinases do ciclo celular na transição $G_2 \rightarrow M$. Sua formação, por outro lado, submete-se ao controle de auxinas (ver 6.6.1). O ácido abscísico (ver 6.6.4) induz a formação do inibidor de cinase ICK1 e, assim, atua inibindo a transição $G_1 \rightarrow S$.

Em casos especiais, a sequência de reações pode ser interrompida em qualquer sítio do ciclo mitótico (Figura 6-20): a duplicação do DNA não seguida de divisão cromossômica leva à **politenia**; em algumas sementes, por exemplo, após a fase da replicação do DNA (fase S), na fase G2 pode estar intercalada um período de dormência. Se no interior da membrana nuclear houver aumento do número cromossômico sem divisão nuclear, resultam células endopoliploides (Figura 2-31). Em células que possuem um plastídio (muitas algas e *Anthoceros*, ver 10.2) ou mesmo apenas uma mitocôndria (a alga *Mikromonas*), as organelas individuais se dividem em perfeita sincronia com o núcleo. Ainda não se sabe como essa harmonização é alcançada.

Nas células **polienérgides** de muitas algas e fungos, assim como no endosperma nuclear (Figura 2-33), acontecem frequentes replicações de DNA, replicações cromossômicas e divisões nucleares, mas não se realiza divisão celular. Na formação posterior da parede celular no endosperma nuclear (por exemplo, em *Haemanthus katherinae*), estabeleceram-se paredes celulares também entre núcleos não irmãos e, por isso, não houve entre eles um fuso da divisão nuclear. Aqui, portanto, a formação da parede celular perdeu seu vínculo normal com a divisão nuclear. Normalmente, em plantas não ocorrem divisões celulares em

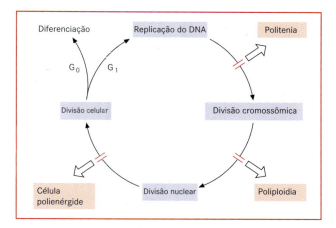

Figura 6-20 Processos durante o ciclo celular e suas possíveis divergências.

que uma das células-filhas não tenha um núcleo; células sem núcleo (por exemplo, elemento de tubo crivado) o perderam posteriormente.

Muito pouco se conhece a respeito dos aspectos fisiológicos da mitose. Muitas vezes, as divisões celulares se processam de maneira rítmica, em parte dirigida por uma periodicidade diária (raiz da cebola, formação de zoósporos em algas), podendo ocorrer vários períodos em 24 horas. Em muitas algas, as mitoses se efetuam preferencialmente à noite; *Spirogyra*, por exemplo, divide-se comumente perto da meia-noite. Em células multinucleares, as divisões nucleares se estabelecem muitas vezes ao mesmo tempo, com a colaboração do plasma, progredindo em forma de onda da extremidade de uma célula para a outra (ver 10.2, saco embrionário). Como outros fenômenos fisiológicos, a divisão celular transcorre apenas dentro de limites de temperatura determinados e específicos, frequentemente com uma faixa ótima bem definida (na ervilha, por exemplo, entre 0° e 45°C, com ótimo em 28-30°C). As plântulas podem ser adaptadas a temperaturas mais baixas do que as plantas adultas.

6.3.3 Diferenciação celular

As células embrionárias (por exemplo, células apicais ou as células iniciais dos meristemas, ver 3.1.) formam células-filhas, que se dividem novamente ou iniciam diretamente a diferenciação – em parte por alongamento celular. As células que ingressam no processo de diferenciação passam da fase G_1 do ciclo celular (Figuras 6-19 e 6-20) para um estado de inatividade divisória (fase G_0). Essa transição está sujeita a controle hormonal; muitos detalhes, no entanto, são ainda quase nada conhecidos.

Sob condições adequadas, as células diferenciadas já podem entrar de novo no ciclo celular ($G_0 \rightarrow G_1$). Isso também é realizado, entre outros fatores, por fitormônios; esse conhecimento é empregado na regeneração de plantas a partir de culturas de células (Figura 6-1, 6.6.2). Formam-se plantas completas com todos os atributos da espécie, o que comprova a totipotência das células vegetais. Muitas vezes, na regeneração de uma planta a partir de uma célula de uma cultura, forma-se inicialmente um **embrião somático**, que se parece com o **embrião zigótico** e cujos meristemas apicais então diferenciam caule e raiz (por exempo, *Daucus carota*, Figura 6-1). Esses processos de regeneração têm importância científica na multiplicação de algumas plantas ornamentais (por exemplo, de orquídeas com cultivo difícil a partir de sementes) produzidas como culturas de clones a partir de células foliares isoladas mecanicamente ou de tecidos meristemáticos. A regeneração vegetal a partir de culturas de células ou de tecidos representa um passo importante na produção de plantas transgênicas (Quadro 6-3).

Após lesão, de folhas de begônia separadas desenvolvem-se raízes, não apenas da extremidade inferior (basal) do pecíolo, mas também no começo da lâmina. Na margem da porção inferior de folhas separadas formam-se facilmente gemas adventícias, de onde podem nascer indivíduos completos de begônia. Esses pequenos caules adventícios resultam de uma única célula epidérmica que se tornou novamente embrionária (Figura 6-21), enquanto as raízes adventícias nascem de células em divisão nas proximidades do floema.

A formação de outros meristemas (por exemplo, felogênio e câmbio interfascicular) são exemplos da desdiferenciação de células já diferenciadas no processo de desenvolvimento, além do estabelecimento de calo em consequência de lesão de tecido e da junção dos participantes de enxertia.

Na **enxertia**, pedaços cortados de uma planta portadores de gemas (**enxertos**) unem-se a pedaços correspondentes da mesma espécie ou de espécie aparentada compatível (**porta-enxertos**), por meio de um calo que se desenvolve nos locais da lesão. Nesse calo se diferenciam elementos de floema e xilema, que, durante o andamento bem-sucedido da enxertia, conectam entre si os tecidos correspondentes nos feixes condutores de enxerto e porta-enxerto. As enxertias são especialmente importantes em práticas de jardinagem e agrícolas; assim, culturas sem emprego de sementes (fruticultura em geral e viticultura, cultura de roseiras) podem ser mantidas e multiplicadas.

Mesmo após a consolidação da enxertia, cada parceiro conserva inalterada sua herança. Com o intercâmbio de matéria entre enxerto e porta-enxerto, ocasionalmente é possível uma influência modificadora de características em ambos os parceiros. Isso é especialmente impressionante em enxertias nas quais, a partir do calo do local da enxertia, nascem caules adventícios compostos de tecidos dos dois parceiros (**quimeras**). Nas **quimeras setoriais**, o setor de um caule ou uma folha descende do enxerto e o resto deriva do porta-enxerto. Especialmente notáveis são as **quimeras periclinais**, nas quais a epiderme e eventualmente algumas camadas externas são formadas por um parceiro e os tecidos internos, ao contrário, pelo outro parceiro (enxertias de espécies de *Cystisus*, entre *Crataegus* e *Mespilus*, entre outras). Esses "**bastardos de enxertia**" podem dar a impressão de bastardos verdadeiros, resultantes de reprodução sexuada, mas essa equiparação; pois, mesmo nesses contatos mais estreitos, cada célula ou camada de células conserva seu caráter específico herdado, embora externamente possa ser reconhecida uma nítida influência de camadas de tecidos de espécies distintas.

Uma questão central na fisiologia do desenvolvimento, mas até agora não esclarecida suficientemente, diz respeito à **determinação**, portanto, o estabelecimento do destino da diferenciação de célula, tecido ou órgão. A determinação tem de algum modo como consequência uma diretriz da atividade gênica, que garante a disponibilidade dos produtos gênicos necessários para o processo de diferenciação. Conforme já mencionado (ver 6.1), nesse caso os **processos celulares autônomos** exercem papel limitado; em geral, o fenômeno de diferenciação está ao mesmo tempo sob **controle indutivo** pelo seu entorno. Os estímulos indutores podem proceder do próprio organismo (estímulos endógenos, por exemplo, fitormônios, ver 6.6) e/ou de influências externas. Esses estímulos exógenos podem ser de natureza biótica (ou seja, vir de outros seres vivos, como na formação de galha ou na formação dos

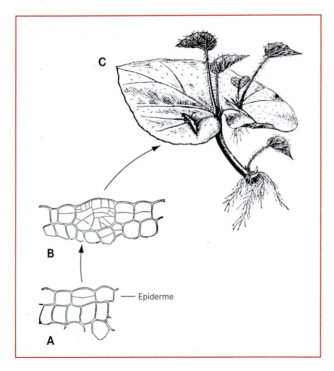

Figura 6-21 Regeneração de caules e raízes em estacas foliares de *Begonia*. **A, B** Formação de um caule adventício a partir de uma célula epidérmica (segmentos de corte transversal da folha, 150x). Em **A**, a célula epidérmica dividiu-se uma vez. Em **B**, da célula epidérmica originou-se um meristema secundário de quatro células, a partir do qual resulta inicialmente uma gema adventícia e desta, por sua vez, um caule (**C**). (A, B segundo A. Hansen; C segundo R. Stoppel.)

nódulos de raízes, ver Capítulo 8) ou de natureza abiótica (isto é, estímulos físicos ou químicos, por exemplo, o fator luz, ver 6.7). Contudo, é considerado **estímulo** todo sinal físico ou químico que desencadeie no organismo uma sequência de reações, cuja necessidade energética seja satisfeita pelo próprio organismo. Um fenômeno de desenvolvimento influenciável por fatores externos é denominado **aitionômico**; aquele não influenciável é **endonômico**.

Um fenômeno endonômico é, por exemplo, a determinação e o desenvolvimento dos elementos do floema originados das iniciais cambiais, em Taxaceae, Taxodiaceae e Cupressaceae ("quatro tempos": célula crivada/fibra floemática/célula crivada/célula parenquimática e assim por diante).

A diferenciação celular de *Volvox carteri* (ver 10.2) também tem determinação endonômica. Essa alga consiste em 2.000-4.000 células somáticas e exatamente 16 células reprodutivas, que ocupam posição exatamente definida no conjunto celular. Durante a 6ª divisão celular da embriogênese (e somente aqui) (ou seja, na transição do estágio de 32 células para o de 64 células) ocorre divisão celular desigual em 16 células do embrião de 32 células. As células menores resultantes (diâmetro de < 6 μm) desenvolvem-se em células somáticas e a maiores (> 9 μm) em gonídios. Não se sabe de que maneira o tamanho celular pode atuar na determinação.

A embriogênese em plantas multicelulares se processa determinada de modo amplamente endonômico (Figura 3-1, ver 6.4.1). Um exemplo de processos aitionômicos de desenvolvimento, nos quais além de fatores endógenos fatores externos determinam o destino das células, é a transição de meristema caulinar para meristema floral governada pelo fotoperíodo. Esse processo, que tem sido bem estudado especialmente quanto ao estabelecimento da identidade de órgãos, adiante será descrito com mais detalhe (ver 6.4.3).

Gradientes de matéria no interior de uma célula levam à **polaridade**; eles podem influenciar a diferenciação das células-filhas e, com isso, condicionar a polaridade do organismo completo. Os gradientes de matéria entre células, além disso, são relevantes para os processos de determinação, nos quais o destino celular é estabelecido pela **posição** de uma célula no órgão ou tecido e, com isso, importantes para a **formação de modelo** (ver 6.4.2). Por fim, os gradientes de matéria entre órgãos são responsáveis pelos fenômenos correlativos de desenvolvimento (ver 6.5).

Em biologia, por **polaridade** entende-se a não equivalência fisiológica ou morfológica de dois polos ou duas superfícies em um sistema vivo ou em uma célula, no caso mais simples. A polaridade morfológica se expressa, por exemplo, no plano de organização de talófitas e cormófitas; ela ficou evidente já cedo na embriogênese (Figura 3-1) e deve-se a uma polaridade de matéria (fisiológica) já marcada no zigoto (ver abaixo). A divisão celular desigual, que – como no exemplo de *Volvox* mencionado – também é um passo decisivo da diferenciação, pressupõe uma polaridade fisiológica, visível pela posição do fuso da divisão celular e da parede celular recém-formada. Logo, a forma tridimensional característica do corpo vegetal não é determinada por esses últimos processos, mas sim pela polarização celular subjacente a eles.

Se os gametas femininos ou esporos de plantas inferiores são liberados (pela planta-mãe), só excepcionalmente (por exemplo, os gametas femininos das algas pardas *Sargassum* e *Cocophora*) já são polarizados pela planta-mãe. Em regra, a sua polarização ocorre só por influências externas (principalmente a luz, mas também a gravidade); no caso de gametas, no entanto, somente após a fecundação.

Quando os esporos de *Equisetum* ou os gametas fecundados de *Fucus* ou *Pelvetia* (Phaeophyceae) são iluminados unilateralmente, é induzida uma distribuição desigual do protoplasma e posterior divisão celular desigual, tornando a célula do lado não iluminado o polo do rizoide e a outra (maior) a célula inicial do talo restante (Figura 6-22). Nos zigotos de *Pelvetia* ou de *Fucus*, o rizoide emerge, ou seja, a divisão estabiliza apenas uma polarização ocorrida antes na célula (ver abaixo). A intensidade da luz incidente sobre a célula é determinante da polaridade induzida, e não a sua direção, conforme mostram as iluminações unilaterais (Figura 6-23B).

A duração da luz necessária para a indução da polaridade diminui com a crescente intensidade luminosa; a quantidade de luz, portanto, é essencial. Para a polarização máxima dos esporos de *Equisetum*, são necessários aproximadamente 10 min para 2 W

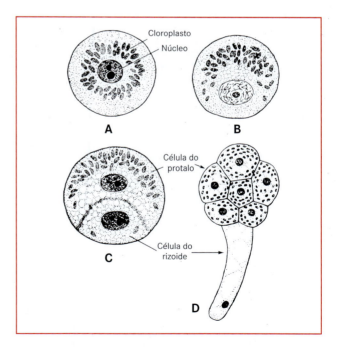

Figura 6-22 Polarização do esporo de *Equisetum*. **A** Esporo não polarizado. **B** Começo da polarização. **C** Delimitação da célula do rizoide e da célula do protalo. **D** Estágio inicial multicelular. (Segundo W. Nienburg.)

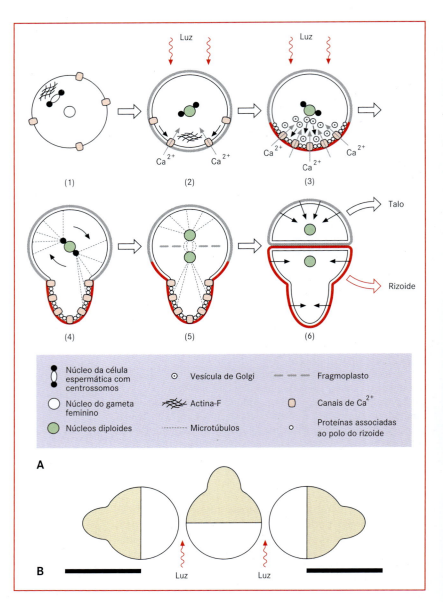

Figura 6-23 Origem da polaridade celular no zigoto de *Fucus*. **A** Primeiramente, no local de penetração da célula espermática no gameta geminino fecundado, inicia a organização de um eixo da polaridade (1), que, no entanto, após a formação da parede celular do zigoto e a fixação do zigoto ao substrato, por ação de influências externas, especialmente luz, é substituído por um novo eixo da polaridade. (2) No polo do rizoide em formação, plasmalema e parede celular são modificadas de maneira específica, e começa o crescimento do rizoide (3, 4), acompanhado de um alinhamento dos centrossomos paralelamente ao eixo da polaridade (4, 5). Assim, estabelece-se o plano de divisão celular e a posição da nova parede celular perpendicular ao eixo da polarização (5, 6). Sob a influência determinante da parede celular, as duas células-filhas diferenciam o talo e o rizoide, respectivamente. Em vermelho, região da parde celular modificada; para outros esclarecimentos, ver texto. **B** Formação dos rizoides do zigoto de *Fucus*, nos respectivos locais mais escuros. (A segundo D.L. Kropf e R.S. Quatrano.)

m^{-2} de luz branca, 1-5 min para 20 W m^{-2} e apenas 10^{-3} s para um *flash* de elétrons. Para zigotos de algas pardas e esporos de *Equisetum*, os comprimentos de onda eficazes geralmente se situam na faixa do azul e ultravioleta. Em algas pardas, admite-se como fotorreceptor uma combinação de proteína e retinal, semelhante à rodopsina, receptor das algas verdes (ver 7.2.1.2). A primeira reação saliente em esporos de *Equisetum* polarizados mediante iluminação unilateral é o deslocamento dos plastídios para o lado da célula voltado para a luz, logo, para a célula do futuro protalo, e o núcleo vai para o lado oposto (Figura 6-22B). Esse movimento é também induzido quando nem os plastídios nem o núcleo são iluminados, mas sim exclusivamente o citoplasma.

Se a influência indutora da iluminação unilateral for interrompida, frequentemente a gravidade torna-se eficaz (polo do rizoide voltado para o centro da Terra). Se não houver quaisquer fatores externos direcionadores (estabelecidos apenas em experimento), os rizoides dos zigotos de *Pelvetia* ou de *Fucus* originam-se em local aleatório da penetração da célula espermática; nos esporos de *Equisetum*, a origem acontece em local definido, no ponto do rizoide, o qual normalmente não se manifesta quando há indução dirigida. Influências de células vizinhas sobre a indução da polaridade também foram demonstradas: se no mínimo uma dezena de zigotos de *Fucus* se situar muito próxima, as células internas não produzem rizoides, que originam de fora para dentro do grupo. Logo após a indução, a polarização em zigotos de *Fucus* ainda é suprimível ou mesmo reversível por outro gradiente direcionado (por exemplo, iluminação em direção contrária).

Os eventos moleculares na **polarização celular** são especialmente bem conhecidos em zigotos de *Pelvetia* e

Fucus (Figura 6-23). Com iluminação unilateral, no citoplasma cortical do lado do zigoto não iluminado ocorre primeiramente a formação de um casquete do citoesqueleto de actina-F (ver 2.2.2.1). Não havendo influências externas, essa estrutura forma-se no local da penetração da célula espermática no gameta feminino. O casquete de actina marca o polo do rizoide em formação e orienta determinadas populações de vesículas do complexo de Golgi na direção desse polo, para lá se fundirem com a plasmalema. Essas vesículas do complexo de Golgi, por um lado, conduzem proteínas de membrana especiais (por exemplo, canais de Ca^{2+} e proteínas-âncora para microtúbulos) e, por outro lado, enzimas (entre outras) necessárias para a reconstrução da parede celular durante o crescimento do rizoide, bem como elementos estruturais de parede celular (por exemplo, um fucano sulfatado específico) e os depositam na parede celular. Devido a um gradiente de Ca^{2+} ascendente na direção do polo do rizoide, a corrente de vesículas pode ser reforçada e direcionada. Esse gradiente de Ca^{2+} é estabelecido logo após a formação do casquete de actina-F. Provavelmente ao mesmo tempo, os canais de Ca^{2+} inicialmente distribuídos de maneira uniforme na plasmalema são deslocados no polo do rizoide resultante (em direção ao casquete de actina); mais tarde, com as vesículas secretoras de Golgi, durante a sua fusão com a plasmalema, é fornecida outra proteína-canal. Na região da parede celular modificada o polo do rizoide começa a crescer, enquanto as vesículas do complexo de Golgi conduzem material de parede necessário.

Essa célula com polarização axial apresenta, então, a primeira divisão desigual, cujo plano é perpendicular ao eixo da polaridade da célula. A partir da célula-filha basal diferencia-se o rizoide, ao passo que a célula-filha apical origina o talo. O polo do rizoide é importante também para a orientação do núcleo e do fuso mitótico, enquanto os microtúbulos de um dos dois centrossomos que formam os futuros polos do fuso (Quadro 2-2) conectam suas extremidades livres com proteínas-âncora no polo do rizoide. Desse modo, os polos do fuso são alinhados paralelamente ao eixo celular da polaridade (Figura 6-23A). Com isso, o plano do fragmoplasto (ver 2.2.3.6) e, por extensão, o plano da futura parede celular estabelece-se perpendicularmente ao eixo longitudinal do zigoto polarizado.

O destino da diferenciação das duas células-filhas é determinado de maneira decisiva pela composição distinta das paredes celulares: se retirarmos os protoplastos dessas células, a diferenciação não continua. Porém, se separarmos as duas células, independentes entre si elas diferenciam células do talo e células do rizoide. Se colocarmos em contato o protoplasto de uma célula-filha com a parede celular da outra célula-filha, em ambos os casos se modifica a determinação. O protoplasto da célula-filha destinada ao rizoide, em contato com a parede celular da célula-filha destinada ao talo, diferencia células de talo; ao contrário, a célula-filha destinada ao talo em contato com a parede celular da célula-filha destinada ao rizoide origina células de rizoide.

Foi demonstrado que fenômenos semelhantes também ocorrem durante a polarização de outras células. Assim, há muitos paralelos com os estágios iniciais da embriogênese das angiospermas (ver 6.4.1) e com o crescimento celular assimétrico de outras células, submetido a uma secreção orientada e localizada de material de parede celular, como na brotação da levedura e, presume-se, também durante o crescimento apical de células.

A polaridade acentuada de plantas superiores é especialmente permanente e em geral irreversível. Assim, por exemplo, em ramos de salgueiro cortados em atmosfera úmida, na extremidade apical emergem brotos, enquanto na extremidade basal formam-se raízes, embora nessa zona exista organização suficiente para o estabelecimento de brotos (Figura 6-24). Do mesmo modo, pedaços de raiz de dente-de-leão ou chicória, por exemplo, em solo úmido produzem brotos no lado

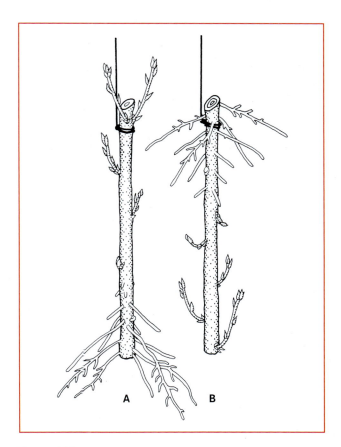

Figura 6-24 Regeneração polar e brotação em pedaços de ramos pendentes de salgueiro **A** em posição normal e **B** em posição invertida. Os ramos foram mantidos em atmosfera úmida. (Segundo W. Pfeffer.)

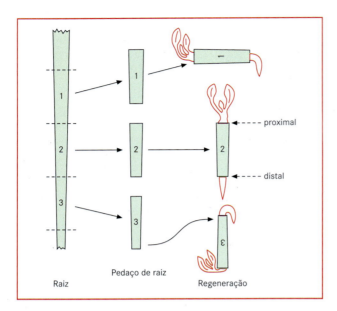

Figura 6-25 Regeneração polar em pedaços de raízes. Brotos (de caule) formam-se sempre na extremidade proximal (situada mais próximo do colo da raiz), independente da posição no espaço. (Segundo H.E. Warmke e G.L. Warmke.)

proximal e raízes no lado distal (Figura 6-25). Em enxertias também se manifesta a polaridade dos parceiros, enquanto concrescem apenas as partes corretamente orientadas. Essa polaridade é determinada endogenamente e não pode ser mudada por fatores externos nem pela ação invertida da gravidade (Figuras 6-24 e 6-25). Ela é marcada mesmo em pedaços muito pequenos de caule ou de raiz, lembrando um ímã, que apresenta sempre polo positivo e polo negativo. Como conclusão, parece justificado que também nas plantas superiores cada célula é polarizada e a polaridade das células individuais determina a polaridade do órgão.

Só recentemente foi constatado em animais e também em zigotos de algas pardas que distribuições assimétricas de RNAm – e, por consequência, distribuições assimétricas das proteínas traduzidas – também participam da formação de polaridade celular. A distribuição orientada de RNAm realiza-se presumivelmente pela ação de proteínas de ligação ao RNAm específicas, que, em um processo independente de energia, movimentam-se ao longo de filamentos do citoesqueleto em sua respectiva região-alvo celular.

6.4 Interações de células no processo de desenvolvimento

Já nas colônias dos procariotos com divisão de trabalho (exemplo: formação de heterocistos nas cianobactérias fixadoras de N_2), mas principalmente nas plantas multicelulares, a determinação (e a diferenciação de uma célula por ela governada) depende da sua posição na colônia ou no organismo. Assim, os feixes condutores desenvolvem-se no ápice caulinar de monocotiledôneas, em determinada distância da superfície, ao passo que a epiderme normalmente origina-se diretamente na superfície. No eixo caulinar e na raiz, a estratificação dos tecidos mostra sempre uma ordem determinada. Os exemplos mencionados atestam a existência de **informação da posição radial** nos órgãos axiais das cormófitas (Figura 6-26). Por outro lado, a diferenciação de células-guarda e de tricomas ou a diferenciação de tricomas de raízes, por exemplo, apresentam um modelo característico: a expressão de **informação da posição tangencial** atuante na superfície. Assim, o mutante *rhytidiophyllum* de *Epilobium hirsutum* mostra em alguns locais do interior outra epiderme, que forma células-guarda (na verdade, sem função). Por fim, experimentos cirúrgicos em raízes de *Arabidopsis thaliana* comprovam também a existência de **informação da posição longitudinal** estabelecida ao longo do eixo longitudinal do órgão, que determina a diferenciação celular das células-filhas oriundas das iniciais meristemáticas (Figura 6-26).

Nos experimentos mencionados, foram mortas células individuais com o uso de radiação *laser* rica em energia. Logo a seguir, foi acompanhada a diferenciação das células que penetraram nessa região. Células do periciclo, que penetram na região das iniciais do córtex da raiz, tornam-se iniciais do córtex da raiz e produzem células-filhas, das quais se originam células da endoderme e do parênquima cortical através de divisões periclinais. No entanto, se as células-filhas das iniciais do córtex da raiz forem mortas, as células-filhas formadas a seguir não se diferenciam em células da endoderme e do parênquima cortical. Isso mostra que das células diferenciadas parte um estímulo na direção longitudinal, o qual determina a diferenciação das células mais jovens subjacentes, independente da sua procedência (Figura 6-26).

A natureza química das substâncias, os mecanismos com os quais as plantas produzem a informação da posição e finalmente a transformação dessa informação em diferenciação ainda não são compreendidos em detalhes. Na verdade, especialmente em experimentos com mutantes vegetais foram conseguidos avanços substanciais. A maioria dos conhecimentos foi obtida por meio de estudos com *Arabidopsis thaliana* (Quadro 6-1), restringindo-se especialmente ao andamento da embriogênese (ver 6.4.1), do estabelecimento da identidade de meristemas e órgãos no meristema caulinar (ver 6.4.3) e do modelo em camadas de tecidos (ver 6.4.2). Entretanto, o conhecimento sobre os mecanismos da comunicação celular nesses processos também é incipiente.

Desvios do processo de desenvolvimento normal, que se manifestam nos estados patológicos (por exemplo, formação de galhas, tumores) ou também no estabelecimento de simbioses (por exemplo, nódulos de raízes), serão descritos no Capítulo 8.

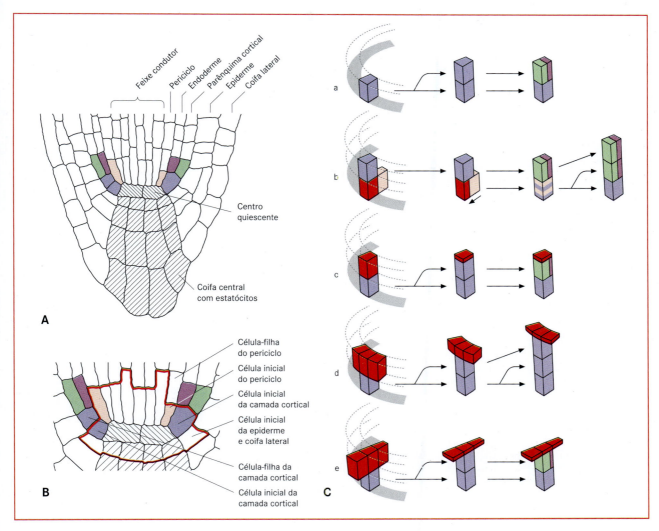

Figura 6-26 Determinação celular no ápice da raiz de *Arabidopsis thaliana*. Organização (**A**) do ápice da raiz e (**B**) do meristema da raiz (delimitado por vermelho) em corte longitudinal radial. **C** Uma série de experimentos de ablação por *laser* (a-e) proporciona a determinação da diferenciação celular pela deposição de células em tecidos. Vermelho: célula (s) removida (s) (ablação) por *laser* com radiação de luz UV, demais cores, como A ou B. **a** Processo normal. Mediante corte transversal da célula inicial da camada cortical surge uma célula-filha, que por divisão longitudinal periclinal forma uma célula do parênquima cortical e uma célula da endoderme. **b** Remoção da célula inicial da camada cortical. A posição da célula removida é ocupada por uma célula inicial do pericâmbio (= periciclo). Essa célula modifica o destino de sua diferenciação e, após divisão transversal e divisão longitudinal periclinal, forma uma célula do parênquima cortical e uma célula da endoderme. Isso indica que as células-filhas diferenciadas já influenciam o destino da diferenciação das células mais jovens subjacentes, independente da sua procedência. Isso parece contrariar o resultado da célula-filha da camada cortical após ablação em **c**. O experimento em **d**, contudo, prova a validade da hipótese. Fica claro que a informação da posição é conduzida não apenas dentro de um "fio celular" na direção da célula inicial diretamente subjacente, mas a alcança também a partir das duas células-filhas vizinhas. Em **e** fica demonstrado que não se trata de um artefato devido à remoção das três células: se as três células (a inicial da epiderme, a inicial da camada cortical e a inicial do periciclo) forem removidas por *laser*-UV, a diferenciação é correta como em **a** ou **c**. (C, segundo van den Berg e B, segundo Scheres, gentilmente cedidos.)

6.4.1 Controle da embriogênese

Após a fecundação, a formação do embrião segue andamento característico (ver 3.1, Figura 3-1). A oosfera já é polarizada, presumivelmente por influência da planta-mãe – o rudimento seminal também é polar. A polarização do zigoto (Figura 6-27A) e o estabelecimento do nível da primeira divisão do zigoto – assimétrica – mostram semelhanças ao evento em algas pardas. Eles se processam igualmente com diferenciação da parede do zigoto, de modo que as duas células-filhas bioquimicamente pos-

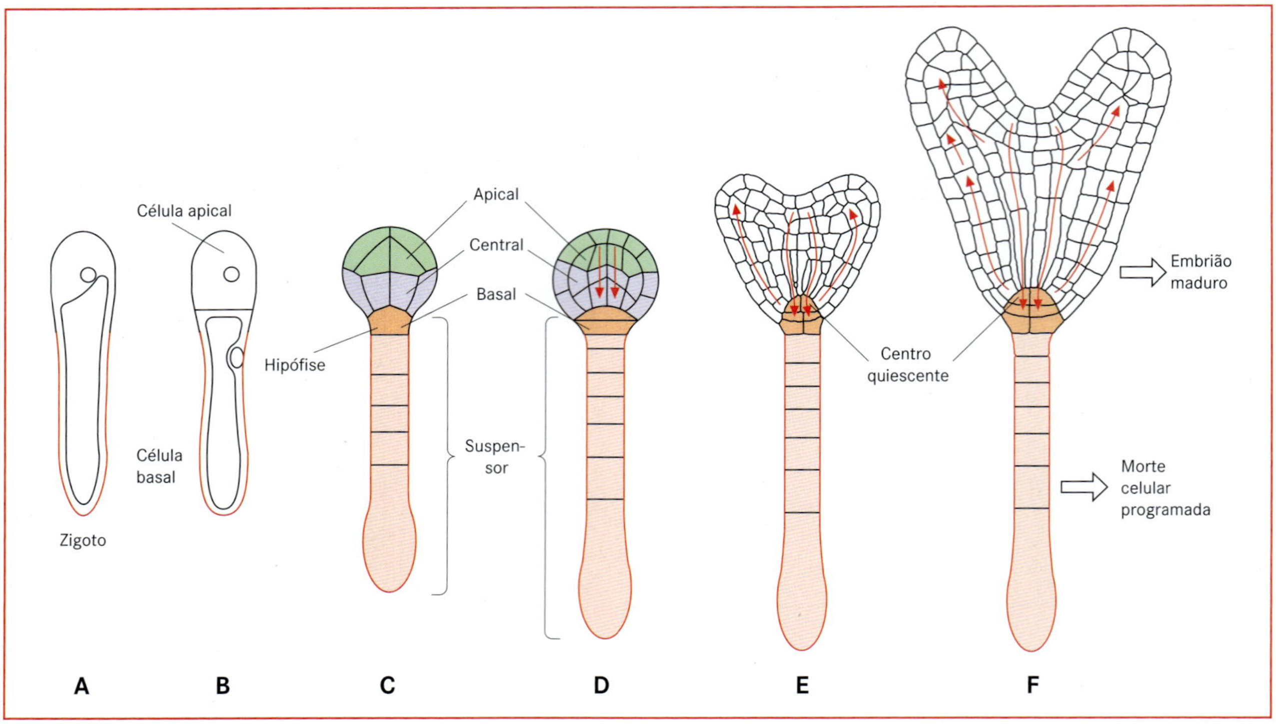

Figura 6-27 Manifestação da polaridade durante a embriogênese de *Arabidopsis thaliana*. O zigoto já polarizado **A** apresenta divisão desigual (**B**). A partir da célula basal vacuolazida, diferencia-se o suspensor, cuja célula superior, a hipófise, mais tarde integra-se ao embrião e forma o centro quiescente e a coifa central. O restante do suspensor morre durante o amadurecimento do embrião por morte celular programada. Essas células do suspensor são caracterizadas pela presença de proteínas arabinogalactanos em suas paredes celulares (vermelho), comprováveis já no zigoto. O embrião globular (**C**, 16 células; **D**, estágio tardio) já no estágio de 8 células exibe polaridade axial (apical →basal) reiterada e pode ser subdividido em três camadas (apical, central e basal) com destinos diferentes quanto à diferenciação. A continuidade da diferenciação (**D**→**E**→**F**) é governada eficientemente pela distribuição polar de auxina (setas vermelhas). A corrente de auxina deve ser dirigida para as membranas das células embrionárias por meio da mudança de distribuição de transportadores desse hormônio. Existem indicações que, na região dos dois meristemas apicais, o transporte de auxina se processa de maneira semelhante também no desenvolvimento posterior da planta após a germinação (ápice da raiz: Figura 7-24). Outros esclarecimentos são encontrados no texto. (Estágios das embriogênese segundo R.A. Torres Ruiz, gentilmente cedido.)

suem paredes celulares distinguíveis, como em *Fucus* necessárias para a determinação posterior das células-filhas. A partir da célula basal do embrião surgem o suspensor e a hipófise; da célula apical, com exceção dos tecidos fornecidos pela hipófise, originam-se o centro quiescente e a coifa central. Segmentos da parede celular da célula basal, identificados por uma proteína arabinogalactano característica, determinam a região onde nas divisões celulares seguintes nasce o suspensor de 6 a 9 células (Figura 6-27C, D). Num estágio tardio da embriogênese, o suspensor morre por morte celular programada (ver 6.3.2), enquanto a parte da célula basal formadora da hipófise é livre dessa glicoproteína.

A partir da célula apical desenvolve-se inicialmente um embrião globular que, já no estágio de 8 células (estágio octante), experimenta polarização axial reiterada. Essa polarização torna-se evidente pela primeira vez mais ou menos no embrião de 100 células, na transição para o estágio de coração, e manifesta-se na formação dos órgãos embrionários – cotilédones, hipocótilo e radícula – e dos dois meristemas apicais (Figura 3-1). Na polarização axial reconhecem-se três segmentos do embrião globular (Figura 6-27C,D), que se diferenciam de modo diferente: a camada apical forma o meristema caulinar e os cotilédones, a camada central forma os órgãos axiais (hipocótilo e radícula) e as células procedentes da hipófise constituem o centro quiescente e a coifa central com o estatênquima (em inglês = *columella*) (Figuras 6-26A e 6-27F). O estabelecimento da polaridade do eixo já no embrião globular exige organizar a informação da posição além dos limites celulares. Quanto a esse sinal da posição, é muito provável que se trate do fitormônio ácido indol-3-acético do grupo das auxinas (ver 6.6.1) (Figura 6-27D-F). Os experimentos indicam reorientação de moléculas carreadoras, que transportam o hormônio da célula (ver 6.6.1.3), de distribuição inicialmente uniforme na plasmalema para distribuição mais ou menos dirigida às membranas plasmáticas do embrião globular.

No mutante *gnom* de *Arabidopsis thaliana* não se realiza essa orientação do carreador de auxina, não ocorrendo a formação do eixo longitudinal dos embriões. O gene *GNOM* do tipo selvagem (*GN*) codifica uma proteína que participa do transporte celular dirigido de vesículas. No mutante *gnom*, contudo, a primeira divisão do zigoto já é destruída, uma vez que a polarização celular não se realiza. A polarização do zigoto, no entanto, é independente de auxina. Naturalmente, a proteína GN é importante para a realização de diferentes processos de transporte dirigidos para fases distintas da embriogênese.

O gradiente do ácido indol-3-acético que se forma no embrião (Figura 6-27D-F), dependendo da concentração e da sensibilidade a auxinas da célula, efetua distintas ativações gênicas: no sítio da concentração mais baixa de auxina diferencia-se o meristema caulinar; a concentração elevada de auxina ao lado desse sítio é necessária para a formação dos primórdios dos cotilédones; no sítio de concentração mais alta de auxina, na base do embrião, diferenciam-se os tecidos do ápice da raiz. No andamento tardio do desenvolvimento da planta, a distribuição de auxina na região do meristema efetuada pelo transporte polar desse hormônio também parece importante para a manutenção do caráter meristemático e diferenciação de órgãos: na região imediata do meristema caulinar a concentração de auxina é mantida muito baixa. A auxina é transportada para as regiões abaixo do meristema em que se diferenciam primórdios foliares. Porém, pelo transporte polar na região do ápice da raiz, a auxina é concentrada no cilindro central e alcança sua concentração mais alta na camada celular diretamente abaixo do centro quiescente: nas células iniciais para a formação do estatênquima (Figuras 6-26A e 6-27D-F). Aqui, as concentrações elevadas de auxina parecem ser necessárias para a manutenção da função do meristema. Contudo, certamente a auxina não é o único sinal intercelular de posição relevante para o desenvolvimento. As relações devem ser intricadas e também incluir outros fitormônios (por exemplo, citocininas, ver 6.6.2).

Existem indicações que o transporte de auxinas dirigido em estágios iniciais de desenvolvimento de um órgão é parcialmente auto-organizado. Segundo essa ideia, as células expressam tanto mais o transportador de auxina quanto mais auxina contêm. Dessa maneira, inicialmente pequenas diferenças na concentração e no fluxo de auxina podem aumentar e se estabilizar autocataliticamente, de modo que finalmente se formam gradientes hormonais estáveis na direção do transporte. Esse "processo de canalização" presume-se existir, por exemplo, na formação de vasos durante o desenvolvimento foliar (as regiões ricas em auxina se diferenciam em feixes condutores), em câmbios (Figura 6-38), durante a embriogênese (ver acima), na manutenção do modelo de diferenciação do ápice do caule e do ápice da raiz, bem como na indução de primórdios de raízes laterais por auxina.

6.4.2 Formação de modelo nas camadas de tecidos

Os processos de auto-organização também fundamentam o modelo, mas os eventos bioquímicos são pouco conhecidos. Um modelo simples apresentado na Figura 6-28A parte de um ativador (lento ou absolutamente não difusor) de um processo de diferenciação, primeiramente formado estocasticamente (ao acaso) em determinadas células de uma camada do tecido. Esse ativador reforça autocataliticamente sua própria formação e simultaneamente induz a formação de um inibidor com difusão rápida, que, devido ao seu grande alcance, impede a formação do ativador no entorno da célula "ativada".

Experimentos com mutantes de *Arabidopsis thaliana*, pelo menos por dados genéticas, têm demonstrado que de fato sistemas ativador/inibidor fundamentam o modelo em epidermes (diferenciação de tricomas) e rizodermes (diferenciação de tricomas de raízes) (Figura 6-28B, C). Porém, uma vez que os tricomas de raízes em *Arabidopsis thaliana* só se diferenciam a partir de células da rizoderme que se localizam acima de um parênquima cortical com mais de uma camada de células, ainda pode haver participação também de um sinal oriundo de células do parênquima cortical. Em ambos os casos (Figura 6-28B, C), os ativadores têm atuação estritamente intracelular, ao passo que os inibidores atuam também nas células vizinhas. Na seção 6.4.4 são descritos os possíveis mecanismos da comunicação célula-a-célula.

6.4.3 Controle da identidade de meristemas e de órgãos no meristema apical do caule

Como muitos processos de desenvolvimento biológico, os descritos em inúmeros mutantes de *Arabidopsis thaliana* em desenvolvimento foram especialmente bem examinados. Os conhecimentos adquiridos em estudos com *Arabidopsis thaliana*, que também podem ser transferidos em detalhes para a boca-de-leão (*Antirrhinum majus*, Scrophulariaceae), parecem ser representativos para as angiospermas.

Em estado vegetativo, o meristema do caule diferencia o eixo caulinar e as folhas. Muitas vezes desencadeado por fatores externos (por exemplo, comprimento do dia; ver 6.7.2.2), esse meristema pode se tornar meristema floral e formar o eixo floral e os órgãos florais; com isso, esse meristema se esgota (logo, ele passa de estado indeterminado para estado determinado). O programa de desenvolvimento "meristema floral e formação floral" é reprimido por um complexo gênico (sua expressão é suprimida), contanto que nenhum estímulo indutor opere.

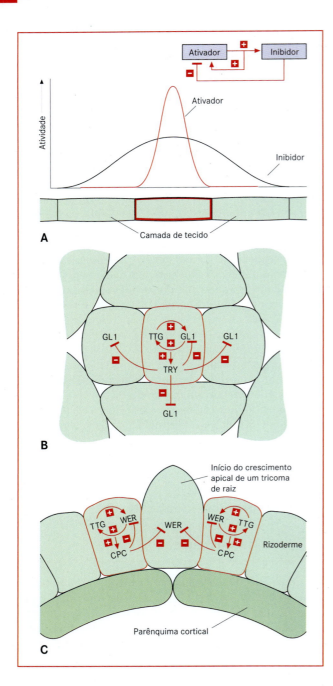

Figura 6-28 Fundamentos do modelo em camadas de tecidos. **A** Modelo de um processo de padrão auto-organizado. Um ativador (com formação reforçada autocataliticamente) de menor mobilidade induz simultaneamente a formação de um inibidor de movimento mais rápido, que reprime outra formação de ativador no ambiente da célula formadora de ativador. Realização desses sistemas no desenvolvimento de tricomas (B) e na formação de tricomas na rizoderme (C) de *Arabidopsis thaliana*. **B** A ativação de tricoblastos (vermelho = células precursoras de tricomas) acontece com participação do fator de transcrição GL1 autônomo celular e seu regulador TTG. Esses dois têm sua formação reforçada autocataliticamente e ao mesmo tempo induzem a formação do fator de transcrição TRY, que, como inibidor não autônomo celular da formação de GL1, reprime a ativação das células vizinhas. **C** Um evento de regulação comparável fundamenta a diferenciação de tricomas de raízes. Neste caso, a ativação autocatalítica do fator de transcrição WER e do regulador TTG, já mencionado, provoca a supressão da diferenciação de tricomas de raízes (células com contorno vermelho) e a indução da formação do inibidor CPC não autônomo celular do WER, que presumivelmente também é um fator de transcrição. As células que não exprimem o WER diferenciam-se em células de tricomas de raízes. Uma vez que os tricomas se formam sempre em regiões com duas células de parênquima cortical subjacentes, deve haver influência (ainda desconhecida) do parênquima cortical sobre a formação do padrão da rizoderme. A designação das proteínas participantes deriva de fenótipos dos mutantes que levaram à sua descoberta; nesse contexto eles não têm importância. (A segundo A. Gierer; B segundo M. Hülskamp e B. Scheres; C segundo B. Scheres.)

Nisso torna-se claro que as mutações em genes do complexo repressor que provocam perda de função levam à formação de flores mesmo sem fatores externos indutores. Imediatamente após a germinação, o mutante *embryonic flower* (EMF) de *Arabidopsis thaliana* produz uma única flor e possui apenas os cotilédones, mas não forma quaisquer folhas. Fatores externos que induzem o processo de florescimento inibem a atividade EMF. Se a concentração do produto gênico EMF (ainda desconhecido) no meristema do caule cair abaixo de um limiar crítico, a identidade meristemática é redirecionada e o programa de desenvolvimento floral é ativado. Esse modelo em parte ainda hipotético mostra porque a indução da formação de flores em *Arabidopsis thaliana* se processa gradualmente: essa espécie é de dias longos (Tabela 6-6), ou seja, em dias longos ela chega mais rapidamente ao florescimento do que em dias curtos (ver 6.7.2.2).

A diferenciação dos primórdios de órgãos florais, logo, o estabelecimento da identidade dos órgãos é dirigido por um grupo de genes, que podem ser divididos em quatro classes (classes A, B, C e D). Eles fazem parte dos genes homeóticos, pois sua falta ou sua expressão em sítios errados (expressão ectópica) pode levar a alterações no desenvolvimento normal do órgão. Na genética do desenvolvimento, os **mutantes homeóticos** são considerados aqueles que, no lugar de um órgão normalmente resultante, possuem outro (por exemplo, formam pistilo em vez de sépala).

Em *Arabidopsis thaliana*, existem sete genes de identidade de órgãos florais:

- gene *APETALA1* (*AP1*) da classe A;
- genes *APETALA3* (*AP3*) e *PISTILLATA* (*PI*) da classe B;
- gene *AGAMOUS* (*AG*) da classe C; bem como os
- genes *SEPALLATA1*, *SEPALLATA2* e *SEPALLATA3* (*SEP1*, *SEP2*, *SEP3*) da classe D.

Todos os genes codificam fatores de transcrição, muitos dos quais podem ter interação direta na regulação da atividade gênica e em diferentes composições ligar-se a promotores de distintos genes-alvo. Conforme a combinação, diferenciam-se sépalas, pétalas, estames ou pistilos (Figura 6-29). A exata expressão espacial e temporal dos genes de identidade de órgãos florais no meristema é assegurada pelo fato de que, por um lado, alguns genes se influenciam mutuamente em sua atividade (por exemplo, a atividade A inibe a expressão do gene C e a atividade C inibe a expressão do gene A); por outro lado, genes adicionais participam da regulação da expressão de genes das classes A, B e C na região do meristema floral (assim, a atividade B no 1º e no 4º verticilos é reprimida pelos produtos dos outros três genes, sem qualquer função no estabelecimento da identidade de órgãos).

Como em outras angiospermas até agora examinadas foram encontrados respectivos genes homólogos (portanto, genes com origem evolutiva comum e na maioria com função conservada), pode-se admitir que o estabelecimento da identidade de órgãos florais em angiospermas ocorre segundo princípios básicos amplamente conservados igualmente evolutivos. O modelo vale, por exemplo, também para as flores dorsiventrais de *Antirrhinum majus*. Na verdade, a dorsiventralidade é condicionada por um gene adicional, *CYCLOIDEA*. No caso de distúrbio da função gênica (mutantes *cycloidea*), *A. majus* forma flores de simetria radial.

6.4.4 Mecanismos da comunicação celular

O controle da posição de processos de desenvolvimento (conforme descritos, ver 6.3.3 e 6.4.1-6.4.3), que tem significado decisivo nas plantas, pressupõe a possibilidade de que moléculas que governam o desenvolvimento sejam transportadas além dos limites celulares. Tanto quanto se sabe até agora, isso pode acontecer de muitas maneiras:

- a secreção visada de macromoléculas reguladoras em domínios da parede celular, por exemplo, na polarização de zigotos; mediante contato com o protoplasto, a composição das paredes celulares efetua a determinação das células-filhas (por exemplo, células do talo e do rizoide de *Fucus*, ver 6.3.3);
- transporte polar de reguladores de massa molecular baixa; auxinas são transportadas dessa maneira (ver 6.6.1) durante a embriogênese em *Arabidopsis thaliana*, por exemplo (ver 6.4.1);
- síntese e difusão (simplástica e/ou apoplástica) locais do sítio de síntese para tecidos adjacentes; assim as giberelinas do embrião chegam apoplasticamente até a camada de aleurona da cariopse (ver 6.6.3.3);

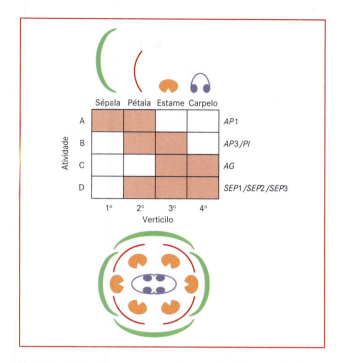

Figura 6-29 Estabelecimento genético da identidade de órgãos no desenvolvimento floral de *Arabidopsis thaliana*. Quatro grupos gênicos (atividades A, B, C e D) governam a identidade de órgãos no meristema floral. Os produtos gênicos destes genes de identidade de órgãos florais encontram-se em sítios distintos no meristema. Os genes das atividades A e B, por um lado, e os genes das atividades B e C, por outro lado, se sobrepõem parcialmente em seus domínios de expressão e a atividade D ocorre no 2º, 3º e 4º verticilos. A atividade A é codificada pelo gene *APETALA*1 (*AP*1). As células que só possuem atividade A diferenciam-se em sépalas. As pétalas se originam quando houver atividades A e B. A atividade B é codificada pelos genes *APETALA*3 (*AP*3) e *PISTILLATA* (*PI*). A atividade C é formada pelo gene *AGAMOUS* (*AG*). Se as atividades B e C aparecerem juntas, diferenciam-se estames; se ocorrer apenas a atividade C, diferenciam-se carpelos. Na verdade, no 2º, 3º e 4º verticilos há necessidade da atividade D adicional, codificada pelos genes *SEPALLATA*1, 2 e 3 (*SEP*1, *SEP*2, *SEP*3). No caso de defeito dos genes de identidade de órgãos florais, surgem mutações homeóticas características: se faltar a atividade A, ocorre a atividade C em todos os verticilos (a atividade A inibe a expressão do gene para a atividade C); no 1º e 4º verticilos formam-se carpelos, no 2º e 3º verticilos formam-se estames. Os mutantes que se destacam pela ausência de pétalas são denominados *apetala*. Se faltar a atividade C, ocorre atividade A em todos os verticilos (a atividade C inibe a expressão dos genes A). Os mutantes formam sépalas no 1º e 4º verticilos e pétalas no 2º e 3º verticilos, possuindo, portanto, flores estéreis e, por isso, são denominados *agamous*. A falta da atividade B não tem qualquer influência sobre as atividades A e C; no 1º e 2º verticilos formam-se sépalas e no 3º e 4º formam-se carpelos. Os mutantes caracterizados pela falta de pétalas ou ocorrência de flores pistiladas (falta de estames) são denominados *apetala* ou *pistillata*. Se faltar a atividade D, formam-se sépalas nos quatros verticilos; por isso, esses mutantes são denominados *sepallata*. Logo, a atividade D é indispensável para a realização de atividades A, B e C no meristema floral por ocasião da especificação da identidade dos órgãos florais do 2º, 3º e 4º verticilos. (Segundo E. Meyerowitz, T. Honma e K. Goto, modificado.)

- transporte nos elementos condutores; esse processo é importante para o comando sistêmico do desenvolvimento (ver 6.5);
- transporte de macromoléculas reguladoras, de célula a célula através dos plasmodesmas (ver 6.4.4.1).

6.4.4.1 Troca de macromoléculas entre células

A parede celular vegetal é permeável a íons, moléculas hidrossolúveis pequenas e proteínas pequenas até aproximadamente 5 kDa de massa molecular, mas impede a difusão livre de macromoléculas maiores. Os plasmodesmas (estrutura, ver 2.2.7.3, Figura 2-69), que também conectam células de maneira simplástica, por muito tempo foram considerados meros poros para a passagem de metabólitos de massa molecular abaixo de 1kDa. Por isso, foi surpreendente a descoberta que os plasmodesmas também servem ao intercâmbio intercelular de macromoléculas e contituem poros regulados que possibilitam a passagem de determinadas macromoléculas, proteínas ou até mesmo complexos ribonucleoproteicos de célula para célula.

Isso foi encontrado pela primeira vez em vírus fitopatógenos (por exemplo, no vírus do mosaico do tabaco). Em plantas infectadas por vírus, o limite de exclusão por tamanho dos plasmodesmas situa-se muito acima de 10 kDa; em plantas não infectadas, ele fica abaixo de 1kDa. Proteínas de transporte de aproximadamente 30 kDa de massa molecular, codificadas pelo genoma de vírus, são responsáveis por isso. Essas proteínas formam com o ácido nucleico viral (RNA de fita simples, no vírus do mosaico do tabaco) um complexo ribonucleico, que se desloca de célula para célula através dos plasmodesmas; com isso, o vírus se propaga na planta acometida e os sintomas do tipo mosaico (nas regiões intercostais) se manifestam. Só muito mais tarde descobriu-se que os vírus simplesmente aproveitam-se de um mecanismo de transporte que desempenha também importante papel na planta saudável e presta-se ao transporte de proteínas (Figura 6-16), bem como de complexos ribonucleoproteicos (ver abaixo). Assim, em angiospermas, os elementos de tubo crivado (sem núcleo e ribossomos), via plasmodesmas, importam proteínas sintetizadas pelas células companheiras. O mecanismo de transporte de macromoléculas via plasmodesmas não é bem conhecido. Atualmente, admite-se a existência de uma rota seletiva de transporte e de uma rota não seletiva. Existem modelos diferentes para explicar a rota seletiva de transporte (Figura 6-30). As proteínas transportadas seletivamente devem ter elementos estruturais topogênicos, que interagem com estruturas específicas (receptores de exportação no lado da célula exportadora e receptores de importação no lado da célula importadora) e introduzem a proteína na rota

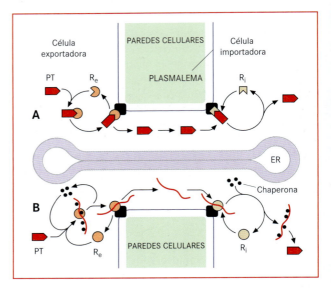

Figura 6-30 Modelos para explicar a translocação de proteínas através de plasmodesmas. Segundo esta ideia, a proteína a ser transportada (PT) liga-se no estado dobrado (**A**, modelo I) ou desdobrado (**B**, modelo II) a receptores de exportação (R_e) da célula exportadora e, mediante receptores de importação (R_i), é colocada no citoplasma da célula importadora. No modelo II, chaperonas devem participar do desdobramento e redobramento das proteínas. (Segundo B. Ding, modificado.)

de transporte ou a retiram dela. Existem referências que proteínas pequenas são transportadas dobradas (modelo I) pelos plasmodesmas, mas que as proteínas maiores são transportadas parcial ou totalmente desdobradas (modelo II). No entanto, muitas particularidades são ainda hipotéticas. Além dos mecanismos seletivos de transporte, parecem existir mecanismos não seletivos. Assim, foi possível mostrar que a proteína verde fluorescente (GFP) pode ser transportada de célula para célula. Uma vez que essa proteína não é vegetal, deduz-se que o transporte não seja seletivo.

Entre as proteínas, para as quais foi demonstrado um transporte intercelular, encontram-se vários fatores de transcrição reguladores do desenvolvimento, que migram de camadas mais profundas do meristema caulinar (onde são sintetizados) para a protoderme (ver 3.1.1.1, Figura 3-5). Um desses fatores de transcrição é a proteína KN1 do milho. KN1 é o produto do gene *KNOTTED*, responsável pela manutenção do estado meristemático das células e inexistente em células não meristemáticas. No mutante *knotted* do milho, no entanto, o fator de transcrição é expresso ainda fora da zona de crescimento normal da lâmina foliar. Com isso, formam-se estruturas nodosas anormais na área foliar, que resultam de multiplicação celular excessiva e dão nome ao mutante (do inglês, *knotted* = nodoso). Em determinadas células, o KN1 deve migrar em forma de complexo com seu próprio RNAm. Além disso, há referência que moléculas de RNAm vão das células companheiras para os tubos crivados e, com isso, podem levar por longa distância informação potencial no floema. Esses transferidores intercelulares de macromoléculas poderiam exercer importante papel na realização de informação da posição (logo, na comunicação célula-a-célula) por ocasião da diferenciação celular e da formação do padrão, mas talvez também participar da correlação sistêmica de processos de desenvolvimento (ver 6.5).

Foi destacado que o poder de passagem de plasmodesmas está sujeito a transformações dependentes do desenvolvimento. Apenas os plasmodesmas ramificados e complexos de tecidos diferenciados (especialmente de tecidos-fonte, ver 5.8.3) parecem representar poros reguláveis, que permitem a passagem de macromoléculas somente quando essas macromoléculas podem ativar o mecanismo de transporte. Ao contrário, os plasmodesmas simples não ramificados dos tecidos-dreno em crescimento permitem a passagem livre de macromoléculas de até 50-70 kDa de massa. Os plasmodesmas complexos entre células companheiras e tubos crivados parecem também ser permanentemente atravessáveis por macromoléculas de até no mínimo 25-30 kDa. Por isso, após ingresso nos tubos crivados, as proteínas podem ser transportadas a longas distâncias e distribuídas simplasticamente nos tecidos-dreno. Ainda não está claro como é garantida a seletividade observada do transporte de proteínas pelos plasmodesmas. Assim, a tiorredoxina é transportada de maneira bastante efetiva das células companheiras para os tubos crivados, mas a ubiquitina não, embora sua massa molecular se situe abaixo do limite de exclusão.

6.5 Controle sistêmico do desenvolvimento

Sob o conceito de **correlações** são reunidas interações encarregadas da coordenação de processos de desenvolvimento dentro dos limites de um fitômero. São processos sistêmicos que fazem do organismo vegetal multicelular um todo harmônico. Ao mesmo tempo que nunca faltam às plantas inferiores, as correlações nos extensos corpos vegetativos das plantas superiores são especialmente acentuadas. Em interações correlativas, enquanto não se tratar simplesmente de competição por nutrientes ou o abastecimento recíproco de nutrientes, elas são causadas frequentemente por fitormônios (ver 6.6). Esses fitormônios são transportados nos elementos condutores do xilema e do floema. Ressalte-se, no entanto, que mesmo macromoléculas podem ser carregadas como sinalizadores por trajetos longos do corpo vegetativo e, assim, participar da regulação correlativa.

De acordo com ideia – no momento, ainda bastante hipotética – as proteínas reguladoras (por exemplo, fatores de transcrição, ver 6.2.2.3) ou mesmo seus RNAm devem não apenas poder migrar de célula para célula pelos plasmodesmas, mas em determinados casos ser transportadas por longas distâncias nos tubos crivados e, assim, realizar controle correlativo do desenvolvimento. As correlações podem ser **inibições correlativas** ou **fomentos correlativos**. Estes últimos podem basear-se no fornecimento de nutrientes, vitaminas e hormônios do crescimento. Assim, um caule com grande assimilação promoverá o desenvolvimento do sistema de raízes em resposta ao fornecimento abundante de assimilados. Um sistema de raízes bem desenvolvido, por sua vez, proporcionará ao caule suprimento ótimo de água e sais minerais. O caule supre as raízes também de vitaminas e determinados hormônios, como auxinas, que promovem o crescimento longitudinal das raízes e a formação de primórdios de raízes laterais (ver 6.6.1); o sistema de raízes, por outro lado, parece abastecer o caule de citocininas (ver 6.6.2).

Os experimentos de remoção de anel (em que se retira um anel da casca viva do caule, junto com o câmbio) provocam intumescimento dos tecidos (com frequente formação de raízes adventícias) acima do local onde foi retirado o anel. Nesse local, acumulam-se assimilados e a auxina transportada no sentido basipétalo (ver 6.6.1.3), fomentando o crescimento em diâmetro e a produção de primórdios de raízes adventícias.

A regulação da produção e do crescimento de frutos têm sido examinados de maneira especialmente intensiva, devido principalmente à importância econômica de muitos deles. Muitas árvores frutíferas (por exemplo, macieira, pereira, pessegueiro e ameixeira) produzem inicialmente mais frutos do que amadurecem mais tarde. Na fase inicial do desenvolvimento, muitos frutos caem. Esse é um fenômeno correlativo; geralmente, num ramo curto o primeiro fruto em formação (o "fruto-rei") inibe o desenvolvimento dos outros frutos cuja produção ocorre posteriormente. A retirada do "fruto-rei" anula a inibição.

As inibições correlativas também podem ocorrer pelo suprimento de nutrientes ou por interações hormonais. No primeiro caso, pode haver, por exemplo, competição por nutrientes: cada fruto individualmente é menor quando se desenvolvem vários frutos, o mesmo acontecendo com as sementes quando muitas delas amadurecem (por exemplo, castanha). Além disso, o crescimento vegetativo na maioria das vezes é restringido drasticamente, tão logo frutos e sementes sejam formados.

Um exemplo de inibição correlativa amplamente propagado é a **dominância apical**. Por dominância apical entende-se o crescimento preferencial da gema apical em relação às gemas laterais, embora as gema laterais, devido à sua posição, não devam ser prejudicadas no suprimento de assimilados pelas folhas exportadoras nem no fornecimento de sais minerais. A dominância apical se expressa de maneira distinta nas diferentes espécies. Ela é absoluta, por exemplo, no girassol (só a gema apical se desenvolve) e relativamente fraca no tomateiro, onde se constata ramificação já a uma distância pequena da gema apical. Com frequência, a dominância da gema apical também enfraquece durante o desenvolvimento de uma planta: assim, por exemplo, muitas árvores inicialmente crescem em comprimento sem ramificações e ramificam-se somente após alguns anos.

Se a gema apical for removida (em condições naturais, isso acontece por ação do vento, da neve ou ataque de animais), uma ou mais gemas laterais até então inibidas se expandem. Então, a gema lateral que se desenvolve mais rápido e se insere na posição vertical geralmente assume a dominância e reprime o crescimento das gemas laterais restantes.

A dominância da gema apical se deve à sua produção e liberação de auxinas (ver 6.6.1): se a gema apical for retirada e no seu lugar aplicada uma pasta de auxina (concentração na faixa de $\mu g\ g^{-1}$), as gemas laterais permanecem reprimidas. O mecanismo dessa ação da auxina ainda não está totalmente esclarecido; mas parece que o alto teor de auxina no eixo do caule, devido à gema apical, inibe a formação de uma ponte vascular entre os feixes axiais e as gemas laterais e, com isso, estrangula o suprimento das gemas laterais. Após a decapitação, essa ponte é rapidamente ativada. As auxinas também participam da inibição correlativa do crescimento do fruto. O fruto dominante exporta mais auxina do que os frutos inibidos correlativamente. Com isso, nos frutos inibidos ocorre a diferenciação da zona de separação na base do pedúnculo do fruto e, assim, a sua queda prematura (ver 6.6.1.4).

Levadas às gemas laterais, as citocininas promovem o seu crescimento (ver 6.6.2.3), limitando, portanto, a dominância apical; mas para um desenvolvimento contínuo dessas gemas laterais há necessidade de auxina adicional.

O crescimento dos estolões da batata também está sujeito a um complicado controle correlativo (Figura 4-11). Normalmente eles exibem crescimento horizontal sob a superfície do solo; com isso, as folhas permanecem rudimentares e os entrenós são fortemente alongados. Se a gema apical e todos os ramos laterais forem removidos, os estolões se erguem e se desenvolvem em caules normais dotados de folhas.

A dominância apical também é encontrada em plantas inferiores: pedaços isolados do talo da hepática *Lunularia cruciata*, por exemplo, regeneram a partir de células desenvolvidas do talo, ao passo que pedaços com ápice continuam a crescer apenas neste. Neste caso, o ácido indol-3-acético, uma auxina, (ver 6.6.1.1) também reprime a regeneração a partir de células do talo e, por consequência, restabelece o ápice.

Os processos do desenvolvimento com caráter correlativo, a serem tratados mais tarde, são:

- a **abscisão** (ver 6.6.5.3): queda de folhas, flores, frutos e (por exemplo, no choupo) às vezes também de ramos, fenômeno normal no transcurso do desenvolvimento de plantas perenes e
- a **senescência** (ver 6.6.2.3): o envelhecimento e, por fim, a morte do organismo.

6.6 Controle hormonal do desenvolvimento

Em alguns locais deste livro já foi mencionado que muitos processos do desenvolvimento são regulados por **fitormônios**. Os fitormônios são agentes sinalizadores com massa molecular pequena e distribuição geral nas plantas. Em concentrações baixas ($\leq 10^{-6}$ M), eles desencadeiam reações fisiológicas características; seus sítios de síntese e de ação em geral estão separados. Portanto, os fitormônios servem à regulação intercelular em organismos multicelulares, como também os hormônios dos animais e dos seres humanos. Ao contrário dos hormônios animais, no entanto, os fitormônios só raramente regulam o metabolismo do organismo já diferenciado (exemplos: o controle das células-guarda pelo ácido abscísico, ver 6.6.4 e a regulação da germinação mediante giberelinas, ver 6.6.3); os fitormônios controlam com grande intensidade os processos de crescimento e diferenciação e atuam conjuntamente de maneira complexa (ainda bastante desconhecida). Além disso, a síntese do hormônio ativo muitas vezes ocorre bem perto ou mesmo diretamente no sítio de ação, e um transporte – caso seja imprescindível – realiza-se por trajeto muito curtos, que podem ser cumpridos por difusão. Nesses casos, os fitormônios comportam-se de modo semelhante aos **agentes sinalizadores parácrinos** ou **autócrinos**: fatores parácrinos atuam sobre células na vizinhança imediata do sítio de síntese, ao passo que os autócrinos atuam diretamente sobre as células em formação. Outra diferença em relação aos hormônios dos animais reside na baixa especificidade a tecidos e órgãos dos fitormônios, muitas vezes caracterizados por um espectro de ação múltiplo. Com isso, fica evidenciado que o fitormônio é apenas um desencadeador. A natureza dos processos desencadeados depende do respectivo estado de diferenciação da célula, ou seja, do padrão dos genes ativos, ativáveis ou inativáveis.

A concentração de cada fitormônio no seu sítio de ação é rigorosamente regulada. Ela é o resultado de síntese, degradação, conjugação, armazenamento e transporte. Ao mesmo tempo, órgãos distintos podem apresentar sensibilidades diferentes a determinados fitormônios. Um fornecimento insuficiente de fitormônios (como, é observado, por exemplo, em mutantes com defeitos biossintéticos) e também um fornecimento excessivo (alcançado muitas vezes apenas em experimento) provocam distúrbios característicos do desenvolvimento.

Além dos cinco grupos de fitormônios já conhecidos há muito tempo (auxinas, citocininas, giberelinas, ácido abscísico e etileno), nos últimos anos foram descobertas outras classes de substâncias com ações similares às de fitormônios, os brassinolídeos e os jasmonatos. Ademais, no interior das plantas constata-se abundância de substâncias ativas com funções específicas e distribuição limitada. Análogos sintéticos de muitos fitormônios são empregados na cultura de plantas ornamentais e de lavoura, bem como na cultura de células vegetais.

6.6.1 Auxinas

Segundo Thimann, as auxinas (do latim *augere* = crescer) são compostos naturais ou sintéticos que em concentrações respectivas muito distintas (Figura 6-31) promovem o crescimento em alongamento de células e, com isso, o crescimento em alongamento do caule e da raiz; em concentrações mais elevadas, no entanto, inibem o crescimento. A promoção do crescimento é nitidamente reconhecível em biotestes com emprego de preparados empobrecidos de auxina, como em cilindros de coleóptilos. Logo, as auxinas são definidas não por sua estrutura química, mas sim por seu efeito característico.

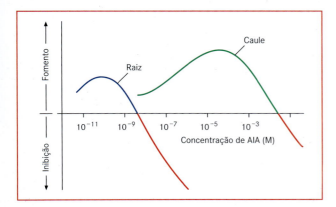

Figura 6-31 Crescimento longitudinal de caule e raiz, dependente da concentração do ácido indol-3-acético (AIA) no meio (esquematicamente). Os experimentos foram conduzidos com segmentos de órgãos pobres em auxina. (Segundo K.V. Thimann.)

6.6.1.1 Ocorrência

A auxina com distribuição mais ampla nos vegetais é o **ácido indol-3-acético** (AIA, Figura 6-32). Esse composto ocorre em todos procariotos e eucariotos, mas apenas nas embriófitas funciona como agente sinalizador. Outras auxinas, como ácido fenilacético (no tabaco), ácido indolacrílico e derivados halogenados do ácido indolacético (em leguminosas) não têm significado geral (Figura 6-32). As **auxinas sintéticas** frequentemente empregadas são ácido 2,4-diclorofenoxiacético (2,4-D), ácido 1-naftilacético e ácido indolbutírico, do qual por β-oxidação pode ser formado AIA na planta. A existência de um grupo carboxila (dissociado em valores de pH fisiológicos) e de uma carga parcial positiva distante 0,55 nm da carga negativa do grupo carboxila dissociado (regra de 0,55 nm) é comum a todas as auxinas ativas.

6.6.1.2 Metabolismo

Os principais sítios de formação de AIA nas plantas superiores são, por um lado, os tecidos embrionários (meristemas, embriões) e os órgãos fotossintetizantes (especialmente folhas em crescimento), mas o sistema de raízes também é capaz de sintetizar esse hormônio.

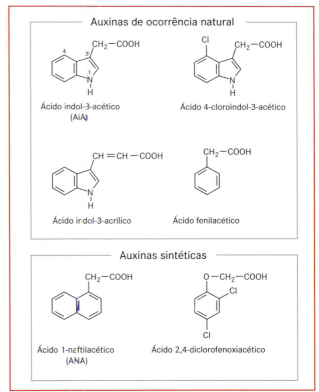

Figura 6-32 Auxinas naturais e sintéticas. (Segundo E. Weiler.)

A elucidação da biossíntese de AIA é difícil e ainda não está concluída. As quantidades de AIA extraíveis são extremamente pequenas (por exemplo, 24 µg kg^{-1} no coleóptilo do milho, 69 µg kg^{-1} nas rosetas foliares de *Arabidopsis thaliana* e aproximadamente 350 µg kg^{-1} no ápice da raiz do milho). A atividade das enzimas da biossíntese de AIA é correspondentemente baixa. Para fornecer uma comprovação, os tecidos muitas vezes são supridos de precursores com isótopos marcados, em concentrações que excedem muito a dos metabólitos endógenos existentes. Isso implica no perigo de reações colaterais não fisiológicas.

O AIA é formado a partir de L-triptofano. Dependendo da planta ou do tecido, a biossíntese pode seguir rotas diferentes (Figura 6-33), sendo ainda pouco conhecida quanto às enzimas e aos mecanismos de regulação.

Uma parte pequena do suprimento de AIA de uma planta pode provir da produção de bactérias epifíticas e de microrganismos (bactérias e fungos) da rizosfera. A produção microbiana de AIA na rizosfera parte do triptofano secretado pelas raízes das plantas. Na formação de tumores no colo da raiz (Quadro 8-2), que se originam em consequência da transferência de vários genes da bactéria de solo *Agrobacterium tumefaciens* para o genoma nuclear da célula hospedeira, são transferidos também dois genes cujos produtos gênicos estabelecem nas células transformadas uma rota de biossíntese adicional (não controladas pela célula vegetal) para o AIA, a partir do triptofano via indol-3-acetamida (um nível intermediário, Quadro 8-2). Os tumores no colo da raiz apresentam na maioria das ve-

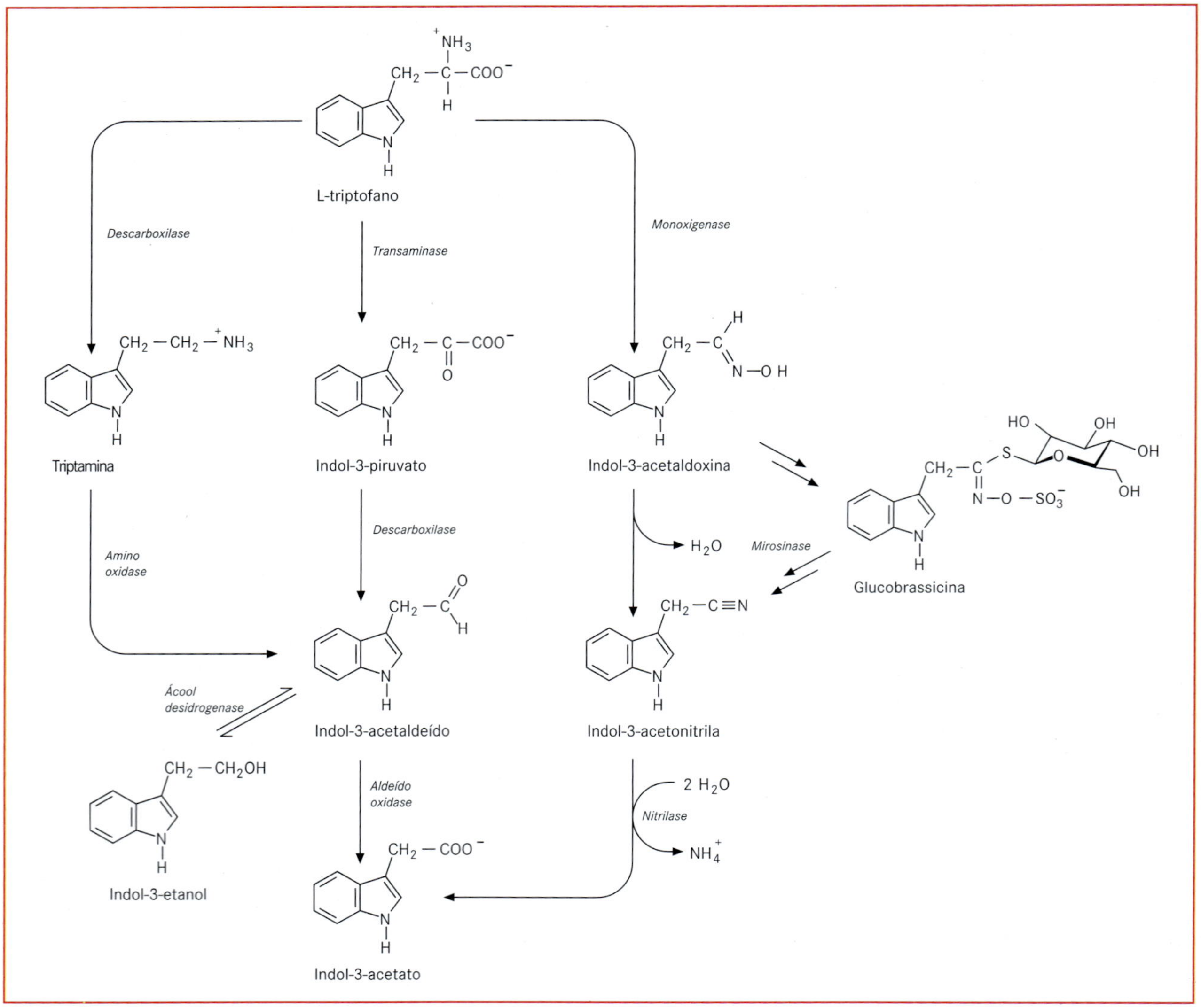

Figura 6-33 Biossíntese do ácido indol-3-acético (AIA) a partir do L-triptofano. A rota principal é a do indol-3-piruvato, sendo a rota da triptamina de importância secundária. O indol-3-etanol serve como forma de reserva temporária para o indol-3-acetaldeído, precursor de AIA. Em Brassicaceae, o ácido indol-3-acético é formado via indol-3-acetonitrila. A liberação de indol-3-acetonitrila a partir de glucobrassicina, glucosinolato encontrado nas Brassicaceae, possivelmente contribui para a formação de AIA. Na célula, o AIA ocorre praticamente todo dissociado em forma de indol-3-acetato (valor de pK$_a$ para AIA ≈ 4,8). (Segundo E. Weiler.)

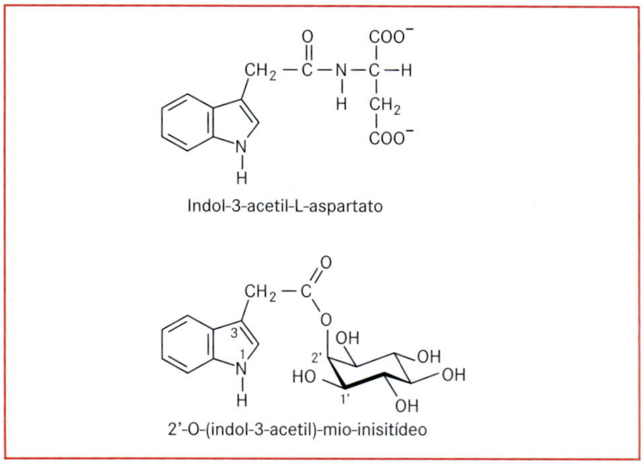

Figura 6-34 Exemplos estruturais de conjugados do ácido indol-3-acético. (Segundo E. Weiler.)

com glicose). Contudo, o AIA pode também conjugar-se e ser armazenado como conjugado de aminoácidos ou de açúcares (e com isso se afastar do sítio de ação). Endogenamente, ocorrem principalmente AIA-amidas – com aspartato (Figura 6-34) e glutamato. O AIA trazido de fora é transportado por células vegetais predominantemente em conjugados de açúcares (principalmente com glicose). Formas de armazenamento com grande massa molecular devem também ocorrer (por exemplo, em sementes). Além da retirada da substância ativa excedente, os conjugados de AIA podem servir à manutenção da homeostase, mas também ao armazenamento temporário de AIA e como forma de transporte do fitormônio. Assim, durante a germinação das gramíneas, o AIA é transportado como 2'-O-(indol-3-acetil)-mio-inositídeo (Figura 6-34) para o ápice do coleóptilo, onde o fitormônio é liberado hidroliticamente. Em culturas de células, a partir da auxina (AIA ou auxinas sintéticas estáveis, Figura 6-32) transportada com o meio são formados rapidamente conjugados de açúcar. Provavelmente, esses conjugados servem ao abastecimento dos tecidos a longo prazo, constituindo formas de armazenamento da auxina.

zes um conteúdo elevado de AIA livre ou conjugado (ver abaixo).

A regulação do suprimento dos tecidos com AIA é efetuada não apenas pela síntese, mas também pela degradação do hormônio não necessário. Determinados produtos de degradação do AIA são depositados em vacúolos, após conjugação com açúcares (especialmente

A degradação de AIA (Figura 6-35) acontece por via oxidativa, na qual dependendo da espécie, podem ser distinguidas várias sequências de reações. O catabolismo a 3-metileno-2-oxindol, 3-metil-2-oxindol e ácido indol-3-carbônico é generalizado. O catabolismo é catali-

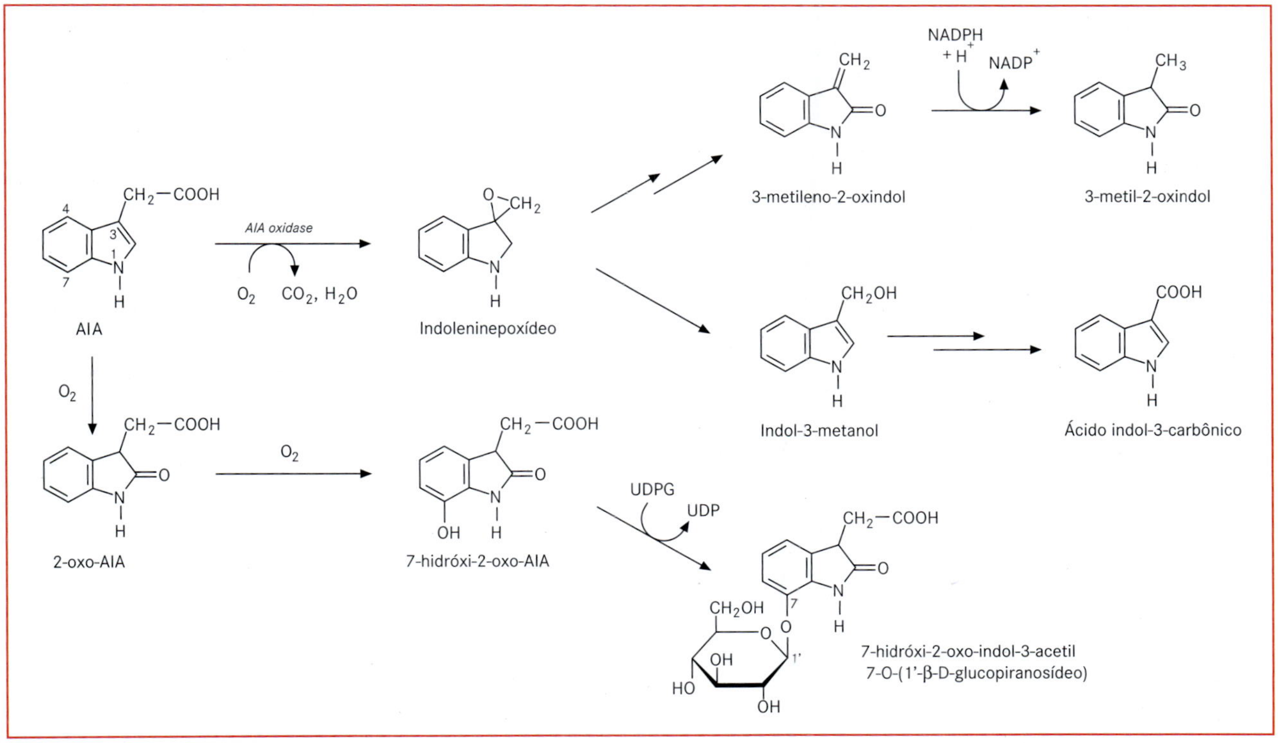

Figura 6-35 Catabolismo oxidativo do ácido indol-3-acético (AIA). A sequência de reações iniciada pela AIA oxidase é amplamente difundida entre as plantas; a rota 2-oxo-AIA está presente em *Pinus sylvestris*, *Zea mays* e *Vicia faba*, por exemplo. (Segundo E. Weiler.)

sado por uma peroxidase inespecífica, ativada por monofenóis (por exemplo, tirosina, ácido *p*-hidróxi-benzóico) e Mn^{2+}, e inativado ("AIA oxidase") por meio de difenóis (por exemplo, ácido cafeico). Em algumas espécies (*Pinus sylvestris*, *Vicia faba*, *Zea mays*), o AIA, ao receber a cadeia lateral de acetil, passa a 7-hidróxi-2-oxo-AIA, depositado sob forma do O-β-D-glucopiranosídeo levemente hidrossolúvel; esse composto ocorre em grandes quantidades no endosperma do milho, por exemplo. Os catabólitos de AIA são fisiologicamente inativos; eles não obedecem mais à regra de 0,55 nm (ver acima).

6.6.1.3 Transporte do ácido indol-3-acético

O AIA pode ser transportado por grandes distâncias com a corrente de assimilação no floema (ver 5.8). Além disso, existe um transporte parenquimático da auxina, fortemente direcional (**transporte polar da auxina**). Em partes isoladas diferentes do caule (coleóptilos, eixo caulina, pecíolo e pedúnculo do fruto), por exemplo, o AIA fornecido de fora apresenta transporte basípeto polar com velocidade de 2-14 mm h^{-1}, independente da orientação dos preparados, de modo que pode ser excluída a influência da gravidade (Figura 6-36). Esse transporte basípeto polar da auxina é dependente do metabolismo e pode ser inibido por certas substâncias (por exemplo, ácido 1-naftilftalâmico ou ácido 2,3,5-triiodobenzoico), ao contrário do transporte acrópeto muito menor (direcionado para o ápice do caule), que não passa de mera difusão.

Na raiz, o transporte polar da auxina no cilindro central é acrópeto (para o ápice da raiz); parte do AIA é transportada no sentido basípeto no córtex da raiz (do ápice para a base). As velocidades são muito semelhantes às verificadas no caule (4-10 mm h^{-1}). O significado do transporte polar da auxina na expressão do eixo durante a embriogênese já foi examinado (ver 6.4.1).

O mecanismo do transporte polar da auxina ainda não está esclarecido. Segundo o modelo quimiosmótico (Figura 6-37), translocadores (transportadores de efluxo do AIA) estão concentrados na extremidade celular basal na plasmalema. Esses translocadores retiram o ácido

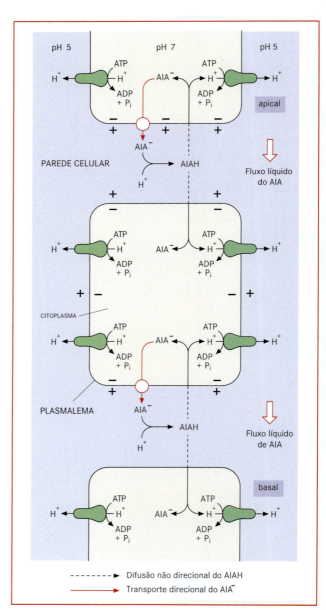

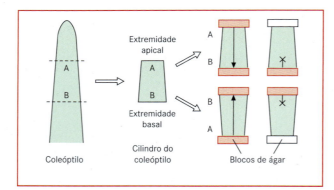

Figura 6-36 Demonstração do transporte basípeto polar do AIA em cilindros de coleóptilo. Independente da orientação do cilindro (normal ou inversa), o AIA contido no bloco de ágar aplicado na sua extremidade (bloco doador) é transportado por difusão da extremidade apical para a extremidade basal (setas) do tecido e pode ser comprovado no "bloco receptor". O AIA aplicado sobre a extremidade basal penetra um pouco no tecido por difusão, mas não é transportado. Para este tipo de experimento, emprega-se AIA marcado radioativamente (por exemplo, com ^{14}C). Os blocos de ágar em que a radioatividade não é demonstrável são representados em branco.

Figura 6-37 Modelo quimiosmótico do transporte polar do AIA. (Segundo E. Weiler.)

indol-3-acético (AIA⁻), ao longo do potencial eletroquímico mantido permanentemente pela ATPase transportadora de íons hidrogênio (Figura 5-4). Devido ao pH ácido no apoplasto, nele permanece indissociada parte do ácido indol-3-acético liberado (cerca de 50%, em pH 5). O AIA indissociado se difunde levemente pelas membranas celulares e, assim, por difusão consegue voltar para a célula. Esse processo de difusão não é direcional. Segundo esse modelo, o processo global mantém sua direção exclusivamente devido ao arranjo polar do transportador de efluxo do AIA, mas ainda falta comprovação direta. Outra dificuldade é que geralmente no apoplasto domina um fluxo de massa da água, causado pela transpiração e com direção oposta a do transporte do AIA (ver 5.3.1.2, Figura 5-30). Sob determinadas condições, a direção do transporte polar da auxina na planta é alterada, por exemplo, por influências da gravidade ou por iluminação unilateral (ver 7.3.1.1) ou durante a embriogênese (ver 6.4.1).

6.6.1.4 Efeitos das auxinas

Entre as ações do AIA, destacam-se:

Promoção da atividade do câmbio, com aumento da produção de elementos do xilema. Utilizando técnicas muito sensíveis de espectrometria de massa, é possível mostrar que a zona cambial exibe concentrações elevadas de AIA, em comparação com tecidos adjacentes (Figura 6-38). Admite-se que o gradiente de auxina contribui para a informação da posição, que influencia o destino da diferenciação das células de floema e xilema derivadas do câmbio. Portanto, neste caso o AIA seria considerado um fitormônio, antes de morfógeno (ver 6.3.3 e 6.4).

Promoção do estabelecimento e do desenvolvimento de sementes e frutos. O AIA necessário para esta ação é fornecido inicialmente pelo pólen e mais tarde formado pelos rudimentos seminais em desenvolvimento; ele é liberado no entorno e estimula especialmente o crescimento celular. A primeira fase do crescimento do ovário (antes da antese) é caracterizada geralmente pelo intenso crescimento por divisão, com alongamento celular pequeno. Em muitas espécies (por exemplo, no tomate e na groselha), as divisões após a antese são intensas e o crescimento a seguir é atribuído apenas ao alongamento celular; mas o alongamento só é desencadeado quando se realiza a polinização (Figura 6-39). As células podem crescer tanto que se tornam reconhecíveis a olho nu (por exemplo, em *Citrullus vulgaris*).

Se não houver polinização, as flores geralmente são desprendidas. Se houver polinização, contudo, as pétalas e os estames murcham, estabelecendo-se o desenvolvimento do fruto. Na maioria das vezes, para a primeira fase do crescimento do fruto ("rudimento do fruto") não há necessidade de fecundação; basta a polinização, frequentemente com pólen de outra espécie, que não pode dar sequência à fecundação. O pólen, rico em auxinas, fornece o AIA. Por isso, muitas vezes pode-se substituir a ação da polinização pela aplicação de AIA (ou outras auxinas) sobre o estigma. Na maioria dos frutos, a polinização na verdade desencadeia apenas o crescimento inicial. A continuidade do crescimento do fruto se estabelece somente após a fecundação e, por sua vez, é dirigida por auxina, dessa vez derivada dos rudimentos seminais em desenvolvimento. Por isso,

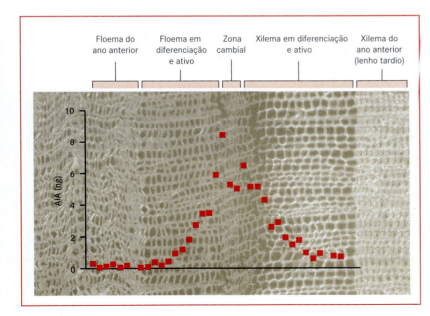

Figura 6-38 Gradiente de concentração radial do ácido indol-3-acético na zona cambial de *Pinus sylvestirs*. Está indicada a respectiva quantidade do fitormônio em um disco de tecido emblocado de 1 cm² de superfície e 30 μm de espessura, cortado com micrótomo de congelamento segundo orientação tangencial longitudinal. Outros exames mostraram que nem tanto a concentração absoluta de AIA no câmbio implica na diferenciação do floema ou xilema, mas sim a sua distribuição radial. Para o lado da diferenciação do xilema, o gradiente de AIA é menos aprofundado na direção radial do que para o lado do floema. O corte transversal em segundo plano facilita o relacionamento dos conteúdos de AIA às respectivas camadas de tecidos. (Segundo C. Uggla, T. Moritz, G. Sandberg e B. Sundberg, gentilmente cedido.)

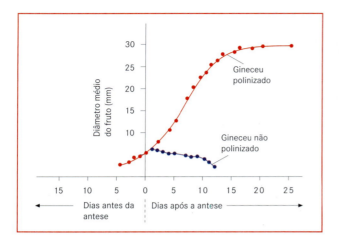

Figura 6-39 Crescimento do ovário de *Cucumis anguria*. Em flores não polinizadas, logo após a antese cessa o crescimento (a diminuição manifesta-se por enrugamento), ao passo os gineceus polinizados exibem curva típica de crescimento sigmoide. (Segundo J. P. Nitsch.)

Figura 6-40 Desenvolvimento do fruto do moranguinho. A expansão do receptáculo não se realiza em regiões onde não se estabelece o desenvolvimento de frutos devido à ausência de polinização. No centro do moranguinho mostrado desenvolvem-se somente três aquênios (setas). O moranguinho fica intumescido apenas no entorno imediato destes frutos. O fator secretado pelos aquênios é o ácido indol-3-acético, que estimula fortemente o crescimento celular no moranguinho. (Segundo E. Weiler.)

em muitos casos (uva, maçã, pera, tomate e groselha) o tamanho do fruto adulto normalmente é proporcional ao número de sementes que contém. Em algumas espécies (tomate, groselha, tabaco e figo), o início e o crescimento do fruto, sem polinização prévia (**partenocarpia**), podem ser provocados por um tratamento do estigma com AIA (ou auxinas sintéticas): formam-se frutos sem sementes. Esse procedimento é utilizado na cultura de tomate em estufa para se obter frutificação uniforme (e colheita sincronizada).

Nos frutos de natureza partenocárpica e, por isso, igualmente sem sementes (por exemplo, variedades de tomate, pepino, figo, laranja, banana e abacaxi), o desenvolvimento realiza-se em parte sem polinização e em parte por polinização e fecundação, seguidas de aborto dos embriões. Nessas plantas, a produção de auxinas dos rudimentos seminais ou de outras partes do gineceu, indispensável para o fornecimento de matéria e crescimento do fruto, necessita de pouca (ou nenhuma) influência correlativa externa.

No moranguinho, o efeito estimulante de AIA pode ser evidenciado de modo especial por experimentação. Se logo após a polinização forem removidos os aquênios em desenvolvimento, nesses locais não se realiza a expansão do receptáculo floral (Figura 6-40). Se forem removidos todos os frutos, a expansão do receptáculo é totalmente suprimida, mas se realiza normalmente quando pincela-se solução de auxina nos locais dos frutos retirados. A vinculação do crescimento do fruto à fecundação e ao início do desenvolvimento das sementes garante que o abastecimento considerável de matéria para a continuidade do desenvolvimento do fruto só aconteça quando conveniente biologicamente. Como em outros processos do crescimento, no crescimento do fruto as auxinas não são os únicos hormônios ativos. Existem referências que as sementes em desenvolvimento, além de auxinas, liberam também giberelinas em seu entorno que também participam do controle do desenvolvimento do fruto. Em algumas espécies, a partenocarpia pode ser desencadeada pelo fornecimento de giberelina, mas não por aplicação de auxina (por exemplo, em espécies de *Prunus*). Por fim, frutos que durante o crescimento ainda apresentam divisões celulares na fase mais ativa de crescimento também possuem o conteúdo mais elevado de citocininas (por exemplo, maçã, tomate, banana).

Promoção do estabelecimento de raízes laterais e raízes adventícias (Figura 6-41). Este processo evidencia – como o efeito do AIA sobre a atividade cambial – que o fitormônio pode estimular também a atividade de divisão celular.

Indução da regeneração em culturas de células. Este processo, que transcorre combinado com citocinina, é tratado de maneira mais precisa na seção 6.6.2.3.

Inibição da emergência de gemas laterais. Através da auxina liberada pela gema apical (**dominância apical**) (ver 6.5). A citocinina atua aqui como antagonista da auxina e promove a emergência das gemas laterais.

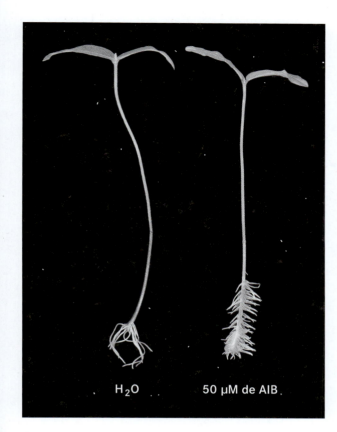

Figura 6-41 Promoção do enraizamento adventício de estacas da munguba por auxina. As estacas permaneceram mais de 7 dias em solução de 50 μM de ácido indol-3-butírico (à direita) ou em água (à esquerda). Após o ingresso na célula, o ácido indol-3-butírico (AIB) é convertido em ácido indol-3-acético, o verdadeiro princípio ativo. A planta-controle forma raízes adventícias longas e em pequena quantidade. A planta tratada com AIB produz muitas raízes, pois o AIA formado adicionalmente pelo tecido a partir do AIB provoca aumento da concentração total de AIA existente, promovendo na verdade o estabelecimento de novas raízes adventícias, cujo crescimento longitudinal, no entanto, é inibido. (Segundo E. Weiler.)

Inibição da queda de folhas, flores e frutos. Tão logo uma quantidade suficiente de AIA da lâmina foliar, da flor ou do fruto em desenvolvimento é transportada através do pecíolo ou do pedúnculo floral, não se realiza a diferenciação de um tecido de separação na base do pecíolo ("zona de abscisão"). Quando há carência de auxina (por exemplo, após a conclusão do desenvolvimento foliar, na ausência de polinização ou de fecundação), o ácido abscísico (ver 6.6.4) e especialmente o etileno (ver 6.6.5) induzem a diferenciação do tecido de separação e, com isso, a queda do órgão correspondente.

O crescimento em alongamento promovido pela auxina foi estudado em detalhes. Na verdade, a aplicação de auxina sobre plantas intactas praticamente não tem qualquer ação promotora do crescimento na região do caule e geralmente tem ação inibidora sobre raízes. Isso é atribuído ao suprimento já ótimo de auxina dos tecidos intactos. Contudo, em uma série de cultivares de ervilha que se distinguem em altura, demonstrou-se a relação direta entre a concentração do AIA e a velocidade do crescimento em alongamento. Em outros casos, essa relação não foi constatada. Segmentos de caules e coleóptilos pobres em auxina submetidos à aplicação de AIA, ao contrário, mostram intenso crescimento em alongamento dependente da concentração do fitormônio (Figura 6-42). Esse crescimento começa após um período de latência (*lag-Phase*) de aproximadamente 10 minutos e continua por várias horas; na presença de substâncias osmóticas que penetram na célula (por exemplo, sacarose, KCl), ele continua por até mais de um dia.

Com base na equação do potencial hídrico (Equação 5-15) e desconsiderando o potencial de gravitação, que não exerce qualquer papel nas dimensões celulares, as forças motrizes do crescimento celular podem ser assim compreendidas:

$$\Psi = p - \Pi. \qquad \text{(Equação 6-1)}$$

Uma célula na água pura absorve água do meio até que a pressão interna p (turgor), gerada em consequência da tensão de parede elástica, compense o potencial osmótico $-\Pi$ ($p = \Pi$, $\Psi = 0$). Células em uma solução aquosa com potencial hídrico negativo absorvem água até que $\Psi_{célula} = \Psi_{solução}$ e, com isso, $\Delta\Psi = 0$. O crescimento está sempre vinculado ao aumento irreversível de volume (portanto, à absorção de água) e acontece quando o turgor, formado devido à corrente osmótica de água, ultrapassa a capacidade de deformação elástica máxima da parede celular, de modo que a parede celular sofra dilatação irreversível (plástica). Com isso, uma determinada velocidade de crescimento é o resultado de dilatação plástica da parede celular (ligada ao turgor), influxo de água e da absorção (especialmente de KCl) ou formação intracelular (especialmente de carboidratos) de substâncias osmóticas para manutenção do potencial osmótico. Em geral, o processo de crescimento, só é possível em células com parede primária (ver 2.2.7.2), está associado à síntese permanente de material de parede (celulose e componentes da matriz), controlando também o potencial limiar da capacidade de deformação, de modo que a parede celular não seja rompida.

No crescimento isodiamétrico, esses processos transcorrem de maneira uniforme em toda a superfície celular. No crescimento longitudinal, a célula se estende ao longo de um eixo longitudinal, que presumivelmente se orienta de acordo com a disposição das microfibrilas de celulose. Em células antes do início do crescimento, essas microfibrilas localizam-se embebidas na matriz, sem direção preferencial (textura dispersa) (Figura 2-71B). A disposição das microfibrilas de celulose é estabelecida claramente pelo citoesqueleto (Figura 6-43).

O aumento da velocidade de crescimento, como o causado pela auxina, inicia a elevação da força motriz para o influxo da água e, por isso, pode ser efetuado pelo aumento do potencial osmótico e/ou aumento da capacidade de deformação plástica da parede celular. Todos os achados indicam que a capacidade de deformação plástica da parede celular é aumentada com o fornecimento de auxina. Os processos moleculares são ainda pouco conhecidos (Figura 6-43).

De acordo com a **hipótese do crescimento ácido**, o AIA fornecido de fora induz forte acidificação do apoplasto (em coleóptilos, do pH ≈ 5,5, para o pH ≤ 4,5) em segmentos de coleóptilos ou de caules pobre em auxina,

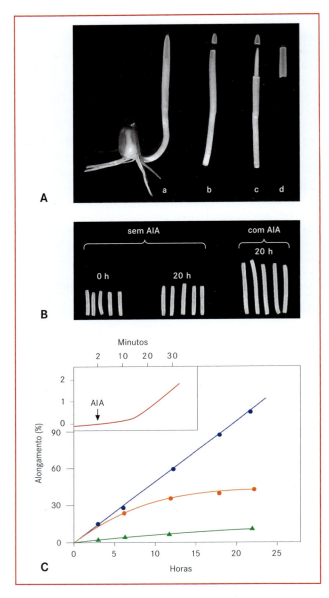

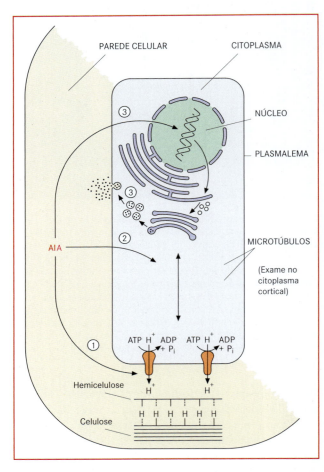

Figura 6-42 Promoção do crescimento em alongamento de coleóptilos por ação de AIA. **A** Preparação de cilindros de coleóptilos do milho. O ápice do coleóptilo supre o órgão de AIA. Por isso, os cilindros de coleóptilos **B** empobrecem de AIA e exibem crescimento em alongamento apenas limitado, atribuído a restos de AIA endógeno. Na presença de AIA no meio de incubação, o crescimento em alongamento do cilindro é nitidamente estimulado. **C** Dependência temporal do alongamento de cilindros de coleóptilos da aveia (10 μM de AIA, pH 6), na ausência (curva cor-de-laranja) ou na presença (curva azul) de solução de sacarose a 2% no meio de incubação (curva verde, sacarose sem AIA). O crescimento em alongamento estimulado pela auxina começa após um período de latência de aproximadamente 8-10 minutos (ver gráfico acima, à esquerda). (A, B originais de M.H. Zenk; C segundo R.E. Cleland.)

Figura 6-43 Modelo bastante simplificado do alongamento celular estimulado pelo AIA. A estimulação da extrusão de íons hidrogênio no apoplasto dissolve ligações por pontes de hidrogênio, especialmente entre celulose e hemicelulose; isto provoca aumento da capacidade de afrouxamento plástico da parede celular ①. Presumivelmente, ao mesmo tempo a acidificação ativa enzimas na parede celular, necessárias para despolimerização e repolimerização de componentes polímeros da matriz da parede celular. A reorientação dos microtúbulos corticais na célula e, com isso, das fibrilas de celulose (Figura 2-71) na parede celular contribui para a expressão do eixo longitudinal do alongamento celular (seta dupla) ②. Pela atuação do AIA, finalmente é formado mais material de parede celular ③. (Segundo E. Weiler.)

que leva ao aumento da extrusão de íons hidrogênio nas células. Essa acidificação, que pode ser comprovada por experimentação, requer o período de latência de efeito da auxina e como consequência:

- As pontes de hidrogênio na região da parede celular são dissolvidas. Essas pontes localizam-se principalmente entre as microfibrilas de celulose as moléculas de hemicelulose depositadas (xiloglucanos, nas dicotiledôneas, Figura 2-63). De fato, uma proteína de parede celular foi brevemente descrita, que se torna ativa em meio ácido e catalisa a dissolução das pontes de hidrogênio entre celulose e xiloglucano. Em experimento com paredes celulares isoladas, a suplementação dessa proteína, denominada **expansina**, aumenta (dependendo do pH) nitidamente a capacidade de deformação plástica.
- As enzimas são ativadas, e as ligações covalentes dos polímeros de parede celular são dissolvidas (e de novo refeitas), de modo que, sob influência do turgor, os componentes de parede celular podem se deslocar uns contra os outros. Deve fazer parte dessas enzimas uma xiloglucano endotransferase, que dissolve ligações em polímeros de hemicelulose e novamente as refaz. Por meio da despolimerização e repolimerização dos componentes de matriz entrelaçados (modelo estrutural: Figura 2-67) aumenta a capacidade de deformação plástica da parede celular e é possível a inclusão de novos elementos estruturais de parede celular.

O mecanismo da acidificação do apoplasto condicionada pela auxina não está claro. O translocador de íons hidrogênio do tipo P-ATPase (Figura 5-4) deve participar do processo; ele deve ser ativado por um mecanismo de AIA ainda desconhecido e/ou sua quantidade deve ser aumentada na plasmalema por ação do AIA. Há algum tempo foi descoberto um mecanismo de ativação muito efetivo para essa ATPase (Figura 8-15) e revelado como ponto de ataque da **fusicocina**. A fusicocina é uma toxina do fungo fitopatógeno *Fusicoccum amygdali* que desencadeia intenso crescimento em alongamento de coleóptilos e influencia também outros processos dos quais a H$^+$-ATPase participa (movimentos estomáticos, ver 7.3.2.5). É improvável que a auxina atue sobre a H$^+$-ATPase por esse mesmo mecanismo.

A hipótese do crescimento ácido foi corroborada pelos seguintes achados:

- tampões ácidos exercem o mesmo efeito estimulante sobre o crescimento em alongamento celular, como o AIA, mas sem que se estabeleça um período de latência.
- tampões neutros suprimem a estimulação do crescimento em alongamento pelo AIA, pois eles captam os íons H$^+$ extrudados da célula.
- inibidores da H$^+$-ATPase inibem o crescimento em alongamento induzido por auxina.

Na verdade, o crescimento em alongamento efetuado por tampão ácido persiste por apenas pouco tempo. O efeito da auxina (Figura 6-42), por outro lado, é muito mais duradouro; isso prova que a hipótese do crescimento ácido

refere-se apenas a uma parte do efeito da auxina. Atualmente, sabe-se que a auxina, além da estimulação da extrusão de íons H$^+$ para o apoplasto:

- estimula a formação e o abastecimento de componentes de parede celular;
- efetua a reorientação dos microtúbulos localizados no citoplasma periférico (cortical), mantendo as microfibrilas de celulose depositadas pela celulose sintase em disposição preferencial perpendicular ao alongamento da célula (pois nessa direção a resistência ao afrouxamento da parede celular é menor).
- A capacidade da célula em crescer longitudinalmente por fim se esgota pelo fato de que, devido ao alongamento celular, as microfibrilas de celulose experimentam alinhamento progressivamente paralelo ao eixo longitudinal e se inicia a formação da parede secundária por aposição (ver 2.2.7.4) de camadas de celulose em textura paralela. Com isso, a capacidade de deformação plástica se esgota, e a célula conserva meramente propriedades elásticas, que permitem apenas um afrouxamento reversível limitado.

6.6.1.5 Mecanismos moleculares do efeito das auxinas

Os fenômenos fisiológicos regulados pelas auxinas se processam com transformação da expressão gênica; distinguem-se genes de resposta primária (genes de resposta rápida ou regulados diretamente) e genes de resposta secundária (genes de resposta lenta ou regulados indiretamente). Os últimos são controlados presumivelmente pelos produtos gênicos dos genes de resposta primária regulados por auxina, alguns deles fatores de transcrição. Nos promotores dos genes de resposta primária regulados por auxina – cuja atividade já aumenta drasticamente em 5-10 minutos a partir da adição de auxina – geralmente podem ser identificados vários elementos de resposta à auxina (ARE, *auxinresponsive elemente*). Esses elementos são segmentos de sequências de aproximadamente 25-30 pb de comprimento, que consistem, respectivamente, em um elemento específico à auxina e de um elemento ativador da transcrição. Segundo a ideia mais recente, mas parcialmente hipotética, o AIA induz a ubiquitinação (ver 6.3.1.3) e, assim, a degradação proteolítica de uma proteína repressora, após o que começa a transcrição dos genes diretamente regulados por auxina (Figura 6-44). Uma proteína de ativação (AXR1) participa da ubiquitinação e sua mutação provoca a perda da capacidade da célula de reagir à auxina (AXR, *auxin resistant*, dando nome ao fenótipo do mutante *axr*).

6.6.2 Citocininas

As citocininas são purinas com ligação da cadeia lateral ao nitrogênio 6 (Figura 6-45), descobertas em virtude do

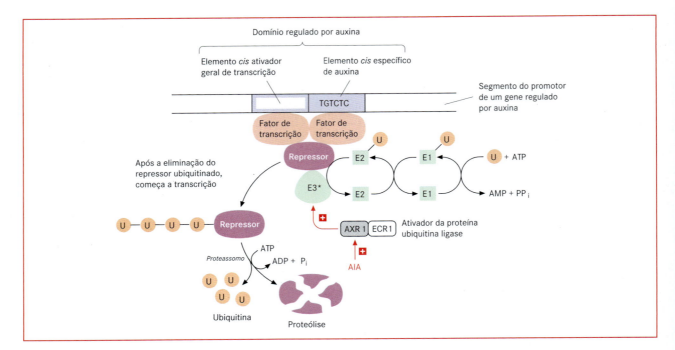

Figura 6-44 Modelo simplificado, ainda parcialmente hipotético, da ativação gênica pelo ácido indol-3-acético (AIA). O AIA ativa um complexo heterodímero das proteínas AXR1 e ECR1, localizado no núcleo, que, por sua vez, ativa uma proteína ubiquitina ligase. Essa ligase (E3*) medeia a ubiquitinação das proteínas repressoras específicas, que impedem a transcrição dos genes regulados por auxina e, desse modo, induz a degradação dos repressores pelo proteassomo (ver 6.3.1.3). A eliminação dos repressores da ubiquitinação tem como consequência o começo da transcrição desses genes. O sistema de conjugação da ubiquitina consiste em uma enzima ativadora de ubiquitina (E1), que transfere a ubiquitina para uma proteína de conjugação da ubiquitina (E2). Pela E2, com mediação de uma proteína ubiquitina ligase (E3) específica ao substrato, a ubiquitina é convertida no substrato da proteína. Formam-se várias vezes proteínas ubiquitinadas, rapidamente degradadas pelo proteassomo com liberação da ubiquitina, caso possuam quatro ou mais moléculas de ubiquitina. Na célula, existem várias enzimas do tipo E3; frequentemente, são complexos proteicos hetero-oligoméricos, que necessitam de ativação (E3*) por ativador heterodimérico. Esse ativador é semelhante a uma enzima E1; um componente corresponde ao N-terminal, o segundo corresponde ao C-terminal metade de uma enzima E1. É o complexo AXR1/ECR1 no caso dos genes regulados por auxina. Uma perda de função de AXR1, devido, por exemplo, à mutação no gene *AXR*1, causa a perda da capacidade de reagir à auxina. A proteína foi denominada de acordo com o mutante *axr*1 (do inglês **a**uxina **r**esistant). ECR1 significa **E**1 **r**elacionada ao **C**-terminal; a proteína foi descoberta com base nessa semelhança. (Segundo E. Weiler.)

efeito promotor do crescimento por divisão de células (*cytokinesis* = divisão celular).

6.6.2.1 Ocorrência

Em experimentos de cultura de tecidos da medula do tabaco em meios de composição definida, observou-se que o ácido indol-3-acético, como único fitormônio no meio, efetua a expansão celular, mas não divisões celulares. A busca sistemática do fator promotor de divisões celulares produziu inicialmente intensa atividade em preparados de DNA autoclavados. O composto ativo foi então identificado como N^6-furfurilaminopurina (Figura 6-45); em DNA autoclavado, ela origina-se por hidrólise, clivagem de fosfato e deslocamento da desorribose da posição original (1'→9) (comparar Figura 1-4) para a posição (5'→6) com cisão da água. Essa substância, também denominada cinetina, não ocorre em vegetais, mas as citocininas naturais são igualmente derivadas da adenina com substituição no N^6. As mais importantes são N^6-isopenteniladenina (IPA) e *trans*-zeatina (tZ); estão presentes em vegetais como bases livres, ribosídeos ou ribosil-5-monofosfatos. Como citocininas ativas, no entanto, são consideradas as bases livres, especialmente *trans*-zeatina, também na maioria dos tecidos a citocinina predominante. Devido à sua maior estabilidade, as citocininas sintéticas (Figura 6-45) são preferidas em pesquisas fisiológicas (por exemplo, com culturas de células).

A presença de adenina com substituição no N^6 (por exemplo, IPA) como base rara em determinados RNAt já foi mencionada (Figura 1-10). É plausível imaginar que, em tecidos com transformação alta de RNA, durante a degradação de RNAt resulta citocinina. Contudo, o significado fisiológico desse processo não está esclarecido. Assim, em determinados RNAt ocorre também zeatina como base rara, mas na configuração *cis*, ao passo que como forma livre aparece exclusivamente *trans*-zeatina. A opinião original de que o efeito estimulante sobre o metabolismo

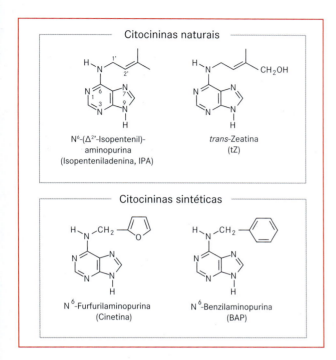

Figura 6-45 Exemplos de citocininas naturais e sintéticas. Conforme mostrado, as citocininas naturais ocorrem na célula não apenas como bases livres, mas também como ribosídeo e ribosil-5-monofosfato (ver também Figura 6-46). (Segundo E. Weiler.)

do RNAm e de proteínas baseia-se na sua incorporação ao RNAt não se confirmou, depois que ficou claro que a adenina com substituição no N^6 no RNAt origina-se somente com a prenilação posterior de uma adenina (ver 1.2.4).

Adeninas com substituição no N^6 encontram-se já em bactérias e ocorrem também em fungos. Em fitopatógenos (por exemplo, *Agrobacterium tumefaciens*, Quadro 8-2), bactérias simbióticas (por exemplo, *Phyllobacterium rubicearum*) e também em fungos micorrízicos (ver 8.2.3),

elas podem ter importância fisiológica. Assim, a fasciação das partes aéreas (vassoura-de-bruxa) causada por *Rhodococcus fascians* se deve às citocininas secretadas pelo actinomiceto.

A partir dos musgos, os efeitos fisiológicos de citocininas e os próprios compostos foram descritos em todos os grupos de vegetais terrestres, mas são mais conhecidos nas plantas superiores.

6.6.2.2 Metabolismo e transporte

Abstraindo uma possível liberação de citocininas durante a degradação de RNAt, cuja contribuição para o suprimento de citocininas aos tecidos é, no entanto, duvidosa, as citocininas originam-se mediante transferência de um resíduo da dimetilalil de dimetilalil pirofosfato para adenosina-5'-monofosfato. Essa transferência é seguida de outras conversões, entre as quais a hidroxilação e a subsequente saturação da cadeia lateral, bem como a possível retirada do resíduo de fosfato e da ribose em cada um desses compostos (Figura 6-46). Portanto, além de isopentenil adenina, zeatina e di-hidrozeatina, seus ribosídeos e ribotídeos ocorrem nos vegetais, mas – conforme mencionado – a atividade das citocininas é vinculada apenas às bases livres.

Os ápices de raízes são considerados um importante sítio de produção de citocininas. A partir das raízes, as citocininas são distribuídas na planta com a corrente do xilema; a principal forma de transporte é a *trans*-zeatina ribosídeo (tZR). Na seiva da videira, por exemplo, foram encontrados 50-100 µg l^{-1} de citocinina. Não existe transporte polar de citocininas nos tecidos, devendo-se admitir, portanto, que em distâncias curtas a difusão seja o único mecanismo de transporte.

Além das raízes, as folhas muito jovens e as sementes em desenvolvimento também são sítios de produção de citocininas. A auxina da gema apical reprime a biossíntese de citocininas ou a importação de citocininas por aquelas gemas axilares reprimidas em consequência da dominân-

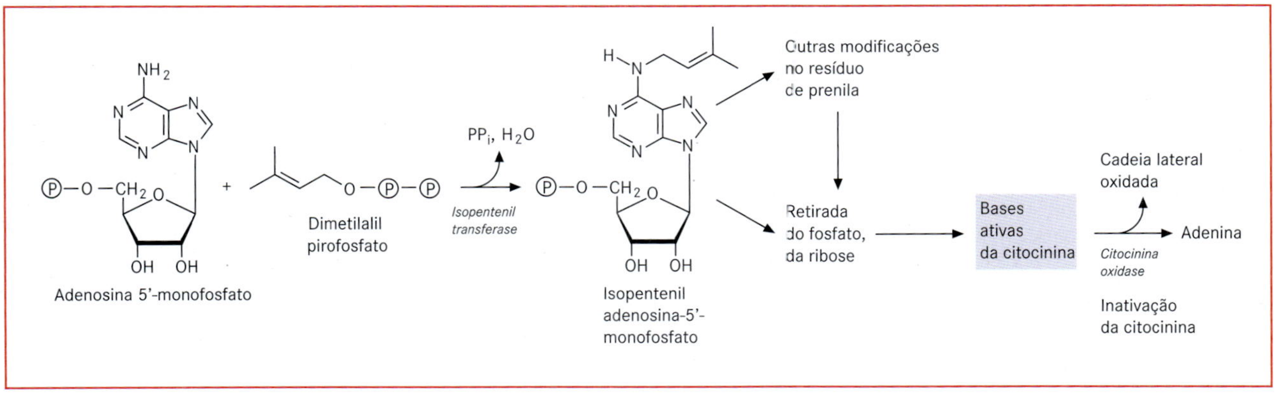

Figura 6-46 Reações importantes do metabolismo das citocininas. (Segundo E. Weiler.)

cia apical. Após a remoção da gema apical, o conteúdo de citocininas aumenta bastante no caule, especialmente nas gemas axilares, antes da emergência. Se a gema apical for substituída por um bloco de ágar com auxina, não se realiza a acumulação de citocininas e a dominância apical perdura.

É possível a conversão de citocininas em conjugados com açúcares, como, por exemplo, glicosídeos, que podem representar formas de armazenamento, transporte e inativação. Um mecanismo de inativação propagado é a remoção oxidativa do resíduo de prenila da base da citocinina (reação da "citocinina oxidase"): da IPA resulta adenina e 3-metil-2-butenal, a partir da *trans*-zeatina forma-se adenina e 3-hidroximetil-2-butenal.

6.6.2.3 Efeitos das citocininas

As citocininas também influenciam vários processos fisiológicos, atuando em conjunto com outros fitormônios.

O **efeito promotor da divisão celular** pelas citocininas já foi mencionado. Nele baseia-se o bioteste mais importante sobre a atividade das citocininas: o teste do calo de medula de tabaco. Em condições nutricionais do solo definidas, o aumento de peso do calo em cultura estéril é proporcional à concentração de citocininas. Na verdade, o efeito promotor da divisão celular está vinculado à existência de auxina nos meios nutritivos. Tanto as citocininas quanto a auxina são necessárias para o andamento do ciclo celular e, na verdade, para a iniciação da replicação do DNA e a iniciação da mitose (ver 6.3.2, Figura 6-19A).

O crescimento em culturas de células causado por auxina e citocinina depende menos das concentrações absolutas dos dois fitormônios do que da sua relação. Se for elevada a concentração de auxina em relação à de citocinina, obtém-se a **regeneração** de raízes; se, ao contrário, for aumentada a concentração de citocinina em relação à de auxina, regeneram-se partes aéreas (Figura 6-47). Na regeneração de plantas intactas a partir de culturas de células, geralmente induz-se inicialmente a formação da parte aérea (caule e folhas) a qual, então, enraíza em um meio de indução de raízes. Desse modo, a relação entre auxina e citocinina durante a embriogênese poderia exercer influência decisiva sobre o estabelecimento da identidade de órgãos no embrião em desenvolvimento.

Os **tumores** em plantas diferenciadas também são caracterizados por alterações nas relações entre auxina e citocinina e na maioria das vezes também por grandes aumentos absolutos das concentrações dos dois fitormônios. Isso vale para os já mencionados tumores do colo da raiz, provocados por *Agrobacterium tumefaciens* (Quadro 8-2). Entre os genes bacterianos integrados ao genoma nuclear da planta durante a formação de tumores encontra-se também um gene *ipt*, que codifica a isopentenil transferase (IPT); essa enzima catalisa a reação inicial da biossíntese de citocininas, assim como também se processa na planta (Figura 6-46). Portanto, os tumores do colo da raiz são autotróficos quanto a auxinas e citocininas. Por isso, eles podem apresentar multiplicação ilimitada em meios nutritivos sem adição desses fitormônios. Se o gene *ipt* for deletado em bactérias, produz-se excedente de auxina: em vez de tumor, forma-se teratoma na raiz da planta; se for deletado um dos dois (ou ambos) genes da auxina, ocorre excedente de citocinina e forma-se um teratoma no caule, em analogia à regeneração causada pela modificação da relação entre auxina e citocinina, em experimento com culturas de células (Figura 6-47). De maneira geral, o **teratoma** é um tumor cuja diferenciação de tecidos e/ou órgãos pode ser reconhecida.

Os **tumores condicionados geneticamente** originam-se em diferentes bastardos de espécies, principalmente nos gêneros *Nicotiana* e *Brassica*. Esses tumores não são infecciosos; eles surgem graças à combinação de dois genomas não completamente compatíveis, cuja mistura provoca distúrbios no programa de desenvolvimento normal. Uma vez que os tumores condicionados geneticamente também são autotróficos quanto a auxinas e

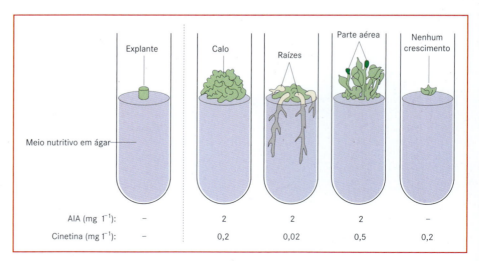

Figura 6-47 Dependência do crescimento e da formação dos órgãos de um fragmento de tecido (explante) da medula de tabaco, em relação ao conteúdo de AIA e de cinetina do meio nutritivo em ágar. À esquerda: situação no começo do experimento; à direita: cultura após várias semanas. A formação dos órgãos é sensivelmente determinada pela relação das concentrações dos dois reguladores do crescimento. (Segundo P. Ray, de H. Mohr, modificado.)

citocininas em cultura *in vitro* e contêm quantidades elevadas desses fitormônios, ocorre um distúrbio hormonal do controle do ciclo celular.

Durante a quebra da dominância apical, as citocininas são antagonistas das auxinas. A produção de citocininas das bactérias presumivelmente causa também a formação da "vassoura-de-bruxa", ou seja, o crescimento de muitas gemas laterais (por exemplo, em crisântemos, petúnias, salgueiros e larícios, após ataque de *Rhodococcus fascians*, antigamente *Corynebacterium fascians*). O epíteto específico "fascians" deve-se à fasciação: formação de caules achatados, em faixas, com múltiplos ramos laterais que crescem muito próximos – sintoma do ataque de *Rhodococcus fascians* (do latim, *fascis* = fascículo, feixe) igualmente atribuído a um distúrbio da dominância apical.

As citocininas promovem:

- a **expansão celular** durante o desenvolvimento foliar;
- o **desenvolvimento dos cloroplastos** em angiospermas (que por adição de citocinina realiza-se também no escuro); e
- a **indução de gemas no protonema de musgos** (ver 10.2), a partir das quais diferencia-se o gametófito.

O retardo nos processos de envelhecimento, especialmente em folhas, é uma função muito significativa das citocininas. O **envelhecimento (senescência)** é por definição um processo de desenvolvimento que, caso não seja interrompido ou mudado, leva à morte do organismo inteiro ou de seus órgãos.

Quanto à senescência da planta inteira, distinguem-se **espécies hapaxânticas**,* que florescem e frutificam apenas uma vez, e **espécies poliânticas**,* que apresentam floração e frutificações repetidos.

Todas as espécies anuais e bianuais, bem como plurianuais em número reduzido, são **hapaxânticas**: podem crescer vegetativamente durante muitos anos, após o que florescem, frutificam e morrem (por exemplo, *Agave*, bambus ou a palmeira *Corypha umbraculifera* que pode viver por mais de 300 anos). Nessas espécies hapaxânticas – ao contrário das poliânticas – a senescência e a morte estão intimamente vinculadas à formação de órgãos de propagação: plantas anuais ou bianuais (por exemplo, a beterraba) podem viver por muitos anos se a produção de flores for impedida.

A vinculação da senescência com a formação de órgãos de propagação não se deve ao fato (pelo menos não só) de que as flores em desenvolvimento e principalmente os frutos, com sua considerável demanda de matéria, privam as demais partes da planta das substâncias necessárias à vida: no espinafre dioico, por exemplo, o florescimento das plantas estaminadas desencadeia a senescência das folhas; o florescimento e a frutificação das plantas pistiladas também desencadeiam a senescência das folhas. Por isso, é mais provável que outras interações entre os órgãos de propagação e o restante da planta condicionem a senescência e a morte. Entre essas interações, podem ser mencionados, por exemplo, os fatores de senescência liberados pelas flores e frutos ou a elevada demanda de frutos e sementes por citocinina oriunda da raiz, que não mais a disponibiliza suficientemente para outras partes da planta.

Nas espécies **poliânticas**, a morte normal não é atribuída só ao envelhecimento programado obrigatório dos meristemas, mas principalmente ao suprimento de água, sais, nutrientes e substâncias ativas que se torna progressivamente mais difícil para eles. Por meio de multiplicação por estaquia (por exemplo, no choupo-pirâmide e em muitas plantas cultivadas, como moranguinho, banana e rosa) ou cultura *in vitro* é muitas vezes possível praticamente perpetuar esses meristemas apicais. Logo, também neste caso a morte não tem limite absoluto.

Muitas árvores podem alcançar **idade** bastante avançada. A contagem dos anéis anuais permite verificar as idades que as espécies podem alcançar, por exemplo: choupos e olmos, até 600 anos; carvalhos, até 1.000 anos; tílias, 800-1.000 anos; zimbro (*Sabina tibetica*), acima de 1.200 anos; *Fitzroya cupressoides*, no Chile, acima de 2.000 anos; sequoia gigante (*Sequoiadendron giganteum*), até 4.000 anos; *Pinus longaeva* (= *Pinus aristata* p.p.), acima de 4.800 anos. Muitas outras árvores nativas da Europa podem viver por algumas centenas de anos e mesmo plantas pouco aparentes, como *Vaccinium myrtillus*, podem viver 28 anos. Com auxílio de técnicas da biologia molecular em um clone de *Carex curvula*, espécie alpina, foi constatada a idade aproximada de 2.000 anos. Portanto, no mesmo local, ele foi submetido a climas muitos diferentes. Assim, deve ser observado que nas plantas longevas processa-se uma permanente renovação celular, que em árvores, por exemplo, se constata não apenas nos meristemas apicais, mas principalmente no câmbio. O tempo de vida de células vegetais individuais, como dos raios parenquimáticos de árvores ou da medula de cactos suculentos, raramente alcança 100 anos, quando não ocorre "rejuvenescimento" por divisão celular e novo crescimento. Contudo, a maioria das células não atinge idade tão avançada. Mesmo no estado de dormência, observada em sementes e esporos por dessecamento considerável, no qual o metabolismo é quase totalmente suspenso, parece ocorrer envelhecimento (lento, mas inexorável), pois, como mostra a experiência, a capacidade germinativa não ultrapassa limite de 100-200 anos. Sementes muito longevas são encontradas principalmente em leguminosas, malváceas, flor-de-lótus (*Nelumbo nucifera*); para esta última, foi estimado um tempo de vida de até 1.000 anos. As sementes de muitas ervas daninhas (por exemplo, *Spergula arvensis*, *Chenopodium album*), na ausência total de oxigênio, permanecem vivas por centenas de anos. As informações sempre repetidas sobre o poder germinativo do chamado "trigo-múmia" de túmulos egípcios estão, no entanto, erradas, pois esse poder em sementes de trigo é de no máximo 10 anos. As sementes de plantas tropicais, que na sua sobrevivência não estão adaptadas a períodos climáticos desfavoráveis, frequentemente não vivem mais do que um ano.

Os órgãos individuais de uma planta perene muitas vezes têm tempos de vida mais curtos do que a planta inteira. Isso é válido para folhas, órgãos florais e de frutos. Entre as plantas com escapo entre as hemicriptófitas e nas geófitas (ver 4.2.4), regularmente no outono todas as partes acima da superfície do solo morrem.

---

* N. de T. No original, são utilizadas as denominações **hapaxanthe arten** e **pollakanthe arten**, que correspondem às **espécies semélperas e espécies iteróparas**, respectivamente, assim denominadas com frequência em livros de ecologia.

Nas **folhas**, distinguem-se uma **senescência sequencial** e uma **senescência sincrônica**. No primeiro caso, de cada vez envelhecem (e morrem) apenas as folhas mais velhas, ao passo que no segundo caso, na queda foliar outonal das plantas verdes no verão, por exemplo, todas as folhas caem de uma vez. A senescência foliar é um evento organizado, no qual os minerais e – a partir da degradação da matéria orgânica – especialmente fósforo, nitrogênio e enxofre são convertidos em formas de transporte adequadas e via floema levados aos tecidos ou órgãos de reserva (transporte no floema, ver 5.8.3).

A senescência é acompanhada da diminuição das intensidades respiratória e fotossintética, do retardo de todos os processos anabólicos metabolismo, sobretudo da síntese do RNA e da síntese proteica, e da aceleração dos processos de degradação (por exemplo, de clorofila, RNA e proteína). Com o aumento do acúmulo de produtos de degradação e do bloqueio das sínteses, as folhas senescentes tornam-se fornecedoras de aminoácidos e íons móveis no floema, entre outros produtos adicionais. Nas plantas verdes no verão, os tecidos receptores no outono são principalmente os parênquimas de reserva no caule e raiz; nas folhas com senescência sequencial, essa função é exercida pelas folhas jovens ainda em desenvolvimento.

A degradação outonal da clorofila nas plantas verdes no verão processa-se muito rapidamente: na Europa ocidental, a mudança de cor progride com velocidade de 60-70 km por dia da região polar para o sul e num determinado local perdura por apenas 2-3 dias. Nos trópicos, a mudança de cor e a queda das folhas no começo do período seco necessitam também de apenas poucos dias. A degradação da clorofila em produtos incolores é necessária fisiologicamente, porque produtos intermediários coloridos poderiam exercer efeitos fototóxicos. Estima-se que nos continentes sejam degradadas anualmente 300 milhões de toneladas de clorofila. A essa quantia devem ser acrescidas aproximadamente 900 milhões de toneladas nos oceanos, pela morte das algas de ciclo curto. Anualmente, cerca de 200 milhões de toneladas de carotenoides também são degradadas em produtos incolores. Uma vez que, em geral, a clorofila desaparece alguns dias antes dos carotenoides, observa-se mudança do verde para o amarelo. Em algumas espécies, além disso, ocorre ainda a síntese de antocianinas (*Indian-Summer*).*

A senescência foliar sequencial é atribuída principalmente à acumulação de íons inúteis e restos metabólicos, ao passo que a senescência foliar sincrônica é governada pelo fotoperíodo (ver 6.7.2.2) e acelerada por temperaturas baixas. Em ambos os casos, a senescência submete-se ao controle de fitormônios e é acompanhada de conteúdo crescente de fitormônios promotores de senescência (ácido abscísico, ver 6.6.4 e especialmente etileno, ver 6.6.5) e de diminuição de citocininas, bem como de auxinas e giberelinas.

Em algumas plantas (por exemplo, *Rumex*, *Tropaeolum*, *Taraxacum*) principalmente as giberelinas (ver 6.6.3) atuam como inibidores da senescência, ao passo que nas folhas de plantas lenhosas as auxinas (ver 6.6.1) também exercem esse papel.

---

* N. de T. Segundo o dicionário inglês-português de Antônio Houaiss (editor), esta expressão pode significar "últimos anos de vida".

As citocininas são os fitormônios mais importantes que impedem a senescência foliar. Isso pode ser observado nitidamente em folhas cortadas, as quais envelhecem mais rápido pela supressão das fontes naturais de citocininas (principalmente o suprimento proveniente das raízes), especialmente no escuro. Por adição de citocinina, esse processo de senescência é drasticamente retardado. Pelo tratamento local com citocinina (por exemplo, aplicação sobre uma metade da folha), o processo de envelhecimento é retardado apenas no local de aplicação; na metade não tratada, no entanto, o processo é acelerado. Por meio da aplicação de diferentes combinações de citocinina com um metabólito móvel no floema (por exemplo, o aminoácido glicina), é possível demonstrar que nutrientes são transferidos do sítio de concentração mais baixa de citocinina para o sítio de concentração mais elevada ("**efeito de atração**" da citocinina) e, em grau fortemente reduzido, transportados de tecidos

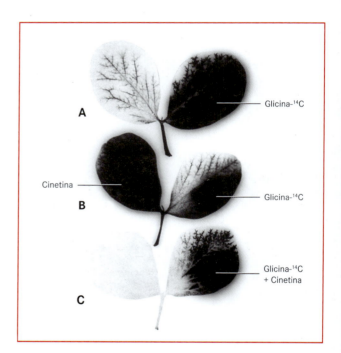

Figura 6-48 Efeitos de atração e retenção das citocininas durante o retardo da senescência foliar. **A-C** Autorradiogramas de folíolos de *Vicia faba* após aplicação de glicina marcada com o isótopo de carbono radioativo ^{14}C; **B, C** tratadas adicionalmente com a citocinina cinetina. Os autorradiogramas mostram a distribuição da radioatividade nas folhas. Traços indicativos: sítios onde as respectivas substâncias são aplicadas. **A** Controle não tratado com cinetina; a radioatividade distribui-se pelo folíolo tratado com glicina-^{14}C e é exportada via pecíolo. Apenas pouca radioatividade é encontrada no folíolo não tratado com glicina-^{14}C. **B** Efeito de atração da citocinina: ocorre grande acumulação da radioatividade no folíolo tratado com cinetina. **C** Efeito de retenção da citocinina: se cinetina e glicina-^{14}C forem aplicadas sobre o mesmo local, não ocorre exportação de radioatividade para os outros folíolos nem exportação via pecíolo. (Segundo K. Mothes.)

bem-supridos de citocinina ("**efeito de retenção**") (Figura 6-48). Evidentemente, a concentração da citocinina, entre outros aspectos, governa as relações fonte-dreno na planta e, com isso, também a direção do transporte no floema: tecidos bem-supridos de citocininas tornam-se tecidos-dreno e importam nutrientes do seu entorno menos suprido de citocininas. Em nível molecular, a citocinina induz a acumulação da invertase de parede celular. Isso leva à clivagem intensa de sacarose e, assim, à melhora no suprimento de hexose dos tecidos ricos em citocinina, bem como a uma intensa descarga de sacarose a partir do floema (ver 5.8.4). Nesses processos, é observado um importante mecanismo de produção de drenos metabólicos por meio da citocinina.

A importância das citocininas para a senescência foliar também das plantas intactas pode ser demonstrada por um experimento elegante com indivíduos transgênicos de tabaco (métodos, Quadro 6-3) (Figura 6-49). Essas plantas expressaram o gene *ipt* de *Agrobacterium tumefaciens* já mencionado, sob controle do promotor de um dos genes da senescência do tabaco, *SAG*12. A senescência principiante leva à ativação do promotor. Nas plantas transgênicas, a consequência é a formação da isopentenil transferase e, com isso, o aumento da produção de citocininas. Desse modo, o processo de senescência é retardado, e a atividade do promotor novamente retrocede. Como a Figura 6-49 evidencia, esse sistema autorregulador efetivamente conduz a um drástico retardo da senescência foliar sequencial do tabaco. Ainda é cedo para saber se isso representa um acesso a plantas de interesse econômico com produções otimizadas por técnicas biotecnológicas.

Às vezes, observam-se "ilhas verdes" em folhas senescentes (e por vezes já caídas): zonas limitadas com forte retardo da senescência. Isso se deve à liberação localizada de citocininas por bactérias ou fungos parasíticos (por exemplo, *Erysiphe graminis* ou *Uromyces phaseoli*) ou larvas de insetos parasíticos (por exemplo, *Stigmella argentipedella*). No caso dos insetos, as glândulas labiais devem ser os sítios de síntese de citocininas. Os parasitos produzem uma região-dreno localizada e mantêm assim a "mesa posta".

Um fenômeno de senescência de importância prática e, por esse motivo, frequentemente pesquisado é o **amadurecimento do fruto**, que tem aspectos em comum com o envelhecimento foliar, mas que abrange também processos específicos a serem tratados adiante (ver 6.6.5.2).

6.6.2.4 Mecanismos moleculares do efeito da citocinina

A atuação das citocininas é ainda pouco conhecida, mas muitos efeitos devem ser acompanhados de regulação da atividade gênica. Para o controle do ciclo celular, genes-alvo isolados já foram identificados (Figura 6-19A). A nitrato redutase está sujeita também a um controle da transcrição. Os receptores de citocinina, como os receptores de etileno (ver 6.6.5.3, Figura 6-64), pertencem à família dos reguladores de dois componentes e estão loca-

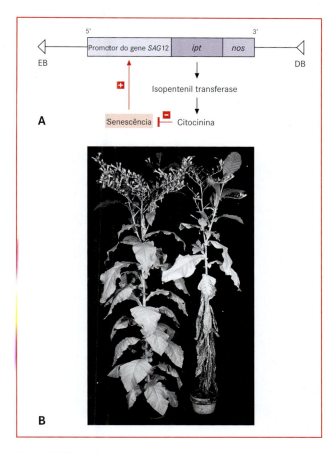

Figura 6-49 Retardo da senescência foliar pela produção regulada de citocininas em plantas transgênicas de tabaco. **A** Esquema do sistema de regulação. O gene quimérico introduzido nas plantas de tabaco via *Agrobacterium tumefaciens* (Quadro 8-2) consiste no promotor do gene *SAG*12 do tabaco ativado pela senescência, da região codificadora do gene (*ipt*) da isopentenil transferase de *A. tumefaciens* e de uma zona não codificadora (ligada à extremidade 3' do gene *ipt* para terminação da transcrição a partir do gene (gene *nos*) da nopalina sintase de *A. tumefaciens*. **B** As plantas transformadas com o gene quimérico acima apresentado (à esquerda) mostram um forte retardo da senescência foliar, ao contrário das plantas de tabaco não transformadas (à direita). EB, DB: região limítrofe à esquerda e à direita do plasmídeo Ti de *A. tumefaciens*, respectivamente (Segundo R.M. Amasino, gentilmente cedido.)

lizados na plasmalema. Em *Arabidopsis thaliana* existem dois receptores, semelhantes entre si e aos receptores de etileno quanto à organização: CKI1 e CRE1 (as denominações se devem aos fenótipos de mutantes: ***c**yto**k**inin-**i**nsensitive* e ***c**yto**k**inin-**r**esistant*, respectivamente). A ligação da citocinina aos receptores causa sua fosforilação em um resíduo de histidina típico de reguladores de dois componentes. Desse resíduo, o grupo fosfato é transferido para um resíduo de aspartato (com no receptor de etileno) e deste para proteínas citoplasmáticas da família da AHP (do inglês ***a**rabidopsis **h**istidine-**p**hosphorelay **p**rotein*). As proteínas AHP fosforiladas migram para o núcleo e ativam (mediante fosforilação) um grupo de fatores de transcrição nele localizados. Esses fatores de transcrição, sob forma fosforilada, ligam-se aos promotores de diferentes genes-alvo e, desse modo, iniciam a sua transcrição. Nesse segundo segmento da transferência de sinais (a partir da proteína AHP) distinguem-se, portanto, as rotas de sinalização dos receptores de etileno ou citocinina.

6.6.3 Giberelinas

O grupo das giberelinas com mais representantes abrange os diterpenos (ver 5.15.2), cuja característica estrutural comum apresenta o esqueleto *ent*-giberelano tetracíclico (Figura 6-50). Até o presente, mais de 100 estruturas foram descritas, mas apenas poucas são ativas fisiologicamente. Essas estruturas são caracterizadas pelo seu efeito promotor do crescimento dos entrenós (especialmente de plantas anãs com distúrbio na biossíntese de giberelinas ou de plantas em roseta), utilizado para biotestes muito sensíveis (ver 6.6.3.3).

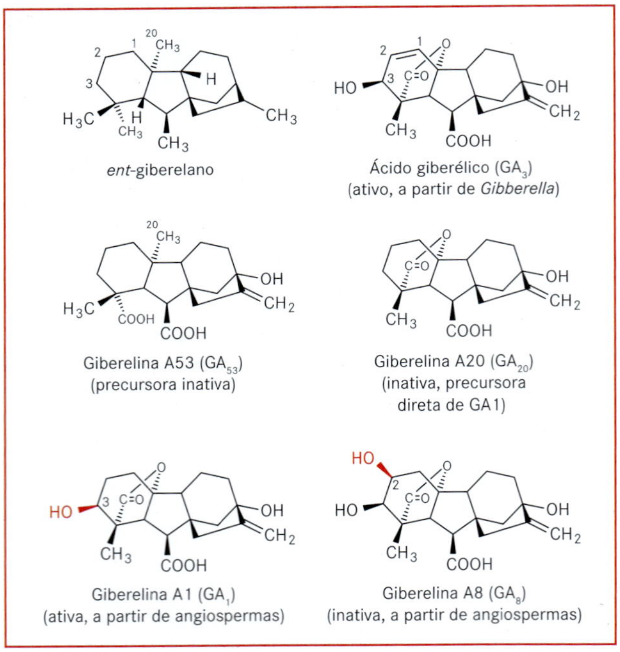

Figura 6-50 Estruturas do esqueleto básico da giberelina *ent*-giberelano e de algumas giberelinas frequentemente encontradas. O prefixo *ent* significa *enantio* e designa uma estrutura na qual todos os centros de assimetria estão invertidos. O *ent*-giberelano, portanto, é a imagem-espelho do giberelano. A adoção dessa complicada nomenclatura, aparentemente inútil, foi necessária após ter sido evidenciado que a estrutura do caureno (representado na biossíntese das giberelinas) era imagem-espelho de outro caureno já descrito em outra relação, portanto como *ent*-caureno. (Segundo E. Weiler.)

6.6.3.1 Ocorrência

As giberelinas foram descobertas como princípio do fungo *Gibberella fujikuroi* (forma imperfeita de *Fusarium moniliforme*), causador de doença no arroz. As plantas atacadas apresentam crescimento excessivo em comprimento e tendem a tombar, devido à debilidade dos tecidos de sustentação (por esse motivo, a doença é denominada *bakanae* em japonês, ou doença da "planta boba"). O fator do fungo desencadeador dos sintomas da doença foi denominado ácido giberélico. No entanto, logo foram conhecidas várias estruturas aparentadas, de modo que se introduziu um sistema de nomenclatura simples: giberelina + A (de ácido) + número. Atualmente, conhecem-se as giberelinas A1-A116 (GA_1-GA_{116}); nessa nomenclatura, o ácido giberélico é identificado como GA_3. Além de *Gibberella fujikuroi*, o fungo *Sphaceloma manihoticola*, causador de crescimento excepcional na mandioca, também produz giberelinas. A produção de giberelinas não é muito propagada em plantas inferiores, mas nas plantas superiores sua ocorrência é generalizada. A composição das giberelinas pode variar de espécie para espécie, com diferenças mesmo dentro de órgãos distintos. Em geral, existem várias giberelinas lado a lado (no arroz, por exemplo, 14; em sementes de maçã imaturas, 24), mas, na maioria dos casos, elas são precursoras ou catabólitos das giberelinas ativas. As giberelinas fisiologicamente ativas mais importantes das angiospermas são a giberelina A (GA_1) e a giberelina A4 (GA_4); o ácido giberélico (GA_3) ocorre só raramente em plantas superiores (por exemplo, na cevada, onde exerce papel importante na mobilização no endosperma, ver 6.6.3.3). Na verdade, muitos processos regulados por giberelina podem ser desencadeados por GA_3. Por isso, a giberelina obtida em grandes quantidades de filtrado de cultura de *Gibberella* é empregada geralmente para objetivos experimentais.

6.6.3.2 Metabolismo e transporte

A biossíntese das giberelinas exibe muitos níveis e processa-se em três etapas e em três compartimentos celulares diferentes, mas com participação de apenas poucos tipos de enzimas (Figura 6-51):

1. Formação de *ent*-caureno a partir do precursor universal diterpeno geranilgeranil pirofosfato (ver 5.15.2). Essa reação processa-se em dois passos acionados pelo intermediário *ent*-copalil pirofosfato e é catalisada por duas enzimas, copalil pirofosfato sintase e *ent*-caureno sintase, que pertencem ao grupo das terpeno ciclases e estão localizadas nos plastídios. Essa etapa da biossíntese de giberelinas é inibida por substâncias como o cloreto de clorocolina (*cyclocel*, CCC) (Figura 6-52). O *cyclocel* tem importância prática no cultivo de cereais (sobretudo no trigo) e é aplicado como estabilizador do caule para reduzir o acamamento (assim denominado pelo agricultor,

para caracterizar a queda dos caules pela ação do vento ou da chuva).

2. O *ent*-caureno (hidrocarboneto puro insolúvel em água) sai dos plastídios (de um modo ainda não esclarecido) e no retículo endoplasmático é oxidado gradualmente a ácido *ent*-caurênico e este a giberelina A53 (GA_{53}). A sequência global de reações é catalisada por enzimas do grupo das citocromo P450 monoxigenases que contêm ferro do grupo heme (esquema global da reação, Figura 6-53). Um inibidor dessa etapa da biossíntese de giberelina é o ancimidol (Figura 6-52), que pode ser empregado igualmente para produção de plantas com entrenós comprimidos.

3. Formação da giberelina ativa (geralmente GA_1) a partir de GA_{53} e de sua inativação subsequente (não necessariamente na mesma célula). Essa sequência de reações processa-se no citoplasma e é catalisada por dioxigenases (que não contêm ferro do grupo heme), que oxidam 2-oxoglutarato como segundo substrato (esquema geral da reação, Figura 6-53). Neste caso, inicialmente é oxidado C-20 e finalmente perdido como CO_2, após o que se forma espontaneamente o anel de lactona (GA_{20}) característico para as giberelinas ativas – que possuem não mais que 19 átomos de carbono. A ativação ocorre por meio da 3β-hidroxilação de GA_{20}, com formação de GA_1 por ação da enzima GA_{20}-3β-hidroxilase. Por meio de uma GA_1-2β-hidroxilase, a giberelina A_1 ativa é convertida em GA_8, totalmente inativa. As atividades da 3β-hidroxilase e da 2β-hidroxilase, portanto, são decisivas para a quantidade de fitormônios ativos na célula. A transcrição dos genes dessas duas enzimas submete-se a um controle rigoroso. Recentemente, foram desenvolvidos inibidores de 3β-hidroxilase, que representam ciclo-hexanidionas substituídas (por exemplo, pro-hexanidiona, Figura 6-52). Esses inibidores provocam compressão bastante efetiva dos entrenós, que pode ser suprimida com GA_1, mas não com GA_{20} ou GA_8. As ciclo-hexanidionas são inibidores que competem com o cossubstrato da hidroxilase, 2-oxoglutarato, e impedem sua ligação ao centro catalítico da enzima.

O mutante d_1 do milho (do inglês **dwarf**, anão) e o mutante *le* da ervilha (com os experimentos de cruzamento realizados por Gregor Mendel, *le* deriva de **length** = comprimento) comprovam que durante a biossíntese apenas uma giberelina se manifesta (GA_1, no milho e na ervilha): ambos os mutantes mostram falta de função da 3β-hidrolase, se o nanismo se normaliza com GA_1, mas não com GA_{20} ou com GA_8 (na verdade, conforme mencionado, a giberelina GA_3 do fungo pode ser empregada no lugar de GA_1). No mutante *sln* da ervilha (do inglês, **slen**der = delgado),

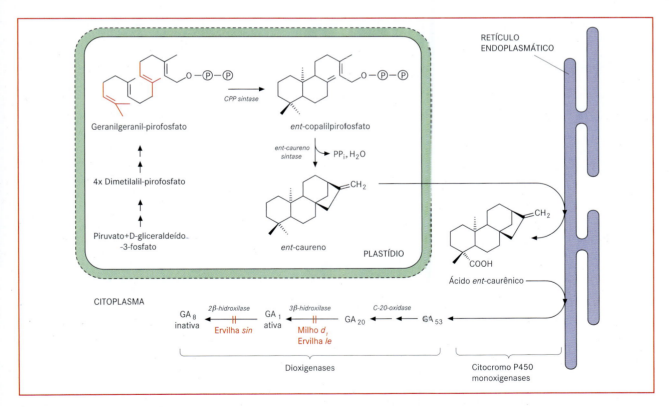

Figura 6-51 Andamento e compartimentalização da biossíntese de giberelina. As setas duplas indicam sequências de reação com muitos níveis; as unidades C_5 do geranilgeranil pirofosfato são destacadas a cores. No texto encontram-se outros esclarecimentos. (Segundo E. Weiler.)

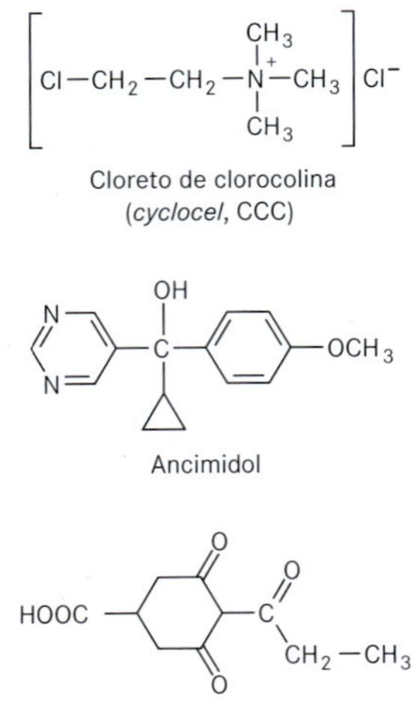

Figura 6-52 Inibidores da biossíntese de giberelina.

que se distingue pelo crescimento desproporcional em comprimento, existe um defeito na 2β-hidroxilase; não ocorre desativação da giberelina ativa.

Além da rota principal da biossíntese de giberelina aqui explicada, existem variantes (nas gimnospermas, por exemplo) que levam a giberelinas substituídas diferentes. No entanto, presume-se que em todas as plantas o processamento ocorra segundo um esquema geral similar.

Os genes para numerosas enzimas da biossíntese de giberelinas já puderam ser clonados. Em razão disso, a sua expressão na planta pode ser examinada de maneira mais precisa e, desse modo, fornecer informações sobre os sítios da biossíntese desses fitormônios. Naturalmente, essa biossíntese se processa em muitos tecidos em crescimento rápido (meristemas caulinares, folhas em expansão, zonas de crescimento do caule, ápices de raízes) e durante estágios iniciais da formação de sementes; assim, os sítios de formação e de ação das giberelinas muitas vezes não podem ser separados.

No caule, as giberelinas não exibem transporte polar; nas raízes, às vezes o transporte é fracamente polar do ápice para a base, com velocidade de 5-30 mm h^{-1}. Em trajetos curtos (por exemplo, em cariopses de gramíneas, ver 6.6.3.3), o transporte realiza-se por simples difusão. As giberelinas podem ser comprovadas na seiva do floema e na seiva do xilema, sendo distribuídas por fluxo de massa.

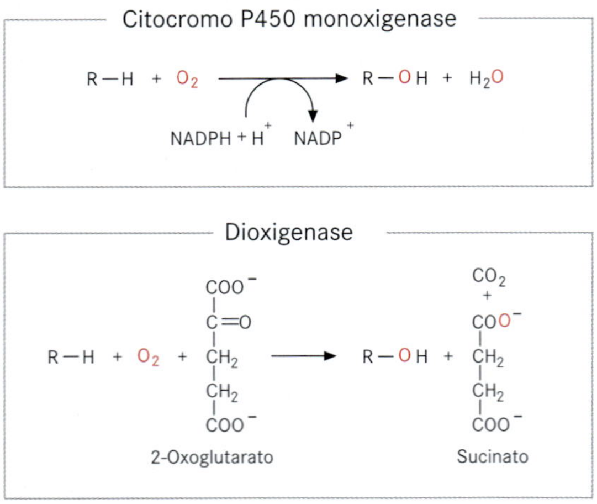

6.6.3.3 Efeitos das giberelinas

As giberelinas também controlam um grande número de processos fisiológicos. No âmbito do desenvolvimento vegetativo, a elongação do eixo caulinar (alongamento dos entrenós), a quebra da dormência na germinação da semente (ver 6.7.1.2) e a mobilização de substâncias de reservas, especialmente em cariopses. No âmbito do desenvolvimento generativo, as giberelinas podem influenciar a formação de flores, a sexualidade de flores e a frutificação. De certa forma, as giberelinas atuam de maneira semelhante às auxinas. Ambas, por exemplo, desencadeiam a partenocarpia na maçã e no tomate. Contudo, há muitos processos em que giberelinas e auxinas provocam efeitos opostos. Assim, as giberelinas promovem a brotação da batata (a auxina inibe), inibem a formação de raízes laterais (a auxina promove) e promovem o crescimento de raízes (a auxina promove em concentrações muito baixas e inibe em concentrações mais altas); as giberelinas não influenciam o crescimento de coleóptilos, e as auxinas não têm qualquer efeito promotor sobre o alongamento de entrenós. Esse último processo é a base dos biotestes bastante sensíveis e específicos para giberelinas, as quais são inseridas em tipos de anões (por exemplo, mutante d_1 do milho), nos quais a produção desses hormônios é reduzida ou inexistente (Figura 6-54).

Só recentemente descobriu-se que as giberelinas podem influenciar o crescimento vegetal pela interação com as assim chamadas proteínas DELLA. As proteínas DELLA pertencem à família das proteínas com domínio GRAS, específica dos vegetais, cujos membros foram descritos como fatores de transcrição. Admite-se que as proteínas DELLA atuem como repressores da transcrição e, assim, limitem o crescimento vegetal. Na presença de giberelina, o aceptor solúvel de giberelina (GID1) liga-se às proteínas DELLA e inicia a sua degradação mediada por ubiquitina. Por meio da degradação das proteínas DELLA, a repressão do crescimento é suprimida (Figura 6-55).

Figura 6-53 Equações gerais de reações de monoxigenases e dioxigenases. Ambos os tipos de enzimas encontram-se na biossíntese de giberelina e em muitos outros sítios do metabolismo. (Segundo E. Weiler.)

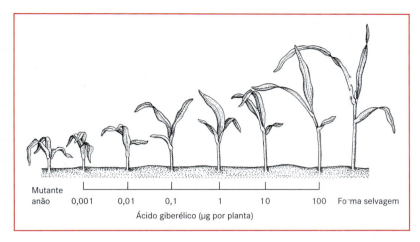

Figura 6-54 Reação do crescimento das plântulas de um mutante anão (*dwarf*1) do milho, após um único fornecimento de quantidades diferentes de ácido giberélico (GA_3, aplicado como solução aquosa na axila da folha primária). À esquerda: planta anã sem fornecimento de GA_3; à direita: planta normal da mesma idade. (Segundo B.O. Phinney e C.A. West.)

A **promoção do alongamento dos entrenós** por giberelinas deve-se à promoção tanto do crescimento celular quanto da divisão celular. Os mecanismos moleculares são superficialmente conhecidos. Na verdade, a giberelina induz a formação de uma xiloglucano endotransglicosidase (ver 6.6.1.4) e, com isso, a exemplo da auxina, diminui o limiar de deformação plástica (amolecimento) da parede celular, pois a enzima hidrolisa parcialmente a rede de hemicelulose das paredes primárias. Isso deve possibilitar à expansina um melhor acesso às pontes de hidrogênio entre hemicelulose e celulose dissolvidas pela sua ação. Contudo, diferentemente da auxina, sob influência da giberelina não ocorre acidificação do apoplasto. Os diferentes modos de ação de giberelina e auxina reconhecem-se também pelo fato de as contribuições dos dois fatores à estimulação do crescimento serem aditivas.

No **desencadeamento ou fomento da formação de flores**, principalmente nas plantas em roseta, o fornecimento de giberelina pode muitas vezes substituir o efeito de um **fator externo**: por exemplo, os efeitos da temperatura baixa (ver 6.7.1.2 e 6.7.1.3) ou o **fotoperíodo** indutivo em plantas de dias longos sem necessidade de frio, como *Hyoscyamus niger* ou *Spinacia oleracea* (ver 6.7.2.2). Esses fatores atuam em resposta a uma elevação do nível endógeno de giberelina. No espinafre, por exemplo, sob condições que induzam a formação de flores (e o crescimento do caule) (dias longos, ver 6.7.2.2), os níveis de todos os intermediários de GA_{53} até a ativa GA_1 e do seu produto de inativação GA_8 (Figura 6-50) aumentam continuamente de dia para dia. Por meio do fitocromo (fotorreceptor, ver 6.7.2.4), a luz efetua a ativação dos genes da giberelina C20-oxidase e da giberelina 3β-hidroxilase, entre outras ações.

Giberelinas e auxinas têm efeitos bem distintos sobre a **expressão sexual em plantas monoicas** (ver 10.2, por exemplo, no pepino). Enquanto as auxinas promo-

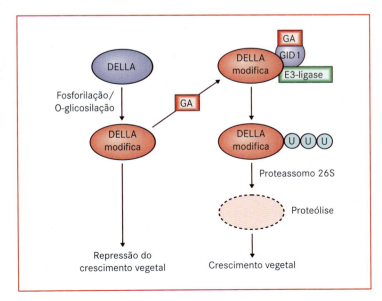

Figura 6-55 Modelo do efeito da giberelina por iniciação da proteólise da proteína DELLA. As proteínas DELLA atuam como repressores da transcrição inibindo o crescimento. Para a ativação, as proteínas são modificadas por fosforilação ou O-glicosilação. Na presença de giberelina (GA), o receptor de GA GID1, junto com a E3-ubiquitina ligase, liga-se às proteínas DELLA e inicia a sua degradação (mediada pelo proteassomo 26S), suprimi a inibição do crescimento vegetal.

vem a formação de flores pistiladas e, com isso, a produção de frutos, as giberelinas reforçam a formação de flores estaminadas. Por conseguinte, os inibidores da biossíntese de giberelinas (Figura 6-52) efetuam – como as auxinas – a formação de flores pistiladas, sendo por esse motivo empregados para promover a produção de frutos de pepino. No milho, ao contrário, a mudança do meristema para inflorescência de flores pistiladas ocorre em nível endógeno de giberelina mais elevado do que a indução da inflorescência de flores estaminadas. Assim, o hormônio ativa genes cujos produtos bloqueiam o desenvolvimento do androceu. A regulação da expressão sexual oferece outro exemplo mostrando que a maioria dos processos de desenvolvimento não é governada por um único fitormônio, mas sim por uma complicada interação de diferentes fitormônios em cooperação com fatores externos (ver 6.7).

O papel das **giberelinas na germinação de sementes** – especialmente de Poaceae – foi intensivamente examinado. A cariopse é o fruto de Poaceae, no qual a testa e o pericarpo confundem-se (ver 10.2). Esses tecidos envolvem os demais tecidos da semente: o embrião e o tecido nutritivo triploide (endosperma). Este consiste em um endosperma amiláceo central (cujas células maduras estão mortas) e de uma (por exemplo, no trigo) a duas camadas (por exemplo, na cevada) de aleurona de células vivas. O embrião está vinculado ao endosperma por meio do seu cotilédone (escutelo), formado como órgão de reabsorção.

Durante a germinação ocorre a mobilização das reservas de amido por meio de degradação hidrolítica (ver 5.16.1.2). As enzimas necessárias (amilases) para essa finalidade são fornecidas em parte pelo escutelo (β-amilase), mas na maior parte formadas na camada de aleurona após um sinal do embrião e separadas no endosperma amiláceo (α-amilase). Os sinais do embrião são giberelinas (na cevada, provavelmente GA_3; no trigo, predominantemente GA_1) fornecidas pelo escutelo e difundidas no endosperma. Se o embrião for removido, não se forma α-amilase; contudo, o embrião pode ser funcionalmente substituído por concentrações baixas de giberelina ativa (por exemplo, GA_3), e até mesmo camadas isoladas de aleurona incubadas em GA_3 sintetizam e separam α-amilase.

Na verdade, o efeito da giberelina sobre as camadas de aleurona é complexo, e um grande número de eventos precede a secreção de α-amilase (Figura 6-56). Além disso, são produzidas muitas outras enzimas hidrolíticas, como, por exemplo, glucanases, proteases e RNases, que se prestam à degradação das paredes celulares (glucanases) ou de proteínas de reserva ou ácidos nucleicos. A giberelina induz tanto a formação quanto a secreção das enzimas (caso da α-amilase) ou apenas a secreção, enquanto a formação pode ser realizada mesmo sem influência da giberelina (determinadas glucanases, RNases). Logo, a formação de enzimas e a secreção são controladas por giberelina de maneira independente uma da outra.

Os processos moleculares de formação da α-amilase por indução da giberelina estão apenas em parte esclarecidos (Figura 6-57). A giberelina efetua a ativação dos genes da α-amilase (a atividade enzimática aqui identificada de modo simplificado como α-amilase representa uma família de isoenzimas) e, com isso, a formação do RNAm da α-amilase e a subsequente biossíntese *de novo* da proteína enzimática. Tanto o fator de transcrição participante quanto os elementos *cis* dos promotores da amilase responsáveis pela responsividade da giberelina puderam ser esclarecidos (Figura 7-57). Presume-se que o receptor da giberelina se situe na membrana plasmática das células da camada de aleurona.

Também nesse processo, o fitormônio não atua sozinho. O efeito da giberelina pode ser suprimido por apli-

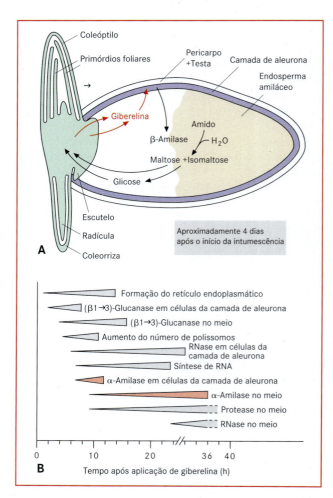

Figura 6-56 Processos induzidos pela giberelina na germinação de cariopses. **A** Situação aproximadamente 4 dias após o início da intumescência. A liberação de giberelina do embrião começa mais ou menos 12 horas após o início da intumescência e a secreção da α-amilase cerca de 8-10 horas mais tarde. A hidrólise do amido começa nas proximidades do escutelo e progride por vários dias em direção distal. **B** Série de eventos induzidos por giberelina em camadas isoladas de aleurona da cevada. (Segundo E. Weiler.)

cação simultânea de ácido abscísico (ver 6.6.4); o nível inicialmente elevado de ácido abscísico nas cariopses cai rapidamente com o início da germinação, antes que o nível da giberelina suba. Por isso, o ácido abscísico deve participar também *in vivo* do controle do processo de germinação das cariopses.

A promoção da germinação da semente pelas giberelinas não está restrita a gramíneas. Em sementes ou frutos de dicotiledôneas, o ácido giberélico fornecido exogenamente pode não só acelerar a germinação, mas em muitos casos também possibilitá-la, na falta de condições externas imprescindíveis. Assim, a avelã (*Corylus avellana*) normalmente precisa de um período frio (cerca de 12 semanas a 5°C) para tornar-se capaz de germinar (ver 6.7.1.2). Essa **estratificação** pode ser substituída por aplicação de ácido giberélico. Sementes, que normalmente necessitam de luz para germinar (do alemão, *lichtkeimer* = **sementes fotoblásticas positivas**, ver 6.7.2.2), podem em parte germinar no escuro, quando supridas de ácido giberélico.

6.6.4 Ácido abscísico

Além dos fitormônios com efeito promotor predominante sobre o metabolismo e o desenvolvimento, até agora tratados, as plantas possuem também substâncias ativas com influência inibidora preponderante. A essa categoria pertence o ácido abscísico (do inglês *abscisic acid*, ABA), descrito primeiramente como o fator abscisina II desencadeador da queda prematura do fruto do algodão e, independente disso, como o fator dormina indutor do repouso de gemas; a elucidação da estrutura resultou na identidade química de abscisina II e dormina.

6.6.4.1 Ocorrência, metabolismo e transporte do ácido abscísico

O ácido abscísico é encontrado em todas as plantas inferiores e superiores, inclusive em algas e fungos, bem como em cianobactérias, mas não nas demais bactérias e Archaea. O fungo fitopatógeno *Cercospora rosicola*, patógeno de roseiras, produz grandes quantidades de ABA. Em plantas vasculares, presumivelmente todas as células portadoras de plastídios são capazes de sintetizar ABA. Essa síntese começa com a clivagem oxidativa da 9-cis-neoxantina, violaxantina existente em plastídios derivada da xantofila. O produto da clivagem, xantoxina, é convertido em ácido abscísico no citoplasma, via aldeído abscísico (Figura 6-58). Logo, em plantas vasculares o ABA é um apocarotenoide. Nos fungos, no entanto, o ABA é formado por ciclização de farnesil pirofosfato (ver 5.16.2), caracterizado, portanto, como sesquiterpeno. Uma hipótese antiga, segundo a qual essa rota biossintética valeria também para plantas superiores, não foi confirmada. Assim, mutantes de milho, cuja biossíntese de carotenoides sofre alteração, produzem também quantidades de ABA consideravelmente pequenas (ver 6.6.4.2).

Pela degradação oxidativa a ácido diidrofaseico ou por conversão em glicosil éster, o fitormônio é inativado.

O ABA encontra-se em todos os órgãos da planta. As quantidades maiores ocorrem em gemas dormentes no outono, assim como em sementes e frutos. Em determinadas situações, especialmente na carência de água, os tecidos carentes formam grandes quantidades de ABA em poucas horas. A biossíntese é ativada pela diminuição do turgor sob um valor-limiar, não pelo potencial hídrico Ψ decrescente (Equação 5-15). Na folha sob carência de água, o conteúdo de ABA pode aumentar mais de 40 vezes. Regiões do sistema de raízes sob queda de turgor devido à escassez de água também formam ABA. A partir da raiz, o

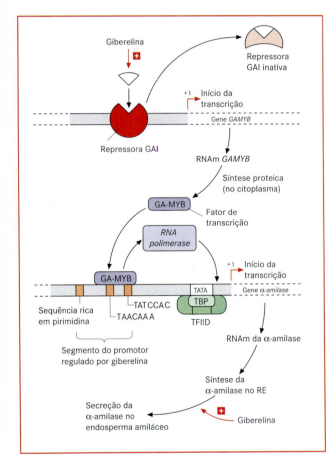

Figura 6-57 Modelo da regulação da produção da α-amilase por giberelinas. A rota de sinalização da giberelina (ainda desconhecida) efetua a inativação da proteína repressora codificada pelo gene *GAI* (do inglês *gibberellin A insensitive*). Isso leva à iniciação da transcrição do gene *GAMYB*, que codifica um fator de transcrição especial da família MYB. O fator de transcrição GAMYB liga-se a elementos de sequência (provavelmente à sequência TAACAAA) no promotor dos genes da α-amilase, iniciando sua transcrição (Figura 6-10). A α-amilase sintetizada no retículo endoplasmático é secretada pelo complexo de Golgi. O processo de secreção, igualmente dependente de giberelina, é regulado por uma segunda rota de sinalização, ainda pouco estudada. (Segundo E. Weiler.)

fitormônio é transportado para o caule via xilema e, com a corrente de transpiração, chega aos estômatos, onde induz o fechamento das fendas estomáticas (ver 6.6.4.2, 7.3.2.5).

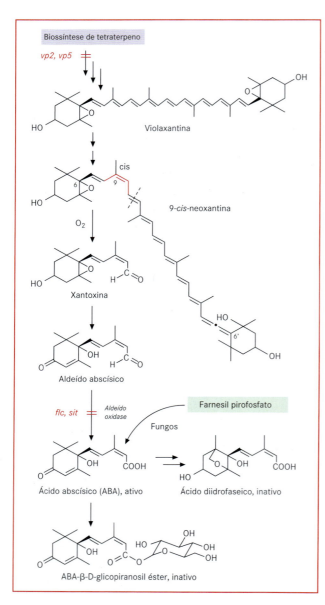

Figura 6-58 Metabolismo do ácido abscísico (ABA). O fitormônio é produzido em plantas superiores pela degradação da xantofila 9-*cis*-neoxantina e em fungos pela ciclização de farnesil pirofosfato. Nos mutantes *flacca* (*flc*) e *sitiens* (*sit*) do tomate, a conversão do aldeído abscísico em ABA é perturbada. Os dois mutantes murcham muito rapidamente, pois pela carência de água seus estômatos não podem mais fechar. O defeito pode ser atenuado por aspersão da planta com solução de ABA. Nos mutantes *viviparous vp2* e *vp5* do milho, observam-se distúrbios nas etapas iniciais da biossíntese de carotenoides, que levam à carência de ABA e, por conseguinte, à viviparidade. (Segundo E. Weiler.)

O ABA formado na folha por carência hídrica e liberado é transportado no floema chegando até as raízes. Nas raízes, o ABA participa da elevação da condutibilidade hidráulica da água; como consequência, a capacidade de absorção de água pelas raízes aumenta. Com isso, o transporte do ácido abscísico no floema e no xilema presta-se à coordenação da economia hídrica do caule e da raiz. Por distâncias curtas, o ABA presumivelmente é transportado de célula a célula por difusão; o ABA lançado no apoplasto é distribuído com a corrente de água (Figura 5-30). Em pecíolos e entrenós jovens, o transporte parenquimático do ABA é basípeto polar e realiza-se com velocidade de aproximadamente 3 cm h-1, mais que o dobro da verificada para o AIA (ver 6.6.1.3). Nada se conhece sobre o sistema de transporte.

6.6.4.2 Efeitos do ácido abscísico

O ácido abscísico foi isolado em concentrações elevadas de cápsulas imaturas de algodão caídas prematuramente. Sob determinadas condições (quando não há suprimento de auxina em folhas, por exemplo, devido à retirada da lâmina foliar), pela aplicação sobre lâminas foliares e pecíolos, ele promove a queda das cápsulas (abscisão), mas isso não se trata de um efeito primário do ABA. A abscisão deve-se muito mais à liberação do etileno provocada pelo tratamento. Por esse motivo, o termo ácido abscísico não é adequado, embora de uso geral.

Os efeitos fisiológicos do ABA podem ser classificados em dois grupos, sendo um deles referente:

- ao desencadeamento de estados de repouso (**dormência**) e o outro
- às **relações hídricas** vegetais.

Além disso, com frequência o ABA é antagonista dos demais fitormônios. Assim, o ABA de origem exógena inibe a promoção do crescimento em alongamento por meio de auxinas, induz a síntese da α-amilase nas camadas de aleurona por giberelinas –também antagonistas do ABA na realização ou quebra da dormência, ver abaixo – e promove a senescência foliar inibida por citocininas.

O enriquecimento de ABA em sementes e talvez na polpa, devido ao seu efeito inibidor sobre a germinação, é fator essencial para a dormência da semente. A dormência de sementes pode ser condicionada estruturalmente e é causada então pela testa, que em sementes maduras, por exemplo, impede a entrada de água ou oxigênio. Após a remoção da testa, a germinação se processa. Contudo, muitas vezes a dormência é determinada fisiologicamente: na ausência da casca da semente, o desenvolvimento não prossegue, mesmo que as demais condições sejam favoráveis. Por outro lado, em mutantes com transtorno na produção de ABA (por exemplo, nos mutantes *vp2* e *vp5* do milho, Figura 6-58), as sementes germinam precocemente ainda na planta-mãe (viviparidade, daí a denominação *viviparous* para esses mutantes). Provou-se que o ABA é o fator embrionário causador da dormência. Em experimentos com *Arabidopsis thaliana* pôde ser demonstrado que o genótipo do embrião, não aquele da planta-mãe, é o responsável pela dormência (ABA-dependente) das sementes. Portanto, a dormência das sementes é determinada pelo conteúdo de ABA do embrião e não dos tecidos do fruto. Contudo, em frutos carnosos como as bagas o nível elevado de ABA na polpa presumivelmente também contribui para impedir germinação precoce das sementes. Em algumas sementes (noz, maçã, rosa, entre outras), a **estratificação** (ver 6.7.1.2) provoca diminuição do conteúdo de ABA e, desse modo, promove a germinação. Além disso, com frequência a estratificação promove a síntese de giberelinas. Experimentalmente, em muitos casos a inibição da germinação da semente pelo ABA pode ser suprimida com a aplicação de giberelina. Pode ser demonstrado que para a ocorrência ou para a supressão da dormência embrionária a relação entre as concentrações de ABA e giberelina é muito mais importante do que o conteúdo absoluto dos dois hormônios.

No desenvolvimento da semente, o ABA é responsável não apenas pela dormência do embrião, mas induz também a produção de proteínas de reserva na semente. Durante a embriogênese, a concentração de ácido abscísico tem forte aumento temporário nas sementes após a conclusão das divisões celulares e antes do início da expansão celular – vinculado ao depósito de substâncias de reserva em tecidos do embrião ou do endosperma. Admite-se que, além da indução da síntese de proteínas de reserva, esse aumento da concentração de ABA induz outras proteínas (por exemplo, "deidrinas"); elas servem para a proteção estrutural das células na fase de dessecamento do desenvolvimento da semente, na qual o conteúdo hídrico dos tecidos cai para menos de 10%.

O início da dormência das gemas está muitas vezes vinculado ao aumento da concentração de ABA e à queda das concentrações de citocinina e giberelina, enquanto durante a **vernalização** (ver 6.7.1.3) os conteúdos de ABA novamente caem e, ao mesmo tempo, as concentrações de giberelina e citocinina aumentam. Se os ramos jovens passarem por vernalização na presença de ácido abscísico de origem exógena, a dormência das gemas (por exemplo, no freixo) é mantida.

O ABA tem significado fisiológico especial para a **regulação da economia hídrica**. Sob carência de água, o ABA causa fechamento dos estômatos, elevação da condutibilidade de água pelas raízes e promoção do crescimento das raízes simultaneamente à inibição do crescimento do caule. Este último efeito é visto como adaptação a longo prazo à carência crônica de água (aumento da superfície absorvente em relação à superfície transpirante). Sob carência de água no caule, a elevação da condutibilidade hidráulica na região das raízes realiza-se após algumas horas e é provocada provavelmente por ABA formado no caule e transportado para as raízes via floema; o mecanismo é desconhecido. O controle da amplitude da fenda estomática pelo ABA processa-se, ao contrário, em minutos e permite um acoplamento regulador (efetivo, a curto prazo e reversível) de transpiração e turgor em toda a folha (Figura 5-72) ou mesmo de áreas isoladas no interior da folha. Assim, sob carência de água, já antes do estabelecimento de nova síntese de ABA ocorre liberação local do fitormônio pelas células do mesofilo, de modo que a matéria sinalizadora é conduzida com a corrente de transpiração em tempo mais curto às células-alvo (as células-guarda).

Com auxílio de procedimentos analíticos extremamente sensíveis, em células-guarda isoladas de folhas bem hidratadas (estômatos abertos) ou de folhas submetidas à falta de água (estômatos fechados) de *Vicia faba*, as quantidades de ABA puderam ser verificadas: com estômatos fechados, o conteúdo de ABA nas células-guarda foi cerca 20-25 vezes mais alto do que com estômatos abertos (Figura 6-59). A importância do ABA para a regulação da transpiração estomática é comprovada por mutantes deficientes desse hormônio, os quais murcham muito rápido e cujos estômatos perdem a capacidade de fechar. Assim, os mutantes de tomate *flacca* (*flc*) e *sitiens* (*sit*), em processo de murcha, contêm apenas aproximadamente 10% da quantidade de ABA encontrada em plantas selvagens; esse valor deve subir em atmosfera saturada de vapor-d'água. Após aplicação de ABA, no entanto, o funcionamento das células-guarda e a economia hídrica normalizam.

O mecanismo molecular do efeito do ABA sobre as células-guarda é conhecido apenas parcialmente. Os processos subjacentes ao movimento das células-guarda são esclarecidos com mais detalhes na seção 7.3.2.5 (Figuras 7-32 e 7-33).

6.6.5 Etileno

Os efeitos do etileno sobre vegetais já são conhecidos há 100 anos. No entanto, somente na década de 1960, com o desenvolvimento da técnica de análise sensível da cromatografia gasosa, foi comprovado que todas as plantas produzem permanentemente quantidades pequenas dessa substância gasosa com fórmula estrutural simples ($H_2C = CH_2$) e também a liberam no entorno. Atualmente, o etileno pertence aos cinco grupos "clássicos" de fitormônios. Devido à sua volatilidade, ele pode atuar não apenas como **hormônio** (substância mensageira dentro de um indivíduo), mas também como **feromônio** (substância mensageira entre indivíduos de uma espécie) e até mesmo entre indivíduos de espécies diferentes (**cairomônio**).

A produção contínua de quantidades pequenas de etileno parece ser necessária para o crescimento normal

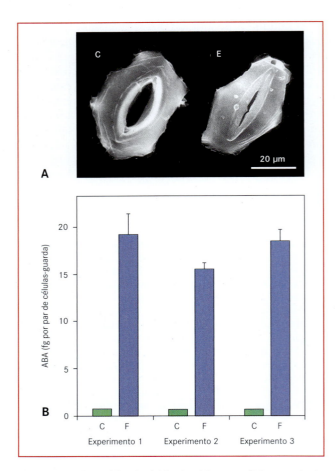

Figura 6-59 Conteúdos de ácido abscísico em células-guarda de *Vicia faba* com estômatos abertos e fechados. A análise foi realizada em pares isolados de células-guarda (**A**), com emprego de procedimento imunológico altamente sensível. Nos experimentos 1, 2 e 3 (**B**), foram utilizados para análise, respectivamente, 10, 20 e 50 preparados de células-guarda de epidermes de plantas submetidas à falta de água (F, estômatos fechados, barras escuras com desvios-padrão) e 100 preparados de células-guarda de epidermes de plantas bem hidratadas (C, controles; E, estômatos abertos). – 1 femtograma (fg) = 10^{-15} g. (Segundo W.H. Outlaw, Jr, gentilmente cedida.)

das plantas superiores. O mutante de tomate *diageotropica* não tem capacidade de produzir etileno. Ele exibe crescimento diagravitrópico (ver 7.3.1.2) em vez de ortótropo, mas tem crescimento normal quando mantido em atmosfera com apenas 0,005 µl de etileno por litro de ar.

6.6.5.1 Ocorrência, metabolismo e transporte

O etileno é formado por bactérias, fungos e vegetais a partir da metionina (Figura 6-60) (algumas bactérias utilizam glutamato ou 2-oxoglutarato como substrato inicial). O precursor imediato de etileno, ácido 1-aminociclopropano-1-carboxílico (ACC), resulta da S-adenosilmetionina. Essa reação catalisada pela enzima ACC sintase é determinante da velocidade de produção do etileno; além disso, a enzima está sujeita a uma conversão metabólica elevada e, por esse motivo, é especialmente apropriada como ponto de regulação da biossíntese do etileno. A produção da ACC sintase é induzida por uma série de fatores ambientais: por lesão e desgaste mecânico, submersão, seca e frio, bem como antes do estabelecimento da senescência de flores e frutos. O ácido indol-3-acético, em concentrações elevadas, também provoca a indução da síntese da ACC sintase. Admite-se que vários efeitos da auxina, observados pela aplicação de concentrações elevadas desse hormônio, tenham relação causal com a produção de etileno induzida pela AIA. Isso poderia ser válido para a formação de flores induzida por AIA em Bromeliaceae (por exemplo, abacaxi) e a inibição do crescimento causada por concentrações elevadas de auxina. O cofator da reação da ACC sintase é piridoxal fosfato. Por isso, a formação de ACC e, com isso, a produção do etileno pode ser impedida por inibidores (como ácido aminoxiacético e aminoetóxi-vinil-glicina) das enzimas dependentes de piridoxal fosfato.

Em reações dependentes de oxigênio, o ACC é clivado pela enzima ACC oxidase (uma dioxigenase, Figura 6-53) em etileno e ácido cianofórmico. Este último decompõe-se espontaneamente em CO_2 e HCN. O cianeto (CN^-) é desintoxicado pela β-cianoalanina, convertida em asparagina e ácido aspártico. Por conjugação ao ácido malônico, parte do ACC é transformada em N-malonil-ACC e depositada no vacúolo. A malonil transferase é regulada pela luz por meio do sistema de fitocromos (ver 6.7.2.4). Já que N-malonil-ACC não é mais clivada, ocorre nesse caso uma conjugação irreversível, que se presta à limitação do nível de ACC e, desse modo, também à regulação da produção do etileno. Como composto gasoso, o etileno sai constantemente da planta por difusão, de modo que as reações de degradação para retirada do ativo fitormônio não exercem qualquer papel.

A regeneração da metionina a partir do segundo produto da reação da ACC sintase, metiltioadenosina, é característica para a biossíntese do etileno (Figura 6-60). Esse processo circular, denominado **Ciclo de Yang** em homenagem ao seu descobridor, permite que as plantas produzam etileno por longos períodos, sem que a metionina seja continuamente *de novo* sintetizada. Isso é importante, por exemplo, nos frutos, após sua separação da planta-mãe.

6.6.5.2 Efeitos fisiológicos do etileno

Como todos os fitormônios, o etileno também influencia um grande número de processos fisiológicos em diferen-

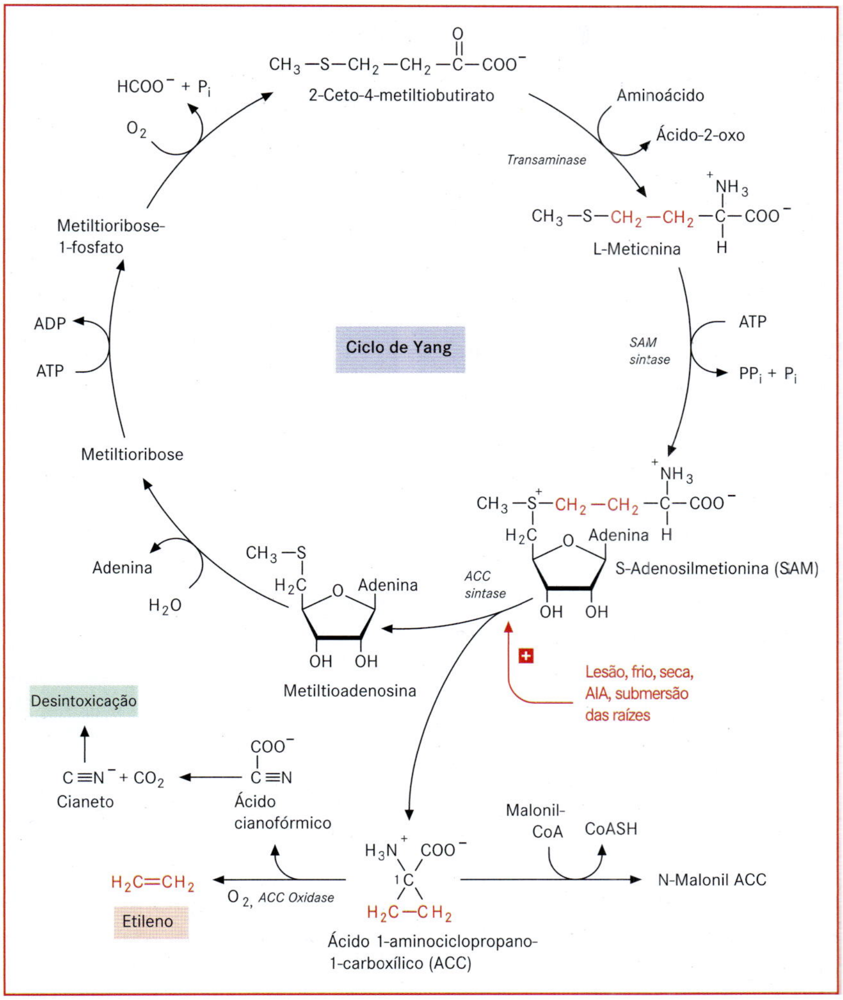

Figura 6-60 Biossíntese do etileno a partir da L-metionina e sequência da reação para regeneração da metionina (Ciclo de Yang). (Segundo E. Weiler.)

tes estágios do desenvolvimento vegetal. Em plântulas estioladas (sob exclusão de luz) em crescimento, mesmo quantidades pequenas de etileno (0,1 – 1 μl de etileno por litro de ar) no caule desencadeiam forte redução do crescimento em alongamento, acompanhada do aumento do crescimento radial e da supressão do gravitropismo (negativo) (por isso, essa síndrome tríplice é denominada ***triple-response*** em inglês, Figura 6-63). Além disso, a plântula tratada com etileno forma um gancho da plúmula forte. Uma vez que o impacto mecânico (eventualmente causado pela resistência do solo) acentua a produção de etileno em plântulas estioladas, a resposta tríplice deve ser considerada um processo que permite às plântulas superar os obstáculos no solo ou se desenvolver ao longo das menores resistências. Na plântula estiolada, o sítio de produção mais alta de etileno é a região da plúmula. Sob exposição à luz, a produção do etileno é inibida via fitocromo, fotorreceptor (ver 6.7.2.4). A inibição (condicionada pelo etileno) do crescimento em alongamento das células do flanco interno do gancho da plúmula é assim suprimida e este desaparece.

O desenvolvimento reduzido do etileno sob exposição à luz, no entanto, é temporariamente aumentado novamente por uma série de fatores, como lesão (defesa, ver 8.4.1) e impacto mecânico (por exemplo, ação do vento). No caso mencionado por último, a inibição do crescimento longitudinal, a promoção do crescimento radial e o aumento da produção de elementos de sustentação, que melhoram a capacidade de resistência mecânica no ambiente, devem ser efetuados pelo aumento da produção do etileno. Tem aumentado o número de referências que os oxilipinos (ver 6.6.6.2) também participam da regulação desses processos.

Em nível celular, o aumento do crescimento radial do eixo do caule desencadeado pelo etileno, com inibição do crescimento longitudinal, é acompanhado de uma reorganização dos microtúbulos corticais, que mudam de disposição transversal para longitudinal. De acordo com os conhecimentos atuais, isso causa transformação correspondente da disposição das fibrilas de celulose recém-sintetizadas nas paredes celulares, pois os complexos celulose-sintase na plasmalema dispõem-se nos microtúbulos ao longo da periferia do citoplasma (ver 5.16.1.1). Uma vez que durante a expansão celular perpendicular à direção preferencial da disposição das fibrilas de celulose a resistência mecânica é menor, o depósito de microfibrilas de celulose por indução do etileno, realizado preferencialmente na direção longitudinal, leva ao aumento da expansão celular radial.

Em muitas plantas aquáticas e de ambientes pantanosos, que possuem órgãos submersos e órgãos em contato com o ar (por exemplo, flores e folhas, incluindo as folhas flutuantes), o etileno estimula o crescimento longitudinal do eixo do caule e a formação de tecidos de aeração (aerênquima, Figura 3-8). Isso provoca melhora no suprimento de oxigênio dos órgãos submersos. Determinados cultivares de arroz (arroz-de-água-profunda) crescem em submersão até 25 cm por dia e alcançam 5 m de comprimento. Desse modo, mesmo durante longa submersão, eles estão em condições de florescer e frutificar. Admite-se que a concentração de etileno aumente nos órgãos submersos, pois menos quantidade dele sai dos tecidos por difusão. As plântulas de alguns mesófitos (por exemplo, cereais) também exibem aumento do crescimento longitudinal em solos inundados.

O etileno inibe o **crescimento de raízes**, mas deve ser importante para o desenvolvimento de raízes laterais e adventícias, bem como participar da produção de tricomas e também promover a formação de aerênquima (por exemplo, no milho).

Em cucurbitáceas, sob influência do etileno, a taxa de flores estaminadas é fortemente aumentada em relação à de flores pistiladas, e em bromeliáceas esse hormônio induz a **formação de flores**. Essa propriedade é utilizada, por exemplo, para sincronizar o começo do florescimento em plantações de abacaxi. Como não é possível controlar a aplicação do etileno gasoso, (e em muitos outros, ver abaixo) emprega-se ácido 2-cloroetilfosfônico (etefon), que em solução aquosa decompõe-se lentamente em etileno, fosfato e cloreto (Figura 6-61).

Em numerosas espécies, a adição de etileno suprime a **dormência** condicionada fisiologicamente (ver 6.6.4.2), como em cariopses de Poaceae e no amendoim, nos bulbos de muitas Liliaceae (por exemplo, tulipa), Iridaceae (por exemplo, *Iris*, *Gladiolus*) e Amaryllidaceae (por exemplo, *Narcissus*) e nas gemas axilares de algumas espécies (por exemplo, batata).

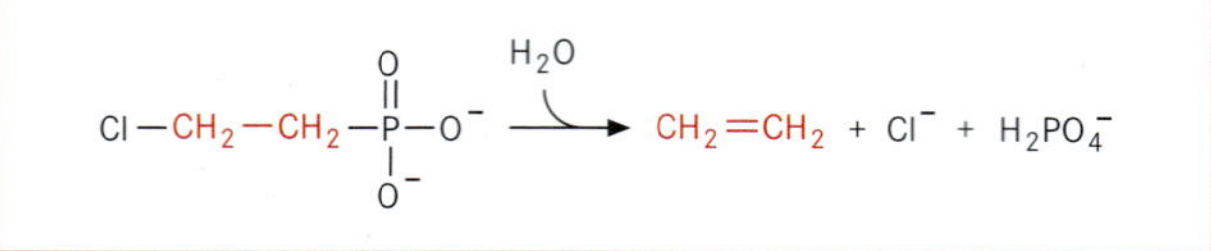

$$Cl-CH_2-CH_2-\overset{O}{\underset{O^-}{P}}-O^- \xrightarrow{H_2O} CH_2=CH_2 + Cl^- + H_2PO_4^-$$

Figura 6-61 Liberação de etileno a partir do etefon (ácido 2-cloroetulfosfônico) em solução aquosa.

O etileno é um regulador essencial da **senescência** e da **abscisão** de folhas, flores e frutos.

Durante seu processo de amadurecimento, que pode ser considerado um extenso fenômeno de senescência do tecido materno, muitos frutos passam por uma fase de forte aumento da respiração (**climatério**). A esse grupo de frutos pertencem a maçã, pêra, banana, abacate, *cherimoya*, pêssego e tomate, ao passo que outros frutos (por exemplo, cereja, uva, morango e cítricas) não exibem climatério. Nos frutos climatéricos o etileno causa aceleração do processo de amadurecimento. O andamento do climaério é mais ou menos sincronizado com a produção máxima de etileno endógeno. O significado fisiológico do etileno para o processo de amadurecimento pode ser evidenciado em tomates transgênicos, em que, por meio da técnica "antissenso" (Quadro 6-4), a quantidade de ACC sintase ou a de ACC oxidase (Figura 6-60) diminui bastante. Isso reduz drasticamente tanto a produção de etileno quanto o processo de amadurecimento dos frutos; no entanto, por meio da adição de etileno, o amadurecimento desses frutos pode ser concluído.

Durante o amadurecimento de frutos zoocóricos comestíveis (ver 10.2, dispersão de sementes e de frutos), ocorre degradação de amido a açúcar, respiração dos ácidos orgânicos, mudança de pigmentação por degradação da clorofila e síntese de antocianinas e/ou carotenoides. Finalmente, por digestão parcial das paredes celulares e lamelas médias, a polpa do fruto torna-se macia; todos esses processos juntos melhoram a atratividade e a palatabilidade do fruto. A síntese de muitas das enzimas participantes desses processos (por exemplo, clorofilase, poligalacturonase) é induzida por etileno.

O uso de etefon em culturas de tomateiros promove amadurecimento uniforme dos frutos, facilitando a colheita. Muitos frutos (por exemplo, bananas) são colhidos em estado ainda não maduros e, durante o transporte em veículo-frigorífico, conservados em atmosfera cujo nível de etileno é mantido baixo sob filtro de carvão vegetal. Ao mesmo tempo, o CO_2 (que funciona como antagonista do etileno) é misturado ao ar. Com o aumento da temperatura, a remoção do CO_2 e a aplicação do etileno, o processo de amadurecimento é ativado a tempo de chegar aos locais de comercialização.

Em geral, a senescência de órgãos florais está sujeita igualmente à influência promotora do etileno. Assim, após a polinização, os órgãos do perianto de muitas flores (por exemplo, das orquídeas) experimentam rápida senescência desencadeada pela liberação de etileno. Em flores, a senescência processa-se de modo acentuado após a separação da planta-mãe. Por essa razão, flores de corte muitas vezes são tratadas com inibidores do efeito do etileno (por exemplo, tiossulfato de prata, cujo princípio ativo é o íon Ag^+) para aumentar sua durabilidade. Como nos frutos, a inibição da biossíntese do etileno pela técnica "antissenso" também provoca nas flores (por exemplo, nos cravos) forte retardo da senescência. A senescência de folhas, ao contrário, é fracamente estimulada pelo etileno: mutantes de *Arabidopsis thaliana* sensíveis ao etileno (ver 6.6.5.3) exibem senescência foliar completa, embora um tanto retardada.

A queda (**abscisão**) de folhas, flores, frutos e, às vezes, também de ramos (como no choupo)* faz parte do processo normal de desenvolvimento das plantas perenes. Isso, por um lado, permite à planta eliminar órgãos supérfluos ou que perderam a capacidade funcional (por exemplo, flores não polinizadas ou que não frutificaram, frutos cujo desenvolvimento das sementes foi interrompido e folhas com incapacidade funcional) e, por outro, lado dispersar os frutos maduros. As causas estruturais e fisiológicas da queda de folhas, flores e frutos são bastante semelhantes, sendo a senescência foliar a melhor pesquisada.

As plantas lenhosas verdes no verão perdem folhas no outono, as perenifólias e tropicais as perdem durante todo o ano. Sob determinadas condições climáticas (ocorrência de estiagem ou frio seco, ver 5.3.3), a queda das folhas pode ser necessária, para evitar grandes perdas de água. Contudo, em consequência da transpiração longa, com o tempo todas as folhas concentram íons inúteis (por exemplo, Ca^{2+}, que também não pode mais ser transportado de volta via floema, Tabela 5-11), de modo que se tornam funcionalmente incapazes; sua queda, por isso, equipara-se à eliminação de resíduos.

A **queda foliar** (o mesmo vale para a queda de flores e de frutos) é possibilitada pela formação de um **tecido de separação** na base do pecíolo (Figura 6-62). Ele consiste em células parenquimáticas pequenas com poucos espaços intercelulares. Esse tecido de separação, já estabelecido cedo no órgão em desenvolvimento, sob condições apropriadas diferencia-se completamente. A separação propriamente dita é um processo ativo que requer a síntese de enzimas especiais, principalmente de celulase e poligalacturonase. Dependendo da espécie, a separação se processa pela dissolução da lamela média mediante a poligalacturonase, da lamela média junto com a parede primária (pela ação das enzimas poligalacturonase e celulase) ou também de toda a célula.

A diferenciação da camada de separação está sujeita ao controle de diferentes fitormônios, entre os quais destacam-se a auxina (AIA) e o etileno. O processo pode ser dividido em três fases:

1ª fase – Enquanto um suprimento suficiente de AIA for adicionado na folha, as células da camada de separação não reagem ao etileno (são insensíveis). Não ocorre diferenciação do tecido de separação.

2ª fase – Sob suprimento reduzido de AIA (por exemplo, devido ao estabelecimento da senescência foliar), as células do tecido de separação tornam-se sensíveis ao etileno.

3ª fase – As células do tecido de separação reagem ao etileno endógeno com a formação de celulase, poligalacturonase e outras enzimas hidrolíticas. A atividade dessas enzimas leva à diferenciação da camada de separação (dissolução de lamelas médias, paredes celulares) e, por fim, à queda foliar. Por isso, a queda prematura de frutos pode ser evitada mediante aspersão das plantas com soluções de auxina com concentração baixa (por exemplo, "depósito na planta" de frutos cítricos).

No entanto, o tratamento de plantas com doses altas de auxina provoca (pela indução da biossíntese do etileno) efeito contrário. Assim, a auxina sintética ácido 2,4,5-triclorofenoxiacético (2,4,5-T), parente do 2,4-D (Figura 6-32) e componente do "agente laranja", foi empregada como desfolhante na guerra do Vietnã.

Devido à multiplicidade dos processos agronomicamente importantes regulados por etileno, os empregos comerciais de derivados (por exemplo, etefon) ou antagonistas do etileno (por exemplo, Ag^+) são frequentes. Nessa situação enquadra-se a estimulação do fluxo de látex por etileno em *Hevea brasiliensis*, o principal fornecedor de borracha nativa, cuja demanda supera a oferta. Pelo tratamento com etefon nas superfícies de corte, a produção de látex extrudado dos laticíferos cortados triplica em comparação às árvores não tratadas.

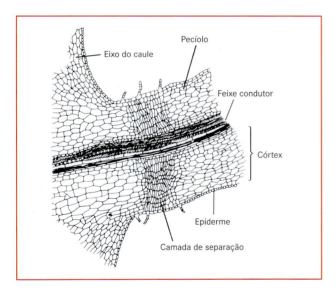

Figura 6-62 Corte longitudinal na região basal de um pecíolo de folha de dicotiledônea com camada de separação desenvolvida, mas ainda não diferenciada. (Segundo J.G. Torrey.)

6.6.5.3 Mecanismos moleculares do efeito do etileno

Nos últimos anos, o conhecimento sobre a rota de sinalização do etileno teve um grande avanço. Os fundamentos

---

*N. de T. A queda de ramos é um fenômeno observado também em muitas espécies vegetais tropicais e subtropicais perenes, especialmente em arbóreas.

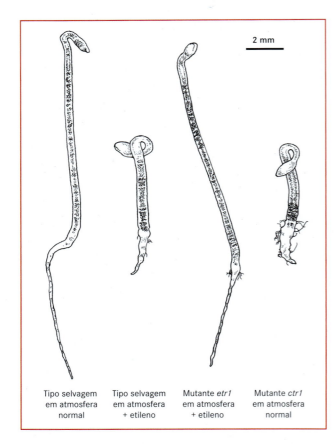

Figura 6-63 Fenótipos de plântulas de 3 dias de *Arabidopsis thaliana*, após cultivo segundo as respectivas condições indicadas. Ao contrário do tipo selvagem, o mutante *etr1* não exibe "resposta tríplice" com adição de etileno, ao passo que o mutante *ctr1* sem adição de etileno já apresenta "resposta tríplice". Para as abreviaturas, ver Figura 6-64.

para esse desenvolvimento foram estabelecidos em estudos com mutantes (de tomate e *Arabidopsis thaliana*), que acusam distúrbios nessa rota de sinalização e, com base nas características fenotípicas, podem ser facilmente detectados (Figura 6-63). São mutantes *etr* ou *ers* (***e**thylen **r**esistent*) e mutantes com resposta tríplice constitutiva (*constitutive triple response*, mutantes *ctr*).

O etileno liga-se a receptores homodiméricos (ou seja, formado de duas subunidades iguais), que possuem grande semelhança com reguladores bacterianos de dois componentes e estão localizados na membrana plasmática. Até o momento, pelo menos cinco receptores de etileno são conhecidos em *Arabidopsis thaliana*; em parte, esses receptores ocorrem em tecidos diferentes e cooperam na célula de maneira ainda parcialmente desconhecida. A ligação do etileno realiza-se em íons Cu^+ integrantes dos receptores. Os sítios de ligação foram localizados nos segmentos estendidos através da membrana nas proximidades dos N-terminais das proteínas receptoras.

Na ausência de etileno, os receptores reprimem a rota de sinalização de etileno por meio da ativação da proteína-cinase codificada pelo gene *CTR1*, a qual é um regulador negativo dessa rota de sinalização. Se o etileno estiver ligado aos receptores, a interação destes com a CTR1 proteína-cinase é inibida e, com isso, a cinase inativada: portanto, a inibição da rota de sinalização do etileno causada pela CTR1 cinase é suprimida pelo etileno e, assim, a rota de sinalização ativada. Isso explica porque os mutantes *ctr1*, que mostram mutações no gene para a CTR1 cinase, exibem resposta tríplice constitutiva: nesses mutantes, mesmo na ausência de etileno a rota de sinalização desse hormônio está permanentemente ativada.

Alguns dos passos seguintes igualmente puderam ser esclarecidos. A CTR1 cinase atua – possivelmente pela ação de outras cinases intermediárias ligadas (reforço de sinal) – sobre uma proteína de membrana de função e localização ainda desconhecidas, a proteína EIN2 (mutantes *ein* são sensíveis ao etileno (*ethylen insensitiv*)). O domínio C-terminal dessa proteína (Figura 6-64) ativa o fator de transcrição EIN3, por sua vez, induzindo a expressão do fator de transcrição ERF1 (ERF, do inglês *ethylene response factor*). ERF1 liga-se diretamente à sequência "GCC box" do promotor dos genes regulados pelo etileno e, assim, em conjunto com os fatores de transcrição gerais (ver 6.2.2.2), ativa a transcrição desses genes.

6.6.6 Outros sinalizadores com efeito semelhante a fitormônios

Mais recentemente, muitas outras substâncias altamente ativas fisiologicamente têm sido identificadas em plantas, despertando crescente interesse científico. Em parte, elas têm distribuição ubiquitária e atualmente são muitas vezes enquadradas no grupo dos fitormônios (brassinolídeo, ver 6.6.6.1, oxilipinos, ver 6.6.6.2); outras possuem distribuição limitada e executam tarefas especiais (exemplos no Capítulo 8).

6.6.6.1 Brassinolídeo

Esse triterpeno, isolado pela primeira vez do pólen de espécies de *Brassica* (daí o nome), deriva na sua biossíntese do cicloartenol (Figura 6-65), fitosteroide formado do esqualeno (Figura 5-120). Mutantes de *Arabidopsis thaliana* deficientes em determinadas etapas da biossíntese do brassinolídeo (por exemplo, *dwf*1, *cbb*1, *cbb*3; do inglês, ***dwf***= anão; ***cabb***age = couve) exibem nanismo extremo e se assemelham a couves diminutas. Eles podem ser

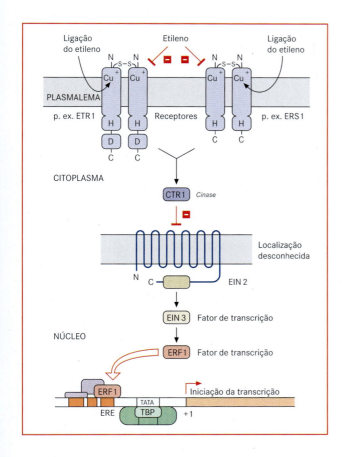

Figura 6-64 Rota de sinalização do etileno. Os receptores de etileno (por exemplo, ETR1, ERS1) são homodímeros nitidamente aparentados com reguladores bacterianos de dois componentes. O etileno liga-se a íons Cu⁺ nas regiões transmembranas do receptor e, assim, interrompe a interação do receptor com a CTR1 cinase. Nesse processo, participam dois domínios do receptor: o domínio histidina-cinase (H) e o domínio aspartil fosfato (D), que, no entanto, faltam em alguns receptores (por exemplo, ERS1). Na interação interrompida com os receptores do etileno, a CTR1 cinase, que em estado ativo (na ausência do etileno) inibe a rota de sinalização subsequente, está inativada. Com a supressão da inibição efetuada pela CTR1, a rota de sinalização do etileno subsequente é ativada: a proteína EIN2 (cujo modo de funcionamento ainda é desconhecido) ativa então o fator de transcrição EIN3, que, por sua vez, induz a transcrição do gene para o fator de transcrição ERF1. ERF1 é formado (no citoplasma), transportado para o núcleo, onde se liga aos elementos *cis* específicos ao etileno (ERE, do inglês **e**thylene **r**esponse **e**lement) nos promotores dos genes regulados pelo etileno e, assim, ativa sua transcrição. ERF (do inglês **e**thylene **r**esponse **f**actor); os nomes das demais proteínas derivam de fenótipos de mutantes (comparar texto, Figura 6-63): etr (do inglês **e**thylene **r**esistant); ein (do inglês **e**thylene **in**sensitive), ctr (do inglês **c**onstitutive **t**riple **r**esponse), D Domínio aspartil fosfato, H Domínio histidina-cinase. (Segundo C. Chang, modificado.)

normalizados pela aplicação de mínimas quantidades de brassinolídeo e crescer até o florescimento e a frutificação (Figura 6-66). Os mutantes sensíveis ao brassinolídeo (*dwf*2, *cbb*2), com fenótipo semelhante ao de mutantes deficientes em brassinolídeo, não podem, no entanto, ser normalizados com aplicação desse hormônio. Os sítios de síntese do brassinolídeo até o momento são desconhecidos; não se tem conhecimento sobre o transporte dos compostos do sítio de síntese ao sítio de ação. Os brassinolídeos poderiam ser mais reguladores do crescimento de ação localizada do que fitormônios no sentido restrito. O receptor de brassinolídeo é uma proteína-cinase do grupo das serina-treonina-cinases autofosforilantes, localizada na plasmalema das células vegetais. Portanto, a ligação do brassinolídeo ao receptor poderia atuar por meio de uma cascata de fosforilações de proteínas sobre o estado de atividade da célula. Os detalhes são ainda desconhecidos.

6.6.6.2 Oxilipinos

Somente há poucos anos descobriu-se que as plantas, como também os animais, dispõem de sinalizadores, cuja biossíntese deriva de ácidos graxos oxidados; por isso, são coletivamente denominados oxilipinos. Nos animais, são eicosanoides formados a partir do ácido araquidônico (por exemplo, prostaglandinas); em plantas, são especialmente

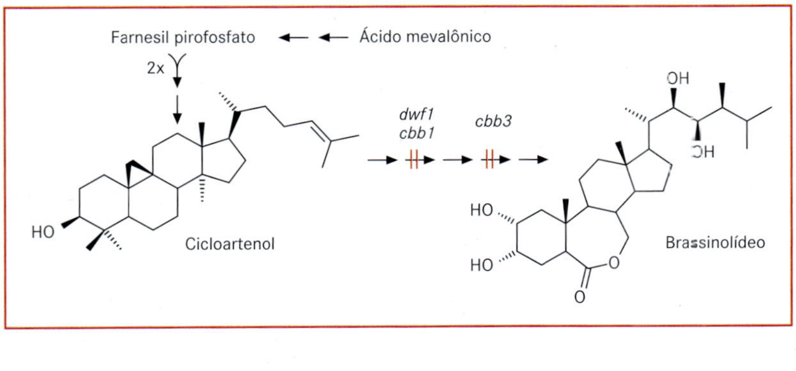

Figura 6-65 Formação de brassinolídeo a partir de cicloartenol. Os mutantes (*dwf*1, *cbb*1, *cbb*3) de *Arabidopsis thaliana* com defeito na biossíntese do brassinolídeo exibem acentuadas deficiências de desenvolvimento (*dwf*, do inglês **dwarf**, anão; *cbb*, do inglês **cabb**age, couve).

Figura 6-66 Os mutantes de *Arabidopsis thaliana* com biossíntese do brassinolídeo defeituosa (*cbb3*), em comparação com o tipo selvagem, apresentam nanismo extremo. Eles podem ser normalizados mediante aplicação de brassinolídeo. (Segundo o original de T. Altmann, gentilmente cedido.)

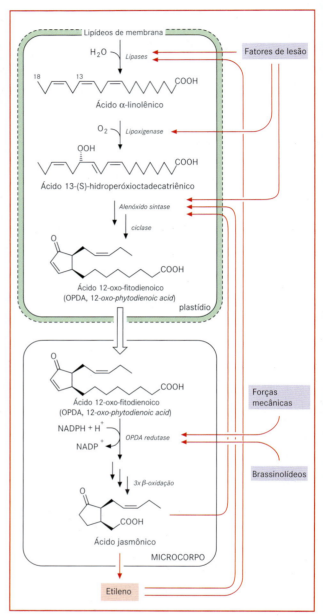

Figura 6-67 Biossíntese do ácido jasmônico e sua regulação, em *Arabidopsis thaliana* (setas vermelhas: fatores indutores atuantes sobre a transcrição dos genes correspondentes). (Segunda E. Weiler.)

octadecanoides oriundos do ácido α-linolênico. Entre estes, o ácido jasmônico e seus derivados, os **jasmonatos**, representam o grupo mais significativo. Metiljasmonato, o metil éster do ácido jasmônico, foi identificado em 1962 como o componente principal do perfume do jasmim.

Até o momento, o ácido jasmônico não foi encontrado em procariotos, mas existe em alguns fungos (por exemplo, *Lasiodiploidia theobromae*), musgos e samambaias, bem como nas plantas superiores em geral. A biossíntese começa nos plastídios, com a oxidação do ácido α-linolênico –liberado dos lipídeos de membrana – e a formação do primeiro metabólito cíclico, ácido 12-oxo-fitodienóico. Mediante redução do anel ciclopenteno e encurtamento da cadeia lateral por 3 β-oxidação, nos glioxissomos ou peroxissomos resulta ácido jasmônico a partir do ácido 12-oxo-fitodiênico (Figura 6-67).

A produção de ácido jasmônico aumenta após lesão (provocada por animal, por exemplo) e com frequência após ataque de patógenos. Ele participa no desencadeamento de reações de defesa vegetais contra patógenos (ver 8.3) e herbívoros (ver 8.4). O ácido jasmônico fornecido de fora atua como inibidor do crescimento e promove a senescência foliar. O ácido 12-oxo-fitodienoico (precursor da biossíntese), junto com etileno e ácido indol-3-acético, participa do controle das reações de crescimento após exigência mecânica (ver 7.3.2.4).

6.7 Controle do desenvolvimento por fatores externos

O crescimento e a diferenciação, portanto a **morfogênese**, não são governados somente por processos endógenos. Ao contrário, no âmbito da norma de reação fixada geneticamente, o desenvolvimento é fortemente influenciado por fatores externos. Diferentemente dos organismos móveis, os vegetais frequentemente ficam expostos a influências externas extremamente variáveis no ambiente e precisam reagir a elas de maneira apropriada.

A realização da forma espécie-específica, ou seja, a expressão de características organizacionais e adaptativas, é dirigida endogenamente. Contudo, devido às respectivas condições ambientais atuantes sobre o indivíduo, essas características são modificadas. O suprimento hídrico e de nutrientes, bem como as relações térmicas e luminosas, influenciam decisivamente o tamanho e a longevidade de uma angiosperma, por exemplo; a influência é verificada igualmente quando ocorre o redirecionamento do desenvolvimento vegetativo para o reprodutivo, inclusive quantas flores, grãos de pólen e sementes ela finalmente produz. Dependendo do fator atuante, fala-se de higromorfoses (fator umidade), tropomorfoses (nutrientes), termomorfoses (temperatura), fotomorfoses (luz) e morfoses condicionadas pelo fotoperíodo, a serem explicadas nas seções seguintes.

A abordagem limita-se aos processos cujos fatores externos causadores não são fontes de matéria e/ou energia, mas sim atuam como **sinais** desencadeadores. Portanto, contribuem apenas para o mecanismo desencadeador, mas não para a execução das reações induzidas (ver 7.1, sobre sinais como desencadeadores de mecanismos de movimento).

6.7.1 Efeito da temperatura

Assim como as reações químicas em geral, os fenômenos metabólicos das células também se submetem a uma dependência da temperatura (ver 5.1.6.4). As faixas de temperatura em que acontece o crescimento de um organismo são determinadas por estados bioquímicos, fisiológicos e morfológicos (ver 12.3). A curva característica do crescimento dependente da temperatura em geral exibe uma faixa ótima (Figura 6-68).

6.7.1.1 Termoperiodismo e termomorfoses

Com frequência, os ótimos de temperatura alteram-se com periodicidade diária para o crescimento do caule de muitas plantas. Isso significa que essas plantas estão adaptadas a mudanças de temperatura entre o dia e a noite e exibem um ótimo de desenvolvimento somente diante dessa flutuação térmica regular (Figuras 6-69 e 6-70), fenômeno denominado **termoperiodismo**.

Os processos de desenvolvimento desencadeados por influência de determinadas temperaturas são denominados **termomorfoses**. Um exemplo de termomorfose é a **heterofilia** do ranúnculo aquático (*Ranunculus aquatilis*, ver 10.2). As folhas submersas finamente partidas desenvolvem-se em temperaturas mínimas da água entre 8 e 18°C. Com elevação da temperatura da água para 23-28°C (faixa da temperatura do ar), desenvolvem-se folhas submersas com a morfologia das folhas emersas (lamina foliar lobada). Esse processo pode ser também desencadeado pela adição de ácido abscísico. Além da temperatura do

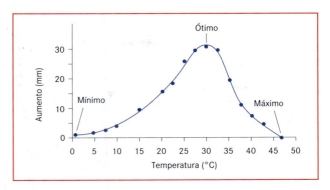

Figura 6-68 Aumento do comprimento das raízes de *Lupinus luteus* em 24 horas, sob temperaturas diferentes.

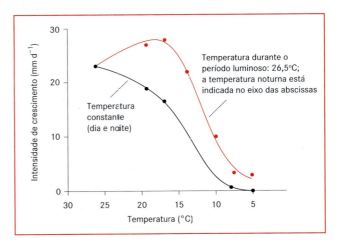

Figura 6-69 Aumento diário do comprimento de caules de tomate. Na curva em preto, utilizaram-se várias temperaturas, mas sempre iguais para os períodos diurno e noturno. Na curva em vermelho, a temperatura diurna foi de 26,5°C e as temperaturas noturnas estão indicadas no eixo das abscissas. (Segundo E. Weiler.)

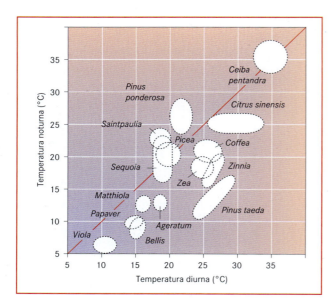

Figura 6-70 Faixa de temperatura ótima para o crescimento caulinar de diferentes espécies vegetais. (Extraído de diversos autores, segundo W. Larcher.)

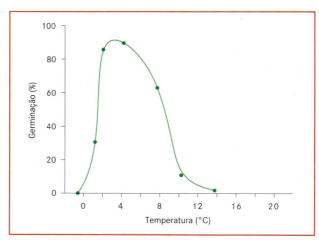

Figura 6-71 Influência de tratamento de frio de 85 dias, conforme as temperaturas indicadas, sobre a germinação de sementes de macieira. (Segundo P.G. de Haas e H. Scharder.)

ar, mais elevada do que a temperatura da água, as perdas de turgescência (que ocorrem em "folhas aéreas" devido à transpiração e levam à liberação de ácido abscísico nessas folhas) (ver 6.6.4.2) poderiam por isso também ter efeito indutor sobre a formação de "folhas aéreas".

Muitas vezes, durante o desenvolvimento das plantas manifestam-se fases sensíveis à temperatura. Assim, por exemplo, em petúnias o padrão de cores das flores desenvolvidas é determinado pela temperatura predominante durante uma fase (definida e curta) do desenvolvimento das gemas. O enorme e simultâneo florescimento de certas orquídeas e outras espécies (por exemplo, café e espécies de bambus), frequentemente observado nos trópicos, parece igualmente depender da continuidade da ação do frio de curta duração (resfriamento por forte aguaceiro após um período seco), que sincroniza a continuação do desenvolvimento das gemas florais. Entre os efeitos desencadeadores da temperatura sobre o desenvolvimento vegetal, a quebra da dormência de sementes e gemas, bem como a indução do florescimento, são os mais importantes.

6.7.1.2 Quebra da dormência pela ação de determinadas temperaturas

A quebra da **dormência de sementes e gemas** pelos efeitos de determinadas temperaturas (geralmente as mais baixas) é identificada como **estratificação**. As sementes de muitas plantas herbáceas e lenhosas apresentam necessidade de estratificação. A maioria das temperaturas é eficaz um pouco acima do ponto de congelamento (0-5°C, Figura 6-71); apenas poucas espécies (por exemplo, algumas espécies de montanhas altas) necessitam de temperaturas de congelamento (***frostkeimer*, que germina sob congelamento**). As sementes de algumas espécies (de algodão, soja e painço, por exemplo) necessitam de temperaturas altas para germinar; em outras espécies, uma alternância diária da temperatura é especialmente vantajosa para a germinação (por exemplo, em *Poa pratensis*).

Apenas as sementes intumescidas, mas não secas, são suscetíveis à estratificação, indicativo do ponto de ação bioquímica do efeito do frio.

Algumas sementes germinam somente após ação de temperaturas mais baixas (por exemplo, *Fraxinus excelsior*); em outras espécies, a germinação é acelerada (por exemplo, em espécies de *Pinus*). A duração necessária da ação do frio é igualmente espécie-específica (na maioria das vezes, algumas semanas). Em algumas espécies, há necessidade de frio apenas para as sementes intactas, enquanto o embrião isolado germina sem dificuldade (por exemplo, em *Acer pseudoplatanus*); em outras, o próprio embrião é estratificado (em *Sorbus aucuparia*). Algumas sementes ou frutos germinam apenas na segunda primavera após a semeadura (por exemplo, *Crataegus* ou *Cotoneaster*); devido à dureza e baixa permeabilidade da casca da semente, o embrião ainda não é intumescido no primeiro período de frio e, por isso, pode ser estratificado somente no segundo inverno, após a decomposição da casca pela ação de microrganismos. Em algumas Convallariaceae (por exemplo, *Convallaria* e *Polygonatum*) e em *Trillium*, por outros motivos são exigidos dois períodos de frio: o primeiro apenas quebra a dormência das radículas e somente o segundo possibilita também o crescimento do epicótilo. Em outras espécies (por exemplo, no damasco ou em *Paeonia suffruticosa*), a raiz pode desenvolver-se mesmo sem a ação do frio; o crescimento do epicótilo, no entanto, começa somente após a estratificação.

As temperaturas baixas quebram a dormência da semente de maneiras diferentes e muitas vezes complexas. Elas podem tornar as sementes permeáveis, acelerar o amadurecimento das sementes, desencadear efeitos de hormônios e enzimas ou reduzir o conteúdo de inibidores (por exemplo, ácido abscísico). Muitas vezes, o fornecimento de giberelina pode substituir a ação do frio (ver 6.6.3.3), mas ainda não está esclarecido se as temperaturas baixas de fato agem elevando o nível endógeno da giberelina ou diminuindo a concentração de antagonistas da giberelina (por exemplo, ácido abscísico). A faixa de temperatura ótima para o desenvolvimento da semente (germinação e desenvolvimento da plântula) que se estabelece após a estratificação, em geral, corresponde àquela válida para o crescimento vegetativo das espécies ou ecótipos (ver 12.3).

De maneira semelhante ao que acontece em muitas sementes, as temperaturas baixas atuam também em muitas gemas como sinal para o término da dormência endógena (condicionada por fatores internos). Também são requeridas algumas semanas de temperaturas em torno de 0-5ºC, e as gemas florais frequentemente necessitam de um período de frio um pouco mais longo para quebrar a dormência (não confundir com a indução do seu estabelecimento, ver abaixo). Em regiões com verões quentes, como Califórnia e África do Sul, devido à ação insuficiente do frio sobre as gemas, o cultivo de determinadas espécies frutíferas (por exemplo, pêssego) pode ser dificultado.

As próprias gemas são suscetíveis à ação do frio. O processo poderia conter regulação gênica diferencial. As consequências são muitas vezes a diminuição no conteúdo de inibidores (por exemplo, ácido abscísico) e o aumento da concentração de outros hormônios. Todavia, uma vez que, por exemplo, com o ácido giberélico durante a pré e a pós-dormência (mas não durante a dormência principal) pode-se provocar a emergência das gemas, a quebra da dormência principal pelo frio não deve ser atribuída apenas à disponibilidade acentuada desse hormônio.

Em muitos casos, os endósporos das bactérias dos gêneros *Bacillus* e *Clostridium* e os esporos de fungos coprófilos necessitam de um choque de calor para a **quebra da dormência dos esporos**. Nos esporos, esse aquecimento acontece durante a passagem no sistema digestório de animais de sangue quente, de modo que os esporos podem germinar imediatamente sobre os excrementos (seu ambiente natural). O mecanismo causal dessa ativação pelo calor ainda é pouco compreendido. Em muitos fungos, principalmente naqueles cujo ciclo de vida está associado ao de plantas superiores (por exemplo, fungos micorrízicos e fungos fitopatogênicos, ver 8.2.3 e 8.3.2), a dormência dos esporos é quebrada pelo frio. Isso garante que os esporos não germinem no outono, mas sim apenas na primavera.

6.7.1.3 Indução floral pela ação de determinada temperatura

A indução da produção de flores por influência de temperaturas determinadas é denominada **vernalização**. Ao contrário da estratificação, na qual o estímulo térmico atua sempre localmente, reagindo apenas as partes vegetais expostas ao fator temperatura (por exemplo, frio), na vernalização ocorre a formação de uma mistura de fatores ("vernalina") ainda desconhecida, que se propaga no caule de modo sistêmico. Basta expor algumas folhas ao estímulo vernalizante para conseguir a indução floral da planta inteira (ver abaixo).

Todas as espécies que necessitam de frio para a indução floral podem ser vernalizadas no estado de desenvolvimento, algumas já como embrião na semente. Entre estas últimas, que formam flores estimuladas pela ação do frio ou também sem ele (necessidade de frio facultativa), encontram-se a mostarda branca (*Sinapis alba*) e a beterraba (*Beta vulgaris*), bem como os cereais de inverno (centeio, trigo e cevada de inverno), nos quais esses processos foram examinados detalhadamente (Figura 6-72).

Nos cerais distinguem-se as variedades de verão, que produzem sementes na primavera e amadurecem no verão, e as variedades de inverno, que inicialmente necessitam de um período de frio e, a seguir, de dias longos para a produção de flores e frutos. Por isso, os cereais de inverno são semeados no outono e amadurecem no verão seguinte. Em geral, eles são altamente produtivos. As diferenças entre cereais de verão e de inverno são fixadas geneticamente. As temperaturas baixas ativas no centeio de inverno situam-se entre +1 até +9ºC. Uma vez que o efeito depende do oxigênio e aumenta em embriões cultivados mediante fornecimento de açúcar, trata-se evidentemente de um processo bioquímico que demanda energia. No

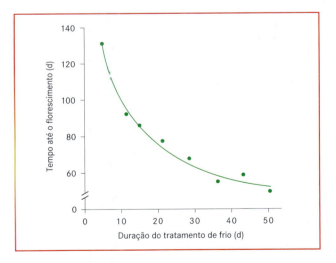

Figura 6-72 Relação entre o comportamento na floração do centeio de inverno (centeio Petkuser) e a duração do tratamento de frio das cariopses, a 1-2ºC. O tempo até a floração subsequente à vernalização é indicado no eixo das ordenadas. (Segundo O.N. Purvis e F.G. Gregory.)

centeio de inverno, o frio deve atuar sobre o embrião, que já responde às temperaturas baixas 5 dias após a fecundação da oosfera. Em indivíduos de centeio já germinados, o meristema apical é o sítio receptor do estímulo do frio. Até uma vernalização de aproximadamente 20 dias de duração, o prolongamento do efeito do frio tem como consequência a redução do tempo entre semeadura e antese. Logo, nessa planta facultativa quanto à necessidade de frio, a vernalização parece se consumar passo a passo até a mudança máxima. Isso é corroborado também pelo achado que o efeito da vernalização pode mais facilmente ser anulado (**desvernalização**) pelo tratamento com temperaturas altas (no centeio Petkuser, por exemplo, 2 dias a 40ºC), quanto mais curta for a duração da vernalização precedente; em uma planta totalmente vernalizada, não é mais possível a desvernalização. Quando um indivíduo de centeio foi vernalizado, ele passa por esse estado sem indício de diminuição em todos os tecidos recém-formados, inclusive dos pontos vegetativos.

As espécies que necessitam da ação do frio para florescer encontram-se entre as anuais de inverno, as bianuais e as perenes. Do grupo das **anuais de inverno**, além dos cereais de inverno, fazem parte também *Erophila verna*, *Veronica agrestis* e *Myosotis discolor*. As **bianuais**, na maioria, formam uma roseta no primeiro ano e apenas no segundo ano, após a atuação do frio, desenvolvem um escapo (de inflorescência), e na verdade muitas vezes somente quando as condições de comprimento do dia permitem (ver 6.7.2.2). A essa categoria pertencem, entre outras, a beterraba (*Beta vulgaris*), o aipo verdadeiro (*Apium graveolens*), couves e outras espécies de *Brassica*, raças bianuais do meimendro-negro (*Hyoscyamus niger*) e a dedaleira (*Digitalis purpurea*). No calor de uma estufa ou em zonas climáticas correspondentes, essas espécies permanecem durante anos em estado vegetativo. Entre essas espécies, sobretudo a raça bianual de *H. niger* foi bastante estudada. Para florescer, ela necessita inicialmente de um período frio e, após, dias longos (nesta sequência). O estímulo do florescimento induzido por vernalização pode passar de enxerto vernalizado de uma raça bianual de meimendro para porta-enxerto não induzido da mesma raça e provocar o florescimento neste; o estímulo pode passar igualmente de enxertos da raça anual de *Hyoscyamus niger* induzida ao florescimento por dias longos, mas também de enxertos de outras espécies de solanáceas vernalizadas ou induzidas ao florescimento pelo fotoperíodo. O princípio material resultante da vernalização é identificado como **vernalina**. É discutível – e improvável – se a vernalina é idêntica ao postulado hormônio do florescimento (**florígeno**; ver 6.7.2.2). Possivelmente, as giberelinas formam a vernalina; igualmente, nas espécies que necessitam de frio, muitas vezes a giberelina pode substituir o efeito do frio (ver 6.6.3.3). Por outro lado, as giberelinas não podem substituir o florígeno (ver 6.7.2.2).

As **espécies perenes**, que só florescem após períodos de frio, são, por exemplo, prímulas, violetas, espécies de goivo-amarelo e variedades de crisântemos, sécias, cravos e *Lolium perenne* (azevém inglês); a cada inverno, elas precisam ser novamente vernalizadas. Em *Lolium perenne*, as flores estabelecem-se no inverno devido à vernalização, mas os escapos desenvolvem-se somente em dias mais longos (> 12 h, em março, ver 6.7.2.2). Por isso, os caules recém-formados inicialmente não florescem e são vernalizados apenas no inverno seguinte. Em determinadas variedades perenes de crisântemos, um dia curto deve suceder a um período de frio e, com isso, ocorre o florescimento; por isso, elas florescem no outono. Nesses crisântemos, o estímulo floral induzido pelo frio não pode ser transferido de enxerto vernalizado para porta-enxerto não induzido, nem mesmo de um ápice vegetativo localmente vernalizado para outro, não vernalizado, da mesma planta.

Os processos bioquímicos da vernalização são ainda pouco conhecidos. Espera-se que a análise genética da formação de flores (ver 6.4.3), isto é, do processo de redirecionamento do desenvolvimento do meristema do caule para o meristema floral no ápice vegetativo, traga respostas a perguntas importantes.

6.7.2 Efeito da luz

A luz é o desencadeador de diversos efeitos em todas as plantas inferiores e superiores, sejam elas fotossinteticamente ativas ou não. Assim, a orientação espacial tanto de plantas móveis (como algas unicelulares) quanto de órgãos das plantas fixas (ver 7.3.1.1) e mesmo de organelas dentro de células (movimento de cloroplastos, ver 7.2.2) muitas vezes é governada pela luz. Nesta seção, no entanto, a luz é examinada como desencadeadora de processos de desenvolvimento.

6.7.2.1 Fotomorfogênese e escotomorfogênese

Os processos de desenvolvimento induzidos pela luz são denominados **fotomorfoses**, e o processo global de desenvolvimento governado pela luz é a **fotomorfogênese** (do grego, *phos* = luz). Enquanto nas plantas inferiores, samambaias e muitas gimnospermas o desenvolvimento no escuro transcorre de modo semelhante ao desenvolvimento na presença da luz (por exemplo, biossíntese da clorofila também no escuro), as angiospermas exibem desenvolvimento na presença da luz bastante diferente daquele que ocorre no escuro. Angiospermas cultivadas na presença de luz e levadas para o escuro tornam-se debilitadas. Esse processo é denominado **estiolamento**. Por isso, as plântulas de angiospermas crescidas no escuro são identificadas como estioladas. Plantas estioladas expostas à iluminação por um período curto já estabelecem a fotomorfogênese (**desestiolamento**).

O desenvolvimento fortemente divergente das angiospermas no escuro é também conhecido como **escotomorfogênese** (do grego, *skotos* = escuridão). Conforme os experimentos com mutantes têm mostrado, ocorre supressão ativa da fotomorfogênese no escuro. Pela perda dos genes *COP* ou *DET* em *Arabidopsis thaliana*, essas plantas também no escuro apresentam desenvolvimento como na luz: são desestioladas, em outras palavras, exibem uma fotomorfogênese constitutiva (*cop*, do inglês **c**onstitutive **p**hotomorphogenesis; *det*, do inglês **de**etiolated).

Fotomorfoses existem na maioria das plantas. Em *Chlamydomonas* (flagelado), por exemplo, a formação das células sexuais é governada pela luz. Os esporos de samambaias, ao germinarem no escuro ou sob luz vermelha, formam um corpo celular filamentoso (**protonema**, como nos musgos) e um **protalo** somente sob luz branca ou azul. Os musgos também necessitam de luz azul (e em parte luz UV) para uma morfogênese normal. Assim, em alguns basidiomicetos privados de luz, o pedúnculo do corpo frutífero é alongado e o "chapéu" reduzido. A compreensão das múltiplas escotomorfoses ou fotomorfoses das plantas superiores pode ser melhor pela comparação de plântulas estioladas com plântulas da mesma idade cultivadas na presença da luz (Figura 6-73, Tabela 6-5).

Os caules de plântulas de dicotiledôneas estioladas possuem entrenós bastante alongados e frequentemente também pecíolos, lâminas foliares rudimentares e gancho da plúmula (gancho do hipocótilo, gancho do epicótilo). Esse encurvamento do caule manifesta-se especialmente em plântulas jovens e protege o meristema apical durante o crescimento no solo. Além disso, elementos de sustentação e feixes condutores praticamente inexistem, e não ocorre síntese de pigmentos (clorofilas, carotenoides, antocianinas). A fragilidade de caules ou folhas estiolados é conhecida, por exemplo, no aspárago (*Asparagus*), alface (*Lactuca*) e chicória (*Cichorium*). Em algumas monocotiledôneas estioladas, as folhas são muito mais alongadas do que os eixos caulinares. Como sinais de estiolamento de caules jovens, devem ser mencionadas uma fraca expressão do gravitropismo negativo e uma sensibilidade fototrópica fortemente positiva (ver 7.3.1.1).

A vantagem ecológica da escotomorfose ou da debilitação consiste no fato de que a planta no escuro (por exemplo, no solo ou em fendas de rochas) utiliza todos os materiais estruturais disponíveis, levados aos órgãos de assimilação expostos à luz. Além da estabilidade do caule no espaço aéreo, as fotomorfoses (Tabela 6-5) servem para possibilitar as funções fotoautotróficas e proteger o caule da influência da radiação de ondas curtas (formação de pigmentos protetores da radiação UV, como, por exemplo, antocianinas).

Uma situação especial de fotomorfose observa-se na influência da luz sobre a polaridade de células ou a dorsi-

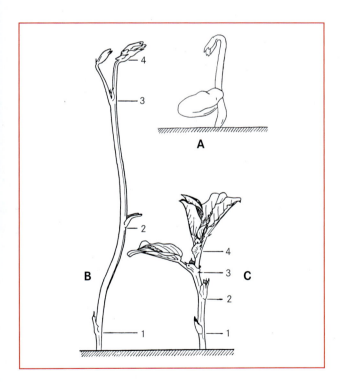

Figura 6-73 Plântulas de *Vicia faba*: com 5 dias, cultivada no escuro (**A**); com 3 semanas, cultivada no escuro (**B**); cultivada na presença da luz (**C**). Os números dispostos em sequência identificam os nós. O gancho da plúmula pode ser observado somente em plântulas estioladas muito jovens e já desapareceu na plântula mostrada no estágio **B** (cerca de 0,33x). (Segundo W. Schumacher.)

Tabela 6-5 Algumas fotomorfoses da plântula da mostarda branca (*Sinapis alba*)

Fotomorfose
Inibição do crescimento longitudinal do hipocótilo
Inibição do transporte a partir dos cotilédones
Crescimento das superfícies dos cotilédones
Expansão das lâminas dos cotilédones
Formação de tricomas no hipocótilo
Abertura do gancho da plúmula
Desenvolvimento das folhas primárias
Formação de primórdios das folhas definitivas
Aumento da capacidade de reação gravitrópica negativa do hipocótilo
Formação de elementos do xilema
Diferenciação dos estômatos na epiderme dos cotilédones
Diferenciação de "plastídios" no mesofilo dos cotilédones
Modificação da intensidade da respiração celular
Síntese de antocianina
Aumento da síntese do ácido ascórbico
Aumento da acumulação da clorofila *a*
Aumento da síntese de RNA nos cotilédones
Aumento da síntese de proteínas nos cotilédones
Intensificação da degradação das gorduras de reserva
Intensificação da degradação das proteínas de reserva

(Segundo H. Mohr.)

ventralidade de tecidos e órgãos: neste caso, as diferenças de intesidade luminosa são importantes. A polaridade celular já foi tratada (ver 6.3.3).

No desenvolvimento de propágulos da hepática *Marchantia* (ver 10.2), a luz determina em última análise os lados superior e inferior do talo. Em muitos prótalos de samambaias, os órgãos sexuais e os rizoides são formados apenas no lado protegido da luz (ver 10.2). Em várias árvores, o hábito ramificado é determinado de modo que somente as gemas do lado iluminado emergem. A dorsiventralidade dos ramos laterais de algumas coníferas (por exemplo, *Thuja, Thujopsis*) também é induzida pela luz com incidência unilateral, ao passo que em outros casos (*Picea, Taxus*) a gravidade é eficaz (ver 6.7.3).

Muitas plantas adaptadas a intensidades luminosas mais elevadas ("plantas de sol", também denominadas plantas intolerantes à sombra), mas não as "plantas de sombra" reagem ao sombreamento por outras plantas com adaptações morfológicas, consideradas estiolamento parcial, especialmente um aumento do crescimento em extensão. Com frequência, o efeito sobre o crescimento estabelece-se já em densidade crescente de plantas, antes que ocorra sombreamento direto; é, então, desencadeado pela luz refletida pelas plantas vizinhas. Devido à essa "**reação de evitação da sombra**", como a debilitação, os órgãos de assimilação aproveitam de maneira mais efetiva a exposição à luz. Em muitas árvores latifoliadas identifica-se forte dependência da anatomia foliar em relação ao aproveitamento da luz. As **folhas de sol** da parte externa da copa, especialmente no lado sul mais ensolarado, exibem células mais altas no parênquima paliçádico (às vezes até mais camadas celulares sobrepostas) e são mais espessas do que as **folhas de sombra** (Figura 6-74) do interior da copa ou com exposição norte. As folhas de sombra apresentam não apenas conteúdo mais baixo de proteína solúvel – em relação à área foliar ou à quantidade de clorofila – do que as folhas de sol, o que se atribui a uma quantidade menor de rubisco, mas também muitas outras adaptações do aparelho fotossintético (ver 5.5.11.1). A forma de folhas e caules também pode ser influenciada pela luz. *Campanula rotundifolia*, por exemplo, forma folhas arredondadas apenas sob luz fraca e folhas estreitas sob luz intensa; *Opuntia* e *Nopalxochia* sob luz intensa formam caules achatados e não de contornos arredondados (Figura 4-34).

6.7.2.2 Morfoses induzidas pelo fotoperíodo

Fotoperíodo é a duração da fase de exposição à luz dentro de 24 horas, correspondendo, portanto, ao "comprimento do dia" no ambiente natural. Dependendo da amplitude geográfica e da estação do ano, ele pode variar consideravelmente e apenas no equador é igual durante o ano inteiro. Todavia, com o aumento da latitude, ele oscila cada vez mais forte ao longo do ano: a 30°N (Cairo, Nova Delhi) entre 14 e 10 horas, a 45°N (Bordeaux, Mineápolis) entre 15,5 e 9 horas, a 60°N (Estocolmo, São Petesburgo) entre

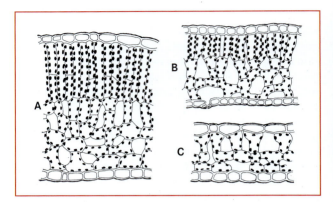

Figura 6-74 Corte transversal de uma folha de *Fagus sylvatica*. **A** Folha de sol. **B** Folha de exposição intermediária à luz. **C** Folha de sombra (cerca de 340x). (Segundo F. Kienitz-Gerloff.)

19 e 6 horas, acompanhado de estações do ano bem marcadas e suas particularidades climáticas.

Fotoperiodismo é o conjunto de morfoses desencadeadas pela duração do fotoperíodo. Em si, a energia luminosa fornecida – acima de uma intensidade-limiar de radiação de 10^{-3} até 10^{-2} W m^{-2} – não exerce qualquer papel, de modo que talvez a luz da lua cheia (intensidade luminosa de $5 \cdot 10^{-3}$ W m^{-2}) pode ser fotoperiodicamente eficaz.

Podem ser influenciados pelo comprimento relativo do dia ou da noite:

- a indução do florescimento,
- o começo e o fim do período de repouso,
- a atividade do câmbio,
- a taxa de crescimento,
- a formação de órgãos de reserva (por exemplo, tubérculos da batata),
- o desenvolvimento da resistência à geada,
- a queda de folhas,

bem como talvez a ramificação, a formação de raízes adventícias, a forma e a suculência foliares e produção de pigmentos.

As **plantas de dias longos** (PDL), nas quais uma morfose impulsionada fotoperiodicamente só é desencadeada quando o fotoperíodo excede uma duração mínima espécie-específica, o chamado **comprimento crítico do dia**, distinguem-se das **plantas de dias curtos** (PDC), nas quais, para o desencadeamento de uma morfose induzida fotoperiodicamente, um comprimento crítico do dia espécie-específico não deve ser ultrapassado. As espécies que não apresentam essas dependências do fotoperíodo são denominadas de **dias neutros**. A direção fotoperiódica da **indução da floração** foi muito mais examinada e a ela se restringe a apresentação a seguir.

O **comprimento crítico do dia** de uma reação de dias curtos pode ser mais longo do que o de uma reação de dias longos (Figura 6-75). Para a indução do florescimento de *Xanthium pensylvanicum* (PDC), por exemplo, ele é de 15,5

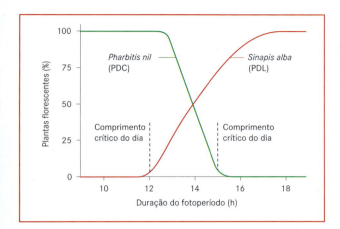

Figura 6-75 Formação de flores de uma espécie de dias curtos (*Pharbitis nil*) e de uma espécie de dias longos (mostarda branca, *Sinapis alba*) dependente da duração da exposição diária à luz. (Segundo M. Wilkins.)

h (e não deve ser ultrapassado, para induzir a formação de flores); em *Hyoscyamus niger* (PDL), o comprimento do dia crítico é de aproximadamente 11 h (ele deve ser ultrapassado, para desencadear a formação de flores). Logo, em um comprimento do dia de 13 h, as duas espécies floresceriam.

Conforme mostra a compilação na Tabela 6-6, o esquema de classificação bastante simplificado em espécies de dias curtos, de dias longos e de dias neutros deve ser tratado com mais exatidão. Desse modo, hoje se faz a distinção entre PDC ou PDL qualitativas ou absolutas e PDC ou PDL quantitativas, pois nem todas as espécies reagem segundo o "princípio do tudo-ou-nada" acima descrito e mesmo variedades diferentes de uma espécie poderiam reagir de maneira muito distinta quanto à indução fotoperiódica do florescimento. Assim, muitas espécies ou variedades, originalmente consideradas de "dias neutros", florescem mesmo em todos os fotoperíodos existentes (em experimento, muitas vezes também sob luz contínua e em alguns casos, em condições nutricionais adequadas, até sob escuro contínuo, como *Hordeum*, *Raphanus*, *Cuscuta*), mas são estimuladas à indução do florescimento mediante alteração da duração diária da exposição à luz (**PDL quantitativas**: por aumento do fotoperíodo; **PDC quantitativas**: por redução do fotoperíodo).

Além das PDC e PDL, existem também as **plantas de dias longo-curtos** (por exemplo, *Kalanchoe daigremontianum* ou a Solanaceae *Cestrum nocturnum*) e as **plantas de dias curto-longos** (por exemplo, *Campanula medium*, *Trifolium repens*), que necessitam de dois fotoperíodos sucessivos, para que ocorra florescimento. Uma planta de dias longo-curtos, nas condições naturais de latitudes elevadas do Hemisfério Norte, só florescerá nos dias curtos de outono, mas não nos dias curtos de primavera.

É evidente que deve haver relação entre a área de distribuição de uma planta e o seu comportamento fotoperiódico: as plantas tropicais precisam ser de dias curtos ou de dias neutros, porque nos trópicos não há dias longos (pelo menos não com comprimentos do dia superiores a 12-14 h). As plantas de latitudes mais altas, ao contrário, são muitas vezes de dias longos: elas precisam florescer na época certa

(no verão), podendo, assim, concluir o desenvolvimento de frutos e sementes antes da entrada do inverno. Nas latitudes intermediárias (aproximadamente 35-40º), de onde são procedentes diversas espécies vegetais cultivadas, existem PDL e PDC. Assim, com frequência podem ser estabelecidas relações com a posição temporal de um período seco: as plantas de áreas com seca de inverno (determinadas regiões da Índia, China e América Central) são, na maioria, de dias curtos, e as de áreas com seca de verão (determinadas partes da região mediterrânea, da Ásia Próxima, da Ásia Central), ao contrário, são de dias longos. Em suas respectivas áreas de ocorrência natural, as PDC precisam florescer e formar frutos antes do inverno e as PDL no verão, para ultrapassarem o período seco em forma de sementes.

O número de ciclos indutivos necessários para induzir o florescimento é bastante diferente para as espécies distintas. Assim, para *Xanthium pensylvanicum* e *Pharbitis nil*, ambas PDC, basta um único dia curto e para *Lolium temulentum*, uma PDL, é suficiente um dia longo, ao passo que *Salvia occidentalis* necessita de 17 dias curtos e *Plantago lanceolata* de 25 dias longos. Enquanto as PDL naturalmente mesmo sob luz permanente podem ser induzidas, as PDC definhariam no escuro permanente; pelo menos por 2-5 horas diariamente a fotossíntese deve ser mantida. Em geral, as condições fotoperiódicas são percebidas pelas folhas. Muitas vezes, basta a permanência de uma folha (ou de partes de uma folha) sob condições indutoras, para desencadear o florescimento. Assim, pelo escurecimento da folha de uma PDC mantida em dia longo pode-se provocar a indução floral. Uma vez que a indução floral se realiza no ápice vegetativo do caule (para estudar o controle molecular da formação de flores, ver 6.4.3), o estímulo floral precisa ser transportado da folha que o percebe para o ápice vegetativo. A pequena velocidade de transporte (2-4 mm h^{-1}) permite pensar na participação de um fator (ou complexo de fatores) transmissor de célula a célula ("florígeno"), cuja identificação, no entanto, até agora não está esclarecida. Experimentos com enxertia têm mostrado que, em PDC, PDL e plantas de dias neutros, esse estímulo floral deve ser semelhante ou idêntico. Desse modo, uma PDC induzida pode provocar o florescimento em enxerto de PDL. PDL ou PDC, enxertadas com plantas de dias neutros, florescem com o enxerto sob condições não indutoras para elas, e *Cuscuta* (parasito de dias neutros) floresce com a PDL *Calendula* em dia longo, com a PDC *Cosmos* em dia curto.

As giberelinas podem substituir o dia longo indutor da floração em algumas PDL, mais precisamente naquelas que formam rosetas sob condições não indutoras (dias curtos). As giberelinas formadas em dias longos (ou fornecidas de fora), no entanto, causam apenas a brotação, pressuposto para a formação de flores nessas plantas. Nas PDC, o conteúdo de giberelina parece não ser limitante para a formação de flores. Elas brotam já em condições não indutoras e, sob essas condições, por meio do fornecimento de giberelina não podem florescer. Logo, as giberelinas não são o florígeno, como era admitido originalmente. Pelo contrário, na situação de estímulo poderia ser macromolécula (eventualmente até RNAm), transportada de célula a célula para o meristema do

Tabela 6-6 Indução floral dependente do fotoperíodo, em espécies vegetais diferentes

Plantas de dias longos (PDL)	Plantas de dias neutros	Plantas de dias curtos (PDC)
*Avena sativa	Agrimonia eupatoria	Cannabis sativa
*Triticum aestivum	Cardamine amara	*Chrysanthemum indicum
*Secale cereale	Cucumis sativus	*Chrysanthemum hort.
*Anthoxanthum odoratum	Euphorbia lathyris	*Coffea arabica
*Festuca pratensis	Fagopyrum esculentum	Dahlia variabilis
*Lemna gibba	Helianthus tuberosus	*Glycine max
*Lolium temulentum	Pastinaca sativa	*Kalanchoe blossfeldiana
*Phleum pratense	Poa annua	Lemna perpusilla
*Poa pratensis	Senecio vulgaris	*Perilla ocymoides
*Anagallis arvensis	Stellaria media	*Xanthium pensylvanicum
Arabidopsis thaliana	Taraxacum officinale	Saccharum officinarum
*Begonia semperflorens	Thlaspi arvense	*Setaria viridis
*Beta vulgaris		*Euphorbia pulcherrima
*Vicia sativa		*Amaranthus caudatus
*Trifolium pratense		*Pharbitis nil
*Sinapis alba		
*Hyoscyamus niger		
*Nicotiana tabacum[S]	Nicotiana tabacum[S]	*Nicotiana tabacum[S]
*Digitalis purpurea[S]	Digitalis purpurea[S]	
*Hordeum vulgare[S]	Hordeum vulgare[S]	
*Lactuca sativa[S]	Lactuca sativa[S]	
	Oryza sativa[S]	*Oryza sativa[S]
	Phaseolus vulgaris[S]	*Phaseolus vulgaris[S]
	Soja hispida[S]	Soja hispida[S]
Solanum tuberosum	Solanum tuberosum[S]	Solanum tuberosum[S]
	Zea mays[S]	*Zea mays[S]

[S] = alguns cultivares

* = PDL ou PDC qualitativas (absolutas); todas as demais reagem quantitativamente.

caule, onde intervém na regulação gênica (transporte intercelular de macromoléculas, ver 6.4.4.1).

Se um período de escuro suficiente for interrompido por um período curto de luz ("*flash* de luz"),* para provocar a floração em uma PDC e impedi-lo em uma PDL, a PDC permanece em estado vegetativo e a PDL consegue florescer (Figura 6-76). Por outro lado, a interrupção de um período luminoso, pela qual uma PDL é induzida a florescer e uma PDC permanece vegetativa, mediante a intercalação de uma fase escura quase não tem efeito. Portanto, a duração do dia ininterrupto não é decisiva para a indução floral fotoperiódica, mas sim a duração da noite ininterrupta. Em vez de PDC, seria mais apropriado denominá-las plantas de noites longas e, em vez de PDL,

---

* N. de T. Essa interrupção do período de escuro por uma exposição à luz é também chamada de quebra da noite.

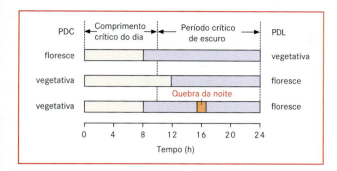

Figura 6-76 Efeito da exposição à luz durante o período de escuro (quebra da noite) sobre a floração de plantas de dias curtos (PDC) e plantas de dias longos (PDL). (Segundo D. Heß.)

melhor seria falar em plantas de noites curtas; no entanto, os conceitos PDC e PDL são amplamente adotados. Em PDC muito sensíveis, a quebra da noite deve agir por um minuto para ser eficaz. Ao contrário, se o objetivo for provocar a formação de flores em PDL durante um período de escuro muito longo (como em plantas de estufa no inverno), a quebra da noite deve ser de várias horas.

Tanto em PDC quanto em PDL, o momento da aplicação do *flash* de luz durante a fase de escuro tem um efeito intenso diferente. Produz-se uma periodicidade pronunciada da eficácia, conforme se pode concluir a partir de experimentos com *flash* de luz em tempos diferentes durante períodos de escuro fortemente prolongados (Figura 6-77).

Por ter uma periodicidade de aproximadamente 24 horas (um dia), essa alteração rítmica é denominada **ritmo circadiano** (do latim, *circa* = aproximadamente; *dies* = dia). Esse ritmo é governado por um **relógio fisiológico** oscilante endógeno e autônomo, que consiste em um mecanismo bioquímico complicado cujo funcionamento está apenas começando a ser compreendido (ver 6.7.2.3). Não apenas os fenômenos de desenvolvimento induzidos periodicamente, mas muitos outros processos com periodicidade diária (Tabela 6-7) são controlados pelo relógio fisiológico, que representa uma espécie de sistema endógeno de medida do tempo para determinação da "hora local" do organismo.

6.7.2.3 Ritmos circadianos e relógios fisiológicos

Os ritmos circadianos ocorrem em procariotos e eucariotos e foram encontrados em cianobactérias, fungos e plantas verdes em grande diversidade (Tabela 6-7, Figura 6-78). Os ritmos circadianos compreendem alterações periódicas diárias de muitas atividades metabólicas, de posições de órgãos, processos de crescimento e de diferenciação; e são subjacentes aos fenômenos de desenvolvimento governados fotoperiodicamente já mencionados (ver 6.7.2.2). Por isso, os ritmos circadianos expressam uma adaptação de organismos à alternância regular de dia e noite (determinada pela rotação da Terra em torno do seu eixo) e às mudanças sazonais a ela relacionadas.

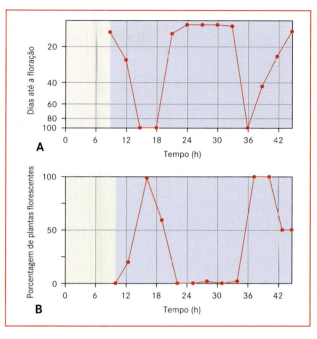

Figura 6-77 Sensibilidade periodicamente alterada da indução à floração, em experimento com quebra da noite para demonstrar um ritmo circadiano. **A** *Kalanchoe blossfeldiana* (PDC) foi exposta à luz por 9 horas e, a seguir, submetida a período de escuro prolongado. Em momentos diferentes da fase de escuro (eixo das abscissas), a cada 2 horas uma parte das plantas recebeu um *flash* de luz e foi determinado o tempo decorrido até que o estabelecimento do pedúnculo da inflorescência se tornou visível (eixo das ordenadas). As fases da sensibilidade distinta à luz repetiram-se periodicamente. **B** Exemplares de *Hyoscyamus niger* (PDL) foram expostos à luz por 2 horas em momentos diferentes de um período de escuro prolongado e, após, verificou-se a porcentagem de plantas florescentes. Neste caso, a sensibilidade à luz também oscila periodicamente. (**A** segundo R. Bünsow, **B** segundo H. Claes e A. Lang.)

Entretanto, são conhecidos numerosos genes cuja atividade mostra ritmo circadiano: enquadra-se nessa categoria a maioria dos genes para enzimas metabólicas da cianobactéria *Synechococcus* (por exemplo, nitrogenase e muitas outras); no ascomiceto *Neurospora crassa*, o gene para gliceraldeído-3-fosfato desidrogenase; nas plantas verdes, os genes para anidrase carbônica (*Chlamydomonas*), nitrato redutase (tabaco, *Arabidopsis thaliana*), catalase (milho, *A. thaliana*), ACC oxidase (*Stellaria longipes*), rubisco ativase (tomate, maçã, *A. thaliana*) e para proteínas de ligação das clorofilas *a* e *b* do complexo de captação de luz LHCII (trigo, tomate, *A. thaliana*, *Chlamydomonas*).

Uma característica essencial dos ritmos circadianos é o controle mediante um oscilador endógeno, que, por sua vez, é sincronizado pela alternância de dia e noite; em alguns casos, as alternâncias de temperatura ou outros estímulos atuam adicionalmente. Juntos, o *Zeitgeber* (literalmente significa "fornecedor do tempo", sinal ambiental necessário para a alternância de dia e noite ou para a alternância da temperatura) e o oscilador endógeno formam o relógio fisiológico; este, em última análise, governa os fenômenos

Tabela 6-7 Exemplos de ritmos circadianos em plantas

Grupo vegetal	Organismo	Ritmo
Cianobactérias	*Synechococcus*	Metabolismo
Flagelados fotossintetizantes	*Gonyaulax polyedra*	Luminescência, taxa fotossintética, crescimento
Algas	*Euglena gracilis* *Hydrodictyon reticulatum* *Oedogonium cardiacum* *Acetabularia major*	Fototaxia Fotossíntese, respiração Formação de esporos Taxa fotossintética
Fungos	*Sclerotinia fructigena* *Daldinia concentrica* *Pilobolus sphaerosporus* *Neurospora crassa*	Formação de conídios Lançamento de esporos Lançamento de esporângios Crescimento, esporulação
Samambaias	*Selaginella serpens*	Forma de plastídios
Espermatófitas	*Phaseolus multiflorus* *Kalanchoe blossfeldiana* *Avena sativa* *Kalanchoe fedtschenkoi*	Movimento foliar Movimento das peças florais Crescimento do coleóptilo Liberação de CO_2 no escuro

(Segundo M. Wilkins, complementado.)

rítmicos diários observáveis, que, portanto, podem ser considerados como os indicadores do relógio (Figura 6-79).

Os ritmos circadianos são caracterizados pelos seguintes atributos:

- eles continuam funcionando mesmo sob condições externas constantes (luz permanente ou escuro permanente, temperatura constante e umidade constante) ainda por semanas ou meses (em plantas superiores, geralmente 1-2 semanas; o ritmo circadiana da produção de oxigênio na alga unicelular *Acetabularia* é de até 8 meses), e em muitos casos a amplitude de oscilação diminui lentamente (Figura 6-78). Isso se atribui ao fato de que o acoplamento entre o relógio fisiológico e o processo por ele governado torna-se mais fraco na ausência de um *zeitgeber*. Contudo, com frequência o fenômeno rítmico já pode ser novamente ativado mediante uma única manifestação (sinal) do *Zeitgeber*.

No dinoflagelado unicelular *Gonyaulax polyedra*, que produz a luminescência dos mares, após 3 anos de cultura arrítmica em luz contínua, basta uma única mudança da intensidade de luz para "impulsionar" novamente o ritmo circadiano da luminescência. Se plântulas de feijão, por exemplo, forem mantidas sob escuro contínuo ou sob luz contínua, o movimento foliar periódico diário só se estabelece quando as plantas sob luz contínua forem colocadas no escuro (ou as plantas sob escuro contínuo forem expostas à luz).

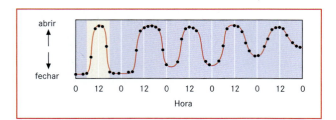

Figura 6-78 Ritmo circadiano. Movimento rítmico e contínuo das peças florais de *Kalanchoe blossfeldiana* no escuro, com amplitudes decrescentes da oscilação; o fundo violeta representa os períodos de escuro. (Segundo R. Bünsow.)

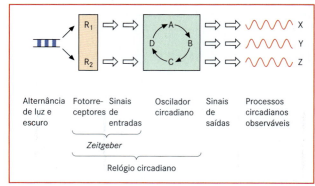

Figura 6-79 Representação esquemática de um relógio circadiano. Os sinais de entradas e de saídas são presumivelmente rotas de sinalização complexas ligadas entre si. Os componentes individuais dos osciladores circadianos puderam ser identificados em nível molecular (comparar texto e Figura 6-81). (Segundo E. Weiler.)

- a duração dos períodos dessas oscilações periódicas contínuas, sob condições ambientais constantes, não é de exatamente 24 h (Figura 6-77), mesmo quando sob condições naturais ela for sincronizada a exatamente 24 h. Para o movimento foliar de *Phaseolus multiflorus* (a 25°C), por exemplo, a duração é de 27 h; para o ritmo endógeno da liberação de CO_2 de folhas de *Bryophyllum*, é de 22,4 h; para a expressão do gene *CAB* de *Arabidopsis thaliana*, codificador da proteína de ligação das clorofilas ***a*** e ***b*** do complexo de captação de luz LHCII (ver 5.4.3), é de 30 h e 24,5 h sob escuro contínuo e luz contínua, respectivamente. Esses ritmos continuados espelham a periodicidade do mecanismo endógeno de oscilação, sincronizado pelo *Zeitgeber* externo (por exemplo, pela alternância de luz e escuro de um dia de 24 h). Nisso fica evidente que, mediante condições ambientais correspondentes dentro de limites mais extensos (cerca de 6-36 h), pode-se sincronizar o relógio fisiológico também a outras durações dos períodos (por exemplo, a 20 h, por meio de um ciclo de 10 h de luz e 10 h de escuro).

Zeitgeber externos (por exemplo, alternância de luz e escuro ou alternância de temperatura, bem como alterações periódicas da concentração do meio de cultura) podem ser usados para sincronizar os ritmos de crescimento e de desenvolvimento de todas as células em culturas de organismos unicelulares (por exemplo, algas). As **culturas sincrônicas**, em vez de células isoladas, são mais apropriadas para estudos de processos fisiológicos em populações celulares, pois nelas todas as células dividem-se simultaneamente, duplicam simultaneamente seu DNA, esporulam simultaneamente, e assim por diante.

- os ritmos circadianos se processam independentes da temperatura, mediante compensação. Enquanto a velocidade de reação de processos enzimáticos isolados duplica ou triplica (Q_{10} = 2-3, ver 5.1.6.4) quando a temperatura aumenta em 10°C, os valores Q_{10} dos ritmos circadianos situam-se em 0,8-1,4 (por exemplo, para *Arabidopsis thaliana* com um intervalo térmico de 20°C, em 1,0-1,1). Isso não ocorre porque as reações participantes do relógio fisiológico são independentes da temperatura, mas sim porque essa independência da temperatura é alcançada mediante um mecanismo de compensação, cujos componentes e modo de funcionamento ainda são totalmente desconhecidos.

O esclarecimento a respeito dos componentes do relógio fisiológico, ao contrário, teve grandes avanços. Embora todos os osciladores endógenos até o momento conhecidos pareçam trabalhar segundo um princípio comparável (sistemas retroalimentados por genes de fator de transcrição, regulados pelos seus próprios produtos gênicos; regulação gênica, ver 6.2.2.3), os genes participantes em cianobactérias, fungos, plantas verdes e animais não são homólogos.

Por isso, é correto falar em relógios fisiológicos, surgidos independentes entre si, várias vezes durante a evolução.

Os osciladores circadianos mais bem estudados são em *Drosophila* (por exemplo, a eclosão da imago está sujeita a um ritmo circadiano), no ascomiceto *Neurospora crassa* (onde é regulada a esporulação circadiana) e na cianobactéria *Synechococcus*. O esclarecimento do mecanismo de oscilação das plantas superiores parece bastante promissor em *Arabidopsis thaliana*, pois foi possível produzir uma série de mutantes, com respeito ao relógio fisiológico e especialmente ao oscilador circadiano. O descobrimento dos mutantes teve êxito com plantas transgênicas (Quadro 6-3) que expressavam o gene bacteriano da luciferase sob o controle do promotor (com controle circadiano) do gene *CAB* já mencionado. Na presença da luciferina, o substrato da luciferase trazido de fora, essas plantas exibem luminescência rítmica, comprovável com uma câmera de vídeo bastante sensível (Figura 6-80). Essa luminescência, que se altera de maneira rítmica, é limitada pela quantidade de luciferase na planta.

As ideias atuais sobre o modo de ação de um oscilador circadiano estão evidenciadas em um esquema generalizado e simplificado, com base em resultados com *Neurospora* (Figura 6-81). Ainda não está claro o vínculo dos processos consequentes determinantes dos fenômenos rítmicos diários observáveis com o oscilador (osciladores); a rota de sinalização (rotas de sinalização) dos receptores de estímulo (por exemplo, fotorreceptores, Figura 6-79) ao oscilador também não está bem conhecida. Os fotorreceptores vegetais, ao contrário, puderam ser identificados nos últimos anos, novamente por meio da análise de mutantes e do isolamento dos genes mutados.

6.7.2.4 Fotorreceptores e rotas de sinalização do desenvolvimento governado pela luz

Nos fungos, os comprimentos de onda < 520 nm (faixas do azul e UV) são eficazes fotomorfogeneticamente; nos vegetais, o desenvolvimento governado pela luz depende apenas em parte dos comprimentos de onda nas faixas do azul e/ou UV, e a luz vermelha é bastante eficaz. Nesse meio-tempo, os **fotorreceptores** responsáveis pela percepção da luz puderam, em angiospermas, ser identificados também em nível molecular. Os fotorreceptores podem ser **fitocromos**, responsáveis pela absorção da luz vermelha e em parte pela absorção das luzes azul e UV, ou **criptocromos** (assim denominados porque por muito tempo não foram compreendidos bioquimicamente e só pela clonagem dos seus genes em mutantes defeituosos puderam ser identificados), responsáveis principalmente pelas luzes azul e UV. Contudo, esses fotorreceptores, além de participar do comando dos processos de desenvolvimento dependentes da luz (a partir de determinado momento irreversíveis e conjuntamente conhecidos também como **fo-**

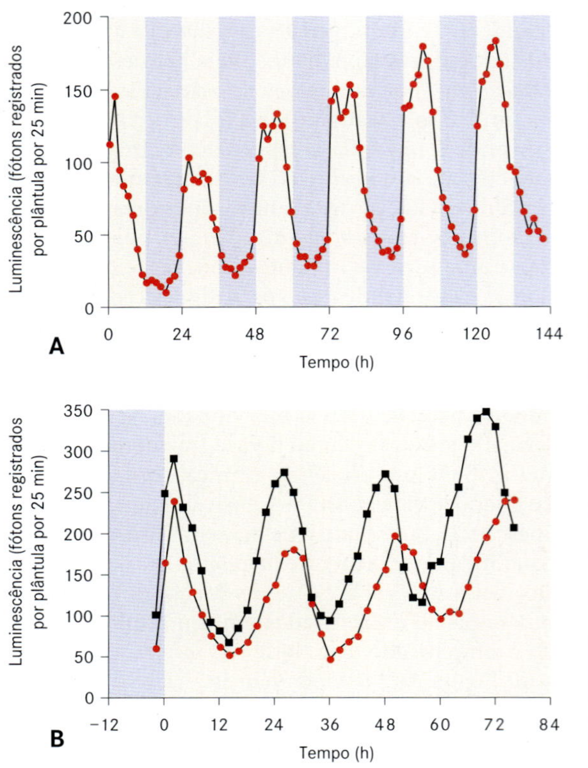

Figura 6-80 Ritmo circadiano endógeno da transcrição do gene repórter bacteriano da luciferase sob o controle do promotor do *CAB*, em indivíduos transgênicos de *Arabidopsis thaliana*. Embora a luminescência represente uma medida da atividade enzimática da luciferase, ela dá uma visão bem exata da respectiva atividade de transcrição do gene da luciferase, pois a proteína enzimática é instável e rapidamente degradada. O promotor vegetal é proveniente do gene *CAB*, que codifica a proteína de ligação das clorofilas *a* e *b* do complexo de captação de luz LHCII (Figura 5-49). O gene *CAB* está sujeito a um controle estrito da transcrição através do relógio circadiano. **A** Luminescência de plântulas de 5 dias, sob temperatura constante (22°C) e alternância de 12 h de exposição à luz (50-60 µmol m^{-2} s^{-1} de fluxo fotônico, faixas de cor bege) e 12 h de escuro (faixas de cor violeta). O período do ritmo é de 24 h, limitado pela sincronização do programa de exposição à luz. Observa-se que a atividade da luciferase 3-4 horas antes do início do fotoperíodo já começa a subir e, do mesmo modo, antes do final do fotoperíodo já cai novamente. Logo, o relógio circadiano sincronizado ao ritmo de dia e noite governa atividades vegetais com antecipação ao começo das fases de luz e de escuro. Portanto, a planta prepara-se para funções metabólicas previsíveis (fotossíntese durante a exposição à luz), o que, por exemplo, em proteínas (que, por terem meia-vida biológica muito pequena, precisam ser sempre formadas novamente) é mais eficiente do que uma síntese contínua ou um início de síntese somente quando se estabelece a exposição à luz. **B** Ritmo circadiano "de curso livre" da atividade da luciferase em plantas, que, após alternância de claro e escuro (12h + 12h) a partir de t = 0 h, foram mantidas sob luz contínua. As plantas selvagens (símbolos vermelhos) mostram ritmo circadiano de 24,5 h; o mutante fotoperiódico *toc* 1 (do inglês *timing of cab expression*, símbolos pretos) exibe período abreviado de 21 h. (Segundo A.J. Mullar e S.A. Kay.)

todiferenciação), governam muitos processos reversíveis, coletivamente conhecidos como **fotomodulação** e opostos à fotodiferenciação. Além dos fitocromos e criptocromos, existem outros fotorreceptores para o comando do **fototropismo** (ver 7.3.1.1), da **abertura estomática** (ver 7.3.2.5 e 5.5.7) e da **fototaxia** (ver 7.2.1.2); a Tabela 6-8 proporciona uma visão sobre o tema. A apresentação a seguir restringe-se aos fitocromos e criptocromos; os outros fotorreceptores são tratados na discussão dos respectivos processos fisiológicos.

Os **fitocromos** típicos estão presentes em todas as plantas verdes a partir das algas. Eles são cromoproteínas homodiméricas; cada monômero consiste em uma apoproteína de 120 até 129 kDa, que apresenta uma molécula de **fitocromobilina** covalentemente ligada por um grupo tiol de um resíduo de cisteína. A síntese da fitocromobilina, um tetrapirrol de cadeia aberta muito semelhante estruturalmente à ficocianobilina das cianobactérias (Figura 5-46), processa-se no cloroplasto (Figura 5-110); a síntese da apoproteína ocorre no citoplasma. No citoplasma, a apoproteína e o cromóforo reúnem-se, formando a holoproteína (Figura 6-82), que a seguir dimeriza. As apoproteínas dos fitocromos atuam como **bilinaliases**, que realizam autocataliticamente a ligação covalente do cromóforo e, assim, transformam-se na holoproteína. Os diferentes fitocromos distinguem-se na porção apoproteica e o cromóforo é idêntico em todos; com isso, diferentes fitocromos podem ser diferenciados na planta também não com base em suas propriedades espectrais.

Fotorreceptores semelhantes a fitocromos foram recentemente também encontrados em procariotos. Eles estão distribuídos em todos os procariotos fotoautotróficos (por exemplo, cianobactérias e bactérias purpúreas) e ocorrem também em poucas bactérias não fotoautotróficas (por exemplo, *Pseudomonas aeruginosa*, *Deinococcus radiourans*). Na ficocianobilina (fotoautotrófica), esses bacteriofitocromos são ligados covalentemente *in vivo* por uma cisteína; na biliverdina (não fotoautotrófica, resultante da degradação de heme), a ligação ocorre por meio de uma histidina. As bacteriofitocromo-holoproteínas absorvem igualmente a luz vermelha (no original, HR = *hellrot*; em inglês, r = *red*) e a luz vermelho-distante (no original, DR = *dunkelrot*; em inglês fr = *far red*) e exibem fotorreversibilidade (ver abaixo). Elas participam da regulação da síntese de pigmentos bacterianos, especialmente dos carotenoides, formados como pigmentos protetores da radiação intensiva de luz vermelha. Os mutantes com distúrbio de formação de bacteriofitocromos apresentam crescimento prejudicado na presença da luz. Os bacteriofitocromos são **componentes dos receptores** dos típicos **reguladores bacterianos de dois componentes**: na presença da luz, eles autofosforilam em um resíduo de histidina, numa reação dependente de ATP. A partir daí, por um resíduo de aspartato, o grupo fosfato é transportado para uma segunda proteína, a **proteína reguladora**. Na forma fosforilada, essa proteína representa um fator de transcrição ativo, que interage diretamente com os genes-alvo (no caso do bacteriofitocromo, os genes regulados pela luz, participantes da biossíntese de pigmentos) e ativa sua transcrição. Os fitocromos das plantas representam igualmente proteínas-cinases; no entanto, eles não dispõem da atividade de histidina-cinases, mas de serina-treonina-cinases.

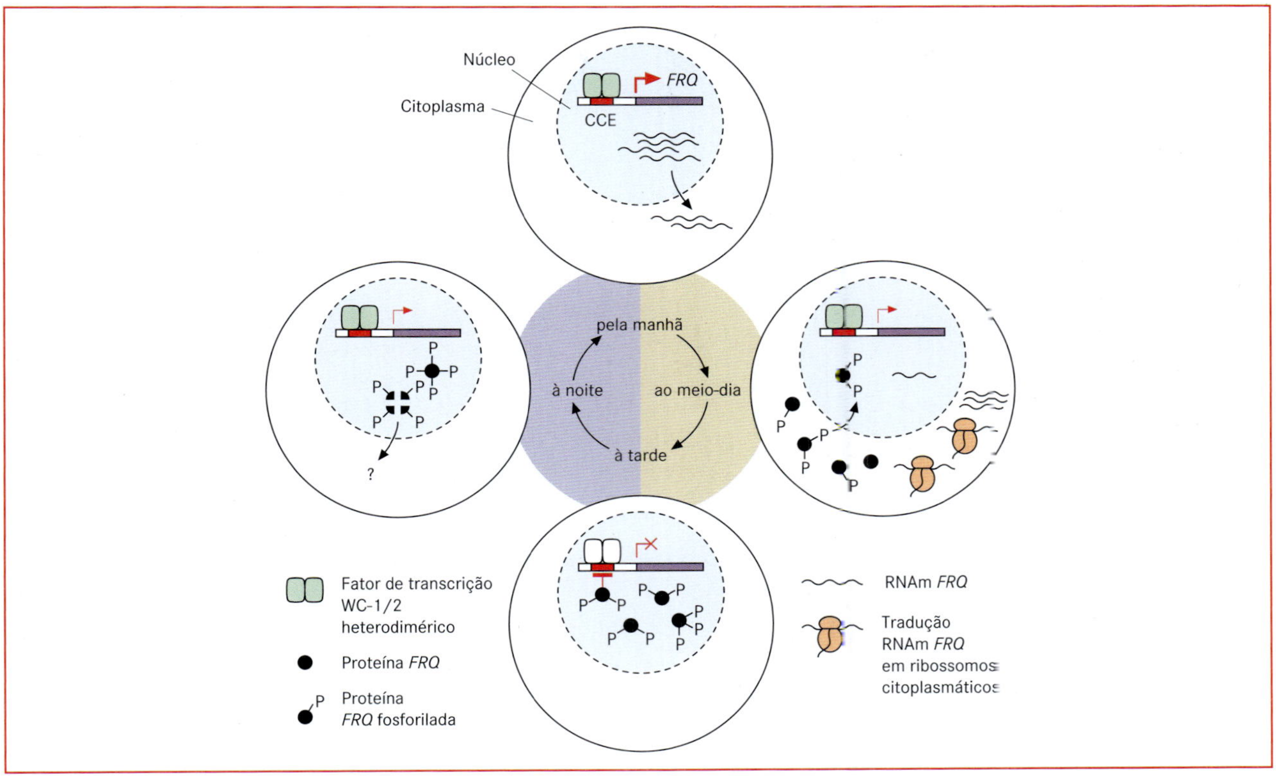

Figura 6-81 Modelo de funcionamento do oscilador circadiano de *Neurospora crassa*, simplificado e ainda parcialmente hipotético. O sistema consiste nos dois fatores de transcrição WC-1 e WC-2 (do inglês *white collar*, denominado de acordo com o fenótipo do mutante, pois o mesmo não forma carotenoide na presença da luz e permanece incolor), que formam um heterodímero. Eles ativam a transcrição do "gene do relógio" *FRQ* (do inglês *frequency*, denominado de acordo com o fenótipo do mutante), cujo produto gênico (da proteína FRQ) é um regulador negativo da ação de WC-1 e WC-2, que, por consequência, inibe sua própria formação. Nos promotores dos "genes do relógio" (do inglês *clock genes*) foram encontrados elementos *cis* essenciais para a expressão rítmica, os chamados elementos CC (CCE, do inglês *circadian clock element*). O modelo representa um *loop* de retroalimentação negativa (do alemão *Rückkopplungsschleife*), cuja duração do período é determinada de modo eficiente por processos de transporte intracelulares lentos (transporte do RNAm *FRQ* do núcleo para o citoplasma; transporte da proteína FRQ fosforilada do citoplasma para o núcleo). Para o início de um ciclo (em cima, na figura), estabelece-se a transcrição do gene *FRQ* ativada por WC-1/2. O RNAm *FRQ* acumula-se inicialmente no núcleo e, a seguir, em escala crescente é transportado para o citoplasma. No citoplasma, a proteína FRQ é sintetizada e fosforilada (à direita). FRQ fosforilada entre no núcleo, onde progressivamente reprime a transcrição do seu gene, de modo que esse por fim é suprimido (em baixo). Com o tempo, a proteína FRQ é fortemente fosforilada de maneira progressiva. A FRQ altamente fosforilada, instável, é degradada proteoliticamente. Com a diminuição da concentração da proteína FRQ no núcleo, abaixo do valor-limiar necessário para a inibição da transcrição, a transcrição do gene *FRQ* começa a funcionar novamente (à esquerda). Sob condições ambientais constantes, o processo global possui período circadiano. No círculo interno, está ilustrada a ordenação aproximada dos processos parciais na sincronização do oscilador, pela alternância de luz e escuro de 12 h + 12 h em um dia de 24 horas. Admite-se que, na presença da luz, a hiperfosforilação da proteína FRQ e sua degradação proteolítica sejam inibidas. (Segundo D.E. Somers e C.B. Green, alterado e complementado.)

O processo fotoquímico primário na absorção de luz do fitocromo tem como consequência a isomerização da ligação dupla entre os anéis pirrólicos C e D (Figura 6-82). Essa transição (isomerização Z-E) é reversível. Pesquisas com plântulas estioladas têm revelado que o fitocromo formado sob exclusão da luz mostra a isomeria Z da ligação dos anéis C/D. Sob luz vermelha (650-680 nm, $\lambda_{máx}$ = 667 nm), esse fitocromo possui um pico de absorção (Figura 6-83) e, por isso, é identificado como P_r (do inglês, r = *red*). Pr é também conhecido como P_{660}, em referência ao comprimento de onda (660 nm) empregado experimentalmente para ativar o sistema do fitocromo.

P_r é a forma do fitocromo fisiologicamente inativa. Sob exposição à luz vermelha (em experimento, por exemplo, com luz monocromática de 660 nm de comprimento de onda), o cromóforo sofre isomerização para a forma E. Com isso, o fitocromo P_r passa para a forma ativa, que, por ter seu máximo de absorção na faixa do vermelho-distante (710-740 nm, $\lambda_{máx}$ = 730 nm), é também denominado P_{fr} (do inglês, fr = *far red*) (Figura 6-83). Pela exposição com luz vermelho-distante (em experimento, por exemplo, com luz monocromática de 730 nm de comprimento de onda), pode haver reversão de P_{fr} para a forma inativa P_r. Para ativação ou desativação do fitocromo bastam pulsos

Tabela 6-8 Exemplos de fotorreceptores e fenômenos regulados pela luz mediados por fotorreceptores, em plantas inferiores e superiores

Tipo de fotorreceptor	Grupo(s) de cromóforos	Sensibilidade espectral	Exemplo[1]	Exemplos de processos regulados
Fitocromo Classe I	Fitocromobilina	R, (B)	phyA (*At*)	• Fotomorfoses de plântulas estioladas induzidas por luz vermelho-distante (VLFR[2]) • Respostas HIR[2] da fotomorfogênese na presença da luz
Classe II	Fitocromobilina	R	phyB, C, D, E (*At*)	• Morfoses governadas fotoperiodicamente (por exemplo, indução do florescimento) (com cry2) • respostas fotorreversíveis à luz vermelha/vermelho-distante sob intensidades luminosas baixas (LFR[2]) (por exemplo, germinação de sementes à luz) • Reação de evitação da sombra • Fotomodulação (por exemplo, posições de órgãos foliares de dia e à noite) HIR[2]
Citocromo	Pterina, flavina	B, UV-A	cry1 (*At*)	• Respostas HIR[2] da fotomorfogênese de plântulas estioladas (com phyA)
	Pterina, flavina	B, UV-A	cry2 (*At*)	• Morfoses governadas fotoperiodicamente (com phyB)
Fototropina	Flavin	B	phot1, phot2 (*At*)	• Fototropismo de plantas superiores • Abertura estomática em plantas superiores
Rodopsina	Retinal	G	Clamiopsina	• Fototaxia em *Chlamydomonas* e outras clorofíceas
Fator de transcrição diretamente sensível à luz	Flavin	B	WC-1	• Síntese de carotenoides e esporulação em *Neurospora crassa*
Desconhecido	Flavin	B	–	• Fototropismo de *Phycomyces*
Desconhecido	Flavin	B	–	• Fototaxia de *Euglena*

[1] *At Arabidopsis thaliana*; na convenção válida para essa espécie, as apoproteínas são identificadas com letras maiúsculas, as holoproteínas (= apoproteína + cromóforo) com letras minúsculas (exemplo: PHYA = apoproteína do fitocromo A, phyA = holoproteína do fitocromo A).
[2] VLFR, LFR e HIR, Tabela 6-10, **R** = *Rot* (vermelho), **B** = *Blau* (azul) **G** = *Grün* (verde), UV-A = radiação ultravioleta na faixa de 320-390 nm.

luminosos curtos. No caso de pulsos de luz vermelha ou luz vermelho-distante imediatamente sucessivos, a qualidade da luz fornecida por último determina se um processo é desencadeado ou não. Essa **fotorreversibilidade** é um critério importante para a comprovação fisiológica do sistema de fitocromos (Figuras 6-76 e 6-84, Tabela 6-9), mas não é válida para todos os processos controlados por fitocromos (Tabela 6-10).

Uma vez que os espectros de absorção de P_r e P_{fr} nitidamente se sobrepõem (Figura 6-83), mesmo sob exposição à luz monocromática de 660 nm ou 730 nm existe sempre **fotoequilíbrio** de Pr e Pfr. Dependendo da participação da luz vermelha em relação à luz vermelho-distante, esse equilíbrio varia entre 2,5% de P_{fr} e 97,5% de P_r (após irradiação com luz monocromática de 730 nm) e 80% de P_{fr} e 20% de P_r (após irradiação com luz monocromática

de 660 nm). Alguns processos fisiológicos (por exemplo, a indução da germinação de sementes fotoblásticas positivas pelo emprego de fluxos fotônicos extremamente baixos) já são desencadeados por quantidades pequenas de P_{fr} (2,5%). Portanto, esses processos não podem mais ser revertidos mediante irradiação com vermelho-distante; antes, eles já são induzidos por uma exposição à luz vermelho-distante.

Diferentemente de um experimento, no ambiente natural não há luz monocromática, mas um *continuum* espectral com quotas de luz vermelha e de luz vermelho-distante. Dependendo da situação, essas luzes variam consideravelmente. A relação:

$$\frac{\text{Luz vermelha}}{\text{Luz vermelho-distante}} = \frac{\text{Fluxo fotônico de } 660 \pm 5 \text{ nm}}{\text{Fluxo fotônico de } 730 \pm 5 \text{ nm}}$$

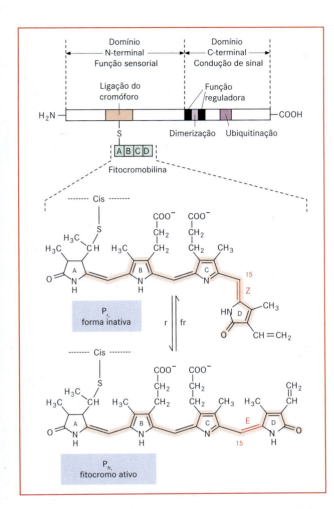

Figura 6-82 Representação esquemática da holoproteína do fitocromo e isomerização (dependente da luz) do cromóforo fitocromobilina. O domínio amino-terminal da apoproteína apresenta o cromóforo fitocromobilina, ligado covalentemente a uma cisteína por uma ponte tioéter; o domínio carbóxi-terminal é importante para a condução de sinal e mostra atividade de proteína-cinase. Mutações no âmbito das funções reguladoras provocam inatividade do fitocromo. No domínio C-terminal situam-se também as partes da proteína responsáveis pela dimerização e pela degradação proteolítica após ubiquitinação. Na conversão reversível de $P_r \rightleftharpoons P_{fr}$, o cromóforo isomeriza na ponte de metina (C-15) entre o anel C e o anel D. Na ligação dupla, ocorre conformação Z em P_r e conformação E em P_{fr} (para nomenclaturas Z e E, ver livros de química). (Segundo E. Weiler.)

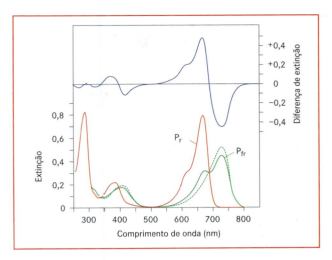

Figura 6-83 Espectros de extinção de P_r e P_{fr} (em baixo), bem como espectro da diferença entre os dois pigmentos ($E(P_r)-E(P_{fr})$), em cima). Os espectros foram verificados para o fitocromo da plântula estiolada de aveia, um fitocromo da classe I como phyA de *Arabidopsis thaliana* (ver texto). Espectroscopicamente, os espectros dos outros fitocromos, mesmo da classe II (por exemplo, phyB) não são distinguíveis do fitocromo da classe I. A linha pontilhada indica o espectro de P_{fr} quando se faz a correção para a parte de P_r ainda existente (20%) em fotoequilíbrio (após irradiação saturante com luz vermelha). (Segundo E. Weiler.)

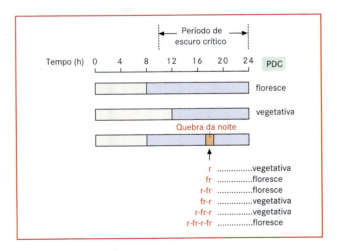

Figura 6-84 Demonstração fisiológica da participação do sistema de fitocromos na indução do florescimento de *Xanthium strumarium*, espécie cultivada. Os experimentos comprovam que a duração da exposição à luz ininterrupta não é eficaz fotoperiodicamente, mas sim a duração do período de escuro ininterrupto. O impulso de um *flash* de luz (quebra da noite) durante o período de escuro age como um dia longo ininterrupto. A participação do sistema de fitocromos deduz-se da atividade da luz vermelha e da fotorreversibilidade do processo por meio de irradiação de luz vermelho-distante subsequente. fr = luz vermelho-distante, r = luz vermelha, PDC = planta de dias curtos. (Segundo A.W. Galston e E. Weiler.)

sob luz solar plena (ao meio-dia), é de aproximadamente 1,13, mas durante a tarde cai abaixo de 1 (0,9-0,8) e também no solo (por exemplo, sob uma camada de serrapilheira ou de palha seca) atinge valor baixo (< 0,9). A relação luz vermelha/luz vermelho-distante situa-se num nível muito mais baixo à sombra da folhagem (≤ 0,2), ou seja, condicionada pela absorção intensa da clorofila (Figura 5-41) na faixa do vermelho, a participação da luz vermelho-distante é especialmente alta. Por isso, a luz refletida pelas plantas verdes também possui quota alta na

Tabela 6-9 Reversibilidade da indução da germinação de aquênios de alface (*Lactuca sativa* cv. Grand Rapids) pela modificação da relação Pr/Pfr no sistema de fitocromos, mediante irradiação com luz vermelha e luz vermelho-distante

Sequência de irradiação	Taxa de germinação em %
r	70
r +fr	6
r+fr+r	74
r+fr+r+fr	6
r+fr+r+fr+r	76
r+fr+r+fr+r+fr	7
r+fr+r+fr+r+fr+r	81
r+fr+r+fr+r+fr+r+fr	7

Irradiação a cada 5 min, com intensidades de 1 W m^{-2} e 5 W m-2 de luz vermelha (r) e vermelho-distante (fr), respectivamente. Como em outros tecidos, praticamente não se obtém fotoindução e fotorreversão em tecido seco. Os aquênios devem ser expostos à luz em estado intumescido. Ao contrário, o respectivo estado de indução do fitocromo é mantido através de fases de dessecação. (Segundo H.A. Borthwick e colaboradores.)

faixa do vermelho-distante. Devido à considerável sobreposição dos espectros de absorção de P_r e P_{fr}, o estado de atividade do fitocromo se altera bastante quando há modificação da relação luz vermelha/luz vermelho-distante (Figura 6-83). O fitocromo, por conseguinte, é um fotorreceptor ideal para a verificação do crepúsculo (importante para reações fotoperiódicas e processos periódicos diários), para verificação de um sombreamento no solo (por exemplo, em plântulas) e para a percepção da "sombra verde" (reação de evitação da sombra). A "sombra neutra" de um muro de pedra, por exemplo, ao contrário, é ineficaz. À luz solar, em uma relação luz vermelha/luz vermelho-distante de >1, mais de 50% do fitocromo ocorre na forma P_{fr}, portanto ativa. Assim, a luz solar atua como luz vermelha. Em casos especiais (por exemplo, em plantas inferiores, ver 7.3.1.1), as moléculas dos fitocromos estão orientadas espacialmente na célula e, devido às suas propriedades dicroicas, registram os níveis de oscilação da luz polarizada.

Com base na estabilidade na presença da luz, os fitocromos podem ser divididos em duas classes: **fitocromos da classe I**, típicos das angiospermas e ausentes nas criptógamas; **fitocromos da classe II**, presentes em todos os procariotos e eucariotos fotoautotróficos (Figura 6-85).

O **fitocromo da classe I** apresenta instabilidade na presença da luz e, com participação do sistema de ubiquitina, é rapidamente degradado proteoliticamente (precisamente, a forma P_{fr}) (ver 6.3.1.3, Figura 6-44); ao mesmo tempo, sua nova síntese é inibida mediante repressão da transcrição na presença da luz. O fitocromo da classe I domina em plântula estiolada e ocorre em dicotiledônea especialmente na região da plúmula, no coleóptilo de plântula de gramínea e nos primórdios foliares. Ele é responsável pela primeira fase da

Tabela 6-10 Classificação das respostas dos fitocromos segundo critérios físicos

	Respostas em fluência muito baixa (VLFR[1])	Respostas em fluência baixa (LFR[1])	Respostas em irradiância alta (HIR[1])	Plantas cultivadas na presença da luz
Fotorreversibilidade	Não	Sim, não	Não	
Reciprocidade	Sim	Sim	Não	Não
Máximos de absorção dos espectros de ação	r, B	r, fr	fr, B, UV-A	r
Fotorreceptor	phyA	phyB	phyA + cry1	phyB
Exemplos	• Promoção da germinação de sementes fotoblásticas positivas (por exemplo, *A. thaliana*[2]) • Promoção do crescimento do coleóptilo e inibição do crescimento do mesocótilo de plântulas estioladas de aveia	• Promoção da germinação de sementes fotoblásticas positivas (por exemplo, *L. sativa*, *A. thaliana*[2]) • Reação de evitação da sombra • Morfoses desencadeadas fotoperiodicamente (participação de phyB + cry2) • Reações com periodicidade diária (por exemplo, movimentos foliares)	• Inibição do alongamento do hipocótilo[2] • Expansão do cotilédone • Indução da síntese de antocianinas em plântulas de dicotiledôneas • Supressão da formação do gancho da plúmula	• Inibição do alongamento do hipocótilo[2]

[1] VLFR (do inglês *very low fluence response*); LFR (do inglês *low fluence response*); HIR (do inglês *high irradiance response*)
[2] Os espectros de ação correspondentes estão indicados na Figura 6-86. Para designação dos fotorreceptores, foi empregada a convenção universal válida para *Arabidopsis* (Tabela 6-8). (Segundo J. Silverthorne, complementada.)

fotomorfogênese da plântula estiolada e atua junto com o criptocromo 1 (receptor de luz azul/UV-A) em resposta à irradiância alta (HIR, Tabela 6-10); porém, após é rapidamente degradado, não sendo mais encontrado na planta verde exposta à luz. Além disso, o fitocromo da classe I é responsável pela germinação de sementes desencadeada por luz vermelho-distante de intensidade muito baixa. No desenvolvimento da planta, ele tem função claramente limitada, restrita ao primeiro contato com a luz de uma plântula estiolada ou de uma semente intumescida (Tabela 6-10). Em *Arabidopsis thaliana*, intensivamente pesquisada com referência aos fotorreceptores, existe simplesmente um único fitocromo da classe I: o fitocromo A (phyA, nomenclatura, Tabela 6-8, Quadro 6-2), cuja apoproteína (PHYA) é codificada pelo gene *PHYA*.

As plantas superiores possuem vários **fitocromos da classe II** (*Arabidopsis* 4: phyB, phyC, phyD e phyE, cujas apoproteínas são codificadas pelos genes *PHYB* até *PHYE*. Até agora, apenas phyB, o fitocromo dominante da classe I, foi examinado). Os fitocromos da classe I são estáveis à luz e encontram-se na planta na presença da luz e no escuro. Eles representam os fotorreceptores das "clássicas" respostas fotorreversíveis dos fitocromos (Figuras 6-84 e 6-85, Tabelas 6-8 e 6-9) e são responsáveis pelas reações (mediadas por fitocromos) da planta crescendo na presença da luz (comando fotoperiódico; processos com periodicidade diária, por exemplo, posições foliares;

reação de evitação da sombra; movimentos de cloroplastos em algas, ver 7.2.2).

Os **espectros de ação** (Figura 5-41) apresentam com frequência os primeiros indícios sobre a participação de determinados fotorreceptores em um fenômeno induzido pela luz (Figura 6-86). Informações mais precisas podem ser deduzidas do exame de mutantes, cujos fotorreceptores determinados (ou combinação de fotorreceptores) inexistem ou são expressos por eles de modo diferente das plantas selvagens.

Por fim, com base nas fluências fotônicas necessárias para o desencadeamento, os processos governados por fitocromos podem ser divididos em três classes: **respostas VLFR** (do inglês *very low fluence responses*, 0,1-100 nmol m^{-2}), **LFR respostas** (do inglês *low fluence responses*, 1-1000 μmol m^{-2}) e **respostas HIR** (do inglês *high irradiance responses*, desencadeadas por irradiação longa ou contínua com luz de intensidade elevada). Dentro de determinados limites, para as respostas VLFR e LFR vale a regra da reciprocidade, segundo a qual o produto da intensidade de irradiação I (fluxo fotônico em mol m^{-2} s^{-1}) e do tempo (em s), portanto, a fluência fotônica (mol m^{-2}), são decisivos para a intensidade da resposta fisiológica; no âmbito da proporcionalidade, pode-se trabalhar com irradiação de intensidades baixas e tempos longos ou em intensidades mais altas e tempos correspondentes mais curtos. Por outro lado, as respostas HIR – daí o nome – são proporcionais à intensidade luminosa e desencadeadas somente sob intensidades altas, mas não através de radiação por tempo longo com luz fraca. A Tabela 6-10 fornece uma visão sistemática das relações.

Os **criptocromos** que absorvem luz azul (390-500 nm)/UV-A (320-390 nm) são cromoproteínas, semelhantes às fotoliases, mas não possuem a atividade dessas enzimas. As fotoliases estão presentes em bactérias, Archaea e eucariotos; em uma reação induzida por luz azul/UV-A, elas catalisam a quebra de dímeros de pirimidina, que se originam no DNA em consequência da radiação com UV-B (200-300 nm) e, assim, exercem as funções de enzimas reparadoras de DNA. Elas possuem dois grupos absorventes de luz, pterina e flavina (esta ocorre em parte reduzida, como radical flavo-semiquinona, FADH). A pterina é responsável pela absorção de luz e transfere energia de excitação para a flavina. Com isso, o potencial redox da flavina torna-se mais negativo e nesse estado excitado ela catalisa a quebra redutiva do dímero de pirimicina. Os criptocromos também devem apresentar pterina e flavina semirreduzida. Por isso, admite-se que, após a absorção de luz, eles ativam um processo redox (ainda desconhecido).

Em *Arabidopsis thaliana*, foram descobertos dois genes de criptocromo. A partir da análise de mutantes, verificou-se que o criptocromo 1 (cry1), junto com o fitocromo da classe I (phyA), é relevante para a iniciação da fotomorfogênese em plântula estiolada; já o criptocromo 2 (cry2), junto com o fitocromo B, por interação

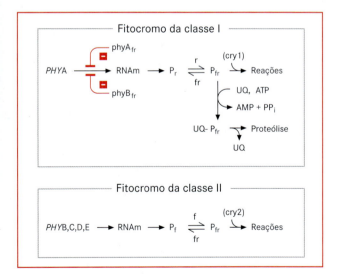

Figura 6-85 Diferenças entre os fitocromos das classes I e II, como exemplo dos fitocromos A até E de *Arabidopsis thaliana*. Em alguns casos, o fitocromo A coopera com o criptocromo 1 (cry1) receptor de luz azul (Fotomorfogênese-respostas em irradiância alta, ver texto); o fitocromo phyB da classe II, por outro lado, coopera com o criptocromo 2 (cry2, Fotoperiodismo, ver texto). Tanto o fitocromo A (phyA$_{fr}$) ativo quanto o fitocromo B (phyB$_{fr}$) ativo participam da transcrição de *PHYA* na presença da luz (em vermelho). UQ = Ubiquitina. (Segundo E. Weiler.)

Quadro 6-5

Evolução dos receptores vegetais

As plantas reagem a um grande número de estímulos endógenos (ver 6.6) e exógenos (ver 6.7, 7.2 e 7.3). Apenas nos últimos anos conseguiu-se determinar a identidade molecular de alguns receptores vegetais. O conhecimento dos fotorreceptores já é bastante bom, mas o dos quimiorreceptores ainda apresenta muitas lacunas. Para todos os receptores vegetais até agora classificados funcionalmente, evidencia-se que evoluíram de precursores procarióticos, ainda comprovados nos procariotos atuais (Figura). Tanto quanto se sabe, a periferia sensora das plantas é, portanto, de origem procariótica. Somente há pouco pôde ser identificado um precursor procariótico também para determinados receptores animais.

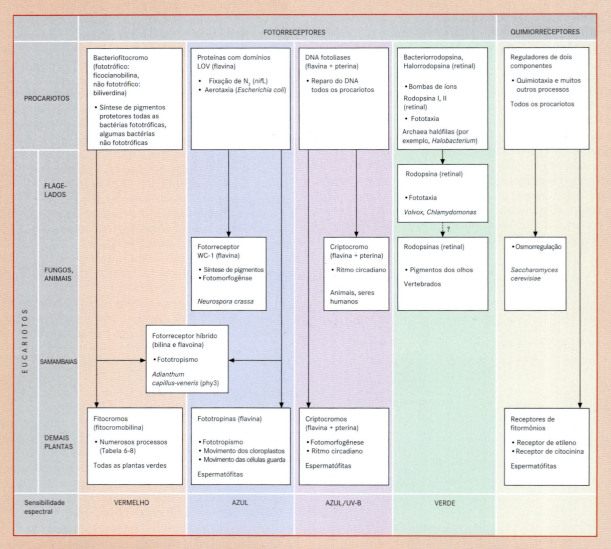

Figura Relações evolutivas dos fotorreceptores e quimiorreceptores vegetais. Os conceitos a seguir não são explicados em detalhes nas seções 6.6, 6.7, 7.2 e 7.3 do texto principal: proteínas com domínios LOV – um grupo de proteínas de procariotos, cuja atividade é regulada por fatores ambientais, precisamente pela luz, oxigênio e processos redox (LOV, do inglês *light*, *oxygen*, *voltage*). Todas essas proteínas contêm flavina (FAD) ligada não covalentemente, que pode ser excitada pela absorção de luz ou por processos redox. No estado excitado, na fototropina (um receptor de fototropismo) realiza-se a fosforilação de um resíduo de aminoácido da sua própria cadeia de polipeptídeos (autofosforilação). WC-1 – Designação de um mutante do ascomiceto *Neurospora crassa* (bolor-do-pão). Este mutante albino apresenta um defeito no domínio LOV da apoproteína de ligação à flavina. No mutante faltam todos os processos regulados pela luz azul, como, por exemplo, a biogênese de carotenóides, o fototropismo dos peritécios, o ritmo circadiano da formação de conídios. WC-1 é um fator de transcrição diretamente regulado pela luz. (Segundo E. Weiler.)

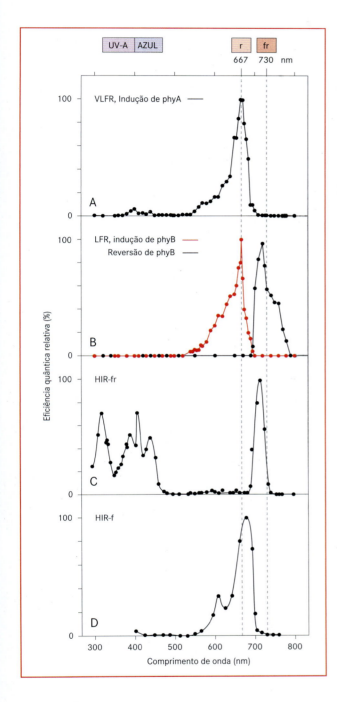

Figura 6-86 Espectros de ação de fotomorfoses vegetais. Os espectros de ação dos processos fotobiológicos, que dependem da fluência fotônica, são obtidos por radiação dos objetos de estudo com luz monocromática de diferentes comprimentos de onda, com fluência fotônica igual (mol de fótons m^{-2}) e verificação do parâmetro fisiológico (por exemplo, taxa de germinação); os espectros de ação para as reações que dependem da intensidade da luz são obtidos de modo análogo, pela variação do comprimento de onda e sob intensidade luminosa constante (mol de fótons m-2 s-1, Unidades da Fotobiologia: Quadro 5-2). **A** Resposta em fluência muito baixa (VLFR) da germinação de sementes de um mutante de *A. thaliana* deficiente em phyB. A resposta de phyA foi desencadeada pela luz vermelha e por meio de radiação subsequente com luz vermelho-distante (por exemplo, 730 nm) não pode mais ser anulada. A VLFR do phyA mostra atividade característica, embora fraca, mesmo na faixa espectral do azul. **B** Resposta em fluência baixa (LFR) da germinação de sementes de um mutante de *A. thaliana* deficiente em phyA. A resposta de phyB é fotorreversível; a luz azul é completamente ineficaz. **C** Resposta em irradiância alta-luz vermelho-distante (HIR-fr) da inibição do alongamento do hipocótilo de plântulas de alface estioladas. Além de picos nas faixas do azul e do UV-A, proveniente de criptocromo, o espectro de ação apresenta pico de absorção de luz vermelho-distante, indicando um fitocromo da classe I (correspondente ao phyA em *A. thaliana*). **D** Resposta em irradiância alta-luz vermelha (HIR-r) da inibição do crescimento do hipocótilo, em plântulas de *Sinapis alba* cultivadas na presença da luz. A luz azul é ineficaz, e o pico de atividade na luz vermelha deve-se a um fitocromo da classe II (correspondente ao phyB em *A. thaliana*). (A, B segundo dados de T. Shinomura e M. Furuya, gentilmento cedido; C segundo K.M. Hartmann; D segundo C.J. Beggs e E. Schäfer.)

com o relógio fisiológico, parece participar do comando do fotoperiodismo. Fotorreceptores semelhantes ao cry2 foram recentemente descobertos em animais e seres humanos e também devem ser importantes para o ritmo circadiano.

Continua sem resposta a questão das rotas de sinalização do **desenvolvimento governado pela luz**. Constatou-se que, após exposição à luz, tanto phyA quanto phyB são transportados do citoplasma para o núcleo. O fotorreceptor cry2 parece ocorrer permanentemente no núcleo, e a localização de cry1 é desconhecida. Na verdade, cry1 interage diretamente com phyA (formando um complexo) e, sob iluminação, desloca-se com ele para o núcleo ou já se encontra lá – como cry2. Em seu domínio C-terminal (comparar com Figura 6-82), os fitocromos apresentam atividade de proteína-cinase. Essa atividade e presumivelmente as reações redox dos criptocromos ativados poderiam ser pontos de partida das reações enzimáticas subsequentes, que ativam os fotorreceptores após exposição à luz no núcleo e em cujas extremidades se processa a mudança da atividade dos genes regulados pela luz. Muitos desses genes, cuja transcrição é regulada pela luz, são conhecidos. Os genes (codificados no núcleo) da pequena subunidade da **r**ibulose-1,5-**b**isfosfato **c**arboxilase/oxigenase (*RBCS*, S do inglês *small* = pequeno) e das proteínas de ligação das **c**lorofilas ***a*** e ***b*** (genes *CAB*) foram intensivamente estudados. Nos promotores desses e de outros genes regulados pela luz puderam ser identificadas regiões *cis*. Essas regiões são necessárias, mas ainda não suficientes, para uma regulação pela luz, pois elementos iguais existem também em alguns genes não regulados pela luz: as chamadas regiões GT-1 (5'-GGTTAA-3'), G-boxes (5-CACGTG-3') e I-boxes (5'-GATAA-3'). Também no exemplo dos genes regulados pela luz comprova-se que a especificidade do controle da transcrição é assegurada por meio combinações complexas de elementos *cis* e fatores de transcrição a eles ligados (ver 6.2.2.3).

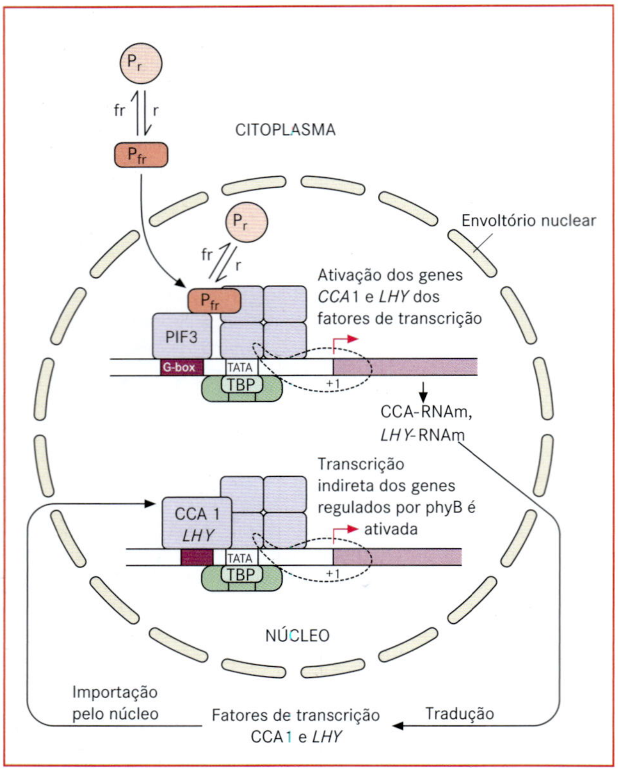

Figura 6-87 Modelo do controle da atividade gênica pelo fitocromo B. Fitocromo B ativo (P_{fr}) desloca-se para o núcleo, onde ativa a transcrição com a união ao fator de transcrição PIF 3 (do inglês **p**hytochrome **i**nteracting **f**actor) ligado ao G-box e à holoenzima RNA polimerase II, determinando o começo da transcrição dos genes dos dois fatores de transcrição do tipo MYB diretamente regulados pelo phyB (*CCA*1, *LHY*). Seus produtos gênicos, por sua vez, finalmente ativam numerosos genes – indiretamente dependentes da luz, cujos produtos, por outro lado, são necessários para a resposta da planta ao estímulo luminoso. A forma P_{fr} do fitocromo B não está em condições de formar um complexo com PIF3. (Segundo E. Weiler.)

Recentemente, o modo de ação de phyB passou a ser esclarecido. Após exposição à luz, a forma ativa de phyB Pfr é transportada do citoplasma para o núcleo pelos poros nucleares. No núcleo, ela ativa a transcrição dos genes regulados por phyB, da maneira mostrada na Figura 6-87. Os efeitos dos demais fitocromos e eventualmente dos criptocromos provavelmente podem ser entendidos segundo modelos comparáveis. Na verdade, um grande número de mecanismos diferentes em detalhes – correspondentes ao grande número dos genes regulados pela luz e dos seus promotores – poderia ser criado.

6.7.3 Outros fatores externos

Além das adaptações morfológicas aos fatores temperatura e luz (ver 6.7.1 e 6.7.2), conhecem-se outras, desencadeadas pelo suprimento de água, pela gravidade, por estímulos de contato ou pelo fornecimento de nutrientes.

O **suprimento de água** muitas vezes manifesta-se de maneira acentuada na forma e estrutura das plantas. Sobre solos secos, com frequência observa-se típica redução do crescimento (**nanismo**); no ar seco, constata-se espessamento da cutícula, diminuição do número de estômatos por área, densidade alta de tricomas e vasos e elementos de sustentação mais reforçados (**xeromorfoses**). Em atmosfera mais úmida, ao contrário, as plantas apresentam entrenós e pecíolos muito mais alongados, áreas foliares grandes e delgadas, tricomas esparsos e número elevado de estômatos por área (**higromorfoses**).

Nem todas as características xeromórficas encontradas em locais secos são na verdade consequência da carência de água, pois nesses ambientes muitas vezes manifesta-se também carência de nutrientes minerais, especialmente de nitrogênio, que pode provocar morfoses semelhantes.

As influências da nutrição (**trofomorfoses**) podem ser estudadas mais facilmente no desenvolvimento de heterotróficos. Assim, por exemplo, o fungo *Basidiobolus ranarum*, em solução nutritiva com açúcar e peptona (mistura peptídica resultante da hidrólise parcial enzimática ou química de proteínas), forma hifas ramificadas com paredes transversais, ao passo que em meio com açúcar e sais de amônio originam-se células arredondadas de paredes espessas, que se dividem irregularmente segundo todas as direções espaciais. Em várias plantas, especialmente em muitas plantas inferiores, a formação de órgãos de propagação ou a continuação do crescimento vegetativo pode ser influenciada aleatoriamente pelas relações nutricionais.

Nas plantas superiores, sobretudo em conjuntos densos, a competição por luz, água e nutrientes também desempenha importante papel no crescimento e desenvolvimento.

Às vezes, o simples contato corporal com alguns objetos do ambiente pode ter efeitos morfogenéticos (**tigmomorfoses**). Assim, algumas algas em contato com o substrato formam rizoides, as gavinhas de *Parthenocissus* formam discos adesivos (Figura 4-68C) e os caules de *Cuscuta* formam precursores de haustórios. As gavinhas que envolvem o seu apoio espessam-se nos locais de contato. As raízes aéreas de espécies epifíticas de *Ficus*, inicialmente pendentes e finas, em contato com o solo começam a crescer secundariamente em espessura e a formar suportes do tipo caule (ver 10.2). Alguns fungos desenvolvem "chapéus" normais apenas no escuro, quando seus corpos frutíferos entram em contato com algum objeto. Em todos esses casos, uma ação química do lado do substrato contactado não exerce qualquer papel.

A gravidade, como a luz, pode não apenas fornecer motivo para os movimentos de orientação da planta no espaço (ver 7.3.1.2), mas também provocar efeitos morfogenéticos profundos (**gravimorfoses**). Assim, não apenas a polaridade (ver 6.3.3), mas também a dorsiventralidade de alguns órgãos é codeterminada pela gravidade, sendo que uma influência simultânea da luz na maioria das vezes se sobrepõe à ação da gravidade (**anisofilia**: Figura 4-66). Desse modo, a dorsiventralidade de ramos do teixo e do abeto (árvore-de-natal) realiza-se sob influência da gravidade. Algumas flores dorsiventrais, como de *Epilobium*, *Gladiolus* ou *Hemerocallis*, tornam-se radiais-simétricas quando suas gemas são expostas à aceleração regular radial em clinostato

(Figura 7-19). Sob condições iguais, não ocorre também a torção (ressupinação) do ovário de orquídeas. O lenho de reação (lenhos de tensão e de compressão) também é uma gravimorfose.

As influências de outros seres vivos sobre o desenvolvimento e o metabolismo da planta são múltiplas. Essas **interações bióticas** são apresentadas em um capítulo próprio, pois este campo de pesquisa vem se desenvolvendo como uma disciplina à parte dentro da fisiologia (**Alelofisiologia**, ver Capítulo 8).

Referências

Alberts B, Johnson A, Lewis J, Raff M, Roberts KJ, Walter P (2004) Molekularbiologie der Zelle. Wiley-VCH, Weinheim
Alberts B, Johnson A, Lewis J. (2008) Molecular Biology of the Cell. Taylor & Francis, London
Arteca RN (2007) Plant Growth Substances. Principles and Applications. Springer, Heidelberg
Cooper GM, Hausman RE (2006) The Cell. Sinauer, Sunderland
Doolittle WF (2000) Stammbaum des Lebens. Spektrum der Wissenschaft, 4. Heft: 52–57
Fosket DE (1994) Plant Growth and Development. A Molecular Approach. Academic Press, San Diego
Howell SH (1998) Molecular Genetics of Plant Development. Cambridge University Press, Cambridge
Kempken F, Kempken R (2006) Gentechnik bei Pflanzen: Chancen und Risiken. Springer, Berlin
Knippers R (2006) Molekulare Genetik. Thieme, Stuttgart
Lewin B (2007) Genes IX. Jones & Bartlett Publishers, Boston
Lodish H, Berk A, Kaiser CA (2007) Molecular Cell Biology. Freeman, New York
Meyerowitz EM, Somerville CR, eds (1994) Arabidopsis. Cold Spring Harbor Laboratory Press, Cold Spring Harbor, New York
Oparka K. (2005) Plasmodesmata. Annual Plant Reviews, Vol. 18. Blackwell Publishing, Oxford
Raghavan V (2000) Developmental Biology of Flowering Plants. Springer, Berlin
Seyffert W, Balling R, Bunse A, de Couet H-G (2003) Lehrbuch der Genetik. Spektrum Akademischer Verlag, Heidelberg
Wareing PF, Phillips IDJ (1986) Growth and Differentiation in Plants. Pergamon, Oxford
Watson JD, Baker TA, Bell SP (2008) Molecular Biology of the Gene. Addison-Wesley Longman, Amsterdam
Westhoff P, Jeske H, Jürgens G. (2001) Molecular Plant Development. Oxford University Press, Oxford
Wilson Z. (2000) Arabidopsis. A practical Approach. Oxford University Press, Oxford
Wolpert L, Jessel T, Lawrence P (2007) Principles of Development: Das Original mit Übersetzungshilfen. Spektrum Akademischer Verlag, Heidelberg

Capítulo 7
Fisiologia dos Movimentos

7.1 Conceitos fundamentais da fisiologia dos estímulos...............	**485**	7.3.1.2 Gravitropismo.................	499
		7.1.1.3 Outros tropismos.............	505
7.2 Movimentos livres......................	**486**	**7.3.2 Nastias**..........................	**506**
7.2.1 Taxias.............................	**488**	7.3.2.1 Termonastia.................	506
7.2.1.1 Quimiotaxia....................	488	7.3.2.2 Fotonastia...................	506
7.2.1.2 Fototaxia......................	490	7.3.2.3 Quimionastia.................	507
7.2.1.3 Outras taxias..................	493	7.3.2.4 Tigmonastia e seismonastia...	507
7.2.2 Movimentos intracelulares...........	**494**	7.3.2.5 Movimentos násticos dos estômatos........	512
7.3 Movimentos de órgãos vivos............	**496**	**7.1.3 Movimentos autônomos**.............	**516**
7.3.1 Tropismos.........................	**496**	**7.3.4 Movimentos de lançamento e de explosão causados pelo turgor**..........	**516**
7.3.1.1 Fototropismo e escototropismo........	496	**7.4 Movimentos especiais**................	**517**

Muitos seres vivos apresentam capacidade de movimento para se orientar no ambiente e conseguir uma posição mais favorável – do organismo inteiro ou parte dele. A maioria dos animais exibe **locomoção**, ou seja, podem mudar de lugar, evitando influências ambientais desfavoráveis e buscando as favoráveis. Nas plantas, a capacidade de locomoção restringe-se a alguns grupos (algumas bactérias, algas e fungos), mas é observada ainda desde determinados tipos celulares (esporos, gametas) até as gimnospermas (por exemplo, gametas de *Cycas* e *Ginkgo biloba*). Com frequência, as plantas fixas têm a capacidade de orientar determinados órgãos em relação às influências ambientais atuantes ou de realizar movimentos especiais induzidos por estímulos. Com isso, elas alcançam plenamente as adaptações convenientes, examinadas nas seções seguintes.

7.1 Conceitos fundamentais da fisiologia dos estímulos

Estímulo é um sinal físico ou químico que desencadeia uma sequência de reações na célula, cuja demanda de energia é suprida pelo próprio organismo. Atualmente, estímulos químicos são identificados como **agentes sinalizadores**. Os fitormônios (ver 6.6), por exemplo, são agentes sinalizadores endógenos (originados no próprio organismo). Até mesmo um *flash* de luz com duração de apenas frações de segundo, que atinge uma planta submetida ao escuro, pode causar inibição do crescimento durante horas e atuar como estímulo. Por outro lado, a luz que supre a fotossíntese das plantas verdes serve como fonte de energia e, assim, não pode ser caracterizada como estímulo. Portanto, um estímulo é **desencadeador** de um processo característico, não o seu comando.

Quando um fenômeno de locomoção é desencadeado por um estímulo, fala-se em **taxia** (ver 7.2.1). Os **tropismos** (ver 7.3.1) são movimentos de órgãos ou células de uma planta fixa, desencadeados por estímulos e com direção determinada. Em geral, os tropismos manifestam-se pela alteração da direção de crescimento de uma célula ou pelo crescimento diferencial dos lados opostos de um órgão; na maioria das vezes, esses movimentos de crescimento se processam de maneira relativamente lenta (acima de vários minutos até muitas horas). Em uma **nastia** (ver 7.3.2), há um estímulo desencadeador, mas seu andamento é determinado pelo plano estrutural do órgão. Muitas vezes, as nastias baseiam-se na alteração do potencial osmótico de células caracterizando os **movimentos de turgor** (geralmente reversíveis). Com frequência, eles se processam muito rapidamente (por exemplo, o movimento da articulação do ginostêmio de *Stylidium*, Stylidaceae, desencadeado por contato, dura apenas 10-30 ms).

O fenômeno global da resposta desencadeada por estímulo, independente se for movimento ou reação especial (ver também 6.7), pode ser dividido nas seguintes fases: **recepção do estímulo** (percepção), **transformação do estímulo**, **transporte do sinal** e **fase de resposta**.

Receptor é o sistema celular que recebe o estímulo condutor ao **resultado do estímulo** – o estímulo "adequado". No caso mais simples, como nos receptores de estímulos luminosos ou agentes sinalizadores, são proteínas individuais ou oligômeros proteicos; para outros estímulos (por exemplo, estímulos mecânicos, estímulos de aceleração de massa), são discutidas estruturas celulares complexas. A ação do estímulo leva o receptor a um **estado ativado** e provoca nele uma **reação em sequência** característica, que se baseia na ativação ou inibição de um sistema celular acoplado. Essa transformação do estímulo em **sinal celular** é às vezes também associada ao conceito de "excitação", oriundo da fisiologia dos sentidos dos animais, em especial da neurofisiologia; no entanto, para vegetais, é melhor evitar esse termo.

A reação em sequência desencadeada pelo receptor ativado pode talvez modular diretamente a atividade dos sistemas celulares-alvo produzidos como resposta ao estímulo. Contudo, mais frequentemente são as **rotas de sinalização** de vários níveis (talvez com a inclusão de um **reforço de sinal**), realizadas por enzimas e/ou processos elétricos, que oferecem a possibilidade da **regulação** e modulação múltiplas por meio de outras rotas de sinalização celulares (**rede de regulação**). As rotas de sinalização podem ocorrer no interior de uma célula, mas também entre células, sendo muitas vezes percorridas distâncias consideráveis. Às vezes, fala-se também em **condução de sinal**. A elucidação desses fenômenos em nível molecular nas plantas ainda está bem no começo. Como no capítulo anterior, a apresentação dos processos moleculares a seguir restringe-se a poucos (e incompletamente examinados) exemplos.

Os **sistemas celulares-alvo** governados por estímulos, nos quais terminam as rotas de sinalização, podem ser proteínas ou genes. Desse modo, os movimentos reversíveis de turgor baseiam-se nas atividades modificadas dos canais iônicos celulares (ver especialmente 7.3.2); os movimentos de crescimento irreversíveis necessitam de alteração não só de atividades proteicas, mas também do aparato proteico, que, por isso, se baseia também em uma atividade gênica diferencial (ver 6.2.2.3).

Para desencadear uma reação, a quantidade do estímulo deve ultrapassar um determinado limiar (**limiar do estímulo**). Na verdade, muitas vezes podem ser percebidos também estímulos subliminares; disso resulta que com interrupções curtas (= intermitentes) podem se somar estímulos individuais subliminares, de modo que o limiar desencadeador seja ultrapassado (**soma de estímulos**). Devido à ação de fatores externos, a situação do limiar do estímulo pode estar sujeita a alterações (**adaptação**). Assim, por exemplo, uma plântula estiolada tem reação muito mais sensível à exposição unilateral de luz do que outra submetida à exposição uniforme.

O **tempo de apresentação** é a duração mínima com que um estímulo de determinada intensidade deve atuar, para causar reação demonstrável. Nas proximidades do limiar do estímulo vale a **lei da quantidade do estímulo**, pela qual o resultado do estímulo R (do alemão *reizerfolg*) é determinado pelo produto da intensidade do estímulo I e do tempo do estímulo t:

$$R = I\,t. \qquad \text{(Equação 7-1)}$$

O período desde o início da ação do estímulo até o início demonstrável da resposta ao estímulo é denominado **tempo de reação**; o período entre o final da estimulação e o início demonstrável da reação é o **tempo de latência**.

A **reação tudo-ou-nada** se refere ao grau da reação, independente de quanto o limiar do estímulo for ultrapassado; portanto, sempre ocorre a reação total com ultrapassagem do limiar do estímulo, independente da duração e intensidade deste (por exemplo, a aproximação das duas metades da folha de *Dionaea* desencadeada pelo contato; Quadro 4-3). Outras reações (por exemplo, reações fototrópicas, ver 7.3.1.1) obedecem à lei da quantidade do estímulo dentro de limites mais amplos.

7.2 Movimentos livres

Excetuando os movimentos lentos de algumas plântulas e rizomas no substrato, enquanto inicialmente crescem e por fim morrem (por exemplo, plântulas de *Cuscuta*, ver 4.2.6, Figura 4-38), principalmente vegetais inferiores (por exemplo, flagelados, volvocales, diatomáceas, mixomicetos) e bactérias apresentam movimentos livres (**locomoção**). Além disso, esses movimentos são constatados em estágios celulares especiais, como, por exemplo, esporos de muitas algas e fungos e gametas masculinos, que em pteridófitas e algumas gimnospermas (*Cycas*, *Ginkgo*, ver 10.2) ainda se movimentam livremente.

A locomoção é alcançada por meio de diferentes princípios mecânicos:

- movimento ameboide (arrastamento sobre o substrato ou através dele; estágios de ameba e de plasmódio de mixomicetos);
- movimento de impulsão por meio de secreção unilateral de mucilagem; a mucilagem que incha em meio aquoso impulsiona as células para frente sobre o substrato (desmidiáceas);
- deslizamento sobre o substrato (com a ajuda de secreções mucilaginosas na região da rafe em diatomáceas penadas; princípio da corrente de lagarta);
- movimento por arrastamento de muitas cianobactérias sobre a mucilagem secretada, com participação de microfibrilas;
- movimento natatório com cílios ou flagelos.

Apenas para o movimento natatório com cílios ou flagelos são conhecidas as particularidades da mecânica do movimento. A organização dos cílios ou flagelos, presentes apenas em eucariotos, é em princípio igual (ver 2.2.2.3, Figuras 2-16 e 2-17). Em cada célula, ocorre um ou poucos **flagelos**, consideravelmente longos, em relação ao tamanho da célula; **cílios** ocorrem em grande número e são curtos. Os **flagelos de bactérias** exibem organização bem diferente (ver 2.3.2, Figura 2-95) e funcionam segundo um princípio mecânico completamente distinto da mecânica dos cílios (Figura 7-1).

Acionados pela energia de um gradiente transmembrana de íons hidrogênio, os flagelos (estrutura, Figura 2-96) giram na membrana celular (ver 5.1.4.3; *Vibrio alginolyticus*: gradiente de Na$^+$); eles são hélices acionadas por motor giratório. O princípio de tal motor giratório já foi descrito na ATP sintase dos cloroplastos e mitocôndrias (Figura 5-59), mas o motor flagelar tem organização diferente e estrutura muito complicada. Os motores flagelares acionados por gradientes de H$^+$ giram com algumas centenas de Hertz e permitem velocidades de impulsão de até 20 μm s^{-1}; os motores acionados por gradientes de Na$^+$ giram ainda mais rápido (em *Vibrio*, com mais de 1.000 Hz e velocidade de impulsão da célula de até 200 μm s^{-1}). Uma característica do **movimento flagelar** é a **ordem de fases de andamento e de oscilação**. Durante a fase de andamento, o flagelo gira (ou, no caso de vários flagelos, o feixe de flagelos gira, pelos movimentos sincronizados dos flagelos individuais), de modo que a célula é empurrada através do meio. Durante a fase de oscilação seguinte, os flagelos experimentam inversão temporária do sentido de rotação. Devido à pequena inércia da célula em relação à viscosidade alta do meio, o movimento cessa imediatamente; com isso, a célula assume nova orientação aleatória no meio e na próxima fase de andamento movimenta-se nessa direção. Os tempos de andamento e oscilação típicos situam-se na ordem de grandeza de 1 s/0,1 s. Por exemplo, durante a fase de andamento, *Escherichia coli* (que nada com 4-8 flagelos inseridos em locais distintos da célula) atinge velocidade de cerca de 20 μm s^{-1}. Os estímulos ambientais atuam de maneira variada sobre as frequências de andamento e oscilação e, assim, transformam a locomoção em taxia (ver 7.2.1). Para o movimento com flagelos, a célula emprega apenas pequena quantidade de energia; *Spirillum* emprega cerca de 0,1% da energia metabólica.

Ao contrário da mecânica helicoidal do movimento flagelar, o movimento flagelar aciona os **flagelos de eucariotos** (ou cílios de eucariotos) como um remo. No caso mais simples, um flagelo dirigido para frente (**flagelo propulsor**, na direção do nado) bate em um plano à maneira de um remo (por exemplo, *Euglena*, Figura 7-6). Se forem formados mais flagelos (por exemplo, dois em *Chlamydomonas reinhardtii*), os movimentos dos flagelos individuais devem ter sequência sincronizada, para coordenar o movimento da célula (Figura 7-7). As pirrofíceas, flageladas heterocontes, com dois flagelos heterogêneos (Figura 10-80), nadam em trajetória helicoidal com voltas amplas em rotação simultânea do corpo celular. Em eucariotos ciliados (por exemplo, *Volvox* e espermatozoides de samambaias), geralmente os cílios exibem movimento coordenado como os remos de um barco. Também ocorrem **flagelos impulsor**, localizados no polo celular posterior, que impelem a célula através do meio. O acionamento do flagelo é bastante efetivo. Os impulsos do fungo *Fuligo*

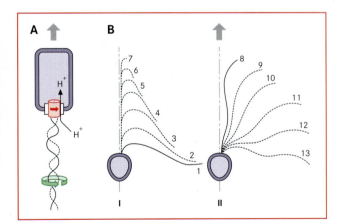

Figura 7-1 Mecânica do batimento flagelar. **A** Movimento helicoidal do flagelo, que na sua base gira no corpo celular, acionado pela força motriz de prótons (ver 5.1.4.3). Pelo giro do rotor (vermelho), íons H$^+$ entram na célula. Com emprego de ATP, ATPases translocadoras de íons H$^+$ "bombeiam" íons H$^+$ para fora da célula, para manutenção da força motriz de prótons. **B** Remada do flagelo de *Monas* sp. (Chrysomonadales, ver 10.2). **I** Posição inicial do flagelo; **II** Batimento ativo; os números arábicos indicam a ordem das fases do batimento flagelar. As setas mostram a direção do movimento; corpo celular sem escala.

varians alcançam velocidades de até 1 mm s^{-1}; o trajeto percorrido por segundo corresponde ao cêntuplo do comprimento do corpo (cerca de 10 μm).

O "movimento do remo" de cílios e flagelos ocorre pelo deslocamento contrário (acionado pela dineína) de pares periféricos de microtúbulos do axonema (axonema, ver 2.2.2.3, Figura 2-17). Como o complexo axonema está ancorado no corpo basal, o flagelo se curva. Em ordem definida e também alterável, o deslizamento dos microtúbulos pode abranger dois ou mais dupletes periféricos de todo o seu comprimento, ou apenas parcialmente, de modo que se realizam os diversos tipos de movimentos. A energia para o batimento do flagelo é fornecida pelo ATP hidrolisado por mudança de conformação da dineína. O axonema reage ao acréscimo de ATP, mesmo quando isolado do cílio (por exemplo, pela dissolução da membrana do flagelo por meio de detergente e lavagem do citoplasma). Na verdade, a membrana regula a concentração de íons Ca^{2+} no interior do flagelo; essa concentração é responsável pelo comando do movimento. Em *Chlamydomonas*, por exemplo, em uma concentração interna de Ca^{2+} acima de 10^{-5} M, o flagelo altera o modo do batimento, e a célula nada para trás. Essa troca de impulso por propulsão acontece, por exemplo, quando a célula encontra obstáculos. O contato abre canais de Ca^{2+} na membrana do flagelo, de modo que os íons Ca^{2+} do meio externo penetram no flagelo.

7.2.1 Taxias

A **taxia** é um movimento livre (locomoção) desencadeado por um estímulo. Se o movimento seguir em direção à fonte do estímulo, ocorre taxia positiva; se ele se afastar da fonte do estímulo, a taxia é negativa. **Topotaxia** é um movimento dirigido para a fonte do estímulo ou que se afasta dele. Diz-se que há **fobotaxia** ou **reação repulsiva** se um organismo de vida livre encontrar a zona ótima dentro de um campo de estímulo, mas apenas pelo fato de que prefere seguir a direção "certa" em relação à "errada", o comportamento inverso é impedido. Essas reações de aversão são constatadas, por exemplo, no movimento com flagelos devido a alterações das frequências de andamento e oscilação dependentes de estímulo (ver 7.2.1.1, Figura 7-3). Recentemente, tem sido adotado também o termo **cinese** para fobotaxia, e apenas a topotaxia é tratada como taxia. Na fobotaxia (cinese), as diferenças temporais da intensidade do estímulo são percebidas pelas células que se movem no campo do estímulo, ao passo que os organismos que apresentam topotaxia reagem a diferenças locais da intensidade do estímulo – por exemplo, entre as extremidades anterior e posterior da célula.

Por fim, as taxias podem ser distinguidas segundo o tipo de estímulo desencadeador (por exemplo, quimiotaxia e fototaxia). Com frequência, vários estímulos diferentes (por exemplo, luz e estímulos químicos) são percebidos pela mesma célula.

7.2.1.1 Quimiotaxia

A **quimiotaxia** permite que bactérias e fungos móveis encontrem fontes alimentares ou hospedeiros e evitem locais com substâncias prejudiciais, bem como que gametas procurem o parceiro sexual visado (Tabela 7-1). No primeiro caso, geralmente muitas substâncias apresentam eficácia quimiotáctica. Em bactérias, foram encontrados mais de 30 quimiossensores diferentes: dois terços para substâncias atrativas e um terço para substância repelentes. No caso de **substâncias atrativas de gametas** (**gamonas**), na maioria das vezes, as substâncias desencadeadoras têm ação altamente específica, de modo que os gametas, mesmo na presença de espécies aparentadas no próprio hábitat, conseguem encontrar de modo muito seletivo os parceiros sexuais das espécies afins.

As gamonas de algas estão especialmente bem-estudadas, principalmente as de algas azuis (Figura 7-2). Esses carboidratos insaturados frequentemente atuam já em concentrações de 10^{-11} M e são sintetizados a partir de ácidos graxos insaturados. Alguns sincronizam também a liberação de gametas. A maioria dos gametas de algas pardas secreta muitos desses carboidratos, mas apenas um é a substância atrativa espécie-específica de especificidade estereoscópica superior. Os outros podem ser isca para os espermatozoides de outros táxons, que na verdade não podem efetuar a fecundação dos gametas estranhos, mas dessa maneira perdem-se para a fecundação dos seus próprios gametas. Sob a influência da substância atrativa, os gametas masculinos flagelados heterocontes aceleram o batimento flagelar e finalmente ancoram seu longo flagelo nos gametas femininos.

Nos últimos tempos, a quimiofobotaxia das bactérias e a quimiotopotaxia dos estágios ameboides do mixomiceto *Dictyostelium discoideum* têm sido estudadas em detalhes.

A natação das bactérias é uma sequência de fases de andamento com cerca de 1 s de duração e fases de oscilação com aproximadamente 0,1 s de duração (ver 7.2.1), em meio homogêneo. Se houver um gradiente de concentrações para um composto com eficácia quimiotáctica, a frequência de andamento/oscilação altera-se (Figura 7-3): na direção de concentrações crescentes de **substâncias atrativas**, a duração do andamento prolonga-se, pois a frequência da oscilação diminui; com **substâncias repelentes** acontece o contrário. Portanto, em um gradiente de substâncias atrativas, com o tempo a maioria das células se reúne no máximo de concentração ou no mínimo de concentração da substância repelente. O comportamento aerotáctico positivo de muitas bactérias (natação em direção a fonte de oxigênio) é uma prova da produção fotossintética de O$_2$ por meio do experimento de Engelmann com bactérias (Figura 7-4). Para o estudo do modo de ação molecular e comando do motor flagelar devem ser consultados os livros de microbiologia.

Com suprimento nutricional suficiente, o mixomiceto *Dictyostelium discoideum* vive como unicelular com locomoção ameboide. Se ocorrer carência de substâncias nutritivas,

Tabela 7-1 Exemplos de compostos com eficácia quimiotáctica em procariotos e eucariotos

Organismo (tipo celular)	Quimiotáctico	Princípio de locomoção	Tipo de reação
Bactérias	Ácido acético	Flagelos bacterianos	Fobotaxia negativa
	O_2, muitos açúcares (por exemplo, galactose), compostos nitrogenados, fosfato, íons alcalinos e íons alcalino-terrosos	Flagelos bacterianos	Fobotaxia positiva
Fungos			
– *Mixomicetos* (plasmódio)	Malato	Flagelos	Fobotaxia positiva
– *Dictyostelium* (amebas na fase de saciedade)	Ácido fólico	Ameboide	Topotaxia positiva
– *Dictyostelium* (amebas sem nutrição)	cAMP	Ameboide	Topotaxia positiva
– *Allomyces* (gametas)	Sirenina[1]	Flagelos	Topotaxia positiva
Algas (gametas)			
– *Chlamydomas reinhardtii*	Glicoproteínas[1]	Flagelos	Topotaxia positiva
– *Ch. allensworthii*	Lurleno	Flagelos	Topotaxia positiva
– Algas pardas	Carboidratos,[1] entre outros	Flagelos	Topotaxia positiva
Hepáticas (gametas)	Sacarose, entre outros[2]	Flagelos	Topotaxia positiva
Samambaias (gametas)	Ca-Malato[2]	Flagelos	Topotaxia positiva
Lycopodium (gametas)	Citrato[2]	Flagelos	Topotaxia positiva

[1]Substâncias atrativas de gametas (gamonas), formadas por gametas femininos (muitas vezes com movimento deficiente ou imóveis); atraem os gametas masculinos.
[2]Substâncias atrativas das arquegoniadas; não está claro que tecidos ou células do arquegônio formam a substância atrativa.

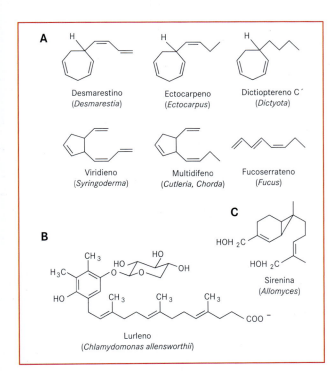

Figura 7-2 Exemplos de substâncias atrativas de gametas **A** de algas pardas, **B** da alga verde unicelular *Chlamydomonas allensworthii* e **C** do fungo aquático *Allomyces* (Blastocladiales). As gamonas das algas pardas derivam de ácidos graxos insaturados (ver 5.10.1). A sirenina é um sesquiterpeno (ver 5.15.2), o lurleno origina-se provavelmente da plastoquinona do cloroplasto (Figura 5-51); o açúcar é uma β-D-xilose.

as amebas com deficiência nutricional produzem adenosina-3',5'-monofosfato (cAMP, Figura 7-5) e a liberam no meio. O quimiotáctico é percebido pela ameba (sensível à cAMP) do entorno e induz sua taxia quimiotópica positiva. Desse modo, devido às amebas que afluem do entorno, forma-se um centro de agregação, no qual (em parte igualmente dependente de cAMP) ocorrem processos de diferenciação (ciclo de vida de *Dictyostelium*, ver 10.2, Figura 10-15). A produção e a libe-

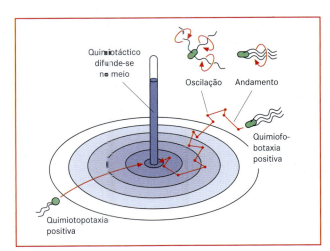

Figura 7-3 Representação esquemática de quimiofobotaxia positiva em bactéria e, para comparação, de quimiotopotaxia positiva em gradiente de concentração de um quimiotáctico.

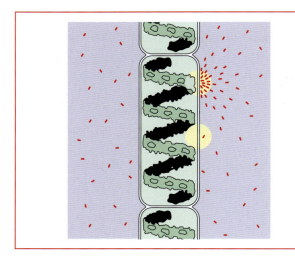

Figura 7-4 Células de *Spirogyra* com acumulação de bactérias aerotácticas positivas (vermelho) no local da iluminação do cloroplasto em forma de fita (produção fotossintética do O_2). A iluminação da zona fora da fita não provoca produção de O_2. Por isso, não são atraídas quaisquer bactérias. (Segundo T.W. Engelmann.)

ração de uma célula e a sua sensibilidade por meio da cAMP percorrem máximos e mínimos que se repetem ciclicamente (com duração de fase de aproximadamente 6-10 minutos), provocando topotaxia rítmica, observável em experimento com amebas sobre placas de Petri, por exemplo (Figura 7-5). O receptor da cAMP está localizado na membrana celular e é conhecido do ponto de vista molecular. Ele tem parentesco com a bacteriorrodopsina (a bomba de prótons acionada pela luz, presente em Archaea halófila), com a rodopsina sensora das algas verdes (que funciona como receptor da fototaxia, ver 7.2.1.2), o pigmento visual dos vertebrados (rodopsina) e outros receptores de membrana celular dos vertebrados, como muitos receptores hormonais e os receptores do cheiro e do sabor. Uma topologia determinada reúne esses receptores com sete α-hélices e um condutor de sinal transmembrana sobre as assim chamadas proteínas G heterotriméricas (G representa ligação a GTP, ver livros de biologia celular). Isso permite supor que os quimiorreceptores e os pigmentos visuais dos vertebrados se desenvolveram de quimiorreceptores e receptores da fototaxia de halobactérias e eucariotos inferiores, respectivamente (Quadro 6-5).

7.2.1.2 Fototaxia

Principalmente os organismos fotossinteticamente ativos apresentam movimento livre orientado pela luz (**fototaxia**) e, dessa maneira, procuram a intensidade luminosa ótima. No entanto, a fototaxia ocorre também em alguns flagelados não verdes, além de em plasmódios de mixomicetos (ver 10.2), que inicialmente apresentam reação fototáctica

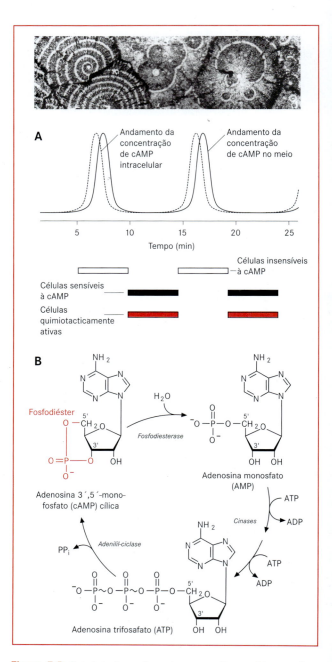

Figura 7-5 Quimiotaxia na fase de agregação em *Dictyostelium discoideum*. **A** Alteração rítmica da formação da cAMP, da liberação da cAMP e da sensibilidade à cAMP de uma célula (ou de uma população celular sincronizada). Sobre o substrato reflete-se o comportamento de uma célula (ou da população de células) em um movimento ondular ameboide para o centro de atração, o sítio a partir do qual ocorreu a primeira liberação da cAMP (na fotografia observam-se vários centros de atração). **B** Formação de cAMP a partir do ATP (intracelular) e decomposição por fosfodiesterase (no meio). (Segundo E. Weiler.)

negativa, mas reagem positivamente após indução da formação de esporângios. Na fototaxia há também reações fóbicas e tópicas. Durante a reação fóbica podem ser distinguidos movimentos de rejeição a diminuições repentinas (em inglês, *step down response*) e a elevações repentinas (em inglês, *step up response*) da intensidade luminosa.

A fotofobotaxia positiva realiza-se na bactéria purpúrea *Chromatium* pelo fato de que o movimento flagelar é regulado por período curto, quando a luz perde intensidade repentinamente. Como o corpo bacteriano praticamente não possui inércia, ele entra imediatamente em repouso: mas na retomada do movimento geralmente é seguida nova direção. Por outro lado, a elevação da intensidade luminosa não tem qualquer influência sobre a direção do movimento. Em *Rhodospirillum*, ao contrário, com diminuição da intensidade luminosa ocorre alteração da direção do movimento do flagelo, que tem como consequência o deslocamento para trás. O fator em que uma fonte luminosa deve ser mais forte do que uma segunda (e, com isso, na sua presença ter ação atrativa) em *Rhodospirillum* é de apenas 1,01-1,03; a sensibilidade da diferença é, portanto, muito alta. Em ambos os casos, em *Chromatium* e em *Rhodospirillum*, as bactérias acumulam-se finalmente na região exposta à iluminação, a qual não podem mais deixar ("armadilha luminosa").

O espectro de ação da fotofobotaxia das bactérias purpúreas é idêntico ao da fotossíntese. A repentina alteração no transporte fotossintético de elétrons parece ser decisiva para a reação fóbica. Isso apresenta completa correspondência com a reação fotobotáctica das cianobactérias rastejantes (inversão da direção do movimento por redução repentina da intensidade luminosa), nas quais uma análise pormenorizada revelou que o estado redox da plastoquinona é a grandeza-guia decisiva para a reação fóbica. A fototaxia negativa da bactéria sulfopurpúrea *Ectothiorhodospira halophila* é desencadeada pela luz azul. O fotorreceptor Pyp (do inglês, *photoactive yellow protein*) é uma cromoproteína de 14 kDa que tem, como grupo absorvente de luz, um resto de ácido p-cumárico unido por ligação tioéster à única cisteína da proteína (ácidos cinâmicos, Figura 5-113), que no escuro ocorre como ânion fenolato. A absorção da luz descara a cromoproteína, pois por protonação o ânion fenolato é convertido na forma fenol não carregada, que absorve no ultravioleta.

Em *Halobacterium*, as reações *step-down* e *step-up* possuem receptores diferentes: o da primeira é a bacteriorrodopsina na membrana purpúrea, que, assim, funciona simultaneamente como transformador de energia e de sinal; o da última é igualmente uma combinação retinilideno-proteína, presumivelmente precursora da biossíntese da bacteriorrodopsina.

Nos organismos rastejantes, como, cianobactérias (*Phormidium*) ou bacilariofíceas (*Navicula*) há um tipo especial de fototaxia: esses organismos escolhem uma das duas direções possíveis que leva à fonte luminosa; isso se deve à capacidade que eles possuem de perceber diferenças de iluminação nos lados anterior e posterior da célula. Em *Navicula*, por exemplo, a inversão autônoma da direção do movimento, realizada em determinados intervalos de tempo, é retardada quando a extremidade anterior é mais fortemente iluminada do que a posterior, mas estimulada quando a extremidade posterior recebe intensidades luminosas mais elevadas.

As algas unicelulares flageladas exibem, além de reações fotofóbicas (geralmente negativas sob intensidade luminosas elevadas), também reações fototópicas (via de regra, positivas sob intensidade luminosas baixas). O espectro de ação da fototaxia é nitidamente diferente do da fotossíntese. O máximo de sensibilidade dessas reações situa-se na faixa do azul até azul-verde. Isso poderia ser uma adaptação à vida na água, pois, com o aumento da profundidade, o espectro é cada vez mais restrito à região do azul-verde (Figura 5-38) e, além disso, nessa faixa espectral o sombreamento por outros organismos fotossinteticamente ativos é mínimo. O deslocamento visado em direção à fonte luminosa na fototopotaxia positiva e o afastamento visado da fonte luminosa na fototopotaxia negativa pressupõem que o organismo pode perceber tanto alterações temporais da intensidade de luz quanto sua direção de incidência. A sensibilidade de direção é alcançada em parte por "aparelhos oculares" altamente especializados, constituídos de **estigma** (**mancha ocelar**) dotado de pigmentos absorventes de luz e de uma **região fotorreceptora** verdadeira, dispostos de maneira característica (entre si e em relação aos flagelos). Dois organismos-modelo estão especialmente bem estudados: *Chlamydomonas* (característico para todas as algas verdes de locomoção ativa) e *Euglena* (típico para as euglenofíceas). Em ambos constatam-se princípios distintos. Como característica comum, constata-se que durante o deslocamento para frente as células giram em volta do seu eixo longitudinal e, com isso, descrevem trajetória em parafuso – portanto, o eixo longitudinal da célula realiza movimento de pião (giro) em torno do eixo do deslocamento. Os aparelhos oculares, pelo menos as manchas ocelares, localizam-se na periferia da célula e, sob luz incidente obliquamente à direção do movimento, altera-se periodicamente a posição da mancha ocelar na região fotorreceptora em relação à incidência da luz.

Em *Euglena*, a mancha ocelar consiste em uma acumulação frouxa de gotícula lipídicas no citoplasma, que contém principalmente astaxantina, um carotenoide também presente no reino animal. O fotorreceptor está localizado no corpo paraflagelar da cova do flagelo (ver 2.2.2.3). É o caso de uma adenilato ciclase ativada por luz azul. O complexo fotorreceptor consiste em dois homólogos (PACα e PACβ), que, como heterotetrâmeros, existem no corpo paraflagelar no estado semicristalino. Como grupo cromóforo é utilizado FAD. Já cedo os espectros de ação indicam uma flavina (para captação de espectros de ação, ver 6.7.2.4). Devido à forte sobreposição dos espectros de absorção de carotenoides e flavinas, na incidência luminosa lateral ocorre periodicamente sombreamento temporário do corpo paraflagelar pelo estigma (Figura 7-6). Isso leva à alteração temporária do batimento flagelar e, com isso, a uma correção da rota enquanto a célula se desloca

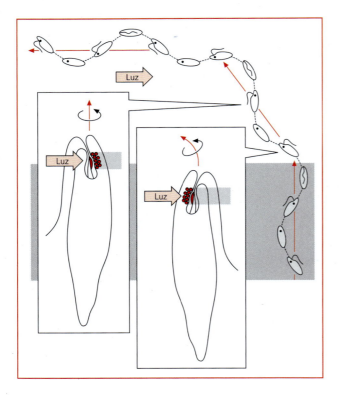

Figura 7-6 Fototopotaxia positiva em *Euglena*. Devido à rotação em volta do eixo longitudinal, o fotorreceptor é periodicamente sombreado (caixa à direita) na base do flagelo (corpo paraflagelar, vermelho) pelo estigma (= mancha ocelar, vermelho), ocasionando uma volta da célula em direção do estigma (= para a fonte luminosa, para a esquerda). É considerada uma orientação dicroica dos fotorreceptores como causa para sua ativação dependente do ângulo de incidência da luz. (Segundo W. Haupt.)

para a fonte luminosa; assim, a mancha ocelar não sombreia mais o corpo paraflagelar (Figura 7-6). Esse processo não é conhecido em detalhes, mas provavelmente há participação de íons Ca^{2+}.

Em *Chlamydomonas* (e nas clorofíceas flageladas em geral), a mancha ocelar localiza-se nos cloroplastos próximo à superfície celular. Ela consiste em até 8 camadas (em *Chlamydomonas reinhardtii*, encontram-se geralmente 2-4) de glóbulos lipídicos ricos em carotenoide. Esses glóbulos, alinhados paralelamente à superfície celular e com encaixe hexagonal denso, apresentam tamanho uniforme; entre as fileiras equidistantes de glóbulos, dispostas sobre membranas de tilacoides, encontram-se camadas intermediárias sem gotículas lipídicas (Figura 7-7). Os fotorre-

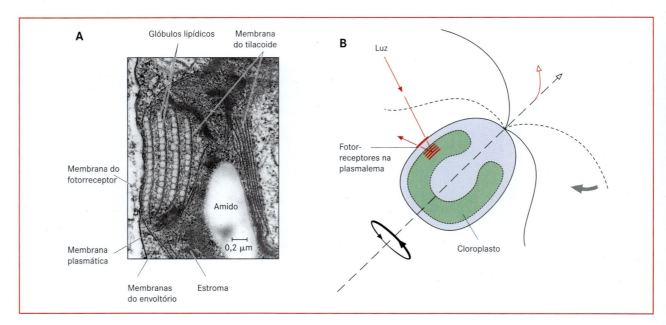

Figura 7-7 Fototopotaxia positiva em *Chlamydomonas*. **A** Eletromicrografia de um corte transversal do estigma, mostrado na mesma disposição que na célula (à esquerda = voltada para fora). Os glóbulos lipídicos são revestidos internamente por um tilacoide; nos espaços intermediários encontra-se o estroma. O estigma atua como refletor (**B**) e reforça a intensidade luminosa no sítio dos fotorreceptores, presentes na plasmalema (zona vermelha). A ativação periódica dos fotorreceptores por iluminação unilateral realiza-se por meio da rotação da célula durante o deslocamento e, na fototaxia positiva, leva à interrupção temporária do batimento flagelar do flagelo vizinho ao estigma e, assim, à virada na direção da fonte luminosa. (**A** Original de L.A. Staehelin, gentilmente cedida, **B** segundo K.W. Foster e R.D. Smyth, complementada.)

ceptores apresentam disposição dicroica na plasmalema, acima da mancha ocelar.

O estudo molecular da natureza do fotorreceptor mostrou que ele possui duas cromoproteínas, aparentadas com o pigmento visual **rodopsina**, que apresentam como grupo cromóforo um isômero do **retinal** existente em animais (Figura 7-8); como o retinal, esse isômero é formado de caroteno e absorve especialmente luz azul-verde até verde. As apoproteínas das rodoposinas sensoras, denominadas **rodopsina-canal** 1 e 2 em *Chlamydomonas*, somente na região do sítio de ligação do retinal apresentam homologias de sequências com as rodopsinas conhecidas, precisamente com as dos procariotos (bacteriorrodoipsina, halorrodopsina). Além disso, no C-terminal elas são substancialmente mais longas do que todas as rodopsinas até agora conhecidas. Até o presente, a função dessas extensões C-terminais ainda é desconhecida. Em *Chlamydomonas* existem ainda duas proteínas semelhantes à opsina (COP1 e 2), que exibem certa homologia com as rodopsinas dos invertebrados. Elas possuem um sítio de ligação conservado para o retinal, bem como um domínio ativador da proteína G e são menores do que as rodopsinas animais. No entanto, COP1 e COP2 não participam da fototaxia ou de reações fotofóbicas, como se acreditava originalmente. Enquanto as manchas ocelares das Euglenas prestam-se ao sombreamento do fotorreceptor (situado internamente), as manchas ocelares altamente estruturadas das algas verdes flageladas têm atuação exatamente oposta. Elas atuam como refletores que reforçam a intensidade da luz incidente lateralmente no local dos fotorreceptores: as manifestações de interferência da luz que chega à superfície celular e da luz refletida desempenham um grande papel, fornecendo um reforço máximo de interferência pela luz incidente ou refletida perpendicularmente ao arranjo das camadas de carotenoide da mancha ocelar e nos comprimentos de onda da luz verde/azul-verde. A luz incidente na célula, pelo contrário, no local das rodopsinas sensoras é fortemente abrandada por extinção de interferência. O estímulo periódico dos fotorreceptores leva – também nessas células com participação de íons Ca^{2+} – a uma alteração temporária do batimento do flagelo e da correspondente correção da rota da célula, até que não haja mais luz (por incidência lateral e refletida da mancha ocelar) para a ativação periódica da rodopsina sensora (Figura 7-8). Os fotorreceptores são idênticos aos canais ativados pela luz. Em outras palavras, rodopsinas-canais são canais catiônicos regulados diretamente pela luz, permeáveis ao Ca^{2+} e ao H^+. Em correspondência com isso, esses modernos fotorreceptores estão em condições de conduzir íons e despolarizar células. Por isso, nos últimos anos a rodopsina-canal 2 é expressa aumentada em diferentes tipos celulares animais e empregada para desencadear potenciais de ação em células normalmente não sensíveis à luz. O fotorreceptor de *Euglena* também é empregado como instrumento molecular para manipulação do conteúdo de cAMP de células animais por meio da luz azul.

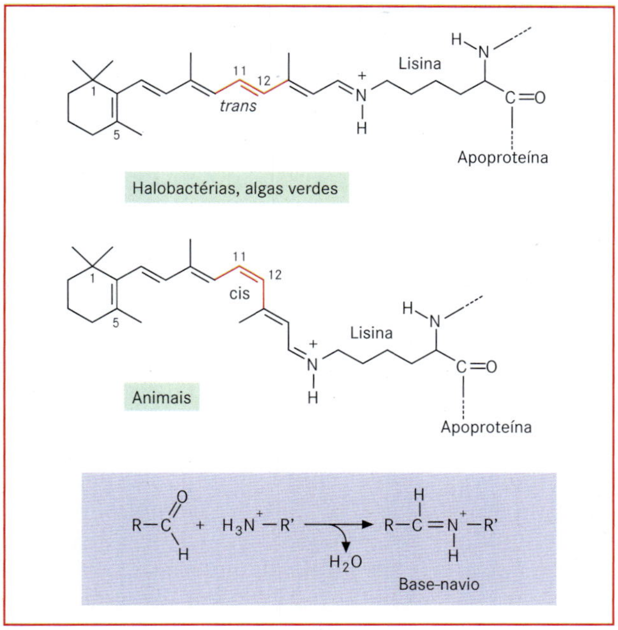

Figura 7-8 Estrutura do retinal ligado à proteína, do grupo cromóforo da rodopsina, em halobactérias, algas verdes e animais (metazoários) na ausência de luz. O retinal ocorre na rodopsina, com seu grupo aldeído ligado covalentemente ao grupo ε-amino de um resíduo de lisina da apoproteína em forma de base-navio (no original, *Schiff-Base*) (campo de fundo azul: formação de bases-navio, a partir de um aldeído e um amino). O retinal da halobactérias e algas verdes ocorre no escuro na forma *all-trans* e, sob exposição à luz, isomeriza da forma 13-*trans* para a forma 13-*cis*; o retinal dos animais ocorre na forma 11-*cis* e, sob exposição à luz, isomeriza para a forma *all-trans*. Na continuação, deve alterar-se também a conformação das respectivas apoproteínas. Na alga verde *Chlamydomonas*, as próprias rodopsinas sensoras ativadas são canais catiônicos permeáveis ao Ca^{2+} e a entrada de cálcio na célula por fim modifica o batimento flagelar durante a reação fototáctica ou fotofóbica. (Segundo E. Weiler.)

7.2.1.3 Outras taxias

Além dos estímulos químicos e luminosos, alguns dos organismos que se movimentam livremente reagem também a diferenças de umidade (**higrotaxia**), estímulos de contato (**tigmotaxia**), ao magnetismo da Terra (**gravitaxia**) ou a mudanças de temperatura (**termotaxia**). Os plasmódios de *Dictyostelium* podem perceber mesmo gradientes de temperatura de $0,05°C\ cm^{-1}$. Os fundamentos desse "biotermômetro" extremamente sensível talvez pudessem ser as mudanças de fases (líquida ⇌ cristalina) de lipídeos de membrana. Caso um organismo perceba estímulos ambientais diferentes e responda com taxia, as células

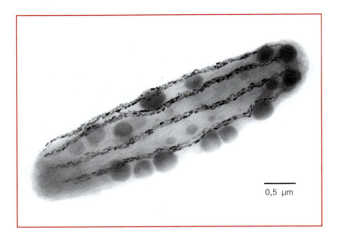

Figura 7-9 *Magnetobacterium bavaricum*, bactéria magnetotáctica presente no Chiemsee.* A bactéria em forma de bastonete, flagelada (flagelos não visíveis na preparação), contém até 1.000 magnetossomos em forma de bastonete, alinhados em vários cordões e compostos de magnetita (Fe_3O_4). Os glóbulos consistem em enxofre elementar e não são importantes para o comportamento magnetotáctico. Os magnetossomos possibilitam uma orientação das células e do seu movimento no vetor do campo magnético. No entanto, também é discutido se as forças de repulsão entre os cordões de magnetossomos contribuem para a estabilização do corpo celular. (Segundo o original de M. Hanzlik e N. Petersen, gentilmente cedido.)

precisam "compensar" as informações dessas fontes de estímulos. Assim, em *Escherichia coli*, a termotaxia negativa desencadeada por temperaturas baixas pode ser compensada ou até sobrecompensada por substâncias de ação quimiotáctica positiva; ao contrário, a termotaxia positiva induzida por temperaturas elevada pode ser compensada por substâncias repulsivas.

Uma particularidade é a capacidade de algumas bactérias que vivem na lama de água doce e salgada de se orientarem em campos magnéticos (**magnetotaxia**). O magnetismo da Terra provoca um movimento para baixo (para a lama), pois o componente vertical de campo geralmente é mais forte do que o horizontal. Como sensor de campo magnético, atua uma cadeia de até 100 cristais magnéticos de membrana (Fe_3O_4) de aproximadamente 50 nm de comprimento de aresta, que funcionam de maneira semelhante a uma agulha de bússola (Figura 7-9).

7.2.2 Movimentos intracelulares

No interior da célula, com frequência o citoplasma, o núcleo e as organelas mudam de local. Esses movimentos intracelulares podem se associar em múltiplos aspectos aos movimentos livres dos organismos unicelulares.

---

*N. de T. Lago localizado na Baviera (sul da Alemanha), a sudeste de Munique.

A **corrente plasmática** observada em muitas células é frequentemente desencadeada apenas por estímulos externos (por exemplo, luz, temperatura, lesão da célula, estímulos químicos). Ela depende de um metabolismo ativo (entre outros, de ATP) e alcança velocidades de 0,2-0,6 mm por minuto (em células do entrenó de *Nitella*, até 6 cm por minuto em temperatura elevada). Em cada caso, a camada plasmática mais externa (o **ectoplasma**), associada à plasmalema, não se movimenta. Uma vez que a polaridade celular não se altera pela corrente plasmática, ela pode ancorar-se no ectoplasma ou também na plasmalema. As proteínas estruturais são responsáveis pela corrente plasmática. Elas são dependentes de ATP e deslizam juntas, por exemplo, durante o movimento flagelar, o movimento de plasmódios ou a contração muscular. Não se conhece o significado fisiológico da corrente plasmática (presente em todas as células), algo como a troca de matéria dentro da célula ou entre células vizinhas.

Os **núcleos** podem mudar de lugar no interior das células. Na maioria das vezes, eles se movimentam para os sítios de crescimento celular mais intenso ou para locais de atividade metabólica especialmente mais elevada. Assim, em células com crescimento apical acentuado (tricomas de raízes, tubos polínicos) os núcleos encontram-se nas proximidades do ápice em crescimento; em células lesadas, os núcleos situam-se frequentemente nas proximidades da parede celular volta para a lesão; em infecções fúngicas (ver 8.3.4), os núcleos deslocam-se para os sítios de penetração das hifas, onde se processam reações de defesas celulares especialmente intensivas. Na vizinhança direta de meristemoides (por exemplo, iniciais dos estômatos), os núcleos deslocam-se na direção das células meristemáticas e presumivelmente refletem um gradiente de matéria (ver 6.4.2).

Os **movimentos de cloroplastos** característicos (por exemplo, em talos de algas, filídios de musgos, prótalos de pteridófitas e em espermatófitas, especialmente em plantas aquáticas) dependem da intensidade luminosa e dirigem essas organelas para os locais de ótima exposição à luz. Na **disposição sob luz fraca**, os cloroplastos encontram-se nas paredes celulares anterior e posterior diretamente iluminadas e voltam para a luz sua superfície maior (superfície máxima de captação de *quanta* de luz). Já sob luz forte (**disposição sob luz forte**), os cloroplastos deslocam-se para as paredes laterais e expõe à luz sua menor superfície possível, a fim de evitar danos por radiação (ver 5.4.8) (Figura 7-10).

Em musgos, os espectros de ação apontam para uma flavina ou flavoproteína como receptor da reação sob luz fraca e da reação sob luz forte. Na reação, especialmente bem-estudada, do cloroplasto achatado da alga filamentosa *Mougeotia* (ver 10.2), há participação de fitocromo na reação sob luz fraca; na reação sob luz forte, além de fitocromo, participa um receptor de luz azul. Por conseguinte, por meio da luz vermelha pode-se induzir a reação sob luz fraca e anular essa indução pela exposição imediata à luz vermelho-distante; trata-se, portanto, de uma reação

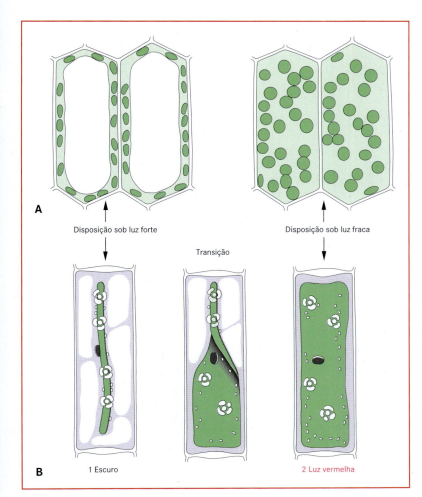

Figura 7-10 Movimento de cloroplastos. **A** Disposição dos cloroplastos de um filídio de musgo sob luz forte e fraca (direção da luz perpendicular ao plano do desenho). **B** Disposição do cloroplasto achatado na célula de *Mougeotia scalaris*. Se células mantidas no escuro (1) forem submetidas a pulsos curtos (1 min) de luz vermelha, o cloroplasto assume a disposição sob luz fraca (2). A fotorreversibilidade da reação por irradiação alternante com luzes vermelha e vermelho-distante aponta para a participação do sistema de fitocromos; a direção da luz é perpendicular ao plano do desenho. A rotação do cloroplasto se processa em cerca de 30 min. (Segundo P. Schopfer.)

da classe II (ver 6.7.2.4). Nas angiospermas, a disposição dos cloroplastos é governada pelos receptores de luz azul do grupo das fototropinas: a fototropina 1 governa a reação sob luz fraca e a fototropina 2, sob luz forte (**fototropina**, ver 6.7.2.4, 7.3.1.1, 7.3.2.5 e Quadro 6-5).

Os experimentos de iluminação com luz polarizada linear resultaram em marcado **dicroísmo** da absorção por fitocromo em *Mougeotia*. Por dicroísmo entende-se a dependência da absorção da luz pelas moléculas em relação à direção do vetor elétrico da onda luminosa. O dicroísmo torna-se fortemente perceptível quando essas moléculas estão altamente ordenadas e a preparação é irradiada com luz monocromática linearmente polarizada, com diferentes planos de vibração, e a absorção, ou a ação biológica, é verificada. Além disso, as exposições pontuais da membrana plasmática e do ectoplasma subjacente à luz vermelha causam uma reação localizada do cloroplasto, que se afasta do local da exposição e assume parcialmente a disposição sob luz forte (Figura 7-11). O dicroísmo do fitocromo indica um arranjo bastante regular do fotorreceptor nessa célula; a eficácia local da exposição à luz do citoplasma periférico, também constatada na maioria dos outros sistemas com rotação de cloroplastos, mostra que os fotorreceptores estão localizados no ectoplasma.

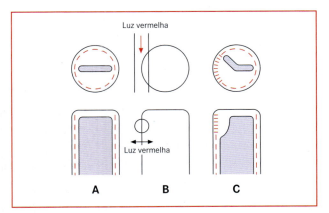

Figura 7-11 Parte de uma célula de *Mougeotia* em corte transversal (acima) e em vista superficial (abaixo). **A** antes, **B** durante e **C** após exposição à luz vermelha polarizada (a direção da incidência está indicada pela seta vermelha e o plano de vibração pela seta dupla. A disposição do cloroplasto e do estado de atividade do fitocromo (traços vermelhos) estão representados em **A** e **C**. Os traços paralelos à superfície representam P_r (do inglês, *r = red*) e os traços perpendiculares a estes representam P_{fr} (do inglês *fr = far red*) (fitocromo ativo); esta é uma ordenação formal, que representa as propriedades dicroicas do fitocromo nestas células, mas não a orientação real (desconhecida) das moléculas dos cromóforos.

No sítio de formação de fitocromo ativo (P_{fr}), em *Mougeotia* ocorre elevação da concentração intracelular de Ca^{2+}, pelo aumento da absorção celular e pela acentuada liberação de Ca^{2+} no entorno dos cantos dos cloroplastos. Isso leva a um encurtamento dos microfilamentos (presumivelmente com participação de actina) nas bordas dos cloroplastos – e, com isso, ao movimento.

7.3 Movimentos de órgãos vivos

Denominam-se **tropismos** os movimentos de curvatura de organismos ou órgãos adultos, desencadeados e direcionados por um estímulo unilateral (ver 7.3.1). Em geral, as curvaturas realizam-se por meio do crescimento bem distinto de lados opostos de um órgão, sendo raramente causadas por alterações de turgor. Por outro lado, se o tipo e direção do movimento for determinado apenas pela estrutura do órgão reagente e o estímulo servir meramente como desencadeador (independente se agir em todos os lados ou unilateralmente), estamos diante de uma **nastia**. Na maioria das vezes, as nastias (ver 7.3.2) são provocadas por alterações reversíveis de turgor; mas raramente, elas realizam-se por crescimento bem distinto de lados opostos do órgão. Nastias e tropismos são opostos aos **movimentos autônomos de órgãos** governados por mecanismos internos (ver 7.3.3).

Segundo o tipo do estímulo desencadeador, tanto os tropismos quanto as nastias são bem distintos.

7.3.1 Tropismos

Uma resposta trópica positiva ocorre em direção à fonte do estímulo e uma resposta negativa se afasta do estímulo. Quando se forma determinado ângulo em relação à fonte do estímulo, fala-se em **plagiotropismo**; se esse ângulo for de 90°, ocorre **diatropismo** (também denominado tropismo transversal). Se o tropismo basear-se em crescimento diferencial, ele ocorre também apenas em órgãos em crescimento, e a capacidade de reação termina com o crescimento. Em geral, há participação do crescimento em extensão; mais raramente – por exemplo, no encurvamento para cima de caules dispostos horizontalmente – também participam divisões celulares. No encurvamento positivo, o lado do órgão não voltado para o estímulo geralmente cresce mais; esse é o caso tanto em plantas superiores quanto em alguns sistemas unicelulares (por exemplo, esporangióforos de *Phycomyces*, *Pilobolus*). No entanto, por meio de estímulo lateral pode haver inibição do crescimento apical bastante acentuado em determinadas células (por exemplo, cloronemas de pteridófitas e tubos polínicos), e um novo ápice pode ser induzido (voltado para o estímulo), continuando a crescer com dobra pronunciada. Portanto, o lado voltado para o estímulo apresenta crescimento mais intenso com tropismo positivo.

7.3.1.1 Fototropismo e escototropismo

Muitos órgãos ocupam posição vantajosa mediante incidência unilateral da luz, para otimizar o aproveitamento de luz na fotossíntese. A maioria dos caules exibe reação fototrópica positiva (Figura 7-12), além de muitos pecíolos, os esporangióforos unicelulares de algumas mucoráceas (por exemplo, *Phycomyces* e *Pilobolus*) e os corpos frutíferos de algumas espécies de *Coprinus*. O fototropismo negativo é mais raro, sendo encontrado, em raízes adesivas e raízes aéreas (por exemplo, hera, Araceae), rizoides de hepáticas e prótalos de samambaias, gavinhas de videiras selvagens munidas de discos adesivos, o hipocótilo do visco e, em casos excepcionais (por exemplo, em *Sinapis*, Figura 7-12), em radículas; no entanto, a maioria das raízes exibe afototropismo. Muitos ramos laterais exibem plagiofototropismo, as lâminas foliares (Figura 7-12) e os talos de hepáticas mostram diafototropismo. Ocasionalmente, ao longo do desenvolvimento é acionado o fototropismo. Os pedúnculos florais (de *Linaria cymbalaria*, *Cyclamen persicum*, *Tropaeolum majus*, por exemplo) exibem fototropismo positivo antes da fecundação e negativo após a fecundação, de modo que os frutos são abrigados para a germinação em fendas de muros e locais adequadamente semelhantes.

Nos protonemas de musgos e cloronemas de pteridófitas, cujo fototropismo baseia-se em deslocamento do ponto de crescimento, o **sistema de fitocromos** é o

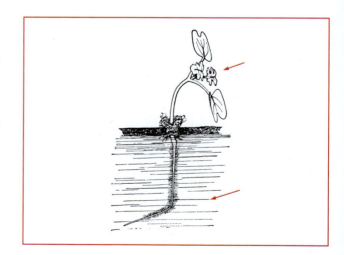

Figura 7-12 Plântula de mostarda em cultivo hidropônico, iluminada unilateralmente a partir da direita (seta). O caule exibe fototropismo positivo e a raiz reage negativamente (excepcionalmente); as lâminas foliares dispõem-se perpendicularmente à luz incidente, mostrando diafototropismo. (Segundo F. Noll.)

fotorreceptor. A partir dos experimentos com exposição à luz, como no caso do movimento dos cloroplastos, pode-se concluir que no ectoplasma existe um arranjo altamente orientado das moléculas de fotorreceptores. Todas as reações fototrópicas, que se baseiam no crescimento diferencial de lados iluminados e sombreados, mostram o mesmo espectro de ação com pico no ultravioleta (370 nm) e máximo de atividade com três picos no azul (Figura 7-13). Pelo fato de o pico no UV lembrar a absorção da flavina, mas a região do azul assemelhar-se à absorção dos carotenoides (Figura 5-41), por muito tempo a natureza do cromóforo participante ficou desconhecida. Contudo, recentemente, com o emprego de mutantes, os fotorreceptores puderam ser identificados, primeiramente em *Arabidopsis thaliana* e, após, também em outras espécies.

Foi possível isolar mutantes em *Arabidopsis thaliana*, que na verdade não mostravam mais qualquer reação de alta intensidade dependente de luz azul (inibição do crescimento do hipocótilo em plântulas estioladas sob luz forte, mutante *cry*1, ver 6.7.2.1), embora ainda exibissem fototropismo positivo normal. Outro mutante sob luz fraca não mostrou mais qualquer fototropismo, mas inibição normal do alongamento do hipocótilo (mutante *nph*1; do inglês, *non phototropic hypocotyl*). Disso, foi possível concluir que no mínimo dois receptores de luz azul separados são responsáveis pelo desencadeamento da fotomorfogênese, por um lado, e do fototropismo, por outro lado; com isso, o receptor do fototropismo não poderia ser idêntico ao criptocromo (Tabela 6-8). Hoje se sabe que dois receptores de luz azul, aparentados estruturalmente, governam o fototropismo: **fototropina 1** (codificada pelo gene *NPH*1) e a **fototropina 2**, estruturalmente semelhante (codificada pelo gene *NPL*1). A fototropina 1 é um receptor de luz fraca e a fototropina 2 é um receptor de luz forte. O mutante duplo (*nph*1/*npl*1) não mostra mais fototropismo. Em angiospermas, as fototropinas governam também os movimentos de cloroplastos e células-guarda.

Fototropina 1 e **fototropina 2**, receptores de fototropismo, são cromoproteínas, cujas apoproteínas de aproximadamente 120 kDa de massa molecular contêm, como cromóforo, flavina mononucleotídeo (FMN) ligada de modo não covalente. O espectro de absorção das fototropinas corresponde exatamente ao espectro de ação do fototropismo, de modo que os carotenoides parecem não serem participantes (Figura 7.13).

As fototropinas são **proteínas-cinases** e fosforilam na presença de ATP (presumivelmente a resíduos de serina ou treonina), em reação diretamente dependente de luz azul. Admite-se que esse estado representa o fotorreceptor ativado. A outra rota de sinalização ainda não é conhecida. No entanto, presume-se que o estado de ativação da fototropina regula a distribuição de auxina no órgão e o crescimento lateral diferencial é causado por uma distribuição correspondentemente assimétrica de auxina (ver abaixo; Auxina, ver 6.6.1).

A reação fototrópica foi estudada de maneira especialmente intensiva em coleóptilos de gramíneas, hipocótilos e epicótilos de plântulas e no esporangióforo de *Phycomyces*. Em todos os casos, resultou uma dependência complexa da reação em relação à quantidade de luz aplicada (ao produto da intensidade luminosa em W m^{-2} e ao tempo de exposição em s; unidade W m^{-2} s = J m^{-2}). No coleóptilo de *Avena* (Figura 7-14), que pode ser considerado um exemplo típico, com quantidades de luz muito baixas (na faixa de aproximadamente 10^{-1}–10^2 J m^{-2}) manifesta-se fototropismo positivo. A intensidade desse fototropismo, no entanto, com outro aumento da quantidade de luz volta novamente ao zero, para sob 10^4 J m^{-2} transformar-se de novo em fototropismo positivo (diz-se que há uma primeira e uma segunda reação fototrópica positiva). Sob quantidades de luz muito elevadas, surge uma segunda região de indiferença e oposta a ela uma terceira reação positiva, a qual, entretanto, só aparece em experimento e não desempenha qualquer papel sob intensidades luminosas naturais. Para o fototropismo sob luz do dia natural, a região da segunda reação positiva é relevante; plântulas no solo reagem talvez à luz incidente muito fraca e temporária, na região da primeira reação positiva. Experimentalmente, esse foi o melhor estudo.

A fonte de estímulo para a primeira reação positiva, no coleóptilo de aveia situa-se em torno de 10^{-1} J m^{-2}, e até 10^2 J m^{-2} existe proporcionalidade aproximada entre o encurvamento fototrópico obtido e a quantidade de luz aplicada. O período de reação (dependendo das condições do entorno, como, por exemplo, a temperatura) é de 25-60 min, e a duração da reação (que vai do começo até o final do encurvamento) é de aproximadamente 24 h (Figura 7-15).

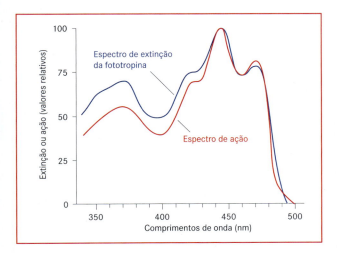

Figura 7-13 Espectro de ação do fototropismo (curva vermelha, primeiro encurvamento positivo de coleóptilos de *Avena*), bem como espectro de extinção da fototropina recombinante (expresso em *Escherichia coli*) de *Avena*, após acréscimo do cromóforo FMN. (Fototropina: segundo dados de J.M. Christie e W.R. Briggs.)

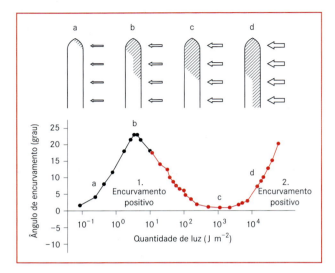

Figura 7-14 Curva de dose-efeito da reação fototrópica de coleóptilos de *Avena*. As plantas foram exposta à luz, por 1 - 120 s com $8 \cdot 10^{-2}$ W m^{-2} (segmento preto da curva) ou por 1 s – 3 h com 3,5 W m^{-2} (segmento vermelho da curva). Quantidade de luz em J m^{-2} = W m^{-2} s. Os desenhos esquemáticos indicam a situação atual do estado de fosforilação (tracejado) da fototropina (receptor de fototropismo), dependente da quantidade de luz aplicada (desenhos a-d). Demais esclarecimentos no texto. (Curva de dose-efeito segundo B. Steyer; hipótese da fototropina segundo M. Salomon, M. Zachert e W. Rüdiger.)

Não considerando o fototropismo das células com crescimento apical (ver acima), ocorre curvatura fototrópica positiva, em resposta ao aumento do crescimento do lado sombreado oposto ao lado iluminado. Em geral, a região de sensibilidade luminosa máxima situa-se na parte apical da zona de curvatura. Em coleóptilos (Figura 7-15A),

para o desencadeamento da primeira reação positiva há necessidade de exposição à luz do extremo do ápice (aproximadamente 0,25 mm). Como a reação também ocorre quando apenas essa região é iluminada, é necessária uma condução de sinal do sítio de percepção da luz para o sítio da reação de curvatura. A primeira curvatura positiva inicia no ápice e progride gradualmente para a base (reação basípeta). A segunda curvatura positiva ocorre desde o princípio nas proximidades da base do coleóptilo (reação acrópeta); aqui também o ápice do coleóptilo é especialmente sensível (cerca de 0,5 mm), mas em menor grau igualmente as partes basais do órgão. Em ambos os casos, há participação da fototropina 1; uma reação mediada pela fototropina 2 produz-se apenas sob quantidades luminosas ainda mais elevadas (terceira curvatura positiva).

As plantas mais velhas percebem iluminação unilateral nos ápices caulinares, mais frequentemente nas lâminas das folhas jovens. Em *Tropaeolum*, os pecíolos são fototropicamente sensíveis. Se a luz de fontes de dois lados incidir com ângulo e intensidade diferentes sobre um órgão com capacidade de reação fototrópica, na maioria dos casos observa-se curvatura na direção da resultante, que pode ser formada a partir de um paralelogramo de forças de direção e quantidade de estímulo (Figura 7-16).

Contudo, a direção da luz não é percebida no fototropismo, mas sim a diferença de luminosidade entre o lado iluminado e o lado sombreado. Isso pode ser mostrado, por exemplo, pela chamada exposição de uma metade (Figura 7-15B). As diferenças de luminosidade necessárias entre os dois lados surgem por dispersão ou absorção

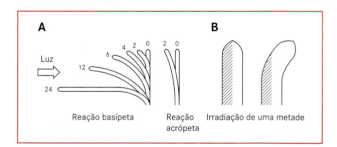

Figura 7-15 Fototropismo do coleóptilo. **A** Andamento das curvaturas fototrópicas estimuladas por irradiação unilateral (seta). À esquerda: primeira reação positiva ("reação basípeta, do alemão *Spitzenreaktion*"), à direita: segunda reação positiva ("reação acrópeta, do alemão *basisreaktion*") no coleóptilo da aveia. **B** Irradiação de metade do coleóptilo. A luz incide perpendicularmente ao plano do papel sobre metade do órgão, a outra permanece sombreada (tracejado). O objeto não se curva na direção da fonte de luz (para o observador), mas no plano do papel correspondente à diferença de claridade entre as metades exposta e não exposta à luz (crescimento mais intenso do lado sombreado). (Segundo E. Libbert.)

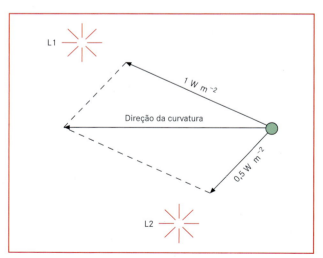

Figura 7-16 Curvatura fototrópica segundo a lei da resultante, sob exposição simultânea com fontes luminosas (L$_1$, L$_2$) de intensidades diferentes. As intensidades de irradiação das fontes luminosas (aqui vistas de cima) incidentes sobre o objeto estão representadas como vetores de um paralelogramo de forças.

da luz ("pigmentos de sombra", por exemplo, carotenoides no ápice do coleóptilo) no interior do órgão. Em coleóptilos, a distinta intensidade luminosa em sítios diferentes do órgão pode ser diretamente correlacionada com o grau de fosforilação da fototropina, que existe predominantemente no ápice e em menor quantidade na base do coleóptilo (Figura 7-14). A hipótese da fosforilação oferece também possibilidade de explicação para a dependência complexa da reação fototrópica da quantidade de luz. Intensidades luminosas muito baixas e períodos de irradiação curtos bastam apenas para ativar fototropina 1 suficiente do lado iluminado na região apical do coleóptilo. No ápice do coleóptilo forma-se um gradiente de fosforilação da fototropina. Com o aumento da intensidade ou duração da exposição à luz, a fototropina 1 no lado sombreado do ápice do coleóptilo também é progressivamente fosforilada: a diferença de fosforilação desaparece. Se a intensidade luminosa for ainda mais aumentada, finalmente reage também a fototropina 1 (existente em concentração muito mais baixa ou mais fortemente protegida) da base do coleóptilo. Ela reage primeiramente no lado iluminado e, após, com a continuação do aumento da intensidade ou duração da exposição à luz, também no lado sombreado: o gradiente de fosforilação em formação (e, por fim, novamente desaparecendo) governa a segunda curvatura fototrópica (reação da base, Figura 7-15A). Admite-se então que o transporte de auxina é regulado pela fototropina, diretamente ou por meio de cadeia de sinalização. De acordo com essa ideia, um gradiente de fosforilação da fototropina efetua distribuição assimétrica da auxina no órgão e este, por sua vez, deve manifestar diferentes velocidades de crescimento nos lados iluminado e sombreado. Em coleóptilos, puderam ser apresentadas comprovações da hipótese da auxina do fototropismo. Em outros órgãos de plantas superiores, a situação não está definitivamente esclarecida; quanto aos fototropismos da plantas inferiores, a cadeia causal está completamente obscura.

A iluminação unilateral de coleóptilos de plântulas de gramíneas estioladas, na região da primeira e da segunda curvatura positiva, provoca deslocamento lateral da auxina do lado iluminado para o lado sombreado do órgão, na região do ápice do coleóptilo, e inibição do transporte basípeto de auxina (ver 6.6.1.3) para o lado iluminado (Figura 7-17). A assimetria, causada na distribuição da auxina no ápice do coleóptilo, propaga-se então mediante transporte polar de auxina até a base, levando a um crescimento maior no flanco sombreado mais rico em auxina. Uma diferença de crescimento de apenas 2% no flanco oposto do órgão já provoca uma curvatura de 10°. Logo, a transmissão de sinal no fototropismo consiste em um **transporte assimétrico de auxina**. Por isso, os inibidores do transporte polar de auxina (por exemplo, ácido 2,3,5-triiodobenzoico, TIBA) prejudicam também a reação fototrópica.

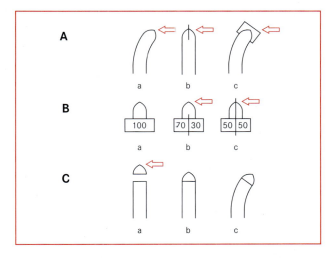

Figura 7-17 Transporte lateral de auxina durante o fototropismo de coleóptilos. Setas: direção da irradiação. **A** Demonstração da necessidade de transporte lateral livre. Uma lâmina de vidro disposta perpendicularmente à direção da luz (b) impede o transporte e a curvatura, mas outra disposta paralelamente (c) não impede. **B** Interceptação da auxina oriunda do ápice do coleóptilo separado, com auxílio de blocos de ágar, no controle (a), transporte lateral livre (b) e transporte lateral impedido (c). No transporte lateral livre, a iluminação unilateral provoca aumento na liberação de auxina no flanco afastado da luz. Para comparação, os ápices são supridos de AIA radioativo e mede-se a radioatividade nos blocos. **C** Sinalização por meio do transporte longitudinal de auxina; (a) a iluminação unilateral provoca transporte lateral de auxina no ápice separado; (b) o ápice é novamente disposto sobre a base; (c) a distribuição assimétrica de auxina comunica-se com a base e provoca curvatura nela. Comparar com o modelo de fosforilação da fototropina (Figura 7-14). – Números: conteúdo relativo de auxina. (Segundo E. Libbert.)

Em lianas tropicais (por exemplo, *Monstera gigantea*, Araceae), constatou-se que as plântulas buscam forófitos adotando uma curvatura de crescimento voltada para a parte mais escura do ambiente. Pelo fato de as plântulas crescerem sobre todos os lados do forófito, isso não evidencia o fototropismo negativo, mas sim um crescimento dirigido para a sombra: **escototropismo**. Quando a plântula alcança o forófito, a sensibilidade escototrópica transforma-se em fototropismo positivo, conduzindo a planta à luz na região do dossel. O mecanismo causal do escototropismo é desconhecido.

7.3.1.2 Gravitropismo

Com auxílio da curvatura do crescimento, muitas plantas podem ajustar seus órgãos à aceleração da Terra (g = 9,81 m s^{-2}) em determinada direção; essa reação é denominada gravitropismo (antigamente geotropismo). Em uma escarpa, por exemplo, as plantas crescem de modo que o eixo longitudinal fique na direção vertical, não perpendicular à superfície terrestre local. Eixos trazidos da posição normal, como, pedúnculos florais, encurvam-se até

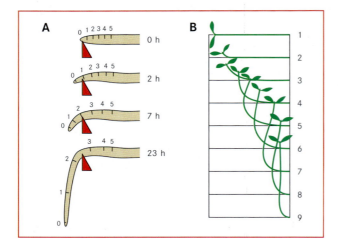

Figura 7-18 Gravitropismo. **A** Gravitropismo positivo da radícula; tempo transcorrido após o início da posição horizontal, em horas. Os intervalos 0-5 marcados sobre a raiz mostram o aumento de comprimento dos segmentos de raiz durante a reação. Dependendo da espécie, a reação total necessita de duas até várias horas. **B** Gravitropismo negativo do caule de uma plântula. A sequência de números indica estágios isolados da reação, a qual, dependendo da espécie, necessita de duas até várias horas. (**A** segundo J. Sachs; **B** segundo W. Pfeffer.)

ficarem novamente na direção vertical. Caules de cereais prostrados pela ação do tempo, por intermédio da curvatura nos nós, podem de novo assumir a posição vertical.

As raízes principais (Figura 7-18A), os rizoides de algas e hepáticas, ou protálos de pteridófitas são **gravitrópicos positivos**, ou seja, crescem em direção ao centro da Terra. Os caules principais (Figura 7-18B), os esporangióforos das mucoráceas e os corpos frutíferos de muitos fungos de chapéu exibem reação **gravitrópica negativa**. As raízes laterais de primeira ordem geralmente têm crescimento lateral (**diagravitropismo**) ou inclinado para baixo em determinado ângulo (**plagiogravitropismo**). Muitos ramos laterais e folhas, bem como rizomas, mostram reação gravitrópica ou plagiogravitrópica. Raízes laterais de segunda ordem geralmente são insensíveis à gravidade (**agravitrópicas**), assim como os ramos laterais das "formas de tristeza" (por exemplo, chorão)*. Como o fototropismo, o gravitropismo de algumas plantas pode experimentar transformação durante o desenvolvimento ou em resposta a alteração das condições ambientais.

Assim, por exemplo, a parte superior do pedúnculo do botão floral da papoula é gravitrópica positiva ("botão floral inclinado"), mas torna-se negativa, tão logo a flor prepara-se para a antese.

Em muitas espécies (por exemplo, *Holosteum umbellatum*, *Calandrinia*, *Arachis*, entre outras), os pedúnculos florais são gravitrópicos negativos e os pedúnculos dos frutos são positivos; em *Lilium martagon*, observa-se o inverso. Em espécies de pinheiros e abetos,** por exemplo, se a gema apical (gravitrópica negativa) for retirada, os ramos laterais superiores, originalmente diagravitrópicos ou plagiogravitrópicos, tornam-se erguidos (gravitropismo negativo); após, geralmente um deles assume a função e a posição do broto principal, enquanto os demais retornam à posição inicial (**dominância apical**, ver 6.6.1.4).

A temperatura baixa do inverno provoca diagravitropismo em algumas espécies herbáceas (*Senecio vulgaris*, *Sinapis arvensis*, *Lamium purpureum*, entre outras), cujos caules no verão são gravitrópicos negativos; elas reagem assim eventualmente sob o abrigo da camada de neve. Por exposição à luz, os rizomas diagravitrópicos de *Adoxa* ou *Circaea* tornam-se gravitrópicos positivos e, assim, retornam ao interior do solo; nos rizomas de *Aegopodium podagraria*, para essa mudança basta irradiação de 30 s com luz vermelha. O escurecimento torna gravitrópicos negativos os caules diagravitrópicos de *Vinca* e *Lysimachia nummularia*, entre outras.

É possível demonstrar de diferentes maneiras que as curvaturas gravitrópicas são reações à **aceleração de massa**, normalmente provocadas pela gravidade atuando unilateralmente. A aceleração centrífuga (c) atua de maneira igual à aceleração da Terra (g, Figura 7-19B); se as duas forças forem de igual magnitude, vale novamente a lei da resultante (Figura 7-16): portanto, a gravidade e a força centrífuga são sentidas pela planta de modo equivalente. Por outro lado, é possível eliminar curvaturas gravitrópicas quando uma planta, inicialmente com crescimento ortotrópico, na posição horizontal sofrer rotação lenta em torno do seu eixo longitudinal (sobre um **clinostato**, Figura 7-19A). Se a velocidade de rotação for suficientemente grande para eliminar a percepção unilateral da gravidade e suficientemente pequena para não permitir a ação de forças centrífugas (algumas voltas por minuto), o espaço gravitacional é compensado.

Em geral, as curvaturas gravitrópicas também se baseiam no crescimento diferencial de metades opostas de um órgão; por isso, como também acontece nas reações fototrópicas, reagem as zonas com capacidade de crescimento: as zonas subapicais de crescimento principal das raízes ou do caule, hipocótilo ou epicótilo da plântulas (Figura 7-18). Uma vez que a zona de alongamento das raízes é curta, o processo de curvatura é relativamente simples. Em caules, a curvatura começa no ápice e progride na direção basal; a curvatura afasta-se da vertical e depois volta, até que, após alguns movimentos pendulares, o caule fica exatamente na vertical. Apenas parcialmente, esses movimentos pendulares são atribuídos ao estímulo

---

* N. de T. No original, foi utilizada a palavra composta *Trauerformen*. O substantivo *Trauer* expressa tristeza, razão pela qual foi proposta a tradução livre acima. Chorão é nome popular de *Salix babylonica*, espécie asiática de ramos pendentes e, muitas vezes, cultivada como ornamental.

** N. de T. No original, constam os termos *Fichten* e *Tannen*, que podem ser traduzidos como pinheiros (*Picea*) e abetos (*Abies*), respectivamente. Ressalte-se que o termo "pinheiro" é muitas vezes empregado como nome popular de outros gêneros de gimnospermas, como *Pinus* e *Araucaria*, por exemplo.

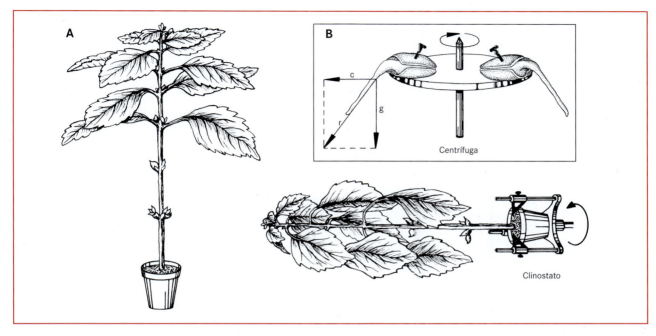

Figura 7-19 Demonstração da aceleração de massa como estímulo adequado no gravitropismo. **A** À esquerda, um indivíduo de *Coleus* com orientação normal; à direita, mantido sobre clinostato em giro lento (poucas voltas por minuto). Com a supressão da gravidade unilateral, não se processa curvatura gravitrópica negativa do caule e se manifesta a epinastia das folhas, antes compensada pelo gravitropismo negativo. **B** Validade da lei da resultante, por atuação simultânea de uma aceleração centrífuga (c) e da aceleração da Terra (g). A direção do crescimento segue à resultante (r). (**A** de H. Mohr, **B** segundo E. Libbert.)

gravitrópico repetido (oposto) durante o encurvamento; em parte, são independentes da gravidade (por exemplo, também no clinostato), e os mecanismos que os governam ainda são desconhecidos.

Em determinados casos, após um estímulo gravitrópico, partes adultas também podem retomar o crescimento. Em caules de gramíneas trazidos de posição de repouso, no lado inferior os nós começam a crescer vigorosamente, de modo que o caule novamente se ergue (Figura 7-20). Sobre o clinostato, estabelece-se uma promoção de crescimento em todos os lados dos nós, mostrando que também aqui o estímulo gravitacional ainda é percebido. Caules, ramos e raízes de árvores, por meio de crescimento longitudinal e em diâmetro de seus câmbios, também podem mostrar reações gravitrópicas, na verdade muito lentas; nesse sentido, o câmbio com estímulo gravitrópico forma o "**lenho de reação**" anatomicamente distinto. Em gimnospermas, o lenho de reação forma-se no lado inferior (lenho de compressão) e em angiospermas latifoliadas no lado superior (lenho de tensão). O lenho de reação forma-se também por falta de crescimento longitudinal e, com isso, falta de curvatura para cima (por exemplo, após a retirada da gema apical); portanto, sua origem não é induzida pela tensão ou compressão da curvatura; na verdade, a formação do lenho de reação é a causa da curvatura gravitrópica para cima.

Os **tempos de apresentação** do gravitropismo podem ser muito curtos, representando poucos minutos (por exemplo, 3 minutos para o hipocótilo de *Helianthus*). Os **tempos de reação** também podem situar-se na faixa de minutos (coleóptilo de

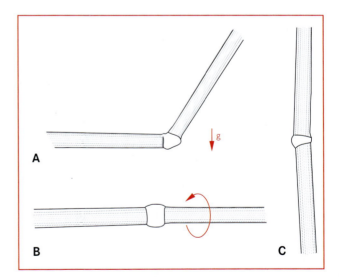

Figura 7-20 Encurvamento gravitrópico para cima de um nó de gramínea disposto horizontalmente (**A**) ou em posição horizontal girando em torno do eixo longitudinal (**B**), em comparação com objeto não estimulado (**C**). A reação também foi realizada com segmentos de caule isolados – como mostrado. A comparação de B e C evidencia que a posição horizontal com giro simultâneo em torno do eixo longitudinal estimula o crescimento longitudinal do nó. A estimulação gravitrópica (A) provoca forte alongamento lado inferior do nó e o lado superior é comprimido.

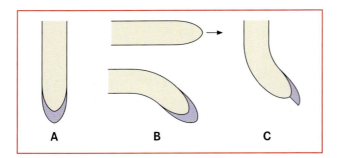

Figura 7-21 A coifa como sítio da percepção da gravidade e origem de inibidor do crescimento da raiz. Em comparação com raízes não estimuladas (**A**), raízes sem coifa (**B**, acima) mostram crescimento longitudinal algo acentuado, mas nenhum gravitropismo, que se vincula à existência da coifa (**B**, abaixo). **C** A retirada unilateral da coifa provoca curvatura do ápice da raiz. O lado sem coifa cresce mais rápido do que o lado intacto; conclui-se que um fator ou complexo de fatores liberado pela coifa inibe o crescimento longitudinal da raiz.

aveia, 14 minutos; raízes de mastruço, menos de 20 minutos), mas os caules frequentemente começam a reagir somente após 1 hora e nós de gramíneas somente depois de várias horas. O **limiar do estímulo** em estímulo permanente tem aceleração de massa de aproximadamente 10^{-2} g (g = aceleração da Terra); uma **somação** de estímulos subliminares – como no fototropismo – pode provocar reações visíveis.

Como no fototropismo, para estímulos logo acima do limiar vale a **lei da quantidade do estímulo** (Equação 7-1); dentro de determinados limites, portanto, é indiferente se atua um estímulo forte por pouco tempo ou um estímulo fraco por mais tempo, sendo decisiva a quantidade do estímulo R (R deriva de *reiz* = estímulo): produto da intensidade do estímulo I e o tempo de atuação t. Com quantidades pequenas de estímulo existe também a proporcionalidade entre a quantidade do estímulo e a magnitude da reação. Isso pode ser estudado por meio da atuação de forças centrífugas (Figura 7-19B) ou desvios da vertical em ângulo menor do que 90°. No último caso, só atua aquela fração da gravidade proporcional ao seno do ângulo de desvio da vertical (**lei do seno**). Em muitos casos, um desvio de 1-2 graus em relação à vertical já é corrigido por uma reação gravitrópica de crescimento. As árvores, por exemplo, crescem verticalmente não apenas em escarpas, mas também em locais com pouca declividade, ou seja, paralelamente ao vetor da aceleração da Terra, não perpendicularmente à superfície terrestre local.

A **percepção** da aceleração de massa é encontrada no mesofilo do ápice de coleóptilos (cerca de 3 mm), em raízes na parte central da coifa (**caliptra**) e em caules, provavelmente nas zonas de alongamento de todos os entrenós ainda em crescimento (nas células da bainha amilífera). Se for retirada a coifa, o crescimento longitudinal de raiz é acentuado, mas a sensibilidade gravitrópica desaparece totalmente (Figura 7-21A, B), indicativo de que, neste caso, o gravitropismo depende de uma ação inibidora. Isso é demonstrado também pelo encurvamento de raízes sem estimulação gravitrópica, das quais a coifa foi retirada apenas de um flanco (Figura 7-21C). O mutante *scarecrow* (*scarecrow* = espantalho) de *Arabidopsis* não forma mais qualquer bainha amilífera e qualquer endoderme (na região do colo da raiz, a bainha amilífera torna-se endoderme). O caule desse mutante é agravitrópico, mas a raiz tem reação normal.

As células ou tecidos que participam da percepção da aceleração da Terra exibem, em geral, marcada assimetria na distribuição de suas organelas: organelas leves específicas (por exemplo, vacúolos) na parte superior e organelas pesadas específicas (núcleo e especialmente amiloplastos; em rizoides de *Chara*, cristais de sulfato de bário = "corpos brilhantes") no lado inferior físico. A sedimentação dessas partículas pesadas específicas (**estatólitos**, que em plantas dotadas de plastídios são os amiloplastos mencionados; as células portadoras de estatólitos são os **estatócitos**, e o tecido formado de estatócitos é denominado **estatênquima**) no interior da célula tem relação causal com a percepção da aceleração de massa (Figura 7-22). Na verdade, plantas que devido a uma longa permanência no escuro ou a um defeito genético acumulam pouco ou nenhum amido mostram resposta gravitrópica nitidamente mais fraca. Porém, essa resposta não desaparece totalmente, pois plantas sem amido exibem ainda determinada sedimentação dos leucoplastos nos estatócitos. Portanto, o "amido de estatólito" não é imprescindível para que uma célula tenha

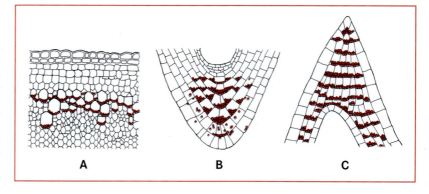

Figura 7-22 Posição do estatênquima **A** no caule (bainha amilífera), **B** na coifa e **C** no ápice do coleóptilo. Os estatócitos apresentam amiloplastos (representados em vermelho) como estatólitos. O tecido central da coifa, abrangendo os estatócitos, é também denominado columela. Durante a embriogênese, ele deriva, como o centro quiescente, da célula basal do embrião bicelular; a coifa periférica e o restante da plântula são derivados da célula apical. (Segundo F. Rawitscher e W. Hensel, gentilmente cedida.)

capacidade de perceber a aceleração de massa; contudo, ele deve contribuir para a elevação da densidade específica dos amiloplastos e, com isso, para a melhora da sensibilidade gravitrópica.

Não está claro em que consiste verdadeiramente o **mecanismo de percepção**. Diferentes hipóteses foram propostas:

- **Modelo topográfico**: a distribuição assimétrica dos estatólitos na célula é decisiva.
- **Modelo cinético**: o deslizamento dos estatólitos durante seu deslocamento na célula, devido à estimulação gravitrópica, é decisivo.
- **Modelo de deformação**: a pressão sobre estruturas celulares ou a tensão em estruturas celulares é decisiva.

Um posicionamento definitivo ainda não é possível. Contudo, a favor do modelo topográfico está o rizoide de *Chara*, célula com crescimento apical extremo (Figura 7-23); já o modelo de deformação seria mais ajustado para a maioria das células, especialmente os estatócitos das plantas superiores.

Conforme o modelo topográfico, em *Chara* a posição dos estatólitos (corpos brilhantes) dirige a corrente das vesículas secretoras (vesículas de Golgi) desvinculadas dos dictiossomos, que fornecem material de membrana e material de parede para a região apical da célula, resultando crescimento de superfície uniforme no ápice. Segundo essa ideia, o deslocamento dos estatólitos por desvio da vertical (horizontal na Figura 7-23B) causa redistribuição da corrente de vesículas para o lado superior físico, cujo crescimento, com isso, é promovido.

Foram propostos diferentes modelos de deformação para a vinculação de uma aceleração de massa ao metabolismo celular:

- A pressão das organelas em sedimentação, especialmente dos estatólitos, sobre estruturas celulares como o RE (em alguns ápices de raízes, como as do mastruço) ou a diminuição da pressão pelo deslocamento dos estatólitos por estimulação do gravitropismo governa o processo bioquímico primário da percepção do gravitrópica.
- Os estatólitos "pendem" nos filamentos do citoesqueleto e os estendem ou os aliviam por deslocamento na célula; o processo bioquímico primário é governado via acoplamento mecânico por meio do citoesqueleto.
- O protoplasto total atua como estatólito e estende a membrana celular (plasmalema), junto à qual ele se situa; o processo bioquímico primário é desencadeado pela extensão da plasmalema. Os estatólitos funcionam como lastro e elevam a sensibilidade gravitrópica da célula (modelo do controle na plasmalema).

O modelo do controle na plasmalema hoje é considerado como o de maior concordância com os dados experimentais. A favor dele, o fato de que células reagentes à aceleração de massa existem sem estatólitos distinguíveis (por exemplo, células de entrenós de *Chara* e o esporangióforo de *Phycomyces*) e, conforme mencionado, mutantes sem amido mostram resposta gravitrópica na verdade mais fraca, mas nítida. A massa do protoplasto

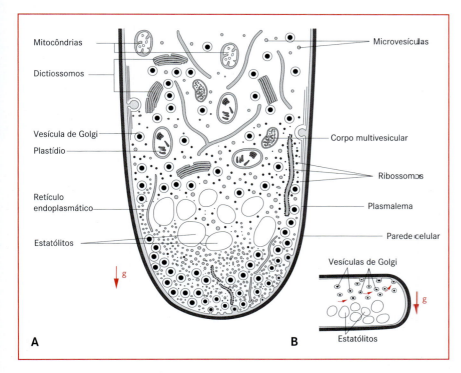

Figura 7-23 Esquema da ultraestrutura de um rizoide de *Chara foetida*, com crescimento gravitrópico positivo. As vesículas de Golgi (vesículas secretoras), desvinculadas pelos dictiossomos com substância de parede ou substância de membrana, migram no sentido apical na região periférica em volta do grupo de aproximadamente 50 corpos de sulfato de bário ($BaSO_4$) ("corpos brilhantes") que servem como estatólitos e possibilitam no ápice crescimento de superfície uniforme para todos os lados. **B** Posição horizontal do rizoide: no lado inferior, os estatólitos deslocados bloqueiam a migração das vesículas de Golgi, que, com isso, apresentam crescimento muito menor co que o do lado superior. Isso tem como consequência o gravitropismo positivo. (Segundo A. Sievers.)

é no total muito maior do que todos os estatólitos e a energia cinética disponível para o desencadeamento da resposta celular é correspondentemente maior.

Em muitos casos (por exemplo, em raízes), a resposta gravitrópica processa-se apenas se houver disponibilidade de íons Ca^{2+} extracelulares. Discute-se se a deformação mecânica da plasmalema influencia o ambiente celular do cálcio (por exemplo, a abertura dos canais mecanossensitivos na membrana plasmática estendida provocaria afluência mais intensa de íons Ca^{2+} na célula do lado inferior físico). Em órgão com simetria radial (raiz, caule) na vertical resultaria uma figura simétrica em relação ao eixo longitudinal; ao desviar da vertical, no entanto, seria estabelecida assimetria, que poderia servir para corrigir a resposta de crescimento (Figura 7-24A). Neste caso, como no fototropismo, é cogitada uma redistribuição da corrente de auxina (influenciada por íons Ca^{2+}). As particularidades dessa ideia ainda são bastante hipotéticas. Certamente, existem várias comprovações da participação de auxina na reação gravitrópica de plantas superiores.

De acordo com a **hipótese da participação auxina no gravitropismo** das plantas superiores, por estimulação gravitrópica ocorre deslocamento da corrente de auxina no lado físico inferior. Em coleóptilos, isso pode ser comprovado diretamente por experimentação (Figura 7-25A, B); o deslocamento tem lugar no ápice do coleóptilo. O incremento do suprimento de auxina no lado físico inferior provoca aumento de crescimento longitudinal na

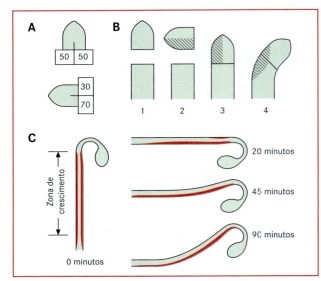

Figura 7-25 Provas para a hipótese da participação da auxina no gravitropismo, na região do caule. **A** Comprovação dos transportes longitudinal e transversal no gravitropismo do coleóptilo. A disposição horizontal de ápices de coleóptilos provoca o deslocamento de auxina para o lado inferior físico. A quantidade de auxina (comprovada por bioteste) é indicada em unidades relativas; ela pôde ser captada blocos de ágar junto a ápices de coleóptilos dispostos horizontalmente (abaixo) e incubados verticalmente (acima). **B** Comprovação do transporte de auxina de ápices de coleóptilos cortados (1), incubados horizontalmente (2) e repostos na posição original (3). A auxina (tracejado), distribuída assimetricamente no ápice do coleóptilo durante a incubação (2), causa crescimento lateral diferencial do coleóptilo (4). **C** Comprovação indireta da formação das concentrações assimétricas de auxina em hipocótilo de soja estimulado pela gravidade. A comprovação foi realizada mediante determinação da quantidade do RNAm formado pela transcrição dos genes *SAUR* (ver texto). Para isso, foram cortados longitudinalmente hipocótilos de plantas mantidas inicialmente na vertical e após 20, 45 e 90 minutos na posição horizontal; as superfícies de corte foram colocadas sobre uma membrana de *nylon* para o transporte do RNA, e o *SAUR*-RNAm ligado à membrana foi comprovado por hibridização com RNA complementar marcado radioativamente (o chamado RNA antisenso). O *SAUR*-RNAm, demonstrado em plantas-controle crescidas na vertical, está distribuído uniformemente no parênquima das zonas de crescimento, mas após 20 minutos já foi possível constatar muito mais *SAUR*-RNAm no lado inferior do órgão. A curvatura gravitrópica negativa tornou-se evidente somente após 45 minutos. O resultado levou à seguinte interpretação: devido ao transporte transversal da auxina da metade superior para a metade inferior do órgão, a atividade dos genes *SAUR* é maior no lado inferior e menor no lado superior do hipocótilo (portanto, o RNAm *não* é transportado). (A, B segundo E. Libbert; C segundo T. Guifoyle.)

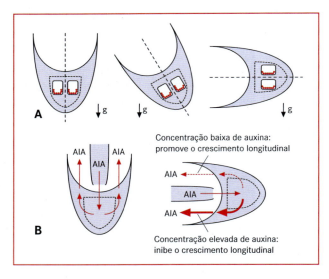

Figura 7-24 Polarização lateral durante o gravitropismo da raiz. **A** Modelo hipotético de um processo dirigido pelo vetor da gravidade no ápice da raiz. O processo envolve o alinhamento do eixo longitudinal do órgão na direção do vetor da gravidade, simetricamente ao eixo longitudinal (esquerda); porém, com o desvio do órgão em relação à vertical (centro e direita), estabelece-se assimetria nos lados opostos do órgão. Admite-se transporte iônico (provavelmente de Ca^{2+}) desencadeado pelo peso do protoplasto na parte inferior (carregada) da plasmalema que sustenta o peso do corpo celular (vermelho, estatólitos). Isso deve ter como consequência mudanças na direção do transporte de auxina, à maneira mostrada (**B**). De acordo com essa ideia, o aumento da concentração de auxina na metade basal do órgão já é supra ótimo e leva à inibição do crescimento em extensão. (B segundo M.L. Evans.)

zona de crescimento do coleóptilo; em consequência da diminuição do fornecimento de auxina no lado físico superior, a velocidade de crescimento é reduzida nessa parte. Em eixos caulinares, o deslocamento da auxina pode ser mostrado indiretamente (por exemplo, em hipocótilos de soja, Figura 7-25C). As plantas têm uma série de genes cuja atividade é induzida rapidamente e fortemente por auxinas (genes *SAUR*; do inglês *small auxin up-regulated*). Em plântulas cultivadas verticalmente, com métodos adequados (hibridização de cortes longitudinais com RNA marcado radioativamente – o chamado RNA antissenso –, que mostra uma sequência de bases complementar ao RNAm a ser comprovado), é possível comprovar *SAUR*-RNAm distribuído uniformemente no parênquima da zona de crescimento. Após 20 minutos com disposição horizontal, os preparados já exibem uma quantidade de RNAm nitidamente mais alta no lado físico inferior e muito pouco *SAUR*-RNAm no lado físico superior. Após 45 minutos, começa a visível reação gravitrópica (Figura 7-25). Esses achados mostram que o deslocamento de auxina para o lado inferior do órgão precede o começo do crescimento diferencial dos lados. Além disso, a favor de uma participação de auxina nas reações gravitrópicas do caule credita-se o fato de que vários mutantes de *Arabidopsis thaliana* são agravitrópicos; esses mutantes possuem um fenótipo resistente à auxina (por exemplo, *aux*1, *axr*2; do inglês *auxin resistant*), que, portanto, não reagem mais à auxina. Para o gene *AUX*1, foi constatada a codificação de uma enzima semelhante aos translocadores de aminoácidos. Admite-se que neste caso, é necessário um transportador de auxina para orientar o transporte do fitormônio.

É provável, embora pouco documentado experimentalmente, que também a reação gravitrópica positiva de raízes principais seja regulada por auxina (Figura 7-24B) e dependa do desvio da corrente de auxina no lado físico inferior do órgão. Em raízes de plântulas, ocorre o transporte polar de auxina no cilindro central, em direção ao ápice da raiz. A corrente de auxina é invertida na coifa, de modo que no córtex da raiz o ácido indol-3-acético (AIA, ver 6.6.1.3) do ápice é transportado de volta em direção à base da raiz. Segundo essa ideia, a condução do AIA para o lado físico inferior é reforçada por estimulação gravitrópica. Uma vez que as raízes são muito sensíveis ao AIA fornecido de fora e respondem a uma superdose com forte inibição do crescimento (Figura 6-31), admite-se que o aumento da concentração endógena de AIA no lado físico inferior da raiz tenha como consequência inibição (do crescimento) na zona de crescimento.

As reações plagiogravitrópicas e diagravitrópicas de ramos laterais e folhas realizam-se mediante compensação do gravitropismo negativo (reforça o crescimento do lado inferior) e da **epinastia** (reforça o crescimento do lado superior). A epinastia (autônoma) pode ser demonstrada sobre o clinostato na ausência da estimulação gravitrópica, por exemplo (Figura 7-19); portanto, ela não é provocada por aceleração de massa.

7.1.1.3 Outros tropismos

Alguns fatores externos, como estímulos elétricos (**galvanotropismo**), estímulos por lesões (**traumatotropismo**) ou também estímulos térmicos (**termotropismo**), que experimentalmente podem causar reações de tropismos, na natureza não teriam importância ou quando muito desempenhariam papel secundário na orientação de órgãos vegetais. No entanto, estímulos de contato (**tigmotropismo**) e estímulos químicos (**quimiotropismo**) são significantes, ao menos para determinados grupos de plantas.

Várias plantas são sensíveis aos **estímulos de contato**. Muitas plântulas – principalmente estioladas – respondem ao contato (provocado experimentalmente, por exemplo, por fricção com um pedaço de madeira áspera) com uma curvatura para o lado estimulado. No mundo, existem milhares de espécies de plantas com gavinhas, escandentes e trepadeiras. Nessas plantas, os mais distintos órgãos assumiram a função de perceber estímulos de contato e, assim, alcançar suportes – muitas vezes outras plantas – apropriados, para ascender no ambiente. Elas alcançam a luz de maneira tão efetiva e crescem rápido e por trajeto longos (por exemplo, lianas), sem precisar investir em tecidos de sustentação robustos. Pecíolos (por exemplo, de espécies de *Tropaeolum*, *Clematis* ou *Fumaria*), ápices foliares (*Gloriosa*), raízes aéreas (*Vanilla*), certos caules (*Ipomoea*), inflorescências (*Vitis*, *Parthenocissus*) e folhas ou apêndices (por exemplo, gavinhas de Fabaceae e Cucurbitaceae) podem ser sensíveis ao contato. Especialmente destacadas são as reações tigmotácticas das gavinhas. Contudo, na maioria dos casos não se tratam de movimentos tigmotrópicos, mas sim de movimentos tigmonásticos. Por isso, eles são colocados junto com as nastias (ver 7.3.2.4).

Reações quimiotrópicas são curvaturas do crescimento causadas por distribuição não homogênea de substâncias dissolvidas ou gaseiformes no entorno do órgão em crescimento e cuja direção é determinada pelo gradiente de concentrações dessas substâncias. Não raramente, uma substância quimiotropicamente ativa tem ação atraente em concentrações baixas e ação repelente em concentrações altas.

Existem vários exemplos de reações quimiotrópicas de plantas inferiores, como na gametangiogamia de fungos. Neste caso, atuam substâncias atraentes de gametas denominadas gamonas, secretadas pelos parceiros sexuais. Assim, os parceiros de cruzamento apresentam conjugação quimiotrópica; por exemplo, em *Mucor* (Mucorales) atuam compostos voláteis e em *Achlya* (oomiceto) encontra-se o esteroide anteridiol, que provoca também a diferenciação dos órgãos sexuais. Muitas hifas de fungos, sobretudo aquelas em estágio de germinação, apresentam crescimento quimiotrópico positivo em direção a um gradiente nutricional (açúcares, aminoácidos, proteínas, íons amônio, íons fosfato são ativos), mas reagem negativamente aos ácidos e aos produtos do próprio metabolismo ("substâncias azedadoras"). A conjugação dos tubos de copulação em *Spirogyra* (ver 10.2, Figura 10-122B) também deve basear-se no quimiotropismo. Reações quimiotrópicas provocadas por substâncias do próprio corpo são identificadas como autoquimiotropismo. A curvatura de afastamento do esporangióforo de *Phycomyces* em relação a superfícies sólidas vizinhas baseia-se nessa reação; essa curvatura ocorre sem contato e deve depender de uma difusão dificultada (acúmulo) do etileno gaseiforme na vizinhança imediata de um obstáculo. O etileno é formado em grandes quantidades pelo esporangióforo.

Os eixos caulinares das plantas superiores só excepcionalmente desempenham papel em reações quimiotrópicas. Assim, plântulas de *Cuscuta* crescem em direção às suas plantas hospedeiras. Provavelmente, essas plantas secretam compostos voláteis (álcoois, éster, óleos etéreos, bem como vapor) com atuação quimiotrópica. Reações quimiotrópicas também podem ser importantes para encontrar tecidos específicos do hospedeiro (por exemplo, tubos crivados) por haustórios de parasitas.

Presumivelmente, no delineamento do crescimento do tubo polínico pelos tecidos do estigma e do estilete prepondera o caráter anatômico. No entanto, na germinação do pólen, além de reações hidrotrópicas positivas (na direção da concentração crescente da água), as reações aerotrópicas negativas (na direção da concentração decrescente do oxigênio) também desempenham um papel. Apenas na vizinhança imediata dos rudimentos seminais os tubos polínicos parecem ser orientados por substâncias quimiotropicamente ativas, secretadas por esses rudimentos.

As raízes também podem apresentar reação quimiotrópica positiva, por exemplo, a íons fosfato, à crescente pressão parcial de O_2 (**aerotropismo** positivo em direção a áreas bem arejadas do solo; estrutura do solo, ver 5.2.3) e à crescente umidade do solo (**higrotropismo** positivo). Assim, as raízes de árvores detectam com frequência os menores defeitos na rede subterrânea de condução da água e formam, então, "tilos" obstrutores dos elementos de transporte de água. Além de raízes e tubos polínicos, rizoides de musgos e prótalos de samambaias também são higrotropicamente sensíveis, bem como plântulas de *Cuscuta*, que assim encontram seus hospedeiros transpirantes. Alguns fungos parasíticos higrotropicamente dirigem-se aos estômatos, por meio dos quais eles penetram na folha. Por conseguinte, com estômatos fechados a frequência de infecção fica fortemente reduzida (em até 90%). Por fim, os tentáculos de folhas de *Drosera* (aqueles sobre a superfície foliar), de disposição radial, exibem reação quimiotrópica positiva, por exemplo, a íons NH_4^+, e assim envolvem a presa retida por secreção pegajosa (ver 8.1.2). Os tentáculos na margem foliar têm estrutura dorsiventral e apresentam reação quimiotáctica (Figura 7-28G).

Todos os quimiotropismos até agora conhecidos baseiam-se em fenômenos de crescimento. Nada se sabe a respeito da percepção dos agentes sinalizadores e da condução de sinais no quimiotropismo.

7.3.2 Nastias

As nastias também são desencadeadas por estímulo, embora – diferentemente dos tropismos (ver 7.3.1) – os movimentos sejam determinados pelo plano estrutural dos órgãos vivos. De acordo com o tipo de estímulo desencadeador, elas podem ser classificadas como: termonastias, fotonastias, tigmonastias, quimionastias e seismonastias; em células-guarda, encontram-se também higronastias. Com frequência, alterações reversíveis de turgor participam da realização de uma nastia.

7.3.2.1 Termonastia

Algumas flores (como, por exemplo, as de tulipas, *Crocus*, margarida) abrem-se pela elevação da temperatura e se fecham por resfriamento. A sensibilidade à temperatura é considerável: as flores de *Crocus* respondem a diferenças de 0,5°C, e as tulipas a diferenças de 1°C. A termonastia deve-se à influência distinta do crescimento do lado inferior e do lado superior da base da pétala (o ótimo de temperatura para o crescimento em alongamento do lado superior é mais alto). A magnitude do movimento é determinada pela velocidade da alteração da temperatura: quanto mais rápida a mudança da temperatura, tanto mais intenso o movimento. As pétalas têm capacidade de reação repetida, alongando-se na tulipa em cerca de 7% em um único movimento; durante o florescimento, mediante reação termonástica repetida pode haver aumento global de 100%.

7.3.2.2 Fotonastia

As oscilações de intensidade da luz – sobretudo novamente em verticilos florais e folhas – também podem provocar movimentos násticos de crescimento; além disso, em folhas de algumas espécies (por exemplo, *Mimosa*) podem levar a movimentos foliares governados pelo turgor, pelos quais as **articulações foliares** (**pulvinos**) são responsáveis. A fotonastia é observada em verticilos florais de muitas anêmonas, cactáceas e oxalidáceas, bem como em capítulos de muitas asteráceas (Figura 7-26), cujas flores da margem (em forma de língua) comportam-se como pétalas individuais. Na maioria das vezes, exposição à luz provoca abertura, e sombreamento – muitas vezes basta a sombra de uma nuvem passageira – e obscurecimento,

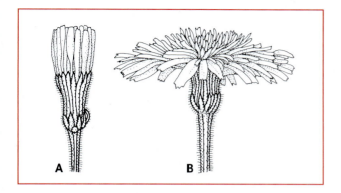

Figura 7-26 Capítulo de *Leontodon hispidus* (Asteraceae). **A** Fechado no escuro, **B** aberto na presença da luz. (Segundo W. Detmer.)

ao contrário, fecham as flores; mas as plantas que florescem à noite (por exemplo, *Silene nutans*) comportam-se de modo contrário. Folhas ainda em crescimento às vezes exibem movimento fotonástico de crescimento; as folhas adultas, no entanto, só o apresentam quando são dotadas de pulvinos (por exemplo, *Oxalis*, *Mimosa*).

O modo de ação dos pulvinos está apenas começando a ser compreendido. Tratam-se de "motores osmóticos", cujo princípio funcional aproxima-se ao das seismonastias (ver 7.3.2.4). Ressalte-se que as nastias provocadas por mudanças de turgor (por exemplo, também os movimentos násticos dos estômatos) baseiam-se em princípios bioquímicos fundamentais comuns (ver também 7.3.2.5).

Experimentos com iluminação mostram que muitos movimentos fotonásticos se processam com participação do sistema de fitocromos (mais precisamente, do fitocromo da classe II, ver 6.7.2.4) e, por isso, exibem a clássica fotorreversibilidade luz vermelho/luz vermelho-distante. Em *Mimosa* (Figura 7-27), a ocupação da posição noturna (posição no escuro) é induzida por um pulso de luz vermelha (do inglês, *red* = r) e impedida por um pulso de luz vermelho-distante (do inglês, *far red* = fr). Logo, para o desencadeamento do movimento há necessidade do fitocromo ativo (P_{fr}). Os processos moleculares envolvidos na alteração (provocada por fitocromo ativo) das atividades do transportador celular de íons (presumivelmente canais iônicos, que conduzem K^+, Cl^- e talvez também Ca^{2+}), que representam os fundamentos para o movimento de turgor, ainda não estão resolvidos.

7.3.2.3 Quimionastia

Os tentáculos medianos da folha de *Drosera*, com disposição radial (Figura 7-28G), exibem quimiotropismo. Já os tentáculos da margem foliar, com estrutura dorsiventral, reagem a um estímulo localizado com quimionastia voltada para o centro da folha e, assim, capturam a presa com outros tentáculos, que só mais tarde se curvam. Neste caso, substâncias orgânicas secretadas pela presa e íons NH_4^+ também são atuantes. A reação é intensificada por uma simultânea sensibilidade ao contato dos tentáculos; os estímulos do contato normalmente partem da presa, animal que ficou retido na substância pegajosa secretada pelos tentáculos.

7.3.2.4 Tigmonastia e seismonastia

As **tigmonastias**, portanto, são movimentos desencadeados por estímulos de contato, cujo andamento é determinado pela estrutura do respectivo órgão. Elas ocorrem em grande número no reino vegetal e podem ser divididas em dois grupos.

O primeiro grupo abrange aquelas que se processam muito rapidamente e dependem de mudanças de turgor (Figura 7-28). Esses movimentos podem também

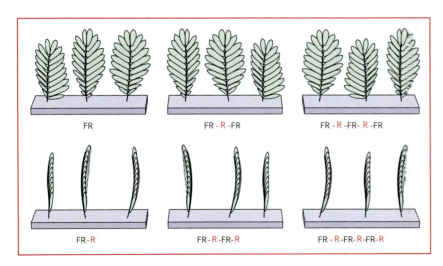

Figura 7-27 Folíolos de primeira ordem de *Mimosa pudica*, 30 minutos após a passagem da luz branca para a escuridão. Logo após o final da exposição à luz branca, a cada 2 minutos e na sequência indicada, os folíolos foram irradiados com luz vermelha (R) ou vermelho-distante (FR) (sistema de fitocromos, ver 6.7.2.4). Os folíolos fecham apenas quando, com o começo do período escuro, prepondera o fitocromo ativo (P_{fr}, após exposição à luz vermelha). (Segundo H. Mohr.)

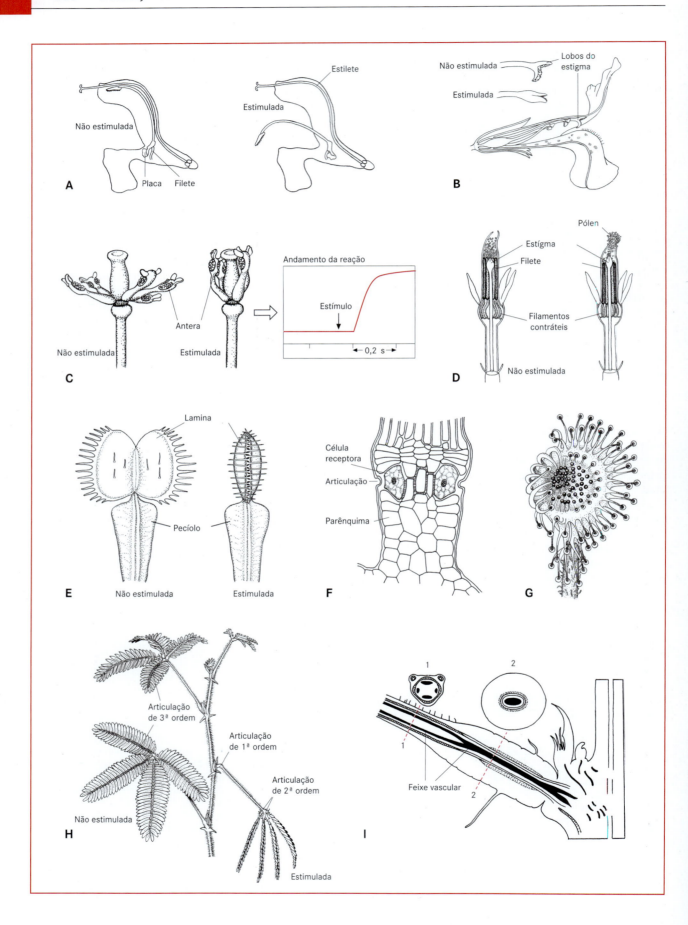

ser desencadeados sem contato, por meio de estímulos de abalo (no entanto, geralmente muito mais intensos), e, por isso, são denominados **seismonastias**. Na maioria das vezes, na natureza, contatos e não abalos podem ser relevantes como desencadeadores fisiológicos da reação. A esse grupo de nastias pertencem os movimentos foliares rápidos de *Mimosa pudica* (Figura 7-28H, I) e os movimentos de dobramento de folhas de *Dionaea muscipula*, que servem para a apreensão de animais. Além desses, encontram-se os movimentos dos estames desencadeados por polinizadores, que propiciam o contato dos grãos de pólen com o polinizador (por exemplo, em *Berberis* e *Opuntia*, dirigidos para dentro; em *Sparmannia*, para fora; em espécies de *Centaurea*, filamentos contráteis, Figura 7-28A, C, D), e estigmas sensíveis a estímulos (por exemplo, em espécies de *Mimulus*, *Catalpa*, *Torenia*, cujos lobos do estigma se voltam para dentro pelo contato e com isso retiram o pólen do inseto causador do movimento, Figura 7-28B).

O segundo grupo abrange reações mais lentas, que podem ser desencadeadas apenas por estímulos de contato (mas não seismonásticos) e que, além do componente governado pelo turgor, sempre contêm igualmente processos de crescimento. A esse grupo pertencem especialmente os movimentos de gavinhas (contanto que não sejam tigmotropismos, ver 7.3.1.3).

Caracteristicamente as tigmonastias rápidas do primeiro grupo, também desencadeáveis por seismonastica, consistem em reações "tudo-ou-nada". Se o limiar de estímulo for ultrapassado, a reação se estabelece com intensidade total. Portanto, na maioria das vezes não existe qualquer proporcionalidade entre estímulo e magnitude da reação (Figura 7-28C). Sob condições ótimas, o tempo de reação (do início do estímulo até o início do movimento) é 0,02 s em *Dionaea* e *Berberis* e de 0,08 s em *Mimosa*; o movimento seismonástico dura mais de 0,1 s em *Dionaea* e *Berberis*, 1 s em *Mimosa* e 6 s em *Mimulus*. A percepção do estímulo está sempre ligada a deformações nas estruturas celulares. As células sensíveis localizam-se na base do filamento ou nos lobos do estigma, em cerdas sensíveis nos lados internos das lâminas das armadilhas foliares de *Dionaea* ou das articulações foliares de *Mimosa*. Essas cerdas sensíveis reforçam como alavancas a deformação das células receptoras de estímulo na base da cerda. Porém, em *Mimosa* os foliólulos submetidos ao contato também podem atuar como alavanca e desencadear a reação. No desencadeamento seismonástico, em todos os casos é produzido um efeito de alavanca por meio de um abalo suficientemente forte (por exemplo, o movimento de filetes) e, desse modo, é ultrapassado o limiar de desencadeamento. Os **tecidos de reação** (também chamados de **tecidos motores**: aqueles que após um estímulo sofrem uma perda rápida de turgor), nos filetes e nos lobos do estigma, são idênticos às células receptoras de estímulo. No entanto, em *Dionaea* e *Mimosa* eles estão separados delas: em *Dionaea*, na nervura mediana (sobre o lado superior) da folha; em *Mimosa*, nas articulações foliares (pulvinos) de 1ª ordem (na base do pecíolo, sobre o lado inferior), de 2ª ordem (na base dos peciólulos, sobre o lado superior) e de 3ª ordem (na base dos foliólulos, sobre o lado superior, Figura 7-28H). Nos exemplos mencionados, deve ser transmitido um sinal do sítio da percepção do estímulo para o tecido motor caracterizando uma transmissão elétrica de sinal. Em *Mimosa*, se discute também um componente químico (ver abaixo).

Hoje, sabe-se que nos tecidos motores os processos das nastias governadas pelo turgor em todos os casos são, em princípio, semelhantes ou mesmo iguais. Contudo, os estudos foram feitos principalmente em *Mimosa*. Ocorre

◄ **Figura 7-28** Tigmonastias com andamento rápido em flores (**A-D**) e folhas (**E-I**). **A** Mecanismo de barreira da sálvia-do-campo (*Salvia pratensis*). Os dois filetes são soldados ao tubo da corola. Um dos conectivos forma uma placa (braço de alavanca) com uma teca, o outro se alonga bastante e se ergue com a outra teca para o lado superior da corola. Na busca do néctar, o inseto toca na placa, o conectivo longo é empurrado para baixo e os grãos de pólen são espalhados sobre o dorso do inseto. **B** Flor de *Mimulus luteus* (foi aberta para tornar visível a posição das anteras e do estigma não estimulado); acima, vista lateral de um estigma não-estimulado e de outro estimulado. **C** Flor de *Berberis vulgaris* (perianto retirado). No estado estimulado, as anteras estão junto ao estigma. **D** Flores do disco de *Centaurea jacea* (corte longitudinal). No estado estimulado, os filetes estão até 30% contraídos. A contração após estimulação puxa para baixo o tubo das anteras soldadas, e o estilete localizado no interior (como um êmbolo) com o estigma no ápice empurra para fora o pólen presente no tubo, que então pode ser levado por um inseto. **E** Folha de *Dionaea muscipula* com três cerdas sensíveis em cada metade da lâmina foliar. **F** Corte longitudinal na base de uma cerda sensível. **G** Folha de *Drosera rotundifolia* em vista frontal, lado esquerdo estimulado. Os tentáculos da margem exibem reação nástica e os tentáculos internos apresentam tropismo. **H** Caule de *Mimosa pudica*, com folha estimulada. Por abalo ou estimulação, os foliólulos se voltam aos pares sucessivos, obliquamente para cima; os peciólulos secundários aproximam-se entre si lateralmente e, por fim, o pecíolo também se volta para baixo. Uma estimulação mais intensa pode se propagar também no eixo do caule, para cima e para baixo, até uma trajetória de aproximadamente 50 cm. As folhas afetadas pela estimulação reagem na seguinte ordem: articulação foliar primária (do pecíolo), as articulações dos peciólulos e, por fim, as articulações dos foliólulos. **I** Corte longitudinal da articulação foliar primária de *Mimosa pudica* e cortes transversais nos locais indicados com 1 e 2. O conjunto de feixes vasculares dispostos no centro da região da articulação facilita o movimento da articulação. O parênquima do lado inferior da articulação (tecido motor), que sofre perda de turgor por estimulação, é denominado extensor, enquanto o do lado superior, que aumenta em turgor, é denominado flexor. No flexor, o aumento de turgor é acompanhado de flexão, enquanto no extensor é acompanhado da ereção do pecíolo (do latim, *extendere* = estender). (A segundo D. Heß e W. Hensel; B segundo W. Schumacher; C segundo E. Strasburger; D segundo W. Schumacher; E segundo Ch. Darwin; F segundo G. Haberlandt; G segundo Ch. Darwin; H, I segundo W. Schumacher.)

saída, bastante rápida de KCl das células motoras, à qual segue saída de água por osmose. Em articulações foliares de *Mimosa*, no escuro do lado inferior da articulação foliar de 1ª ordem, pode ser reconhecido o líquido lançado no apoplasto e que preenche os espaços intercelulares.

A reação da célula motora começa com elevação repentina da condutibilidade de cloreto da plasmalema (Figura 7-29). Pela saída de íons Cl⁻ da célula, o potencial elétrico de membrana fortemente negativo, que dependendo do objeto situa-se em cerca de –80 mV até –160 mV (interior celular negativo, em comparação ao exterior), é despolarizado em até mais 100 mV, podendo alcançar valores positivos. Essa despolarização abre canais condutores de íons K^+, que se dirigem para fora e liberam íons K^+ da célula. Com isso, processa-se repolarização do potencial elétrico de membrana até o valor de repouso. O efeito é provavelmente ainda reforçado pelo fechamento simultâneo dos canais de potássio (dependentes de tensão, dirigidos para dentro), que podem ser abertos somente sob um potencial de membrana suficientemente negativo. A grande perda de KCl reduz o valor osmótico da célula, e a água é liberada no apoplasto. Os fenômenos elétricos mostram todas as características de um potencial de ação. É discutido também se, em sistemas em que o sítio da recepção do estímulo fica afastado do tecido motor (*Dionaea*, *Mimosa*), esses potenciais de ação portadores de correntes de cloreto e potássio apresentam condução de sinais. Os potenciais de ação podem se propagar de célula a célula, enquanto estiverem ligados simplasticamente através de pontes de plasmodesmas. É discutida também a condução por tubos crivados (floema). Em todo o caso, as velocidades da condução de sinais são consideráveis, podendo alcançar em *Mimosa* 3-10 cm s⁻¹ e em *Dionaea* 6-20 cm s⁻¹. Esses valores já se situam na faixa das velocidades de condução nos nervos de animais inferiores (em mexilhão de poças, apenas 1 cm s⁻¹).

O processo primário do acoplamento mecanoelétrico não está esclarecido. Nas células-guarda (ver 7.3.2.5), as células vegetais melhor caracterizadas do ponto de vista eletrofisiológico, o movimento nástico (na verdade, muito mais lento) é efetuado por correntes iônicas em princípio muito semelhantes (idênticas). Aqui se sabe que a corrente de cloreto (despolarizante e iniciadora do fechamento do estômato) é dotada de canais de cloreto da plasmalema, abertos mediante elevação da concentração citoplasmática de íons cálcio. No caso das células-guarda, a liberação de cálcio, por exemplo, é induzida pelo ácido abscísico (fitormônio, ver 6.6.4) distribuído sob estresse hídrico. É imaginável – mas não comprovado – que, também nas células dos órgãos tigmonásticos ou seismonásticos receptoras de estímulo, a corrente de cloreto despolarizante seja induzida via íons cálcio. Com a deformação das células, esses íons poderiam chegar ao citoplasma a partir do apoplasto ou a partir de estruturas intracelulares armazenadoras (RE, vacúolo), via canais de cálcio mecanossensíveis. Esses canais devem participar também do mecanismo gravitrópico de percepção (ver 7.3.1.2). Até agora, no entanto, eles não puderam ser identificados do ponto de vista molecular.

Não só as reduções de turgor das células motoras participam do movimento nástico, mas também os tecidos opostos. Isso está especialmente bem evidenciado nas articulações foliares (por exemplo, em *Mimosa*, Figura 7-281). A perda de turgor do tecido motor provoca na células dos flancos opostos do órgão redução do potencial hídrico (Ψ, Equação 5-15), pois a pressão hidrostática nessas células cai pelo afrouxamento dos tecidos motores. Isso leva a uma corrente hídrica para as células: logo, enquanto os tecidos motores liberam água, as células opostas absorvem água e intumescem; desse modo, o movimento nástico é fortalecido.

Se não houver outro estímulo, após certo tempo o órgão é levado de novo à situação inicial, ao mesmo tempo

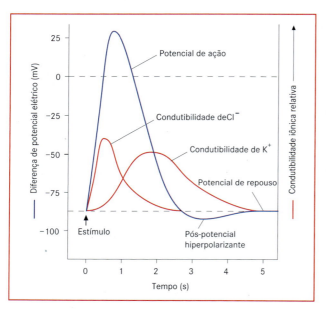

Figura 7-29 Esquema do desencadeamento de um potencial de ação na plasmalema de célula sensível. Em estado de repouso, há na célula ingresso permanente de íons K^+ e Cl⁻, denovo perdidos por difusão. A absorção de íons é energizada pela força motriz de prótons (ver 5.1.4.3 e 5.1.5). Como soma de todas as correntes iônicas, dependendo do tipo celular e do estado fisiológico, estabelece-se na plasmalema um potencial de repouso de -80 até -160 mV (lado citoplasmático da membrana negativo em relação ao lado externo). Após estimulação, a condutibilidade da membrana para íons Cl⁻ se eleva muito rapidamente; o potencial de membrana despolariza-se (torna-se mais positivo e talvez até positivo). A repolarização do potencial de membrana acontece pela elevação subsequente da condutibilidade de íons K^+ e diminuição simultânea da condutibilidade para íons Cl⁻¹. Isso leva à hiperpolarização temporária e fraca do potencial de membrana (mais negativo do que o potencial de repouso). Por fim, o potencial de repouso é novamente alcançado e as condutibilidades atingem o estado inicial.

em que, por meio de processos ativos de absorção, os íons são transportados novamente para as células motoras, e o turgor é restabelecido (em *Mimosa*, a duração é de cerca de 15-20 minutos, em *Dionaea* algumas horas, em filamentos de *Berberis* ou *Centaurea* apenas aproximadamente 1 minuto). Após, é possível a repetição da estimulação e da reação. Na verdade, no caso de êxito, as "armadilhas" das plantas que capturam animais permanecem fechadas por tempo mais longo (acima de semanas), e o fechamento é ainda fortalecido em parte (*Dionaea*) por meio de processos de crescimento mais lentos. Substâncias orgânicas dos animais mortos capturados atuam quimiotacticamente, até que seus corpos sejam totalmente digeridos por enzimas vegetais. Após, em certos casos, não ocorre mais qualquer abertura da armadilha foliar.

Como exemplo de tigmonastias lentas não desencadeadas por estímulos seismonásticos destacam-se as reações das trepadeiras com gavinhas, que dessa maneira podem prender-se aos suportes. As gavinhas complexas das cucurbitáceas, especialmente de *Bryonia*, foram estudadas com minúcia. (Figura 7-30).

As gavinhas de cucurbitáceas são homólogas a caules laterais. Em *Bryonia*, apenas o segmento de gavinha com estrutura dorsiventral (o que realiza o movimento) é homólogo a uma folha, mais precisamente a um profilo; a parte basal da gavinha, com simetria radial, permanece sempre estendida e é homóloga a um broto lateral. Na gavinha de *Bryonia*, a gema axilar não está presente, mas ocorre em outras cucurbitáceas (por exemplo, *Cucurbita*) e forma igualmente uma gavinha ("gavinhas ramificadas").

As gavinhas de *Bryonia* enroladas em sentido horário no estágio jovem estendem-se durante o desenvolvimento e são, mecanicamente sensíveis. Tanto o ápice do caule quanto a gavinha realizam movimento circular autônomo (**circunutação**). Isso aumenta as chances da planta encontrar obstáculos. Em geral, a parte mais sensível ao contato é o terço superior da gavinha. As gavinhas de *Sicyos* e *Momordica* exibem curvatura côncava para o lado inferior, ao contato tanto com o lado superior quanto com o lado inferior; as gavinhas de *Bryonia* e *Pisum* – como muitas outras – reagem após contato com o lado inferior, mas não como o lado superior. Na verdade, a estimulação do lado superior suprime a reação à estimulação do lado inferior. Portanto, o lado superior dessas gavinhas é igualmente sensível ao contato, e mesmo nesses casos existe inequívoca reação nástica. Por fim, existem espécies (por exemplo, *Cobaea scandens*, *Scissus* spp.) cujas gavinhas são morfologicamente e fisiologicamente radiais e, por isso, podem curvar-se para todas as direções, e o lado contatado sempre se torna côncavo. Esse, portanto, é um exemplo de tigmotropismo.

As gavinhas não reagem simplesmente a um estímulo de pressão, mas sim a um estímulo de atrito. Um jato de água, chuva, pressão constante ou contato com um bastão liso não provocam qualquer reação, mas sim um jato de água com partículas de argila suspensas ou contato com bastão áspero. Mesmo o movimento de um fio de lã de apenas $2,5 \cdot 10^{-7}$ g (0,25 µg) de peso desencadeia curvaturas; esse estímulo não pode ser percebido pelo tato humano.

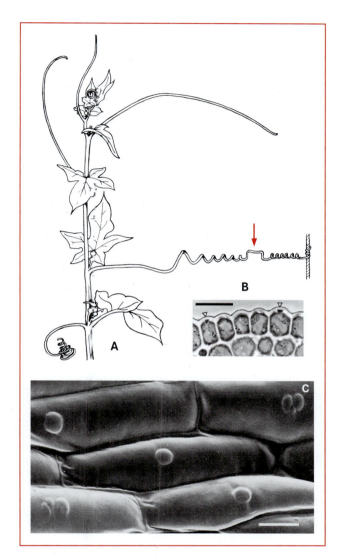

Figura 7-30 *Bryonia dioica*. **A** Segmento do caule com gavinhas em estágios de desenvolvimento diferentes (aproximadamente 0,33x). Gavinha na posição mais alta (mais jovem), ainda enrolada no sentido horário; na posição intermediária, encontra-se uma gavinha com cerca de 1 dia, após atingir um suporte. A reação tigmonástica se processou completamente. A seta indica o "ponto de inversão" (neste caso, um único); abaixo, à esquerda, gavinha mais velha, enrolada. Pontos sensíveis na parede celular externa da epiderme. **B** Corte transversal (30 µm). **C** Vista frontal da epiderme (10 µm). (A segundo W. Pfeffer; B imagem ao microscópio de contraste de fase, de B. Groth; C imagem ao MEV*, de C. Koppmaier.)

---

* N. de T. A sigla MEV é utilizada com frequência em língua portuguesa e significa **m**icroscópio **e**letrônico de **v**arredura.

A gavinha reage, portanto, não à pressão, mas a diferenças espaciais e temporais de pressão. Saliências vesiculosas chamativas, distinguíveis em preparações microscópicas como pontos da parede celular externa da epiderme ("pontos sensíveis", Figura 7-30), têm relação com a percepção de estímulos. No entanto, como elas não ocorrem em todas as gavinhas ou às vezes apenas sobre o lado inferior, embora o lado superior também perceba o estímulo, consistem mais em reforçadores do estímulo do que em mecanorreceptores indispensáveis. A favor disso depõe o fato de que os pontos sensíveis são característicos das gavinhas com maior sensibilidade.

Ao contato com o suporte, a gavinha de *Bryonia* encurva-se para o lado inferior morfológico, como outras gavinhas com reação nástica. Sob condições favoráveis e com gavinhas sensíveis (por exemplo, *Bryonia*, *Sicyos*, *Cyclanthera*), o tempo de reação pode ser menor do que 30 segundos, mas em espécies lentas (por exemplo, *Corydalis clavicuclata*) pode chegar a 18 horas. As reações rápidas baseiam-se na perda de turgor do lado inferior morfológico e na elevação de turgor do lado oposto. Com estimulação por tempo curto, quando, por exemplo, o suporte não for envolvido com eficácia, a gavinha estica-se novamente em 30-60 minutos (**autotropismo**) e pode reagir de novo. No entanto, se um suporte for envolvido, o enrolamento continuado leva ao envolvimento repetido desse suporte pela extremidade da gavinha. Em gavinhas jovens, o rápido crescimento em alongamento do ápice da gavinha também participa dessa reação; todavia, em órgãos totalmente desenvolvidos participa apenas o encurvamento condicionado pelo turgor.

As partes mais basais da gavinha (Figura 7-30) também experimentam enrolamento, atraindo a planta inteira elasticamente para o suporte. Em *Bryonia*, esse enrolamento realiza-se pela inibição do crescimento em alongamento no lado inferior da gavinha, enquanto o crescimento no lado superior continua e pode até ser intensificado. Por motivos mecânicos, nessa reação devem ser intercalados um ou vários "pontos de inversão" (Figura 7-30A) entre as voltas para a esquerda e para a direita, para evitar torções. Por fim, em resposta ao estímulo de contato ocorre também a formação de elementos de sustentação e muitas vezes o crescimento em espessura (**tigmomorfoses**), determinando a estabilização da ancoragem.

Até o momento, existem apenas noções imprecisas sobre a condução de sinais do ápice da gavinha (perceptor do estímulo) até a sua base (que, aproximadamente 1,5-2 horas após o ápice ter encontrado um suporte, começa a se curvar quase simultaneamente em todo o seu comprimento). A curvatura por contato do ápice da gavinha condicionada pela turgescência em torno do suporte realiza-se de maneira semelhante a uma reação dependente de cálcio, como nas tigmonastias e seismonastias rápidas (Figura 7-29). Com eletrodos na superfície, podem ser registradas correntes elétricas nas partes basais da gavinha estimulada. Por isso, a condução de sinais talvez se efetue eletricamente. Novamente, há participação de fitormônios no desencadeamento da curvatura basal, que se realiza por crescimento diferencial dos flancos. A reação tigmonástica da gavinha de *Bryonia* pode ser desencadeada sem contato pelo fornecimento de etileno, auxina ou de octadecanoides (por exemplo, ácido jasmônico, ver 6.6.6.2). Existem referências que, após estimulação mecânica em gavinhas de *Bryonia*, o ácido 12-oxo-fitodiênico é despejado essa substância seria um indutor endógeno (mas não o princípio condutor de sinais) da reação de crescimento.

7.3.2.5 Movimentos násticos dos estômatos

Nesta seção, é dedicada atenção especial aos movimentos estomáticos, não só pelo seu grande significado para as trocas gasosas da maioria das plantas terrestres, mas também porque os processos moleculares, subjacentes ao movimento nástico, têm sido intensivamente estudados e bem compreendidos nos últimos anos. Pode ser admitido também que os processos moleculares da regulação de turgor nas células-guarda assemelham-se àqueles em outros movimentos governados pelo turgor (ver 7.3.2.1 até 7.3.2.4) e que, além disso, talvez tenham importância geral para o controle do turgor celular vegetal.

Correspondente à sua função de regular a resistência à difusão das folhas, em que – conforme a oferta de água disponível – a captação de CO_2 para a fixação fotossintética ou a fixação de CO_2 no escuro é ótima, os **estômatos** apresentam reação predominantemente **fotonástica** e **higronástica** (Figura 5-72, ver 5.5.7). Também pode ser comprovada reação **termonástica**, que parece ecologicamente conveniente, pois, com a elevação da temperatura, a perda de água por transpiração aumenta. Esses movimentos induzidos por fatores externos são sobrepostos pelo **ritmo circadiano**, ou seja, a forte disposição de reagir a fatores indutores exógenos em períodos diários diferentes: as reações de abertura são também preferidas endogenamente na fase luminosa. O fornecedor do tempo* para esse ritmo é a alternância dia/noite (ver 6.7.2.3).

A causa imediata do movimento é, em cada caso, uma diferença do turgor (Equação 5-15) nas **células-guarda** e nas células epidérmicas adjacentes, as quais também podem ser morfologicamente especiais e, assim, identificadas como **células subsidiárias** (ver 3.2.2.1, Figura 3-12). As alterações do turgor realizam-se na maioria das vezes por mudanças do potencial osmótico e fluxos hídricos a ele acoplados; portanto, estão vinculadas também a modificações volumétricas das células-guarda e das células epidérmicas adjacentes, influenciadas por fatores reguladores atuantes em direções opostas nos dois tipos de células. Se o valor osmótico nas células-guarda aumentar em relação ao entorno (ou seja, o potencial osmótico tornar-se mais negativo), a água entra, o turgor aumenta e o volume da célula-guarda cresce; se o valor osmótico diminuir em relação ao entorno, a água sai, o turgor diminui e o volume da célula-guarda reduz-se.

A esses **movimentos ativos dos estômatos**, dependentes de alterações do potencial osmótico das cé-

---

* N. de T. Aqui, foi proposta uma tradução livre para *Zeitger*, que se refere a um sinal ambiental. Ressalte-se que essa grafia em alemão é adotada em obras escritas em outros idiomas.

lulas-guarda em relação às células do entorno, contrapõem-se os **movimentos passivos dos estômatos**, que se realizam por diferença na perda ou no ganho de água, sendo, portanto, meramente **hidropassivos**.

Assim, ocorre perda de volume (absoluta e em relação às células vizinhas), quando a transpiração das células-guarda (transpiração periestomática) for mais alta do que a das células vizinhas. As células-guarda atuam então como "sensores" da umidade relativa do ar. A favor dessa função depõe o achado segundo o qual folhas com conteúdo hídrico igual em ar mais seco apresentam resistência à transpiração muito mais elevada do que em ar mais úmido. Esse fechamento induzido das fendas estomáticas pode provocar uma situação em que no ar mais seco a transpiração seja mais baixa e o conteúdo de água da folha mais elevado do que no ar mais úmido.

Um processo hidropassivo também muitas vezes está na origem da murcha rápida de folhas retiradas da planta: a perda de água das células epidérmicas condicionada pela transpiração manifesta-se nessas folhas mais rapidamente do que a das células-guarda: as fendas estomáticas se fecham.

O aumento de volume das células-guarda leva à abertura das fendas estomáticas e a diminuição de volume ao seu fechamento. Isso depende da estrutura das paredes celulares de células-guarda e células vizinhas, particularmente da disposição especial das microfibrilas nas paredes celulares, que determinam a direção da expansão celular (Figura 7-31). A alteração de volume das células-guarda pode ser considerável: o volume celular das células-guarda de *Vicia faba* é de 1,3 pl (picolitros, 1 pl = 10^{-12} litros) com fendas estomáticas fechadas e de 2,4 pl com fendas totalmente abertas.

A seguir, são tratados apenas os movimentos ativos dos estômatos – subjacentes à regulação. Eles baseiam-se em alterações primárias no potencial osmótico das células-guarda.

Como componente osmótico principal das células-guarda, assim como das células vegetais em geral, aparecem os íons potássio (K^+, Figura 7-32). A concentração vacuolar de potássio em estômatos abertos pode ser superior a 600 mM e em estômatos fechados fica em torno de 100 mM ou menos. Como íons antagônicos para compensação da carga elétrica, são necessários ânions. Em angiospermas dicotiledôneas, atua nesse caso principalmente o ácido málico (ácido dicarboxílico). O ânion do ácido málico, malato (Mal^{2-}), acumula-se com o potássio no vacúolo (K_2Mal). A formação do malato ocorre em células-guarda a partir da decomposição de amido em fosfoenolpiruvato (PEP), carboxilação pela enzima **PEP-carboxilase** e redução do produto da reação, oxaloacetato, em malato. Essa sequência de reações já foi tratada em relação ao metabolismo CAM (ver 5.5.9, Figura 5-79). Além dos ânions orgânicos, os ânions inorgânicos, especialmente cloreto (Cl^-), também participam como componentes osmóticos, particularmente nas monocotiledôneas. Nestas, para compensação da carga, o malato é substituído totalmente (por

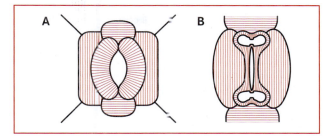

Figura 7-31 Representação esquemática da evolução de microfibrilas de celulose (vermelho) em paredes celulares de células-guarda e suas células vizinhas. **A** Células-guarda (em forma de sementes de feijão) de comelináceas; paredes celulares em vista frontal. Uma expansão celular é possível principalmente no sentido perpendicular à orientação das microfibrilas. Por isso, a célula-guarda é estendida preferencialmente na direção do eixo longitudinal. Certamente, as células adjacentes (as menores) situadas transversalmente ao eixo longitudinal das células-guarda opõem maior resistência à expansão destas do que as duas células adjacentes dispostas lateralmente (as maiores). Portanto, o aumento de volume, sob encurvamento das células-guarda causa o afastamento delas e, com isso, a abertura das fendas estomáticas. **B** Células-guarda de Poaceae, em forma de haltere; células-guarda em corte longitudinal, as demais em vista frontal. A disposição radial das microfibrilas permite ampliação do volume celular apenas com aumento do raio: as extremidades das células-guarda intumescem com conservação da forma esférica; como limites rígidos, isso provoca a abertura da fenda nos trechos centrais reativos (Segundo H. Ziegenspeck, modificado.)

exemplo, em *Allium cepa*, em cuja folha falta a enzima ADP-glicose pirofosforilase necessária para a síntese de amido, Figura 5-68) ou parcialmente (no milho, em cerca de 40%) por íons cloreto (Cl^-). O cloreto é absorvido com o potássio pela célula-guarda.

O ingresso de K^+ na célula-guarda acontece via canais de potássio. Esses canais dependentes de tensão estão voltados para dentro (ou seja, o potássio é transportado só para o interior da célula), e sua probabilidade para o estado aberto (Quadro 5-1) aumenta fortemente com uma diferença no potencial elétrico de membrana suficientemente grande (interior da célula negativo em relação ao exterior; de maneira simplificada, fala-se em potencial hiperpolarizado de membrana). O potencial de membrana é gerado pela atividade da plasmalema-H^+-ATPase (bomba de prótons) dependente de ATP, que transporta íons hidrogênio da célula para o apoplasto (1 H^+ por ATP hidrolisado, ver 5.1.5, Figura 5-4). A bomba motriz de prótons (ver 5.1.4.3), junto a esse transporte na plasmalema, impulsiona também o ingresso de cloreto na célula-guarda, pela qual um transportador de 2 H^+/1 Cl^- do tipo simporte (Figura 5-4) parece ser responsável. Um canal de potássio próprio, regulado de outra maneira, é responsável pela saída de K^+ da célula. Ele está voltado estritamente para fora, e sua probabilidade para o estado aberto aumenta quando o potencial de membrana despolariza (torna-se mais positivo);

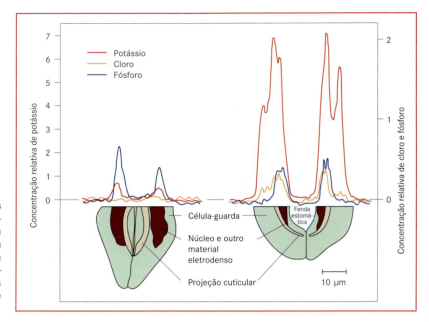

Figura 7-32 Distribuição das concentrações relativas de potássio, cloro e fósforo na superfície de um estômato fechado (à esquerda) e de um aberto (à direita), da face inferior da epiderme foliar de *Vicia faba*. Medições com a microssonda radiográfica. Dos elementos apresentados, apenas K⁺ mostra nítida elevação nas células-guarda abertas. (Segundo G.D. Humble e K. Raschke.)

com potencial de membrana hiperpolarizado, esse canal de potássio permanece fechado, de modo que não se estabelece qualquer "curto-circuito" pelo ingresso de potássio na célula. Por meio de alterações da atividade do sistema de transporte iônico descrito em princípio é possível compreender a regulação do movimento estomático (Figura 7-33). Uma vez que íons osmoticamente ativos ingressam no vacúolo da célula-guarda com a abertura estomática ou são liberados do vacúolo com o fechamento estomático, o transporte iônico também é importante no tonoplasto. Contudo, esses processos ainda não estão bem compreendidos, como aqueles na plasmalema.

Em geral, a luz induz abertura da fenda estomática. A sensibilidade luminosa das células-guarda é

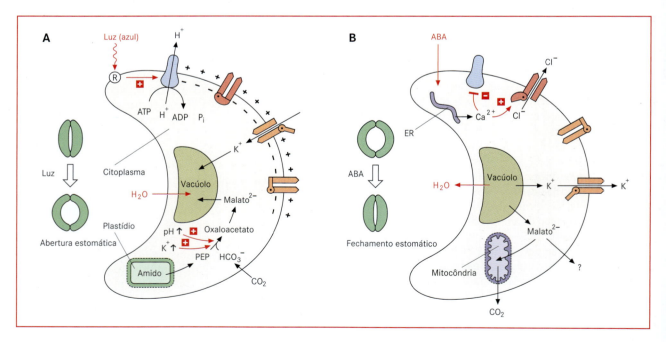

Figura 7-33 Representação simplificada das reações **A** com abertura estomática induzida pela luz azul e **B** com fechamento estomático induzido pelo ABA. Outros esclarecimentos no texto. (Segundo E. Weiler.)

extremamente alta: apenas 25-30 pmol de fótons $cm^{-2}\ s^{-1}$ bastam para induzir a abertura. Os espectros de ação desta **fotonastia** permitem reconhecer pico na faixa espectral do vermelho e – especialmente – do azul. A abertura dos estômatos causada pela **luz vermelha** deve-se à **fotossíntese**. Neste caso, a luz vermelha não desencadeia a nastia, mas sim é fonte de energia da fotossíntese. Assim, a regulação propriamente também não se deve à luz vermelha, mas é mediada pela concentração de CO_2 na folha – $[CO_2]$ –, medida nas células-guarda, mas determinada pelo rendimento da fotossíntese do mesofilo. Com algumas exceções (por exemplo, *Paphiopedilum*), a fotossíntese das células-guarda dotadas de cloroplastos tem contribuição limitada para a redução de $[CO_2]$. Em vez de por exposição à luz, a abertura estomática pode ser alcançada também por fixação de CO_2 no escuro (por exemplo, à noite, por plantas CAM, ver 5.5.9) ou por redução experimental de $[CO_2]$ no ar externo no escuro; ao contrário, a elevação de $[CO_2]$ do ar externo, mesmo na presença da luz, induz o fechamento estomático (**quimionastia**). Em determinados limites, por meio do movimento estomático, portanto, a alteração da resistência à difusão mantém constante a concentração de CO_2 nas células-guarda e, com isso, também proporcional nos espaços intercelulares ou pelo menos impede oscilações mais fortes. A natureza do sensor de CO_2 e sua atuação sobre o potencial osmótico (com diminuição de $[CO_2]$ nas células-guarda, o potencial osmótico torna-se mais negativo) não são ainda compreendidas em pormenores.

A **luz azul** é especialmente eficaz no movimento fotonástico dos estômatos; células-guarda sem cloroplastos reagem apenas à luz azul (por exemplo, *Paphiopedilum*). Como receptores de luz azul, participam as duas **fototropinas** (fototropina 1 e fototropina 2). Há dúvida se a zeaxantina (Figura 5-45) desempenha algum papel, conforme admitido, pois mutantes com queda na biossíntese de carotenoides (conhecida, por exemplo, em *Arabidopsis thaliana*) ainda mostram abertura estomática dependente da luz azul – certamente, mais fraca. A luz azul ativa a H^+-ATPase na plasmalema. Isso leva à hiperpolarização do potencial de membrana e, desse modo, à ativação dos canais de potássio, dependentes de tensão e voltados para dentro. O afluxo de cloreto por intermédio do transportador de 2 H^+/1 Cl^- do tipo simporte também fica fortalecido. A atividade da H^+-ATPase pode ser medida como acidificação do apoplasto de células-guarda (o pH cai de 7 para aproximadamente 5) induzida pela luz azul. A crescente concentração citoplasmática de K^+ e a alcalinização do citoplasma (pela elevada liberação de H^+ pela célula, o valor do pH aumenta no citoplasma) presumivelmente ativam a PEP carboxilase, provocando aumento na formação de ácido málico. O malato chega ao vacúolo com o potássio; os íons H^+, liberados na dissociação do ácido málico a malato, são transportados ao apoplasto por meio da H^+-ATPase.

A ativação da bomba de prótons pela luz azul poderia ser realizada diretamente via fosforilação da enzima, por meio da função de cinase (regulada pela luz) da fototropina (ver 7.3.1.1). Sabe-se que a fosforilação de um resíduo de treonina perto do C-terminal da H^+-ATPase conduz a uma combinação de proteínas de adaptação do grupo das proteínas 14-3-3 (Figura 8-15A), e que isso tem como consequência um forte aumento da atividade enzimática. A fusicocina, a toxina do fungo patogênico *Fusicoccum amygdali*, impede a dissociação do complexo de H+-ATPase e proteína 14-3-3 e, assim, provoca ativação quase irreversível da bomba de prótons. A fusocicina é uma toxina da murcha especialmente ativa em células-guarda. Sob a influência da fusicocina, as fendas estomáticas exibem abertura máxima.

Por **carência de água**, as fendas estomáticas são reduzidas ou totalmente fechadas. Essa reação é induzida pelo **ácido abscísico** (fitormônio, ABA, ver 6.6.4, Figura 6-59), formado na folha ou também na raiz por carência de água, liberado e levado para as células-guarda com a corrente da transpiração. Primariamente, o ABA induz nas células-guarda a liberação de íons Ca^{2+} presentes em depósitos intracelulares. O crescente nível de Ca^{2+} de aproximadamente 100 nM para valores acima de 1 µM

- inibe a H_+-ATPase, diminuindo o gradiente transmembrana de concentração de H^+ e tornando mais positivo o potencial elétrico de membrana (despolarização);
- permite aos íons Ca^{2+} que se liguem a canais de cloreto dirigidos para fora e os abram. Com isso, o cloreto sai passivamente da célula (ao longo de um gradiente eletroquímico), e o potencial elétrico de membrana continua a ser despolarizado. Essa corrente de cloreto induzida por Ca^{2+} também nas células-guarda (que armazenam cloreto não como íon dominante antagônico ao K^+, portanto, em dicotiledôneas) participa da despolarização do potencial de membrana ao nível de plasmalema.

A despolarização tem duas consequências:

- os canais de K^+ dirigidos para dentro, abertos apenas por hiperpolarização, fecham-se e
- os canais de K^+ dirigidos para fora, especialmente ativos em potencial de membrana despolarizado, ocupam-se com uma grande saída de K^+ da célula. Seguem-se os ânions (Cl^- ou $malato^{2-}$) e, osmoticamente associado a isso, a célula perde água. Os íons liberados são armazenados nas células vizinhas e a água, por sua vez, aflui osmoticamente. Para o K^+ (e em monocotiledôneas também para o Cl^-), isso pode ser facilmente mostrado histoquimicamente. Ainda não está esclarecido o destino do malato liberado pelas células-guarda em dicotiledôneas. Nas mitocôndrias, parte do malato poderia ser respirada a CO_2, com formação de ATP.

7.3.3 Movimentos autônomos

Movimentos autônomos são aqueles governados por fatores endógenos, independendo, pois, de fatores externos. Eles podem ser causados por movimentos de crescimento ou por movimentos de turgor.

Os movimentos de turgor são aqueles com periodicidade diária e sujeitos ao ritmo circadiano, apresentados pelas folhas e já referidos (ver 6.7.2.3), por exemplo, em *Mimosa* e *Phaseolus*. Ocorrem nas articulações foliares (pulvinos), cujo modo funcional já foi igualmente tratado (ver 7.3.2.4, Figura 7-28I; em *Phaseolus*, no entanto, não estão localizados na base da folha, mas sim na transição da lâmina para o pecíolo).

Os movimentos de crescimento são os pendulares (**nutações**) de plântulas e eixos jovens de caules e inflorescências. Eles se devem ao crescimento desigual (no tempo) dos diferentes lados do órgão e não expressam adaptações fisiológicas, mas sim mostram a sintonia fina do crescimento em extensão na região do caule.

Circunutações são movimentos circulares descritos pelo órgão. Além de plantas jovens, elas surgem principalmente em plantas escandentes e trepadeiras com gavinhas, e já foram apresentadas preliminarmente no exemplo de *Bryonia* (ver 7.3.2.4). No lúpulo, o círculo descrito pelo ápice do caule pode alcançar um diâmetro superior a 50 cm e em *Hoya carnosa* superior a 150 cm. Esse "tateio" do espaço facilita o encontro de um suporte adequado.

7.3.4 Movimentos de lançamento e de explosão causados pelo turgor

Nos movimentos de turgor até agora tratados, as mudanças de turgor de um determinado lado provocam curvaturas reversíveis de um órgão. Em outros movimentos, principalmente os que servem à dispersão de unidades de propagação, é aproveitada a diferença de turgor entre determinadas camadas de tecidos. Essa diferença gera movimentos que, na maioria das vezes, não podem mais ser interpretados como processos de estímulo típicos, mas sim como resultado de processos naturais de desenvolvimento e amadurecimento não reversíveis. Existem dois mecanismos causados pelo turgor: de lançamento e de explosão.

Os **mecanismos de lançamento causados pelo turgor** baseiam-se em tensões de tecidos. Um **tecido de resistência** opõe-se à absorção máxima de água e à expansão máxima de tamanho de um **tecido túrgido**. Se a tensão ultrapassar determinado valor limite (o que muitas vezes pode ser promovido pelo contato), ocorre desagregação súbita, provocando a abertura no local de rompimento estabelecido ao longo do órgão.

Em espécies do beijo-de-frade (*Impatiens* spp.), durante a maturação do fruto, as células parenquimáticas de paredes delgadas (tecido túrgido) da parte externa do pericarpo desenvolvem elevado potencial osmótico (mais negativo do que -2 MPa em *I. parviflora*). As camadas mais internas do pericarpo, constituídas de fibras alongadas (tecido de resistência), opõem-se a esse esforço de expansão provocado pelo potencial osmótico. Enquanto os cinco carpelos estiverem unidos em forma de tubo, apesar da tensão dos tecidos o fruto permanece (meta) estável. No entanto, quando as lamelas médias ao longo da linha de união dos carpelos se desfazem (tecido de separação) durante o amadurecimento, por contato ou espontaneamente pode ser provocado um equilíbrio de tensão. Desse modo, o ponto de inserção dos carpelos rompe-se no pedúnculo do fruto, os carpelos se enrolam para dentro no sentido horário e as sementes ainda aderidas são projetadas a alguns metros de distância (cerca de 3 metros para *I. parviflora* e 6 metros para *I. glandulifera*). As partes externas do fruto alongam-se em cerca de 32% durante a curvatura, enquanto as camadas de fibras encurtam em aproximadamente 10%. Lançamentos semelhantes aos de *Impatiens* também são encontrados, por exemplo, nos frutos de *Cyclanthera explodens* (Cucurbitaceae) e *Cardamine impatiens* (Brassicaceae), bem como na região dos estames de urticáceas, por exemplo (Figura 7-34). Em *Catasetum* (Orchidaceae), as polínias (ver 10.2, Figura 10-249C, D) são projetadas a uma distância de até 80 cm.

Os **mecanismos de explosão causados pelo turgor** são generalizados. Como exemplo nas plantas superiores pode ser citado o pepino-do-diabo (*Echallium elaterium*). Células grandes de paredes delgadas, no interior do fruto, formam o tecido túrgido, que ao amadurecer alcança um potencial osmótico de aproximadamente -1,5 MPa. As camadas externas do pericarpo formam um tecido de resistência, fortemente tensionado elasticamente. No ponto de inserção do pedúnculo do fruto, forma-se finalmente um tecido de separação, que se abre bruscamente, arremessando o pedúnculo do fruto pela pressão interna do fruto como se fosse a rolha de um espumante. O pericarpo tensionado simultaneamente se contrai, de modo que o conteúdo líquido do fruto é lançado junto com as semen-

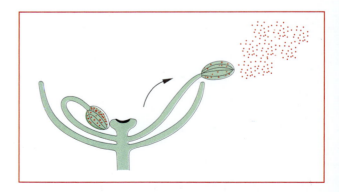

Figura 7-34 *Urtica dioica*, corte longitudinal de flor estaminada. A antera do estame à esquerda ainda está encaixada abaixo da margem do ovário atrofiado, ao passo que à direita a antera já está lançada para fora e liberou os grãos de pólen (cerca de 10x). (Segundo C.T. Ingold.)

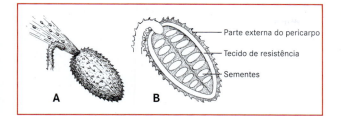

Figura 7-35 Pepino-do-diabo (*Ecballium elaterium*). **A** Fruto maduro no momento do desligamento do pedúnculo do fruto e do lançamento do conteúdo do fruto, incluindo as sementes (aproximadamente 0,5x). **B** Corte longitudinal em fruto ainda não desligado (esquemático). (Segundo F. Overbeck e H. Straka.)

tes (Figura 7-35). As sementes são arremessadas a uma distância de aproximadamente 12 metros, enquanto o envoltório do fruto (sem as sementes), devido ao rechaço, é lançado na direção oposta.

O lançamento de esporos de fungo de um asco maduro realiza-se de modo que a parede celular, tensionada elasticamente pelo turgor (cerca de 1 MPa, em ascos maduros), rompe-se repentinamente em local predeterminado do ápice do asco (opérculo; ver 10.2, Figura 10-38) e, por contração do asco até a metade do volume inicial, arremessa os esporos poucos milímetros até o máximo de 60 cm de distância (em *Dasyobolus immersus*). Nestes casos como em outros (por exemplo, no pólen de *Urtica*), é fundamental que, por meio da camada de ar parado encontrada na superfície do órgão formador, as unidades de dispersão cheguem ativamente às camadas de ar turbulento, nas quais possam então ser dispersadas passivamente pelo movimento do ar. De resto, determinadas condições externas devem estar presentes para que os ascos se abram; além de umidade suficiente (para a ocorrência de turgescência), algumas espécies necessitam também de luz (por exemplo, *Sordaria curvula*; a luz azul é ativa, e o fotorreceptor ainda não foi identificado). Outros ascomicetos (por exemplo, *Hypoxylon fuscum*), ao contrário, exibem lançamento noturno.

O lançamento dos esporângios de *Pilobolus* também se baseia no mesmo mecanismo. A extremidade superior do esporangióforo unicelular maduro (ver 10.2, Figura 10-28) torna-se claviforme por pressão de turgor, expandindo a parede celular em até 100%. Apenas a zona em anel onde o esporangióforo se curva para o interior do esporângio como columela não é elástica e permanece pré-formada como local de ruptura. Quando se dá a abertura, o esporângio é arremessado com velocidade inicial de cerca de 6 m s^{-1}, a uma distância de aproximadamente 2,5 metros ou a uma altura de aproximadamente 1,8 metros, e, devido ao fototropismo positivo, em direção à luz incidente (ver 7.3.1.1).

7.4 Movimentos especiais

No reino vegetal, os movimentos higroscópicos e os movimentos de coesão estão amplamente distribuídos. Os **movimentos higroscópicos** baseiam-se em **intumescimentos anisotrópicos** e se processam sem a participação direta de células vivas. Eles se prestam à dispersão de esporos, grãos de pólen, sementes e frutos. O movimento é meramente físico e baseia-se na expansão ou retração diferenciais das camadas fibrilares por intumescimento ou desintumescimento, respectivamente. Nas paredes celulares secundárias, o comportamento higroscópico é determinado pela direção preferencial das camadas paralelas de microfibrilas. A expansão ou retração encontra-se de preferência perpendicularmente à disposição das microfibrilas. Se camadas de tecidos com disposição microfibrilar e composição de paredes diferentes estiverem sobrepostas, pela alteração do conteúdo de umidade do tecido (por exemplo, devido ao dessecamento durante o amadurecimento e, em estado maduro, pelo estado higroscópico diferencial em ambiente mais seco ou mais úmido) ocorrem torções. Os principais componentes de parede celular mostram poder de intumescimento crescente na seguinte ordem:

lignina < celulose < hemicelulose < pectina

Os dentes externos do perístoma nas cápsulas dos esporos dos musgos, que na maioria das vezes consistem apenas em partes das paredes das duas camadas celulares contíguas, ao secar se curvam higroscopicamente para dentro ou para fora, dependendo da sua estrutura fina, e promovem ou dificultam a dispersão dos esporos por esses movimentos decorrentes das oscilações da umidade do ar. No exemplo apresentado na Figura 7-36A, o movimento de um dente do perístoma durante o dessecamento ocorre porque as microfibrilas nas lamelas externas dispõem-se perpendicularmente ao eixo longitudinal do dente, de modo que essa camada se reduz de preferência no eixo longitudinal. A lamela interna, ao contrário, retrai-se apenas em espessura devido à posição axial das fibrilas, sem decrescer em comprimento. Com a camada externa da parede firmemente unida, ela impede a redução do dente e causa sua curvatura para fora. A estrutura da parede celular de perístomas de gêneros de musgos é bastante variada e, por conseguinte, as direções dos movimentos – adaptadas às respectivas necessidades ecológicas – são diferentes. Os eláteros (igualmente constituídos apenas de substância de parede) dos esporos de *Equisetum* (ver 10.2, Figura 10-169H, J) e os capilícios de alguns fungos mucilaginosos (ver 10.2, Figura 10-18E) também mostram movimentos higroscópicos semelhantes.

Muitos frutos do tipo cápsula se abrem tão logo os protoplastos das células de suas paredes morrem e as paredes celulares começam a dessecar (**xerocasia**, por exemplo, *Saponaria*); outros permanecem fechados no estado de dessecamento e se abrem apenas quando molhados (**higrocasia**, por exemplo, espécies de *Mesembryanthemum*, *Sedum*, *Veronica*). Os movimentos de abertura (por dessecamento) e fechamento das escamas dos estróbilos de coníferas (por exemplo, estróbilos de pinheiros, ver 10.2, Figura 10-225) são também atribuídos ao intumescimento anisotrópico das camadas individuais dessas escamas.

Nos frutículos de espécies de *Erodium* (Figura 7-36B), por dessecamento ocorre enrolamento helicoidal. Por hidratação, as aristas tornam-se novamente retilíneas e, quando sua extremidade livre encontra o solo, os frutículos podem penetrar nele. As aristas de algumas cariopses de gramíneas (por exemplo, de *Stipa*) atuam de maneira semelhante. Os tricomas que auxiliam na dispersão pelo vento de muitas sementes e frutos também apresentam movimento higroscópico (por exemplo, no dente-de-leão).

Na rosa-de-jericó (*Anastatica hierochuntica*, Brassicaceae norte-africana), os ramos secos ficam curvados para dentro, mas umedecidos expandem-se novamente. A ideia de que indivíduos esféricos secos de *A. hierochuntica* pudessem ser arrastados pelo vento e, assim, dispersar as sementes, no entanto, não se confirmou.

Diferentemente dos movimentos higroscópicos, os **movimentos de coesão** dependem se forças de coesão muito intensas, mesmo em películas de água (ver 5.3.2.2, Equação, 5-34).

O **anel** arqueado que envolve o esporângio de pteridófitas (Figura 7-37) possui células com paredes anticlinais e periclinais internas espessadas, enquanto as paredes periclinais externas permanecem delgadas. Durante a maturação do esporângio, essas células começam lentamente a perder água. Porém, como a água está firmemente ligada às paredes, e o conteúdo de água, devido às elevadas forças de coesão entre as suas moléculas, também não se rompe inicialmente (para isso, são necessárias pressões hidrostáticas mais negativas do que −25 MPa, ver 5.3.5), as paredes celulares anticlinais são contraídas na sua parte externa pela diminuição da água do interior das células. Assim, na superfície do esporângio resulta uma propulsão tangencial, em cuja sequência duas células se separam uma da outra em um local pré-formado (**estômio**), de modo que, a partir desse ponto, a parede morta do esporângio começa lentamente a se abrir e virar para fora. Quando a deformação das células do arco avança o suficiente, de modo que nas células individuais sucessivamente a força de coesão da água interna seja superada, as tensões nas células do anel se equilibram. Cada "salto" de uma célula provoca um empurrão; logo, globalmente a parede do esporângio inclinada para trás volta à posição inicial e, com isso, lança os esporos. A abertura das anteras baseia-se em um mecanismo bastante similar, onde atuam as fibras do endotécio presentes na parede da antera, em virtude de sua rigidez de parede semelhante à das células do anel. Nas paredes das cápsulas dos esporos e nos elatéros de muitas hepáticas, também atuam mecanismos semelhantes de coesão (Figura 7-38).

O mecanismo de captura realizada pelas vesículas de *Utricularia* (Quadro 4-3 Figura B) baseia-se igualmente na força de coesão da água de preenchimento. Pela extrusão ativa de íons Na^+, K^+ e Cl^- da água de preenchimento, através da parede da vesícula, e pela corrente osmótica de água, a vesícula perde cerca de 40% de água. Assim, a vesícula forma pressão hidrostática negativa em relação ao entorno, visível na cavidade da armadilha

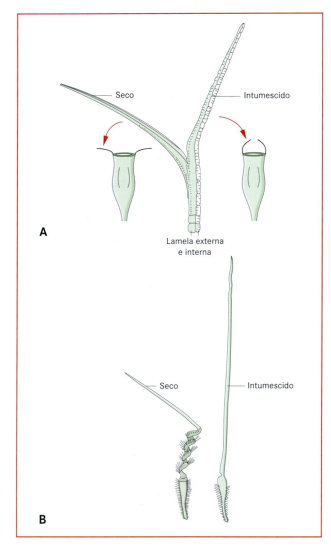

Figura 7-36 Movimentos higroscópicos. **A** Dente externo do perístoma da cápsula do musgo *Orthotrichum diaphanum*, em estados seco e intumescido; lamelas externas e internas do dente com indicação esquemática da direção das microfibrilas. Ao lado, encontram-se cápsulas com perístoma aberto (à esquerda) e fechado (à direita) (apenas dois dentes do perístoma estão representados esquematicamente). **B** Frutículos de *Erodium gruinum*, em estados seco e intumescido. (A segundo C. Steinbrinck, modificado; B segundo F. Noll.)

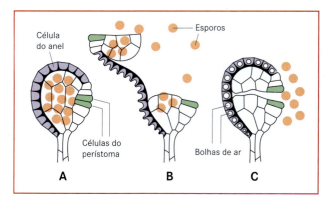

Figura 7-37 Mecanismo de coesão no anel do esporângio de *Dryopteris*. **A** Esporângio ainda fechado. **B** Abertura brusca (células contraídas na parte externa, por meio da propulsão de coesão da água). **C** Estado final, após novo lançamento dos esporos (tensão suprimida pela penetração de bolhas de ar). (Segundo P. Metzner, de O. Stocker.)

Figura 7-38 Eláteros da hepática *Cephalozia bicuspidata*. **A** Cápsula aberta (6x). **B** Elátero individual com esporos (100x). **C** Pedaço de um elátero: preenchido de água, à esquerda, e após evaporação parcial da água, à direita (425x). (Segundo C.T. Ingold.)

pronta para a captura. O contato com as cerdas provoca a abertura da válvula e a água do entorno é sugada para dentro da armadilha junto com a presa ("princípio da armadilha num gole"); (em alemão *schluckfallenprinzip*).

Referências

Assmann SM, Shimazaki K (1999) The multisensory guard cell. Stomatal responses to blue light and abscisic acid. Plant Physiol 119: 809-815

Berry RM, Armitage JP (1999) The bacterial flagellar motor. Adv Microb Physiol 41: 291-337
Firtel RA, Chung CY (2000) The molecular genetics of chemotaxis: sensing and responding to chemo-attractant gradients. BioEssays 22, 603-615
Foster KW, Smyth RD (1980) Light antennas in phototactic algae. Microbiol Rev 44: 572-630
Hanzlik M, Winklhofer M, Petersen N (1996) Spatial arrangement of chains of magnetosomes in magnetotactic bacteria. Earth Planet Sci Letts 145: 125-134
Hart JW (1990) Plant tropisms and other growth movements. Unwin Hyman, London
Haupt W (1977) Bewegungsphysiologie der Pflanzen. Thieme, Stuttgart
Hegemann P (1997) Vision in microalgae. Planta 203: 265-274
Jaffe MJ, Galston AW (1968) The physiology of tendrils. Annu Rev Plant Physiol 19: 417-434
Jarvis PG, Mansfield TA (1981) Stomatal Physiology. Cambridge University Press, Cambridge
Kreimer G (1994) Cell biology of phototaxis in flagellated algae. Int Rev Cytol 148: 229-310
Pandey S, Zhang W, Assmann SM (2007) Roles of ion channels and transporters in guard cell signal transduction. FEBS Lett 581: 2325-2336
Putz FE, Mooney HA, eds (1991) The Biology of Vines. Cambridge University Press, Cambridge
Salomon M, Zacherl M, Rüdiger W (1997) Asymmetric, blue-light dependent phosphorylation of a 116-kilodalton plasma membrane protein can be correlated with the first- and second-positive phototropic curvature of oat coleoptiles. Plant Physiol 115: 485-491
Schroeder JI, Allen GI, Hugouvieux V, Kwak JM, Waner D (2001) Guard cell signal transduction. Annu Rev Plant Physiol Plant Mol Biol 52: 627-658
Sievers A, Buchen B, Hodick D (1996) Gravity sensing in tip-growing cells. Trends Plant Sci 1: 273-279
Shimazaki K, Doi M, Assmann SM, Kinoshita T (2007) Light regulation of stomatal movement. Annu Rev Plant Biol. 58: 219-247
Strong DR, Ray TS (1975) Host tree location behavior of a tropical vine (Monstera gigantea) by skototropism. Science 190: 804-806
Thiel G, Wolf AH (1997) Operations of K+-channels in stomatal movements. Trends Plant Sci 2: 339-345
Ueda M, Yamamura S (2000) Chemistry and biology of plant leaf movements. Angew Chem Int Ed 39: 1400-1414

Capítulo 8
Alelofisiologia

8.1	Particularidades da nutrição heterotrófica	522	8.3	Patógenos	537
8.1.1	Saprófitos e parasitos	522	8.3.1	Conceitos fundamentais da fitopatologia	537
8.1.2	Plantas carnívoras	525	8.3.2	Patógenos microbianos	538
			8.3.3	Mecanismos da patogênese	539
8.2	Simbiose	526	8.3.4	Defesa contra patógenos	542
8.2.1	Simbioses fixadoras de nitrogênio do ar	526	8.4	Herbivoria	547
8.2.2	Bioquímica e fisiologia da fixação de N_2	532	8.4.1	Defesa contra herbívoros	547
8.2.3	Micorrizas	534	8.4.2	Interações tritróficas	550
8.2.4	Liquens	536	8.5	Alelopatia	552

Além de reagirem a estímulos físicos ou químicos do seu ambiente abiótico (ver 6.7), as plantas estabelecem múltiplas interações com outros seres vivos. As reações (governadas por fitocromos) ao sombreamento por outras plantas ou à luz refletida de plantas vizinhas já foram mencionadas como exemplo (ver 6.7.2.1). O estudo dos processos moleculares na interação de plantas com outros organismos constitui hoje um campo independente da fisiologia, aqui apresentado resumidamente sob o conceito de **alelofisiologia** (do grego, *allélos* = recíproco).

A alelofisiologia remete à ecologia vegetal (ver 12.8) e, além disso, mostra relações com a fitopatologia, que no contexto deste livro pode ser tratada apenas preliminarmente. As relações das plantas com seus polinizadores são mencionadas na seção 10.2, quando da abordagem dos respectivos táxons. No âmbito floral, os movimentos vegetais relacionados aos polinizadores já foram referidos no capítulo sobre fisiologia dos movimentos (ver 7.3.2).

As interações mais estreitas de organismos são encontradas na **simbiose** (ver 8.2). Por simbiose, entende-se o convívio íntimo de dois organismos de espécies diferentes em que ao menos por momentos ambos tiram proveito. Com isso, a simbiose distingue-se do **comensalismo** (vantagem de um parceiro sem influência perceptível no outro) e de **parasitismo** (ver 8.1.1, vantagem de um parceiro e prejuízo do outro). Na maioria das vezes, é possível reconhecer claramente que o convívio simbiótico resulta de um parasitismo recíproco (**aleloparasitismo**), no qual se estabelece um equilíbrio em ataque e defesa entre os parceiros e eles se subtraem mutuamente nutrientes e substâncias ativas. Durante a simbiose, esse equilíbrio pode ser rompido pela dominância de um parceiro e transformar-se em parasitismo, como na digestão das bactérias dos tubérculos por meio de suas células hospedeiras (ver 8.2.1).

Entre parasitos e patógenos também não existe um limite muito nítido. Em geral, os parasitos microbianos, que prejudicam o organismo hospedeiro a ponto deste manifestar um quadro de dano característico, se multiplicam (muitas vezes de modo considerável) e são identificados como agentes patológicos (**patógenos**, ver 8.3). A lesão pode provocar a morte do hospedeiro ou de determinados tecidos. A nutrição saprofítica ocorre quando o patógeno obtém seus nutrientes a partir dessas partes mortas (ver 8.1.1).

Entre os organismos heterotróficos encontram-se também os consumidores de plantas (**herbívoros**, ver 8.4), animais que suprem sua necessidade de substância orgânica exclusiva ou predominantemente de vegetais autótrofos, os produtores primários situados no começo da cadeia alimentar.

Para o conjunto das interações, constata-se um grau de especificidade, em parte bastante alto, quanto aos organismos interagentes. As plantas são resistentes à maioria dos agentes patogênicos potenciais e suscetíveis a apenas poucos; elas estão protegidas da maioria dos consumidores e são atacadas apenas por poucos; parasitoses e simbioses, em geral, estabelecem-se igualmente apenas entre determinados parceiros. Como base nessa **especificidade de hospedeiro**, são estabelecidos "processos de reconhecimento", durante os quais ocorre com frequência uma troca recíproca de moléculas sinalizadoras dos organismos participantes; a resistência ou suscetibilidade de uma planta em relação ao patógeno depende desses processos.

A interação química entre plantas, mais precisamente entre indivíduos da mesma espécie ou – na maioria das vezes – de espécies diferentes, é denominada **alelopatia** (ver 8.5). Com frequência, essas substâncias químicas são inibidores, produzidos por um indivíduo e liberados no entorno, onde prejudicam o crescimento de competidores vegetais.

8.1 Particularidades da nutrição heterotrófica

As interações das plantas com outros organismos estão ligadas direta ou indiretamente à nutrição. A alelopatia fundamenta-se na competição intra e interespecífica das plantas autotróficas por uma oferta limitada de nutrientes; todas as outras interações representam aspectos da nutrição heterotrófica da própria planta e/ou do outro organismo que com ela se relaciona.

Enquanto os organismos **autotróficos** captam nutrientes inorgânicos (ver 5.4-5.8), os **heterotróficos** se nutrem de substâncias orgânicas. Se um organismo autotrófico necessita essencialmente de compostos orgânicos simples para crescer, fala-se em **mixotrofia** ou **prototrofia**. Os organismos auxotróficos são mutantes que perderam a capacidade de formação de uma substância orgânica necessária para o crescimento (por exemplo, aminoácido, um cofator), a qual necessitam importar.

Entre os heterotróficos, distinguem-se os **saprófitos**, que retiram sua nutrição orgânica de substratos mortos, e os **parasitos**, que exploram organismos ou células vivas.

8.1.1 Saprófitos e parasitos

Os **saprófitos** são as bactérias e os fungos, mas nenhuma planta superior. Quanto ao substrato nutritivo, suas exigências são bem diferentes em seus pormenores. Além de substâncias inorgânicas, há necessidade de uma fonte de carbono. Como fonte de carbono, podem ser utilizados não apenas os carboidratos, gorduras ou proteínas, mas também álcoois, ácidos orgânicos, entre outros, bem como petróleo, parafina, benzol e naftalina. Com frequência, os saprófitos secretam exoenzimas, que realizam a decomposição extracelular de substratos com massa molecular elevada (por exemplo, lignina, celulose, proteína) em produtos de clivagem reabsorvíveis. O material orgânico absorvido é então incorporado ao metabolismo básico normal (catabólica ou anabolicamente). Muitos saprófitos não necessitam de nitrogênio ligado organicamente. Assim, por exemplo, a levedura e o fungo *Aspergillus niger* podem crescer tendo NH_4^+ e NO_3^-, respectivamente, como únicas fontes de nitrogênio (ver 5.6).

Na maioria das vezes, na natureza cooperam grupos inteiros de organismos diferentes, quando uma espécie se nutre de produtos da decomposição ou restos das outras, enquanto suas secreções servem como substrato nutritivo para outras espécies, em parte também como "combustível" para conversões que fornecem energia durante a quimiossíntese (H_2S, H_2, NH_3). Esses fenômenos ocorrem, por exemplo, na decomposição, em que bactérias e fungos transformam material orgânico (por exemplo, vegetais, partes vegetais ou animais mortos) em compostos inorgânicos (remineralização); com isso, o apodrecimento é um componente importante da ciclagem de matéria. A "autodepuração biológica" de água poluída baseia-se nesses processos. Na "técnica do lodo ativado", por ocasião da depuração de esgotos, são empregadas associações de saprófitos para o tratamento de resíduos orgânicos. No solo também se processam fenômenos de mineralização semelhantes (também, por exemplo, na compostagem). Em conjunto, todos os processos mencionados são de grande importância para a utilização de recursos materiais da Terra.

Os produtos da decomposição microbiana são também as substâncias iniciais para a formação de húmus, carvão e petróleo, em cuja origem, no entanto, as conversões químicas abióticas, em parte sob pressão elevada (carvão e petróleo), exercem um papel decisivo.

Parasitos podem ser bactérias, fungos, liquens e espermatófitas. Algumas algas vermelhas heterotróficas parasitam rodofíceas aparentadas próximas (**adelfoparasitismo**). Os organismos que na natureza apresentam nutrição saprofítica ou parasítica são denominados parasitos facultativos; aqueles que necessitam sempre de organismos vivos com hospedeiros são os parasitos obrigatórios. Em experimentos, contudo, mesmo os parasitos obrigatórios muitas vezes podem viver de maneira saprofítica sobre meios nutritivos artificiais adequados.

Os parasitos microbianos (bactérias, fungos) são a causa de muitas doenças em vegetais, animais e seres humanos; eles são agentes patogênicos (patógenos). Devido às interações muito complexas entre esses agentes e as plantas, os patógenos microbianos são apresentados à parte (ver 8.3).

Entre as **gimnospermas**, apenas uma única espécie parasítica é conhecida: *Parasitaxus ustus* (Podocarpaceae); como o seu hospedeiro, *Falcatifolium taxoides*, da mesma família, ela é endêmica da Nova Caledônia. O parasito tem contato com o xilema do hospedeiro e, assim, obtém água e sais nutritivos.

Nas **angiospermas** parasíticas, sempre parasitos obrigatórios, distinguem-se **hemiparasitos** e **holoparasitos** (parasitos parciais e parasitos totais, respectivamente). Os hemiparasitos (por exemplo, a maioria dos viscos e as Scrophulariaceae *Rhinanthus*, *Melampyrum*, *Pedicularis*, *Euphrasia*) possuem capacidade fotossintética; seus nutrientes inorgânicos e água não são obtidos do solo por meio de raízes, mas sim do xilema do hospedeiro através de haustórios. Como geralmente crescem apenas sobre hospedeiros específicos (variedades de *Viscum album*, sobre abetos, pinheiros e latifoliadas), as substâncias orgânicas em concentração mais baixa no xilema (ver 5.3.5 e 5.8) parecem igualmente desempenhar um papel. Por precisarem trazer para o seu corpo o conteúdo dos elementos do xilema do hospedeiro contra a tensão de sucção do hospedeiro, esses hemiparasitos em geral apresentam transpiração foliar especialmente intensa (por isso, *Melampyrum* murcha rapidamente logo após a colheita). São plantas que em determinados estágios de desenvolvimento (por exemplo, *Tozzia* e *Bartsia*) ou durante toda a vida (*Lathraea*) não têm quaisquer folhas desenvolvidas e transpirantes; assim, nas escamas do rizoma, elas desenvolveram glândulas aquíferas, secretam água e mantêm o necessário gradiente de potencial hídrico entre hospedeiro e parasito. A erva-escamosa (*Lathraea*) representa o elo dessa corrente nas Rhinanthoideae parasitos de xilema, entre as Scrophulariaceae. Ela parasita hospedeiros perenes, de cujo xilema recebe matéria orgânica suficiente para viver como holoparasito.

Nos viscos também se conhece uma espécie de vida totalmente parasítica, *Tristerix aphyllus* (sem folhas, Loranthaceae), que exerce o parasitismo sobre espécies de cactos. Nesses casos, não está esclarecido se ela tem contato com o xilema ou o floema do hospedeiro. As outras angiospermas holoparasíticas, como, por exemplo, *Striga*, *Orobanche* e *Cuscuta* (Figura 10-314), estabelecem contato com os tubos crivados do hospedeiro, dos quais retiram os assimilados mediante células especiais de absorção (células de transferência). No caso de *Cuscuta*, comprovou-se que a absorção de assimilados se processa de maneira simplástica, ou seja, durante a ocupação formam-se plasmodesmas entre as células hospedeiras e o parasito, permitindo que o parasito participe diretamente do fluxo de assimilação.

As plantas superiores servem com frequência como hospedeiros de animais parasíticos (**zooparasitos**). Na maioria das vezes, antrópodes se estabelecem no caule e nematódeos na região das raízes. Especialmente os últimos provocam anualmente prejuízos consideráveis à agricultura mundial. Os estados das plantas atacadas por parasitos ligados à expressão de sintomas característicos de doença são identificados como **parasitoses**. Entre os artrópodes parasíticos, por exemplo, encontram-se as traças minadoras, cujas larvas se alimentam dos tecidos do mesófilo de folhas das plantas hospedeiras. Contudo, na maioria das vezes a presença do parasito está associada à formação de um **cecídio** (**galha da planta**). Em geral, cecídio é todo o desvio de formação ativo de crescimento restrito desencadeado por um organismo estranho parasítico. Os desvios de formação de crescimento ilimitado são denominados **tumores** (ver 8.3.3 e 6.6.2.3, Quadro 8-2). As estruturas simbióticas (por exemplo, nódulos de raízes, ver 8.2.1) não são mais consideradas galhas, embora existam formações de galhas desencadeadas por bactérias ou fungos parasíticos (por exemplo, a "**vassoura-de-bruxa**" pela bactéria *Rhodococcus fascians*, ver 6.6.2.3, e pelo fungo do gênero *Taphrina*, ver 10.2, Figura 10-32).

As **galhas organoides** consistem em órgãos básicos das plantas hospedeiras, na verdade bastante alterados, mas ainda claramente distinguíveis (por exemplo, a "vassoura-de-bruxa"). As **galhas histoides** (Figura 8-1)

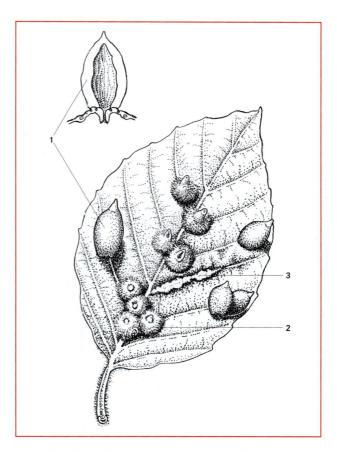

Figura 8-1 Galhas histoides diferentes sobre uma folha de *Fagus sylvatica*. A forma específica das galhas é atribuída à ação do animal. **1** Galha do tipo bolsa, causada pelo mosquito-galhador-da-faia (*Mikiola fagi*); **2** Galha do tipo bolsa pilosa, do mosquito-galhador *Hartigiola annulipes*; **3** Galha felpuda sobre nervuras foliares, causada pelo ácaro *Eriophyes nervisequus*. (Segundo H. Roß e H. Hedicke.)

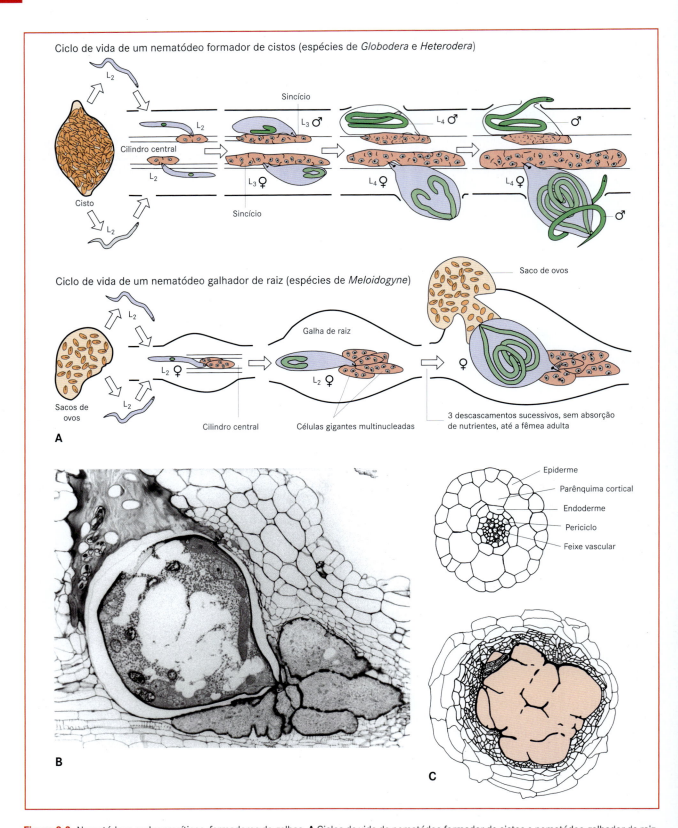

Figura 8-2 Nematódeos endoparasíticos, formadores de galhas. **A** Ciclos de vida de nematódeo formador de cistos e nematódeo galhador de raiz. **B** Uma fêmea adulta do nematódeo galhador de raiz (*Meloidogyne incognita*) na galha de uma raiz de pepino. **C** Corte transversal da raiz de *Arabidopsis thaliana* em estado não atacado (acima), bem como (abaixo) corte transversal na região sincicial da raiz atacada (sincício, vermelho; *Heterodera schachtii*, nematódeo formador de cistos; larva feminina no 4º estágio larval). – L, estágios larvais. (Segundo U. Wyss, gentilmente cedido.)

são generalizadas; elas não permitem identificar qualquer unificação, mas sim se originam como formações de partes de eixos caulinares, folha ou raiz, geralmente produzidas por animais galhadores: na região do caule, em especial por mosquitos, vespas, piolhos ou ácaros; na região da raiz, em especial por nematódeos dos gêneros *Heterodera* e *Globodera*, formadores de cistos, ou por nematódeos do gênero *Meloidogyne* formadores das galhas (Figura 8-2). Como, nesse caso, o parasito penetra no tecido vegetal, os animais galhadores são **endoparasitos**. Os **ectoparasitos**, ao contrário, não penetram integralmente nas plantas hospedeiras, mas parasitam sobre a sua superfície (por exemplo, insetos sugadores como piolhos das folhas, percevejos e cigarras que sugam plantas, alguns nematódeos).

Sobretudo as galhas histoides frequentemente estão adaptadas, de maneira acentuada e complicada, às necessidades do animal galhador. Assim, por exemplo, a galha do tipo bolsa (comum) origina-se em folhas de faia (Figura 8-1), por meio de um crescimento superficial induzido pelas larvas do mosquito-galhador-da-faia. As larvas "moldam" o envoltório da galha com sua saliva. A região submetida à saliva finalmente adquire a forma de uma bolsa, na qual os agentes causadores ficam encerrados. Em muitas galhas verifica-se também crescimento posterior em espessura e formação de elementos esclerenquimáticos, originando um envoltório resistente para proteção do animal em desenvolvimento. Pelos e células ricas em nutrientes e de paredes delgadas são abundantes e servem com frequência à nutrição do animal galhador.

Nos exemplos mencionados, portanto, por influência de um organismo estranho são produzidas formas de células e órgãos. Existe na planta o potencial genético para essas formas, embora normalmente elas não sejam formadas. Não há qualquer dúvida que as diferentes galhas são originadas pela atuação material agente-específica (espacial e temporalmente determinada) dos organismos produtores. Nesse sentido, os fitormônios parecem desempenhar um papel especial.

Devido ao significado agronômico, especialmente as reações vegetais causadas por nematódeos endoparasíticos têm sido estudadas em mais detalhe (Figura 8-2). Os nematódeos (no 2º estágio larval, L_2) infectam as plantas nas proximidades dos ápices das raízes. Com seu aparato em estilete, os nematódeos formadores de cistos penetram nas células do procâmbio, que – devido às secreções das glândulas salivares do animal – inicialmente intumescem bastante. Com a dissolução parcial das paredes celulares e a fusão do protoplasto, originam-se **sincícios** volumosos ("cistos") com mais de 200 células e elevada atividade metabólica, dos quais o parasito, agora imóvel, retira suas substâncias nutritivas (Figura 8-2A, C). Os animais bem nutridos desenvolvem fêmeas, que ao morrer portam numerosos ovos já embrionários, capazes de sobreviver no solo por vários anos. Os nematódeos galhadores de raízes também induzem alterações drásticas nas células procambiais dos ápices daqueles órgãos. Não formam sincícios, mas sim, por endomitoses, células gigantes multinucleadas (Figura 8-2A, B) com até 100 núcleos grandes e alta atividade metabólica, que como drenos (ver 5.8.3) induzem uma considerável importação de nutrientes dos órgãos produtores da planta. O parasito recebe suas substâncias nutritivas das células gigantes por rota simplasmática. É evidente que as reações vegetais são provocadas por produtos metabólicos do animal. A natureza das substâncias desencadeadoras ainda é completamente desconhecida.

Por outro lado, podem ser encontrados espécies ou cultivares (nos gêneros *Beta* e *Solanum*, por exemplo) que exibem uma nítida **resistência** contra o ataque de nematódeos. A clonagem dos genes causadores da resistência (genes de resistência, genes R) trouxe o surpreendente achado segundo o qual esses genes mostram grande semelhança com genes causadores da resistência contra bactérias e vírus patogênicos (ver 8.3.4). As plantas dispõem de mecanismos de resistência voltados contra um amplo espectro de parasitos (ver 8.3.4 e 8.4.1).

8.1.2 Plantas carnívoras

Excetuando os fungos captores de animais (ver 10.2, Figura 10-68), as plantas **carnívoras** (Quadro 4-3) sempre possuem clorofila. Elas são aptas a fazer fotossíntese C_3 e de fácil cultivo quando suficientemente nutridas com sais minerais, sem necessidade da nutrição animal. Apenas quando a oferta nutricional for insuficiente, como muitas vezes acontece nos ambientes naturais (por exemplo, turfeiras), elas capturam animais, principalmente para o suprimento de nitrogênio e fósforo. Em *Utricularia exoleta*, a formação de flores é nitidamente fomentada pela nutrição animal.

A adaptação das plantas carnívoras a determinados animais só existe quando esses animais precisam ser atraídos pelo aparato chamariz e retidos pelas estruturas de captura (mecanismos de captura, Quadro 4-3 e 7.3.2.4). A digestão se processa mediante exoenzimas, sobretudo proteases, secretadas por glândulas especiais, por estimulação da presa (por exemplo, *Drosera*) ou independente de estimulação (por exemplo, a protease semelhante à pepsina, com pH ótimo fortemente ácido, nas folhas em forma de jarro de *Nepenthes*; Quadro 4-3 Figura A). Nos jarros de *Sarracenia*, as enzimas digestivas de bactérias devem ser secretadas no líquido de captura. Os produtos da digestão são reabsorvidos pela planta – muitas vezes com auxílio de tricomas de absorção – e conduzidos ao metabolismo.

8.2 Simbiose

Além das três simbioses amplamente distribuídas – simbioses fixadoras de N_2 (ver 8.2.1), das micorrizas (ver 8.2.3) e dos líquens (ver 8.2.4) – são encontradas numerosas outras associações de seres vivos com caráter simbiótico. A **endossimbiose** ocorre quando um dos parceiros penetra total ou parcialmente em células do outro parceiro. Nesse caso, no entanto, a estrutura penetrante permanece envolvida por uma membrana do hospedeiro, derivada do plasmalema e denominada **membrana simbiossômica**. Ela é importante para o intercâmbio de matéria entre os dois parceiros, mas também serve para que não se realizem reações de defesa do hospedeiro contra o "intruso". Os fungos fitopatogênicos parasíticos (por exemplo, o oomiceto biotrófico obrigatório *Peronospora* ou o míldio *Blumeria graminis*) penetram nas células dos hospedeiros com hifas especializadas, os **haustórios** (ver 8.3.2); os haustórios são igualmente envolvidos por uma membrana celular do hospedeiro, que apresenta todas as características de uma membrana simbiossômica. Nesse caso, as estreitas relações entre parasitismo e simbiose também são estrutural e funcionalmente nítidas.

As simbioses entre algas e **invertebrados** são notáveis. Assim, em cada célula da gastroderme de *Chlorohydra viridissima* encontram-se 15-25 células de *Chlorella* (em uma *Chlorohydra*, um total de $1,5 \cdot 10^5$) e em *Paramaecium bursaria* aproximadamente 1.000 células de *Chlorella*. Elas são envolvidas por uma membrana vacuolar da célula hospedeira e fornecem para o animal cerca de 30-40% dos produtos fotossintéticos globais, provavelmente em forma de glicose e maltose. A exportação (de glicerina e ácidos orgânicos) de dinoflagelados simbióticos para invertebrados marinhos, como o coral *Pocillopora damaecornis* e a anêmona-do-mar *Anthopleura elegantissima*, tem rendimento semelhante. O calcário formador do esqueleto dos corais endurecidos é um produto da simbiose. Com frequência, os corais hospedam também cianobactérias, que podem ligar N_2 (ver 8.2.1). Em outros celenterados, o alimento fornecido pela simbiose é tão abundante que a boca do pólipo é completamente reduzida. Em *Convoluta roscoffensis*, um platelminto marinho, as larvas precisam captar algas verdes (*Platymonas convoluta*) para alcançar o amadurecimento. A alga elabora manitol como produto principal da fotossíntese, mas exporta para o animal hospedeiro principalmente aminoácidos, amidas, ácidos graxos e esteróis, enquanto obtém dele ácido úrico. Um copépode (*Acanthocyclops vernalis*) pode deixar passar em seu trato digestivo algas capturadas e mal digeridas. As algas podem ainda realizar fotossíntese e fornecer O_2 ao hospedeiro e às vezes também produtos fotossintéticos.

Especialmente notável é um simbionte do ascídio *Didemmun*, formador de colônia: alga unicelular com estrutura celular procariótica, mas clorofilas *a* e *b*, o que a coloca em uma categoria própria, Prochlorophyta (ver 10.2).

Existem também casos onde não as algas inteiras, mas apenas seus cloroplastos são ingeridos por células animais e ao menos por um certo tempo podem ser fotossinteticamente ativos. Isso é válido para células na vizinhança do trato digestório de algumas espécies de moluscos marinhos transparentes, que contêm os cloroplastos das algas digeridas (algas verdes sifonales). *Elysia viridis* com cloroplastos de *Codium* alcança uma taxa fotossintética (por mg de clorofila) que corresponde a de *Codium fragile*. As recentes simbioses de algas e de cloroplastos são consideradas modelos possíveis para uma origem simbiótica da célula eucariótica (ver 2.4).

8.2.1 Simbioses fixadoras de nitrogênio do ar

A capacidade de reduzir nitrogênio (N_2) a amônia (NH_3) (= fixação de N_2) está restrita a uma série de procariotos dos grupos das eubactérias e cianobactérias e ligada à presença da enzima **nitrogenase** (ver abaixo). A fixação biológica de N_2 repõe o nitrogênio perdido anualmente pela desnitrificação da biosfera (Tabela 5-21, Figura 5-82) e, com isso, é um componente imprescindível no ciclo global desse elemento químico. Os fixadores de nitrogênio de vida livre ligam 15-20 kg de N_2 por hectare por ano. A fixação simbiótica de N_2 é eficiente e produz 50-200 kg N_2 por hectare por ano (a simbiose de *Anabaena*/*Azolla*, por exemplo, produz 95 kg, a de *Frankia*/*Alnus* produz acima de 200 e a de *Rhizobium*/Leguminosas produz 55-140 kg de N_2).

Enquanto algumas bactérias fixadoras de N_2 são exclusivamente de vida livre (*Azotobacter vinelandii*, *Clostridum pasteurianum* e *Rhodospirillum rubrum*), outras ocorrem associadas (*Klebsiella pneumoniae* a plantas, animais e até seres humanos) ou em simbiose com animais (p. ex., *Citrobacter freundii*, ver abaixo) ou plantas (p. ex., espécies de *Rhizobium*, ver abaixo) incapazes de fixar N_2. As bactérias associadas ou simbióticas são encontradas vivendo livremente, mas nesse estado não fixam nitrogênio ou o fixam muito pouco.

Nas cianobactérias, a fixação de N_2 é generalizada nas Hormogoneae de vida livre formadoras de heterocistos (espécies dos gêneros *Anabaena, Anabaenopsis, Cylindrospermum, Nostoc, Aulosira, Calothrix, Tolypothrix, Trichodesmium* e *Mastigocladus*) e se processa nos heterocistos. Algumas Hormogoneae sem heterocistos (ver 10.2, Figura 10-13) fixam N_2 apenas sob condições anaeróbias ou microaeróbias, e as cianobactérias unicelulares o fazem apenas muito esporadicamente (*Gloeocapsa*). Nas associações simbióticas vivem cianobactérias com fungos, diatomáceas, briófitas, pteridófitas, gimnospermas e angiospermas, mas também com protozoários e metazoários. As cianobactérias (na maioria das vezes, gêneros da ordem Nostocales, em particular espécies de *Nostoc, Anabaena, Calothrix* e *Scytonema*) ocupam estruturas dos hospedeiros formadas mesmo sem a presença dos simbiontes. A realização da simbiose é consideravelmente governada pe-

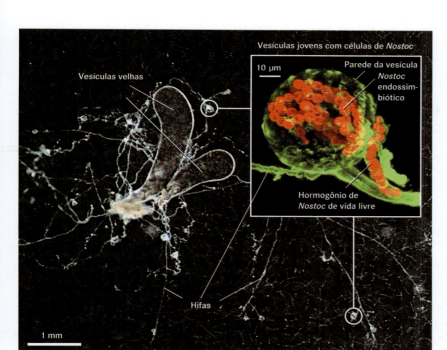

Figura 8-3 *Geosiphon pyriforme*. Micélio com duas vesículas mais velhas e várias jovens, que contêm endossimbiontes de *Nostoc*. Caixa: imagem em minoscopiaco nfocal de varredura a laser confocal de uma vesícula jovem de *Geosiphon*, 5 dias após a incorporação do endossimbionte (nesta representação falsa-cor mostrada em vermelho, *Geosiphon* verde). (Segundo originais de E. Wolf e M. Kluge, gentilmente cedidos.)

los hospedeiros por meio da secreção de substâncias. Nisso, os açúcares (arabinose, galactose e glicose) desempenham um papel positivo na quimiotaxia, ao passo que aminoácidos e flavonoides escolhidos parecem não influenciar a interação.

Assim, *Geosiphon pyriforme*, um fungo inferior aparentado com o gênero *Glomus*, fagocita; com seu micélio atravessa as camadas superiores do solo e lá dentro forma vesículas com aproximadamente 1 mm de tamanho (Figura 8-3), a partir de cianobactérias (*Nostoc punctiforme*) do entorno. Essas cianobactérias são envolvidas no plasma do hospedeiro por uma membrana simbiossômica e atuam por assim dizer como plastídios capturados, que suprem o hospedeiro com produtos da fotossíntese e compostos nitrogenados reduzidos.

As associações de cianobactérias e diatomáceas também são de natureza endossimbiótica. Por isso, essas diatomáceas, como *Rhopalodia gibba* (bentônica) e espécies dos gêneros *Rhizosolenia* e *Hemiaulus* (marinhas planctônicas), não necessitam de qualquer fonte de nitrogênio no meio de cultura.

Cianobactérias simbiontes (*Nostoc*) ocorrem com disposição intracelular – igualmente envolvidas por uma membrana simbiossômica – e também nas glândulas mucilaginosas das espécies tropicais de *Gunnera* (Gunneraceae) (Figura 8-4), formadas na base do pecíolo. No estágio de **hormogônios** (unidades de reprodução capazes de movimentos rastejantes; ver 10.2), atraídos por fatores do hospedeiro (portanto, quimiotacticamente; ver 7.2.1.1), os simbiontes migram para as glândulas mucilaginosas por meio de canais. Na base dos canais glandulares, eles são incorporados por fagocitose a células glandulares, cujas paredes foram parcialmente dissolvidas. Nesses locais, os simbiontes-*Nostoc* diferenciam heterocistos fixadores de N_2.

Em todos os demais casos, as cianobactérias simbióticas exibem permanência extracelular nos hospedeiros; assim, por exemplo, *Anabaena azollae*, que ocorre nos espaços intercelulares das folhas de *Azolla* (pteridófita aquática) e de lá chega ao meristema apical, já estando presente, portanto, durante o desenvolvimento foliar; *Nostoc* nas "raízes coraliformes" de espécies do gênero *Macrozamia* (Cycadaceae) e em cavidades cheias de mucilagem dos gametófitos (mas não dos esporófitos) de antóceros (por exemplo, espécies de *Nostoc* em *Anthoceros punctatus*, Figura 8-5) e hepáticas (espécies de *Nostoc* em *Blasia pulsilla*). Para *Anthocerus punctatus*, demonstrou-se que os talos secretam um fator indutor de hormogônios e, ao mesmo tempo, atraem quimiotacticamente essas unidades de reprodução móveis. Igualmente sob controle da planta hospedeira, presume-se que essas cianobactérias diferenciam heterocistos; os heterocistos colocam à disposição da planta hospedeira o nitrogênio fixado, predominantemente como amônia (NH_3). Nesse estado, a fixação fotossintética de CO_2 das cianobactérias é fortemente reprimida, de modo que os simbiontes dependem do suprimento de compostos orgânicos (inclusive aminoácidos) oriundos da planta hospedeira e crescem muito lentamente. Por isso, o proveito que as cianobactérias tiram dessa simbiose quase não está na sua permanência na planta; ele se relaciona muito mais com as células de vida livre nas proximidades

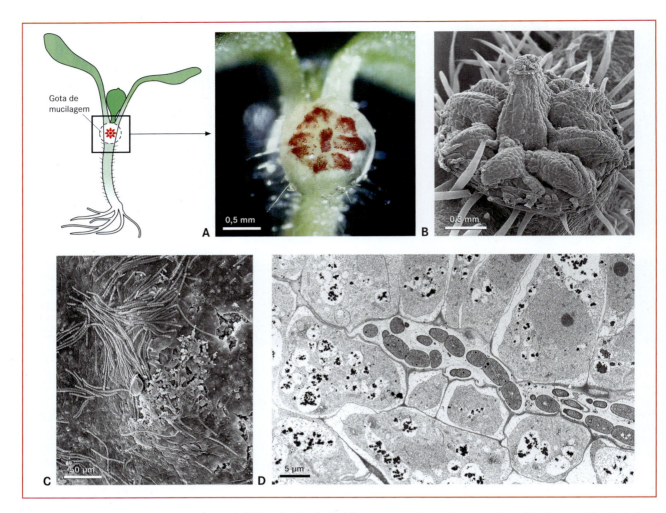

Figura 8-4 Simbiose entre *Gunnera* e *Nostoc*. **A**, **B** Uma das duas glândulas secretoras de mucilagem no hipocótilo de uma plântula de *Gunnera*, com disposição decussada em relação aos cotilédones. **C** Hormogônios de *Nostoc* sobre a superfície de uma glândula. **D** Corte transversal de uma glândula com hormogônios de *Nostoc* no seu conduto, revestido de células secretoras de mucilagem. (Segundo C. Johansson, gentilmente cedido.)

(sobre a superfície) das plantas hospedeiras, estimuladas a produzir hormogônios e presumivelmente também a crescer, por substâncias secretadas pelas plantas hospedeiras.

As simbioses de bactérias fixadoras de N_2 com animais (inclusive seres humanos) e com angiospermas são conhecidas. Assim, os cupins abrigam, no intestino, bactérias fixadoras de N_2 (*Citrobacter freundii*, *Enterobacter agglomerans*) e, desse modo, completam sua dieta pobre em nitrogênio. A flora intestinal dos papuas (nativos da Nova Guiné) contém igualmente bactérias fixadoras de N_2. Apesar da alimentação simples, principalmente à base de batata-doce (pobre em proteína), os papuas quase não apresentam carência proteica.

Diferentemente das simbioses cianobacterianas, as simbioses com bactérias fixadoras de N_2 existentes nas plantas estão relacionadas à formação de estruturas simbióticas específicas: os **nódulos de raízes**. Esses nódulos ocorrem nos amieiros, por exemplo, e abrigam *Frankia alni* (estreptomiceto). Mais de 140 outras espécies de nove famílias formam, com actinomicetos como parceiros de simbiose, nódulos de raízes fixadores de N_2 (Tabela 8-1). A fixação é eficaz e em espécies de *Alnus* alcança 50-200 kg N_2 por hectare por ano. Os nódulos de raízes de fabales (leguminosas) são especialmente propagados, bem estudados e também importantes do ponto de vista agronômico. Eles são a expressão da simbiose com bactérias fixadoras de N_2 pertencentes aos gêneros (com parentesco muito próximo) *Rhizobium*, *Bradyrhizobium*, *Azorhizobium*, *Mesorhizobium* e *Sinorhizobium*. Nas Fabaceae, menos da metade dos gêneros das Caesalpinioideae examinados é dotada de nódulos nas raízes, nas Mimosoideae a maioria e nas Faboideae quase todos. As leguminosas pertencem aos primeiros cultivos da idade da pedra lascada e até hoje, depois das Poaceae, são as principais culturas vegetais. Sua propriedade de melhorar o solo já era conhecida na antiguidade (Teofrasto, século IV antes de Cristo).

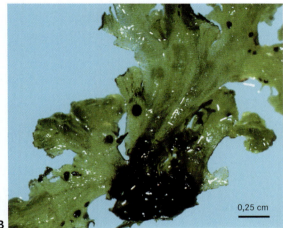

Figura 8-5 Simbiose *Anthoceros*/*Nostoc*. **A** Hábito de um agrupamento de *Anthoceros punctatus*. Cada gametófito forma um esporófito colunar. **B** Lado inferior de um gametófito com as colônias de *Nostoc* de aparência escura na imagem. (Segundo J.C. Meeks, gentilmente cedidas.)

Tabela 8-1 Gêneros que apresentam espécies com actinomicetos-nódulos de raízes

Gênero	Família
Casuarina	Casuarinaceae
Myrica	Myricaceae
Comptonia	Myricaceae
Alnus	Betulaceae
Dryas	Rosaceae
Cercocarpus	Rosaceae
Chamaebatia	Rosaceae
Cowania	Rosaceae
Purshia	Rosaceae
Rubus	Rosaceae
Coriaria	Coriariaceae
Ceanothus	Rhamnaceae
Colletia	Rhamnaceae
Discaria	Rhamnaceae
Retanilla	Rhamnaceae
Talguenea	Rhamnaceae
Trevoa	Rhamnaceae
Elaeagnus	Elaeagnaceae
Hippophae	Elaeagnaceae
Shepherdia	Elaeagnaceae
Parasponia	Ulmaceae
Datisca	Datiscaceae

Os rizóbios apresentam ampla distribuição no solo. Nas proximidades de uma planta hospedeira, eles se movimentam quimiotacticamente para a superfície da raiz. Os **flavonoides** (ver 5.15.1) atuam como quimiotácticos; em *Rhizobium meliloti*, por exemplo, atua a luteolina (Figura 8-6). As bactérias se prendem aos ápices dos tricomas jovens de raízes, estabelecendo o contato de **lectinas vegetais** (proteínas que se ligam a açúcares, ver 5.16.4) com as estruturas superficiais bacterianas. A ligação provoca curvatura do tricoma da raiz e a formação de um **canal de infecção** (que se pode considerar um crescimento apical invertido, voltado para dentro, do tricoma da raiz) revestido por parede celular. Esse canal de infecção cresce para o interior com a ajuda do tricoma da raiz. No seu interior encontram-se os rizóbios. O canal de infecção atravessa muitas camadas de células do parênquima cortical até um **primórdio nodular** que se forma nesse processo. O primórdio nodular estabelece-se em posição oposta aos polos de protoxilema, a partir de células parenquimáticas corticais que se desdiferenciam e se dividem por poliploidia (ver 6.3.2). Essa retomada da atividade de divisão celular é induzida pelos **fatores Nod** secretados pelos rizóbios (Nod = nodulação). Esses fatores são compostos por oligossacarídeos de lipoquitina (Figura 8-6), cujo esqueleto consiste em 3-5 moléculas de N-acetilglicosamina, como na quitina acopladas entre si por ligações glicosídicas β-1,4. Esse oligossacarídeo apresenta uma série de outros substituintes característicos. A biossíntese do fator Nod é igualmente induzida pelos flavonoides das plantas hospedeiras. As enzimas necessárias para essa biossíntese são codificadas pelos genes *nod*, na maioria das vezes carregados por um plasmídeo essencial para a simbiose, o **plasmídeo Sim**. A estrutura dos fatores Nod determina a região hospedeira das bactérias e decide se o primórdio nodular se forma nas regiões externas ou internas do parênquima cortical da raiz. Assim, um fator Nod, para atuar como

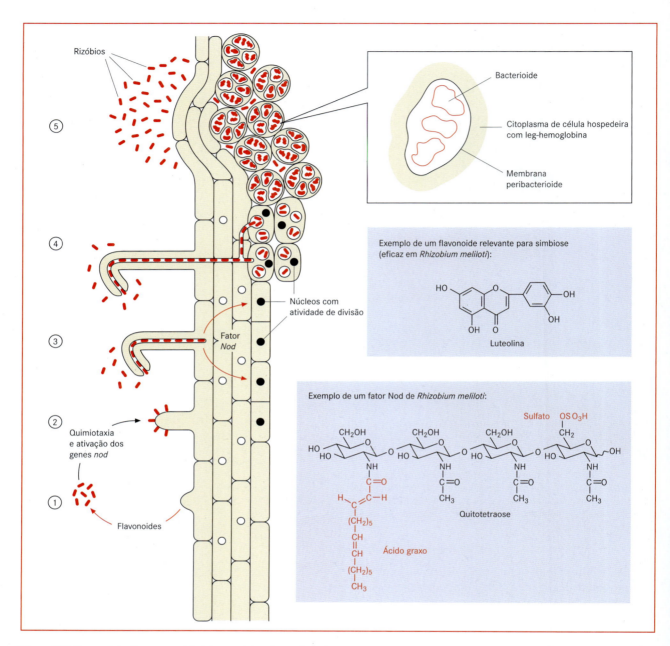

Figura 8-6 Representação esquemática dos estágios de estabelecimento de uma simbiose *Rhizobium*/ guminosas. Em ① sob carência de nitrogênio, a raiz secreta flavonoides. Flavonoides provocam nos rizóbios (que vivem no solo, são flagelados e possuem forma de bastonete) uma quimiotaxia positiva e ativam os genes da nodulação (genes *nod*). ② Pela mediação de lectinas vegetais, os rizóbios se prendem aos ápices de tricomas jovens de raízes. ③ O tricoma da raiz se curva no ápice e forma um canal de infecção, no qual os rizóbios se detêm e se multiplicam. Os rizóbios secretam fatores Nod, cuja biossíntese é efetuada por enzimas codificadas por alguns dos genes *nod* ativados. Os fatores Nod se difundem no parênquima cortical, onde induzem divisões celulares. Forma-se um primórdio nodular. ④ Após o canal de infecção alcançar o primórdio nodular, os rizóbios são fagocitados por essas células. ⑤ Por intenso crescimento em volume das células hospedeiras, os rizóbios se diferenciam em bacterioides, que igualmente aumentam em volume (cerca de 10x). Os bacterioides não se dividem mais e realizam a fixação de N_2. As estruturas do fator Nod representadas em vermelho (caixa, embaixo) são indispensáveis para o efeito na alfafa. Se elas faltarem, não se realiza a indução de um primórdio nodular. Se faltar o grupo sulfato, o fator Nod é ineficaz na alfafa, mas em *Vicia* ou *Pisum* ainda é ativo. Se faltar o ácido graxo, o fator apresenta ineficácia generalizada. (Segundo E. Weiler.)

indutor sobre a alfafa, deve portar um éster de sulfato na posição C-6 do resíduo de N-acetilglicosamina da extremidade redutora (Figura 8-6). Além disso, para a atividade biológica é importante a presença de um ácido graxo de cadeia média a longa (frequentemente rara), em vez do resto de acetil no primeiro componente de glicosamina. Os fatores Nod com ácido graxo poli-insaturado se difundem mais profundamente no parênquima cortical e causam a formação de nódulos indeterminados. Esses nódulos desenvolvem um meristema próprio no ápice e tem crescimento contínuo (por exemplo, ervilha e alfafa). Os fatores Nod com ácidos graxos saturados se difundem menos profundamente no parênquima cortical e causam a formação de nódulos determinados sem meristema próprio, que após poucas semanas perdem a função e então são reabsorvidos pela planta (por exemplo, feijão e soja). Os rizóbios com região hospedeira restrita sintetizam apenas um ou poucos fatores Nod; os com amplo espectro hospedeiro, ao contrário, sintetizam muitos diferentes. Por meio de nova combinação dos genes do fator Nod, produzida por biotecnologia, podem ser obtidos rizóbios com região hospedeira modificada.

No primórdio nodular, as paredes celulares das células poliploides e do canal de infecção são parcialmente dissolvidas e os rizóbios fagocitados pelas células vegetais. Com isso, por intumescimento das células vegetais, que nesse momento secretam bastante auxina, os rizóbios inicialmente ainda se multiplicam, mas no fim – por modificação da forma celular, reorganização da parede celular e intumescimento do corpo celular – se transformam nos chamados **bacterioides**, que não se dividem mais e efetuam a fixação de N_2. Os genes bacterianos necessários para essa finalidade são denominados genes *nif* ou genes *fix* (do inglês, *nitrogen fixation*). Eles codificam, entre outras, as subunidades da enzima **nitrogenase** (ver abaixo). Os bacterioides ficam permanentemente envolvidos por uma membrana simbiossômica vegetal, identificada também como membrana peribacterioide. Cerca de 10^{11} a 10^{12} de bacterioides por grama de tecido podem estar presentes por vesícula de membrana. A membrana peribacterioide com bacterioides envolvidos e o espaço intermediário constituem o **simbiossomo** (Figura 8-7).

Os tecidos fixadores de N_2 no interior de um nódulo de raiz podem ser reconhecidos com base na cor

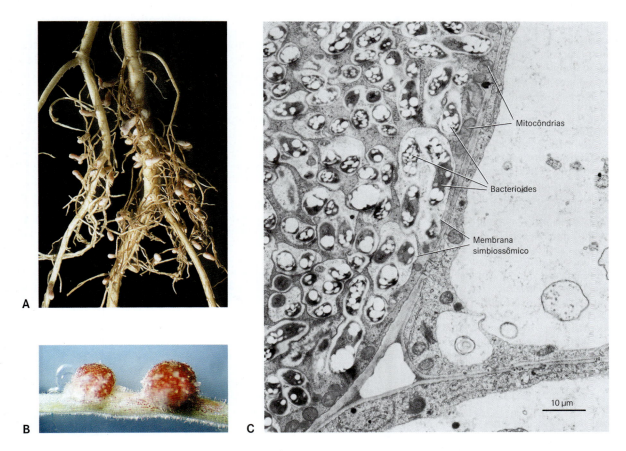

Figura 8-7 Nódulo da raiz da alfafa (**A**) e de *Lotus presli* (**B**). C Eletromicrografia de células hospedeiras da soja com simbiossomos, que contêm bacterioides formados a partir dos rizóbios. (B segundo H.P. Spaink, gentilmente cedida; C segundo original de J.G. Streeter, gentilmente cedida.)

vermelha. Essa reação deve-se à **leg-hemoglobina**, formada pelo trabalho coletivo dos parceiros da simbiose (a planta sintetiza a proteína semelhante à mioglobina, e os bacterioides formam presumivelmente o heme). Comparável à hemoglobina dos vertebrados, mas cerca de 10 vezes superior, a leg-hemoglobina liga oxigênio, molecular e, com isso, propicia uma pressão parcial de oxigênio mais baixa no sítio da fixação de N_2, pois a nitrogenase é muito sensível ao oxigênio e seus genes são reprimidos na presença de O_2 em demasia. Simultaneamente, a leg-hemoglobina fornece oxigênio à cadeia respiratória bacteriana, a serviço da síntese de ATP. No ápice, os nódulos indeterminados produzem permanentemente novas células contendo simbiossomos, enquanto os da base morrem. Os nódulos determinados concluem sua fixação de N_2 após 4-6 semanas. A planta reabsorve substâncias orgânicas valiosas (especialmente compostos contendo N, S e P) das células mortas. Embora ao mesmo tempo os bacterioides pereçam, dos tecidos mortos são liberados mais rizóbios do que os imigrantes originais; além disso, os rizóbios multiplicam-se intensamente nas proximidades da superfície da raiz, evidenciando um benefício mútuo.

Em solos bem supridos de nitrogênio (NO_3^- ou NH_4^+) são formados apenas poucos nódulos de raízes. Contudo, sob carência de nitrogênio, a raiz começa a secretar flavonoides e se estabelecem numerosos nódulos. Na verdade, de maneira ainda desconhecida, os nódulos mais velhos reprimem a formação de novos nódulos, de modo que mesmo sob carência de nitrogênio, a quantidade de nódulos formados não aumenta incontrolavelmente. A fixação de N_2 basta para que as leguminosas cresçam em solos muito pobres de nitrogênio, mas esse crescimento não é máximo. Por esse motivo, as leguminosas cultivadas em lavoura necessitam de suplementação nutricional. As leguminosas são bastante utilizadas também em rotações de culturas para melhoramento do solo. Nessa prática, a lavoura de leguminosa é incorporada ao solo ("adubação verde").

8.2.2 Bioquímica e fisiologia da fixação de N_2

A conversão do nitrogênio molecular em amônia

$$N_2 + 3 H_2 \rightarrow 2 NH_3 \; (\Delta G^{0'} = -33,5 \text{ kJ mol}^{-1})$$

é um processo exergônico; devido à elevada energia de ativação, no entanto, a reação se processa apenas sob pressões altas e temperaturas de 400-500°C na presença de catalisadores contendo ferro (**processo Haber-Bosch**). Esse processo empregado na fabricação de adubo é uma das sínteses técnicas globalmente mais importantes (Tabela 5-21).

A reação catalisada pela nitrogenase também consome muita energia:

$$N_2 + 4 \text{ NADH} + 4 H^+ + 16 \text{ ATP} \rightarrow 2 NH_3 + H_2 + 4 \text{ NAD}^+ + 16 \text{ ADP} + 16 P_i.$$

A reação requer oito elétrons, seis dos quais são empregados para a redução de N_2 e dois para a redução de $2 H^+$ a H_2, de uma reação secundária cujo significado não está esclarecido. $NADH + H^+$ e ATP são colocados à disposição pelo ciclo do citrato e cadeia respiratória (ver 5.9.3). Os elétrons passam de NADH inicialmente para a ferredoxina. A ferredoxina reduzida doa elétrons para a nitrogenase (Figura 8-8).

A **nitrogenase** é uma enzima de estrutura complexa e consiste em dois componentes: a própria dinitrogenase e a dinitrogenase-redutase. A última apresenta um dímero um único centro Fe_4S_4 formado por ambas as subunidades (centros ferro-enxofre, Figura 5-51). Esse transportador de um elétron aceita um elétron da ferredoxina reduzida e o transfere à dinitrogenase, com produção e hidrólise de 2 ATP (a transferência sucessiva de seis elétrons para N_2 requer, portanto, 12 ATP; a redução de $2 H^+ \rightarrow H_2$, obrigatoriamente associada a esse processo, requer dois elétrons e, por consequência, consome quatro outros ATP).

A dinitrogenase é um complexo tetrâmero com estrutura $\alpha_2\beta_2$. As subunidades α e β são muito semelhantes. O complexo tetrâmero possui dois centros catalíticos que funcionam de maneira independente. Cada um consiste em um cofator ferro-molibdênio ligado (CoFeMo) às quatro subunidades proteicas. O cofator ferro-molibdênio consiste em um grupo Fe_4S_3 e um grupo Fe_3MoS_3. Provavelmente, N_2 é ligado com três átomos de ferro de cada grupo e reduzido a $2 NH_3$, sem que sejam liberados estágios intermediários.

A nitrogenase não é muito específica ao substrato e, além de N_2 e H^+, reduz *in vitro* também outros substratos (por exemplo, $N_2O \rightarrow N_2 + H_2O$); $C_2H_2 \rightarrow C_2H_4$). A redução de acetileno (C_2N_2) a etileno (C_2H_4) é utilizada para determinação da atividade da nitrogenase em cromatografia gasosa.

Quando há carência de molibdênio, alguns fixadores de N_2 (por exemplo, *Azotobacter vinelandii*) exprimem nitrogenases alternativas, que contêm vanádio ou ferro e, além disso, têm outra organização.

Os **simbiossomos** são caracterizados por uma troca ativa de matéria por meio da membrana bacterioide e da membrana peribacterioide (Figura 8-8). Os bacterioides exportam nitrogênio reduzido principalmente em forma de íons amônio (NH_4^+), pois eles não exprimem qualquer glutamina sintetase e, por isso, não conseguem converter amônia em glutamina (formação de glutamina, Figura 5-83). Eles obtêm das células hospedeiras os aminoácidos para sua própria síntese proteica. As células hospedeiras exportam o excedente em nitrogênio, predominantemente sob forma

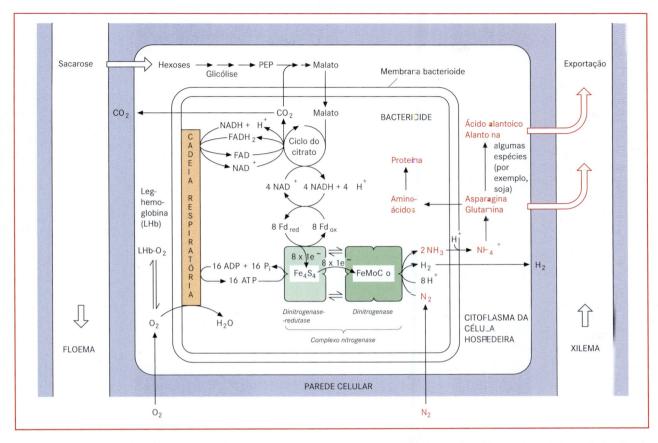

Figura 8-8 Metabolismo dos simbiossomos e células hospedeiras em nódulos de raízes de uma leguminosa. A estequiometria é indicada meramente para a reação da nitrogenase. Demais esclarecimentos no texto. (Segundo E. Weiler.)

dos aminoácidos glutamina e asparagina. Inicialmente por meio da rota de biossíntese da purina (ver 5.13), alguns nódulos de raízes (por exemplo, de soja) convertem o nitrogênio de glutamina e asparagina em inosina monofosfato. Deste, via xantina e ácido úrico, os nódulos formam alantoína e acido alantoico, que funcionam como moléculas transportadoras de nitrogênio. A exportação dos nódulos para a planta hospedeira, bem como o fornecimento de substâncias para os nódulos, se processem pelos feixes vasculares dispostos na periferia destes: a exportação se dá via xilema e a importação via floema.

Os bacterioides obtêm carbono sob forma de malato, que as células hospedeiras elaboram a partir de sacarose importada (via decomposição glicolítica das hexoses em fosfoenolpiruvato [ver 5.9.1], carboxilação de fosfoenolpiruvato em oxaloacetato pela PEP carboxilase existente em atividade mais alta nos nódulos de raízes [reação, Figura 5-74] e redução do oxaloacetato em malato). A oxidação do malato no ciclo do citrato (Figura 5-92) fornece $NADH + H^+$ e $FADH_2$. Parte da NADH e a $FADH_2$ são empregadas na produção de ATP pela cadeia respiratória bacterioide; parte da NADH serve à redução da ferredo-

xina e fornece os elétrons para o complexo nitrogenase. A **leg-hemoglobina** (ver 8.2.1), existente em concentração elevada (cerca de 3 mM) no citoplasma das células hospedeiras, liga O_2 efetivamente e, com isso, a concentração de oxigênio livre diminui tanto que a nitrogenase não é prejudicada. A citrocromo a/a_3 endoxidase bacterioide (ver 5.9.3.3) apresenta afinidade muito alta por oxigênio, razão pela qual basta uma concentração baixa de O_2 para ativar a cadeia respiratória, sobretudo o oxigênio fornecido rapidamente pelo tampão de O_2 da leg-hemoglobina.

Nos fixadores de N_2 de vida livre funcionam mecanismos diferentes para proteção da nitrogenase sensível ao oxigênio: muitos formam a enzima apenas sob condições anaeróbias ou microaerófilas. Os fixadores de N_2 aeróbios obrigatórios (por exemplo, *Azotobacter*) têm proteínas especiais de proteção, que se ligam à nitrogenase. As cianobactérias filamentosas diferenciam múltiplos **heterocistos**, nos quais se processa a fixação de N_2. Heterocistos têm paredes celulares espessas e ricas em lipídeos que dificultam a entrada de O_2 e não o produzem, pois não possuem o fotossistema II (ver 5.4.5).

A fixação de N_2 consome energia. Para nódulos de raízes é indicado um consumo de 5-20 mg de carboidrato por mg de N reduzido. Nesse sentido, a taxa de fixação representa 100 mg de

N por g de massa fresca do nódulo por dia. Isso significa que um nódulo pode converter por dia aproximadamente três a dez vezes seu próprio conteúdo de nitrogênio.

8.2.3 Micorrizas

Uma simbiose especialmente importante resulta da associação de raízes e fungos na região da rizosfera, a **micorriza**. Trata-se do convívio simbiótico das raízes de muitas plantas terrestres com fungos, surgido já no devoniano, portanto, há 400 milhões de anos. Cerca de 90% de todas as plantas terrestres e aproximadamente 6.000 espécies de fungos são capazes de formar micorrizas (Quadro 10-4).

Com relação à forma de organização, existem diferentes tipos de micorrizas.

A **micorriza vesículo-arbuscular** é a mais propagada. Ela é conhecida pela forma intracelular das hifas (dos fungos) nas células do parênquima cortical das raízes, que intumescem como vesículas ou formam ramificações, os arbúsculos (Figura 8-9). A micorriza vesículo-arbuscular e outros fungos micorrízicos não penetram na endoderme, no meristema apical e na coifa.

Nas micorrizas vesículo-arbusculares, todos os fungos pertencem à ordem Endogonales da classe dos zigomicetos (ver 10.2) e, na maioria, ao gênero *Glomus*; eles são simbióticos obrigatórios. Como parceiros, encontram-se espécies de quase todas as famílias de angiospermas; Cyperaceae, Amaranthaceae e Brassicaceae não apresentam micorrizas vesículo-arbusculares desenvolvidas ou as apresentam apenas esparsamente. Nas árvores de zonas temperadas, formam-se predominantemente micorrizas ectotróficas (ver abaixo), mas nas árvores tropicais – tanto quanto foi estudado – predominam as micorrizas vesículo-arbusculares. Nas gimnospermas, as micorrizas vesículo-arbusculares foram constatadas apenas em *Taxus baccata*, *Sequoia sempervirens*, *S. gigantea* e *Ginkgo biloba*.

Nas micorrizas vesículo-arbusculares, o fungo fornece às plantas nutrientes minerais (sobretudo fosfato e elementos-traço) e de maneira muito mais eficaz do que os tricomas de raízes. A planta parceira libera principalmente carboidratos. O estabelecimento de uma micorriza vesículo-arbuscular incrementa o crescimento (por exemplo, em plantas cultivadas). Além de melhorar o suprimento de nutrientes, também é responsável pelo aumento da resistência contra fungos e nematódeos patogênicos. Com a captação dos carboidratos vegetais, o parceiro fúngico eleva a força do dreno (relação fonte-dreno, ver 5.8) na região da raiz. Isso leva a um aumento do rendimento líquido da fotossíntese, o que contribui para intensificar o crescimento das plantas com micorriza. Entre outros motivos, presume-se que a melhora da resistência dessas plantas frente a parasitos ocorre porque o estabelecimento da simbiose micorrízica desencadeia, por parte da planta hospedeira, uma defesa fraca contra patógenos (ver 8.3.4).

Nas leguminosas, o estabelecimento da micorriza vesículo-arbuscular assemelha-se à simbiose com rizóbios (nódulos de raízes; ver 8.2.1 e 8.2.2). Os arbúsculos são separados do citoplasma vegetal por uma membrana simbiossômica proveniente da plasmalema da célula hospedeira, a membrana periarbuscular, que, quanto à composição e função, é semelhante à membrana peribacterioide. Todos os mutantes conhecidos até agora que perderam a capacidade de formação de nódulos também não mostraram qualquer formação de micorriza. Isso depõe a favor de uma semelhança na expressão das duas simbioses, pelo menos em determinados passos.

Existem, entretanto, inúmeras indicações que no estabelecimento da micorriza vesículo-arbuscular ocorre uma troca intensiva de sinalizadores entre ambos os parceiros. Sua natureza química ainda não está esclarecida.

Na **ectomicorriza**, uma capa de hifas envolve as curtas e grossas raízes laterais de 2ª e 3ª ordem (Figura 8-10) e substitui funcionalmente os tricomas (ausentes). Com isso, a expansão das hifas amplia consideravelmente o contato com o solo. Entre as células do parênquima cortical da raiz e de maneira predominantemente extracelular, os fungos formam uma rede densa, a chamada **rede de Hartig**.

Cerca de 3% de todas as espermatófitas, entre as quais, em parte obrigatórias, muitas árvores europeias, como pinheiro, abeto, lariço, carvalho e faia,

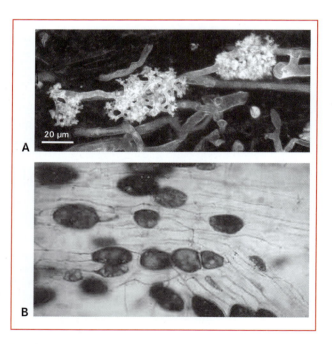

Figura 8-9 Micorriza vesículo-arbuscular. **A** Arbúsculos de *Glomus coronatum* em células de raízes de *Allium porrum* (imagem em microscopia de varredura a laser; as paredes celulares não são visíveis). **B** Vesícula de *Glomus mosseae* em células de *Allium porrum* (cerca de 45x). (A segundo S. Dickson, gentilmente cedida; B segundo S. Smith, gentilmente cedida.)

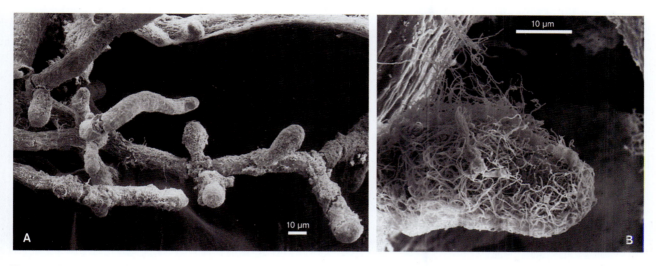

Figura 8-10 Eletromicrografia de uma parte de uma raiz de abeto (*Abies alba*) com ectomicorriza. **A** Vista geral. **B** Raiz lateral isolada. (Segundo H. Ziegler, gentilmente cedida.)

têm ectomicorrizas (Figura 8-11). O cultivo de árvores sem o fungo micorrízico em geral provoca crescimento deficiente.

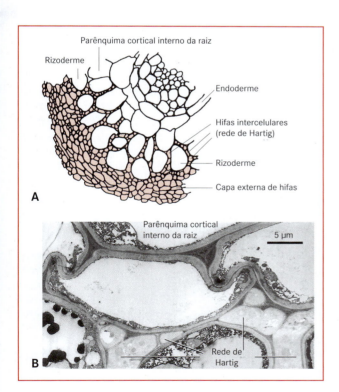

Figura 8-11 Ectomicorriza. **A** Parte de um corte transversal de raiz jovem de faia (hifas em vermelho; cerca de 50x). **B** Eletromicrografia de parte da rede de Hartig de uma micorriza entre *Lactarius decipiens* e o abeto (*Abies alba*). (B segundo D. Strack, gentilmente cedida.)

Até o momento, em aproximadamente 65 gêneros de fungos, principalmente ascomicetos e basidiomicetos, foi comprovada a capacidade de formar ectomicorriza. Alguns gêneros, como *Russula*, *Amanita* e *Lactarius*, bem como certos representantes da família Boletaceae, vivem quase exclusivamente em simbiose e formam corpos frutíferos apenas em contato com uma raiz de árvore. (Por esse motivo, até agora em cultura não foi possível obter corpos frutíferos do boleto comestível, ao contrário do *champignon* saprofítico.) Alguns fungos preferem hospedeiros especiais, mantendo com eles especificidade mais ou menos restrita. As árvores, ao contrário, parecem não se especializar em determinados fungos (*Pinus sylvestris*, por exemplo, pode formar ectomicorrizas com pelo menos 25 fungos diferentes), mas talvez sejam fomentadas mais intensamente por certas espécies do que por outras. Espécies arbóreas não europeias, como *Pinus strobus* ou *Pseudotsuga taxifolia*, na Europa formam micorrizas normais com espécies nativas de fungos.

O benefício que as árvores obtêm da ectomicorriza é considerado quanto à melhora da nutrição mineral e do suprimento de água, maior fornecimento de nitrogênio e fosfato do húmus pela atividade dos fungos, suprimento de substâncias ativas pelos fungos e proteção contra a penetração de patógenos, mais eficaz nas micorrizas vesículo-arbusculares. Os fungos obtêm carboidratos do hospedeiro e ainda outros compostos orgânicos. Uma vez que há necessidade de grandes quantidades de matéria para a sua formação, os corpos frutíferos só se estabelecem após a conclusão do crescimento do caule, na fase de armazenamento das árvores (agosto-outubro no Hemisfério Norte).

Entre representantes dos gêneros *Picea* e *Pinus*, propaga-se uma **ectoendomicorriza**, à qual se associam expansões intracelulares à forma normal de formação da ectomicorriza. Em diversos representantes da ordem Ericales, encontram-se transições de ectomicorrizas para ectoendomicorrizas até endomicorrizas puras. Essa mi-

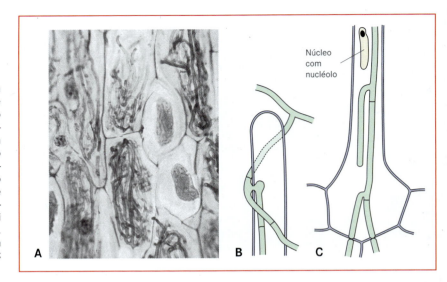

Figura 8-12 Endomicorriza da orquídea *Platanthera chlorantha*. **A** Parte de um corte transversal no parênquima cortical externo da raiz, com hifas intracelulares e duas células mucilaginosas com ráfides (115x). **B** Hifa de infecção penetrando no ápice de um pelo da raiz. A penetração da parede celular vegetal ocorre com formação de um apressório (hifa de penetração). O processo tem grande semelhança com a entrada dos fungos fitopatogênicos em células vegetais, mas aqui não se realiza a reação de defesa vegetal. **C** Hifas de infecção crescendo do pelo da raiz em direção ao parênquima cortical (B, C 235x). (Segundo originais H. Burgeff.)

cotrofia, em parte altamente desenvolvida, possibilita às espécies viver em solos pobres em P e N e explica a ampla propagação das Ericaceae em urzais, turfeiras e florestas de coníferas.

Um elo final dessa cadeia de desenvolvimento nas Ericales são as Monotropaceae (por exemplo, *Monotropa hypopitys*, o aspargo-do-pinheiro), parasitos sem clorofila. Por meio das hifas das ectoendomicorrizas obrigatórias, essas plantas têm íntima ligação com árvores dotadas de ectomicorrizas (coníferas e Fagaceae). Experimentalmente, foi comprovada a transferência de açúcares marcados com ^{14}C das árvores, pelas hifas, para *Monotropa* e o inverso, de fosfato marcado com ^{32}P de *Monotropa* para as árvores. Entre plantas associadas por fungos micorrízicos, frequentemente são trocadas quantidades consideráveis de compostos de carbono. No entanto, esses compostos permanecem no fungo, ou seja, não são transferidos para as plantas hospedeiras.

As **endomicorrizas** encontram-se, por exemplo, em quase todas as Orchidaceae (Figura 8-12), cujas sementes são diminutas (0,3-15 μg de massa por semente) e têm apenas poucas substâncias de reserva. Para que suas plântulas se desenvolvam como plantas autônomas e autótrofas, as orquídeas necessitam de fungos simbióticos (basidiomicetos), que lhes forneça água, sais nutritivos, material orgânico e também substâncias ativas ("fungos-nutrizes"). Mesmo nas plantas adultas encontram-se hifas nas células externas do córtex da raiz (com exceção das raízes aéreas). Porém, nas camadas mais profundas de tecidos, as hifas são digeridas ou danificadas. Orquídeas que, no estado adulto, não são capazes de realizar fotossíntese ou esta é inexpressiva, como a raiz reticular (*Neottia*), a raiz coraliforme (*Corallorhiza*) ou *Epipogium*, necessitam receber do fungo, na condição de parasitos, todas as substâncias nutritivas e ativas de que necessitam. (Sobre as micorrizas dos caules em Psilotales, Figura 10-166; dos prótalos em Lycopodiales e em Eusporangiadas, ver 10.2.)

8.2.4 Liquens

Os liquens representam uma simbiose, na qual fungos e algas ou cianobactérias se reúnem em um organismo ativo, na maioria das vezes como uma nova entidade. As lectinas (ver 5.16.1.2) servem para o reconhecimento dos parceiros. O fungo (**micobionte**) relaciona-se com o **fotobionte** (alga ou cianobactéria) de diferentes maneiras, também por meio de haustórios. Os fotobiontes, todavia, não são mortos, mas sim continuam suas atividades metabólicas específicas – às vezes, até de modo mais intenso (fotossíntese – com *Nostoc* como fotobionte – e fixação de N_2, ver 8.2.1).

Aproximadamente 25% das espécies de fungos conhecidas (cerca de 65.000) participam da formação de liquens e se encontram em todos os círculos de parentesco.

Como os liquens podem conter 28 diferentes cianobactérias ou gêneros de algas, não é de admirar que a natureza dos assimilados transferidos do fotobionte para o micobionte varie. Porém, até agora como metabólitos de transporte foram identificados glicose em todas as cianobactérias fotobiontes e açúcares-álcoois em todas as algas verdes fotobiontes. Se um líquen contiver tanto algas verdes como cianobactérias (as últimas em cefalódios, como *Peltigera aphthosa*), o fungo recebe açúcar-álcool das algas verdes e glicose das cianobactérias; o micobionte reorganiza os dois grupos de matéria em manitol, importante substância de reserva dos fungos. A transferência de matéria se processa de modo produtivo e rápido: dois minutos após o começo da fotossíntese, quantidades demonstráveis de assimilados marcados (em $^{14}CO_2$) já estão presentes no fungo.

A exportação dos compostos de nitrogênio do simbionte *Nostoc* (fixador de N_2) para o micobionte também se processa rapidamente. Em *Peltigera aphthosa*, por exemplo, as cianobactérias nos cefalódios fornecem nitrogênio ao fungo, mas as algas verdes no líquen não fornecem quase nada. Existem referências que o parceiro fúngico promove a fixação de N_2 das cianobactérias simbióticas.

Presume-se que os fotobiontes nos liquens também recebam dos fungos matérias vitais, como sais minerais e água; do contrário, liquens não seriam considerados sistemas simbióticos. Na verdade, pouco se conhece sobre as particularidades do suprimento das algas pelo fungo. Ocasionalmente, a relação entre os parceiros no líquen também é considerada um parasitismo moderado dos fungos para com os fotobiontes.

8.3 Patógenos

Como elos iniciais na cadeia alimentar, especialmente as plantas fotoautotróficas são fontes alimentares para uma grande multiplicidade de outros organismos. Esses organismos consomem o alimento das plantas e as prejudicam. (Tabela 8-2).

Doença vegetal é todo dano em uma planta, acompanhado da expressão de sintomas característicos, provocados por um princípio causador de natureza abiótica ou biótica. Uma causa abiótica de doenças vegetais é, por exemplo, a carência de nutrientes essenciais (ver 5.2.2). As parasitoses já mencionadas (ver 8.1.1) também fazem parte das doenças vegetais e, com isso, são objeto de pesquisa em **fitopatologia**. Os desencadeadores bióticos de doenças são denominados **patógenos** (agente patogênico). Na sua maioria, os patógenos são microrganismos (bactérias, fungos, alguns protozoários), mas vírus e viroides (ver 1.2.5) também pertencem a essa categoria. As lesões provocadas por herbívoros e aquelas causadas por outras plantas geralmente não são identificadas como doenças vegetais. Elas são tratadas separadamente (ver 8.4 e 8.5).

Tabela 8-2 Participação de organismos prejudiciais às plantas, dentro de determinados grupos

Grupo	Espécies conhecidas	Prejudiciais às plantas
Viroides	30	30
Vírus	2.000	> 500
Bactérias	1.600	100
Fungos	100.000	> 10.000
Animais	1200.000	800.000

8.3.1 Conceitos fundamentais da fitopatologia

Estima-se que toda espécie seja afetada por até 100 possíveis patógenos. Em outras palavras: toda espécie é imune contra a grande maioria de potenciais agentes patogênicos, e todo patógeno obviamente tem a capacidade de infectar com êxito apenas uma pequena amostra de possíveis hospedeiros. A declarar-se uma doença, a planta atacada é **suscetível** e o patógeno é **virulento**; neste caso, hospedeiro e patógeno são **compatíveis**. Se, ao contrário, não se manifestar a doença, a planta hospedeira é qualificada de **resistente** e o patógeno de **avirulento**; neste caso, hospedeiro e patógeno são **incompatíveis**. Em cada caso, os genótipos de hospedeiro e patógeno determinam o resultado da interação. Pelo lado do patógenos, distinguem-se dois grupos de genes: os que codificam **fatores de patogenicidade** e são decisivos para os sintomas da doença manifestados pelas plantas hospedeiras, e os que determinam a **amplitude do hospedeiro** e servem para o reconhecimento das plantas hospedeiras. São consideradas não hospedeiras todas as espécies para as quais não é possível qualquer reconhecimento de hospedeiro; todas as demais podem ser atacadas. Alguns patógenos têm uma vasta amplitude de hospedeiros, outros atacam apenas algumas espécies ou mesmo determinadas variedades de uma espécie. As interações específicas com variedades estão especialmente bem estudadas, pois são de grande importância para a agricultura. Tem se evidenciado que essas estreitas relações específicas entre hospedeiro e patógeno se fundamentam em uma **interação gene-a-gene** dos dois parceiros: da parte dos patógenos, envolve **genes de avirulência** (genes *avr*, assim chamados porque sua existência provoca a perda da virulência e sua falta ou perda de função por mutação causa virulência); da parte das plantas hospedeiras, envolve **genes de resistência** (genes *R*). Se um gene *R* conveniente estiver presente, há resistência contra o patógeno equipado com o gene de avirulência correspondente; se ele faltar, a planta é suscetível (Figura 8-13). Os genes *avr* codificam **eliciadores específicos de variedades** (= desencadeador; do latim, *elicere* = eliciar, fazer sair) da **defesa contra patógeno** por parte da planta (ver 8.3.4) e os genes *R* codificam **receptores de eliciadores** convenientes. Se um eliciador específico se ligar ao receptor correspondente, nas células vegetais afetadas desencadeia-se uma forte reação de defesa, qualificada como **resposta de hipersensibilidade**. Na sequência dessa reação, o patógeno agressor morre junto com as células vegetais localmente atingidas. Muitos genes de resistência e os genes de avirulência correspondentes puderam ser identificados (ver 8.3.4). Ressalte-se que, em muitos casos, o reconhecimento dos produtos dos genes de avirulência não ocorre diretamente, mas sim por meio de mudanças

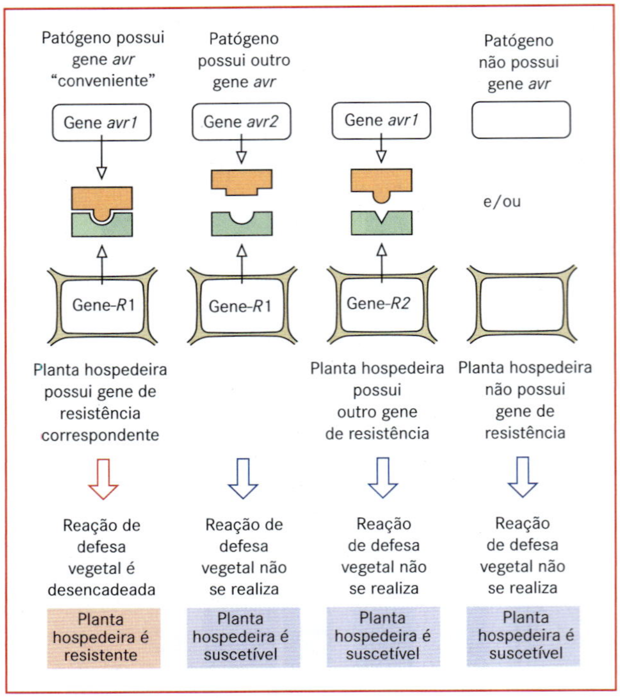

Figura 8-13 Modelo gene-a-gene da interação (específica da variedade) de patógeno e planta hospedeira. A coevolução de patógeno e planta hospedeira leva a grupos de genes de resistência e genes de avirulência. A reação de defesa da planta só é desencadeada quando há uma combinação conveniente do gene de avirulência (gene *avr*) e gene de resistência (gene *R*). As plantas portadoras de muitos genes de resistência distintos estão especialmente bem protegidas contra diferentes cepas do patógeno; o patógeno ataca mais variedades da planta hospedeira quanto menos genes de avirulência ele portar. A amplitude do hospedeiro é determinada pelos genes do reconhecimento do hospedeiro e, em geral, é muito estreita em patógenos específicos de variedades. Os sintomas de doença são determinados pelos genes de patogenicidade ou pelos seus produtos.

na célula hospedeira induzidas pelo produto do gene de avirulência. Esse mecanismo foi inicialmente postulado na chamada "**hipótese guarda**" e mais tarde comprovado experimentalmente. Um bom exemplo estudado em *Arabidopsis thaliana* é a interação entre proteínas RIN4 do hospedeiro, orientada por diferentes proteínas avr. As alterações assim provocadas na quantidade ou na fosforilação de proteínas RIN4 são reconhecidas pelos produtos dos genes de resistência e conduzem a reações de defesa. Um mecanismo de resistência só recentemente descoberto baseia-se na ativação direta de um gene de defesa por ligação ao DNA. Isso foi demonstrado pela primeira vez para a proteína de avirulência avrBs3 de *Xanthomonas campestris*, o que, com a ligação ao promotor do gene de resistência Bs3, leva à expressão de uma flavina monoxigenase; de modo até agora desconhecido, essa enzima inicia a reação de resistência.

Além das reações de defesa localizadas, como a resposta de hipersensibilidade (com morte celular), os patógenos provocam em muitas plantas reações sistêmicas (ou seja, incluindo todo o organismo). Assim, após poucos dias, a infecção de uma folha de tabaco, com o vírus do mosaico do tabaco, causa aumento da resistência da planta inteira (incluindo, órgãos não atacados pelo vírus) contra muitas bactérias e fungos patogênicos. Essa proteção do organismo inteiro, inespecífica de um patógeno, é denominada **resistência sistêmica adquirida** (SAR, do inglês *systemic acquired resistance*). Essa reação mostra que as plantas, além de estratégias específicas da variedade, dispõem de pouquíssimos mecanismos de proteção específicos (de ação ampla), induzidos por patógenos e complementares às medidas de proteção pré-formadas, ou seja, que se estabelecem mesmo sem a presença de um patógeno (ver 8.3.4). A "proteção de espectro amplo" induzível é desencadeada por **eliciadores inespecíficos de variedades**. Esses eliciadores com frequência incluem pequenos fragmentos de paredes celulares bacterianas ou fúngicas e/ou vegetais ou componentes de membrana, liberados por processos líticos no sítio de penetração do patógeno (por exemplo, de oligogalacturonanos da parede celular vegetal, fragmentos de flagelina bacterianos, quito-oligômeros de paredes celulares fúngicas, esteróis fúngicos como ergosterol ou fragmentos de glicopeptídeos de glicoproteínas fúngicas).

8.3.2 Patógenos microbianos

A abundância de doenças vegetais corresponde ao grande número de fitopatógenos conhecidos (Tabela 8-2); aqui são apresentados apenas alguns exemplos dessas doenças. O grupo maior está representado pelos **fungos**, entre os quais tanto os parasitos obrigatórios quanto os facultativos. Como os parasitos obrigatórios crescem apenas na presença dos seus hospedeiros (mas não sobre solos artificiais), eles são também designados **biotróficos**. Os fungos patogênicos chegam como esporos à superfície da planta, onde germinam – provavelmente estimulados por substâncias formadas pela planta hospedeira. Dependendo do patógeno, o micélio penetra na planta por aberturas naturais (estômatos, lenticelas ou hidatódios), feridas ou rachaduras (por exemplo, nos locais onde as raízes laterais emergem) ou diretamente. Nesta última possibilidade, inicialmente as estruturas superficiais da planta hospedeira são dissolvidas por enzimas fúngicas (cutinases, celulases), com a participação de **haustórios** (**hifas de penetração**).

Os **fungos necrotróficos** são saprófitos. Penetram na planta, matam e destroem as células na região do micélio em crescimento e absorvem os nutrientes das áreas destruídas.

As **bactérias** fitopatogênicas geralmente são parasitos facultativos (crescem também sobre solos artificiais) e, dependendo da espécie, penetram nas plantas por meio de feridas, estômatos ou hidatódios ou condutos glandulares de nectários. Os fitopatógenos bacterianos mais importantes pertencem aos gêneros gram-positivos *Agrobacterium*, *Erwinia*, *Pseudomonas* e *Xanthomonas*; trata-se de bactérias flageladas e em forma de bastonete. Além disso, ocorrem espécies de *Clavibacter* (gram-negativas, bastonetes flagelados e não flagelados) e estreptomicetos (*Streptomyces*). A bactéria *Agrobacterium tumefaciens*, agente dos **tumores do colo da raiz***, foi especialmente bem estudada e pode ser empregada para introdução de informação genética na maioria das espécies vegetais (Quadro 8-2 e Quadro 8-3).

Apenas em 1967, com auxílio da microscopia eletrônica, os modernos agentes da doença foram descobertos. São bactérias com estrutura muito simples, que exibem forma de parafuso (recebem, por isso, o nome de **espiroplasmas**) ou esférica até a de bastonete (**fitoplasmas**). Elas causam mais de 200 doenças diferentes em plantas (por exemplo, em pêra, maçã, pêssego, milho, tomate e coco) e provocam sintomas de acometimento semelhantes aos de muitos vírus (por exemplo, amarelecimento foliar, compressão dos entrenós, perturbações da dominância apical). A taxonomia de espiroplasmas e fitoplasmas ainda não está esclarecida. Na classificação adotada, eles ficam perto dos micoplasmas (ver 10.2).

Os **vírus** (ver 1.2.5) são partículas infecciosas nucleoproteicas de estrutura complexa, que necessitam de células hospedeiras para se multiplicar, e consistem em, no mínimo, uma proteína e um ácido nucleico. Na maioria dos vírus de plantas, o ácido nucleico ocorre como RNA de fita simples (por exemplo, vírus do mosaico do tabaco), em alguns (40 espécies) como RNA de fita dupla, como DNA de fita simples (50 espécies) ou com DNA de dupla-fita (30 espécies, por exemplo, no vírus do mosaico da couve-flor). Os vírus são enquadrados na categoria dos patógenos microbianos, embora não possuam *status* de célula ou de organismo. Os vírus penetram em lesões das plantas na maioria das vezes causadas por insetos sugadores, que atuam como transmissores. A replicação viral necessita de uma célula intacta e fornece entre 10^5 a 10^7 partículas de vírus por célula. Em células não infectadas, os vírus penetram pelos plasmodesmos. Apenas os ácidos nucleicos virais (mediados por proteínas de movimento virais) deslocam-se de célula para célula; o vírus aproveita-se de um mecanismo que as plantas empregam para o transporte celular de proteínas e moléculas de RNAm (ver 6.4.4). Dessa maneira, o vírus propaga-se diariamente sobre 8-10 células (cerca de 1 mm). Tão logo

alcançam os tubos crivados, os vírus apresentam propagação fortemente acelerada, de modo que, em 3-4 semanas, uma planta com infecção localizada está completamente infectada. No exemplo do vírus do mosaico da couve-flor, utilizado para introduzir informação genética em células vegetais, o ciclo de replicação viral é descrito exemplarmente (Quadro 8-1).

Todos os **viroides** conhecidos são fitopatógenos. São moléculas de RNA dimunutas (Figura 1-10), em forma de anel, cuja multiplicação provavelmente se processa por replicação RNA-RNA e passam de plantas infectadas para plantas saudáveis provavelmente devido a práticas agrícolas (por exemplo, multiplicação por estaquia). O mecanismo do adoecimento por viroides é bastante desconhecido. Admite-se que os viroides ativam determinadas enzimas vegetais (por exemplo, proteínas-cinases), provocando distúrbio na síntese proteica. Presume-se que ocorra também um distúrbio na interação RNAm-ribossomos.

8.3.3 Mecanismos da patogênese

Dois processos são importantes para que o patógeno seja bem-sucedido na colonização do hospedeiro: a) o reconhecimento do hospedeiro e b) o estabelecimento do patógeno por exclusão ou eliminação dos mecanismos de defesa vegetais, frequentemente vinculado a uma debilidade do hospedeiro, produzida por **fatores de patogenicidade**. Uma postura defensiva das plantas bem-sucedida contra um patógeno está ligada: a) ao "reconhecimento" do patógeno; b) à consequente defesa induzida pelo patógeno, que reforça a barreira defensiva química e estruturalmente pré-formada. Essa defesa contra patógenos é tratada na próxima seção (ver 8.3.4).

A Figura 8-14 apresenta um esquema válido para muitas interações de compatibilidade entre hospedeiro e patógeno, em especial com participação de fungos. Uma vez ativadas as reações defensivas induzidas da planta, um patógeno precisa superar ou evitar tanto a defesa específica (da variedade) quanto a geral. Se as combinações de genes da avirulência e genes da resistência das plantas hospedeiras não forem adequadas, não se processa o desencadeamento da defesa específica da variedade (ver 8.3.1, Figura 8-13). O reconhecimento do hospedeiro pelo patógeno é garantido com a ajuda de substâncias do hospedeiro (eventualmente também de estruturas superficiais) e em consequência os genes de patogenicidade (geralmente inúmeros) são ativados. Muitas **enzimas líticas**, como cutinases, celulases e poligalacturonases, pertencem aos seus produtos gênicos; elas atuam na superação de cutícula, paredes celulares e lamelas médias. Preparados de enzimas de fungos fitopatógenos (por exemplo, *Trichoderma viride*) são empregados comercialmente para produção de protoplastos (são células vegetais sem paredes). Muitos patógenos

---

* N. de T. A doença causada pela infecção de uma planta com *Agrobacterium tumefaciens* é também conhecida como **galha da coroa**, neoplasia que pode afetar outros órgãos vegetais (como o caule, por exemplo).

Quadro 8-1

O vírus do mosaico da couve-flor

O vírus do mosaico da couve-flor, pertencente ao grupo dos **caulimovírus** (do inglês ***cauli**flower **mo**saic virus*, CaMV), é transmitido por afídeos e provoca um quadro patológico em mosaico nas plantas atacadas, que, além disso, mostram crescimento deficiente e rendimento inferior com prejuízos qualitativos. O vírus age de maneira sistêmica (na planta inteira), propagando-se no parênquima pelos plasmodesmos e, a partir daí, chegando aos elementos condutores do floema. O citoplasma das células atacadas é muitas vezes densamente preenchido de partículas virais replicadas (viroplasma).

Caulimovírus são corpos isodiamétricos de cerca de 50 nm de diâmetro (Figura A), cujo envoltório proteico (capsídeo) apresenta um único componente estrutural com 42 kDa de massa molecular. O genoma do vírus do mosaico da couve-flor (Figura B) compreende 8 kpb e consiste em um DNA circular fita dupla de três moléculas de DNA fita simples (fitas α, β e γ), que apresentam entre si ligações não covalentes. Ele contém seis genes de função conhecida (I até VI, Figura B) e dois genes menores de função ainda desconhecida (VII, VIII), bem como dois promotores com forte atividade na planta: o promotor 19S (p19S) e o promotor 35S (p35S) (assim denominados de acordo com a constante de Svedberg dos RNAm, cuja formação é controlada pelos promotores, ver abaixo).

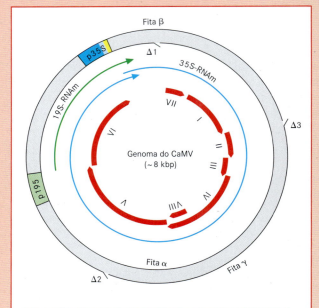

Gene	Tamanho do polipeptídeo codificado (kDa)	Função do produto gênico
I	38	Medeia o transporte do vírus por meio de plasmodesmos (VMP)
II	18	Liberação do vírus, transmissibilidade do vírus por afídeos
III	15	Proteína de ligação da fita dupla de DNA
IV	57	Precursor do envoltório proteico com 42 kDa
V	79	Transcriptase reversa
VI	58	Ativa a translação do RNAm 35S, determina a região do hospedeiro, participa da expressão dos sintomas do dano, acumula em células atacadas

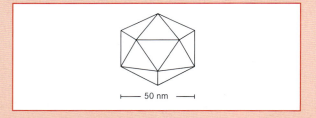

Figura A Configuração dos caulimovírus.

Figura B Genoma do vírus do mosaico da couve-flor.

---

produzem **toxinas**, algumas com ação específica ao hospedeiro e inúmeras inespecíficas (Figura 8-15).

A **vitorina** do fungo *Cochliobolus victoriae* é uma **toxina com especificidade ao hospedeiro**; um pentapeptídeo clorado que ataca especificamente o cultivar "*Victory*" da aveia. A vitorina inibe a glicina descarboxilase da aveia (Figura 5-70) e, por consequência, prejudica a fotorrespiração. A já mencionada **fusicocina** (Figura 8-15A) do fungo *Fusicoccum amygdali* pertence ao grupo das **toxinas inespecíficas ao hospedeiro**. Ela é um forte ativador da H^+-ATPase do tipo P do plasmalema, que, dessa maneira, desencadeia elevação da força motora de prótons e, assim, aumento da abertura dos estômatos. Portanto, a fusicocina atua como toxina de murcha e causa enfraquecimento geral da planta hospedeira. A **coronatina**, toxina das cepas fitopatógenas da bactéria *Pseudomonas syringae* (Figura 8-15B), é estruturalmente análoga ao jasmonato (ver 6.6.6.2) e – como o ácido jasmônico em doses elevadas – desencadeia intensa formação de etileno e, com isso, a senescência. Uma vez que a coronatina não é transportada na planta, nos locais de crescimento bacteriano desenvolvem-se manchas cloróticas. Nas áreas de tecidos enfraquecidas (em geral, sobre folhas), o patógeno pode exibir uma intensa multiplicação.

Alguns patógenos microbianos produzem **fitormônios** e, desse modo, intervêm no processo de desenvolvimento

Após o ingresso do vírus em uma célula hospedeira, o DNA é desligado e levado ao núcleo. No núcleo, inicialmente as ligases vegetais reparam as rupturas das fitas simples. A molécula de DNA circular fechada, agora covalente, associa-se com histonas e forma uma espécie de "minicromossomo", cujos dois promotores são eficientemente reconhecidos pela RNA polimerase II dependente do DNA vegetal (ver 6.2.2.2) e cujos genes, por isso, são intensivamente transcritos. São formados dois transcritos: o RNAm 19S codificador do gene VI e o RNAm 35S policistrônico abrangendo todo o genoma viral. Neste caso, a fita α (fita-menos) serve como matriz. O RNAm 19S e uma parte do RNAm 35S (este presumivelmente apenas após os processos de clivagem) são traduzidos no citoplasma da célula hospedeira; a proteína codificada pelo RNAm 19S reforça a tradução do RNAm 35S. A tabela na Figura B mostra a função dos produtos gênicos individuais. O produto do gene I é uma "proteína de movimento" (VMP; do inglês, *viral movement protein*), que se ocupa do transporte simplástico célula a célula do vírus (sobre o mecanismo, ver 6.4.4.1). A transcriptase reversa codificada pelo gene V viral transcreve a parte do RNAm 35S no DNA não necessária para tradução, sendo formada inicialmente a fita α. A transcrição cessa em dois sítios do RNAm 35S ricos em purina e cliva o RNAm em ambos os lados desse trecho da sequência; sobre essas regiões, que correspondem às descontinuidades tardias Δ2 e Δ3 entre as fitas β e γ, surgem, (após decomposição do RNAm restante) áreas de fita dupla DNA-RNA (semelhantes ao inicial). A essas áreas se junta a DNA polimerase, para sintetizar as duas fitas complementares (β e γ). Com isso, a replicação do vírus é concluída; começa o empacotamento do DNA em capsídeos.

O vírus do mosaico da couve-flor é um vetor eficiente para a introdução de DNA estranho em células vegetais, embora hoje menos usual do que o sistema-vetor de *Agrobacterium tumefaciens* (ver 8.3.3, Quadro 6-3 e Quadro 8-2). O promotor viral, que governa a formação do RNAm 35S (abreviadamente, denominado promotor 35S), é um dos promotores mais fortes conhecidos em plantas (Figura C). Por isso, muitas vezes ele é empregado para a **superexpressão de genes estranhos** em plantas. O promotor 35S não possui especificidade a tecidos e, em decorrência disso, é muito ativo em quase todos os tipos celulares vegetais. A região de nucleotídeo −46 até +8 (iniciação da transcrição, conforme definição) representa um promotor mínimo, que contém o TATA box (ver 6.2.2.1, 6.2.2.2). Os trechos restantes do promotor representam fortes realçadores (realçadores são elementos

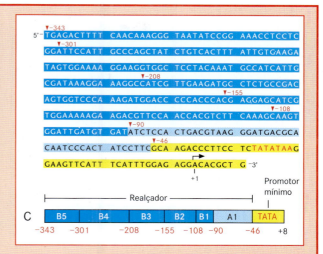

Figura C Sequência de bases e estrutura do promotor 35S. Os "limites" dos domínios na sequência são destacados pelas cabeças das setas e números do nucleotídeo.

cis reforçadores da transcrição, eficazes independentemente da sua orientação e posição em relação ao promotor mínimo, ver 6.2.2.1 e 6.2.2.2). Cada uma dessas sequências de realçadores possui, independente das outras, uma determinada especificidade a tecidos, cuja adição no promotor completo efetua sua atividade na planta inteira.

Referência

Agrios GN (1997) Plant Pathology, 4th ed. Academic Press, San Diego

---

vegetal. A "vassoura-de-bruxa", desencadeada por citocinina, já foi mencionada (ver 6.6.2.3). As auxinas participam de algumas formações de galhas, como, por exemplo, nos cistos e nódulos de raízes (desencadeados por nematódeos, ver 8.1.1), bem como na hérnia da couve (causada pelo fungo *Plasmodiophora brassicae*) e no tumor que ataca cariopses jovens do milho (causado pelo fungo *Ustilago maydis*). Todavia, não está claro se as auxinas são produzidas pelo patógeno ou se, por sinalização do patógeno, são formadas pela própria planta hospedeira. As giberelinas (ver 6.6.3), secretadas por alguns fungos, provocam alongamento excessivo dos entrenós das plantas hospedeiras (por exemplo, *Gibberella fujikuroi* no arroz, *Sphaceloma manihoticola* na mandioca). Já está bem estudado o papel de auxinas e citocininas na formação de tumores do colo da raiz (Quadro 8-2).

Finalmente, alguns patógenos desligam supressores da defesa vegetal geral induzível (Figura 8-14). Essa defesa geral é desencadeada por eliciadores inespecíficos de hospedeiro (ver 8.3.4), alguns reconhecidos por receptores especiais da planta. O fungo *Mycosphaerella pinodes* produz glicopeptídeos, que se ligam ao receptor do eliciador de glicoproteínas da ervilha e, desse modo, dificultam o reconhecimento do patógeno pela planta hospedeira.

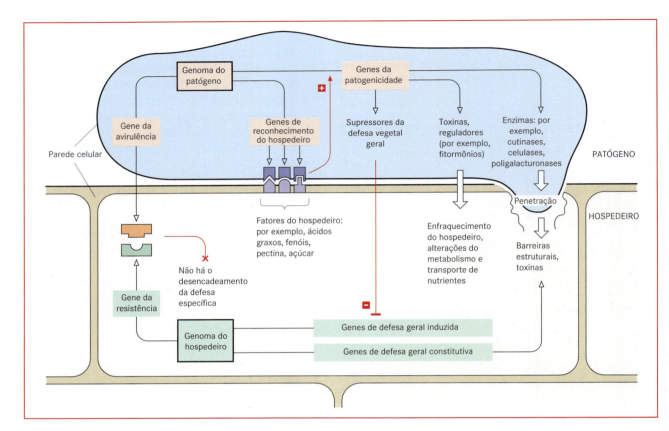

Figura 8-14 Representação esquemática do processo de desenvolvimento de uma interação compatível entre um patógeno e seu hospedeiro, em cujo andamento ocorre a doença da planta. Os genes e grupos de genes têm fundo laranja e verde, respectivamente; a setas com extremidades abertas apontam para seus produtos gênicos. Os eventos de regulação gênica estão representados em vermelho. (Segundo E. Weiler.)

Além dos mecanismos da patogênese apresentados na Figura 8-14, vários patógenos empregam estratégias especiais, que, no entanto, não podem ser abordadas no âmbito deste livro. A interação hospedeiro-patógeno mais bem examinada é a observada entre *Agrobacterium tumefaciens* e suas plantas hospedeiras, que provoca a formação de tumores do colo da raiz (Quadro 8-2). Atualmente, *Agrobacterium tumefaciens* é empregado na biotecnologia vegetal, via de regra, para a introdução e integração estável de genes estranhos no genoma vegetal (Quadro 6-3).

8.3.4 Defesa contra patógenos

Além dos mecanismos pré-formados para defesa contra organismos microbianos prejudiciais (por exemplo, cutícula, paredes celulares – especialmente as lignificadas, armazenamento de substâncias tóxicas em paredes celulares e vacúolos, por exemplo, de saponinas, fenóis e quinonas, comparar com 5.15), as plantas dispõem de várias reações de defesa induzíveis, que, quanto ao seu efeito, podem ser igualmente distinguidas em componentes estruturais e químicos. As substâncias orgânicas de ação antimicrobiana induzidas pelo ataque de patógenos são denominadas fitoalexinas; muitas derivam do metabolismo de terpenos ou de fenilpropanos (ver 5.15.1, 5.15.2 e Figura 8-16). Entre os componentes estruturais estão: a formação de calose – um β-(1→3)-glucano – no sítio de um patógeno penetrante, o reforço do grau de entrelaçamento de componentes de parede celular e o aumento da lignificação.

A defesa contra patógenos, conforme mencionado, pode ser geral, sem especificidade a qualquer patógeno e uma específica (em parte, a raças de patógenos, Figuras 8-14 e 8-17). Com uma adequada combinação gene-para-gene de um gene de resistência vegetal e de um gene de avirulência pelo lado do patógeno (interação incompatível específica de variedades, Figura 8-17), é desencadeada a **resposta de hipersensibilidade** da planta. Essa resposta é iniciada com produção rápida e intensa de toxinas (especialmente de fenóis) e produção de espécies de oxigênio altamente reativas (por exemplo, O_2^-, mas também de H_2O_2, e causa morte celular programada localizada, na qual o patógeno igualmente perece. A hipersensibilidade (com morte celular) apresenta-se em forma de pequenas áreas mortas (necróticas) de tecidos, com frequência em folhas.

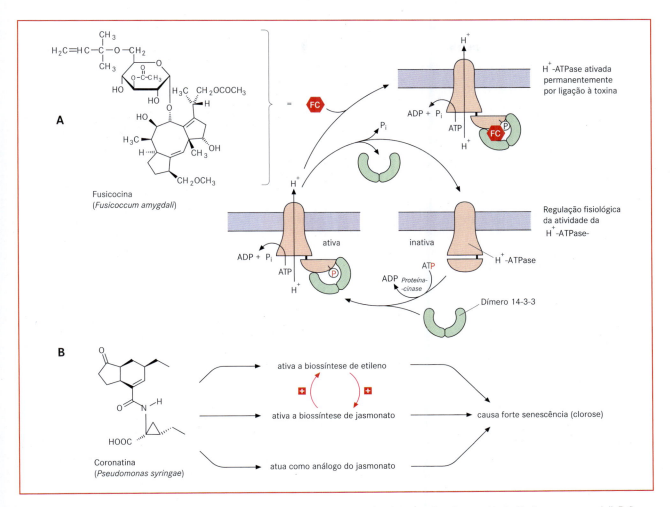

Figura 8-15 Exemplos de fitotoxinas sem especificidade a hospedeiro. **A** Fusicocina, a toxina da murcha de *Fusicoccum amygdali*. **B** Coronatina, a toxina indutora de clorose, produzida pelas cepas fitopatogênicas de *Pseudomonas syringae*. (A segundo C. Oecking, gentilmente cedida.)

A defesa geral ou basal é desencadeada por eliciadores sem especificidade a hospedeiros. Esses padrões moleculares associados a patógenos (PAMPs, ***p**athogen **a**ssociated **m**olecular **p**attern*) são estruturas ou moléculas altamente conservadas, essenciais para a sobrevivência dos patógenos e normalmente inexistentes na célula hospedeira. A esse grupo são adicionados componentes de parede celular e de membrana de bactérias gram-negativas (lipopolissacarídeos) ou fungos (quitina, ergosterol), flagelina (componentes principais dos flagelos bacterianos), mas também ácidos nucleicos modificados. Em parte em concentrações de $< 10^{-9}$ M, eles desencadeiam a defesa geral contra patógenos. Em geral, o reconhecimento dos eliciadores ocorre na superfície celular, por meio de receptores específicos, desencadeando a assim chamada "*PAMP-triggered immunity*" (PTI). Alguns receptores podem ser clonados e caracterizados funcionalmente. Nesta categoria enquadra-se o receptor de flagelina FLS2 de *Arabidopsis thaliana*, que pertence à família das cinases similares a receptores, com domínio extracelular rico em leucinas (do

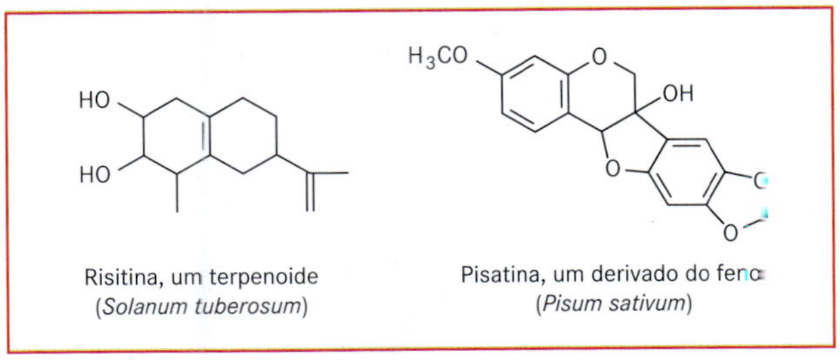

Figura 8-16 Exemplos de fitoalexinas. O efeito microbicida das fitoalexinas pôde ser comprovado claramente no exemplo da pisatina. A virulência do fungo *Nectria haematococca*, patógeno da ervilha, depende de sua capacidade de desintoxicar enzimaticamente a pisatina. (A Figura 5-16 apresenta a fórmula estrutural da gliceolina, a fitoalexina da soja.)

Quadro 8-2

Biologia dos tumores do colo da raiz

Os tumores do colo da raiz são amplamente encontrados na natureza, após infestação com *Agrobacterium tumefaciens*, especialmente em plantas lenhosas, como, por exemplo, rosáceas, salgueiros e na videira. Essa espécie de bactéria ocorre no solo, possui forma de bastonete, apresenta flagelos com distribuição perítrica e tem parentesco com o gênero *Rhizobium*, representante da família Rhizobiaceae. A formação de tumores pode ser induzida experimentalmente em numerosas espécies de mais de 60 famílias, em especial angiospermas dicotiledôneas (Figura A). A infecção ocorre em lesões na zona de transição entre o caule e a raiz ("colo da raiz") e está vinculada à existência de um plasmídeo de virulência bacteriano, o chamado plasmídeo Ti (**t**umor**i**nduzierendes Plasmid, plasmídeo indutor de tumor); esse plasmídeo compreende 0,2 Mpb e, em diferentes cepas de bactérias, apresenta muitas variantes, embora estruturalmente semelhantes (Figura B).

Durante a patogênese realiza-se a transferência de uma parte do plasmídeo do DNA, a chamada região do DNA-T (= DNA **t**ransferido), para a célula vegetal e a integração estável desse DNA-T em uma até várias (cerca de 20) cópias no genoma nuclear. A célula vegetal transformada é o início do crescimento do tumor (portanto, uma divisão celular incontrolada), que leva à formação de um calo indiferenciado e não estruturado, o tumor do colo da raiz. Em cultura estéril, um tumor do colo da raiz – livre de bactérias – pode se multiplicar ilimitadamente sem fornecimento de auxina e citocinina sobre o meio nutritivo (como ela é indispensável para tecido não transformado, comparar 6.6.2.3, Figura 6-47): ele tem crescimento autotrófico em relação a hormônios. Além disso, o tecido do tumor sintetiza uma opina. As opinas (Figura C) são produtos de condensação de α-ceto-ácidos (piruvato, 2-oxoglutarato) com aminoácidos (por exemplo, lisina, arginina), que a seguir não podem ser convertidas no metabolismo da planta. No entanto, as opinas podem servir como a única fonte de C e N para as agrobactérias que vivem no tecido do tumor e no solo próximo ao tumor. Cada tumor produz uma determinada opina, dependente da cepa de agrobactéria infectante.

As funções gênicas para garantir a autotrofia da auxina e da citocinina e para a biossíntese da opina encontram-se no DNA-T; as funções gênicas para decomposição da opina, virulência e transformação encontram-se sobre a parte do plasmídeo Ti não transferida para a planta (Figura B). A autotrofia em relação a hormônios é realizada por três genes (denominados genes *onc*), cujas funções gênicas foram elucidadas. O gene 1 codifica triptofano monoxigenase, o gene 2 indolacetamida amido-hidrolase e o gene 3 isopentenil transferase. Essas enzimas atuam na síntese da auxina AIA (ver 6.6.1.2) e do primeiro nível intermediário da biossíntese de citocininas, isopenteniladenosina-5'-monofosfato (ver 6.6.2.2; Figura D). Sua formação e atividade não estão sujeitas ao controle da célula vegetal. Com isso, as células do tumor do colo da raiz produzem grandes quantidades de auxina e citocinina e comportam-se como células vegetais, às quais, em cultura, são fornecidos esses hormônios (Figura 6-47).

O admirável mecanismo de transferência natural da informação genética de um procarioto para o genoma de uma célula vegetal eucariótica foi examinado intensivamente. Esses estudos mostraram que o mecanismo de transferência funciona mesmo sem a presença dos genes *onc*. Como o DNA-T completo até as sequências mais externas – cada uma abrangendo 25 pares de bases, nas extremidades esquerda e direita (= sequências-limite esquerda e direita) – pode ser retirado (deletado) e em seu lugar

Figura A Tumor com várias semanas, produzido experimentalmente no caule de *Lycopersicon esculentum*. (Segundo original de M.H. Zenk, gentilmente cedido.)

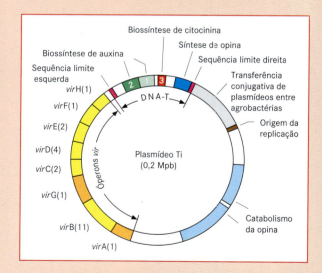

Figura B Estrutura de um plasmídeo Ti. No exemplo mostrado, existe uma região T contínua, também dividida em dois a três segmentos separados. Os óperons individuais da região *vir* são contados com o número de genes por óperon (entre parênteses).

podem ser colocados genes estranhos pretendidos, *Agrobacterium tumefaciens* tornou-se o mais importante organismo-vetor na produção de plantas transgênicas (Quadro 6-3). *Arabidopsis thaliana*, organismo-modelo da biologia molecular de plantas superiores (Quadro 6-1), também pode ser transformado mediante *Agrobacterium tumefaciens*.

Se forem empregados plasmídeos Ti sem os três genes *onc*, podem ser produzidas plantas transgênicas morfologicamente normais. Portanto, não se forma tumor, pois ele é provocado exclusivamente pelos três genes *onc*. Se cada uma das funções for deletada, formam-se **teratomas** (tumores crescentes organizados). Na falta do gene 1 (e/ou gene 2), não há produção adicional de AIA, sendo sintetizada apenas citocinina: o tumor cresce como teratoma caulinar. Se for deletado o gene 3, de modo que apenas a produção de citocinina não ocorre, crescem tumores como teratomas de raiz. Essa formação de órgãos é comparável àquela que acontece quando a relação auxina/citocinina é alterada para a regeneração de plantas a partir de tecidos do calo (Figura 6-47).

Os processos de interação de *Agrobacterium tumefaciens* com a planta hospedeira já foram esclarecidos em muitos detalhes. Os genes da região *vir* do plasmídeo Ti (*vir* refere-se à virulência) têm significado especial. A bactéria encontra quimiotaticamente a região lesada de uma planta hospedeira. Entre os "fatores de lesão" foram identificados os fenóis, por exemplo, flavonoides (em *Rhizobium*), bem como produtos de decomposição de fenilpropanoides (ver 5.15.1 e 5.16.2), entre os quais especialmente acetosiringona (Figura E). O acetosiringona se liga em um dos dois produtos do gene *vir* expressos constitutivamente, a proteína VirA, proteína receptora de um típico sistema bacteriano de regulação de dois componentes (comparar 6.6.5.3, Figura 6-64). A ligação realiza fosforilação da proteína Vir-A, que transfere o resíduo de fosfato para a segunda proteína Vir (VirG) expressa constitutivamente. Essa é a proteína reguladora do sistema de dois componentes, que, em forma fosforilada, apresenta um fator de transcrição ativo, que então ativa a transcrição de todos os genes *vir* restantes. Com a cooperação das proteínas VirD1, VirD2 e VirC1, é inserido um corte de DNA fita simples na extremidade 5' antes da sequência-limite direita. VirD2 + VirD1 atuam como endonucleases específicas da sequência e da fita de DNA. VirD2 liga-se covalentemente à nova extremidade 5' recém formada. A fita T é então hidrolisada na sequência-limite à esquerda e desligada da fita oposta; ao mesmo tempo, a "lacuna" surgida na direção 5'→3' é preenchida pela síntese reparadora, resultando novamente plasmídeo fechado com fita dupla completa.

Várias (aproximadamente 600) proteínas VirE2 ligam-se então à fita T cortada, formando um complexo filamentoso com cerca de 3,6 μm de comprimento (complexo T) constituído de: DNA fita simples (DNAss), proteína VirD2 ligada covalentemente à extremidade 5' e envoltório de VirE2. Esse complexo apresenta massa molecular de aproximadamente 50.000 kDa e possui semelhanças com um vírus de DNAss simples.

O complexo T sai da célula bacteriana por um *pilus* formado de numerosas proteínas VirB diferentes. O *pilus* de transporte exibe nítidas semelhanças com os *pili* F, que realizam o transporte de DNA durante a conjugação bacteriana, e com os chamados aparelhos de secreção do tipo III de outras bactérias patogênicas, que servem para introduzir toxinas nas células hospedeiras (por exemplo, em *Bordetella pertussis*, *Yersinia pestis* ou do fitopatógeno *Xanthomonas campestris*). A proteína VirE2 cumpre outra tarefa du-

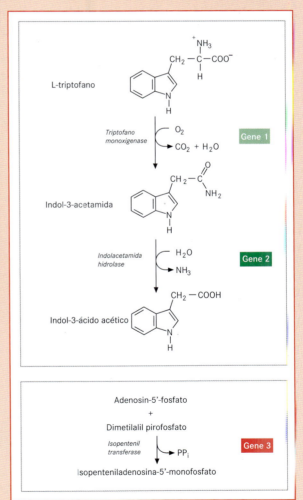

Figura D Enzimas da biossíntese de auxina e citocinina codificadas pelos genes *onc* (as fórmulas estruturais da reação da isopentenil transferase são mostradas na Figura 6-46).

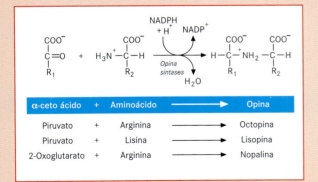

Figura C Biossíntese de opinas através de opina sintases bacterianas.

rante o ingresso do complexo T na célula vegetal: ela se integra ao plasmalema da célula hospedeira e forma um poro (supostamente por oligomerização), pelo qual a fita T migra para a célula vegetal. As particularidades de fenômeno ainda são desconhecidas.

Na célula da planta, o DNA-T é protegido do ataque de nucleases vegetais por uma cobertura de proteínas. As proteínas VirD2 e VirE2 apresentam sequências de sinais (NLS1, NLS2) para o ingresso de proteínas no núcleo (importação pelo núcleo, Figura 6-17): o complexo T é ligado pelas importinas vegetais e introduzido no núcleo. Essa integração do DNA-T ao genoma nuclear ainda não está completamente compreendida. Ela ocorre em sítios escolhidos e exige um sistema funcional de reparo de DNA. Por isso, podem ser empregadas estruturas de DNA-T adequadas (Quadro 6-3) também para mutagênese por inserção em plantas. Após integração ao genoma, os genes do DNA-T tornam-se efetivamente transcritos pela RNA polimerase II vegetal DNA-dependente. Depois que a produção de AIA e citocinina elevou suficientemente o nível celular desses hormônios, as células transformadas da fase G_0 entram novamente na fase G_1 e, com isso, no ciclo celular ativo (ver 6.3.2). Mediante fornecimento de hormônios, as células não transformadas no entorno são estimuladas a se dividir, de modo que geralmente os tumores exibem composição mista de células transformadas e células normais.

Referência

Agrios GN (1997) Plant Pathology, 4th ed, Academic Press, San Diego

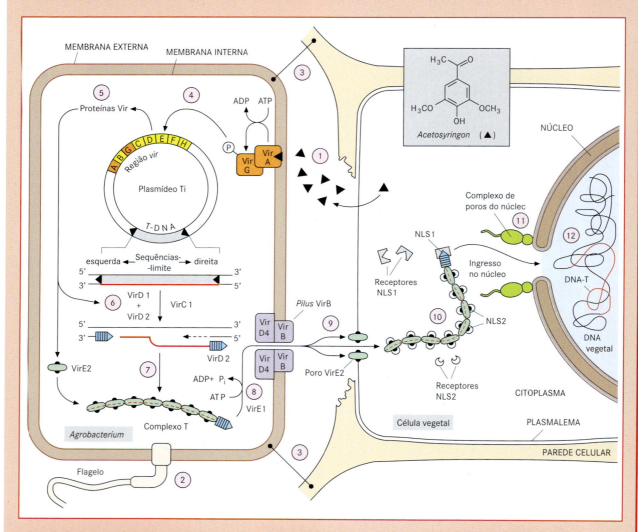

Figura E Interações de *Agrobacterium tumefaciens* com uma célula hospedeira (lesada). ① Formação da substância da lesão, acetosiringona, e ativação do receptor de acetosiringona (VirA, VirG); ② quimiotaxia das bactérias; ③ contato com a célula vegetal (o processo é desconhecido em detalhes, mas as agrobactérias podem sintetizar celulose e, assim, se ligar firmemente às paredes celulares); ④ ativação dos óperons *vir* induzíveis (amarelo), por meio da proteína VirG fosforilada; ⑤ biossíntese das proteínas Vir induzíveis ⑥ excisão da fita T; ⑦ formação e ⑧ exportação do complexo T; ⑨ passagem do complexo T para o citoplasma vegetal; ⑩ ligação dos receptores NLS vegetais às sequências NLS1 e NLS2 (NLS, do inglês *nuclear localization signal*; sequência de aminoácidos denominada **s**inal de **l**ocalização **n**uclear); ⑪ importação pelo núcleo. Desconhecem-se os outros passos até a integração do DNA-T ao genoma nuclear (⑫). (Segundo E. Weiler.)

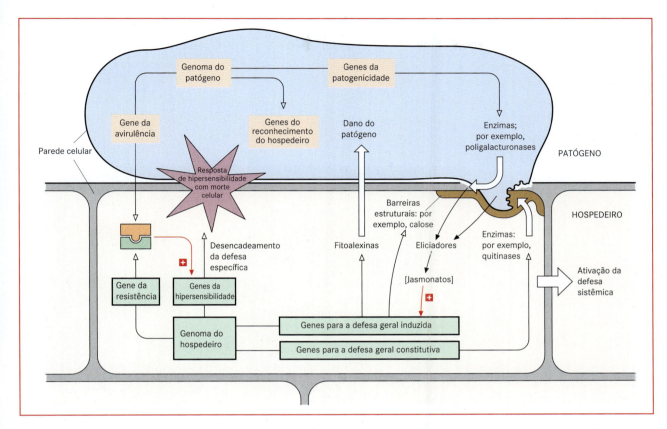

Figura 8-17 Representação esquemática do processo de desenvolvimento de interação incompatível entre patógeno e hospedeiro, que leva à defesa contra o patógeno. À esquerda: incompatibilidade específica da variedade (comparar Figura 8-13), que tem como consequência a resposta de hipersensibilidade com morte celular. À direita: resistência inespecífica do hospedeiro, mediada por eliciadores e – em alguns casos – por jasmonato, incluindo reações de defesa da planta, tanto localizadas quanto sistêmicas.

inglês *leucine rich repeat – receptor like kinase*, LRR-RLK). Em consequência da ligação ao eliciador, ocorre a indução de cascatas de sinais de *mitogen-activated protein*-(MAP-) cinase, que podem levar à produção de espécies reativas de oxigênio, à ativação de canais iônicos e ao depósito de calose nas paredes celulares. A ativação dos fatores de transcrição, entre outras ações, provoca a expressão de genes responsivos a patógenos (PR; do inglês, *pathogenesis related*), cuja função não é bem conhecida em detalhes.

8.4 Herbivoria

Em termos gerais, o grande número de espécies de herbívoros (Tabela 8-2) e o imenso número de indivíduos não correspondem (ou correspondem muito pouco) à quantidade de plantas predadas por animais na natureza. Muitas plantas não são comestíveis pela grande massa de herbívoros. Os herbívoros – como também os patógenos – precisam superar os mecanismos de defesa (tanto os pré-formados quanto os induzidos) da planta para utilizá-la como fonte de alimento. Por isso, o herbívoro é bem-sucedido apenas em relação a poucas espécies. A herbivoria também se baseia na **coevolução** (ver 5.15.5) dos organismos participantes, comparável às relações entre hospedeiro e patógeno. Como consequência dessa coevolução, as plantas se municiaram de um amplo espectro de mecanismos de defesa e os herbívoros desenvolveram as mais diferentes estratégias para superá-las (ver 12.6.3 e 12.8). As semelhanças à defesa contra patógenos (ver 8.3.4), no entanto, são desconhecidas.

8.4.1 Defesa contra herbívoros

Da mesma maneira que a defesa contra patógenos, podem ser distinguidos processos pré-formados e induzidos. A proteção pré-formada compreende **barreiras estruturais** (espinhos, acúleos, tricomas urticantes contra animais maiores, paredes celulares resistentes e cutículas contra animais menores) e **barreiras químicas**. Muitos metabólitos vegetais (ver 5.15) representam proteção contra a herbivoria, atuando como toxinas repelentes, reduzindo a qualidade nutricional da planta (sabor amargo desagradável) ou até mesmo interferindo nos ciclos de desenvol-

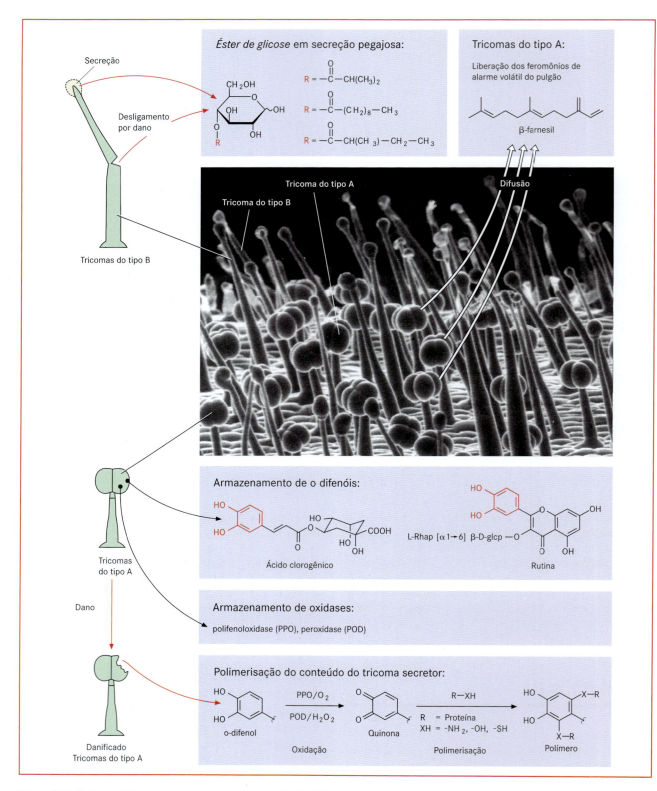

Figura 8-18 Defesa pré-formada de insetos, por intermédio de folhas do tomate selvagem *Solanum berthaultii* (imagem da área foliar, ao microscópio eletrônico de varredura, aumentada cerca de 90x). (Segundo W.M. Tinggey, gentilmente cedida.)

vimento dos herbívoros, especialmente de artrópodes de multiplicação rápida (fitoecdisonas, análogos a hormônios de muda). Exemplos característicos para essa situação já foram apresentados quando se abordou a fisiologia do metabolismo (ver 5.15).

Ao lado de substâncias de proteção à herbivoria de massa molecular baixa, ocorrem as de massa molecular alta, especialmente proteínas. Estas podem ter efeito tóxico, como, por exemplo, a ricina em sementes de *Ricinus communis* e a aparentada abrina nas sementes da "ervilha-do-padre-nosso"; ambas inibem a síntese proteica de animais, por meio da inativação da subunidade 60S dos ribossomos. Com frequência, essas proteínas (presentes, por exemplo, em folhas, frutos e órgãos de reserva) também reduzem a qualidade nutricional e, atuando no trato digestório de animais, inibem proteases (por exemplo, tripsina e quimiotripsina), causando distúrbios que podem provocar a sua morte.

A **defesa pré-formada contra insetos**, de ação externa, foi muito bem estudada em uma forma selvagem do tomate resistente, *Solanum berthaultii* (Figura 8-18). Suas folhas possuem dois tipos de tricomas (ver 3.2.5.3): unicelulares do tipo B, que elaboram uma secreção pegajosa, na qual os insetos ficam presos (esses tricomas se rompem facilmente e liberam ainda mais líquido); multicelulares do tipo A, que secretam o composto volátil β-farnesil. Esse composto é uma substância repelente, empregada como feromônio de alarme pelos próprios pulgões. O movimento de fuga dos pulgões assim provocado os coloca em contato com ainda mais tricomas glandulares. Ao serem lesados, os tricomas do tipo A secretam grandes quantidades de o-difenóis hidrossolúveis e enzimas (polifenoloxidases e peroxidases), que oxidam o-difenóis a quinonas. As quinonas são muito reativas, polimerisam facilmente e, com isso, reagem com nucleófilos (por exemplo, grupos $-NH_2$, $-OH$ e $-SH$ de proteínas). A substância exsudada pelos tricomas do tipo A polimerisa rapidamente, transformando-se em uma massa resinoide, na qual ficam presas as peças bucais e os tarsos do animal, que, em consequência, fica imobilizado e morre de fome. Os o-difenóis e as oxidases ficam separados em compartimentos na planta.

As plantas também possuem **defesa induzida contra a herbivoria**, bastante eficaz contra pequenos herbívoros com ingestão de alimento limitada (mas que podem ter um número grande de indivíduos), dirigida, portanto, especialmente contra insetos. Alguns processos implicados na defesa contra herbívoros já puderam ser esclarecidos, sobretudo em folhas do tomate (*Lycopersicon esculentum*). Esses mecanismos adquiriram validade geral, embora sejam específicos (Figura 8-19).

Se uma folha for lesada por uma larva de inseto, por exemplo, na região afetada (supostamente por hidrolases ou lipases) é liberado o ácido α-linolênico (ácido graxo com três ligações não saturadas), a partir de lipídeos de membrana (ver 1.5.2, Figura 1-21). Esse ácido é a substân-

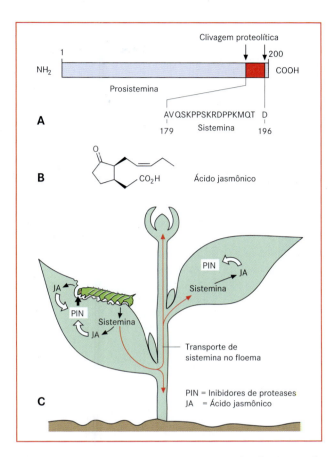

Figura 8-19 Defesa contra herbivoria no tomate, localizada e sistêmica. Em folhas lesadas (por lagartas, por exemplo), por proteólise, a sistemina (octadecapeptídeo) é liberada da prosistemina (uma proteína) (**A**). Como fator de lesão sistêmico, a sistemina induz a produção de ácido jasmônico na planta (**B**). Este também é liberado diretamente nos tecidos lesados, induz a formação das mais diferentes proteínas, entre as quais uma quantidade de inibidores de proteases, que tornam o tecido vegetal indigesto para as larvas de insetos herbívoros (**C**).

cia inicial para a síntese de ácido jasmônico (ver 6.6.6.2, Figura 6-67), cuja acumulação já pode ser demonstrada poucos minutos após a planta ser lesada (também provocada mecanicamente). De maneira ainda desconhecida, nas células vizinhas à área lesada da folha, o ácido jasmônico causa a ativação de genes de defesa. No tomate, são ativados, entre outros, os genes para vários inibidores de proteases, que em folhas lesadas são comprováveis após poucas horas e, na sequência, atingem elevadas concentrações na folha (> 100 mg kg^{-1}). Com o tempo, o inseto predador ingere quantidades crescentes desses inibidores e, com isso, durante a digestão do alimento torna-se cada vez mais incapacitado.

Simultaneamente, a partir de um precursor (a prosistemina), mediante proteólise nas regiões lesadas da folha de tomate, a **sistemina** (Figura 8-19; peptídeo composto de 18 aminoácidos) é clivada. Como **sinal sistêmico de lesão**, em poucas horas a sistemina é transportada via floema em todo o caule, onde induz igualmente a produção de ácido jasmônico e, com isso, a síntese dos inibidores de protease. Cerca de 24 horas após o primeiro ataque de um herbívoro, a planta inteira está eficazmente protegida (de um segundo ataque, por exemplo) por conta das altas concentrações de inibidores: 1 cm^2 da área foliar desse indivíduo de tomate já é dose letal para uma larva de inseto.

Paralelamente à comprovação de que a sistemina age apenas no tomate, existem numerosas indicações que muitas outras espécies vegetais, ao serem lesadas, também liberam fatores de lesão sistêmicos de modo ainda desconhecido e – induzidas pelo primeiro ataque – se preparam de maneira sistêmica para o segundo ataque. As substâncias induzidas por lesões não são apenas inibidores de proteases, mas também proteases e polifenoloxidases, bem como numerosos metabólitos secundários (no tabaco, um composto inseticida denominado nicotina; nas Brassicaceae, os glucosinolatos, igualmente tóxicos). Numa abordagem geral, ao serem lesadas, todas as plantas até agora examinadas parecem produzir ácido jasmônico, que intervêm na ativação dos genes de defesa. A favor disso constatou-se que em cultura de células de mais de 150 espécies o metabolismo secundário pôde ser ativado por jasmonato. O papel do ácido jasmônico na defesa contra herbivoria foi cabalmente mostrado em mutantes de tomate, que, após lesão da planta, não mais acumularam (Figura 8-20).

8.4.2 Interações tritróficas

As plantas liberam continuamente sobre as folhas pequenas quantidades de compostos voláteis; além de etileno (ver 6.6.5) e isopreno (ver 5.15.2), predominantemente produtos da decomposição oxidativa de ácidos graxos. Os artrópodes herbívoros frequentemente recorrem a esses compostos para localização das plantas a serem forrageadas. Se uma planta for lesada por um inseto sugador ou cortador, em geral aumenta a síntese de compostos voláteis; ao contrário de uma mera lesão mecânica, a composição qualitativa dos compostos emitidos se altera drasticamente e, em decorrência, produzem-se misturas de 20 ou mais componentes. Essas misturas de "substâncias aromáticas" (cuja produção é induzida especificamente por herbivoria) que, dependendo da espécie, idades das plantas e estado fisiológico, apresentam composições características, possuem todos os atributos de "pedidos de ajuda" químicos. De fato, são conhecidos muitos casos (a Tabela 8-3 mostra alguns exemplos) em que ácaros parasíticos e vespas parasíticas (que depositam seus ovos em larvas herbívoras) dirigem-se aos seus hospedeiros orientados por esses sinais vegetais. Entre as

Figura 8-20 Significado do ácido jasmônico para a defesa contra herbivoria do tomate. Aspecto de um mutante danificado (do inglês *defenseless* = indefeso), que, após lesão, perdeu a capacidade de acumulação do ácido jasmônico (planta à esquerda), em comparação ao tipo selvagem (planta à direita). Em cada planta com 8 semanas foram colocadas oito larvas recém eclodidas da lagarta-do-tabaco (*Manduca sexta*). As larvas permaneceram sobre as plantas durante 13 dias e após foram fotografadas. O mutante não produz mais inibidores de proteases e é intensamente predado; as larvas são mais robustas (abaixo, à esquerda). Comparativamente, o tipo selvagem foi pouco predado; as larvas exibem crescimento reduzido (abaixo, à direita). Por motivo de espaço, são apresentados apenas dois indivíduos típicos. (Segundo C.A. Ryan, gentilmente cedido.)

substâncias vegetais de alarme (**alarmonas**), encontram-se especialmente terpenos de cadeia aberta e, em alguns casos, compostos aromáticos, como indol ou metil salicilato (Figura 8-21). Para atrair os parasitos, às vezes (como em *Brassica oleracea*, Tabela 8-3) basta um aumento da produção (já existente) dos derivados de ácidos graxos voláteis (alguns exemplos na Figura 8-21). Essas relações triangulares, quimicamente coordenadas, entre planta hospedeira, herbívoro e seus parasitos são denominadas interações tritróficas.

A formação das alarmonas típicas da herbivoria é desencadeada por componentes da saliva dos insetos. Recentemente, a estrutura do primeiro fator desencadeador foi esclarecida: é um conjugado da L-glutamina do ácido α-linolênico hidrolisado na posição 17. Esse composto denominado volicitina (do inglês, ***volatiles eliciting***), presen-

Tabela 8-3 Exemplos de interações tritróficas entre plantas, herbívoros e seus parasitos

Herbívoro	Parasito	Planta(s)	Sinalizadores vegetais voláteis
Tetranychus urticae ("ácaro-aranha")	*Phytoseiulus persimilis* (ácaro)	*Phaseolus lunatus*, *Cucumis sativus*	Terpenos, especialmente (1)–(4) e metil salicilato (5)
Spodoptera exigua ("borboleta-coruja")	*Cotesia marginiventris* (vespa parasítica)	*Zea mays*, *Glycine max*, espécies de *Gossypium*	Terpenos, especialmente (1), (2), (4) e indol (6)
Pseudalethia separata ("borboleta-coruja")	*Cotesia kariyai* (vespa parasítica)	*Zea mays*	Terpenos, entre outros (1), (2) e indol (6), Oximas, nitrilas
Pieris brassicae (borboleta-da-couve)	*Cotesia glomerata* (vespa parasítica)	*Brassica oleraceae*	Ácidos graxos oxidados derivados, entre outros (7)–(9)

A numeração das substâncias encontra-se na Figura 8-21.

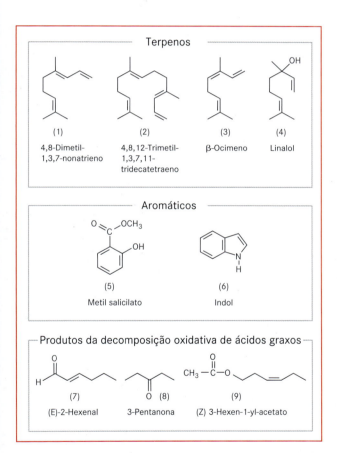

Figura 8-21 Exemplos de substâncias liberadas por plantas após o ataque de artrópodes herbívoros. As substâncias (1) e (2) têm distribuição bastante ampla; (1)-(6) são formadas especificamente apenas em lesão provocada por herbivoria, não em lesão mecânica. As substâncias (7)-(9) são exemplos de compostos produzidos sempre em quantidades pequenas, mas em muitas lesões – mecânicas ou causadas por herbivoria. Também são – componentes do aroma dos campos recém pastejados.

te em *Spodoptera exigua*, em quantidades muito pequenas (30–40 · 10^{-12} mol – quantidade presente em 2 μl de saliva – por indivíduo de milho com 14 dias) já desencadeia a liberação da mistura de alarmonas característica (Figura 8-22). É admirável que a predação pelo inseto provoca não só liberação local, mas também liberação sistêmica dos compostos voláteis específicos à herbivoria. A natureza da ativação sistêmica é desconhecida.

Discutiu-se que as alarmonas, possivelmente formadas por uma planta predada por insetos, agem sobre plantas vizinhas ainda não atacadas e nestas preventivamente ativam a defesa contra a herbivoria; representam, portanto, **feromônios de alarme**. Até agora, no entanto, não foi apresentada comprovação experimental convincente para essa função. Contudo, em laboratório foi possível comprovar que uma planta produtora do metil éster volátil do ácido jasmônico (por exemplo, *Artemisia tridentata*) age sobre um indivíduo de tomate vizinho e induz a formação dos inibidores de proteases. Para isso, entretanto, os dois indivíduos precisam ser mantidos sob uma campânula de vidro, a uma pequena distância entre si.

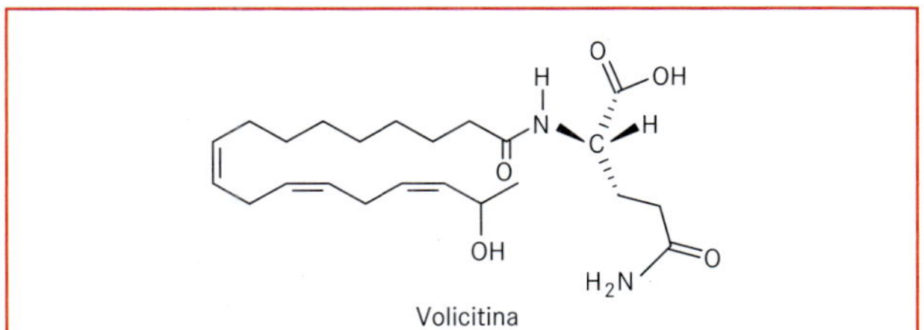

Figura 8-22 Volicitina, componente da saliva das larvas de *Spodoptera exigua*, que por ocasião da predação, chega à área lesada e induz a produção de alarmonas vegetais. O precursor do ácido linonênico da volicitina é proveniente do alimento vegetal; a síntese posterior da volicitina se processa no inseto.

8.5 Alelopatia

Alelopatia é a influência química de uma planta sobre uma outra. Essa influência pode ter efeitos fomentadores ou – mais frequentemente – inibidores. Por um lado, a alelopatia pode ocorrer pela ação de compostos voláteis, que no espaço de difusão ou de convecção atingem concentrações suficientes para se tornarem eficazes. O etileno em princípio possui o caráter tanto de **feromônio** (sinalizador com tarefas coordenadoras entre os indivíduos de uma espécie) quanto de **cairomônio** (sinalizador eficaz entre indivíduos de espécies diferentes). Entretanto é questionável se na atmosfera são alcançadas naturalmente concentrações de etileno suficientemente altas. Certamente, no transporte e armazenamento de frutas (especialmente quando variedades/espécies com sensibilidades diferentes são mantidas juntas) deve ser monitorada a aceleração da senescência por meio da liberação do etileno (ver 6.6.5.2). Também é questionável se a liberação experimental de alarmonas por plantas predadas por insetos (ver 8.4.2) representa um efeito sinalizador para plantas vizinhas ainda não atacadas, a fim de que essas ativem sua defesa contra a herbivoria.

Por outro lado, com a ajuda do sistema de raízes, muitas plantas liberam no solo compostos hidrossolúveis, que podem prejudicar o crescimento de competidores. Por fim, em algumas espécies, os compostos com ação alelopática são diluídos pela chuva que penetra no solo.

Embora seja correto afirmar que os inibidores com ação alelopática frequentemente exercem um papel em comunidades vegetais identificadas pela competição, é muito difícil obter-se uma comprovação inequívoca, pois esses efeitos podem sofrer forte interferência de outros (por exemplo, competição por luz e nutrientes). Além disso, muitos compostos, qualificados como alelopáticos, provocam inibições altamente inespecíficas também em microrganismos e animais (pelo menos experimentalmente). A essa categoria pertencem muitos fenóis simples (por exemplo, ácidos cinâmicos e seus derivados, como cumarinas, ver 5.15.1) e terpenos (ver 5.15.2). Sendo a germinação de algumas espécies inibida por esses compostos, parece plausível que, pela sua concentração nas camadas superiores do solo (especialmente por "lavagem" das folhas ou apodrecimento do debulho), a competição intra ou interespecífica com novos indivíduos a partir dos já estabelecidos é diminuída.

Assim, o 1,4,5-tri-hidroxinaftil-4-glicosídeo das folhas e frutos da nogueira (*Juglans regia*) é lavado e no solo, por hidrólise e subsequente oxidação, é transportado para a juglona (forte inibidor da germinação; Figura 8-23). Com isso, adicionalmente ao fator luz (sombra da copa) e à situação nutricional (lixiviação do solo na zona das raízes), estabelecem-se condições desfavoráveis a

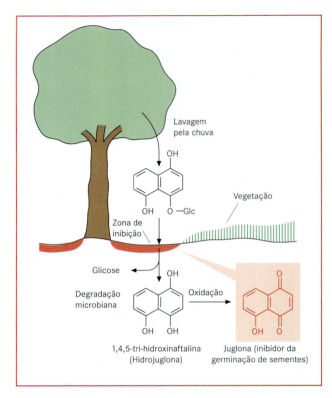

Figura 8-23 Efeito alelopático da juglona da nogueira (*Juglans regia*). A juglona inibe as prolil-peptidil-isomerases, que participam da clivagem de proteínas do ciclo celular e, com isso, interrompe o ciclo na fase G_2. O efeito tóxico da juglona diretamente sobre plântulas com crescimento intenso é atribuído a isso. (Segundo E. Weiler.)

germinação de sementes, de modo que sob a copa da árvore são encontrados apenas poucos indivíduos herbáceos.

O exemplo mais claro de alelopatia é oferecido pela vegetação arbustiva do tipo chaparral em Santa-Ynes-Tal, sul da Califórnia (ver 14.2.7). A vegetação é caracterizada por conjuntos densos de *Salvia leucophylla* e *Artemisia californica*, que cada vez mais reprimem as espécies herbáceas. Em uma zona de aproximadamente 1-2 m ao redor dos arbustos não se encontra qualquer outra vegetação; em uma faixa de 3-8 m, verifica-se crescimento deficiente das espécies herbáceas; somente em uma distância maior constata-se o crescimento irrestrito da vegetação herbácea, em especial de gramíneas (por exemplo, *Bromus hordeaceus*, *Festuca megalura* e *Avena fatua*). A inibição do crescimento é atribuída aos monoterpenos tóxicos para essas plantas herbáceas, especialmente cânfora e 1,8-cineol (Figura 5-121), secretados por *S. leucophylla* e *A. californica*, principalmente sob temperaturas elevadas. Esses monoterpenos concentram-se nas camadas superiores do solo, mediante adsorção aos coloides dos solos argilosos. Os compostos lipofílicos passam do solo para as membranas celulares de sementes em germinação. De maneira semelhante, processa-se um enriquecimento nas cutículas lipofílicas das plantas herbáceas; a partir daí, deve ocorrer a passagem para as membranas celulares vegetais. Ainda não está esclarecido o mecanismo da toxicidade de cânfora e 1,8-cineol, bem como o mecanismo de proteção de S. leucophylla e A. californica. Sob temperaturas elevadas, a concentração do monoterpenos nos conjuntos densos da vegetação arbustiva aumenta a possibilidade de combustão espontânea das misturas do ar com terpenos. Por esse motivo, o chaparral está sujeito a ciclos de fogo com periodicidade média de aproximadamente 25 anos. Por ocasião desses eventos, os conjuntos de S. leucophylla e A. californica, bem como os terpenos no solo, são destruídos pelo fogo. Depois disso, inicialmente se estabelece a vegetação herbácea e, após, a vegetação arbustiva ressurge e se propaga progressivamente.

Referências

Agerer R (1999) Mycorrhiza: ectotrophic and ectendotrophic mycorrhizae. Progr Bot 60: 471–501
Agrawal AA (2000) Mechanisms ecological consequences and agricultural implications of tri-trophic interactions. Curr Opin Plant Biol 3: 329–335
Agrios GN (2005) Plant Pathology, 5th ed. Academic Press, San Diego
Baldwin IT, Halitschke R, Kessler A, Schittko U (2001) Merging molecular and ecological approaches in plant-insect interactions. Curr Opin Plant Biol 4: 351–358
Bird DM, Koltai H (2000) Plant parasitic nematodes: habitats, hormones, and horizontally-acquired genes. J Plant Growth Regul 19: 183–194
Cairney JWG (2000) Evolution of mycorrhiza systems. Naturwissenschaften 87: 467–475
Dangl JL, Jones JDG (2006) The plant immune system. Nature. 444, 323–329.
De Wit PJGM (2007) How plants recognize pathogens and defend themselves. Cell Mol Life Sci 64: 2726–2732
Farmer EE (2001) Surface-to-air signals. Nature 411: 854–856
Greenberg JT, Yao N (2004) The role and regulation of programmed cell death in plant-pathogen interactions. Cell Microbiol 6: 201–211
Hahn M, Mendgen K (2001) Signal and nutrient exchange at biotrophic plant-fungris interfaces. Curr Opin Plant Biol 4: 322–327
Hammond-Kosack KE, Jones JDG (1997) Plant disease resistance genes. Annu Rev Plant Physiol Plant Mol Biol. 48: 573–606
Harrison MJ (1999) Molecular and cellular aspects of the arbuscular mycorrhizal symbiosis. Annu Rev Plant Physiol Plant Mol Biol 50: 361–390
Heath MC (2000) Nonhost resistance and nonspecific plant defenses. Curr Opin Plant Biol 3: 315–319
Lamb C, Dixon RA (1997) The oxidative burst in plant disease resistance. Annu Rev Plant Physiol Plant Mol Biol 48: 251–76
Meeks JC (1998) Symbiosis between nitrogen-fixing cyanobacteria and plants. BioScience 48: 266–276
Paiva NL (2000) An introduction to the biosynthesis of chemicals used in plant-microbe communication. J Plant Growth Regul 19: 131–143
Paré PW, Tumlinson JH (2000) Plant volatiles as a defense against insect herbivores. Plant Physiol 121: 325–331
Parniske M (2000) Intracellular accomodation of microbes by plants: a common developmental program for symbiosis and disease? Curr Opin Plant Biol 3: 320–328
Paul ND, Hatcher PE, Taylor JE (2000) Coping with multiple enemies: an integration of molecular and ecological perspectives. Trends Plant Sci 5: 220–225
Rausher MD (2001) Co-evolution and plant resistance to natural enemies. Nature 411: 857–864
Takabayashi J, Dicke M (1996) Plant-carnivore mutualism through herbivore-induced carnivore attractants. Trends Plant Sci 1: 109–113
Takken FLW, Joosten HAJ (2000) Plant resistance genes: their structure, function and evolution. Eur J Plant Pathol 106: 699–713
Tzfira T, Citovsky V (2005) Agrobacterium-mediated genetic transformation of plants: biology and biotechnology. Curr Opin Biotechnol 17: 147–154
Williamson VM (1999) Nematode resistance genes. Curr Opin Plant Biol 2: 327–331
Yoder JI (2001) Host-plant recognition by parasitic Scrophulariaceae. Curr Opin Plant Biol 4: 359–365
Young ND (2000) The genetic architecture of resistance. Curr Opin Plant Biol 3: 285–290

Visão geral da Parte II – Fisiologia

O progresso acelerado da pesquisa em muitas áreas encontra-se documentado em numerosos periódicos especializados. Em vista da abundância de dados e da crescente especialização, a publicação periódica de sinopses (reviews) torna-se cada vez mais importante. Já em 1931, na Alemanha foram lançados os "Progressos em Botânica" (atualmente, Progress in Botany, Springer, Berlin), que anualmente trazem informações sobre novos resultados de pesquisa no âmbito global da Botânica. Com igual periodicidade são divulgadas as "Resenhas Anuais" (Annual Reviews in Plant Biology, antigamente Annual Reviews of Plant Physiology and Plant Molecular Biology ou antes Annual Reviews of Plant Physiology), publicadas por Annual Reviews Inc., Palo Alto.

Na forma de resenhas ou minirresenhas, as mais novas descobertas são relatadas em revistas (jornal) cada vez com mais frequência. São recomendadas também as tendências em Ciências Vegetais (Trends in Plant Sciences) e Opinião em Curso em Biologia Vegetal (Current Opinion in Plant Biology, Academic Press, San Diego), bem como os Métodos em Enzimologia (Methods in Enzymology, Academic Press, New York) e o Compêndio sobre Enzimas em seis volumes (Handbook of Enzymes, Springer, Berlin).

As informações na parte sobre Fisiologia deste compêndio são completas, ou seja, independem do emprego da Internet. Todavia, os bancos de dados em www podem fornecer informações especialmente úteis para trabalhos de pesquisa. Da mesma forma também permitem aos estudiosos contato com o material (muitas vezes volumoso) lá armazenado.

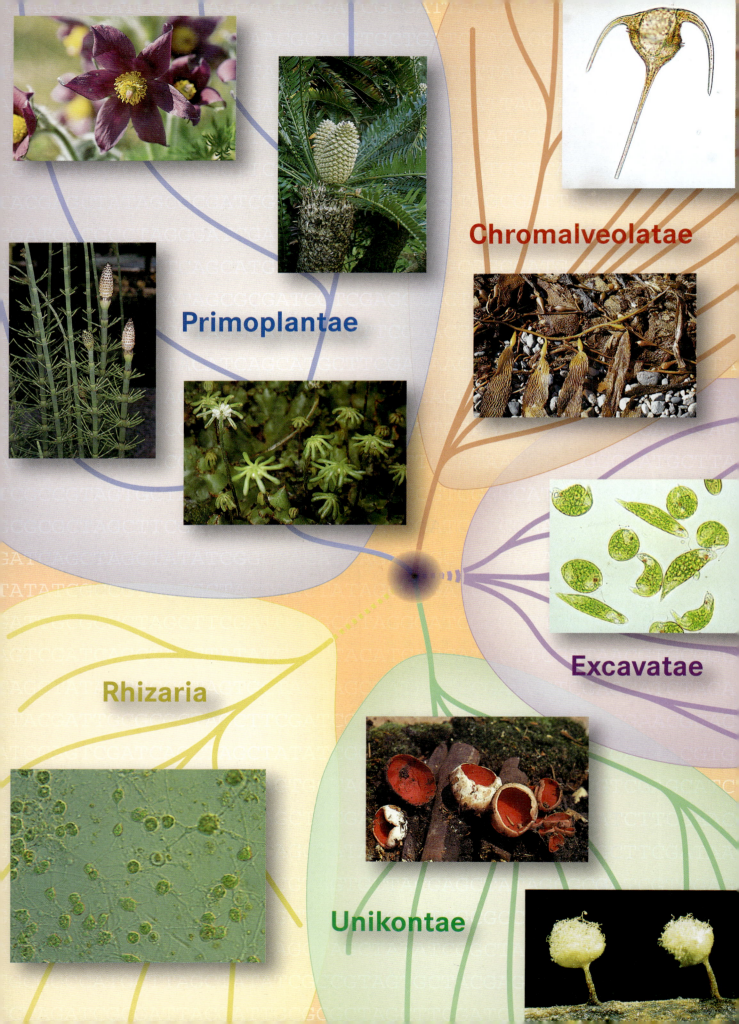

PARTE III
Evolução e Sistemática

A imponente multiplicidade de organismos vivos no passado e no presente, com suas mais diferentes estruturas e mais múltiplas funções, surgiu no decorrer da história da Terra pelo processo de evolução. Os Capítulos 9 (evolução) e 10 (sistemática) tratam desse processo evolutivo e do resultante padrão da diversidade dos organismos.

No Capítulo 9 será exposto como a ação conjunta da variação genética e da seleção natural conduz à alteração da composição genética das gerações que se sucedem, a qual, por fim, resulta no surgimento das novas espécies. Nesse caso, a seleção natural é o resultado da confrontação do indivíduo com seu ambiente abiótico e biótico. A relação dos organismos com seu ambiente também será amplamente tratada na Parte IV (ecologia) deste livro.

Mesmo que a evolução seja um processo contínuo e ocorra ainda hoje, muitos de seus elementos escapam da percepção imediata e precisam ser inferidos a partir de características dos organismos hoje viventes. Para tanto, a teoria da evolução supõe que os processos (evolutivos) observados no passado ou inferidos de organismos atuais agiram da mesma maneira, ou seja, que no passado os outros processos não foram eficazes.

O Capítulo 10 mostra como os organismos atuais podem ser classificados. O principal objetivo da sistemática é encontrar uma ordem, ou seja, um sistema, que espelhe as relações de parentesco entre os organismos e, com isso, a história de sua linhagem (filogenia). Para tanto, a sistemática apropria-se de um grande número de caracteres, entre os quais é hoje de especial importância a informação contida diretamente no genoma (sequência de DNA). Ao mesmo tempo, a sistemática também necessita de métodos complexos para construir árvores genealógicas a partir de dados obtidos de indivíduos hoje viventes.

Como o processo da diversificação das linhagens históricas ocorreu preponderantemente no passado, fugindo, assim, à observação imediata, as árvores genealógicas reconstruídas são sempre hipotéticas.

O sistema aqui apresentado ocupa-se não somente da multiplicidade das plantas (Glaucobionta, Rhodobionta – algas vermelhas, Chlorobionta – plantas verdes), mas abrange também os organismos procarióticos (Bacteria, Archaea), fungos plasmodiais (Acrasiobionta, Myxobionta), fungos celulósicos (Oomycota) e fungos quitinosos (Mycobionta).

◀ **Figura:** A multiplicidade dos organismos do passado e do presente surgiu por meio do processo da evolução. A sistemática procura classificar os organismos de acordo com seu suposto parentesco em uma árvore genealógica. Mesmo que o sistema utilize para isso todas as características observáveis em todos os organismos, a análise da informação contida no DNA é hoje de especial importância. Disso resulta, para os eucariotos, uma árvore genealógica constituída de cinco grupos principais. (Segundo P.J. Keeling; ilustrações parciais de Bresinski e Kadereit, 2006; delineamento M. Lay.)

Agradecimentos

Pelo encorajamento para contribuir novamente com a redação de uma parte, agradeço à Editora e ao Comitê deste livro. Não estando mais envolvido com o ensino acadêmico há alguns anos, essa tarefa representa um desafio, principalmente considerando-se a observação de novos resultados de pesquisas, obtidos principalmente através da sistemática molecular. Por ter sido alertado repetidamente às novidades, agradeço especialmente ao coautor do Capítulo 10. Também sou muito agradecido aos demais autores desta obra pelos permanentes estímulos. Da parte "Princípios formadores em Tallophyta" pude incluir algumas ilustrações, pelo que agradeço ao Prof. Dr. H.C.P. Sitte. Por indicações e fontes de ilustrações, agradeço a Dr. M. Binder, Rochester, EUA, Dr. H. Dörfelt, Dederstedt, Dr. O. Dürhammer, Regensburg, J. Haedeke, Kaiserslautern-Aschbacherhof, Prof. Dr. E.J. Jäger, Halle, B. Merlin, Regensburg, Prof. Dr. W. Tanner, Regensburg, Prof. Dr. H. Uhlharz, Kiel, Dr. B. Wittmann-Bresinski, Regensburg. Na retrospectiva de minha participação na elaboração de não menos que cinco edições do livro, me parece ser o maior ganho, mais digno de agradecimento, o fato de que eu aprendi muito, o que de outro modo passaria despercebido para mim.

Regensburg, janeiro de 2008.   Andreas Bresinski

O presente texto construiu-se a partir das edições anteriores desta obra. Por isso, agradeço novamente a todos que de diferentes maneiras auxiliaram na elaboração das edições anteriores. Pela leitura crítica do texto da presente edição gostaria de agradecer especialmente a Dirk Albach, de Mainz, Hans-Peter Comes, de Salzburg e Peter K. Endress, de Zurique, e pela ajuda na organização da literatura complementar e das fontes das ilustrações a Christiane Bittkau e Natalie Schmalz, de Mainz. Pela ajuda com os quadros de Poales, Chenopodiaceae e Asterales agradeço a Peter Linder, de Zurique, Gudrun Kadereit, de Mainz, assim como Claudia Erbar e Peter Leins, de Heildelberg. Pelas fotografias coloridas disponibilizadas, agradeço a todas as pessoas citadas em cada legenda.

Mainz, janeiro de 2008.   Joachim W. Kadereit

Capítulo 9
Evolução

9.1	Variação	558	9.2.2	Deriva genética	588
9.1.1	Plasticidade fenotípica	559	9.3	**Especiação**	589
9.1.2	Variação genética	560	9.3.1	Definições de espécie	589
9.1.2.1	Mutação gênica	561	9.3.2	Especiação por evolução divergente	591
9.1.2.2	Mutação cromossômica	564	9.3.2.1	Especiação alopátrica	591
9.1.2.3	Mutação genômica	567	9.3.2.2	Isolamento reprodutivo	591
9.1.2.4	Recombinação	568	9.3.2.3	Especiação peripátrica, parapátrica, simpátrica e por efeito do fundador	594
9.1.2.5	Herança extranuclear	572	9.3.2.4	Genética de diferenças de espécies	595
9.1.2.6	Transferência gênica horizontal	573	9.3.3	Hibridização e especiação por hibridização	597
9.1.3	**Sistema de recombinação**	573	9.3.3.1	Hibridização	597
9.1.3.1	Sistema de fertilização	574	9.3.3.2	Especiação por hibridização homoploide	599
9.1.3.2	Polinização	579	9.3.3.3	Hibridização introgressiva	599
9.1.3.3	Sistema de reprodução	580	9.3.3.4	Alopoliploidia	600
9.1.3.4	Fluxo gênico e forma de vida	582			
9.2	**Padrões e causas da variação natural**	583	9.4	**Macroevolução**	605
9.2.1	Seleção natural	583			

Nosso planeta é habitado por um número enorme de organismos de diferentes formas e modos de vida. Somente nos Reinos Vegetal e dos Fungos são conhecidas hoje cerca de 360.000 espécies diferentes, e um sem-número de espécies ainda não foi descrito. Essa diversidade surgiu após o evento único do surgimento da vida há mais de 3,5 bilhões de anos por meio do processo da evolução, ou seja, pelo fato de que as espécies se modificam e derivam umas das outras. *Nothing in biology makes sense except in the light of evolution* é uma afirmação muito citada de Th. Dobzhanski, que resume exatamente o significado central do processo evolutivo para a biologia. Neste capítulo, serão apresentados os aspectos mais importantes do processo evolutivo.

Em uma apresentação bastante simplificada, o processo evolutivo é constituído pelos componentes citados a seguir. Pela geração de, geralmente, muitos descendentes por progenitor ou casal de progenitores, toda espécie é potencialmente capaz de **crescimento populacional exponencial**. Assim, por exemplo, um indivíduo de sequoia sempre-verde (*Sequoia sempervirens*) pode gerar 10^9–10^{10} sementes durante a sua vida. Mesmo uma planta pequena e que vive poucas semanas, como o anual pastinho-do-inverno (*Poa annua*), produz ao final de sua vida em média ainda cerca de 100 sementes. A esse potencial para crescimento populacional exponencial são impostos limites pelo ambiente abiótico e biótico, de modo que o **tamanho da população** permanece mais ou menos constante. Como consequência, dá-se uma "**luta pela sobrevivência**" (do inglês, *struggle for existence*) e nas gerações subsequentes um progenitor é estatisticamente substituído por um descendente apenas (ver também 13.1). A escolha dos indivíduos que de fato sobrevivem nesse processo e conseguem se reproduzir geralmente não é estabelecida pelo acaso, mas sim depende dos atributos dos indivíduos competidores. Os indivíduos de uma mesma ascendência não são idênticos, porque se estabelece uma **variação genética** e, portanto, hereditária entre indivíduos, por **mutação** e **recombinação**. Dependendo de sua constituição genética, indivíduos diferentes terão mais ou menos sucesso em um dado ambiente. Maior "sucesso", também denominado *fitness* (ver 11.1), consiste em uma taxa de reprodução relativamente maior. Esse sucesso diferencial de indivíduos distintos, ou seja, de genótipos, em um dado ambiente é a **seleção natural** (do inglês, *natural selection*) – o mecanismo definitivo da mudança evolutiva, reconhecido com clareza pela primeira vez por Charles Darwin. O resultado dessa interação entre mutação, recombinação e seleção natural pode então conduzir a mudanças na constituição genética de gerações subsequentes, ou seja, à **evolução**.

Inúmeras observações comprovam que ocorreu evolução e isso hoje é consenso entre os cientistas da natureza. Entre elas, estão: a observação direta da modificação de espécies que se processa na natureza ao longo do tempo; a descoberta de ampla variabilidade intraespecífica; semelhanças homólogas entre organismos em todas as características; a estrutura hierárquica dessas semelhanças (ou seja, semelhança decrescente entre espécies do mesmo gênero, gêneros da mesma família, famílias da mesma ordem, e assim por diante); a documentação do surgimento gradual das formas existentes hoje por meio de registros fósseis; e a possibilidade muitas vezes utilizada pela humanidade em seus esforços de domesticação e melhoramento* de modificar experimentalmente as espécies.

Mesmo antes da publicação da obra histórica de Charles Darwin *The origin of species by means of natural selection or the preservation of favoured races in the struggle of life** (A origem das espécies por meio da seleção natural ou a preservação de raças favorecidas na luta pela vida), no ano de 1859, supunha-se que as espécies não são constantes, mas sim se modificam, e que todas as espécies do passado e do presente descendem de ancestrais comuns. O mérito de Darwin consistiu principalmente em reconhecer o mecanismo de mudança evolutiva que é hoje em geral aceito. Enquanto o fenômeno da evolução como modificação de espécies teve aceitação rápida, foi justamente o processo de seleção natural que gerou polêmica. Até os trabalhos de A.F.L. Weismann ao final do século XIX e em parte ainda muito depois, o significado da seleção natural permaneceu controverso. Diversas vezes se admitiu que as "forças internas" descritas por J.B. de Lamarck já em 1809, assim como a herdabilidade de atributos adquiridos, teriam grande importância na modificação das espécies. A grande falha na teoria da evolução de Darwin foi a falta de uma teoria convincente da herdabilidade. A apresentação dos mecanismos básicos da herdabilidade no trabalho de G. Mendel *Versuche über pflanzen-hybriden* (Experimentos com híbridos de plantas [1866]) não era do conhecimento de Darwin. Apenas com o chamado redescobrimento das regras da herdabilidade de Mendel, por H.M. de Vries, C.E. Correns e A. Edler v.Tschermak-Seysenegg na virada do século XIX, iniciou a integração entre a teoria da evolução e a genética. Entretanto, os primeiros geneticistas, com seus trabalhos baseados geralmente em grandes diferenças de caracteres, rejeitavam a transformação gradual postulada por Darwin, e pressupunham que a evolução ocorreria antes aos saltos, por meio das chamadas macromutações. [Foi mostrado, em 1918, por R.A. Fischer, que a variação continuada também é o resultado da heraça de Mendel. Pelo mesmo autor, em 1930, por S. Wright (1931) e J.B.S. Haldane (1932) também foi demonstrado que a seleção natural pode levar a modificações genéticas com base na genática de Mendel.] A "Síntese Moderna" introduzida por esses autores foi, então, continuada e tornada acessível cientificamente, em especial por Th. Dobzanski (1937), J.S. Huxley (1942), E. Mayr (1942), G.G. Simpson (1944) e, na área da botânica, por G.L. Stebbins (*Variation and evolution in plants* [Variação e evolução em plantas; 1950]). Desde então, a moderna teoria da evolução tem sido constantemente corroborada, detalhada e ampliada.

9.1 Variação

Quase todas as características das plantas, como forma e tamanho das folhas (Figura 9-1), não se mostram como estruturas invariáveis quando comparadas na mesma planta ou entre dois indivíduos, mas sim diferem entre si e mostram com isso **variação**. O peso de sementes em uma lavoura de feijão (Figura 9-2) varia, por exemplo, **continuadamente**; isso significa que, dentro de determinados limites, qualquer

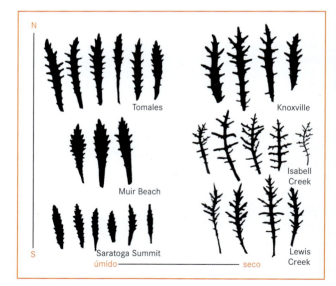

Figura 9-1 Variação das folhas dentro e entre seis populações da espécie californiana *Layia gaillardioides*. Esquerda: populações das montanhas costeiras externas úmidas; direita: populações das montanhas costeiras internas secas. Plantas cultivadas sob condições iguais; cada folha de um indivíduo diferente. (Segundo J. Clausen.)

---

* N. de T. Original *Züchtungsbemühungen*, termo composto para o qual não há uma palavra correspondente em português.

valor pode ser efetivamente encontrado. A variação do número de sementes de feijão em uma vagem, por outro lado, é **descontínua** (ou merística). Aqui se encontram apenas valores inteiros, sem quaisquer valores intermediários.

Uma forma especial da variação descontínua é a ocorrência de apenas poucas expressões de caráter em uma espécie (por exemplo, sementes com superfície lisa ou rugosa na gorga ou esparguta, *Spergula arvensis*, ou indivíduos com flores brancas ou vermelhas em *Corydalis cava*). Esse tipo de variação é denominado **polimorfismo**.

A primeira causa da variação é a interação entre a constituição genética de um indivíduo (genótipo) e seu ambiente. Essa interação tem como consequência, que, dependendo das condições ambientais, um genótipo pode produzir diferentes formas aparentes, ou seja, diferentes fenótipos. A essa forma de variação chamamos **modificação**, e as plantas apresentam **plasticidade fenotípica**. A variação surge, em segundo lugar, pelo fato de que indivíduos distintos diferem entre si (**variação genética**). Enquanto as variações genéticas existem apenas na comparação entre indivíduos, as modificações são parte tanto da variação no mesmo indivíduo (intraindividual) quanto entre indivíduos (interindividual).

9.1.1 Plasticidade fenotípica

A plasticidade fenotípica se manifesta quando um **genótipo** (isto é, a constituição genética fixada em um indivíduo) é capaz de produzir diferentes **fenótipos**, dependendo das condições ambientais. A combinação de genótipo e ambiente na formação do fenótipo deixa claro que ao final não é por meio do genótipo que os caracteres (ou as diferenças nos caracteres) são determinados, mas sim pelas diferentes possibilidades de realização do fenótipo dentro de determinados limites, isto é, as **normas de reação**.

A plasticidade fenotípica pode ser experimentalmente observada com facilidade se, por exemplo, indivíduos obtidos por propagação vegetativa e, com isso, geneticamente idênticos, forem cultivados sob condições distintas (Figura 9-3).

Inúmeros experimentos conduziram às seguintes conclusões sobre a plasticidade fenotípica:

- Modificações não são hereditárias. Por exemplo, os descendentes de uma planta que cresceu muito pouco sob condições muito desfavoráveis não serão pequenos se cultivados em boas condições; tais indivíduos se tornarão grandes, dentro dos limites de suas normas de reação.
- A plasticidade fenotípica das características diferentes de uma planta tem tamanhos distintos, e não se pode estabelecer uma correlação conjunta da extensão dessa plasticidade. Em geral, estruturas vegetativas (por exemplo, altura da planta, forma e tamanho das folhas) são mais plásticas que estruturas reprodutivas (por exemplo, tamanho das flores, peso das sementes). Contudo, há também observações de acentuada plasticidade das estruturas reprodutivas. Exemplos nesse caso são a formação de flores cleistógamas em violeta-de-jardim (*Viola odorata*), ao final do período de vegetação ou a produção de sementes marrons ou pretas em dependência do comprimento do dia em espécies de *Suaeda*.
- O resultado de uma influência ambiental modificadora pode ser espacialmente limitado em um indivíduo. Na faia (*Fagus sylvatica*), a iluminação insuficiente conduz à formação de folhas de sombra (Figura 6-74). Se as condições ambientais se modificam, uma folha de sol pode ser formada logo após uma folha de sombra na mesma haste.
- Modificações exigem influências ambientais específicas. No algodão, por exemplo, o número de entrenós pode ser correlacionado com a disponibilidade de nitrogênio e independente da disponibilidade de

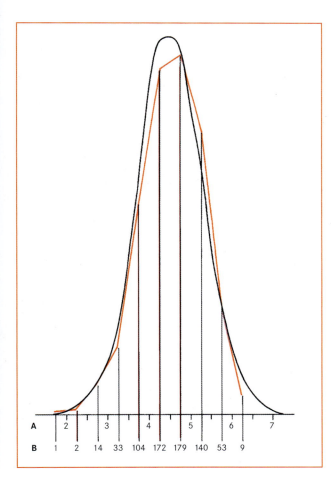

Figura 9-2 Curva de variação continuada (distribuição normal) dos pesos de 712 sementes de feijão de vários indivíduos da mesma safra. **A** Pesos em 0,1 g. **B** Número de sementes em cada intervalo de classe de 0,05 g; laranja: variação real; preto: curva em acaso teórica. Os valores médios são muito mais frequentes que os extremos. (Segundo W. Johansen.)

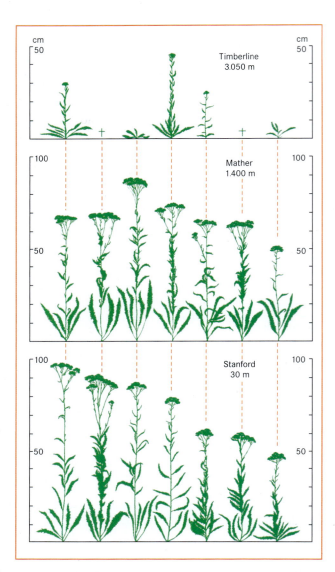

Figura 9-3 Modificação causada experimentalmente em aquileia californiana (*Achillea millefolium* agg.: *A. lanulosa*, tetraploide). Partes reproduzidas vegetativamente (clones) de sete indivíduos de uma população da cadeia montanhosa de Sierra Nevada (Mather) em três cultivos: Stanford (30 m acima do nível do mar), Mather (1.400 m) e Timberline (3.050 m). Diferenças hereditárias entre os indivíduos e norma de reação distinta de cada indivíduo em altitudes diferentes. (Segundo J. Clausen, D.D. Keek e W.M. Hiesey.)

água; o comprimento do entrenó, porém, depende da água.
- Indivíduos de uma espécie podem se distinguir pela extensão da plasticidade fenotípica de uma determinada característica analisada. O cultivo experimental de oito clones de 192 genótipos da cevadilha-macia (*Bromus hordeaceus*), sob diferentes condições de solo, rega e fotoperíodo, mostrou que, por exemplo, a plasticidade do tempo de desenvolvimento e do tamanho do escapo da inflorescência tem uma distribuição normal, isto é, relativamente poucos dos 192 genótipos mostram pequena ou grande plasticidade nas caracterísitcas observadas, e a maioria dos genótipos exibe plasticidade intermediária. Da mesma forma, é possível observar diferenças na plasticidade de caracteres homólogos entre populações de uma espécie (e mais ainda entre espécies).
- A extensão da plasticidade de um caráter é hereditária e passível de seleção.

As duas últimas observações mostram que a capacidade para plasticidade fenotípica tem uma base genética.

A plasticidade fenotípica é um mecanismo importante na adaptação de um indivíduo ao seu ambiente atual. Isso vale principalmente para a maioria das plantas sésseis, que, ao contrário da maioria dos animais móveis, não têm a possibilidade de buscar um ambiente adequado para si mesmas nem estão em condições de levar seus descendentes diretamente a um ambiente adequado.

9.1.2 Variação genética

Mesmo que a variação como resultado da plasticidade fenotípica seja importante para a adaptação de um genótipo ao seu ambiente e tenha, com isso, um significado evolutivo, a variação genética é mais importante para o processo da mudança evolutiva. Por exemplo, pode-se comprovar variação genética do fenótipo de indivíduos da mesma população ou espécie pelo cultivo deles sob condições idênticas (do inglês, *common garden experiment*) e comparação de estruturas ou atributos ontogeneticamente homólogos. Só assim é possível reconhecer que parte da diferença observada na natureza tem suas fontes na diferença genética. As principais fontes de variação genética são mutação e recombinação.

Mutação como alteração espontânea (ou induzida experimentalmente) do material genético pode ocorrer em diferentes níveis e em todos os genomas da célula vegetal. Pode ocorrer alteração na sequência de DNA em um gene (**mutação gênica**), a estrutura dos cromossomos pode modificar-se (**mutação cromossômica**) e finalmente pode ser modificado o genoma inteiro (**mutação genômica**). Todas as mutações são casuais, isto é, não existe qualquer possibilidade, meio ou local para a previsão de uma mutação; além disso, elas não são direcionais e não estão relacionadas às condições de seleção em que um indivíduo se encontra.

Para o processo evolutivo são principalmente relevantes as mutações que ocorrem em gametas. Naturalmente ocorrem mutações do tipo somático também em outras células e tecidos.

Um exemplo para o caráter não direcional das mutações é a evolução da resistência a herbicidas pelas plantas. Muitos herbicidas são usados em diferentes partes da Terra (por exemplo, na Europa e na América do Norte) por um período semelhante e em concentrações quase iguais. Apesar das condições semelhantes de seleção criadas (pelo menos em relação a esses fatores), pode-se observar que na mesma espécie desenvolveu-se resistência ao herbicida em uma região e, no entanto, na outra não. Um exemplo disso é a mundialmente distribuída bolsa-de-pastor (*Capsella bursa-pastoris*), cuja resistência a herbicida foi documentada pela primeira vez, em 1984, na Polônia. Também observou-se que o capim-arroz (*Echinochloa crus-galli*) na América do Norte tornou-se resistente a herbicida por mutação no genoma plastidial, mas na Europa isso ocorreu por mutação no genoma nuclear, o que comprova que seleção igual não provoca mutação igual.

9.1.2.1 Mutação gênica

As mutações gênicas são **pontuais** ou de **transcrição**, ou são causadas pela atividade de elementos genéticos móveis, os chamados transpósons (Figura 9-4). Nas mutações pontuais, um nucleotídeo é trocado por outro. Trata-se de **transição**, quando há troca entre dois nucleotídeos purínicos ou dois pirimidínicos, e de **transversão**, quando há troca de uma purina por uma pirimidina ou vice-versa. Nas **mutações de transcrição**, um ou mais nucleotídeos são incluídos na sequência pré-existente (**inserção**) ou são perdidos (**deleção**). Por conseguinte, a sequência de DNA após a inserção ou deleção será lida diferentemente, em função do deslocamento dos códons. A causa das mutações pontuais e de transcrição são erros acidentais na replicação do DNA durante a divisão mitótica ou meiótica da célula.

As transições podem vir a ocorrer se, em vez das formas amínicas comuns da adenina ou da citosina, for incluída na sequência a forma tautômera imínica, bem mais rara, ou se, em vez da forma quetônica da guanina ou da timina, for incluída a forma enólica, igualmente rara (Figura 9-5). A forma imínica da adenosina pode parear com a citosina e não com a timina e a forma enólica da guanina pode parear com a timina e não com a citosina. As transversões podem ocorrer se forem formadas lacunas na sequência, pela perda de nucleotídeos (depurinização, depirimidização). Se, pela perda de uma guanina, for originada uma lacuna na sequência, esta é preenchida preferencialmente por inclusão de adenina. Se então a timina for incluída como parelha da adenina, introduzida na lacuna originada pela perda de guanina, o resultado é uma transversão de GC para AT. As mutações por transcrição são comuns em sequências com vários nucleotídeos idênticos em cadeia. Um "engano" da DNA-polimerase pode então causar a omissão de um nucleotídeo durante a síntese de DNA. Isso resulta na perda desse nucleotídeo na próxima etapa de replicação, ou seja, na deleção. Da mesma forma pode ser incluído um novo nucleotídeo na nova fita de DNA sintetizada, o que leva a uma inserção.

Os **transpósons** são elementos genéticos que se multiplicam de modo autônomo e que possuem a capacidade de mudar seu lugar no genoma. Eles possuem essa capacidade por conterem informação genética para uma enzima (transposase) que pode reconhecer e cortar tanto a sequência-alvo quanto as terminações do transpóson. Além disso, os transpósons são capazes de utilizar as enzimas celulares necessárias para a replicação. Se transpósons são inseridos em genes, pode ocorrer transtorno na função gênica e disso resultar em mutação.

Por meio da mutação de genes surgem **alelos**, que podem ser definidos como formas derivadas, distintas de um gene. Um indivíduo diploide (com dois cromossomos homólogos de cada tipo) com dois alelos iguais é considerado **homozigoto** para o gene em questão. Se os dois alelos forem diferentes, ele é **heterozigoto**. Enquanto em um indivíduo diploide só pode haver dois alelos diferentes de um gene, uma população pode apresentar muitos alelos (**alelia múltipla**). Os alelos de um gene podem ser não só totalmente **dominantes** (o alelo define o fenótipo) ou **recessivos** (o alelo não é reconhecível no fenótipo) mas existe também a possibilidade de serem **parcialmente dominantes** (ambos alelos são em partes distintas reconhecíveis no fenótipo), em que um fenótipo intermediário em determinado caráter representa um caso especial de

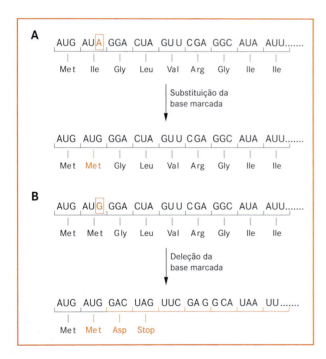

Figura 9-4 Mutações pontual e de transcrição. **A** Mutação pontual. A substituição do nucleotídeo marcado (G em vez de A) resulta na inclusão de outro aminoácido (Met em vez de Ile). **B** Mutação de transcrição. A deleção do aminoácido marcado modifica a leitura e, com isso, a sequência de aminoácidos. A ocorrência de um códon de parada na nova transcrição causa a interrupção da síntese proteica. (Segundo K.-F. Fischbach, de Seyffert, 1998.)

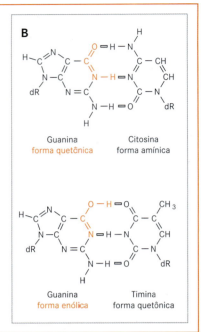

Figura 9-5 Formas amínica e imínica da adenina (**A**) e quetônica e enólica da guanina (**B**). A rara iminoforma da adenina pareia com a citosina em lugar da timina, a rara forma enólica da guanina pareia com a timina em lugar da citosina. (Segundo K.-F. Fischbach, de Seyffert, 1998.)

dominância parcial. A **codominância** (reconhecimento completo dos dois alelos no fenótipo) é mais frequentemente relacionada ao nível proteico.

Na literatura mais antiga, genes e seus alelos são geralmente designados com letras. A letra maiúscula significa dominância do alelo, a minúscula, recessividade. Assim, o alelo para a cor vermelha, dominante, da flor de boca-de-leão (*Antirrhinum majus*) foi designado *R*, o alelo para a cor branca, recessiva, foi designado *r*. Na literatura mais recente, encontram-se geralmente abreviaturas com três letras para genes e seus alelos. Independentemente de dominância ou recessividade, os tipos selvagens de alelos são designados com letras maiúsculas e os alelos mutantes com letras minúsculas.

Para genes eucarióticos, calcula-se uma **taxa de mutação** média de $10^{-5} - 10^{-6}$ mutações por gene (isto é, 1 em 100.000 a 1.000.000 cópias de um gene é mutada). Em análise mais detalhadas de caracteres particulares, porém, é possível confirmar uma variação das taxas de mutações. No milho (*Zea mays*), encontra-se uma taxa de mutações de $4{,}92 \cdot 10^{-4}$ na biossíntese de antocianina, porém na formação de frutos rugosos (em lugar de lisos) a taxa de mutações é de $1{,}2 \cdot 10^{-6}$. Nesse caso, as mutações com fenótipos iguais não são necessariamente homólogos genéticos, tendo, portanto a mesma sequência de DNA modificada da mesma forma. Essas informações de taxas de mutação estão relacionadas às chamadas **mutações espontâneas**, para as quais nenhuma causa externa pode ser reconhecida. Taxas de mutação mais altas podem ser induzidas, por exemplo, por radiação ionizante, luz ultravioleta (UV) e diversas substâncias químicas mutagênicas.

A taxa de mutações fenotipicamente reconhecíveis pode ser calculada fazendo o cruzamento entre indivíduos com gene homozigoto dominante e indivíduos com o mesmo gene homozigoto recessivo (*AA* x *aa*). Sem mutações, espera-se que todos os indivíduos híbridos tenham a mesma constituição genética *Aa* e, com isso, mostrem o mesmo fenótipo do parental homozigoto dominante. Aqueles indivíduos que apresentarem o fenótipo do parental homozigoto recessivo devem necessariamente ter sido originados por meio da fusão de um gameta mutante (*A → a*) do parental homozigoto dominante com um gameta do parental homozigoto recessivo. A frequência dos fenótipos recessivos permite, assim, o cálculo das taxas de mutação.

Partindo de uma taxa média de mutação de $1 \cdot 10^{-5}$ e considerando que plantas superiores possuem mais de cerca de 25.500 genes, segundo a melhor estimativa existente, para *Arabidopsis thaliana** (Quadro 6-1, Figura 6-4), chega-se à conclusão que cerca de 25% dos gametas são portadores de mutações. Com esse valor, mesmo sendo ele variável para genes diferentes, fica claro que variação genética mediante mutação é um fenômeno frequente. A probabilidade de mutação não é distribuída uniformemente no DNA, mas sim existem partes com maior e menor frequência de mutações.

Já que as mutações pontuais e de transcrição dependem da exatidão da replicação do DNA e da eficiência dos mecanismos de reparação do DNA, a taxa de mutação está sujeita também ao controle genético. As mutações em enzimas da replicação e reparação do DNA podem influen-

---

* N. de R.T. Nome popular em alemão: *Acker-Schmalwand*. Não há nome popular em português para essa espécie pertencente à família Brassicaceae.

ciar a taxa de mutação. Por isso, designam-se os genes dessas enzimas também como **genes mutatórios**.

Em comparação com o genoma nuclear, as taxas de mutação são menores nos genomas plastidial e mitocondrial. A troca de nucleotídeos, medida com substituição por posição na sequência e ano, é encontrada em uma frequência média de $5\text{-}30 \cdot 10^{-9}$ no genoma nuclear, $1\text{-}3 \cdot 10^{-9}$ no genoma plastidial e $0{,}2\text{-}1 \cdot 10^{-9}$ no genoma mitocondrial.

Os efeitos de mutações podem ser muito diversos. Em **mutações silenciosas** não são trocados aminoácidos e, com isso, não há qualquer efeito como consequência do código genético degenerado. Esse também é o caso em **mutações neutras**, nas quais, como consequência da mutação, ocorre uma troca de aminoácidos, o que não altera reconhecivelmente a função da respectiva proteína. Se a troca de aminoácidos influencia a função da proteína, fala-se de **mutações de sentido trocado***. Esse tipo de mutação tem um efeito importante sobre o produto gênico se, por exemplo, um códon que codifica um aminoácido é mutado para um códon de parada (do inglês, *stop-codon*) (**mutação sem-sentido**; do inglês *nonsense-mutation*), ou mutações de transcrição, nas quais surge como consequência da mutação um produto gênico completamente diferente. Nos dois últimos casos, nenhum produto gênico funcional é formado.

A possibilidade de as mutações, por conta de seus efeitos sobre o produto gênico, também influenciarem o fenótipo de uma planta (Figura 9-6), depende se os genes mutados são expressos na fase haploide ou diploide. Na geração diploide esporofítica muitas mutações são fenotipicamente irreconhecíveis, porque elas são recessivas. Essa observação é explicada pelo fato de que, em um organismo diploide, cada gene está representado com dois alelos. Após a mutação de um alelo, o produto gênico original ainda pode continuar a ser formado pelo alelo não mutado.

O efeito de mutações também depende das funções desempenhadas pelo gene na organização hierárquica dos processos do metabolismo ou do desenvolvimento, por exemplo. Se um gene tem função reguladora superior na hierarquia, o efeito da mutação pode ser dramático.

Um exemplo bem estudado nos últimos anos, principalmente em *Arabidopsis thaliana* e em boca-de-leão (*Antirrhinum majus*), é o dos genes que determinam a identidade dos órgãos florais. As mutações desses genes codificam fatores de transcrição e, com isso, interferem na função de genes hierarquicamente inferiores. Assim, em vez da sequência normal de órgãos na flor (sépalas, pétalas, estames, carpelos), dessas mutações podem resultar flores com a sequência de órgãos como, por exemplo, carpelos, estames, estames, carpelos ou sépalas, sépalas, carpelos, carpelos (ver 6.4.3).

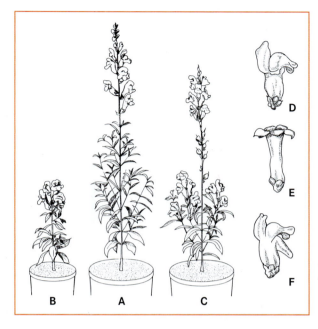

Figura 9-6 Mutantes genéticos na boca-de-leão (*Antirrhinum majus*). **A-C** Desenvolvimento total: **A** normal, **B** forma anã, **C** florescimento precoce. **D-F** Formas florais: **D** normal zigomorfa, **E** radial, **F** calcarada. (Segundo H. Stubbe.)

Tanto pela organização hierárquica de genes e pela existência de cadeias de efeito genético e de biossíntese relacionada a ela, quanto pela participação de um produto gênico em diferentes estruturas de uma planta, resulta que um gene pode influenciar vários caracteres do fenótipo (**pleiotropia**). Exemplos nesse caso são o efeito de genes da cor da flor de goivo (*Matthiola incana***) no indumento da planta (homozigose de alelos recessivos que causa a ausência da biossíntese de pigmentos resulta também em plantas glabras), assim como os genes da antocianina da ervilha, que influenciam na cor das flores, vagens, sementes e brácteas. Na poligenia, ao contrário, os caracteres são muitas vezes influenciados por vários genes. Finalmente, são observadas também interações de vários tipos entre genes não homólogos, reunidas sob o conceito de **epistase**.

A maior parte das mutações tem efeito negativo, isto é, o desempenho do indivíduo afetado é reduzido. Isso é compreensível, afinal, genes são o resultado de uma longa evolução adaptativa, de modo que a probabilidade de uma melhora por meio de uma mutação casual e não direcional é pequena.

Uma mutação do genoma plastidial bem conhecida, que apresenta efeito fenotípico acentuado, é um determinado mecanismo de resistência a herbicidas. As triazinas (herbicidas)

---

*N. de T. Também denominadas mutações de perda de sentido (do inglês *missense*).

**N. de T. Nome popular em alemão: *Levkoje*. Nome popular em português: goivo encarnado, também conhecido no Brasil por matiola, goiveiros, goiveiro-da-rocha, goiveiro-encarnado. Família: Brassicaceae.

exibem seu efeito ligando-se em uma proteína (Q_B) do Fotossistema II e com isso, interrompem o transporte fotossintético de elétrons. A resistência a herbicidas, por exemplo, na ançarinha-branca (*Chenopodium album**) e no pastinho-do-inverno (*Poa annua*), espécie anual, surgiu devido a uma mutação pontual no gene plastidial psbA, seguida de uma troca de aminoácidos (glicina em vez de serina) na posição 264 da proteína Q_B, por meio da qual a ligação do herbicida à proteína é fortemente reduzida.

Mutações do genoma mitocondrial podem ser a causa da esterilidade do pólen, que muitas vezes ocorre espontaneamente. Entretanto, não se trata aqui de mutações gênicas, e sim de reconstruções do genoma mitocondrial.

Uma mutação transposômica foi a responsável pela diferença observada e geneticamente analisada por G. Mendel entre sementes lisas e rugosas de ervilha (*Pisum sativum*). Nesse caso, um gene responsável pela ramificação do amido e, assim, também pelo conteúdo de água da semente é perturbado pela introdução de um transpóson. O conteúdo mais elevado de água na semente de indivíduos mutantes conduz à maior desidratação e ao enrugamento da superfície na maturação da semente. Igualmente, as flores claras com partes vermelhas da boca-de-leão são resultado de mutação transposômica. As partes vermelhas surgem quando a biossíntese da antocianina na flor, normalmente perturbada pelo transpóson *Tam-3*, é novamente reintegrada pela perda desse transpóson em algumas partes da corola. Este último exemplo deixa claro que mutações transposômicas podem provocar variação genética nos tecidos de um indivíduo. A imutabilidade do genótipo dentro de um indivíduo deve ser, portanto, relativizada.

Diferenças hereditárias podem surgir também sem modificação da sequência de DNA. Tais **modificações epigenéticas** estão relacionadas a modificações da expressão gênica, por exemplo, devido à metilação do DNA.

9.1.2.2 Mutação cromossômica

As bases das **mutações cromossômicas** são as quebras (rupturas) cromossômicas, que ocorrem ou espontaneamente ou pela atividade de transpósons. Do mesmo modo que nas mutações genéticas, pode-se também estimar experimentalmente a frequência das mutações cromossômicas. Dependendo do número de quebras que ocorrem e do comportamento dos fragmentos cromossômicos assim formados, é possível distinguir as seguintes mutações cromossômicas (Figura 9-7):

- A perda de uma porção terminal de um cromossomo é denominada **deleção**. Devido à perda do telômero relacionada a isso, as cromátides-irmãs, originadas após a replicação do cromossomo mutado, fundem-se nas terminações mutadas. Disso resulta um cromossomo com dois centrômeros, que se rompe na próxima divisão celular. A sequência desse processo de fusão e ruptura é conhecida como **ciclo de quebra-fusão-ponte**. Resumindo, deleções em geral não provocam modificação estável da estrutura de cromossomos.

- Se ocorrerem duas rupturas em um cromossomo e a parte central for perdida, ocorre uma **deficiência**. Se o indivíduo for heterozigoto para um cromossomo deficiente, isto é, possuiu um cromossomo mutado e um não mutado, pode-se perceber a deficiência, a partir de um determinado tamanho da parte perdida do cromossomo, por meio da formação de uma ondulação em forma de alça durante o pareamento na meiose. Essa alça contém as partes do cromossomo não mutado que foram perdidas no cromossomo mutado e, com isso, não encontram parceiros para pareamento.

- Se um fragmento cromossômico originado de duas rupturas não for perdido (como no caso de uma deficiência), mas sim reintroduzido em outro cromossomo com ruptura, o resultado é uma **duplicação**. Nesse caso, o fragmento pode ser introduzido no cromossomo homólogo, mas também em um não homólogo. Se as sequências duplicadas disperserem-se uma imediatamente após outra, elas podem apresentar a mesma orientação (**duplicação em tandem**) ou orientação contrária (**duplicação invertida**). Duplicações (quando da reintrodução em cromossomo homólogo) também podem ser reconhecidas em indivíduos heterozigotos durante o pareamento meiótico, pela formação de uma ondulação em forma de alça.

- Uma mutação cromossômica é denominada **inversão** quando fragmentos cromossômicos produzidos por duas rupturas são reintroduzidos na mesma posição, porém com orientação invertida. No caso de uma **inversão pericêntrica**, o centrômero é parte da zona invertida; em uma **inversão paracêntrica**, ao contrário isso não ocorre. Indivíduos heterozigotos para uma inversão são reconhecíveis pela formação das alças de inversão características durante a meiose.

- Em **translocações**, finalmente, um fragmento cromossômico é transferido para um outro cromossomo. Se essas translocações forem recíprocas e ocorrer uma troca de fragmentos entre dois cromossomos não homólogos, produzem-se, durante o pareamento em indivíduos heterozigotos, figuras em forma de cruz com participação de quatro cromossomos. Um caso especial de translocação é a fusão de dois cromossomos acrocêntricos (fusão/**translocação robertsoniana**).

O efeito fenotípico imediato de mutações cromossômicas pode ser muito diverso. Dependendo da função dos

---
* N. de T. Nome popular em alemão: *Weissen Gansefuss*. Também conhecida no Brasil por falsa-erva-de-santa-maria ou erva-formigueira-branca, pertencente à família Chenopodiaceae.

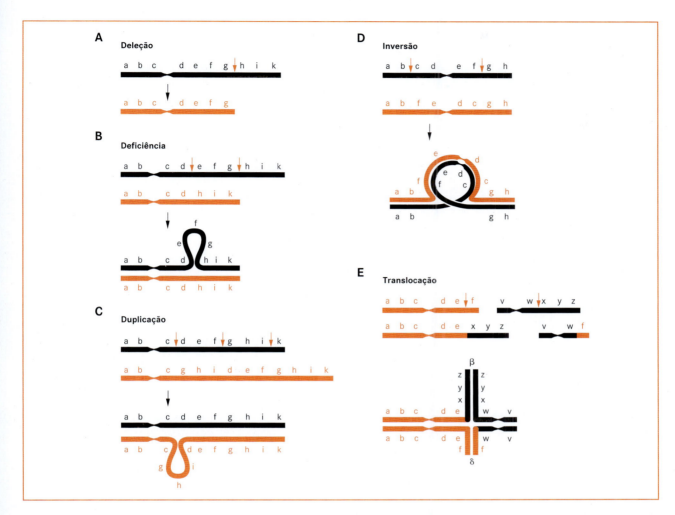

Figura 9-7 Mutações cromossômicas. **A** Deleção. Perda de uma sequência terminal do cromossomo (h-k). **B** Deficiência. Perda de uma sequência intercalar do cromossomo (e-g). Em um indivíduo heterozigoto para uma deficiência, esta é reconhecível pela formação de uma alça no cromossomo não mutado. **C** Duplicação. Duplicação de uma sequência intercalar do cromossomo (g-i). Em um indivíduo heterozigoto para uma duplicação, esta é reconhecível pela formação de uma alça no cromossomo mutado. **D** Inversão. Introdução de uma sequência intercalar no cromossomo (c-f), na orientação inversa. Em um indivíduo heterozigoto para uma determinada inversão, esta conduz à formação de uma alça de inversão. **E** Translocação. Transferência recíproca de uma sequência terminal dos cromossomos (f para x-z) em cromossomos não homólogos. Em um indivíduo heterozigoto para uma translocação recíproca, formam-se na meiose figuras em formato de cruz durante o pareamento dos cromossomos. (Segundo O. Hess, de Seyffert, 1998.)

genes localizados nos fragmentos cromossômicos perdidos, em especial deleções e deficiências podem resultar na formação de gametas letais ou ser letais, em caso de homozigose do cromossomo mutado em um organismo diploide. Em caso de heterozigose do cromossomo mutado, deleções, deficiências e também duplicações de informações genéticas podem produzir perturbações do **balanço genético**.

As taxas de expressão dos genes de um genoma são finamente ajustadas umas às outras. Como a quantidade de um produto gênico é proporcional ao número de cópias de genes e alelos, a redução ou aumento destes tem como consequência uma perturbação desse ajuste.

A expressão de um gene também depende da sua posição no genoma. Mudanças na posição do gene por mutação cromossômica podem influenciar o fenótipo pelo **efeito de posição**, se a expressão desse gene, por exemplo, for afetada pela sua nova vizinhança com sequências cromossômicas heterocromáticas.

Além do efeito fenotípico imediato sobre o organismo mutado, as mutações cromossômicas têm outras consequências evolutivas. A duplicação de genes pode conduzir ao surgimento de **famílias gênicas**. Famílias gênicas podem, por um lado, por exemplo, facilitar a síntese de grandes quantidades

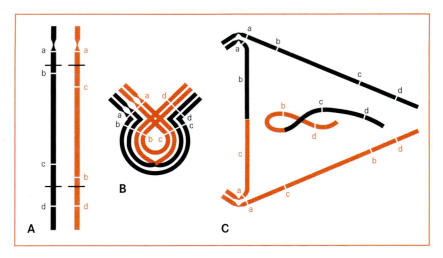

Figura 9-8 Efeito de barreira de uma mutação cromossômica: Inversão. **A** Esquema dos pares cromossômicos modificados, forma original (preto) e mutante (laranja), alguns marcadores foram introduzidos (a, b, c, d), posições de ruptura e a torção da sequência afetada do cromossomo. **B** Meiose da F_1: pareamento dos cromossomos com estruturas diferentes e *crossing over* na sequência invertida; **C** como consequência, pontes com dois centrômeros e fragmentos sem centrômero na anáfase I: ambos serão eliminados, apenas os gametas com cromossomos inalterados das formas original e mutante são viáveis. (Segundo G.L. Stebbins.)

de produtos gênicos e, por outro, possibilitar diversificação da função proteica.

Um exemplo para grande necessidade de produtos gênicos são as proteínas de reserva da semente. Cerca da metade dessas proteínas no milho (*Zea mays*) são constituídas por zeína. A zeína consiste, entre outros, em polipeptídeos com massa molecular de 19.000 e 22.000. Ao todo, no mínimo 54 cópias gênicas codificam o produto gênico menor e 24 cópias gênicas o produto maior. Esses genes estão distribuídos em pelo menos três cromossomos. Na numerosa família gênica das proteínas de ligação das clorofilas a/b, foi encontrada uma grande diferenciação na função de ligação do pigmento. A divergência da sequência nos segmentos codificadores desses genes pode ser superior a 55%.

Além disso, a modificação da organização espacial de genes através de mutações cromossômicas influencia de diversas formas a capacidade de recombinação dos genes. Assim, genes relacionados funcionalmente podem ser alocados em posições espacialmente próximas, devido a mutações cromossômicas, o que diminui sua probabilidade de recombinação. Um exemplo disso é o loco para a autoincompatibilidade de prímulas heteromórficas, que, na realidade, contém vários genes (ver 9.1.3.1).

As possibilidades de recombinação são reduzidas, por exemplo, se um indivíduo é heterozigoto para uma inversão paracêntrica.

No caso de *crossing over* na região da alça de inversão, formam-se um cromossomo acêntrico e um dicêntrico, sendo ambos perdidos nas etapas seguintes da meiose. Uma vez que surgem esses gametas com cromossomos não balanceados e provavelmente inviáveis, resulta que a sequência invertida do cromossomo é protegida da recombinação.

Finalmente, modificações no número de cromossomos também podem ser causadas por mutações cromossômicas (principalmente translocações) (Figura 9-9). Esses mecanismos de modificação dos números cromossômicos são também denominados **disploidia**.

A frequência das mutações cromossômicas parece ser bastante diferente em grupos de parentesco distintos. A comparação de mapas de ligação genéticos mediante caracteres moleculares mostra que os cromossomos de trigo, cevada e centeio são amplamente colineares, ou seja, a ordem linear dos genes não foi alterada. Por outro lado, duas espécies estreitamente aparentadas de girassol distinguem-se por dez mutações cromossômicas.

As mutações cromossômicas não são conhecidas apenas no genoma nuclear, mas também no genoma das organelas. Enquanto no genoma plastidial elas são relativamente raras e, também por isso, mostram com segurança as relações de

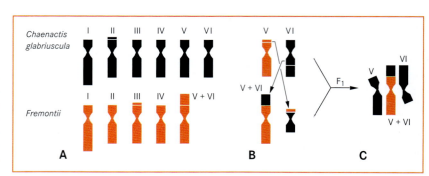

Figura 9-9 Alteração do número de cromossomos por mutação cromossômica. **A** Cariótipo haploide de duas espécies aparentadas de *Chaenactis* (Asteraceae) com 2n = 12 e 2n = 10. **B** Esquema da translocação recíproca diferencial e da perda do fragmento. **C** Pareamento meiótico na F_1. (A segundo D.W. Kyhos, B, C segundo Ehrendorfer.)

parentesco, reorganizações do genoma mitocondrial são extraordinariamente frequentes. A razão para essa diferença é que, ao contrário do genoma plastidial, o genoma mitocondrial contém muitas sequências com várias cópias. Isso permite pareamento e, com isso, recombinação do próprio genoma mitocondrial.

9.1.2.3 Mutação genômica

Mutações genômicas são modificações do número de cromossomos por outros mecanismos que não as disploidias anteriormente descritas. Elas surgem em geral durante a divisão celular meiótica ou mitótica, se a separação das cromátides ou a distribuição dos cromossomos nas células-filhas é perturbada. Se a perturbação afetar apenas um ou poucos cromossomos, mas não o genoma inteiro, fala-se de **aneuploidia**. Se, durante a meiose II, as cromátides de um cromossomo não se separarem (não disjunção; do inglês *nondisjunction*), uma das duas células-filhas haploides receberá um cromossomo a mais, que faltará na outra célula.

Se o genoma inteiro de uma célula for afetado pelo erro na divisão celular, ocorrem modificações euploides do número cromossômico. A forma mais frequente de mutação euploide do genoma é a **poliploidia**.

O número haploide de cromossomos de um organismo é designado por x. Indivíduos diploides têm então 2x cromossomos e poliploides tem 4x (tetraploide), 6x (hexaploide), 8x (octaploide) e assim por diante. Múltiplos pares do genoma haploide são **ortoploides**. Naturalmente, há também a possibilidade de formação de genomas **anortoploides** com 3x (triploide), 5x (pentaploide), e assim por diante. O genoma de um organismo tetraploide com número-base de x = 7 é normalmente designado com 2n = 4x = 28. Com a designação 2n é expresso que, independentemente da existência de um múltiplo de quatro conjuntos de cromossomos, a meiose desse organismo se processa normalmente, e apenas bivalentes podem ser observados.

Uma **poliploidia somática** é aquela em que, em uma divisão mitótica, a replicação dos cromossomos acontece normalmente, porém não ocorre a divisão nuclear e a separação das células-filhas, formando-se, assim, núcleos de restituição, com número dobrado de cromossomos.

Esse fenômeno pode também ser produzido experimentalmente, pelo uso, por exemplo, do alcaloide colchicina. A colchicina inibe a formação do fuso mitótico nuclear, mas não interfere na separação dos cromossomos.

A poliploidia somática pode também levar um indivíduo à formação de **tecido endopoliploide**. Um exemplo disso é o tapete das anteras, frequentemente endopoliploide, cujas células podem apresentar vários conjuntos cromossômicos. Se as cromátides dos cromossomos não se separarem uma da outra, formam-se os chamados **cromossomos gigantes**. Essas estruturas, comuns em dípteros, por exemplo, são também eventualmente encontradas em plantas em algumas células do saco embrionário.

A poliploidia somática tem significado evolutivo se os tecidos poliploidizados estiverem envolvidos na formação de órgãos reprodutivos e, com isso, ocorrer a formação de gametas com número dobrado de cromossomos.

Isso foi documentado em *primula* × *kewensis*, o híbrido estéril de *P. verticillata* e *P. floribunda*. A formação espontânea de inflorescência fértil em um indivíduo até então estéril desse híbrido teve sua causa em uma poliploidização somática.

No caso de **poliploidia generativa**, ocorre a fusão gametas não reduzidos. Gametas não reduzidos e, com isso, diploides, são formados em todas as plantas com uma frequência média de 0,57% (as frequências de grãos de pó en e de oosferas não reduzidos parecem não se distinguir) devido a meioses errôneas. A frequência da formação de gametas não reduzidos é tanto controlada geneticamente quanto dependente das condições ambientais. Temperaturas elevadas ou baixas ou também carência de nutrientes resultam, por exemplo, no aumento dessa frequência. Se dois gametas não reduzidos fusionam-se, surge um organismo tetraploide em um simples passo. No entanto, devido à frequência geralmente baixa de gametas não reduzidos, é mais provável que poliploidização generativa ocorra em dois passos. Em um primeiro passo, origina-se um indivíduo triploide (3x), por fusão de um gameta reduzido normal (x) com um gameta não reduzido (2x). Nesse caso, parece ser comum a oosfera funcionar como gameta não reduzido. Se um gameta não reduzido triploide desse indivíduo fusionar-se com um gameta reduzido normal, forma-se um indivíduo tetraploide (4x).

A frequência de gametas triploides não reduzidos é nitidamente maior (cerca de 5%) em plantas triploides do que a frequência de formação de gametas não reduzidos em indivíduos diploides.

Em poliploides, ocorrem distintas formas de poliploidia, dependendo do grau da homologia do genoma combinado no indivíduo poliploide. Se os genomas combinados forem homólogos, fala-se de **autopoliploidia**; se não forem homólogos, temos uma **alopoliploidia** (ver 9.3.3.4).

Auto e alopoliploidia não são categorias objetivas, mas sim formas extremas de gradientes contínuos de semelhança do genoma. O surgimento de descendentes poliploides por poliploidia somática, a autofecundação de um indivíduo ou o cruzamento de dois indivíduos de uma população são claramente considerados na categoria da autopoliploidia. Já na comparação de indivíduos da mesma espécie, porém de populações diferentes, e, mais claramente ainda, entre indivíduos de diferentes subespécies, é observável uma dada divergência dos genomas. Diante da impossibilidade de se estabelecer uma linha divisória objetiva entre auto e alopoliploidia, faz sentido definir essa distinção na fronteira entre espécies. Poliploidização intraespecífica é, então, autopoliploidia. Poliploidização em combinação com cruzamento entre indivíduos de diferentes espécies, é alopoliploidia. Todavia, como espécies não são objetivamente definíveis e, de modo algum, equivalentes biológicos (ver 9.3.1), o problema não está resolvido. Em parte, é usado o conceito **alopoliploidia segmentar** como intermediário entre auto e alopoliploidia.

Em princípio, é possível não apenas uma multiplicação, mas também uma redução à metade do genoma. Isso pode acontecer se oosferas se desenvolverem partenogeneticamente, isto é, sem fertilização (ver 9.1.3.3). Se isso ocorrer em uma planta diploide, origina-se um descendente haploide. Se o ponto de partida for uma planta poliploide, originam-se descendentes **poli-haploides**. Mesmo que tenham sido muitas vezes observados descendentes haploides ou poli-haploides em espécies que normalmente se reproduzem sexualmente, ainda não está claro que significado essa possibilidade de mutação genômica tem para a evolução das plantas.

De grande significado evolutivo é o fato de que plantas autopoliploides com frequência têm meioses com distintos graus de erro. Erros meióticos surgem quando cromossomos homólogos estão representados não mais apenas em duplicata, mas quatro vezes, por exemplo, em uma planta tetraploide. Com isso, na meiose se originam não apenas bivalentes, mas também vários cromossomos homólogos podem originar **multivalentes** ou também cromossomos isolados podem permanecer como **univalentes** não pareados (Figura 9-10). Em geral, da divisão dos cromossomos na meiose resultam então gametas com excesso ou falta de cromossomos, os quais frequentemente apresentam vitalidade reduzida ou mesmo são completamente estéreis. Portanto, em gerações próximas, as plantas autopoliploides mostram fertilidade reduzida.

A presença de quatro cromossomos homólogos, cada em uma planta autopoliploide, tem como consequência que a herança se processa diferentemente dos indivíduos diploides. A observação dessa herança **tetrassômica** (em vez de **dissômica**) é também muitas vezes utilizada como critério para a interpretação de uma espécie como auto ou alopoliploide.

Figura 9-10 Formação de tetravalentes em *Nasturtium officinale* autotetraploide. (Segundo I. Manton, de Briggs e Walters, 1997.)

Para alopoliploides, as circunstâncias são outras. Híbridos diploides entre duas espécies apresentam baixa fertilidade devido à falta de homologia suficiente entre os genomas recebidos das espécies parentais. Por poliploidização, no entanto, estabelecem-se cromossomos homólogos, e a fertilidade é restabelecida (ver 9.3.3.4).

Dependendo de quais números cromossômicos são interpretados como poliploides, obtêm-se diferentes resultados para a estimativa da frequência da poliploidia. Se forem consideradas apenas aquelas espécies que apresentam um número múltiplo do menor número de cromossomos de seu gênero, então entre 30 e 35% das plantas floríferas são poliploides. Se, ao contrário, for considerado que o menor número cromossômico existente em um gênero pode, ele próprio, ser um poliploide, e partindo-se do princípio que todos os números haploides x > 9 são poliploides, a representação de poliploides entre as plantas floríferas situa-se entre 70 e 80%. Se considerarmos, finalmente, que mesmo o genoma de *Arabidopsis thaliana*, com 2n = 10 cromossomos, é interpretado como (possivelmente múltiplo) poliploide, fica claro que a poliploidia é um fenômeno largamente propagado entre as plantas floríferas, e a poliploidização representa, assim, um processo evolutivo importante. Em samambaias e grupos relacionados, a participação de poliploides é estimada em 95%, enquanto nas gimnospermas, apenas cerca de 5% apresentam poucos poliploides. Mesmo sendo claramente mais frequentes que os alopoliploides, parece que os indivíduos autopoliploides dificilmente conseguem se estabelecer, devido à frequente irregularidade da meiose. Pelo fato de os alopoliploides, pela sua origem híbrida, entre outros motivos, apresentarem maior variação genética (ver 9.3.3.4), supõe-se em geral que a grande maioria das plantas poliploides originou-se por alopoliploidia, ou seja, tem ancestrais alopoliploides. A autopoliploidia está, por outro lado, bem documentada, por exemplo, em *Plantago media*, *Dactylis glomerata*, *Heuchera grossulariifolia*, *Epilobium* (= *Chamerion*) *angustifolium* ou *Galax urceolata*. Além disso, em muitos casos é necessário investigar se citotipos poliploides intraespecíficos talvez mereçam o *status* de espécie.

9.1.2.4 Recombinação

A variação genética origina-se por meio de mutação, mas também pela mistura de material genético de indivíduos diferentes. Esse processo, denominado **recombinação**, em organismos eucarióticos está relacionado à reprodução sexual. A recombinação de material genético parental é efetuada, por um lado, pela casualidade da união de células gaméticas (singamia) e, por outro lado, pelo processo da meiose na formação dos gametas na próxima geração. A origem da variação é uma função importante da sexualidade, mas possivelmente não a única.

Apesar da ausência de sexualidade em Bacteria e Archea, existe aqui também a possibilidade de troca e, com isso, de recombinação de informação genética. A troca de DNA pode ocorrer por contato celular direto (**conjugação**), transferência por bacteriófagos (**transdução**) ou transferência de DNA livre (**transformação**). Esses processos são reunidos sob o conceito de **parassexualidade**.

Os processos da recombinação podem ser reconhecidos em cruzamentos-teste de herança.

A herança foi quantificada pela primeira vez em 1866 por G. Mendel ("Experimentos sobre híbridos de plantas"). As conclusões de Mendel, extraordinariamente importantes para a genética e para a biologia da evolução, foram pouco reconhecidas quando de sua publicação. Apenas depois da "redescoberta" de suas regras de herdabilidade por H.M. de Vries, C.E. Correns e A. Edler v. Tschermak-Seysenegg, em 1900, elas permitiram o desenvolvimento explosivo da genética. O objeto principal de estudo de Mendel foi a ervilha (*Pisum sativum*). Nessa espécie, a existência de um grande número de tipos claramente reconhecíveis por vários caracteres e, além disso, de homozigotos reprodutíveis por autofecundação (linhagens puras) permitiu resultados claros e interpretáveis quantitativamente.

Os seguintes experimentos levaram Mendel a postular determinadas regras, hoje conhecidas como **Leis de Mendel***. Se dois indivíduos, que diferem apenas em um caráter, são cruzados como geração parental (P) (**cruzamento de um fator**), então resulta uma primeira geração

---

*N. de T. No original, *Mendelsche Regeln*, ou Regras de Mendel.

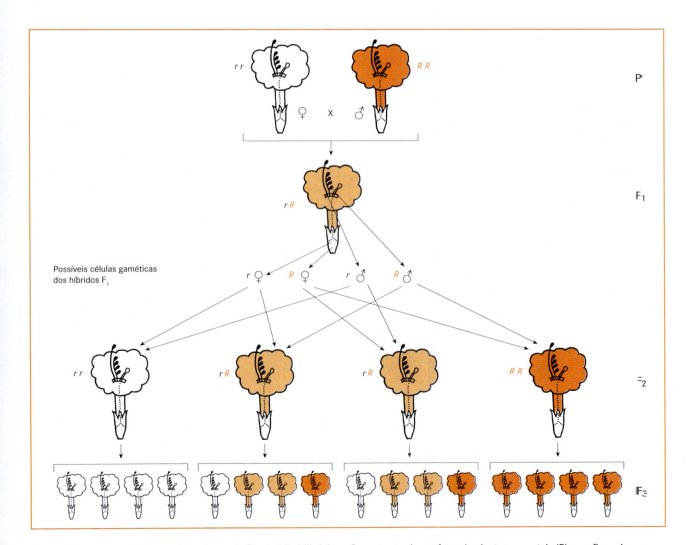

Figura 9-11 Herança diplogenotípica da cor da flor de *Mirabilis jalapa*. Cruzamento de um fator de plantas parentais (P) com flores brancas e vermelhas; seus descendentes em três gerações (F_1, F_2, F_3), indivíduos heterozigotos com cor intermediária da flor rosa. A constituição alélica (*r* = branca, *R* = vermelha) das plantas diploides e dos gametas haploides é indicada. (Segundo C.E. Correns.)

filial (F_1) homogênea para esse caráter. No exemplo da maravilha (*Mirabilis jalapa*), ilustrado na Figura 9-11, os indivíduos parentais tem flores vermelhas e azuis e a F_1, com flores rosa é intermediária.

Depende da expressão dos alelos do caráter considerado se a F_1 é intermediária ou corresponde a um dos parentais, como no cruzamento entre dois indivíduos de urtiga (*Urtica pilulifera*), apresentando folhas dentadas ou de borda liso (Figura 9-12). No caso de dominância/recessividade dos alelos, a F_1 corresponde ao parental com alelo dominante, no caso de dominância parcial, é intermediária. A observação da uniformidade da F_1 está descrita na **1ª Lei de Mendel: Uniformidade da F_1**.* A uniformidade da F_1, na verdade, é observada somente se os indivíduos parentais forem homozigotos (linhagem pura) para o gene em questão. Se essa premissa for atendida, a uniformidade da F_1 é independente da direção do cruzamento (em se tratando de genes nucleares). Não há nenhuma influência no resultado, se um ou outro genótipo for utilizado como parental masculino ou feminino. Se forem, então, cruzados dois indivíduos da F_1 da maravilha, resulta uma segunda geração filial (F_2) em que ocorrem indivíduos com flores brancas, rosa e vermelhas na proporção 1: 2 : 1. Do cruzamento de dois indivíduos da F_1 de *Urtica pilulifera* resulta uma F_2 com indivíduos de folhas dentadas ou lisas na proporção 3 : 1. Nos dois casos, pode ser observada uma segregação na F_2, razão pela qual essa regra é conhecida como a **2ª Lei de Mendel: Segregação da F_2**.** Para esclarecimento dos resultados correspondentes no

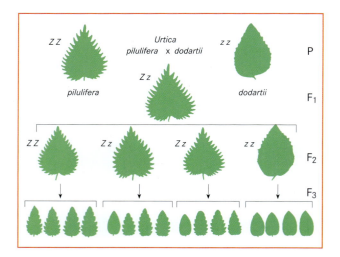

Figura 9-12 Herança da forma da borda da folha em *Urtica pilulifera*. Cruzamento de um fator com parentais (P) com folhas de borda dentada (*pilulifera*) e de borda quase lisa (*dodartii*); seus descendentes em três gerações (F_1, F_2, F_3). A constituição alélica (Z = dentado, z = quase liso) das plantas diploides é indicada. (Segundo C.E. Correns.)

---

* N. de T. Ou Lei da segregação dos fatores.

** N. de T. Ou Lei da segregação independente dos fatores.

cruzamento de diferentes variedades de ervilha com, por exemplo, sementes lisas e rugosas ou verdes e amarelas, Mendel postulou que cada um dos caracteres estudados é determinado por dois fatores de hereditariedade, hoje denominados alelos de um gene.

No caso da maravilha, o cruzamento RR (vermelho; cada indivíduo diploide possui dois alelos de um gene, os gametas haploides possuem o alelo R) x rr (branco; os gametas haploides possuem o alelo r) resulta em F_1 homogênea com a combinação alélica Rr. Cada indivíduo da F_1 forma gametas com R ou r em igual número. Fertilizações casuais conduzem, então, a uma F_2 com três diferentes genótipos (RR, Rr, rr), que ocorrem na proporção 1 : 2 : 1. Em *Urtica pilulifera*, o cruzamento ZZ x zz resulta em uma F_1 com Zz e a F_2 contém os genótipos ZZ, Zz e zz na proporção 1: 2 : 1, mas fenótipos na proporção 3 (folhas dentadas) : 1 (folhas de borda lisa), devido à dominância de Z. A ocorrência de genótipos e fenótipos parentais na F_2 deixa claro, que os fatores de hereditariedade são particulares, isto é, são combinados na F_1, mas não misturados.

O reconhecimento de que os fatores de hereditariedade são particulares foi um progresso significativo em relação ao entendimento de Darwin sobre a herdabilidade. A suposição de Darwin de que os fatores da hereditariedade se misturam como líquidos (do inglês, *blending inheritance*) foi a maior (e já a seu tempo reconhecida) fraqueza da sua teoria da evolução, pois mutações favoráveis não teriam possibilidade de se manterem, devido à constante "diluição" por cruzamentos com indivíduos não mutantes.

Nos exemplos citados, foi examinada a herança das gerações dos esporófitos diploides dos objetos de estudo. Essa herança é denominada **diplogenotípica**. Em organismos como, por exemplo, a alga verde *Chlamydomonas*, em que, na mitose, a propagação vegetativa e a diferenciação de caracteres ocorrem na haplófase e apenas o zigoto é diploide, fala-se, ao contrário, em herança **haplogenotípica**.

A variabilidade genotípica em indivíduos da F_1 com fenótipos idênticos com folhas dentadas do cruzamento de *U. pilulifera* (ZZ : Zz em proporção de 1 : 2) pode ser reconhecida, se uma F_3 for gerada a partir desses indivíduos ou se um desses indivíduos da F_2 for regressivamente cruzado com o indivíduo parental homozigoto recessivo (zz). No caso de Zz x zz, a geração regressiva (R) terá indivíduos com folhas dentadas (Zz) ou com bordas lisas (zz) na proporção 1 : 1, enquanto no cruzamento ZZ x zz todos os indivíduos têm folhas dentadas.

Se os indivíduos se distinguem não por caráter apenas, mas por dois ou mais caracteres (**cruzamentos de dois ou mais fatores**), então outra regra pode ser observada. O cruzamento entre uma variedade com flores vermelhas e radiais (RRzz) e uma variedade com flores brancas zigomórficas (rrZZ) de boca-de-leão (*Antirrhinum majus*, Figura 9-13) resulta em F_1 uniforme com flores vermelhas e zigomórficas, segundo preconiza a aqui igualmente válida 1ª Lei de Mendel. Se dois indivíduos da F₁ forem cruzados, então se obtém uma F₂ em que ocorrem indivíduos com flores vermelhas-zigomórficas, vermelhas-radiais, brancas-zigomórficas e brancas-radiais nas proporções 9:3:3:1. Esse achado pode ser explicado pelo fato de que vermelho (*R*) e zigomofo (*Z*) são dominantes, e a geração F₁ uniforme com o genótipo *RrZz* produz quatro tipos diferentes de gametas. A combinação casual destes quatro tipos de gametas *RZ*, *Rz*, *rZ* e *rz* resulta em 16 possíveis combinações (o número de possíveis combinações pode ser calculado como **Combinações = 4ⁿ**, em que n é o número de genes estudados), entre as quais encontram-se nove genótipos (1 x *RRZZ*, 2 x *RRZz*, 2 x *RrZZ*, 4 x *RrZz*, 1 x *RRzz*, 2 x *Rrzz*, 1 x *rrZZ*, 2 x *rrZz*, 1 x *rrzz*). Em função das relações de dominância no exemplo estudado, esses nove genótipos caem em quatro classes de fenótipos (*RRZZ*, *RRZz*, *RrZZ*, *RrZz*: vermelho-zigomorfo; *RRzz*, *Rrzz* : vermelho-radial; *rrZZ*, *rrZz* : branco-zigomorfo; *rrzz*: branco-radial). Notável nesse exemplo de herança é o achado de que na geração F₂ da geração parental e da geração F₁ ocorrem combinações de caracteres desconhecidas até então. Ao nível de fenótipo, essas flores são vermelho-zigomórficas e branco-radiais, e, ao nível do genótipo, são combinações derivadas de *RRzz*, *rrZZ* e *RrZz*. Assim, fica claro que recombinação genética contribui para o surgimento de variação genética. As condições hereditárias dos dois caracteres analisados não permanecem juntas como em sua combinação parental, mas são independentes uma da outra. Esse achado corresponde à **3ª Lei de Mendel**: **livre combinação dos fatores de herança***.

Porém, a livre combinação dos fatores de herança descrita anteriormente não é observada em muitos casos. No cruzamento entre ervilhas com vagens retas e verdes e com vagens curvas e amarelas não se obtém a esperada proporção 9 : 3 : 3 : 1 segregação da geração F₂, mas sim as combinações de caracteres observadas nas plantas parentais são muito mais frequentes que novas combinações. Os dois genes para forma da vagem e cor da vagem não são independentes entre si, mas sim **acoplados**.

Todas as heranças até aqui descritas, e também a variação da 3ª Lei de Mendel citada por último, podem ser explicadas pelos processos de singamia e meiose e pela organização dos genes no núcleo. A uniformidade da F₁ decorre do fato de que em um organismo diploide cada cromossomo está representado duas vezes e, com isso, cada gene possui dois alelos. Uma geração F₁ descendente de parentais homozigotos é, então, uniformemente heterozigota. Como na meiose o número de cromossomos é dividido pela metade, os gametas resultantes apresentam apenas um alelo. Seu pareamento casual na singamia, em um cruzamento de um fator, resulta na geração F₂ em três diferentes genótipos, na proporção 1 : 2 :1, isto é, observa-se uma separação da F₂. Então, a livre combinação dos fatores descrita com a 3ª Lei de Mendel é verificada se os dois genes analisados estiverem localizados em cromossomos diferentes. Sua independência resulta de que na meiose I os cromossomos parentais homólogos associados como bivalentes orientam-se ao acaso, de modo que nem sempre todos os cromossomos de um parental vão para uma das células-filhas e os do outro parental para a outra célula-filha. Portanto, pela orientação ao acaso dos bivalentes, há uma mistura dos cromossomos parentais. Esse processo é denominado **recombinação intercromossômica**, pois ocorre uma mistura dos cromossomos parentais, os quais, no entanto, permanecem intactos. Ocorrem variações da livre combinação dos fatores hereditários, quando os genes analisados não estão localizados em cromossomos diferentes, mas sim no mesmo cromossomo e assim estão ligados fisicamente um ao outro. É possível esclarecer a observação descrita acima, de que esses genes nem sempre permanecem juntos, mas são separados um do outro em frequências variáveis, pelo fato de que os cromossomos parentais podem trocar partes na meiose, por meio do ***crossing over***. Assim, surgem cromossomos compostos por partes maternais e paternais e cujos genes, portanto, podem ser oriundos do pai ou da mãe. Esse segundo processo de recombinação é denominado **recombinação intracromossômica**.

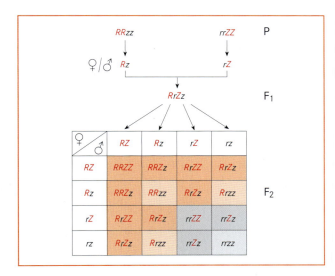

Figura 9-13 Esquema de um cruzamento de dois fatores em *Antirrhinum majus*. Plantas parentais com flores vermelhas e radiais e com flores brancas e zigomórficas; seus descendentes na F₁ e F₂; gametas ♂/♀. Genes (cada um com dois alelos, dominante: letras maiúsculas laranjas, recessivo: letras minúsculas pretas) para cor de flor (*R* = vermelha, *r* = branca) e forma da flor (*Z* = zigomórfica, *z* = radial) em cromossomos diferentes (ou seja, não acoplados). Os nove genótipos da F₂ (*RRZZ*, *RRZz*, *RrZZ*, *RrZz*, *RRzz*, *Rrzz*, *rrZZ*, *rrZz*, *rrzz*) correspondem a quatro classes de fenótipos (*RRZZ*, *RRZz*, *RrZZ*, *RrZz*: vermelho-zigomorfo; *RRzz*, *Rrzz*: vermelho-radial; *rrZZ*, *rrZz*: branco-zigomorfo; *rrzz*: branco-radial).

---

*N. de T. Ou Lei da distribuição independente.

A frequência com a qual genes diferentes localizados no mesmo cromossomo são separados depende da distância entre eles. Uma distância grande leva a uma separação mais frequente, pois a probabilidade de *crossing over* nas porções entre os genes é grande. Dois genes vizinhos são raramente separados, porque apenas um *crossing over* em uma porção muito pequena do cromossomo provoca sua separação, e esse *crossing over* tem baixa probabilidade de ocorrência.

Probabilidades de recombinação podem ser usadas para a produção de mapas **de acoplamento genético** (Figura 9-14), nos quais é representada a disposição linear dos genes no cromossomo. A posição de um gene no mapa de acoplamento genético é denominada **loco**.

A descrição feita até agora usou exemplos em que um caráter é codificado por um gene com dois alelos. A observação de que muitos caracteres, especialmente aqueles com variação contínua, como, por exemplo, altura de plantas ou comprimento de folhas, não são segregados em classes discretas na F_2 leva à conclusão que esses caracteres são eventualmente poligênicos, ou seja, são codificados por um grande número de genes. O reconhecimento de classes discretas em uma geração segregante pode ser dificultado, ainda, pelo fato de que a expressão gênica é influenciada pelo ambiente e eventualmente classes discretas de caracteres são confundidas.

Nos últimos tempos, o fácil acesso a métodos genéticos possibilitou novas abordagens para a análise genética de caracteres quantitativos. Em primeiro lugar, um mapa de acoplamento genético é elaborado. O segundo passo é a procura por cossegregação de marcadores moleculares e caracteres fenotípicos. Por exemplo, se em um indivíduo de uma população segregante F_2 um caráter fenotípico está significativamente correlacionado a um marcador molecular (cossegregação), então se pode concluir que o gene com influência fenotípica está localizado na vizinhança do referido marcador molecular. A partir disso, é possível estimar o número de genes envolvidos no caráter, sua posição no genoma e seu efeito relativo. Esse método é conhecido como mapeamento de QTL (locos de caracteres quantitativos; do inglês *quantitative trait loci*).

Potencialmente, recombinação genética leva ao surgimento de um número extremamente alto de novos genótipos. O número de genótipos (g) em uma F_2 é calculado por $g = 3^n$, se n for o número dos genes segregados independentemente e cada gene tiver dois alelos. Em um grupo de indivíduos no qual não apenas dois, mas mais alelos podem estar presentes, calcula-se o número de novos genótipos em uma F_2 por:

$$g = \left(\frac{r(r+1)}{2}\right)^n$$

(Equação 9-1)

onde r é o número de alelos por gene e n de novo é o número de genes segregados de modo independente. Em apenas cinco genes com quatro alelos cada um são possíveis 100.000 combinações. Porém, essa equação não considera o fato de que nem todos os genes podem ser combinados livremente, pois estão localizados em grandes grupos no mesmo cromossomo. Ainda assim, essa análise deixa claro até que ponto a recombinação leva à formação de novos genótipos.

9.1.2.5 Herança extranuclear

Devido à sua origem endocitobiótica, os plastídios e as mitocôndrias, como organelas das células vegetais, dispõem

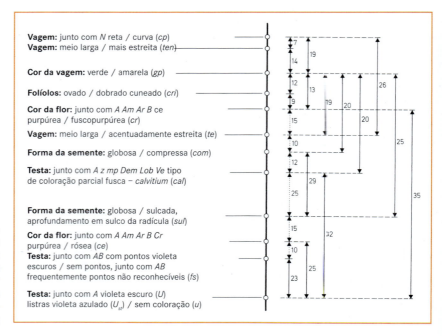

Figura 9-14 Posição de alguns genes (*cp*, *ten*, *gp*, etc.) no cromossomo V da ervilha (*Pisum sativum*). Esquerda: o fenótipo em estado normal e mutado do gene; efeito em parte apenas junto com outros genes (por exemplo, com *A*, um gene para formação de antocianina). Direita: taxas de recombinação. (Segundo H. Lamprecht, de E. Günther.)

do seu próprio genoma, o **plastoma**. Os caracteres codificados por esse genoma apresentam um tipo de herança que não pode ser explicada pelas Leis de Mendel. As particularidades dessa **herança extranuclear** (extracromossômica*) decorrem do fato que o zigoto em geral não recebe suas organelas de ambos os parentais, mas sim apenas do lado materno (herança materna), e que a fusão de organelas, primeira condição para a recombinação de material genético de organelas de origens distintas, é rara. Uma fusão de plastídios foi observada em *Chlamydomonas*, e a fusão de mitocôndrias, em leveduras.

Uma herança típica para plastídios pode ser observada na maravilha (*Mirabilis jalapa*) (Figura 9-15). Aqui, de um lado, há indivíduos com folhas verdes normais e, de outro, indivíduos com folhas variegadas. As partes brancas de tecido são formadas porque as células possuem plastídios incolores, que apresentam um defeito na formação de clorofila. O cruzamento de um indivíduo normal verde com um indivíduo variegado produz diferentes resultados, que divergem nitidamente das Leis de Mendel, dependendo da direção do cruzamento. Se a planta verde for o parental feminino, todos os descendentes serão verdes. Se, ao contrário, a planta variegada for o parental feminino, a maioria dos descendentes será variegada. Essa observação é explicada pelo fato de que os plastídios na maravilha são transmitidos aos descendentes apenas pela oosfera e, portanto, possuem apenas os caracteres dos plastídios maternos. Da utilização de uma planta variegada como parental materno ou no caso de autopolinização de uma planta variegada, no entanto, podem resultar também plantas verdes normais. Para tanto, podem ser apontadas duas causas: ou a oosfera contém aleatoriamente apenas plastídios intactos, ou, durante o desenvolvimento do embrião, a partir de um zigoto com plastídios intactos e defeituosos, estes se separaram ao acaso, resultando em células com plastídios exclusivamente intactos.

Na herança materna de plastídios, estes são excluídos dos gametas masculinos durante o desenvolvimento do pólen, a maturação das células espermáticas ou só na fertilização, ou os plastídios dos gametas masculinos degeneram. Embora a herança materna de cloroplastídios seja a regra em plantas floríferas, a herança biparental de plastídios é também conhecida em *Pelargonium* e *Hypericum*, por exemplo. Herança paternal foi descrita em algumas coníferas como pinheiro (*Pinus*) e larício (*Larix*), mas também em kiwi (*Actinidia*). As mitocôndrias também são transmitidas em geral por herança materna, mas igualmente são conhecidos alguns casos de herança parental e biparental.

9.1.2.6 Transferência gênica horizontal

Transferência gênica horizontal (ou transferência gênica lateral), a passagem de informação genética entre espécies reprodutivamente isoladas e não aparentadas é um fenômeno comum e bem documentado em procariotos e protistas unicelulares. A transferência gênica transversal de genes mitocondriais é encontrada também cada vez mais em plantas terrestres. Assim, foi possível demonstrar que 26 genes codificadores de proteínas do genoma mitocondrial de *Amborella thrichopoda* são oriundos de outras plantas floríferas ou de musgos e que espécies do gênero *Gnetum* possuem genes mitocondriais de Euasteríceas. Possivelmente (mas isso é apenas uma hipótese), os mecanismos de transferência gênica horizontal são ferimentos e contato celular por meio de parasitismo, micorriza ou herbivoria, por exemplo.

9.1.3 Sistema de recombinação

Da Equação 9-1 (ver 9.1.2.4), para o cálculo do número de possibilidades de recombinação em dependência do número dos genes e alelos considerados, resulta que, na falta de variação alélica ($r = 1$; todos os genes são homozigotos), não se formam novos recombinantes. Embora ocorram os mecanismos celulares de recombinação, o cruzamento de indivíduos parentais geneticamente idênticos não conduz a descendentes geneticamente diferentes. A abrangência com que a recombinação genética conduz à origem de variação genética depende, portanto, da semelhança existente entre os indivíduos cruzados. A semelhança dos indivíduos de uma população é determinada pelo sistema de fecundação (autofecundação/fecundação cruzada), sistema de polinização (autopolinização/polinização cruzada), sistema de reprodução (sexuada/assexuada), forma de vida e dispersão de pólen e sementes ou frutos (fluxo gênico). A totalidade desses fatores é denominada **sistema de recombinação** de uma espécie. Os métodos de obtenção e análise de informações sobre a variação fenotípica e genética estão descritos no Quadro 9-1.

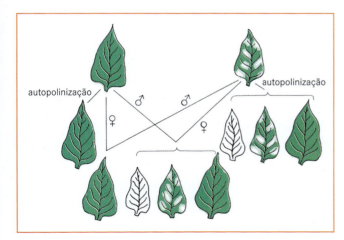

Figura 9-15 Herança extracromossômica do padrão variegado de folhas. Herança materna em *Mirabilis jalapa*. (Segundo C.E. Correns.)

---

*N. de T. Também conhecida como herança citoplasmática.

> ## Quadro 9-1
>
> ### Obtenção e análise de informações sobre variação fenotípica e genética
>
> A variação genética de uma espécie pode ser observada com diferentes métodos, em diferentes níveis. A variação do fenótipo tem tanto um componente genético quanto modificador (ver 9.1.1). Para determinar a proporção do componente genético da variação é necessária uma sequência experimental, na qual são observados todos os genótipos analisados nas mesmas condições ambientais. Para tanto, o material botânico de procedências diferentes e em quantidades suficientes para uma análise estatística é cultivado em condições ambientais uniformes e em sequência apropriada. Nesse experimento de cultivo sob condições idênticas (do inglês *common garden experiment*), é possível reconhecer como plantas de diferentes procedências de uma espécie diferem geneticamente entre si, pois, sob condições uniformes de cultivo, as diferenças ainda existentes só podem ser explicadas por diferenças genéticas. Nesses casos, pode-se observar todos os caracteres do fenótipo, como, por exemplo, atributos morfológicos, fisiológicos ou ecológicos. É necessário considerar que, devido à plasticidade fenotípica de caracteres sob condições de cultivo específicas, as diferenças genéticas não são obrigatoriamente visíveis, ou eventualmente podem surgir atributos que não ocorrem no ambiente natural. O cultivo comparativo sob condições diferentes e a comparação da variação em experimento com aquela observada na natureza possibilitam a elucidação desses casos.
>
> A variação de atributos fenotípicos mostra, em geral, uma **distribuição normal**. Nesse caso, existem poucos valores pequenos e grandes, mas muitos valores intermediários (Figura 9-2). Para a descrição da variação, dispõe-se de muitas grandezas estatísticas, como média, variância e desvio-padrão. Para tanto, calcula-se a **média** pelo quociente da soma de todos os valores e do número de valores
>
> $$(\overline{x} = \frac{\Sigma x}{n}).$$
>
> A variância e o desvio-padrão são medidas para a descrição da dispersão dos dados, não expressos pela média apenas. Dados com distribuições muito diferentes podem ter a mesma média (Figura). A **variância** s^2 é calculada pelo quociente da soma do quadrado da variação de cada um dos valores a partir da média $\Sigma(x - \overline{x})^2$ e o número de valores menos 1 (n − 1):
>
> $$s^2 = \frac{\Sigma(x - \overline{x})^2}{n-1} \qquad \text{(Equação 9-2)}$$
>
> O **desvio-padrão** s, finalmente, é a raiz quadrada da variância: $s = \sqrt{s^2}$.
>
> Em questões sobre biologia evolutiva, muitas vezes é importante comparar observações como a variação de um caráter em duas populações, para verificar a existência ou não de diferença estatisticamente significativa (análise de variância). Neste caso, é verificado se a variância entre populações é significativamente maior que a variância dentro das populações.
>
> Os desvios frequentes de uma distribuição normal são distribuições desviadas de viés positiva ou negativamente, nas quais valores muito altos ou muito baixos são mais comuns que valores intermediários.

9.1.3.1 Sistema de fertilização

Dioicia e outras distribuições sexuais [*]

A grande maioria das plantas floríferas tem flores hermafroditas[**], nas quais por princípio existe a possibilidade de autopolinização e autofecundação[***]. Como neste caso um indivíduo cruza com ele mesmo[****] e a autofecundação continuada conduz a uma descendência progressivamente mais homozigota (Figura 9-16), a autofecundação reduz a possibilidade de recombinação genética. A homozigose também conduz à expressão de alelos recessivos, que tem um efeito de redução do *fitness*, tão logo eles ocorram como homozigotos. Isso é conhecido como **depressão endogâmica** (do inglês, *inbreeding depression*). A possibilidade efetiva do impedimento da autofecundação é a **dioicia**, isto é, a distribuição de flores unissexuais[*****] em indivíduos diferentes. Enquanto essa forma de distribuição de gênero[******] é encontrada na grande maioria dos animais, entre plantas floríferas ela é rara e só ocorre em cerca de 5% das espécies. A **determinação do sexo** em plantas floríferas dioicas é em princípio diplogenotípica, isto é, a constituição genética do esporófito é o fator

---

[*] N. de T. Aqui não se trata realmente da distribuição de órgãos sexuais nas plantas e sim da distribuição de órgãos reprodutivos assexuais.
[**] N. de T. Seria mais apropriado dizer flores bispóricas, já que são produzidos nestas flores tanto os micrósporos quanto os megásporos, e não gametas femininos e masculinos, como o termo hermafrodita sugere.
[***] N. de T. Na verdade, nenhuma espécie heterospórica é capaz de autofecundação, pois a produção de micrósporos e megásporos tem como consequência que os gametófitos serão unissexuais. Sendo assim, a rigor, a autofecundação é impossível, mesmo que haja autopolinização.
[****] N. de T. Aqui, gametófitos irmãos descendentes do mesmo esporófito cruzam entre si. Embora se trate de endogamia, não é possível considerar esse processo como autofecundação.

[*****] N. de T. Monospóricas.
[******] N. de T. Como já comentado antes, não se trata de distribuição dos gêneros, já que os órgãos florais (estames e carpelos) não produzem gametas e sim esporos, que são células assexuais de reprodução, não cabendo qualquer comparação com os animais.

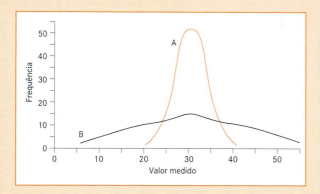

Figura Duas populações (A e B) com valores distribuídos diferentemente podem apresentar a mesma média populacional. (Segundo A.M. Srb e R.D. Owen, de Briggs e Walters, 1977.)

Variação genética também pode ser verificada nos níveis de DNA e de proteína. Para caracterização da variação intraespecífica, as **proteínas** frequentemente examinadas são as **alo** ou **isoenzimas**, em geral, enzimas muito comuns no metabolismo primário das plantas. Aloenzimas são enzimas formadas por alelos diferentes de um loco genético. Se em uma célula existem vários locos para uma enzima, fala-se de isoenzimas. Por apresentarem cargas elétricas e pesos moleculares diferentes, os alelos de um loco ou de locos diferentes de um sistema de enzimas podem ser visualizados pela separação eletroforética e pela coloração com métodos adequados.

Uma grande vantagem da maioria das isozimas, termo que reúne alo- e isoenzimas, é que ambos os alelos de um loco são geralmente expressos por codominância, ou seja, ambos formam uma proteína. Assim, é possível reconhecer também indivíduos heterozigotos, sem a necessidade de produção de descendentes.

Os métodos de **análise de DNA** muito utilizados em análise intraespecífica podem ser reunidos nos chamados métodos *fingerprint**. Exemplos são os **RAPD** (do inglês *random amplified polimorfic DNA*), **AFLP** (*amplified fragment length polymorfism*), **ISSR** (*inter simple sequence repeat*) e análise de minissatélites e microssatélites (também reunidas como **VNTR**, *variable number tandem repeat*). Essas técnicas utilizam a reação em cadeia da polimerase (do inglês *polymerase chain reaction*, **PCR**) e/ou análise com enzimas de restrição de DNA (*restriction fragment length polymorfism*, **RFLP**).

Para caracteres que permitem o reconhecimento de locos genéticos e seus alelos, normalmente são indicadas várias grandezas quantitativas, na descrição de variação genética, possibilitando a comparação entre populações de uma espécie ou espécies com diferentes atributos. Entre essas estão, por exemplo, a porcentagem de locos polimórficos e o número de alelos por loco. Um loco é considerado polimórfico quando mais de um alelo é encontrado no material examinado ou quando o alelo mais frequente apresenta uma frequência de, por exemplo, ≤ 0,99. Outra importante grandeza é a heterozigose esperada h (diversidade gênica). Para um único loco, calcula-se h pela equação:

$$h = 1 - \sum_{i}^{m} x_i^2 \qquad \text{(Equação 9-3)}$$

onde x_i é a frequência dos alelos i e m é o número de alelos. A heterozigose esperada H de todos os locos é a média de todos os h. Em análise posterior da estrutura da variação genética intraespecífica, a variação total H_T pode ser separada em duas partes. H_S é a variação dentro das populações e G_{ST} (segundo M. Neil) ou F_{ST} (segundo S. Wright) é a variação entre populações.

---

* N. de T. *Fingerprint* ou impressão digital é também a expressão utilizada para a identificação com métodos genéticos.

---

decisivo para a formação de gametófitos masculinos ou gametófitos femininos nas flores de um indivíduo. Cromossomos sexuais estão presentes, por exemplo, em assobios (*Silene latifolia*, Figura 9-17), mas em geral são raros. Esses cromossomos são designados **heterossomos**, em oposição aos demais cromossomos do genoma (**autossomos**). O sexo masculino tem a constituição cromossômica XY e é, por isso, denominado **heterogamético**, porque os gametas formados possuem um cromossomo X ou um cromossomo Y. O sexo feminino tem a constituição cromossômica XX e, como **homogamético**, forma gametas de apenas um tipo. Como em muitos animais, também na maioria das plantas o sexo masculino é heterogamético e o sexo feminino homogamético. No cruzamento entre um indivíduo masculino e um indivíduo feminino, os descendentes masculinos e femininos são formados em proporção 1 : 1 (Figura 9-17). Na maioria das espécies vegetais, no entanto, são observados desvios dessa proporção, mostrando que a determinação do sexo não tem influência apenas genotípica, mas também modificadora (fenotípica). Fatores como temperatura, comprimento do dia ou disponibilidade de água têm influência experimentalmente comprovada sobre determinação sexual em plantas dioicas.

O sexo feminino heterogamético é conhecido, por exemplo, em *Fragaria*, *Potentilla* e *Cotula*. Os cromossomos sexuais contêm genes reguladores, que influenciam na formação de órgãos florais femininos e masculinos*. Os genes responsáveis pela estrutura desses órgãos, porém, são também localizados nos autossomos do genoma. O surgimento de cromossomos sexuais tem sua razão pelo fato que sua morfologia distinta resulta em pareamento meiótico limitado e, com isso, reduzida recombinação. A recombinação poderia levar à esterilidade completa.

Mesmo que tenha algum efeito no impedimento da autofecundação, há muitas vezes dúvidas se a dioicia surgiu como o resultado da seleção pela fecundação cruzada.

Entre as gimnospermas, *Ginkgo*, todas as Cycadopsida e a maioria das Gnetales são dioicas. Entre as Coniferopsida, a dioicia é antes rara. Exemplos para a dioicia nas coní-

---

* N. de T. Mais apropriadamente, megaspóricos e microspóricos.

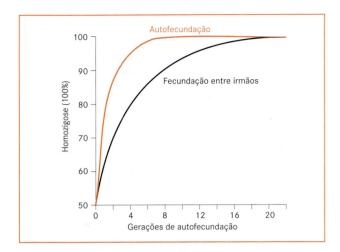

Figura 9-16 Endogamia e homozigose. Autofecundação e fecundação entre irmãos levam a uma homozigose completa em poucas gerações. (Segundo Lewis, 1979.)

feras da flora europeia são o teixo (*Taxus baccata*) e o zimbro (*Juniperus communis*). Fora das espermatófitas, existe separação de sexos somente em gametófitos, não entre os esporófitos*. Entre as samambaias e grupos próximos, a ocorrência de gametófitos com sexos separados é quase totalmente limitada às linhagens heterospóricas. Gametófitos de sexos diferentes são formados, porém, sempre por esporófitos iguais. Em samambaias isosporadas podem ocorrer gametófitos unissexuais por determinação sexual modificadora. Gametófitos de sexo ou masculino ou feminino são

---

* N. de T. Trata-se aqui da diferenciação de esporos, a esporidade.

também conhecidos entre musgos e algas, *Sphaerocarpos*, gênero de hepáticas, tem também cromossomos sexuais.

Sistema de incompatibilidade

Autoincompatibilidade (SI, autointolerância) é uma possibilidade de impedimento da autofecundação em flores hermafroditas**. A fecundação de um indivíduo pela célula espermática do próprio pólen*** não é possível. Independentemente de como os diferentes tipos de sistemas de incompatibilidade em particular funcionam, o princípio genético que os rege é o mesmo. Se o grão de pólen ou gametófito masculino e o estilete ou estigma da flor expressam o mesmo alelo para um **loco de autoincompatibilidade** (S), o processo de fertilização é interrompido. Dependendo da determinação do comportamento do pólen (reação do pólen) pelo genótipo do gametófito masculino ou pelo genótipo do esporófito produtor do pólen, e dependendo da morfologia da flor relacionada ao sistema de incompatibilidade, é possível distinguir três sistemas principais: o **homomorfo gametofítico SI** (**GSI**), o **homomorfo esporofítico SI** (**SSI**) e o igualmente esporofítico, porém **heteromorfo SSI**.

No GSI, a reação do pólen é determinada pelo genótipo do grão de pólen, isto é, os grãos de pólen formados por um indivíduo heterozigoto recaem em duas classes de reações, conforme o alelo S neles contido, e a expressão do alelo S no estilete é codominante. Na autopolinização de um indi-

---

** N. de T. Neste caso, o autor quer referir-se à autopolinização em flores bispóricas, que produzem micrósporos nas anteras e megásporos no rudimento seminal.

*** N. de T. Pela célula espermática do pólen produzido na mesma flor, já que o gametófito a ser fecundado e o pólen são indivíduos distintos, formados a partir de esporos também distintos, mesmo que produzidos na mesma flor. Flor e gametófitos pertencem a gerações diferentes.

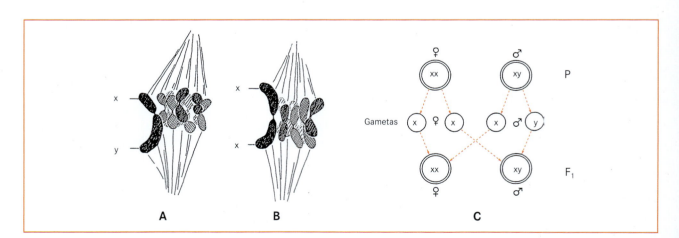

Figura 9-17 Cromossomos sexuais e determinação sexual diplogenotípica. Meiose (Metáfase I) de uma célula-mãe de grãos de pólen* (**A**) e célula-mãe do saco embrionário (**B**) na angiosperma dioica (♂/♀) *Silene latifolia*. (A, B 1.800x). **C** Esquema da determinação sexual diplogenotípica, X, Y são os cromossomos sexuais. (A, B segundo K. Belar, C segundo W. Schumacher.)

*N. de T. Microsporócito.

víduo com a constituição alélica S_1S_2 (e do mesmo modo em cruzamentos envolvendo dois indivíduos com esses alelos), nem o pólen S_1 nem o S_2 podem chegar à fecundação (Figura 9-18), pois ambos os alelos são também expressos no estilete. Em um cruzamento S_1S_2 (feminino) $\times$ S_1S_3 (masculino), o pólen S_3 chega a fecundar, pois o alelo S_3 não está presente no estilete. Em um cruzamento $S_1S_2 \times S_3S_4$ os dois tipos de grãos de pólen podem finalmente chegar à fecundação.

GSI com um loco S é conhecido em numerosas famílias vegetais como, por exemplo, Papaveraceae, Rosaceae, Solanaceae e Plantaginaceae. O número de diferentes alelos do loco S varia entre cerca de 20 e 70 por espécie. GSI com dois locos (S e Z) foi documentado em gramíneas (Poaceae). Trata-se então de uma reação de autoincompatibilidade, quando os alelos tanto do loco S quanto do Z são idênticos no pólen e no estilete.

No SSI, a reação do grão de pólen não é determinada pelo alelo do grão de pólen propriamente dito, mas muito mais pelo genótipo do indivíduo produtor do grão de pólen*. Com isso, todos os grãos de pólen formados em um mesmo indivíduo apresentam reação igual, mesmo que contenham alelos distintos.

No SSI, é observada variação na expressão dos alelos para a reação do pólen ou do estilete. Em geral, um dos alelos para reação do pólen é dominante e os dois alelos no estilete são codominantes.

Em um cruzamento S_1S_2 (feminino) $\times$ S_1S_3 (masculino), ocorre em SSI, na dominância de S_1 para a reação do pólen, uma completa reação de incompatibilidade. Isso difere da situação em GSI (em GSI o pólen S_3 chegaria à fecundação), pois a reação do pólen é determinada por S_1, que, com a codominância da expressão no estilete, contribui também para a reação no estilete (Figura 9-18). Se S_3 fosse dominante para a reação do pólen, não ocorreria reação de incompatibilidade e também o pólen com alelo S_1 chegaria à fecundação, já que a reação do pólen seria determinada por S_3.

SSI é mais bem documentada em Asteraceae e Brassicaceae e conhecida em oito famílias. O número de alelos do loco S é semelhante ao em GSI.

É natural que o pólen, sendo o gametófito masculino das espermatófitas, tem caracteres controlados pelo seu próprio genoma haploide. A observação de que alguns caracteres do pólen dependem do genótipo do indivíduo parental produtor do pólen pode ser esclarecida com o fato de que o tapete da antera participa da formação da parede do grão de pólen. Um exemplo bastante típico e estudado há muito é a forma da parede do grão de pólen em ervilhas (*Pisum sativum*). Se indivíduos com grão de pólen alongados (*LL*) forem cruzados com indivíduos com grãos de pólen arredondados (*ll*), a F1 heterozigota (*Ll*) formará apenas grãos de pólen alongados, mesmo que a metade dos grãos de pólen possua o alelo *l* para grãos arredondados. Um caráter gametofítico, ao contrário, é a presença ou ausência de amido no pólen de milho (*Zea mays*). Indivíduos heterozigotos obtidos do cruzamento "presença de amido" $\times$ "ausência de amido" formam grãos de pólen com e sem amido na proporção 1:1.

GSI homomorfos são, na maioria dos casos, correlacionados com outros caracteres. Em GSI, o pólen é em geral binucleado no momento da polinização, a cutícula do estigma é descontínua, o estigma é úmido, e o processo de polinização é impedido pela interrupção do crescimento do tubo polínico no tecido do estilete. Por outro lado, em SSI o pólen é em geral trinucleado no momento da polinização, a cutícula do estigma é contínua, o estigma é seco e o tubo polínico não consegue penetrar no estigma. Uma exceção disso é, por exemplo, o GSI das gramíneas, cuja morfologia é a mesma do SSI.

---

*N. de T. O esporófito, ou seja, o indivíduo onde se localiza a flor, na qual é produzido o grão de pólen.

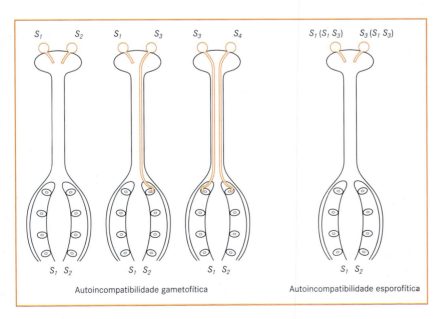

Figura 9-18 Incompatibilidade na polinização e fecundação de angiospermas. Alelos S (S_1, S_2, S_3, S_4) do grão de pólen sobre o estigma (em cima) e nos tecidos do estilete e rudimento seminal (em baixo), grãos de pólen e tubos polínicos: laranja. Na autoincompatibilidade gametofítica, a reação depende do genótipo do grão de pólen haploide. Na autoincompatibilidade esporofítica, o genótipo do indivíduo formador do pólen (entre parênteses) é decisivo para a reação. No exemplo apresentado, S_1 é dominante para a reação do pólen (ver texto). (Segundo F. Ehrendorfer.)

O loco S em GSI e SSI não representa um único gene, mas corresponde em geral a dois genes estreitamente relacionados, dos quais um deles é expresso no estigma/estilete e o outro no pólen. Em GSI, esses genes são denominados *S-RNase* (estigma/estilete) e *SLF* (pólen) e em SSI são denominados *SRK* (estigma/estilete) e *SCR* (pólen). No caso de cruzamento incompatível em SSI, o pólen-RNA é degradado pela RNase do estigma/estilete. Um cruzamento incompatível em SSI conduz a uma ligação da proteína SCR na proteína SRK e finalmente à interrupção do processo de fertilização.

Em sistemas heteromorfos de autoincompatibilidade, os tipos de cruzamento geneticamente determinados são também morfologicamente reconhecíveis. Como exemplo pode servir a prímula (*Primula*), já estudada por Darwin. Na maioria das espécies desse gênero, encontram-se dois tipos de flores (Figura 9-19). Por um lado, existem indivíduos com flores com longos estiletes e anteras localizadas abaixo (do inglês, *pin*) e por outro lado aqueles com estiletes curtos e anteras acima (do inglês, *thrum*). Ao mesmo tempo, essas duas formas distinguem-se ainda pelo tamanho das papilas do estigma e dos grãos de pólen. Esse fenômeno é também denominado *distilia* ou, em geral, *heterostilia*.

Heteromorfias semelhantes são conhecidas ao todo em cerca de 31 famílias de plantas floríferas e 155 gêneros. As Rubiaceae, por exemplo, possuem 91 gêneros heteromórficos. Como diferenciação morfológica dos tipos florais, além disso, também ocorrem, concomitante ou alternativamente com os caracteres citados, a pilosidade do estilete (por exemplo, *Oxalis*) e cor do estilete (por exemplo, *Eichhornia*), o tamanho da antera (por exemplo, *Lithospermum*, *Pulmonaria*) ou a estrutura da superfície da exina (por exemplo, *Armeria*, *Limonium*, *Linum*). Não apenas duas, mas também três formas florais (tristilia), são encontradas, por exemplo, em salicária (*Lythrum salicaria*), *Eichhornia* e *Narcissus*.

A heterostilia está relacionada a um sistema genético de autoincompatibilidade. Em *Primula*, os indivíduos com estiletes curtos são heterozigotos *Ss* e as formas com longos estiletes homozigotos *ss*. Em caso de dominância de *S* e reação do pólen esporofítica, são possíveis fertilizações apenas entre as duas formas florais. A fertilização em uma mesma flor ou entre indivíduos com morfologia floral idêntica é, ao contrário, impedida.

Se S não fosse dominante, mas sim codominante com *s*, o pólen de um indivíduo com estilete longo (*s*) não poderia germinar sobre um estigma com estilete curto (*Ss*), pois ambos apresentam o mesmo alelo. Se a reação de pólen fosse gametofítica, com a dominância simultânea de *S*, seria possível a autofecundação de indivíduos com estilete curto, pois a metade dos grãos de pólen contém o alelo *s*, que não é expresso no estigma.

Ao contrário do GSI e de SSI homomorfo, no sistema heteromorfo, o loco S tem apenas dois alelos; portanto, estatisticamente, apenas um em cada dois cruzamentos em uma população tem sucesso, pois no caso ideal as duas formas florais ocorrem na proporção 1 : 1. No caso dos numerosos alelos GSI e SSI, a porcentagem de cruzamentos de sucesso na população é muito maior.

A função da heteromorfia em complementação à existência de um sistema genético de incompatibilidade é possivelmente reduzir a frequência de polinização ilegítima (na mesma flor ou entre duas flores de morfologia idêntica). Em *Primula*, o pólen é depositado sobre o abdômen do polinizador na visita de uma flor com estilete curto. Esse pólen chegará com maior probabilidade ao estigma de uma flor com estilete longo do que em uma flor com estilete curto. Em polinizações ilegítimas, o estigma pode ser bloqueado para pólen legítimo ou o pólen ilegítimo pode reduzir a taxa de polinização do pólen legítimo. É discutível em que sequência evolutiva as heteromorfias e o sistema genético de incompatibilidade foram desenvolvidos.

Como em GSI e SSI, o loco S de *Primula* também não é um único gene, mas um grupo de possivelmente sete genes muito estreitamente acoplados. Dois genes (*G/g* e *Gm/gm*) controlam o comprimento do estilete, o tamanho das papilas do estigma e a reação de incompatibilidade do estilete; um gene (*A/a*), a posição das anteras; um gene (*Pp/pp*), o tamanho do grão de pólen; um gene, a dominância do tamanho do grão de pólen (*Mpm/mpm*); um gene (*Pm/pm*), a reação de incompatibilidade do grão de pólen; e um gene (*l*) é, como fator letal, acoplado aos demais genes. Recombinação rara dentro desse complexo de genes em, por exemplo, indivíduos heterozigotos com estilete curto em ligação com determinados cruzamentos pode levar à descendência com anteras baixas e estilete curto e também anteras altas e estilete longo. Ambos recombinantes homomorfos são autocompatíveis e podem facilmente autopolinizar-se, devido à localização de anteras e estigma. Esse complexo de genes de *Primula* é um exemplo de como o estreito acoplamento de genes originado por mutações cromossômicas pode provocar a redução de recombinação. Nesse exemplo, a frequência da quebra de um complexo funcional de genes é sensivelmente reduzida.

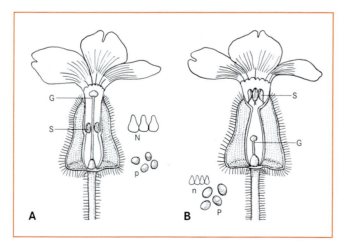

Figura 9-19 Heterostilia em *Primula sinensis*, flores com posições diferentes de estigma e anteras. **A** Flor de uma planta com longo estilete, com grandes papilas no estigma e grãos de pólen pequenos. **B** Flor de uma planta com estilete curto, pequenas papilas no estigma e grãos de pólen grandes. – G estilete; n papilas do estigma; P grão de pólen; S antera (P, N, p, n 80x; A, B pouco aumentados). (Segundo F. Noll.)

Somando-se aos sistemas de autoincompatibilidade descritos até aqui, a autoincompatibilidade retardada (do inglês *late acting SI*) é também parcialmente reconhecida como sistema. As observações reunidas sob esse conceito tem em comum, apesar de diferenças em detalhes, o fato de que uma reação de incompatibilidade ocorre apenas após o crescimento do estilete e, em geral, por meio do abortamento dos rudimentos seminais.

Das plantas floríferas examinadas até o momento, cerca de 50% são autoincompatíveis. A distribuição sistemática dos diferentes sistemas SI e a comparação de suas funções ao nível bioquímico demonstram que os três sistemas descritos surgiram independentemente entre si. Além disso, pode-se aceitar que GSI, SSI e SI heteromorfos surgiram muitas vezes ao mesmo tempo, possivelmente, na maioria a partir de ancestrais autocompatíveis. Ao contrário de considerações anteriores, ganha hoje força a opinião de que as primeiras angiospermas eram autocompatíveis. Não raro, também há secundariamente transição de autoincompatibilidade para autocompatibilidade (ver 9.1.3.2).

9.1.3.2 Polinização

Mesmo uma flor hermafrodita* autocompatível não precisa necessariamente ser autofecundável**. Autofecundação (**autogamia**; do inglês, *selfing*) pode ser impedida e fecundação cruzada (**alogamia**; do inglês *autocrossing*) pode ser estimulada à medida que a autopolinização for impedida ou dificultada. Isso é atingido por meio de uma separação temporal na maturação de estames e carpelos ou pela sua separação espacial na flor. Na separação temporal (**dicogamia**, Figura 9-20), o androceu pode amadurecer antes do gineceu (**proterandria** = protandria, Asteraceae), ou o gineceu antes do androceu (**proteroginia** = protoginia, por exemplo, muitas Ranunculaceae). Na separação espacial (**hercogamia**), estames e carpelos são arranjados de modo que a autopolinização não pode ocorrer.

Um exemplo são as flores de íris (*Iris*, Figura 9-20), nas quais o estigma localizado sobre cada um dos estames é coberto por uma estrutura laminar do estilete petaloide. Essa lâmina é pressionada sobre a superfície do estigma pelo inseto carregado de pólen, quando o inseto deixa a flor, cobrindo o estigma. Na visita à próxima flor, a lâmina recolhe o pólen do inseto que, desse modo, recai sobre o estigma.

Em flores isoladas em partes florais, a dicogamia e a hercogamia podem evitar, efetivamente, a autopolinização, porém esses mecanismos sozinhos não evitam a polinização entre flores da mesma inflorescência (ou entre partes de flores em uma flor em *Iris*, por exemplo). Polinização entre flores de um indivíduo (**geitonogamia**) é, igualmente, geneticamente uma autopolinização.

Já que a maioria das espécies de plantas floríferas tem flores hermafroditas, sistemas genéticos de autoincompatibilidade nem sempre são desenvolvidos e mecanismos biológicos florais nem sempre podem impedir a autopo-

---

* N. de T. Neste caso, o vocábulo hermafrodita significa bispórico, ou seja, a flor apresenta tanto estames produtores de micrósporos quanto carpelos produtores de megásporos.

** N. de T. Não há tal possibilidade, pois é o gametófito masculino que fecunda o gametófito feminino, sendo ambos duas plantas diferentes.

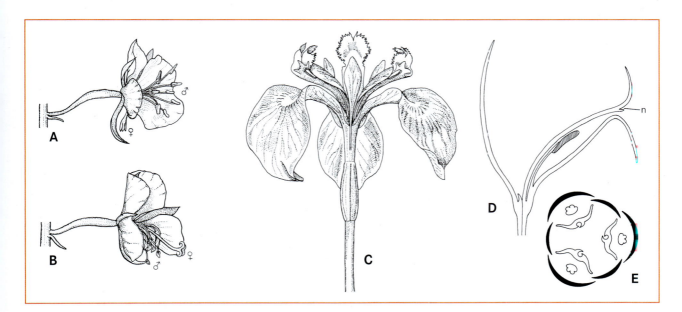

Figura 9-20 Protrandria em *Epilobium angustifolium*. **A, B** Dicogamia. **A** Flor na fase de desenvolvimento ♂, **B** na fase ♀ (1x). **C–E** Hercogamia. Na flor de *Iris pseudacorus*, as anteras e estigma são separadas espacialmente entre si e o estigma é coberto por uma estrutura laminar do estilete. **C** Vista geral. **D** Corte longitudinal de uma flor parcial. **E** Corte transversal esquemático na altura das anteras. – n Estigma. (A, B segundo Clements e F.L. Long, C–E segundo W. Troll.)

linização ou polinização entre flores de um mesmo indivíduo, deve-se considerar que autopolinização e autofecundação são frequentes. Estima-se que cerca de 40% das plantas floríferas têm possibilidade de autopolinização e autofecundação. Para floras de climas temperados (por exemplo, Ilhas Britânicas) considera-se até mesmo que cerca de 2/3 das espécies dispõem dessa possibilidade. Como o efeito da autofecundação continuada (homozigose, depressão endogâmica) é potencialmente negativo, normalmente há necessidade de um esclarecimento para a grande frequência de espécies autofecundáveis. A perda de variação genética em uma população devido à crescente homozigose é reduzida pelo fato de que uma população de uma espécie autógama em geral não é constituída apenas pela descendência de um único indivíduo, mas contém um grande número de genótipos autofecundáveis distintos uns dos outros. Além disso, mesmo uma taxa pequena de fecundação cruzada evita, efetivamente, uma homozigose completa. Se, por exemplo, apenas uma em cada dez fecundações é cruzada, após algumas gerações de autofecundação, um alelo *A* presente originalmente na frequência de 0,5 em uma população (50% de todos os alelos de um gene presentes na população pertencem a *A*) mantém-se em uma frequência equilibrada de quase 0,1 (10% *A*). A depressão endogâmica pode ser superada em poucas gerações, com a eliminação por seleção de genótipos com alelos recessivos homozigotos com efeitos negativos. As possíveis vantagens da autofecundação são a elevada eficiência reprodutiva e um desenvolvimento acelerado.

A eficiência reprodutiva pode ser ameaçada pela ausência do polinizador ou de um parceiro para cruzamento. A carência de polinizadores é encontrada frequentemente em ambientes extremos, como lugares permanentemente frios e úmidos. Espécies com apenas um período de floração durante a sua vida também correm o risco de que nesse período (geralmente curto) poucos ou nenhum polinizador esteja disponível. Especialmente as espécies colonizadoras defrontam-se com o problema da falta de parceiros para cruzamento. Se, por exemplo, uma área de pousio for colonizada, o desenvolvimento da população inicia-se geralmente com apenas um indivíduo da espécie que primeiro se instala. O sucesso da colonização só é garantido se esse indivíduo conseguir realizar autofecundação. Por isso, muitas das espécies invasoras de ambientes degradados pela ação humana são autofecundáveis em elevadas proporções. Como a autofecundação e a falta da necessidade de atrair um polinizador em muitas espécies de plantas invasoras habitualmente provocam uma redução do tamanho da flor, da produção de néctar e da quantidade de pólen etc., o desenvolvimento dessas plantas é acelerado pelo encurtamento da fase reprodutiva. Assim, em uma estação, podem ser formadas várias gerações, por exemplo, o que torna a colonização um sucesso. Porém, pode haver necessidade de uma velocidade de desenvolvimento maior, também, por exemplo, em caso de uma estação de crescimento muito curta.

9.1.3.3 Sistema de reprodução

As plantas, bem como outros organismos, são capazes de **reprodução** e **multiplicação** tanto sexual quanto **assexual**. Fala-se de multiplicação quando um indivíduo produz mais do que um descendente. A reprodução é quase sempre relacionada à multiplicação. Já que, pela reprodução assexual, originam-se descendentes geneticamente idênticos aos seus parentais, a variação genética de uma espécie ou população depende em grande parte da frequência relativa da reprodução assexual. Reprodução assexual, também chamada **apomixia**, pode ocorrer por propagação vegetativa ou por formação assexual de semente (agamospermia).

A **propagação vegetativa** consiste na formação de descendentes a partir de tecidos somáticos, com exclusão completa de processos sexuais. Com isso, os descendentes são formados exclusivamente por divisão mitótica e, assim, sem alteração da fase nuclear. Essa forma de reprodução é um fenômeno comum em fungos, algas, musgos, samambaias e angiospermas. Em gimnospermas, no entanto, é bastante rara. Na flora de plantas floríferas das Ilhas Britânicas, admite-se que 46% das espécies possui a capacidade de propagação vegetativa. Essas espécies consistem, na sua maioria, de ervas perenes, em parte também de arbustos. Plantas anuais ou bianuais não podem se reproduzir vegetativamente, em árvores essa forma de reprodução é rara. Exemplos são os choupos (*Populus*) e olmos (*Ulmus*). Em gramíneas e plantas aquáticas, portanto, a capacidade de reprodução vegetativa é especialmente desenvolvida. Os indivíduos originados por reprodução vegetativa são também denominados **rametas** (do inglês *ramet*). O conjunto dos rametas que corresponde geneticamente a um indivíduo (**geneta**; do inglês *genet*) forma um **clone**.

Nas plantas vasculares, em geral, os caules e os caules modificados são os órgãos de propagação vegetativa. A propagação pode ocorrer por simples fragmentação de caules aéreos normais (por exemplo, separação dos ápices caulinares após o desenvolvimento de raízes em *Rubus*) ou de caules aquáticos (por exemplo, *Elodea*), estolões (por exemplo, *Fragaria*) e por rizomas (por exemplo, muitas gramíneas). Também podem ser formadas estruturas multicelulares especiais: gemas (bulbilhos = gemas de plantas terrestres, por exemplo, *Allium*, *Bistorta* (= *Polygonum*) *vivipara*; gemas dormentes (hibernais) em plantas aquáticas, por exemplo, *Elodea*, *Hydrocharis*); raízes tuberosas (por exemplo, *Ranunculus ficaria*); estolões tuberosos (por exemplo, batata); bulbilhos tunicados (por exemplo, *Galanthus*); espiguetas com crescimento vegetativo continuado, de, por exemplo, *Poa alpina* e *P. tubulosa*. Estruturas vegetativas podem ser formadas também por algas, liquens e musgos. Formação de ramos a partir de raízes (raízes gemíferas) é o mecanismo mais comum de propagação vegetativa em árvores. Em alguns casos, também folhas podem produzir unidades reprodutivas vegetativas (por exemplo *Asplenium*, *Kalanchoe*, Figura 4-32). Em algas, liquens e musgos, a divisão celular e a brotação (por exemplo, leveduras), a desintegração de junções celulares e do talo, assim como a formação de gemas vegetativas especiais, são os mecanismos mais importantes da propagação vegetativa. Espécies como, por exemplo, *Poa alpina*, com espiguetas gemíferas, ou *Bistorta vivipara*, com estolões gemíferos, também foram ocasionalmente designadas como vivíparas. Como aqui não se trata de uma semente germinando sobre a planta-mãe, mas sim de uma estrutura vegetativa, o uso do vocábulo vivíparo é, portanto, incorreto.

A contribuição da propagação vegetativa para uma população pode ser expressiva. Por exemplo, estima-se que no ranúnculo (*Ranunculus repens*) 99% dos indivíduos de uma população sejam o resultado de propagação vegetativa. Pela propagação vegetativa podem surgir indivíduos genéticos de tamanho considerável e, em parte, de surpreendente longevidade.

O emprego de técnicas de DNA para determinação da identidade genética de *Populus tremuloides*, espécie de choupo da América do Norte, mostrou que um clone ocupava uma área de 43 ha e abrangia cerca de 47.000 rametas. Todavia, em plantas herbáceas, como a festuca vermelha (*Festuca rubra*). Verifica-se que indivíduos de um clone podem estar até 220 m distantes entre si. Ao observar a taxa de crescimento atual dessa espécie, é possível estimar que um clone pode ter de 100 a 1.000 anos de idade. Esses exemplos evidenciam que, em uma população, o número de indivíduos genéticos pode ser muito menor do que o número de indivíduos fisicamente independentes. É evidente que a extensão da variação genética em uma população está fortemente relacionada a isto.

A formação de sementes sem a participação de processos sexuais é chamada **agamospermia** (muitas vezes emprega-se o conceito apomixia, porém esse termo é bem mais amplo e envolve tanto a propagação vegetativa quanto a agamospermia). Esse fenômeno é conhecido em cerca de 34 famílias e ocorre com maior frequência nas Asteraceae, Poaceae e Rosaceae. Como as opiniões sobre a delimitação de espécies agamospérmicas são bastante divergentes, não é possível precisar o seu número.

Os mecanismos de formação de sementes agamospérmicas são muito distintos. Por exemplo, no caso dos gêneros *Citrus*, *Opuntia* ou *Nigritella* são produzidos embriões agamospérmicos no tecido do rudimento seminal, sem a formação de um saco embrionário. Nesse tipo, denominado **embrionia adventícia** (= **agamospermia esporofítica**), a formação de embriões por processos sexuais não é afetada. Assim pode-se encontrar em uma planta, até mesmo em uma semente, tanto embriões sexuais quanto assexuais. Portanto, nesse caso,

a agamospermia é **facultativa**. Em geral, mesmo faltando o processo sexual, à formação de sementes é necessário que ocorra polinização ou fertilização (**pseudogamia**), que induz à formação do endosperma. Na **agamospermia gametofítica**, forma-se um saco embrionário no rudimento seminal, com o número cromossômico esporofítico, isto é, não reduzido. Se esse saco embrionário forma-se independentemente da existência de um saco embrionário sexualmente formado, fala-se em **aposporia**. Se, no entanto, o saco embrionário produzido assexualmente substituir um produzido sexualmente, fala-se em **diplosporia**. Esses dois mecanismos de agamospermia são em geral acoplados com poliploidização. Em ambos os mecanismos, o embrião pode originar-se da oosfera não reduzida e não fertilizada (**partenogênese**) ou de outra célula do saco embrionário não reduzido (**apogamia**). Espécies apósporas, como, por exemplo, a grama-azul (*Poa pratensis*), a potertila (*Potentilla neumanniana*) ou o ranúnculo-dourado (*Ranunculus auricomus*) exibem embrionia facultativa agamospérmica, pois a possibilidade de formação de um saco embrionário sexual continua existindo. Como em embrionia adventícia, a polinização e a fertilização são em geral necessárias para a formação do endosperma. Ao contrário, espécies diplósporas como, por exemplo, dos gêneros *Hieracium*, *Taraxacum* (dente-de-leão), *Calamagrostis* ou *Nardus* são em geral **agamospérmicas obrigatórias**, pois o tecido do qual seria formado o saco embrionário sexual é utilizado para a formação do saco embrionário assexual. Em geral, na diplosporia não há necessidade de pseudogamia para o desenvolvimento do endosperma. Os mecanismos diferentes de agamospermia podem ser distinguidos claramente uns dos outros por meio de processos citológicos. Como diferentes mecanismos são encontrados em grupos estreitamente aparentados (por exemplo, *Hieracium* subg. *Hieracium*: diplosporia, subg. *Pilosella*: aposporia). É de se supor que exista um estreito relacionamento genético entre os diferentes mecanismos.

Mesmo se uma total ausência de variação genética for esperada em espécies agamospérmicas, isso não acontece. A variação genética observada pode ter diferentes causas:

- Raramente, a agamospermia é absolutamente obrigatória e mesmo a eventual sexualidade pode produzir variação.
- A formação de sacos embrionários não reduzidos em espécies diplósporas pode começar com uma meiose, que, no entanto, não se processa completamente e resulta na formação dos chamados **núcleos de restituição** não reduzidos.
- As mutações somáticas podem se acumular ao longo das gerações.
- A recombinação somática parece ocorrer frequentemente em espécies agamospérmicas, mais possivelmente como reorganizações cromossômicas por transpósons em células somáticas.

Desconsiderados esses mecanismos para o estabelecimento de variação genética, a extensão da variação genética em espécies agamospérmicas, em comparação com seus parentes sexuais mais próximos, é bastante reduzida.

A agamospermia com variação genética frequentemente reduzida leva à situação que mesmo as menores diferenças de caracteres são mantidas mais ou menos constantes ao longo das gerações. Já que diferenças constantes em caracteres são motivo para o reconhecimento da espécie (ver 9.3.1) – segundo o conceito morfológico de espécie –, pode-se reconhecer em círculos de parentesco agamospérmicos um grande número de agamoespécies (**microespécies**). Assim, na opinião de alguns autores, por exemplo, *Taraxacum* e *Hieracium* na flora da Europa Central compreendem cerca de 250 e 190 microespécies, respectivamente.

9.1.3.4 Fluxo gênico e forma de vida

A semelhança genética de indivíduos que apresentam cruzamento é também dependente da distância pela qual os grãos de pólen ou os diásporos (esporos, sementes, frutos) são transportados. Se pólen e diásporos fossem regularmente liberados apenas a curtas distâncias, a probabilidade de cruzamento entre parentais e seus descendentes ou entre descendentes de um indivíduo (e, com isso, o cruzamento entre indivíduos geneticamente muito parecidos) seria muito grande. O efeito da recombinação genética seria, então, muito pequeno. Com o aumento da distância do transporte de pólen e diásporos, aumenta a probabilidade de cruzamento entre indivíduos geneticamente diferentes. Já que o genoma se move com pólen e diásporos, quando o pólen chega à fertilização e os diásporos germinam e os indivíduos dali resultantes cruzam com outros indivíduos, esses dois fenômenos podem ser resumidos no conceito de **fluxo gênico**. Devido à diversidade de mecanismos observados de polinização e dispersão de diásporos (ver 10.2), é difícil generalizar distâncias de fluxo gênico.

Para distâncias de polinização, é válido determinar que a frequência da polinização por pólen de um indivíduo diminui exponencialmente com o aumento da distância desse indivíduo (Figura 9-21), e que a polinização em geral ocorre entre indivíduos distantes alguns decímetros até algumas dezenas de metros ou, mais raramente, algumas centenas de metros. Todavia, também foram observados polinizadores que percorrem distâncias maiores. As abelhas do gênero *Euglossa* da América do Sul realizam voos de polinização de até 23 km. Como polinizadoras de figueiras tropicais, vespas percorrem regularmente entre 6 e 14 km e vertebrados (por exemplo, aves, morcegos) podem cobrir em média distâncias maiores do que as dos insetos.

O movimento dos grãos de pólen pode ser diretamente observado pela observação do deslocamento dos animais nos casos de zoofilia (polinização por animais) ou pela colocação de coletores de pólen em distâncias crescentes da fonte de pólen, nos casos de polinização pelo vento (anemofilia). A ob-

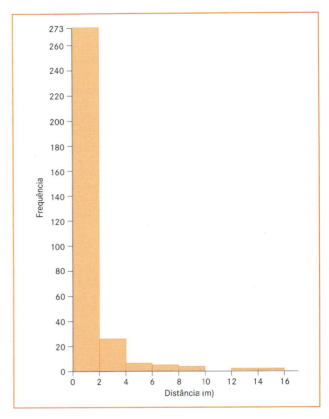

Figura 9-21 Distribuição da frequência da distância de voo de mamangavas (*Bombus* sp.) visitantes de *Primula veris*, em Northumberland/Inglaterra. (Segundo Richards, 1986.)

servação direta não fornece qualquer informação se o pólen observado também chega à fertilização. Isso pode ser melhor verificado pela comparação genética de um indivíduo parental e seus descendentes com o conhecimento da constituição genética de outros indivíduos parentais potenciais. Populações experimentalmente produzidas do mímulo (*Mimulus*), nas quais a constituição genética de cada indivíduo é conhecida, permitiram determinar a paternidade de cada uma das sementes produzidas na população e, com isso, analisar o fluxo gênico por transporte de pólen com o maior detalhamento possível. Estudos com essa espécie mostraram que as distâncias do fluxo gênico em polinização por animais são frequentemente maiores que as distâncias percorridas entre dois indivíduos durante um voo de polinização. Essa observação pode ser esclarecida pelo fato de que muitas vezes o pólen recolhido em uma flor não é deixado integralmente na próxima flor visitada, mas sim é transportado para outras flores. Esse fenômeno é denominado *carry over*. As distâncias percorridas na polinização pelo vento, ao contrário, são em geral menores que a distância de transporte do pólen. Aqui também se encontra explicação na metodologia de observação, pois o pólen com densidade muito baixa a uma grande distância da fonte tem uma probabilidade muito pequena de chegar à polinização e fertilização.

Indivíduos geneticamente distintos como parceiros de cruzamento podem ser aproximados, se os diásporos forem transportados a grandes distâncias. Para o transporte de diásporos vale, em princípio, o mesmo que para o transporte de pólen. Com o aumento da distância de um indivíduo, diminui exponencialmente a densidade dos seus diásporos (Figura 9-22), e o transporte de diásporos atinge distâncias desde alguns decímetros até algumas centenas de metros. Aqui também existem exceções, com significado biológico-evolutivo.

Isso é reconhecível, por exemplo, no fato de que ilhas oceânicas de origem vulcânica (por exemplo, Krakatoa, Surtsey) foram rapidamente colonizadas por plantas. Inúmeras análises de parentesco em combinação com estimativas de idade, mediante uso de metodologia de relógio molecular, também dão indícios de que o transporte de diásporos a distância entre o continente e ilhas do Hemisfério Sul, por exemplo, não é um acontecimento raro em escala temporal geológica. Ocorrências de dispersão à distância entre, Austrália/Nova Zelândia e América do Sul, por exemplo, podem ser postuladas para *Taraxacum* e *Gentianella*, entre outros gêneros.

Na discussão de autofecundação e fecundação cruzada, foi demonstrado que mesmo fecundação cruzada eventual pode contribuir consideravelmente para a manutenção de variação genética. Analogamente, aqui vale que fluxo gênico em grandes distâncias como transporte de pólen ou diásporos por grandes distâncias também pode contribuir para a manutenção e incremento da variação genética. Com isso, os eventos de exceção dificilmente observados em transporte de pólen e diásporos ganham um importante papel.

Um outro aspecto da relação entre fluxo gênico e a variação genética de populações é a **forma de vida** (ver 4.2.4) da espécie em questão. A duração de vida como um aspecto da forma de vida é importante porque, no decorrer dos anos, populações de espécies perenes têm maior probabilidade de receber e também contribuir com material genético de outras populações do que, por exemplo, espécies anuais. Isso leva a um grande incremento da variação genética dentro de populações de espécies perenes.

9.2 Padrões e causas da variação natural

9.2.1 Seleção natural

Em geral, os padrões intraespecíficos de variação genética observados na natureza não são casuais, mas sim correlacionados com atributos do ambiente e da espécie vegetal considerada. A variação intraespecífica da época de floração de espécies arbóreas oriundas do norte e do sul, por exemplo, já era conhecida desde o início do século XVIII. Porém, até os experimentos do ecólogo e geneticista sueco G. Turesson, na década de 1920, havia controvérsia se essa variação, contanto que sua existência fosse admitida, tinha uma base genética ou era apenas resultante de influências ambientais. Por meio do cultivo em condições iguais de espécies de ampla distribuição e presentes em locais distintos, Turesson pôde demonstrar que as diferenças morfológicas observáveis nos ambientes naturais, em geral, pelo menos em parte permanecem nas condições de cultura. Com isso, ele concluiu que existe variação genética no âmbito específico. Como materiais de diferentes procedências com ecologia comparável (por exemplo, populações de dunas de *Hieracium umbellatum*) apresentavam sempre caracteres semelhantes e diferenciavam-se consistentemente de materiais de outras procedências com ecologia de outro tipo (por exemplo, populações de falésias costeiras), ele concluiu também que a variação genética intraespecífica está correlacionada com as condições do ambiente do local de procedência. Os resultados e conclusões de Turesson puderam ser confirmados e detalhados em um grande número de experimentos desse tipo. Portanto, pode-se assegurar que a variação genética interespecífica em correlação com condições ambientais é um fenômeno amplamente difundido.

Ao longo de uma transeção oeste-leste pela Califórnia, da costa até as altas montanhas da Sierra Nevada californiana e a vizinha Great Basin, em várias espécies pôde ser documentada a correlação de fatores climáticos com variação genética. Plantas de *Achillea lanulosa*, por exemplo, procedentes de diferentes altitudes da Sierra Nevada e da Great Basin distinguem-se entre si, pela altura, entre outros parâmetros (Figura 9-23). O estudo de *Andropogon scoparius* (Poaceae), distribuída amplamente do sul até o norte da América do Norte, demonstrou que populações do norte necessitam de exposição mais longa à luz (15 h/dia) que as do sul (14 h/dia), para indução da floração. Para compreender essa observação, é necessário saber que o comprimento do dia no verão aumenta com a latitude e

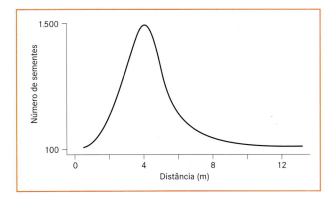

Figura 9-22 Distribuição da frequência da distância de dispersão de sementes de *Verbascum thapsus*. (Segundo E.J. Salisbury, de Harper, 1977.)

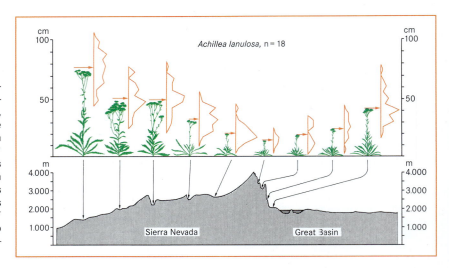

Figura 9-23 Ecotipos da mil-folhas (= aquileia) californiana (*A. granulosa*, tetraploide) de diferentes altitudes (1.400, 3.350, 2.100 m), ao longo de uma transeção de cerca de 60 km através da Sierra Nevada e da vizinha Great Basin, a cerca de 38° de latitude norte. Cerca de 60 indivíduos de cada população foram cultivados em Stanford (30 m), a partir de sementes. Os diagramas (laranja) mostram as variações hereditárias do comprimento do caule/eixo, o valor médio (seta) e um indivíduo típico de cada população. (Segundo J. Clausen, D.D. Keck e W.M. Hiesey.)

que muitas plantas dependem do comprimento do dia para a indução da floração. Uma correlação entre a variação genética e diferentes condições de solo pode ser comprovada em *Achillea borealis*, por exemplo. Aqui, plantas procedentes de solos serpentina são capazes de crescer em experimentos sobre solos serpentina (serpentina é uma rocha metamórfica sobre a qual formam-se solos ricos em magnésio e pobres em cálcio). Exemplares da mesma espécie que na natureza não ocorrem em solos serpentina, ao contrário, crescem muito mal em experimento sobre esse tipo de solo. Em *Anthosanthum odoratum*, pôde ser demonstrado que indivíduos originários de locais pobres em cálcio necessitam para o seu crescimento de quantidades muito menores deste elemento do que indivíduos originários de locais ricos em cálcio. Muitas espécies (por exemplo, *Agrostis capillaris*, *Anthoxanthus odoratum*, *Festuca ovina*, *Mimulus guttatus*, *Plantago lanceolata*, *Rumex acetosa*) possuem genótipos que podem crescer sobre solo contaminado com metais pesados (por exemplo, cádmio, cobre, zinco), enquanto outros genótipos não apresentam essa capacidade. A diferenciação intraespecífica pode mostrar correlação não apenas com fatores abióticos do ambiente, mas também com fatores bióticos. Como muitas outras espécies, *Trifolium repens* também pode conter glicosídeos cianogênicos, cuja degradação enzimática em tecido lesado provoca a liberação de cianeto. A espécie é polimorfa para esse caráter. Pode-se demonstrar, que a frequência relativa de genótipos cianogênios (com glicosídeos cianogênicos) e acianogênicos (sem glicosídeos cianogênicos) em grandes escala é correlacionada não apenas com a temperatura do local de ocorrência (Figura 9-24), mas, observando-se em escala menor, também com a ocorrência de caramujos como predadores dessa espécie de trevo. *Plantago major* de locais intensamente pisoteados, ao contrário de espécimes oriundos de locais não pisoteados, tem forma prostrada a ascendente, em vez da forma de crescimento ereta. Além dos

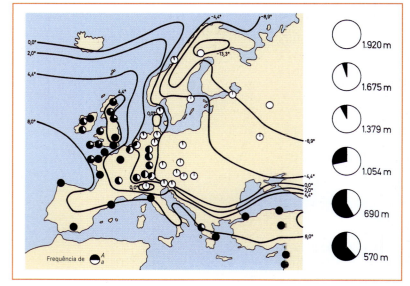

Figura 9-24 Diferenciação clinal do trevo-branco (*Trifolium repens*). A frequência do alelo *A* responsável pela formação de glicosídeos cianogênicos (em comparação com *a*) nas populações é demonstrada por círculos com setores pretos (*A*) e brancos (*a*). Da região do Mar Mediterrâneo até o norte da Europa, a frequência é correlacionada com as isotermas de janeiro (mapa à esquerda); nos Alpes (figura parcial à direita, diagramas), é correlacionada com a altitude. (Segundo H. Daday.)

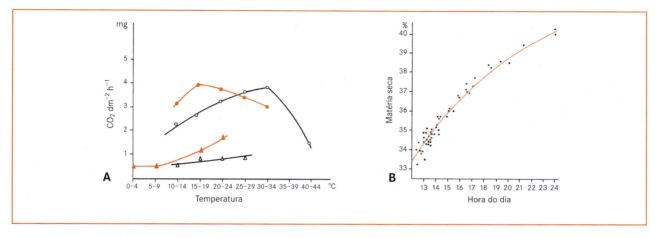

Figura 9-25 Diferenciação ecológica em espermatófitas. **A** Ecótipos da azeda (*Oxyria digyna*) (Polygonaceae) e suas diferentes normas de reação: taxas médias de fotossíntese ○ e respiração △, medidas em mg CO_2 por dm^2 de área foliar, na dependência da temperatura, em uma raça sulalpina (preto) e uma do norte do Ártico (laranja). **B** Variação clinal do pinheiro (*Pinus sylvestris*): Em condições iguais de cultivo, 52 procedências europeias mostraram estreita correlação da matéria seca das acículas (como medida da resistência ao frio) com o número de horas do dia no primeiro dia da primavera (temperatura média +6°C), nos seus ambientes naturais (como medida da latitude geográfica, continentalidade e duração do período de vegetação). (A segundo H.A. Mooney e W.D. Billings, B segundo O. Langlet.)

exemplos citados, a diferenciação intraespecífica em correlação com fatores ambientais variáveis pode ser demonstrada pelo uso fotossintético da luz disponível, resistência à seca, resistência à geada, ataque de parasitos, herbivoria, eficiência de polinizador, concorrência com a vegetação vizinha e assim por diante. (Figura 9-25).

A distribuição espacial detalhada da variação genética na natureza pode apresentar diferentes padrões. Se um fator ambiental correlacionado com um caráter vegetal tiver distribuição descontínua na natureza (por exemplo, solos básicos ou ácidos sobre rocha calcárea ou sílica nos Alpes), as plantas também podem mostrar variação mais ou menos descontínua. Se, ao contrário, um fator ambiental variar continuadamente (por exemplo, temperatura média decrescente com altitude crescente), é de se esperar variação genética intraespecífica contínua nas plantas examinadas. Variações intraespecíficas descontínua e contínua foram muitas vezes distinguidas entre si como variações ecotípicas (**ecótipos**) ou variações clinais.

A causa da variação intraespecífica correlacionada com o ambiente é a **seleção natural**. Seleção natural tem como premissa que indivíduos diferentes (genótipos) de uma população em um determinado local distinguem-se geneticamente em relação ao seu sucesso reprodutivo (**aptidão** ou *fitness*). O objeto da seleção natural é, com isso, o genótipo individual, o fenótipo em última análise realizado, ou seja, o indivíduo. Se diferentes genótipos de uma população apresentam *fitness* diferentes, a seleção natural acontece. Como resultado da seleção natural, a frequência relativa de alelos (**frequência alélica**) pode modificar-se, tanto em comparação entre diferentes estágios de desenvolvimento em uma geração quanto entre gerações subsequentes (ver Quadro 9-2). A alteração de frequências alélicas ao longo da sequência de gerações é evolução. Seleção natural explica também o ajuste genético (**adaptação**), em que um genótipo com maior *fitness* é melhor adaptado às suas condições ambientais concretas. A variação ambientalmente correlacionada, portanto, na maioria dos casos, pode ser compreendida como **variação adaptativa**.

Um caráter pode, então, ser interpretado como adaptação genética se for hereditário e contribuir para o aumento do sucesso reprodutivo, ou seja, do *fitness* de um indivíduo. Com o conceito adaptação é descrito tanto o processo quanto o estado de adaptação. Em um primeiro momento, o processo de adaptação genética consiste na origem de um atributo por mutação, ou seja, completamente ao acaso. Se o atributo recentemente criado conferir ao indivíduo um fitness mais elevado, no próximo passo do estabelecimento da adaptação genética haverá propagação desse atributo na população por meio de seleção natural.

Para a comprovação da seleção natural como causa de adaptação não é suficiente observar uma correlação da variação genética com determinadas variáveis do ambiente. Antes, é necessário demonstrar que diferentes genótipos em diferentes ambientes apresentam diferentes *fitness*, ou que um genótipo em seu ambiente natural tem um *fitness* maior que em um ambiente estranho. Isso pode ocorrer se genótipos diferentes forem expostos ao fator ambiental provavelmente decisivo e seus *fitness* forem medidos ou se materiais de diferentes origens forem transplantados re-

Quadro 9-2

Genética de populações

Evolução como modificação de frequências alélicas e de genotípicas em gerações subsequentes é tratada e explicada quantitativamente pela genética de populações. Um elemento central da genética de populações é a **Lei de Hardy-Weinberg**, que mostra sob quais condições as frequências alélicas e genotípicas permanecem inalteradas em gerações subsequentes. Este pode ser o caso, se

- o *fitness* de diferentes genótipos é igual,
- o cruzamento entre os dois genótipos é casual,
- nenhum novo alelo ocorre por mutação ou fluxo gênico
- e uma população suficientemente grande exclui flutuações casuais de frequências alélicas (deriva genética).

A **Equação de Hardy-Weinberg** define a relação entre frequências alélicas e frequências genotípicas. Se em um loco genético p é a frequência do alelo *A* e q é a frequência do alelo *a*, sendo que esses dois alelos somam a totalidade dos alelos nesse loco (p + q = 1), obtém-se a frequência do genótipo *AA* de p^2, a do genótipo *Aa* de 2pq e a do genótipo *aa* de q^2. Com isso, vale $AA + Aa + aa = p^2 + 2pq + q^2 = 1$. Essa relação permite calcular, a partir das frequências genotípicas observadas, as frequências alélicas e vice-versa, calcular frequências genotípicas esperadas a partir de frequências alélicas.

Se em uma geração a frequência genotípica observada desvia-se da frequência genotípica esperada a partir da frequência alélica da geração parental, a população não se encontra no equilíbrio de Hardy-Weinberg. As causas disso podem ser rupturas nas condições da Lei de Hardy-Weinberg acima citadas.

Uma causa poderia ser que o *fitness* f dos genótipos é diferente. É possível calcular os efeitos de *fitness* diferentes sobre a frequência alélica em gerações subsequentes: em um exemplo simples, pode-se admitir que o *fitness* de *AA* e *Aa* é igual a 1, mas *aa* tem apenas um *fitness* reduzido de 1 - s. A letra s identifica **coeficiente de seleção** e é s = 1 - f. Se no exemplo os genótipos *AA* e *Aa* têm um *fitness* de 1, a taxa relativa de sobrevivência do genótipo *aa* poderia estar em 90% de *AA* e *Aa*. O *fitness* f seria então 0,9 e o coeficiente de seleção s = 0,1. Na população inicial, a frequência dos genótipos é $AA = p^2$, $Aa = 2pq$ e $aa = q^2$. Após seleção, as frequências relativas dos três genótipos $AA = p^2$, $Aa = 2pq$ e $aa = q^2(1 - s)$.

O tamanho total da população é $p^2 + 2pq + q^2(1-s)$.

Se nesta fórmula p for substituído por 1 - q, (p + q = 1, do que se segue: p = 1 - q), pode-se simplificar a expressão para o tamanho total da população para $1 - sq^2$. A frequência do genótipo na população total é então

$$AA = \frac{p^2}{1-sq^2}, \quad Aa = \frac{2pq}{1-sq^2} \quad e \quad aa = \frac{q^2(1-s)}{1-sq^2}.$$

A frequência p_1, como frequência de p após seleção, dá-se por

$$p_1 = \frac{p^2 + pq}{1-sq^2} \quad \text{(Equação 9-4)}$$

(frequência *AA* + metade da frequência *Aa* como parte da população total). A diferença Δp entre a frequência p_1 depois da seleção e a frequência p antes da seleção é:

$$\Delta p = p_1 - p = \frac{p^2+pq}{1-sq^2} - p = \frac{p^2+pq-p+spq^2}{1-sq^2}$$

$$= \frac{p(p+q-1+sq^2)}{1-sq^2} = \frac{spq^2}{1-sq^2} \quad \text{(Equação 9-5)}$$

Se antes da seleção p = q = 0,5 e s = 0,1,

$$\Delta p = \frac{0,1 \cdot 0,5 \cdot 0,5^2}{1-0,1 \cdot 0,5^2} = 0,0128.$$

A frequência de p_1 é, portanto, 0,5128 e a frequência de q_1 é 0,4872. Com esta fórmula, pode ser calculado e previsto o desenvolvimento da frequência alélica de gerações subsequentes em cruzamentos casuais, mas com *fitness* diferentes dos genótipos. Admitindo que o coeficiente de seleção do genótipo homozigoto recessivo é *aa* = 1, ou seja, que indivíduos com este genótipo nunca chegam a reproduzir-se, pode-se estabelecer uma relação entre a frequência original q_0 do alelo *a* e a frequência q_n de *a* depois de n gerações:

$$q_n = \frac{q_0}{1+nq_0} \quad \text{(Equação 9-6)}$$

Em uma frequência original q_0 = 0,5 a frequência q_n do alelo *a* depois de 10 gerações (n = 10), por exemplo, é de total exclusão

$$q_{10} = \frac{0,5}{1+10 \cdot 0,5} = 0,083.$$

Isso deixa claro também que mesmo *fitness* muito pequeno de um genótipo homozigoto não pode levar à eliminação do seu alelo, pois esse alelo mantém-se nos genótipos heterozigotos. Esse fato esclarece o grande significado evolutivo da diploidia na grande maioria dos organismos e, com isso, a possível heterozigose. Esses cálculos se tornam complicados se em uma população os cruzamentos não são casuais, se ocorre fluxo gênico entre populações ou se o *fitness* dos genótipos se modifica com o passar das gerações, por exemplo em dependência de sua frequência. As análises quantitativas são ainda mais complicadas, se a seleção for considerada não apenas em um loco genético, mas sim em dois ou mais locos que se influenciam reciprocamente. Ao mesmo tempo, esse caso reflete melhor as condições naturais, pois apenas uns poucos atributos fenotípicos são codificados por só um loco genético.

ciprocamente na natureza (do inglês *reciprocal transplantation*). Finalmente, os distintos *fitness* de indivíduos de uma população podem também ser determinado em seu ambiente natural.

Plantago major oferece um exemplo para o primeiro experimento implantado. Nessa espécie, foi possível observar que plantas em locais pisoteados têm inflorescências mais ou menos prostradas; material de locais não pisoteados, porém, apresentam inflorescências eretas. Essa diferença observada na natureza manteve-se também em cultura sob condições iguais. O resultado do pisoteio experimental das diferentes procedências (para tanto, pesos de metal de tamanho adequado foram deixados cair repetidamente sobre as plantas, de modo que a pressão exercida por unidade de superfície correspondesse àquela de um adulto médio) mostrou que as procedências prostradas foram menos afetadas estatisticamente em seu *fitness* (medido, por exemplo, como matéria seca dos órgãos reprodutivos) pelo pisoteio artificial do que as de procedência ereta. Nesse exemplo, o *fitness* das formas de crescimento prostrada e ereta foram quase iguais no controle não pisoteado. Em experimentos de transplante recíproco, populações de uma espécie de locais contrastantes são reciprocamente trocadas. Assim, por exemplo, material de *Achillea lanulosa* da costa da Califórnia foi transplantado para local montanhoso e material montanhoso foi transplantado para a costa. Nos dois casos, encontrou-se um *fitness* mais baixo das populações no ambiente estranho do que no seu ambiente de origem. Ambos experimentos permitem concluir que as diferenças entre populações de diferentes ecologias observadas na natureza são o resultado de seleção natural e podem ser interpretadas como diferenças adaptativas. Em comparação com a análise experimental de apenas um fator ambiental, o transplante recíproco tem vantagem, pois o *fitness* pode ser medido em relação ao ambiente como um todo, sem a necessidade de identificação, frequentemente difícil, de um eventual fator ambiental importante para a variação.

Não está de modo nenhum esclarecido se cada caráter de um organismo pode ser interpretado como adaptação. Alternativamente, existe a possibilidade que caracteres seletivamente neutros surgidos por mutação sejam mantidos por processos genéticos especiais (por exemplo, pleiotropia, acoplamento genético). De um caráter seletivamente neutro poderia ser esperado que mutações, pudessem ser observadas com relativa frequência e não desapareçam rapidamente por seleção natural, desde que não influenciem na neutralidade. Uma determinada constância do caráter significaria que a variação limitada é o resultado da seleção natural. Portanto, não é possível considerar que cada atributo de um organismo seja uma adaptação perfeita. Em relação a isso, antes de tudo, é de se pensar que uma estrutura ou atributo em geral tem um grande número de relações com o ambiente e, portanto, eventualmente deve ser compreendida como resultado de compromisso entre forças de seleção atuando em diferentes direções. Em ações gênicas pleiotrópicas ou também em acoplamento genético estreito, um atributo codificado por gene pleiotrópico ou por um complexo gênico estreitamente acoplado pode ser favorecido pela seleção em detrimento de um

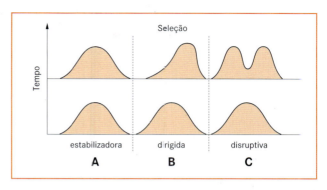

Figura 9-26 Seleção estabilizadora, dirigida e disruptiva. A amplitude de variação (abscissa) das populações originais (embaixo) é determinada pela frequência de indivíduos de herança diferente: mantida, deslocada ou separada pelas diversas formas de seleção. (Segundo K. Mather.)

outro atributo codificado pelo mesmo gene ou complexo gênico. A ocorrência desse atributo é, então, adaptativa.

Dependendo do seu efeito sobre um caráter, é possível distinguir seleção dirigida, disruptiva e estabilizadora (Figura 9-26). No caso de **seleção dirigida**, em consequência de maior *fitness* do genótipo no extremo de uma variação genética com distribuição normal existente em uma população, nas gerações seguintes ocorre um desvio da variação em direção a esse extremo. Na **seleção disruptiva**, os genótipos das duas extremidades da variação têm maior *fitness* do que os genótipos no meio da população. O resultado é o início de uma bifurcação da população. Por meio de **seleção estabilizadora**, finalmente, são eliminados os genótipos externos à variação da população parental, originados por recombinação genética durante a reprodução. Com isso, não se altera a variação genética na sequência das gerações adultas. No exemplo da seleção estabilizadora, fica claro que a seleção natural não deve resultar em modificação das frequências alélicas na evolução.

A variação genética intraespecífica não é correlacionada apenas com o ambiente. Especialmente a análise de variação genética em nível molecular tem mostrado que os padrões encontrados são em parte também correlacionados com os aqueles atributos que compõem o sistema de recombinação das plantas e por eles podem ser esclarecidos. Nesse caso, é sobretudo particularmente interessante a comparação da variação dentro e entre populações. Em geral, o sistema de fertilização expressa-se de modo que espécies autogâmicas em grande proporção apresentam relativamente pouca variação dentro, mas relativamente elevada variação entre populações. Em espécies de fecundação cruzada, as relações são inversas, com relativamente maior variação dentro da mesma população do que entre populações. A explicação para esse padrão está, por um lado, no efeito genético da autofecundação continuada e, por outro lado, na distinta amplitude da troca genética (fluxo gênico) entre populações autogâmicas e alogâmicas. A autofecundação conduz à perda de variação genética na população e, ao mesmo tempo, contribui para o isolamento de populações vizinhas. A influência do fluxo gênico sobre a estrutura da variação genética intraespecífica fica também evidente, se os mecanismos de transporte de pólen e de diásporos são comparados entre si. Espécies polinizadas pelo vento e espécies dispersadas pelo vento apresentam relativamente maior variação entre populações que espécies polinizadas por animais e espécies dispersadas por animais ou espécies sem mecanismos especiais de dispersão. Assim, tem-se a impressão de que as **distâncias de fluxo gênico** e, com isso, as trocas genéticas, são em média maiores entre populações de espécies polinizadas e espécies dispersadas pelo vento que em espécies polinizadas e espécies dispersadas por animais. Em relação às formas de vida, foi observado que espécies anuais apresentam menor variação na população e maior variação entre as populações que espécies perenes herbáceas de vida curta; estas, por sua vez, apresentam menor variação na população e maior variação entre populações que espécies perenes lenhosas de vida longa. Uma possível explicação para esse padrão está em uma determinada correlação entre autofecundação e baixo fluxo gênico com duração de vida curta e entre fecundação cruzada e maior fluxo gênico com longa duração de vida. Uma outra razão está no fato de que populações de espécies longevas ao longo do tempo, com maior probabilidade, são geneticamente enriquecidas por fluxo gênico de outras populações que espécies de vida curta, porque o número de eventos reprodutivos é maior na vida de uma espécie de vida longa. Por fim, em espécies com propagação assexual total ou parcial, a variação genética é menor que em espécies com reprodução apenas sexual.

9.2.2 Deriva genética

Um outro fator que influencia a estrutura genética de espécies é o acaso. Desvios casuais de frequências alélicas em gerações subsequentes são conhecidas como **deriva genética**. Esses eventos podem ocorrer especialmente se o tamanho da população é fortemente reduzido, sendo que a probabilidade de desvio casual na frequência alélica aumenta proporcionalmente à diminuição do tamanho da população. Nessas circunstâncias, o tamanho da população é decisivo não no sentido do número de indivíduos que podem ser contados, mas sim quanto ao número efetivo de indivíduos que contribuem para a constituição da próxima geração. Tamanho populacional e tamanho populacional efetivo podem se distinguir nitidamente. O resultado da deriva genética pode ser a perda de um alelo e, com isso, a homozigose de todos os indivíduos para o outro alelo (**fixação**) de um loco gênico. O tamanho da população pode ser reduzido se poucos ou até mesmo um indivíduo (então, hermafrodita ou autogâmico; por exemplo, por dispersão a distância para uma ilha ou ao ser levado por seres humanos) iniciarem uma nova população (**efeito do fundador**; do inglês, *founder effect*). Mudanças ambientais drásticas também podem diminuir severamente o número de indivíduos em uma população (do inglês **bottleneck**).

Um exemplo para o efeito do fundador é *Echinochloa microstachya* (Poaceae) levada pelos seres humanos da América do Norte para a Austrália. Enquanto na América do Norte cada população desta espécie diferencia-se das outras populações por uma combinação própria de alelos 18 de um total de 20 populações examinadas na Austrália eram geneticamente idênticas. Esses padrões, porém, não ocorrem obrigatoriamente. Isso pode ser demonstrado em *Apera spica-venti*, levada da Europa para a América do Norte, que apresenta nos dois continentes uma proporção semelhante de variação genética, provavelmente como resultado de transportes repetidos.

A constante mudança no nível máximo do gelo no Quaternário e as alterações climáticas a ela relacionadas influenciaram fortemente os tamanhos das populações de todos os organismos afetados. Com isso, é possível explicar que os refúgios de um grande número de espécies arbóreas são caracterizados por uma variação genética relativamente alta, mas as regiões colonizadas ao final da era do gelo no Norte, em comparação, são geneticamente empobrecidas (Figura 9-27). Um padrão de variação genética como este se origina porque a colonização de territórios antes congelados ocorreu não apenas por expansão continuada da população em avanço. Em vez disso, ocorreram repetidas reduções no tamanho da população no território recentemente colonizado, determinadas por mudanças climáticas relativamente rápidas, ou poucos ou isolados indivíduos conseguiram estabelecer-se muito além das fronteiras das populações em avanço (ver Figura 13-20).

O fato de que padrões de variação genética podem ser esclarecidos com eventos casuais lança novamente a questão sobre o papel da seleção natural (ver 9.2.1). Questiona-se, em geral, em que contexto a seleção natural é neutra, isto é, em que medida diferentes genótipos podem apresentar o mesmo *fitness*. Para caracteres fenotípicos, pode-se generalizar que genótipos distintos muitas vezes também apresentam diferentes *fitness*. Com isso, o padrão de variação genética em caracteres fenotípicos é frequentemente o resultado de seleção natural. Para caracteres moleculares, foi primeiramente postulado por M. Kimura que a maioria dos genótipos presentes em uma população possuem o mesmo *fitness* e, assim, são seletivamente neutros. Com isso, não se duvida que o efeito da maioria das novas mutações é ad-

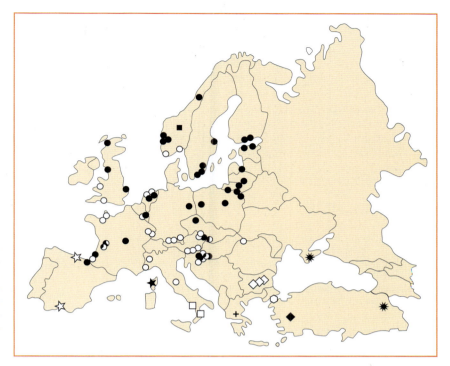

Figura 9-27 Distribuição geográfica de diferentes tipos de plastídios de *Alnus glutinosa*. Nos refúgios da era do gelo, no sul da Europa, encontra-se maior diversidade genética que nas regiões colonizadas a partir de lá. Círculos com segmentos pretos e brancos indicam populações heterogêneas em relação ao tipo de plastídio. (Segundo King e Ferris, 1998.)

verso, pois essas mutações são eliminadas por seleção. Kimura considerou que a variação genética em nível molecular é antes o resultado da deriva genética que de seleção natural.

Essa **teoria da evolução neutra** baseia-se na observação de: uma taxa de evolução de proteínas muito alta, considerando-se a premissa da seleção natural; uma diversidade muito alta de proteínas em espécies; uma determinada constância da taxa de evolução de proteínas, em comparação entre diferentes linhas de desenvolvimento; e uma maior taxa evolutiva de partes não funcionais de enzimas, em comparação com partes funcionais. A argumentação original, baseada na análise de sequências proteicas, depois foi modificada pela análise de sequências de DNA.

A resposta à pergunta se evolução molecular é mais fortemente influenciada por deriva genética ou por seleção natural depende em grande parte das premissas sobre tamanhos populacionais, taxas de mutação e coeficientes de seleção. Já que essas grandezas em geral são estimadas e dificilmente podem ser determinadas quantitativamente, alguns padrões de variação genética podem ser esclarecidos, tanto por um modelo neutral quanto por um modelo selecionista, dependendo da escolha das grandezas das premissas. Por conseguinte, a pergunta sobre o significado relativo de deriva genética e seleção não pode ser respondida definitivamente. Com certeza, é válido que, por exemplo, mutações silenciosas ou algumas sequências de DNA não transcritíveis evoluem neutralmente e, com isso, tanto deriva quanto seleção têm influência sobre a evolução molecular. Mas a deriva pode participar também na evolução fenotípica.

9.3 Especiação

9.3.1 Definições de espécie

A discussão sobre a variação genética intraespecífica e os mecanismos de especiação necessitam evidentemente de uma definição de espécie. Essa definição é extremamente difícil e controvertida. Na prática sistemática, a maioria das espécies é descrita com base nas variações morfológicas observadas. Assim, é utilizado um conceito **morfológico de espécie** (conceito de espécie taxonômico com base no fenótipo). Com isso, o sistemata procura por descontinuidade correlata em diferentes caracteres na variação fenotípica, principalmente na morfológica (Figura 9-28). Essa descontinuidade objetivamente documentada é considerada como limite específico. Variação intraespecífica é contínua e variação interespecífica é descontínua. Neste sentido, é necessário considerar que, em casos especiais, também pode existir variação descontínua dentro das espécies, em forma de polimorfismos (por exemplo, heterostilia em *Primula*, dioicia, ver 9.1.3). Nessa situação, são necessários outros critérios para a delimitação de espécies. Por isso, a espécie morfológica tem, sobretudo, um componente subjetivo muito forte, pois é difícil estabelecer critérios objetivos para a extensão necessária em descontinuidade fenotípica.

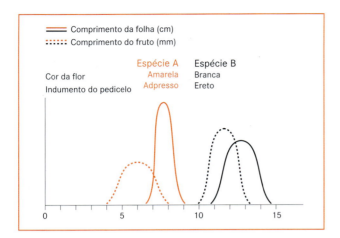

Figura 9-28 Representação esquemática de variação correlata descontínua entre espécies em caracteres qualitativos e quantitativos. As espécies A e B diferenciam-se pela cor da flor, indumento do pedicelo, comprimento da folha e comprimento do fruto.

Enquanto a definição morfológica de espécie, em princípio, não faz qualquer consideração sobre o processo evolutivo, outras definições de espécie tentam levar em consideração os resultados de tal processo. O **conceito biológico de espécie** formulado por E. Mayr define espécies como grupos de populações naturais que cruzam entre si e são isoladas reprodutivamente de outras populações (ou seja, outras espécies). O isolamento reprodutivo tem base genética. Essa definição implica que espécies são reconhecíveis porque não hibridizam com outras espécies. Hibridização foi usada e discutida como critério de reconhecimento de espécies muito antes de Mayr.

No conceito biológico de espécie é enfatizado o isolamento reprodutivo de uma espécie em relação a outras. O **conceito de reconhecimento de espécie** (do inglês *recognition species concept*), enfatiza, ao contrário, o reconhecimento de parceiros de cruzamento dentro da espécie. O **conceito ecológico de espécie** define espécie como um grupo de populações que ocupam o mesmo nicho ecológico. Com isso, admite-se que a integridade de espécies se estabelece pelo fato de que os indivíduos e populações a ela pertencentes, em função da ecologia semelhante, estão submetidos também à mesma seleção. O **conceito genético de espécie** procura explicar a existência de espécies pelo fato de que, em consequência de sua estrutura genética própria, elas podem variar apenas dentro de determinados limites.

Enquanto os conceitos biológico, ecológico e genético, bem como o conceito de reconhecimento de espécie, nas suas definições limitam-se a organismos hoje existentes, outros conceitos procuram definir a espécie também em sua dimensão histórica. O **conceito evolutivo de espécie** de G.G. Simpson a define como uma linha de desenvolvimento (ou seja, uma sequência de populações consecutivas) que se desenvolve independentemente de outras dessas linhas de desenvolvimento e tem seu próprio papel e tendência evolutivos.

Finalmente, nos **conceitos filogenéticos** (cladísticos), existentes em diversas variações, são reunidos os membros de uma linha de desenvolvimento descendente de um ancestral (monofilética), desde seu surgimento (por especiação) até seu fim (ou seja, até a próxima especiação). Aqui, portanto, é enfatizada a origem comum de um ancestral como base para o reconhecimento de espécies, e ao menos em parte é exigido que as espécies sejam definidas apenas por seus atributos próprios (autapomorfias).

É evidente que os distintos conceitos de espécie foram formulados sob ênfase de diferentes pontos de vista teóricos, não excludentes. Independente de seu valor teórico, eles são muito diferentes em sua adequação à prática. Com certeza, as unidades definidas pelos diferentes conceitos de espécie sobrepõem-se muitas vezes.

Pode-se argumentar que existem espécies morfológicas porque os indivíduos que as compõem cruzam entre si, estão isolados reprodutivamente de outras espécies, por estarem submetidos a condições de seleção semelhantes, serem o resultado de uma evolução independente e descenderem de um ancestral comum. Isso significa que se pode considerar o conceito morfológico de espécie como o conceito de síntese máxima das mais diferentes observações.

O conceito de espécie é muitas vezes considerado não científico, pois não existe um critério evidente amplamente aceito para o uso do nível de espécie.

Antes da definição da espécie, deveria ser respondida a pergunta se é de fato procedente a reunião de indivíduos e populações em uma espécie como uma unidade básica de variação biológica existente na natureza. Dependendo do ponto de vista considerado, essa pergunta pode ser respondida de diferentes formas. Já que a base do processo evolutivo é a população, entendida como um grupo de indivíduos vivendo e cruzando-se entre si em um local (variações nas frequências alélicas ocorrem em gerações subsequentes), pode-se argumentar que o andamento do processo evolutivo veda o reconhecimento de espécies como unidades naturais e espécies, tanto quanto unidades sistemáticas maiores (gêneros, famílias, etc.) são categorias artificiais. Até mesmo Darwin reconheceu esse fato. Por outro lado, a existência de populações que se cruzam entre si e do seu isolamento reprodutivo de outras populações é uma realidade biológica; além disso, várias populações são submetidas, por meio de ecologias semelhantes, a seleções também semelhantes, ou várias populações com apenas um atributo em comum descendem de um mesmo ancestral. A reunião de indivíduos e populações em espécies, sob esse ponto de vista, baseia-se em uma realidade biológica.

Resumindo, pode-se dizer que a categoria sistemática da espécie, independente da dificuldade de sua definição satisfatória, é uma referência até agora insubstituível para a comunicação de observações científicas. Já que na prática a maioria das espécies é definida morfologicamente e muitas espécies morfológicas também atendem aos critérios de diversos outros conceitos de espécie, espécies deveriam ser entendidas aqui como espécies morfológicas, frequentemente isoladas reprodutivamente umas das outras. Problemas especiais na definição de espécies ocorrem também em espécies agamospermas (ver 9.1.3.3).

Partes de uma espécie são, então, denominadas subespécies, se a maioria dos indivíduos podem ser enquadrados em uma ou outra subespécie, mas também existem raramente formas intermediárias. A variação entre subespécies, portanto, não é completamente descontínua. Além disso, é importante que subespécies tenham áreas de distribuição diferentes ou diferenciem-se umas das outras por sua ecologia.

Logo, a discussão do processo de especiação precisa esclarecer como surgem, na evolução, de um lado a diversidade morfológica e de outro lado o isolamento reprodutivo.

9.3.2 Especiação por evolução divergente

9.3.2.1 Especiação alopátrica

A variação intraespecífica surge principalmente por mutação, recombinação, seleção natural e deriva genética. Sob a condição de que a troca genética entre populações ou grupos de populações da mesma espécie é interrompida, o processo da diferenciação intraespecífica por distintas mutações, adaptação a ambientes distintos por seleção natural e/ou fixação casual de alelos diferentes nas partes de uma espécie isoladas geneticamente umas das outras pode continuar e provocar surgimento de novas espécies (ver Figura 13-14). Esse processo evolutivo de separação de uma espécie em duas (ou mais) é denominado **especiação** (do inglês *speciation*). A maneira mais fácil de interromper o fluxo gênico entre populações de uma espécie é a sua separação espacial. De acordo com isso, esse mecanismo de especiação é também conhecido por **especiação alopátrica** ou geográfica. Na situação descrita, a divergência continuada das populações isoladas umas das outras é um processo gradual e assume-se que a seleção natural é a principal responsável pela divergência.

A separação espacial e o consequente isolamento de populações de uma espécie podem ter ocorrido, por exemplo, pela separação de massas terrestres durante a deriva continental, pela formação de montanhas, pela fragmentação de áreas de distribuição durante a cobertura de gelo no Quaternário ou pelo soerguimento de terras causado pelo aquecimento climático após o período glacial. Mudanças geológicas e climáticas ao longo da história da Terra provocaram, em inúmeros casos, a separação de áreas de distribuição antes contínuos e, com isso, as primeiras condições para a especiação.

Em vista da quase sempre impossibilidade de observação direta do processo de especiação na natureza, a evidência mais importante do significante papel da especiação alopátrica está no padrão geográfico da variação intraespecífica, assim como na distribuição geográfica de espécies estreitamente aparentadas entre si. Desse modo, por exemplo, no pinheiro-negro (*Pinus nigra*), distribuído na área em torno do Mar Mediterrâneo, observam-se inúmeras subespécies não sobrepostas (Figura 9-29), e dentro das subespécies constatam-se outras diferenciações geográficas. A diferenciação dentro das subespécies, ou as próprias subespécies podem ser interpretadas como estágios diferentes da especiação alopátrica como um processo contínuo.

Em um grupo de espécies do gênero *Gilia* (Polemoniaceae) no sudoeste da América do Norte, encontram-se subespécies dentro de espécies geograficamente separadas (*G. leptantha*) ou vivendo próximas umas das outras (*G. latifolia*), espécies estreitamente aparentadas e parcialmente sobrepostas (*G. tenuiflora*, *G. latiflora*, *G. leptantha*), além de espécies menos estreitamente aparentadas alopátricas (*G. ochroleuca*, *G. mexicana*) ou simpátricas (*G. ochroleuca*, *G. tenuiflora*, *G. leptantha*, *G. latiflora*) (Figura 9-30). Esse padrão de distribuição geográfica e diferentes graus de parentesco é também interpretado como especiação em diferentes estágios. Padrões de distribuição e parentesco desse tipo são encontrados em todo lugar. *Gilia ochroleuca* não pode ser cruzada com *G. tenuiflora*, *G. leptantha* e *G. latiflora*, que ocorrem na mesma região (Figura 9-30). Porém, essas três espécies que se sobrepõem parcialmente em sua distribuição geográfica cruzam eventualmente entre si. Esse fato evidencia que espécies surgidas em alopatria podem adquirir mecanismos de isolamento reprodutivo, que, então, permitem uma ocorrência comum com os parentes próximos.

Deve-se, por outro lado, questionar criticamente se esses padrões de distribuição geográfica realmente surgiram durante o processo de especiação alopátrica ou se eles podem ter surgido, por razões muito diversas, apenas depois da especiação.

A gradualidade da especiação alopátrica é também evidenciada pelo fato de que as distâncias genéticas averiguadas por comparação de isoenzimas entre populações de uma subespécie, subespécies de uma espécie e espécies estreitamente relacionadas aumentam mais ou menos continuamente.

9.3.2.2 Isolamento reprodutivo

Isolamento reprodutivo é um importante pré-requisito da especiação alopátrica garantida por separação geográfica.

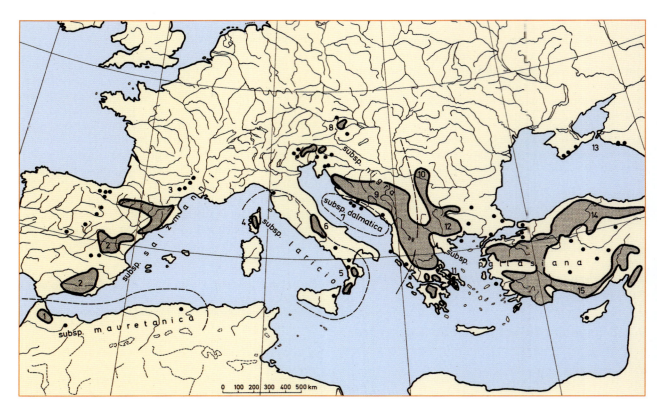

Figura 9-29 Diferenciação geográfica da área de distribuição mediterrâneo-montana do pinheiro-negro (*Pinus nigra*). As subespécies estão destacadas pelo nome, raças locais por números. (Segundo W.B. Crichtfield e E.L. Little; H. Meusel, E. Jäger e E. Weinert; H. Niklfeld.)

Mecanismos do **isolamento reprodutivo** determinados por atributos das plantas podem ser agrupados de acordo com o momento de sua ação. A polinização e a fertilização são períodos importantes para isso. Mesmo o contato com o estigma de um indivíduo pelo pólen de outra espécie pode reduzir o sucesso reprodutivo desse indivíduo. A formação de zigotos pela fertilização de uma oosfera com células gaméticas de uma espécie estranha é uma perda do potencial reprodutivo e, com isso, uma redução do *fitness* de um indivíduo. Antes da polinização (do inglês *premating*), os mecanismos importantes de isolamento reprodutivo são:

- **Isolamento ecológico**. As espécies da erva-benta (*Geum urbanum* e *G. rivale*), quase totalmente sobrepostas em sua distribuição geográfica, ocorrem, por exemplo, em florestas mistas latifoliadas, arbustos e cercas (*G. urbanum*) e em locais úmidos diversos (*G. rivale*). Em casos de maior proximidade espacial, frequentemente verifica-se hibridização entre essas duas espécies.
- **Isolamento temporal**. O período de floração de espécies estreitamente relacionadas e que ocorrem na mesma área pode ser diferente. Exemplos de deslocamento sazonal da floração são *Lactuca graminifo-*

lia, que floresce na primavera, e *L. canadensis*, que floresce no verão, no sudeste dos EUA. Um exemplo de deslocamento diário (de 24 horas) da floração é oferecido por *Silene latifolia* (floresce à noite) e *S. dioica* (floresce de dia), as quais, porém, estão também isoladas pela biologia floral.

- **Isolamento por biologia floral**. Espécies estreitamente relacionadas podem ser impedidas de hibridizar por polinizadores relativamente específicos. Um exemplo é o do gênero de orquídeas *Ophrys*, no qual a estrutura e o aroma florais de espécies diferentes imitam as fêmeas e feromônios de diferentes espécies de himenópteros e, por isso, são visitadas por machos de diferentes espécies. Na Califórnia, *Mimulus cardinalis* e *M. lewisii* (*Phrymaceae*), espécies estreitamente aparentadas, são polinizadas por colibris e mamangavas, respectivamente. Relacionada à diferenciação do polinizador, também é frequente uma diferenciação da morfologia floral, que exclui em cada caso o polinizador da outra espécie. Esse fenômeno também é chamado isolamento mecânico.

Um outro caso de isolamento por biologia floral é a mudança, relacionada com a especiação (ou diferenciação intraespecífica), do sistema de fertilização de autoincom-

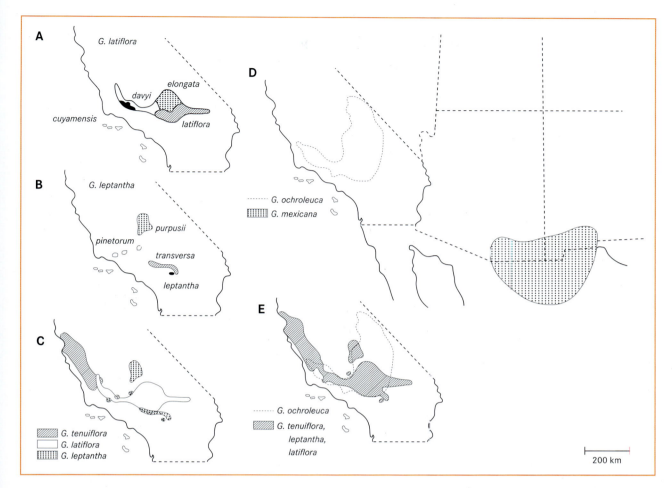

Figura 9-30 Especiação e distribuição geográfica em um grupo de espécies do gênero *Gilia* (Polemoniaceae) no sudoeste da América do Norte. Constatam-se diversas situações: subespécies vizinhas (**A**, *G. latiflora*) ou separadas (**B**, *G. leptantha*) geograficamente; espécies estreitamente relacionadas e parcialmente sobrepostas (**C**, *G. tenuiflora, G. latiflora, G. leptantha*); espécies menos estreitamente aparentadas, alopátricas (**D**, *G. ochroleuca, G. mexicana*) ou simpátricas (**E**, *G. ochroleuca, G. tenuiflora, G. leptantha, G. latiflora*). Esse padrão de distribuição geográfica e diferentes graus de parentesco é interpretado como especiação em diferentes estágios. (Segundo Grant, 1991.)

patibilidade e fecundação cruzada para autocompatibilidade e autofecundação. Isso foi demonstrado de modo intensivo no exemplo da evolução da autoincompatibilidade ligada à tristilia para semi-homostilia e autocompatibilidade, em *Eichhornia* (Pontederiaceae). Neste caso, o isolamento reprodutivo entre as espécies resulta da autofecundação.

Depois da polinização (do inglês **post-mating**) e antes da fecundação (**pré-zigótico**), o cruzamento entre espécies pode ser impedido por

- **Incompatibilidade de hibridização.** Aqui, encontram-se mecanismos como, por exemplo, repressão da germinação do pólen, do crescimento do tubo polínico no estilete ou da liberação das células gaméticas do tubo polínico.

Após a formação do zigoto, os seguintes mecanismos **pós-zigóticos** tornam-se eficazes:

- **Redução da viabilidade dos híbridos F_1.** A viabilidade e a vitalidade dos indivíduos híbridos podem ser reduzidas desde a primeira divisão do zigoto até a floração e frutificação da planta.
- **Esterilidade do híbrido.** A fertilidade dos híbridos pode ser reduzida por diferenças genéticas, cromossômicas ou citoplasmáticas entre as espécies parentais. Diferenças em um ou até muitos genes no híbrido podem, na combinação desses genes no híbrido, resultar em redução da fertilidade.
- **Colapso do híbrido.** Muito mais que a primeira geração de híbridos, as gerações seguintes mostram redução na vitalidade ou fertilidade.

A aceitação da especiação alopátrica implica que os mecanismos de isolamento citados são um subproduto da crescente divergência genética das espécies em formação.

9.3.2.3 Especiação peripátrica, parapátrica, simpátrica e por efeito do fundador

Uma crítica importante ao modelo da especiação alopátrica baseia-se na constatação de que é difícil identificar os fatores responsáveis pela evolução conjunta de numerosas populações da área de distribuição parcial de uma espécie. Essa união poderia ser viabilizada por fluxo gênico entre as populações e seleção semelhante na área de distribuição parcial como um todo. A isso é necessário contrapor que as distâncias de fluxo gênico na natureza geralmente são pequenas (ver 9.1.3.4) e que as condições ambientais muitas vezes variam em áreas pequenas e as populações estão ajustadas às suas condições locais. A partir dessa reflexão, como ponto de partida, foram postulados modelos de especiação para populações pequenas, e isoladas espacialmente. Um exemplo para isso é a **especiação peripátrica** (em inglês denominada também *quantum speciation*), na qual se postula que, populações na margem da área de distribuição de uma espécie, que vivem sob condições ambientais diferentes do centro, são isoladas e podem ser ponto de partida para novas espécies. As indicações mais importantes para esse modelo de especiação são novamente os padrões de distribuição geográfica da variação intraespecífica ou das espécies estreitamente aparentadas. O modelo, em princípio semelhante, da **especiação por efeito do fundador** (do inglês *founder effect speciation*) não informa como populações pequenas são isoladas. Neste caso, também é possível que unidades de dispersão de uma espécie cheguem a locais isolados, por exemplo, uma ilha. Os dois modelos têm em comum a ênfase nos processos evolutivos durante e depois do surgimento de pequenas populações. Esses processos são a redução da variação genética no surgimento de pequenas populações (deriva genética, ver 9.2.2) e a rápida evolução e surgimento de novos atributos por cruzamentos entre parentes (endogamia), após o surgimento dessas populações. Nisso está implícito que, na especiação por pequenas populações, os processos casuais têm uma importância maior que a seleção natural.

Lasthenia minor e *L. maritima* (Asteraceae) representam um exemplo de especiação possivelmente peripátrica. A autoincompatível *L. minor* ocupa uma área de distribuição de terra firme na Califórnia. A autocompatível *L. maritima*, ao contrário, cresce geralmente sobre os rochedos de guano depositados na costa californiana. Acredita-se que *L. maritima* surgiu a partir de populações marginais de *L. minor*, antes que esta fosse isolada da terra firme pela elevação do nível do mar ao final da última glaciação. *Lasthenia maritima* diferencia-se geneticamente de seu presumível ancestral sobretudo pela perda de variação genética. Um exemplo de especiação por efeito do fundador é *Sanicula* (Apicaceae) do Havaí, como um dos muitos casos de especiação a partir de colonização única de ilhas por poucos diásporos. As quatro espécies de *Sanicula* que ocorrem nas três ilhas do arquipélago do Havaí são estreitamente aparentadas com espécies californianas do gênero. A constatação de estreita variação genética tanto do grupo de quatro espécies como um todo, em comparação com espécies do continente quanto de cada espécie, assim como a datação das sequências de DNA, tornam possível concluir que o arquipélago tenha sido alcançado por poucos ou apenas um diásporo uma única vez, há cerca de 8,9 milhões de anos, e que as demais espécies dentro do arquipélago seguiram o modelo de especiação por efeito do fundador, há cerca de 0,9 milhões de anos.

Se a especiação pudesse ocorrer efetivamente apenas em pequenas populações, os padrões da distribuição geográfica das subespécies de *Pinus nigra* (Figura 9-29), por exemplo, poderiam ser também esclarecidos pelo fato de que, após terem se originado por especiação (ou subespeciação) peripátrica ou por efeito do fundador em pequenas populações, os novos táxons surgidos teriam expandido sua área de distribuição.

É incontestável que partes de uma espécie, isoladas entre si geográfica e, com isso, também geneticamente, poderiam ser pontos de partida para o surgimento de novas espécies. Por outro lado, é controverso se também populações de uma espécie geograficamente próximas umas das outras (**parapátricas**) ou ocorrentes no mesmo areal (**simpátricas**) podem converter-se em novas espécies. Já que a interrupção de fluxo gênico é um importante pré-requisito para a evolução divergente, seria necessário um mecanismo de isolamento reprodutivo atuando ao mesmo tempo com proximidade espacial. Um mecanismo similar pode surgir se híbridos entre populações vizinhas, mas adaptadas a condições ambientais diferentes, tiveram seu *fitness* fortemente reduzido.

O surgimento do isolamento reprodutivo em populações simpátricas, mediante deslocamento do período de floração, foi demonstrado em um experimento de seleção com duas variedades de milho (*Zea mays*) (Figura 9-31). Nesse experimento, um cultivar com frutos amarelos (*yellow sweet*) e outro com frutos brancos (*white flint*) serviram de ponto de partida. Os frutos produzidos por hibridização entre os cultivares podem ser reconhecidos pelas suas cores. Fertilização de uma oosfera *white flint* por gametas *yellow sweet* resulta em frutos amarelos. No experimento, indivíduos de ambos os cultivares foram plantados misturados. No início do experimento, em média 35,3% dos frutos formados por *white flint* eram amarelos e 46,7% dos frutos formados por *yellow sweet* eram brancos. No cultivo das respectivas gerações seguintes, foram utilizados frutos dos indivíduos cuja porcentagem de frutos híbridos era menor. Com isso, selecionou-se contra hibridização. Após seis gerações de seleção, apenas 4,9% (*white flint*) e 3,4 (*yellow sweet*) dos frutos formados eram híbridos respectivamente. A redução da frequência de hibridização

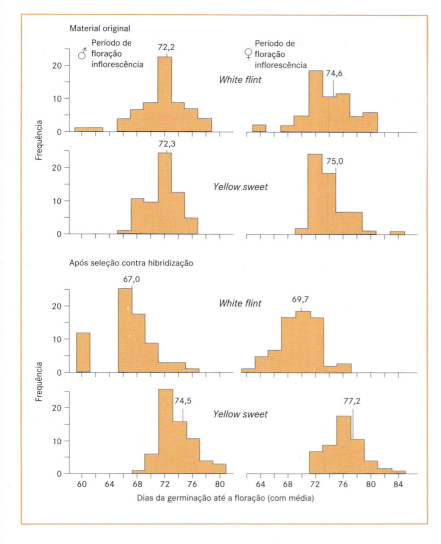

Figura 9-31 Especiação simpátrica. Em um experimento com *Zea mays*, a forte seleção contra hibridização entre dois cultivares (*white flint*, *yellow sweet*) com mesmo período de floração leva, após seis gerações, a uma separação clara dos períodos de floração. (Segundo Paterniani 1969.)

ocorreu pela redução da sobreposição dos períodos de floração dos dois cultivares.

Na seleção muito forte contra hibridização, ou seja, com *fitness* de indivíduos híbridos fortemente reduzido, é possível o surgimento parapátrico ou simpátrico ou de mecanismos de isolamento e, com isso, uma especiação parapátrica ou simpátrica. As espécies de palmeira *Howea forsteriana* e *H. belmoreana*, da ilha Lord Howe, isoladas reprodutivamente entre si por períodos de floração e preferências de solo diferentes, poderiam ser interpretadas como exemplo de especiação simpátrica. A possibilidade de evolução de isolamento reprodutivo em parapatria ou simpatria evidencia, que ele não é apenas um subproduto da divergência evolutiva, mas sim que pode surgir por seleção natural. Isto é também importante, se espécies estreitamente aparentadas não totalmente isoladas reprodutivamente entre si entram em contato secundariamente.

Nessa situação, as barreiras incompletas de fluxo gênico existentes podem ser reforçadas por seleção natural (do inglês, ***reinforcement***).

Regiões de hibridização entre espécies, muitas vezes espacialmente estreitas, são também chamadas de **zonas de híbridas**. Essas zonas de híbridas podem surgir secundariamente, quando espécies diferenciadas alopatricamente entram em contato, ou possivelmente primariamente, no processo de especiação parapátrica ou simpátrica.

9.3.2.4 Genética de diferenças de espécies

A especiação através dos mecanismos descritos até aqui tem sido considerada geralmente como um processo gradual, com base na observação da redução contínua de semelhança fenotípica e genética e aumento contínuo do isolamento reprodutivo entre subespécies e subespécies

progressivamente menos relacionadas, e assim por diante. Com essa premissa, fica implícito que modificações morfológicas também são um processo gradual. Uma vez que as análises genéticas das diferenças de espécies muitas vezes resultaram que a variação dos caracteres analisados em uma geração segregante é contínua e, em geral, não podem ser reconhecidas classes de caracteres, concluiu-se que os caracteres morfológicos são influenciados por um grande número de genes. Mutações em cada um desses muitos genes resultariam, então, em modificações dos caracteres em pequenos passos. Os métodos da genética molecular trouxeram novos conhecimentos. Entretanto, genes morfogenéticos podem ser identificados e analisados. Além disso, com a ajuda da análise da segregação conjunta de caracteres morfológicos, com caracteres moleculares localizados em um mapa de acoplamento genético, pode ser verificado quantos genes participam em um caráter e com que efeito relativo sobre o fenótipo (ver 9.1.2.4).

Um exemplo especialmente bem estudado com esse método é o do milho. O milho cultivado (*Zea mays* subsp. *mays*) descende do teosinto (*Z. mays* subsp. *parviglumis*) e surgiu provavelmente há cerca de 10.000 anos. Uma diferença importante entre as duas subespécies é a arquitetura do sistema axial e a posição das inflorescências femininas e masculinas (Figura 9-32). No milho, o eixo principal termina em inflorescência estaminada, e os eixos laterais de primeira ordem têm entrenós muito curtos e terminam em inflorescências pistiladas. No teosinto, o eixo principal termina igualmente em inflorescência estaminada. Os entrenós dos eixos laterais de primeira ordem, no entanto, não são comprimidos, e terminam em inflorescências estaminadas. As inflorescências pistiladas são terminais em eixos laterais de segunda ordem. A análise genética e genético-molecular mostrou que somente um gene é responsável por essas diferenças. Esse gene, conhecido por *teosinte branched 1* (*tb1*), também de um gene mutante de milho, tem influência sobre o comprimento dos entrenós de eixos laterais e sobre o gênero das inflorescências. O gene *tb1* é expresso no teosinto apenas nas gemas dos eixos laterais secundários, nas quais as inflorescências pistiladas são formadas. A mutação de *tb1* existente no milho cultivado, ao contrário, já é expressa na gema do eixo principal. Isso resulta em eixos laterais congestos com inflorescências pistiladas terminais. A expressão do gene é claramente mais forte no milho que em teosinto. Neste caso, a evolução, parece consistir, portanto, em uma modificação da regulação gênica. O *tb1* é

um gene regulador que manifesta influência sobre a força da dominância apical.

Outro exemplo do efeito de genes, em parte expressivo, é oferecido por espécies do mímulo (*Mimulus*). A espécie polinizada por mamangavas *Mimulus lewisii* forma pequena quantidade (cerca de 0,5 µl) de um néctar muito concentrado. A espécie polinizada por colibris, *M. cardinalis*, ao contrário, tem grande quantidade (cerca de 40 µl) de néctar relativamente diluído. Essa diferença parece ser regulada principalmente por um gene.

Esses estudos mostram que a evolução fenotípica, apesar da participação de um grande número de genes na estrutura de um caráter, pode se processar a passos largos pela modificação de genes reguladores.

9.3.3 Hibridização e especiação por hibridização

9.3.3.1 Hibridização

Independente do significado do isolamento reprodutivo para a especiação, muitas espécies vegetais não são reprodutivamente isoladas umas das outras e podem hibridizar. O conceito de **hibridização** deve ser utilizado para o cruzamento entre espécies, mas também pode ser utilizado em uma concepção mais ampla de definição para o cruzamento entre populações, subespécies, etc. geneticamente diferenciadas.

A frequência do cruzamento entre espécies na natureza pode ser observada em diferentes níveis. Por um lado, a análise de cinco floras bem conhecidas de clima temperado trouxe o reconhecimento de que, em relação ao número total de espécies de plantas superiores nas áreas analisadas, entre 5,8% (flora intermontana dos EUA) e 22% (Ilhas Britânicas) são híbridos. Por outro lado, a análise de populações mistas de espécies hibridizáveis entre si mostrou que entre < 1% (por exemplo, *Senecio vernalis* x *S. vulgaris*) e 31 % (por exemplo, *Quercus*) dos indivíduos dessas populações são híbridos.

Hibridização é muitas vezes assimétrica, contanto que o êxito desse fenômeno só seja observado quando duas espécies são parentais femininos e masculinos em determinada combinação. Por exemplo, o cruzamento entre *Primula vulgaris* e *P. veris* só tem sucesso se for o parental feminino. Com muita frequência, um cruzamento entre uma espécie autocompatível e uma autoincompatível só produz descendentes híbridos se a espécie autocompatível for o parental feminino.

A ocorrência de hibridização é correlacionada em grande proporção com distúrbios do ambiente, por causas naturais (por exemplo, mudanças climáticas durante o Quaternário) ou humanas. O efeito do distúrbio consiste em possibilitar o encontro, em um ambiente não perturbado, de espécies isoladas geográfica ou ecologicamente e aumentar a probabilidade de estabelecimento de híbridos, porque indivíduos híbridos geralmente estão em desvantagem no hábitat das espécies parentais, mas podem ter vantagem em um *hábitat híbrido* ou em um hábitat novo a ser colonizado.

◀ **Figura 9-32** Teosinto (*Z. mays* subsp. *parviglumis*) – forma selvagem – e o milho cultivado (*Zea mays* subsp. *mays*) diferem entre si pela arquitetura do sistema axial e posição das inflorescências ♀ e ♂. (**A** Teosinto: eixos laterais com inflorescências ♂ terminais. **D** Milho: eixos laterais com inflorescências ♀ terminais), assim como na estrutura das inflorescências ♀. **B, C** Teosinto: espiguetas em duas linhas, uma espigueta por cúpula. **E, F** Milho: espiguetas em muitas linhas, duas espiguetas por cúpula. Estas diferenças baseiam-se essencialmente em dois genes (*teosinte branched 1*, *tb1* e *teosinte glume architecture*, *tga1*). (Segundo Iltis, 1983.)

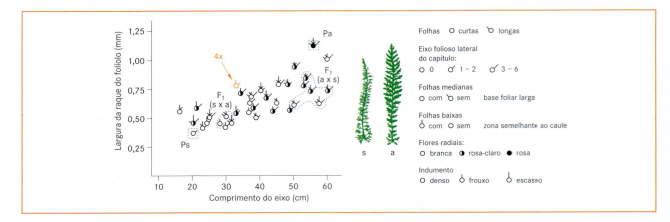

Figura 9-33 Análise de híbridos em um diagrama. Cruzamentos experimentais das espécies diploides *Achillea setacea* (Ps) e *A. aspleniifolia* (Pa). Os diferentes indivíduos F₁ recíprocos (s x a, a x s) estão circundados por linhas pontilhadas, os indivíduos parentais por linhas tracejadas. Todos os demais pontos representam F₂ subvitais. Um indivíduo alotetraploide espontâneo está marcado em laranja. (Segundo F. Ehrendorfer.)

No âmbito morfológico, os híbridos da primeira geração apresentam caracteres parentais intermediários, mas em parte também novos caracteres, logo, não existentes nas espécies parentais. Os novos caracteres podem surgir por meio de combinações de genes que são em parte novidades dos híbridos, não existentes nas espécies parentais, mas também simplesmente por heterozigose de locos gênicos individuais.

A distribuição de caracteres morfológicos de uma população supostamente híbrida (ou espécie híbrida), em comparação com as espécies parentais na representação de um diagrama de dispersão, por exemplo (Figura 9-33), pode ser um instrumento importante para a confirmação da origem hibridogênica presumida. Tratando-se de compostos do metabolismo secundário, muitas vezes, os indivíduos híbridos contêm os compostos de ambas as espécies parentais (Figura 9-34). Neste caso, também, no entanto, surgem muitas vezes novos compostos. Em nível de caracteres genéticos, a natureza de um híbrido também depende da herança do caráter considerado. Enquanto no DNA de herança biparental, ao menos nas primeiras gerações de híbridos são encontrados caracteres de DNA de ambas as espécies parentais, na herança maternal ou paternal DNA o híbrido poderá possuir DNA apenas do parental feminino ou masculino.

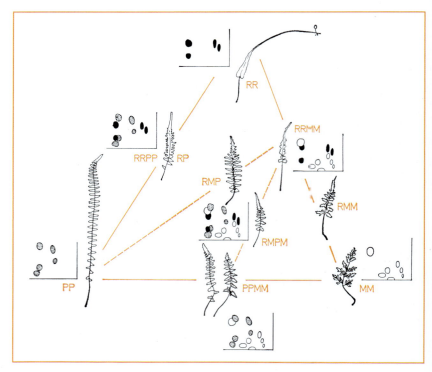

Figura 9-34 Origem e análise de um complexo poliploide de samambaias (espécies norte-americanas de *Asplenium*). Por meio de contagens cromossômicas e pareamento cromossômico em híbridos das formas genômicas observadas: espécies diploides originais *A. platyneuron* (PP), *A. rhizophullum* (RR), *A. montanum* (MM), híbridos diploides, triploides e tetraploides, respectivamente: RP, RMM, RMP e RMPM, assim como as espécies-filhas alotetraploides *A. ebenoides*, (RRPP), *A. pinnatifidum* (RRMM) e *A. bradleyi* (PPMM); confirmação desta história de origem através da morfologia (p. ex., forma da folha), fitoquímica comparada (compostos fenólicos: xantonas, apresentação em cromatografia bidimensional em papel), assim como por análise de padrões de isozimas e alozimas. (Segundo W.H. Wagner, D.M. Smith e D.A. Levin.)

Durante os possíveis processos evolutivos seguintes dos híbridos, porém, pode ocorrer, por exemplo, uma homogeneização da sequência na direção de um ou outro parental nos chamados *internal transcribed spacer* (ITS) do DNA ribossômico, frequentemente usados em estudos sistemáticos. Como resultado, após algumas gerações apenas as sequências ITS de um dos parentais seriam reconhecíveis nos híbridos. Esse fenômeno é um aspecto da **concerted evolution** que ocorre especialmente em sequências repetitivas, que também envolve a homogeneização de inúmeras unidades de repetição.

Com frequência, os híbridos de espécies estreitamente relacionadas apresentam crescimento maior que os indivíduos parentais. Esse fenômeno bem conhecido como **heterose*** deve-se principalmente à heterozigose de um grande número de locos nos indivíduos híbridos.

Esse fato é bem utilizado na agricultura no nível subespecífico. Os rendimentos de muitas plantas cultivadas (p. ex., milho, beterraba) puderam ser incrementados graças ao uso de sementes com forte efeito de heterose, obtidas pelo cruzamento de linhagens puras. A produção dessas sementes é facilitada, por exemplo, pelo emprego de uma linhagem parental com esterilidade do pólen.

Dependendo da eficiência das barreiras pós-zigóticas de isolamento, na maioria das vezes, os indivíduos híbridos dos F_1 apresentam fertilidade reduzida. Já que a fertilidade é diferente, porém variável, em indivíduos produzidos a partir de um cruzamento também existe a possibilidade de que, em sua fertilidade, os indivíduos híbridos isolados não se distingam ou se distinguam pouco dos indivíduos parentais.

Muitas vezes, o surgimento de híbridos é limitado espacial e temporalmente. Todavia, é possível que híbridos sejam ponto de partida para uma evolução e surgimento de novas espécies. Para tanto, é necessário que os indivíduos híbridos não sejam totalmente estéreis, e é importante para o sucesso do estabelecimento dos descendentes híbridos que a plena capacidade de reprodução seja recuperada rapidamente. Isso pode ocorrer sem modificação do número cromossômico (especiação por híbridos homoploides e hibridização introgressiva) ou juntamente com poliploidia (especiação alopoliploide). Por fim, híbridos homoploides ou poliploides completamente estéreis podem se reproduzir vegetativamente ou por agamospermia.

9.3.3.2 Especiação por hibridização homoploide

A recuperação da plena fertilidade de híbridos sem alteração do número de cromossomos (**especiação por hibridização homoploide**) parte do princípio que na descendência híbrida ocorre recombinação. Para isso, é necessário que os indivíduos híbridos possam se reproduzir por autofecundação, cruzamento entre si ou retrocruzamento com as espécies parentais. Na seleção pelo aumento da fertilidade, a recombinação deve resultar em descendentes híbridos homozigotos para os fatores nos quais as espécies parentais diferem entre si e, como parte dos mecanismos de isolamento pós-zigótico, que contribuem para a fertilidade reduzida dos híbridos. Esses fatores são genes ou, comumente, também mutações cromossômicas nas quais as espécies parentais diferem entre si (ver 9.1.2.2). Desse modo, a especiação por híbridos homoploides é, muitas vezes, também chamada **especiação por recombinação**. A especiação por híbridos homoploides em geral está relacionada a uma aparentemente rápida modificação da estrutura dos cromossomos. Essa evolução cromossômica na descendência híbrida, ao mesmo tempo, resulta no isolamento dos híbridos em relação às espécies parentais. Além disso, para o estabelecimento de descendências férteis é importante que um ambiente adequado esteja disponível.

Esse processo de especiação por híbridos homoploides, associado a reconstruções cromossômica e à colonização de um novo ambiente, foi especialmente documentado para espécies de girassol (*Helianthus*) na América do Norte. Da hibridização entre *Helianthus annuus*, geralmente de solos argilosos, e *H. petiolaris*, de solos arenosos, surgiram três espécies híbridas: *H. anomalus*, *H. deserticola* e *H. paradoxus*. Ao contrário das espécies parentais, *H. anomalus* e *H. deserticola* ocupam solos extremamente secos, e *H. paradoxus* cresce em ambientes úmidos e salobros. A representação da sequência gênica nos cromossomos de *H. annuus* e *H. petiolaris*, como espécies parentais, e *H. anomalus*, como descendente híbrido, mostrou que as espécies parentais se distinguem uma da outra em um número cromossômico haploide $x = 17$, pelo menos em dez mutações cromossômicas (três inversões, sete translocações). O descendente híbrido *H. anomalus* apresenta em seis cromossomos a mesma sequência de genes de ambas espécies parentais, quatro outros cromossomos mostram a sequência gênica de uma ou de outra espécie parental, e sete dos dezessete cromossomos diferem de ambas espécies parentais (Figura 9-35). Potencialmente, esse processo parece transcorrer rapidamente. A síntese de híbridos entre *H. annuus* e *H. petiolaris*, seguida de seleção da fertilidade, depois de cinco gerações elevou a fertilidade de < que 10% nos híbridos F_1 a uma fertilidade quase plena. A estrutura cromossômica desses híbridos artificiais era admiravelmente parecida à de *H. anomalus* de ocorrência natural.

9.3.3.3 Hibridização introgressiva

O retrocruzamento continuado de híbridos com uma das espécies parentais pode levar à incorporação permanente de relativamente poucos caracteres de uma espécie em outra. Esse processo, conhecido como **hibridação introgressiva** ou **introgressão**, corresponde em princípio aos processos tradicionais de cultivo de plantas no esforço de introduzir atributos de espécies

---
* N. de T. Este fenômeno é denominado também **vigor híbrido**.

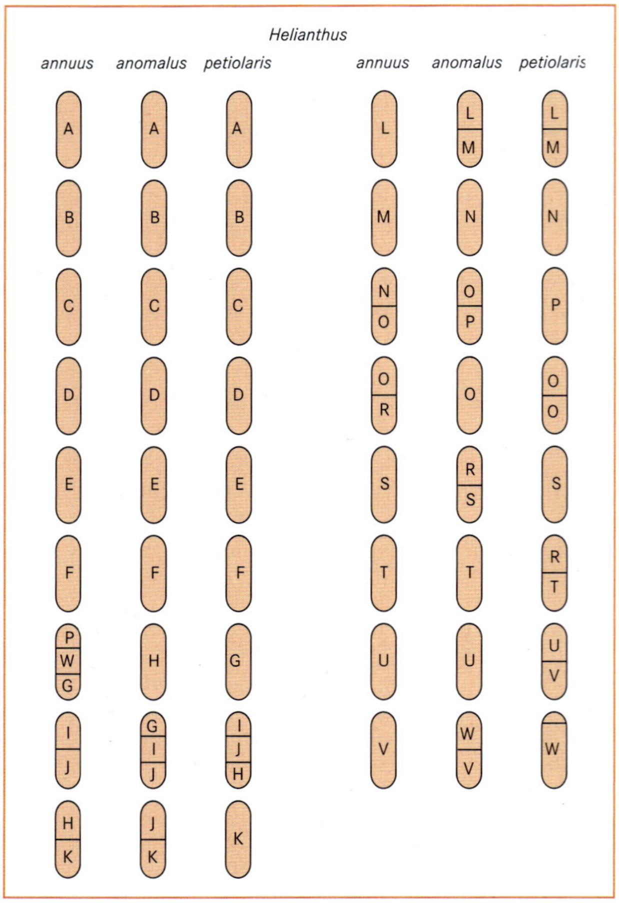

Figura 9-35 Recombinação em uma espécie híbrida homoploide. *Helianthus annuus* e *H. petiolaris* diferem entre si em um número haploide de cromossomos de x = 17, em pelo menos dez mutações cromossômicas (três inversões, sete translocações). O descendente híbrido homoploide *H. anomalus* mostra, em seis cromossomos (A-F), a mesma sequência de genes que ambas espécies parentais, quatro outros cromossomos (L/M, N, T, U) mostram a sequência gênica de um ou de outro parental e os demais sete cromossomos diferem de ambas espécies parentais. (Segundo Rieseberg e colaboradores, 1995.)

selvagens (por exemplo, resistência contra fungos) em espécies cultivadas.

Introgressão foi documentada no senécio (*Senecio vulgaris*), no Reino Unido (Figura 9-36). Dessa espécie, cujos capítulos normalmente não possuem flores liguladas (var. *vulgaris*) foi descrita, em 1875, uma variedade (var. *hibernicus*), com flores liguladas curtas. Tanto por ressíntese experimental quanto pelo uso de métodos moleculares, foi possível mostrar que esse caráter surgiu por hibridização introgressiva entre *S. squalidus*, com grandes flores liguladas, e *S. vulgaris*. *Senecio squalidus* é, propriamente, uma espécie homoploide híbrida das espécies sicilianas *S. aethnensis* e *S. chrysanthemifolius*.

A comparação de DNA plastidial e nuclear demonstrou que introgressão é muito mais frequente em DNA plastidial que em DNA nuclear. Assim, encontra-se frequentemente indivíduos de uma espécie que possuem genoma plastidial de outra, sem que em seu DNA nuclear mostre sinais de hibridização. Esse fenômeno também é conhecido por *cloroplast capture*.

De um total de 141 indivíduos de *Helianthus petiolaris* examinados no sul da Califórnia, 137 possuíam genoma plastidial de *H. annuus*. Apenas dois indivíduos de *H. petiolaris* tinham também caracteres nucleares de *H. annuus*. Já que *H. petiolaris* foi levado para o sul da Califórnia há aproximadamente apenas 50 anos, esse exemplo também ilustra a velocidade potencialmente alta de hibridização introgressiva.

O sucesso do estabelecimento de espécies híbridas homoploides, ou melhor, por novas formas de uma espécie surgidas por introgressão é fundamentado principalmente pelo fato de que híbridos, pela combinação dos genomas parentais, dispõem de variação genética superior. A recombinação dessa variação em posteriores gerações híbridas pode levar, também, ao surgimento de novos caracteres pela especiação por híbridos homoploides. Esse processo é chamado **segregação transgressiva**.

A hibridização e a introgressão, no entanto, levam também à redução do isolamento reprodutivo. Assim, *Senecio vulgaris* var. *hibernicus*, surgida por introgressão entre *S. vulgaris* e *S. squalidus* cruza mais facilmente com *S. squalidus* que a variedade *vulgaris*, não afetada por hibridização. Isso pode ser esclarecido pelo fato de que a variedade *hibernicus*, pela incorporação de material genético de *S. squalidus*, assemelha-se mais a essa espécie que a variedade *vulgaris*. Como resultado final, a diminuição do isolamento reprodutivo também pode levar à fusão das duas espécies por hibridização. Em *Argyranthemum coronopifolium*, endêmica rara das Ilhas Canárias, pôde ser demonstrado que a sua existência está ameaçada pela hibridização com *A. frutescens*, espécie rapidamente dispersada nesses locais por influência humana. Esse fenômeno é denominado assimilação genética. Portanto, a hibridização entre espécies raras e espécies comuns é também um importante aspecto da conservação de espécies. Finalmente, hibridização e introgressão têm também um papel central na discussão sobre plantas cultivadas modificadas geneticamente. Aqui o ponto principal é se genes introduzidos em plantas cultivadas por técnicas genéticas podem ser transferidos a espécies selvagens aparentadas, o que se confirmou.

9.3.3.4 Alopoliploidia

A redução da fertilidade di-híbridos, devida na maioria das vezes aos mecanismos de isolamento reprodutivo pós-zigóticos, pode ser recuperada por poliploidização. Para esclarecer essa afirmação, são designados como A e B (ou A e A' para diferenças menos acentuadas) os genomas haploides diferentes entre si de duas espécies

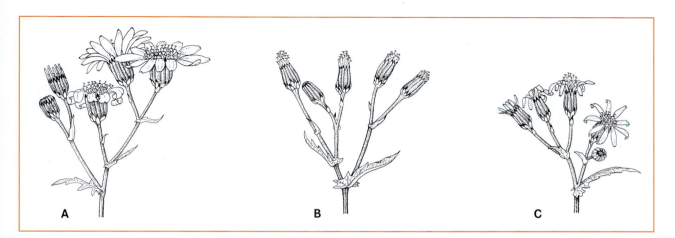

Figura 9-36 Hibridização introgressiva. As flores liguladas curtas nos capítulos de *Senecio vulgaris* var. *hibernicus* (**C**) surgiram por meio de hibridização introgressiva entre *S. vulgaris* var. *vulgaris* (**B**), sem flores liguladas, e *S. squalidus* (**A**), com flores liguladas longas. (Segundo Ross-Craig, 1961).

hibridizáveis: indivíduos híbridos diploides têm, então, a combinação genômica AB (ou AA'). Devido à falta de homologia dos cromossomos por diferenças genéticas ou cromossômicas, a formação de bivalentes na meiose é mais ou menos prejudicada e, com isso, a fertilidade é reduzida (ver 2.2.3.7). Se durante o processo de hibridização ocorrer a duplicação dos genomas participantes, pela fusão de gametas não reduzidos (ver 9.1.2.3), por exemplo, surgem híbridos alotetraploides com a composição genômica AABB, ou AAA'A', nos quais cada cromossomo encontra um homólogo na meiose. Isso resulta na formação regular de bivalentes e, em geral, na recuperação plena da fertilidade.

O efeito da poliploidização sobre a fertilidade de híbridos diploides com fertilidade reduzida foi comprovado muitas vezes. Como exemplo, pode-se citar mais uma vez os híbridos entre *Primula floribunda* e *P. verticillata* (*P.* × *kewensis*), nos quais a poliploidização somática em um indivíduo que de outro modo seria estéril levou à formação de inflorescências individuais férteis. A formação regular de bivalentes em plantas híbridas poliploides é, na verdade, não apenas uma função da homologia entre cromossomos oriundos dos parentais e da falta de homologia entre cromossomos oriundos de parentais diferentes. Em sementes alo-hexaploides (2n = 6x = 42) de trigo (*Triticum sativum*), pela sucessiva eliminação de todos os 21 pares de cromossomos diferentes, foi possível demonstrar que na falta do cromossomo 5 do genoma B a formação então regular de bivalentes é prejudicada e ocorre formação de multivalentes. Isso permite concluir, que a formação de bivalentes também está sob controle genético, sendo que, neste exemplo, importantes genes estão localizados nos cromossomos citados.

De outro modo, os híbridos poliploides estão isolados reprodutivamente de suas espécies parentais, por meio da modificação do número cromossômico. Por exemplo, o retrocruzamento de um híbrido tetraploide (4x) com um parental diploide (2x) conduz a indivíduos triploides (3x), cuja meiose é prejudicada pela falta de possibilidade de pareamento em um dos três genomas haploides e resulta, portanto, em fertilidade reduzida.

O fluxo gênico entre diferentes níveis de ploidia só não é completamente impossível, porque, por exemplo, plantas triploides formam também uma pequena porcentagem de gametas diploides, que, pela fusão com gametas diploides do híbrido tetraploide, podem resultar em descendentes férteis. Em um dos muitos exemplos de fluxo gênico entre plantas de diferentes níveis de ploidia, pode-se recorrer à hibridização introgressiva entre *Senecio vulgaris* e *S. squalidus*, em que *S. squalidus* é diploide (2n = 20), mas *S. vulgaris* é tetraploide (2n = 40).

Assim como para espécies híbridas homoploides vale também para híbridos poliploides que o sucesso do estabelecimento após o seu surgimento é aumentado, se houver disponibilidade de um hábitat híbrido perturbado ou de um local novo a ser colonizado. Isso pode ser reconhecido muitas vezes na distribuição geográfica de espécies diploides e poliploides de um mesmo gênero.

As espécies norte-americanas *Iris virginica* (2n = 72), *L. setosa* subsp. *interior* (2n = 36) e seu híbrido alopoliploide *I. versicolor* (2n = 108) servem de exemplo disso. Enquanto *I. virginica* e *I. setosa* ocorrem em ambientes sem gelo (sudeste da América do Norte e Alasca, respectivamente), *I. versicolor* cresce quase exclusivamente em regiões anteriormente geladas do nordeste da América do Norte. O efeito de distúrbios naturais por frequentes modificações no nível das geleiras durante o Quaternário consistiu em que, por um lado, alterações condicionadas pelo clima nas áreas de distribuição das espécies permitissem o contato entre táxons hibridizáveis e, por outro lado, as áreas liberadas pelo recuo das geleiras fossem colonizadas pelos táxons poliploides recém-formados.

Mesmo que uma elevada porcentagem (70–80%) das angiospermas seja poliploide e admita-se que espécies poliploides sejam na maioria alopoliploides (9.1.2.3), estima-se que apenas entre 3 e 4% dos processos de especiação foram por aloploidia. A razão para essa aparente discrepância nos valores consiste em que espécies alopoliploides muitas vezes foram ponto de partida para diversificação evolutiva subsequente, sem alteração do grau de ploidia.

O fato há muito conhecido de que a frequência de espécies poliploides aumenta com o aumento da latitude geográfica (a proporção de poliploides na flora da Escandinávia está entre 56 e 72%, das floras norte-africana mediterrânea e das Ilhas Canárias está entre 23 e 34%) pode ser melhor esclarecido pelas mudanças climáticas no Terciário e principalmente no Quaternário, as quais foram mais intensas nas latitudes mais altas que nas mais baixas. Deslocamentos de áreas de distribuição determinadas pelo clima e o surgimento de superfícies não colonizadas teriam levado repetidamente à formação e ao estabelecimento de espécies híbridas poliploides.

É possível comprovar o surgimento de uma espécie híbrida poliploide, à medida que é mostrada a combinação dos caracteres parentais nos híbridos, mediante métodos morfológicos, fitoquímicos, cariológicos e moleculares.

Métodos de coloração de cromossomos espécie-específicos são especialmente esclarecedores no âmbito de caracteres cariológicos. Por exemplo, acoplados com sondas de DNA espécie-específicas, corantes fluorescentes podem ligar-se a preparações cromossômicas e tornar identificáveis os cromossomos parentais em uma espécie híbrida poliploide (Figura 9-37). Essa técnica é também conhecida como *chromosome painting* ou FISH (do inglês, *fluorescence in situ hybridisation*).

Além dessas técnicas, espécies híbridas poliploides podem também ser cruzadas com suas hipotéticas espécies parentais diploides. Na meiose desses indivíduos triploides retrocruzados, na melhor das hipóteses, pode-se observar que dois dos três conjuntos cromossômicos haploides formam bivalentes e o terceiro conjunto cromossômico permanece não pareado. Isso poderia significar que a espécie diploide utilizada é realmente um parental da espécie híbrida. Se não ocorre formação de bivalentes, pode-se excluir como parental a espécie diploide utilizada no cruzamento. Nos híbridos triploides entre *Asplenium pinnatifidum* espécie alotetraploide e com a fórmula genômica RRMM, e uma das espécie parentais diploides (*A. montanum*; MM) pode ser observado apenas um pareamento dos cromossomos do genoma M. Como o pareamento cromossômico não depende apenas da homologia cromossômica, mas também está sob controle genético, a eficiência dessa análise de espécies híbridas poliploides é, na verdade, limitada.

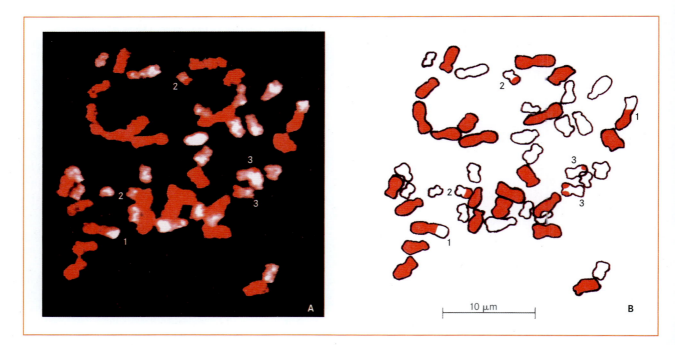

Figura 9-37 Hibridização genômica *in situ* (*genome painting*) dos cromossomos somáticos no tabaco alotetraploide (*Nicotiana tabacum*, 2n = 48). **A** Fotografia. **B** Desenho explicativo. Uma ligação de DNA específica e coloração fluorcromo permite a distinção dos conjuntos de cromossomos dos dois parentais diploides, branco = *N. otophora* (2n = 24), vermelho = *N. sylvestris* (2n = 24). Os pares de cromossomos 1-3 aparecem com cores misturadas: aqui ocorreu translocações entre cromossomos de ambas espécies parentais. (Segundo E. Moscone.)

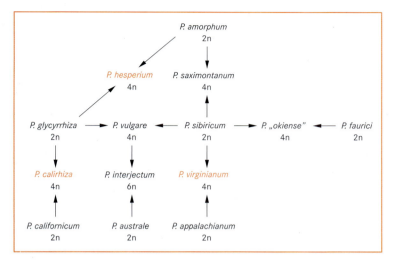

Figura 9-38 Complexo poliploide em *Polypodium*. Sete espécies diploides deste gênero participaram da formação de seis espécies tetraploides e de uma hexaploide. A espécie tetraploide, *P. vulgare*, surgiu da hibridização entre os diploides *P. glycyrhiza* e *P. sibiricum*. A análise comparativa de caracteres de herança maternal e biparental mostrou que algumas espécies (*P. calirhiza*, *P. hesperium*, *P. virginianum*) surgiram pelo menos duas vezes. (Segundo C.H. Haufler, M.D. Windham e E.W. Rabe.)

Finalmente, a ressíntese experimental de uma espécie híbrida poliploide a partir das espécies parentais hipotéticas é uma prova importante. A primeira ressíntese dessa espécie foi obtida em 1930 por A. Müntzing, o qual presumiu que o dente-furado (*Galeopsis tetrahit*), sendo um híbrido poliploide (2n = 4x = 32), poderia ter-se originado de *G. pubescens* (2n = 2x = 16) e *G. speciosa* (2n = 2x = 16). Para provar essa hipótese, ela cruzou as duas espécies. A autopolinização do híbrido quase completamente estéril levou a uma descendência na qual se encontrava também um indivíduo triploide. O cruzamento dessa planta com *G. pubescens* resultou em plantas tetraploides muito semelhantes morfologicamente a *G. tetrahit* e que cruzaram com sucesso com essa espécie.

Um caminho mais direto de ressíntese foi experimentado em outros casos. Assim, o tabaco-índio (*Nicotiana rustica*, 2n = 4x = 48), mediante poliploidização por meio de tratamento com colchicina dos híbridos de *N. paniculata* e *N. undulata* (ambos 2n = 4x = 38), foi ressintetizado, é bem como a canola (*Brassica napus*, 2n = 4x = 38), pela poliploidização do híbrido entre *B. oleracea* (couve; 2n = 2x = 18) e *B. rapa* (nabo; 2n = 2x = 20).

Como representantes de inúmeros exemplos bem estudados do surgimento de espécies híbridas poliploides, podem ser citados o polipódio (*Polypodium*), o trigo (*Triticum aestivum*) e a barba-de-bode europeia (*Tragopogon*). Em *Polypodium*, foi possível demonstrar que ao todo sete espécies diploides participaram da formação de seis espécies tetraploides e de uma hexaploide (Figura 9-38). Neste caso, a tetraploide *P. vulgare* surgiu da hibridização das diploides *P. glycyrhiza* e *P. sibiricum*, além de participar, juntamente com a diploide *P. australe*, da formação da hexaploide *P. interjectum*. Pela análise de DNA plastidial de herança materna, pôde ser demonstrado que algumas das espécies (*P. calirhiza*, *P. hesperium*, *P. virginianum*) contêm DNA plastidial de ambos progenitores e, portanto, surgiram aparentemente pelo menos duas vezes.

O trigo cultivado (2n = 6x = 42) originou-se de três espécies, das quais, no entanto, apenas duas podem ser hoje denominadas (Figura 9-39). Em um primeiro passo, *Triticum urartu* (fórmula genômica AA) hibridizou com uma espécie desconhecida (BB). Por volta da virada do século III a. C., a espécie daí resultante, *Triticum turgidum* (AABB), como parental materno hibridizou com *Aegilops tauschii* (DD), originando o trigo cultivado moderno com a composição genômica AABBDD. Como demonstraram claramente os achados arqueológicos, as espécies diploides e tetraploides, estreitamente aparentados com *T. monococcum* e *T. dicoccum*, respectivamente, já eram cultivadas.

Como o trigo, outras plantas cultivadas também são poliploides e de origem híbrida. Entre elas estão, por exemplo, a canola

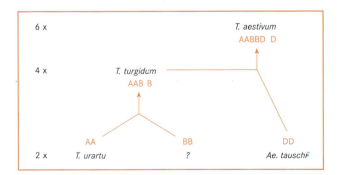

Figura 9-39 Formação do trigo hexaploide (2n = 6x = 42) por alopoliploidia. A hibridização de *Triticum urartu* (fórmula genômica AA) com uma espécie desconhecida (BB) aparentada com *Aegilops speltoides* levou à formação de *Triticum turgidum* (AABB). Esta, como parental ♀, hibridizou com *Aegilops tauschii* (DD), formando o trigo cultivado moderno com a fórmula genômica (AABBDD). (Segundo F. Ehrendorfer.)

(*Brassica*), o tabaco (*Nicotiana*), a aveia (*Avena*), a videira (*Vitis*) e assim por diante. Poliploidia, no entanto, não é mais frequente em plantas cultivadas que em plantas não cultivadas nos círculos de parentesco correspondentes. Isso talvez possa ser explicado pelo fato de que os distúrbios da vegetação natural e o cultivo de plantas pela humanidade, em analogia a mudanças climáticas, por exemplo, permitiram que espécies isoladas geográfica ou ecologicamente umas das outras fossem aproximadas e pudessem hibridizar. Isso possibilitou o estabelecimento de espécies poliploides híbridas, mesmo já na agricultura antiga mais ou menos livre de competição.

Três espécies europeias de *Tragopogon* (*T. dubius*, *T. porrifolius* e *T. pratensis*) foram levadas para a América do Norte. Na América do Norte, originaram-se os híbridos tetraploides *T. mirus* e *T. miscellus* do cruzamento entre *T. dubius* e *T. porrifolius* e entre *T. dubios* e *T. pratensis*, respectivamente. Pela análise de DNA tanto nuclear quanto plastidial, foi possível demonstrar que ambas espécies híbridas tetraploides surgiram mais de uma vez, assim como em *Polypodium*. Assim, *T. miscellus* em uma área tem como parental materno *T. dubios*, em todas as outras, porém, *T. pratensis*. Entretanto, a formação repetida de espécies alopoliploides pôde ser comprovada várias vezes.

O reconhecimento de que as alotetraploides *T. mirus* e *T. miscellus* surgiram apenas na América e não na Europa documenta talvez que ambientes modificados sejam necessários para o estabelecimento de espécies híbridas. Provavelmente, a falta dessas espécies híbridas na Europa não é devida à sua não formação, mas sim ao fato de que elas não puderam se estabelecer.

Assim como as plantas híbridas diploides, os híbridos poliploides também destacam-se pela elevada variação genética. Essa variação consiste no aumento da heterozigose (em dependência da constituição alélica das espécies parentais) pelo aumento do número de alelos por loco genético e do número de locos heterozigotos, assim como pela formação de novas combinações gênicas.

Enquanto em híbridos diploides a heterozigose por segregação dos alelos na sequência de gerações é um fenômeno dinâmico, a heterozigose em poliploides pode ser fixada. Isso acontece se locos homólogos nos cromossomos oriundos dos dois parentais tiverem alelos diferentes e os cromossomos correspondentes não formam bivalentes, não ocorrendo, com isso, segregação. A duplicação de todos os genes parentais por poliploidização permite também uma mudança na função de um dos genes duplicados na subsequente evolução de poliploides como a duplicação de genes por mutações cromossômicas (ver 9.1.2.2). Por outro lado, é também conhecido que genes presentes várias vezes por poliploidia podem perder sua função. Esse fenômeno é conhecido por **gene silencing** (silenciamento de genes). Mesmo que em plantas híbridas poliploides o pareamento de cromossomos ocorra geralmente entre cromossomos homólogos de um dos parentais, o pareamento de cromossomos equivalentes de parentais diferentes não está excluído, havendo assim recombinação entre os dois genomas parentais diferentes (recombinação intergenômica). Em híbridos poliploides produzidos artificialmente de diferentes combinações de *Brassica rapa*, *B. nigra* e *B. oleracea* foi possível demonstrar, com a ajuda de uma comparação entre F_2 produzida por autofecundação dos híbridos poliploides F_1 e as gerações F_5, que o genoma dessas gerações se distinguem em 38-96 caracteres. Foi postulado que essa diferença detectada por métodos moleculares é devida a reestruturações cromossômicas por recombinação intergenômica. A frequência de modificações genômicas neste exemplo aumentou com a crescente diferença entre os genomas parentais. Translocações intergenômicas puderam ser comprovadas com o método do *chromosome painting* também no tabaco (*Nicotiana tabacum*) (Figura 9-37). Assim como em híbridos homoploides, variação genética adicional pode ser liberada em híbridos poliploides por meio de recombinação.

Esse aumento da variação genética é possivelmente a razão do evidente sucesso de espécies híbridas poliploides na evolução de quase todos os grupos de plantas.

Em *Polypodium* e *Tragopogon* foi possível demonstrar que algumas espécies diploides podem participar da formação de várias espécies híbridas poliploides. Como, desse modo, diferentes espécies híbridas poliploides têm em comum o genoma obtido da mesma espécie diploide, a força das barreiras de isolamento evolutivo é, muitas vezes, menor entre alopoliploides que entre as espécies diploides originais distintas. Pela hibridização entre alopoliploides ou destes com diploides, ocorre a formação de **complexos de poliploides**.

Exemplos são *Polypodium* (2x, 4x, 6x) e trigo (*Triticum*: 2x, 4x, 6x), anteriormente citados. Complexos de poliploides ainda mais amplos são encontrados, por exemplo, no círculo de parentesco do gálio (*Galium anisophyllum*: 2x a 10x) ou na azeda-miúda (*Rumex*: 2x a 20x).

Dependendo da frequência relativa de espécies diploides e poliploides nesses complexos de poliploides, presume-se para os poliploides uma idade diferente. Se apenas poucas espécies poliploides manifestam-se em um círculo de parentesco de maioria diploide, fala-se de **neopoliploides**. Se, ao contrário, ocorrem muitos poliploides com eventualmente elevados números cromossômicos e completa ausência de diploides, estes são denominados **paleopoliploides**.

Um exemplo extremo de paleopoliploidia é a língua-de-cobra (*Ophioglossum*), tendo sido encontrado em *O. reticulatum* o número cromossômico de 2n = 1440 (96-ploide). As magnólias (Magnoliaceae), por exemplo, com um número cromossômico básico de x = 19, também são consideradas paleopoliploides.

Tanto a especiação homoploide quanto a poliploide inicia com a hibridização das espécies existentes em uma região. Mesmo se o estabelecimento de espécies híbridas é facilitado quando colonizam áreas e regiões diferentes das espécies parentais, a especiação por hibridização é simpátrica. Especiação por hibridização difere da especiação geralmente alopátrica por divergência evolutiva em populações geograficamente separadas. A simpatria das espécies parentais e dos descendentes híbridos torna-se possível à medida que um forte isolamento reprodutivo das espécies parentais (mesmo quando nem sempre completo) é alcançado por processos de recombinação (no caso de especiação por hibridização homoploide) e por modificação do número cromossômico (no caso de especiação por hibridização poliploide). Em especial, a especiação por hibridização poliploide destaca-se por ser mais ou menos abrupta e poder ocorrer potencialmente em apenas uma geração, e também porque para a especiação por hibridização homoploide é estimada uma alta velocidade. Essa é mais uma diferença da gradual divergência evolutiva de populações isoladas geograficamente.

É evidente que a hibridização, com suas diferentes possibilidades de estabilização de descendentes híbridos, é um processo importante da alteração de espécies e da especiação evolutivas no Reino Vegetal. A possibilidade da participação de processos de hibridização na evolução de plantas – essa evolução é denominada **reticulada** – deveria ser sempre levada em conta na reconstrução de filogenias.

Em sua reduzida fertilidade, os híbridos podem também persistir além da primeira geração de híbridos, por agamospermia ou por propagação vegetativa. Especialmente os círculos de parentesco com agamospermia gametofítica (ver 9.1.3.3) geralmente têm números cromossômicos poliploides e e frequentemente anortoploides (por exemplo, 3x, 5x). Neste caso, presumiu-se, muitas vezes, que as espécies agamospérmicas têm sua origem devida a híbridos mais ou menos estéreis.

No gênero *Sorbus*, há três espécies, *S. aria*, *S. aucuparia* e *S. torminalis*, amplamente distribuídas, com um número diploide de cromossomos de 2n = 2x = 34. Da hibridização dessas três espécies em diferentes combinações, em parte com a participação de gametas não reduzidos, surgiu um grande número de grupos de espécies agamospérmicas. É o caso de *S. bristolensis*, com um número triploide de cromossomos 2n = 3x = 51, endêmica no leste da Inglaterra, aparentemente resultado do cruzamento de *S. torminalis* × *S. aria*. O complexo de espécies agamospérmicas (porém diploides), *S. latifolia*, com muitas espécies pequenas mas estreitamente distribuídas, também parece ser resultado deste cruzamento.

Uma origem hibridogênica é admitida também no grupo de *Poa alpina*, que conta com inflorescências diploides e tetra-

ploides sexuais e poliploides e aneuploides (2n = 31 - 61) apomíticos (inflorescências propagativas ou agamospermia), para o complexo específico *Potentilla neumanniana* (4 - 12x), para muitas espécies agamospérmicas de amora-silvestre (*Rubus*), para a malva (*Alchemilla*), *Hieracium* e dente-de-leão (*Taraxacum*). Já que agamospermia raramente é totalmente obrigatória (ver 9.1.3.3), a sexualidade ocasional das espécies majoritariamente agamospérmicas e originadas por hibridização, por hibridização continuada, pode levar à formação de grupos extraordinariamente complexos e dinâmicos. Um exemplo disso é a amora-silvestre (*Rubus*).

Híbridos estéreis podem manter-se também por propagação vegetativa. Um exemplo é o híbrido (*Circaea × intermedia*) entre a erva-de-bruxa-dos-alpes (*C. alpina*) e a erva-de-bruxa-grande (*C. lutetiana*), quase completamente estéril, mas com ampla distribuição via propagação vegetativa por meio de rizomas.

O híbrido entre a espécie europeia *Spartina maritima* (2n = 60) e a espécie introduzida da América do Norte *S. alternifolia* (2n = 62) estabilizou-se, por um lado, através de propagação vegetativa sem modificação do número cromossômico (*S. × townsendii*), mas por outro lado, como espécie fértil, através de poliploidização (*S. angelica*; 2n = 120, 122). Em *Ranunculos ficaria*, as formas diploides reproduzem-se sexualmente, mas as formas triploides e tetraploides, reproduzem-se por meio de gemas formadas na axila das folhas.

9.4 Macroevolução

O efeito conjunto descrito de mutações casuais, recombinação genética, seleção natural, deriva genética, isolamento reprodutivo e hibridização como componentes da concepção darwiniana do processo evolutivo são suficientes para a compreensão da diferenciação intraespecífica e dos diferentes processos de especiação. Esse nível de evolução é denominado muitas vezes também **microevolução**.

Os acontecimentos raros e isolados com enormes consequências evolutivas, como o surgimento da célula fotoautotrófica vegetal por endocitobiose de um organismo eucariótico heterotrófico com um organismo bacteriano fotoautotrófico, ou as extinções em massa na passagem do Carbonífero/Terciário, provavelmente pela queda de um asteroide, por exemplo, também podem ser interpretados como parte do processo microevolutivo. Desse modo, a endocitobiose pode ser entendida como uma mutação com efeito muito grande e a extinção em massa como uma mudança muito drástica das condições de seleção.

A questão a ser colocada é, se os padrões de mudanças evolutivas em longos períodos geológicos (**macroevolução**) podem ser explicados por mecanismos de mudanças evolutivas em nível de espécie, observados principalmente com métodos da paleontologia e da morfologia comparada. Por outro lado, com o conceito de macroevolução, portanto, é identificado um padrão observado. Por outro lado, coloca-se também em questão se esse padrão deve ser explicado por outros processos que não os microevolutivos.

No darwinismo, é aceito que a eficiência de mecanismos evolutivos ao longo de demorados períodos geológicos também pode provocar as grandes mudanças evolutivas produzidas. A hipótese implícita nessa extrapolação, de que os mecanismos hoje observados não diferem dos mecanismos que atuaram no passado, partiu do geólogo Ch. Lyell entre outros. Com o princípio do **atualismo** (ou também "uniformitarismo"), Lyell explicou a geologia e a geomorfologia da Terra na sua obra *Principles of Geology* (1830-1833) e, com isso, liquidou com a teoria da catástrofe de G. de Cuvier, no seu tempo popular. Darwin foi fortemente influenciado pela leitura dessa obra de Lyell.

As grandes diferenças entre os grupos de organismos de categorias sistemáticas superiores e as chamadas tendências evolutivas devem servir como exemplos da macroevolução.

A ocupação de ambientes terrestres pelas plantas no Ordoviciano, Siluriano e Devoniano é um exemplo de grandes alterações evolutivas com numerosas alterações morfológicas, anatômicas e fisiológicas. As plantas necessitaram de uma cutícula consideravelmente impermeável para diminuir a perda incontrolada de água. Como a existência de uma cutícula também impede a absorção superficial de água, surgiram rizoides e raízes como órgãos especiais para a absorção líquida. A partir de plantas relativamente pequenas, a necessidade de transporte de água desses órgãos (na maioria, ancorados no solo) para outras partes da planta pôde ser efetivamente realizada apenas por elementos especiais de condução (hidroides, traqueídes, vasos). As partes da planta que crescem acima da superfície do solo precisam, além disso, de estruturas de sustentação. Para as trocas gasosas, igualmente dificultadas pela cutícula, surgiram os estômatos, e o transporte de gases no interior da planta necessitou de um sistema aquífero interno (espaços intercelulares). De acordo com essas modificações na adaptação à vida terrestre, a diferença morfo-anatômica entre plantas prioritariamente adaptadas ao ambiente aquático e plantas prioritariamente adaptadas ao ambiente terrestre é muito grande. A paleobotânica demonstrou que diferentes estruturas surgiram sucessivamente no decorrer da história da Terra (por exemplo, os primeiros fragmentos de cutícula são conhecidos do Ordoviciano, plantas com estômatos do Siluriano e eixos eretos com traqueídes do Devoniano). Além disso, é plausível que todas as estruturas mencionadas sejam interpretadas como adaptações. Esses dois achados possibilitaram que o surgimento das plantas terrestres, independente da grande diferença hoje existente das plantas aquáticas prioritariamente adaptadas à água, foi um processo gradual de adaptação a condições modificadas, não impulsionado por qualquer dos outros mecanismos conhecidos.

A pesquisa crescente da genética de processos de desenvolvimento parece demonstrar que as mutações envolvidas no surgimento de novas linhas de desenvolvimento são muitas vezes qualitativamente diferentes das mutações que conduzem à diversificação de um gênero, por exemplo. Enquanto as mutações envolvidas no último caso levam a alterações quantitativas ou, no caso das chamadas alterações heterocrônicas, a um deslocamento temporal da expressão do caráter (ver também 9.3.2.4), parece que o surgimento de novas linhas de desenvolvimento é muitas vezes devido a mutações heterotrópicas, nas quais o programa de desenvolvimento é expresso em uma nova posição no indivíduo. Essas mutações heterotrópicas podem ser tomadas como exemplo de mecanismos de alteração macroevolutiva. Mesmo se elas tivessem um grande efeito fenotípico, ainda assim não extrapolam os limites darwinianos da alteração evolutiva.

Tendências evolutivas como evolução de um caráter ou complexo de caracteres em uma mesma direção durante um longo período de tempo podem ser observadas muitas vezes. Um exemplo especialmente expressivo de uma tendência evolutiva de uma categoria sistemática superior é a crescente redução da geração gametofítica das plantas terrestres desde os musgos, com sua geração gametofítica dominante, passando pelas samambaias e gimnospermas, até as angiospermas, nas quais os gametófitos masculinos e femininos são constituídos de apenas poucas células. Uma possível explicação para tendências evolutivas pode ser postulada na mudança direcionada do ambiente por um período longo de tempo e, com isso, a direcionada seleção. É questionável o quanto uma suposição como essa é justificável, levando em conta a história climática turbulenta da Terra com fortes oscilações climáticas no Quaternário e também nos períodos anteriores, por exemplo. Outra possibilidade seria considerar as tendências como "melhorias" ou progressão evolutiva. No caso da crescente redução do gametófito e consequente crescente dominância da geração esporofítica, poder-se-ia argumentar que, partindo de uma semelhança morfológica das duas gerações, foi estimulada a geração que tem uma maior taxa de sobrevivência. Essa foi a geração esporofítica porque nela, como geração diploide, ao contrário da geração gametofítica como geração haploide, mutações recessivas prejudiciais só são expressas se ocorrerem em homozigose. Tomar as tendências como progressões evolutivas não deve implicar que os representantes de fases anteriores de uma tendência não estivessem ou estejam adaptados ao seu ambiente.

Em vez de explicar tendências evolutivas com seleção natural, foi postulado o processo de **seleção de espécies** (do inglês, *species selection*) divergente do processo evolutivo do darwinismo. Neste caso, considera-se que um caráter (por exemplo, tamanho diferente) está associado a uma taxa distinta de especiação ou de extinção. Assim, por exemplo, espécies com indivíduos maiores têm taxa de especiação maior ou taxa de extinção menor. Com o passar do tempo, isso provocaria o aumento do número de espécies com indivíduos maiores, em relação ao número de espécies com indivíduos menores, e também o aumento do tamanho médio. Ao mesmo tempo, é importante que o maior tamanho não é diretamente preferido pela seleção natural. A existência de seleção de espécies como um processo independente da seleção natural é controversa.

Os exemplos citados para grandes diferenças entre grupos de organismos, tendências evolutivas e a origem e o desaparecimento de grupos de organismos podem ser entendidos, sem grandes problemas, como transformações adaptativas mais ou menos graduais, surgidas por seleção natural. Mesmo que não se encontre facilmente uma explicação plausível para cada um dos exemplos de transformação macroevolutiva no âmbito dos processos evolutivos conhecidos, até agora não foram descritas quaisquer alternativas convincentes ou de aceitação geral para esses processos.

Vários conceitos foram estabelecidos para a descrição dos padrões de transformação evolutiva durante tempos geológicos extensos. Se ao longo do tempo, uma linha de desenvolvimento mostra transformação evolutiva, fala-se de **anagênese**; se ela permanece constante ao longo do tempo, fala-se de **estasegênese**. A transformação em uma única direção, no sentido da tendência evolutiva, é designada como **ortogênese**. A diversificação de uma linha de desenvolvimento por ramificação é conhecida como **cladogênese**. A **radiação adaptativa**, definida como diversificação ecológica de uma linha de desenvolvimento, pode ser considerada como um caso especial de cladogênese. O exemplo mais conhecido de radiação adaptativa é a diversificação após a colonização de arquipélagos. Mesmo que as radiações adaptativas se processem muitas vezes de modo relativamente rápido, o componente tempo não é parte da sua definição. Na documentação fóssil pode ser frequentemente observado que fases relativamente longas de constância sem diversificação alternam-se com fases curtas de cladogênese intensiva. Um padrão desse tipo é denominado **punctualismo** (do inglês, *punctuated equilibrium*).

Referências

Arnold ML (1997) Natural Hybridization and Evolution. Oxford University Press, Oxford

Avise JC (2004) Molecular Markers, Natural History and Evolution 2nd ed. Sinauer, Sunderland

Avise JC (2000) Phylogeography: The History and Formation of Species. Harvard University Press, Cambridge, Massachusetts

Bresinsky A, Kadereit JW (2006) Systematik-Poster, 3. Aufl. Spektrum Adademischer Verlag, Heidelberg

Briggs D, Walters SM (1997) Plant Variation and Evolution, 3rd ed. Cambridge University Press, Cambridge

Coyne JA, Orr HA (2004) Speciation. Sinauer, Sunderland

Endler JA (1986) Natural Selection in the Wild. Princeton University Press, Princeton

Futuyma DJ (2005) Evolution. Sinauer, Sunderland

Grant V (1971) Plant Speciation. Columbia University Press, New York

Grant V (1991) The Evolutionary Process, 2nd ed. Columbia University Press, New York

Howard DJ, Berlocher SH (1998) Endless Forms: Species and Speciation. Oxford University Press, Oxford

Keeling PJ (2004) Diversity and evolutionary history of plastids and their hosts. Am J Bot 91: 1481–1493

Levin DA (2000) The Origin, Expansion and Demise of Plant Species. Oxford University Press, Oxford

Levin DA (2002) The Role of Chromosomal Change in Plant Evolution. Oxford University Press, Oxford

Mousseau TA, Sinervo B, Endler JA (2000) Adaptive Genetic Variation in the Wild. Oxford University Press, Oxford

Nei M, Kumar S (2000) Molecular Evolution and Phylogenetics. Oxford University Press, Oxford

Niklas KJ (1997) The Evolutionary Biology of Plants. University of Chicago Press, Chicago

Otte D, Endler JA, eds (1989) Speciation and its Consequences. Sinauer, Sunderland

Richards AJ (1997) Plant Breeding Systems, 2nd ed. Chapman & Hall, London

Ridley M (2004) Evolution, 3rd ed. Blackwell, Cambridge, Massachusetts

Schluter D (2000) The Ecology of Adaptive Radiation. Oxford University Press, Oxford

Silvertown JW, Charlesworth D (2001) Introduction to Plant Population Biology, 4th ed. Blackwell, Oxford

Smith JM (1993) The Theory of Evolution. Cambridge University Press, Cambridge

Smith JM, Szathmáry E (1995) The Major Transitions in Evolution Freeman/Spektrum Akademischer Verlag, Oxford/Heidelberg

Smith JM (1998) Evolutionary Genetics, 2nd ed. Oxford University Press, Oxford

Stearns SC, Hoekstra RF (2005) Evolution. An Introduction. Oxford University Press, Oxford

Stebbins GL (1950) Variation and Evolution in Plants. Columbia University Press, New York

Stebbins GL (1971) Chromosomal Evolution in Higher Plants. Arnold, London

Stebbins GL (1974) Flowering Plants, Evolution Above the Species Level. Harvard

Thompson JN (1994) The Coevolutionary Process. University of Chicago Press, Chicago

Thompson JN (2005) The Geographic Mosaic of Coevolution. University of Chicago Press, Chicago

Capítulo 10
Sistemática e Filogenia

10.1	**Métodos da sistemática**	**610**		10.2.4.5	Disposição dos órgãos florais	817
10.1.1	Reconhecimento de espécies	610		10.2.5	Inflorescências	819
10.1.2	Monografias, floras e chaves de identificação	610		10.2.6	Polinização	819
10.1.3	Pesquisa de parentesco	611		10.2.7	Fecundação	824
10.1.3.1	Caracteres	611		10.2.8	Sementes	825
10.1.3.2	Conflitos de caracteres	612		10.2.9	Frutos	828
10.1.3.3	Sistemática numérica	613		10.2.9.1	Frutos deiscentes	830
10.1.3.4	Sistemática filogenética: parcimônia máxima	614		10.2.9.2	Frutos indeiscentes	830
10.1.3.5	Verossimilhança máxima	616		10.2.9.3	Infrutescência	830
10.1.3.6	Inferência bayesiana	616		10.2.10	Dispersão de frutos e sementes	831
10.1.3.7	Análise estatística de hipóteses de parentesco	616		10.2.11	Germinação de sementes	832
10.1.4	Filogenia e classificação	616		10.2.12	Sistema das espermatófitas	833
10.1.5	Nomenclatura	617		10.2.13	Evolução e filogenia das angiospermas: uma visão geral	844
10.2	**Bactérias, fungos e plantas**	**619**		10.2.14	Sistema das angiospermas	847
10.2.1	Alternância de gerações	799		10.2.15	Ancestrais e parentesco das plantas com sementes	919
10.2.2	Órgãos vegetativos	801				
10.2.3	Metabólitos secundários	801		10.3	**História da vegetação**	**923**
10.2.4	Flores	802		10.3.1	Métodos	925
10.2.4.1	Envoltório Floral	803		10.3.2	Pré-Cambriano e Paleozoico (4000–245 milhões de anos)	926
10.2.4.2	Microsporofilos	804		10.3.3	Mesozoico (245-65 milhões de anos)	929
10.2.4.3	Megasporofilos	810		10.3.4	Neozoico (65 milhões de anos – presente)	929
10.2.4.4	Nectários	816				

O objetivo da pesquisa sistemática é organizar a enorme multiplicidade de organismos com diferentes formas e modos de vida. Isso exige o reconhecimento de espécies e sua reunião em grupos sistemáticos de níveis hierárquicos superiores (gêneros, famílias, etc.). Também são tarefas da sistemática descrever e nominar espécies e grupos mais elevados e disponibilizar, na forma de chaves de determinação, instrumentos para sua identificação. Tanto na reunião de indivíduos em espécies quanto de espécies em gêneros, gêneros em famílias, etc., desde o reconhecimento da evolução biológica por Charles Darwin (ver Capítulo 9), a sistemática empenha-se em expressar as relações naturais de parentesco entre organismos e grupos de organismos. A filogenia dos organismos é a única base validada pela natureza e, com isso, a única base objetiva do agrupamento. Nos últimos anos, a sistemática chegou mais perto do seu objetivo de organizar os organismos segundo o seu parentesco, com a ajuda do uso crescente da informação contida no DNA. Atualmente, a interpretação sistemática dessas informações e também das informações obtidas de caracteres "tradicionais" (como, por exemplo, da morfologia), é feita com o emprego de procedimentos matemáticos sofisticados, e a qualidade das hipóteses sistemáticas pode ser testada estatisticamente.

A sistemática é o primeiro e mais importante passo na pesquisa da diversidade biológica. Ela disponibiliza um sistema de referência para todas as demais disciplinas da biologia e para todos os segmentos de nossa sociedade que se ocupam de organismos ou seus produtos. Esse sistema permite a identificação e denominação precisa de cada organismo e, com isso, possibilita uma comunicação inequívoca. A sistemática é também um fundamento indispensável para o conhecimento das relações evolutivas de todos os fenômenos biológicos. Se, por exemplo, um citologista pesquisa a origem evolutiva da membrana nuclear e um geneticista questiona sobre a origem dos íntrons, um morfologista tenta reconstruir a estrutura de flores ancestrais, um fisiologista ocupa-se da evolução de diferentes rotas fotossintéticas ou um ecólogo analisa a origem da diversidade sob diferentes necessidades de solo, a referência mais importante é a reconstrução da filogenia e a consequente identificação de caracteres ancestrais e derivados fornecida pelo sistemata.

No presente capítulo serão tratados inicialmente os métodos da pesquisa sistemática e após será fornecida uma visão geral sobre a estrutura e a sistemática de bactérias, fungos e plantas.

10.1 Métodos da sistemática

10.1.1 Reconhecimento de espécies

A espécie é a unidade básica da variação reconhecida pelo sistemata. Isto não significa que a espécie seja também a unidade básica das modificações evolutivas (ver 9.3). Mesmo que exista uma multiplicidade de conceitos de espécie (ver 9.3.1), a maioria das espécies é reconhecida na prática com base na variação fenotípica descontínua. Se, portanto, um grupo de indivíduos, por exemplo, pode ser separado em dois subgrupos pelo comprimento da folha, indumento do pedicelo, cor da flor e tamanho do fruto (Figura 9-28), de modo que cada indivíduo possa ser claramente colocado em um ou outro subgrupo e a variação dos caracteres considerados é contínua dentro de cada um dos dois subgrupos, os dois subgrupos são entendidos como espécies diferentes. Esse método é objetivo na medida em que a descontinuidade observada nos valores medidos ou contados pode ser expressa e, com isso, compreendida. No entanto, a descontinuidade fenotípica, necessária para o reconhecimento de espécies, é determinada subjetivamente. Contanto que a descontinuidade fenotípica seja documentada objetivamente, a inserção das unidades reconhecidas com variedade, subespécie ou espécie é apenas um problema formal da nomenclatura. Para espécies, é normalmente aceito que os indivíduos a ela pertencentes estejam relacionados a um ancestral comum imediato.

Em princípio, os caracteres fenotípicos usados para o reconhecimento de espécies são os mesmos (ver 10.1.3.1) utilizados para a reunião de espécies em grupos sistemáticos de níveis hierárquicos superiores. Na prática, porém, os caracteres provêm do âmbito morfoanatômico, pois o reconhecimento de espécies se baseia muitas vezes no manuseio de material de museu (herbário) e a facilidade de observação de caracteres morfoanatômicos simplifica a ordenação dos indivíduos em espécies (observados na natureza ou em herbários). O significado especial dos herbários se deve ao fato de que apenas nessas coleções existe material representativo suficiente, coletado ao longo de séculos, disponível ao pesquisador de um grupo de plantas. Os maiores herbários do mundo contêm até cerca de 6 milhões de exsicatas (do inglês *specimen*) e, por meio de empréstimos, é possível a um pesquisador receber o material necessário de diferentes coleções. Apesar do significado do material de herbário, é também extremamente importante a observação de material vivo, porque, entre outras razões, determinados caracteres (como o número de cromossomos, por exemplo) só podem ser examinados a partir de amostras vivas.

Em muitos casos, para a identificação de espécies podem também ser usadas sequências diagnósticas de DNA, os chamados DNA-Barcodes (ver http://barcoding.si.edu).

10.1.2 Monografias, floras e chaves de identificação

Monografias e **floras** são produtos importantes da pesquisa sistemática em nível específico. As monografias são revisões de linhagens fechadas (por exemplo, revisão do gênero *Primula*) e floras são revisões sistemáticas do conjunto de espécies de plantas de uma região geográfica (por exemplo, flora da Alemanha). Monografias e floras contêm, por um lado, descrições das espécies revisadas e, por outro lado, tornam acessível a identidade de uma planta através de chaves de identificação. Além disso, nas monografias são incluídos todos os aspectos formais de uma revisão sistemática (primeiros descritores = autores das espécies, dos gêneros, e assim por diante, data e órgão de publicação da primeira descrição, sinônimos, etc.). As descrições podem ser detalhadas de muitas formas diferentes, mas devem distinguir claramente tanto a variação dentro da espécie ou grupo, quanto em relação a outras espécies ou grupos.

As chaves de identificação podem ser de acesso simples (dicotômicas, *single-access*) ou multiacesso (pclitômicas, *multi-acess*). Tendo-se três caracteres com seus respectivos estados, por exemplo (ver 10.1.3.2)

1-0 pétalas vermelhas
1-1 pétalas amarelas
2-0 fruto baga
2-1 fruto cápsula
3-0 planta anual
3-1 planta perene
e as seguintes distribuições dos caracteres

Espécie	Cor da corola	Fruto	Forma de vida
A	vermelha	baga	perene
B	vermelha	cápsula	anual
C	amarela	baga	anual
D	amarela	cápsula	perene

uma chave de acesso simples (chave dicotômica), que é o formato de chave mais usado, poderia ser constituída do seguinte modo:

1.	pétalas vermelhas	2.	
–	pétalas amarelas	3.	
2.	fruto baga		espécie A
–	fruto cápsula		espécie B
3.	planta anual		espécie C
–	planta perene		espécie D

Em uma chave multiacesso (politômica), são reunidos todos os caracteres para uma espécie.

Espécie	Combinação de caracteres
A	1-0, 2-0, 3-1
B	1-0, 2-1, 3-0
C	1-1, 2-0, 3-0
D	1-1, 2-1, 3-1

A vantagem da chave multiacesso (politômica) consiste em que a identificação de uma espécie com o uso exclusivo da chave de identificação é possível mesmo que, por exemplo, a cor da flor da planta a ser identificada não seja conhecida, pois a combinação do tipo de fruto com a forma de vida distingue todas as quatro espécies umas das outras. Na chave de acesso simples apresentada, ao contrário, as espécies não podem ser identificadas sem o conhecimento da cor da flor. Certamente, essa deficiência pode ser contornada, se, em cada alternativa, a pergunta se refira não apenas a um caráter (fruto ou forma de vida), mas a dois (fruto e forma de vida) ou mais caracteres, o que sempre é o caso em boas chaves de identificação; no entanto, também pode ocorrer a falta de informação sobre os caracteres perguntados. As chaves multiacesso são também cada vez mais oferecidas na forma eletrônica. Por exemplo, as chamadas chaves interativas produzidas com o programa de computação "Intkey" (M.J. Dalwitz) têm grandes vantagens em relação às chaves dicotômicas. Entre as vantagens, estão, em primeiro lugar, a possibilidade de se iniciar o trabalho de identificação com qualquer caráter ou combinação de caracteres desejada. As informações contidas em monografias ou floras estão em parte disponíveis também na forma de bancos de dados.

10.1.3 Pesquisa de parentesco

Cada grupo sistemático é designado **táxon** (plural: táxons), independente de seu nível hierárquico. O grau de parentesco mais ou menos próximo entre os táxons é definido pela idade relativa do último ancestral comum. Um táxon B é mais estreitamente aparentado com um táxon C do que com um táxon A, se o último ancestral comum de B e C for mais recente que o ancestral comum de A e B (Figura 10-1).

O conhecimento de relações de parentesco entre táxons é importante sob três aspectos. Primeiro, o parentesco (sobre o qual afinal pode-se apenas formular uma hipótese bem fundamentada) é a única base objetiva da classificação e, com isso,

de significado decisivo para o próprio sistemata. Em segundo lugar, uma classificação baseada nas relações de parentesco tem uma certa força de predição, isto é, determinada característica de uma espécie é encontrada de novo com maior probabilidade entre os parentes mais próximos que entre os mais distantes. Parentesco, no entanto, não significa força de predição obrigatória, porque os caracteres podem modificar-se rapidamente na evolução. Em terceiro lugar, o conhecimento do parentesco é a única possibilidade de se deduzir a evolução dos caracteres de qualquer espécie. Por exemplo, se um fisiologista estiver interessado em saber se entre as Chenopodiaceae as plantas C_4 evoluíram de plantas C_3 apenas uma vez ou várias vezes, então essa pergunta não será respondida considerando apenas o caráter em si, mas sim pela observação do parentesco dos táxons que possuem esses caracteres (ver Quadro 10-11).

10.1.3.1 Caracteres

As áreas dos caracteres arrolados para o reconhecimento de espécies são extremamente diversas e mais ainda para a pesquisa de parentesco, isto é, a reunião de espécies em táxons de níveis hierárquicos superiores.

O desenvolvimento histórico da sistemática mostra que a ampliação das áreas de caracteres observados está muito estreitamente vinculada ao desenvolvimento de novas técnicas de observação e sua crescente disponibilidade, mas também à história geral do pensamento. Desde a Antiguidade, os caracteres ligados ao hábito constituem a base de comparação mais importante e a partir dos séculos XVI e XVII até C. v. Linné*, e no século XIX em especial, passaram a ser os caracteres ma-

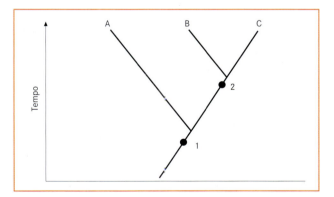

Figura 10-1 Parentesco. O grau de parentesco é definido por meio da idade relativa do último ancestral comum. O táxon B é mais estreitamente relacionado ao táxon C que ao táxon A, se o último ancestral comum (2) de B e C for mais recente que o último ancestral comum (1) de A e B.

---

* N. de T. Carl von Linné, ou Lineu, como é conhecido na literatura de idioma português.

croscópicos de flores e frutos. Com o uso generalizado do microscópio, no século XIX, iniciou-se a pesquisa sobre talófitas e seus órgãos reprodutivos (E.M. Fries, H. A. de Bary, A. Pascher, W. Hofmeister, J.-B. Payer, entre outros), assim como a inclusão de caracteres anatômicos das cormófitas (por exemplo, B.H. Solereder, C.R. Metcalfe). Desde o estabelecimento da teoria da evolução, a paleobotânica tornou-se uma fonte cada vez mais importante para a pesquisa de parentesco (H. Graf zu Solms-Laubach, R. Kidston, W. Zimmerman, entre outros). Ainda na segunda metade do século XIX, a importância da biogeografia foi reconhecida para a pesquisa filogenética (A. Kerner v. Marilaun, R. v. Wettstein, entre outros). Na década de 1920, iniciou a utilização de números cromossômicos e da estrutura cromossômica na sistemática (por exemplo, E.M. East, E.B. Babcock) e no começo da segunda metade do século XX os achados da fitoquímica (R.E. Alston, R. Hegnauer, entre outros) e da microscopia eletrônica (por exemplo, na área das algas, I. Manton) tornaram-se cada vez mais importantes. O emprego de dados macromoleculares sobre proteínas (por exemplo, L.D. Gottlieb, isoenzimas) e ácidos nucleicos (por exemplo, C.R. Woese, J.D. Palmer, M.W. Chase, D.E. e P.S. Soltis) tornou-se cada vez mais importante nas duas últimas décadas do século passado e hoje é dominante na sistemática.

A **morfologia**, que descreve a construção externa das plantas, tem grande importância para a sistemática (ver Capítulo 4). Os caracteres da estrutura interna são abordados pela **anatomia**. Para tanto, a **histologia** (ver Capítulo 3) se ocupa da estrutura dos tecidos e a **citologia** (ver Capítulo 2), da estrutura das células. A **cariologia**, como parte da citologia, estuda os cromossomos. A **palinologia** aborda a estrutura de esporos e grãos de pólen (Figuras 10-198 a 10-200). O desenvolvimento de esporângios, gametófitos, gametângios, endosperma e embriões é o tema da **embriologia**. A estrutura das substâncias contidas nas plantas é estudada pela **fitoquímica**. Outros caracteres podem ser obtidos também das áreas da **fisiologia**, **ecologia** e **fitogeografia**, que pesquisa a distribuição geográfica dos táxons, ou da fitopatologia, e o exame das formas fósseis estudadas pela **paleobotânica** é importante na pesquisa de parentesco. A **sistemática experimental**, que trabalha com experimentos de cruzamento e interpreta o sucesso reprodutivo relativo como critério de parentesco, é hoje pouco utilizada. Por outro lado, a análise de proteínas e ácidos nucleicos tem especial significado para a pesquisa filogenética. Na **análise de proteínas**, a **análise de isoenzimas** (comparação entre o número dos locos genéticos e número de alelos de enzimas por meio de eletroforese; ver Quadro 9-1) é uma ferramenta ainda eventualmente utilizada para a caracterização da constituição genética de populações ou espécies estreitamente aparentadas. A **análise de DNA** iniciou com técnica de **hibridização de DNA**, atualmente não mais atualizada. Também a análise de DNA com enzimas de restrição (ou endonucleases de restrição), que cortam sequências pré-determinadas do DNA (**RFLP**, polimorfismo do comprimento do fragmento de restrição; do inglês *restriction fragment length polymorphism*), perdeu sua importância frente às técnicas de sequenciamento de DNA. No **sequenciamento de DNA**, a sequência dos nucleotídeos é determinada, e cada posição de nucleotídeo é considerada um caráter. Para a análise de DNA em níveis hierárquicos inferiores, está disponível atualmente um grande número das chamadas técnicas *fingerprint* (ver Quadro 9-1), com as quais é possível, em parte, até distinguir indivíduos uns dos outros.

Sob certos aspectos, dados de DNA são superiores a caracteres oriundos de outras partes da planta. Essa superioridade está relacionada ao fato de que os dados de DNA podem ser codificados precisamente. Em uma sequência de DNA, um nucleotídeo pode ser identificado com exatidão em determinada posição. Quanto aos caracteres morfológicos, ao contrário, uma ordenação em estados de caráter alternativos frequentemente é dificultada ou até impossibilitada pela existência de formas intermediárias. Isso se aplica em especial ao trabalho com espécies estreitamente aparentadas, em que as diferenças são, muitas vezes, apenas quantitativas. Outra vantagem dos dados de DNA é a possibilidade de comparar organismos com pouca semelhança nos caracteres fenotípicos (por exemplo, uma alga unicelular e uma espermatófita), mas que apresentam os mesmos genes (por exemplo, rbcL). Finalmente, também é possível obter-se muitos caracteres do DNA. Porém, é importante considerar que com o sequenciamento de um gene, na verdade, muitas posições da sequência são analisadas, mas apenas um gene é considerado. Uma análise dos diferentes caracteres fenotípicos, ao contrário, considera muitos âmbitos distintos de caracteres e, com isso, possivelmente também um grande (embora completamente desconhecido) número de genes.

10.1.3.2 Conflitos de caracteres

Dependendo do táxon estudado e de sua posição hierárquica, os caracteres de áreas distintas são arrolados em proporções diferentes. Para a continuidade da discussão sobre a análise dos caracteres, é importante distinguir entre caráter e estado de caráter (do inglês *character, character state*). Assim, por exemplo, a cor da flor é um caráter e vermelho, branco, azul, etc., são estados de caráter. A necessidade de se desenvolver métodos para a análise de caracteres deve-se ao fato de que, muitas vezes, os caracteres não corroboram o mesmo agrupamento; em vez disso, ao serem considerados vários caracteres, afinal sempre surgem conflitos entre eles. Ao se analisar, por exemplo, três táxons A, B, e C e dois caracteres com os estados de caráter 0 ou 1, o caráter 1 pode indicar um agrupamento A e B em oposição a C, mas o caráter 2 pode indicar um agrupamento de A em oposição a B e C (Figura 10-2).

Conflitos de caracteres, em primeiro lugar, baseiam-se no fato de que, na comparação de dois (ou mais) táxons, estados de caráter idênticos podem ser convergências ou paralelismos, isto é, são originados várias vezes independentemente na evolução, sem que isso seja percebido apenas pela estrutura do caráter. Enquanto em um caráter estrutural – por exemplo, da área da morfologia – também

Caracteres	Táxons			Agrupamento
	A	B	C	
1	0	0	1	A,B / C
2	0	1	1	A / B,C

Figura 10-2 Conflito de caracteres. Os caracteres 1 e 2 com os estados de caráter 1-0, 1-1, 2-0 e 2-1 implicam em parentesco diferente entre os táxons A, B e C. O caráter 1 aponta para um agrupamento de A e B, em oposição a C; o caráter 2 aponta para um agrupamento de A, em oposição a B e C.

a sua posição relativa e ontogenia podem ser consideradas em complemento à sua qualidade, em especial para analisar a homologia do caráter em dois táxons, esses critérios não estão disponíveis para um nucleotídeo idêntico na mesma posição no DNA dos dois táxons. Conflitos de caracteres ocorrem, em segundo lugar, também porque eles têm importâncias diferentes na determinação de parentesco, dependendo do momento de sua origem em relação ao momento de origem do grupo estudado (ver 10.1.3.4).

Para resolver conflitos de caracteres, são percorridos diferentes caminhos. A primeira possibilidade consiste em atribuir pesos diferentes a caracteres diferentes. Na medida em que é inquestionável que caracteres distintos têm importância diferente (por exemplo, em consequência de complexidade diferente), é difícil valorar objetivamente essa diferença. Como resultado, originam-se propostas de classificação com um forte componente subjetivo que podem diferir muito entre si, mesmo quando baseadas no mesmo conjunto de caracteres. A sistemática numérica e a sistemática filogenética preocuparam-se em tornar os processos da classificação mais objetivos.

Existe uma multiplicidade de métodos de análise de dados na sistemática/filogenia, dos quais apenas alguns poderão ser abordados aqui. Um abrangente e recente livro sobre o tema é *Inferring Phylogenies*, de J. Felsenstein (2004).

10.1.3.3 Sistemática numérica

A **sistemática numérica (fenética)** ocupa-se em levantar a semelhança entre pares de táxons e calcular uma expressão da estrutura da semelhança em um grupo de estudo. Na sistemática numérica, os táxons utilizados são também frequentemente denominados **o**perational **t**axonomic **u**nit (**OTU**) (ou unidade taxonômica operacional). Concretamente, o procedimento consiste em, num primeiro momento (como também em todos os outros métodos de análise de dados), recolher os estados de caráter para todos os táxons do grupo de estudo. Essas informações podem ser então codificadas em uma matriz binária de dados, na qual táxons e caracteres são aplicados (Figura 10-3A). Desse modo, por exemplo, no caráter "cor da flor", os estados de caráter vermelho e branco são codificados arbitrariamente como 0 e 1. No próximo passo, as semelhanças de todos os táxons são calculadas aos pares (distâncias sendo 1- semelhança). Uma possibilidade simples para isso consiste, por exemplo, em dividir o número de caracteres comuns a dois táxons pelo número total dos caracteres observados (Figura 10-3B). O coeficiente de similaridade assim calculado é também conhecido como *simple matching coefficient*. No terceiro passo, finalmente, os táxons são reunidos em grupos de semelhança decrescente, com o uso dos coeficientes de similaridade. O **fenograma** mostrado na Figura 10-3C é o resultado de uma análise de *cluster*, na qual os táxons são ordenados hierarquicamente. Em uma análise de *cluster*, os grupos diferentes, derivados de um mesmo ponto de bifurcação ou "ramos", são também denominados **clusters**.

O método acima descrito pode ser modificado em muitos aspectos, ou seja, oferece uma grande variedade de opções. Assim, existe a possibilidade de um caráter (por exemplo, cor da flor), ter não apenas dois, mas sim muitos possíveis estados (por exemplo, vermelha, branca, azul, amarela) (do inglês *multistate character*) podem ser calculados do mesmo modo que os caracteres com apenas dois estados. Em caracteres quantitativos como comprimento da folha, por exemplo, a codificação necessitaria do estabelecimento prévio de intervalos de classe, na qual todas as folhas < 10 cm seriam codificadas como 0 e todas as folhas > 10 cm como 1. Tal estabelecimento de intervalos de classe é com frequência arbitrário e não necessariamente representa a variação do caráter. Em princípio, existe também a possibilidade de se prescindir de uma codificação e considerar a diferença simples entre os estados de dois táxons como similaridade/distância nesse caráter. Além do *simple matching coefficient*, método muito simples, um grande número de outros coeficientes de similaridade ou de distância encontra-se à disposição. Assim, por exemplo, é possível distinguir se a semelhança entre dois táxons consiste em um estado de caráter ou está presente em ambos (exclusão de estado de caráter faltante em comum: coeficiente de Jaccard), ou se, na análise de caracteres de sequência de DNA, por exemplo, a probabilidade de modificação repetida e convergente de um nucleotídeo aumenta com a distância entre dois táxons (por exemplo, distância de Jules-Cantor, distância de Kimura). Finalmente, existem também muitos procedimentos de análise de *cluster* diferentes e também as chamadas análises de ordenação. Análises de ordenação, assim como a análise de componentes principais (do inglês *principal component analysis*, PCA) ou análise de coordenadas principais (do inglês *principal coordinates analysis*, PCO) resultam, ao contrário da análise de *cluster*, em representações não hierarquizadas das relações de similaridade. *Unweighted pair group method using arithmetic averages* (**UPGMA**) e *neighbor joining* (NJ) são análises de *cluster* frequentemente utilizadas, em especial em dados moleculares. Enquanto UPGMA oferece apenas resultados "corretos", quando a taxa de evolução é igual em todas as linhas de desenvolvimento, NJ, pelo recálculo contínuo

A

Caracteres	Táxons						
	A	B	C	D	E	F
1	0	0	0	0	1	1
2	0	0	1	1	1	1
3	0	0	0	0	1	1
4	0	1	1	1	0	0
5	0	0	0	0	1	1
6	0	0	1	1	0	1
7	0	1	1	0	0	0
8	0	0	0	0	1	1
9	1	1	1	1	0	0
10	1	1	0	0	0	0

B

	A	B	C	D	E	F
A		8/10	5/10	6/10	3/10	2/10
B	0,8		7/10	6/10	1/10	0/10
C	0,5	0,7		9/10	2/10	3/10
D	0,6	0,6	0,9		3/10	4/10
E	0,3	0,1	0,2	0,3		9/10
F	0,2	0	0,3	0,4	0,9	

C

Figura 10-3 Sistemática numérica. **A** Matriz de dados com táxons A até F e 10 caracteres com os estados de caráter 0 e 1. **B** Similaridade entre pares de táxons (número de caracteres em comum/ número total de caracteres). **C** Fenograma calculado a partir dos coeficientes de similaridade. (Segundo Spring e Buschmann, 1998.)

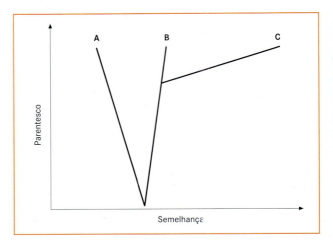

Figura 10-4 Semelhança e parentesco. Em evoluções com velocidades diferentes, a semelhança não reflete o parentesco. Apesar da grande semelhança entre A e B em comparação com B e C, B e C são mais estreitamente relacionados entre si. (Segundo Ridley, 1986.)

da matriz de dados original durante a análise, pode trabalhar com diferentes taxas de evolução.

Fundamentalmente, discute-se se semelhança e parentesco podem ser equiparados, já que o parentesco é o único critério objetivo para a formação de grupos. Semelhança e parentesco só podem ser considerados equivalentes se as taxas de evolução forem iguais em todas as linhagens de desenvolvimento e não ocorram paralelismos nem convergências. Se em uma linhagem de desenvolvimento a evolução acelerada devida à colonização de um novo ambiente, por exemplo, leva à divergência fenotípica muito acentuada, a semelhança não irá refletir corretamente as relações de parentesco (Figura 10-4). Entretento, originalmente a fenética não teve a pretensão de reconstruir parentescos.

10.1.3.4 Sistemática filogenética: parcimônia máxima

O método da **sistemática filogenética** (**cladística**) remonta ao entomólogo W. Hennig. Após abranger todos os caracteres e seus respectivos estados de caráter no primeiro passo, no segundo passo é feita uma avaliação dos estados de caráter em relação ao tempo relativo de seu surgimento. Os estados de caráter que ocorrem somente dentro do grupo de estudo (do inglês *ingroup*) (Figura 10-5) são denominados derivados relativos ou apomórficos (**apomorfia**); aqueles que já ocorriam fora do grupo de estudo são denominados ancestrais relativos ou plesiomórficos (**plesiomorfia**). Dependendo se uma apomorfia está presente em apenas um ou em mais táxons, fala-se em **autapomorfia** ou **sinapomorfia**, respectivamente, e para plesiomorfias é utilizado o vocábulo **simplesiomorfia**. A valoração de um estado de caráter como apomórfico ou plesiomórfico é relativa, porque se modifica com a delimitação do grupo de estudo. Assim, a ocorrência de flores monóclinas (em comparação com flores díclinas)* entre as angiosper-

---
* N de T. O autor refere-se a flores hermafroditas e unissexuais, vocábulos inadequados neste contexto, visto que flores são ramos portadores de órgãos assexuados de reprodução (estames e carpelos).

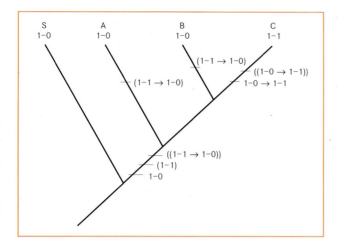

Figura 10-5 Comparação de grupos-irmãos. Se, em uma análise de parentesco com os três táxons A, B, C com os estados de caráter A: 1-0, B: 1-0 e C: 1-1, o estado de caráter 1-0 do grupo-irmão S é o estado plesiomórfico, então apenas uma transformação de caráter 1-0 (seta para a direita) 1-1, na linha que conduz a C, pode ser postulada. Se, ao contrário, assume-se que 1-1 é o estado inicial, duas transformações precisam ocorrer. Ou na origem de A e B ocorreu, em cada um dos casos, uma transformação de caráter de (1-1 → 1-0), ou esta transformação ((1-1 → 1-0)) ocorreu no ancestral comum de A, B, C, após a origem de S e foi revertida na origem de C ((1-0 → 1-1)). Com base no princípio da parcimônia a comparação de grupos-irmãos serve, para o reconhecimento de caracteres apomórficos.

mas é um caráter plesiomórfico, pois flores monóclinas pertencem à constituição básica das angiospermas (ver 10.2). Entre as espermatófitas, porém, as flores monóclinas ocorrem apenas nas angiospermas, constituindo, portanto, uma apomorfia e podendo ser usadas para justificar a monofilia das angiospermas. O reconhecimento mais importante de Hennig foi que apenas os caracteres apomórficos (e não os plesiomórficos) são adequados para a identificação de parentesco. Por exemplo, se, ao comparar uma planta verde de áster (Asteraceae/Asterales) com um verbasco verde (Scrophulariaceae/Lamiales) e uma planta não verde da orobanque (Orobanchaceae/Lamiales) com base, por exemplo, na presença de clorofila, chegássemos à conclusão de que essas espécies são estreitamente aparentadas, isso seria errado. A razão disso está nos fatos de que a presença de clorofila faz parte da constituição básica das plantas verdes e de que a plesiomorfia, em um grupo pequeno de plantas verdes, nada pode afirmar sobre o grau de parentesco. A presença de clorofila foi mantida em áster e verbasco, mas perdida em orobanque.

Para analisar se um estado de caráter é apomórfico ou plesiomórfico, a **comparação de grupos-irmãos** (do inglês *sister group comparison*) mostrou ser o método mais importante. Neste método, assume-se que o estado de caráter presente no grupo mais próximo (grupo-irmão; do inglês *sister group*) é o estado plesiomórfico. Este pressuposto é justificado por ser mais parcimonioso (do inglês *more parsimonious*) que a alternativa segundo a qual o estado que não está presente no grupo-irmão é apomórfico. Se, em uma análise de parentesco com os três táxons A, B, C com os estados de caráter A: 1-0, B: 1-0 e C: 1-1, o estado de caráter 1-0 do grupo-irmão S é o estado plesiomórfico, então se pode postular apenas uma transformação de caráter (do inglês *character transformation*) de 1-0 para 1-1 na linha que conduz a C (Figura 10-5). Se, ao contrário, assume-se que 1-1 é o estado inicial, duas transformações precisam ser postuladas. Ou, na origem de A e B, ocorreu, em cada um dos casos, uma transformação de caráter de 1-1 para 1-0, ou essa transformação ocorreu no ancestral comum de A, B, C, após a origem de S, e foi revertida na origem de C (Figura 10-5). Já que apenas caracteres apomórficos podem indicar parentesco, o estado de caráter comum 1-0 entre A e B não indica relacionamento estreito entre esses dois táxons. É mais provável que o estado de caráter do ancestral tenha sido conservado em A e B.

Adotar a parcimônia (do inglês *parsimony*) como base para a escolha de caracteres informativos não deve implicar que o processo da evolução seja parcimonioso e tenha tomado sempre o caminho mais curto. A parcimônia é muito mais um princípio científico geral que proporciona uma redução no número necessário de hipóteses para uma solução.

Mesmo que o parente mais próximo do grupo de estudo seja conhecido, em complementação ao grupo-irmão, deve-se trabalhar com grupos relacionados mais distantes. Esses grupos distantes formam o **grupo-externo** (do inglês *out-group*). O grupo externo pode incluir o grupo-irmão. A comparação com o grupo-externo ou com o grupo-irmão é problemática, pois assume que neles não ocorreram mais modificações nos caracteres desde sua origem. Porém, como o grupo-irmão é geologicamente tão antigo quanto o grupo de estudo e os demais táxons do grupo-externo são ainda mais antigos, eles tiveram tanto tempo (grupo-irmão) ou mais (outros táxons do grupo-externo) para modificações evolutivas que o próprio grupo de estudo. Por isso, é improvável que o grupo-irmão ou o grupo-externo não se tenham modificado desde a origem do grupo de estudo.

Depois que são identificados os caracteres apomórficos e plesiomórficos, na segunda etapa de análise, no próximo passo arrolam-se apenas caracteres apomórficos para o reconhecimento de parentesco. Partindo-se do princípio que na listagem dos caracteres foram reconhecidos corretamente todos os paralelismos (do inglês *parallelism*) e também as reversões de caráter (do inglês *reversal*), os estados apomórficos de caráter deveriam estar livres de contradição. Porém, raramente isso ocorre. As contradições devidas a paralelismos ou reversões de caracteres são denominadas **homoplasias** (do inglês *homoplasy*). Um estado de caráter é **homoplásico** quando surge mais de uma vez em um grupo de estudo ou quando volta ao seu estado original depois de ter surgido. Assim, os conflitos de caracteres restantes são tratados com métodos matemáticos adequados, de modo a obedecer o princípio da parcimônia e o número total das transformações de caráter é minimizado.

Este último passo é o princípio mais importante do método da **parcimônia máxima** (do inglês *maximum parsimony*, **PM**), hoje o mais utilizado. Ele substituiu a forma original anteriormente descrita da sistemática filogenética e é aplicado por programas de computador como, por exemplo, **PAUP** (do inglês *phylogenetic analysis using parsimony*, de D.L. Swofford). O princípio da PM consiste em prescindir do processo de valoração de estados de caráter quanto à apomorfia ou plesiomorfia e, com isso, da comparação com grupos-irmãos, e calcular todos os caracteres de modo que o número necessário de transformações de caráter seja mínimo no **cladograma** final. Apesar disso, um grupo-irmão/-externo é inserido na análise. O resultado escolhido em um cálculo como este é então o cladograma mais parcimonioso (do inglês *most parsimonious*), que no início não tem uma base e, com isso, é "não enraizado" (do inglês *unrooted*). A "raiz" como base de tal cladograma, tanto quanto os resultados da análise permitem, é colocada entre o grupo de estudo e o grupo-externo. Com isso, na PM, a valoração de caracteres como apomórficos ou plesiomórficos se dá somente quando o cladograma foi calculado e enraizado. Os distintos grupos ou ramos que partem de um ponto de ramificação em um cladograma são também denominados "clados" (do inglês *clades*).

10.1.3.5 Verossimilhança máxima

Na interpretação de caracteres de sequência de DNA, muitas vezes também é usado um método conhecido como *maximum likelihood* (verossimilhança máxima, **VM**). O ponto de partida desse método é a formulação de um modelo de evolução de sequência específico para o grupo de estudo. Tal modelo considera, de um lado, a variação da sequência no grupo de estudo, pela estimativa da taxa de substituição, por exemplo, com base na variabilidade observada em cada posição da sequência ou estimada pela frequência relativa de transições e transversões. Além disso, são considerados aspectos gerais como, por exemplo, a independência das posições da sequência entre si no modelo da evolução de sequência. Após, é calculada uma árvore genealógica, a qual esclarece, com a maior probabilidade (do inglês *maximum likelihood*), a variação da sequência observada no grupo de estudo com base no modelo específico da evolução de sequência.

10.1.3.6 Inferência bayesiana

A inferência bayesiana (do inglês *Bayesian inference*), cada vez mais usada na sistemática, é um método muito próximo ao da VM. Ela difere da VM pelo cálculo da probabilidade (do inglês *posterior probability*) de árvores filogenéticas e suas partes com a incorporação de uma probabilidade a *priori* (do inglês *prior probability*).

10.1.3.7 Análise estatística de hipóteses de parentesco

As hipóteses filogenéticas calculadas são, em certa medida, sujeitas à comprovação estatística de sua estabilidade. Um procedimento para isso é, por exemplo, a **análise *bootstrap***. Aqui, novas matrizes de dados são repetidamente construídas e analisadas a partir de dados originais escolhidos aleatoriamente. Essas novas matrizes de dados têm o mesmo tamanho da matriz original, mas podem diferir dela, por exemplo, pela inserção de um mesmo caráter três vezes, ao passo que outros dois caracteres nem aparecem. Um valor de *bootstrap* de 90, por exemplo, para um clado significa que foi encontrada relação entre os táxons desse clado em 90% das repetições de análise de diferentes matrizes de dados. Outro índice também utilizado com o método da máxima parcimônia é o **índice de decaimento** (também chamado índice de Bremer). Com esse índice é estimado quantos passos adicionais (transformações de caracteres) são necessários para que um clado resolvido (aquele que especifica o parentesco entre A, B, C; Figura 10-1) colabe em uma politomia (que não possibilita nenhuma expressão a respeito do relacionamento entre A, B, C). Um índice de decaimento de 1, por exemplo, significa que um clado resolvido na árvore mais parcimoniosa não será dissolvido na árvore que é apenas um passo mais longa do que a mais parcimoniosa. Um índice progressivamente mais alto é interpretado como um suporte progressivamente melhor da hipótese de parentesco.

10.1.4 Filogenia e classificação

As possibilidades acima descritas da análise sistemática levam a hipóteses sobre o parentesco entre táxons e, desse modo, são **filogenias de táxons**. Um problema especial comum às análises fenéticas e cladísticas é que a evolução reticulada (isto é, o surgimento de novos táxons por hibridização de linhas de desenvolvimento divergentes), como um processo evolutivo frequente em plantas (ver 9.3.3), pode ser considerada apenas com grande dificuldade. Nem fenogramas nem cladogramas são, na verdade, árvores genealógicas, pois neles não são dadas informações sobre ancestrais ou descendentes. As filogenias dos táxons podem ser usadas para inferir **evolução de caracteres**. O simples aplicativo de caracteres em um cladograma mostra como um caráter se modificou no desdobramento filogenético de um táxon (ver Quadros 10-10 a 10-12).

Na aplicação de cladogramas em uma classificação formal, um princípio oriundo da sistemática filogenética frequentemente aceito é que apenas grupos monofiléticos devem ser reconhecidos. **Monofilia** (Figura 10-6) é definida de modo que um táxon contenha todos os descendentes de um ancestral comum imediato. Por sua vez, a **parafilia** ocorre quando todos os integrantes de um táxon descendem diretamente de um mesmo ancestral, mas nem todos os descendentes desse mesmo ancestral estão incluídos no táxon. Finalmente, na **polifilia** são incluídos em um táxon aqueles grupos que não descendem de um ancestral comum direto.

Um exemplo de parafilia que se tornou bastante conhecido é o dos gêneros norte-americanos *Clarkia* e *Heterogaura* (Onagraceae). Enquanto *Clarkia* possui dois verticilos férteis de estames, estigma dividido e fruto do tipo cápsula, *Heterogaura* tem apenas um verticilo fértil de estames, estigma globoso e fruto do tipo noz, razão pela qual estes táxons foram descritos como gêneros próprios. Análises moleculares mostraram claramente que *Heterogaura* é estreitamente aparentado com algumas espécies de *Clarkia*, tendo, assim, sua origem nesse gênero (Figura 10-7). Se *Heterogaura* é mantido como gênero, então *Clarkia* é parafilético em relação a *Heterogaura*, pois todos os representantes de *Clarkia* descendem diretamente de um ancestral comum; porém, com a exclusão de *Heterogaura*, nem todos os descendentes desse ancestral estão incluídos no táxon. A recusa de táxons parafiléticos refere-se sobretudo ao fato de que apenas o parentesco (e não a semelhança) deve valer como critério de classificação. *Heterogaura*, visivelmente diferente das espécies de *Clarkia*, deveria, por isso, ser classificado como *Clarkia*, já que seus parentes mais próximos pertencem a *Clarkia*. A monofilia dos táxons baseada na cladística não é incontestável.

10.1.5 Nomenclatura

Para a denominação e classificação de plantas existem muitas regras formais, contidas no Código Internacional de Nomenclatura Botânica (http://www.ibot.sav.sk/), o qual é regularmente atualizado. Os aspectos formais da pesquisa sistemática são também frequentemente denominados **taxonomia**. Devido às definições diversas para esse vocábulo encontradas na literatura, ele não será usado aqui. Na verdade, os vocábulos sistemática e taxonomia são frequentemente considerados sinônimos.

No sistema das plantas, são usados parâmetros taxonômicos vinculados ou categorias. Trata-se de conceitos abstratos de ordem, aos quais é atribuída uma determinada posição na hierarquia. O nome de uma espécie é um **binômio** (combinação binária), que consiste no nome de um gênero e um **epíteto específico** (por exemplo, *Achillea millefolium*). Para o emprego inequívoco do nome da espécie, acrescenta-se o autor que a descreveu. Em *Achillea millefolium* L., o L. corresponde a Linné. Denominações acima da categoria de espécies são uninomiais (por exemplo, *Achillea*). Na Tabela 10-1 estão reunidas as categorias taxonômicas mais importantes, suas terminações usuais, assim como táxons concretos, a exemplo da aquileia* (*Achillea millefolium*). Em botânica, um táxon novo é considerado validamente publicado (do inglês *validly published*), quando determinados critérios são atendidos. Entre eles, está a escolha de um nome segundo regras previamente fixadas, uma descrição ou diagnose, a publicação em um órgão de larga acessibilidade, assim como a designação de um tipo (*typus*, ver abaixo), que deve ser depositado de modo a permitir o acesso geral. As condições de acessibilidade de órgãos de publicação e tipos estão definidas no código. Todos os nomes científicos de plantas são usados na forma latina. Em Botânica, a primeira descrição de uma espécie deve ser escrita em latim. Pela designação de um **tipo**, chamada **tipificação**, um nome é relacionado irrevogavelmente com um indivíduo concreto. O tipo do nome de uma espécie ou de um taxon intraespecífico é, na maioria das vezes, uma planta depositada em um herbário. Apenas excepcionalmente, em geral em casos historicamente justificados, uma ilustração pode também valer como tipo. Um tipo, porém, nem sempre é típico para um táxon. Um gênero é tipificado por uma espécie e uma família por um gênero. Se existirem para um táxon mais de um nome publicados validamente, aplica-se a **regra da prioridade**. É usado o nome que foi publicado primeiramente. Essa regra

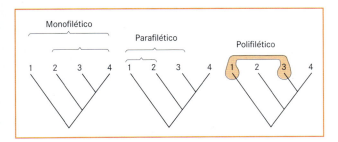

Figura 10-6 Monofilia, parafilia e polifilia. Um táxon monofilético (3-4, 2-4, 1-4) contém todos os descendentes de um ancestral comum direto. É caso de parafilia quando todos os grupos parciais (1-2, 1-3) de um táxon descendem diretamente de um mesmo ancestral, mas nem todos os descendentes (3-4, 4) desse mesmo ancestral são incluídos no táxon. Um táxon polifilético contém grupos parciais (1 e 3), que não descendem de um ancestral comum direto. (Segundo Ridley, 1986.)

---

* N. de T. Milefólio, mil-folhas, mil-em-rama, erva-cortadeira e dezenas de outros nomes populares.

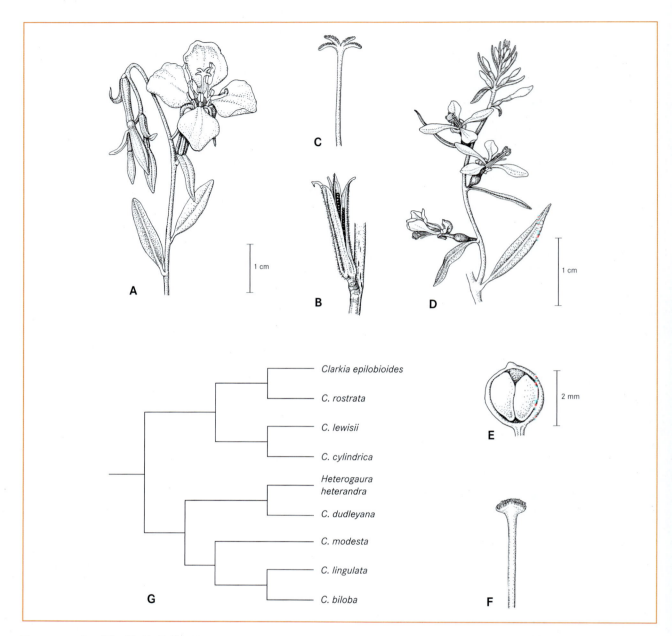

Figura 10-7 Parafilia. *Clarkia* (**A-C**) e *Heterogaura* (**D-F**) diferem entre si pelo número de estames férteis, forma do estigma e do fruto. A análise de parentesco mostra que o reconhecimento de *Heterogaura heterandra* como um gênero próprio leva a um gênero parafilético *Clarkia*. (R. Spohn segundo Sytsma, 1990.)

não vale para táxons acima da categoria de família e ocasionalmente outros nomes, que não aqueles publicados validamente em primeiro lugar, podem ser escolhidos para serem usados ("conservados"). Os nomes não utilizados, por terem sido publicados depois, são **sinônimos** dos nomes válidos.

A "nomenclatura filogenética", muito discutida em tempos anteriores, com seu *phylocode* (www.ohiou.edu/phylocode), hoje disponível, dispensa a citação da categoria de origem, para a denominação de organismos acima do nível de espécie.

Tabela 10-1 Visão geral das principais categorias sistemáticas, suas desinências (sufixos), assim como as unidades taxonômicas no exemplo da aquileia comum (*Achillea millefolium* L.)

Categorias taxonômicas (português, latim, abreviatura)	Desinências usuais	Unidades taxonômicas (exemplos, sinônimos)
Reino (*regnum*)	-bionta	Eucarya
Sub-reino (*subregnum*)	-phyta, -mycota	Chlorobionta
Divisão ou filo (*divisio* ou *phylum*)	-phytina, -mycotina	Streptophyta
Subdivisão (*subphylum*)	-phyceae, -mycetes ou -opsida*	Spermatophytina
Classe (*classis*)	-idae	Magnoliopsida
Subclasse (*subclassis*)	-anae	–
Superordem (*superordo*)	-ales	–
Ordem (*ordo*)	-aceae	Asterales
Família (*familia*)	-oideae	Asteraceae (= Compositae)
Subfamília (*subfamilia*)	-eae	Asteroide
Tribo (*tribus*)		Anthemideae
Gênero (*genus*)		*Achillea*
Seção (*sectio*, sect.)		*Achillea* sect. *Achillea*
Série (*series*, sec.)		–
[Agregado (agg.)]		*Achillea millefolium* agg.
Espécie (*species*, spec. ou sp.)		*Achillea millefolium*
Subespécie (*subspecies*, subsp. ou ssp.)		*A. m.* subsp. *sudetica*
Variedade (*varietas*, var.)		–
Forma (*forma*, f.)		*A. m.* subsp. s. f. *rosea*

* N. de T. Para plantas também é comum o uso do sufixo –atae.

10.2 Bactérias, fungos e plantas

I. Reino (domínio): Bacteria 626
Primeira divisão: Primobacteriota, bactérias basais 631
Segunda divisão: Posibacteriota, bactérias gram-positivas 631
Terceira divisão: Negibacteriota, bactérias gram-negativas 631
Ocorrência e modo de vida das bactérias 632
Quarta divisão: Cyanobacteriota (Cyanoprocaryota, Cyanophyta, algas azuis) 634
Ocorrência e modo de vida das cianobactérias (algas azuis) 637
II. Reino (domínio): Archaea 638
Primeira divisão: Crenarchaeota 638
Segunda divisão: Euryarchaeota 639
III. Reino (domínio): Eucarya, eucariotos 639
Primeiro sub-reino: Acrasiobionta 642
Segundo sub-reino: Myxobionta 643
Primeira divisão: Myxomycota 643
1ª Classe: Myxomycetes 643
2ª Classe: Protosteliomycetes 645
Segunda divisão: Plasmodiophoromycota 645
Parte I do sexto sub-reino: Heterokontobionta heterotróficos (Chromalveolatae) 647
Primeira divisão: Labyrinthulomycota 647
Segunda divisão: Oomycota, fungos celulósicos ... 647
Terceiro sub-reino: Mycobionta, fungos quitinosos ... 652
Primeira divisão: Chytridiomycota 653
1ª Classe: Chytridiomycetes 653
2ª Classe: Blastocladiomycetes 654
Segunda divisão: Zygomycota 656
1ª Classe: Olpidiomycetes 656
2ª Classe: Zygomycetes (Mucoromycetes) 657
Terceira divisão: Glomeromycota 659
Quarta divisão: Ascomycota 660
1ª Classe: Taphrinomycetes 660
2ª Classe: Saccaromycetes (Endomycetes) ... 661
3ª Classe: Euascomycetes 662

1ª Subclasse: Laboulbeniomycetidae 664
2ª Subclasse: Eurotiomycetideae 664
3ª Subclasse: Erysiphomycetidae 665
4ª Subclasse: Pezizomycetidae 666
5ª Subclasse: Leotiomycetidae 668
6ª Subclasse: Lecanoromycetidae 669
7ª Subclasse: Sordariomycetidae 669
8ª Subclasse: Dothideomycetidae 670

Quinta divisão: Basidiomycota.................... **671**
1ª Classe: Ustomycetes (Ustilaginomycetes) **672**
2ª Classe: Uredomycetes (Urediniomycetes)........ **674**
3ª Classe: Eubasidiomycetes **678**
  1ª Subclasse: Tremellomycetidae 682
  2ª Subclasse: Agaricomycetidae 682

1. Anexo aos Mycobionta: Fungos imperfeitos (Deuteromycetes) **689**
2. Anexo aos Mycobionta: Lichenes, liquens **689**

Quarto sub-reino: Glaucobionta 695
Quinto sub-Reino: Rhodobionta 696
1ª Classe: Bangiophyceae **701**
2ª Classe: Florideophyceae **701**
Sexto sub-reino: Heterokontobionta (Chromalveolatae); grupos autotróficos 701
Primeira e segunda divisões: representantes heterotróficos **701**
Terceira divisão: Cryptophyta.................... **701**
Quarta divisão: Dynophyta (Pyrrophyta, Dinoflagellata) **702**
Quinta divisão: Haptophyta **704**
Sexta divisão: Heterokontophyta (Chrysophyta, Chromophyta)..................... **705**
  1ª Classe: Chloromonadophyceae................. **705**
  2ª Classe: Chrysophyceae **705**
  3ª Classe: Bacillariophyceae (= Diatomae; diatomáceas) **706**
  4ª Classe: Xantophyceae **710**
  5ª Classe: Phaeophyceae (algas pardas) **712**
Sétimo sub-reino: Chlorobionta ("Viridiplantae") ... 722
Primeira divisão: Chlorophyta **722**
  1ª Classe: Prasinophyceae...................... **724**
  2ª Classe: Ulvophyceae......................... **725**
  3ª Classe: Trentepohliophyceae................. **725**
  4ª Classe: Cladophorophyceae **726**
  5ª Classe: Dasycladophyceae **727**
  6ª Classe: Bryopsidophyceae (= Sifonales) **728**
  7ª Classe: Trebouxiophyceae.................... **728**
  8ª Classe: Chlorophyceae....................... **729**
Segunda divisão: Streptophyta..................... **737**
Primeira subdivisão: Mesostigmatophytina 737
Segunda subdivisão: Zygnematophytina, algas conjugadas 737
Terceira subdivisão: Coleochaetophytina 739
Quarta subdivisão: Charophytina, carófitas 743
Quinta subdivisão: Marchantiophyta, hepáticas **747**
  1ª Classe: Marchantiopsida (hepáticas talosas) **747**
  2ª Classe: Jungermanniopsida (na maioria, hepáticas folhosas)................ **751**
Sexta subdivisão: Bryophytina (Musci, musgos folhosos em amplo sentido) 752

1ª Classe: Sphagnopsida (musgos-das-turfeira) 753
2ª Classe: Andreaeopsida (musgos-do-granito)...... 754
3ª Classe: Bryopsida (musgos folhosos em sentido restrito) 754
Sétima subdivisão: Anthocerotophytina, antóceros 763
Grupos ancestrais extintas das plantas vasculares.... **767**
Plantas terrestres ancestrais, psilófitos (Psilophytales).... 767
Fetos ancestrais: Primofilices 770
Oitava subdivisão: Licopodiophytina, licopódios. 771
Outros representantes extintos de Lycopodiophytina **777**
Nona subdivisão: Psilotophytina, psilotáceas 780
Décima subdivisão: Equisetophytina, cavalinhas 782
Décima primeira subdivisão: Marattiophytina, samambaias eusporangiadas 786
Classe Marattiopsida............................ **786**
Décima segunda subdivisão: Filicophytina, samambaias leptosporangiadas 787
Quarta subdivisão: Spermatophytina, espermatófitas 799
10.2.1 Alternância de gerações................. **799**
10.2.2 Órgãos vegetativos **801**
10.2.3 Metabólitos secundários **801**
10.2.4 Flores **802**
10.2.4.1 Envoltório floral...................... 802
10.2.4.2 Microsporofilos 804
  Pólen............................... **806**
  Gametófito masculino **809**
10.2.4.3 Megasporofilos 810
  Rudimentos seminais.................... **813**
  Gametófito feminino.................... **814**
10.2.4.4 Nectários............................. 816
10.2.4.5 Disposição dos órgãos florais 817
10.2.5 Inflorescências **819**
10.2.6 Polinização............................. **819**
10.2.7 Fecundação **824**
10.2.8 Sementes................................ **825**
10.2.9 Frutos **828**
10.2.9.1 Frutos deiscentes 830
10.2.9.2 Frutos indeiscentes 830
10.2.9.3 Infrutescências 830
10.2.10 Dispersão de sementes e frutos **831**
10.2.11 Germinação de sementes.................. **832**
10.2.12 Sistema das Spermatophytina............. **833**
1ª Classe: Cycadopsida (palmas-de-ramos, cicadáceas).. 833
2ª Classe: Ginkgopsida (Ginkgo) 835
3ª Classe: Coniferopsida (coníferas) incl. Gnetales... 836
4ª Classe: Magnoliopsida (angiospermas, plantas com flores e com sementes cobertas)........... 843
10.2.13 Evolução e filogenia das angiospermas – uma visão geral........... **844**
10.2.14 Sistema das angiospermas **847**
"Ordens basais"............................... 847
"Monocotiledôneas"............................ 852
"Eudicotiledôneas"............................ 869
"Eudicotiledôneas-core"....................... 872
"Rosídeas".................................... 878
"Asterídeas".................................. 900
10.2.15 Ancestralidade e parentesco das espermatófitas..................... **919**

Nota prévia: Na Parte 10.2 (sem sequência numérica), podem ser encontradas, nas páginas exatas, os locais do texto procurados através do índice (geral e de gêneros). O símbolo (➤) marca informações adicionais ao livro – em geral, da sistemática – no *Companion Site*.

> Os graus de organização alcançados durante a evolução são marcados em azul no texto a seguir.

Nas classificações antigas, os conceitos de "planta" e "animal" foram originalmente equiparados nos dois grupos taxonômicos principais dos seres vivos mais comuns (*regnum vegetabile* e *regnum animale*). Hoje, é sabido que plantas e animais, do ponto de vista fisiológico-nutricional, correspondem a **tipos de organização** diferenciados (ver Introdução), e não a grupos com parentesco natural. Por essa razão, também o "Reino Vegetal" não representa uma **linhagem com ascendência comum** e, por isso, não constitui um táxon. As plantas podem ser definidas como organismos fotoautotróficos. A **botânica** é, em conformidade com isso, a biologia dos fotoautotróficos. Na botânica, são estudados todos os organismos fotoautotróficos, mas também, aqueles grupos heterotróficos que descendem de grupos autotróficos ou que são importantes para a compreensão da filogenia da autotrofia. Em sentido mais amplo, portanto, os fungos (simbiose de liquens) e os procariotos (teoria da endossimbiose) também são objetos de estudo da botânica e, assim, também deste livro. Sobre a Origem da Vida, ver Quadro 10-1.

O estudo da ultraestrutura celular desvendou dois planos de construção basicamente diferentes, nos organismos que hoje não mais podem ser relacionados com formas intermediárias: protocélulas e eucélulas. Esses dois tipos de construção celular foram até pouco tempo a base para a classificação dos seres vivos em dois grupos principais ("Reinos"): Prokaryota e Eukaryota. Novas pesquisas, com a inclusão de métodos de filogenia molecular, indicam uma derivação precoce, originando os três grupos principais **Archaea**, **Bacteria e Eucarya**, sendo que na árvore filogenética, Archaea está mais próxima de Eucarya que de Bacteria (Figura 10-8). Porém, em função da sua construção celular, Archaea e Bacteria opõem-se como procariotos a Eucarya (eucariotos). Os três grupos (Bacteria, Archaea, Eucarya) serão tratados aqui como reinos próprios.

Para evitar confusões com o antigo uso do vocábulo reino ("reino vegetal" *versus* "reino animal"), na classificação filogenética dos seres vivos, o vocábulo domínio é cada vez mais usado em lugar de reino (domínio Bacteria, etc.).

Os **Eucarya** dividem-se em cinco **grupos fundamentais** (Quadro 10-2): 1. Unikontae, 2. Primoplantae, 3. Chromalveolatae, 4. Rhizaria, 5. Excavatae (comparar Figura 10-8 e página inicial do capítulo).

Quadro 10-1

A origem da vida

Os vestígios mais antigos de vida, datados de aproximadamente 1 bilhão de anos depois do surgimento da Terra, ou seja, há cerca de 3,5 bilhões de anos, puderam ser comprovados em rochas do oeste australiano, embora tais provas não sejam incontestáveis. A atmosfera de nosso planeta era então constituída principalmente de vapor de água, dióxido de carbono, nitrogênio (N_2) e traços de hidrogênio (H_2), sulfeto, cloreto e fluoreto, metano, amoníaco, HCN, etc., e tinha, ao contrário de hoje, propriedades redutoras. O oxigênio, atualmente dominante, era quase completamente ausente e a camada de ozônio, protetora contra radiação espacial e UV, hoje tão importante, não tinha sido ainda constituída na atmosfera primitiva. Aparentemente, a energia da radiação UV, as altas temperaturas e as descargas elétricas tiveram um papel importante na origem da vida.

Como já demonstrado experimentalmente várias vezes, inúmeros elementos orgânicos puderam se desenvolver sob essas condições. Entre eles, como elementos construtores da vida, estão os aminoácidos, nucleotídeos, açúcares, ácidos graxos e alcoóis ou suas formas precursoras. Porém, nem todos os elementos citados puderam ser criados com a estrutura química idêntica à que existe hoje nas células vivas.

Em todo caso, é desconhecido como exatamente sugiram essas moléculas se, por exemplo, em solução aquosa ("caldo primordial") ou em aderência a superfícies carregadas eletricamente ("pizza primordial") tais como a pirita em uma segunda etapa, seus polímeros. A probabilidade de ocorrerem determinados compostos químicos parece ser maior em ligação com uma superfície. Finalmente, foi decisivo o surgimento de sistemas com a capacidade de reduplicação e codificação idênticas. Para tanto, os pré-requisitos foram os polinucleotídeos do tipo RNA, que apresentam atividade autocatalítica e, com isso, podem catalisar sua própria replicação. Dois ou mais desses sistemas de RNA poderiam ter sido acoplados a um "hiperciclo", no qual a replicação dos componentes é promovida alternadamente. Por meio da ligação desses sistemas de código com membranas lipídicas ("compartimentalização") e proteínas, finalmente poderiam ser originado os ainda hipotéticos progenotos ("protobiontes"). Para esses, é necessário postular um gradativo aperfeiçoamento desde o registro de informações do RNA até um sistema de código de DNA com transcrição e transdução, assim como uma otimização do metabolismo, a partir de um número cada vez maior e mais eficiente de processos controlados por enzimas.

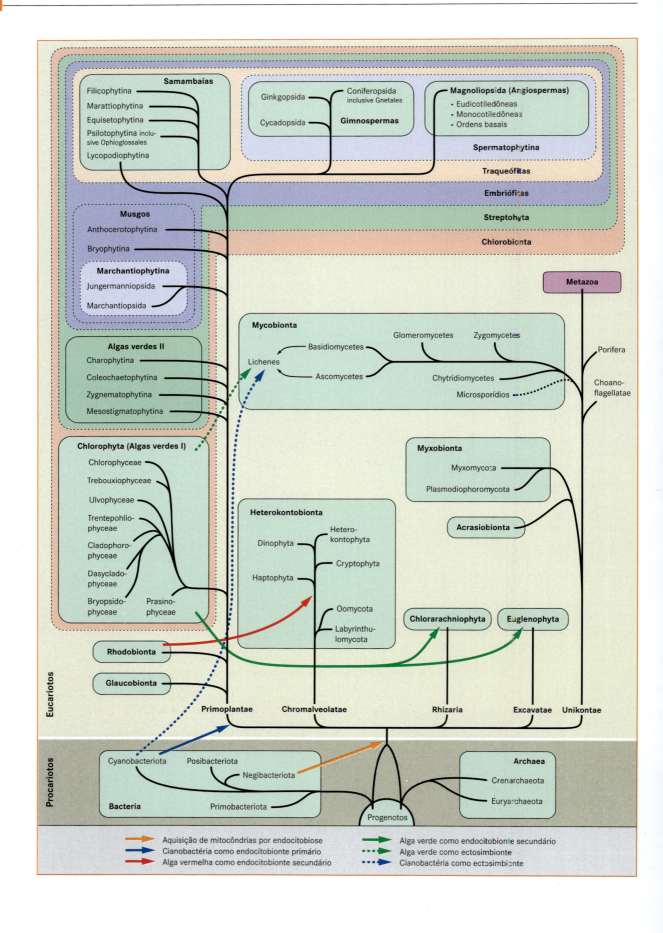

A **fotoautotrofia** ocorre em quatro desses cinco grupos. O desenvolvimento mais acentuado de organismos fotoautotróficos, desde formas unicelulares e algas tetracelulares de construção simples até as plantas terrícolas de construção complexa, ocorreu entre as Primoplantae. Apenas o primeiro grupo basal dos Unikontae é caracterizado quase exclusivamente por **nutrição heterotrófica**; a esse grupo pertencem, entre outros, animais unicelulares e pluricelulares, e nele os fungos heterotróficos compartilham com as plantas muitas características surgidas por convergência. Todavia, os seres heterotróficos unicelulares estudados pela Zoologia também fazem parte dos Chromalveolatae (Apicomplexa = Sporozoa), dos Rhizaria e dos Excavatae (Kinetoplastida, flagelados).

Os chamados cinco grupos de Eucarya não serão relatados em particular na revisão e apresentação dos sistemas que se segue. Nos **reinos** (domínios) que serão tratados aqui são classificados como **subreinos** (subdomínio) e **divisões** (filos) os grupos abrangentes, mas claramente derivados de um ancestral comum e, portanto, relacionados filogeneticamente e as linhagens monofiléticas. Seus nomes terminam, no caso dos **subreinos**, com –bionta, as **divisões**, se forem constituídas de eucariontes autotróficos com –phyta e os fungos com –mycota. Uma visão geral do sistema apresentado a seguir pode ser obtida no sumário, da Figura 10-8 e do Quadro 10-2.

Devido aos conhecimentos das pesquisas filogenéticas modernas, as denominações antigas dos grandes grupos (por exemplo, algas, fungos, espermatófitas) dentro do sistema, em muitos casos, não são mais úteis para a caracterização de linhagens monofiléticas. Essas denominações antigas, quando muito, caracterizam **tipos de organização**. No entanto, como denominações para grandes grupos de estruturação idêntica (tipo de organização) ou nível de desenvolvimento semelhante, esses vocábulos ainda conservam um certo significado, para abranger determinadas semelhanças e para compreender a diversidade de formas com fácil determinação. Por isso, as denominações antigas de tipos de organização serão destacadas neste livro em campos azuis, sem que representem um arcabouço para a classificação sistemática atual. Os tipos de organização entre as plantas, que não correspondem a um táxon (portanto, a uma divisão), são identificados pela terminação -fita, em lugar de –phyta (por exemplo, embriófitas, traqueófitas, pteridófitas, etc.).

◄ **Figura 10-8** Árvore genealógica de plantas e fungos. No decorrer da evolução das linhagens, etapas decisivas endocitobióticas primárias e secundárias e a consequente aquisição de mitocôndrias e plastídios estão indicadas por setas. As setas que levam aos liquens (Lichenes) mostram ectossimbioses com cianobactérias e Chlorophyta. Para mais detalhes, ver Quadro 10-2. (Segundo Bresinsky e Kadereit, 2006; modificado.)

Em um tipo de organização (de qualquer amplitude), são colocados grupos de organismos que se assemelham consideravelmente quanto aos caracteres de sua organização externa (ou seja, morfologia) ou interna (ou seja, anatomia e citologia). Em muitos casos, os tipos de organização correspondem a níveis de desenvolvimento e, como tal, são expressões de repetidas adaptações independentes a determinadas condições de vida ou de maior desenvolvimento. Sendo assim, em linhas evolutivas paralelas, eles indicam um determinado nível de desenvolvimento filogenético. Os tipos de organização reúnem, em parte, grupos filogeneticamente heterogêneos, mas muitas vezes separam linhagens monofiléticas, as quais devem ser aproximadas filogenética e sistematicamente.

A **história do sistema** do "reino vegetal" é marcada pelas mudanças de paradigma. O sistema artificial mais conhecido é o sistema sexual, desenvolvido por C. v. Linné (1735). Linné opôs 23 classes de plantas floríferas diante de uma 24ª classe, "Cryptogamia", na qual incluiu não apenas fetos, musgos, algas e fungos, até então pouco conhecidos, mas também algumas plantas superiores com flores difíceis de reconhecer (*Ficus*, *Lemna*) e até mesmo corais e esponjas. Ele distinguiu a subdivisão das plantas floríferas (Phanerogamia), principalmente, pela divisão dos sexos nas flores e pelo número, soldadura, distribuição e comprimento relativo dos estames. Hoje, as criptógamas podem ser designadas como "plantas de esporos", já que entre elas o desenvolvimento de novos indivíduos se dá em geral a partir de esporos unicelulares; as fanerógamas podem ser designadas como plantas floríferas, ou melhor ainda, como plantas com sementes (espermatófitas).

Linné já tentara construir um sistema natural para a classificação das plantas, mas apenas A.L. de Jussieu (1789), A.P. de Candolle (1819), St. Endlicher (1836), entre outros, podem ser considerados fundadores dos sistemas formais mais importantes. Mesmo depois do surgimento da teoria da descendência, os sistemas de A. Braun (1864), G. Bentham e J.D. Hooker (1862-18883), A.W. Eichler (1883) e, especialmente, o agrupamento de A. Engler, ainda hoje usado, permaneceram presos ao uso taxonômico de níveis organizacionais e estágios de desenvolvimento. A primeira tentativa de um sistema filogenético foi a de R. v. Wettstein (1901-1908). Os sistemas em uso atualmente representam diferentes etapas no caminho entre agrupamentos formais para agrupamentos filogenéticos e sintéticos.

Observando-se os diversos **sistemas concorrentes** atuais, ainda se encontram muitas diferenças, frequentemente bastante profundas. Isso mostra como a sistemática está, ainda, em desenvolvimento. Apesar disso, nos últimos dez anos foram possíveis importantes descobertas na pesquisa da evolução das linhagens em todos os grupos de organismos, com a ajuda da comparação e da análise cladís-

Quadro 10-2

Filogenia das plantas e dos fungos

É bem provável que a primeira célula eucariótica heterotrófica tenha surgido por **transferência gênica** (por exemplo, na forma de uma endocitobiose primária) entre **Bacteria** e **Archaea**. Com isso, pode-se explicar plausivelmente a estrutura das **mitocôndrias**, assim como seu relacionamento com determinadas bactérias (Negibacteriota) (Figura 10-8).

O surgimento dos inúmeros sistemas de membranas intracelulares de células eucarióticas pode ter ocorrido possivelmente por invaginação da membrana celular de ancestrais procarióticos. Já a origem, por exemplo, dos cromossomos e do núcleo celular, como as estruturas características das células eucarióticas, não foi explicada, porque não são conhecidos organismos com possíveis precursores de tais estruturas.

Eucariotos heterotróficos unicelulares com mitocôndrias. Existe uma diversidade extraordinária de diversos representantes com essa organização que foram pontos de partida para a continuação da evolução.

Segundo o conhecimento atual, os **Eucarya** podem ser divididos **em cinco grupos**, que se separaram já no início de sua evolução: 1. **Unikontae** (heterotróficos, células ativamente móveis, frequentemente por flagelos; englobam os animais, mas também os fungos e os fungos plasmodiais); 2. **Primoplantae** (fotoautotróficos por endocitobiose primária de cianobactérias; englobam a maioria das plantas); 3. **Chromalveolatae** (em parte fotoautotróficos por endocitobiose secundária de Rhodobionta); 4. **Rhizaria** (em parte autotróficos por endocitobiose secundária de clorobiontes); 5. **Excavatae** (organismos unicelulares, em parte autotróficos por endocitobiose secundária de clorobintes; englobam, entre outros, também os protozoários do tipo Kinetoplastida).

A única fusão de uma dessas linhas evolutivas (**Primoplantae**) com uma bactéria fotoautotrófica (Cyanobacteriota), como consequência de uma endocitobiose primária (ver 2.4.2), há mais de 2 bilhões de anos levou ao **surgimento da primeira célula vegetal**, em que os endocitobiontes se transformaram em plastídios. Todas as plantas com plastídios simples com membrana dupla descendem dessa primeira célula vegetal. Essas plantas chegam aos nossos dias em três linhagens, a saber, **Glaucobionta**, **Rhodobionta** (algas vermelhas) e **Chlorobionta** (aqui, entre outras, as algas verdes), entre as quais Rhodo- e Chlorobionta são mais estreitamente relacionadas.

Entre as Chlorobionta, as **Chlorophyta**, com a parte principal das algas verdes, constituem-se um grupo irmão das **Streptophyta**, as quais, por um lado, contêm as algas verdes uni a pluricelulares e, por outro lado, as plantas terrícolas (embriófitas).

Todos os demais grupos de algas com plastídios, que possuem geralmente três ou quatro membranas, originaram-se por endocitobioses secundárias, nas quais diferentes eucariotos heterotróficos unicelulares envolveram-se com diferentes tipos de algas. As algas verdes são os endocitobiontes secundários entre os **Rhizaria** (em **Chlorarachniophyta**) e entre os **Excavatae** (nos **Euglenophyta**). As algas vermelhas, como endocitobiontes secundários, constituem os plastídios dos **Heterokontobionta** (**Chromalveolatae**) com as Divisões Haptophyta, Cryptophyta, Dinophyta e Heterokontophyta.

Os organismos heterotróficos conhecidos como **fungos** têm origens evolutivas muito diferentes. Os **Oomycota** (fungos celulósicos) são aparentados com algas pertencentes a Heterokontobionta. Entre os **Unikontae**, outras linhagens evolutivas são representadas pelos **Acrasiobionta** (fungos plasmodiais celulares), aparentados com protozoários, os **Myxobionta** (fungos plasmodiais), assim como os **Mycobionta** (fungos quitinosos), originalmente relacionados aos animais pluricelulares (Metazoa). Os **Lichenes** (liquens) surgiram várias vezes independentemente uns dos outros, por meio de ectosimbiose de diversos Mycobionta com cianobactérias ou algas verdes.

As **plantas terrícolas** (**embriófitas**: musgos, fetos e espermatófitas), que surgiram há 450 milhões de anos, no Ordoviciano, estão mais estreitamente relacionadas com as Charophytina, (algas em forma de candelabro), plantas recentes semelhantes a algas que vivem em água doce (por exemplo, o gênero *Chara*). *Chara* e seus aparentados de um lado, e as plantas terrícolas, de outro, constituem as Streptophyta, que se distinguem, por exemplo, por flagelos laterais (se presentes), divisão celular em geral através da formação de fragmoplastos, assim como uma estrutura especial de celulose. As plantas terrícolas distinguem-se sobretudo, pelo fato de que seus gametângios (anterídios, arquegônios) encontram-se envolvidos por uma camada de células estéreis de origem congenital e o zigoto, no início do seu desenvolvimento, permanece como embrião sobre o gametófito e é alimentado por este.

---

tica de dados de diversas sequências homólogas de DNA, oriundos dos genomas dos cloroplastídeos, das mitocôndrias e do núcleo da célula (filogenia molecular). É de se esperar, portanto, que em um período previsível de tempo, um agrupamento natural aceitável seja obtido. A proposta aqui escolhida representa, também, apenas mais uma tentativa de explicitar os grandes relacionamentos de uma forma mais ou menos clara. Tendo em vista os objetivos de um livro didático, determinadas simplificações foram feitas propositadamente.

Até agora são conhecidas cerca de 3.000.000 de **espécies vegetais** viventes. Dessas, mais de dois terços pertencem às

A evolução das plantas terrícolas ocorreu provavelmente às margens de corpos de água doce, com níveis variáveis de água ao longo das estações do ano. Isso é pressuposto tanto pela ocorrência de Charophyceae em água doce quanto pela consideração de que essas condições seriam muito mais apropriadas para o surgimento de plantas terrestres do que as condições à beira-mar. O surgimento da cutícula, estômatos, tecidos de condução e sustentação, órgãos e estruturas intercelulares e órgãos de absorção de água foram pré-requisitos importantes para a ocupação da terra com suprimento limitado de água. No início, provavelmente essas estruturas eram adaptações à dessecação temporária devida a níveis baixos de água. Para a colonização da terra pelas plantas, sua simbiose com fungos micorrízicos parece ter tido também um grande significado.

As linhas evolutivas mais primitivas das plantas terrícolas são os **musgos** parafiléticos (**Marchantiophytina** – hepáticas; **Bryophytina** – musgos; **Anthocerophytina** – antóceros), nos quais o gametófito é a geração mais complexa anatômica e morfologicamente; seu esporófito não ramificado, com apenas um esporângio, permanece sempre ligado ao gametófito e, por se tornar precocemente heterotrófico, é nutrido pelo gametófito.

Os **fetos** também parafiléticos (Lycopodiophytina – licopódios, selaginelas, isoetes; Equisetophytina – cavalinhas; Psilotophytina; Filicophytina – samambaias verdadeiras), juntamente com as espermatófitas monofiléticas (Spermatophytina), originaram-se de um grupo ancestral semelhante a um musgo, que provavelmente era mais estreitamente relacionado a Anthocerophytina. Fetos e espermatófitas apresentam um esporófito (cormo) ramificado, complexo anatômica e morfologicamente, com os órgãos fundamentais (raiz, caule e folha), inúmeros esporângios situados nas folhas, assim como xilema (com traqueídes e vasos) e floema como tecidos de condução. Por isso, se podem reunir fetos e espermatófitas em cormófitas ou em traqueófitas (plantas vasculares). A geração gametofítica, sempre talosa, é progressivamente reduzida.

Nos fetos, pode ser observada uma profunda bifurcação entre **Lycopodiophytina** de um lado e **Equisetophytina**, **Psilotophytina** e **Filicophytina** de outro; os três últimos grupos formam o grupo-irmão de Spermatophytina. Com isso, os fetos são parafiléticas em relação a Spermatophytina e, em consequência, também podem ser distinguidos das espermatófitas apenas pela ausência de sementes.

No grupo hoje quase exclusivamente herbáceo dos fetos, que diferem bastante entre si, por exemplo, pelas características foliares, estrutura dos esporófilos, assim como pela anatomia do caule, surgiram no passado diversos representantes lenhosos e arbóreos. Da mesma forma, a transição da condição de isosporia, em geral com gametófitos hermafroditas e de vida livre, para a condição de heterosporia, com gametófitos masculinos de formação endospórica nos micrósporos e formação endospórica de gametófitos femininos nos megásporos, ocorreu várias vezes paralelamente.

As **espermatófitas**, originadas provavelmente no Devoniano Superior, há cerca de 370 milhões de anos, distinguem-se também, porque o megásporo não abandona o megasporângio. Com isso, o gametófito feminino (saco embrionário), originado do megásporo, permanece ao menos até a polinização sobre o esporófito, em um megasporângio (nucelo) indeiscente (isto é, que não se abre), com envoltório estéril (tegumento). Essa estrutura (tegumento, nucelo, saco embrionário com oosfera), chamada rudimento seminal, desenvolve-se após a fecundação em uma semente com casca (testa), tecido nutritivo (endosperma) e embrião.

Com esse passo evolutivo, foi superada a dependência de água para a fecundação da oosfera no arquegônio, constituindo-se uma forma de gametófito independente.

Entre as espermatófitas, pode-se confrontar **Coniferopsida** (coníferas, inclusive Gnetales), **Cycadopsida** (cicádeas) e **Ginkgopsida**, como gimnospermas monofiléticas, com **Magnoliopsida** (plantas floríferas), como angiospermas. Com essa concepção, é revista a ideia geral até pouco tempo aceita de que as angiospermas têm seu parente mais próximo entre as Gnetales e, com isso, as gimnospermas seriam parafiléticas em relação às angiospermas. É surpreendente a estreita relação das Gnetales com as coníferas; inclusive é possível que os Gnetales sejam os parentes mais próximos de Pinaceae.

Com pelo menos 250.000 espécies, as angiospermas representam hoje de longe o grupo de plantas de maior riqueza de espécies, tendo surgido pela primeira vez em registros fósseis no Cretáceo Inferior, há cerca de 140 milhões de anos. Elas mostram uma diversidade incrível em sua ecologia geral, na estruturação de diferentes formas herbáceas e lenhosas, em sua biologia de polinização e dispersão, assim como em riqueza de produtos do metabolismo secundário. Com isso, as angiospermas são atualmente o componente dominante de quase todas as formas de vegetação e podem também ocupar diversos ambientes extremos.

Na base da árvore filogenética das angiospermas estão algumas famílias reunidas como **Magnoliidae**, que representam apenas cerca de 4% de todas as espécies de plantas floríferas viventes atuais. Este é um grupo basal parafilético, a partir do qual surgiram as demais angiospermas. Cerca de 22% de todas as espécies de angiospermas fazem parte de **Liliidae** (monocotiledôneas). Os restantes 74% das angiospermas pertencem a **Rosidae**.

espermatófitas (cerca de 700 gimnospermas e 240.000 angiospermas), cerca de 10.000 são pteridófitas e 24.000 são musgos. O número das espécies descritas de algas é de cerca de 23.000, o número das espécies descritas de fungos atinge cerca de 1.000.000 e de liquens cerca de 20.000. Finalmente, estima-se ainda mais de 4.000 espécies de bactérias e 2.000 de cianobactérias. Considerando as taxas anualmente crescentes de espécies novas descritas (principalmente de bactérias, fungos e angiospermas), provavelmente não estaremos errando ao assumir que o inventário ainda não concluído do reino vegetal, dos fungos e das bactérias fará esse número chegar a muito mais que meio milhão de espécies.

Tipo de organização procarionte

I. e II. Reinos

Os fósseis comprovados mais antigos de seres vivos são procariotos de organização celular.

A **célula procariótica** (**protocito**) não possui um núcleo verdadeiro, isto é, envolvido por uma membrana (daí a antiga denominação anucleobionta; para a estrutura da célula, ver 2.3), mas um a vários equivalentes de núcleo (nucleoides). O DNA encontra-se livre como genóforo, assim chamado, nucleoplasma. Mitose e meiose não existem. A subdivisão da célula em espaços de reação (compartimentos) é menos pronunciada que nos eucariotos: faltam cloroplastídios e mitocôndrias. As organelas de movimento estão em parte presentes, mas são estruturadas de forma fundamentalmente diferente das dos eucariotos (ver 2.3.2). A parede da célula procariótica é constituída de substâncias heteropolímeras, que até agora não puderam ser comprovadas em nenhum organismo eucariótico. A parede é formada por uma molécula gigantesca contendo polissacarídeos de estrutura química diferentes, ligados uns aos outros por valências principais, semelhante a uma rede em forma de saco (ver 2.3.3). Enquanto os eucariotos são amplamente dependentes de oxigênio, os procariotos se comportam de maneira diferente. Entre eles, ocorre uma transição da intolerância absoluta até sua dependência absoluta do oxigênio. A capacidade de fixar nitrogênio, generalizada entre procariontes, está limitada a eles.

Bactérias, **cianobactérias** (incluindo as **protobactérias**) e **Archaea** pertencem aos procariotos. Entre Bacteria e Archaea, as duas principais linhas evolutivas de organismos com organização procariótica, ocorreu expressiva troca "lateral" de material genético.

I. Reino (domínio): Bacteria

O reino **Bacteria** (bactérias, cianobactérias) inclui **organismos procarióticos** com uma parede celular de estrutura química especial (**sáculo de mureína**).

As três divisões a seguir (Primobacteriota, Posibacteriota e Negibacteriota) formam o grupo das bactérias em sentido restrito, denominado **eubactérias** (em oposição às cianobactérias, etc). Eubactérias (Figura 2-92) são procariotos, entre os quais a maioria das espécies é heterotrófica (ver 8.1) e, além disso, muito pequena (ver também Figura 1-1) e pouco diferenciada morfologicamente. A largura média da célula é de cerca de 1 µm, o comprimento atinge cerca de 3-5(-10) µm, mas existem espécies cujas células atingem um comprimento de até 750 µm. A maioria das espécies é unicelular. As diferentes formas celulares das bactérias remontam às formas básicas da esfera e do cilindro reto ou curvo (Figura 10-9). Diferenciam-se os cocos (esféricos), que podem reunir-se em associações semelhantes a colônias bastonetes, cujas formas produtoras de esporos são conhecidas como bacilos; e bastonetes curvados (vibriões) a espiralados (espirilos). Em muitas bactérias, as células permanecem ligadas entre si após a divisão celular e formam agrupamentos, sarcinas (Sarcina, Figura 10-9F), filamentos*, (Figura 10-9H) ou redes. Já nas bactérias é possível observar-se o desenvolvimento de estruturas mais complexas. Todavia, nas formas pluricelulares, o princípio da divisão de trabalho, pela execução de determinadas tarefas, raramente é manifestado pelas células. *Chlorochromatium* forma agregados celulares (ver em Chlorobi).

Filamentos celulares podem ser simples ou ramificados; em parte, eles são envolvidos por bainhas ou flagelados. Os filamentos pluricelulares dos actinomicetos representam uma convergência análoga ao micélio dos fungos eucarióticos (Figura 10-9K). As mixobactérias são procariotos flexíveis, que rastejam sobre as superfícies. Em analogia a alguns mixomicetos eucarióticos, são formadas, em parte, estruturas semelhantes a corpos de frutificação menores que 1mm, pela reunião de células isoladas (Figura 10-9L-N). A diferenciação morfológica permite, portanto, reconhecer o desenvolvimento de estruturas mais complexas. Embora a complexidade dos eucariotos não seja alcançada, ainda assim, nas adaptações a determinadas condições de vida, ocorrem as formas correspondentes (colônias, filamentos, filamentos ramificados, micélios, formas semelhantes a corpos frutíferos, esporos, flagelos). Por outro lado, também ocorrem formas reduzidas até o tamanho de vírus.

Nucleoide e **plasmídio**. O DNA das bactérias (genóforo) não é distribuído de modo difuso no citoplasma, ao contrário, é localizado em determinadas regiões (nucleoide). O nucleoide apresenta-se como uma meada de fios finos em contato direto com o citoplasma; não há uma membrana nuclear. Como consequência da rápida divisão do genóforo, muitas vezes são encontrados 2-4 nucleoides nas células de bactérias. Em *Escherichia coli*, o genóforo é constituído por um único filamento de DNA fechado em forma de anel que, se estendido, teria o comprimento de 1,4mm. A divisão do genóforo ocorre nas bactérias provavelmente através de uma ligação temporária à membrana plasmática (sem mitose e meiose). Além do genóforo, são encontrados nas células bacterianas também anéis de DNA capazes de autorreplicação, os chamados plasmídios.

Dadas as muitas particularidades relacionadas às bactérias, ao contrário dos eucariotos, não se deve de modo algum, falar de "núcleo" e "cromossomos", mesmo que isso ocorra frequentemente. Em estrutura e função, o DNA de bactérias corresponde em grande parte ao DNA de todos os outros seres vivos (ver 1.2). Em rápida replicação, o DNA atinge taxas de renovação de 33µm por minuto. As bactérias são os organismos nos quais as análises moleculares foram mais aprofundadas. Mapas genéticos já foram construídos para *Escherichia coli*, *Salmonella typhimurium* e outras bactérias.

---

* N. de T. Estreptobacilos.

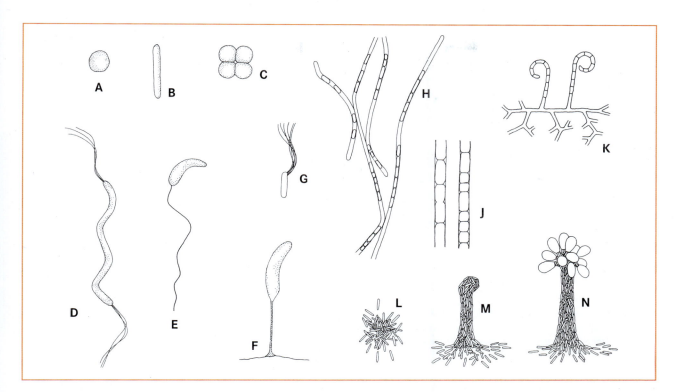

Figura 10-9 Bacteria. Formas de bactérias. **A** *Staphylococcus*. **B** *Lactobacillus*. **C** *Bdellovibrio*. **D** *Spirillum*. **E** *Caulobacter* (4.000x). **F** *Sarcina*. **G-J** *Sphaerotilus*, **G** Estágio móvel (700x), **H** Forma *Sphaerotilus* (330x), **J** Início da separação celular (800x). **K** *Streptomyces*. **L-N** *Chondromyces*; bastonetes (200x); corpo frutífero (30x). (A segundo Umeda; B segundo O. Kandler; C segundo Stolp; D segundo Krieg; E segundo Houwink; F segundo Beveridge; G-J segundo Brock e Höninger; K segundo Schlegel, 1992; L-N segundo Grillone.)

O **citoplasma** faz contato com a parede celular mediante a membrana plasmática; ela é multiestratificada como em todos os organismos e também recebe o nome de plasmalema. No citoplasma são encontrados também, em parte, vários nucleoides, diversos sistemas de membrana e inclusões celulares. Os ribossomos das bactérias têm 16 X 18nm, são formados de cerca de 60% de RNA e 40% de proteína e seu número é de aproximadamente de 5.000-50.000 em cada célula. Eles sedimentam a 70S (S= unidade de Svedberg; coeficiente para determinação da massa molar) na ultracentrífuga. Por outro lado, os eucariotos têm ribossomos de 80S no citoplasma e de 70S em mitocôndrias e cloroplastídios. As membranas intraplasmáticas nas células bacterianas formam – até onde foram estudadas – uma rede. Por meio de invaginações da membrana plasmática, formam-se vesículas semelhantes a bolhas ou tubos. Em bactérias fototróficas, as vesículas tubulares e fotossinteticamente ativas são denominadas tilacoides, em analogia às estruturas correspondentes nos cloroplastídios das plantas verdes (Figura 10-11); os tilacoides apresentam-se, em parte, também empilhados da mesma maneira. As membranas desses tilacoides são portadoras dos pigmentos absorventes de luz (bacterioclorofilas e carotenoides), assim como dos componentes dos sistemas fotossintéticos de transporte de elétrons e de fosforilação. No entanto, os tilacoides aqui não se encontram envolvidos por uma membrana própria; com isso, não existem verdadeiros plastídios. Em determinadas bactérias (por exemplo, Chromatiaceae), são encontradas também vesículas de gás que, em grandes acúmulos, podem formar vacúolos gasosos.

Conteúdos celulares. Substâncias armazenadas intracelularmente podem, em parte, ser consideradas substâncias de reserva. Muitas bactérias armazenam polissacarídeos semelhantes ao glicogênio. Grana lipofílicos (grana são aqui estruturas armazenadoras de substâncias de reserva) são constituídos de ácido poli-β-hidroxibutírico. *Mycobacterium* e *Actinomyces* armazenam preferencialmente lipídeos neutros e ceras. Fosfato é armazenado em forma de grânulos polifosfatados ("Volutina") (Figura 2-92).

A **parede celular** das bactérias (Figura 2-97) tem cerca de 20 nm de espessura e não apresenta qualquer estrutura fibrilar semelhante às estruturas das paredes celulares de plantas superiores. Sua resistência mecânica é proporcionada, via de regra, por um envoltório denominado sáculo, composto preponderantemente pelo polímero mureína. A mureína, por sua vez, é composta pelas subunidades de ácido N-acetilmuramina e ácido N-acetilglucosamina; em série alternante, elas formam cordões de foliglicano por meio de ligações glicosídicas β (1→4). Com a ligação desses cordões com peptídeos curtos (tetra- ou pentapeptídeos contendo D- e L- aminoácidos), surge uma macromolécula reticular, o "sáculo de mureína". Peptidoglicanos são constituintes da parede celular de todas as bactérias (e cianobactérias), em mais de 100 variantes (tipos de peptidoglicanos). Algumas bactérias desenvolvem em sua superfície uma camada mucilaginosa bastante hidratada, ou "cápsulas" de diversas composições (em geral, são polissacarídeos ou polipeptídeos). As células de *Acetobacter xylinum* são mantidas unidas ("matriz vinagrenta") por celulose; em *Sarcina ventriculi*, do mesmo modo, as células são cimentadas por celulose.

O movimento é dado por **flagelos** extremamente delicados (ver 2.3.2, Figura 2-95), que ocorrem em determinados estágios de desenvolvimento de muitas bactérias e conferem às células capacidade de movimento flutuante reversível ativo. Ao microscópio eletrônico, esses flagelos bacterianos mostram uma estrutura de superfície helicoidal (Figura 10-10B); eles são compostos de algumas fibrilas longitudinais extremamentes finas, torcidas umas às outras, mas não apresentam a estrutura "2+9", como os flagelos verdadeiros dos eucariotos (Figura 2-16). A capacidade de movimento se deve a uma proteína contrátil, a flagelina, semelhante à proteína das células musculares (miosina). O diâmetro dos flagelos é, na maioria, de cerca de 10-20 nm, o comprimento 5-20 μm. Eles ocorrem em posição posterior, como flagelos isolados (monotríquio, Figura 10-10A) ou em tufos (lofotríquios, como em *Spirillum*, Figura 10-10D) ou são distribuídos sobre toda a superfície (peritríquios, Figura 10-10E). A inserção dos flagelos é polar (Figura 10-10C), bipolar, lateral ou um pouco abaixo da extremidade da célula (subpolar). Cada flagelo parte de um corpo basal (Figura 10-10C), mergulhado no envelope celular (Figura 2-96). O número de flagelos é determinado, entre outros fatores, pelas condições ambientais externas. Assim, *Proteus vulgaris* apresenta dois flagelos subpolares em condições de escassez nutricional, em vez da condição normal de flagelos distribuídos sobre toda a superfície. Os tufos são compostos de 2-50 flagelos individuais (politríquios).

Movimento. A velocidade do movimento com auxílio dos flagelos é de até 200 μm por segundo, correspondendo, portanto, a cerca de 50-60 vezes o comprimento da bactéria. Os flagelos podem, neste movimento, completar 40-100 rotações por segundo, representando cerca de três vezes a capacidade de um motor elétrico. *Spirillum* gira cerca de 13 vezes por segundo sobre seu próprio eixo durante sua locomoção. O movimento se dá em geral por impulso, como em hélices de barco; ele pode, porém, ser comutado em um movimento rápido como em hélices de avião. O movimento ocorre em geral em meio líquido, mais raramente sobre uma superfície úmida (como no caso do peritríquio *Proteus vulgaris*, sobre ágar). Dependendo do fator desencadeador, o movimento ocorre por quimiotaxia (ver 7.2.1.1), aerotaxia, fototaxia (ver 7.2.1.2) e magnetotaxia (ver 7.2.1.3). Os movimentos induzidos permitem às formas móveis a reunião em locais ótimos de substâncias e concentrações. Bactérias desprovidas de flagelo, semelhantes às cianobactérias, porém heterotróficas, são capazes de movimento deslizante. O movimento deslizante é bastante lento (cerca de 250 μm min^{-1}) e relacionado à secreção de camadas de mucilagem. A capacidade de movimento das mixobactérias, como protoplastos nus, já foi tratada anteriormente.

Além dos flagelos, em muitas bactérias encontram-se numerosos filamentos finos ("fímbrias" ou "pili"), cuja função é ainda desconhecida. Em *Escherichia coli*, os chamados *pili* F* ou **pili sexuais** tornam possível a conjugação parassexual (Figura 10-12A, B).

Fisiologia. A nutrição das bactérias pode ser distinguida pela fonte de energia, doador de elétrons e fonte de carbono.

---
* N. de T. F-*Pili* (F do inglês *fertility*). Além dos *pili* sexuais, são também descritos os *pili* I, aos quais é atribuída a função de aderência ao substrato.

Firura 10-10 Bacteria. Flagelos das bactérias. **A** Bactéria flagelada monótrica (*Vibrio metchnikovii*, 7.000x). **B** Parte de um flagelo (*Bordetella bronchiseptica*, 60.000x). **C** Corpo basal na inserção do flagelo (*Rhizobium radicicola*, 20.000x). **D** Bactéria flagelada lofótrica (*Spirillum undula*, 8.000x) **E** Bactéria flagelada periteica (*Proteus vulgaris*, conteúdo celular em parte sob autólise, 10.000x). (A segundo van Iterson; B segundo Labaw e Mosley; C segundo Ziegler; D segundo Scanga; E segundo Houwink e van Iterson.)

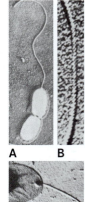

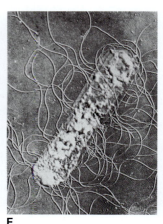

O ganho de energia se dá ou pela decomposição de substâncias no substrato (quimioterapia) ou pelo uso de energia luminosa (fototrofia, ver 5.4). Como doadores de elétrons servem substâncias orgânicas (organotrofia) ou inorgânicas, como NH_3, H_2S ou Fe^{2+} (litotrofia); como fonte de carbono principalmente compostos orgânicos (heterotrofia), raramente também CO_2 (autotrofia). Dependendo do doador de elétrons e fornecedor de energia, as bactérias autotróficas são quimiolitotróficas ou fototróficas. Espécies estritamente anaeróbicas não conseguem crescer ou se reproduzir na presença de oxigênio. As anaeróbicas facultativas podem existir com ou sem oxigênio; formas microaerófilas suportam apenas pequenas concentrações de oxigênio. Para bactérias obrigatoriamente aeróbicas, o oxigênio é imprescindível. A capacidade de fixar nitrogênio do ar é limitada aos procariotos, nos quais é generalizada (ver 8.2.1).

Reprodução e multplicação ocorrem em regra pela divisão das células; em formas alongadas a divisão ocorre sempre perpendicular ao eixo longitudinal (ver 2.3.1; Figura 2-94). No processo de divisão celular, forma-se uma parede transversal desde a margem até o centro da célula (centrípeta), que depois se divide, ocasionando a separação das células. Em quase todas as bactérias estudadas até agora, o sáculo de peptidoglicanos participa da formação do septo desde o início. As células podem permanecer unidas em uma cadeia frouxa após a divisão (por exemplo, *Streptococcus*).

Para sobreviver a condições desfavoráveis, muitos tipos de bactérias formam células de resistência ou **esporos**. Em alguns grupos de bactérias do tipo bacilo, estes são produzidos no interior das células, como endósporos que diferem das células vegetativas pela menor capacidade de coloração e pela sua grande capacidade de refração. O significado dos endósporos se baseia sobretudo na sua resistência ao calor, pela qual eles podem, por exemplo, sobreviver ao cozimento por várias horas sem serem danificados. As células vegetativas dessas formas produtoras de esporos, porém, já são destruídas pela pasteurização (10 minutos de aquecimento a 80°C). A formação de esporos no interior da célula bacteriana inicia com diversas modificações no conteúdo da célula-mãe, entre as quais degradação de 75% de suas proteínas. Depois, segue a divisão da célula-mãe em duas células-filhas de tamanhos desiguais. A formação dos esporos é completada pelo revestimento das células menores, destinadas a serem esporos, com uma parede celular espessa, que pode representar até 50% de seu volume e peso seco. Em esporos termoresistentes, acumula-se o ácido dipicolínico, específicos de esporos, pelos quais aumentam a refração e a resistência térmica.

A formação de esporos é influenciada pelas condições externas e ocorre, por exemplo, sob carência de nutrientes. A predisposição à germinação dos esporos é aumentada pelo armazenamento e aquecimento. A partir de amostras de solo datadas que continham esporos (por exemplo, a terra em plantas de herbário), foi possível obter germinação de esporos mesmo após 200-320 anos em ambiente seco. Porém, em conservação a seco, 90% dos esporos de uma amostra de solo perdem sua viabilidade no prazo de 50 anos.

Em bactérias, é possível uma troca parcial de material genético ("parassexualidade"): fragmentos de DNA podem ser transferidos de uma célula doadora para uma célula receptora diretamente por conjugação, indiretamente pela transdução por meio de bacteriófagos ou em forma extraída por transformação (Figura 10-12B; sobre a função dos *pili* sexuais: Figura 10-12A).

Diferenças em relação aos vírus (ver 1.2.5). Ao contrário da maioria das bactérias (de maior tamanho), os vírus, muito menores (50-200 nm; formas filamentosas também 2000 nm = 2 μm), capazes de atravessar filtros de bactérias, não são organismos independentes. Os vírus se desenvolveram a partir de material genético de células. Eles são equivalentes a genes que se tornaram independentes, que se libertaram da influência da célula hospedeira e daí em diante redirecionam o metabolismo da célula hospedeira a favor da própria síntese. Talvez os vírus tenham sido originados por extrema redução de bactérias patogênicas. Enquanto que as bactérias apresentam DNA e RNA na relação 1:3,5, os vírus possuem sempre um só tipo de ácido nucleico, podendo ser DNA ou RNA. Vírus podem se reproduzir em células vivas; eles não apresentam crescimento nem divisão e são insensíveis à penicilina e sulfonamidas. Em imagens ao microscópio eletrônico faltam todas as estruturas características de bactérias, embora tenham em parte uma organização morfológica bastante elevada. Exemplos conhecidos de doenças causadas por vírus são o mosaico do tabaco (compare Introdução, Figura 2), febre aftosa, raiva, febre amarela, hepatite, gripe, varíola e herpes. **Retrovírus** são vírus de RNA cuja fita simples de RNA é transcrita em fita dupla de DNA (ou seja, o contrário da transcrição regular de DNA em RNA). A este

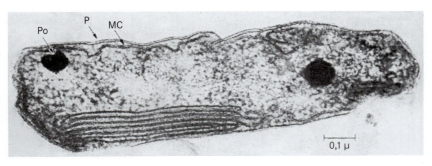

Figura 10-11 Bacteria. Bactéria fotoautotrófica *Rhodopseudomonas*, com tilacoides. – MC, membrana citoplasmática; Po, corpos de polifosfato; P, parede celular. (Segundo Drews e Giesbrecht.)

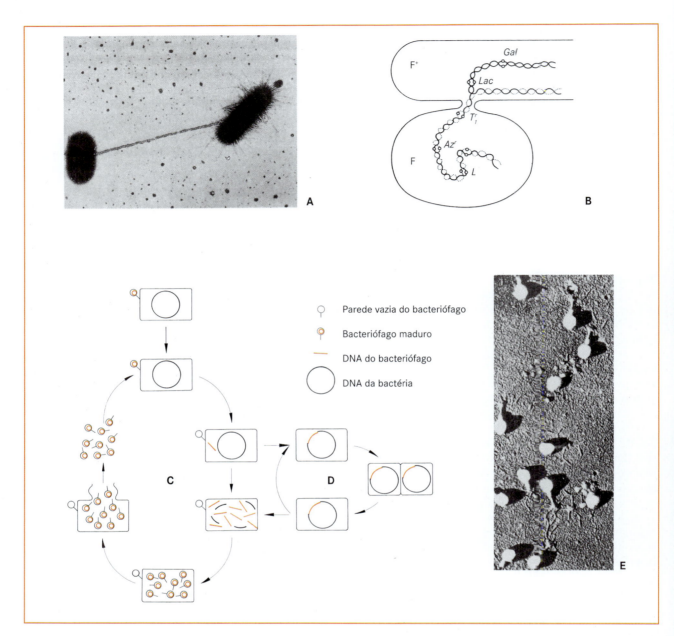

Figura 10-12 Transferência de DNA entre bactérias. **A, B** *Escherichia coli*. Transferência de DNA de uma célula doadora para uma célula receptora. **A** Eletrofotomicrografia. As células doadoras e receptoras (a última à direita) estão ligadas por um *pilus* sexual (3.500x). **B** Esquema da transferência de DNA. Acima *pilus* sexual, abaixo receptor. O DNA doador (preto) é separado em duas fitas, das quais uma se estende para dentro da célula receptora. Replicação (linha pontilhada) de cada fita simples de DNA (linha contínua) no *pilus* sexual e no receptor. Alguns tipos de genes estão marcados por círculos e letras. **C-E** Bacteriófagos. **C** Reprodução de bacteriófagos em uma célula hospedeira, com destruição da mesma (ciclo lítico). **D** Introdução do DNA do bacteriófago (laranja) no DNA da bactéria (preto e divisão normal da célula hospedeira (ciclo lisógeno). Na reversão para o ciclo lítico pode ocorrer transdução, isto é, transferência de DNA bacteriano para bacteriófagos liberados. **E** T_2-fagos isolados (40.000x). (A segundo Brinton e Carnahan; B segundo W. Nultsch, C, D segundo F. Ehrendorfer, E segundo Kellenberger e Arber.)

grupo pertence, entre outros, o causador da Síndrome da Imunodeficiência Adquirida – Sida/Aids (HIV) e os **oncovírus** causadores de tumores.

Bacteriófagos são vírus com elevado grau de organização (comprimento 50-250 nm), que consistem, no eixo principal, de uma "cabeça" contendo DNA, assim como de uma cápsula e uma 'cauda', formados por proteína (Figura 10-12E). A ponta da cauda fixa-se na superfície de uma célula bacteriana, após o que apenas o conteúdo de DNA da cabeça é injetado na bactéria pela cauda oca. Após poucos minutos, já são perceptíveis os primeiros traços de partes de bacteriófago e depois, mais ou menos ao mesmo tempo, algumas centenas de bacteriófagos são liberados por desintegração da célula bacteriana (lise). Os bacteriófagos não são originados por divisão, mas sim por neossíntese a partir do protoplasto da bactéria. Isso se baseia no fato de que o DNA dos bacteriófagos é ativado pelos seus produtos gênicos no metabolismo do hospedeiro; com isso, o aparelho genético do hospedeiro é tão desviado, que os componentes específicos do bacteriófago são sintetizados em vez dos componentes normais da bactéria. Os fagos podem mudar suas características bioquímicas dentro do hospedeiro, por meio de mutação; eles podem se cruzar e recombinar. Por isso, pensou-se inicialmente, que eles pudessem ser precursores das formas de vida. Porém, eles não apresentam metabolismos próprios de matéria e energia (por exemplo, respiração) e, portanto, são considerados como partes de DNA bacteriano que conservaram a capacidade de reprodução em citoplasma estranho e adquiriram a capacidade de resistir fora da célula hospedeira em estado de completa inatividade (latente), até que o metabolismo de um hospedeiro esteja à sua disposição. Essa concepção encontra importante suporte, entre outras, pela descoberta de que nem todos os bacteriófagos são mortais para as bactérias, mas que o DNA dos bacteriófagos "temperados", isto é, fagos moderados, pode ser replicado com o DNA da bactéria por muito tempo e sem causar dano (Figura 10-12C, D). A "substância genética" desses fagos é, em parte, muito semelhante à das bactérias.

Classificação sistemática das eubactérias. Com a predominante falta de caracteres morfológicos, critérios bioquímicos, fisiológicos e, em especial, filogenetico-moleculares (comparação de sequências de ácidos nucleicos, ver 1.2) são importantes para uma classificação filogenética das bactérias. As bactérias estão classificadas em um grupo filogenético profundamente enraizado, bem como em dois outros grupos distintos, por meio da coloração de Gram (introduzida por H.C.J. Gram, 1853-1938) da parece celular.

Em bactérias sem parede celular, que podem surgir espontaneamente, como também experimentalmente, não se pode utilizar a coloração de Gram (comparar com Micoplasmas).

Primeira divisão: Primobacteriota, bactérias basais

Com a ajuda de estudos filogenetico-moleculares, foi possível delimitar, entre as bactérias gram-negativas, linhagens basais (ou seja, enraizadas na base da árvore filogenética) com representantes, em parte, termófilos a hipertermófilos de fontes quentes (80-95°C), as quais, por outro lado, diferiram claramente das arqueas, que serão tratadas mais adiante. O gênero *Aquifex* representa uma das linhagens reunidas aqui. As espécies pertencentes a esse grupo formam bastonetes flagelados, cuja temperatura ótima de crescimento é de 85°C, e podem fixar CO_2 pelo ciclo redutivo do ácido tricarboxílico. O gênero hipertermófilo *Thermotoga*, com representantes em forma de bastonetes flagelados, incapazes de produzir esporos, é reconhecido pelo envoltório em forma de bainha (toga); o gênero constitui-se em outra linhagem evolutiva dentre as bactérias basais.

Segunda divisão: Posibacteriota, bactérias gram-positivas

O reagente de Gram não pode ser lavado do sáculo pluriestratificado de mureína das bactérias gram-positivas (ver 2.3.3). Seu envoltório celular (Figura 2-97A) é caracterizado pelas seguintes particularidades: a rede pluriestratificada de mureína participa com 30-70% do peso seco da parede celular; nos aminoácidos, o ácido diaminopimélico é muitas vezes substituído por lisina; os polissacarídeos inexistem ou são unidos por ligação covalente; o conteúdo proteico é menor do que em bactérias gram-negativas; ácidos teicoicos (polímeros dos ácidos ribitol-fosfórico e glicerol-fosfórico, ligados à mureína por uma ligação de fósforo-diéster) são componentes frequentes. As bactérias reunidas nesta divisão apresentam-se em todos os tipos morfológicos e metabólicos em geral conhecidos como bactérias. A organização morfológica mais elevada é atingida pelos Actinomicetes, com suas cadeias celulares ramificadas formando micélios. Corpos frutíferos como os das mixobactérias inexistem, assim como a capacidade fotossintética. A capacidade de formação de esporos, característica presente em bactérias gram-positivas isoladas formadoras de bacilos, ocorre somente entre elas, ou seja, não é verificada nas bactérias gram-negativas.

Sistemática. A diversidade é classificada nos seguintes grupos artificiais: cocos (semelhante a Figura 10-9A, C), bastonetes que não formam esporos (Figura 10-9B), bastonetes formadores de esporos, bactérias corineformes (bactérias com grande alternância de forma) e actinomicetos de micélios ramificados (fungos raiados, que são, porém, bactérias e não fungos), micoplasmas sem parede celular.

Terceira divisão: Negibacteriota, bactérias gram-negativas

Em bactérias gram-negativas, a rede de mureína é delgada (ver 2.3.3; Figura 2-97B), uniestratificada e corresponde apenas a menos de 10% do peso seco da parede celular. O reagente de gram pode ser lavado facilmente (como também nos Primobacteriota). A membrana externa consiste em lipoproteínas sobrepostas, não unidas por ligação covalente, lipossacarídeos e outros lipídeos, que correspondem a até 80% do peso seco da parede celular. Íons Ca^{2+} aumentam a estabilidade da camada de lipossacarídeos. Ácidos teicoicos não foram comprovados.

Nesta divisão, são reunidos cocos, bacilos, vibriões, espirilos, espiroquetas e formas deslizantes. O ganho de energia é fototrófico ou quimiotrófico. Diferentemente das bactérias gram-positivas, alguns dos grupos de bactérias gram-negativas são fotossintéticos, embora a fotossíntese ocorra fundamentalmente sem a liberação de oxigênio (fotossíntese anoxigênica; portanto, diferente de cianobactérias e eucariotos). Entre os grupos quimiotróficos, distinguem-se os quimiolitotróficos e os quimio-organotróficos.

Sistemática. Segundo a forma e desempenho fisiológico, podem ser distinguidos os seguintes grupos: cocos e bacilos anaeróbicos, bacilos anaeróbicos facultativos, cocos e bacilos aeróbicos, espirilos (bastonetes curvados, rígidos, com circunvoluções), espiroquetas (extraordinariamente longas e estreitas, torcidas) anaeróbicas e aeróbicas, bactérias portadoras de apêndices (na divisão celular, formam-se células de tamanho desigual e apêndices com forma de pedúnculos e processos talosos), bactérias com bainha (filamentos celulares em uma bainha cilíndrica; Figura 10-9G-J), bactérias deslizantes e mixobactérias semelhantes aos fungos plasmodiais, que formam um "pseudoplasmódio" (Figura 10-9L-N), bactérias parasíticas obrigatórias, quimiolitoautotróficas (por exemplo, oxidam a amônia em nitrito, como *Nitrosomonas*, e nitrito em nitrato, como *Nitrobacter*), bactérias fotoautotróficas. As bactérias fotoautotróficas, dependentes da luz como fonte de energia, filogeneticamente bastante diferenciadas, ocorrem como cocos, bastonetes ou espirilos. Se móveis por flagelos, estes são polares ou bipolares. ▶

Na classificação filogenética, as bactérias gram-positivas são dispostas em 15 grupos diferentes. Três deles – proteobactérias, clorofexi e clorobios – são destacados aqui, devido à sua capacidade fotossintética. Admite-se que a capacidade de fotossíntese anoxigênica se desenvolveu cedo em linhas bacterianas separadas e talvez tenha sido transmitida para diferentes grupos de bactérias por meio de transferência gênica lateral.

I. Proteobactérias. São fototróficas, quimio-olitotróficas ou quimio-organotróficas. Elas são ordenadas em cinco grupos. **Do grupo α**, originaram-se os ancestrais das **mitocôndrias** em células eucarióticas. Um gênero desse grupo α, *Bradyrhizobium*, vive em simbiose com a soja (em nódulos das raízes) e fixa nitrogênio atmosférico.

As **Rhodospirillales** são amplamente anaeróbicas e caracterizadas pela presença de diversos pigmentos fotossintéticos (bacterioclorofilas *a-e*) e carotenos, que lhes conferem uma coloração característica púrpura, avermelhada, marrom, verde-oliva ou verde. O oxigênio inibe a síntese e função das diversas bacterioclorofilas, que, por isso, se distinguem da clorofila *a* das cianobactérias (Figura 5-40) e dos eucariotos. Como doadores de elétrons, em parte, também são utilizados compostos orgânicos (Rhodospirillaceae). Elas possuem o **fotossistema II** (ver 5.4.5).

As **Rhodospirillaceae, bactérias purpúreas não sulfurosas** possuem, como as famílias seguintes, principalmente bacterioclorofila *a* ou *b* e um sistema de membranas citoplasmático. Elas são fotoautotróficas facultativas. Em geral, o enxofre elementar não é oxidado por elas. Os representantes mais conhecidos pertencem aos gêneros *Rhodospirillum*, *Rhodopseudomonas*, *Rhodobacter* e *Rhodomicrobium*. As **Chromatiaceae** acumulam enxofre nas células ou em suas superfícies externas. Devido à sua coloração em geral púrpura, são chamadas **bactérias sulfurosas** purpúreas. Entre elas, pode-se citar *Chromatium* e *Thiospirillum*, que atingem tamanhos consideráveis (20-40 × 3,5-4 μm), assim como *Thiocapsa*. Enxofre elementar ou sulfeto de hidrogênio é usado como doador de hidrogênio (assim como nas bactérias sulfurosas verdes). Elas são fotoautotróficas obrigatórias.

II. Clorobios, bactérias fotoautotróficas verdes. As **bactérias sulfurosas verdes**, pertencentes à família das Chlorobiaceae, como *Chlorobium* e outros gêneros, não são capazes de acumular ou depositar enxofre. Elas contêm bacterioclorofilas (principalmente *c* ou *d*; em parte, bacterioclorofila *a* em pequenas quantidades) em vesículas chamadas **clorossomos**, localizadas nas proximidades à membrana plasmática ou fixadas a ela. Por essa característica, elas se distinguem das bactérias purpúreas. Elas são fotolitoautotróficas obrigatórias, utilizam H_2S como doador de elétrons e possuem o **fotossistema I** (ver 5.4.7). Formas especiais são conhecidas pelo nome *Chlorochromatium*. Trata-se de agregados de várias bactérias sulfurosas verdes imóveis e uma célula central polar flagelada e incolor; as formações movimentam-se como unidades. A bactéria central é anaeróbia, não fototrófica e reduz sulfato ou enxofre a H_2S, que, por sua vez, é utilizado pelas células verdes para a fotossíntese anoxigênica.

III. Chloroflexi, Chloroflexaceae (bactérias verdes não sulfurosas, entre outras, o gênero *Chloroflexus*). Elas movem-se por deslizamento e, por isso, remetem ao grupo das bactérias deslizantes gram-negativas heterotróficas. Nelas os pigmentos fotossintéticos, bacterioclorofila *c* ou em parte também *a*, são acumulados em **clorossomos**. Elas são fotoautotróficas facultativas e possuem o **fotossistema II** (ver 5.4.5).

Ocorrência e modo de vida das bactérias

As bactérias ocorrem em grande número de espécies (cerca de 4.000) e em número incontável de indivíduos sobre toda a superfície da Terra: na água, no solo e com o pó também na atmosfera e sobre todos os objetos. Sua distribuição abrangente se deve, principalmente, aos seguintes fatores: pequeno tamanho e superfície muito grande em comparação à massa corporal, fatores que possibilitam atividade fisiológica e intensidade de metabolismo muito elevados (por exemplo, capacidade de reprodução muito rápida); além disso, deve ser considerada a resistência de suas células vegetativas e em especial de seus esporos contra condições ambientais desfavoráveis, assim como a diversidade de seus modos de nutrição. Sob condições ótimas, muitas espécies (por exemplo, *Vibrio cholerae*) são capazes de se dividir várias vezes em uma hora, de modo que em 24 horas, de uma única célula bacteriana, podem se originar vários bilhões de descendentes.

Os **esporos** das bactérias são muito resistentes contra dessecação e variações de temperatura; alguns suportam várias horas à temperatura de ebulição (máximo 30 horas), assim como muito frio. As células vegetativas de muitas espécies também são especialmente resistentes à dessecação.

Termofilia. As bactérias não são apenas estáveis a altas temperaturas (90-110°C), em fontes termais, por exemplo, mas até mesmo necessitam delas para seu crescimento ideal, semelhante às arqueas, que serão tratadas a seguir. A verdadeira termofilia, nesse sentido, ocorre apenas em procariotos. As bactérias são designadas **hipertermófilas**, se seu ótimo de crescimento situa-se em temperaturas em torno e acima de 80°C. Diferentemente das mesófilas (20-45°C), as bactérias termófilas (45-70°C) e hipertermófilas (70-110°C) possuem proteínas e enzimas termoestáveis que são caracterizadas por ótimos de temperatura elevados. A estabilidade das proteínas é elevada, entre outras fatores, por íons metálicos ou por ligações na membrana celular, assim como por combinações especiais de aminácidos; desse modo, as proteínas termoestáveis contêm mais resíduos de arginina que as termolábeis.

De *Thermus aquaticus* foi isolada a Taq-polimerase, utilizada para amplificação de DNA a 72°C.

O fato de a (hiper-) termofilia estar limitada aos grupos mais primitivos das bactérias e às arqueas indica que as primeiras formas de vida sobre a Terra se desenvolveram sob condições de altas temperaturas. As bactérias que liberam ativamente consideráveis quantidades de calor por meio de seu metabolismo ("autoaquecimento" de feno úmido, esterco, tabaco e algodão até mais de 60°C, por exemplo, por *Bacillus stearothermophilus* e espécies de *Thermomonospora* e *Thermoactinomycetes*) são termófilas moderadas.

Metabolismo. Entre os procariotos, e também entre as eubactérias, existe um número maior de tipos de metabolismo que entre os eucariotos. As bactérias, na maioria, são saprobiontes ou heterotróficas parasíticas. No entanto, o parasitismo obrigatório (por exemplo, nas Rickettsias) é raro, já que a maioria das espécies patogênicas pode se reproduzir também fora do corpo de animais ou humanos. A cultura em meio adequado (por exemplo, caldo de carne com peptonas) não oferece, portanto, maiores dificuldades. Em meio de cultura sólida (agar, gelatina), as bactérias produzem, em geral, aglomerações mucilaginosas de diversas formas, colônias e biofilmes, a maioria incolor, algumas vezes também coloridos por secreção de pigmentos. Pigmentos nas células (nos tilacoides, Figura 10-11, e na membrana citoplasmática) ocorrem apenas nas bactérias fototróficas verdes e nas bactérias purpúreas, semelhante ao que ocorre com as halobactérias entre as arqueas. As bactérias causam a degradação do substrato em meio aeróbio ou anaeróbio, pela secreção de enzimas. Características especiais do metabolismo de algumas bactérias são, entre outras: autotrofia, por fotossíntese (bactérias sulfurosas purpúreas e verdes) ou por quimiossíntese, hetrotrofia, em saprobiontes e parasitos ou em simbioses, com metabolismo oxibiôntico ou anoxibiôntico, desnitrificação ou dessulfurização (ver 5.6, 5.7), fixação de nitrogênio molecular (ver 8.2.2). Muitas fermentações são feitas por bactérias, como a fermentação de ácido lático e ácido butírico. Da celulose, pectina e proteínas, assim como a fermentação aeróbia do ácido acético (ver 5.9.2.2). Quase todas as substâncias naturais podem ser degradadas por bactérias, até mesmo petróleo, parafina, asfalto. Hidrocarbonetos são mais difíceis de degradar quanto mais curtas forem suas cadeias moleculares; etano e metano são utilizados por especialistas. Apenas algumas resinas e matérias plásticas, bem como a especialmente resistente esporopolenina (ver 2.2.7.6), resistem à degradação por bactérias.

Ocorrência de bactérias fotoautotróficas. As bactérias fotoautotróficas ocupam os ambientes das zonas anaeróbias de poças de água doce e lagos, em corpos de águas lênticas, mas também em baías marinhas. As bactérias sulfurosas purpúreas formam, por exemplo, uma camada de cor salmão ou de vinho sobre restos de plantas em degradação no fundo dos corpos d'água. Ocasionalmente, ocorre um desenvolvimento em massa ("floração") nas zonas anaeróbias profundas de lagos, sob determinadas condições de temperatura e concentrações suficientemente elevadas de gás sulfídrico, dióxido de carbono e compostos orgânicos. Devido ao seu alto conteúdo em carotenoides, as bactérias purpúreas podem absorver os comprimentos de onda curtos que chegam até as profundezas e os utilizam para o seu metabolismo fotossintético. Por isso, prevalecem as bactérias purpúreas com elevada pigmentação por carotenoides como adaptações às condições luminosas em grandes profundidades.

Simbiontes. Entre as bactérias simbiônticas, as espécies de bactérias fixadoras de nitrogênio, entre outras, das Famílias Rhizobiaceae (*Rhizobium, Phyllobacterium*; ver Figuras 8-6 e 8-7) e Actinomycetaceae (*Frankia*) são importantes para muitas plantas vasculares (Fabaceae, *Alnus, Hippophae, Ardisia, Pavetta, Psychotria*; ver 8.2.1). A derivação das mitocôndrias a partir de endocitobiose bacteriana é tida hoje como certa.

Patogenicidade. Um grande número de bactérias causa doenças em animais e humanos. A prevenção dessas doenças é possível por imunização ativa (vacinação). Para tanto, patógenos enfraquecidos ou suas toxinas são introduzidos no corpo para induzir nele a produção de anticorpos. Na imunização passiva são injetados anticorpos de animais imunizados.

Exemplos de **doenças humanas** causadas por bactérias gram-positivas são: inflamações (*Staphylococcus*), carbúnculo (*Bacillus anthracis*), tétano (*Clostridium tetani*), difteria (*Corynebacterium diphtheriae*), tuberculose (*Mycobacterium tuberculosis*), acne (*Propionibacterium acni*), actinomicose (*Actinomyces bovi*). –*Mycoplasma pneumoniae*, causadora de doenças pulmonares, aproxima-se das bactérias gram-positivas. – Bactérias gram-negativas causam inflamações pulmonares e infecções das vias aéreas (*Klebsiella pneumoniae, Bordetella bronchiseptica, Haemophilus influenzae*), febre tifoide (*Salmonella thyphi*), paratifo (*Salmonella paratyphi*), intoxicação por alimentos (*Salmonella thyphimurim*), peste (*Yersinia pestis*), cólera (*Vibrio cholerae*), doenças sexualmente transmissíveis (gonorreia por *Neisseria gonorhoeae*, sífilis por *Treponema pallidum*), borreliose (*Borrelia*), meningite (*Neisseria miningitidis*), tifo (*Rickettsia* sp.).

As espécies patogênicas de plantas entram na planta pelos estômatos, hidatódios e estruturas semelhantes (especialmente espécies de *Pseudomonas* e *Xanthomonas*) ou infectam ferimentos (rachaduras de geada, danos por insetos e semelhantes; por exemplo, *Erwinia carotovora*). As bactérias patogênicas intoxicam em geral devido à ação de toxinas. A presença ou ausência de flagelos não tem influência na patogenicidade; estranhamente, apenas bacilos e formas sem esporos são patógenos de plantas. As bactérias patogênicas vivem na maioria das vezes nos espaços intercelulares e a partir dali dissolvem a lamela média (ver 2.2.7.1), de modo que as células isoladas umas das outras morrem, embora algumas vezes toxinas acelerem o processo; o tecido hospedeiro se transforma em uma massa mole putrescente (podridão úmida). Nas células vivas penetram apenas poucas bactérias (entre outras *Pseudomonas tabaci*). Mais raramente, elas entopem os vasos e, assim, provocam a murcha e a morte da planta, processo em que estão envolvidas também as toxinas de murcha (toxinas que influenciam a permeabilidade e, com isso, o turgor, por exemplo, *Corynebacterium michiganense*). Mais de 200 bacterioses são conhecidas em plantas.

Biotecnologia. Bactérias e outros microrganismos são importantes em processos técnicos e industriais, como por exemplo, na tecnologia genética (transformação), na produção de antibióticos (também em clivagens de cadeias laterais de precursores sintéticos), de enzimas e outras proteínas, na degradação de resíduos (por exemplo, fermentação de metano dos resíduos de estações de tratamento de água) e no enriquecimento de metais por lixiviação microbiana (transformação de compostos pouco solúveis de cobre e urânio em sulfatos solúveis em água pela ação de espécies de *Thiobacillus*). Bactérias que crescem em substratos contendo petróleo podem ser usadas como indicadores na busca de novas reservas.

Quarta divisão: Cyanobacteriota (cyanoprokaryota, cyanophyta, algas azuis)

As espécies desta divisão lembram algas (daí a designação algas azuis; **algas procarióticas**), ou seja, organismos fotossintéticos de estrutura simples. Na fotossíntese, forma-se oxigênio, já que a água é o doador de elétrons. Por meio dessa fotossíntese oxigênica, a atmosfera da Terra foi desde muito cedo e progressivamente acrescida de oxigênio. Diferentemente das algas eucarióticas, sua estrutura celular assemelha-se em seus aspectos principais à das bactérias tratadas anteriormente, sendo, portanto, procariótica. Em vez da antiga denominação "algas azuis", seria melhor falar-se apenas de cianobactérias.

Diferenças das eubactérias. Entre os procariotos, as cianobactérias formam um grupo próprio (filogeneticamente próximo ao das bactérias purpúreas). Elas diferem dos gêneros autotróficos das eubactérias pelos pigmentos fotossintéticos (clorofila *a* em vez de bacterioclorofila), por apresentarem os fotossistemas I e II (ver 5.4.4) e pela liberação de oxigênio na fotossíntese; além da fotossíntese oxigênica, pode também ocorrer eventualmente fotossíntese anoxigênica. A célula de cianobactéria é, em média, 5 a 10 vezes maior que a célula bacteriana (por exemplo, em espécies de *Chlorococcus*, 2-7 até no máximo 60 μm de diâmetro).

Diferenças das algas eucarióticas. As cianobactérias, formando filamentos simples ou ramificados ("algas azuis"), diferem das algas eucarióticas, por serem procariotos, pelos seguintes caracteres: as células não possuem núcleos, mitocôndrias, lisossomos, retículo endoplasmático, cloroplastídios delimitados por membranas e vacúolos envoltos por tonoplasto; por outro lado, muitas cianobactérias, assim como muitas eubactérias, apresentam vesículas cheias de gás, chamados vacúolos gasosos. Ao contrário de todos os eucariotos, muitas cianobactérias, em concordância com algumas eubactérias, podem fixar nitrogênio atmosférico (N_2). Essa capacidade está sobretudo relacionada à presença de **heterocistos** (ver 8.2.1), que se distinguem das demais células pelo seu tamanho, perda de pigmentos, pela celulose, assim como frequentemente pela presença de corpos polares refrativos (Figura 10-13F; por isso, hetero = diferente, cisto aqui usado para célula, melhor seria **heterocitos**). Os compostos produzidos nos heterocistos são transferidos às células vizinhas aparentemente com a ajuda de finos canais dos corpos polares.

Estrutura da célula. Na parte central e hialina da célula (nucleoplasma ou **centroplasma**) localizam-se elementos em forma de grana, bastões, rede ou filamento, que contêm DNA. Em conjunto, eles são denominados aparato de cromatina e equivalem ao núcleo. Na divisão celular, o aparato inteiro é separado ao meio (Figura 10-13N). Sem um limite rígido, o centroplasma é envolto pelo cromatoplasma pigmentado periférico, dependendo da forma da célula, como uma esfera ou cilindro oco. O **cromatoplasma** é muito viscoso e não flui, ao contrário do protoplasma da célula eucariótica. O cromatoplasma contém ácido ribonucleico nos ribossomos distribuídos difusamente e, ligados em tilacoides, o **pigmento de assimilação** clorofila *a* (em casos isolados, também as clorofilas *b* e *d*; comparar *Prochloron*). Como pigmentos acessórios, são encontrados carotenoides (especialmente β-caroteno, em parte também zeaxantina, equineno e mixoxantofila; contudo, não luteína), dois cromoprotídios hidrossolúveis (ficobiliprotídios), cujos grupos prostéticos (aqui principalmente ficocianina, mas também ficoeritrina) são denominados ficobilinas. Ficobilinas são próximas das bilirrubinas e são encontradas em formas pouco modificadas também nas divisões de algas eucarióticas das criptófitas e rodófitas. Os ficobiliprotídios nas cianobactérias, assim como nas criptófitas e rodófitas, estão armazenados em organelas, os ficobilissomos (Figura 2-88), distribuídos a distâncias aproximadamente iguais e não em tilacoides (Figura 10-14A) com duas ou três camadas empilhadas.

Substâncias de reserva. O amido das cianobactérias (amido das cianofíceas) é acumulado entre os tilacoides, em partículas visíveis ao microscópio óptico. Ele é um glucano se-

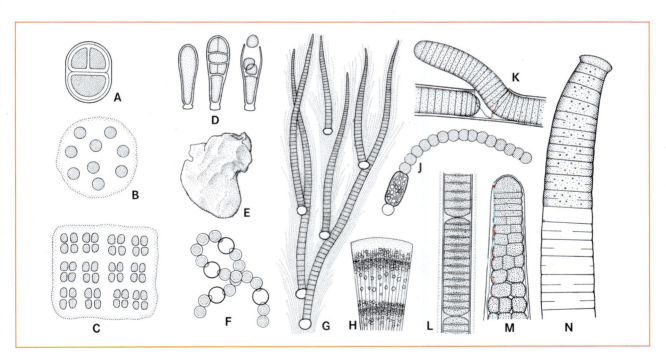

Figura 10-13 Cianobacteriota. **A** *Chroococcus turgidus* (400x). **B** *Aphanocapsa pulchra* (500x). **C** *Merismopedia punctata* (600x). **D** *Dermocarpa clavata*, formação de endósporos (450x). **E** *Nostoc commune*, colônia (1x), **F** o mesmo, filamento celular com heterocistos (400x). **G** *Rivularia polyotis*, parte de uma colônia (200x). **H** *Rivularia haematites*, parte de uma colônia em corte transversal, com calcificação e camadas anuais (15x). **J** *Cylindrospermum stagnale*, com células longas permanentes e heterocistos esféricos próximos à extremidade do filamento (500x). **K** *Plectonema wollei*, com falsa ramificação (200x). **L** Formação de hormogônios em *Lyngbya aestuarii* (500x). **M** *Stigonema mamillosum*, terminação do filamento (250x). **N** *Oscillatoria princeps*, terminação do filamento, diversos estágios da divisão celular (300x). (A, D, E, J, M segundo L. Geitler; B segundo Mägdefrau; C segundo Smith; F, G segundo G.G. Thuret; H segundo Brehm; K, L segundo O. Kirchner; N segundo M.M. Gomont.)

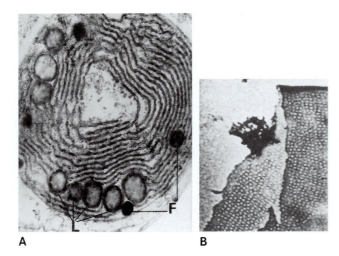

Figura 10-14 Cyanobacteriota. **A** Tilacoides concêntricos na célula (25.000x). **B** *Cylindrospermum*, cinturão com poros na parede transversal (22.000x). – L corpos lifoides, F corpos de fosfato. (A segundo Hall e Claus; B segundo H. Drawert.)

melhante ao glicogênio e próximo ao amido das florídeas das rodófitas. Além disso, são encontrados corpos de cianoficina, pequenos corpos levemente angulares visíveis ao microscópio óptico, que consistem em polímeros dos aminoácidos arginina e asparagina. Trata-se aparentemente de uma reserva de nitrogênio. Como reserva de fósforo, são interpretados os corpos de volutina, compostos de nucleoproteídios altamente polimerizados e ricos em fosfatos. Eles servem possivelmente também como reserva de energia e ATP.

A **parede celular** rígida, gram-negativa (camada de sustentação), é composta de mureína; a celulose está amplamente ausente (ver, porém, heterocistos). Além disso, nas cianobactérias encontram-se frequentemente bainhas gelatinosas, que aparecem com estrutura fibrosa ao microscópio eletrônico e contêm, juntamente com aminoácidos, também ácidos graxos e polissacarídeos. A parede celular consiste em quatro camadas e é decomposta por lisozima. Quanto à ultraestrutura e a composição química, ela ocupa uma posição intermediária entre as eubactérias gram-negativas e gram-positivas.

Morfologia. Algumas cianobactérias são unicelulares (entre outras, *Dermocarpa*). A diferenciação morfológica, a partir daí, inclui cenóbios com poucas a muitas células (*Chroococcus*, *Merismopedia*), filamentos simples sem (*Oscillatoria*) ou com heterocistos (*Nostoc*, *Anabaena*) e filamentos com diferenciação heteropolar (*Rivularia*; cada filamento na extremidade inferior com um heterocisto e a extremidade superior continuando em um fio gradativamente hialino; Figura 10-13G, H), filamentos com falsa ramificação (*Tolypothrix*, *Scytonema*) ou com ramificação verdadeira (*Hapalosiphon*). Falsas ramificações se formam por fragmentos que crescem para fora da bainha de gelatina do filamento principal (Figura 10-13K). Ao contrário, uma ramificação verdadeira forma-se por mudança do plano de divisão celular. A ramificação inicia com células que, por divisão distinta, se formaram paralelas ao eixo do filamento e mantiveram este modo de divisão. Algumas cianobactérias filamentosas são pluriestratificadas tanto longitudinal quanto transversalmente e, ao mesmo tempo, apresentam ramificações verdadeiras (*Stigonema*, em parte com crescimento de células parietais; *Fischerella*). Neste caso, as células se dividem normalmente em mais de uma direção. Em todas as espécies pluricelulares de cianobactérias existem cenóbios, em que as células individuais permanecem soltas dentro de uma camada de gelatina secretada conjuntamente ou no interior da parede celular original.

Movimento. Na sua maioria espécies filamentosas, muitas são capazes de movimentar-se por deslizamento (2-11 μm por segundo). O movimento pode ocorrer apenas sobre substrato firme (e, ao mesmo tempo, úmido) e não se baseia apenas na secreção de mucilagem (comparar com o movimento de desmídias, Zygnematophyceae), mas supostamente pela atuação de microfibrilas, que se situam em torno do filamento ou da célula externamente à camada de mureína e permitem, em contato com o substrato, um movimento de rotação. A própria mucilagem atua como suporte e é secretada através de poros muito finos, de 10 nm de diâmetro, na parede celular (Figura 10-14B). Apenas as espécies filamentosas de *Oscillatoria* são capazes de movimento rotatório, ao passo que representantes de outros grupos se movimentam sem rotação.

Reprodução e multiplicação nas cianobactérias ocorrem por divisão celular. Formas móveis flageladas inexistem. Algas azuis filamentosas crescem intercaladamente por divisão de quaisquer células no filamento, pela formação de paredes transversais centrípetas, na forma de um diafragma (Figura 10-13N), que consistem apenas de material da camada de sustentação. Elas se reproduzem por fragmentação inespecífica dos filamentos ou por hormogônios com poucas células (Figura 10-13L). Hormogônios são fragmentos do filamento formados de células jovens, não especializadas, que se separam do filamento principal, afastam-se dele e crescem para formar novos filamentos. Em algumas formas unicelulares, o conteúdo celular se divide em sequência, com o aumento da célula-mãe, em um número maior de endósporos esféricos, que, ao deixarem a célula-mãe, constituem novos indivíduos. Em determinadas espécies com células alongadas, a parte basal permanece estéril, enquanto a apical se regenera repetidamente para a formação de esporos (Figura 10-13D). Os endósporos das cianobactérias distinguem-se dos das eubactérias em sua estrutura e desenvolvimento. Também ocorrem exósporos, os quais se desligam de uma célula-mãe. Todas essas formas de esporos são desprovidas de flagelos. Para resistir a períodos desfavoráveis, são formadas (principalmente em Hormogoneae) células de resistência individuais (acinetos) pelo acúmulo de substâncias de reserva, assim como pelo aumento e forte espessamento da parede celular (Figura 10-13J). Os acinetos germinam e formam hormogônios. Porém, filamentos laterais curtos também podem ser envolvidos por uma parede espessa comum e, assim, se transformarem em uma estrutura de resistência, o hormocisto. Com isso, existem não apenas muitas possibilidades diferentes de reprodução como também de formação de estruturas de resistência, que podem ocorrer sob condições desfavoráveis no ciclo de reprodução e multiplicação.

Reprodução sexuada é desconhecida. É incerto se a troca ocasionalmente observada de material genético – pela qual foi possível que diversos fatores de resistência a antibióticos de duas linhagens se recombinassem em uma única – baseia-se em processos parassexuais.

Sistemática. A classificação com base em caracteres morfológicos concorda apenas em parte com os achados da filogenia molecular. Os Cyanoprocaryota (ou seja, cianobactérias), com sua única classe das Cyanobacteriopsida (Cyanophyceae) são classificados em várias ordens, segundo seus distintos níveis de organização: **Chroococcales**, com cenóbios simples ou unicelulares (esferas, bandejas, filamentos curtos não ramificados; Figura 10-13A-D); **Oscillatoriales** sem heterocistos, sem acinetos e não ramificados (Figura 10-13M); **Nostocales** (frequentemente formando grandes massas gelatinosas sobre solos úmidos) com filamentos semelhantes a um colar de pérolas, filamentos não ramificados ou com falsas ramificações com heterocistos e, em parte, também com acinetos (Figura 10-13E-J); **Stigonematales**, dotadas de filamentos frequentemente multisseriados estratificados, com ramificações verdadeiras (Figura 10-13M). ▶

Procariotos que, além da clorofila *a* também apresentam **clorofila *b***, como, entre outras, as espécies do gênero *Prochloron*, estavam antigamente classificados em uma Divisão própria dos **Prochlorobacteriota**. Estudos de genética molecular, no entanto, mostraram que todos os representantes até agora conhecidos, os quais apresentam uma combinação de pigmentos semelhante àquela dos plastídios de algas verdes ou plantas superiores, não formam uma linhagem evolutiva, mas sim são parentes próximos de cianobactérias típicas (isto é, aqueles sem clorofila *b*).

As espécies procarióticas com clorofila *b* recentemente comprovadas demonstraram não ter parentesco próximo com os plastídios de algas verdes e plantas superiores. Os plastídios descendem, portanto, de outras cianobactérias que perderam a sua capacidade de síntese de clorofila *b* mais tarde durante a sua evolução (comparar com endocitobiose primária).

As espécies do gênero *Prochloron* são unicelulares, procarióticas típicas (sem núcleo, parede de mureína) e vivem em simbiose com ascídias marinhas (tunicados). Outro gênero com composição semelhante de pigmentos e também com representantes unicelulares é *Prochlorococcus*. O gênero é largamente distribuído em águas marinhas e suas espécies são responsáveis por boa parte da fotossíntese total sobre o planeta. No Pacífico subtropical, elas são portadoras de 50% da quantidade total de clorofila. Formas filamentosas (que possuem clorofila *a* e *b*) estão representadas no gênero *Prochlorothrix*.

Ocorrência e modo de vida das cianobactérias (algas azuis)

As cianobactérias, com suas cerca de 2.000 espécies, estão distribuídas sobre toda a Terra. Elas podem ser visíveis mesmo a olho nu, como massas gelatinosas, revestimentos filamentosos finos, florações coloridas da água, etc. Elas vivem em água doce (mesmo em águas termais a 75°C) e no mar, mas também sobre e nos solos úmidos a áridos, sobre cascas de árvores e rochas até o Ártico e a Antártica. Em algumas espécies, ocorreu também uma adaptação aos ambientes fora da água.

Degradação e formação de rochas. Cianobactérias de rochas calcárias estão expostas a grandes variações de temperatura e disponibilidade de água, onde elas vivem em parte na superfície (epilíticas), em parte em fendas capilares (endolíticas) e não raramente formam listras pretas ("traços de tinta"). Algumas espécies endolíticas podem degradar rochas calcárias, em outras (por exemplo, *Rivularia*, *Schizothrix*) o cálcio se acumula em suas bainhas gelatinosas (Figura 10-13H), o que leva, na água doce, à formação de greda e tufo, e, na zona de marés de mares quentes, à deposição de incrustações de cálcio (estromatólitos).

Estromatólitos fósseis puderam ser comprovados em depósitos já do Pré-Cambriano, e admite-se que naquela época, ou seja, há cerca de 2,5 bilhões de anos, as cianobactérias a eles relacionadas atingiram progressivamente uma larga distribuição. A primeira aparição de heterocistos e, com isso, também de fotossíntese oxigênica, foi datada de 2,2 bilhões de anos atrás. Depósitos em grande quantidade de cianobactérias do gênero fóssil *Gloeocapsomorpha* levaram no Ordoviciano à formação de xisto, que na Estônia, entre outros países, é usado como fonte de energia.

Espécies que ocorrem em grande quantidade na superfície de água doce e salgada podem provocar as chamadas **florações**. *Oscillatoria rubescens* causa uma floração vermelha em águas eutrofizadas e é conhecida como "alga-vermelho-sangue"*. Outras espécies, como *Microcystis aeruginosa* e *Aphanizomenon flos-aquae*, formam peptídeos tóxicos, que podem, em águas doces, causar a mortandade de peixes. A floração de *Spirulina pratensis* nos lagos alcalinos do oeste da África é a principal fonte de alimentos dos pequenos flamingos. Na análise biológica da água, a presença marcante de cianobactérias significa carga crítica e eutrofização (Quadro 10-6).

Fixação de nitrogênio. Em vários gêneros (*Nostoc*, *Anabaena*, entre outros) existem espécies capazes de fixar o nitrogênio atmosférico (ver 8.2.1). Anualmente, em campos de arroz irrigado, 50 kg de nitrogênio por

---
* N. de T. No original, *Burgunderblutalge*.

hectare são fixados por cianobactérias. Ao contrário de muitas eubactérias (Rhizobiaceae), as cianobactérias fixadoras de nitrogênio são absolutamente capazes de fixá-lo também em vida livre. A contribuição das cianofíceas nos ecossistemas deve ser, portanto, maior que a das eubactérias nitrificadoras. Nas cianobactérias, o número de espécies e gêneros fixadores de nitrogênio também é maior.

Vários gêneros formam **simbioses** com outros seres vivos. Os fotobiontes dos liquens (ver Mycobionta, Anexo 2) são muitas vezes cianobactérias. Algumas formas vivem endofiticamente em cavidades de tecidos de plantas, tais como *Anabaena* em folhas de *Azolla* (Figura 10-186D), *Nostoc* em talos de vários antóceros (*Blasia*, *Anthoceros*, Figura 10-149B), em raízes de *Cycas* e em rizomas de *Gunnera* (angiosperma). As cianobactérias, nessas associações simbióticas, provavelmente contribuem com o fornecimento de nitrogênio a seus parceiros. Por meio de **endocitobiose** com cianobactérias surgiram os plastídios das plantas verdes eucarióticas (comparar com Teoria Endossimbionte; ver 2.4, Figura 10-8).

II. Reino (domínio): Archaea

Em sua forma externa e tamanho (0,3-10 μ), as arqueas lembram as bactérias, apesar das profundas diferenças (por isso, foram denominadas anteriormente arquebactérias). A construção das paredes celulares e membranas das arqueas (cerca de 80 espécies) apresenta uma grande diversidade, na qual o ácido muramínico, o elemento típico das paredes celulares de eubactérias, sempre inexiste. Dependendo do gênero, são formados envoltórios de proteína e polissacarídeos, assim como paredes celulares, em parte com pseudomureína, na qual o elemento constituinte não é o ácido muramínico (mas sim o ácido L-talosaminuron*). Somente L-aminoácidos foram comprovados. Devido à sua estrutura celular diferente, as arqueas são resistentes à penicilina, D-cicloserina e outros antibióticos que interferem na síntese de mureína. Outras especificidades são lipídeos ramificados, ricos em fitano e ligações de éteres, e RNA-polimerases de estrutura complexa.

Formas e funções semelhantes ou até mesmo idênticas entre arqueas e eubactérias surgiram aparentemente em processos evolutivos independentes. Cocos, bastonetes, sarcinas, espirilos e formas filamentosas são encontrados em ambos os grupos. Em arqueas ocorrem também formas planas; com frequência há intermediários entre as formas. Alguns representantes são capazes de movimento ativo, em geral por flagelos monótricos (por exemplo, *Methanobacterium mobile*). Como em outras bactérias, há formas aeróbicas e anaeróbicas, heterotróficas, dependentes de enxofre e autotróficas. Além disso, alguns representantes são termófilos, acidófilos ou halófilos extremos. Os táxons de arqueas trazem, por razões históricas e devido a denominações ditadas pelas regras de nomenclatura, muitas vezes sufixos enganosos como –bacterium, -bacteriales, etc.

Estudos em representantes significativos permitem reconhecer uma forte divergência entre arqueas, bactérias e eucariotos (Figura 10-8), em relação à semelhança gradativa do 16S RNAr (sem considerar seus cloroplastídios e mitocôndrias). Em um certo número de caracteres bioquímicos, as arqueas mostram uma proximidade maior com os eucariotos do que com as bactérias, razão pela qual sua posição especial entre os procariotos é enfatizada.

A divergência evolutiva das arqueas deve ter ocorrido há cerca de 3,5 bilhões de anos, já que os achados fósseis mais antigos de cianobactérias têm cerca de 2,5 bilhões de anos, e as arqueas, devido ao seu 16S RNAr, devem ter surgido antes da divisão em bactérias e cianobactérias, ou seja, antes do acúmulo de O_2 na atmosfera. Nesse período precoce da diversificação da vida, há mais de 3 bilhões de anos, havia uma atmosfera altamente redutora, em que as metanobactérias podiam existir (elas transformam H_2 da atmosfera e CO_2 a partir de processos de fermentação primitivos nos mares originais; ver Introdução pg. 31).

As arqueas apresentam adaptações ecofisiológicas antigas, que se mantiveram até hoje em biótopos adequados, embora com algumas melhorias (por exemplo, as metanobactérias no lodo em decomposição** e no rúmen). A classificação em linhagens isoladas muito cedo e fortemente divergentes filogeneticamente indica a natureza de relicto de seus representantes ainda hoje viventes.

Primeira divisão: Crenarchaeota

A maioria dos representantes termófilos (termoacidófilos) e dependentes de enxofre desta divisão devem estar especialmente próximos dos ancestrais das arqueas. Eles são divergentes da segunda divisão dos Euryarchaeota e caracterizados molecular-filogeneticamente por uma estrutura própria de RNA nos ribossomos. A temperatura máxima suportada por esses representantes adaptados aos antigos ambientes é determinada pela disponibilidade de água, assim como pela estabilidade dos elementos celulares.

As células de *Pyrodictium occultum* (**Sulfolobales**) têm formas que vão de prato a tigela, com um diâmetro de 0,3-2,5 μm, e são encerradas em uma rede de fibrilas ocas. Seu ótimo de

---

* N. de T. No original L-*Talosaminuronsäure*, também abreviado na literatura estrangeira TalNAc.

** N. de T. No original *Faulschlamm*. Refere-se à camada lodosa em decomposição no fundo de turfeiras, reservatórios de água, etc, com grande quantidade de matéria orgânica em decomposição e na ausência de oxigênio.

crescimento é atingido em torno de 100°C, com o limite de crescimento a 110°C. *Thermoplasa acidophylum* (**Thermoplasmales**) foi isolado de depósitos de carvão e fontes termais. ▶

Segunda divisão: Euryarchaeota

Os representantes dessa divisão são, em geral, metanogênicos ou halófilos extremos. Eles ocupam um largo espectro de biótopos extremos e diferem molecular-filogeneticamente (RNAr) das espécies da divisão anterior. Das espécies hipertermófilas do gênero *Pyrococcus* e *Thermococcus*, foram obtidas polimerases resistentes ao calor.

1. **Arqueas metanogênicas** são organismos anaeróbicos produtores de metano que morrem mais rapidamente que bactérias anaeróbicas, se expostos ao ar.

2. **Arqueas halófilas** (**Haloacteriales**) sobrevivem até em sal seco e ocorrem em salinas, salmouras* e lagos de sal. *Halobacterium halobium* necessita 12% de NaCl para o seu crescimento. Halobactérias não sobrevivem a um pH menor que 5,5; seu ótimo de temperatura está em torno de 40-45°C. Sob certas condições, podem proceder à fosforilação (ver 5.4.9) e tingem a água salgada de vermelho em consequência de seu conteúdo de carotenoides.

Às duas divisões anteriores pode-se acrescentar ainda a **Nanoarchaeota**, com seus representantes simbióticos extremamente pequenos. Os **Korarchaeota**, devido ao seu genoma, são os mais próximos dos Eucarya. ▶

III. Reino (domínio): Eucarya, eucariotos

Pelo número de espécies e biomassa, os eucariotos representam uma grande parte dos organismos hoje viventes. A **célula eucariótica** (**eucito**) é caracterizada por possuir um núcleo verdadeiro delimitado do citoplasma por uma dupla membrana (carioteca) provida de poros (Figura 2-26). Várias organelas celulares claramente delimitadas do citoplasma fundamental e do núcleo são características adicionais importantes dos eucariotos. Entre elas estão: retículo endoplasmático, dictiossomos (complexo de Golgi), mitocôndrias e microcorpos (ver 2.2.8 e 2.2.6.6). Além disso, para as plantas eucarióticas fotoautotróficas são característicos os cloroplastídios, envoltos por duas ou mais membranas (ver 2.2.9.1). Nas células eucarióticas flageladas, os flagelos sempre são compostos de dois túbulos centrais simples e nove túbulos periféricos duplos (estrutura 2+9; Figuras 2-16 e

2-17). A parede celular, quando presente, é constituída por um trançado de macromoléculas mantido apenas por valências secundárias (celulose, quitina, etc.; Figura 2-64, ver 2.2.7.2). Ao todo, os eucariotos distinguem-se dos procariotos por uma evidente maior complexidade da célula. Essa diferença constitui uma profunda divisão entre todos os procariotos fósseis e recentes de um lado e os eucariotos de outro lado (ver, porém, os dinófitos). Por isso, entre procariotos e eucariotos, as sequências de aminoácidos de proteínas enzimáticas de mesma função assemelham-se menos do que entre os respectivos representantes de um desses dois grupos. Assim, os membros da cadeia do citocromo c em bactérias e eucariotos são compostos por até 60% de aminoácidos diferentes, enquanto na comparação entre seres humanos e plantas de trigo a diferença é de 45%, entre mamíferos e aves 12%, e entre seres humanos e chimpanzés não existe qualquer diferença. A célula eucariótica é definitivamente maior que a célula procariótica, com média de 10-100 μm e tamanhos extremos de 1000 μm. Os eucariotos se desenvolveram repetidas vezes, a partir de formas unicelulares para formas pluricelulares (Quadro 10-3).

O **surgimento dos eucariotos** e, com isso, a formação de organelas delimitadas por membranas (mitocôndrias, plastídios) no eucito é visto atualmente sob a luz da teoria da endossimbionte (ver 2.4, Figura 10-8). Ela sugere uma agregação repetida e independente de simbiontes no eucito primitivo.

Achados fósseis permitem uma **datação aproximada para a classificação filogenética** dos eucariotos. Os organismos unicelulares mais antigos (3,4 bilhões de anos) têm tamanho médio de 5 μm e correspondem, com isso, ao tamanho dos procariotos atuais. Há 1,4 bilhões de anos começam a dominar células com tamanhos significativamente maiores, característicos dos eucariotos. A aquisição de mitocôndrias também ocorre nessa época. A separação de plantas e animais por endocitobiose de cianobactérias ocorreu há cerca de "apenas" 0,7-1 bilhão de anos.

Reprodução. O núcleo se divide normalmente por **mitose**. A **reprodução assexuada** (**vegetativa**) ocorre exclusivamente por divisões mitóticas. Na **reprodução sexuada**, citoplasma e núcleos de duas células muitas vezes especializadas como gametas se fusionam (plasmogamia e cariogamia = singamia). A meiose que regularmente se segue leva da diplofase de volta à haplofase e, assim, condiciona a alternância de fases nucleares característica dos eucariotos.

Singamia. A nova combinação do material hereditário obtido dos pais (recombinação genética), que está relacionada com a reprodução sexuada, estimulou decisivamente a evolução dos eucariotos. Consequentemente, a reprodução sexuada nos eucariotos falta completamente apenas em poucos grupos (por exemplo, Euglenophyta),

---

* N. de T. No original *Salzlake*, solução de sal e temperos usada para conservar alimentos. Difere da salmoura comum por ser fervida e da marinada por não conter vinagre.

Quadro 10-3

Do unicelular ao multicelular

Já entre os **procariotos** surgiram agregações celulares, a partir de formas unicelulares originais. Isso é especialmente notável entre as cianobactérias, que formam **cenóbios** de formas variadas, com ou sem ramificações. Em um cenóbio, a coesão das células individuais é tão fraca, que o complexo pode facilmente retornar à sua condição unicelular (*Chroococcus, Aphanocapsa* e *Merismopedia*; Figura 10-13).

Entre os **eucariotos**, os seres fotoautotróficos unicelulares são considerados **protófitos**. Em muitas classes de algas existem essas formas unicelulares. Se organismos inicialmente unicelulares, separados e independentemente ativos, posteriormente se reúnem, então surgem **associações de agregação** (*Scenedesmus, Pediastrum*; Figura 10-117L, M; 10-118). Se células-filhas permanecem ligadas após a divisão celular, formam-se **colônias** – organismos compostos por associações de células de mesma organização, que cumprem integralmente ou em grande parte todas as suas funções. Intermediários entre colônias de células totipotentes não diferenciadas e organismos verdadeiramente pluricelulares semelhantes a colônias, com diferenciação considerável das células individuais, são encontrados, por exemplo, entre as algas verdes (ver Volvocaceae: *Pandorina, Eudorina, Pleodorina, Volvox*; Figuras 10-115G e 10-116). Esses organismos pluricelulares com organização desde simples até bastante diferenciada, ativamente móveis por flagelos, derivados de organismos unicelulares, são, no entanto, ainda atribuídos aos protófitos. Também os **plasmódios**, ou seja, as massas plasmáticas multinucleadas ou multicelulares frequentemente macroscópicas dos fungos plasmodiais têm o mesmo tipo de organização simples, embora de um modo de vida heterotrófico.

As **talófitas**, ao contrário, distinguem-se dos protófitos pelo fato de que seus corpos vegetativos, constituídos de muitas células ou, ao menos, de muitos núcleos não mais se movem ativamente, permanecendo ligados aos seus locais de origem. A organização pluricelular geralmente alcançada nesses grupos está relacionada à progressiva **diferenciação** e consequente **especialização** para diferentes funções. Isto é acompanhado de limitações de funções e tem uma importante consequência, a saber, a morte de células que não estão envolvidas na propagação e reprodução. Ao final da propagação, ao morrerem, as células formam um cadáver (como, por exemplo, em *Volvox*, quando as colônias-filhas rompem a colônia-mãe levando-a, assim, à morte). A morte por causas internas (**morte celular programada, morte fisiológica**, em oposição à **morte catastrófica** ocasionada por causas externas) e a formação de cadáveres estão correlacionadas à diferenciação, sendo, por isso, o destino inevitável de todos os organismos multicelulares.

Organismos multicelulares são formados, nas suas estruturas mais simples, de células vesiculares gigantes, com um a muitos núcleos (**cenoblasto**), células tubulares (**talo tubular**) ou por filamentos pluricelulares (**talo filamentoso**). Os talos filamentosos podem ser constituídos de células idênticas (por exemplo, *Spirogyra*; Figura 10-108A) ou apresentar **polaridade**, se, por exemplo, estiverem fixadas ao substrato, com a célula hialina basal (**rizoide**) em uma extremidade do filamento e o ápice na outra. Essa polaridade é frequentemente salientada pelo fato de que a capacidade de divisão celular é limitada à célula da extremidade, a **célula apical**.

Uma melhor ocupação do ambiente é obtida por meio de **ramificações** que surgem na forma de extrusões em células do filamento ou, na existência de uma célula apical mitoticamente ativa, pela mudança da direção da divisão celular.

Uma organização superior entre as talófitas é atingida pelo **entrançamento de filamentos** celulares individuais em um **plectênquima** ou pela formação de um **talo de tecido**. Exemplos de plectênquimas bastante diferenciados são encontrados entre as algas vermelhas e os fungos superiores. Se ocorrer uma ligação tardia (pós-genital) de células pouco alongadas (isodiamétricas), é produzida a impressão de um tecido verdadeiro. Em oposição ao tecido verdadeiro de origem congenital, fala-se então de **pseudotecido** ou **pseudoparênquima**.

Um **tecido** verdadeiro é formado quando as células formam células-filhas em várias direções do espaço (multidimensional), as quais não se separam umas das outras e se diferenciam de diversas maneiras e, finalmente, podem apresentar divisão de trabalho. Na maioria dos casos, a formação de um tecido parte de uma célula apical bi- ou multi-facetada. Já nas algas pardas altamente diferenciadas, mas também em algumas algas verdes, formam-se talos com tecidos. Uma progressão acentuada da diferenciação dos tecidos é observada nos musgos. Alguns grupos (hepáticas talosas, antóceros), com seus talos vegetativos pouco diferenciados externamente, são ainda incluídos entre as talófitas. Ao contrário do cormo das **cormófitas** (fetos, espermatófitas), diferenciado em caule, raiz, e folha e consideravelmente adaptado à vida terrestre, o talo das **talófitas** (fungos, liquens, algas, musgos em parte), muitas vezes ainda dependente da água, não mostra nenhuma diferenciação morfológica do corpo vegetativo.

---

foi firmemente estabelecida e organizada já nas fases iniciais. Para tanto, o processo da singamia foi progressivamente assegurado pela produção de um grande número de células sexuais e núcleos sexuais. Ao mesmo tempo, o número de núcleos tornados diploides por singamia, participantes da meiose, foi mantido tão alto quanto possível, pelo que a taxa de recombinação genética entre os descendentes aumenta consideravelmente. Em geral, a singamia ocorre pela fusão de duas células sexuais (gametas; **gametogamia**). As células sexuais podem ser idênticas e flageladas (**isogamia**) ou diferentes, isto é, diferenciadas em pequenos gametas masculinos flagelados e grandes gametas femininos, igualmente flagelados (**anisogamia**), assim como em gametas masculinos flagelados e femininos não flagelados (**oogamia**, por exemplo, Chlamydomonadaceae). Se gametângios (envoltórios celulares que formam primeiramente núcleos sexuais e, após, frequentemente também gametas) são fusionados, sem que gametas sejam liberados, processa-se a **gametangiogamia** (ver Oomycota). Se células vegetativas sem diferenciação especial fusionam-se, esse processo é denominado **somatogamia** (ver, por exemplo, Agaricomycetidae). Também nesse caso são os núcleos gaméticos que pareiam e se fusionam e não gametas, como é o caso na gametogamia.

Fases nucleares e alternância de gerações. Tão logo se tornaram capazes de se reproduzir sexualmente, os eucariotos primitivos eram **haplontes** puros, com um ciclo de vida que se completava na haplofase: após a união de células sexuais (gametas) ou de núcleos sexuais para formar uma célula de fusão diploide (zigoto), essa célula era imediatamente reduzida pela meiose. As células haploides resultantes da divisão mitótica de núcleos e células são o estágio final da ontogenia. Apenas o zigoto é diploide. A **alternância de fases nucleares** (passagem da fase diploide para a fase haploide e vice-versa) é denominada zigótica, pois está atrelada ao zigoto (por exemplo, *Ulothrix*, Figura 10-107A). Nos **haplodiplontes** (Figura 10-107B), o núcleo zigótico formado por singamia é multiplicado mitoticamente em uma forma de vida diploide própria (**esporófito**), surgindo assim inúmeros núcleos diploides que participam da meiose e formam então numerosos núcleos generativos haploides recombinantes (meiósporos), a partir dos quais cresce uma forma ontogenética haploide (**gametófito**) capaz de produzir gametas. A alternância de fases nucleares é introduzida na ontogenia intermediária entre a formação do zigoto e a formação do gameta. Haplodiplontes são caracterizados por uma **alternância de gerações**, ou seja, pela sequência regular dentro da ontogenia, de gerações que se reproduzem de modo diferente e, por isso, completam seu desenvolvimento com diferentes tipos de células reprodutivas (gametas ou meiósporos). Em plantas, a geração haploide, denominada gametófito, se origina de meiósporos e termina seu desenvolvimento pela produção de gametas haploides. O esporófito diploide origina-se do zigoto (que por sua vez se origina de gametas fusionados) e termina seu desenvolvimento por meiósporos, que são haploides por terem sido formados diretamente pela meiose de núcleos diploides.

A denominação da geração esporofítica diploide como forma de vida com reprodução assexuada não é exatamente correta, pois a meiose e a formação de meiósporos a ela relacionadas estão inseparavelmente ligadas à reprodução sexuada. Quando muito, a geração esporofítica pode, além disso, reproduzir-se assexuadamente por mitósporos diploides.

Se o gametófito e o esporófito tem a mesma forma, fala-se de uma **alternância de gerações isomórficas** (por exemplo, *Cladophora*, Figura 10-107B); se são diferentes, fala-se de uma **alternância de gerações anisomórfica** (também heteromórfica; *Cutleria*, *Laminaria*, Figura 10-103). Em geral, a alternância de gerações é **bipartida** e gametófito e esporófito representam organismos independentes. Em raras **alternâncias de gerações tripartidas**, seguem-se ao gametófito duas gerações esporofíticas que se reproduzem de formas distintas (Rhodophyta, Figura 10-76). Neste caso especial, apenas a alternância de gametófito para esporófito e da segunda geração esporofítica para o gametófito é antitética (portanto, relacionada a mudanças na fase nuclear). A transição da primeira para a segunda geração esporofítica ocorre na mesma fase nuclear. Isso mostra que uma alternância de gerações nem sempre precisa vir acompanhada de mudanças na fase nuclear. Duas gerações também podem estar tão ligadas entre si, que formam um indivíduo. Se uma geração é nutrida pela outra, fala-se em gonotrofia (Bryophytina, Figura 10-136D). **Haplodicariontes** (por exemplo, Hymenomycetidae, Figura 10-57B; *Derbesya*, Figura 10-107C) correspondem essencialmente a haplodiplontes. Em lugar de uma diplofase ocorre neles uma dicariofase, na qual os núcleos sexuais são, na verdade, unidos em uma célula (zigoto), mas dividem-se separadamente por um longo período de desenvolvimento, com uma fase dicariótica (dicário) iniciada e mantida. Apenas imediatamente antes da meiose os núcleos sexuais se fusionam em núcleos diploides. Em **diplontes** (por exemplo, Oomycota, Figura 10-21D), o ciclo vital se completa inteiramente na diplofase. Nesse caso, apenas os gametas formados na meiose são haploides; a alternância de fases nucleares é, portanto, gamética. Diplontes originaram-se entre as plantas pela progressiva redução dos gametófitos e pela integração das poucas células remanescentes do gametófito no esporófito (*Fucus*, Figura 10-103). Por isso, os diplontes apresentam muitas vezes uma alternância de gerações escondida (ver espermatófitas).

A evolução dos eucariotos é caracterizada por progressiva complexidade, diferenciação e divisão de trabalho em órgãos, assim como adaptações a diferentes estratégias nutricionais e a espaços vitais. Assim surgiram níveis e **tipos de organização** que, em geral, não podem ser vistos como linhagens evolutivas, como os animais (não tratados aqui), os **fungos plasmodiais**, **fungos**, liquens (micobiontes, 2° anexo), **algas**, **embriófitas** (com musgos, fetos e espermatófitas) e **traqueófitas** (com fetos e espermatófitas).

Especialmente evidente é o surgimento repetitivo da forma de organização dos liquens por meio de simbioses sucessivas e independentes entre diferentes fungos e algas. Também os fungos representam uma adaptação semelhante ao modo de vida heterotrófico como um grupo filogenético único. O mesmo vale provavelmente para as linhas evolutivas primitivas independentes de algas eucarióticas, pelo menos em relação aos endossimbiontes fototróficos envolvidos.

> ### Tipo de organização de fungos plasmodiais, Eucarya
>
> #### Primeiro e segundo sub-reinos
>
> Os organismos dos dois sub-reinos Acrasiobionta e Myxobionta, também denominados fungos plasmodiais (cerca de 600 espécies), têm como característica a presença de **plasmódios**, as massas plasmáticas multinucleares sem paredes celulares, capazes de movimentos ameboides. Os plasmódios representam o estado vegetativo no ciclo vital e se originam por:
>
> - **plasmódio de agregação**. Mixoamebas rastejantes se unem em um amontoado plasmático, sem perderem sua individualidade.
> - **plasmódio de fusão**. Mixoamebas ou mixoflagelados precisam fusionar-se uns aos outros, antes que possam formar um plasmódio de fusão multinucleado diploide.
>
> Outra possibilidade é a origem assexual do plasmódio a partir de uma célula por divisões nucleares (mas sem divisão celular).
>
> Os plasmódios formados com frequência no ciclo vital são, portanto, de diferentes naturezas e análogos aos plasmódios procarióticos de mixobactérias (Myxobacteriales). A propagação ocorre por esporos formados em corpos frutíferos (Figura 10-18G), caso não se tratem de formas de vida endoparasíticas. Os estágios flagelados possuem dois flagelos lisos, em geral de tamanhos desiguais; raramente um flagelo é reduzido. Do ponto de vista filogenético, não existe qualquer relação direta entre as diferentes divisões de fungos plasmodiais. Os fungos plasmodiais, com sua morfologia externa e forma de vida próprias, têm muitos caracteres em comum com os protozoários estudados pelos zoólogos (daí também a denominação Mycetozoa), com os quais são estreitamente relacionados, mas se distinguem pela formação de corpos frutíferos e de esporos. Semelhanças existem, entre outras, em relação a:
>
> - heterotrofia; a maioria das espécies se alimenta fagotroficamente como os animais, pela ingestão de partículas inteiras;
> - estágios ameboides, intercalados nos ciclo de vida;
> - ausência da parede celular, ao menos nas fases vegetativas de vida. Essa semelhança com os protozoários levou muitos pesquisadores a classificar os fungos plasmodiais no Reino Animal com o nome Mycetozoa.

Primeiro sub-reino: Acrasiobionta

Este sub-reino abrange fungos plasmodiais nos quais as células flageladas inexistem em todos os estágios do ciclo vital. Seus **plasmódios de agregação** são formados pela agregação de células isoladas, sem fusão.

Os Acrasiobionta estão incluídos em uma única divisão, Acrasiomycota, e uma única classe, Acrasiomycetes, na qual as mixamebas rastejam para formar plasmódios de agregação (também chamados pseudoplasmódios, Figura 10-15), sem fusão de suas células. Mixoflagelados estão ausentes. A parede celular é composta de celulose.

Ciclo vital. Na fase de reprodução assexuada, as amebas se dividem enquanto há alimento disponível. O modo de nutrição é fagotrófico, como entre os mixomicetes; são utilizadas principalmente bactérias. Se a oferta de alimento não é mais suficiente, então ocorre a agregação, partindo de um grupo de amebas determinado como centro de formação (Figura 10-15). As amebas que se dirigem ao plasmódio de agregação, sem que suas células se fusionem, atraem-se mutuamente por quimiotactismo através de acrasina (ver 7.2.1.1, Figura 7-5).

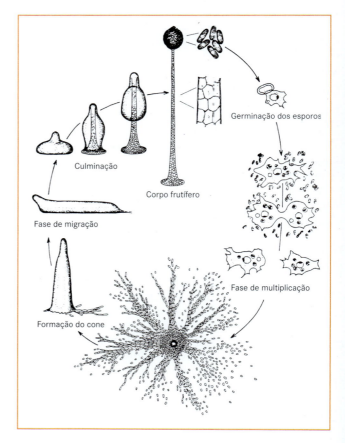

Figura 10-15 Acrasiobionta. Ciclo de desenvolvimento de *Dictyostelium discoideum* (aumentados direita 100x, esquerda 8x). (Segundo G. Gerisch.)

O plasmódio de agregação move-se rastejando sobre o substrato antes que, na fase culminante, se eleve em uma construção colunar. Mesmo assim, a individualidade das amebas uninucleadas é mantida, ainda que determinados processos de diferenciação se tornem evidentes durante a formação do corpo frutífero: no centro da estrutura do corpo de frutífero (Figura 10-15) as amebas cessam seu movimento, envolvem-se em uma parede rígida e formam um pedicelo celular, do qual deriva o nome fungos plasmodiais celulares dado aos Acrasiomycetes. Por acréscimo de mais mixamebas, o pedúnculo se alonga de baixo para cima. Através dele migram mais correntes de mixamebas para dentro do ápice capitular*, o esporocarpo ('esporângio') propriamente dito. No capítulo, as células periféricas constituem o perídio, as células centrais tornam-se esféricas formando esporos haploides (cistos) e uma columela se estabelece como prolongamento do pedicelo. Após a esporulação, o pedicelo e o perídio morrem.

A copulação sexual de amebas formando megacistos diploides seguidos de meiose foi tema de controvérsias durante algum tempo. Atualmente, a reprodução sexual é dada como certa, pelo menos em plasmódios de agregação de *Polysphondylium* (**Dictyosteliales**). *Dictyostelium* é um conhecido objeto de laboratório. Em *Acrasis* (**Acrasiales**), as amebas, ao contrário dos gêneros anteriores, não formam correntes em direção ao centro de formação dentro do plasmódio de agregação.

Segundo sub-reino: Myxobionta

Os característicos **plasmódios de fusão** surgem por fusão de mixoflagelados e mixamebas ou se desenvolvem a partir de células isoladas sem processos sexuais anteriores. No ciclo vital ocorrem células generativas flageladas. As paredes celulares, quando presentes em determinadas fases do ciclo vital, são constituídas de galactosamina e celulose.

Primeira divisão: Myxomycota

1ª Classe: Myxomycetes

A fase vegetativa (somática) é um plasmódio de fusão diploide, multinucleado, sem delimitação celular (Figuras 2-9, 10-16 e 10-17), com nutrição fagotrófica. Do plasmódio se desenvolvem corpos frutíferos, nos quais uma parte do plasma endurece e forma uma estrutura característica, enquanto na outra parte os núcleos são transformados em meiósporos: estes possuem uma parede celular com no mínimo duas camadas, a qual, segundo estudos recentes, não contém celulose nem quitina, mas sim um polímero de galactosamina. Como substância de reserva é formado glicogênio. Muitas vezes, os mixomicetes possuem fortes colorações em seus plasmódios e, geralmente, nos corpos frutíferos. Os pigmentos tiveram suas estruturas químicas apenas parcialmente estudadas e estas diferem daquelas dos fungos.

---

*N. de T. Também denominado capilício.

Figuras 10-16 Myxomycota. Plasmódios e corpos frutíferos de *Badhamia utricularis*. (Fotografia segundo J. Haedecke.)

Ciclo vital. Os esporos germinam na água ou sobre substrato úmido. A capacidade de germinação é muitas vezes mantida por muito tempo; assim, foi possível promover a germinação de esporos de exsicatas de herbários de mais de 70 anos. No processo de germinação, os esporos liberam células nuas uninucleadas, amebas ou mixoflagelados (Figura 10-18A). Os mixoflagelados são em geral biflage-

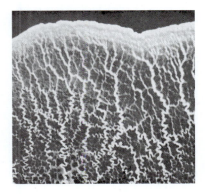

Figura 10-17 Myxomycota. Margem do plasmódio de *Badhamia utricularis* (2x). (Segundo E. Jahn.)

lados; com frequência um flagelo encontra-se reduzido ou falta completamente. No lugar em que falta o segundo flagelo, encontra-se ao menos um segundo blefaroplasto que perdeu sua função. Formas móveis podem se transformar em mixamebas pela perda de seus flagelos. Mixamebas se multiplicam – como, de resto, também os mixoflagelados – por divisão celular. Mixamebas ou mixoflagelados fusionam-se aos pares, formando amebozigotos (ou planozigotos), nos quais também os núcleos se fusionam (plasmogamia e então cariogamia). A estrutura diploide se desenvolve por meio de inúmeras divisões mitóticas para formar grandes plasmódios plurinucleados (Figura 10-17), os quais, por sua vez, podem novamente fusionar-se entre si. As mitoses são intranucleares e se processam sincronizadamente em todos os núcleos de um mesmo plasmódio. Nos plasmódios, o plasma se encontra em intenso movimento. Eles se desenvolvem, sob umidade atmosférica elevada, no solo da floresta, na serapilheira, entre ervas, musgos ou em madeira em decomposição; depois rastejam lentamente na superfície com a ajuda de mudanças no formato e distribuição do plasmódio. Paredes celulares não ocorrem no plasmódio, o qual é envolto por uma camada gelatinosa. Sua região frontal (Figura 10-17) é formada por um plasma mais denso, e a região posterior parece frequentemente se dissolver em uma malha de filamentos isolados. Plasmódios de determinadas espécies podem atingir diâmetros de mais de 20 cm (por exemplo, *Fuligo*, *Brefeldia*). Os corpos frutíferos são formados sob determinadas condições externas, ainda não completamente elucidadas (esgotamento do substrato, luz, temperatura, pH); possivelmente, fatores endógenos também atuam como desencadeadores. Primeiramente, o plasmódio muda seu comportamento de estímulo fisiológico. Ele rasteja para fora do substrato úmido em direção à luz e, por acentuada perda de água, transforma-se em inúmeros esporocarpos ("esporângios") (Figura 10-18D). Esses corpos frutíferos possuem uma parede externa frequentemente rica em calcário, o perídio, assim como muitas vezes um pedúnculo, que pode continuar no interior do esporocarpo em forma de columela, e, frequentemente, um sistema de filamentos chamado coletivamente de capilício. Essas estruturas são formadas pelo plasma residual anucleado endurecido, que não participa da formação de esporos. A formação do capilício se dá, aparentemente, pela deposição de material em vesículas especiais. Em seguida, o plasma nucleado forma, por clivagem, esporos diploides. Como consequência da meiose que ocorre em seguida, formam-se em cada esporo quatro núcleos haploides, dos quais três desaparecem. Durante a maturação, o perídio do esporocarpo se abre, os esporos são então liberados do capilício. Em algumas espécies, por movimentos higroscópicos, o capilício promove a saída dos esporos do esporocarpo, de modo semelhante aos elatérios das hepáticas. No ciclo vital os mixoflagelados e as mixamebas não copulantes são haploides; os plasmódios, os corpos frutíferos e os esporos jovens são diploides; novamente, os esporos maduros são haploides. Logo, a fase diploide é predominante no ciclo de desenvolvimento.

A **nutrição** dos plasmódios e dos estágios unicelulares que o precedem ocorre na natureza exclusivamente por fagocitose de diferentes microrganismos, como bactérias, protozoários, esporos, células de leveduras, hifas de fungos, etc. As partículas de alimento são encerradas em vacúolos de nutrição e digeridas enzimaticamente; material não digerido é excretado depois de algum tempo. A maioria das espécies só pode ser mantida em cultura se microrganismos vivos (por exemplo, bactérias) são oferecidos como alimento. Algumas espécies de Myxomycetes também puderam ser mantidas saprobionticamente sobre meio de cultura com determinada composição.

Sob condições de cultivo, os plasmódios de algumas espécies englobam algas verdes unicelulares por fagotrofismo e as mantêm, sem que as células verdes sejam digeridas. Os plasmódios que se tornaram verdes, assim são

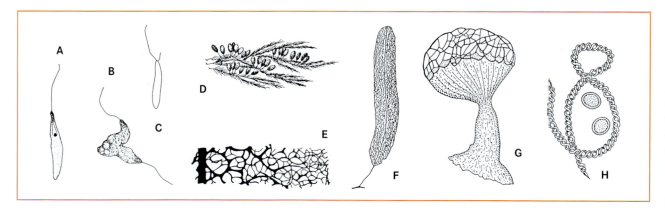

Figura 10-18 Myxomycota. **A-C** Mixoflagelados, em **A** (e **B**) flagelo curto não representado; **B** em copulação (1.500x). **C** com flagelos curto e longo. **D** *Leocarpus fragilis*, inúmeros corpos frutíferos sobre musgo (1x). **E** *Comatricha typhoides*, parte do capilício (180x). **F** *Stemonitis fusca*, corpos frutíferos (5x). **G** *Cribraria* rufa, corpos frutíferos (30x). **H** *Trichia varia*, filamento do capilício e esporos (300x). (A segundo Gilbert; B segundo H.A. von Stosch e R. von Wettnstein; C segundo C.G. Elliot; D, E, F segundo H. Schenck; G, H segundo A.L. Lister.)

fotossinteticamente ativos. Mesmo que as algas verdes migrem também para o corpo frutífero, em condições naturais a simbiose não é mantida nas próximas gerações.

Sistemática. Entre os **Ceratiomycetales** ocorre formação de esporos exógenos; em todas as demais ordens formam-se esporos endógenos. O esporocarpo das **Licales**, ao contrário de todas as outras ordens, não possui capilício e columela. **Echinosteliales** apresentam uma columela; em **Trichiales** ela está ausente, porém existe um capilício constituído de filamentos com terminações livres. ▶

2ª Classe: Protosteliomycetes

Os plasmódios reticulares multinucleados se formam diretamente de células flageladas ou não flageladas. Em suportes semelhantes a um pedicelo são formados de um a quatro esporos exógenos.

Segunda divisão: Plasmodiophoromycota

Esta divisão difere de todos os fungos plasmodiais até agora tratados pela presença de paredes celulares de quitina, assim como por um tipo especial de divisão nuclear. Na metáfase, a cromatina se distribui perpendicularmente nos dois lados do grande e um tanto alongado nucléolo, de modo que se produz uma figura em forma de cruz dentro da membrana nuclear. Permanece questionável se – e em parte é o caso – os Plasmodiophoromycota podem ser entendidos como descendentes dos Myxomycetes que se tornaram endoparasitos, com quem eles se parecem pela presença de dois flagelos desiguais em seus zoósporos. No seu ciclo de desenvolvimento ocorrem plasmódios haploides e diploides – nos Myxomycetes são sempre diploides, nos Protostelyomycetes sempre haploides.

Um conhecido representante da única classe Plasmodiophoromycetes é *Plasmodiophora brassicae,* o causador da hérnia das crucíferas (Figura 10-19). Ciclo de vida: esporos de resistência (esporos de repouso, hipnósporos) do parasito germinam sobre o solo úmido na primavera, produzindo zoósporos haploides biflagelados, que, após o desprendimento de seus flagelos, podem penetrar por movimentos ameboides nos tricomas de raízes de plantas jovens de crucíferas. Nesses locais, cada ameba parasítica desenvolvida forma um plasmódio multinucleado (Figura 10-19B). Esses plasmódios podem se fragmentar em porções multinucleadas que, após a degradação da parece celular do hospedeiro, propagam-se e aumentam rapidamente a infecção. Mais tarde, formam-se gametângios plurinucleados, após os plasmódios passarem primeiramente por uma fase uninucleada e depois plurinucleada. Esses gametângios produzem um número de gametas biflagelados igual ao número de núcleos, que são liberados após a destruição do tecido do hospedeiro e copulam no solo.

Após o desprendimento de seus flagelos, os planozigotos diploides penetram novamente nas raízes da planta (mas agora não apenas através dos tricomas), que agora já está afetada, onde crescem formando protoplastos multinucleados desprovidos de paredes celulares (os plasmódios diploides). As plantas hospedeiras reagem com a formação de tumores ("hérnias" ou calos

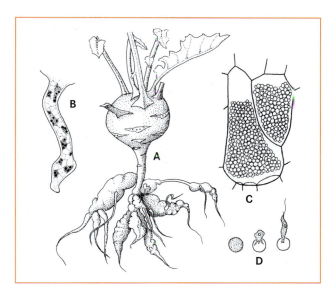

Figura 10-19 Plasmodiophoromycota. *Plasmodiophora brassicae*. **A** Hérnia das crucíferas em raízes de uma planta de couve-rábano (*Brassica oleraceae* var. *gongylodes*) (0,33x). **B** Plasmódios em pelo de raiz (300x). **C** Célula da parênquima cortical da raiz com esporos (520x). **D** Germinação dos esporos (1240x). (A segundo Ross; B segundo C. Chupp; C, D segundo M. Woronin.)

de raiz, Figura 10-19A). Por meiose, exclusivamente nas células do hospedeiro e nas hérnias são formados meiósporos haploides com paredes espessadas (esporos de repouso, hipnósporos), que atravessam o inverno juntamente com os restos da planta afetada e, na primavera, após a degradação do tecido caloso, retornam novamente ao solo.

Na porção apical zoósporos e gametas possuem dois flagelos não ciliados de comprimentos bastante desiguais. A alternância entre plasmódios haploides e diploides caracteriza uma alternância de gerações; o andamento do ciclo vital, a cariogamia e a meiose não estão ainda completamente esclarecidos.

As espécies de alguns gêneros apresentados (por exemplo, *Polymyxa*) parasitam várias plantas terrestres e aquáticas, em cujos órgãos provocam intumescimentos semelhantes (60 espécies de parasitos obrigatórios de plantas vasculares, algas e fungos).

Tipo de organização de fungos

Terceiro sub-reino e parte do sexto sub-reino

Os fungos no sentido restrito **não possuem plastídios** e clorofila, assim como os fungos plasmodiais. Eles vivem como saprobiontes ou parasitos em água doce e sobre o solo, raramente no mar. Os fungos podem muitas vezes – na verdade, a maioria dos saprobiontes, assim como muitos parasitos – ser cultivados em meios de cultura adequados. Eles são **heterotróficos** não apenas sob o ponto de vista do carbono, mas também em muitos casos em relação ao nitrogênio. São organismos eucarióticos que formam um **talo** e ocupam uma posição especial, embora tradicionalmente sejam tratados juntamente com as plantas. Ao contrário dos fungos plasmodiais, eles não formam plasmódios. As células dos fungos são geralmente rígidas e envoltas por uma parede celular de quitina, glucanos, etc. O corpo vegetativo raramente tem forma de bolha ou gota, em geral é filamentoso. O filamento isolado dos fungos é denominado **hifa**, o conjunto de hifas externas ao corpo frutífero é denominado **micélio**. No corpo frutífero, as hifas são trançadas em pseudotecidos*.

Entre os fungos, podem ser distinguidos os seguintes **níveis de organização**:
- **protoplastos parasíticos** nus (por exemplo, *Olpidium*).

Em todos os casos seguintes, a existência de paredes celulares nas fases vegetativas é característica:
- **micélio rizoide.** Uma vesícula nucleada diferencia-se no substrato em rizoides filamentosos anucleados (por exemplo, *Rhizophydium*, Figura 10-25A).
- **micélio de brotação.** O talo é constituído de células em forma de gota ou alongadas, as quais por brotação dão origem a células-filhas; separação incompleta leva à formação de cadeias curtas de células ligadas umas às outras (por exemplo, fermento de pão; Figura 2-34), as quais passam para
- **pseudomicélio.** Neste caso, as células originadas por brotação permanecem em uma formação filamentosa ramificada (semelhante à Figura 10-33G).
- **micélio de hifas e plectênquima de corpos frutíferos**. O talo é formado por células filamentosas geralmente ramificadas, em parte não individualizadas, tubulares (sifonal; Figura 10-28D), em parte também regularmente septadas por paredes celulares transversais (trical; Figura 10-57A). As hifas são frequentemente emaranhadas e trançadas em corpos frutíferos (Figura 10-57B; definição ver em Zygomycetes).

Os fungos com talos unicelulares em forma de vesícula ou hifas não septadas foram primeiramente classificados como Phycomycetes (fungos-alga) e opostos aos fungos com micélio filamentoso septado, cujas paredes celulares transversais são interrompidas por um poro central, simples ou complexo. O poro é em geral aberto e permite assim a passagem de plasma e núcleos. O plasma está em intenso movimento no interior das hifas.

A denominação Phycomycetes (fungos-alga) deveria ficar reservada para os fungos comprovadamente relacionados às algas ou que delas descendem (ou seja, aos Oomycota; Figura 10-8).

Como **substâncias de reserva** ocorrem glicogênio e gorduras em larga escala; manitol e outras substâncias são mais raras. Entre os fungos, não ocorre amido como substância de reserva.

A **multiplicação** ocorre por meio de muitos tipos de gametas, denominados esporos quando endógenos. Conídios são sempre exógenos e servem à reprodução assexuada, excepcionalmente como vetores de núcleos masculinos na reprodução sexuada. Em organismos aquáticos, os esporos são frequentemente formas nadantes nuas, flageladas (zoósporos, planósporos); em organismos terrestres, os esporos são envoltos por uma parede celular e desprovidos de flagelos (aplanósporos). Esporos podem ser formados em processos sexuados após a meiose (meiósporos) ou em divisões nucleares mitóticas (mitósporos). Muitos fungos também podem se propagar em células individuais (oídios) pela desagregação do micélio. Muitas vezes são produzidas estruturas permanentes na forma de arranjos rígidos de hifas (esclerócios). Impressionantes são as formações de hifas entrelaçadas semelhantes a cadarços (rizomorfos) com vários metros de comprimento, que servem para propagação (por exemplo em *Armillaria mellea*).

Na **reprodução sexuada** copulam gametas (isogamia, anisogamia, oogamia), gametângios (gametangiogamia), gametas e conídios com gametângios (gametogamia e conidiogamia, respectivamente) ou duas células do talo não diferenciadas como células sexuais específicas (somatogamia). Os gametângios, quando presentes, não estão envolvidos por uma parede multicelular. Assim como nas algas, os gametângios não são denominados anterídios e arquegônios (ao contrário dos órgãos equivalentes nas embriófitas), mas sim, segundo a diferenciação, tipo de formação e desenvolvimento, são simplesmente chamados de gametângios masculinos e femininos e, entre outros, espermatogônios (masculinos), espermatângios (masculinos), oogônios (femininos) e ascogônios (femininos).

Nos fungos (como também nas algas), os órgãos produtores de esporos nunca são protegidos por células estéreis. Por isso, diferentemente dos órgãos com funções semelhantes nas plantas superiores, não mais são chamados esporângios, mas sim **esporocistos.**

Um termo próprio para recipientes celulares sem parede que produzem gametas ou núcleos gaméticos (ou seja, o termo **gametocisto** em vez de gametângio) é supérfluo. Do contrário, deveria ser mantido o termo gametângio e os termos dele derivados como gametangiogamia, etc. no sentido amplo original. Continua, portanto, valendo o princípio de não se introduzir mais novos conceitos que aqueles absolutamente necessários, em especial quando os conceitos anterídios e arquegônios estabelecidos, além disso, caracterizam os gametângios protegidos por células estéreis.

Muitas vezes a propagação vegetativa predomina; em muitos casos, a reprodução sexuada é desconhecida ou foi perdida ao longo da história evolutiva. Nos fungos, aquelas formas do talo que produzem estruturas de propagação vegetativas sem mudança de fase nuclear (mitósporos, conídios, etc.) são denominadas **secundárias**** (**anamorfas**). Em oposição estão **formas principais***** (**teleomorfas**) do talo, nos quais ocorrem fusão de núcleos (cariogamia) e mudança de fase nuclear (meiose).

Indução sexual e diferenciação em órgãos e gametas masculinos e femininos são frequentemente pouco evidentes. Ainda assim os núcleos podem ser definidos: o doador como masculino e o receptor como feminino. Sob essas condições, a divisão de sexos pode ser caracterizada como monoica ou dioica (Figura 10-20). Ocorre **dioicia** se um micélio é determinado para receber ou para doar núcleos (Figuras 10-20, esquerda). Na **monoicia**, cada micélio pode funcionar tanto como doador quanto como receptor de núcleos.

O par de conceitos discutidos a seguir, frequentemente usado para o comportamento reprodutivo de fungos, não é perfeitamente coberto pelas definições dadas anteriormente e se baseia em outros fundamentos genéticos. Os **fungos homotálicos** formam zigotos e/ou corpos frutíferos em culturas a partir de esporos isolados, enquanto em fungos **heterotálicos** são necessários para isso dois micélios de tipos diferentes (por exemplo + e –).

---
* N. de T. O conjunto de hifas trançadas é denominado plectênquima.

** N. de T. Fase conidial imperfeita.

*** N. de T. Fase perfeita.

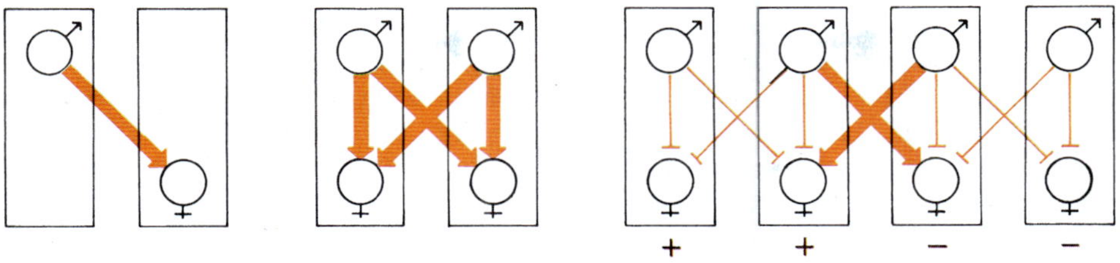

Dioico	Monoico	
Heterotálico	Homotálico	Heterotálico
Compatibilidade		Incompatibilidade homogênica

Figura 10-20 Comportamento sexual dos fungos. Os retângulos representam micélios com órgãos doadores de núcleos masculinos e/ou órgãos receptores de núcleos femininos. Dioicia: masculinos e femininos sobre micélios diferentes. Monoicia: masculinos e femininos sobre o mesmo micélio. Heterotalia: um micélio único isolado não é capaz de produzir zigotos. Em micélios monoicos, a heterotalia pode ser determinada por incompatibilidade homogênica, isto é, são compatíveis apenas os núcleos masculinos e núcleos femininos cujos fatores de cruzamento são diferentes, portanto −♂ x +♀ e +♂ x −♀, mas não, por exemplo, −♂ x −♀. (Segundo K. Esser.)

Em fungos monoico-heterotálicos, a fusão de núcleos de um mesmo micélio é impossível (como no caso da dioicia). Geneticamente, essa incompatibilidade está relacionada no mínimo a dois alelos de um fator de cruzamento, chamados + e − (ou com outros símbolos). Núcleos com mesmo genótipo (por exemplo, + e +) são incompatíveis e não se fusionam um com o outro; fala-se então de **incompatibilidade homogênica** (Figura 10-20, direita). **Incompatibilidade heterogênica** foi comprovada no cruzamento de raças biogeográficas de uma espécie; ela se baseia na incompatibilidade de diferentes genótipos.

Nos flagelados (zoósporos, gametas) dos fungos podem ser reconhecidos diferentes situações: opistoconta, com um único flagelo propulsor tipo chicote; acroconta, com um único flagelo anterior barbulado*; heteroconta, com dois flagelos, dos quais um propulsor tipo chicote e um barbulado.

O estudo dos fungos (inclusive dos fungos plasmodiais e celulósicos) é chamado **Micologia.**

* N. de T. Mastigonemático.

Parte I do sexto sub-reino: Heterokontobionta heterotróficos (Chromalveolatae)

Os Heterokontobionta heterotróficos, que incluem uma pequena parte dos fungos a serem tratados aqui, formam, juntamente com os Heterokontobionta autotróficos, a serem tratados depois, o sexto sub-reino Heterokontobionta. Neste sub-reino estão representados, de um lado, organismos heterotróficos semelhantes a fungos (Labyrinthulomycota; Oomycota, fungos celulósicos) e de outro lado, algas autotróficas (Heterokontophyta), que se originaram de uma linhagem ancestral comum. Em primeiro lugar, serão tratados os grupos heterotróficos que correspondem ao tipo de organização fungo.

Os organismos desse grande grupo são caracterizados geralmente por células reprodutivas do tipo **heteroconta**, isto é, equipadas com um flagelo anterior ciliado e um flagelo liso voltado para trás, que serve para dar direção (Figuras 10-21A, C e 10-89F; exceção nos grupos autotróficos; mais detalhes sobre flagelos, ver no sexto sub-reino).

Primeira divisão: Labyrinthulomycota

Os Labyrinthulomycetes apresentam a forma de organização dos fungos plasmodiais, mas, devido aos flagelos tipo heteroconta, são considerados próximos aos Oomycota. Eles incluem espécies endoparasíticas de plantas aquáticas de água salgada (por exemplo, *Zostera, Laminaria*). Caracteristicamente, são **plasmódios** pluricelulares **reticulados**, que se originam por divisão de células biflageladas dentro de uma matriz gelatinosa crescente. Esses fungos representam um grupo primitivo entre os Heterokontobionta. Organismos semelhantes a eles formam os grupos ancestrais, dos quais se desenvolveram, de um lado, os Oomycota heterotróficos tratados a seguir, de outro lado, os Heterokontophyta que se tornaram autotróficos por meio de endocitobiose.

Segunda divisão: Oomycota, fungos celulósicos

As cerca de 500 espécies desta divisão se distinguem por uma série de caracteres – mesmo conservando certa semelhança – de todos os fungos típicos. O talo, raramente unicelular (Lagenidiales), geralmente sifonal, possui quase sempre paredes celulósicas. A reprodução ocorre por fusão de gametângios ♂ com oogônios (gametangiogamia), os quais formam tubos de fertilização. Após a fecundação, desenvolvem-se de um a muitos zigotos (os chamados "oósporos") nos oogônios. Os zoósporos produzidos na reprodução assexuada são heterocontas; possuem um flagelo barbulado direcionado para frente e um flagelo voltado para trás, tipo chicote, liso e geralmente um pouco mais longo (Figura 10-21B). Além disso, os Oomycetes são, segundo estudos disponíveis, sempre diplontes com meiose antes da formação de gametas nos gametângios (alternância gamética de fases nucleares). Plectênquimas e corpos frutíferos não são formados.

Metabolicamente, os Oomycetes apresentam, além da constituição química da parede celular, outras particularidades. A proteína de parede contém hidroxiprolina. A biossíntese de lisina ocorre após a ligação de piruvato e aspartato em ácido di-hidropicolínico pela rota do ácido diaminopimélico (em outros fungos, de ácidos aminoadipínicos). O ácido nicotínico não é formado a partir de triptofano (como em animais e outros fungos), mas sim sintetizado a partir de compostos de C_3. As enzimas envolvidas no metabolismo de triptofano formam um tipo único, caracterizado pelo comportamento de associação, que não ocorre em nenhum outro grupo. O peso molecular do RNA ribossômico (fração 25S) é diferente dos outros fungos (exceção: fungos plasmodiais). Dos Oomycetes, geralmente hialinos, não foi isolado nenhum tipo de pigmento.

Modo de vida e adaptações. As espécies que podem ser interpretadas como tendo uma organização mais ancestral são aquáticas e saprobiontes. Os organismos terrestres, mais fortemente derivados, são parasitos de plantas superiores. Essa classificação em grupos de modos de vida diferentes ganha expressão nas duas ordens mais importantes dos Oomycetes.

Os Oomycetes permitem reconhecer um processo de ascensão da água para a vida em terra firme, uma substituição progressiva de zoósporos por conídios e uma transição da dispersão hidrocórica para a anemocórica. O aumento das exigências biológicas e a especialização das características associadas ao parasitismo estão relacionados a esta progressão, na qual a Família Peronosporaceae atinge o ápice. Isso fica claro na transição de saprobiose para parasitismo, na especialização a espécies e órgãos hospedeiros determinados, assim como, finalmente, no dano parcial causado ao hospedeiro. Na nutrição de nitrogênio é observada uma gradativa limitação (não relacionada à progressão antes mencionada) a compostos de N orgânicos. Enquanto algumas Perosporales utilizam, juntamente com amônio, também o nitrato, as Saprolegniales e Leptomitales não utilizam o nitrato e também não utilizam amônio, apenas compostos orgânicos nitrogenados. Apenas determinadas partes do talo são envolvidas na reprodução, as demais mantêm-se em crescimento (eucarpia); apenas nas formas mais simples (por exemplo, Lagenidiales com *Lagenisma*; Thraustochytridiales) o talo todo serve de gametângio ("holocarpia").

1ª Ordem: Saprolegniales. O micélio tubular pluricelular não septado (Figura 10-22C) vive em geral na água doce, algumas espécies também em água salobra; em geral, é saprobiôntico em partes submersas de plantas e insetos em decomposição, mas raramente parasita peixes vivos enfraquecidos. Para a reprodução vegetativa, as terminações hifálicas intumescem e formam zoosporocistos claviformes, delimitados das hifas portadoras por um septo; por fragmentação do plasma no seu interior originam-se **mitozoósporos** uninucleados, piriformes, com dois flagelos apicais desiguais, dos quais um possui duas fileiras de mastigonemas (Figura 10-21A; Figura 10-22A). Após a liberação dos zoósporos, seus flagelos são reabsorvidos. Os esporos, agora esféricos e envoltos em uma parede, se desenvolvem em um novo indivíduo sobre substrato apropriado, pela formação de um tubo de germinação.

Em alguns Oomycetes inicialmente são formados outra vez zoósporos. Pela forma e inserção dos flagelos, esses zoósporos secundários (Figura 10-22B) se distinguem daqueles formados primeiramente (Figura 10-22A): eles são reniformes e têm flagelos laterais (Figura 10-22B). Essa forma de **diplanetia** (frequentemente é usado o termo linguisticamente falso diplania) é característica – exclusiva – de *Saprolegnia*.

Em outros gêneros, os zoósporos primários ocorrem apenas no interior e próximos do esporocisto (*Achlya*), ou não ocorrem (*Thraustotheca, Dictyuchus*); no último caso, a diplanetia foi eliminada. Em *Aplanes* não ocorrem zoósporos; os esporos que se encistam dentro do esporocisto atravessam sua parede com os tubos de germinação. O comportamento de *Geolegnia* é semelhante, com a diferença de que os esporos são liberados do esporocisto antes de formarem o tubo de germinação. *Saprolegnia* mostra uma característica típica nos esporocistos vazios: eles são atravessados por suas próprias hifas portadoras em crescimento, as quais a seguir, formam imediatamente um novo esporocisto dentro do esporocisto vazio.

Os **gametângios** são separados das hifas portadoras por paredes transversais. Os oogônios esféricos contêm no começo muitos núcleos que, em sua maioria, degeneram. Depois disso, plasma acumula-se em torno de cada um dos núcleos restantes (oosfera), que se contraem em ovos esféricos nus, dos quais um a muitos permanecem livres (ou seja, sem um envoltório por periplasma) no oogônio. Os gametângios plurinucleados masculinos não formam células sexuais, mas na fertilização, o gametângio masculino como um todo apoia-se sobre o oogônio por quimiotactismo (por anteridiol, oogoniol) e desenvolve filamentos simples ou ramificados para dentro do oogônio até as células gaméticas (gametangiogamia: Figura 10-22E, F; analogia à fertilização por tubo polínico das espermatófitas), e em cada um núcleo masculino é liberado para que se fusione com a célula gamética. Em seguida, cada ovo forma um zigoto envolto por uma parede espessa, resistente contra ataque de microrganismos.

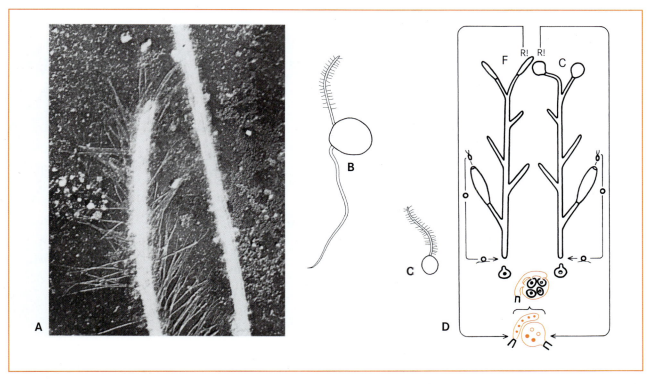

Figura 10-21 Oomycota. **A** Oomycetes. Flagelo barbulado (esquerda) e tipo chicote (direita) de um zoósporo de *Phytophtora infestans* (8.000x). **B** *Achlya* (Oomycetes; heteroconta, com flagelo barbulado e liso do tipo chicote). **C** *Rhizidiomyces* (Hyphochytridiomycetes acroconta, flagelo barbulado). **D** Saprolegniales, ciclo de vida. Laranja: haplofase, preto: diplofase; R! divisão redutora. Determinação de sexos diplogenotípica (◐ = núcleo ♀; ● = núcleo ♂). (A segundo Kole e Horstra; B, C segundo Kole e Gielink; J.N. Couch.)

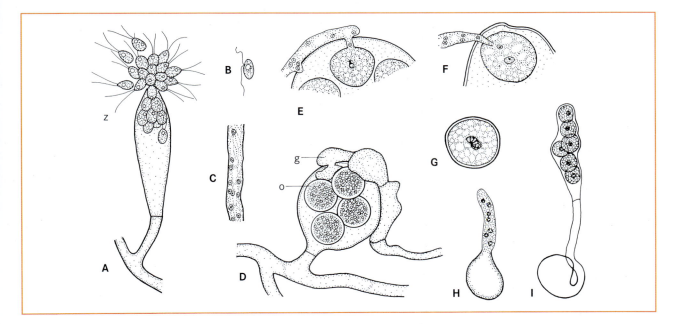

Figura 10-22 Oomycota, Saprolegniales. **A, B** *Saprolegnia mixta*. **A** Esporocisto que libera zoósporos acrocontos biflagelados (200x). **B** Segundo tipo de esporos com flagelos laterais (ca. de 350x). **C** *Thraustotheca*, parte da hifa tubular com inúmeros núcleos (500x). **D** *Saprolegnia mixta*, hifa com órgãos sexuais: gametângio ♂, que introduziu o tubo de fertilização no oogônio, zigotos (600x). **E-G** *Achlya flagellata*, **E** tubo de fertilização com núcleos ♂, **F** núcleo ♂ penetrando na célula gamética. **G** Zigoto com núcleos fusionados (E-G 600x). **H** *Isoachlya intermedia*, tubo de germinação. **I** *Thraustotheca primoachlya*, esporocisto com zoósporos ainda imóveis (H, J 1.400x). – g, gametângio; o, zigotos; z, zoósporos. (A, D segundo G. Klebs; B segundo W. Höhnk; C segundo Schrader; E-G segundo Moreau; H, I segundo A.W Ziegler.)

Os zigotos germinam após um período de descanso, sem divisão redutora, por meio de um tubo de germinação plurinucleado, o qual geralmente forma um esporocisto de germinação (Figura 10-22I). Existem espécies monoicas (gametângios masculinos e oogônios no mesmo talo) e dioicas.

2ª Ordem Leptomitales. Aqui são incluídos os Leptomitales. São sapróbios que vivem submersos, com hifas regularmente constritas, mas não septadas e esporocistos vesiculares. No oogônio desenvolve-se, assim como na ordem seguinte, um oósporo com envoltório de periplasma. *Leptomitus* é um habitante de águas muito sujas (fungo de esgoto).

3ª Ordem: Peronosporales. Esta ordem inclui parasitos, conhecidos como "**falsos-míldios**" (especialmente os Peronosporaceae), que acometem principalmente plantas superiores (Figura 10-23). As hifas que crescem intercelular no tecido do hospedeiro emitem curtos prolongamentos – haustórios (Figura 10-24D) – nas células vivas. Em geral, o micélio cresce para fora do hospedeiro pelos poros dos estômatos e então formam hifas ramificadas portadoras de esporocistos (Figura 10-24A), macroscopicamente reconhecidas como bolores, que portam uma grande quantidade de zoosporocistos. Os esporocistos distinguem-se daqueles das Saprolegniales, pois se distinguem das hifas portadoras geralmente como estruturas esféricas ou elipsóides. Geralmente (por exemplo, em *Plasmopara*) os esporocistos inteiros são levados pelo vento para as folhas de outras plantas, onde liberam seus conteúdos em gotas de água (chuva, orvalho), na forma de zoósporos reniformes (equivalentes aos esporos secundários de *Saprolegnia*, Figura 10-24C; aqui, portanto, não ocorre diplanetia).

Em relação a uma **adaptação continuada à vida terrestre** (ver algas Tretenpohliophyceae; Figura 10-109), os zoosporócitos das Peronosporales são progressivamente transformados em conídios.

Em *Pythium*, os zoosporocistos fixados em seus suportes liberam sempre zoósporos. Os esporocistos são muito semelhantes às hifas vegetativas. Em *Phytophtora*, *Plasmopara* e *Pseudoperonospora*, os esporos se libertam e são dispersados pelo vento; geralmente, eles germinam em zoósporos, mas sob condições externas especiais (baixa umidade) germinam formando tubo germinativo. Em *Phytophtora*, os portadores de esporocistos são claramente distintos das demais hifas; após a separação dos esporocistos, eles podem continuar crescendo como hifas vegetativas. Em *Plasmopara*, *Pseudoperonospora* e *Peronospora*, os esporocistos e conidióforos são diferenciados morfologicamente em cada espécie; o crescimento das hifas portadoras após a esporulação não ocorre. "Esporocistos" de *Peronospora* germinam somente com hifas infectantes. Os órgãos homólogos aos esporocistos transformam-se em conídios e são ativamente lançados por movimento dos conidióforos com redução da umidade do ar.

Figura 10-23 Oomycota, Peronosporales. **A** *Peronospora bulbocapni* sobre folhas de *Corydalis cava*; à esquerda para comparação uma folha não atacada. **B** Folhas de carvalho amareladas por infecção das raízes por *Phytophtora quercina*; à direita folha com coloração normal. (Fotografias segundo A. Bresinsky.)

Reprodução. Os órgãos sexuais são formados no interior da planta hospedeira, os oogônios como protuberâncias esféricas nas partes terminais das hifas, os gametângios masculinos como evaginações tubulares (Figura 10-24E). Ambos os órgãos são delimitados por paredes transversais e possuem muitos núcleos. Não ocorre delimitação clara dos gametas masculinos; em geral, há um único gameta feminino de cada oogônio, envolta em periplasma. A fecundação e a formação do zigoto no oogônio estão representadas na Figura 10-24E, no exemplo dos gêneros *Peronospora* e *Albugo*.

O número de núcleos capazes de fecundação no gametângio masculino e oogônio varia de gênero para gênero de muitos até apenas um. Em cada oogônio fecundado é formado um oósporo que pode, em parte, conter muitos núcleos diploides (cenozigoto). Em algumas Peronosporaceae (como *Basiodiophora entospora*), gametângios ♂ funcionais estão completamente ausentes; neste caso, ocorre a fusão dos núcleos do oogônio aos

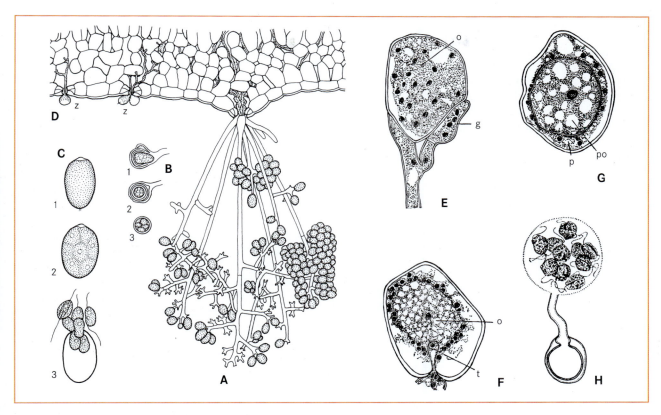

Figura 10-24 Oomycota, Peronosporales. **A-D** *Plasmopara viticola*. **A** Hifas portadoras de esporocistos saindo de um estômato. **B** Oogônics (com gametângios ♂) e zigotos (100x). **C** Formação e liberação dos zoósporos (600x). **D** Germinação dos zoósporos através do estômato para os espaços intercelulares (250x). **E** *Peronospora parasitica*, oogônio jovem plurinucleado e gametângio ♂. **F, G** *Albugo candida*. **F** Oogônio com o tubo de fertilização do gametângio ♂, que introduz o núcleo ♂. **G** Zigoto no oogônio, envolto na parede jovem do zigoto e no periplasma; (E-G 600x). **H** *Pythium ultimum;* zigoto com zoósporos em germinação (800x). – t, tubo de fertilização do gametângio ♂; g, gametângio ♂; p, periplasma; o, oogônio; po, parte central uninucleada do oogônio; z, zoósporo; 1, 2, 3 estágios de desenvolvimento. (A, B segundo Millardet; C, D segundo Arens; E-G segundo H. Wager; H segundo C. Drechsler.)

pares (autogamia). Em áreas distantes de sua distribuição natural, algumas espécies multiplicam-se apenas assexuadamente. A requeima da batata (*Phytophtora infestans*), na sua área natural de distribuição, América do Sul e Central, apresenta os dois fatores de cruzamento, tendo sido comprovada também reprodução sexuada. Aparentemente, apenas um dos fatores de cruzamento foi levado para a Europa, América do Norte, etc., onde esse fungo se reproduz exclusivamente por propagação vegetativa secundária*.

A germinação dos zigotos ocorre diretamente, pela liberação de zoósporos, ou, com mais frequência, através de um tubo de germinação, em cuja porção terminal forma-se um esporocisto com zoósporos (Figura 10-24H). Em casos derivados, o tubo de germinação penetra no tecido do hospedeiro sem formar um zoosporocisto (em analogia à transformação de zoosporocistos em conídios).

---

*N. de T. Fase anamorfa ou imperfeita.

Nos gêneros (especialmente *Peronospora*), as espécies são geralmente especializadas a um ou poucos hospedeiros. A **diferenciação de linhagens** está relacionada com **a escolha de diferentes hospedeiros** ou com uma modificação de caracteres morfológicos (por exemplo, tamanho de conídios) inicialmente mais ou menos contínua, que se tornou descontínua com o avanço da especiação. Já que esses caracteres estão simultaneamente também sob influência de uma variabilidade ambiental (por exemplo, o tamanho dos conídios é influenciado, além da idade, também pela temperatura, umidade, substrato), o processo de especiação determinado geneticamente e, com isso, a diferenciação das espécies, podem ter ocorrido por modificações.

Forma de vida e **danos** das Peronosporales. Apenas poucos representantes dessa ordem vivem em água doce ou no solo (como alguns representantes de Pythiaceae). Sendo fungos predominantemente parasitos de plantas terrestres (por exemplo, Peronosporaceae, Pythiaceae), podem provocar um grande número de doenças em plantas cultivadas. Eles podem estar distribuídos por toda a Terra, mas dependem de elevada umidade.

Uma doença perigosa da batata é *Phytophtora infestans* (Pythiaceae). O fungo provoca o apodrecimento de indivíduos da batata e ataca também os tubérculos; pela chuva esporocistos são levados das telhas para o solo e infectam os tubérculos pelas lenticelas. Os zoósporos são atraídos quimiotaticamente pelas raízes. Nas diferentes espécies isso ocorre apenas pelo respectivo hospedeiro. Em anos úmidos, mais de 20% da colheita de batatas pode ser destruída. No século XIX, epidemias causaram a perda da base alimentar da população de grandes extensões de terra. Assim, a requeima da batata foi causa de uma grande fome que dizimou a população da Irlanda em 1845/46, seguida de uma onda de emigração para os EUA. Até hoje, o número original de 8 milhões de habitantes não foi novamente alcançado. Espécies de *Phytophtora* são também a causa de doenças de raízes, que provocam desde o amarelecimento das folhas (Figura 10-23B) até a morte de árvores (carvalho, amieiro).

Também de importância econômica é o falso-míldio-da-videira ("doença de *Peronospora*", Figura 10-24A), causado por *Plasmopara viticola* (Peronosporaceae), que em tempo úmido ocorre epidemicamente nas folhas, levando-as à queda; os frutos transformam-se em bagas coriáceas "podres e secas". Todos os anos perdem-se 20% da safra de uvas devido a essa e outras doenças fúngicas menos importantes (outros 20% por pragas animais). Doenças de *Peronospora* ocorrem, além disso, em beterraba, cebola, lúpulo e outras plantas cultivadas. *Peronospora tabacina*, o mofo-azul-do-tabaco (denominado assim devido aos seus conídios branco-azulados), ocorreu pela primeira vez na Europa em 1959 (antes disso na América e Austrália) e, já no verão de 1960, rico em chuvas, exterminou grande parte da cultura do tabaco na Europa Central. *Pythium debaryanum*, amplamente disperso no solo, causa em plântulas de diferentes espécies um "tombamento" mortal. As doenças causadas pelo "falso-míldio" ("míldio verdadeiro", ver Erysiphales) podem ser combatidas por pulverização das folhas com fungicida contendo cobre, que impede a germinação dos esporocistos.

Os **Hyphochytridiomycetes** formam zoósporos com um único flagelo barbulado voltado para a frente. Entre eles, está *Anisolpidium*, um parasito de algas pardas (*Ectocarpus*).

Terceira a sexta divisão: Cryophyta, Dinophyta, Haptophyta, Heterokontophyta. Os grupos de organismos aqui reunidos nos Heterokontobionta são **fotoautotróficos**. A fotoautotrofia foi desenvolvida nos primórdios da evolução por células hospedeiras semelhantes aos protistas originalmente heterotróficos, por meio da aquisição endossimbiótica de organismos, então já eucarióticos, com capacidade fotossintética. A nova forma de organização fototrófica corresponde ao **tipo de organização das algas**. As divisões denominadas aqui, em seu contexto filogenético, serão abordadas mais tarde juntamente com os demais eucariotos fotoautotróficos (ver Algas).

Terceiro sub-reino: Mycobionta, fungos quitinosos

Organismos de organização simples, heterotróficos, filogeneticamente derivados de linhagens basais animais (coanoflagelados e metazoários ancestrais, como esponjas), que contêm em geral quitina em suas paredes celulares no lugar de celulose, formam o grande grupo dos fungos em sentido restrito. Esses fungos não são plantas, nem parentes próximos delas, mas tradicionalmente são objetos de estudo da Botânica (Figura 10-8).

Em relação à progressiva adaptação à vida fora da água, os grupos derivados entre os "fungos verdadeiros" (Mycobionta) perderam completamente os zoósporos e gametas flagelados. Em representantes primitivos, onde flagelos ainda estão presentes, estes são únicos, lisos, do tipo propulsor (opistoconta). Na estrutura do talo, essa divisão, considerada monofilética (Figura 10-8), apresenta todos os níveis de organização conhecidos para os fungos; nas classes derivadas, ricas em espécies, predominam em determinadas fases do desenvolvimento os plectênquimas (corpos frutíferos). A **parede celular** contém quase sempre quitina (frequentemente junto com glucanos) como substância estrutural; a celulose inexiste. Alguns grupos apresentam paredes de manano-β-glucano (*Saccaromyces*) ou galactosamina-galactano (*Trichomycetes*). Algumas poucas formas, adaptadas à vida parasítica, tiveram a parede celular completamente eliminada, de modo que protoplastos secundariamente nus ocorrem no ciclo de desenvolvimento (por exemplo, *Olpidium*, Figura 10-27C). A **fecundação** ocorre nas formas de isogamia, anisogamia, oogamia (raramente), gametangiogamia e somatogamia. Quando ocorre gametangiogamia, quase sempre estão envolvidos oogônios com oosferas. Órgãos de resistência nunca ocorrem dentro dos oogônios (comparar Oomycota). Seus representantes na maioria, são haplontes, haplodiplontes ou haplodicariontes. Diplontes são as exceções; uma fase dicariótica impõe-se cada vez mais forte.

Muitas espécies formam carotenos – conhecidos nas algas como pigmentos assimiladores acessórios –, que servem em parte como fotorreceptores em crescimento fototrópico (*Pilobus*). Além disso, ocorrem muitos outros pigmentos que pertencem a diferentes tipos de estrutura. Pigmentos fenólicos são frequentes (Figura 10-67), assim como heterociclos nitrogenados; no entanto, antocianinas e flavonoides faltam amplamente.

Primeira divisão: Chytridiomycota

Os representantes dos Chytridiomycota vivem como células uninucleadas ou formam um talo não septado plurinucleado (sifonal). As células móveis (gametas e zoósporos) têm flagelos **opistocontos** (Figura 10-26F). No lugar de um nucléolo existe, em geral, uma 'capa nuclear' rica em RNA (Figura 10-26E).

Entre os Chytridiomycota, os representantes das classes se distinguem pela estrutura do talo, pelo tipo de reprodução sexuada e pela ultraestrutura dos zoósporos. São conhecidas cerca de 500 espécies. A maioria das espécies vive na água, algumas no solo ou como parasitos em células de plantas superiores.

Algumas **progressões** importantes podem ser reconhecidas. Em lugar da "holocarpia" primitiva, impõe-se progressivamente a "eucarpia". Desde a isogamia com determinação facultativa de células gaméticas, passando pela isogamia com copulação de gametas geneticamente determinada, é atingida a anisogamia, oogamia (Monoblepharidales) e gametangiogamia. Isoladamente, a cariogamia é adiada após a copulação dos gametas e da subsequente plasmogamia; a iniciação de uma fase dicariótica é a consequência disso (*Polyphagus*). Além de monoicia, ocorre também dioicia. Em grupos isolados, observa-se uma alternância de gerações e seu desenvolvimento para um ciclo vital diplôntico (*Allomyces*). Organismos verdadeiramente terrestres, com micélios aéreos, não estão ainda desenvolvidos nesta linhagem parental.

Filogenia. Estudos moleculares filogenéticos mostraram recentemente que os fungos reunidos nos Chytridiomycota podem ser classificados em grupos precocemente separados na história evolutiva. Assim, os Blastocladiomycetes requerem autonomia ainda maior em relação aos demais representantes da divisão do que é expresso aqui. Os Olpidiaceae (*Olpidium*, Figura 10-27), anteriormente incluídos nos Chytridiomycota devido às suas células gaméticas com flagelos opistocontos, devem ser, segundo os conhecimentos atuais, inseridos na divisão Zygomycota. Daí resulta que os flagelos, presentes nos fungos ancestrais, foram perdidos várias vezes independentemente no decorrer da evolução da linhagem em adaptação à vida terrestre, como nos microsporídios (não flagelados), em comparação com os Chytridiomycetes (flagelados), ou entre os Zygomycetes (não flagelados), em comparação com os Olpidiomycetes (flagelados).

1ª Classe: Chytridiomycetes

O talo dos fungos pertencentes a esta classe (única ordem: **Chytridiales**) é pouco desenvolvido, geralmente unicelular, esférico ou vesicular. Um micélio hifálico não se estabelece, mas é frequente a formação de um prolongamento fino, anucleado de uma célula isolada (micélio rizoidal). A alternância heterofásica de gerações não ocorre (ou é apenas insinuada em *Physoderma*).

A reprodução sexuada se dá por isogamia, anisogamia ou gametangiogamia. A determinação dos sexos é genotípica (*Rozella*) ou modificadora (*Synchytrium*). Normalmente, o talo é completamente consumido na formação de esporos ou gametas ("**holocarpia**"). Formas derivadas desenvolvem com seus rizoides partes do talo, próprias para a formação e liberação de células reprodutivas ("**eucarpia**").

As **Synchytriaceae** são caracterizadas por 'holocarpia'. Elas vivem como endoparasitos de plantas floríferas, nas quais podem formar estruturas semelhantes a galhas. *Synchytrium endobioticum* causa o cancro-da-batata.

Nas famílias seguintes, o talo não é mais completamente consumido na formação das células reprodutivas ("eucarpia").

As **Rhizidiaceae** são frequentemente parasitos de algas planctônicas e grãos de pólen (*Rhyzophydium*; Figura 10-25A). O talo se organiza, para "divisão de trabalho", em uma vesícula reprodutiva externamente ao substrato e em um rizoide absorvente de alimento, que penetra na célula hospedeira. O ponto central no talo monocêntrico forma, em *Polyphagus euglenae*, uma única "vesícula central", a qual emite vários rizoides. A espécie alimenta-se atacando e absorvendo o conteúdo de células de algas do gênero *Euglena*, por meio de prolongamentos de seus rizoides. Um único exemplar de *Polyphagus euglenae* é capaz de atacar mais de 50 euglenas (Figura 10-68A). A reprodução sexuada é anisogametangiogamia: pequenos indivíduos ♂ emitem "rizoides de procura", que, ao chegarem à base central de um indivíduo ♀, incham e recebem os núcleos ♂ e ♀ das vesículas centrais dos fungos copuladores (Figura 10-25E, F). O zigoto resultante tem parede espessa, espinhenta, e sobrevive como hipnozigoto dicariótico (esporo de resistência, Figura 10-25G). A fusão nuclear (cariogamia) e a meiose ocorrem por ocasião da germinação do hipnozigoto (Figura 10-25H). Por multiplicação nuclear e clivagem plasmática simultânea, zoósporos (na verdade, meiozoósporos). Os zoósporos liberados fixam-se em euglenas, encistam, após o que os cistos germinam e uma "vesícula central" se forma com rizoides, que atacam outras células de *Euglena*.

Nas próximas duas famílias, os zoósporos são liberados dos esporocistos pela abertura de uma tampa (tipo opercular em oposição ao não opercular das famílias anteriores).

As **Chytridiaceae** formam um talo monocêntrico, enquanto as **Megachytriaceae** em geral um talo policêntrico com vários zoosporocistos vesiculares ligados por cordões de rizoides. Nos poucos casos estudados, a reprodução sexuada é, gametangiogamia. Em *Zygochytrium* (Megachytriaceae), dois ramos de copulação, neste caso idênticos, crescem em direção um ao outro e, na zona de união de suas extremidades (Figura 10-25K), forma-se um hipnozigoto de parede espessa. Nada é conhecido sobre o comportamento dos núcleos até a formação do zigoto.

Há casos em que – com ou sem tubo – os gametângios copuladores são multinucleados. Esses processos lembram fortemente as condições que encontraremos novamente mais tarde entre os Zygomycota.

Microsporídios. Os microsporídios são organismos unicelulares esporogênicos com esporoplasma semelhante ao de amebas e túbulo polar. Recentemente, tornaram-se mais consistentes as provas de que esses seres

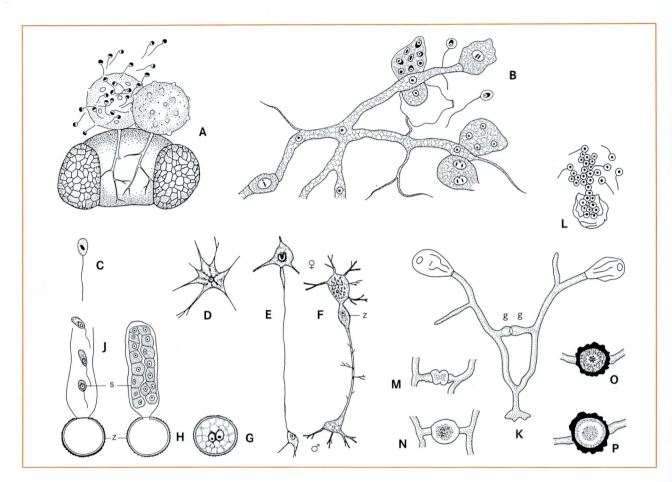

Figura 10-25 Chytridiomycota, Chytridiomycetes. A *Rhizophydium halophilum*, zoosporocisto com papilas de esvaziamento e liberação de zoósporos opistocontos, sobre um grão de pólen de *Pinus*, com haustórios no interior. B *Polychytrium aggregatum*, pequeno micélio tubular plurinucleado com esporocistos em diferentes fases de desenvolvimento e dois zoósporos opistocontos (A, B 400x). C-J *Polyphagus euglenae* (cerca de 450x); C Zoósporos; D talo emitindo rizoide; E cópula entre indivíduos menores ♂ e maiores ♀; F núcleo ♂ no futuro zigoto; G zigoto com núcleos ♂ e ainda não fusionados; H, J desenvolvimento e esvaziamento do zoosporocisto. K-P *Zygochytridium aurantiacum* (350x); K plântula com dois esporocistos terminais esvaziados e dois gametângios copuladores; L zoosporocisto no esvaziamento; M-P formação de zigoto a partir dos gametângios copuladores; P hipnozigoto maduro ("zigósporo"). – g, gametângio; s, zoosporocisto; z, zigoto, zigósporo, hipnozigoto. (A segundo E.R. Uebelmesser; B segundo Ajello; C-J segundo H. Wagner; K-P segundo N. Sorokin.)

vivos unicelulares esporogênicos, que ocorrem como endoparasitos de insetos (por exemplo, causadores da nosematose das abelhas) ou peixes e eram até agora tidos como animais, possuem estreito parentesco com os Chytridiomycota primitivos. A falta de dictiossomos e mitocôndrias, assim como a perda total dos flagelos, podem ser interpretadas como reduções. Em cada um dos esporos há o esporoplasma com filamentos enrolados ("túbulos polares"). Ao invadir uma célula, o túbulo polar é liberado e o esporoplasma é injetado na célula hospedeira.

2ª Classe: Blastocladiomycetes

Os representantes desta classe formam em geral um talo hifálico, o qual delimita com a ajuda de paredes transversais vários depósitos de propágulos nas extremidades das hifas. O talo é fixado ao substrato com prolongamentos do tipo rizoides (Figura 10-26A). O ciclo de vida é geralmente estabelecido como alternância de gerações.

1ª Ordem: Blastocladiales com *Allomyces*. Trata-se de um fungo terrestre (*"eucárpico"*), com hifas multinucleadas bastante ramificadas. O **ciclo de vida** se desdobra como

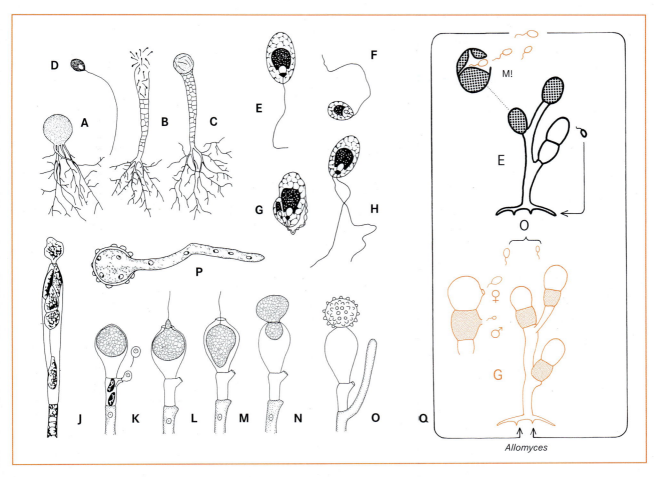

Figura 10-26 Chytridiomycota, Blastocladiomycetes. **A-H** Blastocladiales. **A-D** *Blastocladiella variabilis*. **A** Esporófito, **B** zoosporocisto em esvaziamento, **C** com esporocisto de resistência (A-C 33x), **D** zoósporo 9450x). **E-H** *Allomyces javanicus* (1.000x). **E** ♀, **F** ♂ Gametas flagelados opistocontos, **G** em copulação, **H** planozigoto. **J-P** Monoblepharidales, *Monoblepharis* (300x). **J** *M. macrandra*, esporocisto com zoósporos em liberação, **K-P** *M. sphaerica*. **K** Extremidade de um filamento com um oogônio e o espermatogônio abaixo dele, do qual um espermatozoide é liberado; **L** um espermatozoide penetrou pela abertura apical até a oosfera e se fusiona com ela, **M** fusão completada, **N** a oosfera fecundada é liberada do oogônio, **O** hipnozigoto com parede espessa espinhenta, **P** germinação do zigoto. **Q** Blastocladiales, *Allomyces*. Esquema da alternância de gerações; laranja: haplofase; preto: diplofase. – G, gametófito; M!, divisão redutora; E, esporófito. (A-D segundo R. Harder e G. Soergel; E-H segundo H. Kniep; J-O segundo M. Woronin; P segundo Laibach.)

alternância de gerações isomórficas (em *Euallomyces*; Figura 10-26Q).

O **gametófito** forma gametângios constritos por septos nas extremidades das hifas. Na maioria das vezes, o gametângio ♀ situa-se imediatamente acima de um gametângio ♂ (monoicia). Ambos liberam os gametas com a ajuda de papilas de esvaziamento; os gametas ♂ são menores e corados de vermelho-laranja por γ-carotenos, gametas ♀ são incolores. Os gametas ♀ secretam sirenina (ver 7.2.1.1) e atraem com isso quimiotaticamente os gametas ♂. Após a anisogamia, é formado um zigoto diploide, inicialmente flagelado, do qual germina o **esporófito**, idêntico em tamanho e hábito ao gametófito. Nas hifas do esporófito se desenvolvem dois tipos diferentes de esporocistos. Mitosporocistos laterais, de paredes delgadas, dispostos em geral aos pares uns sobre os outros e abrindo-se por uma papila, liberam, após divisões nucleares mitóticas, exclusivamente mitozoósporos diploides, que germinam para formar novamente esporófitos diploides. Assim, a alternância de gerações é interrompida por uma abundante reprodução vegetativa do esporófito (reprodução anamorfa com mitosporocistos). Meiosporocistos de parede espessa, escura e alveolada, diferenciados nas extremidades das hifas e muitas vezes isolados, são liberados como um todo. Após repouso (como hipnosporocistos), por meiose, são liberados meiósporos haploides, que germinam em gametófitos.

2ª Ordem: Monoblepharidales com reprodução oogâmica (Figura 10-26J-P). ▶

Segunda divisão: Zygomycota

Na grande maioria de suas espécies, os Zygomycota estão adaptados ao modo de vida terrestre. Eles perderam amplamente os estágios flagelados do ciclo de vida, ao longo da adaptação ao modo de vida terrestre. Apenas os representantes parasíticos das Olpidiaceae que podem ser entendidos como um grupo ancestral (anteriormente inseridos entre os Chytridiomycota, agora colocados entre os Zygomycota por estudos moleculares filogenéticos), possuem células reprodutivas flageladas. Porém, entre os Zygomycota em geral, a propagação ocorre no ar por células reprodutivas não flageladas e não mais na água.

1ª Classe: Olpydiomycetes

Nesta classe estão reunidos muitos representantes parasíticos com organização do talo ainda simples, que se multiplicam com células reprodutivas flageladas e/ou com conídios. A reprodução sexuada ocorre cada vez mais por zigósporos, os quais caracterizam toda a divisão (gametangiogamia e formação de zigósporos, ver Zygomycetes).

1ª Ordem: Olpidiales. O **caminho evolutivo** dos representantes basais dos Zygomycetes pode ser apresentado com o exemplo das Olpidiaceae. O protoplasto nu vive parasiticamente na célula da planta hospedeira e, após crescer, reveste-se de uma parede de quitina (Figura 10-27C, D); ele forma muitos propágulos opistocontos por divisão nuclear e clivagem do citoplasma; a totalidade do protoplasto é consumida na formação de propágulos. Os propágulos infectam na forma de zoósporos novas células hospedeiras ou copulam aos pares uns com os outros (determinação de função facultativa: isogamia), formando planozigotos biflagelados nus (Figura 10-27F), que penetram nas células hospedeiras e mais tarde transformam-se ali em espessos hipnozigotos. Os dois núcleos sexuais fusionam-se apenas na próxima primavera (início da fase dicariótica; Figura 10-27G, H); então, se formam – provavelmente por divisão redutora – inúmeros propágulos, que nadam para fora por uma papila de esvaziamento. *Olpidium brassicae* causa a "podridão-de-raízes" em plântulas de crucíferas.

2ª Ordem: Entomophtorales. Suas espécies, sem exceções, multiplicam-se na fase vegetativa por meio de conídios. Reprodução sexuada ocorre por **copulação gametangial** de dois filamentos ou também lateralmente entre duas células vizinhas do mesmo filamento (Figura 10-28H). O zigoto é formado como excrescência dos dois filamentos unidos. As hifas tubulares possuem paredes transversais, as divisões resultantes são desde uninucleadas até plurinucleadas (Figura 10-28G), em *Basidiobulus ranarum* até mesmo quase sempre uninucleadas. No representante mais conhecido, *Entomophthora muscae*, que causa uma **doença epidêmica em moscas**, os conídios plurinucleados (Figura 10-28E, F) são arremessados de seus conidióforos. Eles formam um tubo de germinação sobre as moscas atingidas, o qual penetra no interior do corpo do animal e ali desenvolve um micélio parasítico, letal para a mosca. Do corpo nascem conidióforos em massa, cujos esporos arremessados cobrem a mosca morta (por exemplo, em uma vidraça) com uma mortalha branca. Em moscas ressecadas no interior das hifas originam-se cistos de parede espessada, que podem, talvez, ser interpretados como zigotos partenogenéticos.

3ª Ordem: Zoopagales. Os Zoopagales, grupo mais próximo dos Entomophthorales, parasitam amebas e nematódeos por meio de ramos hifálicos transformados em haustórios (Figura 10-68). Não está clara a relação de parentesco das 60 espécies de **Trichomycetes**, que parasitam insetos. ▶

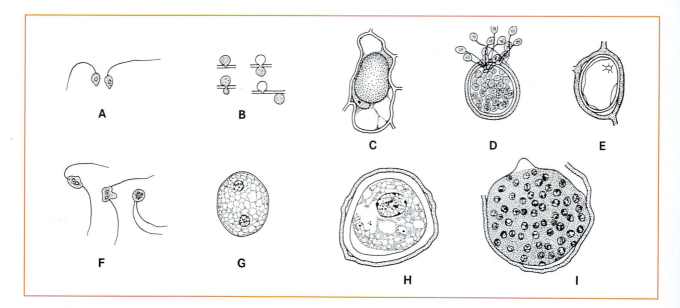

Figura 10-27 Zygomycota, Olpidiomycetes. *Olpidium viciae.* **A** Zoósporos. **B** Penetração na célula hospedeira. **C** Protoplasto nu do fungo na célula hospedeira. **D** Zoosporocisto ou gametângio; **E** o mesmo, esvaziado. **F** Cópula de dois gametas opistocontos (A-F 500x). **G** Zigoto jovem, ainda binucleado (600x). **H** Zigoto encistado; **I** zigoto germinando. (H, J 120x). (Segundo S. Kusano.)

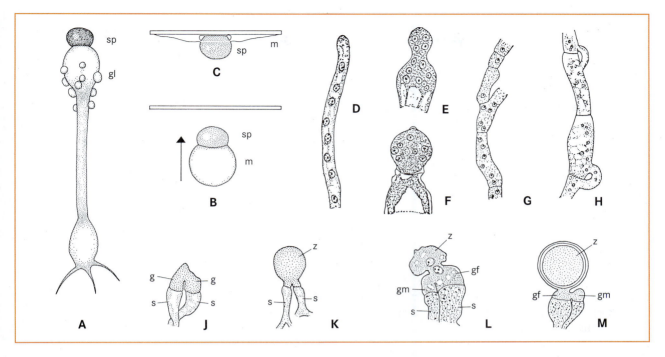

Figura 10-28 Zygomycota. **A-C** Zygomycetes, Mucorales, *Pilobolus crystallinus*. **A** Hifa com esporocisto; primeiramente recoberta com gotas de líquido secretado (20x). **B** Esporocisto fechado pouco antes de **C** bater contra um obstáculo. **D-H** Olpidiomycetes, Entomophthorales. **D-F** *Entomophthora muscae* (450x). **D** Extremidade da hifa em uma mosca, **E** conidióforo formado fora da mosca a partir da hifa. **F** Formação dos conídios. **G** Hifa jovem de *Entomophthora sciarea* (180x). **H** *Ancylistes closterii*, fertilização entre células vizinhas (500x). **J-M** Zygomycetes, Endogonales, *Endogone*. Fecundação. **J** Copulação. **K** Zigoto pronto de *E. pisiformis*. **L** Crescimento do zigoto após a passagem do núcleo do gametângio ♂ para o ♀. **M** Zigoto pronto de *E. lactiflua* (300x). – g gametângio; gm, gametângio masculino; gf, gametângio feminino; m, muco; s, suspensor; sp, esporocisto; gl, gotas de líquido; z, zigoto. (A segundo J. Webster; B, C segundo A.H.R Buller; D-G segundo L.S. Olive; H segundo F. Dangeard; J, K segundo R. Thaxter; L, M segundo Buchholz.)

2ª Classe: Zygomycetes (Mucoromycetes)

Os representantes dos Zygomycetes possuem, em sua maioria, micélios hifálicos bastante desenvolvidos, em geral plurinucleados e não septados (**cenocítico**, o nível de organização sifonal relacionado às algas); em determinadas formas, há paredes transversais.

Em nenhum caso são formados gametas na reprodução sexuada. Sempre copulam dois gametângios frequentemente iguais e plurinucleados, que crescem um na direção do outro (**gametangiogamia**), para formar um zigoto de repouso. Esse **zigósporo** é o resultado do processo sexual. Ele germina por meiose em um esporocisto de germinação, no qual os meiósporos endógenos em grande número são formados por clivagem do conteúdo plasmático plurinucleado.

A **reprodução vegetativa** é adaptada à vida terrestre, mas de um modo um pouco diferente dos Oomycetes. Neles, o esporocisto inteiro se solta, para levar os zoósporos aos seus locais de germinação. Nos Zygomycetes, esporos endógenos envoltos por parede celular originam-se (por clivagem) no interior do esporocisto e são dispersados pelo vento, depois de deixar o esporocisto. A transformação, também presente nos Oomycetes, de esporocistos em conídios, os quais crescem por um tubo de germinação, ocorre entre os Zygomycetes de modo análogo (Figuras 10-28A-C e 10-29D, C).

A **reprodução sexuada** ocorre quando micélios de tipos contrários (+ e –) se encontram. Então, ambos os micélios formam, por influência mútua pela secreção de gamonas*, gametângios claviformes plurinucleados delimitados por paredes transversais das hifas portadoras (suspensores). Esses gametângios se curvam em direção um do outro e por fim se tocam nas extremidades. Ocorre isogametangiogamia (Figuras 10-29E e 10-30A-C), anisogametangiogamia (Figura 10-30E-F), monoicia (Figura 10-30E) e dioicia (Figura 10-29E). A parede divisória dupla entre os gametângios desaparece (Figura 10-30B) e os dois gametângios participam na diferenciação do zigoto agora formado: um hipnozigoto de resistência (zigósporo, Figura 10-30D), com parede estratificada espessa, externamente rugosa, no qual os inúmeros núcleos sexuais (+, –) pareiam. Ao final do período de repouso, às vezes apenas um único par de núcleos fusionou-se (cariogamia), enquanto a maioria degenerou. Na fecundação participam exclusivamente núcleos gaméticos, nenhum gameta livre.

---

*N. de T. Substâncias que atuam como fatores de atração sexual.

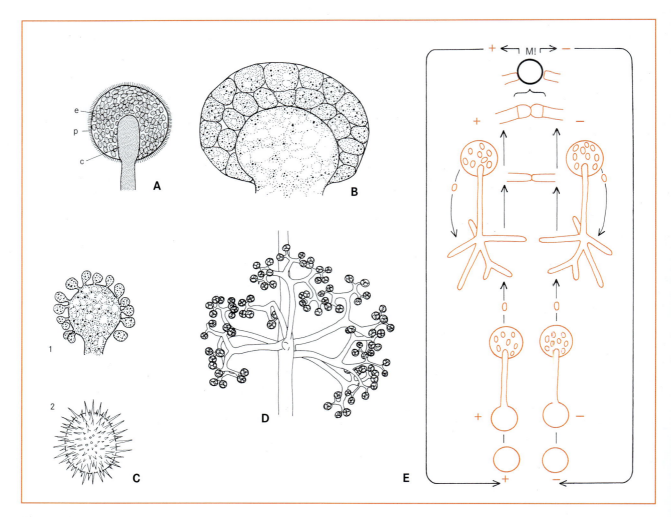

Figura 10-29 Zygomycetes, Mucorales. A Esporocisto em corte longitudinal de *Mucor mucedo* (225x). B Corte transversal de um esporocisto maduro com mitósporos plurinucleados de *Sporodia grandis*. C *Cunninghamella echinulata*. 1 Formação de conídios (370x). 2 Conídio (1.000x). D *Thamnidium elegans*. Ramificação portadora de esporocistíolos (200x). E Ciclo de vida. Laranja: haplofase, preto: diplofase – c, columela; e, esporocistósporos; p, parede; M!, divisão redutora. (A segundo O. Brefeld; B segundo R.A. Harper; C segundo Moreau; D segundo J. Webster.)

Os hipnozigotos são frequentemente protegidos por um envoltório de hifas, que crescem a partir dos suspensores. Aqui se inicia, então, a formação de **corpos frutíferos**, ou seja, entrelaçamentos de hifas da geração principal* visíveis macroscopicamente (Figura 10-30G). O zigósporo germina por meiose com um tubo de germinação, no qual apenas um único núcleo haploide (os demais produtos da meiose degeneram) continua as divisões mitóticas: todos os núcleos são, portanto, genotipicamente iguais. Na extremidade do tubo de germinação forma-se um esporocisto de propagação (Figura 10-30J), que contém inúmeros meiósporos, pertencentes ao mesmo tipo de cruzamento (+ ou –). Esse esporocisto é externamente idêntico ao mitosporocisto da fase anamorfa, mas, diferentemente dessa, os esporos originados aqui são meiósporos uninucleados

e de mesmo sexo (+ ou –). Nos dois casos, os esporocistos são separados das hifas portadoras por uma parede transversal, que forma uma projeção claviforme no esporocisto, a columela (Figura 10-29A). O plasma plurinucleado dos esporocistos transforma-se por clivagem ou em mitósporos haploides plurinucleados ou em meiósporos haploides uninucleados.

A classe inclui cerca de 500 espécies, na sua maioria saprobiônticas, distribuídas em várias ordens.

1ª Ordem: Mucorales. Um representante frequente é o mofo-preto-do-pão, *Mucor mucedo*, com grande formação de esporocistos (Figura 10-29A, E). Em outros representantes, os esporocistos estão algumas vezes reduzidos a esporocistíolos sem columela. Esses são lançados todos juntos (assim, em *Thamnidium*, Figura 10-29D). *Em Cunninghamella* também o esporocisto, que contém apenas um único núcleo, é lançado como unidade de dispersão; essas unidades de dispersão exógenas são

---

* N. de T. Fase teleomorfa.

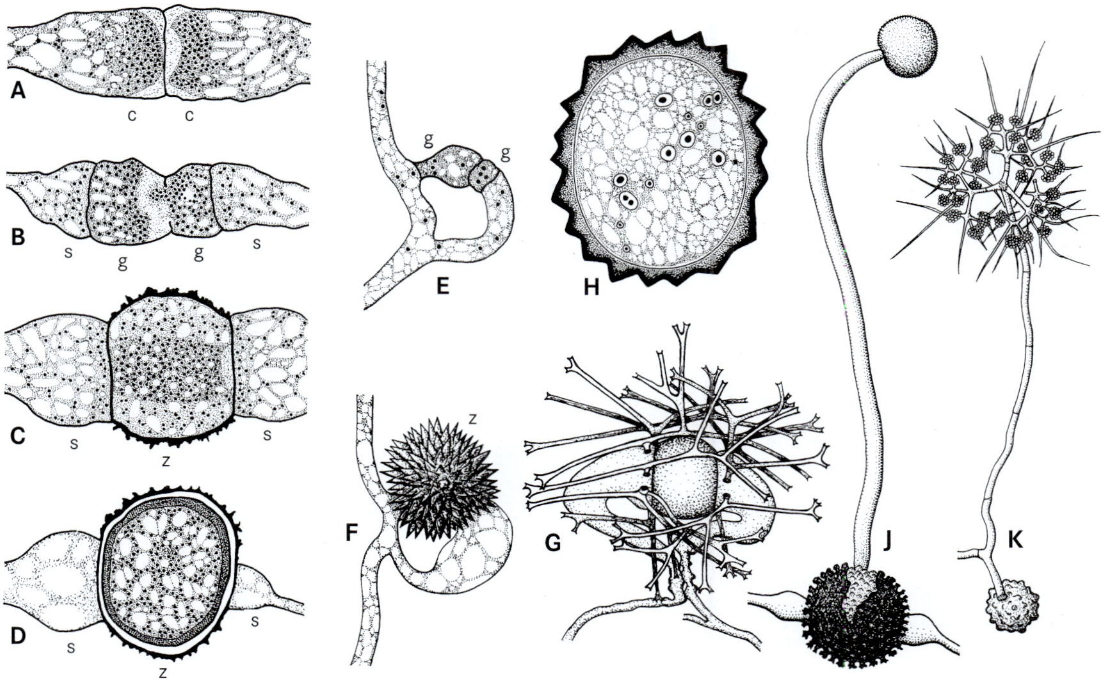

Figura 10-30 Zygomycetes, Mucorales. **A-D** Órgão de fertilização e formação do hipnozigoto de *Sporodinia grandis* (50x). **E, F** O mesmo em *Zygorrhynchus moelleri* (75x). **G** *Phycomyces blakesleeanus*. Zigoto com filamentos envoltórios (30x). **H** *Mucor hiemalis*. Zigoto com núcleos haploides, fusão nuclear e núcleos diploides (550x). **J** *Mucor mucedo*. Esporocisto de propagação (60x). **K** *Chaetocladium jonesii*. Germinação do zigoto com conidióforos (75x). – g, gametângio; c, ramo de copulação; s, suspensor; z, zigoto. (A-D segundo M.L. Keene; E, F segundo Green; G segundo H. Gwynne Vaughan; H segundo Moreau; J, K segundo O. Brefeld.)

denominadas conídios. O fungo *Pilobolus,* habitante de esterco, lança seu esporocisto preto terminal das hifas portadoras fototróficas positivas por meio de pressão de turgor (Figura 10-28A).

2ª Ordem: Endogonales com espécies que vivem no solo, ou seja, hipogeicas, as quais produzem corpos frutíferos nodulares até o tamanho de nozes (por exemplo, *Endogone, Mortierella*). Com frequência, formam micorrizas.

Terceira divisão: Glomeromycota

Os representantes desta divisão foram incluídos durante muito tempo entre os Zygomycetes (divisão anterior: Zygomycota), embora nenhum processo de reprodução sexuada seja conhecido a partir do qual algum relacionamento mais próximo de parentesco pudesse ter sido deduzido. Assim como nos Zygomycetes, células reprodutivas flageladas estão ausentes nos Glomeromycota e as hifas não possuem paredes transversais (exceto para delimitação de esporos). Reprodução e propagação dos fungos terrestres ocorrem exclusivamente por processos assexuados. Em geral, grandes esporos são formados por hifas que crescem do solo. Os esporos são resistentes, de paredes espessas (por isso, também chamados clamidósporos) e germinam em condições favoráveis; as hifas propagativas penetram então nas raízes das plantas hospedeiras. Todas as espécies da divisão vivem simbioticamente com organismos fotoautotróficos (plantas vasculares, musgos e cianobactérias).

1ª Ordem: Glomales. Os representantes desta ordem (por exemplo, *Glomus*) ganharam seu eminente significado ecológico como simbiontes nas raízes de plantas vasculares, formando micorrizas endotróficas. No processo, o fungo envolvido desenvolve nas células hospedeiras estruturas vesiculares e/ou ramificadas arborescentes, o que conduziu ao conceito de **micorriza vesicular-arbuscular** (**MVA**, Figura 8-9). A maioria das plantas terrestres, entre elas nossas importantes plantas cultivadas, é caracterizada por esse tipo de micorriza em suas raízes, assim como as primeiras plantas terrestres viventes (*Rhynia*), há 400 milhões de anos, em seus rizoides. As vantagens mútuas de uma simbiose desse tipo são muito grandes (ver 8.2.3) e talvez formaram as bases para a continuidade da conquista da terra pelas primeiras plantas terrestres.

2ª Ordem: Geosiphonales. *Geosyphon pyriforme,* aqui inserido, forma outro tipo de simbiose; é um excelente exemplo de endocitobiose recentemente estabelecida entre um fungo vesicular e uma cianobactéria endossimbiótica do tipo *Nostoc*. Neste caso, diferentemente das endocitobioses cíclicas, cada vez a relação se estabelece de novo. O estudo dessas relações extremamente interessantes esclarece aspectos da aquisição de cloroplastídios por endocitobiose (ver Teoria Endossimbionte) e é, além disso, um caso-modelo de compartimentalização (Figura 8-3).

Quarta divisão: Ascomycota

As espécies de Ascomycota são em sua maioria terrestres; algumas ocorrem em água doce ou no mar. São habitualmente parasitos de plantas ou saprobiontes sobre tecidos vegetais mortos ou seivas vegetais. O talo é em regra um micélio ricamente ramificado de hifas septadas; suas paredes transversais são interrompidas por um **poro simples**. Formas adaptadas a determinados modos de nutrição apresentam um micélio de brotamento do tipo das leveduras. As **paredes celulares**, compostas de quitina e glucanos (nas leveduras, Saccaromycetes, o conteúdo de quitina é pequeno ou a quitina falta completamente), são biestratificadas sob maior aumento ao microscópio eletrônico – a camada interna é clara, espessa e desestruturada, a externa é escura e delgada.

A **reprodução sexuada** leva à formação do **asco**, um meiosporocisto característico, frequentemente tubuloso. No asco se completa a fusão dos núcleos sexuais (por exemplo, núcleo + e núcleo –; cariogamia), a meiose e a diferenciação endógena dos meiósporos (= cada asco 1, 2, 4, 8 ou muitos ascósporos) em formação celular livre. Os ascos são, além disso, muitas vezes adaptados para o lançamento ativo dos ascósporos. Células flageladas estão ausentes, assim como também na maioria dos representantes dos Zygomycota e nos Basidiomycota, estes completamente adaptados à vida na terra.

Os Ascomycota ou fungos tubulares, juntamente com os fungos imperfeitos (Deuteromycetes; 1. Anexo aos Mycobionta) deles derivados, com cerca de 60.000 espécies conhecidas, compreendem cerca de 60% de todos os fungos até agora descritos. A classificação sistemática baseia-se nos diferentes meios de formação do asco no ciclo vital, na estrutura e forma de abertura dos ascos, assim como na forma e desenvolvimento dos corpos frutíferos. A esses aspectos somam-se achados moleculares filogenéticos.

Nas primeiras duas classes não são formados ainda corpos frutíferos.

1ª Classe: Taphrinomycetes

Este grupo de Ascomycota vive parasiticamente sobre plantas. Corpos frutíferos não são formados.

Espécies de *Taphrina* podem provocar diferentes tipos de malformações sobre as plantas hospedeiras atacadas. Muitas espécies causam **"vassoura-de-bruxa"**

Figura 10-31 Ascomycota, Taphrinomycetes. *Taphrina padi* sobre frutos de *Prunus padus,* formando "sacos-de-tolo". (Fotografia segundo A. Bresinsky.)

sobre cerejeiras, pereiras e carpinos (*Carpinus betulos*). *T. deformans* causa a **doença da crespeira** em folhas de pessegueiro; *T. pruni* transforma os pistilos da ameixeira em galhas ocas, sem caroços, denominadas "sacos-de-tolo" (Figura 10-31). Os ascos se formam entre a cutícula e a epiderme do hospedeiro após a meiose e algumas mitoses, a partir de hifas diploides curtas, inicialmente binucleadas e então uninucleadas. Eles irrompem entre as células epidérmicas da planta hospedeira, formam uma camada paliçádica (Figura 10-32) e se abrem no topo por uma fenda simples, através da qual os ascósporos são liberados. Os ascósporos germinam por brotamento e se assemelham nesse aspecto às células de leveduras. Após, forma-se sobre a superfície da planta hospedeira inicialmente um micélio de brotamento haploide saprobiôntico. Por fusão de células vegetativas ou por pareamento autogâmico de núcleos, é iniciado o estágio de micélio de hifas dicarióticas, que penetra parasiticamente entre as células do hospedeiro (espaços intercelulares), desenvolvendo-se independentemente do micélio haploide. Nesse aspecto, os Taphrinomycetes assemelham-se mais aos Basidiomycota, com suas fases nucleares independentes, do que aos Ascomycetes tratados a seguir.

Pequenas ordens próximas aos Taphrinomycetes são:

Protomycetales. Envolvem alguns parasitos de plantas floríferas, que causam colorações características ou intumescimentos vesiculares nos hospedeiros.

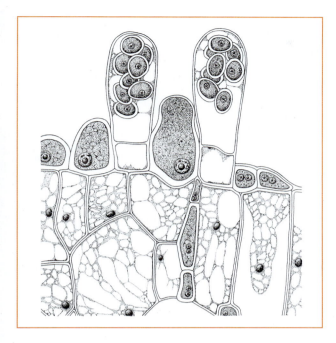

Figura 10-32 Ascomycota, Taphrinomycetes. Cariogamia e ascos maduros de *Taphrina deformans* (800x). (Segundo E.M. Martin.)

Ascosphaerales. *Ascosphaera apis* causa doenças em abelhas.
Também o gênero *Schizosaccharomyces* (ver próxima classe) é mais estreitamente relacionado a esse grupo.

2ª Classe: Saccharomycetes (Endomycetes)

Nesta classe são reunidos ascomicetos semelhantes às leveduras. **Leveduras** são fungos que se multiplicam por **brotamento**, do mesmo modo do fermento de pão (Figura 2-34); também a reprodução por fragmentos de hifas (artrósporos) é característica. Os ascos originam-se diretamente do zigoto ou outras células isoladas e não após uma fase dicariótica ou em corpos frutíferos. A parede do asco desintegra-se ou se dissolve em mucilagem após a maturação dos esporos; os ascósporos não são, portanto, ejetados. O talo é, em parte, desagregado em células isoladas; em geral, forma um micélio de brotamento, mais raramente, um micélio filamentoso septado. Os fungos desta classe vivem frequentemente em substratos ricos em açúcares (por exemplo, em seiva de plantas lenhosas, néctar).

Saccharomyces e gêneros próximos (*Hansenula* e *Schizosaccharomyces*) englobam os conhecidos fermentos, muitas vezes utilizados em atividades econômicas e de pesquisa. Suas células uninucleadas, esféricas ou ovais reproduzem-se geralmente por gemulação (Figura 2-34) e permanecem em parte ligadas umas às outras, formando cadeias celulares curtas ou longas, mais ou menos ramificadas (Figura 10-33G); em *Schizosaccharomyces*, as células se multiplicam por divisão transversal (Figura 10-33A),

de modo que se origina um **micélio de brotamento**. A maioria das leveduras (por exemplo, fermento do pão, do vinho e da cerveja) se multiplica pelo tipo **brotamento de cicatriz**. Aqui se formam células-filhas pelo abaulamento em forma de broto na parede celular da célula-mãe. A célula-filha em crescimento, para a qual migra um núcleo, se solta da célula-mãe após a formação de uma parede de separação; a célula-mãe carrega daí em diante uma cicatriz de formação, enquanto a célula-filha adquire uma cicatriz de origem. Cada célula de levedura possui uma cicatriz de origem e muitas (até 32) cicatrizes de formação. As células contêm glicogênio como substâncias de reserva e inúmeras vitaminas, especialmente as do grupo B.

O fermento do pão (*Saccharomyces cerevisiae*) foi o primeiro organismo eucariótico a ter seu genoma completamente sequenciado. Na **reprodução sexuada** (Figura 10-33), duas células copulam (por meio de uma pequena ponte de copulação).

Se suspensões de fermento (*Saccharomyces cerevisiae*) de diferentes tipos de cruzamento (a × α) são misturadas, ocorre uma precipitação em forma de nuvem. Essa **aglutinação** está relacionada a proteínas de parede específicas: a-aglutinina e α-aglutinina. Em mutantes nos quais a aglutinina está ausente, a frequência de pareamento é reduzida em 10^5 vezes.

O zigoto é transformado em asco imediatamente ou após a interposição de uma fase de brotamento. No asco formam-se, por meiose, quatro ou oito ascósporos, que são liberados após rompimento da parede do asco e germinam em novas células vegetativas.

Segundo o processo de desenvolvimento, três tipos podem ser diferenciados entre as leveduras. No tipo **haplôntico** (*Schizosaccharomyces*, Figura 10-33A-F), o núcleo zigótico divide-se por meiose imediatamente após sua formação e o zigoto se transforma imediatamente em asco; a reprodução vegetativa ocorre na haplofase. No tipo **haplodiplôntico** (*Saccharomyces cerevisiae*, Figura 10-33G-L) o zigoto cresce em um micélio de brotamento diploide, em cujas células são formados ascósporos após a meiose. A alternância de fase nuclear é então intermediária. Do ascósporo haploide cresce novamente um micélio de brotamento, agora haploide. No tipo **diplôntico** (*Saccharomycodes ludwigii*, Figura 10-33M-S), finalmente, ascósporos fusionam-se dois a dois já no asco; o crescimento vegetativo só ocorre na diplofase.

Por causarem a fermentação alcoólica, as leveduras (*Saccharomyces*) têm inúmeros usos, sendo utilizado por um lado como produto final um álcool (vinho, cerveja, etc.), por outro CO_2 (no crescimento da massa de pão). Enquanto o levedo do vinho (*Saccharomyces ellipsoideus = S. vini*) também ocorre na forma selvagem sobre as bagas, os levedos de cerveja (*S. cerevisiae* e *S. carlsbergensis* com inúmeras raças) são conhecidos apenas em cultura. Na fermentação as células maiores do levedo sedimentam,

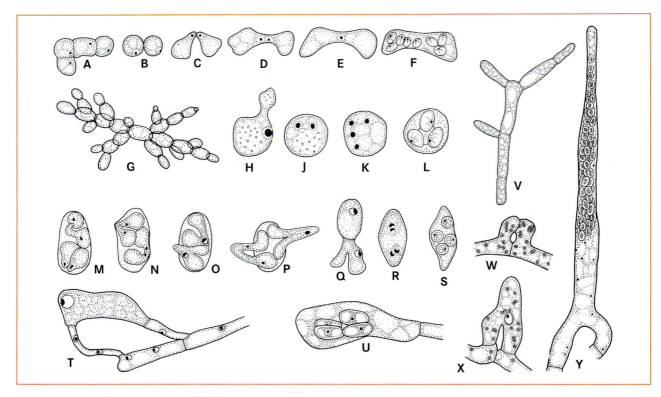

Figura 10-33 Ascomycota, Saccharomycetes, Saccharomycetales. A-F *Schizosaccharomycetes octosporus* (350x). A Agregado celular. B-F Copulação e formação do asco. G-L *Saccharomyces cerevisiae*. G Cadeia de gêmulas (200x). H-L Formação do asco (550x). M-S *Saccharomyces ludwigii* (375x). M-P Copulação de meiósporos no asco. Q Brotamento das células diploides. R, S Formação de ascósporos. T, U *Endomyces magnusii*. Copulação e formação do asco (375x). V *Candida reukaufii* (375x). W-Y *Dipodascus albidus*. Copulação e formação do asco (275x). (A, V segundo J. Lodder e N.J.W. Kreger; B-F, H-U segundo A. Guillermond; G segundo G. Lindau; W-Y segundo H.O. Juel.)

enquanto as menores permanecem em suspensão. Nas cervejas de alta fermentação (por exemplo, cerveja clara), a maior parte das células de levedo é desprezada com a espuma (ao contrário das cervejas de baixa fermentação, nas quais o levedo se acumula no fundo). A massa azeda usada para fazer o pão contém, além de fermento, também bactérias lácticas. O fungo do chá (assim como os organismos usados para produção do kefir) é uma mistura de levedo e bactérias; essa mistura transforma o chá preto em bebida azeda (e o leite em kefir).

Única ordem: Saccharomycetales (Endomycetales). Com seus gêneros *Saccharomyces*, *Dipodascus* e *Endomyces* representam a típica construção dentro da classe. Todos esses gêneros estão inseridos em famílias próprias.

Dipodascaceae. As células hifálicas de *Dipodascus* formam um conjunto de cadeia longa, cujas células individuais são uninucleadas (*D. uninucleatus*) ou plurinucleadas (por exemplo, *D. albidus*). Em *D. albidus*, que ocorre em fluxo de goma de árvores formam-se gametângios (Figura 10-33W), que se fusionam por suas extremidades e são delimitados por paredes transversais nas suas bases (Figura 10-33). Os núcleos de um gametângio (♂) penetram no outro gametângio um pouco maior (♀). Porém, apenas um par de núcleos fusiona-se. O gametângio feminino se alonga formando um longo asco. Enquanto os demais núcleos os degeneram, surge um grande número de núcleos haploides por meio de meiose a partir do núcleo de fusão diploide; cada um deles, por formação celular livre, origina um ascósporo. *D. uninucleatus* cresce sobre insetos mortos. Fusionam-se duas células vizinhas, transformadas em gametângios, cujos núcleos são maiores que os das células vizinhas.

Endomycetaceae. As Endomycetaceae com *Endomyces* contêm em seus ascos, assim como os *Saccharomyces* (ver acima), no máximo oito ascósporos. *Endomyces* forma um micélio filamentoso. Em *E. magnusii*, que vive no fluxo de goma do carvalho (formado a partir de exsudatos do floema), os ramos de copulação masculinos e femininos mostram uma diferença de tamanho considerável. O feminino transforma-se, após a fusão nuclear e consequente meiose, em um asco com quatro esporos (Figura 10-33T, U).

Talos **semelhantes aos de leveduras** não estão limitados aos Saccharomycetes. Eles ocorrem – pelo menos em determinados estágios de desenvolvimento – também em outros Ascomycota (Taphrinomycetes), em Basidiomycota (por exemplo, Sporobolomycetaceae, Exobasidiaceae, Ustilaginaceae) e nos fungos imperfeitos por exemplo, Cryptococcaceae).

3ª Classe: Euascomycetes

No processo de desenvolvimento da maioria dos Euascomycetes ocorre uma fase com hifas de **núcleos pareados** (**dicariótica**), também bastante característica nos Basidiomycetes tratados a seguir. Os ascos se desenvolvem dentro ou sobre corpos frutíferos simples a fortemente diferenciados. Em relação à reprodução e ao **ciclo de vida**, os Euascomycetes mostram padrões coincidentes, que se manifestam progressivamente a partir da segunda subclasse (Eurotiomycetidae, Dothideomycetidae). Características de seus representantes são os micélios filamentosos haploides na fase vegetativa, hifas de núcleos pareados (**hifas ascogênicas**) no estágio generativo, assim como corpos frutíferos, constituídos por hifas haploides e dicarióticas entrelaçadas. As hifas de núcleos pareados da dicariofase são ligadas com o micélio haploide espacialmente e em sua fisiologia de nutrição. O pareamento dos núcleos ocorre após diferentes processos de fertilização.

Reprodução. Na gametangiogamia (por exemplo, de *Pyronema confluens*), formam-se estruturas de corpos frutíferos jovens em algumas extremidades hifálicas de órgãos ♀. Eles são constituídos por uma célula do pé, o gametângio hipertrofiado plurinucleado, denominado **ascogônio** (Figura 10-39B: ag; A) e, sobre o ascogônio, um prolongamento plurinucleado curvado, o tricógino (Figura 10-39: t). Junto ao ascogônio emerge – também a partir de hifas haploides uninucleadas – um gametângio plurinucleado ♂ claviforme (Figura 10-39: g). Os diferentes órgãos sexuais ocorrem em parte agrupados e crescem em direção uns aos outros. O gametângio ♂ fusiona-se com o tricógino (**gametangiogamia**), que se abre na zona de contato, e os núcleos nele contidos degeneram. Os núcleos ♂ migram em seguida do gametângio ♂ para o tricógino e dali, através de um poro que se abre temporariamente, para o ascogônio (plasmogamia). Lá os núcleos ♂ e ♀ arranjam-se aos pares (Figura 10-39C). O ascogônio produz então inúmeros filamentos para os quais migram os pares de núcleos: as hifas ascógenas, que crescem por divisão celular e se ramificam. Em todas as divisões celulares, os núcleos permanecem pareados em cada célula, pois eles se dividem conjugadamente (isto é, simultaneamente). Assim, surgem as células da **dicariofase**, cada uma com dois núcleos de diferentes tipos de cruzamento (aqui ♂ e ♀). Portanto, o ato sexual ocorre frequentemente em ascogônios, pela captação de núcleos ♂. Os núcleos sexuais dos parceiros não se fusionam inicialmente, mas movimentam-se unidos em pares nas hifas ascógenas e se multiplicam por divisão conjugada.

Em outros Ascomycetes, a transferência da célula reprodutiva ♂ para o ascogônio pode ocorrer também por conídios uninucleados ou plurinucleados (**gameto-gametangiogamia**), assim como por hifas haploides, em vez de pelo gametângio ♂. Na **somatogamia** não participam gametas, mas fusionam-se hifas haploides comuns, não especialmente diferenciadas. Também neste caso, um micélio dicariótico cresce do produto da fusão (após a plasmogamia).

Ascogônios e gametângios ♂ ou células fornecedoras de núcleos ♂ (por exemplo, megaconídios, microconídios, hifas somáticas em *Sordaria*) são formados no mesmo micélio (**monoicia**, Figura 10-39B). No caso, a autofecundação é muitas vezes evitada por **incompatibilidade homogênica bipolar** (Figura 10-20). No conjunto, pode ser observada uma crescente redução dos gametângios. Muitas vezes, a sexualidade é completamente suprimida. Fala-se de **partenogamia**, se dentro do ascogônio ocorre o pareamento de núcleos sem prévia fertilização por núcleos ♂; de **autogamia**, se pareamentos ocorrem em qualquer lugar, sem participação de ascogônios; de **apomixia**, se a sexualidade é suprimida e o desenvolvimento ocorre na haplofase.

As hifas de núcleos pareados (hifas ascógenas da dicariofase) são muitas vezes caracterizadas nos Ascomycetes por **ganchos*** nas paredes transversais, que surgem do seguinte modo (Figura 10-39F). A célula terminal da hifa, ao crescer, forma lateralmente, um pouco abaixo da extremidade da hifa (subterminal), uma protuberância voltada para baixo, contra o sentido do crescimento. Simultaneamente, os núcleos pareados se dividem, um dos núcleos-filhos migra para a protuberância. Finalmente, o par de núcleos superior é separado por uma parede transversal (Figura 10-39C), enquanto a fíbula se fusiona em uma ponta com a hifa de onde se originou e o núcleo migra de volta para ela (Figura 10-39J). A formação da fíbula se repete em cada divisão celular da célula terminal, até que a **formação do asco** é nela iniciada por cariogamia (Figura 10-39H). Das células terminais da hifa ascógena formam-se os ascos, após ter ocorrido nelas a cariogamia e a meiose. A estrutura do asco jovem é primeiramente binucleada (Figura 10-39F, G). Após ter ocorrido a fusão dos núcleos (Figura 10-39H), a célula terminal transforma-se em esporocisto diploide claviforme, inicialmente ainda uninucleado. A partir do núcleo de fusão formam-se oito núcleos depois da meiose (com suas duas divisões nucleares) seguida de uma mitose. Destes, são delimitados por paredes celulares, por livre formação celular os oito meiósporos haploides (ascósporos). Algumas espécies possuem também ascos uni-, bi- ou tetrasporados. O asco é, portanto, um meiosporocisto, no qual, além das divisões redutoras, ainda é acrescentada uma mitose. Logo, plasmogamia e cariogamia estão espacial e temporalmente distantes entre si; elas são separadas pelo estágio de pareamento de núcleos (dicariofase). Células dicarióticas são funcionalmente diploides; apenas seus núcleos encontram-se ainda individualizados. Os Euascomycetes são haplontes com um dicariófito resultante (correspondente ao esporófito), mas que permanece dependente da geração haploide precursora em sua fisiologia de nutrição.

O plasma não consumido na **formação dos esporos**, o periplasma, é muitas vezes utilizado para a deposição de

---

* N. de T. Também denominados fíbulas.

uma camada diversificadamente estruturada sobre a parede do esporo. Os ascos desenvolvem-se no interior de **corpos frutíferos**. O plectênquima do corpo frutífero consiste em hifas haploides, nas quais estão inseridas as hifas dicarióticas (Figura 10-39A). Fala-se de desenvolvimento asco-himenial do corpo frutífero se apenas as hifas de núcleos pareados ascogênicas são encerradas em uma urna; a formação dos corpos frutíferos é, portanto, iniciada pela fecundação. No tipo de desenvolvimento ascolocular, as iniciais do corpo frutífero ou a rede de micélio para o corpo frutífero são constituídos antes mesmo da fecundação, e as hifas ascógenas crescem para dentro de espaços posteriormente formados (lóculos). A classificação sistemática baseia-se, entre outras, nas diferentes estruturas e tipo de construção dos corpos frutíferos e dos ascos. Os corpos frutíferos são denominados **cleistotécio** (esféricos e fechados), **apotécio** (côncavos e abertos), **peritécio** (em forma de garrafa, com uma abertura previamente constituída, formados por desenvolvimento asco-himenial) e **pseudotécio** (com desenvolvimento ascolocular). Pseudotécios podem abrir-se amplamente ou romper passivamente como os cleistotécios. Em desenvolvimento filogenético paralelo (paralelismo, ver 4.1.1), são frequentemente produzidas formas semelhantes para assegurar a dispersão efetiva dos esporos, por exemplo, corpos frutíferos claviformes, em forma de garrafa ou de chapéu pedicelado.

1ª Subclasse: Laboulbeniomycetidae

Nesta categoria estão incluídos fungos muito pequenos, **parasíticos sobre insetos**, que se isolaram filogeneticamente muito cedo dentro dos Euascomycetes e, por isso, divergem em seus caracteres. O talo reduzido e a formação rigidamente fixada dos órgãos de reprodução (Figura 10-34) são características dos membros da ordem única **Laboulbeniales**. Os fungos penetram no esqueleto quitinoso dos organismos hospedeiros em geral por um curto "pé" de coloração escura. Muitas espécies (em torno de 1500) são muito especializadas aos seus hospedeiros. Os talos se desenvolvem em uma estrutura (peritécio) com órgãos sexuais femininos (ascogônios) com tricógino. O ascogônio é fecundado por espermácios (não há gametangiogamia) liberados de pequenos espermatângios em forma de garrafa. Após a fecundação, originam-se ascos com paredes delgadas, os quais contêm ascósporos uni a bicelulares. O tempo desde a infecção do hospedeiro até a maturação dos esporos é de 10-20 dias.

2ª Subclasse: Eurotiomycetidae

As paredes de seus **ascos** (**protunicados**) são indiferenciadas, delgadas e dissolvem-se com frequência mesmo antes da maturação dos esporos, de modo que os ascósporos são liberados passivamente.

1ª Ordem: Eurotiales. Entre eles estão fungos com a forma principal* inibida de várias maneiras ou faltante. A ca-

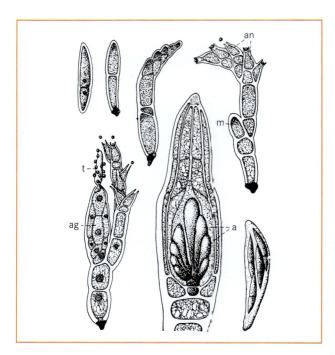

Figura 10-34 Ascomycota, Euascomycetes, Laboulbeniomycetidae. *Stigmatomyces caerii*. Fileira superior: desenvolvimento até a formação dos espermatângios e da célula-mãe do ascogônio. Fileira inferior: estágio de fertilização, peritécio quase maduro com ascos jovens, ascos com esporos bicelulares (400x). – a, asco; ag, ascogônio; an, espermatângio; m, célula-mãe do ascogônio; t, tricógino. (Segundo R. Thaxter.)

racterização e o posicionamento da ordem no sistema dos Ascomycetes, porém, baseiam-se em caracteres da fase ascígena (Figura 10-35C-E).

Forma principal. É formada após a fusão de gametângios claviformes (ascogônios, gametângio ♂). Nas paredes transversais das hifas ascógenas dicarióticas formadas faltam as fíbulas. Os ascos esféricos são formados no interior de corpos frutíferos esféricos fechados. Os ascos distribuem-se desordenadamente e em grande número no corpo frutífero; cada um contém quatro ou oito ascósporos frequentemente achatados. As paredes plectenquimáticas do corpo frutífero precisam apodrecer para que ascos e ascósporos sejam dispersados. São cleistotécios sem abertura previamente constituída.

Forma secundária**. A forma secundária também é bastante característica (Figura 10-35A, B). Denomina-se, entre outras, *Aspergillus* ou *Penicillium*, que pertencem aos mofos mais frequentes ("mofo" não é um conceito sistemático, mas sim uma denominação coletiva para fungos miceliais de crescimento superficial). Nestes, a reprodução ocorre vegetativamente por conídios formados em conidióforos dispos-

---

* N. de T. Fase teleomorfa, perfeita ou ascígena, com reprodução sexuada.

** N. de T. Fase anamorfa, imperfeita ou conidial, com reprodução assexuada.

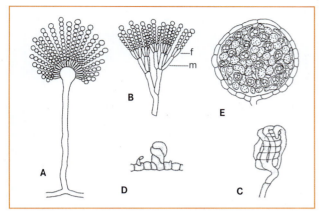

Figura 10-35 Ascomycota, Eurotiomycetidae, Eurotiales. **A** *Aspergillus glaucus*. Conidióforo (300x). **B** *Penicillium glaucum,* conidióforo (300x). **C** *Eurotium*. Ascogônio helicoidal envolto pelo gametângio ♂ (450x). **D** *Talaromyces*. Gametângios enrolando-se (500x). **E** *Eurotium*. Cleistotécio em corte transversal (250x). – m, métula; f, fiálides. (A segundo L. Kny; B, D segundo O. Brefeld; C, E segundo A. De Bary.)

tos densamente sobre o substrato; os conídios são frequentemente azul-esverdeados. Em *Aspergillus*, situam-se sobre o curto conidióforo esférico células dirigidas para todos os lados (fiálides), a partir das quais são continuamente separados conídios, que aderem uns aos outros em cadeias. Em *Penicillium*, igualmente formam-se conídios ordenados como em um colar de pérolas sobre um conidióforo ramificado. As ramificações portadoras de conídios denominam-se **fiálides**, enquanto as proximais são as **métulas**. As unidades sistemáticas entre os Eurotiales são denominadas a partir da forma principal*, ou, na sua ausência, a partir da forma secundária**. Desse modo, *Aspergillus* é a forma secundária de *Eurotium* ou de *Sartroya* e *Penicillium* é a forma secundária de *Talaromyces* ou de *Carpenteles*, por exemplo.

Utilização e danos causados. De *Penicillium notatum*, *P.chrysogenum* e outras espécies é obtido o antibiótico penicilina, que o fungo secreta na solução de cultivo e inibe a síntese da parede celular de bactérias. *P. roqueforti* e *P. camemberti* são necessários para a fabricação de determinados tipos de queijo; *Aspergillus wentii* produz amilases e proteases e são, por isso, usados na indústria da fermentação; *A. flavus* forma aflatoxinas, que causam câncer e danos ao fígado. *A. fumigatus* provoca doenças pulmonares e brônquicas em seres humanos. Nesta ordem, estão inseridos também importantes causadores de doenças (as chamadas micoses) em seres humanos e animais, e também outros que, embora conhecidos apenas por suas formas secundárias, devem ser considerados aqui devido à semelhança com conhecidos Eurotiales com ciclo de desenvolvimento completo.

A **parede do asco** é **eutunicada** em todas as subclasses seguintes, isto é, claramente reconhecível como uma camada espessa, resistente e com estruturas para liberação ativa dos ascósporos. Suas paredes são inicialmente ainda uniestratificadas (nas subclasses 3 – 7 o asco é **unitunicado**).

3ª Subclasse: Erysiphomycetidae

Nesta subclasse estão os **oídios verdadeiros** (ordem **Erysiphales**), parasitos de plantas que frequentemente causam expressivos danos em plantas cultivadas. Os órgãos atacados parecem ter sido polvilhados com farinha. Essa impressão é devida ao micélio branco superficial, o qual produz durante o verão grandes quantidades de conídios (Figura 10-36A). O fungo absorve os nutrientes de seu hospedeiro com a ajuda de haustórios inseridos nas células epidérmicas (Figura 10-36A: h). A fase perfeita produz pequenos cleistotécios de coloração marrom a preta, visíveis a olho nu como elevações pontuais que aparecem sobre a cobertura branca da fase imperfeita.

---

*N. de T. Ascígena, fase perfeita, sexuada.
**N. de T. Conidial, fase imperfeita, assexuada.

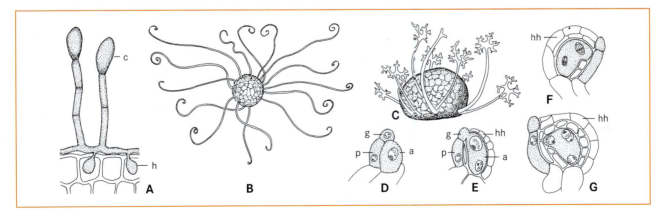

Figuras 10-36 Ascomycota, Erysiphomycetidae, Erysiphales. **A** *Uncinula necator,* formação de conídios (100x), **B** o mesmo, cleistotécio com apêndices (30x). **D-G** Fecundação em *Sphaerotheca fuliginosa* (250x). – a, ascogônio; g, gametângio ♂; h, haustório; hh, hifas envoltórias; c, conídios; p, célula do pé. (A, B segundo P. Sorauer; C segundo S. Blumer; D-G segundo Bergman.)

Reprodução sexuada. O ramo copulador masculino, dividido em célula do pé e gametângio ♂ uninucleado, dispõe-se sobre o **ascogônio** (Figura 10-36D). O núcleo sexual ♂ penetra no ascogônio (Figura 10-36E). Um asco é formado a partir de cada ascogônio fecundado sem a interferência de hifas ascógenas, ou o ascogônio cresce formando hifas ascógenas, cujas células terminais produzem os ascos. No primeiro caso, um par de núcleos se fusiona após uma divisão conjugada (Figura 10-36G), formando um núcleo zigótico, o qual se divide por meiose em quatro a oito núcleos ascospóricos. O segundo caso corresponde ao tipo normal de desenvolvimento do asco, apenas não são visíveis fíbulas nas paredes transversais das fibras ascógenas.

Ao mesmo tempo em que ocorre sua formação e fecundação, o ascogônio é reforçado por hifas envoltórias, que constituem finalmente o emaranhado claro e o perídio escuro (= parede) do **cleistotécio**. O cleistotécio irá romper-se ao longo de uma fenda durante a maturação, devido à pressão exercida pelo aumento de volume dos ascos. Na maioria das vezes, surge na base do cleistotécio uma coroa de hifas frequentemente dicotômicas ou curvadas em forma de gancho, as quais devem auxiliar na dispersão (Figura 10-36B, C). Os ascos estão ordenados em forma de roseta no cleistotécio – caso não seja formado apenas um asco por cleistotécio – e se abrem (às vezes por um opérculo), sendo os ascósporos lançados ao ar a uma altura de até 2 cm.

Uncinula necator (Figura 10-36A, B) ataca folhas e frutos de videira (forma secundária: *Oidium tuckeri*). *Sphaerotheca mors-uvae* (com um só asco no cleistotécio) infecta a groselha; *Sphaerotheca pannosa* ataca roseiras; *Microsphaera alphitoides* (Figura 10-36C) vive sobre folhas de carvalho. *Blumeria graminis* é um parasito de cereais e gramíneas selvagens. Os "oídios verdadeiros" são combatidos por preparados a base de enxofre.

4ª Subclasse: Pezizomycetidae

Esta subclasse é tipicamente representada pela ordem **Pezizales** (Figura 10-37). A ordem, bastante diversificada em desenvolvimento e estrutura, contém cerca de 1000 espécies totalmente saprobiontes. Os corpos frutíferos característicos de Pezizaceae e das famílias próximas são os **apotécios** côncavos a planos (por exemplo, *Peziza*; Figura 10-41), em cuja superfície localiza-se o himênio constituído pelos ascos e paráfises haploides estéreis dispostos em paliçada. Os **ascos** abrem-se em seu ápice através de um opérculo (Figura 10-38D); eles são, portanto, **operculados** (unitunicado-operculados). Com frequência, os esporos são lançados bem longe (*Dasyobolus*, ver 7.3.4).

A **fecundação** e **formação dos ascos** foi descoberta pela primeira vez em *Pyronema* e amplamente estudada (Figura 10-39). *Pyronema confluens* forma corpos frutíferos relativamente pequenos e planos, os quais muitas vezes aparecem como revestimento crostoso sobre locais queimados ou sobre o solo. Mesmo antes da copulação, os órgãos sexuais são envolvidos por uma camada frouxa de hifas haploides. Após a fecundação (plasmogamia), originam-se hifas ascógenas. As hifas monocarióticas haploides e as hifas ascógenas dicarióticas, em

Figura 10-37 Ascomycota, Pezizomycetidae. *Sarcoscypha jurana*. Apotécios sobre ramos de tília. (Fotografia segundo A. Bresinsky.)

geral portadoras de fíbulas, se entrelaçam e formam juntas o corpo frutífero.

A **formação do corpo frutífero** está ligada ao processo sexual, que se completa ao mesmo tempo ou nos corpos frutíferos amplamente pré-formados. Em *Pyronema*, desde o início, o himênio se desenvolve livre sobre a superfície do corpo frutífero (tipo ginocárpico). Em outros gêneros (por exemplo, *Ascophanus*), o himênio se forma no interior do primórdio do corpo frutífero, cuja camada superior mais tarde se rompe, expondo o himênio (tipo hemiangiocárpico). O tamanho do corpo frutífero é diferente em cada espécie, indo de poucos milímetros a até mais de um decímetro (*Sarcosphaera*).

Alguns representantes possuem **apotécios com estípites** mais longos, em parte com enrijecimento estriado

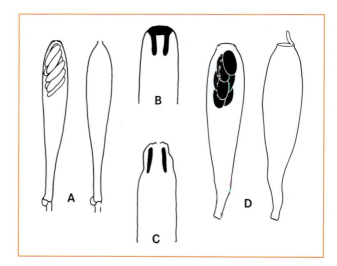

Figura 10-38 Ascomycota. Ascos antes e depois do lançamento dos esporos. **A-C** Asco inoperculado, extremidade do asco com aparato apical antes (**B**) e depois (**C**) do esvaziamento. **D** Asco operculado, abertura com opérculo. (A, D segundo F. Oberwinkler; B, C segundo A. Beckett.)

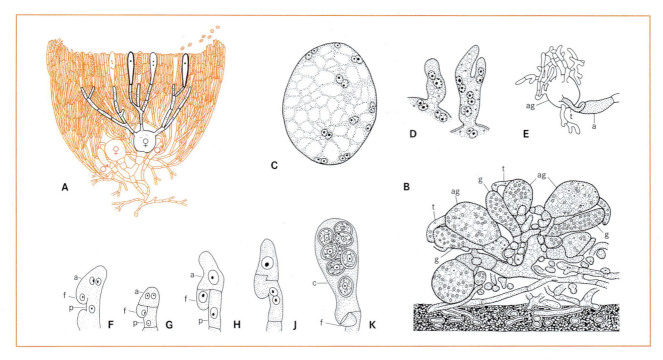

Figura 10-39 Ascomycota, Euascomycetes, Pezizomycetidae. **A** Esquema: corpo frutífero de um discomiceto monoico. Laranja: fase haploide, preto delgado: fase dicariótica, preto espesso: fase diploide. Fíbulas não representadas. **B-J** *Pyronema confluens*. **B** Primórdio de um corpo frutífero (450x). **C** Pareamento dos núcleos ♂ e ♀ no ascogônio. **D** Migração dos núcleos pareados nas hifas ascógenas originadas do ascogônio (C, D 1.000x). **E** Ascogônio com hifas ascógenas (150x) **F-J** Desenvolvimento do asco. **K** *Boudiera*. Asco jovem com ascósporos (F-K 1.000x). – a, asco tardio; ag, ascogônio com tricógino; c, asco jovem; g, gametângio ♂; f, fíbula; p, célula do pé; t, tricógino. (A segundo R. Harder; B-D, K segundo P. Claussen; E segundo A. De Bary; F-J segundo R.A. Harper.)

do estípite (por exemplo, *Helvella*), ou compartimentalização em forma de câmaras da superfície do corpo frutífero, originalmente um apotécio, que se encontra agora virado para baixo (por exemplo, *Morchella*). O aumento do himênio e seu levantamento sobre o estípite possibilitam uma dispersão mais eficiente dos esporos. Alguns gêneros (por exemplo, *Helvella, Gyromitra*) não formam ascogônios e gametângios. Hifas vegetativas de tipos de cruzamento compatíveis fusionam-se umas com as outras (somatogamia). Em *Morchella* fusionam-se apenas hifas do mesmo micélio (autogamia).

Os corpos frutíferos das **trufas** verdadeiras (Tuberaceae), geralmente subterrâneos em solo de floresta, derivam da forma de apotécio aberto e, devido à existência de formas de transição, são classificados entre as Pezizales. Os corpos frutíferos permanecem, no entanto, subterrâneos e fechados (**forma de vida hipogeica**); o himênio não é exposto livremente. Os ascósporos são liberados muito mais por meio de animais que se alimentam de fungos e pelo apodrecimento dos corpos frutíferos. A maioria dos corpos de frutificação tuberculosos é, pelo menos nos estágios jovens, atravessada por galerias abertas revestidas por um tipo de himênio (Figura 10-40); elas mostram um **desenvolvimento extremamente interiorizado do himênio**. Nos amplos ascos claviformes, que se formam das células terminais

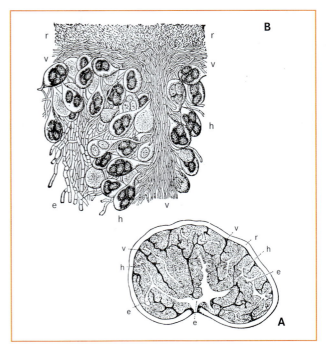

Figura 10-40 Ascomycota, Pezizomycetidae, Tuberaceae. *Tuber rufum*. **A** Corpo frutífero em corte longitudinal (3x). **B** Detalhe do himênio (300x). – v, veia escura do emaranhado denso de hifas; e, emaranhado aberto contendo ar; h, himênio; r, casca. (Segundo L.R. Tulasne.)

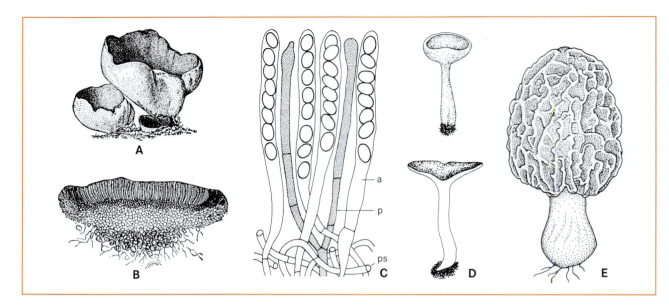

Figura 10-41 Ascomycota, Pezizomycetidae. **A** *Otidea (Peziza) leporina* (0,67x). **B** *Pulvinula convexula*. Corte do apotécio; parte de cima, himênio (20x). **C** *Morchella esculenta*. Parte do himênio (240x). **D** *Helvella pezizoides*. Corpo frutífero (0,75x). **E** *Morchella esculenta*. Corpo frutífero (0,75x).– a, asco; p, paráfise; ps, plectênquima sub-himenial. (A segundo E. Michael; B segundo J. Sachs; D segundo G. Bresadola; E segundo H. Schenk.)

das hifas ascógenas portadoras de fíbulas (fíbulas, ver Eubasidiomycetes) após a somatogamia (autogamia), localizam-se 1-5 ascósporos marrons, de paredes celulares ornamentadas. A estrutura operculada regional dos ascos quase não é reconhecida, já que a parede fina é indiferenciada.

Os maiores representantes das Pezizales (por exemplo, *Morchella*; Figura 10-41) são utilizados como alimento. Também são conhecidas espécies tóxicas, como *Sarcosphaera crassa*. *Gyromyta esculenta,* com seu veneno sensível ao calor, é em parte ainda utilizado, após se descartar a água do cozimento, embora seu consumo não seja aconselhável, devido ao risco de envenenamento. Muitas das espécies de trufas micorrízicas com espécies de árvores da floresta (especialmente *Tuber magnatum*, trufa-de-piemonte, e *T. melanosporum*, trufa-de-périgord) são apreciadas como alimento desde a antiguidade. Isso se deve às substâncias aromáticas voláteis, que dão aos alimentos preparados com trufas um estímulo especial. Os corpos frutíferos que se desenvolvem sob o solo são encontrados com o auxílio de cães ou porcos especialmente treinados e alcançam elevados preços no mercado ("diamantes negros").

5ª Subclasse: Letiomycetidae

No ápice do asco **unitunicado** e **inoperculado** há uma abertura em forma de poro, envolta por um engrossamento expansível ou, adicionalmente, por um anel apical ou espessamento parietal. Muitas vezes, esses anéis colorem-se de azul com solução de iodo, sendo então caracterizados como amiloides (Figura 10-38A-C). O mecanismo de lançamento de esporos não completamente esclarecido é desencadeado por modificações nas condições de luz ou umidade. Nesse sentido, o estado expandido do espessamento ou do anel apical é provavelmente tão decisivo quanto o turgor no interior do asco. Como corpos frutífero são formados predominantemente apotécios.

A essa subclasse pertence, entre outras, *Sclerotinia fructigena*, que ocorre sobre maçãs e peras. Inicialmente, se desenvolvem os tufos de conídios, quase sempre em círculos concêntricos (devido à alternância diária de claro-escuro), da forma secundária

Figura 10-42 Ascomycetidae, Leotiales. *Sclerotinia fructigena*. **A** Corpos frutíferos sobre pêssego mumificado (0,75x). **B** Forma secundária, podridão-de-monilia em peras. O micélio forma conídios em anéis concêntricos (0,5x). (A segundo Honey; B segundo W. Kotte.)

Monilia. A forma principal apresenta apotécios com longos estípites (Figura 10-42). ▶

6ª Subclasse: Lecanoromycetidae

A Ordem Lecanorales (inclusive Caliciales) pertence aos Lecanoromycetidae. Eles constituem a parte principal dos liquens das regiões temperadas e serão, portanto, tratados juntamente com os liquens (2. Anexo aos Mycobionta). Os fungos que vivem em **simbiose do tipo líquen** formam apotécios, os quais apresentam ascos com uma estrutura especial entre paráfises (Figura 10-41C) com extremidades abauladas. Os ascos são claviformes, de paredes espessas, em parte com várias camadas (embora as camadas, diferentemente dos ascos bitunicados, tenham igual elasticidade) e, em torno da abertura, possuam um espessamento parietal que se cora com iodo.

7ª Subclasse: Sordariomycetidae

Os fungos aqui reunidos são caracterizados por corpos frutíferos com forma de garrafa (**peritécio**), o qual se caracteriza por uma abertura no topo constituída desde o início (ostíolo); eles pertencem ao tipo de desenvolvimento asco-himenial. Juntamente com um grande número de hifas haploides (paráfises), os ascos formam a camada paliçádica reprodutiva (himênio), que reveste a base e os lados do espaço interno do corpo frutífero (Figura 10-43A). Na maturação, um asco após o outro se alonga até sua extremidade alcançar a altura da abertura do peritécio, através da qual o asco lança todos os oito esporos de uma só vez. O alcance do lançamento atinge até mais de 20 cm. Após o esvaziamento, o asco colapsa, de modo que o poro do peritécio fica livre para o próximo asco.

1. Ordem: Sordariales. Em torno do poro apical, os ascos truncados desta ordem possuem um espessamento formado pela região parietal do asco; o aparelho apical aparece em geral como tampa achatada do poro. *Neurospora sitophila* e *N. crassa* causam o "mofo-vermelho-do-pão" e suportam altas temperaturas (até 75°C). Espécies de *Neurospora* formam ascogônios em cada micélio, assim como células adaptadas para a transferência de núcleos ♂. Conídios plurinucleados (megaconídios), espermácias uninucleadas ou microconídios, assim como hifas somáticas podem servir de portadores de núcleos ♂ para o tricógino de um ascogônio. Espermácias são células especializadas para essa finalidade. Mega e microconídios podem também germinar com um tubo de propagação e, assim, formar vegetativamente um novo micélio. A fecundação cruzada é assegurada, pois ascogônios só são fecundados por núcleos do parceiro de cruzamento contrário (incompatibilidade homogênica; Figura 10-20). Após a fecundação recíproca (plasmogamia), tipicamente hifas ascógenas fibuladas dicarióticas crescem do ascogônio. Para a **pesquisa genética** (por exemplo, pré- ou pós-redução após *crossing-over*) foram usadas *Podospora anserina*, *Sordaria fimicola* e *S. macrospora*, encontradas sobre estrume na natureza. Enquanto os ascos dessas espécies de *Sordaria* possuem oito ascósporos, os ascos de *Podospora anserina* têm quatro esporos. *Podospora anserina* não apresenta megaconídios; os núcleos ♂ são transportados por espermácias. Nas duas espécies de *Sordaria* faltam mega e microconídios, o ascogônio não forma tricógino, o pareamento de núcleos é partenogenético e se desenvolvem peritécios de autofecundação. Em mutantes, no entanto, pode também ocorrer somatogamia entre micélios diferentes. Na zona de contato dos micélios formam-se, então, peritécios de cruzamento, em cujos ascos pode ser observada pré- ou pós-redução.

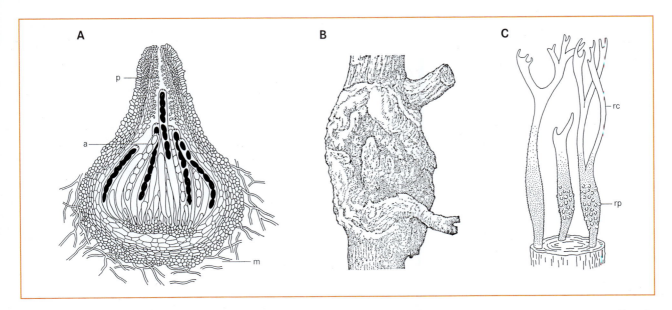

Figura 10-43 Ascomycota, Sordariomycetidae. **A, B** Sphaeriales. **A** *Podospora fimiseda*, peritécio (90x), **B** cancro de *Nectria* em ramificação de tronco de frutífera (1x). **C** Xylariales, *Xylaria hypoxylon* (1x). – a, asco; rc, região dos conídios; m, filamentos do micélio; p, perífises; rp, região de peritécios. (A segundo C.T. Ingold; B segundo Brauns e Riehm; C segundo K. Mägdefrau.)

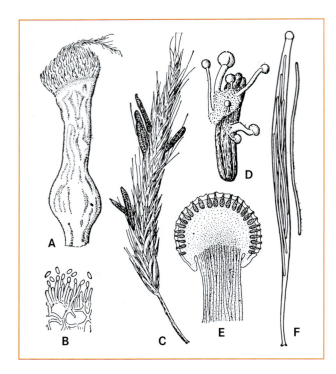

Figura 10-44 Ascomycota, Sordariomycetidae, Hypocreales. *Claviceps purpurea.* **A** Atacando pistilos de centeio (15x); abaixo: início da formação dos escleródios; acima: micélio conidióforo, em cima restos do estigma. **B** Formação de conídios (300x). **C** Espiga de centeio com escleródios maduros (0,67x). **D** Escleródio germinado com corpos frutíferos estipitados (2x). **E** Corte longitudinal do corpo frutífero com inúmeros peritécios (25x). **F** Asco e ascósporo (400x). (A, B, D-F segundo L.R. Tulasne; C segundo H. Schenk.)

2ª Ordem: Microascales. A esta ordem pertence *Ophiostoma*, o causador da doença do olmo.

3ª Ordem: Hypocreales. Os representantes dessa ordem desenvolvem seus peritécios em um **estroma**, que consiste num corpo em geral duro, portanto, esclerótico, no qual um único ou, em **corpos frutíferos agregados**, vários peritécios estão inseridos. Um exemplo é o esporão-do-centeio, *Claviceps purpurea*, que cresce parasítico sobre pistilos jovens de gramíneas e forma conídios sobre eles (Figura 10-44A, B). Um líquido adocado, produzido simultaneamente à formação dos conídios, atrai insetos, que transferem os conídios para outras flores. Após ter consumido o tecido do pistil, o micélio se transforma em escleródio, no qual as hifas crescem densamente. Por meio de divisões transversais, forma-se um pseudoparênquima sobretudo na periferia do escleródio (Figura 10-44B). Os escleródios que crescem para fora das espigas são duros e pretos por fora (Figura 10-44C, D) e são denominados esporões. Eles caem ao solo, repousam e, na época da floração da gramínea, produzem estromas em forma de capítulos avermelhados, com inúmeros peritécios imersos (Figura 10-44E). A formação de peritécios é iniciada pela copulação de ascogônios plurinucleados e gametângios ♂ (tipo asco-himenial!). Os longos ascos contêm oito esporos (Figura 10-44F), que são transportados pelo vento aos estigmas de gramíneas. Os escleródios de *Claviceps purpurea* contêm alcaloides tóxicos (ergotamina, ergotoxina), que no passado causaram temidos sintomas de intoxicação (ergotismo, fogo-de-santo-antão') pelo frequente consumo de cereais contaminados. O uso na ginecologia de um medicamento, principalmente para estimular as contrações, está baseado nas mesmas substâncias (daí o nome "grão-de-mãe"). Para tanto, os escleródios foram cultivados em grande escala, por exemplo, com a ajuda de centeio infectado. Atualmente, os princípios ativos são produzidos em micélios cultivados em fermentadores. As espécies do gênero *Cordyceps* vivem como parasitos sobre organismos com paredes de quitina, por exemplo, fungos hipogeicos como *Elaphoromyces* ou também insetos, que se enterram no solo após a infecção. Os estromas claviformes que crescem acima do solo contêm em sua parte superior um grande número de peritécios. Os esporos filamentosos tornam-se tetracelulares por meio de divisões transversais que ocorrem no asco e desagregam-se em partes. Da forma secundária de espécies de *Cordyceps* (denominada *Tolypocladium inflatum*) foi isolada a **ciclosporina**, utilizada em transplantes para inibir a rejeição dos órgãos transplantados, além de outros empregos.

Outras ordens a serem colocadas aqui são **Diaporthales**, com *Endotia parasitica* (Valsaceae), o causador da doença das castanhas (de *Castanea dentata*) na América do Norte, e **Xylariales**, com corpos frutíferos agregados rosetados ou esféricos (*Daldinia, Hypoxylon*) até claviformes ou em forma de galhada (*Xylaria*; Figura 10-43C). ▶

8ª Subclasse: Dothideomycetidae

A **parede do asco** neste grupo (com a ordem **Dothideales**) é constituída de duas camadas com elasticidade diferente; assim, ela é bitunicada, diferentemente das ordens anteriores. A camada externa delgada não é elástica e rompe-se com o aumento de turgor do interior do asco. A parede interna do asco, espessa e elástica, alonga-se até seu comprimento original. Com isso, pela crescente pressão, um após o outro, inicialmente entupindo o poro apical, os ascóporos são lançados para fora do asco (Figura 10-45C). O aumento do valor osmótico no interior do asco é devido à transformação de substâncias osmoticamente inativas em osmoticamente ativas (possivelmente de glicogênio em açúcar). Corpos frutíferos em forma de garrafa com abertura pré-formada se originam geralmente segundo o tipo ascolocular (ver Ascomycetidae, Introdução). Devido a essa diferença, os corpos frutíferos que se assemelham externamente aos peritécios asco-himeniais são denominados pseudotécios (Figura 10-45).

A esta subclasse pertencem vários fungos causadores de **doenças de plantas**. *Venturia* (forma conidial imperfeita: *Fusicladium*) acomete a maçã (Figura 10-46) e peras, causando manchas pretas nos frutos em crescimento atacados. *Capnodium* causa a fumagina sobre folhas. Como saprobionte, esse fungo utiliza folhas caídas ou secreções foliares. *Herpotrichia* recobre com um emaranhado de hifas preto-amarronzadas os ramos de coníferas cobertos pela neve nas regiões alpinas e leva as acículas à morte. Também espécies formadoras de liquens se desenvolveram nessa linhagem. Elas estão, entre outras, na ordem **Verrucariales**. Aqui também devem ser inseridas as **Pleosporales**, com o gênero *Cochliobolus* (8.3.3).

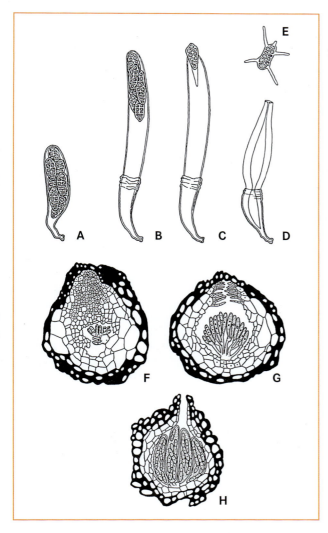

Figura 10-46 Mycobionta, Ascomycota, Dothideomycetidae. Sarra da maçã causada por *Fusicladium*. (Fotografia segundo A. Bresinsky.)

Figuras 10-45 Ascomycota Dothideomycetidae. **A-E** *Pyrenophora scirpi*, forma de abertura do asco bitunicado (400x). **A** Asco maduro com oito esporos tetracelulares, **B** o mesmo, parede externa do asco rompida, tubo interno alongado, **C** último esporo pouco antes do lançamento, **D** asco esvaziado, **E** esporo germinando. **F-H** *Mycosphaerella tulipifera* (175x), desenvolvimento do pseudotécio. **F** Estágio jovem com ascogônio ramificado, **G** com ascos de diferentes idades, **H** pseudotécio maduro. (A-E segundo N. Pringsheim; F-H segundo Higgins.)

Além disso, os Basidiomycota se distinguem dos Ascomycota pela pontoação das paredes transversais das hifas. Enquanto nos Ascomycota a pontoação constitui-se em abertura simples na parede, nos Basidiomycota ela é apenas parcialmente simples. Na sua maioria, as pontoações têm forma de barril ("**doliporo**"; do latim *dolium*, barril de vinho) e são cobertas em ambos os lados por um parentossoma (do grego *parenthesis*, o interposto; *soma*, corpo) formado pelo retículo endoplasmático (Figura 10-47). A **parede celular** dos Basidiomycota apresenta uma ultraestrutura lamelar (ver Ascomycota, Introdução).

A **dicariofase** torna-se progressivamente dominante no ciclo vital. Essa dominância é assegurada nos Basidiomycetes, em parte pela reprodução por meio de esporos (uredósporos; ver Uredomycetes), em parte por repouso de vários anos (ver Eubasidiomycetes).

Quinta divisão: Basidiomycota

O meiosporocisto característico desta divisão, constituída por cerca de 30.000 espécies (30% de todos os fungos), é o **basídio** ou "portador de esporos" que, no caso típico, forma para fora quatro meiósporos eretos. No basídio, assim como no asco, a meiose ocorre imediatamente após a cariogamia (Figura 10-59). Diferentemente do asco, os quatro núcleos haploides originados na meiose migram para a extremidade de saliências pedicelares (esterigmas, Figura 10-59) e só nesse local ocorre a formação "exógena" dos basidiósporos.

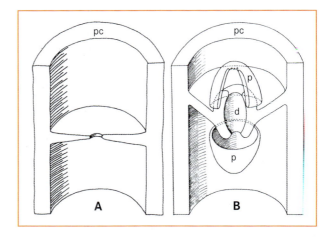

Figura 10-47 Basidiomycota. Paredes transversais em hifas. **A** Com um poro simples; **B** com doliporo. – d, doliporo; p, parentossoma; pc, parede celular. (Segundo R.T. Moore e J.H. McAlear.)

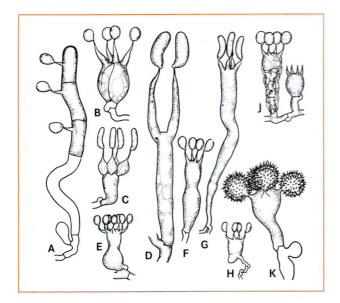

Figura 10-48 Basidiomycota. Formas de basídios. **A** *Platygloea* (Auriculariales). **B** *Bourdotia* (Tremellales). **C** *Tulasnella* (Tulasnellales). **D** *Dacrymyces* (Dacrymycetales). **E** *Sistotrema* (Poriales). **F** *Hyphoderma* (Poriales). **G** *Exobasidium* (Exobasidiales). **H** *Xenasma* (Protohymeniales). **J** *Repetobasidium* (Poriales). **K** *Scleroderma* (Boletales). (A-K 750x). (Segundo F. Oberwinkler.)

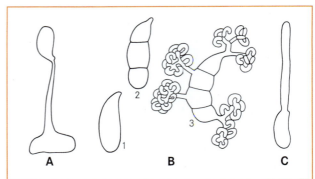

Figura 10-49 Basidiomycota. Germinação de esporos. **A** *Exidiopsis effusa* com esporo secundário. **B** *Auricularia auriculajudae*. 1-3 Basidiósporos: 2 subdividido por paredes tranversais; 3 com conídios. **C** *Pleurotus ostreatus* com hifa germinativa. (A-C 1.000x). (A segundo F. Oberwinkler; B segundo O. Brefeld.)

O estágio de pareamento de núcleos não precisa ocorrer imediatamente à plasmogamia, mas sim um núcleo ativo pode migrar ainda através de muitas células do micélio, que o recebeu antes de formar um par de núcleos com um núcleo genotipicamente diferente dele (em Uredomyces, Euascomycetes, também em *Neurospora*).

A simplificação da sexualidade constatada na evolução dos Ascomycetes é ainda mais desenvolvida entre os Basidiomycetes, pois não são formados quaisquer orgãos específicos, e a somatogamia se torna a regra (exceção: Uredomyces). Também a repetida formação de corpos frutíferos no micélio eucariótico dos Eubasidiomycetes deve ser interpretada como limitação da sexualidade.

O basídio pode ser septado (**fragmobasídio,** Figura 10-48A, B) ou claviforme e unicelular (**holobasídio,** Figura 10-48F). Os basidiósporos germinam com hifas germinativas (Figura 10-49C), mais raramente com esporos secundários (Figura 10-49A) ou com conídios (Figura 10-49B).

As paredes transversais das hifas são, nas próximas duas classes, frequentemente trespassadas por um poro simples (Figura 10-47A); fíbulas (como nos Eubasidiomycetes) estão ainda amplamente ausentes.

1ª Classe: Ustomycetes (Ustilaginomycetes)

Nesta categoria estão reunidos parasitos obrigatórios. No caso dos basídios divididos transversalmente (fragmobasídios), a dicariofase precursora não se reproduz por esporos dicarióticos. As espécies são causadoras das **doenças dos carvões,** pois seus esporos dão às partes afetadas a "aparência de queimado" (Figura 10-50).

1ª Ordem: Tilletiales. Os basídios não apresentam paredes transversais. Em geral, formam em seus ápices quatro ou oito meiósporos alongados. Apenas para a separação dos teliósporos são formados um ou vários septos (Figura 10-51J).

Entre meiósporos de tipos de cruzamento opostos formam-se pontes de copulação (Figura 10-51K), muitas vezes enquanto eles ainda estão no esporocisto, por meio das quais plasma e núcleo de um esporo migram para o outro. Nos micélios que crescem com os pares de núcleos assim constituídos, separam-se conídios dicarióticos, os quais são lançados ativamente como balistoconídios. Tanto o estágio dicariótio quanto o estágio haploide podem se multiplicar por conídios. No trigo, *Tilletia caries* causa a cárie ou o **carvão fétido,** enquanto *Urocystis triciti* causa o **carvão-listrado-da-folha**. *Tilletia caries* pode ser eficientemente combatida pela imersão breve da semente contaminada em solução quente ou tóxica, ou por pulverização com substâncias que destruam os esporos aderidos à superfície. A doença pode se alastrar facilmente, pois uma planta atacada contém muitos milhões de esporos, que se misturam à semente durante a debulha e infectam as plântulas após a semeadura; em consequência disso, antigamente eram perdidos até 20% (as vezes até 60%) da colheita.

As Tilletiales se distinguem das Ustilaginales a seguir, além do tipo de basídios, também pelo fato de que nos teliósporos ocorre não apenas a cariogamia, mas geralmente também a meiose.

2ª Ordem: Ustilaginales. As Ustilaginales, desprovidas de corpos frutíferos, vivem como parasitos, em geral nos espaços intercelulares de plantas superiores, e desenvolvem seus esporos de paredes espessas em determinados órgãos de seus hospedeiros (por exemplo, raízes, caules, pistilos, anteras). Assim como os fungos da ordem an-

Tratado de Botânica de Strasburger **673**

Figura 10-50 Mycobionta, Basidiomycota, Ustomycetes. *Ustilago maydis,* causador do carvão-do-milho. (Fotografia segundo A. Bresinsky.)

terior, eles exercem um papel importante como pragas de lavoura. *Ustilago maydis* (Figura 10-50), em inflorescências (e outras partes) do milho, causa inchaços e vesículas ulcerosas do tamanho de um punho cheias de esporos; outras espécies de *Ustilago* enchem os pistilos, eventualmente também outras partes das espigas de aveia, cevada e trigo, com seus teliósporos pulverulentos (carvão-nu e carvão-coberto, por exemplo, *U. avenae,* carvão-da-aveia). O carvão-da-cevada (*U. hordei*) e o carvão-do-trigo (*U. tritici*) formam seus teliósporos nos pistilos jovens, mesmo antes da abertura das flores, e os dispersam quando as plantas se encontram em plena antese. Levados pelo vento, os teliósporos germinam ainda no mesmo ano entre as brácteas das flores saudáveis (infecções das flores). O micélio germinado dos basidiósporos cresce imediatamente para dentro do grão em formação e repousa no embrião.

Ciclo vital. Dos basidiósporos, determinados bipolarmente (+, –), germina um micélio leveduroide; o qual é haploide e vive apenas saprobionticamente. Pode ser também cultivado sobre meio de cultivo artificial. Se células genotipicamente diferentes dos micélios + e – se encontram, ocorre a fusão dos conteúdos plasmáticos (plasmogamia) e o pareamento dos núcleos por meio de um tubo de copulação. Como o conteúdo de uma célula migra para o interior da outra, a célula receptora se torna dicariótica; ela cresce em uma hifa dicariótica que pode, agora, infectar uma planta hospedeira. Portanto, a capacidade de parasitar está limitada à fase de núcleos pareados. O micélio dicariótico espalha-se no hospedeiro e forma em determinados órgãos do hospedeiro os teliósporos, nos quais ocorre a cariogamia. Em sequência, ocorrem os seguintes estágios: o micélio dicariótico, que em algumas espécies apresenta fíbulas (Figura 10-51E), penetra na plântula do hospedeiro e avança pelos espaços intercelulares até o meristema apical; inicialmente, ele cresce intercelularmente junto com o meristema, sem provocar qualquer sintoma externo da doença. Em determinados locais (por exemplo, as anteras – ou os pistilos em outras espécies), o micélio continua a se desenvolver intracelularmente, destruindo completamente o tecido do hospedeiro e forma hifas em densa disposição com expansões esféricas ordenadas como pérolas, que se revestem de uma parede espessa, marrom-escura (Figura 10-51E) e se destacam do conjunto de hifas. Teliósporos pulverulentos são liberados das expansões à semelhança de pó de carvão, razão pela qual também são denominados carvões. Assim, os teliósporos são homólogos dos basídios jovens, pois neles, como nos basídios, ocorre a cariogamia. Porém, como os próprios teliósporos não constituem esporocistos do tipo dos basídios, eles são chamados probasídios. Os teliósporos germinam – em geral, após um período de repouso – com um tubo hifálico, o qual em seguida se torna septado (Figura 10-51A, B). Neles ocorre a meiose, de modo que em cada uma das quatro células separadas por paredes transversais encontra-se um núcleo haploide. Nesse estágio, a hifa em crescimento, também chamada pró-micélio, corresponde a um fragmobasídio septado. Por estrangulamento, essa hifa forma lateralmente os esporos haploides (chamados esporídios; Figura 10-51); os núcleos-filhos originados mitoticamente migram de volta para o basídio. Eles são genotipicamente determinados como + e –, na razão 1:1. Em boas condições nutricionais, novos esporos podem ser continuadamente formados no basídio. O ciclo de desenvolvimento é haplodicariótico; ele é análogo ao ciclo haplodiplôntico das leveduras.

Algumas formas (por exemplo, de *Ustilago maydis*, carvão-do-milho) são apenas haplônticas, outras são tetrapolares (Figura 10-58).

3ª Ordem: Exobasidiales. Os representantes desta ordem vivem como parasitos de plantas floríferas (na Europa principalmente as ericáceas), à semelhança dos Taphrinales dentre os Ascomycetes, e não formam corpos frutíferos. Frequentemente, causam deformações semelhantes a galhas nas partes atacadas das plantas hospedeiras (Figura 10-52A), provocadas por hipertrofia do mesofilo (Figura 10-52B). O micélio atravessa o tecido vegetal intra- e intercelularmente. O parasito cresce através dos estômatos ou entre as células epidérmicas ao longo da superfície, onde forma basídios não septados (Figura 10-52C). Sobre os esterigmas obtusos e alargados estão dispostos esporos curvados, os quais caem passivamente e, com a formação de septos transversais, germinam em conídios (Figura 10-52C). Em culturas puras, agregados de células semelhantes a leveduras nascem dos esporos. Segundo suas características ultra estruturais e bioquímicas, os Exobasidiales são atualmente, incorporados aos Ustomycetes. As espécies de *Entyloma*, que atacam principalmente asteráceas (Figura 10-51D), são igualmente incorporados aos Exobasidiales; eles formam hifas com núcleos pareados providas de fíbulas, assim as espécies de Ustilaginales.

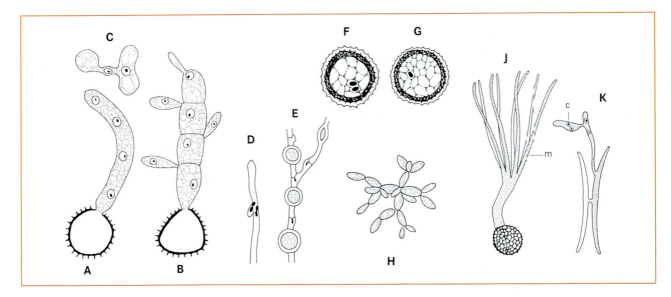

Figura 10-51 Basidiomycota, Ustomycetes. **A-H** Ustilaginales. **A, B** *Ustilago scabiosae*. Telíosporo germinado e formação de meiósporos em basídio tetracelular (110x). **C** *Ustilago carbo*. Basidiósporos copulando (1.200x). **D** *Entyloma calendulae*. Micélio de núcleos pareados com fíbulas. **E-G** *Ustilago vuijckii*. Formação de teliósporos, teliósporos dicarióticos e diploides. **H** *Ustilago* sp. Teliósporos germinando em solução nutritiva (350x). **J, K** Tilletiales, *Tilletia caries*. **J** Basídio formado a partir de teliósporo com quatro pares de meiósporos terminais (300x). **K** Dois basidiósporos copulando, crescendo em micélio de núcleos pareados, com conídio (650x). – c, conídio; m, meiósporo. (A, B segundo R.A. Harper; C, K segundo F. Rawitscher; D segundo W. Stempell; E-G segundo R. Seyfert; H, J segundo O. Brefeld.)

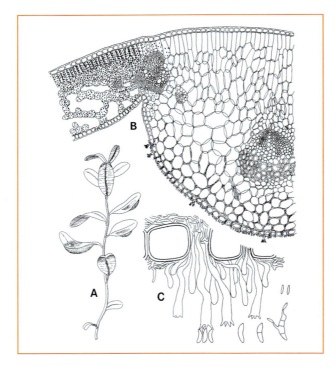

Figura 10-52 Basidiomycota, Ustomycetes, Exobasidiales. *Exobasidium vaccinii*. **A** Três folhas de *Vaccinium vitis-idaea* (amora alpina ou arando-vermelho) atacadas por *Exobasidium* (0,67x). **B** Corte transversal de uma folha atacada; à esquerda, o desenvolvimento normal da folha; à direita, parte hipertrofiada pelo ataque do fungo (60x). **C** Micélio irrompendo entre as células epidérmicas com basídios e germinação de basidiósporos (330x). (A segundo K. Mägdefrau; B segundo M. Woronin; C segundo F. Oberwinkler.)

2ª Classe: Uredomycetes (Urediniomycetes)

Esta categoria contém parasitos, a maioria dos quais não forma corpos frutíferos. Característica é uma **dicariofase** bem desenvolvida que se reproduz por dicariósporos (uredósporos), os quais antecedem a formação de **fragmobasídios** tetracelulares com divisões transversais (Figura 10-54D, F). Esses fregmobasídios formam-se sempre de probasídios esféricos, geralmente ausentes nos demais Basidiomycetes (por exemplo, entre os Tilletiales e os Exobasidiales nos Ustomycetidae; na grande maioria dos Agaricomycetidae). Esta classe, com vários milhares de espécies, contém os causadores da **doença da ferrugem** (fungos da ferrugem), amplamente distribuída.

1ª Ordem: Uredinales, ferrugens. Vivem parasiticamente principalmente nos espaços intercelulares, sem matar o tecido atacado. Inserem haustórios nas células hospedeiras (Figura 10-53A). Raramente, o micélio destrói a planta inteira (*Uromyces pisi*); em geral, estende-se apenas nas proximidades dos locais de infecção. As fíbulas estão ausentes nas hifas dicarióticas. Assemelham-se aos Ascomycetes pelas seguintes características: heterotalia bipolar, espermácias e hifas receptoras como órgãos sexuais, poros septais simples, além de formas reprodutivas secundárias bem desenvolvidas. Devido às adaptações ao modo de vida parasítico sobre órgãos em geral herbáceos e de vida curta das plantas superiores, com poucas exceções, as ferrugens não produzem corpos frutíferos. As ferrugens são caracterizadas por uma grande variedade de esporos (cinco diferentes tipos de esporos no ciclo de desenvolvi-

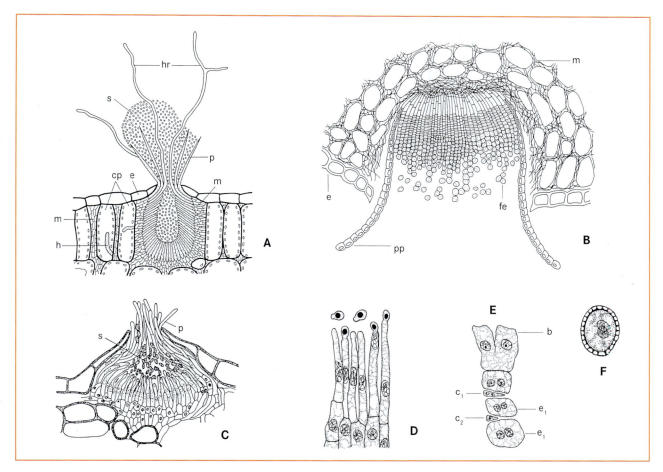

Figura 10-53 Basidiomycota, Uredomycetes, Uredinales. **A, B** *Puccinia graminis*. **A** Picnídio sobre *Berberis*, em corte transversal (140x). **B** Ecídio sobre *Berberis* (140x). **C** *Gymnosporangium clavariaeforme*. Picnídio sobre folha de *Crataegus*, rompendo a face superior da epiderme (450x). **D** *Peridermium strobi*. Separação das espermácias uninucleadas (1.200x). **E** *Phragmidium speciosum*. Células basais com pontes de copulação (1.200x). **F** *Phragmidium violaceum*. Ecidiósporo maduro (800x). − e_1 e e_2, ecidiósporos com núcleos pareados; fe, filamento de ecidiósporos dicarióticos; b, células basais; e, epiderme; hr, hifas receptoras; h, haustório; m, micélio haploide intercelular; p, perífises; pp, pseudoperídio; cp, células paliçádicas com haustório; s, espermácia; c_1 e c_2, células intermediárias. (A segundo A.H.R. Buller; B segundo H. Schenck; C, F segundo V.H. Blackman; D segundo R.H. Colley; E segundo A.H. Christmann.)

mento completo; Figura 10-55), que ocorrem acoplados à alternância de fase nuclear e frequentemente com mudança de hospedeiro em sequência regular.

Como exemplo típico será descrito o **processo de desenvolvimento** da amplamente distribuída **ferrugem das gramíneas** (*Puccinia graminis*): os basidiósporos germinam na primavera sobre as folhas de *Berberis*. Os tubos de germinação penetram e crescem formando um micélio parasítico intercelular, cujas células são uninucleadas e haploides. O micélio formado a partir de cada basidiósporo produz **picnídios** subepidérmicos em forma de jarra (também denominados espermogônios) próximo à face superior da folha e complexo hifálicos, os **ecídios**, próximo à epiderme da face inferior. Picnídios são as partes do micélio que fornecem os núcleos sexuais; ecídios são as regiões nas quais as chamadas células basais recebem os núcleos sexuais para dar início ao dicá-

rio*. Picnídios e ecídios desenvolvem-se no mesmo micélio, o qual serve tanto de doador quanto de receptor de núcleos. Porém, a autofecundação é impedida pela diferenciação bipolar dos basidiósporos e dos micélios (+, −) formados a partir deles (incompatibilidade bipolar).

Hifas de núcleos pareados são produzidas a partir de células basais dos ecidiossoros, depois de terem recebido um núcleo de duas possíveis maneiras. Pela transferência de núcleo por meio das espermácias, os picnídios desempenham um importante papel. Sua estrutura micelial plectenquimática em forma de jarra se abre na maturação como pústulas amarelas na epiderme superior da folha infectada de *Berberis* (Figura 10-53A). Além das hifas estéreis na abertura do picnídio (perífises), o corpo micelial contém no seu centro hifas curtas, densamente dispostas,

---

*N. de T. Micélio dicariótico.

as quais formam **espermácias** elípticas pequenas, uninucleadas (os chamados picnósporos; Figura 10-53D). Esses picnósporos chegam a crescer em solução nutritiva, formando um tubo de germinação. São, porém, incapazes de infectar, se transferidos para uma folha saudável; sua função consiste em transferir seu núcleo para as hifas receptoras. Hifas receptoras (Figura 10-53 A: hr) são ramificações do micélio haploide, que se destacam entre as células epidérmicas e as perífises acima da área foliar; elas não apresentam paredes transversais. As espermácias fundem-se apenas com as hifas do tipo de cruzamento contrário (+ x –), situação facilmente possível em uma infecção mista (+, –). Além disso, os picnídios secretam néctar, que é recolhido por insetos, de modo que as espermácias também podem ser transferidas por eles para a superfície de outras folhas, que tenham sido inicialmente infectadas apenas com o outro tipo de cruzamento.

O núcleo que penetra na hifa receptora migra (nas hifas a ela ligadas) de célula para célula, passando através da perfuração da parede transversal até o ecídio, onde, nas células basais, o estágio de núcleos pareados é iniciado. Na segunda possibilidade de transferência de núcleo, por somatogamia, realizada por outras ferrugens, no caso de uma infecção mista, hifas + e - fusionam-se simplesmente no tecido hospedeiro. As células basais dos ecidiossoros, agora dicarióticas, crescem para formar ecídios alaranjados em formato de tigela, que irrompem na face inferior da folha, nos quais se formam inúmeras fileiras de **ecidiósporos** dicarióticos. As fileiras de ecidiósporos em geral consistem em esporos verdadeiros, alternados com células intermediárias que mais tarde gelatinizam e desaparecem (Figura 10-53E: c_1, c_2). Em muitos gêneros (por exemplo, *Puccinia*), os esporos superiores (portanto, os terminais) de cada fileira, assim como todos os esporos das fileiras periféri-

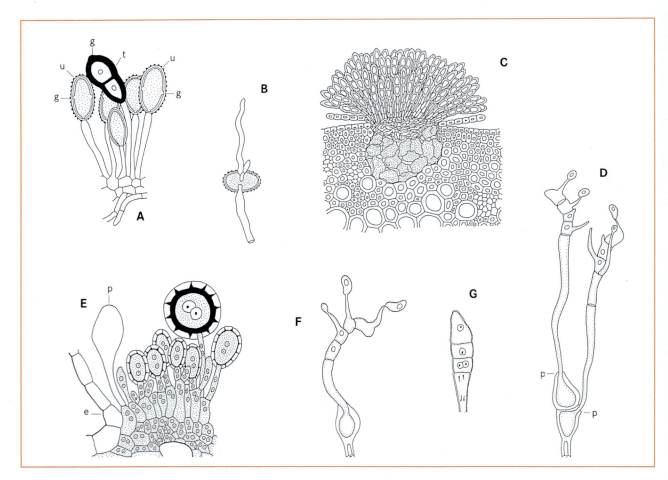

Figura 10-54 Basidiomycota, Uredomycetes, Uredinales. **A-D** *Puccinia graminis*. **A** Grupo de uredósporos, entre eles um teleutósporo bicelular de paredes espessas. **B** Uredósporo germinando. (A, B 300x) **C** Colmo de cereal com um Teleutossoro (150x) **D** Teleutósporo bicelular germinando com dois basídios (300x). **E** *Phragmidium rubi*. Margem de um uredossoro quase maduro após o rompimento da epiderme da planta hospedeira, aberta para a esquerda; esporos em diferentes estágios de maturação (565x). **F, G** Teleutósporos (500x). **F** *Uromyces appendiculatus*. Unicelular (núcleos celulares não representados), com basídio. **G** *Phragmidium violaceum*. Abaixo com núcleos pareados, os quais já estão fusionados nas duas células superiores. – e, epiderme; g, poros de germinação; p, paráfise; t, teleutósporo; u, uredósporo. (A, B segundo A. De Bary; C segundo F. Tavel; D, F segundo L. R. Tulasne; E segundo P. Sappin-Trouffy; G segundo V.H. Blackman.)

cas, perdem seu caráter de esporos antes do rompimento da epiderme e aderem-se uns aos outros, formando uma capa resistente (pseudoperídio, Figura 10-53B: pp). Devido à pressão da constante produção de novos esporos na base das fileiras (em *Puccinia graminis*, mais de 100.000 em um ecídio), o pseudoperídio e a epiderme são rompidos e os esporos podem ser dispersados pelo vento. Os esporos são inicialmente angulosos pela pressão mutuamente exercida, mas depois se tornam arredondados.

Com a alternância da fase nuclear (haploide-dicariótica), muda também o comportamento parasítico. Os ecidiósporos germinam apenas sobre cereais e gramíneas selvagens (mudança de hospedeiro). Através dos estômatos, seu tubo de germinação penetra nos tecidos desse segundo hospedeiro. Ele desenvolve-se em um micélio intercelular dicariótico, limitado ao local de infecção, porém sem fíbulas. Esse micélio rapidamente inicia o processo de formação de conídios dicarióticos, denominados **uredósporos** (Figura 10-54E), formados individualmente sobre células terminais portadoras intumescidas. Essas células se encontram em pequenos uredossoros alongados, com cor de ferrugem (fungos da ferrugem), que irrompem sob a epiderme. Esses uredósporos são responsáveis pela disseminação do fungo no verão (transferência para outros indivíduos da mesma espécie hospedeira por "esporos de verão"). Cada um dos uredossoros forma muitos uredósporos, que, em uma planta infectada, podem chegar a milhões. Os uredósporos infectam imediatamente outras plantas de cereais, nas quais se desenvolvem novos uredossoros, três semanas apenas após a infecção. Desse modo, a doença se alastra muito rapidamente e por grandes distâncias.

Perto do outono, o micélio de núcleos pareados forma nos uredossoros ou, em outro lugar, mais um tipo de esporos, os **teleutósporos** bicelulares (Figura 10-54A: t,C). Nas suas células, os núcleos se fusionam (cariogamia). Os teleutósporos têm paredes espessas, são resistentes à dessecação e ao frio e repousam durante o inverno Na próxima primavera, cada uma das duas células diploides de um teleutósporo germina (probasídios) através de um poro de germinação previamente formado (Figura 10-54D: g), produzindo por meiose um basídio tubular (Figura 10-54D, F). Entre os quatro núcleos haploides são formadas paredes transversais e de cada uma das quatro células brota um **basidiósporo** (meiósporo), no qual entra um núcleo (Figura 10-54D). Os basidiósporos são lançados e levados pelo vento até o primeiro hospedeiro, a *Berberis*. Com isso, é fechado o ciclo de desenvolvimento, em cujo processo ocorrem basidiósporos monocarióticos haploides (1) e espermácias haploides (2), ecidiósporos dicarióticos (3) e uredósporos (4), assim como teleutósporos primeiramente dicarióticos e depois diploides (5). Portanto, ao todo são formados cinco diferentes tipos de esporos (Figura 10-55). Do ciclo vital completo, existem diferentes variantes mais curtas. ▶

Os fungos da ferrugem são perigosos **causadores de doenças.** Principalmente as safras de cereais são consideravelmente prejudicadas por eles (em casos especiais,

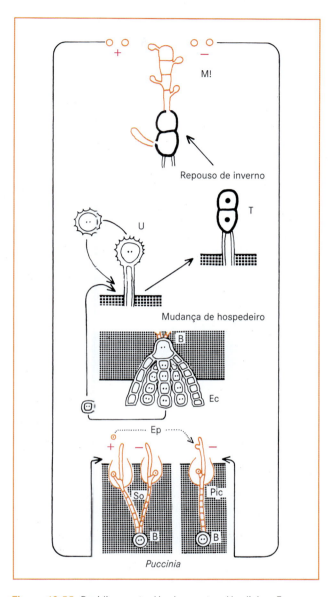

Figura 10-55 Basidiomycota, Uredomycetes, Urediales. Esquema do desenvolvimento de *Puccinia graminis*. Laranja: fase haploide; linhas pretas duplas: fase dicariótica; linha preta grossa: fase diploide. Hachurado menor, *Berberis*; hachurado maior, gramínea como hospedeiro (comparar com Figuras 10-53 e 10-54). – Ec, ecídio; B, células basais; Pic, picnídio; M!, meiose; So, somatogamia; Ep, fecundação por espermácia; T, teleutossoro (assim como em U, esporos representados em menor número); U, uredossoro.

até cerca de 25%, mas em geral não muito mais que cerca de 5%). *Puccinia graminis*, também denominada ferrugem-negra devido aos teleutossoros escuros, está disseminada por toda a Terra. O fungo ataca nossas espécies de cereais e muitas espécies de gramíneas selvagens Na Europa Central, seus danos não são tão grandes quanto em países mais quentes, onde o desenvolvimento do fungo é mais rápido, pois ele necessita de relativo calor.

Especialmente perigosa é a ferrugem-amarela, *P. striiformis,* com uredossoros amarelo-claros a alaranjados. Ela ocorre epidemicamente principalmente no trigo, mas também na cevada, centeio e em diversas espécies de gramíneas selvagens e cujo hospedeiro intermediário é desconhecido. *P. coronata,* a ferrugem-da-folha-da-aveia e de outras gramíneas, tem *Rhamnus cathartica* (entre outras espécies) como hospedeiro intermediário. *P. hordei,* a ferrugem da cevada, forma seus ecídios em espécies de *Ornithogalum.* Com isso, o número das ferrugens de cereais ainda não está esgotado. Outras espécies de *Puccinia* ocorrem em aspargo, cenoura, cebola, groselha e outras plantas cultivadas, espécies de *Uromyces* ocorrem em ervilha, feijão e beterraba, *Gymnosporangium* ocorre sobre folhas de pereira (ferrugem-da-pera). A outras famílias das uredíneas pertencem *Melampsora lini,* a ferrugem-do-linho, que destrói as fibras, e *Melampsorella caryophyllacearum,* praga de espécies florestais (vassoura-de-bruxa e cancro-do-castanheiro, uredósporos e teleutósporos sobre Cariofiláceas) e *Cronartium ribicola.* Sua geração de ecídios prejudica os pinheiros-brancos* e os leva frequentemente à morte; os ecídios irrompem como grandes receptáculos vesiculares (Ecidiossoros) da casca da árvore. (Alternância de hospedeiro com *Ribes*).

A esperança de combater as pragas alternantes de hospedeiro pela **eliminação do hospedeiro intermediário** mostrou-se bastante limitada na realidade, pois na maioria das espécies os uredósporos também podem atravessar o inverno em repouso ou infectam já no outono as sementes jovens do cereal de inverno, assim como de muitas espécies de gramíneas cultivadas (na ferrugem-amarela também a plântula do trigo). Além disso, o vento pode carregar uredósporos de regiões distantes (até mesmo sobre os Alpes). No **combate químico** lança-se mão, por exemplo, das estrobilurinas (ambientalmente toleradas), isoladas inicialmente de um fungo de folhas (*Strobilurus tenacellus*). Em relação às estrobilurinas, trata-se de inibidores de respiração, os quais, após sua pulverização em plantas de cereais em crescimento, atuam como fungicidas sistêmicos e inibem o desenvolvimento de fungos parasíticos. Procura-se também desenvolver cultivares resistentes à ferrugem, o que representa uma dificuldade, pois, de cada espécie de ferrugem, existe uma grande variedade de raças fisiológicas, em geral não distinguíveis morfologicamente. Essas raças especializadas a determinadas variedades de plantas cultivadas, as quais surgem sempre de novo a cada cruzamento, por mutação e nova combinação. Esse tipo de formação de raças de fungos causadores de doenças tem um papel importante na fitopatologia, de modo que a **produção de resistências** nunca terá fim.

Devem ser incluídos aqui os **Septobasidiales,** que vivem em associação com cochonilhas (simbiose). Com base na análise de DNA e evidências estruturais, os **carvões das anteras** de cariofiláceas devem ser inseridos aqui, e não mais entre os carvões.** Espécies do gênero *Microbotryum (Microbotryales)* enchem as anteras do hospedeiro com carvões preto-violáceos, que ocupam o lugar dos grãos de pólen. Plantas pistiladas de espécies dioicas de silene (*Silene alba* e *Silene dioica*) são levadas pela infecção pelo fungo a produzir anteras, nas quais, os esporos do fungo podem se desenvolver.

3ª Classe: Eubasidiomycetes

A esta classe pertencem os Hymenomycetes (Figura 10-56), inclusive os Gasteromycetes. Neles, o micélio em geral forma **corpos** *frutíferos,* emaranhados de hifas visíveis macroscopicamente, nos quais os basídios são ordenados em paliçada (ou seja, em himênio). O processo de desenvolvimento é idêntico ao dos fungos lamelares***. Nos septos das hifas formam-se frequentemente fíbulas (Figura 10-57).

O **ciclo vital** (Figura 10-57) dos fungos lamelares se desenrola conforme o seguinte esquema: os basidiósporos germinam, formando um micélio com células uninucleadas de capacidade de crescimento quase ilimitada; gametângios não são formados, assim como nos Ascomycota derivados. Se micélios de tipos contrários de cruzamento (por exemplo, + e -) se encontram, duas células vegetativas fusionam-se ao se tocarem (somatogamia, Figura 10-57A; 3), e seus núcleos pareiam, sem fusionar-se. O dicário formado desse modo constitui um micélio, em geral com fíbulas, independente sob o ponto de vista da fisiologia da nutrição das hifas haploides monocarióticas (Figuras 10-57A e 4-6). A fusão dos parceiros de cruzamento é geneticamente controlada.

Incompatibilidade bipolar e tetrapolar. Em vários Basidiomycetes, o comportamento de cruzamento é controlado não de modo bipolar, por um fator (par de alelos + e –), mas por dois fatores independentes herdados segundo as regras de Mendel. Os alelos de um fator são denominados A_1 e A_2, os alelos do outro fator são B_1 e B_2. O núcleo zigótico diploide contém, portanto, A_1/A_2, e B_1/B_2. Após a meiose, os basidiósporos de um corpo de frutificação pertencem aos quatro tipos A_1B_1, A_2B_2, A_1B_2 ou A_2B_1. Apenas cruzamentos com fatores diferentes A e B promovem a formação de

Figura 10-56 Mycobionta, Basidiomycota, Agaricomycetidae. *Russula veternosa,* um fungo lamelar. (Fotografia segundo A. Bresinsky.)

---

* N. de T. Nome popular de *Pinus strobus* L.
** N. de T. Ustomycetes.

*** N. de T. Agaricales.

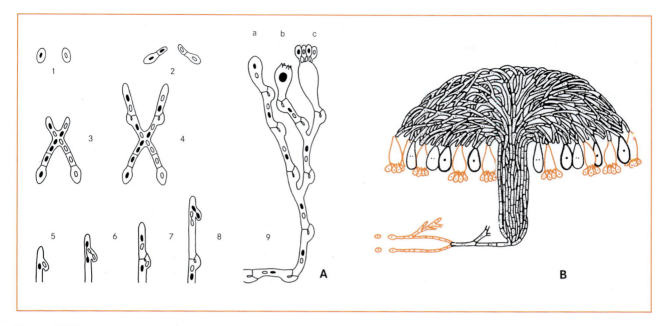

Figura 10-57 Basidiomycota, Eubasidiomycetes, Agaricomycetidae. **A** Desenvolvimento do micélio fibulado. 1 Esporos genotipicamente diferentes (+, −), 2 germinação dos esporos em micélios sem fíbulas, 3-4 copulação, 5-7 formação da primeira fíbula, 8 formação das fíbulas seguintes, 9 micélio fibulado com um futuro basídio binucleado, um basídio jovem com núcleo de fusão e um basídio maduro com esporos de diferentes tipos de cruzamento. **B** Representação esquemática do desenvolvimento de um cogumelo. Laranja: fase haploide; preto delgado: fase dicariótica; preto espesso: fase diploide. Fíbulas não representadas, basídios representados muito maiores em relação ao píleo. – a, primórdio do basídio; b, basídio jovem; c, basídio maduro. (Segundo R. Harder.)

um micélio dicariótico (em geral com fíbulas nos septos hifálicos) no ciclo vital. Assim, $A_1B_1 \times A_2B_2$ são compatíveis, $A_1B_1 \times A_1B_1$ ou $A_1B_1 \times A_1B_2$ são, ao contrário, incompatíveis (Figura 10-58).

Fala-se aqui de incompatibilidade homogênica tetrapolar. Esta define que, no caso de confrontação de hifas monocarióticas haploides germinadas de esporos do mesmo corpo frutífero, apenas em 25% dos casos serão de fato formados micélios com fíbulas. A recombinação genética de micélios de origens geográficas diferentes é promovida pelo fenômeno da alelia múltipla (ver. 9.1.2.1), pois nesse caso são incluídos outros fatores, por exemplo, A_3B_3 e A_4B_4. Cruzamentos com os fatores A_1/A_2 e $B_1/B_2 \times A_3/A_4$ ou B_3/B_4 (por exemplo, $A_1B_1 \times A_3B_3$) são, por isso, 100% compatíveis. O mecanismo da incompatibilidade bipolar ou tetrapolar, em geral ligado à múltipla alelia, promove desse modo a fecundação cruzada (do inglês *outbreeding*). No caso, o efeito na incompatibilidade tetrapolar, com 25% : 100% é mais forte que a incompatibilidade bipolar, com 50% : 100%. Enquanto os Ascomycetes apresentam apenas incompatibilidade bipolar, o mecanismo da incompatibilidade tetrapolar tornou-se dominante entre os Basidiomycetes.

As **fíbulas** são homólogas às dos Euascomycetes* (nos Euascomycetes, elas são formadas em posição terminal, nos Eubasidiomycetes são formadas em posição lateral; nos Euascomycetes, são, em geral, limitadas às células terminais da hifa ascógena, mas nos Basidiomycetes ocorrem geralmente em cada septo das hifas dicarióticas). As fíbulas acolhem temporariamente um dos núcleos formados durante a divisão celular, o qual depois migra de volta à hifa original (Figura 10-57: 5-7).

O processo de formação da fíbula repete-se a cada divisão celular, produzindo assim um "micélio fibulado" ricamente ramificado, com todas as células binucleadas (ou

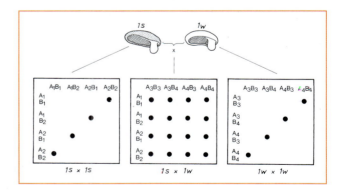

Figura 10-58 Eubasidiomycetes, Agaricomycetidae. *Pleurotus ostreatus*. Promoção da fecundação cruzada por incompatibilidade homogênica (mecanismo tetrapolar, alelia múltipla). Os corpos frutíferos com píleo de cor diferente são cepas da mesma espécie de procedências geográficas diferentes. A, B Fatores de cruzamento dos micélios determinados para o cruzamento; ● cruzamento que resulta em micélio fibulado dicariótico.

---

* N. de T. O autor faz distinção entre as fíbulas dos Euascomycetes (*haken*) e as dos Eubasidiomycetes (*schnallen*). Em português há outros nomes (ansa, grampo de conexão), mas não é feita distinção em função da posição sistemática do portador das estruturas, até mesmo porque são homólogas. Atualmente prefere-se o vocábulo "fíbula".

seja, dicarióticas) e com uma fíbula em cada parede transversal (Figura 10-57:8-9). O **dicário** assim estabelecido – ao contrário dos Ascomycetes – é capaz de viver independentemente. Ele pode permanecer por vários anos no solo, na madeira e em outros substratos, e realizar inúmeras divisões celulares com divisão conjugada de núcleos, até que, por influência de fatores ainda desconhecidos, produz, por entrançamento de hifas, os corpos frutíferos. Ao contrário dos ascomicetos (Figura 10-39), o corpo frutífero dos basidiomicetos é constituído exclusivamente de hifas dicarióticas (Figura 10-57). Sua origem não depende, por isso, de uma formação "de novo" a partir do processo sexual de plasmogamia. Esta ocorre entre os basidiomicetos apenas uma vez para o estabelecimento de um dicário geralmente plurianual, o qual, ao contrário dos ascomicetos, pode produzir corpos frutíferos durante vários anos. No ou sobre o corpo frutífero (em geral, na superfície abaxial) organizam-se as células terminais claviformes das hifas dicarióticas em um himênio paliçádico (Figura 10-57B). Apenas nessas células terminais (os basídios jovens) se fusionam os dois núcleos (cariogamia, Figura 10-59: 6), seguindo-se imediatamente a meiose (com determinação dos tipos de cruzamento) e formação de quatro meiósporos haploides – os basidiósporos. Os micélios que germinam dos basidiósporos correspondem aos gametófitos. O micélio de núcleos pareados formados a partir da copulação somatogâmica pode ser compreendido como esporófito dicariótico.

Durante o **desenvolvimento dos basidiósporos**, as terminações dos esterigmas (pequenas projeções dos basídios em forma de chifre) incham, formando um sáculo de esporo (Figura 10-59: 8). Cada um dos quatro núcleos haploides migra por um dos esterigmas (Figura 10-59: 9) e em cada sáculo de esporo se forma um esporo. Quase sem exceção, porém, a parede do esporo funde-se com a parede do sáculo, de modo que a natureza dupla do envoltório do esporo não é visível; a parede do sáculo constitui, no caso, o perispório. Portanto, apenas aparentemente os meiósporos são formados exogenamente. Eles são em geral elipsoides e achatados em um lado.

A esse grupo pertence a maioria das espécies com corpos frutíferos grandes (Figuras 10-63 a 10-66). Muitas vezes, os micélios podem ser cultivados, mas é rara a formação de corpos frutíferos em cultura. Especialmente no final do verão e no outono, muitas espécies desenvolvem corpos frutíferos de crescimento em geral muito rápido. Podem ser distinguidos corpos frutíferos himeniais e gastroidais.

Em **corpos frutíferos himeniais** ("Hymenomycetes"; Figura 10-63) os himênios são expostos livremente durante o desenvolvimento e os basidiósporos são lançados ativamente. Um **himênio** contém basídios e, em determinados casos, cistídios estéreis orientados em paliçada (Figura 10-64C). **Himenóforos** são estruturas visíveis macroscopicamente, constituídas para aumentar a superfície dos himênios. Há grande diversidade na morfologia externa dos corpos frutíferos himeniais. Eles podem ser crostosos, claviformes a intensamente ramificados, em forma de pra-

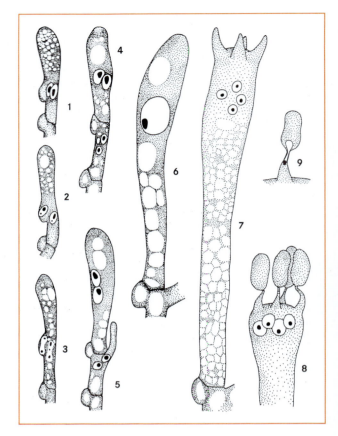

Figura 10-59 Eubasidiomycetes, Agaricomycetidae, Agaricales. Formação de fíbulas e desenvolvimento do basídio. **1-7** *Oudemansiella mucida* (620x). **1** Início da formação da fíbula na célula terminal binucleada. **2** Um núcleo abrigado na fíbula. **3** Divisão nuclear conjugada. **4** Formação da parede na fíbula e ao lado dela, basidíolo separado da célula do pé. **5** Fusão da fíbula com a célula do pé. **6** Os dois núcleos haploides do basidíolo unidos em um núcleo diploide. **7** Basídio jovem com os quatro núcleos formados na meiose (acima os quatro esterigmas). **8-9** *Psathyrella* (1.500x). **8** Basídio com quatro núcleos antes de sua passagem para basidiósporos apicais. **9** Passagem do núcleo através do esterigma para o basidiósporo. (1-7 segundo H. Kniep; 8, 9 segundo W. Ruhland.)

teleira ou estipitados com chapéu (cogumelos). Igualmente diversificada é a formação do himenóforo, com superfícies planas, dobras, alvéolos, poros, tubos, espinhos ou lamelas. Praticamente todas as combinações de formas de corpos frutíferos e tipos de himenóforos estão presentes. A evolução teve certamente o objetivo de expor o maior número possível de esporos da maneira mais apropriada para a dispersão. O corpo frutífero do tipo himenial se desenvolve de diferentes maneiras. O corpo frutífero é **gimnocárpico** se os himênios ou himenóforos são, desde o seu início, constituídos sobre superfícies externas livres. No desenvolvimento **hemiangiocárpico** (Figura 10-64A, B), o himênio forma-se, no início, no interior do corpo frutífero ainda jovem. Pelo alongamento do estípite e abertura do chapéu, o envoltório original se rompe. Mui-

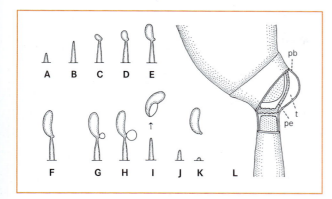

Figura 10-60 Eubasidiomycetes, Agaricomycetidae. **A-L** Dacrymycetales. *Calocera cornea* (900x), lançamento dos basidiósporos. **A, B** Alongamento dos esterigmas, **C-F** Desligamento do basidiósporo (duração: cerca de 40 min). **G, H** Formação das gotas no local de inserção dos esporos (duração, cerca de 10 s), **I** Lançamento dos esporos juntamente com a gota. **J, K** Colapso dos esterigmas. **L** Schizophyllales, *Schizophyllum commune* (1.500x). Local de inserção dos basidiósporos no esterigma. –pb, parede do basídio; pe, parede do esporo; g, gota de líquido. (A-K segundo A.H.R. Buller, L segundo K. Wells.)

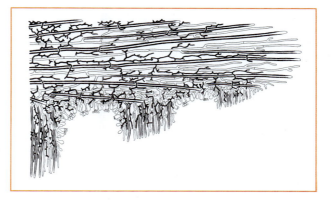

Figura 10-61 Eubasidiomycetes, Agaricomycetidae, Poriales. *Trametes versicolor*. Corte na margem de um corpo frutífero em crescimento com duas estruturas de canais de himenóforos. Com paredes espessas: hifas esqueléticas; com paredes delgadas: hifas formadoras de basídios; preto: hifas de ligação (150x). (Segundo E.J. H. Corner.)

tas vezes, os restos do envoltório permanecem no corpo frutífero maduro como parte do véu universal e/ou do véu parcial. O véu parcial (Figura 10-64: vp) forma um anel (Figura 10-64: a), une o estípite e o píleo ainda por um tempo como um fino véu (cortina) ou desaparece completamente. O véu universal (Figura 10-64: vu) constitui um envoltório em forma de bainha na base do estípite (volva, Figura 10-64: v; por exemplo, *Amanita phalloides*) e/ou restos e escamas na superfície do píleo (Figura 10-64: f; por exemplo, *A. muscaria*). O desenvolvimento **pseudoangiocárpico** inicia igual ao gimnocárpico, mas a borda do píleo curva-se para o interior, de modo que suas hifas se emaranham com as hifas do estípite.

Lançamento dos esporos. Os esporos são lançados ativamente apenas por curtas distâncias do basídio, por meio da excreção de uma gota de líquido pela ponta do esterigma, causada pela alta turgescência do basídio; essa gota leva consigo o esporo (Figura 10-60). Em cogumelos de himenóforo com poros, a distância de lançamento dos esporos alcança cerca da metade do diâmetro do poro (em cogumelos com lamelas, metade da distância entre as lamelas). A trajetória percorrida pelos esporos transforma-se rapidamente em queda perpendicular, até chegar ao ar livre abaixo dos canais ou lamelas. A dispersão dos esporos ocorre realmente por correntes de ar. Se deixarmos um píleo desenvolvido com suas lamelas voltadas para baixo sobre uma folha de papel, após apenas algumas horas forma-se uma imagem clara das lamelas, através esporos que caem. Foi calculado que um corpo frutífero maduro de um champignon (*Agaricus campestris*) de 10 cm de diâmetro tem uma superfície de himênio de 1 200 cm^2, que produz ao todo cerca de 1,8 bilhões de esporos; em uma hora, são lançados cerca de 40 milhões de esporos.

Juntamente com os basídios maduros, no **himênio** encontram-se também basídios jovens e hifas estéreis com pares de núcleos degenerados e hifas terminais maiores, igualmente estéreis com formas variadas, os cistídeos (Figura 10-64C). Cistídeos funcionam como proteção e órgãos de lançamento de esporos (por exemplo, entre os Poriales) ou eles possivelmente evitam a aderência das lamelas (por exemplo, *Coprinus*); eles são importantes para a classificação sistemática e reconhecimento das espécies. Também as hifas estruturantes do corpo frutífero (Figura 10-61) mostram diferenciação na trama: por exemplo, hifas esqueléticas, que servem para sustentação; hifas de ligação, hifas ramificadas de paredes espessas que unem as demais hifas entre si; hifas generativas, de paredes delgadas, formadoras de basídios (Figura 10-61).

Corpos frutíferos gastroides ("Gasteromycetes"; Figura 10-66) formam os basídios em seu interior. Os himênios formados inicialmente nos estágios jovens se degradam durante a maturação dos esporos ou nem se formam. O desenvolvimento dos corpos frutíferos é angiocárpico ou hemiangiocárpico. Os corpos frutíferos são fechados, com ou sem formação de câmaras internas, ou as massas de esporos (chamadas glebas) são colocadas para fora do envoltório do corpo frutífero (perídio) com a ajuda de elementos elásticos (receptáculo) (Figura 10-66A-C). Os esporos não são lançados ativamente pelos basídios. Sua dispersão é feita pelo vento, em casos especiais por insetos ou mamíferos.

Corpos frutíferos himeniais ou gastroides são relacionados um ao outro por formas intermediárias, razão pela qual a maioria dos "Gasteromycetes" mostra um relacionamento estreito com típicos Hymenomycetes e, por isso, os Gasteromycetes estão reunidos com os Hymenomycetes em uma única classe (Eubasidiomycetes).

Sistemática. No início, devem ser colocadas principalmente ordens com basídios repartidos transversal ou longitudinalmente (**fragmobasídios**), como são os representados na 1ª subclasse e nos grupos ancestrais da 2ª subclasse. Os basidiósporos germinam em conídios, esporos secundários ou células semelhantes a leveduras (Figura 10-49). Esporos secundários ocorrem por estreitamentos isolados, para os quais migram os núcleos únicos dos basidiósporos.

1ª Subclasse: Tremellomycetidae

Com a única ordem **Tremellales**. Seus fragmobasídios são septados longitudinalmente por duas paredes cruzadas (Figuras 10-62D, 10-48B). Eles vivem preferencialmente sobre madeira morta, raramente ocupam outros substratos ou atacam, como parasitos, outros fungos. Seus representantes mais simples não apresentam corpos frutíferos. *Tremella* forma corpos frutíferos cerebroides a folhosos, gelatinosos, de cor amarelada, amarronzada ou preta (Figura 10-62C); a gelatina do corpo frutífero serve para reserva de água. O corpo frutífero lateralmente estipitado de *Pseudohydnum* apresenta espinhos na face abaxial, os quais são recobertos pelo himênio. *Exidiopsis*, comparar Figura 10-49.

2ª Subclasse: Agaricomycetidae

A ordem **Dacrymycetales** é caracterizada pelos holobasídios de dois esporos com formato de diapasão (por exemplo, *Dacrymedes*, Figura 10-48D), enquanto a ordem Auriculariales possui fragmobasídios septados transversalmente. A essa ordem pertence a orelha-de-judas (*Auricularia auricula-judae*, Figura 10-62A). A posição das duas ordens dentro dessa subclasse é justificada principalmente pela filogenia molecular. ▶

As ordens seguintes dos Basidiomycetes apresentam, sem exceção, **holobasídios**, e foram anteriormente reunidas no grupo das **Homobasidiomycetidae**. Os esporos germinam sempre em hifas. As capas dos septos com doliporos são interrompidas como peneira. Forma e tamanho dos holobasídios mostram grande multiplicidade (Figura 10-48). Além da forma de clava amplamente difundida (Figura 10-48F), encontram-se, por exemplo, basídios alargados em forma de urna (Figura 10-48E), pleurobasídios localizados lateralmente na hifa portadora (Figura 10-48H), e basídios de repetição (Figura 10-48J). Há uma grande diversidade de corpos frutíferos (Figuras 10-63 e 10-64A) e de estruturas das superfícies portadoras do himênio (himenóforos). Assim como nas ordens anteriores (entre outros com fragmobasídios), também aqui ocorrem, ou são atingidos, sempre os mesmos tipos de corpos frutíferos em linhas evolutivas diferentes e, como nas algas, os fungos também podem ser dispostos em estágios evolutivos convergentes. A forma externa dos corpos frutíferos determina, ainda muitas vezes, os critérios para a distinção de gêneros e famílias dentro da ordem.

Pela forma externa do corpo frutífero, distinguem-se antigamente os grupos artificiais, isto é, aqueles sem relações naturais de parentesco, dos fungos sem lamelas (Poriales = Aphyllophorales em sentido amplo), dos fungos lamelares (Agaricales em sentido amplo) e dos gasteromicetos (Gasteromycetales). Na nova classificação, procura-se por relações filogenéticas em caracteres semelhantes de tantas áreas quanto possíveis: por exemplo,

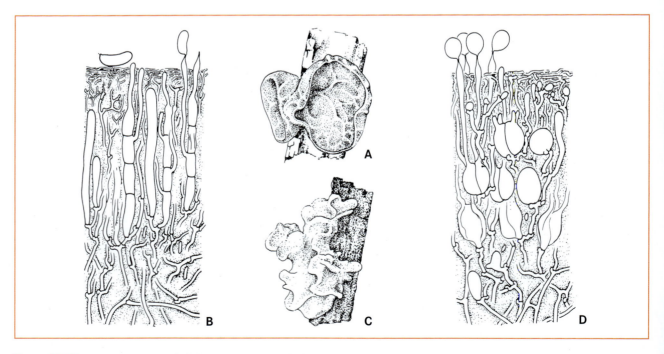

Figura 10-62 Eubasidiomycetes, **A, B** Agaricomycetidae, *Auricularia auricula-judae*. **A** Corpo frutífero (1x) **B** Corte transversal do himênio (400x). **C, D** Tremellomycetidae, *Tremella mesenterica*. **C** Corpo frutífero (1x), **D** corte transversal do himênio (400x). (Segundo F. Oberwinkler.)

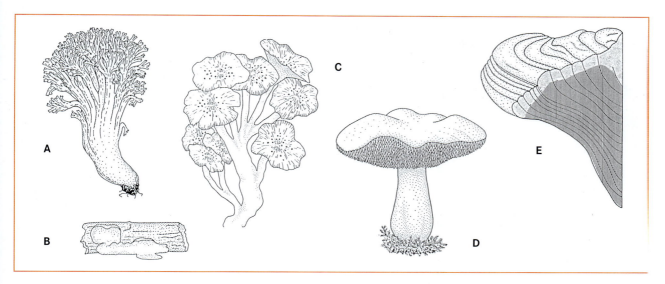

Figura 10-63 Eubasidiomycetes, Agaricomycetidae. Diferentes corpos frutíferos himeniais. **A** *Ramaria botrytis* (0,5x). **B** *Stereum hirsutum* (12x). **C** *Dendropolyporus umbellatus* (0,33x). **D** *Hydnum repandum* (0,5x). **E** *Phellinus igniarius,* corpo frutífero plurianual com zonas de crescimento (0,5x). (A segundo E. Schild; B segundo F. Oberwinkler; C segundo G. Bresadola; D segundo H. Schenck; E segundo R. Harder.)

estruturas microscópicas como a construção do himênio e do plectênquima no corpo frutífero (trama), metabólitos, DNA, etc. Para a organização de unidades taxonômicas menores em unidades maiores (por exemplo, ordens), são importantes elementos de ligação, os quais em parte reúnem caracteres de diferentes táxons e em parte representam formas intermediárias de caracteres. Transições fluidas entre os corpos frutíferos antes mencionados dos fungos não lamelares, fungos lamelares e gasteromicetos determinaram o fracasso do sistema com base em corpos frutíferos; assim, em uma mesma ordem podem estar reunidos representantes com corpos frutíferos diferentes.

Um típico representante dos **Cantharellales** é *Cantharellus cibarius*, um fungo comestível muito apreciado. A ele pode ser reunido *Hydnum repandum*, com corpo frutífero em forma de cogumelo, que na face abaxial apresentam um himenóforo espinhoso (Figura 10-63D).

Entre os **Lycoperdales** (com *Lycoperdon*) estão os corpos frutíferos gastroides esféricos a esférico-clavados, protegidos por um envoltório geralmente constituído de duas camadas, exo- e endoperídio. Durante a maturação do corpo frutífero, o exoperídio rompe-se e permanece na forma de grânulos, verrugas ou espinhos depositados sobre o endoperídio membranoso. Após a degeneração do himênio no interior do corpo de frutificação surge uma massa pulverulenta, **a gleba**, constituída de inúmeros esporos e filamentos.

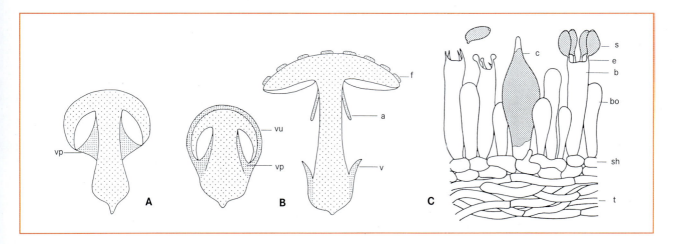

Figura 10-64 Eubasidiomycetes, Agaricomycetidae, Agaricales. **A, B** Corte longitudinal esquemático no corpo frutífero com véu. **A** Véu parcial. **B** Véu universal e véu parcial; esquerda em estágio jovem, direita em estágio maduro. **C** Corte através do himênio de *Hypholoma* (1.000x). – b, basídio; bo, basídio jovem; c, cistídio; f, resto do véu universal sobre o píleo; a, anel como resto do véu parcial; s, basidiósporo; e, esterigma; sh, sub-himênio; t, trama; v, volva como resto do véu universal na base do estipe; vp, véu parcial; vu, véu universal. (A, B segundo E. Fischer.)

Figura 10-65 Eubasidiomycetes, Agaricomycetidae. *Geastrum triplex* (estrela-da-terra). Vista do endoperídio com abertura no ápice e do exoperídio, que se rompeu separando-se em duas partes, formando uma gola na parte de cima e um envoltório estrelado na parte de baixo. (Fotografia segundo A. Bresinsky.)

de estrela e liberação do endoperídio esférico, papiráceo que contém a massa de gleba (Figuras 10-65 e 10-66G). As hifas apresentam fíbulas em seus septos (ao contrário dos Lycoperdales, entre outros). Os basídios são arredondados; neles são separados os esporos (frequentemente mais de quatro) sobre esterigmas curtos.

Os **Nidulariales**, como nas duas ordens anteriores, formam também corpos frutíferos gastroides, em que as áreas de gleba são encapsuladas e dispersadas como unidades (**peridíolos**). Em *Cyathus*, os peridíolos se apresentam como minúsculos discos no perídio aberto em forma de tijela (Figura 10-66E). *Sphaerobolus*, do tamanho de um grão de mostarda, forma em cada corpo frutífero um único peridíolo esférico, que por meio de uma inversão súbita da camada interna do exoperídio é lançado a até 1m de distância (Figura 10-66F).

Os corpos frutíferos dos **Phallales** em seus estágios jovens de desenvolvimento são cobertos por um envoltório gelatinoso, mais tarde rompido, comparável à volva (véu universal) de muitos fungos lamelares. A gleba, assim inicialmente encerrada, é subdividida em câmaras e na maturação produz uma massa gotejante e mal-cheirosa que contém os basidiósporos. Em muitos representantes da ordem, essa massa é empurrada por elementos elásticos (receptáculo). A dispersão dos esporos é realizada por insetos atraídos pelo odor da gleba e, em parte, pelo **receptáculo** de cores vivas. Principalmente nos trópicos, desenvolveram-se formas bastante chamativas (as chamadas flores de fungos). *Phallus impudicus* (Figura 10-66A), nativo da Europa Central,

Os corpos frutíficos da estrela-da-terra (**Geastrales**, com *Geastrum*, Figuras 10-65, 10-66G) adquirem sua forma característica pela ruptura de partes do exoperídio em forma

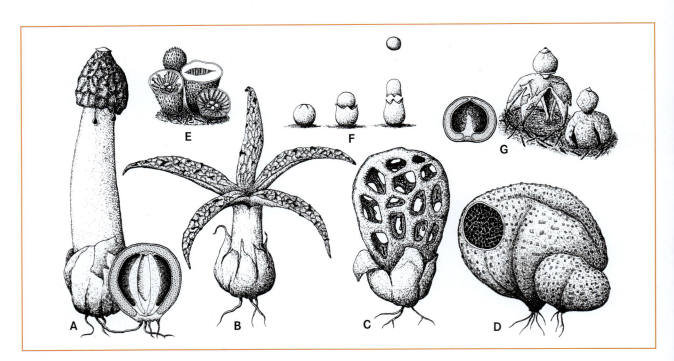

Figura 10-66 Eubasidiomycetes. Agaricomycetidae com corpos frutíferos gastroides. **A-C** Phallales. *A Phallus impudicus*. Corpo frutífero maduro com gotas de gleba no píleo e corpo frutífero jovem em corte longitudinal (0,5x). **B** *Anthurus aecheri* (0,5x). **C** *Clathrus ruber* (0,5x). **D** Boletales (anteriormente pertencente a Sclerodermatales), *Scleroderma citrinum*. Em corte reconhecível a gleba compartimentalizada (0,5x). **E, F** Nidulariales. **E** *Cyathus striatus* (1x). **F** *Sphaerobolus stellatus*. À direita lançamento do endoperídio (3x). **G** Geastrales, *Geastrum quadrifidum* (0,5x). (A segundo J.E. Lange; B, D, G segundo J. Poelt, H. Jahn e C. Caspari; C segundo V. Fayod; E segundo E. Gramberg; F segundo E. Michel e B. Hennig.)

tem certa semelhança externa com a morchela (*Morchella esculenta*), que pertence aos Ascomycetes, mas um desenvolvimento e estrutura completamente diferentes (convergência análoga). O corpo frutífero jovem, coberto pelo envoltório branco e macio (volva) é denominado ovo-de-bruxa. A volva consiste em um perídio externo, um perídio interno membranáceo e uma camada intermediária gelatinosa. O desenvolvimento do corpo frutífero pode ser observado a partir dos ovos-de-bruxa no chão, macios por fora e rígidos por dentro: o receptáculo – já formado no interior do corpo frutífero jovem – alonga-se até cerca de 15 cm em poucas horas, com isso rompe o envoltório, que permanece como um copo, e eleva o píleo. O píleo já está formado no ovo-de-bruxa – uma camada em formato de sino envolvendo o estipe, coberta externamente pela volva. O píleo consiste em uma camada portadora membranosa, compartimentada e a massa de esporos preto-esverdeada, viscosa e mal-cheirosa depositada sobre ela; ele corresponde na sua totalidade à gleba; sob outro ponto de vista, corresponde em parte a uma projeção do receptáculo (camada portadora), em parte à gleba (massa de esporos). A massa de esporos escorre e pinga do píleo de estrutura alveolada. Moscas (varejeiras e do esterco) dispersam endozoicamente os esporos. Nas *Dyctiophora* tropicais, desenvolve-se um véu a partir da extremidade do estípite primeiramente entre o estípite e o píleo, depois se desenvolvendo para baixo, em forma de cone. *Clathrus*, o cogumelo-estrelado (Figura 10-66C), e *Anthurus*, o cogumelo-nanquim (Figura 10-66B), têm um desenvolvimento parecido, apenas com a diferença que o receptáculo avermelhado tem formato de rede ou está separado em vários braços. A esses exemplos podem ser acrescentados os *Gomphales*, com corpos frutíferos claviformes a ramificados (como *Ramaria*, Figura 10-63A).

Nas ordens seguintes prevalecem corpos frutíferos com formas crostosas ou em prateleira, com himênios lisos ou localizados em himenóforos porados (por exemplo, nas ordens **Hymenochaetales**, Figura 10-63E; e **Poriales**). Os **Polyporales** têm corpos frutíferos pediculados em forma de chapéu, com himenóforos porados estreitos; os **Boletales** têm himenóforos com canais mais ou menos largos (*Boletus* e afins); os Russulales (*Russula* e afins) e **Agaricales** (champignon e outros cogumelos lamelares) frequentemente possuem himenóforos lamelares. As últimas três ordens citadas contêm fungos comestíveis e, em parte, também tóxicos. Entre os Boletales está *Boletus*, assim como espécies cujos corpos frutíferos se tingem de azul em contato com o ar (Figura 10-67). A estes se pode acrescentar *Scleroderma*, com corpos frutíferos gastroides (Figura 10-66D). Entre os Russulares, estão espécies com látex (*Lactarius*) ou com lamelas quebradiças (*Russula*), entre os Agaricales está o restante dos cogumelos lamelares. ▶

Uso. Desde o início da Idade da Pedra até a metade do século passado, um acendedor feito do corpo de frutificação de *Fomes fomentarius* (Poriales) era utilizado para produzir fogo. Assim, esse fungo foi encontrado no bolso de um cadáver neolítico de uma geleira do Ötztal ("homem do gelo", "Ötzi"), assim como fragmentos de fungo-de-bétula (*Piptoporus betulinus*) presos a fitas de couro, talvez para uso medicinal. Um grande número de espécies é colhido para fins alimentícios; algumas, como, por exemplo, o champignon (*Agaricus bisporus*, entre outras), são cultivadas.

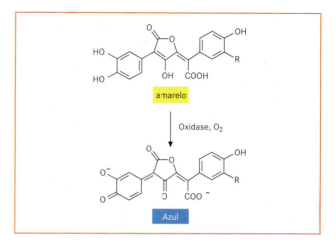

Figura 10-67 Eubasidiomycetes, Agaricomycetidae, Boletales. Ácido variegado (um derivado do ácido pulvínico) de *Suillus variegatus*, acima não oxidado, abaixo oxidado em anion azul; R = OH. (Segundo W. Steglich.)

O champignon (*Agaricus bisporicus;* Agaricales) é cultivado em grande escala (em todo o mundo anualmente mais de $1,3 \times 10^6$ t). Os dois esporos (não quatro) de seus basídios contêm cada um dois núcleos compatíveis, + e -. Ao contrário da maioria dos Agaricales, o processo sexual não é necessário para dar início a um novo ciclo vital e o cultivo pode ser feito exclusivamente com a cepa dicariótica. Além do champignon, outras espécies de Basidiomycetes (Agaricales: por exemplo, Shiitake, *Lentinus edodes*; Shimeji, *Pleurotus ostreatus*) são cultivadas com fins alimentícios, principalmente no oeste da Ásia. Há esforços para a domesticação de outras espécies de fungos. Muitas espécies valiosas (por exemplo, *Boletus* e *Cantarellus*) não formam corpos frutíferos quando em cultivo. Em processos de cultivo interessam, além dos fungos utilizados como tempero e alimento para humanos e animais, também a degradação de dejetos como esterco, palha, serragem e outros materiais ricos em celulose e lignina (*recycling*), usados com substrato.

Ao todo, 150 espécies de Basidiomycetes, mais precisamente de Agaricomycetidae (de Ascomycetes apenas cerca de 10 espécies) são conhecidas como **tóxicas**; entre estas, porém, apenas umas poucas são altamente tóxicas (ver também Quadro 10-4: micetismo, micotoxicose). Também em velhos corpos frutíferos de espécies comestíveis formam-se substâncias tóxicas, semelhante ao que ocorre no apodrecimento da carne.

Algumas espécies do gênero *Amanita* (Agaricales), especialmente o cogumelo conhecido como cicuta-verde (*Amanita phalloïdes*) e a *Amanita virosa* são perigosas e insidiosas (os sintomas de intoxicação iniciam apenas 6-24 horas após a ingestão). Elas contêm como substância tóxica peptídeos cíclicos (amatoxinas e falotoxinas) e apresentam lamelas livres e arredondadas, isto é, não ligadas ao estípite e, ao contrário do champignon, lamelas brancas ou permanentemente esbranquiçadas, assim como uma

Quadro 10-4

Ocorrência e modo de vida dos fungos (incluindo fungos celulósicos)

Os fungos, com cerca de 100.000 espécies (Oomycota 500, Mycobionta mais de 90.000), vivem heterotroficamente e – ao contrário das algas – principalmente sobre a terra. Espécies aquáticas (menos de 2% de todas as espécies) são encontradas, principalmente entre os Oomycota e Chytridiomycota, que se reproduzem por zoósporos. Em menor grau, também existem fungos aquáticos entre os Ascomycota e fungos imperfeitos (Moniliales). Os fungos aquáticos vivem geralmente em água doce, mas um certo número de espécies marinhas (especialmente Ascomycota, mas também alguns Basidiomycota) foi descrito. Com frequência, estruturas de flutuação são encontradas em seus esporos e conídios; em Moniliales, por exemplo, os conídios são filamentosos ou tri- a tetraestrelados.

Fungos fósseis são poucos conservados. Os achados mais antigos são Chytridiomycota em fragmentos de conchas de animais marinhos, que chegam até o Cambriano. No Devoniano foram encontradas hifas não septadas em restos de plantas terrícolas; no Carbonífero já havia urédios (também de Ascomycetes) sobre samambaias e micorrizas nas raízes de árvores. Micélios com fíbulas bem preservados demonstram que nas florestas do Carbonífero já existiam Basidiomycetes superiores ("Hymenomycetes").

Os fungos alimentam-se como **saprobiontes, parasitos** biotróficos ou necrotróficos (estes últimos levam organismos vivos rapidamente à morte em uma fase parasítica, em seguida vivem saprobionticamente sobre os restos) ou em **associações simbiônticas** (por exemplo, micorrizas e liquens). Muitas vezes, substratos especiais são colonizados, por exemplo, insetos, musgos, outros fungos, etc. (frequentemente apenas determinadas espécies).

Por decomporem diferentes substratos orgânicos e atacarem organismos vivos debilitando-os ou os levando à morte, os fungos podem causar **danos** significativos. Uma espécie de Eurotiales (*Amorphotheca resinae*) é especializada em óleos, gasolina e breu; na aviação causou danos por entupimento de mangueiras de gasolina e por corrosão do alumínio. Os fungos são importantes economicamente como causadores de danos, pois destroem madeira, causam doenças em humanos, animais e plantas e degradam alimentos e materiais têxteis. Por outro lado, existem **utilidades**, a serem tratadas especificamente em cada classe de fungo (fermentação alcoólica, ver 5.9.2.1; antibióticos, ver Eurotiales; alimentos, ver utilização de Basidiomycetes; promoção do crescimento das raízes de árvores em simbiose micorrízica, ver em 8.2.3). Da grande amplitude das adaptações em condições especiais de vida, serão tratadas algumas com significado ecológico.

Fungos como degradadores de madeira

Na natureza, a madeira de árvores mortas e tocos é degradada principalmente por fungos. A degradação de madeira por animais ou bactérias tem menor importância; segundo pesquisas recentes, as bactérias não são destruidoras agressivas de madeira. Entre os fungos, são degradadores de madeira principalmente os Basidiomycetes com corpos frutíferos do tipo himenial ("Hymenomycetes", por exemplo, Poriales, Hymenochaethales, Polyporales, Agaricales), em parte Ascomycetes (por exemplo, *Ceratocystis*) e os fungos imperfeitos. Alguns desses degradadores de madeira atacam, como parasitos, os troncos vivos, como *Phellinus pini* e *Heterobasidium annosum*, o agente causador da podridão-dos-pinheiros (*Pinus* e *Picea*), além de *Phellinus alni*, sobre macieira e outras árvores latifoliadas, e *Fomes fomentarius*, sobre *Fagus* e *Betula*. Muitos fungos vivem saprobionticamente apenas sobre madeira morta (por exemplo, espécies de *Coriolus, Trametes* e *Gloeophyllum*). Também o ataque parasítico pode seguir o modo de vida saprobiôntico sobre madeira morta, como em *Armillaria mellea*, que vive em tocos de árvores mortas sobre os quais forma seus corpos frutíferos, mas a partir daí pode transferir-se para árvores vivas, principalmente se essas árvores (como em uma longa estiagem) estiveram fisiologicamente enfraquecidas (parasitismo oportunista).

Particularmente em gêneros preferencialmente parasíticos, a especiação ocorreu pela especialização a determinados hospedeiros (por exemplo, *Phellinus hartigii* em *Abies, P. robustus* em *Quercus, P. hippophaecola* em *Hippophaea*, Eleagnaceae). Alguns fungos são perigosos destruidores de madeira de depósitos e de construção, como *Coniophora puteana* e, principalmente, *Serpula lacrymans* que, vindo de partes úmidas, pode causar grandes danos em casas. A degradação da madeira por fungos pode correr por destruição (**podridão-marrom**) ou por ferrugem (**podridão-branca;** forma especial: podridão-vermelha). No primeiro caso, o fungo degrada preferencialmente a celulose, de modo que sobra a parte de lignina da madeira; a madeira se torna marrom, esfarela transversalmente e decompõe-se em cubos (*Coniophora, Serpula*). Os causadores da podridão-branca (*Phellinus igniarius* sobre pastagem) degradam lignina e celulose, embora, ao contrário dos fungos da podridão-marrom, secretem fenoloxidases no substrato; a madeira em decomposição torna-se branca e longitudinalmente quebradiça, em consequência de processos de branqueamento. Algumas espécies lenhosas resistem à degradação por meio de toxinas presentes principalmente no cerne (toxinas do cerne). Alguns fungos, porém, conseguem destruir até mesmo a madeira protegida dessa forma; possivelmente, fenoloxidases estão envolvidas na desativação das toxinas. A **podridão-mole,** o terceiro tipo de destruição da madeira – causada principalmente por fungos pequenos, com corpos frutíferos pequenos (por exemplo, Ascomycetes) ou sem fase sexuada (fungos imperfeitos) – é, no que diz respeito ao seu processo, uma podridão-marrom (raramente podridão-branca) que se desenvolve lentamente. Exemplo são diferentes espécies de *Chaetomium* (Ascomycetes), cujas hifas atacam a parede secundária de traqueídes e das fibras da madeira. Nos três tipos de podridão, a dureza e a resistência à flexão da madeira são afetadas ou completamente eliminadas. A coloração azul da madeira do pinheiro (*Pinus*) não tem influência sobre essas características estáticas, haja vista que o causador (espécies de *Ceratocystis*) alimenta-se apenas do conteúdo das células do parênquima da madeira. O escurecimento da madeira de construção exposta ao tempo – se é que esse processo não é causado apenas pela exposição ao ar – pode ter a participação de fungos imperfeitos. Alguns fungos degradadores de madeira como *Armillaria mellea*, produzem brilho noturno (biolumenescência); em *Omphalotus olearicus*, o fungo-da-oliveira, que vive em velhas oliveiras, até mesmo os corpos de frutíferos brilham. Fisiologicamente relacionada à degradação de madeira é a degradação da serapilheira (folhas, acículas) sobre o solo da floresta, na qual mais uma vez, juntamente com as bactérias, atuam principalmente os fungos (como **degradadores da serapilheira**), que assim têm grande participação na formação do húmus.

Fungos como simbiontes

Uma grande parte das cormófitas estabelece **micorriza** simbiôntica com fungos (ver 8.2.3). Distinguem-se plantas micotróficas obrigatórias e facultativas. As árvores nativas da Europa Central, principalmente as coníferas e entre as angiospermas as Fagales, são regularmente hospedeiras de micorrizas ectotróficas (Figuras 8-10 e 8-11). Também entre as plantas cultivadas as micorrizas (em geral endotróficas) são amplamente presentes, por exemplo, em morango, tomate, ervilha e espécies de cereais. Em condições naturais, as orquídeas são incapazes de proceder, sem o fungo micorrízico (Figura 8-12), a germinação de suas sementes muito pequenas e desprovidas de tecido de reserva. Apenas em alguns poucos círculos de parentesco a micorriza falta completamente, por exemplo, as Cyperales, Plumbaginales e Brassicaceae. Dos Oomycetes aos Chytridiomycetes não há formação de micorrizas, mas há entre os fungos superiores Ascomycetes e Basidiomycetes (por exemplo, muitos cogumelos do solo das florestas), Glomeromycetes e Zygomycetes (Endogone).

Muitas vezes, os fungos formam corpos frutíferos apenas com determinados hospedeiros da micorriza ou vivem exclusivamente com eles. Assim, as espécies de *Leccinum*, *L. scabrum* e *L. testaceoscabrum* estão relacionadas com *Betula*, *L. vulpinum* com pinheiros de duas acículas (*Pinus* spp.), *L. quercinum* com *Quercus*, *L. aurantiacum* com *Populus* e *L. carpini* com *Carpinus betulus*, *Corylus* (nogueira) ou *Populus*. Simbioses micorrízicas podem se desenvolver em relacionamentos estritamente parasíticos. Então, determinados fungos parasitam sua planta hospedeira ou uma planta superior, que serviu inicialmente como hospedeira de um fungo, torna-se parasita deste fungo (por exemplo, *Neotia*, ver 8.2.3). Uma aplicação prática da pesquisa de micorriza se dá na arborização de regiões originalmente desprovidas de florestas – as árvores são inoculadas com os parceiros micorrízicos adequados.

Sobre a simbiose de fungos com algas, como ela evoluiu para uma parceria permanente nos **liquens**, será tratado na parte dos liquens (ver Liquens, 10.2 e 8.2.4).

Extremamente abrangentes são as **simbioses** de fungos **com animais**. Animais com nutrição especializada, como insetos hematófagos, lignófagos ou fitófagos, carregam simbiontes em alguma parte de seu sistema digestório ou também em órgãos específicos, os micetomas, a saber: são bactérias ou fungos transmitidos às gerações seguintes. Em parte, os fungos simbiontes possibilitam aos seus hospedeiros a digestão do alimento (madeira para as larvas da vespa da madeira), em parte o fungo é digerido, de modo que o hospedeiro obtém o alimento da madeira por meio do fungo (por exemplo, o caruncho). Em todos esses casos, os simbiontes permitem a sobrevivência de seus hospedeiros por nutrição especializada, porque complementam de diferentes maneiras o metabolismo do hospedeiro. As formigas cortadeiras tropicais cultivam em seus ninhos subterrâneos o micélio de determinadas espécies de fungos (que pertencem aos Agaricales), cujas extremidades espessadas, ricas em substâncias nutritivas, lhes servem de alimento. O fungo degradador de celulose é cultivado pelas formigas sobre um substrato de pedaços de folhas mascadas e transferido quando da construção de um novo formigueiro. Entre os cupins, um micélio também cuidadosamente cultivado (*Termitomyces*, Agaricales) serve de alimento apenas à rainha e às larvas. Semelhante significado têm os chamados fungos-de-ambrósia, que vivem nos túneis dos besouros nativos da Europa Central (ipídeos) e servem de alimento para as larvas dos besouros.

Fungos como causadores de doenças

Das 162 doenças infecciosas das plantas mais importantes utilizadas na Europa Central, 83% são causadas por fungos (ver também Tabela 8-2). Os prejuízos somam anualmente milhões e já chegaram a causar fome (ver *Phytophtora*). Entre os organismos **parasitos de plantas**, os fungos, ao lado de animais, bactérias e vírus, têm um papel dominante. Muitos grupos (entre os fungos plasmodiais os Plasmodiophoromycetes, entre os demais, por exemplo, os Peronosporales, Erysiphales, Uredinales, Ustilaginales) vivem quase exclusivamente como parasitos e causadores de doenças em plantas superiores. Além disso, muitos fungos imperfeitos estão entre os parasitos de plantas (ver 10.2, Deuteromycetes). A infecção representa o início da vida do fungo parasítico sobre a planta. Ela ocorre através de feridas, estômatos ou diretamente pela parede externa da epiderme. A penetração pela cutícula da epiderme ocorre enzimaticamente por ectoenzimas especiais (cutinases) ou mecanicamente, sendo a cutícula perfurada por uma projeção aguda da hifa de infecção. Muitas vezes, a infecção se processa em órgãos sensíveis do hospedeiro, por exemplo, tricomas de raízes, órgãos da plântula, perianto e estigma. Em geral, um único esporo ou conídio é suficiente para uma infecção existosa. Juntamente com a temperatura, umidade suficiente é determinante para a germinação de esporos e conídios (por isso, doenças causadas por fungos desenvolvem-se especialmente em anos úmidos).

A planta hospedeira reage à penetração do fungo com **medidas de defesa** de natureza mecânica ou química, como o espessamento de paredes celulares ou a formação de substâncias de defesa como taninos não específicos (em parte neutralizados por fenoloxidases) ou fitoalexinas específicas. Se o hospedeiro é ou não infectado depende de sua constituição genética e, com isso, de vários fatores de resistência mecânicos, químicos e fisiológicos. Além disso, se uma infecção ocorre ou não, depende de uma predisposição do hospedeiro que, por sua vez, é influenciada pelas condições ambientais. Boa disponibilidade de nitrogênio causa baixa resistência mecânica das células pelo crescimento rápido, pela qual uma disposição para a infecção é em geral aumentada.

Mesmo em uma mesma espécie, a **virulência** do fungo está sujeita a grandes variações determinadas geneticamente. Partindo de 53 culturas de ascósporos do míldio-da-cevada, foram obtidos – mesmo de esporos de um corpo frutífero – 14 tipos patogênicos diferentes. Em muitos parasitos, isso representa uma diferenciação das cepas em um grande número de formas especializadas ao hospedeiro.

Como **fontes de infecção,** são considerados todos os estágios do fungo formadores de conídios e meiósporos. Hibernação ocorre com o auxílio de estromas, os quais formam corpos frutíferos na primavera (por exemplo, *Venturia, Claviceps, Rhytisma*), zigotos que germinam na primavera (Peronosporales) e teleutósporos (Uredinales); em parte, os fungos resistem ao inverno nos hospedeiros, em rizomas, bulbos, gemas de inverno, etc. A disseminação de um patógeno – em geral muito rápida – ocorre da mesma maneira que em frutos e sementes de plantas superiores: por correntes de ar, por animais e mais recentemente também pelos seres humanos, que levaram muitas doenças de plantas de uma parte da Terra a outra.

Ocorrências epidêmicas de fungos fitopatogênicos são conhecidas apenas em monoculturas de certas plantas cultivadas. Em determinadas regiões, pode ocorrer até mesmo a destruição total da cultura (por exemplo, a cultura da videira em Tenerife e Madeira em 1850 devido a *Uncinula necator*).

No combate às doenças de plantas – ao contrário das doenças bacterianas e fúngicas em humanos – a terapia é, por razões técnicas, menos importante. A medida mais importante é a profilaxia, pela qual se procura evitar a aproximação entre o patógeno e o hospedeiro (medidas culturais apropriadas, rotação de culturas, eliminação dos hospedeiros intermediários no caso das ferrugens) ou com a destruição do patógeno antes ou durante a germinação (tratamento da semente, aplicação de fungicidas). Também importante é o desenvolvimento de cultivares resistentes a doenças (cultivo de resistência). Um controle eficaz pressupõe um conhecimento detalhado da biologia e das condições de vida do parasito.

Os fungos causam diversas doenças em seres humanos e animais. Indiretamente relacionadas ao modo de vida dos fungos estão as micotoxicoses ou **alergias fúngicas.** Esporos do ar penetram as vias respiratórias causando estas alergias. O conteúdo de esporos no ar muitas vezes é consideravelmente alto. Em um caso extremo, foi encontrado em uma propriedade rural até 21 milhões de esporos de *Aspergillus* por cm^3 de ar. Ao livre, os valores são bem mais baixos, em torno de 0,25-7 esporos por cm^3. No pulmão de vacas recém-sacrificadas foram contadas até 1.700 colônias de fungos por g de peso seco, a saber, de espécies cujos esporos de tamanho inferior a 10 μm conseguiram passar pelas vias respiratórias. *Aspergillus flavus* cresce sobre diversos tipos de nozes e produz aflatoxinas, as quais podem causar danos ao fígado. Ao contrário dessas **micotoxicoses,** que também podem ser causadas pelo esporão-do-trigo*, fala-se em **micetismo** quando fungos forem conscientemente ingeridos e, em consequência, surgirem sintomas de intoxicação (ver Agaricales).

Fungos que causam **micoses** podem ser vistos como parasitos de animais homeotérmicos. Entre as micoses de seres humanos e animais, distinguem-se, segundo os sintomas, as micoses superficiais, que atacam pele, pelos, unhas, penas, garras e cascos, assim como micoses profundas, que se alastram no interior do corpo e podem levar à morte. 30 a 50 patógenos são fungos leveduroides (*Candida, Torulopsis, Cryptococcus*) ou fungos formadores de micélios (*Aspergillus, Trichophyton, Mucor*). Muitas espécies são especializadas exclusivamente aos animais homeotérmicos, outras vivem também no solo, a partir do qual ocorre a infecção. O "pé-de-atleta" (*Trichophyton rubrum*) infecta pessoas por meio de pequenas escamas de pele do solo, sobre as quais está o micélio do fungo. Micoses profundas são pouco infectadas por contato, mais pelo trato estomacal-intestinal e principalmente pelas vias respiratórias. Espécies de *Histoplasma* são causadoras de uma doença pulmonar muito disseminada em países mais quentes.

Fungos carnívoros

Fungos carnívoros (Figura 10-68) são especialistas alimentares que constituem um grupo especial de parasitos facultativos. Esses fungos capturam pequenos animais do solo (nematódeos, rotíferos) ou algas móveis (*Euglena*) para cobrir suas necessidades de nitrogênio por meio de diversos aparatos, mas também podem viver saprobionticamente sem suas presas sobre os meios de cultura comuns. Entre os Chytridiales, estão *Polyphagus euglenae* (Figura 10-68A; ver também 10.2 Chytridiomycetes) e espécies do gênero *Arnaudovia;* estes últimos vivem na superfície da água (nêuston) e capturam organismos unicelulares com o auxílio de seis longas hifas finas (Figura 10-68B). Os Zoopagaceae (Zygomycetes) vivem da captura de amebas e nematódeos. Nas hifas de *Zoopage thamnospira* (Figura 10-68G) aderem amebas que são então degradadas através de haustórios que crescem para dentro da presa. Os fungos que capturam animais do grupo *Arthrobotrys* pertencem aos fungos imperfeitos (Hyphomycetes). Eles capturam suas presas (nematódeos) com redes ou hastes adesivas (Figura 10-68C), nódulos adesivos (*Dactylella*) ou com anéis constritores ou não constritores (*Dactylium*). Também entre os Oomycetes desenvolveu-se o modo de vida predador, a saber, no gênero *Zoophagus*. Nesse gênero, as hifas formam prolongamentos dotados de uma secreção pegajosa, nos quais rotíferos ficam presos (Figura 10-68E, F). Entre os Basidiomycetes, observou-se carnivoria em espécies isoladas de fungos de madeira (por exemplo, *Pleurotus*). Ao todo, foram descritas cerca de 80 espécies de fungos predadores.

---

* N. de T. Nome popular de *Claviceps purpurea*.

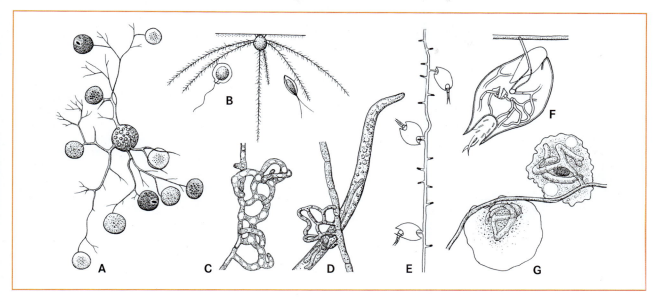

Figura 10-68 Fungos predadores. **A** *Polyphagus euglenae* com dez euglenas contraídas, em diferentes estágios de digestão (200x). **B** *Arnaudovia hyponeustica,* com *Tylenchus* aprisionado (150x). **C, D** *Arthrobotrys oligospora,* **C** com armadilhas, **D** com um verme filamentoso aprisionado (150x). **E** *Zoophagus insidians,* com três rotíferos capturados (90x). **F** Rotífero aprisionado e com das hifas de *Zoophagus* crescendo (125x). **G** *Zoophage thamnospira* com duas amebas (500x). (A segundo L. Nowalowsky; B segundo Valkanow; C, D segundo W. Zopf; E, F segundo Sommerstorff; G segundo C. Drechsler.)

bainha em forma de saco na base do estípite como resto do véu universal. As amatoxinas inibem a RNA-polimerase e as falotoxinas ligam-se aos microfilamentos de actina. Elas são utilizadas nas pesquisas, já que, associadas a pigmentos de fluorescência, permitem a visualização dos microfilamentos.

Produtos do metabolismo úteis. Espécies de *Psilocybe* (Agaricales) contêm derivados de indol alucinógenos, que também são usados em ritos religiosos, por exemplo, no México. Diferentes cogumelos lamelares liberam metabólitos no meio de cultura, os quais são utilizados como fungicidas (estrobilurina de *Strobilurus,* Agaricales), por exemplo.

1. Anexo aos Mycobionta: fungos imperfeitos (Deuteromycetes)

O sistema de classificação natural dos fungos baseia-se, entre outros caracteres, no desenvolvimento e nos órgãos relacionados à **reprodução sexuada da forma principal (teleomorfa).** De muitos fungos (cerca de 30.000 espécies), no entanto, é conhecido apenas o modo vegetativo de reprodução por meio de conídios na sua **forma secundária (anamorfa)** (para definições de formas principal e secundária, ver a Introdução aos fungos). Nesse caso, é irrelevante se a forma principal é ainda desconhecida ou se o fungo perdeu a capacidade de produzi-la. Todos esses fungos foram reunidos em um grupo artificial dos fungos imperfeitos ou Deuteromycetes.

Apesar da supressão da sexualidade (ausência da forma principal), pode eventualmente ocorrer recombinação genética por fusão completa de hifas de indivíduos diferentes com processos **parassexuais** (fusão com formação de núcleos diploides heterozigotos; *crossing-over* mitótico; haploidização por perda gradual de cromossomos).

Um conhecimento crescente da totalidade dos caracteres (tipos de hifas e septos, química e ultraestrutura da parede celular, formas de frutificação coincidentes), assim como o uso de análise de DNA, possibilita cada vez mais ordenar os fungos imperfeitos nas classes e ordens do sistema de classificação natural. Sua maioria pertence aos Ascomycetes, só alguns aos Basidiomycetes.

Uma classificação artificial provisória, com objetivos práticos, dos fungos imperfeitos baseia-se nas estruturas formadoras de conídios. Os conídios originam-se quase sempre em conidióforos, os quais são livres ou localizados em estromas ou em picnídios. ▶

2. Anexo aos Mycobionta: Lichenes, liquens

Nos liquens (Figura 10-69), as hifas de fungos de determinadas espécies formam com algas autotróficas (ou Cianobactérias; ver também 8.2.4) uma **associação simbiótica,** que se tornou uma unidade morfológica e fisiológica. Os **fotobiontes** ectossimbiônticos que ocorrem nos liquens são representantes unicelulares ou filamentosos das já anteriormente tratadas cianobactérias (por

Figura 10-69 Mycobionta, Ascomycota, Lecanorales. **A** Um líquen fruticoso terrestre (*Cladonia*). **B** Um líquen folioso (*Xanthoria*) sobre uma lápide antiga. (Fotografias segundo A. Bresinsky.)

exemplo, *Chroococcus, Gloeocapsa, Scytonema, Nostoc*) ou de algas verdes (por exemplo, *Coccomyxa, Cystococcus, Trebouxia, Chlorella e Trentepohlia*). Como fungos (**micobiontes**) participam dos liquens principalmente Ascomycetes (em geral, espécies formadoras de apotécios, mais raramente de peritécios) e apenas em poucos casos Basidiomycetes (por exemplo, Corticiaceae, Clavariaceae). A inserção dos fungos liquenizados em diferentes classes no sistema de classificação dos fungos deixa claro que, na história evolutiva, a simbiose dos liquens surgiu diversas vezes e por diferentes meios. Disso resultou uma nova forma de organização de seres talosos com caracteres próprios. Da vida conjunta de fungo e alga desenvolvem-se alguns caracteres morfológicos e químicos novos. Os fungos liquenizados perdem na simbiose sua independência; eles só podem viver na natureza em associação com a respectiva alga. Por essa razão, anteriormente os liquens foram tratados em uma unidade sistemática própria, a divisão Lichenes.

Morfologia. A morfologia dos liquens raramente depende da estrutura da alga, como é o caso dos **liquens filamentosos** (por exemplo, *Ephebe*), em que o fungo enrola-se em uma cianobactéria filamentosa, ou dos **liquens gelatinosos**. Na grande maioria dos gêneros, é o fungo que determina a forma do líquen. Nos **liquens crostosos** de crescimento lento, que vivem sobre a superfície de rochas, solo ou casca de árvores, o talo é firmemente aderido ao substrato, atravessando-o até um determinado ponto e apresenta geralmente uma forma claramente definida (Figura 10-70H). O talo achatado, em geral lobado dos **liquens foliosos** (Figura 10-70G) liga-se ao substrato por meio de cordões de hifas (rizinas). Nos **liquens umbilicosos** (Figura 10-70E), o talo em forma de disco é preso apenas pelo meio. Os **liquens fruticosos**, finalmente, fixam-se por uma base muito estreita e ramificam-se como arbustos (Figura 10-70J). A espécie ártico-alpina *Thamnolia vermicularis* (Figura 10-70D) vive solta sobre o solo, no máximo é fixada por alguns cordões de hifas. No gênero *Cladonia* (Figura 10-70B, C), formam-se sobre os talos foliosos, geralmente pouco desenvolvidos, podécios em forma de taça ou arbusto, os quais portam os apotécios.

Histologia e fisiologia. O corte transversal de um líquen gelatinoso (Figura 10-71A) mostra no talo uma distribuição mais ou menos igual de alga e fungo (**estrutura homômera**); a mucilagem de uma colônia de *Nostoc* é entremeada de hifas de fungo. As hifas dispõe-se mais densamente na superfície superior e inferior e podem formar uma camada de casca. Em liquens fruticosos e foliosos (Figura 10-71B), assim como em inúmeros liquens crostosos, as algas localizam-se em uma camada determinada, paralela à superfície do talo (**estrutura heterômera**). Na camada superior da casca, as hifas do fungo formam frequentemente um denso entrelaçado. Nos liquens foliosos e fruticosos, a casca é geralmente mais fortemente diferenciada que nos liquens crostosos (Figura 10-71B, C). Nos liquens endofloicos (que vivem na casca ou ritidoma de árvores) e endolíticos (que vivem em rochas), o talo penetra tão profundamente no substrato que mal se eleva na sua superfície.

Fungo e alga vivem em estreita **simbiose**, embora o fungo se enrole na alga (Figura 10-71E, F) e nela penetre. Surgem muitas vezes haustórios, projeções do fungo para o interior da célula da alga (Figura 10-71G). Em regra, o fungo permanece separado do protoplasto da alga, por fim essa isola as invasões com paredes. Em muitos

Tratado de Botânica de Strasburger **691**

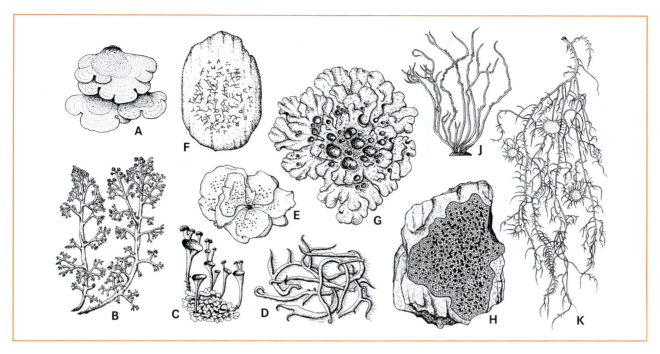

Figura 10-70 Mycobionta, Lichenes. **A** *Dyctionema pavonia*. **B** *Cladonia rangiferina*. **C** *Cladonia pyxidata*. Talo com podécios em forma de taça. **D** *Thamnolia vermicularis*. **E** *Dermatocarpon miniatum*. **F** *Graphis scripta*. **G** *Parmelia acetabulum*. **H** *Rhizocarpon geographicum*. **J** *Roccella boergesenii*. **K** *Usnea florida* (A-K 0,5x). (Segundo K. Mägdefrau.)

liquens, os fungos formam apenas apressórios que penetram a parede da célula da alga (Figura 10-71E), aos quais a alga pode reagir com espessamentos da parede celular (Figura 10-71J).

Muitos liquens contêm diferentes espécies de fotobiontes, que pertencem a grupos muito diferentes de algas verdes (Chlorophyta) ou de cianobactérias. As cianobactérias fixadoras de nitrogênio (*Nostoc*) encontram-se imersas no talo (em *Solorina crocea* externamente imperceptível) ou em pequenas cabeças no talo, os **cefalódios** (Figura 10-71K). Na simbiose fungo-alga normal, pode se envolver também um segundo tipo de fungo, o qual vive como "parassimbionte" ou como verdadeiro parasito; esses parasitos de liquens são conhecidos em grande número. Finalmente, existem liquens que se alojam como parasitos nos talos de outras espécies.

O fungo (micobionte) é completamente dependente da alta (fotobionte) no que diz respeito ao seu **metabolismo de carboidratos**. Os fungos recebem das algas em geral açúcares ou álcoois de açúcares. As algas encerradas no emaranhado dependem do fungo para o **suprimento de água e minerais**. Além disso, o fungo oferece proteção contra intensidade luminosa muito elevada. Várias **substâncias características dos liquens**, que não podem ser sintetizadas pelos participantes isolados, estão relacionadas com a simbose. Elas são principalmente secretadas na superfície externa das hifas, como pequenos cristais, e conferem a muitos liquens suas cores características. Trata-se aqui de grupos muito diferentes de substâncias: ácidos alifáticos, depsídeos, depsidonas, quinonas, derivados de dibenzofuranos, etc.

Reprodução e multiplicação. As algas nos talos dos liquens multiplicam-se apenas vegetativamente. Suas células são maiores que no estado de vida livre, pois, como simbiontes, têm sua divisão celular inibida. Os fungos, por outro lado, desenvolvem seus corpos frutíferos característicos (apotécios, peritécios, pseudotécios). Em geral, o himênio propriamente dito não contém algas. Portanto, um novo talo de líquen somente pode ser produzido se um esporo do fungo em germinação casualmente encontra novamente a respectiva alga. Essas "sínteses de liquens" foram obtidas também em parte experimentalmente. Apenas em poucos liquens (por exemplo, *Endocarpon*) encontram-se algas também no himênio, as quais são levadas junto quando da liberação dos esporos do fungo, de modo que a alga certa fica à disposição do fungo imediatamente na germinação. Ainda não está esclarecido que função têm os inúmeros picnídios encontrados em muitos liquens. Nos liquens foliosos e fruticosos, a reprodução se processa muitas vezes (principalmente) vegetativamente. Em primeiro lugar, por meio de sorédios (Figura 10-71D), grupos de células de alga envolvidos por hifas de fungo. Sorédios se formam em determinadas partes do talo, os sorálios; dispersados pelo vento, sobre uma superfície adequada, crescem formando novamente um líquen. Em outras es-

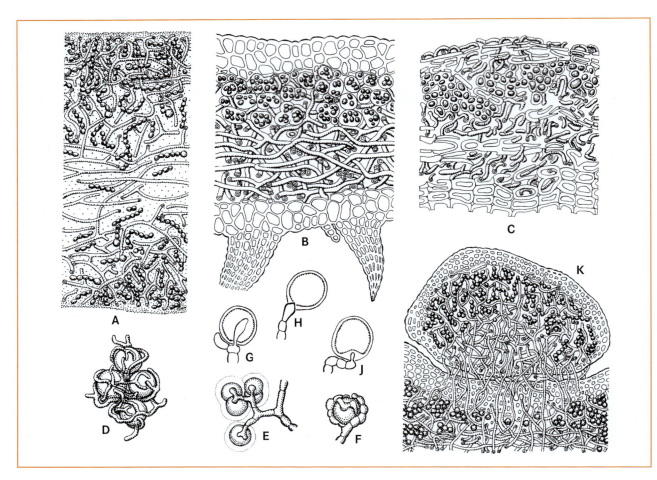

Figura 10-71 Mycobionta, Lichenes. **A-C** Cortes transversais de talos. **A** *Collema pulposum* (200x). **B** *Sticta fuliginosa* (250x). **C** *Graphis dendritica* (200x). **D** Sorédio de *Parmelia sulcata* (450x). **E-J** Haustórios. **E** Apressórios, **F** grampos hifálicos (E, F 450x), **G** haustórios intracelulares, **H** haustório intramembranoso, J haustório intramembranoso isolado por depósito de celulose. (G-J 600x). **K** Cefalódio em *Peltigera aphtosa* (200x). (A segundo H. des Abbayes; B segundo J. Sachs; C segundo Bioret; D, K segundo K. Mägdefrau; E, F segundo Bornet; G, H segundo E. Tschermak; J segundo Plessl.)

pécies, originam-se sobre a superfície do talo pequenas projeções em forma de bastão ou coral (isídios), que facilmente se quebram e servem igualmente para a multiplicação vegetativa. Finalmente, qualquer parte separada do talo dos liquens costuma crescer novamente para constituir um talo normal.

Ocorrência e modo de vida. Liquens crescem sobre as mais diversas superfícies: sobre rochas (epilíticos), solo, casca de árvores latifoliadas e coníferas (epifíticos) e sobre madeira morta (epixílicos). Nos trópicos, vivem liquens pequenos, chamados epifílicos, também sobre folhas. Os liquens crostosos epilíticos, que conseguem dissolver carbonatos (mas não quartzo), preparam como pioneiros o solo para plantas superiores. Alguns poucos liquens vivem como anfíbios em água doce, outros submersos no mar ou na zona de respingo nas costas marítimas (Figura 10-93). O crescimento dos liquens atinge a maior expressão nas florestas úmidas altimontanas, nas zonas temperadas e nas florestas nebulares das montanhas tropicais, assim como nas tundras, onde com frequência o solo é, em grandes áreas, colonizado principalmente por liquens; neste caso, eles constituem uma formação vegetacional própria. Em geral, os liquens evitam os centros das grandes cidades ("deserto de liquens"), onde são prejudicados pelos gases do escapamento dos automóveis (antigamente, em especial o SO_2) e pela poeira fina. Devido à sua sensibilidade diferente – alguns liquens crostosos são até mesmo muito resistentes à poluição do ar, os liquens filamentosos são extremamente sensíveis –, os liquens podem ser usados como indicadores de graus de poluição.

A **absorção de água** ocorre pelas hifas dos fungos. Especialmente entre os grandes liquens foliosos, uma parte das hifas muitas vezes não se entrelaça às outras, de modo que a aeração é garantida, mesmo quando o talo está completamente encharcado; em certos casos, encontram-se na superfície ventral do talo verdadeiros poros de aeração (cifelas). Os habitantes de rochas ensolaradas suportam não apenas um forte aquecimento (até 70°C no local), mas também uma desidratação completa durante meses. Muitos liquens de solo ficam desidratados mais da metade do ano, permanecendo então metabolicamente inativos; quando umedecidos, porém, a fotossíntese é reiniciada após apenas alguns minutos (organismos peciloídricos, ver 5.9.3.6). Para realizar a fotossíntese, liquens com cianobactérias como fotobionte necessitam água no estado líquido; para liquens com algas azuis, basta vapor de água.

O **crescimento** dos liquens é bastante lento, em comparação ao de outras talófitas*. Mesmo os grandes liquens foliosos e fruticosos das latitudes da Europa Central crescem não mais do que 1-2 cm por ano. No caso do líquen crostoso *Rhizocarpon geographicum* (líquen-geográfico, Figura 10-71H), que cresce sobre rochas em regiões alpinas, foi medido em determinadas circunstâncias um crescimento anual de 0,5 cm. Com base no diâmetro desses liquens crostosos epilíticos, foi calculada a idade de morenas pós-glaciais (liquenometria). A duração de vida dos liquens varia entre um ano (liquens epifílicos dos trópicos) a várias centenas, talvez até milhares de anos (liquens crostosos epilíticos ártico-alpinos).

Como **pioneiros da vida**, os liquens avançam às maiores distâncias nos desertos gelados das altas montanhas, assim como no Ártico e na Antártica; muitos suportam congelamento a até −196°C sem apresentar danos e conseguem fixar CO_2 ainda a −24°C.

Liquens **fósseis** são conhecidos apenas a partir do Terciário (Bernstein), mas já com espécies altamente desenvolvidas, que se assemelham às espécies recentes.

Utilização. *Cetraria islandica* (musgo-da-islândia), que ocorre em florestas e campos secos e desde a tundra até as altas montanhas, é utilizado como medicamento (mucilagem). Recentemente, muitos liquens foram isolados antibióticos. O maná, *Lecanora esculenta*, um líquen estreito-lobado a bulboso do norte da África e do Oriente, pode ser consumido como alimento. Alguns liquens, como as espécies de *Roccella* (Figura 10-70J) do norte da África e das Ilhas Canárias fornecem o corante orceína ou azul de tornesol. De *Cladonia stelaris*, em geral introduzida do norte da Europa, são feitas coroas ornamentais permanentes. De *Evernia prunastri*, se produz um perfume (musgo-do-carvalho). *Cladonia rangiferina*, o líquen-das-renas (Figura 10-70B), constitui-se com outras espécies de liquens fruticosos na principal fonte de alimento das renas. *Letharia vulpina*, um líquen fruticoso epifítico amarelo, de distribuição, entre outras, alpina, é o único líquen tóxico da Europa. Com ele eram antigamente envenenados os lobos.

Sistemática. As classes e ordens dos liquens são classificadas em um sistema de classificação filogenético dos taxa de fungos propriamente ditos ou respectivamente mais próximos (ver, por exemplo, Lecanorales). A delimitação das ordens e famílias dos liquens, dos quais são conhecidos cerca de 400 gêneros e mais de 20.000 espécies, é feita com base na estrutura dos corpos frutíferos, que oferecem a maior parte dos caracteres para uma classificação filogenética. Um importante caráter é o comportamento frente ao reagente de iodo – se as hifas ou ascos se colorem de azul, são denominadas amiloides. Para a distinção das espécies são usados outros caracteres químicos.

Devido ao modo de vida endossimbiôntico do fotobionte nas hifas de fungo, *Geosiphon* (ver Glomeromycota) não deveria ser considerado entre os liquens. O mesmo vale para as associações entre fungos mucilaginosos (Myxobionta) e algas em determinadas condições de cultivo.

I. Ascolichenes (Ascomycetes liquenizados; Figura 10-70B-K). As ordens dos Ascolichenes estão estreitamente relacionadas às ordens dos respectivos fungos no sistema dos Ascomycetes e foram lá, em parte, tratadas (por exemplo, Lecanorales). Também encontramos ordens com intermediários entre formas não liquenizadas e formas liquenizadas, que constituem, com algas, talos de liquens altamente desenvolvidos. Como entre os Ascomycetes, aqui também a sequência de ordens é dada pela estrutura do asco. Aos **Caliciales,** frequentemente com ascos prototunicados, seguem-se os **Ostropales** e **Graphidales**, com ascos unitunicados, os **Lecanorales**, com maioria de ascos unitunicados, assim como os **Pyrenulales**, os **Verrucariales** e **Arthoniales**, com ascos bitunicados. Os **Dothideales** são caracterizados pelos ascos bitunicados em corpos frutíferos desenvolvidos de modo genuinamente ascolocular (ver Ascomycetes). ▶

II. Basidiolichenes (Basidiomycetes liquenizados). Durante muito tempo, apenas alguns poucos representantes tropicais eram conhecidos; entre eles, os Poriales associados a cianobactérias, por exemplo, a espécie terrestre *Dyctionema pavonia* (= *Cora pavonia*; Figura 10-70A). Recentemente, foram descobertos Basidiolichenes, tanto nos trópicos quanto nas zonas temperadas, os quais são constituídos de Clavariaceae ou Agaricales (*Omphalina*) e Chlorophyta (*Coccomyxa*, entre outros).

> **Tipo de organização algas eucarióticas**
>
> **Quarto e quinto sub-reinos; em parte sexto e sétimo sub-reinos**
>
> Algas eucarióticas (ou seja, algas em senso estrito, sem as algas azuis procarióticas) são seres unicelulares a pluricelulares, de coloração variada, fotoautotróficos de organização em geral talosa, em sua grande parte adaptados à vida aquática. Seus **cloroplastídios** contêm os pigmentos fotossintéticos, juntamente com pigmentos acessórios. Às algas eucarióticas pertencem os **Glaucobionta, Rhodobionta** (incluindo grupos relacionados, tais como os **Heterokontophyta** autotróficos) e os representantes de estrutura simples dos Chlorobionta (**Chlorophyta, Streptophyta** em parte). Os plastídios de todas as algas eucarióticas possuem clorofila *a* e, em geral, mais outro componente clorofílico (Tabela 10-2). Para a **fotossíntese oxigênica**, na qual o oxigênio é liberado, a água é o doador de elétrons. Entre os pigmentos acessórios, podem ser citados diversos carotenoides

---

*N. de T. Talófita é a planta, alga, fungo, líquen ou qualquer outro tipo de ser vivo constituído por um talo, ou seja, sem diferenciação de tecidos e órgãos. Opõe-se ao termo cormófita, que se refere às plantas vasculares, as quais possuem tecidos e órgãos verdadeiros.

(e alguns poucos grupos ficobilinas). Muitas vezes, os cloroplastídios contêm pirenoides (ver 2.2.9.1). Os cloroplastídios são delimitados por uma membrana dupla (**plastídios simples**) ou por 3-4 membranas (**plastídios complexos**). Em alguns grupos (Chriptophytas, Dinophytas, Chloraracniophytas) os plastídios complexos apresentam **nucleomorfos**, os quais podem ser interpretados como restos do núcleo de endossimbiontes eucarióticos. Segundo a teoria endossobiôntica (ver 2.4), os plastídios foram inseridos por endossimbiontes nas células hospedeiras. Plastídios simples (nos Glaucophyta, Rhodophyta e Chlorophyta) se devem a uma **endocitobiose primária** de algas procarióticas relacionadas às Cyanophyta. A endocitobiose primária foi, provavelmente, um evento único na evolução.

Plastídios complexos (todas as demais divisões de algas eucarióticas), por outro lado, demonstram que os plastídios nesses grupos foram adquiridos em dois passos evolutivos (ver 2.4). Após a endocitobiose primária, as algas eucarióticas foram envolvidas por células hospedeiras em outros processos de endocitobiose (**endocitobioses secundárias**). Em algas com nucleomorfo nos plastídios, essa endocitobiose secundária considera-se comprovada. Portanto, algas eucarióticas são polifiléticas tanto sob o ponto de vista da célula hospedeira quanto sob o ponto de vista da aquisição dos plastídios por endocitobioses primárias ou secundárias. **Endocitobioses terciárias** ocorreram nos casos em que algas, já previamente equipadas com plastídios, englobaram outras algas com plastídios de endocitobioses secundárias (Dinophyta). O parentesco dos plastídios de algas eucarióticas em relação ao sistema fotossintético das algas procarióticas foi previamente comprovado pela comparação das sequências da subunidade menor do RNAr (SSU).

Os **órgãos formadores de gametas e esporos** não apresentam paredes estratificadas e, em geral, não são cobertos por envoltórios pós-genitais, ou seja, envoltórios formados posteriormente. Os órgãos formadores de esporos (**esporocistos**) são sempre unicelulares, os gametângios são geralmente unicelulares. Em distinção aos anterídios e arquegônios dos musgos e samambaias (dotados de paredes pluricelulares e, portanto, protegidos), os gametângios nus das algas são denominados **espematogônios** (♂: com espermatozoides flagelados; Figura 10-90E: s) ou **espermatângios** (♂: com espermácias não flageladas; Figura 10-78D) e **ooônios** (♀: com oosfera; Figura 10-90E: o) ou **carpogônios** (♀: com desenvolvimento especial após a fecundação; Figura 10-78F-I).

Os **zigotos** nunca se desenvolvem dentro do órgão sexual feminino para formar um embrião pluricelular. Na maioria dos grupos de algas, as células reprodutivas (**gametas, esporos**) são flageladas, em alguns grupos altamente desenvolvidos, apenas os gametas masculinos são flagelados. Em apenas alguns poucos grupos de algas (Pennales, Rhodophyta, Zygnematophyceae) não se formam estágios flagelados. Os **flagelos** têm a estrutura 2+9 (Figura 2-16) característica dos eucariotes. Algumas vezes, os flagelos são voltados para a frente (anteriores), algumas vezes são voltados para trás (posteriores), muitas vezes estão aos pares (dois igualmente longos ou um curto e um longo), podem ser lisos, mais finos na extremidade (flagelo tipo chicote) ou providos de finas ramificações nas extremidades (flagelos barbulados ou mastigonemáticos).

No decurso de sua evolução, as algas experimentaram desenvolvimento desde a condição **unicelular** até um **talo plectenquimático e tecidual**. Suas partes não podem ser classificadas em órgãos "verdadeiros" como folhas, caule e raízes (talófitas). Estruturas semelhantes a estas (filoide, cauloide e rizoide) de algas altamente desenvolvidas não possuem elementos de condução que possam ser comparados ao sistema condutor de plantas vasculares (por exemplos, as Phaeophyta, com um único tubo de condução semelhante a um elemento de tubo crivado).

Os seguintes grupos morfológicos com diferentes graus de organização ("**níveis de organização**") podem ser distinguidos:

- **Nível ameboide** (= **rizopodial**). Algas unicelulares desprovidas de parede celular formam pseudopódios, com os quais apreendem partículas sólidas de alimento. Prolongações delgadas e filamentosas são denominadas rizopódios (Figura 10-83C). Colônias dessas células também ocorrem.
- **Nível monadal**. Algas unicelulares, flageladas, em geral providas de manchas ocelares e vacúolos contráteis (Flagelados, Figura 10-104), que após a divisão celular podem permanecer reunidas em colônias com poucas a muitas células (Figuras 10-115G e 10-83F). O estágio de palmela conduz ao nível capsal: na divisão celular não são formados novos flagelos e as células-filhas permanecem imersas na bainha gelatinosa (Figura 10-84G).
- **Nível capsal** (= **tetrasporal**). Vários caracteres do nível monadal continuam presentes, em parte de modo rudimentar. É o caso dos flagelos imóveis ou reduzidos, quando não ausentes; a capacidade de movimento ativo é, em todos os casos, reduzida às células reprodutivas. Como as células permanecem imersas em uma bainha gelatinosa comum após a divisão celular, formam-se cenóbios, que também podem ser longitudinalmente alongados (Figura 10-84D). A parede celular é delgada ou ausente.
- **Nível cocal**. Não há resquícios da organização monadal nas células vegetativas, que são desprovidas de flagelos e envolvidas por uma parede celular. Trata-se de organismos unicelulares, cenóbios ou associações de agregação (Figuras 10-85, 10-117A e 10-118A).
- **Nível trical**. As células uninucleadas (monoenérgicas) formam filamentos ramificados ou não ramificados, de crescimento intercalar ou em células apicais (Figura 10-108A).
- **Nível sifonocladal**. As células formadoras de filamentos contêm vários núcleos; células plurinucleadas são denominadas polienérgicas.
- **Nível sifonal**. Talo em forma de uma única grande célula plurinucleada, esférica ou filamentosa ou ainda com outras formas, visível macroscopicamente e que pode atingir dimensões consideráveis (Figuras 10-90D, 10-113 e 10-112D).
- **Talo plectenquimático**. Os ramos laterais ou filamentos são entrançados ou entrelaçados; as células são também frequentemente aderidas umas às outras ou até mesmo concrescidas (Figuras 10-74A e 10-75).
- **Talo hístico**. As células que se dividem multisserialmente permanecem ligadas em uma associação tecidual (Figuras 10-91 e 10-96B-D).

Esses níveis de organização, aqui caracterizados de modo sucinto, foram atingidos independentemente por diversas linhagens de algas. Por exemplo, o talo hístico foi desenvolvido de forma semelhante pelas Ulvophyceas e especialmente pelas Phaeophyceas; o talo plectenquimático, pelas Phaeophyceas e Rhodophyceas. Para a utilização de algas, ver Quadro 10-5, para ocorrência e modo de vida ver Quadro 10-6.

Quarto sub-reino: Glaucobionta

Com os Glaucobionta foi atingido o tipo de organização das algas eucarióticas e, com isso, também o tipo de organização das **plantas fotoautotróficas**. Para as espécies deste pequeno e isolado, mas ainda assim significativo sub-reino, são característicos os plastídios, que contêm (como pigmentos acessórios hidrossolúveis) os ficobiliproteídios em **ficobilissomos**, os quais determinam a coloração com suas ficobilinas prostéticas (ficocianinas). Ficobilissomos, que ocorrem também entre as cianobactérias procariontes, são corpos discoides ou esféricos com 30-40 nm. Nos plastídios, estão localizados sobre as tilacoides. Entre os componentes clorofílicos, são típicas as clorofilas *a, c,* e *d*, mas a clorofila *b* está ausente. Como substância de reserva, é produzido o amido, mas não dentro dos plastídios (Tabela 10-2).

Única divisão: Glaucophyta. A divisão, constituída de três espécies monadais, tem um grande significado para a compreensão da evolução dos eucariotos fotoautotróficos. Os cloroplastídios lembram ainda em muitos aspectos as cianobactérias e já foram antigamente interpretados como cianobactérias vivendo em endossimbiose. Elas são denominadas cianelas. As **cianelas,** ou cloroplastídios, são ainda envoltas por uma delgada parede de peptidoglicanos. Seu genoma, porém, tem um décimo do tamanho do genoma de cianobactérias de vida livre e, portanto, situa-se na faixa de tamanho do genoma dos cloroplastídios dos demais eucariotos. Também há grande coincidência

Tabela 10-2 Alguns caracteres químicos das classes de algas

Divisões/Classes		Clorofilas a	b	c	Ficobilinas	Carotenos α	β	Diadinoxantina (D)	Diatoxantina (C)	Fucoxantina (D, B, A)	Heteroxantina (B)	Vaucheriaxantina (B)	Aloxantina (C)	Peridinina (D, B)	Luteína	Zeaxantina	Crisolaminarina	Amido	Amido das florídeas	Paramilo	Tipo de plastídios
Glaucophyta	★	+	–	(·)	+	–	+	–	–	–	–	–	–	–	–	+	–	+	–	–	Cianelas
Rhodophyta	★	+	–	–	+	(·)	+	–	–	–	–	–	–	–	+	+	–	–	+	–	Rodo-
Cryptophyta	○	+	–	+	+	–	(·)	–	(+)	–	–	–	+	–	–	–	–	–	+	–	plastídios
Dinophyta	△(○)	+	–	+	–	–	+	(+)	(+)	(·)	–	–	–	+	–	–	–	+	–	–	
Haptophyta	△	+	–	+	–	–	+	(+)	(+)	–	–	–	–	–	–	–	+	–	–	+	
Heterokontophyta	△	+	–	+	–	–	+	+	(+)	(+)	(+)	(+)	–	–	–	–	+	–	–	–	
Chloromonado-phyceae	△	+	–	+	–	–	+	+	(+)	–	–	–	–	–	–	–	+	–	–	–	
Xanthophyceae	△	+	–	–	–	–	+	+	+	–	+	+	–	–	–	–	+	–	–	–	
Chrysophyceae	△	+	–	+	–	–	+	(+)	(+)	+	–	–	–	–	–	–	+	–	–	–	
Bacillariophyceae	△	+	–	+	–	–	(·)	+	+	+	–	–	–	–	–	–	+	–	–	–	
Phaeophyceae	△	+	–	+	–	–	+	(·)	(·)	+	–	–	–	–	–	(+)	+	–	–	–	
Chlorophyta	★	+	+	–	–	(·)	+	–	–	–	–	–	–	–	+	+	–	⊕	–	–	Cloro-
Chlorarachniophyta	○	+	+	–	–	–	+	–	–	–	–	–	–	–	–	+	–	–	–	?	plastídios
Euglenophyta	△	+	+	–	–	–	+	+	(+)	–	–	–	–	–	–	–	–	–	–	+	
Streptophyta	★	+	+	–	–	–	+	–	–	–	–	–	–	–	+	–	–	⊕	–	–	

Segundo Van den Hoeck; Resumo das xantofilas segundo Metzner. ★ Com plastídios simples (originados por endocitobiose primária); ○ com plastídios complexos e nucleomorfos (originados por endocitobiose secundária); △ com plastídios complexos sem nucleomorfo (originados por endocitobiose secundária); + pigmento ou polissacarídeo de reserva importante; (+) ocorrência do pigmento; (·) pigmento raro ou apenas em pequenas quantidades: – pigmento ou polissacarídeo de reserva ausente; em amido: + externamente ao cloroplastídio, ⊕ depositado no cloroplastídio, A 8-queto-caroteno, por exemplo, fucoxantina e sifonoxantina (o último apenas em Prasinophyceae Chlorophyceae); B aleno-carotenoides, por exemplo, vaucheriaxantina e neoxantina (esta última em Euglenophyta, Chlorophyta, Eustimatophyta, Heterokonthophyta, em parte, Rhodophyta); C alcano-carotenoides; D éster-carotenoide, ou seja, xantofilas, que contêm resíduos de ácidos graxos ligados em um ou em ambos grupos hidroxila; na Tabela foram considerados os 4-queto-carotenos, por exemplo, equinenon, em Euglenophyta + e Chlorophyta +, em Heterokonthophyta (+).
Cianelas: organelas fotossintéticas com parede de peptidoglicanos. – Rodoplastos: plastídios das Rhodophyta e órgãos fotossintéticos deles derivados. – Cloroplastídios: plastídios das Chlorophyta e organelas fotossintéticas deles derivadas.

entre a organização dos genomas de cianelas e cloroplastídios.

Os plastídios verde-azulados contêm clorofila *a* (etc.) e pigmentos acessórios, tais como ficocianina em ficobilissomos, os quais estão localizados nos tilacoides – não empilhados – no interior dos cloroplastídios.

A única classe da divisão, **Glaucophyceae,** contém três gêneros de algas (Figura 2-98) de água doce, cada um com apenas uma espécie. As células de *Glaucocystis* apresentam dois flagelos rudimentares e não são mais capazes de movimento ativo. *Cyanophora* possui dois flagelos de comprimentos diferentes.

Quinto sub-reino: Rhodobionta

Os representantes deste sub-reino possuem plastídios semelhantes aos dos glaucobiontes. Porém, não é mais possível comprovar a presença de peptidoglicanos no envoltório dos cloroplastídios. Formas ou estágios flagelados como espécies monadais, zoósporos e espermatozoides são completamente inexistentes.

Os representantes da **divisão Rhodophyta**, a mais rica em espécies, são em sua maioria marinhos (algas vermelhas; Figura 10-72), de coloração vermelho-vivo a violeta, raramente também verde-azulados a verde-oliva. Formas unicelulares ocorrem apenas entre as Bangiophycidae, relativamente isoladas. Tanto nesse pequeno grupo quanto entre outras algas vermelhas prevalecem representantes com talo trical, entrançado ou pseudoparenquimático. Tecidos verdadeiros faltam completamente. Os talos entrançados e os **pseudoparênquimas** (plectênquimas) das algas vermelhas formam-se a partir do tipo filamentoso central uniaxial (Figura 10-73, 10-75) ou do tipo "fonte" multiaxial (Figura 10-74). Os filamentos, que se formam estreitamente justapostos,

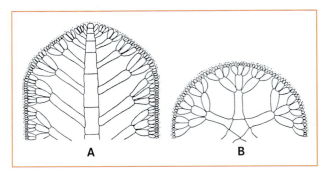

Figura 10-73 Rhodobionta, Rhodophyta. Talo do tipo filamentoso central. Exemplo: *Chondria tenuissima*. **A** Corte longitudinal, **B** corte transversal. (Segundo Falkenberg.)

são mantidos unidos por substâncias adesivas ou por concrescimento.

As células, quase sem exceção uninucleadas, possuem em geral inúmeros plastídios, com formas simples discoides, ovais ou lobadas, mas nunca em formato de tigela.

Plastídios. Neles, encontra-se clorofila *a* (não clorofilas *b* e *c*) e seus carotenoides acessórios, mascarados pelo pigmento vermelho fortemente fluorescente ficoeritrina; os ficobilissomos contêm também ficocianina (Figura 2-88B, C). Dos dois pigmentos, existem muitas variantes, que se distinguem, entre outras, pela absorção e ocorrência (em cianobactérias ou algas vermelhas). Os ficobilissomos das cianobactérias, Glaucobionta e Rhodobionta são coletores de luz, que transferem a energia de ativação para os pigmentos fotossintéticos propriamente ditos. Uma camada de ficobilinas nos ficobilissomos – dentro ficocianina, fora ficoeritrina – direciona a transferência de energia. Nas Cryptophyta, que também apresentam ficobilinas, faltam os ficobilissomos.

Figura 10-72 Rhodobionta. **A** Garrafas que ficaram depositadas por algum tempo no mar estão recobertas por algas vermelhas, que formam uma camada calcificada avermelhada. **B** Talos folioides de *Calophyllis*. (Fotografias: A segundo B. Merlin; B segundo A. Bresinsky.)

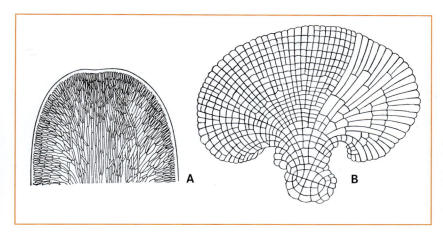

Figura 10-74 Rhodobionta, Rhodophyta. Talos do tipo "fonte". **A** Ápice do eixo de *Furcellaria fastigiata* (35x). **B** O talo uniestratificado de *Melobesia* cresce flabeliforme em largura por divisões longitudinais eventuais das células da margem (45x). (A segundo F. Oltmanns; B segundo Rosanoff.)

Nos plastídios, os tilacoides não estão dispostos em pilhas, mas sim separados por distâncias iguais uns dos outros (como nas cianobactérias e Glaucobionta). Uma membrana dupla delimita os plastídios; o retículo endoplasmático não tem participação nesse caso. Pirenoides ocorrem apenas em algumas formas, mas presumivelmente sem função.

Como **substância de reserva** é acumulado principalmente o amido das florídeas, na forma de grânulos arredondados, insolúveis, frequentemente estratificados e que podem ser corados de vermelho com iodo. Trata-se, neste caso, de um polissacarídeo com propriedades intermediárias entre glicogênio e amido. Os grânulos não condensam no interior dos plastídios como o amido nas Chlorophyta, mas sim na sua superfície e no citoplasma. Ocorrem também determinadas substâncias limitadas às algas vermelhas ("floridosídios" = compostos de galactose-glicerina), assim como gotas de óleo.

A parte fibrilar da **parede celular** é constituída geralmente e principalmente de celulose. Suas microfibrilas não são dispostas paralelamente, como nas plantas superiores e algumas algas verdes, mas num emaranhado de cadeias entrançadas. A parte amorfa contém frequentemente galactanos gelatinosos (por exemplo, ágar, carrageninas = sulfatos de galactanos; galactanos são polímeros de galactose).

Ciclo de vida. As Rhodophyta apresentam caracteristicamente um ciclo com três etapas, no qual se seguem ao gametófito haploide um carposporófito diploide, assim como mais uma geração esporofítica diploide (em geral, o tetrasporófito).

O **tipo diplobiôntico** (três gerações divididas em dois indivíduos; por exemplo, *Polysiphonia*, Ceramiales, Florideophycidae, Figura 10-76 A) comporta-se da seguinte maneira:

Gametófito. O gametófito é uma planta haploide independente. Ele desenvolve o gametângio ♀, denominado carpogônio. Em muitas algas vermelhas (por exemplo, todas as florídeas), este termina em um tricógino, ou seja, um órgão receptivo longo, em geral estreito (Figuras 10-77F: t e 10-78F: t). Em outras partes ou indivíduos gametofíticos, originam-se, em espermatângios (= gametângios masculinos), as células generativas masculinas, desprovidas de flagelos. As células generativas ♂ – espermácias – são uninucleadas. Inicialmente, elas são liberadas passivamente na água, depois fixam-se nos tricóginos e transferem para estes seus núcleos sexuais ♂, que migram para o núcleo do gameta ♀, seguindo-se a fusão (gameto-gametangiogamia ou oogamia pouco nítida).

Carposporófito. Da célula fecundada, origina-se o carposporófito, que tem a forma de filamentos celulares diploides, que crescem a partir do carpogônio, mas permanecem ligados ao gametófito haploide. Ocorre, portanto,

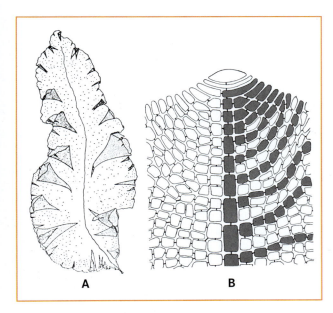

Figura 10-75 Rhodobionta, Rhodophyta. **A** Talo folioide de *Grinellia americana* (0,5x). **B** Ápice frontal do talo uniestratificado com grande célula apical e o filamento central dela derivado; este e algumas das linhagens de células imediatamente derivados dele em escuro (300x). (A segundo R.L. Smith; B segundo J. Tilden.)

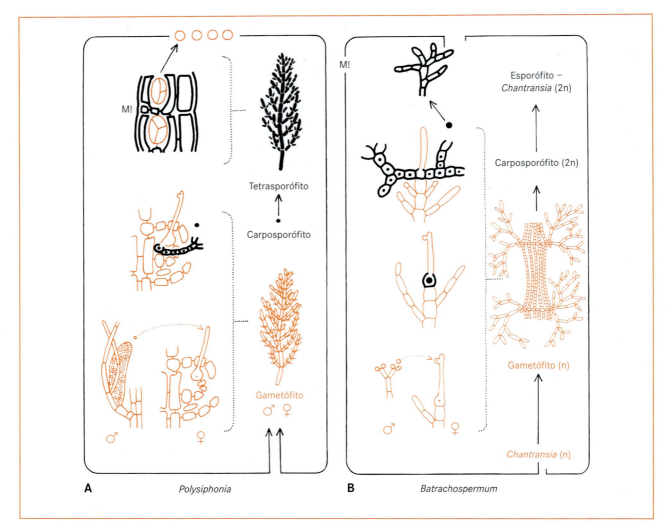

Figura 10-76 Rhodobionta, Rhodophyceae. Alternância de gerações e de fases nucleares. **A** *Polysiphonia,* diplobiôntico de três etapas; **B** *Batrachospermum,* haplobiôntico de três etapas. Laranja: haplofase; preto: diplofase. – M! Meiose.

na mesma planta uma sequência de duas gerações (1ª e 2ª), acompanhada da alternância de fases nucleares. O carposporófito produz, exclusivamente por divisões celulares mitóticas, carpósporos diploides, também mitósporos.

Tetrasporófito. Na grande maioria das algas vermelhas, forma-se do carpósporo uma nova planta, geralmente idêntica ao gametófito, mas diploide; nesta, cada uma das células-mãe-de-esporos produz, por meiose, quatro tetra-meiósporos (Figuras 10-76 e 10-77B); essa geração é, por isso, denominada tetrasporófito. Do carposporófito para o tetrasporófito ocorre a alternância da 2ª para a 3ª geração do ciclo vital, embora sem mudança da fase nuclear. Com isso, o desenvolvimento das três gerações se completa em dois corpos vegetativos (**desenvolvimento diplobiôntico**). A maioria das algas vermelhas (com exceção das Nemalionales) pertence a esse tipo.

Gametófito e tetrasporófito, em geral, são morfologicamente idênticos, mas também podem ser diferentes (Figura 10-77C, D); antigamente, eram classificados não apenas em gêneros diferentes, mas também em ordens distantes entre si. Os carposporófitos (sem clorofila) de algumas espécies são tão diferentes, que em alguns casos foram confundidos com parasitos e receberam nomes específicos. O gametófito é monoico ou dioico. No último caso, existem algumas diferenças na estrutura das plantas ♂ e ♀. Frequentemente, o carposporófito (= gonimocarpo) surge de ramificações especiais em envoltórios do gametófito, formando um assim chamado **cistocarpo** (Figura10-77E).

Muitas vezes, o carposporófito é mantido por células auxiliares, que têm provavelmente um significado relacionado à fisiologia da nutrição. Essas células do gametófito, ricas em plasma, situam-se ao lado do carpogônio, que recebem do carpogônio o núcleo zigótico (ou um núcleo diploide), o multiplicam por mitose e por fim dão sequência à formação do carposporófito. Os filamentos celulares originados de um carpogônio (Figura 10-77F: fe) podem atingir muitas células auxiliares, nas quais

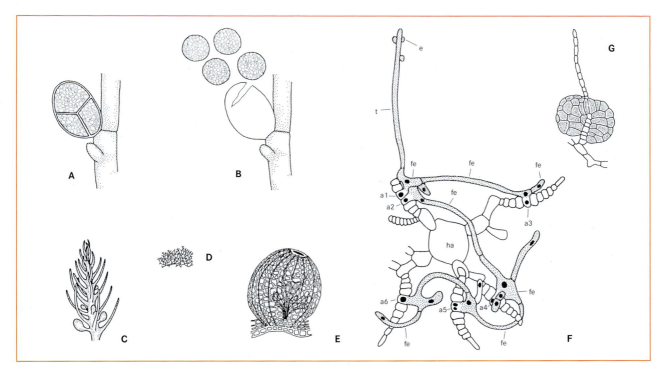

Figura 10-77 Rhodophyceae. **A, B** *Callithamnion corymbosum,* formação de tetrásporos (300x), **A** Esporocisto fechado, **B** vazio, com os quatro tetrameiósporos. **C, D** *Bonnemaisonia hamifera,* gametófito e tetrasporófito (5x), **C** gametófito com estrutura de cistocarpos, **D** esporófito, também conhecido como *Trailiella intricata*. **E** Ceramiales, *Platysiphonia miniata*. Cistocarpo com carposporófito visto por transparência (100x). **F, G** Cryptonemiales, *Dudresnaya*. **F** Carpogônio fecundado, em cujo tricógino ainda aderem algumas espermácias, desenvolvido em um filamento esporogênico ramificado, o qual se liga a seis células auxiliares. As células $a_1 - a_6$ foram formadas em ramificações a partir do eixo ha (250x). **G** Grupo de carpósporos. – a, células auxiliares ($a_1 - a_6$); e, espermácias; fe, filamentos esporogênicos; t, tricógino. (A, B segundo G.G. Thuret; C, D segundo Koch; E segundo F. Börgesen; F segundo F. Oltmanns; G segundo E.Bornet.)

núcleos diploides no gametófito são multiplicados e dispersados, assim que – como consequência de um único processo de fecundação – grande número de carposporófitos crescem de um gametófito e são por ele alimentados. Se os filamentos dos carpogônios e as células auxiliares são cobertos por um envoltório, fala-se de um **procarpo**.

A sequência de diversas gerações sobre um único indivíduo (**desenvolvimento haplobiôntico**) ocorre no gênero de algas vermelhas de água doce *Batrachospermum* (Nemalionales, Florideophycidae, Figura 10-76B). Também aqui há uma alternância de gerações heterofásica heteromórfica de três etapas, mas os três integrantes do ciclo permanecem durante toda a sua vida ligados entre si. Desenvolve-se inicialmente um "esporófito-*Chantransia*" diploide, então um gametófito haploide verticilado e finalmente um carposporófito diploide.

Gametófito. O talo monoico consiste em um filamento haploide ramificado verticiladamente (Figura 10-78 A). Os numerosos espermatângios formam-se em geral aos pares nas células terminais dos ramos. Cada espermatângio consiste em apenas uma célula, cujo plasma é inteiramente utilizado na formação de uma única espermácia arredondada e incolor, provida de um grande núcleo e uma parede muito delgada (Figura 10-78D). O carpogônio feminino situa-se no ápice de ramificações, entre os filamentos portadores de espermatângios, e consiste em uma longa célula inchada em sua parte inferior e com um tricógino partindo de sua parte apical (Figura 10-78E, F). O carpogônio, com seu tricógino, está profundamente embebido em mucilagem. Uma espermácia trazida passivamente pelo movimento da água consegue movimentar-se ativamente através dessa mucilagem (o mecanismo é ainda desconhecido); chega assim ao tricógino, no qual seu conteúdo é completamente esvaziado. O núcleo espermático assim recebido move-se pelo carpogônio e, após a fusão, a parte basal do carpogônio com o núcleo de fusão se fecha, separando-se do tricógino por um enxerto de mucilagem (Figura 10-78G).

Carposporófito. Consiste em filamentos celulares diploides ramificados, que crescem a partir do zigoto, mas permanecem ligados ao gametófito (Figura 10-78H). No ápice celular intumescido, o carposporófito produz mitósporos esféricos, cada um contendo um núcleo e um cromatóforo: o carpósporo diploide. Os carpósporos são liberados dos envoltórios celulares das células apicais (Fi-

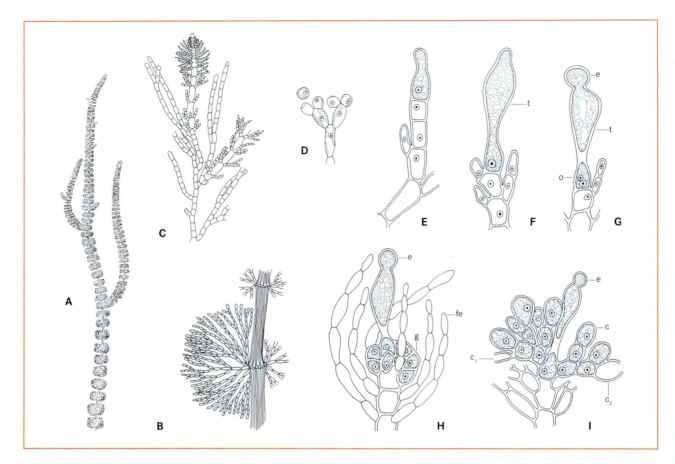

Figura 10-78 Rhodophyceae, Nemalionales. *Batrachospermum moniliforme*. **A** Hábito (3x). **B** Parte do talo do gametófito com ramificações verticiladas (20x). **C** Esporófito-*Chantransia*, com dois gametófitos haploides sobre ele (100x). **D** Parte da ramificação do gametófito, com quatro espermatângios, à esquerda espermácia liberada (540x). **E** Estrutura do carpogônio. **F** Carpogônio maduro. **G** Carpogônio após a fecundação pela espermácia, na base a copulação dos núcleos sexuais. **H** Carposporófito diploide, com filamentos envoltórios haploides. **I** Carposporófito maduro com carposporocistos. – g, carposporófito; fe, filamentos envoltórios; c_1 e c_2, carposporocistos esvaziados; o, núcleos sexuais; e, espermatângio; t, tricógino. (A-C segundo Sirodot; D segundo E. Strasburger; E-I segundo H. Kylin.)

gura 10-78I: c_1, c_2) como estruturas esféricas, desprovidas de flagelos. Eles crescem formando o estágio **Chantransia** ("esporófito-*Chantransia*"), que consiste em filamentos diploides ramificados. Esses filamentos se fixam ao substrato e representam a estrutura precursora para os gametófitos haploides que são formados a seguir. Portanto, o estágio-*Chantransia* é ainda diploide, mas o gametófito propriamente dito é haploide. A meiose ocorre sem formação de meiósporos em células isoladas do filamento-*Chantransia*. Assim, essas células haploides se desenvolvem formando o gametófito verticilado (Figura 10-78C).

Em algumas espécies, surge do carpósporo como segunda geração esporofítica, uma planta pequena, verticilada, que cresce em determinados pontos (após meiose), formando diretamente o gametófito; esse fato estabelece relação direta entre o estágio *Chantransia* com uma geração esporofítica.

Ocorrência e modo de vida. Com algumas exceções (por exemplo, *Batrachospermum*, *Lemanea*), as rodófitas, com cerca de 4.000 espécies distribuídas em mais de 500 gêneros, vivem na zona litorânea dos mares, em particular nas águas quentes, e muitas espécies são muito sensíveis a variações de temperatura. Elas ocupam muitas vezes as regiões mais profundas dos mares (até 180 m), onde chega apenas a luz fraca de ondas curtas e onde elas podem se adaptar, já que, por meio de seus pigmentos acessórios (ficobiliproteínas), conseguem utilizar os comprimentos de onda complementares à sua própria cor predominantes nas profundezas (ver 5.4.3). As algas vermelhas são bentônicas e fixadas com filamentos ou placas aderentes, geralmente sobre rochas. Algumas vivem também como epífitas sobre algas maiores. Muitas dessas epífitas crescem especificamente sobre apenas um gênero de alga suporte (por exemplo, *Polysiphonia* sp. sobre *Ascophyllum*). As rodófitas são autotróficas. Algumas são parasitos sem coloração, com algumas dúzias de formas muito reduzidas limitadas a outras rodófitas estreitamente relacionadas ("adelfoparasitos").

Fósseis de Rhodophyta são encontrados a partir do Permiano, em todas as formações. A relação de *Solenophora*, do Ordoviciano, com as algas vermelhas é questionada.

Sistemática. Os Rhodobionta são classificados em duas divisões. A **primeira divisão das Cyanidiophyta** consiste em algumas poucas espécies unicelulares em hábitats extremos. *Cyanidium caldarium* ocorre em fontes sulfurosas extremamente ácidas (pH até 0), em temperaturas acima de 40°C. A grande maioria das espécies pertence à **segunda divisão das Rhodophyta**, que apresenta duas classes.

1ª Classe: Bangiophyceae

São algas com construção realmente simples, unicelulares, filamentosas ou folioides, com crescimento intercalar. Pontoações estão geralmente ausentes. Os plastídios são estrelares e apresentam um pirenoide. ▶

2ª Classe: Florideophyceae

Os representantes desta subclasse, com as ordens **Ceramiales**, **Nemaloniales**, entre outras, apresentam talo com estrutura mais diferenciada, derivadas de filamentos celulares ramificados com crescimento a partir de células apicais. Os filamentos celulares são frequentemente reunidos em talos pseudoparenquimáticos filamentosos, cilíndricos ou achatados. Não ocorrem representantes unicelulares. Mesmo as Florideophycidae mais simples são heterótricas (ou seja, diferenciadas em base e filamentos eretos), por outro lado, os representantes mais desenvolvidos – ao contrário das Phaeophyceas – nunca são parenquimáticos, no máximo plectenquimáticos, e seus talos crescem por derivações do crescimento tipo filamento central ou tipo de fonte (Figuras 10-73 e 10-74). As células são frequentemente ligadas entre si por "**pontoações**", ou seja, aberturas ou canais com formações semelhantes a tampões no seu interior; suas funções não estão plenamente esclarecidas. ▶

Sexto sub-reino: Heterokontobionta (Chromalveolatae); grupos autotróficos

Este sub-reino envolve, por um lado, organismos heterotróficos semelhantes a fungos (ver Fungos; Heterokontobionta, primeira e segunda divisões), por outro lado, quatro divisões de algas (terceira a sexta divisões) com **plastídios** complexos, adquiridos por meio de **endocitobiose secundária** e delimitados por 3-4 membranas. Esses plastídios **não contêm clorofila *b***; ao contrário, muito frequentemente apresentam ficobilinas como pigmentos acessórios. Por isso, admite-se que sua origem esteja entre os Rhodobionta. Essa hipótese é sustentada pela semelhança do DNAp (DNA plastidial). A célula é tipicamente heteroconta (com um flagelo mastigonemático e um flagelo liso) ou derivada desta, com dois flagelos mastigonemáticos (por exemplo, um flagelo com duas fileiras de mastigonemas, o outro com uma fileira) ou ainda com um haptonema flageliforme.

Primeira e segunda divisões: representantes heterotróficos

A relação dos Oomycota e Labyrinthulomycota (organismos heterotróficos semelhantes a fungos) com representantes autotróficos dentro dos Heterokontobionta, em especial dos Heterokontophyta, é convincentemente documentada. Os caracteres celulares estruturais – com exceção dos plastídios adquiridos por endossimbiose secundária observados nos grupos autotróficos – são tão coincidentes que Heterokontophyta e Oomycota devem ser reunidos no **sub-reino** comum **Heterokontobionta** (ver Oomycota).

Terceira divisão: Cryptophyta

Os representantes desta divisão (Figura 10-79), com exceção de algumas poucas formas (capsais e tricais), **são** flagelados do nível de organização monadal. *Bjornbergiella* tem um talo filamentoso. As células flageladas assimétricas, como é característico de quase todas as espécies, não apresentam **parede celular**, mas sim uma película proteica, constituída de placas retangulares ou poligonais. Na terminação frontal surgem dois flagelos de comprimentos ligeiramente diferentes. Os dois **flagelos** apresentam mas-

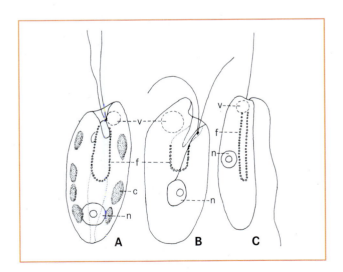

Figura 10-79 Heterokontobionta, Cryptophyta. **A** *Cryptomonas* sp. **B** *Chilomonas paramecium*. **C** *Katablepharis phoenicoston* com flagelo propulsor e um arrastado (A-C 1.200x). – c, cromatóforo com vários pirenoides (pontuados); n, núcleo; f, fenda; v, vacúolo. (A segundo B. Fott; B segundo V. Uhlela; C segundo H. Skuja.)

tigonemas, dispostos em duas fileiras no flagelo mais longo e em uma fileira no mais curto.

Os flagelos são geralmente orientados para frente, mais raramente para trás ao longo do corpo (Figura 10-79C). Eles se inserem na parte superior de uma fenda, em geral revestida de **ejectossomos** para quebra de luz; estes são corpúsculos que são ejetados quando estimulados. Os **cloroplastídios** de cores variadas (em parte azuis, azul-esverdeados, avermelhados) contêm clorofila *a* e *c*, α- e β-carotenos, a xantofila diatoxantina, assim como as ficobilinas ficoeritrina e ficocianina. Diferentemente dos Rhodophyta e cianobactérias, estes pigmentos não são armazenados em ficobilissomos. A **substância de reserva** mais importante é o amido, que é depositado em um pirenoide, localizado em uma dobra do retículo endoplasmático (envoltório do cloroplastídio), porém externamente à membrana do cloroplastídio. **Reprodução** assexual ocorre por divisão longitudinal; reprodução sexual não é conhecida. As 120 espécies (em partes iguais nos mares e em água doce) são classificadas em 12 gêneros. ▶

A interpretação dos cloroplastídios como endossimbiontes eucarióticos (relacionados às rodofitas) fortemente reduzidos é comprovada pelos núcleos residuais atrofiados, os chamados **nucleomorfos**, que se localizam em unidades no pirenoide ou na superfície do cloroplastídio.

Há indicações de que as criptófitas originalmente tenham tido plastídios primários do tipo das cianelas, que depois foram substituídos por integração de algas vermelhas unicelulares durante o processo evolutivo. Neste caso, as criptófitas teriam que ser inseridas nos Glaucobionta.

Quarta divisão: Dinophyta (Pyrrhophyta, Dinoflagellata)

Em geral, Dinophyta são organismos unicelulares (Figura 10-80), que possuem dois flagelos longos, com mastigonemas delgados; apenas poucas formas cocais e tricais são conheciddas. Ocorre reprodução vegetativa e sexual. Cerca da metade das espécies não possui plastídios e é heterotrófica.

Os **plastídios** das espécies autotróficas contêm clorofila *a*; clorofila *c* foi confirmada em casos isolados. Sua coloração amarelo-amarronzada a avermelhada, raramente verde-azulada deve-se aos pigmentos acessórios como

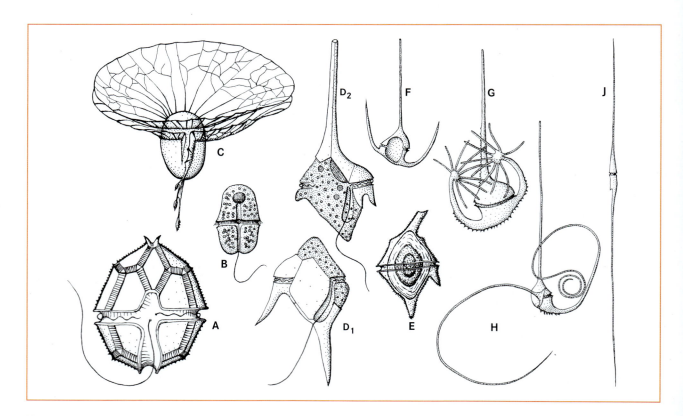

Figura 10-80 Heterokontobionta, Dinophyta (Pyrrophyceae). **A** *Peridinium tabulatum* (600x). **B** *Gymnodinium aeruginosum* (300x). **C** *Ornithocercus splendidus* (125x). **D₁, D₂** *Ceratium hirundinella*, após a divisão (350x). **E** *C. cornutum*. Cisto (150x). **F** *C. tripos* (125x). **G** *C. palmatum* (125x) **H** *C. reticulatum* (65x). **J** *C. fusus* (50x). (A, E segundo A.J. Schilling; B segundo Stein; C, J segundo Schütt; D segundo Lauterborn; F, G, H segundo G. Karsten.)

β-carotenos e diferentes xantofilas, entre as quais a mais importante é peridinina.

O envoltório do plastídio consiste em geral de três membranas, as quais não são ligadas ao retículo endoplasmático do núcleo. Os tilacoides estão empilhados de três a três e não apresentam lamela periférica (ao contrário do que é mostrado na Figura 10-89G). O principal produto de assimilação é o amido, armazenado em grãos fora dos plastídios. Também são formadas substâncias lipídicas.

As Dinophyta podem apresentar **tipos de plastídios muito diferentes**, que divergem ultraestruturalmente do tipo básico. Isso depende de sua capacidade para a fagotrofia, que é mantida também nas espécies autotróficas e levou a outros processos endossimbióticos (terciários) durante a evolução. Plastídios adquiridos complementarmente devem-se a endossimbioses com Haptophyta (*Karenia*), Cryptophyta (*Dinophysis*), Heterokontophyta (*Kryptopteridinium*) ou mesmo Chlorophyta (*Lepidodinium*). O cloroplastídio original, derivado das algas vermelhas, foi completa ou grandemente atrofiado; ele aparece, em último caso, apenas como mancha ocelar (estigma) fotossinteticamente inativa. Eventualmente, os plastídios contêm **nucleomorfos**. Em algumas espécies, esses organismos unicelulares englobados não são parte permanente da célula hospedeira (os chamados **cleptocloroplastídios**).

Análises filogenéticas moleculares do genoma nuclear indicam um relacionamento estreito entre as Dinophyta e animais unicelulares (ciliados, esporozoários ou **apicomplexa**). No causador da **malária**, o heterotrófico *Plasmodium falciparum*, não foram encontrados restos de plastídios complexos que comprovem o relacionamento com as Dinophyta.

A **parede celular** apresenta muitas vezes finos poros, nos quais se localizam **tricocistos** em forma de vesículas, que, quando estimulados, lançam filamentos de proteínas. Em muitas Dinophyta, a parece celular é caracteristicamente composta por placas poligonais de celulose (por exemplo, em *Peridinium*; Figura 10-80A), que formam uma **carapaça** com uma fenda longitudinal e uma transversal. As placas das carapaças (como as frústulas das diatomáceas) são depositadas em espaços vazios achatados no interior da plasmalema. A membrana plasmática permanece intacta no exterior da carapaça.

No encontro entre as fendas transversal e longitudinal localizam-se dois **flagelos**, cada um acompanhando uma dessas fendas (Figura 10-80A). O flagelo transversal possui uma série de cílios mais longos, o longitudinal possui duas séries de cílios mais curtos. Os cílios laterais são bem mais finos que em Heterokontophyta e Cryptophyta. O flagelo da fenda transversal provoca um movimento de rotação em torno do eixo vertical, enquanto o flagelo que se move na fenda longitudinal provoca o avanço da célula. Uma célula de *Peridinium*, por exemplo, em um segundo move-se para frente em linha espiralada uma distância muitas vezes maior que o seu próprio comprimento, ao mesmo tempo em que faz uma rotação.

Na maioria das Dinophyta (como em Euglenophyta), os **cromossomos** podem ser reconhecidos mesmo no núcleo em repouso, pois eles são tão contraídos durante a interfase, que permanecem visíveis (comparar demais eucariotos; Figura 2-27). Em observação sob microscópio eletrônico, os cromossomos parecem ser compostos de fibrilas compactamente justapostas ("estrutura de guirlanda"). As fibrilas têm diâmetro de apenas 2,5 nm; isso corresponde ao diâmetro da dupla hélice de DNA (Figura 1-5). Os cromossomos de outros eucariotos possuem, ao contrário, fibrilas submicroscópicas com diâmetro cerca de 10 vezes maior, de 25-30 nm (Figura 2-21). Esse solenoide mais espesso de cromatina, constituído de uma hélice dupla de DNA com feixe central de histonas, está ausente nos cromossomos das Dinophyta. Em relação a essas características, há determinadas semelhanças com o nucleoplasma das bactérias e algas azuis.

A **propagação vegetativa** ocorre por divisão celular diagonal. Em formas com carapaça (por exemplo, *Ceratium*), esta é normalmente partida em diagonal à fenda transversal e a metade faltante da carapaça é então regenerada (Figura 10-80). Em alguns gêneros (por exemplo, *Peridinium*), a carapaça é abandonada antes da divisão, de modo que cada uma das células-filhas resultantes da divisão têm que regenerar uma nova carapaça completamente. Após várias dessas divisões, desenvolvem-se dentro da carapaça duas células flageladas inicialmente nuas, que abandonam o envoltório materno e produzem uma nova carapaça. Sob condições desfavoráveis, desenvolvem-se dentro da carapaça cistos de resistência com parede espessada.

A **reprodução sexuada** pôde ser comprovada até agora apenas em poucas espécies de Dinophyta. Em *Ceratium*, ela ocorre por anisogamia com alternância zigótica de fases nucleares (meiose na germinação do zigoto). Em *Glenodinium*, foram descritos isogametas, os quais surgem em células (gametângios), são liberados e fusionam-se entre si.

Ocorrência. A maioria das 1.000 espécies (120 gêneros) de Dinophyta vive no mar, onde, juntamente com as diatomáceas (divisão Heterokontophyta), constituem a maior parte do fitoplâncton (depois das diatomáceas, são os principais **produtores primários** marinhos). Eles atingem a maior riqueza de formas em mares quentes; a maior biomassa, porém, é atingida em águas frias. Apenas algumas Peridiniales vivem em água doce, mas em grande quantidade; em lagos de altitude podem representar até 50% da biomassa. Muitas espécies apresentam extensões flutuadoras conspícuas (Figura 10-80C, F-J). *Noctiluca miliaris* (sem carapaça e heterotrófico) e espécies de *Ceratium, Gonyaulax* e *Peridinium* são responsáveis pela bioluminescência marinha. Desenvolvimentos de massas de Dinophyta em florações (por exemplo, "marés vermelhas") podem causar a morte de peixes. As toxinas responsáveis são produzidas por várias espécies dos gêneros *Peridinium* e Gymniodinium. Endossimbiontes esféricos de vários animais marinhos são reunidos sob o conceito de "zooxantelas" (Figura 10-81). Todos os corais de recifes vivem em simbiose com essas Dinophyta. Sem endossimbiontes, os

Figura 10-81 Heterokontobionta, Dinophyta. Zooxantelas (amarelo) em um radiolário (*Eucoronis challengeri*; 260x). (Segundo E. Haeckel.)

corais podem continuar vivendo, mas perdem sua capacidade de produzir o esqueleto de calcário. Algumas espécies são ecto e endoparasitos de animais marinhos. Entre essas formas heterotróficas, ocorre fagotrofia ("engolimento" de bactérias e algas planctônicas).

Fósseis de Dinophyta são conhecidos a partir do Jurássico; em rochas do Cretáceo encontram-se vários táxons em excelente estado de conservação. Além disso, as chamadas histricosferas, de depósitos do Pré-cambriano até o Holoceno, são identificadas como células generativas de Dinophyta. Elas exercem importante papel de microfósseis indicadores.

Quinta divisão: Haptophyta

Esta divisão (também denominada Prymnesiophyta) compreende representantes dos tipos de organização monadal, capsal, cocal e trical (Figura 10-82). Predominam organismos unicelulares do tipo monadal. A maioria das espécies vive no plâncton marinho. As células flageladas são em geral dotadas de dois **flagelos** de igual tamanho, que não apresentam cílios, mas sim escamas ou nódulos submicroscópicos constituídos de material orgânico. Além desses flagelos, cada célula possui um apêndice filamentoso, o **haptonema**, que não serve para movimentação, mas sim para fixação. Sua estrutura submicroscópica se distingue claramente da estrutura dos flagelos. Em corte transversal, o haptonema apresenta seis ou sete túbulos ordenados em formato de foice (sem estrutura 2+9). Em algumas espécies, o haptonema é reduzido a um coto curto. A **superfície da célula** é revestida externamente com escamas ou nódulos formados nas vesículas de Golgi e, após, depositados no exterior (assim, as conchas, placas, ou bastonetes, os chamados cocólitos dos Coccolithophorales, Figura 10-82B). Os **plastídios** amarelos, castanho-amarelados ou castanhos contêm clorofila *a* e *c*, β-carotenos e xantofilas. Como substância de reserva, são depositados crisolaminarina, óleos e paramilo. Os plastídios são envolvidos por uma prega do retículo endoplasmático, uma lamela periférica está ausente. (Figura 10-89G). Os tilacoides estão organizados em pilhas de três. A mancha ocelar constituída de pequenas esferas justapostas está localizada no plastídio,

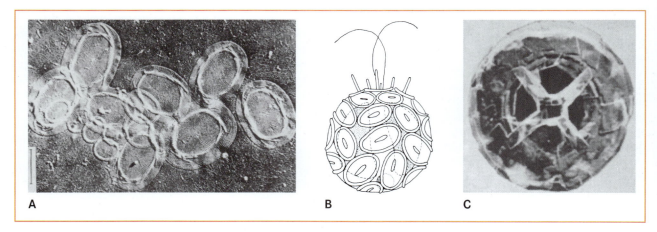

Figura 10-82 Heterokontobionta, Haptophyta. **A** Prymneliales, *Chrysochromulina chiton*, plaquetas da carapaça. **B, C** Coccolithophorales **B** *Syracosphaera pulchra*, haptonema reduzido entre os flagelos (1.500x). **C** Cocólito fóssil formado de romboedros de calcita (*Deflandrius* sp.); Cretáceo (700x). (A segundo Parke, I. Manton e B. Clarke; B segundo H. Lohmann, H.A. von Stosch; C segundo W.A.P. Black.)

logo abaixo da membrana. Corpúsculos basais dos flagelos estão ausentes.

Sistemática. Nos **Prymneliales** (Figura 10-82A), o haptonema é longo. Algumas espécies causam a morte de peixes (*Prymnesium, Chrysochromulina*). Os **Coccolithophorales** (Figura 10-82B, C) têm haptonema curto ou ausente. Sobre as placas são encontrados depósitos de calcita. Importantes indicadores fósseis desde o Jurássico e formadores das rochas calcárias. (utilização, ver Quadro 10-5).

Sexta divisão: Heterokontophyta (Chrysophyta, Chromophyta)

A divisão é bastante uniforme em relação à estrutura ultramicroscópica (entre outros, flagelos heterocontos), mesmo em construções diferentes de talo. Desenvolveram todos os níveis morfológicos, desde o tipo de organização monadal até o sifonal. No seu nível mais elevado de organização, as Heterokontophyta formam talos hísticos articulados e diferenciados anatomicamente (Figuras 10-91 e 10-97).

Plastídios. Os plastídios são em parte verdes, mas em geral, amarelados, castanho-amarelados a castanhos, devido aos pigmentos acessórios; contêm clorofila *a* e *c*, β-carotenos e várias xantofilas (Tabela 10-2). Além da membrana dupla, os plastídios são envolvidos por uma prega do retículo endoplasmático (Figura 10-89G). Nestes, como em Dinophyta e Euglenophyta, os tilacoides são empilhados de três em três (Figura 2-87). Imediatamente abaixo da membrana plastidial e entre os tilacoides dispõe-se a chamada **lamela periférica**, aqui bastante característica (ver, ao contrário, Haptophyta com substâncias diferentes). Se a manchas ocelares estão presentes, localizam-se próximo à base dos flagelos, ainda dentro dos cloroplastídios.

Como **polissacarídios de reserva,** são produzidos crisolaminarina, às vezes também laminarina e manitol, externamente aos plastídios, mas muitas vezes em pirenoides. Muitas vezes, ocorrem lipídeos – produzidos em pirenoides, mas em geral secundariamente armazenados em vacúolos.

As **paredes celulares** são reforçadas de maneiras muito diferentes por camadas de proteção. Frequentemente, é utilizada sílica. Muitas vezes, são observadas plaquetas, placas e depósitos de sílica – estes estão ausentes, por exemplo, em todas as Chloromonadophyceae e muitas vezes nas demais classes. Em outras divisões de algas, a sílica como componente de paredes é a exceção (como, por exemplo, *Pediastrum*, Chlorobionta). Em geral, a celulose não é o material de parede celular mais comum entre as Heterokontophyta, com exceção das Phaeophycea: nas Chloromonadophycea; a parede de celulose está ausente.

Flagelos. As células flageladas são tipicamente heterocontes. Elas têm um flagelo ciliado longo dirigido para frente e um liso dirigido para trás. O flagelo dirigido para frente apresenta duas fileiras de cílios, que são formados em cisternas do retículo endoplasmático e consistem em um eixo tubular na base e um (a muitos) cílio (s) terminais. O flagelo liso, às vezes atrofiado, apresenta alargamento na base.

A **adaptação à vida terrestre** ocorreu várias vezes. Habitam solos úmidos, por exemplo, as diatomáceas e, entre as xantofíceas, o *Botrydium* (Figura 10-90G). A alga *Capitulariella*, cujos esporocistos inteiros (funcionalmente comparáveis a aplanósporos) são dispersados pelo vento (Figura 10-89B), pertence à mesma classe. As células generativas ♂ das Heterokontophyta costumam apresentar plastídios fortemente reduzidos – nos casos em que ocorre anisogamia ou oogamia.

A **evolução para verdadeiros diplontes** ocorreu várias vezes de modo independente em grupos fortemente derivados. Assim, as diatomáceas (Bacillariophyceae) são diplontes, entre as quais, em Pennales, os gametas não possuem mais flagelos. Entre as algas pardas (ver Phaeophyceae), a evolução do esporófito e o desenvolvimento para diplontes verdadeiros pode ser acompanhada em uma série progressiva. Em seus representantes oogâmicos, as células generativas ♀ são transformadas em oosferas imóveis (Figura 10-103).

A divisão compreende cinco classes. Nas duas primeiras, os plastídios verde a verde-amarelados não contêm fucoxantina.

1ª Classe: Chloromonadophyceae

Esta classe consiste exclusivamente em representantes do nível de organização monadal. Os cloroplastídios são verdes a amarelo-esverdeados (pigmentos acessórios, Tabela 10-2). Como substância de reserva, foi comprovada apenas a existência de lipídios nas células relativamente grandes, medindo 50-100 µm, revestidas por uma película. Pirenoides estão ausentes. Sob a superfície celular, existem tricocistos (ver também Dinophyta). A classe apresenta seis gêneros com apenas dez espécies que, com uma exceção, ocorrem em água doce. *Goniostomum* e *Vacuolaria* são encontrados em charnecas.

2ª Classe: Chrysophyceae

A maioria das espécies desta classe são unicelulares monadais, que, em parte, também podem estar reunidas em colônias. Mais raros são representantes dos níveis de organização ameboide (*Rhizochrysis*), capsal (*Chrysocapsa*), cocal (*Chrysosphaera*), trical (*Phaeothamnion*) e de talo hístico (*Tallochrysis*). Os **plastídios** são em geral dourados a marrons ("algas douradas"; fucoxantina). A **superfície celular** é, em alguns gêneros, coberta por **escamas de sílica**, formadas no interior da célula em vesículas próximas ao plastídio e então depositadas, na forma definitiva, sobre

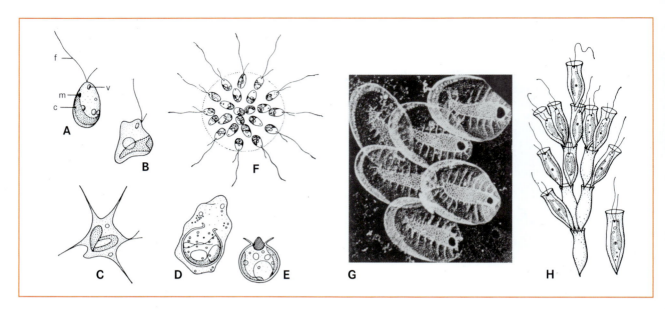

Figura 10-83 Heterokontophyta, Chrysophyceae, Chrysomonadales. A-E *Ochromonas* (1.000x). A-C Passagem da forma normal com dois flagelos para o estado ameboide com pseudopódios. D Formação de cistos no protoplasto ameboide, E Cisto com poro e opérculo (hachurado). F *Uroglena americana* (400x). G *Synura glabra*. Escamas silicosas (7.200x). H *Dinobryon sertularia* (350x). – c, cromatóforo verde-amarronado; f, flagelo; m, mancha ocelar; v, vacúolo. (A-F segundo A. Pascher; G segundo J.B. Hansen; H segundo G. Klebs.)

a superfície da célula; também ocorrem **cistos silicosos** (Figura 10-83E). Em algumas espécies, foi observada reprodução sexuada (isogamia).

A classe apresenta 200 gêneros e cerca de 1.000 espécies, que ocorrem em geral em água doce, mais raramente em água salobra ou salgada. As formas dulciaquícolas preferem águas claras e frescas. A nutrição é em geral fotoautotrófica, em parte heterotrófica e fagotrófica. No mar ocorrem exclusivamente os representantes estreitamente relacionados à próxima classe, dos **silicoflagelados** (Figura 10-84A), que recentemente foram classificados em uma classe própria das **Dictyochophyceae**. Eles formam um delicado esqueleto de sílica no interior da célula. ▶

3ª Classe: Bacillariophyceae (diatomáceas)

As diatomáceas constituem um grupo extraordinariamente rico em formas; às vezes, organismos unicelulares cocais

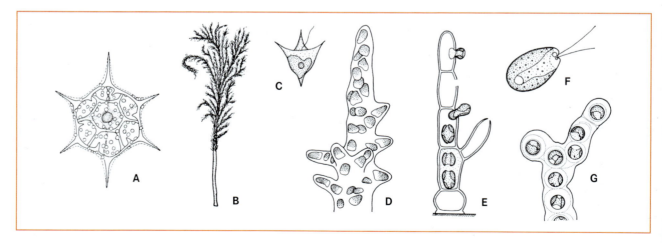

Figura 10-84 Heterokontophyta, Chrysophyceae. A Dictyochales, *Distephanus speculum*. Cromatóforos principalmente no ectoplasma externamente ao esqueleto silicoso; flagelos não representados (1.000x). B-D Chrysocapsales, *Hydrurus foetidus*. B planta jovem (1x), C zoósporos (1.200x), D ápice de uma ramificação (450x). E-G Chrysotrichales, *Phaeothamnion borzianum*. E Talo com formação de zoósporos (400x), F zoósporo (750x), G estádio de palmela (400x). (A segundo K. Gemeinhardt; B segundo J. Rostafinski; C segundo G. Klebs; D segundo G. Berthold; E-G segundo A. Pascher.)

são reunidos em colônias em forma de fita ou leques. Existem mais de 10.000 espécies de diatomáceas, distribuidas em 200 gêneros. Os **plastídios** marrons (um ou dois) contêm os mesmos tipos de pigmento encontrados nas Chrysophyceae. As **substâncias de reserva** também são do mesmo tipo. Os produtos da assimilação são depositados externamente aos plastídios: crisolaminarina no suco celular (nas Chrysophyceae, ao contrário, em vacúolos próprios) e óleo em vacúolos especiais. Apenas os gametas masculinos de algumas espécies da ordem Centrales são flagelados. Eles possuem **flagelos barbulados** (flagelos ciliados) com batimento para frente.

As diatomáceas ocupam uma posição especial, devido à presença de duas **valvas silicosas** dispostas no interior da camada plasmática externa: a **epiteca** (também chamada de epivalva, como a tampa de uma caixa) se sobrepõe à metade inferior, denominada **hipoteca** (Figura 10-85B). Na superfície lateral da frústula (conjunto das duas valvas), encontra-se um cinto de bandas sobrepostas (bandas conectivas). A célula tem aparência distinta, dependendo do ângulo de observação das valvas, ou seja, de cima ou de baixo (Figura 10-85A), ou da vista das bandas conectivas (Figura 10-85B). Às vezes, entre a frústula e o cinto se projetam septos (Figura 10-85G) no interior da célula.

Especialmente a partir das superfícies das válvulas, o envoltório silicoso apresenta uma configuração complexa, frequentemente com estruturas dispostas em fileiras. Estas consistem muitas vezes em compartimento minúsculos, cuja cobertura ou base abrem ou fecham e é então atravessada por poros ou fendas (Figura 10-85C). O silicato é amorfo e isotrópico em luz polarizada. No silicato da parede celular, são depositadas proteínas extremamente modificadas (as chamadas hipovalva, **silafinas**). Essas proteínas exibem modificações de poliamina de cadeias longas, responsáveis pela precipitação regular do silicato (**biomineralização**). As silafinas, capazes de autoformação, muito provavelmente exercem um papel decisivo na estruturação das valvas. As partes para construção das valvas são formadas em vesículas planas abaixo da plasmalema. Possivelmente, essas vesículas são derivadas do complexo de Golgi; várias vesículas de Golgi se fusionam em vesículas formadoras de silicato.

Propagação vegetativa As diatomáceas se propagam vegetativamente por divisão em duas partes. Neste sentido, as duas valvas (tecas) são separadas nas bombas conectivas pelo aumento de protoplasto. De duas células-filhas,

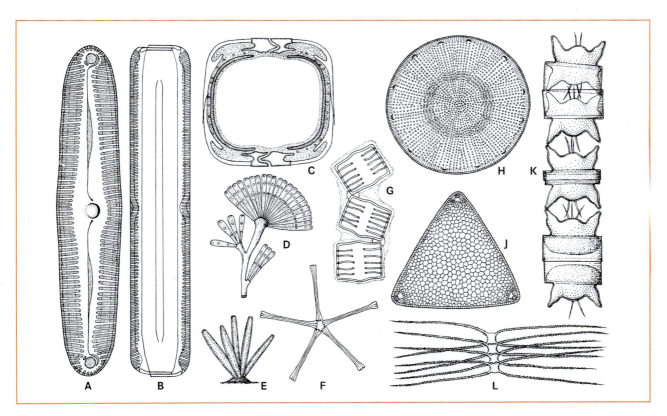

Figura 10-85 Heterokontophyta, Bacillariophyceae. **A-G** Pennales. **A-C** *Pinnularia viridis*. **A** Vista valvar, com rafe (600x). **B** Vista pleural (600x). **C** Corte transversal (1.200x). **D** *Licmophora flabellata* (200x). **E** *Synedra gracilis* (200x). **F** *Asterionella formosa* (200x). **G** *Tabellaria flocculosa* (400x). **H-L Centrales**. **H** *Coscinodiscus pantocseki* (200x). **J** *Triceratium distinctum* (200x). **K** *Odontella* (*Biddulphia*) *aurita* (400x). **L** *Chaetoceros castracanei* (250). (A, B segundo E. Pfitzer; C segundo R. Lauterbon; D, E, K segundo Smith; F segundo H. van Heurck; G segundo B. Schröder; H segundo J. Pantocsek; J segundo A. Schmidt; L segundo G. Karsten.)

apenas hipoteca se renova. A hipoteca original (agora epiteca) forma uma valva (portanto, uma nova hipoteca) menor. Por divisões consecutivas, constata-se uma redução progressiva das células, até seu tamanho mínimo determinado (aproximadamete a metade do tratamento inicial). Nessa situação, com um aumento considerável de volume dos zigotos (autozigotos), estabelece-se a reprodução sexuada. Em algumas espécies, a diferença de tamanho entre epiteca e hipoteca é compensada pela elasticidade da cintura.

Reprodução sexuada. O ciclo de vida é diplôntico, com alternância gamética de fases nucleares; a célula de diatomácea, portanto, contém um núcleo diploide (ao contrário das Zygnema, Tophyceae, por exemplo). Por divisão, a partir de células diploides, originam-se gametas.

Exemplo, **centrales** (demais caracteres são mostrados, a seguir). Nas células masculinas determinadas – em geral, elas se transformam diretamente em espermatogônio – organizam-se quatro espermatozoides (Figura 10-87D-F) com flagelos. Em outras (igualmente maiores), em células transformada em oogônios formam-se gametas femininos não flagelados, as oosferas. A formação de gametas é muito mais diferenciada e, dependendo da espécie, o número de gametas produzidos pode ser diferente. Com seus flagelos, os espermatozoides nadam até as oosferas. Após a fecundação fora ou dentro do oogônio, o zigoto é rodeado por um envoltório, no qual são depositadas placas silicosas; ele germina imediatamente, ao mesmo tempo que, por dilatação da parede, aumenta duas a quatro vezes em relação ao tamanho celularinicial, e se tornou um **auxozigoto**. As antigas valvas são separadas e no interior do envoltório do auxósporo se forma um novo par de valvas. Com isso, origina-se uma nova "célula primogênita" diploide, a partir da qual (conforme descrito acima), por redução gradativa de grande parte da descendência, provêm vegetativamente novas gerações-filhas diploides.

Em geral, o estabelecimento de valvas está vinculado a mitoses. Na formação das duas primeiras valvas, o núcleo do zigoto passa por divisão mitótica e um dos núcleos-filho degenera.

Sistemática. Conforme a simetria das suas valvas, as Bacillariophyceae são divididas em duas ordens: Centrales e Pennales, com valvas radiais e bilaterais, respectivamente. Além da estrutura das valvas, o tipo de reprodução sexuada nas duas ordens também é bem diferente. ▶

1ª Ordem: Centrales. Suas valvas exibem um contorno circular ou triangular – arredondado (Figura 10-85H, L), acompanhado pela disposição radial ou concêntrica das ornamentações de parede. Ao contrário da maioria das Pennales, as células vegetativas das Centrales são imóveis. No entanto, por meio de um flagelo ciliado (comparar com Figura 10-24A, à esquerda) (o qual não apresenta os dois microtúbulos centrais), os gametas masculinos são móveis. A reprodução sexuada (ver acima) foi especialmente estudada em *Stephanopyxi* e *melosira*.

Melosira, que forma célula cilíndricas curtas (Figura 10-87), é distribuído tanto no mar como em água doce, sendo que *Coscinodiscus* e *Hemiaulus* ocorrem só no mar. *Triceratium* (Figura 10-85J), igualmente, apresenta valvas de aspecto triangular a quadrado. *Ethmodiscus gazellae* (em forma de caixa, ocorrente nos mares quentes), com quase 2 mm de diâmetro, em volume representa uma das maiores diatomáceas. A margem das valvas (circulares) de *Stephanodiscus* é coberta de uma coroa de espinhos. O gênero *Rhizosolenia* é predominantemente marinho.

2ª Ordem: Pennales. Suas células, em forma de bastão ou barco, raramente são cuneiformes (Figura 10-85A, G). Por isso, seu centro simétrico é alongado linearmente, do qual irradiam, em forma de pena, as ornamentações silicosas da parede. Em muitas formas, observa-se um sulco longitudinal na carapaça silicosa, a rafe, cuja ultraestrutura varia conforme os gêneros considerados (Figuras 10-85A e 10-86); admite-se que a rafe desempenhe um papel nos movimentos de deslizamento (até 20 $\mu m s^{-1}$), ocorrentes apenas nas diatomáceas penadas. Formas imóveis sésseis não apresentam rafe. No centro, a rafe é interrompida pelo nó central; nas extremidades valvares, encontram-se os nós terminais (Figura 10-85A).

A **reprodução sexuada** das Pennales diverge do "tipo normal" das Centrales, porque não há quaisquer gametas flagelados. Isogametas em forma de protoplastos nus se fusionam (a única exceção é Rhabdonema com oogamia, em que os gametas são não flagelados). No pareamento, duas células vegetativas deslizam juntas e secretam uma substância gelatinosa. O núcleo de cada célula divide-se por meiose em quatro núcleos haploides, dos quais dois degeneram. Epiteca e hipoteca se afastam um pouco. Através dessa abertura, cada dois gametas copulam, resultando dois zigotos, que em seguida se tornam auxozigotos. Cada um deles secreta um par de valvas silicosas e forma uma célula primogênita muito maior do que as células iniciais. Células primogênitas e células parentais situam-se perpendicular (Figura 10-88) ou paralelamente entre si. Existem várias divergências desse comportamento normal.

Ocorrências. As diatomáceas estão distribuídas na água doce e nos mares de todos os climas; elas se desenvolvem especialmente bem na primavera e no outono, menos no verão. Muitas formas vivem em solos úmidos e sobre rochas; outras habitam os trópicos, sobre folhas (espécies epífitas) junto com algas azuis. Com base nas necessidades vitais específicas e na boa conservação, as diatomáceas fósseis servem como indicadores paleoecológicos e como fósseis-guias na geologia.

As Centrales vivem predominantemente no mar e constituem uma parte expressiva do fitoplâncton (**produtores primários mais importantes** no mares; Quadro 10-6). Entre elas, muitas possuem apêndices especiais para suspensão ou formam fileiras ou outras associações unidas por substâncias gelatinosas (Figura 10-85K). A maioria das diatomáceas penadas móveis vive principalmente no fundo de corpos de água doce, salobra e salgada (às vezes, com desenvolvimento em massa), epifiticamente sobre plantas aquáticas ou no solo; além disso, existem formas planctônicas. As células podem se juntar em filamentos maiores sobre saliências gelatinosas (Figura 10-85E) ou em cadeias longas ou em colônias de formas diversas (estrela, leque até esfera ou também ramificada; Figura 10-85D, F, G).

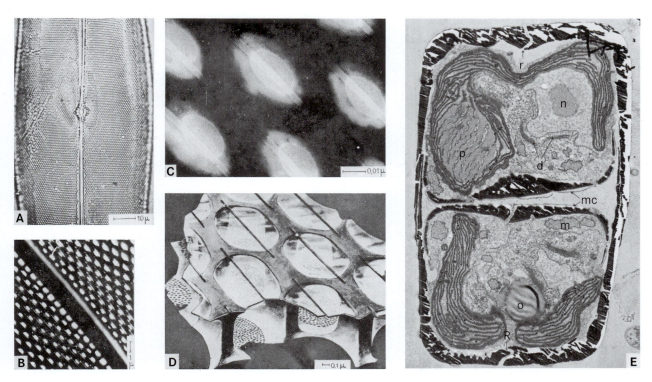

Figura 10-86 Heterokontophyta, Bacillariophyceae, Pennales. **A-D** *Pleurosigma angulatum*. Estrutura da valva silicosa. **A** Vista geral da parte mediana da valva, com rafe. **B** Rafe e poros. **C** Poros. **D** Reconstrução da estrutura valvar a partir de eletromicrografias. **E** *Gomphonema parvulum*. Corte transversal de uma célula no final da divisão (10.000x). – mc, Membrana citoplasmática; d, dictiossomo; m, mitocôndria; r, nucléolo; o, gota de óleo; p, pirenoide no cromatóforo; r rafe. (A-D segundo J. Helmcke e W. Krieger; E segundo W.R. Drum e H.S. Pankratz.)

Filogenia. As Centrales, com seus espermatozoides flagelados, surgiram antes que as Pennales, nas quais os flagelos foram totalmente perdidos. Os antepassados das diatomáceas talvez fossem algas Chrysophyceae monadais, cujas células já poderiam portar placas silicosas. Em essência, as diatomáceas permaneceram no nível cocal, com primeiros indícios de organização trical.

As diatomáceas mais antigas (as formas cêntricas) são conhecidas desde o Jurássico, havendo um grande aumento na riqueza de espécies no Cretáceo. No terciário e em períodos interglaciais, o desenvolvimento em massa das diatomáceas levam à formação de diatomitos (utilização, ver Quadro 10-5).

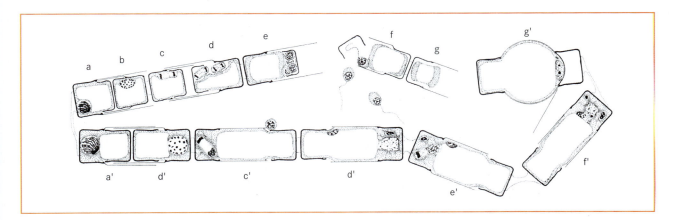

Figura 10-87 Heterokontophyta, Bacillariophyceae, Centrales. *Melosira varians*. Reprodução sexuada (esquema). – a-g, trecho do filamento masculino; a'-g', trecho do filamento feminino; a-e e a'-e', Meiose; f, espermatogônio aberto; g, espermatogônio esvaziado; d', núcleo masculino penetrado pela fenda da fecundação; f', fecundação; g', auxozigoto jovem. (segundo H.A. von Stosch.)

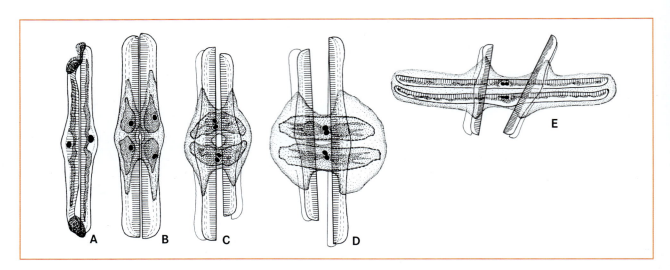

Figura 10-88 Heterokontophyta, Bacillariophyceae, Pennales. *Rhopalodia gibba*. Reprodução sexuada. **A** Duas células ligadas por cúpula gelatinosa. **B** Divisão das células-mães (núcleos degenerados já dissolvidos). **C** Formação do zigoto, após a fusão gamética. **D** Distensão dos auxozigotos (A-D 410x). **E** Estágio final e formação das novas valvas (240x). (Segundo H. Klebahn.)

4ª Classe: Xantophyceae

As Xantophyceae desenvolvem desde as formas ameboide e monadal até a sifonal, e todos os tipos de organização do talo (Figuras 10-89, 10-90). Os **cloroplastídios** coram-se de azul com HCl e contêm, em lugar de fucoxantina (Tabela 10-2), as xantofilas heteroxantina e vaucheriaxantina. Os flagelos de tipo heteroconte são inseridos lateralmente. Com isso, apesar de sua coloração verde, as Xantophyceae relacionam-se amplamente com as demais classes de Heterokontophyta. A ausência da clorofila *b* e a transição do flagelo posterior em um cílio fino (como nas

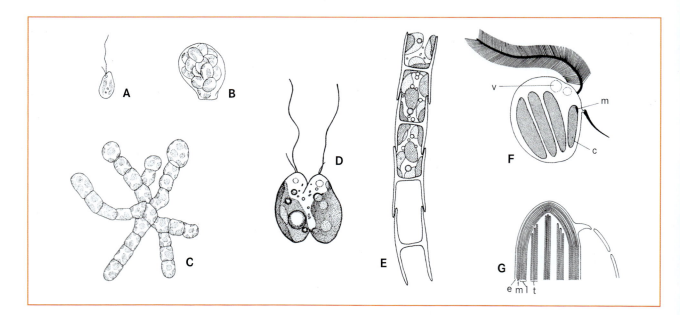

Figura 10-89 Heterokontobionta, Heterokontophyta, Xanthophyceae. **A-C** Mischococcales, *Capitulariella radians* (500x). **A** Zoósporo. **B** Zoosporocisto liberado. **C** Talo com estruturas terminais portadoras de esporocistos. **D** Chloramoebales, *Ankylonoton pyreniger* em divisão celular (1.000x). **E-G** Tribonematales. **E** Porção do filamento de *Tribonema*, com as estruturas características de parede em forma de H, cada uma formada por duas metades encaixadas (600x). **F** Zoósporos flagelados de *Tribonema* (2.300x). **G** Cloroplastídio de *Bumilleria* (30.000x). – m, mancha ocelar; c, cloroplastídio; e, envoltório de dobra do RE (retículo endoplasmático); l, lamela periférica com três tilacoides periféricos; m, membrana dupla do cloroplastídio; v, vacúolo pulsátil; t, pilhas de tilacoides, cada uma com três tilacoides. (A segundo A. Luther, B-E segundo A. Pascher, F, G segundo A. Massalski e G.F. Leedale, C. v.d. Hoeck.)

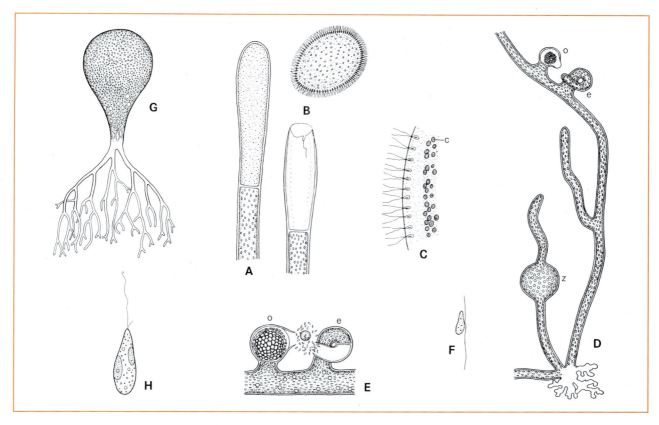

Figura 10-90 Heterokontophyta, Xanthophyceae, Heterosiphonales. **A-F** *Vaucheria*. **A-C** *V. repens*. **A** Estrutura de um esporocisto (150x). **B** Sinzoósporo liberado do esporocisto (150x). **C** Lateral do sinzoósporo (500x). **D, E** *V. sessilis*. **D** Planta originada do sinzoósporo B, com rizoide e gametângios (70x). **E** Porção do filamento com gametângios (150x). **F** *V. synandra*, espermatozoide (700x). **G, H** *Botrydium granulatum*. **G** Planta inteira (30x). **H** Zoósporo (1.000x). – c, cromatóforo; o, oogônio; e, espermatogônio; z, estrutura do sinozoosporo. (A, B segundo Goetz; C segundo E. Strasburger; D segundo J. Sachs, modificado; E segundo F. Oltmanns; F segundo M. Woronin; G segundo J. Rostafinsky e M. Woronin; H segundo R. Kolkwitz.)

Pheophyceae) são outros caracteres que também as separam das Chlorophyta verdes.

Em várias formas, a **parede celular** consiste em duas metades encaixadas. A parede é constituída principalmente de microfibrilas de celulose e frequentemente impregnada de sílica (no entanto, sem frústulas com ácido de silício). Algumas espécies formam cistos endógenos com paredes impregnadas de ácido silício. Os cistos têm a forma de uma caixa com tampa e base.

Reprodução. A maioria das Xantophyceae se reproduz vegetativamente. Apenas em um gênero (*Vaucheria*) é conhecida a reprodução sexuada em um ciclo vital haplôntico (alternância zigótica de fases nucleares); por isso, esse será tomado como exemplo.

Na **reprodução** vegetativa, uma célula é separada por uma parede transversal e, após a ruptura da parede, seu protoplasto plurinucleado é expelido inteiro em forma de propágulo ovoide, com cerca de 0,1 mm de tamanho (Figura 10-90B). Sua superfície é coberta por inúmeros flagelos ligeiramente desiguais, dispostos aos pares, que se movem sincronicamente. Na bainha incolor desse propágulo, atrás de cada par de flagelos, estão dois blefaroplastos e um núcleo piriforme. Em seguida, vem os cloroplastídios (Figura 10-90C) e estão presentes também vacúolos pulsáteis. Morfologicamente, essa estrutura corresponde a todos os zoósporos produzidos em uma mesma célula, representando, portanto, um "sinzoósporo"

Reprodução sexuada. Os oogônios e espermatogônios de *Vaucheria* formam-se como projeções laterais dos filamentos do talo, que são separados por paredes transversais (Figura 10-90E: o, e). A estrutura portadora do oogônio (Figura 10-90: o) contém no início vários núcleos, os quais, com exceção de um (o núcleo da oosfera), migram de volta para o talo juntamente com uma parte dos cloroplastídios; apenas depois disso, a parede transversal é constituída. Os cloroplastídios restantes, gotas de óleo e o núcleo da oosfera recolhem-se à parte posterior do oogônio, enquanto na projeção (em forma de bico) uma porção de plasma incolor é reunida, a qual é liberada como estrutura esférica na abertura do oogônio. O espermatogônio plurinucleado (Figura 10-90: e) tem forma de chifre torcido, considerando-se também o seu filamento portador. Nele também a extremidade gelatiniza na maturação. Os inúmeros espermatozoides minúsculos se espalham, penetram na abertura do oogônio e se reúnem em frente à mancha receptora incolor do oogônio. Os espermatozoides têm flagelos heterocontes (Figura 10-90F).

Após a fecundação da oosfera por um dos gametas ♂, o cistozigoto rico em óleo envolve-se com uma parede pluriestratificada, entra em estado de repouso (hipnozigoto) e germina mais tarde, por meiose, diretamente em um novo filamento haploide.

Sistemática. Entre as Xantophyceae foram descritas cerca de 400 espécies em 40 gêneros (Figuras 10-89 e 10-90), que se desenvolvem em água doce, em parte também nos mares ou sobre solos úmidos. As **Chloramoebales** são monadais (Figura 10-89D), as **Heterogloeales** são capsais. A alga aérea epifítica *Capitulariella* pertence a Mischococcales (Figura 10-89C). As **Tribonematales**, com *Tribonema*, formam filamentos não ramificados com partes de paredes celulares em forma de H (Figura 10-89E). As **Heterosiphonales**, como *Bothrydium* (Figura 10-90G) e *Vaucheria* (oogamia, sinzoósporos; Figura 10-90A-D), são sifonais. As paredes de algumas espécies de *Vaucheria* são incrustadas com cálcio e levam, assim, à formação de material calcário. ▶

Aqui pode ser incluído um pequeno grupo (também como divisão própria **Eustigmatophyta**), que difere ultraestruturalmente das Xanthophyceae por alguns caracteres: cloroplastídios sem lamela periférica, pirenoides apenas em cloroplastídios de células vegetativas, mancha ocelar na extremidade anterior da célula externamente ao cloroplastídio. No ciclo vital dos organismos capsais e cocais, podem ocorrer células com flagelos heterocontes. Em *Chlorobothrys,* várias células são reunidas em uma colônia com envoltório de gelatina. Algumas de suas espécies são amplamente distribuídas em lagoas de turfeiras.

5ª classe: Phaeophyceae (algas pardas)

As algas pardas constituem um grupo bastante diversificado (Figuras 10-92, 10-94A, 10-98 e 10-101). Seu **hábito** varia entre diminutos talos celulares ramificados, talos filamentosos heterotríquios, talos pseudoparenquimatosos, até organismos pluriestratificados com acentuada diferenciação de órgãos e tecidos (talo hístico, Figura 10-91), que podem atingir muitos metros de comprimento. Algumas formas permitem reconhecer uma separação em órgãos (filoide, cauloide, rizoide), que lembram folha, caule e raiz das cormófitas, mas não atingem sua elevada diferenciação interna. Formas unicelulares estão ausentes, isto é, os níveis de organização monadal e cocal não são formados. Juntamente com as Rhodophyceae e algumas Chlorophyceae (*Chara*), as Phaeophyceae são consideradas as algas mais desenvolvidas.

Formação de tecidos. Nas formas derivadas, o talo cresce pela produção de segmentos a partir de uma célula apical. Inicialmente, esses segmentos permanecem ainda capazes de se dividir; além das paredes transversais, por mudan-

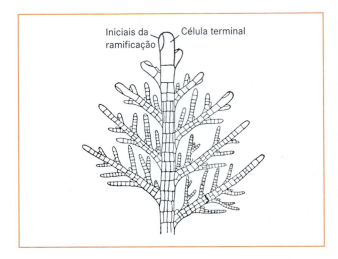

Figura 10-91 Heterokonthophyta, Phaeophyceae. Ramo longo de *Halopteris filicina*. Através de divisão desigual, a célula apical produz segmentos, que continuam a se dividir por paredes transversais e longitudinais. Alternadamente com a formação de segmentos, são formados pela célula apical as iniciais de ramificações – a cada duas fileiras – por paredes oblíquas, côncavas; a partir destas, se desenvolvem ramificações laterais (40x). (Segundo K. Goebel.)

ças repetidas da direção da divisão celular, são formadas também paredes paralelas ao eixo longitudinal; com isso, originam-se talos planos ou também tridimensionais (Figura 10-91).

Os plastídios marrons contêm, além dos pigmentos assimiladores característicos da divisão, principalmente fucoxantina como pigmento acessório, componente que mascara os demais pigmentos.

A **parede celular** consiste em uma fração rígida e uma gelatinosa; a primeira contém fibrilas de celulose e alginato, a última de alginato e fucoidano. Alginatos são sais do ácido algínico (polímero dos ácidos glicídicos ácido β-D-manurônico e ácido β-L-gulurônico) com cátions diferentes (como Ca^{2+}, Mg^{2+} e Na^+). Os propágulos (zoósporos e gametas) possuem em geral dois flagelos desiguais (Figura 10-94A, B, I) em suas células piriformes a espiraladas.

Nas proximidades dos **flagelos** situa-se uma mancha ocelar vermelha no cromatóforo marrom (raramente mais). Os filamentos do flagelo barbulado são sintetizados em vesículas do retículo endoplasmático ou em partes vesiculosas do retículo endoplasmático nuclear. O flagelo liso é alargado na base. Esse alargamento é possivelmente ativo como fotoreceptor e está localizado próximo à mancha ocelar. O flagelo liso termina abruptamente, enquanto o flagelo barbulado termina ocasionalmente em uma projeção filamentosa fina. Essa característica não ocorre fora das Xantophycea e Phaeophyceae.

O **ciclo vital** se completa em uma alternância de gerações, na qual os meiósporos são formados sempre em es-

Figura 10-92 Heterokonthophyta, Phaeophyceae. **A** Algas pardas (*Ascophyllum*) sobre uma rocha, nas proximidades da costa norte da América do Norte (Maine). **B** Talo de *Ascophyllum*. (Fotografia segundo B. Merlin).

porocistos uniloculares, e os gametas, em geral, em gametângios pluriloculares. O ciclo heterofásico de alternância de gerações é isomórfico, heteromórfico ou extremamente heteromórfico com redução (quase) total dos gametófitos haploides. A promoção do esporófito diploide – um desenvolvimento desencadeado já entre as Ectocarpales – é entendida como derivada.

Ocorrência e modo de vida. Na maioria, os 250 gêneros, divididos em 1.500 a 2.000 espécies de Phaeophyceae são algas marinhas, que se desenvolvem principalmente nas partes temperadas e frias dos oceanos. Elas pertencem ao bentos (Quadro 10-6) e vivem como litófitos aderidos sobre rochas, pedras, etc., muitas espécies são livres em águas rasas ou epífitas sobre outras algas. Elas formam uma vegetação abundante nas zonas de marés dos costões rochosos em um zoneamento característico das espécies (Figura 10-93). Impressionantes são as florestas submersas na costa pacífica da América, as quais são formadas por algas pardas de muitos metros de comprimento dos gêneros *Lessonia*, *Macrocystis* e *Nereocystis*. Por outro lado, as diminutas algas pardas filamentosas ou discoides chamam menos atenção, mas estão amplamente distribuídas sobre rochas, cracas, caracóis, bivalvos, entre outros substratos, e epifíticos sobre algas maiores. Em águas doces, ocorrem apenas cinco gêneros com poucas espécies.

Sistemática. A classe divide-se em onze ordens, das quais algumas serão abordadas com mais detalhes em razão do desenvolvimento de alternância de gerações (isomorfa, anisomorfa) em um ciclo vital diplôntico. ▶

1ª Ordem: Ectocarpales. A ela pertence a maioria das algas pardas. *Ectocarpus* é bem distribuído (Figura 10-94).

Com seus talos filamentosos muito ramificados, semelhantes ao da alga verde *Cladophora* (Figura 10-111A), mas pardos, *Ectocarpus* é um habitante das regiões próximas à superfície de nossos mares, fixando-se ao substrato (rochas, algas maiores) por meio de filamentos aderentes. Os filamentos crescem intercalares, sem célula apical; apenas uma parte das células transforma-se em órgãos reprodutivos. O ciclo vital é uma alternância de gerações isomórficas (ou fracamente heteromórfica).

Gametófito. O talo filamentoso bastante ramificado, haploide, apresenta gametângios pluriloculares laterais e apicais nos filamentos, nos quais nem todas as células são realmente capazes de formar gametas. Para a liberação dos gametas, as paredes internas dos gametângios são dissolvidas e os gametas saem pelo ápice destes. Apesar da isogamia morfológica, em muitas espécies do gênero *Ectocarpus* existe uma heterogamia fisiológica, na qual os gametas femininos "–" repousam logo após a sua liberação e liberam seus flagelos, enquanto são rodeados pelos gametas masculinos "+" (formação de grupos), atraídos quimiotaticamente pela substância atrativa ectocarpina. Por meio das pontas de seus flagelos mais longos, os gametas "+" fixam-se aos gametas femininos e fundem-se com eles (Figura 10-94B).

Esporófito. Após a fertilização, o zigoto cresce sem estágio de repouso, formando um esporófito diploide um tanto mais rígido e menos ramificado. Sobre ele surgem, em grande número, esporocistos uniloculares ovais, nos quais são formados por meiose inúmeros meiozoósporos. A partir destes surge a próxima geração gametofítica. A determinação sexual é haplogenotípica.

2ª Ordem. Cutleriales. A alternância de gerações de *Cutleria* é heteromórfica, com uma geração gametofítica bastante desenvolvida (Figura 10-103A). O gametófito é ereto, dicotomicamente ramificado, achatado e rasgado nas extremidades. Em *Cutleria multifida*, uma alga dos mares quentes da Europa, o gametófito vive próximo à superfície

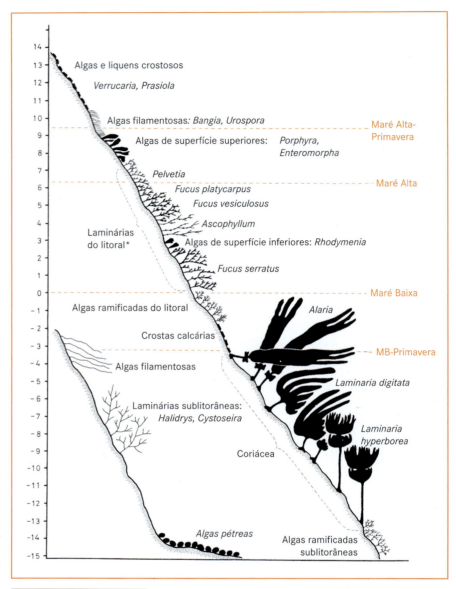

Figura 10-93 Perfil da vegetação na costa do Canal da Mancha. Chlorophyta: *Prasiola, Urospora, Enteromorpha*; Rhodophyta: *Bangia, Porphyra, Rhodymenia*, algas pétreas (por exemplo, *Lithothamnion*); Phaeophyceae: *Pelvetia, Fucus, Ascophyllum, Alaria, Laminaria, Halidrys, Cystoseira*; Liquens: *Verrucaria*. – MA maré alta; MB maré baixa. (Segundo W. Nienburg.)

* N. de T. O vocábulo alemão original *riementang* refere-se ao hábito da alga, com talo estratificado, ramificado, preso ao substrato por um disco aderente. Neste contexto, refere-se provavelmente à *Himanthalia elongata*, porém outras espécies do gênero *Himanthalia*, assim como espécies de *Laminaria* e *Alaria*, além de *Halidrys, Cystoseria* e outros gêneros podem ser conhecidas pelos nomes populares *Riementang, Ledertang*, etc.

das águas, tem cerca de 40 cm de tamanho e forma, em microgametângios e megagametângios sobre as plantas ♂ e ♀, gametas flagelados ♂ pequenos e ♀ maiores (Figura 10-95C). Os gametas ♂ são atraídos pelos ♀ por meio da substância atrativa multifidina, seguindo-se a copulação (anisogamia). O esporófito, anteriormente descrito como um gênero independente (*Aglaozonia*), é nitidamente menor (poucos centímetros), achatado, lobado, decumbente e crostoso. Ele vive sobre rochas e conchas de moluscos a profundidades de 8 a 10 m. Na superfície superior do talo parenquimático, localizam-se grupos (soros) de esporocistos uniloculares. Após a meiose, estes liberam zoósporos. *Zanardinia* tem alternância de gerações isomórficas.

3ª Ordem: Dyctyotales. Os talos hísticos do tamanho aproximado de uma mão, planos, são várias vezes dicotomicamente ramificados em *Dictyota*. O crescimento e a ramificação bifurcada decorrem de divisões celulares unidirecionais de uma grande célula apical (Figura 10-96B), que forma segmentos basais para trás. Esses segmentos se dividem novamente em um grande número de células, que formam o tecido (Figura 10-96B-D). Elas são diferenciadas em células periféricas de assimilação e células centrais de reserva (Figura 10-97). Eventualmente, uma parede celular longitudinal separa a célula inicial em duas células iniciais irmãs situadas lado a lado, que causam a bifurcação do talo (Figura 10-96). A alternância de gerações é isomórfica (Figura 10-103B).

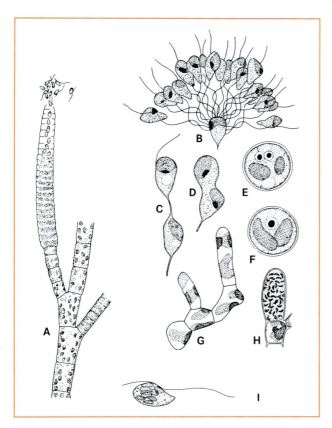

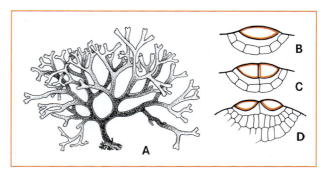

Figura 10-96 Heterokontophyta, Phaeophyceae. Ramificação dicotômica dos talos de **A** *Dictyota dichotoma* por dicotomia verdadeira (0,5x). **B-D** A célula inicial (laranja) divide-se transversalmente (250x). (A segundo H. Schenck; B-D segundo Wildeman.)

Figura 10-94 Heterokontophyta, Phaeophyceae, Ectocarpales. **A-D** *Ectocarpus siliculosus*. **A** Eixo do gametófito com gametângio plurilocular (380x). **B-D** Fertilização (B 1.200x, C, D 1.600x). **E-F** *Asperococcus bulbosus*. Zigoto e cariogamia (2.000x). **G** *Nemacystus divaricatus*. Plântula (780x). **H-J** *Ectocarpus*. **H** *Ectocarpus lucifugus*. Meiosporocisto unilocular em esporófito diploide (400x). **I** *Ectocarpus globifer*. Zoósporo, cílios não desenhados. (A segundo G. Thuret; B-D segundo Berthold; E, F segundo H. Kylin; G segundo Hygen; H, J segundo P. Kuckuck.)

Gametófito. A reprodução sexual evoluiu para oogamia. Os espermatogônios pluriloculares e os oogônios são distribuídos em plantas diferentes e sempre organizados em grupos (soros; Figura 10-97A, B).

Cada oogônio contém uma oosfera marrom, grande e imóvel, cercada por espermatozoides e fecundada na água (Figura 10-97C). Os gametas ♂ têm um plastídio fortemente reduzido e apenas um flagelo com prolongamento de cílio; um segundo flagelo, reduzido, com seu próprio corpúsculo basal, está inserido no plasma como um coto, invisível externamente. Os gametângios desenvolvem-se apenas nos meses de verão. O esvaziamento ocorre apenas em dois dias por mês, controlado pelos ciclos lunar e solar, sempre nas primeiras horas após o crepúsculo.

Esporófito. O esporófito diploide é idêntico ao gametófito haploide em sua forma externa (Figura 10-103B). Os meiósporos, formados quatro a quatro nos tetrasporocistos uniloculares (Figura 10-97D), são relativamente grossos e desprovidos de flagelos. Entre os tetrasporocistos, dispõem-se os filamentos de feofíceas, incolores.

São algas comuns nos mares quentes: *Padina*, em forma de leque, com um meristema marginal, e *Dictyopteris*, com um grupo de células iniciais.

4ª Ordem: Laminariales. Sua alternância de gerações é heteromórfica com predominância definitiva do esporófito diploide (Figura 10-103C). Os esporófitos são morfológica e histologicamente bastante diferenciados e atingem dimensões consideráveis (Figura 10-98).

Os **gametófitos** de todas as Laminariales são, por outro lado, microscópicos. As plantas ♂ e ♀ se distinguem claramente na estrutura e apresentam, por consequência, caracteres sexuais secundários. Os gametófitos masculinos são relativamente e ramificados, de crescimento rápido, mas de poucas células (Figura 10-99G) e possuem nas extremidades dos ramos espermatogônios unicelulares, cada um com apenas um espermatozoide

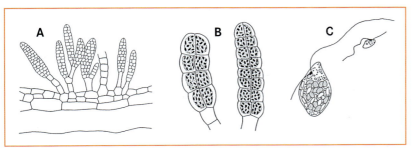

Figura 10-95 Heterokontophyta, Phaeophyceae, Cutleriales. *Cutleria multifida*. Gametângios pluriloculares **A** ♀, **B** ♂ (400x). **C** gametas ♀ e ♂; cílios dos gametas não representados (1.200x). (A, B segundo G.Thuret; C segundo P. Kuckuck.)

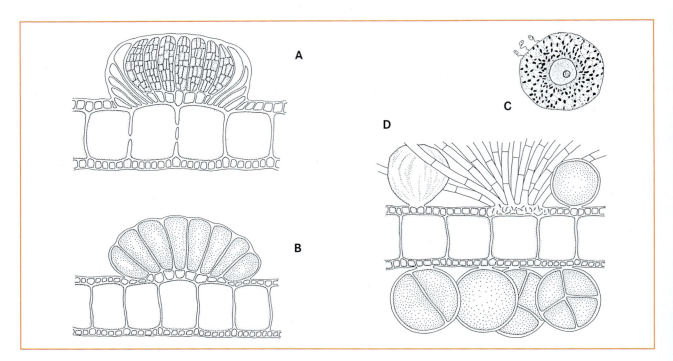

Figura 10-97 Heterokontophyta, Phaeophyceae. Dictyotales. *Dictyota dichotoma*. **A** Corte transversal no talo ♂ com grupos de espermatogônios (com uma camada de células envoltórias estéreis, 200x). **B** Corte transversal em um talo ♀ com grupos de oogônios (200x). **C** Oosfera com três espermatozoides (400x). **D** Corte transversal do talo com tetrasporocistos (destes, um vazio) e "filamentos de feofíceas" (200x). (A, B, D segundo G.G. Thuret; C segundo Williams.)

Figura 10-98 Heterokontophyta, Phaeophyceae, Laminariales. **A** *Laminaria saccharina* (1/40x). **B** *Laminaria hyperborea*, com restos do talo do ano anterior na parte superior (1/40x). **C** *Nereocystis luetkeana* (1/200x). **D** *Lessonia flavicans* (1/30x). **E** *Macrocystis pyrifera* (1/250x), **F** o mesmo, ápice do talo (1/20x). (A segundo Mägdefrau; B segundo H. Schenck; C segundo Postels e Ruprecht; D, E, F segundo J.D. Hooker.)

biflagelado. Os gametófitos femininos (Figura 10-99F) possuem células bastante maiores, crescem mais lentamente, têm menos células – em casos extremos consistem até mesmo em uma única célula tubular – e produzem oogônios com uma oosfera cada um. A oosfera nua sai por um poro na extremidade do oogônio, onde em geral permanece aderida (Figura 10-99F: e) e depois da fertilização – oogamia – cresce para formar um esporófito (Figura 10-99F: e_1-e_3).

A **geração esporofítica** representa a fase macroscópica acentuada no ciclo vital. O esporófito produz em sua superfície, além de células tubulosas estéreis (paráfises), receptáculos de esporocistos claviformes unicelulares (Figura 10-99D), nos quais se formam zoósporos biflagelados em grande quantidade, por meiose e simultânea determinação sexual genotípica.

Diferenciação de tecidos. O corte transversal no cauloide das Laminariales permite reconhecer uma forte diferenciação de fora para dentro. Exteriormente é visível uma **meristoderme** (tecido de revestimento). Suas células, capazes de se dividirem em várias direções, formam paredes tangenciais, radiais e horizontais. As camadas mais profundas da meristoderme são responsáveis principalmente pelo crescimento em espessura. Adaptado às estações do ano, o crescimento em espessura ocorre periodicamente, com a formação de nítidos anéis de crescimento nos cauloides mais velhos. As células do **córtex** são progressivamente maiores em direção ao centro. Por desintegração das paredes, formam-se em parte fileiras vazias de células longitudinais e radiais; em cauloides mais velhos, formam-se também largos ductos de mucilagem. A camada cortical é responsável pela rigidez mecânica do cauloide. Em sua parte externa, constituída de células pequenas portadoras de plastídios, funciona como tecido de assimilação; em parte, ocorre também crescimento em espessura. A **medula** serve para o armazenamento e condução de substâncias. Ela é constituída de filamentos celulares (chamadas "hifas"; Figura 10-100A), com expansões em suas paredes transversais. Em outros gêneros (por exemplo, *Nereocystis* e *Macrocystis*), as paredes transversais desses filamentos celulares são interrompidas como em placas crivadas (Figura 10-100B). Por meio de compostos de carbono marcados radioativamente, a função de transporte desses elementos pode ser comprovada. Esse tipo de "elementos crivados" assemelha-se, portanto, em estrutura e função aos das cormófitas.

5ª Ordem: Fucales. Devido à redução extrema do gametófito, membros desta ordem podem ser compreendidos como verdadeiros **diplontes** (Figura 10-103D). A reprodução ocorre por oogamia. A alternância de fases nucleares é gamética, isto é, a meiose ocorre na formação dos gametas. As Fucales podem ser interpretadas como o ápice de uma sequência com **progressiva redução do gametófito**. Essa redução ocorre em forma extrema já entre as Laminariales, nas quais o gametófito ♀ é reduzido a uma única célula; o conteúdo de um meiozoósporo séssil se esvazia e se transforma em oosfera. A planta diploide de *Fucus* pode ser entendida como esporófito, cujos meiósporos se transformam diretamente em gametófitos quase desaparecidos.

Como na maioria das grandes Laminariales, **as vesículas de flutuação** conferem a muitas espécies de Fucales uma posição ereta e lhes permitem flutuar nas ondas, sem serem lesadas no contato com o solo. Espécies de *Fucus* de águas rasas formam um tipo de relva nos mares do norte da Europa; quando a água está baixa, tornam-se temporariamente secas, mas protegidas por secreção mucosa (fucoidina) e, portanto, ainda ativas fotossinteticamente.

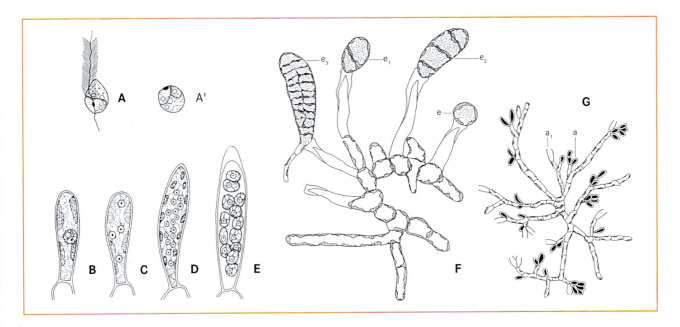

Figura 10-99 Heterokontophyta, Phaeophyceae, Laminariales. **A-E** *Chorda filum*. **A** Meiozoósporos, (A') arredondados antes da germinação (1.200x). **B-E** Desenvolvimento do esporocisto unilocular (1.000x), **B** Uninucleado, **C** Tetranucleado, **D** 16-nucleado. **E** Zoósporos quase prontos. **F-G** *Laminaria* (300x). **F** Gametófito ♀. **G** Gametófito ♂. – a, espermatogônios (a_1 vazio); e, oosfera; e_1-e_3, esporófitos jovens, ainda sobre o oogônio esvaziado. (A segundo P. Kuckuck; B-E segundo H. Kylin; F, G segundo E. Schreiber.)

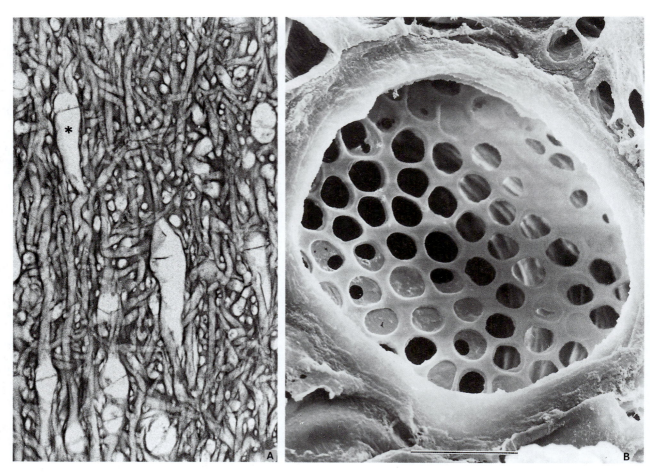

Figura 10-100 Heterokonthophyta, Phaeophyceae. **A** Trançado de filamentos celulares em cauloide de *Laminaria*, contendo inúmeras células-trombeta (uma das quais marcada com *) com placas crivadas transversais (150x). **B** Placa crivada no plectênquima de *Macrocystis integrifolia* em vista frontal (10 μm). (A segundo P. Sitte; B eletromicrografia ao MEV segundo K. Schmitz.)

O **esporófito** diploide (Figura 10-101) forma o único corpo vegetativo no ciclo vital, em forma de um talo com até 1 m de comprimento. Nas espécies perenes de *Fucus*, os talos são coriáceos e formam bandas ramificadas dicotomicamente e sustentadas por uma espécie de "nervura mediana". Elas se fixam nas rochas por meio de um apressório. Os ápices das ramificações do talo (célula apical, Figura 10-96B) são expandidos em algumas espécies de *Fucus* e apresentam concavidades densamente dispersas, os chamados **conceptáculos** (Figura 10-102A), nos quais se situam os gametângios ♂ e ♀ (espermatogônios, oogônios) entre filamentos estéreis (paráfises). Em algumas espécies, os espermatogônios e oogônios ocorrem no mesmo conceptáculo (monoicia, por exemplo em *Fucus spiralis*, Figura 10-102A); outras espécies são dioicas (por exemplo, *F. serratus* e *F. vesiculosus*).

As partes do talo com os conceptáculos são destacadas anualmente. Após cada meiose, nos gametângios ocorre um número variado de mitoses. Por serem uniloculares, os gametângios podem ser interpretados como meiosporocistos diferenciados sexualmente; os produtos primários da meiose podem ser interpretados como meiósporos. As células formadas em seguida mitoticamente nesses gametângios uniloculares, portanto, substituem de certo modo **os gametetófitos extremamente reduzidos**, que não atingem autonomia e – como oogônios ou espermatogônios – apresentam-se completamente integrados aos meiosporocistos (meiosporocisto = gametângio). A partir de cada quatro células originadas na meiose, por uma mitose são produzidas oito oosferas nos oogônios e 64 espermatozoides, por quatro mitoses nos espermatogônios.

Os **oogônios** (Figura 10-102A: o, D) são estruturas grandes, esféricas, assentadas sobre um pedicelo. A parede do oogônio consiste em três camadas. Na maturidade, rompe-se primeiramente apenas a camada externa da parede, de modo que as oito oosferas permanecem envolvidas pelas duas paredes internas quando deixam o conceptáculo (Figura 10-102E). Na água do mar, finalmente abre-se também a parede mais interna e as oito **oosferas** (♀) flutuam livremente e se separam (Figura 10-102F).

Os **espermatogônios** são células ovais, dispostas densamente sobre filamentos curtos muito ramificados (Figura 10-102A: a, B). A parede do espermatogônio consiste em duas camadas. Quando maduro, o espermatogônio é liberado do conceptáculo por secreção de muco, a parede interna permanece intacta e envolve 64 **espermatozoides** (♂). Os espermatozoides consistem principalmente em substância nuclear e um único plastídio rudi-

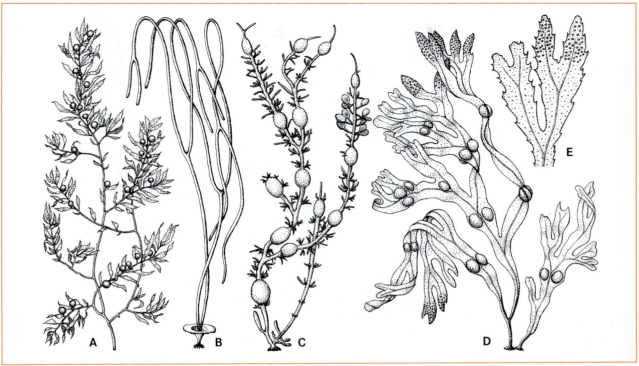

Figura 10-101 Heterokontophyta, Phaeophyceae, Fucales. **A** *Sargassum bacciferum*. **B** *Himanthalia lorea*. **C** *Ascophyllum nodosum*. **D** *Fucus vesiculosus*. **E** *Fucus serratus*, ápice do talo. (A-E 0,25x). (Segundo K. Mägdefrau.)

mentar, sobre o qual se localiza uma mancha ocelar; apresentam dois flagelos (ao contrário das demais Phaeophyceas, o mais curto é dirigido para frente).

Os espermatozoides nadam para fora (Figura 10-102C) e aderem – atraídos pela substância atrativa fucoserratina – nas oosferas (comparar com 7.2.1.1). O **zigoto**, inicialmente nu,

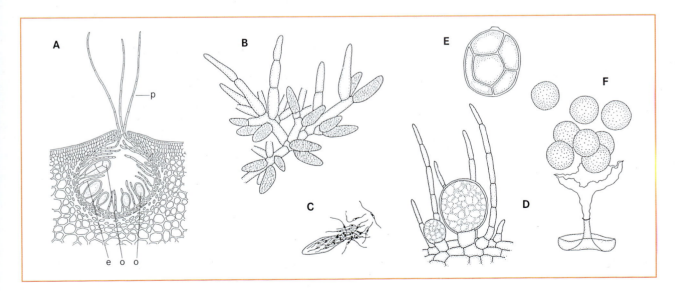

Figura 10-102 Heterokontophyta, Phaeophyceae, Fucales. **A** *Fucus spiralis*. Conceptáculo monoico com oogônios de diferentes idades (25x). **B-F** *Fucus vesiculosus,* **B** Espermatogonióforo (200x), **C** Espermatogônio libera um espermatozoide (250x), **D** oogônio jovem, **E** separado em oito células, após deixar a parede do oogônio, **F** liberação das oosferas (D-F 120x). – e, espermatogônios; o, oogônio; p, paráfises. (Segundo G. Thuret.)

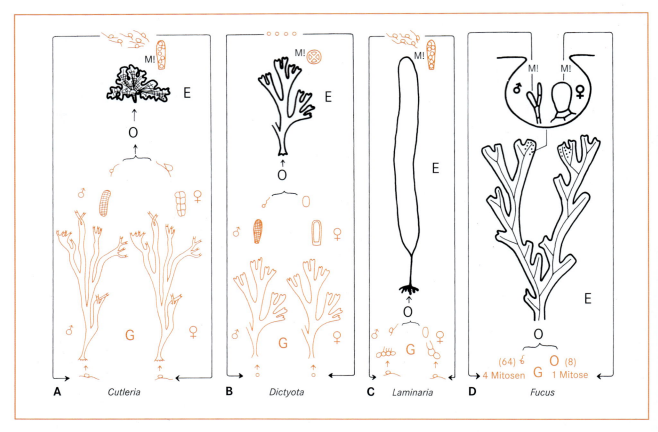

Figura 10-103 Heterokontophyta, Phaeophyceae. Alternância de gerações e de fases nucleares de algumas algas pardas, representação esquemática. Laranja: haplofase, preto: diplofase. – G, gametófito; E, esporófito; O, zigoto; M!, meiose. (Segundo R. Harder, complementada.)

envolve-se com uma parede rica em celulose, fixa-se e cresce por divisão celular para formar novamente um esporófito diploide (ver Figura 6-23).

Apesar de seu tamanho considerável, as Phaeophyceas **fósseis** encontram-se geralmente menos conservadas que as formas calcificadas de Chlorophyta. Muito provavelmente, porém, elas já existiam no Siluriano e Devoniano. A elas pertencem provavelmente determinados "troncos" (*Nematophycus* = *Prototaxites*) anteriores ao Devoniano e Siluriano, formados por um trançado de filamentos celulares terminando em grandes estruturas achatadas semelhantes às frondes de *Laminaria*.

Uma visão geral da alternância de gerações e de fases nucleares das Phaeophyceas é mostrada na Figura 10-103.

Tipo de organização: algas verdes com plastídios simples ou complexos

Segundo sua **cor predominante**, as algas foram primeiramente classificadas em algas azuis (Cyanobacteriota, procarióticas), algas vermelhas (Rhodophyta), algas douradas (Chrysophyceae), algas pardas (Phaeophyceae) e algas verdes. As algas verdes com **clorofila *a* e *b*** nos seus plastídios separaram-se ao longo da evolução em uma linhagem principal com plastídios simples e dois outros grupos com plastídios complexos.

- **Algas verdes com plastídios simples** (ver oitavo sub-reino). A aquisição de cloroplastídios se deve aqui à **endocitobiose primária** (ver 2.4). Estas algas verdes podem ser classificadas em duas divisões com desenvolvimento (progressão) distinto. As **Chlorophyta** possuem flagelos terminais em suas células móveis (nem sempre presentes) e representam quase sempre o tipo de organização das algas. As **Streptophyta**, por outro lado, desenvolveram desde formas de organização simples, que igualam a estrutura e pigmentação das algas verdes, até as altamente desenvolvidas plantas terrestres (musgos, samambaias, espermatófitas). Nos representantes semelhantes a algas nesta divisão (**Mesostigmatophytina**, **Zignematophytina**, **Coleochaetophytina**, **Charophytina**), os flagelos (nem sempre presentes) estão inseridos lateralmente (como nas Zygnematophyceae). Nos gametas, os cloroplastídios são, em parte, totalmente reduzidos (por exemplo, *Chara*). Como substâncias de proteção, ocorrem **esporopolenina** e **substâncias semelhantes à lignina** (*Coleochaete*).

- **Algas verdes com plastídios complexos.** Estas algas contêm **cloroplastídios** do mesmo tipo das **Chlorobionta**. A aquisição dos plastídios ocorreu por **endocitobiose secundária** (ver 2.4). Sob o ponto de vista das células hospedeiras, que acolhem os cloroplastídios, elas pertencem a dois grupos com filogenias próprias, separadas bastante cedo. Estes são relacionados, por um lado, com "amebas" heterotróficas (Chlorarachniophyta), e por outro lado, com os Kinetoplastida (Euglenophyta) conhecidos como "flagelados".

Chlorarachniophyta

Esta pequena divisão, com dois gêneros com uma espécie cada, é muito importante, pois os plastídios com quatro membranas envolvem um **nucleomorfo** cada (ver 2.4), assim como nas Cryptophyta. Esse nucleomorfo pode ser interpretado como rudimento nuclear de um endossimbionte eucariótico fotoautotrófico. As espécies desta divisão vivem em comunidade com algas marinhas sifonais de mares quentes, como **células nuas ameboides interligadas em plasmódios reticulares** por meio de projeções plasmáticas filamentosas. As células podem formar estágios cocais de repouso ou células reprodutivas uniflageladas. Os cloroplastídios verde-brilhantes possuem **clorofila *a* e *b***. Os tilacoides dos plastídios são organizados em pilhas de 2-6.

Euglenophyta

Às Euglenophyta pertencem organismos unicelulares do **nível de organização monadal** que, sob determinadas condições de vida, em parte também apresentam estágios capsais. A multiplicação ocorre por bipartição longitudinal; reprodução sexuada é desconhecida. Os **cloroplastídios** contêm os mesmos pigmentos que as Chlorophyta (**clorofila *a* e *b***, β-carotenos, traços de α-carotenos), mas apresentam xantofila, pigmento desconhecido no reino vegetal. Além de fosfolipídeos em vesículas, é depositado um polissacarídeo, o paramilo, em grânulos ou discos no plasma como **substância de reserva**. Este é um β-1,3 glucano, que não se cora com iodo. As células são muitas vezes espiraladas e possuem quase sempre um envoltório simples, constituído principalmente de proteína, limitada imediatamente pela plasmalema e denominada **película** (exceção, por exemplo, em *Trachelomonas*, com carapaça rica em ferro). Na extremidade anterior da célula, localiza-se uma invaginação em forma de garrafa, a **ampola**, que se divide em receptáculo e canal. Próximo à ampola, está o vacúolo pulsátil, rodeado por vários vacúolos pulsáteis acessórios e que funciona como organela de osmorregulação. Da base da ampola partem dois **flagelos**, cada um com um corpúsculo basal: um flagelo é longo e outro curto, não ultrapassando a ampola e fundindo-se com o longo. Nesta posição encontra-se uma organela sensível à luz, o fotorreceptor. Nas proximidades da ampola localiza-se a **"mancha ocelar"** (Figura 10-104B), pigmentada de vermelho pelo caroteno; esta consiste em uma única gota de lipídeo envolta por uma membrana elementar (sobre a função da mancha ocelar na fototaxia, ver 7.2.1.2). O flagelo longo, um **flagelo propulsor** dotado de cílios (ver Figura 10-21C), descreve um cone durante seu movimento. Com um giro sobre seu eixo longitudinal, a célula de, por exemplo, *Euglena*, avança duas a três vezes o próprio comprimento por segundo.

Em **estruturas ultramicroscópicas**, as Euglenophyta apresentam as seguintes particularidades: no núcleo interfásico, os cromossomos contraídos são visíveis, os cloroplastídios possuem um envoltório com três membranas, que nunca está ligado à carioteca através do retículo endoplasmático, e nos cloroplastídios os tilacoides estão em geral empilhados em três a três.

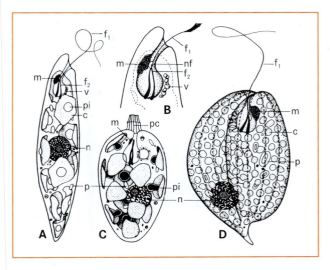

Figura 10-104 Euglenophyta. **A** *Euglena gracilis* (600x), **B** O mesmo, extremidade anterior (1.000x). **C** *Colacium mucronatum* (500x). **D** *Phacus triqueter* (600x). – c, cloroplastídio; f₁, flagelo de movimento; f₂, segundo flagelo; nf, nódulo flagelar (fotorreceptor); n, núcleo; p, paramilo livre; pi, pirenoide com envoltório de paramilo; m, mancha ocelar; pc, pedicelo de gelatina; v, vacúolo contrátil (Segundo G.F. Leedale.)

As Euglenophyta (Figura 10-104) reúnem mais de 800 espécies em cerca de 40 diferentes gêneros, a maioria de água doce. Espécies de Euglena ocorrem principalmente em copos de água parados ricos em nutrientes. *Phacus* (Figura 10-104D), ao contrário, prefere águas pobres em nutrientes. *Colacium* (Figura 10-104C) fixa-se por meio de um pedicelo de gelatina em pequenos organismos pelágicos, apenas na reprodução é móvel por flagelos.

Embora a maioria das espécies seja **fotoautotrófica**, existe também nelas a tendência de absorver substâncias nutritivas em complemento aos produtos fotossintéticos. Várias formas incolores são completamente especializadas à nutrição **heterotrófica**; algumas entre elas são capazes de predar microrganismos como bactérias, algas ou células de leveduras através de um aparelho apreensor e com o auxílio do citostoma (por exemplo, *Peranema*). As fronteiras entre organização vegetal e animal são, portanto, fluidas.

Euglena gracilis perde completamente sua clorofila e seus tilacoides em cultura no escuro. Os corpúsculos restantes lembram protoplastídios; eles conservam sua capacidade de divisão mesmo durante a fase escura e, assim, a continuidade do plastoma é mantida. Sob iluminação, esses plastídios incolores se desenvolvem novamente em cloroplastídios com tilacoides e a fotossíntese é reiniciada. Ao mesmo tempo, existem variantes da mesma espécie que não possuem quaisquer cloroplastídios. Essas formas, originadas sob determinadas condições (por exemplo, em sequência de divisão muito rápida), são incapazes de formar novamente os cloroplastídios.

Sétimo sub-reino: Chlorobionta ("Viridiplantae")

As Chlorobionta (Figura 10-105) contêm as **clorofilas *a* e *b*** em seus **plastídios** verde-puros adquiridos por endocitobiose primária. Elas compartilham essa combinação de pigmentos de assimilação com algumas cianobactérias (*Prochloron, Prochlorococcus*) e, entre as algas, com as Chlorarachniophyta e Euglenophyta (ver as divisões tratadas anteriormente), que, no entanto, diferem delas pela ausência de amido como substância de reserva. Carotenos e xantofilas (Tabela 10-2) normalmente não mascaram os pigmentos verdes de assimilação. Os cloroplastídios são delimitados apenas por uma membrana dupla – e não adicionalmente por retículo endoplasmático e lamela periférica (Figura 10-89G). Os tilacoides são reunidos em grana. Os pirenoides (nem sempre existentes) depositam-se no interior dos cloroplastídios.

O **polissacarídeo de reserva** mais importante é o amido, formado livremente dentro dos cloroplastídios, na forma de grânulos em torno dos pirenoides. Muitas vezes, são depositadas quantidades consideráveis de gordura nas células. A **parede celular** consiste em fibrilas de polissacarídeos (principalmente celulose, em parte também manano e xilano), envolvidos em uma fração amorfa, muitas vezes mucilaginosa; em geral, ela se forma direto sobre a plasmalema (diferentemente das Dinophyta e diatomáceas). A fração amorfa é constituída, em geral, de diferentes polissacarídeos – em geral denominados pectina.

A existência da resistente **esporopolenina** (ver 2.2.7.6) foi comprovada em algumas algas aéreas dentre as Chlorobionta. Ela confere resistência à dessecação também aos esporos e pólen das plantas terrestres incluídas neste sub-reino.

Ao contrário dos grupos de algas anteriores, com frequência as Chlorobionta desenvolveram, também em **água doce** e salobra, muitas formas com estrutura bastante diferenciada. Neste sub-reino ocorreu a **transição para as plantas terrestres superiores**.

Primeira divisão: Chlorophyta

As Chlorophyta (Figura 10-105) são algas verdes com plastídios simples que representam quase todos os **níveis de organização**. Exceto as formas ameboides (na verdade, estas ocorrem eventualmente como células reprodutivas), elas apresentam todos os tipos morfológicos, mesmo os talos histológicos e plectênquimáticos (*Ulva* e *Codium*, respectivamente). Eles reúnem organismos unicelulares microscópicos, algas filamentosas ramificadas ou não ramificadas, frequentemente produzindo estruturas em tufos densos (Figura 10-111) e também complexas que, por apresentarem talos folioides, em parte se parecem externamente com as plantas superiores.

Na transição do estado de unicelular para multicelular, uma série de níveis de organização foi atingida. Isso ocorreu convergentemente nas diferentes classes, ou seja, independentemente da filogenia. Isto vale não só para a classe das Chlorophyta, mas serve também como princípio geral de evolução nas diversas divisões de algas.

A célula envolta apenas (por exemplo, *Polyblepharides*) por uma plasmalema (em parte modificada) evoluiu bastante entre as Chlorophyta – todos os táxons altamente desenvolvidos possuem células com paredes mais ou menos espessas. Isso possibilita a muitas formas viver também fora da água como algas de solo ou aéreas.

As **substâncias de parede** são ainda mais diversificadas; como polissacarídeo de parede já é utilizada também

Figura 10-105 Chlorobionta, Chlorophyta. **A** Algas verdes da costa do Mediterrâneo (Tunísia). **B** Vista detalhada. (Fotografias segundo A. Bresinsky.)

a celulose. Como substância de proteção, já encontra-se eventualmente a **esporopolenina** (Trentepohliophyceae, Chlorococcales). **Divisão celular** e separação de células-filhas por paredes transversais apresentam-se em diferentes estágios evolutivos. Nos casos mais simples, a divisão nuclear é seguida por uma invaginação do plasma e empacotamento simultâneo de todas as partes com paredes celulares, ainda na célula-mãe. A separação dos núcleos-filhos por uma parede centrípeta, à semelhança de um diafragma, partindo das paredes laterais da célula-mãe, é outro caráter a ser interpretado como ancestral. Nos casos mais derivados, um **ficoplasto** participa da formação da nova parede (aqui os microtúbulos se reúnem durante a telófase no plano equatorial entre as células-filhas em separação e é formada inicialmente uma placa celular com pontoações para os plasmodesmos; ver 2.2.1); muito raramente um **fragmoplasto** já participa da formação da parede de separação (ou seja, os microtúbulos dispõem-se perpendicularmente ao plano equatorial; por exemplo, nos Trentepohliophyceae).

As **células flageladas** são em geral piriformes, radialmente simétricas e com dois ou quatro (raramente muitos) flagelos do tipo chicote, não ciliados, igualmente longos, ou seja, isocontes, **inseridos terminalmente**. Elas apresentam muitas vezes vacúolos contráteis (em geral dois), assim como, na parte inferior junto à parede, um cloroplastídio dobrado ou em forma de taça, com ou sem mancha ocelar (estigma; Figura 10-114A). A mancha ocelar vermelha consiste em mancha ocelar, os quais contêm carotenos; ela não é (como nas Euglenophyta, Eustigmatophyta e Heterokonthophyta) ligada a um nódulo flagelar.

Não ciliado significa que os flagelos não apresentam pelos tubulares, mas às vezes podem apresentar pelos muito finos e escamas de vários tipos.

De grande significado para a sistemática das Chlorophyta é a **ultraestrutura do aparelho flagelar** na inserção do flagelo (Figura 10-106). Ele consiste nos **corpos basais** (isto é, as terminações dos flagelos na célula), das **raízes microtubulares** com as estruturas associadas, assim como **do(s) rizoplasto(s)**. Estes últimos são ligações entre os corpos basais dos flagelos e o núcleo. Os flagelos são em geral inseridos segundo o **tipo cruzado**: quatro raízes microtubulares dispostas em cruz ancoram o corpo basal dos flagelos na célula. Na inserção do tipo 1-7 h (abreviado, inserção 1-7; Figura 10-106E, F), os dois corpos basais, vistos de cima da célula, dispõem-se como os números do relógio 1 e 7. A inserção 12-6 ou a mais comum 11-5 são tidas como posições derivadas (Figura 10-106A, B e C, D).

Muitas espécies perderam seus flagelos como adaptação à vida fora da água; elas são disseminadas por aplanósporos desprovidos de flagelos (por exemplo, *Pleurococcus*; *Apatococcus*, ao contrário, com zoósporos).

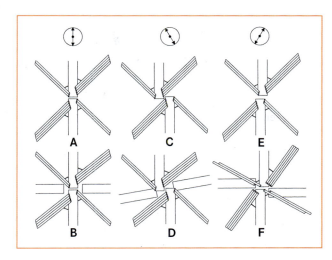

Figura 10-106 Chlorobionta, Chlorophyta. Sistema de raízes microtubulares do aparelho flagelar. Vista dos corpos basais, com raízes de dois e quatro feixes de microtúbulos em disposição cruzada. Linha superior (**A, C, E**) células biflageladas, linha inferior (**B, D, F**) células tetraflageladas. **A, B** Tipo 12-16 h: aparelho flagelar ancestral hipotético, no qual o os corpos basais (cada par diante de um flagelo) estão ordenados em uma linha. **C, D** Tipo 11-5 h: corpos basais em comparação com A, B ligeiramente desviados no sentido anti-horário. **E, F** Tipo 1-7 h: corpos basais ligeiramente desviados no sentido horário. (Segundo O'Kelly e Floyd, Mattox e Stewart de C. van den Hoeck e H.M. Jahns.)

Ciclo vital (Figura 10-107). Na reprodução sexuada, ocorrem quase sempre gametas flagelados. Neste caso, copulam dois gametas (comparar Figura 10-108F), os quais frequentemente se assemelham às células vegetativas e originam-se em gametângios unicelulares. Em geral, os gametas ♂ são flagelados, os gametas ♀ também podem ser oosferas desprovidas de flagelos (por exemplo, Figura 10-120E). A sexualidade passa de **isogamia** por **anisogamia** para simples **oogamia** e, finalmente, para o nível mais elevado, no qual a oosfera não é mais liberada, sendo fertilizada no oogônio. O produto da copulação, o zigoto, é, nas formas de água doce, em geral uma célula esférica de resistência com parede espessa (cistozigoto), frequentemente vermelho devido aos carotenoides.

Em geral, as Chlorophyta são **haplontes** com alternância zigótica de fases nucleares; apenas o zigoto é diploide nestes casos (Figura 10-107A). Por atraso da meiose (divisão nuclear mitótica em vez de meiose), o zigoto germina em um corpo vegetativo diploide. Com isso, é iniciada uma fase diploide no ciclo vital, que só termina com a meiose que foi temporal e espacialmente deslocada. Assim, surge uma alternância entre gametófitos haploides e esporófitos diploides, ou seja, uma **alternância heterofásica de gerações**. Alguns poucos representantes tornaram-se totalmente diplônticos por redução do gametófito (talvez seja assim em Caulerpaceae), ou seja, a alternância zigótica original de fases nucleares torna-se intermediária ou gamética.

A alternância de gerações pode ser **isomórfica** (*Cladophora* sp., Figura 10-107B) ou **heteromórfica** (com esporófitos mantidos, *Derbesia*, 10-107C). Em geral, a alternância de gerações se completa em diferentes indivíduos (**diplobiôntico**). Uma alternância de gerações **haplobiôntica** sobre um indivíduo (em musgos a regra) é a exceção nas Chlorophyta (por exemplo, *Prasiola stipitata*, *Bryopsis*). A alternância de gerações não deve, de modo algum, ser vista sempre como uma sequência regular das diferentes fases. Por multiplicação vegetativa, cada geração pode se propagar independentemente da alternância de gerações. Chlorophyta com ciclos de vida simples (*Ulothrix*, Figura 10-107A) reproduzem-se em geral vegetativamente (por exemplo, por zoósporos), ao passo que a reprodução sexuada ocorre apenas sob determinadas condições externas.

As Chlorophyta consistem em 450 gêneros com 7.000 espécies que, em grande parte (cerca de 90%), vivem no plâncton ou bentos (Quadro 10-6) de água doce (como algas de água doce). Muitas algas maiores ocorrem também nos mares, precisamente nas proximidades da costa. No plâncton marinho, ao contrário, as Chlorophyta têm participação reduzida. Algumas algas verdes vivem fora da água, no solo úmido ou sobre ele, epifíticas sobre árvores, etc. Determinadas espécies suportam até extrema dessecação e são verdadeiras plantas terrestres. Muitas vivem em simbiose com liquens ou como endossimbiontes intracelulares em animais inferiores ("zooclorelas", por exemplo, em *Hydra*). Alguns representantes perderam seus pigmentos de assimilação e vivem heterotroficamente. Eles podem ser relacionados às formas autotróficas das Chlorophyta por outros caracteres semelhantes. O parentesco de muitos gêneros isolados entre as Chlorophyta ainda não está esclarecido.

As Chlorophyta são, sem dúvida, um grupo muito antigo de plantas inferiores. Com certeza, porém, apenas as Dasycladales marinhas, por seus talos resistentes com depósitos calcários, podem ser comprovadas até o **Cambriano**. Como as Dasycladales ja ocorriam no Ordoviciano com grande diversidade, devem ter surgido ainda mais cedo – dos 120 gêneros que existiram ao longo de 500 milhões de anos, apenas 10 vivem ainda hoje.

1ª Classe: Prasinophyceae

Elas apresentam escamas especiais sobre a superfície da célula e dos 2-4 flagelos de igual comprimento (raramente apenas um flagelo). Os organismos monadais incluídos neste grupo (por exemplo, *Pyramimonas*, *Pedinomonas*, *Platymonas*), em parte também os capsais e cocais, representam grande parte do plâncton dos mares; apenas poucas espécies vivem em água doce. *Platymonas convolutae* é endossimbionte de um platelminto marinho.

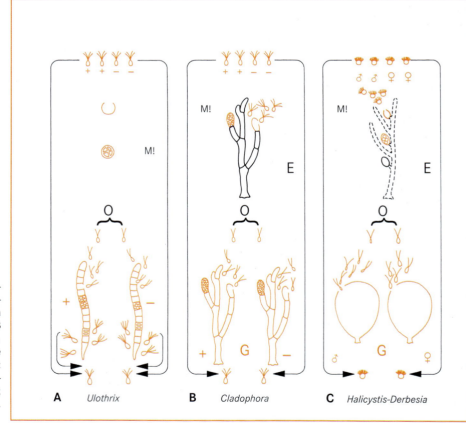

Figura 10-107 Chlorophyta. Alternância de gerações e fases nucleares. Representação esquemática dos principais tipos. **A** *Ulothryx*. **B** *Cladophora*. **C** *Halicystis-Derbesia*. Linhas pretas interrompidas: fase dicariótica, linhas pretas contínuas: fase diploide, laranja: fase haploide. – G, gametófito; E, esporófito; O, zigoto; M!, meiose. (Segundo R. Harder.)

Nas classes seguintes (2ª–7ª), os flagelos são inseridos segundo o tipo cruzado e o **aparelho flagelar** mostra uma **disposição 11-5** (Figura 10-106C, D) de suas estruturas ultramicroscópicas (na 8ª Classe das Chlorophyceae, ao contrário, disposição 1-7 ou 12-6).

2ª Classe: Ulvophyceae

As espécies unicelulares (cocais), pluricelulares, coloniais ou filamentosas com muitos núcleos em cada célula (sifonocladais) desta classe são desprovidas de flagelos, com exceção de suas células reprodutivas. O aparelho flagelar apresenta corpos basais claramente sobrepostos. A formação de parede ocorre por clivagem das células em divisão sem participação de um ficoplasto. Nas paredes transversais não existem plasmodesmos; as paredes contêm polissacarídeos. A maioria das espécies é encontrada no mar ou em água salobra.

Em geral, os talos consistem em filamentos não ramificados, que se alongam pela divisão transversal ("difusa") de muitas ou de todas as células (nível trical de organização). No gênero *Monostroma*, os filamentos mais velhos tornam-se planos por meio de divisões longitudinais em um plano. *Ulva lactuca* (alface-do-mar; Figura 10-108L), que vive nas costas marinhas, forma um talo histológico biestratificado, grande, folioide, verde. *Enteromorpha*, alga das costas marinhas que, eventualmente ocorre em águas continentais salobras, tem forma de banda tubulosa ou achatada. A polaridade é, em parte, apenas fracamente desenvolvida; é determinada, por exemplo, em *Ulothyx*, pela única célula incolor e incapaz de divisão, a célula rizoidal (Figura 10-108A). Cada célula possui um núcleo e um cloroplastídio parietal achatado, em forma de cilindro fechado ou aberto lateralmente ou de uma placa curvada com um a vários pirenoides. Após a divisão nuclear, para separação das células-filhas, uma parede comum é formada imediatamente (ver Chlorococcales).

A **reprodução** vegetativa ocorre por zoósporos, e a reprodução sexuada por copulação de gametas flagelados. O ciclo vital é, em parte, totalmente haplôntico com alternância zigótica de fases nucleares (*Ulothryx*), em parte haplo-diplôntico com alternância heterofásica de gerações (*Ulva*).

3ª Classe: Trentepohliophyceae

O talo filamentoso é frequentemente **heterotríquio**, ou seja, dividido em filamentos rastejantes e filamentos eretos; todos podem ser ramificados (Figura 10-109C). As células são uninucleadas. Em algumas formas, os filamentos rastejantes são aderidos a um disco achatado (*Cephaleuros*), assim como em alguns representantes

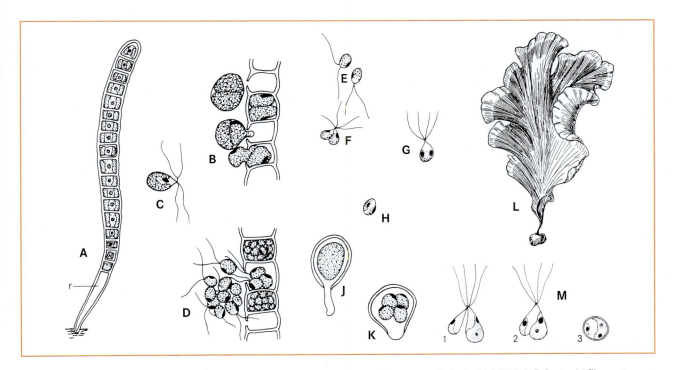

Figura 10-108 Chlorophyta, Ulvophyceae. **A-K** *Ulothrix zonata*. **A** Filamento jovem com célula rizoidal (300x). **B** Parte do filamento com liberação de zoósporos, são originados dois de cada célula. **C** Mitozoósporo tetraflagelado. **D** Formação e liberação dos pequenos gametas biflagelados de uma parte do filamento. **E** Gametas, **F** copulação. **G, H** Zigoto. **J** Zigoto em germinação, após o período de repouso, **K** formação de meiozoósporos no zigoto (B-K 480x). **L** *Ulva lactuca* (alface-do-mar) sobre uma rocha, células da periferia incolores pela liberação de zoósporos (0,5x). **M** *Enteromorpha intestinalis*, copulação de anisogametas e zigoto (1.800x). – r, célula rizoidal; 1-3, estágios até a formação do zigoto. (A-K segundo Dodel; L segundo P. Kuckuck; M segundo H. Kylin.)

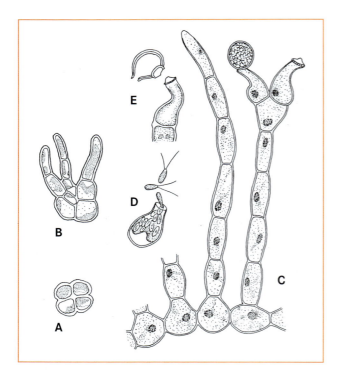

Figura 10-109 Chlorophyta, Trentepohliophyceae. **A, B** *Pleurococcus naegelii* (600x). C-E *Trentepohlia*. **C** *T. aurea*. Parte de um filamento rastejante com ramificações eretas (uma célula terminal com zoosporocisto, na outra o esporocisto já liberado; 500x). **D** *T. umbrina*. Zoosporocisto, os zoósporos sendo liberados (300x). **E** *T. umbrina*. Liberação do esporocisto esvaziado (300x). (A, B segundo R. Chodat; C segundo K.J. Meyer; D segundo G. Karsten; E segundo G. Gobi.)

Figura 10-110 Chlobionta, Chlorophyta, Trentepohliophyceae. *Trentepohlia*, cobrindo o ritidoma de uma árvore. (Fotografia segundo A. Bresinsky.)

dos Coleochaetales (*Coleochaete*; Figura 10-123A). Pela estrutura heterotríquia do talo, as Trentepohliophyceae lembram também as Chaetophorales, inseridas nas Chlorophyceae (*Stigeoclonium;* Figura 10-119A). Característica exclusiva das Trentepohliophyceae são estruturas colunares adicionais no aparelho flagelar, com seus corpos basais sobrepostos e concavidades bilaterais em forma de quilha nos flagelos.

A **parede celular**, composta de polissacarídeos, pode formar ainda uma camada de **esporopolenina**. Na divisão celular, as novas paredes são depositadas em **fragmoplastos**. A maioria das espécies são algas aéreas terrestres (por exemplo, epífitas sobre a casca das árvores ou sobre rochas; Figura 10-110).

Trentepohlia (Figura 10-109C) é encontrada frequentemente como simbionte em liquens ou como algas terrestres sobre rochas (*T. aurea* sobre rocha calcária, *T. iolithus*, com aroma de violetas, sobre rocha sílica) e troncos de árvores, nos trópicos também sobre folhas coriáceas. A adaptação à vida na terra se expressa também no fato de que os esporocistos, com os zoósporos neles contidos, são liberados inteiros. As células biflageladas copulam como gametas ou servem para reprodução vegetativa (determinação funcional facultativa). A cobertura de algas bastante distribuídas sobre cascas de árvores e rochas é causada por organismos do tipo *Pleurococcus* (*Apatococcus* e *Desmococcus*); estas algas aéreas, em parte, não produzem células móveis e são elas mesmas reduzidas.

4ª Classe: Cladophorophyceae

As espécies desta classe pertencem exclusivamente ao nível de organização sifonocladal. Elas formam talos filamentosos ramificados, às vezes ainda não ramificados, com células plurinucleadas. As paredes celulares são formadas por celulose em disposição fibrilar com a mesma estrutura das plantas verdes terrestres. As células reprodutivas flageladas possuem dois ou quatro flagelos, o aparelho flagelar apresenta corpos basais sobrepostos. As espécies crescem principalmente no mar, raramente também em água doce.

Única ordem: Cladophorales. Os talos, com frequência muito ramificados, são multicelulares e cada célula é multinuclear. Células multinucleares ocorrem também em outras ordens como formações especiais (por exemplo, em Chlorococcales com *Hydrodictyon*). *Cladophora* tem, em geral, alternância heterofásica de gerações isomórficas

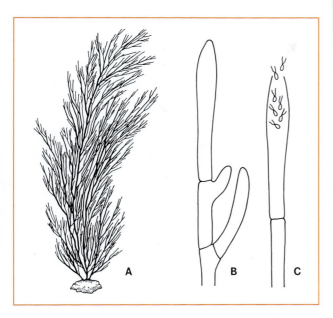

Figura 10-111 Chlorophyta, Cladophorophyceae. *Cladophora*. **A** Hábito (0,33x). **B** Ramificação. **C** Gametângio com gametas (B, C 250x). (Segundo F. Oltmanns, complementado.)

(Figura 10-107B). Neste caso, cada geração também pode se reproduzir vegetativamente. Os isogametas são biflagelados, enquanto os meiozoósporos apresentam quatro flagelos (espécies de água doce, dois). *Cladophora glomerata*, que forma em água doce estruturas ramificadas muitas vezes até do tamanho de um pé, reproduz-se apenas assexuadamente.

As espécies filamentosas ramificadas de *Cladophora* (Figura 10-111), comuns em água doce (frequentemente em água corrente) e no mar sobre substratos firmes, fixam-se pela base através de uma célula rizoidal e apresentam preferencialmente crescimento apical. Ramificações ocorrem por clivagens da "célula axial" abaixo de uma parede transversal formada centripetalmente; essas ramificações dão continuidade ao crescimento pela formação de uma parede de separação diagonal ao eixo longitudinal da célula de origem. O cloroplastídio parietal é reticuladamente interrompido e contém pirenoides com grãos de amido. As microfibrilas de celulose da parede celular são ordenadas em camadas de ângulos diferentes e conferem alta resistência. Como entre as Ulvophyceae, as células generativas (zoósporos e isogametas) originam-se em células externamente pouco distintas, exceto que, em geral, em células no ápice dos filamentos laterais. *Siphonocladus* é marinho.

As **Valoniales**, a serem inseridas neste grupo (Figura 10-113E; anteriormente inseridas nas Bryopsidophyceae) diferem por um mecanismo particular de divisão celular:

O protoplasto de um filamento celular fraciona-se em várias partes de tamanhos diferentes, que se arredondam e se envolvem em novas paredes celulares, ainda dentro da parede celular do filamento parental. Desse modo, pode ser originado um talo multicelular pseudoparenquimático. Os talos de *Valonia*, os quais contêm um grande vacúolo, muitos núcleos e inúmeros cloroplastídios parietais, representam um objeto bastante adequado para o estudo de permeabilidade celular e parede celular (Figura 2-65B).

5ª Classe: Dasycladophyceae

Os representantes desta e da próxima classe geralmente formam grandes talos tubulares (organização sifonal; completamente sem paredes transversais). As Dasycladophyceae (Dasycladales) são separadas das espécies da próxima classe pela simetria radial de seus talos e por prolongamentos semelhantes a pelos (Figura 4-1A), os quais, em parte, são eliminados e deixam cicatrizes. Um eixo central porta ramos laterais ordenados verticiladamente. As espécies ocorrem exclusivamente no mar.

A **parede celular** consiste principalmente em manano. O talo é composto de uma longa "célula axial" fixada ao substrato por rizoides e de seus ramos laterais dispostos verticiladamente (Figura 10-112B). Esses ramos são simples ou ramificados e terminam frequentemente em um gametângio.

Acetabularia, a sombrinha-de-vênus, é especialmente conhecida como objeto de pesquisa morfogenética (Figura 10-112C-G). Sobre um eixo vertical não dividido, ela apresenta um chapéu semelhante a um escudo, o qual consiste em câmaras radiais densamente justapostas. Acima e abaixo do escudo forma-se uma coroa de células curtas. Da coroa superior parte um verticilo de hastes delgadas ramificadas para cima (Figura 10-112D), que desaparecem com a maturação do escudo. O talo tem inicialmente apenas um núcleo (núcleo primário), que permanece por muito tempo sem alteração no rizoide. Após a formação do escudo, o núcleo se divide em inúmeros núcleos secundários haploides, que migram para as câmaras (Figura 2-10A, B) e lá iniciam a formação de cistos de parede espessa. Os cistos são liberados com a degradação do escudo, abrem com um opérculo e liberam os gametas (Figura 10-112E). O zigoto (Figura 10-112G), formado pela copulação de isogametas, fixa-se e cresce para formar um novo talo diploide. Segundo as pesquisas mais recentes, *Acetabularia* não é um ciplonte, pois o núcleo primário deve ser haploide. Segundo outras opiniões, porém, a meiose ocorre na formação dos núcleos secundários; desse modo, o ciclo vital seria diplôntico (com alternância gamética de fases nucleares).

As camadas externas da parede da célula axial calcificam fortemente nas Dasycladales (Figura 10-112B), de modo que resta um cilindro oco após a morte do talo. A eles deve-se a importância dos fósseis de Dasycladophyceae como formadores de rochas, por exemplo, no Triássico alpino. A partir do Cambriano, as Dasycladophyceae são conhecidas em todas as formações com 120 gêneros, mas hoje, existem apenas 10 gêneros. Com base nos achados fósseis, pode-se acompanhar a evolução desde as formas simples, nas quais os ramos partem da célula axial sem obedecer nenhuma regra, até os gêneros altamente diferenciados como *Acetabularia*.

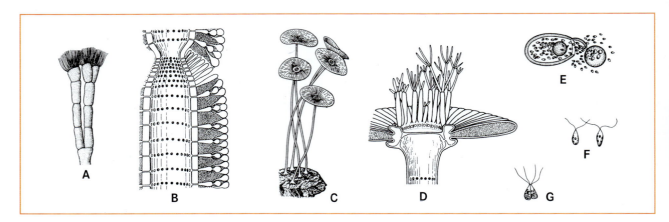

Figura 10-112 Chlorophyta, Dasycladophyceae, Dasycladales. *Cymopolia barbata*. **A** Parte superior de uma planta (4x). **B** Corte longitudinal através de uma porção do talo; pontilhado: envoltório calcário (40x). **C-G** *Acetabularia mediterrânea*. **C** Talo adulto (1x). **D** Corte longitudinal através do escudo; acima, coroa de ramos estéreis, abaixo, cicatrizes do verticilo de ramos eliminados (6x). **E** Cisto aberto, liberando os gametas (100x); **F** Gametas (300x). **G** Copulação (300x). (A, B segundo Solms-Laubach; C, D segundo F. Oltmanns; E-G segundo A. De Bary e E. Strasburger.)

6ª Classe: Bryopsidophyceae (= Sifonales)

As extraordinariamente diversificadas Sifonales, ou algas tubulares, que ocorrem principalmente em mares quentes, não apresentam paredes transversais em seus **talos**, mas sim simplesmente uma malha de vigas de suporte. A **parede celular** (como substâncias de parede ocorrem, além de celulose, também manano e xilano) envolve, assim, um único protoplasto multinucleado, equipado com inúmeros cloroplastídios discoides pequenos. Apenas os órgãos reprodutivos são delimitados por paredes transversais (**nível de organização sifonal**). Os tubos de algumas espécies são trançados para formar um plectênquima. Além dos pigmentos comuns nas Chlorophyceae, ocorrem nas Sifonales sifonoxantina e sifoneína como pigmentos acessórios característicos da classe.

A **reprodução** sexuada é anisogâmica, mais raramente, isogâmica. As células reprodutivas têm dois, quatro ou muitos flagelos. O aparelho flagelar apresenta corpos basais sobrepostos. O ciclo vital é, segundo pesquisas recentes, predominantemente haplôntico, porém em parte também **alternância de gerações heteromórficas** com esporófitos dicariótico-diploides. O ciclo vital é descrito segundo o exemplo de *Derbesia-Halicystis*: o gametófito consiste de gametângios vesiculosos com 0,5 a 3 cm de tamanho, dos quais germina um rizoide perene; devido ao desconhecimento da relação com o esporófito estas plantas foram anteriormente classificadas em um gênero próprio (*Halicystis* = gametófito de *Derbesia*; Figura 10-113F). As plantas unissexuadas de *Halicystis* liberam anisogametas com dois flagelos igualmente longos (Figura 10-113G). O esporófito, a tubular-ramificada *Derbesia* (Figura 10-113H), origina-se do zigoto. Em esporocistos ovoides desta planta inicialmente dicariótica, depois gradativamente diploide, originam-se após a meiose os meiozoósporos, dotados de uma coroa de flagelos. A alternância de gerações é heteromórfica com pouca predominância do esporófito dicariótico-diploide, que pode atingir até 10 cm de altura (Figura 10-107C). A composição da parede celular é diferente nas duas gerações.

A classe inclui as ordens **Bryopsidales**, com *Derbesia* e *Codium*, e **Halimedales**, com *Caulerpa* e *Halimeda* (ver Figura 10-113). Espécies de *Codium* consistem em um emaranhado de tubos celulares ramificados, sem paredes transversais; espécies de *Caulerpa* consistem em uma única célula gigante multinucleada, dividida em um eixo principal com até 1 m de comprimento, incolor, rastejante e presa ao substrato através de rizoides e talos folioides verdes. ▶

7ª Classe: Trebouxiophyceae

A esta classe pertencem **algas aéreas**, em parte também **simbiontes de liquens**, com organização desde cocal até filamentosa ramificada (trical). O aparelho flagelar (das células reprodutivas), com seus corpos basais sobrepostos, apresenta particularidades que só ocorrem nesta classe. As células-filhas originadas por esquizogonia (divisões celulares que ocorrem em rápida sequência em uma célula-mãe) são rodeadas por uma nova parede celular formada a cada divisão. Com isso, as Trebouxiophyceae assemelham-se às Chlorococcales das Chlorophyceae, no entanto, a mitose ocorre por processos diferentes. *Trebouxia* e *Chlorella*, gêneros cocais de algas (em parte com aplanósporos; Figura 10-117J), são simbiontes em liquens, em parte também no plasma de animais inferiores (*Chlorella vulgaris* em infusórios, *Chlorohydra*, entre outros, ver 8.2).

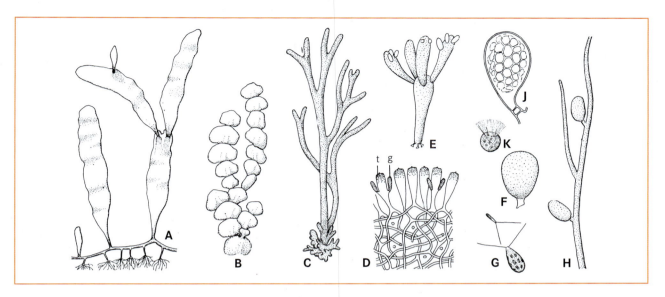

Figura 10-113 Chlorophyta, Bryopsidophyceae. **A-D** Halimedales. **A** *Caulerpa prolifera*. Talo (12x). **B** *Halimeda tuna*. Talo (0,5x). **C, D** *Codium tomentosum*. **C** Talo (0,5x). **D** Corte transversal do talo (15x). **E** Valoniales (agora inserido nas Cladophorophyceae). *Valonia utricularis*. Talo (1,5x). **F-K** Bryopsidales. **F, G** *Derbesia marina* (*Halicystis ovalis*). **F** Gametófito (3x). **G** Gametas ♂ e ♀ (500x). **H-K** *Derbesia marina*. **H** Parte do talo do esporófito (30x). **J** Esporocisto (120x). **K** Zoósporo (400x). – g, gametângio; t tubos periféricos. (A segundo H. Schenck; B segundo F. Oltmanns; C, D segundo K. Mägdefrau; E segundo W. Schmitz; F, G, J segundo P. Kuckuck; H segundo R. Harder; K segundo J.S. Davis.)

Aqui podem ser inseridas as **Prasiolaceae**. *Prasiola stipitata* possui um ciclo vital peculiar. Nas partes superiores, vegetativas, do talo, o esporófito folioso completa meioses seguidas de mitoses. O gametófito assim formado permanece por toda vida ligado ao esporófito (ciclo haplobiôntico). Áreas celulares isoladas do gametófito produzem oosferas, outras produzem pequenos gametas ♂ biflagelados (diferenciação sexual genotípica, oogamia). As células reprodutivas liberadas se fundem em zigoto.

8ª Classe: Chlorophyceae

A classe possui espécies unicelulares flageladas ou não flageladas e coloniais, assim como filamentosas (tricais e sifonais). A **parede celular** das espécies flageladas é constituída de glicoproteínas; a dos representantes não flagelados consiste em polissacarídeos como, entre outros, celulose. Na divisão celular, as novas paredes transversais são originadas em **ficoplastos** (ver Chlorophyta, Introdução); essas paredes são frequentemente interrompidas por plasmodesmos. A **inserção flagelar** é do tipo cruzado. O aparelho flagelar apresenta **organização 1-7** ou **12-6** (dos corpos basais, etc.; Figura 10-106). As espécies da classe vivem principalmente como **algas de água doce**, um pequeno número em água salobra e marinha ou também como **algas aéreas**.

1ª Ordem: Volvocales. A ordem contém organismos unicelulares flagelados, que podem ser reunidos em colônias. A passagem de organismos unicelulares para colônias com distintas diferenciações e crescente polaridade pode ser bem acompanhada nesta ordem. As células radiais são dotadas de dois, quatro ou oito flagelos simples não ciliados apicais, de igual comprimento (comparar Figura 10-114A). Eles partem dos dois lados de uma papila apical.

Reprodução e multiplicação das espécies unicelulares ocorrem vegetativamente por zoósporos. Estes são formados em número de 2-16, por divisões celulares longitudinais sucedâneas repetidas do conteúdo de uma célula-mãe (Figura 10-114B) e liberados pelo rompimento da parede do esporocisto assim formado. Na reprodução sexuada (em *Chlamydomonas* 10% das espécies), fusionam-se gametas biflagelados ou oosfera e espermatozoide.

Na **isogamia** (Figura 114C), os gametas copulantes são idênticos em tamanho, aparência e movimento; em geral, eles não se distinguem das células vegetativas. Sob determinadas condições, eles podem copular indiscriminadamente uns com os outros ou desenvolver-se vegetativamente (determinação funcional facultativa). Assim, os gametas podem, pertencer a um único tipo de cruzamento (monoicia) ou, sem diferenças visíveis, ser genotipicamente distintos (dioicia com gametas "+" e "–"; por exemplo, *Chlamydomonas reinhardtii*). Em parte, a determinação de função das células reprodutivas depende de condições externas. Um meio rico em nitrogênio (íons NH_4^+) condiciona a formação exclusivamente de células vegetativas. Íons Ca_2^+ promovem a determinação funcional como gametas.

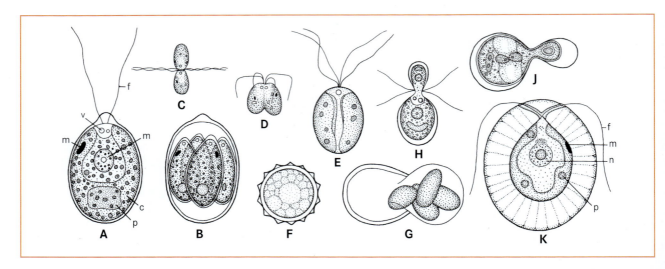

Figura 10-114 Chlorophyta, Chlorophyceae, Volvocales, Chlamydomonadaceae. **A** *Chlamydomonas angulosa* (1.100x), **B** a mesma, quatro células-filhas na célula-mãe (1.100x). **C, D** *Chlamydomonas botryoides*. Copulação entre dois isogametas (250x). **E** *Chlamydomonas paradoxa*. Zigoto (55x). **F** *Chlamydomonas monoica*. Cistozigoto em repouso (500x). **G** *Stephanosphaera pluvialis*. Hipnozigoto em germinação (300x). **H, J** *Chlamydomonas braunii*. Copulação entre anisogametas (400x). **K** *Haematococcus pluvialis* (célula envolta em espessa camada de gelatina, 330x). – c, cloroplastídio; f, flagelo; n, núcleo; p, pirenoide; m, mancha ocelar; v, vacúolo contrátil. (A, B segundo O. Dill; C-G segundo Strehlow; H, J segundo N. Goroschankin; K segundo E. Reichenow.)

Em espécies com **anisogamia** (Figura 10-114 H, J), gametas menores ♂ copulam com gametas ♀ grandes. Em *Chlamydomonas suboogama*, os gametas ♀ têm flagelos não funcionais; isto conduz ao próximo grupo de espécies.

Oogamia. Em *Chlorogonium oogamum*, os flagelos faltam completamente no gameta ♀, que sai da célula-mãe com movimentos ameboides (Figura 10-115D) e transforma-se em oosfera. A oosfera é fecundada por espermatozoides aciculares verde-claros, biflagelados, formados em número de 64 a 128 por divisões sucedâneas em indivíduos ♂ (Figura 10-115B). Em *Chlamydomonas coccifera*, a reprodução se processa por gameto-gametangiogamia, pois a célula ♀ inteira, mediante perda de seus flagelos, converte-se em oogônio e é fecundada por espermatozoides.

Já nesses organismos unicelulares, é possível observar um desenvolvimento progressivo desde a isogamia, passando pela anisogamia e oogamia até a fusão de gametas ♂ com oogônio.

As células reprodutivas flageladas originam-se geralmente em maior número (2-64) em uma célula-mãe, por meio de divisões longitudinais. Na isogamia e anisogamia, estas se unem aos pares formando zigotos (Figura 10-114C-E); em geral, primeiramente as pontas dos flagelos se tocam e se enrolam (Figura 10-114C). Na copulação, glicoproteínas funcionam como gemonas (ver 7.2.1.1), que atraem os gametas de tipos reprodutivos contrários e permitem uma aderência temporária dos flagelos. O zigoto é inicialmente tetraflagelado e ainda móvel (planozigoto). Mais tarde, os flagelos são recolhidos e então o zigoto de paredes espessadas entra em período de repouso (cistozigoto; Figura 10-114F). Os gametas são formados sempre sem parede celular, mas, podem também revestir-se de uma parede e, assim, o conteúdo precisa sair da parede para a copulação. Na germinação do zigoto (Figura 10-114G) ocorre a meiose, sendo que as células flageladas resultantes são divididas na relação 1:1 entre os dois tipos de cruzamento (+ e -). As células são, assim, meiozoósporos, a alternância de fases nucleares é zigótica e o ciclo vital haplôntico. De cada vez, o indivíduo inteiro é consumido na produção dos gametas.

Ocorrência. As Volvocales são organismos planctônicos amplamente distribuídos em água doce. Podem ocorrer em quantidades tão elevadas que a água apresenta-se completamente verde; no mar não estão presentes.

A absorção de substâncias orgânicas estimula o desenvolvimento de muitas espécies (mixotrofia; ver 8.1); elas ocorrem, portanto, em parte, em águas com poluição orgânica. Poucas espécies (por exemplo, *Polytoma uvella*) são completamente saprobiônticas. Neste caso, a clorofila está ausente, mas o cloroplastídio que existia anteriormente é ainda reconhecível como um plastídio incolor. No lugar de tilacoides, esses plastídios contêm um sistema de túbulos desordenados. Esses plastídios amarelos, fotossinteticamente inativos, são encontrados em mutantes de *Chlamydomonas* obtidos por radiação UV.

Classificação das Volvocales. Exclusivamente representantes sem parede celular pertencem à pequena família **Polyblepharidaceae**, supostamente ancestral. Enquanto as Polyblefarides, ao que se sabe, reproduzem-se apenas por bipartição longitudinal, gêneros altamente desenvolvidos também apresentam reprodução sexuada com diferenciação fenotípica ou genotípica de tipos de cruzamento

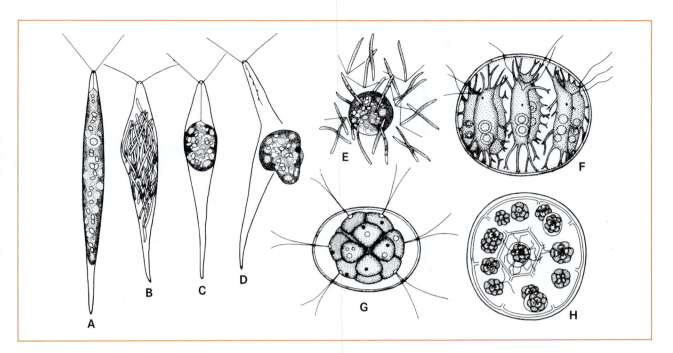

Figura 10-115 Chlorophyta, Chlorophyceae, Volvocales. **A-E** *Chlorogonium oogamum* (240x). **A** Célula vegetativa. **B** Célula ♂ com espermatozoides. **C** Célula ♀ com oosfera. **D** Liberação da oosfera. **E** Oosfera rodeada por espermatozoides. **F** *Stephanosphaera pluvialis* (250x). **G** *Pandorina morum* (160x). **H** A mesma, formação de colônias-filhas (a parede da célula-mãe em parte já dissolvida, 150x). (A-E segundo A. Pascher; F segundo G. Hieronymus; G segundo Stein; H segundo N. Pringsheim.)

(+ e –). *Dunaliella salina* pertence ao último grupo, vive em águas com altas porcentagens de sal e é tingida de vermelho pela presença de carotenoides.

As **Chlamydomonadaceae** diferem das Polyblepharidaceas pela presença de uma parede celular. A posição ancestral do cloroplastídio é central, na maioria das espécies de *Chlamydomonas* é parietal, nas espécies derivadas é perfurado reticuladamente ou separado em discos isolados. Na reprodução sexuada, completa-se uma progressão até oogamia.

Em reações fototácticas, a velocidade de movimento das células flageladas (por exemplo, de *Chlamydomonas*) é cerca de 10 vezes o comprimento do corpo por segundo. Nas proximidades da inserção dos flagelos, encontram-se dois vacúolos pulsáteis, que se contraem alternadamente e, com isso, expulsam água. Esses vacúolos mantêm constante o valor osmótico da célula. Cada célula possui um cloroplastídio em forma de taça que, em geral, porta um pirenoide com amido na base (ver 2.2.9.1 e Figura 10-114A), e uma mancha ocelar (estigma, Figuras 7-7 e 10-114A) na região anterior. A formação de amido em cloroplastídios não é exclusivamente ligada aos pirenoides. Os grânulos de pigmento (glóbulos de caroteno) constituintes da mancha ocelar formam ao todo 3-8 séries. Na estrutura da parede celular (quando esta está presente; como em *Chlamydomonas*) estão envolvidos glicoproteídeos (entre outros, hidroxiprolina e arabinose ligados em galactose) e polissacarídeos (contudo, não celulose).

Muitas espécies (*Haematococcus pluvialis*, Figura 10-114K) tingem as poças de água da chuva de vermelho devido ao seu conteúdo de carotenoides. *Chlamydomonas nivalis* causa a "neve vermelha" das altas montanhas e do Ártico. Algumas Chlamydomonaceas (e outros flagelados) desenvolvem-se em terras baixas também sobre o gelo úmido e neve derretida (Quadro 10-6). *Carteria* possui quatro flagelos.

A família **Volvocaceae** experimentou uma evolução em relação à família anterior, pelo **desenvolvimento de colônias** (ver também Quadro 10-3). Os organismos unicelulares geralmente com estrutura do tipo *Chlamydomonas* são unidos uns aos outros por gelatina ou também por plasmodesmos. Em *Oltmannsiella*, quatro células são unidas em uma fita, em *Gonium* 4-16 células são unidas em um plano, sendo todos os flagelos voltados na mesma direção. As colônias de *Stephanosphaera* (Figura 10-115F), que vivem em poças de água da chuva, consistem em uma coroa de 4,8 ou 16 células com prolongamentos rígidos; os cloroplastídios possuem em geral dois pirenoides. Em *Pandorina*, 16 células semelhantes às de *Chlamydomonas* formam uma esfera, e em *Eudorina* e *Pleodorina* são 32 e 128 dessas células unidas em uma esfera oca. Em todas essas colônias, os flagelos movem-se sincronicamente, o que é possibilitado por plasmodesmos (ver 2.2.7.3). De *Pandorina*, passando por *Eudorina* até *Pleodorina* é evidenciada uma diferenciação polar segundo a direção do movimento (tamanho da mancha ocelar, tamanho da célula, capacidade de reprodução, entre outros). As células não morrem ao fim do seu desenvolvimento individual, mas se dividem ou se consomem na formação de células reprodutivas. A organização mais elevada em relação ao número de células participantes, da diferenciação e da polaridade foi atingida por *Volvox* (Figura 10-116): até vários milhares de células (*V. globator* até 16.000) dotadas de dois flagelos, uma mancha ocelar e um cloroplastídio formam uma esfera oca cheia de mucilagem, com um milímetro de tamanho e visível a olho nu; suas células são ligadas entre si por plasmodesmos largos (Figura 10-116B,C). Apenas uma pequena parte das células – localizadas esparsamente na parte posterior da esfera – é capaz de se reproduzir. A maioria das células serve apenas para fotossíntese e movimento; mas também essas se distinguem umas das outras por uma gradual diminuição do tamanho da mancha ocelar (com crescente tamanho da célula) do polo anterior para o posterior (polaridade). O polo anterior da esfera é, além disso, determinado pela direção do movimento. A esfera-*Volvox* deve ser vista, na verdade, não mais como uma colônia, mas como um indivíduo pluricelular. As células individuais não são totipotentes. Já que apenas uma parte das células é capaz de se reproduzir, a maior parte das células morre após a formação de esferas-filhas ou gametas ("cadáver" é o resto da colônia).

Na **reprodução vegetativa** de *Volvox* (Figura 10-116D-J, células isoladas relativamente grandes (Figura 10-116D) no polo posterior da colônia dividem-se longitudinalmente várias vezes e uma reentrância (Figura 10-116F) se forma por invaginação, produzindo finalmente uma esfera oca aberta para cima (Figura 10-116G). A esfera-filha formada desse modo se liberta, inverte-se (Figura 10-116H) e afunda, agora com os flagelos orientados para fora, no interior da esfera-mãe, que se encontra então preenchida. Desse modo, são formadas várias esferas-filhas (Figura 10-116 A), que são liberadas apenas com a degeneração do indivíduo parental.

A **reprodução sexuada** ocorre por oogamia em *Eudorina* e *Volvox*. Nas células individuais (as células reprodutivas), originam-se tanto oosferas verdes (uma por célula, ao todo 6-8) quanto pequenos espermatozoides amarelados, em grande número, que antes da liberação são ordenados em uma placa (Figura 10-116K, M). A distribuição de sexos é diferente nas espécies de *Volvox*: *Volvox globator* é monoico, *V. aureus* e *V. carteri* são dioicos. Nas espécies dioicas, o desenvolvimento vegetativo das esferas em formação em indivíduos ♀ ou ♂ é induzido por um hormônio sexual (glicoproteídio). Este é formado pelos indivíduos ♂ (ou seus espermatozoides) e é necessário para que os indivíduos jovens geneticamente determinados como ♀ ou ♂ se desenvolvam em indivíduos sexuais. Na falta do hormônio sexual, formam-se apenas esferas assexuadas de *Volvox*. Após a fecundação, a oosfera se transforma em um zigoto de repouso com paredes espessas; a meiose ocorre na sua germinação. Em todas as Volvocaceas, todas as células da colônia derivam de uma mesma célula.

2ª Ordem: Chlorococcales (= Protococcales). As células, dotadas em geral de um núcleo e um cloroplastídio, não possuem **flagelos no estágio vegetativo**; são, portanto, imóveis. Apenas na reprodução ocorrem células biflageladas, móveis (zoósporos, Figura 10-117D; ou gametas). Estes são em geral liberados nus e desenvolvem uma parede celular apenas após a liberação (encistação). Em parte, são liberados apenas aplanósporos desprovidos de flagelos. Nos raros casos em que a reprodução sexuada foi comprovada, trata-se de isogamia com gametas flagelados (por exemplo, *Pediastrum* e *Hydrodictyon*); a oogamia

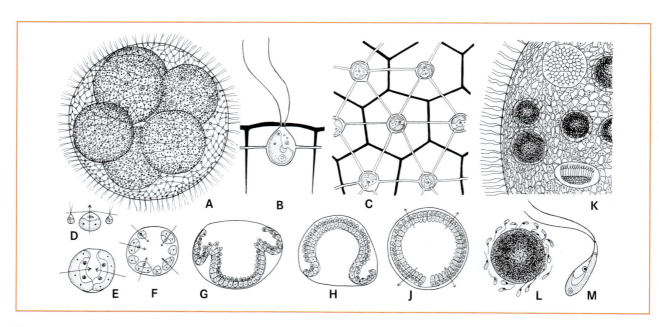

Figura 10-116 Chlorophyta, Chlorophyceae, Volvocales. *Volvox*. **A-J** *V. aureus* **A** Indivíduo com seis indivíduos-filhos (50x). **B** Células individuais com plasmodesmos ligando lateralmente as células vizinhas (1.000x). **C** Colônia, vista frontal (500x). **D-J** Desenvolvimento e inversão de uma esfera-filha (D 250x, E-F 350x, G-J 250x). **K, L** *V. globator*. **K** Parte de um indivíduo monóico com cinco oosferas e duas placas de espermatozoides (200x). **L** Oosfera, rodeada por espermatozoides (265x). **M** *V. aureus*. Espermatozoide (1.000x). (A segundo L. Klein; B, C M segundo C. Janet; D-J segundo W. Zimmermann; K, L segundo F. Cohn.)

é extremamente rara. Os zigotos germinam por meiose, de modo que o ciclo vital se desenvolve apenas na haplofase. Muitas espécies constituem, a partir de suas formas unicelulares, colônias de agregação com estruturas características (por exemplo, *Pediastrum* Figura 10-118, *Scenedesmus* Figura 10-117L). A constituição química da parede celular de polissacarídeos é em geral desconhecida – em *Pediastrum* encontra-se depósito de sílica e em muitas espécies **esporopolenina**.

Na **divisão celular** de muitas espécies (por exemplo, *Chlorococcum*), são formadas inicialmente algumas células-filhas nuas, que então simultaneamente são envolvidas por paredes celulares. *Kirchneriella*, que foi minuciosamente estudada com auxílio de microscópio eletrônico, difere desse modelo pelo fato de que, imediatamente após a divisão celular, são formados septos com material de parede que, no entanto, logo desaparecem. Em seguida, as quatro células-filhas formadas libertam-se umas das outras e se envolvem cada uma em sua própria parede celular nova antes de deixar, como células isoladas, a célula-mãe.

Como nas Volvocales, encontramos aqui uma sequência progressiva, porém, de espécies unicelulares até **colônias de agregação** (ver Quadro 10-3, para sua origem, ver adiante), que podem ser estruturadas em planos ou esferas, entre outros.

A ontogenia de *Kirchneriella* (ver acima), no entanto, permite indicar que as formas unicelulares são derivadas das formas coloniais.

Indivíduos unicelulares esféricos a elipsoides são representados por *Chlorococcum* (com zoósporos, Figura 10-117D) e *Oocystis*. *Scenedesmus* (Figura 10-117L, M), gênero de água doce amplamente distribuído, forma **agregados celulares mais simples** com, em geral, quatro (ou oito) células em uma fileira. *Pediastrum,* igualmente comum, apresenta uma estrutura mais rica, formando **planos delicados** (Figura 10-118A) flutuando livres na água, comparáveis a *Gonium* sem flagelos. O agregado celular de *Coelastrum*, finalmente, é construído tridimensionalmente, enquanto as células formam uma **esfera oca** (Figura 10-118E).

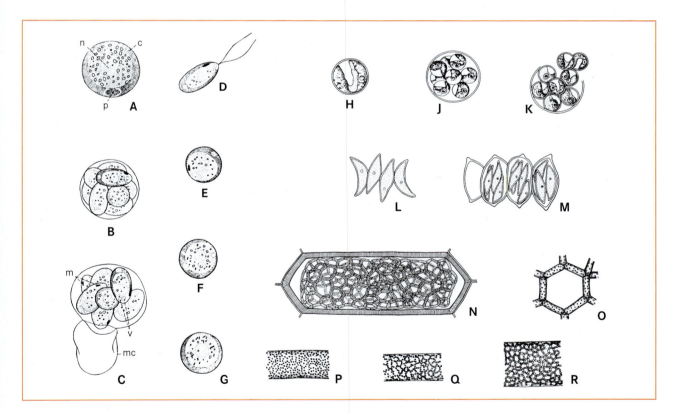

Figura 10-117 Chlorophyceae, Chlorococcales. **A-G** *Chlorococcum* (1.000x). **A** Célula vegetativa com cloroplastídio em forma de pote, na parte dianteira um tanto retraído, ou seja, aberto, com pirenoide e núcleo translúcido. **B** Divisão em oito células-filhas. **C** Esvaziamento dos zoósporos em uma vesícula que posteriormente se incha, formada da camada interna da membrana da célula-mãe. **D** Zoósporos livres com flagelos apicais de igual comprimento, **E** o mesmo, em repouso; mancha ocelar e vacúolos ainda presentes. **F, G** Desenvolvimento até o estágio A com a perda da mancha ocelar e vacúolos. **H-K** Trebouxiophyceae, Chlorellales. **H-K** *Chlorella vulgaris* (500x). **H** Célula vegetativa. **J, K** Divisão em oito aplanósporos. **L-M** Chlorophyceae, Chlorococcales. **L, M** *Scenedesmus acutus* (1.000x). **L** Colônia de quatro células. **M** Divisão. **N-R** *Hydrodyction utriculatum*. **N** Rede jovem em uma célula da rede-mãe (15x). **O** Malha da rede jovem (80x). **P** Parte de uma célula velha com zoósporos. **Q, R** Organização dos zoósporos em uma nova rede com protoplastos inseridos em paredes (P-R 10x). – m, mancha ocelar; c, cloroplastídios; n, núcleo; mc, membrana da célula-mãe; p, pirenoide; v, vacúolos contráteis. (A-G segundo A. Pascher; H-K segundo Grintzesco, L-M segundo E. Senn; N, O segundo G. Klebs; P-R segundo R.A. Harper.)

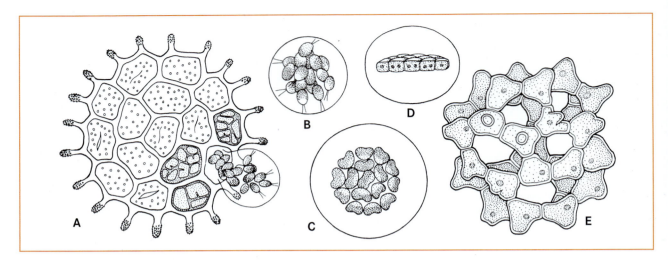

Figura 10-118 Chlorophyta, Chlorophyceae, Chlorococcales. **A-D** *Pediastrum granulatum*. **A** Colônia discoide, esvaziada com exceção de umas poucas células, três das quais em divisão celular; a quarta célula libera uma vesícula com 16 células flageladas. **B** Zoósporos móveis na vesícula liberada. **C** 4,5 horas mais tarde: ocorreu agregação em torno de uma das 16 células-filhas; **D** o mesmo, em vista lateral (300x). **E** *Coelastrum proboscideum* (550x). (A-D segundo A. Braun, modificado; E segundo G. Senn.)

Na rede d'água *Hydrodictyon reticulatum*, uma alga de água doce flutuante, 3-4 células cilíndricas se justapõem pelas extremidades em estrela e formam uma colônia multicelular em forma de um grande saco com até (1-)2 m de comprimento em uma **rede oca de malha múltipla** (Figura 10-117N).

A **reprodução** sexuada ocorre por isogametas, que são menores que os zoósporos. Na germinação do zigoto, formam-se inicialmente quatro meiozoósporos, os quais se transformam em "poliedros" imóveis de paredes espessas após um curto período de dispersão. Só então estes germinam em novas colônias de agregação; em *Hydrodictyon*, estas são inicialmente muito menores. Para a reprodução vegetativa, em todos esses gêneros formam-se zoósporos flagelados ou aplanósporos imóveis que, no entanto, nunca são liberados isoladamente, mas logo se ligam, por cimentação de suas paredes celulares, em uma colônia com o número de células e a forma características de sua espécie (Figuras 10-117 e 10-118). Essa união pode ocorrer logo após a liberação, em uma vesícula de gelatina, da célula-mãe (Figura 10-118A) ou até mesmo dentro da célula-mãe; assim, após a desintegração desta, uma nova planta é libertada com o mesmo número de células, embora inicialmente menores. Divisões celulares não mais ocorrem na colônia (exceto para a formação de células reprodutivas). A citada semelhança com a linhagem de Volvocales refere-se apenas à aparência externa, não ao processo de formação. Em Volvocales, as colônias são formadas por repetidas divisões celulares longitudinais das células produzidas, sendo assim, a posição de cada célula na colônia é previamente definida. Em Chlorococcales, todo o conjunto pode se originar por clivagem plasmática de células inicialmente formadas (dentro de células ou vesículas de gelatina) que se movimentam livremente umas entre as outras, antes que se organizem secundariamente (Figura 10-118A, B).

Ocorrência. As Chlorococcales vivem principalmente no plâncton da água doce. Algumas formas desenvolveram transição para a vida terrestre. Essas espécies são habitantes de solos úmidos, de areias secas ou de rochas. A alga de solo *Spongiochloris* é termorresistente. Também na cobertura verde externa de cascas de árvores e muros as Chlorococcales (juntamente com outras algas) são componentes regulares. Outras se desenvolvem como simbiontes em liquens (comparar também *Trebouxia*, Trebouxiophyceae). *Scenedesmus*, *Ankistrodesmus* e *Hydrodictyon* são frequentemente utilizados em experimentos fisiológicos em cultura estéril.

Fósseis foram descritos, já do Permiano e Triássico, com formas semelhantes às atuais *Pediastrum*. Formas semelhantes às Chlorococcales (*Caryosphaeroides*) estão entre os mais antigos achados de células eucarióticas (ver 10.3.2).

3ª Ordem: Chaetophorales. O talo das algas pertencentes a esta ordem forma filamentos ramificados de células uninucleadas e dotadas de um cloroplastídio. O filamento é geralmente **heterotríquio**, isto é, consiste em duas partes: uma "base" de filamentos ramificados, deitados sobre o substrato, e filamentos eretos, mais ou menos ricamente ramificados, portadores de órgãos reprodutivos (Figura 10-119A). A reprodução sexuada – quando presente – ocorre por isogamia, anisogamia ou oogamia.

Em muitos gêneros, a construção heterotríquia, ou seja, bipartida, é mascarada ou não mais reconhecível pela fraca expressão de uma das partes. O gênero-tipo *Chaetophora* forma ramos laterais que culminam em porções terminais capilares afiladas. Muitas formas reúnem vários indivíduos em colônias mantidas por mucilagem. Em *Stigeoclonium* (Figura 10-119A) ocorrem isogametas biflagelados (Figura 10-119B), juntamente com os zoósporos tetraflagelados. Na alga de solo *Fritschiella* (Índia, África; Figura 10-119C) filamentos ramificados elevam-se no ar

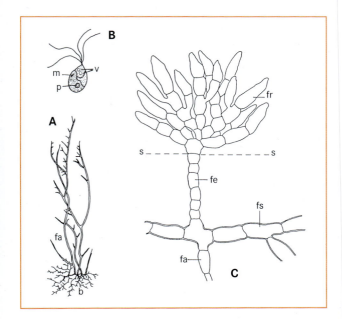

Figura 10-119 Chlorophyta, Chlorophyceae, Chaetophorales. **A** *Stigeoclonium tenue* (4x). **B** *Stigeoclonium subspinosum*. Zoósporo (900x). **C** *Fritschiella tuberosa*. – m, mancha ocelar; s, superfície do solo; p, pirenoide; fe, filamento celular ereto, ramificado no ápice; fs, filamento subterrâneo, rastejante; r, rizoide; b, base; fr, filamentos secundários ramificados; v, vacúolo pulsátil; fa, filamentos aquáticos. (A segundo J. Huber; B segundo E. Juller; C segundo R.N. Singh.)

a partir de fileiras de células que rastejam no solo. Neste caso, inicia-se uma diferenciação funcional (fortemente desenvolvida nas plantas terrestres) em partes absorventes por um lado, e partes assimiladoras por outro.

Ocorrência. A maioria das espécies é de habitantes de águas doces (por exemplo, *Chaetophora, Stigeoclonium*) – muitas vezes epifíticas sobre algas e outras plantas aquáticas.

4ª Ordem: Oedogoniales. As Oedogoniales, com o gênero *Oedogonium*, formam mais uma ordem com organização trical. Os filamentos celulares são geralmente não ramificados, mas a reprodução oogâmica e também a forma única de divisão e alongamento celulares indicam um desenvolvimento especial altamente derivado. As células uninucleadas possuem um cloroplastídio reticular parietal com inúmeros pirenoides (Figura 10-120A).

A característica única da divisão e alongamento de células isoladas está relacionada à formação de "casquetes" na extremidade superior da célula (Figura 10-120H-M). A formação desses casquetes inicia-se já no início da divisão nuclear (prófase) na extremidade superior da célula, por meio de uma invaginação anelar formada por vesículas fusionadas (Golgi); essa invaginação consiste em grande parte de frações amorfas, flexíveis, da parede celular. Ao final da divisão nuclear, entre as células-filhas surge um septo dentro do ficoplasto (ver Chlorophyta, Introdução), do qual partem placas celulares inicialmente móveis – a

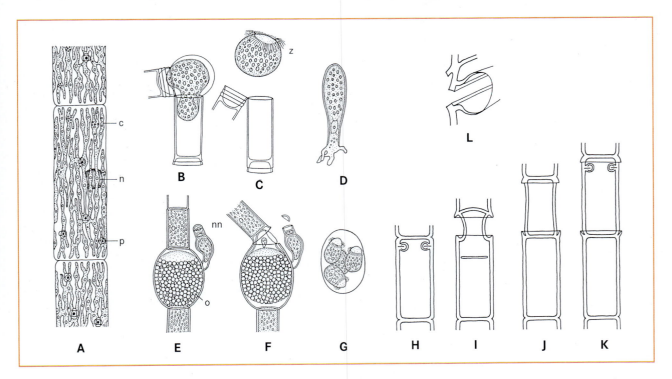

Figura 10-120 Chlorophyta, Chlorophyceae, Oedogoniales. *Oedogonium*. **A** Parte do filamento (600x). **B-D** *O. concatenatum*, liberação de um zoósporo e sua germinação (300x). **E-G** *O. ciliatum* (350x). **E, F** Fecundação. **G** Germinação do zigoto. **H-L** Formação de casquetes na parede durante a divisão celular (200x). **L** Ruptura da parede celular na invaginação (2.000x). – nn, nanandro; c, cloroplastídio; n, núcleo; o, oogônio; p, pirenoide; z, zoósporo com substâncias de reserva; o, único núcleo encoberto (ver. D). (A segundo W. Schmitz; B-D segundo I. Hirn, E, F segundo N. Pringsheim; G segundo L. Juranyi; H-K segundo K. Esser; L segundo J.D Pickett-Heaps, modificado.)

futura parede celular. Na região da invaginação anelar superior, rompe-se, então, a parede celular externa e tal invaginação se alonga formando um cilindro. No local da ruptura resulta, a cada vez, um casquete característico. Pela repetição desse processo, acumulam-se esses casquetes na extremidade superior da mesma célula, parecendo encaixados uns sobre os outros (Figura 10-120C).

O **ciclo vital** é haplôntico. Os zoósporos, relativamente grandes, são formados cada um a partir do conteúdo inteiro de uma célula do filamento. Próximo à extremidade anterior livre de cloroplastídios, eles possuem uma característica coroa subapical constituída de inúmeros flagelos não pareados (Figura 10-120C). Em outras partes do filamento, células incham e produzem **oogônios** em forma de barril; seu conteúdo torna-se uma grande oosfera (Figura 10-120E), que permanece sempre fechada dentro do oogônio. Outras partes do filamento do mesmo indivíduo ou em outras plantas (determinação sexual modificadora) produzem, em células localizadas geralmente mais abaixo, dois espermatozoides amarelados, semelhantes aos zoósporos, porém menores.

Outro modo de dispersão das células reprodutivas ♂ é por meio dos chamados andrósporos e "nanandros". Em células que se assemelham aos anteriormente descritos, gametângios ♂ são produzidos, ao invés de espermatozoides, os ligeiramente maiores andrósporos. Estes são atraídos quimiotaticamente pelos oogônios. Eles não fecundam diretamente a oosfera, porém fixam-se no oogônio ou próximo a ele e crescem, formando pequenas plantas constituídas de poucas células, os **"nanandros"** (Figura 10-120E, F), cujas células apicais, atuando então como gametângios, liberam espermatozoides capazes de fecundar. A maturação sincrônica dos oogônios é aparentemente controlada por hormônios, que são secretados pelos nanandros assentados sobre eles. Por outro lado, os espermatozoides são atraídos quimiotaticamente pelos oogônios, agora envolvidos por mucilagem. Por uma abertura no oogônio os espermatozoides penetram na oosfera e unem-se a ela. Em seguida, desenvolve-se dentro no oogônio um hipnozigoto vermelho, de parede espessa. Na germinação (Figura 10-120G), o conteúdo se divide em quatro grandes meiozoósporos haploides (alternância zigótica de fases nucleares), os quais se libertam e produzem novos filamentos (Figura 10-120D).

Quadro 10-5

Utilização de algas

As cinzas de diversas **algas pardas** (Phaeophyceae: Laminariales) contêm **iodo**, que antigamente era assim extraído. As algas adequadas a esse fim podem acumular em suas células iodo da água do mar (conteúdo de iodo 0,000005%) até uma concentração de 0,3% de seu peso fresco. Além disso, as algas pardas fornecem **alginatos** que, devido as suas propriedades coloidais, são utilizados de muitas maneiras em técnicas da medicina e também principalmente na indústria têxtil, alimentícia, fotográfica e cosmética. A produção mundial de cerca de 14.000 toneladas é utilizada, por exemplo, em sorvetes, pudins, pomadas, cremes dentais, dietas de emagrecimento, cápsulas de medicamentos, adesivos, tintas, etc. **Soda** e **manitol** são também obtidos de algas pardas. Algas pardas são consumidas por chineses e japoneses como "**Kombu**".

Das paredes celulares de várias **algas vermelhas** (Rhodophyceae) são obtidos polissacarídeos para medicamentos e finalidades técnicas, como **carragena** de *Chondrus crispus* e *Gigartina mamillosa* das costas do Mar do Norte (secas, são conhecidas também como "musgo-irlandês"), e ágar de diversas florídeas do oceano Pacífico (por exemplo, espécies de *Gelidium* e *Gracilaria*), recentemente, em parte também de algas européias. O Japão é o produtor mais importante, com 2.000 toneladas anuais. Ágar é utilizado para cultura de microrganismos, além da indústria de produtos alimentícios e farmacêuticos. *Porphyra* (cultivada em larga escala sobre redes fixadas na água nas costas dos mares da Ásia Oriental) é consumida principalmente na Ásia Oriental ("**Nori**").

Algas verdes (Chlorophyta) têm menor importância que as algas pardas e vermelhas. No oeste da Sibéria, algas verdes filamentosas são colhidas em grande quantidade (cerca de 1.000.000 toneladas/ano em uma área de cerca de 1.000 Km^2) e transformadas em papel ou materiais de isolamento e construção (**algilit**). Algas verdes cocais (*Chlorella, Scenedesmus*) podem ter utilização biotecnológica pela capacidade fotossintética e possibilidade de cultivo em massa. Esses experimentos têm como objetivo a obtenção de **proteínas** e **vitaminas** para a nutrição de seres humanos e animais (produção máxima em culturas a céu aberto em zonas tropicais: cinco toneladas por hectare/mês). Com os chamados "**reatores de algas**" é possível realizar biologicamente trocas gasosas (CO_2 por O_2 pela fotossíntese). Os reatores foram testados quanto à sua adequação como doadores de oxigênio e alimento (por exemplo, para naves espaciais).

Demais algas. rochas (terra de diatomáceas, pedra-de-polir, **diatomita**), formadas por diatomáceas (Bacillariophyceae), foram antigamente usadas como pedras de construção, material de limpeza e polimento e são ainda hoje utilizadas como filtro (para limpeza de água) ou como material de absorção e enchimento. A rocha formada por **cocólitos** (Haptophyta) era antigamente usada como giz para escrever.

Segunda divisão: Streptophyta

Nesta divisão (**algas verdes** até **plantas terrícolas**) os **flagelos**, apresentam inserção, **unilateral** e não terminal. Nos grupos derivados, adaptados à vida na terra, a partir do zigoto forma-se um esporófito diploide, que se desenvolve primeiramente como um **embrião** pluricelular de repouso (ver embriófitas) e que em um estágio mais desenvolvido possui **sistema condutor** para transporte de materiais.

Na formação de paredes transversais, as novas paredes celulares são organizadas progressivamente em **fragmoplastos** (microtúbulos ordenados transversalmente à parede em formação; comparar ficoplasto: Chlorophyta, Introdução). Nestas, os fragmoplastos ocorrem na formação de paredes transversais, assim como nas já tratadas Trentepholiophyceae e nas plantas vasculares. A abrangência da divisão, bem como sua separação das Chlorophyta anteriormente tratadas, é suportada por análises de DNA.

Nas subdivisões seguintes (1ª–4ª subdivisões), estão reunidas espécies com organização ainda mais simples, ou seja, **algas verdes** unicelulares a pluricelulares. As formas mais desenvolvidas entre elas são ainda adaptadas à vida na água, mas atingem uma diferenciação relativamente elevada, pela formação de tecidos (por exemplo, discos nodais das Characeae) e órgãos reprodutivos protegidos.

Primeira subdivisão: Mesostigmatophytina

Trata-se de organismos unicelulares monadais (por exemplo, *Mesostigma*) de água doce com envoltório celular de aparência finamente pontoada com três **camadas de escamas**. As escamas (de material orgânico) da camada exterior são, em comparação com as internas, grandes e em formato de tigela. Os dois flagelos são de comprimentos desiguais. *Chlorokybus* frequentemente constitui agregados em forma de pacote, com até 32 células. Devido à presença de escamas, os representantes desta classe foram anteriormente classificados entre as Prasinophyceae (divisão Chlorophyta). A relação com os Streptophyta é justificada, por análises de DNA, entre outros critérios.

Os Mesostigmatophytina, sendo os representantes mais antigos entre os Streptophyta, transmitem uma impressão dos grupos ancestrais dos quais se iniciou a evolução das plantas terrícolas verdes.

Segunda subdivisão: Zygnematophytina, algas conjugadas

As algas conjugadas não produzem qualquer tipo de **propágulos**, isto é, nem zoósporos nem gametas flagelados. A **reprodução sexuada** ocorre por conjugação, em que os protoplastos nus de duas células idênticas se unem em um zigoto (por isso, foram anteriormente denominadas **Conjugatae**). O zigoto germina por meiose, após um repouso mais longo; a alternância de fases nucleares é zigótica. As algas conjugadas são, portanto, haplônticos verdadeiros, que se desenvolveram com níveis de organização cocal e trical. As formas filamentosas não são ramificadas e se desagregam facilmente em células isoladas. As células apresentam um núcleo central. As algas conjugadas possuem cerca de 4.000-6.000 espécies (50 gêneros) bentônicas, em parte também planctônicas, e quase exclusivamente em **água doce**.

As **Mesotaeniaceae** são relativamente ancestrais. Elas vivem **isoladas** ou em **colônias gelatinosas** (Figura 10-121A; nível cocal de organização). A **parede celular** consiste em uma **única parte** e não apresenta **esculturas**. O cloroplastídio é espiralado (*Spirotaenia*) ou estrelado em corte transversal (*Cylindrocystis, Netrium*). *Mesotaenium berggrenii* e *Ancylostonema nordenskioeldii*, ambas com suco celular vermelho, participam na formação da "neve vermelha" sobre as geleiras dos Alpes, do Ártico e da Antártica (Quadro 10-6).

As **Desmidiaceae** são, em geral, **unicelulares** (cocais). As **paredes celulares**, em geral **esculturadas** e contendo ferro (por isso, amareladas), consistem em duas **metades iguais**, separadas uma da outra por uma sutura ou invaginação (istmo). O interior da célula contém, em cada uma das metades exatamente simétricas, um grande **cloroplastídio** central, não parietal, com um ou mais pirenoides (Figuras 2-86 e 10-121B, C). No meio da célula está o núcleo.

A **reprodução vegetativa** se dá por divisão binária – como nas diatomáceas (ver Bacillariophyceae) – cada metade da parede celular precisa ser completada (Figura 10-121J, K). Neste caso, formam-se novamente indivíduos isolados. Em determinados gêneros, as células-filhas permanecem ligadas entre si, de modo que são formadas cadeias celulares.

Na **reprodução sexuada**, duas células genotipicamente diferentes se dispõem lado a lado (Figura 10-121D) e envolvem-se com gelatina. As paredes celulares abrem-se no meio, tubos de copulação evaginam e logo se unem; por estes saem os protoplastos na forma de gametas nus e se unem formando o zigoto (Figura 10-121E), cuja parede frequentemente apresenta espinhos. Junto ao hipnozigoto maduro permanecem ainda as quatro metades das paredes das células fusionadas. Na germinação do zigoto, dois dos quatro núcleos haploides formados por meiose degeneram na maioria das Desmidiaceae, de modo que se originam apenas duas "plântulas" haploides (Figura 10-121G).

As Desmidiáceas representam as algas mais delicadas e são muito diversas em sua forma. As células têm forma de, por exemplo, meia-lua (*Closterium*, Figura 10-121B), biscoito (*Cosmarium*, Figura 10-121H) ou estrela (*Micrasterias*, Figura 10-121L). *Euastrum* (Quadro 10-6) possui reentrâncias nas extremidades celulares, *Staurastrum* (Quadro 10-6) é angular em vista frontal. Nas duas extremidades celulares de *Closterium* localizam-se vacúolos com cristais de gipsita (Figura 10-121B), que apresentam vigoroso movimento browniano molecular. Muitas desmidiáceas

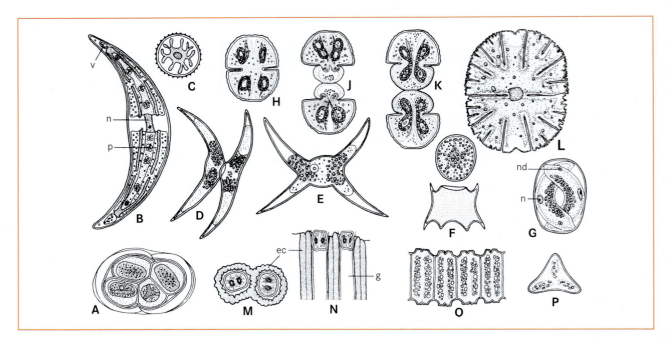

Figura 10-121 Streptophyta, Zygnematophyceae, Mesotaeniaceae e Desmidiaceae. **A** *Mesotaenium braunii* (280x). **B** *Closterium moniliferum* (200x). **C** *Closterium regulare*. Cloroplastídios estriados, corte transversal (200x). **D, E** *Closterium parvulum*. Copulação (300x). **F** *Closterium rostratum*. Zigoto sendo liberado do envoltório (200x). **G** *Closterium* sp. Divisão do zigoto (200x). **H** *Cosmarium botrytis* (280x), **J, K** o mesmo, divisão (280x). **L** *Micrasterias denticulata* (125x). **M, N** *Oocardium stratum*, vista superior e em corte longitudinal (320x). **O** *Desmidium swartzii*. Parte de uma cadeia celular, **P** o mesmo, corte transversal da célula (350x). – nd, núcleo degenerado; g, pedicelo gelatinoso; n, núcleo; ec, envoltório calcário; p, pirenoide; v, vacúolo com cristais de gipsita. (A, D-F, H-K segundo A. De Bary; B segundo Palla; C, L segundo N. Carter, G segundo H. Klebahn; M, N segundo G. Senn; O, P segundo Delponte.)

secretam filamentos de muco pelos poros de membrana, pelos quais se movimentam lentamente. *Oocardium*, que vive em riachos ricos em carbonatos, fixa-se por um pedicelo de gelatina incrustado de carbonatos (Figura 10-121M, N; tufo calcário de *Oocardium*). As desmidiáceas desenvolvem uma grande diversidade de espécies, principalmente em águas pobres em nutrientes com valores de pH baixos, por exemplo, em turfeiras; *Pleurotaenium* e *Staurastrum* vivem também em águas alcalinas.

A família **Zignemataceae** (entre outras, *Spirogyra*) é representada por organismos **filamentosos não ramificados**. O gênero mais conhecido é *Spirogyra* (Figura 10-122A). Suas inúmeras espécies ocorrem em águas calmas, mais frequentemente na primavera, tal como as "algas de maré" (em alemão *walttagen*) planctônicas, filamentosas, verde-amareladas. Os filamentos apresentam crescimento intercalar por alongamento e divisão transversal de todas as células. Todas as células são, portanto, equivalentes, os filamentos não possuem polaridade de nenhum tipo. Suas paredes celulósicas lisas, desprovidas de poros, são superficialmente recobertas de mucilagem, razão pela qual os filamentos parecem escorregadios. Na mitose, a membrana nuclear é em grande parte conservada (mitose intranuclear). A parede celular transversal tem formação centrípeta a partir de um septo que cresce em forma de diafragma, em complemento a uma placa celular no fragmoplasto. Os filamentos podem fragmentar-se pelas paredes transversais em partes constituídas por uma ou mais células, que servem para propagação vegetativa (ver 9.1.3.3).

O núcleo de cada célula de *Spirogyra* localiza-se no centro da célula e é ligado por filamentos de protoplasto a um grande vacúolo. Além disso, pode-se reconhecer um ou mais **cloroplastídios** parietais, sempre espiralados, levógiros (convolução-S), com formato de fita ou anel (Figuras 2-86 e 10-122A, C: c) com pirenoides (Figura 10-122: p).

Na **reprodução sexuada**, dois filamentos, em geral morfologicamente iguais, ajustam-se paralelamente. Na linha de contato evaginam mamilos, de modo que o par de filamentos é empurrado e toma uma forma semelhante a uma escada (copulação-escada; Figura 10-122B). Pela dissolução da parede na zona de contato, os mamilos transformam-se em um canal de copulação entre duas células ("gametângios"). Cada uma das células de um filamento pode tornar-se um "gametângio". A determinação sexual é modificatória (filamento ♂ e ♀). O protoplasto da célula ♂ se transfere, como um gameta nu, para a célula ♀ em frente e se fusiona com seu protoplasto ("gameta de repouso"), transformando-se em hipnozigoto (Figura 10-122B: z) pela perda de água e redução de volume. O hipnozigoto é envolvido por uma espessa parede pluriestratificada, marrom e preenchida com amido e óleo, adequada à resistência. Os cloroplastídios do "gameta" ♂ degeneram. Na germinação do zigoto, que está relacionada à meiose,

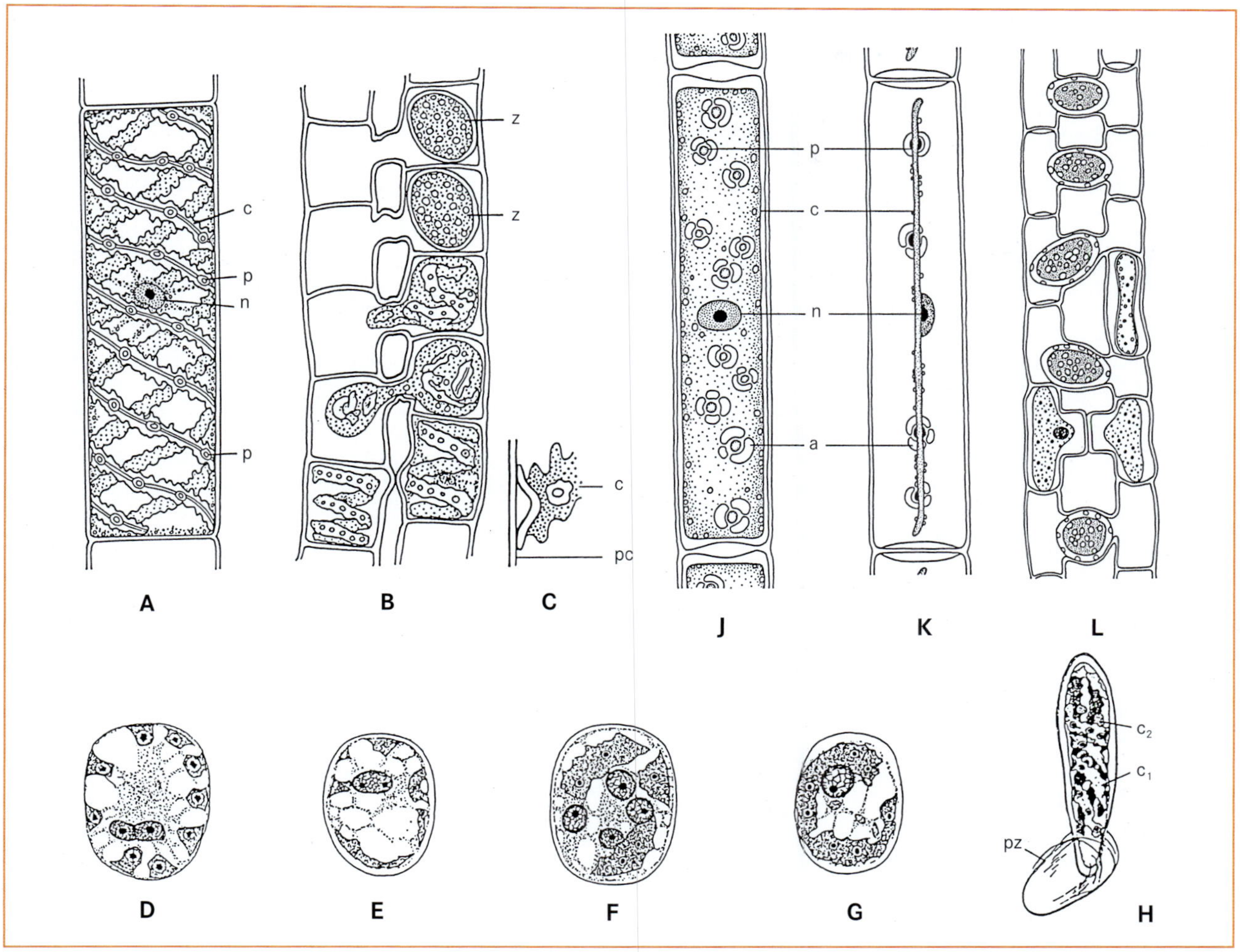

Figura 10-122 Streptophyta, Zygnematophyceae. **A-H** *Spirogyra*. **A** *S. jugalis*. Células (250x). **B** *S. quinina*. Copulação anisogâmica (240x). **C-H** *S. longata*. **C** Parte do cloroplastídio junto à parede celular (750x). **D-H** Zigotos jovens e velhos. **D** Os dois núcleos sexuais antes da copulação. **E** Depois da fusão. **F** Divisão do núcleo zigótico em quatro núcleos haploides. **G** Os três pequenos núcleos degeneram (D-G, 250x). **H** Plântula uninucleada (180x). **J-L** *Mougeotia*. **J, K** *M. scalaris*. Cloroplastídio em vista frontal e em perfil (600x). **L** *M. calospora*, copulação isogâmica (450x). – c, cloroplastídio(s); n, núcleo; p, pirenoide; a, amido; pc, parede celular; z, zigoto; pz, parede celular do zigoto. (A, B segundo H. Schenck; C segundo R. Kolkwitz, D-H segundo A. Tröndle; J-L segundo Palla.)

três núcleos degeneram (Figura 10-122F, G), de modo que origina-se apenas uma plântula haploide, que cresce em forma de tubo e forma por divisão celular um novo filamento (Figura 10-122H).

Determinadas espécies de *Spirogyra* são monoicas. Nestas, os protoplastos de células vizinhas do mesmo filamento se unem com a ajuda de uma ponte de copulação lateral. *Spirogyra* é utilizada no **experimento de Engelmann**, juntamente com bactérias aeróbias, para comprovar a fotossíntese oxigênica (bactérias aeróbias reúnem-se no local da formação de O_2), desencadeada pela iluminação de determinadas partes do cloroplastídio espiralado com comprimentos de onda adequados.

Zygnema e *Mougeotia* diferem de *Spirogyra* pelos cloroplastídios diferentes. Em *Zygnema*, cada célula apresenta dois cloroplastídios estrelados, *Mougeotia* (Figuras 2-86A, 10-122J, K)

apresenta apenas um cloroplastídio axial, achatado, que reage a estímulos luminosos (comparar com 7.2.2; Figura 7-10B). Nos dois gêneros, existem espécies nas quais o zigoto se forma no meio do canal de copulação (Figura 10-122L), um processo que lembra a família anterior.

As **Zygnematophytina** constituem um grupo bem caracterizado pelo tipo de reprodução e estrutura celular que perdeu todos os estágios flagelados.

Terceira subdivisão: Coleochaetophytina

Os representantes tricais (formando filamentos não ramificados a ramificados) desta subdivisão apresen-

Quadro 10-6

Ocorrência e modo de vida das algas

A maioria das algas é **fotoautotrófica**. A elas se opõem formas mixotróficas e heterotróficas. A **mixotrofia** permite a organismos fotossintetizantes a absorção adicional de substâncias orgânicas do meio rico em nutrientes. **Algas heterotróficas** perderam os pigmentos de assimilação e absorvem materiais orgânicos para sua nutrição; **representantes fagotróficos** entre elas "comem" partículas sólidas de alimento, que são absorvidas pelos vacúolos alimentares. Enquanto as algas fototróficas são plantas típicas, os representantes fagotróficos, desprovidos de pigmentos, possuem características típicas da vida animal. No círculo de parentesco mais restrito no nível de organização monadal, espécies aparentadas podem apresentar, de um lado, a forma de organização autotrófica vegetal, de outro, a forma de organização fagotrófica animal. Neste nível relativamente baixo da evolução, as fronteiras entre plantas e animais são, portanto, ainda fluidas.

Algas procarióticas e eucarióticas são encontradas em quase todos os biótopos, porém a maioria das espécies está relacionada à vida na água, onde elas flutuam como "plâncton" ou crescem como "bentos" fixas em rochas, na areia ou assemelhados. O espaço vital da água é separado em duas áreas completamente diferentes através da salinidade: mar e água doce.

Algas marinhas

O **plâncton** vegetal do mar é formado, principalmente, de diatomáceas e dinofíceas (peridíneas), assim como das minúsculas haptófitas (Coccolithophorales) e crisofíceas (silicoflagelados). Os representantes dos dois últimos grupos não são capturados pelas redes de plâncton e podem ser coletados apenas por centrifugação ("nanoplâncton").

A maior densidade planctônica (até 100.000 células em um litro de água) é encontrada na camada iluminada da água. Em um litro de água superficial do Atlântico próximo às ilhas Faroe foram comprovados: 32.000 células de Dinophyta, 1.600 diatomáceas e 54.000 Coccolithophoraceae. Abaixo dos 100 m, o número de representantes planctônicos é bastante reduzido. Ainda assim, foram encontradas a grandes profundidades (4.000-5.000 m) Coccolithophoraceae e "células verde-oliva", cuja inserção taxonômica ainda não foi esclarecida. Além disso, encontramos maior densidade planctônica em mares mais frios e nas áreas de correntes frias; isto é devido à maior riqueza da água em compostos nitrogenados e fosfatados. Essas substâncias são consumidas nas camadas superiores da água e se acumulam nas camadas profundas pela sedimentação das células mortas. Nas regiões frias, ocorre uma melhor mistura das camadas de água do que nos trópicos, pelo resfriamento da superfície da água que ocorre no inverno e durante a noite, o que leva a um crescimento mais vigoroso do plâncton. Riqueza planctônica é também constatada onde águas profundas, ricas em compostos nitrogenados e fosfatados sobem à superfície através de correntes marinhas.

A flutuação dos planctontes na água seria apenas uma descida mais ou menos lenta, se não fosse regulada pelo peso específico e resistência ao atrito, assim como pelo movimento dos flagelos. Isso esclarece muitas propriedades das algas planctônicas: a presença (síntese e degradação) de óleo como substância de reserva, a formação de projeções e prolongamentos em paredes celulares (Figura 10-80), a ligação de muitas células em cadeias (Figura 10-85), assim como a observação de que as projeções para flutuação são maiores em águas quentes (com menor viscosidade) do que em águas frias. Os esqueletos minerais das algas planctônicas sedimentam no fundo do mar. Como o cálcio é dissolvido abaixo de 4.000-5.000 m de profundidade, nas maiores profundidades são encontrados no sedimento marinho apenas esqueletos de diatomáceas, silicoflagelados e radiolários animais. Em menores profundidades (2.000-5.000 m), ocorre também depósito de calcário (Coccolithophoraceae, globigerinas, etc.) e, na verdade, em 1.000 anos é depositada uma camada de apenas 1,5 cm de espessura.

O **bentos** vegetal marinho consiste – excetuando-se as ervas-marinhas (Zosteraceae) – exclusivamente em algas e, de fato, predominantemente em Phaeophyceae e Rhodophyceae. Em geral, elas são fixadas por meio de discos ou garras aderentes ao substrato firme (rocha) (Figuras 10-98 e 10-101). Substratos móveis (lama, areia) são colonizados apenas por poucos gêneros, por exemplo, *Caulerpa* (Figura 10-113A). Algas bentônicas são encontradas desde a zona de respingos do litoral até as profundidades que ainda permitem a fotossíntese (180 m).

Nos **mares tropicais,** a vegetação de algas não atinge a exuberância das zonas temperadas e frias (ver as causas citadas para os planctontes). As Phaeophyceae são fortemente reduzidas; Rhodophyceae, ao contrário, são ricamente representadas, assim como algumas Chlorophyta como Caulerpaceae, Dasycladaceae, Codiaceae, Valoniaceae, relacionadas a águas com temperaturas mais elevadas. A vegetação dos arrecifes de corais tropicais é também rica, porém as algas (Halimeda, Figura 10-113B; as Dasycladaceae, Figura 10-112B, *Lithothamnion*) representam uma parte maior na formação calcária que os próprios corais. Uma formação única é o "mar dos sargaços", onde a alga parda *Sargassum* (Figura 10-101A), como alga flutuante de alto mar, constitui uma vegetação compacta (biomassa de até 5 t por milha marinha quadrada reunida por correntes marinhas).

Nos **mares temperados quentes** (por exemplo, o Mediterrâneo), o bentos consiste principalmente em Rhodophyceae e Phaeophyceae menores. As citadas Bryopsidophyceae e Dasycladophyceae tropicais são ainda representadas por algumas espécies. Espécies de *Lithothamnion* atingem bom desenvolvimento. As diferentes intensidades luminosas decorrentes das estações do ano têm, como consequência, que a principal época de crescimento das algas seja a primavera nas proximidades da superfície e o verão e o outono nas profundezas.

Nos **mares temperados frios** (por exemplo, o Mar do Norte), o bentos consiste, em tamanho e biomassa, principalmente de Phaeophyceae. As estações do ano são claramente caracterizadas por muitas espécies de algas. Assim, *Desmarestia* perde no outono seus filamentos assimiladores e a alga vermelha *Delesseria* perde suas lâminas, de modo que apenas as costelas atravessam o inverno.

As grandes laminárias (Figura 10-98) renovam anualmente seus filoides. A Figura 10-93 mostra a distribuição vertical da vegetação de algas com o nível da água nas estações do ano, no exemplo das rochas costeiras do Canal da Mancha. As algas da zona superior (como *Bangia, Porphyra, Fucus*) suportam temperaturas de até -20°C, enquanto os habitantes das zonas profundas, que nunca ficam no seco (*Laminaria, Delesseria*), morrem com apenas alguns graus de frio.

Embora os mares frios sejam pobres em espécies, neles as Phaeophyceae atingem seu maior desenvolvimento em tamanho; sejam citadas apenas *Macrocystis* (Figura 10-98E), *Lessonia* (Figura 10-98D) e *Nereocystis* (Figura 10-98C), todas Laminariales, assim como *Durvillea* (Fucales). Elas não perdem para as grandes plantas terrestres no tamanho de seus corpos vegetativos.

Poluição e conteúdo de nutrientes determinam diferenças na distribuição das algas marinhas bentônicas: por exemplo, *Ulva* cresce em águas muito ricas, *Padina* em águas moderadamente ricas, *Sargassum* e *Fucus* em águas pobres em nutrientes. Entre o mar e água doce está a zona de água salobra. Nesta, águas doce e salgada são constantemente misturadas pelas estações regulares do ano ou pelos respingos ou quebra-ondas; a desembocadura dos cursos de águas também ocorre nestas regiões, com flora específica de algas planctônicas e bentônicas (por exemplo, Characeae).

Algas de água doce

Na água doce, a composição de espécies de planctontes vegetais depende amplamente da concentração de nutrientes na água; em águas ricas em nutrientes (eutróficas), eles absorvem também substâncias orgânicas (mixotrofia). Nos climas amenos, as diferenças decorrentes das estações do ano na temperatura da água, na radiação, no pH e outros fatores resultam em importantes diferenças na composição do plâncton. Na água doce, os extremos de temperatura são muito mais distantes entre si do que no mar; eles alcançam desde os baixos valores nas poças de água de degelo (em torno de 0°C), das geleiras e do gelo polar, os ambientes do "crioplâncton", constituído de determinadas espécies, geralmente Chlamydomonadaceae vermelhas, Chlorococcales e Mesotaeniaceae, até temperaturas de águas quentes, nas quais algumas diatomáceas (até 50°C) e algas azuis procarióticas (até 75°C) conseguem se desenvolver.

O **bentos de água doce** é amplamente dominado em biomassa e número de espécies pelas plantas floríferas; apenas em determinadas condições predominam as algas (por exemplo, Characeae).

Ao **nêuston**, a comunidade da superfície da água, pertencem principalmente as algas, como, por exemplo, espécies de *Euglena* e *Chromulina rosanoffii*; desta última, que confere à superfície da água um brilho dourado ("alga dourada"), já foram comprovadas até 40.000 células mm^{-2}. É necessário distinguir entre os epineustontes da superfície da película de água e os hiponeustontes que se aprofundam a partir da película.

Algas e qualidade da água

Com o aumento da eutrofização ("inversão") de um corpo de água, a formação de biomassa aumenta e, com isso, também o consumo de oxigênio; no substrato acumula-se (ao contrário da lama calcárea* dos lagos oligotróficos) lodo podre. Águas pobres em nutrientes (oligotróficas) estão desaparecendo, em consequência da adubação artificial de hortas e lavouras, assim como da poluição dos cursos de água em geral. Pela ocorrência das espécies indicadoras (planctontes e bentontes), pode-se determinar o grau de poluição ou a qualidade da água, indicada com os níveis I a IV (segundo o chamado **sistema de sapróbios**). Juntamente com algas eucarióticas, são utilizados como indicadores procariotos (cianobactérias, bactérias), fungos e plantas superiores.

A poluição mais intensa é caracterizada com IV (**zona polissapróbia**). Nesta predominam processos de putrefação devido à falta de oxigênio. O consumo de oxigênio é extraordinariamente alto. Sob as condições extremas da zona polissapróbia, ocorre um desenvolvimento intenso de bactérias, entre outras, *Beggiatoa* e cianobactérias dos gêneros *Spirulina* e *Anabaena*. Algas eucarióticas clorofiladas e plantas aquáticas estão quase totalmente ausentes; espécies de *Euglena* e *Carteria* são as únicas exceções. Ao lado dessas poucas algas verdes, ocorre também *Polytoma*, incolor e heterotrófica. Mesmo com elevado grau de poluição em consequência do aporte de água não tratada, pode ocorrer algum nível de autodepuração das águas correntes.

Nas águas ainda fortemente contaminadas da classe III (**α-mesossapróbia**) são utilizados processos oxidativos brutos. Neste caso ainda é característico um grande número de diferentes bactérias e cianobactérias, ao lado das quais pode ocorrer grande desenvolvimento de diatomáceas e algas verdes; algumas espécies de plantas superiores começam a ocupar esses ambientes. O teor de oxigênio pode ser considerável e ultrapassa durante o dia os valores de saturação; à noite ocorre, porém, uma forte queda. Dentre as algas procarióticas, vivem aqui diversas espécies de *Oscillatoria* (na classe IV, ao contrário, apenas *O. putida* e *O. chlorina*) e de *Phormidium*; entre as diatomáceas, *Stephanodiscus*; as algas conjugadas *Closterium leibleinii* e *Cosmarium botrytis*; entre as demais Chlorophyta, ocorrem *Chlamydomonas* e *Gonium*. Além disso, são característicos *Leptomitus* e *Fusarium*.

As águas moderadamente contaminadas da classe II (**β-mesossapróbias**) são caracterizadas por processos oxidativos mais avançados; o consumo de oxigênio é, portanto, relativamente baixo. Nesta zona, o número de patógenos bacterianos é bastante reduzido. Em oposição, há uma grande diversidade de diatomáceas e algas verdes. As cianobactérias estão representadas por *Anabaena flos-aquae, Aphanizomenon flos-aquae, Nostoc* e algumas espécies de *Oscillatoria*. Dentre as diatomáceas, ocorrem diversas espécies dos gêneros *Melosira* e *Asterionella*, entre outros; dentre as Chrysophyceae, ocorre *Synura*. Dentre as Chlorophyta, podem ser citados *Pediastrum, Scenedesmus, Chaetophora* e *Oedogonium*. As Desmidiaceae têm sua principal ocorrência com diversas espécies de *Closterium*.

As águas pouco contaminadas são classificadas na classe I (**oligossapróbias**). Nesta zona, a água é clara e rica em oxigênio, excetuando-se eventuais florações. Se essa área segue um trecho de rio contaminado, a substância orgânica é aqui decomposta e destacam-se processos de degradação muito rápidos; não ocorrem processos oxidativos. Os patógenos bacterianos estão reduzidos aos valores mais baixos.

---

*N. de T. *Seekreide*, no original; trata-se de um sedimento que consiste principalmente em calcita (70-87%) e é caracterizado pelo baixo conteúdo de matéria orgânica.

Entre as cianobactérias, *Hapalosiphon* é um exemplo característico. As diatomáceas estão representadas por *Surirella* e *Meridion*, as algas verdes por *Ulothryx*, *Cladophora* (*glomerata*), *Vaucheria*, *Spirogyra* (*fluviatilis*) e várias espécies de Desmidiaceae (dos gêneros *Closterium*, *Staurastrum*, *Euastrum*, *Micrasterias*). Bastante típica é também a ocorrência de algas vermelhas de água doce, como *Lemanea annulata* e *Batrachospermum moniliforme*.

Algas aéreas e de solo, simbiontes, formadores de rochas

Apenas poucas algas vivem como **algas aéreas** fora da água, principalmente na face sombreada de rochas e troncos de árvore (por exemplo, algas do tipo *Pleurococcus* e *Trentepohlia*, Figura 10-109A, C; "traços de tinta" de algas azuis, cianobactérias). Mais frequentemente, elas ocorrem nas áreas tropicais úmidas, onde podem crescer também sobre folhas. Rochas calcárias expostas têm sua superfície frequentemente atravessadas por algas (mm superior). Mais amplamente distribuídas, mas ainda pouco estudadas, são as **algas de solo**. Além das cianobactérias, pertencem ao "edáfon", a comunidade do solo, diversas Chlorophyceae, Xanthophyceae e diatomáceas. Em 1 g de solo da camada superior, foram encontradas até 100.000 células de algas. A alga verde *Fritschiella* é especialmente adaptada à vida terrestre (Figura 10-119C).

Diversas algas desempenham um papel importante como **simbiontes**. São importantes também na degradação de rochas (por exemplo, Dasycladophyceae; formação de tufos por cianobactérias e algas verdes)

---

tam celulose em organização fibrilar nas suas paredes celulares. As células reprodutivas flageladas são cobertas com escamas rômbicas de material orgânico; elas se assemelham, por isso, às células das Mesostigmatophytina. As Coleophytina ocorrem em água doce em locais úmidos. Na ordem **Coleochaetales**, as espécies são filamentosas, ramificadas e **heterotríquias**, diferenciadas em sola e filamentos eretos (Figura 10-123; esse tipo de diferenciação do talo também em Trentepohliophyceae e Chlorophyceae: Chaetophorales).

Coleochaete apresenta um elevado desenvolvimento entre as algas verdes, com uma **sola** discoidal (Figura 10-123A), pelos especialmente diferenciados e **reprodução oogâmica**. Seu **oogônio** em forma de garrafa tem um pescoço incolor (Figura 10-123C), que se abre no ápice para receber o espermatozoide biflagelado e completamente incolor. Após a fecundação, o zigoto esférico se expande e ao mesmo tempo filamentos crescem em torno dele a partir de suas células portadoras e das células vizinhas, de modo que ele finalmente se torna um **carpozigoto** (Figura 10-123E) envolto em um plectênquima uniestratificado. Na germinação desse órgão de resistência, os meiozoósporos não surgem diretamente, mas inicialmente se forma por meiose dentro do zigoto um corpo haploide com 16 ou 32 células, de cada uma destas células é liberado um zóosporo haploide. O gênero *Klebsormidium* contém espécies cocais ou filamentosas não ramificadas.

Entre as algas verdes, as Coleochaetophytina, juntamente com as Charophytina, que ainda serão tratadas, são os parentes mais próximos das plantas terrícolas. O caráter dos flagelos inseridos unilateralmente é compartilhado por estas algas e pelas briófitas e pteridófitas, bem como uma série de outras particularidades, como formação de tecidos, zigotos protegidos (início da formação do embrião), fragmoplastos e celulose do tipo das plantas terrestres. Os "carpozigotos" de *Coleochaete* são protegidos com **esporopolenina** e **compostos semelhantes** à **lignina** da dessecação e degradação microbiana.

Quarta subdivisão: Charophytina, carófitas

As Charophytina compreendem algas verdes altamente desenvolvidas, com talos (Figura 10-124) divididos regu-

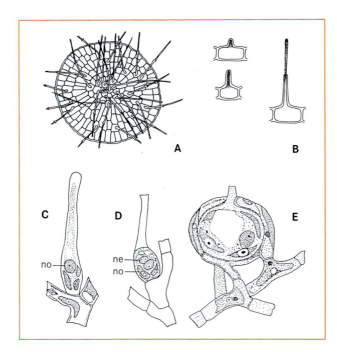

Figura 10-123 Streptophyta, Coleochaetophyceae. **A** *Coleochaete scutata*. Sola (80x). **B** *Aphanochaete repens*. Desenvolvimento de um pelo com bainha (250x). **C-E** *Coleochaete pulvinata*. **C** Oogônio pouco antes da abertura, **D** o mesmo, fecundado; **E** zigoto desenvolvido em "carpozigoto" (500x) pelo envolvimento com filamentos. – no, núcleo da oosfera; ne, núcleo do espermatozoide. (A segundo M. Jost; B segundo J. Huber; C-E segundo F. Oltmanns.)

larmente em partes filamentosas e partes com estrutura histológica. Os órgãos reprodutivos atingem uma complexidade única, não vista nos grupos tratados anteriormente. Os representantes desta sub divisão (**única classe: Charophyceae**; única família: Characeae, com seis gêneros) formam, em açudes e riachos, "pradarias" submersas, frequentemente da altura de um pé. São conhecidas cerca de 300 espécies em água doce ou salobra. Elas "enraízam" na lama e na areia. Espécies de água doce crescem muitas vezes em águas com elevados valores de pH (pH 7 ou mais; água dura).

As paredes celulares são frequentemente incrustadas com cálcio e muitas Characeae pertencem às mais importantes formadoras de tufos de calcário. Não toleram as elevadas concentrações de fosfato observadas em águas poluídas.

Estrutura. Os ramos principais e laterais crescem por meio de **células apicais com divisões unidirecionais** (Figura 10-124B). Essas células se dividem formando alternadamente para baixo nós curtos e entrenós longos. Estes últimos não se dividem mais e por vacuolização, alongam-se, até vários centímetros.

As carófitas são, portanto, caracterizadas pela ramificação regular do talo em nós e entrenós, e atingem vários decímetros de tamanho. As células nodais permanecem capazes de se dividir e desenvolvem-se para formar **discos nodais pluricelulares**, dos quais emergem ramificações laterais verticiladas de várias ordens. Além destas, emergem **células estipulares** e **células corticais**. Essas células corticais (característica de *Chara*, ausentes em *Nitella* e nos outros gêneros) formam o manto de células tubulares que envolve cada um dos entrenós.

Os **ramos laterais** apresentam organização semelhante ao eixo principal. Eles não possuem manto, são simples ou possuem em seus nós ramos laterais curtos de segunda ordem com igual organização em nós e entrenós.

Em cada verticilo emerge da axila dos ramos curtos um ramo longo semelhante ao eixo principal (Figura 10-124).

Na sua base, as plantas são ancoradas ao lodo por meio de **rizoides** filamentosos, incolores, ramificados (gravitrópicos positivos com estatólitos de $BaSO_4$, Figura 7-23), que emergem dos nós. Na base do eixo, algumas Characeae formam **bulbilhos** densamente preenchidos com amido, como órgãos de resistência.

As células jovens são uninucleares, imediatamente após a divisão. O núcleo cresce endomitoticamente e se desagrega em inúmeros **fragmentos nucleares** nas células entrenodais longas, de modo que elas se tornam plurinucleadas. O plasma se encontra geralmente em intenso **movimento** (corrente plasmática, ver 7.2.2). Em cada célula, **cloroplastídios** em grande número estão presentes em uma bainha protoplasmática parietal.

A fração rígida da **parede celular** consiste em **celulose** em uma estrutura fina compatível com a das cormófitas. As novas paredes celulares transversais são formadas em **fragmoplastos**.

Reprodução. As Charophyceae são haplontes oogâmicos com alternância zigótica de fases nucleares. Os oogônios eretos de *Chara* são envoltos em filamentos espiralados. Os gametas masculinos originam-se em recipientes esféricos com estrutura complexa (espermatogônios de *Chara*). Os espermatozoides biflagelados (Figura 10-125D) são torcidos como saca-rolhas, enquanto em outras algas verdes eles são radiais. Os espermatogônios de *Chara*, esféricos e vermelhos devido aos carotenoides e os oogônios de *Chara* (também denominados ovogemas), ovais, verdes – ambos visíveis a olho nu – formam-se nos nós das ramificações laterais.

Os **espermatogônios** (Figura 10-125A: e, E) são formados a partir de uma célula-mãe que inicialmente se divide em oito células. Cada octante fraciona-se em três células através de paredes tangenciais (Figura 10-125E). Assim, formam-se ao todo 24 células que constituem o espermatogônio esférico: oito células parietais externas planas (escudos), subdivididas parcialmente por paredes invaginantes, oito células médias (manúbrios), que depois se expandem radialmente e oito células internas (células capitulares), que finalmente assumem forma esférica. Como consequência do acentuado crescimento superficial dos

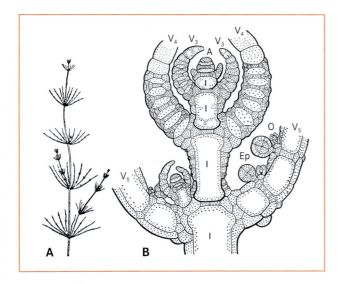

Figura 10-124 Streptophyta, Charophyceae. Estrutura do talo de *Chara fragilis*. **A** Organização em nós com ramos verticilados e entrenós intermediários. Em cada nó, pode ser formado um ramo lateral (0,5x). **B** Corte transversal do ápice do talo com célula apical. As células formadas a partir dela se dividem desigualmente, formando uma célula do nó apical e uma célula intermodal basal, a qual é anelada a partir do nó. Das células externas do nó partem ramos verticilados (V_3-V_5), divididos em nós e intrenós (30x). – I células intremodais, O oogônios, A célula apical, Ep espermatogônios. (A segundo A.W. Haupt; B segundo J. Sachs.)

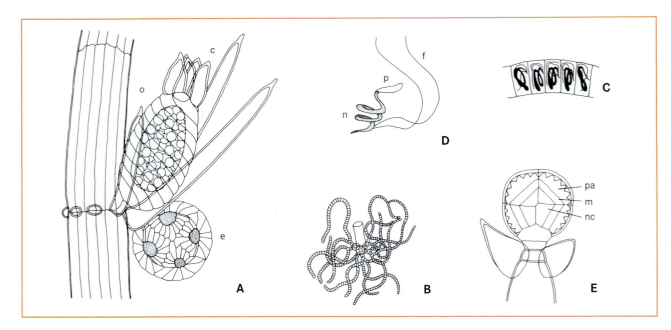

Figura 10-125 Streptophyta, Charophyceae. **A** *Chara fragilis*. Vista lateral, com espermatogônio-*Chara* e oogônio-*Chara* com filamentos envoltórios e coroa (50x). **B, C** *Nitella flexilis*. **B** Manúbrio com células capitulares e filamentos espermatogênicos. **C** Células dos filamentos espermatogênicos com um espermatozoide cada. **D** *Chara fragilis*. Espermatozoide (540x). **E** *Nitella flexilis*. Corte longitudinal de um espermatogônio-*Chara* jovem. – c, coroa; f, flagelos; m, manúbrios; n, núcleo longo espiralado; nc, células capitulares; o, oogônio-*Chara*; p, plasma; e, espermatogônio-*Chara*; pa, parede. (A-C, E segundo J. Sachs; D segundo E. Strasburger.)

oito escudos, origina-se uma esfera oca, na qual se encontra inserida uma célula pedicelar, com as células capitulares e os manúbrios – como oito colunas – assentados sobre ela. As células capitulares primárias desenvolvem 3-6 células capitulares secundárias, e de cada uma destas brotam para dentro da esfera oca finalmente 3-5 filamentos não ramificados de células espermatogênicas (Figura 10-125B,C). Cada uma das inúmeras células discoides libera um espermatozoide espiralado, biflagelado, com uma mancha ocelar e desprovida de plastídios (Figura 10-125D).

O **oogônio** (Figura 10-124A: o) contém uma única célula gamética, cheia de gotas de óleo e grãos de amido; este se projeta livre para o exterior e é posteriormente densamente envolvido por cinco filamentos em espiral levógira. Os ápices dos filamentos formam a coroa – separada por paredes transversais (Figura 10-125: c) – os espermatozoides penetram entre estas células. Após a fecundação, o zigoto se envolve em uma parede incolor espessa. Também a parede interna dos filamentos envoltórios se espessa, torna-se marrom e frequentemente incrusta-se com cálcio, enquanto as paredes externas macias dos filamentos desaparecem logo após a liberação do "oósporo" (órgão de resistência). Por ocasião da germinação do zigoto ocorre a meiose; dos quatro núcleos haploides, três degeneram, de modo que apenas uma plântula é originada.

A **estrutura única** do talo, mas principalmente dos espermatogônios e oogônios, com seus envoltórios protetores especiais (que não ocorrem de forma semelhante em nenhuma outra planta) e a torção dos espermatozoides (não encontrada em nenhuma outra alga) permitem atribuir às Charophyceae uma posição especial. Todos esses atributos caracterizam as caráceas de maneira única. Na composição dos pigmentos e de substância de reserva, no entanto, elas coincidem com as demais algas Chlorophyceae e Streptophyta (Tabela 10-2).

Fósseis de Charophyceae (especialmente na forma de seus zigotos) são conhecidos desde o Siluriano; de seis famílias que existiram anteriormente, apenas uma existe ainda hoje.

Tipo de organização: embriófitas

Todas as subdivisões seguintes

Como embriófitas, são reunidas as plantas cujo esporófito é formado como **embrião pluricelular** de repouso; este é alimentado pela planta-mãe e permanece muitas vezes em estado de dormência (como nas angiospermas). O desenvolvimento de embriões, na verdade, foi introduzido por algumas poucas algas que vivem na água (*Coleochaete*), por meio de zigotos de repouso protegidos.

Embriófitas típicas (musgos e plantas vasculares) são plantas adaptadas **primariamente à vida terrestre**, com órgãos anexos progressivamente diferenciados, que servem para a fixação no solo, absorção de água e sais nutritivos e para a fotossíntese (Figura 4-8, ver 4.1.2). A partir de corpos vegetativos talosos, desenvolveram diversos órgãos como adaptação à vida na terra e relacionados ao aumento de tamanho e divisão de trabalho: no gametófito de musgos superiores são cauloide, filoide e rizoide, no esporófito das plantas vasculares são caule, folha e raiz (ver 4.1.2). A reprodução se dá por alternância heterofásica de gerações heteromórficas, na qual, em parte, o gametófito (musgos), em parte o esporófito (fetos, espermatófitas) se destaca no ciclo. Após a fecundação, o zigoto se desenvolve em embrião pluricelular alimentado pela planta-mãe. Os gametângios – eles são denominados **anterídios** (♂) e **arquegônios** (♀) – são revestidos por um envoltório de células estéreis protetoras. Também os esporângios, diferentemente dos esporocistos nus de fungos e algas, são protegidos por essas camadas de células. Envoltórios comparáveis a estes estão completamente ausentes nos fungos e são encontrados apenas isoladamente nos gametângios das algas.

Os meiosporocistos dos fungos são, de fato, muitas vezes protegidos por emaranhados de hifas nos corpos frutíferos, mas lhes falta um envoltório constituído por uma camada celular. Nos gêneros de algas *Chara* e *Coleochaete*, o oogônio é recoberto (pós-genital) por filamentos celulares (Figuras 10-125A e 10-123E). A parede do espermatogônio-*Chara* (origem congenital) é a estrutura mais comparável com as paredes pluricelulares dos anterídios de embriófitas.

O **corpo vegetativo** é constituído de diversos tecidos, que são bastante diferenciados e desempenham diferentes funções. A evaporação é limitada por uma cutícula ou regulada por estômatos, geralmente presentes. O transporte de água e substâncias nutritivas ocorre às vezes por elementos condutores simples (musgos) ou progressivamente em sistema condutor complexo (fetos, espermatófitas). Os **plastídios** possuem clorofila *a* e *b*, assim como carotenoides. Como produto de assimilação, é formado amido. As paredes celulares consistem em celulose.

As embriófitas dividem-se em **musgos, fetos e plantas com sementes** ("**espermatófitas**"). Entre as espermatófitas, os anterídios e arquegônios são fortemente reduzidos, de modo que são quase irreconhecíveis como tal. Espermatófitas, portanto, não são mais consideradas entre as **arquegoniadas** em sentido estrito (= musgos e fetos). O conceito comum de **cormófitas** (ou também Cormobionta; em oposição a Protobionta com organização simples como, por exemplo, as algas e os fungos) deriva de **cormo**, o corpo vegetativo dividido em caule, folhas e raízes (Figura 4-8). Ele inclui os musgos, embora seus esporófitos não sejam divididos dessa forma, pelo fato de que estes também podem ter sido derivados de telomas.

Assim, esporogônios de musgos com desenvolvimento anômalo podem excepcionalmente ser bifurcados. Os condutos dos musgos são de estrutura muito mais simples. Desse modo, apresentam concordâncias funcionais e algumas estruturais com os elementos condutores das plantas vasculares. Todas as embriófitas são estreitamente relacionadas filogeneticamente, de modo que podem ser reunidas em um grupo com origem comum, cujos membros evoluíram em diversas direções e em diferentes graus de desenvolvimento.

A filogenia comum das embriófitas terrestres com as algas verdes (da divisão **Streptophyta**), ainda vivendo predominantemente na água, é consolidada por **caracteres comuns**, entre os quais pode-se citar: ultraestrutura dos cloroplastídios e composição química de seus pigmentos (clorofila *a* e *b*), posição e estrutura dos pirenoides, amido como substância de reserva, flagelos isocontes e com inserção lateral nos estágios móveis, celulose como material de construção das paredes celulares. A celulose é cristalina e ordenada em feixes de fibrilas. Paredes transversais internas originam-se em fragmoplastos.

Tipo de organização: musgos*

Quinta à sétima subdivisões

As briófitas são plantas verdes de estrutura ainda relativamente simples, adaptados primariamente à vida terrestre, que apresentam talos diferenciados. **O crescimento dos tecidos** ocorre com duas ou três células apicais multifaciais (Figura 10-138), mais raramente já por meristemas (por exemplo, em *Riella*, *Riccia* e *Anthoceros*). As briófitas diferem, assim, das algas verdes, ainda adaptadas à vida na água. A lignina está ausente ou ocorrem isoladamente **compostos semelhantes à lignina** (como também isoladamente já em algas verdes; Coleochaete). As briófitas experimentaram – apesar das muitas semelhanças com as algas verdes superiores – uma decisiva evolução de caracteres reprodutivos e vegetativos, que deve ser destacada como a expressão de um desenvolvimento filogenético próprio (adaptação à vida na terra).

Na **base da evolução dos musgos** está uma clara **alternância anisomórfica de gerações** (Figura 10-136), na qual o **gametófito** verde, **fotoautotrófico**, é predominante frente ao esporófito.

O **gametófito** se desenvolve em geral a partir de um protonema. Este é um talo lobado pouco diferenciado externamente, dotado de rizoides ventrais (**musgos talosos**), em parte com uma elevada diferenciação de tecidos (por exemplo, tecido de assimilação e tecido de reserva), ou é uma **haste** rasteira a ereta, provida de **filoides** e **rizoides** (**musgos foliosos**). Os filoides são, com exceção da nervura central, em geral uniestratificados (folhas de fetos e espermatófitas são pluriestratificadas). Em sua estrutura externa, os musgos lembram um pouco as plantas vasculares; eles se diferenciam daquelas, porém, entre outras características, porque nos musgos o gametófito é que experimentou a diferenciação morfológica e anatômica e não os esporófito. Além disso, faltam aos musgos os feixes vasculares, na maioria dos casos também tecidos de condução. Os rizoides são filamentos unicelulares ou septados e, assim, não podem ser comparados com as raízes altamente diferenciadas das cormófitas (mais apropriadamente com os pelos absorventes). A cutícula dos musgos é geralmente delicada e, por isso, resseca rapidamente na falta de água (plantas peciloídricas). Estômatos estão ausentes nos gametófitos de quase todos os musgos (exceção: antóceros); muito raramente, os chamados poros respiratórios servem para trocas gasosas (Marchantiales, Figura 10-128G).

Os **arquegônios** (Figura 10-129J) dos musgos são, na maioria dos casos, órgãos com forma de garrafa cujas partes, denominadas ventre e pescoço, possuem uma parede constituída

---

* N. de R.T. Neste parágrafo e nos próximos, o autor utiliza o termo "musgo" no sentido amplo, englobando os musgos foliosos, além de outros grupos.

geralmente de uma camada de células. O ventre envolve uma célula central grande, que antes da maturação se divide na oosfera e em uma célula do canal do colo, localizada na base pescoço. A esta se juntam as células do canal do pescoço; os musgos possuem uma fileira completa destas (Figura 10-129J).

Os **anterídios** (Figura 10-129E) são, em geral, formações esféricas ou claviformes pediceladas. As células espermatogênicas ali desenvolvidas, cobertas pela parede do anterídio, dividem-se em duas espermátides, que se soltam do tecido e se transformam cada uma em um espermatozoide.

Os **espermatozoides** são filamentos sempre curtos, um tanto curvados, cuja massa consiste principalmente dos núcleos. Eles portam, próximo à extremidade anterior, dois flagelos longos, lisos, direcionados para trás em ângulo reto de seu ponto de inserção (Figura 10-129F) e apresentam, em parte, um minúsculo plastídio (Figura 10-136A: p). Também as oosferas podem apresentar poucos plastídios especialmente pequenos.

Mesmo nas formas terrestres, a **fecundação da oosfera** só pode ocorrer na presença de água (chuva, orvalho). Para tanto, o arquegônio se abre na extremidade, as células do canal ficam cheias de mucilagem e liberam determinadas substâncias que atraem quimiotaticamente (ver 7.2.1.1) os espermatozoides. Da oosfera fecundada, origina-se então um embrião diploide (Figura 10-129K), que se desenvolve em esporófito sem período de repouso.

A **geração esporofítica diploide**, portanto, forma-se sempre sobre o gametófito haploide dominante e permanece ligada a este. Apesar de seu conteúdo de clorofila, os esporófitos isolados não completam seu desenvolvimento. O crescimento do esporófito ocorre, portanto, às custas do gametófito. A dependência nutricional total de uma geração em relação à outra (por exemplo, em Rhodophyceae) é denominada "**gonotrofia**" (nutrição pelo progenitor). O transporte de substâncias no esporófito declina ou é interrompido quando este atinge cerca de dois terços de seu tamanho definitivo. Os estômatos, que surgem pela primeira vez nos musgos, são formados quase exclusivamente no esporófito (Figura 10-149G). Em geral, o esporófito penetra com sua base (haustório, também denominado pé, Figuras 10-149D e 10-133C) no tecido mais profundo, mas o eixo principal cresce para o ápice do arquegônio e forma um recipiente com um pedicelo curto ou longo, esférico ou oval (cápsula, Figuras 10-129L e 10-137M). A estrutura inteira é chamada **esporogônio**.

Por meio de divisões meióticas dos esporócitos, no tecido interno da **cápsula de esporos**, o arquespório, originam-se os meiósporos em grupos de quatro, tétrades; estes se separam uns dos outros e tornam-se esféricos antes da maturação. A dispersão dos meiósporos ocorre pelo ar. A parede dos **esporos** consiste em um endospório delicado interno e um exospório resistente externo, que se rompe na germinação. Os esporos germinam pela formação de um protonema (Figuras 10-137A, B, C, 10-133D e 10-136D) filamentoso ou plano, que rapidamente se transforma em **gametófito** a planta verde do musgo.

Juntamente com a dispersão por esporos é muito frequente entre os musgos a **propagação vegetativa**, por exemplo, por gemas (Figuras 10-128A e 10-132C, H, ver 9.1.3.3), que podem ser formados tanto nos folioides quanto nas hastes ou no protonema dos gametófitos; essas gemas se separam e crescem, originando novas plantas.

Os musgos compreendem cerca de 24.000 espécies, que podem ser divididas em quatro grupos filogeneticamente distintos, **Marchantiophytina**, **Bryophytina** e **Anthocerophytina**. Os Bryophytina são conhecidos por **musgos foliosos** em sentido amplo (sempre foliosos; folioides com caracteres especiais), enquanto os representantes das demais classes são reunidos sob o conceito de **hepáticas** (talosas ou foliosas). Filogeneticamente, porém, os representantes das Anthocerophytina (também chamados **antóceros**) estão mais estreitamente relacionados às demais plantas verdes terrícolas que qualquer outro grupo de musgos.

As briófitas e as plantas vasculares tratadas a seguir são ligadas aos grupos das **Chlorobionta** por um grande número de caracteres comuns, entre os quais: mesmos pigmentos fotossintéticos, formação de amido nos plastídios, presença de celulose nas paredes celulares, assim como pela estrutura semelhante de suas células reprodutivas móveis. Elas provavelmente se desenvolveram de ancestrais relacionados às caráceas (Charophyceae) (caracteres relacionados são espermatozoides biflagelados assimétricos, assim como alguns atributos ultraestruturais e bioquímicos). Os protonemas dos musgos, que em formas isoladas podem desenvolver diretamente os gametângios e são, em parte, filamentosos, em parte achatados, dão indícios da transição ocorrida de talo filamentoso para talo formado de tecidos.

O **desenvolvimento filogenético** dos musgos ocorreu provavelmente na virada do Siluriano para o Devoniano, paralelamente ao dos primeiros fetos terrestres. Em suas formas ancestrais, possivelmente tanto os musgos quanto as plantas vasculares receberam de seus ancestrais as estruturas condutoras de água e produtos de assimilação. Indícios disso são as semelhanças evidentes de estrutura e função de hidroides e leptoides de musgos com traqueídes (elementos de vaso) e células crivadas de fetos e finalmente também a presença de arquegônios e estômatos nos dois grupos. Os musgos (especialmente Bryophytina) experimentaram um desenvolvimento no qual seus gametófitos, ou seja, a planta verde de musgo, assim como o esporófito, passaram por diversas simplificações e ao mesmo tempo progressões (reduções progressivas). Assim, entre os musgos foliosos, formas acrocárpicas eretas, com crescimento em altura com sistema de condução bem desenvolvido, comparável a uma protostele (Polytrichanae) são consideradas ancestrais em relação às espécies rastejantes, ramificadas, pleurocárpicas, sem sistema de condução e sem nervura mediana. Também a ocorrência de estômatos não funcionais pode ser indício de uma regressão. Por outro lado, passaram por um aperfeiçoamento a rede de células foliares (de parenquimática para prosenquimática), o sistema de ramificação (de acrocárpico para pleurocárpico) e a forma externa da abertura da cápsula (peristômio).

Musgos fósseis foram isoladamente encontrados até antes do Devoniano Superior; mas não contribuíram muito para o conhecimento de sua origem evolutiva. *Sporogonites*, do Devoniano, parece ser um elo de ligação, mas não confirmado, entre musgos e as Pteridófitas (Psilophytopsida). Hepáticas talosas e foliosas, assim como os primeiros musgos foliosos (*Muscites*) ocorrem no Carbonífero da Inglaterra. Isso indica uma idade elevada das briófitas. Os musgos foliosos classificados em Sphagnide e Bryidae foram descritos para o Permiano da Rússia (Petschora, Kusnezk). Os musgos foliosos do Carbonífero Inferior

> e do Permiano possuíam nervuras foliares (assim como as Protosphagnales), enquanto formas sem nervuras são conhecidas apenas a partir do Triássico e aumentam no Jurássico Superior. A maioria dos achados fósseis de musgos, também com maior proporção da forma de crescimento pleurocárpica, é do Terciário e pode ser relacionada aos gêneros atuais.
> Sobre a ocorrência e modo de vida dos musgos ver Quadro 10-7.

Quinta subdivisão: Marchantiophytina, hepáticas

Com esta subdivisão, foi atingida na evolução a forma de organização dos **musgos** (Figura 10-126), que já são embriófitas típicas, primariamente adaptados à vida na terra, mas ainda relativamente simples. Nas Marchantiophytina, a cápsula de esporos se abre por meio de valvas e desenvolve, juntamente com os esporos, elatérios filamentosos estéreis (Figura 10-129L, M).

1ª Classe: Marchantiopsida (hepáticas talosas)

O **gametófito** das Marchantiopsida é um talo achatado, geralmente mais ou menos bifurcado e altamente diferenciado. Na face ventral apresenta geralmente tanto de rizoides lisos quanto dos chamados rizoides rugosos, que possuem paredes com espessamentos internos. Nos casos típicos, os anterídios e arquegônios são elevados em estruturas especiais (gametangióforos). Nas células são armazenados de um a muitos dos chamados "oleocorpos" (agregados característicos de gotas de terpenos), envolvidos por uma membrana, ausentes com essa forma em todas as outras plantas (Figura 10-128G: oc). O **esporófito** é por muito tempo completamente envolvido pela parede do arquegônio, a embrioteca, que se expande; apenas pouco antes da sua maturação ela é rompida no ápice pelo esporófito. No esporogônio maduro, as células arquespóricas se dividem formando cada uma delas uma célula-mãe de esporos* e um **elatério**, sendo estes células-irmãs, originadas sincronicamente.

Por meiose, do esporócito originam-se quatro esporos. A relação 4 : 1 entre esporos haploides e **elatérios diploides** estéreis pode ser alterada com o aumento do número de esporos (por exemplo, 8 : 1, 128 : 1) – ao contrário das Anthocerotopsida**. Esporócitos e células-mãe de elatérios são separados entre si por paredes longitudinais, isto é, paredes dispostas paralelamente ao eixo longitudinal do esporogônio.

As paredes dos elatérios possuem, em geral, bandas espiraladas (em Anthocerophytina, ao contrário, as paredes são na maioria lisas). Admite-se um desenvolvimento convergente de elatérios em Marchantiophytina e Anthocerophytina. Os elatérios estão entre as estruturas de dispersão dos esporos (fibras do capilício, por exemplo, em *Trichia*; fibras da gleba, por exemplo, em *Lycoperdon;* hápteros, ver *Equisetum*) que podem ser interpretadas como formações análogas.

O **anterídio** (Figura 10-129E) origina-se de uma célula epidérmica, que se divide em quatro células através de paredes verticais que se cruzam. A partir dessas células, dispostas como torres, são formadas células parietais periféricas em cada quadrante, por meio de paredes celulares tangenciais; das células mais internas, separam-se as células que formarão o tecido espermatogênico.

No desenvolvimento dos **arquegônios** (Figura 10-129J), uma célula epidérmica projetada acima das células vizinhas divide-se por meio de uma parede periclinal em uma célula basal, precursora do pedicelo, e uma célula apical, a inicial do arquegônio. Três paredes anticlinais dividem esta última célula em uma célula axial central e três células do manto tangenciais. O

---

* N. de T. O mesmo que espórocito.
** N. de T. Tendo em vista que o basiônimo é Anthoceros, o nome mais adequado para a classe deveria ser Anthoceropsida, como inicialmente proposto por Rothmaler (1951), em concordância com o Código de Nomenclatura Botânica. O nome Anthocerotopsida foi proposto mais tarde por Prosokauer (1957).

Figura 10-126 Chlorobionta, Streptophyta, Marchantiophytina. *Marchantia*. **A** Escudos dos gametangióforos (com lobos estreitos femininos, com lobos largos masculinos) vistos de cima. **B** Talo em forma de banda, bifurcado. (Fotografias segundo A. Bresinsky.)

corte transversal de um arquegônio jovem permite reconhecer todas as quatro células; o corte longitudinal permite visualizar a célula axial e apenas duas das três células do manto. A célula axial é envolvida lateralmente pelas células do manto e acima, livre; ela se divide mais tarde através de uma parede transversal em uma célula de cobertura e uma célula interna. A partir das células do manto, são formadas as paredes do pescoço e do colo sem participação da célula de cobertura; da célula interna (célula central), formam-se 4-8 células do canal do pescoço, uma célula do canal do colo e, abaixo, a oosfera. Para diferenças em relação ao desenvolvimento dos arquegônios de fetos, ver na Introdução aos fetos.

Elementos condutores geralmente não ocorrem nos gametófitos e nos esporófitos eles nunca são formados. O transporte de água é promovido, por exemplo, em *Marchantia*, através de células perfuradas do talo.

1ª Ordem: Sphaerocarpales. Até o momento, consistem em apenas uma subclasse própria (Sphaerocarpidae). O talo, de estrutura simples, forma rosetas terrestres pequenas, rasteiras (*Sphaerocarpos*, Figura 10-127A), ou eixos aquáticos eretos, com alas onduladas (*Riella*, Figura 10-127B). Arquegônios e anterídios são fechados em envoltórios piriformes abertos no ápice. A parede do esporogônio consiste em uma única camada de células, que desaparece na maturidade. Em *Sphaerocarpos*, uma planta muito utilizada em experimentos de genética, foi, pela primeira vez em 1917, comprovada a existência de cromossomos sexuais (comparar também Figura 9-17) no reino vegetal. Neste caso, a determinação sexual ocorre, como em muitos musgos também, na meiose dos esporócitos.

2ª Ordem: Marchatiales. Elas possuem um **talo altamente diferenciado**. Como exemplo, será descrita *Marchantia polymorpha*, uma hepática talosa comum em lugares úmidos (família Marchantiaceae). Esta espécie apresenta talos planos em forma de fita, bifurcados, um tanto carnosos, com 2 cm de largura, que crescem por meio de células apicais iniciais (Figura 10-129A, G), apresentado pseudonervuras centrais pouco evidentes. Na face inferior emergem as **escamas ventrais** e os **rizoides** unicelulares fototrópicos negativos (Figura 10-128G), que fixam o talo ao substrato e fornecem a ele água (condução principalmente capilar através dos rizoides filamentosos; em parte, por absorção destes).

Abaixo da face superior da epiderme, dotada de uma cutícula quase impermeável à água, existem grandes espaços intercelulares, as **"câmaras aeríferas"** (Figura 10-128G, J), lateralmente separadas umas das outras por paredes de uma ou duas camadas de células. Na superfície do talo, essas paredes são reconhecíveis como as laterais de um campo rômbico ou hexagonal. Da base das câmaras, elevam-se vários **assimiladores** curtos, constituídos de células arredondadas que contêm cloroplastídios e formam o tecido de assimilação (Figura 10-128G). Cada câmara comunica-se com o exterior por um **"poro respiratório"** em forma de barril; em *Marchantia polymorpha*, esses poros respiratórios consistem em quatro estratos anelares, cada um com quatro células. Esses poros podem até mesmo estreitar-se um pouco na falta de água, mas isso é insignificante para a regulação da hidratação. A estrutura evita a entrada de água nos poros respiratórios. No reino vegetal, não existem outros gametófitos com esses tipos de aparelhos de assimilação e transpiração. As grandes células parenquimáticas da face inferior do talo, pobres em cloroplastídios, servem como **células de reserva** (em parte com oleocorpos, Figura 10-128G: oc).

O talo geralmente se eleva sobre a pseudonervura mediana, na face superior, formando projeções em forma de tigela com bordos denteados, os **conceptáculos** (Figuras 10-128A e 10-129A) com propágulos planos. Estes últimos formam-se por evaginação e divisão de células superficiais individuais, como mostra a Figura 10-128D-F, e estão fixados através de uma célula pedicelar (Figura 10-128D-F: s), da qual se libertam (Figura 10-128B). Eles possuem um ponto vegetativo em cada uma das duas invaginações e consistem em várias camadas celulares (Figura 10-128C), das quais algumas são incolores e constituem as iniciais dos rizoides (Figura 10-128: ri) que serão formados mais tarde. Os propágulos crescem para formar novos talos e servem para **propagação vegetativa** em grande escala do gametófito.

Ciclo vital. Os gametângios são formados sobre talos eretos especiais do **gametófito** (Figura 10-129A, G). Na base, esses **talos** são enrolados como pedicelos, no ápice ramificam-se por meio de bifurcações repetidas formando "escudos" estrelados. Anterídios e arquegônios são distribuídos em plantas diferentes. A determinação sexual é haplogenotípica por cromossomos sexuais, como em muitas outras briófitas (semelhante a Figura 9-17). Rizoides partindo da fenda formada pelo enrolamento do pedicelo dos gametangióforos chegam à face ventral do talo (Figura 10-129B, C) e absorvem água por capilaridade.

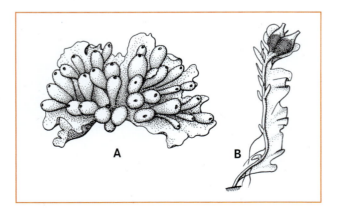

Figura 10-127 Streptophyta, Marchantiophytina, Marchantiopsida, Sphaerocarpales. **A** *Sphaerocarpos michelii*. Talo ♀ com envoltórios de gametângios (5x). **B** *Riella helicophyla*. Talo ♀ (2,5x). (Segundo K. Müller.)

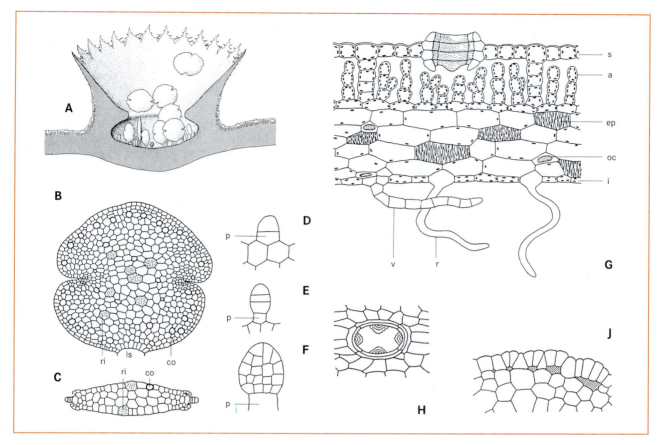

Figura 10-128 Marchantiopsida, Marchantiales. *Marchantia polymorpha*. **A-F** Reprodução vegetativa. **A** Corte através de um conceptáculo (12x). **B** Propágulo em vista superior (80x). **C** Propágulo, corte transversal (80x). **D-F** Desenvolvimento do propágulo (300x). **G** Corte transversal do talo (200x). **H** Poro aerífero, visto de cima (200x). **J** Desenvolvimento das câmaras aeríferas (270x). – a, assimiladores; ls, local da separação; s, epiderme superior com poro respiratório; oc, oleocorpos; co, célula de óleo; r, rizoide; ri, inicial do rizoide; p, célula do pedicelo; i, epiderme inferior; v, escama ventral; ep, espessamento de parede das células aquíferas. (A segundo K. Mägdefrau; B-F, H segundo L. Kny; G segundo K. Mägdefrau modificado; J segundo H. Leitgeb.)

Os **anteridióforos** culminam com um escudo horizontal com oito lobos marginais formados por ramificações dicotômicas (Figura 10-129A), em cuja face superior estão imersos os anterídios, cada um em uma cavidade em forma de garrafa, com uma abertura estreita para fora (Figura 10-129C). Essas cavidades são separadas umas das outras por um tecido dotado de câmaras aeríferas. A abertura e o esvaziamento dos anterídios ocorre após a chuva, por meio da mucilaginação e intumescência das paredes celulares. Os espermatozoides (Figura 10-129F) reúnem-se sobre o anteridióforo na água (orvalho ou chuva) represada pelas margens elevadas.

No início do seu desenvolvimento, os **arquegonióforos** (Figura 10-129G) são muito semelhantes aos anteridióforos. Os arquegônios são formados em oito séries radiais, sendo que as duas séries mais próximas à face dorsal do pedicelo guardam maior distância entre si que as demais. A margem do escudo jovem curva-se progressivamente para baixo durante seu desenvolvimento, de modo que os grupos de arquegônios sobre a sua face inferior se elevam (assim, a sequência de desenvolvimento acrópeta dos arquegônios inverte-se para uma sequência basípeta). Finalmente, as partes de tecido entre os grupos de arquegônios crescem para formar nove raios do escudo; dois destes se desenvolvem entre os dois grupos de arquegônios mais distantes (ver acima).

A fecundação ocorre com tempo chuvoso, quando gotas de chuva fazem a água contendo espermatozoides respingar do escudo ♂ para o ♀. As células epidérmicas emergem na forma de papilas e constituem um sistema capilar superficial. Neste, os espermatozoides são conduzidos aos arquegônios abaixo, pelos quais são atraídos quimiotaticamente – provavelmente por determinadas proteínas (ver 7.2.1.1).

Esporófito. Poucos dias após a fecundação, o **zigoto** inicia seu desenvolvimento em um embrião pluricelular, que

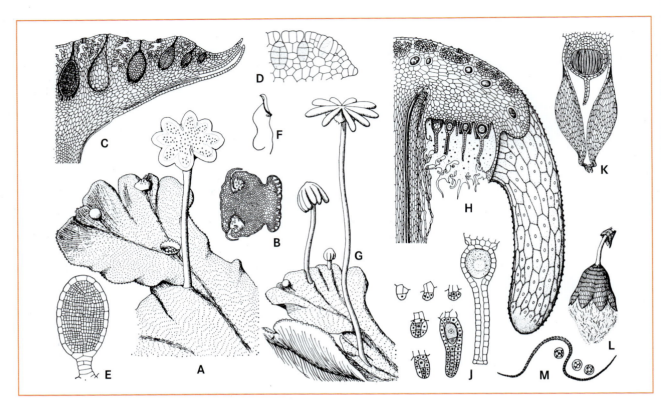

Figura 10-129 Marchantiopsida, Marchantiales. *Marchantia polymorpha*. Reprodução sexuada. **A** Planta ♂ com conceptáculos e anteridióforo; pontos sobre a superfície do talo: poros respiratórios (1,5x). **B** Corte transversal do pedicelo do anteridióforo logo abaixo do "escudo" (13x); à direita, face dorsal com câmara aerífera; à esquerda, face ventral com duas fendas de rizoides. **C** Corte longitudinal do anteridióforo (18x). **D** Desenvolvimento dos anterídios (160x). **E** Anterídio quase maduro, em corte longitudinal (160x). **F** Espermatozoide (400x). **G** Planta ♀ com arquegonióforos (1,5x). **H** Corte longitudinal do arquegonióforo; atrás da série de arquegônios está o "invólucro" (25x). **J** Desenvolvimento do arquegônio (160x). **K** Corte longitudinal do esporogônio jovem, ainda dentro da parede do arquegônio, envolvido pelo "periquécio" (35x). **L** Esporogônio elevado, do qual saem esporos e elatérios; na base da seta, o resto da parede do arquegônio (10x). **M** Esporos e elatérios (160x). (A, C–E, G, H, K–M segundo L. Kny; B segundo K. Mägdefrau; F segundo Ikeno; J segundo Duran.)

cresce formando um **esporogônio** esverdeado, pequeno, oval, com uma seta muito curta (Figura 10-129K, L).

Da célula superior (das duas originadas na primeira divisão do zigoto, ou seja, da célula voltada para o pescoço do arquegônio) origina-se a cápsula esférica (posição exoscópica do embrião); a célula inferior forma o pé e, neste caso, também a seta (Figura 10-129L). O desenvolvimento inicial não é exatamente igual nos diferentes gêneros e famílias. Através de paredes periclinais, a cápsula se divide em células internas e externas (Figura 10-129K); estas últimas fornecem o tecido esporogênico pluricelular (arquespório).

Em *Marchantia*, a **cápsula** tem uma parede uniestratificada, cujas células apresentam espessamentos fibrosos anelares. Apenas no ápice a parede é biestratificada; nesse ponto inicia também a ruptura da cápsula pela degeneração do topo e retração da parede na forma de vários dentes (valvas). A cápsula madura é inicialmente coberta pela **parede do arquegônio**, que acompanha o seu crescimento por certo tempo (Figura 10-129K), porém rompe-se durante o alongamento da seta e resta como uma bainha na base. Além disso, cada cápsula é envolvida por um **periquécio** membranoso tetra ou pentalobado; este já inicia seu crescimento a partir da base do arquegônio (Figura 10-129H, K), antes da fecundação. Finalmente, cada série radial de arquegônios é envolvida ainda por outra emanação do talo, um "envoltório" delicadamente dentado (invólucro) (Figura 10-129H).

A cápsula libera várias centenas de milhares de **esporos** (Figura 10-129L, M). Entre os esporos estão os **elatérios** (Figura 10-129M; origem, ver Introdução Marchantiopsida), filamentos fibrosos indivisos, de paredes finas, com reforços espiralados de parede. Os elatérios movem-se higroscopicamente após a abertura da cápsula e, assim, soltam e dispersam os esporos (Figura 10-129L). De cada esporo, forma-se um filamento germinativo dotado de cloroplastídios (protonema), que cresce primeiramente através de uma célula inicial em forma de cunha e mais tarde de modo complexo formando um talo.

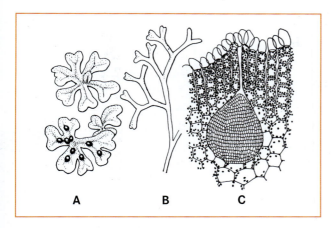

Figura 10-130 Marchantiopsida. *Riccia*. **A** *R. glauca*, planta abaixo com esporogônios (2x). **B** *R. fluitans*, forma aquática submersa (2x). **C** *R. glauca*, corte transversal do talo com anterídio (125x). (A, B segundo K. Mägdefrau; C segundo L. Kny.)

Aqui deve ser colocado também o gênero *Riccia* (Ricciaceae; Figura 10-130). As divisões dicotômicas através de uma célula inicial bifacial (Figura 10-131) se sucedem em geral rapidamente, de modo que se originam pequenas rosetas (Figura 10-130A). ▶

2ª Classe: Jungermanniopsida (na maioria, hepáticas folhosas)

As Jungermanniopsida incluem **formas talosas e folhosas**, ligadas por formas de transição. As primeiras apresentam pouca diferenciação morfológica e anatômica; na face ventral ocorrem apenas rizoides lisos. As formas folhosas possuem nos gametófitos filídios simples dísticos, sem pseudonervura mediana. Poros respiratórios ou estômatos estão completamente ausentes.

As Jungermanniopsida parecem apresentar uma progressão de formas talosas para formas folhosas. Porém, pode-se também considerar as formas folhosas como ancestrais e derivar delas as formas talosas, com a premissa de uma fusão de filídios sobrepostos e ampliação dos eixos.

Os **gametangióforos** formados pelo gametófito não estão presentes. Vários oleocorpos são encontrados, em geral em todas as células, enquanto em Marchantiopsida eles estavam limitados a algumas células de reserva especiais. A **cápsula de esporos** é exposta sobre um eixo longo (**seta**) formado pelo esporófito (adaptação à dispersão pelo vento dos esporos) e se abre geralmente através de **quatro valvas** (Figuras 10-132A e 7-38A). Nas subclasses seguintes, não há seta ou ela é muito curta. A estrutura e o desenvolvimento dos elatérios (Figura 7-38B, C) na cápsula de esporos coincide com as classes seguintes (desenvolvimento e função, ver adiante). Elementos condutores estão ausentes no esporófito, no gametófito são raros e então simples, isto é, constituídos apenas de hidroides (como em *Symplogyna*, *Haplomitrium*; ver também musgos).

A forma dos gametófitos coincide muito frequentemente com a figura típica da ordem das **Jungermanniales**, de quem recebeu o nome: os talos são dorsiventrais (isto é, com face ventral e dorsal; Figura 10-132D-J), com seus filídios inseridos em duas fileiras em geral oblíquas.

Os gametófitos são considerados de foliação **íncuba**, quando a margem inferior de um filídio é coberta pela margem superior do filídio mais abaixo (Figura 10-132E, F), e **súcuba**, quando a margem inferior, em vista frontal, não é coberta (Figura 10-132H). Os filídios são simples (Figura 10-132G), bi e pluricuminados (Figura 10-132F), bilobados (Figura 10-132H) ou partidos em extremidades filamentosas (Figura 10-132D). No gênero epifítico *Frullania* (Figura 10-132J), um dos dois lobos dos filídios é transformado em uma estrutura em forma de tigela ou garrafa, que serve para coleta de água ("saco de água").

Na maioria dos gêneros, além das duas fileiras laterais de filídios, encontra-se ainda uma fileira ventral de filídios menores e com formato diferente, os **anfigastros** ou **filídios ventrais** (por exemplo, *Frullania, Calypogeia*, Figura 10-132F, J). A formação de três fileiras de filídios deve-se à existência de uma célula inicial apical trifacial-piramidal, na qual uma das faces produz apenas pequenos filídios ou – nas espécies dísticas – não produz filídios. Os ramos laterais surgem ao lado dos filídios.

Os **arquegônios** terminais (acróginos) são envoltos por um "perianto" (Figura 10-132G), que consiste em três filídios fusionados entre si.

Em muitas espécies, as células se dividem abaixo do arquegônio fertilizado, de modo que um envoltório em forma de saco oco ("marsúpio") é originado como proteção para o jovem esporófito que cresce após a fecundação da oosfera. O esporogônio já está completamente formado antes que, pelo alongamento de um pedicelo (a seta, ver 6.1.1), a parede do arquegônio se rompa e fique como uma bainha membranosa na sua base. A cápsula não forma columela. As células da parede pluriestratificada da cápsula são providas de espessamentos anelares ou em forma de cristas, ou são espessadas regularmente, com exceção das paredes finas

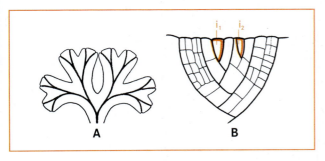

Figura 10-131 Marchantiopsida. Ramificação dicotômica em *Riccia rhenana* (**A**, 2,5x) pela formação de novo de uma célula inicial bifacial i₂ ao lado da já existente i₁ (**B**, 370x). (A segundo W. Klingmüller; B segundo L. Kny.)

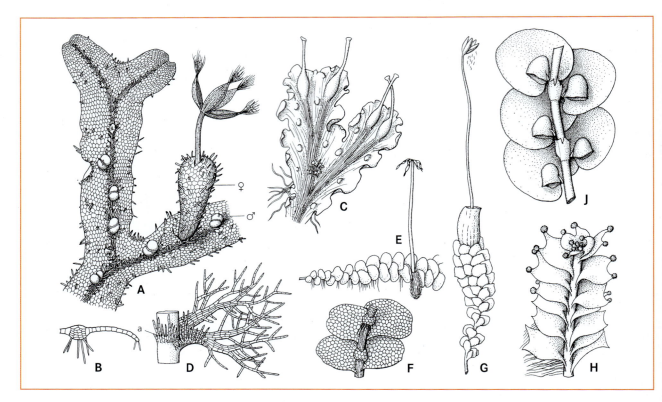

Figura 10-132 Marchantiophytina, Jungermanniopsida. **A- C** Metzgeriales. **A** *Metzgeria conjugata* (face inferior) com vários eixos ♂ e um eixo ♀; tufos de elatérios nas quatro valvas da cápsula; pedicelo do esporogônio envolto pelo periquécio (15x); **B** *M. conjugata*. Corte transversal do talo (30x); **C** *Blasia pusilla* com conceptáculos em forma de garrafa e inúmeros lobos colonizados por *Nostoc* sobre a face superior do talo (4x). **D-J Jungermanniales**. **D** *Trichocolea tomentella*, filídio e anfigastro (7x). **E, F** *Calypogeia trichomanis*. **E** Planta em vista frontal, com marsúpio e esporogônio maduro (2x). **F** Parte do talo com quatro filídios e dois anfigastros, vista ventral (6x). **G** *Scapania undulata* com "perianto" e esporogônio maduro (2x). **H** *Lophozia ventricosa* em vista frontal, com grupos de propágulos nos ápices dos filídios (10x). **J** *Frullania dilatata* em vista ventral, com "sacos de água" (25x). – a, anfigastro. (A, C segundo Schiffner; B segundo S.O. Lindenberg; D-G segundo W.J. Hooker; H, J segundo K. Müller.)

externas; a abertura é causada por redução do aporte de água (ver 7.4).

O **protonema** das Jungermanniales é diferente nos diversos gêneros, mas, em geral, consiste de poucas células. Em *Metzgeriopsis pusilla*, o protonema é plano e representa o próprio corpo vegetativo, sobre o qual crescem plantas diminutas, dotadas de poucos filídios, constituídas apenas para a formação dos órgãos sexuais. Em *Protocephalozia*, o protonema filamentoso possui anterídios e arquegônios.

A **propagação vegetativa** ocorre, geralmente, em parte por ramos ou filídios generativos que se separam facilmente, em parte por propágulos com poucas a uma única célula, formados principalmente nas margens ou ápices dos filídios (Figura 10-132H).

Sistemática. A classe pode ser dividida em quatro ordens. As **Metzgeriales**, com cerca de 500 espécies, são caracterizadas por um talo com ramificação geralmente dicotômica que cresce por uma célula apical inicial. Este talo consiste em uma ou mais camadas de células de mesmo tipo; em algumas espécies, encontra-se uma nervura mediana formada por células alongadas (Figura 10-132A, B). No gênero *Blasia*, a ser inserido entre elas, o talo, provido de conceptáculos com propágulos em forma de garrafa, é partido nas margens em lobos semelhantes a folhas e apresenta pequenas escamas na face ventral (Figura 10-132C). As **Calobryales** são representadas, entre outras, por *Haplomitrium*, cujos filídios são pluriestratificados na base e os caulídios têm um cordão central. As **Jungermanniales**, com cerca de 9.000 espécies (250 na Europa Central), representam 90% das hepáticas (= Marchantiopsida, Jungermanniopsida e Anthocerotopsida). A elas pertencem, entre outros, *Scapania*, *Lophozia* e *Trichocolea* (Figura 10-132), *Lophocolea* (ver 6.1.1) e *Cephalozia* (Figura 7-38) e as espécies citadas acima (Figura 10-132D-J). ▶

Sexta subdivisão: Bryophytina (Musci; musgos folhosos em amplo sentido)

Nesta subdivisão, são reunidos os musgos folhosos. Seu gametófito é diferenciado em caulídios, filídios e rizoides.

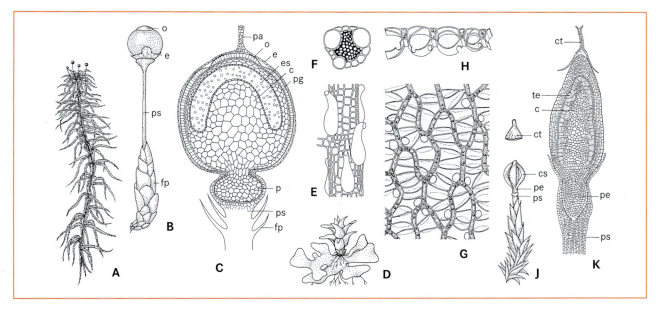

Figura 10-133 Bryophytina, Sphagnopsida. **A-H** Sphagnidae, *Sphagnum*. **A** *S. nemoreum*. Planta com esporogônios (0,67x). **B** *S. squarrosum*. Esporogônio maduro no ápice de um ramo (10x). **C** *S. acutifolium*. Esporogônio jovem em corte longitudinal (17x). **D** *S. acutifolium*. Protonema com planta jovem (100x). **E** *S. tenellum.* Parte de um ramo desfolhado com células armazenadoras de água em forma de garrafa (10x), **F** o mesmo, em corte transversal (10x). **G** *S. nemoreum*. Parte de um filídio uniestratificado; grandes células aquíferas com espessamentos anelares e poros, entre elas pequenas células clorofiladas (300x), **H** o mesmo, em corte transversal (300x). **J-K** Andreaeopsida, *Andreaea rupestris*. **J** Planta inteira (8x). **K** Corte longitudinal do esporófito jovem (40x). – pa, pescoço do arquegônio; e, embrioteca; c, columela; c, opérculo; p, pé do esporogônio; ct, caliptra; cs, cápsula; fp, filídios periqueciais; ps, pseudopódio; es, esporos; pe, pé do esporogônio; te, tecido esporogênico; pg, parede do esporogônio. (A, E-H segundo Mägdefrau; B, D segundo W. Ph. Schimper; C sefungo Waldner; J segundo H. Schenck; K segundo Kühn.)

Os **rizoides** são em geral ramificados, pluricelulares, com **divisões por paredes transversais** (nas briófitas tratadas anteriormente são quase sempre não ramificados e sem paredes transversais) e fixados ao solo ou substrato (Figura 10-137E). Ao contrário das espécies folhosas das Jungermanniopsida, os **filídios** em geral **não são dorsiventrais**, mas sim espiralados e, vistos de cima, trísticos ou radiais. Ramificações laterais ocorrem sempre abaixo dos filídios (Figura 10-138), logo, diferentemente das espermatófitas. Os filídios, que crescem através de uma célula inicial bifacial, possuem muitas vezes uma pseudonervura mediana, enquanto **oleocarpos** estão ausentes (hepáticas folhosas geralmente com oleocorpos; filídios com célula apical unifacial). Nas espécies com **caulídio** prostrado, os filídios espiralados dirigem-se para um lado ou se partem, de modo que, de fato, se estabelece uma oposição entre face superior e face inferior, mas não da mesma maneira que nas hepáticas. Apenas excepcionalmente os filídios são dísticos (por exemplo, em *Fissidens*, Figura 10-147C).

Também no **esporófito** os Bryophytina diferem dos demais musgos: em geral, ele possui **estômatos** e é desenvolvido em uma cápsula com columela sobre uma seta geralmente longa. **Elatérios estão ausentes**.

Os Bryophytina são divididos em três classes (Sphagnopsida, Andreaeopsida, Bryopsida). Nas duas primeiras classes, a cápsula de esporos é elevada por um **pseudopódio** (pedicelo alongado do arquegônio; haploide).

1ª Classe: Sphagnopsida (musgos-das-turfeiras)

Esta classe inclui apenas a família **Sphagnaceae** com o único gênero *Sphagnum*, mas muito rico em espécies (acima de 200). Suas espécies vivem em lugares encharcados, em geral pobres em cálcio, frequentemente com valores baixos de pH, e formam grandes agregados e coberturas que crescem ano a ano na superfície, enquanto as camadas mais profundas morrem e finalmente são transformadas em turfa. Nas paredes celulares são depositadas substâncias semelhantes à lignina.

Os esporos, tetraédricos, germinam na presença de determinados fungos micorrízicos, formando um protonema inicialmente filamentoso, depois um pequeno talo uniestratificado lobado, dotado de rizoides; em geral, apenas um gametófito é formado, com um tufo de rizoides na base (Figura 10-133D).

Os **caulídios** eretos, desprovidos de rizoides, dispõem-se quase sempre lado a lado em um agregado denso e apresentam tufos de ramificações laterais a intervalos regulares, dos quais alguns crescem retos e para baixo, junto ao caulídio (Figura

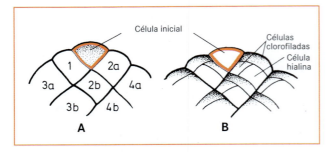

Figura 10-134 Bryopsida. Sequência de divisões celulares nos filídios de *Sphagnum*. **A** A célula inicial bifacial (laranja) produz segmentos para a esquerda e para a direita (1-4), os quais são subdivididos em células rômbicas de mesmo tamanho (2a, 2b; 3a, 3b, etc.). **B** Após cessada a atividade de divisão celular da célula inicial, cada um dos segmentos rômbicos é desmembrado em duas células clorofiladas e uma célula hialina, por meio de duas divisões celulares desiguais (150x). A célula hialina morre após ter reforçado sua parede celular com espessamentos espiralados e formado um grande poro para fora (Figura 10-133G, H). (B segundo E. Bünning.)

10-133A). No topo do caulídio, as ramificações laterais formam uma roseta densa.

Muitas espécies de *Sphagnum* (principalmente de turfeiras de altitude) são tingidas de marrom ou vermelho vivo por pigmentos de parede celular. Anualmente, uma ramificação abaixo do topo do caulídio cresce com o mesmo vigor do caulídio principal, que então desenvolve uma dicotomia aparente (pseudodicotomia). Pela morte progressiva dos caulídios das camadas mais abaixo, os ramos laterais formados um após o outro se tornam plantas independentes. O revestimento do caulídio consiste em um manto uni a pluriestratificado de células mortas, vazias, que absorvem água por capilaridade; suas paredes longitudinais e transversais são frequentemente dotadas de poros circulares. Os caulídios não apresentam qualquer cordão condutor central.

Os **filídios** não possuem pseudonervura mediana e apresentam um padrão regular de células vivas estreitas, dotadas de plastídios, que envolvem células mortas maiores, transparentes, acumuladoras de água (células hialinas). Esse padrão advém de divisões celulares desiguais (Figuras 10-134 e 10-133G). As células hialinas são perfuradas por poros e dotadas de reforços anelares ou espiralados. Essas estruturas únicas nos caulídios e filídios servem para suprimento de água e nutrientes minerais; com elas, as plantas podem acumular até cerca de 20 vezes o seu peso seco em água.

Reprodução. Alguns ramos laterais da roseta chamam a atenção pela forma e coloração especiais: eles produzem os órgãos sexuais. Os ramos ♂ formam nas axilas dos filídios os anterídios esféricos com longos pedicelos (os gametas liberados por eles foram os primeiros espermatozoides de plantas a serem descobertos); os ramos ♀ possuem no ápice os arquegônios. Estes últimos crescem, ao contrário dos demais musgos folhosos, sem célula apical, ou seja, como os arquegônios de hepáticas. Os esporogônios desenvolvem apenas um pedicelo muito curto com um pé expandido. Os esporogônios permanecem por longo tempo envoltos pela embrioteca, rompendo-a no ápice, ou seja, deixando-a na base como uma bainha (Figura 10-133B: e). Na cápsula esférica, a columela hemisférica é coberta como uma cúpula pelo tecido esporogênico (Figura 10-133C: te). O arquespório não é formado pelo endotécio, mas sim pela camada mais interna do anfitécio (ver Bryopsida). O esporogônio, com seu pé expandido, está mergulhado na extremidade superior alargada de um eixo portador. Este se alonga consideravelmente, formando um **pseudopódio**, após a formação do esporogônio, elevando-o (Figura 10-133B: ps). Devido à alta pressão do ar contido na cápsula, o opérculo é expulso com ruído perceptível e os esporos são lançados a mais de 20 cm.

2ª Classe: Andreaeopsida (musgos-do-granito)

Os musgos-do-granito (única família Andreaeaceae, com cerca de 120 espécies em três gêneros: por exemplo, *Andreaea*) formam tapetes pequenos, densos, marrom-escuros. Eles vivem sobre rochas calcárias das altas montanhas, do Ártico e da Antártica. O esporogônio é, como em *Sphagnum*, elevado por um **pseudopódio** formado pelo pedicelo do arquegônio. A cápsula, inicialmente coberta por uma caliptra em forma de touca, se abre por quatro fendas longitudinais, com as quatro valvas permanecendo unidas na base e no ápice (Figura 10-133J). A columela, como em *Sphagnum*, é sobreposta pela cavidade dos esporos como numa redoma (Figura 10-133K). O protonema tem forma de fita e é ramificado. O gênero *Andreaeobryum* não apresenta pseudopódio.

3ª Classe: Bryopsida (musgos folhosos em sentido restrito)

Nos representantes desta classe (Figura 10-135), a cápsula de esporos não é elevada por um pseudopódio relacionado ao gametófito (como nas duas classes anteriores), mas

Figura 10-135 Bryophytina, Bryopsida. *Polytrichum commune*. Gametófito verde e folhoso; esporófito assentado sobre ele, cápsula de esporos pedicelada. (Fotografia segundo O. Dürhammer.)

sim por um pedicelo formado pelo esporófito, a **seta** (diploide). Sobre o ciclo de vida, ver Figura 10-136D.

Desenvolvimento e estrutura do gametófito. Os esporos dos musgos folhosos germinam em gametófitos, inicialmente em um filamento verde, fototrópico positivo, que se ramifica intensamente – o **protonema** (Figura 10-137A) – que, ocorrendo abundantemente, parece um feltro verde quando visto a olho nu. Em seguida, se desenvolvem filamentos ricos em cloroplastídios com paredes celulares perpendiculares ao eixo principal, denominadas **cloronema**. Este progride paulatinamente para formar o **caulonema**, pobre em cloroplastídios, com paredes transversais oblíquas e prostrado sobre o substrato. Havendo iluminação suficiente no caulonema desenvolvem-se, geralmente em ramos laterais curtos, as gemas das plantinhas de musgo (Figura 10-137A). Além disso, surgem no caulonema inúmeras ramificações laterais, em geral eretas, semelhantes ao cloronema. A formação de gemas ocorre de modo que, após, a divisão da célula apical expandida em uma ou duas células pedicelares separadas por paredes oblíquas, uma **célula inicial** trifacial piramidal é formada (Figuras 10-137B, C e 10-138), a qual desenvolve, por formação de segmentos, uma plantinha folhosa de musgo. Onde muitas dessas gemas são formadas surge um tapete denso de plantinhas de musgo.

O gametófito atinge uma grande diversidade e, entre as Bryophytina, a diferenciação mais elevada. Mesmo assim, em alguns poucos casos o gametófito é limitado quase ao estágio de protonema (por exemplo, *Ephemeropsis tjibodensis, Viridivellus pulchellum*). Os caulídios crescem eretos e possuem no ápice os arquegônios e mais tarde a cápsula pedicelada (musgos acrocárpicos, Figura 10-137E), ou são plagiotrópicos e ao mesmo tempo em geral ramificados, com arquegônios (e mais tarde as cápsulas) formados em ramos laterais curtos (musgos pleurocárpicos, Figura 10-147R). O caulídio é, na maioria das vezes, atravessado por um cordão central (Figuras 5-14 e 10-137H), que nas formas mais desenvolvidas (*Polytrichum*) atinge uma considerável diferenciação histológica.

Os cordões **condutores** (Figuras 10-137H e 10-139B) podem estender-se tanto no gametófito quanto no esporófito. Como nos feixes vasculares das plantas vasculares, o transporte de substâncias ocorre em diferentes células.

O transporte de água e sais minerais é feito pelos **hidroides** – células alongadas mortas, em estágio plenamente desenvolvido sem núcleo ou plasma, com paredes longitudinais espessadas e paredes transversais diagonais. Diferentemente das traqueídes das plantas vasculares, suas paredes não são lignificadas nem reforçadas por espessamentos espiralados. A condução de assimilados ocorre em células também alongadas, os **leptoides**, que lembram em estrutura e desenvolvimento os elementos crivados das plantas vasculares. As paredes laterais são muitas vezes espessadas e atravessadas por poros com plasmodesmos, em menor grau que as paredes transversais, com frequência oblíquas. Os leptoides contêm núcleo e plastídios em seu plasma, embora atrofiados. Na maioria das vezes, hidroides são internos e leptoides externos, frequentemente misturados com outros elementos em um **cordão central**. Este é imerso em um manto de células de paredes finas (córtex interno) e de paredes espessas (córtex externo). **Estereídes** são células vivas, dotadas de núcleo e plastídios, alongadas, vizinhas aos hidroides que, com suas paredes espessas, porém não lignificadas, servem para sustentação mecânica (comparáveis às células do colênquima). As **células do parênquima** próximas aos leptoides diferem destes pela ausência de poros nas paredes transversais com, até o momento, grande concordância estrutural e funcional. Existem cordões com esse tipo de constituição em diversas variações com estrutura mais simples (por exemplo, ausência de leptoides), até a sua completa redução.

Unidos ao cordão central ou terminando cegos no parênquima cortical, os **traços foliares** (Figura 10-137H) prolongam-se como tecidos condutores nos filídios e fazem parte da nervura mediana. Apenas em uma ligação contínua de hidroides entre filídios e cordão central do caulídio, ou seja, em traços foliares verdadeiros, são oferecidas as condições para um **sistema fecha-

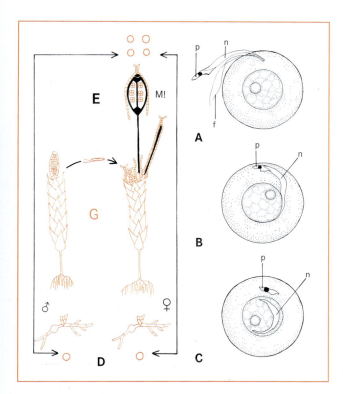

Figura 10-136 Musgos. **A-C** Fecundação (em *Phaeoceros laevis*; 900x). **A** O espermatozoide atinge a oosfera. **B** Penetração do espermatozoide. **C** Espermatozoide no núcleo da oosfera, restos do citoplasma ficam no plasma da oosfera. **D** Desenvolvimento de um musgo folhoso dioico (esporo, protonema, gametófito, fecundação, esporófito, meiose, esporos). Laranja: haplofase, preto: diplofase. – f, flagelos; G, gametófito; n, núcleo celular; p, plastídeo; M!, meiose; E, esporófito. (A-C segundo Yuasa; D segundo R. Harder.)

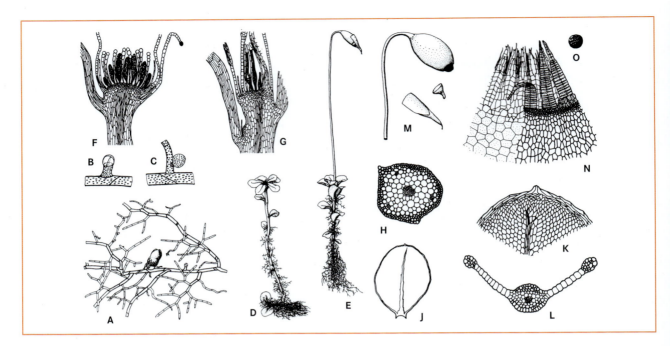

Figura 10-137 Bryopsida. *Rhizomnium punctatum*. **A** Protonema com gema (20x). **B** Formação da gema no protonema; cloroplastídios não representados nas células superiores (80x). **C** Primórdio da célula apical trifacial (85x). **D** Planta ♂ (1x). **E** Planta ♀ com esporófito (1x). **F** Corte longitudinal do anteridióforo (15x). **G** Corte longitudinal do arquegonióforo (15x). **H** Corte transversal do caulídio com cordão central e três traços foliares (40x). **J** Filídio (4x). **K** Ápice do filídio (25x). **L** Corte transversal da parte basal de um filídio (50x). **M** Cápsula madura juntamente com opérculo e caliptra (4x). **N** Peristômio; à esquerda peristômio externo removido; um dos três dentes externos do peristômio reflexo, a posição quando seco (30x). **O** Esporo (100x). (Segundo K. Mägdefrau.)

do de condução de água. Simplificações do sistema de condução dos filídios são frequentes, como nos tipos em que faltam hidroides ou estes não atingem o parênquima cortical do caulóide ou chegam apenas em número reduzido. Nos cordões condutores dos filídios, células parenquimáticas com lume grande, os Deuter, servem provavelmente para a condução de assimilados, enquanto leptoides típicos são raros (Polytrichales).

Os **filídios** consistem em uma única camada de células. Muitas vezes, as células da margem da lâmina formam uma bainha especial (Figura 10-137K fora) ou são alongadas em dentes. Nos musgos acrocárpicos, as células dos filídios são frequentemente parenquimáticas (isodiamétricas, Figura 10-137K dentro), nos pleurocárpicos, ao

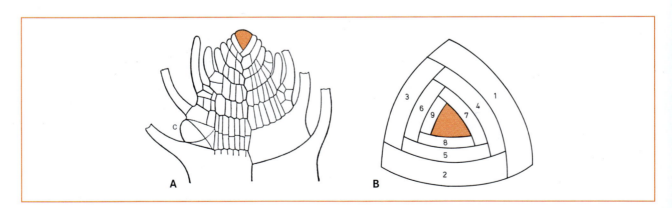

Figura 10-138 Bryopsida. Região apical do caulídio de *Fontinalis antipyretica*. **A** Corte longitudinal (120x). **B** Vista frontal; célula inicial trifacial (laranja). Cada segmento formado por ela separa-se, através de uma parede periclinal, em uma célula interna e uma externa (córtex). Esta produz o tecido cortical e um filídio. Os ramos laterais surgem abaixo dos filídios por formação de células iniciais trifaciais. Em Fontinalis, os filídios estão dispostos em três fileiras longitudinais. Na maioria dos demais musgos folhosos, os filídios são ligeiramente assimétricos, o que conduz à filotaxia espiralada (dispersa). – c, célula inicial. (A segundo H. Leitgeb; B segundo O. Stocker.)

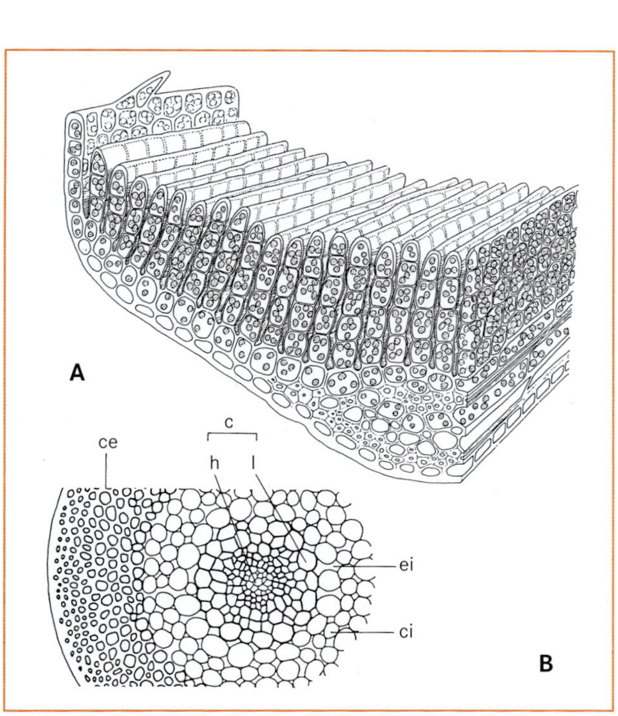

contrário, são muitas vezes prosenquimáticas (alongadas, como na Figura 10-133G). Nas formas acrocárpicas, a célula inicial dos filídios produz algumas células descendentes, que então se separam através de paredes mais ou menos perpendiculares, de modo que uma rede de células isodiamétricas é produzida. Nas espécies pleurocárpicas, as células descendentes da célula inicial são imediatamente divididas por paredes diagonais em células rômbicas, cujos ângulos laterais se alongam, de modo que uma rede prosenquimática de células é produzida. Os filídios (especialmente os com rede celular parenquimática) são frequentemente atravessados por uma nervura central pluriestratificada (Figura 10-137J-L).

Os **órgão sexuais** dos musgos folhosos estão agrupados nos ápices dos eixos principais ou em pequenos ramos laterais, envoltos pelos filídios superiores, que frequentemente são diferenciados em "filídios envoltórios" (filídios periqueciais, Figura 10-140).

Em relação à distribuição dos gametângios, os musgos folhosos são bissexuais, monoicos ou dioicos, conforme estejam os anterídios e arquegônios no mesmo caulídio, em diferentes caulídios da mesma planta ou em plantas diferentes, respectivamente.

Entre os órgãos sexuais, estão normalmente alguns tricomas, frequentemente com células apicais esféricas, as paráfises.

Os **anterídios** e **arquegônios** dos musgos folhosos são pedicelados e diferem filogeneticamente dos demais musgos (e arquegoniadas, ver Fetos) pela estrutura complexa

Figura 10-139 Briopsida, *Polytrichum*. **A** Estrutura do filídio de *P. formosum*; na face superior bandas de células dotadas de cloroplastídios (250x). **B** *P. juniperinum*. Corte transversal do caulídio (120x). – ce, córtex exterior; h, hidroides; ei, espaços intercelulares; ci, córtex interno; l, leptoides; c, cordão central. (A segundo K. Mägdefrau; B segundo Vaisey, C. Hébant.)

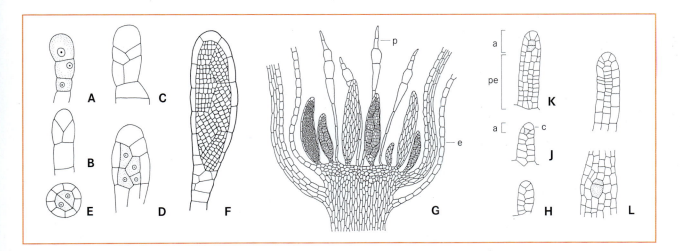

Figura 10-140 Bryopsida. **A-G** Desenvolvimento do anterídio de *Funaria hygrometrica*. **A** Divisão transversal do primórdio. **B** Formação e **C** divisão da célula apical. **D** Divisão em parede e primórdio do tecido espermatogênico. **E** O mesmo, em corte transversal (A-E 650x). **F** Anterídio quase maduro (300x). **G** Corte transversal do anteridióforo de *Mnium hornum*, anterídios, parte em vista lateral, parte em corte longitudinal (100x). **H-L** Desenvolvimento do arquegônio de *Plagiomnium undulatum* (250x). **H** Pedicelo ainda sem primórdio do arquegônio. **J** Estabelecimento do arquegônio por formação da célula central (hachurada), célula de cobertura e célula parietal. **K** Célula central dividida em oosfera e célula do canal ventral. **L** Grande número de células do canal do pescoço, separadas da célula de cobertura. – a, arquegônio; c, célula de cobertura; e, filídios do envoltório; p, paráfises; pe, pedicelo. (A-F segundo D.H. Campbell; G segundo R. Harder; H-L segundo K. von Goebel.)

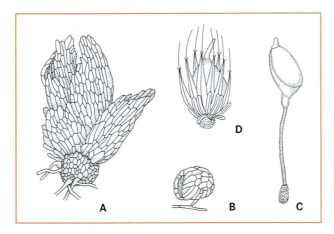

Figura 10-141 Bryopsida, Buxbaumiales. **A-C** *Buxbaumia aphylla*. **A** Gametófito ♀, **B** gametófito ♂ (A, B 35x), **C** esporófito. **D** *Diphyscium sessile*. (A segundo Dening; B segundo K. von Goebel; C, D segundo K. Mägdefrau.)

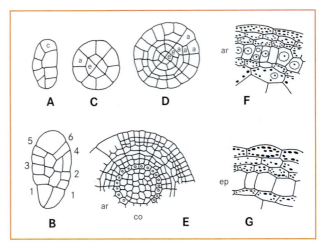

Figura 10-142 Bryopsida. Desenvolvimento do esporogônio de *Funaria hygrometrica*. **A, B** Corte longitudinal, primeiras divisões do zigoto. **C-E** Corte transversal. **C** Divisões em endotécio e anfitécio. **D** Divisões seguintes. **E** Esporogônio mais velho; camada mais externa de células do endotécio, o arquespório, separado da columela. (A-E 300x). **F, G** Corte transversal do arquespório e dos esporócitos formados por ele, ainda não isolados (250x). – a, anfitécio; ar, arquespório; c, columela; e, endotécio; c, célula inicial; ep, esporócito. (A-E segundo D. H. Campbell; F, G segundo J. Sachs.)

do seu corpo formada de segmentos de células inicias (Figura 10-140).

Propagação vegetativa. Os musgos folhosos têm uma capacidade extraordinária de regeneração. Assim, caulídios partidos e filídios podem crescer, formando novas plantas diretamente ou passando por um protonema. Em muitas espécies, crescem complexos celulares nas axilas dos filídios e ápices dos caulídios, os quais são liberados como "propágulos" (Figura 10-147O).

Desenvolvimento e estrutura do esporófito. O esporófito consiste em um pedicelo fino, a **seta** (Figuras 10-137E e 10-147) e da cápsula (**cápsula de musgo**), com estrutura radial (Figura 10-137E) ou dorsiventral (Figura 10-141C) e inicialmente coberta pela caliptra, que cai posteriormente. A seta eleva a cápsula, de modo que o vento pode facilmente dispersar os esporos. A parte superior da seta, abaixo da cápsula, é denominada **apófise**; esta é a região preferencial para a formação de **estômatos**. Os estômatos são do tipo *Mnium* (Figura 10-144A, B), também amplamente representado entre os fetos, mas que apresentam consideráveis diferenças em cada família, em relação ao número (3–300 em uma cápsula), forma e tamanho.

Após a fecundação da oosfera pelo espermatozoide atraído quimiotaticamente (ver 7.2.1.1), o zigoto se divide transversalmente várias vezes e forma um **embrião** segmentado alongado. No desenvolvimento típico, na célula superior do embrião formam-se paredes diagonais que separam uma célula inicial bifacial (Figuras 10-142A e B; 10-143), a qual produz segmentos para dois lados, que continuam a se dividir. Naqueles segmentos que produzem a cápsula, surge nas células à esquerda e à direita uma parede radial, perpendicular à parede do segmento, de modo que então, em corte transversal do embrião, se situem quatro quadrantes (Figura 10-142C); nestes, ocorre uma separação por paredes periclinais em células externas (**anfitécio**) e células internas (**endotécio**) (*a* e *e* na Figura 10-142C, D). A camada mais externa do endotécio geralmente torna-se o **arquespório** (Figura 10-142E, F: ar), que se esgota completamente em divisões celulares produzindo esporócitos (Figura 10-142G: ep). Cada esporócito divide-se por meiose formando quatro esporos haploides. Os meiósporos (mais ou menos esféricos) contêm, em geral, vários cloroplastídios (Figura 10-137O). Ao contrário das Marchatiopsida, as células internas do endotécio não participam da formação do arquespório, mas sim produzem em geral um feixe de tecido estéril, a **columela** (Figuras 10-142E: co, 10-144A: c), que é envolta pelo tecido esporogênico (Figura 10-144A: ce).

A columela serve como condutor de nutrientes e acumulador de água para os esporos em formação, para os quais as células ricas em plasma das paredes da cavidade esporogênica também fornecem substâncias nutritivas. No esporogônio jovem, há um eficiente tecido de assimilação externo à cavidade esporogênica, revestido por uma epiderme. Columela e cavidade esporogênica são, além disso, rodeados por espaços intercelulares (Figura 10-144), formados pelo anfitécio e especialmente desenvolvidos na maturação.

A parte inferior do embrião (Figura 10-143A), o **pé do esporogônio** (**haustório**), encontra-se ancorado no

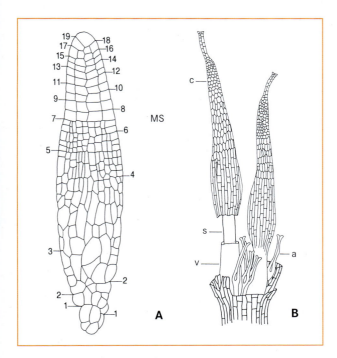

Figura 10-143 Bryopsida. **A** Corte longitudinal do esporófito jovem do musgo folhoso (*Pogonatum urnigerum*) (150x). Os números indicam a sequência de segmentos. Os segmentos 1-7 formam o pé do esporófito. **B** Pottiales, *Pottia lanceolata* (40x). Parte superior de um caulídio, filídios removidos. Dois arquegônios foram fecundados: o embrião à esquerda elevou a parte superior da embrioteca como caliptra e deixou a parte inferior na base como vagínula. À direita, o envoltório está ainda intacto. – a, arquegônio não fecundado; c, caliptra; s, seta; v, vagínula; MS, início do meristema da seta. (A segundo D. Roth; B segundo Leunis e Frank.)

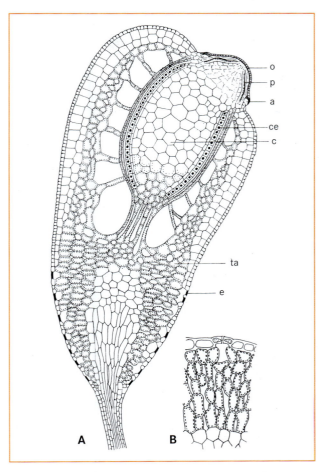

Figura 10-144 Bryopsida. **A** Corte longitudinal do esporogônio de *Funaria hygrometrica* (25x). **B** Tecido de assimilação com estômatos (90x). – a, ânulo; ta, tecido de assimilação; c, columela; o, opérculo; p, peristômio; e, estômato; ce, células esporogênicas. (Segundo G. Haberlandt, modificado por K. Mägdefrau.)

tecido do gametófito. O pé do esporogônio funciona como estrutura sugadora, penetrando no tecido geralmente aumentado do pedicelo do arquegônio, em muitos casos (*Polytrichum*) mais profundamente no tecido do caulídio até seu feixe central. Os hidroides do pé do esporogônio ligam-se estreitamente aos do eixo do gametófito. No pé do esporogônio são ocasionalmente encontrados apêndices rizoidais, que penetram no tecido do gametófito. Mais regularmente, são encontradas células de transferência, ligadas a células parenquimáticas ou a leptoides e caracterizadas por labirintos arredondados a cônicos que ampliam a superfície da parede. Ligações citoplasmáticas (por plasmodesmos) entre as duas gerações, no entanto, não ocorrem. Muitas vezes, também, a combinação de tecidos entre gametófito e esporófito parece ser imperfeita.

O esporófito jovem (embrião) é inicialmente coberto por um envoltório (**embrioteca**), formado pela parte ventral e pelo tecido do pedicelo do arquegônio, ou até mesmo por tecido do caulídio. Com o crescente alongamento do esporófito, a embrioteca não mais acompanha o crescimento; ao final, ela se rompe transversalmente. A parte superior é frequentemente elevada pelo esporófito como uma **caliptra** (coifa), enquanto a parte inferior permanece como vagínula (Figura 10-143B). O pescoço do arquegônio logo seca e permanece como ponta sobre a caliptra. A caliptra, portanto, não é formada de tecido diploide do esporófito, mas de tecido haploide do gametófito (Figura 10-136D).

Em sua extremidade superior, a **cápsula** madura apresenta estruturas especiais dispostas em anel, que servem para sua abertura e permitem a dispersão dos esporos. A parte superior da parede da cápsula é diferenciada em **opérculo** (Figuras 10-144A: e, 10-147M). Abaixo da borda do opérculo encontra-se uma zona estreita, em forma de coroa, o chamado **ânulo** (Figuras 10-144A: a, 10-145). Suas células contêm mucilagem higroscópica e permitem assim o lançamento do opérculo na maturação (a caliptra cai an-

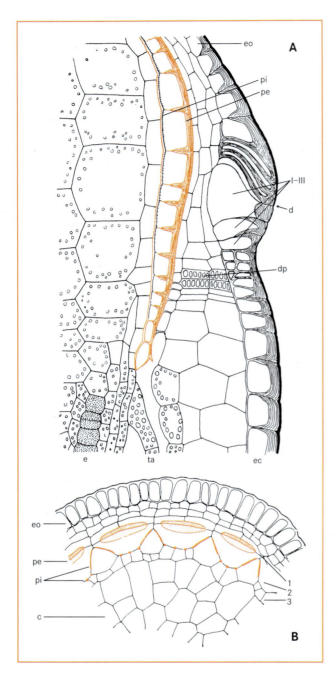

Figura 10-145 Bryopsida. **A** *Funaria hygrometrica*. Corte longitudinal da parte superior da cápsula, antes da abertura (200x). **B** *Rhizomnium punctatum*. Corte transversal da zona do peristômio (laranja) (120x). – pe, peristômio externo; ta, tecido de assimilação; c, columela; d, célula descente; eo, epiderme do opérculo; ec, epiderme da cápsula; pi, peristômio interno; e, esporócitos; dp, dobra do peristômio; I-III, células do ânulo; 1-3, as três camadas mais internas do anfitécio. (A segundo J. Sachs, modificado por K. Mägdefrau; B segundo K. Mägdefrau.)

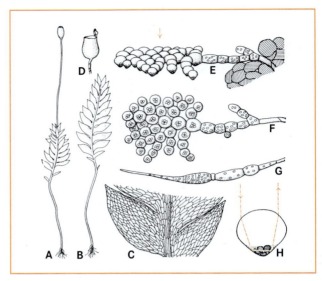

Figura 10-146 Bryopsida. *Schistostega pennata*. **A** Planta portando cápsula (10x). **B** Planta estéril (10x). **C** Detalhe da anterior (50x). **D** Cápsula aberta (25x). **E** Protonema em vista lateral; a seta indica a direção da incidência da luz (150x), **F** o mesmo, em vista frontal (150x). **G** Propágulos do protonema (150x). **H** Trajeto da radiação em uma célula do protonema. (A, B, D segundo W. Ph. Schimper; C, E-G segundo K. Mägdefrau; H segundo F. Noll.)

teriormente). Na margem da cápsula (em forma de urna depois de aberta) da maioria dos musgos folhosos encontra-se um conjunto de apêndices geralmente constituído de dentes, o **peristômio** (Figuras 10-144A: p, 10-137N) – antes coberto pelo opérculo – ausente nos demais musgos. Há uma grande diversidade na estrutura do peristômio.

Em poucos musgos (Polytrichales, Tetraphidales, Figura 10-147N), os **dentes do peristômio** consistem em fileiras de células completas. Em todos os outros musgos, porém, o peristômio sob o opérculo é formado de partes espessadas de paredes celulares das três camadas mais internas do anfitécio.

O desenvolvimento pode ser acompanhado em cortes transversal (Figura 10-145B) e longitudinal (Figura 10-145A) da parte superior da cápsula de esporos. As paredes tangenciais entre a primeira e a segunda camadas de células são fortemente espessadas e, de uma maneira especial, as paredes entre a segunda e a terceira camadas de células são fracamente espessadas. As paredes radiais e também as partes não espessadas das paredes tangenciais das três camadas de células são finalmente desintegradas, de modo que apenas as paredes tangenciais espessadas permanecem. Elas constituem então o peristômio, que neste caso é duplo (Figura 10-137N) e não constituído de células inteiras, mas sim apenas das paredes tangenciais que permanecem eretas. O **peristômio externo** é constituído de 16 dentes (Figura 10-137N) com listras transversais, fixados na borda interna da parede da cápsula; o **peristômio interno** ("cílios"), junto ao externo, é constituído de lamelas finas e filamentos, dotados de faixas transversais nas superfícies internas e fusionados em uma membrana comum na parte inferior (Figuras 10-137N e 10-145A: pi). Entre dois dentes

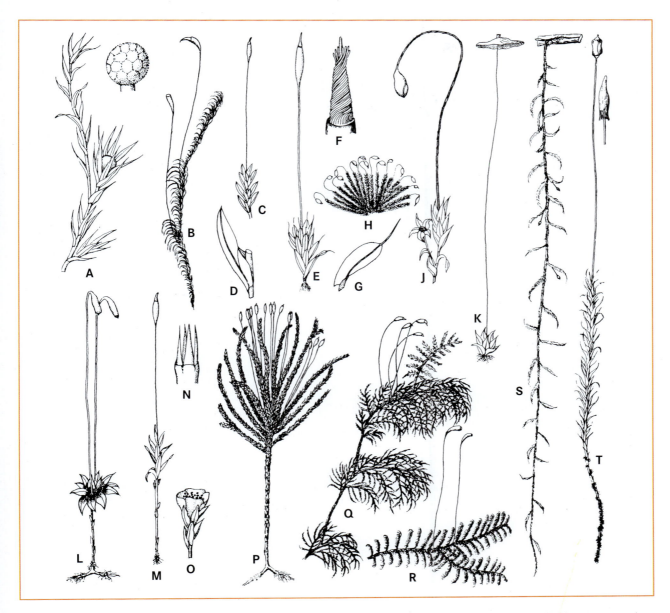

Figura 10-147 Bryopsida, formas de crescimento. **A** *Archidium alternifolium*. Planta inteira (5x) e cápsula (20x). **B** *Dicranum scoparium*. Planta de três anos (1x). **C** *Fissidens bryoides* (4x), **D** o mesmo, filídio (15x). **E-G** *Tortula muralis* (4x), **F** peristômio (30x). **G** Filídio com tricoma vítreo (10x). **H** *Grimmia pulvinata* (1x). **J** *Funaria hygrometrica* (2x), **K** *Splachnum luteum* (1x). **L** *Rhodobryum roseum* (1x). **M** *Tetraphis pellucida* (2x). **N** Peristônio; **O** receptáculo de propágulos (8x). **P** *Climacium dendroides* (1x). **Q** *Hylocominum splendens*, planta de quatro anos (0,5x). **R** *Cratoneuron commutatum* (0,5x). **S** *Papillaria deppei* (0,5x). **T** *Polytrichum commune*, juntamente com esporogônio coberto pela caliptra (0,5x). (Segundo K. Mägdefrau.)

externos do peristômio, localizam-se dois cílios do peristômio interno (no grupo das **Diplolepideae**, ao contrário das **Haplolepideae**, com apenas uma coroa do peristômio).

Os dentes externos do peristômio realizam **movimentos higroscópicos** (Figura 7-36, ver 7.4), fecham ou abrem a cápsula (Figura 10-137N) de acordo com o tempo (pela dessecação, em geral curvam-se para fora) e assim promovem uma dispersão gradual dos esporos. Esporogônios curvados e aqueles com abertura ampla possuem em geral um peristômio bem desenvolvido, enquanto este é frequentemente reduzido em gêneros com esporogônio ereto e com abertura estreita (Figura 10-146D).

Uma vez que é possível promover a regeneração de protonemas em esporogônios jovens, pode-se produzir **gametófitos diploides** que, então, formarão **esporófitos tetraploides**. Repetindo-se várias vezes esse processo, foi possível produzir gametófitos com 16 vezes o número de cromossomos. Além disso, contagens cromossômicas de

Quadro 10-7

Ocorrência e modo de vida dos musgos

Os musgos conquistaram a Terra e a ocuparam com a maioria de suas espécies. Suas adaptações a esse ambiente são variadas: por exemplo, sua grande resistência à **dessecação** (plantas peciloídricas), a redução ou regulação da **transpiração** (por exemplo, através da cutícula; camadas protetoras dos gametângios e do esporogônio; estômatos; crescimento em almofadas densas e em tapete), seus dispositivos para **captação, armazenamento** e **condução** de **água**, a formação de diversas formas vitais adaptadas à vida na Terra (por exemplo, "arbórea", fronde, pendentes, feltro, cobertas, almofadas, tapetes, Figura 10-147), a escolha de nichos adequados e a adaptação a ambientes extremos.

A **firmeza do tecido dos musgos** é dada por pressão de intumescência e não por turgor como nas plantas superiores. Com isso, musgos dessecados retomam a sua forma original quando colocados em água. Exceto em poucos casos, absorção e perda de água ocorrem pela totalidade da superfície. O sistema capilar entre eixo, rizoides e, quando existentes, filídios permite um considerável **armazenamento de água**, que pode ser melhorado em muitas hepáticas folhosas por "sacos de água" (Figura 10-132J), disposição dos filídios como as telhas em um telhado (súcuba e íncuba, ver Jungermanniopsida), anfigastros, lobos e ápices dos filídios (Figura 10-132F, H, D), bem como nos musgos folhosos pelo crescimento em tapetes densos altos. O armazenamento de água ocorre em *Marchantia, Sphagnum* e *Leucobryum* também em células armazenadoras (Figuras 10-128, 10-133G e 10-148). A columela na cápsula dos musgos folhosos serve como armazenagem de nutrientes e de água para os esporos em formação. Em determinados musgos (por exemplo, *Funaria, Encalypta*), uma caliptra ampliada permite o armazenamento de água. À capacidade dos musgos de reter consideráveis quantidades de água se deve em muito o efeito balanceador das florestas no equilíbrio hídrico da paisagem. O balanço hídrico das turfeiras de altitude é determinado pelas precipitações e pela grande capacidade de retenção de água dos musgos das turfeiras (diversas espécies de *Sphagnum*).

O sistema capilar mencionado também serve para a **condução de água** externa, predominante nos musgos. Musgos com cordão central – aos quais pertencem a maioria dos musgos folhosos acrocárpicos e algumas poucas hepáticas – conduzem a água absorvida pelos rizoides para os hidroides. Esse sistema interno de condução de água é especialmente bem desenvolvido nas Polytrichanae, nas quais também traços foliares verdadeiros, ligados ao cordão central, garantem o suprimento hídrico dos filídios (sistema fechado de condução de água).

Dispersão de espermatozoides e esporos. Enquanto a fecundação da oosfera pelos espermatozoides está relacionada a gotas de água no estado líquido, os esporos são dispersados pelo vento. Sua liberação é possibilitada por diferenças de umidade e mecanismos de coesão (por exemplo, elatérios; mecanismos de abertura das cápsulas; ver 7.4). A apófise no esporogônio, em forma de guarda-chuva e de cores intensas, de espécies de *Splachnum* (Figura 10-147K) propicia a dispersão por insetos dos esporos aderidos em esferas.

Muitas espécies são dotadas de **órgãos de assimilação** altamente desenvolvidos. O talo de *Marchantia* assemelha-se anatomicamente a uma folha de cormófita, inclusive suas estruturas para trocas gasosas – embora menos efetivas e com outra conformação. Os filídios de *Polytrichum* apresentam em sua superfície superior lamelas crescendo livres ao ar, que absorvem luz para a fotossíntese. Onde **estômatos** verdadeiros ocorrem (nos gametófitos talosos dos antóceros, nos musgos folhosos apenas no esporófito), estes são muitas vezes secundariamente não funcionais. Como ainda ocorrem em musgos recentes, os estômatos eram inicialmente destinados à promoção das trocas gasosas e do transporte de água por transpiração. Em geral estão localizados ao nível das demais células da epiderme, mas em algumas espécies se situam em nível abaixo do delas.

---

muitas espécies comprovaram que os gametófitos de musgos apresentam frequentemente o dobro do conjunto cromossômico (ou mais) em cada núcleo celular e assim são muitas vezes poliploides. Também nestes casos, o esporófito tem o dobro do número cromossômico do gametófito.

Sistemática. A sistemática da classe, com cerca de 15.000 espécies, está baseada em caracteres do gametófito e do esporófito (deste, especialmente o peristômio). Na superordem **Polytrichanae**, o peristômio ainda consiste em células inteiras em forma de ferradura ou de células alongadas como fibras. Os gametófitos são acrocárpicos e possuem um tecido de condução altamente diferenciado, que em parte é um sistema de condução de água fechado. Um representante comum é *Polytrichum* (Figura 10-147T), cujos filídios aciculares apresentam lamelas de assimilação; na face superior, são bandas celulares, verticais, ricas em cloroplastídios (Figura 10-139). Na maioria das **Dicrananae** acrocárpicas, o peristômio está ausente ou é simples (**Haplolepidae**). A este grupo pertence, entre outros, *Leucobryum*, no qual a nervura mediana, que preenche quase todo o filídio, permite reconhecer dois tipos de células: células vivas verdes e células mortas armazenadoras de água (Figura 10-148). Outros gêneros pertencentes a este grupo são *Archidium* (Figura 10-147A), *Fissidens* (Figura 10-147C, D), *Tortula* com dentes do peristômio torcidos (Figura 10-147E-G) e *Grimmia* (Figura 10-147H). As ordens a seguir apresentam em geral um peristômio duplo (**Diplolepidae,** por exemplo, Figura 10-137N). Um representante acrocárpico, frequentemente encontrado em locais queimados, é *Funaria hygrometrica* (Figura 10-147J). *Splachnum luteum* (Figura 10-147K) é caracterizado

Quanto à **área de distribuição**, os musgos coincidem amplamente com as plantas floríferas; a ocorrência de algumas espécies em todo o mundo (*Marchantia polymorpha, Bryum argenteum, Funaria hygrometrica*) deve-se possivelmente à ação humana. As espécies de musgos são reunidas em comunidades (sinúsias, ver 13.3.4) próprias dentro das formações dominadas por angiospermas, não raramente em concorrência com os liquens. Constituem formações próprias apenas no Ártico (tundra) e eventualmente também em turfeiras de altitude, onde a produção de matéria em um tapete fechado de musgos atinge seus maiores valores com 200-900 g de matéria seca por m² por ano. Isso corresponde à produção diária de uma pastagem de qualidade média.

Os musgos atingem sua maior diversidade como **higrófitos** em locais de elevada umidade: florestas e turfeiras. Em geral, as hepáticas têm maior necessidade de umidade que os musgos folhosos. Musgos são geralmente menos expostos do que as angiospermas a condições extremas como seca, temperaturas elevadas e radiação intensa. Eles penetram bastante fundo em cavernas e podem crescer em lugares **pouco iluminados** como o solo da floresta, especialmente na forma de **feltros**, **almofadas** e **cobertas**. Os musgos apresentam a maior riqueza de formas nos trópicos, principalmente nas florestas nebulares e de altitude, entre outras com plantas pendentes com comprimento de até um metro (Figura 10-147S) e epífitas. Estruturas para o acúmulo capilar de água são desenvolvidas em grande multiplicidade. Com um número de espécies em geral surpreendente, elas ocupam também a superfície de folhas de outras plantas (**musgos epifílicos**). Os musgos folhosos das zonas temperadas (além das **epífitas**, também os **musgos de solo** e **rochas**) apresentam frequentemente um **ritmo de crescimento** (Figura 10-147B, Q) intenso, determinado pelas estações do ano. Eles são mais raramente anuais, em geral são **sempre verdes** e conservam seus filídios também no inverno, assim como as hepáticas.

Musgos xerofíticos possuem grande capacidade de resistência contra dessecação e altas temperaturas. Eles são capazes de permanecer por longos períodos (*Tortula muralis* até 14 anos) em condições de dessecação, sem perder capacidade vital. Os esporos, ao contrário, são bem menos resistentes. Sob o sol e, portanto, expostos à dessecação, os musgos formam frequentemente **tapetes curtos** e **almofadas densas** (Figura 10-147H); eles têm muitas vezes uma aparência prateada, relacionada aos longos ápices mortos dos filídios. Esses **"tricomas vítreos"** (Figura 10-147G) servem possivelmente para proteção contra a radiação e reduzem a transpiração. As margens largas, uniestratificadas, dos filídios de *Polytrichum piliferum* curvam-se sobre as partes pluriestratificadas, dotadas de lamelas de assimilação, e as protegem da dessecação (como **folhas enroladas**, ver 4.3.3.2). Em relação à temperatura, os musgos são capazes de suportar condições ambientais extremas: eles são encontrados tanto nas rochas ao nível niveal das altas montanhas, no Ártico e na Antártica, quanto em lugares expostos ao sol, nos quais temperaturas do solo de até 70°C foram medidas. Em experimento, alguns musgos folhosos secos ao ar sobreviveram até mesmo a um aquecimento a 110°C durante meia hora.

Várias espécies adaptaram-se novamente à vida na água (**hidrófitos**); nessas espécies, os elementos condutores externos e internos foram reduzidos; *Fontinalis antipyretica* e outros **musgos aquáticos** são também bastante sensíveis à longa dessecação. Os musgos que vivem em riachos e quedas de água (por exemplo, *Eucladium verticillatum, Bryum pseudotriquetrum, Cratoneuron commutatum*) têm importante participação na formação de tufos calcários, juntamente com diversas espécies de cianobactérias (*Oocardium*) e *Chara*. Pelo fato de absorverem gás carbônico da água, causam a precipitação de hidrocarbonetos solubilizados em carbonato de cálcio pouco solúvel.

Alguns poucos musgos folhosos (por exemplo, espécies de *Pottia*) crescem como **halófitos** nas praias dos oceanos e em locais continentais salgados.

As cavidades do talo de *Blasia* (Figura 10-132C) e *Anthoceros* (Figura 10-149B) contêm a alga azul *Nostoc* como **simbionte**. Muitas hepáticas contêm regularmente hifas de fungos nas células dos rizoides e talos ou caulídios, mas é difícil decidir em cada caso quando se trata de parasitismo e quando é uma simbiose do tipo micorriza (ver 8.2.3). A hepática aclorofilada *Cryptothallus mirabilis*, que cresce sob as cobertas de musgos folhosos, alimenta-se parasiticamente de hifas de fungos, enquanto, ao contrário, os rizoides de *Marchantia* e de alguns musgos podem ser parasitados por fungos.

---

pela apófise discoide de coloração intensa no esporogônio, que atrai insetos para a dispersão dos esporos. Outros gêneros acrocárpicos a serem inseridos aqui são *Rhodobryum* (Figura 10-147L), *Mnium* (ou *Rhizomnium*, Figura 10-137), *Climacium* com hábito arborescente e em geral peristômio interno reduzido (Figura 10-147P) e o musgo pendente tropical *Papillaria* (Figura 10-147S). O gênero *Hylocomium* (Figura 10-147Q), de ocorrência frequente nos solos das florestas, e as espécies de gênero Cratoneuron, formadoras de tufos calcários em fontes de águas, são pleurocárpicos (Figura 10-147R). Os exemplos a seguir estão bastante isolados dentro dos musgos folhosos. Um gametófito fortemente reduzido ou ausente caracteriza *Buxbaumia* (Figura 10-141A-C) e *Diphyscium* (Figura 10-141D). Em *Tetraphis pellucida*, comum sobre madeira em decomposição, os quatro dentes do peristômio consistem em feixes celulares enfileirados (Figura 10-147M-O). O musgo luminoso (*Schistostega pennata*, Figura 10-146) é adaptado em ambientes pobres em luz, como cavernas. Seu protonema perene forma células esféricas, pelas quais a luz incidente é captada e parcialmente refletida (Figura 10-146E, H). Os filídios secundariamente dísticos do gametófito estão orientados perpendicularmente à luz incidente (Figura 10-146A, B). ▶

Sétima subdivisão: Anthocerophytina, antóceros

Embora os **antóceros** (Figuras 8-5 e 10-149) formem um gametófito taloso, eles diferem das já anteriormente

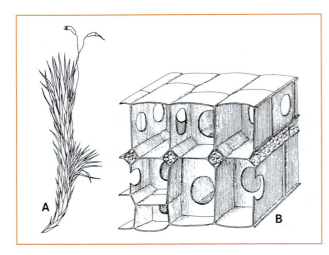

Figura 10-148 Bryophytina, Bryopsida. *Leucobryum glaucum*. **A** Gametófito com esporófitos (1x). **B** Estrutura do filídio: duas camadas de células desprovidas de plasma ligadas entre si por grandes interrupções nas paredes; entre elas, pequenas células alongadas, dotadas de cloroplastídios (300x). (B segundo K. Mägdefrau.)

tratadas **hepáticas** (Jungermanniopsida, Marchantiopsida) por uma série de caracteres. As células do gametófito **não apresentam olecorpos** (em hepáticas talosas, amplamente presentes) e possuem, cada uma, apenas **um cloroplastídio** com pirenoide. No gametófito, assim como nos esporófito, são encontrados **estômatos** (na hepática *Marchantia*, ao contrário, apenas câmaras respiratórias). Os **esporófitos** crescem com um **meristema intercalar**; seu crescimento é, por isso, indeterminado.

A ligação do esporófito ao gametófito (tecido de transferência) assemelha-se ao tipo encontrado nas Psilotophytina, entre os fetos vasculares, e não ao tipo dos demais musgos*. Os elatérios dos antóceros distinguem-se daqueles das hepáticas pela forma e desenvolvimento (nos musgos folhosos, os elatérios estão completamente ausentes). Os **anterídios** são produzidos desde o princípio endogenamente (nas hepáticas, são inicialmente exógenos, podem posteriormente ser envolvidos por tecidos do gametófito). Os **arquegônios** também são imersos no talo.

A oosfera fecundada divide-se por uma parede transversal em duas células: a superior, ou seja, a voltada para o pescoço do arquegônio, após outras divisões, desenvolve-se em esporogônio; a inferior, porém, torna-se o pé do esporófito, intumescido e fixo com a ajuda de células rizoidais ao talo (haustório, Figura 10-149D).

Os antóceros formam um pequeno grupo com cerca de 100 espécies, reunidas na única ordem recente das **Anthocerotales**.

---

* Nesta obra, o vocábulo "musgo" geralmente se refere a todos os grupos de embriófitas avasculares, ou seja, hepáticas (Marchantiopsida e Jungermanniopsida), musgos verdadeiros (Bryopsida) e antóceros (Anthoceropsida). A expressão "musgos folhosos" foi utilizada para designar apenas os Bryopsida, enquanto que o termo "hepática" (no original "Lebermoos") designa tanto as Marchantiopsida e Jungermanniopsida (como é usual na literatura em idioma português) quanto os antóceros (neste caso, a terminologia foi mantida para seguir o original em alemão). Os Anthoceropsida são designados *hornmoos*, em alemão e *hornworts*, em inglês, pela aparência de chifres que apresentam os seus esporófitos, mas não há um nome vernacular deste tipo na literatura em português.

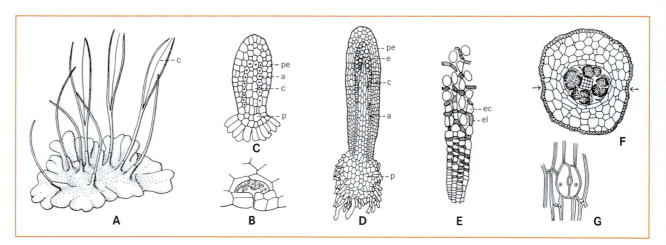

Figura 10-149 Streptophyta, Anthocerophytina, Anthocerotales. **A** *Phaeoceros laevis*. Talo com esporogônios jovens e abertos; columela (2x). **B** *Anthoceros vicentianus*. Estômatos da face inferior do talo, câmaras respiratórias colonizadas por *Nostoc* (270x). **C** *Anthoceros punctatus*. Corte longitudinal do esporogônio jovem (130x). **D** *Dendrocerus crispus*. Corte longitudinal do esporogônio quase maduro (80x). **E** *Anthocerus punctatus*. Divisões celulares desiguais no arquespório (100x). **F** *Anthoceros husnoti*. Corte transversal no esporogônio com tétrades de esporos e columela; setas = locais de abertura da parede do esporogônio (100x). **G** *Anthoceros pearsoni*. Estômato do esporogônio (125x). – a, arquespório; c, columela; el, elatérios; p, pé do esporogônio; e, esporos; ec, esporocitos; pe, parede do esporogônio. (A segundo K. Mägdefrau; B, C, D segundo H. Leitgeb; E segundo K. von Goebel; F segundo K. Müller; G segundo D.H. Campbell.)

Na família **Anthocerotaceae**, o **gametófito** é um talo com estrutura mais simples, discoide, lobado, com alguns centímetros de tamanho, aderido ao solo através de rizoides (Figura 10-149A). As células do parênquima amplamente indiferenciado apresentam, ao contrário dos demais musgos, apenas um grande cloroplastídio em forma de tigela, que contém pirenoides. A epiderme da face inferior do talo apresenta estômatos com duas células-guarda em forma de feijão, os espaços intercelulares abaixo deles são, no entanto, preenchidos com mucilagem e em geral colonizados pela alga azul *Nostoc* (Figura 10-149B). Os rizoides têm paredes lisas.

O **esporogônio**, com 1-7 cm de comprimento, é uma cápsula deiscente em forma de chifre ou de vagem, com duas valvas longitudinais (Figura 10-149A). A estrutura interna é ricamente diferenciada (ao contrário das Marchantiopsida). No seu eixo longitudinal, encontra-se uma coluna de tecido estéril constituída de poucas camadas de células, a columela (Figura 10-149C, D: c). A columela é envolvida como por um manto pela fina camada de células produtoras de esporos (arquespório, Figura 10-149: a) que, além dos esporos, produz também células estéreis, os chamados **elatérios**. Os esporocitos diploides e os elatérios – ou as células destinadas a serem elatérios – são células-irmãs. Para cada esporocito (ou tétrade de esporos, após a meiose), tem-se um elatério pronto ou uma célula estéril ainda capaz de se dividir, de cujas divisões mitóticas pode resultar ao final um múltiplo do número de esporos; os elatérios estão dispostos transversalmente ao eixo do esporogônio (Figura 10-149E). Ao contrário de todos os outros musgos, a parte do esporófito constituída como cápsula não matura toda ao mesmo tempo, mas sim é continuamente alongada por uma zona meristemática na sua base. A parede do esporogônio possui estômatos com duas células (Figura 10-149G), além de apresentar cloroplastídios.

Anthoceros (por exemplo, *A. punctatus*) possui câmaras de mucilagem que aparecem como pontos na superfície superior do talo fendido e esporos pretos com espinhos densos no esporogônio. Ao contrário, *Phaeoceros* (por exemplo, *P. laevis* sobre solos pobres em cálcio), com esporos amarelados, ásperos-papilosos, não apresenta câmaras mucilaginosas no talo lobado.

Os talos de **Notothylaceae** são minúsculos, com seus poucos milímetros de tamanho, em comparação às famílias anteriores. Registros fósseis, para a realização de uma **filogenia** dos Anthocerophytina, inexistem completamente. Ao contrário das hepáticas, mas em concordância com os musgos folhosos, os antóceros apresentam estômatos verdadeiros. Os antóceros e os musgos folhosos compartilham este caráter com as plantas terrestres superiores. Análises de DNA colocam os antóceros aparentemente mais próximos das demais plantas terrestres verdes que os outros grupos de musgos.

Tipo de organização: traqueófitas (plantas vasculares)

Todas as demais subdivisões

Fetos e espermatófitas possuem, no caule, nas folhas e nas raízes, **feixes vasculares** verdadeiros (não apenas cordões condutores), que servem para o transporte de substâncias (água com sais minerais, assimilados). Por isso, como plantas vasculares, traqueófitas, elas se separam dos musgos, que não possuem feixes vasculares. Na verdade, cordões condutores com estrutura semelhante aos feixes vasculares primitivos já ocorrem nos musgos com transporte interno de água; contudo, os feixes das plantas vasculares são nitidamente demarcados em relação aos tecidos vizinhos e os elementos condutores de água (traqueídes e elementos de vaso) apresentam depósitos de lignina em suas paredes as quais são reforçadas. A disposição dos feixes no caule das plantas vasculares é denominada **estelo**. No decorrer da crescente adaptação à terra pelas plantas vasculares, os estelos se desenvolveram cada vez mais (protostelo, actionstelo, plectostelo, polistelo, sifonostelo, eustelo, atactostelo; Teoria Estelar, ver também Quadro 4-2), segundo suas funções de condução de substâncias e sustentação.

Tipo de organização: pteridófitas (fetos)

Grupos ancestrais extintos, assim como oitava a décima segunda subdivisões

Fetos são, assim como os musgos, primariamente adaptados à vida na terra; seus tecidos e órgãos, porém, são ainda muito mais diferenciados para a divisão de trabalho.

Na **alternância de gerações** dos fetos recentes domina o **esporófito** (Figura 10-150H). Ele constitui uma planta verde independente e é, entre os licopódios (Lycopodiophytina), as cavalinhas (Equisetophytina) e as samambaias verdadeiras (Filicophytina), organizado em **caule**, **folhas** e **raízes**. Os caules dos fetos ancestrais extintos (Psilophyta), por outro lado, ainda eram constituídos por ramos bifurcados, homogêneos, áfilos (telomas, Figura 10-152A, B). Eles não dispunham de raízes verdadeiras, como é o caso das Psilotales recentes. O esporófito diploide dos fetos é altamente desenvolvido e diverso; ao contrário dos musgos, é possível que os feixes vasculares lignificados (portanto, com capacidade de sustentação) tenham se tornado cada vez mais pronunciados, ao longo do desenvolvimento filogenético (condução de água e de substâncias orgânicas). O desenvolvimento de raízes verdadeiras também parece seguir o mesmo processo. Uma vez que a epiderme é cutinizada, o caule pode crescer no espaço ar-luz, formar folhas e assimilar gás carbônico; logo, ele não é dependente do suprimento de substâncias orgânicas pelo gametófito, razão pela qual é transposta mais uma barreira para seu desenvolvimento em tamanho.

Os fetos devem ter se desenvolvido em pelo menos duas linhagens paralelas aos musgos, mas talvez de um grupo ancestral comum, possivelmente já adaptado à terra firme que, por sua vez, deriva de ancestrais semelhantes às algas. Entre as algas, apenas representantes das Streptophyta podem ser considerados como ancestrais destes antigos habitantes da terra. Em vista disso, o desenvolvimento direto de musgos em fetos (discutido antigamente), por exemplo, de ancestrais semelhantes aos *Anthoceros*, por meio do aumento de tamanho, diferenciação e crescente autonomia do esporófito (*Sporogonites*), é, pouco provável. Enquanto os musgos não evoluíram mais a partir do Carbonífero, ou seja, já estavam "prontos" há cerca de 250 milhões de anos, os fetos tiveram seu principal desenvolvimento apenas a partir desta época (Figura 10-190).

Os **musgos** conquistaram a terra por meio do **gametófito** e, com isso, sua dispersão ficou limitada a alguns grandes nichos ecológicos especiais. Já os **fetos** e (principalmente) as espermatófitas atingiram seu papel dominante na formação da vegetação terrestre pela **evolução de seu esporófito**. A **vantagem evolutiva** das plantas esporofíticas está possivelmente relacionada à sua estabilidade genética (efeito tampão) e elevada taxa de recombinação (multiplicação mitótica do núcleo fusionado após cada evento de singamia, de modo que, ao final, inúmeros núcleos diploides participam da meiose), assim como ao desenvolvimento de estruturas de proteção para os gametófitos sensíveis às condições ambientais terrestres.

Nos fetos, o **gametófito** haploide é denominado prótalo (Figura 10-150A). Ele vive em geral apenas poucas semanas, atinge no máximo alguns centímetros de diâmetro e com frequência assemelha-se em aparência a uma hepática talosa simples. Na sua estrutura típica – as variações são inúmeras – consiste em um talo simples, verde, com rizoides tubulosos unicelulares fixados ao solo na face inferior. No talo surge em grande número os anterídios e arquegônios. A fecundação, como nos musgos, só é possível em presença de água, ou seja, pelo estabelecimento de uma ligação entre os prótalos.

O gametófito dos fetos permanece taloso (prótalo) – nos casos em que não é totalmente reduzido – e raramente produz traqueídes (Psilotum). Ele completa seu desenvolvimento precocemente, com a formação de **anterídios** e **arquegônios**, que em geral têm estrutura mais simples que os de musgos; grandes gametângios multicelulares são considerados primitivos em comparação com os pequenos de poucas células. Os musgos folhosos (Bryophytina) possuem no arquegônio um grande número de **células do canal do pescoço** (10-30 ou mais); enquanto as hepáticas (Marchantiophytina) possuem entre quatro e oito células, os antóceros (Anthocerophytina) possuem seis e, entre os fetos, muitas vezes são encontradas apenas algumas células do canal do pescoço ou menos. Entre os Anthocerophytina, a diferenciação do arquegônio não apresenta mais célula pedicelar, isto é, diferentemente das Marchantiophytina e Bryophytina, a célula epidérmica destinada divide-se diretamente em uma célula axial e três células do manto. Nas pteridófitas, além disso, falta o passo da divisão celular que produz as células do manto. Os anterídios e arquegônios das Bryophytina e Marchantiophytina são **exógenos** e livres, ou apenas posteriormente envolvidos por tecidos do gametófito. Nos Anthocerophytina e nas pteridófitas, anterídios e arquegônios são envolvidos por tecidos do gametófito quando ainda jovens e, em parte, também em estágios tardios de desenvolvimento (**formação endógena**).

Após a fecundação do zigoto, desenvolve-se a geração diploide, o **esporófito** (Figura 10-150H: 3, 4), que é completamente diferente nos fetos e muito mais desenvolvido que nos musgos. Quando muito, apenas seu desenvolvimento inicial transcorre de modo semelhante ao dos musgos. Na maioria das espécies, o prótalo desaparece rapidamente (se a fecundação é impedida, ele pode viver vários anos), mas a plântula se desenvolve em um esporófito independente, perene, com raízes, caule e folhas: a planta do feto propriamente dita (Figuras 10-150H: 4, 10-172A, 10-175 e 10-178A). O esporófito do feto é, portanto, um cormo verdadeiro que se constituiu ao longo da evolução.

Teoria do teloma. Esta teoria reúne os processos de mudança de forma. Segundo ela, os órgãos típicos das cormófitas provavelmente surgiram de eixos bifurcados áfilos (telomas; Figura 10-151A, B), por meio de alguns processos básicos (processos elementares da teoria do teloma), quais sejam: dominância apical, aplanamento, concrescimento, redução e curvatura (Figura 10-151).

Por dominância apical (Figura 10-151A), os telomas de mesma importância, dos quais era constituído o caule da maioria dos fetos primitivos, podem ter iniciado uma diferenciação e divisão de trabalho entre eixos principais sustentadores e eixos laterais secundários. Assim, o ramo principal dominante recebe um maior estímulo para o crescimento que os ramos-irmãos por ele dominados, que se tornam órgãos acessórios laterais (Figura 10-151B) e podem assumir progressivamente a tarefa da assimilação. No **aplanamento**, os eixos dos ramos laterais orientam-se em um plano (Figura 10-151C). Por **concrescimento** congenital, esses telomas dispostos em um mesmo plano podem ser transformados em órgãos laterais planos folioides (Figura 10-151D). Folhas grandes, ramificadas, inicialmente com nervuras dicotômicas (macrofilos ou megafilos) poderiam ter-se desenvolvido deste modo. Telomas com disposição tridimensional também podem concrescer, originando um eixo parenquimático mais grosso, não mais atravessado por um único cordão vascular central (protostelo, Figura 10-152C), mas sim envolvendo dois ou mais feixes vasculares (Figura 10-151H-K). Desse modo, a estabilidade dos eixos é significativamente aumentada. Por **redução** (Figura 10-151F, G), pode-se imaginar o surgimento de folhas menores, mais ou menos aciculares com uma única nervura (microfilos), embora se discuta se neste caso não se trata de emanações do caule, ou seja, órgãos *sui generis*, que não podem ser derivados dos telomas. O processo de **curvatura** ou encurvamento pode ser acompanhado, por exemplo, nos eixos portadores de esporângios nas cavalinhas (Figuras 10-151L, M; 10-169F).

Desenvolvimento do embrião. Logo após as primeiras divisões celulares da oosfera fecundada, além de um haustório (pé), nos fetos recentes surgem geralmente um ápice de raiz, um ápice caulinar e um ápice foliar. Inicialmente, ainda com o embrião ligado ao prótalo (Figuras 10-150B, 10-181), desenvolvem-se a primeira raiz, o caule e a primeira folha (cotilédone). A existência de raízes é característica da maioria das pteridófitas. O ápice oposto ao "polo caulinar" da plântula poderia ser denominado "polo radicular", mas apenas nas espermatófitas desenvolve-se dele a raiz primária (Figura 3-1), enquanto nas pteridófitas a primeira raiz tem origem endógena, como uma projeção lateral a partir do eixo (Figura 10-181B: r). A plântula dos fetos, portanto, não é bipolar como nas espermatófitas, mas sim unipolar. A raiz da plântula logo desaparece (Figura 10-150B: r) e surgem muitas outras raízes caulógenas laterais (**homorizia primária**; ver 4.4.1).

A **posição do embrião** (Figura 10-181) é geralmente endoscópica (ápice caulinar oposto ao pescoço do arquegônio; nas Pteridopsida, como também em *Lycopodium, Selaginella*), mais raramente é exoscópica (Ophioglossales; além de *Psilotum, Equisetum, Isoetes*).

Os três **órgãos fundamentais** crescem na maioria dos fetos com células apicais (ver 3.1.1.1, Figuras 3-2A e 3-6A). As eusporangiadas Ophioglossales e Marattiopsida, assim como alguns representantes de Lycopodiopsida (*Lycopodium; Selaginella*, ao contrário, em parte também ainda com células iniciais) crescem a partir de grupos de iniciais (ver 3.1.1.1); nos fetos primitivos, *Rhynia* já apresentava este caráter derivado.

O caule bifurcado ou lateralmente ramificado (porém nunca a partir das axilas foliares) é ricamente folhoso. As **raízes** apresentam uma coifa (Figura 3-6A) e suas raízes laterais não surgem do periciclo, mas sim da camada mais interna do córtex (ver 4.4.2.2). As **folhas**, pelo menos nos fetos mais desenvolvidos, coincidem em sua estrutura anatômica geral com as folhas de espermatófitas. Em geral, a epiderme das partes aéreas é dotada de uma **cutícula** (importante condição para a vida na terra a maiores distâncias do solo) e de **estômatos** (ver 3.2.2.1), mas, na maioria dos casos, as células epidérmicas contêm cloroplastídios. Caules, raízes e folhas são dotados de **sistema condutor** diferenciado constituído de partes crivadas e partes vasculares. Esse sistema condutor surge, nesta estrutura típica, pela primeira vez na história evolutiva das plantas e possuem traqueídes lignificadas como elementos condutores de água. Muito raramente (por exemplo, em *Pteridium*) já estão presentes também elementos de vaso (Figura 10-176: v). Elementos de sustentação especiais ainda não são formados no sistema condutor, mas os elementos condutores de água são em geral reforçados com anéis ou outras estruturas (Figura 10-176). Feixes condutores concêntricos (com xilema interno) únicos ou em número maior predominam, mas também ocorrem outros tipos de feixes. A sequência completa da filogenia do sistema condutor representada no Quadro 4-2, Figura A, pode ser acompanhada nos fetos. Mediante traqueídes lignificadas, a condução à distância da água e a capacidade de sustentação do caule são tão aperfeiçoadas que os fetos, ao contrário dos musgos, puderam se desenvolver em plantas terrestres ricamente ramificadas, em parte arbóreas. Além disso, as paredes celulares dos tecidos de sustentação externos aos feixes vasculares geralmente contêm **lignina**. A presença de raízes assegura o suprimento de água suficiente e possibilita o desenvolvimento de folhas maiores, as quais são responsáveis pela assimilação. O transporte de substânciais ocorre em células crivadas alongadas (ver 3.2.4.1). O crescimento secundário em espessura pela atividade cambial ocorre apenas muito isoladamente entre as famílias viventes, mas caracteriza determinados grupos fósseis de pteridófitas.

Os esporângios com os meiósporos (Figura 10-150G, H: 6) são produzidos nas folhas e apenas em classes muito primitivas, diretamente em eixos caulinares indiferenciados. Os esporângios podem ter estruturas muito diferentes. As folhas portadoras de esporângios são denominadas **esporofilos**, sendo muitas vezes estruturalmente mais simples que as folhas assimiladoras (os **trofofilos**) e reunidos em eixos especiais: tais eixos de esporofilos podem ser denominados "flores". Frequentemente, eles se elevam consideravelmente acima do substrato, em função da dispersão de esporos.

Os **esporângios** envolvem o arquespório com o tecido esporogênico (Figura 10-150H: 5, E: te); suas células se arredondam, separam-se umas das outras e constituem as células-mães de esporos (= esporocitos, em geral 16). Cada uma destas, através de meiose, fornece a quatro esporos haploides, em geral ordenados em tétrades.

Frequentemente em várias camadas em torno do tecido esporogênico, encontram-se células ligadas à parede do esporângio, as quais fornecem alimento aos esporos e no seu conjunto constituem o **tapete** (Figura 10-150E: t). As células de um tapete secretor secretam seu conteúdo através das paredes. No tapete plasmodial, as paredes celulares são dissolvidas e os protoplastos são liberado e reunidos em um periplasmódio, que se move para junto dos esporos jovens que se libertam das tétrades, alimenta-os, participa da formação da parede do esporo (perispório) e é assim consumido (Figura 10-150F, G).

Esporos. A parede do esporo é dividida em um endospório interno e um exospório externo resistente, sobre o qual o perispório é depositado como ornamento de aparência diferente. Os esporos, de cor marrom a amarela, são quase sempre desprovidos de clorofila.

Na maioria das pteridófitas, todos os esporos em uma espécie são do mesmo tipo. Da germinação do esporo, forma-se um prótalo, sobre o qual são produzidos tanto anterídios quanto arquegônios. Em casos derivados, os prótalos podem também ser dioicos. Essa separação de sexos levou em alguns grupos de pteridófitas à formação de dois tipos de meiósporos: megásporos ricos em substâncias de reserva (macrósporos), que são formados em megasporângios (macrosporângios) e produzem prótalos femininos relativamente grandes, e micrósporos, formados em microsporângios e produzem pequenos gametófitos masculinos (Figura 10-159). Consequentemente, distinguem-se linhagens com esporos iguais (**isospóricas**) e com esporos diferentes (**heterospóricas**).

Em formas primitivas, os esporos são iguais entre si (**isosporia**), nas mais derivadas, ao contrário, surgiu uma diferenciação em micrósporos e megásporos. O surgimento da **heterosporia** ocorreu várias vezes independentemente nas diferentes classes de peteridófitas (Lycopodiophytina, Equisetophytina – tanto entre as Calamites quanto entre as Sphenophyllaceae – e Filicophytina). A isso está relacionada a divisão de trabalho entre prótalos menores e maiores. A heterosporia é sempre relacionada à dioicia dos gametófitos e seu desenvolvimento dentro dos esporos (endosporia).

Nas Lepidospermae, as pteridófitas atingiram, independentemente das espermatófitas, o estágio de desenvolvimento de formação de sementes com extrema heterosporia.

Filogenia. Os fetos tiveram no Paleozoico seu maior desenvolvimento, tanto em diversidade de formas quanto em número de indivíduos. As Filicophytina estiveram ainda fortemente representadas no Mesozoico e se mantiveram também até o presente em maior abrangência que as demais subdivisões recentes (Figura 10-190). No entanto, das formas dominantes do Carbonífero até o Triássico vivem hoje apenas umas poucas espécies, ao passo que as famílias dominantes de hoje surgiram apenas no Mesozoico (Figura 10-190). Em relação à distribuição e forma de vida dos fetos, ver Quadro 10-8.

Grupos ancestrais extintos das plantas vasculares

Os seguintes grupos do reino vegetal pertencem às **plantas vasculares** com sistema vascular bem desenvolvido. Eles são especialmente adaptados à vida sobre a terra e se dividem em **fetos** e espermatófitas. Os representantes mais primitivos dos fetos são registrados por achados fósseis.

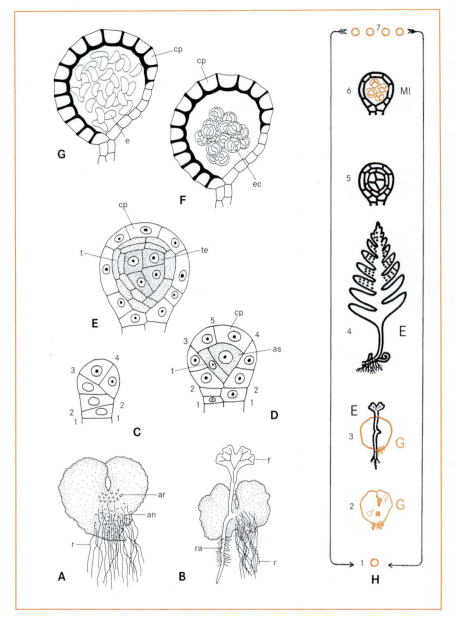

Figura 10-150 Streptophyta, Filicophytina. **A**, **B** *Dryopteris filix-mas*. **A** Prótalo (face inferior) com arquegônios, anterídios e rizoides. **B** Prótalo com esporófito jovem (5x). **C-G** Desenvolvimento do esporângio. **C-E** *Asplenium* (300x). **C** Primeiras divisões do primórdio formado a partir de uma célula epidérmica. **D** Divisão na camada periférica da parede e célula central (arquespório), que já formam uma célula do tapete. **E** O arquespório se dividiu em células do tapete e tecido esporogênico. **F**, **G** *Polypodium* (200x). **F** Parede celular espessada do ânulo, células do tapete dissolvidas, esporocitos *ec* formam tétrades de esporos. **G** Esporângio maduro com esporos. **H** Esquema do desenvolvimento de um feto. Laranja: haplofase, preto: diplofase. 1 esporo, 2 prótalo com gametângios ♀ e ♂, 3 prótalo com esporófito jovem, 4 esporófito (bastante reduzido) com soros de esporângios, 5 esporângio imaturo (bastante aumentado) de um soro, 6 esporângio maduro com tétrades de esporos, 7 esporos. – an, anterídio; ar, arquegônio; as, arquespório; f, primeira folha; r, rizoide; e, esporos; te, tecido esporogênico; ec, esporocitos; t, células do tapete; ra, raiz; cp, camada parietal periférica, células parietais, (ânulo); 1-5, paredes formadas em sequência; G, gametófito; E, esporófito; M!, meiose. (A, B segundo H. Schenck; C-E segundo R. Sadebeck; F-H segundo R. Harder.)

Plantas terrestres primitivas, psilófitas (Psilophytales)

As psilófitas extintas constituem o grupo mais primitivo dos fetos. Seu corpo vegetativo é formado de **telomas** ou eixos telomáticos, glabros nos representantes primitivos, dotados de emergências nos mais evoluídos. Os esporângios são terminais sobre eixos dicotômicos ou laterais em eixos principais e secundários. Todos os gêneros são isospóricos. Raízes verdadeiras ainda faltam; elas são representadas por ramos subterrâneos ou por rizoides. No caule são formadas apenas protostelos ou actinostelos simples.

As **psilófitas** foram as primeiras plantas terrestres dotadas de feixes vasculares e estômatos. Elas surgiram na virada do Siluriano para o Devoniano (ou seja, há cerca de 400 milhões de anos), atingiram rapidamente uma considerável multiplicidade de formas e se extinguiram já no início do Devoniano Superior. Seus representantes morfologicamente mais simples reuniram-se em torno do gênero *Rhynia* e podem ser resumidos em:

1. Grupo *Rhynia*. Seus representantes possuíam um corpo vegetativo constituído de telomas dicotômicos glabros, frequentemente ainda com esporângios terminais.

A planta terrestre mais antiga até agora encontrada pertence a *Cooksonia*, um gênero que se desdobrou do Siluriano Superior até o Devoniano Inferior. Os eixos telomáticos dicotômicos com 10 cm de altura, dotados de um protostelo, portavam esporângios mais largos do que altos.

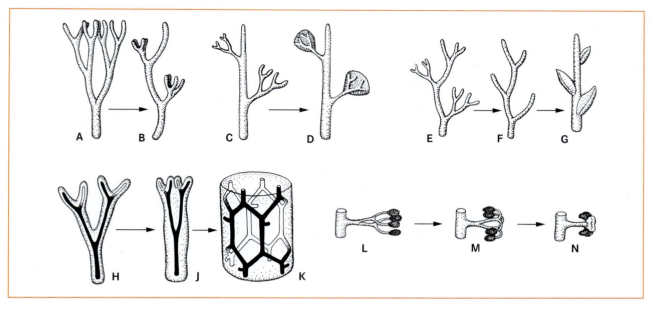

Figura 10-151 Representação esquemática dos cinco processos elementares que, segundo a teoria do teloma, conduziram à formação do cormo com a estrutura atual. **A, B** Dominância apical. **C, D** Aplanação. **E-G** Redução. **H-K** Concrescimento (também D, N). **L-N** Curvatura. (A-K segundo G. Smith; L-N segundo W. Zimmermann, modificado.)

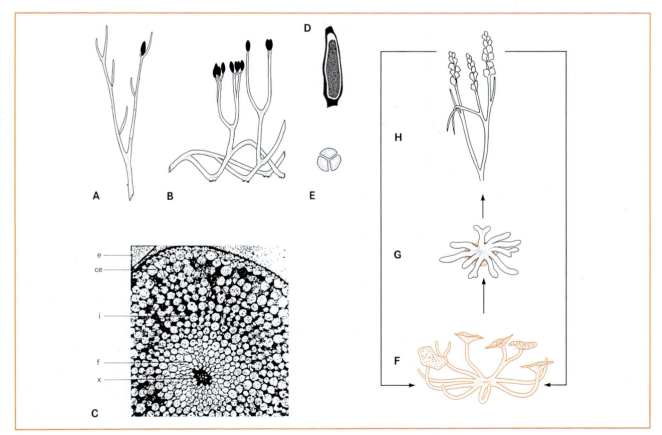

Figura 10-152 Psilófitas. **A-E** Rhyniales. **A** *Rhynia gwynne-vaughanii*. Reconstrução (0,25x), **B** *Aglaophyton* (*Rhynia*) *major*. Reconstrução (0,2x); **C-E** *Rhynia*. **C** Fotomicrografia do corte transversal do caule, mostrando o protostelo (50x). **D** Esporângio, corte longitudinal (2x). **E** Tétrade de esporos (100x). **F-H** Zosterophyllales, *Zosterophyllum rhenanum*. **F** Gametófito (= *Sciadophyton*). **G, H** Esporófito, **G** jovem, ligado ao eixo do gametangióforo, **H** adulto, com esporângios. – ce, córtex externo; e, epiderme; i, córtex interno; f, floema; x, xilema. (A, B segundo Edwards; C-E segundo R. Kidston e W.H. Lang; F, G segundo W. Remy et al.; H segundo R. Kräusel e H. Weyland.)

Rhynia (inclusive Aglaophyton, antigamente inserido em *Rhynia*), conhecido por duas espécies do Devoniano Inferior da Escócia (Figura 10-152A, B), tinha 1-2 m de altura. O esporófito elevava-se, pelo menos em uma espécie (Figura 10-152B), em eixos horizontais a arqueados, dotados de rizoides em algumas partes (ramos rastejantes ou "rizomas"). Os caules eretos, cilíndricos e dicotômicos eram afilos. Não é correto interpretar o "rizoma" de *Rhynia* como um gametófito do tipo dos musgos, que permanecia ligado ao esporófito por toda a vida. O gametófito se assemelhava ao de *Zosterophyllum* (ver a seguir).

Os caules possuíam uma cutícula e estômatos de estrutura ainda relativamente simples (ver 3.2.2.1) e eram órgãos de assimilação. *Rhynia* era, portanto, uma planta terrestre e formava populações semelhantes às dos juncos. O feixe vascular consistia em hidroides, como em *Aglaophyton (Rhynia)* e *Horneophyton*, ou já de traqueídes com espessamentos de parede muito simples (anéis ou hélices em *Rhynia gwynne-vaughanii*). Um protostelo era formado (Quadro 4-2, Figura 10-152C), em parte já com metaxilema, porém células crivadas típicas com áreas crivadas ainda inexistiam no tecido externo do feixe, o floema. Ainda não havia também crescimento secundário em espessura. Os esporângios cilíndricos a cônicos, relativamente grandes, eram terminais ou laterais nos eixos caulinares, tinham uma parede constituída de várias camadas de células e se abriam por uma fenda longitudinal. Eles eram densamente preenchidos com tétrades de isosporos (Figura 10-152D, E).

Em *Rhynia gwynne-vaughanii* ocorriam ramificações laterais por dominância apical; os esporângios eram do mesmo modo submetidos à dominância apical (Figura 10-152A).

No gênero *Horneophyton*, com hábito parecido a *Rhynia*, a estrutura em grupos de 2–4 esporângios alongados densamente dispostos lembra a de um esporogônio de *Sphagnum*: a câmara de esporos curva-se como um sino sobre uma columela formada de células alongadas. Os esporângios se abrem por um poro apical.

Atualmente, devido à ausência de traqueídes, *Aglaophyton (Rhynia) major* e *Horneophyton* não são mais considerados plantas vasculares.

2. Grupo *Zosterophyllum*. Neste grupo, distribuído em todo o planeta no Devoniano Inferior, as plantas eram constituídas também de ramos glabros dicotômicos, mas seus esporângios laterais eram dotados de uma abertura transversal pré-formada e estavam geralmente reunidos em espigas (Figura 10-152H). Estas plantas são consideradas ancestrais dos licopódios e, por isso, frequentemente subordinadas a eles.

Para alguns gêneros (por exemplo, *Zosterophyllum*) foi possível demonstrar que o **gametófito** representava uma pequena planta estrelada (Figura 10-152F), que formava escudos em gametangióforos eretos arqueados (com morfologia externa semelhante às Marchantiopsida recentes) com arquegônios centrais e anterídios periféricos. O **esporófito** jovem produzido na fecundação liberava-se do gametangióforo e se desenvolvia mais tarde em um esporófito independente (Figura 10-152G, H).

Com isso, essas pteridófitas primitivas tinham uma alternância de gerações com **gerações de desenvolvimento aproximadamente semelhante**, como é também de se supor dos ancestrais comuns dos musgos (com posterior predominância do gametófito) e pteridófitas (com crescente predominância do esporófito).

Como em muitas algas (por exemplo, *Halicystis-Derbesia*, Chlorophyta) também aqui as diferentes gerações foram identificadas com nomes de gêneros diferentes, antes que, apenas recentemente, a relação em um mesmo ciclo de vida fosse reconhecida. Assim, *Taeniocrada* corresponde ao gametófito estéril e *Sciadophyton* ao gametófito fértil da geração esporofítica denominada *Zosterophyllum* (Figura 10-152F). *Lyonophyton*, com eixos rastejantes dotados de cordão condutor cilíndrico central com hidroides, assim como gametangióforos eretos, alargados no ápice com formato de tigelas, representava provavelmente a geração gametofítica de *Aglaophyton major* (Figura 10-152B). Neste caso, até mesmo a estrutura dos anterídios com as células espermatogênicas pode ser reconhecida.

3. Grupo *Trimerophyton*. As espécies deste grupo do Devoniano Inferior ao Médio eram mais desenvolvidas que as do grupo anterior. Dos eixos principais alongados (com formação simpodial) formavam-se eixos laterais dicotômicos ou trifurcados, com esporângios terminais já organizados em grupos. *Dawsonites* tinha, ao contrário de *Trimerophyton*, esporângios voltados para trás em eixos curvados, e *Psilophyton ornatum* portava pequenas protuberâncias nos eixos (Figura 10-161A).

As psilófitas representam, como plantas terrestres ancestrais, o grupo de partida para a derivação filogenética das demais pteridófitas e também das espermatófitas (ver ascendência e parentesco das espermatófitas e Figura 10-322).

Fetos ancestrais: Primofilices

Os "fetos ancestrais" (Primofilices) representam uma ligação entre as psilófitas e os fetos recentes. Eles apresentam, por um lado, ainda uma determinada relação com as psilófitas, por outro lado, caracteres altamente derivados. Em comum, todos os Primofilices tinham **esporângios terminais** (Figura 10-153B), assim como o estado de que as partes das frondes ainda não estavam todas em um mesmo plano (**"fronde espacial"**; por exemplo, em *Stauropteris* Figura 10-154A). A passagem de psilófita para Primofilices foi tão gradual que existe dúvida se muitas formas (*Pseudosporochnus*; Figura 10-153A) pertencem ainda às psilófitas ou já correspondem aos fetos. A idade do surgimento dos Primofilices no Devoniano Médio está correlacionada com a posição filogenética; elas se extinguiram no Permiano Inferior.

Entre os Primofilices, completa-se a série de transformação que parte de ramos dicotômicos dispostos quase em tufos, com esporângios terminais (por exemplo, *Pseudosporochnus*, Figura 10-151A) até **folhas** cônicas-planas, com **ramificação irregular dicotômica** e **esporofilos** de mesma estrutura dotados de **esporângios marginais**.

Pseudosporochnus ocorreu no Devoniano Médio (Inferior) (Figura 10-153) e atingiu altura de pouco mais de 1 m, com um eixo principal não articulado que portava um grande número de ramificações dicotômicas finas. Em alguns casos, os ápices dos ramos eram um tanto alargados (início da aplanação e concrescimento, no sentido da teoria do teloma). Os ramos laterais, com suas superfícies assimiladoras alargadas, podem ser interpretados como precursores de folhas grandes, várias vezes pinadas (megafilos) ou "frondes".

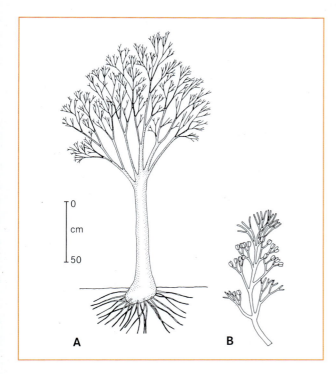

Figura 10-153 Streptophyta, Primofilices. **A-B** *Pseudosporochnus*. **A** Hábito; **B** O mesmo, ápices dos ramos (1x). (A segundo W. Zimermann; B segundo S. Leclercq e H.P. Banks.)

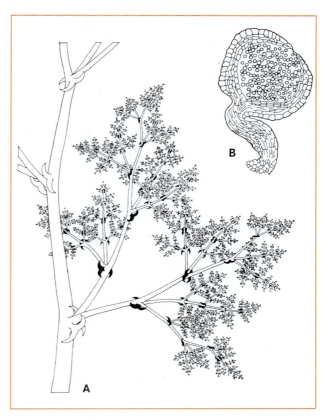

Figura 10-154 Primofilices. *Stauropteris oldhamia*, Carbonífero. **A** Parte estéril da fronde, reconstrução (1x); **B** o mesmo, esporângio com zona de abertura (35x). (A segundo M. Chaphekar, modificado por K. Mägdefrau; B segundo D.H. Scott.)

Os esporofilos dos Primofilices eram em parte mistos, com folhas pinadas ou já em grupos, quando não reunidos em "flores". Concrescimentos laterais mais amplos dos telomas levam a **folhas grandes, com nervuras dicotômicas**, como já ocorria no Devoniano Superior (e também no gênero recente de fetos *Adiantum*, Figura 4-59A).

Da **venação dicotômica** se desenvolveu gradativamente nos fetos a **venação reticulada**. No Devoniano Superior, havia apenas uma venação em leque com ramificação dicotômica das nervuras; no Carbonífero Inferior ocorreu pela primeira vez a venação pinada e no Carbonífero Superior a venação reticulada, que supre a folha completamente com água e nutrientes. A condição para a origem dessas estruturas foliares planas é que os telomas tenham sido reunidos em um mesmo plano. Nas formas primitivas, eles eram ainda, em parte, perpendiculares uns aos outros (como ainda hoje, por exemplo, nos Ophioglossales); também poderia ainda faltar a aplanação, de modo que as "folhas" ainda eram cilíndricas. Ambos os casos ocorrem em *Stauropteris* (Figura 10-154A, Carbonífero Superior). Nas folhas cilíndricas podia já existir parênquima paliçádico.

Os Primofilices eram predominantemente **isosporados**. Possuíam esporângios com paredes pluriestratificadas; eram, portanto, **eusporangiados** (por exemplo, *Stauropteris*, Figura 10-154B). Isoladamente, já ocorriam mecanismos especiais de abertura. Uma grande variação existia também na estrutura do estelo, havendo desde **protostelo** até **eustelo**. ▶

Oitava subdivisão: Lycopodiophytina, licopódios

Os licopódios constituem um ramo evolutivo, isolado muito cedo das demais plantas terrestres; as formas recentes são reunidas na única **classe Lycopodiopsida** (Figura 10-155) e podem ser relacionadas com grupos ancestrais de estrutura relativamente simples que existem apenas em registros fósseis.

O esporófito frequentemente dicotômico dos licopódios apresenta folhas simples, não divididas, pequenas ou estreitas (= **microfilos**), geralmente em disposição helicoidal. Os esporângios, exceto em algumas poucas formas fósseis, encontram-se isolados na face adaxial ou na base de folhas (esporofilos), as quais, na maioria dos casos, estão reunidas em **eixos portadores de esporofilos*** ("flores"). Os esporofilos, assim como os microfilos, são interpretados como emergências do caule. Além da **isosporia**, a **heterosporia** é também amplamente distribuída. Os espermatozoides são raramente pluriflagelados (*Isoetes*),

---

* N. de T. Também conhecidos como estróbilos.

Figura 10-155 Chlorobionta, Streptophyta, Lycopodiophytina. Licopódio (*Lycopodium annotinum*). As espigas com esporofilos localizam-se imediatamente acima da parte folhosa dos ramos. (Fotografia segundo A. Bresinsky.)

em geral, porém, biflagelados e diferentes dos espermatozoides das demais pteridófitas neste aspecto. A origem das Lycopodiopsida, ou Lycopodiophytina, é procurada entre as psilófitas (Zosterophyllales), dotadas de órgãos acessórios e eixos terminais portadores de esporofilos.

1ª Ordem: Lycopodiales. Os representantes desta ordem, predominantemente recente, são em sua maioria reunidos em uma única família (Lycopodiaceae). Ela inclui plantas herbáceas, perenifólias (400 espécies; nove delas nativas da Alemanha), com folhas eretas mais ou menos aciculares densamente dispostas. Não há crescimento secundário no eixo caulinar.

Nos **licopódios** (*Lycopodium*, Figura 10-156), o caule dicotômico torna-se aparentemente monopodial por meio da dominância apical de um dos ramos (ver 4.2.5). O caule rasteja a grandes distâncias sobre o solo. Na face inferior os ramos portam raízes dicotômicas, que também crescem a partir de um grupo de células iniciais. As pequenas **folhas** cônicas, em geral dispostas helicoidalmente (microfilos; Figura 10-156) possuem nervura central não ramificada.

O mesofilo de *L. clavatum* é simples; apenas em poucas espécies pode-se reconhecer uma diferenciação em parênquimas paliçádico e esponjoso. A epiderme da folha não apresenta cloroplastídios. A ramificação dos eixos não tem relação com as folhas.

O sistema de condução do caule é um **plectostelo** ricamente ramificado, derivado de um actinostelo (ver Quadro 4-2, Figura A), com células crivadas no floema, as quais possuem áreas crivadas nas paredes longitudinais, mas não apresentam placas crivadas. Esse plectostelo é externamente envolvido por uma bainha de células não lignificadas, cuja camada mais externa é rica em amido. Segue-se uma endoderme uni a biestratificada, com lignina nas paredes celulares finas (a endoderme é, como em todos os fetos, a camada mais interna do córtex). O córtex externo consiste em células esclerenquimáticas fortemente lignificadas (Figura 10-156L).

Uma parte dos eixos é gravitrópica negativa. Seus **esporofilos** estão muitas vezes reunidos em estróbilos semelhantes a espigas ("flores") acima de uma região com poucas folhas (Figura 10-156G). Na formação dos estróbilos, o ápice caulinar é consumido, de modo que o estróbilo constitui a parte terminal do caule. Os esporofilos (Figura 10-156H) são escamosos, largos e possuem na base da sua face superior um grande esporângio reniforme achatado, que libera inúmeros meiósporos (Figura 10-156J, K), todos do mesmo tamanho (isósporos). Da margem dos esporofilos pendem lobos membranosos, que protegem o esporângio abaixo deles como um "indúsio".

A parede do esporângio consiste em várias camadas de células externas (= **eusporangiadas**), que encerram um tapete secretor. O **esporângio** se abre por uma fenda longitudinal no ápice, em uma linha já reconhecível na estrutura anatômica das células, formando duas valvas. Os esporos permanecem reunidos em tétrades até a maturação; seu exospório pluriestratificado é coberto com faixas reticulares de espessamento (Figura 10-156J, K). Os esporos germinam na natureza apenas após 6-7 anos e fornecem inicialmente, às custas de suas substâncias de reserva, uma plântula com cinco células (Figura 10-157A). Essa plântula continua seu desenvolvimento, após algum tempo de repouso, apenas se filamentos de fungo do tipo micorriza penetraram nas suas células basais (Figura 10-157B: f).

Os **prótalos** (Figuras 10-156E, F; 10-157) têm vida subterrânea e desenvolvem módulos heterotróficos femininos. Eles são corpos de tecido grosseiramente lobados, com cerca de 2 cm de tamanho e dotados de longos rizoides tubulosos para absorção de água. Sem dúvida, os fungos micorrízicos que vivem em suas camadas celulares periféricas (Figura 10-157B, C) têm um papel importante em sua nutrição. Em condições naturais, a maturação sexual ocorre apenas após 12-15 anos, e o tempo total de vida dos prótalos deve ser de cerca de 20 anos. Em cultura asséptica, livre de bactérias, todo o desenvolvimento se desenrola em apenas alguns meses. Em muitas espécies, os prótalos emergem com sua parte superior acima do solo,

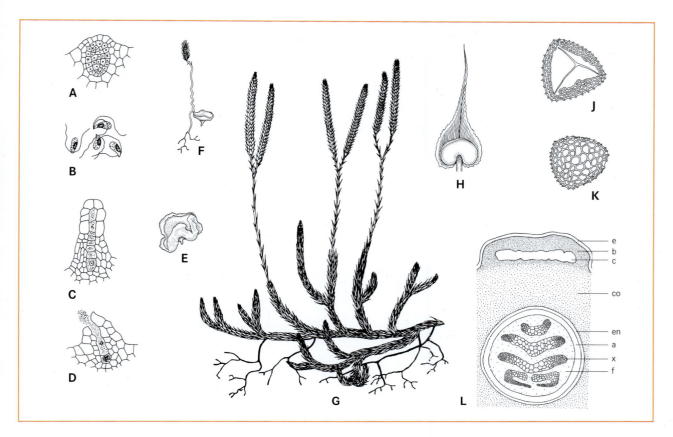

Figura 10-156 Lycopodiophyta, Lycopodiales. *Lycopodium clavatum*. **A** Anterídio, ainda fechado, corte longitudinal (75x). **B** Espermatozoide (400x). **C** Arquegônio mais jovem, ainda fechado, **D** arquegônio aberto, pronto para a fecundação (75x). **E** Prótalo mais velho (2x). **F** Prótalo com planta jovem (0,75x). **G** Planta com estróbilos (0,33x). **H** Esporofilo com esporângio aberto (8x). **J, K** Esporos em duas vistas (400x). **L** Corte transversal do caule (100x). – b, base da folha com cavidade oca; e, epiderme; en, endoderme; c, cavidade; f, floema; co, córtex; a, bainha amilífera; x, xilema. (A-F segundo H. Bruchmann; G, H segundo H. Schenck.)

onde então se tornam verdes. Os prótalos são monoicos e possuem grande número de órgãos sexuais, geralmente na sua região apical (Figuras 10-156A-D, 10-157C: a, ag). Os **anterídios** (Figura 10-157: a) são pluricelulares e um tanto afundados no tecido; cada célula, exceto as células parietais, libera um espermatozoide oval com apenas dois flagelos subapicais (Figura 10-156B). Os **arquegônios** (Figuras 10-156C, D; 10-157C: ag), igualmente afundados no tecido, apresentam frequentemente um grande número de células do canal do colo (até 20, mas também ocorre redução até apenas uma). As células parietais superiores são expulsas na abertura do gametângio. A partir da oosfera fecundada, surge, após várias divisões, o **embrião**, cujo suspensor (Figura 10-157: s) o empurra para dentro do tecido do prótalo. O desenvolvimento de um haustório que absorve nutrientes do prótalo e da primeira folha escamiforme permanente (pf) é mostrado na Figura 10-157E. A primeira raiz surge como formação caulinar.

Em *Lycopodium*, os esporofilos estão reunidos em espigas, que se elevam sobre ramos laterais curtos. Em *Huperzia* são produzidos trofofilos e esporofilos em ramos eretos bifurcados, alternadamente de acordo com as estações do ano. *Diphasium* possui espigas de esporofilos como Lycopodium, mas caules dorsiventrais planos, com folhas escamiformes.

As espécies de *Lycopodites* do Devoniano Superior já eram muito semelhantes aos representantes recentes da família. A forma de licopódio, portanto, manteve-se inalterada por mais de 300 milhões de anos.

Enquanto até aqui a isosporia predominou, a ordem seguinte evoluiu para a **heterosporia**. Nas axilas das folhas encontra-se uma pequena protuberância em forma de língua, a lígula (Figura 10-158C).

2ª Ordem: Selaginellales. O hábito das espécies de *Selaginella* assemelha-se um pouco ao dos musgos. Em seus caracteres anatômicos e generativos, porém, elas são claramente fetos e, assim, cormófitas verdadeiras. Elas são representadas na Europa Central por poucas espécies; nos trópicos, existem cerca de 700 espécies, que possuem caules ricamente bifurcados, em parte rastejantes, em parte eretos. Algumas espécies formam uma cobertura baixa so-

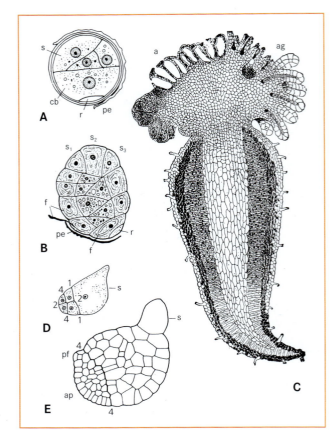

Figura 10-157 Lycopodiales. **A, B** *Lycopodium annotinum*. Desenvolvimento do prótalo. **A** Plântula de cinco células oriunda da germinação do esporo, com parede do esporo, célula rizoidal, célula basal, célula apical (580x). **B** Plântula jovem, em cuja célula inferior vive o fungo endofítico. A célula apical dividiu-se em três células meristemáticas apicais (470x). **C-E** *Diphasium complanatum*. **C** Prótalo maduro com anterídios, arquegônios e células com fungos (preto profundo) (24x). **D, E** Desenvolvimento do embrião. **D** Embrião com as primeiras divisões; a parede basal 1 separa o primórdio do suspensor do primórdio do corpo do embrião; as paredes transversais 2 e 3 (esta última no plano do corte), assim como a parede 4, produzem duas camadas de 4 células, das quais as células localizadas entre 1 e 4 formam o haustório; a inferior forma a parte do caule. **E** Estágio intermediário (112x). – a, anterídio; ag, arquegônio; cb, célula basal; pf, primórdio foliar; s, suspensor do embrião; f, fungo; r, célula rizoidal; s1-s 3, células apicais, células meristemáticas apicais; pe, parede do esporo; ap, ápice caulinar. (Segundo H. Bruchmann.)

bre o solo, outras crescem com caules de vários metros de comprimento sobre a vegetação.

O eixo caulinar é coberto por **folhas** pequenas escamiformes, dispostas em quatro fileiras inicialmente helicoidais, mais tarde decussadas: duas fileiras de folhas menores (folhas superiores) e duas fileiras opostas a elas com folhas maiores (folhas inferiores) (Figuras 4-66B e 10-158A, **anisofilia**, ver Figuras 4-63 e 4-64). As folhas têm apenas uma nervura mediana não ramificada e apresentam raramente parênquima paliçádico junto ao parên-

quima esponjoso. Em algumas espécies, as células do mesofilo contêm apenas um cloroplastídio grande, em forma de tigela. As folhas das selaginelas apresentam na base da face superior, partindo da epiderme, uma escama pequena, membranosa, aclorofilada, a **lígula** (Figura 10-158C). Como órgão de captação de água, ela possibilita uma absorção muito rápida de precipitações através do caule folhoso e, em algumas espécies, é ligada por traqueídes aos feixes vasculares.

Nas zonas de bifurcação dos **caules** de muitas espécies nascem ramos exógenos cilíndricos, alongados, bifurcados, porém incolores e afilos, **rizóforos** (Figura 10-158A: r), em cujas terminações livres emergem tufos de raízes endógenas. Sob os rizóforos podem, sob condições adequadas, produzir folhas como caules típicos. A estrutura do sistema vascular varia de protostelo central, distelo até sifonostelo; não ocorre crescimento secundário. Muito raramente ocorrem elementos de vaso com espessamentos de parede do tipo escalariforme. A **endoderme** do caule (por exemplo, *S. kraussiana*) consiste em células tubulares dotadas de estria de Caspary, separadas umas das outras (trabéculas).

Selaginellaceae (única família) é caracterizada pela **heterosporia** e pelos prótalos fortemente reduzidos.

Os **estróbilos** ("flores") terminais (Figura 10-158A, D) são simples ou ramificados, quadrangulares, radiais ou dorsiventrais. Cada esporofilo porta apenas um esporângio formado na axila da folha. Os **esporângios** contêm grandes **megásporos** ou pequenos **micrósporos**, que são sempre formados separados entre si, em megasporângios e microsporângios respectivamente. (Figura 10-159A, B). Os dois tipos de esporângios ocorrem, no entanto, sobre um mesmo estróbilo (Figura 10-158D). A determinação sexual ocorre já na diplofase, por meios modificadores (determinação sexual diplomodificadoras). Nos megasporângios, todos menos um dos esporocitos degeneram; por meiose, são formados quatro grandes megásporos (♀) com paredes curvadas (Figura 10-159A). Igualmente por meiose, nos microsporângios são formados inúmeros pequenos microsporos (♂) (Figura 10-159B).

A parede dos esporângios é constituída de três camadas de células (a mediana é bastante fina no esporângio maduro); a mais interna, a camada do tapete (Figura 10-159A: t), alimenta os esporos sem se dissolver (**tapete secretor**). Os esporângios se abrem por um mecanismo de coesão sobre uma linha predeterminada, pela qual são liberados os esporos.

Gametófito. Os micrósporos iniciam seu desenvolvimento já dentro do esporângio. O esporo se divide inicialmente em uma pequena célula lenticular (Figura 10-159C: p) e uma célula grande, que em seguida se divide em oito células estéreis parietais e duas ou quatro células centrais (Figura 10-159C). Essas células representam o **prótalo masculino**, que nunca deixa o esporo. Apenas a pequena célula lenticular pode ser considerada vegetativa e é interpretada como uma célula rizoidal sem função. As demais células são consideradas

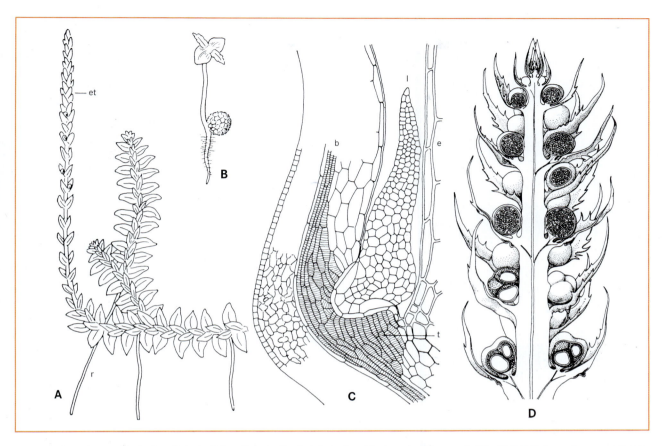

Figura 10-158 Lycopodiophytina, Selaginellales. *Selaginella*. **A** *S. helvetica*. Planta anisofílica e estróbilo (2x). **B** *S. kraussiana*, megásporo com plântula (10x). **C** *S. lyallii*. Corte longitudinal da base foliar (250x). **D** *S. selaginoides*. Corte longitudinal do estróbilo com megasporângios (abaixo) e microsporângios (acima); acima de seu ponto de inserção, junto aos esporângios cortados medianamente, são reconhecíveis as lígulas (6x). – b, base foliar; e, epiderme da haste; l, lígula; et, estróbilo; t, traqueídes; r, rizóforos. (A segundo C. Luerssen; B segundo G.W. Bischoff; C segundo Harvey-Gibson; D segundo F. Oberwinckler.)

como um único anterídio, cujas células centrais, encerradas pelas células parietais (Figura 10-159: a), produzem, por meio de mais divisões, um grande número de espermátides arredondadas (Figura 10-159D-F: ce). As células parietais desintegram a seguir suas paredes e se transformam em uma camada mucilaginosa, na qual a massa central de espermátides permanece envolvida (Figura 10-159F, G). A pequena célula protálica (Figura 10-159F: p) é mantida. Até esse estágio, todo o prótalo ♂ encontra-se ainda envolvido pela parede do esporo. Por fim, essa parede se abre e os gametas ♂ formados pelas espermátides são liberados na forma de espermatozoides levemente curvados, cônicos, dotados de dois flagelos apicais longos (Figura 10-159H).

O **prótalo feminino**, não tão reduzido, forma-se no megásporo (Figura 10-150J). Seu desenvolvimento é um pouco diferente em cada espécie. O núcleo do esporo se divide livremente em muitos núcleos-filhos, os quais se dispersam no plasma a partir do vértice do esporo. Eles então formam paredes celulares, inicialmente no ápice, depois também mais para baixo. Assim, progressivamente de cima para baixo em geral todo o esporo é preenchido com grandes células protálicas. Ao mesmo tempo, obedecendo esse mesmo sentido, iniciam-se outras divisões celulares, formando um tecido de pequenas células. Na parte superior do prótalo, são formados alguns poucos arquegônios. A parede do megásporo se rompe nos três cantos do esporo (Figura 10-159J); o pequeno prótalo incolor projeta-se um pouco para fora e forma alguns rizoides (sobre três elevações de tecido), que servem para absorção de água. Após acontece a fecundação da(s) oosfera(s) em um ou em poucos arquegônios. O zigoto se divide com sua primeira parede em um suspensor (Figura 10-159K: s) voltado para o pescoço do arquegônio e um embrião de fato, que se curva para fora para se libertar do gametófito (Figura 10-159K); inicialmente, o embrião permanece fechado no megaprótalo, que, por sua vez, está dentro do megásporo.

A maioria das espécies de *Selaginella* vive como cobertura do solo em florestas tropicais. Apenas poucas espécies são adaptadas a ambientes secos, como a espécie centro-americana *S. lepidophylla*, cujo caule em roseta se enrola durante a seca; com a

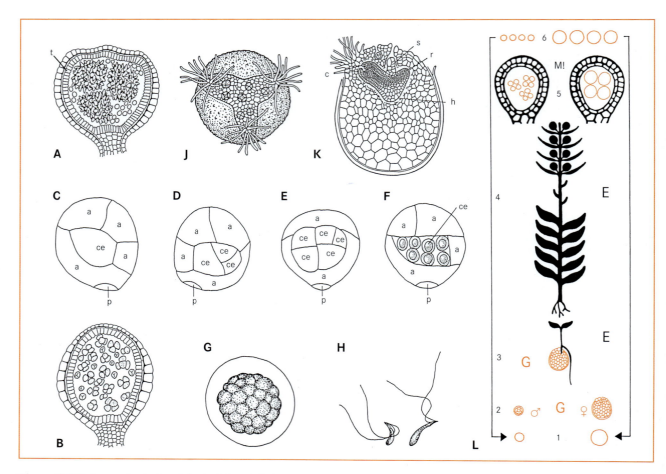

Figura 10-159 Lycopodiophytina, Selaginellales. **A, B** *Selaginella inaequalifolia*. **A** Megasporângio com uma única tétrade de megásporos e esporocitos atrofiados (70x). **B** Microsporângio com tétrades de microsporos. **C-G** *S. stolonifera* (640x); germinação dos micrósporos, sequência de estágios; célula protálica, interpretada como célula rizoidal, **C, D, F** vista lateral, **E** vista dorsal; em **G**, a célula protálica não é visível, células parietais dissolvidas. **H** *S. cuspidata*. Espermatozoide (780x). **J, K** *S. martensii*. **J** Megásporo aberto, prótalo com três tufos de rizoides e vários arquegônios em vista frontal (112x). **K** Corte longitudinal, dois arquegônios com os embriões em desenvolvimento, suspensor, haustório, rizóforo, cotilédone com lígula (150x). **L** Esquema do desenvolvimento de *Selaginella*. Laranja: haplofase, preto, diplofase; 1 meiósporos; 2 o mesmo após a formação do prótalo; 3 megásporo e prótalo com esporófito germinado; 4 esporófito; 5 esporângios; 6 meiósporos após sua liberação. – a, células parietais do anterídio; s, suspensor; h, haustório; c, cotilédone; p, célula protálica; ce, célula espermatogênica; t, tapete; r, rizóforo; G, gametófito; M!, meiose; E, esporófito. (A, B segundo J. Sachs modificado; C-H segundo W.C. Belajeff; J, K segundo H. Bruchmann; L segundo R. Harder.)

umidificação, as plantas assumem novamente sua forma original e funcionalidade (planta-da-ressurreição, falsa "rosa-de-jericó"). As espécies herbáceas de *Selaginellites* do Carbonífero já eram heterospóricas. Elas já tinham, há cerca de 300 milhões de anos, a aparência das espécies atuais de *Selaginella*.

3ª Ordem: Isoetales. Esta ordem é atualmente representada pela família Isoetaceae com dois gêneros. As cerca de 60 espécies de *Isoetes*, isóetes (Figura 10-160) são ervas perenes com caule do tipo tubérculo, compresso, ou raramente com eixo dicotômico, que vivem em parte como plantas aquáticas submersas, em parte sobre solo úmido, e podem atingir idade elevada.

De 2-3 fendas longitudinais do **caule** partem fileiras de raízes dicotômicas e acima, folhas cônicas agudas, longas (em determinadas espécies até 1 m de comprimento), formando uma roseta. As **folhas**, atravessadas por quatro canais aeríferos, são dotadas de uma fenda longitudinal ("fóvea") na face superior da base alargada. A maioria das folhas são esporofilos, cada uma com um esporângio na fóvea. Apenas as folhas mais internas da roseta são estéreis, sem que haja diferenças morfológicas. Sobre a fóvea está inserida a lígula, uma membrana triangular com base afundada (Figura 10-160, C).

Nas folhas externas da roseta formam-se **megasporângios** com vários megásporos; nas folhas internas mais jovens que se seguem formam-se **microsporângios**, cada um com muitos micrósporos. A parede dos esporângios é limitada internamente por um tapete secretor. Os **prótalos** são extremamente reduzidos e são formados nos micrósporos (♂) e megásporos (♀). No seu desen-

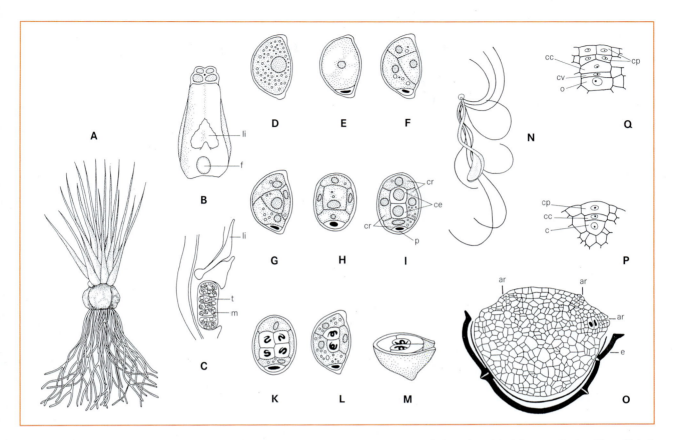

Figura 10-160 Lycopodiophytina, Isoetales. **A-C** *Isoetes lacustris*. **A** Planta inteira (0,5x). **B** Corte basal da folha com lígula e fóvea (2x). **C** Corte longitudinal (4x). **D-M** *I. setacea*. Desenvolvimento do microprótalo com formação de espermatozoides (500x). **N** *I. malinverniana*. Espermatozoide (1100x). **O-Q** Megaprótalo. **O** *Stylites andicola*. Prótalo ♀ sobre a parede aberta do esporo com arquegônios, o da direita com células do canal ventral e oosfera (60x). **P, Q** *I. echinospora*. Desenvolvimento do arquegônio a partir de uma célula superficial (250x). – ar, arquegônio; cv, célula do canal ventral; e, exina, dentro a intina; f, fóvea; cp, células parietais do pescoço; cc, células do canal do pescoço; li, lígula; m, micrósporos; o, oosfera; p, célula protálica; ce, célula espermatogênica; t, trabéculas; cr, células parietais; c, célula central, produz a célula do canal ventral b. (A-C segundo R. von Wettstein; D-M segundo Liebig; N segundo W.C. Belajeff; O segundo W. Rauh e Falk; P, Q segundo D.H. Campbell.)

volvimento inicial, os prótalos ♂ apresentam uma semelhança impressionante com *Lycopodium* (Figura 10-157A). Em geral, se assemelham aos microprótalos de *Selaginella*, mas liberam apenas quatro espermatozoides helicoidais, dotados de um tufo de flagelos na extremidade anterior. O prótalo ♀ (Figura 10-160O; neste caso, o gênero próximo *Stylites*) também é formado de modo semelhante ao de *Selaginella* e preenche todo o megásporo. Ele desenvolve uns poucos arquegônios em uma região onde se rompe a parede do esporo. O embrião, que se desenvolve dentro do megaprótalo e do megásporo, não apresenta suspensor.

Filogenia. Em duas espécies sul-americanas (Peru), que antigamente eram inseridas em um gênero próprio *Stylites*, o caule coberto de cicatrizes foliares é maior (15 cm). O caule apresenta apenas uma fenda longitudinal com raízes e tem forte tendência à ramificação dicotômica. Os representantes extintos das Isoetales, reunidos nas famílias Pleuromeiaceae e Nathorstianaceae, eram significativamente maiores aos seus parentes das espécies recentes. Isso vale também de certo modo para *Nathorstiana*, do Carbonífero Inferior, e mais pronunciadamente para *Pleuromeia*, do *buntsandstein**; nestas, os caules não ramificados da espessura aproximada de um braço (com folhas curtas e um estróbilo heterospórico terminal) atingiam 2 m de altura. As espécies recentes de *Isoetes* encontram-se ao final de uma sequência evolutiva, partindo de formas muito maiores e pouco ou não ramificadas, com folhas relativamente longas (ver *Sigillaria*) e continuando com *Pleuromeia*, *Nathorstiana*, com progressivo encurtamento do caule, chegando até as espécies recentes do gênero *Isoetes* (*Stylites*).

Outros representantes extintos de Lycopodiophytina

Com os gêneros *Pleuromeia* e *Nathorstiana* mencionados anteriormente, foram também citados representantes

---

* N. de T. *Buntsandstein* (arenito colorido) é uma camada litostratigráfica correspondente ao Triássico Inferior, com idade aproximada de 252 a 246 milhões de anos.

extintos relacionados a Isoetales. No seu conjunto, as Lycopodiophytina, com grande número de **gêneros arbóreos**, eram consideravelmente mais desenvolvidas, especialmente no **Carbonífero**, do que nos tempos atuais (Figura 10-190), e tinham isoladamente (Lepidospermae) atingido o **nível de organização da formação de sementes**. A imperfeição de seus dutos de condução e absorção de água pode ter contribuído para que os representantes arbóreos tenham se extinguido ao final do Paleozoico, com o clima progressivamente mais seco, ou tenham sido suprimidos (Figura 10-190) pelo surgimento de tipos com sistemas de condução mais desenvolvidos (por exemplo, Cordaitidae). Os licopódios herbáceos e a selaginela, por outro lado, mantiveram-se quase imutáveis ao longo de cerca de 300 milhões de anos até o presente. Na paisagem atual, no entanto, eles não têm quase nenhuma influência, enquanto os licopódios arbóreos, juntamente com os calamites e alguns fetos arbóreos, dominavam a fisionomia das florestas do Carbonífero (ver 10.3.2, Figura 10-329). A seguir, serão tratados os grupos exclusivamente fósseis mais importantes.

Os ramos das **Asteroxylaceae** eram escassa a densamente cobertos por emergências aciculares ou espinhosas, que davam uma aparência de licopódio à planta. Os ramos de *Asteroxylon mackiei*, que ocorreu juntamente com *Rhynia* no Devoniano Inferior da Escócia, apresentavam um estelo estrelado em corte transversal (**actinostelo**, Quadro 4-2; Figura A, Figura 10-161B). Os braços da estrela eram formados por ramificações de feixes laterais, que iam até a base das emergências aciculares, as quais,

porém, não apresentavam feixes vasculares. O xilema do estelo consistia em traqueídes anelares e helicoidais. Os esporângios estavam posicionados diretamente sobre o caule ou associados a emergências.

Algumas famílias já desenvolviam seus esporângios sobre ou nas proximidades das folhas. Apesar da disposição laxa das folhas, morfologicamente assemelham-se aos licopódios recentes (Lycopodiales). Do Devoniano Inferior e Médio foram conservadas as duas famílias mais importantes, **Drepanophycaceae** e **Protolepidodendraceae**. A relação filogenética de *Drepanophycus* (Figura 10-162A) não é clara (relação com Zosterophyllaceae); os esporângios não estavam assentados sobre folhas, mas sim entre elas, sobre pedicelos curtos dotados de feixes condutores. As folhas de *Protolepidodendron* (Figura 10-162B) eram bifurcadas no ápice. Os esporângios estavam fixados na face superior de estruturas folhosas (esporofilos; em parte também ramos laterais dicotômicos).

As **lepidófitas**, a serem incluídas neste grupo, tinham 40 m de altura e 5 m de diâmetro (Figura 10-163). Elas atingiram o ápice de seu desenvolvimento no Carbonífero (Figura 10-190) e tiveram importante participação na formação da **hulha**. Suas folhas lineares, helicoidais (do tipo microfilo, que, no entanto, atingiam até 1 m de comprimento), tinham estômatos em duas fendas longitudinais na face inferior. Ao caírem, deixavam cicatrizes e almofadas foliares características sobre o caule (Figura 10-163B, D). As árvores eram ancoradas por rizóforos alinhados (solo encharcado), repetidamente dicotômicos (Figura 10-163A, C) que, assim como o caule, apresentavam **crescimento secundário em espessura**. Dele partiam muitas raízes exógenas relativamente fracas de estrutura única (chamados apêndices), que mais tarde se partiam e

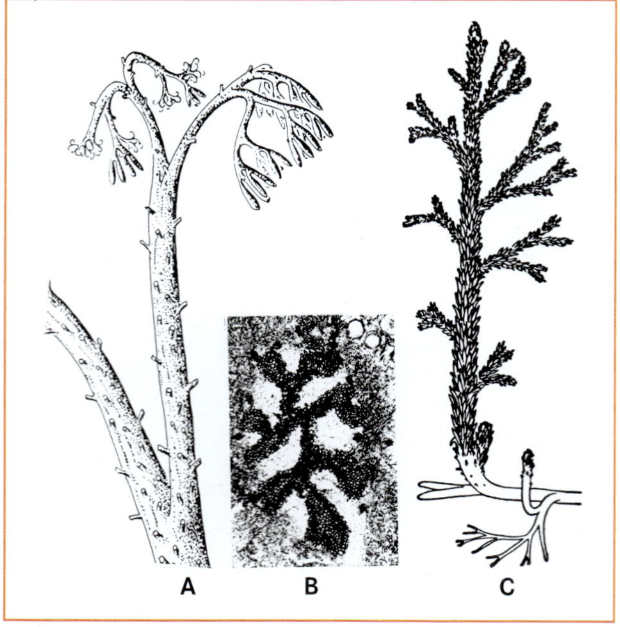

Figura 10-161 **A** Psilófitas. *Psilophyton*. Ramo portador de esporângios (0,75x) **B** Lycopodiophytina. *Asteroxylon mackiei*. Corte transversal do actinostelo; escuro: xilema, claro: floema (10x), **C** o mesmo, reconstrução (0,33x). (A segundo Hueber; B, C segundo R. Kidston e W.H. Lang.)

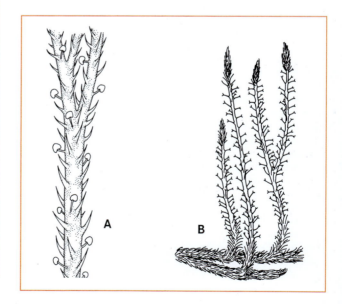

Figura 10-162 Lycopodiophytina, Protolepidodendrales. **A** *Drepanophycus spinaeformis*. Devoniano Inferior (0,25x). **B** *Protolepidodendron scharyanum*. Devoniano Médio (0,25x). (A segundo H.J. Schweizer; B segundo R. Kräusel e H. Weyland.)

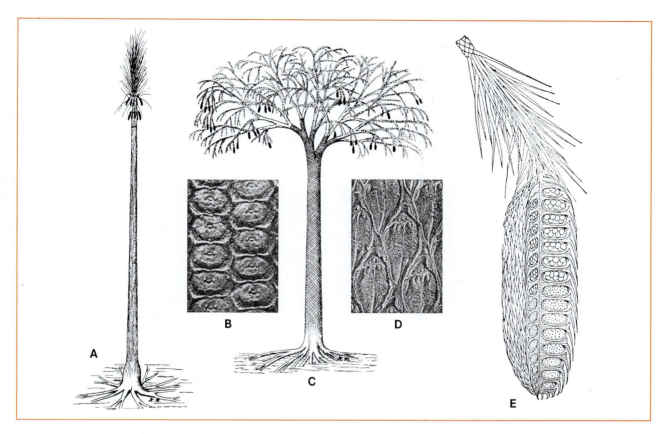

Figura 10-163 Lycopodiophytina, Lepidodendrales. **A**, **B** *Sigillaria*. **A** Reconstrução (1/80x). **B** *Almofadas foliares* (2,5). **C-E** *Lepidodendron*. **C** Reconstrução (1/200x). **D** Almofadas foliares (1x). **E** Cone de esporofilos (1x). (A-C, E segundo K. Mägdefrau; D segundo Stur.)

deixavam inúmeras cicatrizes, razão pela qual os rizóforos foram denominados estigmários.

As **folhas** apresentavam um sistema vascular simples, raramente dicotômico e não tinham ainda parênquima paliçádico. As marcas sobre as cicatrizes das folhas, reconhecíveis ao lado das cicatrizes dos feixes vasculares em um par (Figura 10-163B) ou em dois pares (Figura 10-163D), caracterizam o ponto de saída dos cordões de tecido esponjoso responsáveis pela aeração, que corriam ao longo do córtex paralelamente às lacunas foliares. Os **caules** tinham sifonostelos (Figura 10-164A); seu floema de paredes finas era ainda pouco diferenciado. Um anel cambial

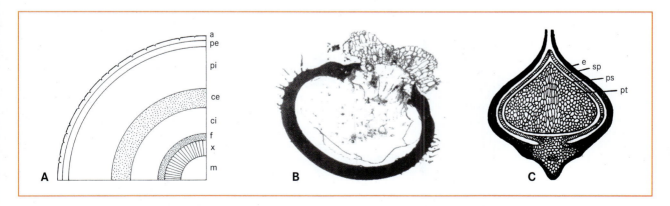

Figura 10-164 Lycopodiophytina, Lepidodendrales. **A** *Lepidodendron*. Corte transversal do caule (esquema). **B** *Bothrostrobus mundus*. Corte longitudinal de um megásporo com prótalo (35x). **C** *Lepidocarpon lomaxi*. Corte longitudinal do megasporângio (8x). – pe, periderme externa; ce, córtex externo; a, almofada foliar; e, envoltório; pi, periderme interna; ci, córtex interno; m, medula; f, floema; pt, prótalo; ps, parede do esporo; sp, parede do esporângio; x, xilema. (A segundo M. Hirmer; B segundo McLean; C segundo D.H. Scott.)

pouco ativo formava novos tecidos por crescimento em espessura, sendo que as traqueídes escalariformes do lenho secundário (com alguma variação na estrutura das faixas de espessamento) tinham diâmetro bastante regular. Os raios parenquimáticos, em parte já existentes, lembram um lenho recente de coníferas (lenho, mas sem pontoações areoladas e, como em quase todas as plantas do Carbonífero no Hemisfério Norte, sem anéis anuais). O lenho secundário era aparentemente insignificante para a estabilidade e condução de água das árvores. Os caules tinham também um meristema correspondente ao felogênio. Ele produzia especialmente células vivas para dentro, de modo que era formada uma periderme extremamente espessa em comparação com o lenho (em *Lepidodendron* até 99% da seção transversal, razão pela qual foram denominadas "árvores-casca", Figura 10-164A). A periderme consistia principalmente em tecidos de sustentação; além disso, também participava da captação de água através das lígulas, mantidas por longo tempo mesmo após a queda das folhas. Os representantes podem ser distribuídos em dois grupos:

Os caules das Sigillariaceae, **sigilárias** (Figura 10-163A) eram cobertos por fileiras longitudinais de almofadas foliares (Figura 10-163B) mais ou menos hexagonais (no crescimento secundário em espessura, estas aumentavam de tamanho por dilatação). Suas folhas simples, com até 1 m de comprimento e 10 cm de largura estavam reunidas em tufos no ápice dos caules colunares não ramificados ou apenas pouco dicotômicos. Na parte inferior da copa, pendiam ramos laterais muito curtos com grandes cones de esporofilos.

Nas lepidendráceas **lepidodendros**, (Figura 10-163C) as folhas, com alguns decímetros de comprimento, estavam dispostas helicoidalmente sobre almofadas foliares rômbicas (Figura 10-163D). Os caules eram ricamente dicotômicos e portavam nos ápices cones de esporofilos com até 75 cm de comprimento, externamente semelhantes aos cones de coníferas (Figura 10-163C, E); nestes, um grande número de esporofilos escamiformes com disposição helicoidal cobria protetoramente seus esporângios. Os lepidodendros eram quase sem exceção heterospóricos e tinham no megasporângio em parte apenas um único megásporo com até 6 mm de diâmetro; em determinados representantes (*Lepidostrobus major*), o megásporo era parcialmente concrescido com a parede do esporângio, de modo que o desenvolvimento do prótalo tinha que ocorrer no interior do esporângio. Os prótalos eram semelhantes aos das Selaginellaceae (Figura 10-164B).

Algumas das formas do Carbonífero (*Miadesmia*, Selaginellales, herbácea, e *Lepidocarpon*, Lepidodendrales, arbórea), portadoras de estruturas semelhantes a sementes, despertam interesse. Mesmo que não sejam aparentadas, elas são reunidas como **"Lepidospermae"**.

Nesses licopódios com sementes, o megasporofilo envolvia o esporângio (Figura 10-164C: e). Esse envoltório era aberto no ápice e podia receber micrósporos que entrassem, sendo que a fecundação do prótalo (Figura 10-164: pt), formado dentro do único megásporo existente, ocorria de maneira ainda desconhecida. O órgão inteiro permanecia sobre a planta-mãe e se desenvolvia em uma semente; além da parede do megasporângio, na formação da casca participava também o envoltório. Os megasporófilos eram dispostos como em um estróbilo, de modo que eram produzidos cones seminíferos.

Figura 10-165 Chlorobionta, Streptophyta, Psilotophytina. Hábito de *Psilotum*. (Fotografia segundo A. Bresinsky.)

Nona subdivisão: Psilotophytina, psilotáceas

Nesta subdivisão são reunidos fetos com ramificação dicotômica (ou dela derivada) em caules e/ou folhas. Folhas jovens não são enroladas nos ápices. Raízes estão em parte ausentes (Psilotales).

1ª Ordem: Psilotales. Esta ordem compreende ervas baixas, perenes, espinhosas, ramificadas dicotomicamente (Figuras 10-165 e 10-166A), com **folhas dicotômicas** (Figura 10-166C). As espécies de *Psilotum* têm, devido aos seus ramos dicotômicos e a **ausência de raízes**, certa semelhança externa com plantas primitivas extintas como *Rhynia*. Com seus **esporângios** laterais, em parte **concrescidos em sinângios**, assim como suas folhas verdadeiras, as psilotáceas são, em comparação com os psilófitos, claramente diferentes e bastante evoluídas.

A ausência de raízes é interpretada como redução secundária (ver também o feto aquático secundariamente desprovido de raízes *Salvinia* e a redução de raízes em epífitos).

Os **caules** aéreos apresentam um **actinostelo** ou já uma tendência a **sifonostelo** com medula lignificada (Figura

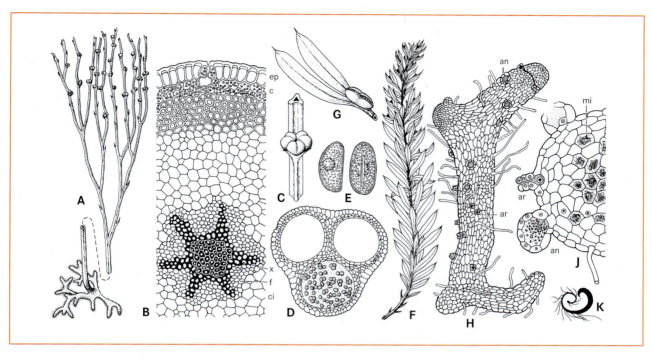

Figura 10-166 Psilotophytina, Psilotales. **A-E** *Psilotum triquetrum*. **A** Hábito (12x). **B** Corte transversal da haste com actinostelo (40x). **C** Parte do caule com sinângio na axila de uma folha bifurcada (2,5x). **D** Corte transversal do sinângio (8x). **E** Esporos (25x). **F, G** *Tmesipteris tannensis*. **F** Hábito (12x), **G** esporofilo (2,5x). **H-K** *Psilotum triquetrum*. **H** Prótalo (15x). **J** Corte transversal do prótalo (40x). **K** Espermatozoide (990x). – an, anterídios; ar, arquegônios; c, camada cortical externa verde; ep, epiderme; ci, córtex interno; mi, células micorrízicas; f, floema; x, xilema. (A segundo R. von Wettstein, Pritzel; B, C, E, F segundo Pritzel; D, G segundo R. von Wettstein; H-K segundo Lawson.)

10-166B). Os **rizomas** áfilos, dotados de **protostelo**, não possuem raízes (também o embrião carece de um primórdio de raiz), mas apresentam rizoides tubulosos e fungos micorrízicos. As **folhas** mais ou menos escamiformes (em *Psilotum* muito pequenas e sem nervura) são laxas e dispostas helicoidalmente. Os **esporângios** têm uma parede pluriestratificada, são reunidos três a três em um sinângio (Figura 10-166C, D) e **não possuem tapete verdadeiro** (os isósporos são alimentados pelas células estéreis do arquespório, que avançam e envolvem os grupos de células férteis). Os sinângios estão dispostos sobre pedicelos muito curtos na axila de uma folha escamiforme com ápice bifurcado.

Os **gametófitos** ou prótalos crescem até alguns centímetros de comprimento, são cilíndricos e ramificados (Figura 10-166H), incolores e vivem subterraneamente com auxílio de fungos micorrízicos (Figura 10-166J: mi). Em sua superfície portam **anterídios** pluripartidos, que liberam muitos espermatozoides com inúmeros flagelos. Os pequenos **arquegônios** (com apenas uma, raramente duas células do canal do pescoço) são um pouco afundados no prótalo. Prótalos especialmente vigorosos possuem feixes condutores com traqueídes anelares lignificadas e uma endoderme.

A ordem Psilotales pertencem apenas *Psilotum* e *Tmesipteris* (cada um com apenas duas espécies viventes tropicais, predominantemente epifíticas). *Tmesipteris* (Figura 10-166F, G) tem folhas bifurcadas um pouco maiores, dispostas como alas no eixo caulinar, e cujas superfícies são paralelas ao eixo caulinar. Às vezes, as partes aéreas dicotômicas são interpretadas como eixos frondosos (folhas) com suas respectivas pinas, as quais são mais reduzidas em *Psilotum* que em *Tmesipteris*. As bifurcações raramente correspondem a dicotomias verdadeiras (divisões longitudinais da célula apical trifacial); mais frequentemente, sua origem deve-se ao fato de que, ao lado da célula apical, uma célula vizinha é destinada a tornar-se uma segunda célula apical. Os rizoides do gametófito e do esporófito desenvolvem propágulos através dos quais ocorre propagação vegetativa. Ainda não foram encontrados fósseis das Psilotales.

Antigamente, os representantes da próxima ordem eram inseridos entre os fetos em sentido estrito (Filicophytina). Atualmente, por razões ligadas à genética molecular, entre outras, eles são aqui inseridos.

2ª Ordem: Ophioglossales (única família Ophioglossaceae; cerca de 80 espécies isospóricas). Elas possuem ramos dicotômicos que consistem em uma parte verde, plana, assimiladora (sem parênquima paliçádico) e uma parte fértil, amarelada, ereta (Figura 10-167A, D). Esta **fronde espacial tridimensional** corresponde a um tipo de ramificação primitivo, como também ocorre em *Psilotum*, sem que, neste caso, haja formação de folhas planas maiores (ver, porém *Tmesipteris*). Frondes jovens não são enroladas no ápice (diferentemente de Marattiophytina e Filicophytina). Na parte portadora de esporos da fronde,

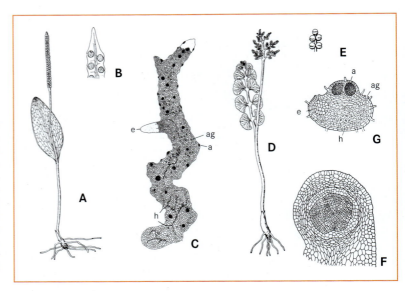

Figura 10-167 Psilotophytina, Ophioglossales. **A-C** *Ophioglossum vulgatum*. **A** Esporófito (0,5x). **B** Corte longitudinal do ápice da parte foliar fértil (2x). **C** Prótalo com anterídios, arquegônios com esporófitos jovens e primeira raiz com hifas de fungos (10x). **D-G** *Botrychium lunaria*. **D** Esporófito (0,5x). **E** Esporângio visto de baixo. **F** Corte longitudinal de um esporângio imaturo com parede pluriestratificada; dentro, esporocitos envoltos por células do tapete (10x), **G** corte do prótalo (35x). – a, anterídio; ag, arquegônio; e, embrião; h, hifas de fungos; e, esporófito jovem. (A, B, D, E segundo K. Mägdefrau; C, G segundo H. Bruchmann; F segundo K. von Goebel.)

o crescimento em superfície é inibido. Os esporângios, dotados de uma **parede pluriestratificada** (= **eusporangiadas**; Figura 10-167F), desenvolvem-se a partir de várias células. Este caráter liga as Ophioglossales às Psilotales; caracteriza, além disso, os licopódios, cavalinhas e também as Marattiophytina.

O crescimento das frondes não se dá por meio de uma grande célula apical, mas sim com várias células inicias que constituem o ponto vegetativo. Em geral a apenas cada ano, no caule subterrâneo curto, forma-se uma folha com um longo pedicelo, uma fronde e uma pequena bainha membranosa. Nas partes basais do caule, encontra-se um protostelo que se divide para cima e forma um cilindro vascular. Os **prótalos** subterrâneos fortemente reduzidos, com alguns milímetros de comprimento e desprovidos de clorofila são pluriestratificados, geralmente nódulos que duram vários anos e vivem simbionticamente com o auxílio de fungos micorrízicos. Os anterídios e arquegônios são afundados no tecido (Figura 10-167C). Em algumas espécies, o embrião originado na fecundação da oosfera vive vários anos subterraneamente.

A fronde de *Botrychium* tem uma parte pinada assimiladora, bifurcada e portadora de esporos. Os esporângios arredondados estão nas margens dos eixos das pinas e não são concrescidos uns aos outros (Figura 10-167D, E). No caule subterrâneo ocorre um fraco **crescimento secundário em espessura** (único caso entre todos os fetos recentes).

Em *Ophioglossum*, a parte verde da folha é ligulada e com venação reticulada; a parte amarela, que porta duas fileiras de esporângios afundados no tecido e lateralmente concrescidos uns aos outros (Figura 10-167A), é simples e cilíndrica. A nutrição da planta é aparentemente apoiada pelos fungos micorrízicos, sempre presentes nas raízes. O prótalo é cilíndrico (Figura 10-167C). O número de cromossomas é impressionantemente elevado (*O. vulgatum* n = 256, *O. reticulatum* n = 630).

Décima Subdivisão: Equisetophytina, cavalinhas

As espécies inseridas nesta subdivisão são plantas com pequenas folhas concrescidas em eixos caulinares articulados (ver Figuras 10-168 e 10-169K).

Como caracteres comuns das cavalinhas, pode-se citar os seguintes: folhas pequenas em comparação ao caule, que, ao contrário das demais pteridófitas, estão dispostas **em verticilos**; organização clara do caule (geralmente ramificado) em nós com verticilos e entrenós longos (Figura 10-171A, B); esporofilos diferentes das folhas assimiladoras, geralmente em formato de escudo com um pedicelo central, que representam na face inferior um grande número de esporângios, pendentes e que estão reunidos em espigas terminais* em forma de pinha (= "flores").

Os representantes atuais são reunidos na única classe a seguir:

Única classe: Equisetopsida. Os esporofilos são claramente diferentes dos trofofilos. Os esporângios estão assentados em grupos sobre **esporofilos com formato de pequena mesa**, nunca na axila de folhas. Os esporângios possuem um **tapete plasmodial** (nos Lycopodiopsida tapete secretor). O caule é articulado em **nós** com folhas verticiladas e entrenós.

Ordem: Equisetales. As Equisetales constituem o principal grupo da classe que se diversificou desde o final do Devoniano até a atualidade. Elas se caracterizam por uma medula oca central, rodeada por um círculo de feixes vas-

---

*N. de T. Também conhecida como estróbilos.

Figura 10-168 Chlorobionta, Streptophyta, Equisetophytina. Cavalinha aquática (*Equisetum fluviatile*) com espigas de esporofilos. (Fotografia segundo A. Bresinski.)

culares colaterais, aos quais se acrescentava lenho secundário nos representantes arbóreos do Paleozoico.

As **cavalinhas** (Equisetaceae, Figura 10-168) estão representadas na atualidade por um único gênero, *Equisetum*, cujas espécies (32) coincidem na sua estrutura básica e desenvolvimento.

Hábito. De um caule rastejante, frequentemente enterrado a uma profundidade considerável, emergem ramos aéreos eretos (hastes) com célula inicial (ver 3.1.1.1, Figura 3-2A, B), que vivem em geral apenas um ano. Eles permanecem simples ou ramificam-se verticiladamente em ramos de segunda, terceira ordem, etc. (Figura 10-169E, K).

As **hastes** estriadas são constituídas de entrenós. Nos nós, separados por entrenós longos, estão assentados verticilos (ver 4.2.2) de folhas acuminadas, dotadas de um feixe vascular e concrescidas nas bases em uma bainha que envolve o caule (Figura 10-169E). Os entrenós são cobertos por essas bainhas na sua base, onde eles têm crescimento intercalar. Em cada nó, encontra-se um anel vascular fechado com xilema interno e floema externo (**sifonostelo**). Os intrenós apresentam este anel aberto em cordões de feixes vasculares embebido em parênquima (**eustelo**; Figura 10-169L, Quadro 4-2 Figura A).

Em cada nó, abaixo primórdios dos ramos laterais e acima, encontram-se traços foliares constituídos de protofloema das folhas, que irão emergir apenas nas folhas do próximo nó. Os feixes vasculares, juntamente com seus traços foliares, são alternadamente ordenados nos sucessivos entrenós (como na Figura 10-170E). Os ramos laterais emergem entre as folhas, atravessando as bainhas.

Pelo reduzido tamanho das lâminas foliares, que logo perdem sua clorofila, as hastes verdes assumem a assimilação. Os **feixes** vasculares colaterais (ver 3.2.4.3) são pobres em xilema. As partes mais antigas do xilema logo desaparecem e produzem dutos intercelulares, que aparecem nos cortes transversais como um círculo das chamadas **cavidades carenais** (Figura 10-169L). Também na medula extensa surge um grande espaço intercelular condutor de ar (**canal central**), assim como surge no córtex um círculo dos chamados **canais** valiculares (abaixo das estrias superficiais dos caules). Para dentro, o córtex é limitado geralmente por uma **endoderme** uni a biestratificada com estrias de Caspary.

Nas cavalinhas, as paredes celulares externas da epiderme caulinar são mais ou menos impregnadas por sílica (por isso, eram antigamente utilizadas "erva-do-estanho" para a limpeza de objetos de metal). Nas fendas entre as costelas localizam-se os estômatos, sempre dois lado a lado, em fileiras longitudinais. Eles apresentam características próprias, ausentes nas demais plantas: as células-guarda são totalmente encobertas pelas células subsidiárias; com aumento do turgor as células-guarda se arredondam e, com isso, o movimento é transferido para as células subsidiárias por meio de faixas de espessamento nas paredes vizinhas e a fenda estomática (ostíolo) é aberta.

Os **esporângios** são produzidos por esporofilos com estrutura especial. Como consequência da forte redução dos entrenós, os esporofilos são reunidos no ápice dos ramos em vários verticilos alternados, formando um eixo de esporofilos (estróbilo) em formato de pinha ("flores") (Figura 10-169E). Os **esporofilos** propriamente ditos têm o formato de uma mesa com um só pé, em cuja face inferior estão localizados 5-10 esporângios em forma de saco (Figura 10-169F, G); seus feixes vasculares são concêntricos.

No esporângio jovem, o tecido esporogênico é envolvido por uma parede pluriestratificada. A camada mais interna (tapete plasmodial) forma, pela dissolução das paredes celulares, um periplasmódio, que se insere entre os esporos em processo de arredondamento e é consumido no processo de formação da parede externa dos esporos. Assim, na maturação dos esporos permanecem apenas as duas camadas mais externas como parede definitiva do esporângio. As células da epiderme exibem es-

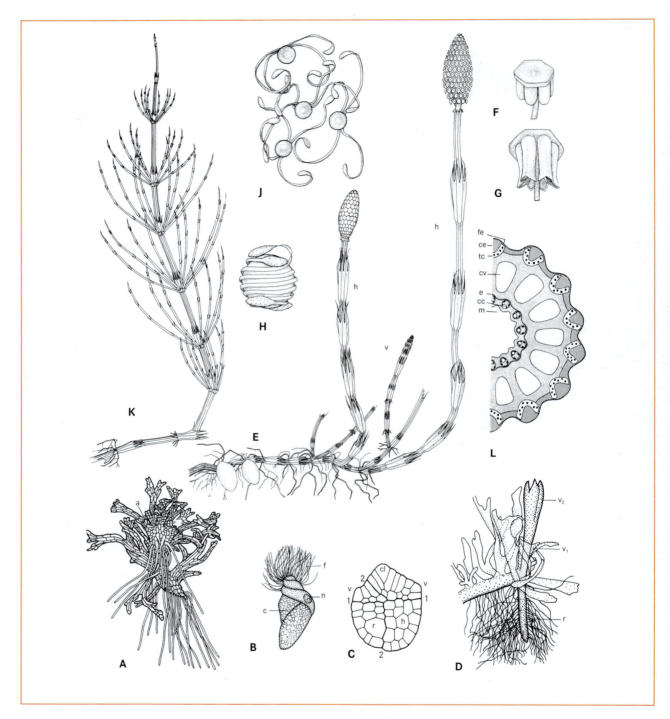

Figura 10-169 Streptophyta, Equisetophytina, Equisetaceae. *Equisetum*. **A** Prótalo ♀ em vista ventral, com arquegônios (17x). **B** Espermatozoide (1.250x). **C** Embrião; 1, 2 paredes dos quadrantes; da metade situada sobre a parede basal 1 forma-se o caule e o primeiro verticilo foliar, da metade inferior forma-se a raiz e o haustório (165x). **D** Prótalo ♀ com plântula (esta desenhada mais escuro) vista de lado, com o primeiro verticilo foliar e raiz. **E-L** *Equisetum arvense*. **E** Hastes férteis que surgem de um caule subterrâneo com tubérculos; broto da haste vegetativa (0,5x). **F** e **G** Esporófilos com esporângios, em G abertos (6x). **H** Esporo com as duas bandas espiraladas (hápteros) do perispório (360x). **J** Esporos com as bandas estendidas em estado desidratado, menos aumentado que em H (100x). **K** Haste estéril, vegetativa (0,5x). **L** Corte transversal do caule; nos feixes vasculares, o xilema em preto; com cordões esclerenquimáticos nas fendas e costelas (16x). – a, arquegônio; v, verticilo foliar; v_1 e v_2, os primeiros verticilos; c, citoplasma; tc, tecido clorofiliano; cc, canal carenal; e, endoderme; h, hastes férteis; f, flagelos; h, haustório; n, núcleo; m, cavidade lisígena da medula; fe, fileira de estômatos; ce, cordões de esclerênquima; cl, caule; v, hastes vegetativas; cv, canais vasculares; r, raiz. (A, D segundo K. von Goebel; B segundo L.W. Sharp; C segundo R. Sadebeck; E-K segundo H. Schenck.)

pessamentos em forma de filamentos anelares e espiralados. Os esporângios são liberados por uma fenda longitudinal formada no lado interno, devido ao fluxo de coesão pela perda de água nas paredes celulares.

O esporângio aberto das espécies recentes de *Equisetum* libera inúmeros **esporos** verdes com parede de estrutura peculiar. Sobre a parede do esporo propriamente dita, formada pelo endospório e pelo exospório, foi depositado pelo periplasmódio um perispório pluriestratificado. A camada mais externa do perispório consiste de duas bandas estreitas, paralelas, espatuladas nas extremidades e que se enrolam helicoidalmente em torno do esporo quando em estado hidratado (**hápteros**, Figura 10-169H, J). Na dessecação dos esporos, os hápteros se desenrolam, mas permanecem ligados entre si e ao exospório pela região mediana (Figura 10-169J). Os hápteros assim expandidos se enrolam novamente com o aumento da umidade (ver 7.4). Seus movimentos higroscópicos servem não apenas para dispersar os esporos, mas principalmente para reuni-los em grupos. Desse modo, os gametófitos crescem frequentemente em grupos densos. Os esporos são viáveis apenas por alguns dias.

Os esporos são todos iguais (isosporia) e germinam em **prótalos** talosos verdes, fortemente lobados (Figuras 1-169A e 6-22).

Os prótalos apresentam-se como lâminas ricamente ramificadas, crespas, dorsiventrais, que podem ser monoicas ou dioicas. A determinação sexual dos prótalos potencialmente bissexuais é fenotípica, determinada por fatores externos. Sob condições de carência, formam-se preferencialmente gametófitos ♂. A maturação sexual ocorre após um desenvolvimento de apenas três a cinco semanas – a fase gametofítica, sensível à economia da água e à concorrência com os musgos, é, portanto, bastante breve. Os gametófitos ♂ são, ao contrário dos ♀, fortemente pigmentados com carotenoides, cuja ocorrência, conhecida também em musgos (neste caso, na parede do anterídio) e fungos (neste caso, gametas ♂ de *Allomyces*), é interpretada como proteção contra radiação mutagênica.

Os **anterídios** são encaixados no prótalo, os **arquegônios** elevam-se sobre na sua superfície. Os espermatozoides helicoidais são formados em número de 250 a 1.000 em cada anterídio e possuem muitos flagelos (Figura 10-169B).

Na divisão do zigoto, através da primeira parede (parede basal, Figura 10-169C: 1-1), são formadas metades que – ao contrário de *Lycopodium* (Figura 10-157D) – estão envolvidas na formação do **embrião** após outras divisões (quadrantes, octantes); não se desenvolve um suspensor. As primeiras folhas surgem no caule já organizadas em verticilo e envolvem como um anel o ápice caulinar, que continua o crescimento através de uma célula apical trifacial (Figura 3-2). O primórdio da primeira raiz está localizado lateralmente ao eixo vertical (Figura 10-169C: r) e rompe o prótalo para baixo (Figura 10-169D).

A maioria das espécies do gênero *Equisetum*, distribuída dos trópicos até as zonas frias, prefere ambientes úmidos. A espécie sul-americana *E. giganteum* e alguns representantes tropicais atingem até 12 m de comprimento, enquanto nossas espécies nativas* chegam a no máximo 2 m (*E. telmateia*) de altura.

Em *Equisetum arvense*, cavalinho-da-lavoura, (Figura 10-169), assim como em outras espécies que perdem suas partes aéreas no inverno, ramos subterrâneos curtos transformam-se em tubérculos de repouso arredondados, ricos em substâncias nutritivas. Há também espécies sempre verdes (por exemplo, *E. hyemale*).

Em determinadas espécies de cavalinhas, uma parte das hastes permanece estéril e se ramifica abundantemente; outras hastes, inicialmente aclorofiladas, portam nos seus ápices "flores" e se ramificam mais tarde parcimoniosamente, formando ramos estéreis ou não se ramificam (Figura 10-169E, K).

Parentes extintos. A riqueza de formas dos Equisetopsida fósseis contraria a uniformidade morfológica das cavalinhas atuais. Elas tiveram seu ápice de desenvolvimento no Paleozoico e se extinguiram completamente, com exceção do gênero *Equisetum* (Figura 10-190). Esse gênero também representa apenas resquícios de um desenvolvimento maior no passado, pois no Mesozoico havia ainda formas arbóreas de Equisetites, com crescimento secundário em espessura. Os equisetos atuais são, portanto, apenas relictos, que, no entanto, não podemos relacionar com os representantes heterospóricos do Paleozoico, pois, a heterosporia presumivelmente pode derivar da isosporia, mas o contrário não ocorre. Portanto, as cavalinhas recentes devem ter evoluído de formas ancestrais ainda mais antigas, ainda isospóricas. Muitas das formas extintas (Calamites, *Sphenophyllum*) eram heterospóricas. Assim como as Lepidospermas, as Equisetopsida do gênero *Calamocarpon* chegaram até o estágio de **formação de sementes**.

Sphenophyllaceae. Seus restos fósseis (*Sphenophyllum*) do Paleozoico (do Devoniano Superior até o Permiano) caracterizam-se por verticilos (em geral hexâmeros) com folhas de lâminas ainda bifurcadas ou cuneadas com muitas nervuras dicotômicas (Figura 10-170A). As esfenófilas eram plantas herbáceas, com cerca de 1 m de comprimento, possivelmente estoloníferas, com hábito semelhante ao das espécies atuais de *Galium***. Os caules finos, com entrenós longos e pouco ramificados, apresentavam um sistema vascular triarco com crescimento secundário (traqueídes com espessamento reticulado e pontoações areoladas) (Figura 10-170B). Os estróbilos de estrutura relativamente complicada eram isosporados em muitas espécies, e em outras supostamente heterosporados.

As próximas duas famílias estão completamente extintas. As espécies de **Archaeocalamitaceae**, existentes apenas no Carbonífero Inferior, portavam folhas dicotômicas (Figura 10-171A), cujos feixes vasculares situavam-se em linha reta nos nós e estavam dispostos em verticilos superpostos.

As **Calamitaceae** diferem das Equisetaceae pelos seguintes caracteres: nos eixos reprodutivos alternavam-se verticilos de esporangióforos em forma de escudo e brácteas lanceoladas (Figura 10-171C). Além das espécies isospóricas, existiam também heteros-

---
* N. de T. Da Alemanha e Europa Central.
** N. de T. Gênero da família Rubiaceae.

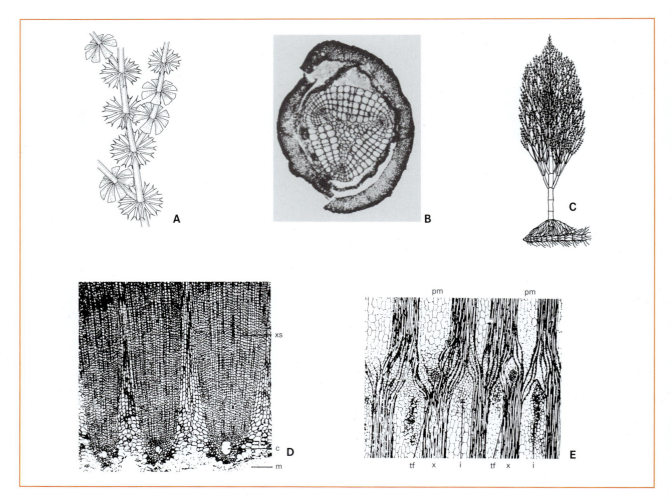

Figura 10-170 Equisetophytina. **A, B** Sphenophyllales, *Sphenophyllum*. **A** *S. cuneifolium*. Parte do caule com folhas bifurcadas e folhas indivisas (0,33x). **B** *S. plurifoliatum*. Corte transversal do caule; no centro, xilema primário triangular com três grupos de protoxilema, rodeados por xilema secundário (7x). **C-E** Equisetales, Calamitaceae. **C** *Calamites carinatus*. Reconstrução (1/200x). **D, E** *Arthropitys communis*. **D** Corte transversal de uma parte do tronco (10x). **E** Corte tangencial de caule jovem (10x). – tf, traço foliar; c, canal carenal; i, canal infranodal; m, medula; pm, parênquima medular; xs, xilema secundário; x, xilema. (A, C segundo M. Hirmer; B segundo K. Mägdefrau; D segundo Knoell, E segundo D.H. Scott.)

póricas (Figura 10-171D). Os esporos não possuíam hápteros. O gênero *Calamites*, amplamente distribuído no Carbonífero Superior e Permiano, formava um importante integrante das florestas do Carbonífero e teve, juntamente com lepidodendros e sigilárias, uma significativa participação na formação da hulha. Algumas espécies atingiam 30 m de altura e, como consequência do crescimento secundário poderoso, um diâmetro de até 1 m (Figura 10-170C, D) embora – como *Equisetum* – com uma grande medula central oca (árvores-cilindro). Os caules eram verticiladamente ramificados na maioria das espécies, mas algumas espécies não ramificavam. Os feixes vasculares se bifurcavam (assim como em *Equisetum*) na parte superior dos entrenós; dois ramos laterais oriundos de feixes vasculares vizinhos reuniam-se para formar um feixe do próximo entrenó, enquanto um terceiro feixe seguia para fora como traço foliar (Figura 10-1701E). "Canais infranodais" radiais, formados pela dissolução de células de paredes finas serviam provavelmente para aeração. As folhas (Figura 10-171B) eram simples, lanceoladas e uninervadas. No ápice das folhas encontrava-se – como nos dentes de gutação das folhas de cavalinhas atuais – um hidatódio.

Devido à alternância dos feixes vasculares primários nos entrenós subsequentes, as folhas estavam dispostas em verticilos alternados.

Décima primeira subdivisão: Marattiophytina, samambaiais eusporangiadas

Classe: Marattiopsida

Seus representantes são plantas antigas, semelhantes às samambaias. As espécies recentes possuem no seu caule tuberculado curto um conjunto de folhas grandes, várias vezes pinadas (frondes), que em geral atingem vários metros de comprimento. As frondes são enroladas quando jovens e apresentam na base um **par de estípulas**. A parede dos esporângios é pluriestratificada (= eusporangiada).

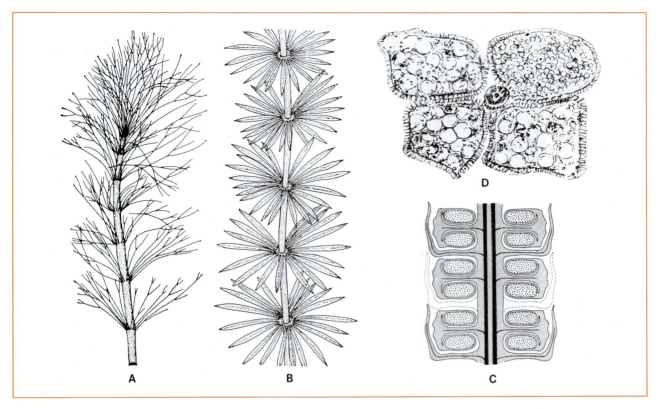

Figura 10-171 Equisetophytina, Equisetales. **A** Archaeocalamitaceae, *Archaeocalamites radiatus* (0,33x). **B-D** Calamitaceae. **B** *Annularia stellata* (0,5x). **C** *Calamostachys binneyana*. Esporangióforo em corte longitudinal, com folhas estéreis (4x). **D** *Calamostachys casheana*. Corte tangencial do esporangióforo com três megasporângios e um microsporângio (22x). (A, B segundo D. Stur; C segundo M. Hirmer, modificado; D segundo W. C. Williamson e D. H. Scott.)

A **nervação das folhas é aberta** (ver, por exemplo, *Ophioglossum*, com nervação ramificada). Os esporângios isosporados, com formato de cápsula e dispostos em leque, são, na maioria dos gêneros, concrescidos lateralmente em sinângios mais tarde ejetados (Figura 10-172B, C); em outras espécies, os esporângios são livres, reunidos em grupos (soros). Os **prótalos** de vida longa alojam fungos endomicorrízicos, mas se desenvolvem sobre o solo como talos verdes, autotróficos, pluriestratificados, com aparência semelhante a hepáticas. Anterídios e arquegônios encontram-se imersos na superfície inferior dos talos. Atualmente, as Marattiales vivem nas florestas tropicais, com cerca de 200 espécies e vários gêneros, por exemplo, *Angiopteris* na Ásia (frondes com até 5 m de comprimento), *Danaea* na América do Sul e *Marattia* distribuída nas áreas tropicais de todo o mundo.

Filogenia. As primeiras Marattiophytina surgiram no Carbonífero. No tempo do Rotliegend*, eram significativamente mais diversificadas e mais distribuídas que atualmente. Elas formavam árvores com até 10 m de altura, com troncos envolvidos por raízes (o representante maior e mais frequente era *Asterotheca arborescens*) e eram dominantes em relação aos representantes leptosporangiados das Filicophytina. Megaphyton era especialmente conspícuo, com frondes dísticas e não helicoidais (Figura 10-172A). Uma relação filogenética mais estreita com as Equisetophytina identificada recentemente é morfologicamente pouco plausível, com exceção do esporângio do tipo eusporangiado, e também insegura do ponto de vista da filogenia molecular.

Décima segunda subdivisão: Filicophytina, samambaias leptosporangiadas

Os representantes desta subdivisão de fetos, também os fetos em sentido estrito (**única classe: Filicopsida**; Figura 10-173), são dotados de grandes **megafilos**, frequentemente divididos, conhecidos como "frondes". Como nos Equisetopsida, caules, raízes e folhas crescem em geral de células apicais e não de grupos de células iniciais, ou seja, diferentemente das Lycopodiopsida. Os esporângios situam-se na margem das folhas ou, geralmente, na face inferior das folhas. A parede do esporângio é sempre uniestratificada (= **leptosporangiada**; comparar com eusporangiados Lycophytina, Psilophytina, Equisetophytina e Marattiophytina).

As frondes, em geral pecioladas e com rica nervação, são enroladas no ápice quando jovens. Esse **enrolamento** é

---

*N.de T. Unidade litostratigráfica correspondente ao início do Permiano, cerca de 270 a 299 milhões de anos atrás.

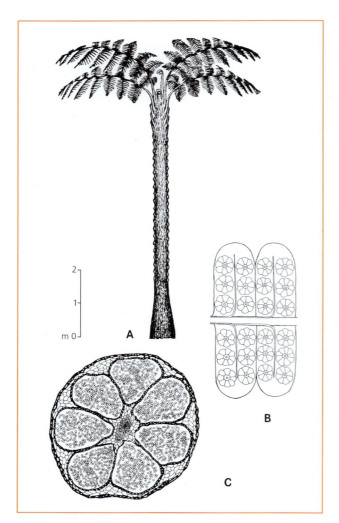

Figura 10-172 Streptophyta, Marattiophytina. **A** Feto arbóreo da Marattiaceae *Megaphyton*, reconstrução (Carbonífero Superior). No tronco, em duas fileiras, as cicatrizes das frondes caídas. Base do tronco reforçada por um manto de raízes caulinares crescendo para baixo. **B** *Ptychocarpus unitus*. Carbonífero Superior. Face inferior da fronde com sinângios (8x), **C** o mesmo, corte transversal do sinângio (60x). (A segundo M. Hirmer; B, C segundo B. Renault.)

causado pelo crescimento mais rápido da face inferior do primórdio foliar e se iguala mais tarde. As folhas, com desenvolvimento geralmente acroplástico (ver 4.3.1.2) portam grande número de esporângios reunidos em grupos (soros), preferencialmente na face inferior. Geralmente, o caule é pouco ou não ramificado. A origem das lâminas foliares a partir de sistemas de telomas e a posição tardia dos esporângios na face inferior por crescimento mais pronunciado da face superior da folha podem ser imaginadas como no tipo da Figura 10-174A-H. Um estágio intermediário fóssil é representado na Figura 10-174J. A formação das grandes frondes pinadas também pode ser considerada desse mesmo modo.

As samambaias, como plantas em geral esciófilas, estão distribuídas por toda a Terra em grande número de espécies

Figura 10-173 Chlorobionta, Streptophyta, Filicophytina. Frondes verdes da samambaia-ramalhete (*Matteucia struthiopteris*); os esporofilos não são visíveis. (Fotografia segundo A. Bresinsky.)

(cerca de 9.000). Elas atingem seu desenvolvimento principal nos trópicos, onde são encontradas em grande diversidade de formas, desde anãs reduzidas a poucos milímetros de tamanho (por exemplo, espécies de *Didymoglossum* da família Hymenophyllaceae) até árvores com 20 m de altura (Figura 10-175). O caule lenhoso, frequentemente da grossura de um braço, das **samambaias arbóreas** (família Cyatheaceae, gêneros *Cyathea*, *Dicksonia*, *Cibotium*) em geral não é ramificado e apresenta no seu ápice uma roseta de frondes multipinadas com até 3 m de comprimento, dispostas em geral helicoidalmente. As samambaias europeias, ao contrário, são em geral **herbáceas** e possuem um **rizoma** perene ereto ou subterrâneo pouco ramificado, que, em *Pteridium*, pode chegar a 40 m de comprimento e 70 anos de idade.

Os **caules** – rizomas nas formas herbáceas – têm em geral um protostelo quando jovens e, nas partes mais velhas, modificam-se para uma **estrutura sifonostélica** e **polistélica** com grande diversidade de formas (Quadro 4-2 Figura A); o xilema é geralmente central e o floema periférico (Figuras 10-176 e 10-177A, ver 3.2.4). Raramente são também formados elementos de vaso (como em *Pteridium aquilinum*, Figura 10-176). O sistema vascular é envolvido por uma **endoderme** (Figura 10-176). Crescimento secundário não ocorre, de modo que a estabilidade dos **caules** é

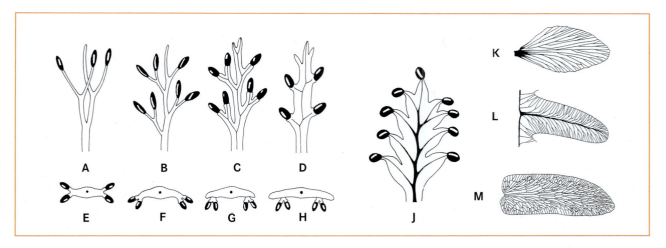

Figura 10-174 Streptophyta. Samambaias. **A-D** Transformação de telomas férteis em esporofilo. **E-H** Deslocamento dos esporângios para a face inferior da folha. **J** Esporofilo de *Acrangiophyllum* do Carbonífero Superior (planta de hábito semelhante aos fetos com posição sistemática desconhecida) (7x). **K-M** Plantas semelhantes aos fetos. Nervação das pinas, **K** nervação em leque (*Archaeopteris*, Devoniano Superior), **L** nervação pinada (*Alethopteris*, um representante das samambaias com sementes do Carbonífero Superior), **M** nervação reticulada (*Linopteris*, Carbonífero Superior) (12x). (A-H segundo W. Zimmermann; J segundo S. Mamay; K-M segundo A.C. Seward, W. Gothan.)

produzida de forma diferente dos Lycopodiopsida e Equisetopsida: os inúmeros **traços foliares** dispõem-se no córtex em geral por um trajeto bastante longo e contribuem – juntamente com **placas de esclerênquima** (Figura 10-177A) – para sustentação dos eixos (ver também 3.2.3). Em muitas espécies arbóreas, a capacidade de sustentação é também aumentada por um **manto de raízes caulinares**, em parte extraordinariamente espesso (até alguns decímetros).

Nos **megafilos** as nervuras se ramificam de diversas formas. Ocorrem folhas dicotômicas (Figura 10-183) ou de nervuras dicotômicas (Figura 4-59A; em folhas com superfícies compostas), em regra apenas em cotilédones ou folhas de plântulas. As folhas assumem diferentes formas no estágio plenamente desenvolvido. Frequentemente, são frondes pinadas (por exemplo, bi a pluripinadas em *Pteridium aquilinum*, samambaia-águia; bipinada em *Dryopteris filixmas*, samambaia vermífuga Figura 10-178; pinada simples em *Polypodium vulgare*, polipódio), mas também podem ser folhas simples com nervura mediana dominante e nervuras laterais menos pronunciadas (*Phyllitis scolopendrium*, língua-de-veado, Figura 10-177C). Seu crescimento apical, mantido por um tempo muito longo ou quase indeterminado, é devido, contrariamente às folhas de espermatófitas, a uma célula apical bifacial, que muitas vezes é mais tarde substituída por um grupo de iniciais.

Frequentemente, o desenvolvimento das folhas se prolonga por muitos anos. Em *Pteridium aquilinum*, por exemplo, cada ramo curto produz apenas uma folha por ano, a qual precisa de três anos para completar seu desenvolvimento. As folhas, principalmente nas espécies arbóreas, deixam após a morte cicatrizes grandes e conspícuas, que permanecem por vários anos após sua formação (Figura 10-175). A estrutura histológica, com parênquimas paliçádico e esponjoso, assemelha-se amplamente àquela das folhas de plantas terrestres superiores, mas a epiderme das samambaias em geral apresenta cloroplastídios.

Os **esporângios** (Figura 10-150) desenvolvem-se a partir de uma célula epidérmica e são protegidos por uma **parede fina** que consiste em apenas uma camada de células, após a dissolução precoce do tapete. Os esporângios são produzi-

Figura 10-175 Filicophytina, Cyatheales. *Cyathea crinita*. Samambaia arbórea do Ceilão (1/100x). (Segundo H. Schenck.)

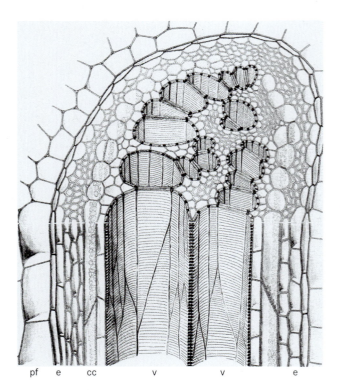

Figura 10-176 Filicophytina, Polypodiales. *Pteridium aquilinum*. Sistema vascular em cortes transversal e longitudinal (100x). – e, endoderme; pf, tecido parenquimático fundamental; cc, células crivadas; v, vasos escalariformes. (Segundo K. Mägdefrau.)

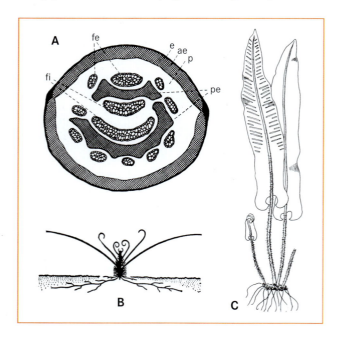

Figura 10-177 Filicophytina. **A** Polypodiales, *Pteridium aquilinum*. Corte transversal do rizoma (7x). **B** *Asplenium nidus*. Esquema do crescimento. **C** *Phyllitis scolopendrium* (0,25x). – fe, feixe condutor externo; e, epiderme; fi, feixe condutor interno; p, parênquima; pe, placas esclerenquimáticas; ae, anel esclerenquimático. (A, C segundo K. Mägdefrau; B segundo W. Troll.)

dos em grande número na margem ou, geralmente, na face inferior das folhas (Figura 10-178B-D). Em geral, os esporofilos são externamente pouco diferentes das folhas estéreis (trofofilos); porém, em alguns gêneros – principalmente por redução da lâmina filiar – eles apresentam formas muito diferentes destas (comparar *Matteuccia*, *Blechnum*, *Osmunda*).

No caso típico (por exemplo, nas derivadas Polypodiales, às quais pertence a maioria das espécies europeias), muitos esporângios são reunidos em soros. Estes emergem sobre uma elevação do tecido foliar, a placenta (Figura 10-178B; também denominada receptáculo) e em muitas espécies são cobertos e protegidos por uma projeção membranosa da área foliar, o chamado véu indúsio; (Figura 10-178B-D). Cada esporângio isolado representa, no estágio maduro, uma pequena cápsula pedicelada, que

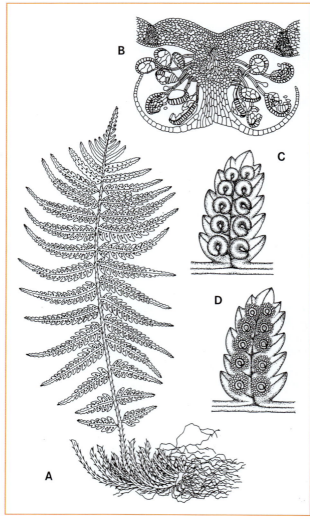

Figura 10-178 Filicophytina, Polypodiales. *Dryopteris*. **A** Hábito (0,25x). **B** Corte do soro; placenta com esporângios e indúsio em forma de guarda-chuva (30x). **C** Pinas com soros jovens, ainda cobertos pelo indúsio, **D** o mesmo, em estágio tardio, com indúsios encolhidos (3x). (A, C, D segundo H. Schenck; B segundo L. Kny.)

contém um grande número de meiósporos quase sempre iguais (**isosporia**). Bastante característico é um **ânulo** com diferenciação especial, que nas Polypodiaceae percorre o dorso e o ápice do esporângio até o meio da parte ventral, formando uma fileira de células projetadas (o chamado arco) com paredes radiais e internas fortemente espessadas (Figura 10-182D). Por meio de um mecanismo de coesão (com auxílio das células de separação do estômio, ver 7-4 e Figura 7-37), o ânulo provoca a abertura e o lançamento dos esporos.

Do esporo em germinação desenvolve-se o **prótalo** haploide, de vida curta (Figuras 10-150A, B; 10-179), que atinge no máximo alguns centímetros de comprimento e em geral porta os dois tipos de gametângios (anterídios e arquegônios). A determinação sexual é, portanto, normalmente haplomodificadora, os prótalos são haplomonoicos. Apenas a Gleicheniaceae australiana Platyzoma forma dois tipos de esporos, que se desenvolvem em prótalos unissexuados (haplodioicos) (Figura 10-179D, E).

Primeiramente, é formado um "protonema" filamentoso, dotado de rizoides; este é, porém, raramente bastante desenvolvido e, por exemplo, em *Trichomanes* (Hymenophyllales) e *Schizaea* (Schizaeales), porta em seus ramos os anterídios e, sobre ramos pluricelulares laterais especiais, os arquegônios (Figura 10-179C). Normalmente, o estágio de filamento é curto e produz no ápice, já após a formação de poucas células, uma célula apical bifacial, cujos segmentos continuam se dividindo (Figura 10-179A, B) e levam assim à formação do prótalo. Em geral o prótalo é cordiforme, membranoso, aderido ao substrato (Figura 10-150A). Finalmente, a célula apical é substituída por várias células iniciais.

Anterídios e arquegônios surgem sobre a face contrária à da incidência da luz; portanto, normalmente sobre a face inferior próxima ao solo e à umidade. Ao término de seu desenvolvimento, eles são pouco ou nada encaixados no tecido. Os arquegônios formam-se em geral mais tarde que os anterídios; sob nutrição muito deficiente a formação de arquegônios é completamente suprimida.

Os anterídios são estruturas emergentes esféricas, assentadas sem pedicelo sobre uma célula epidérmica, da qual se formaram a partir de projeções papilosas e uma parede transversal (Figura 10-180). Os espermatozoides formados por eles são espiralados e pluriflagelados (Figura 10-180F) e consistem – como em todas as arquegoniadas – praticamente só nos núcleos. Eles apresentam inicialmente na extremidade posterior um resto plasmático em forma de vesícula com pequenos plastídios e grãos de amido como substância de reserva, que é desprezado antes da entrada no arquegônio.

Os arquegônios surgem na parte mediana pluriestratificada de prótalos mais velhos, através de divisões a partir de uma célula superficial. No interior do primórdio, formam-se uma célula do canal do pescoço e uma célula central; esta se divide novamente produzindo a oosfera e a célula do canal ventral (Figura 10-180M). Em algumas espécies, podem ainda ocorrer mais células do canal do pescoço (ver introdução aos fetos para aspectos

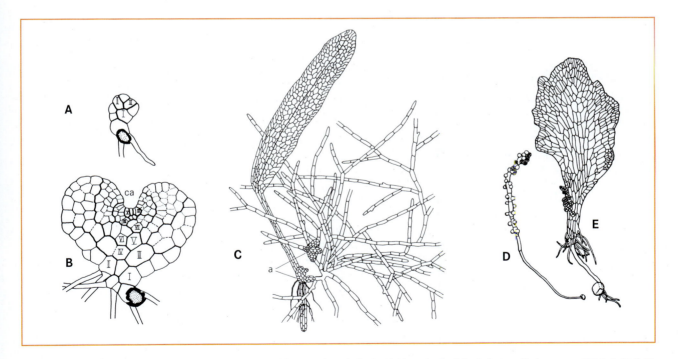

Figura 10-179 Filicophytina. **A, B** Polypodiales. Desenvolvimento do prótalo de *Matteuccia struthiopteris* a partir do esporo (70x). **A** 11, **B** 21 dias de idade, com célula apical ca e segmentos formados por ela (I a X). **C** Hymenophyllales. *Trichomanes rigidum*. Prótalo filamentoso com arquegonióforos a, um dos quais com plântula. **D, E** Gleicheniales. *Platyzoma microphyllum* (20x). Prótalo ♂, **E** o mesmo, prótalo ♀. – a, arquegonióforo; ca, célula apical. (A, B segundo Döpp; C segundo K. von Goebel; D, E segundo P. Tryon.)

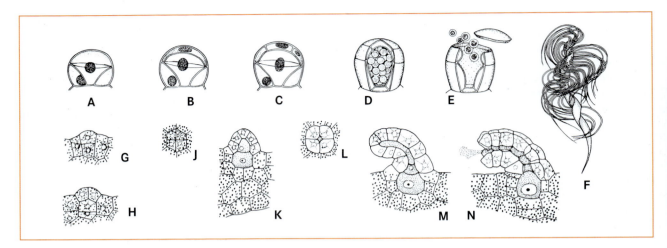

Figura 10-180 Filicophytina, Polypodiales. **A-E** Desenvolvimento do anterídio de *Dryopteris filix-mas* (250x). Explicações no texto. **F** Espermatozoide de *Thelypteris palustris* (3.000x). **G-N** Desenvolvimento do arquegônio de *Dryopteris filix-mas* (200x). Explicações no texto. (A-E segundo L. Kny, completado segundo Schlumberger e Schraudolf; F segundo Dracinschi; G-N segundo L. Knyy.)

filogenéticos comparados). Após o rompimento das células do canal ventral e do canal do colo, da hidratação da mucilagem ali localizada e da abertura do ápice do pescoço, o arquegônio está maduro para a fecundação. Os espermatozoides são atraídos quimiotaticamente para o pescoço do arquegônio e para a oosfera (ver 7.2.1.1).

Após as primeiras formações de parede no zigoto (Figura 10-181A), o primórdio caulinar (Figura 10-181: c) do **embrião** localiza-se endoscopicamente ao lado do futuro haustório (Figura 10-181: h). O primórdio da primeira folha (Figura 10-181: f) e da raiz (Figura 10-181: r) estão voltados contra o pescoço do arquegônio. No embrião desprovido de suspensor, a raiz surge lateralmente em relação ao eixo longitudinal – como em todas as pteridófitas – e não em oposição ao ápice caulinar. Como o arquegônio está na face inferior do prótalo, a parte caulinar e a primeira folha do embrião precisam curvar-se gravitropicamente após sua saída do arquegônio (Figura 10-181B). O esporófito permanece ainda algum tempo ligado ao prótalo por meio do haustório (Figura 10-181: h), até que este morre. A raiz primária é mais tarde complementada por inúmeras raízes caulinares laterais. A posição do eixo de polaridade do embrião não é alterada nem por gravidade nem pela luz. Por consequência, nas samambaias o prótalo já precisa apresentar uma polaridade, que então é transferida ao citoplasma da oosfera.

Nas folhas de espécies isoladas, podem se formar gemas auxiliares, que se desprendem e servem para a **propagação vegetativa**. Também para essa finalidade, caules e até mesmo folhas podem se transformar em propágulos. Muitas espécies diferem do processo normal da alternância de gerações por meio de apogamia e apospora. Em geral, trata-se de formas poliploides das quais muitas apresentam elevado número de cromossomos.

Sistemática. A classificação em ordens está baseada em caracteres dos esporângios e sua formação e a distribuição sobre os esporofilos ou trofofilos, assim como em caracteres de esporos e reprodução (frequentemente isosporia, raramente heterosporia). As ordens a seguir são caracterizadas por **isosporia**.

Nas **Osmundales**, os esporângios, que não apresentam ânulo, não são reunidos em soros. Um grupo de células espessadas é responsável pela ruptura do esporângio no ápice (Figura 10-182A). Na samambaia-real (*Osmunda regalis*), as partes superiores de folhas verdes são transformadas em esporangióforos. As folhas das **Hymenophyllales** são em geral delicadas e consistem em uma lâmina uniestratificada sem estômatos. Nas **Gleicheniales**, os esporângios têm um ânulo transversal na sua metade superior. Entre as dicotomias das frondes, encontram-se "gemas dormentes" (Figura 10-183). Não está clara a posição

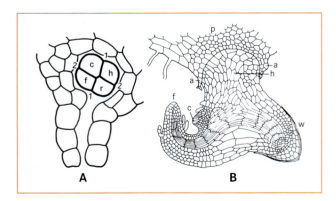

Figura 10-181 Filicophytina, Polypodiales. *Pteridium aquilinum*, desenvolvimento do embrião. **A** No arquegônio, após as primeiras formações de parede. **B** Em estágio avançado, o haustório dentro do ventre expandido do arquegônio. – a, ventre do arquegônio; f, primeira folha; h, haustório; p, prótalo; c, primórdio caulinar; r, raiz. (A segundo W. Zimmermann; B segundo W. Hofmeister.)

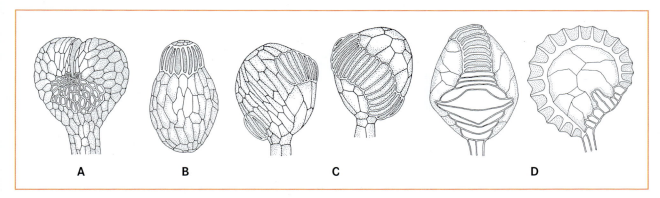

Figura 10-182 Filicophytina, esporângios. **A** *Osmunda regalis* (Osmundales, estômio aberto, 40x). **B** *Anemia caudata* (Schizaeales). **C** *Hymenophyllum dilatatum* (Hymenophyllales). **D** *Dryopteris filix-mas* (Polypodiales, ânulo e estômio em vistas frontal e lateral) (B-D 70x). (A, B segundo C. Luerssen; C segundo F.O. Bower.)

de *Platyzoma*, que apresenta um indício de heterosporia (Figura 10-179D, E). Os esporângios das **Schizaeales** são caracterizados por um ânulo transversal localizado abaixo do ápice (Figura 10-182B), que permite a abertura deste por uma fenda longitudinal. Os representantes das **Cyatheales** são em geral arbóreos, ou seja, plantas com até 20 m de altura (Figura 10-175). A maioria das samambaias europeias pertence à ordem **Polypodiales**, cujos esporângios estão na face inferior das folhas reunidos em soros com ou sem indúsio. Às vezes, os esporângios estão em esporofilos próprios que diferem claramente dos trofofilos verdes, como por exemplo em *Matteucia struthiopteris* e *Blechnum spicant*. Frondes e soros têm estruturas diversificadas (ver também Figuras 4-59A, 10-177C, 10-178C e 10-189). ▶

Por sua heterosporia, as ordens seguintes diferem consideravelmente das ordens anteriormente tratadas.

Ordem: Saviniales, samambaias aquáticas (Figura 10-184). A este grupo de samambaias aquáticas altamente desenvolvidas nos seus caracteres generativos (heterosporia) pertencem cerca de 100 espécies habitantes aquáticos ou de brejos, classificadas em cinco gêneros e três famílias. Seus esporângios (**mega** e **microsporângios**) não apresentam ânulo e são formados na base das folhas (por exemplo, Figura 10-185C). Os esporângios estão em grupos (**soros**) envolvidos por seus respectivos indúsios; estas estruturas complexas são chamadas **esporocarpos**. Os meiósporos são envolvidos por uma substância espumosa (**perispório**), que é originada pelo tapete plasmodial.

Família Salviniaceae. A esta família pertencem samambaias aquáticas, em sua maioria tropicais, em geral flutuantes (mais raramente também sobre solo úmido). Das 10 espécies do único gênero *Salvinia*, apenas *S. natans* (Figura 10-185) ocorre na Europa Central. Em cada nó de seu caule pouco ramificado situam-se três folhas. As duas folhas flutuantes superiores (Figura 10-185A),

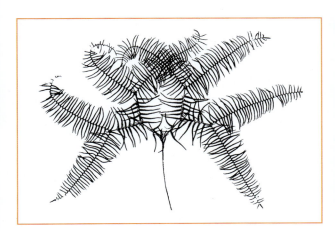

Figura 10-183 Filicophytina, Gleicheniales. *Gleichenia circinata*, Austrália (0,2x). (Segundo K. Mägdefrau.)

Figura 10-184 Chlorobionta, Filicophytina, Salviniales. Patinho-d'água(*Salvinia*) cobrindo a superfície da água com suas folhas flutuantes. (Fotografia segundo A. Bresinsky.)

verdes, ovais, são ricamente dotadas de espaços intercelulares e apresentam pequenos estômatos na superfície superior. A folha inferior (Figura 10-185: fs), ao contrário, é dividida em inúmeras pontas filamentosas e pilosas que penetram na água (folha submersa) e assume a função das raízes ausentes (**heterofilia**, ver 4.3.2). Na base das folhas submersas localizam-se, em grupos, os recipientes de esporângios (**sorocarpos**, Figura 10-185A) esféricos. Eles encerram os esporângios, que emergem sobre uma placenta colunar (Figura 10-185C) (parte modificada da folha submersa). O envoltório de cada soro é formado por um indúsio biestratificado. Este surge como uma parede anelar, que cresce em forma de jarro e finalmente envolve o soro como uma esfera oca. Cada esporocarpo contém um **soro** com muitos microsporângios ou megasporângios em menor núme-

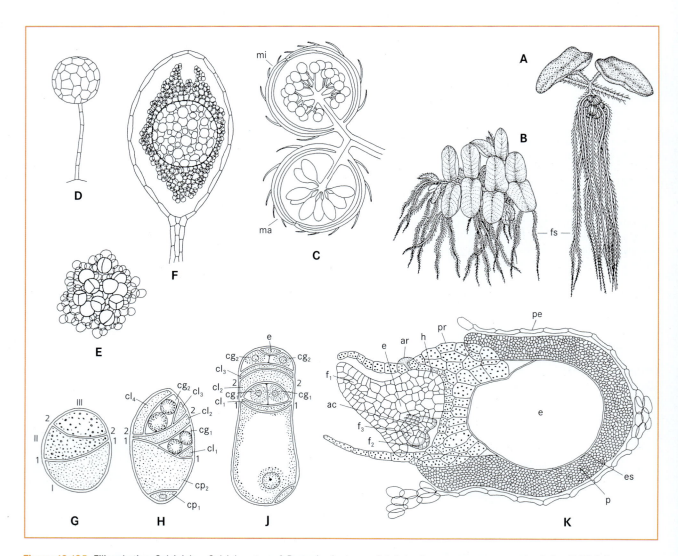

Figura 10-185 Filicophytina, Salviniales. *Salvinia natans*. **A** Parte da planta em vista lateral, com sorocarpos arredondados (0,75x), **B** o mesmo, em vista superior (0,75x). **C** Megassorocarpo e microssorocarpo em corte longitudinal (8x). **D** Microsporângio (55x). **E** Micrósporos embebidos em substância espumosa (250x). **F** Megasporângio com megásporos, estes envolvidos por perispório, em corte longitudinal (55x). **G-J** Prótalo ♂. **G** Divisão dos micrósporos em três células I-III (860x). **H** Prótalo maduro em vista lateral, **J** em vista ventral. A célula I se dividiu nas células do prótalo cp_1 e cp_2 (prótalo pc_1 célula rizoidal sem função), a célula II se dividiu nas células estéreis cr_1, cr_2 e nas duas células espermatogênicas cg_1, que formam cada uma dois espermatozoides; a célula III dividiu-se nas duas células estéreis cl_3, cl_4 e nas duas células espermatogênicas cg_2. As células sp_1sp_1 e sp_2sp_2 são dois anterídios, as células cl_3-cl_4 suas células parietais; os algarismos 1-1 e 2-2 marcam a posição das primeiras paredes celulares (640x). **K** Embrião em corte longitudinal, prótalo com cloroplastídio, f_1-f_3 as primeiras folhas (100x). – ar, resto do arquegônio; f_1-f_3, folha; e, embrião; es, exospório; h, haustório; ma, megassorocarpo; mi, microssorocarpo; p, perispório; pr, prótalo; cp_1, cp_2, células prótalo; e, célula do esporo; cg_1, cg_2, células espermatogênicas; ac, ápice caulinar; pe, parede do esporângio; cl_1-cl_4, células estéreis; fs, folha submersa. (A, B segundo G. W. Bischoff; C-F segundo E. Strasburger, G-J segundo W.C Belajeff; K segundo N. Pringsheim).

ro (Figura 10-185C: mi, ma). A determinação sexual é diplomodificadora. Ambos os tipos de esporângio são pedicelados e o pedicelo dos microsporângios é sempre ramificado.

Os **microsporângios** contêm 64 micrósporos em tétrades, embebidos no perispório (Figura 10-185E). Os micrósporos desenvolvem – inicialmente ainda dentro do microsporângio – um microprótalo tubuloso, constituído de poucas células. Este rompe a parede do esporo semelhante a um tubo polínico. Dois anterídios, fortemente reduzidos, são formados subapicalmente no microprótalo (Figura 10-185H), cada anterídio produz duas células espermatogênicas e, finalmente, quatro espermatozoides helicoidais pluriflagelados, que chegam à água quando a parede celular é rompida.

Nos **megasporângios,** das oito células-mães de esporos, são formados 32 núcleos haploides, dos quais apenas um continua seu desenvolvimento, de modo que cada esporângio contém apenas um único megásporo grande, densamente preenchido com grãos de proteína, gotas de óleo e grãos de amido (Figura 10-185F). No ápice do megásporo, o núcleo está embebido no plasma denso. Um megaprótalo (Figura 10-185K) de células pequenas se forma em posição apical no megásporo e rompe com sua fronte o perispório vesiculoso-espumoso rígido em suas três fendas apicais pré-formadas. Com isso, a parede do esporo se rompe irregularmente nas costuras da célula. A parte basal do megásporo (Figura 10-185: l), rica em substâncias nutritivas, permanece no esporângio e é essencial para a nutrição das estruturas a serem formadas no megaprótalo (até o novo esporófito). No megaprótalo, rico em cloroplastídios, surgem apenas alguns arquegônios apicais. De suas oosferas desenvolvem-se, após a fecundação, apenas um embrião, que inicialmente é envolvido pelo megaprótalo. O esporófito jovem permanece ligado ao megaprótalo (até a formação completa do primeiro verticilo de folhas) através de um haustório (Figura 10-185K) ou um pedicelo que se alonga rapidamente.

Família: Azollaceae. A esta família pertence o gênero *Azolla*, distribuído preferencialmente nos trópicos. As plantinhas aquáticas delicadas, ricamente ramificadas, portam folhas densamente dispostas em distribuição dística e longas raízes (Figura 10-186A) na face inferior do caule. Cada folha é dividida em um lobo flutuante superior assimilador e um lobo inferior mergulhado na água. Em cavidades do lobo superior vive a cianobactéria fixadora de nitrogênio *Anabaena azollae*, como simbionte (Figura 10-186C), razão pela qual *Azolla* é utilizada na adubação verde em lavouras de arroz. Os micrósporos são envolvidos em perispório espumoso após a liberação, com o que se formam estruturas esféricas, mássulas flutuadoras. Cada mássula é ocupada por farpas pediceladas, os gloquídios (Figura 10-186D), que se originam no periplasmódio do tapete. As farpas servem para fixação ao megásporo, que flutua na água com um corpo cheio de ar.

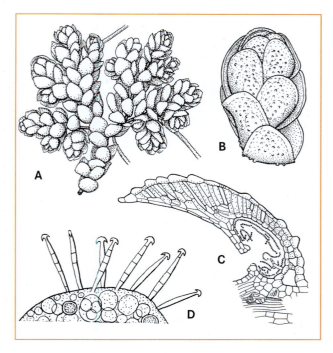

Figura 10-186 Filicophytina, Salviniales. *Azolla*. **A** *A. caroliniana*. Planta vista de cima (4x). **B** *A. filiculoides*. Ápice caulinar visto de cima (12x). **C** Corte longitudinal do lobo superior de uma folha; na cavidade, *Anabaena azollae*. **D** *A. caroliniana*. Parte de uma mássula com gloquídios (106x). (A, C segundo E. Strasburger; B segundo K. von Goebel.)

Família: Marsileaceae. A família consiste nos gêneros *Marsilea* e *Pilularia*. O primeiro é representado por *M. quadrifolia*, o **trevo-de-quatro-folhas** (Figura 10-187A), que está extinto na Alemanha. A espécie tem um caule rasteiro, ramificado, com folhas isoladas, longo-pecioladas, cuja lâmina se constitui de dois pares de pinas muito próximos. O movimento de sono observado nas folhas não ocorre nas demais samambaias. Sobre a base do pecíolo emergem, aos pares (em outras espécies em número maior), os **sorocarpos** ovais pedicelados. Ao contrário das Salviniaceae, neste caso o envoltório do sorocarpo forma-se a partir de uma parte assimiladora da folha, cujo crescimento maior na face inferior provoca a imersão da estrutura dos soros. Neste caso, cada sorocarpo envolve vários soros (Figura 10-187C). O gênero *Pilularia*, com a espécie europeia *P. globulifera*, difere de *Marsilea* por apresentar folhas simples lineares, em cuja base os sorocarpos esféricos são formados isoladamente (Figura 10-187H), tendo seu primórdio também em uma parte assimiladora da folha. Os sorocarpos de *Pilularia* contêm muitas cavidades de soros. As folhas dos dois gêneros são, como nas demais samambaias, enroladas como um caracol quando jovens (Figura 10-187A, H; crescimento acroplástico, ver 4.3.1.2).

Foram comprovados **fósseis** de *Azolla* do Carbonífero Inferior, de *Salvínia* do Carbonífero Superior e de *Pilularia* a partir do Mioceno. Na América do Norte *Salvinia* está extinta desde o Mioceno.

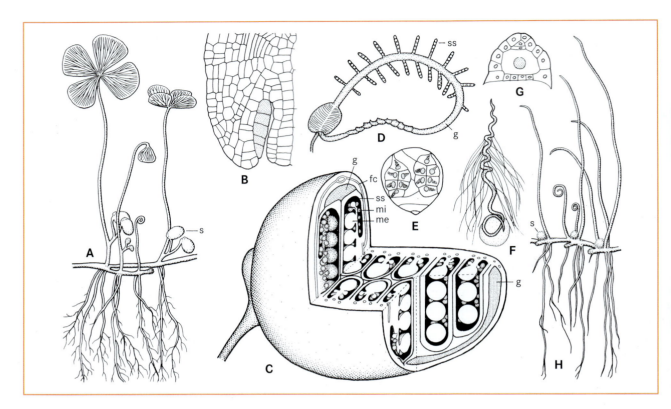

Figura 10-187 Filicophytina, Marsileales. **A** *Marsilea quadrifolia*. Hábito (0,67x). **B** Corte do sorocarpo jovem; hachurado: primórdio do soro (200x). **C** Sorocarpo maduro (8x). **D** Sorocarpo aberto de *M. salvatrix* (1x). **E** Micrósporo germinado com dois anterídios (150x). **F** Espermatozoide (700x). **G** Arquegônio (150x). **H** *Pilularia globurifera*, hábito (0,67x). – g, anel de gelatina; fc, feixe condutor; me, megasporângio; mi, microsporângio; s, sorocarpo; ss, sáculos de soros. (A, H segundo G.W. Bischoff; B segundo Johnson; C segundo K. Mägdefrau; D segundo J. Hanstein; E segundo W.C. Belajeff; F segundo L.W. Sharp; G segundo D.H. Camplbell.)

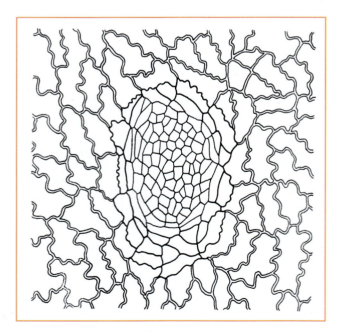

Figura 10-188 Filicophytina, Polypodiales. *Polypodium vulgare* (80x). (Segundo K. Mägdefrau.)

Para **revisão**, a história do surgimento dos diferentes fetos sobre a Terra (em comparação com outras plantas e com os fungos) é representada na Figura 10-190. O ciclo vital de fetos isospóricos e heterospóricos está resumido em comparação com o dos musgos e espermatófitas (homologias) na Figura 10-191.

Quadro 10-8

Ocorrência e forma de vida dos fetos

Os fetos estão distribuídos em todas as zonas climáticas, mas atingem nos trópicos – principalmente as Marattiophytina, Filicophytina e Lycopodiophytina – tanto seu tamanho mais expressivo (fetos arbóreos) quanto o maior número de espécies. Como os musgos, eles preferem ambientes mais úmidos, mas chegam com espécies isoladas às regiões mais secas. Os ambientes salinos são evitados; apenas *Acrostichum auerum* habita mangues de todas as regiões tropicais.

Os fetos desenvolveram atributos morfológicos e fisiológicos em adaptação às diferentes condições da vida sobre terra firme e ocorrem nas mesmas **formas de vida** como as espermatófitas (Figura 4-19). Em relação ao seu suprimento hídrico, ocupam uma posição intermediária entre os musgos e as espermatófitas. Os prótalos da maioria dos fetos são menos resistentes à dessecação que os protonemas dos musgos. Na maioria das espécies, porém, a planta verde adulta do feto é autônoma quanto à economia de água (fetos homeoídricos), ao contrário das briófitas, que dependem da regulação hídrica do ambiente, e suportam grande dessecação (peciloídricas). Certamente, várias espécies peciloídricas de *Selaginella* (Lycopodiophytina) e de Filicophytina (como, por exemplo, *Ceterach*, *Notholaena* e *Cheilanthes*) podem fazer com que suas folhas absorvam água e voltem à vida, após vários meses de dessecação.

A condução interna é decisiva para o suprimento hídrico; alguns fetos contam com dispositivos acessórios para a absorção capilar e armazenamento de água (lígula das Selaginellaceae e Lepidodendrales).

Os relativamente poucos **xerófitos** entre os Filicophytina, por exemplo, são protegidos da dessecação por depósito de ceras, por um revestimento de escamas paleáceas e tricomas ou também por suculência no caule (*Davallia*) ou nas folhas (por exemplo, algumas espécies de *Polypodium*). Nos habitantes de ambientes úmidos (**higrófitos**) observamos gutação, seja por hidatódios nos dentes da bainha foliar de *Equisetum*, seja por "covas de água" próprias em alguns fetos (Figura 10-188).

Além das espécies **perenifólias** dos gêneros *Lycopodium*, *Selaginella* (Lycopodiophyta), *Equisetum* (*E. hyemale*; Equisetophytina) e *Polypodium* (Filicophytina), grande parte dos fetos das regiões temperadas e frias é **decídua** (ver briófitas, para comparação). Em suas diferentes divisões, os fetos atingiram o hábito arbóreo (**fanerófito**; formas de vida, Figura 4-19) em parte já no Devoniano e Carbonífero: por exemplo, entre as Lycopodiophytina, *Sigillaria*, *Lepidodendron*, *Pleuromeia*; entre as Equisetophytina, *Calamithes*; entre as extintas samambaias com sementes, diversas Primofilices (*Megaphyton*, Figura 10-172A), mas também em alguns gêneros entre as samambaias leptosporangiadas recentes (*Cyathea*, Figura 10-175). A condição para isso foi o reforço dos eixos (em parte por crescimento secundário em espessura, mais frequentemente através de outras estruturas) e a formação efetiva dos tecidos de condução. Entre os fanerófitos, estão também os fetos trepadores (lianas) e epifíticos, especialmente diversificados nos trópicos: Gleicheniaceae tropicais; *Lygodium* e *Salpichlaena*, com raques flexíveis de até 15 m de comprimento; espécies isoladas de *Polypodium* como trepadeiras por raízes de troncos de árvores nos trópicos; *Platycerium* e *Drynaria* como epífitos, os quais acumulam húmus com suas folhas (Figura 10-189). Alguns fatores levam a crer que todos os fetos viventes descendem de ancestrais arbóreos perenifólios com prótalos primitivos autotróficos. Outras formas de vida são: *caméfitos* em parte micotróficos (por exemplo, *Lycopodium*), em parte com prótalos dependentes (*Sellaginella*), **hemicriptófitos** com prótalos autotróficos de vida curta (por exemplo, *Dryopteris*), **geófitos** com prótalos micotróficos (por exemplo, *Ophioglossum*) ou autotróficos (por exemplo, *Pteridium*, *Equisetum*) e **terófitos** (por exemplo, *Anogramma*). Os fetos, assim como os musgos (ver, porém, *Cryptothallus*, Quadro 10-6), não atingiram a forma de vida heterotrófica (como **parasitos**), com exceção de prótalos de determinadas espécies e do micotrófico *Ophioglossum simplex* (folhas sem pigmentos de assimilação, apenas com esporângios). Poucos representantes são capazes de viver na água (como hidrófitos): por exemplo, entre os Filicophytina, como plantas aquáticas flutuantes *Salvinia* e *Azolla* (Salviniales), assim como *Ceratopteris* (Polypodiales; vivendo em parte flutuante até submersa, em parte sobre solo úmido). *Bolbitis leudelottii* e *Microsorium ptesopus*, cultivadas em aquários, quando submersas formam apenas frondes estéreis, pois os soros se desenvolvem exclusivamente sobre as folhas emergentes. As espécies do gênero *Isoetes* (Lycopodiophytina) vivem em parte sobre solo periodicamente úmido, em parte submersas em lagos, frequentemente a profundidades de 1-3 m.

Os fetos competem especialmente com indivíduos da mesma forma de vida: samambaias arbóreas, por exemplo, com gimnospermas, palmeiras e dicotiledôneas arbóreas; prótalos de fetos e Hymenophyllaceas com musgos e liquens; *Equisetum* com Juncaceae e Cyperaceae; *Salvinia* com Lemnaceae, etc. Alguns fetos são bastante competitivos e, sob condições favoráveis, ocorrem em tais quantidades que formam comunidades próprias, como é o caso da samambaia-águia (*Pteridium aquilinum*) em beiras de florestas ou da cavalinha (*Equisetum fluviatile*) em faixas de assoreamento dos lagos. Muitas espécies são distribuídas em todo o mundo, por exemplo, *Pteridium aquilinum* e o licopódio (*Lycopodium clavatum*); outras são indicadores precisos de pequenas áreas de distribuição, disjunções e endemismos.

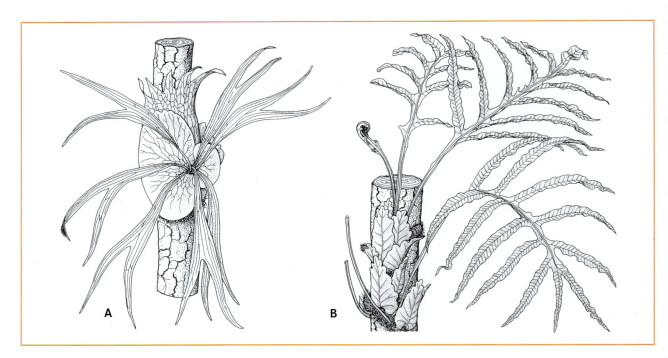

Figura 10-189 Fetos epifíticos com dimorfismo foliar (heterofilia; "escudos" coletores de húmus e esporotrofofilos). **A** *Platycerium alcicorne*. **B** *Drynaria quercifolia* (0,16x). (Segundo K. Mägdefrau.)

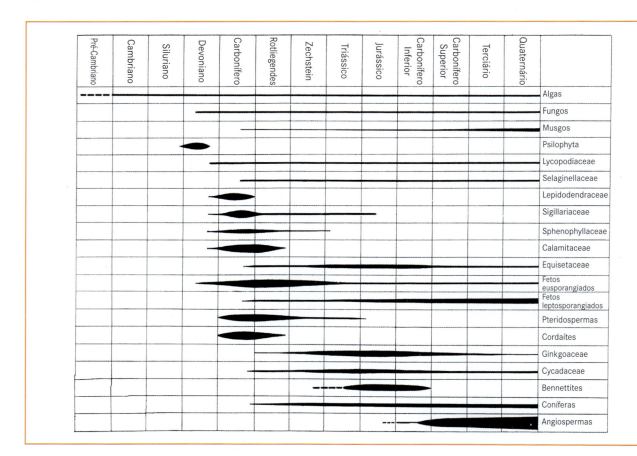

Figura 10-190 Diversificação dos grupos de plantas mais importantes durante a história terrestre. (Segundo K. Mägdefrau.)

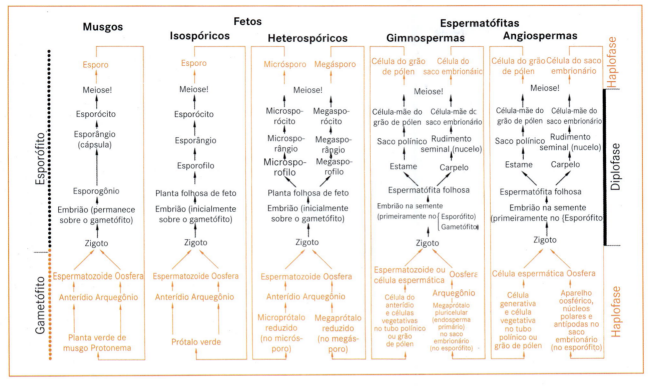

Figura 10-191 Comparação da alternância de gerações e fases nucleares nas embriófitas. Estão representadas as relações nos musgos, fetos isospóricos e heterospóricos, assim como nas espermatófitas. Fases de desenvolvimento, células reprodutivas e órgãos reprodutivos homólogos estão na mesma altura (comparar também Figuras 10-136, 10-150, 10-159 e 10-192).

Quarta subdivisão: Spermatophytina, espermatófitas

Com pelo menos 250.000 espécies, as espermatófitas constituem hoje o grupo com maior riqueza de espécies e dominam a vegetação terrestre em quase todas as partes do mundo. Para os humanos, as espermatófitas têm um significado maior, pois a maioria de nossas plantas cultivadas pertencem às espermatófitas, especialmente às angiospermas. A seguir, será tratado da estrutura das espermatófitas.

10.2.1 Alternância de gerações

As espermatófitas, com seus quatro grupos recentes (gimnospermas: Cycadopsida, Ginkgopsida, Coniferopsida inclusive Gnetales; angiospermas: Magnoliopsida), apresentam, como os musgos e os fetos, uma alternância heteromórfica de gerações e uma alternância de fases nucleares diplo-haplobiôntica com esporófito diploide e gametófito haploide (Figura 10-192). Assim como nos fetos recentes, o esporófito é estruturado em raiz, caule e folhas. O gametófito é bastante reduzido, em comparação com a maioria dos fetos recentes. As espermatófitas pertencem aos embriófitos, juntamente com os musgos e fetos, e, juntamente com os fetos, aos cormófitos ou traqueófitos (plantas vasculares).

Somente em 1851, W. Hofmeister reconheceu a alternância de gerações "escondida" das espermatófitas e, com isso, sua estreita relação de parentesco com musgos e fetos. Naquela época, surgiram conceitos próprios para os órgãos reprodutivos das espermatófitas. Embora sua homologia com os respectivos órgãos reprodutivos dos fetos esteja consolidada, os dois grupos de conceitos se mantiveram até hoje (Figura 10-191).

Como alguns fetos, as espermatófitas são heterospóricas. No **megasporângio (= nucelo)** origina-se em geral apenas uma **célula-mãe de megásporo*** (= **célula-mãe do saco embrionário**), de cuja meiose são formados quatro **megásporos** (= **célula uninucleada do saco embrionário**). No desenvolvimento do **gametófito feminino** (= **saco embrionário**) participa frequentemente apenas um megásporo. O gametófito feminino forma a oosfera. Ao contrário da maioria dos fetos, o megásporo das espermatófitas permanece no megasporângio e, assim, sobre a planta-mãe esporofítica. Com isso, também o gametófito feminino se desenvolve sobre a planta-mãe esporofítica. Além disso, o megasporângio das espermatófitas é envolvido por uma camada estéril ausente nos fetos, o **tegumento**. Tegumento, nucelo e saco embrionário com oosfera são em conjunto denominados **rudimento seminal**. No **micros-**

---

* N. de T. Megasporócito.

porângio (= **saco polínico**) origina-se um grande número de **células-mães de micrósporos*** (**células-mães de grãos de pólen**), de cuja meiose são formados os **micrósporos** (= **grãos de pólen uninucleados**). O **gametófito** masculino (= **grão de pólen plurinucleado**) surge no grão de pólen e produz espermatozoides flagelados ou células espermáticas não flageladas. Durante a **polinização**, o gametófito masculino é transferido para a região dos rudimentos seminais. Ele germina em um **tubo polínico**, que libera os espermatozoides móveis ou leva as células espermáticas

---
*N de T. Microsporócitos.

Figura 10-192 Alternâncias de gerações e de fases nucleares das gimnospermas e angiospermas. **A-F** Gimnospermas (Coniferopsida, *Pinus*). **A** Semente germinando com testa, endosperma primário (haploide) e embrião. **B** Ramo com caule, folhas e inflorescências ♂ e ♀. **C** Flor ♂ e inflorescência ♀ (cone jovem). **D** Estame com células-mães de grão de pólen, grãos de pólen unicelulares e pluricelulares (sacos de ar não representados), assim como o desenvolvimento do gametófito ♂; foráfilo da flor ♀ (= escama tectriz), acima escama seminífera e sobre ela rudimento seminal livre com célula do saco embrionário (desenvolveu-se apenas um dos quatro megásporos). **E** Flor ♀ e rudimento seminal na época da fecundação, com grão de pólen germinado (♂) e gametófito ♀ com duas oosferas grandes. **F** Escama com semente (alada) e embrião no endosperma (primário). **G-K** Angiospermas. **G** semente em germinação. **H** Planta inteira com raiz, caule, folhas e botão floral bispórico. **J** Flor aberta com perianto (sépalas e pétalas), assim como estames (com grãos de pólen) e carpelos (ovário, estilete, estigma, rudimento seminal fechado): polinizada (tubos polínicos!) e imediatamente antes da fecundação da oosfera no saco embrionário. **K** Semente com testa, endosperma secundário e embrião libertando-se do fruto, neste caso monospérmico. – reticulado: gametófito ♀ e endosperma primário, pontuado: endosperma triploide, preto: diplofase (2n), laranja: haplofase (n), g gametófito, M! meiose, e esporófito. (Segundo F. Firbas.)

Quadro 10-9

Espermatófitas (Spermatophytina)

As espermatófitas (Spermatophytina), que surgiram provavelmente no Devoniano tardio, há cerca de 370 milhões de anos, são caracterizadas principalmente por particularidades da alternância de gerações. Seu esporófito lenhoso primitivo é **heterospórico** e forma microsporos e megásporos, nos quais os gametófitos se desenvolvem **endospóricos**. O megásporo, com o gametófito feminino, não deixa o esporófito, mas sim permanece no megasporângio indeiscente, o qual é coberto por um envoltório estéril, o **tegumento**. Essas estruturas (tegumento + megasporângio + gametófito ♀) formam o **rudimento seminal**. Do rudimento seminal origina-se, após a fecundação da oosfera no gametófito feminino, a **semente**, como estrutura a partir da qual é dado o nome das espermatófitas. A semente é a unidade de dispersão ancestral das espermatófitas e consiste em casca (**testa**), um tecido nutritivo (em geral **endosperma**) de origens diversas e o embrião originado do zigoto (Figura 10-192). Em comparação com as pteridófitas, a novidade evolutiva das espermatófitas, excluindo-se a formação do tegumento como nova estrutura, é o fato de que o megásporo cresce retido no esporófito. Além disso, o gametófito feminino é fortemente reduzido e, em parte, não apresenta mais arquegônios. O gametófito masculino, também fortemente reduzido e sem formar anterídios, permanece no microsporo e é transferido para o rudimento seminal pelo processo da **polinização**. No rudimento seminal ocorre a **fecundação**, por espermatozoides flagelados ou por células espermáticas não flageladas.

Pela evolução desses caracteres, o processo de fecundação das espermatófitas tornou-se completamente independente da disponibilidade de água e tanto o gametófito feminino quanto o embrião em desenvolvimento, após a fecundação, são adequadamente supridos graças a seu contato físico com o esporófito. A vantagem das espermatófitas, que hoje dominam a vegetação terrestre, pode ser atribuída a essas duas características.

A homologia da alternância de gerações dos musgos, fetos e espermatófitas foi reconhecida em 1851 por W. Hofmeister. Até esta época, uma terminologia própria tinha se estabelecido para a denominação das estruturas reprodutivas das espermatófitas, terminologia utilizada até hoje (Figura 10-191). Assim, o megasporângio é denominado **nucelo** e o gametófito feminino **saco embrionário**, e para o microsporo com o gametófito masculino dentro dele é utilizado o termo **grão de pólen**.

As espermatófitas existentes hoje incluem quatro grupos parciais. Estes são Cycadopsida (palmas-de-ramo), Ginkgopsida, Coniferopsida (coníferas) inclusive Gnetales – estes três grupos podem ser reunidos como gimnospermas – assim como as Magnoliopsida (plantas com frutos = angiospermas). Seus parentes mais próximos entre as pteridófitas atuais são as cavalinhas, psilófitas e samambaias.

Estruturas semelhantes a sementes são encontradas também entre os representantes fósseis das Lycopodiophytina. No gênero do Carbonífero *Lepidocarpon*, por exemplo, o megasporângio com megásporo e gametófito feminino era envolvido pelo megasporófilo e permanecia sobre o esporófito.

---

imóveis às proximidades da oosfera. Da **fecundação** da oosfera pelo espermatozoide ou célula espermática, surge o zigoto, que se desenvolve em **embrião**. O rudimento seminal fecundado desenvolve-se na **semente** das espermatófitas. A semente consiste na **casca** (**testa**), no embrião e quase sempre em **tecido nutritivo** (em geral **endosperma**). A semente substituiu o esporo dos fetos como unidade de dispersão.

Megasporângios ou microsporângios localizam-se isoladamente ou em grupos sobre estruturas portadoras simples ou mais ou menos complexas, que podem ser denominadas megasporófilos ou microsporófilos (carpelos e estames), respectivamente.

Mesmo se os conceitos de microsporófilo e megasporófilo implicam em homologia das estruturas portadoras de microsporângios e megasporângios com órgãos foliares, a natureza foliar dos microsporófilos e megasporófilos não é reconhecível em alguns grupos recentes de espermatófitas.

Nas Spermatophytina, os esporófilos localizam-se quase sempre em ramos curtos de crescimento limitado. Essas estruturas, também presentes em alguns fetos, podem ser denominadas **flores**, mesmo quando este conceito é geralmente utilizado apenas para os ramos portadores de esporófilos primariamente bispóricos* das angiospermas.

10.2.2 Órgãos vegetativos

Morfologia e anatomia dos órgãos vegetativos das espermatófitas são descritas no Capítulo 4.

10.2.3 Metabólitos secundários

As angiospermas, em especial, contêm uma grande variedade dos chamados metabólitos secundários. Essas substâncias recebem denominação "secundária" porque não são necessárias no metabolismo básico das plantas. Classes importantes de substâncias (Figura 10-193), com estruturas bastante heterogêneas, são os alcaloides (por exemplo, alcaloides tropânicos, benzilisoquinolínicos,

---

*N. de T. "Hermafrodita", no original. Neste caso, não se trata de hermafroditismo, pois não são produzidos diretamente gametas nesses esporófilos, mas sim os esporos. São, portanto, órgãos assexuados.

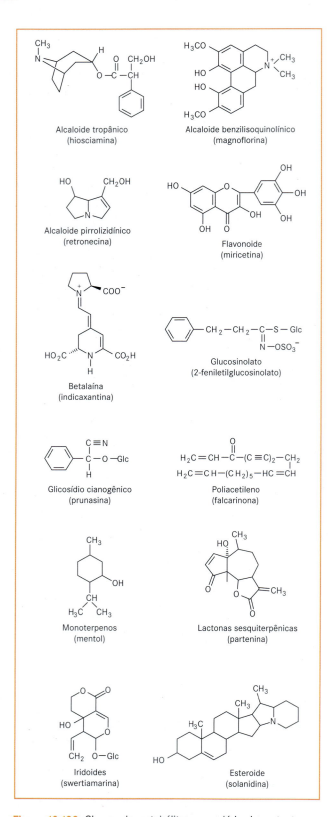

Figura 10-193 Classes de metabólitos secundários importantes na sistemática de angiospermas.

pirrolizidínicos, etc.), os flavonoides, as betalaínas, os glucosinolatos (glicosídeos do óleo de mostarda), os cianogênicos, os glicosídeos cianogênicos, os poliacetilenos, os terpenos (por exemplo, monoterpenos, lactonas sesquiterpênicas, esteroides, iridoides, etc.), etc. Enquanto a betalaína e a antocianina são importantes como pigmentos, principalmente em flores, muitas das substâncias citadas são importantes principalmente nas interações com herbívoros e patógenos.

As rotas metabólicas mais importantes na síntese de metabólitos secundários são a rota do ácido chiquímico e a rota do ácido-mevalônico, embora a rota do primeiro ácido seja progressivamente substituída pela rota do segundo nos táxons mais derivados (Figura 10-194).

10.2.4 Flores

Flores são ramos de esporofilos, ou seja, ramos curtos com crescimento limitado, portadores de microsporofilos e/ou megasporofilos. Entre as espermatófitas recentes, apenas *Cycas* apresenta estruturas na porção feminina, as quais não podem ser interpretadas como ramos curtos de crescimento limitado. Neste caso, após a formação de inúmeros megasporofilos ao longo do eixo, são formadas novamente folhas normais. Flores podem ser **unissexuadas***, com apenas microsporofilos ou megasporofilos, ou **bissexuadas** (**hermafroditas**), com microsporofilos e megasporofilos. Flores unissexuadas podem ocorrer sobre indivíduos separados (**dioicia**), mas também sobre um mesmo indivíduo (**monoicia**). É também possível que flores unissexuadas e bissexuadas ocorram em diferentes distribuições (por exemplo, **ginomonoicia**, **andromonoicia**: flores bissexuadas e femininas ou masculinas em plantas diferentes; **ginodioicia**: flores bissexuadas e femininas em plantas diferentes).

As flores das espermatófitas servem para reprodução sexuada**. Estão aí incluídas a formação de gametófitos masculinos e femininos sobre o esporófito, a participação no transporte dos grãos de pólen até o rudimento seminal ou carpelos (polinização), a fecundação propriamente dita, assim como o cuidado no desenvolvimento do zigoto até embrião, do rudimento seminal até semente e, nas angiospermas, do ovário até fruto.

---

* N. de T. Neste caso seria mais adequado dizer-se monospórica, já que são produzidos esporos nas estruturas florais, e não gametas. Da mesma forma, o mais adequado seria dizer-se bispórica, pela mesma razão anteriormente citada.

** N. de T. Como já explicado anteriormente, as flores são ramos com esporofilos, ou seja, sistemas de órgãos produtores de esporos. Sendo assim, as flores servem, mesmo nas espermatófitas, para a reprodução assexuada. Por razões históricas o ciclo vital das espermatófitas e, particularmente, das angiospermas é interpretado abreviadamente, suprimindo-se a parte que vai da germinação do esporo (micro ou mega) até a produção dos gametas (masculino ou feminino) nos gametófitos. Isto pode gerar interpretações errôneas e "atalhos" confusos no ciclo vital.

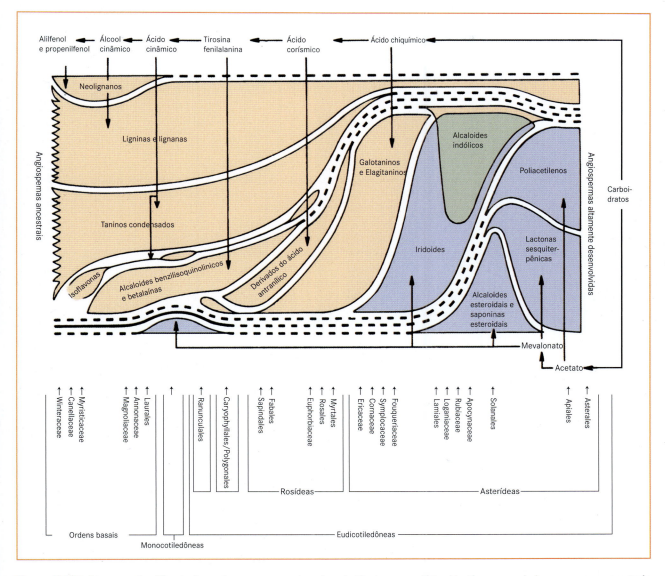

Figura 10-194 Esquema simplificado da mudança nos espectros de substâncias secundárias bioativas acumuladas em grupos ancestrais e derivados de angiospermas. Os derivados da rota do ácido chiquímico (entre outros, lignina; laranja) são progressivamente substituídos pelos derivados da rota do acetato-mevalonato (azul). A participação do acetato nos taninos condensados e isoflavonas não foi considerada. (Segundo K. Kubitzki.)

10.2.4.1 Envoltório Floral

Apenas as Gnetales e angiospermas possuem um envoltório de órgãos foliares externo aos esporofilos, porém, em sua funcionalidade, claramente pertencente à flor. A função do perianto das angiospermas é, por um lado, a proteção dos demais órgãos florais no estágio de botão. Por outro lado, ele pode ter uma importante função na atração de polinizadores no estágio de floração e, ainda, juntamente com a polinização, assumir outras funções e também participar da dispersão dos frutos.

Nas Gnetales, o envoltório das flores masculinas e femininas consiste em um ou dois pares de brácteas geralmente concrescidas (ao menos na base) umas com as outras, as quais podem parcialmente ser cilíndricas (Figura 10-231).

O envoltório floral das angiospermas é geralmente denominado **perianto** e pode ser formado de diversas maneiras. Se todas as folhas do perianto são iguais, o envoltório é denominado **perigônio** e cada uma de suas folhas é denominada **tépala**. Um perigônio pode consistir em apenas um verticilo de tépalas (monoclamídeo) ou de dois ou mais verticilos (disposição helicoidal das tépalas) ou de duas ou mais fileiras helicoidais (homoioclamídio). Em flores com folhas diferentes no envoltório floral (**perianto "duplo"**, flores heteroclamídeas), as folhas externas, em geral verdes, são designadas **sépalas** e formam o **cálice**. As

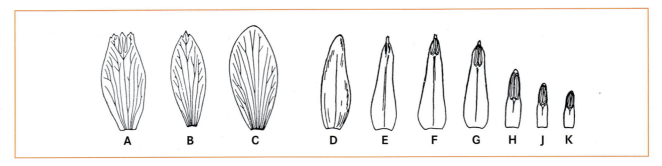

Figura 10-195 Sequência de transformação de brácteas (**A, B**) para tépalas (**C**) em *Helleborus niger*. Sequência de transformação de estames (**K-F**) para pétalas (**E, D**) em *Nymphaea*. (Segundo W. Troll.)

internas, em geral com outra coloração que não verde, são as **pétalas** e formam a **corola**. A distinção de sépalas e pétalas não é sempre clara. Intermediários entre as brácteas e as folhas do perigônio podem ser observados em *Helleborus*, por exemplo, e intermediários entre estames e pétalas podem ser vistos em *Nymphaea* (Figura 10-195).

Os órgãos do perianto das angiospermas podem apresentar disposição helicoidal e/ou em verticilos. Periantos com tépalas helicoidais podem seguramente, entre as angiospermas, ser considerados primitivos. A distribuição em verticilos possibilita também o concrescimento congenital de folhas do perianto. Como exemplo de **sintepalia** (tépalas concrescidas entre si) pode-se citar *Polygonatum*, de **sinsepalia**, parte das Caryophyllaceae ou as Fabaceae e de **simpetalia**, a maioria das asterídeas. Órgãos do perianto podem também "concrescer" posgenitalmente uns com os outros, por exemplo, por dentes ou aderências da epiderme.

Concrescimentos na região do perianto permitem muitas vezes uma melhor proteção ou uma melhor integração espacial dos órgãos florais em relação à polinização.

O perianto tem a função de proteção no estágio de botão e de atração de polinizadores por meio de coloração conspícua no estágio de floração. Além disso, ela pode participar tanto com o cálice quanto com a corola no processo de polinização, por exemplo, pela produção e/ou armazenamento de néctar, pela formação de locais de pouso para polinizadores (por exemplo, em flores liguladas) ou na apresentação secundária de pólen. Especialmente em relação à redução do tamanho de flores (por exemplo, na passagem para autogamia ou na formação de pseudantios) e anemofilia, o perianto também pode ser muito simplificado ou completamente reduzido (aclamídeo). Sépalas persistentes e muitas vezes hipertrofiadas podem também contribuir para a dispersão do fruto.

10.2.4.2 Microsporofilos

Os microsporofilos dos grupos de espermatófitas em particular possuem estrutura e distribuição muito diferentes. Sobre a face inferior dos microsporofilos das Cycadopsida, em geral escamiformes, (Figura 10-223), encontram-se entre cinco e 1.000 sacos de pólen, em geral organizados em grupos distintos, cada contendo três a cinco sacos. Os inúmeros microporofilos das flores masculinas têm disposição helicoidal. Entre os Ginkgopsida, um microsporofilo consiste em um pedicelo com dois sacos polínicos no ápice (Figura 10-224). Na flor masculina, um grande número de microsporofilos está ordenado helicoidalmente em um eixo alongado. As flores masculinas das Coniferopsida recentes (excluído Gnetales) são semelhantes a estróbilos e consistem, em geral, de um grande número de microsporofilos de disposição helicoidal ou, mais raramente, decussada. Cada microsporofilo porta na sua face inferior 2-20 sacos polínicos, frequentemente concrescidos entre si (Figura 10-225). Apenas em *Taxus* (Figura 10-230) os sacos polínicos estão ordenados radialmente no ápice de um pedicelo. Nas Gnetales, os microsporofilos são verticilados ou terminais. Em *Welwitschia*, a disposição é verticilada, estando seis microsporofilos conscrescidos entre si pelas bases no ápice um pedicelo, cada microsporofilo com três sacos polínicos conscrescidos entre si (Figura 10-231). Na flor masculina de *Gnetum* há apenas um microsporofilo terminal com base estreitada e um ou dois sacos polínicos terminais (Figura 10-231), e em *Ephedra* encontra-se em geral um pedicelo terminal bifurcado no ápice, com 2-8 grupos de sacos polínicos quase sempre concrescidos dois a dois (Figura 10-231).

Os microsporofilos (**estames**) das angiospermas (Figura 10-196) são divididos geralmente em um **filamento**, o **filete**, e um receptáculo de pólen geralmente terminal, a **antera**. A antera consiste em duas metades (**tecas**) ligadas pelo **conetivo**, que contém cada uma dois sacos polínicos conscrescidos.

Essa estrutura básica do estame das angiospermas é relativamente pouco modificada. O microsporofilo pode ser achatado como folha e não apresentar uma divisão clara em filete e antera. Mesmo nesse caso a organização dos sacos polínicos conscrescidos entre si dispostos em dois grupos é claramente reconhecível. Além da base da antera (basifixo), o filamento pode também estar inserido na sua face dorsal (dorsifixo) ou ventral (ventrifixo). Eventualmente, o número de sacos polínicos por teca pode ser reduzido a um. Por subdivisão transversal dos sacos polínicos e manutenção da estrutura da teca, podem surgir, por exemplo, em algumas Rubiaceae e Rhizothoraceae as chamadas anteras poliesporangiadas. Em algumas Rafflesiaceae e Santalaceae, por

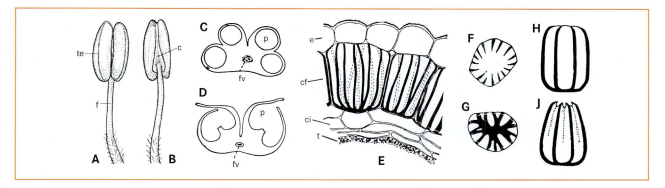

Figura 10-196 O estame das angiospermas e sua estrutura. Aspecto geral de *Hyoscyamus niger*, em vista frontal (adaxial, **A**) e dorsal (abaxial, **B**) (aumentado). Corte transversal das anteras de *Hemerocallis fulva*, com sacos polínicos ainda fechados (**C**) e já abertos (**D**), assim como feixe vascular. **E–G** *Lilium pyrenaicum*. **E** Corte transversal da parede da antera com epiderme, camada fibrosa, camada intermediária e resto do tapete; células individuais do endotécio, de fora (**F**) e de dentro (**G**) (150x). **H, J** Esquema de uma célula do endotécio antes e durante a retração. – e, epiderme; f, filete; cf, camada fibrosa (= endótecio); c, conetivo; fv, feixe vascular; p, saco polínico; t, tapete; te, tecas; ci, camada intermediária. (A, B segundo A.F.W. Schimper; C, D segundo E. Strasburger; E–J segundo F. Firbas.)

exemplo, a divisão das anteras em tecas foi perdida e as anteras são também poliesporangiadas, com câmaras que se abrem individualmente por inúmeros poros ou por um poro em comum.

O número de estames em uma flor varia nas angiospermas entre 1 e cerca de 2.000. O conjunto dos estames é denominado **androceu**. Os estames podem ser helicoidais ou verticilados ou, mais raramente, dispostos em padrões mais complicados ou desordenados (Figura 10-197). Enquanto na distribuição helicoidal o número dos estames é em geral elevado e não exatamente fixo (**poliandria primária**), a distribuição verticilada dos estames conduz geralmente a uma redução (oligomerização) e fixação do número de estames. O número de verticilos é variável. Uma flor com dois círculos de estames é **diplostêmone**, uma com um círculo de estames, **haplostêmone**. Partindo dessas flores com um número fixo de estames em um ou poucos círculos, também pode ocorrer, por multiplicação dos primórdios estaminais, o aumento do número de estames (**poliandria secundária/desdobramento***). Neste caso, primórdios inicialmente claramente reconhecíveis podem dividir-se em um grande número de dentro para fora (de maneira **centrífuga**; Figura 10-197) ou de fora para dentro (de maneira **centrípeta**), ou um primórdio anelar se divide de maneira **centrífuga** ou de maneira **centrípeta**. Pela divisão de estames durante o desenvolvimento também podem se originar meios estames. Finalmente, estames também podem ser reduzidos a **estaminódios** estéreis, os quais, como nectário, têm a função de produzir néctar ou, sendo petaloides, atrair visualmente polinizadores. É também possível a diferenciação morfológica dos estames de uma flor (**heteranteria**). Especialmente na região dos filetes, mas também, em parte, na região das anteras, estames verticilados podem concrescer lateralmente uns com os outros (**sinandria**) ou ter aderência posgenital. Concrescimentos seriais entre estames e pétalas ou estames e carpelos também são possíveis.

Entre as angiospermas mais primitivas, a distribuição helicoidal de um número não fixo de estames é a mais comum.

As paredes do saco polínico em torno do **arquespório** formador de pólen são sempre pluriestratificadas. A camada de células responsável pela abertura dos sacos polínicos tem um significado funcional especial, assim como o tapete localizado no interior. Em Cycadopsida e Coniferopsida, incluindo as Gnetales, a camada mais externa da parede dos sacos polínicos, o **exotécio** (Figura 10-223), é responsável pela abertura. Nas Ginkgopsida e angiospermas é o **endotécio** (= camada fibrosa, Figura 10-196), localizado imediatamente abaixo da epiderme, o qual, porém, pode também faltar (por exemplo, nas Ericaceae). Tanto no exotécio quanto no endotécio, pelo espessamento desigual das paredes celulares, com a ausência de espessamento das paredes periclinais externas (paralelas à superfície do saco polínico) e espessamento das paredes anticlinais (perpendiculares à superfície do saco polínico) e da parede periclinal interna, a perda de água provoca um encurtamento tangencial das paredes externas, de modo muito semelhante ao ânulo dos esporângios dos fetos (Figura 7-37). Com isso, os sacos polínicos rompem-se geralmente em uma fenda longitudinal (**estômio**) quase sempre predeterminada. No endotécio das angiospermas, as células apresentam faixas de espessamento nas paredes anticlinais que frequentemente se tornam mais espessas na direção da parede interna, onde se fusionam umas às outras. Nas angiospermas, os dois sacos polínicos de uma teca em geral se abrem por meio de uma fenda longitudinal comum. Essa fenda surge após a dissolução da camada de células que separa os dois sacos polínicos (Figura 10-196).

---
*N. de T. No original, *dédoublement*.

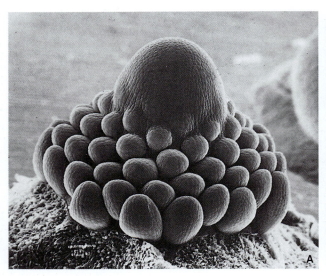 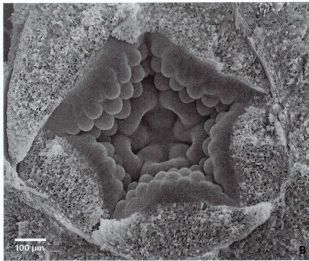

Figura 10-197 Estágios precoces de desenvolvimento de flores de angiospermas (perianto removido). **A** Poliandria primária em *Magnolia denudata* (Magnoliaceae). Primórdios em disposição helicoidal no eixo floral cônico. **B** Poliandria secundária em *Stewartia pseudocamelia* (Theaceae). Divisão centrífuga de grande número de primórdios estaminais a partir de cinco setores situados entre os primórdios da corola e dos carpelos no eixo floral côncavo. (Fotografias MEV segundo L. Erbar; P. Leins.)

Dependendo da orientação da fenda de abertura em relação ao centro da flor, as anteras distinguem-se em introrsas (abrindo-se para dentro), extrorsas (abrindo-se para fora) e latrorsas (abrindo-se para o lado).

Existem também sacos polínicos que possuem fenda longitudinal própria (por exemplo, *Strelitzia*), que se abrem pela dissolução dos tecidos em determinadas zonas, como poros (os poros podem formar-se também por fendas longitudinais muito curtas, por exemplo, em Ericaceae), ou desenvolver um endotécio apenas em uma região restrita, que então se abre como uma aba (por exemplo, em Lauraceae). Muitas vezes, também, os espessamentos das células do endotécio são invertidos, de modo que o saco polínico se retrai pelo ressecamento (por exemplo, *Welwitschia* e Araceae) e empurra o pólen pela abertura.

Exotécio ou endotécio são separados do **tapete** por uma camada intermediária com pelo menos um estrato de células; nas angiospermas (Figura 10-196), essa camada é transitória. O tapete consiste em células geralmente ricas em plasma, frequentemente com núcleos celulares endopoliploides, e participa da nutrição dos grãos de pólen, da formação de partes da parede dos grãos de pólen e da formação de substâncias que são depositadas na ou sobre a parede dos grãos de pólen (por exemplo, *pollenkitt*; substâncias importantes para a autoincompatibilidade). Como **tapete secretor**, o tapete permanece por muito tempo intacto como tecido, enquanto um **tapete plasmodial**, após a dissolução de suas paredes e fusão dos protoplastos, pode se inserir de modo ameboide entre os grãos de pólen em desenvolvimento.

Mesmo que sua função principal seja a formação de pólen, os microsporofilos possuem outras funções, principalmente relacionadas à polinização. Eles contribuem para a atratividade visual das flores ou até mesmo são os únicos órgãos com essa função. Além disso, eles produzem aromas e apoiam assim a atratividade olfativa, formam néctar ou influenciam, por sua distribuição espacial, as possibilidades de movimento dos polinizadores na flor e, com isso, tornam a polinização mais eficaz. Os microsporofilos são também componentes importantes de diversos mecanismos de apresentação secundária de pólen.

Do arquespório surgem muitas células-mãe do pólen e a partir de cada uma delas são formados, por meiose, quatro grãos de pólen uninucleados. Se todas as paredes celulares se originam ao mesmo tempo, a **formação do pólen** é **simultânea**. Na **formação sucessiva de pólen**, a primeira parede celular se forma já ao final da meiose I.

Em geral, esses quatro grãos de pólen são ordenados em uma tétrade (na formação simultânea de pólen). É também possível que os grãos de pólen formem uma tétrade em linha (linear), em um plano (isobilateral), em dois planos perpendiculares (decussada) ou em forma de "T" (na formação de pólen sucessiva).

Pólen

Os grãos de pólen estão frequentemente expostos a condições extremas por um longo período durante o seu transporte pelo espaço aéreo até os órgãos femininos da flor. A proteção de seu conteúdo, extremamente importante para a reprodução, é garantida principalmente pela parede do grão de pólen, a **esporoderme**. A esporoderme consiste em dois complexos de camadas: o externo, **exina**, e o interno, **intina** (Figura 10-198).

A intina envolve o protoplasto sem deixar espaço e, em geral, é delicada e quimicamente menos resistente. Muitas vezes, a intina consiste em duas a três camadas. A mais externa dessas camadas

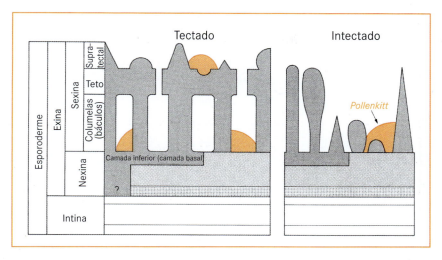

Figura 10-198 Esquema da ultraestrutura da parede do grão de pólen em diferentes tipos de pólen nas angiospermas. – cinza escuro: ectexina; pontuado: endexina, branco: intina; laranja: *pollenkitt*. (Elaboração: H. Teppner, segundo G. Erdtmann, K. Faegri e outros.)

apresenta frequentemente uma grande quantidade de pectinas, razão pela qual a intina se desprende facilmente da exina. Na camada ou camadas internas, as fibrilas de celulose são elementos importantes. Na germinação do grão de pólen, apenas a intina cresce no tubo polínico.

A exina é formada fundamentalmente pela **esporopolenina**, quimicamente muito resistente. Neste caso, trata-se de terpenos, dos quais se supõe que sejam formados através de polimerizações oxidativas de carotenoides e ésteres de carotenoides. Grânulos de cerca de 6 nm são as estruturas básicas da exina.

Nas gimnospermas, a exina é dividida em uma **endexina** interna com estrutura lamelar e uma **ectexina** externa. Na ectexina, uma camada interna (camada basal, do inglês *foot-layer*) e uma camada compacta externa envolvem uma camada intermediária granular ou alveolar. A endexina das angiospermas não é lamelar, mas sim granular. A endexina, juntamente com a camada mais interna da ectexina, a compacta e densa camada basal, é também denominada **nexina** nas angiospermas (Figura 10-198). As zonas mais externas da ectexina das angiospermas, denominadas **sexina**, são em geral intensamente estruturadas e esculpidas. Em **grãos de pólen intectados**, a sexina apresenta-se apenas em forma de bastões, clavas, cones, verrugas ou como rede da nexina. Os elementos colunares (columelas, báculos) podem, porém, apresentar-se fusionados na extremidade distal e assim constituir uma camada externa complementar, o **teto** (**grãos de pólen tectados**). O teto pode ser interrompido por poros das mais diversas formas e também ser esculpidos em várias camadas e externamente (supratectados). Nos espaços do teto podem ser depositadas proteínas de incompatibilidade, *pollenkitt*, etc. Muito raramente, em *Zostera* (polinizada embaixo da água), por exemplo, a exina falta completamente. Nas Pinaceae, também podem ser formados sacos de ar (Figura 10-225) pelo erguimento localizado da camada mais externa da exina interna.

Os grãos de pólen diferem bastante entre si em relação à forma, posição e número das **aberturas** de germinação (Figura 10-199). Grãos de pólen sem aberturas são inaberturados. O polo de um grão de pólen voltado para o centro da tétrade de pólen é denominado **proximal**, o pólo voltado para fora é chamado **distal**. O plano equatorial localiza-se perpendicularmente ao eixo que liga os dois polos. Nos grãos de pólen das espermatófitas existem aberturas únicas distais, equatoriais ou distribuídas por toda a superfície. As aberturas proximais presentes em pteridófitas são desconhecidas neste caso. Aberturas alongadas (comprimento: largura > 2 : 1) (**fendas de germinação**) são denominadas **sulcos** (proximais ou distais) ou **colpos** (equatoriais, perpendiculares ao plano equatorial) (muitos autores não distinguem sulco de colpo, utilizando apenas o conceito de colpo), e **poros de germinação circulares** (comprimento: largura < 2 : 1) são **ulcos** (proximais ou distais) ou **poros** (equatoriais ou sobre toda a superfície).

Nas gimnospermas, os grãos de pólen são, em sua maioria, **sulcados** com uma fenda de germinação no polo distal. Esses grãos de pólen são também encontrados, entre as angiospermas, na maioria das ordens basais e nas monocotiledôneas, onde também há polens **ulcerados** ou inaberturados. O grande grupo das eudicotiledôneas, entre as angiospermas, é caracterizado primariamente por grãos de pólen **tricolpados** com três fendas de germinação perpendiculares ao plano equatorial. Grãos de pólen sulcados são, portanto, primitivos entre as angiospermas. Fendas de germinação também podem ser substituídas por poros de germinação (por exemplo, **triporados**). Se mais de três fendas ou poros de germinação ocorrem no plano equatorial, fala-se em pólen **estefanocolpado** ou **estefanoporado** (= zonocolpado, zonoporado). Aberturas distribuídas sobre toda a superfície do pólen (**pantotremo, pantoporado**) são encontradas, por exemplo, entre as Cactaceae ou Caryophyllaceae. Neste caso, o número de aberturas pode elevar-se até 100 (por exemplo, Amaran-

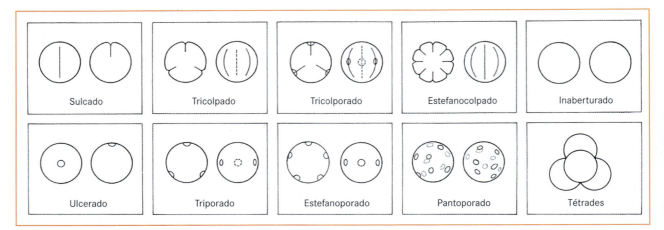

Figura 10-199 Vista geral de alguns tipos de polens de espermatófitas frequentes na Europa Central. Em cada caso, à esquerda, vista polar, à direita vista equatorial. Mônade (grão de pólen isolado): sulcado ("monocolpado") (muitas ordens basais), ulcerado ("monoporado") (Poaceae), tricolpado (Ranunculaceae em parte, *Quercus*, *Acer*, Brassicaceae, *Salix*, Lamiaceae em parte), triporado (*Betula*, *Corylus*, Urticaceae, Onagraceae), tricolporado (*Fagus*, Rosaceae em parte, Apicaceae, *Tilia*, Asteraceae), estefanocolpado (Rubiaceae, Lamiaceae em parte), estefanoporado (*Alnus*, *Ulmus*), pantoporado (*Juglans*, grande parte das Caryophyllaceae, Amaranthaceae, Plantaginaceae), inaberturado em grupos geralmente com pólen com aberturas equatoriais (*Populus*, *Callitriche*). Tétrade: em círculos, em grupos onde ocorrem em geral mônades (Orchidaceae em parte, *Typha* em parte, Ericaceae). (Segundo K. Faegri, I. Iversen, G. Erdtman, organizado por H. Teppner e M. Hesse.)

thaceae). Grãos de pólen nos quais os colpos estão diferenciados no centro em forma de poros são denominados **colporados**. Em consequência, por exemplo, da variação da margem da abertura ou da formação de opérculos podem surgir aberturas altamente complexas.

Além da variação das aberturas, há ainda muitas outras diferenças na simetria, forma e tamanho dos grãos de pólen, assim como na ultraestrutura de sua exina. A formação de grãos de pólen pode ser explicada claramente nos chamados palinogramas ou por meio de eletromicrografias (Figura 10-200).

Enquanto os grãos de pólen crescem, forma-se a partir do tapete uma substância especial pegajosa, rica em lipídeos e carotenoides, o *pollenkitt*. Em espécies polinizadas por animais, o *pollenkitt* é principalmente depositado sobre a

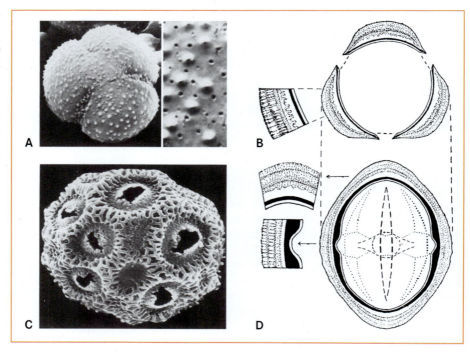

Figura 10-200 Grãos de pólen de diversas cactáceas em imagens obtidas ao microscópio eletrônico de varredura. **A**, **B** *Gymnocalycium mihanovichii* (tricolpado, vista geral: 500x; detalhe do teto verrucado-apiculado com poros: 5.000x). **C** *Opuntia* sp. (pantoporado: 1.000x). **D** Palinograma dos grãos de pólen de *Centaurea scabiosa* (tricolporado): vista equatorial, corte óptico e detalhe da estrutura da parede (microscópio óptico: 1.500x e 3.000x). (A-C segundo W. Klaus; D segundo G. Erdtman.)

superfície do pólen e facilita a aderência dos grãos de pólen entre si e ao polinizador.

Também os **filamentos de viscina** têm função na aderência dos grãos de pólen; eles são formados geralmente no interior do saco polínico e contêm esporopolenina, celulose ou proteínas. Finalmente, secreções de outros órgãos florais também podem ser responsáveis pela aderência dos grãos de pólen. Estruturas de aderência de grãos de pólen faltam completamente em espermatófitas polinizadas pelo vento.

Os grãos de pólen de uma tétrade nem sempre são dispersados como **mônades**, isto é, isoladamente. Juntamente com a possibilidade da aderência por *pollenkitt* ou filamentos de viscina, as células-filhas de uma célula-mãe de grãos de pólen podem aderir permanentemente formando uma **tétrade** e ser dispersadas dessa forma (por exemplo, Ericaceae, *Drosera*, etc.). Pela ausência de divisão celular na meiose e eliminação de três dos quatro núcleos celulares, podem originar-se também **pseudomônades** (por exemplo, Cyperaceae). Se muitos grãos de pólen oriundos de várias células-mães de pólen permanecem unidos, então se formam **políades** constituídas de 8, 16 ou 32 grãos de pólen (por exemplo, Fabaceae, Mimosoideae). Finalmente, o conteúdo inteiro de um dos sacos polínicos pode permanecer unido em uma **polínia** ou os dois ou mais sacos polínicos em um **polinário** – frequentemente com um envoltório comum de esporopolenina – (por exemplo, algumas Apocynaceae, Orchidaceae; Figuras 10-249 e 10-304).

Gametófito masculino

O gametófito masculino das espermatófitas consiste em pouquíssimas células e nunca tem anterídios morfologicamente reconhecíveis. Seu desenvolvimento ocorre amplamente dentro do grão de pólen e apenas em algumas vezes após a germinação. No caso de Pinaceae e *Ginkgo* são formadas, por meio de duas divisões desiguais da célula do pólen, por exemplo, duas **células protálicas** e uma **célula anteridial**. A célula anteridial divide-se em **célula do tubo polínico** e na **célula generativa**. Da célula generativa originam-se a **célula pedicelar** e as **células espermatogênicas**, e das células espermatogênicas são formados dois **espermatozoides** ou duas **células espermáticas** (Figura 10-201). Antes da divisão da célula espermatogênica, o gametófito masculino é, portanto, constituído de cinco células (duas células protálicas, célula do tubo polínico, célula pedicelar, célula espermatogênica; Figura 10-226).

Esse padrão varia frequentemente. O número de células protálicas pode ser ampliado para oito (Podocarpaceae) ou 40 (Araucariaceae), ou reduzido a apenas uma (Cycadopsida; Figura 10-202) ou nenhuma (*Taxus*, *Gnetum*, *Welwitschia*, angiospermas). Em todas as espermatófitas, é formada uma célula do tubo polínico, mas a célula pedicelar está ausente nas angiospermas. Em *Microcycas* (Cycadopsida), as células reprodutivas são multiplicadas pela formação de outros 20 espermatozoides a partir da célula pedicelar.

Considerando-se a ausência da célula protálica e da célula pedicelar, o gametófito masculino das angiospermas consiste apenas na célula do tubo polínico, também denominada **célula vegetativa**, e em uma segunda célula, em geral denominada **célula generativa**, as quais originam-se das duas células espermáticas (Figura 10-203). A divisão da célula generativa pode ocorrer antes ou depois da germinação do pólen, e este momento está correlacionado ao sistema de autoincompatibilidade (ver 9.1.3.1).

Em qualquer caso, grãos de pólen germinam com um tubo polínico. Esse tubo tem, por um lado, a função de transportar as células reprodutivas masculinas até as proximidades da oosfera. Por outro lado, o tubo polínico possui também função de ancoramento e absorve, como um haustório, nutrientes para seu desenvolvimento e crescimento (Figura 10-204). Nas Cycadopsida e Ginkgopsida, as células reprodutivas são espermatozoides móveis por flagelos (Figuras 10-202, 10-204 e 10-224); nas Coniferopsida, incluindo Gnetales, e nas angiospermas são formadas células espermáticas imóveis (Figuras 10-226 e 10-203).

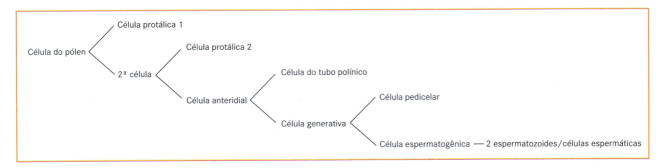

Figura 10-201 Desenvolvimento do gametófito ♂ a partir da célula polínica uninucleada até a formação das células espermáticas/espermatozoides em, por exemplo, Pinaceae e *Ginkgo*.

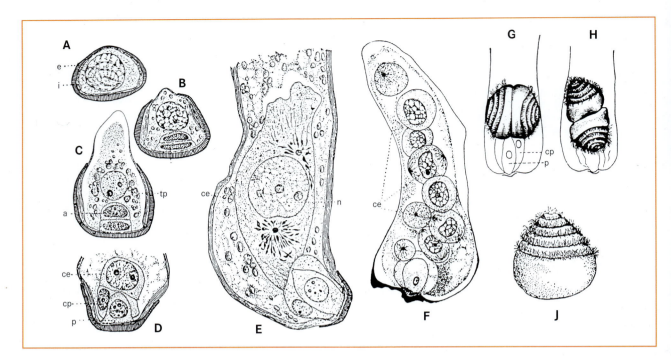

Figura 10-202 Desenvolvimento do gametófito ♂ nas Cycadopsida. **A-E** Germinação do grão de pólen em *Dioon edule* (A-C 840x, D 667x, E 420x). **F** Grão de pólen germinado de *Microcycas calocoma*, com nove células espermatogênicas (aproximadamente 200x). **G-J** Tubo polínico e espermatozoide de *Zamia floridana*. (G, H 50x, J 75x). – a, célula anteridial; e, exina; i, intina; n, núcleo; p, célula protálica; tp, célula do tubo polínico; cp, célula pedicelar; ce, célula espermatógena. (A-E segundo Ch. Chamberlain; F segundo O.W. Caldwell; G-J segundo H.J. Weber.)

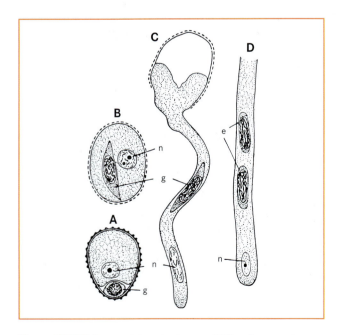

Figura 10-203 Desenvolvimento do gametófito ♂ nas angiospermas (*Lilium martagon*). Célula vegetativa com núcleo e célula generativa no grão de pólen (**A-B**) ou tubo polínico (**C**). Na extremidade anterior do tubo polínico (**D**), a célula generativa dividiu-se em duas células espermáticas. – g, célula generativa; n, núcleo da célula vegetativa; e, célula espermática. (Segundo E. Strasburger, em I.L.L. Guignard.)

10.2.4.3 Megasporofilos

Os rudimentos seminais das espermatófitas estão distribuídos na flor de modos muito diversos. As estruturas chamadas neutralmente de **megasporangióforos** são denominadas **megasporofilos**. O conceito de carpelo é tradicionalmente reservado para os megasporangióforos de angiospermas.

Em Cycadopsida (Figura 10-222), os rudimentos seminais são claramente localizados em folhas (filospóreo). Neste caso, localizam-se em geral dois rudimentos seminais na margem inferior da lâmina de um megasporofilo explicitamente peciolado, escamiforme ou em forma de escudo. No gênero *Cycas*, encontram-se até oito rudimentos seminais ao longo da raque de megasporofilos pinados ou pelo menos denteados localizados em posição apical. Os dois únicos rudimentos seminais de *Ginkgo* localizam-se no ápice de um pedicelo bifurcado (Figura 10-224). Nas Coniferopsida recentes (exclusiva Gnetales), encontram-se entre um e cerca de 20 rudimentos seminais na superfície superior de uma escama seminífera plana (Figura 10-227). Raramente os rudimentos seminais localizam-se no ápice de ramos curtos (por exemplo, *Taxus*, Figura 10-230). Tanto pela posição das escamas seminíferas na axila de uma escama tectriz, quanto pelas relações morfológicas nos representantes fósseis aparentados (Figura 10-228) das Coniferopsida recentes, está claro que a es-

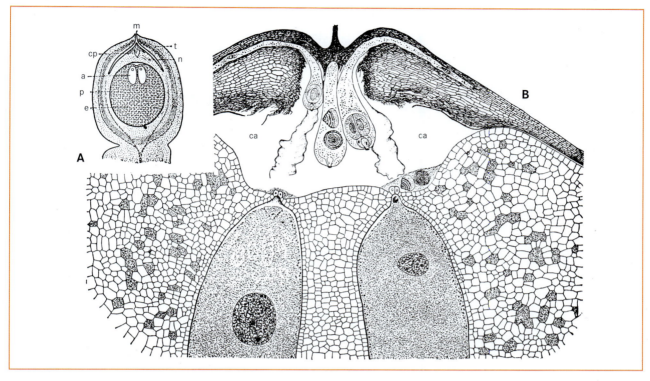

Figura 10-204 Rudimento seminal e fecundação em Cycadopsida. **A** Corte longitudinal em um rudimento seminal de *Ceratozamia*, com micrópila, tegumento, nucelo e câmara de polinização com grãos de pólen germinado; megásporo germinado: gametófito ♀ (= saco embrionário) com parede e dois arquegônios (cada um com duas células do pescoço e oosfera) (2,5x). **B** Parte superior do nucelo no momento da fecundação, em *Dioon edule*. Tubos polínicos ancorados no tecido do nucelo, penetrando na câmara arquegonial, espermatozoides em parte já liberados, o arquegônio à esquerda já fecundado (cerca de 100x). – a, arquegônios; ca, câmara arquegonial; t, tegumento; m, micrópila; e, saco embrionário; n, nucelo; cp, câmara polínica; p, parede. (A segundo F. Firbas, B segundo Ch. Chamberlain.)

cama seminífera deve ser entendida como um ramo curto modificado. Ainda não está esclarecido se originalmente os rudimentos seminais neste ramo curto estavam localizados na folha ou na axila (estaquiospóreo). Nos gêneros de Gnetales, cada flor tem apenas um rudimento seminal em posição terminal (Figura 10-231).

Enquanto nos grupos acima tratados e resumidos como gimnospermas os rudimentos seminais são diretamente acessíveis ao pólen, nas angiospermas eles estão encerrados dentro de um carpelo. O conjunto dos carpelos existentes em uma flor, incluindo os rudimentos seminais dentro destes, forma o gineceu. A estrutura de um único carpelo pode ser compreendida pelo seu desenvolvimento. No início do desenvolvimento há em geral um estágio com formato de cadeira (Figura 10-205), cuja margem mais baixa, também denominada zona transversal, é orientada para o centro da flor. As margens do carpelo crescem por algum tempo juntas em comprimento, formando-se uma região tubular (**ascidial**) (Figura 10-206). O crescimento no lado interno do carpelo cessa e os flancos e o dorso continuam crescendo, formando-se uma região aberta por uma **fenda ventral** para o centro da flor; essa região é denominada **plicada** ou **conduplicada**, e nela também

se desenvolvem o **estilete**, geralmente como uma porção terminal pedicelar e, em posição variável, um **estigma** em geral papiloso, como superfície receptora de grãos de pólen. O estilete em geral não é sólido, mas sim representa um prolongamento estreito do espaço vazio formado pela região ascidial plicada, o **canal de transmissão**, através do qual, por meios diversos, os tubos polínicos chegam aos rudimentos seminais. Em um carpelo assim desenvolvido

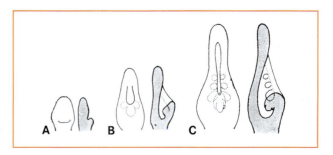

Figura 10-205 Esquema da ontogênese de carpelos típicos das angiospermas. Vistas frontais e cortes longitudinais (cinza).

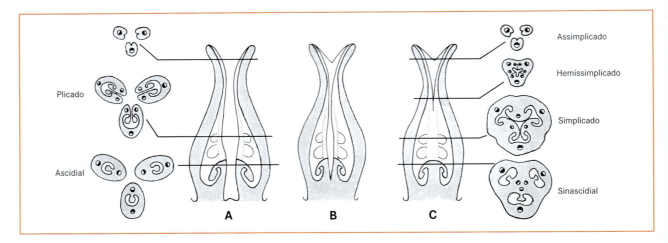

Figura 10-206 Esquema da estrutura de gineceus. Cortes longitudinais (**A, B, C**) e transversais (**A, C**) de gineceus. **A** Coricárpicos, **B** hemissincárpicos, **C** sincárpicos, com zonas ascidiais, plicadas ou sinascidiais, simplicadas, hemissimplicadas e assimplicadas. (Segundo W. Leinenfellner.)

encontra-se, portanto, de baixo para cima, uma **zona pedicelar**, uma **zona tubular** fechada congenitalmente, isto é, desde o início do seu desenvolvimento (zona ascidial), e uma zona denominada plicada, inicialmente aberta pela fenda ventral e fechada apenas posgenitalmente por secreções e/ou por indentações da epiderme. A região oca do carpelo que contém os rudimentos seminais é também chamada **ovário**.

A abrangência relativa das zonas tubulares e plicadas pode ser bastante diferente. Se, no caso extremo, acima da zona pedicelar é formada apenas uma zona tubular, o carpelo é completamente ascidial, se falta a zona ascidial e apenas a zona plicada é formada, então o carpelo é completamente plicado (conduplicado).

Placentas são as regiões da superfície interna de um carpelo onde estão os rudimentos seminais. As placentas, planas ou convexas, localizam-se geralmente nas proximidades da margem da fenda ventral (**submarginal**). Neste caso, elas podem descrever, muito raramente, a forma de "o" em torno de toda a fenda ventral, a forma de "u" ou localizam-se apenas nas margens laterais (lateral) ou na margem inferior (mediana) da fenda ventral. Rudimentos seminais podem, porém, distribuir-se sobre a totalidade da superfície interna do ovário (**laminal**; Figura 10-207). O número de rudimentos seminais por carpelo pode variar de um até alguns milhões.

O número de carpelos em uma flor varia de 1 a cerca de 2.000. Os carpelos podem ser dispostos helicoidalmente ou em verticilos. Assim como para os microsporofilos, aqui também pode-se dizer que na distribuição helicoidal o número dos carpelos (geralmente elevado) frequentemente não é fixado, e que a distribuição verticilada cos-

Figura 10-207 Tipos diferentes de gineceu, corte transversal da principal zona fértil de ovários desenvolvidos. **A** Coricárpico, placentação laminal. **B** Corocárpico, placentação submarginal. **C** Hemissincárpico, placentação central-angular. **D, G** Sincárpico, placentação centra-angular. **D** Carpelos plicados. **G** Carpelos ascidiais. **E, F** Sincárpico, placentação parietal. **H, J** Sincárpico, placenta central, rudimentos seminais, muitos ou um basal. (Em parte segundo A.L. Takhtajan e Syllabus de Engler.)

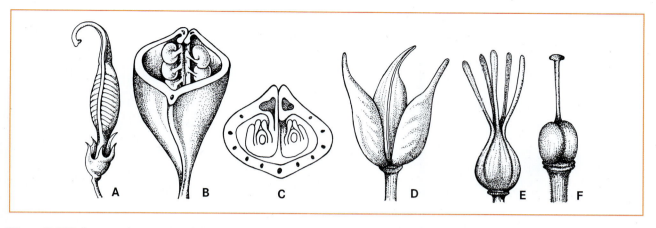

Figura 10-208 Estrutura dos carpelos (**A-C**) e concrescimento progressivo (**D-F**). **A** Vista geral da face ventral de um carpelo único e livre em maturação com sutura ventral fechada (na base o cálice; cerca de 3x), **B, C** em corte transversal, com um feixe vascular dorsal e dois ventrais, placenta em duas partes e rudimentos seminais (cerca de 10x). **D** Gineceu coricárpico. **E, F** Sincárpico com estiletes livres ou concrescidos (aumentado). (A, B *Colutea arborescens*, C, D *Delphinium elatum*, E *Linum usitatissimum*, F *Nicotiana rustica*). (A-D segundo W. Troll, E, F segundo O.L. Berg e L.F. Schmidt.)

tuma estar relacionada com a redução (oligomerização) e determinação do número de carpelos.

Se os carpelos são livres entre si, o gineceu é **coricárpico** (**apocárpico**). Se os carpelos são concrescidos – isto pressupõe, em geral, uma distribuição verticilada –, o gineceu é **sincárpico** (= cenocárpico). Um gineceu sincárpico é também denominado **pistilo**. A extensão do concrescimento pode ser variada e, por exemplo, atingir apenas a base dos ovários dos carpelos, os ovários inteiros ou também os estiletes (Figura 10-208). Com frequência, o número de carpelos que constituem um gineceu sincárpico é reconhecível apenas pelo número de estigmas, e mesmo os estigmas podem se tornar até uma estrutura única. Na estrutura interna de gineceus sincárpicos existem variações consideráveis (Figura 10-207). Se cada carpelo é integralmente formado, com região dorsal e lateral, então o gineceu é septado pelas laterais dos próprios carpelos (sincárpico-septado, sincárpico em senso estrito). Se as margens carpelares são livres umas das outras no centro do gineceu, este não é completamente septado (hemissincárpico). A placentação nas proximidades da margem de cada carpelo é denominada **central-angular**. Se as regiões laterais de cada carpelo têm seu desenvolvimento suprimido, forma-se um gineceu sem septos (sincárpico-não septado = paracárpico). Neste caso, as placentas são **parietais**, ou seja, localizam-se lá onde as margens de carpelos vizinhos se tocam, ou se encontra na base do ovário uma **placenta central livre**, na qual os rudimentos seminais se assentam sobre uma coluna de tecido mais ou menos maciça sem contato com a parede do ovário. Em gineceus não septados podem, também, formar-se rudimentos seminais únicos, eretos na base ou pendentes no ápice.

Em gineceus sincárpicos podem também ser formadas os chamados "**falsos septos**" (Figuras 10-292, 10-303, 10-308). Carpelos que, sob observação superficial, parecem ser monocarpelares, mas que são na verdade pluricarpelares são denominados pseudomonômeros.

Uma estrutura funcionalmente importante de gineceus sincárpicos é o **cômpito**. Por esse conceito entende-se que todos os carpelos apresentam um tecido de transmissão comum na região do estilete ou na região simplicada. Em gineceus com estigmas separados, por exemplo, esse tecido permite que os grãos de pólen ou seus tubos polínicos de cada um dos estigmas sejam distribuídos para todos os carpelos e uma seleção centralizada de tubos polínicos.

Os carpelos, assim como também o perianto e os microsporofilos, podem participar da polinização, por exemplo, pela produção de néctar ou como órgãos de apresentação secundária de pólen. Finalmente, a estrutura do gineceu deve ser compreendida também sob o aspecto da formação do fruto.

Em geral, as angiospermas mais primitivas têm gineceu coricárpico com número variável de carpelos dispostos helicoidalmente. O fechamento da fenda ventral desses carpelos ocorre mediante secreções.

Rudimentos seminais

Rudimentos seminais (*ovula*, singular: *ovulum*) são os megasporângios das espermatófitas encerrados em um envoltório (Figura 10-209). Eles consistem em um pedicelo, o **funículo**, geralmente um ou dois (raramente três) envoltórios, os **tegumentos** (rudimentos seminais **unitégmicos** ou **bitégmicos**), assim como o megasporângio, o **nucelo**,

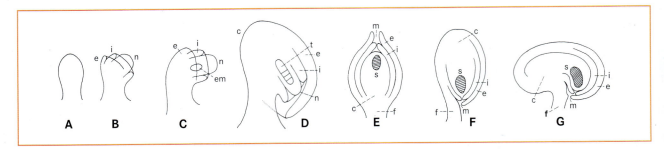

Figura 10-209 Desenvolvimento e posição de rudimentos seminais em angiospermas. **A-D** Desenvolvimento. **E** Rudimento seminal átropo, **F** anátropo, **G** campilótropo. – e, tegumento externo; i, tegumento interno; c, calaza; s, saco embrionário (hachureado); em, célula-mãe do saco embrionário; f, funículo; m, micrópila; n, nucelo; t, tétrade de megásporos. (A-D segundo W. Troll, esquemático; E-E segundo G. Karsten.)

envolvido pelos tegumentos. A passagem do funículo para o nucelo é denominada **calaza**, e os tegumentos deixam livre uma abertura, a **micrópila**, no pólo oposto à **calaza**.

Nas gimnospermas, ocorre fundamentalmente apenas um tegumento. Se, como em muitas angiospermas, dois tegumentos são formados, o tegumento interno é formado anteriormente ao externo. Em angiospermas, podem ser formados rudimentos seminais unitégmicos se um dos dois tegumentos cessa precocemente seu crescimento, se os dois primórdios dos tegumentos crescem intercalarmente com uma base comum e a bipartição apical não é mais reconhecível ou se, desde o princípio, apenas um tegumento está presente. Os tegumentos podem ser muito delgados e consistir em apenas suas duas epidermes, ou as epidermes envolvem outras camadas celulares. Especialmente em rudimentos seminais unitégmicos, a epiderme interna do tegumento desenvolve-se formando um endotécio semelhante ao tapete. Nucelo e tegumentos inexistem em angiospermas parasíticas (por exemplo, Loranthaceae).

Dependendo da posição da célula-mãe de megásporo no nucelo, é possível distinguir as seguintes formas de rudimentos seminais. Se a célula-mãe de esporos está localizada subepidermalmente no polo apical do nucelo, o rudimento seminal é tenuinucelado. O megásporo e o saco embrionário dele resultante são, então, apicais e ladeados apenas pela epiderme do nucelo. Se, ao contrário, a célula-mãe de esporos é separada da epiderme do nucelo por pelo menos uma célula (célula parietal ou célula de cobertura), o rudimento seminal é **crassinucelado** (Figura 10-201). A extensão de tecido que envolve apical e lateralmente o megásporo e o saco embrionário é muito variável em rudimentos seminais crassinucelados. Em rudimentos seminais fecundados por espermatozoides (Cycadopsida, Ginkgopsida) existe, na extremidade apical do nucelo, uma cavidade denominada **câmara polínica*** (Figura 10-204).

Os rudimentos seminais podem ser também distinguidos pela orientação de seu eixo longitudinal (Figura 10-209). Se o funículo e a micrópila estão em linha reta, os rudimentos seminais são **átropos**/ortrótopos. Em rudimentos seminais **anátropos**, a micrópila aproxima-se a 180° do funículo por dobramento nas regiões calazal, do tegumento e do nucelo. Nesse caso, o nucelo permanece reto. Rudimentos seminais **campilótropos**, ao contrário, são reniformes, curvados na parte superior do funículo.

Nas gimnospermas são encontrados exclusivamente rudimentos seminais átropos. A curvatura dos rudimentos seminais de muitas angiospermas está relacionada à acessibilidade da micrópila pelo tubo polínico. Em angiospermas, a ligação entre micrópila e placenta pode ser promovida também pelo crescimento de um obturador a partir do funículo, tegumentos, nucelo ou placenta (Figura 10-276).

Na região do polo apical do nucelo forma-se em geral uma célula-mãe de megásporos (célula-mãe do saco embrionário. A partir da meiose desta célula-mãe de megásporos, origina-se uma tétrade de megásporos (células do saco embrionário) em geral linear, mais raramente em forma de T. Os megásporos das gimnospermas possuem uma parede celular, na qual pode ser comprovada a existência de esporopolenina. Esse não é o caso nas angiospermas.

Entre as angiospermas, os rudimentos seminais anátropos, crassinucelados com dois tegumentos são provavelmente ancestrais.

Gametófito feminino

No desenvolvimento do gametófito feminino (saco embrionário) participa geralmente apenas um megásporo (**saco embrionário monospórico**), mais raramente dois (**saco embrionário dispórico**; algumas angiospermas) ou todos os quatro megásporos (**saco embrionário tetrasporico**; *Gnetum*, *Welwitschia*, algumas angiospermas). Na continuidade do desenvolvimento de apenas um megásporo, em geral esse é (no caso de uma tétrade linear) o mais interno e raramente o mais externo. O gametófito feminino dos diversos grupos de espermatófitas é reduzido em diferentes graus. Em todos os casos, seu desenvolvimento se inicia com divisões nucleares livres, seguidas geralmente pela formação de paredes. Assim, nas gimnos-

---

* N. de T. Ou câmara de polinização.

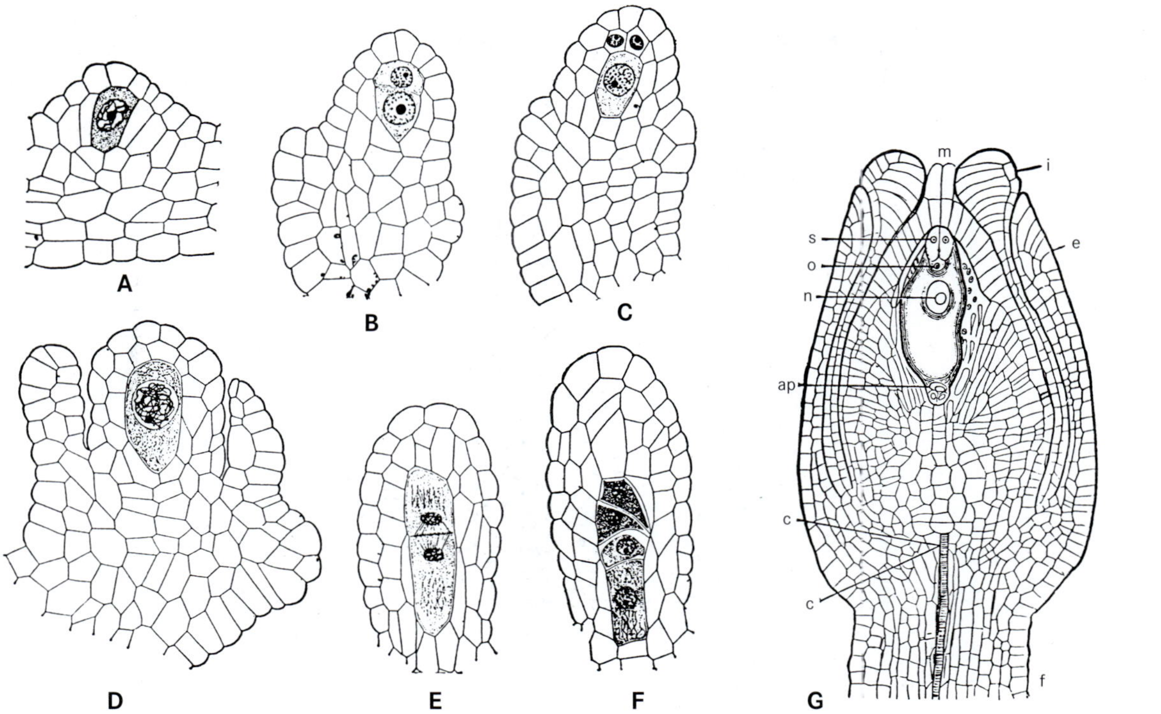

Figura 10-210 Desenvolvimento do gametófito ♀ das angiospermas. **A-F** *Hydrilla verticilata*, Hydrocharitaceae. No núcleo em crescimento do rudimento seminal diferencia-se uma célula hipodermal (**A**), separa-se uma célula de cobertura que continua a se dividir (**B, C**), cresce transformando-se em célula-mãe do saco embrionário (**D**) e forma após a meiose (**E, F**) quatro células do saco embrionário, das quais apenas a mais interna continua o desenvolvimento em um saco embrionário. **G** *Polygonum divaricatum*. Rudimento seminal maduro com micrópila, tegumentos externo e interno, calaza e funículo. O saco embrionário contém as sinérgides, a oosfera projetando-se abaixo delas, o núcleo secundário do saco embrionário e as três antípodas (200x). – ap, antípodas; e, tegumento externo; i, tegumento interno; c, calaza; o, oosfera; f, funículo; n, núcleo secundário do saco embrionário; m, micrópila; s, sinérgides. (A-F segundo P. Maheshwari; G segundo E. Strasburger.)

permas podem ser formados gametófitos femininos com até milhares de células (Figura 10-204). Nas Cycadopsida, *Ginkgo* e Coniferopsida (excluindo *Gnetum*, *Welwitschia*) são formados **arquegônios** em número variado no pólo apical do saco embrionário (Figuras 10-204 e 10-226). Em *Ginkgo*, são dois ou três arquegônios, nas Coniferopsida até 60 e em *Microcycas* (Cycadopsida) até 100. Os arquegônios consistem em uma oosfera, em parte bastante grande (até 6 mm de diâmetro nas Cycadopsida; Figura 10-204), um número variável de células do pescoço (células do canal do pescoço estão ausentes) e muitas vezes também uma célula do canal ventral ou ao menos um núcleo do canal ventral. Nas espermatófitas fecundadas por espermatozoides (*Ginkgo*, Cycadopsida) a extremidade superior do saco embrionário é separada do restante do nucelo por uma **câmara arquegonial** (localizada abaixo da câmara polínica) (Figura 10-204).

Gnetum tem um saco embrionário tetraspórico, cuja celularização está limitada à extremidade inferior (calazal). Não é reconhecível antes da fecundação qual das células é a oosfera. O saco embrionário de *Welwitschia* é também tetraspórico. A celularização irregular neste caso conduz a células com um número diferente de núcleos, que então podem fusionar-se entre si. Também em *Welwitschia* não se reconhece a oosfera antes da fecundação.

Nas angiospermas, a partir do megásporo uninucleado são formados mais frequentemente dois, quatro ou finalmente oito núcleos (Figuras 10-211 e 10-212) em três divisões nucleares livres seguidas. Cada três núcleos envolvem-se com plasma próprio nas extremidades superior e inferior do saco embrionário e formam células independentes, envolvidas inicialmente com apenas uma membrana celular, mais tarde também com uma parede celular delgada. As três células superiores são chamadas de **aparelho oosférico**. Destas, a mediana torna-se a **oosfera**, frequente e perceptivelmente maior, as outras duas são as **sinérgides**. É possível que as sinérgides sejam homólogas das células do pescoço dos arquegônios. As três células inferiores formam as **antípodas**. Os dois núcleos

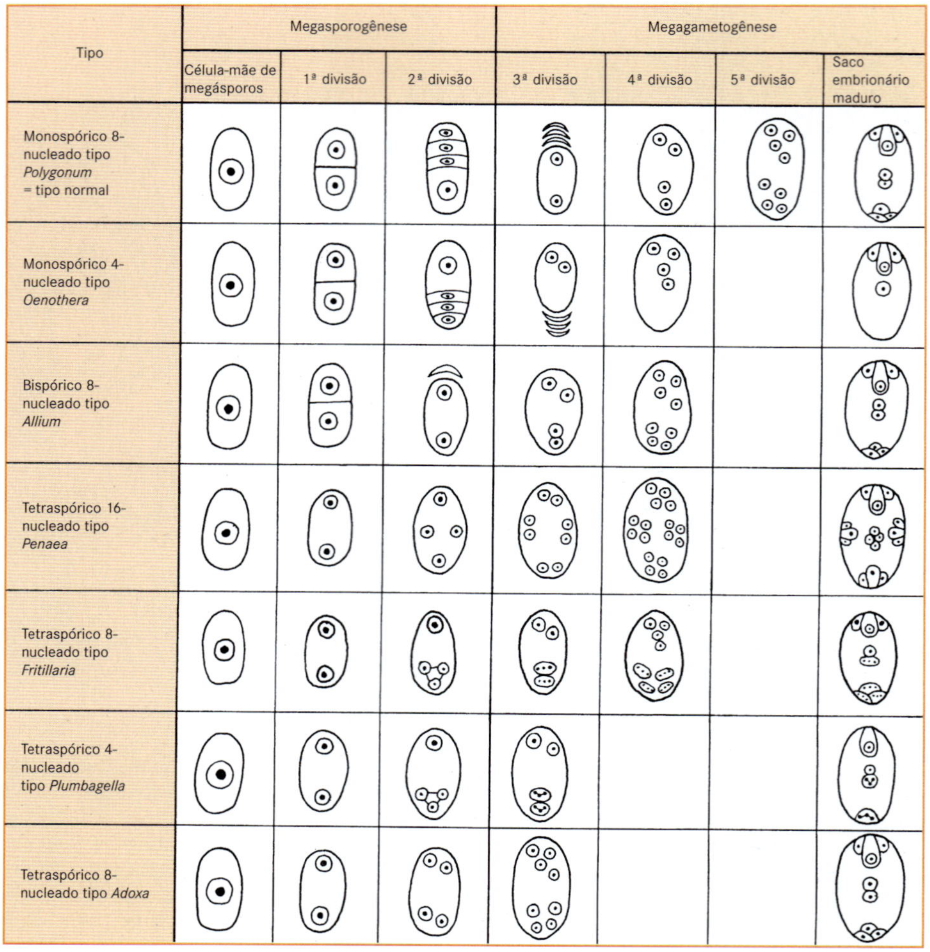

Tipo	Megasporogênese			Megagametogênese			
	Célula-mãe de megásporos	1ª divisão	2ª divisão	3ª divisão	4ª divisão	5ª divisão	Saco embrionário maduro
Monospórico 8-nucleado tipo *Polygonum* = tipo normal							
Monospórico 4-nucleado tipo *Oenothera*							
Bispórico 8-nucleado tipo *Allium*							
Tetraspórico 16-nucleado tipo *Penaea*							
Tetraspórico 8-nucleado tipo *Fritillaria*							
Tetraspórico 4-nucleado tipo *Plumbagella*							
Tetraspórico 8-nucleado tipo *Adoxa*							

Figura 10-211 Alguns tipos de formação do saco embrionário nas angiospermas: Meiose da célula-mãe do saco embrionário diploide (megasporogênese) e desenvolvimento da célula do saco embrionário haploide até o saco embrionário maduro (megagametogênese). (Segundo P. Maheshwari.)

restantes na grande célula central são os **núcleos polares**. Eles se fusionam antes ou depois da penetração do tubo polínico, dando origem ao núcleo **secundário do saco embrionário**, que é então diploide.

Há inúmeras variações desse modo de desenvolvimento (Figura 10-211). Assim, não apenas um, mas sim dois ou quatro megásporos podem participar do desenvolvimento do saco embrionário bi ou tetraspórico. As demais variações relacionam-se com supressão de divisões nucleares, organização dos grupos celulares citados ou fusões de núcleos. Enquanto o saco embrionário maduro do tipo *Penaea* está constituído de 16 células/núcleos, no tipo *Oenothera* são apenas 4.

A nutrição do saco embrionário das angiospermas é feita principalmente pelas células antípodas, mas também podem existir haustórios formados a partir dos megásporos, sinérgides ou antípodas.

10.2.4.4 Nectários

O néctar é uma importante possibilidade de alimentação de polinizadores de flores. Enquanto nas gimnospermas polinizadas por animais essa função pode ser assumida por uma gota de polinização secretada na micrópila, nas angiospermas são encontradas glândulas secretoras de néctar, os **nectários**. Nectários podem ocorrer agrupados, isoladamente (Figura 10-271) ou como formações na base da flor, em geral entre o androceu e o gineceu, formando um **disco** em forma de anel (Figura 10-295). Sépalas podem formar regiões localizadas na face interna ou externa e pétalas na face interna. Estames possuem, por exemplo, nectários nos filetes ou são estaminódios e funcionam como nectários ou folhas nectaríferas (Figura 10-259). No gineceu, as secreções do estigma podem

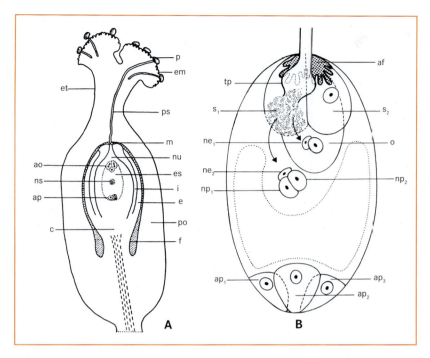

Figura 10-212 Polinização e fecundação nas angiospermas. **A** Ovário de *Fallopia* (*Polygonum*) *convolvulus* com rudimentos seminais átropos (corte longitudinal esquemático, 48x). Parede do ovário, estilete, estigma com grãos de pólen germinando e formando tubos polínicos, rudimentos seminais com funículo, calaza, tegumentos externo e interno, micrópila e nucelo, assim como saco embrionário com aparelho oosférico, núcleo secundário do saco embrionário e antípodas. **B** Esquema do saco embrionário durante a fecundação. Na penetração do tubo polínico na região do aparelho filiforme uma das duas sinérgides é destruída; dos dois núcleos espermáticos, um (ne₁) fusiona-se com o núcleo da oosfera, o outro (ne₂) une-se aos dois núcleos polares que estão se fusionando; na base as três antípodas. – e, tegumento externo; i, tegumento interno; ap₁, ap₂, ap₃, antípodas; c, calaza; ao, aparelho oosférico; ns, núcleo secundário do saco embrionário; es, saco embrionário; o, oosfera; f, funículo; af, aparelho filiforme; po, parede do ovário; et, estilete; m, micrópila; em, estigma; nu, nucelo; p, grão de pólen; np₁, np₂, núcleos polares; tp, tubo polínico; s₁, s₂, sinérgides; ne₁, ne₂, núcleos espermáticos. (A segundo H. Schenck; B segundo A. Jansen, muito modificado).

assumir funções de néctar e num gineceu sincárpico podem existir entre os carpelos **nectários septais** (Figura 10-251) em forma de canais com ligações para o exterior. Também na face externa do ovário é possível a formação de nectários.

Nectários externos às flores são denominados **nectários extraflorais** e são destinados, por exemplo, à alimentação de formigas que protegem a planta.

10.2.4.5 Disposição dos órgãos florais

As possibilidades de disposição dos órgãos florais em espiral, em verticilos e, em casos mais raros, em arranjo irregular já foram apresentadas nas seções anteriores. O posicionamento dos órgãos florais em relação uns aos outros oferece inúmeras possibilidades de variação entre as angiospermas. Em uma flor completa de angiosperma, a sequência dos órgãos de fora para dentro é quase sempre perianto, androceu e gineceu. Dependendo do número e posição dos órgãos florais a base da flor (**receptáculo**) pode ser mais ou menos alongada ou encurtada. Eventualmente, a base da flor é, também, alargada como um disco ou são formadas cavidades ou cilindros florais (**hipântios**). Por meio da formação de um hipântio, a base do perianto e dos estames pode ser afastada da base do gineceu. É também possível que os entrenós da flor se aloguem. Se o entrenó entre o androceu e o gineceu é alongado, tem-se um **ginóforo** (Figura 10-292), com o alongamento do entrenó entre o perianto e o androceu/gineceu tem-se um **androginóforo**. Pela localização diferenciada da atividade de crescimento do gineceu, a sua posição na flor pode ser modificada (Figura 10-213). Se principalmente as partes dorsais livres (e flancos) crescem, forma-se um ovário **súpero**. Como o perianto e os estames estão fixados na base do gineceu, estas flores são designadas **hipóginas**. Crescimento na base da flor abaixo da inserção periférica do gineceu conduz à formação de um ovário **ínfero**. Devido à inserção do perianto e estames acima do ovário, estas flores são designadas **epíginas**. Em uma expressão intermediária o ovário é **semi-ínfero**. Se o ovário é livre em um receptáculo floral côncavo, ele é **mediano** (**flor perígina**).

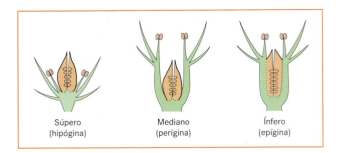

Figura 10-213 Posição do ovário nas flores de angiospermas. (Segundo Leins, 2000.)

Nas flores das angiospermas, a disposição verticilada (cíclica) dos órgãos florais é muito mais frequente. Neste caso, o número de verticilos por flor pode ser diferente. Especialmente comum (em eudicotiledôneas) são as flores **pentacíclicas** com cinco verticilos (dois verticilos no perianto, por exemplo, cálice e corola, dois verticilos de estames, um verticilo de carpelos, em geral não alternado) e, pela supressão de um verticilo de estames, flores **tetracíclicas**. Há também flores **di** ou **monocíclicas** com apenas um verticilo de órgãos.

A partir da disposição dos órgãos florais e seu desenvolvimento em flores prontas resultam diferentes possibilidades de **simetrias florais** (Figura 10-214). Flores com disposição helicoidal dos órgãos são **assimétricas** primárias. Em flores com distribuição verticilada dos órgãos distingue-se as flores **radial-simétricas** (polissimétricas, actinomórficas, radiais) com mais de dois planos de simetria das flores **dissimétricas** com dois planos de simetria e das **zigomórficas** (monossimétricas), com apenas um plano de simetria. Flores verticiladas também podem ser secundariamente assimétricas.

Sob observação cuidadosa das relações de simetria, o plano traçado ao longo do eixo de origem da flor, do eixo da flor e do forófilo é chamado plano mediano. Transversal a ele está o plano transversal e outros planos são oblíquos. A partir disso, pode-se distinguir flores, por exemplo, mediano, transversal ou oblíquo-zigomórficas.

A estrutura de flores pode ser melhor representada por meio de **diagramas florais** (Figura 10-214). Diagramas empíricos representam situações reais, diagramas teóricos contêm interpretações e demonstram, por exemplo, que determinados órgãos esperados não estão presentes. **Fórmulas florais** contêm informações sobre a simetria floral (☉ = helicoidal, * = radial, ↔ deitada ou † = dissimétrica, ↓ ou → ou ↙ = zigomórfica, ⚡ = verticilada-assimétrica), sobre os órgãos florais realmente existentes (P = perigônio, K = cálice, C = corola, A = androceu, G = gineceu), sobre o número de órgãos florais por verticilo (por exemplo, A5+5 = dois verticilos de estames com cinco estames cada; ∞ = número elevado e não fixo), modificações de órgãos isolados

Em flores verticiladas, os órgãos de um verticilo localizam-se em geral nos espaços entre os órgãos do verticilo anterior, e os órgãos de verticilos subsequentes alternam-se uns com os outros (**alternância**). Diferentemente disso, os órgãos de verticilos subsequentes podem estar sobre o mesmo raio, e são assim sobrepostos (**superposição**). Em uma flor de angiosperma com cinco verticilos de órgãos (perianto com cálice e corola, dois verticilos de estames, gineceu), os estames do verticilo externo, por exemplo, localizam-se por alternância em raios que se alternam com as pétalas e sobre as sépalas (**antessépalos**), e os estames do verticilo interno localizam-se em raios que se alternam com os estames externos (**antepétalos**). Essa alternância pode ser perturbada pela supressão de verticilos. Se isto acontecer, por exemplo, com o verticilo externo de dois verticilos de estames, o único verticilo de estames é antepétalo. Por perturbações na alternância no gineceu, os estames internos de uma flor com dois verticilos de estames podem se exteriorizar, devido à pressão exercida pelos carpelos antepétalos. Na flor pronta, o verticilo de estames aparentemente externo é antepétalo e o verticilo aparentemente interno é antessépalo. Esse fenômeno é denominado **obdiplostemonia**.

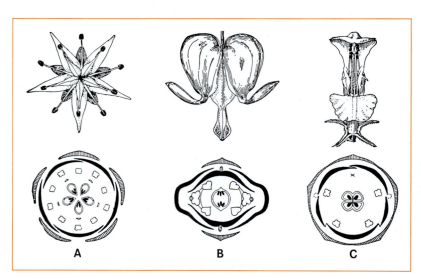

Figura 10-214 Simetria floral e diagrama florais.
A *Sedum sexangulare*: polissimétrico (radial).
B *Dicentra spectabilis*: dissimétrico. C *Lamium album*: monossimétrico (dorsiventral). (Em parte segundo A. W. Eichler assim como G. Hegi.)

(por exemplo, A3st = estaminódios, 3° ausente, 5$^\infty$ aumentado secundariamente), concrescimento de órgãos (números entre parênteses, por exemplo, C(5) = pétalas concrescidas), posição do ovário (por exemplo, G(5) = súpero, G-(5) = mediano, G(5̄) = ínfero), formação de falso septo no gineceu (por exemplo, G($\frac{1}{2}$) ou de intermediários entre duas expressões distintas (por exemplo */ ⊙ = radial-simétrico a espiralado). Alguns exemplos de fórmulas florais são:

Adonis: * / ⊙ K5 C6–10 A ∞ G ∞

Sedum: * K5 C5 A5 + 5 G 5

Dicentra: ↦ K2 C2 + 2 A2 + 2 ou (estames divididos e concrescidos) (½– 1 – ½) + (½– 1 – ½) G(2)

Lamium: ↓ K(5) [C(5) A1 ° :4] G($\frac{1}{2}$)

Iris: * P3 + 3 A3 + 3 ° G(3).

10.2.5 Inflorescências

As espermatófitas apresentam, em geral, várias a muitas flores reunidas em inflorescências (ver 4.2.5.3). A exata definição de inflorescência é controversa e deve ser entendida como um sistema de ramificações reprodutivas, cujo crescimento limitado não continua após a floração e frutificação e geralmente são eliminadas.

Em inflorescências, as folhas frequentemente não são expandidas como trofófilos normais, mas são brácteas mais ou menos inconspícuas (forófilos e prófilos) ou estão completamente ausentes. A expressão visual de flores pequenas isoladas pode ser ampliada por meio de sua aproximação em conjuntos densos, aumentada por flores marginais (por exemplo, *Iberis*) frequentemente estéreis (por exemplo, *Hydrangea*, *Viburnum opulus*) ou por brácteas coloridas (por exemplo, *Astrantia*, *Cornus suecica*). Assim, surgem pela divisão de trabalho das flores individuais e dos órgãos foliares e eixos acessórios, unidades biológicas funcionais análogas às **flores** isoladas e denominados **pseudântios**. Exemplos de pseudântios são os ciátios de *Euphorbia*, os capítulos das Dipsacaceae e Asteraceae ou as inflorescências-armadilhas de *Arum*. Além disso, partes florais (**merântios**) também podem representar unidades biológicas florais funcionais (por exemplo, *Iris*).

10.2.6 Polinização

Na **polinização**, os grãos de pólen são transportados para a micrópila dos rudimentos seminais de gimnospermas ou para o estigma dos carpelos das angiospermas.

Fundamentalmente, pode-se distinguir entre a autopolinização (**autogamia**), que é a polinização em um mesmo indivíduo, e a polinização cruzada (**alogamia**), que é a polinização que ocorre entre dois indivíduos diferentes. A alogamia é a única possibilidade de polinização se as estruturas reprodutivas masculinas e femininas se encontram em indivíduos diferentes (**dioicia**), como nas Cycadopsida, *Ginkgo*, muitas Coniferopsida e uma pequena porcentagem das angiospermas. Se as flores unissexuadas encontram-se na mesma planta (**monoicia**) ou pelo menos algumas flores são hermafroditas, a autogamia é, em princípio, possível. Os mecanismos mais importantes para o impedimento da autogamia e autofecundação*, que sob a perspectiva da evolução biológica são prejudiciais em muitas situações, são os mecanismos de **autoincompatibilidade**, **heteromorfia**, **dicogamia** e **hercogamia** (ver 9.1.3.1 e 9.1.3.2). Uma possibilidade extrema de autogamia é a **cleistogamia**, ou seja, a autopolinização e autofecundação já no botão floral (que não se abre). Por exemplo, em algumas espécies de *Viola* e em *Oxalis acetosella* um indivíduo produz tanto flores cleistógamas quanto flores que se abrem (**casmogamia**). Em *Lamium amplexicaule* são encontradas flores cleistógamas principalmente no início e no final da estação de crescimento.

Os principais vetores de polinização são o vento, a água e diversos animais.

A polinização pelo vento (**anemofilia**) pressupõe que uma quantidade suficiente de pólen seja produzida e dispersada, que os grãos de pólen sejam distribuídos pelo vento rápida e homogeneamente e sejam capazes de flutuar o maior tempo possível e que os estigmas sejam livres e grandes, de modo que a polinização ocorra com frequência suficiente. Flores polinizadas pelo vento são em geral visualmente inconspícuas e desprovidas de perfume e néctar, com frequência unissexuais. As flores masculinas (ou estames) são maioria em comparação com as flores femininas (ou rudimentos seminais); os grãos de pólen são mais ou menos lisos na superfície e pulverulentos como consequência da ausência ou da dessecação precoce do *polenkitt*.

Devido a essas condições, estabeleceu-se um complexo de caracteres (síndrome) em espécies anemófilas. Os grãos de pólen individualizam-se facilmente e são muito pequenos ou têm grande capacidade de flutuação por causa dos sacos aéreos (algumas Coniferopsida). Uma produção em massa pode ocorrer pelo aumento do tamanho das anteras e/ou multiplicação das flores masculinas ou dos estames. Em *Corylus*, por exemplo, existem 2,5 milhões de grãos de pólen para cada rudimento seminal. A liberação do pólen é facilitada pela capacidade de movimento dos filetes (por exemplo, em Poaceae; Figura 10-255), pedicelo (por exemplo, cânhamo: *Cannabis*, Figura 10-285) ou dos eixos das inflorescências (por exemplo, os amentilhos da avelã: *Corylus*, do amieiro: *Alnus*, do carvalho: *Quercus*; Figuras 10-289 e 10-290). Frequentemente, o pólen é depositado sobre partes da flor ou inflorescência e só então levado pelo vento. As flores masculinas de *Urtica* (Figuras 7-34) e *Pilea* liberam seu pólen explosivamente com a ajuda

---

* N. de T. A verdadeira autofecundação nunca ocorre entre as espermatófitas, cujos gametófitos são unissexuais, já que são plantas heterospóricas. No entanto, a autopolinização poderia permitir a fecundação entre gametófitos irmãos, com efeitos biológico-evolutivos quase tão prejudiciais quanto uma verdadeira autofecundação, só possível em gametófitos hermafroditas, como os das samambaias, alguns musgos e outros organismos isospóricos.

de filetes tensionados elasticamente. A duração da permanência do pólen no ar e a distância por ele percorrida dependem muito da altura das flores masculinas sobre o solo, assim como da estrutura da vegetação. Os estiletes e estigmas das flores de angiospermas anemófilas são geralmente bastante ampliados, para aumentar a probabilidade da polinização. O número de rudimentos seminais no ovário é geralmente muito reduzido e as flores estão localizadas em posições expostas. O perianto que, em geral, só serve para impedir a polinização, é reduzido ou ausente. Finalmente, a polinização é facilitada pela floração precoce, em climas temperados muitas vezes antes da expansão das folhas (por exemplo, amieiro, aveleira, olmo, choupo e freixo).

A polinização pela água (**hidrofilia**), que vem a ser o transporte do pólen ou das flores masculinas pela água, é encontrada em poucas angiospermas. Existe a distinção entre entre transportes acima, sobre ou sob a superfície da água.

Em flores eretas, a chuva pode promover a autopolinização, provavelmente em raros casos a polinização cruzada. Mas também em plantas aquáticas a hidrofilia não é muito comum. Em geral, as flores emergem sobre a superfície da água e são polinizadas por animais ou pelo vento (por exemplo, *Potamogeton*; Figura 10-243). Em *Vallisneria* (Figura 10-243) e *Elodea*, flores masculinas destacadas da planta chegam aos estigmas, localizados temporariamente na superfície da água e em *Callitriche* o pólen é flutuante. Sob a água e através dela é transportado o pólen de, por exemplo, *Ceratophyllum*, *Najas* e *Zostera* (Figura 10-243). Este último gênero tem grãos de pólen filamentosos, com até mais de 0,5 mm de comprimento, sem exina. Em muitas espécies polinizadas pela água, é reconhecível um certo paralelismo com a anemofilia na estrutura dos caracteres florais.

A enorme diversidade de flores de angiospermas só pode ser compreendida em conexão com a polinização por animais (**zoofilia**). A zoofilia só pode funcionar se um polinizador perceber as flores e as visitar regularmente e por tempo suficiente. Além disso, as flores devem ser construídas de modo que o polinizador toque o pólen e o estigma, e transporte o pólen. Para chamar a atenção de um potencial polinizador, a flor possui **atrativos** (do inglês *advertisement*) e a regularidade do visitante é geralmente atingida por meio de **recompensa** (do inglês *reward*).

Os atrativos das flores são principalmente de natureza óptica e química: cor e aroma. As **cores florais** são obtidas principalmente por meio dos pigmentos dissolvidos nos vacúolos (antocianinas: azul, violeta, vermelho; antoxantinas: amarelas, brancas, UV; betalaínas: vermelho-violeta, amarelo; chalconas e auronas: amarelo, UV) ou em plastídios (carotenoides: carotenos laranja, xantofilas amarelas). Essas cores podem ser modificadas por vários fatores: a posição relativa das camadas de células portadoras dos pigmentos no órgão, a sobreposição de camadas de cores diferentes, a frequência e o tamanho dos espaços intercelulares e a estrutura da superfície da epiderme. Por exemplo, enquanto células epidérmicas lisas resultam em superfícies brilhantes células epidérmicas papilosas originam superfícies aveludadas. A cor branca da flor surge pela reflexão total da luz, principalmente pelos espaços intercelulares.

A cor pode se modificar durante o envelhecimento das flores. Por exemplo, manchas coloridas mudam de amarelo para vermelho após a polinização das flores de *Aesculus*. Isso foi interpretado como uma sinalização pelo vermelho, menos chamativo, para que o potencial polinizador seja desestimulado a uma visita "inútil" de uma flor já polinizada.

A compreensão do efeito óptico de flores pressupõe conhecimento da biologia dos sentidos dos polinizadores. O vermelho puro não é visto com nitidez por abelhas e zangões, que, por sua vez, veem o ultravioleta de 310-400 nm, não perceptível aos humanos. Das demais cores de flores, abelhas e zangões percebem apenas um grupo de amarelos de 520-650 nm, um grupo de azuis-violetas (com púrpura) de 400-480 nm e o branco, percebido como verde-azulado. A percepção óptica de aves é semelhante à dos seres humanos. Para elas, principalmente o vermelho é muito chamativo. Experimentos de adestramento com insetos polinizadores demonstraram que também diferentes graus de saturação e brilho, contrastes simultâneos de brilho e cor e a forma das partes florais podem ser codeterminantes na eficiência da atração óptica. Com isso, também pode ser comprovado o significado dos desenhos florais e das manchas coloridas, há muito tempo considerados guias de néctar, como as protuberâncias amarelo-alaranjadas nas flores amarelo-cítricas de *Linaria vulgaris*. Muitas vezes, admite-se que guias de néctar imitam anteras ou pólen. Frequentemente, guias de néctar são reconhecíveis também para insetos sensíveis a UV (por exemplo nas tépalas do perigônio de *Caltha palustris*, que parecem ser homogeneamente amarelas para nós).

O **aroma floral** surge por diferentes substâncias. Os aromas em geral percebidos como agradáveis por seres humanos são devidos principalmente a terpenos e benzeois, mas também a alcoois simples, cetonas, ésteres, ácidos orgânicos, fenilpropanos e muitas outras substâncias. Alguns desses compostos podem, em *Ophrys*, por exemplo, imitar feromônios de fêmeas de insetos e assim atrair machos para tentativas de copulação. Aromas desagradáveis de muitas flores ou inflorescências polinizadas por moscas de carniça ou de fezes, por exemplo, são devidos a aminas, amoníaco ou indois, entre outros.

Aromas podem ser formados por todos os órgãos florais em princípio e são muito mais irregularmente distribuídos que as cores. Em consequência disso, a aproximação de polinizadores como reação ao aroma é em geral mais irregular e incerta do que com atrativos ópticos. Muitas flores possuem supostos "guias de aroma" semelhantes e em parte nas mesmas posições das guias de néctar. Exemplos disso são as peças acessórias do perigônio de *Narcissus* (Figura 10-251) e as escamas na base da "placa" das pétalas de algumas espécies de *Silene* (Figura 10-264).

Polinizadores podem ser recompensados por diferentes meios. Neste caso, pólen e néctar são de fundamental importância como alimento para o polinizador. Em **flores de pólen**, o pólen rico em proteínas, lipídeos, carboidratos e vitaminas é produzido em abundância. Flores de pólen, comumente abertas a insetos primitivos com aparelhos bucais mastigadores, são encontradas em muitos representantes das ordens basais (por exemplo, Winteraceae, *Victoria*) e Ranunculales (*Anemone*), mas também em táxons com androceu secundariamente multiplicado (por exemplo, *Papaver*, *Rosa*). Determinadas flores de pólen têm muitas vezes poucos estames e anteras poricidas (por exemplo, *Solanum dulcamara*), das quais o pólen é retirado, por exemplo, por vibração do inseto visitante (do inglês *buzz pollination*).

O néctar das flores de néctar é basicamente uma solução aquosa de açúcares (sacarose, frutose, glicose), mas também costuma conter aminoácidos. A oferta de néctar é menos dispendiosa para a planta do que a oferta de pólen, rico em nitrogênio e fósforo. O néctar pode ser produzido por diferentes partes da flor e está acessível para o animal polinizador com maior ou menor facilidade. Pode estar aberto – por exemplo, no receptáculo floral, como em muitas Rosaceae –, mas também pode estar armazenado no fundo de uma corola tubulosa ou em esporas florais (por exemplo, *Viola*, *Linaria*, *Corydalis*), acessível apenas a determinados animais com peças bucais longas.

As **flores de óleo** de muitas angiospermas (por exemplo, *Lysimachia*; *Calceolaria*; muitas Malpighiaceae) oferecem óleo em glândulas especiais como alimento aos polinizadores e eventualmente como material estrutural. Resinas, como material para a construção de ninhos, são produzidas, por exemplo, por *Dalechampia* (Euphorbiaceae) e *Clusia* (Clusiaceae) (**flores de resina**). Em **flores de perfume** (por exemplo, *Stanhopea*: Orchidaceae; *Gloxinia*: Gesneriaceae) machos de abelhas euglossíneas recolhem substâncias aromáticas produzidas pelas flores, que imitam os feromônios dos polinizadores e os utilizam, possivelmente, com objetivos reprodutivos.

As flores podem também utilizar-se de diversas formas dos instintos reprodutivos dos animais. As inflorescências de *Ficus* e as flores de *Zamia* (Cycadopsida), *Yucca* ou *Siparuna* servem de **incubadora** para os insetos polinizadores.

Nas inflorescências côncavas de *Ficus carica*, presentes todo o ano, encontram-se três flores em diferentes combinações (Figura 10-215). Junto à flor estaminada há ainda flores carpeladas com estiletes curto e longo. Enquanto as flores com estilete longo formam sementes, as flores com estilete curto servem de local para deposição de ovos e desenvolvimento de larvas da vespa-do-figo (*Blastophaga psenes*). A sequência da ântese das flores durante o ano e na inflorescência assegura, por um lado, que polinização e fecundação ocorram e, por outro lado, que as vespas-do-figo se reproduzam.

No gênero *Ophrys* (Orchidaceae), por meio da forma, aroma e pilosidade, o labelo da flor imita as fêmeas de determinadas abelhas e vespas e provocam tentativas de copulação dos machos, que podem levar à polinização. Foi possível demonstrar que, em uma espécie, o aroma das flores imita os feromônios da espécie correspondente de inseto. Como os polinizadores não são recompensados, trata-se, neste caso, de uma **flor mimética**.

A construção (forma) de uma flor precisa assegurar que o polinizador tenha uma estrutura corporal capaz de entrar em contato com o pólen e com o estigma. Para isso, o pólen pode também ser levado ao polinizador através de determinados mecanismos de alavanca, cola, grampos ou ejeção.

As flores protândricas de *Salvia pratensis* tornaram-se conhecidas pelo seu mecanismo de alavanca (Figura 10-215), descrito em 1793 por C.K. Sprengel. Elas possuem apenas dois estames. Cada um porta um longo conectivo expandido em uma alavanca apoiada no lábio superior da flor, ligado por uma articulação ao filete curto. Apenas no braço anterior, longo, da alavanca, existe uma teca fértil. A outra teca, estéril, forma o braço posterior, curto, ligado em uma placa com a parte correspondente do segundo estame, cobrindo o acesso ao néctar localizado no fundo do tubo da corola. Quando um zangão pressiona essa placa, as projeções terminais longas da alavanca são abaixadas e suas tecas com o pólen são comprimidas contra o dorso do animal. Na mesma posição atingida pelas tecas encontra-se, em flores mais velhas, o estigma, que pode, então, ser polinizado.

Exemplos de um mecanismo de polinização especialmente complexo são as inflorescências de "armadilhas de deslize" de diversas espécies de *Arum* (Figura 10-215). Flores carpeladas e flores estaminadas encontram-se reunidas em uma inflorescência protogínica na base de uma grossa espádice, envolvida por uma bráctea clara (espata), alargada na parte inferior e formando um tubo com uma constrição no meio e uma lâmina com abertura superior ampla. No tubo, as flores carpeladas estão bem embaixo, acima delas as flores masculinas e acima das estaminadas, muitas vezes, estão ainda "flores obstrutivas" estéreis formando cerdas espessas. Exteriormente ao tubo, a espádice se engrossa, formando uma estrutura que, em *A. nigrum*, por exemplo, já na manhã seguinte, após a abertura da espata, desenvolve um odor de fezes. A liberação de substâncias aromáticas é promovida pela produção de calor na inflorescência e por aberturas do sistema de espaços intercelulares para o exterior. Várias moscas e besouros, em parte já carregados com pólen de outras inflorescências, são atraídos pelo aroma. Se esses insetos tentam pousar na superfície interna da espata ou prender-se à lâmina, escorregam facilmente sobre a epiderme lisa coberta de óleo e caem no tubo. No primeiro momento é impossível sair, pois flores estéreis estreitam ainda mais a constrição da espata sobre o tubo e a parte superior deste é igualmente lisa. Assim, as flores carpeladas são polinizadas pelo pólen trazido. Durante a noite seguinte, as flores estaminadas acima liberam seu pólen sobre os insetos. Ao mesmo tempo, cessa a produção de odor. Finalmente, a saída do tubo é liberada pelo fenecimento das flores obstrutivas, de modo que os insetos carregados de pólen podem sair da armadilha durante o dia seguinte e procurar uma nova inflorescência. Também as flores de diversas *Aristolochia* são armadilhas de deslize.

O polinizador recolhe pólen não apenas das anteras. Na **apresentação secundária de pólen**, muitos outros órgãos florais podem receber o pólen das anteras e oferecê-lo ao polinizador.

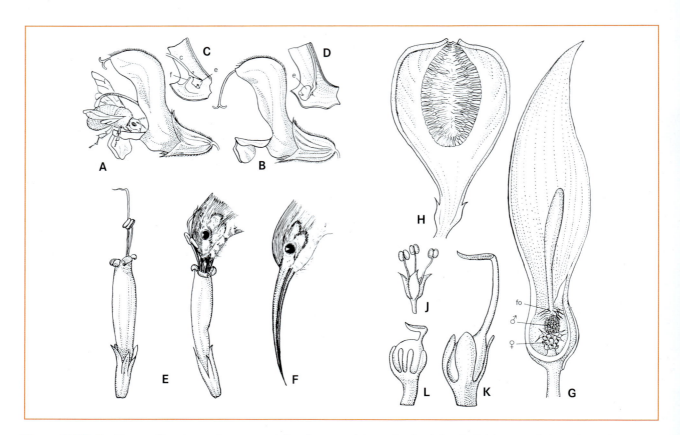

Figura 10-215 Zoofilia em diferentes angiospermas. **A** Zangão como visitante floral e **B** flor de *Salvia pratensis* (azul-violeta, levemente aumentada). **C, D** Mecanismo de alavanca em *Salvia pratensis*. Cada um dos dois estames possui um conectivo prolongado em uma longa alavanca, ligado a um filete curto por uma articulação. Apenas no braço anterior, mais longo, encontra-se uma teca fértil. A outra teca, estéril, forma o braço curto, ligado em uma placa com a parte correspondente do segundo estame. **E, F** A ave *Arachnothera longirostris*, como polinizadora de *Sanchezia nobilis* (Acanthaceae, flores amarelas, brácteas purpúreas, cerca de 0,75x). **G** Inflorescência (armadilha de deslize) aberta de *Arum maculatum* com espata verde-clara e flores estaminadas e carpeladas inconspícuas e flores obstrutivas em estágio carpelar de desenvolvimento (0,67x). **H** Inflorescência de *Ficus carica* em corte longitudinal (levemente aumentada) com **J** flores estaminadas férteis e flores carpeladas férteis com estilete longo, assim como **L** flores carpeladas de estigma curto (aumentadas). – f, filete; fo, flores obstrutivas; c, conetivo; e, teca estéril.

Um exemplo são as Asteraceae protândricas (Quadro 10-12), nas quais o pólen é esvaziado no tubo formado pelas anteras conatas e elevado pelo estigma que se alonga. O polinizador, então, obtém o pólen do ápice do estilete.

Para a aderência do pólen à superfície do polinizador servem principalmente o *polenkitt* e os filamentos de viscina, mas em parte com certeza também a superfície da exina, provida de, por exemplo, espinhos e estruturas semelhantes.

Dada a estreita relação do polinizador com a forma das flores, é possível distinguir diferentes **tipos florais**. Esses tipos podem envolver partes de flores, flores ou inflorescências. Em **flores discoides planas** e **flores com forma de tigela** (por exemplo, *Anemone*: flor isolada, *Matricaria*: inflorescência), o acesso ao meio da flor e à recompensa oferecida é mais ou menos ilimitado. Esse acesso se estreita progressivamente em **flores urceoladas campanuladas** e (por exemplo, *Hyoscyamus*, *Crocus*) e **flores tubulosas** e **hipocrateriformes** (por exemplo, *Silene*, *Nicotiana*). Em **flores calcaradas**, o néctar está escondido em um calcar (por exemplo, *Linaria*, *Viola*) e em **flores-revólver**, há vários acessos para os reservatórios de néctar (por exemplo, *Gentiana acaul*). **Flores liguladas**, **digitaliformes**, **personadas** e **labiadas** são zigomórficas. Em flores liguladas (por exemplo, *Pisum*, *Polygala*), o lado abaxial é muito aumentado; nas flores digitaliformes (por exemplo, *Digitalis*), o polinizador rasteja para dentro do tubo da flor; nas flores personadas (por exemplo, *Antirrhinium*), esse tubo é fechado por uma projeção da parte abaxial da corola que o polinizador precisa ultrapassar; nas flores labiadas, (por exemplo, *Lamium*), o lábio inferior da corola serve de local de pouso para o polinizador. Em **flores do tipo pincel** (flor-escova), em geral inúmeros estames ultrapassam os limites da corola (*Syzygium*, *Acacia* e *Salix*: inflorescências) e, finalmente, **flores-armadilha** prendem insetos temporariamente (por exemplo, *Asclepias*: armadilha de aperto; *Arum*: armadilha de deslize).

Essa classificação pode ser mais detalhada e muitas flores apresentam elementos de diferentes tipos. Por isso, a classificação de uma flor em um dos tipos nem sempre é possível.

Com sua estrutura corporal, suas peças bucais, seu comportamento e suas necessidades nutricionais, muitos animais apresentam exigências específicas em relação às flores que visitam. As flores, por sua vez, também foram seletivamente modificadas, especialmente nas angiopermas. Assim, é possível distinguir diferentes **estilos de flores** por meio de determinados complexos de caracteres (síndromes).

A certeza de que os estilos de flores são o resultado de seleção pelos polinizadores resulta da análise experimental da grande capacidade de distinção da maioria dos visitantes florais e do fato de que tipos de estilo funcionalmente muito semelhantes surgiram a partir de flores individuais (euântios), partes de flores (merântios), ou inflorescências (pseudântios). Muitas vezes, previsões sobre o polinizador baseadas no estilo de flor puderam ser mais tarde confirmadas por observações. Na análise da influência seletiva da estrutura floral pelos visitantes florais é preciso considerar que a maioria das flores é polinizada por um grande número de espécies diferentes de polinizadores e são, com isso, **polifílicas**. Para ter uma influência seletiva sobre o estilo de flor, essas diferentes espécies de polinizadores precisam pertencer a um grupo funcional. A especialização progressiva levou ao surgimento de flores **oligofílicas** ou **monofílicas**, com poucos ou apenas um polinizador. Com a premissa de influência seletiva mútua, pode-se falar de **coevolução** entre planta e animal.

Entre as **flores de insetos** (entomófilas), as **flores de besouros** (**cantarófilas**) são as mais facilmente acessíveis, constituindo-se de flores discoides ou côncavas, de cor branca, amarelada, amarronzada ou vermelha sem trilhas de néctar, em geral com forte odor frutado e muito pólen. Isso está relacionado ao comportamento dos besouros, insetos florais relativamente pouco especializados com aparelho bucal mastigador, que muitas vezes destroem os órgãos florais. Flores cantarófilas são encontradas em muitos representantes das ordens basais, mas também em flores ou inflorescências discoides de táxons derivados (por exemplo, *Cornus*, *Viburnum*: pseudântios). **Flores de moscas** (**miofílicas**) são heterogêneas. Entre elas, estão flores discoides pequenas, mais ou menos desprovidas de odor com néctar facilmente acessível (por exemplo, Apiaceae, *Ruta*), por outro lado, também flores de moscas-varejeiras (**sapromiofílicas**) que, especialmente com cores e manchas verde-púrpura e odor de carniça (ou também de limão, por exemplo) imitam as fontes de alimento e os locais de acasalamento. Em geral, as flores sapromiofílicas são miméticas e/ou armadilhas e usam o polinizador (por exemplo, *Aristolochia*: flor; *Arum*: inflorescência). Especialmente diversas e frequentes são **flores de abelhas** (**melitófilas**). Seu estilo é muitas vezes marcado por flores zigomorfas liguladas, digitaliformes e labiadas com campo de pouso (mas também flores campanuladas, hipocrateriformes e pincel), geralmente amarelas, violeta ou azuis, com odor agradável, trilhas de néctar e grande quantidade de néctar escondido (por exemplo, *Salvia*). Na maioria das vezes, também é oferecido pólen ao polinizador. **Flores de borboleta** (**psicófilas**) caracterizam-se principalmente pela posição ereta, estrutura tubulosa estreita, frequentemente cor rosa-intenso ou vermelha (às vezes azul ou violeta) e néctar profundamente escondido, assim como aromas doces, mas não muito fortes (por exemplo, *Dianthus carthusianorum*, *Nicotiana tabacum*). Ao contrário das flores diurnas de psicófilas, as **flores de mariposa** e **de traça** (**esfingófilas** e **falenófilas**) só abrem à noite. Nesse grupo incluem-se flores horizontais ou pendentes, tubulosas estreitas com cores claras e néctar profundamente escondido (por exemplo, *Oenothera*, *Silene*) e às vezes também com aroma forte (*Lonicera periclymenum*). Digna de nota é a orquídea *Angraecum sesquipedale*, de Madagascar, com um esporão de até 43 cm de comprimento. Darwin previu uma mariposa como polinizador para essa espécie de orquídea e depois realmente observou o fato. A isso se deve o nome da mariposa (*Xanthopan morgani praedicta*).

Os tipos de flores citados são exemplos e em si tão heterogêneos quanto os citados grupos de polinizadores (por exemplo, moscas e abelhas). Entre os insetos, também ortópteros, hemípteros, tisanópteros e representantes de outros táxons podem ser polinizadores.

As **flores de pássaros** (**ornitófilas**) destacam-se claramente das flores entomófilas. Campos de pouso estão em geral ausentes nas flores diurnas, já que os pássaros, muito mais pesados, precisam fazer a visitação em voo (colibris) ou a partir de um lugar de pouso mais firme fora da flor. Frequentemente são flores grandes, campanuladas, tubulosas ou tipo escova; as cores e contrastes são geralmente vermelho-vivo, ao lado de azul, amarelo ou verde ("cores de papagaio"). Os aromas inexistem devido ao olfato pouco desenvolvido dos pássaros polinizadores; para compensar, há néctar fino e líquido em grande quantidade, em geral armazenado profundamente, que é retirado por línguas tipo tubular ou pincel. O pólen é aderido no bico, porém com mais frequência em outras partes da cabeça e raramente nas patas (Figura 10-215). Flores ornitófilas são encontradas em quase todas as famílias com flores zoófilas dos trópicos (por exemplo, *Erythrina*, *Fuchsia*, *Hibiscus tiliaceus*, *Tropaelum majus*, *Salvia splendens*, *Aloe*, assim como em táxons cultivados na Europa Central). Aves polinizadoras importantes são os colibris nos neotrópicos e pássaros de néctar e mel nos paleotrópicos. Em ambas regiões, porém, pássaros de inúmeras outras famílias são ativos como polinizadores.

Flores de morcegos (quiropterófilas) estão limitadas aos trópicos e são especialmente visitadas por morcegos de língua longa do Velho e do Novo Mundo. Seu estilo é caracterizado por flores de posição exposta, robustas, em geral com estrutura côncava, tubulosa larga ou de escova, ântese noturna, brancas ou de cor creme, ocre-amarelado, verde-sujo ou lilás-sujo, aroma forte frutado ou de fermentação e muito néctar e pólen (por exemplo, *Carnegiea*, espécies de *Adansonia*, *Cobaea*, *Musa* e *Agave*).

Outros pequenos mamíferos, como roedores e, principalmente, marsupiais podem também ser polinizadores.

Entre as gimnospermas hoje viventes, encontra-se na maioria dos grupos, juntamente com a anemofilia, também eventualmente a polinização entomófila por besouros (*Zamia furfuracea*: Cycadopsida) ou mariposas (*Gnetum gnemon*). As primeiras angiospermas eram possivelmente polinizadas por besouros, mariposas, vespas e moscas de rostro curto. Polinizadores como muitos lepidópteros (borboletas, mariposas), pássaros, morcegos e abelhas altamente desenvolvidas surgiram apenas mais tarde no Carbonífero ou no Terciário ou se diversificaram juntamente com as angiospermas por eles polinizadas.

10.2.7 Fecundação

Depois que o pólen chegou à câmara de polinização na parte superior do nucelo (Cycadopsida, *Ginkgo*), à micrópila (Coniferopsida incluindo Gnetales) ou ao estigma (angiospermas) por meio da polinização, inicia-se o processo de fecundação, com a germinação do grão de pólen. Polinização e fecundação podem ser separados temporalmente por até vários meses, especialmente em alguns grupos de gimnospermas. Na germinação, o tubo polínico cresce através de uma abertura de germinação da parede do grão de pólen.

Nos grupos de espermatófitas com espermatozoides (Cycadopsida, *Ginkgo*), a função do tubo polínico consiste essencialmente em ancorar o gametófito masculino através da penetração do nucelo e, como haustório, assimilar nutrientes (Figura 10-204). Por outro lado, o tubo polínico cresce em direção aos arquegônios também através da dissolução do nucelo entre a câmara polínica e a câmara arquegonial. Os espermatozoides são liberados na câmara arquegonial cheia de líquido acima dos arquegônios e nadam até eles. Após a entrada nos arquegônios, ocorre finalmente a fecundação com a fusão das células (**plasmogamia**) e dos núcleos (**cariogamia**). A fecundação por espermatozoides nas Cycadopsida e *Ginkgo* é denominada **zoidiogamia**.

Na fecundação pelo tubo polínico sem espermatozoides móveis (**sifonogamia**; Coniferopsida incluindo Gnetales, angiospermas), o tubo polínico precisa transportar as células espermáticas até as oosferas (Figuras 10-226 e 10-212). O nucelo precisa também ser atravessado por dissolução local.

Welwitschia (Gnetopsida) apresenta um comportamento bastante incomum, em que não apenas o tubo polínico cresce em direção ao gametófito feminino, mas também este cresce, com estruturas tubulosas, em direção ao tubo polínico.

Nas angiospermas, após chegar ao estigma, o tubo polínico precisa atravessar tecidos do carpelo como o estilete, por exemplo, para atingir os rudimentos seminais. Esse crescimento se processa no canal de transmissão do tubo polínico. Neste caso, o crescimento do tubo polínico pode ocorrer em secreções da superfície desse canal ou em paredes celulares de sua epiderme ou também em camadas celulares mais profundas. Em gineceus sincárpicos é possível que os tubos polínicos germinados, por exemplo, sobre apenas um dos estigmas sejam divididos entre todos os carpelos na área do canal de transmissão do tubo polínico comum a todos os carpelos, o cômpito. O caminho dos tubos polínicos da placenta à micrópila é facilitado pela posição frequentemente anátropa ou campilótropa dos rudimentos seminais ou por projeções de tecido de diferentes origens entre a placenta e a micrópila (obturador).

No tubo polínico das angiospermas encontram-se, sempre na região apical, o plasma com as duas células espermáticas e o núcleo do tubo polínico, pois as partes mais velhas são esvaziadas e frequentemente isoladas por enxertos de calose. O crescimento do tubo polínico pode atingir uma velocidade de 1-3 mm por hora, mas também pode ser muito mais lento, de modo que a fecundação ocorra apenas semanas ou meses (por exemplo, em Orchidaceae) depois da polinização. Esse adiamento está relacionado a um desenvolvimento tardio dos rudimentos seminais.

Nas Coniferopsida, inclusive *Welwitschia*, apenas uma das duas células espermáticas chega à fecundação. **Dupla fecundação** ocorre, por outro lado, em *Ephedra*, *Gnetum* e nas angiospermas.

Tendo atingido o aparelho oosférico do gametófito feminino (Figura 10-212), o tubo polínico das angiospermas esvazia seu conteúdo em uma das duas sinérgides, destruída nesse processo. Enquanto o núcleo do tubo polínico é destruído, as duas células espermáticas ou seus núcleos migram provavelmente por movimentos ameboides. Da fusão de um núcleo espermático com a oosfera origina-se o zigoto. O outro núcleo espermático penetra na célula central do saco embrionário e normalmente fusiona-se com o núcleo secundário do saco embrionário ou com os dois núcleos polares. Desse processo resulta o **núcleo do endosperma** triploide, o ponto de partida para o tecido de nutrição típico das sementes de angiospermas, o endosperma triploide. A rara fusão do segundo núcleo espermático com apenas um núcleo haploide em um saco embrionário tetranucleado leva à formação de um endosperma diploide. Como um endosperma diploide é encontrado em alguns grupos parciais das ordens basais (Nymphaeaceae, *Illicium, Schisandra*), não está claro se o endosperma das angiospermas era originalmente diploide ou triploide. O endosperma está ausente, por exemplo, nas orquídeas, e nas Onagraceae o endosperma é diploide devido à existência de um único núcleo polar.

Em *Ephedra*, são originados dois zigotos por meio da fusão de uma célula espermática com a oosfera e da outra célula espermática com o núcleo do canal ventral do arquegônio. Em *Gnetum*, os dois zigotos são formados pela fusão de duas células espermáticas com duas células do gametófito feminino, em geral apenas um dos dois zigotos se desenvolve.

10.2.8 Sementes

Após a fecundação, o rudimento seminal se desenvolve, tornando-se uma semente, que consiste geralmente em casca, tecido de nutrição e embrião. A **casca da semente** (**testa**) é formada da superfície da semente com a participação dos tegumentos e pode ter estruturas muito diversas. Em sementes maduras, pode-se geralmente reconhecer externamente o local de rompimento do funículo, o **hilo**, e em sementes originadas de rudimentos seminais anátropos ou campilótropos pode-se reconhecer a parte que contém o feixe vascular, a **rafe** (Figuras 10-216).

Nas Cycadopsida e *Ginkgo*, as partes externas da casca da semente desenvolvem uma **sarcotesta** carnosa e com frequência intensamente colorida, e as partes internas em uma **esclerotesta** rígida. A casca da semente das Coniferopsida, exceto Gnetales, é dura; nas Gnetales, a casca é muito delgada e na maturação a estrutura celular é quase irreconhecível. Nas angiospermas com dois tegumentos, os dois ou apenas um deles participa da formação da casca. Nos dois casos, existe a possibilidade da diferenciação da casca em sarcotesta carnosa e esclerotesta rígida (por exemplo, Magnoliaceae, Paeoniaceae, *Punica granatum*). Se os dois tegumentos estão envolvidos, o limite entre sarcotesta e esclerotesta não precisa coincidir com o limite dos dois tegumentos.

A casca da semente pode variar muito além da diferenciação em sarcotesta e esclerotesta, especialmente nas angiospermas. Por exemplo, podem existir apenas algumas partes carnosas em uma casca quase totalmente rígida. Se essas partes são originadas da transição entre o funículo e o tegumento, tem-se um **arilo**, que envolve a semente quase completamente (por exemplo, *Euonymus*) ou é fendido (por exemplo, *Myristica*; Figura 10-238) ou ainda é estruturado como um saco de flutuação cheio de ar (por exemplo, *Nymphaea*; Figura 10-217). Se a casca da semente é carnosa na área da micrópila, fala-se em **carúncula** (Figura 10-216), se ela é carnosa na área da rafe, fala-se em **estrofíolo**. Esses anexos são **elaiossomos** (Figura 10-217) ricos em gorduras, proteínas ou açúcares, importantes para a dispersão das sementes por formigas (por exemplo, *Corydalis, Chelidonium*). Muitas vezes, a casca da semente se torna mucilaginosa (por exemplo, diversas Brassicaceae, *Linum*, Tomate, *Plantago*), constituindo uma mixotesta. De uma testa seca podem também se desenvolver pelos (por exemplo, *Epilobium*, algodão) ou prolongamentos alados (por exemplo, *Zanonia*) (Figura 10-217). Em frutos indeiscentes, nos quais a função de proteção da casca da semente é assumida pela parede do fruto (por exemplo, Apiaceae, Asteraceae, Poaceae), a casca é frequentemente muito delgada.

O tamanho das sementes varia consideravelmente. As sementes das nozes-de-Seycheles (*Lodoicea*: Arecaceae) pesam vários quilogramas, enquanto as sementes minúsculas, por exemplo, das Orchidaceae, pesam apenas alguns milésimos de miligramas. Tamanho, forma e superfície das sementes só podem ser compreendidos em relação com a dispersão, germinação e estabelecimento de plântulas.

O tecido de nutrição das sementes é geralmente um endosperma. Nas gimnospermas, o **endosperma primário** é o tecido haploide do extenso gametófito feminino. O tecido do nucelo na semente madura é reconhecível apenas bastante comprimido. Nas angiospermas forma-se o

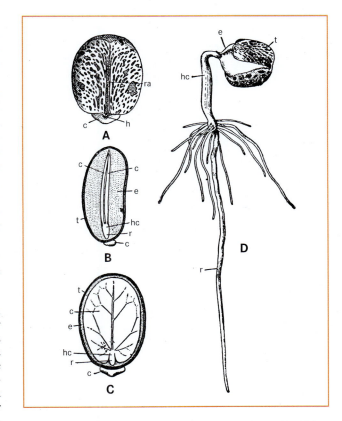

Figura 10-216 Semente e germinação (*Ricinus communis*). **A** Vista ventral. **B** Corte longitudinal mediano, **C** corte longitudinal transversal da semente (A-C 2x), **D** plântula (1x). – c, carúncula (elaiossomo); e, endosperma; h, hilo; hc, hipocótilo; c, cotilédone; r, radícula; ra, rafe; t, testa. (Segundo W. Troll.)

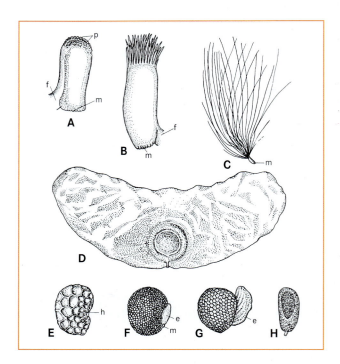

Figura 10-217 Sementes e seu desenvolvimento. **A, B** Rudimentos seminais em diferentes idades (70x). **C** Semente madura (9x) de *Epilobium angustifolium*. Semente de **D** *Zanonia javanica* (Cucurbitaceae, alada, 0,5x), **E** *Papaver rhoeas*, **F** *Pseudofumaria alba* e **G** *Chelidonium majus* com elaiossomos, assim como **H** *Nymphaea alba* com arilo em forma de saco (aumentado). – e, elaiossomo; f, funículo; h, hilo; m, micrópila; p, inserção dos tricomas da semente. (A-C segundo K. v. Goebel; D segundo F. Firbas; E-H segundo P.E. Duchartre.)

endosperma secundário, em geral pela fecundação do núcleo secundário do saco embrionário por uma das células espermáticas, e é então triploide. Mais raramente, forma-se um endosperma secundário diploide pela fecundação de apenas um núcleo haploide em sacos embrionários tetranucleados (ver Fecundação). O nucelo é quase ou completamente irreconhecível.

A formação do endosperma secundário das angiospermas é em geral **nuclear**. Por divisões nucleares livres podem se originar mais de 2.000 núcleos, que permanecem inicialmente no revestimento de plasma parietal do saco embrionário aumentado (Figura 10-218).

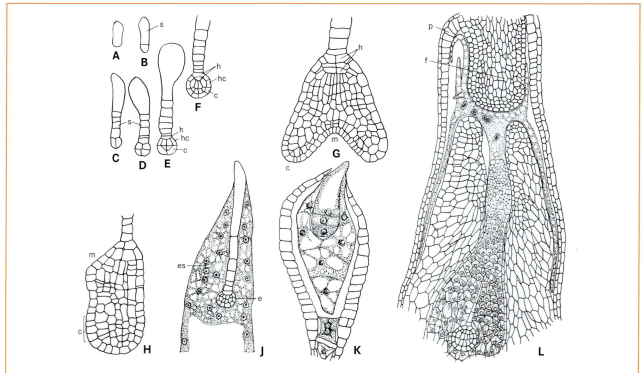

Figura 10-218 Desenvolvimento do embrião e endosperma secundário nas angiospermas. **A-G** *Capsella bursa-pastoris*, **A** zigoto, **B-F** desenvolvimento do suspensor e embriões jovens com hipófise e primórdios do hipocótilo e do cotilédone. **G** Embrião com hipófise, primórdios dos cotilédones e meristema apical do caule. **H** *Alisma plantago-aquatica*: embrião com hipófise, primórdios dos cotilédones e meristema apical do caule (cerca de 200x). **J, K** Embrião jovem com suspensor em endosperma nuclear e celular (*Lepidium* sp. e *Ageratum mexicanum*). **L** Corte longitudinal de uma semente jovem de *Globularia cordifolia*. Do endosperma desenvolveu-se, por meio da micrópila, um haustório tubular ramificado apoiado em parte na parede do carpelo, em parte no funículo. No saco embrionário, o embrião com o suspensor é também reconhecível. – e, embrião; es, endosperma; f, funículo; h, hipófise; hc, hipocótilo; c, primórdio do cotilédone; m, meristema apical do caule; s, suspensor; p, parede do carpelo. (A-H segundo I. Hanstein e R. Souèges; J segundo I.L.L. Guignard; K segundo R.M.T. Dahlgren; L segundo I.H. Billings.)

Apenas mais tarde ocorre a formação de paredes celulares (Figura 2-33). Na formação **celular** do endosperma desde o início, as divisões nucleares são acompanhadas de formação de paredes; na formação **helobial** do endosperma, o desenvolvimento na parte superior do saco embrionário é nuclear, mas na parte inferior é celular (Figura 10-243).

A formação do endosperma (e também do embrião) exige aporte de nutrientes. Assim, principalmente o nucelo é comprimido e em grande parte ou totalmente consumido pelo saco embrionário em crescimento. Muitas vezes, haustórios tubulares formados pelo endosperma ou pelo suspensor do embrião penetram também no tecido ao redor.

Em muitas sementes, como da noz-moscada e de *Areca* (Arecaceae), por exemplo, do nucelo crescem protuberâncias cheias de dobras de tecido que entram no endosperma e o atravessam, formando sulcos; em algumas Annonaceae, essas protuberâncias crescem dos tegumentos. Assim origina-se o **endosperma ruminado** (Figura 10-238).

Nas angiospermas, além do endosperma secundário, o nucelo também pode servir de tecido de nutrição. Um **perisperma** desse tipo é encontrado juntamente com o endosperma, por exemplo, nas Nymphaeaceae, Piperaceae (Figura 10-240) e Zingiberales e como único tecido de nutrição nas Caryophyllales em sentido estrito. Finalmente, é também possível que o armazenamento de nutrientes seja assumido pelo próprio embrião, como nos cotilédones (cotilédones de reserva) (por exemplo, Fabaceae, *Quercus*, *Juglans*, *Aesculus*), ou que as sementes não apresentem endosperma (por exemplo, Orchidaceae).

Os nutrientes da semente são amido, proteína ou óleo no interior das células, ou celulose de reserva nas paredes celulares. Com isso, o endosperma ou outros tecidos de reserva são farinhosos, como nas gramíneas, gordurosos, como em *Cocos*, ou córneos a pétreos, como em muitas Liliales e algumas palmeiras (por exemplo, *Phytelephas*: "marfim vegetal").

O desenvolvimento do **embrião** a partir do zigoto pode transcorrer de formas diversas (Figuras 3-1 e 10-218). O embrião pronto consiste geralmente no **suspensor** voltado para a micrópila, que, pelo alongamento da parte restante do embrião (embrião em sentido estrito) penetra no tecido de nutrição. Suspensor e embrião em sentido estrito são ligados um ao outro por uma a muitas células, a chamada **hipófise**. Na semente madura, geralmente suspensor e hipófise não são mais reconhecíveis. O embrião em sentido estrito consiste no primórdio da raiz (**radícula**), uma parte do eixo localizada abaixo dos cotilédones (**hipocótilo**), os **cotilédones**, presentes em número diverso e o meristema apical com os primórdios das folhas mais jovens (**plúmula**).

Nas Cycadopsida (Figura 10-219) e *Ginkgo* ocorre um número variado de divisões nucleares livres, de modo que podem ser originados mais de 1.000 núcleos. Apenas então são formadas as paredes celulares. Os embriões desses dois grupos têm dois cotilédones. Nas Coniferopsida, exceto Gnetales, o desenvolvimento do embrião pode iniciar com divisões nucleares livres e continuar com divisões celulares normais, mas também pode ser celular desde o início. O embrião tem em geral vários cotilédones (Figura 10-220). O desenvolvimento embrionário nas Gnetales é celular e os embriões têm dois cotilédones.

Nas angiospermas, o desenvolvimento embrionário é celular (Figura 10-218). Por meio de uma ou poucas divisões celulares, origina-se um chamado pró-embrião com uma fileira de células, ou frequentemente também quatro células em forma de T. Do pró-embrião, o desenvolvimento segue para formar o suspensor, sempre com uma fileira de células, e o embrião em sentido estrito, inicialmente esférico, com quatro ou oito células, que então continua seu desenvolvimento. O embrião maduro das angiospermas tem um ou dois cotilédones e pode apresentar outras diferenciações morfológicas como a formação de coleóptilos, coleorrizas, escutelos, etc. (por exemplo, em Poaceae, Figura 10-256L).

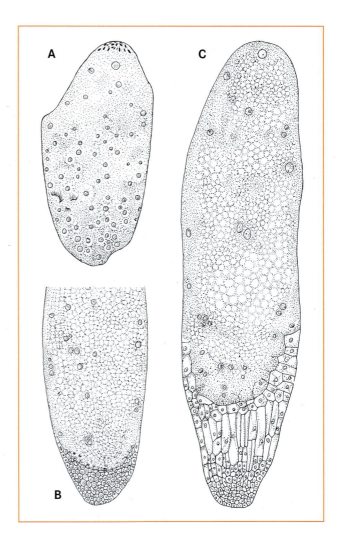

Figura 10-219 Desenvolvimento embrionário de Cycadopsida (*Zamia floridana*). **A** Divisão nuclear livre no zigoto (12x). **B** Formação de paredes celulares e de tecido na base (18x). **C** Início da diferenciação do pró-embrião em suspensor (com células alongadas) e embrião basal (22x). (Segundo I.M. Coulter e Ch. Chamberlain.)

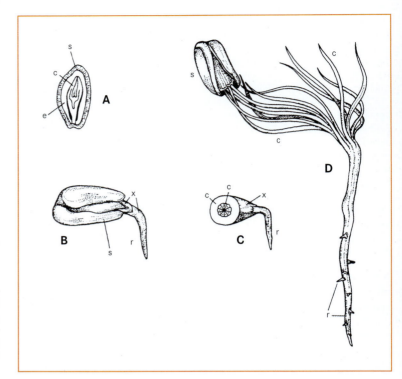

Figura 10-220 Semente e germinação em Coniferopsida (*Pinus pinea*). **A** Semente (corte longitudinal). **B-D** Germinação. Embrião ou plântula com cotilédones, hipocótilo, raízes principal e secundária. – e, endosperma primário; c, cotilédone; s, casca da semente; r, raízes principal e secundária; x, saco embrionário evertido e rasgado. (Segundo I. Sachs.)

Os embriões prontos das angiospermas podem apresentar uma diversidade de tamanhos e diferenciação. Sendo assim, os embriões das Orchidaceae, por exemplo, possuem apenas poucas células e são desarticulados. Além disso, o desenvolvimento embrionário das angiospermas pode ocorrer também sem a fecundação (Agamospermia, ver 9.1.3.3). Em espécies agamospérmicas é possível a poliembrionia, com vários embriões germinando em cada semente.

Nas Coniferopsidas, inclusive Gnetales, estruturas não pertencentes às sementes podem participar de sua dispersão pelo vento ou pelos animais. As alas das sementes de *Pinus*, por exemplo, não são formadas pela casca da semente, mas sim pela escama seminífera (Figura 10-225). Nas Coniferopsidas, surgem estruturas carnosas: quando quase o estróbilo inteiro (exceto a semente) se torna carnoso (por exemplo, *Juniperus*; Figura 10-229); quando uma escama seminífera carnosa chamada epimácio envolve a semente (ou partes do eixo do estróbilo se tornam carnosos, Podocarpaceae); ou, quando, protuberâncias do eixo abaixo da semente a envolvem (por exemplo, *Taxus*; Figura 10-230). Nas Gnetales, a função da casca da semente é assumida pelo par de brácteas que envolve de forma direta o rudimento seminal e o endurece. O par de brácteas externo pode se tornar carnoso (*Gnetum*) ou crescer formando alas (*Welwitschia*). Em *Ephedra*, com apenas um par de brácteas envolvendo o rudimento seminal, outras brácteas da inflorescência podem tornar-se carnosas e fazer parte da unidade de dispersão.

10.2.9 Frutos

Nas angiospermas, os rudimentos seminais estão encerrados nos carpelos. Assim como, os rudimentos seminais se desenvolvem em sementes após a fecundação, o **fruto** surge dos carpelos e também de outras partes da flor e do eixo floral. O fruto envolve as sementes até a sua maturação e, também, serve para sua dispersão, espalhando-as ou liberando-se da planta junto com elas. No desenvolvimento dos carpelos em fruto, constatam-se modificações de forma, tamanho e estrutura anatômica*. A estrutura do fruto maduro depende da estrutura do gineceu, da anatomia da parede do fruto e do comportamento da abertura do fruto quando maduro. Se os frutos se desenvolvem a partir do único carpelo, o resultado são **frutos unicarpelares**. Os **frutos caricárpicos** de vários carpelos de um gineceu caricárpico. De gineceus sincárpicos podem surgir diferentes tipos de **frutos sincárpicos**. No fruto maduro, a parede (**pericarpo**) é formada pela epiderme externa e suas descendentes (**exocarpo**), epiderme interna e suas descendentes (**endocarpo**) e as camadas celulares intermediárias em número variado (**mesocarpo**). As diferentes camadas da parede do fruto são, porém, muitas vezes definidas de outras maneiras. Por exemplo, em frutos drupoides, se o

---

* N. de T. A diversidade de frutos apresentada pelas espécies brasileiras de angiospermas é superior à da Europa Central, de modo que os exemplos citados a ilustram com limitação.

pirênio* tem várias camadas de células, esta parte da parede é denominada endocarpo. Dependendo da ausência ou presença de suculência no pericarpo pode-se distinguir em **frutos secos** e **carnosos**. Entre os frutos carnosos há **bagas** com pericarpo carnoso e **frutos drupoides** com parede externa carnosa e interna lenhosa. O endocarpo também pode crescer na cavidade do ovário em forma de pelos carnosos como uma **polpa** (por exemplo, em *Citrus*)**.
Frutos deiscentes são aqueles que se abrem na maturação e liberam as sementes. Conforme a posição das linhas de abertura, podem ser distinguidas várias formas de frutos deiscentes.

Se carpelos isolados se abrem em sua linha ventral, os frutos são **folículos**. Em gineceus sincárpicos com abertura ao longo das divisas entre carpelos vizinhos, estes são **septicidas**. Frutos **dorsicidas** (**loculicidas**) abrem-se ao longo do dorso do carpelo. Em frutos **poricidas** surgem poros como pequenas aberturas, e rupturas transversais em todo o fruto sincárpico resultam em **pixídios**.

Frutos indeiscentes não se abrem. Um exemplo de frutos indeiscentes com parede homogênea seca são as **nozes**. Na maturação, os frutos indeiscentes também podem desagregar-se em partes que permanecem fechadas. Em frutos sincárpicos, se as linhas de separação estão localizadas ao longo das linhas límitrofes dos carpelos, trata-se de **esquizocarpos**, e as suas partes do fruto são os **mericarpos*****. Se, ao contrário, as rupturas ocorrem nas paredes dos carpelos, trata-se de frutos segmentados.

A multiplicidade de frutos como unidades de dispersão eleva-se pela possibilidade de envolvimento de outros órgãos ou partes de órgãos além do gineceu, na sua estruturação, assim como pela formação de infrutescências. Em muitas Rosaceae, o receptáculo floral (*Rosa*) ou o eixo floral (*Fragaria*) pode tornar-se carnoso. Podem estar envolvidos na formação do fruto o perigônio (por exemplo, carnoso na inflorescência de *Morus*; piloso em *Eriophorum*), o cálice (por exemplo, bastante aumentado e colorido em *Physalis alkekengi*; diferenciado em papus em Valerianaceae e Asteraceae), os prófilos e forófilos (por exemplo, alados em *Carpinus* ou *Humulus*; tubulares em *Carex*), os pedicelos (por exemplo, carnoso em *Anacardium occidentale*) assim como eixos e órgãos florais da inflorescência (por exemplo, a cúpula de Fagaceae; suculência do eixo e dos forófilos em *Ananas*).

Em seguida, serão listados diferentes frutos segundo sua função, seu tipo de abertura e sua estrutura anatômica da parede (Figura 10-221). Se o fruto é definido como a flor à época da maturação da semente, a classificação dos frutos pode se orientar pela morfologia da flor. Os frutos podem, então, ser classificados em monocárpicos, (unicarpelares), coricárpicos e sincárpicos.

---

* N. de T. Conjunto contendo endocarpo coriáceo ou lenhoso e semente, em um fruto drupoide. Quando o endocarpo é pétreo, o conjunto é chamado de putâmen = "caroço".

** N. de T. Este tipo de baga é chamado de hesperídio.

*** N. de T. Ou carpídeos.

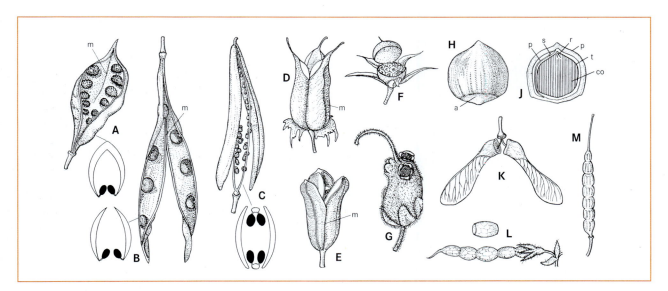

Figura 10-221 Frutos secos deiscentes e indeiscentes. **A, B** Frutos unicarpelares. **A** Folículo (*Consolida regalis*) (4x). **B** Legume (*Laburnum anagyroides*). **C-J** Frutos sincárpicos. **C** Síliqua (*Chelidonium majus*) (B, C 1x). **D** Cápsula septicida (*Hypericum perforatum*). **E** Cápsula dorsicida (*Iris sibirica*) (D, E 3x). **F** Pixídio (*Anagallis arvensis*) (2x). **G** Cápsula poricida (*Antirrhinum majus*) (0,75x). **H, J** Noz de *Corylus avellana*: **H** vista geral, **J** corte longitudinal (H, J 1x). **K-M** Esquizocarpos: **K** Esquizocarpo (samarídeo) (*Acer pseudoplatanus*, com dois mericarpos monospérmicos) (1x). **L** Lomento (*Ornitopus sativus*, fruto unicarpelar com segmentos monospérmicos). **M** Síliqua articulada (*Raphanus raphanistrum*; fruto segmentado sincárpico) (L, M 0,67x). – a, linha de abertura; co, cotilédone; m, linha mediana dorsal do carpelo; r, radícula; s, rudimento seminal não desenvolvido; t, testa; p, parede do fruto. (A segundo G. Beck-Mannagetta; B, D, E, H-M segundo F. Firbas; C segundo R.v. Wettstein; F, G segundo A.F.W. Schimper.)

10.2.9.1 Frutos deiscentes

Em **folículos**, o carpelo isolado de um gineceu coricárpico é, em geral, seco na maturação e se abre ao longo da sutura ventral. Em *Consolida*, por exemplo, há apenas um carpelo na flor e, portanto, uma só unidade. Por exemplo, em *Paeonia*, *Delphinium*, *Trolius* ou *Spiraea* (Figura 10-284) formam-se vários carpelos na flor, de modo que o fruto pode ser caracterizado como agregado.

Legumes também são secos e formados a partir de um carpelo, mas se abrem nas faces ventral e dorsal. Nas leguminosas, por exemplo, encontra-se apenas um legume por flor, já em *Magnolia* são encontrados vários (Figura 10-238).

Cápsulas são frutos secos, que se desenvolvem a partir de gineceus sincárpicos. Segundo o número e tipo das aberturas (por exemplo, ao longo de todo o comprimento, apenas apical ou basal, septicida ou dorcicida, poros ou opérculos) distinguem-se várias formas de cápsulas (Figura 10-221). Entre as cápsulas está a síliqua das Brassicaceae (Figura 10-292). Esta consiste em dois carpelos concrescidos que se separam em valvas das margens com as placentas, entre as quais se estende um falso-septo. O fruto-catapulta de *Geranium* (Figura 10-270) também é uma cápsula. Frutos capsuliformes carnosos são frequentes nos trópicos. Exemplos da Europa Central são *Euonymus* e os frutos explosivos de *Impatiens*.

10.2.9.2 Frutos indeiscentes

As **nozes**, com pericarpo lenhoso e sem abertura, podem ser originadas tanto a partir dos carpelos individuais de um gineceu coricárpico (por exemplo, *Anemone*, *Ranunculus*) quanto de um gineceu sincárpico (por exemplo, *Betula*, *Ulmus*, *Fraxinus*). Nas nozes de *Clematis* e *Pulsatilla* o estilete alongado e piloso participa da dispersão e, em *Geum* o estilete com farpas também. Esta função é assumida pelo cálice externo em muitas Dipsacaceae (Figura 10-317). Em **cariopses** de Poaceae (Figura 10-256) e **aquênios** de Asteraceae (Fig 10-318), que também são nozes, a testa da semente e a parede do fruto são adpressas ou concrescidas. Em frutos agregados, várias nozes de um gineceu coricárpico podem ser mantidas juntas, por exemplo, por uma base carnosa (*Fragaria*) ou por um receptáculo carnoso (*Rosa*) (Figura 10-284).

Entre os frutos secos indeiscentes estão também os desagregados. Nos esquizocarpos, formados a partir de gineceus sincárpicos, vários mericarpos septicidas se separam (por exemplo, *Malva*) ou apenas dois (por exemplo, *Acer*; Figura 10-221). Na maioria das Apiaceae (Figura 10-316), os dois mericarpos permanecem fixos em um suspensor central (carpóforo). Carpelos que se partem longitudinal ou transversalmente caracterizam frutos segmentados. Estes podem ser formados a partir de gineceus sincárpicos (por exemplo, as **síliquas articuladas** de algumas Brassicaceae, Figura 10-221 e os nuculânios (com fratura longitudinal) de muitas Lamiaceae e Boraginaceae (Figuras 10-303 e 10-308) ou de um carpelo (por exemplo, o lomento de algumas leguminosas; Figura 10-221) ou dos carpelos isolados de um gineceu coricárpico.

Frutos drupoides são caracterizados pela parte externa carnosa e a interna lenhosa do pericarpo. Frutos de *Prunus* (cereja, ameixa, etc.; Figura 10-284), por exemplo, originam-se de apenas um carpelo. Frutos drupoides sincárpicos são formados, por exemplo, em *Juglans*, *Olea* ou *Sambucus*. Em *Cocos* o mesocarpo é fibroso e aerífero (Figura 10-252), possibilitando a efetiva dispersão do fruto na água. Amoreiras e framboesas* têm frutos drupoides compostos.

Os **frutos de macieiras** (por exemplo, *Malus*; Figura 10-284) formam-se a partir de um gineceu sincárpico ínfero. As partes externas de seu pericarpo são carnosas, as internas são papiráceas ou coriáceas.

As **bagas** caracterizam-se pelos pericarpos carnosos. Muitas Annonaceae, *Actaea* ou as tamareiras têm bagas monocárpicas. Bagas sincárpicas são encontradas em *Ribes*, *Vitis*, *Vaccinium*, *Atropa* ou *Convallaria*, por exemplo. Os frutos cítricos têm uma polpa carnosa. Se a parede externa das bagas é dura como, por exemplo, em pepino e abóbora (Cucurbitaceae; Figura 10-287), fala-se em baga blindada.

10.2.9.3 Infrutescência

Mesmo inflorescências inteiras podem ser unidades de dispersão. Exemplos disto são as amoreiras** e as figueiras (estas últimas com flores e inflorescências em sicônios), assim como outros gêneros de Moraceae (Figura 10-285) ou Ananas com perianto, eixos florais e frutos carnosos. Em Tilia várias nozes são mantidas juntas por um prófilo diferenciado em ala (Figura 11-294); em *Arctium* um capítulo que não se abre com bráctas retrorsas serve de unidade de dispersão. Enfim, a totalidade do eixo aéreo de uma planta pode servir como unidade de dispersão, se, ao se soltar da base, for rolada pelo vento e perder, com isto, os seus frutos. Neste caso, a forma esférica da planta facilita esse processo.

---

* N. de T. Pertencem ao gênero *Rubus*, Rosaceae.
** N. de T. Pertencem ao gênero *Morus*, Moraceae.

10.2.10 Dispersão de frutos e sementes

A distribuição espacial de unidades de dispersão (**diásporos**) atende a diferentes funções. Na colonização de novos locais, ou seja, aqueles não ocupados pelo indivíduo parental, a dispersão é importante para a manutenção de uma população em áreas de pequena escala e para a fundação de novas populações em áreas de grande escala. A competição intraespecífica com o indivíduo parental e com os indivíduos irmãos é diminuída pela dispersão para longe do indivíduo parental. Por outro lado, a maioria das unidades de dispersão alcança, quase sempre, apenas as áreas próximas ao indivíduo parental (ver 9.1.3.4). A dispersão de diásporas também pode ser entendida como estratégia para evitar os herbívoros e patógenos, cujo "comportamento" é dependente da densidade populacional e, ao final, a dispersão de diásporos também é um componente do fluxo gênico dentro e entre as populações.

Na explanação a seguir, sobre os diferentes mecanismos de dispersão, deve-se considerar que especializações nesta área são muito menores que na polinização. Em consequência disso, muitos diásporos são **policóricos** e dispersados por diversos meios. Diferentes possibilidades de dispersão podem ser atingidas por um mesmo indivíduo pela diferenciação de diásporos (**heterospermia, heterocarpia**). Assim, existem nos capítulos de determinadas espécies de *Leodonton* aquênios com e sem papus, e em várias Asteraceae os aquênios externos não apresentam papus, sendo retidos nos capítulos maduros junto às brácteas involucrais ao seu redor. Muitas plantas depositam muitos ou todos os seus frutos nas áreas vizinhas, por exemplo, por meio do crescimento ativo em fendas de rochas (*Cymbalaria muralis*) ou enterrando-os no solo (por exemplo, amendoim, *Arachis hypogea, Trifolium subterraneum*). Os frutos, ou partes dos frutos, de *Stipa* e *Erodium* (Figura 7-36) enterram-se no solo após a dispersão. Em plantas de regiões áridas encontram-se muitos casos de mecanismo de dispersão a grandes distâncias.

A observação de fenômenos de dispersão demonstra, em geral, que as distâncias de dispersão da maioria dos diásporos de um indivíduo são pequenas e muitas vezes se limitam a poucos metros. Uma dispersão que excepcionalmente ocorra a distâncias longas é, portanto, de grande significado evolutivo. Isto é percebido, por exemplo, na ocupação rápida de ilhas oceânicas isoladas por diversas espécies. Métodos moleculares de análise filogenética indicam cada vez mais que os táxons de plantas geograficamente distantes podem ser filogeneticamente muito próximos, atingindo suas áreas de distribuição através da dispersão a longa distância (em inglês *long distance dispersal*).

Animais, vento, água ou autocoria são os mecanismos de dispersão mais importantes. A dispersão por animais (**zoocoria**) pode ter diversas formas. Na **endozoocoria**, os diásporos são ingeridos e de novo expelidos e, assim, dispersados.

A premissa para a endozoocoria é que os diásporos possuam chamariz (substâncias nutritivas como carboidratos, proteínas, gorduras e óleos, assim como vitaminas, ácidos graxos, minerais), estimulantes (por exemplo, cor e aroma) e estruturas de proteção (esclerotesta, partes duras do pericarpo) contra a destruição das sementes no aparelho mastigatório ou no trato digestório do animal dispersor. Tanto sementes quanto frutos podem atender a estes pré-requisitos. Enquanto sementes ou frutos carnosos são em geral consumidos de forma rápida, os secos são adequados para armazenagem. Primitivamente, peixes e répteis foram importantes dispersores de sementes e frutos (ictiocoria, saurocoria); mais tarde, vieram as aves (ornitocoria) e os mamíferos. Assim como na polinização, na endozoocoria muitas vezes desenvolveu-se uma estreita relação entre planta e animal. Nesse sentido, podem ser reconhecidas síndromes características relacionadas aos diásporos carnosos, de acordo com o dispersor principal. Na dispersão por aves, os diásporos têm em geral cores vivas e contrastantes (vermelho, amarelo, preto brilhante), sem aroma, de tamanho médio a pequeno, com casca macia e não se soltam da planta. Exemplos são as sementes carnosas (*Magnolia, Paeonia*), drupas (*Prunus avium, Ligustrum, Olea, Sambucus*), bagas (*Ribes, Vitis, Vaccinium*), frutos compostos (*Rosa, Rubus*) e infrutescências (*Morus*). Nos trópicos, os mamíferos são importantes para a endozoocoria. Na dispersão por mamíferos, devido às suas capacidades sensoriais distintas e aparelhos bucais, os diásporos, em geral, não apresentam cores muito vivas, mas, são bastante aromáticos, frequentemente grandes, com casca dura e que se desprendem da planta. Neste caso estão, por exemplo, as drupas de *Prunus persica*, muitos tipos de maçãs, diversas bagas de casca relativamente dura (cacau, *Citrus*, caqui, Cucurbitaceae, banana) e inflorescências (*Ficus, Artocarpus*). Frutos dispersados por morcegos são semelhantes, porém permanecem presos à planta e em posição exposta (*manga*).

Também entre os diásporos secos encontram-se aqueles menores, que são dispersados principalmente por aves granívoras e os maiores (por exemplo, *Quercus, Fagus, Corylus, Juglans*), que são coletados e armazenados por roedores, dos quais sempre uma parte não é consumida.

A dispersão por formigas (**mirmecocoria**) ocorre quando diversas espécies de formigas coletam e carregam os frutos e sementes, nos quais são formados apêndices com substâncias atrativas e nutritivas específicas (elaiossomas).

Os elaiossomas podem ser formados de diversas partes das sementes (por exemplo, *Asarum, Chelidonium, Corydalis*, espécies de *Viola, Cyclamen purpurascens, Melampyrum, Allium ursinum, Galanthus nivalis*) ou em nozes ou núculas (por exemplo, *Anemone nemorosa, Hepatica, Lamium, Knautia*). Espécies mirmecocóricas são encontradas tanto em florestas de zonas temperadas quanto nas tropicais.

As sementes de algumas leguminosas tropicais, com cores contrastantes de vermelho e preto, parecem imitar arilos, podendo ser interpretadas como diásporos miméticos.

Como mostra uma comparação entre espécies estreitamente aparentadas com e sem mirmecocoria, outros caracteres também estão vinculados a esta forma de dispersão. Assim, *Primula elatior*, sem elaiossomos, tem uma lenta maturação da semente dentro de uma cápsula rígida ereta, com cálice seco e sobre um pedicelo longo, e *P. vulgaris*, com elaiossomos, tem uma rápida maturação da semente em cápsulas junto ao solo, com um cálice verde assimilador em um pedicelo curto.

Finalmente, a **epizoocoria** é alcançada quando os diásporos se prendem de diversas maneiras na superfície dos animais.

Enquanto as sementes de muitas espécies aquáticas e de banhado, devido ao seu pequeno tamanho, aderem com a lama e aves aquáticas, por exemplo, e podem ser levadas para qualquer parte do mundo, a possibilidade de sementes e frutos que se tornam viscosas-mucilaginosas quando úmidas (por exemplo, *Plantago, Juncus*) é ainda melhor. Muitas vezes, os diásporos se prendem a animais por meio de tricomas glandulares (por exemplo, *Salvia glutinosa*), mas o fazem especialmente com ganchos. Estruturas de fixação podem ser derivadas de tricomas ou emergências dos carpelos (por exemplo, *Medicago, Circaea, Galium aparine*) ou dos estiletes (por exemplo, *Geum urbanum*), cálice (e calículo) ou brácteas involucrais (por exemplo, *Arctium, Xanthium*). Enquanto os frutos aderentes de estrutura delicada são dispersados, de preferência, no pelo de pequenos animais, os frutos mais robustos (por exemplo, *Tribulus*, muitas Pedaliaceae) estão adaptados para o transporte nas patas de grandes ungulados.

Uma forma especial de dispersão por animais é encontrada entre as espécies zoobalísticas. Seus caules elásticos aderem nos animais quando estes passam, e ao retornarem, lançam as sementes e frutos em um movimento de catapulta (por exemplo, diversos portadores de cápsulas, Lamiaceae, *Dipsacus*).

Na história geológica recente, a humanidade surgiu como o fator mais importante de dispersão dos diásporos (**antropocoria**). Muitas ervas daninhas foram dispersadas não intencionalmente, em especial com semente de cultivares, lã e forrageiras, e plantas cultivadas foram distribuídas com intenção por todo o mundo. Como resultado, em muitas regiões as espécies antropocóricas dominam a flora nativa local (por exemplo, em partes da Nova Zelândia ou Califórnia).

A dispersão pelo vento (**anemocoria**) pode ser possível se os diásporos são liberados de recipientes presos a eixos móveis (por exemplo, sementes de cápsulas: *Papaver*; aquênios de capítulos: *Bellis*), ou também se os diásporos são soprados pelo vento.

No segundo grupo encontram-se grãos voadores pequenos e leves (por exemplo, *Orobanche*, orquídeas), vesículas (por exemplo, cálice em forma de balão em *Trifolium fragiferum*), filamentos (por exemplo, tricomas seminais, plumas de estiletes: *Clematis*; aristas: *Stipa*; tricomas do papus: Asteraceae), alas (sementes, nozes aladas, mericarpos: *Acer*; inflorescências: *Tilia*; para-quedas de cálculo: *Scabiosa*) e "rosa-de-jericó".

A dispersão pela água (**hidrocoria**) consiste no transporte de diásporos pela água. Em espécies pluviobalísticas, a força das gotas de água caindo em frutos com formato de pá localizados em hastes flexíveis, por exemplo, produz movimentos de catapulta pelos quais são lançadas as sementes das vagens (por exemplo, *Iberis, Thlaspi*) ou as núculas dos cálices (por exemplo, *Prunella, Scutellaria*). Além disso, as sementes também são lançadas de forma direta pelas gotas de chuva de frutículos com determinada estrutura.

A umidade pode causar a abertura higrocástica em cápsulas de, por exemplo, *Sedum acre* e muitas espécies de Aizoaceae. Em espécies com diásporos flutuantes, a capacidade de flutuação é obtida pelo fato de que estes permanecem secos ou formam sacos de ar (por exemplo, nas sementes de *Nymphaea*; câmeras de ar de várias espécies de *Carex*) ou um tecido flutuante (por exemplo, *Cocos, Iris pseudacorus, Potamogeton, Cakile maritima*).

Na **autocoria** não estão envolvidas forças externas no processo de dispersão.

Enquanto muitos diásporos caem ao solo (**barocoria**), os diásporos de espécies autocóricas são lançados ativamente. Os mecanismos estão relacionados ao turgor (por exemplo, nas cápsulas explosivas de *Impatiens*, movimento de catapulta de *Oxalis* e as sementes de *Ecballium*, que são arremessadas a mais de 12m; Figura 7-53) ou aos movimentos higroscópicos (por exemplo, torção em legumes: *Dyctamnus*; cápsulas-catapultas em *Geranium*; esmagadoras em várias espécies de *Viola*). Autocóricas ou acóricas são as espécies nas quais os diásporos são enterrados diretamente junto à planta-mãe (*Cymbalaria muralis; Arachis hypogaea*).

Todas as diferenciações biológicas de sementes e frutos citados podem ser melhor entendidas se forem relacionadas ao ambiente da espécie. Deste modo, fica claro, por exemplo, que nas florestas latifoliadas da Europa Central, a mirmecocoria domina nos estratos herbáceos inferiores, a epizoocoria no estrato herbáceo mais alto, a endozoocoria no arbustivo e a anemocoria no estrato arbóreo, o que corresponde à distribuição vertical dos meios de dispersão (formigas, mamíferos, aves, vento).

10.2.11 Germinação de sementes

Por meio da dispersão, as sementes nuas ou envoltas pela parede do fruto chegam às camadas superiores do solo. Lá, sob condições favoráveis (ver Capítulo 6) e, após uma eventual **dormência de sementes**, ocorre a germinação de ao menos algumas delas. Uma parte das sementes, em particular, de espécies de estágios iniciais de sucessão pode permanecer no solo sem germinar e sua capacidade de germinação se mantém, em alguns casos, por períodos consideráveis de tempo (comprovadamente até 1700 anos, por exemplo em *Chenopodium album* e *Spergula arvensis*). Assim, surgem grandes **bancos de sementes** no solo. Na germinação, a semente absorve água e incha, e os tecidos internos rompem a sua casca (ou também a parede do fruto). Ao mesmo tempo, o embrião começa a crescer e degradar as substâncias nutritivas. Neste sentido, especialmente os cotilédones secretam enzimas e permanecem por algum tempo no interior da casca semente. Como o embrião sempre se dispõe na semente de modo que a radícula esteja voltada para a micrópila, na germinação é sempre a raiz com o hipocótilo que sai primeiro da semente (Figuras 10-216 e 10-220). Na germinação **epígea** os cotilédones são levados em seguida para fora da semente e acima do solo, através do alongamento do hipocótilo. Na germinação **hipógea** os cotilédones grandes, geralmente acumuladores de substâncias nutritivas, permanecem dentro da casca da semente e apenas o epicótilo se eleva acima do solo (por exemplo, *Vicia faba*, *Pisum*, *Quercus*, *Juglans*). Muitas monocotiledôneas comportam-se do mesmo modo. Seu único cotilédone é, com frequência, transformado em um haustório que degrada as substâncias nutritivas dentro da semente.

A biologia da dispersão e da germinação de muitas espécies apresenta particularidades. Assim, as sementes desprovidas de endosperma de muitas Orchidaceae, por exemplo, necessitam de contato com fungos micorrízicos para a germinação; em parasitos de raízes, as sementes, muitas vezes igualmente muito pequenas (por exemplo, Orobanche), precisam chegar até a superfície das raízes dos hospedeiros para germinarem; em parasitos de ramos, as sementes ou frutos possuem atributos como a aderência (por exemplo, *Viscum*), que lhes permitem fixar-se nos ramos de seu hospedeiro. O mesmo vale para as epífitas, que se fixam pelo tamanho pequeno das sementes (por exemplo, Bromeliaceae) ou pela aderência das sementes e frutos (por exemplo, *Rhipsalis*).

A germinação vivípara de espécies arbóreas das áreas costeiras tropicais denominadas mangues, como o gênero *Rhizophora* (Figura 10-277), é um caso particular. Em seus frutos monospérmicos, a semente germina ainda sobre a planta-mãe e o embrião cresce para fora do fruto com a radícula e o hipocótilo claviforme longo, de até 1 m de comprimento. Na maturação, hipocótilo e radícula se soltam dos cotilédones e do fruto, caindo. Com isto, o embrião, devido ao seu peso considerável, crava-se no solo ou é levado pela água, enraizando quando o ambiente seca.

10.2.12 Sistema das espermatófitas

Dos inúmeros grupos de espermatófitas surgidos desde o Devoniano, existe na flora recente apenas quatro linhas filogenéticas. Estas são as Cycadopsida (palma-de-ramos), Ginkgopsida (*Gynkgo*), Coniferopsida (coníferas), inclusive as Gnetales, e Magnoliopsida (angiospermas, plantas floríferas). Enquanto os três primeiros grupos, as plantas de sementes nuas (gimnospermas), possuem hoje relativamente poucas espécies e apenas as coníferas são dominantes em determinados tipos de vegetação, as angiospermas, existentes pelo menos desde o Cretáceo, são muito diversas e o elemento mais importante de grande parte da vegetação terrestre. Até pouco tempo interpretava-se as Gnetales como o parente mais próximo das angiospermas e adimitia-se, com isso, que as gimnospermas eram parafiléticas em relação às angiospermas. No entanto, diversas análises de sequências de DNA comprovaram que, ao contrário do que dizia esta teoria, as gimnospermas hoje viventes constituem um grupo monofilético.

1ª Classe: Cycadopsida (palma-de-ramos)

As Cycadopsida recentes têm, em geral, um caule (aparentemente) não ramificado, no qual folhas pinadas se dispõem helicoidamente e formam um tufo (Figura 10-222). O caule é subterrâneo e rizomatoso ou pode atingir até 15 m de altura.

O lenho tem raios muito largos. No centro do tronco encontra-se uma medula rica em amido e há canais de mucilagem em todas as partes da planta. Além do sistema de raízes subterrâneas, muitas espécies apresentam as chamadas "raízes coraloides" na superfície do solo, nas quais podem viver cianobactérias dos gêneros *Nostoc*, *Calothryx* e *Anabaena*, que fixam nitrogênio. Foi comprovado que o nitrogênio fixado pode ser utilizado pela planta.

As folhas são escamiformes ou pinadas ou, mais raramente, bipinadas (*Bowenia*). Elas possuem uma cutícula muito espessa, em geral estômatos afundados em cavidades e são bastante duras. Seu comprimento varia entre 5 cm e 3 m. Elas se caracterizam pelo crescimento apical prolongado e podem, durante o seu desenvolvimento, apresentar-se enroladas totalmente ou em cada pina, à maneira das samambaias.

O nome alemão *Palmfarne** dado às Cycadopsida se deve à forma de crescimento semelhante a das palmeiras e às folhas ou folíolos muitas vezes enrolados.

As plantas são sempre dioicas. As flores estaminadas (Figura 10-223) apresentam crescimento determinado e consistem em estames geralmente escamiformes helicoidais (microsporófilos), em cuja face abaxial são encontrados entre cinco e cerca de 1.000 sacos polínicos. Estes são, com frequência, ordenados em grupos e se abrem por meio de um exotécio. O gametófito masculino, que se desenvolve em parte antes e em parte depois da liberação dos grãos de pólen dos sacos polínicos possui, além da célula espermatogênica, outras três células. A célula espermatogênica divide-se em dois espermatozoides, cada um com uma fileira helicoidal de flagelos (Figura 10-202). Com um diâ-

---

*N. de T. *Palmfarne* seria o equivalente a "samambaia-palmeira", em tradução livre.

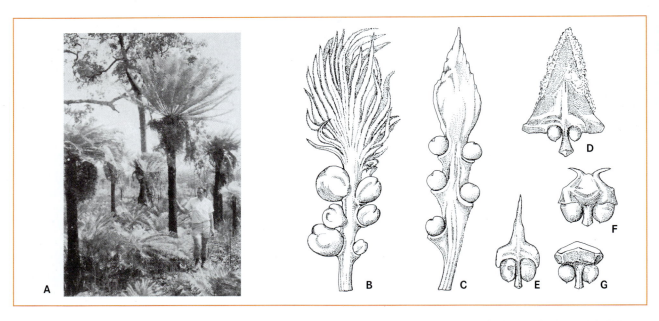

Figura 10-222 Cycadopsida. **A** Hábito de *Cycas rumphii* na Nova Guiné. **B** Megasporófilo de *C. revoluta*, **C** *C. circinalis*, **D** *Dioon edule*, **E** *Macrozamia* sp., **F** *Ceratozamia mexicana* e **G** *Zamia skinneri*. (A de F. Ehrendorfer; B, D–G segundo F. Firbas e colaboradores; C segundo J. Schuster.)

metro de até 400 μm, estes são os maiores espermatozoides conhecidos nos reinos vegetal e animal.

O tubo polínico tem função haustorial e cresce para dentro do nucelo. A fecundação é uma zoidiogamia. As flores estaminadas são quase sempre terminais no eixo. Após a floração, estas são deslocadas para o lado por uma gema lateral em crescimento. Assim, surge o tronco aparentemente não ramificado que tem, de fato, ramificação simpodial.

As flores femininas* (Figura 10-223) consistem em megasporófilos com disposição também helicoidal e podem atingir até 70 cm. No gênero *Cycas*, os esporófilos consistem em uma região pedicelar (Figura 10-222), em cujas margens se encontram dentre dois e oito rudimentos seminais, e uma região apical que pode ser foliosa pinada,

———
*N. de T. Portadoras de rudimento seminais.

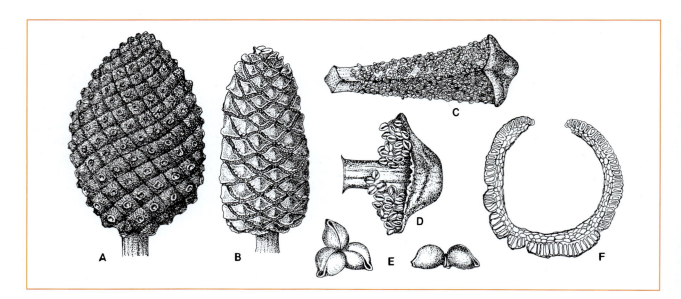

Figura 10-223 Cycadopsida. **A, B** Flores ♀ e ♂ de *Encephalartos altensteinii* (reduzido). Estames de **C** *Cycas circinalis* (cerca de 2x) e **D** *Zamia integrifolia* (cerca de 5x) com grupos de sacos polínicos (**E**, cerca de 15x). **F** Corte transversal da parede de um saco polínico aberto de *Stangeria paradoxa* com exotécio (cerca de 80x). (A segundo Takhtajan; B segundo W. Troll; C–E segundo L.C. Richard; F segundo Goebel.)

recortada ou serreada. Nos demais gêneros, os megasporófilos têm um pedicelo e uma lâmina escamiforme ou cutelada, em cuja margem inferior estão assentados sempre dois rudimentos seminais. Também as flores femininas apresentam em geral crescimento determinado, são terminais e, como as flores estaminadas, sobrepujadas por uma ramificação após a maturação das sementes. Apenas em *Cycas* o ponto vegetativo não é totalmente consumido na diferenciação do estróbilo, de modo que o crescimento continua por meio das flores femininas. Os rudimentos seminais (Figura 10-204) possuem um tegumento que se diferencia na maturação da semente em uma sarcotesta externa rosa, laranja ou vermelha e uma esclerotesta interna. O nucelo tem uma câmara polínica e uma câmara arquegonial. O gametófito feminino consiste em até vários milhares de células e se forma por divisão nuclear livre seguida de formação de paredes celulares. Em geral, ele apresenta 2-6 arquegônios, apenas em *Microcycas* podem ser formados até 100 arquegônios. A oosfera atinge até 6 mm de tamanho.

Os fósseis das Cycadopsida são documentados desde o Permiano Inferior. Representantes mais antigos do grupo, por exemplo, do gênero jurássico *Beania*, tinham flores femininas nas quais a inserção dos megasporófilos era muito mais laxa do que nos representantes recentes.

O pólen é transportado pelo vento, em parte também por besouros. Em uma espécie do gênero *Zamia*, foi demonstrado que os besouros, ao término de seu desenvolvimento nas flores estaminadas, voam carregados de pólen para as flores femininas e as polinizam. No gênero *Encephalartos*, foi comprovada a polinização por diversas espécies de besouros. O pólen chega à gota de polinização secretada na extremidade da micrópila e é sugado para a câmara polínica quando está seco. Esta câmara é fechada para o exterior e uma ligação com a câmara arquegonial, interna, é formada. Entre a polinização e a fecundação podem decorrer até seis meses.

As Cycadopsida compreendem cerca de 300 espécies em 11 gêneros e 13 famílias. As Cycadaceae (trópicos do Velho Mundo), com o único gênero *Cycas*, têm flores femininas com crescimento continuado e megasporófilos em parte foliosos, e as Stangeriaceae (sul da África) possuem estípulas com uma venação conspícua. As Zamiaceae, com *Lepidozamia*, *Macrozamia* e *Bowenia*, crescem na Austrália, *Encephalartos* na África e *Dioon*, *Ceratozamia*, *Zamia*, *Chigua* e *Microcycas* na América. A maioria das espécies cresce em florestas ou savanas tropicais.

2ª Classe: Ginkgopsida (Ginkgo)

Ginkgo biloba, único representante vivo das Ginkgopsida, é uma árvore perene muito ramificada, diferenciada em ramos curtos e longos. Seu lenho tem raios estreitos. As folhas em forma de leque (Figura 10-224), com venação dicotômica, são espiraladas. A espécie é dioica e apresenta cromossomos sexuais. Inúmeros estames ao longo de um eixo constituem as flores estaminadas, semelhantes a amentos, que se formam nas axilas de folhas escamiformes em ramos curtos. Cada estame consiste em um filete e dois sacos polínicos pendurados no seu ápice (Figura 10-224).

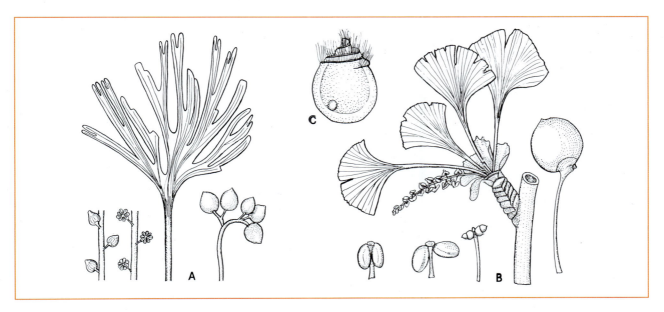

Figura 10-224 Ginkgopsida. **A** *Baiera muensterana* (Rhät-Lias*): folha; rudimentos seminais em um eixo floral ♀ (reduzido); grupos de sacos polínicos radiais, abertos ou fechados, em eixos florais ♂ (cerca de 2x). **B, C** *Ginkgo biloba* (recente), **B** ramo curto com flor e folhas jovens (1x), grupos de sacos polínicos bipartidos, dorsalmente reduzidos (estames; aumentados), rudimentos seminais (flores) ou sementes (um pouco reduzidos); **C** espermatozoide (cerca de 200x). (A segundo A. Schenk; B segundo L.C. Richard e A.N. Eichler; C segundo T. Shimamura, modificado e esquematizado.)

---

* N. de T. Camada referente ao período compreendido entre 190-220 milhões de anos atrás (Triássico a Jurássico Inferior).

A abertura dos sacos polínicos ocorre por um endotécio. O gametófito masculino apresenta quatro outras células, além da célula espermatogênica. A célula espermatogênica se divide em dois espermatozoides, cada um com uma fileira helicoidal de flagelos.

Após a polinização, o grão de pólen se desenvolve em um tubo polínico. Este tem função haustorial e cresce para dentro do nucelo, do qual são retirados os nutrientes para o gametófito masculino. Além disso, o tubo polínico cresce em direção aos arquegônios, onde os espermatozoides são liberados. A fecundação ocorre também por espermatozoides (zoidiogamia).

Na parte feminina, geralmente são encontrados dois rudimentos seminais localizados no ápice de um eixo bifurcado (Figura 10-224). Como na flor estaminada, esta estrutura também se forma na axila de brácteas sobre ramos curtos. Os rudimentos seminais possuem um tegumento, que na maturação se diferencia em uma sarcotesta externa, com forte odor de ácido butírico, e uma esclerotesta interna rígida. Internamente à esclerotesta, encontra-se ainda uma outra camada macia de tegumento. O nucelo apresenta uma câmara polínica e uma arquegonial. O gametófito feminino é verde, pela existência de clorofila, e consiste em várias centenas de células originadas por divisão nuclear livre, seguida de formação de paredes. Ele possui geralmente 2-3 arquegônios. A polinização de *Gingko* ocorre pelo vento.

As Ginkgopsida são documentadas até o Permiano Inferior, por exemplo, pelos gêneros fósseis *Trichopitys* e *Sphenobaiera*. A maior diversidade de formas desenvolveu-se durante o Jurássico e o Cretáceo. O gênero *Ginkgo*, com espécies muito semelhantes à recente *G. biloba*, surgiu no Jurássico Inferior e são conhecidos fósseis do início do Terciário que não podem ser distinguidos de *G. biloba*. Com isso, a espécie é um exemplo de "fóssil vivo". Em representantes extintos de Ginkgopsida (por exemplo *Baiera*), as folhas eram com frequência mais partidas. Os sacos polínicos eram ordenados em grupos radiais e as flores femininas desenvolviam um grande número de rudimentos seminais.

Ginkgo biloba é provavelmente uma espécie nativa da China. Já que a espécie tem sido cultivada por pelo menos 1.000 anos em templos na China e no Japão, e se estabeleceu também em um refúgio cultural, sua distribuição natural e sua ecologia não são conhecidas por completo. A província de Zhejiang, onde a espécie cresce em florestas mistas úmidas, é tida como provável área de distribuição.

3ª Classe: Coniferopsida (Coníferas) inclusive Gnetales

A seguir, serão tratadas as coníferas em senso estrito, isto é, sem as Gnetales. Elas se desenvolvem de embriões com dois ou mais cotilédones (Figura 10-220) em árvores ramificadas ou, mais raramente, em arbustos com um eixo monopodial. O lenho secundário apresenta, em geral, canais resiníferos e os raios possuem poucas fileiras de células. Uma diferenciação em ramos curtos e longos é comum, e em alguns gêneros (por exemplo, *Phyllocladus*, *Sciadopitys*) os eixos podem apresentar-se diferenciados em filocládios mais ou menos planos. A filotaxia é helicoidal, oposta cruzada ou verticilada, as folhas apresentam venação paralela ou apenas uma nervura central e são, em geral, longo-lanceoladas, aciculares ou escamiformes. Existem tanto espécies perenifólias quanto espécies caducifólias. As flores unissexuadas são distribuídas no mesmo indivíduo (espécies monoicas) ou em indivíduos diferentes (espécies dioicas).

As flores estaminadas, semelhantes a estróbilos, distribuem-se isoladas ou em agrupamentos laxos (Figura 10-225). Os estames têm filotaxia helicoidal ou, raramente, oposta cruzada e têm na face abaxial 2-10 sacos polínicos, frequentemente concrescidos entre si. Raramente, os sacos polínicos estão ordenados radialmente no ápice de um eixo (*Taxus*). Os sacos polínicos se abrem com um exotécio e os grãos de pólen podem apresentar sacos de ar, formados por espaços abaixo da ectexina (Figura 10-225). O gametófito masculino apresenta, além da célula espermatogênica, 2 células (Cephalotaxaceae, Cupressaceae, Sciadopityaceae, Taxaceae), 4 células (Pinaceae) ou 10-40 outras células (Araucariaceae, Podocarpaceae). Não são formados espermatozoides, as duas células originadas das células espermatogênicas são levadas pelo tubo polínico (Figura 10-226) até os arquegônios (fecundação por tubo polínico = sifonogamia).

As flores femininas são reunidas em geral em estróbilos característicos das coníferas (Figura 10-227). Estes estróbilos consistem na maioria dos casos em um eixo, no qual os forófilos das flores apresentam disposição helicoidal ou oposta cruzada, formando as **escamas tectrizes**. As flores femininas, propriamente ditas, são diferenciadas nas chamadas **escamas seminíferas**. As escamas seminíferas são órgãos planos, que em cuja face superior são encontrados rudimentos seminais em número variável (1-20). Apesar de sua estrutura geralmente plano-foliosa, estas devem ser entendidas como ramos curtos modificados e o estróbilo feminino das coníferas recentes é, portanto, uma inflorescência. Escamas seminíferas com a estrutura acima descrita não existem nas Taxaceae e Cephalotaxaceae.

A interpretação da escama seminífera como sendo uma flor feminina e, portanto, do estróbilo feminino como sendo uma inflorescência é uma decorrência tanto da comparação com Voltziales, representantes fósseis de Coniferopsida, quanto da análise da posição da escama seminífera na axila da escama tectriz, considerando-se a premissa de ramificação axilar, em geral, aceita para as espermatófitas.

As Voltziales arbóreas, com lenho dotado de traqueídes araucarioides, viveram do Carbonífero Superior até o Jurássico Inferior. As folhas eram aciculares ou escamiformes e muitas vezes bifurcadas no ápice. As plantas eram monoicas. As flores femininas (Figura 10-228) consistiam em um eixo na axila de uma folha, com folhas escamiformes estéreis helicoidais ou ordenadas em um plano, assim como um número geralmente pequeno de rudimentos seminais pediceladas. Estas flores, semelhante ao que ocorre nas Coniferopsida recentes, eram reunidas em estróbilos

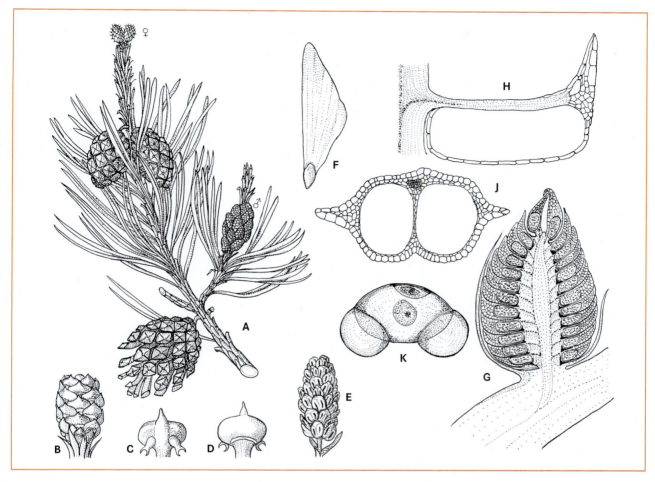

Figura 10-225 *Pinus*. **A-F** *P. sylvestris*. **A** Ramo florido e com cone maduro, ramos curtos com duas acículas nas axilas de folhas escamiformes (um pouco reduzido); **B** inflorescência ♀ com complexo de escamas tectrizes e seminíferas (**C** vista superior, **D** vista inferior), cada um com duas sementes aladas (**F**) sobre a face superior do complexo de escamas agora lenhoso (**A**), com estróbilos de um ano, ainda verdes e de dois anos, maduros e abrindo-se (D-F ampliado). **E** Flores ♂, estames com dois sacos polínicos. **G-J** *P. mugo* **G** corte longitudinal da flor (10x), **H** corte longitudinal do estame com sacos polínicos (20x), **J** corte transversal do estame com sacos polínicos (27x), **K** *P. sylvestris*, grão de pólen com dois sacos polínicos (400x). (A, B-F segundo O.C. Ber e C.F. Schmidt; G, H, J, K segundo E. Strasburger.)

compactos, que devem, portanto, ser interpretados como inflorescências. Os estames das Voltziales consistiam em uma zona pedicelar e uma zona apical plana. Os inúmeros sacos polínicos eram ordenados principalmente no lado adaxial do pedicelo. As Voltziales podem se interpretadas como formas muito semelhantes aos ancestrais das Coniferopsida recentes.

Os rudimentos seminais têm um tegumento, que faz parte da esclerotesta rígida na semente.

As sementes podem ser cobertas por um envoltório carnoso que, porém, nunca é formado a partir da testa da semente. Como em *Ginkgo*, o gametófito feminino pluricelular das coníferas origina-se por divisão nuclear livre, seguida da formação de paredes. O gametófito feminino pode conter até 60 arquegônios. Até onde se sabe, todos os representantes das coníferas são polinizados pelo vento. Neste caso, o pólen chega até uma gota de polinização secretada pela micrópila dos rudimentos seminais e é levado para o interior do rudimento seminal quando da dessecação da gota de polinização ou o pólen atinge o interior do rudimento seminal através do crescimento do tegumento. Fósseis de coníferas podem ser encontrados até o Triássico e a maioria das famílias recentes já são documentadas por fósseis do Triássico ou Jurássico.

As Coniferopsida recentes (exceto Gnetales) contêm sete famílias. A família **Pinaceae** (12 gêneros/cerca de 200 espécies, em geral do Hemisfério Norte temperado) tem folhas aciculares helicoidais e são perenifólias ou caducifólias. Os estames consistem em um pedicelo, cuja face inferior encontram-se dois sacos polínicos. Os grãos de pólen podem apresentar sacos de ar. As escamas seminíferas, mais ou menos livres das escamas tectrizes e nitidamente maiores do que elas na maturação, possuem rudimentos seminais voltados para a base. As plantas são sempre monoicas. A família é representada na flora da Europa Cen-

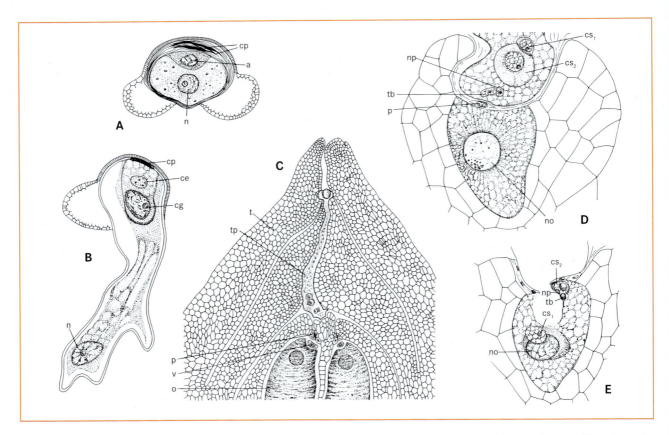

Figura 10-226 Germinação do grão de pólen e fecundação em Coniferopsida. **A, B** *Pinus nigra*. Desenvolvimento do gametófito ♂ no grão de pólen e tubo polínico: célula protálica, núcleo da célula vegetativa do tubo polínico, célula anteridial, a partir desta a célula do pé e célula espermatogênica, a partir desta última, duas células espermáticas (cerca de 500x). **C** *P. sylvestris*: Pinaceae; rudimento seminal pronto para a fecundação com tegumento, tubo polínico, assim como arquegônios com células do pescoço, células do canal ventral e oosfera (ampliado). **D, E** *Torreya taxifolia*: Taxaceae **D** tubo polínico com duas células espermáticas, assim como os núcleos das células do tubo polínico e da célula do pé junto à oosfera (resto de uma célula do pescoço); **E** fusão do núcleo da oosfera com uma das células espermáticas, os outros núcleos degeneram (367x). – a, célula anteridial; v, célula do canal ventral; o, oosfera; no, núcleo da oosfera; p, célula do canal do pescoço; t, tegumento; n, núcleo da célula vegetativa do tubo polínico; cp, célula protálica; tb, núcleo da célula do tubo polínico; tp, tubo polínico; ce, célula do pé; np, núcleo da célula do pé; cs, célula espermática (cs_1, cs_2); cg, célula espermatogênica. (A, B segundo J.M. Coulter, Ch. Chamberlain; C segundo E. Strasburger; D-E segundo J.M. Coulter, W.J.G. Land.)

tral pelos gêneros do abeto (*Abies*), lariço (*Larix*), espruce (*Picea*) e pinheiro (*Pinus*).

Os gêneros de Pinaceae têm apenas ramos longos (por exemplo *Abies*, *Picea*) ou ramos longos e curtos. Tanto entre os cedros perenifólios (*Cedrus*) quanto entre os lariços (*Larix*), cada ramo longo porta acículas verdes no primeiro ano. No segundo ano, ramos curtos com tufos de acículas desenvolvem-se nas axilas das acículas, podendo crescer durante vários anos. Entre os pinheiros (*Pinus*), árvores adultas possuem acículas apenas nos ramos curtos. Plantas jovens produzem ramos longos com acículas verdes no primeiro ou no segundo ano, porém depois disso formam-se nos ramos longos apenas folhas escamiformes pardas, em cujas axilas são produzidos ramos curtos com poucas folhas escamiformes e cinco, três, duas ou apenas uma acícula.

Quando o pólen chega a um rudimento seminal, o gametófito feminino dentro dele ainda não está desenvolvido e, muitas vezes, ainda não há nem mesmo um megásporo formado. Entre a polinização e a fecundação existe, portanto, um período bastante longo, durante o qual a micrópila se fecha e o pólen permanece lá dentro em germinação. Na maioria das espécies de *Pinus* transcorre um ano entre a polinização e a fecundação, as sementes são liberadas dos estróbilos maduros apenas no terceiro ano. Diferentemente do *Pinus*, no espruce (*Picea*) o desenvolvimento desde a polinização até a maturação da semente ocorre em apenas uma estação de crescimento. Na maturação da semente, o estróbilo pode desagregar-se (por exemplo, *Abies*) ou as sementes são liberadas do estróbilo intacto (por exemplo, *Picea* e *Pinus*). As sementes são com frequência aladas, porém as alas não são formadas pela testa da semente, mas sim pela escama seminífera.

As Araucariaceae (3 gêneros/cerca de 23 espécies, no Hemisfério Sul, exceto África) geralmente apresentam folhas largas, helicoidais ou opostas cruzadas, e traqueídes do lenho com pontoações areoladas com ordenação faveolar (pontoações "araucarioides"). São monoicas ou dioicas. Os estames possuem entre 4 e 20 sacos polínicos, e as escamas seminíferas firmemente concrescidas com as escamas tectrizes portam apenas um rudimento seminal. *Wollemia*, descrito somente em 1995 na Austrália, como

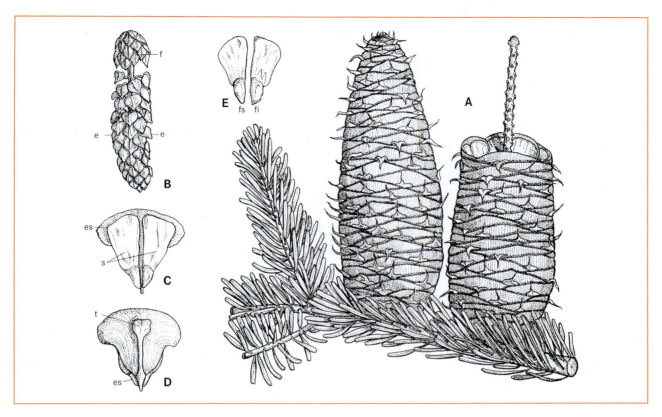

Figura 10-227 Pinaceae, *Abies*. **A** *A. nordmanniana*. Ramo com estróbilos maduros, em parte já desagregados (um pouco reduzidos). **B-E** *A. alba*. **B** Flor ♂ com folhas escamiformes e estames (cerca de 2x). **C, D** Flor ♀ com escama tectriz, escama seminífera e duas sementes, **E** vista superior e vista inferior (um pouco reduzida). – f, folha escamiforme; t, escama tectriz; fs, face superior; s, semente; e, estame; es, escama seminífera; fi, face inferior. (A segundo O.C Berg e C.F. Schmidt; B-D segundo F. Firbas; E segundo A.W. Eichler.)

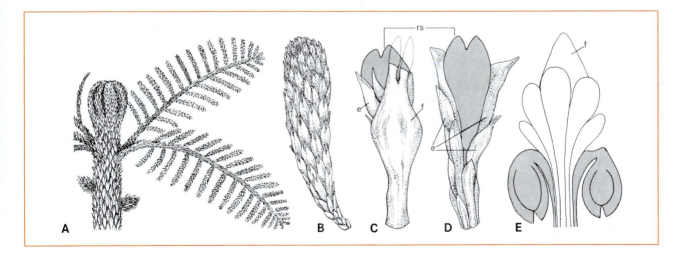

Figura 10-228 Voltziales. **A-D** *Lebachia piniformis* (Permiano): **A** ápice caulinar; eixo principal com folhas bifurcadas (0,33x). **B** Estróbilo ♀ ereto com escamas tectrizes bífidas (0,5x); **C-D** flor ♀ em vista posterior e anterior, escama tectriz (= forófilo), escama estéril e rudimentos seminais átropos achatados com tegumento em duas partes (5x). **E** *Glyptolepis longibracteata* (Triássico Inferior): flor ♀ com forófilo, escamas estéreis e dois rudimentos seminais anátropos (esquemático; 2x). – f, forófilo; e, escamas estéreis; rs, rudimento seminal átropo. (Segundo F. Florin.)

o gênero mais ancestral da família, tem grande semelhança com representantes da família extintos já no Terciário e pode ser considerado um "fóssil vivo".

As Podocarpaceae (18 gêneros/cerca de 130 espécies, Hemisfério Sul, tropicais a temperadas) têm, em parte, folhas muito grandes. As plantas, na maioria dioicas, caracterizam-se especialmente pelos estróbilos femininos frequentemente reduzidos a poucas, às vezes apenas um complexo de escamas tectrizes/seminíferas, no qual as escamas seminíferas envolvem as sementes como um órgão carnoso (**epimácio**). Além disso, escamas seminíferas estéreis podem apresentar-se concrescidas com o eixo do estróbilo formando uma zona pedicelar carnosa. A família inclui o único parasito entre as coníferas, o gênero da Nova Caledônia *Parasitaxus*. O hospedeiro (*Falcatifolium*) de *Parasitaxus* também pertence às Podocarpaceae. O gênero *Phyllocladus* (em parte este gênero é também interpretado como uma família própria) apresenta como órgãos de assimilação caules folioides alargados com margens lobadas (filocládios).

As Cupressaceae (inclusive Taxodiaceae; 29 gêneros/cerca de 140 espécies, cosmopolita, na maioria temperado) possuem folhas aciculares ou escamiformes helicoidais, oposta cruzadas ou verticiladas. As plantas são monoicas ou dioicas, os estames têm 2-6 sacos polínicos e as escamas seminíferas, concrescidas com as escamas tectrizes, carregam entre 2 (raramente um) e 20 rudimentos seminais.

Na Europa Central, as Cupressaceae são representadas pelo zimbro (*Juniperus communis*). Os estróbilos femininos (Figura 10-229) consistem de inúmeras brácteas estéreis. Os três rudimentos seminais aparentemente não estão associados a escamas, mas assentados sobre o eixo. As três brácteas superiores tornam-se carnosas na maturação e formam a baga esférica do zimbro. A árvore-mamute da Califórnia (*Sequoiadendron giganteum*) atinge o diâmetro de mais de 8 m e idade superior a 3.000 anos. *Sequoia sempervirens*, da costa da Califórnia, chega a mais de 100 m de altura. *Metasequoia glyptostroboides*, descoberta na China por volta de 1940, era conhecida apenas por fósseis até o Terciário, mais um exemplo de um fóssil vivo. Esta espécie estival perde no outono todos os seus ramos curtos. Também estival e com distribuição relictual é o cipreste-do-pântano (*Taxodium distichum*), que forma florestas pantanosas distribuídas na costa norte do Golfo do México. As plantas possuem raízes que emergem da lama ou da água, com as quais podem absorver ar.

Sciadopityaceae (1 gênero/1 espécie, Japão), com apenas uma espécie (*Sciadopitys verticillata*) caracteriza-se por apresentar filocládios aciculares verticilados.

Nas Cephalotaxaceae e, principalmente, nas Taxaceae, a estrutura dos estróbilos femininos é diferente daquela característica para as famílias até agora descritas, com escamas tectrizes e escamas seminíferas com rudimentos seminais.

Os estróbilos femininos das dioicas Cephalotaxaceae (1 gênero/ cerca de 6 espécies, da Ásia Oriental, temperado) consistem de poucos pares de folhas escamiformes opostas cruzadas, em cujas axilas estão dois rudimentos seminais eretos, dos quais em geral apenas um se desenvolve. A semente madura é envol-

Figura 10-229 Cupressaceae, *Juniperus communis*. **A** Ramo de uma planta ♀ com inflorescências (**D** com gotas de polinização) assim como bagas com um a dois anos (**E**). **B** Ramo de uma planta ♂ com flores (**C**). (A, B cerca de 0,67x, C-E ampliados). (A, B segundo F. Firbas; C-E segundo O.C. Berg e C.F. Schmidt.)

vida por um tecido carnoso, proveniente do pedicelo do rudimento seminal. As escamas seminíferas não são reconhecíveis nas Cephalotaxaceae.

As também dioicas Taxaceae (5 gêneros/cerca de 25 espécies, Hemisfério Norte, temperado) possuem lenho sem canais resiníferos e apresentam rudimentos seminais isolados em eixos laterais congestos acima de um par de brácteas decussadas (Figura 10-230). Como nas Cephalotaxaceae, também nas Taxaceae a semente madura é envolvida por um tecido carnoso formado pelo pedicelo do rudimento seminal.

A interpretação da estrutura feminina das Taxaceae é discutível. Em especial pelo estreito parentesco evidente entre Cephalotaxaceae e Taxaceae ou, também, pelas posições destas duas famílias como parentes próximas das Cupressaceae, bem suportadas por dados de sequência de DNA, pode-se afirmar que as estruturas femininas das Taxaceae derivam de uma estrutura de estróbilo com escamas tectrizes e escamas seminíferas. Também, os estames das Taxaceae apresentam algumas particularidades. Em *Ta-*

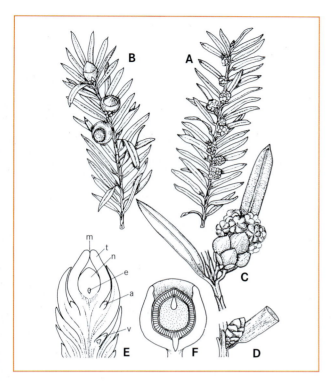

Figura 10-230 Taxaceae, *Taxus baccata*. **A**, **B** Ramo ♂ florido e ramo ♀ com uma semente imatura e duas maduras (0,75x). **C**, **D** Ramos ♂ e ♀, cada um na axila de uma acícula (2,5x). **E** Ramo ♀ em corte longitudinal, com micrópila, tegumento, nucelo, saco embrionário, primórdio do arilo e ápice vegetativo do ramo primário (9x). **F** Semente em corte longitudinal, com arilo, testa da semente, endosperma e embrião (2x). – a, primórdio do arilo; e, saco embrionário; t, tegumento; m, micrópila; n, nucelo; v, ápice vegetativo. (A, B, D segundo F. Firbas; C, F segundo R. von Wettstein; E segundo E. Strasburger.)

xus, os inúmeros sacos polínicos estão ordenados radialmente em torno do pedicelo do estame e em *Pseudotaxus*, os conjuntos de estames são separados por brácteas. Na Europa Central, as Taxaceae são representadas pelo teixo (*Taxus baccata*), que está relacionado a um clima de inverno ameno e ocorre em locais iluminados nas florestas. O teixo é tóxico devido à ocorrência de derivados de taxanos em todas as suas partes, exceto no manto em torno da semente, e sua madeira é uma das mais densas entre as árvores da Europa Central. O taxol, uma substância extraída de, *Taxus brevifolia*, por exemplo, é utilizado em terapias contra o câncer devido ao seu efeito como inibidor da mitose.

As famílias das Coniferopsida podem ser classificadas em três grupos. Estes são, as Pinaceae, em segundo as Araucariaceae e Podocarpaceae e, em terceiro, as Cupressaceae, Sciadopityaceae e Cephalotaxaceae/Taxaceae. Uma classificação como esta, obtida a partir de dados moleculares é também corroborada pela estrutura do gametófito masculino.

Gnetales. A maioria das análises moleculares trouxe o resultado surpreendente de que as Gnetales são o grupo-irmão das Pinaceae e, assim, pertencem às Coniferopsida. O nome Gnetales não deve ser entendido aqui como o nome formal de uma ordem. Se ficar demonstrado que as Gnetales são o grupo-irmão de todas as demais Coniferopsida, elas deverão ser tratadas como uma classe Gnetopsida própria.

Ephedra (35-45 espécies, regiões secas da Eurásia e América), *Gnetum* (cerca de 30 espécies, tropical cosmopolita) e *Welwitschia* (1 espécie, sudoeste da África), gêneros recentes das Gnetales, são plantas lenhosas de morfologias distintas. Seu lenho tem raios estreitos e, em todos os três gêneros, contêm vasos, os quais, porém, não são homólogos aos das Magnoliopsida. *Ephedra* cresce como um arbusto, pequena árvore ou, raramente, também como liana. Em geral lianas, mas também arbustos e pequenas árvores são encontrados em *Gnetum* (Figura 10-231). *Welwitschia*, com seu caule de até 1 m de diâmetro, em geral enterra-se no solo (Figura 10-231). *Ephedra* possui folhas muito pequenas e escamiformes em pares decussados ou em verticilos de três folhas. As folhas simples decussadas com venação pinada de *Gnetum* assemelham-se às de muitas plantas floríferas dicotiledôneas. Em plantas adultas de *Welwitschia* há apenas um par de folhas opostas (de dois pares formados durante o desenvolvimento) com venação paralela que, durante todo o tempo de vida da planta, cresce na base e morre no ápice. As Gnetales são predominantemente dioicas.

As flores estaminadas das Gnetales possuem um envoltório de um ou dois pares de brácteas, assim como entre um e seis estames (Figuras 10-231).

Em *Ephedra*, a flor masculina possui um envoltório formado por duas folhas escamiformes concrescidas na base, do qual emerge, em geral, um pedicelo com vários sacos polínicos apicais concrescidos entre si. Este pedicelo pode ser bifurcado no ápice ou uma flor pode apresentar dois pedicelos, razão pela qual considera-se, muitas vezes, que a flor estaminada de *Ephedra* consiste de dois estames concrescidos. O envoltório das flores de *Gnetum*, também mediano e constituído de duas partes, porém, com frequência, oco, envolve um pedicelo com um ou dois sacos polínicos apicais. Esta estrutura corresponde a um estame. Em *Welwitschia*, a flor estaminada tem um envoltório com dois pares de brácteas opostas cruzadas e seis estames concrescidos, na base dispostos em um verticilo, cada um dos quais porta no ápice três sacos polínicos concrescidos. Eventualmente, considera-se que não se tratam de seis, mas sim de apenas dois estames tripartidos. As flores estaminadas de *Welwitschia* contêm sempre um rudimento seminal apical rudimentar, acima de um par de brácteas transversais rudimentares.

Os sacos polínicos se abrem com um exotécio em forma, em parte, de fendas curtas.

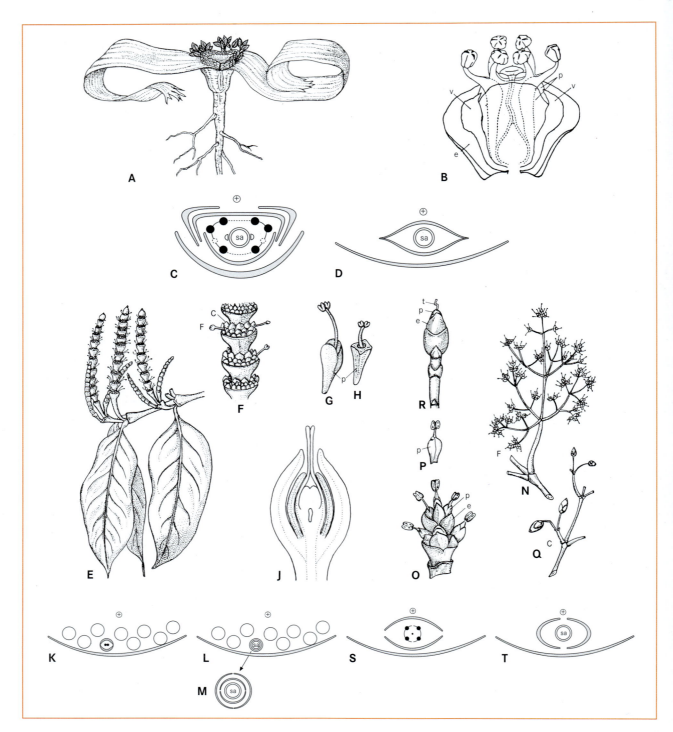

Figura 10-231 Gnetales. A-D *Welwitschia mirabilis*. A Hábito de uma planta jovem com inflorescências ♀ (cerca de 1/20x). B Flor ♂ com escama tectriz e dois pares de brácteas, estames concrescidos e rudimento seminal estéril (cerca de 7x). C, D Diagramas de uma flor ♂ e uma flor ♀. E, F *Gnetum gnemon*. E Ramo com inflorescências ♂ (0,38x); F inflorescência parcial verticilada, externamente com flores férteis ♂ e internamente com flores estéreis ♀ (1,5x); G *G. costatum*. Flores ♂ com um par de brácteas. H *G.montanum*. Flores ♂ com um par de brácteas. J *G. gnemon*; corte longitudinal da flor ♀ com dois pares de brácteas, tegumento prolongado, nucelo e saco embrionário (ampliado). K-M Diagramas das inflorescências ♂ e ♀ e flores ♂ e ♀ de *Gnetum*. N-R *Ephedra altissima*, N ramo ♂ (0,67x), O, P Inflorescência parcial e flor ♂ (7,5), Q, R ramo ♀ com sementes imaturas (0,67x) e flores ♀ terminais (2x). S, T Diagrama de uma flor ♂ e uma flor ♀ de *Ephedra*. – e, escama tectriz; b, brácteas; t, tegumento prolongado cilíndrico. (A segundo A.W. Eichleri, B segundo A.H. Church, E, F segundo G. Karsten e W Liebisch, modificado; G, H segundo F. Markgraf, J segundo W.H. Pearson, modificado; N, Q segundo G. Karsten; O, P segundo O. Stapf, R segundo R. von Wettstein, C, D, K-M, S, T segundo Crane, 1988.)

Além da célula espermatogênica, o gametófito masculino contém outras quatro (*Ephedra*) ou apenas duas células (*Gnetum*, *Welwitschia*). A divisão de célula espermatogênica provoca a formação de duas células espermáticas, e a fecundação ocorre com um tubo polínico (sifonogamia).

As flores femininas contêm um rudimento seminal ereto com um tegumento prolongado em uma micrópila longa, na qual é secretada uma gota de polinização. O rudimento seminal é cercado por um par de brácteas transversal (*Ephedra*) ou por dois pares – um mediano e um transversal (*Gnetum*, *Welwitschia*) – geralmente concrescidos entre si (Figura 10-231).

As brácteas da flor de *Ephedra* tornam-se duras durante o amadurecimento das sementes e as envolvem. Neste gênero, as brácteas da inflorescência podem se tornar carnosas. Em *Gnetum*, o par de brácteas externo torna-se carnoso e o interno fica endurecido; em *Welwitschia*, o par de brácteas externo torna-se alado, enquanto o interno endurece. O gametófito feminino origina-se por divisões nucleares livres, seguidas da formação de paredes celulares, a partir de um único megásporo (monósporo: *Ephedra*) ou de todos os quatro núcleos-filhos provenientes da meiose da célula-mãe de megásporos (tetrásporos: *Gnetum*, *Welwitschia*), podendo ter mais de 1.000 células. Em *Ephedra*, podem ser formados arquegônios, ao passo que isto não ocorre em *Gnetum* e *Welwitschia*; nestes dois gêneros, as oosferas não se distinguem das demais células do gametófito feminino. Em *Welwitschia*, o gametófito feminino cresce com estruturas tubiformes ao encontro do tubo polínico.

Em *Ephedra* e *Gnetum*, observa-se uma dupla fecundação. A fusão das duas células espermáticas com a oosfera e a célula do canal ventral do arquegônio, em *Ephedra*, ou com duas células quaisquer, em *Gnetum*, resulta em dois zigotos. Parece não estar determinado qual desses dois zigotos finalmente se desenvolve no único embrião da semente.

Mesmo que algumas espécies de *Ephedra* sejam polinizadas pelo vento, em Gnetales parece predominar a polinização por diferentes espécies de insetos. Neste sentido, os insetos são atraídos tanto por substância aromáticas quanto pela gota de polinização contendo açúcar, que é secretada também pelos rudimentos seminais estéreis dos indivíduos masculinos.

Os fósseis de Gnetales não estão bem documentados. Fósseis semelhantes a grãos de pólen recentes são conhecidos a partir do Triássico Superior, mas a relação filogenética de macrofósseis do Jurássico Inferior (por exemplo, *Piroconites*) ou do Cretáceo (*Drewria*, *Evanthus*) com Gnetales é duvidosa.

4ª Classe: Magnoliopsida (Angiospermas, Plantas floríferas, Sementes cobertas)

Os conceitos das relações de parentesco das plantas floríferas (e de outros grupos de plantas) e, portanto, do seu sistema modificam-se de forma contínua. Isto vale para o passado, bem como para o presente, no qual a pesquisa do grau de parentesco se baseia principalmente nas sequências de DNA. Os motivos principais dessas mudanças estão no número sempre crescente de táxons analisados e das sequências de DNA, e também no permanente desenvolvimento dos métodos de análise. Finalmente, por diferentes motivos, algumas relações de parentesco talvez não sejam esclarecidas de maneira definitiva.

C. v. Linné estabeleceu as bases da moderna nomenclatura botânica, com um nome para o gênero e uma identificação adicional para a espécie (epíteto específico). Seu sistema, orientado principalmente pelo número e disposição dos estames, era bastante artificial. Após Linné, foram publicados diferentes sistemas, por exemplo, de M. Adanson, A.L. de Jussieu, A.P. de Candolle, J. Lindley, S.L. Endlicher, G. Bentham e J.D. Hooker, A. Braum, A. Engler, C.E. Bessey, H. Hallier, J.B. Hutchinson e R. v. Wettstein. A maioria desses sistemas considerava todas as características observadas, nas suas respectivas épocas. A partir do começo da década de 1970, são adotados principalmente os sistemas de Arthur Cronquist (1981), R.M.T. Dahlgren (1975), A. Takhtajan (1980, 1997) e R.F. Thorne (1992, 2001).

O sistema aqui apresentado segue as ideias do *Angiosperm Phylogeny Group* (APG), com B. Bremer, K. Bremer, M.W. Chase, J.L. Reveal, D.E. Soltis, P. S. Soltis e P.F. Stevens. Esta obra, publicada em 1998, é permanentemente atualizada e se baseia fortemente em sequências de DNA.

O sistema aqui apresentado apoia-se em achado analíticos de DNA e deve-se ao fato de que, com o constante aumento do número de espécies analisadas e considerando o crescente número de segmentos de sequências dos três genomas da célula vegetal (núcleo, mitocôndrias, plastídios), ocorre a consolidação das relações de parentesco reconhecidas. Os resultados obtidos, entretanto, são convincentes também com respeito a outros caracteres. Contudo, deve ser destacado que o sistema apresentado também vem experimentando alterações.

O presente sistema está amplamente voltado para a monofilia dos táxons reconhecidos. Isto tem como consequência, por exemplo, que algumas famílias estabelecidas há muito tempo não são mais reconhecidas formalmente (por exemplo, as Aceraceae foram incluídas nas Sapindaceae, as Lemnaceae nas Araceae, e assim por diante), uma vez que, embora delimitáveis como grupos fenéticos, elas são identificadas como parte de outras famílias. Além disso, se as Lemnaceae, por exemplo, fossem reconhecidas como uma família à parte, as Araceae seriam parafiléticas em relação às Lemnaceae (ver 10.1).

Aqui, não foram empregados nomes formais acima do nível de ordem. Isto se justifica pelo fato de que uma formalização muito dispendiosa da nomenclatura só deveria se processar, quando uma ampla estabilidade do sistema fosse alcançada.

As ordens e grupos informais acima do nível de ordem, aqui reconhecidos, podem ser estabelecidos de modo bem diferente com atributos clássicos. A dificuldade de encontrar características clássicas para determinados círculos de parentesco, reconhecidos ao nível molecular, pode, em princípio, ter três motivos diferentes. Assim, existe a possibilidade de um grupo reconhecido do ponto de vista molecular, em virtude de outras abordagens, se mostrar inconsistente. Além disso, pode ser que, pela evolução fenotípica rápida, por exemplo, caracteres comuns não sejam mais reconhecíveis ou que caracteres comuns sejam perdidos pela evolução divergente dos círculos de parentesco grandes e antigos. Por fim, as características de muitos grupos não são suficientemente conhecidas. Neste caso, as hipóteses moleculares de parentesco, portanto, constituem um desafio para a sistemática com abordagem clássica. As características aqui indicadas para ordens e grupos de ordens não são sempre as sinapomorfias.

Em relação ao distinto estado de abordagem das diferentes famílias, os locais de propagação informados para todas as famílias e os números de gêneros e espécies têm graus de exatidão e de confiabilidade distintos.

10.2.13 Evolução e filogenia das angiospermas: uma visão geral

Com pelo menos cerca de 250.000 espécies, as angiospermas representam atualmente o grupo vegetal mais rico. Entre as sinapomorfias mais importantes das angiospermas, estão a origem comum (a partir da mesma célula-mãe) dos elementos de tubo crivado e das células companheiras (floema), os estames com dois pares laterais de sacos polínicos, a antera com um endotécio hipodérmico, os grãos de pólen quase sempre sem endexina laminada, um gametófito masculino com três núcleos, a inclusão dos rudimentos seminais em carpelos fechados com um estigma, paredes do megásporo sem esporopolenina, bem como fecundação dupla e formação de um endosperma secundário.

Em geral, a riqueza de espécies de um círculo de parentesco é o resultado de taxas de especiação altas e/ou taxas de extinção baixas. A riqueza de espécies das angiospermas provavelmente tenha diferentes causas. Em primeiro lugar, pode ser citada a polinização por insetos (ou, generalizando, a polinização por animais), já verificada nas angiospermas mais primitivas. Uma certa especificidade dos polinizadores provoca o isolamento reprodutivo, o que, por sua vez, pode resultar em uma taxa de especiação elevada. A família Orchidaceae, muito rica em espécies, é com certeza um exemplo da estreita relação entre extrema especialização da polinização e riqueza de espécies.

Possivelmente, a inclusão dos rudimentos seminais em carpelos (e, com isso, o reconhecimento do pólen estranho no momento da polinização do estigma) contribui para o isolamento reprodutivo e, portanto, para a elevação da taxa de especiação. Por isso, tornam-se reduzidas a possibilidade de fecundação mediante pólen estranho e a probabilidade da ruptura dos limites específicos resultantes. Como muitas vezes é possível observar que a velocidade de crescimento do tubo polínico está correlacionada com a semelhança genética de gerações parentais de pólen e sementes, a inibição relativa do pólen de populações geneticamente divergentes pode também provocar o isolamento reprodutivo intraespecífico e, com isso, contribuir para a elevação da taxa de especiação.

A enorme multiplicidade de metabólitos secundários das angiospermas também tem influência sobre a taxa de especiação. Uma vez que essas substâncias na maioria das vezes funcionam na defesa contra herbívoros ou patógenos, a evolução dos metabólitos secundários recentes pode excluir determinados organismos indesejáveis. Isso possibilita a evolução divergente e, com isso, o surgimento de novas espécies. A riqueza de espécies das Asteraceae talvez possa ser esclarecida pela sua riqueza de metabólitos secundários.

Por fim, pela formação das mais diferentes formas de vida, as angiospermas puderam conquistar espaços vitais inacessíveis a plantas arbóreas ou arbustivas. Assim, por exemplo, o hábito herbáceo associado ao ciclo de vida curto permite a ocupação de ambientes relativamente instáveis. A diversidade de morfologia vegetativa e, talvez, também a anatomia podem igualmente ter contribuído para o aumento da taxa de especiação.

Os fósseis de pólen e, em parte, de folhas das angiospermas surgiram pela primeira vez no Cretáceo Inferior, há cerca de 140 milhões de anos. No entanto, elas se tornaram um componente dominante da vegetação provavelmente apenas no Cretáceo Médio a Superior.

Os distintos empregos de relógios moleculares para a determinação da idade das angiospermas levaram aos mais diferentes resultados. Todavia, um resultado quase sempre igual foi aquele segundo o qual as angiospermas talvez sejam mais antigas do que os registros fósseis comprovam. Em princípio, isto não é surpreendente, tendo em vista a sua provável relação de parentesco com as gimnospermas, cujos fósseis são reconhecidamente mais antigos.

Na base da árvore genealógica das angiospermas (Figura 10-232) situam-se algumas famílias, aqui reunidas com "**ordens basais**" (antigamente, Magnoliidae), às quais pertencem menos de 4% de todas as espécies atualmente viventes. Os representantes dessas famílias são, na maioria, lenhosos, em parte também herbáceos, têm folhas simples e contêm óleos etéreos em idioblastos esféricos. As flores consistem de apenas poucos órgãos, na maioria com disposição helicoidal ou mais raramente verticilada; os grãos de pólen são monossulcados (Figura 10-233) e os carpelos são em geral livres ou únicos. Como primeiro ramo da árvore genealógica das angiospermas atualmente viventes, foi identificada a família Amborellaceae, monoespecífica e nativa da Nova Caledônia. A constatação de flores muito pequenas (< 5 mm) com poucos órgãos em Amborellaceae ajusta-se bem aos achados da paleobotânica, que relaciona a presença de flores pequenas aos fósseis floríferos mais antigos. Portanto, é muito provável que as angiospermas mais primitivas possuíam flores pequenas. Muito próximo à base da árvore genealógica encontram-se também as Nymphaeaceae, com *Nymphaea* (ninfeia) e *Nuphar* (rosa-do-lago), também ocorrentes na Europa Central. Uma grande relação de parentesco é representada pela *Magnolia* (magnólia), *Laurus* (louro) e *Piper* (pimenta).

As "ordens basais" constituem um grupo parafilético, do qual derivaram as demais angiospermas. O caráter dessas ordens basais, como remanescente de um grupo antes rico de espécies, é também nítido em sua distribuição geográfica fragmentada, sobretudo em regiões tropicais e subtropicais.

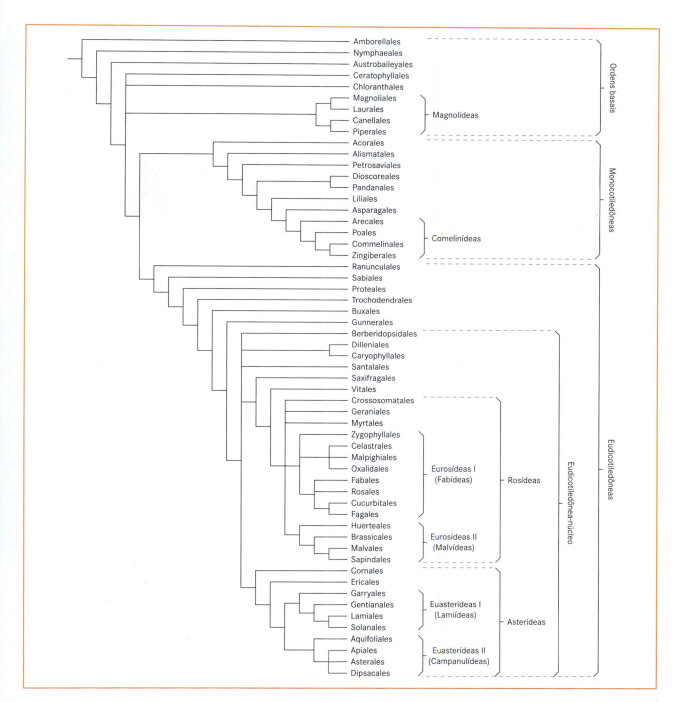

Figura 10-232 Filogenia presumível das angiospermas, fundamentada em uma análise de parcimônia máxima de sete sequências de DNA nucleares (18S-rDNA, fitocromo: PHYA, PHYC, plastidiais (*rbc*L, *atp*B) e mitocondriais (*atp*1, *mat*R) DNA-*sequenzen*. (Segundo Stevens, 2001 em diante.)

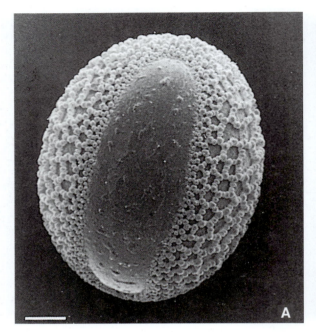 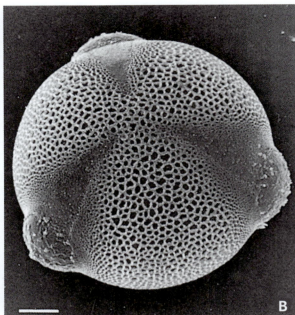

Figura 10-233 Os dois tipos básicos de grãos de pólen das angiospermas. **A** Monossulcado (*Lilium martagon*), com uma abertura distal. **B** Tricolpado (neste caso, a forma especial tricolporada: *Ecballium elaterium*), com três aberturas equatoriais; estado hidratado; barras 10 μm. (MEV segundo H. Halbbritter e M. Hesse.)

As **Monocotiledôneas**, como primeiro grande bloco das demais angiospermas, contém 22% de todas as espécies de angiospermas. Os fósseis de plantas floríferas desse grupo, inequivocamente mais antigos, têm cerca de 90 milhões de anos de idade. Pelos seguintes atributos, as monocotiledôneas constituem um círculo de parentesco bem caracterizado e há muito reconhecido: hábito geralmente herbáceo, presença predominante de apenas um cotilédone, feixes vasculares com disposição geralmente dispersa no caule, folhas com nervuras paralelas, flores predominantemente trímeras e grãos de pólen monossulcados. As linhagenss basais das monocotiledôneas são as Acoraceae, com *Acorus* (ácoro) trazido para a Europa Central, e as Alismatales, por exemplo, *Butomus* (bútomo), *Alisma* (alisma), *Potamogeton* (potamogeto), *Arum* (árum) e *Lemna* (lentilha-d'água). O modo de vida predominantemente aquático dessas duas linhas levou à suposição que as monocotiledôneas originaram-se de ancestrais aquáticos. Entre as monocotiledôneas da flora da Europa Central, podem ser citadas, por exemplo: *Lilium* (lírio), *Paris* ("Einbeere"), orquídeas, *Asparagus* (aspargo), *Convallaria* (lírio-do-vale) e *Tamus* (tamo); nos trópicos, por exemplo, ocorre o gênero *Pandanus* (palmeira-parafuso). As Arecaceae (palmeiras), Poaceae (gramíneas), Cyperaceae (ciperáceas), *Musa* (banana) e *Zingiber* (gengibre), por exemplo, estão reunidas no grupo das "Comelinídeas".

As demais 74% (aproximadamente) das espécies de angiospermas pertencem ao grupo das "**Eudicotiledôneas**" (em inglês *eudicots*). Diferentemente das ordens situadas na base da árvore genealógica das angiospermas e das monocotiledôneas, elas se distinguem pela presença de grãos de pólen com três ou mais aberturas (Figura 10-233) e têm mais ou menos a mesma idade das monocotiledôneas.

Diferentes táxons, como *Nelumbo* (lótus-índico), *Platanus* (plátano), *Berberis* (bérberis), *Ranunculus* (ranúnculo), *Papaver* (papoula) ou *Buxus* (buxo), pertencem às linhagens basais das eudicotiledôneas. Enquanto nessas linhagens pode-se observar ainda variação no número e disposição dos órgãos florais, com o surgimento do grupo principal das eudicotiledôneas (eudicotiledôneas-núcleo; em inglês *core eudicots*), os órgãos florais (verticilados) passaram a ter números múltiplos de cinco e os periantos a consistir de cálice e corola. A grande maioria das eudicotiledôneas divide-se em dois grandes blocos: as "Rosídeas" e as "Asterídeas".

As **Rosídeas** apresentam pétalas geralmente livres, dois verticilos de estames, rudimentos seminais crassinucelados com dois tegumentos e formação de endosperma nuclear. Na Europa Central, este grupo é representado, por exemplo, por *Geranium* (gerânio), *Hypericum* (erva-de-são-joão), *Euphorbia* (eufórbia), *Salix* (salgueiro), *Viola* (violeta), *Trifolium* (trevo), *Urtica* (urtiga), *Rosa* (rosa), *Bryonia* (briônia), *Fagus* (faia), *Betula* (bétula), *Lythrum* (salicária), *Capsella* (capsela), *Tilia* (tília) e *Acer* (ácer). As **Asterídeas** têm, em geral, pétalas concrescidas, com frequência apenas um verticilo de estames e rudimentos seminais tenuinucelados com um tegumento e formação de endosperma celular. Na Europa Central, podem ser citados como exemplos de Asterídeas: *Cornus* (corniso), *Calluna* (urze), *Primula* (prímula), *Gentiana* (genciana), *Galium* (gálio), *Mentha* (menta), *Verbascum* (verbasco), *Plantago* (tanchagem), *Atropa* (beladona), *Convolvulus* (convólvulo), *Myosotis* (miosótis), *Ilex* (azevinho), *Carum* (alcaravia), *Dipsacus* (dipsaco), *Campanula* (campânula), e *Centaurea* (centáurea).

Os representantes das Rosídeas e Asterídeas, na grande maioria, são herbáceos. Todavia, nestes dois grupos das eudicotiledôneas existem também inúmeros círculos de parentesco com muitas espécies lenhosas.

Este breve panorama sobre o desdobramento das angiospermas deixa claro que, no âmbito vegetativo, é possível observar uma tendência para o hábito herbáceo. Quanto às flores, no decorrer do processo evolutivo houve uma progressiva fixação de um número menor de órgãos com disposição verticilada; no que se refere aos rudimentos seminais, ocorreu uma diminuição e simplificação. Com isso, continuou nas angiospermas o que já havia sido observado em diferentes giminospermas.

10.2.14 Sistema das angiospermas

"Ordens basais"

As famílias aqui reunidas como "ordens basais", com cerca de 8.600 espécies na base da árvore genealógica das angiospermas, não constituem um grupo monofilético, embora tenham muito em comum. Na maioria dos casos, trata-se de plantas lenhosas, com óleos etéreos (fenilpropanos, terpenos) em idioblastos esféricos e folhas simples sem estípulas. As flores são muito diferentes. Assim, elas podem ter vários órgãos com disposição helicoidal, muitas vezes os órgãos florais são encontrados em verticilos trímeros e, às vezes, as flores são muito simples e consistem de apenas poucos órgãos. Os grãos de pólen são, na maioria, monossulcados (Figura 10-233), e os carpelos são livres (coricárpicos). As plantas desse grupo contêm muitas vezes alcaloide benzílico quinolínico e/ou neolignano, biossinteticamente muitos próximos.

Amborellales
Amborellaceae: 1 gênero/1 espécie, Nova Caledônia

Como primeiro ramo da árvore genealógica das angiospermas, são consideradas as Amborellaceae (**Amborellales**), com apenas uma espécie (*Amborella trichopoda*), ocorrente na Nova Caledônia. Trata-se de arbustos dioicos, perenifólios, sem vasos e sem células secretoras de óleos, com flores muito pequenas (< 5 mm), com órgãos florais de disposição helicoidal e periantos compostos de 7-11 tépalas. As flores estaminadas contêm 10-14 estames e as flores pistiladas têm alguns carpelos livres, que se desenvolvem em drupas (Figura 10-234).

A relação de grupo-irmão de *Amborella* com o restante das angiospermas é muitas vezes discutível. Em algumas análises, a *Amborella* é colocada como de uma família-irmã das Nymphaeales. Isto mostra mais uma vez que o sistema das angiospermas não é estável.

Nymphaeales
Cabombaceae: 2 gêneros/6 espécies, cosmopolita; Nymphaeaceae: 6 gêneros/58 espécies, cosmopolita; Hydatellsceae: 2 gêneros/10 espécies, Austrália, Nova Zelândia, Índia

Como famílias das **Nymphaeales**, as Cabombaceae e Nymphaeaceae são plantas de pântanos e aquáticas, sem células secretoras de óleos e sem alcaloide benzílico quinolínico. *Victoria amazonica* apresenta, além de folhas submersas, folhas flutuantes com diâmetro de até 2 m (Figura 4-60). As flores bissexuais têm círculos de órgãos trímeros (Cabombaceae) ou os órgãos florais, na maioria dos casos, têm disposição verticilada. Os carpelos, com placentação laminar, são livres ou parcialmente concrescidos. Na Europa Central, as Nymphaeaceae são representadas em corpos d'água oligotróficos ou eutróficos por duas espécies de rosa-do-lago (*Nuphar lutea*, *N. pumila*) e duas de ninfeia (*Nymphaea alba*, *N. candida*).

As Hydatellaceae também pertencem às Nymphaeales. Esta família, que fazia parte das Poales (Monocotiledôneas), é representada por ervas anuais, pequenas, de ambientes aquáticos, possui flores unissexuais com um estame ou um ovário.

Austrobaileyales
Austrobaileyaceae: 1 gênero/2 espécies, nordeste da Austrália; Schisandraceae: 3 gêneros/92 espécies, sudeste da Ásia, leste da América do Norte; Trimeniaceae: 1-2 gêneros/6 espécies, Nova Guiné, sudeste da Austrália, Fiji

As **Austrobaileyales** consistem de Austrobaileyaceae, Trimeniaceae e Schisandraceae (inclusive Illiciaceae). As Austrobaileyaceae são lianas com folhas opostas e flores grandes, bissexuais. Flores unissexuais ou bissexuais em Schisandraceae e Trimeniaceae, muitas vezes também representadas por lianas; as flores pistiladas ou bissexuais das Trimeniaceae têm apenas um carpelo. *Illicium verum* (anis-estrelado) e *I. anisatum* (ilício), muito semelhante, mas tóxica, pertencem às Schisandraceae.

Nas famílias mencionadas até agora, as folhas carpelares ascidiadas, com carpelos fechados mediante secreção, são muito comuns.

Ceratophyllales
Ceratophyllaceae: 1 gênero/6 espécies, cosmopolita

As **Ceratophyllales** são representadas apenas pelas Ceratophyllaceae, que são ervas submersas cosmopolitas de águas paradas. *Ceratophyllum* (ceratofilo), ocorrente também na Europa Central, não possui raízes, e é fixado ao substrato por rizomas. Além disso, muitas vezes seus exemplares são encontrados flutuando livremente. Cada uma das flores unissexuais de plantas monoicas, com inúmeros estames ou apenas um carpelo com um ru-

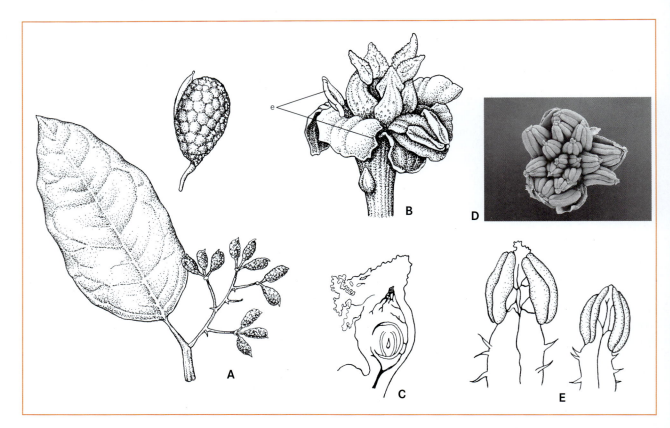

Figura 10-234 Amborellales, Amborellaceae. **A** Ramo com drupas e fruto (agregado de drupas). **B** Flor ♀ com estaminódios. **C** Corte longitudinal do carpelo. **D** Flor ♂. **E** Estames. – e, estaminódios. (R. Spohn, A, C, E segundo A. Takhtajan; B segundo Vorlage P.K. Endress, D segundo P.K. Endress.)

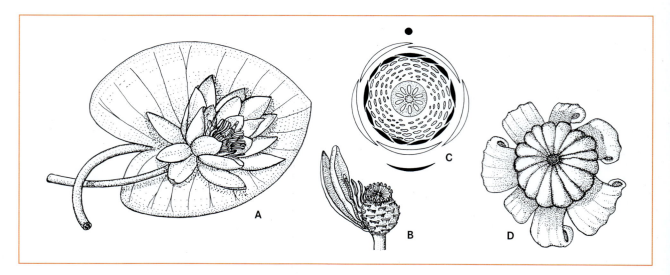

Figura 10-235 Nymphaeales, Nymphaeaceae. **A, B** *Nymphaea alba*. **A** Folha flutuante, **B** flor e ovário com inserção helicoidal das pétalas e estames, em parte retirados (0,5x). **C, D** *Nuphar luteum*. **C** Diagrama floral (nectário, em preto; tecido axial, pontuado); **D** fruto (o tecido axial se soltou dos carpelos livres). (A, B segundo G. Karsten; C segundo A.W. Eichler; D segundo W. Troll.)

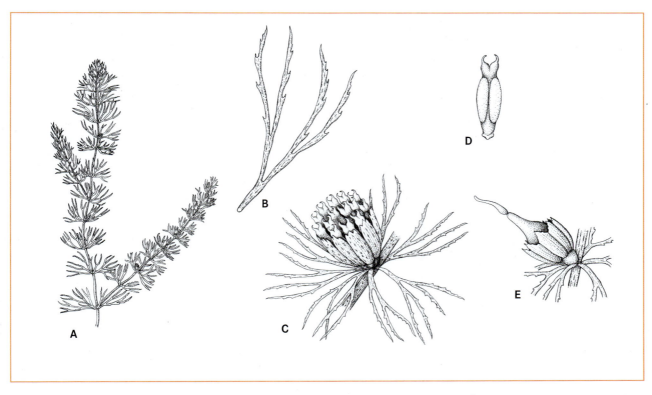

Figura 10-236 Ceratophyllales, Ceratophyllaceae. **A** Hábito, **B** folha bifurcada, **C** flor ♂, **D** estame, **E** flor ♀. (R. Spohn segundo Takhtajan, 1980).

dimento seminal, situa-se na região das folhas opostas e bifurcadas (Figura 10-236).

Chloranthales
Chloranthaceae:
4 gêneros/75 espécies, subtropical e tropical, América, Madagascar, Ásia

Como única família das **Chloranthales**, as Chloranthaceae têm flores unisexuais ou bissexuais muito pequenas, em geral sem perianto, com 1-5 estames e apenas um carpelo (Figura 10-237).

As relações de parentesco das Ceratophyllaceae e Chloranthaceae são incertas. Para as duas famílias, propõem-se uma relação de grupos-irmãos com as monocotiledôneas ou com as eudicotiledôneas.

A maioria das famílias e espécies das ordens aqui descritas pode ser reunida nas ordens Magnoliales, Laurales, Canellales e Piperales, formadoras de uma linhagem filogenética. Estas quatro ordens são reunidas como Magnolídeas pelo *Angiosperm Phylogeny Group* (APG).

Nas **Magnoliales**, as folhas alternas inserem-se em nós trilacunares e multilacunares e as flores, frequentemente grandes e com órgãos compostos de numerosas partes (Figura 10-238), têm carpelos, em geral, com

Figura 10-237 Chloranthaceae. Inflorescência de *Sarcandra chloranthoides*, com flores bissexuais de um estame (amarelo) e um carpelo (verde). (Fotografia segundo P.K. Endress.)

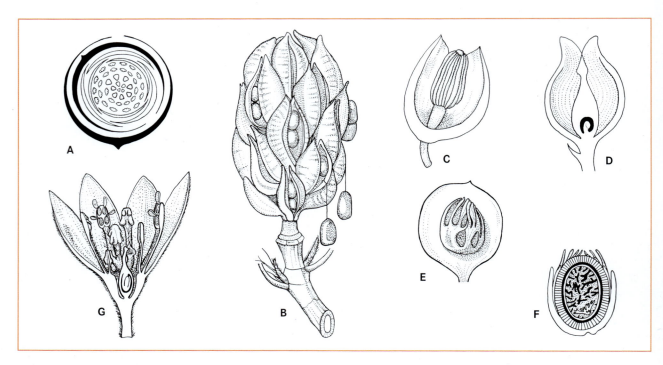

Figura 10-238 Magnoliales (A-F) e Laurales (G). **A, B** Magnoliaceae. **A** Diagrama floral de *Michelia* (envoltório de brácteas, em preto; perianto, em branco); **B** fruto agregado de *Magnolia virginiana*, com sementes vermelhas pendentes dos folículos por feixes vasculares (1x). **C-F** Myristicaceae, *Myristica fragrans*. **C** Flor ♂ e **D** flor ♀ (4x). **E, F** Fruto unicarpelar carnoso, mas deiscente, em corte (aproximadamente 0,5 x); arilo vermelho ("Macis": condimento, droga) envolve a semente castanho-escura, dentro da qual (devido à expansão do tégmen) encontram-se o endosperma fissurado (ruminado) e o embrião (cerca de 0,67x). **G** Lauraceae, *Cinnamomum verum*, flor em corte longitudinal, perígina, com ovário pseudomonômero e anteras se abrindo (aproximadamente 5x). (A-D, F segundo A. Englers Syllabus; E segundo G. Karsten; G segundo H. Baillon.)

Magnoliales
Annonaceae: 129 gêneros/2.200 espécies, pantropical; Degeneriaceae: 1 gênero/2 espécies, Fiji; Eupomatiaceae: 1 gênero/3 espécies, leste da Austrália, Nova Guiné; Himantandraceae: 1 gênero/2 espécies, nordeste da Austrália, Nova Guiné; Magnoliaceae: 2 gêneros/227 espécies, tropical a temperada, leste até sudeste da Ásia, América; Myristicaceae: 20 gêneros/475 espécies, pantropical

Laurales
Atherospermataceae: 6-7 gêneros/16 espécies, Nova Guiné, leste da Austrália, Nova Zelândia; Nova Caledônia, Chile; Calycanthaceae: 5 gêneros/11 espécies, China temperada, América do Norte, nordeste da Austrália; Gomortegaceae: 1 gênero/1 espécie, Chile; Hernandiaceae: 5 gêneros/55 espécies, pantropical; Lauraceae: 50 gêneros/2.500 espécies, pantropical; Monimiaceae: 22 gêneros/200 espécies, pantropical; Siparunaceae: 2 gêneros/75 espécies, América do Sul, oeste da África

---

mais do que um rudimento seminal. Nas Magnoliaceae, os vários órgãos florais com frequência têm disposição helicoidal. Os frutos do gênero *Magnolia* são agregados de folículos e as sementes têm uma sarcotesta. Diferentes espécies de magnólia (*Magnolia*) e tulipeira (*Liriodendron*) são muitas vezes adaptadas como árvores ornamentais.

As Annonaceae com frequência têm um perianto de verticilos trímeros. Os carpelos isolados desenvolvem-se em geral em bagas. Um representante desta família bastante consumido pelo seu sabor é *Annona squamosa* (fruta-do-conde). As Degeneriaceae têm apenas um carpelo por flor, e nas Eupomatiaceae não há perianto. Os carpelos das Myristicaceae e Himantandraceae têm apenas um rudimento seminal. As Myristicaceae têm, além disso, flores unissexuais pequenas, com apenas um carpelo. Nas flores estaminadas, os numerosos estames são concrescidos em uma estrutura colunar. A esta última família pertence *Myristica fragrans* (noz-moscada), na qual a parte interna da casca da semente penetra profundamente no endosperma (ruminação).

As **Laurales** possuem em geral flores opostas (ou alternas), em nós uniloculares. A maioria de suas flores tem um cálice nítido e os carpelos contêm apenas um rudimento seminal. Excetuando as Calycanthaceae, as famílias desta ordem têm flores pequenas, seus estames possuem em geral um par basal de glândulas e as anteras exibem com frequência deiscência valvar.

As Atherospermataceae, Siparunaceae e Monimiaceae têm muitas vezes flores unissexuais, com vários estames ou carpelos no interior de um cálice expandido ou em forma de jarro. No gênero *Siparuna*, por exemplo, com cálice em forma de jarro, a polinização se processa mediante vespas muito pequenas, que depositam seus ovos nas flores femininas. Na região distal do cálice, os estiletes dos carpelos livres ficam tão próximos que é possível a passagem de um tubo polínico de um para outro estilete vizinho. Essa sincarpia funcional pode ser alcançada também por uma acentuada formação de mucilagem no âmbito do estilete.

As *Lauraceae*, embora de distribuição pantropical, avançam até a região mediterrânea com *Laurus nobilis* (louro). Em geral, elas têm verticilos trímeros (Figura 10-238); o carpelo desenvolve-se em uma baga ou drupa.

Cinnamomum camphora (canforeira), de cujo lenho é extraída a cânfora por sublimação, e as canelas (*C. verum* e espécies aparentadas próximas), cujo córtex fornece a matéria-prima, são importantes Lauraceae cultivadas. *Persea americana* (abacate) fornece um fruto carnoso comestível rico em gordura. *Cassytha*, com seus eixos filiformes cobertos de folhas escamiformes, é um gênero hemiparasítico de Lauraceae.

> **Canellales**
> Canellaceae: 5 gêneros/13 espécies Madagascar, África, América; Winteraceae: 4-7 gêneros/60-90 espécies, América Central e América do Sul, Madagascar, sudeste da Ásia, Austrália, Nova Zelândia, Nova Caledônia

As **Canellales** são representadas pelas Canellaceae e Winteraceae. As Winteraceae não possuem vasos no lenho; as Canellaceae têm as partes do androceu concrescidas em um tubo e gineceu sincárpico não septado. O gênero *Takhtajania* (Winteraceae) também tem gineceu sincárpico não septado.

As **Piperales** são com frequência herbáceas, com venação foliar muitas vezes palmada. Os órgãos florais, na maioria, são dispostos em três verticilos. Nas *Aristolochiaceae*, representadas na Europa Central por *Asarum europaeum* (ásaro) e *Aristolochia clematitis* (aristolóquia, clematite-bastarda), o perianto simples apresenta partes concrescidas. Em *Aristolochia* (Figura 10-239), esse perianto forma um tubo curvo e zigomorfo, que, em algumas espécies tropicais, pode ter tamanho, forma, cores e odor impressionantes. O ovário, muitas vezes sincárpico, é geralmente protegido, e em *Aristolochia* estames e carpelos são concrescido em um ginostêmio.

Figura 10-239 Aristolochiaceae. Flor e botões florais de *Aristolochia arborea*. (Fotografia segundo I. Mehregan.)

> **Piperales**
> Aristolochiaceae: 4 gêneros/480 espécies, cosmopolita; Hydnoraceae: 2 gêneros/7 espécies, península arábica, África, Madagascar, América Central e América do Sul; Lactoridaceae: 1 gênero/1 espécie, Juan Fernandez; Piperaceae: 5-8 gêneros/2.015 espécies, pantropical; Saururaceae: 5 gêneros/6 espécies, sudeste a leste da Ásia, América do Norte

Nesta família, a polinização é realizada por moscas. Por esse motivo, é muito frequente a formação de flores pendentes, com cores vermelho-opacas ou castanhas e odor desagradável.

As flores de *Piperaceae*, pequenas, sem perianto e bissexuais ou unissexuais, são dispostas em espigas. As drupas contêm uma semente principalmente com perisperma (Figura 10-240), a qual é proveniente de um rudimento seminal átropo. Os frutos e sementes *Piper nigrum* são utilizados como pimenta. As *Hydnoraceae*, afilas e aclorofiladas, parasitam raízes e também pertencem às Piperales.

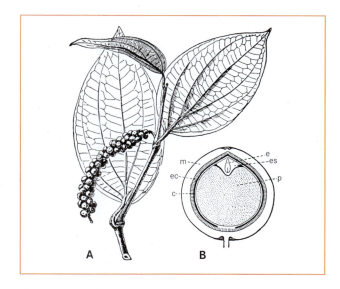

Figura 10-240 Piperales, Piperaceae, *Piper nigrum*. **A** Caule com infrutescência (0,33x); **B** drupa em corte longitudinal (5x), com mesocarpo carnoso, endocarpo lenhoso, casca da semente, embrião, endosperma secundário e perisperma. – e, embrião; ec, endocarpo; m, mesocarpo; p, perisperma; c, casca da semente; es, endosperma secundário. (A segundo G. Karsten; B segundo H. Baillon.)

A descrição das famílias de posição basal na árvore genealógica das plantas floríferas deixa claro que, apesar das várias características em comum, pode ser observada também uma grande multiplicidade morfológica, especialmente na morfologia floral. Assim, por um lado, encontram-se nas Magnoliaceae, por exemplo, flores grandes e com numerosas peças; por outro lado, as Chloranthaceae, por exemplo, têm flores pequenas e extremamente simples.

Essa multiplicidade na morfologia floral está associada a uma enorme diversidade na biologia da reprodução. Atualmente, existe uma tendência em considerar as flores pequenas e com poucas peças como pertencentes ao tipo original. Um argumento a favor dessa tendência é a crescente descoberta de fósseis muito antigos com flores pequenas. No entanto, recentemente, com *Archaefructus* foi descrito também um fóssil de angiosperma do Cretáceo Inferior, cujas flores foram interpretadas já como inflorescência.

Ao todo, a melhor abordagem para o grupo de famílias e ordens até hoje descrito é considerá-los como um grupo basal parafilético, a partir do qual se originaram a monocotiledôneas e as eudicotiledôneas. Não está claro, dentro das ordens basais, quais são os parentes mais próximos das monocotiledôneas ou eudicotiledôneas. As prováveis candidatas são as Ceratophyllaceae e as Chloranthaceae. Para ambas, em diferentes datações tem sido encontrada uma relação de grupos-irmãos ou com as monocotiledôneas ou com as eudicotiledôneas.

Monocotiledôneas

As monocotiledôneas constituem um clado há muito reconhecido e muito bem caracterizado. Elas são plantas muitas vezes herbáceas, em geral com ramificação simpodial. Na maioria das vezes, não se forma uma raiz primária, mas sim o sistema radical, que consiste frequentemente de raízes uniformes de origem caulinar (homorrizia secundária). Os feixes vasculares, geralmente se dispõem de modo irregular em caules e raízes visto em corte transversal (atactostelo), e não possuem qualquer câmbio. Em consequência disso, as monocotiledôneas não são capazes de um crescimento secundário normal em espessura. As folhas, na maioria com venação paralela, têm folhas com disposição dística e não possuem estípulas. Nos eixos laterais encontra-se apenas um prófilo, voltado para o eixo de origem (adossado). Os vasos são encontrados com frequência apenas nas raízes. Os plastídios dos tubos crivados contêm quase sempre cristais proteicos cuneados; ocasionalmente, encontram-se grãos de amido e/ou filamentos proteicos. As flores são com frequência trímeras e pentacíclicas. O endotécio (nas anteras) desenvolve-se diretamente da camada celular subepidérmica. Os grãos de pólen são monossulcados (Figura 10-233). A formação do endosperma, na maioria das vezes, é helobial ou nuclear, e as plântulas têm apenas um cotilédone (Figura 10-241).

Nas monocotiledôneas, são reconhecidas onze ordens: Acorales, Alismatales, Petrosaviales, Dioscorales, Pandanales, Liliales, Asparagales, Arecales, Poales, Commelinales e Zingiberales. As quatro últimas ordens, bem como as Dasypogonaceae, podem ser reunidas nas Commelinídeas.

As **Acorales**, como grupo-irmão do restante das monocotiledôneas, distinguem-se pela presença de

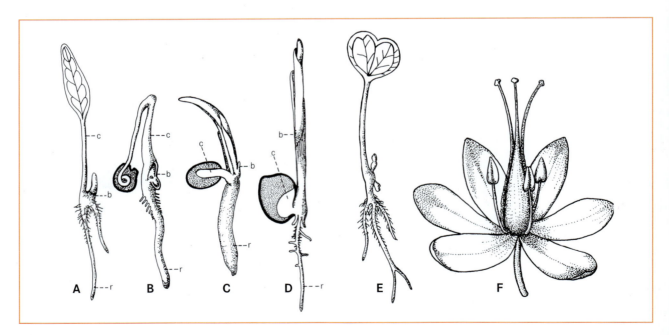

Figura 10-241 Plântulas de monocotiledôneas. **A** *Paris quadrifolia*, **B** *Allium cepa*, corte longitudinal, **C** *Clivia miniata*, corte longitudinal, **D** *Zea mays*, corte longitudinal. Casca da semente (ou fruto) preto, endosperma pontilhado, cotilédone, sua bainha, raiz principal. Em B-D, o cotilédone está parcial ou totalmente transformado em um órgão sugador. **E** Característica de monocotiledônea em dicotiledônea: plântula de *Ranunculus ficaria* com um cotilédone; **F** flor de *Cabomba aquatica* (Nymphaeaceae), P3+3 A3 G3 (3×). – c, cotilédone; b, bainha; r, raiz principal. (A-E segundo J. Sachs e R. von Wettstein, modificado; F segundo H. Baillon.)

idioblastos secretores de óleos, assim como em muitas famílias na base da árvore genealógica das angiospermas. Diferente de todas as outras monocotiledôneas, o endotécio origina-se não diretamente da camada subepidérmica da parede da antera. Essa camada subepidérmica sofre uma divisão periclinal e, dessas duas camadas, a partir da mais externa o endotécio forma-se. Esses processos são constatados na maioria das plantas floríferas não monocotiledôneas. A formação do endosperma é celular e, com isso, diverge da maioria das demais monocotiledôneas. O único gênero das **Acorales**, *Acorus* (Figura 10-242), apresenta folhas em forma de espada. As flores bissexuais pouco vistosas são trímeras e dispostas em espiga. Uma vez que a espata verde, como forófilo da espiga, se constitui numa continuação do eixo achatado, a espiga parece ter uma posição lateral.

Acorales
Acoraceae: 1 gênero/2-4 espécies, leste da Ásia, sinantropa, ampla distribuição

Acorus calamus (ácoro), devido aos seus óleos etéreos, é uma planta medicinal que provavelmente no século XVI foi introduzida na Europa, a partir do leste asiático. Na Europa Central, esta espécie é triploide e estéril, multiplicando-se apenas de modo vegetativo.

As **Alismatales** são, na maioria das vezes, plantas herbáceas de ambientes úmidos ou aquáticos. As anteras têm um tapete periplasmodial com células uninucleadas, e os embriões são com frequência verdes e armazenam nutrientes. Excetuando as Araceae (na maioria das vezes, terrestres ou epifíticas), nas bainhas foliares encontram-se pequenas escamas (escamas intravaginais), o gineceu é quase sempre coricárpico e o desenvolvimento do endosperma é helobial (Figura 10-243).

As Butomaceae, com *Butomus umbellatus* (bútomo), têm um perianto duplo, sépalas petaloides e folículos. A placentação é laminar. O perianto das **Alismataceae** é diferenciado em cálice e corola (Figura 10-244); o número de estames pode ser reduzido de 6-3 ou aumentado; os frutos são nozes, com uma a poucas sementes. As flores de *Alisma* (alisma) são bissexuais e as de *Sagittaria* (sagitária) são unissexuais. Nesta família de vida predominantemente aquática, as folhas submersas, flutuantes e aéreas são bastante distintas. Nas **Hydrocharitaceae**, que apresentam flores unissexuais, encontram-se espécies submersas por completo (por exemplo, *Najas*: naja), outras crescendo acima da superfície (por exemplo, *Hydrocharis*: hidrócaris) ou outras na superfície da água sem contato com o solo (por exemplo, *Stratiotes aloides*: "Krebsschere").

Elodea canadensis (elódea), levada da América do Norte para a Europa por volta de 1836, é dioica. Somente por propagação vegetativa, a sua dispersão explosiva bloqueou por completo o sistema de canais na Grã-Bretanha, provocando a aceleração da instalação da rede ferroviária. As flores carpeladas de *Vallisneria spiralis* (Figura 10-243), espécie subtropical, são conduzidas até a superfície da água por meio de um pedúnculo floral helicoidal. As flores estaminadas se soltam da planta embaixo da água. Tão logo chegam à superfície, elas se abrem e são movidas para as flores pistiladas, ocorrendo a polinização.

As **Juncaginaceae**, por exemplo, *Triglochin* (triglóquin), têm flores bissexuais e são encontradas em ambientes úmidos de água doce ou salgada. Os potamogetos (*Potamogeton*; Figura 10-243) pertencem às Potamogetonaceae. Tratam-se de plantas aquáticas dotadas de raízes, com ou sem folhas flutuantes, cujas flores tetrâmeras e dispostas em espigas são em geral polinizadas pelo vento. A esta família pertence também as *Zannichellia* (zaniquélia), submersa e com flores unissexuais (Figura 10-243). As zosteras marinhas (**Zosteraceae**) têm igualmente flores unisse-

Alismatales
Alismataceae: 12 gêneros/81 espécies, cosmopolita; Aponogetonaceae 1 gênero/43 espécies, Hemisfério Sul, Velho Mundo; Araceae, inclusive Lemnaceae: 106 gêneros/4025 espécies, cosmopolita, maioria tropical; Butomaceae: 1 gênero/1 espécie, Eurásia temperada; Cymodoceaceae: 5 gêneros/16 espécies, oeste do Pacífico, Caribe, Mar Mediterrâneo, Austrália; Hydrocharitaceae, inclusive Najadaceae: 18 gêneros/116 espécies, cosmopolita; Juncaginaceae: 4 gêneros/15 espécies, subcosmopolita, clima temperado; Limnocharitaceae: 3 gêneros/7 espécies, pantropical; Posidoniaceae: 1 gênero/9 espécies, Austrália, Mar Mediterrâneo, Potamogetonaceae, inclusive Zannichelliaceae: 7 gêneros/102 espécies, cosmopolita; Ruppiaceae: 1 gênero/1-10 espécies, subcosmopolita; Scheuchzeriaceae: 1 gênero/1 espécie, Hemisfério Norte, zona ártico-temperada; Tofieldiaceae: 3-5 gêneros/27 espécies, zona temperada do Hemisfério Norte, norte da América do Sul; Zosteraceae: 2 gêneros/14 espécies, zonas temperadas dos Hemisférios Norte e Sul

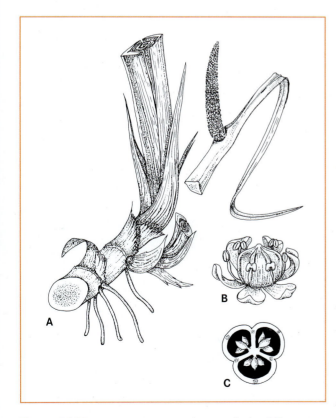

Figura 10-242 Acorales, Acoraceae. *Acorus calamus*. **A** Planta com inflorescência (0,25x), **B** Flor isolada, **C** ovário, em corte transversal (ampliado). (A segundo G. Karsten, B, C segundo J. Graf.)

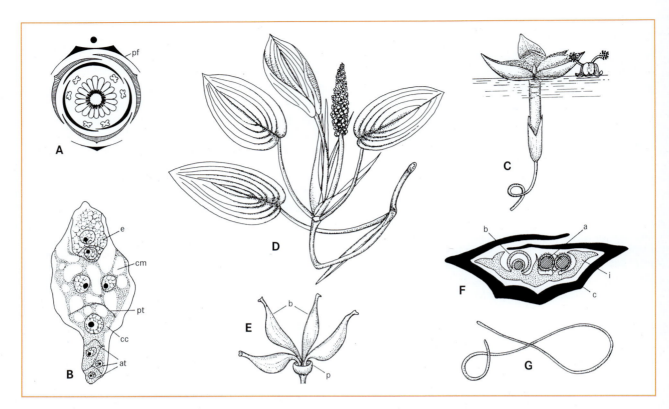

Figura 10-243 Alismatales. **A** Alismataceae, diagrama floral de *Alisma plantago-aquatica*, prófilo com duas quilhas e adossado, estames desdobrados, carpelos livres, unisseminados. **B** Butomaceae, tipo helobial de desenvolvimento do endosperma, em *Butomus umbellatus* (aproximadamente 600x). **C** Hydrocharitaceae, *Vallisneria spiralis*: flor ♀ desprendida, flor ♂ movente (5x). Potamogetonaceae; **D** ramo florido de *Potamogeton natans* (0,25x), **E** flor ♀ de *Zannichellia palustris*, com borda de perigônio e quatro carpelos livres (6x). Zosteraceae. *Zostera marina*, **F** corte transversal da inflorescência do tipo espiga plana e bráctea: flores ♀ e ♂ nuas, com carpelo e antera, respectivamente (20x), **G** grão de pólen filamentoso (1x, aproximadamente 0,5 mm). – a, antera; at, antípodas; i, inflorescência; cc, câmara calazal; e, embrião; c, carpelo; b, bráctea; cm, câmara micropilar; p, perigônio; pf, prófilo; pt, parede transversal. (A segundo A.W. Eichler, modificado; B segundo A. Englers Syllabus; C segundo A. Kerner; D segundo G. Karsten; E segundo J. Graf; F, G segundo G. Hegi.)

Figura 10-244 Alismataceae. Flores estaminadas de *Sagittaria sagittifolia*. (Fotografia segundo I. Mehregan.)

xuais, com apenas um estame ou um carpelo. Os grãos de pólen de *Zostera* não possuem exina, são tubiformes e podem alcançar até 0,5 mm de comprimento (Figura 10-243). Devido à forma e ao tamanho, sua velocidade de descida na água é reduzida e chance de encontrar um estigma aumenta.

O modo de vida marinho é encontrado também nas **Cymodoceaceae**, **Ruppiaceae** (rúpias) e **Posidoniaceae**, bem como, em parte, nas Hydrocharitaceae.

A grande família das **Araceae** contém principalmente plantas herbáceas, por vezes também lenhosas, na maioria de ambientes terrestres. As flores são pequenas, unissexuais ou bissexuais e dispostas em uma inflorescência do tipo espiga (espádice). Na base da inflorescência se insere uma bráctea em geral grande e de cor chamativa (espata), que pode envolver a espádice (Figuras 10-244 e 10-245). No caso de flores unissexuais, a maioria das plantas é monoica, onde as flores estaminadas se encontram na parte superior da inflorescência. As plantas dioicas são raras (por exemplo, *Arisaema*). Um perianto pode estar presente ou não, o número de estames varia de 1-12, os carpelos variam de um a muitos; o gineceu é sincárpico e septado ou não septado. Na maioria das vezes, os frutos são bagas.

Os representantes desta família, predominantemente tropical, exercem um papel importante nas florestas pluviais, como plantas em roseta de folhas grandes ou como epífitas ou como lianas. Suas folhas são amplas, cordiformes ou sagitadas e, com frequência, com venação reticulada. Em *Arum maculatum* (árum), nativa na Europa, espádice e espata formam uma "armadilha deslizante". As Araceae são polinizadas de forma predominante por besouros, moscas varejeiras ou moscas pequenas.

Os gêneros *Landoltia*, *Lemna*, *Spirodela*, *Wolffia* e *Wolffiela* antigamente pertenciam às Lemnaceae, mas hoje fazem parte das Araceae. Nesses gêneros, a estrutura vegetativa e a estrutura da inflorescência são bastante simplificadas. Essas plantas consistem de partes flutuantes livres ou submersas, não diferenciadas, que têm raízes (lentilha-de-açude: *Spirodela*, lentilha-d'água: *Lemna*) ou não (lentilha-d'água-anã: *Wolffia*, *Wolffiella*). A multiplicação se dá muitas vezes por brotação. As inflorescências não possuem espata ou esta é imperceptível; as flores (1-3) são unissexuais, com um estame ou um ovário. Esta inflorescência reduzida tem sido interpretada também como flor isolada bissexual. Com cerca de 1,5 mm de tamanho, *Wolffia arrhiza* é a menor planta florífera conhecida. *Pistia stratiotes* (Figura 10-245), também flutuante de vida livre e com inflorescência reduzida, originou-se de modo paralelo aos gêneros acima descritos.

A única família das **Petrosaviales** é **Petrosaviaceae**. Suas espécies ocorrem apenas no leste e sudeste da Ásia e são em parte micotróficas e, portanto, aclorofiladas.

> **Petrosaviales**
> Petrosaviaceae: 2 gêneros/4 espécies, leste e sudeste da Ásia

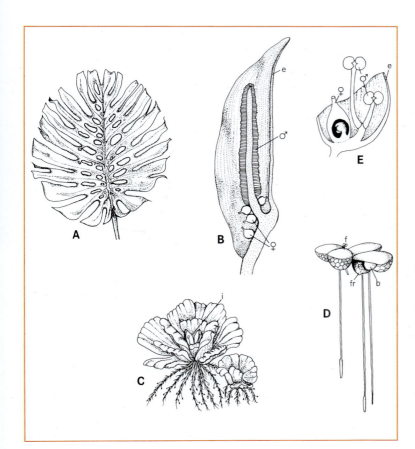

Figura 10-245 Alismatales, Araceae. **A** *Monstera deliciosa*, folha (com orifícios e reentrâncias formados de modo secundário) (aproximadamente 0,1x). **B** *Aglaonema marantifolium*, inflorescência com espata e flores ♀ e ♂ aclamídeas (aproximadamente 8x). **C** *Pistia stratiotes*, planta flutuante com duas inflorescências e planta-filha de origem vegetativa (0,33x). **D** *Lemna gibba*, plantas flutuantes, brotação jovem, flor ♂ e fruto. **E** *Lemna trisulca*, inflorescência em vista longitudinal, com espata, uma flor ♀ e duas flores ♂ (bastante aumentada).– f, flor; i, inflorescência; fr, fruto; e, espata; b, brotação. (A segundo W. Troll; B, E segundo J. Graf; C segundo A. Englers Syllabus; D segundo Ch.F. Hegelmaier.)

Dioscoreales
Burmanniaceae:
13 gêneros/126 espécies, tropical (temperado-quente), cosmopolita; Dioscoreaceae: 4 gêneros/870 espécies, pantropical; Nartheciaceae: 4-5 gêneros/41 espécies, Hemisfério Norte; Taccaceae: 1 gênero/12 espécies, pantropical; Thismiaceae: 4 gêneros/31 espécies, tropical, dispersa

Pandanales
Cyclanthaceae:
12 gêneros/225 espécies, neotropical; Pandanaceae: 4 gêneros/805 espécies, paleotropical; Stemonaceae: 4 gêneros/27 espécies, sudeste da Ásia, Austrália, sudeste da América do Norte; Triuridaceae: 8 gêneros/48 espécies, pantropical; Velloziaceae: 9 gêneros/240 espécies, América Central e América do Sul, África, Madagascar, Arábia Saudita, China

Liliales
Alstroemeriaceae: 3 gêneros/165 espécies, América Central e América do Sul; Campynemataceae: 2 gêneros/4 espécies, Nova Caledônia, Tasmânia; Colchicaceae: 18 gêneros/225 espécies, zonas tropicais-temperadas não sulamericanas; Corsiaceae: 3 gêneros/30 espécies, sul da China, sudeste da Ásia, América do Sul; Liliaceae: 16 gêneros/635 espécies, Hemisfério Norte; Luzuriagaceae: 2 gêneros/5 espécies, América do Sul, Austrália, Nova Zelândia; Melianthaceae, inclusive Trilliaceae: 16 gêneros/170 espécies, Hemisfério Norte, raras na América do Sul; Petermanniaceae: 1 gênero/1 espécie, Austrália; Philesiaceae: 2 gêneros/2 espécies, Chile; Rhipogonaceae: 1 gênero/6 espécies, Austrália, Nova Caledônia, Nova Zelândia, Nova Guiné; Smilacaceae: 2 gêneros/315 espécies, zonas tropicais-temperadas cosmopolitas

As folhas das **Dioscoreales** têm com frequência venação reticulada e os feixes vasculares em geral se dispõem em um ou mais círculos, como nas Petrosaviaceae. *Narthecium ossifragum* (nartécio), cujas folhas são na maioria espatiformes, pertence às Nartheciaceae e cresce em ambientes úmidos e pobres em nutrientes da Europa Central. As Dioscoraceae, na maioria volúveis, têm predomínio de flores unissexuais e ovário ínfero. As saponinas esteroidais encontradas nesta família são matéria-prima para a produção semissintética de muitos hormônios (por exemplo, hormônios sexuais, hormônios do córtex da supra-renal). *Dioscorea batatas* (inhame), do leste da Ásia, produz tubérculos comestíveis. No sudoeste da Europa Central, esta família é representada por *Dioscorea communis* (tamo). As Burmanniaceae são em geral micotróficas e aclorofiladas.

A ordem **Pandanales** é compreensível principalmente devido aos resultados de estudos moleculares. As Cyclantaceae, herbáceas, têm muitas vezes folhas palmadas. Entre as Pandanaceae, encontram-se com frequência árvores ramificadas com raízes-escoras e/ou ervas trepadeiras. As Triuridaceae são micotróficas, aclorofiladas e também pertencem às Pandanales. Em *Lacandonia schismatica*, espécie mexicana, a posição de androceu e gineceu é invertida, pois vários carpelos livres circundam três estames centrais. Nessas flores únicas nas angiospermas, que são interpretadas também como componentes de uma inflorescência, foi fixada uma mutação homeótica.

A maioria das famílias das **Liliales** exibe secreção de néctar na base das tépalas ou dos estames. As Liliaceae (Figura 10-246), por exemplo, *Tulipa* (tulipa), *Gagea* (gageia), *Fritillaria* (fritilária) e *Lilium* (lírio), têm muitas vezes bulbos como órgãos permanentes; nas Colchicaceae (Figura 10-246), estes são representados por tubérculos e nas Melanthiaceae por rizomas.

Colchium autumnales (cólquico), representante das Colchicaceae, contém a colchicina, altamente tóxica. A colchicina é um alcaloide tropânico, que suprime a formação do fuso nuclear e, em razão disso, pode ser estabelecida a poliploidização de tecidos. O cólquico

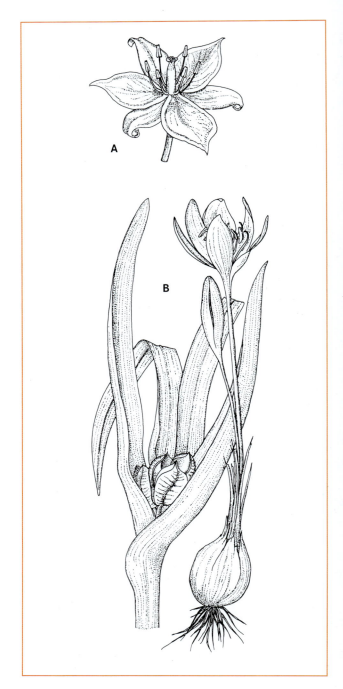

Figura 10-246 Liliales. **A** Liliaceae, flores coripétalas de *Tulipa sylvestris* (1x). **B** Colchicaceae, *Colchicum autumnale*, com flor e fruto (0,4x). (A segundo H. Baillon; B segundo F. Firbas.)

tem uma fenologia incomum. No outono, o tubérculo forma uma gema floral, da qual acima do solo se observam apenas as flores com seus longos perigônios. Só na primavera surgem as folhas e os frutos, que se desenvolvem como cápsulas.

A toxicidade de *Veratrum album* (helóboro, flor-da-verdade), representante de Melanthiaceae, se deve aos alcaloides esteroidais. *Paris quadrifolia* ("Einbeere"), igualmente tóxica, tem flores tetrâmeras, filotaxia verticilada, venação reticulada (entre

Figura 10-247 Melanthiaceae. Flor de *Paris quadrifolia*. (Imagem segundo P.K. Endress.)

Asparagales

Agapanthaceae: 1 gênero/9 espécies, África do Sul; Agavaceae, inclusive Anthericaceae: 23 gêneros/637 espécies, cosmopolita; Alliaceae: 13 gêneros/795 espécies, Hemisfério Norte e América do Sul; Amaryllidaceae: 59 gêneros/> 800 espécies, cosmopolita; Aphyllanthaceae: 1 gênero/1 espécie, França, Marrocos; Asparagaceae: 2 gêneros/165-295 espécies, Velho Mundo; Asphodelaceae: 15 gêneros/785 espécies, Velho Mundo; Asteliaceae: 2-4 gêneros/36 espécies, Hemisfério Sul; Blandfordiaceae: 1 gênero/4 espécies, Austrália; Boryaceae: 2 gêneros/12 espécies, Austrália; Doryanthaceae: 1 gênero/2 espécies, Austrália; Hemerocallidaceae: 19 gêneros/85 espécies, cosmopolita; Hyacinthaceae: 41-75 gêneros/770-1.000 espécies, maioria no Velho Mundo; Hypoxidaceae: 7-9 gêneros/100-220 espécies, tropical, maioria no Hemisfério Sul; Iridaceae: 67 gêneros/1.870 espécies, cosmopolita; Ixioliriaceae: 1 gênero/3 espécies, Egito até Ásia Central; Lanariaceae: 1 gênero/1 espécie, África do Sul; Laxmanniaceae: 14-15 gêneros/178 espécies, Hemisfério Sul, maioria na Austrália; Orchidaceae: 788 gêneros/18.000-24.500 espécies, cosmopolita; Ruscaceae, inclusive Convallariaceae, Dracaenaceae: 24 gêneros/475 espécies, Hemisfério Norte; Tecophilaeaceae: 9 gêneros/23 espécies, África, Chile, Califórnia; Themidaceae: 12 gêneros/62 espécies, oeste da América do Norte; Xanthorrhoeaceae: 1 gênero/30 espécies, Austrália; Xeronemataceae: 1 gênero/2 espécies, Nova Zelândia, Nova Caledônia

---

as nervuras principais) e bagas (Figura 10-247).

A secreção de néctar nas famílias das **Asparagales** é diferente das Liliales. As Asparagales têm ovário súpero, em geral em nectários septados e as sementes muitas vezes apresentam coloração escura devido aos fitomelanos. Os limites das famílias das Asparagales geralmente não são claros.

Na flora da Europa Central, Iridaceae e Orchidaceae são as famílias com ovário ínfero. As Iridaceae são caracterizadas pela presença de apenas um verticilo de estames. No gênero *Crocus*, que persiste no ambiente devido aos seus tubérculos, as flores são radiais e as tépalas são iguais e petaloides. A *Iris* (íris) normalmente tem rizoma e folhas espatiformes. Nas flores radiais (Figura 10-248), os verticilos externo e interno do perigônio são diferentes. Em cada flor, uma tépala, um estame e um estilete expandido formam uma flor parcial labiada (merântio), na qual antera e estigma são separados entre si. *Gladiolus* (gladíolo) tem flores zigomorfas. A grande família das Orchidaceae é bem caracterizada por: flores zigomorfas, redução do androceu de três para dois até um estame, junção deste com o estilete e estigma, bem como a reunião frequente do pólen em tétrades ou polínias.

Nas latitudes temperadas, as Orchidaceae são representadas por espécies terrestres; nos trópicos e subtrópicos, predominam as espécies herbáceas epifítica, com ocorrência mais rara de lianas. Elas têm uma micorriza endotrófica ou podem parasitar fungos, sendo então aclorofiladas (por exemplo, *Neottia nidus-avis* ("Nestwurz"), *Corallorhiza* ("Korallenwurz"). Os caules das orquídeas epifíticas são com frequência intumescentes (pseudobulbos) e têm raízes aéreas com velame. As raízes verdes podem atuar também como órgãos fotossintéticos. As flores (Figura 10-249) são zigomorfas e durante o desenvolvimento em geral sofrem uma torção de 180° (**ressupinação**). Com isso, a tépala mediana, na maioria das vezes labiada (labelo), assume a posição de uma tépala inferior do verticilo interno. O labelo muitas vezes pode se alongar em um esporão. O número de estames férteis raramente é três (o estame mediano do verticilo externo e os estames laterais do verticilo interno), em geral são dois (os estames laterais do verticilo interno; o de posição mediana do verticilo externo é o estaminódio) ou um (o estame mediano do verticilo externo; os de posição lateral do verticilo interno são os estaminódios). Os estames podem formar uma coluna (**ginostêmio**) junto com o estilete e o estigma. Os grãos de pólen são transportados como tétrades ou na maioria das vezes como polínias ou polinários. Nas polínias, todos os grãos de pólen de um saco polínico são unidos em uma massa coesa através da esporopolenina. As polínias têm um pedicelo, que é formado pela própria polínia (chamado então de **caudícula**) ou pelo **rostelo**, lóbulo estéril do estigma, (chamado então de **estipe**). Na extremidade do pedicelo encontra-se o corpo adesivo (**viscídio**), que é formado pelo rostelo e serve para a aderência ao polinizador. O polinário se forma quando as polínias dos dois sacos polínicos de uma metade da antera se fundem (pela dissolução da parede entre os sacos polínicos) e têm pedicelo e viscídio em comum, ou quando as quatro polínias do estame são munidas de um viscídio em comum. Existem também orquídeas com dois polinários. O ovário tricarpelar ínfero em geral não é septado. Os numerosos rudimentos seminais se transformam em sementes minúsculas sem endosperma e com um embrião diminuto e indiferenciado. As sementes se formam em cápsulas e podem ser dispersadas pelo vento. As sementes só se desenvolvem, quando são infectadas por fungos micorrízicos. Essa simbiose, já iniciada na germinação, permite que as sementes prescindam de substâncias de reserva e, associado a esse fato, tenham tamanho diminuto. A raridade de orquídeas terrestres de zonas temperadas, por exemplo, é explicada pelo estreito vínculo com fungos micorrízicos e pela lentidão do crescimento.

As subfamílias se distinguem em princípio pela estrutura do androceu e do pólen. Nas Apostasioideae, com dois gêneros distribuídos no sudeste da Ásia até Austrália, os três (*Neuwiedia*) ou dois (*Apostasia*) estames são ligeiramente adnatos ao estilete. Os grãos de pólen são liberados de forma isolada e o gineceu é septado. As flores de *Apostasia* não são ressupinadas. As Cypripedioideae, com cinco gêneros distribuídos principalmente no Hemisfério Norte boreal até tropical (por exemplo, *Cypripedium calceolus*, sapato-de-vênus, Figura 10-250), têm

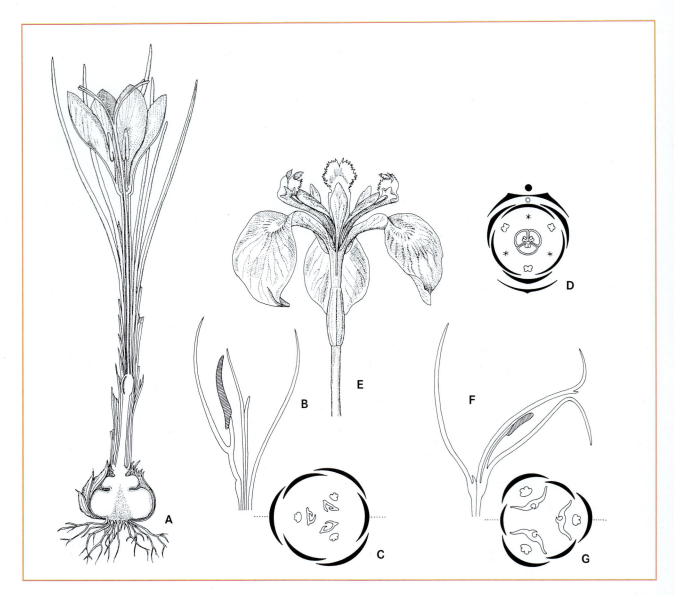

Figura 10-248 Asparagales, Iridaceae. **A-C** *Crocus sativus*. **A** Planta com flor, em vista longitudinal (aproximadamente 1x); **B** corte longitudinal e **C** esquema da porção superior da flor, com perigônio, estame e partes do estilete. **D-G** *Iris*. **D** Diagrama; *I. pseudocorus*, **E** flor inteira (aproximadamente 1x), **F** corte longitudinal e **G** esquema da porção superior; através da ligação funcional de uma tépala externa, estame e parte do filete, originam-se três flores labiadas. (A segundo H. Baillon; B, C e E-G segundo W. Troll; D segundo A.W. Eichler, um pouco modificado.)

sempre labelo em forma de saco e possuem dois estames, que formam uma coluna junto com o estilete, como em todas as demais subfamílias. Nesta subfamília, os grãos de pólen também são liberados de forma isolada, mas o ovário não é septado. Por fim, as demais subfamílias têm apenas um estame fértil. Tais flores com apenas um estame, no entanto, tiveram origem independente nas Vanilloideae, por um lado, e nas Orchidoideae e Epidendroideae, por outro. Nas Vanilloideae, os grãos de pólen são dispersados como tétrades, nas Orchidoideae e Epidendroideae como polináros (com polínias ou mássulas).

A diversidade das orquídeas mantém uma íntima relação com a especialização da biologia da polinização, que muitas vezes é vinculada a fragrâncias florais muito específicas. Em *Orchis* (erva-de-salepo) e outros gêneros da Europa Central, o labelo possui um esporão (excrescência com ou sem néctar), cuja abertura está diretamente na frente do ginostêmio. Um inseto, posicionado sobre o labelo, ao tentar chegar ao esporão com suas peças bucais, toca com a cabeça ou a tromba nos viscídios dos polinários, os extrai das anteras e os transporta. Ao visitar a próxima flor, os pedicelos (que murcham muito rápido) se do-

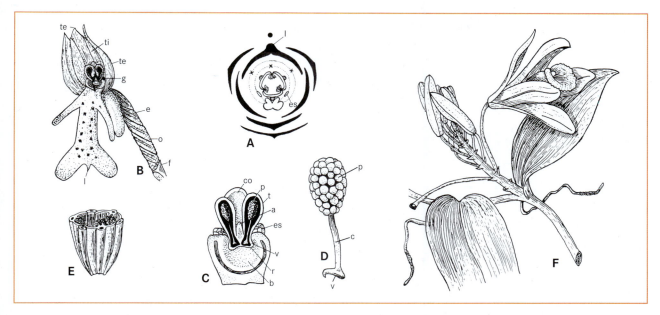

Figura 10-249 Asparagales, Orchidaceae. **A** Diagrama floral de Orchidoideae (*Orchis*, ressupinação), labelo, apenas um estame fértil no verticilo externo, dois estaminódios no interno. **B-E** *Orchis militaris*. **B** Flor, ressupinada por torção do ovário: forófilo, tépalas externas e internas, labelo com esporão e ginostêmio (aproximadamente 2,5x); **C** ginostêmio com bursícula, rostelo com apêndice, estame fértil com conectivo, duas tecas, polínias com caudículas e viscídios, estaminódios (aproximadamente 10x); **D** polinário com polínia articulada, caudícula e viscídio (aproximadamente 15x); **E** cápsula em vista transversal (aproximadamente 8x). **F** *Vanilla planifolia*, ramo florido com raízes (reduzido). – c, caudícula; o, ovário; a, apêndice; g, ginostêmio; v, viscídio; co, conectivo; l, labelo; b, bursícula; p, polínia; te, tépala externa; ti, tépala interna; r, rostelo; e, esporão; es, estaminódio; f, forófilo; t, teca. (A segundo A.W. Eichler, um pouco modificado; B-F segundo O.C. Berg e C.F. Schmidt.)

bram para frente ou para baixo, e as massas de pólen são depositadas sobre a superfície pegajosa de um lóbulo fértil do estigma. Em *Ophrys* (ófris, "Ragwurz"), sem esporão e néctar, esse modo de polinização está associado à atração de himenópteros machos por meio de flores que mimetizam fêmeas desses insetos.

As cápsulas imaturas de *Vanilla planifolia* (Figura 10-249), epífita neotropical, fornecem a baunilha. Devido às cores vistosas e à forte fragrância das flores, muitas orquídeas tropicais são cultivadas como plantas ornamentais (por exemplo, *Cattleya*, *Laelia*, *Vanda*, *Dendrobium*, *Stanhopea*, entre outras). Muitas formas ornamentais são obtidas por hibridização, que na natureza é frequente na família Orchidaceae.

Outras Asparagales da flora da Europa Central são Alliaceae, Amaryllidaceae, Agavaceae (com *Anthericum*), Asparagaceae, Ruscaceae (com *Convallaria*, por exemplo) e Hyacinthaceae. As **Alliaceae** persistem por meio de bulbos e têm inflorescências que parecem umbelas. Além disso, elas são identificadas pelo odor característico dos óleos (que contêm enxofre) dos alhos, os quais ocorrem também nas Themidacea, por exemplo. À família Alliaceae pertence grande gênero *Allium* (alhos), com *A. cepa* (cebola), *A. sativum* (alho), *A. porrum* (alho-porro) e *A. schoenoprasum* (cebolinha-galega), por exemplo. As **Amaryllidaceae** (Figura 10-251), com *Galanthus* (campânula-branca) e *Narcissus* (narciso), por exemplo, têm ovário ínfero e alcaloides fenantridínicos característicos. *Anthericum* (antérico) é um representante das **Agavaceae** e tem rizoma. Nas **Asparagaceae**, com *Asparagus officinalis* (aspargo: espécie dioica e com frutos do tipo baga), constata-se uma organização em caules longos e caules curtos, sendo estes estruturados como filocládios aciculares.

Figura 10-250 Orchidaceae. Flor de *Cypripedium calceolus*. (Fotografia segundo M. Kropf.)

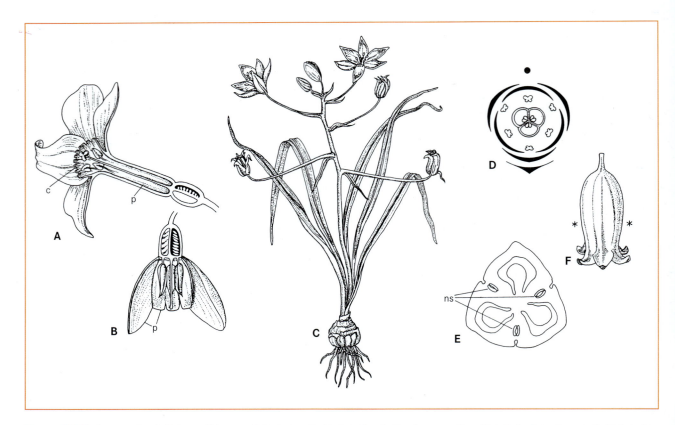

Figura 10-251 Asparagales **A**, **B** Amaryllidaceae. **A** Corte longitudinal da flor de *Narcissus poeticus* (1x), **B** de *Galanthus nivalis* (2x): ovário ínfero, estilete, perigônio com tépalas livres e conatas (tubular), respectivamente, corona estaminal. **C-E** Hyacinthaceae. **C** *Ornithogalum umbellatum*, planta inteira (reduzida), **D** diagrama floral, **E** *Muscari racemosum*, corte transversal do ovário com nectários septais (15x). **F** Convallariaceae, flor sintépala de *Polygonatum latifolium* (* locais de inserção dos estames; 2,5x). – c, corona estaminal; p, perigônio; ns, nectários septais. (A, B segundo J. Graf, C segundo A.F.W. Schimper, D segundo A.W. Eichler, um pouco modificado; E segundo A. Fahn de D. Frohne; F segundo W. Troll.)

Convallaria (lírio-do-vale), *Maianthemum* (maiântemo) e *Polygonatum* (selo-de-salomão, Figura 10-251) também têm frutos do tipo baga; estes gêneros antigamente pertenciam às Convallariaceae e na atualidade às Ruscaceae. As Hyacinthaceae (Figura 10-251), com *Muscari* (muscari) e *Ornithogalum* (leite-de-galinha), têm bulbos, folhas basais e inflorescências do tipo cacho.

"Commelinídeas"

> **Família de parentesco incerto nas Commelinídeas**
> Dasypogonaceae: 4 gêneros/ 16 espécies, Austrália

As ordens Arecales, Poales, Commelinales e Zingiberales, bem como Dasypogonaceae, podem ser reunidas como "Commelidíneas".
Em todas elas encontram-se: inclusões de silicato e ácido ferúlico refletor de UV nas paredes celulares, principalmente nas células epidérmicas, mas também em outros tecidos; diferenciação frequente da rizoderme em células longas e células curtas; formação de bastonetes de cera epicutilar de um tipo determinado.

As **Arecales** apresentam uma única família (Arecaceae = Palmae) e são em geral plantas lenhosas, com caules muitas vezes não ramificados (Figura 10-252), que resultam de um crescimento primário em espessura intenso. No entanto, existem também espécies com caules delgados rastejantes ou trepadores (por exemplo, *Calamus* (cálamo) e outros gêneros). As folhas, em grande parte, dispostas em uma coroa apical no caule, são preguedadas na gema e durante a expansão se abrem ao longo das linhas das dobras. Elas podem alcançar um comprimento de até 20 m, podendo ser pinadas ou palmadas (Figura 10-252). As flores são reunidas em espigas ou panículas, envolvidas por uma bráctea, e predominantemente unissexuais. As plantas podem ser monoicas ou dioicas. Algumas palmeiras são monocárpicas e morrem após a primeira floração e frutificação. As flores são em geral trímeras (Figura 10-252), mas o número de estames e, às vezes, também de carpelos pode ser aumentado. Os gineceus súperos são coricárpicos ou sincárpicos, e cada carpelo

> **Arecales**
> Arecaceae: 187 gêneros/ 2.000 espécies, subtropical-tropical, cosmopolita

Figura 10-252 Arecales, Arecaceae. Estrutura **A** de uma folha pinada, **B** de uma folha palmada de palmeira (aproximadamente 1/2x). **C-E** *Phoenix dactylifera*. **C** Flor ♀ em vista longitudinal, gineceu coricárpico (ampliado), **D** diagrama floral ♂ e **E** diagrama floral ♀. **F-J** *Cocos nucifera*. **F** Planta inteira (aproximadamente 1/15x), **G** inflorescência com espata e frutos jovens, flores ♀ e restos de flores ♂ (aproximadamente 1/20x), **H** pirênio visto de baixo, com os três orifícios para germinação (reduzido), **J** drupa em vista longitudinal, com exocarpo, mesocarpo e endocarpo, endosperma e embrião (reduzido). **K** *Corypha taliera*, planta inteira (aproximadamente 1/150x). – e, embrião; en, endocarpo; es, endosperma; ex, exocarpo; m, mesocarpo; ep, espata. (A, B segundo W. Troll; C segundo H. Baillon; D, E segundo J. Graf; F, K segundo A. Englers Syllabus; G segundo G. Karsten; H, J segundo R. von Wettstein.)

contém apenas um rudimento seminal. A polinização por besouros é frequente na família. Os frutos são bagas ou drupas. A rizoderme consiste de células de tamanho uniforme.

Muitas palmeiras ocorrem no sub-bosque de florestas, enquanto outras espécies fazem parte do estrato superior da vegetação (por exemplo, Nypa fruticans). Na Europa, as palmeiras são representadas atualmente apenas por *Phoenix theophrasti* (Creta) e *Chamaerops humilis* (palmeira-anã do sudoeste do Mediterrâneo). A importância econômica das palmeiras é grande. Elas são empregadas como fontes de material de construção dos mais diferentes tipos e como fonte alimentícia (por exemplo, sagu: *Metroxylon sagu*, Indomalásia). Os frutos também têm um significado especial. Da polpa do fruto de *Elaeis guineensis* (dendezeiro, de origem africana) é extraído óleo. *Phoenix dactylifera* (tamareira) pode formar uma baga de cada um dos seus três carpelos, mas em geral apenas uma atinge a maturidade. A semente se localiza na polpa do fruto rica em açúcar e é bastante dura devido ao armazenamento de hemicelulose. *Phytelephas macrocarpa* (jarina) é uma espécie americana cujo endosperma, também bastante endurecido, serve como "marfim-vegetal". *Cocos nucifera* (coqueiro), nativa do Pacífico ocidental, mas hoje distribuída por todas as costas tropicais, forma drupas grandes (Figura 10-252) provenientes de ovários sincárpicos. Estes frutos têm exocarpo liso, mesocarpo espesso e fibroso, e endocarpo duro. O endosperma é sólido e rico em óleo ("copra") em sua parte externa, é líquido ("água-de-coco") na interna. O mesocarpo contém ar, o que permite a flutuação dos frutos. As sementes bilobadas de *Lodoicea callipyge*, com 50 cm de comprimento, são as maiores até agora conhecidas.

> **Poales**
> Anarthriaceae: 3 gêneros/11 espécies, Austrália; Bromeliaceae: 57 gêneros/1.400 espécies, América subtropical e tropical, 1 espécie no oeste da África; Centrolepidaceae: 3 gêneros/35 espécies, Austrália, sudeste da Ásia, América do Sul; Cyperaceae: 98 gêneros/4.350 espécies, cosmopolita; Ecdeiocoleaceae: 2 gêneros/2 espécies, Austrália; Eriocaulaceae: 10 gêneros/1.160 espécies, pantropical-subtropical, em parte no Hemisfério Norte temperado; Flagellariaceae: 1 gênero/4 espécies, paleotropical; Joinvilleaceae: 1 gênero/2 espécies, sudeste da Ásia, Pacífico; Juncaceae: 7 gêneros/430 espécies, cosmopolita; Mayacaceae: 1 gênero/4-10 espécies, América tropical, 1 espécie no oeste da África; Poaceae: 668 gêneros/10.035 espécies, cosmopolita; Rapateaceae: 16 gêneros/94 espécies, América do Sul, oeste da África; Restionaceae: 58 gêneros/520 espécies, Hemisfério Sul, maioria no sudoeste da África e Austrália; Sparganiaceae: 1 gênero/14 espécies, Hemisfério Norte temperado, sudeste da Ásia, Austrália; Thurniaceae: 2 gêneros/4 espécies, América do Sul, África do Sul; Typhaceae: 1 gênero/8-13 espécies, cosmopolita; Xyridaceae: 5 gêneros/260 espécies, pantropical, em parte em zonas temperadas

Nas **Poales** (ver Quadro 10-10), são reunidas várias famílias, frequentemente polinizadas pelo vento e mais ou menos semelhantes às gramíneas. No entanto, as Bromeliaceae, polinizadas por animais, também pertencem a esta ordem.

As *Bromeliaceae*, na maioria, são ervas de caule curto, com uma roseta em geral de folhas rígidas. Arbustos de até 3 m de altura (*Puya*) são raros. Com frequência, existe uma associação do modo de via epifítico com absorção de água por meio de tricomas escamiformes. *Tillandsia usneoides* assemelha-se a um líquen. As flores, na maioria bissexuais e trímeras, com perianto muitas vezes diferenciado em cálice e corola e ovário súpero ou ínfero, são dispostas em espigas, cachos ou panículas. Os frutos são bagas ou cápsulas, e as sementes podem ser aladas ou dotadas de tricomas. A polinização por aves é frequente na família; as flores, brácteas, eixos das inflorescências e, em parte, também as folhas normais superiores se destacam por apresentarem diferentes tons de vermelho.

Typhaceae e *Sparganiaceae*, muitas vezes reunidas em uma família (Typhaceae), têm flores unissexuais e são monoicas. As inflorescências carpeladas situam-se abaixo das estaminadas. Em *Sparganium* (espargânio; Figura 10-253), elas são arredondadas e têm um perianto membranáceo. Em *Typha* (taboa), as inflorescências são cilíndricas e o perianto é formado por tricomas.

As Cyperaceae, Juncaceae e Thurniaceae têm cromossomos com um centrômero dito difuso (ou seja, as fibras do fuso nuclear se inserem em vários pontos) e tétrades de grãos de pólen. As *Juncaceae*, em geral distribuídas em ambientes temperados-frios e muitas vezes úmidos, têm quase sempre flores trímeras (Figura 10-254). Nas espécies de *Juncus* (junco) nativas da Europa Central, os ovários sincárpicos contêm muitas sementes; em *Luzula* ("Hainsimse"), ao contrário, eles apresentam apenas três sementes. As *Cyperaceae*, geralmente com ervas perenes, mas também algumas lianas, arbustos e árvores muito pequenas, preferem ambientes úmidos de climas frios. As tétrades de grãos de pólen são, neste caso, denominadas pseudomônades, nas quais não se realiza a divisão celular por ocasião da meiose e três dos quatro núcleos não têm êxito, de modo que resulta apenas um grão de pólen. A morfologia floral é variável. Em *Schoenoplectus* (junco-do-açude), *Scirpus* (cirpo),

Figura 10-253 Sparganiaceae. Uma inflorescência estaminada (acima) e duas pistiladas (abaixo) de *Sparganium natans*. (Fotografia segundo I. Mehregan.)

Eleocharis (eleocáris), entre outros, as flores bissexuais têm muitas vezes seis aristas espinhosas (Figura 10-254), que podem ser consideradas como partes do perianto e persistem junto ao fruto, contribuindo para sua dispersão. *Eriophorum* ("Wollgras") também tem flores bissexuais (Figura 10-254). Porém, neste gênero o perianto é formado como uma bainha de tricomas brancos, que também favorece a dispersão dos frutos. As flores unissexuais de *Carex* (cárex, cerca de 2.000 espécies) têm uma estrutura muito mais simples. Flores estaminadas e pistiladas encontram-se na mesma espiga ou em diferentes espigas e na axila de forófilos. As flores estaminadas têm apenas três estames; as flores pistiladas consistem de um carpelo bi ou triangular, que é cercado por um envoltório adicional tubiforme denominado utrículo (Figura 10-254). As análises morfológicas mais precisas e a comparação com *Kobresia* ("Nacktried", ártico-alpino) mostram que o utrículo é o forófilo concrescido com a flor pistilada (Figura 10-254). Abaixo, situa-se o forófilo da inflorescência parcial, que em *Carex* consiste de apenas uma flor pistilada.

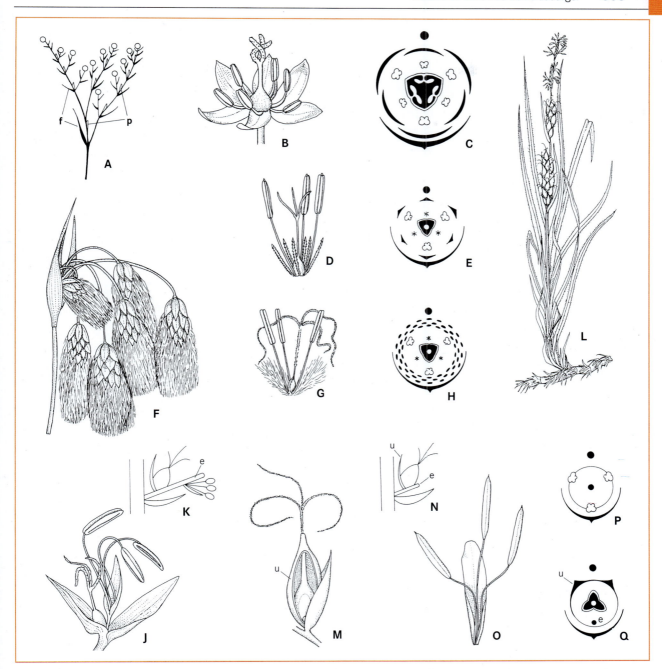

Figura 10-254 Poales. **A-C** Juncaceae. **A** Inflorescência composta de *Juncus bufonius*. **B** Flor de *Luzula campestris* (12x). **C** Diagrama floral de *Juncus*. **D-Q** Cyperaceae. **D** Flor de *Schoenoplectus lacustris* (4x). **E** Diagrama floral de *Scirpus sylvaticus*. **F-H** *Eriophorum angustifolium*, **F** infrutescência (1x), **G** flor (aumentado), **H** diagrama floral. **J, K** *Kobresia myosuroides*. **J** Inflorescência parcial com forófilo, **K** flores ♀ e ♂. **L-Q** *Carex*. **L** Hábito de *C. hirta*, com inflorescências ♀ e ♂ (0,5x); **M** flor ♀ de *Carex*, **N** esquema, **Q** diagrama; o utrículo é comparável ao forófilo da flor ♀ de *Kobresia*, o eixo da inflorescência parcial foi reduzido; **O, P** flor ♂ de *Carex* sp. (15x) e diagrama.– e, eixo da inflorescência parcial; f, forófilo; u, utrículo; p, prófilo. (A segundo A. Englers Syllabus; B segundo J. Graf; C, E, H, K, N, P, Q segundo A.W. Eichler; D segundo F. Firbas; F, G segundo Hoffmann; J, L segundo G. Hegi, reduzido; M, O segundo H. Walter.)

As Anarthriaceae, Centrolepidaceae, Ecdeiocoleaceae, Flagellariaceae, Joinvilleaceae, Poaceae e Restionaceae têm em comum uma abertura do pólen com uma borda saliente (ânulo) e um opérculo. As **Poaceae** (gramíneas) têm grande importância econômica e como componente da vegetação natural. Elas são na maioria herbáceas perenes e poucas vezes anuais ou lenhosas. Seus eixos (colmos) são em geral cilíndricos e ocos (exceto nos nós engrossados). A base dos entrenós é meristemática. As folhas têm disposição dística e consistem de uma bainha que envolve o colmo e de uma

Quadro 10-10

Poales – Evolução da ecologia do hábitat e biologia da polinização

As Poales ocupam um amplo espectro de habitats e mostram uma variação considerável quanto à biologia da reprodução. As Bromeliaceae, por exemplo, são com frequência epífitas e polinizadas por insetos ou aves. As Typhaceae vivem em ambientes úmidos e as gramíneas, polinizadas pelo vento, crescem em florestas ou mais frequentemente em campos. O bom conhecimento do parentesco entre as famílias das Poales permite reconstruir a evolução das características mencionadas.

Com relação às exigências ambientais, admite-se que os habitats úmidos representam o tipo de ambiente primitivo para a ordem (Figura A). Em tais habitats encontram-se agora, por exemplo, Typhaceae, Rapateaceae, Thurniaceae, Mayacaceae e também Bromeliaceae basais. Outras famílias, como Cyperaceae e Juncaceae, são representadas por muitas espécies de habitats úmidos. Presume-se que, no momento do surgimento das Poales no Cretáceo Inferior, havia disponibilidade de apenas ervas he-

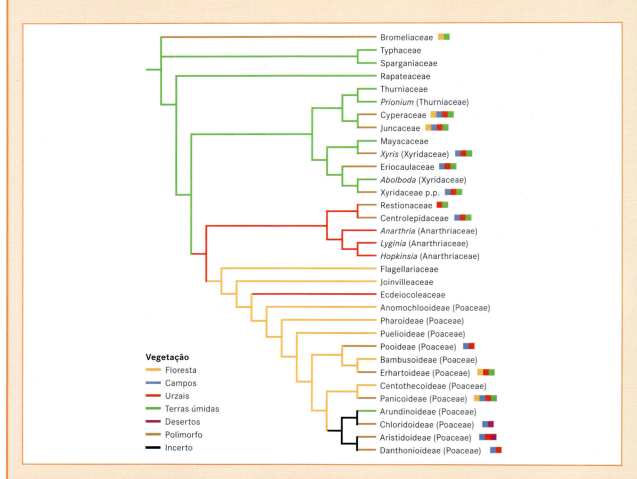

Figura A Filogenia das Poales e evolução provável das exigências ambientais.

liófilas desse tipo de ambiente. Com cerca da metade das suas espécies, as Bromeliaceae conquistaram o ambiente epifítico, no qual são encontradas também raras Rapateaceae. Os habitats abertos, influenciados pelo fogo e pobres em nutrientes, como, por exemplo, maqui (*Fynbos*), são ocupados por muitas Restionaceae, Centrolepidaceae e Anarthriaceae. Na linhagem de desenvolvimento que conduz às Poaceae, as Flagellariaceae, Joinvilleaceae e algumas pequenas subfamílias das Poaceae ocorrem em ambientes tropicais de solo de floresta. No entanto, a maioria das espécies de gramíneas é encontrada em habitats abertos, influenciados pelo fogo e ricos em nutrientes, como as estepes e savanas das mais diferentes partes da Terra.

A polinização pelo vento encontrada na ordem possivelmente surgiu três vezes de maneira independente (Figura B): uma vez nas Typhaceae e Sparganiaceae, uma vez na linhagem de desenvolvimento Thurniaceae, Cyperaceae e Juncaceae, e uma terceira vez em quase todas as famílias, das Restionaceae até as Poaceae. Porém, não é possível excluir por completo que a polinização pelo vento surgiu antes e a polinização por animais surgiu várias vezes. Segundo os argumentos a favor, numa parte das Poales polinizadas por animais, os nectários são encontrados de forma rara, como nectários nas pétalas (Eriocaulaceae) ou, às vezes, como nectários no estilete. Eles não ocorrem como nectários septais, como nas Bromeliaceae, o que poderia ser interpretado como indicativo de ressurgimento da polinização por animais. Além disso, a presença de apenas um rudimento seminal por carpelo, verificada nas Eriocaulaceae, é uma característica encontrada em grupos polinizados pelo vento.

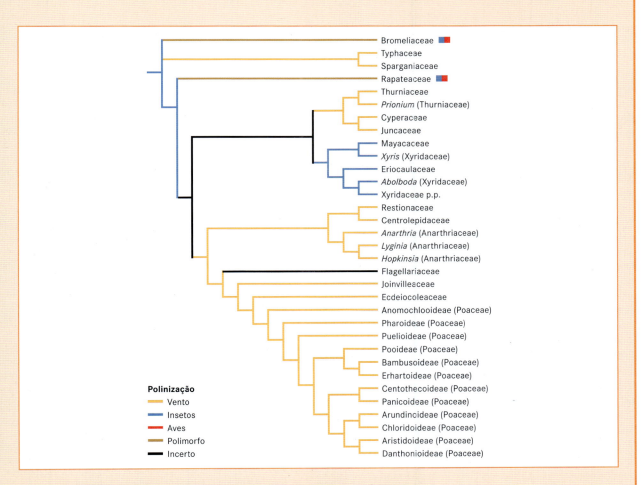

Figura B Biologia da polinização na ordem das Poales. (Segundo Linder e Rudall, 2005.)

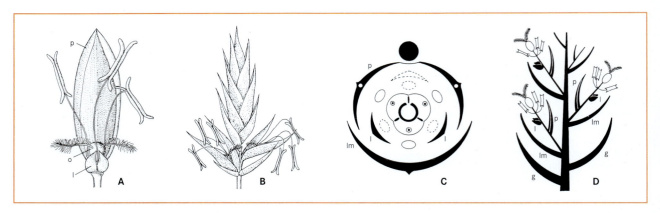

Figura 10-255 Poales. Poaceae, *Festuca pratensis*. **A** Flor isolada após retirada do lema (6x); **B** espigueta com duas glumas, duas flores abertas e uma fechada (3x). **C** Diagrama teórico da flor de gramíneas (componentes ausentes tracejados). **D** Esquema de uma espigueta com três flores desenvolvidas.– lm, lema; o, ovário; g, gluma; l, lodícula; p, pálea. (A, B segundo H. Schenck; C segundo J. Schuster, bastante modificado; D segundo F. Firbas.)

lâmina geralmente estreita, de até 5 m de comprimento. Na junção dessas duas partes florais forma-se uma estrutura (**lígula**), que pode ser membranosa ou pilosa. As flores individuais são reunidas em espiguetas, que, por sua vez, são dispostas em espigas ou panículas. Na base de cada espigueta (Figura 10-255) encontram-se em geral duas **glumas**. Acima, em disposição dística, seguem os **lemas**, como brácteas dos antécios (uma para cada antécio). Lemas e, mais raramente, glumas, podem ter um prolongamento rígido no seu ápice (**arista**). Na ráquila (eixo da flor), situa-se uma **pálea**, muitas vezes biquilhada, e a seguir encontram-se duas ou três (raras) escamas, que, como **corpos turgescentes** (**lodículas**) atuam na abertura do antécio. A pálea é considerada uma bráctea ou um perianto rudimentar externo; as lodículas são interpretadas como partes de um perianto externo ou interno. Os achados filogenéticos indicam que a interpretação da pálea como parte do perianto externo e as lodículas como partes do perianto interno pode ser correta. Em geral, forma-se apenas um verticilo (muito raro dois) de três estames. O ovário é sincárpico e consiste de dois ou três carpelos com apenas um rudimento seminal. As flores podem ser bissexuais ou unissexuais (por exemplo, *Zea mays*: milho). No fruto das gramíneas (**cariopse**), o embrião encontra-se na lateral ao endosperma rico em amido (Figura 10-256). O embrião possui um órgão de absorção em forma de escudo (**escutelo**) e o **coleóptilo**, que envolve o ápice vegetativo. O ápice vegetativo da raiz também é envolvido por uma bainha (**coleorriza**).

As Poaceae são divididas no momento em 13 subfamílias. Os gêneros sulamericanos *Anomochloa*, *Streptochaeta* (Anomochlooideae) e *Pharus* (Pharoideae), bem como o gênero africano *Puelia* (Puelioideae), são basais na família. As Bambusoideae são representadas muitas vezes por plantas lenhosas de distribuição tropical, que podem alcançar uma altura de até 40 m. As flores têm com frequência três lodículas e dois verticilos de três estames.

Pela ocorrência em savanas, estepes e campos, as gramíneas dominam cerca de 20% da vegetação terrestre. A imensa expansão dos campos tem uma relação muito estreita com a evolução dos grandes herbívoros, como os equinos. Para os humanos, somente a cultura de cereais e a produção racional de alimentos a ela associada permitiram o surgimento de culturas urbanas em grande escala, a partir de aproximadamente 10.000 anos. Em comparação com formas selvagens, os cereais cultivados distinguem-se em especial pela da multiplicação e aumento dos frutos, pela redução da fragilidade de raque ou ráquila e em parte também pela soltura da casca do fruto. Os cereais (Figura 10-256) mais importantes das culturas da região mediterrânea e Ásia Próxima são o trigo (*Triticum*), com *T. aestivum* hexaploide e *T. durum* tetraploide (grão duro), a cevada (*Hordeum vulgare*), o centeio (*Secale cereale*) e a aveia (*Avena sativa*). Estes quatro gêneros pertencem às Pooideae. *Oriza sativa* (arroz; Ehrhartoideae), o cereal tradicional mais importante no sudeste asiático, é hoje cultivado em várias partes do mundo. Nas regiões secas do leste da Ásia, Índia e África são importantes: painço (*Panicum miliaceum*), milho-da-itália (*Setaria italica*), milheto-pérola (*Pennisetum spicatum*) e o sorgo (*Sorghum bicolor*), todos pertencentes às Panicoideae. Na América, o milho (*Zea mays*: Panicoideae), com inflorescências de flores estaminadas nas extremidades e de flores carpeladas dispostas de modo lateral, é cultivado há cerca de 8.000 anos.

Nas **Commelinales**, as flores zigomorfas são comuns e o número de estames férteis pode ser reduzido a um (por exemplo, Philydraceae com perianto dímeros). Entre as **Commelinaceae**, encontram-se *Tradescantia* e *Zebrina*, muito cultivadas como ornamentais, com perianto diferenciado em cálice e corola. As **Pontederiaceae** são aquáticas. O aguapé (*Eichhornia crassipes*), espécie flutuante com seus pecíolos dilatados (flutuadores), é uma

Commelinales
Commelinaceae: 40 gêneros/652 espécies, cosmopolita nos trópicos temperados a quentes; Haemodoraceae: 14 gêneros/116 espécies, América, África do Sul, Nova Guiné, Austrália; Hanguanaceae: 1 gênero/6 espécies, Sri Lanka, sudeste da Ásia, Austrália; Philydraceae: 4 gêneros/5 espécies, sudeste da Ásia, Austrália; Pontederiaceae: 9 gêneros/33 espécies, tropical, a maioria no Novo Mundo

Figura 10-256 Poales, Poaceae. Grãos, espigas e espiguetas de **A**, **B** centeio, *Secale cereale* (em B aristas representadas parcialmente). **C-E** Trigo, *Triticum aestivum* com **C** casca e **D**, **E** formas de cultivo do trigo, **F**, **G** cevada, *Hordeum vulgare* com formas de **F** duas fileiras e **G** seis fileiras (aristas representadas parcialmente), **H** aveia, *Avena sativa*, **J**, **K** arroz, *Oryza sativa*. **L** Grão do trigo, corte longitudinal mediano pela parte inferior, parede lateral do sulco do fruto, à esquerda embaixo localiza-se o embrião com escutelo, feixe vascular e epitélio do cilindro, coleóptilo, cone vegetativo do caule, coleorriza, radícula com coifa e local de saída (14x).– s, local de saída; c, coleóptilo; cr, coleorriza; l, lema; sf, sulco do fruto; g, gluma; f, feixe vascular; r, radícula; e, escutelo; p, pálea; cv, cone vegetativo; co, coifa; ec, epitélio do cilindro. (A, C, D, F, J, K segundo G. Karsten; B, E, G, H segundo F. Firbas; L segundo E. Strasburger.)

erva daninha de origem neotropical. Ela tem três tipos de flores, nas quais os dois verticilos de estames e o estilete são dispostos de forma alternada em três níveis (tristilia).

As flores das **Zingiberales** têm muitas vezes o perianto formado por cálice e corola, são zigomorfas ou assimétricas e possuem ovário ínfero. O pólen em geral é sem abertura e as sementes, na maioria, têm um opérculo e muitas vezes um arilo. As folhas, quando ainda nas gemas, são enroladas. Uma parte dos estames transforma-se em estaminódios semelhantes a pétalas, e o estilete também pode ter aspecto petaloide. Os polinizadores mais frequentes são aves, morcegos (e outros mamíferos) e também as abelhas. Nas Heliconiaceae, Lowiaceae, Musaceae e Strelitziaceae encontram-se cinco ou seis estames. As **Musaceae**, como a banana (várias espécies e híbridos, como, por exemplo,

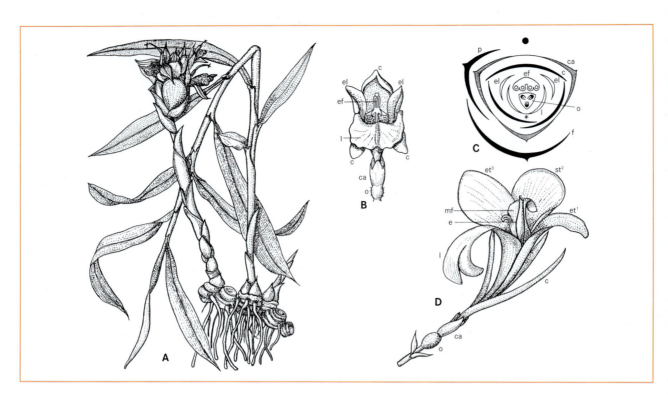

Figura 10-257 Zingiberales. **A-C** Zingiberaceae. **A** *Zingiber officinale*, planta florescente com rizoma (0,67x), **B** flor de *Curcuma australasica*, **C** diagrama floral de *Kaempferia ovalifolia*, com forófilo, prófilo, cálice, corola, estaminódios laterais, labelo (estaminódio em forma de lábio), único estame fértil, ovário. **D** Cannaceae, flor assimétrica de *Canna iridiflora*, três estaminódios, metade de estame fértil, estilete (0,5x).– c, corola; o, ovário; ef, estame fértil; e, estilete; ca, cálice; l, labelo; mf, metade de estame fértil; el, estaminódios laterais; et^1-et^3, estaminodios; f, forófilo; p, prófilo. (A segundo O.C. Berg e C.F. Schmidt; B segundo J.D. Hooker; C segundo A.W. Eichler; D segundo H. Schenck.)

Figura 10-258 Marantaceae. Flor de *Hylaeanthe hoffmannii*. Movimento explosivo do estilete desencadeado. (Fotografia segundo R. Claßen-Bockhoff.)

M. x *paradisiaca*) e *M. textilis*, formam um pseudocaule de bainhas foliares com até 13 m de altura. As folhas podem ser de até 6 m de comprimento. As flores de *Musa* são unissexuais e se dispõem em fileiras transversais duplas na axila de profilos grandes. Costaceae e Zingiberaceae têm apenas um estame fértil. Nas Zingiberaceae (Figura 10-257), os dois estaminódios do verticilo interno de estames se fundem em um lábio. Os representantes da família são ricos em óleos etéreos (por exemplo, gengibre: *Zingiber officinale*, cardamomo: *Elettaria cardamomum*). Em Cannaceae (por exemplo, biri: *Canna*) e Marantaceae (por exemplo, araruta: *Maranta*) ocorrem flores assimétricas com apenas a metade de um estame fértil (uma teca) (Figura 10-257). Os demais estames, a metade estéril do estame fértil e o estilete são petaloides. Nas duas famílias, os grãos de pólen são depositados no estilete, de onde os polinizadores os retiram (exposição secundária do pólen). Neste sentido, nas Marantaceae (Figura 10-258) se processa um movimento explosivo do estilete.

Zingiberales
Cannaceae: 1 gênero/19 espécies, neotropical; Costaceae: 4 gêneros/100 espécies, pantropical; Heliconiaceae: 1 gênero/100-200 espécies, neotropical, Melanésia; Lowiaceae: 1 gênero/15 espécies, sudeste da Ásia; Marantaceae: 31 gêneros/550 espécies, pantropical; Musaceae: 2 gêneros/35 espécies, paleotropical; Strelitziaceae: 3 gêneros/7 espécies, América, África, Madagascar; Zingiberaceae: 46-52 gêneros/1.075-1.300 espécies, pantropical

"Eudicotiledôneas"

As "eudicotiledôneas" (em inglês, *eudicots*), que, como as ordens na base da árvore genealógica das angiospermas, possuem dois cotilédones, distinguem-se destas pela ausência dos característicos óleos etéreos em idioblastos, pelas flores com órgãos dispostos em geral em verticilos e, principalmente, pela presença de grãos de pólen tricolpados (Figura 10-233) ou deles derivados.

Ranunculales
Berberidaceae: 14 gêneros/701 espécies, Hemisfério Norte temperado, Andes; Circaeasteraceae: 2 gêneros/2 espécies, norte da Índia, China; Eupteleaceae: 1 gênero/ 2 espécies, leste da Ásia; Lardizabalaceae 9 gêneros/36 espécies, leste da Ásia, América do Sul; Menispermaceae: 70 gêneros/420 espécies, pantropical; Papaveraceae, inclusive Fumariaceae, Pteridophyllaceae: 41 gêneros/760 espécies, Hemisfério Norte temperado, África do Sul; Ranunculaceae: 62 gêneros/2.525 espécies, cosmopolita de zonas temperadas

Na base da eudicotiledôneas, situam-se as Ranunculales, Sabiales, Proteales, Buxales, Trochodendrales e Gunnerales. As plantas das famílias das **Ranunculales** são lenhosas ou herbáceas, com vários tipos de alcaloides benzilisoquinolínicos. Os numerosos órgãos florais têm disposição helicoidal ou verticilada; os carpelos são com frequência livres. Com base nessas características, antigamente as Ranunculales, junto com as ordens basais, muitas vezes foram reunidas como "Polycarpicae" e consideradas como linhagens de desenvolvimento principalmente herbáceas dessa relação de parentesco. Entretanto, as Ranunculales se distinguem pela ausência de células secretoras de óleos, pelas folhas com frequência partidas e pelos grãos de pólen tricolpados (ou deles derivados), característicos das eudicotiledôneas.

Entre as Ranunculales, a família maior e melhor representada na flora da Europa Central é Ranunculaceae (ranúnculos). Elas compreendem principalmente subarbustos com folhas alternas, com frequência partidas. As flores (Figura 10-259), muitas vezes grandes, são bissexuais com muitos estames e numerosos a muitos carpelos (em espora: *Consolida*, apenas um), em geral livres.

Os carpelos contêm vários ou apenas um rudimento seminal e, em consequência, transformam-se em folículos polispermos ou em frutos indeiscentes monospermos, em geral uma pequena noz. As bagas (acteia: *Actaea*) e as cápsulas nos gêneros com carpelos unidos (nigela: *Nigella*) são mais raras na família. No mais, a morfologia floral das Ranunculaceae é bastante diversificada. As flores podem apresentar simetria radial ou zigomorfa (acônito: *Aconitum*, espora: *Consolida*, *Delphinium*); os órgãos florais, em maior ou menor número, exibem disposição helicoidal em cinco, três ou muitos verticilos. Em *Caltha* (malmequer-dos-brejos), *Anemone nemorosa* (anêmona-dos-bosques) e *Pulsatilla* (anêmona-pulsatila) o envoltório floral é representado por um perigônio simples. Em diversos gêneros, a partir de estames se originam folhas nectaríferas estéreis (Figura 10-259). Estas contêm néctar em covas ou em uma saliência e são de modo parcial inconspícuas (por exemplo, *Trollius*, *Helleborus*), mas em parte também têm pétalas modificadas (por exemplo, ranúnculo: *Ranunculus*, aquilégia : *Aquilegia*). Assim, pode se originar um perianto duplo, no qual as tépalas primitivas têm função de sépalas, mas as folhas nectaríferas assumem a função de pétalas. As Ranunculaceae são distribuídas nas regiões extratropicais do Hemisfério Norte. Além de subarbustos, existem também espécies anuais (por exemplo, *Myosurus minimus*, *Ranunculus arvensis*) ou plantas lenhosas, como *Clematis* (clêmatis), de folhas opostas e com frequência crescendo como lianas.

As **Berberidaceae**, plantas lenhosas ou herbáceas com flores verticiladas, são próximas das Ranunculaceae. O perianto, na maioria das vezes duplo com folhas nectaríferas petaloides adicionais, e o androceu são constituídos quase sempre de muitos verticilos trímeros ou, raramente, dímeros (Figura 10-259). O gineceu consiste de um carpelo súpero, que se desenvolve em uma baga. Na Europa Central, ocorre *Berberis vulgaris* (bérberis), que tem espinhos foliares (Figura 4-7) e estames sensíveis, e é hospedeiro intermediário da ferrugem de cereais.

As **Lardizabalaceae** e as **Menispermaceae** tropicais, são geralmente lianas com flores frequentemente unissexuais trímeras distribuídas em plantas monoicas ou dioicas. No gênero *Euptelea* (Eupteleaceae), encontram-se árvores com flores aperiantadas polinizadas pelo vento.

As **Papaveraceae** (inclusive Pteridophyllaceae, Fumariaceae), com perianto dímero ou trímero (mais raro), verticilado e carpelos unidos com placentação parietal, distinguem-se famílias até agora mencionadas. Na subfamília Fumarioideae (Figura 10-260), com látex quase sempre incolor no interior de laticíferos, em geral uma ou duas das quatro pétalas são dotadas de um esporão, originando-se flores monossimétricas (por exemplo, fumária: *Fumaria*, "Lerchensporn": *Corydalis*, *Pseudofumaria*) ou dissimétricas (por exemplo, dicentra: *Dicentra*). O androceu consiste de quatro estames, dos quais dois são divididos e podem ser unidos aos estames indivisos. O gineceu tem dois carpelos. Na subfamília Papaveroideae (Figura 10-260), cujo látex na maioria apresenta cor, ao verticilo de sépalas (quase sempre caduco) segue a corola de dois verticilos de pétalas com aparência enrugada, numerosos estames e um gineceu súpero de dois a vários carpelos, que se desenvolve em uma cápsula. Cápsulas poricidas são encontradas em *Papaver* (papoula), por exemplo.

A espécie de interesse econômico mais importante da família é *Papaver somniferum* (papoula), conhecida como droga há no mínimo 3.500 anos. Conforme a tradição, do látex obtido da cápsula em desenvolvimento é extraído o ópio, com os alcaloides tebaína, codeína e morfina. As sementes desta espécie não possuem alcaloides e são usadas para a obtenção de óleo e na culinária (produção de bolos).

870 Bresinsky & Cols.

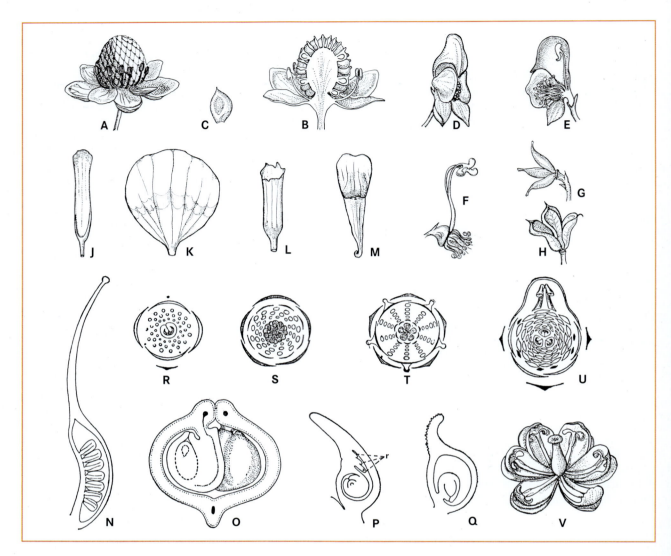

Figura 10-259 Ranunculales. **A-U** Ranunculaceae. **A-C** *Ranunculus* sp., flor inteira, vista longitudinal; noz (aproximadamente 4x). **D-H** *Aconitum napellus*, flor em vistas oblíqua (de frente) e longitudinal, após a retirada do perigônio, folhas nectaríferas descobertas; gineceu coricárpico, jovem e maduro (0,6x). Folha nectarífera de **J** *Trollius giganteus* (2,5x), **K** *Ranunculus auricomus* (3x), **L** *Helleborus foetidus* (4,5x), **M** *Aquilegia vulgaris* (1x). Carpelo de *Helleborus orientalis*, **N** vista longitudinal (5x); **O** corte transversal (18x), **P** *Anemone nemorosa* e **Q** *Ranunculus auricomus* (vista longitudinal; em parte com rudimentos seminais ainda pequenos; 10x). Diagramas florais de **R** *Cimicifuga racemosa*, **S** *Adonis aestivalis*, **T** *Aquilegia vulgaris*, **U** *Aconitum napellus*. (tépalas e sépalas brancas e tracejadas, respectivamente; folhas nectaríferas e pétalas, pretas). **V** Berberidaceae, *Berberis vulgaris*, flor (3x).– r, rudimentos seminais. (A-C, V segundo H. Baillon; D-H segundo G. Karsten; J-O, Q segundo F. Firbas; P segundo E. Rassner; R-U segundo A.W. Eichler.)

Proteales
Nelumbonaceae: 1 gênero/1-2 espécies, leste da Ásia, leste da América do Norte; Platanaceae: 1 gênero/10 espécies, sudeste da Ásia, leste do Mar Mediterrâneo, América do Norte; Proteaceae: 80 gêneros/1.600 espécies, Austrália, sudeste da Ásia, sul da Ásia, sul da África, América do Sul até Central

As famílias das Proteales, bastante distintas no seu aspecto geral, são caracterizadas por sementes com pouco ou sem endosperma, rudimentos seminais em geral átropos, gineceu coricárpico e flores com frequência dímeras. O agrupamento de Nelumbonaceae, Platanaceae e Proteaceae em um clado é um dos resultados mais surpreendentes da sistemática molecular.

As Nelumbonaceae, com *Nelumbo* (lótus-índico), que de modo superficial lembram as Nymphaeaceae, são plantas aquáticas com longos pecíolos que elevam as folhas (em forma de escudo) acima da superfície da água. Por meio dos cristais de cera epicuticular, estruturados como tubos ocos, a superfície foliar repele água e impurezas. Óxidos metálicos de estrutura semelhante são de forma progressiva empregados tecnicamente para impregnação de superfícies. As flores, bastante grandes, têm dois cálices, numerosas corolas e estames, e os 2-30 carpelos (livres) encaixados no eixo floral, o qual no ápice forma um cone.

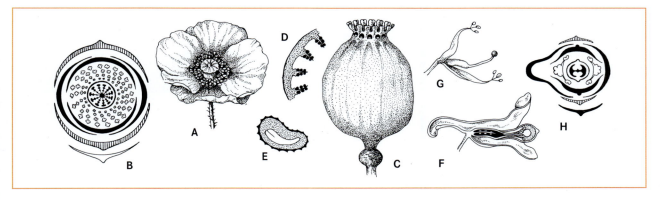

Figura 10-260 Ranunculales, Papaveraceae. **A-E** Papaveroideae. **A**, **B** *Papaver rhoes*. **A** Flor (0,75x), **B** diagrama floral. **C-E** *P. somniferum*. **C** Cápsula poricida com estigma e parede do fruto fenestrada (0,5x); **D** corte transversal parcial do fruto com placentas parietais (0,67x); **E** semente, vista longitudinal, com testa, endosperma e embrião (8x). **F-H** Fumarioideae, *Corydalis cava*. **F** Corte longitudinal da flor, incluindo os estames (internos fendidos, metades unidas com os externos: ½ + 1 + ½) e **G** ovários (1x), **H** diagrama floral. (A, F, G segundo J. Graf, B, H segundo A.W. Eichler, C-E segundo F. Firbas.)

Nas **Platanaceae**, plantas arbóreas com um único gênero, *Platanus* (plátano), as pequenas flores unissexuais são dispostas em densas inflorescências esféricas. As flores carpelas contêm de 5-9 carpelos livres. *Platanus x hispanica* é resistente a imissões e muito plantada em vias públicas.

As flores de simetria radial ou zigomorfa das Proteaceae (Figura 10-261), plantas lenhosas, arbustivas ou arbóreas, têm um perianto simples de quatro folhas, quatro estames e apenas um carpelo com um a vários rudimentos seminais. Muitos representantes dessa família, especialmente rica em espécies na Austrália e no sul da África, são adaptados à seca extrema e em parte também às queimadas naturais. A este grupo pertencem espécies de *Banksia*, *Hakea* e *Grevillea*, cujos frutos são muito lenhosos e permanecem por anos nas inflorescências, só se abrindo após a ação do fogo. As Proteaceae muitas vezes são polinizadas por pequenos mamíferos ou pequenos marsupiais e suas sementes são com frequência dispersadas por aves. A origem das linhagens principais das Proteaceae ocorreu antes da fragmentação de Gondwana.

As **Sabiales**, **Trochodendrales**, **Buxales** e **Gunnerales** são na maioria lenhosas e têm em geral flores pequenas e unissexuais (muitas Sabiaceae e todas Trochodendraceae são bissexuais). As **Trochodendraceae** possuem lenho sem vasos, flores com ou sem perianto, androceu com 4 ou muitos estames e 4-17 carpelos unidos entre si. As **Buxaceae**, com buxo (*Buxus sempervirens*) de distribuição mediterrâneo-atlântica, têm com frequência flores dímeras. Nestas duas famílias, os estames situam-se em verticilos dímeros. Certas espécies arbustivas do gênero *Gunnera* (**Gunneraceae**), cuja maioria vive em ambientes úmidos e ácidos, destacam-se por possuírem folhas muitos grandes (lâmina foliar com até 2 m de diâmetro); na região do nó foliar dessas plantas, encontram-se glândulas mucilaginosas, que contêm *Nostoc* (gênero de cianobactéria) como simbionte fixador de nitrogênio.

Sabiales
Sabiaceae: 3 gêneros/100 espécies, sudeste da Ásia, América tropical

Trochodendrales
Trochodendraceae: 2 gêneros/2 espécies, sudeste da Ásia

Buxales
Buxaceae: 4 gêneros/70 espécies, cosmopolita, dispersa; Didymelaceae: 1 gênero/2 espécies, Madagascar

Gunnerales
Gunneraceae: 1 gênero/40-50 espécies, Hemisfério Sul; Myrothamnaceae: 1 gênero/2 espécies, África, Madagascar

Figura 10-261 Proteaceae. Inflorescência de *Banksia coccinea*. (Fotografia segundo P. Schubert.)

"Eudicotiledôneas-núcleo"

Berberidopsidales
Aextoxiaceae: 1 gênero/1 espécie, Chile; Berberidopsidaceae: 2 gêneros/3 espécies, Chile, leste da Austrália

Dilleniales
Dilleniaceae: 12 gêneros/300 espécies, pantropical

Todas as famílias a seguir podem ser reunidas como "eudicotiledôneas-núcleo" (em inglês *core eudicots*). Nos grupos até agora mencionados ainda observa-se variação no número, tipo e disposição dos órgãos florais, os grãos de pólen na maioria são tricolpados e falta o ácido elágico. Já nas "eudicotiledôneas-núcleo" as flores têm predomínio de verticilos pentâmeros, periantos constituídos de cálice e corola, os grãos de pólen são tricolporados e o ácido elágico está presente.

As **Caryophyllales**, que abrangem um grande número de famílias, são bem caracterizadas por rudimentos seminais endostômicos com uma micrópila formada pelo tegumento interno, pela origem do endotécio diretamente da camada subepidérmica da parede da antera e pela formação nuclear do endosperma. O crescimento secundário anômalo, mediante a formação de câmbios adicionais, e a ocorrência em habitats muito secos ou salinos são constantes neste grupo.

Dioncophyllaceae, Droseraceae, Drosophyllaceae e Nepenthaceae têm ovários com placentação central-angular, parietal ou basal. Estas famílias ocorrem em habitats pobres em nutrientes e são carnívoras (Quadro 4-3). Nas Dioncophyllaceae, em cujos ápices foliares são formadas gavinhas, e em parte das Droseraceae (drósera: *Drosera*, *Drosophyllum*) os insetos são capturados por meio de tentáculos pegajosos formados pelas folhas. Outras Droseraceae (dioneia: *Dionaea*, *Aldrovanda*) têm folhas sensíveis ao toque e que fecham ao longo da nervura mediana. Nas Nepenthaceae, plantas dioicas com folha em forma de jarro (*Nepenthes*), a lâmina foliar tubiforme com interior bastante liso funciona como armadilha.

As Polygonaceae têm um perianto de dois verticilos trímeros iguais ou de um verticilo pentâmero, os estames são dispostos em um ou dois verticilos, e o ovário (em geral indeiscente) contém apenas um rudimento seminal basal (Figura 10-262). As folhas são alternas, suas estípulas são conatas em uma ócrea, que protege o ápice vegetativo; com o crescimento, a ócrea é rompida e envolve a base do entrenó como uma bainha membranosa. Em consonância com a polinização pelo vento, o perianto das flores pequenas, bissexuais ou unissexuais é em parte pouco visível; em parte, ele tem aspecto de corola, como em *Fagopyrum esculentum* (trigo-sarraceno), em espécies de erva-de-bicho polinizadas por insetos (*Polygonum* e gêneros aparentados) e em alguns gêneros tropicais (*Coccoloba*). Em espécies de *Rumex* (azeda-miúda), o verticilo interno do perianto é mantido ligado ao fruto, auxiliando na sua dispersão (no ar, na água ou preso a animais). O ovário é constituído de três (2-4) carpelos conatos e se desenvolve em um fruto monospérmico (noz). Devido ao seu tecido nutritivo rico em amido, o trigo-sarraceno foi muito cultivado, em especial em solos pobres. Espécies de *Rheum* (ruibarbo) provenientes de montanhas do centro e sudeste asiático são de uso medicinal e culinário. As Plumbaginaceae apresentam as seguintes características: perianto pentâmero, diferenciado em cálice e corola; um verticilo epipétalo de estames; ovário de cinco carpelos, não septado, com um rudimento seminal basal. A esta família pertencem xero-halófitos e halófitos de estepes, semidesertos e praias marinhas; na Europa Central, encontram-se *Limonium* (limônio; Figura 10-263), que se propaga por agamospermia, e *Armeria* (cravo-romano), com flores muitas vezes heteromórficas.

As Tamaricaceae, encontradas em ambientes marinhos, são representadas na Europa Central por *Myricaria germanica* (miricária), que cresce na vegetação ripária, e por *Tamarix* (tamarisco), frequentemente cultivado. As sementes de *Simmondsia chinensis* (Simmondsiaceae) contêm o óleo de jojoba, muito importante para a fabricação de cosméticos.

As famílias reunidas como "**Caryophyllales-núcleo**" possuem várias características em comum. Em vista disso, elas foram muito cedo reconhecidas como um clado natural e reunidas como Caryophyllales s.s. A maioria delas tem flores radiais e pentâmeras com perianto simples ou duplo, e um ou dois verticilos de estames ou um androceu com numerosos estames devido ao desdobramento centrífugo. Este grupo apresenta as seguintes características: Betacianas e Betaxantinas (= Betalaínas), dotadas de nitrogênio, que são responsáveis pelas cores das flores, em vez das antocianas; ácido ferúlico ligado às paredes celulares; plastídios dos tubos crivados em forma de anel em torno de um cristal proteico e às vezes também grãos de amido dispostos com fi-

Caryophyllales
Ancistrocladaceae: 1 gênero/12 espécies, paleotrópicas; Asteropeiaceae: 1 gênero/8 espécies, Madagascar; Dioncophyllaceae: 3 gêneros/3 espécies, África; Droseraceae: 3 gêneros/115 espécies, cosmopolita; Drosophyllaceae: 1 gênero/1 espécie, Espanha, Portugal; Frankeniaceae: 1 gênero/10 espécies, cosmopolita, dispersa; Nepenthaceae: 1 gênero/90 espécies, Madagascar, sudeste da Ásia, norte da Austrália; Physenaceae: 1 gênero/2 espécies, Madagascar; Plumbaginaceae: 27 gêneros/836 espécies, cosmopolita, a maioria na região mediterrânea e sudoeste da Ásia; Polygonaceae: 43 gêneros/1.100 espécies, cosmopolita; Rhabdodendraceae: 1 gênero/3 espécies, América do Sul tropical; Simmondsiaceae: 1 gênero/1 espécie, sudoeste da América; Tamaricaceae: 5 gêneros/90 espécies, Eurásia, África

"Caryophyllales-núcleo"
Achatocarpaceae: 3 gêneros/7 espécies, América; Aizoaceae: 123 gêneros/2.000 espécies, trópicos e subtrópicos do Hemisfério Sul, principalmente no sul da África; Amaranthaceae: 70 gêneros/800 espécies, cosmopolita; Barbeuiaceae: 1 gênero/1 espécie, Madagascar; Basellacea: 4 gêneros/20 espécies, pantropical, a maioria na América; Cactaceae: 100 gêneros/1.500 espécies, América, uma espécie na África; Caryophyllaceae: 86 gêneros/2.200 espécies, cosmopolita; Chenopodiaceae: 110 gêneros/1.700 espécies, cosmopolita; Didiereaceae: 7 gêneros/16 espécies, Madagascar, leste e sul da África; Halophytaceae: 1 gênero/1 espécie, Argentina; Hectorellaceae: 1 gênero/2 espécies, Nova Zelândia, Kerguelen; Limeaceae: 2 gêneros/23 espécies, África, sul da Ásia, Austrália; Lophiocarpaceae: 2 gêneros/6 espécies, África; Molluginaceae: 9 gêneros/87 espécies, a maioria na África do Sul; Nyctaginaceae: 30 gêneros/395 espécies, pantropical até zonas temperadas a quentes; Phytolaccaceae: 18 gêneros/65 espécies, a maioria neotropical; Portulacaceae: 36 gêneros/395 espécies, cosmopolita, a maioria na América; Sarcobataceae: 1 gênero/2 espécies, América do Norte; Stegnospermataceae: 1 gênero/3 espécies, América

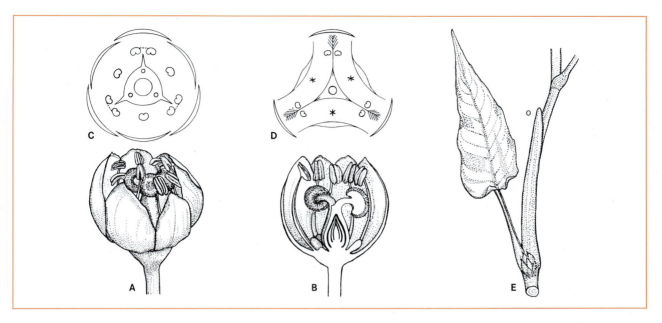

Figura 10-262 Caryophyllales, Polygonaceae. **A, B** *Rheum officinale*, flor inteira e em vista longitudinal (ampliado) **C, D** diagramas florais de *Rheum* e *Rumex*. **E** Parte do ramo de *Polygonum amplexicaule*, com folha e ócrea (0,33x).− o, ócrea. (A, B segundo H. Baillon; C, D segundo A.W. Eichler; E segundo G. Karsten.)

lamentos de proteína; rudimentos seminais campilótropos com um embrião curvo; sementes com perisperma contendo amido; na antese, grãos de pólen tricelulares, muitas vezes com numerosas aberturas distribuídas sobre toda a superfície.

As Molluginaceae e Caryophyllaceae têm antocianas em vez de betalaínas. As Molluginaceae são em parte lenhosas e pouco suculentas, têm perianto simples, grãos de pólen tricolpados e gineceu com placentação central-angular. As Caryophyllaceae são quase sempre herbáceas. Com frequência, as inflorescências são do tipo tirso (Figura 10-264). Alguns gêneros têm um perianto simples (por exemplo, herniária: *Herniaria*), outros apresentam perianto duplo com cálice e corola (por exemplo, cerástio: *Cerastium*, agrostema: *Agrostemma githago*, silene: *Silene viscaria*; Figura 10-264). As flores são obdiplostêmones e os estames podem estar reduzidos a um verticilo e este pode ser incompleto (por exemplo, estelária: *Stellaria media*; Figura 10-264). Com frequência, o número de carpelos é reduzido a três (por exemplo, *Silene*, *Stellaria*) ou dois (cravo: *Dianthus*). Às vezes, ocorre também dioicia (por exemplo, *Silene dioica* e *S. latifolia*). Os frutos são polispérmicos, com cápsulas que se abrem por dentes; durante o desenvolvimento, os septos da cápsula se decompõem e pode originar uma placenta central (Figura 10-264). Nas flores pequenas, o número de rudimentos seminais é reduzido a um e, em vez de cápsula, forma-se então uma noz (por exemplo, novelo: *Scleranthus*, *Hernia-*

ria). As Chenopodiaceae contêm betalaína e suas flores são bissexuais, em parte também unissexuais, com perianto simples, trímero a pentâmero e pouco aparente; o verticilo de estames é epipétalo e o gineceu é dímero ou trímero, com um rudimento seminal basal, do qual se desenvolvem nozes ou pixídios (muito rara-

Figura 10-263 Plumbaginaceae. Inflorescência de *Limonium sinuatum*, flores com cálice violeta e corola branca. (Fotografia segundo I. Mehregan.)

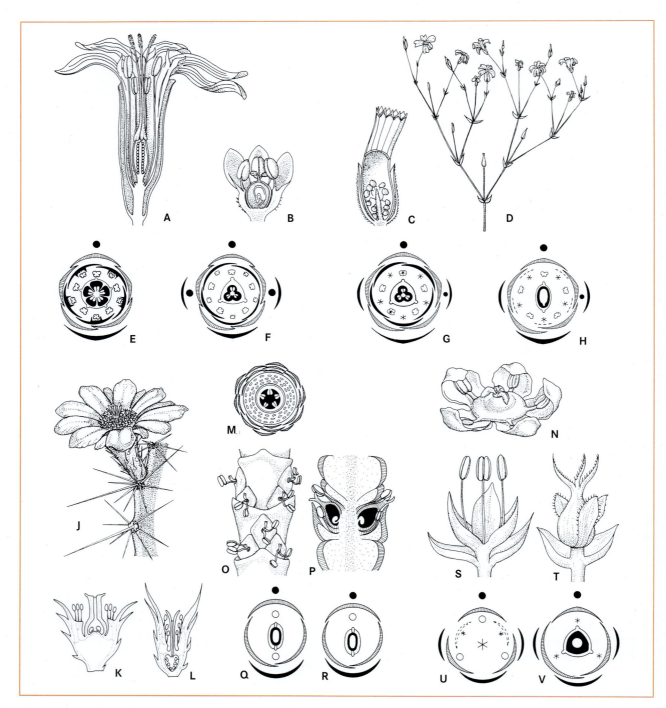

Figura 10-264 Caryophyllales. **A-H** Caryophyllaceae. **A, B** Cortes longitudinais de flores de *Silene nutans* e *Herniaria glauca* (aproximadamente 4x); **C** cápsula de *Cerastium holosteoides* (parte de baixo cortada) (aproximadamente 4 x); **D** inflorescência de *Cerastium* sp.: dicásio (comparar com Figura 4-23C) (aproximadamente 1x); diagramas florais de **E** *Silene viscaria*, **F** *Silene vulgaris*, **G** *Stellaria media* e **H** *Paronychia* sp. **J-M** Cactaceae. **J** *Echinocereus dubius*, saliência do corpo vegetativo com tufos de espinhos e flor (aproximadamente 0,5x); **K, L** cortes longitudinais de flores de um cacto ancestral (*Pereskia*) e de um derivado com receptáculo afunilado e gineceu em depressão; **M** diagrama floral de *Opuntia* sp. **N-R** Chenopodiaceae. **N** Flor de *Beta trigyna* (ampliada); **O-R** caule suculento com flores, inteiro e em vista longitudinal (ampliado), bem como diagramas florais com A2 e A1 de *Salicornia europaea*, respectivamente. **S-V** Amaranthaceae, *Amaranthus* sp., flores ♂ e ♀ (ampliadas), assim como diagramas florais. (A-C segundo G. Beck-Managetta; D segundo P.E. Duchartre; E-H, M, Q, R, U, V segundo A.W. Eichler, modificado; J segundo Th.W. Engelmann; K, L segundo F. Buxbaum; N segundo H. Baillon; O, P, S, T segundo J. Graf.)

Figura 10-265 Chenopodiaceae. *Salicornia ramosissima* (à esquerda) e *S. procumbens* (à direita). (Fotografia segundo G. Kadereit.)

mente) (Figura 10-264). *Chenopodium* (quenopódio) e *Beta* (beterraba forrageira; Figura 10-264), por exemplo, correspondem a esse plano estrutural. Muitas vezes, o número de tépalas e de estames se torna reduzido e as flores unissexuais. Assim, *Salicornia* (salicórnia; Figura 10-265) possui apenas três ou quatro tépalas e um ou dois estames (Figura 10-264); em *Atriplex* (atríplex), que apresenta plantas dioicas, ocorrem também flores sem perianto. As Chenopodiaceae são encontradas com frequência em ambientes salinos, áridos a semiáridos, ao longo das costas marinhas e em ambientes alterados. Não raramente, elas apresentam folhas ou caules suculentos. As plantas higro-halofíticas de caules suculentos do gênero *Salicornia* são importantes para o aluviamento em estuários lodosos. As culturas mais importantes da beterraba (beterraba sacarina, beterraba forrageira, beterraba vermelha, acelga) descendem de *Beta vulgaris* subsp. *maritima*, ocorrente em praias e rochedos. *Spinacia oleracea* (espinafre) é utilizada na culinária. As Chenopodiaceae (ver Quadro 10-11) são muitas vezes consideradas como parte das Amaranthaceae, das quais nem morfológica nem molecularmente podem ser delimitadas. *Amaranthus* (amaranto, Amaranthaceae), por exemplo, contém diferentes espécies ornamentais, de interesse agrícola e ruderais, nas quais as flores em parte são unissexuais (Figura 10-264).

As demais famílias das Caryopphyllales s.s. formam apenas betalaína. Basellaceae, Didiereaceae, Portulacaceae e Cactaceae formam um grupo. As Cactaceae, resultantes das Portulacaceae, têm caules suculentos. Seus caules cilíndricos ou achatados (por exemplo, *Opuntia*), com saliências longitudinais (por exemplo, *Cereus*) ou esféricos e corcovados (por exemplo, *Mamillaria*) quase sempre apresentam espinhos foliares, tufos de espinhos (aréolas) como caules axilares e inserções foliares modificados (Figura 10-264). Apenas *Pereskia*, gênero basal da família, possui folhas normais. No entanto, em muitos estágios juvenis encontram-se também pequenas folhas escamiformes ou em forma de gancho (por exemplo, *Opuntia*). As flores têm perianto com muitas tépalas, em disposição helicoidal, sendo as externas sepaloides e as internas petaloides; os estames são numerosos, assim como os carpelos, que são unidos em um ovário ínfero (Figura 10-264). Este se desenvolve em uma baga. Com frequência; a polinização é realizada por aves, morcegos ou borboletas noturnas. Os cactos são quase exclusivamente americanos, nativos nos desertos e semidesertos do sudoeste dos EUA, no México e nos países andinos. Além de muitas formas menores, existem também espécies com até 15 m de altura (*Carnegiea gigantea*). Alguns gêneros (por exemplo, *Rhipsalis*, *Epiphyllum*, *Zygocactus*) vivem epifiticamente em florestas. *Opuntia ficus-indica* (opúncia), aclimatada à região mediterrânea, produz frutos comestíveis. As Didiereaceae, que crescem em regiões quentes de Madagascar, apresentam flores unissexuais e caules suculentos com espinhos foliares, mas possuem também folhas desenvolvidas de modo normal.

Entre as Phytolaccaceae, encontra-se, por exemplo, *Phytolacca americana* (fitolaca), que fornece um corante vermelho utilizado na coloração do vinho tinto. As Nyctaginaceae possuem tépalas conatas, formando perianto tubular, e apenas um carpelo. A esta família pertencem *Mirabilis jalapa* (maravilha), utilizada em experimentos de hereditariedade, e *Bougainvillea* (buganvília), cultivada nos subtrópicos e trópicos, na qual três flores são circundadas por três brácteas grandes e coloridas.

As Aizoaceae têm folhas suculentas, flores com muitos estames e numerosas pétalas originadas de estames. Elas formam estruturas vegetativas semelhantes a seixos ("pedras vivas": *Lithops*) mais ou menos enterradas no solo. Os frutos são em geral cápsulas, que se abrem por umedecimento. *Mesembryanthemum crystallinum* é uma erva daninha agressiva em ambientes costeiros quentes.

As plantas das famílias das **Santalales** são na maioria lenhosas hemiparasíticas ou raramente herbáceas. Nas folhas encontram-se células armazenadoras de ácido silícico. Nas flores, de ovário supero ou ínfero, o cálice é

Quadro 10-11

Chenopodiaceae – Evolução da fotossíntese C$_4$

Com cerca de 550 espécies C$_4$ em 45 gêneros, as Chenopodiaceae contêm aproximadamente um terço de todas as eudicotiledôneas com fotossíntese C$_4$. A maioria dos representes da família ocorre em ambientes áridos e semiáridos, muitas vezes salinos, e ao longo de costas marinhas, além do fato de que a fotossíntese C$_4$ supera a fotossíntese C$_3$ sob temperaturas elevadas e carência hídrica (e, associado a isso, carência nutricional) (ver 5.5.8), o que torna fácil compreender esse grande número de espécies. Uma análise filogenética mostrou que, na família, surgiram linhagens de desenvolvimento com fotossíntese C$_4$ no mínimo seis vezes independentes de ancestrais (Figura). Esse surpreendente paralelismo é também reconhecível na enorme diversidade de anatomia foliar C$_4$. Ao lado das distintas possibilidades da anatomia do tipo Kranz (ver 5.5.8), com as células da bainha bem características e diferentes das células do mesofilo (Figura), encontram-se também formas muito incomuns. Assim, em *Halosarcia indica*, com caule suculento e sem folhas, os tipos celulares correspondentes encontram-se no parênquima cortical do caule; nos gêneros *Borszczowia* e *Bienertia*, as reações da fotossíntese C$_4$ (que se processam separadas no mesofilo e na bainha do feixe vascular) encontram-se em um tipo celular. Com o emprego de um relógio molecular, estima-se que a fotossíntese C$_4$ das Chenopodiaceae poderia ter surgido pela primeira vez há 22-15 milhões de anos (Mioceno). Nessa época, a concentração de CO$_2$ era baixa (cerca de 240 ppm), a seca predominava e, associado a isso, havia carência de nutrientes.

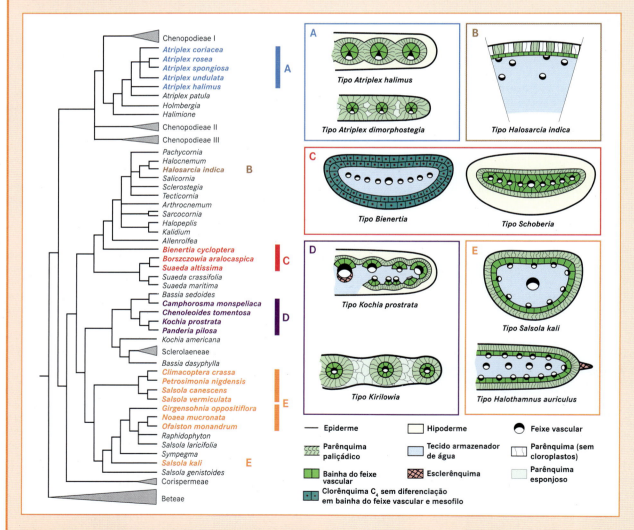

Figura Filogenia das Chenopidiaceae. Linhagenss de desenvolvimento com fotossíntese C$_4$ e exemplos para a sua respectiva anatomia foliar ou caulinar. Os nomes científicos dos exemplos (à esquerda) estão ordenados em ordem alfabética. (Segundo Kadereit e colaboradores, 2003.)

Santalales

Balanophoraceae: 17 gêneros/50 espécies, pantropical; Erythropalaceae: 13 gêneros/65 espécies, pantropical; Loranthaceae: 68 gêneros/950 espécies, cosmopolita; Misodendraceae: 1 gênero/11 espécies, América do Sul temperada; Olacaceae: 14 gêneros/103 espécies, pantropical; Opiliaceae: 10 gêneros/72 espécies, pantropical; Santalaceae, inclusive Viscaceae: 44 gêneros/990 espécies, cosmopolita; Schoepfiaceae: 1 gênero/25 espécies, América tropical, sudeste da Ásia

reduzido; os estames formam um único verticilo e se dispõem de forma oposta às pétalas, com as quais são unidos. Os rudimentos seminais têm dois ou um tegumento e são tenuinucelados. Todavia, muitas vezes (em especial Loranthaceae, *Viscum* e aparentados) não são reconhecíveis rudimentos seminais com tegumento e nucelo (Figura 10-266), mas sim os sacos embrionários localizam-se no tecido placentário. Com frequência, os frutos são bagas pegajosas com apenas uma semente ou sem semente (em representantes sem rudimentos seminais diferenciados). Tais frutos são dispersados por aves e possibilitam (em *Viscum*, por exemplo) a ocupação de ramos de árvores e arbustos.

Por meio de dados de sequência relativamente inequívocos, nas **Saxifragales** são reunidas famílias que se distinguem entre si quanto à morfologia e, em vista disso, posicionavam-se em locais bem distintos nos sistema mais antigos. A estrutura das glândulas existentes nos dentes foliares, grãos de pólen com superfície muitas vezes estriada, e a ocorrência frequente de ovários semi-ínferos a ínferos podem ser consideradas como características morfológicas comuns dessa ordem.

As Altingiaceae, Cercidiphyllaceae e Daphniphyllaceae, com flores unissexuais e polinizadas pelo vento, junto com as Hamamelidaceae, com flores bissexuais e polinizadas por insetos, eram antigamente colocadas nas "Hamamelidae". As Paeoniaceae, que apresentam o único gênero, *Paeonia* (peônia), com órgãos do perianto dispostos de modo helicoidal, androceu centrífugo-poliândrico e carpelos livres, dos quais se formam folículos, pertenciam às "Dilleniidae".

As Grossulariaceae têm um único gênero, *Ribes* (Figura 10-267), e são arbustos. Seu ovário ínfero se desenvolve em uma baga (groselha: *Ribes uva-crispa*, groselha vermelha e groselha preta: *R. rubrum*, *R. nigrum*). As Crassulaceae são plantas herbáceas com folhas suculentas e têm na maioria cinco a muitos carpelos quase livres, dispostos em um verticilo (Figura 10-268). Na Europa Central, *Sedum* (sedo) e *Sempervivum* (sempervivo) pertencem a esta família, mas também há representantes tropicais, como *Kalanchoe* (planta utilizada em experimentos sobre fotoperíodo; incluindo *Bryophyllum*, com gemas auxiliares formadas na margem foliar). A maioria das Saxifragaceae tem um gineceu de dois carpelos, muitas vezes unidos entre si apenas na parte basal (Figura 10-267), que têm uma disposição mais ou menos aprofundada na base da flor. Espécies do grande gênero *Saxifraga* (quebra-pedra) avançam na região ártica-alpina, com diferentes formas biológicas (em especial em forma de moita e de roseta), até os limites climáticos extremos das plantas vasculares.

As Haloragaceae são de água doce e na Europa Central estão representadas por *Myriophyllum* (miriofilo), com folhas finamente recortadas e perianto reduzido.

As Vitaceae (**Vitales**) crescem em geral como lianas e têm gavinhas caulinares opostas às folhas, que podem ser consideradas como extremidades das articulações individuais de um sistema axial simpodial (Figura 10-269). As inflorescências encontram-se na mesma posição das gavinhas. As flores, tetrâmeras ou pentâ-

Saxifragales

Altingiaceae: 1 gênero/13 espécies, sudoeste até leste da Ásia, América do Norte até América Central; Aphanopetalaceae: 1 gênero/2 espécies, Austrália; Cercidiphyllaceae: 1 gênero/2 espécies, China, Japão; Crassulaceae: 34 gêneros/1.370 espécies, cosmopolita, frequente em ambientes áridos; Cynomoriaceae: 1 gênero/2 espécies, Mar Mediterrâneo, sudoeste da Ásia; Daphniphyllaceae: 1 gênero/10 espécies, leste até sudeste da Ásia; Grossulariaceae: 1 gênero/150 espécies, Hemisfério Norte, Andes; Haloragaceae: 8 gêneros/145 espécies, cosmopolita, principalmente Austrália; Hamamelidaceae: 27 gêneros/82 espécies, cosmopolita-disjunta; Iteaceae: 2 gêneros/18 espécies, leste e sudeste da Ásia, leste da América do Norte; Paeoniaceae: 1 gênero/33 espécies, Eurásia, rara na América do Norte; Penthoraceae: 1 gênero/1-3 espécies, leste até sudeste da Ásia; Peridiscaceae: 3 gêneros/9 espécies, América do Sul, oeste da África; Pterostemonaceae: 1 gênero/3 espécies, México; Saxifragaceae: 29 gêneros/630 espécies, maioria norte-americana, Andes, zonas temperadas até árticas; Tetracarpaeaceae: 1 gênero/1 espécie, Tasmânia

Vitales

Vitaceae: 14 gêneros/850 espécies, cosmopolita

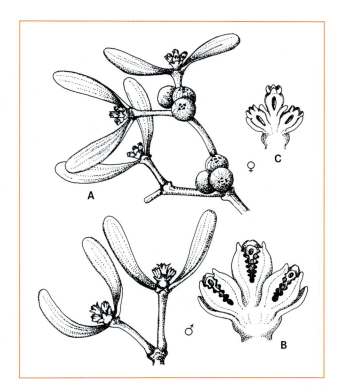

Figura 10-266 Santalales, Santalaceae, *Viscum album*. **A** Caule com flores ♂ e ♀ (precisamente, frutos) (0,5x). Dicásios **B** ♂ e **C** ♀ com três flores (vista longitudinal); as tépalas são unidas aos estames e aos ovários e rudimentos seminais, respectivamente: (P4 A4) e (P4 G(2)), respectivamente (aproximadamente 3x). (Segundo F. Firbas.)

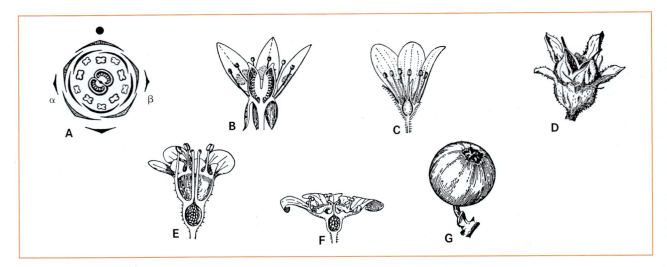

Figura 10-267 Saxifragales. **A-D** Saxifragaceae. **A** Diagrama floral de *Saxifraga granulata* com prófilos (α, β). **B** *Saxifraga stellaris* (2,5x) e **C** *S. granulata* (1,5x), flores; **D** *S. cespitosa*, cápsula com cálice (3x). **E-G** Grossulariaceae. **E** *Ribes uva-crispa* (2,5x), **F**, **G** *R. rubrum*, flor e baga, respectivamente (3,5x e 2x). (A segundo A.W. Eichler; B-G segundo F. Firbas.)

meras quanto ao perianto e ao androceu, têm um gineceu constituído de dois carpelos concrescidos entre si (Figura 10-269), que se desenvolve em uma baga. As pétalas são coladas entre si nos ápices mediante papilas e, por ocasião da antese, são erguidas juntas. Economicamente, o representante mais importante das Vitaceae é *Vitis vinifera* (videira), já cultivada desde o começo da era do bronze. A forma ancestral da videira é *V. vinifera* subsp. *sylvestris*, provável nativa das florestas úmidas da Ásia Menor. Atualmente, *Vitis vinifera* é cultivada apenas sobre porta-enxerto de videira resistente a pragas. Em algumas espécies de *Parthenocissus* cultivadas como "videiras silvestres", as extremidades das gavinhas são formadas como discos adesivos. O grande gênero *Cissus* contém espécies com suculência caulinar.

Figura 10-268 Crassulaceae. Inflorescência de *Sedum sarmentosum*. (Fotografia segundo I. Mehregan.)

"Rosídeas"

As 15 ordens seguintes (Crossosomatales, Geraniales, Myrtales, Zygophyllales, Celastrales, Malpighiales, Oxalidales, Fabales, Rosales, Cucurbitales, Fagales, Huerteales, Brassicales, Malvales, Sapindales), assim como duas famílias de posição incerta (Huaceae, Picramniaceae), são reunidas nas "Rosídeas". Este grupo tem, em geral, flores com perianto duplo frequentemente com pétalas livres, dois verticilos de estames ou também androceu multiplicado centrípeta ou centrifugamente; gineceu muitas vezes septado, com rudimentos seminais crassinucelados com dois tegumentos e formação nuclear do endosperma. Com frequência, são encontrados nectários no disco, formados pela base da flor.

As **Crossosomatales** pertencem, por exemplo, *Staphylea pinnata* (estafileia) (Staphyleaceae), um arbusto com folhas pinadas opostas e cápsulas infladas conspícuas, e Strasburgeriaceae, nativas da Nova Caledônia, com uma única espécie arbórea (*Strasburgeria robusta*).

As Geraniales, com uma delimitação por dados moleculares totalmente nova em comparação com sistemas mais antigos, são reunidas por alguns caracteres, geralmente anatômicos (por exemplo, nós foliares tri- a multilacunares, margens foliares com dentes glandulares), assim como pela testa da semente (a testa é formada pelo tegumento interno) e carpelos opos-

> **Famílias de posição incerta entre as Rosídeas**
> Picramniaceae:
> 2 gêneros/46 espécies, Neotrópicos

> **Crossosomatales**
> Aphloiaceae: 1 gênero/1 espécie, leste da África, Madagascar;
> Crossosomataceae: 4/12, oeste da América do Norte;
> Geissolomataceae: 1/1, África do Sul; Guamatelaceae: 1/1, América Central; Ixerbaceae: 1/1, Nova Zelândia; Stachyuraceae 1/5, sudeste da Ásia; Staphylaceae: 3/45, cosmopolita, dispersa; Strasburgeriaceae: 1/1, Nova Caledônia

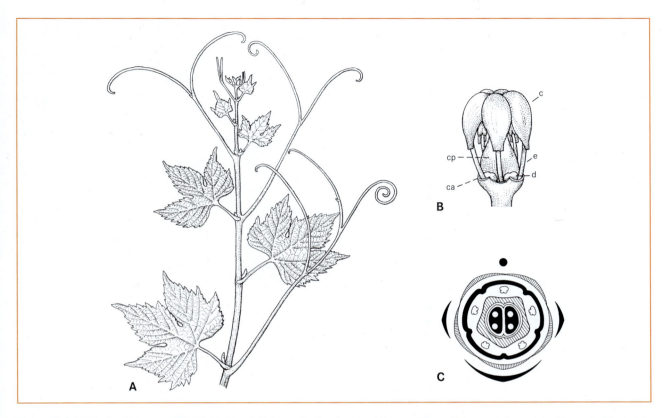

Figura 10-269 Vitales, Vitaceae. **A**, **B** *Vitis vinifera*. **A** Sistema de eixos com gavinhas caulinares, **B** flor em antese com cálice reduzido, corola elevada, disco, estames e carpelos (ampliado). **C** *Parthenocissus quinquefolia*, diagrama floral. – c corola, d disco, cp carpelos, ca cálice, e estames. (A segundo R. Spohn e W. Troll, B segundo O.C. Berg e D.F. Schmidt, C segundo A.W. Eichler.)

Geraniales
Francoaceae: 2 gêneros/2 espécies, Chile; Geraniaceae: 7/805, cosmopolita, zonas temperadas a temperadas quentes; Ledocarpaceae: 3/12, América do Sul; Melianthaceae: 3/11, África; Vivianaceae: 1-4/6, América do Sul

tos às pétalas. Uma grande parte das Geraniaceae tem frutos peculiares (Figura 10-270). Os carpelos possuem dois rudimentos seminais cada, dos quais apenas um deles se desenvolve. A parte superior dos carpelos diferencia-se em um "bico" estéril. Na maturação, apenas as partes internas dos carpelos concrescidos permanecem como uma coluna central, enquanto se elevam as paredes externas, cada uma com uma semente no interior. Elas permanecem ligadas pelo ápice à coluna central e catapultam as sementes (por exemplo, muitas espécies de gerânio: *Geranium*) ou soltam-se junto com as sementes como mericarpo; neste caso, as partes superiores, como aristas higroscópicas, servem para fixar a semente ao solo (por exemplo, bico-de-garça: *Erodium*). Flores zigomórficas com um nectário imerso no pedicelo são encontradas nas espécies de *Pelargonium*, muitas vezes cultivadas e em sua maioria sul-africanas.

As **Myrtales** têm, em geral, folhas opostas e de margens inteiras, com ou sem estípulas, feixes vasculares bicolaterais, flores muitas vezes tetrâmeras e com um hipanto conspícuo, estames curvados para dentro no botão floral, apenas um estilete e, frequentemente, muitos rudimentos seminais.

Myrtales
Alzateaceae: 1 gênero/2 espécies, América do Sul; Combretaceae: 20/500, pantropical; Crypteroniaceae: 3/10, Sri Lanka, Sudeste da Ásia; Lytrhraceae: 31/620, cosmopolita; Memecyclaceae: 6/435, pantropical; Melastomataceae: 182/45.700, pantropical, raramente em zonas temperadas; Myrtaceae: 131/4.620, cosmopolita, na maioria tropical a zonas temperadas quentes; Oliniaceae: 1/5, África, Sta. Helena; Onagraceae: 17-24/650, cosmopolita; Penaeaceae: 7/20, África do Sul; Rhynchocalycaceae: 1/1, África do Sul; Vochysiaceae: 8/210, América tropical, uma espécie no oeste da África

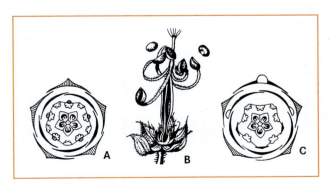

Figura 10-270 Geraniales, Geraniaceae. **A** *Geranium pratense*, diagrama floral, **B** fruto em deiscência (1,5x); **C** *Pelargonium zonale*, diagrama floral. (A, C segundo A.W. Eichler, B segundo J. Graf.)

As Myrtaceae apresentam, em geral, um ovário ínfero. São plantas lenhosas perenifólias subtropicais a tropicais, com estruturas secretoras lisígenas contendo óleos etéreis que lhes conferem importância como plantas condimentares ou medicinais. O grande número de estames (Figura 10-271) com seus filetes coloridos, tornam as flores mais chamativas. Das muitas espécies dos gêneros tropicais *Eugenia* e *Syzygium* merece menção o cravo-da-índia (*S. aromaticum* = *E. caryophyllata*; Figura 10-271), nativo desde o Sri Lanka até Bornéu. Na Austrália domina o gênero *Eucalyptus*, com cerca de 500 espécies arbóreas a arbustivas nativas, na maioria das florestas secas. Como polinizadores de *Eucalyptus* encontram-se principalmente as aves, mas também os morcegos e os pequenos marsupiais. Muitas espécies podem atingir mais de 100 m de altura (por exemplo, *E. regnans*), pertencendo, assim, às maiores árvores do planeta. Devido ao seu crescimento rápido, várias espécies, especialmente *E. globulus*, são plantadas em zonas quentes, por exemplo, a região mediterrânea. Nesta região é encontrada a única espécie europeia de Myrtaceae, a murta (*Myrtus communis*), também cultivada na Europa Central.

Comuns nos trópicos e subtrópicos do Novo Mundo, as lenhosas ou herbáceas, as Melastomataceae apresentam conectivos em forma de alavanca e anteras poricidas (Figura 10-272). As abelhas polinizadoras esvaziam as anteras por vibração (*buzz pollination*).

Figura 10-272 Melastomataceae. Flor de *Dissochaeta annulata* com dimorfismo dos estames e apêndices dos conectivos. (Fotografias segundo G. Kadereit.)

Entre os onagraceae, em geral nas herbáceas, os receptáculos florais são quase sempre projetados acima do ovário ínfero (Figura 10-271). A esta família pertencem as prímulas (*Oenothera*), de origem americana e hoje ocorrentes como plantas ruderais em todo o mundo. Assim como as espécies de *Fuchsia*, nativas principalmente na América do Sul e Central, mas também na Nova Zelândia e muitas vezes cultivadas em outros lugares. Estas são em geral polinizadas por aves e têm o receptáculo floral

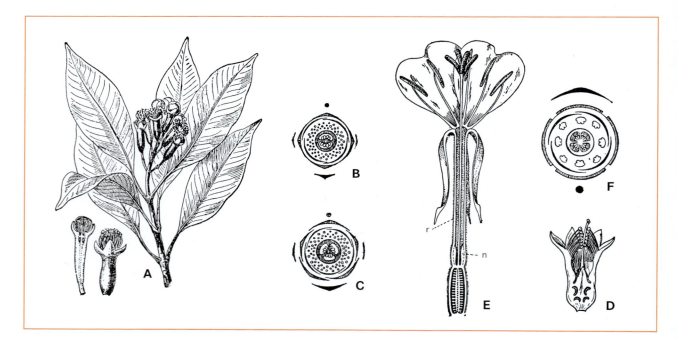

Figura 10-271 Myrtales. **A-C** Myrtaceae. **A, B** *Syzygium aromaticum*, ramo florido (0,44x), botão floral, flor aberta (cerca de 0,67x) em vista lateral e diagrama floral. **C** *Myrtus communis*, diagrama floral. **D** Lytrhaceae, *Punica granatum*, corte longitudinal da flor (0,8x). **E, F** Onagraceae, *Oenothera biennis*. **E** Corte longitudinal da flor com receptáculo floral e nectário (1,2x), **F** diagrama floral. – r, receptáculo floral; n, nectário. (A, D segundo G. Karsten; B, C, F segundo A.W. Eichler; E segundo F. Firbas.)

e as sépalas bem coloridos. Na Europa Central são nativos *Epilobium* (epilóbrio), *Circaea* (circeia) e *Ludwigia* (cruz-de-malta).

As **Lythraceae** são lenhosas ou herbáceas, com gineceu dímero. Em especial digna de nota é salicária (*Lythrum salicaria*), conhecida pela heterostilia trimórfica.

Nas Lythraceae são hoje incluídas também as Sonneratiaceae, plantas lenhosas e que em parte habitam manguezais, e as também lenhosas Punicaceae e as Trapaceae. Entre as antigas Punicaceae, está o único gênero *Punica* com a romã, oriunda do Oriente (*P. granatum*), com seus carpelos ordenados em 2-3 camadas (Figura 10-271). *Trapa natans* (trapa), com plantas anuais aquáticas flutuantes, pertence ao gênero *Trapa*, único gênero das antigas Trapaceae, cujas nozes muito duras possuem projeções formadas pelas sépalas.

Famílias de posição incerta nas Eurosídeas I
Huaceae: 2 gêneros/3 espécies, África

Zygophyllales
Krameriaceae: 1 gênero/8 espécies, América; Zygophyllaceae: 26/285, pantropical, maioria em ambientes áridos

Celastrales
Celastraceae: 89 gêneros/1.300 espécies, cosmopolita; Lepidobotryaceae: 2/2-3, leste da África, Américas Central e do Sul, dispersa; Parnassiaceae: 2/51, temperado do Norte, Américas do Norte do Sul; Pottingeriaceae: 1/1, Assam até Tailândia

Malpighiales
Achariaceae: 30 gêneros/145 espécies, patropical; Balanopaceae: 1/9, sudoeste do Pacífico; Bonnetiaceae: 3/35, sudeste da Ásia, Cuba, América do Sul; Caryocaraceae: 2/21, América do Sul; Centroplacaceae: 1/1, oeste da África; Chrysobalanaceae: 17/460, pantropical, principalmente América do Sul; Clusiaceae: 27/1.050, pantropical; Ctenolophonaceae: 1/3, oeste da África, sudeste da Ásia; Dichapetalaceae: 1/165, pantropical; Elatinaceae: 2/35, cosmopolita, Erythroxylaceae: 4/240, pantropical; Euphorbiaceae:

Eurosídeas I (em inglês, *Fabids*) Zygophyllales, Celastrales, Malpighiales, Oxalidales, Fabales, Rosales, Cucurbitales e Fagales (assim como as Huaceae) formam uma das duas linhagens principais de Rosídeas encontradas por meio de análise moleculares – as Eurosídeas I –, para as quais até agora nenhuma sinapormorfia convincente pode ser citada.

Às **Celastrales** pertencem, por exemplo, as **Celastraceae** e as Parnassiaceae. Um representante das Celastraceae na flora da Europa Central é *Euonymus europaeus* (barrete-de-padre), cujas cápsulas róseas liberam quatro ou cinco sementes envolvidas por um arilo laranja-avermelhado. Entre as **Parnassiaceae** está a *Parnassia* (parnássia), muito dispersa no Hemisfério Norte temperado. Neste gênero encontram-se estaminódios, em geral muito ramificados, opostos às pétalas e alternados com o único verticilo de estames.

Na grande e morfologicamente heterogênea ordem **Malpighiales**, encontram-se com frequência gineceus trímeros com estigmas secos e sementes com uma camada externa fibrosa no tegumento interno.

As **Hypericaceae**, em geral com folhas opostas ou verticiladas, com cavidades ou canais secretores esquizógenos, flores com feixes de estames com desenvolvimento centrífugo (Figura 10-273) e placentação centro-angular, estão representadas também na Europa Central,

por exemplo, pelo grande gênero *Hypericum* (erva-de-são-joão, cerca de 350 espécies*). Entre as **Salicaceae**, nas quais estão incluídas parte das Flacourtiaceae tropicais, em geral com inúmeros estames, estão, por exemplo, *Populus* (choupo, álamo) e *Salix* (salgueiro). As flores unissexuadas distribuídas em plantas dioicas e mais ou menos aperiantadas, reunidas em inflorescências semelhantes a amentos (Figura 10-274) são características de uma parte da família (Salicaceae s.s). Nos carpelos bicarpelares súperos desenvolvem-se inúmeras sementes desprovidas de endosperma e tomentosas. Choupos e salgueiros são árvores ou arbustos. As folhas são alternas e possuem estípulas. As plantas florescem antes da expansão das folhas. As flores, assentadas nas axilas de forófilos, têm estrutura muito simples: além de um receptáculo côncavo nos choupos anemófilos e uma a duas escamas portadoras de nectários nos salgueiros, geralmente polinizados por insetos, são encontrados, nas flores estaminadas, apenas alguns estames (em *Populus* vários, em *Salix* apenas dois). Nas flores pistiladas, apenas o gineceu. Nas cápsulas desenvolvem-se muitas sementes pequenas e pilosas, que são viáveis apenas por poucos dias.

Muitos salgueiros (por exemplo, *S. viminalis*, *S. fragilis*, *S. alba*) e choupos (por exemplo, choupo-negro, *P. nigra*, choupo-branco, *P. alba*) suportam solos com lençol freático alto e pertencem às espécies lenhosas mais importantes das matas ciliares e vegetações ciliares. Várias espécies rasteiras (por exemplo, *S. retusa*, *S. herbacea*) são plantas características de altas montanhas e do ártico. O córtex do salgueiro contém diversos derivados de ácidos salicílicos.

As **Violaceae** apresentam flores fraca a pronunciadamente zigomorfas e gineceus tricarpelares com placentação parietal. No grande gênero *Viola* (violeta, amor-perfeito, cerca de 500-600 espécies) a pétala anterior

218/5.735, cosmopolita; Euphroniaceae: 1/1-2, América do Sul; Goupiaceae: 1/2, América do Sul; Humiriaceae: 8/50, América do Sul, oeste da África; Hypericaceae: 9/560, cosmopolita; Irvingiaceae: 3/10, paleotropical; Ixonanthaceae: 4-5/21, pantropical; Lacistemataceae: 2/14, América tropical; Linaceae: 10-12/300, cosmopolita; Lophopyxidaceae: 1/1, sudeste da Ásia; Meleshermiaceae: 1/24, América do Sul; Malpighiaceae: 68/1.250, pantropical, principalmente América do Sul; Medusagynaceae: 1/1, Seicheles; Ochnaceae: 27/495, pantropical, principalmente América do Sul; Pandanaceae: 3/15, paleotropical; Passifloraceae: 17/670, cosmopolita, zonas tropicais a temperada quentes; Peraceae: 5/135, pantropical; Phyllanthaceae: 59/1.745, pantropical; Picrodendraceae: 24/80, pantropical; Podostemaceae: 48/270, pantropical; Putranjivaceae: 3/210, pantropical; Quiinaceae: 4/55, América tropical; Rafflesiaceae: 3/20, sudeste da Ásia; Rhizophoraceae: 16/149, pantropical; Salicaceae: inclusive. Flacourtiaceae: 55/1.010, cosmopolita, zonas temperadas a árticas; Trigoniaceae: 5/28, pantropical, excluíndo África; Turneraceae: 10/110, América tropical a zonas temperadas quentes, África, Madagascar; Violaceae: 23/800, cosmopolita

---

* N. de T. A erva-de-são-joão utilizada é *Hypericum perforatum* L., indicada e utilizada contra estados depressivos suaves a moderados, ansiedade, insônia e dores nevrálgicas. O nome popular erva-de-são-joão é aplicado, porém a todas as espécies do gênero, com variações.

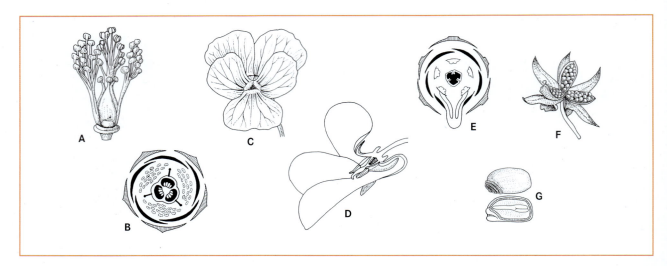

Figura 10-273 Malpighiales. **A, B** Hypericaceae. **A** *Hypericum quadrangulatum*, três estames com desdobramentos, nectário e carpelo. **B** *H. perforatum*, diagrama floral. **C-G** Violaceae. **C** *Viola alpina* (amor-perfeito-dos-alpes), flor em vista frontal (1x); **D-E** *V. odorata* (violeta-de-março), flor em corte longitudinal (2,3x) e diagrama floral (atenção para o esporão e os estames, dos quais dois com apêndices nectaríferos); **F-G** *V. tricolor*, cápsula dorcicida aberta (1,5x) e semente com elaiossomas (10x). (A, C, G segundo J. Graf; B, E segundo A.W. Eichler; D segundo F. Firbas; F segundo A.F.W. Schimper.)

forma um esporão (Figura 10-273) pela penetração dos apêndices nectaríferos dos dois estames anteriores. As sementes possuem elaiossomas (Figura 10-273). *Viola* é de origem andina.

As **Passifloraceae** são plantas escandentes, com gavinhas caulinares, com corola dotada de um grande número de apêndices filamentosos, androginóforo e gineceu tricarpelar com placentação parietal, entre as quais está a *Passiflora caerulea* (flor-da-paixão), muito cultivada. O arilo das sementes de *Passiflora edulis*, por exemplo, é muito saboroso (fruto-da-paixão, maracujá).

Os representantes das **Podostemonaceae** crescem em águas correntes com substrato pedregoso e caracterizam-se por apre-

Figura 10-274 Malpighiales, Salicaceae. **A-F** *Populus nigra*. **A** Ramo florido ♂ e **B** ramo frutificado ♀ (0,75x); **C** flores ♂ e **D** flores ♀ com seus forófilos; **E** frutos e **F** sementes (ampliados). **G-N** *Salix viminalis*. **G** Ramo florido e **J** amentos ♀ (1x); **H** flores ♂ e **K** flores ♀ com seus forófilos; **L, M** frutos e **N** semente (ampliados). (A-F segundo G. Karsten; G-N segundo A.F.W. Schimper.)

Figura 10-275 Malpighiales, Linaceae, *Linum usitatissimum*. **A** Flor (1x), **B** androceu (comparar estames e estaminódios) e gineceu (3x), **C** diagrama floral, **D** fruto septicida aberto e em corte transversal (2x). – e, estaminódios. (A, B, D segundo G. Dahlgren, C segundo A.E. Eichler.)

sentarem corpos vegetativos muito modificados, muito semelhantes a musgos ou liquens, em geral sem clara distinção entre raízes, eixos caulinares e folhas.

Nas famílias seguintes encontra-se apenas um a dois rudimentos seminais por carpelo (Figura 10-275). Às **Linaceae** pertence *Linum usitatissimum* (linho), espécie anual com folhas estreitas e flores azuis, cuja utilização como planta cultivada está documentada desde pelo menos 6.000 a.C.. As fibras floemáticas dos eixos caulinares são utilizadas para a produção do linho e as dez sementes das cápsulas septadas contêm o óleo de linhaça.

As **Erythroxylaceae** fornecem o alcaloide cocaína, extraído de *Erythroxylum coca* e *E. novogranatense*. As **Malpighiaceae** possuem, na parte externa das sépalas, pares de glândulas de óleo, que atraem abelhas coletoras de óleos como polinizadores. Às **Rhizophoraceae** (Figuras 10-276, ver 14.2.16) pertencem alguns dos gêneros mais importantes dos maguezais, *Rhizophora*, *Bruguiera*, *Kandelia* e *Ceriops*. Raízes aéreas, raízes respiratórias e viviparidade são prováveis adaptações às condições especiais destas comunidades tropicais costeiras.

As **Euphorbiaceae** apresentam flores unissexuadas com gineceu súpero, tricarpelar, com um ou dois rudimentos seminais anátropos por lóculo. São plantas lenhosas ou herbáceas com folhas normais, com estípulas, em parte também plantas com folhas muito reduzidas, nas quais o caule realiza a fotossíntese. Há muitos representantes com caules suculentos no grande gênero *Euphorbia* (cerca de 2.000 espécies) nas savanas e semi-desertos africanos (Figura 10-277). Estes se assemelham externamente aos cactos e são excelentes exemplos de convergência. As folhas são reduzidas e as estípulas são diferenciadas em espinhos. As flores e inflorescências são muito diferentes na família. Um perianto duplo é encontrado, por exemplo, na espécie oleaginosa tropical *Jatropa curcas* (Figura 10-277). Flores com perianto simples são encontradas, por exemplo, no azougue (*Mercurialis*). O perianto destas espécies anemófilas é trímero. As flores estaminadas possuem um grande número de estames e nas flores pistiladas encontram-se, além do gineceu, três estaminódios.

A espécie monoica *Riccinus communis* (Figura 10-277), arbórea da África tropical com grandes folhas digitadas que pode ser cultivada na Europa Central como planta anual, tem flores com perianto pentâmero e estames ramificados-arborescentes. As sementes fornecem o óleo de rícino ou óleo de castor*, importante do ponto de vista técnico, e que contém proteínas tóxicas.

----

* N. de T. Também denominado óleo de mamona.

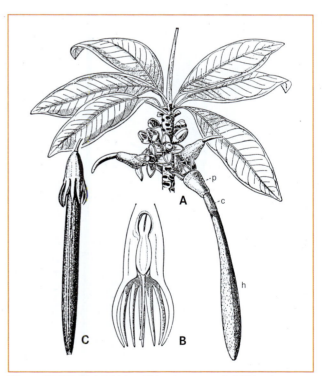

Figura 10-276 Malpighiales, Rhizophoraceae. **A-C** Rhizophoraceae com viviparidade. **A** *Rhizophora mucronata*, caule com flores e frutos (0,2x). **B, C** *Bruguiera gymnorhiza*, fruto jovem e maduro em corte longitudinal e inteiro. – h, hipocótilo; c, cotilédones; p, pericarpo. (A segundo G. Karsten; B segundo K.von Goebel; C nach W. Troll.)

Flores muito simples (Figura 10-277) caracterizam as eufórbias (*Euphorbia*). Estas são reunidas em pseudântios complexos, denominados ciátios. Cada ciátio consiste em uma flor pistilada apical longopedicelada, curvada para baixo, na maioria das espécies aperiantada, circundada por cinco grupos de flores estaminadas pediceladas e aperiantadas, aparentemente dispostas em cincínio. Cada flor estaminada consiste em um único estame, diferenciado do pedicelo apenas por uma constrição. A inflorescência é envolvida por cinco brácteas

Figura 10-277 Malpighiales, Euphorbiaceae. **A, B** Flores ♂ e ♀ de *Jatropa curcas* e **C, D** *Mercurialis annua* com escamas do disco, andróforo, estaminódios. **E, F** *Riccinus communis*, inflorescência (0,5x) e frutos jovens em corte longitudinal. **G-H** *Euphorbia*. **G** *E. resinifera*, caule suculento florido (1x); **H-K** ciátio, inteiro, em corte longitudinal e diagrama floral (glândulas ausentes em todos os casos); **L** flor ♂ de *E. platyphyllos* com pedicelo e filete; **M** lóculo do ovário (longitudinal) de *E. myrsinites* com rudimento seminal, funículo, carúncula e obturador (esquemático); **N** fruto cápsula septicida, dorsicida e septífraga com columela central de *E. lathyris* (ampliado). **O** Flor (♂) de *Anthosema senegalense* com perigônio (ampliado; comparar com L). – a, andróforo; c, carúncula; d, escamas do disco; f, filete; fu, funículo; cc, columela central; o, obturador; p, perigônio; e, estaminódios; r, rudimento seminal; pe, pedicelo. (A, B segundo F. Pax; C, D segundo R.von Wettstein, modificado; E, F segundo G. Karsten; G segundo O.C. Berg e C.F. Schmidt; H, J, N, O segundo H. Baillon; K segundo A.W. Eichler, modificado; M segundo J. Schweiger.)

– os forófilos das inflorescências estaminadas parciais – entre as quais encontram-se nectários elípticos ou semicirculares. Estes ciátios são, por sua vez, reunidos em inflorescências compostas. Confirma-se que os ciátios são, de fato, inflorescências pela constrição entre os estames e o pedicelo floral. Em outros gêneros (por exemplo, *Anthostema*) existe nesta posição um perianto simples. O ciátio demonstra, portanto, que os pseudântios podem originar-se a partir da integração de flores unissexuadas, sendo polinizados pelos insetos como uma flor bissexuada. Os frutos são cápsulas, cujas paredes se separam por completo de uma columela central, lançando as sementes.

Muitas Euphorbiaceae possuem látex tóxico, que contém borracha. Assim, muitas das importantes espécies de árvores latícíferas pertencem a esta família, em especial *Hevea brasiliensis*, nativa do Amazonas, mas hoje cultivada em muitas regiões tropicais, da qual provém a "borracha-do-pará", comercialmente importante no mundo todo. A espécie brasileira *Manihot glaziovii* fornece a "borracha-do-ceara". Como espécie cultivada, pode-se ainda citar a *Manihot esculenta* (mandioca) de origem neotrópica. Seus tubérculos ricos em amido ("amido-de-cassava", "amido-de-yuca", "tapioca", "amido-de-mandioca") precisam ser aquecidos antes do consumo, por causa da formação de ácido cianídrico. Algumas espécies de *Euphorbia* fornecem também venenos para pesca e pontas de lança.

As Rafflesiaceae, aparentemente relacionadas às Euphorbiaceae são endoparasitas, cujo tecido vegetativo cresce semelhante a um micélio por meio do hospedeiro. As flores, que irrompem de sua superfície (Figura 10-278) podem atingir, até 1 m de diâmetro como em *Rafflesia arnoldii*, e são, assim, as maiores flores conhecidas entre as angiospermas.

As **Oxalidales**, caracterizadas principalmente por terem formato molecular, muitas vezes possuem sementes com uma camada externa fibrosa do tegumento interno dotada de traqueídes, assim como um tegumento externo com cristais. O *Oxalis acetosella* (trevo-azedo), da Europa Central, é um representante do gênero muito grande *Oxalis* (cerca de 800 espécies), com flores heterostílicas, pertencente às Oxalidaceae.

O trevo-azedo tem folhas articuladas justapostas como um trevo. Na maturação do fruto, as sementes são espremidas pela abertura da cápsula ou são lançadas por ruptura explosiva e inversão das camadas externas carnosas da cápsula. Na família, o *Averrhoa carambola* (fruto-estrelado, carambola,) é comestível. Em *Cephalotus folliculares* (Cephalotaceae), insetívora, algumas das folhas da roseta são diferenciadas em cisternas muito semelhantes às das Nepenthaceae e Sarraceniaceae.

As três ordens anteriores (Celastrales, Malpighiales, Oxalidales) compartilham alguns caracteres relacionados aos rudimentos seminais com o segundo grupo de ordens das Rosídeas, as Eurosídeas II (em inglês, *Malvídeas*). Isto significa que a bifurcação da maioria das Rosídeas em "Fabídeas" e "Malvídeas", baseada em análises moleculares, não se reflete em alguns caracteres fenotípicos.

Nas quatro ordens seguintes (Fabales, Rosales, Cucurbitales, Fagales), com endosperma muito reduzido, encontram-se, com frequência, simbioses com bactérias fixadoras de nitrogênio (por exemplo, *Frankia*, *Rhizobium*), razão pela qual este é denominado "clado fixador de nitrogênio".

As **Fabales** com frequência apresentam estípulas, o gineceu é na maioria das vezes coricárpico e com apenas um carpelo. As sementes têm um embrião grande e em geral verde. As Fabaceae (= Leguminosae) são caracterizadas por possuírem um único car-

> **Oxalidales**
> Brunelliaceae: 1 gênero/55 espécies, América tropical; Cephalothaceae: 1/1, sudoeste da Austrália; Connaraceae: cerca de 12/180, pantropical; Cunoniaceae: 27/280, na maioria Hemisfério Sul; Elaeocarpaceae: 12/605, pantropical, exceto África; Oxalidaceae: 6/770, tropical a subtropical, raramente em zonas temporadas

> **Fabales**
> Fabaceae: 730 gêneros/19.400 espécies, cosmopolita; Polygalaceae: 18/1045, cosmopolita; Quillajaceae: 1/3, América do Sul; Surianaceae: 5/8, México, Austrália

Figura 10-278 Rafflesiaceae. Flores e botão floral (anterior à esquerda) de *Rafflesia schadenbergiana*. (Fotografia segundo J. Barcelona.)

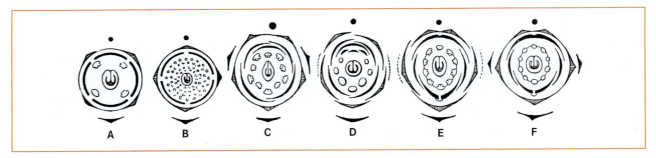

Figura 10-279 Fabales, Fabaceae, diagramas florais. **A**, **B** Mimosoideae **A** *Mimosa pudica*, **B** *Acacia lophantha*. **C** Cercidade, *Cercis siliquastrum*. **D** Caesalpinioideae, *Cassia caroliniana*. **E**, **F** Faboideae. **E** *Vicia faba* (sépalas ± concrescidas na base), **F** *Laburnum anagyroides*. (Segundo Q.W. Eichler.)

pelo súpero, do qual se origina um legume com abertura ventral e dorsal (leguminosas). As sementes são em geral desprovidas de endosperma e os embriões armazenam amido, proteínas e, em parte, também lipídios, em especial nos cotilédones. As Fabaceae são lenhosas ou herbáceas, com folhas alternas, diversificadamente pinadas, com estípulas conspícuas. As raízes possuem muitas vezes nódulos com bactérias simbióticas fixadoras de nitrogênio, pertencentes ao gênero *Rhizobium* e a outros gêneros aparentados.

As Cercideae constituem um grupo-irmão do resto da família. A elas pertence, por exemplo, a espécie bastante plantada *Cercis siliquastrum* (árvore-de-judas), é cultivada e apresenta caulifloria. As Caesalpinioideae (160 gêneros/1.930 espécies) apresentam flores zigomórficas e corola com pré-floração carenal (Figura 10-279). As duas pétalas inferiores cobrem as duas laterais e estas cobrem a pétala superior. Os estames são, em geral, livres. As Caesalpinioideae são plantas lenhosas subtropicais e tropicais, em sua maioria, com folhas compostas paripinadas ou bipinadas. Os representantes ancestrais deste grupo não monofilético não apresentam nódulos nas raízes. Muito conhecida é, por exemplo, a (*Ceratonia siliqua*) alfarrobeira, com vagens indeiscentes e comestíveis. A este grupo pertence também o grande gênero *Cassia*, com algumas espécies usadas como plantas medicinais.

Entre as Mimosoideae (85 gêneros/3.275 espécies), as flores são radiais e os estames multiplicados de forma secundária (Figuras 10-279, 10-280). Tratam-se de plantas lenhosas e ervas tropicais ou subtropicais, em geral, com folhas bipinadas e paripinadas e flores pequenas reunidas em inflorescências do tipo capítulo ou espiga. As flores são tetrâmeras e chamam a atenção pelos longos e coloridos filetes. Os grãos de pólen são distribuídos em grandes aglomerados (políades). A este grupo pertence a dormideira ou sensitiva (*Mimosa pudica*), uma erva pantropical conhecida por seus rápidos movimentos de folha, e o gênero *Acacia*, muito grande, que inclui diversas espécies com filódios, assim como algumas plantas de formigas. A casca viva de algumas espécies fornece borracha ou taninos.

As Faboideae (476 gêneros/13.855 espécies) possuem flores zigomórficas com pré-floração vexilar. Suas "flores-borboleta", em geral reunidas em inflorescências racemosas, possuem cálice pentâmero e gamossépalo. Na corola pentâmera, geralmente dialipétala, a pétala adaxial, o "vexilo", se sobrepõe (no botão floral) às pétalas laterais, as "alas", e estas, por sua vez, sobrepõe-se as duas "carenas" abaxiais, que, com frequência, formam uma "quilha" pela aderência das margens internas. A quilha envolve os estames, concrescidos na região dos filetes (todos os dez ou nove concrescidos e um livre) e que, por sua vez, envolvem o gineceu (Figura 10-281).

As folhas podem ser imparipinadas ou paripinadas, digitadas (*Lupinus*), trifolioladas (*Trifolium*) ou simples. Em diversos gêneros (por exemplo, *Vicia*, *Pisum*), no lugar do folíolo terminal e, também, do par superior de folíolos, ocorrem gavinhas. Como órgãos fotossintéticos principais podem atuar também estípulas (*Lathyrus aphaca*) ou o caule, em algumas espécies com poucas folhas (giesta-das-vassouras: *Cytisus scoparius*, giesta: *Genista*, tojo: *Ulex*).

As flores são polinizadas em especial por abelhas e mamangavas e apresentam diversas estruturas que ocasionam a emersão ou expulsão do pólen das anteras, quando são pressionadas as alas ou a quilha, que servem como local de aproximação do polinizador em voo. Os legumes podem diferenciar-se em lomentos (desagregam-se em partes com uma semente cada) ou em nozes.

A subfamília Faboideae, com grande número de espécies, é cosmopolita. Nos trópicos predominam as formas lenhosas e, em regiões extra-tropicais, as formas herbáceas. Como plantas fixadoras de nitrogênio, preferem solos secos, pobres em nitrogênio ou ricos em calcário, sendo frequentes nas estepes e zonas áridas da Eurásia. Neste grupo também estão, por exemplo, muitas das mais de 2.000 espécies de tragacanto (*Astragalus*). Plantas com flores-borboleta são também muito importantes em várias comunidades vegetais da Europa Central.

As Faboideae têm uma expressiva importância econômica. Algumas são forrageiras importantes, que crescem bem em solos pobres em nitrogênio e, quando misturadas ao solo durante o seu preparo, podem ser utilizadas como adubo verde (várias espécies de trevos: *Trifolium pratense*, *T. hybridum*, *T. repens*, *T. incarnatum*; alfafa: *Medicago sativa*; esparceta: *Onobrychis viciifolia*; serradela: *Ornithopus sativus*; tremoços: *Lupinus angustifolius*, *L. luteus*). Outras espécies, com suas sementes ricas em proteína, amido e muitas vezes óleo,

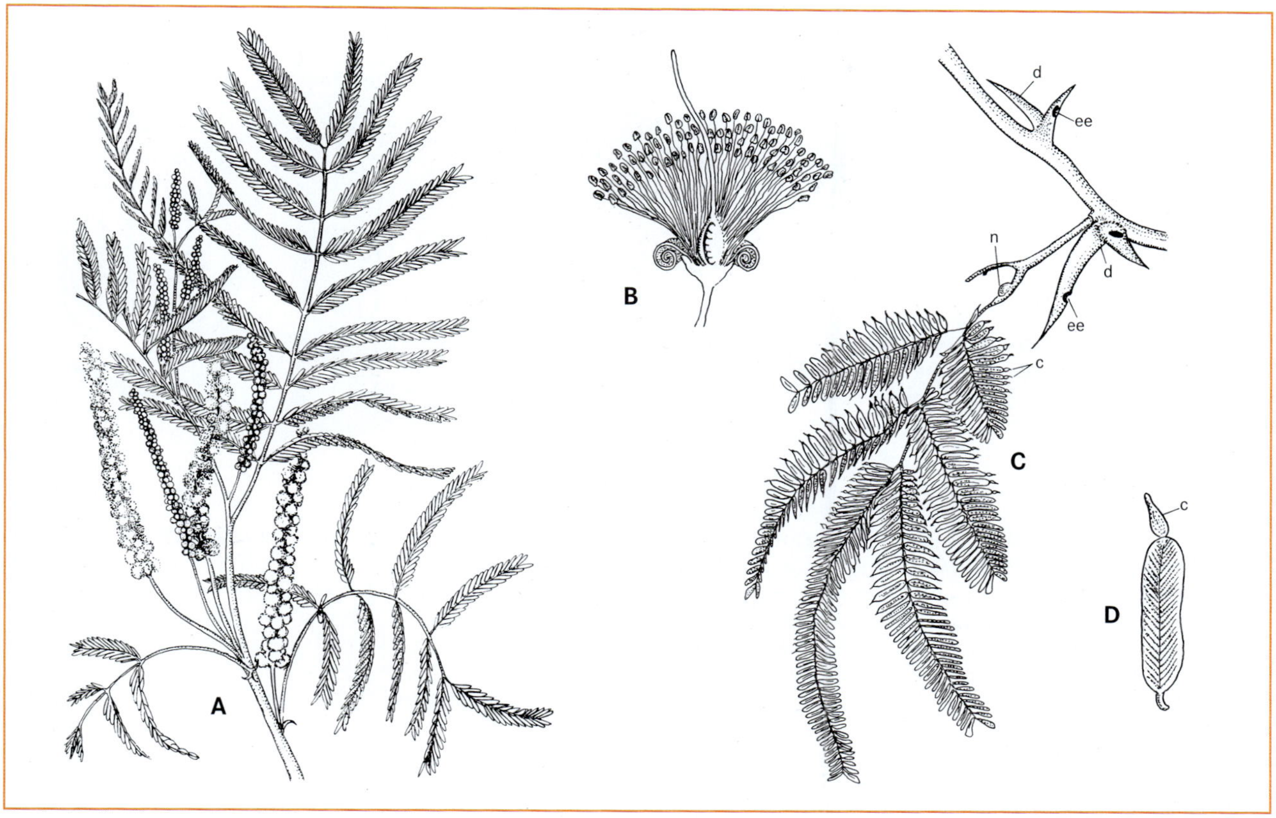

Tratado de Botânica de Strasburger **887**

Figura 10-280 Fabales, Fabaceae, Mimosoideae, *Acacia*. **A**, **B** *A. catechu*, ramo florido (0,5x) e flor (5x). **C**, **D** *A. nicoyensis* da Costa Rica. Ramo (reduzido) com espinhos estipulares apresentando cavidades produzidas e habitadas por formigas; folhas com nectários extraflorais e corpos beltianos (*Beltsche Körperchen*) nos folíolos (D) (ampliado). – e, espinhos estipulares; c, corpo beltiano; ee, espinhos estipulares com cavidades produzidas por formigas; n, nectários. (A segundo O.C. Berge e C.F. Schmidt; B segundo H. Baillon; C, D segundo F. Noll.)

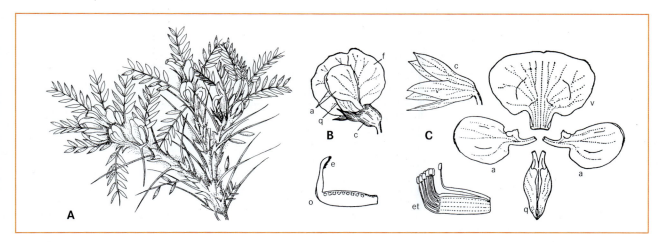

Figura 10-281 Fabales, Fabaceae, Faboideae. **A** *Astragalus gummifer*, ramo florido com espinhos foliares (0,5x). **B**, **C** *Pisum sativum*. **B** Flor inteira (1x) e **C** flor dissecada (1,2x); cálice, corola composta de vexilo, alas e quilha, estames (9+1), assim como o pistilo com um só carpelo com estigma e rudimentos seminais (pontilhado). – v, vexilo; o, ovário; a, alas; c, cálice; e, estigma; q, quilha; et, estames. (Segundo F. Firbas.)

Figura 10-282 Polygalaceae. Flor de *Polygala myrtifolia*. Pétala abaxial com apêndice. Diagrama floral de *Polygala* com cálice, corola, oito estames, disco e ovário. – c, corola; d, disco; o, ovário; ca, cálice; e, estame. (Segundo A.W. Eichler; Fotografia segundo C. Erbar.)

fornecem importantes nutrientes (favas: *Vicia faba*; ervilhas: *Pisum sativum*; grão-de-bico: *Cicer arietinum*; lentilha: *Lens culinaris*; feijões: *Phaseolus vulgaris*, *P. coccineus*; soja: *Glycine max*; amendoim: *Arachis hypogaea*). No amendoim, os frutos (indeiscentes) são enterrados pelo crescimento da parte inferior do gineceu, para então amadurecerem. Entre os representantes lenhosos importantes está a (*Robinia pseudoacacia*) falsa-acácia, espécie do leste da América do Norte utilizada para o reflorestamento de áreas secas e terrenos baldios, que se tornou muito invasiva nos locais onde foi introduzida. As espécies tóxicas (*Laburnum anagyroides*)* laburno, do sul da Europa, e glicínia (*Wisteria sinensis*), do leste da Ásia, são cultivadas como ornamentais.

Devido à diferenciação petaloide de duas sépalas e à forma de barco da pétala abaxial, com um apêndice apical, as flores de muitas **Polygalaceae** (por exemplo, poligala: *Polygala*, Figura 10-282) apresentam uma semelhança superficial com as flores das Faboideae.

Rosales
Barbeyaceae: 1 gênero/1 espécie, África, Arábia; Cannabaceae: 2/3, Hemisfério Norte; Dirachmaceae: 1/2, Somália, Socotra; Eleagnaceae: 3/50, maioria Hemisfério Norte temperado; Moraceae: 40/1.000, cosmopolita; Rhamnaceae: 55/900, cosmopolita, maioria tropical a subtropical; Rosaceae: 100/3.000, cosmopolita, frequentemente em zonas temperadas a subtropicais; Ulmaceae: 6/30, cosmopolita; Urticaceae: 45/700, cosmopolita, maioria tropical a subtropical

As **Rosales** são caracterizadas pela formação de um hipanto (que, porém, se perdeu em muitas famílias) e sementes com pouco ou nenhum endosperma. Muitos representantes da ordem são plantas lenhosas com estípulas.

As **Rosaceae**, com muitas espécies representadas na flora europeia, incluem plantas lenhosas e herbáceas com folhas alternas simples ou compostas, com estípulas. As flores radiais possuem muitas vezes um androceu numeroso por multiplicação secundária dos estames. Variações são encontradas principalmente no gineceu coricárpico e no fruto (Figuras 10-283 e 10-284).

Em geral, as Rosoideae apresentam inúmeros carpelos, que se desenvolvem em núculas ou frutículos pétreos monospúmicos (Figuras 10-283, 10-284), e com número cromossômico de $x = 7$, assim como alguns caracteres químicos próprios. Em dríade-branca (*Dryas*) e erva-benta (*Geum*) os estiletes alongados, diferenciados em apêndices plumosos ou ganchos, participam da dispersão dos frutículos. As núculas podem também permanecer agregadas pelo crescimento do eixo floral. Na rosa (*Rosa*), as núculas são aprofundados no receptáculo côncavo da flor; no morango (*Fragaria*), o eixo floral cônico e carnoso é cravejado por fora com núculas. Framboesa (*Rubus idaeus*) e amora-preta (*R. fruticosus* agg.) são frutículos drupoides agregados. Na maioria dos casos, as Amygdaloydeae (= Prunoideae), por exemplo, do gênero *Prunus*, possuem apenas um carpelo que se desenvolve em um fruto drupoide e número cromossômico de $x = 8$. Seu único carpelo, não concrescido com o receptáculo floral côncavo, desenvolve por fora a polpa do fruto, por dentro um pirênio rígido, com uma única semente (Figuras 10-283 e 10-284), como na cerejeira (*Prunus avium*), cerejeira-azeda (*P. cerasus*), a ameixeira (*P. domestica*), o pessegueiro (*P. persica*), o damasco (*P. armeniaca*) e a amendoeira (*P. amygdalus*, com mesocarpo coriáceo). Chama a atenção nestes (e, em parte nas Pyroideae) a presença de glicosídios cianogênicos nas sementes e também em outras partes da planta (Figura 10-193). As Pyroidae (= Maloidae) possuem entre 2-5 carpelos ínferos e número cromossômico de $x = 17$. O fruto é em geral um pomo (Figuras 10-283 e 10-284). Em *Crataegus* (pilriteiro) e *Mespilus germanica* (nêspera) o endocarpo, é lenhoso e o fruto contém um número de frutículos drupoides correspondente ao número de carpelos. No marmeleiro (*Cydonia oblonga*), na pereira (*Pyrus*), na macieira (*Malus*) e no gênero *Sorbus* (por exemplo, Sorveira-brava: *S. aucuparia*, sorveira-da-europa: *S. domestica*) o endocarpo pluricarpelar é papiráceo e envolve várias sementes. Neste caso, a polpa do fruto contém grupos isolados de células pétreas. Os gêneros da antiga Spiraeoideae, com folículos polispérmicos (Figuras 10-283 e 10-284), não constituem um grupo monofilético, estando distribuídos na árvore geneológica das Rosaceae.

---

* N. de T. Chamada de "chuva-de-ouro" (*Gololhegen*), não deve ser confundida com algumas espécies de *Cassia*, que também recebem essa denominação.

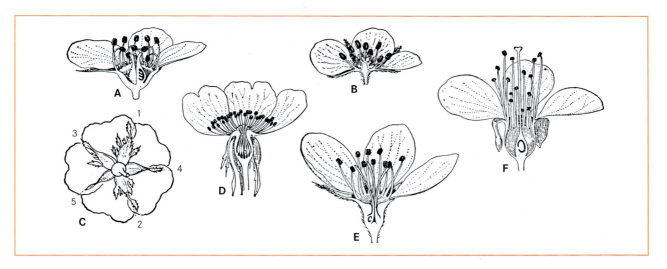

Figura 10-283 Rosales, Rosaceae. Cortes longitudinais das flores de **A** *Spiraea lanceolata*, **B** *Fragaria vesca* (1,5x), **D** *Rosa canina* (0,75x), **E** *Pyrus communis* (1,5x) e **F** *Prunus avium* (1,5x). **C** filotaxia helicoidal (1-5) das sépalas progressivamente simplificadas no verticilo do cálice quincuncial de *Rosa* (ver também Figura 4-6). (A, B, D-F segundo F. Firbas; C segundo K. von Goebel.)

Às Rosaceae pertencem os gêneros muito diversificados por agamospermia *Rosa*, *Rubus* e *Alchemilla*. Anemofilia é encontrada eventualmente em *Sanguisorba*.

Além dos frutos do morango, da framboesa e da amora-preta, inúmeras árvores frutíferas são economicamente importantes. Destas, maçãs, peras e cerejas possuem na Europa Central também formas selvagens que já eram coletadas no início da Idade da Pedra, junto com o abrunheiro-bravo (*Prunus spinosa*), o azereiro (*P. padus*) e outras espécies. Marmeleiro, nespereira-europeia, amendoeira, cerejeira-azeda, assim como a maioria das ameixeiras são originárias da Ásia, onde também as formas selvagens de macieiras, pereiras e cerejeiras são mais diversificadas. O damasco é originário do Turquistão até o oeste da China, o pêssego da China. Suas formas cultivadas foram dispersadas na Europa desde a época greco-romana.

As flores das Rhamnaceae apresentam apenas um verticilo antepétalos de estames e ovários médios a ínferos. Nesta família, assim como na família Eleagnaceae, encontram-se simbioses com *Frankia*, tornando possível a assimilação de nitrogênio molecular. Nas Eleagnaceae, lenhosas, cobertas com tricomas escamiformes e, por isto, brilhante-prateadas, o cálice é petaloide, a corola falta e o gineceu consiste de um ovário ínfero com um rudimento seminal. A esta família pertence o espinheiro-do-mar (*Hippophaë rhamnoides*).

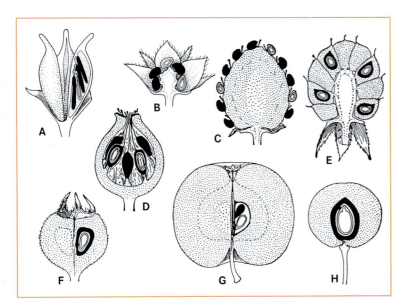

Figura 10-284 Rosales, Rosaceae. Cortes longitudinais de frutos (esquemáticos) de **A** *Spiraea*, **B** *Potentilla*, **C** *Fragaria*, **D** *Rosa*, **E** *Rubus*, **F** *Mespilus*, **G** *Malus* e **H** *Prunus*. Polpa do fruto pontilhada, feixes vasculares tracejados, partes duras da parede do fruto ou da testa da semente pretas. (Segundo F. Firbas.)

No passado, todas as demais famílias de Rosales (exceto Dirachmaceae) foram reunidas à ordem Urticales. Elas são caracterizadas por apresentarem cistólitos de carbonato de cálcio esféricos em células isoladas, flores inconspícuas com, no máximo, cinco estames, assim como gineceu unilocular formado por dois carpelos e um único rudimento seminal. As flores das Ulmaceae são bissexuais (Figura 10-285). São plantas lenhosas sem látex, representadas na Europa Central pelo olmo. Possuem folhas alternas dísticas, assimétricas e flores reunidas em umbelas, das quais se originam frutos já na fase de expansão foliar.

A mortandade de olmos, observada pela primeira vez em 1919 na Holanda, deve-se a um fungo (*Ceratocystis ulmi*), transmitido pela broca do olmo.

Todas as demais famílias possuem flores unissexuais. As Moraceae (Figura 10-286) são, na maioria, plantas lenhosas com látex. Este é aproveitado principalmente da espécie mexicana *Castilla elastica* e da espécie asiática *Ficus elastica*, para a obtenção de borracha. Muitas vezes, ocorrem inflorescências e infrutescências peculiares. Por exemplo, os pequenos frutos das inflorescências pistiladas das espécies monoicas ou dioicas das amoreiras (*Morus*) fusionam-se por meio das peças do perianto, que se tornam carnosas e formam as amoras comestíveis (Figura 10-285). A amoreira-branca (*M. alba*) é o alimento do bicho-da-seda. As infrutescências comestíveis da espécie indomalásica fruta-pão (*Artocarpus*) têm estrutura semelhante às de *Morus*. Nos gêneros *Dorstenia* e *Castilla*, as flores e frutos isolados são inseridos em um eixo plano ou côncavo e, em *Ficus* (com cerca de 750 espécies) estes são encerrados em uma estrutura oca em forma de jarro que, junto com o perianto, torna-se carnosa.

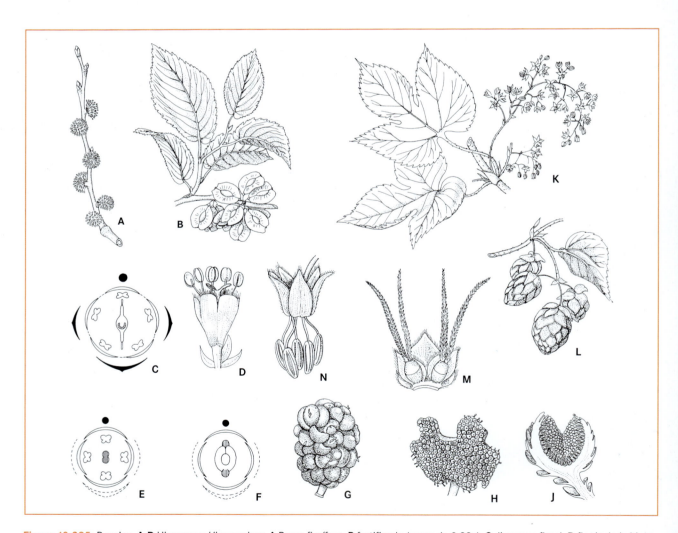

Figura 10-285 Rosales. **A**-**D** Ulmaceae: *Ulmus minor*. **A** Ramo florífero, **B** frutificado (cerca de 0,33x), **C** diagrama floral, **D** flor isolada bissexual (ampliada). **E**-**J** Moraceae: diagrama das flores **E** ♂ e **F** ♀ de *Morus alba*. **G** Inflorescência de *Morus nigra*, **H** inflorescência de *Dorstenia contrayerva* e **J** *Castilla elastica* (longitudinal) (todas cerca de 1x ou ligeiramente ampliados, ver também Figura 10-215 H-L). **K**-**N** Cannabaceae: *Humulus lupulus*. **K** ramo florido ♂, **L** ramo frutificado ♀ (0,5x), **M** inflorescência parcial ♀ com forófilo e duas flores ♀ com rudimento perigonal em forma de bainha (ampliado); **N** flor ♂ de *Cannabis sativa* (ampliada). (A, B, K-M segundo G. Karsten; C, E, F segundo A.W. Eichler; D, H, J segundo A. Englers Syllabus; G segundo P.E. Duchartre; N segundo J. Graf.)

Figura 10-286 Moraceae. Infrutescências de *Ficus carica* (**A**) e *Artocarpus heterophylla* (**B**). (Fotografia segundo C. Erbar.)

Na figueira-do-mediterrâneo (*F. carica*) estas infrutescências são comidas como figos. Muitas espécies de *Ficus* são plantas lenhosas perenifólias das florestas tropicais, com frequência são árvores de grande porte. A espécie asiática *F. bengalensis* (banyan) germina sobre ramos de árvores e se desenvolve primeiro como epífito. A planta lança suas raízes em direção ao solo. Conforme se desenvolvem, essas raízes colunares estrangulam o suporte. Como sempre novas raízes lançadas dos ramos horizontais atingem o solo, forma-se a partir de uma plântula uma "floresta" inteira. Este comportamento é encontrado também em outras espécies. *Ficus benjamini* é bastante cultivada como planta de interiores. *Ficus* apresenta uma relação muito estreita com seu polinizador, um tipo de vespa, que completa seu ciclo dentro das inflorescências e infrutescências.

Às Cannabaceae, herbáceas (Figura 10-285) e sem látex, pertencem o lúpulo e o cânhamo. O lúpulo (*Humulus lupulus*) é uma trepadeira perene dioica com eixo caulinar espinhento, nativa das florestas aluviais e inundadas. Suas infrutescências estrobiliformes apresentam foráfilos chamativos com glândulas de resina e substâncias amargas, que justificam o uso da espécie em destilarias e como planta medicinal. O cânhamo (*Cannabis sativa*) é originário do sul da Ásia. Esta espécie também é dioica, porém anual. O cânhamo é cultivado principalmente pelas suas fibras floemáticas com 1-2 m de comprimento, mas também pelas sementes ricas em óleo. Os ápices secos dos ramos de diversas formas são consumidos como marihuana, a resina como haxixe. As Urticaceae apresentam rudimentos seminais átropos. No botão das flores estaminadas, os estames encontram-se tensionados em uma curvatura; durante a antese, catapultam o pólen pulverulento. Em muitos gêneros (por exemplo, *Pilea*), os frutos são catapultados de modo semelhante pelos estaminódios. Muitas Urticaceae, como a urtiga (*Urtica*), possuem tricomas urticantes. Como plantas fornecedoras de fibras, são importantes *Urtica dioica* e, principalmente, a espécie asiática *Boehmeria nivea* (rami).

As Cucurbitales são em geral herbáceas e com frequência apresentam folhas com nervuras secundárias palmadas, bordo dentado característico e não possuem ceras epicuticulares. As flores são unissexuadas e algumas famílias apresentam gineceu ínfero com estiletes livres e placentação parietal, porém com placenta ou paredes laterais dos carpelos bastante desenvolvidos, que podem tocar-se no centro da cavidade do ovário. As Cucurbitaceae apresentam corola gamopétala e gavinhas caulinares (Figura 10-287). Os feixes vasculares são bicolaterais. As flores são unissexuadas, em plantas monoicas ou dioicas (por exemplo, nas espécies da Europa Central, *Bryonia alba* e *B. dioica*, respectivamente). Nas flores estaminadas os cinco estames possuem apenas uma teca (monoteca), estão em geral concrescidos em grupos (por exemplo, 2+2+1) ou todos concrescidos (Figura 10-287). Eles são dobrados ou curvados em S (Figura 10-288). Dos ovários, quase sempre tricarpelares e não septados, desenvolvem-se bagas com casca espessa (Figura 10-287).

Representantes conhecidos da família são a abóbora (*Cucurbita pepo*, com cultivares fornecedoras de verdura e sementes ricas em óleo), originária da América tropical, o pepino (*Cucumis sativus*), originário da Ásia tropical, o melão (*Cucumis melo*), de polpa carnosa amarela, a melancia (*Citrullus lanatus*), com polpa vermelha, a cabaça (*Lagenaria siceraria*), utilizada nos trópicos como recipiente, a esponja vegetal (*Luffa aegyptiaca*) e o pepino-de-são-gregório (*Ecballium elaterium*), do Mediterrâneo. As Begoniaceae, com folhas assimétricas, são muito cultivadas como plantas ornamentais.

As famílias das **Fagales** são representadas por arbustos ou árvores anemófilas, com tricomas glandulares ou estrelados. As flores, unissexuadas, mas de distribuição monoica, apresentam um perianto simples e reduzido e um ovário ínfero com muito poucos rudimentos seminais por

---

Cucurbitales

Anisophylleaceae: 4 gêneros/34 espécies, pantropical; Begoniaceae: 2/1.400, pantropical; Coriariaceae: 1/5, México até o Chile, região Mediterrânea ocidental, Himalaia até Japão, Nova Guiné, Nova Zelândia; Corynocarpaceae: 1/6, Nova Zelândia, nordeste da Austrália, Nova Guiné; Curcubitaceae: 118/845, Cosmopolita; Datiscaceae: 1/2, oeste da América do Norte, sudoeste e centro da Ásia; Tetramelaceae: 2/2, sul e sudeste da Ásia, Austrália

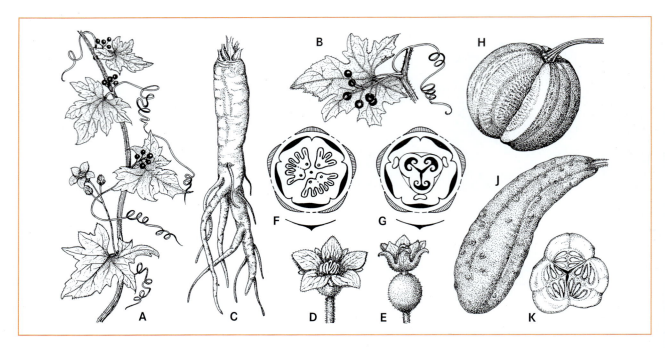

Figura 10-287 Cucurbitales, Cucurbitaceae. **A-E** *Bryonia alba*. **A** Ramo florido, **B** ramo frutificado, **C** raiz tuberosa (cerca de 0,25x), **D** flor ♂ e **E** flor ♀ (cerca de 2x). **F, G** *Citrullus colocynthis*, diagrama das flores ♂ e ♀. Frutos de **H** *Cucurbita pepo* (aproximadamente 0,17x) e **J, K** *Cucumis sativus* (aproximadamente 0,33x). (A-E, H-K segundo G. Hegi; F, G segundo A.W. Eichler.)

Fagales
Betulaceae: 6 gêneros/110 espécies, zonas temperadas do Hemisfério Norte, Andes; Casuarinaceae: 4/95, Austrália, sudeste da Ásia, Madagascar; Fagaceae: 7/670, zonas temperadas a tropicais, na maioria Hemisfério Norte; Juglandaceae: 7-10/50, Eurásia temperada e sub-tropical e América; Myricaceae: 3/57, cosmopolita; Nothofagaceae: 1/35, Hemisfério Sul; Rhoipteleaceae: 1/1, sudoeste da China, Vietnã do Norte; Ticodendraceae: 1/1, América Central.

carpelo. O tubo polínico penetra pela calaza no rudimento seminal (imaturo) e os frutos são em geral nozes com uma semente sem endosperma.

Nas **Fagaceae** ocorrem três (raramente mais) carpelos (Figura 10-289). As flores pistiladas apresentam dois verticilos trímeros no perianto, variando nas flores estaminadas o número de peças do perianto e de estames. Os frutos são envolvidos por uma camada lignificada e recoberta de escamas ou acúleos, a cúpula, originada pela fusão de partes estéreis da inflorescência.

Na castanha (*Castanea sativa*) encontra-se em parte a polinização por insetos; as flores estaminadas são dispostas em inflorescências rígidas e a cúpula contém até três frutos comestíveis (maronas). Por causa de seus frutos, esta espécie foi introduzida pelos romanos nas regiões mais quentes da Europa Central. Na faia (*Fagus sylvatica*), uma espécie anemófila, as flores estaminadas estão dispostas em capítulos e as flores pistiladas em dicásios bifloros. A cúpula, que se abre com quatro valvas, contém duas nozes triangulares, ricas em óleo. Os dicásios estaminados e pistilados do carvalho (*Quercus*) são unifloros. Como consequência, apenas um fruto é encontrado na cúpula escamosa (bolotas). Junto com a madeira valiosa para a construção civil e fabricação de móveis, também a casca do carvalho é utilizada em curtumes. A corticeira (*Q. suber*), fornecedora das rolhas de garrafa cresce na região mediterrânea.

Com *Nothofagus*, as **Nothofagaceae**, antes incluídas nas Fagaceae, distinguem-se pela morfologia do pólen e pelos rudimentos seminais com apenas um tegumento. *Nothofagus* é distribuído nos continentes do Hemisfério Sul, exceto na África,

Figura 10-288 Cucurbitaceae. Flores de *Trichosanthus cucumeria* com pétalas franjadas. (Fotografia segundo I. Mehregan.)

e conhecido como fóssil da Antártida. A família é interpretada hoje como grupo-irmão de todas as demais famílias das Fagales.

As **Betulaceae** possuem apenas dois carpelos. Flores ancestrais são, sem exceção, dímeras, outras continuam a ser reduzidas. Os estames são com frequência divididos. As nozes são nuas ou cobertas por um envoltório. Na bétula (*Betula*; Figura 10-290) e no amieiro (*Alnus*; Figura 10-290), os frutos são assentados na axila de escamas formadas pela fusão dos prófilos com o forófilo. Na bétula, estas escamas caem na maturação dos frutos; no amieiro, porém, lignificam-se e permanecem na infrutescência, que toma a aparência de um estróbilo. Na aveleira (*Corylus*), no carpino (*Carpinus*) e no bordo (*Ostrya*) os frutos são cobertos por um envoltório que consiste dos prófilos e forófilo. No carpino este envoltório serve de órgão flutuador.

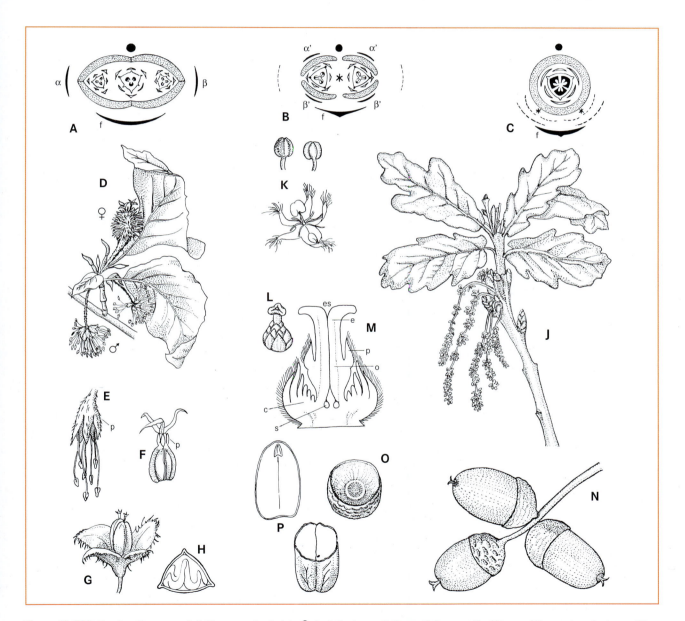

Figura 10-289 Fagales, Fagaceae. **A-C** Diagrama do dicásio ♀ de **A** *Castanea*, **B** *Fagus*, **C** *Quercus* (forófilo e prófilos preto, cúpula pontilhada, perigônio branco, flores ou forófilos e prófilos ausentes * ou pontilhados; ver também o esquema na Figura 10-290A). **D-H** *Fagus sylvatica*. **D** Ramo florido, **E** flor ♂ e **F** flor ♀ com perigônio, **G** cúpula com duas nozes, **H** noz em corte transversal com o cotilédone do embrião dobrado. (D, G 1×; E, F, H ampliados). **J-P** *Quercus robur*. **J** Ramo florido, **K** flor ♂ com estames, **L** flor ♀ inteira e **M** em corte longitudinal (com estigma, estilete, perigônio, ovário, rudimentos seminais e cúpula) (K-M ampliados), **N** infrutescência, **O** cúpula madura, **P** sementes, em corte longitudinal e transversal. – α, α', β, β', prófilos; f, forófilo; c, cúpula; o, ovário; e, estilete; es, estigma; p, perigônio; s, rudimentos seminais. (A, B segundo A.W. Eichler; C segundo K. Prandt e W. Troll; D-H segundo G. Karsten; J-P segundo A.F.W. Schimper e E.C.Berg e C.F. Schmidt.)

Os amieiros vivem em simbiose com *Frankia*, bactéria fixadora de nitrogênio.

Na aveleira (*Corylus avellana*), uma espécie das florestas e bosques da maior parte da Europa, que floresce cedo, as inflorescências já estão formadas nos ramos do ano anterior. Nas curtas inflorescências pistiladas, envoltas por escamas, apenas os estigmas vermelhos são expostos. As pesadas avelãs, dispersadas por aves e esquilos, contêm um embrião rico em lipídios.

As Rhoipteleaceae e Juglandaceae apresentam folhas compostas, ao contrário das famílias até agora apresentadas. As Jugladaceae, por exemplo, a nogueira (*Juglans re-*

Figura 10-290 Fagales, Betulaceae. **A** Diagrama das inflorescências parciais dicasiais ♂ (esquerda) e ♀ (direita); acima esquema: no eixo do forófilo f flor A, no eixo de seus prófilos α e β as flores B' e B, com os prófilos α'β' e α, β; flores ou peças do perigônio ausentes: * ou tracejadas. **B-G** *Alnus glutinosa*, ramo florido e folhas (**B**), dicásios ♂ e ♀ com forófilos e prófilos (**E**), amentos ♀ (**D**), infrutescência (**F**) e noz (**G**) (B 1x, C-G ampliados.) **H-N** *Betula pendula*. Ramo florido e folhas (**H**), dicásios **J** ♂ e **L** ♀, **K** estame dividido, **M** infrutescência e **N** noz alada (H, M 0,67x, demais ampliados). (A segundo A.W. Eichler, modificado; B-N segundo G. Karsten.)

gia), possuem flores unissexuadas. As nozes (Figura 10-291) são drupas, cujo pirênio (caroço) se abre na germinação por uma linha longitudinal previamente formada. Nas sementes comestíveis as reservas nutritivas estão armazenadas nos cotilédones ricos em lipídios e múltiplas vezes lobados.

Huertales
Dipentodontaceae: 1 gênero/1 espécie, sul da China, Burma; Gerradinaceae: 1/2 leste da África; Tapisciaceae: 2/5, China, Caribe, América do Sul

Brassicales
Akaniaceae: 2 gêneros/2 espécies, Austrália, China; Bataceae: 1/2, América, Nova Guiné, Austrália; Brassicaceae: 338/3.710, cosmopolita, maioria em zonas temperadas; Capparaceae: 16/480, cosmopolita, maioria tropical a subtropical; Caricaceae: 4-6/34, América tropical, África; Cleomaceae: 10/300, maioria na América; Embligiaceae: 1/1, oeste da Austrália; Gyrostemonaceae: 5/18, Austrália; Koeberliniaceae: 1/1, América; Limnanthaceae: 1-2/8, América do Norte; Moringaceae: 1/12, África até Índia; Pentadiplandraceae: 1/1, oeste da África; Resedaceae: 6/77, oeste da Eurásia, África, América do Norte; Salvadoraceae: 3/11 paleotropical; Setchellanthaceae: 1/1, Mexico; Tovariaceae: 1/2, América tropical; Tropaeolaceae: 1/95, América

Eurosídeas II (em inglês *Malvids*)
Às Eurosídeas II pertencem as Huertales, Brassicales, Malvales e Sapindales. Neste grupo, o gineceu apresenta estilete simples e as sementes possuem pouco endosperma.

O caráter preponderante da ordem **Brassicales** é a existência de glucosinolatos e da enzima mirosinase. Em caso de ferimentos, a mirosinase presente no citoplasma entra em contato com os glucosinolatos dos vacúolos e, com isso, libera um glicosídio, que atua na defesa contra herbívoros. Fora das Brassicales, estes glucosinolatos são produzidos apenas no gênero *Drypetes* (Putranjivaceae). Outros caracteres da ordem são a placentação parietal, assim como os embriões verdes.

Na ordem, famílias basais, por exemplo, Caricaceae, Moringaceae e Tropaeolaceae, apresentam flores pentâmeras e embriões retos. As Caricaceae são conhecidas por *Carica papaya* (papaia, mamão) e *Tropaeolum majus* capuchinha, com flores zigomorfas esporadas, muitas vezes cultivada, pertencente às Tropaeolaceae. A maioria das demais famílias caracteriza-se pelas flores tetrâmeras e embriões curvos ou dobrados. Flores pouco zigomorfas ocorrem nas Resedaceae, representadas na Europa Central por espécies do gênero *Reseda* (reseda). As Capparaceae consistem em um círculo

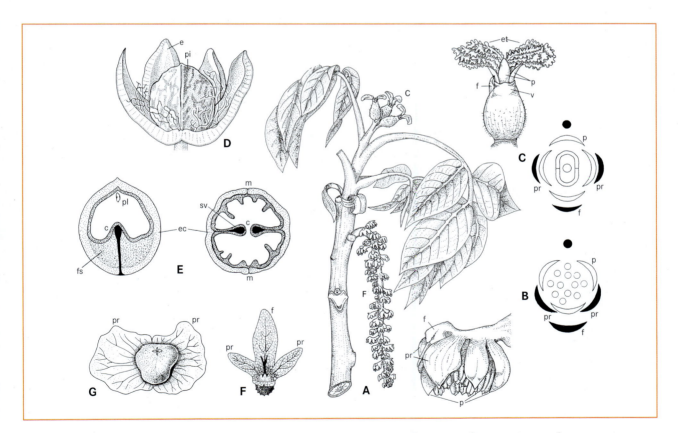

Figura 10-291 Fagales, Juglandaceae. **A-E** *Juglans regia*. **A** Ramo florido com inflorescências ♂ e ♀; **B** flor ♂, **C** flor ♀ e diagramas correspondentes com forófilo, prófilos e tépalas, assim como estigma; **D** drupa por ocasião da liberação exocarpo (retirado na frente) do pirênio; **E** pirênio em corte transversal e longitudinal (mediano) com endocarpo (esclerocarpo), falsa sutura e linha de abertura mediana, septo transversal (= septo verdadeiro) e septo mediano (= falso septo), assim como embrião com cotilédones e plúmula. Frutos de **F** *Engelhardtia* sp. e **G** *Pterocarya* sp., com forófilo e prófilos como órgãos flutuadores. – f, forófilo; e, exocarpo; sv, septo verdadeiro; fs, falso septo; c, cotilédone; m, mediana; et, estigma; p, tépalas; pl, plúmula; ec, esclerocarpo; pi, pirênio; pr, prófilos. (A segundo G. Hegi; B, C, E segundo O. von Kirchner, F. Firbas e A.W. Eichler; D segundo W. Troll; F-G segundo P. Hanelt; todos um pouco modificados.)

de parentesco bastante lenhoso. Em *Capparis spinosa*, cujos brotos são consumidos como alcaparras, o androceu consiste de um grande número de estames. As Cleomaceae são o grupo-irmão das Brassicaceae.

As Brassicaceae (= Cruciferae) estão bem caracterizadas por sua estrutura floral. São plantas herbáceas, perenes ou anuais com inflorescências paniculadas sem flor terminal e sem forófilos. Suas flores assimétricas apresentam cálice tetrâmero, quatro pétalas alternas com as sépalas, dois estames externos curtos e quatro estames internos longos, um ovário súpero formado por dois carpelos, rudimentos seminais pedicelados e um falso septo derivado da placenta (Figura 10-292). O fruto é na maioria das vezes uma síliqua. Na abertura, o septo membranoso onde se prendem as sementes, é tensionado entre a moldura constituída pelas placentas (*replum*), permanecendo preso ao pedicelo. As sementes são formadas a partir de rudimentos seminais campilótropos e o embrião é rico em lipídios.

Para a classificação desta numerosa família, foram importantes no passado a forma dos frutos (além das síliquas deiscentes existem também frutos indeiscentes, esquizocarpos ou síliquas articuladas e nozes com uma ou poucas sementes), a forma e posição do embrião na semente e a distribuição dos nectários. Resultados de análises de DNA demonstraram que o sistema com base nestes caracteres é muitas vezes artificial.

As crucíferas são distribuídas principalmente nas regiões extratropicais no Hemisfério Norte, mas também ocuparam o Hemisfério Sul, por dispersão à distância. Um grande número de espécies atingiu uma ampla distribuição como plantas invasoras e ruderais (por exemplo, *Capsela bursa-pastoris*, espécies de *Lepidium* e *Thlaspi*). Como verduras e forragem, são importantes plantas cultivadas nas várias formas de couve (*Brassica oleraceae*)*, nabo-branco (*B. rapa* subsp. *rapa*), nabo (*B. nabus* subsp. *rapifera*), nabo forrageiro e rabanete (*Raphanus sativus*). Como plantas oleaginosas e condimentares, são importantes a colza (*Brassica napus* subsp. *napus*), a canola (*B. rapa* subsp. *oleifera*), a mostarda preta e a mostarda branca (*Brassica nigra* e *Sinopsis alba*), a raiz-forte (*Armoracia rusticana*) e muitas plantas ornamentais, por exemplo, os goivos (*Erysimum* = *Cheirantus cheiri* e *Matthiola*), ibéris (*Iberis*), entre outras. *Arabidopsis thaliana* (Figura 10-292), com ciclo muito curto e genoma muito pequeno, todo sequenciado, é hoje o objeto de estudo mais importante na pesquisa genética de plantas.

Malvales é uma ordem bem caracterizada pelo floema estratificado (camadas duras e macias alternadas), a existência de canais e cavidades mucilaginosos, folhas palminérveas, tricomas estrelares e androceu muitas vezes centrifugamente multiplicados. Às Thymelaeaceae, com um receptáculo côncavo e cálice com coloração corolínea e pé-

---

* N. de T. Repolho, couve-verde, couve-flor, couve-de-bruxelas, brócolis, etc.

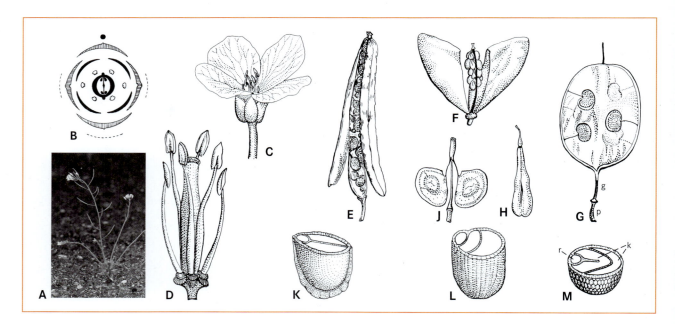

Figura 10-292 Brassicales, Brassicaceae. **A** *Arabidopsis thaliana*. **B** Diagrama floral das Brassicaceae. **C, D** Flor com (2x) e sem perianto (glândulas nectaríferas na base da flor; 4x) (*Cardamine pratensis*). **E-J** Frutos de **E** *Erysium cheiri* (síliqua), **F** *Capsela bursa-pastoris* (síliqua), **G** *Lunaria anua* (síliqua, capas do fruto retiradas, septo hialino visível), **H** *Isatis tinctoria* (noz alada com uma a duas sementes), **J** *Biscutella laevigata* (esquizocarpo). **K-M** Cortes transversais da semente, diversas posições do embrião com cotilédones, hipocótilo e radícula, de **K** *Erysimum cheiri* ("pleurorriza"; 8x), **L** *Alliaria petiolada* ("notorriza"; 7x), **M** *Brassica nigra* ("ortoploica"; 9x). – c, cotilédones; g, ginóforo; r, radícula; p, pedúnculo. (A fotografia segundo R. Greissl, B segundo A.W. Eichler e J. Alexander; C, H, J, M segundo F. Firbas; D, E-G, K-L segundo H. Baillon.)

Malvales
Bixaceae: 4 gêneros/21 espécies, patropical; Cistaceae: 6/175, cosmopolita, a maioria em zonas tropicais a temperadas; Cytinaceae: 2/10, México, Mediterrâneo, África do Sul, Madagascar; Dipterocarpaceae: 17/680, pantropical, especialmente Ásia; Malvaceae s.l. inclusive Bombacaceae, Malvaceae, Sterculiaceae, Tiliaceae: 243/4.225, cosmopolita; Muntingiaceae: 3/3, América tropical; Neuradaceae: 3/10, África a Índia; Sarcolaenaceae: 8/60, Madagascar; Sphaerosepalaceae: 2/18, Madagascar; Thymelaeaceae: 46/755, cosmopolita

talas muito reduzidas, pertence, entre outras, o loureiro (*Daphne mezereum*), espécie latifoliada tóxica nativa do oeste da Eurásia, cujas flores rosa-violetas se abrem antes da expansão das folhas. As Cistaceae, com grande número de estames livres, são representadas nos maquis mediterrâneos por várias espécies do gênero arbustivo *Cistus*, que se caracterizam por resinas aromáticas e flores grandes, coloridas e efêmeras (Figura 10-293). Espécies de *Helianthemum* (heliântemo), *Fumana* e *Tuberaria* também ocorrem na Europa Central. Nos trópicos asiáticos, as Dipterocarpaceae (por exemplo, *Dipterocarpus*, *Shorea*), muito utilizadas como fornecedoras de resina e madeira, são integrantes importantes das florestas.

Análises moleculares mostraram de modo claro que as Malvaceae, Tiliaceae, Bombacaceae e Sterculiaceae, anteriormente já de difícil delimitação, não são famílias monofiléticas. De acordo com o conhecimento disponível, o melhor que se pode fazer no momento é reunir estas famílias nas Malvaceae, então bastante ampliada. Assim, esta família fica caracterizada por folhas palminérvias, nectários formados por tricomas glandulares, na face interna das peças do perianto, pela posição valvar das sépalas (bordos das sépalas vizinhas tocando umas as outras) e, muitas vezes, prefloração contorta das pétalas (Figura 10-294). O número de estames é quase sempre ampliado por desdobramento centrifugal. Muitas vezes, forma-se um tubo em torno do estilete e concrescido à corola, a partir do alongamento conjunto das bases dos feixes de estames*. Com isso, é como se as anteras estivessem elevadas sobre uma coluna, o que inspirou o antigo nome da ordem "Columniferae" (Figura 10-294). As Malvales podem ser divididas em nove sub-famílias.

Os representates das Tilioideae, assim como alguns gêneros das Sterculioideae, possuem estames mais ou menos livres. Das Tilioideae, apenas a tília (*Tilia*), com as espécies tília-de-folhas-pequenas (*Tilia cordata*) e tília-de-folhas-grandes (*T. platyphyllos*), ocorrem na Europa Central (Figura 10-294).

Os demais representantes das Malvaceae em sentido amplo apresentam estames mais ou menos concrescidos entre si. Entre as Bombacoideae, estão, por exemplo, o gênero *Ceiba*, cujos tricomas da parede do fruto fornecem uma lã (paina) sem valor têxtil, e *Adansonia* com *A. digitata*, o baobá africano, por exemplo, que possui troncos acumuladores de água e é polinizado por morcegos. O representante mais importante das Byttnerioideae é o cacau (*Theobroma cacao*), nativo da América, e hoje muito cultivado nos trópicos, com folhas simples e ramos cauliflóros (Figura 10-294). Seus grandes frutos indeiscentes contêm numerosas sementes (grão de cacau) que fornecem gordura (manteiga de cacau) a partir de seus grandes embriões e pó de cacau, após a prensagem parcial, além do alcaloide teobromina. Espécies tropicais de *Cola* (Sterculionideae) do oeste da África contêm cafeína em suas sementes.

Enquanto uma parte das antigas Bombacaceae e Sterculiaceae possui anteras tetrasporangiadas, as anteras de outras partes destes grupos, assim como das Malvaceae em sentido restrito, são bisporangiadas. As Malvaceae em sentido restrito (Malvoideae), quase sempre herbáceas, são caracterizadas por pólen pantoporado com superfície espinhosa em suas anteras bisporangiadas. O gineceu pode consistir de 3-5 carpelos, mas também de até 50 (Figura 10-294). O ovário se desenvolve em uma cápsula plurispérmica ou se abre em um número de mericarpos monospérmicos correspondente ao número de carpelos.

O algodoeiro (*Gossypium*) apresenta variedades agriculturais arbustivas ou anuais, obtidas por alopoliploidização a partir de algumas espécies asiáticas, africanas e americanas. Seu fruto é do tipo cápsula. O algodão consiste de tricomas unicelulares (com até 60 mm de comprimento) da casca da semente. Muito importante é também o óleo das sementes para a produção de margarinas. As malvas (*Malva*), plantas herbáceas nativas da Europa Central, assim como as espécies de *Althaea*, conhecidas como plantas ornamentais pelo hibisco (*A. officinalis*), uma antiga planta medicinal halófila e pela alteia (*A. rosea*), entre outras, possuem frutos deiscentes.

Às Malvales pertencem também as Cytinaceae, parasitos de raízes desprovidos de clorofila como, por exemplo, *Cytinus*, do mediterrâneo.

Figura 10-293 Cistaceae. Flores e frutos de *Cistus creticus*. (Fotografia segundo P. Vargas.)

---

* N. de T. Esta estrutura é denominada andróforo.

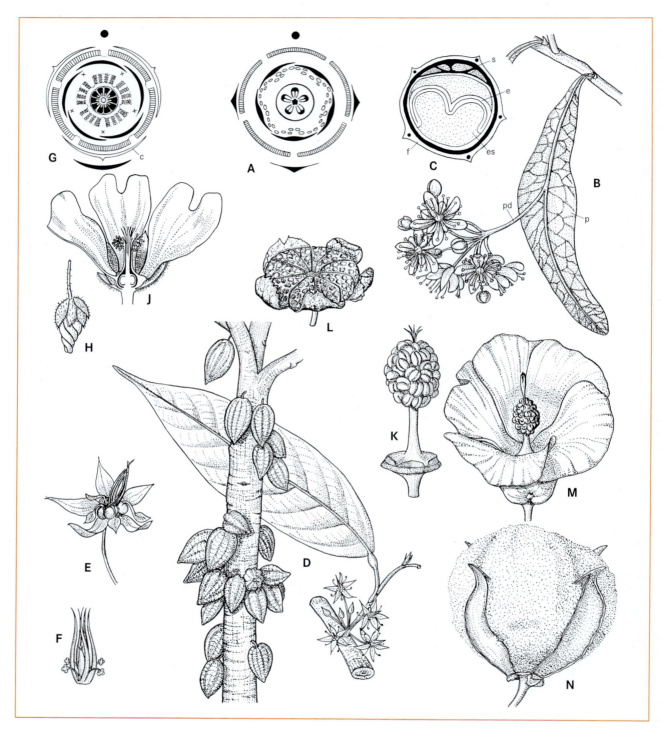

Figura 10-294 Malvales, Malvaceae. A-C *Tilia*. A Diagrama floral; B inflorescência (1x), o pedicelo concrescido com um prófilo alado; C noz (em corte transversal) com parede do fruto, uma semente madura com endosperma e embrião (4x) e uma semente atrofiada. D-F *Theobroma cacao*. D Ramo florido e frutificado (o último bastante reduzido); E flor e F androceu com estaminódios longos (cerca de 2x). G Diagrama floral de *Malva* com calículo. H botão floral (1x), J flor aberta, longitudinal (1,5x) com K estames concrescidos em forma de coluna com o estilete acima (5x); L fruto deiscente (4x) de *Malva sylvestris*. M Flor e N cápsula aberta com os tricomas seminais de *Gossypium herbaceum* ou *G. vitifolium* (0,75x). – c, calículo; p, prófilo; e, embrião; es, endosperma; f, parede do fruto; s, semente; pd, pedicelo. (A segundo A.W. Eichler; B segundo O.C. Berg e C.F. Schmidt; C, M, N segundo R. von Wettstein; D-F segundo G. Karsten; G segundo F. Firbas; H segundo H. Schenck; J-L segundo H. Baillon.)

> **Sapindales**
> Anacardiaceae: 70 gêneros/985 espécies, pantropical, raramente em zonas temperadas; Biebersteiniaceae: 1/5, Grécia a oeste da Sibéria, oeste do Tibete; Burseraceae: 18/550, pantropical; Kirkiaceae: 2/6, África e Madagascar; Meliaceae: 52/621, pantropical, maioria no Velho Mundo; Nitrariaceae: 3/16, sul da Europa até Ásia, norte da África, Austrália, América do Norte; Rutaceae: 161/1.815, cosmopolita, a maioria tropical; Sapindaceae inclusive Aceraceae, Hippocastanaceae: 135/1.580, pantropical, raramente em zonas temperadas; Simaroubaceae: 19/95, pantropical

As **Sapindales**, em geral tropicais-subtropicais, são em sua maioria plantas lenhosas com folhas compostas ou partidas. A madeira contém incrustações silicosas. Em geral pentâmeras e com simetria radial, as flores apresentam muitas vezes um disco intraestaminal secretor de néctar bem desenvolvido.

Triterpenoides amargos e cavidades secretoras esquizolisígenas com óleos etéreis e resinas são encontrados em **Rutaceae**, Simaroubaceae e Meliaceae. O gênero mais importante de Rutaceae é o *Citrus* (Figura 10-295). Suas espécies, originárias do sul da Ásia, pequenas árvores perenifólias, são hoje cultivadas em um grande número em todas as regiões mais quentes. Entre elas estão *C. sinensis* (laranja), *C. maxima* (pomelo), *C. paradisi* (toranja), *C. limon* (limão), *C. medica* (cidreira) e *C. reticulata* (bergamota)*. Os frutos cítricos são bagas**. Com frequência é reconhecível uma multiplicação dos carpelos e, em parte, também dos verticilos carpelares (laranja-de-umbigo). A polpa do fruto é formada por emergências ricas em suco, formadas na parte interna da parede do fruto e que crescem para dentro dos lóculos. *Phellodendron*, do leste da Ásia, é arbóreo. Subarbustos e ervas perenes são exemplificados por *Dictamnus albus* (dictamno), com flores pouco zigomorfas que gostam de calor e pela arruda (*Ruta graveolesn*, Figura 10-295), planta do Mediterrâneo com flores amarelo-esverdeadas.

Triterpenoides amargos dominam nas **Simaroubaceae** e determinam o significado farmacêutico de cascas vivas e lenhos de *Quassia*, *Simarouba* e *Picrasma*. A árvore-do-céu (*Ailanthus altissima*), é uma espécie do leste da Ásia muito cultivada e que já se asselvajou nas partes mais quentes da Europa Central. Importantes espécies de madeiras nobres (por exemplo, *Swietenia*: mogno) pertencem às **Meliaceae**. Canais resiníferos são encontrados nas **Anacardiaceae** (por exemplo, *Anacardium occidentale*: caju, *Pistacia*: pistache, mástique, *Rhus*: pigmentos e laca, em parte toxinas de contato, *Mangifera indica*: manga) e **Burseraceae** (por exemplo, *Commiphora*: mirra, *Boswellia*: incenso).

Nas **Sapindaceae**, amplamente tropicias, a maioria com fores pouco zigomorfas e com frequência unissexuais, estão hoje também incluídas as Hippocastanaceae e Aceraceae (juntas como Hippocastanoideae). Entre elas, está *Aesculus*, com a castanha-da-índia (*A. hippocastanum*), nativa das montanhas da península balcânica e muito cultivada em outras regiões. Para o *Acer* (ácer), com cerca de 110 espécies, é característico o gineceu desenvolvido em um esquizocarpo com dois carpelos (Figura 10-296). As folhas, em geral palmatilobadas, são opostas.

---

* N. de T. Esta espécie tem diferentes nomes populares regionais, entre os quais vergamota, mandarina, tangerina, poncã, mexerica.

** N. de T. Na literatura botânica este tipo especial de baga é chamado hesperídio.

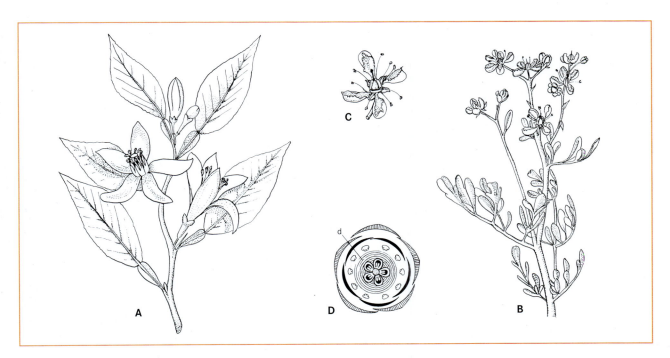

Figura 10-295 Sapindales, Rutaceae. **A** *Citrus sinensis*, ramo florido (0,5x). **B-D** *Ruta graveolens*, ramo florido (0,5x), flor lateral tetrâmera e diagrama de uma flor terminal pentâmera com disco. – d, disco. (A-C segundo G. Karsten; D segundo A.W. Eichler.)

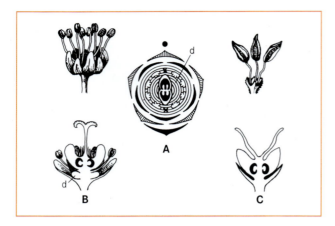

Figura 10-296 Sapindales, Sapindaceae. **A-C** *Acer*, **A**, **B** *A. pseudoplatanus*, diagrama floral (ver disco extra-estaminal); flores ♀ e ♂ (em corte longitudinal, cerca de 2x); **C** *A. negundo*, flores ♂ e ♀ com perianto reduzido e sem disco (cerca de 2x). – d, disco. (A segundo A.W. Eichler, B, C segundo G. Karsten e J. Graf.)

"Asterídeas"

Figura 10-297 Cornales, Cornaceae, *Cornus mas*. **A** Ramo florido e **B** frutificado (0,5x); flor **C** em vista frontal, **D** lateral (ampliado). (Segundo G. Karsten.)

Cornales
Cornaceae:
2 gêneros/85 espécies, maioria no Hemisfério Norte temperado, mais raramente tropical ou no Hemisfério Sul; Curtisiaceae: 1/2, África do Sul; Grubbiaceae: 1/3, África do Sul; Hydrangeaceae: 17/190, América, sudeste da Ásia; Hydrostachyaceae: 1/20, África, Madagascar; Loasaceae 14/265, América, raramente Arábia, África; Nyssaceae: 5/22, sudeste da Ásia, América do Norte

Os representantes das **Asteríde-as** apresentam flores pentâmeras com cálice e pétalas concrescidas, e apenas um verticilo de estames. O gineceu é sincárpico e o número de carpelos é reduzido. Os rudimentos seminais possuem apenas um tegumento, são tenuinucelados e a formação do endosperma é celular. Como metabólitos secundários encontram-se iridoides, alcaloides indólicos e alcaloides esteroidais, poliacetileno e lactonas sesquitupênicas.

As famílias das **Cornales** possuem iridoides, suas flores apresentam um cálice, reduzido, o gineceu é em geral ínfero ou semi-ínfero, cada carpelo contém um ou dois rudimentos seminais apicais e um disco intra-estaminal está presente.

As Cornaceae têm flores tetrâmeras, apenas um verticilo de estames e um gineceu ínfero formado por dois ou três carpelos (Figuras 10-297 e 10-298). Na Europa Central encontram-se os cornisos, com floração branca (*Cornus sanguinea*), como arbusto de florestas abertas, e com floração amarela antes da expansão das folhas (*C. mas*), cujos frutos são comestíveis. As espécies herbáceas *C. suecica* e *C. canadensis* possuem quatro grandes brácteas brancas, que envolvem a inflorescência compacta.

As Hydrangeaceae, com os gêneros muito cultivados *Hydrangea* (hortênsia; com flores estéreis de sépalas aumentadas nas bordas das inflorescências) e *Philadelphus* (falso jasmim), possuem ovários ínferos ou semi-ínferos e um androceu com dois verticilos ou secundariamente ampliado. As aparentadas Loasaceae (Figura 10-299) por exemplo, *Loasa* (loasa), possuem tricomas urticantes. As Hydrostachyaceae são habitantes de águas correntes, com estruturas vegetativas bem modificadas e muito reduzidas, flores unissexuais e prováveis anemófilas.

As **Ericales**, um grupo amplo, não podem ser caracterizadas de forma morfológica. Ao menos alguns representantes de todas as famílias estudadas apresentam, porém, uma anatomia característica dos dentes dos bor-

Figura 10-298 Cornaceae. Inflorescências de *Cornus canadensis*. (Fotografia segundo P.K. Endress.)

Ericales
Actinidiaceae: 3 gêneros/355 espécies, América tropical, sudeste da Ásia; Balsaminaceae: 2/1.001, a maioria da Eurásia, África, raramente América; Clethraceae: 2/95, pantropical exceto África; Cyrillaceae: 2/2, América tropical; Diapensiaceae: 6/18, Hemisfério Norte ártico a temperado; Ebenaceae: 3-6/490, pantropical; Ericaceae: 126/3.995, cosmopolita; Fouquieriaceae: 1/11, sudoeste da América do Norte; Lecytidaceae: 25/310, pantropical; Maesaceae: 1/150, paleotropical; Marcgraviaceae: 7/130, América tropical; Mitrastemonaceae: ½, sudeste da Ásia, Américas do Sul e Central; Myrsinaceae: 41/1.435, pantropical, Hemisfério Norte temperado; Pentaphylacaceae: 12/337, pantropical, raramente África; Polemoniaceae: 18/385, maioria em zonas temperadas, especialmente oeste da América do Norte; Primulaceae: 9/900, maioria do Hemisfério Norte temperado; Roridulaceae: 1/2, África do Sul; Sapotaceae: 53/1100, pantropical; Sarraceniaceae: 3/15, América do Norte a norte da América do Sul; Sladeniaceae: 2/3, sudeste da Ásia, leste da África; Styracaceae: 11/160, América, região mediterrânea, sudeste da Ásia; Symplocaceae: 1/320, pantropical exceto África; Tetrameristaceae: 3/5, América do Sul, sudeste da Ásia; Theaceae: 7/195, sudeste da Ásia, América tropical; Theophrastaceae: 6-9/105, maioria nos trópicos do Novo Mundo ou dispersa

dos foliares, em que uma nervura penetra no dente do bordo e este possui uma capa quase sempre decídua. Nas Ericaceae propriamente ditas, no lugar desta capa encontra-se um tricoma pluricelular e glandular.

Por possuírem uma placenta central esférica e pela ausência do verticilo epissépalo de estames (Figura 10-300), as Theophrastaceae, Primulaceae e Myrsinaceae estão bem caracterizadas como um círculo de parentesco. As Theophrastaceae, em geral lenhosas e às quais pertence também *Samolus* (sâmolo, herbácea ocorrente na Europa Central), possuem um verticilo epissépalo de estames em forma de estaminódios. Já nas Primulaceae e Myrsinaceae este verticilo falta por completo. Representantes das Myrsinaceae na flora da Europa Central são, por exemplo, lisimáquia (*Lysimachia*) e anágalis (*Anagalis arvensis*), com ramos foliosos, ciclame (*Cyclamen*) com bulbos hipocotiledonares e centro de distribuição do Mediterrâneo ao sudoeste da Ásia, espécies de *Glaux* (glauce), sem corola e *Trientalis* (trientale), com flores heptâmeras. Representantes das Primulaceae são *Primula* (prímula), com flores heterostílicas e ampla distribuição mundial, principalmente em altas montanhas, *Soldanella* (soldanela), planta dos vales das montanhas europeias e *Androsace* (andróssace), com plantas da região nival.

Ao grupo núcleo das Ericales pertencem, entre outras, as Actinidiaceae e Ericaceae. Este grupo é caracterizado pela torção das anteras durante o desenvolvimento, de modo que a porção superior aponta para baixo (Figura 10-301) e pelo estilete oco.

Às Actinidiaceae, com um androceu tetrâmero, anteras poricidas e em parte tétrades de pólen, pertence o kiwi (*Actinidia chinensis*).

Nas Ericaceae são hoje incluídas as Epacridaceae, Empetraceae, Pyrolaceae e Monotropaceae. As Ericacea são lenhosas, muitas vezes arbustos-anões com folhas

Figura 10-299 Losaceae. Flor de *Nasa dyeri* ssp. *austalis*. (Fotografia segundo M. Weigend.)

perenes muito pequenas, escamiformes ou aciculares, xeromórficas, mas também são encontradas na família árvores de grande porte (por exemplo, algumas espécies de *Rhododendron*) com folhas normais. As Ericaceae são muito importantes nos urzais de arbustos-anões subárticas e árticas, nas turfeiras de altitude e florestas de coníferas ricas em húmus, próximo ao limite das árvores das montanhas, nos maquis mediterrâneos e nos urzais

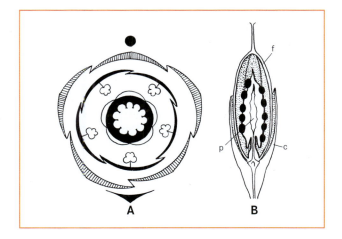

Figura 10-300 Ericales, Primulaceae. **A** Diagrama floral de *Primula vulgaris*: presente apenas o verticilo epipétalo, interno, de estames, o externo, rudimentar (e não representado). **B** Fruto quase maduro de *P. elatior* em corte longitudinal, com cálice, parede do fruto, placenta central e sementes (1,5x). – f, parede do fruto; c, cálice; p, placenta central. (A segundo A.W. Eichler; B segundo F. Firbas.)

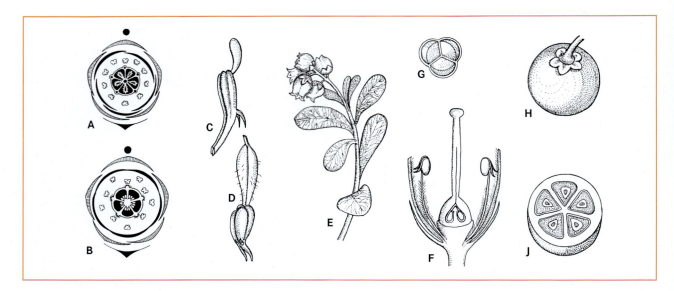

Figura 10-301 Ericales, Ericaceae. Diagrama floral de **A** *Pyrola rotundifolia*, **B** *Vaccinium vitis-ideae*. Estames (em posição natural) de **C** *Vaccinium myrtillus*, **D** *Andromeda prolifolia* (10x). **E-J** *Arctostaphylos uva-ursi*. **E** Ramo florido; **F** flor em corte longitudinal, **G** tétrade de pólen; **H**, **J** drupa, inteira e em corte transversal, com cinco pirênios (F-J pouco ampliados). (A-B segundo A.W. Eichler; C, D segundo F. Firbas; E-J segundo O.C. Berg e C.F. Schmidt.)

da Província do Cabo da África do Sul. Graças à sua micotrofia, são capazes de colonizar solos muito pobres em nutrientes minerais. A corola é em geral concrescida (livre em, por exemplo, *Ledum palustre*, (Porst)), as anteras possuem dois apêndices basais e o pólen é muitas vezes dispersado em tétrades (Figura 10-301). O ovário é súpero na maioria dos gêneros e se desenvolve em uma cápsula loculicida polispérmica como, por exemplo, *Rhododendron* (rododendro), *Andromeda* (andrômeda), *Erica* (por exemplo: *E. tetralix* (urze-campânula), do atlântico, ou *E. carnea* (urze-da-neve), habitante das áreas montanhosas) e *Calluna vulgaris*, de forma rara em uma baga ou em *Arctostaphylos uva-ursis* (uva-de-urso) em uma drupa (Figura 10-301). Em muitos gêneros, o ovário é ínfero e se desenvolve em uma baga (por exemplo, *Vaccinium myrtillus*: mirtilo, *V. vitis-idaea*: amora-alpina). As antigas Epacridaceae são distribuídas de modo exclusivo no Hemisfério Sul. *Empetrum* (empetro) pertence às antigas Empetraceae, com distribuição bipolar e corola de pétalas livres. Entre as Ericaceae, são herbáceas as antigas Pyrolaceae (Figura 10-301), com plantas perenes, por exemplo, *Pyrola* (pirola), bastante distribuída em florestas de coníferas e as espécies de Monotropaceae, micotróficas aclorofiladas, como *Monotropa hypopitys* ("Fichtenspargel").

As Theaceae, com androceu polímero e centrífugo constituem um grupo relativamente próximo ao grupo-núcleo das Ericales. A esta família pertence o chá-da-índia (*Camelia sinensis*) e a camélia (*C. japonica*).

Às Lecythidaceae pertencem espécies arbóreas com pixídios bem grandes e lignificados, muito importantes na floresta tropical pluvial dos neotrópicos. Um exemplo é a castanha-do-pará (*Bertholletia excelsa*), com sementes de testa muito dura. Às Sapotaceae pertencem, por exemplo, *Butyrospermum*, *Palaquium* e *Payena*, de cujo látex é obtida a guta, utilizada para o isolamento de cabos, e também com fins medicinais. Espécies de *Dyospyros* (Ebenaceae) fornecem o ébano e o caqui (*D. kaki*). As Sarraceniaceae do Novo Mundo (Figura 10-302) possuem folhas-cisternas que são armadilhas para insetos muito semelhantes às folhas-cisternas das Nepenthaceae e Cephalotaceae. Pouco relacionados às Sarraceniaceae são também as insetívoras Roridulaceae, com tricomas glandulares pegajosos.

Entre as Polemoniales estão, por exemplo, *Polemonium caeruleum* (polemônio) e *Plox*, planta ornamental comum na América do Norte. As Fouquiericaceae, com arbustos espinhosos e caules suculentos de formas bastante bizarras, são distribuídos nas áreas áridas do sudoeste da América do Norte. As Balsaminaceae, principalmente com o gênero muito grande *Impatiens* (beijo-de-frade, cerca de 1.000 espécies) possuem flores zigomorfas e em parte ressupinadas como nas orquídeas, isto é, torcidas em 180° sobre seu eixo longitudinal, com um cálice petaloide. Uma sépala possui um esporão. As sementes são explosivamente ejetadas da cápsula sensível ao toque.

"Euasterídeas" (em inglês *Lamiids*) As **"Euasterídeas I"** apresentam folhas opostas e inteiras, mostram muitas vezes simpetalia precoce, isto é, um anel pode ser observado antes da diferenciação dos primórdios da corola, e possuem ovários súperos dos quais se desenvolvem com frequência cápsulas.

> **Famílias de relações incertas nas Euasterídeas I**
> Icacinaceae: 24 gêneros/149 espécies, sul e sudeste da Ásia, Madagsscar; Oncothecaceae: 1/2, Nova Caledônia.

Figura 10-302 Sarraceniaceae. Parte superior de uma folha-cisterna de *Darlingtonia californica*. (Fotografia segundo I. Mehregan.)

> **Garryales**
> Eucommiaceae: 1 gênero/1 espécie, China; Garryaceae: 1/17, oeste da América do Norte, Grandes Antilhas, leste da Ásia

> **Famílias de relação incerta com Gentianales, Lamiales, Solanales**
> Boraginaceae: 148 gêneros/ 2.740 espécies, cosmopolita; Vahliaceae: 1/8, África, Madagascar, Índia

As **Garryales** são lenhosas e seus representantes anemófilos, com flores unissexuais em plantas dioicas, muitas vezes com flores tetrâmeras. No gineceu, com frequência unilocular, são encontrados um ou dois rudimentos seminais por carpelo apicalmente inseridos. Na Europa Central, é cultivada uma variedade variegada (por ataque de vírus) de *Aucuba japonica* (**Garryaceae**), perenifólia, polinizada por insetos e com drupas de coloração vermelho intenso.

Famílias de relação incerta dentro das Euasterídeas I são **Boraginaceae** (inclusive Hydrophyllaceae, Helitropaceae, Cordiaceae) e Vahliaceae. As Boraginaceae, às quais também pertencem as antigas Hydrophyllaceae com cápsulas (por exemplo, *Phacelia*, nativa da América do Norte, cultivada como planta forrageira para abelhas), consistem, com as Boraginoideae, em uma família rica em espécies. As Boraginoideae são plantas herbáceas com folhas altunas, simples e dotadas de uma pilosidade densa e áspera. Suas flores são ordenadas em camadas distintas ou espirais e em sua maioria de simetria radial. Eventualmente (por exemplo, *Echium* équio:) são também um pouco zigomorfas. A corola é com frequência invaginada formando cinco lóbulos (Figura 10-303), por meio dos quais a entrada para o tubo da corola é estreitada. O ovário bicarpelar é transformado em tetralocular por falsos septos e se desenvolve em quatro carcérulas* monospérmicas (Figura 10-303). Estas se diferenciam das carcérulas de muitas Lamiaceae pelo fato de que a micrópila dos rudimentos seminais e, com isso, também a radícula, está voltada para cima. *Pulmonaria* (pulmonária), *Myosotis* (miosótis), *Symphytum* ("Blinwell"), *Anchusa* (ancusa) e *Borago* (borago) são representantes da família conhecidos na Europa. Nos trópicos, a família está representada também por gêneros com formas arbóreas (Heliotropoideae, Cordioideae, Ehretioideae) e as Lennooideae são aclorofiladas parasitos de raízes.

As **Gentianales** possuem iridoides especiais (seco-iridoides) e indólico-salcaloides derivados destes. Em geral, elas apresentam estípulas, que também podem ser reduzidas a uma faixa interpeciolar ligando as folhas opostas. Tricomas glandulares são observados nas axilas das folhas e também na região interna do cálice. Elas têm feixes vasculares bicolaterais, corola com prefloração contorta e endosperma com formação nuclear.

> **Gentianales**
> Apocynaceae inclusive Asclepiadaceae: 415 gêneros/ 4.555 espécies, cosmopolita; Gelsemiaceae: 2/11, pantropical; Gentianaceae: 87/1.655, cosmopolita; Loganiaceae: 13/420, pantropical; Rubiaceae: 600/10.000, cosmopolita

Entre as **Loganizceae**, na maioria plantas lenhosas com ovário súpero, estão diversas espécies tóxicas, por exemplo, do gênero *Strychnos*. Um grande número de espécies fornece venenos (por exemplo, o sul-americano curare) e das sementes de *Strychnos nux-vomica*, a noz-vômica asiática, é obtida a estricnina, um alcaloide indólico.

As Gentianaceae, lenhosas ou herbáceas, sem estípulas e com substâncias amargas intensas (gentiopicrina) são representadas nas altas montanhas do Hemisfério Norte, por exemplo, pelos gêneros *Gentiana* e *Gentianella* ricos em espécies. *Gentianella* atingiu também os Andes e de lá chegou, provavelmente por dispersão à longa distância, à Austrália e Nova Zelândia. Os gêneros *Centaurium* ("Tausendgüldenkraut") e *Blackstonia* (blackstônia), este último com número ampliado de peças no cálice, corola e androceu, pertencem a uma linhagem temperada de desenvolvimento bem representada nos trópicos.

As **Apocynaceae**, inclusive Asclepiadaceae, possuem laticíferos não ramificados com látex e alcaloides tóxicos. Os carpelos apresentam um grande desenvolvimento da parte superior, não concrescida (Figura 10-304) e são, com isso, quase coricárpicos. Estilete e estigma, no entanto, são pós-genitalmente concrescidos na antese em muitos táxons. Os frutos são coricárpicos nestes táxons. Em um conjunto de Apocynaceae no sentido restrito, as anteras são livres e os grãos de pólen isolados. Entre as Apocyna-

---

* N. de T. Subunidades monospérmicas de um fruto, que se separam na maturidade; o vocábulo mericarpo é usado quando cada subunidade corresponde a um carpelo.

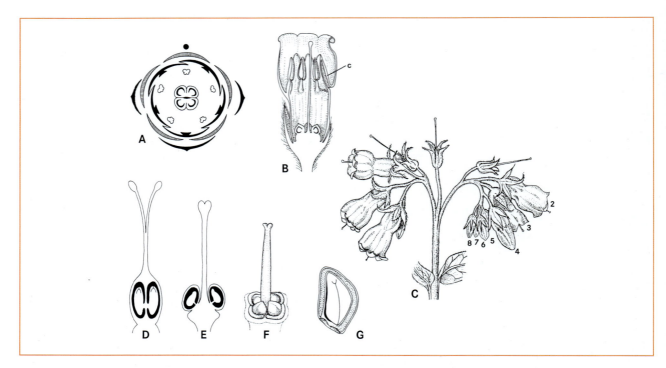

Figura 10-303 Boraginaceae. **A** Diagrama floral de *Anchusa officinalis*. **B, C** *Symphytum officinale*. **B** Flor em corte longitudinal com invaginações (cerca de 3x) e **C** inflorescência: dicásio (os números indicam a sequência de floração, cerca de 1x). **D-F** Evolução gradual das carcérulas: estrutura do ovário, ancestral (**D** *Bourreria*) e derivada (**E** *Anchusa*, **F** *Onosma*). **G** Carcérula de *Onosma visianii*, longitudinal (8x). – c, invaginações da corola. (A segundo A.W Eichler; B segundo H. Baillon; C, G segundo R. von Wettstein; D, E segundo A. Englers Syllabus; F segundo F. Firbas.)

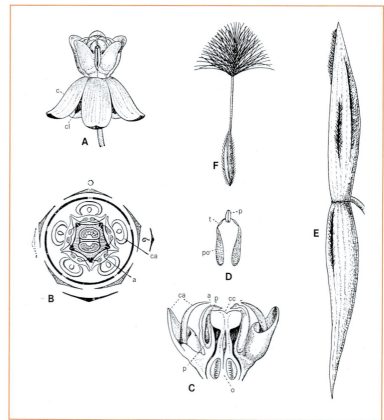

Figura 10-304 Gentianales, Apocynaceae. **A-D** *Asclepias syriaca*. **A** Flor com cálice e corola, **B** diagrama floral (axila do prófilo com gema lateral), **C** corte longitudinal da flor com ovário, clavúncula, anteras, corola acessória, polínias e polinário, **D** duas polínias ligadas por transladores e polinário. **E, F** *Strophanthus hispidus*. **E** Fruto, **F** semente. – a, anteras; c, corola; o, ovário; cl, cálice; p, polinário; ca, corola acessória; cc, clavúncula; po, polínias; t, transladores. (A, C, D segundo A. Engler, B segundo Q.W. Eichler; E, F segundo K. Schurmann.)

Figura 10-305 Apocynaceae. Flor e eixo suculento de *Duvalia tanganyikensis*. (Fotografia segundo R. Omlor.)

os cardiotônicos e venenos), *Rauvolfia* (com reserpina, alcaloide indólico redutor de pressão arterial) e diversas plantas laticíferas (por exemplo, as africanas *Funtumia*, *Landolphia* e a brasileira *Hancornia*). *Vinca minor*, perenifólia que cresce também na Europa Central, é herbácea. Entre as Asclepiadoideae (Figura 10-304), as anteras são adnatas à clavúncula* em um **ginostégio**, e os grãos de pólen das tecas são reunidos em polínias (Figura 10-304). Duas destas polínias são formadas de anteras vizinhas e ligadas uma à outra através de estruturas não celulares produzidas pela clavúncula (**"transladores"** em forma de arco formando um **polinário**). Insetos polinizadores à procura de néctar prendem-se pelo rostro ou pelas pernas em um canal entre as anteras e, ao se libertarem, puxam pelos polinários a polínia para fora das anteras. Apêndices no dorso dos estames podem formar uma "corola"** acessória. Em *Ceropegia* esta forma de polinização é combinada com a produção de flores de armadilha escorregadia. Além de plantas lenhosas, há neste grupo lianas (por exemplo, *Marsdenia*), epífitos vivendo muitas vezes em estreita interação com formigas (por exemplo, *Dischidia*), subarbustos (por exemplo, *Vincetoxicum irundinaria* (vincetóxico) e espécies de *Asclepias*, também da Europa Central), assim como suculentas (por

ceae em sentido restrito, estão representantes lenhosos como, o oleander do mediterrâneo (*Nerium oleander*), espécies africanas de *Strophanthus* (com cardenolídeos como importantes glicosíde-

* N. de T. Esses tricomas são também conhecidos como coléteres.
** N. de T. Porção dilatada do estilete, onde se encontra a região estigmática.

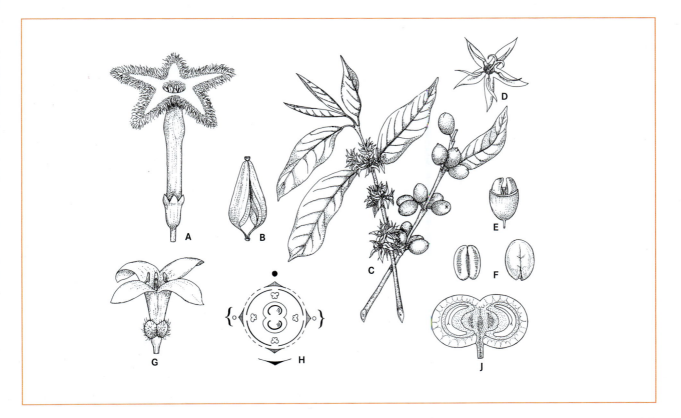

Figura 10-306 Gentianales, Rubiaceae. **A, B** *Cinchona calisaya*. **A** Flor (4x), **B** cápsula septicida abrindo-se de baixo para cima (1x). **C-F** *Coffea arabica*. **C** Ramos florífero e frutífero (0,38x); **D** flor, **E** drupa, polpa parcialmente retirada, **F** semente sem e com endocarpo papiráceo (0,75x). **G** Flor de *Galium odoratum*, almíscar-do-bosque (7x). **H** Diagrama floral de *Sherardia arvensis*. **J** Esquizocarpo carnoso de *Rubia tinctorum* (longitudinal, 2,7x). (A, B, G, J segundo H. Baillon; C-F segundo G. Karsten; H segundo A.W. Eichler.)

exemplo, as Stapelieae com flores polinizadas por moscas, em especial nas regiões secas da África).

As Rubiaceae possuem estípulas interpeciolares, feixes vasculares colaterais e ovário ínfero (Figura 10-306). Como tipos de frutos são encontrados cápsulas com muitas sementes ou frutos drupoides e esquiocárpicos.

A esta família, numerosa em espécies nos trópicos, onde é representada por plantas lenhosas, pertencem espécies importantes economicamente como a quina (*Cinchona*, quinino e outros alcaloides indolicos como medicamento antitérmico) e o cafeeiro (*Coffea*, especialmente *C. liberica* e *C. arabica*), de origem paleotrópica. Os "grãos de café", as sementes contidas duas a duas em frutos drupoides (Figura 10-306), consistem em grande parte do endosperma e contêm cafeína, um derivado de purina semelhante a alcaloide. Ecologicamente importantes são os epífitos *Myrmecodia* e *Hydnophytum*, em cujos bulbos caulinares vivem formigas, assim como as espécies tropicais de *Psychotria* e *Pavetta*, que abrigam bactérias simbiontes em pequenas estruturas intumescidas das folhas.

No gênero *Galium* (gálio), mais preponderante de zonas temperadas e herbáceo, as estípulas possuem dimensões semelhantes às das folhas e com elas dispõem-se em verticilos de quatro ou mais. Alcaloides estão ausentes e *Galium odoratum* (aspérula, almíscar-do-bosque; Figura 10-306) contém cumarina. *Rubia tinctoria* (garança-europeia, granza, ruiva), relacionada a *Galium*, era muito cultivada como planta tintureira.

As **Lamiales** apresentam folhas opostas, tricomas gladulares, em que as células apicais são formadas por apenas divisões celulares anticlinais, e androceu reduzido a quatro ou dois estames. Exceto nas Oleaceae (e Tetrachondraceae), as flores são zigomorfas e são encontrados outros oligossacarídeos (por exemplo, estaquiose) como substância de reserva, em vez de amido. A ordem é caracterizada por alguns atributos químicos como, por exemplo, determinados iridoides.

Nas Oleaceae, família-irmã do restante da ordem, são encontradas flores de simetria radial e tetrâmeras, porém com apenas dois estames, (Figura 10-307). Os frutos nesta família são muito diversos. O lilás (*Syringa vulgaris*), do sudeste da Ásia, apresenta cápsulas. A oliveira (*Olea europaea*) (Figura 10-307), da região mediterrânea, conhecida pelas folhas simples verde acinzentadas, tem drupas (azeitonas) com polpa e endosperma ricos em óleo. Por fim, o freixo (*Fraxinus*), com folhas compostas, apresenta nozes aladas. *Fraxinus ornus* (freixo-do-maná), espécie submediterrânea, tem flores com corolas branca muito partidas, bastantes aromáticas, polinizadas por insetos. O freixo nativo na Europa Central (*F. excelsior*), ao contrário, é anemófilo e suas flores, que surgem antes das folhas, não apresentam perianto. *Jasminum*, *Forsythia* e *Ligustrum* são arbustos ornamentais desta família.

Análises moleculares, em especial, demonstraram que as fronteiras tradicionais entre as famílias no grupo das Lamiaceae/Verbenaceae e Scrophulariaceae em sentido amplo não podem ser mantidas.

No passado as Lamiaceae (= Labiatae), com estilete inserido na base dos carpelos* (Figura 10-308) e frutos do tipo síliqua, foram separadas das Verbenaceae, com estilete inserido no ápice dos carpelos. Hoje, as Lamiaceae são definidas por possuírem ambos os tipos de pistilos e pela inclusão de uma grande parte das Verbenaceae em sua delimitação tradicional. Em comum, as Lamiaceae, em sua nova delimitação, apresentam inflorescências com ramos laterais cimosos, lobos estigmáticos estreitos e grãos de pólen colpados. Nesta nova delimitação, as Lamiaceae, arbustivas, subarbustivas ou herbáceas, têm eixos tetrangulares. As folhas são opostas e as plantas são aromáticas, pois possuem óleos etéreos em tricomas gladulares. As flores são zigomorfas. O cálice pentâmero é gamossépalo e radialmente simétrico ou bilabiado. A corola, em geral bilabiada, apresenta principalmente um lábio inferior com três partes e um lábio superior com duas partes. Dos quatro estames (o estame do meio está ausente), um par é mais longo que o outro. Na sálvia (*Salvia*) e no alecrim (*Rosmarinus*), por exemplo, apenas os dois estames abaxiais são formados ou férteis. Do ovário bicarpelar, com falso septo e dois rudimentos seminais por carpelo desenvolve-se um fruto drupoide, uma noz tetraspérmica ou uma síliqua, que se desagrega em quatro carcérulas (característica para as Lamiaceae em sua delimitação tradicional)

O conteúdo em óleos etéreos permite o uso de muitas espécies como ervas condimentares ou medicinais (por exemplo, manjericão: *Majorana hortensis*; orégano: *Ocimum basilicum*; alfavaca: *Satureja hortensis*; lavanda: *Lavandula angustifolia*; alecrim: *Rosmarinus officinalis*; sálvia (*Salvia officinalis*); tomilho: *Thymus vulgaris*; erva-cidreira: *Melissa officinalis*; menta: por exemplo, a hortelã, *M. piperata x M. spicata*). Outros gêneros nativos na Europa Central são *Ajuga* (língua-de-boi), *Galeopsis* (dente-furado), *Glechoma* (glecoma), *Lamium* (urtiga-morta), *Stachys* (estaque) e *Teucrium* (têucrio).

Entre as Verbenaceae em sentido estrito, com inflorescências do tipo panícula, espiga, ou capítulo, estilete sempre apical nos ovário, com estigma bífido ou engrossado e pólen colporado ou porado, estão, por exemplo a verbena (*Verbena officinalis*) e o camará (*Lantana camara*).

---

*N. de T. Estilete com esta característica é denominada ginobásico.

Lamiales
Acanthaceae: 228 gêneros/3.500 espécies, pantropical; Bignoniaceae: 110/800, pantropical; Byblidaceae: 1/6, Austrália, Nova Guiné; Calceolariaceae: 2/260, América Central e América do Sul; Carlemanniaceae: 2/5, sudeste da Ásia; Gesneriaceae: 147/3.200, pantropical; Lamiaceae: 236/7.173, cosmopolita; Lentibulariaceae: 3/320, cosmopolita; Linderniaceae: 13/195, pantropical; Martyniaceae: 5/16, América tropical; Oleaceae: 24/615, cosmopolita; Orobanchaceae: 101/2.065, cosmopolita; Paulowniaceae: 1/6, leste da Ásia; Pedaliaceae: 13/70, paleotropical; Phrymaceae: 19/234, leste da Ásia, leste da América do Norte; Plantaginaceae: 90/1.700, cosmopolita; Plocospermataceae: 1/1, América, sul da África, Madagascar, sul e sudeste da Ásia, Austrália, Nova Zelândia; Schlegeliaceae: 4/28, América tropical; Scrophulariaceae: 69/1.910, cosmopolita em especial África, Austrália; Stilbaceae: 11/39, África, Arábia; Tetrachondraceae: 1/3, Nova Zelândia, Austrália, América do Sul temperada; Thomandersiaceae: 1/6, África tropical; Verbenaceae: 34/11175, cosmopolita

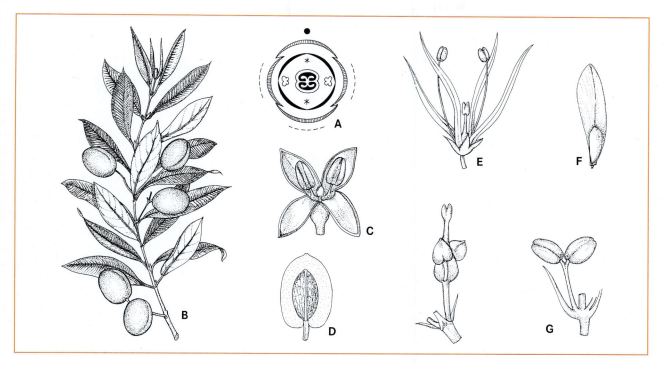

Fig. 10-307 Lamiales, Oleaceae. **A** Diagrama floral de *Syringa vulgaris*. **B-D** *Olea europea*. **B** Ramo futificado (0,2x); **C** flor (ampliado); **D** fruto longitudinal, pirênio exposto (1x). **E-G** *Fraxinus*. **E-F** Flor ♂ e noz alada da espécie entomófila *F. ornus* (levemente ampliado); **G** flor hermafrodita e flor ♂ da espécie anemófila *F. Excelsior* (ampliado). (A, B segundo F. Firbas; C, D segundo G. Hegi; E, F segundo G. Karsten; G segundo G. Hempel e K. Wilhelm.)

Bignoniaceae é uma família tropical com representantes lenhosos. A ela pertencem as plantas cultivadas *Catalpa bignonioides* (árvore-das-trombetas) e a liana *Campsis radicans*. As **Acanthaceae**, em sua maioria herbáceas, também tem distribuição geralmente tropical.

Os gêneros das antigas **Scrophulariaceae** estão hoje inseridos em muitas famílias de círculos filogenéticos diversos. Dentre as Scrophulariaceae em sentido restrito (Figura 10-309), ocorrem na Europa Central apenas *Verbascum* (verbasco), com flores quase radiais e cinco estames, *Scro-*

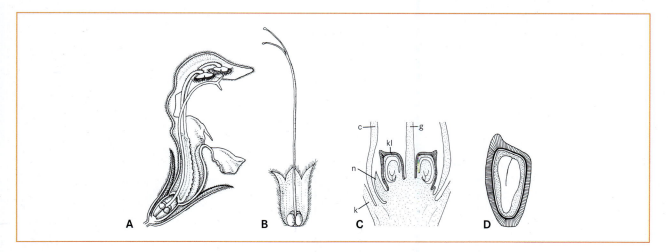

Fig. 10-308 Lamiales, Lamiaceae. **A** Corte longitudinal da flor de *Lamium album*. **B** Carpelos no cálice aberto de *Galeopsis segetum* (2x). **C** Corte longitudinal do receptáculo floral de *Lamium maculatum* com cálice, corola, nectário, carcérulas com rudimentos seminais e estilete (10x). **D** Carcérula madura de *Lamium album*, longitudinal (ampliado). – c, corola; g, estilete; k, cálice; kl, carcérula; n, nectário. (A segundo R. Spohn; B segundo H. Schenck; C segundo F. Firbas; D segundo H. Baillon.)

Fig. 10-309 Lamiales. **A, B** Scrophulariaceae. **A** *Verbascum thapsus*, **B** *Scrophularia nodosa*. **C-E** Orobanchaceae. **C** *Pedicularis palustris*, **D** holoparasito desprovido de clorofila, amarelo-amarronzado *Orobanche minor* sobre *Trifolium repens* (0.67x), **E** flor isolada (ampliado). (A, C segundo H. Baillon, B segundo F. Firbas; D, E segundo G. Karsten.)

phularia, na qual o estame mediano permanece reconhecível como um estaminódio e *Buddleja davidii*, asselvajada na Europa Central que ocorre frequentemente, por exemplo, em aterros. Uma grande parte das Scrophulariaceae em sua delimitação tradicional (por exemplo, *Veronica*: verônica; *Digitalis*: digitalis; *Antirrhinum*: boca-de-leão), junto com as antigas Callitrichaceae (com a aquática *Callitriche* com flores unissexuadas de um só estame e um carpelo que se desenvolve em um fruto esquizocárpico que se desagrega em quatro carcérulas; Figura 10-310), as antigas Hippuridaceae (com a planta aquática e de pântanos *Hippuris vulgaris*: pinheirinho-dágua) e as antigas Globulariaceae (com *Globularia*, com inflorescências do tipo capítulo e frutos do tipo noz) são reunidas à tansagem (*Plantago*), formando a família Plantaginaceae (Figura 10-310). Scrophulariaceae e Plantaginaceae nesta nova delimitação ainda não podem ser caracterizadas morfologicamente. Todos os holoparasitos e hemiparasitos de raízes das antigas Scrophulariaceae são separados como Orobanchaceae (Figuras 10-309 e 10-311). Hemiparasitos verdes são, por exemplo, *Pedicularis*, *Euphrasia*, *Rhinanthus* e *Melampyrum*, holoparasitos são *Lathraea* e *Orobanche*. Nas Orobanchaceae, apenas o gênero *Lindenbergia* não é parasita.

Das Scrophulariaceae são retirados como famílias próprias, por exemplo, o gênero frequentemente cultivado *Paulownia* (Paulowniaceae) e as também frequentemente cultivada como plantas ornamentais calceolária (*Calceolaria*: Calceolariaceae) e mímulus (*Mimulus*: Phrymaceae).

As Gesneriaceae (Figura 10-312), por exemplo, com espécies de *Streptocarpus*, que possuem um grande cotilédone, os gêneros-relicto mediterrâneo-montanos *Ramonda*, *Jankea* e *Haberlea*, assim como a espécie ornamental de violeta-africana *Saintpaulia ionantha*, do leste da África, possuem um pistilo parcialmente septado com placentação parietal. Na família encontram-se muitas espécies epifíticas e muitas espécies polinizadas por aves. As carnívoras Lentibulariaceae com, por exemplo, a terrestre *Pinguicola* e a aquática *Utricularia*, que aprisiona pequenos animais aquáticos com as armadilhas formadas pelas folhas, possuem pistilos com uma placenta central livre. Nesta família, no gênero *Gelinsea*, que cresce nas áreas tropicais da América do Sul e da África, foi comprovada a atração e captura quimiotácticas de protozoários em folhas subterrâneas fortemente modificadas. Às Pedaliaceae, com frutículos aderentes altamente especializados, pertence planta fornecedora de óleo, *Sesamum indicum*, o gergelim.

As **Solanales** apresentam esteroides e tropanalcaloides de importância farmacêutica, folhas alternas simples, sem estípulas, flores radiais com uma corola frequentemente plicada longitudinalmente no botão floral, assim como cálice persistente no fruto. Além disto, são caracterizadas parcialmente por feixes vasculares bicolaterais. Nas economicamente importantes Solanaceae, a estrutura do caule é de difícil com-

Solanales
Convolvulaceae: 57 gêneros/1.601 espécies, cosmopolita; Hydroleaceae: 1/12, pantropical; Montiniaceae: 3/5, África, Madagascar; Solanaceae: 102/2.460, cosmopolita; Sphenocleaceae: 1/2, pantropical

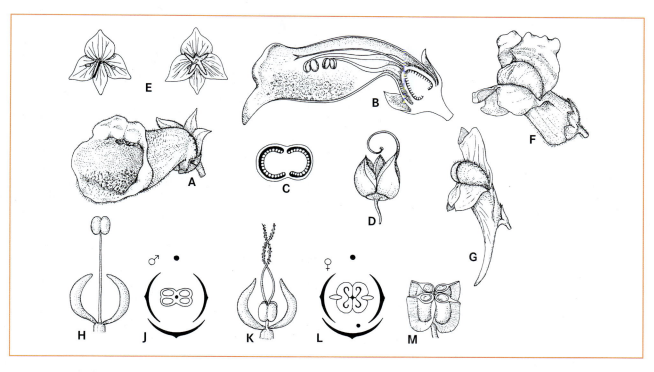

Fig. 10-310 Lamiales, Plantaginaceae. **A-D** *Digitalis purpurea*. **A, B** Flor em vista diagonal e corte longitudinal (cerca de 0,75x) **C, D** pistilo, transversal, cápsula septicida e parcialmente dorcicida se abrindo (cerca de 1x). **E** *Veronica teucrium*, vista frontal e dorsal (1,5x). **F** *Antirrhinum majus* (1x). **G** *Linaria vulgaris* (1,5x). **H-M** *Callitriche stagnalis*. **H** Flor ♂, K flor ♀ com estípulas (ampliado). **J, L** Diagramas florais; **M** fruto em corte transversal (ampliado). (A, E-G segundo F. Firbas; B segundo H. Baillon; C, D segundo G. Karsten; H, J, M segundo A. Englers Syllabus; K, L segundo Q. W. Eichler.)

preensão em razão de concrescimentos e deslocamentos dos eixos e folhas. As flores estão reunidas em ripídios, os pistilos geralmente bicarpelares são muitas vezes dispostos em diagonal (Figura 10-313) e os numerosos rudimentos seminais são formados em placentas densas.

Cápsulas são encontradas, por exemplo, no tabaco, *Nicotiana tabacum*, um alotetraploide que provavelmente originou-se na América do Sul a partir das espécies selvagens *N. sylvestris* e possivelmente *N. tomentosiformis*. Também são encontradas cápsulas em Petunia, plantas ornamentais sul-americanas muito apreciadas, assim como nas plantas ruderais tóxicas dos gêneros *Hyoscyamus* e *Datura*. Bagas caracterizam, por exemplo, o gênero muito rico em espécies *Solanum*, ao qual pertence também a alotetraploide batatinha (*S. tuberosum*). Esta foi introduzida na Europa no século XVI, a partir dos Andes da América do Sul. A berinjela (*S. melongena*), originalmente nativa do Velho Mundo e o tomate (*S. lycopersicum*), originalmente do Novo Mundo também pertencem ao gênero *Solanum*. Também o pimentão (*Capsicum annuum*), originário da América tropical e a beladona (*Atropa bella-donna*), planta tóxica da Europa Central, apresentam bagas. De importância farmacêutica são principalmente drogas com tropanalalcaloides (hiosciamina, atropina, beladonina, escopolamina, etc.).

As Convolvulaceae, frequentemente plantas trepadeiras (Figura 10-314), em sua maioria com corola infundibuliforme torcida no botão floral como, a corriola (*Convolvulus*

Fig. 10-311 Orobanchaceae. Inflorescência de *Rhynchocoris orientalis*. (Fotografia segundo D. Albach.)

Fig. 10-312 Gesneriaceae. Flores de *Columnea gloriosa* (A) e *Lysionotus heterophyllus* (B). (Fotografia segundo A. Weber.)

arvensis) e a corriola-das-sebes (*Convolvulus* (= Calystegia) *sepium*) apresentam em geral cápsulas tetraspérmicas. Uma importante planta cultivada, originalmente neotrópica é a batata ou batata-doce (*Ipomoea batatas*), com raízes tuberosas ricas em amido. Está incluído nas Convolvulaceae também o gênero *Cuscuta*. Neste caso, trata-se de um parasito desprovido de raízes e de folhas, mais ou menos desprovido de clorofila que cresce sobre diversas plantas vasculares.

"Euasterídeas II" (em inglês, Campanulids)

As "Euasterídeas II" possuem folhas muitas vezes alternas, com bordo serrado ou dentado. Com frequência, elas apresentam simpetalia tardia, isto é, o tubo da corola é formado apenas após a diferenciação dos primórdios livres das pétalas, e, pistilos geralmente ínferos, dos quais são formados frutos indeiscentes.

As **Aquifoliales** lenhosas possuem folhas alternas. As flores, na sua maioria pequenas, produzem frutos drupoides com muito endosperma e embriões muito pequenos. As **Aquifoliaceae**, com apenas o grande gênero *Ilex*, possuem corola levemente simpétala e gineceu tetrâmero. Um representante de *Ilex* da Europa Central é o azevinho (*I. aquifolium*), arbusto ou árvore perenifólia da região atlântico-mediterrânea com frutos drupoides vermelhos. As folhas de *I. paraguariensis*, espécie sul-americana, são utilizadas como chá-mate. Flores epifílicas são encontradas nas **Helwingiaceae** e **Phyllonomaceae**.

As Apiaceae, Araliaceae e Pittosporaceae, maiores famílias das **Apiales**, com frequência apresentam óleos essenciais em canais secretores esquizógenos. Como carboidrato de reserva é frequentemente encontrada a hemicelulose. Em toda a ordem, as folhas são alternas e possuem muitas vezes venação palmada e bases foliares com bainhas conspícuas. As pequenas flores são radiais e pentâmeras.

Nas Araliaceae e Apiaceae, as folhas são geralmente lobadas a pinadas, as inflorescências são umbeliformes e nos pistilos ínferos desenvolve-se apenas um rudimento seminal pendente. Nas **Araliaceae** (Figura 10-315), predominantemente lenhosas, o ovário consiste de 2-5 carpelos (Figura 10-316). Os frutos drupoides que se desenvolvem não apresentam canais secretores de óleo. Entre as Araliaceae nativas na Europa Central estão a hera (*Hedera helix*), espécie perenifólia e heterofílica, com flores polinizadas por moscas ou vespas no outono e frutos que amadurecem na primavera seguinte, bem como a erva-capitão (*Hydrocotyle*), que anteriormente era incluído em uma subfamília separada de Apiaceae ou em uma família própria. As **Apiaceae** (= Umbelliferae, umbelíferas) incluem quase exclusivamente plantas herbáceas. O gineceu dímero se desenvolve formando um esquizocarpo com canais esquizógenos

---

Aquifoliales
Aquifoliaceae: 1 gênero/405 espécies, cosmopolita, dispersa; Cardiopteridaceae: 5 gêneros/43 espécies, América, Ásia, tropical; Helwingiaceae: 1 gênero/3 espécies, Himalaia até Japão; Phyllonomaceae: 1 gênero/4 espécies, América Central até América do Sul; Stemonuraceae: 12 gêneros/80 espécies, sul e sudeste da Ásia, Austrália

---

Famílias de relações incertas com Apiales, Dipsacales, Asterales
Escalloniaceae: 8 gêneros/ 68 espécies, América Central e América do Sul, Austrália; Paracryphiaceae: 1 gênero/1 espécie, Nova Caledônia; Polyosmaceae: 1 gênero/60 espécies, Himalaia até China, Austrália, Nova Caledônia; Quintiniaceae: 1 gênero/25 espécies, sudeste da Ásia Nova Guiné, Nova Caledônia; Sphenostemonaceae: 1 gênero/10 espécies, Nova Guiné, Austrália, Nova Caledônia

Apiales
Apiaceae: 434 gêneros/ 3.780 espécies, cosmopolita, maioria de zonas temperadas do Hemisfério Norte; Araliaceae: 43 gêneros/1.450 espécies, pantropical, raramente em zonas temperadas; Griseliniaceae: 1 gênero/6 espécies, zonas temperadas da América do Sul, Nova Zelândia; Myodocarpaceae: 2 gêneros/19 espécies, sudeste da Ásia, Austrália, Nova Caledônia; Pennantiaceae: 1 gênero/4 espécies, Austrália, Nova Zelândia, Ilhas Norfolk; Pittosporaceae: 9 gêneros/200 espécies, zonas tropicais a temperadas quentes, Velho Mundo; Torricelliaceae: 3 gêneros/10 espécies, Madagascar, sudeste da Ásia

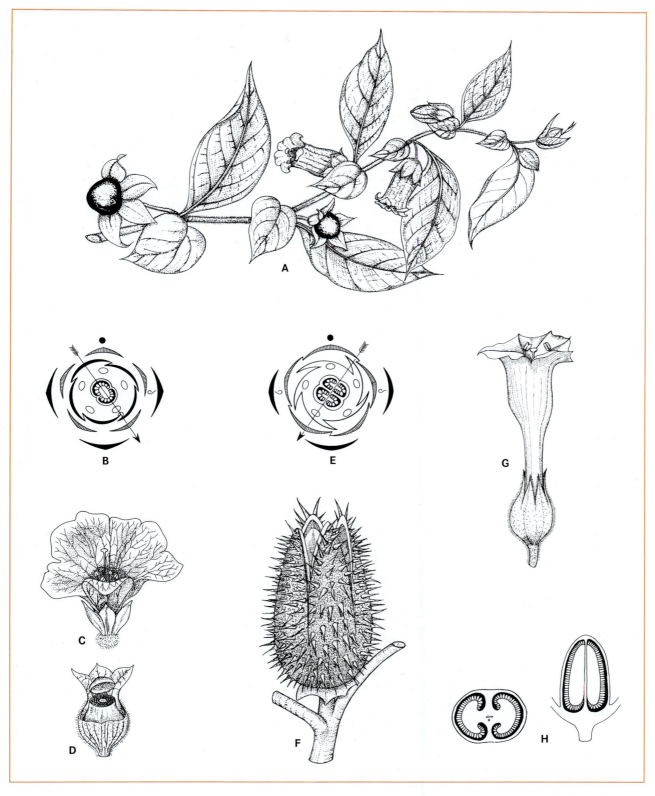

Figura 10-313 Solanales, Solanaceae. **A** *Atropa bella-dona*, ramo simpodial com flores e bagas (0,5). **B-D** *Hyoscyamus*. **B** Diagrama floral de *H. albus*, **C** flor e **D** pixídio de *H. niger* (cálice em parte removido, cerca de 1x). **E, F** *Datura stramonium*. **E** Diagrama floral, **F** cápsula aculeada (cerca de 1x). **G, H** *Nicotiana tabacum*, **G** flor (1x), **H** cápsula jovem em cortes longitudinal e transversal (2x). (A, F-H segundo G. Karsten; B, E segundo A.W. Eichler; C, D segundo G.Beck-Mannagetta.)

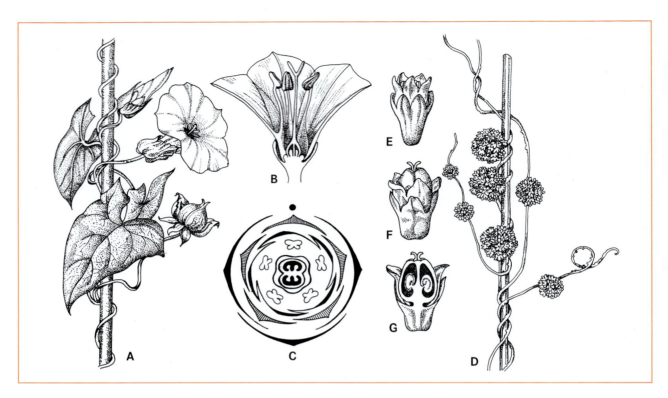

Figirua 10-314 Solanales, Convolvulaceae. **A** *Calystegia sepium* (Calistégia), ramo florido e frutificado (0,33x), **B** *Convolvulus arvensis*, flor, longitudinal (1,5x), **C** diagrama floral (com prófilos); **D-G** *Cuscuta europaea*. **D** Ramo áfilo com haustórios e glomérulos florais (1,5x), **E-G** flor e fruto jovem inteiro e em corte longitudinal (20x). (A segundo F. Firbas; B segundo J. Graf; C segundo A.W. Eichler; D-G segundo G. Dahlgren.)

Figura 10-315 Araliaceae. Botões florais, flores e frutos jovens de *Aralia elata*. (Imagem segundo I. Mehregan.)

secretores de óleo. As Apiaceae apresentam um hábito característico (Figura 10-316). Seus eixos, notadamente divididos em nós e entrenós ocos, portam folhas alternas quase sempre partidas com bainhas foliares alargadas envolvendo o caule. Como inflorescências, são em geral encontradas umbelas compostas (umbelas e umbélulas). Seus forófilos são reunidos em "invólucros" e "pequenos invólucros". As flores pequenas, geralmente brancas, mais raramente rosa ou amarelas, são pentâmeras, com exceção do gineceu e o cálice é fortemente reduzido. As pétalas possuem o ápice muitas vezes curvado para dentro e são aparentemente livres. Sobre o ovário está muitas vezes assentada uma almofada de estiletes que funciona como nectário (Figura 10-316). Um rudimento seminal anátropo pende do septo em cada lóculo. Um segundo rudimento seminal atrofia de modo precoce. A semente possui um embrião em um endosperma volumoso, que contém gordura e proteína. A testa da semente adere-se à parede do fruto formando um fruto seco deiscente, que se divide em carcérulas monospérmicas ao longo da parede comum. Estas carcérulas pendem em um receptáculo do fruto (carpóforo) (Figura 10-316), do qual se separam depois.

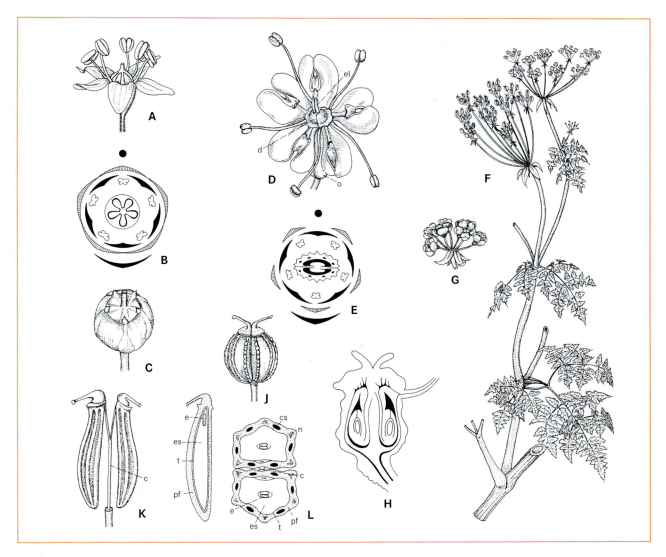

Figura 10-316 Apiales, Araliaceae. **A-C** *Hedera helix*. **A** Flor (cerca de 4x), **B** diagrama floral, **C** fruto (baga, cerca de 2x). **D-L** Apiaceae, **D** flor (*Ammi majus*) e **E** diagrama floral (*Laser trilobum*); **F-J** *Conium maculatum*, **F** ramo (0,5x), umbélula, **G** umbélula, **H** flor (em corte longitudinal, com dois rudimentos seminais pendentes), **J** fruto, inteiro (todos ampliados). **K, L** Fruto deiscente de *Carum carvi*, inteiro, em cortes longitudinal (10x) e transversal (25x) com carpóforo, parede do fruto, nervura principal com feixes vasculares, canaletas com canais secretores abaixo, testa da semente, endosperma e embrião. – d, disco; e, embrião; es, endosperma; o, ovário; pf, parede do fruto; el, estilete; n, nervura principal; c, carpóforo; t, testa da semente; cs, canais secretores. (A e C segundo G. Hegi; B segundo A.W. Eichler; D segundo ThellungE segundo F. Noll e H.A. Froebe, modificado; F, G, J segundo G. Karsten; H segundo A. Tschirch e O. Oesterle; K, L segundo O.C. Berg e C.F. Schmidt, levemente modificado.)

Algumas Apiaceae, por exemplo, espécies de *Bupleurum*, desenvolveram folhas simples através de simplificação ou redução. As flores de determinados gêneros, por exemplo, o acanto (*Heracleum*), são zigomorfas pelo aumento das pétalas voltadas para fora na inflorescência. Em alguns gêneros, a impressão óptica da inflorescência é reforçada também pelas brácteas coloridas, por meio do envoltório branco das umbelas de *Astrantia*, por exemplo, ou pelas bractéolas amarelas em *Bupleurum*. Moscas, besouros e outros insetos de rostro curto são os principais polinizadores das flores, quase sempre protândricas.

As umbelíferas são distribuídas em grande número de espécies, especialmente nas partes extratropicais do Hemisfério Norte, como plantas de estepes, pântanos, pradarias e florestas. Subarbustos de vários metros de altura são encontrados principalmente nas estepes da Ásia Central (por exemplo, *Ferula*) e plantas formando almofadas existem na região antártica. O elevado conteúdo em óleos etéreos explica o grande número de plantas condimentares e medicinais, e também de hortaliças nesta família. Neste sentido são empregados frutos, folhas e raízes. Exemplos de espécies utilizadas nesta família são: cominho (*Carum carvi*), anis (*Pimpinella anisum*), coentro (*Coriandrum sativum*), endro (*Anethum graveolens*), levístico (*Levisticum officinale*), funcho (*Foeniculum vulgare*), salsinha (*Petroselinum crispum*), cenoura (*Daucus carota*), pastinaca (*Pastinaca sativa*) e aipo (*Apium graveolens*). Espécies muito tóxicos são, por exemplo, a cicuta-maior (*Conium maculatum*) e a cicuta-aquática (*Cicuta virosa*).

> **Dipsacales**
> Adoxaceae: 5 gêneros/200 espécies, cosmopolita, maioria de zonas temperadas do Hemisfério Norte; Caprifoliaceae: 5 gêneros/220 espécies, maioria de zonas temperadas do Hemisfério Norte; Diervilleaceae: 1-2 gêneros/16 espécies, América do Norte, leste da Ásia; Dipsacaceae: 11 gêneros/290 espécies, Eurásia, África; Liaeaceae: 4-5 gêneros/536 espécies, maioria de zonas temperadas do Hemisfério Norte, Ásia, México; Morinaceae 2-3 gêneros/13 espécies, Eurásia; Valerianaceae: 17 gêneros/315 espécies, maioria do Hemisfério Norte, América do Sul

> **Famílias de relação incerta com as Dipsacales**
> Columelliaceae: 1 gênero/4 espécies, América do Sul; Desfontainaceae 1 gênero/1 espécie, América Central e América do Sul

Entre as **Dipsacales**, a maioria distribuída em zonas temperadas do Hemisfério Norte, encontram-se seco-iridoides, folhas opostas frequentemente compostas, partidas ou pelo menos serradas, inflorescências cimosas e em geral ovário ínfero, em sua maioria com três ou mais carpelos com poucos rudimentos seminais e lóculos estéreis frequentes.

As **Adoxaceae**, com flores radiais e frutos drupoides, são representadas na Europa Central pelo sabugueiro (*Sambucus*; Figura 10-317), lenhoso e com folhas pinadas, pelo viburno (*Viburnum*), também lenhoso, mas com folhas simples, assim como pela moscatelina (*Adoxa moschatellina*).

Enquanto que os dois primeiros gêneros apresentam tirsos em forma de umbela – neste caso, as flores da borda, por exemplo, em *V. opulus*, são estéreis e bastante maiores, com função de atração – *Adoxa* tem 5-7 flores ordenadas em um capítulo quase cúbico.

Flores zigomorfas e bagas, cápsulas ou nozes são encontradas nas Caprifoliaceae, Valerianaceae e Dipsacaceae. As **Caprifoliaceae** em sentido estrito possuem bagas ou drupas. Entre as espécies do gênero *Lonicera*, de flores em duplas e carpelos parcialmente conatos estão os arbustos e as lianas nativas da Europa Central, como, por exemplo, a madressilva (*Lonicera caprifolium*); o gênero *Symphoricarpos* está representado pela baga-da-neve (*S. albus*), uma espécie introduzida. As **Valeraniaceae** possuem flores pouco zigomorfas com corola pentâmera, frequentemente calcarada e apenas 1-4 estames. Do ovário trímero, com apenas um lóculo fértil, origina-se uma noz. O gênero *Valeriana*, também representado na Europa Central, é geralmente perene, possui três estames e forma na época da frutificação uma coroa de tricomas a partir do cálice (Figura 10-317). Especialmente *V. officinalis* tem importância farmacêutica como fonte de substâncias calmantes (por exemplo, ácido valeriânico, valepotriatos, óleos etéreos). Diferentes espécies de *Valerianella* ("salada-do-campo"), anuais, são consumidas como salada. As flores das **Dipsacaceae** são reunidas em inflorescências capituliformes (Figura 10-317), sendo

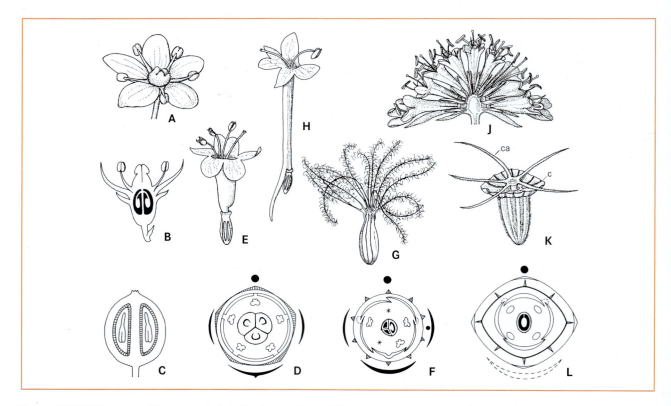

Figura 10-317 Dipsacales. Adoxaceae. **A, C, D** *Sambucus ebulus*. **A** Flor (cerca de 10x), **C** fruto drupoide em corte longitudinal (cerca de 5x), **D** diagrama floral; **B** *S. nigra*, flor em corte longitudinal (cerca de 10x). **E-H** Valerianaceae. **E, F** *Valeriana officinalis*, **E** flor (cerca de 10x), **F** diagrama floral; **G** *Valeriana tripteris*, fruto e papus (cerca de 3x); **H** *Centranthus ruber*, flor (cerca de 10x). **J-L** Dipsacaceae. **J, K** *Scabiosa columbaria*. **J** capítulo em corte longitudinal (ampliado), **K** fruto com calículo e cálice (ampliado); **L** *Dipsacus pilosus*, diagrama floral. – c, calículo; ca, cálice. (A segundo J, Graf; B segundo G. Dunziger; D, F, L segundo A.W. Eichler; E, G, H segundo F. Weberling; J, K segundo G. Heji).

as flores marginais com frequência aumentadas. Os ovários uniloculares e monospérmicos são rodeados por um envoltório de quatro brácteas (calículo) (Figura 10-317). Na Europa Central, a família é representada pelos gêneros *Scabiosa*, *Knautia* (flor-de-viúva) e *Dipsacus*, por exemplo. Os capítulos secos de *D. fullonum* (cardo-penteador), com seus foróflos rígidos e pontiagudos, eram utilizados para pentear tecidos de lã.

Asterales
Alseuosmiaceae: 5 gêneros/ 10 espécies, Austrália, Nova Zelândia, Nova Guiné, Nova Caledônia; Argophyllaceae: 2 gêneros/20 espécies, Austrália, Nova Zelândia, Nova Caledônia; Asteraceae: 1.600 gêneros/2.3000 espécies, cosmopolita; Calyceraceae: 4 gêneros/60 espécies, América do Sul; Campanulaceae: 84 gêneros/2.400 espécies, cosmopolita; Goodeniaceae: 11 gêneros/440 espécies, Hemisfério Sul, maioria na Austrália; Menyanthaceae: 5 gêneros/60 espécies, cosmopolita; Pentaphragmataceae: 1 gênero/30 espécies, sudeste da Ásia, Nova Guiné; Phellinaceae: 1 gênero/11 espécies, Nova Caledônia; Rousseaceae: 4 gêneros/6 espécies, Austrália, Nova Zelândia, Nova Guiné, Maurício; Stylidiaceae: 6 gêneros/245 espécies, Austrália, Nova Zelândia, raramente no sudeste da Ásia, América do Sul

Família de relações incertas com as Asterales
Bruniaceae: 12 gêneros/ 75 espécies, África do Sul

Com exceção das cosmopolitas Asteraceae, Campanulaceae e Menyanthaceae, as **Asterales** apresentam uma distribuição preferencial no Hemisfério Sul. Tanto quanto foi investigado, as Asterales são muitas vezes caracterizadas por apresentarem como substância de reserva o polissacarídeo inulina, constituído de unidades de frutose (em vez do amido constituído de unidades de glicose). A pré-floração da corola é plicada. Os mecanismos de apresentação secundária de pólen, com frequência encontrados na ordem, aparentemente surgiram várias vezes (ver Quadro 10-12).

As **Campanulaceae**, plantas com látex, apresentam ovários ínferos com 2-5 carpelos e placentação centro-angular com muitos rudimentos seminais (Figura 10-318). Seus frutos são cápsulas ou bagas. Na sub-família Campanuloideae, as flores são radiais e protândricas. Na campânula (*Campanula*), as anteras (pressionadas ao estilete) descarregam o pólen sobre os tricomas coletores da superfície externa do estilete, antes da antese. Ainda no botão floral, o pólen é liberado para a base do estilete através da invaginação dos tricomas coletores e os estames murcham. Somente então as flores e, por fim, os ramos do estigma se abrem (Figura 10-318). Os ovários tricarpelares, comuns na sub-família, desenvolvem-se em cápsulas que se abrem por meio de poros, como, em *Campanula*. Nas flores de garra-do-diabo (*Phyteuma*), os ápices dos lobos da corola são concrescidos posgenitalmente. As flores são reunidas em inflorescências densas, rodeadas na base por brácteas involucrais e lembram, os capítulos das Asteraceae, como nas inflorescências do botão-azul (*Jasione*).

Na sub-família Lobelioideae, predominantemente tropical, as flores são zigomórficas (Figura 10-319), o ovário é bicarpelar e o pólen é liberado em um tubo formado por fusão pós-genital das anteras e empurrado para fora deste pelo alongamento do estilete. *Lobelia dortmanna* (lobélia-d'água), representante desta família em climas temperados, é uma planta rara encontrada também na Europa Central em corpos de água oligotróficos.

Asteraceae (= Compositae), a maior família das angiospermas, possivelmente originada na América do Sul fora da Bacia Amazônica, é bem caracterizada por um grande número de atributos (Figura 10-318). Na base das inflorescências capituliformes dispõem-se inúmeras brácteas como envoltório do capítulo (invólucro). O receptáculo do capítulo é cônico ou plano. Foróflos das flores individuais estão presentes como folhas escamiformes paleáceas ou inexistem. Nos capítulos encontram-se flores tubulares pentâmeras radiais ou flores ligadas zigomorfas com três ou cinco pétalas aumentadas ou os dois tipos de flores lado a lado. O cálice é formado de escamas, cerdas ou pelos (papus) e serve para a dispersão dos frutos ou é completamente reduzido. Os cinco estames estão assentados sobre a corola, com filetes livres. As anteras estão aderidas formando um tubo no qual o pólen é liberado. Com o alongamento do estilete, o pólen é empurrado para fora pelo ápice dos ramos do estigma, frequentemente pilosos, ou pelos tricomas da superfície externa do estigma e do estilete. Somente depois disso os dois lobos do estigma se separam e a parte interna receptiva torna-se acessível para o pólen. O ovário ínfero é bicarpelar e unilocular, possuindo apenas um rudimento seminal anátropo na base. Deste, forma-se quase sempre uma noz com paredes do fruto e da semente mais ou menos adpressas uma à outra (aquênio). O embrião é rico em proteínas e óleos.

A família é dividida em cinco sub-famílias e 37 tribos. A posição da sub-família sul-americana Barnadesioideae como grupo-irmão das demais Asteraceae foi reconhecida pela ausência de uma inversão no genoma plastidial, que ocorre em todo o restante da família. Neste caso, as flores são radiais. Nos casos de zigomorfia, com frequência, na corola quatro lobos abaxiais opõem-se a um lobo adaxial remanescente (pseudolabiada). À sub-família Mutisioideae, cujos capítulos muitas vezes apresentam apenas flores com corola com três grandes lobos abaxiais e dois lobos menores adaxiais (bilabiada), pertencem as Mutisieae, entre as quais está, por exemplo, o gênero *Gerbera*. À sub-família Carduoideae, com flores radiais apenas, pertencem as Cynareae (= Cardueae; Figura 10-320) por exemplo, os cardos dos gêneros *Cirsium* e *Carduus* e as centáureas (*Centaurea*, com *C. cyanus*: centáurea-azul), nas quais as flores marginais do capítulo são aumentadas e estéreis. Nas bardanas (*Arctium*) as brácteas farpadas do capítulo servem para dispersão zoocórica. Em equinopse (*Echinops*), capítulos unifloros são reunidos em capítulos compostos de segunda ordem. Como plantas cultivadas, a alcachofra-do-mediterrâneo (*Cynara scolymus*) e o cártamo (*Carthamus tinctoris*, planta oleaginosa e tintureira)

Quadro 10-12

Asterales – Evolução da apresentação secundária de pólen

Nas Asterales encontra-se um grande número de mecanismos de apresentação secundária de pólen, nos quais o pólen não é exposto diretamente pelas anteras, mas é transferido para outra parte da flor e de lá coletado pelo polinizador (ver Figura) nas Campanulaceae – Lobelioideae há um mecanismo de bombeamento no qual o pólen é depositado no tubo formado pelas próprias anteras aderidas entre si e é então empurrado para fora pelo crescimento do estilete. Na maioria das Campanulaceae – Campanuloideae o pólen é depositado sobre a superfície externa do estilete, recoberta por tricomas unicelulares de estrutura especial. Após o murchamento das anteras, o pólen é apresentado pela superfície externa da base do próprio estilete, hipertrofiada por invaginações dos tricomas. No círculo de parentesco das Asteraceae, as Goodeniaceae apresentam uma concavidade alargada abaixo do ápice do estilete, no qual o pólen é descarregado. O crescimento do estilete empurra o pólen para fora desta concavidade. Nas Calyceraceae o pólen é depositado sobre o ápice do estilete e empurrado para fora da flor pelo crescimento deste. Nas Asteraceae observa-se o depósito do pólen, bastante aderente devido à grande quantidade de *polenkitt*, sobre a superfície externa do estilete (Barnadesieae),

um mecanismo de escova no qual o pólen é depositado sobre a superfície externa pilosa do estilete (por exemplo, Lactuceae) e um mecanismo de bombeamento (por exemplo, Senecioneae) como o descrito acima para as Campanulaceae – Lobelioideae. De qualquer modo, também entre as Asteraceae o pólen é sempre apresentado através do crescimento do estilete.

A observação da ocorrência destes diferentes mecanismos na filogenia das Asterales (ver Figura) deixa claro que a apresentação secundária de pólen provavelmente originou-se duas vezes nas Asterales, uma vez entre as Campanulaceae e uma vez entre as Goodeniaceae-Calyceraceae-Asteraceae. Um pressuposto importante nos dois casos é a existência de um tubo de anteras dispostas muito próximas umas às outras ou até mesmo aderidas, assim como um desenvolvimento floral no qual o alongamento dos estames (por crescimento dos filetes ou por crescimento do tubo da corola abaixo da inserção dos filetes) é seguido pelo esvaziamento das anteras e pelo alongamento do estilete. Um tubo formado pelas anteras é encontrado apenas nas Campanulaceae – Lobelioideae e nas Goodeniaceae (em parte), Calyceraceae (em parte) e Asteraceae, enquanto que os demais representantes da ordem possuem anteras livres.

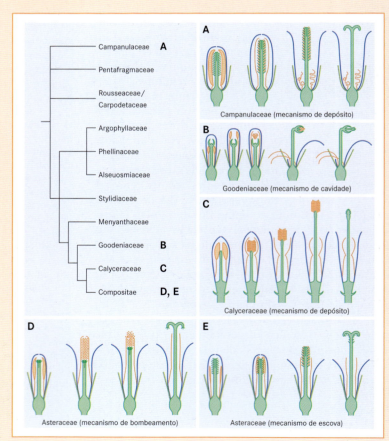

Figura Filogenia das Asterales (segundo Kadereit, 2004) e ocorrência na ordem dos diferentes mecanismos de apresentação secundária do pólen. As corolas são representadas em azul, os estames em vermelho e o pólen em laranja. (A-E segundo C. Erbar e P. Leins.)

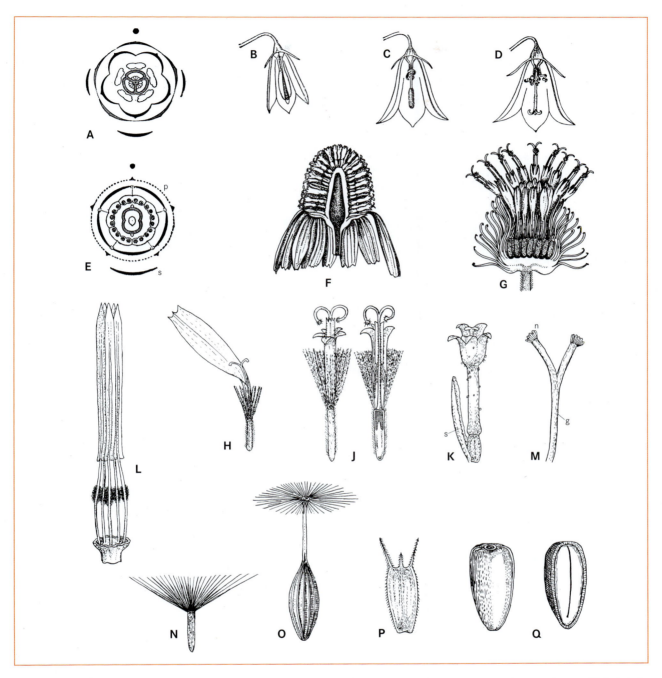

Figura 10-318 Asterales. **A-D** Campanulaceae. **A** Diagrama floral de *Campanula* sp., **B-D** fases da antese de *Campanula rotundifolia* (pétala anterior retirada): estames esvaziam seu pólen sobre o estilete (B) e murcham (C), pólen retirado, estigma expandido (D) (1x). **E-Q** Asteraceae. **E** Diagrama floral de uma flor tubular com forófilo e papus; **F-G** corte longitudinal do capítulo de *Matricaria recutita* (envoltório unisseriado, receptáculo da inflorescência oco, flores liguladas rebatidas, brácteas paleáceas* ausentes) e *Arctium lappa* (envoltório multisseriado e farpado, apenas flores tubulares, brácteas paleáceas) (ampliado). **H, J** *Arnica montana*. **K** *Chamaemelum nobile*: flores liguladas e tubulares (inteiras ou em corte longitudinal, ampliado); **L** androceu de *Carduus crispus* (10x); **M** estilete e estigma de *Achillea millefolium* (ampliado). **N-Q** Frutos (aquênios) de **N** *Hieracium villosum* e **O** *Lactuca virosa*, com papus em forma de pelos, de **P** *Bidens tripartius* com escovas farpadas no papus e de **Q** *Helianthus annuus* (inteiro e em corte longitudinal, com embrião) sem papus. – g, estilete; n, estigma; p, papus; s, bráctea paleácea. (A, E segundo Q.W. Eichler, modificado; B-D segundo F.E. Clements e F.L. Long, levemente simplificado; F-K, M segundo C.F. Schmidt; L, N, O, Q segundo H. Baillon; P segundo F. Firbas.)

* N. de T. Estas brácteas equivalem provavelmente aos forófilos das flores.

Figura 10-319 Campanulaceae. Flor de *Monopsis decipiens*. (Fotografia segundo C. Erbar.)

Figura 10-320 Asteraceae. Capítulos de *Serratula tinctoria*. (Fotografia segundo I. Mehregan.)

pertencem às Cynareae. A sub-família Cichorioideae geralmente possui capítulos com somente flores liguladas ou com somente flores tubulares. A esta sub-família pertencem como grandes tribos as Cichorieae (= Lactuceae) e as Vernonieae. As Cichorieae possuem apenas flores liguladas constituídas por corolas com cinco lobos e apresentam látex. Representantes das Cichorieae são, por exemplo, Cichorium (com *C. intybus*: chicória e *C. endivia*: endívia), Scorzonera (raiz-negra), *Taraxacum* (dente-de-leão), *Hieracium*, *Crepis* e *Lactuca* (por exemplo, *L. sativa*: alface). As Vernonieae, não representadas na flora da Europa Central, geralmente possuem em seus capítulos apenas flores radiais. A sub-família Asteroideae em geral apresenta capítulos apenas com flores radiais ou com flores radiais e flores marginais liguladas com apenas três lobos abaxiais acima do tubo da corola. Às Astereae pertencemos gêneros *Aster* e *Bellis* (margaridas), por exemplo e às Inuleae pertence, por exemplo, a ênula (*Inula*), da Europa Central. O edelweiss (Leontopodium), com folhas lanosas brancas como envoltório de vários capítulos, assim como as sempre-vivas (*Helichrysum*), com brácteas involucrais coloridas e secas, são representantes das Gnaphalieae. Muitas plantas medicinais e condimentares são encontradas entre as Anthemideae. Exemplos são a camomila-verdadeira (*Matricaria recutita*), a camomila-romana (*Chamaemelum nobile*), o milefólio (*Achillea millefolium* agg.) e diversas espécies do gênero anemófilo Artemisia (por exemplo, *A. absinthium*: losna ou absinto, *A. dracunculus*: estragão). Também pertencem a esta tribo os crisântemos (*Chrysanthemum*), plantas ornamentais. Nas Senecioneae, as brácteas involucrais do capítulo estão ordenadas em uma ou poucas séries. Representantes desta tribo são, por exemplo, a tussilagem (*Tussilago farfara*) e Senecio (cerca de 1.250 espécies), um gênero grande, mas certamente não monofilético. A calêndula (*Calendula*), com frutos heterocárpicos sem papus pertence às Calenduleae. Às Helianthae, predominantemente do Novo Mundo, pertence o gênero *Helianthus* com, por exemplo, *H. annuus* (girassol) e *H. tuberosus* (tupinambo). Folhas opostas são frequentemente encontradas entre as Coreopsidae, por exemplo, Bidens (picão) e a muito cultivada dália (*Dahlie*), as Milleriaceae, por exemplo, Galinsoga (picão-branco), introduzida da América do Sul, e Tagetes (por exemplo, o tagetes cultivado) e entre as Eupatorieae, por exemplo o trevo-cervino (*Eupatorium cannabinum*) da Europa Central.

Os parentes mais próximos das Asteraceae são as Calyceraceae e Goodeniaceae. Nas flores isoladas das Goodeniaceae o pólen é esvaziado no estilete em uma cavidade formada abaixo do estigma que se fecha quase completamente. Pelo crescimento do estigma o pólen é empurrado para fora da cavidade e torna-se acessível aos polinizadores na borda da cavidade. Nas Calyceraceae, com flores reunidas em capítulos, o pólen é depositado sobre a superfície do estilete e apresentado pelo crescimento deste.

Estreitamente relacionadas com as Asteraceae, Calyceraceae e Goodeniaceae, as Menyanthaceae (Figura

Figura 10-321 Menyanthaceae. Flores de *Menyanthes trifoliata*. Pétalas franjadas na margem. (Fotografia segundo P. Leins.)

10.2.15 Ancestrais e parentesco das plantas com sementes

Pode-se pressupor que as plantas com sementes (Spermatophytina), fetos (Filicophytina), cavalinhas (Equisetophytina) e psilotos (Psilotophytina) descendem de um ancestral comum representado, por exemplo, pelo gênero do baixo Devoniano *Psilophyton* (Figura 10-332). O grupo-irmão desta linha evolutiva é o dos licopódios (Lycopodiophytina).

A espécie *P. dawsonii* caracterizava-se por uma ramificação anisótoma e a disposição alterna dos eixos desprovidos de folhas. O tecido de condução primário estava diferenciado em uma protostele. Os eixos laterais estéreis eram muito ramificados, sem que as ramificações terminais estivessem comprimidas em um plano e nos eixos laterais férteis encontravam-se inúmeros esporângios de pedicelos curtos dispostos aos pares. Tanto os eixos laterais estéreis quanto os férteis eram curvados na região apical. Os esporângios fusiformes abriam-se por uma fenda longitudinal e as plantas eram isosporadas.

Na linha evolutiva que conduziu às plantas com sementes desenvolveu-se um câmbio bifacial com floema secundário formado para fora e xilema secundários com raios parenquimáticos formado para dentro. Como representantes precoces desta linhagem evolutiva podem ser considerados os gêneros do Devoniano Médio *Tetraxylopteris* (Figura 10-322) e *Archaeopteris* (Figura 10-322), que são reunidos com muitos outros gêneros nas chamadas Progimnospermas.

Tetraxylopteris diferencia-se de *Psilophyton* – além da posse de câmbio bifacial – também pela ramificação decussada dos eixos e pela orientação claramente adaxial dos grupos de esporângios. Em relação aos esporângios, *Archaeopteris* tinha semelhança com *Tetraxylopteris*, porém era heterospórico. As plantas tinham troncos com diâmetro de até 1,5 m e altura de até 20 m. A madeira (inicialmente descrita como gênero *Callixylon*) tinha grande semelhança com as coníferas modernas, por possuir pontoações areoladas no xilema secundário. Além disto, em algumas espécies estavam desenvolvidos órgãos foliares planos com nervação dicotômica.

A partir das Progimnospermas, as plantas com sementes se desenvolveram em uma linhagem evolutiva monofilética no Devoniano Superior (a cerca de 370 milhões de anos). O tegumento único dos rudimentos seminais recém formados surgiu provavelmente através da progressiva esterilização e concrescimento de todos os megasporângios exceto um que permaneceu fértil (Figura 10-323).

Dada a disposição dos esporângios em *Tetraxylopteris* e *Archaeopteris* em sistemas de eixos portadores apenas de esporângios, a possibilidade sobre a origem do tegumento, conhecida como Teoria Neosinangial, é mais plausível que a Teoria dos Telomas, que postula o concrescimento de um sistema misto de eixos estéreis/férteis em torno de um único megasporângio que permanece fértil (Figura 10-323).

Famílias de posição incerta nas Eudicotiledôneas

Apodanthaceae: 3 gêneros/23 espécies, sul da América do Norte, América do Sul, Mediterrâneo e sudoeste da Ásia, leste da África, sudoeste da Austrália; Haptanthaceae: 1/1, Honduras; Hoplestigmataceae: 1/2, leste da África; Medusandraceae: 1/2, oeste da África; Metteniusaceae: 1/7, América Central e noroeste da América do Sul

---

10-321), com pistilos súperos, não possuem apresentação secundária de pólen. A esta família pertence Menyanthes trifoliata, uma planta de pântanos com folhas trifolioladas e o golfão-pequeno (*Nymphoides peltata*), uma pequena planta aquática com folhas flutuantes semelhantes às dos lírios-dágua.

Famílias de parentesco desconhecido entre as Eudicotiledôneas são as parasíticas Apodanthaceae: 3/23, sul da América do Norte, América do Sul, Mediterrâneo, sudoeste da Ásia, leste da África, sudoeste da Austrália; Haptanthaceae: 1/1, Honduras; Hoplestigmataceae: 1/2, leste da África; Medusandraceae: 1/2, oeste da África, Metteniusaceae: 1/7, América Central, América do Sul

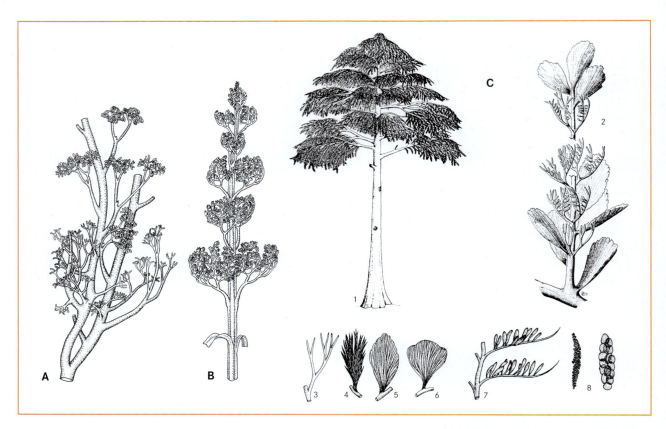

Figura 10-322 Ancestrais das plantas com sementes. **A** *Psilophyton* (Devoniano Inferior), **B** *Tetraxylopteris* (Devoniano Médio), **C** *Archaeopteris* (Devoniano Médio; 1 hábito: árvore com cerca de 6 m de altura; 2 eixo lateral com seções foliares vegetativas e portadoras de esporângios, 3-6 desenvolvimento progressivo seções foliares planas laminares em diversas espécies, 7 microsporângios e megasporângios, 8 micrósporos e megásporos). *Tetraxylopteris* e *Archaeopteris* representam as chamadas progimnospermas. (A, B R. Spohn, A segundo H.P. Banks, S. Leclercq e F.M. Hueber de Kenrick e Crane, 1997; B segundo P.M. Bonamo e H.P. Banks de Kenrick e Crane, 1997; C segundo C.B. Beck e C.A.Arnold de Stewart e Rothwell, 1993.)

Representantes ancestrais das plantas com sementes, também reunidas como as chamadas pteridospermas (Pteridospermae = Lyginopteridopsida), mas que aparentemente representam um grupo parafilético do qual se originaram diversas outras linhagens de plantas com sementes, tinham, por exemplo, o hábito de *Tetrastichia* (Figura 10-324) e a estrutura foliar e da madeira, por exemplo de *Lyginopteris* (Figura 10-324). Os microsporângios eram dispostos em grupos radiais e muitas

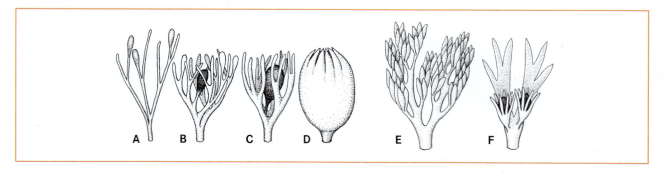

Figura 10-323 Origem do rudimento seminal. **A-D** A partir de um sistema de telomas, parte vegetativo, parte portador de esporângios, diferencia-se um nucelo fértil (escuro) e a partir de de envoltórios estéreis diferencia-se um tegumento (Teoria dos Telomas). **E, F** O tegumento do rudimento seminal origina-se através de progressiva esterilização e concrescimento de todos os megasporângios exceto um que permanece fértil em um sistema de telomas exclusivamente portador de esporângios (Teoria Neosinangial). (R. Spohn, A-D segundo J. Walton de H.N. Andrews; E, F segundo Kenrick e Crane, 1997.)

vezes concrescidos uns aos outros, à semelhança de Crossotheca (Figura 10-324), por exemplo. Os rudimentos seminais tinham geralmente um tegumento lobado no ápice e estavam assentados isoladamente (por exemplo, Genomosperma) ou em grupos (por exemplo, Calathospermum) em um envoltório também frequentemente lobado denominado cúpula (Figura 10-324).

A maioria das análises moleculares dos relacionamentos filogenéticos entre os grupos recentes de plantas com sementes (Cycadopsida, Gikgopsida, Coniferopsida inclusive Gnetales, Magnoliopsida), com utilização de diversas sequências de DNA, leva à conclusão de que as gimnospermas hoje viventes são monofiléticas e representam o grupo-irmão das angiospermas e que as Gnetales estão mais estreitamente relacionadas às Coniferopsida. Estes resultados são claramente contraditórios aos resultados da maioria das análises de táxons fósseis e recentes com utilização de caracteres morfológicos, que em sua maioria identificaram as Gnetales como os parentes mais próximos das Magnoliopsida. Gnetales, Magnoliopsida, assim como os fósseis Bennettitales e o gênero *Pentoxylon* foram também denominados antófitos.

A discrepância entre estas diferentes análises pode ser devida a duas razões. Por um lado é possível que as análises morfológicas não apresentem o resultado correto porque não há documentos

Figura 10-324 Representantes das chamadas pteridospermas (Pteridospermae = Lyginopteridopsida). **A** Hábito de *Tetrastichia bupatides* (0,33x). **B, C** Estrutura da madeira e da folha de *Lyginopteris larischii*. **D, E** Ramo portador de microsporófilos e cortes longitudinal e transversal de um microsporófilo de Crossotheca (1,5x). Rudimentos seminais e tegumento de **F** *Genomosperma kidstonii* (1,5x) e **G** *Calathospermum scoticum* (0,75x). (A, F segundo H.N. Andrews; B segundo D.H. Scott; C segundo H. Potonié; D, E segundo M. Hirmer; G segundo J. Walton).

Figura 10-325 Hipóteses sobre a origem da flor hermafrodita* de angiospermas. **A** A Teoria dos Euântios parte do pressuposto que o ancestral das angiospermas já possuía flores hermafroditas e que a flor das angiospermas é consequentemente um sistema monoaxial com microsporófilos e megasporófilos. **B** A Teoria dos Pseudântios, por outro lado, assume que a flor se originou de uma inflorescência de flores unissexuadas e, portanto, por condensação de um sistema de eixos com eixo principal e eixos laterais. (A segundo A. Arber e J. Parkin; B segundo R. von Wettstein.)

* N. de T. Neste caso, o vocábulo hermafrodita deve ser entendido como bisporangiado, ou seja, portador de microsporângios e megasporângios, já que a flor é um eixo do esporófito.

fósseis de importantes grupos extintos ou porque estruturas fósseis ou também recentes foram erroneamente interpretadas. Por outro lado, é imaginável que a análise de sequências de DNA apenas de plantas com sementes recentes não pode levar ao resultado correto, tendo em vista a extinção de inúmeros grupos de espermatófitas. É de conhecimento generalizado que a exclusão de táxons de uma análise filogenética pode influenciar fortemente no resultado. Mesmo que as gimnospermas hoje viventes representem um grupo monofilético, as Magnoliophynina descendem de ancestrais gimnospérmicos, sendo as gimnospermas recentes e fósseis juntas parafiléticas em relação às Magnoliopsida.

Quanto à questão da origem da flor das Magnoliopsida, é necessário esclarecer como surgiram, primeiro, o hermafroditismo da flor, segundo, o carpelo envolvendo os rudimentos seminais e terceiro, o segundo tegumento dos rudimentos seminais. Finalmente, também a origem do envoltório floral necessita esclarecimento.

Fundamentalmente, existiram e existem duas hipóteses diferentes para o surgimento da flor. Enquanto a Teoria dos Euântios (A. Arber e J. Parkin) parte do pressuposto que o ancestral das angiospermas já possuía flores hermafroditas e que a flor das angiospermas é consequentemente um sistema monoaxial com microsporófilos e megasporófilos, a Teoria dos Pseudântios (R. von Wettstein) assume que a flor se originou de uma inflorescência de flores unissexuadas e, portanto, por condensação de um sistema de eixos com eixo principal e eixos laterais (Figura 10-325).

A Teoria dos Pseudântios parte do pressuposto que as angiospermas descendem das Gnetales. Assim, é postulado que a flor hermafrodita das angiospermas originou-se por condensação de um sistema complexo de eixos com flores masculinas e femininas. Nesta teoria, o carpelo das angiospermas originou-se do forófilo da flor feminina e o segundo tegumento dos rudimentos seminais originou-se de brácteas localizadas na base da flor feminina. Assim, a Teoria dos Pseudântios não é corroborada nem pelas análises moleculares nem pelas análises morfológicas. Segundo as análises moleculares, as Gnetales e as angiospermas não são mais relacionadas e nas análises morfológicas as Gnetales são de fato identificadas como parentes próximos das angiospermas, mas não como o parente mais próximo.

Um modelo possível para a origem da flor no sentido da Teoria dos Euântios é fornecido pelo gênero *Caytonia*. Enquanto as análises moleculares, dada sua descoberta sobre a monofilia das gimnospermas recentes, não possibilitam nenhum pronunciamento a respeito dos parentes mais próximos das angiospermas, este gênero é identificado como o parente mais próximo e possível ancestral das angiospermas em determinadas análises morfológicas. *Caytonia* tinha microsporófilos e megasporófilos pinados em flores possivelmente hermafroditas. Os megasporófilos consistiam em uma raque com cúpulas laterais, cada uma com vários rudimentos seminais (Figura 10-326) e também os microsporófilos eram pinados e portavam grupos laterais com sacos polínicos concrescidos entre si (Figura 10-326). Os carpelos das Magnoliopsida podem ter se originado da modificação da raque em uma estrutura plana que assim envolveu os rudimentos seminais. Nesta proposição, o segundo tegumento dos rudimentos seminais das Magnoliopsida pode ser relacionado à cúpula, onde o número de rudimentos seminais foi reduzido a um. Em relação aos microsporófilos, ocorreu durante a evolução das Magnoliopsida a redução a um estilete com dois sinângios e dois sacos polínicos em cada sinângio.

Também outros grupos fósseis de espermatófitas como, por exemplo, as Corystospermatales, as Bennettitales, as glossopterídeas ou o gênero *Pentaxylon* foram intensivamente discutidos como formas ancestrais na evolução da flor das angiospermas.

Resumidamente, pode-se apenas concluir que a origem da flor das Magnoliopsida, e com isto as origens do herma-

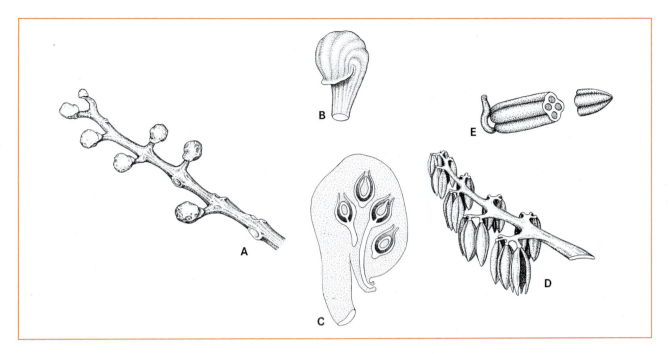

Figura 10-326 *Caytonia* como possível ancestral das angiospermas. **A** Megasporófilo pinado com cúpulas laterais (5x), **B** cúpula, **C** corte longitudinal da cúpula com vários rudimentos seminais, **D** microsporófilo com grupos de sacos polínicos laterais (7x), **E** grupo de sacos polínicos concrescidos em corte transversal. (R. Spohn, A, D segundo T.M. Harris de Crane, 1985; B, C, E segundo T.M. Harris de Stewart e Rothwell, 1993.)

froditismo, do carpelo e do segundo tegumento dos rudimentos seminais, continua desconhecida. Ainda assim, a maioria dos autores aceita a Teoria dos Euântios para a origem da flor.

Os genes, ou famílias de genes, regulatórios responsáveis pela determinação da identidade dos órgãos na flor das angiospermas são cada vez melhor conhecidos (ver 6.4.3). Estes genes foram encontrados também nas Coniferopsida, por exemplo. Neste caso, a formação das flores masculinas (assim como a formação dos estames nas flores das angiospermas) é determinada pela expressão de genes da classe B e da classe C e a formação da flor feminina (assim como a formação de carpelos nas flores das angiospermas) é determinada pela expressão de genes da classe C (e da classe B *sister*). A origem das flores hermafroditas com estames formados primeiramente e estames formados depois poderia ser então explicada, por exemplo, por redução da expressão de genes da classe B no ápice da flor masculina ou por expressão ectópica de genes da classe B *sister* nestas áreas apicais. Expressão ectópica, ou seja, a expressão de um gene em um lugar diferente do usual é um fenômeno bem conhecido pela genética do desenvolvimento e é postulado também em outros modelos genéticos de origem da flor.

Os genes da classe A, importantes para o perianto das flores de angiospermas, não são conhecidos nas gimnospermas.

10.3 História da vegetação

A flora, e com isto também a vegetação da Terra, modificou-se constantemente deste a origem da vida a provavelmente mais de 3,5 bilhões de anos ou desde a origem das plantas eucarióticas autotróficas a cerca de 2,1 bilhões de anos. A extinção e o surgimento de espécies não foram, no entanto, um processo contínuo (Quadro 10-13). A cobertura de vegetação atual da Terra, portanto, só pode ser entendida como o resultado de um longo desenvolvimento histórico. A história florística e da vegetação procura reconstruir este desenvolvimento. A transformação da flora e da vegetação da Terra se baseia na filogenia das plantas, na transformação da superfície terrestre (posição dos continentes e oceanos, formação de montanhas), por exemplo, por processos de tectônica de placas, na mudança da composição da atmosfera (concentrações de O_2 e CO_2, camada de ozônio absorvedora de radiação UV, temperatura, precipitação, etc.), por exemplo, pela origem da fotossíntese e da respiração aeróbia, assim como na modificação de todas as interações de plantas com o ambiente em transformação, entre elas e com outros organismos também em modificação.

Para a reconstrução da história da flora e da vegetação são utilizados conhecimentos das áreas da paleontologia e paleobotânica, da geologia, filogenia, paisagem e biogeografia histórica.

Quadro 10-13

Extinções em massa

Ao longo da história da Terra, a flora e a vegetação transformaram-se de forma contínua e grupos de plantas desapareceram e novos grupos surgiram (Figura). Na verdade, a extinção e o surgimento de organismos não foi um processo contínuo, sendo possível reconhecer períodos com elevadas taxas de extinção e períodos com elevadas taxas de especiação. Períodos com taxas elevadas de extinção são também identificados como extinções em massa. Aparentemente, apenas em poucos casos as extinções em massa de plantas vasculares, vertebrados terrestres e invertebrados marinhos ocorreram ao mesmo tempo. Em relação à fauna marinha, são frequentemente distinguidos cinco períodos (*the big five*) de extinção em massa (final do Ordoviciano: 443 milhões de anos; Devoniano: 364 milhões de anos; transição Permiano/Triássico 248 milhões de anos; transição Triássico/Jurássico: 206 milhões de anos; transição Cretáceo/Terciário: 65 milhões de anos). Quanto às plantas vasculares, alguns autores reconhecem nove dessas extinções em massa (Devoniano: 391, 378 e 363 milhões de anos; Carbonífero: 290 milhões de anos; Triássico: 241 milhões de anos; Jurássico: 152-155 milhões de anos; Cretáceo 132 milhões de anos; Terciário: 29 e 16 milhões de anos). Essas extinções são menos evidentes que as dos animais e a comprovação estatística de sua existência tem sido contestada por outros autores. Esta diferença evidente entre plantas e animais é atribuída em geral à maior capacidade regenerativa de plantas (por exemplo, a partir do banco de sementes do solo) após as catástrofes ecológicas.

A extinção na transição Cretáceo/Terciário, talvez a mais conhecida (mas não constatável para as plantas) pela sua relação com a extinção dos dinossauros, parece ter sido causada pelo choque de um asteroide com a Terra. Através desse choque, uma grande quantidade de pó foi lançada na atmosfera, a quantidade de energia solar que chegava à superfície da Terra foi reduzida durante muitos anos, esfriando o clima consideravelmente. Depois que uma camada de irídio* sobre todo o planeta deu indícios desse choque, finalmente a cratera foi encontrada sobre a plataforma continental, diante da costa de Yucatan (México). Mesmo que com isto uma causa extraterrestre seja possível para a extinção em massa na transição Cretáceo-Terciário, o mesmo não pode ser considerado para todas as extinções em massa da história da Terra.

---

* N. de R.T. Irídio é um elemento raro sobre a Terra, mas frequente em asteroides e cometas

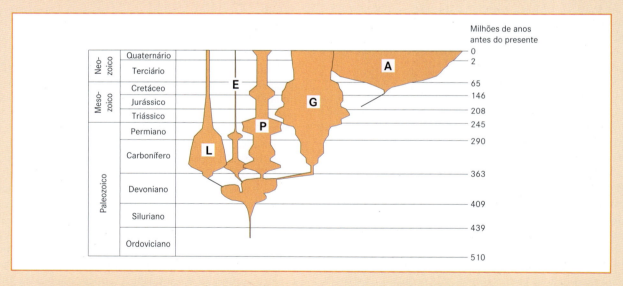

Figura Diversidade relativa de espécies dos principais grupos de plantas terrestres desde o início do Ordoviciano. **A** Angiospermas, **E** Equisetophytina, **G** Gimnospermas, **L** Lycopodiophytina, **P** Marattiophytina e Filicophytina. (Segundo Niklas, 1997.)

10.3.1 Métodos

A fossilização de restos vegetais em geral ocorre em condições muito especiais, principalmente em sedimentos marinhos e límnicos, em turfeiras e no carvão oriundo deles. Muitos grupos de algas, assim como fragmentos de caules, folhas, esporos, sementes e frutos de plantas vasculares são mais conhecidos como fósseis. Plantas fósseis são incluídas tanto quanto possível nos táxons recentes ou descritas como táxons extintos. Para a classificação de fósseis, geralmente estão disponíveis apenas caracteres morfológicos e, no caso de petrificação, anatômicos.

Apenas elementos do esqueleto de alguns grupos de algas (diatomáceas: sílica; Coccolithophorales: Figura 10-82, Corallinaceae, Dasycladaceae: calcário), por exemplo, são preservados diretamente como fósseis. Os fósseis são originados por permineralização, carbonificação ou como impressões e moldagens.

Na permineralização (Figuras 10-152, 10-161 e 10-164), o material orgânico das paredes celulares e do conteúdo celular é substituído por substâncias minerais (por exemplo, sílica, carbonatos), formando estruturas fósseis altamente estruturadas. A perda de gases e umidade e a ação de pressão mecânica levam a fósseis fortemente comprimidos e à carbonificação. Em impressões e moldagens, partes do sedimento se deposita na superfície da planta e apenas sua forma externa é conservada. Fósseis de âmbar são geralmente impressões ou cavidades, mas também podem conter material orgânico. Os cortes finos (Figura 10-170), a erosão em camadas e o traslado são importantes técnicas de análise de fósseis. Em determinados fósseis, a estrutura anatômica ou mesmo a ultraestrutura (por exemplo, a estrutura dos grana de cloroplastídios em folhas do Mioceno) pode ser bem reconhecida.

Um problema frequente na reconstrução de fósseis é a relação de órgãos achados e descritos isoladamente. Assim, foi uma grande surpresa quando, em 1960, foi demonstrado que os troncos com anatomia semelhante à das gimnospermas, até então descritos como Callixylon, estavam relacionados às folhas semelhantes às dos fetos do gênero Archaeopteris (ver 10.2, Figura 10-322).

Os esporos e os grãos de pólen das plantas terrestres, muito duráveis devido à resistente exina, são fósseis com significado especial, principalmente para o passado geológico recente. A paleopalinologia se ocupa da análise de esporos e grãos de pólen (ver 10.2, microsporófilos).

Esporos e grãos de pólen podem ser especialmente bem classificados devido à sua alta diferenciação estrutural (ver 10-2, pólen). Principalmente os esporos e os grãos de pólen de plantas anemófilas que são distribuídos em grande quantidade. Na Europa Central, são incorporados anualmente milhares de grãos de pólen e esporos em um centímetro quadrado de solo, em depósitos crescentes (por exemplo, depósitos calcários límnicos, turfeiras, húmus, etc.). Com o aparecimento das tétrades de esporos, por exemplo, é possível determinar temporalmente o surgimento da meiose e com isso da sexualidade. Os primeiros grãos de pólen tricolpados (Figura 10-233) permitem a datação das eudicotiledôneas como o grupo de plantas floríferas com maior riqueza de espécies atualmente. Para o estudo do desenvolvimento de floras e vegetações no Quaternário, amostras do perfil de sedimentos dos depósitos adequados podem ser retiradas, preparadas em camadas e analisadas de modo quantitativo. A representação gráfica em **diagrama polínico** (Figura 10-342) demonstra o surgimento e a quantidade variável dos esporos e grãos de pólen de diversas espécies no período de tempo incluído na amostra do perfil de sedimento. Com o conhecimento quantitativo da chuva polínica recente de diferentes unidades de vegetação é possível a reconstrução da variação da composição quantitativa da vegetação nas proximidades do ponto de amostragem.

O conhecimento sobre a idade de restos vegetais fósseis é de importância crucial para a história da flora e da vegetação. Além da cronologia relativa da história terrestre (Figura 10-327), que se baseia na ocorrência de fósseis-guia

Neozoico	Quaternário (2)	Holoceno (= Alúvio)	Neofítico
		Pleistoceno (= Dilúvio)	
	Terciário (65)	Plioceno	
		Mioceno	
		Oligoceno	
		Eoceno	
		Paleoceno	
Mesozoico	Cretáceo (146)	Maastrichtiano	
		Campaniano	
		Sanatoniano	
		Turoniano	
		Cenomaniano	
		Albiano	Mesofítico
		Aptiano	
		Barremiano	
		Neocomiano	
	Jurássico (208)	Jurássico Superior (Malm)	
		Jurássico Médio (Dogger)	
		Jurássico Inferior (Lias)	
	Triássico (245)	Triássico Superior	
		Triássico Médio	
		Triássico Inferior	
Paleozoico	Permiano (290)	Permiano Superior	
		Permiano Inferior	
	Carbonífero (363)	Carbonífero Superior	Paleofítico
		Carbonífero Inferior	
	Devoniano (409)	Devoniano Superior	
		Devoniano Médio	
		Devoniano Inferior	
	Siluriano (439)		
	Ordoviciano (510)		Proterofítico
	Cambriano (570)		
Pré-cambriano	Proterozoico (2.500)		
	Arqueano (> 4.000)		

Figura 10-327 Escala do tempo geológico (início há milhões de anos).

animais e vegetais, vários métodos estão também disponíveis para a estimativa da idade absoluta.

A idade das rochas é estimada com métodos radiométricos. Para isto, é utilizado o fato de que o decaimento de minerais radiativos apresenta uma meia-vida constante, na qual a quantidade do material radiativo diminui à metade. A meia-vida do urânio, por exemplo, (^{238}U→^{206}Pb) é 4,5.10^9 anos. A idade de uma rocha pode ser estimada pela concentração relativa dos minerais radiativos e seus produtos de decaimento. Para estimar-se a idade de fósseis é especialmente significativo o decaimento do potássio radiativo (^{40}K→^{40}Ca ou ^{40}Ar), principal componente da maioria dos materiais de incorporação. Com métodos radiométricos é possível estimar idades fósseis de > 100.000 anos com o uso dos elementos citados. Para a estimativa de fósseis mais jovens (< 50.000 anos), é utilizado geralmente o método de radiocarbono. Este se baseia no fato de que, nas ligações de carbono em material biológico, a relação original entre ^{12}C:^{14}C no CO_2 do ar é deslocada pelo decaimento de ^{14}C para ^{14}N (meia-vida de 5.730, ± 40 anos) em favor de ^{12}C. Outros métodos de datação absoluta de fósseis de menor idade se baseiam em diversos processos com ritmos anuais. Entre eles está a estimativa da idade da madeira através dos anéis de crescimento anuais (dendrocronologia), com a qual é possível em parte estimar com exatidão idades até 8.000 anos. Também as chamadas varvas ou bandas cromáticas e depósitos semelhantes, assim como as geleiras, apresentam camadas úteis para a datação absoluta. Também as cinzas de erupções vulcânicas, dispersas a grandes distâncias podem ser indícios importante para a datação. A datação paleomagnética, relativamente grosseira, tem base na inversão repetida do campo magnético da Terra ao longo do tempo e a orientação do campo magnético está "fossilizada" nas rochas férreas. Porém, os limites entre os intervalos de polaridades diferentes devem ser primeiramente fixados através de outros métodos. Ao final do Terciário e no Quaternário as épocas de polaridade tiveram uma duração de 20.000-730.000 anos.

Para os últimos milênios, a idade dos restos vegetais também pode ser estimada se eles forem encontrados junto a objetos pré-históricos ou antigos. Se a contemporaneidade de períodos pré-históricos e de determinados períodos florestais for constatada, também é possível o inverso, determinar o tempo de objetos arqueológicos de idade desconhecida através da paleopalinologia, se no local forem encontrados fósseis adequados de pólen.

Não apenas fósseis, mas também a filogenia e a distribuição de táxons recentes permitem conclusões indiretas sobre a história da flora e da vegetação de uma região. Muitos táxons apresentam uma distribuição disjunta, na qual as lacunas entre as regiões parciais de distribuição são normalmente grandes e não transponíveis por propagação. Por exemplo, a disjunção entre o leste da Ásia e o leste da América do Norte se repete em muitos grupos de plantas (Figura 13-21). Se a propagação a longa distância é excluída como explicação para este padrão de distribuição, ele só pode ser explicado pela existência anterior de uma zona de distribuição contínua. Isto fornece informações sobre o clima e a vegetação no passado nas regiões entre o leste da Ásia e o leste da América do Norte. Atualmente, estudos filogenéticos com base em sequências de DNA, em determinados contextos, permitem também a datação absoluta com um relógio molecular. Por exemplo, se a separação filogenética de espécies asiáticas e norteamericanas aparentadas pode ser datada, excluindo-se a propagação a longa distância, deve ter existido uma zona de distribuição comum, pelo menos até o momento da separação.

A reconstrução exitosa da história da flora e da vegetação da Terra exige material representativo passível de boa interpretação geográfica e taxonômica. Portanto, existe uma boa ideia da história da flora e da vegetação no passado geológico recente nas regiões com longa tradição científica (por exemplo, Europa, América do Norte e, de maneira crescente, a China) e esta inclui essencialmente os organismos que possuem estruturas adequadas à fossilização.

10.3.2 Pré-Cambriano e Paleozoico (4.000 – 245 milhões de anos)

No período que compreende a origem da vida, há provavelmente mais de 3,5 bilhões de anos, até a ocupação da terra por plantas pluricelulares, possivelmente no Ordoviciano (há cerca de 450 milhões de anos), principalmente organismos unicelulares e pluricelulares de organizações e modos de vida muito variados e com diferentes formas de obtenção de energia, ocuparam os mares quentes da Terra.

Neste período, originaram-se bactérias e arqueas como seres de organização procariótica, eucariotos heterotróficos e finalmente, por meio de uma endocitobiose entre eucariotos heterotróficos e cianobactérias fotoautotróficas, originaram-se também eucariotos fotoautotróficos.

A comprovação de procariotos com estrutura claramente celular é muito controversa. Enquanto por um lado é postulado que este tipo de organismos pode ser comprovado pela primeira vez em seixos silicosos dos Apex Chert do oeste da Austrália, com cerca de 3,5 bilhões de anos, por outro lado, tais achados são questionados e interpreta-se a Formação Gunflint no Ontário canadense, com cerca de 1,9 bilhões de anos, como a camada rochosa com os primeiros fósseis celulares. Em formações da Austrália com 1,5-0,9 bilhões de anos existem algas unicelulares (Caryosphaeroides, semelhante às Chlorococcales) em surpreendente estado de conservação, nas quais podem ser reconhecidos diversos estágios da divisão celular e até mesmo restos do núcleo celular. Estas comunidades continham também bactérias, fungos aquáticos e protozoários. Até o Ordoviciano ocorre uma grande diferenciação de algas verdes e vermelhas a partir das duas principais linhagens principais dos primórdios evolutivos das plantas.

A ausência inicial de oxigênio na atmosfera exigia obtenção de energia por diversas formas de auto e heterotrofia anaeróbicas. Presume-se que os procariotos ancestrais tiveram, em parte, um modo de vida semelhante ao das espécies termófilas de arqueas atuais. Fotossíntese aeróbia e anaeróbia surgiram há mais de 3 bilhões de anos. Desde então, a concentração de oxigênio da atmosfera aumentou. Há cerca de 2,8-2,4 bilhões de anos, a concentração de oxigênio atmosférico atingiu 1-2% (hoje 21%). Sob tais condições, a disponibilidade de habitats para organismos anaeróbios foi reduzida, permitindo a diversificação de organismos e a evolução da respiração mais eficiente. Por ocasião do surgimento das algas eucarióticas, a concentração de oxigênio na atmosfera era de cerca de 10%. Com o aumento da concentração de oxigênio atmosférico, surgiu uma camada de ozônio capaz de absorver radiação UV, um pré-requisito importante para a ocupação dos ambientes terrestres.

A ocupação da terra há cerca de 450 milhões de anos, no **Ordoviciano** (510-439 milhões; aqui e nos próximos números sempre anos antes do presente) coincidiu com um forte congelamento, pelo qual o nível do mar baixou cerca de 70 m. Neste momento, as condições para a ocupação da terra pelas plantas foram atendidas. Entre elas está, primeiramente, a existência de solos com minerais aproveitáveis pelas plantas. A formação do solo a partir das rochas ocorreu por intemperismo, embora a secreção de ácidos orgânicos por organismos procarióticos, algas, fungos e liquens tenha acelerado estes processos. A concentração de CO_2, inicialmente elevada (10-20 vezes mais elevada que hoje) reduziu-se drasticamente por meio do intemperismo e pela ligação em rochas silicosas (CO_2 + $CaSiO_3$ ⇌ $CaCo_3$ + SiO_2. Com isso, caiu também a temperatura da atmosfera, inicialmente elevada (pela alta concentração de CO_2). O congelamento citado implicou na existência de um gradiente latitudinal de temperatura, em que também existiam temperaturas adequadas para a ocupação da terra pelas plantas.

Da primeira fase da ocupação da terra (da metade do **Ordoviciano** até o início do **Siluriano**: 476-439 milhões) são conhecidas apenas tétrades de esporos. A partir de então (do início do Siluriano ao início do **Devoniano**: 439-409 milhões) começaram a aparecer de forma progressiva esporos triletes isolados, traqueídes, fragmentos de cutícula e estômatos. Do início do Devoniano ao **Devoniano** Superior (389-363 milhões), finalmente, desenvolveram-se diversas plantas vasculares, razão pela qual o Devoniano também é visto como o início do **Paleofítico**, que segue o **Proterofítico**. Representantes frequentes dessas plantas vasculares eram *Cooksonia, Aglaophyton major, Rhynia gwynne-vaughanii, Zosterophyllum divaricatum, Baragwanathia longifolia* e *Psilophyton dawsonii*. Estas comunidades terrestres primitivas eram formações abertas, baixas (< 50 cm) e em geral anfíbias, presentes nas margens de córregos ou em vales úmidos.

Fósseis das mais diversas linhagens evolutivas de musgos, como os grupos ancestrais das plantas terrestres ainda hoje viventes, são escassos no Devoniano. Possivelmente, isto é consequência da sua carência em estruturas adequadas à fossilização. Apenas as Jungermanniopsidas são, com certeza, conhecidas do Devoniano, com Pallavicinites (370 milhões). Mesmo assim, conjectura-se que fósseis isolados do Ordoviciano podem ser classificados entre as hepáticas. Fósseis seguros de antóceros e de musgos ocorrem apenas no Cretáceo.

A comprovação de decompositores (bactérias, fungos) nas plantas mostra que os primeiros ecossistemas terrestres já funcionavam como os de hoje. É muito possível que já as primeiras plantas vasculares possuíssem micorrizas vesiculares-arbusculares (VA) (ver 8.2.3, micorriza), o que deve ter sido importante para a formação básica dos primeiros solos. Com isso, essa simbiose teve provavelmente um papel decisivo na colonização da terra.

Da metade do Devoniano até o final do Carbonífero (395-290 milhões), os continentes Gondwana e Laurásia se uniram no supercontinente Pangeia, que assumiu uma posição mais distante ao norte. O clima quente, úmido e livre de gelo mudou neste período no Hemisfério Sul para um clima mais seco e frio com congelamentos; nos trópicos, porém, surgiu uma faixa estreita com precipitações mais elevadas. Até o final do Carbonífero, a concentração de CO_2 reduziu-se até os níveis atuais. No Carbonífero, as primeiras florestas mais extensas surgiram em zonas úmidas e quentes na faixa tropical (Figura 10-328), sobre solos de turfeiras encharcados a úmidos, possuindo árvores com mais de 35 m de altura (a partir de cerca de 380 milhões de anos). A partir dessas florestas formou-se o carvão mineral. O centro de distribuição dessas florestas de carvão (Carbonífero) correspondia ao oeste da Europa e leste da América do Norte, as áreas de formação mais distantes eram a Sibéria e o leste da Ásia. Representantes importantes nessas florestas foram, por exemplo, *Lepidodendron* e *Sigillaria* entre os Lycopodiophytina, *Calamites* (cavalinha-gigante) entre os Equisetophytina, os gêneros *Psaronius, Archaeopteris* e *Aneurophyton*, entre as chamadas Progimnospermas, e Medullosa, por exemplo, como representante das chamadas Pteridospermas (samambaias espermatófitas). Essas comunidades eram ricas em espécies e muito diferenciadas em relação à estratificação e zoneamento (Figura 10-329).

O zoneamento dependia da disponibilidade de água. As comunidades de equisetófitas (*Archaeocalamites, Calamites*; Figuras 10-170 e 10-171) formavam aparentemente uma zona intermediária. A esta seguiam *Lepidodendron* e *Sigillaria*, com até 35 m de altura e 1 m de diâmetro do tronco (Figuras 10-163 e 10-164), uma rica flora associada composta de Progimnospermas mais baixas e um estrato

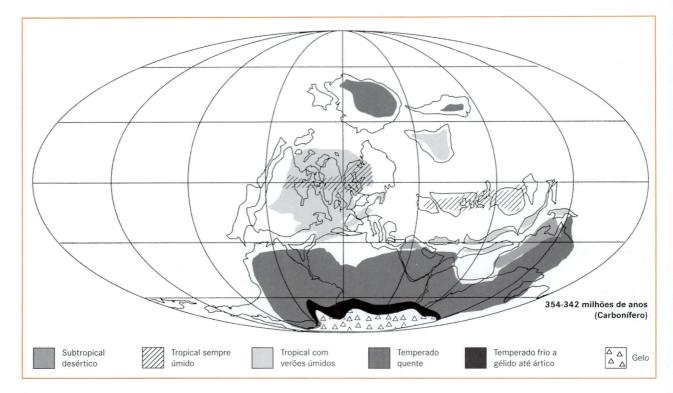

Figura 10-328 Clima hipotético (vegetação) da Terra há 354-342 milhões de anos (Carbonífero). (Segundo Willis e McElwain, 2002.)

inferior composto de espécies relacionadas às equisetáceas (Figura 10-170), musgos e hepáticas. Os animais eram representados por anfíbios, primeiros répteis, aranhas, miriápodes e insetos primitivos (por exemplo, libélulas, baratas). Também puderam ser comprovados fungos parasíticos, simbiônticos e saprofíticos.

No Carbonífero Superior também as Cordaítes, parentes próximos das coníferas, tornaram-se cada vez mais frequentes.

Figura 10-329 Reconstrução de uma floresta de carvão (Carbonífero). No canto superior esquerdo, ramos com folhas e ramos de esporofilos de *Lepidodendron*; mais à direita, troncos deste e de *Sigillaria*, entre eles frondes com sementes em formação de *Neuropteris*, assim como ramos finos de *Lyginopteris* (ambas Pteridospermas); no centro à frente, *Sphenophyllum*, atrás fetos com uma libélula primitiva gigante, assim como outras árvores de licopodiófitas; à direita, *Calamites*. (Museu de História Natural, Chicago.)

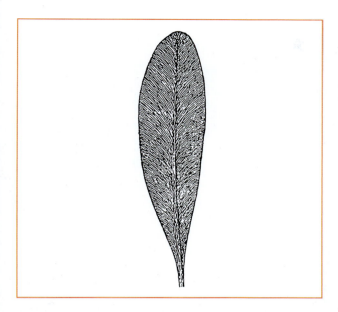

Figura 10-330 *Glossopteris*. Folha simples com venação reticulada (0,33x). (Segundo W. Gothan.)

No início do Carbonífero pode ser distinguidos quatro outros biomas, além das florestas tropicais (Figura 10-328).

No início do **Permiano**, pode se constatar uma expansão das áreas congeladas no sul do continente. O Permiano Médio foi um período mais quente e ao final do Permiano é possível observar uma considerável aridificação no interior do continente. A sequência de temperaturas mostrou oscilações sazonais pronunciadas e nos dois hemisférios predominava um clima de monções. No Permiano as florestas de carvão desapareceram, muitas de suas espécies dominantes (indivíduos de *Lepidodendron* e *Sigillaria*, esfenófilas) se extinguiram, surgindo várias linhagens evolutivas de espermatófitas. Este é o início do **Mesofítico**. A essas espermatófitas pertencem as palmas-de-ramos (Cycadopsida) e as Ginkgopsida, que existem ainda hoje, mas também as extintas Bennettitales e *Glossopteris*. A *Glossopteris* (Figura 10-330) é uma forma-guia da chamada flora de Gondwana, encontrada na África do Sul, na Índia, na Austrália, no Ártico e no sul da América do Sul. O lenho dessas plantas apresentava, em parte, anéis de crescimento relacionados ao clima temperado frio do sul do continente.

10.3.3 Mesozoico (245-65 milhões de anos)

Durante o **Triássico** (245-208 milhões), progressivamente mais quente, e a seguir o **Jurássico** (208-146 milhões) ocorreu uma diversificação das coníferas (mas também de outras gimnospermas, por exemplo, Voltziales (Figura 10-228) e Ginkgopsida como *Baiera*; Figura 10-224), e apareceram pela primeira vez todas as famílias de coníferas existentes ainda hoje. No início do Jurássico podem ser distinguidos cinco biomas (Figura 10-331). No **Cretáceo** (146-65 milhões), especialmente entre cerca de 124 e 83 milhões de anos, as placas continentais separaram-se rapidamente umas das outras e surgiu o Tetis, o mar que separava os continentes Norte e Sul. O nível dos oceanos subiu cerca de 100 m e a concentração de CO_2 era 4-5 vezes mais elevada que a de hoje, devido à atividade vulcânica relacionada aos movimentos de placas. A consequência foi uma temperatura do ar até 8°C mais alta que a atual e a ausência de gelos polares.

Um período importante para a história da flora e da vegetação da Terra foi o surgimento das angiospermas, que ocorrem fossilizadas pela primeira vez no Cretáceo Inferior, há cerca de 140 milhões de anos (mas se originaram antes disto). As angiospermas surgiram provavelmente como arbustos de habitats degradados no estrato inferior de florestas úmidas em latitudes baixas. Os atributos das angiospermas capazes de elevar sua taxa de especiação (ver 10.2) são a razão, além de outras, para a rápida diversificação naquela época e para a grande riqueza de espécies, mesmo durante as violentas mudanças tectônicas e climáticas da Terra durante o Cretáceo. Já na metade do período Cretáceo, as angiospermas constituíam o grupo de plantas dominante na maioria das unidades de vegetação pelo mundo todo e a maioria das ordens ainda hoje existentes parece já ter existido pelo menos ao final do Cretáceo. Na metade do Cretáceo situa-se o início do **Neofítico**, que está associado à extinção ou retração acentuada dos táxons dominantes do Mesofítico.

Entre os padrões de distribuição atualmente observados nas angiospermas, ao menos algumas disjunções sul-hemisféricas podem ser relacionadas ao final do Cretáceo. Assim, é unânime a opinião de que a distribuição dos fósseis de *Nothofagus* na América do Sul, Nova Caledônia, Austrália, Nova Zelândia e Nova Guiné começou há cerca de 80 milhões de anos e pode ser, ao menos em parte, explicada com a separação da parte sul-hemisférica do supercontinente Pangeia.

10.3.4 Neozoico (65 milhões de anos – presente)

O **Terciário** (65-cerca de 2 milhões) foi um período de mudanças climáticas muito acentuadas. O período do Paleoceno (65-54 milhões), até a metade do Eoceno (54-38 milhões), foi uma das épocas mais quentes da história Terra. A partir da metade do Eoceno, passando pelo Oligoceno (38-26 milhões), Mioceno (26-12 milhões) e Plioceno (12-cerca de 2 milhões; o início do Plioceno é também às vezes datado em 5,2 milhões) ocorreram resfriamento e aridificação mais ou menos continuados do clima, continuando nas glaciações do Quaternário (Figura 10-336). A transformação da superfície da Terra é a principal causa dessas mudanças climáticas. Pela elevação, por exemplo, do Himalaia e das cordilheiras americanas, a partir de 55 milhões de

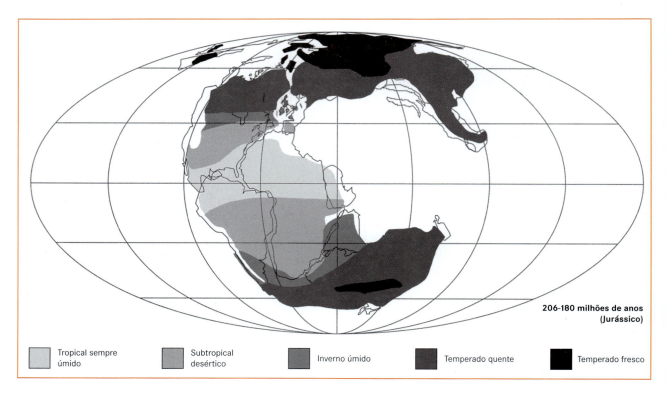

Figura 10-331 Clima hipotético (vegetação) da Terra há 206-180 milhões de anos (Jurássico). (Segundo Willis e McElwain, 2002.)

anos, e dos Pirineus, do Cáucaso, dos Cárpatos, etc., a partir de cerca de 35 milhões, grandes regiões secas formaram-se nas áreas sem chuva próximas a essas novas montanhas. A movimentação das massas de terra em latitudes altas permitiu a formação de calotas polares, embora o congelamento na Antártida aparentemente tenha sido consequência do estabelecimento de uma corrente circum-antártica. O desaparecimento de grandes mares como o estreito de Turgai, que separava a Europa da Ásia, ou de Tetis pelo surgimento de uma ligação de terra entre África e Ásia por meio da península Arábica (assim surgiu o mar Mediterrâneo há cerca de 21,5 milhões de anos) levou à formação de climas continentais nas regiões distantes dos mares. A concentração de CO_2 reduziu-se ao longo do Terciário até os valores verificados no período pré-industrial. O desenvolvimento da flora e da vegetação foi fortemente influenciado por essas mudanças atmosféricas e geomorfológicas.

No Eoceno (Figura 10-332), floras subtropicais de verão úmido com Lauraceae (por exemplo, *Cinnamomum*), Moraceae (*Artocarpus*, *Ficus*), Juglandaceae (*Engelhardtia*), Arecaceae (*Sabal*, *Elaeis*, *Nypa*) e samambaias tropicais (por exemplo, *Matonia*) estavam amplamente distribuídas, até mesmo nas zonas atualmente temperadas do Hemisfério Norte. Para o norte, ricas floras temperado-quentes, com plantas floríferas perenes e deciduais (estivais) (também palmeiras, por exemplo) e coníferas atingiam em parte até as regiões árticas atuais, por exemplo, Alasca e Groenlândia. Floras de florestas latifoliadas deciduais e de florestas mistas de coníferas ricas em espécies chegavam até o topo das montanhas e até Grinell-Land (81°45'N, temperatura média anual atual –20°C). Essas floras de florestas mistas continham *Pinus*, *Picea*, *Platanus*, *Fagus*, *Quercus*, *Corylus*, *Betula*, *Alnus*, *Juglans*, *Ulmus*, *Acer*, *Vitis*, *Tilia*, *Populus*, *Salix*, *Fraxinus*, etc., gêneros que ocorrem ainda na América do Norte e Eurásia temperada. Muitos gêneros estão hoje extintos na Europa, mas ocorrem em regiões mais quentes da América do Norte (*Taxodium*, *Sequoia*), leste da Ásia (*Ginkgo*, *Cercidiphyllum* – cercidifilo) ou em ambas regiões (*Tsuga*, *Magnolia*, *Liriodendron*, *Sassafras*, *Carya*, *Diospyros*). Como os continentes do norte estavam, antigamente, ainda menos afastados do que estão hoje, deve ter sido possível uma troca regular de elementos florísticos entre América e Eurásia, tanto pela Beríngia quanto pelo Atlântico. O resultado foi a formação, no Hemisfério Norte, de uma flora comum ao Velho e ao Novo Mundo, como base para a flora Holártica recente.

No Eoceno, na Europa Central estima-se uma temperatura média anual de 22°C. No Hemisfério Norte, constata-se um desvio da fronteira florestal polar para o norte de aproximadamente 10-15 graus de latitude e do limite norte das palmeiras em cerca de 10 graus de latitude para o norte. Restos fósseis destas floras podem ser encontrados na Europa Central, por exemplo, em Eckfeld/Eifeld, Messel próximo a Darmstadt e em Geiseltal, próximo a Halle. A flora báltica de Bernstein* é também deste

---

* N. de T. Resina fossilizada, onde eventualmente são encontrados restos vegetais ou animais.

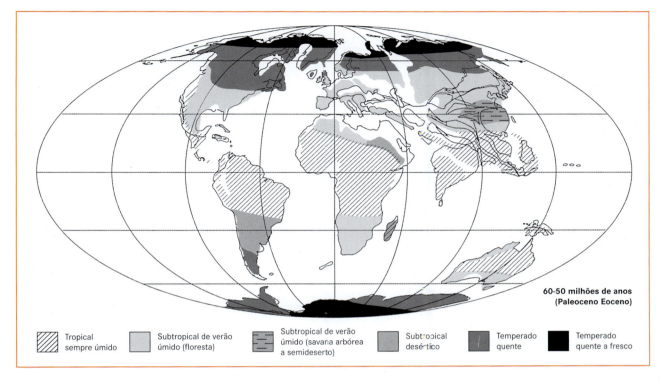

Figura 10-332 Clima hipotético (vegetação) da Terra há 60-50 milhões de anos (Paleoceno/Eoceno). (Segundo Willis e McElwain, 2002.)

período. Nesta, além dos gêneros citados, podem também ser encontrados representantes das Cornaceae (*Mastixia*), Annonaceae, Theaceae (*Stewartia*), formas arbóreas de Malvaceae, Sapotaceae, Symplocaceae, Pandanaceae e Cyatheaceae, táxons hoje com distribuição geralmente tropical e com frequência relictuais no sudeste da Ásia. A vegetação daquele tempo era possivelmente semelhante às florestas pluviais montanas do sudeste da Ásia, ricas em representantes de Lauraceae. Os três gêneros europeus (*Ramonda, Jancaea, Haberlea*) das Gesneriaceae pantropicais são relictos dessa flora tropical do Terciário.

A partir dos depósitos orgânicos de lagos assoreados e florestas paludosas adjacentes na Europa Central, formaram-se amplos depósitos de linhito do Eoceno ao Mioceno. Formas-guia dessas florestas de linhito (Figura 10-333) são os gêneros de coníferas *Taxodium* e *Sequoia*, atualmente distribuídos apenas na América do Norte, assim como o gênero *Nyssa* (Cornaceae), nativo na América e na Ásia.

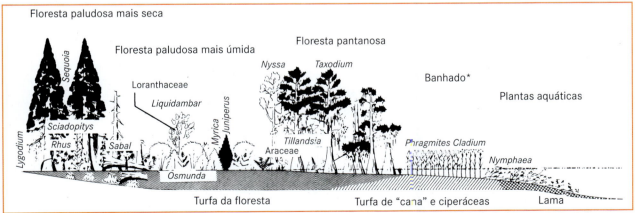

*N. de T. *Röhricht* é uma bioma em uma comunidade de águas rasas e margens de corpos d'água. Às vezes, é distinguido dos *Ried*, dominado por representantes de Cyperaceae e Juncaceae, mas o termo é com frequência usado para as duas comunidades. Fisionomicamente, podem ser comparadas aos marismas (ecossistemas de águas salobras).

Figura 10-333 Reconstrução do zoneamento da vegetação de uma turfeira de lignita do Terciário Médio na Europa Central. (Segundo M. Teichmüller de P. Duvigneaud.)

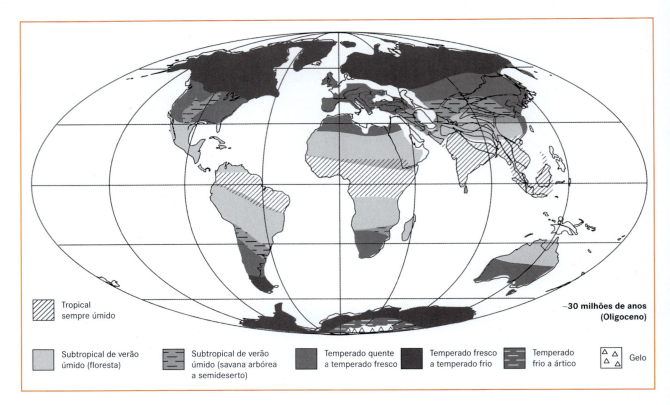

Figura 10-334 Clima hipotético (vegetação) da Terra há cerca de 30 milhões de anos (Oligoceno). (Segundo Willis e McElwain, 2002.)

Na zona de plantas aquáticas da turfeira de lignita (Figura 10-333) cresciam, além de *Nymphaea*, também outras ninfeáceas, por exemplo, *Brasenia* (recente: América, Ásia). Então, se seguia uma zona de *Röhricht* com, por exemplo, *Dulichium* (Cyperaceae; América) e uma floresta paludosa com *Nyssa*, *Taxodium* e o gênero epifítico *Tillandsia* (Bromeliaceae; América). Acima do nível normal da água estavam estabelecidas florestas paludosas. Em áreas encharcadas ocorriam *Myrica* (Mirica), *Liquidambar* (Liquidâmbar) (América, Ásia), *Cyrilla* (América) e *Osmunda claytoniana* (América, Ásia) e em áreas mais secas ocorria *Sequoia* (América), *Sciadopitys* (Ciadopite) (Ásia), *Sabal* (América, Ásia) e o feto pantropical *Lygodium*. Dos gêneros citados, apenas *Nymphaea* e *Myrica* ainda ocorrem na Europa. As condições das florestas de lignita são encontradas atualmente no sudeste tropical da América do Norte (por exemplo, Flórida).

Com o crescente resfriamento e aridificação, as zonas de vegetação no Oligoceno deslocaram-se para o sul (Figura 10-332) e quase todas as linhagens tropicais se extinguiram na Europa. Na Europa Central encontram-se agora comunidades de florestas latifoliadas deciduais e florestas mistas de coníferas, mais ao norte amplia-se a participação das coníferas.

Os achados paleobotânicos sobre a mudança da vegetação são corroborados por algumas análises com base em filogenias moleculares e com a utilização de um relógio molecular. Assim, foi determinado, por exemplo, para Melastomataceae e Lauraceae, que as grandes disjunções nestas famílias predominantemente tropicais podem ser remetidas pelo menos em parte ao Oligoceno. Considera-se que, até aquela época, era possível a transferência intercontinental entre uma chamada flora boreo-tropical distribuída em uma latitude geográfica elevada, mas cuja área de distribuição foi interrompida no Oligoceno. Com esses resultados, são reconsideradas interpretações mais antigas sobre a origem de disjunções pantropicais como consequência da separação de continentes. Além disso, fica claro que a dispersão a longa distância teve um papel mais importante na origem de disjunções pantropicais do que se acreditava até então. Porém, há também disjunções pantropicais que podem ser melhores explicadas por dispersão por meio dos continentes do sul (por exemplo, *Anaxagorea*: Annonaceae; América do Sul, América Central/ sudeste da Ásia).

Na Europa, as altas montanhas de leste para oeste e o Mar Mediterrâneo representaram obstáculos decisivos para as migrações da flora do Terciário (e também do Quaternário). Com isto, compreende-se por que a Europa é hoje muito mais pobre em espécies do que as regiões climaticamente comparáveis no leste da Ásia e da América do Norte.

A partir do Mioceno (Figura 10-335), ocorreu um progressivo resfriamento e aridificação do clima nas altas latitudes geográficas, interrompido por curtas fases de aquecimento no início e meio do Mioceno. Com isto, as florestas temperadas de distribuição contínua entre Eurásia e Norte da América foram fragmentadas até o Plioceno.

Em conformidade com isso, foi demonstrado que a maioria das disjunções entre o leste da Ásia e o leste da América do Norte (são conhecidos mais de 200 táxons de plantas com esse padrão de distribuição), até agora datadas com relógio molecular, surgiram no Mioceno, principalmente no Plioceno.

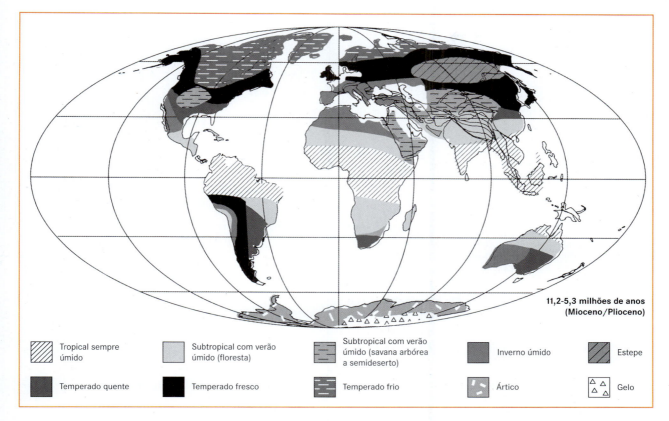

Figura 10-335 Clima hipotético (vegetação) da Terra a 11,2-5,3 milhões de anos (Mioceno/Plioceno). (Segundo Willis e Mc Elwain, 2002.)

Os países dos Balcãs representam áreas de refúgio especialmente importantes para os táxons distribuídos na Europa e do sudeste da Ásia no início do Terciário (por exemplo, *Picea omorica*, como o parente próximo das espécies do leste da Ásia, *P. jezoensis* e *Aesculus hippocastanum* – *Aesculus* é distribuído também no Himalaia e leste da Ásia e da América do Norte), áreas úmidas dos países ao leste do Mar Mediterrâneo (por exemplo, *Platanus orientalis*, o gênero ocorre somente na América do Norte e está extinto no centro e leste da Ásia; *Zelkova* (Ulmaceae), que ocorre, além disso, no leste da Ásia, assim como *Liquidambar* e *Styrax*) e as áreas de florestas nas margens leste do Mar Negro e sul do Mar Cáspio (por exemplo, o gênero *Pterocarya* (Noz-alada) (Juglandaceae), ainda no leste da Ásia, extinto na América do Norte; *Albizia* (Mimosaceae) e *Diospyros* (Ebenaceae), com distribuição dos subtrópicos aos trópicos).

O surgimento de climas continentais quentes e de verões secos nas áreas submeridionais e meridionais (por exemplo, nos países do Mediterrâneo, no leste da América do Norte, e também no Hemisfério Sul, no Chile) levou, a partir da metade do Terciário, a uma mudança gradual da flora de floresta pluvial perenifólia para floras esclerófilas. Na Europa, esse desenvolvimento foi acelerado pelas repetitivas secas do Mar Mediterrâneo no Mioceno. Exemplos para essa mudança na flora são as ocorrências de *Myrtus communis* e *Smilax aspera*, de famílias predominantemente tropicais, assim como *Quercus ilex*, *Nerium oleander* e *Olea europaea*. As condições climáticas mediterrâneas surgiram apenas há cerca de 10 milhões de anos, mas possivelmente a somente há cerca de 3 milhões.

O surgimento da flora esclerofila está especialmente bem documentado nas floras fósseis do Oligoceno ao Mioceno do sudeste da Europa, com os ancestrais das espécies atuais de *Laurus*, *Arbutus*, *Ceratonia*, *Pistacia*, *Phillyrea* (Filírea), entre outros, mas também no oeste da América do Norte. As florestas de lauráceas das Ilhas Canárias podem ser interpretadas como relictos daquela fase, ao menos parcialmente. Com o uso de métodos moleculares, foi possível demonstrar que alguns táxons das florestas de lauráceas (por exemplo, *Ixanthus viscosus* [Gentianaceae], parente mais próximo da mediterrânea *Blackstonia*) são mais recentes. A seguir, as áreas geologicamente estáveis da Península Ibérica e noroeste da África, assim como do sudoeste da Ásia, foram importantes para a continuidade da evolução da flora mediterrânea.

O surgimento e diferenciação progressivos das floras xéricas sem florestas, das savanas, estepes, semidesertos e desertos, assim como sua distribuição mundial, estão diretamente relacionados também com a progressiva aridificação e continentalização das regiões afastadas dos mares no Terciário mais recente. A expansão das savanas e estepes, por sua vez, está relacionada à evolução de muitos animais herbívoros de rebanho.

A progressiva formação de montanhas no Mioceno/Plioceno teve significado importante para o surgimento da flora alpina da Holártica. A posição dos centros de diversi-

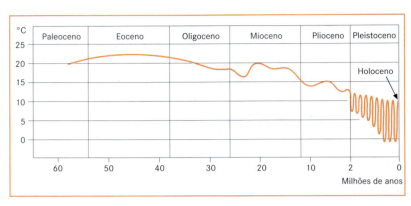

Figura 10-336 Oscilações climáticas no Terciário e no Quaternário. Estimativas das temperaturas médias anuais para a Europa Central e Europa Ocidental. A escala de tempo para o Pleistoceno e o Holoceno foi ampliada e o número de épocas quentes e frias representado é menor que o real. (De Lang, 1994.)

ficação de gêneros característicos de altas montanhas (por exemplo, *Saxifraga*, *Draba* (Draba), *Primula*, *Gentiana*, *Pedicularis*, *Leontopodium*, *Crepis*) indica que as cordilheiras centralasiáticas (por exemplo, Himalaia oriental, oeste da China, Altai) foram muitas vezes pontos de partida para a evolução desses gêneros. A partir destas áreas, por meio do estreito de Behring, muitos táxons colonizaram também uma área de distribuição circumpolar e chegaram (também ainda no Quaternário) em parte até a América do Sul, passando pela América Central (por exemplo, *Gentianella*).

Não obstante, o significado das cordilheiras mediterrâneo-europeias como centro de formação para táxons alpinos não deve ser ignorado. Isto vale para, por exemplo, *Sempervivum*, *Helianthemum*, *Rodothamnus* (Rododendro-anão), *Phyteuma*, *Achillea*, *Globularia* e *Sesleria* (Sesléria). Nesses casos, pode-se muitas vezes ainda reconhecer em representantes recentes a diferenciação gradual de espécies montanas para alpinas e alto-alpinas.

O resfriamento do clima iniciado na metade do Terciário (Figura 10-336) prosseguiu com as fortes oscilações climáticas e com as glaciações do **Quaternário** (cerca de 2 milhões – hoje; o início do Quaternário é datado por diferentes autores em 2,5–1,64 milhões de anos) a elas associadas. As causas para as fortes oscilações climáticas no Quaternário são, por um lado, alterações regulares no comportamento orbital da Terra (ciclos de Milankovic) e, por outro lado, a natureza da superfície terrestre.

O comportamento orbital da Terra se modifica regularmente na excentricidade de sua órbita elíptica (período: cerca de 100.000 anos), na inclinação do eixo terrestre (período: 41.000 anos) e na chamada precessão (período: cerca de 22.000 anos), com o que é identificada a data da órbita, o ponto da órbita mais próximo do sol. Como as alterações regulares do comportamento orbital ocorreram durante toda a história da Terra, estas não são suficientes para explicar as oscilações climáticas do Quaternário. Essas alterações climáticas somente puderam ocorrer porque, por meio dos movimentos dos continentes pelas placas tectônica, massas de terra chegaram aos polos ou próximo a eles. Assim, as correntes marinhas, como importantes transportadoras de calor, foram influenciadas a ponto de contribuir para a formação das massas de gelo polares. No início do Quaternário, a formação de gelo na região do Ártico foi evidentemente importante, já que a Antártica estava coberta de gelo há muito tempo. Outro fator importante para a oscilação climática no Quaternário foi a mudança nas correntes de ar e direção dos ventos por meio da elevação das cordilheiras, já bastante avançada no Quaternário.

No decorrer do Quaternário houve inúmeros períodos frios (glaciais) e quentes (interglaciais), como mostra a Figura 10-337. Durante os períodos glaciais, formaram-se gigantescas massas de gelo continental, com uma espessura de até 3.000 m, no noroeste da Europa, nas proximidades do noroeste da Sibéria e em amplas áreas da América do Norte (em direção ao sul até cerca de 40° de latitude N). Os Alpes também foram cobertos com uma camada quase contínua de gelo (Figura 10-338), enquanto as cordilheiras do sul da Europa, Ásia, Alasca e dos trópicos apresentavam geleiras menos expressivas. Durante os períodos interglaciais, as temperaturas eram, em parte, superiores às atuais. Concomitantemente com os períodos glaciais nas altas latitudes, as regiões mais quentes e secas no sul (por exemplo, Mediterrâneo, Saaara) foram marcadas por períodos de intensas chuvas (períodos pluviais), enquanto a seca se acentuava nos períodos interglaciais nessas regiões. Nas planícies tropicais, o clima era mais fresco e mais seco durante os períodos glaciais, razão pela qual as florestas tropicais reduziram-se e fragmentaram-se drasticamente.

Ao longo das glaciações, as temperaturas médias anuais na Europa Central reduziram-se em 8-12°C, nas regiões mais distantes das geleiras e nas regiões tropicais em cerca de 4-6°C. As geleiras dos Alpes avançaram, chegando a cerca de 500 km próximo das geleiras nórdicas. O clima glacial teve efeito prejudicial à vegetação mesmo longe das regiões congeladas. Nesses casos, uma ampla faixa sedimentar depositou-se como *loess*** em torno do continente congelado. Até as proximidades do limite norte das áreas mediterrâneas, em determinada profundidade o solo permanecia congelado durante todo o ano (*permafrost*). Pela agregação de grandes quantidades de água às geleiras, o nível do mar baixou (cerca de 120 m) e a terra firme se expandiu. Assim, as Ilhas Britânicas e o sul do Mar do Norte ainda pertenciam ao continente durante a última glaciação.

As inúmeras oscilações do clima no Quaternário são muitas vezes classificadas em 12 (até 13), chamados complexos glaciais e interglaciais (Figura 10-337), aos quais são dados nomes diferentes nas diversas partes da Europa e na América do Norte.

---

*N. de T. *Loess*, do original *Löss*, é um solo sedimentar de origem eólica, na maioria dos casos formado durante o Pleistoceno. No Brasil, esse tipo de solo ocorre em algumas partes do bioma Pampa.

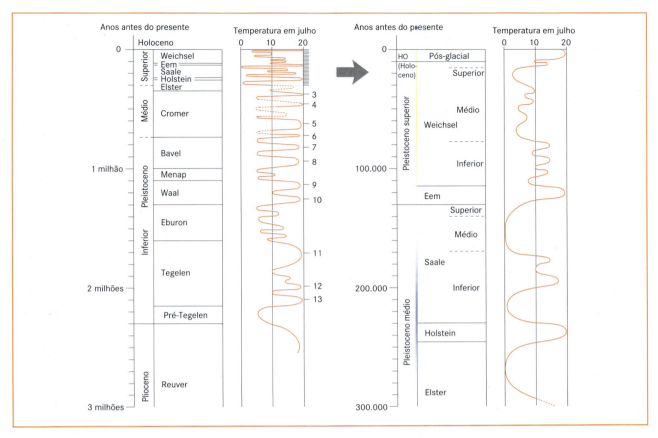

Figura 10-337 Classificação climaestratigráfica e temperaturas médias no mês de julho do Quaternário (esquerda), do Pleistoceno Médio e Superior e do Holoceno (direita) no exemplo dos Países Baixos. Algarismos arábicos designam interglaciais: 3 Cromer IV, 4 Cromer III, 5 Cromer II, 6 Cromer I, 7 Leerdam, 8 Bavel, 9 Waal A, 11 Tegelen TC5, 12 Tegelen TC3, 13 Tegelen A. (De Lang 1994, modificado.)

Estes são o Complexo Glacial do Pré-Tegelen (Complexo-GL; Brüggen; cerca de 2,3 milhões de anos), Complexo Interglacial do Tegelen (Complexo-IG), Complexo Eburon-GL (Danúbio; cerca de 1,6 milhões de anos), Complexo Waal-IG, Complexo Menap-GL (Günz; cerca de 1,1 milhões), Complexo Bavel-IG (inclusive Complexo Dorst-GL), Complexo Cromer-IG, Complexo Ester-GL (Mindel; cerca de 0,35 milhões), Complexo Holstein-IG, Complexo Saale-GL (Riss; cerca de 0,23 milhões), Complexo Eem-IG e Complexo Weichsel-GL (Würm; cerca de 0,11 milhões). Enquanto os períodos quentes no início do Quaternário foram mais longos que os períodos frios, no Quaternário recente eles foram visivelmente mais curtos que os períodos frios (Holstein e Eem, os dois últimos períodos quentes duraram apenas cerca de 15.000 anos cada um, o Complexo Glacial Weichse, ao contrário, durou cerca de 100.000 anos). O ápice do último período frio ocorreu há apenas cerca de 18.000 anos.

Os períodos quaternários de frio, chuva e seca influenciaram fortemente a vegetação da Terra e levaram a uma drástica modificação da sua distribuição e ao deslocamento das zonas de vegetação. Inúmeros táxons do Terciário se extinguiram e novos táxons surgiram por isolamento geográfico, hibridização e poliploidia, como consequência das mudanças constantes das áreas de distribuição e das repetidas disponibilidades de ambientes completamente ou quase inabitados. As regiões próximas às geleiras na Europa e América do Norte foram especialmente atingidas.

Uma reconstrução da vegetação da Europa durante o ápice da última glaciação está representada na Figura 10-338. A Europa Central não tinha árvores, com exceção das estepes florestadas ou tundras florestadas com bétula, pinheiro e outras espécies arbóreas resistentes ao frio, por exemplo, na região relativamente quente a leste dos Alpes. Estas floras fósseis são também denominadas *Floras-Dryas*, segundo o atual complexo ártico-alpino da Dríade-branca (*Dryas* spp.). Nelas é possível reconhecer que antigamente estavam bem distribuídas vegetações como tundras com arbustos anões e estepes frias, muitas vezes com depósito de *loess*, além de tapetes de ervas perenes, banhados com ciperáceas e comunidades de plantas aquáticas com baixa riqueza.

Entre as espécies das floras de *Dryas*, apresentam hoje uma distribuição ártico-alpina *Dryas* spp., *Salix herbacea*, *Loiseleuria procumbens* (Rosinha-do-rochedo), *Saxifraga oppositifolia*, *Silene acaulis*, *Bistorta* (= *Polygonum*) *vivipara*, *Oxyria digyna* e *Eriophorum scheuchzeri*. *Salix polaris* e *Ranunculus hyperboreus* tem atualmente distribuição somente ártica, e *Potentilla aurea* e *Salix retusa*, somente alpina. Junto com essas espécies, viviam também aquelas

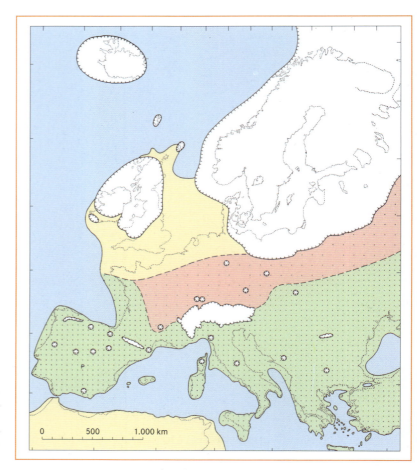

Figura 10-338 Vegetação da Europa 20.000 anos antes do presente (Glacial Weichsel, no período da máxima expansão das geleiras). Branco: geleiras; amarelo: tundra; vermelho: tundra-estepe; verde: estepe com ocorrências isoladas de espécimes lenhosos. (Segundo Lang, 1994.)

que hoje ocorrem somente entre o Ártico e os Alpes, por exemplo, nas cordilheiras centrais (*Betula nana, Empetrum nigrum*), ou são melhores distribuídas, possuindo exigências climáticas menos restritas (*Filipendula ulmaria, Menyanthes trifoliata, Potamogeton*). Em ambientes mais secos cresciam representantes da estepe fria, que têm hoje distribuição predominantemente ao leste, como *Artemísia* (Artemísia), *Helianthemum*, *Ephedra* (Éfedra), *Stipa, Leontopodium*. Sobre solos não transformados são encontradas hoje espécies competidoras, por exemplo, *Chenopodium album* e *Centaurea cyanus*. Animais típicos dessas estepes frias eram, por exemplo, o mamute, a rena, o boi-almiscarado, a marmota e o lemingue.

A Figura 10-338 mostra a expressiva retração no sul da Europa dos representantes arbóreos mais exigentes. Florestas ciliares e de galeria mantinham-se na área das estepes frias, as estepes florestadas e as tundras florestadas abertas eram mais distribuídas; os refúgios de árvores caducifólias ou coníferas mais exigentes eram reduzidos, disjuntos e frequentemente próximos à costa. A vegetação perenifólia provavelmente conseguiu se manter somente fora da Europa, no noroeste da África e no sudoeste da Ásia.

A identificação de refúgios do Quaternário pela análise de achados polínicos é atualmente complementada pela utilização de métodos analíticos de DNA. Com isso, estima-se que durante a migração para fora dos refúgios, como consequência da participação de apenas uns poucos genótipos na migração, variações genéticas se perderam e assim, como regra, nas áreas de refúgio é encontrada uma maior variação genética do que nas áreas derivadas destas e que foram recolonizadas (ver 9.2.2). Porém, inesperadamente encontra-se, em regiões recolonizadas após a glaciação, uma grande variação genética nas áreas onde ocorreu uma mistura de genótipos oriundos de diferentes refúgios durante a colonização.

A ampla análise da variação de DNA plastidial e de isoenzimas nucleares tendo por base fósseis de pólen demonstrou, no caso da faia (*Fagus sylvatica*), que a colonização do centro e do norte da Europa provavelmente ocorreu a partir de áreas de refúgio no sul da França, no leste dos Alpes e nas regiões da Eslovênia e da Ístria (Figura 10-339). As áreas de refúgio assim identificadas são localizadas muito mais ao norte do que se supunha. No caso da faia, considerava-se até agora que ela tivesse vindo do sul e sudeste da Europa (ou apenas do sudeste da Europa) para a Europa Central. Também no caso de outras espécies, está cada vez mais evidente que, junto com as grandes áreas de refúgio do sudoeste, sul e sudeste da Europa, também existiram microrregiões sob condições climáticas favoráveis muito mais ao norte da Europa, os chamados refúgios crípticos, que representaram pontos de partida para a expansão do Holoceno.

Durante os períodos frios, muitas espécies migravam das montanhas e do Ártico para localidades mais baixas ou

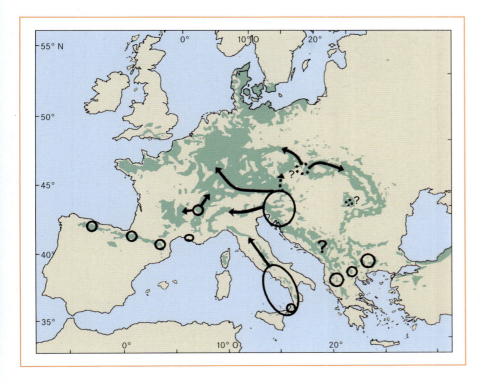

Figura 10-339 Suposta localização de áreas de refúgio (círculos) durante a última glaciação, rotas de migração no Holoceno (setas) e distribuição atual (verde) da faia (*Fagus sylvatica*). (Segundo Magri e colaboradores, 2006.)

mais ao sul. Porém, como foi possível demonstrar, por exemplo, para *Dryas integrifolia* e *Saxifraga oppositifolia*, a região do Ártico, principalmente do norte da Eurásia e do noroeste da América do Norte (juntos também denominados Beríngia), serviu como área de refúgio em grande escala. Pela retração em locais baixos contínuos, surgiram boas oportunidades para migrações amplas. Isto, teve como consequência uma intensiva troca de elementos florísticos entre as áreas de distribuição originais. Entre estas estavam não somente as floras dos Alpes, Pirineus, Cárpatos e outras altas montanhas europeias, mas táxons asiáticos de montanhas também puderam chegar à América do Norte ou aos Alpes por meio do estreito de Bering ou táxons alpinos ao Ártico e vice-versa. Nos períodos quentes, por um lado, essas espécies reconquistaram os espaços de vida das montanhas e do ártico; por outro lado, suas áreas de distribuição contínuas dos períodos frios foram novamente fragmentadas pela expansão da vegetação florestal. Estes processos esclarecem as inúmeras disjunções alpinas, ártico-alpinas e asiático-alpinas na flora recente, assim como a ocorrência de espécies ártico-alpinas e boreais em relictos glaciais fora de suas áreas de distribuição principais.

O salgueiro-anão (*Salix herbacea*, Figura 10-340) ocupou durante o Quaternário uma área de distribuição ártica (nordeste da América do Norte, Groenlândia, Islândia, Spitzbergen, norte da Europa) e durante os períodos frios atingiu os Alpes, Cárpatos, Pireneus, Abruzzo e as montanhas Bálcãs, passando pela Europa Central. Achados fósseis documentam a área de distribuição contínua durante os períodos frios, que atualmente encontra-se disjunta e apresenta apenas alguns locais relictuais isolados (por exemplo, nos Sudeten) entre o ártico e a ocorrência principal alpina. A *Betula nana* também apresenta uma situação semelhante.

Plantas vasculares montanas a alpinas puderam resistir aos períodos frios em áreas de refúgio fora das geleiras ou no interior das massas de gelo em cumes ou topos livres de gelo (*Nunatak*). Até agora, foi possível deduzir a localização desses refúgios a partir da frequência de locais de distribuição relictuais ou disjuntos das diferentes espécies, ou pela sobreposição de locais de distribuição e nunatakes geologicamente reconhecíveis. Neste caso, a utilização de métodos de análise de DNA tem importância crescente, pois muitas vezes não há fósseis de pólen, ao contrário do que ocorre com a identificação de áreas de refúgio de árvores anemófilas.

Dependendo se a sobrevivência aos períodos frios ocorreu fora ou dentro das geleiras, pode-se esperar padrões geográficos de variação genética muito diferentes. Assim, foi possível comprovar a sobrevivência da espécie alpina *Eritrichium nanum* aos períodos frios em três nunatakes geograficamente isolados. Ao contrário, nos casos de *Saxifraga cespitosa*, espécie ártica-subártica, e da distribuição parcial ártica de *Saxifraga oppositifolia*, foi possível demonstrar que a recolonização pós-glacial das áreas antes congeladas ocorreu a partir de áreas de refúgio fora da geleira, em oposição à suposta sobrevivência em nunatakes. Com métodos moleculares, comprovou-se para *Papaver alpinum* áreas de refúgio possivelmente fora das geleiras nas fronteiras oeste, noroeste, leste e sul dos Alpes. Refúgios em situação semelhante são pressupostos para muitos outros círculos de parentesco.

Figura 10-340 A distribuição atual de *Salix herbacea* na Europa (/// •) ou segundo achados fósseis no período pós-glacial, no período glacial Würm (O) e em períodos glaciais anteriores (x). (Segundo H. Tralau a partir de H. Walter e H. Straka.)

Durante os períodos quentes do Quaternário, a cobertura de vegetação era semelhante à atual. Porém, nos períodos interglaciais anteriores ocorriam na Europa Central mais algumas espécies do Terciário, hoje extintas.

Na Europa Central, várias espécies do Terciário encontravam-se ainda amplamente distribuídas, em parte até o início do Complexo Glacial Weichsel e início do Pleistoceno Superior. Os exemplos são: escudo-d'água (*Brasenia schreberi*), ainda hoje existente na América do Norte e leste da Ásia, *Picea omorika*, localizada nos Balcãs, o cedro (*Cedrus*), hoje limitado ao norte da África e sudoeste da Ásia e as rosas-dos-alpes de flores grandes, do grupo de *Rhododendron ponticum*, que hoje ocorrem apenas no Cáucaso, norte da Anatólia, Líbano, Península Balcã e sudoeste da Península Ibérica, em áreas de distribuição disjuntas umas das outras.

O período mais recente do Quaternário, iniciado há 10.000 anos, é denominado Holoceno ou Pós-Glacial. Após o último clímax glacial, há cerca de 18.000 anos, o clima, gradativamente e com recuos, tornou-se mais quente. Grande parte da massa das geleiras derreteu ao longo dos seguintes 10.000 anos. Com isto, muitas espécies das florestas e outras comunidades vegetais menos exigentes com o clima, puderam recolonizar regiões antes desflorestadas ou cobertas de gelo (Figura 10-339), por exemplo, Europa e América do Norte. Nas montanhas, o limite florestal subiu, desenvolveram-se níveis de vegetação correspondentes e as tundras alpinas se retraíram até áreas mais altas.

O Holoceno inicia com um aquecimento do clima no período Pré-boreal (há cerca de 10.000-8.500 anos), passando pelo período Boreal (cerca de 8.500-7.500), médio (Atlântico, cerca de 7.500-4.500) e tardio (Sub-boreal, cerca de 4.500-2.500), atinge uma temperatura máxima e apresenta, no período pós-aquecimento (Subatlântico, cerca de 2.500-presente), um novo resfriamento (Figura 10-341).

A ele corresponde o desenvolvimento da vegetação (Figura 10-342). Após um breve e repentino resfriamento ao final do período Pré-Boreal (Dryas recente), inicia-se o período Boreal, com uma nova expansão de bétulas e pinheiros. Na metade do período Boreal inicia-se uma migração em massa da aveleira, que a princípio leva à formação de florestas de aveleira-pinheiro. Pela diminuição das bétulas e pinheiros (Figura 10-343), assim como uma migração mais intensa de olmos e carvalhos, formam-se as florestas mistas de aveleira-carvalho. Com o avanço mais intenso de árvores caducifólias mais exigentes, tília, bordo e freixo, surgem da metade até o final do período Boreal as florestas mistas de carvalho. Nas baixadas sempre mais úmidas, expandem-se as florestas de amieiro, e pinheiros e espruces cobrem as montanhas de altitude moderada ao

Sul da Suécia (Nilsson)	Dinamarca (Jessen, Iversen)	Ilhas Britânicas (Jessen, Godwin)	Europa Central (Firbas)	T	
I/II Subatlântica (SA)	IX Subatlântica	VIII Subatlântica	IX/X Pós-boreal (Subatlântica)		
—2.300—	—2.500—	—2.700—	—2.800/2.500—		
III/IV Sub-boreal (SB)	VIII Sub-boreal	VIIb Sub-boreal	VIII Boreal recente (Sub-boreal)	q	Holoceno
—5.300—	—5.000—	—5.000—	—4.500—		
V/VI Atlântico (AT)	VII Atlântico	VIIa Atlântico	VI/VII Boreal médio (Atlântico)	q	
—8.200—	—8.000—	—7.500—	—7.500—		
VII/VIII Boreal (BO)	V/VI Boreal	V/VI Boreal	V Boreal inferior (Boreal)	q	
—9.900—	—9.000—	—9.500—	—8.800/8.500—		
IX Pré-Boreal	IV Pré-Boreal	IV Pré-Boreal	IV Pré-Boreal		
—10.300—	—10.300—	—10.300—	—10.100—		
X Dryas recente (DR3)	III Dryas recente	III Dryas superior	III Período subártico recente	f	Glacial tardio
—11.100—	—11.000—	—10.800—	—11.000—		
XI Aleröd (AL)	II Aleröd	II Aleröd	II Período subártico médio	q	
—12.000—	—11.700—	—12.000—	—12.000—		
XII Dryas antigo	Ic Dryas antigo	I Dryas mais antigo	Ib Período subártico antigo	f	
	—12.000—			q	
	Ib Bölling				
	—12.500—		Ia Período desflorestado	f	
	Ia Mais antigo				

Figura 10-341 Classificação climaestratigráfica do período Pós-Glacial e Holoceno no norte, oeste e centro da Europa. Limites das seções em anos de radiocarbono antes de hoje. – T, temperatura; q, quente ou mais quente; f, frio ou mais fresco. (Segundo Lang, 1994.)

leste até o Harz, assim como o leste dos Alpes e os Cárpatos. Assim como hoje, antigamente as florestas de pinheiros eram encontradas principalmente em locais secos e quentes. Em lugares ainda mais secos e inadequados para árvores desenvolveu-se uma vegetação de campina seca e estepe rica em espécies.

No período Pós-Boreal nota-se uma redução das temperaturas e aumento das precipitações. A faia, o choupo-branco e o abeto surgem pela primeira vez e obrigam carvalhos e aveleiras a retrocederem. Finalmente, a faia torna-se dominante em regiões mais baixas e nas montanhas moderadas a noroeste, o choupo-branco no leste. As florestas montanas tornam-se florestas mistas, com faias, abetos e espruces. Com isso, é atingida a distribuição representada na Figura 10-344, e, ainda hoje potencialmente possível.

O homem moderno convive com as mudanças climáticas e da vegetação na Europa Central há no mínimo 40.000 anos, o homem de Neandertal, há cerca de 300.000 (no máximo cerca de 25.000) anos. Porém, a influência da humanidade sobre a flora e a vegetação da Europa Central torna-se reconhecível no perfil de pólen apenas a partir do período Neolítico (cerca de 7.000 anos antes do presente), com o sedentarismo e o início da agricultura. Por outro lado, mudanças climáticas durante o Holoceno tiveram uma influência decisiva sobre a evolução cultural da humanidade. Assim, postula-se, por exemplo, que o cultivo de plantas no sudoeste da Ásia, há cerca de 12.000-13.000 anos, foi iniciado devido à escassez na coleta de alimentos causada pelo resfriamento e aridificação temporários do clima, ou que o sedentarismo, e com ele a agricultura, só foram possíveis após a concentração de CO_2 atmosférico atingir cerca de 270 ppm.

Em perfis de solo, camadas de cinzas atestam a ameaça do fogo sobre a plantação e o pólen é testemunha dos cereais e plantas competidoras (*Plantago*, *Rumex*, *Centaurea cyanus*), consideradas ervas daninhas. O aumento do pólen de cereais e de plantas competidoras indica o aumento do pastejo e cultivo de pastagens. As plantas competidoras foram disseminadas pelo homem em parte por todo o mundo, como acompanhantes da cultura humana. Espécies como *Agrostemma githago* e *Papaver rhoeas*, que chegaram à Europa Central já no Neolítico junto com os cereais introduzidos naquela época, são denominadas arqueófitos. *Sinapsis arvensis* e *Anagallis arvensis* chegaram à Europa Central como arqueófitos apenas na Era do Bronze. Neófitos são espécies chegadas recentemente, no período Histórico. Entre elas

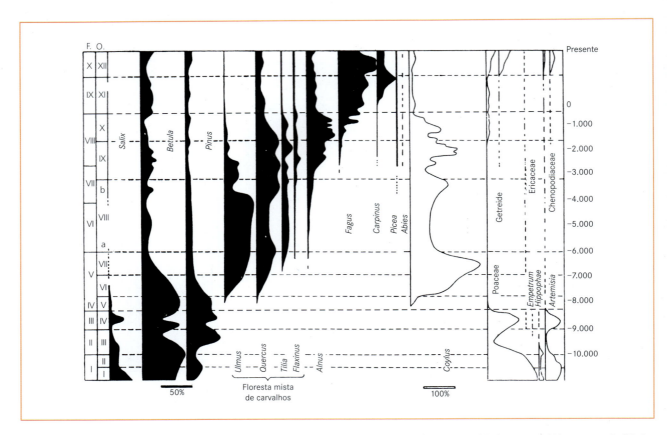

Figura 10-342 Diagrama polínico do final do Quaternário, do final do período glacial até o presente (do Luttersee, 160 m, oeste de Göttingen; Zonas polínicas I-XII segundo F=Firbas e O=Overbeck). Esquematizado, partes de pólen de árvores em preto (*Acer* não foi considerado), *Corylus* e pólen de plantas não arbóreas em branco (apenas os tipos mais importantes, ambos relativos à soma do pólen de árvores = 100%). (Segundo K. Steinberg e A. Bertsch a partir de H. Walter e H. Straka.)

destacam-se, por exemplo, *Impatiens glandulifera*, do Himalaia, *Senecio vernalis*, do sudoeste da Ásia, *Elodea canadensis*, *Conyza canadensis* e algumas espécies de *Aster* e *Solidago*, da América do Norte, e *Galinsoga parviflora* e *G. ciliata*, da América do Sul. De regiões áridas do Novo Mundo são as espécies muitas vezes determinadoras da paisagem na região Mediterrânea *Opuntia ficus-indica* e *Agave americana*. *Heracleum mantegazzianum* (Cáucaso) e *Senecio inaequidens* (África do Sul) são neófitos que se estabeleceram na Europa somente na segunda metade do século passado.

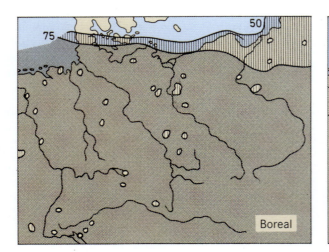
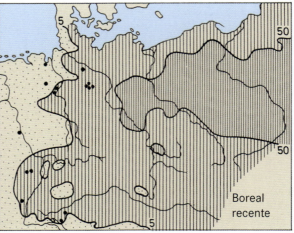

Figura 10-343 Expansão e retrocesso do pinheiro silvestre no Pós-Glacial da Europa Central: regiões de mesma precipitação de pólen (< 5%, 5-50%, 50-75%, > 75%) no Boreal e no Boreal recente. (Segundo F. Firbas.)

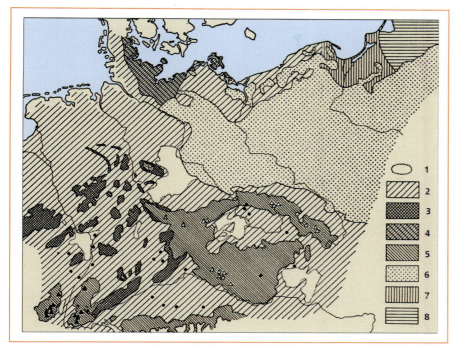

Figura 10-344 Reconstrução das áreas de vegetação natural na Europa Central no início do Período Histórico (nascimento de Cristo) com base na análise de achados polínicos. 1 Áreas secas com florestas mistas abertas de carvalho (sem faia, precipitação anual abaixo de 500 mm); 2 áreas mais baixas com florestas mistas de faia (em parte com predomínio de carvalho); 3 áreas de florestas montanas de faia; 4 áreas de faia pobres em pinheiros; 5 áreas de florestas montanas com faia, abeto e espruce; (▲) sub-alpino aberto; (Δ) dominância de espruce; 6 áreas de floresta de pinheiro com carvalho sobre solos arenosos; 7 áreas de florestas mistas de choupo-branco; 8 áreas de florestas mistas de choupo-branco com espruce; (•) dominância local de pinheiro. (Segundo F. Firbas de H. Ellenberg.)

A influência da humanidade sobre seu ambiente atingiu uma dimensão superior a qualquer mudança natural ao longo da história da Terra. Assim, em algumas regiões como a Europa, por exemplo, com uma colonização antiga e cada vez mais densa, apenas pequenas áreas de vegetação de tundra e altas montanhas, comunidades de escarpas rochosas inacessíveis, algumas turfeiras de baixada ou de altitude, áreas de vegetação aquática intocada e de margens, marismas e dunas permanecem intocadas ou sem contato direto do homem. Essas áreas ocupam uma superfície muito pequena e, além disso, são influenciadas diretamente pela ação humana mediante a entrada de substâncias tóxicas na atmosfera. Calcula-se que na Alemanha aproximadamente 1,6% das espécies de plantas vasculares estão extintas e 12,2% estão ameaçadas de extinção ("presentes apenas em fragmentos populacionais, sem capacidade de sobrevivência"). Em relação às florestas dos trópicos úmidos, hábitat de cerca de dois terços de todas as espécies de fungos, animais e plantas que existem, estima-se que nos próximos 60 anos, com a velocidade atual (aproximadamente 1 milhão de quilômetros quadrados a cada 5-10 anos) de desmatamento (sem proteção especial de centros de diversidade conhecidos), pelo menos 5% de todas as espécies serão extintas. Uma ameaça semelhante de fauna e flora pela humanidade em outras regiões do planeta também pode ser estimada. É previsível que o aquecimento da atmosfera causado pela atividade humana modificará as áreas de distribuição e levará à extinção de espécies.

Referências

10.1 Métodos da Sistemática

Ax P (1988) Systematik in der Biologie. Gustav Fischer, Stuttgart
Davis PH, Heywood VH (1973) Principles of Angiosperm Taxonomy. Krieger, Huntington
Felsenstein J (2004) Inferring Phylogenies. Sinauer, Sunderland
Hennig W (1982) Phylogenetische Systematik. Paul Parey, Berlin
Hillis DM, Moritz C, Mable BK (1996) Molecular Systematics, 2nd ed. Sinauer, Sunderland
Hollingsworth PM, Bateman RM, Gornall RJ, eds. (1999) Molecular Systematics and Plant Evolution. Taylor & Francis, London
Jeffrey C (1982) An Introduction to Plant Taxonomy, 2nd ed. Cambridge University Press, Cambridge
Knoop V, Müller K (2006) Gene und Stammbäume. Elsevier/Spektrum Akademischer Verlag, Heidelberg
Page RDM, Holmes E (1998) Molecular Evolution. A Phylogenetic Approach. Blackwell, Oxford
Soltis DE, Soltis PS, Doyle JJ, eds. (1998) Molecular Systematics of Plants II. DNA Sequencing. Kluwer Academic Publishers, Boston
Stace CA (1989) Plant Taxonomy and Biosystematics, 2nd ed. Arnold, London
Stuessy TF (1990) Plant Taxonomy: the Systematic Evaluation of Comparative Data. Columbia University Press, New York
Stuessy TF, Hörandl E, Mayer V, eds. (2001) Plant Systematics. A Half-Century of Progress (1950–2000) and Future Challenges. IAPT, Wien
Swofford DL (2002) PAUP*. Phylogenetic Analysis Using Parsimony (*and Other Methods), Version 4.0b10. Sinauer, Sunderland
Wägele J-W (2000) Grundlagen der phylogenetischen Systematik. Pfeil, München

10.2 Procariotos, Fungos e Plantas

Introdução à Filogenenia

Baldauf SL, Roger AJ, Wenk-Siefert I, Doolittle WF (2000) A King- dom-Level Phylogeny of Eukaryotes Based on Combined Protein Data. Science 290: 972–977

Bresinsky A, Kadereit J (2006) Systematik-Poster: Botanik, 3. Aufl. Elsevier/Spektrum Akademischer Verlag, Heidelberg

Cavalier-Smith T (1998) A revised six-kingdom system of life. Biol Rev 73: 203–266

Kandler O (1981) Archaebakterien und Phylogenie der Organismen. Naturwissenschaften 68: 183–192

Palmer JD, Soltis DE, Chase MW (2004) The Plant Tree of Life. Ame- rican Journal of Botany 91: 1437–1445. Mit zahlreicheren weite- ren Beiträgen im Anschluss: 1446–1741

Quandt D, Müller K, Stech M, Frahm JP, Frey W, Hilu KW, Borsch T (2004) Molecular Evolution of the Chloroplast TRNL-F Region in Land Plants. Monog Syst Bot Missouri Bot Gard 98: 13–37

Rivera MC, Lake JA (2004) The ring of life provides evidence for a geno- me fusion origin of eukaryotes. Nature 431

Bactérias (exceto Cyanobacteriota), Archaea

Balows A, Trüper HG, Dwokin M, Harder W, Schleifer KH (1992) The Prokaryotes, 2. Aufl. Springer, New York

Bergey (2001–2005) Manual of Systematic Bacteriology, 2. Aufl. Williams & Wilkins, Baltimore

Brock TD, Hrsg (1997) Biology of Microorganisms, 8. Aufl. Prentice Hall, London

Fritsche F (2001) Mikrobiologie, 3. Aufl. Spektrum Akademischer Verlag, Heidelberg

Fuchs G, Hrsg (2007) Allgemeine Mikrobiologie. Begründet von HG Sch- legel. Thieme, Stuttgart

Gottschalk G (1985) Bacterial Metabolism. Springer, New York

Koch A (1995) Bacterial Growth and Form. Chapman & Hall, New York

Neidhardt F et al. (1990) Physiology of the Bacterial Cell. Sinauer, Sunderland

Sigee DC (1993) Bacterial Plant Pathology: Cell and Molecular Aspects. Cambridge University Press, Cambridge

Singleton P (1995) Einführung in die Bakteriologie, 2. Aufl. Quelle & Meyer, Wiesbaden

Vírus

Fields BN, Knipe DM (1991) Fundamental Virology, 2. Aufl. Raven, New York

Franckl RJB et al., Hrsg (1985–1988) The plant viruses. Plenum Press, New York

Harper D (1994) Molecular virology. BIOS Science Publishers, Oxford

Matthews REF (1992) Fundamentals of Plant Virology. Academic Press, San Diego

Scott A (1990) Die Geschichte der Viren. Birkhäuser, Basel

Van Regenmortel M et al. (2000) Virus Taxonomy. Academic Press, San Diego

Voyles BA (1994) The Biology of Viruses. Mosby, St. Louis

Cyanobacteriota (Cianobactérias, Algas Azuis)

Bryant D (1994) The Molecular Biology of Cyanobacteria. Kluwer Academic Publishers, Dordrecht

Carr NG, Whitton BA (1972) The Biology of Blue-green Algae. Black- well, Oxford

Copley J (2001) The evolution of the atmosphere. Nature 410: 862–864

Komárek J, Anagnostidis K (1999, 2005) Cyanoprokaryota. Teil 1 und 2 in Pascher A: Süßwasserflora von Mitteleuropa. Elsevier/ Spektrum Akademischer Verlag, Heidelberg

Mann HN, Carr NG (1992) Photosynthetic Prokaryotes. Plenum, New York

Sleep N (2001) Oxygenating the atmosphere. Nature 410: 317–319

Criptógamas em geral (Fungos, Algas, Musgos, Fetos)

Bold HC (1988) Morphology of Plants, 5. Aufl. Harper & Row, New York

Braune W, Leman A, Taubert H (2007) Pflanzenanatomisches Prak- tikum, 9. Aufl. Spektrum Akademischer Verlag, Heidelberg

Esser K (1992–2000) Kryptogamen I und II, 2. und 3. Aufl. Springer, Berlin

Margulis L (1993) Symbiosis in Cell Evolution. Freeman, New York Margulis L et al. (1989) Protoctista. Jones & Bartlett, Boston

Smith GM (1955) Cryptogamic Botany, 2 Bände, 2. Aufl. McGrawHill, New York

Throm G (1997) Biologie der Kryptogamen, 2 Bände. Haag & Herchen, Frankfurt

Fungos plasmodiais (Acrasiobionta, Myxobionta)

Bonner JT (1967) The Cellular Slime Molds, 2. Aufl. University Press, Princeton

Gray WD, Alexopoulos CJ (1968) Biology of the Myxomycetes. Ronald Press, New York

Karling JS (1968) The Plasmodiophorales, 2. Aufl. Hafner, New York

Olive LS (1975) The Mycetozoans. Academic Press, New York

Stephenson SL, Stempen H (1994) Myxomycetes. Timber, Portland

Fungos (Oomycota, Mycobionta)

Ainsworth GC, Sussman AS (1965–1973) The Fungi, 4 Bände. Aca- demic Press, London

Anke T (1997) Fungal Biotechnology. Chapman & Hall, London

Arora D et al. (1991) Handbook of Applied Mycology. Marcel Dekker, New York

Ayres P, Boddy L, Hsg (1986) Water, Fungi and Plants. Cambridge University Press, Cambridge

Barron GL (1977) The Nematode-destroying Fungi. Canadian Biological Publication, Guelph

Blachwell M, Hibbett DS, Taylor JW, Spataforta JW (2006) Research Coordination Networks: a phylogeny for kingdom Fungi (Deep Hypha). Mycologia 98: 829–837

Bresinsky A, Besl H (1985) Giftpilze. Wissenschaftliche Verlagsgesellschaft, Stuttgart

Butin H (1996) Krankheiten der Wald- und Parkbäume, 3. Aufl. Thieme, Stuttgart

Carlike M et al. (2001) The Fungi. Academic Press, San Diego

Clémencon H (1997) Anatomie der Hymenomyceten. Flück-Wirth, Teufen

Dix N, Webster J (1995) Fungal Ecology. Chapman & Hall, London

Dörfelt H (1989) Lexikon der Mykologie. Gustav Fischer, Stuttgart

Elliot CG (1994) Reproduction in Fungi. Chapman & Hall, London

Elstner EF, Oßwald W, Schneider I (1996) Phytopathologie. Spektrum Akademischer Verlag, Heidelberg

Esser K, Kuenen R (1965) Gentik der Pilze. Springer, Berlin

Esser K, Lemke P, Bennet J. (1994–2001) The Mycota, 10 Bände. Springer, Berlin

Frisvad J et al. (1998) Chemical Fungal Taxonomy. Marcel Dekker, New York

Gäumann E (1951) Pflanzliche Infektionslehre, 2. Aufl. Birkhäuser, Basel Gäumann E (1964) Die Pilze, 2. Aufl. Birkhäuser, Basel

Gill M, Steglich W (1987) Pigments of fungi (Macromycetes). ProgrChem Org Nat Prod 51: 1–317

Hibbett DS et al (2007): A higher-level phylogenetic classification of the Fungi. Mycological Research 111: 509–547
Hoffmann GM, Nienhaus F, Pöhling HM (2002) Lehrbuch der Phytomedizin. Blackwell, Berlin
Ingold C, Hudson H (1993) The Biology of Fungi. Chapman & Hall, London
James TY et al (2006) Reconstructing the early evolution of Fungi using a six-gene phylogeny. Nature 443: 818–822
Jennings D, Lysek G (1996) Fungal Biology. BIOS Scientific Publishers, Oxford
Kirk PM, Cannon PF, David JC, Stalpers JA (2001) Ainsworth & Biby's Dictionary of the Fungi, 9. Aufl. CAB International, Wallingford
Kreger-van Rij NJW, ed (1984) The Yeasts, 3. Aufl. Elsevier, Amsterdam
Moore D (1998) Fungal Morphogenesis. Cambridge University Press, Cambridge
Müller E, Löffler W (1982) Mykologie, 4. Aufl. Thieme, Stuttgart
Phaff HJ, Miller M, Mrak E (1966) The Life of Yeasts. Harvard University Press, Cambridge, Massachusetts
Prell H (1996) Interaktionen von Pflanzen und phytopathogenen Pilzen. Gustav Fischer, Stuttgart
Raper KP, Thom C (1949) A Manual of the Penicillia. Baltimore (Nachdruck 1968). Hafner, New York
Raper KP, Fennel DI (1965) The Genus Aspergillus. (Nachdruck 1973). Krieger, Huntington
Reiß I (1998) Schimmelpize, 2. Aufl. Springer, Berlin
Rypacek V (1966) Biologie holzzerstörender Pilze. Gustav Fischer, Jena
Scheloske HW (1969) Beiträge zur Biologie der Laboulbeniales. Gustav Fischer, Jena
Schwantes HO (1996) Biologie der Pilze. Ulmer, Stuttgart
Smith SE, Read, DJ (1997) Mycorrhizal Symbiosis, 2. Aufl. Academic Press, London
Sorauer P (1962ff) Handbuch der Pflanzenkrankheiten, Band 3 (Pilzliche Krankheiten), 6. Aufl. Parey, Berlin
Sparrow FK (1960) Aquatic Phycomycetes, 2. Aufl. University of Michigan Press, Ann Arbor
Taylor JW, Berbee ML (2006) Dating divergences in the Fungal Tree of Life: review and new analyses. Mycologia 98: 838–849; mit weiteren Beiträgen zur Phylogenie der Pilze: 850–1103
Varnia A, Hock B (1997) Mycorrhiza. Springer, Berlin
Weber H (1993) Allgemeine Mykologie. Gustav Fischer, Jena
Webster J (1983) Pilze, eine Einführung. Springer, Berlin
Zycha H, Siepmann R (1969) Mucorales. Cramer, Lehre

Liquens

Ahmadjian V (1993) The Lichen Symbiosis. Wiley, New York
Galun M (1988) Handbook of Lichenology, 3 Bände. CRC Press, Boca Raton
Henssen A, Jahns HM (1974) Lichenes. Thieme, Stuttgart
Herzig R, Urech M (1991) Flechten als Bioindikatoren (Bibl. Lichenologica 43). Borntraeger, Stuttgart
Lange O (1992) Pflanzenleben unter Streß: Flechten als Pioniere der Vegetation an Extremstandorten der Erde. Universität Würzburg
Masuch G (1993) Biologie der Flechten. Quelle & Meyer, Heidelberg
Miadlikowska J et al (2006) New insights into classification and evolution of the Lecanoromycetes (Pezizomycotina, Ascomycota) from phylogenetic analyses of three ribosomal RNA- and two protein-coding genes. Mycologia 98: 1088–1103
Per‰oh D, Beck A, Rambold G (2004) The distribution of ascus types and photobiontal selection in Lecanoromycetes (Ascomycota) against the background of a rivised SSU nrDNA phylogeny. Mycological Progress 3: 103–121
Schöller H, Hrsg (1997) Flechten: Geschichte, Biologie, Systematik, Ökologie, Naturschutz und kulturelle Bedeutung. Kleine Senckenberg-Reihe 27. Kramer, Frankfurt
Seaword MRD (1978) Lichen Ecology. Academic Press, London
Steiner M (1965) Wachstums- u. Entwicklungsphysiologie der Flechten. Handbuch der Pflanzenpysiologie 15/I. Springer, Berlin

Algas

Akatsuka J (1994) Biology of Economic Algae. Academic Publishing, The Hague
Bourrelly P (1966–1970) Les algues d'eau douce, 3 Bände. Boubée, Paris
Brook AJ (1980) The Biology of Desmids. Blackwell, Oxford Buetow D, Hrsg (1968–1989) The Biology of Euglena, 4 Bände. Academic Press, New York
Chapman VJ (1970) Seaweeds and their Uses, 2. Aufl. Camelot Press, London
Chapman R et al. (1998) Molecular systematics of green algae. In: Soltis D et al., Hrsg Molecular Systematics of Plants II. Kluwer Academic Publishers, Boston
Chapman VJ, Chapman DJ (1973) The Algae, 2. Aufl. Macmillan, London
Cox ER, Hrsg (1980) Phytoflagellates. Elsevier, New York
Desikachary TV, Prema P (1996) Silicoflagellates (Dictyochophyceae), Bibl Phycologica 100. Borntraeger, Stuttgart
Dixon PS (1973) Biology of the Rhodophyta. Oliver & Boyd, Edinburgh
Dodge JD (1973) The Fine Structure of Algal Cells. Academic Press, London
Ettl H (1980) Grundriß der allgemeinen Algologie. Gustav Fischer, Stuttgart
Ettl H, Gärtner G (1995) Syllabus der Boden-, Luft- und Flechtenalgen. Gustav Fischer, Stuttgart
Fott H (1971) Algenkunde, 2. Aufl. Gustav Fischer, Jena
Irvine DEG, Price H, Hrsg (1978) Modern Approaches to the Taxonomy of Red and Brown Algae. Academic Press, London
Irvine DT, John DM, Hrsg (1984) Systematics of the green Algae. Academic Press, London
Lobban CS, Wynne MJ, Hrsg (1981) The Biology of Seaweeds. Blackwell, Oxford
Lüning K (1985) Meeresbotanik. Verbreitung, Ökophysiologie und Nutzung der marinen Makroalgen. Thieme, Stuttgart
McCourt RM, Delwiche CF, Karol KG (2004) Charophyte algae and land plant origins. Trends in Ecology and Evolution 19: 661–666
Melkonian M et al. (1995) Phylogeny and evolution of the algae. In: Arai et al. Biodiversity and Evolution, pp 153–176. The National Science Museum Foundation, Tokyo
Moreira D et al. (2000) The origin of red algae and the evolution of chloroplasts. Nature 405: 69–72
Nakayama T et al. (1998) The basal position of scaly green flagellates among the green algae (Chlorophyta). Protist 149: 367–380
Oltmanns F (1922–1923) Morphologie und Biologie der Algen, 3 Bände (Neudruck 1974), 2. Aufl. Gustav Fischer, Jena
Pascher A, Ettl H, Gerloff J, Heying H (1978ff) Süßwasserflora von Mitteleuropa. Gustav Fischer, Stuttgart
Pickett-Heaps JD (1975) Green Algae. Sinauer, Sunderland
Pringsheim EG (1963) Farblose Algen. Gustav Fischer, Stuttgart
Round FE (1975) Biologie der Algen, 2. Aufl. Thieme, Stuttgart
Sandgren CD, Smol JP, Kristiansen J, Hrsg (1995) Chrysophyte Algae. Cambridge University Press, Cambridge
Sarjeant WAS (1974) Fossil and Living Dinoflagellates. Academic Press, London
Schussnig B (1953, 1960) Handbuch der Protophytenkunde, 2 Bände. Gustav Fischer, Jena
Tardent P (1979) Meeresbiologie. Thieme, Stuttgart
Van den Hoek C, Jahns HM, Mann DG (1993) Algen, 3. Aufl. Thieme, Stuttgart
Werner D, Hrsg (1977) The Biology of Diatoms. Blackwell, Oxford

Musgos

Bopp M (1965) Entwicklungsphysiologie der Moose. Handbuch der Pflanzenphysiologie 15/I. Springer, Berlin
Chopra RN, Kumra PK (1988) Biology of Bryophytes. Wiley, New York
Frahm J (1998) Moose als Bioindikatoren. Quelle & Meyer, Wiesbaden
Frahm J (2001) Biologie der Moose. Spektrum Akademischer Verlag, Heidelberg
Goebel K (1930) Organographie der Pflanzen, Band 2, 3. Aufl. Gustav Fischer, Jena
Groth-Malonek M, Pruchner D, Grewe F, Knoop V (2005) Ancestors of Trans-Splicing Mitochondrial Introns Support Serial Sister Group Relationships of Hornworts and Mosses with Vascular Plants. Mol. Biol. Evol. 22: 117–125
Hébant C (1977) The conducting tissues of bryophytes. Cramer, Vaduz
Lorch, W (1931) Anatomie der Laubmoose. Handbuch der Pflanzenanatomie VII/1. Borntraeger, Berlin
Miller NG (1988) Bryophyte Ultrastructure (Advances in Bryology 3), Borntraeger, Stuttgart
Miller NG, Hrsg (1991) Bryophyte Systematics, (Advances in Bryology 4). Borntraeger, Stuttgart
Miller NG, Hrsg (1993) Biology of Sphagnum (Advances in Bryology 5), Borntraeger, Stuttgart
Parihar NS (1963) An introduction to Embryophyta, 4. Aufl. Central Book Depot, Allahabad
Probst W (1987) Biologie der Moos- und Farnpflanzen, 2. Aufl. Quelle & Meyer, Wiesbaden
Richardson DHS (2000–2001) The Biology of Mosses. Blackwell, Oxford
Shaw J, Goffinet B (2000) Bryophyte Biology. Cambridge University Press, Cambridge
Walther K (1983) Bryophytina. In: Engler A, Syllabus der Pflanzenfamilien. Borntraeger, Stuttgart
Watson EV (1971) The Structure and Life of Bryophytes, 3. Aufl. Hutchinson University

Fetos

Barlow PW et al. (1998) Developmental Biology of Fern Gametophytes. Cambridge University Press, Cambridge
Beerling D et al. (2001) Evolution of leaf-form in land-plants linked to atmospheric CO2 decline in the late Paleozoic area. Nature 410: 352–354
Bierhorst DW (1971) Morphology of Vascular Plants. Macmillan, New York
Bower FO (1935) Primitive Land Plants (Reprint 1959). Hafner, New York
Bower FO (1922–1928) The Ferns, 3 Bände, (Reprint 1964). Cambridge University Press, Cambridge
Eames AJ (1936) Morphology of Vascular Plants (Lower Groups). Mc Graw Hill, New York
Foster AA, Gifford EM (1989) Comparative Morphology of Vascular Plants, 3. Aufl. Freeman, San Francisco
Goebel K (1930) Organographie der Pflanzen, Band 2, 3. Aufl. Gustav Fischer, Jena
Guttenberg H (1966) Histogenese der Pteridophyten; Handbuch der Pflanzenanatomie VII/2. Borntraeger, Berlin
Kenrick P, Crane P (1997) The Origin and Early Diversification of Land Plants. A Cladistic Study. Smithonian Institution, Washington
Kramer KU, Schneller JJ, Wollenweber E (1995) Farne und Farnverwandte. Thieme, Stuttgart
Kubitzki K, Kramer KU, Green PS (1990) The Families and Genera of Vascular Plants. Band 1 Pteridophytes and Gymnosperms. Springer, Berlin
Manton I (1950) Problems of Cytology and Evolution in the Pteridophyta. Cambridge University Press, Cambridge
Nayar BK, Kaur S (1971) Gametophytes of homosporous ferns. Bot Rev 37: 295–396
Ogura Y (1972) Comparative anatomy of vegetative organs of the Pteridophyta. Handbuch der Pflanzenanatomie VII/3. Borntraeger, Berlin
Parihar NS (1963) An introduction to Embryophyta, 4. Aufl. Central Book Depot, Allahabad
Probst W (1987) Biologie der Moos- und Farnpflanzen, 2. Aufl. Quelle & Meyer, Wiesbaden
Schneider H (1996) Vergleichende Wurzelanatomie der Farne (Berichte aus der Biologie). Shaker, Aachen
Smith AR, Pryer KM, Schuettpelz E, Korall P, Schneider H, Wolf PG (2006) A classification for extant ferns. Taxon 55: 705–731
Troll W (1937–1943) Vergleichende Morphologie der höheren Pflanzen. Borntraeger, Berlin
Tyron RM, Tyron, AF (1982) Ferns and Allied plants. Springer, New York

Espermatófitas

Bell AD (1991) Plant Form. Oxford University Press, Oxford
Carlquist S (2001) Comparative Wood Anatomy, 2nd ed. Springer, Berlin
Corner EJH (1976) The Seeds of the Dicotyledons. Cambridge University Press, Cambridge
Cracraft J, Donoghue MJ, eds (2004) Assembling the Tree of Life. Oxford University Press, Oxford
Davis GL (1966) Systematic Embryology of the Angiosperms. Wiley, New York
Endress PK (1996) Diversity and Evolutionary Biology of Tropical Flowers. Cambridge University Press, Cambridge (paperback ed. with corrections)
Erdtman G (1966) Pollen Morphology and Plant Taxonomy: Angiosperms. Almqvist & Wiksell, Stockholm
Frohne D, Jensen U (1998) Systematik des Pflanzenreichs unter besonderer Berücksichtigung chemischer Merkmale und pflanzlicher Drogen, 5. Aufl. Wissenschaftliche Verlagsgesellschaft, Stuttgart
Gifford EM, Foster AS (1989) Morphology and Evolution of Vascular Plants, 3rd ed. Freeman, New York
Harder, LD, Barrett SCH (2006) Ecology and Evolution of Flowers. Oxford University Press, Oxford
Hegnauer R (1962–2001) Chemotaxonomie der Pflanzen. Birkhäuser, Basel
Johri BM, Ambegaokar KB, Srivastava PS (1992) Comparative Embryology of Angiosperms. Springer, Berlin
Leins P, Erbar C (2008) Blüte und Frucht. Morphologie, Entwicklungsgeschichte, Phylogenie, Funktion, Ökologie, 2. Aufl. Schweizerbart, Stuttgart
Metcalfe CR et al. (1960ff) Anatomy of the Monocotyledons. Clarendon Press, Oxford
Metcalfe CR, Chalk L (1950) Anatomy of the Dicotyledons. Clarendon Press, Oxford
Metcalfe CR, Chalk L (1979ff) Anatomy of the Dicotyledons, 2nd ed. Clarendon Press, Oxford
Proctor M, Yeo P, Lack A (1996) The Natural History of Pollination. Timber Press, Portland
Punt W, Blackmore S, Nilsson S, Le Thomas A (1994) Glossary of Pollen and Spore Terminology. LPP Foundation, Utrecht
Richards AJ (1997) Plant Breeding Systems, 2nd ed. Chapman & Hall, London
Sporne KR (1974) The Morphology of Gymnosperms, 2nd ed. Hutchinson, London
Sporne KR (1974) The Morphology of Angiosperms. Hutchinson, London
Troll W (1937–1943) Vergleichende Morphologie der höheren Pflanzen. Bornträger, Berlin
Van der Pijl L (1982) Principles of Dispersal in Higher Plants, 3rd ed. Springer, Berlin
Weberling F (1981) Morphologie der Blüten und Blütenstände. Ulmer, Stuttgart

Sistemática das Espermatófitas

Brummitt RK (1992) Vascular Plant Families and Genera. Royal Botanic Gardens, Kew

Cronquist A (1981) An Integrated System of Classification of Flowering Plants. Columbia University Press, New York

Dahlgren RMT, Clifford HT (1982) The Monocotyledons: A Comparative Study. Academic Press, London

Dahlgren RMT, Clifford HT, Yeo PF (1985) The Families of the Monocotyledons; Structure, Evolution and Taxonomy. Springer, Berlin

Engler A (1900–1968) Das Pflanzenreich. Engelmann, Leipzig

Engler A, Prantl K, Hrsg (1879–1915, 1924–1995) Die natürlichen Pflanzenfamilien, 1. und 2. Aufl. Engelmann, Leipzig; Duncker & Humblot, Berlin

Heywood VH, Brummitt RK, Culham A, Seberg O (2007) Flowering Plant Families of the World. Royal Botanic Gardens, Kew

Judd WS, Campbell CS, Kellogg EA, Stevens PF, Donoghue MJ (2007) Plant Systematics: A Phylogenetic Approach, 3rd ed. Sinauer, Sunderland

Kenrick P, Crane PR (1997) The Origin and Early Diversification of Land Plants. A Cladistic Study. Smithsonian Institution Press, Washington

Kubitzki K, ed (1990ff) The Families and Genera of Vascular Plants. Springer, Berlin

Mabberley DJ (2008) Mabberley's Plant-Book: A Portable Dictionary of the Vascular Plants, 3rd ed. Cambridge University Press, Cambridge

Melchior H, Hrsg (1964) A. Engler`s Syllabus der Pflanzenfamilien, Band 2, 12. Aufl. Bornträger, Berlin

Simpson MG (2006) Plant Systematics. Elsevier, Amsterdam

Soltis, DE, Soltis, PE, Endress PK, Chase MW (2005) Phylogeny and Evolution of Angiosperms. Sinauer, Sunderland

Stevens, PF (2001 onwards). Angiosperm Phylogeny Website. http://www.mobot.org/MOBOT/research/APweb/

Takhtajan A (1997) Diversity and Classification of Flowering Plants. Columbia University Press, New York

Zomlefer WB (1994) Guide to Flowering Plant Families. The University of North Carolina Press, Chapel Hill

10.3 História da Vegetação

Bennett KD (1997) Evolution and Ecology. The Pace of Life. Cambridge University Press, Cambridge

Frenzel B, Pécsi M, Velichko AA (1992) Atlas of Paleoclimates and Paleoenvironments of the Northern Hemisphere. Gustav Fischer Verlag, Stuttgart

Huntley B, Birks HJB (1983) An Atlas of Past and Present Pollen Maps for Europe: 0–13000 years ago. Cambridge University Press, Cambridge

Lang G (1994) Quartäre Vegetationsgeschichte Europas. Gustav Fischer, Stuttgart

Mai DH (1995) Tertiäre Vegetationsgeschichte Europas. Gustav Fischer, Stuttgart

Stewart WN, Rothwell GW (1993) Paleobotany and the Evolution of Plants, 2nd ed. Cambridge University Press, Cambridge

Willis KJ, McElwain JC (2002) The Evolution of Plants. Oxford University Press, Oxford

México

Austrália

Venezuela

Colômbia

Alemanha

Suíça

Áustria

Brasil

Itália

Peru

Bolívia

Parte IV
Ecologia

As partes anteriores deste livro trataram do metabolismo, do desenvolvimento e da estrutura das plantas, bem como de sua evolução e da grande multiplicidade de suas formas de manifestação. Nos capítulos seguintes, 11 a 14, as plantas são estudadas quanto às condições de vida do local de crescimento. São abordados os mecanismos do domínio do ambiente, as possibilidades de as plantas se adaptarem às condições exteriores mutáveis – tanto abióticas como bióticas –, de sobreviverem a extremos, de se manterem em competição e, com todas essas reações e propriedades, constituírem populações e comunidades (vegetais). Todos esses aspectos, considerados em conjunto, determinam o caráter dos ecossistemas da Terra.

A ecologia vegetal ocupa-se daquelas reações de plantas que possibilitam que os mais elementares processos vitais (por exemplo, a fotossíntese ou a respiração celular) transcorram em meio celular semelhante, apesar da grande dificuldade em abranger as múltiplas condições de vida. Além das reações fisiológicas, sobretudo as adaptações do ritmo de vida e da morfologia exercem um papel importante; portanto, elas são características particulares da espécie. Por fim, é com a seleção de genótipos ou o intercâmbio de inventários completos de espécies que as diferentes condições de vida são dominadas na natureza. Os fundamentos de uma botânica ecológica funcional – voltada, portanto, para as explicações – são a fisiologia, a morfologia, a biologia da reprodução e a genética, bem como a taxonomia e a ciência da vegetação. Os conhecimentos básicos de climatologia e pedologia (especialmente também de microbiologia do solo) também são necessários.

A ecologia é, ao lado da genética molecular, a mais jovem das disciplinas biológicas. É importante destacar que esses são os domínios das menores e das maiores dimensões a respeito dos quais (como na física atômica e na astrofísica), nas últimas décadas, obtiveram-se os maiores progressos. A cuidadosa investigação sobre as complexas relações entre os organismos produziu uma nova compreensão da natureza.

Nos dois capítulos seguintes, temos primeiro uma visão conceitual abrangente e alguns fundamentos gerais (Capítulo 11) e depois um resumo dos tipos de reação das plantas aos fatores climáticos e edáficos (Capítulo 12; ecofisiologia). O Capítulo 13 trata, então, das populações vegetais e comunidades biológicas (biologia de populações, interações bióticas, ciência da vegetação). Por fim, no Capítulo 14, encontra-se o resultado de todas as influências e reações: a vegetação da Terra.

É compreensível que o interesse da ecologia vegetal se concentre em espaços vitais terrestres e, com isso, especialmente nas plantas com sementes (espermatófitas) dominantes nesses locais. Musgos e samambaias terrícolas são abordados no Capítulo 10. A hidrobiologia (biologia marinha, para os mares; limnologia, para as águas doces) trata do domínio biológicos das águas; aqui, seus problemas são examinados apenas brevemente. No Capítulo 10, também são encontradas referências sobre a ocorrência e o modo de vida das algas.

◄ **Figura:** Na natureza, as plantas vivem em competição e cooperação com outros organismos e reagem às múltiplas influências do clima e do solo. Situações que aos seres humanos parecem desfavoráveis e estressantes oferecem as condições de vida ideais às espécies adaptadas a essas condições. A pouca luminosidade caracteriza a vida na floresta tropical (aqui no norte da Austrália, **A**); frio periódico não é um problema para plantas das altas montanhas (Alpes centrais, **B**); perturbação passageira por roçada ou pastejo proporciona a exuberância das flores dos prados das montanhas (Alpes centrais, **C**); o clima frio e úmido caracteriza a floresta montana rica em samambaias (Alpes, **D**); os campos são uma consequência da seca, fogo e pastejo (Altiplano, Bolívia, **E**); e a falta de água intensa seleciona especialistas com grandes reservas líquidas ou raízes muito profundas (norte do México, **F**).

Agradecimentos

Enquanto as partes "estabelecidas" deste livro – como um bom vinho ao longo de anos de amadurecimento e cuidados –, apesar das novidades, refletem o trabalho de gerações e muito conhecimento consolidado, em muitas áreas da ecologia vegetal foi preciso fazer um novo começo. Esta jovem disciplina da biologia ainda está em franco desenvolvimento, e a complexidade do seu conteúdo entra em conflito com um tratamento didático sucinto, imperativo em vista da amplitude deste livro-texto. As ilustrações expressivas podem auxiliar onde o espaço para a linguagem é escasso. A maioria das ilustrações não aproveitadas de edições mais antigas surgiu durante anos de atividades didáticas na Universidade da Basileia e reflete o talento da minha colaboradora Susanna Peláez-Riedl em elaborar uma versão final clara a partir de originais muitas vezes fragmentados. Agradeço-lhe cordialmente por sua paciência e pelo seu espírito participativo.

Os capítulos desta parte do livro referem-se em poucas páginas ao que, em outros casos, é abordado em livros-texto inteiros. Naturalmente, a escolha de assuntos e a limitação ao essencial têm sempre algo de subjetivo. Para criar espaço às novidades, nesta edição foram efetuadas reduções, tendo em vista principalmente a ambicionada internacionalidade do livro (especialmente nos Capítulos 13 e 14). Esta edição revisada aproveita numerosas contribuições do círculo de leitores. Outras indicações de erros ou complementações necessárias são muito bem-vindas. (e-mail: ch.koerner@unibas.ch).

Basileia, janeiro de 2008.

Christian Körner

Capítulo 11
Fundamentos de Ecologia Vegetal

11.1	Limitação, aptidão e ótimo	950
11.2	Estresse e adaptação................	951
11.3	O fator tempo e reações não lineares .	951
11.3.1	Fenologia e escala biológica de tempo	951
11.3.2	Não linearidade e frequência	953
11.4	Variação biológica	954
11.5	O ecossistema e sua estrutura	955
11.5.1	A estrutura da biocenose................	955
11.5.1.1	Estrutura hierárquica....................	955
11.5.1.2	Estrutura taxonômica	955
11.5.1.3	Estrutura funcional	955
11.5.1.4	Estrutura material	957
11.5.1.5	Estrutura espacial	957
11.5.2	Biótopo: sítio e fatores ambientais........	957
11.5.2.1	Sítio e local de crescimento	957
11.5.2.2	Clima e microclima	958
11.5.2.3	Solos....................................	962
11.6	Enfoques da pesquisa fitoecológica...	965

A ecologia científica ocupa-se com as **interações** entre organismos e seu ambiente vivo e não vivo. Ela abrange todos os níveis de integração, desde o organismo individual até a biosfera, o que enseja uma grande multiplicidade de enfoques de pesquisa e de subdisciplinas (ver 11.6).

Como ciência relativamente jovem, a ecologia ainda tenta construir um arcabouço conceitual, que, de modo semelhante à física, se baseie em algumas afirmações fundamentais com caráter de validade geral. Tais **premissas** foram formuladas por autores como T.R. Malthus, C. Darwin, G.F. Gause, R.L. Lindemann e R.M. May. O resumo seguinte é de autoria de P. Grubb (1998; ver também Loehle, 1988):

- Toda a população crescente não perturbada atinge uma limitação de recursos.
- Em um espaço vital comum, uma espécie é substituída por outra, caso esta tenha maior fertilidade ou menor mortalidade.
- Como consequência, duas espécies então só podem coexistir indefinidamente se ocuparem nichos funcionais diferentes (ver abaixo).
- A densidade do conjunto de plantas influencia as populações ou as comunidades, de modo que o número de indivíduos se estabiliza ou sofre mudanças cíclicas.
- A energia disponível diminui ao longo da cadeia alimentar.

O conceito "espécie" pode ser substituído por genótipo e, em certos casos, também por um táxon de categoria superior (por exemplo, gênero) ou por um grupo de espécies funcionalmente semelhante. Essas "sentenças da ecologia" valem só para longos períodos de observação (muitas gerações). A linha de alerta que passa por essas premissas é a limitação de recursos e espaço. O fenômeno da perturbação pode romper a estreita ligação de oferta de recursos e ocupação de espaço por indivíduos.

Para as plantas, o conceito de **recurso** abrange não apenas os nutrientes do solo e a água, mas também a radiação solar e até mesmo os simbiontes e polinizadores. Tem sido debatido se temperatura (energia calorífica), espaço (lugar) e tempo (por exemplo, nichos de desenvolvimento, como época e possível duração da floração) não poderiam ser recursos também. O **nicho ecológico** corresponde a uma determinada constelação de oferta de recursos e perturbação (portanto, não deve ser considerado apenas espacialmente). A afirmação central das premissas acima é que a limitação é um fenômeno onipresente da vida. A limitação é o eixo da Ecologia, da economia com recursos, da economia dos recursos.

Este capítulo trata, de maneira introdutória, do sistema conceitual e das exigências específicas da ecologia vegetal. Ele esclarece aspectos conceituais (ver 11.1, 11.2 e 11.3, 11.4), convenções (por exemplo, fenometria, pedologia, estrutura de ecossistemas) e fundamentos geofísicos, bem como discute as relações com dados extremamente variáveis no espaço e no tempo (ver 11.3 – 11.5). Disso, resultam diferentes enfoques de pesquisa (ver 11.6).

11.1 Limitação, aptidão e ótimo

Limitação (do latim, *limes* = fronteira) implica "muito pouco". Muito pouco do quê? Muito pouco para quê? O "do que" é muitas vezes evidente. No deserto há muito pouca água; no sub-bosque da floresta, muito pouca luz (competição); numa turfeira, muito pouco nitrogênio disponível para as plantas. Mediante experimentos e análises adequados também podem ser descobertas limitações menos evidentes. Muitas vezes, diversas limitações interagem (por exemplo, na seca, também há pouca disponibilidade de nutrientes no solo). A definição de uma variável-alvo, ao contrário, é problemática: limitante para que? Aqui há dois pontos de partida em princípio distintos:

- limitante para a produção de biomassa, portanto, para o **crescimento**, independente de quais espécies vegetais sejam responsáveis por isso.
- limitante para a **existência** (continuidade) de espécies em um espaço vital.

Por exemplo, com a adubação nitrogenada de um campo natural rico em espécies, a limitação dos recursos em relação à produção de biomassa é suspensa, e o rendimento de matéria seca aumenta. Repetido por vários anos, devido a esse tratamento, com poucas exceções, as espécies consideradas originalmente "limitadas" desaparecem e grande parte da matéria seca torna-se composta por outras espécies. Portanto, o suprimento de nitrogênio não era certamente limitante para a maioria das espécies nesse espaço vital; a limitação anterior da produção de biomassa pela falta de nitrogênio era mesmo a condição para a ocorrência local dessas espécies (ver 12.8).

O conceito de limitação orientado para a biomassa, oriundo das ciências agronômicas, é de pouco proveito na ecologia. Com relação ao crescimento máximo em massa, quase todas as comunidade vegetais são limitadas pela escassez de algum recurso. Se, em vez disso, for considerada a composição florística característica de um ambiente, a **biodiversidade**, a "limitação" torna-se um conceito problemático. Via de regra, é justamente a falta de certos recursos – limitantes do crescimento – que possibilita a ocorrência de somente certas espécies. Os campos secos, na verdade, são periodicamente limitados em seu crescimento pela seca. Entretanto, se forem irrigados, suas espécies típicas desaparecerão rapidamente. Esses campos são condicionados pela seca porque suas espécies constituintes são resistentes à seca, trazendo consigo, portanto, aptidão (*fitness*) para esse ambiente (ver 12.8). A longo prazo, **aptidão** significa a permanência como táxon (em geral, espécie) no espaço e a produção bem-sucedida de descendência (logo, capacidade de reprodução). Isso pode ser acompanhado de uma grande biomassa individual. A esse respeito, devido à sua estrutura modular, as plantas são muito mais flexíveis do que os animais, que geralmente exibem estrutura unitária. Apenas aquelas espécies que não possuem qualquer aptidão para um determinado espaço vital são limitadas em sua existência. A busca das condições para a aptidão espécie-específica e do caminho de seus mecanismos é um importante campo de trabalho da ecologia vegetal.

De maneira semelhante, distinguem-se também os conceitos agronômico e ecológico da **otimização**. Para cada espécie vegetal, é possível averiguar as condições ambientais sob as quais ela alcança o maior crescimento e, por conseguinte, seu **ótimo de desempenho** em relação à produtividade. Contudo, isso não é conclusivo a respeito do seu sucesso na natureza, mesmo em ambientes com essa combinação de fatores. Em regra, existem outras espécies melhor sucedidas sob essas condições ou que não sofrem ameaça de predador nesse local, por exemplo. No mínimo igualmente grave é o fato de que o crescimento otimizado (maximizado, no sentido acima) muitas vezes é acompanhado por uma diminuição na capacidade de resistência a perturbações (estabilidade mecânica) ao estresse e a patógenos. O ótimo no espaço vital é o resultado da interação de uma multiplicidade de fatores abióticos e bióticos e não pode ser verificado em experimentos monofatoriais de laboratório. O **ótimo ecológico** reflete o resultado da ótima harmonização de muitas funções vitais (portanto, não apenas da produção de biomassa). Ele pode ser verificado mais facilmente a partir da frequência relativa (abundância)* de uma espécie. Efeitos históricos (por exemplo, perturbações) desempenham um papel muito importante, e a idade da comunidade (estágios sucessionais inicial ou tardio, ver 13.2.4.2) pode ter forte influência. Quando se consideram padrões amplos de distribuição, as aproximações são possíveis (areografia, ver 13.2). Contudo, não se pode deduzir que, onde as espécies exibem frequência máxima, os fatores ambientais selecionados para elas estejam na faixa ótima para sua produção de biomassa (Figura 11-1). Assim, na Europa Ocidental, o pinheiro silvestre (*Pinus sylvestris*) concentra-se solos muito ácidos (turfosos) ou levemente alcalinos (calcários). Ele cresceria muito melhor em ambientes com solos levemente ácidos, de onde, entretanto, geralmente é desalojado pela faia ou pelo carvalho.

---

*N. de T. Em fitossociologia, abundância é o número de indivíduos de uma espécie e frequência o número de unidades de amostragem em que se encontram representantes da espécie.

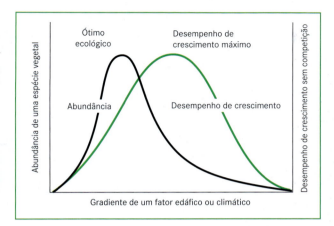

Figura 11-1 Ocorrência natural e máximo desempenho de crescimento de indivíduos isolados de uma espécie vegetal, ao longo de um gradiente ambiental. Em geral, há uma nítida diferença entre a maior frequência de ocorrência de uma espécie (ótimo ecológico) e aquelas condições sob as quais, no experimento sem competição de outras espécies, é atingido o máximo desempenho de crescimento. Essa discrepância é esclarecida pela interação dos fatores abióticos e bióticos e das perturbações no sítio natural (competição, herbívoros, patógenos, simbiontes, fogo, dano mecânico) ou tem causas históricas (velocidade de dispersão). Muitas vezes, nas condições de crescimento fisiologicamente ótimas para uma espécie, outras espécies são mais fortes competidoras, porque estão mais bem adaptadas a algum dos fatores ambientais ou porque estavam ali primeiro. A curva de distribuição da abundância pode também ter vários picos, ser extremamente estreita ou muito ampla.

11.2 Estresse e adaptação

Nem todo o desvio do ótimo fisiológico para o crescimento é considerado estresse. Sem desvios periódicos da faixa vital "mais favorável", a maioria dos organismos, incluindo o homem, não sobreviveria de modo algum a picos de impacto. Para as plantas, esses impactos construtivos e condicionantes são, por exemplo, a falta periódica de água, as oscilações da temperatura, o impacto do vento, as fortes variações da radiação. Todos têm um efeito preparatório ou de fortalecimento, sendo, portanto, impactos "construtivos", mesmo se reduzirem um pouco a produção de biomassa. O **estresse** destrutivo distingue-se dessas oscilações de impactos indispensáveis à vida. Muitas vezes, é difícil demonstrar o efeito negativo do estresse, se não forem consideradas todas as circunstâncias de vida. Assim, o estresse que provoca a queda de todas folhas de uma árvore, mas mata sua vizinha, pode contribuir muito para a aptidão (*fitness*) da primeira porque, depois disso, ela encontra mais espaço para seu próprio desenvolvimento. Deve ser feita também a distinção entre a consequência para o indivíduo isolado e para a população na comunidade (reprodução). Logo, o estresse é algo "subjetivo". O mesmo fator de estresse (por exemplo, diminuição da oferta de água) pode destruir uma espécie e para outra ser algo rotineiro, até mesmo vantajoso. As respostas ao estresse (reações) são igualmente distintas, pois elas dependem da espécie vegetal (e da sua história de vida) e do tipo de estressor, não havendo, por isso, qualquer esquema geral de ação estressante. A Figura 11-2 mostra, como exemplo, a ação de temperaturas negativas e da seca.

Como consequência do efeito evolutivo do estresse, os impactos graves são mais bem suportados ou mesmo não atuam mais como estresse: trata-se de **adaptabilidade**. Em geral, não é possível decidir se essa condição, no caso de uma fixação genética do caráter, realmente resulta de adaptação (portanto, de processo seletivo) ou representa um caráter "acompanhante" que repentinamente adquire valor adaptativo. Linguisticamente, essas importantes nuances causais raramente são distinguidas. Por isso, o mais correto seria falar de **caracteres adaptativos**, em vez de adaptação. A situação da capacidade de resistência é diferente, pois alcançada por condicionamento no espaço vital. Aqui, imagina-se a participação de processos ativos, como a formação de uma cutícula espessa em folhas de plantas de sol – portanto, uma **adaptação**. Para avaliar essas diferenças funcionais, distinguem-se três categorias de caracteres adaptativos:

- caracteres modulativos ou aclimativos;
- caracteres modificativos;
- caracteres evolutivos, portanto, fixados geneticamente.

Mesmo que a capacidade de desenvolver os dois primeiros tipos de caracteres adaptativos seja igualmente embasada geneticamente, existem diferenças essenciais. A adaptação modulativa ou aclimativa (aclimatização) designa modificações **reversíveis** do fenótipo durante a vida de um órgão ou da planta inteira, como, por exemplo, a aquisição de resistência ao congelamento sob a influência de baixas temperaturas. A adaptação modificativa refere-se, em geral, a modificações morfológicas **irreversíveis** de um órgão. De uma folha de sol adulta, nunca se forma normalmente uma folha de sombra. Por fim, adaptação evolutiva refere-se a propriedades **hereditárias** como a suculência ou o fotoperiodismo, que não podem ser modulados nem modificados, ou o são apenas dentro de limites estreitos. Nos Capítulos 5, 7, 9 e 12 são tratadas diversas reações e características adaptativas de plantas.

11.3 O fator tempo e reações não lineares

11.3.1 Fenologia e escala biológica de tempo

O emprego de uma escala de tempo fixa, linear (hora, calendário) é problemático para observações ecológicas

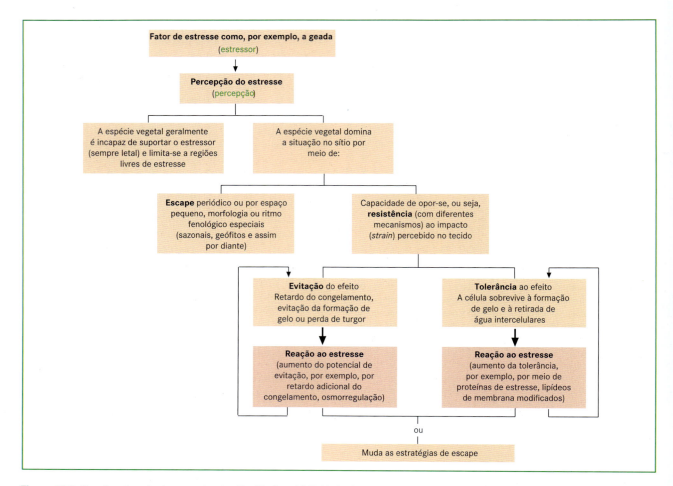

Figura 11-2 Reações das plantas ao estresse. Devido à multiplicidade de estressores e de respostas ao estresse das plantas, não há um esquema geral válido para todas as situações. Esta figura mostra, como exemplo, uma representação esquemática das possibilidades de suportar o estresse da geada e da seca. Quando não consegue escapar dessas situações de estresse, a planta precisa, a fim de sobreviver, minimizar as consequências no tecido (evitar) ou suportá-las (ver 12.3.1).

vegetais, quando se comparam reações dos organismos acopladas à dinâmica do desenvolvimento. Os indivíduos de uma espécie vegetal florescem sob determinadas circunstâncias (por exemplo, já com 40 dias); sob outras condições, porém, eles florescem apenas 80 dias após a semeadura. Para comparações, é melhor, então, escolher um momento determinado do desenvolvimento ou estado do fenótipo (por exemplo, a abertura da primeira flor) e não uma data fixa. Para isso, leva-se em consideração a **fenologia** (ou seja, a modificação visível do estado de desenvolvimento) e fixam-se as observações a um momento fenológico. A germinação ou emergência das folhas, a floração, a maturação dos frutos, a queda foliar ou o início da senescência são eventos fenológicos características (fisiologia do desenvolvimento, ver 6.7). Na verdade, a sequência desses eventos permanece fixa; a duração dos intervalos, contudo, é variável.

A **fenometria** mede as alterações de determinados parâmetros no decurso temporal das fases de desenvolvimento de uma planta. A sequências fenológicas apresentam o resultado de efeitos integrativos de influências externas e disposição interna das plantas, constituindo, portanto, um tipo de calendário biológico. Para caracterizar o andamento dos fenômenos meteorológicos, os serviços de meteorologia incluem dados fenológicos, devido ao valor dessas medidas biologicamente integradas. Considerados retrospectivamente, esses dados são de grande importância para a avaliação de mudanças climáticas, uma vez que nenhuma das medidas meteorológicas "normais" dispõe dessa sensibilidade. O chamado "**tempo térmico**" (do inglês, *thermal time*) vem a seguir na solução (sob condições não limitadas pela seca): somatório do produto da temperatura (com frequência, a temperatura média diária) e o período (número de dias), portanto, a soma das temperaturas diárias (*day degrees*); os valores médios horários também podem ser somados (*degree hours*). Muitas vezes, é possível encontrar estreitas correlações entre tais medidas de tempo "ponderadas" e o desenvolvimento fenológico.

Muitas vezes é de especial interesse compreender a dinâmica do desenvolvimento vegetal entre dois "grandes eventos" como germinação e floração. O **plastocrono** é uma medida de tempo muitas vezes utilizada para a progressão do desenvolvimento vegetal. Um plastocrono corresponde ao intervalo de tempo entre o aparecimento de duas folhas sucessivas em um eixo. A idade evolutiva de um ramo também pode ser aproximadamente determinada pelo número de folhas que surgem a partir de um momento inicial definido (estágio de cinco folhas = cerca de cinco plastocronos de idade). Em especial, na pesquisa agronômica, esses valores de medida desempenham um papel importante. Os meros dados sobre a idade em dias teriam pouco valor comparativo.

11.3.2 Não linearidade e frequência

A não linearidade das relações processo-ambiente é a regra e não a exceção. Os efeitos da temperatura sobre a respiração e o crescimento ou da luz ou do CO_2 sobre a fotossíntese são exemplos típicos (ver 12.7). Por isso, os dados de medida de um âmbito de reação não podem ser extrapolados para outro âmbito, como nas relações lineares (dentro de determinados limites de confiança), enquanto a curva não for conhecida.

As **condições ambientais com oscilações intensas e irregulares** (por exemplo, luz, temperatura, suprimento de água) representam um problema especial, porque valores de medida baixos e altos não têm efeitos proporcionais (por exemplo, mais luz não significa necessariamente mais fotossíntese). Por esse motivo, além do conhecimento da curva característica da relação processo-ambiente, para reconstruções ou prognósticos necessita-se também dos dados ambientais em alta resolução temporal e não como valores médios. Conforme a curvatura da função de dependência, os valores médios de condições ambientais variáveis no tempo fornecem um quadro falso de seu real efeito sobre o processo.

Isso pode ser demonstrado de maneira bastante clara pelo efeito da luz sobre a fotossíntese (Figura 11-3). A fotossíntese foliar da maioria das espécies vegetais está quase saturada de luz com 25% da radiação solar total. Desse modo, as intensidades de radiação entre o valor de saturação e o máximo de 100% não têm qualquer valor adicional para uma folha orientada perpendicularmente à radiação incidente. Ao contrário, sob luz muito fraca, a fotossíntese reage de modo muito sensível a toda mudança. Assim, sob luz fraca, uma alta resolução temporal da intensidade de radiação variável tem valor preditivo muito grande; na região de satu-

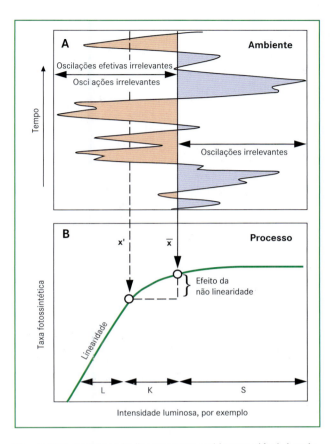

Figura 11-3 Reações não lineares a um ambiente variável. A maioria dos processos vitais – aqui, por exemplo, a fotossíntese líquida (**B**) – reage de modo não linear a mudanças ambientais – aqui, por exemplo, a intensidade luminosa (**A**), com variação temporal. Por isso, valores médios ($\bar{x}$) desses estados ambientais não são adequados para prever a taxa do processo com base nas normas de reação (como em **B**). Neste exemplo, as mudanças temporais dos valores na região S são irrelevantes, pois nela o processo considerado está saturado. As mudanças agem à esquerda de $\bar{x}$ (região não saturada), mas são não lineares na região K. Com valores muito baixos das variáveis ambientais, pode haver uma relação inicial linear (L, *initial slope*). Neste exemplo, para obtenção da soma ou valores médios da taxa do processo, deve-se atribuir, para cada valor da luz, o valor de fotossíntese correspondente ou resumir a situação ambiental em forma de uma distribuição de frequências e multiplicar classe a classe.

ração, ao contrário, ela não apresenta qualquer valor preditivo. Uma média aritmética de todos os valores avaliaria do mesmo modo todas as intensidades, as da região de saturação e as da região de luz fraca.

Para previsões, utilizam-se os dados na resolução temporal original (esta deve ser suficientemente detalhada – no caso de radiação, por exemplo, menos de dois minutos), ou os resultados são organizados em tabela segundo as classes de intensidade, pois, para análises de efeitos, as séries temporais de variáveis ambientais geralmente não podem ser expressas como médias. Por razões práticas, na maioria das vezes o segundo procedimento é escolhido. Por isso, a apresentação da distribuição de frequências de estados ambientais é a melhor maneira de avaliar os efeitos temporalmente variáveis sobre as plantas. Em cada avaliação das influências ambientais sobre plantas, deve-se partir do "tecido temporal" (daí o "histograma") das intensidades ou das concentrações da magnitude da influência considerada. De certo modo, o diagrama de frequências é o "emblema" de uma ecologia bem compreendida funcionalmente (ver 11.4).

11.4 Variação biológica

A partir do momento que são realizadas observações e experimentações científicas, a variação dos dados alcançados "incomoda". Na ecologia vegetal, também são almejados resultados inequívocos e claros, estreitas correlações funcionais e relações fortes entre **causa e efeito**, como se conhecem das "ciências exatas". Surpreendentemente, com plantas também é possível aproximar-se dessa situação ideal, se forem observadas certas condições iniciais e marginais. Para tanto, o material vegetal escolhido deve ser o mais uniforme possível (por exemplo, clones de um genótipo); fixam-se todas as variáveis exteriores, até uma constante que interesse ou que não seja limitante, e os resultados são relacionados ao âmbito de reações rigorosamente definido. Desse modo, alcança-se a mais alta precisão e reprodutibilidade.

Muitas vezes, não é possível transferir esses resultados para a natureza, pois não existe a mera dependência monofatorial, faltam as condições ótimas de crescimento selecionadas ou o genótipo escolhido aleatoriamente não exerce qualquer papel especial. Os resultados obtidos sob condições de observação ou de experimentação próximas ao natural não têm essa deficiência. No entanto, geralmente eles variam muito e, por isso, dificilmente são respaldados estatisticamente e muitas vezes não permitem quaisquer afirmativas matematicamente inequívocas. A pesquisa ecológica movimenta-se nesse **campo de tensão entre precisão e relevância**. Às vezes, a solução desse problema está na combinação desses dois critérios. Independente de qual deles seja o escolhido, a possibilidade de transferência dos resultados de uma amostra pontual para um setor tão grande quanto possível do mundo real exige sempre a **inclusão da variação biológica** no protocolo do experimento ou da observação (ou seja, genótipos distintos ou origens diferentes de uma espécie, vários sítios, várias espécies). Em geral, essa inclusão aumenta consideravelmente a dispersão dos dados obtidos ou, pelo menos, o esforço de trabalho.

De acordo com a atual compreensão da evolução, há uma grande dependência dessa variação biológica. Com frequência, o sucesso de uma espécie sob condições ambientais modificadas se deve a indivíduos que desviam da norma (da média). Assim, é desejável que um experimento ou uma observação abranjam uma variação tão grande quanto possível. Quanto maior a amplitude da faixa coberta, mais úteis e mais reveladores são os resultados. A variação das formas de manifestação e do padrão de reação tem grande importância científica e prática; ela não deve ser confundida com as imprecisões resultantes da insuficiência dos métodos de observação e de medição. Por sua vez, a variação biológica se torna mais visível por meio da documentação das distribuições de frequência.

Os esforços material, de tempo e de amostragem estabelecem os limites da abrangência da variação biológica, dentro de e entre espécies e espaços vitais. O ganho de conhecimento deve ser balanceado entre o "grande investimento" em poucas provas/observações e o "pequeno investimento" em numerosas provas/observações. Apenas a possibilidade de obtenção da precisão nas medições não é um critério suficiente, se, por conta disso, o alcance da variação biológica ou a abrangência das condições de crescimento próximas do natural for sacrificado. Muitas vezes, pouca informação sobre muito tem mais valor que muita (exata) informação sobre pouco, quando está em jogo o embasamento de teorias existentes ou a formulação de novas. Por isso, antes do emprego de procedimento mais exigente e dispendioso, é preciso saber se, por meio de métodos mais simples, pode-se obter informações satisfatórias que, embora menos precisas, não impeçam uma documentação biologicamente correta e um tratamento estatístico adequado.

Na ecologia, constata-se o seguinte confronto permanente: para a força de afirmação matemático-estatística dos resultados existem regras claras e reconhecidas internacionalmente, mas não para o realismo e relevância das condições do experimento e das observações, assim como para a escolha do objeto. Em cada caso, é necessária uma justificativa explícita, principalmente em trabalhos experimentais. Não considerando a abrangência necessária das variações biológicas, os cinco critérios mais importantes para atingir resultados mais próximos da realidade e, assim, passíveis de transferências e generalização, são os seguintes:

- a ligação da planta a um ambiente biológico definido ou (em caso ideal) natural no solo (organismos do solo, em especial micorrizas, disponibilidade natural de nutrientes);
- a escolha de plantas em uma fase de desenvolvimento relevante para a questão colocada;
- duração suficiente das observações;
- um regime climático representativo, isto é, diferenciado temporal (ciclos climáticos) e espacialmente (caule – raiz);
- a vizinhança de outras plantas (competição, mutualismo), em determinados casos.

A repetição individual e/ou espacial do experimento ou da observação, sempre necessária e independente, é indiscutível. Todavia, a "precisão" assim alcançável não pode reparar sozinha uma carência em multiplicidade biológica nem compensar quando um dos cinco critérios acima não for preenchido.

11.5 O ecossistema e sua estrutura

Por **ecossistema** entende-se a totalidade dos componentes bióticos e abióticos que interagem numa região delimitada. A matriz abiótica, o hábitat em geral, é designada muitas vezes como **biótopo** e o inventário vivo como **biocenose** (comunidade biológica). Esse esquema, bastante simplificado, separa o que não é propriamente separável, pois a biocenose muda e caracteriza o biótopo; na verdade, sua presença é que forma o próprio espaço vital (biótopo), o qual sem vida absolutamente não existe. Florestas de abeto (*Picea abies*) não crescem desde o princípio em solos de florestas com essa espécie; porém, onde os abetos crescem há tempo suficiente, forma-se um solo de floresta com essa espécie. Contudo, essa dicotomia biótopo-biocenose simboliza a impressionante mudança das condições físicas e químicas com aquelas nesses organismos associados.

11.5.1 A estrutura da biocenose

11.5.1.1 Estrutura hierárquica

A biocenose é o conjunto de todos os organismos em um ecossistema, ou seja, as plantas, os animais, os fungos e os micróbios. Para a totalidade das plantas foi criado o conceito **fitocenose**, isto é, a comunidade vegetal (do inglês, *plant community*). Cada espécie de uma tal "sociedade" (fitossociologia, ver Capítulo 13) geralmente está representada por vários indivíduos, cujo conjunto é denominado **população** (comum idade reprodutiva). A população inclui todas as classes de idade de uma espécie, inclusive os indivíduos que se encontram no solo como sementes imperceptíveis. Uma população consiste em indivíduos geneticamente distintos ou de indivíduos de grupos de origem clonal (geneticamente iguais) (**rametas**; do inglês *ramets*). Nesse sentido, um indivíduo representa um determinado **genótipo** ou, no caso de indivíduos geneticamente idênticos e separados (rametas), a parte de um **geneta** (do inglês, *genet*, sinônimo de clone). A ocorrência de clones, isto é, de indivíduos geneticamente iguais é mais frequente do que a morfologia permite supor, pois indivíduos originados por sementes também podem ser geneticamente iguais (um exemplo é a agamospermia de *Taraxacum officinale*). Existem estruturas análogas para comunidades animais, fúngicas e de microrganismos.

11.5.1.2 Estrutura taxonômica

A presença de certas espécies determina o caráter de um ecossistema. Essa presença permite também conclusões sobre as condições de vida locais, razão pela qual o levantamento de listas de espécies muitas vezes fica no começo da análise do ecossistema (espécies indicadoras, ver 11.5.2.2, valores indicativos, ver 13.3.3). O **número de espécies** e a **abundância** relativa (frequência) de cada espécie, portanto, um inventário biológico ponderado, nas regiões de fala alemã são frequentemente designados como estrutura do "estande". Contudo, como a palavra inglesa *structure* se refere exclusivamente à estrutura espacial (ver 11.5.1.5), é aconselhável empregar aqui a expressão "estrutura de espécies". Na maioria das vezes, a **biodiversidade** é quantificada pelo número de espécies. No entanto, o conceito inclui também a diversidade genética intraespecífica, o nível supraespecífico e a multiplicidade das comunidades vegetais (ver 13.2.4.1).

11.5.1.3 Estrutura funcional

Todos os organismos fotossinteticamente ativos são reunidos sob o conceito dos **produtores primários**. Contrastando com eles, estão os consumidores (predadores) e os decompositores. Os consumidores atuam diretamente como **herbívoros** (fitófagos, predadores de plantas) ou indiretamente como **carnívoros** (predadores de primeira ou de segunda ordem). Os resíduos orgânicos mortos são finalmente degradados por **decompositores** os mais diversos, entre os quais encontram-se especialmente os **detritívoros** (*detritus* = restos mortos; devoradores de lixo como ácaros e vermes) e **mineralizadores** (bactérias e fungos especiais). Assim como o fluxo de energia e ciclo de matéria, tais cadeias alimentares ou, melhor, **teias alimentares** (*food webs*) ligam entre si os membros de cada ecossistema. Essas ligações são retroalimentadas e, em escala limitada, possibilitam uma **autorregulação** frente a mudanças externas (Figura 11-4).

Dentro da associação vegetal podem se distinguir **grupos ou tipos funcionais** (*functional types*). Teoricamente, há tantos tipos quantas são as espécies (ver terceira premissa da introdução do Capítulo 11), quando se consideram as fases de vida funcionalmente muito distintas de indivíduos (por exemplo, plântula e árvore), até mesmo mais do que espécies. O conceito de grupos funcionais foi introduzido exatamente para reduzir a multiplicidade de espécies a poucas categorias de "funcionamento semelhante", necessidade que resulta sobretudo da modelagem orientada para o ecossistema e da formulação de teorias (generalização). Há muitas tentativas de agrupamentos, entre as quais se destacam: a mais antiga e mais simples, talvez a de maior utilidade, é a dos **morfotipos** (erva, arbusto, árvore, etc. ou com raízes superficiais ou profundas, rosetadas ou graminoides, e assim por diante). Outra tentativa de agrupamento envolve **tipos fenológicos** (anu-

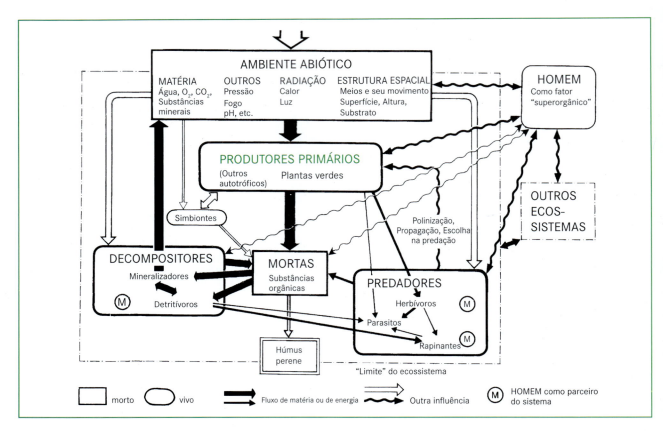

Figura 11-4 O conceito de ecossistema. Esquema simplificado de um ecossistema completo, ou seja, de um complexo de interações, amplamente autorregulável, entre seres vivos e ambiente. Outros esclarecimentos no texto. (Segundo Ellenberg, 1996.)

al, perene, decíduo, perenifolia, etc.; fenologia, ver 6.7 e 11.3.1). Em um agrupamento segundo **tipos fisiológicos**, parte-se de caracteres especiais do metabolismo como, por exemplo, a utilização das rotas C_3, C_4 ou CAM da fotossíntese, a necessidade de luz ou posição no "estande" (ciófitas e heliófitas), exigências especiais quanto ao solo (calcífilas ou calcífugas) ou caracteres de resistência (seca, salinização do solo, geada, calor excessivo). Os **tipos simbióticos** se baseiam na capacidade de entrar em simbiose com bactérias fixadoras de nitrogênio ou com fungos micorrízicos. Outras formas de mutualismo e de parasitismo também são critérios de agrupamento.

Um conceito, inicialmente da zoologia, é o agrupamento de acordo com as **estratégias vitais** predominantes (do inglês, *life strategies*; classicamente é a distinção entre estratégias *r* e *K*, quanto ao modo de vida acentuadamente reprodutivo em contraste com o acentuadamente persistente, competitivo – portanto, predominantemente vegetativo). Com o passar dos anos, foram desenvolvidos diferentes conceitos de estratégias correspondentes às plantas. Especialmente conhecido é o modelo triangular de Grime de estratégias CSR (competidores, tolerantes ao estresse e ruderais; Grime e colaboradores, 1988). Esse modelo guia-se por uma matriz bidimensional, na qual plantas são agrupadas conforme sua tolerância ao estresse e perturbação (pouco ou muito) e uma das quatro combinações, a saber: muito estresse (e muita perturbação simultânea) é considerado como não existente, restando então três categorias. Elas marcam os extremos no triângulo. Cada planta, então, gradualmente ocupa um lugar entre esses extremos. A distância a uma extremidade é identificada como raio; assim, por exemplo, o raio do estresse indica o quanto uma espécie é tolerante ao estresse. Como toda a tentativa de tipificar a multiplicidade dos fenômenos vitais, esse conceito também é criticado por sua simplificação.

Por outro lado, Grubb (1998) observa que a categoria das plantas tolerantes ao estresse deveria estar enquadrada em três estratégias diferentes, pois ela pode mudar seu comportamento durante a vida. Ele faz a seguinte distinção: espécies que conservam o (mesmo) tipo desde plântula até a fase adulta (*low flexibility strategy*); as que suportam muito como plântulas, porém mais tarde não (*switching strategy*); por último, aquelas que podem se reorientar e quase mudar de tipo, deslocando-se para outra categoria quando reinarem condições muito favoráveis (*gearing strategy*). Entre os atributos de tolerância ao estresse destacam-se: crescimento lento, órgãos persistentes, baixo esforço reprodutivo, folhas comparativamente espessas com conteúdo de nitrogênio baixo.

A lista de agrupamentos e tipificação ainda pode se prolongar muito. A experiência tem mostrado que grupos funcionais muitas vezes só indicam as supostas funções comuns de modo muito limitado e que as diferenças específicas de espécies dentro dos grupos funcionais frequentemente são maiores do que aquelas entre os grupos. Conforme o agrupamento, pode acontecer que indivíduos de idades diferentes devam ser enquadrados em grupos funcionais distintos, o que torna difícil as tentativas de agrupamento com espécies. Para perguntas diferentes são preferidos também grupos diferentes ou novos grupos são criados (por exemplo, grupos de espécies resistentes ao ozônio, aos metais pesados, à água acumulada). Os tipos morfológicos e fenológicos poderiam representar os grupos funcionais práticos para a descrição não taxonômica da estrutura de uma fitocenose.

11.5.1.4 Estrutura material

Para a designação e classificação da substância vegetal em um ecossistema estabeleceu-se a seguinte convenção internacional (todos os dados referem-se sem exceção ao peso seco a 80–100°C): A totalidade do material vegetal vivo supra ou subterrâneo de um ecossistema é denominada **biomassa** vegetal. Com isso, a biomassa inclui também os tecidos internos mortos (estruturas lignificadas) da planta ainda viva. Partes vegetais mortas externamente aderidas, tanto supra como subterrâneas, constituem a **necromassa** (do inglês, *standing dead*). A totalidade das partes vegetais vivas e mortas aderidas chama-se **fitomassa**. A ela se contrapõem as partes mortas soltas no ecossistema, a **serapilheira** (do inglês, *litter*), sendo feita a distinção entre o que fica na superfície do solo e o que é subterrâneo (por exemplo, raízes mortas). O **húmus** (do inglês, *soil organic matter*, SOM) é constituído de restos orgânicos que, sem utilização de equipamento óptico, não permitem reconhecer qualquer estrutura de órgão. O húmus abrange todas as transições, desde húmus bruto até as moléculas complexas dos ácidos húmicos na matriz orgânica do solo. A substância orgânica de animais (em grande parte, pequenos animais do solo) e microrganismos é comparativamente muito reduzida (< 0,1%), sendo costumeiramente acrescentada ao solo ou ignorada, o que naturalmente não contribui para o conhecimento da importante função desses organismos no ecossistema.

11.5.1.5 Estrutura espacial

A maneira de inclusão do espaço do solo e do ar determina o aspecto, mas também as propriedades de um ecossistema. Morfologia de caules e raízes das espécies vegetais dominantes, sobretudo a geometria ou **arquitetura da comunidade** (estande), confere a cada ecossistema sua identidade inconfundível, mas determina também onde ocorre a conversão de energia, de onde água e nutrientes são recebidos. As principais características estruturais são a altura da comunidade, o índice de área foliar, a distribuição vertical da área foliar e o tipo de raiz, sua profundidade máxima e sua distribuição vertical no perfil do solo.

O **índice de área foliar** (IAF; do inglês *leaf area index*, LAI) é um valor de medida adimensional, que exprime quantos m² de área foliar são formados por m² de superfície do solo (área foliar real, não considerando a orientação no espaço; no caso de folhas crassas, a maior área de sua projeção). As comunidades fechadas sobre solos bem desenvolvidos com suficiente provisão de água alcançam valores de IAF entre 5-8. Para a maioria das plantas de lavoura, um IAF máximo de cerca de 4 é o ideal. A **densidade de área foliar** (DAF; do inglês *leaf area density*, LAD) para o estande inteiro, com a dimensão m^{-1}, resulta da divisão do IAF pela altura do estande (ou, referida a cada estrato do estande, de m² da área foliar por m^3 de volume do estande). IAF e DAF determinam o perfil luminoso (ver 12.1.3) no estande.

A maior parte das raízes finas encontra-se geralmente perto da superfície do solo (< 1 m), muitas vezes até mesmo nos 20 cm superiores do perfil do solo, o que tem a ver com a disponibilidade de nutrientes oferecida pelos mineralizadores e fungos micorrízicos. Porém, uma parte do **sistema radicular** pode atingir profundidades consideráveis (Tabela 12-3). Esse sistema radicular profundo serve principalmente ao abastecimento de água. A distribuição em andares das raízes de cada espécie no perfil do solo é um exemplo clássico da diferenciação de nichos, a qual contribui substancialmente para a biodiversidade (Figura 12-24). Raízes profundas podem também contribuir para o umedecimento dos horizontes superiores do perfil do solo (do inglês, *hydraulic lift*; ver 12.6.4). A multiplicidade dos tipos de raízes supera muitas vezes a multiplicidade dos tipos de caules e é um caráter essencial de cada ecossistema.

11.5.2 Biótopo: sítio e fatores ambientais

11.5.2.1 Sítio e local de crescimento

O clima, o relevo, o solo, bem como as influências bióticas mediante a presença de outros organismos, são designados **fatores locais** (dados expeditos no campo, por um determinado período). Em contraposição a eles estão os **fatores ambientais** de ação imediata e fortemente variável em curto espaço de tempo: a radiação efetiva, calor, umidade, fatores químicos, mas também perturbações mecânicas e biológicas. As plantas reagem a esses fatores por meio do crescimento, desenvolvimento, expressão estrutural e resistência (Figura 11-5).

O **sítio** (*standort*) é uma área caracterizada por fatores ambientais uniformes. O conceito **local de crescimento** designa o lugar concreto, onde uma planta de fato cresce (local onde a planta é encontrada). Por meio do microclima, das características locais do microrrelevo e do solo, por meio de outras espécies vegetais na vizinhança imediata e de animais, as reais condições de vida podem variar consideravelmente num local de crescimento dentro do mesmo sítio. Se for constatado que os locais de crescimento não são casuais, mas sim que espécies vegetais ocorrem regularmente em locais de crescimento semelhantes (onde eles se encontram como que "em casa"), fala-se de seu **hábitat**. Hábitat é, portanto, o conceito mais restrito e refere-se a uma determinada espécie vegetal ou a um determinado grupo de espécies, enquanto sítio é o conceito mais amplo e se orienta pela realidade local, independente de quais espécies ali ocorram. As espécies vegetais podem também colonizar vários tipos diferentes de hábitats. Os três conceitos são muitas vezes confundidos ou aplicados como sinônimos; não há uma tradução inequívoca de *standort* para o inglês (a mais precisa seria *site* = "sítio").

11.5.2.2 Clima e microclima

O **clima** é o estado médio da atmosfera e o decorrer médio do tempo (condições meteorológicas) durante muitos anos. O **tempo** descreve a situação de um dado momento. Os diferentes climas da Terra são condicionados principalmente pela extensão e distribuição sazonal do fornecimento de calor e precipitação. Essas diferenças podem

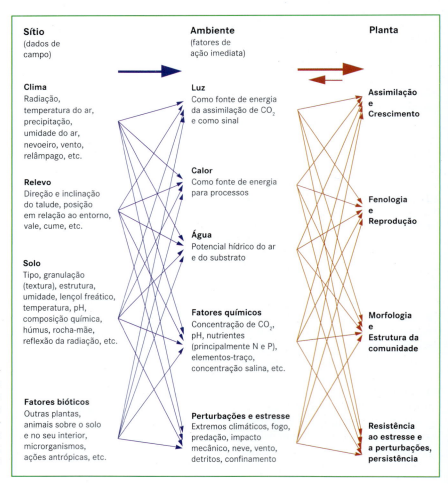

Figura 11-5 Fatores do sítio e do ambiente. Os fatores secundários reconhecíveis no campo manifestam-se como complexos de fatores ambientais ou do hábitat, os quais atuam diretamente sobre os diferentes estruturas e processos das plantas; eles também se influenciam mutuamente; além disso, é possível verificar múltiplas retroações plantas-ambiente.

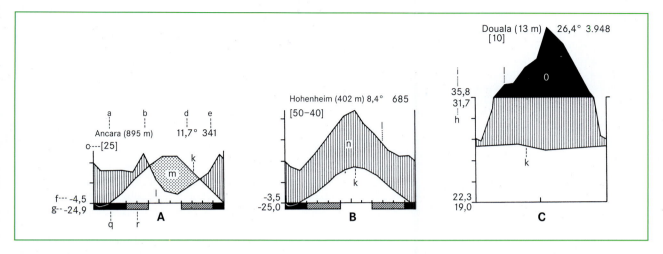

Figura 11-6 Exemplos de diagramas climáticos. **A** Clima temperado quente com influência continental (com chuvas no inverno e período seco no verão); **B** Clima temperado com influência oceânica (precipitações em todas as estações); **C** Clima tropical úmido com período chuvoso pronunciado e período seco (relativo). As temperaturas referem-se ao ar a uma altura de 2 m acima do solo e à sombra. Abscissa: meses; ordenada: cada marca = 10°C ou 20 mm de precipitação. a: estação (lugar), b: altitude acima do mar, c: número de anos de observação, d: temperatura média anual em °C, e: precipitação média anual em mm, f: média das mínimas do mês mais frio, g: temperatura mínima absoluta (temperatura mais baixa de todas as medidas), h: média da máximas do mês mais quente, i: temperatura máxima absoluta (temperatura mais alta de todas as medidas); k: andamento anual da temperatura média mensal; l: andamento anual da precipitação média mensal, m: período seco (pontilhado grosseiro), n: períodos úmidos (hachureado vertical), o: período com precipitações médias mensais > 100 mm (preto em escala reduzida dez vezes), q: estação "fria" (preto, meses com mínima diária abaixo de 0°C), r: meses com mínima absoluta abaixo de 0°C, ou seja, ocorrem também geadas tardias ou precoces (hachurado inclinado). (Segundo Walter e Lieth, 1967.)

ser representadas visualmente por **diagramas climáticos** (Figura 11-6).

A visualização de diagramas climáticos baseia-se na adoção de uma escala arbitrária de 2 : 1 para precipitação e temperatura, e nas gradações do tracejado, também baseadas na experiência. Para a Biologia, o valor está na visualização da dinâmica sazonal, em vez de valores médios anuais ou totais. A temperatura não representa apenas o calor, mas também a evaporação potencial, o que possibilita conclusões sobre o balanço estacional de água (por exemplo, períodos secos). As informações dos totais de precipitação, temperaturas extremas e coordenadas do local completam a informação. Nos trópicos, as temperaturas médias mensais variam pouco (clima diário em vez de clima sazonal em relação à temperatura) e uma sazonalidade, quando existe, resulta da oferta de precipitação.

Conforme a latitude geográfica, muda a radiação solar, com ela a temperatura, a **sazonalidade** condicionada pela temperatura e a evapotranspiração potencial (evaporação possível do solo e das superfícies das plantas, sob suprimento hídrico adequado). Onde a precipitação anual ultrapassa nitidamente a evapotranspiração potencial, predomina clima úmido; se, no entanto, a precipitação fica nitidamente abaixo da evapotranspiração potencial, predomina o clima semiárido ou árido. Além disso, para a vegetação, a distribuição temporal das precipitações é mais importante do que o total.

Além da latitude geográfica, a **circulação atmosférica** global (Figura 11-7) e as correntes marinhas também influenciam o clima. A zona de baixa pressão equatorial, com movimento ascendente do ar (provoca condensação e chuvas zenitais), é úmida; a faixa

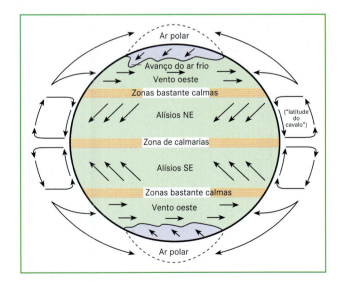

Figura 11-7 Esquema da circulação atmosférica superficial e em altitude, sobre a Terra na época do equinócio.

subtropical de alta pressão, com movimento descendente do ar, é seca na região continental (provoca regiões desérticas). Os ventos alísios surgem do ar próximo ao solo que retorna ao Equador. Especialmente na Ásia Meridional, eles são alterados pela circulação das monções (leva ao máximo de chuvas no verão setentrional; a corrente de ar é orientada do mar para a terra). Pela mistura de ar quente e frio nas zonas temperadas dos Hemisférios Norte e Sul, formam-se ciclones. Por causa da rotação da Terra, esses ciclones dirigem-se como ventos predominantes do oeste para leste (provocam precipitações ciclonais e chuvas orográficas em montanhas nas regiões costeiras e áreas secas internas dos continentes). O ar das regiões polares contém pouca umidade; de modo correspondente, as precipitações são muito reduzidas, mas geralmente ultrapassam a evapotranspiração potencial, ainda mais reduzida. As regiões próximas à costa (marítimas = oceânicas) destacam-se pela redução das amplitudes anuais do clima; as regiões afastadas da costa (continentais) exibem grandes amplitudes anuais.

Um fator importante para a oferta de umidade é o deslocamento sazonal da posição zenital do sol. Assim, no inverno no Hemisfério Norte, a região mediterrânea passa a ser uma zona de vento oeste e no verão, uma zona subtropical de altas pressões. Nos trópicos, o ponto gravitacional das precipitações desloca-se para o norte no verão setentrional e para o sul no inverno; assim, especialmente nos trópicos marginais, originam-se pronunciados **períodos chuvosos e períodos secos**.

As **correntes marinhas** modificam fortemente o clima zonal. O norte da Alemanha teria um clima como o do Labrador, se não houvesse a Corrente do Golfo. A corrente fria de Humboldt é responsável pela precipitação relativamente reduzida na costa ocidental da América do Sul ao sul do equador (o deserto de Atacama como exemplo). Uma anomalia periódica recorrente de pressão e temperatura no Pacífico equatorial (El Niño) aproximadamente a cada cinco anos inverte a constante influência alísia (dirigida para oeste) e as correspondentes correntes marinhas. Essa inversão ocasiona enchentes na costa ocidental da América do Sul e seca nas regiões predominantemente úmidas da Indomalásia. Os efeitos ecológicos desse fenômeno são grandes.

O clima muda também, de modo característico com a **altitude acima do nível do mar** (altitude acima do nível normal, NN). Nas montanhas, as temperaturas médias baixam com o aumento da altitude, aproximadamente 0,55°C a cada 100 m. (As causas disso são especialmente o reduzido aquecimento do ar pela superfície do solo, a baixa densidade do ar e a maior irradiação). Assim, se formam as características zonas altitudinais e de vegetação. A pressão atmosférica baixa aproximadamente 10% a cada 1.000 m acima do NN, baixando também as pressões parciais de CO_2 e O_2. Porém, com a decrescente pressão, aumenta a difusividade dos gases. Nenhum dos demais parâmetros climáticos mostra um perfil altitudinal homogêneo. O clima irradiado é fortemente influenciado pela nebulosidade. Há montanhas em regiões úmidas cuja oferta de radiação é fortemente decrescente com a altitude (por exemplo, na Nova Guiné). Nos Alpes, o aumento da intensidade sob céu limpo e o aumento de nebulosidade mantêm-se em equilíbrio, razão pela qual a dose (intensidade vezes duração) não aumenta. Nem o vento nem a precipitação seguem padrões globais homogêneos, não mudando, portanto, especificamente com a altitude, mesmo que haja gradientes regionais característicos (nos Alpes e nas Montanhas Rochosas, a precipitação aumenta com a altitude e em partes dos Andes meridionais diminui). As cadeias montanhosas de localização central têm, em geral, um clima diferente (mais seco e mais quente) das de regiões marginais; por isso, os gradientes altitudinais são também diferentes (o assim chamado efeito da elevação das massas).

Relevo, exposição, estrutura do solo e cobertura vegetal modificam o clima vivenciado pelas plantas, em comparação com o recolhido por uma estação meteorológica (Figura 11-8). Esse **microclima** pode se afastar tanto do macroclima que a distinção de zonas climáticas desaparece

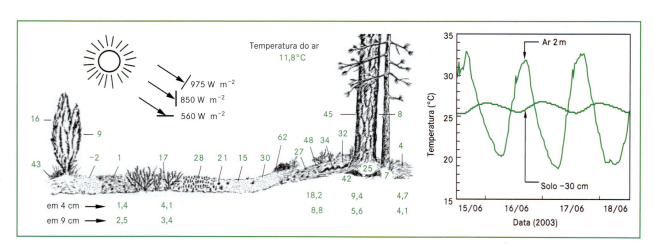

Figura 11-8 À esquerda: microclima em um espaço vital terrestre. Situação de primavera na borda de uma floresta na Holanda, ao meio-dia após uma noite clara, em 03/03/1976. Exemplo da forte variação do clima (microclima) em pequeno espaço, experimentada pelas plantas, em comparação com a temperatura do ar (macroclima). A intensidade da irradiação solar varia com o ângulo de incidência sobre a superfície irradiada. À direita: os andamentos diários da temperatura do ar a 2 m de altura e do solo a 30 cm de profundidade, em um campo na Basileia, mostram condições térmicas de vida temporalmente bem distintas. (À esquerda: Stoutjesdijk e Barkmann, 1987.)

periodicamente no nível da planta. Esses efeitos se estabelecem de modo especialmente forte em montanhas (Figura 11-9), onde comunidades vegetais baixas e muito densas dificultam tanto a troca de calor com a atmosfera livremente circulante, que, durante o dia devido ao calor de irradiação, podem resultar temperaturas tropicais na comunidade. Quanto mais baixa e mais densa a comunidade vegetal, tanto mais evidente esta desconexão climática (um gramado é mais fortemente desconectado do que uma floresta). Por conta da irradiação em noites claras as temperaturas da superfície diminuem abaixo da temperatura do ar, o que pode causar danos por geadas inesperadas. O essencial é que a própria cobertura vegetal molda seu microclima. Nesse processo, todos os componentes do clima são modificados.

A influência da arquitetura da comunidade e da exposição sobre as condições de temperatura nas comunidades vegetais pode ser representada pela termografia (imagens digitais em infravermelho) (Figura 11-9). Com isso, em distâncias curtas visualizam-se surpreendentes mosaicos de temperatura em pequenos espaços e grandes amplitudes térmicas. Chama a atenção que árvores mostram-se sempre mais frias (dependendo mais intimamente da temperatura do ar) do que plantas rasteiras, o que explica, entre outras coisas, o fenômeno global dos limites das árvores nas montanhas (ver 14.1).

A distribuição espacial das espécies vegetais reflete as diferentes condições do sítio. Por isso, podem-se empregar plantas como **espécies indicadoras ecológicas** (ver 13.3.3) e lhes agregar valores indicadores para determinados fatores do sítio. Com isso, é possível obter, sem medições trabalhosas, dados semiquantitativos sobre os fatores ambientais que atuam em comunidades vegetais e seus biótopos.

Em ecossistemas aquáticos, o aproveitamento da radiação e da temperatura também diverge bastante dos dados climáticos de uma estação meteorológica (Figura 11-10). Na primavera e no verão, as camadas superiores da água são preferencialmente aquecidas. Em consequência de sua reduzida densidade, essa água quente no verão permanece na superfície como **epilímnio**, enquanto a água fria e densa, fica por baixo como **hipolímnio**. (Figura 11-10B). Junto com a ação do vento, o resfriamento no outono e inverno possibilita uma mistura, o que tem significado decisivo para o suprimento de O_2 e nutrientes em todo o corpo d'água.

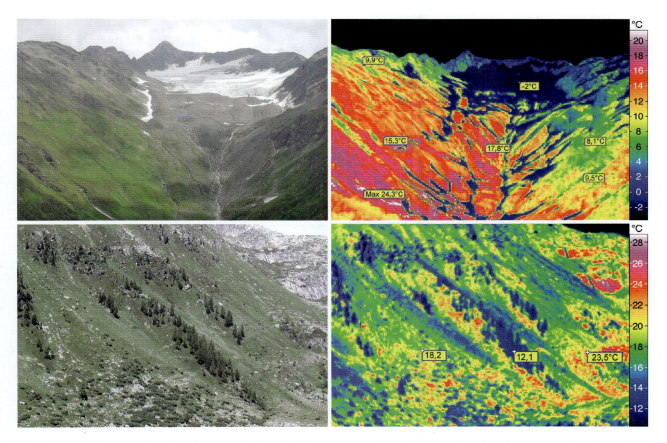

Figura 11-9 Sob tempo ensolarado, as imagens térmicas da paisagem mostram fortes desvios entre microclima e macroclima. A exposição e a forma de vida vegetal determinam a temperatura real no ecossistema. Acima: final de vale a 2.500 m acima do nível do mar (Passo Furka, Alpes centrais suíços). Sob temperaturas do ar em torno de 10°C, as plantas experimentam temperaturas entre 8 e 24°C. Abaixo: Na fonte do Ródano na Suíça, a cerca de 2.000 m acima do nível do mar; floresta com larício (*Larix*), reduzida a faixas estreitas pelas avalanches. As árvores exibem um estreito vínculo aerodinâmico à temperatura do ar (aqui cerca de 11°C); os campos alpinos e os arbustos anões são aquecidos ao sol. (Segundo Ch. Körner.)

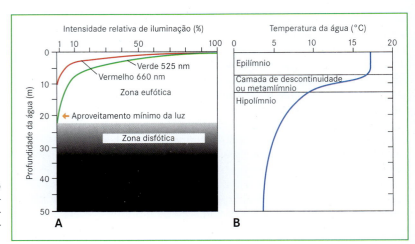

Figura 11-10 Relações climáticas em um biótopo aquático. A Radiação solar e B estratificação térmica durante os meses de verão, em um lago eutrófico da zona temperada (Lago Mond, Salzkammergut). (Segundo Findenegg, 1969.)

11.5.2.3 Solos

Os solos se originam da ação conjunta de fatores (rocha-mãe, organismos, clima e relevo), os quais no decorrer do tempo atuam na sua formação. Os processos formadores do solo mais importantes são intemperismo, deposição, formação de húmus, neoformação de minerais e estruturação. Conforme a situação topográfica, dessa maneira forma-se a **pedosfera** com presença de vida, que é uma parte da biosfera. O mundo vivo especial do solo denomina-se **edáfon**. A **rizosfera** abrange todo o espaço das raízes e representa a interface entre cobertura vegetal e solo. Os solos são sistemas porosos abertos que consistem em fases sólida, líquida e gasosa, nas quais ocorrem trocas de energia e matéria com a litosfera, a atmosfera, a hidrosfera e a biosfera. A formação dos minerais de argila e do húmus tem grande significado, em especial para a fertilidade do solo. O **húmus** é o componente orgânico do solo, que se origina sob a ação do edáfon, pela decomposição e reconstrução de restos orgânicos e sua mistura com componentes minerais (Figura 11-11).

Em relação à massa e ao volume, as minhocas e as bactérias são os principais **organismos do solo** nas zonas temperadas úmidas. As minhocas, com massa corporal de 20-80 g.m^{-2}, podem converter cerca de 10-40 t de solo por hectare por ano. Nos trópicos e subtrópicos com estação seca, os cupins são os destruidores animais predominantes (por exemplo, na Tanzânia foram encontrados 200 cupinzeiros por km²), os quais também contribuem decisivamente na mistura e construção do solo (pela decomposição dos ninhos). Em regiões estépicas, diversos roedores fossoriais encarregam-se de uma constante movimentação do solo (cricetídeos e esquilos terrestres, entre outros).

O enriquecimento do solo em matéria orgânica leva, na dependência da oferta de bases, a um abaixamento do pH, chegando em casos extremos até faixa de pH 3. Todos os fatores que dificultam a decomposição do material vegetal, como a serapilheira de acículas (de difícil decomposição),

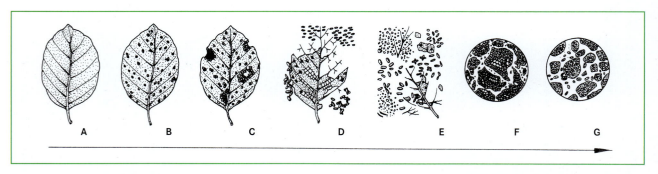

Figura 11-11 Decomposição do folhiço e formação de húmus (*Mull*), em floresta de faias sobre cambissolo. A Queda de folhas; B predação com orifícios pequenos (por colêmbolos, entre outros) e abertura da epiderme (início da colonização por bactérias e fungos); C transição para orifícios maiores; D estado avançado de predação (bichos-de-conta, centopeias, entre outros), separação da fauna; E ponto alto da decomposição microbiana (bactérias, fungos), continuidade da predação por animais saprófagos (ácaros, entre outros). (A-E aproximadamente 1/3x). F captação da massa decomposta, mistura com minerais e formação de complexos de argila e húmus por detritívoros (minhocas, entre outros); G Situação, após repetidas passagens pelo intestino (neste caso, com decomposição bacteriana) *Mull*. (F – G aproximadamente 150x). (Segundo Zachariae, 1965.)

condições climáticas desfavoráveis ou rochas pobres em bases, promovem a formação de húmus bruto e, com isso, a **acidificação do solo**. A mobilização e disponibilidade de nutrientes minerais são intimamente relacionadas com isso. Com o auxílio dos fungos das micorrizas, a maioria das plantas consegue utilizar melhor a oferta de nutrientes do solo e, assim, aumentar a produção de biomassa.

As interações entre solo e planta são múltiplas e muito complexas, de modo que não é possível deduzir quaisquer relações de causa-efeito. A rocha-mãe e o clima são os fatores determinantes dessa estrutura de ação. As plantas não só ocorrem sobre determinados solos, mas também influenciam a formação deles. Esse processo transcorre muitas vezes sobre uma sucessão de espécies. A qualidade e a quantidade da serapilheira (por exemplo, acículas ou folhas largas) são essenciais para a dinâmica da camada superficial do solo.

Ecologicamente, mais importante do que o efetivo **valor do pH** é a disponibilidade de bases, que, devido ao **tamponamento ácido** do solo em um nível de pH de um sistema-tampão, pode variar bastante. Os sistemas-tampão importantes cobrem as seguintes faixas de pH: carbonato, 8,6–6,2; troca catiônica, 5–4,2; alumínio, < 4,2; ferro, < 3,8; e intemperismo de silicato, em todo o espectro do pH. O conteúdo de calcário é especialmente importante. Além do grande efeito de tamponamento, entre outros efeitos, ele influencia as propriedades físicas dos solos, como a estruturação ("estrutura da camada superior") e, com isso, a economia de água, ar e calor.

Os valores de pH dos solos, no solo superficial, ficam aproximadamente na faixa de 2,6–4,5, nas turfeiras altas fortemente ácidas e nas charnecas de arbustos anões; de 3,5–4,5, em matas de solo ácido; de 4,5–6,0, em florestas mais ricas, e moderada ou fracamente ácidas e em solos agrícolas; de 5,0–6,5, em turfeiras planas; de 6,0–7,5, em florestas de faias sobre calcário na faixa neutra; de 6,5–8,0, em florestas de várzea; de 7,0–8,5, em estepes mais ou menos alcalinas sobre rochas calcárias; e de até acima de 10,0, sob vegetação árida de halófitos (solos sódicos fortemente alcalinos = *solonetz*).

A acidificação não se deve somente à formação de ácidos húmicos, mas também à secreção de ácidos pelas raízes e microrganismos, à dissociação do ácido carbônico e à lixiviação de bases. Uma vez que o crescimento das plantas e microrganismos é influenciado pelas oscilações sazonais de precipitação e temperatura, o valor do pH está sujeito também a um ritmo sazonal típico. Uma alcalinização do solo está condicionada sobretudo pelo enriquecimento por sais de bases fortes e ácidos fracos (por exemplo, Na_2CO_3, $CaCO_3$).

Nas florestas, a maior parte dos detritos orgânicos (serapilheira) cai na superfície do solo. Esse incremento dirigido causa uma diferenciação vertical muito forte no perfil do solo (Figura 11-12). Sob vegetação de gramíne-

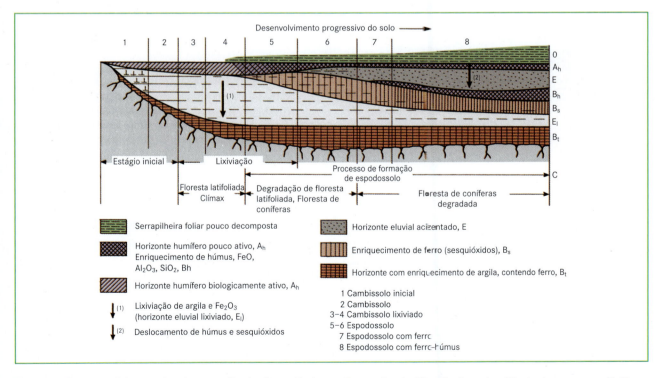

Figura 11-12 Desenvolvimento do solo em região de clima atlântico na Europa. A estratificação dos solos é ilustrada por seu perfil. Ele se altera no decorrer do tempo. Os solos amadurecem; mas podem degradar-se de novo. O gráfico mostra uma sequência de estádios da formação do solo. (Segundo P. Duchaufour, de J. Braun-Blanquet, com nomenclatura de solos atualizada.)

Tabela 11-1 Classes granulométricas adotadas na Alemanha

Fração do solo	Granulação* (μm)
"Esqueleto" do solo	> 2.000
Areia grossa	< 2.000
Areia média	63-2.000 (50-2.000)
Areia fina/silte	2-63 (2-50)
Argila	< 2

* Entre parênteses: classes internacionais.

as e em solos típicos de estepes, os detritos orgânicos são envolvidos pelo volume de raízes finas, o que, junto com a atividade de animais fossoriais e reduzida infiltração devido à seca, contribui para explicar a diferenciação vertical essencialmente reduzida do conteúdo de húmus. Para determinados componentes, o tempo médio de permanência do carbono no solo é de milênios, razão pela qual os solos ricos em húmus têm idade avançada, e sua destruição em períodos consideráveis é, por isso, definitiva e irreversível.

A **tipificação do substrato do solo** orienta-se por: 1) material de origem (por exemplo, calcário, silicato); 2) textura, a chamada **distribuição granulométrica** (Tabela 11-1); 3) conteúdo de húmus. Além do tamanho dos poros, a estrutura (disposição dos constituintes do solo) tem um significado ecológico especial, pois ambos determinam o volume dos poros e as classes de **tamanho dos poros**, decisivos para o armazenamento de água. (Tabela 11-2). Os solos arenosos têm poros grandes, são bem arejados e rapidamente drenados, tendo, por isso, baixa capacidade de armazenar água (solos "leves", quentes). Para solos siltosos e argilosos, vale o contrário (solos "pesados", frios). A ligação de minerais de argila (coloidais) e de substâncias húmicas (macromoléculas muito complexas de numerosos núcleos aromáticos, em parte ligadas com nitrogênio e cadeias laterais alifáticas) formam **complexos de argila e húmus**, em cujas superfícies carregadas negativamente ligam-se cátions trocáveis. Em solos não perturbados, pelos radiculares, micorrizas e microrganismos estão tão intimamente associados com esses agregados que uma lixiviação de nutrientes é consideravelmente impedida. Por meio da inclusão química de **nitrogênio** em **substâncias húmicas**, em parte extremamente inertes, grandes quantidades de nitrogênio são fixadas em uma forma não disponível para as plantas (relação C/N no húmus é 10-20, em folhas verdes é 30-50). Por esse motivo, os dados sobre o estoque total de nitrogênio no solo nada informam sobre o suprimento de nitrogênio das plantas. A "carga" máxima de nutrientes minerais disponíveis para as plantas é determinada amplamente pelo conteúdo de argila e húmus. Recentemente, os modelos biogeoquímicos partem do fato de que, em última análise, a produtividade da Terra é limitada pelo conteúdo de argila do solo. Isso se estende até a questão de quanto carbono pode ser fixado pela biosfera em nível mundial.

A **tipificação do solo** orienta-se fortemente pela formação do perfil, isto é, pela formação de horizontes, identificados com letras maiúsculas (Quadro 11-1). Em geral, distinguem-se horizontes de depósito orgânico e horizontes de solo mineral.

Horizontes de depósito orgânico importantes:

I Serapilheira: restos vegetais amplamente não decompostos (*litter*).
F Horizonte de fermentação ou apodrecimento: estruturas de tecidos reconhecíveis.
H Horizonte de húmus: restos orgânicos sem estruturas de tecidos.

Horizontes de solo mineral importantes:

A Horizonte superior do solo (teor elevado de húmus).
E Horizonte de lixiviação (horizonte eluvial).
B Horizonte de terra mineral-intemperismo (caracterizado pela neoformação de minerais e enriquecimentos).
G Horizonte influenciado pelo lençol freático.
S Horizonte influenciado pela água estagnada.
C Material original no substrato (rocha-mãe) do qual o solo se originou.

A denominação dos **tipos de solo** orienta-se por características destacadas, como, por exemplo, a cor (marrom, preta) ou a sequência dos horizontes do solo reconhecíveis. Quando um fator da formação do solo se altera, surgem sequências de tipos de solos. Se num clima temperado-úmido nenhum dos fatores da formação do solo se altera ao longo do tempo, de neossolos quartzarênicos pouco estruturados (A-C) originam-se mais tarde solos de intemperismo (cambissolos A-B-C) ou tipos de solo fortemente caracterizados por processo de deposição (espodossolos A-E-B-C). Na maioria dos solos jovens A-C (por exemplo, chernossolos rendzínicos, originados de rochas-mãe calcárias ou neossolos litólicos hísticos de rocha-mãe silicosa), o horizonte A situa-se diretamente sobre o material de origem. Os fatores formadores de solo podem variar fortemente em pequenos espaços, o que causa mosaicos de solos (Figura 11-13). O horizonte

Tabela 11-2 Classes de tamanhos de poros

Designação	Tamanho (μm)	Característica
Poros grosseiros amplos	> 50	Água infiltra rapidamente
Poros grosseiros estreitos	10-50	Grande disponibilidade de água
Poros médios	0,2-10	Média a baixa disponibilidade de água
Poros finos	< 0,2	Água não disponível às plantas

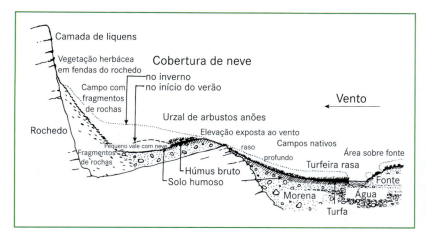

Figura 11-13 Exemplo do surgimento de mosaicos de vegetação em virtude da natureza fortemente variável do solo em interação com clima e relevo. Devido à extrema variabilidade em pequena escala, escolheu-se aqui, como na Figura 11-9, um exemplo do nível alpino. (Segundo Ellenberg, 1996.)

A presta-se como fonte, o horizonte B como dreno para as substâncias mobilizadas no desenvolvimento do solo.

Em floresta com árvores de folhas aciculadas de zonas temperadas-frias, assim como sob vegetação de tundra, é frequente a seguinte sequência de horizontes:

A forma do húmus é um **húmus bruto** (do inglês *mor*), que se encontra sobre o solo mineral e no qual é possível reconhecer os horizontes L, F e H, com diferentes espessuras. No horizonte A, sobre o qual se situam as formas do húmus bruto, a mistura de substâncias húmicas e constituintes minerais do solo se torna perceptível com a limpeza do lodo. Em regiões frias e úmidas, ao horizonte A segue um **horizonte de lixiviação** (E), mais ou menos descorado e pobre em húmus (ou mesmo desprovido dele), característico para espodossolos. Nesse horizonte, os minerais de argila estão amplamente intemperizados e os produtos de sua intemperização são depositados como sóis de húmus e ferro ou alumínio. No caso extremo, o horizonte E consiste em apenas areia quartzosa. Por isso, em solos podzólicos o horizonte B não é apenas um **horizonte de intemperização**, mas mostra nítidos sinais de enriquecimento em substâncias, especialmente de coloides de ferro e húmus. Sob certas circunstâncias, esse horizonte pode estar tão fortemente cimentado por essas substâncias, que a penetração de raízes é dificultada. A transição do horizonte B para o C é geralmente pouco nítida.

Sob condições mais moderadas, como, por exemplo, em florestas mistas latifoliadas, encontra-se frequentemente uma forma de húmus denominada **moder**, que se caracteriza pelos horizontes L, F e H de reduzida espessura. Sob condições de decomposição muito favoráveis, origina-se uma forma de húmus denominada **mull**, na qual faltam completamente os horizontes F e H. O *mull*, portanto, não é uma forma de deposição de húmus, pois a uma camada de serapilheira possivelmente existente é seguida pelo horizonte mineral A, no qual substâncias húmicas e terra fina mineral são intimamente misturadas. Sob essa condições também não se encontra mais espodossolo, mas dominam solos da série cambissolo, nos quais não se depositam sesquióxidos nem compostos organo-metálicos.

Em regiões de precipitações abundantes e em solos com percolação inibida, formam-se solos encharcados, chamados pseudogleis, em oposição aos gleissolos, que se distinguem por uma inundação permanente por elevação do lençol freático.

Nos climas secos, cálido-continentais de estepes (florestais) e pradarias originam-se principalmente os chernossolos (cor escura): solos A-C férteis, muito ricos em nutrientes, com um horizonte de húmus espesso e negro que passa diretamente para o substrato mineral (muitas vezes loess). Até a profundidade na qual a água de precipitações penetra, ocorre uma lixiviação do calcário, o qual é de novo precipitado nos horizontes mais profundos. Em regiões áridas de (semi) desertos, a participação do húmus diminui cada vez mais. Aqui se originam, por exemplo, solos de cor castanha e cinzentos (kastanozem, aridissolos). Em baixadas essas regiões, onde a escassa água pode se acumular e infiltrar, devido à forte evaporação, há um transporte ascendente de sais dissolvidos (por exemplo, Na_2CO_3, Na_2SO_4, NaCl, $MgSO_4$, entre outros), que podem aflorar e se concentrar na superfície do solo. Esses solos são geralmente alcalinos e seu pH pode atingir valores superiores a 10. Nos trópicos úmidos, a serapilheira é decomposta muito rapidamente e se formam solos lateríticos, quase sem húmus e pobres em nutrientes. Desses solos minerais profundamente intemperizados, são lixiviados íons alcalinos e alcalino-terrosos, assim como silicatos; em contrapartida, óxidos de ferro e de alumínio, além de caulinita, concentram-se nos resíduos. Esses solos vermelhos, geralmente muito duros, não contêm mais quase nenhum silicato intemperizável (Quadro 11-1).

11.6 Enfoques da pesquisa fitoecológica

A ecologia vegetal investiga, onde, como e por que se desenvolve determinada situação, bem como de que modo essa situação se altera em função dos fatores do sítio e do

Quadro 11-1

Classificação dos solos

O agrupamento em classes de solos foi necessário devido ao grande número de tipos existentes. Essa classificação facilita a comunicação entre os especialistas e permite um mapeamento dos solos com propriedades semelhantes. Até hoje não existe um único sistema de classificação de solos reconhecido internacionalmente. A classificação dos solos é efetuada fundamentalmente segundo três métodos diferentes, em que servem de base: os fatores formadores, os processos formadores ou as propriedades do solo. O agrupamento com base nos fatores formadores do solo leva a uma classificação que corresponde a zonas de clima e vegetação (solos zonais) ou à rocha-mãe e à topografia (solos azonais). Os representantes zonais típicos são espodossolos e cambissolos boreais das zonas temperadas, bem com solos lateríticos tropicais. Os representantes azonais típicos são solos aluviais, solos inundados ou neossolos quartzarênicos.

A classificação conforme as propriedades do solo baseia-se em características precisamente definidas a partir do estudo dos horizontes. Esse sistema foi desenvolvido em 1960 nos EUA (*soil taxonomy*) e atualmente é um dos mais utilizados, embora haja necessidade de uma grande quantidade de dados de campo e de laboratório. Na maioria dos países europeus, ao contrário, os solos são classificados segundo pontos de vista morfogenéticos, sendo os processos formadores do solo e os fatores ambientais considerados ao mesmo tempo. Esse sistema é mais adequado para a interpretação pedogenética dos solos individualmente e, conforme as realidades e necessidades, sofreu ligeiras modificações nos diferentes países.

Outro sistema de classificação bastante empregado é o da FAO-Unesco, desenvolvido visando um mapeamento universal dos solos. Nesse sistema, a classificação é efetuada de acordo com características diagnósticas do solo, assim como segundo seus processos formadores e fatores ambientais.

Devido aos diferentes princípios adotados, não é possível e também não faz sentido realizar um confronto lógico e rigoroso das unidades de classificação dos distintos sistemas. Contudo, tentou-se aqui reunir os tipos de solos em três sistemas de classificação.

A taxonomia dos solos dos EUA apresenta 10 ordens como categorias superiores (Tabela A; os nomes dos solos, na maioria, têm origem latina ou grega).

Tabela A Taxonomia dos solos (adotada nos EUA)

Ordem	Características	Derivação linguística
Entissolos	solos não desenvolvidos, sem horizontes reconhecíveis	do inglês *recent* = jovem
Vertissolos	solos densos e escuros de argilas com capacidade de expansão, com fortes propriedades expansíveis e retráteis	do latim *vertere* = virar
Inceptissolos	solos fracamente desenvolvidos, com horizontes reconhecíveis	do latim *inceptum* = começo
Aridissolos	solos com características de climas secos	do latim *aridus* = seco
Molissolos	solos com horizonte A grumoso (*krümelig*), espesso, escuro, rico em húmus e *mull* como forma de húmus	do latim *mollis* = macio, frouxo
Espodossolos	solos com horizonte rico em Fe, Al e húmus devido à eluviação e com horizonte descorado correspondente	do grego *spodos* = cinza
Alfissolos	solos com horizonte rico em argila, mas com intemperismo de silicato moderado	*pedalfer*: antiga denominação americana para livre de carbono
Ultissolos	solos com horizontes ricos em argila, baixa saturação de bases e temperatura anual > 8°C	do latim *ultimus* = último
Latossolos	solos tropicais ricos em sesquióxidos, fortemente intemperizados	de óxido
Histossolos	turfas e outros solos com forte deposição de húmus	do grego *histos* = tecido

Tabela B Classificação dos solos (adotada pela FAO)

Grupo	Características	Derivação linguística
Fluvissolos	solos ripários e costeiros, com baixa diferenciação no perfil	do latim *fluvius* = rio
Gleissolos	solos com características fortemente hidromórficas	do russo *gley* = solos úmidos, pesados
Regossolos	neossolos quartzarênicos brutos de rocha desagregada sobre rocha compacta	do grego *rhegos* = revestimento
Litossolos	solos fracamente desenvolvidos, pouco profundos, principalmente de rocha compacta	do grego *lithos* = rocha
Andossolos	solos escuros de cinzas vulcânicas	do japonês *an do* = solo preto
Vertissolos	solos com fortes manifestações de expansão e retração devido ao elevado teor de argila	do latim *vertere* = virar
Cambissolos	solos com alterações de cor, estrutura e textura, com consequência do intemperismo	do latim *cambiare* = mudar
Calcissolos	solos com concentrações calcárias em profundidades inferiores a 1,25 m	de cálcio
Solonchaks	solos com concentrações de sais livres (NaCl, gesso, entre outros)	do russo, nome de solos salinos
Solonetz	solos com elevada sorção de Na^+	do russo, nome de solos alcalinos
Chernossolos	solos pretos das estepes	do russo *chern* = preto
Luvissolos	solos com eluviação de argila, saturação de bases elevada	do grego *louo* (falado *luo*) = lavar (lixiviar)
Espodossolos	solos com horizonte fortemente descorado por lixiviação	do russo *pod zola* = sob cinzas
Acrissolos	solos ácidos com baixa saturação de bases	do latim *acris* = ácido
Nitissolos	solos com eluviação de argila com camadas argilosas (*toncutanen*) nítidas	do latim *nitidus* = nítido
Ferralssolos	solos com conteúdo elevado de sesquióxidos	do latim *ferrum* = ferro; *al* de alumínio
Histossolos	solos orgânicos, solos turfosos	do grego *histos* = tecido
Antrossolos	solos de origem antrópica e/ou bastante transformados	do grego *anthropos* = pessoa

Tabela C Sistema de classificação na Alemanha (extrato)

Tipo de solo	Características
Solos terrestres	
Neossolos quartzarênicos terrestres	ver FAO regossolos e litossolos
Solos A-C	solos sem subsolo argiloso
neossolo litólico hístico	sobre rocha compacta sem carbonato ou pobre em carbonato
regossolo	sobre rocha desagregada sem carbonato ou pobre em carbonato
chernossolo rendzínico	sobre rocha com carbonato ou gesso
pararendzina	sobre rocha-mãe da marga
solos de estepe	ver FAO Chernossolos
Cambissolos	cambissolo e luvissolo (*lessité* = lixiviado) típicos, sem e com eluviação de argila, respectivamente
Espodossolos	ver classificação da FAO
Terras calcárias (calcissolos)	solos plásticos de rocha com carbonato, de sítios quentes e secos; terra fosca (*terra fusca*) e terra vermelha (*terra rossa*)
Solos de água estagnada	estagnossolo como pseudoglei ou estagnoglei
Solos antropogênicos	colúvio ou solo de colúvio, hortissolo, vigossolo
Solos semiterrestres	
Solos ripários	ver FAO fluvissolos
Gleissolos	ver FAO gleissolos (glei típico, glei mal drenado, glei de turfeira)
Pântanos	solos lodosos
Turfeiras	solos com camada de turfa superior a 3 dm

ambiente (Figura 11-5). Como toda a ciência, ela parte da observação de padrões (tanto estruturais e espaciais quanto processuais e temporais). Ela se torna causal devido à **conexão funcional** de pelo menos dois níveis de observação ou da conexão do "padrão" com as condições ambientais. Nesse sentido, tanto faz se o funcionamento da biosfera é explicado a partir de características do grande bioma (ver 14.2); ou o funcionamento da floresta, a partir de características das árvores; ou a reação fotossintética de uma folha, a partir de características dos cloroplastos, ou se cada um desses níveis é relacionado aos fatores ambientais. Uma limitação ao nível de observação sem tentativa de esclarecimento (por exemplo, a elaboração de uma lista de espécies ou de um mapa de vegetação, a coleta de dados ambientais ou de características químicas de um tecido) acaba se tornando um procedimento descritivo e frequentemente o ponto de partida.

A ecologia quantitativa não tem quaisquer grandezas básicas absolutas (referências). Não existe qualquer metro padrão ecológico, significando que cada observação só pode ser avaliada em relação a uma outra. Uma vez que a "outra" observação ocorreu muitas vezes sob condições (muito) diferentes, a ecologia tem – mais do que qualquer outra ciência natural – o problema da comparabilidade de seus resultados. Por isso, há necessidade de uma referência comparativa experimental ou de observação, **comparativismo** (do inglês *comparative ecology*), para que se obtenham resultados conclusivos. A separação muitas vezes enfatizada no passado entre a autecologia e a sinecologia (pesquisa de uma espécie, contrapondo-se a abordagem de várias espécies ou de uma comunidade inteira), hoje é raramente ainda feita. Em correspondência à metodologia escolhida, pode-se fazer a distinção entre:

- ecologia vegetal por observação (sem intervenção),
- ecologia vegetal experimental (com intervenção) e
- ecologia vegetal teórica (modelada).

A **ecologia vegetal por observação** parte dos padrões e reações na natureza livre. Ela deduz suas afirmações a partir da conexão dos diferentes padrões com a inclusão das condições do sítio e do ambiente. O caráter de seus resultados é sempre correlativo, estatístico – deficiência em parte compensada pela forte conexão com a realidade. A esse domínio pertencem subdisciplinas muito distintas: **fitossociologia** (associações vegetais), **corologia** ou areografia (ocorrência das plantas, geobotânica florística, biogeografia), **ciência da vegetação** quantitativa (estrutura e dinâmica em associações vegetais; do inglês *community ecology*), **geobotânica** ecológica (estudo do sítio, explicação sobre distribuição), **biologia de populações** (dinâmica da reprodução e da dispersão), partes da **ecofisiologia** trabalhadas no campo (reações do metabolismo, do crescimento e do desenvolvimento relacionadas ao ambiente) e da **ecologia de sistemas** (transformações de matéria em nível de ecossistema) com conexão imediata com a **ecologia do solo**, áreas da ecologia histórica (paleoecologia, história da vegetação), com áreas especializadas como palinologia (análise polínica voltada para a história da vegetação) e dendroecologia (pesquisa dos anéis anuais). Além dessas, existem também subdivisões segundo os espaços vitais (ecologia urbana, tropical, polar, florestal, costeira, aquática e assim por diante).

A **ecologia vegetal experimental** procura descobrir relações de causa-efeito por meio de intervenções. Somam-se a essas a **manipulação** intencional a campo (por exemplo, adubação, rega, sombreamento, eliminação de competidores, intervenção na polinização, aquecimento do solo, tratamento com concentração elevada de CO_2 ou com gases prejudiciais) e a **simulação** de condições vitais em ambiente controlado (casa de vegetação, simulador climático). Os **"experimentos" da natureza** constituem uma faceta especial particularmente valiosa, que da mesma maneira presta-se como possibilidade de pesquisa às disciplinas descritivas. Assim, entendem-se os fortes gradientes ambientais por distâncias curtas, que possibilitam analisar o efeito de fatores ambientais isolados sob condições muito semelhantes (substrato, macroclima, muitas vezes também a composição florística). Os perfis de altitude, de exposição, de umidade, de nutrientes, de luminosidade (pesquisa de transeções), bem como as fontes naturais (ou seja, geológicas) de CO_2, são exemplo disso. Esses "experimentos" da natureza são de valor inestimável, pois com eles não ocorre uma falha elementar inerente a todos os experimentos artificiais: a curta duração. Em compensação, infelizmente muitas vezes eles não estão disponíveis em grande quantidade (repetições insuficientes, no sentido estatístico). De qualquer modo, o potencial desses "experimentos" da natureza é muito pouco explorado.

À **ecologia teórica** cabe o papel na compreensão e da predição. Ela trabalha com **modelos** matemáticos, e na análise utiliza os resultados dos trabalhos de pesquisa acima e os integra numa estrutura modelar. Da mesma forma, ela revela lacunas da pesquisa e as preenche com hipóteses plausíveis, sendo com isso precursora da construção de teorias. Por um lado, ela procura esclarecer retrospectivamente a distribuição e a alteração da vegetação; por outro, o funcionamento atual dos ecossistemas e de suas partes. Utilizando essas experiências, ela pode proporcionar projeções de possíveis desenvolvimentos futuros. Sua maior vantagem é que suas simulações e modelagens – ao contrário daquelas da pesquisa prática – são limitadas no tempo e no espaço, mas como desvantagem elas são fictícias. Por isso, uma retroalimentação com as disciplinas de observação e experimentais é indispensável.

Referências

Ecologia terrestre geral/Ecologia vegetal

Chapin FS III, Matson PA, Mooney HA (2002) Principles of Terrestrial Ecosystem Ecology. Springer, New York
Gurevitch J, Scheiner MS, Fox GA (2006) The ecology of plants, 2nd ed. Sinauer, Sunderland
Nentwig W, Bacher S, Beierkuhnlein C, Brandl R, Grabherr G (2004) Ökologie. Elsevier/Spektrum Akademischer Verlag, Heidelberg
Odum EP (1999) Ökologie, 3. Aufl. Thieme, Stuttgart
Ricklefs RE, Miller GL (2000) Ecology, 4th ed. Freeman, New York
Schäfer M (2003) Wörterbuch der Ökologie. Spektrum Akademischer Verlag, Heidelberg
Schulze ED, Beck E, Mu_ller-Hohenstein K (2002) Pflanzenökologie. Spektrum Akademischer Verlag, Heidelberg
Wardle DA (2002) Communities and Ecosystems, Princeton University Press, Princeton

Ciência do solo/Ecologia do solo

Bargett RD (2005) The biology of soils. Oxford University Press, Oxford
Gisi U (1997) Bodenökologie, 2. Aufl. Thieme, Stuttgart
Kuntze H, Roeschmann G, Schwerdtfeger G (2004) Bodenkunde, 5. Aufl. Ulmer, Stuttgart
Scheffer F, Schachtschabel P (2002) Lehrbuch der Bodenkunde, 15. Aufl. Spektrum Akademischer Verlag, Heidelberg

Climatologia

Lauer W, Rafiqpoor MD (2002) Die Klimate der Erde. Steiner, Stuttgart
Malberg H (2007) Meteorologie und Klimatologie, 5. Aufl. Springer, Berlin
Weischert W (2002) Einfu_hrung in die Allgemeine Klimatologie, 6. Aufl. Borntraeger, Stuttgart

Ecologia aquática

Barnes RSK, Hughes RN (1999) Introduction to marine ecology, 3rd ed. Blackwell, Oxford
Lampert W, Sommer U (1999) Limnoökologie, 2. Aufl. Thieme, Stuttgart
Schönborn W (2003) Lehrbuch der Limnologie. Schweizerbart, Stuttgart
Schwoerbel J (1999) Einfu_hrung in die Limnologie, 8. Aufl. Gustav Fischer, Stuttgart
Uhlmann D, Horn W (2001) Hydrobiologie der Binnengewässer. Ulmer, Stuttgart

Capítulo 12
Plantas no Hábitat

12.1	Radiação e balanço energético.......	971
12.1.1	Magnitude da radiação e o seu balanço....	972
12.1.2	Balanço energético e microclima.........	972
12.1.3	A luz na comunidade vegetal............	974
12.2	A luz como sinal..................	976
12.2.1	Fotoperiodismo e sazonalidade..........	976
12.2.2	Sinais da luz vermelha em comunidades vegetais............................	977
12.3	Resistência à temperatura..........	978
12.3.1	Resistência ao congelamento...........	978
12.3.2	Resistência a altas temperaturas.........	979
12.3.3	Ecologia do fogo.....................	980
12.4	Influências mecânicas...............	982
12.5	Balanço hídrico...................	982
12.5.1	Potencial hídrico e transpiração..........	984
12.5.2	Reações ao déficit hídrico..............	986
12.5.3	Comportamento estomático sob condições naturais.............................	988
12.5.4	Balanço hídrico do ecossistema..........	990
12.6	Balanço de nutrientes..............	991
12.6.1	Disponibilidade de nutrientes no solo.............................	992
12.6.2	Fontes e drenos de nitrogênio............	993
12.6.3	Estratégias de investimento em nitrogênio.	995
12.6.4	Heterogeneidade do solo, competição e simbioses na rizosfera.................	998
12.6.5	Nitrogênio e fósforo em uma abordagem global...............................	1001
12.6.6	Cálcio, metais pesados e "sais"	1002
12.7	Crescimento e balanço do carbono ...	1002
12.7.1	Ecologia da fotossíntese e da respiração...	1004
12.7.2	Ecologia do crescimento...............	1007
12.7.3	Análise funcional do crescimento.........	1008
12.7.4	O isótopo estável ^{13}C na ecologia	1012
12.7.5	Biomassa, produtividade, ciclo global do carbono.............................	1014
12.7.5.1	Estoque de biomassa.....................	1014
12.7.5.2	Produção de biomassa..................	1014
12.7.5.3	Produções líquidas do ecossistema e da biosfera.........................	1020
12.7.6	Aspectos biológicos do "problema do CO_2"...	1021
12.8	Interações bióticas.................	1025
12.9	Uso de biomassa e da terra pelo homem............................	1028
12.9.1	Uso e transformação da vegetação	1028
12.9.2	Uso de florestas e desmatamento	1030
12.9.3	Manutenção dos campos e pastejo	1032
12.9.4	Cultivo de plantas de interesse econômico ...	1033

A oferta de radiação solar, o suprimento de água e minerais e, na base dessas condições, a incorporação de carbono para o crescimento e produção de biomassa, são os mais importantes conectores entre as plantas e seu ambiente físico e químico. Os fundamentos bioquímicos e fisiológicos foram tratados no Capítulo 5 (em parte também nos Capítulos 6 e 8). No presente capítulo, são apresentadas as reações de indivíduos, comunidades vegetais e ecossistemas à variabilidade natural da oferta de radiação, água e nutrientes, bem como é discutida a economia do carbono em sua dimensão ecológica. As interações biológicas, a influência antrópica sobre a vegetação e o uso das plantas também são abordados aqui.

12.1 Radiação e balanço energético

Os balanços de radiação e energia determinam o clima direta e indiretamente por meio da evaporação, da formação de nuvens, da precipitação, bem como pela influência local e global sobre a temperatura. Na Europa Central, em um dia de verão e ao meio-dia, a quantidade de energia solar que atinge um metro quadrado de superfície do solo é de cerca de 900 watts. Saber o que acontece com essa enorme quantidade de energia no ecossistema, ou mesmo em cada folha, é crucial para a compreensão da vida das plantas.

12.1.1 Magnitude da radiação e o seu balanço

A energia solar total que atinge a superfície da Terra é denominada **radiação global**. Ela possui componentes diretos e difusos, e, devido à reflexão e absorção na atmosfera, nas latitudes medianas é em média um terço inferior à radiação medida fora da atmosfera em direção ao Sol ("constante solar" = cerca de 1.400 W m^{-2}). Aproximadamente metade da radiação global encontra-se na região da luz visível do espectro eletromagnético ("Luz", 380-780 nm), correspondendo praticamente à faixa espectral da **radiação fotossinteticamente ativa (RFA,** do inglês *photosynthetic active radiation*), cujo intervalo de comprimento de onda é 380-710 nm W m^{-2} (generalizado muitas vezes como 400-700 W m^{-2}). Uma vez que a radiação fotossinteticamente ativa (ver 5.4.1, Quadro 5.2) é composta de fótons (partículas de luz) com energia muito diferente (carga quântica) (azul = rica em energia, vermelho = pobre em energia), as faixas espectrais de ondas curtas (mais ricas em energia) são ponderadas mais fortemente por sensores de radiação neutros e sem filtros. Para evitar essa ponderação, utilizam-se sensores de fótons equipados com filtros, uma vez que permitem que todos os fótons entre 400 e 700 nm sejam registrados de maneira quase equivalente. Devido à direta relação estequiométrica entre os fótons absorvidos no intervalo de 400-700 nm e a fixação de carbono pela fotossíntese, a **densidade do fluxo de fótons fotossintéticos** passou a ser considerada como medida padrão na área de biologia (do inglês *photosynthetically active photon flux density*, PPFD ou abreviado para **PFD**, geralmente expressa em μmol de fótons m^{-2} s^{-1}; a medida também ocasionalmente utilizada "Einstein", E = mol de fótons, não está de acordo com o Sistema Internacional). Embora não seja correto, é comum indicar os dados medidos por sensores de fluxo de fótons (também conhecidos por sensores de cargas quânticas) em μmol m^{-2} s^{-1} – unidade usada para RAF, ver acima. Além disso, considerar PFD para designar balanço energético também não é apropriado, pois os fótons não representam uma unidade de energia.

O componente difuso da radiação global penetra mais profundamente no interior das comunidades vegetais que a radiação direta, a qual provoca sombras densas. De acordo com a forma e o tamanho de suas folhas, as plantas aumentam a participação da radiação difusa na comunidade (por exemplo, por meio de acículas em coníferas ou de folhas compostas em acácias). Uma parte

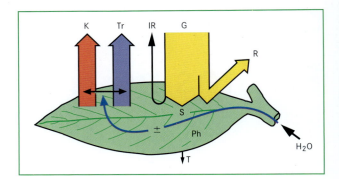

Figura 12-1 Balanço energético de uma folha. Ao se subtrair da radiação global incidente (G) as energias refletida (R), irradiada (IR) e fotoquimicamente utilizada (Ph), obtém-se a energia do balanço da radiação (S). Contudo, a massa foliar é demasiadamente baixa para armazenar toda a energia de S, o que faz com que a folha tenha de "dissipar" o excedente. Desta maneira, dependendo da disponibilidade de água, parte da energia pode retornar ao ar por perda de calor evaporativo (Transpiração, Tr; calor latente ou "não sensível"), ou ainda, por perda de calor por convecção (K, "calor sensível"). A transmissão da radiação (T) é, geralmente, inferior a 1% de S.

da radiação global é refletida pela superfície receptora – processo bastante influenciado pela cobertura vegetal. Arbustos claros do deserto apresentam **reflexão** aproximada de 20% da radiação solar incidente, uma floresta de esprúce somente de 10%, um solo descoberto pode chegar a refletir 30%, enquanto a neve recém-caída, mais de 80%. O restante, o **balanço da radiação**, representa a quantidade de energia absorvida pela folha ou pela comunidade (Figura 12-1). Durante o dia, esse balanço é sempre positivo e, à noite, é nulo ou negativo. O balanço da radiação noturno negativo origina-se da radiação térmica das próprias plantas.

Todos os corpos (inclusive os gases) irradiam sob a forma de energia térmica o proporcional a 10^4 vezes o valor de sua temperatura absoluta. O balanço dessa radiação de calor depende da temperatura do corpo situado em frente ou ao redor. Um corpo quente em um meio frio irradia mais energia (valor líquido) do que capta. Para plantas sob "céu limpo", a perda de calor por irradiação para o "espaço sideral" (mais frio), à noite, pode ser considerável e, devido ao ar frio, as folhas chegam a resfriar cerca de 3-5 K, o que provoca geadas por radiação (K, grau Kelvin, é apropriado para indicar diferenças de temperatura, mesmo quando essa for dada em °C, assim evitando equívocos). Nuvens e neblina impedem esse efeito.

12.1.2 Balanço energético e microclima

Em princípio, uma folha possui quatro caminhos para "se desfazer" da energia absorvida e resultante do balanço da radiação: 1) por irradiação térmica, 2) por energia de ligação fotoquímica (máximo de 1-2% da radiação fotossinteticamente ativa), 3) por transpiração de água (Tr) e 4) por emissão de energia mediante convecção (K; remoção pelo ar livre aquecido). Durante o dia, apenas os dois últimos componentes são relevantes para o **balanço energético foliar** (Q). O acúmulo de calor na folha, por sua vez, não é significativo devido a sua baixa massa. As relações entre esses componentes podem ser expressar por:

$$Q = Tr + K$$

$$Tr = g\, \Delta w\, v$$

$$K = h\, \Delta T\, q$$

em que g é a condutância da epiderme foliar para o vapor de água (essencialmente, é a condutância estomática); Δw é o gradiente da relação da mistura molar de ar e vapor de água entre o interior da folha e o ar livre circundante (ao nível do mar e a uma pressão atmosférica de 0,1 MPa, isso corresponderia numericamente ao gradiente de pressão de vapor); v é o calor de evaporação da água (2,45 kJ g^{-1} a 20°C); h é a condutância térmica da camada limítrofe foliar com o ar (em função da largura da folha e da velocidade do vento); ΔT é a diferença entre a temperatura da folha e a do ar, e q, é a capacidade térmica do ar. As condutâncias são os valores inversos das resistências correspondentes (g e h são, respectivamente, resistência à difusão do vapor de água e resistência à troca de calor). A camada limítrofe aerodinâmica pode ser imaginada como uma camada fina de ar, praticamente imóvel e diretamente junto à área foliar, em que as trocas de gases e de calor se realizam de maneira bem lenta, principalmente por difusão. Quanto maior uma folha, mais espessa será sua camada limítrofe, sendo que a espessura aumenta da borda em direção ao interior.

Por meio de g e h, as plantas (folhas) influenciam fisiológica e morfoanatomicamente tanto o seu próprio clima, como também o clima do ambiente ao redor, ao mesmo tempo que dependem da disponibilidade de água. Sem gerar calor, a energia somente pode ser "eliminada" em condições de alta umidade do solo (fluxo de calor "latente"; aqui a **temperatura foliar** permanece próxima à temperatura do ar ou 1-2 K abaixo). Em caso de déficit hídrico e fechamento estomático, o fluxo energético tende forçosamente à convecção (fluxo de calor "sensível"), e as folhas se aquecem, o que pode levar à morte por superaquecimento, quando a morfologia da folha não facilita a remoção de calor. Plantas de locais quentes e secos muitas vezes podem apresentar folhas pequenas, inseridas verticalmente e que refletem muita luz. Dessa maneira, elas conseguem minimizar a absorção da radiação e ter uma favorável relação térmica com o ar (com baixa resistência aerodinâmica da camada limítrofe), evitando o superaquecimento. Uma vez conhecidos Q e g, bem como a umidade do ar, a temperatura do ar, a velocidade do vento (dados meteorológicos) e a largura da folha, pode-se então calcular a temperatura foliar.

Nas **comunidades vegetais** existem outros fatores aerodinâmicos que dificultam as trocas de calor e de gases. Quanto mais densa e mais baixa for uma comunidade, menos ela é influenciada por condições atmosféricas e, portanto, maior é sua retenção de água e umidade. Esse efeito pode ser bem evidenciado em plantas de pequeno porte em montanhas altas (especialmente em *plantas em almofada*), em cujas camadas foliares, quando expostas à radiação solar, podem prevalecer condições quentes e úmidas, as quais não condizem com os dados medidos por uma estação meteorológica. Nesse caso, a influência direta dos estômatos na transpiração é minimizada, a estrutura da comunidade passa a ser mais relevante.

Relações análogas são válidas para o balanço energético de todo o **ecossistema**. Em vez da transpiração foliar ou a da comunidade, é considerada a evapotranspiração (ET) – ou, resumidamente, evaporação total (V), que inclui a evaporação do solo e das superfícies úmidas. No caso de comunidades fechadas, mesmo quando a superfície do solo estiver úmida, a transpiração foliar representa mais de 80%. Quando a evaporação é elevada, o ecossistema permanece relativamente frio, e quando é baixa, ele se aquece. Essa razão entre K e V, expressa em equivalentes de energia, é denominada **razão de Bowen** (β; do inglês *Bowen ratio*). Se β for menor que 1, trata-se de uma comunidade bem suprida de água. Em caso de seca ou de solo impermeabilizado, o valor de β tende ao infinito, ou seja, quando toda a água é utilizada, a energia deve ser emitida quase que completamente pelo aquecimento do ar (uma pequena parte da energia sai temporariamente em direção ao solo, onde é acumulada; Figura 12-2). β ainda pode ser calculada por métodos meteorológicos (mensuração do balanço de radiação e de gradientes climáticos verticais sobre a comunidade vegetal).

A superfície do solo torna-se seca em poucos dias após a precipitação; com isso, a evaporação do solo se torna muito baixa. Por meio da exploração de solos profundos pelas raízes (Tabela 12-3, em 12.7.5.2), a água chega à atmosfera – sem plantas, a água permaneceria indisponível no solo. Assim, as plantas unem as reservas de água subterrâneas à atmosfera; porém, elas controlam aquilo que irá ocorrer por meio de seus estômatos (ver 12.5.2). Essas relações esclarecem, por exemplo, por que parques situados em cidades representam "ilhas frias" e, por que a temperatura após desmatamentos aumenta – o que, se for realizado em grandes áreas, pode chegar a alterar o clima (ar quente ascendente pode impedir a precipitação; Figura 12-3). A cobertura vegetal influencia tanto o balanço hídrico (ver 12.5), como também o balanço energético da paisagem. Por meio da morfologia e da regulação da transpiração, as plantas influenciam seu próprio clima e o do ecossistema.

Como exemplo do efeito regulador da transpiração das plantas, podem-se citar os estudos de A.H. Rosenfeld e J.J. Romm (1996) sobre o clima urbano de Los Angeles. O constante crescimento da aglomeração humana e da impermeabilização dos solos (vinculada à essa aglomeração) provoca um aumento na temperatura do ar na área urbana de em média, 1 K a cada 15 anos. Se entre as casas fossem plantadas mais espécies sombreadoras (resfriamento por transpiração) e se os telhados fossem pintados com cores claras (reflexão), poderia ser economizado cerca de 0,5 bilhão de dólares da verba atualmente destinada à refrigeração de edifícios e às consequências do *smog*. Se extrapolados para todas as cidades do sul dos EUA (desconsiderando a melhoria da qualidade de vida que uma cidade com mais

Figura 12-2 A transpiração das plantas influencia a temperatura do entorno. Como exemplo, são apresentadas três situações, em que, mediante à redução da vegetação, quantidades cada vez maiores de energia solar incidente passam a ser "eliminadas" por convecção (K). No caso de cobertura vegetal densa e solo úmido, mais da metade da energia é "eliminada" fria, uma vez que há a necessidade de aquecimento para a evaporação de água, V. Assim, o ar permanece frio, a razão de Bowen, β = K/V, é inferior a 1, e o fluxo de calor para o solo é desprezível. Com o aumento da impermeabilização do solo devido as superfícies não transpirantes, há aumento no valor de K, β se torna maior que 1, enquanto o ar e o solo são mais intensamente aquecidos. A figura também indica porque o ar é mais frio em áreas verdes na cidade do que nos arredores urbanizados e "impermeabilizados" (valores dados em % da energia incidente). Abaixo: A imagem em infravermelho de uma paisagem urbana (Basileia, Suíça), em pleno verão (temperatura do ar de 27°C), evidencia locais úmidos e protegidos por cobertura vegetal. Nestas áreas, é possível, mesmo ao meio-dia, perceber o frescor da noite (15°C). A imagem também mostra superfícies superaquecidas (até cerca de 62°C). Árvores funcionam evidentemente como "radiadores de aletas" nas cidades, devido à alta capacidade que possuem de trocar calor convectivo com o ar e por promoverem a refrigeração por transpiração sob forte radiação solar. (Dados de S. Leuzinger, R. Vogt e Ch. Körner.)

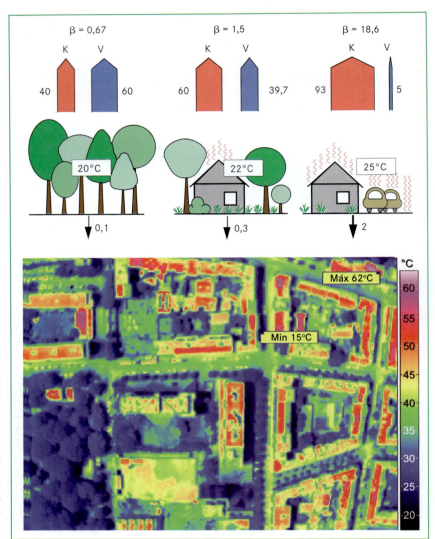

áreas verdes ofereceria), esses custos atingiriam cerca de 5 a 10 bilhões de dólares por ano. Abstraindo o sombreamento que provocam, as plantas atuam como um condicionador de ar, em razão do uso de energia para a transpiração.

12.1.3 A luz na comunidade vegetal

Em média, a densidade do fluxo de fótons diminui progressivamente à medida que a luz atravessa a copa de uma árvore, o dossel de uma comunidade vegetal ou, ainda, corpos de água (Figura 11-10). A intensidade dessa atenuação determina o quão grande pode ser o **índice de área foliar** em uma comunidade vegetal (**IAF**, do inglês *leaf area index*; é adimensional e representa a soma das áreas foliares projetadas na superfície do solo), pois se não recebem luz suficiente para manterem seu balanço de carbono positivo, as folhas são desprendidas da planta ou nem são produzidas nesses locais. O mesmo é válido para a estratificação de plâncton fotossinteticamente ativo em corpos de água. Para macrófitas, o limite do rendimento líquido fotossintético de uma folha adaptada à sombra é de aproximadamente 0,2% da densidade máxima de fluxo de fótons fotossintéticos ao meio-dia (PFD é cerca de 3-5 μmol $m^{-2} s^{-1}$). Caso também sejam avaliadas a perda de carbono de uma folha à noite e a demanda de carbono por órgãos não fotossintéticos, constata-se um aumento médio diário na demanda mínima de PFD de 0,5-1% da intensidade mensurável sobre a comunidade, para que haja um balanço de carbono positivo.

Para comunidades homogêneas, é válida – em analogia à **Lei da extinção** segundo Lambert-Beer para a fotometria, a qual foi adaptada por Monsi e Saeki (1953, ver também tradução em inglês publicada em 2005) – a seguinte relação exponencial (Figura 12-4):

$I = I_o e^{-k\,IAF}$

Figura 12-3 Consequências climáticas regionais do desmatamento. Entre **A** e **B** há uma diferença temporal de 400 anos. Descrita por exploradores do século XVI ainda como floresta verde (**A** próximo à cidade de Valência), atualmente, nesta parte da Venezuela (**B** próxima a Barquisimeto) predominam arbustos espinhosos como resultado de atividades de desmatamento, sobrepastejo, degradação do solo e de sucessivas queimadas. A redução considerável do resfriamento por transpiração (Figura 12-2) provocou aquecimento regional e clima semiárido. Uma razão de Bowen (β) de 1 mantém o ecossistema à esquerda relativamente frio (< 30°C), enquanto β superior a 1 faz com que as temperaturas no sistema à direita sejam superiores a 40°C, trazendo consigo fortes térmicas e precipitação reduzida.

em que I e I_o representam, respectivamente, o PFD abaixo e acima do estrato analisado da comunidade e k, o coeficiente de extinção.

O coeficiente de extinção é variável e depende não só do tamanho foliar médio e do ângulo médio de inserção das folhas, mas também de um pouco da transmissão foliar. Além disso, esse coeficiente é fortemente influenciado pela posição do Sol e pela participação da radiação difusa. Os valores típicos de k se encontram entre 0,4-0,5 para plantas com folhas pequenas e/ou inseridas verticalmente (por exemplo, gramíneas e coníferas; folhas pequenas geram muita luz difusa), e entre 0,7-0,8 para plantas com folhas grandes inseridas horizontalmente (como é o caso de alguns herbáceas de grande porte e de árvores com folhas largas). Um valor aproximado para comunidades campestres seria em torno de 0,5, enquanto para florestas latifoliadas de zonas temperadas, cerca de 0,65. Existem procedimentos de medição, os quais encontram valores de k a partir da diferença de atenuação da luz em diferentes ângulos de zênite solar e, com isso, também determinam o ângulo médio foliar (análises computacionais da distribuição da luz, as quais são realizadas por imagens obtidas por objetivas do tipo "olho de peixe" direcionadas para cima).

Quando os valores de k e I_o são conhecidos (o último a partir de dados de uma estação meteorológica), é possível estimar, para um dado IAF, o valor de I correspondente, portanto, a densidade do fluxo de fótons de uma folha. Assim, a partir de valores conhecidos de I, I_o e k, pode-se obter o de IAF. As tecnologias atuais mais comuns, as quais estipulam o valor de k com base em sensores "olho de peixe" concêntricos e segmentados e em algoritmos complexos, necessitam para a determinação do IAF de somente duas medições de radiação solar (se possível sincronizadas), uma acima e outra abaixo da comunidade. Com isso, pode-se amostrar, de forma rápida e não destrutiva, um dos mais importantes parâmetros biológicos de uma comunidade vegetal – caso condições básicas sejam cumpridas, principalmente a de uma distribuição homogênea e aleatória das folhas. Porém, muitas vezes essas condições não são cumpridas, como nas florestas naturais. Nessas florestas, ocorre entrada de luz, pois a parte superior do dossel apresenta-se bastante aberta e a superfície da comunidade é verticalmente escalonada devido à presença de indivíduos emergentes e de clareiras. Se algumas copas emergem na comunidade, isto é, ficam superiores às demais, desenvolve-se um regime concêntrico de luz, permanecendo o centro do dossel escuro. A distribuição espacial das folhas geralmente não é homogênea, de modo que zonas com alta densidade de área foliar, DAF (do inglês, *leaf area volume density*) apresentam-se alternadas com locais abertos.

Os valores conhecidos de IAF são de 3-4 para uma floresta de *Pinus*, cerca de 5,5 para florestas mistas latifoliadas de zonas temperadas, 7-8 para vegetação campestre densa e alta, 8 para a soma de todos os estratos de florestas tropicais úmidas de terras baixas e de até 10 para monoculturas densas de abetos. Culturas agrícolas densas na época do pico vegetativo alcançam IAF em torno de 4, dependendo das espécies e cultivares, enquanto campos naturais de altitude, de aproximadamente 2. Os valores de IAF maiores que 10, ocasionalmente citados na literatura, não são realísticos. No caso de florestas, em que esses cálculos de IAF consideram também a atenuação da luz pelos troncos e galhos, diversas vezes é empregado o conceito de índice de área da planta (IAP, do inglês *plant area*

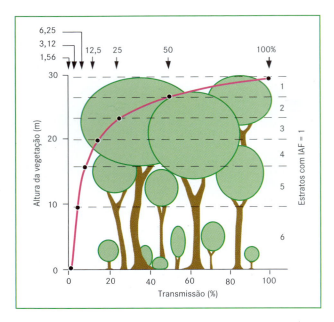

Figura 12-4 Desenho esquemático da absorbância da luz em uma floresta. Por conveniência, assumiu-se, para cada um dos seis estratos da comunidade, uma área foliar equivalente a 1 m² por m² de área basal da planta (índice de área foliar incluindo galhos, IAF = 6), homogeneamente distribuída, e que o fluxo de fótons transmitidos cai pela metade à medida que cada estrato avança (coeficiente de extinção k = 0,69). Conforme a Lei de Beer-Lambert, essa atenuação exponencial de PFD permite identificar em qual dessas camadas foliares (a partir de qual IAF total), o limite crítico para o balanço de carbono positivo de uma folha na camada mais inferior é atingido (PFD mínima para um balanço de carbono positivo em uma folha). O maior valor possível de IAF é determinado, sobretudo, pelo coeficiente de extinção, que geralmente se situa entre 0,4 e 0,8.

index). A contribuição dessas estruturas não foliares para IAF é geralmente inferior a 1. A realização dessas mensurações requer uma determinação direta e destrutiva da área foliar (coleta). Um método de aproximação simples, mas muito instrutivo (também retrospectivo), é o da "espetada" do IAF em florestas latifoliadas logo após a queda das folhas no outono, o qual é mais eficaz quando realizado em dias úmidos. Para tal método, o número médio de folhas da serapilheira recentes (folhas ainda frescas) espetadas com uma agulha fornece imediatamente o valor numérico de IAF antes da queda das folhas, desde que não tenha havido ventos fortes (que transportam folhas para outros locais) ou encolhimento da área foliar. Em geral, os resultados obtidos pelos métodos de atenuação e o de "espetada" são admiravelmente concordantes.

Por meio da determinação de IAF em diferentes estratos da comunidade, é possível estipular a **distribuição vertical da área foliar** – o que para muitas comunidades vegetais é bem característico – e, com isso, verificar mediante modelagem as linhas características de absorção da luz na comunidade. Com frequência, as florestas exibem um pronunciado máximo de absorção na parte superior do dossel (praticamente metade da PFD é absorvida no m² mais superior de área foliar por m² de superfície do solo), enquanto nos campos, na maioria das vezes, a absorção ocorre no interior da comunidade.

O escalonamento do ângulo foliar também contribui para esse padrão, uma vez que ângulos mais verticais são encontrados em estratos superiores da comunidade, e os horizontais, naqueles mais próximos ao solo (por exemplo, ervas em rosetas). A intensidade de radiação que uma folha recebe diminui com o cosseno do ângulo de incidência da radiação formado com a área foliar (lei dos cossenos). Entre ângulo e anatomia foliares existe uma estreita relação. Quanto mais vertical uma folha estiver inserida, mais simétrico lateralmente será o mesofilo, ou seja, em folhas finas inseridas bem verticalmente quase não há distinção entre parênquimas paliçádico e esponjoso. Na agricultura e horticultura, a utilização da luz pode ser otimizada por meio de culturas mistas (por exemplo, plantio de pepino ou de abóbora sob o de milho). O ângulo foliar e, por conseguinte, o componente geométrico de absorção da radiação por estrato da vegetação, são importantes para a otimização da produtividade e para saber o quanto é possível aumentar o IAF por meio de técnicas de cultivo e melhoramento genético. A orientação vertical das folhas (por exemplo, em arroz da subespécie *japonica*) permite um maior IAF nos trópicos, favorecendo o aumento de produtividade de plantas adubadas com nitrogênio. Já as orientações horizontal ou suspensa (em gramíneas, por exemplo, arroz da subespécie *indica*) provocam um rápido sombreamento pela própria planta e, com isso, um aumento de IAF pelo uso de adubos não eleva a produtividade. Mesmo com pronunciadas folhas de sol, a fotossíntese se torna saturada de luz, geralmente, com menos da metade da radiação solar ao meio-dia. Folhas da camada superior da comunidade são, portanto, expostas a um grau de radiação acima do ótimo. Foi demonstrado algumas vezes que o perfil vertical da distribuição da radiação em uma comunidade vegetal está correlacionado com a estratificação de nitrogênio e, assim, também com taxa máxima de fotossíntese, A_{max} (nitrogênio adicional e elevação da A_{max} em estratos superiores da comunidade, ver 12.6.3). Se uma planta for adubada com nitrogênio, A_{max} pode ser aumentada de tal forma, que espécies exclusivas de sombra, como o cacau, passam a não necessitar mais do sombreamento e suas folhas superiores conseguem tolerar o sol dos trópicos.

12.2 A luz como sinal

Nesta seção, serão abordados os efeitos qualitativos do sinal luminoso (ver Capítulo 6 para fundamentos do tema e seção 12.7.1 para os efeitos quantitativos).

12.2.1 Fotoperiodismo e sazonalidade

Por meio do sistema fotorreceptor (fitocromo, ver 6.7.2), as plantas de zonas com clima sazonal recebem informações bem precisas a respeito do momento do ano, em que deverão ser realizados todos os processos essenciais para o desenvolvimento vegetativo (fotoperiodismo). As consequências ecológicas disso são diversas. Em hábitats sujeitos a **geadas**, principalmente tardias ou precoces, a sensibilidade fotoperiódica protege as plantas de possíveis danos, pois, independente da temperatura momentânea, transfere o surgimento de folhas e a senescência foliar para períodos relativamente "seguros". Em regiões com fortes precipitações sazonais (por exemplo, regiões de monções), a sensibilidade fotoperiódica também garante a **floração e o começo da frutificação**, mesmo quando as plantas apresentam uma baixa estrutura devido a precipitações tardias ou escassas (ocorre indução floral apesar do desenvolvimento vegetativo estar abaixo do valor ótimo). Por essa razão, o arroz da subespécie *indica* (sensível ao fotoperíodo) possui uma produtividade maior que a subespécie *japonica* (insensível ao fotoperíodo).

O fotoperiodismo é fortemente **diferenciado entre os ecótipos (determinado geneticamente)** (tanto intra como interespecificamente), o que pode ser comprovado por experimentos de transplante realizados em distintas latitudes e altitudes. Plantas de regiões árticas dificilmente florescem em latitudes temperadas, enquanto as de zonas temperadas, quando próximas aos polos, florescem antecipadamente e atrasam a abscisão foliar ("esperando", de certa maneira, por dias curtos). Plântulas, provenientes de sementes de árvores do limite florestal alpino, ao serem transplantadas para áreas no vale, permanecem em estado de latência até junho (início do verão no Hemisfério Norte), apesar das temperaturas favoráveis ao desenvolvimento. Por outro lado, espécies florestais oriundas de áreas abaixo desse limite altitudinal não obtiveram sucesso em locais acima daquele, pois seu fotoperiodismo não estava de acordo com as temperaturas do clima local. Isso também seria uma barreira relevante para o aproveitamento de períodos de crescimentos mais longos por determinadas espécies, em caso de aquecimento climático.

Para espécies herbáceas novatas (imigrantes), observou-se que são necessárias pelo menos seis gerações até que sejam formados novos genótipos (também ecótipos) adaptados aos fotoperíodos locais; no caso de espécies florestais, esse tempo é considerável. Além das influências acima descritas sobre os processos envolvidos na floração (ver 6.7.2.2), têm sido constatadas também diversas influências morfológicas e fisiológicas (metabolismo). Um exemplo disso seria *Poa pratensis*, espécie que, conforme o estudo realizado por O.M. Heide (1994) no norte da Escandinávia, formou mais folhas (no entanto, folhas mais delgadas), quando submetida a condições simuladas de luz vermelha e de dias longos (maior área foliar específica, AFE, ver 12.7.3). Desse modo, embora com menor taxa fotossintética por unidade de área foliar, o crescimento e a produção de biomassa foram maiores do que os de plantas sob a mesma intensidade diária de luz, mas sem aumento no fotoperíodo pela luz vermelha.

Como regra geral, é assumido que a regulação do fotoperiodismo do início da senescência e da resistência no outono transcorre de modo mais preciso e mais independente das condições de tempo, do que a saída do estado de latência invernal na primavera. Muitas plantas de regiões de montanhas altas são "oportunistas" durante a primavera, mas "persistentes" no outono, assegurando para si, a realocação de recursos móveis das folhas, antes que elas sejam danificadas por geadas.

12.2.2 Sinais da luz vermelha em comunidades vegetais

Toda radiação que atravessa folhas verdes ou é refletida por estruturas verdes é mais rica em luz vermelho-distante (700-800 nm) do que em vermelha (620-680 nm); isso significa que a razão vermelho para vermelho-distante (por exemplo, I_{660}/I_{730}) torna-se menor (do inglês, *red/far red ratio*; **R/FR**). O fato de que plantas podem detectar sua posição em relação às vizinhas, pela percepção de luz vermelha (fitocromo, ver 6.7.2.4), estabelece consequências importantes para o desenvolvimento de comunidades, e para a **competição** entre as plantas. Foi observado que algumas plantas-teste, por exemplo, evitaram se reproduzir em locais já "ocupados por verde", para, com isso, otimizar seus investimentos em situações mais favoráveis.

A. Novopanski e colaboradores (1990) dispuseram, de forma circular, pequenos cartões verdes e cinzas ao redor de plântulas de *Portulaca oleracea* – espécie que cresce prostrada e em várias direções. Eles observaram que os ápices vegetativos apontaram para o lado dos cartões cinzas, distanciando-se dos verdes, os quais absorvem luz vermelha. Adicionalmente, verificaram que o incremento em altura – antes de existir sombreamento, porém, havendo competição entre plântulas – foi estimulado pelo muito fraco desvio da luz vermelha ocasionado pelas plantas vizinhas. Já Ballare e colaboradores (1989) protegeram os eixos caulinares de indivíduos de *Datura ferox* e de *Sinapis alba* com filtros de luz vermelha, o que as deixou "cegas" em relação às plantas-controle, isto é, as impediu de perceber suas vizinhas e também de se alongarem. Pode-se assumir que esses mecanismos adicionais ao fotoperiodismo "normal" pertencem à percepção de muitas plantas.

A regeneração de comunidades vegetais densas por meio de plântulas é, sob dossel fechado, influenciada pela conversão de luz vermelha em vermelho-distante. Com isso, a germinação, mesmo em condições de parcial embebição, somente é desencadeada quando houver uma abertura no dossel (sinal de luz vermelha), a qual indica chances de um balanço fotossintético positivo e, por conseguinte, chances de sobrevivência. A regeneração de florestas por meio de plântulas é, portanto, extremamente afetada pela dinâmica de clareiras (do inglês *gap dynamics*). Independentemente da intensidade da radiação, um dossel denso reduz a razão vermelho/vermelho-distante de 1,2, no caso de luz solar direta, para 0,2, no sub-bosque (Figura 12-5). Com isso, a determinação da razão R/FR é um método adicional e indireto para a quantificação da espessura do dossel (IAF, ver 12.1.3).

A conversão entre a luz vermelha e vermelho-distante pela clorofila também se evidencia na radiação refletida pela comunidade, o que pode ser aproveitado para a determinação da cobertura vegetal por **sensoriamento remoto** (do inglês *remote sensing*). Com o conhecido **índice de vegetação por diferença normalizada** (**NDVI**, do inglês *normalized differential vegetation index*), se torna possível estimar, com base em dados obtidos por avião ou satélite, o índice de área foliar da vegetação. O NDVI é fundamentado em medições da radiação de faixas espectrais do vermelho (R) e vermelho-distante (FR) e é calculado a partir da porção refletida de cada um desses intervalos de comprimentos de onda (I_{FR} e I_R). A reflexão de R e a de FR são, portanto, definidas em relação às intensidades de radiações incidentes do tipo vermelho e vermelho-distante.

$$NDVI = \frac{I_{FR} - I_R}{I_{FR} - I_R}$$

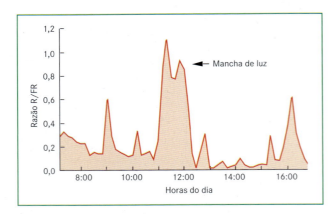

Figura 12-5 Andamento diário da razão vermelho/vermelho-distante (razão R/FR) no solo de uma floresta subtropical no nordeste da Austrália. A razão R/FR no solo atinge seu mínimo quando o resto da radiação solar que penetra o dossel for ainda retida por folhas largas do sub-bosque e seu máximo quando uma mancha de luz, portanto, radiação solar direta, atravessar uma abertura no dossel e atingir diretamente o sensor. Os valores da razão para áreas acima da vegetação giram em torno de 1,2. (Segundo Chazdon e colaboradores, 1996.)

Como I_{FR} e I_R apenas podem assumir valores entre 0 e 1, e I_R usualmente é inferior ou igual a I_{FR}, os valores para NDVI encontram-se entre 0 (nenhuma planta) e 1. Quanto mais densamente o solo for coberto por estruturas fotossinteticamente ativas, menor será a reflexão de luz vermelha em relação ao vermelho-distante. Com base nesses dados, é possível estimar previamente o sucesso de colheitas em grandes áreas (se cereais de inverno suportarem mal um rigoroso inverno, isso será reconhecível do espaço na primavera). Mudanças no uso da terra e alterações na vegetação, de modo geral, também podem ser detectadas por *thematic-scanner*. Até mesmo as estimativas de produtividade a partir do espaço são admiravelmente corretas. No entanto, os sinais de NDVI somente apresentam correlação com os de IAF, quando estes são baixos. Se IAF for igual a três, os sinais de NDVI podem ser levemente diferenciados, e a partir de IAF igual a 5, quase não apresentam mais diferenças (saturação do sinal).

12.3 Resistência à temperatura

12.3.1 Resistência ao congelamento

Dentre os fatores climáticos que determinam a distribuição das plantas na Terra, a oferta de água e a resistência a temperaturas extremamente baixas são os mais decisivos. O **congelamento** é o primeiro filtro ambiental que uma espécie vegetal deverá atravessar antes de se estabelecer fora de áreas não sujeitas a essas temperaturas baixas. As plantas que passaram por essa seleção são resistentes e, em geral, não vulneráveis a demais fatores que possam comprometer suas existências (flora nativa dessas regiões). Plantas cujas partes aéreas não são suficientemente resistentes podem sobreviver ao período crítico sob a forma de semente (plantas anuais) ou de órgãos subterrâneos (por exemplo, geófitas). Essa "evitação" é comumente denominada como **estratégia de "escape"** da dominância do congelamento (Figura 11-2). **Resistência ao congelamento** significa o impedimento da formação de cristais de gelo no citoplasma, o que seria letal. Para a compreensão acerca de tal resistência, é necessário recordar, que a água está presente em dois compartimentos nos tecidos vegetais: um externo à membrana plasmática, conhecido como apoplasto – ou seja, no xilema e principalmente nas paredes celulares, raramente nos espaços intercelulares (com muito poucas substâncias dissolvidas) – e outro interno, denominado simplasto (com potencial osmótico no estado turgescente entre –1,5 e –2,5 MPa).

Os dois **mecanismos** de resistência ao congelamento são:

Impedimento do resfriamento ou super-resfriamento (do inglês *super cooling*): é a prevenção persistente contra a formação de gelo sob temperaturas negativas. Essa prevenção atinge uma temperatura de até –5°C, no caso das folhas de muitas plantas, até cerca de –12°C, em algumas espécies de áreas montanhosas elevadas, e até aproximadamente –40°C, no parênquima de xilema de espécies lenhosas de zonas temperadas. Cruciais para o atraso do resfriamento são a falta da nucleação de gelo e a transferência de água em um estado fisicamente metaestável. Quando a temperatura crítica está abaixo daquela do nível de super-resfriamento, os tecidos esfriam abruptamente, o que para as células é letal.

Tolerância ao resfriamento: do ponto de vista funcional, representa uma forma especial da tolerância à dessecação. A formação de cristais de gelo inicia-se no tecido onde a água possui a mais baixa pressão osmótica, portanto, no apoplasto. Posteriormente, os espaços intercelulares são preenchidos por gelo (sem prejudicar os tecidos), à medida que a água é progressivamente retirada do simplasto. Esse processo requer alta permeabilidade (fluidez) da plasmalema intacta quando submetida a temperaturas muito baixas – característica genotípica que indica uma forte aclimatação (fortalecimento contra congelamento; características dos lipídeos de membranas). A concentração de solutos e, sobretudo, a presença de "substâncias protetoras" estabilizadoras de membrana (carboidratos solúveis e proteínas de estresse) desempenham um papel fundamental para o grau da desidratação celular e de tolerância nesse processo e são uma exigência comum às resistências ao congelamento e à dessecação.

Se a falta da nucleação de gelo é importante para o impedimento do resfriamento, para a tolerância a ele é vantajoso um atraso no início da formação de cristais de gelo. O **abaixamento do ponto de congelamento** por acumulação de solutos (no caso, "substâncias protetoras") representa um fator relevante somente no contexto da desidratação celular induzida pelo gelo. Se as células estiverem em estado túrgido, esse abaixamento passaria a ter pouco efeito, pois, para tornar mais baixo o ponto de congelamento em somente 1,9 K, seria necessário um mol de solutos, e isso corresponderia a uma pressão osmótica adicional de 2,24 MPa (aproximadamente o dobro da pressão osmótica da maioria das plantas).

O fato de que a resistência das plantas ao congelamento é fortemente determinada por fatores externos e internos tem um significado peculiar, prático e ecológico, pois, para uma determinada espécie, essa resistência não é caracterizada por uma única temperatura crítica. Os cinco **fatores de influência** apresentados a seguir indicam, para um determinado potencial de resistência, quanto de congelamento uma planta realmente suporta:

- estado de aclimatação (estações do ano, pré-história térmica; Figura 12-6);
- estado de desenvolvimento (tecido ativo, em crescimento, imaturo ou jovem, aguenta menos que aquele menos ativo, maduro e adulto);
- órgão atingido (raízes suportam muito menos o abaixamento do ponto de congelamento que folhas; dependendo do estado de desenvolvimento e da espécie, o câmbio pode suportar mais ou menos que o parênquima lenhoso, e as gemas foliares mais ou menos que as florais, etc);
- suprimento de água (plantas em lugares constantemente úmidos suportam menos que as que enfrentaram situações de seca);
- suprimento de nutrientes (plantas bem supridas de nutrientes suportam melhor que aquelas sob adubação excessiva ou escassez de minerais).

A **temperatura limite para danos** no tecido foliar, durante o período de crescimento vegetal em zonas temperadas, encontra-se entre –2 e –8°C. A esse respeito, as ervas são mais sensíveis que gramíneas C_3 e ciperáceas, assim como folhas de árvores estivais, mais do que de árvores perenifólias. As situações que oferecem mais riscos são: primavera tardia após brotação bem-sucedida e, de modo geral, oscilações extremas de temperatura (queda repentina de temperatura após um período ameno). As injúrias causadas por resfriamento em espécies nativas típicas afetam predominantemente flores e folhas (raramente o câmbio) e quase nunca ameaçam a sobrevivência dessas plantas. Geadas por radiação em noites claras são particularmente perigosas quando ocorrem após a passagem de uma frente de mau tempo. No inverno, a tolerância máxima ao congelamento (em caso de fortalecimento total contra congelamento) de órgãos aéreos de espécies de zonas temperadas varia entre –25 e –40°C; enquanto a de plantas lenhosas adultas mediterrâneas, na maioria das vezes, oscila entre –10 e –14°C (para plantas em vasos, –2°C já pode ser crítico). A neve e a posição subterrânea de gemas protegem as espécies mais suscetíveis. Algumas plantas tropicais, por sua vez, são prejudicadas permanentemente já por temperaturas entre 0 e +7°C. Nesse caso, fala-se em **danos por resfriamento** (do inglês *chilling injury*), que ocorre, por exemplo, em cacaueiros, cafeeiros, bananeiras e violetas-africanas (*Saintpaulia* sp.).

12.3.2 Resistência a altas temperaturas

A **resistência ao calor** é bem menos variável que a resistência ao congelamento e situa-se em cerca de 50 a 55°C para as plantas superiores. Os maiores valores são exibidos por plantas em roseta, esclerófitas, suculentas e plantas com crescimento prostrado. Algumas gramíneas C_4, cactáceas e palmeiras em savanas atingem um máximo de 60°C. Os danos causados por elevadas temperaturas são fortemente determinados pela morfologia da planta, pela distância de sua

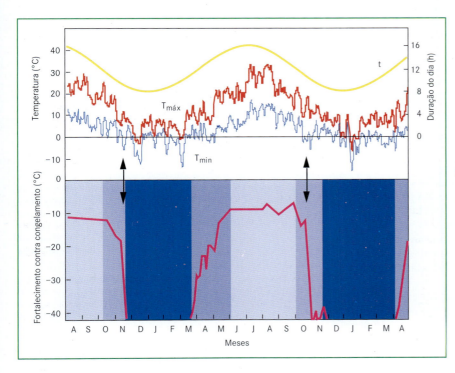

Figura 12-6 Curso anual da duração do dia (t), das temperaturas mínima (T_{min}) e máxima ($T_{máx}$) diárias (acima; valores representados são médias para um intervalo de três dias na cidade de Bayreuth, Alemanha) e do fortalecimento contra congelamento de acículas de *Pinus sylvestris* com idade de 1 ano. As setas indicam a primeira ocorrência de geada noturna. As tonalidades de azul mostram, da esquerda para a direita, a fase sensível ao congelamento, a fase de pré-fortalecimento, a fase de fortalecimento máximo e a fase da perda da capacidade de fortalecimento na primavera. (Segundo Hansen, 2000.)

parte aérea em relação ao solo, pelo sombreamento na base do caule gerado pela própria planta e pela oferta de água. Plântulas em solos secos, escuros e descobertos são especialmente vulneráveis, pois a superfície do solo pode atingir mais de 75°C, em caso de forte radiação solar. Nesses hábitats, são necessários um rápido desenvolvimento das plântulas na estação amena ou fria e o subsequente sombreamento do solo por folhas ou por outras plantas. Muitas espécies podem superar situações de extremo calor por resfriamento via transpiração (até 10 K, ver 12.1.2). Se porventura suas raízes não alcançarem reservas suficientes de água do solo (raízes com cerca de 30 m de profundidade não são raridade; ver 12.7.5.1), tais plantas perdem suas folhas ou permanecem como semente. Para obter mais informações a respeito do estresse químico e da radiação como fator de estresse, ver as seções 5.2.2.4 e 5.4.8; ou ainda Rozema e colaboradores (1997), para questões sobre ecologia da radiação ultravioleta.

12.3.3 Ecologia do fogo

Em muitas partes do mundo, o fogo é um fator ecológico importante para o desenvolvimento de ecossistemas e o estabelecimento de uma composição florística característica. As fisionomias típicas de alguns dos grandes biomas são resultados, sobretudo, da interferência do fogo (savana, vegetação semiárida arbustiva, vegetação mediterrânea, pradarias bem como florestas boreais). Relâmpagos são os principais desencadeadores naturais de queimadas. O amplo espectro de adaptações típicas à vida com fogo comprova: o fogo já possuía relevante papel ecológico muito antes que sua frequência tivesse sido aumentada pelo homem (Figura 12-7). As **pirófitas** (plantas "especialistas em fogo") apresentam uma ou várias das seguintes características: bancos de sementes persistentes no solo ou na copa; capacidade de rebrotamento (por exemplo, caules subterrâneos com capacidade de regeneração – xilopódios); presença de ritidoma em árvores, que oferece proteção contra o fogo; meristemas apicais subterrâneos (como em gramíneas, geófitas). No caso de gramíneas cespitosas e plantas em roseta (por exemplo, *Xanthorrhoea*, *Yucca*, *Espeletia*), a proteção se dá por meio de uma "túnica de palha" ou pelas bases de folhas mortas.

Muitas vezes, o ritmo fenológico está estreitamente sincronizado ao regime do fogo (por exemplo, a abscisão foliar durante a época crítica seca). Para muitas espécies da família Proteaceae e dos gêneros *Pinus* e *Eucalyptus*, foi verificado que seus frutos (ou cones, no caso de pinus) só se abrem após a ação do fogo; só assim que suas sementes atingem a capacidade máxima germinativa, podendo então ser liberadas. Com isso, fica assegurado um rejuvenescimento da vegetação em um momento favorável, isto é, quando houver uma menor competição por luz ou entre as raízes, e também, quando a serapilheira – a qual pode dificultar a germinação – for transformada em cinzas ricas em nutrientes.

Os ciclos obrigatórios do fogo variam entre: anual (savana), de poucos anos (demais tipos de vegetação campestre), de 30 a 40 anos (vegetação arbustiva mediterrânea) e mais de cem anos (floresta boreal). Uma camada grossa de serapilheira, facilmente inflamável, favorece o fogo. Geralmente, em savanas e em florestas secas e abertas não ocorre **fogo de copa** ou aéreo, de caráter destrutivo (com temperaturas acima de 1.000°C e destruição de todas as plantas lenhosas), mas sim **fogo de superfície** (com temperaturas em torno de 70 a 100°C, ocorrendo por um período curto na serapilheira e camada superficial do solo, e raramente superiores a 500°C quando a uma altura de 0,5 a 1 m acima da superfície do solo; Figura 12-8). Dessa forma, órgãos de reserva de plantas lenhosas e herbáceas resistentes ao fogo quase não são danificados. O mesmo é válido para queimadas em áreas de estepe ou de campos tropicais. O fator importante é por quanto tempo, em média, a frente de fogo permanece em dado local. No caso de fogo de superfície, esse período muitas vezes nem chega a ser de dois minutos, tempo insuficiente para que sejam atingidos os meristemas sensíveis.

Para se evitar o risco de queimadas nas proximidades de áreas urbanizadas, é comum utilizar o fogo controlado, aplicado antes que haja grande acumulação de biomassa e sob condições de tempo relativamente frias e úmidas (por exemplo, uso de queimada controlada na Califórnia, do inglês *prescribed burning*). Em muitas partes do mundo, utiliza-se o conhecimento do papel ecológico do fogo para o manejo de reservas naturais, ou seja, as queimadas passam a ser mais bem toleradas ou até mesmo intencionalmente aplicadas, em vez de serem combatidas (a não ser que haja queimada criminosa). Ecossistemas nos quais o fogo não é um fator natural ou ocorre muito raramente sofrem muitos danos com as queimadas (ver 12.6.1). Como as espécies que constituem esses sistemas não são resistentes ao fogo, após uma queimada restam apenas comunidades secundárias fortemente degradadas. E no caso de áreas de florestas tropicais úmidas que se tornaram locais amplamente dominados por vegetação campestre secundária de alto porte, a suscetibilidade ao fogo impede que uma floresta novamente aí se estabeleça. Contudo, uma frequência de queimadas mais elevada do que a normal provoca a degradação até mesmo de ecossistemas adaptados ao fogo.

A idade avançada de espécies arbóreas florestais de grande porte é, em muitas regiões, um resultado de sua resistência ao fogo. Como exemplo disso, podem ser citadas as sequoias gigantes (*Sequoiadendrum giganteum*) na Califórnia, as quais devem sua idade de até 2.000 anos, principalmente, ao seu espesso ritidoma (Figura 12-9). Além do controle da composição das espécies e formas de vida em

Figura 12-7 Diversos mecanismos possibilitam que plantas reajam ao fogo, como proteção por meio de ritidoma espesso (**A**, *Pinus halepensis*, em região a oeste do Mar Mediterrâneo), proteção por meio de uma densa túnica composta por bases de folhas mortas (**B**, *Xanthorrhoea* sp., Austrália Ocidental, à direita e ao fundo da imagem) e proteção dos meristemas no solo, como na maioria das gramíneas (**C**, imediatamente após a queimada e **D**, 10 dias depois da queimada). A regeneração pós-fogo a partir de bancos de sementes nas copas e a abertura de frutos lignificados ocorrem apenas pelo efeito da alta temperatura (**B**; *Hakea sp.*) seguida da rápida germinação em áreas ricas em nutrientes e não sombreadas (**E**, *Eucalyptus* sp., Austrália Oriental), ou por rebrotameto a partir de órgãos subterrâneos (**F**, *Abutus andrachne*, em região leste ao Mar Mediterrâneo) ou ainda daqueles acima do solo (**G**; *Pinus canariensis*, ilha de Tenerife). Fogos de superfície, os quais apenas disponibilizam os minerais da serapilheira, pouco danificam a vegetação e são especialmente benéficos para o balanço de nutrientes de ecossistemas (**H**).

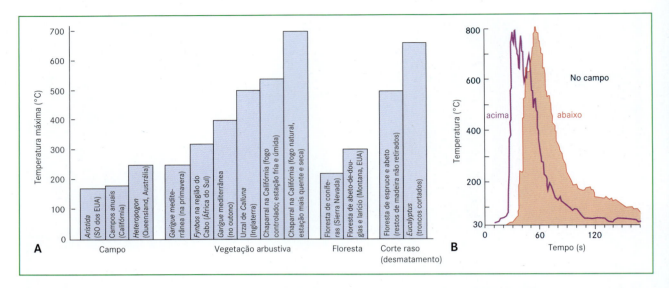

Figura 12-8 A Temperaturas máximas da superfície do solo atingidas durante a passagem de uma frente de fogo em diferentes tipos vegetacionais. O tempo de exposição ao fogo em um local e, consequentemente, as temperaturas máximas atingidas se elevam à medida que aumenta a contribuição de partes lenhosas na vegetação. As condições de seca também elevam o impacto máximo do calor. **B** Registros de temperatura por segundo durante a passagem de uma frente de fogo (com duração de dois minutos) em um campo seco. Os picos de temperatura duram apenas poucos segundos e alcançam os estratos mais baixos da vegetação posteriormente (ver curvas "acima" e abaixo"). A alta temperatura penetra pouco no solo (não mostrado aqui), não representando, assim, riscos para a sobrevivência de órgãos subterrâneos das plantas. (Segundo Rundel, 1981 (A) e Stronach e Mc Naughton, 1989 (B).)

um ecossistema, o mais importante significado do fogo é a manutenção da ciclagem de nutrientes minerais em habitats com baixa umidade – a qual impede a decomposição biológica de material orgânico – ou ainda naqueles em que a cobertura herbácea do solo funciona progressivamente como dreno de nutrientes para a vegetação de grande porte (por exemplo, musgos em florestas boreais, ver 14.2.14).

12.4 Influências mecânicas

O suporte do próprio peso da planta, a pressão exercida pela neve ou por epífitas, a resistência a forças de torção e de cisalhamento provocados por vento e água, a tolerância ao soterramento (ocasionado por acúmulo de folhas caídas, movimento de areia ou erosão de encosta) e o movimento do solo (como resultado da força de gravidade ou da formação de gelo) são critérios que estabelecem, em muitos espaços vitais, a existência ou não de determinadas espécies e formas de vida (Figura 12-10).

Para a **biomecânica** são relevantes as informações sobre, por exemplo, a elasticidade e resistência à ruptura de estruturas, as razões para a queda de árvores pelo vento e também os mecanismos que permitem que plantas possam se escorar sobre outras, "escalando-as" oportunamente em direção à luz (como plantas volúveis, com raízes grampiformes, caules escandentes). A estabilidade do solo em encostas é essencialmente determinada por características mecânicas de raízes e rizomas. Assim, um sistema de órgãos subterrâneos robusto garante que plantas não sejam desenraizadas pelo pastejo. Muitas plantas podem contrair suas raízes, e com isso, estender em profundidade o sensível meristema apical após a germinação (Quadro 4-4, Figura C). As forças originadas pela liberação de tensões mecânicas em caso de dessecação possuem relevante papel ecológico (abertura explosiva de cápsulas, mecanismo de "catapulta" de sementes). Com pressão de turgor de 20 bar (ou maior), as plantas podem romper de estruturas resistentes, forçando suas raízes a entrarem em fendas do substrato. Enormes forças mecânicas são realizadas pelas raízes mais finas (com ápice protegido pela coifa) ao explorarem substratos bem compactos. A rigidez (do inglês, *toughness*) das folhas é um componente fundamental na defesa contra herbívoros; espinhos, acúleos e camadas de cortiça no tronco também servem como "estruturas de defesa". A resistência a impactos mecânicos, o desenvolvimento de forças físicas e as estruturas de defesa acima mencionadas contribuem muitas vezes para o sucesso de uma espécie e determinam a estabilidade de todo o ecossistema. O significado ecológico dessas características frequentemente ultrapassa o da capacidade da adaptação fisiológica de um organismo.

12.5 Balanço hídrico

A vida terrestre apenas se tornou possível devido ao desenvolvimento de raízes eficientes, de sistemas vasculares compostos por estruturas capilares e resistentes a pressões (xilema, ver 3.2.4.2), de uma combinação de estratégias de proteção contra a evaporação – as quais podem ser variá-

Figura 12-9 O ritidoma espesso garante longa vida (ver os 15 cm que restam do ritidoma "Ri" em **B**). Com aproximadamente 2.000 anos, o caule de exemplar de *Sequoiadendron giganteum* (sequoia, **A**, **C**, em Sierra Nevada, Califórnia) documenta sua vida bem-sucedida sob regime de fogo (**D**, aqui em uma floresta de *Eucalyptus*). A chama é suprimida nas estruturas lamelares de baixa energia do ritidoma de *Sequoiadendron* (**E**), como se essas lamelas fossem uma pilha de jornais. As setas pretas em **B** indicam locais carbonizados mantidos no interior da planta. As marcações em branco exibem acontecimentos históricos (1 – coroação de Carlos Magno, 2 – Colombo na América, 3 – final da Primeira Guerra Mundial).

Figura 12-10 Exemplos de impactos mecânicos atuando sobre plantas: peso do gelo (**A**, *Eucalyptus pauciflora*, 2.050 m nas Montanhas Nevadas no sudeste da Austrália), pressão da neve (**B**, limite de uma floresta de bétulas no norte da Suécia, 700 m), recobrimento por areia (**C**, duna na Austrália Oriental), colúvio (**D**, *Cerastium uniflorum* nos Alpes), serapilheira constituída por folhas (**E**, com plântulas de faia), quebra e queda de árvores provocadas pelo vento (**F**, *Picea abies*, após tempestade "Lothar" em 26/12/1999, na Floresta Negra, Alemanha). Outros exemplos seriam a movimentação do solo, remoção de plantas por pastejadores, pisoteio, peso de epífitas e lianas (Figura 14-8F), etc.

vel (estômatos) ou estática (cutícula, ver 3.2.2.1) – e, também, de células vacuoladas que alteram sua turgescência (potencial hídrico, ver 5.1.4.2 e 5.3.2.1). Em caso de déficit hídrico, as plantas podem intensificar a absorção de água, e a proteção contra sua perda e seus efeitos. Nesta seção, são abordadas – tendo-se em vista a constituição e a função dos componentes para a regulação do balanço hídrico – as respostas das plantas ao déficit hídrico, as formas como essas conduzem a combinação entre seguintes fatores: potencial hídrico, resistência ao transporte de água e fluxos hídricos, e, por esse meio, mostrar como influenciam o balanço hídrico do ecossistema.

12.5.1 Potencial hídrico e transpiração

O potencial hídrico (ver 5.1.4.2) em determinada parte da planta é o resultado de fluxos e resistências de condução.

Termodinamicamente, esse potencial indica que a disponibilidade de água no ponto de medição é reduzida em comparação com a água livre – o que também pode ser denominado como tensão, sucção ou pressão hidrostática negativa. Se o potencial osmótico e a pressão de resistência da parede celular forem equivalentes quando essa parede apresentar-se distendida ao máximo, o potencial hídrico celular (e, por conseguinte, o de uma folha) será nulo, falando-se em turgescência. O potencial hídrico se torna mais negativo conforme diminui e enquanto não estiver abaixo de um valor crítico (para folhas e dependendo da espécie vegetal, este varia entre −1,5 e −2,0 MPa) informará pouco a respeito do real *status* hídrico da planta. Sob suficiente umidade do solo, o potencial hídrico da folha é tão menor (mais negativo) quanto maior for a taxa de transpiração. A redução do potencial, pelo aumento da quantidade de água a ser transportada, é comparável à pressão existente em um cano, ou seja, quanto mais se abre a torneira (maior volume de água sai), menos intensa é a pressão. Em contrapartida, sob condições de escassez de água no solo, nem mesmo a baixa transpiração (ou o fechamento completo dos estômatos) é capaz de evitar que o potencial hídrico diminua para valores bem baixos. Portanto, dependendo da disponibilidade de água, é possível ocorrer um baixo potencial da folha, tanto sob elevadas taxas de transpiração como sob transpiração praticamente nula. Contudo, sem o conhecimento do fluxo simultâneo de transpiração, não é possível interpretar pelo potencial hídrico se uma planta está submetida a déficit hídrico (em todo o caso, não para valores superiores a −2 MPa).

A chave para a avaliação da disponibilidade hídrica de uma planta é, por isso, o uso do **diagrama "transpiração-potencial"** (Figura 12-11). Nessa representação gráfica, evidencia-se uma relação linear e por meio da inclinação da reta, é possível não apenas identificar o quão grande é a resistência ao fluxo de água, como ainda determinar, após algumas horas de transpiração nula, o potencial de equilíbrio com o solo durante as primeiras horas da manhã, isto é, o potencial hídrico basal (do inglês, *predawn water potential*). Depois de plotados e ligados os pontos no diagrama "transpiração-potencial" (cronologicamente, no decorrer de um dia), pode-se identificar uma histerese muito informativa (à tarde, ocorre diminuição da taxa de transpiração e, com isso, os valores de potencial hídrico foliar aumentam, atingindo, quando a transpiração é nula, um nível mais baixo do que aquele inicial existente pela manhã – ou seja, antes que valores de potencial se tornassem mais reduzidos devido ao aumento da transpiração).*

Na maioria das vezes, o potencial hídrico da folha é menor do que o potencial do xilema do caule. A pressão de equilíbrio determinada pelo método da câmara hiperbárica na interseção de um ramo ou pecíolo (Figura 5-36) é um valor intermediário para todos os tecidos distais, sobretudo o tecido foliar. Por isso, utiliza-se a denominação potencial hídrico da folha ou potencial hídrico do ramo, em vez de potencial hídrico do xilema. Sob intensa transpiração, ocorre uma rigorosa queda no potencial, a qual parte do ramo em direção ao pecíolo e, posteriormente, à lâmina foliar.

Entre o valor invertido do potencial hídrico e o déficit de saturação hídrica (do inglês, *water saturation deficit*; WSD) (ver 5.3.6) existe uma relação não linear (curva pressão-volume), a qual permite a determinação da elasticidade da parede celular, da pressão osmótica sob turgor máximo e do potencial hídrico no ponto de perda de turgor. Por essa razão, essas curvas foram elaboradas também para muitas plantas sob condições naturais. A elasticidade das paredes celulares é responsável pelo surgimento de déficits hídricos ("células cimentadas" não teriam déficit hídrico, pois a água não é elástica). Além disso, essa elas-

---

*N. de R.T. No decorrer do dia, isso indica uma piora das condições hidráulicas, o que tem a ver com a cavitação do xilema (embolia gasosa) ou com o aumento de resistência ao transporte no âmbito das raízes (solo seco).

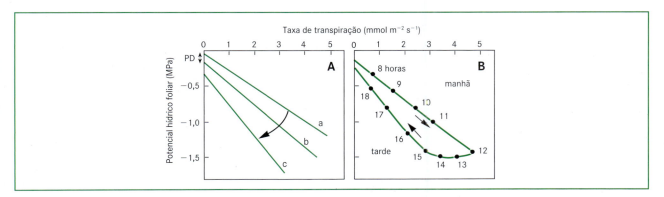

Figura 12-11 Relação entre o potencial hídrico da folha e a taxa de respiração. Tal relação geralmente é linear e descreve a soma de todas as resistências hidráulicas no *continuum* solo-folha (as inclinações a, b, c em **A**, indicam resistências à condutância, as quais aumentam no sentido da seta). Quando a transpiração é nula, o potencial mostra o estado de equilíbrio entre as plantas e o solo nas primeiras horas da manhã (PD, do inglês *pre dawn water potential*). **A** Situação normal sem histerese. **B** Histerese no curso diário (horas indicadas no gráfico) remete ao transporte de água cada vez mais dificultado (cavitação do xilema ou dessecação do solo próximo a raízes finas). Em caso de solos úmidos, maior inclinação da regressão também sugere alterações patológicas no xilema ou danos nas raízes finas (por exemplo, infecção por fungos, apodrecimento da raiz).

ticidade também é uma medida para se estimar o quão direta (quão forte) a sucção de água para a evaporação na atmosfera está "comunicada" ao solo por meio das raízes. Em regiões sujeitas a secas periódicas, são frequentemente encontradas plantas com paredes celulares bastante rígidas e pouco elásticas. Essa também é uma das razões para a esclerofilia em regiões periodicamente secos.

Um fenômeno ecológico bastante importante é a **cavitação** do xilema. Esse fenômeno acontece quando os capilares de água submetidos à transpiração elevada encontram-se sob tensão, permitindo assim a entrada de ar e a formação de bolhas (embolia, ver 5.3.5), o que resulta no rompimento do *continuum* solo-planta-atmosfera. Como cavitações, sobretudo em espécies arbóreas, normalmente surgem sob condições meteorológicas favoráveis, permanece então a dúvida, se isso sempre se trata de um fenômeno desfavorável para uma árvore a longo prazo (seria possível um tipo de função de segurança contra sobrecarga). Foi observado que plantas permitem que o fluxo de água aumente até o início da cavitação e, por meio da abertura e fechamento de seus estômatos, regulam esse processo de modo a não ultrapassarem o limite da cavitação (Buckley, 2005). Com isso, o potencial hídrico foliar diminui de maneira mais acelerada que o do xilema. Há alguns indícios de que embolias podem se desfazer rapidamente e, nesse processo, o parênquima do xilema apresenta um papel ativo e a membrana de pontoação, um papel-chave. Considera-se modelo a existência de nanoporos hidrofóbicos (saída passiva de ar) e hidrofílicos (entrada forçada de água), cujas interações praticamente representam um mecanismo para a "retirada" de ar. É possível que o floema também atue na cavitação, pois, uma vez suprimido esse tecido, ocorre uma desaceleração evidente no "reparo" do xilema. Nessa área de pesquisa, ainda há muitas questões a serem respondidas e muitas surpresas para acontecer. Debates sobre o tema não enfocam tanto a teoria de coesão-tensão (teoria em princípio pouco discutível), mas sim discutem sobre a interação entre cavitações e regulação estomática, perguntas relativas ao real estado de tensão do xilema, a função das pontoações e do parênquima lenhoso, e também, a respeito de como o xilema é capaz de anular rapidamente a cavitações.

Diferenças marcantes no potencial hídrico crítico para a ocorrência de primeiras embolias entre diferentes espécies poderiam estar correlacionadas com o diâmetro dos elementos condutores (maiores diâmetros aumentam a probabilidade de embolias). Isso, por sua vez, parece estar relacionado à profundidade específica das raízes (profundidade em que podem alcançar a umidade do solo) e ao ritmo sazonal do desenvolvimento vegetativo (períodos secos e úmidos). Tais relações foram mostradas para comunidades mistas mediterrâneas, compostas por espécies lenhoras decíduas e com grandes poros e por espécies lenhosas perenifólias com poros estreitos. As espécies perenifólias têm enraizamento profundo, mostram poucas embolias e mantêm atividade baixa (porém permanente) durante o período de seca. Já as espécies decíduas, que enraizam superficialmente e exibem no começo do verão elevada atividade foliar, apresentam mais embolias e evitam esse problema por meio da abscisão foliar, quando o solo fica cada vez mais seco. Essas características do xilema determinam fortemente quais espécies lenhosas ocorrem em locais sujeitos à seca.

12.5.2 Reações ao déficit hídrico

Algumas fases descrevem a maneira como as plantas lidam com situações de estresse hídrico crescentes. Em condições naturais, é possível distinguir, de maneira simplificada, as seis fases descritas abaixo – mesmo que a fase 1 e, principalmente, a 2 só tenham sido comprovadas para um limitado número de espécies vegetais e os mecanismos sejam ainda indistintos.

Fase 1. Respostas estomáticas à **taxa de transpiração** sob umidade alta do solo. Descoberto por Lange e colaboradores (1971) em Würzburg (Alemanha) e comprovado por Schulze e colaboradores (1972) em condições naturais no Deserto de Nagev (Israel), esse fenômeno foi inicialmente interpretado como sensibilidade à umidade do ar. Sem "estresses" significativos, os estômatos diminuem o fluxo de água no xilema, e com isso, provocam o abaixamento do potencial hídrico para um dado valor, o qual está próximo ao limite da cavitação (Meizer, 1993, Franks e Brodribb, 2005). Sob ar seco, as fendas estomáticas ficam bem menos abertas do que quando o ar está úmido (Figura 12-12). Atualmente, variações de pressão hidrostática ao redor das células-guarda são sugeridas como os sinais desencadeadores da abertura.

A reação estomática pode, portanto, ser considerada como uma barreira para os riscos de cavitação. Um efeito secundário desse comportamento para um ecossistema seria, que com o passar do tempo, a disponibilidade de água nas reservas do solo não seriam excessivamente demandadas. Esse discreto consumo de água é observado principalmente em árvores, em particular nas plantas perenes e longevas do deserto. O valor crítico do déficit de pressão de vapor do ar para o desencadeamento da resposta encontra-se entre 8 hPa (= mbar) para espécies adaptadas à

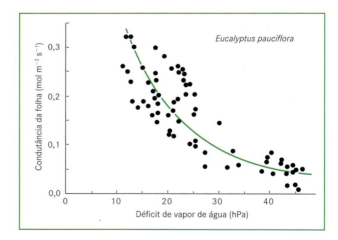

Figura 12-12 Respostas estomáticas à umidade do ar. Muitas plantas, especialmente as longevas, reduzem a abertura estomática, mesmo sob condições de umidade do solo alta (condutância da folha), à medida que o ar começa a se tornar seco. Assim, essas plantas retardam o processo de dessecação do solo. Exemplo para essa reação do tipo *feed-forward* é a espécie *Eucalyptus pauciflora* no sudeste da Austrália (dados somente para potencial hídrico foliar < 1,5 MPa). (Segundo Körner e Cochrane, 1985.)

umidade e 15 hPa, para aquelas adaptadas à seca. A 20°C, essa pressão de vapor corresponderia a 65 e a umidade do ar a 35%; enquanto a 30°C, os valores seriam 80 e 65%, respectivamente). Acima desse limiar, há uma diminuição da condutância estomática com aumento do déficit de pressão de vapor. Isso caracteriza as respostas estomáticas de muitas espécies vegetais (da maioria das árvores) a partir da metade da manhã. Foi mostrado para plantas de deserto que, em dias nublados e com ar pouco seco, o potencial hídrico da folha (devido a respostas estomáticas atrasadas) diminui até mais fortemente do que sob "céu limpo" – já nestes, o déficit de pressão de vapor atinge valores mais elevados e os estômatos restringem a transpiração de modo não proporcional. Essa resposta estomática é denominada *feed forward*.

Fase 2. Resposta estomática a partir do **sinal da raiz**, desencadeada por déficits de umidade nas proximidades das raízes mais finas. Ao se realizar um experimento em que plantas "secam" lentamente a terra contida em um vaso, porém mantendo-se artificialmente elevado o potencial hídrico do vegetal (ou seja, colocando plantas em câmara hiperbárica e expondo a rizosfera à pressão superior à normal; Figura 12-13), observa-se que o grau de abertura estomática se reduz, mesmo sob umidade do ar permanentemente elevada, sendo essa abertura correlacionada positivamente à diminuição do conteúdo de água no solo. Esse comportamento ainda pouco estudado é interpretado como um aumento na produção de ABA por raízes mais finas em resposta ao seu ambiente, à medida que o mesmo se torna seco. Além disso, essa resposta conduz a uma restrição da transpiração (controlada por estômatos), sem que se tenha o efeito de uma tensão crítica na disponibilidade de água nas folhas. Muitas vezes, há um longo caminho entre raízes e copas das árvore; por isso, essas reações se procedem com um retardo em relação às respostas em herbáceas (distâncias menores) e, por esse motivo, devem ser de maior relevância para as últimas. Há indícios de que a concentração de ABA na seiva do xilema, em vez de sua acumulação passiva no apoplasto das folhas

(as quais transpiram), seja decisiva para a ocorrência dessas respostas.

Sob condições naturais, as respostas a partir do sinal da raiz são dificilmente comprovadas. Esse mecanismo também apresenta um caráter *feed forward* e impede uma resposta antecipada a uma verdadeira situação de estresse (perda de turgor), como o faz a resposta provocada pela umidade de ar. Sabe-se que o nível de ABA é elevado na seiva do xilema de árvores em locais com solos secos. Entretanto, ainda não está claro se isso seria uma consequência passiva do fluxo de transpiração geralmente mais lento ou um processo ativo. Como no decorrer do dia a dessecação na rizosfera representa um sinal indicador do início do escassez hídrica – mesmo quando as reservas totais de água ainda sejam suficientes –, pode-se inferir que essas respostas possuem um caráter "pré-alerta".

Fase 3. Resposta estomática à **perda de turgor**. Quando o potencial hídrico das folhas se aproxima do potencial osmótico do citosol (apesar das medidas de precaução das fases 1 e 2), a pressão exercida pela parede celular contra o protoplasto se torna nula, sendo que normalmente folhas "moles" (não esclerificadas) murcham antes mesmo desse ponto ter sido atingido. Próximo ao ponto de perda de turgor, encontra-se o potencial hídrico crítico, no qual os estômatos se fecham (passivamente) devido à desidratação. À medida que o turgor é mantido baixo (potencial hídrico basal baixo), aumenta a sensibilidade dos estômatos para o ar seco (fase 1).

O fechamento dos estômatos como resultado da perda de turgor raramente ocorre em condições naturais. Ao contrário, existem espécies (por exemplo, dos gêneros *Piper* e *Helianthus*) que, apesar da murcha visível, permanecem com estômatos abertos. Essa reação singular pode ser explicada pelo fato de que as plantas conseguem "escapar" da radiação solar do meio-dia devido à murcha (pelo movimento da lâmina foliar em direção ao solo), o que evita o superaquecimento e favorece a redução do consumo de água. Déficits hídricos estáticos (transpiração quase nula) parecem ter um efeito sobre os estômatos distinto daquele oca-

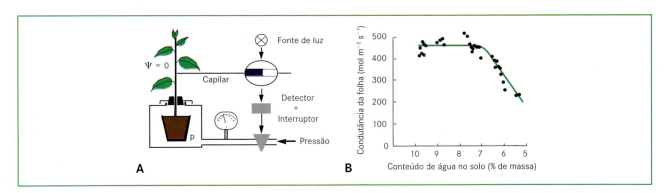

Figura 12-13 Respostas estomáticas a partir do sinal da raiz. **A** Um sinal da raiz (ácido abscísico) faz com que os estômatos reajam a uma crescente dessecação do solo, se as folhas da planta forem artificialmente mantidas no estado de turgescência (potencial hídrico = 0). Esta condição pode ser simulada por meio de uma elevada pressão de ar (p) na rizosfera, ao mesmo tempo em que se espeta no caule um capilar preenchido por água, o qual indica a pressão de equilíbrio igual a 0. À medida que o menisco se movimenta em direção ao caule (sucção), ocorre um aumento da pressão na câmara hiperbárica com as raízes. **B** A figura mostra que no trigo (*Triticum aestivum*), após ter sido atingido um conteúdo crítico de água no substrato-teste, a condutância da folha (abertura dos estômatos) passa a diminuir linearmente apesar da turgescência do caule. (Segundo Gollan e colaboradores, 1986.)

sionado pela redução dinâmica do potencial hídrico em caso de forte transpiração. Na literatura mais antiga, esses efeitos seriam distinguidos em mecanismos hidropassivos e hidroativos dos estômatos.

Nesse ponto, já não existem mais possibilidades de se controlar o balanço hídrico por meio de rápidas reações fisiológicas. O comportamento posterior dependerá da tolerância à dessecação. A reincidência de déficits hídricos provoca a diminuição do potencial osmótico (acumulação de solutos, adaptações morfológicas e osmorregulação), o que não apenas altera o ponto de perda de turgor, como também aumenta a resistência à dessecação.

Fase 4. Alocação de biomassa. Plantas submetidas a déficits hídricos reincidentes e de longa duração passam a apresentar um crescimento intensificado de raízes, fato possível graças à alocação de biomassa nas folhas. Com isso, há um aumento no equilíbrio a favor da aquisição de água (exploração das camadas mais profundas do solo). A fase 5 inicia-se somente se os mecanismos das fases 1-4 não forem suficientes.

Fase 5. Abscisão foliar, desbaste da vegetação e morte de indivíduos vegetais. Caso a diminuição do IAF por meio desses processos não seja suficiente para impedir os efeitos negativos do déficit hídrico, segue-se então a fase 6.

Fase 6. Substituição da composição das espécies por novas, as quais possuem maior resistência à seca. Essas poderiam ser espécies com fenologia peculiar ("escape", do inglês *escape*), com raízes muito profundas, espécies suculentas (estratégia de "evitação", do inglês *avoidance strategy*) ou, ainda, com verdadeira tolerância à dessecação.

Os mecanismos de escape mais efetivos são a abscisão foliar obrigatória durante a seca e/ou a sobrevivência durante esse período, como sementes, bulbo ou rizoma. Plantas suculentas e as com raízes profundas evitam o estresse fisiológico; em caso de seca prolongada, estas últimas serão menos afetadas. Além disso, plantas suculentas necessitam de pouca umidade (devendo, porém, ser regularmente suprida de água), pois dependem totalmente do seu próprio depósito de água. Em caso de dessecação do solo, suas raízes podem "renunciar" ao contato com ele, isolando a planta do substrato. A tolerância à perda de água varia muito; contudo, a maioria dos tecidos vegetais suporta uma perda de água em torno de 50%. Resistência verdadeira à seca, capaz de conduzir à desidratação total, é um fenômeno raro em plantas superiores ("plantas de ressurreição", do inglês *resurrection plants*; por exemplo, espécies de *Vellozia* ou *Cyperus* ou outras nas mesmas famílias), mas comum em liquens, algas aéreas e musgos, podendo ocorrer também em pteridófitas (por exemplo, a rosa-de-jericó, *Selaginella lepidophyta*). Denominam-se **peciloídricas**, em oposição às **homeoídricas**, todas as plantas que apresentam a estratégia de "evitação" da dessecação anteriormente descrita.

Sob condições naturais, a fase 6 representa a resposta de maior relevância contra o déficit hídrico. Um conjunto de espécies bem adaptadas tem menor necessidade das fases de 1 a 5, o que significa que não há investimento em uma maquinaria fotossintética, a qual deve ser temporariamente desativada ou até mesmo "descartada". Isso explica por que, ao longo de um gradiente natural de disponibilidade de água, são encontradas para uma única folha relativamente poucas diferenças nos parâmetros de balanço hídrico. Folhas de plantas do deserto transpiram não muito diferente do que aquelas de regiões úmidas (exceto quando houver seca extrema) e encontram-se em menor número, porém, com alta condutância de água. A longo prazo, o balanço hídrico do ecossistema é regulado pelo IAF e pela composição de espécies. A economia dos investimentos em folhas com alta condutância está estreitamente ligada à disponibilidade de minerais e, com isso, ao balanço de minerais do ecossistema (ver 12.6.3).

Especialmente nas últimas três décadas, demonstrou-se que reações estomáticas anteriormente consideradas negativas (no sentido de "sintoma" do estresse), na realidade, representam reações preventivas do sistema, sendo importantes não apenas no momento da resposta, como também ao longo do tempo (fases 1 e 2). Desse modo, uma diminuição nítida do potencial hídrico não seria necessariamente sinal de estresse, mas sim consequência da alta atividade (potencial hídrico reduzido como efeito da alta transpiração). Sob uma perspectiva ampla, essa resposta não estaria relacionada a efeitos imediatos do estresse. Estudos realizados com plantas de interesse agronômico, selecionadas para regiões secas, contribuíram bastante para essa concepção. Passioura (1988), por exemplo, mostrou que, em regiões muito secas da Austrália, cultivares de trigo com xilema da raiz "ruim" forneceram as melhores safras. Esse paradoxo se deve ao fato de que o déficit hídrico regular nas folhas (devido ao xilema com baixa condutância) diminui o crescimento da planta durante o desenvolvimento vegetativo, mas garante disponibilidade de água no solo na época da floração e da formação das cariopses. As respostas supracitadas do tipo *feed forward* funcionam de modo muito semelhante, ou seja, também comprometem a planta em determinado momento, porém contribuem a longo prazo para o crescimento e a sobrevivência de plantas perenes. A regulação estomática também inclui barreiras aerodinâmicas e dependentes do vento para as trocas gasosas na camada limítrofe da folha, o que, em última instância, significa um tipo de controle da transpiração. Esses exemplos evidenciam também que a separação da autoecologia e sinecologia – a qual era anteriormente comum – impede interpretações conclusivas. Quase todas as respostas ao déficit hídrico acima descritas podem somente ser explicáveis, se considerados os efeitos sobre o ecossistema.

12.5.3 Comportamento estomático sob condições naturais

O grau de abertura estomática é determinada tanto pelas influências do balanço hídrico acima descritas, como pela disponibilidade de luz, e por conseguinte, pela taxa fotossintética (isto é, pelo nível de CO_2 no interior da folha). A fotossíntese retira o CO_2 contido no interior da folha, o qual, por sua vez, é reposto por CO_2 que se difunde do exterior para o interior da planta pelo complexo estomático (ver 5.5.7). Enquanto o balanço hídrico permitir, os estômatos ajustarão sua condutância de modo a manter nos espaços intercelulares da mesma (c_i), cerca de 70% da concentração de CO_2 exterior à folha (c_a). Quanto mais elevada a taxa fotossintética (A), mais alta deverá ser a condutância para manter essa concentração intracelular (razão c_i/c_a). Portanto, a troca de CO_2 e a difusão de vapor de água estão intimamente conectadas, o que pode ser demonstrado pela estreita relação entre a taxa fotossintética máxima para um nível de CO_2 normal ($A_{máx}$) e a **condutância estomática máxima** para o vapor de água ($g_{máx}$), a qual aumenta à medida que houver maior capacidade fotossintética (Figura 12-14).

A comparação na Figura 12-14 evidencia casos extremos como, por exemplo, plantas herbáceas com alta taxa de crescimento e plantas pouco ativas de crescimento muito lento. Em contrapartida, este gráfico oculta o fato de que para espécies lenhosas dominantes em grandes biomas da Terra, os valores médios obtidos para os parâmetros avaliados quase não se distinguem, se essas espécies estiverem em seu hábitat natural e em uma amostra numericamente suficiente. O valor médio global de $g_{máx}$ referente à área foliar projetada de 151 espécies lenhosas é de 218 ± 24 mmol H_2O m^{-2} s^{-1}. A média para plantas herbáceas e para plantas de interesse agronômico é quase duas vezes maior e, para plantas CAM, substancialmente mais baixa. A **condutância mínima** (g_{min}) das folhas para o vapor de água é fortemente determinada pela taxa de perda desse recurso através dos estômatos fechados, razão pela qual não é correto falar em condutância cuticular. O g_{min} em relação à $g_{máx}$ varia entre 1/20 (espécies herbáceas de sombra) e 1/300, ou valores ainda menores, no caso de suculentas (para a maioria das árvores e arbustos é de 1/40 até 1/60, ou seja, entre 3-6 mmol m^{-2}s^{-1}).

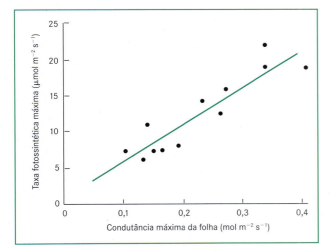

Figura 12-14 Relação entre taxa fotossintética máxima ($A_{máx}$) e capacidade de transpiração em plantas C_3. Quando a disponibilidade de água for favorável, haverá uma correlação linear entre a condutância máxima da epiderme foliar (estômatos; $g_{máx}$) e $A_{máx}$ por unidade de área foliar (A_{cap}), independente da forma biológica (os pontos na figura representam coníferas, árvores decíduas, arbustos, plantas herbáceas, gramíneas, suculentas, etc.). Isso significa que a razão entre a concentração de CO_2 nos espaços intercelulares e a concentração externa à folha (c_i/c_a) é mantida em uma mesma faixa de valores (0,7-0,8). Esse efeito é considerado como um resultado da otimização evolutiva da perda de água e da absorção de CO_2 por um sistema de poros. (Segundo Körner e colaboradores, 1979.)

As expressões condutância estomática e condutância da folha são utilizadas como sinônimas, pois a diferença existente entre o vapor de água difundido apenas pelas fendas estomáticas e o que atravessa os estômatos e a cutícula, geralmente, é desprezível. A condutância de difusão g é o valor inverso da resistência à difusão r. Por analogia à Lei de Ohm, ambos resultam da transpiração por área Tr ("fluxo") e da diferença de vapor de água entre a folha e o ar Δw ("tensão"; Lei de Difusão de Fick). Se no interior da folha o ar estiver saturado de vapor de água, a pressão de vapor torna-se meramente uma função da temperatura. Comumente, são utilizadas duas **unidades de medida** para g. Quando para g = Tr/Δw for considerado Tr com a unidade g H_2O m^{-2}s^{-1} e Δw, com g H_2O m^{-3}, então g será representado por m s^{-1}. Entretanto, se para Δw for adotado kPa H_2O kPa^{-1}, g receberá, devido a essa especificação adimensional do gradiente de umidade do ar, a mesma unidade que Tr, ou seja, g H_2O m^{-2}s^{-1} ou mmol m^{-2}s^{-1}. O importante é que, neste segundo caso, Δw resulta da diferença de pressão de vapor de água dentro e ao redor (pressão atmosférica) da folha. Com isso, os valores de g e as taxas de transpiração calculados a partir de um Δw atual se tornam mais ou menos independentes da pressão do ar, a qual, por sua vez, influencia a difusão molecular (por exemplo, para g em locais com distintas altitudes). Essa é uma das razões por que esta unidade (mmol m^{-2}s^{-1}, com Δw como base) está sendo cada vez mais aplicada.

Os resultados da interação entre condições de umidade, radiação e temperatura geram **cursos diários** característicos do grau de abertura estomática (condutância; Figura 12-15). Durante as primeiras horas da manhã, a abertura dos estômatos é principalmente controlada pela luz e pela fotossíntese, sendo que a $g_{máx}$ é atingida a uma determinada densidade de fluxo de fótons (PFD para plantas de sol é de cerca de 20-25% do total da radiação solar). Quando o déficit de pressão de vapor de água excede o valor crítico (ver 12.5.2, pelo menos 8 hPa ou cerca de 65% da umidade relativa do ar a 20°C), isso passa a ser um fator determinante para a maioria das plantas lenhosas e provoca a diminuição de g (em um dia ensolarado, por volta das 10 horas). Para semelhantes condições climáticas, observa-se que valores medidos pela tarde são inferiores àqueles obtidos pela manhã. Essas reações dependentes da hora do dia podem ser explicadas pela acumulação de produtos finais da fotossíntese e por um elevado nível de ABA. O curso diário de g em plantas lenhosas exibe, portanto, um único pico pela manhã. As plantas herbáceas podem chegar a apresentar um segundo máximo de g quando a transpiração voltar a diminuir, uma vez que essas plantas também reagem às condições climáticas do período vespertino. Sob tempo nublado e úmido, somente PFD é o fator determinante. A condutância também possibilita a entrada por difusão de **gases prejudiciais** às plantas (por exemplo ozônio) e, por essa razão, são observadas menos injúrias quando o ar está seco ou sob déficit hídrico.

Se as fendas estomáticas permanecerem por mais tempo abertas, as alterações em seu grau de abertura (para uma dada umidade de ar) provocam mudanças na transpiração, mas relativamente pouca influência sobre a fotossíntese. Por essa razão, as plantas conseguem regular a transpiração sob diversas condições, sem sofrerem consequências proporcionais na fotossíntese. Esses efeitos só

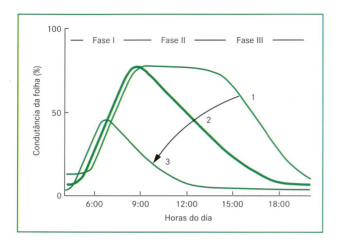

Figura 12-15 Representação esquemática dos cursos diários da condutância da folha. Para condições favoráveis de tempo e umidade do solo não demasiadamente baixa (potencial hídrico foliar antes do nascer do sol superior a −0,2 MPa), a condutância da folha g (≈ condutância estomática, pois a transpiração cuticular é muito reduzida) estará de acordo com a crescente oferta de luz (fase I) nas horas de manhã, até atingir seu valor máximo. Se ocorrer um déficit crítico de vapor de água no ar (vpd, cerca de 10 hPa), há diminuição de g, enquanto vpd continua aumentando (fase II). À tarde, sob condições climáticas iguais às do período matutino, g sempre é um pouco mais baixo, diminuindo ainda mais no decorrer das horas (fato este dependente da hora do dia, da acumulação de produtos finais nas folhas, do aumento passivo da concentração de ABA, do aumento ativo da concentração ABA a partir do sinal da raiz devido à dessecação nas proximidades imediatas das raízes, da cavitação do xilema, etc.; fase III). Como no curso diário os fatores determinantes de g se alternam, análises estatísticas para esclarecer a relevância daqueles não são apropriadas sem a separação por fases, como as acima descritas. Curva 1: alta umidade do solo e do ar; curva 2: alta umidade do solo, porém, baixa do ar (vpd > 10 hPa); curva 3: situações de déficit hídrico no solo; seta: crescente estresse à seca.

ocorrem de modo considerável quando as aberturas das fendas forem bem reduzidas. Essa assimetria do efeito do grau de abertura estomática sobre a fotossíntese e a transpiração se deve ao fato de que o fluxo da transpiração no interior da folha é impedido de modo expressivo apenas pelos estômatos, sendo que durante a absorção de CO_2, junto à difusão de gases, a resistência das células do mesofilo é 4 a 5 vezes maior para plantas C_3 (para plantas C_4, a resistência do mesofilo é bem menor). Se porventura as fendas estomáticas estiverem muito abertas, a resistência estomática – especialmente a de plantas C_3 – representará apenas uma pequena parte da resistência total à absorção de CO_2.

Para uma grande abertura estomática, no entanto, o impedimento da troca de gases na **camada limítrofe aerodinâmica** da folha assume um grande significado para as plantas. O tamanho da folha e a existência de tricomas aumentam a resistência da camada limítrofe – a qual está ligada em série com a resistência estomática – e reduzem, com isso, a efetividade da regulação dos estômatos à medida que a abertura das fendas aumenta. Para uma reduzida abertura estomática (também sob estresse hídrico devido à seca), esses fatores aerodinâmicos, ao contrário, se tornam menos relevantes, quando considerada a difusão da água; porém, eles regulam a temperatura da folha e a diferença de vapor de água pela conversão de calor, contribuindo, assim, indiretamente para um balanço hídrico mais favorável. Na maioria das plantas de regiões secas, por sua vez, os tricomas inexistem ou são escassos, o que contradiz a ideia amplamente divulgada de que essas estruturas serviriam como proteção à transpiração. Uma resistência maior da camada limítrofe (a qual está em série com à resistência estomática) reduz, de qualquer modo, a eficiência da regulação estomática.

12.5.4 Balanço hídrico do ecossistema

Com alta umidade no solo em florestas ou campos de zonas temperadas, em dias ensolarados de verão, são transmitidos para atmosfera via evaporação cerca de 4-5 mm de água (1 mm = 1 l m^{-2}). Esse valor deve ser subtraído do **conteúdo de água armazenada no solo**, que, na prática, disponibiliza água para as plantas. O número de repetições desse processo, ao longo de um período de condições climáticas favoráveis, depende da quantidade de água contida no perfil de solo penetrado por raízes (comparar com Tabela 12-3 em 12.7.5.1). A profundidade do perfil, os eventuais "espaços mortos" delimitados pelo esqueleto do solo (rochas) e a participação do volume de poros de tamanho médio determinam a reserva potencialmente disponível. Para solos bem desenvolvidos e não arenosos, assume-se um volume total de poros de 50% (sendo a participação mais elevada para porção superior do solo e bem menor para horizontes mais profundos). Aproximadamente metade desse volume – ou seja, em torno de 250 mm de água por 1 m de perfil de solo sem esqueleto – já pode ser considerado como de "boa" disponibilidade. O restante do volume poroso do solo é composto por poros grandes (por exemplo, canais entre partículas formados pela movimentação de minhocas), que permitem rápida drenagem, ou por microporos, cuja água contida em seus interiores não pode ser retirada pelas plantas. Assim, se tal perfil fosse fortemente molhado, a evaporação diária poderia ocorrer por cerca de um mês e meio. Perfis menos profundos, elevadas proporções de rochas e solos arenosos com baixa capacidade de armazenamento de água diminuem o período de tolerância de um ecossistema à falta de precipitação, ao passo que evidentes respostas estomáticas do tipo *feed-forward* (ver 12.5.2, fases 1 e 2) o prolongam. A água da precipitação que escorre superficialmente ou fica retida na parte aérea da cobertura vegetal (interceptação) é para o ecossistema um recurso perdido.

Essas inter-relações podem ser descritas por meio da **equação do balanço hídrico**:

$$N = E + Tr + I + A + dB$$

em que N é a precipitação total, a qual corresponde à soma da evaporação da superfície do solo E, da transpiração das plantas Tr, de perdas por interceptação I, de outras perdas A (escoamento superficial e água de infiltração até camadas profundas) e das alterações no acúmulo de umidade do solo dB. Para um longo período de tempo (por exemplo, um ano inteiro), a variação da umidade do solo líquida é igual a zero. E, Tr e I representam a evapotranspiração (ET) quando considerados juntos e deste modo, N = ET + A.

Em comunidades vegetais fechadas, a **interceptação** da precipitação influencia fortemente o balanço hídrico. Principalmente quando há chuvas frequentes e pouco abundantes, grande parte da precipitação é retida pelas folhas (de 1-2 mm cada vez que chove). Na Bacia Amazônica, cerca de ¼ da precipitação total anual (em torno de 2.000 mm) é perdida por interceptação da cobertura vegetal, volume praticamente igual à vazão do Rio Amazonas. A interceptação também é influenciada pela quantidade, forma e disposição das folhas e pelo IAF. Florestas densas de coníferas interceptam o dobro de água que áreas de campos. Após desmatamento ou corte, não há mais interceptação, aumentando assim, o escoamento superficial de água.

Na porção úmida de zonas temperadas, o total anual evaporado de água (evapotranspiração, ET) é de aproximadamente 500 mm (valor máximo em locais mais quentes chega a 650 mm a^{-1}). Cerca de 70% da água evaporada a partir da superfície continental é liberada por fendas nas folhas, o que destaca, assim, o papel importante da cobertura vegetal para o balanço hídrico. Essa contribuição significativa das plantas para a evapotranspiração ocorre especialmente em períodos de seca, visto que seus sistemas de raízes conseguem alcançar as reservas de água no subsolo, as quais não se tornariam disponíveis para a evaporação sem presença de vegetação (Tabela 12-3 em 12.7.5.1, ver também 12.1.2). Por outro lado, a vegetação favorece o desenvolvimento de solos com alta capacidade de armazenamento de água e, com isso, reduz o escoamento superficial. Em comunidades vegetais fechadas com favorável provimento de água, há maior evaporação por unidade de área do que em corpos de água abertos (por exemplo, lagos), devido à sua grande superfície, temperaturas geralmente mais altas e melhor acoplamento aerodinâmico à atmosfera.

As fontes de água da vegetação podem ser comprovadas com o auxílio de deutério, um isótopo pesado e estável do hidrogênio (em água "pesada"). A água pesada evapora mais lentamente que a normal, pois o vapor de água (e com isso, também as nuvens e chuva) sempre contém um pouco menos D_2O do que o lençol freático. Plantas com relativamente menos deutério em seus tecidos (o que pode ser comprovado por meio de um espectômetro de massa) são supridas por água "recém-infiltrada" e próxima à superfície do solo, ao contrário das plantas em contato com o lençol freático. O mesmo se aplica ao isótopo pesado e estável do oxigênio ^{18}O em relação ao normal ^{16}O. $H_2^{18}O$ evapora lentamente e, por isso, se acumula em lagos. O conteúdo de ^{18}O encontrado nos sedimentos dos lagos – o qual é proporcional à intensidade de evaporação e, consequentemente, à temperatura – auxilia a paleoecologia na reconstrução do clima do passado. Sob alta transpiração, o isótopo de oxigênio mais pesado é também acumulado mais intensamente nos tecidos vegetais. Aliando-se esse fato à distinção do ^{13}C (ver 12.7.4), há possibilidade de uma reconstrução dos modos de controle dos balanços hídrico e de carbono (por exemplo, com amostras de anéis anuais de árvores).

O **crescimento das plantas** e o **uso de água** por elas estão intimamente ligados. Para a produção de 1 kg de massa vegetal (massa seca), são necessários de 500 a 1.000 litros de água, sendo que plantas C_4 necessitam de cerca de 250-400 l. Em regiões secas, plantas CAM utilizam particularmente pouca água, mas o custo para a restrita troca de gases que realizam durante a noite é o crescimento pronunciadamente baixo. O conceito **eficiência no uso da água** (do inglês *water use efficiency*; WUE) não possui apenas um significado. A definição clássica surgiu na agricultura, conceituando WUE como o rendimento utilizável (por exemplo, cereais, feno) por unidade de água usada em relação à superfície do solo (gramas de massa seca/litros de água). Se, como no caso dos cereais, cerca de 50% da massa vegetal for atribuída ao grão (do inglês *harvest index*), o uso de água calculado para o rendimento corresponde ao dobro do que aquele estimado para a biomassa. Tanto o gasto inevitável de água por meio da evaporação da superfície do solo como as perdas por intercepção também estão incluídos nesse conceito (importante para cultivos com irrigação). Muito mais tarde, WUE passou a ser adotado por fisiologistas que estudam as trocas de gases, mas definido como quociente da fotossíntese e transpiração foliares (mmol/mol) que ocorrem simultaneamente. A existência paralela dos dois conceitos já causou muita confusão e sempre exige um prévio esclarecimento sobre qual abordagem será assumida. Além disso, o termo "eficiência" é ambivalente se considerada a perspectiva ecológica, pois tem de ser feita a distinção entre a ênfase na produção de biomassa e a persistência de uma determinada comunidade (por meio da aptidão, ver 11.1). Como sugerido por Larcher (2003), seria mais adequado o uso do termo neutro "coeficiente", tendo-se, assim, o coeficiente do uso da água (WUC, do inglês *water use coefficient*; análogo ao nitrogênio, ver 12.6.3).

12.6 Balanço de nutrientes

Os nutrientes das plantas, à exceção daqueles contidos na água e no CO_2, podem ser separados em dois grupos: o primeiro é formado pelos denominados elementos minerais, portanto, elementos que originalmente provêm do material inorgânico da rocha-mãe contido no solo (ou oriundo de areia fina em suspensão); e o segundo é constituído pelo nitrogênio, que, embora originário da atmosfera, devido à ciclagem de nutrientes ocorre na mesma solução do solo que os verdadeiros minerais. Por essa razão, muitas vezes também é aplicado o termo elemento mineral para as formas solúveis e inorgânicas (mineral) do nitrogênio (NO_x^- e NH_4^+). Qualquer nutriente pode ter um efeito limitante para o crescimento vegetal, desde que esteja escasso. Todavia, em geral, são o nitrogênio e o fósforo cujas disponibilidades na natureza são críticas. Por isso, o foco desta seção será o papel de cada um desses dois elementos no ecossistema, com ênfase no nitrogênio. A importância dos demais nutrientes às plantas e os processos químicos que formam a base do ciclo do nitrogênio, são considerados em 5.2, 5.6 e 8.2.

12.6.1 Disponibilidade de nutrientes no solo

A quantidade de nutrientes realmente à disposição de uma planta ou uma comunidade vegetal não corresponde necessariamente àquela estocada no solo, mas sim àquela disponível. Muitas vezes, apenas uma porção muita reduzida dos nutrientes ocorre sob forma disponível às plantas. Em substratos artificiais (ou em hidroponia), a disponibilidade frequentemente é igual à concentração na solução do substrato, o que não é válido para sistemas com ciclagem natural de minerais e com vegetação natural. Sob essas condições, uma análise dos nutrientes em extrato aquoso de solo (solo dissolvido em água) indica muito pouco ou até mesmo nada a respeito da real disponibilidade. Ingestad (1982) comprovou, por meio de experimentos com soluções nutritivas, a capacidade das raízes de absorver sais minerais em concentrações bem baixas – próximas ao limite de detecção por métodos convencionais de análise. Contudo, se os sais minerais absorvidos pelas plantas forem continuamente repostos, mesmo sob tão baixas concentrações, haverá um crescimento vegetal praticamente exponencial.

Essa observação serviu como prova altamente relevante do ponto de vista ecológico de que é a **taxa de adição de nutrientes** (do inglês, *nutrient addition rate*) e não a concentração do elemento no substrato que determina a taxa de crescimento quando essa concentração estiver acima de um limite inferior relativamente baixo. Ingestad (1982) demonstrou que a partir da taxa da adição de nutrientes consegue-se "ajustar" a taxa de crescimento (em um quimiostato) e também mostrou que a concentração na solução só aumenta se forem adicionados mais nutrientes do que a planta consegue absorver. Essas relações não são válidas na mesma proporção para todos os minerais, mas esse princípio é o ponto crucial para a compreensão da ciclagem de nutrientes na natureza, sendo ao mesmo tempo uma importante fonte para equívocos na comparação entre sistemas agrícolas e naturais. Nos primeiros, por razões práticas, suprimento e demanda são desacoplados em determinadas fases, provocando o excesso de nutrientes na **solução do solo** e no lençol freático. Já nos segundos, a disponibilidade (devido principalmente à decomposição por microrganismos) e a absorção estão estreitamente ligadas, permitindo um crescimento exuberante – até mesmo quando a solução do solo contiver muito pouco nutriente ou se um relato agronômico de análise diagnosticasse escassez de nutrientes no solo. Em condições experimentais, sob umidade e temperatura constantes, é possível registrar, para cada tipo de solo, a liberação de compostos nitrogenados inorgânicos, a qual é regulada por microrganismos. Neste processo, resultam como produto da **mineralização** em solos bem arejados e que vão de levemente ácidos até neutros, principalmente íons de nitrato (NO_3^-), enquanto em solos ácidos dos tipos húmus bruto e *moder**, sobretudo os íons de amônio (NH_4^+).

A estreita relação entre a liberação e a absorção de nutrientes é melhor exemplificada pelas florestas tropicais pluviais primárias em solos antigos e altamente lixiviados, como é o caso da região amazônica, cuja água escoada após fortes chuvas praticamente chega à qualidade de água destilada. O sistema e o ciclo de nutrientes são fechados de forma tão perfeita, que eventuais perdas de minerais oriundos do solo do sistema podem ser suficientemente equilibradas por partículas de poeira provenientes do deserto do Saara (transportadas pelo vento), como foi comprovado por Bergametti e Dulac (1998). A estreita relação acima citada é causada por microrganismos de vida livre e pelos simbióticos (micorrizas), os quais representam, de certa forma, a "argamassa" do sistema. Sob clima fortemente sazonal, essa relação é temporalmente desfeita, visto que a oferta e a demanda não são sincronizadas. Nesses casos, os estoques intermediários de nutrientes no solo possuem um papel importante (trocas iônicas, formação de estruturas complexas, biomassa microbiana).

A quantidade de todos os elementos, com exceção do nitrogênio, em um dado ecossistema é finita (desconsiderando-se a entrada de partículas em suspensão), uma vez que é determinada pelas reservas remanescentes na rizosfera e na biomassa. Quando a maior parte desses elementos se encontra na biomassa (como em algumas florestas tropicais), após uma queimada há um alto risco de se perder os recursos minerais do sistema – acumulados por milênios. Já o suprimento de nitrogênio, por sua vez, devido à fixação microbiana do nitrogênio atmosférico, pode teoricamente ser obtido de um estoque infinito (ver 8.2.1). Mas, para isso, os fixadores de nitrogênio necessitarão de quantidades substanciais de fosfato, motivo pelo qual os balanços de nitrogênio e de fósforo estão relacionados entre si já neste nível.

Embora haja nutrientes trocáveis no solo, a sua disponibilidade depende também da umidade do solo. A dessecação bloqueia tanto a disponibilização microbiana de nutrientes quanto o seu transporte na matriz do solo. A seca causa escassez de nutrientes e, na maioria das vezes, é difícil avaliar se o maior problema é o déficit hídrico ou o bloqueio de nutrientes. Com o auxílio do elevador hidráulico (do inglês, *hydraulic lift*; ver 12.6.4), pequenas quantidades de nutrientes podem ser mobilizadas próximo à superfície de raízes finas. A transpiração é considerada insignificante para o transporte de nutrientes nas plantas, ao contrário de hipóteses mais antigas (ver 5.3.4). O fluxo de massa necessário no xilema pode ser garan-

---

* N. de T. Húmus bruto (ou *mor*) é uma forma de húmus com a matéria orgânica decomposta apenas parcialmente e corresponde a solos com baixa atividade biológica, devido a condições climáticas desfavoráveis (frio, alta pluviosidade) e vegetação pobre em nitrogênio, a qual geralmente se encontra sobre rocha silicosa. *Moder* é a forma de húmus intermediário entre o *mor* e o *mull* (pertencente a húmus elaborado, ou seja, solos com intensa atividade biológica e material orgânico totalmente humificado já na sua superfície).

tido pela concentração de açúcar no floema e pelo fluxo oposto de água induzido assim no xilema (Schurr, 1999; Tanner e Breevers, 2001). Esse mecanismo explica a razão pela qual plantas, como muitas samambaias, espécies de florestas ombrófilas ou macrófitas submersas (Pedersen e Sand-Jansen, 1993), não sofrem de escassez de nutrientes em ambientes permanentemente úmidos (não há transpiração).

No caso de **corpos de água**, a quantidade, a composição e o ritmo anual dos mundos vegetais bêntico e plânctônico são determinados pelo teor de nutrientes no meio – principalmente o de nitrogênio e o de fósforo.

Como exemplos para águas ricas em nutrientes, eutróficas e com elevada produtividade, podem ser citados para ambientes marinhos: o "oceano verde" (especialmente em zonas costeiras a oeste dos continentes, por exemplo no Peru ou na África Ocidental, onde o vento desloca as águas superficiais pobres em nutrientes, as quais são repostas por águas profundas ricas em nutrientes; ou ainda, nos mares árticos e antárticos com forte movimentação da água devido à sazonalidade e às temperaturas), os recifes de corais, os manguezais próximos à costa, planícies entremarés* e desembocaduras de rios (planície inundável aluvial) com adequado fornecimento de nutrientes oriundos da terra firme. Já para ambientes de água doce, tem-se os lagos pecilotérmicos em regiões mais baixas que apresentam ressurgência na primavera e outono e os rios com muitas partículas em suspensão. Por outro lado, existem corpos de água com baixo conteúdo de nutrientes, ou seja, que vão de meso- a **oligotróficos** e apresentam de média a baixa produtividade, por exemplo, o "oceano azul" sem águas profundas subindo à superfície (como em partes do Mar Mediterrâneo ou no centro-sul do Atlântico), os lagos e riachos frios em montanhas, além das águas distróficas de turfeiras (com alto teor de substâncias húmicas e pH entre 3,5 e 5).

Em águas pecilotérmicas (como em mares e lagos de zonas temperadas) e após a ressurgência na primavera, o fitoplâncton atinge valores máximos devido ao suprimento favorável de nutrientes (bem como relações apropriadas de luz e temperatura). Esses valores diminuem no verão em virtude da utilização desses nutrientes, aumentam um pouco novamente no outono com a movimentação das águas e chegam a um mínimo no inverno. Como resultado da absorção de CO_2, uma parte das plantas aquáticas autotróficas (macrófitas em águas doces com pH alto) forma depósitos de calcário (por exemplo, pedras calcárias porosas como tufo e marga), sendo que, em vez do bicarbonato de cálcio bastante solúvel, as plantas utilizam o carbonato de cálcio pouco solúvel:

$Ca(HCO_3)_2 \rightarrow CaCO_3 + H_2O + CO_2$

Em corpos de água com grande quantidade de organismos e ressurgência insuficiente, nas zonas mais profundas e como consequência da ação de decompositores heterotróficos, muitas vezes desenvolvem-se camadas com baixo conteúdo ou totalmente desprovidas de oxigênio ou depósitos de sapropel, no qual apenas poucos organismos anaeróbios especialistas (em particular bactérias) conseguem existir.

---

*N. de T. Como, por exemplo, o *wattenmeer* nas costas oeste da Dinamarca, noroeste da Alemanha e Holanda, caracterizado pelo forte recuo do mar. Esse tipo de ecossistema encontra-se em áreas costeiras quase sem declive, que, durante a maré baixa, apresentam extensas áreas expostas.

12.6.2 Fontes e drenos de nitrogênio

O balanço de nitrogênio ocupa uma posição de destaque no balanço de nutrientes. As plantas apresentam aproximadamente dez vezes mais nitrogênio que fósforo. A quantidade de nitrogênio nos tecidos é proporcional a de proteínas. Um valor aproximado para esse teor proteico pode ser obtido, se o percentual de nitrogênio com base na seca massa for multiplicado por 6,25. A concentração de proteínas nos tecidos secos em estufa oscila entre cerca de 1% em amostras lenhosas e 25% em folhas de plantas herbáceas de crescimento rápido. Já em folhas de árvores estivais, essa concentração é de mais ou menos 13-15% (2-2,5% N), enquanto em folhas de perenifólias (acículas), na maioria das vezes, é somente metade desse valor (Tabela 12-1). No endosperma de grãos, a concentração de proteínas é praticamente de 13% (isto é, cerca de 2% N).

Em razão do papel central do nitrogênio no metabolismo vegetal, as análises desse elemento são as mais frequentes na pesquisa em ecologia. Até o final da década de 1980, predominava o uso do tão conhecido método de Kjeldhal. Esse procedimento é fundamentado na digestão do nitrogênio por ácido sulfúrico sob alta temperatura (em torno de 320°C), seguido de sua neutralização por NaOH e simultânea destilação da amônia liberada e, por fim, é realizada uma titulação com bases fracas (nitrogênio total = "nitrogênio de Kjeldahl"). Atualmente, são aplicados, sobretudo, métodos físicos de comprovação (analisadores elementares). Dentre

Tabela 12-1 Concentração de nitrogênio foliar (% N) e área foliar específica (AFE) nos mais importantes biomas e em plantas cultivadas

Tipos de plantas e de vegetação	% N	AFE
Espécies herbáceas		
Dicotiledôneas de lavouras	3,8	24
Cereais	3,4	25
Campo temperado	2,6	17
Campo tropical	1,1	–
Espécies lenhosas		
Floresta estacional tropical	2,7	14
Floresta letifoliada temperada	2,0	12
Floresta perenifólia tropical	1,7	10
Floresta perenifólia temperada	1,3	6
Floresta de lauráceas subtropical	1,1	4
Bosque de arbustos esclerófilos	1,1	7
Coníferas perenifólias	1,1	4

Valores médios para 5-40 (frequentemente cerca de 10) espécies características (erro-padrão ± 8% para N e ± 15% para AFE). N dado em % de massa seca, AFE em m^2 de área foliar por kg de massa foliar seca. (Segundo E.-D. Schulze e colaboradores.)

sses, aquele mais utilizado baseia-se na digestão de um elemento pela sua queima a uma temperatura superior a 500°C em oxigênio puro, sendo concluída por uma análise de gases, em que se utiliza hélio como gás de arraste (por exemplo, analisadores de CHN, os quais indicam a quantidade do elemento em porcentagem da massa seca). A utilização desses métodos físicos requer, por análise, apenas alguns poucos miligramas de pó do vegetal.

A maior parte do nitrogênio para o crescimento vegetal anual é proveniente da **ciclagem** (*recycling*), ou seja, da decomposição de substância vegetal por microrganismos (exceto em solos muito jovens e com desenvolvimento pedológico incipiente). Assim, em solos bem aerados, moderadamente ácidos a neutros, as formas reduzidas do nitrogênio oxidam aos poucos (ver *Nitrosomonas*, *Nitrobacter*), podendo ser novamente disponibilizadas na forma de nitrato, ou ainda sair do sistema em porções muito pequenas na forma de gás do riso (ou gás hilariante, N_2O) ou como N_2 (Figura 12-16).

Em solos fortemente ácidos ou úmidos, o nitrogênio solúvel ocorre, em sua grande parte, sob a forma de amônio. Sob essas condições, muitas plantas também podem absorver compostos orgânicos nitrogenados livres (por exemplo, na tundra). As **fontes atmosféricas** para compostos nitrogenados solúveis são os processos de oxidação na atmosfera (relâmpagos, fogo) e, mais recentemente, compostos de NO_x resultantes de processos de combustão pela atividade antrópica. A amônia das fezes também chegou a ser uma fonte atmosférica relevante. As **cianobactérias de vida livre**, por sua vez, representam uma terceira fonte, enquanto os sistemas simbióticos, uma quarta (ver 8.2, bactérias do grupo dos rizóbios estabelecidas dentro de nódulos de raízes de leguminosas; **simbioses** com fungos especiais). Em sistemas "maduros" (em estágios avançados da sucessão ecológica), a fixação de nitrogênio atmosférico possui um papel quase irrelevante para atender à demanda anual, mesmo com a presença de leguminosas; porém, tal fixação é importante para a manutenção da reserva (*pool*) desse elemento ao longo do tempo. Comparadas à ciclagem de nitrogênio, todas as outras fontes desse elemento são de importância relativamente baixa em ecossistemas pouco influenciados pela ação humana e devem apenas compensar eventuais perdas existentes no sistema (a conhecida liberação de nitrogênio gasoso, perdas por águas de percolação ou herbivoria) e a fixação no húmus no solo. Em florestas de zonas temperadas, a demanda anual de nitrogênio de fontes externas ao sistema para um balanço equilibrado desse elemento é, em média, de 5-6 kg N ha^{-1}. Em contrapartida, em áreas industriais a entrada de nitrogênio de fontes antrópicas pelo ar atinge, atualmente, 20-30 kg N ha^{-1} a^{-1} (valores extremos até 100) – sendo essa uma das razões pelas quais tanto nitrato é encontrado nos lençóis freáticos nessas regiões (ver 12.6.5).

Uma considerável fonte (do inglês *source*) de minerais (e de nitrogênio) e, por conseguinte, dreno (do inglês *sink*), é a **transferência horizontal de nutrientes** na paisagem, a qual pode ser direcionada ou difusa. Exemplos para a transferência direcionada são: o transporte da serapilheira de lugares mais elevados (cumes de montanhas) para áreas mais baixas (planícies), a dissipação da serapilheira na direção principal do vento ou o transporte sistemático de nutrientes por animais e pessoas (como, por exemplo, transporte de clareiras para dentro das florestas devido à caça, ou historicamente, pelo uso da serapilheira oriunda de florestas em estábulos e posteriormente, distribuída em lavouras). Já o transporte difuso surge a partir da maior possibilidade de que uma partícula de nutriente (proveniente de um sistema rico em nutrientes) alcance um sistema pobre, do que o contrário. Por muitos anos, esses fluxos de nutrientes de áreas-fontes para áreas-drenos (ou sumidouros) foram somados, o que contribuiu para a formação de um mosaico de disponibilidade de nutrientes na paisagem.

Muitas plantas longevas crescem "por empurrões" e, com isso, a maior parte dos nutrientes e do nitrogênio necessários para seu crescimento procede de **reservas** nos próprios tecidos, o que também vale para o surgimento das folhas na primavera em regiões com invernos rigorosos. Nesse caso, o investimento em nutrientes e sua absorção encontram-se temporalmente distantes um do outro.

Os principais drenos de nitrogênio no ecossistema são a biomassa e o húmus do solo. O significado do húmus como um **armazenador de nitrogênio** torna-se mais saliente à medida que se segue em direção aos pólos, apresentando mínima relevância em florestas tropicais pluviais (devido à quantidade baixa de húmus por m^2). A concentração de nitrogênio em húmus é aproximadamente três

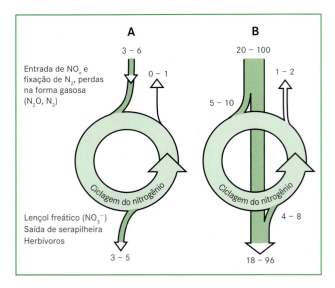

Figura 12-16 O nitrogênio no ecossistema. **A** Sistema sem aporte elevado de nitrogênio por ações antrópicas, mas com entrada natural de N_2 por fixação livre e simbiótica de nitrogênio, bem como a NO_x dissolvido na chuva, que é proveniente de relâmpagos, queimadas naturais e vulcanismo. Entrada e saída praticamente mantém o equilíbrio. **B** Ecossistema com elevadíssima entrada de nitrogênio a partir de fontes antrópicas. Aqui assume-se que o sistema já esteja consideravelmente saturado de nitrogênio e que apenas uma pequena parte desse nutriente adicional é incorporado ao ciclo do nitrogênio (aumento em biomassa, elevado *pool* de nitrogênio no húmus). A maior parte desse elemento sai do sistema (lençol freático, elevadas emissões de gases-estufa nitrogenados). Valores em kg N ha^{-1} a^{-1}; o estimado para a entrada de nitrogênio em B corresponde aproximadamente aos valores atuais em regiões industrializadas.

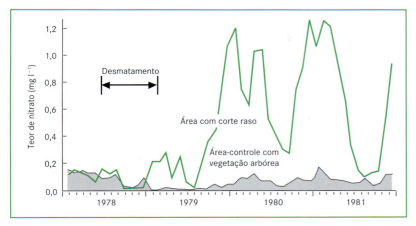

Figura 12-17 Liberação de nitrogênio na água de escoamento superficial, após desmatamento em New Brunswick (EUA). A concentração máxima de nitrato encontrada no riacho que drena a área corresponde a uma perda mensal de aproximadamente 5 kg N ha^{-1}. O valor total para o primeiro ano após o corte raso atingiu cerca de 70 kg N ha^{-1}. (Segundo Krause, 1982.)

vezes maior que em folhas, e 10-20 vezes maior que na madeira. Esse fato surpreendente está relacionado com a incorporação de grande parte do nitrogênio do solo em compostos aromáticos e em peptídeos, para os quais a relação C/N fica em torno de 15. Essas formas de nitrogênio quimicamente fixados não estão disponíveis para as plantas e são pouco acessíveis também para os microrganismos. Uma vez fixado na fração de húmus, o nitrogênio permanece afastado do ciclo por um longo tempo. A humificação, isto é, a fixação de carbono no solo sob a forma de complexos de ácidos húmicos e de peptídeos, compete, assim, com a demanda de nitrogênio das plantas. No entanto, essas reservas podem ser ativadas se houver distúrbios mecânicos pesados no solo ou adubação com calcário (adição de bases). O desmatamento também inicia processos de decomposição dessas estruturas, que aumentam a entrada de nitrogênio nos rios (Figura 12-17) e também fornecem esse nutriente durante o ressurgimento da floresta (Figura 12-18).

12.6.3 Estratégias de investimento em nitrogênio

A economia dos investimentos em nitrogênio é um dos temas centrais da ecologia vegetal funcional. Junto às influências externas, o lugar e a duração do investimento, além da quantidade de nitrogênio a ser investida, determinam o sucesso de uma espécie. Tecidos com elevado conteúdo de nitrogênio (= proteínas) caracterizam-se por uma alta atividade metabólica (fotossíntese, respiração, formação de novos tecidos; Figura 12-19), mas, por essa mesma razão, são muito atrativos para herbívoros. A perda antecipada desses tecidos por distúrbios é um fator bem grave. A relação entre **fotossíntese máxima** $A_{máx}$ e a quantidade de nitrogênio por unidade de área foliar é tão estreita (e linear) para determinados tipos morfológicos foliares, que $A_{máx}$ pode ser prevista a partir de dados de nitrogênio com uma probabilidade de erro relativamente baixa (Figura 12-20). Em virtude da íntima e também linear relação entre $A_{máx}$ e $g_{máx}$ (máxima condutância estomática para o vapor de água; Figura 12-14), tem-se, portanto, como resultado uma dupla dependência.

A quantidade de nitrogênio por unidade de área foliar também está diretamente correlacionada com a área foliar específica (**AFE;** do inglês *specific leaf area*) ou a seu valor invertido, a massa foliar por área (MFA; do inglês *leaf mass per area*; expressa em: g m^{-2}) (Figura 12-21). Folhas que desenvolvem uma pequena área foliar por g de matéria seca contêm (em % de matéria seca) menos nitrogênio e mais carbono sendo, com isso, menos atrativas aos herbívoros.

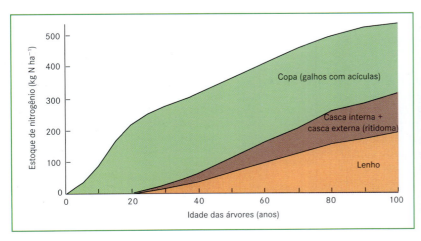

Figura 12-18 Reconstituição dos estoques de nitrogênio na biomassa de uma floresta de espruce na Áustria, após corte raso. A partir do surgimento de um dossel fechado (após cerca de 25 anos), o seu estoque de nitrogênio permanece constante, enquanto o dos troncos continua aumentando. A figura mostra que em uma floresta com idade de 100 anos, aproximadamente a metade dos estoques totais de nitrogênio armazenado na biomassa encontra-se em galhos com acículas. (Segundo Glatzel, 1990.)

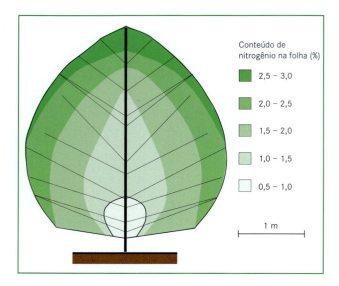

Figura 12-19 Distribuição de nitrogênio nas folhas da copa de *Eucalyptus grandis*. A zonação possui as seguintes causas: na parte superior da copa e acima dela há mais luz disponível; assim, tais folhas de sol apresentam uma capacidade fotossintética mais alta e, portanto, mais proteína. Por outro lado, folhas no interior da copa recebem menos luz, são mais antigas e, por isso, muitas vezes também mais escleromórficas; o nitrogênio é "diluído" devido a maior quantidade de carbono, a área foliar específica (AFE) também é menor e a demanda em rubisco, reduzida. (Segundo Leuning e colaboradores, 1991.)

Por outro lado, essas folhas realizam menos assimilação e são "mais caras", quanto ao investimento de carbono por superfície. Folhas mais espessas (baixo AFE), no entanto, geralmente possuem maior superfície interna (paredes celulares com cloroplastos, que confinam o ar dentro do espaço intercelular) que as estreitas. Como a disponibilidade da enzima rubisco por cloroplasto varia pouco, tem-se como resultado, dentro de uma espécie ou de tipos morfológicos semelhantes, uma correlação entre a superfície do mesofilo dotada de cloroplastos por g de massa seca foliar e a taxa de crescimento relativo de uma planta (Evans, 1998).

É evidente que a diferença de investimentos em folhas (AFE, nitrogênio) só pode ser equilibrada pela **longevidade funcional**. Folhas com baixo conteúdo percentual de nitrogênio e alto de carbono por superfície devem ser ativas por mais tempo para equilibrarem suas taxas de fotossíntese baixas com seus próprios "custos de carbono", bem como para proporcionar fotossintatos aos demais investimentos da planta como um todo. Essas folhas são, portanto, longevas (folhas escleromórficas, acículas perenes de coníferas). Folhas com alto AFE e elevada concentração de nitrogênio (em %; Tabela 12-1 em 12.6.2), por outro lado, têm vida curta e após poucos dias se tornam "amortizadas" (espécies herbáceas). Folhas diferentes são também decompostas com diferente rapidez, quando constituírem a serapilheira (após a senescência natural). Dessa maneira, o tipo de folha determina também a velocidade de ciclagem de nitrogênio no sistema. Assim, resulta uma dependência multidimensional da fotossíntese, balanço hídrico, longevidade funcional, **riscos de predação por**

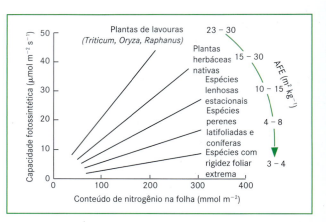

Figura 12-20 Relação entre a capacidade fotossintética, conteúdo de nitrogênio na folha e área foliar específica. Entre o conteúdo de nitrogênio por unidade de área foliar e a maior taxa fotossintética (para um teor normal de CO_2 atmosférico) existe uma estreita relação linear. Porém, a inclinação da reta diminui com a redução da área foliar por grama de peso seco (AFE, $m^2\ kg^{-1}$). Folhas com pequena AFE geralmente são mais espessas e/ou duras e de vida mais longa. Nelas, há uma quantidade relativamente grande de carbono fixado a estruturas não fotossintetizantes. (Segundo Ch. Körner, a partir de dados de diversos autores.)

herbivoria, decomposição de folhas da serapilheira e ciclo de nitrogênio do ecossistema (Figura 12-22).

Algumas dessas relações são tão consistentes que possuem validade para todos os hábitats e formas biológicas, como foi de-

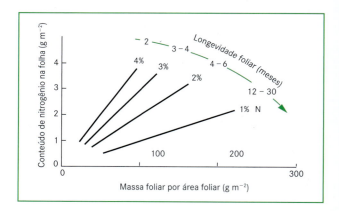

Figura 12-21 Relação entre investimento em nitrogênio e em carbono nas folhas. Para determinados tipos morfológicos de folhas, a relação entre nitrogênio por área foliar e matéria seca por área foliar (massa foliar por área; MFA = 1/AFE; do inglês *leaf mass per area*, LMA) é linear, independente da espécie vegetal. O agrupamento ao longo de regressões discretas está relacionado com semelhantes longevidades desses tipos foliares (semelhantes concentrações de nitrogênio em % de peso seco e tempo de amortização, ou seja, intervalo de tempo até que uma folha tenha equilibrado seus próprios "custos de construção"). A redução dos valores percentuais de nitrogênio pela crescente longevidade foliar pode apresentar duas causas: conteúdo reduzido de nitrogênio no protoplasto ou maior massa de parede celular para um protoplasto igualmente bem provido desse nutriente. Em geral, as duas explicações são válidas. (Segundo Körner, 1989.)

monstrado por Reich e colaboradores (1998) em vários exemplos (Figura 12-23). É válido como regra geral que folhas longevas com alto teor de carbono e com baixa taxa de assimilação sejam mais frequentes em fases sucessionais mais avançadas, a menos que isso não seja limitado pela sazonalidade (espécies decíduas em regiões de inverno rigoroso). Quanto mais tempo os nutrientes permanecem na folha, menores são os riscos de perda para fora do sistema. O crescente sombreamento provocado pela própria planta, por sua vez, também estabelece limites na duração de uma folha. A maior longevidade funcional das folhas frequentemente vincula-se a um crescimento total mais lento ou a baixos valores máximos de IAF. Comunidades vegetais em fases sucessionais iniciais (ruderais) são compostas por plantas anuais de crescimento rápido com folhas delgadas, ricas em nitrogênio, que rapidamente enfraquecem e, após a morte, também podem ser rapidamente decompostas. Algumas espécies com folhas de vida muito longa (por exemplo, coníferas) ainda mantêm folhas antigas na copa por certo tempo, mesmo quando elas já não contribuem consideravelmente para a produtividade líquida de carbono devido ao sombreamento por folhas mais novas. Nesse estágio, as folhas antigas representam um "*pool*" vivo" de nutrientes, de onde esses elementos podem ser retirados conforme a demanda (por exemplo, a brotação na primavera, a perda de folhas

por herbivoria, déficit de nutrientes pela dessecação do solo). Todas as acículas de espruces (*Picea abies*) com idade superior a 4-5 anos pertencem a essa categoria.

A maioria das espécies recicla ("salva") cerca da metade do conteúdo de nitrogênio da folha durante a senescência, antes que ocorra a abscisão foliar natural. Espécies arbóreas que vivem em simbiose com bactérias fixadoras de nitrogênio (por exemplo, espécies do gênero *Alnus*) geralmente não efetuam tal ciclagem e, por essa razão, podem realizar fotossíntese até a primeira geada letal (para as folhas) em áreas com invernos rigorosos. O carbono assim obtido pode representar muito mais que os custos desse elemento para a fixação da quantidade de nitrogênio perdida por resfriamento das folhas verdes (Tateno, 2003).

Até certo grau, a relação descrita entre concentração de nitrogênio nas folhas e herbivoria pode ser confrontada por substâncias de defesa. A partir de óleos, látex ou resina e da síntese de alcaloides, glicosídeos, fenóis e terpenos, as plantas podem deter a ação de determinados herbívoros. No entanto, esses mecanismos de proteção também têm seu preço e, muitas vezes, os herbívoros são resistentes a eles. O teixo (*Taxus baccata*), embora letalmente venenoso para o homem, gado e cavalos, é um saboroso alimento para algumas espécies selvagens (veados). Já os eucaliptos, mesmo com a mobilização intensa de óleos, perdem por ano aproximadamente metade de seus novos ramos com a herbivoria. Enquanto para caracóis, como

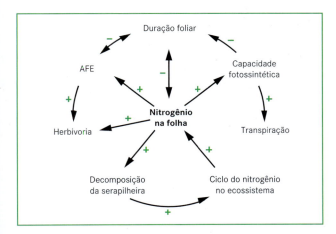

Figura 12-22 Papel central do nitrogênio nas características foliares. A concentração de nitrogênio na folha coordena ou condiciona várias alterações na própria folha, na planta e no ecossistema. Esta representação esquemática mostra algumas relações especialmente importantes. As setas indicam a direção do efeito, enquanto as cargas (+ ou -) marcam a direção da reação, quando o nitrogênio for aumentado e a taxa de crescimento da planta subir. As cargas se invertem, se o nitrogênio, e, por conseguinte, a taxa de crescimento diminuírem. Neste caso, a relação com a taxa de crescimento apenas será válida dentro de um mesmo tipo morfológico de folha, como foi comprovado pelo crescimento igualmente rápido exibido por plantas lenhosas estivais e por perenifólias. A suposta influência da taxa de transpiração sobre a nutrição foliar não é comprovada e é improvável; por essa razão, aqui não há nenhuma seta correspondente. A elevada umidade do solo pode estar relacionada tanto com a disponibilidade de nitrogênio quanto com a transpiração; isso não significa, porém, que a primeira decorra das últimas. Plantas conseguem perfeitamente crescer sem transpiração, enquanto o ar estiver continuamente saturado de vapor de água (movimentação da água e, com isso, transporte de nutrientes no xilema por meio da "bomba do floema" acoplada.

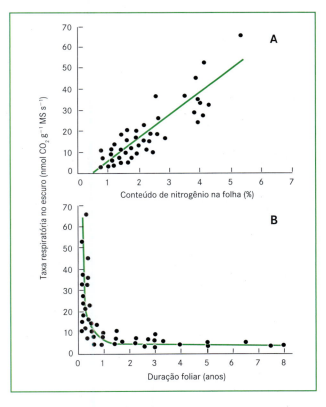

Figura 12-23 Respiração mitocondrial e concentração de nitrogênio foliar. **A** Com uma crescente concentração de nitrogênio nas folhas, a respiração aumenta no escuro (comparar com Figura 12-20). **B** Com uma crescente respiração no escuro, há diminuição da duração foliar. Esta comparação inclui folhas de espécies oriundas de todas as zonas climáticas, e cada ponto aqui, representa uma espécie diferente. (Segundo Reich e colaboradores, 1998.)

é sabido, quase nenhuma erva é demasiadamente venenosa. A falta de proteína e a rigidez de folhas parecem ser ainda o recurso mais eficaz para uma maior duração foliar. A produtividade líquida de folhas com duração curta e alta atividade pode ter igual magnitude que a de folhas com duração longa e baixa atividade. Isso também explica por que essas estratégias bem-sucedidas complementares das folhas podem existir paralelamente, sem que isso tenha como consequência diferentes performances do crescimento e aptidão. Como exemplos, podem ser citados *Larix decidua* (larício) e *Pinus cembra* (pinheiro cembro) nos Alpes; *Vaccinium myrtillus* (mirtilo) e *Vaccinium vitis-idea* (airela-vermelha) no ecótono entre floresta de bétula e tundra em região subpolar; ou espécies estacionais e perenifólias em vegetação arbustiva mediterrânea.

Assim como o conceito de eficiência no uso da água (*water use efficiency*, ver 12.5.4), a eficiência no uso do nitrogênio, EUN (do inglês, *nitrogen use efficiency*), também é uma expressão bastante utilizada e que igualmente provoca equívocos. EUN não é usada de modo uniforme; muitas vezes, a razão N/C ou simplesmente a porcentagem de nitrogênio é empregada como EUN, pressupondo-se a ideia de que uma planta seria "eficiente" ao precisar de pouco nitrogênio. EUN, por sua vez, pode ser considerada apenas para as folhas ou para o conteúdo de nitrogênio na planta toda. Com relação à $A_{máx}$, também é frequentemente definida uma EUN para a fotossíntese, mas, na maioria dos casos, sem contemplar a duração foliar e, com isso, os ganhos fotossintéticos durante toda a duração funcional. Uma definição procedente deve, portanto, se referir ao vegetal como um todo e ao tempo de permanência ("tempo de trabalho") do nitrogênio na planta, como foi sugerido por Berendse e Aerts (1987).

Essa definição fundamenta-se, para um suposto estado estacionário (*steady state*; por exemplo, máximos valores de IAF conforme características do sistema), na "produtividade de nitrogênio" proposta por Ingestad (Np, taxa de aumento de matéria seca por total de nitrogênio fixado na planta) e no tempo médio de residência desse nutriente no vegetal (R, estoque total de nitrogênio na planta/perda anual de nitrogênio). Assim, a grandeza tempo se torna reduzida, permanecendo para EUN = Np · R, matéria seca por planta (em g)/nitrogênio total por planta. Todavia, por meio da razão (por exemplo, anual) entre os estoques de nitrogênio perdidos e aqueles em média disponíveis, inclui-se o fator tempo em valores numéricos dessa EUN, ou seja, a velocidade com que o estoque de nitrogênio na planta se torna renovado (demanda externa de nitrogênio). Uma lenta renovação (grande retenção de nitrogênio) se traduz em elevada EUN.

Muitas vezes, permanece oculto o que eficiência realmente quer dizer (eficiente para quê?); por conseguinte, seria melhor – como para o caso da eficiência do uso da água (ver 21.5.4) – empregar a expressão coeficiente no uso do nitrogênio.

Como já enunciado na seção 11.1, em vegetação natural ou em hábitats, nos quais uma vegetação adaptada teria se desenvolvido no decorrer de um longo período, não há nenhum **déficit de nutrientes** quando se considera a comunidade vegetal, mesmo se a própria taxa de crescimento de cada indivíduo for quase sempre limitada por nutrientes – o que também é válido para a produção de biomassa por uma determinada área. Em caso de déficit de nutrientes, os sintomas (específicos por elemento) mencionados em 5.2.2.2 representam reações curtas e, por conseguinte, são relevantes para plantas cultivadas. Na competição de espécies e genótipos por um espaço na vegetação, geralmente a longo prazo permanecem apenas os táxons que conseguem lidar melhor com a situação de escassez de nutrientes, a ponto de impedir o surgimento desses sintomas. Surpreendentemente, a análise elementar em plantas selvagens raramente permite identificar se/quais nutrientes poderiam estar escassos. Essas plantas crescem de maneira que não chegam a ter uma "diluição" de nutrientes essenciais nos tecidos, e os órgãos formados, mesmo apresentando-se reduzidos em número e tamanho, estão totalmente aptos a realizar suas funções vitais. Nestes casos, o crescimento está diretamente relacionado com a disponibilidade de recursos. Um crescimento superior aos recursos disponíveis eliminaria rapidamente a espécie ou o genotipo em questão, por causa da baixa vitalidade. Plantas de hábitats muito frios (montanhas altas, regiões polares), onde a disponibilização de nitrogênio é fortemente dificultada, possuem geralmente concentrações até mais elevadas de nitrogênio do que táxons comparáveis provenientes de áreas quentes, o que foi chamado por Chapin e colaboradores (1986) de "consumo luxuoso". Esses hábitats não permitem a sobrevivência de plantas com folhas pouco produtivas e mal supridas de nitrogênio. Assim, o crescimento é controlado e permite a utilização ótima (econômica) dos recursos limitados para essas espécies adaptadas. Portanto, as análises de concentração de nutrientes nos tecidos só têm valor limitado quando se tratar da avaliação do grau de suprimento na planta. As razões elementares (por exemplo, N/P, N/Mg, etc.) podem, contudo, indicar uma desproporção específica na disponibilidade (Güsewell, 2004).

12.6.4 Heterogeneidade do solo, competição e simbioses na rizosfera

Os nutrientes não estão distribuídos uniformemente no solo, e cada espécie vegetal explora espaços distintos com suas raízes (Figura 12-24). Essa heterogeneidade será mais significante quanto maior for a imobilidade de um nutriente, o que se aplica especialmente para o fosfato. Essa heterogeneidade apresenta quatro componentes: 1) a efetiva distribuição irregular no solo, 2) o enraizamento irregular (obstáculos no solo) e específico (para cada espécie vegetal) no solo, 3) distintos processos de aquisição pelas diferentes espécies (por exemplo, formação de micorrizas e simbioses "abertas") e 4) disponibilidade irregular de umidade no solo.

Os nutrientes apenas estarão disponíveis se o solo estiver suficientemente úmido. Em solos secos, não apenas o processo de mineralização microbiana é bloqueado, como também são impedidos o transporte (difusão) e a absorção. Muitos distúrbios de crescimento e até mesmo danos (por exemplo, em florestas) que foram interpretados como consequências da **dessecação do solo**, na realidade, são causados por escassez de nutrientes. Em muitas espécies com raízes superficiais, uma pequena proporção das

Figura 12-24 A penetração das raízes do solo (específica por espécie) em um campo próximo ao natural na Europa Central, com a gramínea *Arrhenatherum elatius* como espécie característica. Da esquerda para à direita: *Dactylis glomerata, Knautia arvensis, Arrhenatherum elatius, Pastinaca sativa, Bomus hordeaceus, Carum carvi, Holcus lanatus, Crepis biennis*. (Segundo Kutschera e Lichtenegger, 1997.)

raízes encontra-se em considerável profundidade (Tabela 12-3 em 12.7.5.1); com isso, mesmo sob forte dessecação, as plantas geralmente conseguem cobrir a demanda da transpiração cuticular (quando os estômatos estiverem fechados), evitando, assim, verdadeiros danos causados pela seca. O bloqueio de nutrientes nos horizontes O e A do solo (com alta atividade biológica) é que torna o déficit hídrico um problema nutricional.

Isso permite uma nova abordagem do "**elevador hidráulico**" (do inglês, *hydraulic lift*), descoberto na década de 1980 em Utah (EUA) (Cadwell et al., 1998). A acumulação noturna de água proveniente de camadas profundas do solo (pobres em nutrientes) em camadas superiores – ricas em nutrientes, mas com pouca água – é realizada por meio das raízes e permite o acesso das plantas aos nutrientes do solo. Como a umidade é liberada pelas raízes finas da planta mais acima na rizosfera já explorada, até mesmo pequenas translocações de água passam a ter aqui um grande efeito.

As plantas influenciam a heterogeneidade da disponibilidade de nutrientes por meio do desvio da água de precipitação em suas estruturas aéreas e pelo uso espacialmente diferenciado da água do solo, sobretudo durante períodos secos (Figura 12-25). Essa diferenciação espacial cria também uma matriz para a coexistência de plantas com distintas características de enraizamento. Davis & Mooney (1986) demonstraram que a diversidade de espécies no chaparral da Califórnia (EUA) está estreitamente vinculada a esses padrões espaciais de aproveitamento do solo.

O uso diferencial de fontes de nitrogênio no solo expressa-se em diferentes composições isotópicas nas plantas, as quais são típicas para cada espécie. Em processos de decomposição e reestruturação do solo, o **isótopo estável** ^{15}N é metabolizado um pouco mais lentamente que compostos de ^{14}N. Portanto, se por um lado ^{15}N é enriquecido no solo, por outro, o nitrogênio disponibilizado para as plantas é, na maioria das vezes, um tanto mais pobre em isótopo ^{15}N que o atmosférico. Isso gera uma diferenciação vertical do conteúdo de ^{15}N no solo. Nesse processo, é irrelevante em qual fração do solo (profundidade) esse nitrogênio foi posto à disposição por microrganismos.

Além desses dois compartimentos de nitrogênio diferenciados isotopicamente, as leguminosas criam um terceiro junto aos seus simbiontes, ao estabelecerem uma

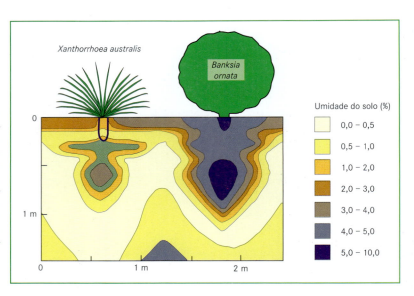

Figura 12-25 Influência das plantas na distribuição de água no solo e, por conseguinte, na disponibilidade de nutrientes. Por conta do desvio da água pluvial ao longo do caule, da distribuição das raízes no perfil do solo – peculiar à cada espécie (Figura 12-24) – e do "elevador hidráulico" estabelece-se, adicionalmente à distribuição heterogênea das nutrientes na matriz do solo, um padrão espacial da disponibilidade. A figura ilustra a umidade do solo em % do peso seco do solo e, com isso, também a disponibilidade de nutrientes sob vegetação arbustiva seca, após 24 mm de precipitação sobre um solo anteriormente quase seco (Ninety Miles Plain, sul da Austrália). (Segundo Specht, 1957.)

razão $^{15}N/^{14}N$ inalterável, se comparada à da atmosfera, em seus *pools* de nitrogênio (sem discriminação contra ^{15}N pelos rizóbios). Estudos em regiões de tundra e montanhas altas demonstraram que leguminosas, plantas do gênero *Erica*, Ciperáceas, e, como quarto grupo, todas as espécies vegetais restantes do local utilizam os *pools* de nitrogênio no solo de maneira bem distinta. Os indivíduos de *Erica* fazem uso de *pools* de nitrogênio extremamente pobre em ^{15}N, enquanto as ciperáceas possuem acesso a *pools* ricos em ^{15}N. Adubos nitrogenados marcados com ^{15}N permitem acompanhar a rota do nitrogênio no ecossistema (ver 12.5.4 e 12.7.4 para outros isótopos estáveis).

Quando diferentes espécies vegetais utilizam o mesmo *pool* de nutrientes no solo, surge a **competição interespecífica por nutrientes** e, posteriormente, a distribuição espacial irregular desses nutrientes no ecossistema. Essa heterogeneidade relacionada à competição pode ser demonstrada pelo exemplo da absorção de fósforo. Infelizmente, não há qualquer isótopo estável de fósforo, mas existem isótopos radioativos que em alta diluição permitem acompanhar na planta os caminhos desse nutriente proveniente de determinadas fontes no solo. Em um experimento clássico (Figura 12-26), Caldwell e seus colaboradores (1985) avaliaram de onde o arbusto anão *Artemisia tridentata* – dominante em Great Basin (EUA) – retira seu fósforo, quando tem de compartilhar o espaço do solo com duas espécies de gramíneas do gênero *Agropyron*. A espécie agressiva introduzida, *A. desertorum,* ameaça desalojar *A. tridentata,* enquanto *A. spicatum* é uma nativa, um componente tradicional da flora da Great Basin. Adubos enriquecidos com fósforo, em formas ^{32}P e ^{33}P marcadas, foram colocados na rizosfera das duas gramíneas *Agropyron* e, após algum tempo, a razão entre ambos os isótopos foi verificada em *A. tridentata*. O resultado encontrado foi que *A. tridentata* apresentou poucas oportunidades de obter fósforo na região ocupada por *A. desertorum*, sendo esse nutriente em *A. tridentata* quase totalmente oriundo da rizosfera de *A. spicatum*. A espécie introduzida, *A. desertorum*, seria neste hábitat uma "ladra" de fósforo.

A enorme desigualdade de chances para diversas espécies quanto ao acesso aos nutrientes do solo foi demostrada por van den Heiden e seus colaboradores (1998) para comunidades de campo (Figura 12-27). Eles adicionaram um substrato inoculado com **micorriza**, no qual foram cultivados diferentes genótipos de *Glomus* a partir de esporos individuais, a um ecossistema-modelo rico em espécies. Conforme o genótipo da micorriza, outras espécies se tornaram dominantes e, consequentemente, outras sofreram restrições. Algumas espécies vegetais morreram, quando não receberam o "seu" genótipo. A presença de

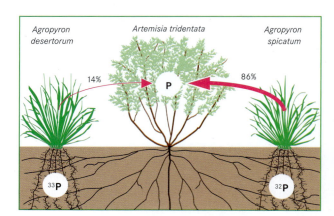

Figura 12-26 Competição das raízes por nutrientes do solo. Um arbusto-anão típico de Great Basin (EUA), *Artemisia tridentata (*artemísia*),* cresce competindo com *Agropyron desertorum* (uma espécie introduzida da Eurásia) e com *A. spicatum* (nativa). As fontes de fósforo da artemísia podem ser distinguidas pela razão das quantidades dos isótopos absorvidos $^{32}P/^{33}P$. Os dois isótopos foram injetados aleatoriamente nas respectivas rizosferas de cada uma de ambas espécies de gramíneas (a figura mostra um caso desse). A artemísia consegue quase absorver fósforo apenas sob a gramínea nativa; o fósforo na rizosfera da espécie introduzida quase não está disponível para a artemísia, mesmo que todas as plantas apresentem micorrizas.

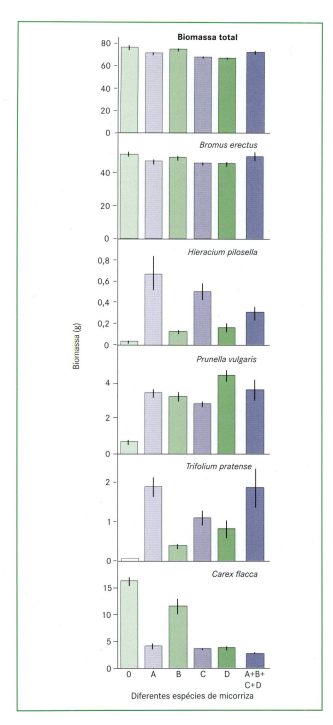

Figura 12-27 Influência da micorriza sobre o crescimento vegetal (biomassa ± erro-padrão). Pequenos ecossistemas-modelo com espécies típicas de campo infecundo (pobre em fósforo) da Europa Central foram, em substratos naturais estéreis, inoculados com diferentes genótipos (isolados) do fungo endomicorrízico do gênero *Glomus* (A,B,C,D). Para cada isolado, diferentes espécies vegetais foram beneficiadas. A ausência de micorriza (0) beneficia a única espécie não micorrízica, *Carex flacca*. A espécie dominante, *Bromus erectus*, reage de um modo inespecífico. A formação de micorriza específica por espécie ou, em outras palavras, o suprimento de nutrientes efetuado por ela, é decisivo para a biodiversidade. (Segundo Van der Heijden e colaboradores, 1998.)

determinados fungos micorrízicos condicionou, portanto, se uma espécie poderia ou não se alimentar e, com isso, determinou também a diversidade vegetal nesse campo. Esses resultados colocam em dúvida o sentido de práticas comuns de cultivo de plantas-teste sobre um solo-padrão.

12.6.5 Nitrogênio e fósforo em uma abordagem global

Em grandes escalas espaciais e por um longo período de tempo, a produtividade da Terra é essencialmente limitada por três fatores: temperatura, água e **fósforo** – quando a radiação solar e a concentração de CO_2 atmosférica já forem garantidas. Maiores pressões de vapor de água (mais nuvens) podem bloquear os raios solares, enquanto o aumento atual do carbono antrópico pode elevar a fixação de carbono, mas apenas um pouco acima do limite determinado pela disponibilidade de fósforo. Essa disponibilidade é fundamental não só para muitos ecossistemas terrestres, mas, principalmente para grande parte dos oceanos, ela é o mais importante fator que influencia a produtividade. Com exceção de algumas regiões peculiares nos oceanos ao sul (onde a escassez de ferro representa um papel relevante), a disponibilidade de fósforo é a condição fundamental, principalmente no Pacífico, para que cianobactérias marinhas possam introduzir nitrogênio no sistema, o que, por sua vez, é a base para a fixação de carbono. Falkowski e colaboradores (1998) comprovaram que, com isso, o transporte de partículas dos continentes pelo vento (entrada adicional de fósforo) se torna, por fim, a força responsável pela **produtividade dos oceanos** distantes da região costeira.

Quanto mais seco e, por conseguinte, com mais "poeira" estiver o continente (local de onde o vento sopra), maior é a produtividade do oceano. Pelo fato de que grandes porções terrestres secaram durante as épocas glaciais, pode-se explicar a queda da concentração de CO_2 na atmosfera (190 ppm) nesse período, pelo ciclo de fósforo e pela produtividade marinha relacionada. Mesmo que fatores astronômicos certamente tenham sido os desencadeadores da era glacial, ainda não se pode excluir que essas interações entre continente e mar possam ter fortalecido notavelmente a intensidade dos fenômenos.

Em nível regional, o suprimento de fósforo normalmente é melhor em porções oceânicas próximas à costa e em aluviões, ou seja, em solos jovens. Em solos antigos, em placas continentais com baixa atividade tectônica (por exemplo, Austrália) ou em solos fortemente intemperizados, o suprimento de fósforo com frequência é pior, o que não deve ser assumido para a **vegetação** no sentido de escassez (já descrito). As plantas reagem com folhas longevas e encontram-se, nessas condições, particularmente sob alta dependência de micorrizas. A simbiose planta-fungo é tão antiga quanto a própria existência da vida terrestre, e o suprimento de fósforo para as plantas deve ter sido determinado pelos fungos do solo naquele período.

Com o **nitrogênio**, a situação é totalmente diferente, pois tem presença ilimitada no ar. Assim, o quanto desse elemento será incorporado ao ecossistema dependerá apenas da atividade microbiana (que requer, por sua vez, fósforo e carbono). Atualmente, a liberação de compostos nitrogenados por ação antrópica atinge tal dimensão, que, de acordo, com os cálculos de Vitousek et al. (1994) já em 1987 essa liberação havia ultrapassado a quantidade natural de nitrogênio fixado. Do ponto de vista ecológico, regiões densamente colonizadas da Terra são, no presente, áreas de superávit de nitrogênio, mesmo se essas entradas antrópicas da atmosfera atingissem a vegetação próxima ao natural com 15-25 kg N ha^{-1} a^{-1}, ou seja, com "apenas" 1/10 a 1/20 da dose habitual de adubos nitrogenados utilizada pela agricultura intensiva.

12.6.6 Cálcio, metais pesados e "sais"

Além dos principais nutrientes, fósforo e nitrogênio, outros componentes minerais do solo exercem forte influência sobre o crescimento vegetal e a ocorrência de espécies (ver 5.2). O mais conhecido é o efeito do carbonato de cálcio, que, devido à sua forte influência sobre o pH do solo (ver 11.5.2.3; tamponamento) e também por sua interação com outras características do solo (disponibilidade de elementos, micorriza), atua indiretamente no crescimento. Com frequência, pode-se também constatar um comportamento distinto das próprias plantas com relação ao íon cálcio. Muitas espécies podem crescer sobre substrato pobre ou rico em calcário, porém, no segundo caso, as plantas precipitam o cálcio sob a forma de oxalato, o qual é inativo para a fisiologia celular (como em *Silene* e outras Caryophyllaceae). Plantas verdadeiramente **calcícolas** toleram em seus vacúolos uma grande quantidade de cálcio dissolvido (por exemplo, *Gypsophila*, como exceção dentre as cariofiláceas). Já as **calcífugas** – por exemplo, o capim hirsuto dos Alpes, *Nardus stricta* – são hipersensíveis ao Ca^{2+}. A flora e a vegetação sobre rochas calcárias (plantas calcícolas) sempre diferem acentuadamente das sobre rochas silicosas e pobre em calcário (plantas silicícolas).

Como exemplo clássico acerca do efeito do calcário nas plantas, pode-se citar duas espécies do gênero *Rhododendron* nos Alpes: *R. ferrugineum*, que cresce em solos ácidos silicosos (pH 4,0 – 6,0), e *R. hirsutum*, em solos ricos em calcário (pH 5,8 – 7,2). Em áreas que mantêm contato e em locais de transição (pH 5,4 – 6,4), o híbrido de ambas espécies também pode formar populações.

Sobre rocha calcária e na primeira fase de formação do solo, muitas vezes formam-se chernossolos rendzínicos com horizontes A-C (ver 11.5.2.3). Em rocha-mãe silicosa ou quartzosa, são formados neossolos litólicos hísticos. Os primeiros tipos de solo são bem tamponados contra a acidificação, enquanto os últimos possuem tendência à acidificação e à lixivação das bases.

A acumulação local de compostos de **metais pesados** potencialmente tóxicos, como cobre, cobalto, níquel, manganês, urânio, alumínio, magnésio, zinco, selênio, dentre outros, costuma limitar o crescimento vegetal. Assim, apenas espécies especialistas, selecionadas rigorosamente por fatores ecofisiológicos conseguem tolerar esses compostos ou, às vezes, até mesmo acumulá-los (ver 5.2.2.4; esta seção contém também informações sobre seu significado com plantas indicadoras). São dignas de menção, por exemplo, espécies do entorno de vegetação rigorosamente limitada sobre serpentina (silicato de magnésio com Al, Fe e Ni) e smithsonita (minério de zinco; ver 5.2.2.3).

A acumulação de **sais** facilmente solúveis (especialmente NaCl, Na$_2$SO$_4$, Na$_2$CO$_3$, e também de compostos correspondentes formados com K e Mg em lugar do Na) na zona costeira e em depressões continentais áridas possui efeitos incisivos na vida das plantas. Esse fato já foi indicado muitas vezes em discussões sobre as particularidades morfológicas, anatômicas e fisiológicas das **halófitas** (ver 5.2.2.4).

A maior **resistência aos sais** desenvolveu-se em alguns liquens e algas de zonas litorâneas de aspersão de água (borrifo), que conseguem sobreviver à retirada da água de soluções salinas concentradas e também à lixiviação por águas pluviais. Por outro lado, plantas aquáticas de água doce (glicófitas) já são danificadas por uma baixa quantidade de sais de sódio (cerca de 50% da água do mar). Halófitas facultativas conseguem ainda suportar bem essas concentrações. As halófitas obrigatórias (muitos representantes da família Chenopodiaceae, Figura 14-20) só atingem crescimentos ótimos só quando há determinadas doses de sal (por exemplo, *Salicornia*, no caso de 75 – 100% da água do mar).

Em **zonas costeiras** úmidas, a concentração de sais nos solos diminui à medida que se avança do mar em direção ao continente, correspondendo, assim, a uma redução da resistência a sais por parte das halófitas obrigatórias e facultativas, as quais vão se substituindo a partir do mar rumo ao continente (como ocorre na costa ocidental da Suécia, Figura 12-28). Contudo, em locais com aridez sazonal, em especial em áreas no limite com a terra firme – que apenas por um curto período são encharcadas por água salgada – os sais acumulam, uma vez que as soluções do solo ficam mais concentradas durante a seca, devido à evaporação. Essas condições regulam, por exemplo, os **manguezais** (Figura 12-29, Quadro 4-4, ver 14.2.16), cujos solos exibem um maior teor de sal, conforme se avança do mar no sentido das lagoas próximas à terra firme, e as espécies, por conseguinte, se sucedem de acordo com sua crescente resistência a sais.

12.7 Crescimento e balanço do carbono

O sucesso de uma espécie vegetal na colonização de um hábitat depende, em última análise, de sua capacidade de estabelecer e manter uma população estável. Isso pressupõe quatro capacidades da planta:

- tolerar situações de estresse típicas do local (condições extremas de clima e de solo);
- crescer conforme a situação de recursos, isto é, produzir biomassa;

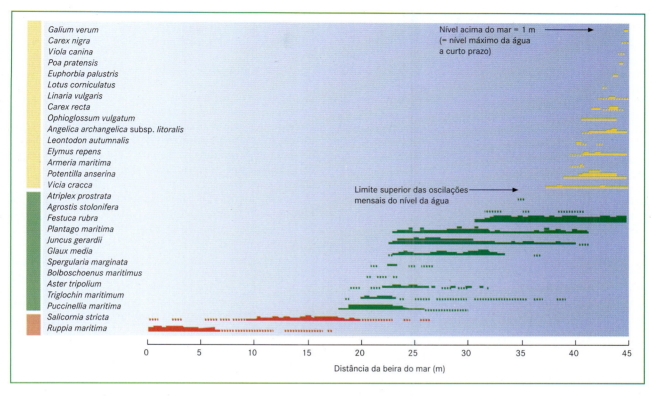

Figura 12-28 Perfil da vegetação ao longo de um gradiente salino, em área da costa ocidental da Suécia. Frequência de ocorrência de indivíduos de diferentes espécies em um perfil de 45 m de comprimento, o qual parte da beira-mar e segue em direção aos campos pastejados quase sem influência do sal. No gráfico, de cima para baixo, observam-se três grupos ecológicos bem distintos. A diferença máxima na altitude ao longo do perfil é de 1 m, as oscilações do nível do mar no decorrer do ano são, na maioria dos meses, inferior a 0,5 m. O ponto mais alto do perfil foi atingido pelo mar somente uma vez, no outono. (Segundo Gillner, 1960.)

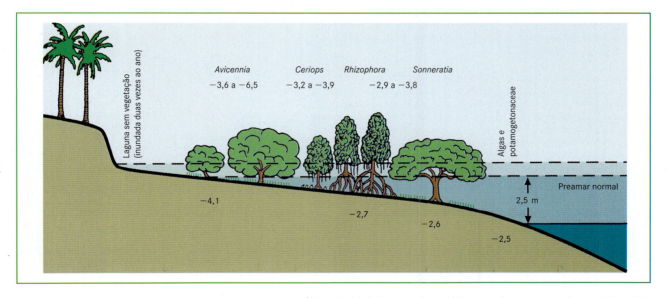

Figura 12-29 Zonação de um manguezal na costa ocidental da África. Devido à dessecação periódica, a maior concentração de sal é medida no ponto do perfil mais distante do mar. Concentrações de sal na solução de solo, a 10 cm abaixo da superfície do solo (do lodo) e no líquido extraído de folhas espremidas, são expressas como potencial osmótico em MPa (1 MPa = 10 bar). Os quatro gêneros de plantas de manguezal ocupam zonas características ao longo do gradiente formado pela oscilação do nível do mar. (Segundo Walter, 1960.)

- suportar distúrbios pela ação de herbívoros, patógenos ou fatores mecânicos;
- reproduzir-se com sucesso.

A capacidade de crescimento de uma planta determina suas chances de se regenerar após estresse e/ou distúrbio, de superar outras espécies na competição por recursos e de originar descendentes ou unidades de propagação clonal. Por essa razão, em ecologia vegetal, a compreensão de processos diretamente relacionados ao crescimento recebe tratamento prioritário. Inicialmente, esta seção abordará a ecologia do crescimento e, posteriormente, a produção de biomassa e o balanço de carbono do ecossistema. Para esses temas, assume-se que os fundamentos fisiológicos e bioquímicos da fotossíntese e respiração já sejam conhecidos (ver 5.5 e 5.9).

12.7.1 Ecologia da fotossíntese e da respiração

A fixação de CO_2 pela fotossíntese e sua liberação pela respiração constituem a base para o balanço de carbono da Terra (ver 12.7.6). Ambos os processos são, junto a fatores intrínsecos das plantas, fortemente influenciados por fatores ambientais. Quando também é considerada a respiração que ocorre nos processos de decomposição após a morte do vegetal, a fotossíntese e a respiração transformam quantidades semelhantes de carbono, razão pela qual ambas têm o mesmo significado para o balanço deste elemento. Todavia, sabe-se muito a respeito da fotossíntese e, comparativamente, pouco sobre a respiração. Isso também poderia estar relacionado ao fato de que a fotossíntese ocorre em órgãos bem definidos e de fácil acesso (de modo geral, em folhas verdes), enquanto a respiração da planta envolve todos os órgãos – inclusive aqueles subterrâneos – e, ainda, depende em grande proporção do tipo de órgão.

Em virtude da fotossíntese ser estimulada pelo vetor luz, mais especificamente pela densidade do fluxo de fótons fotossinteticamente ativos (PFD), é então conveniente relacionar as taxas dos órgãos assimiladores com a área projetada (a maior superfície possível de sombra sobre uma base paralela e plana). Para folhas planas, isso corresponderia meramente à área foliar. A **taxa de respiração R** independe do sinal (positivo ou negativo) e, por essa razão, preferencialmente relaciona-se à quantidade de tecido (geralmente a de massa seca). Para folhas e, portanto, para o ecossistema, a relação com a área também é utilizada como descritor da respiração. A escolha do tamanho da superfície possui grande influência sobre os resultados e suas respectivas conclusões.

Simultaneamente à fixação de CO_2 ocorrem perdas de CO_2 pela fotorrespiração e pela respiração mitocondrial dos tecidos foliares. Em geral, o observador apenas tem acesso ao resultado líquido, ou seja, à **taxa fotossintética líquida**, A (de assimilação, pois P já é utilizado para produção). Como parte da respiração mitocondrial é suprimida em presença de luz e a fotorrespiração representa importantes funções para a manutenção da maquinaria fotossintética sob fortes oscilações da disponibilidade de radiação solar (ver 5.5.6), é inoportuno e sem valor ecológico acrescentar taxas respiratórias medidas no escuro ou as "perdas pela fotorrespiração" à fotossíntese líquida e indicar uma fotossíntese bruta.

Uma grande dificuldade para a caracterização das dependências de A e de R em relação às condições ambientais é a sua forte variação em função do tempo e são dependência de outras variáveis. Logo, não existe para qualquer espécie vegetal nenhum tipo oficial de "norma de reação", mas sim conjuntos dessas funções; para o caso de mudanças rápidas, há funções "ajustadas" de dependência conforme as condições ambientais. Como os princípios foram apresentados em 5.5 e 5.9, esta seção se limita a essas interações ecológicas significativas (Figura 12-30; Figura 12-45 para CO_2).

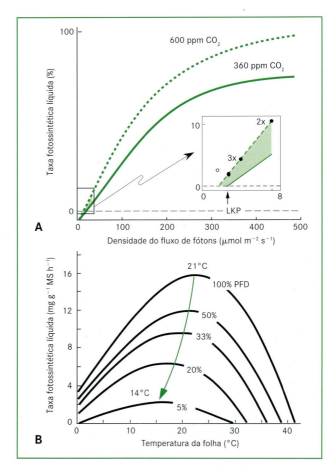

Figura 12-30 Dependência interativa da fotossíntese foliar de plantas C_3 em relação à luz, à temperatura e ao CO_2 (esquematizado). **A** Alteração da dependência com relação à densidade do fluxo de fótons fotossintéticos (PFD), ao se fornecer 600 ppm de CO_2, em vez de 360 ppm. PCL = ponto de compensação da luz a 360 ppm de CO_2. **B** Alteração da dependência em relação à temperatura, quando PFD é reduzida progressivamente até 5% da PFD$_{sat}$ (para nível normal de CO_2). A forma da curva da dependência em relação ao CO_2 é idêntica à da curva de dependência em relação à PFD (comparar Figura 12-45).

Nas Figuras 12-30 e 12-45, as funções são caracterizadas por valores-limites e segmentos caraterísticos das curvas. O ponto onde a curva encontra a abscissa é denominado, no que tange à **dependência em relação à PFD e ao CO$_2$**, respectivamente, ponto de compensação da luz e ponto de compensação de CO$_2$ (para folhas de sol de plantas C$_3$ a uma temperatura de 20°C, ambas são por acaso numericamente semelhantes, atingindo 20-30 μmol de fótons m^{-2} s^{-1} ou ppm de CO$_2$). A inclinação linear inicial (do inglês *initial slope*) dessas duas funções de saturação é, na maioria das vezes, denominada eficiência quântica (do inglês *quantum use efficiency*, QUE) ou eficiência na absorção de CO$_2$ (do inglês *CO$_2$ uptake efficiency*, CUE). O incremento linear representa, no caso da curva da PFD, a limitação da taxa durante a **reação luminosa** da fotossíntese (regeneração do receptor RubP), enquanto o platô (saturação), a limitação durante a **reação no escuro** (fixação de CO$_2$, carboxilação). Já para a curva de CO$_2$ (Figura 12-30A), é válido exatamente o contrário; ou seja, a inclinação inicial mostra a limitação pela reação no escuro e o platô, a restrição pela liberação de equivalentes de redução (reação luminosa). A concentração de CO$_2$ e a PFD interagem de tal modo, que com o aumento da primeira, o ponto de compensação da luz é deslocado para a esquerda (em direção ao zero), ocasionando a saturação de PFD de A com valores mais elevados de PFD. O significado ecológico desse fato é a melhor utilização da luz sob alto teor de CO$_2$ atmosférico, especialmente quando atingido na sombra (ver 12.7.6). O ponto de compensação da luz e a saturação da luz são fortemente adaptativos. As plantas de sombra compensam com PFD < 10 (até 3) μmol de fótons m^{-2} s^{-1} e saturam a 100-150 μmol de fótons m^{-2} s^{-1} (aproximadamente 5-8% de total de luz ao meio-dia). A maioria das plantas de sol alcança 90% de saturação de PFD com PFD de 400-600; principalmente para folhas espessas com altas taxas fotossintéticas, a saturação de PFD só é atingida com PFD > 1.000 μmol de fótons m^{-2} s^{-1} (ver 5.5, também para informações sobre plantas C$_4$ e CAM). A dependência de A em relação ao CO$_2$ também está sujeita à aclimatação, ou seja, não permanece constante quando há um tempo maior de exposição ao CO$_2$ elevado (Figura 12-45).

Em A, a **dependência da temperatura** é uma função complexa originada a partir de fatores promotores (ação carboxiladora da rubisco) e limitantes (ação da oxigenase pela rubisco somada à respiração mitocondrial), que tem como resultado uma curva em forma de sino ou "curva do ótimo". Os valores-limites mínimo e máximo (A = 0) da temperatura, bem como o ótimo (A = máximo), variam conforme o clima. Em regiões temperadas, boreais e ártico-alpinas, o valor-limite da tolerância a geadas para folhas completamente ativas coincide com o da temperatura mínima para A (entre −2 e −8°C; em montanhas geralmente é de −5°C). Desse modo, apenas quando as folhas são letalmente danificadas por geadas é que A deixa de existir. A temperatura limite máxima, por sua vez, encontra-se entre 40°C (plantas adaptadas ao frio) e 45°C (para as adaptadas ao calor), ou seja, poucos graus abaixo do limite letal pelo calor (ver 12.3.2). Já a temperatura ótima é de 15°C e quase 30°C, para vegetais superiores adaptados a condições extremas de frio e calor respectivamente. Valores ainda mais baixos para a temperatura ótima são observados em criptógamas de hábitats frios.

Em um período curto (poucos dias), a temperatura ótima pode ser deslocada em cerca de 5 K (ou mais) de forma aclimatável. Decisivo para a aclimatação é o (micro) clima vivenciado pela planta. Como plantas prostradas de áreas montanhosas atingem ao sol temperaturas relativamente altas dentro da comunidade, não é de se surpreender que sua temperatura ótima para a fotossíntese seja semelhante a de vegetais da planície (20-25°C). Em regiões temperadas e frias, o ótimo de temperatura para A é muito amplo (90% do A máximo para amplitude > 10 K). Para plantas tropicais, A nulo (A = 0) é alcançado com o limite de resfriamento (ver 12.3.1; aproximadamente +3 até +7°C), sendo o ótimo comparativamente estreito.

A **interação luz-temperatura** também possui grande significado ecológico. As dependências em relação à PFD e à temperatura, discutidas acima, são válidas para temperaturas ótimas e, por conseguinte, para saturação luminosa. Essas funções de dependência verificadas em laboratório têm aplicação apenas restrita na natureza. Isso está relacionado ao calor durante o período de crescimento sob elevado PFD (salvo algumas exceções) e ao frio, sob forte limitação de luz. Para essas condições, a maquinaria fotossintética das plantas está bem ajustada. O efeito interativo de PFD e da temperatura ocorre de modo que, sob baixo PFD, a temperatura ótima para A também seja atingida a baixas temperaturas (por exemplo, com 12 em vez de 22°C). Quando há pouca incidência de luz, as plantas já alcançam a taxa fotossintética mais elevada possível sob temperaturas relativamente baixas (condição limitante). Por essa razão, a fotossíntese quase nunca é limitada pela temperatura, mas é frequentemente restringida pela luz. Atualmente, a fotossíntese foliar mensurada sob saturação da luz, temperatura ótima e concentração "normal" de CO$_2$ é chamada de **taxa fotossintética máxima** (A$_{máx}$). A expressão **capacidade fotossintética** A$_{cap}$ – largamente empregada no passado – é, atualmente, utilizada com frequência para a máxima fotossíntese possível sob saturação de CO$_2$, o que estabelece uma certa confusão.

Detectar a **respiração** de forma realística e encontrar parâmetros de referência apropriados – que, por sua vez, não produzam diferenças onde não há – são dois dos mais difíceis desafios para a ecologia funcional. De acordo com a função, pode-se classificar a respiração mitocondrial em três tipos distintos: respiração para a manutenção ou para o funcionamento (do inglês *maintenance respiration*; a ser abordada posteriormente), respiração para crescimento (do inglês *growth respiration*) – a qual está envolvida na formação de novos tecidos – e a respiração durante a absorção de nutrientes nas raízes (do inglês *nutrient uptake respiration*). A taxa de **respiração para o funcionamento (R)** depende fortemente da atividade geral dos tecidos. Contudo, quando R for considerado levando em conta a massa seca, o conteúdo de carbono dos tecidos (ou seja, a densidade espacial) torna-se o parâmetro de referência. Quanto mais "denso" o tecido, menores são as taxas de respiração calculadas por protoplasto. Isso, por sua vez, se reflete na concentração de nitrogênio com base na massa seca (ver 12.6.3). Flores, raízes finas e folhas (no escuro) apresentam elevado R por g de massa seca; já o caule e raízes grossas têm R reduzido, enquanto estruturas lignificadas ou órgãos de reserva exibem valores de R muito baixos. Com base no nitrogênio (medido para o conteúdo de proteínas), essas diferenças desaparecem ou se tornam bem reduzidas. Como regra geral, pode-se assumir que um planta ativa utiliza cerca da metade de sua assimilação de CO_2 diária para suas atividades, e que tecidos "moles" por carbono investido (massa seca) são os que mais contribuem para essa perda.

Uma comparação da atividade respiratória de diferentes órgãos ou espécies vegetais distintas, até mesmo de indivíduos da mesma espécie sob distintas condições de crescimento, sempre inclui influências sobre os parâmetros de referência. Influências ambientais ou de desenvolvimento sobre a respiração celular específica devem ser, portanto, distinguidas daquelas sobre o próprio parâmetro de referência (por exemplo, peso volumétrico do tecido). Por fim, a respiração de funcionamento reage de forma extremamente sensível a todas as circunstâncias imagináveis, incluindo adaptações internas da planta durante o crescimento, o rendimento da assimilação ou o estresse no dia anterior e, especialmente, intervenções destrutivas – como o desenterramento de raízes. Uma vez que as raízes de muitas plantas contribuem para a maior parte dos "gastos respiratórios totais", pesa bastante o fato de que a respiração de uma raiz incorporada a uma rizosfera intacta seja constatável apenas indiretamente (por exemplo, com isótopos de carbono), ou ainda, com um enorme esforço.

A variável climática mais importante para a respiração de plantas ativas é a temperatura (ver 5.9.3.6). De forma geral, o valor de R praticamente duplica com elevação da temperatura (como as taxas da maioria dos processos enzimáticos), quando a temperatura em uma faixa média (por exemplo, 10–20°C) for elevada em cerca de 10 K ($Q_{10} = 2$). Para folhas, considera-se o valor de 2,3 como média global de Q_{10} (Larigauderie e Körner, 1995). Com isso, o **efeito da temperatura sobre a respiração** é caracterizado de modo bastante insuficiente do ponto de vista ecológico. Aqui foi descrito uma imagem momentânea. Quase nenhum outro processo vital reage dessa maneira aclimatável, como a respiração mitocondrial. O fundador da moderna fisiologia vegetal na Alemanha (direcionada para analisar processos no ambiente natural), O. Stocker, foi provavelmente o primeiro a constatar, admirado, que a adaptação da respiração à temperatura predominante ocorre de modo equilibrado com as próprias amplitudes globais de temperatura (ártico-trópicos) (Stocker, 1935). As oscilações sazonais da temperatura também podem ser compensadas de maneira aclimatável, como foi demonstrado por Lange e Green (2005) para liquens de talo crustáceo.

Stocker comparou a respiração (de escuro) de salgueiros (*Salix*), durante o verão e em seu local de ocorrência natural na Groenlândia, com a de árvores em floresta tropical úmida na Indonésia, e não encontrou praticamente qualquer diferença. No entanto, ao medir a respiração de plantas ou de tecidos provenientes de locais quentes e frios sob temperaturas iguais (logo, não sob temperaturas predominantes nos respectivos locais de origem, mas, por exemplo, a uma temperatura uniforme de 20°C), observa-se que as taxas respiratórias dos tecidos adaptados ao frio sempre são nitidamente mais elevadas que a dos adaptados ao calor (Pisek e colaboradores, 1973). Na literatura, esse fato é sempre erroneamente interpretado como "elevada respiração em locais frios". Na realidade, a respiração em regiões frias é menor sob condições reais locais, principalmente devido às noites frias. O fato de o número de mitocôndrias aumentar com a diminuição da temperatura local deixa evidente que as plantas tentam equilibrar as condições desfavoráveis de temperatura com uma atividade específica mais alta (Miroslavov e Karvikna, 1991).

A respiração não deve ser vista apenas como um "fardo" para o balanço de carbono, mas sim como um processo vital necessário (uma "exigência"). Embora sua capacidade de adaptação a novas temperaturas do ambiente se processe com relativa rapidez (de um a poucos dias), essa adptação nem sempre é completa. A Figura 12-31 evidencia que é inoportuno estabelecer prognósticos para as taxas respiratórias reais em um ambiente termicamente modificado (por exemplo, aquecimento climático global), devido à conhecida dependência (a curto prazo) dos processos metabólicos em relação à temperatura. Esses prognósticos devem considerar a aptidão de aclimatação das

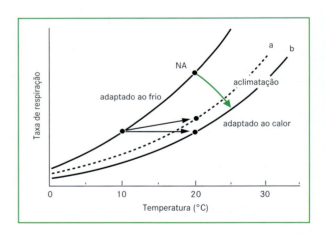

Figura 12-31 Dependência da respiração em relação à temperatura, antes e após a aclimatação. A seta verde indica a direção da aclimatação à uma elevada temperatura de crescimento (20° em vez de 10°C). Cada curva mostra a reação da respiração a curto prazo, sob diferentes temperaturas (para um experimento de 1-2 horas), para um grupo de plantas adaptadas ao frio e um grupo de plantas da mesma espécie adaptadas ao calor. No exemplo, a aclimatação ao calor é (a) parcial ou (b) completa. No caso b, o grupo de plantas translocados para o calor respira, sob a nova temperatura de crescimento e após aclimatação, com igual intensidade ao que era respirado em seu hábitat frio. Para uma temperatura idêntica, o grupo de plantas adaptadas a 20°C respira muito menos que o grupo aclimatado ao frio, o que, contudo, é pouco relevante ecologicamente. NA identifica a taxa de respiração teórica para a nova temperatura de crescimento, se não tivesse ocorrido nenhuma aclimatação. A curva a é o caso mais comum.

plantas (Larigauderie e Körner, 1995). A fórmula simplificada: elevada temperatura = elevada respiração é ecologicamente insustentável. A taxa de respiração é, ademais, sempre mensurável a partir de intensidade de crescimento e produtividade simultânea (as quais geralmente aumentam com a temperatura) e não deve ser considerada isoladamente. A longo prazo, a taxa de respiração depende do que foi previamente produzido (ver 12.7.5.2).

12.7.2 Ecologia do crescimento

O crescimento de uma planta é, em última análise, o balanço entre os ganhos e os gastos, expresso em biomassa seca; ou seja, é essencialmente a diferença entre a soma da assimilação de carbono e a soma de todas as perdas, inclusive por respiração. A taxa líquida de fixação de carbono de um vegetal inteiro para certo momento resulta da combinação dos seguintes fatores:

- taxa fotossintética por unidade de área foliar (integrado para todas as folhas);
- área foliar total para biomassa total da planta (do inglês *leaf area ratio*, LAR);
- respiração de todos os órgãos (especificidade orgânica bem diferenciada);
- exportação de carbono (por exemplo, para simbiontes);
- atividade dos drenos de carbono (crescimento estrutural ou armazenamento).

Cada um desses cinco fatores, por sua vez, depende de numerosas influências externas e internas. Não é possível prever a fixação de carbono ou o crescimento somente a partir de um dos fatores acima mencionados. Esse conhecimento simples contraria a concepção, há muito predominante, de que o crescimento seria um efeito imediato da fotossíntese da folha e estaria limitado pelo rendimento desse processo. Essa infeliz abordagem restritiva apresenta como consequência a discrepância entre o amplo conhecimento sobre a fotossíntese na natureza e o pequeno ou praticamente nulo sobre os demais determinantes do crescimento e suas dependências do ambiente – embora todos esses cofatores, em princípio, possam influenciar o rendimento líquido de carbono de modo igualmente eficiente. A **atividade dos drenos** (portanto, o próprio incremento em biomassa) – controlada pela disponibilidade de outros recursos que não o carbono – é enormemente variável e, na maioria das vezes (exceto sob escassez de luz), representa a verdadeira força reguladora da assimilação de carbono por uma planta. Isso pode ser explicado pelo simples fato de que a fotossíntese se processa sem impedimentos apenas enquanto os fotossintatos produzidos também forem utilizados em alguma parte da planta, ou seja, se puderem ser investidos. Do contrário, a atividade fotossintética deverá imediatamente retroceder, pois senão as vias de transporte se "obstruiriam" ou os cloroplastos ficariam sobrecarregados com os produtos da assimilação (bloqueamento dos produtos finais). Do ponto de vista ecológico, esse seria o ponto central para a compreensão do crescimento vegetal.

Elevada atividade dos drenos induz altas taxas fotossintéticas, enquanto uma atividade reduzida as diminui. Quando se separam da planta os drenos de carbono, por exemplo, maçãs ou tubérculos de batata, diminui a taxa fotossintética das folhas. No entanto, se for retirada uma parte das folhas de uma planta, aumenta a taxa fotossintética nas folhas remanescentes.

A atividade dos drenos de carbono na planta depende da disponibilidade de recursos no solo (água e nutrientes), da temperatura e do seu estado de desenvolvimento, o qual é determinado pelos dois primeiros fatores e numerosos outros (por exemplo, fotoperíodo). Uma ampla literatura demonstra que a atividade de drenos reage a todas as influências do ambiente natural (exceto a luz) de modo mais sensível (e antecipadamente) que a fotossíntese das folhas. Os processos de crescimento (divisão, alongamento e diferenciação celulares) reagem à retirada de água, à escassez de nutrientes e às baixas temperaturas, muito antes que a fotossíntese seja notavelmente afetada. Portanto, não é exagerado ressaltar que, na maioria dos casos (exceto quando houver restrição de luz e, obviamente, situações após a perda de folhas), o crescimento, logo, a **demanda por fotossintatos**, regula a fotossíntese e não o oposto.

É surpreendente que esse conhecimento, embora muito antigo, seja tão pouco documentado em livros e cursos. Em 1869, G. Kraus publicou na revista "Flora" os resultados de um experimento clássico sobre esse tema, conduzido no laboratório de J. Sachs em Würzburg, Alemanha. Naquela época, a atividade fotossintética das folhas havia sido avaliada por meio da observação da intensidade da formação de bolhas de gases em hastes submersas. Já era conhecido por Sachs e os seus colegas que a taxa de fotossíntese podia "fugir" temporariamente da demanda por fotossintatos ou da velocidade de translocação deles e provocar um aumento na formação de amido – fato comprovado com uso de solução de iodo ou iodato de potássio. Kraus então se questionou sobre qual dos dois processos poderia ser o mais fortemente influenciado por baixas temperaturas (pergunta extremamente moderna para a época): a fotossíntese (formação de bolhas de gás) ou a utilização de produtos da assimilação (acumulação de amido). Para avaliar isso, foram colocados cubos de gelo na água. Na água fria, a formação de bolhas praticamente não diminuiu, bem como a quantidade de amido foi maior, em comparação com o controle, mantido mais quente. Mesmo diante de todas as objeções contra esses experimentos por parte da abordagem mais atual, esse raciocínio e observação representam uma excelente ilustração do dilema: a absorção de carbono seria limitada pelo dreno ou por sua fonte? Resultados mais recentes para plantas de regiões frias estão de acordo com o seguinte quadro: a 0°C, a fotossíntese das folhas atinge ainda aproximadamente um quarto de seu desempenho máximo e apenas a – 6°C cessa suas atividades (Figura 12-30B); o crescimento (ou seja, a atividade dos drenos), contudo, praticamente cessa a 0°C e é muito lento para temperaturas abaixo de 5°C. Isso também explica por que nos tecidos de plantas no limite alpino das árvores são acumulados mais e não menos carboidratos (Hoch e Körner, 2003). Neste contexto, plantas de hábitats frios acumulam os carboidratos em formas não estruturais (amido, fructanos), ou a longo prazo como lipídeos. O mesmo é válido para a seca sazonal, pois o crescimento também sob déficit hídrico é muito mais sensível que a fotossíntese (Körner, 2003).

A respiração também reage muito mais sensivelmente às influências ambientais (principalmente à temperatura) que a fotossíntese, sendo parcialmente conectada à atividade dos drenos (respiração para o crescimento) e, devido à especificidade de seus órgãos, é muito difícil de ser estimada. Desse modo, é praticamente impossível medir, sob condições naturais, a respiração das raízes, que frequentemente representa a maior perda de carbono. Ao se separar as raízes finas de seu microambiente e de seus simbiontes, altera-se também a respiração.

Não somente em questões ecológicas, como também em pesquisas agrícolas, o significado dos drenos e, consequentemente, o tipo de investimento de assimilação possuem um papel central. Desconsiderando o manejo agronômico, o aumento de produtividade no cultivo de grãos pode ser atribuído à canalização dos assimilados para o produto desejado e não a uma elevada atividade nas fontes, ou seja, nas folhas. Renomados pesquisadores em produção vegetal referem-se ao fato de que, na comparação de cultivares, a produtividade mais alta de grãos não é acompanhada pela capacidade fotossintética mais alta das folhas (Gifford e Evans, 1981; Wardlaw, 1990). Isso também significa que alterações genéticas na maquinaria fotossintética, visando ao aumento da produtividade, não são convenientes.

Sob o ponto de vista ecológico, um mero cálculo dos ganhos é, portanto, pouco útil para a compreensão do crescimento, até mesmo para um curto período. Essa determinação seria ainda mais difícil de ser compreendida se abrangesse um maior intervalo de tempo, quando a duração funcional de todos os órgãos e tecidos deve ser considerada (questões de amortização). Os ganhos "gerados" por uma folha são os resultados do balanço da produção total (durante todo seu curso de vida) fotossintética para a fixação de CO_2 menos os custos da construção da folha (após terem sido subtraídas as realocações de substâncias antes da morte foliar). Desconsiderando os custos energéticos para a formação de tecidos, o rendimento corresponde à multiplicação da produção pelo tempo de produção – os dois são equivalentes quanto à sua importância. Embora as condições de radiação e de teor proteico da folha por área foliar (conteúdo de nitrogênio) permitam uma estimativa relativamente boa da taxa fotossintética máxima (Figura 12-20), essa taxa é medida com grandes esforços. Por outro lado, são encontrados na literatura apenas dados escassos sobre fatores igualmente determinantes, como a duração foliar ou a partilha de matéria seca na planta, fatores determináveis sem grande esforço técnico.

O local e a forma de investimento dos produtos da assimilação de carbono (fotossintatos) no vegetal determinam, portanto, a taxa de crescimento (Figura 12-32). Uma realocação desses fotossintatos na formação de nova área foliar gera "juros compostos" (juros diários). Um investimento em hastes verdes pode ser neutro em relação ao balanço total, enquanto órgãos de reserva e raízes finas apresentam baixos e elevados custos, respectivamente (sobretudo, gastos para funcionamento por meio da respiração). A decisão sobre a estratégia a ser seguida não é livre, mas sim determinada por três forças motrizes: arquitetura do vegetal (ou seja, o tipo morfológico herdado); plano de desenvolvimento (e, com isso, alterações nas prioridades de investimento durante a vida), e fatores ambientais. As correntes de fotossintatos são, dentro dos limites condicionados pela arquitetura e pelo desenvolvimento, governadas pela oferta de recursos (Figura 12-33; ver 12.7.3): muita luz – poucas folhas; pouca luz – muitas folhas; oferta alta de nitrogênio – massa foliar grande e massa de raízes reduzida, etc.

Pela magnitude dos investimentos em carbono nas folhas, a planta pode adquirir uma quantidade maior ou menor desse elemento e, com isso, passa a controlar seu rendimento fotossintético (da planta como um todo) sem necessariamente modificar o desempenho fotossintético específico. A temperatura e as disponibilidades de água e de nutrientes determinam quanta fotossíntese o vegetal como um todo "se permite realizar" ou quantos fotossintatos verdadeiramente podem ser "investidos". Esse é um retrato do aporte de fotossintatos regulado pela demanda, que, por sua vez, contraria a ideia até então corrente, de que a oferta (portanto, o desempenho fotossintético) determina o crescimento. Isso acontece apenas quando outros fatores não são limitantes, sob condições especiais na agricultura intensiva ou com intenso sombreamento, onde a fixação de CO_2 pode se tornar o único componente determinante. É característico de muitas plantas perenifólias a acumulação de reservas durante o período de seca (do inglês, *stored growth*), mesmo que a absorção de CO_2 seja restrita, e geralmente nesta época não "passem fome". Nesse caso, a ocorrência de precipitações é que mobilizará a liberação dessas reservas para a brotação.

Embora o desempenho fotossintético de plantas C_4 seja, na maioria da vezes, mais elevado que o de C_3, sob alta umidade do solo, seu rendimento agrícola não é nunca maior. Plantas C_4 têm vantagem devido ao seu reduzido consumo de água, sobretudo em condições de seca. Por meio do crescimento compensatório das raízes, os déficits hídrico e de nutrientes podem ser diminuídos temporariamente, mas ao nível do ecossistema existem limites naturais a esse processo. Já uma estimulação da fotossíntese pela elevação da concentração de CO_2 conduz a pequenos aumentos no crescimento, desde que a limitação do crescimento por outros recursos não seja artificialmente cancelada (ver 12.7.6).

12.7.3 Análise funcional do crescimento

A análise funcional do crescimento (Lambers e colaboradores, 1998) parte de alguns parâmetros básicos relacionados principalmente ao modo pelo qual os fotossintatos são distribuídos e investidos entre os diferentes órgãos da planta. O ambiente pode influenciar esse processo de partilha, investindo esses produtos em partes do vegetal onde predomina a escassez: nas raízes, quando há dessecação do solo; nas folhas, sob déficit de luz; etc. Nesse sentido,

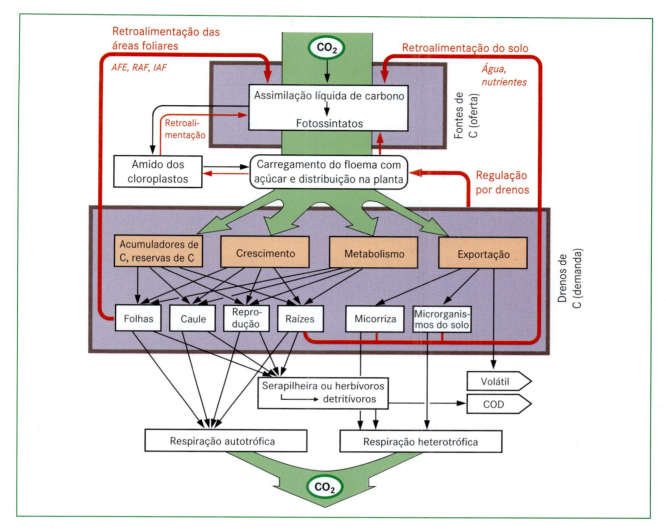

Figura 12-32 Representação esquemática muito simplificada do crescimento vegetal. O carbono é deslocado das fontes (por exemplo, de folhas fotossinteticamente ativas) para os drenos (por exemplo, estruturas da planta ou consumo metabólico, bem como secreções). A atividade dos drenos, por sua vez, é regulada pela disponibilização de nutrientes no solo por micro-organismos, pela disponibilidade de água e pela temperatura (não mostrada no gráfico) e, com isso, geralmente determina a demanda por fotossintatos. Dependendo do tipo de investimento em novos fotossintatos, podem surgir perdas de carbono (por exemplo, por respiração) ou ganhos adicionais de carbono (por exemplo, por reinvestimento em folhas). Por analogia com sistemas econômicos, complexos processos de retroalimentação controlam a oferta e a demanda. Mudanças ambientais e nos processos de desenvolvimento (ontogênese), bem como a duração funcional (amortização) de órgãos não são considerados aqui. O esquema evidencia que o desempenho fotossintético é apenas um dos muitos parâmetros reguladores do crescimento, o que também explica por que a taxa de crescimento de plantas não pode ser prevista através da produtividade fotossintética das folhas. No cultivo agrícola, consciente ou inconscientemente, em primeiro lugar foram selecionados a partilha de carbono e os processos de desenvolvimento. AFE, RAF e IAF são explicados no texto. COD (do inglês *dissolved organic carbon*) é o carbono orgânico dissolvido (por exemplo, exsudações de açúcar ou de ácidos orgânicos).

utiliza-se o percentual de massa seca dos órgãos relativo à massa seca total (Figura 12-34), empregando-se a seguinte nomenclatura:

- FMF, fração de massa foliar (do inglês, *leaf mass fraction*; representa a porção foliar);
- FMC, fração de massa caulinar (do inglês, *stem mass fraction*; representa a porção do caule principal e ramos);
- FMR, fração de massa radicular (do inglês, *root mass fraction*; representa a porção das raízes).

Analogamente, pode-se descrever como frações de biomassa: os órgãos reprodutivos, os de armazenamento, etc. No passado recente, foram acumuladas indicações de que esse padrão de partição de biomassa nem sempre corresponde ao "equilíbrio funcional" – descrito pela primeira vez por Brouwer (1963) – e que a alocação de matéria seca reage de modo muito específico aos fatores ambientais. Geralmente, os padrões de investimento

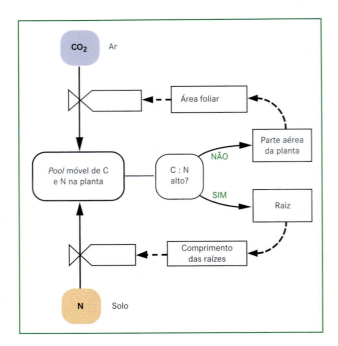

Figura 12-33 Modelo simplificado para o acoplamento dos balanços de C e N na planta. A partir da pergunta se há limitação de carbono (fotossintatos passíveis de investimento, ainda não fixados estruturalmente) ou de nitrogênio (compostos nitrogenados disponíveis), e a partir da razão entre C e N (C/N) dos "constituintes" (*pools*) móveis, o investimento é dirigido mais para as folhas ou para as raízes. As setas contínuas indicam fluxos de massa, enquanto as tracejadas apontam para as influências. (Segundo Grace, 1997.)

ajustados também são acompanhados por mudanças fisiológicas e morfológicas (por exemplo, regulação do suprimento de nitrogênio e desempenho fotossintético das folhas, proteção cuticular e tamanho da folha). O uso de coeficientes específicos não relacionados a órgãos, como biomassa subterrânea/biomassa aérea (do inglês, *root/shoot ratio*) deve ser evitados (Körner, 1994).

Para raízes e folhas, os "custos de biomassa" são interessantes para a criação de uma unidade funcional. Uma vez que a função da folha é, sobretudo, a absorção de luz, ela pode ser melhor compreendida por meio da área foliar. Já para as raízes, a função é dada pela intensidade da penetração no solo, logo, por metro de raízes finas formadas por unidade de biomassa. A superfície das raízes é que mantém contato com o solo; no entanto, a atividade da superfície diminui conforme a idade da raiz. Por conseguinte, ao se relacionar os custos com as superfícies, supervalorizam-se raízes mais grossas e antigas não mais absortivas (servindo principalmente como condutores axiais), enquanto as mais finas e muito ativas são desvalorizadas. Por isso, independente da espessura da raiz, utiliza-se com frequência o comprimento como medida funcional. Os parâmetros correspondentes são:

- AFE, área foliar específica (do inglês, *specific leaf area*): é o m² de área foliar por g de massa seca foliar, que por motivos de clareza é expresso, na maioria das vezes, em $dm^2\ g^{-1}$ ou $m^2\ kg^{-1}$;
- CER, comprimento específico da raiz (do inglês, *specific root length*): é o m de comprimento radicular por g de massa seca da raiz.

Em vez de AFE, muitas vezes é utilizado o seu valor inverso, ou seja, a massa foliar por área, MFA (do inglês, *leaf mass per area*). Da relação de biomassa total da planta e os "custos orgânicos" específicos resultam duas importantes equações para a análise do crescimento:

$$RAF = FMF \cdot AFE$$

em que RAF é a razão de área foliar (do inglês, *leaf area ratio*), ou seja, a área total de todas as folhas em relação à biomassa total de uma planta, em $m^2\ g^{-1}$;

$$RCR = FMR \cdot CER$$

em que RCR é a razão de comprimento da raiz (do inglês, *root length ratio*), isto é, comprimento total das raízes por massa vegetal total, $m\ g^{-1}$.

Nesse contexto, diversos estudos demonstram que RAF é o fator determinante mais importante para o crescimento (Figura 12-35), sendo que tanto FMF quanto AFE podem representar a variável decisiva para RAF.

Em primeiro lugar, RAF é uma medida estática e ainda necessita ser ponderada pela taxa de fixação de carbono específica da área foliar. Essa taxa chama-se ULR (do inglês, *unit leaf rate*) e descreve o incremento de matéria seca do

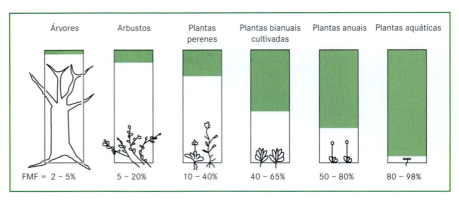

Figura 12-34 Divisão da biomassa e estratégias de vida das plantas. Nos órgãos fotossintéticos, encontram-se proporções muito distintas do total da biomassa de uma planta. Aqui é apresentada a fração da massa foliar, FMF (do inglês *leaf mass fraction*), ou seja, a porção da biomassa foliar em relação ao total de biomassa (% da massa seca, superfície verde) de plantas adultas de diferentes tipos morfológicos e de diferentes estratégias de vida. (Segundo Körner, 1993.)

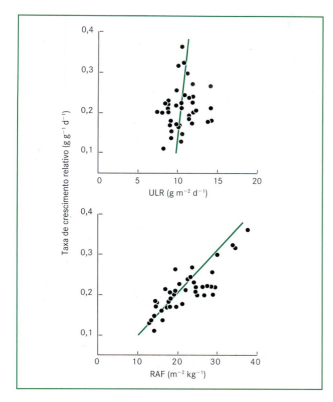

Figura 12-35 Controle do crescimento pela assimilação e investimento. A taxa de crescimento relativa varia independentemente da taxa de assimilação de CO_2 da soma de todas as folhas (ULR, *unit leaf rate*), mas se correlaciona linearmente com a área foliar para o total de biomassa (RAF, razão de área foliar). A dependência de RAF se origina, sobretudo, do componente AFE (área foliar específica; a área foliar por massa seca das folhas), e não da massa foliar para o total de biomassa (FMF). Os dados utilizados são de 51 espécies herbáceas sob condições ótimas de crescimento, os quais foram compilados por Poorter e Van der Werf (1998).

vegetal com um todo por m^2 de área foliar e dia ($g\ m^{-2}\ d^{-1}$). A partir disso, tem-se a **taxa de crescimento relativa** TCR (do inglês, *relative growth rate*):

$$TCR = ULR \cdot RAF$$

Ao se considerar a mudança relativa na massa total M da planta por massa inicial e dia, resulta:

$$TCR = \frac{1}{M} \cdot \frac{dM}{dt} \quad \text{(expresso em: } g\ g^{-1}\ d^{-1}\text{, e também em: } \%\ d^{-1}\text{)}$$

URL representa uma integral para o desempenho assimilatório das folhas em relação ao incremento líquido da planta (obtido pelo desempenho assimilatório) e descreve a assimilação de carbono de modo mais realista que uma medição pontual da fotossíntese das folhas. A desvantagem de ULR é a sua determinação somente por meios destrutivos (incremento em massa em intervalo de tempo relativamente curto, por exemplo, semanal). Portanto, é apenas calculável para herbáceas ou para plantas de pequeno porte. No caso de árvores, o incremento em largura e a produção de serapilheira em uma aproximação grosseira podem ser confrontados com o IAF. Como o "efeito de juros compostos" desempenha um papel importante durante o crescimento e, por isso, as curvas de crescimento raramente são lineares no decorrer do tempo, é incorreto dividir o incremento anual das plantas pela duração do período de crescimento e denominar o resultado como TCR. Uma medida comumente aplicada em produção vegetal, para designar o crescimento vegetal durante longos períodos (algumas semanas, meses), é a taxa de assimilação líquida TAL (do inglês, *net assimilation rate*), a qual é sinônimo de ULR e representa o incremento em biomassa relativo à área foliar média, para um intervalo de observação geralmente mais longo. Contudo, a determinação dessa taxa para longos intervalos se torna problemática, considerando que a superfície foliar constantemente se modifica.

Conforme a espécie, a TCR varia cerca de duas ordens de grandeza. Para árvores, FMF e FMR são um tanto problemáticos, pois os valores se tornam tão pequenos apenas pela inclusão da grande e inativa região do cerne (Figura 12-34). Ao se relacionar FMF e FMR com as partes lenhosas ativas na condução, atingem-se valores próximos aos de plantas herbáceas de vida longa. Devido aos "juros" diários no incremento das folhas, a TCR pode alcançar muito rapidamente valores bem elevados. Para plantas herbáceas jovens, um incremento de 20% não é raro. Muitas análises demonstram, entretanto, que **vegetais de crescimentos rápido e lento** se distinguem principalmente pelo investimento em biomassa por área foliar e pelo comprimento da raiz. As plantas que crescem rapidamente possuem, em contraposição àquelas de crescimento lento, grande AFE (Tabela 12-1 em 12.6.2) e grande CER. Alguns valores típicos para essas medidas são mostrados na Tabela 12-2.

A Figura 12-36 ilustra esquematicamente a combinação dos fatores determinantes mais importantes para a análise funcional do crescimento e estende, assim, a abordagem a partir da folha individual até o ganho de carbono de uma monocultura. Esse esquema funcional seria ainda bem mais complicado se as múltiplas (consi-

Tabela 12-2 Valores típicos* da análise funcional do crescimento

Tipo de planta	FMF	FMC	FMR	AFE	CER	RAF	TCR
Plantas herbáceas	0,25	0,45	0,30	25	50	6	0,15
Árvores estacionais	0,02	0,85	0,15	12	–	0,24	0,02
Coníferas perenifólias	0,04	0,83	0,13	3	–	0,12	0,02

* Valores aproximados para indivíduos de plantas nativas bem desenvolvidos, porém ainda não senescentes. Esses valores podem diferir bastante para plântulas e durante as fases inicial de crescimento e de senescência. FMF, FMC, FMR são expressos em $g\ g^{-1}$, RAF em $m^2\ kg^{-1}$ e TCR em $g\ g^{-1}\ d^{-1}$, sendo todos os valores relacionados à matéria seca do vegetal como um todo. AFE é dado em $m^2\ kg^{-1}$ e CER em $m\ g^{-1}$, por unidade de massa de tecido seco (folha ou raiz).

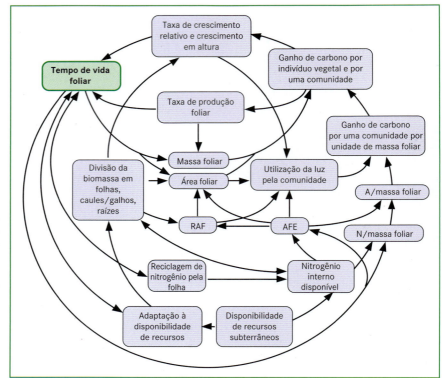

Figura 12-36 Modelo da relação funcional entre alocação e assimilação de carbono e nitrogênio com o tempo de vida foliar. Somente os parâmentros internos do crescimento vegetal e da disponibilidade de nutrientes são aqui abordados. Outros parâmetros influenciadores externos, como o clima, a umidade do solo, processos de desenvolvimento e interações bióticas, não são considerados. A = Desempenho fotossintético; RAF = razão de área foliar, AFE = área foliar específica. (Segundo Reich e colaboradores, 1992.)

deravelmente desconhecidas) interações com simbiontes, herbívoros, patógenos e decompositores tivessem sido incluídas, ou ainda, se os desencadeadores dos processos de desenvolvimento vegetal (por exemplo, floração) tivessem sido considerados. A complexidade seria ainda maior se para as comunidades fossem levadas em conta as interações aéreas e subterrâneas de diferentes espécies vegetais, bem como as fases de desenvolvimento. O crescimento de uma comunidade vegetal não é, portanto, previsível (modelável) de maneira mecanicista, com base na função de uma folha. Para essa determinação, faltam dados para inumeráveis parâmetros. Esses parâmetros também não são nada palpáveis, pois tratam-se de variáveis dependentes de outras variáveis. Cada previsão do crescimento vegetal é, por isso, de natureza estatística e baseada em valores empíricos (na silvicultura, por exemplo, em tabelas de crescimentos específicas por espécie; do inglês, *growth tables*). A complexidade aqui mostrada também deixa claro por que não se pode esperar um resultado previsível para o crescimento sob condições naturais, quando há intervenção genética em qualquer processo específico (por exemplo, processos na membrana dos cloroplastos).

12.7.4 O isótopo estável ^{13}C na ecologia

Frequentemente, novos métodos são o ponto de partida para um avanço no conhecimento. Desde a metade da década de 1970, nenhum outro conhecimento exerceu tanta influência na pesquisa em ecologia funcional (orientada pelos processos) como o de isótopos estáveis de importantes elementos onipresentes na natureza, como hidrogênio, nitrogênio, oxigênio (ver 12.5.4 e 12.6.4) e carbono, os quais podem ocorrer enriquecidos ou em depleção nas plantas no ambiente natural (Ehleringer e colaboradores, 2002). Esses sinais se propagam pela cadeia alimentar e, por essa razão, beneficiaram tanto a ecologia vegetal como a ecologia animal. O isótopo ^{13}C é o mais importante. O mesmo representa cerca de 1,1% de todo carbono nos minerais, da atmosfera e nos organismos, enquanto 98,9% deste elemento é atribuído ao isótopo ^{12}C. O isótopo radioativo ^{14}C ocorre continuamente em traços na parte superior da atmosfera e, devido a seu decaimento relativamente rápido, é utilizado na datação de materiais orgânicos e também como marcador (do inglês, *tracer*) na pesquisa analítica – o que não será abordado aqui.

Compostos com isótopo mais pesado possuem a característica de se difundirem um pouco mais lentamente que aqueles com a variante mais leve do mesmo elemento e, em muitos casos, a velocidade do processo também é reduzida. Nesse caso, fala-se em um **fracionamento físico e bioquímico** de isótopos estáveis (separação). Para o carbono, isso envolve, sobretudo, a conversão de $^{13}CO_2$. Assim, o fracionamento ocorre de modo que o CO_2 com isótopos pesados ^{13}C no tecido vegetal seja discriminado contra isótopos leves ^{12}C, o que significa uma incorporação de ^{13}C menor que o seu teor correspondente no ar (Quadro 12-1).

A discriminação isotópica física (essencialmente a difusão pelas fendas estomáticas) é fraca e leva à presen-

Quadro 12-1

Análise dos balanços de carbono e água por meio do $\delta^{13}C$

O instrumento de medida para a identificação das razões dos isótopos é o espectrômetro de massa, o qual cada mais se torna uma ferramenta padrão na biologia. O tamanho da amostra é de apenas poucos miligramas e com tal aparelho, difereças de até 0,1 ‰ na razão dos isótopos podem ser detectadas. Em vez de concentrações absolutas, geralmente se considera o desvio isotópico relativo da razão $^{13}C/^{12}C$ da amostra em relação à razão $^{13}C/^{12}C$ de referência. A substância internacional de referência, a qual todas as razões $^{13}C/^{12}C$ são relacionadas, é o fóssil belemnita da formação calcária Pee Dee na Carolina do Sul (EUA), cujo valor $\delta^{13}C$ por definição é de 0 ‰. Em relação a esta referência, calcula-se o valor $\delta^{13}C$ de qualquer outra substância pela seguinte fórmula:

$$\delta^{13}C = \left[\frac{(^{13}C/^{12}C)_{amostra}}{(^{13}C/^{12}C)_{referência}} - 1\right] \cdot 1.000 \quad (‰)$$

Atualmente, o CO_2 atmosférico – de onde se pode interpretar o valor $\delta^{13}C$ das plantas – é de –8‰ em relação à substância de referência, e está lentamente se tornando cada vez mais negativo por causa da combustão das reservas fósseis de carbono. No século XIX, o valor nem tinha chegado a –7‰ (reconstrução através de ar contido no gelo polar). Em vez de indicar a razão dos isótopos em relação ao fóssil belemnita com o valor $\delta^{13}C$, o qual é negativo, usa-se como alternativa a discriminação contra ^{13}C (Δ) em relação ao ar (um valor positivo):

$$\Delta = \frac{\delta^{13}C_{amostra} - \delta^{13}C_{ar}}{1 + \delta^{13}C_{amostra}} \quad (‰)$$

A magnitude da discriminação contra $^{13}CO_2$ no processo da fotossíntese ajuda o entendimento de passos importantes na absorção de CO_2 (difusão estomática e carboxilação). Como os fotossintatos integram os sinais no decorrer de tempo e os armazena na substância estrutural da planta de maneira duradoura, os valores $\delta^{13}C$ são um imagem das condições de assimilação durante o crescimento da planta, tanto no presente como há milhares ou milhões de anos. A relação entre o metabolismo e a discriminação contra ^{13}C foi formulada por G. Farquhar e comprovada experimentalmente várias vezes:

$$\Delta = a + (b - a) p_i/p_a$$

ou então

$$\delta^{13}C_{amostra} = \delta^{13}C_{ar} + a + (b-a) p_i/p_a$$

(com a = 4,4 ‰; fracionamento por difusão; b = 28 ‰; fracionamento por carboxilação; p_i e p_a são as pressões parciais de CO_2 interna e externa, respectivamente).

Como p_a é conhecida, consegue-se calcular o valor de p_i a partir de Δ. Por meio de uma amostra ínfima, recebe-se então indicações sobre o impedimento estomático do metabolismo no momento em que os assimilados estavam sendo formados. Um valor baixo de p_i indica aberturas estomáticas reduzidas e, com isso, um suprimento de água desfavorável.

ça de ^{13}C reduzida de 4,4 ‰ abaixo da epiderme. Esse CO_2 pobre em ^{13}C está, assim, disponível para o acoplamento com RuBP por meio da rubisco – um processo no qual o ^{13}C é discriminado de modo mais considerável, em cerca de 28‰. Uma vez ocorrida a primeira ligação pela PEP carboxilase (plantas C_4 e CAM), não se processa nenhuma discriminação adicional, pois essa enzima não discrimina contra o $^{13}CO_2$. Nesse caso, a discriminação total limita-se, por conseguinte, àquela realizada pelos estômatos (4,4‰). Pequenas discrepâncias surgem em plantas C_3, dado que o CO_2 usado para a respiração interna (proveniente de um substrato já empobrecido de ^{13}C) é novamente fixado – o que pode representar um papel importante especialmente no caso de pequenas fendas estomáticas. Em linhas gerais, a discriminação total será, assim, sempre grande ($\delta^{13}C$ fortemente negativos) quando a discriminação for dominada por rubisco (plantas C_3 com estômatos bem abertos) e sempre pequena (valores pouco negativos de $\delta^{13}C$) quando as aberturas estomáticas estiverem bastante reduzidas e a absorção de CO_2 fortemente limitada, ou mesmo, em plantas C_4 e CAM. Uma vez que o valor de $\delta^{13}C$ atmosférico é de –8‰, teoricamente, $\delta^{13}C$ não pode nunca ser mais alto que –12‰ (–8 mais –4; plantas C_4) e nunca mais baixo que –36‰ (–8 mais –28). Na realidade, o valor médio de $\delta^{13}C$ para plantas C_3 bem supridas por água é de –28,5‰ (a maioria vai de –25‰ até –32‰), e, para plantas C_4, os valores médios situam-se entre –12‰ e –14‰. Já para plantas CAM, depende se elas utilizaram integralmente o metabolismo CAM ou se assimilaram na rota C_3 em períodos úmidos e também durante o dia (maioria dos valores encontra-se entre –13‰ e –20‰). A utilização ecológica dessas informações é relevante.

Com o auxílio dos valores de $\delta^{13}C$, é possível distinguir plantas C_3 e C_4 em amostras ínfimas de substâncias vegetais (também em provas depositadas em herbários ou fossilizadas) e descobrir (fato especialmente interessante) se estruturas vegetais, no caso de plantas C_3, se originaram sob condições de déficit hídrico ($\delta^{13}C$ pouco negativo) ou de abundante disponibilidade de água ($\delta^{13}C$ fortemente negativo). Em gorduras, ossos e dentes de animais, pode-se identificar se/quando eles pastejaram em campos com plantas C_4. É possível comprovar se o húmus foi originado de resíduos de plantas C_3 ou C_4 (comprovação de mudanças históricas na vegetação). Com esses métodos, consegue-se, por

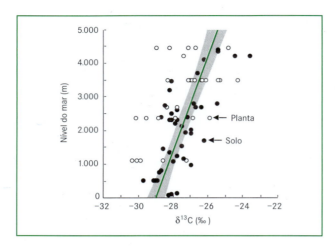

Figura 12-37 A mudança do valor $\delta^{13}C$ de plantas (folhas) e do respectivo húmus do solo, ao longo de um perfil de altitude de 3.000 m em Nova Guiné (área hachurada: 95% faixa de confiança). O solo carrega a assinatura dos isótopos das plantas. As plantas integram a discriminação por meses a até alguns anos, enquanto o solo armazena essas informações por séculos até milênios. Plantas de montanhas altas discriminam menos contra o ^{13}C que as do vale. (Segundo vários autores em Körner, 2003.)

exemplo, comprovar que caracóis que atualmente vivem no deserto de Negev (Israel), há milhares de anos, se alimentaram de plantas C_3 bem supridas de água (clima úmido); que plantas C_4, em uma escala de tempo geológica, sempre foram frequentes, quando o teor de CO_2 atmosférico era baixo, e que as folhas de plantas de montanhas altas do mundo todo mostram limitação da carboxilação relativamente mais baixa que espécies vegetais comparáveis de regiões de menor altitude ($\delta^{13}C$ menos negativo se somente forem comparados a perfis altitudinais, sem escassez de água), o que também se mostra no húmus (Figura 12-37). Além disso, a primeira comprovação da existência de organismos fotossintéticos sobre a Terra se deve à análise isotópica de bactérias fossilizadas, que possuem bilhões de anos. Pelo fato de ^{13}C estar disponível também como um marcador (*tracer*) completamente seguro em distintos compostos químicos, esse isótopo também pode servir como substituto para o ^{14}C radioativo.

12.7.5 Biomassa, produtividade, ciclo global do carbono

12.7.5.1 Estoque de biomassa

A maior parte do carbono fixado biologicamente encontra-se nos continentes e, dessa porção, cerca de 15% situa-se na biomassa e 45% no húmus (Figura 12-43). A **biomassa global**, por sua vez, é constituída por aproximadamente 85% de árvores (Figura 12-38).

Segundo a definição dada em 11.5.1.4, a biomassa exclui a massa vegetal morta. Todavia, com essas estatísticas globais, na prática, uma estrita separação entre biomassa viva e morta é impossível. Por coerência com as fontes bibliográficas, aqui será designado como biomassa, na realidade, a fitomassa (incluindo também a biomassa morta). Troncos de árvores são um resultado evolutivo da competição por luz, em parte também por espaço (fuga de herbívoros e do fogo). Nesse sentido, a maior parte da biomassa global representaria aquilo que poderia ser traduzido para a linguagem cotidiana como "despesas com infraestrutura".

Aproximadamente 40% da biomassa global ainda é encontrada em florestas tropicais e subtropicais. O somatório dos estoques médios de biomassa na agricultura atingem cerca de 1,6%; apenas 0,2% da biomassa global está nos oceanos. Em florestas, a maior porção de biomassa é aérea (em torno de 80%), enquanto em campos, subterrânea (> 60%, com extremos chegando a 90%). Geralmente, 60-80% da biomassa do sistema de raízes total situa-se nos 30 cm superiores do perfil de solo, mas uma pequena parte das raízes avança alguns metros em profundidade no solo, com exceção da vegetação subpolar e a de locais úmidos (Tabela 12-3).

O estoque de **matéria vegetal morta** pode, em alguns tipos de campos, representar até 50-90% da biomassa vegetal total (folhas e bases foliares mortas). O mesmo é válido para florestas, quando se considera como "morto" o cerne não mais ativo fisiologicamente (em oposição ao alburno ativo), o que não é mostrado por estatísticas. Na maioria das vezes, a biomassa vegetal morta no solo (chamada de serapilheira) é baixa em campos, mas em florestas de zonas temperadas é de 5-10 t ha^{-1} (o menor e o maior valor se referem, respectivamente, às florestas latifoliadas e de coníferas), enquanto a produção anual de serapilheira é de 4 a 5 t ha^{-1}, o que corresponde aproximadamente ao incremento anual em madeira.

O estoque de biomassa em um ecossistema pode variar fortemente, sem significar modificações no IAF (ver 11.5.1.5). Um campo destinado à produção de feno para a alimentação de animais e uma floresta de faias em bom estado apresentam IAF próximo a 6. As **quantidades de clorofila** em vegetações fechadas do mundo todo por unidade de superfície também são semelhantes entre si (2-3 g m^{-2}).

O tamanho dos estoques também não afirma nada sobre a dinâmica da biomassa (*turnover*). Embora apenas uma pequena porção da biomassa da Terra esteja concentrada nos oceanos (principalmente no plâncton), esses organismos assimilam, no total, tanto C por ano, quanto a vegetação terrestre. Essa comparação mostra que a distinção entre *pools* e fluxos (conversões) é essencial para a compreensão acerca do balanço de carbono, sobretudo no que se refere ao "problema do CO_2", o qual será posteriormente abordado (ver 12.7.6).

12.7.5.2 Produção de biomassa

Enquanto as plantas crescem, multiplica-se ao longo do tempo a biomassa por unidade de superfície; assim, fala-se em **produção de biomassa** ou **produtividade** (quando expressa como taxa por unidade de tempo). Como se situa no início da cadeia alimentar, a produção de biomassa vegetal é denominada de **produção primária**. A produção primária é medida como **produção primária bruta** (PPB) – ou seja, a quantidade total de biomassa sintetizada por unidade de

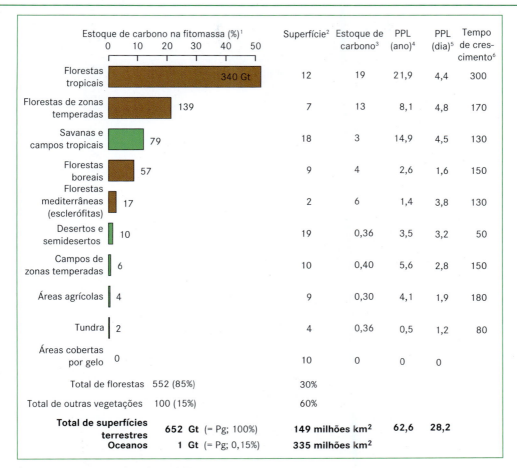

Figura 12-38 Distribuição dos estoques de carbono da Terra fixados na biomassa de grandes biomas e terras agrícolas. Os dados relativos referem-se a um estoque total estimado em 652 bilhões de toneladas de carbono (biomassa seca contém cerca de 46-50% C). Os estoques de C em biomassa por superfície são valores médios calculados. Se forem consideradas somente vegetações não perturbadas e nas fases avançadas da sucessão, os estoques por área podem ser consideravelmente mais altos. De acordo com uma estimativa mais antiga, cerca de 3,5 milhões km², 15 Gt C em fitomassa (2,3%) e 4 Gt a⁻¹ PPL são atribuídos a áreas úmidas. Na figura acima, estes valores representam principalmente áreas de vegetação campestre (por exemplo, pântanos, turfeiras, estuários). A duração do período de crescimento é uma aproximação grosseira, pois cada uma dessas categorias inclui zonas com condições climáticas mais ou menos favoráveis; por exemplo, o conceito de florestas tropicais também compreende áreas periodicamente secas. (Segundo Saugier e colaboradores, 2001.)

superfície – e **produção primária líquida** (PPL) – isto é, o resultado obtido ao se subtrair da produção primária bruta, a soma das perdas respiratórias do ecossistema (R) no decorrer do tempo. Dessa forma, tem-se a equação:

$$PPL = PPB - \Sigma R$$

Esses conceitos relativos à produção, conhecidos da economia e muito usados na biologia, na verdade, são mais de natureza teórica. Na prática, eles têm pouca aplicação, pois as perdas, principalmente as subterrâneas e por respiração, geralmente são desconhecidas. Assim, as estimativas de PPL contêm grandes erros.

Tabela 12-3 Massa total das raízes e por unidade de superfície nos grandes biomas e em terras cultivadas, bem como a profundidade máxima (valores médios e absolutos) das raízes

Bioma	Superfície (10⁶ km²)	Massa das raízes (kg m⁻²)	Proporção até 30 cm de profundidade (Gt)	(%)	Profundidade máxima das raízes* média (m)	absoluta (m)
Florestas tropicais úmidas	17	4,9	83	69	7,3	18
Florestas (sub)tropicais estacionais	7,5	4,1	31	70	3,7	4,7
Florestas de zonas temperadas perenifólias	5	4,4	22	52	3,9	7,5
Florestas de zonas temperadas deciduais	7	4,2	29	65	2,9	4,4
Florestas boreais	12	2,9	35	83	2,0	3,3
Vegetação arbustiva/arbórea aberta	8,5	4,8	41	67	5,2	40
Campos tropicais (savanas)	15	1,4	21	57	15,0	68
Campos de zonas temperadas (estepe, pradaria, etc.)	9	1,4	14	83	2,6	6,3
Tundra/vegetação alpina	8	1,2	10	93	0,5	0,9
Desertos quentes	18	0,8	6,6	53	9,5	53
Terras cultivadas	14	0,2	2,1	70	2,1	3,7

Segundo R. Jackson, J. Canadell. A massa total das raízes da Terra resultante corresponde, conforme esta tabela, a cerca de 295 Gt (= 10⁹ t) de matéria seca ou aproximadamente 140 Gt de carbono. Aqui foram utilizadas informações da literatura específica, as quais incluem a biomassa das raízes encontrada mais profundamente no solo que a mostrada por tabelas clássicas de biomassa total da Terra. Com isso, apenas devido a essa porção comumente não registrada abaixo de 30 cm de profundidade do solo, o estoque de biomassa da Terra se elevaria em cerca de 85 Gt de massa seca ou de 40 Gt C e, portanto, o estoque global de carbono aumentaria de 560 para 600 Gt C (ver Figuras 12-38 e 12-39). As diferenças nas proporções de superfície, quando comparadas com Figura 12-38, resultam da diferente classificação das formações vegetais.

*De modo geral, a profundidade máxima média observada é de 7 m para árvores, 5 m para arbustos, 2,6 para plantas herbáceas (incluindo gramíneas) e 2 m para plantas de lavouras. Sem informações adicionais, pode-se assumir, em uma primeira aproximação, que essas formas de vida alcançam as profundidades indicadas do solo com os ápices de suas raízes (em regiões úmidas e frias, as profundidades tendem a ser menores; em regiões secas e quentes, tendem a ser maiores.)

Como estimativa grosseira, pode-se assumir que cerca da metade do carbono absorvido via plantas será devolvido por elas ainda durante suas vidas como CO_2 respiratório. A outra parte, em sua maioria, retorna à atmosfera por meio da decomposição microbiana dos resíduos vegetais. Em uma comparação global de florestas, Raich e Nadelhoffer (1989) demonstraram que a **produção anual de serapilheira aérea entre o Alasca e os trópicos** (70-500 g m⁻² a⁻¹) é proporcional à liberação de CO_2 do solo ("respiração do solo"). A partir disso, pôde-se concluir que a produção de biomassa anual é a força propulsora para a respiração do ecossistema, independente do clima.

A PPL, medida mais frequentemente utilizada, nunca foi determinada com exatidão pela fórmula acima mencionada. Para isso, seria necessário conhecer integralmente a fixação de CO_2 pela fotossíntese e todas as **perdas** por respiração ao longo de todo o tempo de observação. Isso não é viável e habitualmente consideram-se as alterações nos estoques de biomassa $\Delta(\Delta B)$, entre dois momentos determinados, como alternativa (g m⁻² a⁻¹). O problema nesse caso é que, de toda a biomassa produzida durante o intervalo de observação, uma parte continuamente desaparece. Partes mortas da planta (P_a) ainda podem ser coletadas de forma ininterrupta e, por fim, adicionadas (naturalmente sem perdas de substâncias voláteis como, por exemplo, isopreno; Ex_a). Porém, seria mais difícil reconstruir a biomassa produzida que foi "consumida" por herbívoros e patógenos (C_a), e impossível determinar os contínuos **consumo e perda de biomassa** (C_s,

P_s) por órgãos subterrâneos. Em campos, mais de 2/3 desse consumo e perda são atribuídos a órgãos subterrâneos, sobretudo, em raízes finas de curto tempo de vida. Há estimativas mostrando que 5-10% dos fotossintatos alcançam fungos micorrizóticos e lá permanecem temporariamente – de qualquer maneira, essas substâncias também não podem mais ser rastreadas. A quantidade de exsudatos de raízes liberada na rizosfera (açúcares, aminoácidos) é amplamente desconhecida, bem como, na maioria das vezes, a perda de compostos orgânicos solúveis (do inglês, *dissolved organic matter*) em águas de percolação (Ex_s). Por isso, a PPL baseada nas alterações nos estoques de biomassa (ΔB) pode estar errada em até 100%. A equação

$$NPP = \Delta B + P_a + P_s + C_a + C_s + Ex_a + Ex_s$$

(em que P é a biomassa morta perdida, C é a biomassa consumida, Ex são as exportações; a é empregado para biomassa aérea e s, para biomassa subterrânea) praticamente não apresenta solução. Apenas se todas essas perdas fossem aproximadamente equivalentes em todos os ecossistemas, teríamos dados de PPL fundamentados na biomassa de colheita (ΔB) comparáveis, fato bastante improvável. Um problema adicional é a alocação de biomassa durante o período de observação. Novas estruturas aéreas, formadas a partir de reservas provenientes de órgãos em camadas profundas do solo, na realidade, não foram produzidas no período de observação (do inglês, *stored growth*), mas sim trata-

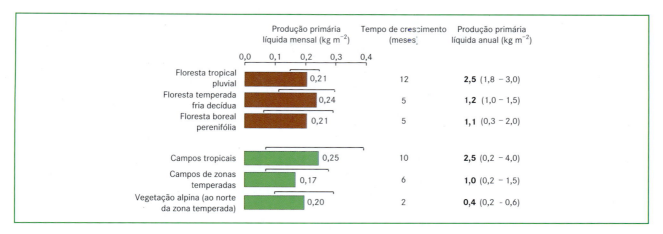

Figura 12-39 "Produção de biomassa" de diferentes ecossistemas. Os valores (dados somente para regiões úmidas) diferem consideravelmente, dependendo se representam um ano (à direita, em negrito, incluído períodos sem crescimento fora de regiões tropicais) ou uma média mensal do período de crescimento (barras à esquerda). Isso mostra que as diferenças globais na acumulação anual de biomassa praticamente não são influenciadas pelo regime de temperatura durante o período de crescimento. Os dados de produção média para florestas e campos não diferem. As barras hachuradas exibem um quadro da grande variabilidade regional e local. Ao se calcular os valores aqui dados para a unidade g C m^{-2} d^{-1}, conforme na Figura 12-38, os números diferem um pouco, pois foram consideradas aqui somente regiões úmidas (nenhuma limitação notável por água) e comunidades com cobertura total do solo (100%). Tal efeito é mais pronunciado nos valores para a floresta boreal e para ecossistemas alpinos, uma vez na Figura 12-38 eles abrangem áreas imensas com muito pouca ou sem cobertura vegetal. Os números comparativos nas mesmas unidades que na Figura 12-38 (C m^{-2} d^{-1}) são: floresta tropical pluvial 3,5 (2,5-4,2), floresta de zonas temperadas 4 (3,3-5,0), floresta boreal 3,7 (1,0-6,7), campos tropicais 4,2 (0,3-6,7), campos de zonas temperadas 2,8 (0,6-4,2), vegetação alpina 3,3 (1,7-5,0). (Segundo Körner, 1998.)

-se de biomassa simplesmente deslocada (a custos metabólicos) de baixo para cima.

Por se desconhecer a quantidade de perda, em vez do uso da bastante popular PPL, o correto é falar em **incremento de fitomassa líquido** ou em **rendimento** (do inglês, *harvestable yield*), para o caso da agricultura. Diante dessas discrepâncias na determinação e aplicabilidade, os valores de PPL são citados aqui apenas como (no sentido de) **PPL**. Aproximadamente 46-50% da matéria corresponde ao **carbono**. O **conteúdo de energia** médio (valor calórico) da biomassa de espécies vegetais terrestres é cerca de 18,1 kJ, enquanto o do plâncton nos oceanos situa-se entre 19,3 e 20,6 kJ.

Quando se utilizam os incrementos em biomassa dos grandes biomas da Terra – os quais foram aumentados por perdas registráveis (por exemplo, serapilheira) – como tentativa de aproximação viável para a "produtividade" real, nota-se que o resultado dependente totalmente da escala de tempo. Ao se incluir a época do ano improdutiva nas regiões próximas ao polo (dormência), ou seja, ao se considerar o incremento de biomassa anual (sem considerar a real duração produtiva), ocorre uma diminuição da produtividade em direção aos polos. Ao se comparar somente períodos de ativo crescimento, observa-se que a produtividade é praticamente a mesma em todas as partes da Terra, enquanto houver água suficiente. Esse resultado é bastante surpreendente, mas com frequência omitido, mostrando o quanto as adaptações fisiológicas se equilibram com as diferenças climáticas globais. As **diferenças latitudinais da produção** na Terra (com exceção de abundantes diferenças regionais e locais nas condições de crescimento) são quase exclusivamente o resultado das distintas **durações das estações do ano**, estando, portanto, muito pouco relacionadas ao clima durante a época ativa de crescimento. No que diz respeito à média mensal (em vez da anual) do período de crescimento, as plantas de montanhas altas de zonas temperadas não produzem muito menos biomassa que uma floresta tropical úmida típica, a qual, por sua vez, não fica abaixo de florestas latifoliadas de zonas temperadas (Figura 12-39).

Os produtores primários, com suas biomassas viva e morta, estabelecem o fundamento para a construção de matéria pelos consumidores e decompositores, ou seja, para a **produção secundária**. Ao longo da cadeia alimentar, a biomassa vegetal sempre é aproximadamente 100 vezes maior que a dos produtores secundários. Entre os consumidores, os herbívoros constituem sempre a maior parte da biomassa. Os carnívoros e carnívoros de topo (consumidores de topo) e os parasitos e parasitos de topo têm participação progressivamente mais baixa na zoomassa, ocupando o ápice da **pirâmide alimentar** com seus diferentes níveis tróficos. A Tabela 12-4 e a Figura 12-40 mostram a divisão da biomassa e da produtividade, tomando como exemplo uma floresta mista da Europa Central dominada por carvalho (*Quercus* sp.) e carpino (*Carpinus betulus*). Com esse exemplo, é possível reconhecer que a pirâmide alimentar corresponde a uma **pirâmide de produção**, pois a produção primária líquida atinge aqui, tanto como em outros ecossistemas, valores na ordem de grandeza de dez a 100 vezes superiores aos da produção secundária.

A Figura 12-40 também indica que os consumidores possuem apenas uma baixa participação na produção secun-

Tabela 12-4 Biomassas de uma floresta mista com dominância de carvalho e carpino, na Europa Central

Organismos	Massa de matéria seca (t ha^{-1})
Plantas verdes	**275**
Folhas de espécies lenhosas	4
Ramos	30
Caules	240
Ervas	1
Animais (na superfície)	**> 0,004 (3-5 kg ha^{-1})**
Aves	0,0007
Grandes mamíferos	0,006
Pequenos mamíferos	0,0025
Insetos	?
Organismos do solo	**ca. 1**
Minhocas	0,5
Demais animais do solo	0,3
Flora do solo	0,3

Segundo dados de P. Duvigneaud em H. Ellenberg (comparar também 12-40).

dária, pois, da produção primária das plantas nesta floresta mista de carvalho e carpino, somente cerca de 2% (em outras biocenoses terrestres não muito mais que 15%, em média 7%) é diretamente utilizada por herbívoros. Por outro lado, em torno de 25% da produção primária é anualmente acumulada como **matéria orgânica morta**, tanto na forma sólida (detrito: serapilheira, húmus, etc.) quanto dissolvida na água do solo (COD, carbono orgânico dissolvido; do inglês, *dissolved organic carbon*). A esse relevante compartimento do ecossistema (do ponto de vista quantitativo) correspondem o grande significado e o desempenho dos decompositores (também "mineralizadores") saprófagos (ver 8.1.1, Quadro 10-4), cuja participação na produção secundária totaliza mais de 95%. Apesar de a base de dados ser imprecisa (como discutido acima), as estimativas para PPL são muito ilustrativas em uma comparação global (Figura 12-41). Embora os **oceanos** abriguem apenas 0,2% da biomassa global, eles representam com sua proporção aproximadamente 70% da superfície total da Terra – valores de PPL praticamente tão altos como os obtidos pelo total dos continentes. Essa produtividade se concentra, contudo, em locais ricos em nutrientes, ou seja, áreas e regiões próximas à costa onde ocorre o fenômeno de ressurgência (ascensão de águas frias de zonas profundas do oceano; do inglês, *upwelling regions*). Regiões dos oceanos tropicais ou subtropicais e distantes da costa apresentam uma produtividade baixa (áreas brancas no mapa). Pode-se destacar, também, que a produtividade máxima natural do mar (algumas áreas costeiras) e a do continente podem ser igualmente elevadas, isto é, em torno de 2.000-3.000 g m^{-2} a^{-1} (com picos de PPL de até 6.000 g m^{-2} a^{-1} para zonas de transição entre terra e mar, tal como pântanos

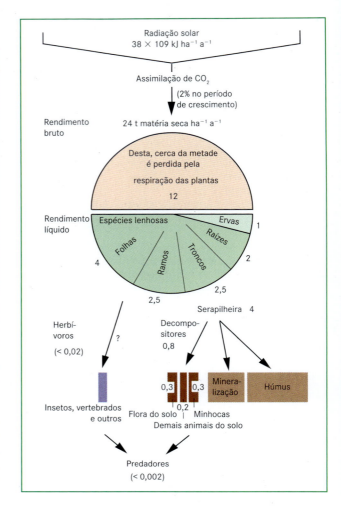

Figura 12-40 Radiação solar anual e produções primária e secundária em uma floresta mista centroeuropeia com dominância de carvalho e carpe. Dados de massa expressos em toneladas de matéria seca por hectare (comparar com Tabela 12-4). (Segundo dados de Duvigneaud, 1971.)

tropicais/subtropicais). No **continente**, a PPL média anual para vegetações fechadas varia, conforme a latitude, e em suficiente disponibilidade de água, entre 200 (áreas subpolares) e 2.500 g m^{-2} (florestas tropicais úmidas; valores de biomassa seca). Já florestas em zonas temperadas chegam a apresentar em torno de 1.000-1.500 g m^{-2} a^{-1} (ver também Figura 12-39). Cerca de 25% da superfície terrestre (aproximadamente 33 milhões km^2) exibe uma PPL anual superior a 500 g m^{-2}. Na agricultura intensiva, podem ser atingidos 5.000 g m^{-2} sob condições favoráveis (com valor máximo pouco abaixo de 7.000 g m^{-2} para cultivo intensivo de cana-de-açúcar com irrigação). Culturas de algas (por exemplo, do gênero *Scenedesmus*) podem, em laboratório, alcançar até 10.000 g m^{-2}, embora o uso prático disso seja difícil.

A extrapolação de estoques de biomassa pontuais e de números de produtividade em valores médios globais apresenta graves problemas. Primeiramente, comunidades vegetais "belas" e ma-

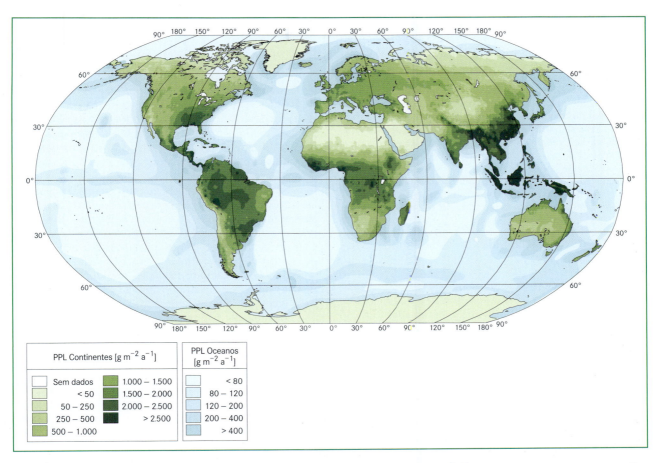

Figura 12-41 Produção primária líquida da biosfera. Dados expressos em g de matéria seca m^{-2} a^{-1} para os continentes e os oceanos (Segundo Lieth e colaboradores, disponível também em RIO MODEL 95 em http://www.usf-uni-osnabrueck.de/~hlieth).

duras são favorecidas por essas análises dispendiosas avançadas. Por essa razão, a biomassa global deveria ser menor que as estimativas obtidas na época do Programa Biológico Internacional (1964-1974). O estoque de biomassa global foi, naquela ocasião, estimado em 840 Gt (bilhões de toneladas) de carbono. Novos cálculos (Roy e colaboradores, 2001), os quais também consideram áreas com vegetação "não ideal", apontam para 650 Gt de carbono. Em segundo lugar, as comparações e valores médios provenientes de dados de campo se tornam discutíveis quando na análise também se inclui a frequência mais ou menos aleatória de fisionomias secas dos diversos biomas ou de situações de extremas escassez de nutrientes (variantes de campos e de bosques em florestas boreais "pobres" sobre solo extremamente lixiviado). Déficits hídrico e de nutrientes podem, em toda parte, ser responsáveis por estoque de biomassa e produtividade próximos do zero. Para somas globais, os dados de medição pontuais são interpolados em modelos de vegetação (baseados no clima) no grid de 0,5°(atualmente em uso), conforme as condições reais de vida.

A **PPL global** totaliza anualmente, a partir desses cálculos, cerca de 200-220 bilhões de toneladas de biomassa ou 100-110 bilhões de toneladas de carbono (em torno de 46-50% da biomassa é carbono), que significa por volta de 60 e 45 bilhões de toneladas de carbono nos continentes e nos oceanos (1 bilhão de toneladas = 1 Gt = 1 Pg = 10^{15} g), respectivamente. Cerca de 60% da PPL em áreas terrestres concentram-se nos trópicos (florestas, savanas, agricultura dos trópicos). A melhor estimativa atual para a produção primária terrestre é de 63 bilhões de toneladas de carbono por ano (Roy e colaboradores, 2001; Figuras 12-38 e 12-43), com as florestas produzindo 54% desse valor sobre 30% da superfície terrestre e representando 85% do estoque de biomassa global. Ao se considerar que as savanas também englobam ¼ das árvores, o estoque de biomassa da Terra contido na forma de árvores aproxima-se de 90% e a proporção de PPL das árvores, de 60%. O tempo médio de residência do carbono é de 10,4 anos no continente (máximo de 22 anos em florestas boreais), enquanto nos oceanos (essencialmente o plâncton) é praticamente de uma semana. Por volta de 6,5% da PPL global são atribuídos à agricultura (as chamadas *crops*, ou seja, lavouras com o objetivo de colher grãos, sem incluir pastos).

O tempo de residência médio do carbono nos biomas da Terra é a chave para o cálculo dos drenos de carbono em dependência com a PPL. Esse tempo é determinado pela participação relativa de plantas de vida curta (por exemplo, gramíneas) e longa (árvores) na vegetação e, dentre essas, pela proporção de órgãos de vida curta (folhas, raízes finas) e longa (troncos de árvores > 100 anos). O maior tempo de residência é apresentado pelo húmus do solo. Ao se dividir o estoque de carbono global estimado da vegetação e do solo (cerca de 2.200 bilhões de toneladas de C) pela PPL média anual global da superfície terrestre (63 bilhões de toneladas), obtém-se como resultado um tempo de residência médio de 35 anos – valor misto que engloba tempos de residência que vão desde algumas semanas até milhares de anos. Portanto, ao estimar as influências exercidas pela PPL sobre os estoque de carbono fixados biologicamente, o resultado depende totalmente dos *pools* que o carbono fixado em PPL alcança. Como se pode reconhecer a partir da média anual de 10,4 e da dominância simultânea de árvores (> 85% da biomassa), a parte predominante da PPL global é atribuída a produtos de vida muito curta, até mesmo em florestas.

12.7.5.3 Produções líquidas do ecossistema e da biosfera

Um "parâmetro de produção" menos carregado de incertezas que a PPL e mensurável com grande aproximação da realidade é a **produção líquida do ecossistema, PLE** (do inglês *net ecosystem production*). PLE representa o balanço líquido de carbono de um ecossistema, ou seja, a diferença entre a absorção e a emissão de carbono, sem se questionar onde e como esse elemento é periodicamente fixado no sistema.

Convenientemente, a PLE refere-se a um intervalo de tempo razoavelmente grande (pelo menos um ano) e a grandes superfícies (>1 ha). As bases de dados compreendem medições do fluxo de CO_2 (*input-output*) com procedimentos meteorológicos (torres micrometeorológicas em áreas planas e homogêneas). O tão conhecido método de covariância de vórtices turbulentos ou *eddy covariance* (*eddy*, inglês para vórtice) proporciona, a partir de dados amostrados tridimensionalmente por um anemômetro sônico, o fluxo líquido vertical de volumes de ar e os associa com determinadas concentrações de CO_2, com o auxílio simultâneo de um analisador de gases por infravermelho de ciclo aberto e com definição temporal muito elevada. Uma dificuldade com a assim determinada PLE é o registro de uma diferença muito pequena de fluxos muito grandes. A comprovação de que a PLE não é nula requer uma precisão analítica muito elevada. Ao se considerar a paisagem, a escolha de comunidades homogêneas e de bom crescimento geralmente conduz a uma superestimação do fluxo líquido. As exportações de carbono em outra forma que não a de CO_2 também não são comumente registradas na PLE, da mesma maneira que eventos singulares de exportação de carbono, como fogo, queda por ação do vento ou corte raso de vegetação (ver PLB a seguir).

Para a função de um ecossistema, não só o **fluxo líquido de matéria e de energia** entre o sistema e seu entorno é de grande significado, mas também a sua distribuição e a sua taxa de fluxo interno. O fluxo de energia anual de um lago subtropical (Figura 12-42) depende de uma fitomassa baixa (mas com numerosas gerações de algas planctônicas) e ilustra como a energia da produção primária se distribui ao longo das cadeias alimentares no ecossistema. Em biocenoses terrestres, em especial em florestas longevas, as conversões de matéria e de energia ocorrem muito mais devagar em relação à fitomassa. Nesse lago, ¼ da energia solar incidente é absorvida, mas o fitoplâncton relativamente denso consegue explorar – mesmo sem uma estação inativa no inverno – apenas 1,2% da radiação total para sua produção bruta. Após perdas respiratórias relativamente altas (70%), permanecem para os consumidores e decompositores apenas 20%.

Quanto mais maduro for um ecossistema, maior será a aproximação da PLE do zero. Os **estoques de carbono no solo** (na maioria dos casos, 10-20 kg $C\ m^{-2}$) possuem um papel fundamental para os balanços desse elemento. Nos trópicos úmidos, esses estoques no solo representam, frequentemente, não mais que 10-20%, em florestas boreais de coníferas, 60-70%, e na tundra, mais de 90% do estoque de carbono no ecossistema. Quando sob reflorestamento com espécies de rápido crescimento, o húmus do solo diminui inicialmente (drenagem, adubação, adição de calcário) e a PLE pode ser negativa, mesmo com PPL fortemente positiva. Na maioria das vezes, a PLE é positiva em ecossistemas jovens, se aproxima de zero naqueles em fase mais avançadas na sucessão ecológica e é negativa em ecossistemas antigos e em processo de degradação. Somente o registro de todas essas fases de desenvolvimento em uma paisagem (em uma área florestal) fornece informações a respeito da ocorrência ou não da fixação líquida de carbono.

Florestas em fase de estabelecimento, incluindo florestas manejadas para fins silviculturais, sempre apresentam PLE positiva até o momento do corte. O posterior destino das árvores determina o desenvolvimento da PLE a longo prazo. Se após um distúrbio

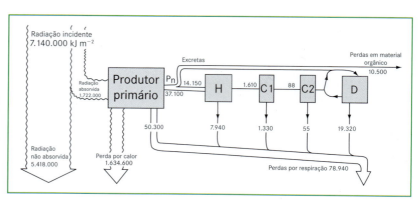

Figura 12-42 Fluxo de energia em um ecossistema planctônico natural (lago subtropical Silver Springs, Flórida, EUA). Valores das entradas e saídas em kJ $m^{-2}\ a^{1}$. Compartimentos da esquerda para a direita são: produtores primários, consumidores herbívoros (H), consumidores carnívoros de primeira (C1) e segunda ordem (C2) e decompositores (D). (Segundo Odum, 1957.)

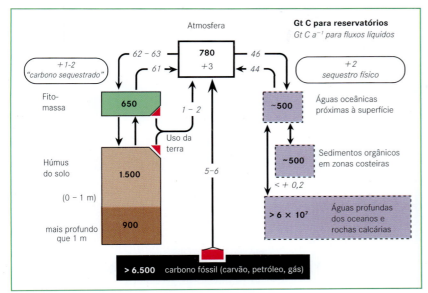

Figura 12-43 O ciclo global de carbono em um mundo influenciado pelo homem (em vermelho: fontes antrópicas de carbono). O tamanho das caixas simboliza a quantidade dos estoques de carbono. Atualmente, apenas cerca de 40% do carbono de fontes fósseis emitido resta na atmosfera. O restante é dissolvido nos oceanos e imobilizado por ecossistemas terrestres (1-2 Gt C = "carbono sequestrado"). Esta quantidade corresponde grosso modo à liberação de carbono anual por desmatamento. Os grandes reservatórios de carbono nas águas profundas dos oceanos e nas rochas calcárias possuem um papel importante para a concentração atmosférica de CO_2 somente em escalas temporais maiores (equilíbrio com águas profundas > 200 anos; interação significativa com a geoquímica do carbonato > 1.000 anos). (Segundo diversos autores, em Körner, 2003.)

ou um colapso, um ecossistema se enriquecer com madeira morta, húmus bruto e húmus, enquanto a nova geração de árvores cresce, a PLE poderá ser positiva por séculos. Se a madeira útil for processada e, por fim, reciclada (papel, resíduos, incêndios, putrefação), a PLE aproxima-se do zero (em um cálculo teórico). Construções de madeira representam reservatórios de carbono intermediários.

Essa abordagem já mostra que uma avaliação objetiva do balanço de carbono da paisagem extrapola o nível do ecossistema, razão pela qual, para escalas muito grandes e períodos bem longos, substitui-se a PLE pela **PLB, produção líquida do bioma** (do inglês, *net biome production*). A PLB inclui processos ao nível da paisagem, como fogo, queda por ação do vento, calamidades ocasionadas por insetos, além de atentar para todas as fases de desenvolvimento da vegetação (inclusive clareiras) e abranger também as consequências das ações antrópicas. Atualmente, em grandes partes do mundo, a PLB é negativa, o que significa que biomas perdem carbono líquido (desmatamento, cultivo intensivo do solo, expansão de áreas urbanas e industriais), embora existam ecossistemas em expansão em determinados locais com PLE positiva.

O próximo passo leva à **biosfera** como um todo. Seu balanço de carbono é praticamente equilibrado, ou seja, os ecossistemas da Terra, em média, fixam carbono na mesma proporção que o liberam. O permanente **desmatamento** nos trópicos libera anualmente cerca de 1-2 Gt C para a atmosfera. Em contrapartida, sequestradores bióticos, ainda desconhecidos, fixam novamente 2-3 Gt C, mas supõe-se que isso se deva a um "efeito de adubação" do elevado CO_2 na atmosfera e a um aumento no uso extensivo da terra em partes da América do Norte e Europa (florestas secundárias, florestas subutilizadas). Atualmente, cada vez mais carbono é deslocado para a atmosfera. Esse fato relaciona-se com a ação antrópica, que transloca estoques de aproximadamente 6 Gt de carbono fóssil para a atmosfera; parte dessa quantidade é dissolvida na água do mar de modo que anualmente "apenas" cerca de 3 Gt permanece adicionalmente na **atmosfera**. Isso eleva o *pool* de carbono atmosférico (em CO_2), que atualmente é cerca de 780 Gt C, em 0,4% ou aproximadamente 1,5 ppm CO_2 por ano (em 2007, era cerca de 385 ppm). Uma continuação desse aumento progressivo fará com que, ao final do século XXI, o nível de CO_2 global seja maior que o dobro daquele na época anterior à industrialização (ver 12.7.6). Os reservatórios (*pools*) e fluxos envolvidos no **ciclo global de carbono**, incluindo os atuais fluxos antrópicos desse elemento, são ilustrados na Figura 12-43.

12.7.6 Aspectos biológicos do "problema do CO_2"

O fato de que as fontes de carbono fóssil (em grande parte formadas há mais de 100 milhões de anos e ao longo de milhares de anos) estarem sendo "bombeadas" pelo homem como CO_2 para a atmosfera no decorrer de 200 anos (de 1900 até 2100, quando as reservas de fácil acesso seriam esgotadas) representa uma situação completamente nova para a vegetação. A biosfera receberá quase "de uma hora para outra" (considerando a escala de tempo geológico), uma nova dieta. Como o CO_2 é a base da fotossíntese, da qual todas as formas de vida da Terra (com exceção de algumas espécies de bactérias quimioautotróficas) são dependentes, a problemática do CO_2 passa a ser o centro dos interesses para a ecologia vegetal. A possibilidade de que um enriquecimento de CO_2 na atmosfera também tenha efeito sobre o clima (conhecido por efeito estufa) e **indiretamente** possa influenciar as plantas não será discutida aqui. Nesta seção, serão abordados exclusivamente **efeitos diretos** de CO_2 sobre as plantas e o ecossistema.

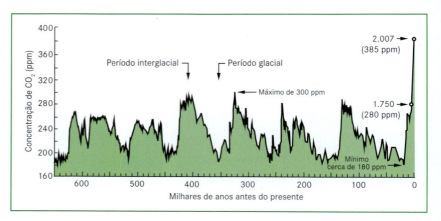

Figura 12-44 A concentração de CO_2 na atmosfera durante o último 0,4 milhão de anos, com base em análises de bolhas de ar na calota polar antártica (perfuração Vostok). As concentrações máximas encontram-se nos períodos interglaciais e as mínimas nos picos dos períodos glaciais. Por volta de 1800, ou seja, com o início da combustão de carvão, a curva saiu dessa margem e, a partir de 1900, aumentou e continua aumentando tão rapidamente que hoje há 30% mais CO_2 no ar. (Segundo Petit e colaboradores, 1999 e Siegenthaler e colaboradores, 2005.)

No Siluriano, o conteúdo de CO_2 atmosférico diminuiu, pela primeira vez, para 2-3%, quando a concentração de oxigênio quase atingiu o nível atual. A segunda redução para poucas centenas de ppm CO_2, no final do Carbonífero, teve como consequência um exuberante crescimento vegetal nos continentes e na fertilização dos oceanos pela acelerada erosão nas áreas terrestres. No Mesozoico, os valores novamente aumentaram um pouco, até que há 20-25 milhões de anos (Oligoceno-Mioceno) voltaram a diminuir para a faixa predominante até hoje de 180-300 ppm CO_2 (diminuição média de 240 ppm CO_2), o que explica a primeira proliferação em massa de plantas C_4. O mecanismo de concentração de CO_2 das plantas C_4 só oferece uma vantagem em relação ao das plantas C_3 quando sob concentrações muito baixas de CO_2. Quase todas as espécies vegetais existentes atualmente superaram períodos com 180 ppm em regiões sem gelo (caso contrário, teriam morrido; a última vez que a concentração de CO_2 chegou a um nível tão baixo foi há 18.000 anos, Figura 12-44). Em 1990, a vegetação vivenciou a duplicação desse valor (em 2007, chegou a aproximadamente 385 ppm). Sem medidas restritivas, a concentração de CO_2 no decorrer dos próximos 100 anos novamente duplicará.

O ponto de partida para todas as reflexões sobre as consequências biológicas do aumento de CO_2 é a curva de dependência da fotossíntese líquida em relação a esse gás (ver 5.5.11.2; Figura 12-45). Essa curva mostra que com mais CO_2 (ainda muito além de sua concentração atual), plantas C_3 podem realizar também mais fotossíntese. Contudo, essas curvas são medições pontuais, que demonstram apenas que o processo de carboxilação (mesmo com o suprimento momentâneo da rubisco e sem a limitação dos drenos) ainda não está saturado de CO_2. Como explicado em 12.7.2 e 12.7.3, a promoção do crescimento também depende de muitas outras circunstâncias, e que, apenas sem nenhuma limitação dos drenos (por exemplo, devido à escassez de nutrientes), se pode esperar uma estimulação no crescimento a longo prazo em resposta à maior disponibilidade de CO_2.

Os incrementos no rendimento da horticultura em casa de vegetação encontram-se na margem de 30% por estação, quando for fornecida uma concentração de CO_2 de 600 ppm ou superior às plantas, o que antes da Segunda Guerra Mundial já era prática comum na Alemanha e na Holanda. Campos adubados de trigo com suficiente umidade no Arizona (EUA) e cultivos de arroz no leste asiático propiciaram um aumento de 7-12% na produtividade, quando os mesmos foram cultivados ao ar livre com cerca de 600 ppm de CO_2 (Kimball e Kobayashi, 2002). Esses números revelam que o rendimento do trigo, por meio de novos cultivares e manejo otimizado (adubos, defensivos), aumentou cerca de 300-500% nos últimos 100 anos.

Sempre quando outros recursos que não o CO_2 são limitantes para o crescimento (o que quase sempre acontece sob condições naturais), permanecem três possibilidades para uma reação mais prolongada ao aumento da oferta de CO_2:

- redução da capacidade fotossintética (menos rubisco e, com isso, menos N por área foliar ou menos folhas, ou seja, menor RAF, ver 12.7.3);
- maior exportação de carbono (por exemplo, conversão mais rápida em raízes finas, exsudação pelas raízes, exportação para microrganismos e micorrizas do solo, liberação de isopreno);
- aumento no crescimento por diluição de nutrientes, principalmente o N, isto é, produção de biomassa com maior relação C/N.

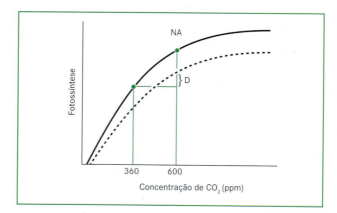

Figura 12-45 O ajuste da dependência fotossintética de CO_2 sob a influência prolongada de níveis elevados de CO_2 (do inglês *down regulation*; curva tracejada) depende das condições de crescimento (atividade dos drenos) e da idade das plantas. O ponto NA marca o aumento da fotossíntese líquida para uma elevação a 600 ppm de CO_2 sem esse ajuste, enquanto D é o rendimento líquido após o ajuste.

Em geral, todas as três possibilidades são efetuadas paralelamente; a diminuição da capacidade fotossintética só foi observada em plantas herbáceas e em plantas envasadas. Para plantas em ambiente natural, particularmente árvores, não se verificou nenhum tipo de "aclimatação" à elevada oferta de CO_2, de modo que, em sua maioria, mais CO_2 fotossintético é realmente incorporado (Figura 12-45).

Contudo, vários experimentos demonstram que as plantas exportam mais CO_2 quando são submetidas a elevadas concentrações desse gás. Foi observado que a elevada disponibilidade de carboidratos solúveis na rizosfera provoca maior formação de compostos nitrogenados pela ação de microrganismos do solo, o que, por sua vez, pode ocasionar sintomas de escassez de nitrogênio nas plantas. Um aumento da razão C/N nas folhas foi constatado principalmente em espécies herbáceas, menos em arbóreas. Com frequência, o conteúdo total de carboidratos não estruturais, CNE (por exemplo, amido, açúcar; do inglês *non structural carbohydrates*), é elevado. Com decrescente conteúdo proteico (de N) e crescente conteúdo de CNE, altera-se a qualidade dos alimentos para os herbívoros, o que comprovadamente limita o crescimento e reprodução desses animais. Portanto, os efeitos da elevada disponibilidade de CO_2 são altamente complexos e experimentos em casa de vegetação, de maneira nenhuma, podem ser reproduzidos na natureza (Quadro 12-2).

A emissão antrópica de CO_2 atual de 6 Gt C a^{-1} é tão alta (e provavelmente ainda vai aumentar) que, no decorrer dos próximos 100 anos (ou mais), a vegetação certamente não será capaz de fixar essa oferta adicional. Além disso, deve-se considerar que, devido ao uso da terra (desmatamento, erosão do húmus), subtraindo o reflorestamento em alguns locais de zonas temperadas, chegam adicionalmente 1-2 Gt de carbono à atmosfera e aos oceanos. No balanço global de carbono, após a inclusão de todos os drenos e fontes conhecidos, faltam cerca 2 Gt C, que supostamente se encontram nas áreas terrestres. Essa quantidade poderia representar um dreno induzido por CO_2, como consequência da atual elevação da sua concentração em 35%, em comparação à do período pré-industrial (3% da PPL global terrestre; Figura 12-43). Devido à ligação estequiométrica de N e P e a outras limitações, o potencial e relativo "efeito de adubação" do CO_2 se torna progressivamente menor com o aumento na sua concentração. Com base nos resultados obtidos em um experimento com CO_2 em plantação de *Pinus* de crescimento rápido, Hamilton e colaboradores (2002) acreditaram que a fixação líquida de carbono pelas plantas poderá aumentar no máximo em 10% até 2050. Contudo, esse processo pode ser de certa forma limitado por possíveis consequências das mudanças climáticas e efeitos do uso da terra.

Uma **gestão ambiental** direcionada para a intensificação da fixação de CO_2 (sequestro de carbono) por vegetais é conveniente e de utilidade ecológica, mas não se deve criar ilusões a respeito das quantidades absolutas em relação às emissões de carbono. Apenas uma expansão substancial das superfícies florestadas poderia, a longo prazo, fixar mais carbono em biomassa. No momento, as áreas florestais estão sendo drasticamente reduzidas. O **reflorestamento** de áreas degradadas substitui paulatinamente a perda anterior, mas não representa qualquer incremento líquido, sendo apenas uma reposição do estado anterior com 100 a 200 anos de atraso. Florestas antigas contêm muito mais carbono que as jovens, razão pela qual a substituição de comunidades antigas por jovens sempre representa perdas de carbono. Deve-se lembrar que o fator decisivo para o balanço de carbono a longo prazo não é a conversão (ou seja, a taxa de crescimento), mas sim o tamanho do

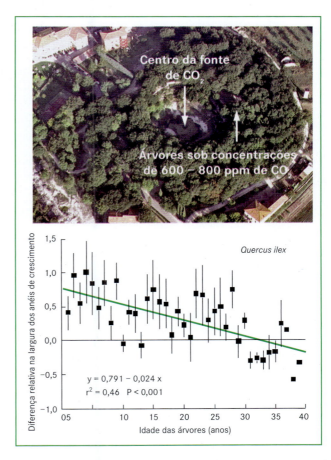

Figura 12-46 O efeito do nível aumentado de CO_2 no crescimento a longo prazo de árvores nos arredores de fontes geológicas de CO_2 na Toscana, Itália (Rapolano). A partir da análise de anéis de crescimento de azinheiras (*Quercus ilex*), concluiu-se que árvores próximas às fontes cresceram de modo nitidamente mais rápido durante a fase jovem (a figura mostra a diferença em incremento para árvores distantes das fontes). A partir de cerca de 30 anos de idade, o sinal desaparece (o quociente "tratamento"/controle se torna nulo; linha de regressão verde). As barras verticais mostram a variabilidade média (sempre para dez árvores). Com o auxílio de análises de ^{14}C da madeira, confirmou-se que as árvores expostas realmente vivenciaram concentrações quase dobradas de CO_2 em comparação com as do controle (CO_2 geológico não contém ^{14}C; a concentração média de CO_2 vivenciada pelas árvores pode ser reconstruída mediante a mistura do CO_2 geológico com ar normal). (Segundo Hättenschwiler e colaboradores, 1997.)

Quadro 12-2

O efeito do CO_2 no crescimento vegetal

O efeito do CO_2 no crescimento vegetal depende da disponibilidade de outros recursos e dos tempos de vida das plantas (Figuras 12-45, 12-46 e 12-47). Em plantas sem limitação por nutrientes (a maioria dos experimentos publicados), o aumento do CO_2 tem efeito muito maior do que naquelas cujo suprimento de nutrientes depende unicamente da ação de organismos no solo. Sob essas condições de crescimento, o efeito do CO_2 no crescimento vegetal tende a ser nulo a longo prazo. Plantas com possibilidade de expansão livre nos espaços aéreo e subterrâneo reagem mais intensamente que plantas em comunidades densas, as quais no início do experimento já tinham atingido o valor máximo do índice da área foliar (IAF). Plantas anuais com crescimento "determinado", como muitas espécies de lavouras, reagem menos intensamente que árvores jovens, crescendo – ao menos no início – separadamente. Em árvores jovens, os efeitos se acumulam ano a ano e se potencializam, no sentido do "efeito de juros compostos" até que as diferenças desapareçam lentamente após o dossel ter fechado (Figura 12-41).

A magnitude do efeito do CO_2, portanto, depende muito das condições experimentais e da duração do experimento (Körner, 2006).

Caso aconteça uma aceleração no crescimento da árvore em resposta à elevada oferta de CO_2, isso não significa que os estoques de carbono no ecossistema sejam aumentados. É muito mais provável que somente a conversão de carbono seja aumentada. Mudanças nos estoques em florestas são uma consequência da estrutura etária em escala de paisagem (demografia de árvores) e do tempo de residência do carbono no ecossistema. O equívoco de taxas (conversões de carbono) por estoques ("capital" de carbono) provocou malentendidos na discussão sobre o CO_2. Os três únicos experimentos atuais em florestas fechadas fornecem pouco embasamento para que se espere uma estimulação geral do crescimento arbóreo em florestas de um mundo rico em CO_2 (Figura 12-45). Todos os três experimentos apontam, ao menos no início, para um aumento pronunciado da conversão de carbono (produção de raízes finas, respiração do solo), como já havia sido observado em numerosos experimentos com pequenos ecossistemas-modelo.

Em todas as reações das plantas ao CO_2, verificou-se que espécies diferentes reagem de maneiras muito distintas. Em alguns casos, foi observado que até genótipos diferentes de uma espécie não reagem de modo igual. Isso significa que a problemática do CO_2 necessariamente também deve ser considerada como um problema específico da **biodiversidade**. A oferta de CO_2 influencia a competição entre as espécies. Assim, pode-se assumir que essa oferta impacta, na escala global, a estrutura das comunidades.

A expectativa de que determinados grupos de plantas (chamados tipos funcionais; do inglês *plant funcional types, PFT*) reajam ao aumento do CO_2 de maneira mais forte (como as leguminosas fixadoras de nitrogênio) ou mais fraca (como as gramíneas C_4) em relação a outras plantas, ainda não foi comprovada. No caso das leguminosas, um efeito estimulante depende fortemente da disponibilidade abundante de fosfato e, por essa razão, é raro sob condições naturais; além disso, esse efeito depende da espécie. O efeito do CO_2 em gramíneas geralmente pode ser atribuído aos efeitos estomáticos da economia de água (ver abaixo), os quais também beneficiam gramíneas C_4. Por outro lado, lianas jovens e, em geral, plantas sob sombreamento intenso, pertencem a um grupo para o qual até agora sempre foi observado um forte favorecimento por meio da elevada oferta de CO_2, desde que elas sejam fortemente limitadas pela disponibilidade de luz. No caso de lianas tropicais, isso pode resultar na maior presença das lianas no dossel e em uma crescente dinâmica florestal (curta duração das árvores, armazenamento reduzido de carbono). Esses efeitos sobre a biodiversidade podem, portanto, ter consequências não esperadas para os estoques de carbono (Körner, 2004).

Além do efeito direto do CO_2 na fotossíntese e o uso posterior dos assimilados, existe também um **efeito indireto do CO_2** por meio do balanço de água. Os estômatos reagem à concentração elevada de CO_2 com abertura reduzida (ver 7.3.2.5). Essa reação é dependente das umidades do ar e do solo, mas não do mesmo modo em todas as espécies, e em espécies arbóreas se processa mais pronunciadamente na fase de plântula que na adulta. Essa reação estomática resulta na redução mais lenta da umidade do solo em períodos com pouca precipitação, o que, especialmente em vegetação campestre, provoca maior acumulação de biomassa. A maior parte dos efeitos de CO_2 documentados em áreas de campos seminaturais deve ser atribuída a esse efeito indireto. Nos anos secos, o efeito é correspondentemente mais intenso do que nos anos úmidos (Figura 12-47). Um requisito para que esse efeito da economia de água se torne real em um mundo mais rico em carbono é que as condições de evapotranspiração não se alterem em comparação com as atuais (mesma umidade do ar, mesmo padrão de precipitação). Por meio de vários mecanismos de retroalimentação reduz-se (independentemente de mudanças climáticas em grandes espaços) o efeito da economia de água: evaporação reduzida aumenta a temperatura da folha (12.1.2), reduz a umidade do ar e aumenta a umidade do solo, possibilitando, por sua vez, novamente uma evaporação mais alta. No caso de uma duplicação da concentração de CO_2, em relação aos valores pré-industriais, pode-se – assumindo-se que o macroclima não seja alterado – contar com uma diminuição de 5-10 % da evapotranspiração. Em regiões úmidas, isso pode aumentar o escoamento, enquanto em áreas de clima árido, pode reduzir efeitos da seca (Morgan e colaboradores, 2004, Leuzinger e colaboradores, 2007).

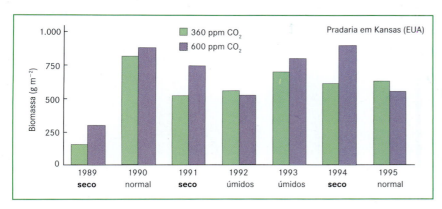

Figura 12-47 Efeito do nível aumentado de CO_2 sobre parcelas da pradaria de gramíneas altas. Somente em anos secos, o CO_2 aumentado estimula a acumulação de biomassa, um resultado do efeito do CO_2 nos estômatos, na transpiração e, com isso, na umidade do solo (600 em vez de 360 ppm em grandes câmaras do tipo *open-top*). (Segundo Owensby e colaboradores, 1997.)

reservatório (Quadro 12-2). Plantações de espécies arbóreas de crescimento rápido não oferecem, portanto, nenhuma contribuição à atenuação da dívida de carbono de um país, mas podem representar uma fonte valiosa de energias renováveis (substituição de fontes de carbono fóssil). A Figura 12-48 esclarece a ordem de grandeza do potencial de substituição, uma vez que mostra o quanto de carbono fóssil teoricamente poderia ser substituído por biomassa de carbono, considerando-se o corte total anual de árvores na Alemanha, Áustria e Suíça (e assumindo: nenhum outro uso para madeira, viabilidade técnica, equivalência energética da madeira e fontes fósseis de energia). Os números salientam que o problema não é solucionável dessa maneira nem por **plantações de biomassa** ou é redutível em uma margem acima de poucos por cento. A utilização de biomassa da madeira em vez de carbono fóssil é bem-vinda e traz vantagens tanto ecológicas quanto econômicas, mas permanece muito aquém do potencial de redução, até das menores diminuições (< 5%) no consumo de combustíveis. A bioenergia (biocombustíveis) produzida em lavouras compete com a produção de alimentos e contribui potencialmente para a destruição de ecossistemas naturais (florestas tropicais). Medidas de economia tecnicamente possíveis, junto àquelas resultantes do comportamento humano, poderiam superar 50%, sem uma notável renúncia aos padrões de qualidade de vida e sem novas tecnologias fundamentais. É necessário, pois, identificar as ordens de grandeza quando nesse contexto as plantas forem consideradas como "solução" do problema.

12.8 Interações bióticas

As biocenoses da Terra são caracterizadas não apenas pelas cadeias alimentares fundamentais de produtores em direção aos consumidores e decompositores, como também por muitos outros aspectos da coexistência e da competição. Interações bióticas – geralmente designadas por **interferências** – podem ocorrer entre os indivíduos de uma população (espécie), entre indivíduos de diversas espécies ou entre grupos funcionais de plantas (do inglês *plant functional types*, PFT; por exemplo, entre árvores e gra-

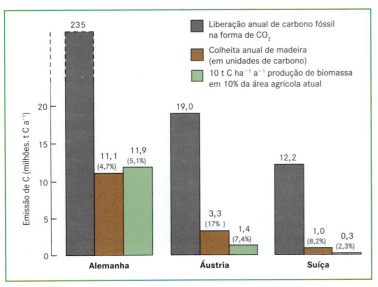

Figura 12-48 Potencial de substituição de carbono de fontes fósseis por carbono de fontes biológicas. A emissão anual de carbono (fóssil) é comparada com o conteúdo de carbono no abate total anual de madeira das florestas industriais da Alemanha, Áustria e Suíça, e com a quantidade total de carbono em plantações de biomassa (por exemplo, *Miscanthus sinensis*, fontes de etanol) em 10% da área agrícola atual. (Segundo Körner, 1997.)

míneas). Entre espécies ecologicamente autônomas, essas interações são, frequentemente, muito fracas; contudo, essas interações podem assumir uma dependência total (por exemplo, na simbiose ou no caso do parasitismo). Para a biologia de populações, a genética de populações e a ecologia vegetal (do inglês *community ecology*), essas interações apresentam um significado essencial. A seguir, são apontadas algumas interações bióticas importantes, nas quais o critério crucial é a influência positiva (+), negativa (-) ou sua ausência sobre a taxa de reprodução exercida por dois indivíduos (A e B) reciprocamente.

A	>	B	B	>	A	Interação
–			–			Competição
+			–			Parasitismo, Herbivoria
+			+			Cooperação, Simbiose
+			0			Comensalismo
0			0			Neutralismo

Interações bióticas **entre plantas autotróficas** vão desde competição até cooperação. A esse respeito, destacam-se restrição espacial e disputa por luz, nutrientes e água no solo, bem como alterações no clima dentro da vegetação (ver 12.1.3), substâncias químicas (alelopatia, ver 8.5), dentre outras. Algumas dessas complexas relações podem ser compreendidas com base em experimentos de cultivo com duas ou poucas espécies (Figura 12-49); já outras dependem tão fortemente de influências ambientais, que apenas podem ser estimadas de modo aproximado por observação (padrões espaço-temporais) ou por intervenções manipulativas no campo.

Quando cultivada sozinha, a lentilha-d'água, *Spirodela* (*Lemna*) *polyrrhiza*, se multiplica mais intensamente que *Lemna gibba*; mas quando em cultura mista e densa, devido à competição por luz, *Spirodela* é suplantada por *L. gibba* (Figura 12-49). Experimentos com plantas jovens de espruces em floresta de bétula adubadas com compostos fosfatados marcados foram realizados para demonstrar o quão intensa é a competição entre raízes quanto à absorção de nutrientes. Ao se cortar as raízes de bétula, os espruces podem absorver 5-9 vezes mais fósforo que antes. Esses experimentos de *root-trenching** em florestas tropicais igualmente documentam intensa competição de raízes entre plântulas e adultos (ver também Figura 12-26).

Em um campo de *Lolium perenne*, *Trifolium pratense* (de porte relativamente alto) atinge maior produção de biomassa que *T. repens* (de porte menor). Todas as espécies juntas se mostram duas vezes mais produtivas após um ano, se a gramínea "perturbadora", *Lolium perenne*, for excluída, e três vezes mais produtivas que *T. pratense* sozinha. Aqui, ficam visíveis a cooperação e o comensalismo: a fixação de nitrogênio atmosférico por bactérias dentro de nódulos de raízes das espécies de trevo (*Trifolium sp.*) é claramente fomentativa também para a gramínea. Numerosos são os exemplos para cooperação e comensalismo microclimáticos e mecânicos (do inglês **facilitation**; Callaway e Walker, 1997). O arbusto *Loiseleuria*, espécie ártico-alpina, que cresce formando extensos "tapetes", encontra-se em lugares expostos a ventos fortes frequentemente associados a liquens de talos arbustivos

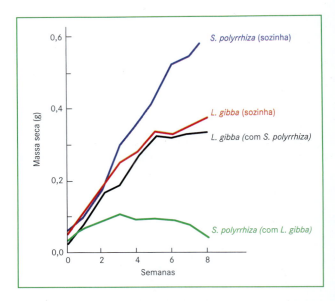

Figura 12-49 Reprodução de duas espécies da família Lemnaceae, flutuantes na superfície da água (*Spirodela polyrrhiza* e *Lemna gibba*), em monocultura e em competição (cultura mista). (Segundo J. Harper.)

(*Cetraria*, entre outros), aos quais serve como resistente escora e dos quais recebe proteção contra o vento (por meio dos talos elevados dos liquens sobre o seu "tapete" de folhas) – o que fornece ao arbusto uma vantagem microclimática. O saguaro (*Carnegia gigantea*), cacto de até 12 m de altura (Figura 14-13B), sobrevive à primeira década de vida no deserto de Sonora (EUA) apenas sob arbustos que lhe oferecem sombra. Em geral, plântulas e plantas jovens, quando em competição, são muito mais expostas ao perigo que plantas mais antigas estabelecidas.

Em caso de **impedimento por alelopatia** (ver 8.5) do crescimento de indivíduos de outras espécies (mas em parte também da mesma espécie), os produtos metabólicos são importantes. Como exemplos para isso, tem-se as algas *Chlorella* e *Nitzschia*, as lamiáceas ricas em terpenoides (por exemplo, zonas de inibição numa área de espécies de *Salvia* na Califórnia, EUA) e mirtáceas (por exemplo, áreas com plantio de *Eucalyptus* praticamente sem sub-bosque)**. Como inibidores de sub-bosque se destacam também espécies dos gêneros *Robinia* e *Juglans*, bem como muitas coníferas.

Como relações entre heterotróficos e plantas, podem ser citados os efeitos alelopáticos de actinomicetos e **fungos** produtores de antibióticos contra bactérias, e o efeito protetor oferecido por fungos endoparasitas aos tecidos foliares

---

*N. de R.T. Experimentos de campo que consistem na abertura de trincheiras para observar *in loco* o comportamento competitivo de raízes.

**N. de R.T. As tentativas de explicação de padrões ecológicos a partir de uma perspectiva alelopática constituem um tema polêmico (ver Gurevitch et al., 2009. Ecologia Vegetal. Ed. Artmed). Muitas vezes é difícil isolar os efeitos de substâncias químicas da influência de outros fatores que afetam as espécies em competição, como espaçamento e tratos culturais (no caso de plantios), herbivoria, competição por recursos, vegetação nativa próxima (banco de sementes, chuva de sementes), etc.

contra herbívoros (Clay, 1990). Outras interações importantes são as verificadas entre plantas autotróficas e fungos **simbiontes** em liquens (ver 8.2.4; Anexo 2 – Eumycota) e em micorrizas (ver 8.2.3), como **comensalismo** (por exemplo, bactérias e fungos saprofíticos, que vivem dos resíduos da produção primária) ou **parasitismo** (muitas bactérias e fungos em algumas angiospermas; ver 8.1.1, Quadro 10-4).

Quando doenças provocadas por fungos eliminarem ampla ou totalmente determinadas espécies arbóreas podem ocorrer alterações expressiva na vegetação. Durante a última década, foram afetados por essas doenças, por exemplo, o olmo-europeu (*Ulmus minor*; fungo: *Ophiostoma ulmi*, ver 10.2) e o castanheiro-americano (*Castanea dentata*, do leste dos EUA; originariamente até 60% das árvores atacadas; fungo: *Endothia parasitica*, proveniente da China e introduzido em 1904, ver Diaporthales). Resta ainda saber se biótipos resistentes dessas espécies arbóreas tivessem sido selecionados, quais poderiam reconquistar seus hábitats perdidos.

As interações bióticas entre plantas e animais são especialmente diversificadas e com um importante papel ecológico. Em primeiro lugar, devem ser mencionados os animais fitófagos ou herbívoros (consumidores primários). Dentre estes, alguns insetos (por exemplo, pulgões, besouros da casca, mariposas), caracóis ou mamíferos (pequenos roedores, coelhos, ruminantes) podem provocar danos e alterações consideráveis na cobertura vegetal por herbivoria ou sucção de órgãos vegetativos, flores e, em muitos casos, também de sementes. A pressão de seleção condicionada a esses impactos levou à formação de múltiplos mecanismos de defesa (acúleos, espinhos, tricomas urticantes, ráfides ou cristais aciculares, substâncias repulsivas e venenosas, etc.; ver 4.2.6, 8.4.1 e Figura 10-193). Um caso em particular são os animais que causam a formação de galhas (ver 8.1.1). Relações simbióticas com animais ocorrem em espermatófitas – especialmente em flores, frutos e sementes – e também em vegetais inferiores (ver Quadro 10-4). Muitas bactérias e fungos parasitam animais. Alguns poucos fungos e angiospermas se especializaram na "captação" de animais (ver 8.1.2).

Animais pastadores provocam danos por herbivoria principalmente aos indivíduos jovens de plantas lenhosas, favorecendo assim gramíneas e ervas com alta capacidade de regeneração. Outras mudanças no hábitat resultam do pisoteio (compactação do solo, danos mecânicos) e da adubação. Como consequência disso, tem-se muitas vezes o aumento excessivo de "ervas daninhas" evitadas pelo gado (por exemplo, espécies de *Carduus*, *Cirsium*, *Rumex*, *Ranunculus* e *Euphorbia*, além de algumas apiáceas, lamiáceas e Liliales com substâncias amargas, aromáticas ou venenosas).

Muitos grupos aparentados das angiospermas se tornaram bem-sucedidos filogeneticamente e com grande variedade de formas, pois desenvolveram eficazes **substâncias de defesa contra a herbivoria**, por exemplo: Capparales com glicosídeos do óleo de mostarda, muitas Gentianales com alcaloides indólicos e Solanaceae com alcaloides tropânicos (ver 8.4.1). Apenas determinados grupos de animais fitófagos podem neutralizar essas substâncias de defesa e, com isso, realmente se especializar em suas respectivas plantas hospedeiras (por exemplo, Pierinae dentre as borboletas sobre as Capparales). A borboleta-monarca (*Danaus plexippus*) incorpora glicosídeos cardiotônicos tóxicos, adquiridos da planta da qual se alimenta (Asclepiadaceae), até mesmo no corpo da lagarta e do adulto, e, desse modo, se torna impalatável para seus inimigos.

Como exemplo para as interações entre **plantas e formigas** (ver zoocoria), ainda insuficientemente pesquisadas, podem ser citadas as espécies neotropicais do gênero *Acacia* (por exemplo, *A. cornigera*). Essas árvores típicas de florestas pluviais desenvolveram uma simbiose com formigas agressivas (*Pseudomyrmex ferruginea*): as plantas fornecem aos insetos o espaço para "moradia" e "alimento", ou seja, os nectários extraflorais (Figura 10-280), enquanto "em troca" são defendidas com êxito pelas formigas contra todos herbívoros. As formigas até cortam e eliminam as lianas trepadeiras e as plantas vizinhas que competem com as acácias, de modo que sua planta hospedeira possa se desenvolver melhor. A eficácia dessa simbiose pode ser demonstrada em acácias que não são colonizadas por formigas: essas plantas são fortemente predadas, suprimidas e atrofiadas. Uma relação análoga é constatada entre formigas e representantes do gênero *Cecropia*, pioneiro.

A **perda de sementes pela ação dos animais** é crucial para muitas plantas. *Fagus sylvatica* é propagada por sementes apenas em anos de produção excepcional. Em virtude desses anos ocorrerem em intervalos irregulares, os insetos que parasitam as sementes não conseguem ajustar seus ciclos de desenvolvimento a eles. Leguminosas neotropicais desenvolveram duas "estratégias de defesa" diferentes contra besouros predadores de sementes (Bruchidae): ou produzem sementes não venenosas, mas pequenas e numerosas, das quais pelo menos uma parte permanece não consumida, ou formam sementes menos numerosas e maiores, protegidas por substâncias venenosas (ver 10.2, Fabales).

Todas essas interações positivas ou negativas influenciam o crescimento das populações involvidas na formação de uma biocenose. Algumas espécies se tornam dominantes, enquanto outras permanecem subordinadas ou desaparecem; isso resulta em **estados de equilíbrio** instáveis ou mais ou menos estáveis. Esses processos podem ser descritos matematicamente e simulados com o auxílio da modelagem computacional.

A competição entre duas espécies será mais intensificada, quanto mais semelhante forem suas exigências ecológicas. Ao longo do tempo, a coexistência das espécies não será mais possível no mesmo nicho ecológico (ver 11.1), se os distúrbios (por exemplo, herbivoria) desaparecerem. Por conseguinte, nessas interações bióticas negativas, muitas vezes constata-se um "comportamento de fuga" das espécies competidoras: dentro da margem geneticamente fixada do padrão de reação em monocultura, as plantas em cultura mista (ou seja, sob a influência de interações bióticas) distribuem-se de maneira a minimizar a sobreposição das amplitudes e as áreas ótimas dos competidores.

Esse princípio já foi discutido no Capítulo 11. O mesmo ocorre também, por exemplo, com gramíneas campestres importantes da Europa Central: em monocultura e sob elevada umidade do solo, elas mostram uma performance semelhante no crescimento, enquanto em culturas mistas e sob variáveis condições de umidade do solo, a produtividade depende fortemente da disponibilidade de água. *Bromus erectus* e muitas outras espécies "xerófilas" na realidade não "apreciam" a seca, mas sim conseguem "suportá-la" melhor. Muitas espécies típicas de sub-bosque (como *Oxalis acetosella*, na Europa Central) não são "apreciadoras da sombra", mas sim a "suportam". Muitas espécies mediterrâneas consideradas reliquiais têm sua ocorrência limitada a fendas de rochas inacessíveis, pois em todos os demais hábitats elas são consumidas por cabras e ovelhas.

A posição ecológica e as amplitudes de exigências ambientais abrangentes ou estreitas de uma espécie dependem muito, portanto, dos demais integrantes da biocenose, ou seja, são relativas. De qualquer modo, essas interações bióticas entre as espécies são acopladas de maneira bem distinta, complexa e cibernética entre si e a outros fatores do hábitat – o que contribui decisivamente para a estabilidade e a autorregulação do ecossistema.

Espécies apenas subordinadas e "mantidas sob controle" no seu ecossistema de origem, quando em ecossistemas "novos", podem se tornar "ervas daninhas" agressivas, desde que nesse ambiente faltem os inimigos naturais dessas **espécies introduzidas**. Isso vale, por exemplo, para a espécie europeia-atlântica *Ulex europaeus* na Nova Zelândia, para a europeia *Hypernicum perforatum* na América do Norte e para a neotropical *Opuntia inermis* na Austrália. Neste último caso, somente com a introdução intencional da traça venezuelana *Cactoblastis cactorum* (parasita de *Opuntia*) conseguiu-se eliminar a planta, dentro de poucos anos e em uma área superior a 120 milhões de hectares. Na Europa, o caso da "peste das águas", *Elodea canadensis*, é semelhante. Ao contrário disso, animais introduzidos (como cabras e coelhos) muitas vezes destruíram floras insulares não adaptadas ao pastejo (por exemplo, nas ilhas do Havaí, de Santa Helena e Galápagos). A maioria das espécies de uma biocenose desempenha vários papéis ecológicos: o visco (*Viscum album*) é, por exemplo, hemiparasito para árvores hospedeiras, simbionte para aves dispersoras de sementes e também planta hospedeira de diversos insetos fitófagos.

A pressão de parasitos e outros inimigos exercida sobre uma espécie é mais forte quanto mais dominante ela for e maiores populações fechadas constituir. Assim, por exemplo, florestas "monótonas" (monoculturas) de espruces são mais suscetíveis a infestações de pragas epidêmicas (por exemplo, besouros da casca, mariposas) que comunidades mistas próximas ao natural formadas por espruces e outras espécies arbóreas. A grande riqueza biológica de muitas florestas temperadas quentes até tropicais provavelmente se deva ao fato de que aqui cada espécie arbórea que se propaga mais intensamente às custas de outras é imediatamente reduzida pela fauna e flora de parasitos.

12.9 Uso de biomassa e da terra pelo homem

A **população mundial** se desenvolveu bruscamente: de em torno de 10 milhões de pessoas há 10.000 anos, cresceu para 160 milhões há 2.000 anos, atingindo por volta de 1,2 milhão em 1850; em 1988, já 5 bilhões e em 2000, cerca de 6 bilhões de pessoas. A humanidade e seus animais domesticados representam por si só uma proporção considerável da biomassa global, ou seja, aproximadamente 100 milhões de toneladas de homens e 400 milhões de toneladas de animais domesticados, em comparação com a biomassa animal restante em torno de 2.300 milhões de toneladas (em massa seca). Para a sua **alimentação**, a população humana mundial necessita anualmente cerca de 1.200 milhões de toneladas de cereais e outros alimentos vegetais. A matéria-prima para isso, com todas as perdas, corresponde a 10% da produção primária total terrestre (de 200 bilhões de toneladas de biomassa por ano) e procede de aproximadamente 10% da superfície terrestre. Quanto aos alimentos de origem animal, anualmente cerca de 130 milhões de toneladas são provenientes da pecuária e 36 milhões de toneladas da pesca. Já a demanda global anual de madeira corresponde a uma fitomassa de 2,7 bilhões de toneladas ou 1,4 milhão de toneladas de carbono, o que, em unidades de carbono, contudo, representa apenas 23% do consumo anual de combustíveis fósseis pela humanidade.

Esses poucos números ilustram que a alimentação humana impacta e influencia enormemente a cobertura vegetal da Terra. A demanda de energia – atual e futura – nunca poderá nem de forma aproximada, ser coberta pelas plantas. Com relação à alimentação, o homem, contudo, depende totalmente do uso de vegetais verdes. Esse uso pode ser direto, quando as plantas servem como alimento (por exemplo, cereais, sementes de leguminosas, tubérculos armazenadores de amido, beterraba açucareira, cana-de-açúcar, frutos oleaginosos, frutas e legumes), ou indireto, quando os vegetais servem de fonte de alimento para animais domesticados (por exemplo, peixes ou mamíferos, carne, gorduras e produtos derivados do leite). Muitos medicamentos (por exemplo, glicosídeos cardiotônicos, alcaloides), estimulantes (como tabaco, vinho, cerveja, café) e matérias-primas (por exemplo, madeira, fibras, borracha) são produtos naturais vegetais.

Quanto aos números absolutos da **produção de alimentos** (Tabela 12-5), é surpreendente o fato de que o homem essencialmente vive de apenas poucos representantes de uma única família, as gramíneas (Poaceae), que oferecem arroz, trigo, milho e painço – originalmente, cada uma dessas quatro espécies serviu de alimento principal em um dos continentes. Seja como forrageiras (massa verde, massa seca e grãos) e ainda por meio de bovinos, ovinos, caprinos e aves, as Poaceae são indiretamente a base de nossa alimentação. Todas as demais culturas vegetais juntas estão quantitativamente (com base no peso seco) muito aquém das gramíneas.

12.9.1 Uso e transformação da vegetação

Atualmente, o **uso da terra** pelo homem é visto como a mais grave influência sobre o planeta, sendo consideravelmente ainda mais incisiva para as futuras gerações que as modificações atmosféricas (ver, por exemplo, 12.7.6). O uso da terra é acompanhado por empobrecimento biológico e por irreversíveis perdas de biodiversidade e de solo.

Tabela 12-5 Safras mundiais de produtos vegetais utilizados pelo homem (FAO 1999 e 2005; em milhões de toneladas de massa fresca)

	1999	2005
Cereais	2.064	2.239
Milho	600	702
Arroz	596	618
Trigo	584	629
Cevada	130	139
Painço	89	87
Aveia	25	24
Centeio	20	16
Outros (trigo-sarraceno, etc.)	19	24
Tubérculos e raízes armazenadores de amido	650	713
Batata	294	323
Madioca	168	203
Batata-doce	135	129
Outros (inhame, taro, etc.)	52	58
Plantas açucareiras	1.538	1.534
Cana-de-açúcar*	1275	1292
Beterraba açucareira	263	241
*E desta: açúcar mascavo	133	137
Leguminosas	59	61
Feijão	19	19
Ervilha	12	11
Grão-de-bico	9	9
Fava	4	5
Outros (lentilha, etc.)	15	18
Frutos (e sementes) oleaginosos	483	654
Soja	154	214
Frutos do dendezeiro	98	173
Sementes do algodoeiro	52	68
Coco	47	55
Canola	43	47
Amendoim	33	36
Girassol	28	31
Azeitona	13	14
Outros (linhaça, gergelim, etc.)	13	14
Legumes	559	757
Tomates	95	123
Repolho e couve	49	70
Cebola	44	57
Pepino	29	42
Berinjela	21	30
Cenoura	18	25
Pimentões	18	25
Outros (alface, abóbora, couve-flor, milho, espinafre e muitos outros)	284	385

	1999	2005
Frutas	515	630
Frutas cítricas	98	105
Banana (incluindo banana-da-terra)	89	106
Uva	61	66
Maçã	60	59
Melancia	52	96
Manga	24	28
Melão	19	28
Pera	16	20
Abacaxi	13	17
Pêssego e nectarina	12	16
Outros (ameixa, mamão, tâmara, morango, damasco, cereja, abacate e muitos outros)	71	88
Nozes, castanhas e semelhantes	7	10
Castanha-de-caju, amêndoas, nozes, avelã, castanhas e muitos outros		
Estimulantes naturais	48	52
Vinho	28	29
Tabaco	7	7
Café	6	8
Cacau	3	4
Chá	3	3
Temperos	5	7
Fibras vegetais	24	29
Algodão	18	23
Juta	3	3
Outros (linho, sisal, cânhamo e outros)	3	3
Borracha natural	7	9
Produtos animais	846	963
Carne	226	265
Leite	562	629
Ovos	54	65
Mel	1	1
Lã de ovelhas	cerca 2	2
Forragem para animais	5.083	
Alfafa	521	451
Milho	472	378
Outros (gramíneas, trevo)	529	?
Beterraba forrageira, abóbora Forrageira e outros	1.645	?
Feno	1.918	?

As alterações atuais da biofera são, em escalas de tempo geológico, equiparadas às consequências de impactos de meteoritos, os quais deveriam ter finalizado grandes épocas da evolução (aproximadamente na época dos dinossauros). Onde e como a humanidade obterá plantas para servir de alimento (para homem e animais domésticos) e matéria-prima marcam de forma decisiva, no presente e no futuro, o estado e a função da biosfera. Na atualidade, está cada vez mais difícil considerar separadamente as paisagens natural e agrícola, pois mesmo paisagens que, em um primeiro momento, causam a impressão de serem naturais, normalmente já foram sutilmente modificadas por ações antrópicas. As principais influências exercidas pelo homem são:

- retirada de biomassa – seletiva ou em grande extensão (modificações graduais do ecossistema);
- transformação do ecossistema: floresta (desmatamento) → savanas, pastagens;
- invasão de vegetais, animais e microrganismos exóticos;
- efeitos a longa distância de emissões atmosféricas, superalimentação (CO_2, NO_x), mudança climática;
- cultivo planejado de plantas de interesse econômico (agricultura, silvicultura);
- substituição da biosfera pela antroposfera com solo fortemente "impermeabilizado" (urbanização, infra-estruturas de transporte, áreas industriais).

Uma condição para a sobrevivência da humanidade é a utilização e transformação da biosfera direcionadas à **sustentabilidade** ecológica (do inglês, *sustainability*), em consideração à proteção da natureza e do ambiente, e não voltadas à exploração (do inglês *exploitation*) e ao crescimento econômico ilimitado. A Figura 12-50 mostra a magnitude devastadora atingida pelo desmatamento (especialmente nos trópicos) nos últimos 100 anos – com perdas muito maiores do que o ganho de áreas cultivadas. Desse modo, as biocenoses naturais ou próximas ao natural em hábitats densamente povoados da Terra (por exemplo, na Europa Central) são restritas a diminutas manchas ou desapareceram totalmente. Por isso, a reconstrução de ecossistemas potencialmente naturais (desconsiderando-se as influências antrópicas) é, atualmente, praticamente impossível em muitas regiões.

12.9.2 Uso de florestas e desmatamento

Para a obtenção de espaço para o cultivo de plantas e para o pastejo de animais em regiões com cobertura florestal natural, áreas no mundo inteiro foram, e ainda continuam sendo, desmatadas e queimadas pelo homem. Uma vez que as encostas florestadas consomem mais água da chuva, a retêm por mais tempo e protegem melhor o solo de deslizamentos, o **desmatamento** eleva os riscos de inundações, de erosão e de lixiviação de nutrientes (ver 12.6.2, Figura 12-17). Onde os solos são muito pobres em húmus e nutrientes (como, por exemplo, em muitas regiões tropicais), em áreas de cultivo obtidas por meio de desmatamento por **queimadas**, só é possível um uso intenso e a curto prazo. A porção principal dos nutrientes está contida na própria cobertura vegetal, e, se ela vier a ser queimada e as cinzas arrastadas pela água, a base da produtividade é perdida. Por isso, muitas vezes a cultura itinerante é necessária nos trópicos úmidos.

Desmatamento por queimadas de grande extensão em solos férteis nos trópicos úmidos, frequentemente, é seguido por uma dominância de gramíneas cespitosas (de porte elevado e de difícil digestibilidade pelo gado), que fornecem forragem de boa qualidade somente quando regularmente queimadas. Esses tipos de campo são incendiados espontaneamente por relâmpagos e, com isso, o retorno da floresta é impedido a longo prazo (elevada frequência de queimadas; ver 12.3.3). Repetidos desmatamentos por queimadas levaram, na maioria das regiões com alternância de umidade acentuada, a um aumento de área de savanas e campos resistentes ao fogo ou até mesmo de vegetação arbustiva composta por pirófitas, em vez de florestas sensíveis ao fogo. Junto à erosão, esse desenvolvimento muitas vezes conduziu a formas irreversíveis de degradação do solo e da vegetação (por exemplo, em amplas áreas do Mediterrâneo, Figura 12-51).

A construção de fossos, canais e diques para **drenagem**, bem como a regulação e canalização de cursos de água, modificaram drasticamente o nível freático e a frequência e extensão de enchentes (Figura 12-52). Por meio da **regulação de rios,** áreas com seixos e areia e de florestas ripárias a essas ligadas (Figura 13-30) foram bastante reduzidas. Na planície baixa ao norte da Europa Central, extensas áreas de turfeiras e florestas ripárias foram drenadas e transformadas em campos (pastejados e para a produção de feno). A estrutura das comunidades de florestas

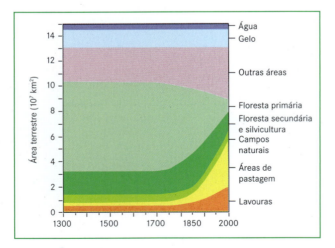

Figura 12-50 Diminuição de ecossistemas naturais ou próximos ao natural (especialmente florestas primárias) e aumento de ecossistemas de uso extensivo (especialmente florestas secundárias, florestas plantadas e áreas de pastagem) e intensivo (principalmente lavouras), desde a Idade Média até o presente. A destruição das florestas se processa muito mais rapidamente do que o ganho de áreas cultivadas.

Figura 12-51 Degradação da floresta mediterrânea esclerófila e do seu perfil de solo devido ao uso antrópico demasiadamente intensivo (corte raso, queimadas, pastejo) e à erosão. a) floresta baixa (maqui) com azinheira (*Quercus ilex*), b) Garriga com carrasco (*Q. coccifera*), c) Urzal rochoso (*Brachypodium retusum* = *B. ramosum*), d) pastagem sobre rocha calcária (com a herbácea venenosa *Euphorbia characias*). O perfil de solo completo (abaixo de a) consiste em A_0 (serrapilheira); A_1, rica em húmus, terra fina escura (semelhante a chernossolo rendzínico); A_2 camada de transição; A_3, quase sem húmus (terra rossa fóssil), e C, calcário compacto do Jurássico. Durante o processo de degradação, esses horizontes do solo chegam até d, e quase até à rocha mãe erodida e destruída. (Segundo J. Braun-Blanquet.)

existentes reflete ainda, mesmo após centenas de anos, essas intervenções antrópicas.

Para a produção de carvão vegetal em carvoarias na Europa Central, deu-se preferência à faia-europeia (*Fagus sylvestris*). As comunidades de teixo (*Taxus baccata*) foram, fortemente devido a sua madeira firme e elástica (usadas na fabricação de armas), dizimadas. Já os carvalhos (*Quercus* sp.) foram favorecidos no passado devido ao seu significado para a engorda de porcos*. Por meio do pastejo no interior de florestas, os abetos (*Abies alba*) foram especialmente prejudicados. Populações demasiadamente grandes de veados reduzem a regeneração natural da floresta (*consumo de gemas e ramos jovens de árvores*).

A utilização planejada da madeira levou, já na Idade Média, ao surgimento, em grande parte da Europa, de uma

---

* N. de T. Os frutos de carvalho serviram, no passado, como principal forragem para os porcos. Essa prática ainda existe, por exemplo, em partes da Espanha.

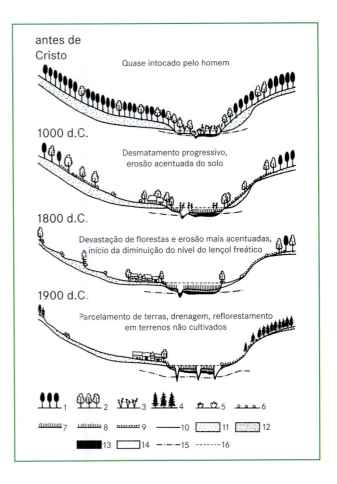

Figura 12-52 Mudanças em uma paisagem na Europa Central (curso superior de um rio no nível submontano), nos últimos 2000 anos: colonização, desmatamento, pastejo, agricultura, erosão, drenagem, reflorestamento, etc. 1) floresta de faia (*Fagus sylvatica*), 2) floresta mista latifoliada com carvalho e outras espécies, 3) bosque pantanoso com *Alnus*, 4) reflorestamento com coníferas, 5) capoeira de *Salix*, 6) outras capoeiras, 7) campos úmidos, 8) campos semiúmidos, 9) campos secos, 10) lavouras, 11) argila loess, 12) argila aluvial, 13) turfeira, 14) outros tipos de solo, 15) nível médio do lençol freático, 16) nível médio de cheia. (Segundo Ellenberg, 1996.)

forma silvicultural conhecida como "**floresta baixa**"*. Essa forma surgiu devido à prática da talhadia a cada 20-40 anos (do inglês *coppicing* = regeneração por brotação das matrizes) em florestas na fase de desenvolvimento mais produtiva, com a finalidade se obter madeiras delgadas e fáceis de trabalhar para construção e também para uso como lenha. Já para o manejo da "floresta média", as antigas árvores com altura saliente na floresta baixa são deixadas para a produção de sementes e de madeira de construção. A talhadia privilegia o carpino (*Carpinus betulus*) e o carvalho (ambos com alta capacidade de brotação), mas não a faia-europeia e coníferas (com baixa capacidade de brotação).

Com a implantação de uma silvicultura planejada, por meio do corte raso em grande escala e de reflorestamentos simultâneos, foram estabelecidas florestas manejadas produtivas (em parte plantios, "**floresta alta**" em estado maduro. Em vez de florestas mistas naturais, têm surgido muitas vezes na Europa, desde o século XIX, **monoculturas** florestais de espruces e pinheiros, espécies não típicas do local. Plantios de espécies de *Eucalyptus* e *Pinus radiata* foram estabelecidos em muitas regiões mediterrâneas e subtropicais, enquanto nos trópicos foram plantadas teca e *Araucaria*. Essas florestas artificiais uniformes degradam o solo e são especialmente suscetíveis a pragas. Por essa razão, nos últimos anos na Europa, foi dada novamente preferência a florestas mistas mais próximas ao natural, onde a madeira útil é retirada em pequenas áreas ou individualmente (corte sucessivo em grupos ou corte seletivo) e não por corte raso.

12.9.3 Manutenção dos campos e pastejo

O uso de campos para o pastejo de rebanhos de animais domesticados durante todo o ano é uma das práticas mais antigas na agropecuária. Na parte temperada da Europa e também ao sul, bem como em vastas áreas na Ásia, às custas das florestas, a expansão de campos secos e semissecos seminaturais, campos infecundos, urzais e vegetação arbustiva aberta foram fortemente favorecidas. Em regiões onde no inverno é necessária a alimentação dos animais no estábulo, os campos passaram a ser cortados (especialmente a partir da Idade Média) e, com isso, surgiram os campos para a produção de feno (campos antrópicos, ver Dierschke e Briemle, 2002). Como práticas mais novas, podem ser citadas: o uso intensivo com pastoreio rigorosamente manejado (cercas), a transformação de campos infecundos em campos ricos em nutrientes pela adubação e a contínua (durante todo o ano) alimentação dos animais no estábulo, associada ao cultivo de plantas forrageiras. **Campos permanentes**, muitas vezes predominantes e atualmente distribuídos em todas as áreas da Terra que seriam potencialmente cobertas por florestas, são, portanto, quase exclusivamente produtos da criação de animais pelo homem (transformação antrópica da paisagem, Figura 12-53).

---

* N. de R.T. Trata-se de floresta mantida baixa mediante cortes realizados em intervalos regulares. Cabe destacar que o conceito de "floresta baixa" não tem valor relativo, sendo aplicado, portanto, apenas ao presente contexto e não servindo de parâmetro para comparação de altura com outros tipos de florestas encontradas em diferentes partes do mundo. O mesmo esclarecimento vale para as expressões "floresta média" e "floresta alta", mencionadas a seguir, as quais se referem aos termos alemães *mittelwald* e *hochwald*, respectivamente.

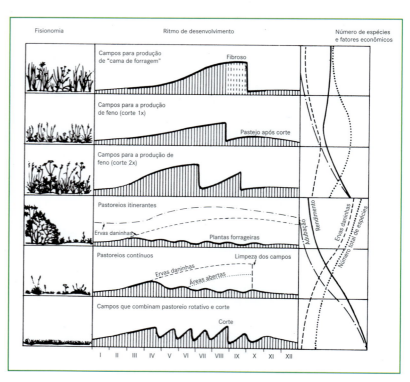

Figura 12-53 Formas de cultivo de campos antrópicos: campos para a produção de feno e campos de pastejo. A figura mostra, para os diferentes tipos de campo, a altura da comunidade no decorrer do ano (meses I-XII), a qual é influenciada pela ceifa ou pelo pastejo. Pastoreios itinerantes são utilizados em grandes extensões de maneira mais extensiva, enquanto pastoreios contínuos ou os rotativos, em áreas menores e de modo intensivo (com o gado permanecendo por mais tempo). Campos para produção de "cama de forragem"* e pastoreios itinerantes apresentam menos adubação e rendimento; os maiores valores são observados em campos para a produção de feno ceifados duas ou mais vezes ao ano (campos ricos em nutrientes) e em campos que combinam o pastoreio rotativo e a ceifa. (Segundo Ellenberg, 1996.)

* N. de T. Os campos para produção de "cama de forragem" se localizam em áreas úmidas da Europa Central e são cortados uma vez por ano, no outuno ou inverno. Após secagem, sua biomassa é usada como cama para o gado confinado no estábulo. Esses campos são dominados por espécies de ciperáceas, cujo valor nutricional é baixo e o conteúdo de lignina demasiadamente alto, razão pela qual não tem utilidade também na fenação. Trata-se de uma técnica tradicional, cada vez mais raramente praticada.

Pastejo, colheita ou queimadas periódicas impedem o surgimento de plantas arbóreas e estimulam gramíneas com alta capacidade regenerativa e espécies herbáceas perenes (particularmente as de baixo porte e plantas em roseta como espécies de *Plantago* e *Cirsium*), pois essas escapam mais facilmente do corte ou do pastejo. As ervas daninhas não consumidas por animais e as espécies resistentes ao pisoteio também são favorecidas, enquanto plantas sensíveis à adubação e presentes em campos pobres em nutrientes, como muitas orquídeas, são numericamente reduzidas. Espécies típicas de campos antrópicos são provenientes de comunidades vegetais naturais bem distintas, por exemplo: clareiras em florestas ou florestas abertas, áreas naturalmente perturbadas (queda de árvores pela ação do vento, avalanches, vegetação da margem de corpos de água, ou seja, sujeita à inundação), campos rupestres secos, áreas de turfeiras baixas, etc. Na agricultura intensiva, cada vez mais são utilizados campos artificiais, os quais são cultivados consórcios especiais de sementes e com uma quantidade de adubo aproximada de 200-400 kg N ha^{-1} (por exemplo, algumas espécies de *Lolium perenne* consorciadas com *Trifolium repens* ou *T. pratense*). *Medicago sativa* (alfafa ou luzerna), a espécie forrageira propagada mundialmente nas regiões temperadas quentes e mediterrâneas, substituiu o tradicional cultivo de gramíneas na produção.

12.9.4 Cultivo de plantas de interesse econômico

A forma intensiva de uso nos cultivos de plantas (agricultura, horticultura) por agricultores sedentários constituiu, desde meados da Idade da Pedra, a condição para todas as grandes civilizações da humanidade e continua sendo a base para a existência humana. Os requisitos para isso foram e são o desmatamento e o tratamento do solo, rotação de culturas e adubação, muitas vezes também a irrigação ou a drenagem, e o contínuo **melhoramento genético** de plantas de interesse econômico. Os métodos tradicionais de melhoramento genético, a escolha de melhores variedades (que desenvolveram de forma espontânea) e o cruzamento proposital de cultivares promissores foram seguidos, em meados do século XX, pelo aumento artificial da taxa de mutações (por exemplo, por exposição dosada das sementes ao raio X). No final da década de 1920, informações genéticas desejadas foram incorporadas aos métodos genéticos. Uma forma especial do aumento da produtividade pela genética é o uso de sementes híbridas (especialmente eficaz no caso do milho, mas também no de muitos legumes). Nesse processo, são cruzadas sementes, cuja geração F1 se caracteriza por uma alta capacidade produtiva, ao passo que o rendimento da geração F2 diminui fortemente. O preço desse ganho em produtividade é a impossibilidade de autossuficiência na produção de sementes (cultivo a partir de sementes próprias) e o desaparecimento de variedades antigas muitas robustas, porém, pouco produtivas. Justamente para evitar esse desaparecimento algumas instituições se empenham na conservação do banco de germoplasma.

O melhoramento genético orienta-se pela produtividade. Isso implica em alta capacidade de crescimento e elevada qualidade dos produtos desejados, assim como resistência a patógenos e estresses abióticos. Nesse contexto, além da resistência, as características morfológicas (maiores e mais uniformes frutos, espigas e etc.; forma da planta que facilite a colheita), as de desenvolvimento (germinação, floração e amadurecimento simultâneos) e da composição das substâncias (por exemplo, ausência de substâncias venenosas, aroma, sabor) possuem papéis decisivos. Embora o chamado índice de colheita (do inglês *harvest index*) – a parte utilizável da planta – tenha aumentado, o padrão de alocação de matéria seca (raiz, caule, fruto e folha) e a produtividade fotossintética de plantas de interesse econômico (cujas partes reprodutivas são utilizadas, como os cereais) permaneceram surpreendentemente inalterados no curso da domesticação (exemplos para cereais: Evans e Dunstone, 1970; Wardlaw, 1990). Cereais selvagens apresentam muitas espigas, mas com tamanhos desiguais e desenvolvimento fortemente escalonado; as formas cultivadas possuem poucas espigas grandes com amadurecimento simultâneo. A soma da matéria seca de todas as espigas por planta pode ser absolutamente igual nos dois casos (Wacker e colaboradores, 2002).

A chamada "revolução verde" dos últimos 150 anos corresponde, porém, apenas a uma parte relativamente pequena dos resultados obtidos por melhoramento genético. A maior contribuição para o aumento de 4-6 vezes da **produtividade** média (quando comparada àquela dos tempos anteriores à industrialização) vem principalmente das práticas de cultivo, isto é, pela utilização de adubos nitrogenados, de produtos químicos no combate contra ervas daninhas e na proteção fitossanitária, bem como de técnicas mecanizadas de uso da terra. Existe ainda muito a ser desenvolvido quanto a medidas que assegurem a produtividade após a colheita (em muitos países, há uma enorme perda da colheita devido a pragas no armazenamento). A agricultura intensiva em larga escala também tem seus impactos negativos: água do lençol freático contaminada por nitratos e herbicidas; diminuição da fertilidade sustentável do solo; perdas de solo por ação do vento e por erosão pluvial; plantas cultivadas vulneráveis; "degradação" e "monotonia" da paisagem anteriormente multifacetada; e a grande dependência da produção em relação ao fornecimento de energia, adubo e insumos químicos. Pretensões de se atingir uma produção vegetal mais viável e ambientalmente sustentável são rentáveis economicamente apenas quando a sociedade compensa os gastos adicionais. Além disso, deve-se observar o que representa a evolução da agricultura moderna: há 150 anos, 80% da população estava envolvida com a produção de alimentos, enquanto atualmente, em países industrializados, esse envolvimento é inferior a 5%.

Atualmente, a agricultura moderna oferece anualmente produtos vegetais com massa seca de 10-11 bilhões de toneladas, o que corresponde a cerca de 1 bilhão de toneladas de alimentos (comparar com a Tabela 12-5). Para isso, é necessária uma área cultivável que abranja mais de 14 milhões km^2, áreas de pastagem superiores a 32 milhões km^2, ou seja, praticamente 1/3 da superfície total da Terra (a isso deverão ainda ser adicionados 3 milhões km^2 referentes às edificações e 0,3 milhões km^2 às infraestruturas de transporte). Esse desenvolvimento do uso da terra tem levado a enormes alterações da biosfera (Figura 12-50).

Referências

Ecologia fisiológica geral e pesquisa sobre ecossistemas

Bergametti G, Dulac F (1998) Mineral aerosols: renewed interest for climate forcing and tropospheric chemistry studies. IGBP Newsletter 33: 19-23

Canadell JG, Pataki DE, Pitelka LF (2007) Terrestrial ecosystems in a changing world. The IGBP series. Springer, Berlin

Ehleringer JR, Bowling DR, Flanagan LB, Fessenden J, Helliker B, Martinelli LA, Ometto JP (2002) Stable isotopes and carbon cycle processes in forests and grasslands. Plant Biol 4: 181-189

Fitter AH, Hay RKM (2002) Environmental Physiology of Plants, 3rd ed. Academic Press, San Diego

Givnish TJ (1986) On the Economy of Plant Form and Function. Cambridge University Press, Cambridge

Gregory PJ (2006) Plant roots. Growth, activity and interaction with soils. Blackwell, Oxford

Jones HG (1992) Plants and Microclimate. Cambridge University Press, Cambridge

Lambers H, Chapin FS, Pons TL (1998) Plant Physiological Ecology. Springer, New York

Lambers H, Poorter H, VanVuren MMI (1998) Inherent Variation in Plant Growth. Physiological Mechanisms and Ecological Consequences. Backhuys Publishers, Leiden

Lange OL, Nobel PS, Osmond CB, Ziegler H (1981-1983) Physiological Plant Ecology, Encyclopedia of Plant Physiology, New Series, vols 12A-D. Springer, Berlin

Larcher W (2003) Physiological plant ecology, 4th ed. Springer, Berlin

Lösch R (2001) Wasserhaushalt der Pflanzen. Quelle & Meyer, Wiebelsheim

Morison JIL, Morecroft MD (2006) Plant growth and climate change. Blackwell, Oxford

Pearcy RW, Ehleringer JR, Mooney HA, Rundel PW (1989) Plant Physiological Ecology. Chapman & Hall, London

Roy J, Mooney HA, Saugier B (2001). Terrestrial Global Productivity. Academic Press, San Diego

Sakai A, Larcher W (1987) Frost Survival of Plants. Responses and Adaptation to Freezing Stress. Ecol Studies 62. Springer, Berlin

Ecologia fisiológica e pesquisa sobre ecossistemas de determinados biomas

Chabot BF, Mooney HA (1985) Physiological Ecology of North American Plant Communities. Chapman & Hall, London

Fageria NK, Baligar VC, Clark RB (2006) Physiology of crop production. Harworth, Binghamton

Goldammer JG, Furyaev V (1996) Fire in Ecosystems of Boreal Eurasia. Kluwer Academic Publishers, Dordrecht

Goldammer JG (1993) Feuer in Waldökosystemen der Tropen und Subtropen. Birkhäuser, Basel

Hall AE (2001) Crop Responses to Environment. CRC Press, Boca Raton

Johnson EA, Miyanishi K (2001) Forest Fires: Behavior and Ecological Effects. Academic Press, London

Körner C (2003) Alpine Plant Life. Springer, Berlin

Loomis RS, Connor DJ (1992) Crop ecology: Productivity and Management in agricultural systems. Cambridge University Press, Cambridge

Lu_ttge U (1997) Physiological Ecology of Tropical Plants. Springer, Berlin

Malhi Y, Phillips OL (2005) Tropical forests & global atmospheric change. Blackwell, Oxford

Capítulo 13
Ecologia de Populações e Ecologia da Vegetação

13.1	**Ecologia de populações**	**1036**	13.2.3	Origens dos limites e da ocupação de áreas de distribuição	1056
13.1.1	Crescimento de populações	1036	13.2.4	Biodiversidade e estabilidade do ecossistema	1058
13.1.2	Competição e coexistência	1041	13.2.4.1	Biodiversidade......................	1058
13.1.2	Ecologia reprodutiva	1044	13.2.4.2	Biodiversidade e funcionamento do ecossistema.......................	1060
13.2	**Áreas de distribuição das plantas**	**1048**	13.2.5	Regiões e reinos florísticos	1062
13.2.1	Tipos de áreas de distribuição	1048	**13.3**	**Ecologia da vegetação**	**1063**
13.2.1.1	Expansão de áreas de distribuição	1050	13.3.1	Composição de comunidades vegetais	1063
13.2.1.2	Fragmentação natural de áreas de distribuição ..	1050	13.3.2	Origem e mudança de comunidades vegetais	1067
13.2.1.3	Densidade de colonização de áreas de distribuição	1050	13.3.3	Classificações dos tipos de vegetação.....	1071
13.2.1.4	Relação geográfica entre áreas de distribuição...	1051	13.3.4	Classificação fisionômica da vegetação ...	1073
13.2.1.5	Zonas climáticas das floras	1051	13.3.5	Organização espacial e estrutura da vegetação.........................	1075
13.2.1.6	Espectros dos tipos de áreas de distribuição ...	1053	13.3.6	Análise de correlação de padrões de vegetação.........................	1076
13.2.2	**Dispersão**.........................	**1053**			
13.2.2.1	Possibilidades de migração	1053			
13.2.2.2	Barreiras de migração	1054			
13.2.2.3	Dispersão e diversificação..............	1055			
13.2.2.4	Redução das áreas de distribuição	1055			

Este capítulo trata do desenvolvimento e da composição da vegetação. A comunidade vegetal de um certo local resulta de interações entre processos edafológicos (antigos e mais recentes) e o ambiente abiótico (clima e substrato; ver Capítulos 11 e 12). Porém, sem conhecer os processos de modificações dessa comunidade e as influências dos distúrbios, não é possível compreendê-la (Figura 13-1). Nessa temática, vários níveis de complexidade se conectam:

- populações e indivíduos de uma espécie;
- espécies vegetais;
- unidades particulares de vegetação;
- mosaicos de unidades de vegetação na paisagem;
- formações de vegetação; e
- zonas climáticas de vegetação e níveis de altitude.

Esses elementos estão inseridos em um destino evolutivo comum, os reinos florísticos da Terra. O sucesso de uma espécie em gerar descendentes depende da sua existência e permanência em determinado local. Por isso, os fundamentos da ecologia de populações constituem o ponto de partida deste capítulo, diretamente vinculado ao Capítulo 9. A chegada, a permanência e o desaparecimento de espécies em um certo hábitat gera padrões de distribuição (em larga escala) de espécies e grupos de espécies, sendo este o tema principal da segunda seção deste capítulo. A terceira seção aborda a comunidade vegetal.

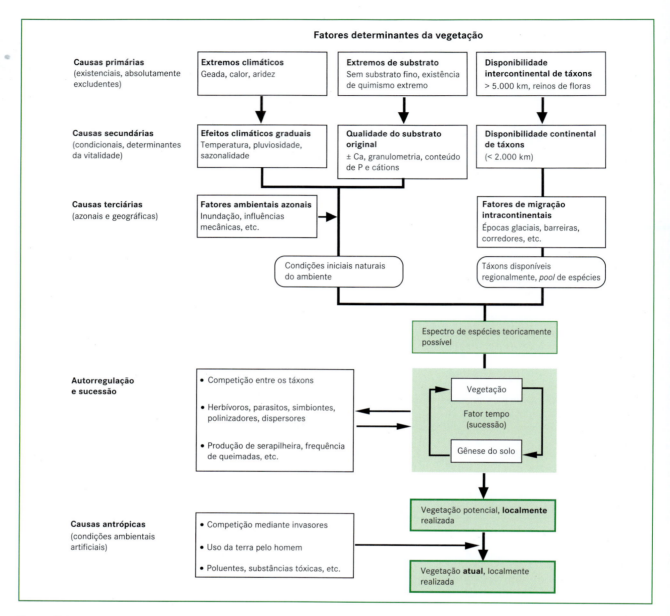

Figura 13-1 Esquema da origem de comunidades vegetais por meio de uma cascata de influências ou realidades externas e da sua dinâmica interna e suas interações.

13.1 Ecologia de populações

O ambiente influencia de muitas maneiras o destino de indivíduos e, com isso, a dinâmica e o tamanho das populações. A ecologia de populações se ocupa com a compreensão dessa dinâmica e com o esclarecimento de suas causas abióticas e bióticas. Os processos internos, principalmente o futuro desenvolvimento genético (evolutivo) de populações, foram tratados no Capítulo 9. As questões sobre a biologia floral e dispersão de diásporos foram o tema da seção 10.2 (Dispersão de flores, frutos e sementes). Neste capítulo, serão abordados o crescimento de populações, as questões sobre competição, assim como a ecologia da reprodução e estratégias de propagação das plantas.

13.1.1 Crescimento de populações

O número de indivíduos N em certo tempo t em determinada área é o resultado dos **nascimentos** B (do inglês *birth*) e **mortes** D (*death*). Em sistemas abertos ainda existe a possibilidade de imigração ou emigração de diásporos (*import* ou *export* de diásporos) de indivíduos de uma área de referência definida. Isso leva à equação geral da alteração do tamanho das populações entre os momentos t e t + 1:

$N_{t+1} = N_t + B - D + I - E$

I e E correspondem à **imigração e emigração** e podem ser substituídos por ΔM, a migração líquida. A seguir, para simplificar, admite-se que não haja migração. Ao estabelecer suas raízes no solo, a planta tem mobilidade quase nula (ao contrário da maioria dos animais). Esse fato acarreta diversas consequências para a ecologia de populações de plantas. A ocupação do espaço é definitiva (fitocenoses espacialmente estruturadas) e alterada apenas pela reprodução, onde os descendentes e os progenitores em geral ocorrem aglomerados. Algumas plantas clonais (ver 13.1.3) e plantas aquáticas flutuantes são mais ou menos móveis. A mudança no tamanho das populações λ pode ser representada por:

$\lambda = \dfrac{N_{t+1}}{N_t}$

onde t geralmente é expresso em anos. λ pode ser maior, igual ou menor que 1. Quando λ = 1, o tamanho da população permanece estável. Se λ por um longo tempo for maior que 1, então a população cresce exponencialmente e é descrita por um **modelo de crescimento exponencial**. Aplicando-se a uma unidade de tempo constante (por exemplo, um ano), obtém-se uma taxa de natalidade b e uma taxa de mortalidade d; como consequência, a taxa que se altera com o número de indivíduos nesse período (taxa de crescimento ou de regressão) é r = b – d, ou expressa como mudança do número de indivíduos por unidade de tempo:

$dN/dt = rN$.

Para um determinado momento t, comparado com um momento zero, obtém-se o tamanho da população como

$N_t = N_0 \, e^{rt}$

no qual r é a taxa de crescimento intrínseca (*intrinsic growth rate*), t a duração do período de observação, e a constante e = 2,718. Esse modelo se aplica para populações com gerações sobrepostas (ao contrário das anuais, que organizam populações a cada novo ano). Uma população de indivíduos que segue tal função (ou seja, que mantém r constante) cresce de forma geométrica (Figura 13-2), ou seja, o número de seus indivíduos dobra em velocidade constante. Esse crescimento encontra barreiras naturais (nutrientes ou mesmo espaço), denominada **capacidade de suporte** máxima K (do inglês, *carrying capacity*). K corresponde ao número máximo de indivíduos possíveis por unidade de superfície. Na forma mais simples do modelo, não se considera a biomassa dos indivíduos, que

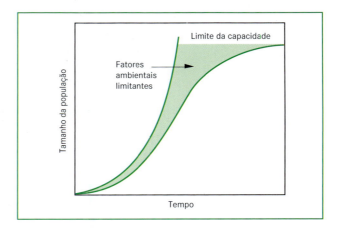

Figura 13-2 Curvas de crescimento. O número de indivíduos de uma população cresce geometricamente somente quando nem espaço e recursos são ilimitados; a função sigmoide satura no limite da capacidade do sistema.

pode ser diferente. A taxa de crescimento da população será enfraquecida pelo fator (K-N)/K, até que, ao atingir K = N, ela se torne zero:

$dN/dt = rN(K - N)/K$

Essa equação descreve um **modelo de crescimento logístico** (forma de S ou sigmoide, do **sigma** grego; Figura 13-2). Esse modelo é muito mais realístico do que o modelo geométrico, pois leva em consideração a existência de barreiras para o crescimento, assumindo uma série de suposições simplistas, que na maioria das vezes se aplicam a culturas de células monoespecíficas em um meio homogêneo.

Para organismos superiores torna-se irreal admitir que todos os indivíduos vão se reproduzir constantemente nas mesmas taxas. Na realidade, apenas em uma fase específica da vida são produzidos descendentes (sementes). O número de indivíduos sobreviventes e reprodutivos proveniente dessas sementes é em média pequeno a longo prazo; em populações estáveis, ele é teoricamente igual ao número de indivíduos mortos, que alcançaram a idade reprodutiva. Ou seja, grande parte das sementes não origina indivíduos reprodutivos. Todas as fases do ciclo de vida dos indivíduos determinam o **tamanho da população** e não apenas a produção de diásporos, que representa um passo do ciclo reprodutivo da planta. As circunstâncias da vida nas diferentes fases do ciclo, em que as influências limitantes ao crescimento podem atuar ("gargalos" no desenvolvimento populacional), são as que possuem maior significado para o surgimento e a abundância de espécies. Embora em geral ignorado, esse aspecto orienta grande parte das pesquisas sobre comportamento ecofisiológico de plantas superiores, mesmo sem deixar claro se essa fase do ciclo de vida é determinante para o sucesso das espécies consideradas.

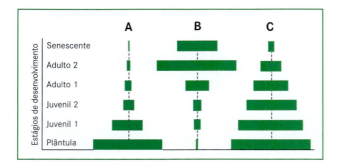

Figura 13-3 Estrutura etária de populações representadas em pirâmides de idades. A largura das barras horizontais representa o número de indivíduos (ou sua % em uma certa população) por classe de idade. Os exemplos são hipotéticos e simbolizam uma população **A** com muitos indivíduos jovens e poucos indivíduos mais velhos, o que mostra o início de expansão ou grande mortalidade destes últimos, **B** falha na reprodução (faltam indivíduos jovens nas classes de idade) com grande risco de extinção e **C** estrutura etária equilibrada com risco de mortalidade igualmente distribuído. A falta pontual de plântulas e indivíduos jovens em populações de espécies perenes (árvores) não deve ser simplesmente interpretada como "indício de extinção", pois várias espécies se reproduzem apenas esporadicamente. O mesmo serve para as espécies anuais e bianuais, uma vez que pouco se sabe sobre seu banco de sementes. Geralmente separa-se por sexo; por exemplo: número de indivíduos femininos mostrado à esquerda e número de indivíduos masculinos à direita.

As populações de uma espécie compreendem todos os estágios de desenvolvimento ou as classes de idade dos indivíduos. A **demografia** descreve em números as populações em cada fase da vida, a estrutura etária de uma população, assim chamada **estrutura da população** (Figura 13-3). Para isso, é necessário determinar da idade dos indivíduos. Em árvores de regiões com sazonalidade, a determinação da idade pode ser feita pela averiguação dos anéis anuais (análogo à estrutura etária das populações humanas). Quando essa determinação não é possível, utilizam-se os estágios de desenvolvimento característicos (número ou % de indivíduos por estágio de desenvolvimento) para a identificação da estrutura demográfica. Além disso, o tamanho dos indivíduos (por exemplo, altura, diâmetro, biomassa) também pode servir para a descrição da estrutura da população na ausência de outras informações.

Pela repetição de certos levantamentos demográficos, é possível ter uma visão da dinâmica do desenvolvimento da população. Por meio desses levantamentos, pode-se reconhecer com que probabilidade os indivíduos de uma determinada fase do ciclo de vida (ou da classe de idade) passarão para a próxima (Figuras 13-4 e 13-5). A **probabilidade de transição** entre as fases da vida determina a forma das pirâmides demográficas e o crescimento das populações. As tabelas com as probabilidades de sobrevivência em certas idades e fases de desenvolvimento são denominadas tabelas de vida (*life table*).

A ocupação em números de determinados estágios de desenvolvimento ou classes de idades e as probabilidades de transição

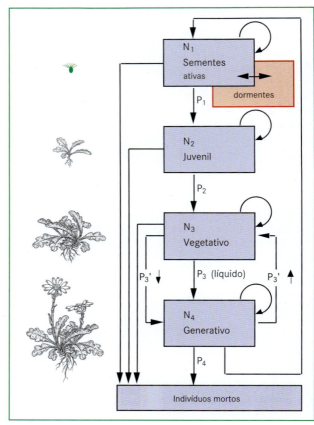

Figura 13-4 O ciclo de vida de plantas possui fases características, com certa possibilidade (entre 0 e 1) de se passar para a próxima. Essa possibilidade de transição entre estágios é fortemente dependente da fase de vida e do ambiente. N é o número de indivíduos por classe de idade. Entre N_3 e N_4, o desenvolvimento pode seguir em ambas direções.

resultantes de repetidas amostragens podem ser representadas em uma tabela (matriz). Essas matrizes de transição possibilitam modelar o desenvolvimento futuro de populações. Para tal, os indivíduos são ordenados em grupos pertencentes à mesma fase de vida e passados para a próxima, de acordo com a probabilidade de transição entre estágios. Depois de vários ciclos, observa-se a mudança temporal da estrutura e tamanho das populações. A simulação usando modelos se torna muito mais complexa, uma vez que cada uma das probabilidades de transição entre estágios é dependente do ambiente, e a transição entre duas etapas também é temporalmente escalonada, desencadeando diversas interações. Além disso, a previsibilidade do modelo fica ainda mais difícil, ao se adicionar interações interespecíficas e variar as condições ambientais. Por esse motivo, o uso de variáveis ambientais nos modelos de populações é limitado. As probabilidades de transições empíricas amostradas encerram numa "caixa preta" (*black box*) o efeito de todos fatores ambientais. Além disso, o desenvolvimento da população é dependente da densidade e, portanto, sujeito à autorregulação (ver 13.1.2).

Além do prognóstico (cheio de incertezas) do desenvolvimento populacional com base em probabilidades de transição constantes, o valor desses modelos está também na simulação

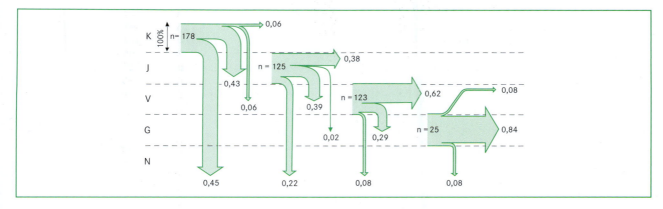

Figura 13-5 O destino de diversas populações de idade moderada de *Ranunculus acris* em um campo, um ano depois do primeiro levantamento (n = número inicial de indivíduos por 10 m², por classe de idade). As setas indicam qual a probabilidade de transferência (largura da seta e números decimais entre 0 e 1) de indivíduos depois de um ano para uma classe específica de idade (aqui representada em níveis). K – plântulas, J – plantas jovens, V – rosetas em fase vegetativa, G – indivíduos reprodutivos (com flores), N – plantas mortas. (Dados de Rabotnov, 1978, segundo Silvertown, 2007.)

dos movimentos possíveis sob probabilidades de transição mutáveis (afirmações "se... então..."). Devido às incertezas sobre as previsões utilizando-se probabilidades constantes, as amostragens demográficas únicas no campo podem apresentar desvantagens, pois não possibilitam uma visão geral sobre a dinâmica do desenvolvimento populacional. Apesar disso, elas proporcionam um quadro aproximado da situação de crescimento no momento em questão, mostrando onde está o perigo de uma possível extinção da população (falta ou número insuficiente de descendentes) ou mesmo de uma expansão em curso (invasão) de uma outra espécie.

No destino das sementes é possível elucidar claramente os diversos fatores que influenciam as probabilidades de transição entre estágios de uma população (Figuras 13-6 e 13-7). Pelos mais diferentes motivos, até o estabele-

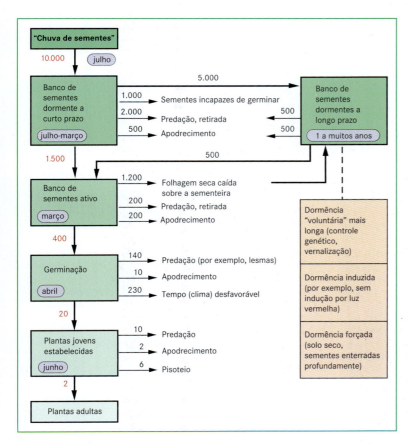

Figura 13-6 Destino das sementes de uma população em um campo de 10 m². Este esquema ilustra um cenário plausível, mas hipotético, uma vez que na prática seria impossível quantificar o destino de todas as sementes. As caixas podem ser apenas aproximadamente determinadas em um certo período de tempo com a ajuda da contagem de sementes em amostras de solo, utilizando-se microscópio e experimentos de germinação em sementeiras.

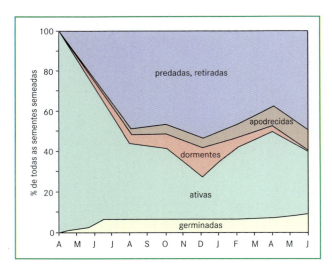

Figura 13-7 O destino das sementes do ranúnculo prostrado (*Ranunculus repens*). No final da produção de sementes, 100 sementes viáveis foram enterradas em parcelas experimentais em um campo (sementeira); as sementes eram desenterradas regularmente, e a mistura de solo e sementes, analisada ao microscópios (Segundo Sarukhan, 1974.)

cimento das populações de plântulas, a maioria dos indivíduos é perdida no caminho da produção de sementes para o **banco de sementes** no solo.

No exemplo para uma espécie herbácea com sementes pequenas (Figura 13-6), o produto de todas as probabilidades de transição de uma semente madura para o estado de planta jovem estabelecida é de 0,0002, ou seja, apenas 2 de 10.000 sementes conseguem ultrapassar essa fase. Das 400 sementes que começam a germinar na primavera seguinte, a grande maioria perece devido a diversas condições climáticas desfavoráveis (por exemplo, falta de água na sementeira, antes da formação suficiente de raízes). De acordo com esse modelo, das 150 plântulas restantes, 140 serão predadas por lesmas nas primeiras semanas. Qual seria a consequência para a população se o pastejo pelas lesmas fosse retirado do modelo (por exemplo, pelo aparecimento de um predador, como ouriço ou sapo ou pelo ataque de parasitos aos ovos das lesmas)?

Todas as populações de uma espécie cobrem a sua área de distribuição total (ver 13.2). No entanto, geralmente são consideradas apenas as populações de uma determinada região, ou seja, somente parte da população. Para esses grupos de populações de uma região limitada (clima semelhante, fluxo gênico potencial entre populações) foi adotado o conceito de metapopulação (Quadro 13-1).

Uma vez que plantas possuem estrutura modular, cada indivíduo pode então ser descrito como **população de módulos** (por exemplo, todos os fitômeros, ver 4.2.1). O uso de ramet as pertencentes a um indivíduo genético (genetas) na representação de diferentes grupos de idade tem sido utilizado com sucesso na análise de plantas clonais. A estrutura de idade dos ramets oferece indicações sobre a dinâmica do crescimento dos clones. As folhas de plantas e os ramos de árvores também podem ser considerados na determinação da estrutura etária de populações. Como os indivíduos, as folhas "nascem" e

---

Quadro 13-1

Metapopulações: as consequências da fragmentação de hábitats para a sobrevivência das espécies

Os indivíduos de uma espécie raramente estão distribuídos de maneira contínua em um local. Em vez disso, eles se agrupam em populações em hábitats apropriados, que se mantêm em contato em diversas escalas por meio de e troca de pólen diásporos. Por causa dessa estrutura espacial, a dinâmica e a estrutura genética das populações não são apenas o produto de condições locais, mas também o resultado de processos em escala regional. O conceito de metapopulações permite a inclusão dessa **dimensão espacial** ("meta" – acima da população, logo, a próxima unidade superior). De acordo com Levins (1970), a metapopulação é uma "população" de subpopulações que podem se extinguir localmente e novamente imigrar. Assim, a parte colonizada do hábitat, adequada para cada espécie considerada, é o resultado de **eventos de mortalidade e colonização**. Tipicamente, as metapopulações encontram-se em paisagens bem estruturadas, com várias pequenas manchas de hábitats distintas do seu redor. Uma metapopulação só pode existir a longo prazo se a taxa de novos estabelecimentos de subpopulações locais for maior do que a taxa local de mortalidade. Essa constatação permite relacionar a dinâmica de metapopulações com a estrutura do ambiente, especialmente em hábitats grandes e isolados. Por esse motivo, nos últimos anos os modelos de metapopulações adquiriram grande interesse para a biologia da conservação. As plantas se tornaram adequadas para estudos de metapopulações por causa da sua vida sedentária, da distinta estrutura espacial da sua prole e da sua capacidade limitada de dispersão. Até agora existem apenas poucos estudos concretos sobre metapopulações, pois importantes parâmetros como taxas de mortalidade e colonização, assim como eventos de migração são difíceis de serem medidos. Esses parâmetros têm grande importância para a sobrevivência a longo prazo de muitas espécies, bem como a regulação das populações em escala local (de J. Stöcklin).

morrem, passando pelas fases do ciclo de vida. Resultados da **demografia foliar** são essenciais para estudos sobre produtividade (por exemplo, o ciclo de vida das folhas do trigo), além de contribuir para a melhor compreensão das diversas medições fisiológicas feitas em folhas adultas. Sem esse conhecimento, dados de desempenho (como, por exemplo, o desempenho fotossintético) não são interpretados de maneira relevante para a produtividade (tempo de vida das folhas, ver 12.6.3 e 12.7.3). Esses dados são amostrados sem maior esforço técnico por meio de marcações e repetição das observações. Apesar da sua grande relevância ecológica, esses dados são desconhecidos para a maioria dos hábitats da Terra. A produtividade de campos nativos e não sazonais, como nas montanhas tropicais, é determinável apenas com a ajuda de estudos de demografia foliar.

13.1.2 Competição e coexistência

Subpopulações de uma mesma idade são representadas habitualmente por termos militares romanos. Em uma população, as sementes produzidas e germinadas ou plantas jovens presentes simultaneamente representam **coortes**. Coortes da mesma idade, mas de espécies diferentes, são reunidas em legiões. Se uma semente de determinada coorte chega em uma área ainda não colonizada e consegue simultaneamente se estabelecer e produzir muitas sementes em um espaço pequeno, forma-se então uma coorte de plântulas, que sofrerá problema de espaço com o aumento de tamanho dos indivíduos. A competição pela luz e por recursos do solo inicia processos de seleção em **populações sincrônicas**. Os processos demográficos são sempre dependentes da densidade, atingindo não somente a mortalidade das populações iniciais estabelecidas, como também a sua fecundidade. Com mais frequência, muito poucas plântulas de cada coorte de sementes se desenvolvem, crescendo geralmente dispersas e em espaços entre indivíduos já estabelecidos da mesma ou de outras espécies (Figura 13-6). Com a repetição temporal desse processo, formam-se grandes populações estruturadas, nas quais não apenas os indivíduos de coortes da mesma idade competem entre si, mas também se estabelecem **populações assincrônicas** em interação complexa com a vegetação estabelecida. Entretanto, esse problema pode ser melhor ilustrado em populações sincrônicas, após eventos climáticos catastróficos ou de fogo, na chegada de comunidades pioneiras em locais abertos, assim como na agricultura e silvicultura.

O ponto de partida é uma coorte de sementes, no caso, sementes de árvores depositadas no solo em forma de **banco de sementes**, que amaduresçam sincronicamente sem **competição** com outras espécies a partir de uma população de plântulas. É pouco provável que todas as plântulas se tornem árvores adultas (por causa da falta de espaço) e que todas as plântulas cresçam de maneira idêntica (em forma e velocidade). As menores diferenças no tamanho das sementes e diferenças no desenvolvimento (por exemplo, germinação precoce em poucas horas) geram inicialmente poucas diferenças perceptíveis de tamanho, que, entretanto, rapidamente aumentam (comparável a um "efeito de juro composto", Figura 13-8). A partir dessas desigualdades surge um processo de seleção/eliminação denominado autorredução (do inglês, *self-thinning*). Devido ao seu significado fundamental para a biologia, existem centenas de publicações sobre o assunto, mas infelizmente até hoje o seu mecanismo não foi totalmente esclarecido.

A autorredução não ocorre aleatoriamente ou em cada espécie de acordo com padrões completamente distintos, mas sim seguindo uma relação periódica, a lei da autorredução de –3/2 (pronunciada como "*minus three*

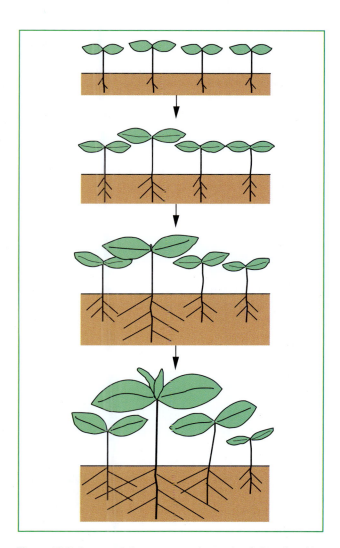

Figura 13-8 A competição em monoculturas sincrônicas é rapidamente intensificada pelo "efeito de juro composto" e provoca distribuição enviesada nos tamanhos dos indivíduos, que culmina no processo de autorredução (Figura 13-9).

over two self-thinning law"), onde a densidade de indivíduos com biomassa média crescente, aplicada de maneira duplamente logarítmica, decresce linearmente com uma declividade de –1,5 (desenvolvida por Reineke, Yoda e Kira, ver Pretzsch, 2002; Figura 13-9). Somente em conjuntos maduros que alcançaram a produção final constante (em inglês *constant final yield*), essa correlação atinge –1. A declividade da **reta da autorredução** (*self-thinning line*) se aplica tanto para plântulas de certa espécie semeadas em altas densidades em sementeiras como também para uma plantação de árvores ou um crescimento sincronizado após uma queimada natural. O que se modifica é apenas o ponto de encontro com a abscissa. Na silvicultura, antecipa-se a autorredução ao se manusear a tempo a luz. Na agricultura, evita-se a autorredução com o controle das sementes.

A densidade de plantas férteis em um campo não aumenta a partir de um valor-limite por meio de uma semeadura mais densa. A semeadura densa causaria apenas aumento de plantas estéreis e diminuição na produção de perfilhos por semente (maior número, porém indivíduos menores). Portanto, fala-se de uma **produção final constante** quando a produção de biomassa não aumenta em um local com a mesma fertilidade do solo. Com densidade muito alta, a produção de grãos pode ser praticamente igual a zero, apesar de a biomassa produzida por superfície continuar muito alta. Em uma floresta madura, a biomassa por superfície independente da densidade pode ser quase estável, ou seja, a produção anual de biomassa compensa apenas a serapilheira (inclusive os indivíduos perdidos por autorredução).

A geometria da disposição das sementes (a estrutura espacial da população) tem influência sobre o desenvolvimento do conjunto de plantas. Um padrão de semeadura aproximadamente regular (com densidade conhecida e distâncias semelhantes entre os indivíduos) levam a maior rendimento e capacidade de competição com invasoras em linhas de semeadura (com distâncias diferentes entre indivíduos dispostos em linha, de acordo com Weiner e colaboradores, 2001). Esse fato também tem grande significado ecológico e lança a seguinte pergunta: por que as espécies que aparecem em grande número de indivíduos "agrupados" são tão frequentes quando a competição intraespecífica torna-se maior? Essa pergunta pode ser respondida apenas se todos os fatores de risco atuantes evolutivamente forem conhecidos. As chances de sobrevivência dos indivíduos "agrupados" (análogos a cardumes de peixes) é maior sob pressão de herbivoria seletiva, mesmo quando o preço seja um menor tamanho dos indivíduos. O evento de disposição em grupos é também uma consequência inevitável de fontes pontuais de diásporos, dispersão estocástica e condições heterogêneas de estabelecimento (do inglês *patchy*).

Em geral, a declividade –3/2 explica-se pelo fato de que as plantas são sésseis e, portanto, o substrato onde cresce uma população é fixo. Dessa forma, suas dimensões são limitadas tanto morfológica quanto estaticamente e, por isso, o volume máximo disponível para elas já está fixado. Neste caso, a biomassa por indivíduo representa o volume por indivíduo. Ao se comparar isso a uma caixa com tijolos, um determinado volume total só tem espaço para vários pequenos (ou poucos grandes) tijolos/plantas, e a relação segue um quociente de uma função quadrada e cúbica do comprimento da borda (por isso, em representação logarítmica 3/2). Atrás da posição concreta da linha de autorredução, outras constantes biológicas, como utilização da luz pela fotossíntese e a relação autotrófica/heterotrófica (biomassa foliar/não foliar) no organismo, também estão presentes. Isso não se aplica a uma floresta com muitos ramos e poucas folhas na copa das árvores. Ao se modificar experimentalmente a linha do autorredução, ocorre um "achatamento" em resposta ao forte sombreamento.

A autorredução dependente da densidade em populações, ou seja, a supressão e morte de indivíduos menores em favor dos maiores (que absorvem a maior parte da luz solar, ver Figura 13-8), é um exemplo de **competição assimétrica**. Assimétrico porque as chances de utilização de recursos como a luz entre indivíduos é distribuída de forma assimétrica (luz é um recurso vetorial), e a competição leva a uma grande distribuição assimétrica do tamanho dos indivíduos. Por outro lado, a oferta de nutrientes do solo utilizada pelos indivíduos é difusa e, portanto, as raízes (pelo menos em tese) têm as mesmas chances de conseguir nutrientes, razão pela qual essa relação é denominada **competição simétrica**. No mundo real existem diversas transições entre essas posições extremas. Em geral, as interações entre as

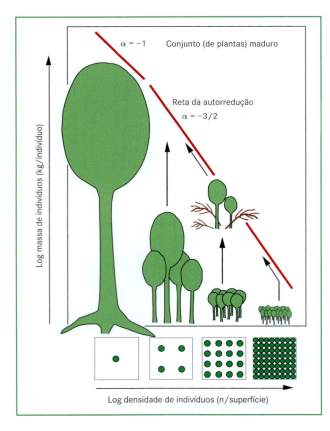

Figura 13-9 A autorredução em monoculturas sincrônicas segue a lei da autorredução de –3/2 (–3/2 *self-thinning law*).

partes aéreas são mais assimétricas do que as entre raízes. Uma interpretação dos efeitos da competição exige sempre uma análise tanto dos **processos aéreos** como dos **subterrâneos** (por exemplo, retirada de plantas vizinhas, transplantes, experimentos em um mesmo vaso como na Figura 13-10).

O experimento ilustrado na Figura 13-10 mostra o significado diferente da competição entre partes aéreas e da competição entre raízes, utilizando-se a ipomeia (*ipomoea tricolor*) como exemplo. A biomassa dos indivíduos mostra o peso do bloqueio recíproco, enquanto a variância das massas individuais dentro de uma variante do tratamento mostra como o efeito é assimétrico. Uma grande variância significa uma grande diferença entre o menor e o maior indivíduo de cada grupo, indicando, assim, as tendências de supressão. Enquanto a competição apenas entre as partes aéreas reduz pouco a biomassa (Figura 13-10: a em comparação com b), a assimetria entre os tamanhos de indivíduos aumenta bastante. A competição exclusivamente subterrânea (Figura 13-10: c) diminui bastante a biomassa (pela diminuição de espaço para as raízes presentes), e o aumento da variância entre indivíduos de 14% para 19% é pequeno e não estatisticamente significativo. A adição de ambos os efeitos (Figura 13-10: d) leva à outra redução da biomassa dos indivíduos, e a variância aumenta para 25%, no mesmo nível da competição das partes aéreas, no qual a biomassa é apenas de 1/5 do tamanho. Conclui-se que nesse experimento as perdas de biomassa são causadas principalmente pela competição entre raízes, mas a assimetria da biomassa dos indivíduos é condicionada sobretudo pela competição entre as partes aéreas.

A longo prazo, essas situações de competição causariam a supressão ou até mesmo a morte de indivíduos ou espécies mais fracos. Então, por que existem populações diversas e conjuntos de plantas ricos em espécies? Essa é uma das perguntas centrais da **coexistência** de espécies e das pesquisas em biodiversidade (ver 13.2.4).

Várias vezes postulou-se (ver 13.2.4.1) que a coexistência a longo prazo de espécies ou genótipos dentro da espécie só seria possível quando sua necessidade por recursos, do ponto de vista qualitativo, não fosse idêntica, evitando pelo menos em parte a competição (**diferenciação funcional de nichos**, segundo Gause, 1934). Na ausência da diferenciação de nichos, ocorre a exclusão competitiva (do inglês, *competition exclusion*). O conceito de nicho perde força quando se trata de recursos clássicos, como nutrientes do solo, água e luz, pois a maioria das plantas em certo sítio necessita dos mesmos recursos, conforme ressaltam Grime e colaboradores, (2005): "*common conditions select for common traits*" (condições semelhantes selecionam atributos semelhantes). Uma certa diferenciação de nichos é possível por meio da distinção espacial e temporal da atividade da planta (uso de diferentes horizontes do solo, posições no espaço, estações do ano). Se no conceito expandido de nicho incluirmos também a resistência a patógenos e herbívoros, ou até mesmo as relações mutualistas diferenciais com fungos micorrízicos e polinizadores, "nicho" se torna sinônimo de soma de todas as propriedades de uma planta.

A grande discussão sobre o conceito de nicho, até a total rejeição do modelo neutro de Hubbel (2001), segundo o qual todas as espécies de um hábitat têm o mesmo peso e as comunidades de espécies são produtos do acaso, se torna em parte um problema de escala. É in-

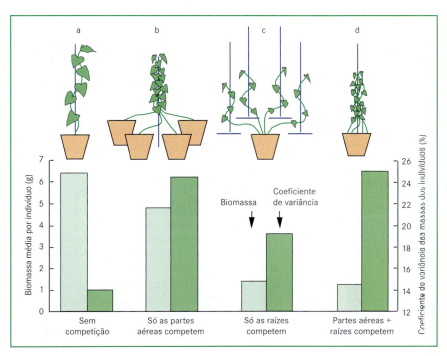

Figura 13-10 Competição aérea e subterrânea por recursos, utilizando-se como exemplo a ipomeia (*ipomoea tricolor*). Barras verde-claras indicam o efeito na biomassa média dos indivíduos: grande efeito na parte subterrânea e pequeno na parte aérea. Barras verde-escuras mostram as diferenças (assimetria) na biomassa dos indivíduos em uma categoria do experimento causada pelas diferentes condições das raízes: grandes efeitos na parte aérea e pequenos na parte subterrânea. (Segundo Weiner, 1990.)

contestável que, mesmo dentro de um hábitat, as espécies possuem diferentes necessidades em relação ao espaço onde se encontram (nicho fundamental = *fundamental niche*). A manifestação desse fato na sua abundância local (nicho realizado = *realized niche*) depende de acontecimentos aleatórios (como, por exemplo, herbivoria na fase de plântulas, patógenos, espécies que vivem ao redor). Quando esses acontecimentos dominam, é como se a diferenciação de nichos não ocorresse (a existência dessas condições é interessante). Em sua interpretação extrema, o modelo neutro já foi várias vezes refutado (Silvertown, 2004). Esse modelo é derrubado ao se utilizar tipos funcionais de plantas (do inglês, *plant functional types*), pelo simples fato que em uma floresta há árvores, epífitos, herbáceas e lianas. Dentro de um tipo funcional (por exemplo, árvores, ervas) e em sítios com baixa estruturação tridimensional e/ou distúrbio regular (por exemplo, seca), podem ser observadas demandas semelhantes. Entretanto, se as condições ambientais forem pouco modificadas (mais água ou nutrientes, sombreamento), as comunidades vegetais se transformam imediatamente, como em um campo numa estação do ano, demonstrando que a coexistência pretérita reflete um componente ambiental diferenciador (diferenciação de nichos), e a abundância de espécies não provém meramente ao acaso de um *pool* existente.

Seria muito simples atribuir as evidências de uma diferenciação funcional de nichos à teoria do nicho, pouco precisa. A modulagem matemática de populações e comunidades vegetais trouxe uma nova e decisiva percepção, e a ela foi incorporado a um ambiente instável. Modelos teóricos têm grande vantagem, pois não estão limitados no tempo, diferentemente dos experimentos. Ao se modelar no computador uma situação clássica de competição (por exemplo, uma espécie vegetal que compete por luz e, por isso, cresce mais rápido do que a outra), a exclusão de uma das duas espécies será o resultado final obtido. Quando se inclui um elemento de distúrbio, por exemplo, a remoção regular de 50% dos indivíduos de cada população, a predominância de uma das espécies será retardada por um certo tempo, mas no final resta apenas uma. Se em vez de duas, seis espécies crescem juntas e são perturbadas em distâncias irregulares, por meio da retirada regular de indivíduos, elas permanecerão coexistindo desde que essas espécies apresentem populações com crescimento lento e o distúrbio não ocorrer de maneira muito frequente (Huston, 1994).

Embora os modelos matemáticos não consigam simular todas as irregularidades do mundo real, as simulações mostram que as espécies sem diferenciação de nichos podem coexistir, caso sejam regularmente prejudicadas. O **distúrbio**, combinado com reações específicas das espécies em relação a ele, pode permitir a coexistência de espécies pela sobreposição de nichos ecológicos (ver 13.2.4.1). As coberturas vegetais de certo modo estão sempre expostas ao distúrbio: campos naturais pastejados, matorrais mediterrâneos regularmente queimados e abertura e fechamento do dossel por queda de árvores comuns em florestas naturais. A dinâmica de clareiras causada pelo distúrbio determina a elevada biodiversidade de florestas tropicais (ver 13.3.1). O grau de tolerância ao distúrbio é uma característica essencial para o entendimento da abundância e coexistência de espécies.

13.1.3 Ecologia reprodutiva

Esta seção trata das diferentes estratégias das plantas na formação da prole (ver Capítulo 9 para biologia evolutiva, biologia floral e dispersão de diásporos, e 10.2 para espermatófitas).

A garantia da existência e do desenvolvimento do próprio genoma é a mais importante função da vida. Existem diversas **estratégias de vida** (do inglês, *life strategies* ou *life history strategies*) para se alcançar esse objetivo. As condições ambientais e a situação de competição determinam qual estratégia é a mais favorável. Cada planta é confrontada com o problema da quantidade (e em que ritmo) de assimilados a ser alocada para a **reprodução** e para o **crescimento vegetativo** (do inglês, *reproductive allocation*). Os dois processos desenvolvidos simultaneamente não podem receber aporte de recursos com a mesma magnitude. Por isso, fala-se de *tradeoff*, ou seja, um compromisso com desvantagens para aquele processo alternativo. Essas estratégias de investimento estão intimamente associadas ao **tempo de vida** e ao andamento do **ciclo de vida** da planta.

Algumas espécies vegetais podem apresentar ciclos de vida de apenas seis semanas (por exemplo, *Arabidopsis thaliana*), enquanto outras necessitam de 1–3 anos para entrar na fase reprodutiva e morrer logo depois (várias espécies herbáceas com raízes pivotantes). Algumas espécies arbóreas podem permanecer reprodutivas por mais de 2.000 anos (*Sequoiadendron giganteum*, *Cryptomeria japonica*). A divisão clássica das espécies em anuais, bianuais e perenes não considera esse *continuum*. Algumas anuais passam por mais de um ciclo de vida em um ano, outras plantas que só se reproduzem uma vez (as chamadas monocárpicas ou hapaxânticas) chegam a esperar 20-30 anos para florescer pela primeira (e no caso, última) vez, morrendo logo em seguida (por exemplo, *Agave americana*).

É muito difícil comprovar o grau de investimento das plantas na reprodução. Não há um limite bem definido entre as duas posições extremas: 1) apenas a massa das sementes é considerada e 2) a biomassa total produzida que serve de segurança para os descendentes. Habitualmente, consideram-se **custos de reprodução** a formação de toda inflorescência, incluindo pedúnculos, néctar e pólen, frutos e sementes e o investimento metabólico envolvido. É difícil quantificar esses custos, por isso utiliza-se de maneira pragmática a produção de frutos e sementes como medidas, mesmo representando apenas parte dos custos efetivos de reprodução (Figura 13-11). Em algumas herbáceas de ciclo curto e em cereais, 50% da biomassa produzida se apresenta em forma de diáspo-

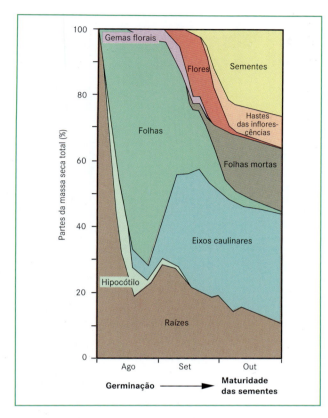

Figura 13-11 Parte das estruturas reprodutivas da biomassa total no ciclo de vida da tasneira (*Senecio vulgaris*). (Segundo Harper e Ogden, 1970.)

ros (aqui denominado índice de colheita, *harvest-index*). Em plantas perenes, esse valor cai para 1% ou, a longo prazo, até mesmo para zero.

Duas estratégias são, então, reconhecidas: **estratégias *r* e *k*** (Figura 13-12). As plantas com estratégia *r* produzem rapidamente muitas sementes às custas de outros órgãos e do tempo de vida. São plantas pioneiras em locais bastante perturbados, como, por exemplo, plantas ruderais (ver 11.5.1.3); portanto, espécies da fase inicial de sucessão (ver 13.3.2). Um risco elevado de mortalidade beneficia as espécies *r* estrategistas. A prioridade das espécies *k* estrategistas, por outro lado, são o crescimento vegetativo e a persistência individual (assegurando vida longa). Elas colonizam as áreas pelo máximo de tempo possível, mediante uma estratégia de desenvolvimento e crescimento conservadora e com menos riscos. Na tipologia de Grime (1977, 2007) (ver 11.5.1.3), essas são as espécies competidoras, ou seja, as espécies que aparecem mais tarde na sucessão. A maioria das espécies é classificada entre essas duas estratégias extremas.

É notável observar que as **propriedades dos diásporos**, de um modo característico, correspondem a essas estratégias. A maioria das plantas *r* estrategistas tem muitas sementes pequenas, em geral com mecanismos para a dispersão a longas distâncias e muitas vezes com dormência escalonada (atraso variável na germinação; banco de sementes grande e dormente). Nas pioneiras anuais, as sementes podem germinar até 100 anos depois (em algumas escavações foram encontradas sementes que germinaram após 1.600 anos). As plantas efêmeras da flora de deserto são conhecidas pela permanência de sementes dormentes no solo por vários anos; após raros eventos de chuvas intensas, o deserto se transforma em um "mar de flores".

As *k* estrategistas tendem a produzir poucas sementes, mas grandes e dotadas de reservas. A presença de reservas se deve ao fato de que, nas fases finais da sucessão, a regeneração a partir de sementes apresenta forte limitação de luz. A semente precisa ter recursos suficientes até a plântula formar raízes necessárias para o estabelecimento e a sobrevivência e se tornar uma planta autotrófica. O período de viabilidade (capacidade germinativa) dessas sementes não costuma ultrapassar 2 anos. Em geral, após um curto repouso, as sementes dessas espécies germinam na próxima estação favorável (nas zonas temperadas, na próxima primavera ou, mais tardar, na primavera seguinte). Em vez de bancos de sementes, as espécies *k* estrategistas com frequência formam bancos de plântulas, que podem persistir por um longo tempo, até que uma clareira na vegetação permita a continuidade do seu desenvolvimento (fenômeno típico de florestas pluviais tropicais primárias).

Em geral, existe uma correlação entre o tamanho médio da planta e o tamanho médio da semente, pois plantas de ciclos curtos na maioria são pequenas, enquanto plantas perenes são grandes (Tabela 13-1). As sementes mais leves são encontradas em orquídeas, com aproximadamente 1 μg, enquanto as mais pesadas são da palmeira *Lodoicea maldivida* (= *L. sechellarum* = *L. callipyge*), com 18-27 kg. Como as sementes das orquídeas só conseguem germinar na presença de fungos, pelo seu tamanho pequeno não se pode concluir que tenham caráter ruderal. A massa das sementes é um caráter bastante conservador. Em condições ambientais desfavoráveis, o número de sementes é reduzido e não o seu tamanho. Em plantas herbáceas de locais úmidos, o tamanho médio das sementes não se modifica com a altitude, enquanto que o número por indivíduo retrocede. É bem conhecida a baixa variabilidade do peso das sementes de *Ceratonia siliqua* (alfarrobeira), o que leva a se considerar cada semente como uma unidade de peso (quilate).

Uma consequência dessas diferenças entre os diásporos é que as *k* estrategistas com frequência produzem sementes mais atrativas para **herbívoros**. Se os diásporos fossem continuamente produzidos em pequenas quantidades, os herbívoros poderiam se ajustar a essa situação e impedir a reprodução. Por isso, as *k* estrategistas extremas tendem a fazer longas pausas reprodutivas, seguidas de **anos de fartura**, em que a população de herbívoros fica sobrecarregada (por exemplo, carvalho, faia e muitas coníferas). Esse evento requer uma reserva especial de nutrientes. Uma alternativa é a produção de sementes com

Figura 13-12 Diferentes estratégias de vida e reprodutivas de plantas que dominam em fases distintas da sucessão. **A, B** Plantas lenhosas. **A** Chegada do salgueiro e álamo numa área de cascalho. **B** Floresta de coníferas de 300 anos *(Pseudotsuga menziesii* = abeto-de-douglas, Oregon*)*. **C, D** Plantas herbáceas. **C** Comunidade ruderal sobre superfície alagável. **D** Comunidade campestre clímax de milhares de anos (*Caricetum curvulae,* 2.500 m, Alpes Orientais). Em **A** e **C** predominam a reprodução rápida e a produção grande de sementes; em **B** e **D** domina o crescimento vegetativo lento e em **D**, a propagação clonal.

substâncias tóxicas ou a formação de frutos (como bagas e drupas), cujas sementes podem ser dispersadas pelos herbívoros (após a passagem pelo intestino do animal).

Em florestas nativas e densas, carvalhos com frutos grandes não produzem mais do que 2.000 bolotas por árvore (fruto do carvalho) ao ano. Espécies consideradas "ruderais", como as bétulas e o pinheiro, não apresentam esse comportamento de produção, e o número de suas sementes (geralmente muito pequenas) pode chegar a 50.000 a 300.000 por árvore. Para a dedaleira (*Digitalis purpurea*) já se calculou 0,5 milhão de sementes por indivíduo.

A multiplicação ou propagação por **crescimento clonal** é muito mais frequente nas plantas do que nos animais, evitando, assim, os riscos da reprodução sexuada (ver 9.1.3.3). Muitas plantas podem exibir reprodução vegetativa e/ou sexuada, de acordo com as condições de vida. A importância da propagação clonal aumenta quando as condições de vida se tornam desfavoráveis.

Diferentes órgãos possibilitam a propagação vegetativa: estolões, rizomas, bulbos, tubérculos, pedaços de caules, caules aéreos com raízes adventícias. Unidades de dispersão clonal comparáveis aos diásporos são os bulbilhos (Figura 4-31) e a reprodução assexuada secundária (apomixia, ver 9.1.3.3), que produz

Tabela 13-1 Massa de sementes correlacionada com o tamanho da planta

Forma de crescimento	Massa média de sementes (mg)	
	Grã-Bretanha	Mundial
Plantas herbáceas	2	7
Arbustos	85	69
Árvores	653	328

(Dados de D.A. Levin e H.W. Kerster, segundo T.W. Silvertown.)

sementes clonais via agamospermia (por exemplo, *Taraxacum officinale*). Muitas plantas são clonais, como a maioria das plantas de altitude, de dunas e muitas que se estabelecem com sucesso em regiões semiáridas (por exemplo, *Larrea tridentata*), bem como plantas em zonas alagáveis (*Salix, Hippophae*) e até mesmo árvores florestais (*Populus* e muitas espécies de *Ficus*). As espécies clonais têm vantagens em áreas campestres roçadas com frequência (*Bellis perennis, Trifolium repens*), e quase todas as monocotiledôneas multianuais apresentam crescimento clonal (principalmente gramíneas e plantas com rizomas e bulbos). Pelo fato de terem crescimento clonal, as invasoras de lavouras e pastagens, em sua maioria, são de difícil erradicação. Muitas das ruderais que se estabelecem com sucesso utilizam a mesma estratégia (por exemplo, *Solidago canadensis, Epilobium angustifolium*). Todos os musgos, cavalinhas, liquens e muitas samambaias apresentam crescimento clonal. Apenas algumas espécies vegetais perenes não apresentam a propagação clonal como alternativa à reprodução sexuada. Esse é o motivo pelo qual os conceitos de população da zoologia são transferíveis de modo limitado para as plantas.

Por que a alternativa de propagação clonal tem papel tão importante? No fundo, ela funciona como "freio" evolutivo. É vantajosa quando o sucesso de uma espécie depende menos do número de descendentes reprodutivos do que da sua chance de sobreviver por um longo tempo. A propagação clonal permite que uma espécie alcance grande **domínio do espaço**, sem precisar correr o risco presente no processo de estabelecimento de plântulas. Genótipos bem-sucedidos podem ser "conservados" e se estabelecer – como ocorre, em forma extrema, nas angiospermas, a apomixia agamospérmica (ver 9.1.3.3); e nas criptógamas, como nos liquens, cujas unidades de propagação clonal podem superar longas distâncias. Isso é comparável à propagação clonal de genótipos selecionados para cultivo, como em cultivares de frutíferas e flores (melhoramento ou enxertia, multiplicação por estaquia, ver 6.3.3).

Em situações de competição, as plantas podem ter propagação clonal de duas maneiras. A propagação pode ocorrer em pequenos passos, mas com os módulos frontais fechados (como em clones formadores de touceiras), caracterizando a **estratégia de infantaria** (análoga à antiga forma de combate em formação fechada). É comum encontrar a penetração pontual de populações estranhas por meio de "brotações de busca", configurando a chamada **estratégia de guerrilha**. Essa segunda forma de propagação possibilita uma conquista imediata do espaço e, por contatos exploratórios do ambiente, a conquista mais rápida de micro-hábitats favoráveis, onde os módulos clonais se estabelecem. Foi demonstrado em uma espécie prostrada de *Portulaca* e em *Trifolium repens* que os ramos se orientam de acordo com o movimento da luz vermelha (evidência para um local ocupado em "verde"). Diversas espécies podem utilizar alternadamente as duas estratégias: conquista mais rápida do espaço (maior risco) e, após, estabelecimentos de novas "fortalezas" com esmagadora dominância do espaço (Figura 13-13).

Se os **sistemas clonais** permanecerem conectados, formando uma rede, os recursos podem ser deslocados para que módulos periodicamente em desvantagem consigam sobreviver. Além disso, módulos mais externos, que conseguem alcançar sítios promissores (por exemplo, clareiras), podem trazer substâncias minerais para dentro do sistema, fato já comprovado com o uso de isótopos marcados. Com o crescimento clonal, as plantas atingem certo grau de mobilidade e conseguem utilizar melhor a oferta de recursos distribuídos de maneira heterogênea na área.

Os sistemas clonais podem atingir **idades** avançadas e são potencialmente imortais. Apesar disso, na vegetação dominada por clones, a uniformidade genética não necessariamente predomina.

Figura 13-13 Propagação clonal segundo o padrão de infantaria. Os clones centenários de *Festuca orthophylla* vão se espalhando em frentes fechadas, sobre locais montanhosos na região noroeste dos Andes argentinos (4.250 m, Vales Calchaquíes).

Embora a possibilidade de mutações somáticas em módulos parciais dentro de um clone já tenha sido verificada, as plantas clonais dominantes de espaços (como, por exemplo, cinturão de "cana" – *Phragmites communis* – ou gramados alpinos de ciperáceas) exibem elevada multiplicidade genética que diminui durante a fase de colonização. Diferentes clones (genetas) podem se conectar e, com isso, grupos de ramos (rametas) geneticamente distintos ficam lado a lado. Com marcadores genéticos, foi possível mapear os clones da ciperácea alpina *Carex curvula* e, juntamente com a velocidade de crescimento radial do tamanho do clone, determinar a sua idade em milhares de anos (Steinger e colaboradores, 1995).

O objetivo desta primeira seção foi esclarecer que as populações abrangem todos os estágios de desenvolvimento e não apenas as fases de vida grandes e visíveis. Nas fases pouco aparentes do ciclo de vida, é muito mais decisivo saber se a população cresce ou diminui. A dinâmica do desenvolvimento de populações depende da oferta de recursos (e, com isso, da densidade de indivíduos e da competição) e é decisivamente moldada pelo distúrbio. A resposta evolutiva para o distúrbio frequente é o rápido crescimento, associado ao ciclo de vida curto e grande produção de sementes. Em espaços vitais estáveis, ao contrário, o ciclo de vida é longo e os investimentos em reprodução são baixos. Por conta de sua estrutura modular, muitas plantas estabelecem estratégias clonais de reprodução e propagação e, com isso, conseguem eliminar partes sensíveis do seu ciclo de vida. Esses processos determinam não apenas o sucesso local de uma população, mas também sua capacidade de se propagar por uma grande área de distribuição, o tema da próxima seção deste capítulo.

13.2 Áreas de distribuição das plantas

As áreas de distribuição das plantas descrevem o âmbito geográfico de ocorrência de espécies ou categorias taxonômicas superiores. Elas são o resultado de expansões ou retrações filogenéticas no espaço e tempo (ver 9.3, Figura 13-14). Essas áreas de distribuição são determinadas pela constituição morfológica e ecofisiológica (por exemplo, capacidade de adaptação), capacidade de competição, chances de dispersão ao longo da história da Terra e presença de sítios propícios. Mesmo os táxons em expansão ainda não ocuparam todo o espaço vital possível (áreas "potenciais" ao contrário de áreas "efetivas"), porque as migrações e a colonização permanente se processam lentamente por natureza ou são dificultadas por barreiras de dispersão (por exemplo, oceanos, montanhas ou áreas de deserto). Isso é comprovado de maneira espetacular pela atual e constante dispersão de espécies pelo homem (ver antropocoria). Fatores genéticos, ecológicos e históricos participam da origem das áreas de distribuição atuais. O estudo das áreas de distribuição de plantas descreve e compara regiões de ocorrência de táxons (em geral espécies, mas também gêneros ou grupos de espécies relacionadas). A partir dessa base, as complexas correlações entre formas de áreas de distribuição e condições ambientais no presente e no passado podem ser esclarecidas.

13.2.1 Tipos de áreas de distribuição

As áreas de distribuição resultam da soma dos locais de ocorrência de um táxon e têm como melhor forma de apresentação os **mapas de distribuição** (por exemplo, Figuras 9-29, 9-30; 13-15 até 13-17). O valor da apresentação das áreas de distribuição depende de uma delimitação sistemática correta de um táxon ou de uma classificação de um grupo de espécies relacionadas, assim como da integralidade das informações florísticas dos locais de ocorrência. Mesmo na Europa Central, as informações sistemáticas e florísticas para uma análise da área de distribuição das suas plantas vasculares ainda não estão completas.

Uma representação cartográfica da distribuição de um táxon necessita de certa abstração, pois a frequência e a distribuição espa-

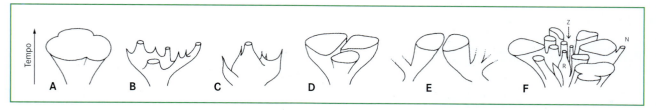

Figura 13-14 Origem e tipos de áreas de distribuição de espécies vegetais. (distribuição horizontal, tempo de baixo para cima, situação atual como nível de corte, mortalidade de populações termina abaixo deste nível atual). **A** Ampliação da área de distribuição (por exemplo, *Trifolium repens*, Figura 9-24); mortalidade das populações e redução para **B** áreas disjuntas (por exemplo, *Pinus nigra*, Figura 9-29) ou **C** áreas paleoendêmicas reliquais (por exemplo, *Ginkgo biloba*, Figura 13-16); **D** diferenciação alopátrica de uma linhagem de comunidade para (três) táxons vicariantes (por exemplo, *Erysimum* sect. *Cheiranthus*, produtos da formação alopátrica de grupos de plantas aparentadas, portanto, os chamados esquizoendemismos das diferentes áreas do Egeu); **E** Pseudovicariância entre dois táxons não aparentados, mas com vicariância ecológica e geográfica (por exemplo, *Gentiana clusii* e *G. acaulis* s. str. (= *G. kochiana*); **F** Círculo de formas com centro múltiplo (por exemplo, *Carlina*). O esquema destaca que não há relação direta entre a idade de um táxon, sua multiplicidade de formas e o tamanho da sua área de distribuição. Z – Centro de origem (*Entstehungszentrum*), R – Endêmicas reliquais, N – Neoendêmicas. (Segundo F. Ehrendorfer.)

cial de indivíduos em pequenas e grandes áreas de colonização são geralmente irregulares e com lacunas intermediárias. Mapas com contornos ou pontos, ou a combinação de ambos são muito utilizados (por exemplo, Figuras 9-29 e 13-22). Em levantamentos modernos de áreas de distribuição com o emprego de processamento eletrônico de dados (por exemplo, no mapeamento internacional da flora da Europa Central) são utilizados mapas de quadrículas (*Rasterkarten*), nos quais a presença ou ausência de um táxon é indicada em um determinado campo do mapa. A distribuição vertical de um táxon também pode ser apresentada em perfis de altitude.

Os seguintes critérios são importantes para a descrição, comparação e análise de áreas de distribuição de táxons:

- expansão: desde local (endêmica) até continental e ± universal (cosmopolita);
- continuidade: desde amplamente fechada (contínua) até fortemente fragmentada (disjunta);
- densidade de colonização: em comum, dispersa, esparsa até rara;
- distribuição da multiplicidade de formas em uma área de distribuição;
- relações da situação com as áreas de distribuição dos táxons aparentados; e
- posição geográfica das áreas de distribuição.

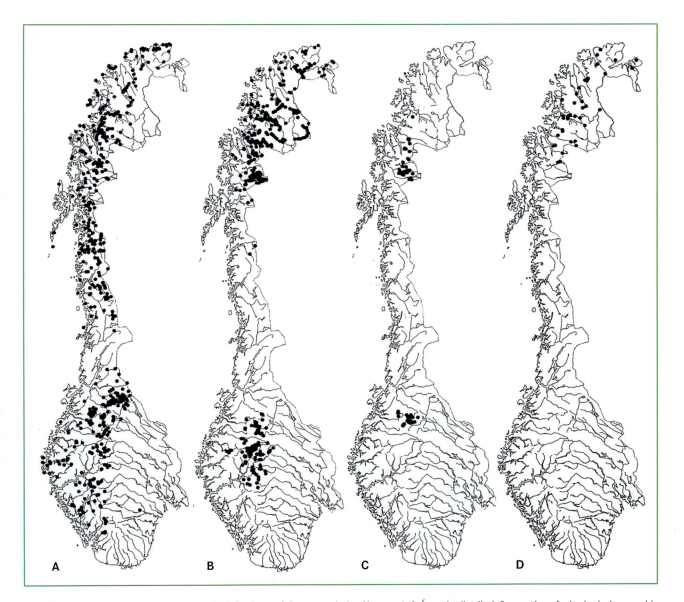

Figura 13-15 Exemplo de padrão de distribuição de espécies vegetais (na Noruega). **A** Área de distribuição contínua fechada de *Leucorchis straminea*. **B** Grande área de distribuição disjunta de *Luzula parviflora*. **C** Área de distribuição relictual disjunta de *Luzula artica*. **D** Ocorrência regional limitada (endemismo regional) de *Potentilla chamissonis*. (Segundo Gjaerevoll, 1990.)

Mediante uma apreciação comparada, segundo esses pontos de vista, podem ser reconhecidos diversos tipos de áreas de distribuição (Figura 13-14).

13.2.1.1 Expansão de áreas de distribuição

Existem todas as formas intermediárias entre táxons que ocorrem em apenas um sítio e aqueles que, dentro de suas exigências de hábitat, têm ocorrência universal. Os táxons restritos a uma única área de distribuição, geralmente pequena, são chamados de endêmicos, embora esse termo seja utilizado de maneira vaga. Além dos **endemismos locais**, raridades ao nível de espécie, distinguem-se ocasionalmente também endemismos regionais (por exemplo, ocorrentes apenas nos Alpes) ou até mesmo endemismos continentais (por exemplo, ocorrentes apenas na Austrália). Esta última categoria se aplica ao nível de família. Existem também **paleoendemismos** relictuais (antigos) e **neoendemismos** (jovens). A proporção de táxons endêmicos aumenta com a idade e o isolamento dos espaços vitais (ver 13.2.1.6). Entre as plantas **cosmopolitas** de distribuição global predominam as cultivadas, mas existem também cosmopolitas naturais, em especial entre as esporófitas.

Ginkgo biloba (hoje ocorrem apenas no oeste da China, Figura 13-16), *Sequoiadendron giganteum* (Califórnia) e *Welwitschia mirabilis* (sudoeste da África) são plantas endêmicas relictuais que já tiveram ampla distribuição. A hepática *Marchantia polymorpha* e a samambaia-águia (*Pteridium aquilinum*) são exemplos de esporófitas cosmopolitas. Plantas aquáticas e de pântanos têm boa possibilidade de vasta dispersão com a ajuda de aves aquáticas, como o cavalinho-d'água (*Hippuris vulgaris*), a "cana" (*Phragmites australis*) e várias ervas daninhas (por exemplo, espécies dos gêneros *Plantago*, *Poa*, *Rumex*, *Senecio*, *Stellaria*, *Trifolium*) levadas pelo homem de um lugar para outro, encontradas por todo o globo em áreas frequentemente perturbadas (sítios de espécies ruderais, na maioria em beiras de estradas). Algumas famílias também são representadas naturalmente em âmbito mundial (por exemplo, Ochidaceae, Poaceae, Asteraceae, Fabaceae).

13.2.1.2 Fragmentação natural de áreas de distribuição

A colonização contínua de uma área é rara. Pelo menos, ao contrário das bordas das áreas de distribuição, a ocorrência da maioria dos táxons não se limita a postos avançados isolados (ou postos de retirada). Quando as lacunas das áreas de distribuição se tornam tão grandes que um táxon não consegue mais se locomover entre elas com seus meios de dispersão, fala-se em encraves ou **disjunções**. Alguns padrões de disjunção se repetem com grande regularidade (com respeito às consequências genéticas da fragmentação artificial de hábitats, ver 9.3.2.2). As disjunções podem se dar por redução de regiões de distribuição anteriormente fechadas ou, em casos extremos, devido a eventos de dispersão a longas distâncias.

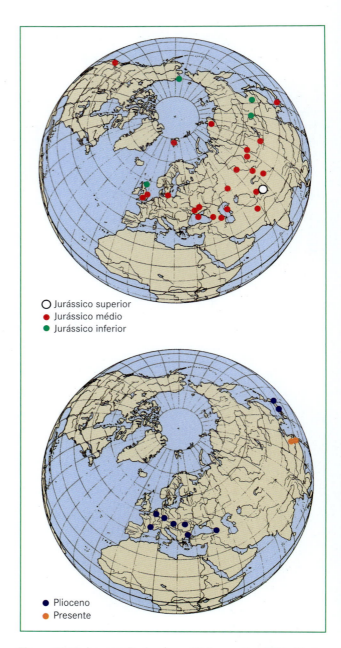

○ Jurássico superior
● Jurássico médio
● Jurássico inferior

● Plioceno
● Presente

Figura 13-16 A expansão do gênero *Ginkgo* no Hemisfério Norte, segundo achados fósseis do Jurássico inferior até o final do Terciário (Plioceno) e o presente. As proporções da superfície terrestre atuais foram aplicadas aos mapas. As mudanças desde o Jurássico (aproximadamente 200 milhões de anos) não influenciaram substancialmente a rota potencial no Hemisfério Norte. (Segundo Tralau, 1967.)

13.2.1.3 Densidade de colonização de áreas de distribuição

A densidade alta de colonização aponta para um ótimo ecológico de uma espécie. Muitas vezes, também é alcançada a mais forte expansão em diferentes sítios (amplitude ecológica máxima) e a maior diversidade genética (multiplicidade de formas, centro de variabilidade). O mesmo serve para gêneros e famílias, para os quais as regiões com grande riqueza de espécies são identificadas como **centros de diversificação**. Essas são áreas de desenvolvimento e conservação dos respectivos táxons, mas não necessariamente representam centros de origem. Os pontos críticos das áreas de distribuição podem ser identificados com todos esses critérios.

Um exemplo de centro de diversificação de um gênero é *Ononis*, cuja maioria das espécies ocorre no sudoeste do Mediterrâneo (Figura 13-17). Entre as famílias, pode-se citar Rubiaceae, que exibe muitos gêneros nos trópicos úmidos e quentes e redução numérica gradativa em direção a ambientes mais secos e frios.

13.2.1.4 Relação geográfica entre áreas de distribuição

De acordo a posição espacial das áreas de distribuição, as espécies com maior grau de parentesco podem ser reunidas (agrupadas hierarquicamente) em determinados **geoelementos**. Ao somar-se as áreas de distribuição de diversas espécies de um determinado geoelemento, é possível reconhecer **pontos principais de distribuição**.

O gênero *Fagus* pertence ao elemento holártico e *Fagus sylvatica* ao elemento centroeuropeu, enquanto *Fagus orientalis* se encontra em uma área relictual no Mar Negro. O gênero *Laurus* abrange na Europa duas espécies, *L. nobilis* e *L. azorica* (= *L. canariensis*): a primeira pertence ao geoelemento mediterrâneo, enquanto a última ao geoelemento macaronésio. Ambas as espécies desse gênero relictual enfatizam as relações estreitas entre as floras macaronésia e mediterrânea (área de distribuição comum no terciário). O amplo elemento tropical e sua subdivisão neotropical podem ser ilustrados pelas famílias Arecaceae (das palmeiras) e Bromeliaceae.

13.2.1.5 Zonas climáticas das floras

Zonas latitudinais. Muitas áreas de distribuição apresentam contorno mais ou menos em forma de cinto, seguindo a linha de união dos graus de latitude (por exemplo, Figura 13-18). Por isso, as zonas das floras – em forma de cinto, do equador para os polos, e correspondendo às isotermas gerais – confirmam-se como sistema de referência para a classificação e descrição das áreas de distribuição (Figura 13-19). Desse modo, é possível distinguir, das zonas tropicais e em direção às subtropicais: para o norte, uma zona meridional, submeridional, temperada, boreal e ártica; para o sul, uma zona austral e uma zona antártica, que correspondem à zona meridional até a temperada e à zona boreal até a ártica do norte, respectivamente.

Continental-Oceânico. Outra diferenciação pode ser feita, ao se considerar as diferenças nos balanços diário

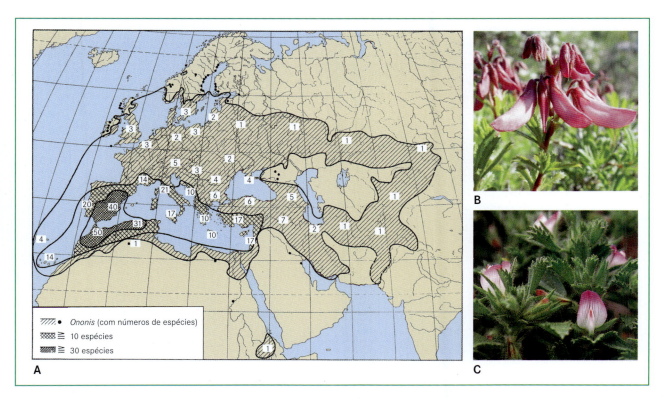

Figura 13-17 **A** Centro de diversificação e zonas de declínio no número de espécies do gênero *Ononis* (Fabaceae). **B** *O. fruticosa*. **C** *O.* cf. *reclinata*. (A segundo Meusel e Jäger, 1965-1992; B segundo F. Oberwinkler; C segundo S. Imhof.)

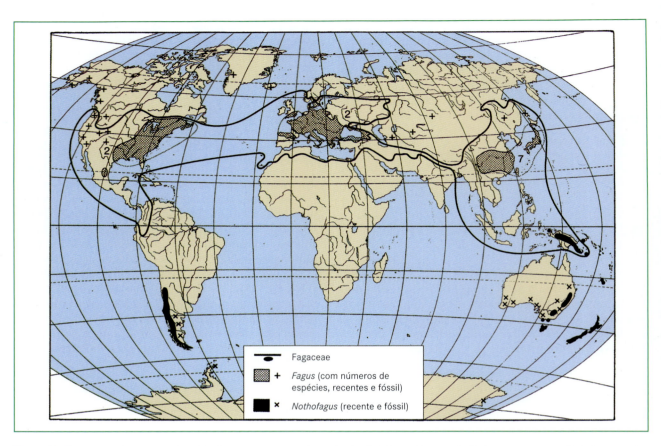

Figura 13-18 Distribuição atual total de faia (Fagaceae), com as áreas de distribuição de *Fagus*, e de Nothofagaceae, com *Nothofagus*, assim como achados fósseis (+, x) de ambos. (Segundo Meusel e colaboradores, 1965-1992, e van Steenis, 1971.)

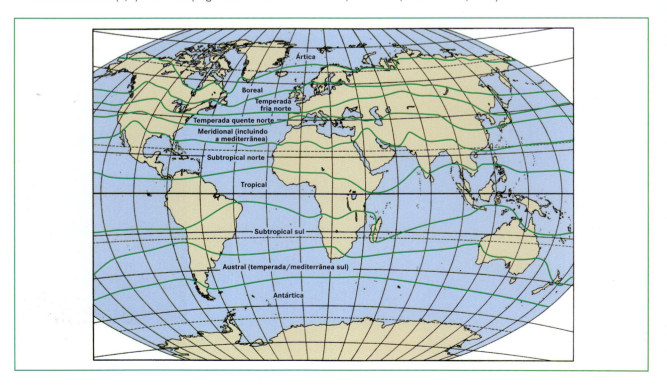

Figura 13-19 Zonas latitudinais das floras da biosfera. (Segundo Jäger, 1981-1982.)

e anual de umidade e temperatura de setores do clima oceânico e classificar as áreas de distribuição, segundo suas respectivas situações, em euoceânico, oceânico, suboceânico, subcontinental, continental e eucontinental ("oceânico" se refere à proximidade da costa, ou seja, clima úmido, fortemente influenciado pelo mar e com baixa amplitude térmica ao longo do ano; "continental" se refere a um clima mais seco e distante da influência da costa, com grande amplitude de temperatura).

Zonas altitudinais. Ao se considerar os **níveis de altitude**, (Figura 13-36, ver 14.1.2) como de zona plana e baixa, colina, montanha, subalpino, alpino e niveal, enfim é possível uma descrição tridimensional.

13.2.1.6 Espectros dos tipos de áreas de distribuição

Tipos de áreas de distribuição (Figura 13-14) podem ser resumidos e comparados de acordo com diferentes critérios, também com o crescente auxílio de computadores. Ao se calcular as participações de certos tipos de áreas de distribuição com determinadas floras ou unidades de vegetação, os **espectros dos tipos de áreas de distribuição** permitem conclusões importantes sobre a sua estrutura e origem.

O elevado grau de endemismo nas ilhas do Havaí (aproximadamente 20% dos gêneros e 90% das espécies vegetais vasculares terrestres são endêmicas) realça, por exemplo, a idade geológica relativamente avançada do arquipélago, a falta de antigas conexões com o continente e a considerável evolução independente da biocenose local a partir de um número limitado de indivíduos fundadores, que chegaram ao local via dispersão por longas distâncias. Os espectros de áreas de distribuição das florestas mistas latifoliadas da Europa Oriental mostram na região dos Urais grandes proporções do geoelemento boreal e do sul-siberiano; mais adiante no sul, porém, na bacia do Donez, do geoelemento submediterrâneo e do geoelemento pôntico.* Essa diferença fica mais nítida ao considerarmos a área do refúgio glacial, o significado da expansão da floresta na era pós-glacial e a situação atual do clima nessa área.

13.2.2 Dispersão

13.2.2.1 Possibilidades de migração

As plantas só conseguem estabelecer e ampliar uma área de distribuição se forem capazes de formar unidades de dispersão, denominadas **diásporos** (como esporos, sementes, aquênios, unidades de propagação vegetativa, gemas e assim por diante: ver 10.2 para sementes e frutos) e, por meio deles, colonizar novos hábitats. Essas unidades de dispersão são geralmente produzidas em grandes quantidades e especializadas para a autocoria ou para o transporte pelo vento, água ou animais (ver 10.2 espermatófitas). Em geral, a dispersão se dá em distâncias pequenas, mas ocasionalmente pode ocorrer também a **longas distâncias**.

A dispersão de uma espécie (migração) pode ocorrer na forma de uma frente de migração em pequenos passos ou em grandes saltos, como um fenômeno estocástico por meio de "postos avançados" (Figura 13-20).

Diásporos pequenos ou com apêndices específicos podem ser arrancados e voar por mais de centenas de quilômetros em eventos de tempestades de vento. Aves migratórias e aquáticas podem ocasionalmente transportar unidades de dispersão por distâncias transatlânticas. Diversas disjunções entre a América do Sul e a África se originaram claramente dessa maneira (por exemplo, *Rhipsalis*, um gênero de cacto epifítico, com frutos do tipo baga, que chegou até Sri Lanka e Madagascar). Graças aos seus frutos flutuadores dotados de endocarpo impermeável e endosperma gorduroso, o coqueiro (*Cocos mucifera*), mesmo na água salgada, mantém a capacidade germinativa por longo tempo, motivo pelo qual conquistou uma área de distribuição que abrange todas as zonas costeiras tropicais (ver 14.2.16).

Ilhas são excelentes modelos para a estimativa da velocidade e sucesso da colonização de hábitats distantes, tanto no mar quanto no continente, como no cume de montanhas e em ilhas isoladas. Um exemplo elucidativo é a ilha de Krakatoa. Uma violenta erupção vulcânica neste grupo de ilhas entre Sumatra e Java exterminou em 1883 todas as formas de vida. Até 1934, 271

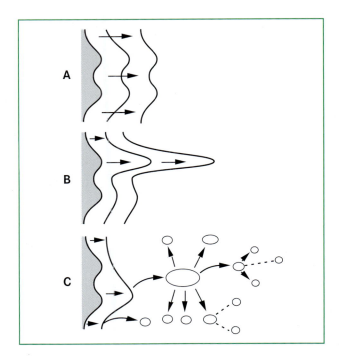

Figura 13-20 A migração de plantas pode se dar em forma de frentes de dispersão **A** amplas ou **B** estreitas (pequenos passos) ou na forma de **C** postos avançados ou ilhas (também de hábitats relictuais), ou seja, em grandes saltos é mais frequente. Existem todas as transições – a forma e a tipificação é dependente de escala.

---
* N. de R.T. Relativo ao Mar Negro ou relativo ao antigo reino do Ponto, no Nordeste da Ásia Menor.

espécies de plantas terrestres colonizaram a ilha, migrando por distâncias entre 45-90 km.

Geralmente, as cadeias de hábitats insulares representam um **corredor de migração** (do inglês, *island* ou *mountain hopping*). Assim, as ilhas da Indomalásia servem de corredor de migração entre a Ásia Oriental e a região do Pacífico Ocidental e Austrália. Situação análoga ocorre ao longo das cordilheiras no oeste das Américas do Norte e Sul e ao longo das montanhas vulcânicas no leste da África, que serviram como corredor de migração da flora entre os Hemisférios Norte e Sul até recentemente na história da Terra (por exemplo, o gênero *Alnus*, que migrou através da América Central até o sul dos Andes).

Nos últimos séculos, esses mecanismos naturais de dispersão de espécies por longas distâncias foram progressivamente marginalizados pelo homem. Atualmente, os diásporos de uma espécie precisam alcançar a bagagem de um turista ou o caminho para o aeroporto mais próximo, para todas as regiões da Terra estarem à sua disposição. Apreciadores de plantas praticam a dispersão ativamente. Assim, a floresta natural de *Metrosideros* no Havaí encontra-se ameaçada pela invasão de *Myrica faya* nas últimas décadas, procedente das Ilhas Canárias. Essa espécie foi trazida em 1970 e, desde então, encontra-se fora de controle. O gênero *Eucalyptus* é encontrado atualmente em todas as regiões quentes do planeta.

O potencial de transporte das unidades de dispersão é seguramente apenas um dos fatores responsáveis pela magnitude e forma da área de distribuição de certo táxon. Dentro de muitos gêneros, encontram-se paleoendemismos localizados muito próximos ou disjuntos e invasoras muito expansivas, ambos com unidades de dispersão muito parecidas (por exemplo, *Taraxacum*). Muitos fungos, musgos e samambaias com esporos minúsculos também possuem áreas de distribuição limitadas e muitas vezes separadas, assim como outras plantas lenhosas com unidades de dispersão pesadas (por exemplo, a samambaia *Asplenium scolopendrium* e o gênero *Fagus*, Figura 13-18). Portanto, existem fatores que pressionam a migração atual para baixo do seu potencial.

13.2.2.2 Barreiras de migração

Rápidas mudanças nas áreas de distribuição são geralmente esperadas após drásticas mudanças ambientais, como no início e após a Era Glacial ou no caso de aquecimento global causado pelo homem. Dentre os diversos motivos pelos quais a migração de espécies e grupos de espécies é freada, mesmo na ausência de limites climáticos e barreiras físicas de dispersão, três são especialmente importantes:

- **A vegetação não se propaga.** Em vez disso, as espécies necessitam se estabelecer em um novo ambiente biótico. Uma fitocenose só é totalmente "deslocada" quando supostamente todas as espécies se dispersam na mesma velocidade ou quando dependem uma das outras e, portanto, podem migrar apenas em conjunto.
- **A migração necessita de parceiros.** Em plantas dioicas ou incapazes de se autofecundar, para a reprodução há necessidade de dois exemplares distintos. Por isso, em ilhas oceânicas, as angiospermas autofecundadas estão super-representadas, uma vez que populações podem ser formadas por uma única planta (ver 9.1.3). Muitas vezes (por exemplo, no Havaí), uma segunda dioicia é observada como saída para a endogamia. Contudo, mesmo nas espécies predominantemente autogâmicas, a presença de vários indivíduos geneticamente distintos da mesma espécie é favorável para uma adaptação a longo prazo. Além disso, em mais de 90% das espécies de plantas observam-se micorrizas; portanto, a relação planta-fungo é muito especializada e a compatibilidade dos parceiros genéticos, muito limitada. Muitas plantas precisam de um polinizador específico ou mesmo de um patógeno que elimine os possíveis competidores.
- **Os solos e hábitats em geral não migram.** Os solos se originam sob a influência de um substrato inicial, clima e plantas. Por conseguinte, eles são também a resposta da presença a longo prazo de determinadas comunidades vegetais, que também se modificam com o solo (sucessão; Figuras 13-1 e 13-28, ver 13.3.2), o que vale igualmente para micro-hábitats com respeito ao clima.

Estas situações geram taxas de migração essencialmente mais lentas do que esperado para a dispersão de diásporos, mesmo na presença de "canais de migração abertos" e de substratos iniciais apropriados para os hábitats almejados. Em ligações terrestres existentes nos casos mais raros, a migração é limitada pelos diásporos. A **naturalização** permanente de uma nova espécie de planta enfrenta grandes dificuldades, como o transporte das suas unidades de dispersão. Das milhares de espécies de angiospermas introduzidas ocasionalmente na Europa (neófitas), efetivamente naturalizadas permanecem apenas algumas centenas. Em novos hábitats, as mesmas comunidades vegetais nunca (ou por um longo período) serão encontradas como na origem da migração. Geralmente, a migração produz novas comunidades vegetais, que representam uma mistura de elementos de diferentes períodos migratórios e locais de origem.

Tanto genciana (*Gentiana acaulis*) como pé-de-leão (*Leontopodium alpinum*) pertencem atualmente à flora montanhosa da Europa Central. Enquanto *G. acaulis* é nativa (autóctone), pertencendo à flora alpina da transição entre o Plioceno e o Pleistoceno, *L. alpinum* é migratória da era glacial da região dos Alpes, tendo sua origem em um desenvolvido "círculo de formas" na Ásia Central; com a retração da geleira, houve a migração para a parte superior dos Alpes.

As exigências para uma bem-sucedida dispersão das sementes e para um provimento suficiente de reservas às plântulas estão em desacordo (ver 13.1.3). A maioria das espécies pioneiras tem sementes numerosas e pequenas, mas que germinam na presença da luz e a curto prazo (por exemplo, salgueiros e pinheiros, no caso das arbóreas). Nas espécies de estágios sucessionais tardios, frequentemente predominam sementes menos numerosas, mas grandes e bem supridas de material de reserva, que germinam à sombra (logo, sob competição) e se mantêm viáveis por longo tempo (por exemplo, faias e carvalhos). Todos esses fatores determinantes da migração selecionam elementos "versáteis" (do inglês, *allrounder*) do início da **sucessão**; por essa razão, o mundo é ocupado por **invasoras** ruderais, que só raramente – mas, infelizmente, acidentalmente – penetram na vegetação intacta (natural), desde que ela esteja suficientemente "aberta". Como exemplos, podem ser citadas a migração de suculentas do novo mundo (*Agave, Opuntia*) para ambientes mediterrâneos ou a "ocupação" da estepe de *Artemisia* da Great Basin, no oeste da América do Norte, pela gramínea euroasiática *Agropyron desertorum*, a qual aumenta a frequência de queimadas e, por consequência, altera todo o sistema (Figura 12-26).

Finalmente, os organismos com uma sequência de gerações rápida (por exemplo, bactérias ou teróftias de ciclo de vida curto) são capazes de se dispersar mais rapidamente do que aqueles que precisam de vários anos para atingirem a maturidade (por exemplo, arbóreas de ciclos de vida longos). A velocidade de migração de uma espécie depende da sua biologia reprodutiva e da duração de cada geração, assim como de interações bióticas e a situação do novo hábitat.

Fagus sylvatica precisou de aproximadamente 3.000 anos para fazer a migração pós-glacial dos Alpes até os mares do Norte e Báltico (700 km). Para a conquista da hegemonia entre as outras latifoliadas lenhosas nessa região, precisou de mais 2.000 anos (ver 10.3.4.4); sua dispersão para o norte da Escandinávia Ocidental ainda não terminou. Elódea (*Elodea canadensis*), espécie aquática de origem canadense, a partir de 1836 (Irlanda) e 1859 (Berlim), expandiu-se de modo explosivo pelos cursos de água europeus exclusivamente mediante propagação vegetativa, competindo inclusive com plantas terrestres; nas últimas décadas, ela teve uma nítida redução (causada por nematódeos, que danificam o seu ápice vegetativo).

13.2.2.3 Dispersão e diversificação

A diversificação e a progressão de atributos acompanham a dispersão espacial de uma espécie ou grupo de espécies, seguindo padrões repetitivos (ver 9.3). Três padrões são especialmente típicos:

- Vários táxons são lenhosos em seus locais de origem, enquanto, em seus novos hábitats, apresentam grande diversidade de hábitos herbáceos. Ao longo da rota de dispersão, as espécies com ciclos de vida curto têm mais probabilidade de alcançar locais mais distantes (um exemplo é o desenvolvimento de Caesalpinaceae predominantemente lenhosas tropicais, em comparação com as Fabaceae progressivamente herbáceas temperadas).
- Muitas vezes, a dispersão de grupos aparentados é acompanhada de mudanças graduais no número de cromossomos e, por isso, são rastreáveis (a série de disploidias (ver 9.1.2.2) em *Myosotis* ou o desenvolvimento de diploidia até poliploidia, como em *Asplenium, Achillea* e *Aegilops*; ver 9.3.3.4).
- De modo semelhante, progressões da biologia reprodutiva caminham geralmente em um determinado sentido (ver 9.1.3.3): da alogamia para autogamia, da sexualidade para apomixia, ou ocorrem mudanças das sequências de DNA interpretáveis de maneira cladística.

13.2.2.4 Redução das áreas de distribuição

As fases de dispersão de espécies vegetais são seguidas de pausa ou mesmo de regressão, resultando na **redução das áreas de distribuição**. Esse fato pode ser reconhecido não apenas com base na forma de distribuição atual, mas também documentado e muitas vezes datado por meio de registros fósseis. Por causa das oscilações climáticas na transição entre Plioceno e Pleistoceno e da era glacial do Pleistoceno, muitas espécies foram deslocadas para áreas de refúgio. Apesar do retorno de condições climáticas favoráveis, a maioria delas não regressou (ou regressou apenas parcialmente) para sua área de distribuição original. Muitas vezes, houve uma perda de diversidade genética interespecífica, o que pode ter sido responsável pela perda de capacidade de adaptação. *Picea omorika* ou *Aesculus hippocastanum*, espécies florestais pertencentes à flora europeia do Triássico (Figura 10-333), só podem ser encontradas em algumas áreas remanescentes dos Bálcãs. Os gêneros *Ginkgo* e *Magnolia* estão totalmente extintos no continente Europeu. O primeiro sobreviveu apenas na Ásia Oriental, enquanto o gênero *Magnolia* só é encontrado no leste da América do Norte e na Ásia Oriental (apesar de terem sido introduzidos diversas vezes nos jardins europeus, Figuras 13-16 e 13-21).

A expansão e redução da área de distribuição do gênero *Ginkgo* é um excelente exemplo dessa dinâmica de áreas em escala geológica (Figura 13-16). No Jurássico Inferior, *Ginkgo* estava restrito à Ásia Central. Do Jurássico Superior até o Paleógeno, o gênero alcançou sua plenitude de expansão, atingindo a Esvalbarda e o Alasca. Sua extinção começou no Neógeno na América do Norte e depois na Europa. Atualmente é encontrado apenas em áreas relictuais mais ou menos semelhantes com seus locais de origem na China, com apenas uma espécie, *Ginkgo biloba*, considerada um "fóssil vivo". Por meio da análise de achados fósseis em bom estado, pode-se determinar a regressão de plantas ártico-alpinas para as montanhas e para a América do Norte desde a última era

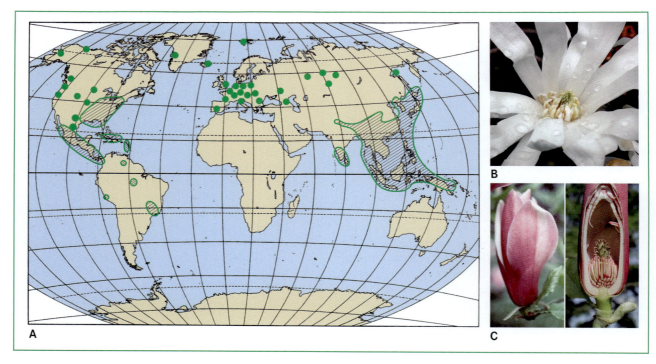

Figura 13-21 A Distribuição atual e pretérita das Magnoliaceae. ● Achados fósseis fora da área de distribuição atual: do Cretáceo Superior, passando pelo Terciário, até o Pleistoceno. **B** *Magnolia stellata*. **C** *M. Miliifolia*. (A segundo Dandy, Takhtajan, Tralan e outros; imagens B e C, do banco de dados fotográficos de botânica (www.unibas.ch/botimage).)

glacial (comparar com *Salix herbacea*, por exemplo). Durante as últimas décadas, várias plantas de turfeiras elevadas (por exemplo, *Ledum*) e campos secos calcários (por exemplo, algumas espécies de orquídeas e *Pulsatilla*) regrediram, devido à drenagem ou à progressiva adubação. A última população de *Marsilea quadrifolia* (Figura 10-187) na Alemanha foi extinta na década de 1980 pela construção de um aterro sanitário.

13.2.3 Origens dos limites e da ocupação de áreas de distribuição

Os limites das áreas de distribuição de plantas não são apenas historicamente ou fisicamente condicionados (por exemplo, pela posição ocupada pelo continente e pelo mar), mas sim têm muitas causas ecológicas e, assim, relacionam-se com as condições climáticas e edáficas atuais (Figuras 11-5 e 13-1) e com a constituição ecofisiológica das espécies vegetais. A maioria dessas áreas pode ser ordenada em zonas de vegetação de **acordo com a temperatura** ou segue distintos setores do **clima oceânico** (ver 11.5.2.2). Por isso, tentou-se muitas vezes identificar os limites das áreas com determinadas isolinhas de fatores climáticos, denominados **fatores climáticos limitantes** (Figuras 13-22). Essas tentativas são problemáticas devido à complexa natureza dos fatores climáticos e edáficos, assim como a complexidade de fenômenos de competição.

Os limites da faia vermelha (*Fagus sylvatica*) e do carvalho (*Quercus robus*) estão claramente condicionados pelo clima (Figura 10-339). O carvalho é mais resistente a temperaturas extremas e secas do que a faia. A distribuição do azevinho (*Ilex aquifolium*, com espécies aparentadas não só no oeste da Eurásia, como também no leste e com táxons de ligação no Himalaia, Figura 13-22) no limite sul e leste é restringida pelo aumento da seca durante o verão, assim como pelos invernos rigorosos (continentalidade), mas não diretamente pela linha do clima. As temperaturas extremas mínimas (inferiores a –15ºC), cuja possibilidade de ocorrência está relacionada com essa isolinha e têm como consequência os danos causados por geadas, limitam, com isso, as chances de competição. O inverno rigoroso de 1928/1929 restringiu de forma considerável a área de distribuição de *Ilex*, enquanto as décadas mais quentes levaram a uma expansão da sua área (Walther e colaboradores, 2005).

Mesmo quando a área de distribuição de uma espécie é, por qualquer motivo, considerada "fechada", ela sempre está restrita a esse hábitat apropriado. O tamanho e a frequência desse hábitat determinam sua **densidade de ocupação** interna. A projeção de superfícies de extensas áreas de distribuição de táxons sobrepostas não significa que essas espécies ou grupo de espécies tenham as mesmas exigências ambientais. A área de distribuição de uma certa espécie cobre necessariamente um amplo espectro de **tipos de hábitat** em uma paisagem em relação à altitude, exposição, umidade e substrato.

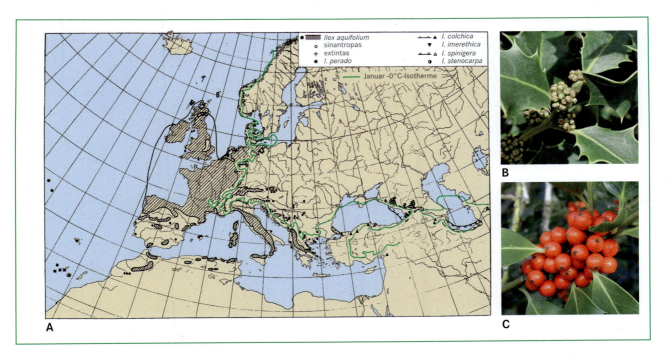

Figura 13-22 A Distribuição do azevinho (*Ilex aquifolium*) e de espécies aparentadas na Eurásia Ocidental. Para comparação, a isoterma de janeiro 0°C. **B** Ramo com botões. **C** Ramos com frutos (A segundo Meusel e colaboradores, 1966-1992, linhas de clima segundo atlas climático da Europa Unesco, 1970; imagens B e C, do banco de dados fotográficos de botânica (www.unibas.ch/botimage).)

A faia vermelha (*Fagus sylvatica*), o carvalho (*Quercus robur*) e o pinheiro (*Pinus sylvestris*) têm áreas de distribuição sobrepostas na Europa, mas ocupam sítios diferentes na mesma região. Portanto, eles geralmente não pertencem à mesma comunidade vegetal, mas na condição de espécies características determinam certas formações típicas, como as florestas de faia, de carvalho e de pinheiro. Existe apenas uma pequena diferença entre as faixas ótimas de umidade e o pH do solo de monoculturas das três espécies. Já em plantações mistas (policultura), o carvalho (heliófito) e a faia (esciófita) são deslocados para os extremos das suas condições ambientais preferidas, enquanto o pinheiro (heliófito) é praticamente suprimido. As florestas de pinheiros da Europa Central não "preferem" locais secos ou turfeiras mais úmidas, assim como locais com solos pobres em nutrientes e ácidos. Elas se estabelecem nesses locais extremos por causa da ausência da competição de espécies mais exigentes que elas (ver 11.1 e 13.1.2).

Algumas espécies possuem amplas exigências climáticas e ocupam zonas muito diferentes dentro de uma área de distribuição, o que é muitas vezes acompanhado de uma diferenciação de ecótipos das populações. As árvores florestais são um excelente exemplo: o pinheiro cobre uma área de distribuição desde o sul da Espanha até a Lapônia, a faia vermelha desde a Sicília até o sul da Escandinávia (Figura 10-339). Esse fato é de certa forma possível pelas compensações ecológicas (no sul, são ocupadas as encostas voltadas para o norte, em vez das voltadas para o sul ou as altitudes elevadas) e, por outro lado, pela formação de diferentes ecótipos (Figura 9-25B).

Fagus sylvatica tem seu centro de distribuição desde colinas até os pontos mais altos das montanhas; no sul encontra-se nas florestas montanhosas mais frias, enquanto no seu limite norte é restrita aos solos das planícies quentes e ricos em nutrientes. Várias espécies de locais montanhosos podem se estabelecer em desfiladeiros com microclima mais frio e úmido, assim como em locais mais profundos.

Muitas vezes, a distribuição local e a ligação entre locais de uma espécie permitem tirar conclusões sobre sua distribuição total e vice-versa; ambos são "denominadores comuns", servindo de base para um **perfil de requisitos ecofisiológicos e da resiliência de uma espécie** ou grupo de espécies (muitas vezes descritos como norma de reação). Por isso, pode-se utilizar, com o devido julgamento crítico, mapas de distribuição de espécies como indicadores de certos fatores locais. O nível de causalidade alcançado é uma questão de escala. Quando for o caso, as quadrículas de abrangência maior estão relacionadas ao macroclima. Já as quadrículas de abrangência mais refinadas refletem com maior probabilidade as causas de distribuições edáficas. A correlação entre a área de distribuição e as condições ambientais atuais é especialmente acentuada em espécies fortemente relacionadas a um determinado **tipo de solo**. Plantas restritas a locais salinos (halófitas), arenosos, calcários ou com seixos são conhecidas há muito tempo (ver 5.2.2.4 e 12.6.6).

Pode-se citar *Salicornia* sp. como exemplo de planta halófita e *Salsola kali* como espécie de locais arenosos da costa e do interior. Solos de serpentina possuem flora específica. Pares de espécies aparentadas pseudovicariantes ocorrem em locais com solos calcários e silícicos (Figura 13-14E). O mesmo ocorre com espécies alpinas como *Rhododendron hirsutum* e *R. ferrugineum* ou *Gentiana clusii* e *G. acaulis*, que refletem o pH (ver 5.2.3). A associação com as condições do solo se modifica com as relações climáticas gerais: algumas espécies, que crescem em locais quentes e secos sob diferentes tipos de solo, se tornam plantas com características calcícolas em locais com clima mais frio e mais chuvoso, pois apenas sobre calcário se manifesta uma reação neutra ou básica do solo.

13.2.4 Biodiversidade e estabilidade do ecossistema

A variabilidade e a multiplicidade dos organismos são o impulso e o resultado da evolução e uma característica central da vida. A velocidade da perda atual de diversidade biológica causada pelo homem levará a grandes extinções no planeta, comparáveis às causadas provavelmente pela queda de meteoros. Graças à convenção do Rio de Janeiro (1992), o termo biodiversidade foi trazido ao interesse público.

Existem vários motivos para a conservação da diversidade biológica, cada um com seu valor de importância: ético (proteção da vida em si), valor ecológico (ver adiante), valor econômico (alimentação, segurança, água potável, materiais naturais), herança cultural (ecossistemas antigos estabelecidos pelo homem), valor estético (beleza) entre outros. Nesta seção, são apresentados os fundamentos que dão suporte aos motivos biológicos e ecológicos. Deve-se antecipar aqui que, para a conservação da biodiversidade, não há necessidade de justificativas baseadas nas ciências naturais. Apesar disso, valiosos argumentos adicionais podem ser fornecidos, mesmo quando as evidências ainda não são suficientes.

13.2.4.1 Biodiversidade

A multiplicidade biológica, chamada resumidamente de biodiversidade, engloba a diversidade de "unidades biológicas" em certo período de tempo e dentro de um espaço definido. "Unidades biológicas" podem ser indivíduos geneticamente distintos de uma população, como táxons (espécie, gênero, família), formas de vida (ver 13.3.1, Figura 4-19) e tipos funcionais (ver 11.5.1.3), além de comunidades e ecossistemas, como um reflexo da diversidade de biótopos na paisagem (por exemplo Figuras 11-8 e 11-13). Esse tema só pode ser tratado na forma de exemplos. Táxons botânicos (na maioria espécies) ficam em primeiro plano, sem reduzir o significado de outros níveis ou categorias. A importância da diversidade interespecífica já foi discutida em capítulos anteriores (ver 9.1 e 11.4).

O inventário global de espécies de angiospermas (diversidade taxonômica) estima atualmente 240.000 espécies. Além disso, há 24.000 espécies de musgos, 10.000 de samambaias e cerca de 800 espécies de gimnospermas. A biodiversidade aumentou ao longo da história do planeta.

A diversidade de espécies dentro de uma comunidade vegetal é denominada diversidade α; a variação da combinação de espécies entre comunidades de determinado local é chamada de diversidade β (diversidade das comunidades de espécies). Mesmo dentro de locais com condições relativamente uniformes, pode ocorrer a diferenciação de comunidades, pois as espécies com uma pequena área de dispersão geralmente ocorrem agrupadas, resultando na maioria das vezes em uma diversidade α pequena e uma diversidade β grande. Espécies com amplitude de dispersão maior produzem diversidade α grande e diversidade β pequena. Dependendo do morfotipo (tamanho da planta), até 200 espécies (na maioria das vezes herbáceas) podem viver juntas em uma superfície de 100 m². O número de espécies nessa superfície, para campos de fenação, gira em torno de 30 e, em campos calcários, podem ocorrer entre 80-100 espécies. Uma das florestas mais ricas do mundo, a Floresta Pasoh na Malásia, tem 276 espécies de árvores em 2 ha (1.169 troncos encontrados na área com diâmetro maior que 10 cm, Kira, 1978); espécies de arbustos, herbáceas perenes, epífitas e a maioria das lianas não foram consideradas.

A diversidade biológica do planeta não está distribuída regularmente. O número de espécies ou a diversidade taxonômica em grandes superfícies (> 1 km²) aumenta globalmente:

- dos polos para o equador;
- de regiões com clima biologicamente desfavorável (muito frio ou muito seco) para regiões com clima mais favorável (± igualmente quente e úmido);
- de locais instáveis (era glacial) para estáveis ao longo do tempo geológico;
- de locais uniformes para espaços altamente diferenciados, com uma alta biodiversidade;
- de pequenas superfícies terrestres (por exemplo ilhas, montanhas) para grandes superfícies.

Esses padrões geraram um **mapa mundial da biodiversidade** (número de espécies vasculares por 10.000 km², ver mapa na segunda capa do livro). Um dos motivos pelo qual as áreas montanhosas próximas à linha equatorial aparecem como centros de biodiversidade nesse mapa é a escala da quadrícula de referência de 100 × 100 km, no qual toda uma cadeia de montanhas pode estar inserida. Em montanhas tropicais, isso inclui em uma grade toda a diversidade das planícies tropicais assim como das faixas de temperatura de uma montanha, até a área coberta por neve. Essa representação enfatiza o efeito de uma grande diversidade de biótopos sobre a diversidade biológica regional. Em nenhum outro local é possível encontrar uma diversidade biológica tão alta em uma superfície relativamente pequena, mesmo em certas áreas protegidas, como nas encostas das montanhas principalmente nos trópicos.

O mapa da biodiversidade mundial com 10 cores diferenciando cada uma das zonas terrestres de diversidade (mapa na segunda capa) baseia-se em uma primeira e relativamente grosseira extrapolação de representações regionais da flora do mundo disponíveis naquela época, que não eram uniformes e ainda com várias imperfeições. Destacam-se seis centros globais de diversidade de plantas vasculares, localizados nas regiões montanhosas (sub)tropicais: 1) Chocó – Costa Rica, 2) Andes orientais tropicais, 3) Brasil atlântico, 4) Himalaia oriental – Yunnan, 5) Norte de Bornéu, 6) Nova Guiné. As floras da Venezuela e da Nova Guiné eram consideradas até agora como especialmente múltiplas (com cerca de 20.000–30.000 espécies de plantas vasculares).

Os motivos da diminuição geral da diversidade com o aumento da distância da zona equatorial-tropical e o aumento de altitude nas montanhas (nos Alpes e Skanderna, acima do limite das florestas, com um declínio em 40 espécies de plantas floríferas por 100 m de altitude; Körner, 2003) são: 1) diminuição da superfície terrestre disponível (puramente limitado pela geometria; a Terra como esfera, montanha como cone), 2) redução do período de crescimento (52 semanas de "verão" nos trópicos úmidos, 10 semanas acima do limite das florestas nas montanhas temperadas ou tundra polares), 3) aumento dos impactos de geadas (filtro seletivo), 4) aumento de efeitos pronunciados de flutuações do macroclima (fatores históricos como a era glacial). Ao se considerar apenas as restrições espaciais e temporais dos processos evolutivos (1 e 2), a riqueza de espécies de algumas floras de locais montanhosos por unidade de área não é muito inferior a de áreas de planícies.

Existe uma volumosa literatura sobre as causas das diferenças globais de biodiversidade, onde a disponibilidade de superfície e fatores relacionados à história da Terra, especialmente o tempo desde a primeira colonização (era glacial, abertura e fechamento de corredores de migração), têm tradicionalmente um papel especial (nova visão geral dada por Rosenzweig, 2003). A temporalidade ainda deve ter um papel importante no tempo disponível para os processos vitais por ano. A pequena oferta de água ou temperaturas muito baixas reduzem o prazo para processos evolutivos. O ajuste das superfícies terrestres globais disponíveis com ajuda de banco de dados climáticos na "forma de pixel" (ou seja, por partes padronizadas do mapa), conforme os períodos de crescimento, resulta em um padrão latitudinal de "possibilidades de vida" (do inglês *opportunities for life*), com o qual, por exemplo, o padrão latitudinal de diversidade de famílias de plantas se correlaciona melhor do que com apenas a distribuição de superfície terrestre (Figura 13-23).

O tamanho dos hábitats disponíveis tem um papel importante para a abundância da flora e fauna em todas as escalas (também na regional). Há muito tempo sabe-se que o número de espécies em uma ilha aumenta com o seu tamanho (**teoria de biogeografia de ilhas**, McArthur e Wilson, 1967, Brown e Lomolino, 1998). Independentemente de se tratar de uma ilha "verdadeira", lagos ou até mesmo áreas isoladas (por exemplo, montanhas), o número de espécies aumenta rapidamente no início com o aumento da área e, em ilhas muito grandes, pode chegar a um grau de saturação.

A relação número de espécies/tamanho da área (S/A) é geralmente linear em uma correlação logarítmica dupla. A maioria das representações do número real de espécies pelo logaritmo da superfície resulta em funções de saturação. Na relação mais simples $S = cA^z$, existem valores c e z específicos para determinados grupos de organismos e regiões, que resultam de dados de campo e cujo significado mecanístico ainda é desconhecido. Uma vez que por trás desses coeficientes sempre há uma parte da história evolutiva, a idade de um hábitat e seu favorecimento climático entram em questão, razão pela qual essas análises também têm valor filogenético (Wiens e Donoghue, 2004).

A explicação clássica para a coexistência de muitas espécies em um espaço limitado é a sua diferenciação funcional (conceito do nicho de Gause, ver 13.1.2), que leva a exclusões pela competição e uma utilização complementar dos recursos (Schmid, 2003). Grandes distúrbios (como danos causados por herbívoros ou patógenos) têm uma grande influência na diversidade, uma vez que reduzem a

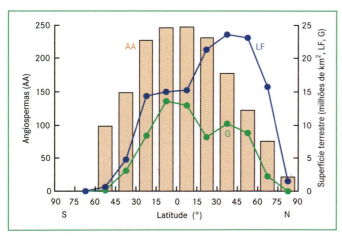

Figura 13-23 Distribuição latitudinal global das massas terrestres (LF) em comparação à distribuição das famílias de angiospermas (número de famílias por 15° de classe latitudinal, AA, segundo Woodward, 1987). G é a superfície terrestre atribuída de acordo com a duração da estação Sr. Cada píxel é multiplicado pelo comprimento da estação; após, todos os píxelis são somados por zona altitudinal; Sr tem valores entre 0 e 1; com 1 representando uma estação com 365 dias. (Segundo Ch. Körner e J. Paulsen, inédito.)

dominância de certas espécies e geram espaços para outras espécies. A falta de nutrientes leva a uma grande diversidade de espécies pelos mesmos motivos acima citados, pois espécies que crescem rapidamente e necessitam de muitos nutrientes não poderão ser dominantes nesse cenário. Apesar disso, existem argumentos que contradizem os casos acima citados. Um bom exemplo é a **coexistência** de várias espécies de árvores em florestas tropicais úmidas primárias, graças à sobreposição de nichos (do inglês *overlapping niches*), contradizendo o princípio de Gause (Iwasa e colaboradores, 1993; ver também 13.1.2, "teoria neutra" de Hubbel, 2001).

Além do número de espécies S, outros **índices matemáticos de diversidade** foram desenvolvidos, dentre os quais o índice de Simpson D é o mais utilizado. Ele é definido como:

$$D = 1/\sum x_i^2$$

Onde x_i é a cobertura da espécie i. D se torna igual a S quando todas as espécies possuem a mesma cobertura. D se torna menor do que S quando algumas poucas espécies dominam a vegetação. Dessa forma, D também manifesta a assimetria na abundância das espécies. Espécies presentes na vegetação, mas que não contribuem muito para a cobertura total (biomassa, função do ecossistema) são consideradas como contribuições mínimas para a diversidade, o que não corresponde ao seu peso na proteção da natureza.

13.2.4.2 Biodiversidade e funcionamento do ecossistema

A tentativa de determinar o significado do número de espécies vegetais (a unidade biológica da diversidade mais estudada) para os processos do ecossistema é um tema controverso na mais recente literatura, uma vez que não há um consenso sobre uma mesma escala temporal. Por outro lado, isso significa também que a interação entre biodiversidade e processos é dependente da escala. Para simplificar, a produtividade é considerada como representante de outros processos (por causa da sua função integradora).

Os fatos se mostram controversos: em um campo experimental homogêneo, a comunidade aumenta (em média) com o número de espécies crescendo em comunidades mistas. O efeito é maior em comunidades onde 1 a 4 espécies crescem juntas, estabilizando com o aumento do número de espécies (Hektor e colaboradores, 2000; Tilman e colaboradores, 2001). Por outro lado, as florestas tropicais úmidas mostram as maiores riquezas de espécies, sem que a sua produtividade seja maior do que a de muitas florestas de zonas temperadas ou de florestas boreais, mais pobres em espécies, quando se calcula a produtividade pelo tempo disponível por ano (Huston, 1993, Figura 12-39). Os ecossistemas terrestres seminaturais, pobres em nutrientes e com baixa produtividade também se distinguem muitas vezes pela sua alta riqueza de espécies (Grime e colaboradores, 2005).

Em realidade, não há qualquer contradição entre as observações de campo e o experimento. O experimento mostra apenas que, em condições idênticas (solo) e em comunidades homogêneas com baixa diversidade, um número maior de espécies possibilita aumento na produtividade. Nesse caso, considera-se o efeito do número de espécies em uma situação já determinada dos recursos. Nos exemplos das observações, a diversidade encontrada é a resposta a longo prazo da natureza à dinâmica dos distúrbios e situação dos recursos. Os experimentos mostram que a perda de espécies em ecossistemas com baixa riqueza pode ter consequências funcionais. As observações de campo mostram que a diversidade depende de recursos e distúrbios e, com pequena oferta de recursos e ou/ grandes eventos de distúrbio, ela geralmente alcança seu máximo.

Em uma abordagem global, as chances de grande diversidade biológica aumentam com uma diversidade de biótopos, com a idade avançada da paisagem e na ausência de grandes extremos climáticos. Mas esse fato não tem importância na relação entre biodiversidade e na função do ecossistema em parcelas estabelecidas dentro de uma determinada zona da biosfera. A produtividade é facilmente medida, mas tem muito pouco **significado funcional** como **estabilidade**. Juntamente com as características climáticas e edáficas, a produtividade pode contribuir para a estabilidade, mas não necessariamente. Estabilidade (no sentido de persistência, pouca mudança) é um conceito um pouco equivocado, uma vez que a vegetação não está estaticamente fixa e sim em constante mudança (por exemplo, em ciclos de sucessão).

Um critério mais confiável é a manutenção da **integridade** do ecossistema. Ela se baseia na conservação a longo prazo do solo, com sua capacidade de armazenamento de água e o seu capital de recursos minerais do ecossistema, portanto, na manutenção de opções para o futuro crescimento das plantas – o **princípio da sustentabilidade**. As características funcionais dos táxons presentes são fundamentais para que uma alta biodiversidade assegure maior integridade ao ecossistema:

- Comunidades de táxons funcionalmente diferentes utilizam extensivamente e uniformemente os recursos (**complementaridade de nicho**; do inglês *niche complementarity*, ver 13.2.4.1). Assim, formam-se comunidades de espécies com mais biomassa e outras vantagens, como uma rede de raízes que penetra mais intensivamente e uniformemente no solo, protegendo-o melhor contra erosão.
- Em resposta à multiplicidade de tipos de plantas funcionalmente diferentes e à sua repetida representatividade pelas espécies, ou seja, **redundância funcional**, um amplo espectro de distúrbios pode ser mitigado. Assim, fica assegurada a proteção do solo e, com isso, a conservação do capital de recursos minerais (**hipótese do seguro**).
- Uma forma especial da hipótese do seguro é a **hipótese do "rebite"** (do inglês, *rivet*). Ela propõe que as várias espécies "mantêm juntas" o ecossistema, assim como os vários rebites de um avião. Quanto mais rebites, um maior número deles pode cair antes do sis-

tema desmoronar. O ponto especial dessa hipótese é que uma catástrofe se manifesta só após um número crítico de "rebites" perdidos, antes que se perceba uma perda da funcionalidade.
- Sistemas extremamente diversos possuem alta capacidade de **autorregulação** do ecossistema. O alcance relativo da estabilidade de um ecossistema em relação às oscilações ambientais e impactos bióticos (e antrópicos) são baseados na hipótese de grande diversificação das interações bióticas (interferências, retroalimentações), que conectam todos os componentes do ecossistema (por exemplo, o alimento com consumidores). Em razão das retroalimentações, as oscilações populacionais de produtores primários e consumidores primários e secundários são mutuamente tamponadas.

Essas explicações plausíveis e desenvolvidas em modelos computacionais ainda não têm comprovações diretas para ecossistemas naturais. Em sistemas de modelos artificiais para plantas herbáceas, o modelo de complementaridade de nicho foi confirmado. Em campos semeados com diversidade alta de espécies (mais de quatro espécies), é grande a probabilidade de uma cobertura elevada e rápida do solo, que, consequentemente, torna-se bem protegido. Em condições de boa fertilidade do solo e com o número máximo de espécies de uma estação, há um aumento da biomassa e, com isso, uma situação comparável à recém-descrita (misturas de 1-, 2-, 4-, 8-, 32 espécies foram comparadas em um teste europeu, Hector e colaboradores, 2000, Figura 13-24C). Dois efeitos bem distintos fazem parte desses resultados: o sucesso de estabelecimento e o efeito do número de espécies no rendimento de comunidades totalmente estabilizadas. Comunidades campestres fechadas, com grande número de espécies e grande diversidade de formas de caules e posições das folhas, utilizam melhor a luz solar do que monoculturas ou comunidades pobres em espécies. Da mesma forma, comunidades ricas em espécies utilizam melhor os nutrientes do solo do que comunidades menos diversas (Spehn e colaboradores, 2000). Esses efeitos, no entanto, também resultam da pouca vitalidade das monoculturas (ou cultivos com duas espécies apenas) de certas espécies que normalmente nunca ocorreriam sozinhas, sendo, portanto, forçadas a crescerem experimentalmente sob certas condições artificiais. Em ecossistemas campestres utilizados extensivamente e estáveis há muitos anos, não há qualquer correlação entre o número de espécies e a produtividade (Kahmen, 2005, Grace e colaboradores, 2007). Correlações negativas foram encontradas em situações com grande número de espécies nesses ecossistemas, levando a uma curva ótima de correlação entre biodiversidade-produtividade (do inglês, *hump shape response*, ou resposta em curva convexa, ver discussão em Schmid, 2002).

A redundância "segura" pode faltar em uma "ocupação do local de trabalho no ecossistema" geneticamente limitada (envolvendo apenas poucas espécies). Quando disponível, ela, no entanto, pode ser adquirida com atributos da alta capacidade de competição, geralmente às custas da **tolerância ao distúrbio e ao estresse**. Comunidades simples e especializadas (tolerantes ao estresse ou distúrbio) também podem assegurar a estabilidade do ecossistema (no sentido de integridade; por exemplo, florestas boreais, alguns sistemas campestres em regiões mais frias). Ao contrário de interferências mecânicas (como pastejo ou danos causados por tempestades) ou o fogo, esses sistemas pobres em espécies são frequentemente muito menos sensíveis do que comunidades extremamente complexas, nas quais esses eventos provocam clareiras e devido a esses distúrbios elas retornam a um estágio inicial da sucessão.

Finalmente, a integridade do ecossistema está conectada, na maioria das vezes, à existência de espécies-chave (do inglês, *keystone species*), ou seja, a perda de uma única espécie (por exemplo, uma espécie arbórea dominante) leva a grandes mudanças. Portanto, a pergunta não se resume a quantas espécies podem/devem ser perdidas até o sistema entrar em colapso (hipótese do "rebite"), mas sim quais. A **identidade das espécies** tem uma grande importância. A relação bio-

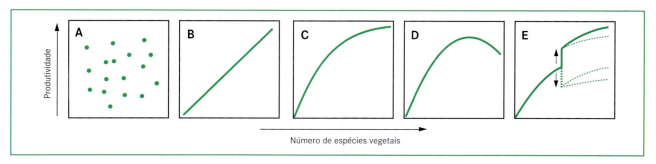

Figura 13-24 Pode ocorrer uma correlação entre biodiversidade e funções do ecossistema. Ela pode se manifestar, por exemplo, como produtividade dependente da biodiversidade (biomassa). Os cinco diagramas simbolizam cinco de muitos padrões possíveis de correlação. As correlações B-D servem apenas para formações uniformes (campos, florestas). **A** Nenhuma, **B** linear, **C** correlação saturada, **D** mostra uma diminuição, **E** exemplos, em que a função é alterada aos saltos pelo acréscimo ou supressão de uma única espécie (espécie-chave; por exemplo, uma leguminosa ou uma espécie arbórea em um campo) ou mudança de um estágio de sucessão tardio por um inicial (após uma queimada ou um vendaval, por exemplo). Apenas para B não há qualquer exemplo na natureza; o diagrama D representa uma situação frequente em um campo próximo ao natural (campo altamente produtivo geralmente é pobre em espécies).

diversidade-produtividade acima citada (Figura 13-24) foi fortemente influenciada pela ausência ou presença de leguminosas. O número de espécies é, portanto, um critério insuficiente para a preservação da integridade e funcionalidade do ecossistema.

A ideia (mais teórica do que fáctica) da estabilidade "adornada" ciberneticamente, com alta diversidade, por autorregulação, está em desacordo com a sensibilidade especial de alguns ecossistemas extremamente complexos, como as savanas tropicais. Nesses ecossistemas, o aumento excessivo ou a retirada de uma única espécie (por exemplo, de elefantes ou de um carnívoro do topo) leva o sistema todo à sucessão (por meio do fomento ou redução dos ciclos de fogo, que estão associados à produção de serapilheira, ver 14.2.5).

O desenvolvimento sem distúrbio (grande estabilidade temporal do ambiente) ao longo da história da Terra, como no centro dos trópicos, leva geralmente a uma grande biodiversidade, o que, no entanto, não significa necessariamente uma grande estabilidade e integridade. O argumento, portanto, não é reversível. Em sistemas com baixa diversidade e distúrbios regulares desde o princípio, a hipótese do seguro tem um grande valor explicativo para a proteção do solo e, com isso, para a garantia das condições de vida para as próximas gerações de organismos. A insubstituível retirada de uma espécie pode modificar abruptamente esses sistemas e provocar a perda de recursos.

Em resumo, um grande número de grupos funcionais otimiza as funções de produtividade, manutenção da fertilidade e proteção do solo no ecossistema, no momento presente. Por outro lado, muitas espécies (e genótipos) dentro dos grupos funcionais significam a garantia da capacidade de funcionamento futuro (Schmid, 2002, 2003). O número e o tipo de grupos funcionais, portanto, têm grande influência nos processos ecossistêmicos; a ocupação dos grupos funcionais com muitas espécies e, dentro das espécies, com grande variabilidade genética, garante a integridade do sistema a longo prazo, sobretudo quando estão envolvidos eventos externos de distúrbios (Roy, 2001).

13.2.5 Regiões e reinos florísticos

Quando se procura a distribuição das áreas de um grande número de táxons, descobre-se que elas não são dispostas regularmente, mas sim parecem estar quase agrupados em alguns locais. Isso significa que, entre regiões com flora homogênea e comunidades de espécies característica (A assim como B), existem áreas de fronteira com um acentuado "**declive florístico**" e uma comunidade de espécies heterogênea (A/B). Em geral, essas áreas de fronteira coincidem com os limites de dispersão ou com as zonas de mudanças climáticas decisivas. Quanto aos táxons em comum ou diferentes e aos respectivos endemismos, é possível comparar duas regiões florísticas e quantificar a diferença como "**contraste florístico**". Assim, a composição espacial da biosfera pode ser estabelecida de acordo com a distribuição da flora e de suas áreas de distribuição (ver mapa na terceira capa). A unidade que expressa melhor essas regiões florísticas é o **reino florístico**. Existem seis reinos florísticos da flora terrestre que se distinguem de acordo com as famílias e certos gêneros em particular.

- **Holártico**. O maior, englobando todo o Hemisfério Norte, com as zonas florísticas árticas, boreais, temperadas, submeridionais e meridionais: Pinaceae, Betulaceae, Fagaceae, Salicacea, a maioria das Ranunculaceae e Rosaceae.
- **Neotrópico**. A América tropical e subtropical: Bromeliaceae (*Tillandsia*), Cactaceae e o centro de diversificação de Solanaceae (*Solanum*).
- **Paleotrópico**. A África tropical e subtropical e a Ásia, incluindo a Indomalásia: Dipterocarpaceae (sudeste da Ásia), Combretaceae (África), Pandanaceae, Zingiberaceae (gengibre) e centros de diversificação de Moraceae (*Ficus,* Indomalásia) e das Euphorbiaceae suculentas (África, Índia).
- **Capense**. O pequeno reino florístico no sul da África, mas muito característico: Proteaceae, as Aizoaceae suculentas (*Lithops, Mesembryanthemum,* onze-horas), assim como centros de distribuição de Ericaceae e Restionaceae (monocotiledôneas semelhantes a Cyperaceae).
- **Australiano**. Cobre o continente australiano: Myrtaceae (*Eucalyptus, Leptospermum*), Proteaceae (*Banksia*), Casuarinaceae, Xanthorrhoeaceae ("capim arborescente"), assim como o centro de diversificação do gênero *Acacia*.
- **Antártico**. Uma grande parte já extinta, mas o resto do reino florístico existente ainda no sul da América do Sul, no extremo sul da Nova Zelândia e nas ilhas subantárticas: Nothofagaceae (*Nothofagus;* família próxima à Fagaceae), *Azorella* (Apiaceae); no continente antártico existem apenas duas espécies de angiospermas nativas: *Deschampsia antarctica (*Poaceae) e *Colobanthus quitensis* (Caryophyllaceae).
- **Reino florístico oceânico**. Ambiente marinho e as ilhas do Pacífico, com os gêneros e espécies costeiros bem distribuídos, como *Cocos nucifera* e *Rhizophora* sp. (manguezais).

Esses reinos florísticos estabelecem as bases para o exame das regiões florísticas e vegetacionais da Terra (ver 14.2). Os reinos florísticos ainda podem ser classificados em **regiões**, **províncias**, **setores** e **distritos florísticos**.

13.3 Ecologia da vegetação

Quando se analisam comunidades vegetais espacialmente delimitadas, sempre são encontrados táxons característicos em comum. Em geral, não se trata de um encontro ao acaso de espécies, mas sim de certa escolha limitada espacialmente, a partir de um conjunto florístico disponível (Figura 13-1). A composição qualitativa e quantitativa de uma comunidade reflete muitas vezes de maneira surpreendentemente sutil suas respectivas condições ambientais.

Comunidades vegetais (do inglês *plant communities*) são combinações de populações de diferentes espécies dependentes do seu ambiente abiótico e de interações bióticas. Sua origem obedece uma sequência regular (sucessão) de comunidades pioneiras até a "comunidade final" madura; após o declínio dessa comunidade (bidimensional ou pontual), o desenvolvimento, com fases intermediárias características, tende a uma nova comunidade final típica ("**clímax**") para aquele sítio (Figura 13-14). Distúrbios (tempestades, fogo, inundações, pastejo, entre outros) podem levar a sucessão para outras direções ou fazê-la permanecer em fases intermediárias. Embora a biosfera represente um todo concatenado, as comunidades vegetais vizinhas se distinguem nas zonas limítrofes, assim como nas de transição (transições suaves, **ecótonos** – *ecotone*; transições abruptas, **ecoclines** – *ecocline*). Pode-se utilizar como exemplo a transição de floresta para campo ou de uma vegetação úmida para uma seca. A causa para o sucesso (presença) ou insucesso (ausência) de espécies está no seu poder em gerar proles bem-sucedidas sob essas circunstâncias, considerando que a fase crítica do ciclo de vida se encontra entre o estabelecimento de plântulas e a produção com sucesso de diásporos – a área de estudo da ecologia de populações (ver 13.1.3). A ecologia da vegetação tenta compreender o arranjo espacial e temporal nas comunidades vegetais e, a partir disso, identificar padrões e relações funcionalmente significativos. Isso também é uma condição para explicar (de acordo com os processos) o arranjo dos efeitos inter e intraespecíficos (ver Capítulo 12). Um importante desafio é a descrição de uma vegetação e seu mapeamento. Existem diferentes possibilidades para se definir tipos de vegetação abstratos a partir de levantamentos de campo, de acordo com necessidade, escala e área, assim como observações espaciais e temporais:

- pela composição de espécies (taxonomia): comunidades vegetais;
- pela fisionomia dominante (morfotipos): formações vegetais;
- pelas relações espaciais (semelhança entre sítios/comunidades vizinhas): complexos vegetacionais;
- pela sequência temporal (estágio de desenvolvimento) – sequências sucessionais.

13.3.1 Composição de comunidades vegetais

O ponto de partida para a análise da vegetação é o levantamento em certa área. A escolha e o tamanho das áreas depende de qual (parte) biocenose deve ser considerada para o estudo. Para realizar o inventário de todas as plantas lenhosas características de uma floresta latifoliada de zona temperada é necessário uma **área mínima** de talvez 500 m^2; para o levantamento em áreas de florestas tropicais úmidas ricas em espécies, o tamanho ideal seria de um hectare. Por outro lado, áreas de 10-100 m^2 são suficientes para inventários da vegetação realizados em formações campestres, assim como de 0,1-4 m^2 para comunidades de musgos e liquens. Em um campo alpino no norte da Escandinávia é possível encontrar 50 espécies de angiospermas por 1 m^2. Se a superfície for aumentada para 100 m^2, o número de espécies chegaria a aproximadamente 60 e, em 1 km^2, a 80 espécies. A superfície de 1 m^2 já representa 2/3 do inventário regional das espécies. Gráficos sobre número de espécies/área (Figura 13-25) mostram qual tamanho da superfície necessário para conter uma amostra representativa (área mínima) com > 95% do total de espécies. Com este intuito, pode-se aumentar progressivamente o tamanho de uma parcela inicial ou adicionar parcelas distribuídas ao acaso na vegetação, até se atingir o tamanho ideal de área. Ambos os métodos não são completamente equivalentes. O primeiro procedimento abrange pontualmente a relação entre o número de espécies e a área, enquanto o segundo gera informações adicionais sobre a constituição (número necessário igual ou maior que o da amostra). Essas relações não exigem a demonstração da validade biológica, uma vez que utiliza métodos de estimativas no campo. A fixação de um número máximo de espécies em 100% é falha, pois não é possível demarcar o limite de comunidades vegetais.

A classificação de comunidades vegetais com o objetivo de definir tipos de sociedades (antigamente "**fitossociologia**") usa uma série de dados característicos, nos quais dois grupos se distinguem. Um grupo descreve o tipo de ocorrência dos indivíduos dentro de uma superfície de levantamento, que tem o tamanho da área mínima. O outro grupo está relacionado aos dados, resultantes da comparação de várias superfícies de levantamento.

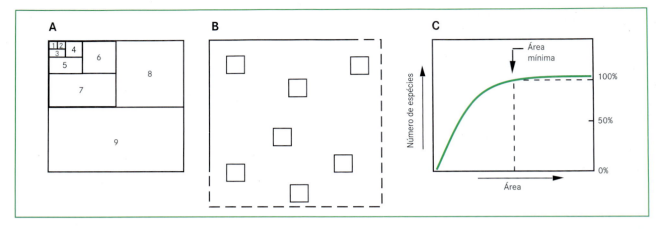

Figura 13-25 A área mínima é a menor área possível que compreende mais de 95% de todas as espécies da comunidade vegetal. Ela pode ser representada pela duplicação contínua do tamanho da parcela de amostragem (**A** método de uma parcela progressivamente duplicada) ou do acúmulo de dados adicionais obtidos em parcelas do mesmo tamanho (**B** método de várias parcelas). O resultado são curvas de saturação (**C**), que mostram a partir de que tamanho de parcela ou de que números de parcelas não se espera um aumento considerável (> 5%) do número de espécies. Áreas mínimas de amostragem para campos infecundos ou campos alpinos é de 10–25 m^2; para vegetação herbácea de floresta, 100–200 m^2; para florestas temperadas seminaturais, esse tamanho situa-se entre 500–1.000 m^2; para florestas tropicais úmidas, > 1 ha. A curva da relação entre espécie/área revela informações sobre a homogeneidade da comunidade vegetal.

Dentro de uma área de amostragem, a densidade de indivíduos ou **abundância** (número de indivíduos por unidade de amostragem), **cobertura** (% de cobertura do solo em projeção perpendicular, ou seja, a **dominância do espaço**) e a **frequência** (ocorrência repetida da espécie nas unidades de amostragem, %) podem ser estimadas ou até mesmo medidas. Uma frequência alta de uma espécie importante (abundante) mostra grande **homogeneidade** (contrário: heterogeneidade) da comunidade vegetal. Pode-se apontar ainda como atributos qualitativos a **sociabilidade** (ocorrência agrupada ou isolada) e a **dispersão** (distribuição regular ou irregular, Figura 13-26). Utiliza-se também o **índice de vitalidade** como medida de estimativa para o vigor em relação à produtividade de uma espécie.

A comparação entre diversos levantamentos permite reconhecer a **constância** das espécies (a probabilidade de se encontrar novamente as espécies nas unidades de amostragem, comparável à frequência dentro de uma unidade de amostragem). O grau de ligação entre espécies em determinadas comunidades é denominado **fidelidade**. Espécies com **fidelidade** muito alta (e na maioria das vezes alta abundância) são então típicas e, consequentemente, chamadas de **espécies características**. Outras espécies típicas, mas não estritamente vinculadas a essas ocasiões, são **espécies acompanhantes**; as restantes são **aleatórias**. Espécies que separam comunidades em subgrupos (por exemplo, subassociações) são denominadas **espécies diferenciais** sem serem dominantes. Essas espécies têm uma ligação forte e específica (fidelidade) com os respectivos

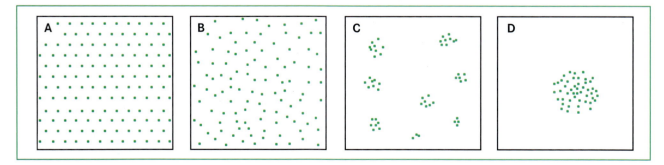

Figura 13-26 Exemplos de padrões de distribuição de espécies em comunidades vegetais, que ocorrem em diferentes frequências dentro de unidades amostrais. **A** Distribuição uniforme (ocasionalmente em regiões secas por meio de "espaçamento", em comunidades monoclonais e antropogênicas). **B** Distribuição aleatória (por exemplo em superfícies ruderais não estruturadas). **C** Distribuição aglomerada ou em grupos (frequente em campos naturais ou em florestas primárias). **D** Distribuição "gregária" limitada a manchas únicas (do inglês, *patches*) (geralmente em superfícies pontualmente perturbadas ou clones).

Tabela 13-2 Classificação dos valores de abundância

Classe	Cobertura (%)	Abundância
5	> 75	Qualquer número de indivíduos
4	50-75	Qualquer número de indivíduos
3	25-50	Qualquer número de indivíduos
2	5-25	Indivíduos de pequeno porte, muito numerosos
1	< 5	Numerosos
+	Esparsos	Muito poucos indivíduos, de pequeno porte
r	Raros	Indivíduos esporádicos, inclusive fora das parcelas

subgrupos e neles uma alta uniformidade, mas não nos níveis sociológicos mais altos. Espécies diferenciais são geralmente boas indicadoras para determinadas condições ecológicas.

Na maioria das vezes, as listas de espécies (chamadas "*relevés*") são vinculadas a estimativas de dominância (cobertura) ou da densidade de indivíduos das espécies (dominância e abundância são reunidas como **superioridade da espécie**). Essa alternativa resulta da necessidade de distinção entre espécies com folhas estreitas e verticalizadas das outras com folhas largas e horizontalizadas. Uma espécie em forma de roseta pode alcançar uma baixa densidade de indivíduos apesar da alta cobertura. Certas gramíneas atingem cobertura muito baixa, apesar da alta densidade de afilhos. Em plantas clonais, os rametas (do inglês *ramets*) são considerados para os levantamentos e não os indivíduos genéticos (genetas, do inglês *genets*). Os valores de abundância (= densidade) são geralmente registrados por uma classificação aproximada (Tabela 13-2)

Com base em estimativas, a parte inferior dessa escala de categorias na prática é muitas vezes aperfeiçoada ou modificada para finalidades especiais. Em essência, ela corresponde a uma transformação radical dos valores de cobertura, pelo que as espécies dominantes são subestimadas e as raras são superestimadas. Os dados podem ser quantificados com exatidão à medida que as comunidades forem coletadas e os indivíduos, contados e pesados. O método do "ponto quadrado" (pontos interceptados) propicia uma excelente quantificação da cobertura: numa barra perfurada, disposta horizontalmente acima da vegetação herbácea e apoiada em duas hastes, é introduzida uma agulha, que faz contato com as plantas. As perfurações da barra são equidistantes e alinhadas, de modo que a agulha passa uma vez em cada orifício, e só é registrado o primeiro indivíduo tocado.

Cada levantamento da vegetação é avaliado com dados do local, como coordenadas geográficas, posição topográfica, altitude, exposição, inclinação do terreno, condições do solo, geomorfologia, uso da terra, etc. As mudanças graduais da composição da vegetação ao longo de um gradiente ambiental (como altitude, oferta de água, grau de salinização, pH, luz) podem ser melhor representadas na forma de **transeções da vegetação** (Figura 12-28). Dessas transeções resultam também evidências para uma possível delimitação das comunidades vegetais. O valor do atributo, muitas vezes estimado superficialmente, reside no fato de que ele (especialmente cobertura/abundância) permite atribuir um peso; além disso, mediante levantamentos repetitivos, é possível amenizar as relativas imprecisões dos casos isolados, o que possibilita também comparações quantitativas.

A morfologia das espécies (forma) é a aparência decisiva para cada comunidade vegetal, ou seja, sua **forma de crescimento e forma de vida** (ver 4.2.4). De acordo com W. Rauh, a forma de crescimento é o princípio de organização, o plano de construção; a forma de vida é aquilo que será implementado, permitido pelo plano de construção, de acordo com cada caso no hábitat, dentro de determinado espectro. A forma de crescimento arbórea, portanto, pode ser inteiramente "pressionada" pelo ambiente para a forma de vida arbustiva. Na verdade, essa diferença entre os termos não tem um papel importante na literatura, uma vez que são utilizadas frequentemente como sinônimos (do inglês, *growth form*). As diferentes zonas e tipos principais de vegetação da Terra possuem proporções distintas de formas de vida e crescimento (Figura 13-35, Tabela 13-3), cuja participação na composição da vegetação causa uma **estratificação vertical.** A estratificação é irrelevante ou inexistente apenas em algumas biocenoses pioneiras e extremas. A maioria das florestas naturais possui um:

- estrato arbóreo, geralmente com lianas e epífitas, também com diversos estratos;
- estrato arbustivo, incluindo árvores jovens;
- estrato herbáceo, com geófitas e hemicriptófitas, incluindo plântulas de árvores;
- estrato de musgos e liquens.

Essa estratificação aérea da vegetação corresponde a uma **estratificação subterrânea de raízes** na rizosfera, muito menos investigada (Figura 12-24). É evidente que uma exploração diferenciada dos espaços aéreo e subterrâneo possibilita um melhor aproveitamento dos recursos (luz, água, nutrientes do solo) (ver 13.2.4.2).

Tabela 13-3 Espectros de formas de vida (participação percentual das espécies correspondentes) de algumas formações importantes e suas séries ecológicas (comparar com Figuras 4-19 e 13-35)

	Fanerófitas	Caméfitas	Hemicriptófitas	Geófitas	Terófitas
Média mundial	46	9	26	6	13
Floresta pluvial tropical de clima quente até frio	96	2		2	
Floresta subtropical com lauráceas	66	17	2	5	10
Floresta latifoliada de zona temperada quente	54	9	24	9	4
Floresta de coníferas de zona temperada fria	10	17	54	12	7
Tundra	1	22	60	15	2
Floresta latifoliada: de clima úmido até seco (temperado)	34	8	33	23	2
Estepe lenhosa	30	23	36	5	6
Estepe	1	12	63	10	14
Semideserto		59	14		27
Deserto		4	17	6	73

(Segundo C. Raunkiaer, de R.H. Whittaker.)

A classificação tradicional de plantas com raízes superficiais e profundas é uma simplificação extrema e funcionalmente difícil de confirmar. Quase todas as plantas perenes possuem raízes tanto superficiais como profundas, mas a proporção relativa varia de acordo com a espécie e depende fortemente da oferta de água e nutrientes. Um pequeno número de raízes profundas (geralmente ignoradas) garante o fornecimento mínimo de água em períodos críticos (pelo menos para a cobertura das pequenas perdas cuticulares de água após o fechamento dos estômatos). As raízes mais próximas da superfície se ocupam da maior parte da retirada de nutrientes da camada mais superficial e biologicamente ativa do solo. Em regiões periodicamente áridas, existe uma forte correlação entre a profundidade de penetração das raízes com ritmo anual da atividade da parte aérea. As espécies que permanecem ativas (verdes) durante os períodos secos possuem raízes mais profundas do que as espécies decíduas. Em campos semissecos sobre calcário na Europa Central, mais de 80% das raízes se encontram nos 20 cm superiores do perfil, mas algumas raízes podem chegar a 6 m de profundidade, o que se observa em cortes verticais do solo. As **profundidades máximas de raízes** com mais de 15 m podem ser encontradas em locais periodicamente áridos do planeta, mais como regra do que exceção (Tabela 12-3).

A cobertura vegetal também está estruturada no sentido horizontal. A **vegetação** pode ser distinguida em **aberta ou fechada,** de acordo com a extensão da sua superfície livre. Dentro de comunidades aparentemente uniformes também é possível reconhecer com frequência uma **disposição horizontal** diferenciada das espécies, sob forma de padrões de distribuição, mosaicos e alianças (determinadas espécies dispostas lado a lado ou separadas, Figura 13-26). Mesmo elevações ou depressões insignificantes no microrrelevo (Figura 11-13) condicionam diferenças no fornecimento de água e nutrientes (ver 12.6.2) e, consequentemente, na abundância de espécies. A cobertura de plantas também gera diferentes microbiótipos (Figuras 11-8 e 11-13). As **clareiras nas comunidades**, pela queda de indivíduos, têm um importante significado, pois a existência de espaços livres permite o estabelecimento de novos indivíduos. A descrição mais eficaz do desenvolvimento florestal se guia completamente pela **dinâmica de clareiras** (do inglês *gap dynamics*). Ela se baseia no tempo de exposição médio das clareiras e na sucessão que nelas ocorre. A Figura 13-27 ilustra o ciclo desde a regeneração até o ótimo e o colapso em uma comunidade florestal. Esse ciclo é caracterizado pela expectativa de vida dos indivíduos dominantes. Nas chamadas "lacunas do período de desenvolvimento", ocorre a **regeneração**, a qual não se processa diretamente, mas por meio de pioneiras efêmeras, seguidas por espécies transitórias e, finalmente, por indivíduos jovens de espécies originalmente dominantes (ver 13.3.2). Por outro lado, o estabelecimento de plantas jovens pode ser mais bem-sucedido na proteção de outros indivíduos (**facilitação**, do inglês *facilitation*; por exemplo, cactos crescem melhor na proteção de arbustos no deserto, fato comprovado em *Carnegia gigantea* no Deserto de Sonora).

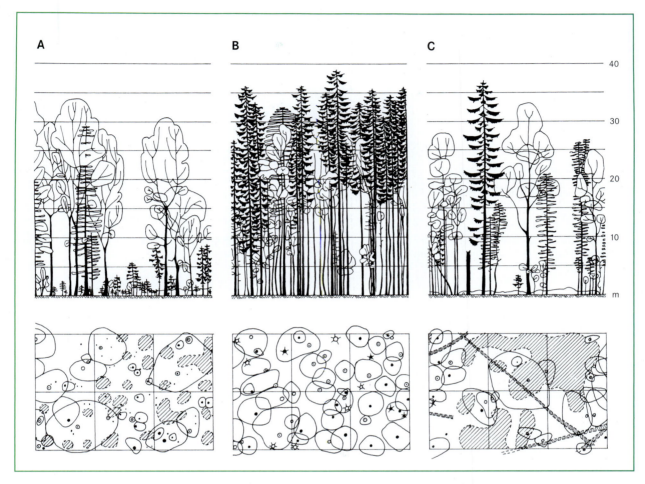

Figura 13-27 Regeneração cíclica de uma floresta primária montana de espruces-abetos-faias vermelhas dos Alpes Orientais (Rothwald, próximo a Lunz, 1.000 m): **A** fase de regeneração com muitas plantas jovens nas clareiras (locais de ventania); **B** fase ótima com fechamento do dossel e grande proporção de coníferas lenhosas; **C** fase de colapso de uma comunidade muito antiga, com muita madeira morta caída e em pé, grande proporção de faias vermelhas e ressurgimento de plantas jovens. Perfis da vegetação em seção vertical e seção horizontal: ● espruce, ramos laterais pretos; ○ abeto, ramos laterais brancos; ⊙ faia vermelha, representação esquemática das copas; caules caídos; plantas jovens hachuradas. (Segundo Zukrigl e colaboradores, 1963.)

Finalmente, o escalonamento temporal, ou seja, a **periodicidade** do desenvolvimento do indivíduo e da comunidade, é também um forte elemento ordenador/estruturador. As fases fenológicas, como a emergência das folhas, florescimento, maturidade de frutos e senescência foliar, são também extremamente importantes. No seu conjunto, elas representam os diferentes "**aspectos**" de uma comunidade vegetal ao longo do ano.

13.3.2 Origem e mudança de comunidades vegetais

A cobertura vegetal encontra-se em permanente mudança (ver acima) e se apresenta no mesmo local com diferentes espectros de espécies, de formas de vida e relações de dominância, dependendo da fase de **sucessão**. Esse fato pode ser muito bem observado ao se analisar **parcelas permanentes** (do inglês, *permanent plots, permanent quadrats,* Figura 13-28) ao longo do tempo. Todavia, a comparação entre vegetações com graus de maturidade diferentes em locais muito semelhantes também dá uma "imagem" da sucessão (Figura 13-29).

As mudanças da vegetação a longo prazo podem ser reconstruídas a partir de registros fósseis (pólen) e de características do perfil do solo (horizonte fóssil do solo e resquícios de fogo). Nas regiões semiáridas, a proporção de isótopos de carbono (ver 12.7.4) no húmus fornece informações históricas sobre a dominância alternada entre plantas C_3 e C_4. Experimentos envolvendo observações da sucessão após interrupção de distúrbios são muito informativos (exclusão de grandes herbívoros e isolamento do fogo).

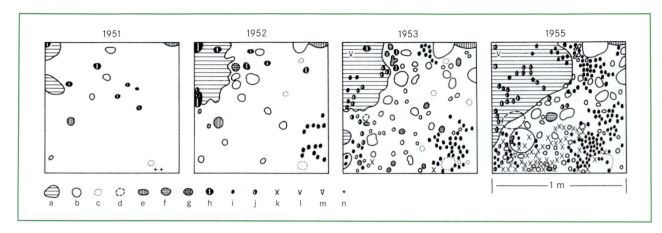

Figura 13-28 Sequência da vegetação (sucessão) em uma parcela permanente inicialmente desprovida de cobertura vegetal (1 m^2), ao longo de quatro anos; turfa seca de uma turfeira (Hilden, Rheinland): a – *Agrostis* sp.; b = *Molinia caerulea*; c = *Sphagnum papillosum*; d = *S. auriculatum*; e = *Erica tetralix*; f = *Juncus bulbosus*; g = *J. squarrosus*; h = *Dicranella cerviculata*; i = *Carex panicea*; j = *Juncus acutiflorus*; k = *Eriophorum angustifolium*; l = *Cerastium* sp.; m = *Polygala serpyllifolia*; n = *Rhynchospora alba*. (Segundo S. Woike, de R. Knapp.)

A chegada de unidades de dispersão (ver diásporos) e a presença de um **banco de sementes** (como um reservatório dormente), devem estar disponíveis para que ocorra uma primeira colonização da área ou para que haja mudança na composição de espécies. Em 1 m^2 de terreno arável, foram encontradas 50.000 sementes viáveis. Dependendo da maturidade do sistema, apenas populações de certas espécies podem se estabelecer. Em solo descoberto, forma-se primeiramente uma **vegetação pioneira típica** (por exemplo, em local previamente coberto por geleira, em bancos de cascalho, dunas). Áreas que sofreram distúrbio são primeiramente colonizados por espécies denominadas **rude-**

rais (depósitos de lixo, beiras de estrada, ver 13.1.3). Já as superfícies frequentemente perturbadas, utilizadas pela agricultura, são colonizadas por uma flora específica (espécies que aparecem em áreas de lavoura e terrenos baldios). Cada sucessão está ligada à mudança do hábitat. As origens podem ser exógenas (sucessão alógena) ou estar dentro da comunidade vegetal (sucessão autógena, Figura 13-1).

Assim, no estabelecimento sequencial da vegetação ao longo da margem de um rio (Figura 13-30), o depósito de cascalho, areia e argila está em primeiro plano, configurando, portanto, uma sucessão alógena. Já nas águas paradas (Figura 13-31), prevalece a formação de sedimentos organogênicos a

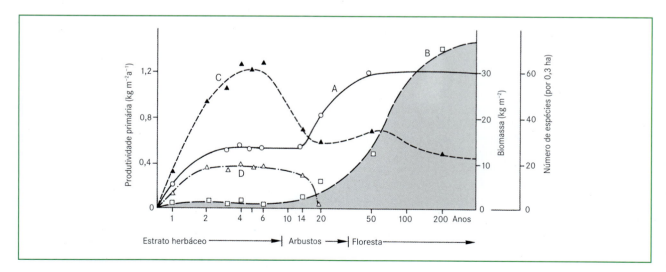

Figura 13-29 Sucessão vegetal de uma área abandonada na zona temperada (América do Norte, Brookhaven, Nova Iorque). Após cerca de 8 anos, espécies herbáceas e graminoides são substituídas por arbustos estivais, e após 30 anos, por uma floresta mista, que, após 150 anos, se estabiliza em uma floresta de carvalhos e pinheiros. Ao longo desse processo de sucessão, aumentam a **A** produtividade líquida ○–○ e **B** a biomassa □–□ das comunidades vegetais até a fase clímax; por outro lado, o **C** número de espécies de plantas vasculares diminui após um ponto máximo na fase tardia da dominância de herbáceas, e **D** as espécies adventícias △–△ são eliminadas pela competição com os arbustos. (Segundo Holt e Woodwell, de Whittaker, 1975.)

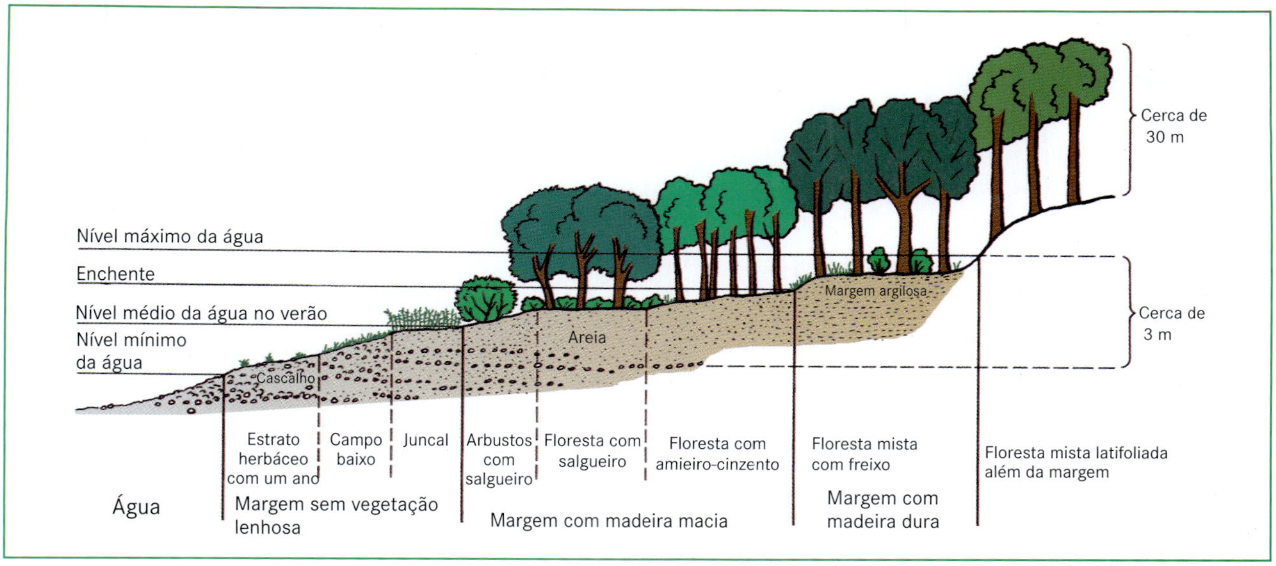

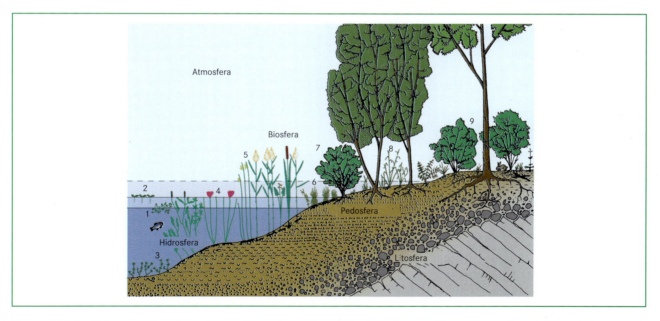

Figura 13-30 Esquema da sequência vegetacional no curso médio de um rio no sopé dos Alpes, dependente da altura do nível da água e sedimentação. (Segundo Moor, de Ellenberg, 1958.)

patir da própria vegetação (transformação em solo), ou seja, uma sucessão autógena. Por meio da estabilização periódica das condições ambientais (por exemplo, regulação do rio, nível relativamente estável da água em margens íngremes dos rios), a sucessão pode permanecer em um zoneamento de vegetação estável. Mudanças alógenas são condicionadas pelo

Figura 13-31 Perfil da vegetação ao longo da zona de transformação em solo, de um lago eutrófico na Europa Central. (A seguir são apresentados os nomes dos gêneros, na sequência de profundidade decrescente da água para a distância crescente da margem.) 1 Plantas submersas livres, como *Utricularia* (Quadro 4-3, Figura B); 2 plantas flutuantes livres, como *Lemna* (lentilha-d'água), *Hydrocharis*; 3 plantas aquáticas submersas fixas, como *Chara* (alga verde com crescimento vertical), *Myriophyllum*, Elodea (elódia, introduzida), *Hippuris* (cavalinho-d'água); 4 plantas fixas com folhas flutuantes, como *Nymphaea* (ninfeia), *Nuphar*, *Trapa* (hoje muito rara), *Potamogeton*; 5 plantas rizomatosas: em águas mais profundas *Schoenoplectus* (= *Scirpus*), pouco profundas *Phragmites*, especialmente em águas eutróficas *Typha* (taboa) e em águas mais rasas, *Sparganium*; 6 cinturão de ciperáccas com *Carex* sp. e água barrenta *Menyanthes*, *Potentilla palustris* e outras, na margem *Sphagnum* (musgo de turfeira); 7 e 8 plantas lenhosas de zona regularmente inundada, como *Salix*, *Alnus* e *Populus*; 9 na floresta, logo acima do limite superior da água, gradativamente encontram-se os elementos habituais de florestas latifoliadas (como na Figura 13-30, à direita). A figura ilustra também os pricipais ambientes de um biótopo, em que a pedosfera e a biosfera se fundem.

clima, substrato e distúrbios, enquanto as autógenas são influenciadas por espécies com alto "valor estrutural". Na fixação de dunas, essas espécies são representadas por gramíneas estoloníferas, como *Elymus* e *Ammophila* (ver 14.1.1); para a transformação em solo, juncáceas e grandes ciperáceas; para a formação de florestas na Europa Central, *Fagus sylvatica*, pois essa espécie "sobe entre as demais" e é responsável pela formação de húmus no solo.

Quando a vegetação se torna mais densa, aparecem crescentes interações entre espécies promotoras da sucessão. Certas espécies não podem mais renovar suas populações na presença de outras espécies dominantes. Por isso, elas são consideradas apenas relíctos, enquanto a próxima fase da sucessão surge a partir de plantas jovens no estrato inferior. Exemplos típicos são as bétulas e pinheiros em florestas mistas latifoliadas. Nessas florestas, essas espécies são geralmente relíctos de uma fase inicial da sucessão (como indicadores de distúrbio) e não podem mais se regenerar sob um dossel fechado, pois necessitam de luz. Somente na fase tardia do desenvolvimento da vegetação (**vegetação clímax**) é que se estabelece uma relação mais equilibrada na composição florística (Figura 13-29) e, portanto, entre regeneração e morte das espécies participantes. Uma condição totalmente estável nunca é atingida. Comunidades vegetais "maduras", não sincronizadas por eventos catastróficos ou pelo uso da terra (fogo, inundações, pastejo, corte da vegetação), apresentam sempre um mosaico de diferentes fases de sucessão.

Na zona boreal e na faixa superior das montanhas do clima úmido e temperado do Hemisfério Norte, sucessões autógenas sem distúrbios tendem a uma floresta de coníferas e, nas planícies, a uma floresta latifoliada. A sucessão pode ser primária – sobre novas superfícies terrestres (após o recuo de geleiras, etc.) – e secundária (por exemplo, em áreas de cultivo abandonadas ou após queimada recente). Em consequência disso, utilizam-se as denominações **floresta primária e secundária** ao se tratar de comunidades florestais, o que não significa que uma floresta primária nunca tenha sofrido distúrbio: ele pode ter ocorrido, mas há muito tempo. As sequências sucessionais convergem por um longo período de tempo (em florestas por centenas de anos), e a influência do macroclima se torna progressivamente dominante, enquanto outros fatores decrescem de importância (vegetação zonal). Na Europa Central, com pequenas exceções, existem apenas florestas secundárias de diferentes naturezas (recíproco à dependência de culturas = **hemerobia**). Em paisagens sem influência do homem, a frequência de **distúrbios** naturais determina em qual estágio de desenvolvimento a sucessão permanece (depósitos de resíduos, zonas de avalanche, zonas de inundação, dunas, fogo, invasão de herbívoros, etc.).

Os tipos vegetacionais zonais também podem ter ocorrência extrazonal, ou seja, fora da sua área original, quando o clima local corresponde ao macroclima das regiões de distribuição principal (por exemplo, a ocorrência de florestas submeridionais em encostas secas de exposição sul na Europa Ocidental).

Um ecossistema pode mudar mais rapidamente quanto menor for a sua biomassa (B) e mais intenso o fluxo de matéria e energia. Quando ΔB caracterizar o crescimento de biomassa por unidade de tempo, ocorre a conversão (do inglês *turnover*) contínua de biomassa em $B/\Delta B = 1$. Em comunidades planctônicas ou de terófitas, isso pode acontecer em dias ou meses, enquanto em comunidades florestais a mudança demora décadas ou mesmo até séculos.

Durante o crescimento de uma comunidade vegetal homogênea, paralelamente à sequência das **fases de formação, maturação** e **senescência**, é possível verificar as alterações características de B, ΔB, da respiração (R) e da produtividade (Pn) (Figura 13-32). Com o passar do tempo, os componentes heterotróficos (ramos e raízes) são favorecidos em relação aos autotróficos (folhas) e, finalmente, a comunidade morre quando não houver mais qualquer rejuvenescimento.

Também durante a sucessão progressiva das biocenoses complexas (Figura 13-28), ocorre primeiramente um aumento de B e Pn, pois ΔB é maior que $V_A + V_k$. Esses ecossistemas são **produtivos**, mas ainda relativamente mutáveis e instáveis. No estágio clímax, é alcançada uma forma natural de rejuvenescimento, garantindo que B se equilibre em valores elevados, pois o aumento de ΔB é novamente consumido no ciclo de nutrientes. A relação de P_n e $V_A + V_B$ é equilibrada assim como de formação e decomposição da serapilheira da comunidade. Esses ecossistemas são chamados de **protetores**. Nas fases clímax, esses ecossistemas se tornaram relativamente estáveis e apresentam biomassa máxima com baixo crescimento líquido.

Sucessões regressivas afastam a vegetação do seu clímax, estando ligadas à degradação da vegetação. Com exceções das catástrofes naturais (como deslizamento de

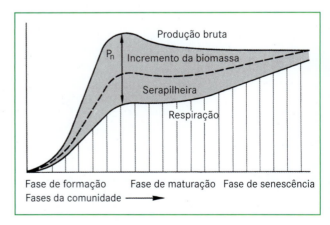

Figura 13-32 Fases durante o crescimento de uma comunidade arbórea homogênea. Relação da respiração, serapilheira (V_A), incremento da biomassa (ΔB), produção líquida (P_n) e bruta (P_b); herbivoria (V_k) não foi considerada. (Segundo Kira e Shidei, 1967.)

terra e vendavais) ou mudanças biológicas drásticas (por exemplo, morte do olmo, ver *Ophiostoma*), as intervenções humanas são quase sempre responsáveis (Figura 12-51). Os casos mais graves são as intervenções que, diretamente ou pela degradação da vegetação, levam à erosão do solo (sobrepastejo, queimadas regulares).

A sequência natural e antropogênica da vegetação sobre solos calcários dos níveis inferiores das montanhas da Europa Central demonstram tendências progressivas e regressivas, que são reversíveis. Por outro lado, as regressões que levam a uma perda do solo – como pelo sobrepastejo e aumento da frequência do fogo, em florestas de carvalho mediterrâneas degradadas a um substrato rochoso – são irreversíveis (Figura 12-51).

13.3.3 Classificações dos tipos de vegetação*

As biocenoses da biosfera constituem um contínuo; todavia, a partir de diferenças espaciais nas condições dos sítios e das diferentes fases de sucessão, muitas vezes se formam limites claros entre as diferentes unidades de vegetação. Por isso, uma tipificação de comunidades vegetais concretas é possível e útil no âmbito de uma "**sistemática da vegetação**". As análises estatísticas também mostram que apenas certas combinações de espécies podem ocorrer (Figura 13-33). Esses grupos de espécies característicos são considerados abstratos em relação aos tipos de vegetação claramente delimitados. Em fotografias aéreas de paisagens florestais e de turfeiras naturais do Alasca (Figura

---

* N. de T. Tanto o sistema sintaxonômico quanto os valores indicadores de Ellenberg são utilizados na Europa e não se aplicam à vegetação brasileira.

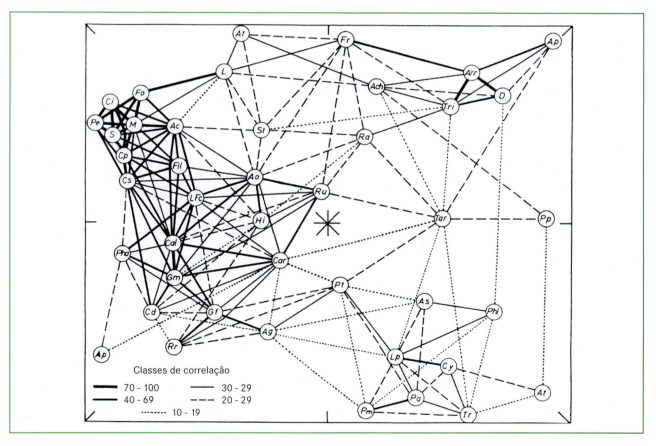

Figura 13-33 Frequência da ocorrência em comum de 43 espécies (círculos e letras) dos campos holandeses representada por um diagrama das correlações sinecológicas (pensar espacialmente). Espécies diferentes estão frequentemente associadas entre si (linhas de conexão mais espessas) e caracterizam determinadas comunidades vegetais ou locais, como, por exemplo, campos mal drenados com serrapilheira com grama-cachimbo = *Molinea caerulea* (M) e *Carex panicea* (Cp), *Potentilla erecta* (Pe), *Cirsium dissectum* (Cs), etc. juncal ao longo de rios com capim-amarelo = *Phalaris arundinacea* (Pha) e *Glyceria maxima* (Gm), *Carex disticha* (Cd), *Caltha palustris* (Cal), etc. campos de fenação, ricos em nutrientes, com *Arrhenatherum elatius* (Arr) e *Dactylis glomerata* (D), *Trisetum flavescens* (tri), etc; campos sob pastejo intensivo, com azevém = *Lolium perenne* (Lp) e *Cynosurus cristatus* (Cy), *Poa annua* (Pa), *Trifolium pratense* (Tr), etc. (Segundo D.M. de Vries.)

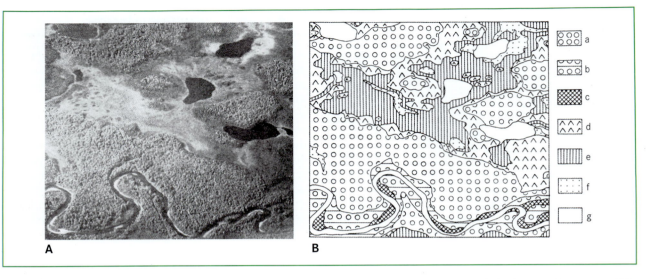

Figura 13-34 Comparação entre **A** fotografia aérea e **B** mapa de vegetação (planície baixa ao norte de Anchorage, Alasca; superfície 400 x 370 m). a Floresta mista com bétula (*Betula resinífera*, etc.), fora das tempeiras e da vegetação ribeirinha; b florestas mistas ripárias com choupo-balsâmico (*Populus balsamifera*) e bétula; c beira do rio com salgueiro arbustivo (*Satix* sp.); d florestas turfosas com espruce (*Picea mariana*); e Urzais musgosos com arbustos anões (*Vaccinium uliginosum, Ledum decumbens*) e *sphagnum*; f campos turfosos com ciperáceas (*Carex, eriophorum*, etc.); g água e bancos de areia. (Segundo R. Knapp.)

13-34), podem ser reconhecidas visualmente unidades de vegetação utilizando-se os mapas de vegetação correspondentes. Nas zonas de transição (ecótonos), há uma drástica mudança na composição de espécies, o que ocorre em menor frequência dentro de um tipo de vegetação.

Na **classificação florística da vegetação**, as comunidades são organizadas hierarquicamente em categorias de acordo com suas semelhanças. Esses grupos, formados por espécies similares quanto às exigências ambientais, são comunidades típicas de um determinado local. Na maioria das vezes, existem espécies dominantes ou típicas (espécies-chave ou características) nessas comunidades, que podem ser utilizadas para a nomenclatura. J. Braun-Blanquet desenvolveu o **sistema sintaxonômico** das comunidades vegetais, que se tornou uma importante ferramenta para o mapeamento da vegetação e para a sua comunicação (Tabela 13-4).

Nesses exemplos, a associação dos campos com *Arrhenatherum elatius* está ordenada na classe dos campos europeus manejados e especificados até uma fácies especial inferior: *Molinia* (grama-cachimbo), *Arrhenatherum, Briza* (capim-treme-treme), *Salvia* (sálvia)*, Bromus erectus* (cevadilha).

As associações e alianças são utilizadas como unidades de referências sintaxonômicas (por exemplo, *Fagetum, Abietetum, Pinetum* para florestas de faia, abetos e pinheiros, respectivamente). Os sufixos utilizados nas combinações dos gêneros são linguisticamente adaptados (-etum = sufixo coletivo latino). Desse modo, pode-se citar, por exemplo, Larici-Pinetum (floresta de larícios e pinheiros) ou Erico-Pinetum (floresta de éricas e pinheiros).

Para a caracterização sintaxonômica de determinada comunidade vegetal, utiliza-se:

- **espécies características** (espécies-chave): espécies cuja ocorrência principal se restringe aos níveis sintaxonômicos principais (espécies características de associações, alianças, ordens ou classes) e, com isso, os caracterizam floristicamente muito bem;
- **espécies diferenciais**: espécies que se separam facilmente um sintáxon de outros relacionados, mas não se limitam a esse sintáxon (nível sintaxonômico) e também podem ocorrer em sintáxons mais "distantes".

Espécies características das florestas mistas latifoliadas (Classe Querceo-Fagetea) são, por exemplo, *Daphne mezereum* e *Anemone nemorosa;* para a ordem Fagetalia, as espécies são *Ranunculus ficaria* e *Mercurioalis perennis* e para a aliança

Tabela 13-4 Sistema sintaxonômico das comunidades vegetais, segundo J. Braun-Blanquet

Categoria	Sufixo	Exemplo
Classe	etea	Molinio-Arrhenateretea
Ordem	etalia	Arrhenatheretalia
Aliança	ion	Arrhenatherion
Associação	etum	Arrhenatheretum
Subassociação	etosum	Arrhenatheretum brizetosum
Variante	sem sufixo	Variante de *Salvia* de A.
Fácies	sem sufixo	Fácies com *Bromus erectus*

Tabela 13-5 Valores indicadores, segundo Ellenberg, para a Europa Central

Fatores ambientais	Símbolo	Explicação no sentido de "a espécie indica"
Luz	l	1 sombreamento profundo, 5 semissombreamento, 9 luminosidade plena
Temperatura	T	1 alpino subnival, 5 submontano-temperado, 9 mediterrâneo
Continentalidade	K	1 enoceânico, 5 intermediário, 9 eurocontinental
Umidade	F	1 solo fortemente seco, 5 umidade moderada, 9 solo úmido, 10 água
Reação (pH)	R	1 solo fortemente ácido, 5 moderadamente ácido, 9 básico (calcário)
Nitrogênio	N	1 disponibilidade mínima, 5 moderada, 9 excessiva
Sal	S	0 impacto salino ausente, 1 fraco, 5 moderado, 9 extremo (máximo)

Fabion, *Cardamine* (= *Dentaria*) *bulbifera* e *Hordelymus europaeus*.

A alta correlação espacial de determinados grupos de espécies (Figura 13-28) permite uma caracterização ecológica de um sítio, pois às espécies muitas vezes cabe uma função indicadora. Dificilmente encontra-se uma caracterização ecofisiológica de espécies baseadas em dados amostrais. Contudo, a experiência de campo de várias gerações de botânicos permite descrever um determinado "perfil" para cada espécie. Essa abordagem semiquantitativa é chamada de **Tabela de Valores Indicadores** (sistema de H. Ellenberg ou E. Landolt). Números de (0)1 a 9(10) são atribuídos de acordo com o vínculo característico a uma determinada oferta de recursos, em escala crescente. Um número alto atribuído à umidade significa que a ocorrência da espécie se correlaciona a uma oferta elevada de umidade. Plantas indicadoras típicas de um solo muito ácido (R1 até R2) são, por exemplo, *Deschampsia flexuosa* e *Vaccinium myrtillus*. Com isso, não se manifesta uma relação causal no sentido de "exigência", mas em muitos casos ela pode ser presumida. Esses valores indicadores também não valem para indivíduos isolados, mas sim para plantas expostas a interações bióticas em uma comunidade. Outra dificuldade é que, por motivos práticos, o conceito está ligado ao nível taxonômico de "espécie". Assim, certos ecotipos de uma espécie apresentam requisitos ecológicos diferentes e, por isso, podem se diferenciar em duas espécies. Apesar disso, esse método de avaliação tem um grande valor prático devido principalmente à sua simplicidade e exatidão (Tabela 13-5). As espécies vegetais com combinações de números semelhantes formam um grupo ecológico. Valores médios permitem a avaliação de uma comunidade vegetal inteira (espécies estimadas de acordo com suas coberturas).

O conceito pode ser generalizado por meio da inclusão de outros valores, o que possibilita diversas análises, se ligado ao sistema de um banco de dados. Assim, informações sobre a morfologia (formas de vida), tipos de distribuição, florescimento, sensibilidade a distúrbios (ruderais versus não ruderais), hemerobia (dependentes de cultura, no sentido de evidência de condições de vida não modificadas pelo homem), tempo de migração (autóctone, neofítico) e, por fim, dados fitogeográficos (área de distribuição) podem ser inseridos na análise.

Para complexos de comunidades vegetais, ou seja, a socialização de comunidades, principalmente no âmbito do idioma alemão, desenvolveu-se a **sigmassociologia** (sigma, segundo o símbolo grego Σ), uma nomenclatura análoga à classificação de tipos de vegetação (fitossociologia). Assim como apenas determinadas espécies estão associadas entre si naturalmente, as comunidades também podem ser encontradas em associação (por exemplo, clareiras na floresta, floresta e as bordas de um riacho formam um complexo único denominado "**sigmetum**"). Em analogia à sintaxonomia, a **sigmasintaxonomia** reconhece comunidades características e diferenciais e utiliza os sufixos do sistema de Braun-Blanquet.

13.3.4 Classificação fisionômica da vegetação

As comunidades vegetais também podem ser agrupadas de acordo com as formas de crescimento dominantes e a fisionomia (forma, aparência), sem levar em consideração a composição florística. Tipos de vegetação complexos e independentes são denominados **formações**, como as florestas tropicais úmidas, florestas boreais de coníferas, matorrais, urzais com arbustos anões, campos, etc. Por outro lado, **sinúsias** são comunidades compostas por apenas uma forma de crescimento e em geral dependentes, como coberturas de liquens sobre a rocha, estratos de subarbustos em uma floresta de coníferas ou comunidades de fungos gasteroides (Agaricomycetidae) em florestas latifoliadas durante o outono. Ao se considerar toda formação vegetacional com o ambiente, fala-se então em bioformações ou **biomas**. Quanto à denominação, os biomas foram identificados pelas formações dominantes, razão pela qual linguisticamente eles são sinônimos destas.

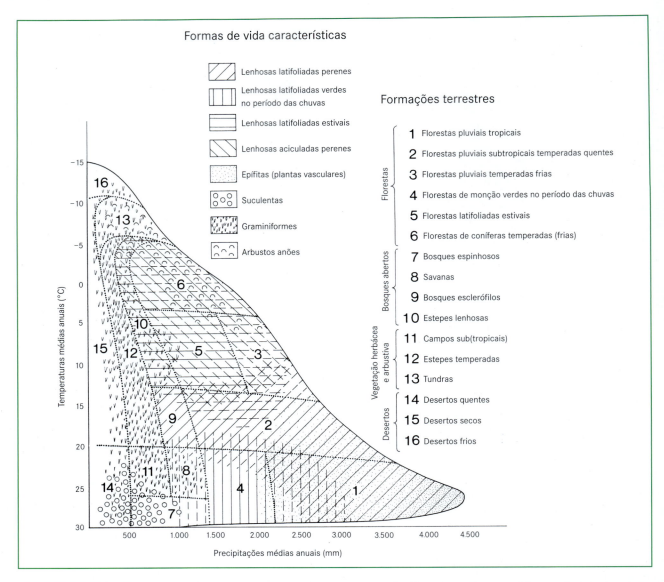

Figura 13-35 Tipos de formações terrestres: tentativa de classificação da vegetação-clímax de acordo com médias anuais de temperaturas e precipitação. As legendas representam algumas das formas de vida características. Principalmente no meio do diagrama, as linhas de limites estão mais fracas, pois a posição relativa das formações quanto aos dados climáticos não se desloca de forma significativa. (Segundo R. Dansereau e R.H. Whitakker, modificado e ampliado.)

Existem também certas sobreposições com a classificação sintaxonômica da vegetação. Apesar das diferentes composições florísticas, os mesmos gêneros muitas vezes ocorrem dentro do mesmo bioma, como, por exemplo, *Quercus, Fagus, Carpinus, Acer, Tilia*, entre outros, em florestas latifoliadas estivais das regiões temperadas de invernos frios da América do Norte e Eurásia. Por outro lado, a partir de condições ambientais similares, ocorrem semelhanças fisionômicas convergentes em formações constituídas por famílias botânicas completamente distintas. Os matorrais de clima mediterrâneo em uma faixa ao redor do globo terrestre ou alguns semidesertos de suculentas do velho e novo mundo (Euphorbiaceae *versus* Cactaceae) são exemplos. Algumas formações têm relação pequena com o clima local, como os campos, que podem ocorrer tanto em regiões de estepes continentais das zonas temperadas como nos trópicos.

A Figura 13-35 apresenta uma tentativa de agrupar os hábitats terrestres de toda a biosfera em tipos de formações de acordo com a cobertura vegetal (somente os estágios finais da sucessão). As precipitações e temperaturas médias anuais servem como coordenadas, considerando que as últimas, como nos diagramas climáticos, também servem para a evaporação potencial. As diferentes formações são descritas em detalhes no Capítulo 14.

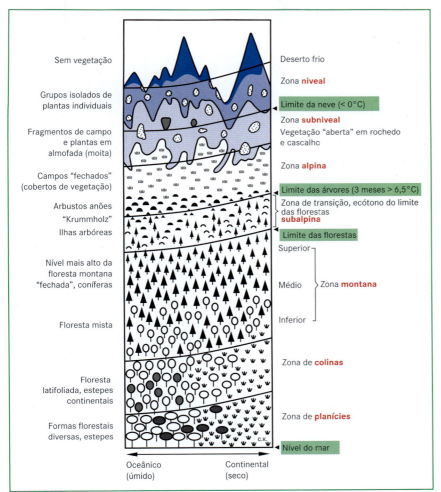

Figura 13-36 Designação internacional das faixas de altitude da vegetação desde a planície até altas montanhas. A expressão da vegetação varia regionalmente, mas a sequência das formas de vida é global, e os limites em climas áridos e continentais se situam em locais mais altos do que nos climas úmidos.

13.3.5 Organização espacial e estrutura da vegetação

Condicionada pela topografia e pelo solo (condições edáficas), em um determinado clima regional obtém-se uma classificação horizontal da vegetação nativa (ou do resto dela), que está ligada a vegetações influenciadas pelo homem (paisagens construídas). Geralmente, distingue-se a **vegetação atual** (antropogênica) da **potencial** (natural, como campos em vez de florestas). A apresentação dessa organização espacial da vegetação é feita por meio de mapas de vegetação. No entanto, podem representar comunidades vegetais na categoria de associações apenas em largas escalas. Em mapas regionais ou suprarregionais só podem ser reproduzidos complexos vegetacionais amplos. Esses mapas geralmente apresentam apenas a vegetação potencial – aquela vegetação que poderia se estabelecer na ausência da influência humana, apesar de que a ocorrência de fogo natural e de grandes herbívoros poderia mudar esse padrão. Em escala global ou continental, essa organização espacial da vegetação corresponde às zonas de macroclima, ou seja, os gradientes de temperatura desde o equador até os polos (Figura 13-19) e os gradientes oceânicos-continentais sobrepostos. Nessa escala, só as formações clímax da vegetação potencial estão representadas (ver mapa na terceira capa).

Mesmo com a conservação acima do nível do mar, a vegetação potencial se modifica (e com ela, o possível espectro da vegetação atual, ou seja, antropogênica). Essas **faixas de altitude da vegetação** (Figura 13-36) refletem a mudança do clima com o aumento de altitude. A característica climática uniformes de **gradientes altitudinais** observada globalmente é o declínio de temperatura (em média 5,5 K por km de altitude). Todos os outros fatores climáticos se modificam de acordo com a latitude (a redução altitudinal do período de vegetação é um fenômeno das latitudes afastadas do Equador) ou com particularidades regionais do macroclima (em algumas regiões do globo terrestre, há aumento de nuvens, precipitação ou vento com a altitude; em outra regiões, há diminuição). Também existem grandes diferenças entre cadeias externas de montanhas e zonas internas (geralmente mais continentais), assim como entre as direções do vento (barlavento e sotavento) em relação às cadeias.

Infelizmente, o uso dessa nomenclatura de faixas de altitude não é completamente homogêneo na literatura, como o termo "subalpino", que deixa margem a diversas interpretações em relação à sua localização. A localização representada na Figura 13-36 é a mais utilizada universalmente e coincide com a zona de conexão da floresta montana superior com a vegetação alpina (geralmente denominada ecótono do limite florestal; do inglês *treeline ecotone*). "Escolas" regionais, no entanto, utilizam também critérios fitossociológicos para a definição do nível superior da floresta montana (frequentemente denominado "subalpino"). Os termos nivel ou subnivel são menos utilizados fora da Europa. O termo "alpino" não está relacionado apenas aos Alpes (as raízes "alb", "alp" ou "alpo" para montanha são de origem pré-romanas, talvez pré-indogermânica, Körner, 2003), mas também descreve universalmente a vegetação (naturalmente desprovida de árvores) acima do limite climático das florestas (mesmo na ausência de ações antropogênicas ou ocorrência de distúrbios naturais). O uso coloquial do termo alpino para "montanha per se" ("paisagem alpina", "economia alpina", "cultura alpina") não coincide, portanto, com a definição biogeográfica. Nos Andes, o nível alpino também é andino e na África utiliza-se o termo afroalpino.

13.3.6 Análise de correlação de padrões de vegetação

Uma série de análises de ordenação e correlação pode ser efetuada com base em levantamentos da vegetação e sua classificação (como descrito em 13.3.3), junto com os dados locais e os valores indicadores. Essas análises têm como objetivo reconhecer e explicar os padrões a partir das distribuições observadas das espécies e comunidades vegetais.

A **análise de gradientes** se baseia nas alterações da vegetação de acordo com as mudanças das condições ambientais. No caso ideal, mas não necessariamente, as parcelas amostradas formam um gradiente contínuo. Se a abundância das espécies for ordenada em um gradiente ambiental, as unidades amostrais se ordenam de acordo com valores ambientais crescentes ou decrescentes, processo denominado **ordenação direta**. Se apenas uma variável ambiental for escolhida, a ordenação será unidimensional (descrição de um perfil de vegetação, por exemplo, a distância do mar ou grau de salinidade do solo, Figura 12-28). Em representações bidimensionais, tem-se um **ecograma** (semelhante ao da Figura 13-35), com as duas variáveis ambientais utilizadas como dois eixos e os valores amostrados no local de ocorrência da espécie vegetal ou comunidade são relacionados às coordenadas x-y. Dessa forma, originam-se padrões (por exemplo, frequências, correlações) que podem ser interpretados como preferências de locais de certas associações. Em geral, muitas variáveis ambientais agem e no início não é claro qual delas ou qual combinação é crítica e mais importante. Por isso, as ordenações utilizam análises multidimensionais que só podem ser efetuadas com ajuda de computadores. Fala-se, então, em análise correlativa da vegetação (também matemática, numérica, estatística, multivariada ou quantitativa).

Diversos procedimentos complexos de ordenação e programas de análise específicos para dados de vegetação juntamente com dados ambientais (por exemplo, análise de correspondência, CA, análise de correspondência canônica, CCA) podem ser variações da **análise de componentes principais** (PCA). Em geral, aqui também são necessários dois passos. Primeiramente, um tipo de vegetação é "procurado" e definido; após, os levantamentos da vegetação e os parâmetros ambientais podem ser ordenados a ele. Ambos os passos se baseiam em análises de correlação. Com isso, se torna evidente quais fatores ambientais determinam com grande probabilidade a composição da vegetação.

Cada uma das comunidades amostradas no campo se torna um "objeto" (= "componente") caracterizado pelo inventário de espécies (= "atributos"). Dados binomiais de sim/não, em geral, são insuficientes para o uso na análise de correlação (presença/ausência de espécie), o que deve ser feito com a ajuda da abundância de espécies (ver 13.3.1). Portanto, para cada espécie, existe um eixo que começa com a abundância 0 e termina em 5 (100% de cobertura). Um levantamento da vegetação é então ordenado a esse eixo, de acordo com a abundância da espécie. Uma vez que há diversas espécies (vários eixos de abundância), forma-se um espaço (de correlação) multidimensional, no qual os levantamentos individuais estão ordenados simultaneamente aos vários eixos de espécies, cuja representação não é executável, embora matematicamente possível. Cada levantamento (objeto) representa um ponto nesse sistema de coordenadas complexo e multidimensional. Por exemplo, 100 unidades amostrais representarão 100 pontos no diagrama. Com ajuda de procedimentos matemáticos, pode-se reduzir esse sistema multidimensional a apenas poucos eixos. A nuvem de pontos (as unidades amostrais) pode ser então representada em um espaço bi ou tridimensional. O sistema multidimensional é girado de maneira tal que apenas alguns eixos representam uma grande parte da variabilidade florística. As comunidades vegetais (levantamentos florísticos) são ordenadas no diagrama de acordo com suas semelhanças florísticas (assim como suas distâncias). Esse diagrama mostra muitas vezes formações de grupos dos levantamentos florísticos (objetos) denominados agrupamentos (*cluster*). Eles correspondem aos tipos de comunidades, e o procedimento expressa uma classificação não hierárquica. As nuvens de pontos no agrupamento podem ser facilmente reconhecidas, quando os grupos (= tipos de vegetação) possuem limites mais definidos, ou quando estiverem mais ou menos sobrepostos.

Se em vez de números dos levantamentos florísticos forem adicionados à análise dados amostrados no campo (como pH, tipo de solo, umidade, altitude, entre outros), pode-se estabelecer a partir do mesmo procedimento correlações entre abundância e condições ambientais locais. Dependendo da variabilidade das condições locais entre os levantamentos, podem ser representados gradientes ambientais (por exemplo, valores mais baixos de pH à esquerda e valores mais altos à direita do eixo principal). Uma variância máxima dos eixos pode ser encontrada ao se girar o sistema de coordenadas (o "primeiro" eixo contém o maior valor de explicação). Se o gradiente for paralelo ao primeiro eixo, pode constituir o principal fator ecológico que determina a composição de espécies. O segundo eixo, em ângulo reto com o primeiro eixo, representa o resto da grande variância, ou seja, o próximo fator ecológico mais importante e assim por diante. Com ajuda dessa **análise indireta de gradiente** e o uso de computadores de alto desempenho, matrizes de dados muito grandes podem ser analisadas.

Análises de componentes são procedimentos de redução das dimensões, por meio dos quais uma nuvem de pontos multidimensional é representada em espaço bi-tridimensional. Esses eixos são resultados da análise e não são determinados *a priori* em uma ordenação (representação gráfica) uni-bidimensional. Com esses procedimentos, pode-se então descobrir sob quais condições ambientais duas espécies podem ocorrer (sua preferência comum por um sítio). Isso só é possível graças ao uso de computadores de alto desempenho que podem comparar inventários inteiros de espécies, conseguindo, dessa forma, o cálculo de redes de relações entre elas e suas representações (diagrama de redes, Figura 13-33). Essas análises de semelhança também podem ser utilizadas para uma **classificação** numérica de comunidades vegetais próximas, levando então a **dendogramas** (análise de agrupamento, do inglês *cluster analysis*).

Referências

Beierkuhnlein C (2006) Biogeographie. Ulmer, Stuttgart

Cox CB, Moore PD (2005) Biogeography. An ecological and evolutionary approach. Blackwell, Oxford

Fenner M (1985) Seed Ecology. Chapman & Hall, London, New York

Frey W, Lösch R (2004) Lehrbuch der Geobotanik, 2. Aufl. Spektrum Akademischer Verlag, Heidelberg

Gibson DJ (2002) Methods in comparative plant population ecology. Oxford University Press, Oxford

Hastings A (1997) Population Biology. Concepts and Models. Springer, New York

Keddy PA (2001) Competition, 2nd ed. Kluwer Academic Publishers, Dordrecht

Kratochwil A, Schwabe A (2001) Ökologie der Lebensgemeinschaften. Ulmer, Stuttgart

Pott R (2005) Allgemeine Geobotanik: Biogeosysteme und Biodiversität. Springer, Berlin

Pott R, Hu_ppe J (2007) Spezielle Geobotanik: Pflanze, Klima, Boden. Springer, Heidelberg

Rabotnov TA (1995) Phytozönologie: Struktur und Dynamik natu_rlicher Ökosysteme. Ulmer, Stuttgart

Schroeder FG (1998) Lehrbuch der Pflanzengeographie. Quelle & Meyer, Wiesbaden

Silvertown JW, Charlesworth D (2001) Introduction to Plant Population Biology, 4th ed. Blackwell, Oxford

Walter H (1986) Allgemeine Geobotanik als Grundlage einer ganzheitlichen Ökologie, 3. Aufl. Ulmer, Stuttgart

Whittaker RJ, Fernàndez-Palacios JM (2007) Island biogeography. Ecology, evolution and conservation, 2nd ed. Oxford University Press, Oxford

Woodward FI (1987) Climate and plant distribution. Cambridge University Press, Cambridge

Capítulo 14
A Vegetação da Terra

14.1	**A vegetação das zonas temperadas... 1080**	14.2.6	Vegetação dos desertos quentes 1098
14.1.1	Das terras baixas até o nível inferior das florestas das montanhas 1080	14.2.7	Regiões do tipo climático mediterrâneo com precipitação hibernal............... 1100
14.1.2	Nível superior das florestas das montanhas e nível alpino 1083	14.2.8	Zona das florestas com lauráceas 1102
		14.2.9	Florestas deciduais das zonas temperadas ... 1104
14.2	**Os biomas da Terra................ 1085**	14.2.10	Florestas montanas das zonas temperadas 1106
14.2.1	Florestas tropicais úmidas das terras baixas............................... 1088	14.2.11	Vegetação alpina das montanhas (altas) temperadas 1108
14.2.2	Florestas tropicais úmidas das montanhas ... 1090	14.2.12	Estepes e pradarias 1110
14.2.3	Vegetação tropical e subtropical de altitude............................... 1092	14.2.13	Desertos das zonas temperadas.......... 1112
		14.2.14	Florestas boreais 1114
14.2.4	Florestas semideciduais tropicais 1094	14.2.15	Vegetação subártica e ártica............. 1116
14.2.5	Savanas tropicais 1096	14.2.16	Vegetação costeira..................... 1118

A cobertura vegetal da Terra é um reflexo do clima, sendo regionalmente modificada pela base (substrato) geológica e por distúrbios (Figura 14-1). Assim como os climas não possuem limites geográficos rígidos, também não existem limites entre **zonas vegetacionais**, as quais são caracterizadas pela dominância de determinadas formas de vida (**formações**, Figura 13-35; ver 13.3.4). Este Capítulo trata da **vegetação zonal** natural, ou seja, a cobertura do solo por plantas, como resultado das condições climáticas e sem influência das atividades humanas, sendo considerados os fatores edáficos e de distúrbio (exceções ver 14.2.16). Essa é uma condição ideal, já que influências decorrentes da caça, da pecuária e do fogo existem desde os tempos primitivos, sem que seus efeitos sempre sejam reconhecidos. Os propósitos deste capítulo seriam extrapolados caso fossem incluídos todos os estágios de influência antrópica, desde o nomadismo pelas florestas até a agricultura. Por essa razão, serão apresentados aqui principalmente estágios maduros de sucessão, denominadas de vegetação clímax (ver 13.3.2).

Ao lado de condições estáticas como a latitude e a altitude, ambas influenciando a temperatura, a disponibilidade hídrica tem participação decisiva por meio da circulação atmosférica e oceânica. A precipitação por si só não define a disponibilidade hídrica e sim a precipitação em relação à taxa de evaporação, o que no final também acaba sendo função da temperatura. A latitude determina uma sazonalidade térmica, a qual por sua vez pode ter efeitos secundários sobre a sazonalidade da disponibilidade hídrica. Em elevadas latitudes domina a sazonalidade térmica, enquanto nas baixas latitudes a da oferta d'água. É importante que a temperatura tem influência tanto gradual quanto de valor limiar (geada). Em ambientes amenos ou livres de geada (em regiões costeiras temperadas, por exemplo) espécies tropicais podem se desenvolver, o que não ocorre em lugares normalmente mais quentes, embora continentais e, consequentemente, sujeitos a geadas eventuais. A proximidade do oceano tem, portanto, grande importância. Distúrbios zonais típicos como ciclones e fogo, mas também animais como grandes mamíferos pastejadores ou consumidores de arbustos e árvores, além de processos pedogenéticos tipicamente zonais em que participam todos os fatores bióticos e abióticos, têm influência marcante. Apesar das inúmeras influências ambientais (Figura 14-1), a vegetação atual da Terra pode ser "prevista" com auxílio de modelos matemáticos – com base em muito poucos parâmetros (geralmente apenas temperatura e precipitação) – com grau de acerto surpreendente (Prentice e colaboradores, 1992). Isso demonstra a enorme influência do clima sobre a vegetação (Figura 13-35) e abre possibilidades a projeções futuras.

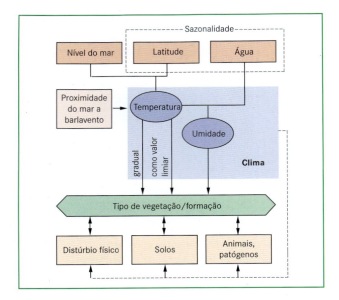

Figura 14-1 Fatores da vegetação zonal da Terra. Para melhor visualização, não foram indicadas todas as interações possíveis (ver também Figura 13-1).

Como as zonas vegetacionais podem ser associadas às zonas climáticas, elas acabam muitas vezes sendo caracterizadas pelos mesmos termos. H. Walter definiu os grandes conjuntos vegetacionais da Terra como **zonobiomas** (ver 14.2). Zonobiomas têm uma extensão global variável, sendo em alguns casos bem definidos (como zona de florestas boreais de coníferas) e, em outros, um conjunto de tipos vegetacionais parecidos mas de fato distintos quando vistos em detalhe. Essa divisão, também seguida aqui, apesar de prática, é reconhecidamente uma generalização.

A primeira parte deste capítulo apresenta uma curta descrição das condições da zona temperada, em grande parte com exemplos da Europa. O modelo, entretanto, é muito parecido na América do Norte e em muitas partes da Ásia Oriental. A segunda parte descreve em 16 páginas duplas, na forma de "fichas", a vegetação da Terra agrupada em nove zonobiomas, os quais por sua vez são subdivididos pela altitude (orobiomas, ou biomas orográficos) ou ainda pela aridez.

14.1 A vegetação das zonas temperadas

A zona temperada cobre regiões do globo com invernos frios e verões quentes, englobando climas tanto marítimos úmidos como continentais semiáridos. Na Europa, essa zona se estende fitogeograficamente da Irlanda e noroeste da Espanha em direção leste até os Urais, incluindo as regiões com espécies estépicas no sudeste. Ao norte envolve as porções meridionais da Escandinávia. Os Alpes e os Cárpatos estabelecem o limite com as regiões florísticas ao sul (clima, ver 14.2.9).

14.1.1 Das terras baixas até o nível inferior das florestas das montanhas

As formações climáticas das zonas temperadas frias e úmidas são florestas latifoliadas estivais (Figura 13-35, ver 14.2.9). Durante o período vegetativo de 5 a 6 meses (fim de abril até início de outubro, no Hemisfério Norte), a produtividade dessas florestas latifoliadas é tão grande quanto nas florestas tropicais úmidas (calculada sobre um ano inteiro, equivale à metade). Essas florestas são caracterizadas pela sincronização de brotação e queda de folhas, pelas gemas protegidas durante o inverno e por uma flora associada ajustada à flutuação sazonal de oferta de luz junto ao solo. As espécies de coníferas têm maior participação ou são até mesmo predominantes apenas nos climas continentais e nas encostas com temperaturas mais baixas (ver 14.1.2).

Antes do uso intensivo pelo homem, essas regiões eram cobertas predominantemente por florestas (Figura 10-344). Apenas nas montanhas as florestas encontram um limite climático (termicamente condicionado) superior à sua ocorrência. Um limite climático inferior de seca (aridez) das florestas não pode ser observado nas paisagens interiores mais quentes e secas da Europa, mas se faz presente em áreas continentais da América do Norte e da Ásia. Locais naturalmente sem florestas são aqueles que oferecem muito pouco solo (e por isso muito secos) para o crescimento de árvores ou com solos muito úmidos ou salinizados, assim como paisagens que, devido aos ciclos de queimadas alternadas com o pastejo de grandes mamíferos herbívoros (por exemplo, bisão) e também por distúrbios, não têm florestas (grande parte das pradarias e estepes). A mata original em torno dessas áreas, por sua vez, também não era completamente fechada. Ciclos naturais de desenvolvimento, calamidades com insetos, fogo espontâneo, rajadas de vento e no seu rastro os grandes mamíferos herbívoros (o bisão na Europa) devem ter criado um mosaico de diferentes áreas abertas, das quais descendem muitas das nossas plantas campestres atuais. Pode-se atribuir à influência humana o fato de hoje apenas cerca de um quarto da Europa estar coberta por florestas (e muitas delas na forma de silvicultura intensiva).

A floresta estival de áreas planas e colinosas da Europa central é caracterizada por espécies arbóreas como *Quercus robur*, *Fagus sylvatica*, *Acer platanoides*, *Fraxinus excelsior*, arbustos como *Corylus avellana* e espécies do estrato herbáceo como *Anemone nemorosa*. A estreita ligação da história florística da Europa com a de outras regiões do cinturão das florestas latifoliadas holárticas (ver 14.2.9) pode ser reconhecida pelo fato de as mesmas espécies ou de parentes próximos ocorrerem nas regiões florísticas sino-japonesa e atlântica-norte-americana (como *Fagus*, Figura 13-18). Como consequência das glaciações do Quaternário, a flora da Europa Central ficou muito empobrecida, e a maioria das espécies hoje presentes retornou de áreas de refúgio localizadas ao sul e ao leste apenas no final e após a época glacial (ver 10.3). Essa é uma razão importante para explicar a estreita relação dessa flora com a da região (sub)mediterrânea. Na América do Norte e na Ásia Oriental, não houve qualquer barreira leste-oeste no caminho da migração norte-sul, o que explica a maior abundância de espécies lenhosas naquelas regiões.

De acordo com a associação oceânica ou continental, boreal ou submeridional das espécies, diferenciam-se regiões florísticas temperadas. Na Europa, são elas as províncias atlântica, subatlântica, centroeuropeia e da Sarmácia. A partir daí, pela sua peculiaridade florística e vegetacional (em especial nos compartimentos mais elevados), os Alpes e os Cárpatos destacam-se como sub-regiões (Alpina e dos Cárpatos) (ver 14.1.2).

Marcantes na **província atlântica** são: *Ulex europaeus*, *Myrica gale*, *Erica tetralix*, *E. cinerea*, *Helleborus foetidus* e *Ilex aquifolium* (Figura 13-22), a qual também tem ocorrência significativa no Mediterrâneo e pode ser aí denominada como atlântica-mediterrânea-montana.

A **província subatlântica** é reconhecida pela presença de espécies que avançam mais para leste, como *Cytisus scoparius*, *Lonicera periclymenum* ou *Digitalis purpurea*. Nas Províncias Atlântica e Subatlântica com inverno ameno, as coníferas praticamente inexistem. Além das florestas de latifoliadas com prevalência de carvalhos e bétulas, aqui é importante principalmente a vegetação arbustiva baixa com *Calluna* e espécies atlânticas de *Erica*, junto a banhados e campos sobre espodossolos empobrecidos.

A **província centroeuropeia** é caracterizada por *Abies alba*, *Fagus sylvatica*, *Carpinus betulus*, *Quercus petraea*, *Tilia platyphyllos*, *Galium sylvaticum* entre outras.

A **província sarmática** engloba a porção oriental da região centroeuropeia. Como indicadores podem ser incluídas espécies acompanhantes das florestas de carvalho, como *Euonymus verrucosa*, *Pontetilla alba*, *Melampyrum nemorosum*. Elas dominam as matas mistas de *Quercus robur* e *Pinus sylvestris,* ao passo que *Fagus* não está presente. A participação de estepes arbóreas aumenta para o sudeste.

Pertencem às **florestas latifoliadas e de coníferas** da Europa Central dos níveis altitudinais inferiores:

1. Florestas de faias vermelhas e florestas mistas ricas em faias vermelhas (Figura 14-4A, B), com freixo, bordo montano, tília, no sul, em parte também abeto, entre outras. Essas são as florestas predominantes das montanhas de média altitude* ocidentais, além das porções mais baixas das montanhas de média altitude e dos Alpes dináricos. Na planície, elas ocorrem especialmente na região das morainas (= morenas) jovens ricas em nutrientes.
2. Florestas mistas de carvalhos e carpinos são encontradas em locais com solos mais férteis, em especial naqueles em que a faia vermelha está no seu limite de ocorrência ou próximo dele (noroeste da Alemanha e nas regiões continentais secas).
3. Florestas mistas com carvalho, termófilas, estendem-se frequentemente ao longo das encostas secas de montanhas voltadas para sul. Nelas se encontram também as espécies mediterrâneas *Quercus pubescens* (carvalho-pubescente), *Acer monspessulanum*, *Cornus mas* e muitas plantas herbáceas de origem meridional ou oriental.
4. Sobre solos pobres em nutrientes e ácidos de regiões baixas crescem florestas de carvalho com *Calluna vulgaris* (urze) e outras plantas no estrato herbáceo.

5. Nas regiões montanhosas, os carvalhos e espécies associadas ocorrem menos do que as faias. As florestas de carvalho e as florestas mistas com carvalho possuem copas mais abertas do que as florestas de faias e são, por isso, mais ricas em arbustos e vegetação estival junto ao solo. O carvalho é uma espécie lenhosa "heliófila", a faia uma espécie "umbrófila".

Dentre as coníferas, encontram-se:

6. Floresta de pinheiros (com *Pinus sylvestris*) preferencialmente em solos arenosos pobres e secos de relevo plano e ondulado.
7. O espruce de coníferas (*Picea abies*) é frequente apenas nas depressões no nordeste da Europa; na Europa Central, *Picea abies* ocorre em florestas de encosta média e alta (Figura 14-17D).
8. As matas ripárias serão tratadas em separado na sequência.

Sob influência de águas correntes ou paradas desenvolve-se sobre cordões de depósitos sedimentares vegetação ripária, fragmentos de matas (*bruchwälder*) e banhados (Figuras 13-30, 13-31, 14-2 e 14-4E, F). Sua diferenciação ecológica corresponde à magnitude da inundação, ao teor de nutrientes e ao enriquecimento anaeróbico da matéria orgânica (formação de turfa). Em caso de umidade muito elevada, talvez não haja mais crescimento de árvores (banhados).

O mundo vivo ao longo das **margens dos riachos e rios** está ajustado a flutuações intensas e irregulares do nível da água (Figuras 13-30 e 14-D, E). Sedimentação e erosão alteram a paisagem natural da margem. Enchentes influenciam na respiração das raízes e provocam danos mecânicos (especialmente por gelo flutuante e pela deposição de cascalho, areia e argila nas margens), mas também trazem às margens sais nutrientes e restos de produtos orgânicos. Quando o nível da água estiver baixo, áreas cobertas por cascalho e areia podem ter sua superfície muito aquecida e ressecar-se até grande profundidade. A intensidade dessas influências diminui gradativamente das cabeceiras em direção a foz e da parte mais funda do leito para as margens mais altas dos cursos d'água (ver sequência vegetacional, Figura 13-30).

Em **águas paradas**, a deposição de material inorgânico retrocede; forma-se em contrapartida um lodo orgânico ou turfa, produto da deposição de restos vegetais e animais, provocando com o tempo uma diminuição na profundidade da água. Como a vegetação aquática e da margem está associada à profundidade da água, ocorre um deslocamento centrípeto de cada comunidade vegetal, levando no final ao desaparecimento do corpo d'água (colmatagem, Figuras 13-31 e 14-4F). Em um corpo d'água rico em nutrientes (eutrófico) forma-se, a partir de um plâncton bem desenvolvido, um lodo orgânico denominado *gyttja*, cujo alto teor de carbonatos também pode se desenvolver como "giz lacustre" branco, que, junto com restos de plantas, animais e plâncton nele contidos, representa um valioso arquivo climático.

---
* N. de T. O termo *mittelgebirge* é usado para designar os maciços montanhosos de altitude intermediária (até cerca de 1.500 m). São exemplos na Europa os Vosges, o Jura, o Harz, entre outros.

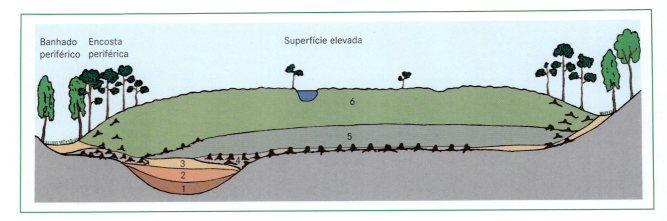

Figura 14-2 Esquema do estabelecimento de camadas de uma turfeira elevada na Europa Central (em perfil). Formação em parte por colmatação de um lago: 1 lodo orgânico; 2 turfa de "cana" (*Phragmites*); 3 turfa de ciperáceas, em parte pela transformação da mata em banhado; 4 turfa de mata; 5 turfa de *Sphagnum* mais antiga e 6 mais jovem; cavidade ("olho d'água") no centro da superfície elevada; substrato mineral em cinza. (Segundo F. Firbas.)

Como **turfeiras**, descrevemos os depósitos de turfa e sua cobertura vegetal; turfas são deposições de restos de musgos e plantas superiores, as quais, por ausência de oxigênio, entram em processo de formação de carvão, mantendo a estrutura dos tecidos por longo tempo. Pela colmatagem dos corpos d'água ou pelo encharcamento de solos minerais formam-se as **turfeiras rasas**. Elas são, de acordo com a composição da água parada, mais ou menos ricas em nutrientes; sua turfa, entretanto, é apenas levemente ácida ou neutra (turfeiras de "cana", de ciperáceas ou arbóreas e fragmentos de matas). Em climas de chuva abundante, as camadas de turfa úmida (espécies de *Sphagnum*) podem se formar durante um longo tempo, ficando as partes inferiores mortas permanentemente encharcadas, enquanto na superfície o crescimento continua sobre a vegetação morta precedente (inclusive as árvores). Essas **turfeiras elevadas**, alimentadas apenas pela água das chuvas e por nutrientes trazidos com o pó pelo vento, portanto, muito pobres em nutrientes (Figuras 14-2 e 14-4H, I), podem tomar a forma de um "vidro de relógio" e sobressair alguns metros em relação à superfície do entorno. Ao redor dessa superfície elevada ocorre um "banhado periférico", que corresponde à turfeira rasa. Sobre a superfície elevada alternam-se frequentemente pequenas elevações, geralmente com presença de Ericáceas, e as depressões úmidas. Apenas poucas espécies de angiospermas podem crescer na turfeira elevada: *Calluna vulgaris*, *Vaccinium oxycoccus*, *V. uliginosum*, *Andromeda polifolia* (todas as ericáceas), *Eriophorum vaginatum*, *Trichophorum cespitosum*, entre outras ciperáceas, e as espécies insetívoras do gênero *Drosera* (orvalho-do-sol).

Na costa oceânica (eventualmente no interior do continente sob clima de estepe), a cobertura vegetal é influenciada por um incremento de sal (vegetação halófila). Na região florística da Europa Central, encontram-se os **marismas** (Figura 14-23I) e as **dunas costeiras** na costa do Mar do Norte e do Mar Báltico.

Na costa alemã do Mar do Norte, o desenvolvimento da vegetação se dá pela colonização a partir de **baixadas** (*Watten*), porções rasas do mar nas quais é depositada uma lama areno-argilosa muito rica em nutrientes. Durante a maré baixa a superfície está seca em sua maior parte. Uma sequência de vegetação típica ao longo de um gradiente salino é ilustrada pela Figura 12-28. Sob o espelho d'água crescem plantas marinhas (*Zostera*, *Ruppia*). Da lama até o nível médio do limite superior da água crescem pioneiras (*Salicornia europaea*). Nas áreas dos terraços praiais não mais regularmente alagadas desenvolvem-se campos nos quais predomina a gramínea *Puccinellia maritima*. Em terrenos ainda mais elevados aparecem os campos ainda salinos com *Festuca rubra*, *Armeria maritima*, entre outras, e por último, praticamente sem sal, o campo seco e pioneiras de vegetação florestal. Os campos que se formaram sobre as deposições de lama (Figura 14-4K, L) são denominados de **pântanos** (Figura 14-4J). O fomento artificial desse desenvolvimento da vegetação por represamento permite agregar novas áreas férteis.

Em costas marinhas arenosas formam-se **dunas** (Figuras 14-3 e 14-23). Na base junto à praia arenosa ainda muito úmida e rica em sal, as dunas são ocupadas por comunidades de plantas anuais como *Cakile maritima*, *Salsola kali*, *Atriplex prostrata*, entre outras. Na sequência, nos lugares antes ocupados por *Agropyron junceum* pode se estabelecer *Elymus farctus*. A sotavento, a areia soprada pelo vento é depositada e se formam pequenas "dunas primárias". Esses montes de areia são dessalinizados por ocasião das chuvas e servem como sítio em especial à *Ammophila arenaria*. Assim se propaga a formação das dunas. As plantas de dunas sempre conseguem crescer vegetativamente com a ajuda de novas deposições da areia trazidas pelo vento; com isso, essas "dunas brancas" secundárias podem ficar maiores e mais altas (Figura 14-23K). Quando a duna não é mais tão influenciada pelo vento (como pela formação de outra duna à sua frente), ela é totalmente conquistada pela vegetação e se transforma numa "duna cinza" terciária. Nas ilhas do Mar do Norte predominam comunidades de arbustos anões com *Salix repens* e *Hippophae* ou *Empretrum* e *Calluna*, no Mar

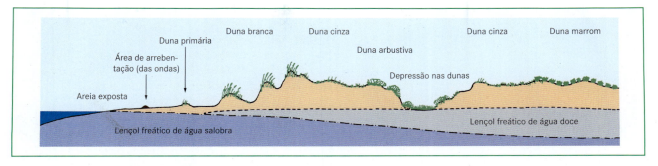

Figura 14-3 Formação e colonização de dunas da costa do Mar do Norte em direção ao continente, com diminuição da concentração de sal e aumento da formação do solo; a duna marrom está, sob condições naturais, já coberta de floresta. (Segundo H. Ellenber.)

Báltico matas de *Pinus*. O processo de formação do solo leva a uma "duna marrom". Caso a vegetação sofra distúrbio, o processo de formação de dunas pode recomeçar (dunas migratórias, em Sylt, exemplo de Oregon ver Figura 14-23J).

Sobre solos rasos pobres em água estabelecem-se, na face sul (Hemisfério Norte*), os **campos secos,** com muitos táxons de origem oriental e meridional (*Pulsatilla, Stipa, Artemisia, Astragalus, Fumana, Teucrium*). Com o aumento da profundidade do solo, passam a ocorrer arbustos (*Cornus sanguinea, Viburnum lantana*) e por último, com preferência por locais mais quentes, as já mencionadas **florestas mistas com carvalho.** Sobre rochas ricas em sílica, solos pobres em cálcio, mas também numa faixa estreita ao longo da costa sem mata (e localmente sobre solos extremamente ácidos) localizam-se (nos níveis inferiores) os sítios naturais dos **campos subarbustivos,** nos quais pequenas ericáceas como *Calluna vulgaris* formam a cobertura vegetal. Especialmente típica é a paisagem antrópica denominada **urzal,** associada a um clima oceânico e que se estabeleceu sobre solos arenosos e espodossolos em áreas onde o homem cultivou pastagens e utilizou o fogo (veja Heide de Lüneburg). Aqui aparece, ao lado da dominante *Calluna* (urze), como única espécie arbórea lenhosa o zimbro (*Juniperus communis*), resistente à predação. Atualmente grande parte dessa paisagem de urzal está reflorestada ou convertida em área de cultivo agrícola.

Com características ainda mais antrópicas são os **campos** e as **pastagens.** Essas áreas verdes antrópicas correspondem na Áustria e na Alemanha a mais de 20% da área total e são a base da pecuária bovina de corte e de leite (ver 12.9.3). A maioria dos campos situa-se sobre áreas outrora cobertas por floresta e é mantida sem espécies lenhosas por manejo regular com roçada (**campos roçados**) ou por pastejo (**pastagens**). De acordo com as condições do solo e do tipo de uso, estabelecem-se diferentes tipos de campo: **campos infecundos** (sobre solos pobres) são roçados apenas uma vez ao ano e praticamente não adubados (espécies indicadoras: sobre solos pobres em cálcio, *Agrostis capillaris* [= *A. tenuis*]; sobre solos ricos em cálcio, *Bromus erectus*). **Campos férteis** (sobre solos mais ricos) ricos em espécies são roçados de duas a três vezes ao ano e com frequência ainda pastejados. Eles necessitam de adubação permanente (espécies indicadoras: em locais mais baixos, *Arrhenatherum elatius*; em locais mais elevados, *Trisetum flavescens*). **Campos brejosos** em geral não são adubados e frequentemente utilizados apenas para produzir palha para cama dos estábulos. Neles predominam, em solos encharcados, diferentes espécies do gênero *Carex* ("campos ácidos"); sobre solos alternadamente úmidos grama-cachimbo** (*Molinia caerulea*). Sobre solos secos ocorrem os **campos semissecos,** pastejados ricos em espécies, com *Festuca ovina, Bromus erectus, Brachypodium pinnatum*. Com frequência, são implantadas atualmente pastagens (com poucas espécies), nas quais dominam *Lolium perenne* (azevém) e *Trifolium pratense* (trevo-vermelho). As **áreas de cultivo** de uso intensivo (lavouras e hortas/jardins) e os **corredores de vegetação espontânea** associados cobrem hoje um terço da superfície total da Europa central e a maior parte do solo com potencial agrícola (Figuras 12-50 e 14-4M-O).

14.1.2 Nível superior das florestas das montanhas e nível alpino

O gradiente vertical da vegetação em regiões montanhosas das zonas temperadas é muito parecido em todo reino florístico holártico. Às vezes, esse gradiente até se caracteriza pelos mesmos gêneros, de modo que a situação europeia aqui mostrada serve de exemplo. Os Alpes e os Cárpatos abrigam nos níveis vegetacionais mais elevados (alto-montano, subalpino, alpino, nival) uma **flora** característica de cerca de mil espécies de vegetais vasculares, em parte endêmicas. Seu parentesco indica uma origem de formas dos compartimentos altitudinais inferiores do sul da Europa, das demais montanhas europeias e asiáticas ou também do Ártico. As endêmicas testemunham o desenvolvimento independente da flora alpina e sua possibilidade de permanência na periferia das geleiras na época das glaciações. As espécies ártico-alpinas e boreal-montanas de distribuição mais ampla e hoje em múltiplas disjunções documentam o intercâmbio intensivo de

---

*N. de T. No Hemisfério Sul, corresponde à face norte das dunas.

**N. de R.T. Segundo o dicionário Wahrig, espécie de gramínea cujo talo é empregado para limpar cachimbos. Por esse motivo, foi proposta essa denominação.

Figura 14-4 Paisagens culturais e naturais da Europa Central. **A-C** Floresta latifoliada de faia vermelho-carvalho-carpino no Reino superior vista de perfil e do alto, como exemplo de um ecossistema florestal centroeuropeu com diversidade alta do nível colinoso (12 espécies arbóreas); **A** crescimento da vegetação na primavera, **B** alto verão, **C** início da coloração das folhas no outono. Vegetação jovem (**D**) e madura (**E**) de margem de rio e de lago (**F**) como exemplo da vegetação em um corpo de água parada (comparar com Figura 13-31). **G-I** Campo litorâneo com *Ulex europaeus* e turfeira elevada e amostras de turfa no oeste da Irlanda. O tronco do pinheiro (**H**) testemunha floresta há 1.600 anos. Banhado represado (**J**) e terras ganhas nas depressões a montante do dique (**K, L**) na costa do Mar do Norte na Jutlândia (Ribe). **M** Paisagem rural bem estruturada na Alsácia Meridional (Leimental); **N** lavoura em Marchfeld, próximo de Viena; **O** campo seminatural e campos salinos das planícies panônicas (sudoeste de Kesckemet, Hungria).

flora, a qual ocorreu durante as épocas frias do Quaternário e na época pós-glacial, entre os Alpes e o Cárpatos de um lado e as montanhas da Europa Meridional (*Crocus, Dianthus, Helianthemum*) e da Ásia (*Primula, Leontopodium*) e de outro no espaço circumpolar ártico (*Oxyria, Saxifraga*) e boreal (*Empetrum, Vaccinium*). Alpinos (montano) europeus são, por exemplo, os gêneros *Soldanella, Aster* e *Geum*.

São determinantes da **estratificação altitudinal** da vegetação (= níveis vegetacionais, Figura13-36) a diminuição da temperatura e do vegetacional ativo, a expansão de cobertura de neve e outras particularidades do clima de montanha.

Nos Alpes, e em parte também nas porções mais elevadas dos maciços de altitude intermediária, pode-se observar as seguintes faixas altitudinais (as mais baixas já foram tratadas em 14.1.1, os dados em metros de altitude para as montanhas valem para os Alpes):

- plano-colinoso: nível das planícies e colinas até aproximadamente 300–500 m;
- submontano: nível inferior (de transição) da floresta de encosta, até cerca de 400–700 m;
- montano: floresta de encosta inferior (600–1.000 m), médio (1.000–1.500 m) e superior (1.400–cerca de 2.000 m);
- subalpino: nível de capões e de arbustos de caules retorcidos (*krummholz*), cerca de (1.700) 1.900–2.200 m (2.300);
- alpino: cobertura contínua de subarbustos e campos até cerca de 2.500–3.300 m,
- subniveal: fragmentos de vegetação e plantas isoladas até cerca de 3.000–3.300 m;
- niveal: nível de neve, áreas abertas acima do limite climático da neve; plantas vasculares pioneiras em micro-hábitats favoráveis até 4.450 m.

Os limites de cada um dos níveis altitudinais oscilam também internamente numa cadeia de montanhas com a topografia, a exposição solar e o substrato. No interior das montanhas os níveis de vegetação situam-se em plano mais alto do que nas encostas externas das cordilheiras (efeito da elevação de massa). O **limite da floresta,** ou seja, o limite superior de ocorrência de floresta de encosta montana densa (de cobertura contínua) (do inglês *timberline* ou *forest line*) não é nenhum "limite" de fato, mas sim a borda inferior de uma zona de transição na qual a floresta apresenta cada vez mais lacunas e se intercala com vegetação alpina sem árvores (Figura 14-17B). A linha de ligação entre os últimos grupos de árvores é chamada de limite das árvores (do inglês *treeline*) e a borda superior de distribuição de indivíduos isolados de árvores atrofiadas e de tamanho reduzido denominada como limite de ocorrência de espécies arbóreas (do inglês *tree species line*). Esse conjunto de zonas de transição é também denominado de ecótono do limite da floresta (do inglês *treeline ecotone*). O termo "subalpino", empregado de forma muito heterogênea, é o mais adequado para denominar essa zona de transição, a qual não é nem florestal nem "alpina", mas um mosaico de ambos os elementos. Onde árvores sofrem recuo por perturbações locais (avalanches, instabilidade de encostas) ou uso antrópico (pastejo do gado), elas alcançam nos Alpes seu limite climático em uma temperatura média do ar durante o período de crescimento (120-150 dias) de cerca de 7°C, o que é muito próximo do valor médio mundial do limite das árvores de cerca de 6,7°C (Körner e Paulsen, 2004). A temperatura baixa também determina em todo o globo o limite superior de florestas sem distúrbios. Em altitude mais baixa e uniforme, as árvores alcançam esse valor limite como plantas alpinas, pois o seu crescimento superior (acima da superfície) está acoplado às rígidas condições atmosféricas vigentes nessa altitude. A vegetação alpina baixa desaparece de acordo com a exposição solar, periodicamente (pela radiação solar) pelo frio, devido à sua influência sobre o microclima (ver 14.2.11).

Nas florestas mistas de coníferas do nível **montano** (oceânico) predominam pinheiros e abetos (*Picea abies* e *Abies alba*). Em locais mais continentais e em locais mais elevados (geralmente sobre solos pobres em nutrientes como espodossolos com depósitos de húmus muito ácidos), há um recuo do abeto. No estrato inferior, são então o mirtilo e o murtinho (*Vaccinium myrtillus, V. vitis-idaea*), samambaias (*Bechnum spicant*) e gramíneas (*Calamagrostis villosa*) espécies típicas. Em florestas alto-montanas dos Alpes centrais, com o aumento da altitude, o pinheiro é substituído pelo pinheiro umbro (*Pinus cembra*) e pelo larício (*Larix decidua*).

Na **zona de transição subalpina**, aparecem formações de pequenos arbustos com *Rhododendron* e *Vaccinium* nas lacunas das matas fragmentadas, campos arbustivos, campos nativos, gramados dependentes de avalanches, mas também moitas de amieiro-verde (*Alnus viridis* = *A. alnobetula*) ou *Pinus mugo*. As árvores isoladas deformadas por lesões com frequência formam juntamente com arbustos *krummholz* (também denominado, "zona de combate").

Fora dos Alpes e dos Cárpatos, as **comunidades vegetais alpinas** (Figura 14-18A,B) são ainda mais pobres nos sudetos. No nível alpino inferior predominam inicialmente urzais de arbustos anões, em particular com espécies de *Vaccinium* e, nas elevações expostas ao vento (Figura 11-13), com rosinha-do-rochedo (*Loiseleuria procumbens*, ericácea de folhas pequenas e prostrada muito resistente). Ao lado e acima, encontram-se comunidades de gramíneas, que, com o aumento da altitude, vão se tornando mais esparsas e pobres: próximo ao limite das florestas (em campos também de altitudes mais baixas), sobre solos ácidos domina o capim cerdoso (*Nardus stricta*); acima do nível dos arbustos anões, a ciperácea encurvada (*Carex curvula*); sobre solos calcários, a grama-azul (*Sesleria varia*), ou em locais ventosos, a ciperácea-almofada (*Carex firma*). Gêneros importantes das comunidades de rochas e cascalhos são *Androsace, Draba, Gentiana, Minuartia, Oxyria, Saxifraga, Silene,* entre outros (ver 14.2.11). Em depressões alongadas cobertas com neve ("microvales de neve"), crescem comunidades de plantas bem características, com salgueiros rasteiros (especialmente *Salix herbacea*) e espécies de *Soldanella*. Já o **compartimento niveal** é alcançado por poucas angiospermas, por exemplo, *Ranunculus glacialis*, espécies de *Saxifraga* (recorde de altitude nos Alpes: *Saxifraga biflora* a 4.500 m, no Dom de Mischabel, Wallis, Suíça).

14.2 Os biomas da Terra

Os biomas climáticos zonais (daí a denominação "zonobiomas") ocorrem em latitudes características em torno do globo terrestre. No interior de uma faixa latitudinal, distinguem-se zonas úmidas (pluviais), semiáridas (periodicamente áridas) e áridas (muito secas, pobres em chuva). Em todas essas zonas de temperatura e umidade, encontram-se biomas de montanha ou "orobiomas" característicos. Do ponto de vista térmico (não do fotoperíodo ou da sazonalidade), o zoneamento latitudinal dos biomas corresponde ao zoneamento altitudinal nas montanhas (Figuras 14-5 e 14-6). Nas montanhas tropicais, é possível passar por todas as zonas térmicas úmidas da Terra numa distância reduzida. As zonas vegetacionais apresentam correspondência apenas genérica, devido à sazonalidade variada (risco de geada). Essa compressão das zonas de vida nas montanhas tropicais esclarece, entretanto, sua riqueza de espécies, quando se observam resumidamente todos os níveis altitudinais em grande escala. Cada zona de vida (faixas altitudinais) não é mais rica em espécies do que em outro lugar.

A seguir são apresentados 16 biomas e a posição desses biomas baseia-se essencialmente nas condições de temperatura e precipitação nos continentes (Figura 14-7).

Os biomas de montanha, embora presentes em todas as zonas climáticas, são tratados separadamente aqui apenas para as zonas temperadas e subtropicais/tropicais (respectivamente, níveis montano e alpino). Os biomas apresentados correspondem aos "zonobiomas" denominados por H. Walter, conforme a seguinte chave: zonobioma (ZB) I = 14.2.1, 2, 3; ZB II = 4, 5; ZB III = 6; ZB IV = 7; ZB V = 8; ZB VI = 9, 10, 11; ZB VII = 12, 13; ZB VIII = 14; ZB IX = 15; os exemplos aqui escolhidos para a vegetação costeira apenas parcialmente zonal (14.2.16) ocorrem em ZB I, II, IV e VI.

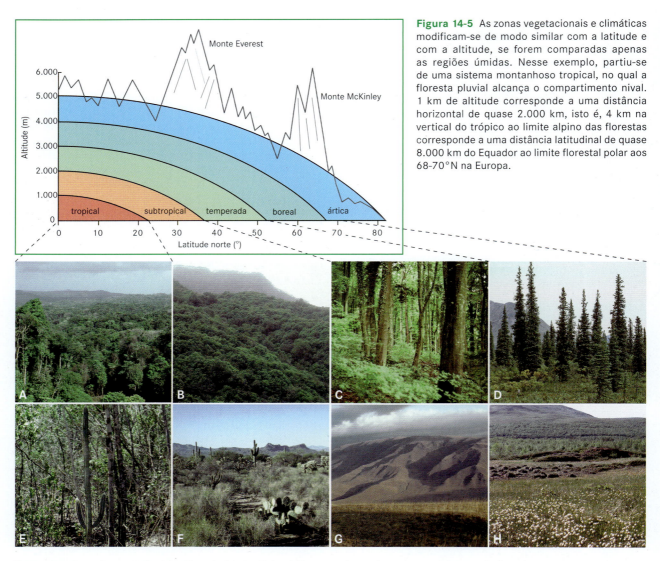

Figura 14-5 As zonas vegetacionais e climáticas modificam-se de modo similar com a latitude e com a altitude, se forem comparadas apenas as regiões úmidas. Nesse exemplo, partiu-se de uma sistema montanhoso tropical, no qual a floresta pluvial alcança o compartimento nival. 1 km de altitude corresponde a uma distância horizontal de quase 2.000 km, isto é, 4 km na vertical do trópico ao limite alpino das florestas corresponde a uma distância latitudinal de quase 8.000 km do Equador ao limite florestal polar aos 68-70°N na Europa.

Figura 14-6 Temperatura (latitude) e disponibilidade hídrica definem a vegetação da Terra. **A, E** Trópicos úmidos e semiáridos. **B, F** Subtrópicos úmidos e semiáridos. **C, G** Zona temperada úmida (marítima) e semiárida (continental). **D** Zona boreal. **H** Zona subártica.

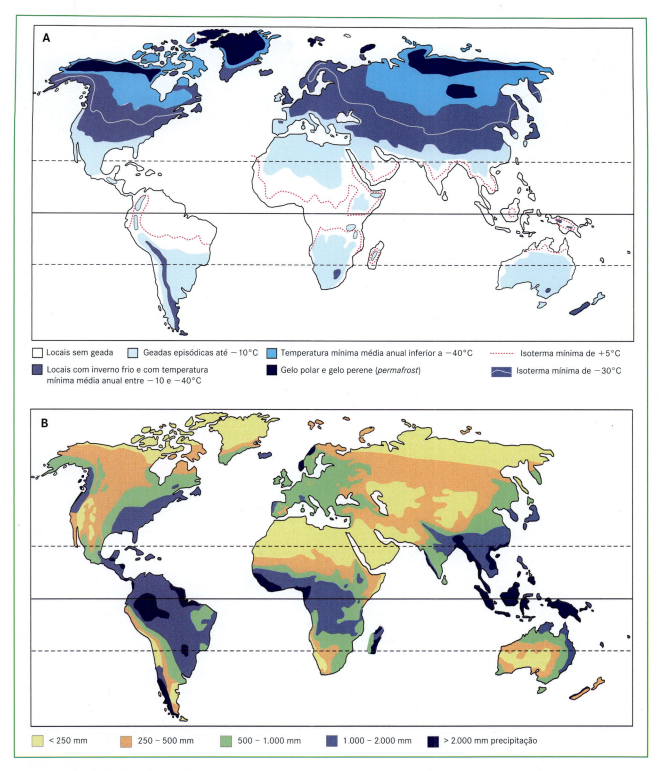

Figura 14-7 Distribuição global das duas grandezas meteorológicas mais importantes que moldam a vegetação da Terra. **A** Máximo resfriamento do ar (geada). **B** Precipitação total anual. As montanhas e a significativa sazonalidade da precipitação não são consideradas aqui. (**A** de Larcher, 1994, **B** de Walter e Breckle, 1999.)

14.2.1 Florestas tropicais úmidas das terras baixas

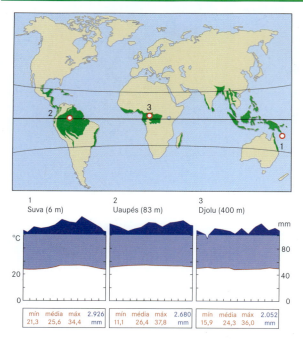

As florestas das terras baixas superúmidas próximas à linha equatorial (cobrindo atualmente ainda 16-17 milhões de km², aproximadamente a metade de todas as florestas contínuas, cerca de 11% da superfície terrestre) não são nada homogêneas como o sucesso geral da floresta pluvial pode sugerir. Tanto do ponto de vista florístico como também climático e pedológico, existem diferenças regionais nítidas. As três grandes regiões tropicais úmidas são o norte da América do Sul e Amazônia, a África Central Ocidental (bacia do Congo e região costeira) e o sudeste asiático (sul da Índia, Malásia e arquipélago malaio, Nova Guiné e o extremo setentrional da Austrália).

Os trópicos (faixa latitudinal entre os Trópicos de Câncer e de Capricórnio) estão livres de geadas (Figura 14-5) e constituem a zona climática e vegetacional de maior superfície da Terra, em consequência da própria forma esférica do nosso planeta. A área sempre úmida, entretanto, é apenas uma parte interior, uma zona núcleo de cerca de ±10° de latitude a partir do Equador. As temperaturas médias anuais situam-se entre 24 e 30°C, a precipitação total anual entre 2.000 e 4.000 mm, regionalmente também acima. Períodos curtos sem chuva significam estresse para as epífitas (daí a suculência frequente, metabolismo CAM, tolerância à seca) e fornecem sinais intraespecíficos decisivos para o sincronismo da floração em um clima em princípio sem estações definidas. Fenômenos climáticos cíclicos como o El Niño (cada 3-7, geralmente 5 anos) podem resultar em longos períodos secos no sudeste asiático (simultaneamente chuvas catastróficas na costa ocidental sulamericana).

Calor e alta umidade favorecem a transformação de matéria (mineralização) de tal forma que o húmus mal se acumula e os solos são fortemente lixiviados (latossolos, solos lateríticos vermelho-amarelos; e neossolos quartzarênicos, solos de areias quartzíticas). O estoque de mineral das florestas tropicais úmidas encontra-se em grande parte na própria biomassa vegetal (potássio até 90% acima do disponível no ecossistema), o que explica as consequências catastróficas da queima dessas florestas. A riqueza mineral acumulada na ciclagem de biomassa por milhões de anos é repentinamente mineralizada e perdida com a chuva. De modo natural, os minerais da matéria orgânica são logo associados aos micróbios e fungos micorrízicos e disponibilizados imediatamente às raízes das plantas (ciclo fechado; florestas com melhor provisão de nutrientes, apesar de no solo eles estarem praticamente ausentes). A pequena perda de minerais por escoamento superficial é substituída pelo transporte de pó de longa distância até a bacia amazônica comprovadamente a partir do Saara.

Estrutura da comunidade: **copas** entre 30 e 50 (70) m de altura, com **epífitas** (Bromeliaceae, Orchidaceae, samambaias) formam o estrato superior de grande extensão vertical, abaixo estão árvores subdominantes ou jovens, abaixo dele um **estrato de arbustos** (*Piper*) e um **estrato de subarbustos** (*Musa*, *Heliconia*) e vegetação herbácea. As **lianas** (volúveis, com gavinhas, com raízes adesivas, escandentes; Tabela 4-1) perpassam todos os estratos. Algumas lianas (estrangulantes) se tornam tão fortes ao atingir o dossel da floresta que ficam independentes (típico para *Ficus*). Epifilos (algas, musgos, liquens) habitam folhas. As selvas tropicais são um mosaico de comunidades de diferentes idades. A regeneração é fortemente influenciada por epífitas e lianas, cujo peso causa queda de árvores. As clareiras recentes são imediatamente colonizadas por táxons de crescimento rápido (*Cecropia*, *Ochroma* = Balsa, *Musanga*, *Macaranga*). Árvores de estágios posteriores da sucessão ficam tão velhas como nas florestas das zonas temperadas (150-200 anos). Com frequência, as raízes se desenvolvem na base do tronco (raízes tabulares, raízes adventícias nas palmeiras). As folhas do dossel são levemente coriáceas (e de vida longa, como resposta à competição por nutrientes, ver 12.6.3), em geral elípticas e de margem lisa; elas são formadas em grande quantidade, de modo que inicialmente aparecem ainda avermelhadas e moles, o que é interpretado como estratégia pela atender à demanda excessiva por parte de herbívoros. Muitas espécies tropicais sofrem danos irreversíveis sob valores térmicos baixos ainda que positivos (< 7°C) ("resfriamento", ver 12.3.1). A concorrência por luz é o fator ecológico mais importante.

As Araceae (como *Mostera*), **Arecaceae** (palmeiras), Araliaceae (*Schefflera*), Bignoniaceae, Caesalpiniaceae (subfamília), Lauraceae, **Moraceae** (*Ficus*), Piperaceae, Zingiberaceae, entre outras, são famílias pantropicais importantes (ver 10.2). Famílias tipicamente paleotropicais são as **Dipterocarpaceae** (fruto duplamente alado) e as Pandanaceae (palmeiras-parafuso); as neotropicais típicas são as Bromeliaceae (*Tillandsia*). Em 1 ha encontram-se 60-100 (recorde no Peru: 300) espécies arbóreas, das quais dois terços estão presentes com apenas um indivíduo. A grande variedade de espécies se explica pelos baixos distúrbios (nenhuma glaciação, nenhuma seca), pela ausência de geada, pela elevada idade dos ecossistemas e pelas áreas de distribuição originais grandes e conectadas entre si.

Sementes de *Dipterocarpus*, Bornéu.

Lianas: volúveis, com gavinhas, escandentes, com raízes adesivas, entre outras.

Figura 14-8 A-D Florestas do trópico úmido (A-C Panamá, costa do Pacífico, D Papua Nova Guiné), marcadas por clareiras em regeneração. E-F As raízes tabulares estabilizam e as lianas dinamizam. G Os epifilos forçam a renovação foliar. H Grandes perdas causadas por herbívoros (aqui pelas formigas cortadeiras).

14.2.2 Florestas tropicais úmidas das montanhas

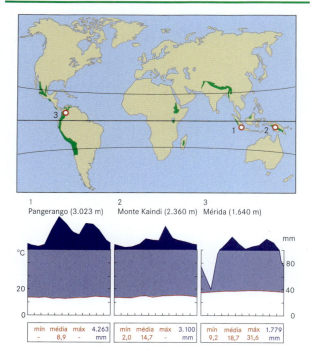

Acima dos 1.000–1.800 m, até altitudes de 3.000-4.000 m, encontra-se a zona das florestas tropicais montanas (também florestas pluviais das montanhas, florestas nebulares ou florestas nuviosas). Sua condição de montanha traz mais chuva, uma vez que a evaporação é menor para igual precipitação. Elas ocorrem quase diariamente antes do meio-dia na zona de condensação por chuva convectiva (neblina a partir dos cerca de 1.800 m), durando até o meio da tarde, ou encontram-se nas nuvens sopradas pelos alísios e que ficam permanentemente estacionadas nas encostas. Na borda inferior, essas florestas atingem até 45 m de altura, próximo do limite tropical das florestas, que alcança, nas altas montanhas entre 3.600 e 4.000 m, apenas 3-5 m (*Krummholz*).

A 2.000 m, as temperaturas médias anuais situam-se em torno de 17°C (próximo do valor médio para julho na Europa Central); a 3.000 m, 11°C, e aproximadamente 6°C próximo ao limite altitudinal das florestas. Geadas leves são possíveis a partir de cerca de 2.500 m, embora muito raras. Ao ultrapassar 3.000 m, elas tornam-se mais frequentes e ocorrem praticamente todas as noites acima dos 4.000 m (ver 14.2.3). As precipitações nitidamente superam os 2.000 mm nos níveis altitudinais mais baixos, o que pela forte redução da evaporação significa um excedente (sobreoferta) de água e para as encostas um grande risco de erosão. Por isso, uma cobertura vegetal intacta é imprescindível para a proteção do solo nessas altitudes. Acima da zona de condensação, as precipitações diminuem, mas normalmente não existe déficit hídrico biologicamente relevante.

Com o aumento da altitude, formam-se espessas camadas de húmus bruto e depósitos de fungos, nos quais os nutrientes ficam retidos e não são imediatamente disponíveis às plantas. As condições de temperatura amena e alta umidade prolongada inibem a decomposição da serapilheira, o que prejudica a vegetação rasteira e a regeneração. Em parte, as raízes e os fungos micorrízicos brotam do solo atravessando a serapilheira recém-caída (ciclagem de nutrientes curta).

A uniformidade na oferta de umidade e a completa ausência de geada nos estratos inferiores da floresta das montanhas permitem a formação de uma comunidade similar à das terras baixas, sendo as diferenças mais de natureza florística. As altitudes médias (algo entre 1.800 e 2.000 m) apresentam a mais exuberante **cobertura de epífitas**. Na porção superior da floresta das montanhas desaparecem as angiospermas epifíticas, sendo substituídas por criptógamas. A riqueza de lianas diminui com a altitude, como em geral a divisão de estratos praticamente desaparece e finalmente apenas árvores baixas ou altos arbustos formam um dossel fechado com pouca vegetação em seu interior (sub-bosque). A redução das florestas das montanhas em quase todos os lugares é fortemente influenciada pelo homem. O **limite das florestas**, na maioria dos casos, baixou em várias centenas de metros. As **florestas relictuais** em locais elevados (geralmente sobre corredores rochosos que reduzem a ação do fogo, sem outra especificidade microclimática) testemunham a capacidade da floresta se estabelecer até cerca de 4.000 m. As rosetas gigantes consideradas em 14.2.3 situam-se em sua maioria sobre áreas potenciais de floresta.

As florestas tropicais montanas são, na porção inferior, extremamente ricas em espécies (como a famosa floresta nebular de Rancho Grande a 1.100 m em Valência, na Venezuela; ver Vareschi, 1980). Em locais mais profundos, dominam ainda as famílias de plantas tropicais habituais; Arecaceae, Moraceae, Rubiaceae, entre outras, reduzem drasticamente sua presença no nível intermediário da floresta montana e faltam na porção superior. Com o aumento da altitude, estão presentes representantes arbóreos das seguintes famílias: **Fagaceae** (*Castanopsis* na Ásia Oriental, *Quercus* na América Central e no Sudeste asiático), Notofagaceae na Nova Guiné, **Ericaceae** (*Erica* na África, *Rododendron*, *Vaccinium* no sul e sudeste da Ásia), Lauraceae, Myrsinaceae; **Rosaceae** (*Polylepis* na América do Sul, *Hagenia* na África) próximo do limite da floresta e Asteraceae em geral. Coníferas e samambaias arborescentes aumentam com a altitude (**Podocarpaceae** como *Dacrydium*, *Podocarpus*, samambaias arborescentes como *Cyathea*), embora não sejam encontradas em todo lugar, nunca são dominantes e geralmente não alcançam o limite das florestas. Na Costa Rica, as famílias e espécies de plantas lenhosas diminuem respectivamente de 82 e 349 a 2.000 m para 34 e 74 a 3.200 m. Nos locais mais elevados (que definem o limite da floresta), existem menos do que cinco espécies, dentre as quais Rosaceae (América do Sul e África) e Ericaceae (África e Sudeste asiático) que ocorrem em moitas. Os capões de *Polylepis* a cerca de 4.000 m, que correspondem à vegetação arbustiva de *Hagenia* na África equatorial (ambas Rosaceae), são famosos nos Andes tropicais.

Tillandsia usneoides (Bromeliaceae).   Serapilheira na floresta nebular do Monte Kaindi, 2.200 m, Papua Nova Guiné.

Detalhes de *Polylepis incana*, Equador, 3.800 m.

Tratado de Botânica de Strasburger **1091**

Figura 14-9 **A** Floresta de montanha com *Gynoxis*, Paso de la Virgen, 4.000 m, Equador. **B** Floresta relictual de *Polylepsis serricea*, Mérida, 4.050 m, Venezuela. **C** Floresta nebular rica em espécies, Rancho Grande, 1.100 m, norte da Venezuela. **D** Floresta nebular, Monte Kaindi, Papua Nova Guiné (Limite da neblina, 1.800 m). **E** Floresta nebular, Las Nubles, com *Quercus*, 2.200 m, Panamá. **F** Floresta pluvial de montanha próximo ao Paso de la Virgen, 1.900 m, Equador. **G** *Tillandsia usneoides* na floresta nebular de montanha, de Mérida, 1.800 m, Venezuela. **H** Árvore com epífitas em floresta pluvial de montanha Pasochoa, próximo de Quito, 2.800 m, Equador.

14.2.3 Vegetação tropical e subtropical de altitude

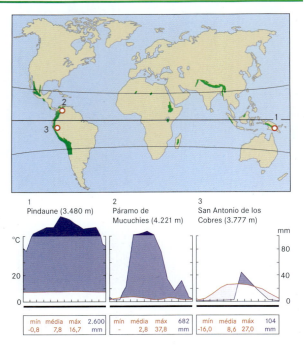

1 Pindaune (3.480 m)
2 Páramo de Mucuchies (4.221 m)
3 San Antonio de los Cobres (3.777 m)

mín	média	máx	2.600
-0,8	7,8	16,7	mm

mín	média	máx	682
-	2,8	37,8	mm

mín	média	máx	104
-16,0	8,6	27,0	mm

O limite superior natural da floresta das montanhas e o limite inferior do nível alpino (= andino, = afroalpino), sem árvores, ocorre nos trópicos equatoriais entre 3.600 m e 4.000 m, regionalmente nos subtrópicos até um pouco mais alto. O limite superior da floresta é nitidamente mais baixo (até 3.100 m) nos desertos de altitude, em ilhas e sobre morros de tão baixa, que seus topos são tão limpos como se tivessem sido varridos pelo vento, mesmo a temperatura não sendo um fator limitante ao crescimento (Kinabalu, Bornéu). Uma grande parte dos campos tropicais de altitude (páramos) situa-se nitidamente abaixo do limite potencial de florestas e é influenciada por ações antrópicas (prática de queimadas).

O clima das montanhas tropicais apresenta estações diárias, geadas regulares e temperaturas médias mensais equivalentes à borda inferior do nível alpino, entre 5 e 7°C. Nas montanhas subtropicais, as estações do ano são nítidas, invernos com geada, mas com pouca ou nenhuma neve, e verões mais quentes, nos quais também ocorre precipitação. As precipitações são menores do que no nível das florestas das montanhas (também nas áreas superúmidas), em geral inferiores aos 1.500 mm, regionalmente, em especial nos Andes meridionais, inferiores aos 500 mm, no sudeste asiático acima de 3.000 mm (ver o Monte Wilhelm na Nova Guiné).

Os solos sob a vegetação fechada nas regiões úmidas são mal drenados e negros. Nas regiões secas com vegetação aberta, predominam os solos pouco desenvolvidos (neossolos regolíticos ou neossolos quartzarênicos). Ao contrário do que se imaginava no passado, as plantas que se estabelecem nessa altitude não possuem limitação fisiológica pelo balanço hídrico, desde que haja uma precipitação anual de pelo menos 350 mm. A vegetação mais esparsa nesses locais (IAF nitidamente inferior a 1) parece evitar um eventual "sobreconsumo" (consumo excessivo) de água, embora não esteja claro de que modo a densidade da comunidade é controlada. Um importante obstáculo ao estabelecimento de plantas jovens sobre solo exposto é a formação de gelo durante a noite nos centímetros superiores do solo.

A forma de vegetação predominante é o campo arbustivo (com pequenos arbustos esparsos), denominado **páramos**: nas regiões úmidas dos trópicos equatoriais dominam enormes gramíneas cespitosas eretas (do inglês *tussock grasslands*), nas partes secas gramíneas rizomatosas e estoloníferas de crescimento vegetativo (nos Andes meridionais interiores muito secos apenas corredores de pequenos arbustos, "**puna**"). Um elemento marcante (convergente) das montanhas tropicais (não das subtropicais) são as **rosetas gigantes**, frequentemente também na forma arbórea: na África *Dendrosenecio* (Asteraceae) e *Lobelia* (Lobeliaceae), nos Andes *Espeletia* (Asteraceae) e *Puya* (Bromeliaceae), no Havaí *Argyroxiphium* (Asteraceae). As espécies com forma arbórea podem atingir até 6 m de altura. As rosetas foliares podem se fechar à noite (proteção da região apical contra geada de radiação); as bases de folhas mortas a protegem do congelamento da seiva pelo menos nos indivíduos mais jovens. Essa proteção, entretanto, não parece essencial, já que indivíduos mais velhos não a possuem. Esse revestimento também pode ser entendido como uma proteção contra o fogo. As rosetas gigantes das asteráceas são densas, possuem pilosidade branca, fato comum nas plantas do gênero *Lupinus* (Andes) e *Saussurea* (Himalaia). Os pelos são considerados uma proteção à radiação e ao molhamento, embora uma grande quantidade de plantas de montanha dos trópicos e subtrópicos não possua essa proteção. Por meio do grande enriquecimento da epiderme em substâncias protetoras (como flavonoides), o interior do órgão fica bem protegido da radiação ultravioleta. Muitas plantas alpinas tropicais são protegidas do supercongelamento (ver 1.2.3) até –12°C. Plantas na forma de almofadas são surpreendentemente raras e têm ocorrência em algumas partes dos Andes meridionais, o que pode ser explicado pela baixa ocorrência de vento nas montanhas tropicais e subtropicais.

Floristicamente, quanto mais se sobe as montanhas, mais homogênea se torna a vegetação sobre a superfície terrestre. **Poaceae** e **Asteraceae** são as principais famílias, inclusive nos trópicos e subtrópicos. Representantes dos gêneros *Festuca* e *Poa*, *Carex*, *Gentiana*/*Gentianella*, *Senecio* e alguns gêneros de **Ericaceae** com parentesco próximo (*Vaccinium*/*Gautheria*/*Pernettya*) são encontrados por toda a parte. Dos subarbustos, um gênero importante é o *Hypericum* (África, Andes), enquanto no sul do Himalaia e na Indonésia, o gênero *Rhododendron* ocupa nichos similares.

Um exemplar de *Vaccinium* sp., pequeno arbusto, Monte Wilhelm, 3.500 m, Papua Nova Guiné.

Gramíneas cespitosas eretas alpinas, Pico de Orizaba, 4.100 m, México.

Figura 14-10 A, B Roseta gigante de *Espeletia*, Páramo El Angel, 3.600 m, norte do Equador. **C** Plantas vela-de-lã, *Lupinus allopecuroides*, Guagua Pichincha, 4.300 m, Quito, Equador. **D** *Trichocereus pasacana*, Vales Calchaquies, 3.050 m, noroeste da Argentina. **E** *Gentiana nevadensis*, próximo do Pico Bolívar, 4.150 m, Venezuela. **F** Páramos com *Espeletia timotensis* e *Hypericum ericoides*, Paso Aguila, 3.900 m, Venezuela. **G** Almofada compacta de *Azorella compacta* (Apiaceae). **H** Touceiras (clonais) de *Festuca orthophylla*, Vales Calchaquies, 3.900/4.250 m, noroeste da Argentina.

14.2.4 Florestas semideciduais tropicais

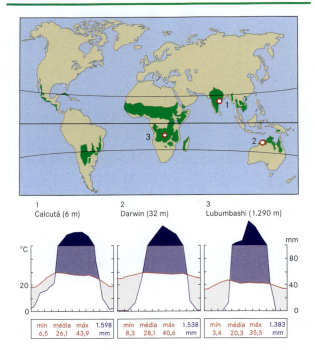

Especialmente as bordas dos trópicos apresentam uma oferta de precipitação tipicamente sazonal, o que imprime um caráter sazonal à vegetação (florestas verdes na época das chuvas, florestas de monção, florestas secas). A alternância de **período chuvoso** e **período seco** leva a uma produção sazonal de folhas. Se ainda estivessem intactas, as florestas estacionais iriam dominar em grandes porções da superfície da Terra (potencialmente 42% das florestas tropicais, cerca de 7 milhões de km^2). O abrigo local pelas montanhas pode levar à ocorrência nos trópicos de **florestas secas**. As savanas (com ritmo climático similar) serão tratadas em 14.2.5.

O clima alternadamente úmido resulta do deslocamento sazonal do Equador térmico em relação ao Equador geográfico. No verão setentrional, a zona chuvosa equatorial desloca-se ao norte, no verão meridional ao sul. Regionalmente, esse sistema desencadeado astronomicamente é reforçado por correntes atmosféricas a ele associadas, conduzindo massas úmidas em direção aos polos e para leste. Gradientes de temperatura e pressão entre o oceano (fresco) e a grande superfície continental da Ásia (quente) no verão setentrional levam umidade em direção ao continente (monção). O início (aproximadamente em junho) e a intensidade da monção variam e têm fortes efeitos ecológicos e agrícolas. O "semestre de inverno" é pobre em chuvas ou completamente seco. Se os totais anuais de precipitação fossem uniformemente distribuídos ao longo do ano seriam em regra suficientes para manter uma floresta sempre verde. Em algumas regiões, entretanto, a precipitação cai abaixo dos 1.500 m, o que pela força da evaporação da atmosfera nessas latitudes comporta apenas uma floresta seca. As temperaturas médias anuais nas terras baixas correspondem àquelas dos trópicos superúmidos (24-30°C); entretanto, estão submetidas a uma forte sazonalidade (estação seca mais fresco, estação úmida, mais quente) com distância crescente do Equador.

Os solos são marcados por uma alternância característica entre excesso de água e seca severa. Com exceção dos solos mal drenados, assim como no interior dos trópicos úmidos, em geral os latossolos são fortemente intemperizados. Com seca crescente, a capacidade de retenção de água é fator decisivo. Solos arenosos e expostos reforçam significativamente o efeito da estação seca (caatinga na Venezuela). Concreções em horizontes são frequentes (óxidos de Fe e Si, carbonatos). Como a maior parte das folhas cai no início da estação seca e não pode ser decomposta pela via mais comum, a microbiana, a mineralização por cupins e pelo fogo têm importância proporcional à severidade da seca.

Como há transição de todos os tipos entre as florestas tropicais úmidas para as savanas espinhosas – frequentemente em curtas distâncias – não é possível uma caracterização única. A manifestação do caráter florestal está condicionada à duração da estação seca e ao volume da precipitação. Com o aumento do período de seca, diminui a altura das árvores, reduz-se a riqueza de epífitas e lianas e aparecem fortes diferenças no **ritmo fenológico**. A queda de folhas diminui escalonadamente, com espécies que as perdem obrigatoriamente (e cedo, como nas Bombacaceae) e outras que as perdem apenas tardiamente; em casos isolados, não há perda de folhas. Em muitas **florestas de monção**, os arbustos ficam sempre cobertos de folhas. O florescimento está praticamente todo associado ao período de chuvas, mas existem espectros florais para cada fase do ciclo anual. Algumas espécies florescem até mesmo no meio do período seco. As raízes atingem 30 m ou mais de profundidade. As florestas tropicais semideciduais são, ainda hoje, mais ameaçadas pelo homem do que as florestas tropicais superúmidas, sendo intensamente destruídas. A facilidade com que queimam na época da seca favorece o desmatamento. Além disso, muitos dos locais que tiveram suas florestas degradadas localizam-se em regiões com densidade populacional elevada (Índia, borda tropical da África).

A riqueza de espécies das florestas tropicais estacionais é extremamente alta, observando-se uma diversidade de espécies com diferentes tipos funcionais, em parte ainda maior do que nas regiões superúmidas. No entanto, o espectro das famílias mais importantes está claramente alterado. América do Sul: as **Malvaceae** (*Chorisia*) de tronco em forma de garrafa, seguido de **Burseraceae**, **Lamiaceae** (*Tabebuia*), Anacardiaceae (Gran Chaco, *Schinopsis* = quebracho). Sudeste asiático: florestas de monção com **Lamiaceae** (*Tectona grandis* = teca), **Dipterocarpaceae** (*Shorea robusta*), **Combretaceae** (*Terminalia* sp.). África: floresta de Miombo, sucessão tardia, **Caesalpinaceae** (*Julbernardia*, *Brachystegia*); sucessão inicial, *Terminalia*.

Tillandsia streptocaulon, na estação verde da estepe espinhosa do noroeste da Argentina.

Chorisia insignis (do Gran Chaco).

Figura 14-11 A mesma floresta no Panamá na época da chuva (**A**) e na época da seca (**B**). **C** Floresta tropical na estação de crescimento no norte da Venezuela, floração em massa de *Tabebuja* (Bignoniaceae). **D** Floresta de Miombo no oeste da Zâmbia, com *Brachystegia spiciformis*. **E, F,** Floresta seca Guanaca, Porto Rico (200 dias sem chuva), com *Bursera* (**E**), Epífitas (*Tillandsia*, **G**), lianas suculentas (*Vanilla*, **G**) e cactáceas (**H**).

14.2.5 Savanas tropicais

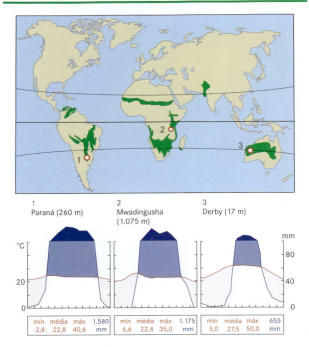

As regiões de savana do globo são similares às das florestas tropicais semideciduais (cerca de 15 milhões de km^2) e marcadas pelo ritmo sazonal da disponibilidade de água. Contudo, por meio de interações do clima, solo, fogo e animais selvagens, estabelecem-se campos característicos intercalados com mata aberta, bosques densos e florestas de galeria ao longo dos cursos d'água. No Hemisfério Sul, as savanas alcançam desde os trópicos até a borda meridional dos subtrópicos e atingem a maior extensão na África. Formas de vegetação análogas são os lhanos no Orinoco, os cerrados (Brasil) e partes do Gran Chaco (Paraguai), bem como partes do norte da Austrália.

O clima de savana corresponde em grande parte à extensão ocupada pelas florestas estacionais semideciduais (ver 14.2.4), mas com precipitação anual geralmente inferior a 1.500 mm, regionalmente inferior a 1.000 mm e com variabilidade marcante de ano para ano, o que num diagrama climático não é reconhecível. Com menos de 500 mm, a savana se transforma em semideserto. Na África, parcialmente em função da localização elevada sobre os velhos tabuleiros gondwânicos na borda meridional, ocorrem geadas. As temperaturas noturnas no semestre de inverno situam-se regularmente abaixo dos 10°C.

As características do solo, e com elas do mosaico de vegetação da savana, são definidas pela microtopografia. No sul da África, a interminável sucessão de morros e depressões (frequentemente apenas um ou mais metros de diferença de altura) tem um padrão recorrente de 1) solos secos, pobres em nutrientes, fortemente intemperizados e ácidos nas partes elevadas; 2) depressões úmidas, argilosas, ricas em nutrientes com pH 9 ou superior e 3) na meia-encosta, areias completamente lixiviadas em olhos d'água no limite inferior do horizonte concrecionário (do inglês *seapline*). Nos cerrados brasileiros, nos lhanos venezuelanos e colombianos e nas savanas do norte da Austrália, a disponibilidade de nutrientes e a vegetação são determinados por esses padrões de disponibilidade de água de pequena extensão, concreções do solo ("arrecife" na América do Sul). Os cupins e o fogo têm papel decisivo na ciclagem de nutrientes.

A savana africana é uma mata aberta, a qual, sem fogo, **manadas de elefantes** e **de ungulados** em pouco tempo se tornaria fechada. As devastações de matas feitas por elefantes abrem o sistema para o pastejo de pequenas plantas lenhosas (por impalas) e das gramíneas que aparecem (por zebras e gnus). Isso por sua vez impede a regeneração da mata ao mesmo tempo que serve de combustível para a queima das gramíneas que caracterizam as savanas. Quanto mais grama, mais **fogo** (cada 2-3 anos, frequentemente também a cada ano), e menos crescimento arbóreo. Grande parte da queima natural das savanas lança anualmente cerca de 1,4 Gt C (= 10^9 t) de CO_2 na atmosfera, mais do que florestas tropicais (0,5 Gt C) ou outras (0,2 Gt C) tomadas em conjunto (no caso da parte da savana no ciclo natural do carbono, em florestas tropicais há em grande parte uma perda líquida para a atmosfera). Se, em função do fogo, faltar uma camada de serapilheira no solo, cria-se na sua superfície uma crosta que dificulta a infiltração da água da chuva e aumenta seu escoamento superficial. O tamanho populacional de ungulados (em função da oferta de pasto, portanto, da chuva e de predadores como leões, leopardos) governam a relação floresta/campo. Desde o fogo ateado pelos hominídeos (provavelmente há mais de 1 milhão de anos), assim como em tempos mais recentes, por uma compreensão equivocada de proteção da natureza, a pressão das queimadas na savana ou a intervenção nos conjuntos de predadores e elefantes, podem alterar o equilíbrio desse delicado sistema entre a vegetação campestre e a mata seca fechada.

Excetuando-se as florestas de galeria ricas em espécies, os três principais componentes da savana são as **gramíneas C_4** (como *Pennisetum*), o gênero *Acacia* (**Mimosaceae**), aqui muito espinhoso, nas planícies e depressões, e diversas **Combretaceae** (*Combretum* sp., característica: frutos tetra-alados) nas áreas elevadas. *Curatella* e *Byrsonima*, entre outros gêneros, são elementos importantes nos lhanos; na região do Chaco, destacam-se *Prosopis, Aspidospermas, Schinopsis,* além de palmeiras do gênero *Copernicia*; no norte da Austrália, encontram-se espécies de *Eucaliptus* e de *Acacia* sem espinhos e com filódios, em vez de folíolos (também sem folhas). As árvores com troncos suculentos, como *Brachychiton* (Malvaceae) na Austrália, *Adansonia* (baobá, Malvaceae) e *Dracaena* (dragoeiro, Ruscaceae), na África e Ilha Sokotra, respectivamente, e *Chorisia,* (Malvaceae, ver 14.2.4) na América do Sul, são típicas (convergentes).

Pequenas variações no relevo definem o tipo de solo e de vegetação.

Grandes herbívoros marcam a savana.

Figura 14-12 A-D Diferentes formas de savana "aberta" no Parque Nacional Krüger, África do Sul. B Rio com floresta de galeria. E Frutos de *Combretum hereroense*. F *Acacia tortilis*. G Savana com cupinzeiros no norte da Austrália. H Vegetação arbustiva com "mulga" (*Acacia aneura*), Austrália Ocidental.

14.2.6 Vegetação dos desertos quentes

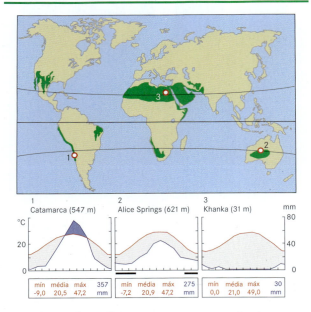

Em ambos os hemisférios, encontram-se grandes áreas secas entre os trópicos e as zonas temperadas (as áreas mediterrâneas com chuva no inverno), denominadas semidesertos e desertos. A existência dessas áreas se deve às contracorrentes (que sopram em direção ao Equador) das massas de ar ascendentes e desidratadas, em virtude da precipitação zenital equatorial (Figura 11-7). Essencialmente, essas regiões abrangem os desertos do México e do Arizona (Sonora), os semidesertos do nordeste do Brasil e noroeste da Argentina, o Saara e o deserto da Arábia, partes no noroeste da Índia e Paquistão, o Karoo no sul da África, bem como as regiões secas da Austrália central. Zonas especialmente secas como consequência das correntes frias costeiras são encontradas no sul do Peru/norte do Chile (Atacama) e no sudoeste africano (Namíbia).

Essas regiões secas subtropicais apresentam precipitação entre 0 (Atacama) e cerca de 250 mm. Regionalmente, ocorrem determinadas concentrações sazonais de episódios de chuva, como na porção meridional do Saara no verão do Hemisfério Norte ou na porção setentrional no inverno do Hemisfério Norte (raramente acima de 100 mm). Existem indicadores climáticos de que a devastação quase que total das florestas tropicais na África ocidental tenha contribuído também para a intensificação dos períodos de seca no sul do Saara. No Deserto de Sonora sobrepõem-se influências monçônicas (estivais) e mediterrâneas (hibernais). O clima térmico mostra uma clara sazonalidade com verões muito quentes e temperaturas de inverno frescas com geadas ocasionais.

Os solos são pouco desenvolvidos ou expostos. Devido à evaporação, há um enriquecimento de sais alcalinos (ou gesso) na superfície, o que especialmente nas depressões leva a solos extremamente básicos (pH > 10). De acordo com a estrutura do substrato, distinguem-se no Saara os seguintes tipos principais: deserto pedregoso, deserto de cascalho, deserto arenoso, bem como formas diversas de deserto salino até as áreas de concreções salinas sem vegetação. O uso excessivo nas áreas marginais aos desertos pode conduzir a uma desertificação antropogênica (síndrome do Sahel). Um fator relevante é a profundidade do lençol freático. A ocorrência de árvores no deserto é um indicador de ligação com água subterrânea, onde as raízes podem alcançar profundidades > 50 m (*Prosopis* na região neotropical, *Acacia* na África; Tabela 12-3 em 12.7.5.1).

A vegetação dos desertos varia de acordo com as condições de umidade, desde praticamente nenhuma, os deserto de liquens ou vegetação efêmera (plantas anuais de ciclo curto, que aparecem só em anos com precipitação total anual superior ao total médio anual), até vegetação arbustiva aberta de Mimosaceae (máximo de 8 m de altura para representantes de *Prosopis* e *Acacia*) e quando o lençol freático se encontra elevado (próximo da superfície) para florestas de *Tamarix* (tamariscos) e *Phoenix* (tamareira) (oásis). As **plantas lenhosas baixas** (arbustos) têm sistema radical muito profundo, e, de acordo com a ligação com o lençol freático, apresentam folhas apenas periodicamente (muitas Mimosaceae) ou aparecem formas com folhas perenes (*Larrea* sp., o arbusto de creosoto (Zygophyllaceae) de norte (*L. tridentata*) a sul (*L. divaricata*) da América do Sul. Esses especialistas do deserto não estão necessariamente estressados; sua presença é consequência da carência de água (ao contrário, outras espécies também estariam presentes). Uma forte rarefação das comunidades e um ritmo fenológico ajustado regulam o balanço hídrico. No estado ativo, essas plantas em parte assimilam e transpiram mais do que se estivessem em regiões úmidas. As **suculentas**, que vivem das suas próprias reservas de água (as raízes são relativamente superficiais), estão limitadas num primeiro momento às áreas úmidas dessas regiões secas. A maior ocorrência das suculentas encontra-se nos desertos do México e do Arizona, onde chove pouco, mas regularmente. Importantes também são as geófitas e terófitas, as quais entram em período vegetativo e reprodutivo rápido, bem como gramíneas de crescimento vegetativo nos desertos arenosos (como *Aristida pungens*, no Saara).

Floristicamente, essas regiões desérticas são bastante pobres. Chama a atenção a presença cosmopolita de **Mimosaceae** (*Acacia*, *Prosopis*, *Cercidium*), **Zygophyllaceae** (com folhas pinadas compostas, *Larrea*, *Zygophyllum*), Solanaceae (*Lycium*) e, sob influência do sal, Chenopodiaceae (*Atriplex*, *Suaeda*). *Welwitschia mirabilis* (Figura 10-231) representa uma curiosidade no deserto da Namíbia. Em plantas com suculência caulinar, observa-se marcante convergência entre as Cactaceae neotropicais e as Euphobiaceae paleotropicais; nas plantas com suculência foliar, constata-se uma analogia entre Agavaceae e Asphodelaceae (Liliales, *Aloe* sp.). Tanto as **Cactaceae** (por exemplo, *Carnegia*, *Cereus*) como as **Euphorbiaceae** (*Euphorbia* sp.) formam indivíduos lenhosos com mais de 10 m de altura. No sul da África, as Apocynaceae com suculência caulinar (*Ceropegia*, *Stapelia*, entre outras) e Aizoaceae com suculência foliar (*Mesembryanthemum*, flor-do-meio-dia; *Lithops*, pedra-viva) exibem um grande número de espécies.

Carnegia gigantea, Deserto de Sonora (Arizona, EUA); material seco, à direita.

Ferrocactus sp., Deserto de Sonora.   *Lithops* sp., África do Sul.

Figura 14-13 (**A**) *Larrea tridentata* e *Carnegia gigantea* (**B**), no Deserto de Sonora, Arizona. **C** *Jatropha* (Euphorbiaceae) e *Opuntia*, noroeste da Argentina. **D** Árvore-garrafa, *Beaucairnia* (Liliaceae), e cacto colunar, *Cephalocereus* (Cactaceae), México. **E, F** Vegetação arbustiva de suculentas, com *Euphorbia canariensis*, entre outras, em Tenerife, Ilhas Canárias. Norte do Saara, com *Acacia raddiana* (indicador de água subterrânea **G**) e dunas arenosas com gramíneas de propagação clonal (**H**).

14.2.7 Regiões do tipo climático mediterrâneo com precipitação hibernal

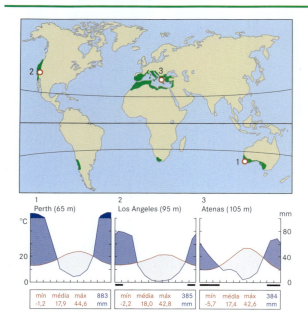

A zona limítrofe entre climas temperados e subtropicais é associada ao tipo climático mediterrâneo e caracteriza-se por vegetação perenifólia esclerófila. Essa zona climática tem sua maior abrangência na região do Mar Mediterrâneo (MM), com zona análoga na Califórnia (CA) e no Chile, na região do Cabo (África do Sul) e na Austrália meridional.

No verão, essa zona se encontra sob ação do cinturão seco subtropical deslocado em direção ao polo; no inverno, sob o clima temperado dos ventos de oeste. A precipitação total média anual tem valores geralmente entre 400 e 1.000 mm (com mais frequência entre 500-800 mm); no MM a maior parte da precipitação ocorre entre novembro e fevereiro. No inverno, geadas de até −6°C podem ocorrer inclusive ao nível do mar (no norte até −14°C, morte de oliveiras na Toscana). As temperaturas estivais alcançam regularmente > 35°C. O oeste do MM está sob influência do Atlântico, o leste (Grécia, Turquia, Levante) tem características continentais (precipitação menor, no verão temperaturas mais altas). Ventos regionais marcam o clima – por exemplo, os ventos descendentes frios de leste, que também trazem chuva no verão ao norte do Adriático (Bora) e os ventos quentes e secos de norte, muito fortes, no leste do MM (etésio* no alto verão), os quais representam uma contracorrente compreendida como a monção da Ásia Menor/Oriente Próximo (o clima do MM é frequentemente caracterizado como clima do etésio).

Além de aluviões, nas depressões são frequentes os paleossolos de intemperismo. Eles pertencem ao grupo dos cambissolos ou luvissolos, devido à eluviação de argila (ver 11.5.2.3), e sobre o calcário têm cor vermelha (*terra rossa*). Também são comuns solos orgânicos delgados diretamente sobre substrato rochoso (chernossolo rendzínico e neossolo litólico hístico). As fendas profundas preenchidas por material fino (raízes a profundidades > 20 m) são importantes para a sobrevivência de vegetação durante o período seco.

Folhas duras e perenes ("folhas coriáceas") são típicas desse tipo de vegetação. Sem uma relação causal comprovada, essas folhas são denominadas xeromorfas (= condicionadas à seca), apesar de as folhas escleromorfas ocorrerem em todas as zonas climáticas, inclusive no Ártico. Ao contrário, a **esclerofilia** deveria estar associada aqui à longa duração das folhas, à disponibilidade de nutrientes (indiretamente também à umidade do solo) e à pressão de herbivoria (ver 12.6.3). Na vegetação arbustiva da Austrália Ocidental, a dureza das folhas é explicada pela deficiência de nutrientes (P!). Espécies verdes no verão (no MM, *Fraxinus ornus, Paliurus spina-christi*, entre outras) comprovam que esse tipo de cobertura foliar "funciona", apesar da seca. Nas regiões mediterrâneas do Hemisfério Norte, a vegetação clímax é de **floresta perenifólia de carvalhos** (*Quercus agrifolia* na CA, *Q. Ilex*, entre outros, no MM). Devido à alta (em parte antrópica) **frequência de fogo** (ciclos de 40-100 anos), as espécies pirófilas de *Pinus* são fortemente favorecidas. Em ciclos < 40 anos, ocorre a expansão da vegetação arbustiva de folhas duras (**maqui** no MM, **chaparral** na CA, **matorral** no Chile, **fynbos** no Cabo, África do Sul), o que está associado à capacidade de regeneração a partir da brotação do caule. Próximo dos povoamentos, a queimada controlada é praticada em intervalos mais curtos durante o inverno (*prescribed burning* na CA). Como legado florístico da vegetação de laurófilas do Terciário (ver 14.2.8), o maqui é mais exuberante em locais úmidos e de exposição norte. Como esses locais também são preferenciais para áreas de cultivo, tem-se a falsa impressão de que o maqui é típico de ambientes secos rochosos e com entulhos. **Degradação** adicional leva a comunidades abertas de arbustos anães, como "**garrigue**" ou, com pequenos arbustos de forma esférica no leste do MM, *phrygana* (frequência de fogo < 10 anos ou com pastejo intensivo).

Floristicamente, a vegetação da região do tipo climático mediterrâneo é das mais ricas da Terra. Em pouco espaço, encontram-se inúmeras espécies anuais de inverno (especialmente Asteraceae, Fabaceae, Poaceae), geófitas (no MM, Orchidaceae, Iridaceae, Liliaceae), subarbustos perenes (no MM, *Salvia*) e gramíneas, pequenos arbustos (no MM, *Cistus*, várias giestas, **Lamiaceae**, como *Thymus, Rosmarinus*; **Ericaceae** em vários locais), lianas (no MM, *Asparagus, Smilax*), elementos de mata seca com cerca de 10 m, no MM, com *Quercus, Juniperus, Laurus, Pistacia* (Anacardiaceae), *Arbutus* (Ericaceae), *Rhamnus, Myrtus* e *Olea* selvagem; na CA, *Quercus, Adenostoma* (Rosaceae), *Ceanothus* (Rhamnaceae); *Rhus* (Anacardiaceae), *Arctostaphylos* (Ericaceae); no Chile, **Lauraceae**, como *Beilschmidia* e *Persea* e de novo Anacardiaceae; no Cabo, na África do Sul e na Austrália ocidental *Banksia, Hakea* (Proteaceae) bem como Mimosaceae e Ericaceae. Grande parte dos bosques de *Eucalyptus* da Austrália meridional, com *Leptospermum, Callistemon* entre outras (todas **Myrtaceae**), também representa esse tipo de vegetação.

Longos ciclos de regeneração e perenifólia: *Quercus ilex*.

Vida curta e taxa de reprodução elevada: *Ornithopus compressus*, anual.

---

*N. de T. Vento local que sopra na porção leste do Mar Mediterrâneo com regularidade de maio a outubro. É um vento seco, relativamente fresco; em mar aberto sopra muito forte e está associado à circulação de monção asiática.

Figura 14-14 A, B Maqui com *Arbutus unedo* (árbuto), Samos. **C, D** Garrigue com *Cistus creticus*, Creta. **E, F** Chaparral e exemplo de uma das várias espécies de *Arctostaphylos* na Califórnia. **G** Vegetação arbustiva esclerófila com *Banksia prionotes*, Austrália Ocidental. **H** Floresta aberta de *Eucalyptus*, Austrália Meridional.

14.2.8 Zona das florestas com lauráceas

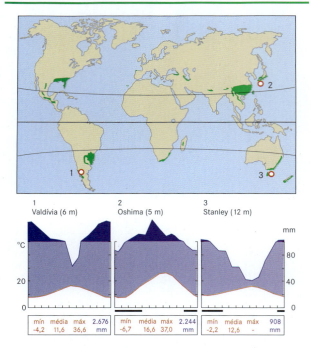

Bioma extenso, que no Terciário contornava toda a Terra, a zona das florestas com lauráceas está hoje fragmentada e dizimada pela ação antrópica, reduzida a pequenos relictos, embora ainda representada em todo o mundo. Ela reúne florestas perenifólias em regiões predominantemente sem geada e se estende das regiões úmidas das bordas polares dos subtrópicos atuais até a zona temperada, em latitudes semelhantes às das regiões mediterrâneas, mas sem um período seco tão extenso e amplitude térmica comparativamente menor. Nos subtrópicos, florestas com lauráceas são encontradas em altitudes acima de 1.400 até 2.000 m.*

O clima típico das florestas com lauráceas é superúmido com precipitações entre 1.000 e 2.000 mm (até 6.000 mm). Em geral, não há ocorrência de geadas (mínima no inverno quase sempre acima de −2°C, mínima absoluta normal nunca inferior a −10°C), enquanto as temperaturas mensais, levando-se em consideração a enorme amplitude latitudinal, superior a 25°, variam de muito frescas a subtropicais quentes.

As temperaturas médias amenas e as altas precipitações proporcionam solos húmicos, eventualmente até turfosos, em geral cobertos por uma grossa camada de serapilheira. Um horizonte argiloso-pedregoso (material rochoso pulverizado) intemperizado é geralmente bem desenvolvido. Os solos são preferenciais para cultivo.

Laurofilia é um termo abrangente, só definível quando associado a uma situação climática específica. Assim, além da caracterização das folhas como "firmes, geralmente ovais e com margem lisa", a palavra abrange também o tipo climático supracitado, e até mesmo esse tipo de folha se enquadra apenas em determinadas comunidades da zona de florestas em lauráceas. Em quase todas as regiões do globo, as coníferas típicas também estão presentes (ver a seguir). As florestas laurófilas podem alcançar mais de 40 m de altura (*coastal redwoods* da Califórnia, floresta pluvial valdiviana no Chile, florestas de *Eucalyptus* nos picos do sudoeste da Austrália,

---

*N. de R.T. Essa família é bem representada na mata atlântica brasileira, em altitudes inferiores a essas.

floresta de *Castanopsis* no sudeste asiático e florestas de *Nothofagus-Dacrydium* no sudoeste da Nova Zelândia). Nos relictos ainda conservados, as árvores não ultrapassam os 25 m. São sempre matas muito densas, com substrato herbáceo esparso. As florestas pluviais costeiras das zonas de oeste são um posto avançado da zona de vegetação temperada fresca sobre a península de Olímpia, próximo a Seattle, EUA, e na Tasmânia Ocidental, Austrália.

O vínculo florístico das florestas laurófilas são representantes ancestrais das angiospermas, especialmente das **Lauraceae** e outras famílias de Laurales, mas também Magnoliaceae e Aquifoliaceae (com o gênero *Ilex*), representadas por alta constância mas baixa abundância. *Castanopsis* é o gênero indicador das florestas com lauráceas no sudeste asiático; na Nova Zelândia, Tasmânia e Chile dominam as espécies perenifólias de *Nothofagus*; na Tasmânia e Chile adicionalmente *Eucryphia*, que corrobora a antiga ligação continental do Hemisfério Sul; *Eucalyptus* em ambientes superúmidos nas zonas climáticas costeiras do sul da Austrália; na Flórida, a floresta perenifólia de *Quercus virginiana*, mas lá também com Lauraceae (*Persea*) e Magnoliaceae. O local de origem de indivíduos de *Citrus* no sudeste asiático enquadra-se em florestas laurófilas. Os locais originais dessa Rutaceae, porém, não estão conservados. **Representantes de coníferas** característicos desse clima ameno e úmido são a *Sequoia sempervirens* na Califórnia; *Fitzroya* e *Araucaria* no Chile; Podocarpaceae no sopé das montanhas Draken, na África Meridional; *Dacrydium* (Podocarpaceae) na Nova Zelândia; *Phyllocladus* na Tasmânia e *Cryptomeria* no Japão. A floresta de Lauráceas nas Ilhas Canárias é o relicto mais próximo da Europa Central. *Laurus nobilis* no maqui mediterrâneo remete ao passado do Terciário. No sub-bosque da floresta latifoliada pôntica, junto ao Mar Negro (Anatólia Setentrional), as laurófilas *Rhododendron ponticum* e *Prunus laurocerasus* estão em casa – ambas têm boa aceitação como plantas cultivadas na Europa Ocidental. As florestas de encosta laurófilas ao sul do teto do Himalaia (Nepal) marcam a antiga ligação leste-oeste desse bioma. Muitas laurófilas há várias décadas "rompem" os jardins da Europa Central Meridional. Na margem norte do Lago Maggiore (Ticino, Suíça), encontra-se uma área de floresta de lauráceas para proteção de *Castanea* com árvores de 25 m de canforeira (*Cinnamomum*), louro e palmeira-moinho-do-vento (do *Trachycarpus* sudeste asiático). *Rhododendrum ponticum* se estabeleceu há muito tempo no sul da Inglaterra e Irlanda e está se tornando progressivamente praga; as consequências da introdução de *Myrica faya* das florestas com lauráceas das Canárias (com simbiontes fixadores de N_2) nas matas de *Metrosideros* do Havaí são catastróficas.

Floresta de lauráceas de *Castanea* com *Trachycarpus* em Ticino, Suíça.

Detalhe de *Castanopsis indica* (Nepal).

Floresta de bambu com 20 m de altura, Japão.

Ilex canariensis (Tenerife, Ilhas Canárias).

Figura 14-15 A, B Floresta de lauráceas, com *Persea indica,* em Tenerife. **C, D** Floresta de lauráceas, com *Castanopsis* e *Alnus,* no Nepal, 1.800m. **E** Floresta superúmida de *Eucalyptus,* em Queensland. **F** Floresta pluvial valdiviana, no Chile. **G** *Podocarpus latifolius,* na floresta de lauráceas de Gudu (**H**), no sopé das montanhas Draken, África do Sul (campo submetido a queimadas).

14.2.9 Florestas deciduais das zonas temperadas

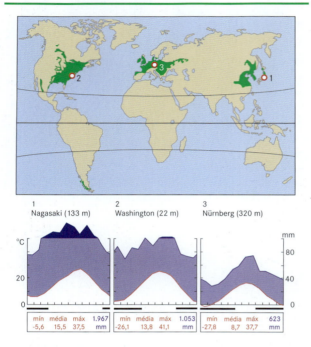

A vegetação típica das latitudes médias úmidas do Hemisfério Norte (zona nemoral) é de florestas deciduais, estivais (no Hemisfério Sul apenas pequenas áreas de florestas deciduais de *Nothofagus*). Sua maior riqueza de espécies é observada no sudeste asiático (China, Coreia, Japão) e ao longo da costa oriental da América do Norte. O conjunto de espécies da terceira maior região desse tipo de vegetação, a Europa Central (ver 14.1.1), é comparativamente mais modesto, fato relacionado ao recorrente deslocamento dessas florestas durante as glaciações e em função da barreira dos Alpes e Cárpatos para sua recolonização.

Climaticamente, os níveis altitudinais mais baixos desse espaço são caracterizados por um período vegetativo de 5-8 meses (dos quais, 4-6 meses com temperaturas médias superiores a 10°C) no inverno, durante um período de frio mais longo (< 0°C, geadas até −25°C), bem como por precipitações máximas marcadas no verão. As temperaturas médias anuais situam-se geralmente entre 5 e 15°C, a precipitação total média anual entre 500 e 1.000 mm.

Os solos predominantes nessa floresta são cambissolos levemente ácidos com horizontes de espessura variável. O material de origem é geralmente o loess. As variantes de solos profundos foram quase sem exceção transformados em áreas de cultivo, de modo que as florestas desse tipo encontram-se atualmente em solos marginais para sua ocorrência (chernossolo rendzínico e neossolo litólico hístico). Grande parte das florestas latifoliadas do leste da América do Norte, por razões econômicas, situam-se hoje sobre solos onde há 150–100 anos se praticava agricultura. As folhas que caem a cada ano levam geralmente entre 1 e 1,5 (2) anos para serem completamente decompostas, razão pela qual a formação de húmus (bruto) é rara (exceção são os solos ácidos onde dominam *Quercus* e *Castanea*); em contrapartida, a formação de depósitos de *mull* e *moder* é típica.

As florestas latifoliadas temperadas frias têm, em seu estágio maduro, 30 a 35 m de altura e quantidade de luz relativa (LAI em torno de 5), razão pela qual ocorre no sub-bosque uma variada flora arbustiva e herbácea. Também aparecem algumas espécies perenifólias, como de *Ilex*, gênero que ocorre em quase todas as regiões de florestas deciduais do globo. A flora junto ao solo da floresta é, em grande parte, ativa na primavera (muitas geófitas), isto é, o ciclo de vida é geralmente concluído quando a vegetação arbustiva e arbórea completa sua folhagem. Uma exceção são as florestas latifoliadas do sudeste asiático com sub-bosque de bambu, o qual pode ser tão denso, que outras espécies não conseguem se estabelecer. Para as plântulas de árvores lenhosas, ficar anualmente enterrada por uma média de cinco camadas de folhas no primeiro ano é um importante desafio à sobrevivência. Por isso, as árvores da sucessão tardia têm, muitas vezes, sementes grandes (plântulas robustas). Cerca da metade das espécies são polinizadas pelo vento. A brotação e mais claramente a perda das folhas (que permite a essas florestas contornar a pressão da geada e da neve) são governadas pelo fotoperíodo, o que minimiza o efeito das geadas tardias e precoces.

Do ponto de vista global, o gênero *Quercus* é individualmente o mais importante e mais rico em espécies. Em todas as regiões de florestas latifoliadas, também estão presentes representantes dos gêneros *Acer*, *Fagus*, *Tilia*, *Betula* e *Prunus*. Na América Oriental ocorre adicionalmente uma série de gêneros ausentes na Europa, como, *Carya* (nogueira, Juglandaceae), *Liriodendron* (tulipeira, Magnoliaceae), *Liquidambar* (Hamameliaceae), *Diospyros* (gênero do caqui, Ebenaceae). Na Ásia Oriental, principalmente no centro e no norte da China, ocorrem todos os gêneros presentes na Europa, mas com número de espécies nitidamente superior. Muitas das espécies de árvores e arbustos ornamentais cultivadas na Europa, como também as 200 espécies de azaleia (espécie de *Rhododendron*, verdes no verão) têm origem nessas florestas da Ásia Oriental. Caso ocorram coníferas, elas são quase sempre espécies de *Pinus*, em regiões muito secas também *Juniperus* (nordeste da China). As semelhanças entre essas três grandes regiões de florestas latifoliadas também se manifestam nos gêneros, os quais na Europa são nativos apenas no sudeste, como *Aesculus* e *Platanus*. Também as hidrófilas *Salix*, *Alnus* e *Populus* são típicas das três regiões. As áreas de distribuição da Ásia Oriental e da Europa estão ligadas por uma estreita faixa de florestas montanas, similares em nível de gênero, com aquelas aos pés das encostas meridionais do Himalaia, Hindukush e Cáucaso (no Nepal, entre 2.300 e 2.800 m de altitude com *Carpinus*, *Acer*, *Betula*).

Liriodendron tulipifera (Carolina do Norte, polinizada por insetos).

Fagus sylvatica (Europa, polinizada pelo vento).

Sub-bosque com bambu, na floresta decidual montana no Nepal, 2.600 m.

Plântulas de faia rompem a camada de serapilheira.

Figura 14-16 **A, B** Floresta de carvalho e nogueira na Carolina do Norte. **C, D** Floresta latifoliada com *Nothofagus alpina*, na região central do Chile. **E, F** Floresta latifoliada com kiwi silvestre (*Actinidia*), em Sechuan, na China Ocidental. **G, H** Floresta de carvalhos e faias, com *Anemone nemorosa* na Europa Central.

14.2.10 Florestas montanas das zonas temperadas

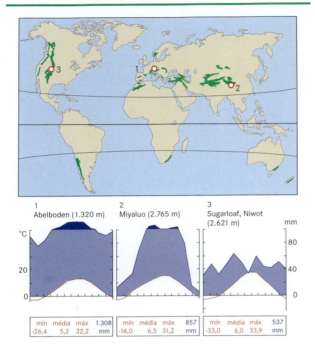

Como segundo grupo de biomas de montanha (orobiomas) serão tratados aqui e no próximo capítulo, ao lado dos já apresentados tropicais e subtropicais (ver 14.2 2/3), os temperados (incluindo as áreas marginais das porções elevadas mediterrâneas). As florestas montanas das zonas temperadas, de acordo com a latitude e proximidade dos oceanos, estão localizadas entre 1.000–1.500 e 2.000–3.500 m de altitude. Elas não são tão importantes do ponto de vista da extensão, mas abrigam uma flora muito rica: florestas mistas latifoliadas e de coníferas nos locais baixos e florestas de coníferas nos sítios mais elevados.

Como zona de transição das terras baixas temperadas (ver 14.2.9 e 14.2.12) para o clima temperado-alpino (ver 14.2.11) e diante do amplo espectro latitudinal de temperado quente a temperado frio, de oceânico a continental e pela diferença altimétrica de 1.000–2.000 m, fica difícil fazer uma caracterização climática. Com poucas exceções continentais, essas florestas têm em comum a disponibilidade hídrica abundante e temperaturas nas estações intermediárias entre 7 e 12°C (comparar o período de crescimento nas terras baixas com 12–18°C). O período de crescimento dura de 3 a 6 meses, os invernos são geralmente abundantes em neve e frios (devido a inversões térmicas em regiões continentais, mas não necessariamente mais frias que nos vales), com a possibilidade de geadas durante 6–12 meses, de acordo com a altitude.

Com o aumento da altitude, os solos são mais húmicos e ácidos. A tendência vai de cambissolos nos locais mais baixos para espodossolos em locais mais altos, onde os últimos estão confinados a locais mais úmidos e temperados frios. Depósitos espessos de serapilheira e húmus bruto são típicos em locais elevados.

O espectro de espécies dessas florestas montanas é enormemente variado. As sequoias da Califórnia (*Sequoiadendron giganteum*, árvores gigantes com tronco de 7 m de diâmetro, 100 m de altura e idade de 2.000 anos, a cerca de 1.500 m de altitude) pertencem ao grupo das maiores árvores da Terra. A também nativa de lá (do lado seco interior da Sierra Nevada), *Pinus aristata* (*bristlecone pine*, 3.500 m de altitude; parente próximo de *P. longeva*), é provavelmente a árvore viva mais antiga. A regeneração a partir de partes do próprio caule e pela brotação do caule provoca discussão entre geneticistas sobre árvores "mais velhas". Florestas dominadas por *Abies*, *Picea* e *Pinus* são encontradas em todas as montanhas do Holártico. No noroeste dos EUA (Monte Rainier) e regionalmente nos úmidos limites florestais do nordeste asiático (Monte Fuji), domina o gênero *Tsuga* (cicuta) extinto na Europa durante as glaciações. Nas zonas secas, além delas, ocorrem florestas montanas com *Juniperus* e *Cupressus* (Cascades, Atlas e locais elevados da região do Mediterrâneo, Karakorum, Tibete). Nos níveis temperado montanos do Hemisfério Sul, as coníferas são raras (*Phyllocladus* e *Arthorataxis* na Tasmânia e representantes de *Podocarpus* na Austrália meridional, *Austrocedrus* no Chile). Gêneros de folhas largas nas florestas montanas holárticas são *Betula*, *Sorbus*, *Alnus* e *Populus*, na Ásia, também *Crataegus*, no Hemisfério Sul no entorno antártico *Nothofagus* (perenifólias e deciduais); na Austrália, espécies de *Eucalyptus* resistentes à geada. O *Eucalyptus renans* (do inglês *mountain ash*) pertence às maiores árvores da Terra (> 110 m) e ocorre no nível montano da encosta sul das Montanhas Nevadas.

As florestas montanas são de importância enorme para a conservação das regiões de terras baixas, pois evitam a erosão de encostas íngremes e protege das avalanches com muita neve vindas de lugares mais altos. Em muitos lugares, o **limite superior das florestas** recuou para altitudes mais baixas (ver 14.2.2) devido à utilização de lenha e da ampliação das áreas de pastejo. Seu limite superior natural de distribuição alcança florestas montanas temperadas de cerca de 6–7°C (exceto encostas com substrato solto ou sem ele, faixas de avalanches e regiões extremamente oceânicas com limite das florestas bastante recuado em altitude). Diante da grande variabilidade das temperaturas de inverno no limite das florestas ao redor do globo, elas não têm papel decisivo. Outros fatores climáticos podem modificar localmente o limite superior das florestas montanas (± 100 m de diferença da altitude correspondente à isoterma da estação de 6–7°C). A forma de vida arbórea está intimamente vinculada ao macroclima, razão pela qual a partir dessa temperatura limite (aparentemente geral) ocorre apenas o crescimento de plantas baixas as quais geram seu próprio (mais quente) microclima (ver 14.2.11).

Floresta montana na Califórnia: *Sequoiadendron giganteum* (sequoia, esquerda), 1.500 m, e *Pinus aristata* (*bristlecone pine*), 3.350 m.

Figura 14-17 O nível superior da floresta montana, **A** na Austrália, Montanhas Nevadas, 1.900 m, com *Eucalyptus pauciflora* e **B** nos Alpes, Tirol, 1.950 m, com *Pinus cembra*. **C, D** Floresta montana mista, Suíça Central, 1.200 m, com *Fagus, Acer, Abies* e *Picea*. **E** Floresta montana na Tasmânia, 1.100 m, com *Nothofagus, Eucalyptus, Arthrotaxis* e rosetas gigantes de *Richea* (Ericaceae). **F** Floresta montana no Cazaquistão, Tien-Shan, 1.900 m, com *Picea schrenkiana* como também *Sorbus, Crataegus* e *Populus*. Florestas montanas no Chile (38°S) **G** *Nothofagus* com substrato de bambu, 1.850 m, **H** *Araucaria araucana*, 1.400 m.

14.2.11 Vegetação alpina das montanhas (altas) temperadas

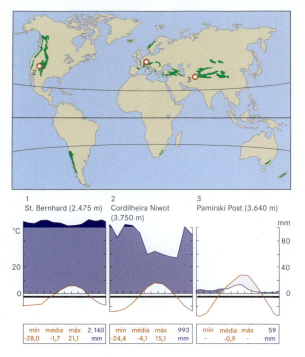

Com cerca de 3% da superfície, a flora das montanhas acima do limite natural das florestas responde por cerca de 4% das espécies de plantas floríferas. Grandes sistemas montanhosos das zonas temperadas são as Montanhas Rochosas, a Sierra Nevada na Califórnia e Cascades no noroeste dos EUA, os Alpes, os Cárpatos, o Cáucaso, porções setentrionais da Hindukusch e Himalaia e seus derivados até a Coreia, as montanhas da Ásia Central, as montanhas japonesas, os Andes ao sul dos 35°S, as Montanhas Draken na África do Sul, as Montanhas Nevadas na Austrália, as Montanhas Cradle na Tasmânia e os Alpes da Nova Zelândia, no total, a metade dos ambientes alpinos do globo. O termo "alpino" usado em todo o globo, do ponto de vista fitogeográfico como "acima da linha da floresta", distingue-se do uso popular que tem o sentido de "nas montanhas".

Durante o curto período vegetativo (6–16 semanas) junto à superfície ou na região dos meristemas subterrâneos, os valores médios de temperatura situam-se entre 5 e 10°C, com valores médios ao meio-dia, sob condições de bom tempo, em torno dos 20°C. A situação climática crítica não é ilustrada por dados de estações meteorológicas convencionais. Devido ao pequeno crescimento e à forma de vida compacta, essa vegetação está livre do frio pelo menos durante o período diurno (queda morfológica para o calor de radiação). Em todos os lugares em que foi cuidadosamente medida, comprovou-se a inexistência de falta de água das plantas alpinas; mesmo no Pamir e em porções dos Andes meridionais, meteorologicamente muito secos (camadas rochosas de deposição do substrato muito delgadas são exceções localizadas). Os totais de precipitação (assim como valores anuais médios de temperatura) são para a vida em si nessa zona pouco determinantes, pois englobam os longos períodos de inatividade devido ao frio. Pelo derretimento da neve na primavera e pelas chuvas no verão, a precipitação do ano inteiro fica de fato disponível no curto período vegetativo.

Na parte inferior do nível alpino (em especial sob pequenos arbustos e gramíneas cespitosas) dominam os solos muito húmicos que têm sua decomposição retardada, apresentando com frequência espessas camadas de depósito de húmus bruto. O ressecamento do solo na superfície pode interromper periodicamente o processo de mineralização e dificultar a oferta de nutrientes. Com altitude crescente, são mais frequentes os solos pouco desenvolvidos e não estruturados. Os processos criogênicos e, em alguns lugares, os processos mecânicos de formação do solo são importantes. Depósitos de entulhos em resíduos nos fundos de vale abrigam inesperadamente muita umidade. A estabilidade do solo, e em decorrência a segurança nas regiões de fundo de vale, são decisivamente garantidas pela cobertura vegetal alpina.

A vegetação alpina (incluindo aqui também a vegetação niveal e subniveal), por definição, não possui árvores e é constituída principalmente de 1) **subarbustos**; 2) **graminoides** com crescimento clonal (gramíneas e ciperáceas); 3) plantas herbáceas perenes, muitas delas também de crescimento clonal, que formam **rosetas**; 4) **plantas em almofada** em sentido amplo (tapete, almofada plana, almofada hemisférica) e 5) criptógamas (especialmente musgos e liquens). As rosetas e criptógamas possuem a mais alta diversidade de espécies. As geófitas e as plantas anuais são raras ou inexistem (exceto na fronteira com áreas subtropicais ou mediterrâneas). A adaptação morfológica, fisiológica e do ritmo fenológico é tal que a produtividade de uma vegetação alpina de cobertura contínua, por mês de crescimento ativo, corresponde ao observado em todos os demais ambientes úmidos, inclusive ao das terras baixas tropicais (Figura 12-39). A duração do tempo de crescimento ativo é a única limitação real para a produtividade, razão pela qual plantas adaptadas a essas condições de vida não são necessariamente mais "estressadas" do que plantas em outros ambientes. Durante a dormência hibernal, as geadas são inofensivas. Críticas são as geadas tardias do início do verão e as geadas precoces no outono, as quais nunca serão de fato perigosas, mas podem provocar a perda parcial de folhas ou a perda de uma geração de sementes. O crescimento vegetativo (clonal) é muito comum.

As famílias mais significativas da zona alpina temperada são **Asteraceae**, **Poaceae**, **Cyperaceae**, **Caryophyllaceae**, Ericaceae, Gentianaceae, Rosaceae e Ranunculaceae. Em geral, as primeiras quatro correspondem a mais de 50% da flora local. Importantes regionalmente são Saxifragaceae, Primulaceae, Campanulaceae, Polygonaceae e Scrophulariaceae. As cadeias montanhosas – assim como as ilhas no mar – são ricas em espécies endêmicas (locais), pois concentram-se em grande parte isoladas. Nos Alpes existem aproximadamente 650 espécies de plantas floríferas, com ênfase em espécies alpinas, das quais 150 alcançam mais de 3.000 m. O recorde de altitude é de *Saussurea gnaphalodes* com 6.400 m na região do Everest.

Carex curvula (ciperácea encurvada), Alpes, 2.500 m. A parte seca da extremidade das folhas é a parte restante do último de muitos anos de crescimento basal destas folhas.

Saxifraga oppositifolia, Alpes, 3.000 m. As inflorescências "pré-fabricadas" no ano anterior aparecem imediatamente após o derretimento da neve.

Figura 14-18 **A** Plantas em almofada: *Silene acaulis*, Alpes centrais, 2.600 m. **B** Subarbustos: *Rhododendron ferrugineum*, Alpes centrais, 2.100 m. **C** Campo de altitude com pé-de-leão (*Leontopodium*) e "heliboro" (*Veratrum*), Sechuan, China, 3.400 m. **D** Campo de altitude nas Montanhas Nevadas, 2.100 m, Austrália, com *Craspedia* sp. **E** Urzal com gramíneas, Montanhas Draken, 3.050 m, África do Sul. **F** Comunidades de subarbustos, Montanhas Cradle, 1.600 m, Tasmânia. **G** Campo de altitude com *Kobresia*, Niwot Ridge, Montanhas Rochosas, 3.600 m. **H** Urzal de altitude com *Pinus pumila*, Monte Nurikura, 2.800 m, Japão.

14.2.12 Estepes e pradarias

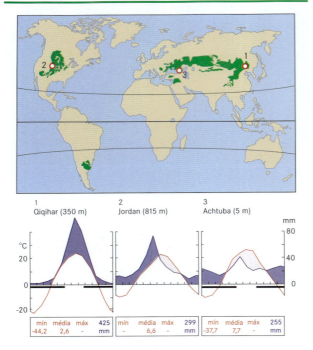

Nas regiões continentais da zona temperada formam-se campos gigantescos, cujos ecossistemas, além do clima regional, também tiveram influência dos ungulados, do fogo e parcialmente do homem na sua formação. Ao lado das estepes euroasiáticas e das pradarias norte-americanas (e da vegetação das Grandes Planícies), são encontradas formas análogas dessas formações vegetais também na Argentina (Pampa), na África Meridional e nas montanhas dos Atlas (Marrocos) com clima temperado quente, na Austrália temperada e nas encostas de barlavento das montanhas no sul da Nova Zelândia.

Dados climáticos anuais (valores médios e totais) dizem muito pouco sobre as condições de vida nesse ambiente. No interior das grandes massas continentais do Hemisfério Norte entre as latitudes de 35 e 55°N, os invernos são em parte extremamente frios (até −50°C), os verões em parte extremamente quentes (frequentemente > 40°C). A umidade do solo durante o período de crescimento resulta essencialmente do derretimento da neve do inverno, das chuvas predominantes na primavera e, nos locais mais úmidos, das chuvas convectivas no verão (totais médios anuais entre 250 e 500 mm).

Os solos baseiam-se principalmente em loess, loess argiloso ou areia e costumam ser muito profundos. Como boa parte da produção primária fica no solo (nos campos mais de 2/3), surgem perfis húmicos profundos muitas vezes de cor escura (chernossolo). Roedores fossoriais (hamster, cão-da-pradaria) provocam uma mistura dos horizontes do solo.

Genericamente, pode-se distinguir nessa zona climática quatro tipos de vegetação: 1) cobertura vegetal de gramíneas com altura inferior a 50 cm: **pradaria baixa**, **estepe típica**, estepe de planalto da Mongólia (ambientes mais secos e frios); 2) cobertura vegetal de campo com altura superior a 1 m: **comunidade de gramíneas gigantes**, **pradaria alta**, **pampa**, "pradaria" sul-africana (ambientes úmidos e climaticamente amenos); 3) estepe de *Artemisia*, onde esse gênero é dominante ou a cobertura é de arbustos anões de *Artemisia* completamente lignificados (artemísias; regiões especialmente frias nas Grandes Planícies da América do Norte e na Ásia Central); em locais elevados do Oriente Médio e do Oriente Próximo são substituídos por 4) **formações em "almofada espinhosas"** (*Astragalus, Acantholimon, Noaca*). Muitas dessas regiões continentais, encontram-se em locais elevados, o que explica as temperaturas baixas mesmo em médias latitudes. A pradaria baixa de Wyoming e Montana e as Grandes Planícies estão a cerca de 2.000 m de altitude, a estepe da Mongólia a cerca de 2.500 m, as estepes na África do Sul temperada (oeste das montanhas Draken) encontram-se a 1.600 m. Devido às boas condições de solo e ao clima propício ao cultivo de cereais e à criação de gado ("oeste selvagem"), as estepes e pradarias naturais praticamente desapareceram. O pastejo por ungulados, mesmo os nativos, é um fator importante (manadas de bisões). Os campos continentais, em parte, seriam do ponto de vista climático florestas potenciais (locais com total pluviométrico anual > 400 mm), mas, como na savana, o **fogo** oriundo de relâmpagos impede o crescimento das árvores. Os meristemas das gramíneas estão protegidos a vários centímetros abaixo da superfície do solo. As consequências da influência dos ungulados não é tão clara quanto na savana. Comunidades de gramíneas, como na pradaria alta e no pampa, podem, por concorrência, impedir o crescimento de árvores.

O gênero característico da estepe, em parte também da pradaria baixa, é *Stipa* (flexilha). *Stipa* é um relicto de ambientes pobres em precipitação e frios do Oriente Próximo das épocas de congelamento durante as glaciações hoje ainda em locais secos da Europa Central (Kaiserstuhl, Wallis, Vintschgau, Wachau); na região panônica encontram-se os sentinelas ocidentais. *Stipa tenacissima*, o esparto, domina o planalto dos Atlas. Na pradaria baixa, *Bouteloua gracilis* (grama-azul) é particularmente importante. A pradaria alta americana é dominada por espécies de gramíneas C_4 do gênero *Andropogon, Sorghastrum,* entre outras (região centro-sul da América do Norte, típico no Kansas, com dicotiledôneas atrativas acompanhantes, como *Echinacea* e *Rudbeckia*), *Hyparrhenia* e *Pennisetum* dominam na África do Sul e *Cortaderia* no pampa da Argentina. *Artemisia tridentata* domina grandes partes do oeste da América do Norte, *A. sieberi* domina os campos das porções mais secas da Ásia central. As regiões secas continentais do Oriente Próximo também são o ambiente natural do **trigo**, da cevada e do centeio; as regiões limítrofes submontanas meridionais da estepe da Ásia Central, o ambiente natural de frutíferas lenhosas da família das Rosaceae (maçã, damasco; Alma Ata – hoje Almati – a cidade das maçãs).

Stipa capillaris (2.000 m, Cazaquistão, Ásia Central).

Artemisia terra alba (800 m, próximo de Alma Ata).

Cortaderia (capim-do-pampa), exemplo de gramínea de grande porte, Argentina.

Figura 14-19 **A** Estepe de altitude com *Stipa* e *Leontopodium*, Tien Shan, 2.500 m, Ásia Central. **B** Pradaria baixa no Wyoming, 2.000 m. **C, D** Pradaria alta no Missouri, 500 m, com *Rudbeckia*. **E** Estepe de *Artemisia terra alba*, 800 m, Cazaquistão. **F** Estepe patagônica (500 m de altitude) com *Mulinum spinosum* (Apiaceae) e *Stipa speciosa* (Fotografia segundo O. Sala). **G** Estepe de *Artemisia tridentata*, 2.300 m em Nevada. **H** Campos de esparto, Montanhas Atlas, 1.500 m.

14.2.13 Desertos das zonas temperadas

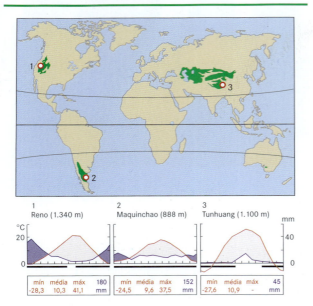

Na zona temperada, também existem desertos e semidesertos. O clima de inverno com geada e verão sem chuva, via de regra reforçado pela salinização dos solos, cria condições de vida extremas na mesma latitude em que, sob clima oceânico, crescem as florestas de carvalho. Os limites com as regiões secas subtropicais são contínuos. O Deserto de Mojave é tratado aqui pelos invernos frios decorrentes de sua posição altitudinal. Por ser uma depressão abaixo do nível do mar, o Vale da Morte no nordeste da Califórnia é no verão o local mais quente da Terra; as encostas de seu vale, entretanto, são temperadas, isto é, uma região desértica com inverno frio. A vegetação em torno do Mar Cáspio corresponde a esse grande lago salgado. Semidesertos temperados também são encontrados nas depressões da Ásia Central, em Gobi e em alguns vales interiores do Hindukusch e no leste do Himalaia; no Hemisfério Sul, na Patagônia, como também no sul da Austrália.

Quanto à temperatura, o clima dessa zona é muito parecido com o dos campos continentais (ver 14.2.12), porém com máximas superiores no verão. A precipitação é inferior a 250 mm (no Deserto Takla-Matan, na Ásia Central, menos que 60 mm, no de Gobi, menos que 100 mm). Os solos são, como habitual em locais secos, pouco desenvolvidos. Onde a salinização está presente, resultam solos sálicos ou háplicos ou ainda súdicos (solonets, ver 11.5.2.3), extremamente básicos. Por meio do enriquecimento de sódio, podem resultar camadas duras e impermeáveis que impedem a penetração das raízes. Salinização ou enriquecimento de sódio ocorrem sempre que a evaporação (pelo aumento de umidade do solo) superar a precipitação.

A vegetação dessas regiões áridas e semiáridas com inverno frio alcança desde áreas relativamente ricas em espécies e formas de vida, como no Deserto de Mojave, EUA, ou no sul da Austrália, até ilhas edaficamente secas (areia) com cobertura monoespecífica de halófitas suculentas. Com raras exceções (como em encostas), a salinização do solo sempre exerce influência. Do ponto de vista da superfície ocupada, a maior parte dessa zona é dominado por **halófitas**. O Mojave é famoso pelas suas rosetas arbóreas semissuculentas de *Yuca brevifolia*, mas tem também um conjunto de *Opuntia* rico e resistente à geada, arbustos anões e uma flora de gramíneas e ervas anuais. Os vales das superfícies elevadas do núcleo do Vale da Morte, extremamente quentes no verão (máxima absoluta de 56°C à sombra, diariamente acima de 45°C), são dominados por arbustos de *Atriplex* (secreções salinas tornam as folhas brancas e refletivas). Muitas espécies possuem, pela mesma razão, folhas pilosas e esbranquiçadas (como a Asteraceae *Encelia farinosa*). Como nas regiões costeiras, a vegetação do entorno de depressões salinas possui tolerância gradual à salinidade. Assim, a flora subarbustiva relativamente tolerante à salinidade e rica em Asteraceae restringe-se ao entorno do grande lago salgado (Utah; situação parecida no Mar Cáspio e no Mar Aral), onde o sal cristalino está sobre a superfície, um dos lugares mais inóspitos do globo, e é dominada por *Suaeda depressa* (rota metabólica CAM, excreções salinas ativas, pressão osmótica do suco celular até 7 Mpa). Solos gipsíferos, como os dos desertos da Ásia Central, não são quimicamente tão agressivos (mas com pH 11), mas impedem a passagem para a água subterrânea. Apenas esporadicamente uma planta consegue penetrar essa camada impermeável que está a 1-2 m de profundidade. A vegetação dessa zona é composta predominantemente de pequenos arbustos parcialmente lenhosos (embora "matas" de *Haloxylon* no Lago Balkasch alcancem 12 m de altura, a maior parte não ultrapassa 3 m). Representantes da Europa Central na vegetação halófita da estepe salina encontram-se na planície panônica (vide margem oriental do Lago Neusiedler).

Floristicamente, esse é o zonobioma mais simples, onde apenas uma família domina: a **Chenopodiaceae** (*Atriplex, Suaeda, Salicornia*, entre outras). Regionalmente, têm importância os representantes de **Zygophyllaceae**, Solanaceae, Polygonaceae e Asteraceae. Fora das regiões salinizadas, a flora é mais rica e, em ambientes mais quentes, o espectro é similar ao de algumas regiões secas subtropicais (ver 14.2.6).

Salicornia quinquefolia (Chenopodiaceae), lago salgado, sul da Austrália.

Figura 14-20 A, B Grande lago salgado (Utah) com *Suaeda depressa*. C Deserto de Mojave (Califórnia) com *Yucca brevifolia*. D Deserto com *Atriplex,* na borda do Vale da Morte, Nevada. E, F Vegetação arbustiva com *Haloxylon aphylla* no Lago Balkash, Ásia Central. G, H Desertos rochoso e arenoso com *Ephedra* e *Aristida,* no Cazaquistão.

14.2.14 Florestas boreais

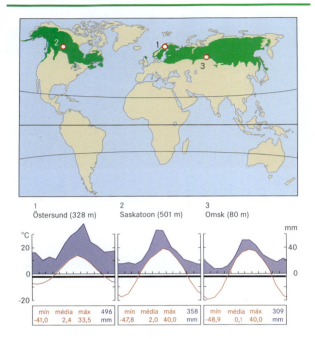

O conceito de "boreal", ou "ao norte" da zona temperada, abrange um largo cinturão florestal dominado por coníferas, envolvendo toda a região holártica (taiga). São as regiões florestais do norte da Europa (Escandinávia, norte da Rússia e Sibéria), Canadá e Alasca, chegando até o Círculo Polar e em alguns lugares nitidamente ultrapassando-o (no leste da Sibéria, até praticamente os 73° N).

Nessa zona, também existem fortes gradientes de umidade, desde as próximas aos oceanos até o interior continental, mas, em função do curto período vegetativo (3-5 meses) e das temperaturas geralmente baixas, a umidade raramente é um fator limitante. Temperaturas muito baixas no inverno (de até −70°C na Sibéria) não parecem indicar que o verão pode ser quente e abafado.

Os solos vão desde cambissolos ricos em matéria orgânica parcialmente decomposta, passando por espodossolos (solos pálidos com camada lixiviada), até os solos turfosos ou solos pouco desenvolvidos, como chernossolos rendzínico e neossolos litólicos hísticos. Também neossolos quartzarênicos (areia) são ocupados pela floresta. A lenta decomposição das folhas das coníferas fomenta a acidificação do solo. *Permafrost* no solo exclui cobertura florestal contínua, mas isso está associado a uma troca entre a floresta e temperatura do solo. Ao fechar o dossel da floresta, devido ao derretimento do *permafrost*, cai a temperatura do solo (a radiação solar não mais alcança o solo para aquecê-lo) e o *permafrost* retorna, as árvores com isso perecem, e assim o Sol pode novamente aquecer o solo e assim sucessivamente. Poucos centímetros de diferença de altura do lençol freático podem ser decisivos ao estabelecimento de floresta no local. Em função disso, pequenas diferenças topográficas são visualmente realçadas (em solos encharcados a floresta também não cresce).

As fortes geadas hibernais excluem a maioria dos gêneros de latifoliadas das florestas boreais. Entretanto, é marcante que justamente nos locais extremamente frios o larício, pinheiro estival, se torna dominante, formando às vezes comunidades monoespecíficas. A floresta boreal típica é mais aberta do que a floresta temperada, pois está cheia de troncos de madeira caídos e de árvores mortas há décadas e ainda em pé, sob um ciclo natural de desenvolvimento (200-300 anos) em que o fogo tem papel importante. Nas últimas décadas, em função do aquecimento global, aumentou sensivelmente a frequência de queimadas na taiga canadense. Em direção ao limite polar das florestas, a forma das árvores fica mais pontiaguda e o espaçamento entre elas maior. No limite das florestas propriamente dito, as coníferas são regionalmente substituídas por bétulas de pequeno porte (tundra da floresta de bétulas). As coníferas frequentemente são delgadas e possuem galhos até junto ao solo, o que, em terreno plano e com maior distância entre as árvores, garante bom aproveitamento da luz, diminui o peso da neve e contribui positivamente para levar mais calor ao solo (e por decorrência às raízes). Grossas camadas de musgos no substrato podem funcionar como uma armadilha de nutrientes, provocando "inanição" à floresta (efeito favorável do fogo de superfície). A ectomicorriza (cogumelo-de-chapéu) contribui muito para a nutrição das árvores. O aparecimento de plantas jovens é regionalmente muito influenciado pela pressão de pastejo no inverno. A enorme extensão dessas florestas as torna um importante fator climático, pois seu menor albedo (reflexão) absorve muito mais radiação do que locais sem floresta com superfície branca no inverno. Adicionalmente, elas armazenam muito carbono nos troncos de suas árvores e no húmus. Quarenta por cento de toda a madeira utilizada globalmente na fabricação de papel têm origem nessas florestas, razão pela qual estão extremamente ameaçadas.

Os gêneros dominantes nessas florestas boreais são *Picea, Pinus, Abies*, regionalmente também *Larix*. Ao norte da Escandinávia, *Pinus sylvestris* domina no oeste, mas no leste da Finlândia já começa a enorme área de *Picea obovata* (relacionada à *P. abies*, com pinhas menores). Na América do Norte, *Picea glauca* tem papel similar. *Abies balsamea* corresponde na América do Norte à *A. sibirica* na Sibéria. Sobre solos pobres geralmente se estabelece *Pinus*. *Larix* é dominante principalmente no leste da Sibéria ("taiga clara", *L. dahurica*, entre outras; seu correspondente na América do Norte é *L. lariciana*). *Betula, Populus* (*P. tremula* (choupo-tremedor), na Europa; *P. tremuloides*, choupo ou álamo, na América do Norte), espécies de *Betula*, *Salix* e *Sorbus* são as principais não coníferas acompanhantes. Ao lado de musgos e liquens, pequenos arbustos, geralmente do gênero *Vaccinium*, dominam no sub-bosque.

Picea obovata, leste da Finlândia.

Tapete de musgos (aqui *Polytricum*) competem por nutrientes com as árvores.

O pastejo (aqui por alce) pode pressionar a mata.

Fungo formador de micorriza e estrato herbáceo com subarbustos.

Figura 14-21 **A** Floresta boreal típica, com *Picea obovata* (nordeste da Finlândia). **B** De acordo com o relevo, se estabelecem florestas ou turfeiras (norte da Suécia). **C, D, F** Floresta boreal de bétulas e área desbastada para pastejo. **E** Corredores arbustivos exuberantes de talos. **G** Liquens "arbustivos" **H** Floresta seca mista de *Pinus-Betula*.

14.2.15 Vegetação subártica e ártica

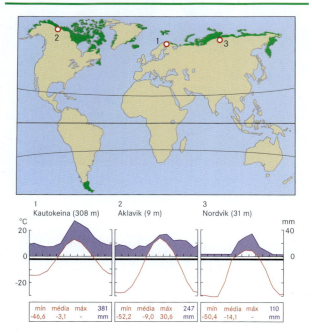

Enquanto a Antártica possui apenas duas espécies nativas em uma área ínfima livre de gelo, o cinturão de vegetação circumpolar do Hemisfério Norte, ao norte do limite das florestas, ocupa 5% da superfície da Terra e é espaço de vida para cerca de 1.000 espécies de angiospermas. A cobertura vegetal contínua no subártico é denominada de **tundra** (entre 62 e 75°N na Europa e na Groenlândia; devido à influência da Deriva do Atlântico Norte (Corrente do Golfo), situa-se cerca de 5-8° de latitude mais ao norte do que na costa leste da América do Norte. O termo tem origem do finlandês "tunturi" usado para denominar terreno ondulado sem árvores. Em latitudes mais elevadas, a vegetação é fortemente fragmentada e limitada a micro-hábitats favoráveis (até 83°N).

O clima dos ambientes árticos é marcado por um curto período de crescimento (6-16 semanas) e grande parte do tempo com luz do dia por 24 h. Nessa época, a temperatura nas porções meridionais da tundra claramente ultrapassam os 20°C. No longo inverno, em geral devido à pouca precipitação (< 400 mm), forma-se apenas uma fina camada de neve, o que tem por consequência a penetração profunda do frio ártico no solo. Embora os totais de precipitação sejam baixos, o ambiente ártico (com poucas exceções) é úmido, pois a evaporação é muito baixa. Além disso, em vários locais o *permafrost* impede a infiltração da água. A oferta local de água também é fortemente determinada pela neve levada pelo vento (relevo).

Frio, água parada e a consequente inibição dos processos de decomposição marcam a maioria dos solos árticos. Eles são muito húmicos (turfosos), muito ácidos, ocupados apenas por especialistas (Ericaceae, Cyperaceae). O congelamento e o degelo moldam a estrutura do solo (solifluxão, solos poligonais, protuberâncias com gelo). A topografia e, em decorrência, a água parada determinam o mosaico de vegetação. Solos bem drenados em encostas levam em geral ao aumento de espécies e da capacidade de crescimento. A profundidade com que o solo degela no verão é definida também pela cobertura vegetal.

As principais formas da vegetação ártica são: 1) **tundra subarbustiva**, 2) **tundra arbustiva de ciperáceas e de gramíneas lanuginosas**, 3) **turfeiras**, 4) comunidades de plantas superiores sobre solo exposto, 5) vegetação de musgos e liquens. Na borda meridional da tundra, ocorre regionalmente uma tundra florestal aberta de bétulas, a qual se estende até as florestas boreais. Quase todas as plantas desse ambiente têm a capacidade de propagação vegetativa (clonal). As criptógamas (musgos e liquens) têm grande importância na cobertura do solo. No alto ártico, o solo é coberto por grandes crostas ricas em algas azuis. Associações abertas com micróbios de solo (em ciperáceas) e simbiose com fungos (micorriza com Ericaceae) têm grande importância na oferta de nutrientes. Nos solos predominantemente ácidos, são utilizados como fontes de nitrogênio, além do amônio, também aminoácidos livres. Os dias longos compensam em parte o curto período de crescimento. O ritmo fenológico das plantas é fortemente dirigido pelo fotoperíodo, isto é, o tempo mais quente não ilude as plantas sobre a real época do ano. Inúmeros experimentos mostraram, tal como no nível alpino, que durante o período de crescimento a temperatura não se constitui um fator limitante (como frequentemente aceito). O fator limitante é a duração do período de crescimento.

A flora da zona subártica e ártica é relativamente pobre em espécies (< 1/10 da diversidade de espécies da flora alpina global). Mesmo essa diversidade resulta principalmene de pequenos hábitats fortemente definidos pela topografia e sem água parada. Assim que o terreno se torna plano e, com isso, úmido, o espectro de espécies se reduz, de modo que a maior parte da produção primária se origina claramente de < 100 espécies. Dentre essas, três famílias possuem enorme importância: **Ericaceae** (especialmente *Vaccinium*, *Empetrum*), **Cyperaceae** (*Carex*, *Eriophorum*), **Salicaceae** (*Salix*). Outras famílias importantes são Betulaceae (*Betula nana*), Rosaceae (*Rubus*) e Poaceae (*Deschampsia*, entre outras). Gêneros de musgos importantes são *Sphagnum* (musgo de turfeiras) e *Hylocomium* (musgo de andares); liquens de talos "arbustivos" de ampla distribuição pertencem aos gêneros *Cladina*, *Cladonia* e *Cetraria*. A flora ártica-alpina possui muitas semelhanças com aquela do nível alpino das zonas temperadas (espécies em comum como *Ranunculus glacialis* e *Oxyria digyna*), mas não é correto utilizar o termo tundra para a vegetação alpina.

Betula nana, a bétula-anã de apenas 50 cm de altura.

O degelo do *permafrost* permite a erosão da turfa ("termocarst").

Rubus chamaemorus.

Caminho de Lemingue.

Figura 14-22 A, B Turfeira rasa com *Eriophorum* (gramínea lanuginosa) e imediatamente atrás (em B) turfeira com protuberância abaulada. Tundra de ciperáceas após o derretimento da neve **C** e com protuberância com gelo. **D, E, F** Tundra com vegetação baixa. **G, H** *Empetrum nigrum* e *Carex bigelowii*, duas espécies dominantes da região circumpolar (todos os exemplos do norte da Suécia).

14.2.16 Vegetação costeira

A vegetação costeira tem características zonais e azonais. As zonais, aquelas formas tipicamente climáticas, distribuem-se por uma amplitude latitudinal mais ampla do que as demais zonas de tipos vegetacionais. O clima é muito uniforme. As plantas de hábitat praial convivem com amplitudes térmicas bastante baixas praticamente sem geada no inverno, mesmo nas elevadas latitudes das zonas temperadas.

Em todos os casos, a vegetação é marcada pela **influência da salinidade** e de **fatores mecânicos** (vento, instabilidade do solo, inundação). As plantas de regiões costeiras íngremes sujeitas à aspersão (borrifos) de água devem ser muito tolerantes à salinidade, uma vez que pela evaporação podem ocorrer deposições de sal puro. As dunas supostamente quentes e extremamente secas não são de fato secas. A **areia** com poros grosseiros dificulta a ascensão da **umidade** e a conserva assim nas camadas profundas, a qual as plantas podem acessar muito bem. O decorrente resfriamento por transpiração e o autossombreamento evitam **danos do calor** na superfície arenosa. As plantas impedem o superaquecimento das folhas em locais de radiação tão intensa por 1) folhas estreitas (bom ajuste térmico com o ar), 2) superfícies refletoras (lanuginosas ou pilosas) ou 3) lâminas foliares em posição vertical, acompanhando a posição do Sol, como, por exemplo, a hoje cosmopolita *Hydrocotyle bonariensis* (ver a seguir). Plantas no lodo devem ser capazes de conviver com um ambiente **anaeróbico**, no âmbito das raízes. Isso, combinado com a influência direta da água do mar sob forte radiação, exige múltiplas adaptações, entre as quais se destacam os mangues (ver a seguir).

Estabilização do solo por meio do crescimento clonal de gramíneas (rizomas supraterrâneos e subterrâneos).

Proteção à radiação e ao calor por meio da posição vertical das folhas, aqui por *Hydrocotyle bonariensis* (Apiaceae, em todas as costas temperadas quentes).

As plantas que habitam as regiões costeiras têm em comum o **impacto mecânico** pelas tempestades, precipitação das ondas e/ou instabilidade do terreno. Isso explica porque as **formas de vida clonais** e folhas resistentes ao ventos fortes são tão frequentes. Sementes e frutos estão especialmente adaptados, o que fica claro pela forma de construção do coco. Esse tipo de fruto apresenta três camadas protetoras: o envoltório coriáceo (epicarpo), a camada fibrosa flutuadora (mesocarpo) e no interior do núcleo impermeável (endocarpo) encontra-se uma enorme semente rica em gordura, o também hidrorrepelente endosperma líquido (a copra – solução nutritiva que possibilita a germinação mesmo após alguns milhares de quilômetros de dispersão do diásporo ao longo da costa. Os embriões de *Rhizophora* (mangue) se fixam no lodo movediço com raízes quase a prumo e hipócotilo alongado.

Broto de coco.

Embrião de *Rhizophora mangle*.

Em nível global, destacam-se cinco tipos de vegetação costeira:

Costas planas tropicais com depósitos de areia ou de corais ocorrem protegidas por recifes e são caracterizadas por *Cocus nucifera* (coqueiro, Figura 14-23A) e – em regiões paleotropicais e austrais – por *Pandanus* (palmeira-parafuso, B) e *Casuarina* (C). *Ipomea pes-caprae* (Convolvulaceae) é uma espécie litorânea de ampla distribuição. É frequente a eutrofização por ninho de aves marinhas.

Costas lodosas subtropicais e tropicais sob ação das marés são ambiente dos manguezais: tolerantes à salinidade, atingem até 20 m de altura, folhas largas e espessas de espécies com raízes-escora adventícias (Figuras 14-23D, *Rhizophora* sp.; 10-276) ou com pneumatóforos (*Avicenia* sp.), que favorecem a deposição de lodo (F, Figura 12-29). Em águas calmas, o manguezal pode evoluir para um ecossistema muito rico em espécies.

Costas planas de zonas temperadas até mediterrâneas com areia são caracterizadas por gramíneas com reprodução clonal (Figura 14-23J, K, *Ammophila*, *Agropyron*, *Cyperus*) e dicotiledôneas (L, Convolvulaceae, Brassicaceae, Plantaginaceae, Asteraceae, entre outras), as quais dão estabilidade às dunas costeiras (Figura 14-3). Em água salobra rasa na zona das marés, (H, I) dominam plantas de lodo tolerantes à salinidade, das famílias Chenopodiaceae e Cyperaceae (para banhados e dunas, ver 14.1.1, Figura 14-4J-L).

Costas íngremes de zonas temperadas até mediterrâneas mostram um conjunto típico de plantas tolerantes à aspersão da água do mar (à salinidade) que povoam as rochas (Figura 14-23M-O). As famílias com ampla distribuição são Apiaceae (*Crithmum*), Plumbaginaceae (*Armeria*, *Limonium*), Chenopodiaceae (*Cakile*, *Beta vulgaris*, ancestral de muitas plantas cultivadas parentes de *Beta*), algumas Asteraeae, Fabaceae e Euphorbiaceae.

Costas rochosas de zonas temperadas frescas até polares possuem um flora litoral exuberante dominada por algas (Figura 14-23P-R; Phaeophyceae *Enteromorpha*, *Fucus*, *Laminaria*). Sobretudo o gênero *Fucus* (R, alga com flutuador – aerocisto) ocorre até o limite superior das marés. Essas algas pardas contêm até 40% de matéria seca fonte de polissacarídeos (Alginato; ver 10.2, Phaeophyceae), as quais impedem um ressecamento durante a maré baixa. Com talo coriáceo e com rizoides ancorados, essas algas também resistem à batida das ondas de fortes tempestades.

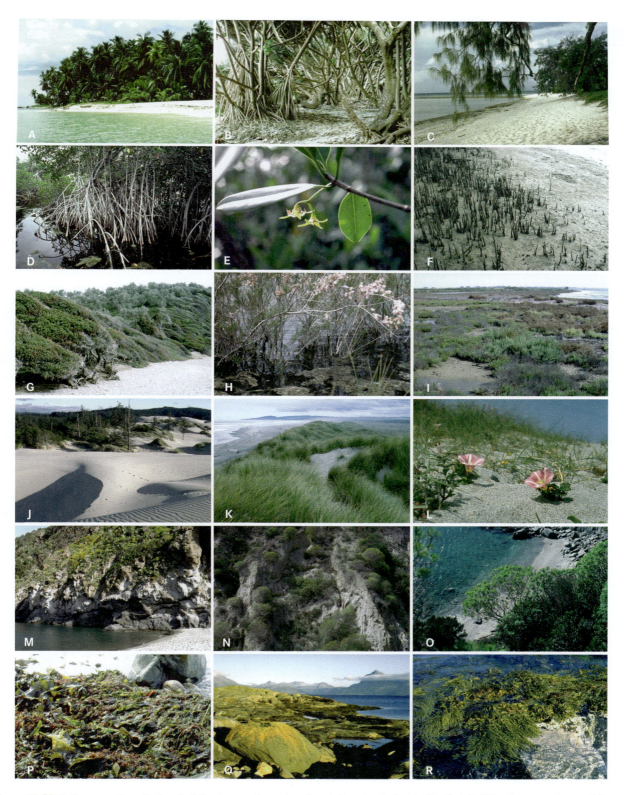

Figura 14-23 **A** *Cocos nucifera*, Caribe. **B, C** *Pandanus* e *Casuarina*, Grande Barreira de Corais (Recifes). **D** *Rhizophora mangle* com **E** flores, Flórida. **F** *Avicennia marina*, Queensland. **G** Mata costeira conformada pelo vento ao sul de Sidney. **H** Laguna com *Tamarix* (Ilhas Gregas). **I** Marisma, Camarque, sul da França. **J** Dunas móveis cobrem a mata costeira (Oregon, EUA). **K** Paisagem de dunas no Mar do Norte. **L** *Calystegia*, Córsega **M-O** Costas íngremes mediterrâneas (**M, N** Ischia, **O** Samos, **N, O** *Euphorbia dendroides*). **P-R** Litoral, Atlântico Norte: diversas macroalgas (algas, **P**) e cobertura monoespecífica de *Fucus* (**R**).

Referências

Archibold OW (1995) Ecology of world vegetation. Chapman & Hall, London

Barbour MG, Billings WD (2000) North American terrestrial vegetation, 2nd ed. Cambridge University Press, Cambridge

Bliss LC, Heal OW, Moore JJ (1981) Tundra ecosystems, a comparative Analysis. Cambridge University Press, Cambridge

Breckle SW (2002) Walter's vegetation of the earth. The ecological systems of the geo-biosphere. Springer, Berlin

Burga C, Klötzli F, Grabherr G (2004) Gebirge der Erde. Landschaft, Klima, Pflanzenwelt. Ulmer, Stuttgart

Cole MM (1986) The savannas: biogeography and geobotany. Academic Press, London

Coupland RT (1993) Natural grasslands. Ecosystems of the world. Elsevier, Amsterdam

Deshmukh I (1986) Ecology and tropical biology. Blackwell, Palo Alto

Dierssen K (1996) Vegetation Nordeuropas. Ulmer, Stuttgart

Ellenberg H (1986) Vegetation Mitteleuropas mit den Alpen in ökologischer, dynamischer und historischer Sicht. Ulmer, Stuttgart

Hofrichter R (2002) Das Mittelmeer: Fauna, Flora, Ökologie. Spektrum Akademischer Verlag, Heidelberg

Little C (2000) The biology of soft shores and estuaries. Oxford University Press, Oxford

Richards PW (1996) The tropical rain forest: An ecological study, 2nd ed. Cambridge University Press, Cambridge

Silvertown J (2007) Introduction to plant population biology, 4th ed. Blackwell Science, Oxford

Vareschi V (1980) Vegetationsökologie der Tropen. Ulmer, Stuttgart

Walter H, Breckle SW (1983–1991) Ökologie der Erde, 4 Bände. UTB, Gustav Fischer, Stuttgart

Walter H, Harnickell E, Mueller-Dombois D (1975) Klimadiagramm-Karten der einzelnen Kontinente und die ökologische Klimagliederung der Erde. Fischer, Stuttgart

Wielgolaski FE (1997) Polar and Alpine Tundra. Ecosystems of the world, vol 3. Elsevier, Amsterdam

Wilmanns O (1998) Ökologische Pflanzensoziologie: eine Einfu_hrung in die Vegetation Mitteleuropas, 6. Aufl. Quelle & Meyer, Wiesbaden

Whitmore TC (1998) An introduction to tropical rain forests, 2nd ed. Oxford University Press, Oxford

Referências

A seguir, são relacionadas as obras dos autores citados no texto nas legendas das figuras, com os respectivos anos de publicação. As fontes só foram citadas, na maioria dos casos, quando se tratava de produções realizadas mais recentemente. Os autores das figuras mais antigas são mencionados nas legendas das mesmas sem o ano, e não aparecem neste índice.

Ballare CL, Sanchez RA, Scopel AL, Ghersa CM (1988) Morphological responses of Datura ferox L. seedlings to the presence of neighbours. Their relationships with canopy microclimate. Oecologia 76: 288-293

Barthlott W, Mutke J, Rafiqpoor MD, Kier G, Kreft H (2005) Global centres of vascular plant diversity. Nova Acta Leopoldina NF92 (342): 61-83

Berendse F, Aerts R (1987) Nitrogen-use-efficiency: a biologically meaningful definition? Functional. Ecology 1: 293-296

Berg RH, Beachy RN (2008) Fluorescent Protein Applications in Plants. In: Sullivan KF, Kay SA, eds, Methods in Cell Biology, Vol. 85. Academic Press, San Diego, CA

Braun-Blanquet J (1964) Pflanzensoziologie. Grundzüge der Vegetationskunde, 3. Aufl. Springer, Wien

Bresadola G (1933) Iconographia Mycologica. Mailand

Briggs D, Walters M (1997) Plant Variation and Evolution, 3rd ed. Cambridge University Press, Cambridge

Brouwer R (1963) Some aspects of the equilibrium between overground and underground plant parts. JB IBS Wageningen, pp 31-39

Brown JH, Lomolino MV (1998) Biogeography. Sinauer, Sunderland

Buckley TN (2005) The control of stomata by water balance. New Phytol 168: 275-291

Buringh P, Dudal R (1987) Agricultural land use in space and time. In: Wolman MG, Fournier FGA, eds, Land transformation in agriculture. Scope, John Wiley & Sons, Chichester

Caldwell MM, Eissenstat DM, Richards JH, Allen MF (1985) Competition for phosphorus: differential uptake from dual-isotopelabelled soil interspaces between shrub and grass. Science 229: 384-386

Caldwell MM, Dawson TE, Richards JH (1998) Hydraulic lift: Consequences of water efflux from the roots of plants. Oecologia 113: 151-161

Callaway RM, Walker LR (1997) Competition and faciliation: A synthetic approach to interactions in plant communities. Ecology 78: 1958-1965

Chapin FS III, Vitousek PM, Van Cleve K (1986) The nature of nutrient limitation in plant communities. The Amer Naturalist 127:48-58

Chazdon RL, Pearcy RW, Lee DW, Fetcher N (1996) Photosynthetic responses of tropical forest plants to contrasting light environments. In: Mulkey SS, Chazdon RL, Smith AP, eds, Tropical plant ecophysiology. Chapman & Hall, New York

Choat B, Cobb AR, Jansen S (2008) Structure and function of bordered pits: new discoveries and impacts on whole-plant hydraulic function. New Phytol 177: 608-625

Clarke A, Crame AJ (2003) The importance of historical processes in global patterns of diversity. In: Blackburn TM, Gaston KJ, eds, Macroecology: Concepts and consequences. Blackwell Publishing, Oxford

Clay K (1990) Fungal endophytes of grasses. Ann Rev Ecol Syst 21:275-297

Crane PR (1988) Major clades and relationships in the „higher" gymnosperms. In: Beck C, ed, Origin and evolution of gymnosperms. Columbia University Press, New York

Dansereau P (1957) Biogeography: an ecological perspective. Ronald Press, New York

Davis SD, Mooney HA (1986) Water use patterns of four co-occurring chaparral shrubs. Oecologia 70: 172-177

Dierschke H, Briemle G (2002) Kulturgrasland. Ulmer, Stuttgart

Duvignaud P (1971) Productivity of forest ecosystems. Unesco, Paris

Ehleringer JR, Cerling TE, Dearing MD (2005) A history of atmospheric CO_2 and its effects on plants, animals, and ecosystems. Springer, New York

Ellenberg H (1973) Oekosystemforschung. Springer, Berlin

Ellenberg H (1996) Vegetation Mitteleuropas mit den Alpen in ökologischer, dynamischer und historischer Sicht, 5. Aufl. Ulmer, Stuttgart

Esser K (1965) Die Inkompatibilität. In: Ruhland W, Hrsg, Handbuch der Pflanzenphysiologie 18. Springer, Berlin

Esser K (1976) Kryptogamen. Blaualgen, Algen, Pilze, Flechten. Springer, Berlin

Evans JR (1989) Photosynthesis and nitrogen relationships in leaves of C_3 plants. Oecologia 78: 9-19

Evans JR (1998) Photosynthetic characteristics of fast- and slow growin species. In: Lambers H, Poorter H, Van Vuuren MMI, eds, Inherent variation in plant growth. Physiological mechanisms and ecological consequences. Backhuys, Leiden

Evans LT, Dunstone RL (1970) Some physiological aspects of evolution in wheat. Aust J Biol Sci 23: 725-741

Falkowski PG, Barber RT, Smetacek V (1998) Biogeochemical controls and feedbacks on ocean primary production. Science 281:200-206

Findenegg J (1969) Die Eutrophierung des Mondsees im Salzkammergut. Z Wasser- und Abwasserforsch 2: 139-144. Aus Larcher W (1976) Ökologie der Pflanzen, 2. Aufl. Ulmer, Stuttgart

Fischbach KF (1998) Spontane Mutationsmechanismen. In: Seyffert W, Hrsg, Lehrbuch der Genetik. Gustav Fischer, Stuttgart

Franks P, Brodribb TJ (2005) Stomatal control and water transport in the xylem. In: Holbrook NM, Zwieniecki MA, eds, Vascular transport in plants. Elsevier, Amsterdam

Gause FG (1934) The struggle for existence. Williams & Wilkins, Baltimore

Gifford RM, Evans LT (1981) Photosynthesis, carbon partitioning, and yield. Ann Rev Plant Physiol 32: 485-509

Gill M, Steglich W, Hrsg (1987), Pigments of Fungi (Macromycetes). Progr Chem Org Nat Prod 51: 1-317

Gillner V (1960) Vegetations-und Standortsuntersuchungen in den Strandwiesen der schwedischen Westküste. Acta Phytogeographica Suecica 43. Göteborg

Gjaerevoll O (1990) Alpine plants. The Royal Norwegian Society of Sciences and Tapir Publishers. Trondheim

Glatzel G (1990) The nitrogen status of Austrian forest ecosystems as influenced by atmospheric deposition, biomass harvesting and lateral organomass exchange. Plant and Soil 128: 67-74

Gollan T, Passioura JB, Munns R (1986) Soil water status affects the stomatal conductance of fully turgid wheat and sunflower leaves. Aust J Plant Physiol 13: 459-464

Grace J (1997) Toward models of resource allocation by plants. In: Bazzaz FA, Grace J, eds, Plant resource allocation. Physiological ecology - A series of monographs texts and treatises. Academic Press, San Diego

Grant V (1991) The evolutionary process – a critical study of evolutionary theory, 2nd ed. Columbia University Press, New York

Grime et al. (2005; s. 14-29((X)))

Grime JP, Hodgson JG, Hunt R (2007) Comparative plant ecology, 2nd ed. Unwin & Hyman, London

Grubb PJ (1989) Toward a more exact ecology: a personal view of the issues. In: Grubb PJ, Whittaker JB, eds, Toward a more exact ecology. 30th Symp of The British Ecol Soc London 1988. Blackwell Publishing, Oxford

Grubb PJ (1998) A reassessment of the strategies of plants wich cope with shortages of resources. Perspect Plant Ecol Evol Syst 1: 3–331

Güsewell S (2004) N:P ratios in terrestrial plants: variation and functional significance. New Phytologist 164: 243–266

Hamilton JG, DeLucia EH, George K, Naidu SL, Finzi AC, Schlesinger WH (2002) Forest carbon balance under elevated CO_2. Oecologia 131: 250–260

Hansen J (2000) Froststress bei Pflanzen. Biologie in unserer ZeituZ 30: 24–34

Harper JL (1977) Population biology of plants. Academic Press, London

Harper JL, Ogden J (1970) Reproductive strategy of higher plants. 1. Concept of strategy with special reference to Senecio vulgaris. J Ecol 58: 681–998

Hättenschwiler S, Miglietta F, Raschi A, Körner Ch (1997) Thirty years of in situ tree growth under elevated CO_2: a model for future forest responses? Global Change Biology 3: 436–471

Hébant C (1977) The conducting tissues of bryophytes. Cramer, Vaduz

Hector A et al (mit 32 Coautoren) (1999) Plant diversity and productivity experiments in european grasslands. Science 286: 1123–1127

Heide OM (1994) Control of flowering and reproduction in temperate grassland. New Phytol 128: 347–362

Hepler PK (1985) Calcium restriction prolongs metaphase in dividing Tradescantia stamen hair cells. J Cell Biol 100: 1363–1368

Hess O (1998) Chromosomenmutationen. In: Seyffert W, Hrsg, Lehrbuch der Genetik. Gustav Fischer, Stuttgart

Higaki T, Sano T, Hasezawa S (2007) Actin microfilament dynamics and actin side-binding proteins in plants. Curr Opin Plant Biol 10:549–556

Hoch G, Körner Ch (2003) The carbon charging of pines at the climatic treeline: a global comparison. Oecologia 135: 10–21

Hubbel (2001) SP (2001) The unified neutral theory of biodiversity and biogeography. Princeton University Press, Princeton?

Huston M (1993) Biological diversity, soils, and economics. Science 262: 1676–1680

Iltis HH (1983) From Teosinte to Maize: the catastrophic sexual Transmutation. Science 222: 886–894

Ingestad T (1982) Relative addition rate and external concentration driving variables used in plant nutrition research. Plant Cell Environ 5: 443–453

International Biological Programme (1968–1974) Publication Series, Cambridge University Press, Cambridge

Iwasa Y, Sato K, Kakita M, Kubo T (1993) Modelling biodiversity: Latitudinal gradient of forest species diversity. In: Schulze ED, Mooney HA, eds, Biodiversity and ecosystem function. Ecol Studies 99: 433–451, Springer, Berlin

Jäger EJ (1981-1982) Wuchsform und Lebensgeschichte der Gefässpflanzen. Universitäts- und Landesbibliothek Sachsen-Anhalt, Halle (Saale)

Kadereit JW (2004) Asterales: Introduction and conspectus. In: Kadereit JW, Jeffrey C, eds, The Families and Genera of Vascular Plants, Band VIII, Asterales. Springer-Verlag, Berlin, Heidelberg

Kadereit G, Borsch T, Weising K, Freitag H (2003) Phylogeny of Amaranthaceae and Chenopodiaceae and the evolution of C_4 photosynthesis. Int J Plant Sci 164: 959–986

Kahmen A, Perner J, Audorff V, Weisser W, Buchmann N (2005) Effects of plant diversity, community composition and environmental parameters on productivity in montane European grasslands. Oecologia 142: 606–615

Kenrick P, Crane PR (1997) The origin and early diversification of land plants – a cladistic study. Smithsonian Institution Press, Washington

Kimball BA, Kobayashi K, Bindi M (2002) Responses of agricultural crops to free-air CO_2 enrichment. Advances Agron 77: 293–368

King RA, Ferris C (1998) Chloroplast DNA Phylogeography of Alnus glutinosa (L.) GAERTN. Mol Ecol 7: 1151–1161

Kira T, Shidei T (1967) Primary production and turnover of organic matter in different forest ecosystems of the western Pacific. Jap J Ecol 17: 70–87

Kjeldahl J (1883) Neue Methode zur Bestimmung des Stickstoffs in organischen Körpern. Z Analyt Chemie 22: 366–382

Knapp R (1971) Einführung in die Pflanzensoziologie. Ulmer, Stuttgart

Körner Ch (1989) The nutritional status of plants from high altitudes. A worldwide comparison. Oecologia 81: 379–391

Körner Ch (1993) Scaling from species to vegetation: the usefulness of functional groups. In: Schulze ED, Mooney HA, eds, Biodiversity and Ecosystem Function. Ecol Studies 99: 117–140, Springer, Berlin.

Körner Ch (1994) Biomass fractionation in plants: a reconsideration of definitions based on plant functions. In: Roy J, Garnier E, eds, A whole plant perspective on carbon-nitrogen interactions. SPB Academic Publishing, Den Haag

Körner Ch (1997) Die biotische Komponente im Energiehaushalt: Lokale und globale Aspekte. Verh Ges dt Naturf Aerzte, 119. Wiss Verlagsgesellschaft, Stuttgart

Körner Ch (1998) Alpine plants: stressed or adapted? In: Press MC, Scholes JD, Barker MG, eds, Physiological Plant Ecology. Blackwell Publishing, Oxford

Körner Ch (2003) Alpine plant life, 2nd ed. Springer, Berlin

Körner Ch (2004) Through enhanced tree dynamics carbon dioxide enrichment may cause tropical forests to lose carbon. Philos Trans R Soc Lond Ser B-Biol Sci 359:493–498

Körner Ch (2006) Plant CO_2 responses: an issue of definition, time and resource supply. New Phytol 172: 393–411

Körner Ch, Scheel JA, Bauer H (1979) Maximum leaf diffusive conductance in vascular plants. Photosynthetica 13: 45–82

Körner Ch, Cochrane PM (1985) Stomatal responses and water relations of Eucalyptus pauciflora in summer along an elevational gradient. Oecologia 66: 443–455

Körner Ch, Paulsen J (2004) A world-wide study of high altitude treeline temperatures. J Biogeogr 31: 713–732

Kost B, Spielhofer P, Chua NH (1998) A GFP-mouse talin fusion protein labels plant actin filaments in vivo and visualizes the actin cytoskeleton in growing pollen tubes. Plant J 16: 393–401

Kraus G (1869–1870) Einige Beobachtungen über den Einfluss des Lichts und der Wärme auf die Stärkeerzeugung im Chlorophyll. In: Pringsheim N, ed, Jahrbücher für wissenschaftliche Botanik, Band 7. Verlag von Wilhelm Engelmann, Leipzig

Krause HH (1982) Nitrate formation and movement before and after clear-cutting of a monitored watershed in central New Brunswick, Canada. Can J For Res 12: 922–930

Kutschera U, Lichtenegger E (1997) Bewurzelung von Pflanzen in den verschiedenen Lebensräumen. Wurzelatlas Reihe 5. OÖ Landesmuseum, Linz

Lambers H, Poorter H, Van Vuuren MMI (1998) Inherent variation in plant growth. Physiological mechanisms and ecological consequences. Backhuys, Leiden

Landolt E (1977) Ökologische Zeigerwerte zur Schweizer Flora. Veröffentlichungen des Geobotanischen Institutes ETH (Rübel) 64: 1–28

Lang G (1994) Quartäre Vegetationsgeschichte Europas – Methoden und Ergebnisse. Gustav Fischer, Jena

Lange OL, Lösch R, Schulze ED, Kappen L (1971) Responses of stomata to changes in humidity. Planta 100: 76–86

Lange OL, Green TGA (2005) Lichens show that fungi can acclimate their respiration to seasonal changes in temperature. Oecologia 142: 11–19

Larcher W (1994) Ökophysiologie der Pflanzen, 5. Aufl. Ulmer, Stuttgart

Larcher W (2001) Ökophysiologie der Pflanzen, 6. Aufl. Ulmer, Stuttgart

Larcher W (2003) Physiological Plant Ecology. Ecophysiology and Stress physiology of functional groups, 4. Aufl. Springer, Berlin

Larigauderie A, Körner Ch (1995) Acclimation of leaf dark respiration to temperature in alpine and lowland plant species. Ann Bot 76: 245-252

Leins P (2000) Blüte und Frucht – Aspekte der Morphologie, Entwicklungsgeschichte, Phylogenie, Funktion und Ökologie. E. Schweizerbart'sche Verlagsbuchhandlung (Nägele und Obermiller), Stuttgart

Leuning R, Cromer RN, Rance S (1991) Spatial distribution of foliar nitrogen and phosphorus in crowns of Eucalyptus grandis. Oecologia 88: 504-551

Leuzinger S, Körner Ch (2007) Water savings in mature deciduous forest trees under elevated CO_2. Glob Change Biol 13: 1-11

Lewis D (1979) Sexual Incompatibility in Plants. Arnold, London

Linder HP, Rudall PJ (2005) Evolutionary history of Poales. Annu Rev Ecol Sys 36: 107-124

Loehle C (1988) Problems with the triangular model for representing plant strategies. Ecology 69: 284-286

Lucic V, Förster F, Baumeister W (2007) Structural studies by electron tomography: from cells to molecules. Annu Rev Biochem 74: 833-865

Magri D, Vendramin GG, Comps B, Dupanloup I, Geburek T, Gömöry D, Latalowa M, Litt T, Paule L, Roure JM, Tantau I, van der Knaap WO, Petit RJ, de Beaulieu J-L (2006) A new scenario for the Quaternary history of European beech populations: palaeobotanical evidence and genetic consequences. New Phytol 171: 199-221

McArthur RH, Wilson EO (1967) The theory of island biogeography. Princeton University Press, Princeton

Meinzer FC (1993) Stomatal control of transpiration. Trends Ecol Evol 8: 289-294

Meusel H (1943) Vergleichende Arealkunde. Bornträger, Berlin Meusel H, Jäger E, Weinert E (1965-1992) Vergleichende Chorologie der zentraleuropäischen Flora. 3 Bände. Gustav Fischer, Jena

Meusel H, Jäger EJ, Rauschert S, Weinert E (1978) Vergleichende Chorologie der zentraleuropäischen Flora. Band 2. Gustav Fischer, Jena

Miroslavov EA, Kravkina IM (1991) Comparative analysis of chloroplasts and mitochondria in leaf chlorenchyma from mountain plants grown at different altitudes. Ann Bot 68: 195-200

Monsi M, Saeki T (1953) Über den Lichtfaktor in den Pflanzengesellschaften und seine Bedeutung für die Stoffproduktion. Japan J Bot 14: 22-52

Mooney HA, Chiariello NR (1984) The study of plant function – the plant as a balanced system. In: Dirzo R, Sarukhan J, eds, Perspectives on plant population ecology. Sinauer, Sunderland

Moor M (1958) Pflanzengesellschaften schweizerischer Flussauen. Mitt Schweiz Anst Forstl Verswes 34: 221-360

Moore EJ, McAlear JH (1962) Fine structure of mycota 7. Observations on septa of Ascomycetes and Basidiomycetes. Amer J Bot 49: 86-94

Morgan JA, Pataki DE, Körner Ch, Clark H, Del Grosso SJ, Grünzweig JM, Knapp AK, Mosier AR, Newton PCD, Niklaus PA, Nippert JB, Nowak RS, Parton WJ, Polley HW, Shaw MR (2004) Water relations in grassland and desert ecosystems exposed to elevated atmospheric CO_2. Oecologia 140: 11-25

Mutke J, Barthlott W (2005). Patterns of vascular plant diversity at continental to global scales. In: Friis I, Balslev H, eds, Plant diversity and Complexity patterns – Local, Regional and Global Dimensions. The Royal Danish Academy of Sciences and Letters, Copenhagen, Biologiske Skrifter 55: 521-537

Niklas KJ (1997) The evolutionary biology of plants. University of of Chicago Press, Chicago

Novoplansky A, Cohen D, Sachs T (1990) How portulac seedlings avoid their neighbours. Oecologia 82: 490-493

Nultsch W (1991) Allgemeine Botanik. 9. Aufl. Thieme, Stuttgart

Odum HT (1957) Trophic structure and productivity of Silver Springs, Florida. Ecol Monogr 27: 55-112

Owensby CE, Ham JM, Knapp AK, Bremer D, Auen LM (1997) Water vapour fluxes and their impact under elevated CO_2 in a C_4-tallgrass prairie. Glob Change Biol 3: 189-195

Passioura JB (1988) Root signals control leaf expansion in wheat seedlings growing in drying soil. Aust J Plant Physiol 15: 687-693

Paterniani E (1969) Selection for reproductive Isolation between two Populations of Maize, Zea mays L. Evolution 23: 534-547

Pedersen O, Sand-Jensen K (1993) Water transport in submerged macrophytes. Aquat Bot 44: 385-406

Petit JR, Raynaud D, Barkov NI, Barnola JM, Basile I, Bender M, Chappellaz J, Davis M, Delaygue G, Delmotte M, Kotlyakov VM, Legrand M, Lipenkov VY, Lorius C, Pepin L, Ritz C, Saltzman E, Stievenard M (1999) Climate and atmospheric history of the past 420,000 years from the Vostok ice core, Antarctica. Nature 399: 429-436

Picket-Heaps JD (1975) Green Algae. Sinauer, Sunderland

Pisek A, Larcher W, Vegis A, Napp-Zinn K (1973) The normal temperature range. In: Precht H, Christophersen J, Hensel H, Larcher W, eds, Temperature and life. Springer, Berlin

Poorter H, van der Werf A (1998) Is inherent variation in RGR determined by LAR at low irradiance and NAR at high irradiance? A review of herbaceous species. In: Lambers H, Poorter H, van Vuuren MMI, eds, Inherent variation in plant growth. Backhuys Publishing, Leiden

Prentice IC, Cramer W, Harrison SP, Leemans R, Monserud RA, Solomon AM (1992) A global biome model based on plant physiology and dominance, soil properties and climate. J Biogeography 19: 117-134

Pretzsch H (2002) A unified law of spatial allometry for woody and herbaceous plants. Plant Biol 4:159-166

Rabotnov TA (1978) Structure and method of studying coenotic populations of perennial herbaceous plants. Sov J Ecol 9: 99-105

Raich JW, Nadelhoffer KJ (1989) Belowground carbon allocation in forest ecosystems: global trends. Ecology 70: 1346-1354

Reich PB, Walters MB, Ellsworth DS (1992) Leaf life-span in relation to leaf, plant, and stand characteristics among diverse ecosystems. Ecol Monogr 62: 365-392

Reich PB, Walters MB, Ellsworth DS, Vose JM, Volin JC, Gresham C, Bowman WD (1998) Relationships of leaf dark respiration to leaf nitrogen, specific leaf area and leaf life-span: a test across biomes and functional groups. Oecologia 114: 471-482

Richards AJ (1986) Plant breeding systems. Allen & Unwin, London

Ridley M (1986) Evolution and Classification – the Reformation of Cladism. Longman, Harlow

Rieseberg LH, van Fossen C, Desrochers A (1995) Hybrid speciation accompanied by genomic reorganization in wild sunflowers. Nature 375: 313-316

Rosenfeld AH, Romm JJ (1996) Policies to reduce heat islands: Magnitudes of benefits and incentives to achieve them. Proc 1996 ACEEE Summer Study on Energy Efieciency in Buildings pp 14, Pacific Grove, CA

Rosenzweig ML (2003) How to reject the area hypothesis of latitudinal gradients. In: Blackburn TM, Gaston KJ, eds, Macroecology: Concepts and consequences. Blackwell Publishing, Oxford

Ross-Craig S (1961) Drawings of British plants – being illustrations of the species of flowering plants growing naturally in the British isles, Band XVI. Compositae 2. Bell, London

Roy J (2001) How does biodiversity control primary productivity? In: Roy J, Saugier B, Mooney HA, eds, Terrestrial global productivity. Academic Press, San Diego

Roy J, Saugier B, Mooney HA (2001) Terrestrial global producitvity. Academic Press, San Diego

Rozema J, van de Staaij J, Bjorn LO, Caldwell M (1997) UV-B as an environmental factor in plant life: Stress and regulation. Trends Ecol Evol 12: 22-28

Rundel PW (1981) Fire as an ecological factor. In: Lange OL, Nobel PS, Osmond CB, Ziegler H, eds, Encyclopedia of plant physiology, New Series 12A, Physiological Plant Ecology I. Springer, Berlin

Rundel PW, Ehleringer JR, Nagy KA, eds (1989) Stable isotopes in ecological research. Springer, New York

Sarukhan J (1974) Studies on plant demography – Ranunculus repens L, R. bulbosus L and R. acris L. Reproductive strategies and seed population-dynamics. J Ecol 62: 151–177

Saugier B, Roy J, Mooney HA (2001) Estimations of global terrestrial productivity: converging toward a single number? In: Roy J, Saugier B, Mooney HA, eds, Terrestrial global productivity. Academic Press, San Diego

Schlegel HG (1985) Allgemeine Mikrobiologie. 6. Aufl. Thieme, Stuttgart

Schmid B (2002) The species richness-productivity controversy. Trends Ecol Evol 17: 113–114

Schmid B (2003) Biodiversität – Die funktionelle Bedeutung der Artenvielfalt. Biologie in Unserer Zeit 6: 356–365

Schulze ED, Lange OL, Buschbom U, Kappen L, Evenari M (1972) Stomatal responses to changes in humidity in plants growing in the desert. Planta 108: 259–270

Schurr U (1999) Dynamics of nutrient transport from the root to the shoot. Progress in Botany 60: 234–253

Siegenthaler U, Stocker TF, Monnin E, Luthi D, Schwander J, Stauffer B, Raynaud D, Barnola JM, Fischer H, Masson-Delmotte V, Jouzel J (2005) Stable carbon cycle-climate relationship during the late Pleistocene. Science 310: 1313–1317

Smith G (1955) Cryptogamic Botany 2. 2. Aufl. McGraw-Hill, New York

Specht RL (1957) In Walter H, Breckle SW (1991) Ökologie der Erde, Band 1 Ökologische Grundlagen in globaler Sicht, 2. Aufl. Gustav Fischer, Stuttgart.

Spehn EM, Joshi J, Schmid B, Diemer M, Körner Ch (2000) Aboveground resource use increases with plant species richness in experimental grassland ecosystems. Funct Ecol 14: 326–337

Spring O, Buschmann H (1998) Grundlagen und Methoden der Pflanzensystematik. Quelle & Meyer, Wiesbaden

Steinger Th, Körner Ch, Schmid B (1996) Long-term persistence in a changing climate: DNA analysis suggests very old ages of clones of alpine Carex curvula. Oecologia 105: 94–99

Stevens PF (2001) onwards. Angiosperm Phylogeny Website. Version 8, June 2007 [and more or less continuously updated since]

Stewart WN, Rothwell GW (1993) Paleobotany and the evolution of plants, 2nd ed. Cambridge University Press, Cambridge

Stocker O (1935) Assimilation und Atmung westjavanischer Tropenbaume. Planta 24: 402–445

Stoutjesdijk P, Barkmann JJ (1987) Microclimate, vegetation and fauna. Opulus Press, Knivsta

Stronach NRH, McNaughton SJ (1989) Grassland fire dynamics in the serengeti ecosystem, and a potential method of retrospectively estimating fire energy. J Appl Ecol 26: 1025–1033

Sytsma KJ (1990) DNA and morphology: inference of plant phylogeny. Trends Ecol Evol 5: 104–110

Takhtajan A (1980) Outline of the classification of flowering plant (Magnoliophyta). Bot Rev 46: 225–359

Tanner W (2003) Getting to the heart of transpiration in plants. Nature 424: 613

Tanner W, Beevers H (2001) Transpiration, a prerequisite for longdistance transport of minerals in plants? Proc Natl Acad Sci USA 98: 9443–9447

Tateno M (2003) Benefit to N-2-fixing alder of extending growth period at the cost of leaf nitrogen loss without resorption. Oecologia 137: 338–343

Tilman D, Reich PB, Knops J, Wedin D, Mielke T, Lehman C (2001) Diversity and productivity in a long-term grassland experiment. Science 294: 843–845

Törnroth-Horsefield S, Wang Y, Hedfalk K, Johanson U, Karlsson M, Tajkhorshid E, Neutze R, Kjellbom P (2006) Structural mechanism of plant aquaporin gating. Nature 439: 688–694

Tralau H (1967) The phytogeographic evolution of the genus Ginkgo L. Botaniska Notiser 120: 409–422

Van den Hoek C, Jahns HM, Mann DG (1993) Algen, 2. Aufl. Thieme, Stuttgart

Van der Heijden MGA, Klironomos Jn, Ursic M, Moutoglis P, Streitwolf-Engel R, Boller T, Wiemken A, Sanders I (1998) Mycorrhizal fungal diversity determines plant biodiversity, ecosystem variability and productivity. Nature 396: 69–72

Van Steenis, JCGG (1971) Nothofagus, key genus of plant geography, in time and space, living and fossil, ecology and phylogeny. Blumea 19: 65–98

Vareschi V. (ca. 1980) Tropenökologie. Vegetationsökologie der Tropen, Ulmer, StuttgartUlmer, Stuttgart

Vitousek PM (1994) Beyond global warming: Ecology and global change. Ecology 75: 1861–1876

Wacker L, Jacomet S, Körner Ch (2002) Trends in biomass fractionation in wheat and barley from wild ancestors to modern cultivars. Plant Biol 4: 258–265

Walter H (1960) Grundlagen der Pflanzenverbreitung. I. Standortlehre, 2. Aufl. Ulmer, Stuttgart

Walter H, Lieth H (1967) Klimadiagramm-Weltatlas. Fischer, Jena

Walther GR, Berger S, Sykes MT (2005) An ecological 'footprint' of climate change. Proc R Soc Lond Ser B-Biol Sci 272: 1427–1432

Wardlaw IF (1990) Tansley Review No.27. The control of carbon partitioning in plants. New Phytol 116: 341–381

Webster J (1983) Pilze. Eine Einführung. Springer, Berlin

Weiner J (1990) Asymmetric competition in plant populations. Trends Ecol Evol 5: 360–364

Weiner J, Griepentrog H-W, Kristensen L (2001) Suppression of weeds by spring wheat Triticum aestivum increases with crop density and spatial uniformity. J Appl Ecol 38: 784–790

Whittaker RH (1975) Communities and ecosystems, 2nd ed. MacMillan, New York

Wiens JJ, Donoghue MJ (2004) Historical biogeography, ecology and species richness. Trends Ecol Evol 19: 639–644

Willis KJ, McElwain JC (2002) The Evolution of Plants. Oxford University Press, Oxford

Woodward FI (1987) Climate and plant distribution. Cambridge University Press, Cambridge

Zachariae G (1965) Spuren tierischer Tätigkeit im Boden des Buchenwaldes. Forstwiss Forsch, 20: 1–68

Zacharias DA, Tsien, RY (2006) Molecular biology and mutation of green fluorescent protein. In: Chalfie M, Kain SR (eds) Green Fluorescent Protein: Properties, Applications, and Protocols, 2nd ed. John Wiley & Sons, Hoboken

Zimmermann W (1959) Die Phylogenie der Pflanzen. 2. Aufl. Gustav Fischer, Stuttgart

Zimmermann U, Schneider H, Wegner LH, Haase A. (2004) Water ascent in tall trees: does evolution of land plants rely on a highly metastable state? New Phytologist 162: 575–615

Zukrigl K, Eckhardt G, Nather J (1963) Standortskundliche und waldbauliche Untersuchungen in Urwaldresten der niederösterreichischen Kalkalpen. Mitt. Forstl. Bundesversuchsanst. Wien, S. 62

Internet

http://www.usf.uni-osnabrueck.de/~hlieth/npp/index.html

Índice

A

"Aasblume", ver *Stapelia*
ABA (*abscisic acid*), ver Ácido abscísico
Abacate, ver *Persea*
Abertura 806-807
Abeto, ver *Abies*
Abeto-de-douglas, ver *Pseudotsuga*
Abeto-guarda-chuva, ver *Sciadopitys*
Abies (Abeto) 838, 839, 1031, 1080-1081, 1085, 1106, 1114
Abóbora, ver *Cucurbita*
Abrunheiro 889
Abscisão 432, 458f
Absinto, ver *Artemisia absinthium*
Absorbância da luz 976
Absorção 317
Absorção de estímulos 2
Absorção de fósforo 1000
Abundância 1063-1064
Acacia (acácia) 887, 1027, 1061-1062, 1096, 1098
Acácia, ver *Acacia*
Açafrão, ver *Crocus*
Acanthaceae 906
Acantholimon 1110
Acanto, ver *Heracleum*
ACC (Ácido aminociclopropano-carboxílico) 457
ACC sintase 456
Aceleração de massa 500, 502
Acelga, ver *Beta*
Acendedor 685
Acer (Ácer) 899-900, 930, 1074-1075, 1080f, 1104
Ácer, ver *Acer*
Aceraceae 899
Acesso simples 661
Acetabularia (Sombrinha-de-vênus) 727, 728
Acetil CoA 341
    carboxilase 340-341
    sintetase 340-341
Acetil-coenzima A 330
Acetilserina 322
Acetobacter 628
Acetogenina 357
Achariaceae 881
Achatocarpaceae 872
Achillea (Aquileia, Mil-folhas) 560, 584, 598, 917-918, 934, 1055
Achlya 648-649
Ácido 1-aminociclopropano-1-carboxílico 456
Ácido abscísico 306, 453, 515
    biossíntese 453-454
    dormência 454

efeitos 454
    relações hídricas 454f
    transporte 454
Ácido aminociclopropano carboxílico (ACC) 457
Ácido cinâmico 354, 356
Ácido desoxirribonucleico, ver DNA
Ácido diclorofenoxiacético 433
Ácido dipicolínico 629
Ácido esteárico 370
Ácido fenilacético 433
Ácido fenolcarbônico 355
Ácido giberélico 448
Ácido graxo 341
    sintase 342
Ácido indol-3-acético 433f
Ácido jasmônico 462, 549
Ácido mugínico 256
Ácido naftilacético 433
Ácido palmítico 370
Ácido ribonucleico 23
Ácido salicílico 355
Ácido silícico 705, 711, 783
Ácido tetra-hidrofólico 349
Ácido variegado 685
Ácidos nucleicos 18
Acil transferase 342
Acil-ACP tioesterase 341
Acil-CoA sintetase 341
Acineto 636
"Acker-Schmalwand", ver *Arabidopsis*
Aclimatação, respiração 1006
Aconitase 331
Acônito, Capacete-de-júpiter, ver *Aconitum*
Aconitum (Acônito, Capacete-de-júpiter) 869, 870
Acoplamento de fluxo 233
Acoplamento energético 232f
Acoraceae, Acorales 852, 853
Ácoro, ver *Acorus*
Acorus (Ácoro) 853
Acrangiophyllum 789
Acrasiales 643
Acrasiobionta 622, 624, 642
Acrasis 643
Acrodonte 647
Acrostichum (Samambaia-do-mangue) 797
Actaea (Acteia) 869
Acteia, ver *Actaea*
Actina 51
Actina-F 51
Actinidia, (Kiwi) 901, 1105
Actinidiaceae 901
Actinomicetos 626, 631
Actinomyces ("Strahlenpilz") 627, 634
Actinostelo 778-782

Açúcar de transporte 298
Açúcares-álcoois 323, 324
Acúleo 179-180
Adansonia (Árvore-de-pão-de-macaco, Baobá) 897, 1096
Adaptação 585
Adelfoparasitismo 522
Adelfoparasito 701
Adenosina difosfato glicose 300
Adenosina fosfossulfato (APS) 322
Adenosina trifosfato 232
Adenostoma 1100
Adiantum ("Frauenhaarfarn") 771
Adonis (Adônis) 879
Adoxa (Moscatelina) 914
Adoxaceae 914
ADP-glicose pirofosforilação 300
ADP-glicose pirofosforilase 301
ADP-glicose pirofosforilase plastidial (AGPase) 302
Adubação 248
    lei do mínimo 248
Aegilops ("Walch") 603, 1055
Aerênquima 132, 417, 458
Aerotropismo 506
Aesculus (Castanheiro-da-índia) 800, 899, 933, 1055, 1104
Aextoxicaceae 872
AFE (área foliar específica) 995-996, 1012
Aflatoxina 665, 688
AFLPs (*amplified fragment lenght polymorphisms*) 575
Agamospermia 581
Agapanthaceae 857
Ágar 697, 736
Agaricales 685
Agaricomycetidae 682
Agaricus (Champignon) 681, 685
Agavaceae 857
Agave (Agave) 940, 1044, 1055
Agente sinalizador 432, 460, 485
Agente sinalizador autócrino 432
Agente sinalizador parácrino 432
Aglaonema (Aglaonema) 855
Aglaonema, ver *Aglaonema*
Aglaophyton 768-770, 927
Aglaozonia 714
Aglutinação 661
Aglutinina 661
Agregado 737,619
Agrobacterium 389, 444, 539, 544, 546
Agropiro, ver *Agropyron*
Agropyron (Agropiro) 1000, 1055, 1081-1082, 1118
Agrostemma 873, 939
Agrostis 1067-1068, 1082-1083

Água 16, 257
  absorção 262
  mecanismos de transporte 258
  perda 264
Água no solo 990
Aguapé, ver *Eicchornia*
AIA 433
  biossíntese 433
  degradação 435
  efeitos 437
Ailanthus (Árvore-do-céu) 899
Aipo, ver *Apium*
Aizoaceae 873
Ajuga (Língua-de-boi) 906
Akaniaceae 895
Alaria 714
Alarmona 550
Alas 886
Albizia 933
Albugo 650, 651
Albumina 371
Alcachofra-do-mediterrâneo, ver *Cynara*
Alcaloide 354, 362
Alcaloide benzilisoquinolínico 802-803
Alcaloide esteroidal 908
Alcaloide tropânico 802-803, 908f
Alcaloides pirrolizidínicos 802-803
Alcaparra, ver *Capparis*
Alchemilla (Alquemila) 889
Álcool cinâmico desidrogenase 368
Álcool desidrogenase 328
Aldolase 297, 328
Aldose 31
Aldrovanda (Aldrovanda) 872
Aldrovanda, ver *Aldrovanda*
Alecrim 906
Alelia, múltipla 561, 679
Alelofisiologia 521
Alelopatia 552, 1026
Alelos 561
Alergias fúngicas 688
Alethopteris 789
Aleurona 91
  grãos de aleurona 89
Alface, ver *Lactuca*
Alface 918
Alface-d'água, ver *Pistia*
Alface-do-mar, ver *Ulva*
Alfafa, ver *Medicago*
Alfarrobeira, ver *Ceratonia*
Alfavaca, ver *Satureja*
Alga aérea 728, 742
Alga azul 634, 720
Alga de água doce 724, 741
Alga de luz fraca 700
Alga de solo 742
Alga dourada 705, 720, 741
Alga em forma de candelabro, ver *Chara*
"Alga ovas-de-rã", ver *Batraschospermum*
Alga parda 720, 736
  fase esporofítica 717
  formação de tecidos 712
  redução gametofítica progressiva 717

Alga vermelha 277, 720, 736
Alga vesiculosa, ver *Ascophyllum*
Algas
  adaptação à vida terrestre 705
  emprego 736
  eucarióticas 693
  formação de rochas 705, 709, 712, 727, 737, 742-743
  modo de vida 740
  ocorrência 740
  procarióticas 634
  sifonais 728
Algas 712
Algas conjugadas, ver *Zygnema*
Algas verdes 622, 720, 722, 736
Algilit 736
Alginato 712, 736
Algodoeiro, ver *Gossypium*
Alho 859
Alho-porro 859
Alhos, ver *Allium*
Aliária, ver *Alliaria*
Aliína 348
Alisma (Alisma) 853, 854
Alisma 853
Alismataceae, Alismatales 853, 854f
Alliaceae 857
Alliaria (Aliária) 896
Allium (Alhos) 41, 60, 859
Allomyces 653, 655, 656
Almofada de estiletes 912
Almofada foliar 780-781
Almofada(s) 764f
Alnus (Amieiro) 589, 893, 894, 930, 997, 1054, 1068-1069, 1085, 1104, 1106
Alocação 1012
Aloë 1098
Aloenzima 575
Aloficocianina 281
Alogamia 819
Alopoliploidia 567, 600
  segmentar 568
Alorrizia 211, 215
Alquemila, ver *Alchemilla*
Alseuosmiaceae 915
Alstroemeriaceae 856
Alteia, ver *Althaea*
Alternância 818
Alternância de fases nucleares 641, 723, 799
Alternância de gerações 641, 799
  anisomórfica 770
  heteromórfica 641
Althaea (Hibisco) 897
Altingiaceae 877
Altitude 1075, 1085
Alzateaceae 879
Amanita ("Wulstling") 680, 685
Amanita 681
Amaranthaceae 872, 874
Amaranthus (Amaranto) 875
Amaranto, ver *Amaranthus*
Amarylanthaceae 857

Amaryllidaceae 860
Amatoxina 689
Amborella 847
Amborellaceae, Amborellales 847, 848
Ameboide 694
Amebozigoto 644
Ameixeira 888
Amendoeira 888
Amendoim, ver *Arachis*
Âmi, ver *Ammi*
Amido 109, 298, 300, 367, 722
Amido das cianobactérias 635
Amido das cianofíceas 635
Amido das florídeas 697
Amido de assimilação 298
Amido fosforilase 301, 302
Amido sintase 301
Amido transitório 299
Amieiro, ver *Alnus*
Amiloide 693
Amilopectina 301, 368
Amiloplasto 109
Amilose 35-36, 301, 368
Aminoácidos 25, 298
  aromáticos 346, 347
  famílias 345
  formação 345
  não proteinogênicos 324, 348, 349
  proteinogênicos 407
Aminoacil-RNAt sintetases 409
Aminopeptidases 371
Ammi (Âmi) 913
Ammophila (Amófila) 1070, 1082-1083, 1118
Amófila, ver *Ammophila*
Amônio (NH_4^+) 318
Amora-silvestre, Amora-preta, ver *Rubus*
Amoreira, ver *Morus*
Amor-perfeito, ver *Viola*
Amorphotheca 686
Amplified fragment length polymorphismus (AFLPs) 575
Amplitude do hospedeiro 537
Ampola 721
Amygdaloideae 888
Amylase 301, 302, 452
Anabaena 636f, 741, 795
Anacardiaceae 899
Anacardium (Caju) 899
Anáfase 67
Anagális, ver *Anagallis*
Anagallis (Anagális) 901, 939
Anagênese 607
Análise "bootstrap" 616
Análise de componentes principais 614-615
Análise de coordenadas principais 614-615
Análise de crescimento, funcional 1008
Analogia 155
Anamorfia 646, 689
Anarthriaceae 862
Anastatica 776

Anatomia 154
Anatomia *kranz* 308
Anátropo 814
Anchusa (Ancusa) 903, 904
Ancusa, ver *Anchusa*
Ancylonema 737
Andreaea (Musgo branco) 753, 754
Andreaeobryum 754
Andreaeopsida 754
Androceu 804-805
Androginóforo 817
Andromeda (Andrômeda) 902, 1081-1082
Andrômeda, ver *Andromeda*
Andromonoicia 802-803
Andropogon (Andropógon) 1110
Andropógon, ver *Andropogon*
Androsace (Andróssace) 901, 1085
Andrósporo 736
Andróssace, ver *Androsace*
Anel anual 188-189*f*
Anel cambial 779-780
Anemia (Anêmia) 793
Anêmia, ver *Anemia*
Anemocoria 832
Anemofilia 819
Anêmona-dos-bosques, ver *Anemone*
Anêmona-pulsatila, ver *Pulsatilla*
Anemone (Anêmona-dos-bosques) 869, 870, 1072, 1080, 1105
Anethum (Aneto) 913
Aneto, ver *Anethum*
Aneuploidia 567
Aneurophyton 927
Anfigastro 751
Anfitécio 758
Angiopteris ("Bootfarn") 787
Angiospermas 625, 799, 800, 843-847, 853, 922-924, 929
Animais (Zoocoria) 8, 831
Ânion radical superóxido 292
Ânion superóxido 292
Anis, ver *Pimpinella*
Anis-estrelado, ver *Illicium*
Anisofilia 775
Anisogametangiogamia 657
Anisogamia 641, 730
Anisomorfo 641
Anisophyleaceae 891
Ankistrodesmus 734
Ankylonoton 710
Annona 850
Annonaceae 850, 931
Anual de inverno 466
Annularia 787
Ano de fartura 1045-1046
Anogramma (Psilófita) 768, 769, 797
Anomochloa 866
Anortoploide 567
Antenas
  organização 282
  transferência de energia 279
  transferência de éxcitons 282
Antepétalo 818

Antera 804
Antérico, ver *Anthericum*
Anterídio 745, 746, 757, 766, 792
  Marchatiopsida 747
  musgo folhoso 757
Anteridióforo 750
Antes da polinização (*premating*) 592
Antessépalo 818
Anthericaceae 857
Anthericum (Antérico) 859
Anthocerophytina 625, 746, 761
Anthoceros (Antócero) 763
Anthocerotaceae, Anthocerotales 761
Anthostema 884, 885
Anthurus (Cogumelo-nanquim) 684, 685
Antibiótico de fungos 665
Anticódon 409
Antípoda 815
Antirrhinum (Boca-de-leão) 563, 570, 571, 908, 909
Antóceros (ver também *Anthoceros*, *Phaeoceros*) 761
Antófita 921
Antranilato 347
Antropocoria 832
Anucleobionta 626
Ânulo 518, 759, 791, 793
Aparato de cromatina 635
Aparelho oosférico 815
Apatococcus 726
Apêndice, apêndices 778-779
Apetala 428
Apex Chert 926
Aphanizomenon 637, 741
Aphanocapsa 635
Aphanochaete 742
Aphanopetalaceae 877
Aphloiaceae 878
Aphyllanthaceae 857
Aphyllophorales 682
Apiaceae, Apiales 910, 913
Ápice caulinar 126, 128
Ápice da raiz 129-130
Apicomplexa 623, 703
Apium (Aipo) 913
Aplanamento 766
Aplanes 648
Aplanósporo 646, 733
Apocynaceae 903, 904
Apodanthaceae 919
Apodrecimento 652
Apodrecimento da batata 652
Apófise 758
Apogamia 581
Apomixia 580, 663
Apomorfia 614-615
Aponogetonaceae 853
Apoplasto 252
Apoptose (*ver também* Morte celular) 417
Apospória 581
Apostasia 857
Apostasioideae 857
Apotécio 664, 666

Apresentação de pólen, secundária 822, 915*f*
Apressório 691
APS quinase 322
APS redutase 322
Aquaporina 81, 259
Aquênio 830, 915
Aquifex 631
Aquifoliaceae, Aquifoliales 910
Aquiléa, Mil-folhas, ver *Achillea*
Aquilegia (Aquilégia) 869, 870
Aquilégia, ver *Aquilegia*
Arabidopsis ("Acker-Schmalwand") 125, 381, 382, 562*f*, 568, 896, 1044
  genoma 383
  mutagênese 383
Araceae 853, 855
Arachis (Amendoim) 888
Aralia 912
Araliaceae 910, 912*f*
Araruta, ver *Maranta*
Araucaria (Araucária) 1032-1033, 1102
Araucária, ver *Araucaria*
Araucariaceae 838
Árbuto, ver *Arbutus*
Arbutus (Árbuto) 980, 933, 1100
Archaea 621, 622
  reino, domínio 638
Archaefructus 852
Archaeocalamites 787, 927
Archaeopteris 789, 919, 920, 927
Archidium 761, 762
Arctium (Bardana) 915, 917
Arctostaphylos (Uva-de-urso) 902, 1100
Área de distribuição das plantas 1047-1048
Área de refúgio 933
Área mínima 1063-1064
Arecaceae, Arecales 860, 861
Aréola
Argophyllaceae 915
Argyroxiphium 1092
Arisaema 855
Arista 866
Aristida 1098, 1113
Aristolochia (Aristolóquia) 851
Aristolochiaceae 851
Aristolóquia, ver *Aristolochia*
Armadilha de íons 81
Armazenamento de água 764
Armeria (Cravo-romano) 872, 1081-1082, 1118
Armillaria ("Hallimasch") 646, 687
Armoracia (Rábano) 896
Arnaudovia 688
Arnica (Arnica) 917
Arnica, ver *Arnica*
Aroma floral 820
Arquéas 626
  halófilas (Halobacteriales) 639
  metanógenas 639
Arquegoniadas 745
Arquegônio, arquegônios 745, 746, 757, 766, 792, 815

Arquegonióforo 749, 750
Arqueobactérias 638
Arqueocalamitáceas 785
Arquespório 746, 750, 758, 804-805
Arrhenatherum ("Glatthafer") 999, 1071, 1072, 1082-1083
Arroz, ver *Oryza*
Arruda 899
Artemisia (Artemísia) 918, 936, 1000, 1055, 1081-1082, 1110
Artemísia, ver *Artemisisa*
Artemisia absinthium (Absinto) 918
Artemisia dracunculus (Estragão) 918
Arthrobotrys 688, 689
Arthropitys 786
Arthrotaxis 1106
Articulação foliar 506, 509
Artocarpus (Fruta-pão) 890, 891, 930
Artrósporo 661
Arum (Árum) 821, 822, 855
Árum, ver *Arum*
Árvore cilíndrica 786
Árvore-casa 779-780
Árvore-das-trombetas, ver *Catalpa*
Árvore-de-judas, ver *Cercis*
Árvore-do-céu, ver *Ailanthus*
Árvore-mamute, ver *Sequoia*
Ásaro, ver *Asarum*
Asarum (Ásaro) 851, 877
Ascidial 811
Asclépia, ver *Asclepias*
Asclepias (Asclépia) 904
Asco 660, 663, 666, 671
   anel apical 668
   bitunicado 670
   espessamento parietal 668
   eutunicado 665
   inoperculado 668
   operculado 666
   prototunicado 664
   unitunicado 665
Ascogônio 663
Ascolichenes 693
Ascomycota 660
Ascophaerales 661
Ascophyllum (Alga vesiculosa) 713f, 719
Asparagaceae, Asparagales 857, 858f
Asparagus (Aspargo) 859, 1100
Aspargo, ver *Asparagus*
Aspergillus ("Bolor em forma de regador") 664, 665, 688
Asperococcus 715
Aspérula 906
Asphodelaceae 857
Aspidosperma 1096
Asplênio, ver *Asplenium*
Asplenium (Asplênio) 598, 768, 790, 1054f
Assimilação, carbono 225
Assimilação de nitrato 274, 318
   fotossintética 319
   não fotossintética 321
Assimilação do carbono 274, 294
   e metabolismo primário 298

Assimilação do sulfato 274, 321-322
Assimilação fotossintética de nitrato 320
Assimilador 748
Assimilados 298
   distribuição de assimilados 323
   transporte de assimilados 323
Assobios, ver *Lychnis*
Associação de agregação 640, 733
Asteliaceae 857
Aster 918, 940, 1085
Asteraceae, Asterales 915f, 916f
Asterídeas 846, 900
Asterionella 707, 741
Asteroideae 918
Asteropeiaceae 872
Asterotheca 787
Asteroxylaceae 778-779
Asteroxylon 778-779
Astragalus (Tragacanto) 887, 1082-1083, 1110
Ataque de fungos 687
Atherospermataceae 850
Atividade de divisão celular 417
Atividade dos drenos 1007
Atividade enzimática, regulação 239
Atlântico 938
ATP 232
   ATP sintase 293, 294, 333, 334
   ATP sulfurilase 322
   ATP-frutose-6-fosfato quinase 328
   complexo ATP sintase 104
   síntese de ATP 334
ATPase 232, 234
Atriplex (Atríplex) 875, 1081-1082, 1098, 1112
Atríplex, ver *Atriplex*
Atropa (Beladona) 909, 911
Átropo 814
Aucuba ("Aukube") 903
"Aukube", *Aucuba*
Auricularia (Orelha-de-judas) 682
Auriculariales 682
Austrobaileyaceae 847
Autapomorfia 615-616
Autocoria 832
Autofecundação (Autogamia) 579
Autogamia (Autofecundação) 651, 663, 667, 668, 819
Autoincompatibilidade (SI) 575-576
   homomorfa gametofítica 576
Autoincompatibilidade (SI) 575-576f, 819
Autoincompatibilidade (SI) homomorfa esporofítica 575-576
Autoincompatibilidade heteromorfa esporofítica (SSI) 575-576
Autopoliploidia 567f
Autorredução 1041
Autossomo 575-576
Autotrofia 224, 225, 628
Auxina 432, 433
   atividade cambial 437
   biossíntese 433
   crescimento em alongamento 439, 440

   desenvolvimento de sementes e frutos 437
   genes regulados 441
   queda de folhas, queda de flores e queda de frutos 439
   sintética 433
Auxotrofia 522
Auxozigoto 708
Aveia, ver *Avena*
Aveia-amarela, ver *Trisetum*
Avelã, ver *Corylus*
Avena (aveia) 866
Averrhoa (Fruto-estrelado, Carambola) 885
Avicennia 1003, 1118
Axila foliar 159
Axonema 56
Azeda, ver *Oxyria*
Azeda-miúda, ver *Rumex*
Azereiro 889
Azevinho, ver *Ilex*
Azola, ver *Azolla*
Azolla (Azola) 795, 797
Azollaceae 795
Azorella 1061-1062, 1092
Azougue, ver *Mercurialis*

B

Bacillariophyceae 706
Bacillus 634
Bacilos 626
Bactéria(s) 116, 626
   aeróbias 629
   anaeróbias 629
   biotecnologia 634
   célula 114
   corineformes 631
   "cromossomo" de bactéria 626
   enraizadas na base 631
   espécies fitopatógenas 634
   esporos 629, 632
   fisiologia 629
   fitopatógenas 538
   fixadoras de N_2 526
   flagelo 116, 117, 628
   flagelos 117
   formação de agregados 632
   fotoautotrofia 632
   Gram-negativas 631
   Gram-positivas 631
   hipertermofilia 633
   metabolismo 633
   microaerófilas 629
   modo de vida 632
   movimento 628
   ocorrência 632
   parede celular 116
   patogenicidade 634
   reprodução 629
   simbiontes 634
   termofilia 633
   verdes não sulfurosas 632
   verdes sulfurosas 632

Bactérias com bainha 626
Bactérias deslizantes 632
Bacterioclorofila 277, 282
Bacteriófago 630
Bacteriofitocromos 474
Bacteroide 531
Badhamia 643
Baga 829*f*
Baga-da-neve, ver *Symphoricarpos*
Bagas coriáceas, "podres e secas" 652
Baiera 835, 929
Bainha 783
Bainha do feixe vascular 201-202
Bainha gelatinosa 636
Balanço de nutrientes 991
Balanço do carbono 1008
Balanço do nitrogênio 993
Balanço energético 971-972
Balanço gênico 565
Balanço hídrico 268, 274
Balanopaceae 881
Balanophoraceae 877
Balistoconídio 672
Balsaminaceae 901
Banana, ver *Musa*
Banco de sementes 1040, 1067-1068
Bancos de sementes no solo 832
Banda da pré-prófase 67
Bangia 714
Bangiiophyceae 701
Banksia 871, 1000, 1061-1062, 1100
"Banyan" 891
Baobá, ver *Adansonia*
Baragwanathia 927
Barba-de-bode europeia, ver *Tragopogon*
Barbeuiaceae 872
Barbeyaceae 888
Bardana, ver *Arctium*
Barnadesiodeae 915
Barocoria 832
Barrete-de-padre, ver *Euonymus*
"Bartkelchmoos", ver *Calypogeia*
Basellaceae 872
Basídio 671, 674, 677, 680
    com formato de diapasão 682
    em forma de clava 682
    em forma de urna 682
Basidiobolus 656
Basidiolichenes 693
Basidiomycota 671
Basidiophora 651
Basidiósporo 677, 680
Basifixo 804
Bastonete 626, 631*f*
Bataceae 895
Batata 909
Batata-doce, ver *Ipomoea*
Batrachospermum ("Alga ovas-de-rã") 698-700, 742
Bavel 935
Beaucairnia 1099
Beggiatoa (sulfobactéria) 741
Begoniaceae 891

Beijo-de-frade, ver *Impatiens*
Beilschmidia 1100
"Beinwell", ver *Symphytum*
Beladona, ver *Atropa*
Bellis (Margarida) 918, 1046-1047
Bennettitales 922, 929
Bentos 740*f*
Benzilaminopurina 443
Berberidaceae 869, 870
Berberidopsidaceae 872
Berberis (Bérberis, Espinho-de-são-joão) 869, 870
Bergamota 899
Beringela 909
Beríngia 930
Bertholletia (Castanha-do-pará) 902
"Besenginster", ver *Sarothamnus*
Beta (Beterraba, Acelga) 874, 875, 1118
Betaciana 873
Betacianina 363
Betalaína 363, 802-803, 873
Betaxantina 363, 873
Beterraba, ver *Beta*
Beterraba açucareira 875
Beterraba forrageira 875
Beterraba vermelha 875
Betula (Bétula) 893, 894, 930, 936, 1104, 1106, 1114, 1116
Bétula, ver *Betula*
Betulaceae 892, 894
Bianual 466
Bico-de-garça, ver *Erodium*
Bidens (Picão) 917, 918
Biebersteiniaceae 899
Bifacial 159
Bignoniaceae 906
Binômio 617
Biocenose 954-955
Biocombustível 1025
Biodiversidade 1058
    funcionamento do ecossistema 1060-1061
Biogênese de ribossomos 62
Biolística 44
Biologia celular 39-40
Bioluminescência 687
Bioluminescência marinha 703
Bioma 1073, 1085-1086
Biomassa 956-957, 1014, 1070
Biomecânica 142, 982
Biomembrana 46, 78, 80
Biomineralização 707
Biosfera 5, 1019
Biossíntese proteica 410
    tradução 407, 410
Biossíntese 341
Biossíntese de celulose 367
Biossíntese de giberelinas 449
    inibidores 448, 450
Biossíntese de histidina 346
Biossíntese de sacarose 299, 302-304
Biótopo 954-955, 957-958
Biri, ver *Canna*

"Birnenmoos", ver *Bryum*
Biscutela, ver *Biscutella*
Biscutella (Biscutela) 896
Bistorta 935
Bitégmico 814
Bixaceae 897
Bjornbergiella 701
Blackstonia (Blackstônio) 903
Blackstônio, ver *Blackstonia*
Blandfordiaceae 857
"Blasenstäubling", ver *Physarum* (Fungo plasmodial)
Blasia ("Blasiusmoos") 752, 765
Blastocladiales 655
Blastocladiella 655
Blastocladiomycetes 653, 654
"Blattstreifenbrand", ver *Entyloma*
Blechnum ("Rippenfarn") 790, 793, 1085
Blefaroplasto 711
Blumeria 666
Boca-de-leão, ver *Antirrhinum*
Boehmeria (rami) 891
Bolbitis 797
Boletales 685
Boletus ("Steinpilz") 685
Bolor 664
"Bolor em forma de regador", ver *Aspergillus* 693
Bolota 892
Bomba de íons carbonato 315
Bomba de prótons 232
Bombacaceae 897
Bomus 999
Bonnemaisonia 699
Bonnetiaceae 881
"Bootfarn", ver *Angiopteris*
Boraginaceae 903, 904
Borago (Borago) 903
Borago, ver *Borago*
Bordetella 634
Bordo, ver *Ostrya*
Boreal 938
Boro 247
Borracha-do-ceará, ver *Manihot*
Borracha-do-pará, ver *Hevea*
Borrelia 634
Boryaceae 857
Boswellia 899
Botânica 1, 15-16
Botão-azul, ver *Jasione*
Botão-do-campo, ver *Sanguisorba*
Bothrostrobus 779-780
Botrychium ("Rautenfarn") 782, 782
Botrydium 705, 711, 712
Bottleneck 588
Boudiera 667
Bougainvillea 875
Bourdotia 672
Bourreria 904
Bouteloua 1110
Bowenia 833, 835
Brachychiton 1096
Brachypodium 1031, 1082-1083

Brachystegia 1094
Brácteas 804
Bradyrhizobium 632
Brasenia 604, 896, 932, 938
Brassicaceae 895, 896
Brassinolídeo 460, 461
Brefeldia 644
Briônia, ver *Bryonia*
Briza 1072
Bromeliaceae 861, 932
Bromus (Cevadilha) 1001, 1027, 1072, 1082-1083
Brotamento 71
"Brotpalmfarn", ver *Encephalartos*
Bruguiera 883
Brunelliaceae 885
Bruniaceae 915
"Brutblatt", ver *Bryophyllum*
Bryonia (Briônia) 891, 892
Bryophyllum ("Brutblatt") 877
Bryophytina 625, 746, 752
Bryopsida 754
Bryopsidales 728
Bryopsidophyceae (Sifonales) 728
Bryopsis ("Federtang") 724
Bryum ("Birnenmoos") 765
Buddleia, ver *Buddleja*
Buddleja (Buddleia) 908
Bumilleria 710
Burmanniaceae 856
Burseraceae 899
"Büschelschön", ver *Phacelia*
Butomaceae 853, 854
Bútomo, ver *Butomus*
Butomus (Bútomo) 853, 854
Buxaceae, Buxales 871
Buxbaumia ("Koboldmoos") 758, 761
Buxo, ver *Buxus*
Buxus (Buxo) 871
Byblidaceae 906
Byrsonima 1096

C

[13]C 1012
Cabaça, ver *Lagenaria*
Cabombaceae 847
Cacau, ver *Theobroma*
Cactaceae 872, 874
Cacto colunar, ver *Cereus*
Cactoblastis 1028
Cadeia respiratória 331, 333
    componentes 333f
    sistema redox 332f
Caesalpinioideae 886
Cafeeiro, ver *Coffea*
Cairomônio 455, 552
Caju, ver *Anacardium*
Cakile ("Meersenf") 1081-1082, 1118
Calamagrostis ("Reitgras") 1085
Calamitaceae 785
Calamites 785, 786, 797, 927, 928
Cálamo, ver *Calamus*

Calamocarpon 785
Calamostachys 787
Calamus (Cálamo) 860
Calathosperma 921
Calaza 814
Calceolaria (Calceolária) 908
Calceolária, ver *Calceolaria*
Calceolariaceae 906
Calcícola 1002
Calcífuga 1002
Cálcio 246, 1002
Caldo primordial 621
Caldonia 690f
Calendula (Calêndula) 918
Calêndula, ver *Calendula*
Cálice 803
Caliciales 669, 693
Caliptra 129, 216-217, 754, 759
Calistégia, ver *Calystegia*
Calítrique, ver *Callitriche*
Callistemon 1100
Callithamnion 699
Callitriche (Calítrique) 908, 909
Callixylon 919
Calluna (Urze, Magriça) 902, 1080-1081f
Calocera 681
Calose 103, 542
Caltha (Malmequer-do-brejo) 869, 1071
Calycanthaceae 850
Calyceraceae 915, 916, 918
Calypogeia ("Bartkelchmoos") 751, 752
Calystegia (Calistégia) 912, 1119
Camada basal 806-807
Camada cortical 690
Camada da parede secundária 100
Camada de mureína 117
Camada de paliçádico 132
Camada de suberina 101
Camada limítrofe aerodinâmica 990
Camada lipídica 37
Camará 906
Câmara aerífera 748
Câmara arquegonial 815
Câmara de polinização 814
Câmara de pressão 273
Câmbio 130, 183-184
    fascicular 147, 185-186
    interfascicular 185-187
Caméfita 167, 797
Camélia, ver *Camellia*
Camellia (Camélia) 902
Camomila, ver *Matricaria*
Camomila-romana, ver *Chamaemelum* 918
Campanula (Campânula) 822, 915, 917
Campânula, ver *Campanula*
Campânula-branca, ver *Galanthus*
Campanulaceae 915, 916f
Campanuloideae 915
Campilótropo 814
Campo 1032-1033, 1082-1083
Campo de pontoação 96
Campse, ver *Campsis*

Campsis (Campse) 907
Campynemaceae 856
CaMV (vírus do mosaico da couve-flor, *cauliflower mosaic virus*) 540
"Cana", Caniço, ver *Phragmites*
Canal carenal 784
Canal central 783
Canal de copulação 738
Canal de infecção 529
Canal de íons 233
Canal de potássio 254
Canal de transmissão 811
Canal do colo 150, 188-189
Canal resinífero 150
Canal valecular 783-784
Canalização de metabólitos 241
Canavanina 348
Cancro-da-batata 653
Candida 662-663, 688
Canellaceae, Canellales 851
Canforeira, ver *Cinnamommum*
Cânhamo, ver *Cannabis*
Canhão de gene 390
Canna (Biri) 868
Cannabaceae 888, 890
Cannabis (Cânhamo) 890, 891
Cannaceae 868
Cantarófila 823
Cantharellales 683
Cantharellus ("Pfifferling") 683
Capa nuclear 653
Capacidade de campo 263
Capilício 644
"Capim arborescente", ver *Xanthorrhoea*
Capim-amarelo, ver *Phalaris*
Capitulariella 705, 710, 712
Capnodium 670
Capparaceae 895
Capparis (Alcaparra) 896
Caprifoliaceae 914
Capsal 694
Capsela, ver *Capsella*
Capsella (Capsela) 896
Capsicum (Pimentão) 909
Capsídeo 31
Cápsula 628, 750, 830
Cápsula de esporos 751
    Anthocerophytina 761
    Marchantia 750
Cápsula de musgo 758
Capuchinho, ver *Tropaeolum*
Caqui, ver *Anacardium*
Caqui, ver *Diospyros*
Carambola 885
Caráter 612
Carboidrato 299, 327, 1008
Carbonífero 927
Carbonificação 925
2-carbóxi-D-arabinitol-1-fosfato (CA1P) 295
Carboxipeptidase 371
Carboxissomo 315
Carcérula, núcula 830, 903

Cardamine ("Schaumkraut") 1072
Cardamomo, ver *Elettaria*
Cardiopteridaceae 910
Cardo, ver *Carduus*
Cardo, ver *Cirsium*
Cardo, ver *Dipsacus*
Cardo-penteador 915
Carduoideae 915
Carduus (Cardo) 915, 917, 1027
Carência hídrica 454
Carex (Ciperácea, Cárex) 862-863, 1001, 1047-1048, 1067-1068f, 1082-1083, 1085, 1092, 1108, 1116
Carica (Mamão) 895
Caricaceae 895
Cárie, ver *Tilletia*
Cariogamia 75, 824
Cariograma 62
Cariopse 452, 830, 866
Cariótipo 61
Carlemanniaceae 906
Carlina ("Eberwurz") 1047-1048
Carnegia 1098
Carnegiea 875
Carnívora 206-209, 525
Caroteno 280
Carotenoide 277, 280
Carpelo 810, 811, 813
Carpenteles 665
Carpino, ver *Carpinus*
Carpinus (Carpino) 893, 894, 1018, 1032-1033, 1074-1075, 1080-1081, 1083-1084, 1104
Carpóforo 912
Carpogônio 697, 700
Carposporófito 697, 699
Carpozigoto 742
Carragenina 697, 736
Carreador 233, 253
Carregamento do floema 324
Cártamo, ver *Carthamus*
Cartas de acoplamento genético 572
Carteria 731, 741
Carthamus (Cártamo) 918
Carum (Cominho) 913, 999
Carúncula 825
Carvalho, ver *Quercus*
Carvão fétido 672
Carvão-coberto, ver *Ustilago*
Carvão-do-milho, ver *Ustilago*
Carvão-nu, ver *Ustilago*
Carya (Nogueira) 930, 1104
Caryocaraceae 881
Caryophyllaceae, Caryophyllales 872, 873f
Caryosphaeroides 734, 926
Casca (da semente) 801, 825
Cassia (Cássia) 886
Cássia, ver *Cassia*
Cassytha 851
Castanea (Castanheira-portuguesa) 670, 892, 893, 1027, 1102, 1104
Castanha, ver *Castanea*
Castanha-do-pará, ver *Bertholletia*

Castanheira-portuguesa, ver *Castanea*
Castanheiro-da-índia, ver *Aesculus*
Castanopsis 1090, 1102
Castilla 890
Casuarina (Casuarina) 1118
Casuarina, ver *Casuarina*
Casuarinaceae 892
Catalase 305, 344
Catalisador 233
Catálise, enzimática 233
Catálise enzimática
  ajuste induzido 235
  especificidade de substrato 235
Catalpa (Árvore-das-trombetas) 907
Categoria taxonômica 619
Cattleya 859
Caudícula 857
Caule 158, 169, 179-184, 745
Caule adventício 173
Caule de reserva 176-177
Caulerpa 729, 740
Caulifloria 173, 176-177
Cauloide 694, 712, 717, 745, 752
Cavalinha, Erva-do-estanho 625, 783, 797
Cavalinha-da-lavoura, ver *Equisetum*
Cavalinha-gigante 927
Cavalinhas 782
Cavalinho-d'água, ver *Hippuris*
Cavidade carenal 783
Cavidades secretoras 150
Caytonia 922, 923
Ceanothus ("Säckelblume") 1100
Cebola 161, 162, 859
Cebolinha-galega 859
Cecídio 523
Cecropia (Embaúba) 1027, 1088
Cedro, ver *Cedrus*
Cedrus (Cedro) 838
Cefalódio 691, 692
Cefaloto, ver *Cephalotus*
Ceiba (Paineira) 897
Celluloseplatte 703
Celomaceae 895
Celstraceae, Celastrales 881
Célula 39-40
  componentes 15-16
  espermatogênica 746, 808-809
  generativa 808-809
  polienérgide 419
Célula anteridial 808-809
Célula apical 128, 426, 640, 745, 751, 753, 755, 781-782, 787, 789
  célula apical unifacial 742-743
Célula auxiliar 698, 699
Célula axial 747
Célula basal 675
Célula capitular 743-744
Célula central 746, 748
Célula companheira 145
Célula crivada 144, 767
Célula de cobertura 748
Célula de Pfeffer 260
Célula de reserva 748

Célula de transferência 759
Célula do canal do colo 746, 748, 773
Célula do canal ventral 746, 748
Célula do manto 747
Célula do mesofilo 308
Célula do parênquima lenhoso 188-189
Célula do saco embrionário, uninuclear 799
Célula do tubo polínico 808-809
Célula espermática 808-809
Célula estipular 742-743
Célula glandular 147, 151
Célula hialina 754
Célula inicial 124, 128
Célula pedicelar
Célula pétrea 142
Célula rizoidal 725
Célula sexual 641
Célula vegetal 41, 45, 46f, 49
Célula vegetativa 808-809
Célula-mãe de esporo 758
Célula-mãe de megásporo 799
Célula-mãe de micrósporo 800
Célula-mãe do grão de pólen 800
Célula-mãe do saco embrionário 799
Células da bainha do feixe vascular 308
Células protálicas 808-809
Células subsidiárias 306, 512
Células-guarda 132, 134, 136, 306, 512
Celulose 35-36, 92-93f, 367, 705, 722f, 742-743
Celulose sintase 367, 368
  complexo celulose sintase 94
Cenóbio 636, 640
Cenoblasto 70, 640
Cenocarpo 813
Cenoura, ver *Daucus*
Cenozigoto 651
Centaurea (Centáurea) 915, 936, 939
Centáurea, ver *Centaurea*
Centáurea-azul, ver *Centaurea*
Centaurium ("Tausendgüldenkraut") 903
Centeio, siehe *Secale*
Central-angular 813
Centrales 708
Centranthus (Flor calcarada) 914
Centrífuga 804-805
Centríolos 56, 58
Centrípeta 804-805
Centro organizador de microtúbulo (MTOC) 53
Centro quiescente 126
Centrolepidaceae 862
Centrômero 62
Centroplacaceae 881
Centroplasma 635
Cephaleuros 725
Cephalocereus 1099
Cephalotaceae 885
Cephalotaxaceae 840
Cephalotus (Cefaloto) 885
Cera epicuticular 102, 133, 135
Ceras 371

Cerástio, ver *Cerastium*
Cerastium (Cerástio) 873, 874, 984, 1067-1068
Ceratium 702, 703
Ceratocystis 686f
Ceratofilo, ver *Ceratophyllum*
Ceratonia (Alfarrobeira) 886, 933, 1044-1045
Ceratophyllaceae, Ceratophyllales 847, 849
Ceratophyllum (Ceratofilo) 847
Ceratopteris ("Hornfarn") 797
Ceratozamia 811, 834, 835
Cercideae 886
Cercidifilo, ver *Cercidiphyllum*
Cercidiphyllaceae 877
Cercidiphyllum (Cercidifilo) 930
Cercidium 1098
Cercis (Árvore-de-judas) 886
Cereais 1029
Cerejeira 888
Cerejeira-azeda 888
Cereus (Cacto colunar) 875, 1098
Ceriops 1003
Ceropegia (Cerópégia) 905, 1098
Cerópégia, ver *Ceropegia*
Certiomyxales 645
Ceterach ("Schriftfarn") 797
Cetose 31
Cetraria (Líquen-da-islândia) 693, 1116
Cevada, ver *Hordeum*
Cevadilha, ver *Bromus*
Chá-da-índia 902
Chaenactis 566
Chaetoceros 707
Chaetocladium 659
Chaetomium 686
Chaetophora 734, 742
Chaetophorales 734
Chamaemelum (Camomila-romana) 917, 918
Chamaerops (Palmeira-anã) 861
Chá-mate 910
Champignon, ver *Agaricus*
Champignon 681
Chantransia 700
Chaparral 1100
Chaperona, chaperonina 24, 412
Chara (alga em forma de candelabro) 742-744, 1068-1069
  célula cortical 742-743
  espermatogônio 742-743
  oogônio 742-743
Characeae 742-743
Character, character state 612
Charophyceae 742-743
Charophytina 624, 720, 742-743
Chave de acesso múltiplo 611-612
Cheilanthes ("Pelzfarn", "Schuppenfarn") 797
Cheiranthus (Goivo-amarelo) 1047-1048
Chenopodiaceae 872, 875, 876
Chenopodium (Quenopódio) 875, 936

Chicória, ver *Cichorium*
Chifre-de-veado, ver *Platycerium*
Chigua 835
Chilomonas 701
Chiquimato 347
Chlamydomonadaceae 731
Chlamydomonas 492, 729f, 730, 741
  fototopotaxia 492
Chloramoebales 712
Chloranthaceae, Chloranthales 849
Chlorarachniophyta 622, 624
Chlorarachniophyta 721
Chlorella 690, 728, 733, 736
Chlorellales 733
Chlorobionta 722, 746
Chlorobotrys 712
Chlorochromatium 626, 632
Chlorococcales 732, 926
Chlorococcus 733
Chloroflexi 632
Chlorogonium 730, 731
Chlorohydra 728
Chlorokybus 737
Chloromonadophyceae 705
Chlorophyceae 729
Chlorophyta 622, 624, 720, 722
  alternância de gerações e alternância de fases nucleares 724
  sistema de raízes do aparelho flagelar 723
Chloroplast capture 600
Chondria 696
Chondrus ("Knorpeltang") 736
Chorda (Corda-do-mar) 717
Chorisia 1094, 1096
Choupo, Álamo, ver *Populus*
Chromalveolatae 621-622, 624, 647, 701
Chromatium 632
Chromophyta 705
Chromosome painting 602
Chromulina ("Glanzalge") 741
Chroococcus, Chroococcales 635-637, 690
Chrysanthemum (Crisântemo) 918
Chrysisphaera 705
Chrysobalanaceae 881
Chrysocapsa 705
Chrysochromulina 704
Chrysomonadale 9
Chrysophyceae 705
Chrysophyta 705
Chytridiales 653
Chytridiomycota, Chytridiomycetes 653
Cianelas 695
Cianobactérias 114, 115, 277, 626, 636f
Ciátios 884
Cibotium 788
Cicadácea, ver *Cycas*
Cicer (Grão-de-bico) 888
Cichorioideae 918
Cichorium (Chicória, Endívia) 918
Ciclame 901
Ciclina 418
Ciclo celular 64, 417, 418

Ciclo da xantofila 292-293
Ciclo das pentoses fosfato, redutivo 295
Ciclo de Calvin 294, 295
  andamento global 297
  fase de carboxilação 295
  fase de redução 296
  fase de regeneração 298
  reação de fixação de CO_2 295
Ciclo de Krebs-Martius 331
Ciclo de minerais 992
Ciclo de vida 1038
Ciclo de vida 649
Ciclo de Yang 456
Ciclo do ácido cítrico 330, 331
  ligação 335, 336
Ciclo do glioxilato 344, 345
Ciclo do nitrogênio 318
Ciclo Q 286
Ciclos de Milankovic 934
Ciclosporina 670
Cicuta (Cicuta-aquática) 913
Cicuta-aquática, ver *Cicuta*
Cicuta-maior, ver *Conium*
Cicuta-verde 681
Cidreira 899
Ciência vegetal 10-11
Ciliado 703
Cilindro central 215-216
Cílio(s) 56, 487
Cimicifuga ("Wanzenkraut") 870
Cinamoil-CoA redutase 368
Cinchona (Quina) 905
Cinese 488
Cinesina 56
Cinética enzimática 236
Cinnamommum (Canforeira) 85, 851, 930, 1102
Cipela 692
Ciperácea, Cárex, ver *Carex*
Cípero, ver *Cyperus*
Cipó-chumbo, ver *Cuscuta*
Cipreste, ver *Cupressus*
Cipreste-do-pântano, ver *Taxodium*
Circaea (Erva-de-bruxa) 881
Circaeasteraceae 869
Circeia, ver *Circaea*
Circunutação 511, 516
Cirpo, ver *Scirpus*
Cirsium (Cardo) 915, 1027, 1032-1033, 1071
Cistaceae 897
Cisteína sintase 322, 323
Cistídio 680f
Cisto silicoso 706
Cistocarpo 698, 699
Cistozigoto 723, 730
Cistus (Zistrose) 897, 1100
Cítiso, *Cytisus*
Citocalasina B 51
Citocinina 359, 418, 419, 441f
Citocromo 290
  citocromo oxidase 332
  complexo citocromo 333

Citocromo *c* 26, 27
Citocromo P450 monoxigenase 449, 450
Citoesqueleto 46, 51, 52
Citologia 39-40
Citoplasma 46, 50
Citosina metiltransferase 401
Citostoma 721
Citrato 331
    citrato sintase 331
Citrulina 324, 348
Citrullus (Melancia) 891-892
Citrus 829, 899
Cladina (Líquen-das-renas) 1116
Cladogênese 607
Cladograma 616
Cladonia (Líquen em forma de taça) 690, 693, 1116
Cladophora, Cladophorales 724, 726, 727, 742
Clados 616
Clarkia (Godétia) 618
Clathrus (Cogumelo-estrelado) 684, 685
Clatrina 87
Clavariaceae 690
Claviceps (Esporão-do-centeio) 670, 688
Cleistogamia 819
Cleistotécio 664
Clematis (Clêmatis, Barba-branca) 869
Clêmatis, Barba-branca, ver *Clematis*
Cleptocloroplastos 703
Clethraceae 901
Clímax 1062-1063, 1070
Clinostato 500, 501
Clivagem proteica 412
Clone 580, 1047-1048
Clorênquima 132
Cloro 247
Cloróbios 632
Clorofila 276f, 277
    estados de excitação 279
    transferência de energia 278
    transferência de éxcitons 278
Clorofila *a* 276
Clorofila *c* 277
Cloronema 755
Cloroplasto 108, 111, 416
Clorose 246
Clorossomo 282, 283
Closterium 737, 738, 741f
Clusiaceae 881
Cluster 613
CO_2, ver dióxido de carbono
CoA sintetase 340
Coatômero 87
Cobalto 248
Cobre 247
Coca, ver *Erythroxylum*
Cocaína 883
Cocal 694
Coccolithophorales 704
Coccomyxa 690, 693
Cochliobolus 670
Coco (forma de bactéria) 626, 631f

Coco (fruto de palmeira) 1118
Cocólito 704
Cocos (Coqueiro) 861, 1053, 1061-1062, 1118
Código genético 407
Código padrão, genético 408
Codium 722, 729
Codominância 562
Códon 409
Coeficiente de seleção 586
Coeficiente de transpiração 270
Coelastrum 733, 734
Coentro, ver *Coriandrum*
Coenzima 238, 330
Coenzima Q 332
Coesina 67
Coevolução 364, 823
Coffea (Cafeeiro) 905, 906
Cogumelo 680
Cogumelo lamelar 685
Cogumelo-estrelado, ver *Clathrus*
Cogumelo-nanquim, ver *Anthurus*
Coifa 126, 130, 216-217
Cola (Cola) 897
Cola, ver *Cola*
Colacium 721
Colapso do híbrido 593
Colchicaceae 856
Colchicina 53
Colchicum (Cólquico) 856
Colênquima 141, 142
Coleochaetales 742
Coleochaete 720, 725, 742
Coleochaetophytina 720, 739
Coleóptilo 866
Coleorriza 866
Colina 1075
Collema ("Leimflechte") 692
Colobanthus 1061-1062
Colpo 806-807
Colporado 807-808
Cólquico, ver *Colchicum*
Columela 644, 658, 758, 759, 770
Columelliaceae 914
Columnea 910
Columniferae 897
Colza 896
Comatricha 644
Combinações 571
Combretaceae 879
Combretum 1096
Comensalismo 521, 1026
Cominho, ver *Carum*
Commelinaceae 866
Commelinídeas 860
Commiphora (Mirra) 899
Comparação de grupos-irmãos 615-616
Compartimentalização 113, 621
Compartimentalização de Donnan 252, 253
Compartimento 81, 626
Compartimento de reserva 89
Compatibilidade 537

Competição 1026, 1041
Compexo de Golgi 84-85
Côrnpito 813
Complexo ácido graxo sintetase 340, 341
Complexo citocromo aa_3 332f
Complexo citocromo b_6f 286, 290
Complexo de captação de luz 277, 283
Complexo glicina descaboxilase 305
Complexo multienzimático 30, 241
Complexo poliploide 598, 604
Complexo proteico 30
Complexo ribonucleoproteico 413
Complexo sinaptonemal 72-73
Complexos do poro 64
Complexos do poros 58
Composto do tipo lignina 720, 742-743, 753
Composto quimiotáctico 489
Comprovação 7-8
Comprovação do amido 368
Comunicação celular 429
Comunidade vegetal 1062-1063, 1072
Concanavalina A 372
Conceito de espécie 589f
Conceito de reconhecimento de espécie 590
Concentração de nitrogênio foliar 997
Conceptáculo 718, 719, 748
"Concerted evolution" 599
Concrescimento 766
Condroma, condrioma 380, 396, 573
Conduplicado 811
Cone de esporofilos 779-781
Cone seminífero 780-781
Conectivo 804
Conflito de caracteres 613
Conídio-gametangiogamia 646
Conídios 646, 658, 664, 672
Conífera(s) 625, 836
Coniferopsida 625, 799, 828, 836, 838
Conium (Cicuta-maior) 913
Coniza, ver *Conyza*
Conjugação 569
Conjugatae 737
Connaraceae 885
Consolida (Espora) 869
Constante de Michaelis-Menten 236
Conteúdo de água 242, 243
Conteúdo de cinzas 242, 243
Conteúdo relativo de água 274
Continentalidade, zonas florísticas 1051
Controle do ciclo celular 417
Controle do desenvolvimento, sistêmico 378
Convallaria (Lírio-do-vale) 859
Convallariaceae 857, 860
Convergência 157
Convolvulaceae 908, 912
Convólvulo, ver *Convolvulus*
Convolvulus (Convólvulo) 909, 912
Conyza (Coniza) 940
Cooksonia 768, 927
Cooperatividade 241

Copernicana 1096
Coprinus ("Tintling") 681
Copulação, isogametas 730
Copulação de anisogametas 725
Copulação gamentagial 565
Copulação-escada 738
Coqueiro, ver *Cocos*
Corallorhiza ("Korallenwurz") 857
Coranatina 540
Corda-do-mar, ver *Chorda*
Cordaíte 928
Cordão central 755, 757
Cordyceps ("Kernkeule") 670
Cores das flores 820
Coriandrum (Coentro) 913
Coriariaceae 891
Coricarpo 813
Córifa, ver *Corypha*
Coriolus ("Schmetterlingsporling") 686
Corismato 347
Cormo 158, 625, 745
Cormófita 123, 158, 745
Cornaceae, Cornales 900, 931
Corniso, ver *Cornus*
Cornus (Corniso) 900, 1080-1083
Coroa 743-744
Corola 803
Corpo 128
Corpo basal 57, 58, 721, 723
Corpo de água
   eutrófico 993
   oligotrófico 993
Corpo frutífero 658, 678, 680, 683
   asco-himenial 664
   ascolocular 664
   Ascomycetes 664
   Basidiomycetes 679
   gastroide 681, 684
   ginocárpico 666
   hemiangiocárpico 666
   himenial 680
Corpo turgescente 866
Corpos de cianoficina 636
Corpos frutíferos agregados 670
Corpos proteicos 371
Modificação proteica 407
Correlação 7-8, 378, 431
Corrente de vesícula 86
Corrente plasmática 50, 494
Corsiaceae 856
Cortaderia 1110
Corte e junção 403*f*
Corte transversal da raiz 215-216
Córtex 717
Corticeira 892
Corticiaceae 690
Corydalis ("Lerchensporn") 869, 871
Corylus (Aveleira) 893-894, 930, 1080
Corynebacterium 634
Corynocarpaceae 891
Corypha (Córifa) 861
Corystospermatales 922
Cosmarium 737, 738, 741

Costaceae 868
Costela-de-adão, ver *Monstera*
Cotilédone(s) 159, 160, 827
Cotranslational 413
Couve 896
Cova de água 796, 797
Craspedia 1109
Crassinucelato 814
Crassulaceae 877-878
Crataegus (Pilriteiro) 888, 1106
Cratoneuron ("Starknervenmoos") 761, 765
Cravo, ver *Dianthus*
Cravo-da-índia, ver *Syzygium*
Cravo-romano, ver *Armeria*
Crenarchaeota 638
Crepis (Crépis) 918, 934, 999
Crépis, ver *Crepis*
Crescimento 376, 378, 1007
   clonal 1045-1046
   isodiamétrico 378
   prosenquimático 378
Crescimento apical 96, 378
Crescimento celular 378
Crescimento da célula apical 636
Crescimento em alongamento 378, 379
Crescimento em espessura
   primário 182-183
   secundário 183-184, 186-187, 193-194, 767, 778-779, 782, 785
Crescimento em superfície 96
Crescimento plasmático 378
Crescimento por dilatação 184-185
Crescimento por divisão 378
Crescimento vegetal 1009
Cretáceo 929
Cribaria ("Siebgitterstäubling") 644
Crioplâncton 741
Crioscopia 261
Criptocromo 473-474, 479
Criptófita 167
Crisântemo, ver *Chrysanthemum*
Crisolaminarina 705
Cristal de oxalato de cálcio 90
Cristas 103
Critério da homologia 155
Crithmum 1118
Crocus (Açafrão) 857, 858, 1085
Cromátide 67
Cromatina 58-60
Cromatoplasma 635
Cromer 935
Cromóforo 281
Cromoplasto 110, 112*f*
Cromossomo 61, 70, 380
   Dinophyta 703
   "estrutura de guirlanda" 703
   Euglenophyta 703
   mitose 61
Cromossomo sexual 573-576, 748
Cromossomos gigantes 69, 567
Cronartium 678
Crossing over 73, 75, 571

Crossomataceae, Crossomatales 878
Crossotheca 920, 921
Cruzamento de dois fatores 570
Cruzamentos de mais fatores 570
Cruz-de-malta, ver *Ludwigia*
Crypteroniaceae 879
Cryptococus 688
Cryptomeria 1044, 1102
Cryptomonas 701
Cryptophyta 652, 701
Cryptothallus 765
Ctenolophonaceae 881
Cucumis (Pepino) 891
Cucurbita (Abóbora) 891-892
Cucurbitaceae, Cucurbitales 891-892
Cultivo de plantas 1033-1034
Cultivo de resistência 688
Cultura de células 44
Cultura em suspensão 41
Cumarina 354
Cunninghamella 658
Cunoniaceae 885
Cupins 687
Cupressaceae 840
Cupressus (Cipreste) 1106
Curatella 1096
Curcuma (Cúrcuma) 868
Cúrcuma, ver *Curcuma*
Curtisiaceae 900
Curvatura 766
Cuscuta (Cipó-chumbo) 910, 912
Cutícula 102, 133-134, 268, 371, 746, 766
Cutina 103, 370*f*
Cutleria 641, 713*f*, 715
Cutleriales 713
Cyanidiophyta 119
Cyanidium 701
Cyanobacteriopsida 637
Cyanobacteriota 634
Cyanophora 696
Cyanophyceae 637
Cyanophyta 634
Cyanoprokaryota 534
Cyathea (Samambaia arborescente) 788, 789, 793, 797, 1075, 1085, 1090
Cyatheaceae, Cyatheales 788, 793, 931
Cyathus ("Teuerling") 684
Cycadaceae 835
Cycadopsida 625, 799, 810*f*, 827, 833, 834, 929
Cycas (Cicadácea) 834*f*, 834
Cyclamen (Ciclame) 901
Cyclanthaceae 856
Cylindrocystis 737
Cylindrospermum 635*f*
Cymodoceaceae 853
Cymopolia 728
Cynara (Alcachofra-do-mediterrâneo) 918
Cynomoriaceae 877
Cynosurus ("Grama-cristada") 1071
Cyperaceae 861, 863, 932
Cyperus (Cípero) 988, 1118
Cypripediodeae 857

Cypripedium (Sapato-de-vênus) 858, 859
Cyrilla 932
Cyrillaceae 901
Cystococcus 690
Cystoseira 714
Cytinaceae 897
Cytinus (Hipociste) 897
Cytisus (Cítiso) 886, 1080-1081

D

Dacrídio, ver *Dacrydium*
Dacridium (Dacrídio) 1090
Dacrymycetales 682
Dáctile, ver *Dactylis*
Dactylella 688
Dactylis (Dáctile) 999, 1071
Dactylium 688
Dahlia 918
Daldinia ("Holzkohlenpilz") 670
Dália 918
"Dama-de-véu", ver *Dictyophora*
Damasco 888, 1110
Danaea 787
Danaus 1027
Daphne (Loureiro) 897, 1072
Daphniphyllaceae 877
Darlingtonia 903
"Darmtang", ver *Enteromorpha*
Darwinismo 5
Dasycladophyceae, Dasycladophyceales 727
Dasyobolus 666
Dasypogonaceae 860
Datiscaceae 891
Datura (Estramônio) 909, 911, 977
Daucus (Cenoura) 913
Dawsonites 770
Dedaleira, ver *Digitalis*
Defesa
    basal 542
    específica de variedades 542
Defesa contra herbívoros 547, 549, 551
Defesa contra patógenos 537, 542
Defesa entre insetos, pré-formada 549
    ver também defesa contra a herbivoria, pré-formada
Déficit de nutrientes 998
Déficit de saturação de água 274
Deflandrius 704
Degeneriaceae 850
Degradação do amido 302
Degradação proteica 412
Degradador da serapilheira 687
Deleção 561, 564, 565
Delesseria 741
Delphinium (Espora) 869
Demografia, população 1038
Dendezeiro, ver *Elaeis*
Dendrobium 859
Dendroceros 763
Dendrocronologia 189, 192, 926
Dendropolyporus 683

Dendrosenecio 1092
Densidade de fluxo quântico (densidade de fluxo fotônico) 317
Dente do peristômio 760
Dente-de-leão, ver *Taraxacum*
Dente-furado, ver *Galeopsis*
D-enzima 301
Dependência da temperatura, respiração 1006
Depois da polinização 593
Depósito 101
Depressão endogâmica 575
Derbesia 641, 724, 728, 729
Deriva, genética 588
Derivados de indol, alucinógenos 689
Dermatocarpon ("Lederflechte") 691
Dermocarpa 635, 636
Descarregamento do floema 302, 325-326
Deschampsia (Deschâmpsia) 1061-1062, 1073, 1116
Deschâmpsia, ver *Deschampsia*
Desenvolvimento 3, 376, 431
    diplobiôntico 698
    haplobiôntico 699
Desenvolvimento embrionário 827
Desenvolvimento floral 428, 429
Deserto 1098
    de zonas temperadas 1112
Deserto de liquens 692
Desestiolamento 466
Desfontainaceae 914
Desmarestia 741
Desmatamento 1030
Desmidium 738
Desmococcus 726
Desmotúbulo 96
Desnaturação 29
Desnitrificação (respiração do nitrato) 318
Desplasmólise 261
Dessaturase 341
Desvernalisação 466
Desvio-padrão 573-574
Determinação 376, 420, 424, 425
Determinação da função, facultativa 656, 729
Determinação da idade 926
Determinação sexual 575, 748
    diplomodificadora 774
Detrito 1018
Deuter 756
Deuteromycetes 689
Devoniano 927
Diacinese 74
Diagrama climático 958-959
Diagrama de Lineweaver-Burk 237, 238
Diagrama floral 818
Diagrama polínico 925
Dianthus (Cravo) 873, 1085
Diapensiaceae 901
Diaporthales 670
Dias neutros 468-469
Diásporo 831, 1053
Diatomáceas 706

Diatomita 736
Dicário 641, 678f
Dicariofase 663, 671
Dicentra (Dicentra) 818, 869
Dicentra, ver *Dicentra*
Dichapetalaceae 881
Dicksonia
Dicogamia 579, 819
Dicotomia 169
Dicrananae 761
Dicranella ("Kleingabelzahnmoos") 1067-1068
Dicranum ("Gabelzahnmoos") 762
Dicroísmo 495
Dictamno 899
Dictiossomo 47, 84
Dictyochophyceae 706
Dictyophora ("Dama-de-véu") 685
Dictyopteris 715
Dictyosteliales 643
Dictyostelium 642, 643
Dictyota 714, 715f
Dictyotales 714
Dictyuchus 648
Didiereaceae 872
Didymelaceae 871
Didymoglossum 788
Diervilleaceae 914
Diferenciação 3, 376, 377, 424, 640
    polar 731
Diferenciação celular 417, 419
Diferenciação clinal 584
Diferenciação de nichos 1043
Difusão 259, 260
    água 258
    aquaporina 259
    lei da difusão de Fick 258
Digitalis (Dedaleira) 908, 909, 1045-1046, 1080-1081
Di-hidroxiacetona fosfato 297
Dilleniaceae, Dilleniales 872
Dinamina 87
Dineína 56, 233
Dinobryon 706
Dinoglagellata 702
Dinophysis 703
Dinophyta 652, 702
Dioicia 575, 646-647, 657, 729, 802-803, 819
Dioico 757
Dionaea (Dioneia) 872
Dioncophyllaceae 872
Dioneia, ver *Dionaea*
Dioon 810f, 834-835
Dioscorea (Inhame) 856
Dioscoreaceae 856
Dioscoreales 856
Diospyros (Caqui) 902, 930, 933, 1104
Dióxido de carbono 306f, 1021
Dioxigenase 450
Dioxigenase dependente de 2–oxoglutarato 449
Dipentodontaceae 895

Diphasium (Licopódio plano) 774
Diphyscium 758, 761
Diplanetia 648
Diplania 648
Diplobiôntico 698
Diplogenotípico 570
Diplolepideae 760*f*
Diplonte 641, 705, 717
Diplosporia 581
Diplostêmone 804-805
Diplóteno 73
Dipodascaceae 662-663
Dipodascus 662-663
Dipsacaceae. Dipsacales 914
Dipsacus (Cardo) 914-915
Dipterocarpaceae 897
Dipterocarpus 897, 1088
Dirachmaceae 888
Disco 816
Disco nodal 742-743
Discriminação isotópica 1012
Dispersão de sementes 1055
Dispersão pela água 832
Dispersão pelo vento 832
Dispersão por animais 831
Dispersão por insetos, esporos de musgos 764
Disploidia 566
Disposição 687
Dissochaeta 880
Distephanus 706
Distilia 578
Distribuição de auxinas 426
Distribuição de biomassa 1010
Distribuição normal 573-574
Diterpeno 360, 448
Divisão celular 64, 69, 116
 desigual 754
Divisão redutora 71
DNA 18-20
 Barcodes 610
 fita codificante 403
 hélice dupla 18-20
 modificação 401
 recombinado 387
 replicação 20-21
 transferido 389, 544
DNA plastidial 106
DNA satélites 386
DNAc 387
DNApt 110
Dobramento proteico 412
Docksonia 788
Doença da crespeira 660
Doença da ferrugem 674
Doença das castanhas 670
Doença do carvão 672
Doença epidêmica em moscas 656
Doença fúngica 665
Doença viral 629
Doliporo 671
Dominância, parcial 561*f*
Dominância apical 431, 438

Dominância apical 766
Dormência 454, 458
Dormência de gemas 464
Dormência de sementes 464, 832
Dormideira, sensitiva, ver *Mimosa*
Dorsicida 829
Dorsifixo 804
Dorstenia 890
Doryanthaceae 857
Dothideomycetidae 670
Draba (Draba) 934, 1085
Draba, ver *Draba*
Dracaena (Dragodeiro) 1096
Dracaenaceae 857
Dracymyces ("Tränenpilz") 672, 682
Dragodeiro, ver *Dracaena*
"Drehtang", ver *Furcellaria*
"Drehzahnmoos", ver *Tortula*
Dreno 326
 intensidade do dreno 327
 órgãos-dreno 302
 tecido-dreno 299
Dreno de carbono 1007
Drepanophycaceae 778-779
Drepanophycus 778-779
Dríade-branca, ver *Dryas*
Drosera (Drósera) 525, 872, 1081-1082
Drósera, ver *Drosera*
Droseraceae 872
Drosophyllaceae 872
Drosophyllum (Orvalho-do-sol) 872
Drupa, ver *Prunus*
Dryas (Dríade-branca) 888, 935, 937
 Floras de Dryas 935
Drynaria 797, 798
Dryopteris (Samambaia vermífuga) 768, 789, 790, 792*f*
Drypetes 895
Ductamnus 899
Dudresnaya 699
Dulichium 932
Duna 1070, 1081-1082
Dunaliella 731
Duplicação 564, 565
Duplicação em tandem 564
Durra, ver *Sorghum*
Durvillea 741
Duvalia 905
Dyctyonema 691, 693

E

Ébano 902
Ebenaceae 901
"Eberwurz", ver *Carlina*
Eburon 935
Ecballium (Pepino-do-diabo) 891
Ecdeiocoleaceae 862
Echinacea 1110
Echinocereus (Equinocéreo) 874
Echinops (Equinopse) 915
Echinosteliales 645
Echium (Équio) 903

Ecídio 675, 676*f*
Ecidiósporo 676
Ecidiossoros 675
Ecologia 949
Ecologia da reprodução 1044
Ecologia da vegetação 1062-1063
Ecologia de populações 1036
Ecologia do fogo 980
Ecolução neutra 589
Ecossistema 954-955
Ecótono 1062-1063
Ectexina 806-807
Ectocarpales 713
Ectocarpus 713, 715
Ectomicorriza 263, 535*f*
Ectoparasito 525
Ectoplasma 494
Edáfon 742, 962
Eem 935
Éfedra, ver *Ephedra*
Efeito capilar 262
Efeito da citocinina 444
 mecanismos moleculares 447
Efeito da posição 565
Efeito de auxinas 437
 mecanismos moleculares 441
Efeito de Emerson 285
Efeito do etileno, mecanismos moleculares 459
Efeito do fundador 588, 594
Efeito do nitrogênio, respiração 997
Efeito fundador 588
Eficiência, reprodutiva 580
Eficiência na utilização do nitrogênio 998
Eficiência no uso da água 270, 991
Eficiência quântica 1005
Eichhornia (Aguapé) 867
"Einbeere", ver *Paris*
"Eispilz", ver *Pseudohydnum*
Eixo bifurcado 766
Ejectossomo 702
Elaeagnaceae 888
Elaeis (Dendezeiro) 861, 930
Elaeocarpaceae 885
Elaiossomo 825, 825
Elatério 751, 762
 Jungermanniopsida 751
 Marchantiophytina 751
 Marchantiopsida 747, 750
Elatinaceae 881
Elemento *cis* 403, 406*f*
Elemento crivado 193-194
Elemento de vaso 146, 767, 788
Elemento realçador 403, 406
Elementos de vaso 187-188
Elemento-traço 244
Eleocáris, ver *Eleocharis*
Eleocharis (Eleocáris) 862
Eletrofisiologia 254
Eletrofusão 82
Elettaria (Cardamomo) 868
Elevador hidráulico 999
Eliciadores 537*f*, 542

Elodea (Elódea) 853, 940, 1028, 1055, 1068-1069
Elódea, ver *Elodea*
Elongase 341
Elster 935
Elymus ("Haargerste") 1070, 1081-1082
Embaúba, ver *Cecropia*
Emblingiaceae 895
Embrião 124, 125, 159, 160, 743-744, 758, 773, 800f, 826, 827
    endoscópico 792
    somático 420
    zigótico 420
Embriófitas 624, 743-744, 799
    alternância de fases nucleares 799
    alternância de gerações 799
Embriogênese 425, 426
Embrioteca 754, 759
Emergência 8, 137, 151
Empetraceae 901
Empetro, ver *Empetrum*
Empetrum (Empetro) 902, 936, 1082-1083, 1085, 1116
Encalypta ("Glockenhutmoos") 764
Encelia 1112
Encephalartos ("Brotpalmfarn") 834-835
Endemismo 1050
Endexina 806-807
Endívia, ver *Cichorium* 918
Endocarpo 828
Endocarpon 691
Endocianomas 119
Endocitobiose 118, 120, 624, 659, 694, 703, 720, 722
Endocitose 86
Endoderme 140-141, 215-216, 773-774, 781-783, 788
Endogamia 575-576
Endógeno 766
Endolítico 637
Endomembrana 81
Endomyces ("Kreideschimmel") 662-663
Endomycetaceae, Endomycetales 662-663
Endonucleases de restrição 387
Endoparasito 525
Endopeptidase 371
Endoperídio 683f
Endopoliploide 567
Endorina 640
Endosperma 801, 825f
Endósporo 636, 746, 801
Endotécio 758, 804-805
Endotérmico 226
Endothia 670, 1027
Endozoocoria 831
Energia 225
Energia de ativação 233
Engelhardtia 895, 930
Enolase 328
Enolpiruvilchiquimato-3-fosfato sintase 346
Entalpia 226
    entalpia livre 227f, 232

Ent-caureno 448
Enteromorpha ("Darmtang") 714, 725, 1118
Entomófila 823
Entomophthora 656-657
Entomophthorales 656
Entrenó 160, 742-743
Entropia 226f
Entyloma ("Blattstreifenbrand") 673-674
Ênula, ver *Inula*
Envoltório nuclear 58, 63
Enxertia 420
Enxofre 246
    assimilação de enxofre 321
Enxofre de sulfeto 321
Enzima de ramificação 301
Enzima desproporcionadora (D-enzima) 302
Enzima málica 309, 313, 314
Enzimas 24, 234
    alostéricas 240
    apoenzima 236
    centro ativo 235
    classificação 237
    coenzimas 236
    cofatores 236, 238
    cossubstratos 236
    especificidade de ação 236
    holoenzima 236
    inibição competitiva 240
    inibição pelo produto 240
    líticas 539
    modificação 239f
    nomenclatura 236
    tiorredoxina 240
Enzimas constitutivas 239
Eoceno 929
Epacridaceae 901
Ephebe 690
Ephedra (Éfedra) 841-843, 936, 1113
Epicótilo 159
Epidemias fúngicas, fitopatógenos 688
Epidendroideae 858
Epiderme 133, 136, 182-183
Epifilo, ver *Epiphyllum*
Epifilo 1088
Epífita 206-209, 797, 1088
Epigenética 564
Epígina 817
Epilímnio 961
Epilítico 637
Epilóbio, ver *Epilobium*
Epilobium (Epilóbio) 579, 881, 1046-1047
Epimácio 828, 840
Epiphyllum (Epifilo) 875
Epistasia 563
Epistemologia 7-8
Epiteca 707
Epíteto específico 617
Epizoocoria 832
EPSP sintase 347
Equação de Hardy-Weinberg 586
Equação de Nernst 231

Equação do balanço hídrico 991
Equilíbrio dinâmico 228f
Equinopse, ver *Echinops*
Équio, ver *Echium*
Equisetaceae, Equisatales 782f
Equisetites 785
Equisetophytina 625, 782, 927
Equisetopsida 782
Equisetum (Cavalinha) 747, 783, 785, 797
Ergotamina 670
Ergotismo 670
Ergotoxina 670
Erica (Urze) 902, 1067-1068, 1080-1081, 1090
Ericaceae, Ericales 901, 901f
Eriocaulaceae 862
Eriophorum ("Wollgras") 862, 863, 935, 937, 1067-1068, 1072, 1081-1082, 1116
Eritrose 31
Eritrose-4-fosfato 297, 346
Erodium (Bico-de-garça) 879
Erva-benta, ver *Geum*
Erva-capitão, ver *Hydrocotyle*
Erva-cidreira 906
Erva-de-salepo, ver *Orchis*
Erva-de-são-joão, ver *Hypericum*
Ervilha, ver *Pisum*
Ervilha-de-cheiro, ver *Vicia*
Erwinia 634
Erysimum (Goivo) 896, 1047-1048
Erysiphales 665
Erysiphomycetidae 665
Erythropalaceae 877
Erythroxylaceae 881
Erythroxylum (Coca) 883
Escala de tempo, biológica 951-952
Escalloniaceae 910
Escama seminífera 836
Escama tectriz 836
Escama ventral 748
Escamas silicosas 706
Escherichia 22, 626f, 630
Esclerênquima 141-142
Esclerócio 646, 670
Esclerotesta 825
Escotomorfogênese 466
Escototropismo 496, 499
Escrofulária, ver *Scrophularia*
"Escudo" 798
Escudos 743-744
Escutelo 866
Esferossomo 343
Esfingógila 823
Espaço intercelular 131
Espádice 855
Esparceta, ver *Onobrychis*
Espargânio, ver *Sparganium*
Esparto 1111
Espasmonema 56
Espata 855
Especiação 591
    alopátrica 591
    efeito fundador 594

peripátrica 594
simpátrica 595
Especiação por recombinação 599
Especialização 640
Espécie 619
Espécie diferencial 1064-1065
Espécie híbrida, homoploidia 599, 600
Espécie indicadora, ecológica 961
Espécie introduzida 1028
Espécies de erva-de-bicho, ver *Polygonum*
Espécies ruderais 1067-1068
Espécies vegetais, número 624
Espectroscopia por ressonância nuclear 29
Espeletia 980, 1092
Espermácia 675, 694
Espermatângio 697, 700
Espermatídeo 746
Espermatófita 625, 745, 799
Espermatofitina 625, 799
Espermatogônio 711
Espermatozoide 694, 746, 754, 808-809
Espinheiro-do-mar, ver *Hippophae*
Espinhos 157, 178-179f, 204-205
Espirilos 626, 632
Espiroplasmas 539
Espiroquetas 632
Esponja, ver *Luffa*
Espora, ver *Consolida*, *Delphinium*
Esporão-do-centeio, ver *Claviceps*
Esporídios 673
Esporo 646
    Zygomicetes 659
Esporo de resistência 653
Esporo de verão 677
Esporo secundário 672, 682
Esporocarpo 643, 793
Esporocistíolo 658
Esporocisto 646
Esporocisto de germinação 658
Esporoderme 806-807
Esporofilo 767, 781-783, 789
    em forma de escudo 782
Esporófito, dominante 764
Esporófito 641, 766
Esporogônio 750
Esporopolenina 720, 722f, 726, 733, 742-743, 806-807
Esporozoário 703
Espruce, ver *Picea*
Esquema Z 289
Esquizocarpo 910, 829f
Esquizógeno 131
Esquizogonia 728
Estado de caráter 612
Estágio de núcleos pareados 672
Estame 804f
Estaminódio 804-805
Estapileia, ver *Staphylea* 878
Estaque, ver *Stachys*
Estaquiose 324
Estasegênese 607
Estatênquima 502
Estatística, numérica 614-615

Estatócito 502
Estatólito 502
Estefanocolpado 807-808
Estefanoporado 807-808
Estelária, ver *Stellaria*
Estelo 184-185, 763
Estepe 1110
Estereíde 755
Esterigma 671, 680
Esterilidade, herança citoplasmática 399
Esterilidade do híbrido 593
Esterilidade do pólen 564
Esteroide 360, 802-803
Estigma 491, 703, 721, 723, 731, 811
Estigmário 778-779
Estilete 811
Estimulante 820
Estimulantes naturais 1029
Estímulo 421, 485
Estímulos de contato 505
Estiolamento 466
Estioplastos 112
Estipa 857
Estolão 161f
Estômato 132, 134, 753, 758, 759, 763, 764, 766
    antóceros 761
    movimentos násticos 512
    regulação 514
Estômato 748
Estômatos 134, 136, 269, 306-307, 896f
    condutância 989
    ritmos circadianos 512
Estômio 518, 791, 793, 804-805
Estoque de carbono 1015, 1020
Estragão, ver *Artemisia dracunculus*
Estramônio, ver *Datura*
Estratégia de vida 955-956, 1044
Estratificação 453, 455, 464
Estrela-da-terra, ver *Geastrum*
Estreptocarpo, ver *Streptocarpus*
Estresse 950-951
Estrias de Caspary 140-141, 253, 264, 371
Estricnina 903
Estróbilo 774
    "Flor" 772
Estrobilurina 678, 689
Estrofíolo 825
Estroma 107, 670
Estromatólito 637
Estrutura de cromatina 401, 406
Estrutura gênica 399
    organização 400
"Etagenmoos", ver *Hylocomium*
Etanol 329
Etileno 455, 558
    abscisão 459
    amadurecimento de frutos 458
    biossíntese 456, 457
    crescimento de raízes 458
    dormência 458
    efeitos 456
    formação de flores 458

órgãos florais 458
queda foliar 459
senescência 458
Etilmetassulfonato (EMS) 384
Euallomyces 655
Euascomycetes 662-663
Euasterídeas I 902
Euastrum 738, 742
Eubactérias 626
Eubasidiomycetes 678
Eucalipto, ver *Eucalyptus*
Eucaplyptus (Eucalipto) 880, 983f, 986, 996, 1032-1033, 1054, 1061-1062, 1096, 1102, 1106
Eucarpia 648, 653
Eucarya, Eucariotos 1, 622
    grupos fundamentais 624
    reino, domínio 639
    reprodução 639
    surgimento 639
Eucarya 621
Eucélula 1
Eucladium ("Schönastmoos") 765
Eucommiaceae 903
Eucoronis 704
Eucromatina 49, 58, 401
Eucryphia 1102
Eudicotiledôneas 846, 869
Eudicotiledôneas-núcleo 872
Eudorina 731
Eufórbia, ver *Euphorbia*
Eufrásia, ver *Euphrasia*
Euglena (Euglena) 721, 741, 880
    fototopotaxia 492
Euglena, ver *Euglena*
Euglenophyta 622, 624, 721
Euonymus (Barrete-de-padre) 881, 1080-1081
Eupatorium (Trevo-cervino) 918
Euphorbia (Eufórbia) 883f, 884, 1027, 1098, 1119
Euphorbiaceae 881, 884
Euphrasia (Eufrásia) 908
Euphroniaceae 881
Euploide 567
Eupomatiaceae 850
Euptelea 869
Eupteleaceae 869
Eurosídeas 881
Eurosídeas III 895
Eurotiales 664
Eurotiomycetidae 664
Eurotium 665
Euryarchaeota 639
eusporangiado 771f, 781-782, 787
Eustelo 783
Eustigmatophyta 712
Eutrofização 741
Evaporação 268
Evernia ("Pflaumenflechte") 693
Evolução 3, 605
Evolução de caracteres 617
Excavatae 621, 622, 624

Exclusão competitiva 1043
Excreção de água 85
Excreta, excreção 147, 372
Exidiopsis 682
Exina 806-807
Exobasidiales 673
Exobasidium 672, 674
Exocarpo 828
Exocitose 86, 373
Exoesqueleto 91
Exógeno 766
Éxons 399
5'-exonuclease 406
Exopeptidases 371
Exoperídio 683f
Exospório 746, 767, 772, 785, 794
Exósporo 636
Exotécio 804-805
Exotérmico 226
Expansina 96
Experimento de Engelmann 739
Expressão gênica 380, 400
Exsudação da raiz 1016
Extensina 92-93
Extinção 317
Extinção em massa 605, 924

F

Fabaceae, Fabales 885, 886f
Fabids 881
Faboideae 886
Facilitação 1026
FAD 332
"Fadenflechte", ver *Alethopteris*
"Fadenstaubling", ver *Stemonitis*
Fagaceae, Fagales 892, 893f
Fagocitose 86, 120
Fagopyrum (Trigo-sarraceno) 872
Fagos 6-7, 24
Fagotrofia 703, 740
Fagotrófico 642
Fagus (Faia) 892-893, 930, 936-937, 984, 1027, 1031, 1045-1046, 1051-1052, 1054f, 1070, 1074-1075, 1080f, 1083-1084, 1104
Faia, ver *Fagus*
Falcatifolium 840
Falenólfila 823
Fallopia 817
Faloidina 51
Falotoxina 685
Falsa dicotomia 754
Falso jasmim, ver *Philadelphus* 900
Família 619
Família gênica 407, 565
Fanerófita 167, 797
Farnesil pirofosfato 359, 360
Fase G_0 69
Fase G_1 69
Fase G_2 69
Fase M 69
Fase S 69
"Faserling", ver *Psathyrella*

Fator de iniciação 410
Fator de terminação 411
Fator de transcrição 402f, 406, 430
Fator Nod 529
Fatores ambientais 957-958
Fatores de alongamento 411
Fatores de patogenicidade 537, 539
Fava 888
FBP (frutose-1,6-bisfosfato) 297, 300
FBP-1 fosfatase 297
Fecundação 800f, 817, 824
    dupla 824
Fecundação cruzada (alogamia) 579
Fecundação cruzada 679
Fecundação pelo tubo polínico 824
"Federtang", ver *Bryopsis*
Feijão, ver *Phaseolus*
Feijão 888
Feixe, colateral 147
Feixe concêntrico 147
Feixe vascular 146f, 767
Felema 137, 139f, 194-195
Feloderme 137
Felogênio 137
Feltro 764f
Fenda de germinação 806-807
Fenda transversal 703
Fenda ventral 811
Fene 4
Fenilalanina 346-347
    fenilalanina-amônia liase (PAL) 354
Fenilpropano 368
Fenograma 613
Fenóis 354
    derivados de chiquimato 355
Fenologia 951-952
Fenômeno de desenvolvimento 421
Fenometria 951-952
Fenótipo 376, 386, 559
Feofitina 277
Fermentação 327-329
    alcoólica 329, 661
    láctica 329
Fermento da cerveja (ver também *Saccharomyces*) 661
Fermento do pão, ver *Saccharomyces*
Fermento do vinho 661
Fermentos 234
Feromônio 455, 552
Feromônio de alarme 551
Ferredoxina 286, 291
Ferredoxina-NADP$^+$ redutase (FNR) 291
Ferro 246, 255
Ferrocactus 1098
Ferrugem das gramíneas 675
Ferrugem-amarela, ver *Puccinia*
Ferugem-da-pera, ver *Gymnosporangium*
Festuca (Festuca) 866, 1046-1047, 1081-1082, 1092
Festuca, ver *Festuca*
"Fettkraut", ver *Pinguicula*
"Feuerschwamm", ver *Phellinus*
Fiálide 665

Fibra (esclerênquima) 142
Fibra da gleba 747
Fibra de capilício 747
Fibra de rami 891
Fibra lenhosa 187-188
Fibra liberiana 193-194
Fibras, vegetais 1029
Fibras 99
Fibrila de cromatina 61
Fíbula 679
"Fichtenspargel", ver *Monotropa*
Ficobilina 277, 635, 696
Ficobiliproteídeo 281, 635
Ficobilissomo 107, 111, 281f, 283, 635, 696
Ficocianina 277, 281, 635, 696
Ficocianobilina 281
Ficoeritrina 277, 281, 635
Ficoeritrobilina 281
Ficoplasto 723
Ficus (Figo) 623, 822, 890, 891, 930, 1046-1047, 1061-1062, 1088
Figo, ver *Ficus*
Filamento de células espermatogênicas 743-744
Filamento de feofícea 715-716
Filamento intermediário 54
Filamentos de viscina 808-809
Fileira de ecidiósporos 676
Filete 804
Filicophytina 625, 787
Filicopsida 787
Filídio lateral 751
Filídio ventral 751
Filipendula (Ulmária) 936
Filírea, ver *Phillyrea*
Filo 619
Filocládios 157
Filóclado, ver *Phyllocladus*
Filogenia de táxons 617
Filogenia molecular 623
Filoide 694, 712, 745, 753
Filoma 159, 195-197
Filoquinona 291
Filotaxia 162, 163, 163f
"Filsmützenmoos", ver *Pogonatum*
Fischerella 636
Fisiologia do desenvolvimento 375
Fisiologia do movimento 485
Fisiologia dos estímulos 485
Fissidens ("Spaltzahnmoos") 753, 761, 762
Fita-molde 403
Fitato (Ácido fitínico) 246
Fitoalexina 542-543
Fitocenose 954-955
Fitócitos 9
Fitocromo 315, 473-474
    classe I 476
    classe II 476
    espectros de ação 479
    esquema estrutural 477
    Pfr 475
    Pr 475, 477
Fitocromo da classe I 478, 479

Fitocromo da classe II 479
Fitocromobilina 474
Fitol 277
Fitolaca, ver *Phytolacca*
Fitomassa 956-957, 1015
Fitômero 160, 378
Fitopatógenos
    avirulentos 537
    incompatíveis 537
    interação 538, 539
    interação compatível 537, 542
    resistência 537
    suscetíveis 537
    virulentos 537
Fitopatologia 521, 537
Fitoplasmas 539
Fitoquelatina 250
Fitormônio 417, 432, 540
Fitossideróforo 256
Fitossociologia 1073
Fitzroya 1102
Fixação do nitrogênio 532, 637
Flacourtiaceae 881
Flagelina 116
Flagellariaceae 862
Flagelo 56, 57, 487
    aparelho flagelar 723
    dineína 56
    inserção 628
Flagelo barbulado 649
Flagelo delicado 628
Flagelo do tipo chicote 649, 723
Flagelo transversal 703
Flagelos
    heteroconta 647, 701, 705, 710
    isoconta 723
    opistoconta 652
Flagelos 56, 487
Flavan 357
Flavonoides 355, 357, 802-803
Fleína 35-36
Flexilha, ver *Stipa*
Flipase 84
Floema 144-145, 323
    secundário 183-184, 193-194
    transporte de assimilados 325
Flor 771, 772, 774, 782, 801
    actinomorfa 818
    assimétrica 818
    com simetria radial 818
    dissimétrica 818
    monocíclica 818
    monossimétrica 818
    pentacíclica 818
    zigomorfa 818
Flor calcarada, ver *Centranthus Sporocyste*
    Esporocisto 658
        operculado 653
        unilocular 717
Flor da mosca-varejeira 823
Flor de borboleta (Psicófila) 823
Flor de inseto 823
Flor de mariposa 823

Flor de néctar 821
Flor de óleo 821
Flor de pássaro (Ornitófila) 823
Flor de perfume 821
Flor de pólen 821
Flor de resina 821
Flor digitaliforme 822
Flor discoide 822
Flor do tipo pincel 823
Flor em forma de tigela 822
Flor hipocrateriforme 822
Flor ligulada 822, 915
Flor mimética 821
Flor tubular 915
Flor tubulosa 822
Flor urceolada 822
Floração 637, 703
Flor-armadilha 823
Floras 610
Flor-borboleta 886
Flor-da-paixão, ver *Passiflora*
Flor-de-abelha (melitófila) 823
Flor-de-besouro 823
Flor-de-morcego 824
Flor-de-mosca (miofílica) 823, 905
Flor-de-viúva, ver *Knautia*
Flores actinomorfas 818
Flores casmógamas 819
Flores de fungos 684
Flores polissimétricas 818
Flores tetracíclicas 818
Floresta de carvão 778-779, 786, 927, 928
Floresta de lignita 931
Floresta montana de zona temperada 1106
Florestas
    boreais 1114
    submersas 713
Florestas deciduais, das zonas temperadas 1104
Florideophyceae 701
Florígeno 466
Floroglucina 369, 370
Flor-revólver 822
Fluxo de massa 259, 326
Fluxo de membrana 81
Fluxo de transpiração 272
Fluxo gênico 582, 588
FMN 332f
Foeniculum (Funcho) 913
Fogo 1096, 1100
Fogo-de-santo-antão 670
Folha 195-197, 745
    anatomia 201-202
    escleromorfa 205-208
    longevidade 996, 1012
    unifacial 200-201
Folha de sol (*ver também* Folha de luz) 315, 467-468
Folha enrolada 765
Folha normal 195-197
Folha paleácea 915
Folha submersa 794
Folhas bifaciais 200-201

Folhas de sombra (*ver também* folhas de sol) 315, 467-468
Folhas equifaciais 200-201
Folículo 829, 830
Fomes 685f
Fonte de infecção 688
Fonte-dreno 326
Fontinalis (Fontinális) 765
Fontinális, ver *Fontinalis*
Força motriz de prótons 230, 233
Forma de crescimento 172
Forma de vida 583, 1064-1065, 1074-1075
Forma em almofada espinhosa 1110
Forma principal (teleomorfa) 646, 664, 689
Forma secundária 664, 689
    anamorfa 646
Formação da hulha 778-779
Formação de casquetes 735
Formação de esporos 663
    Ascomycetes 660
Formação de modelo 378, 421, 427-428
Formação de rochas
    cianobactérias 637
    musgos 765
Formação de sementes 777-778, 785
Formação de tetravalentes 568
Formação de vesículas 87
Formação do amido, regulação 304
Formação do asco 662-663
Formação do corpo frutífero 666
    Zygomycetes 659
Formação do embrião 792
Formação do endosperma 827
Formação do pólen
    simultânea 805-806
    sucedânea 805-806
Formação do saco embrionário 816
Formação Gunflint 926
Formadores de rochas 742
Formiga cortadeira 687
Fórmula floral 818
Forquilha de replicação 22
Forragem 1029
Fosfoenolpiruvato carboxiquinase 344
Fosfofrutoquinase
    ATP-dependente 299, 328
    PPi-dependente 299
D-3-fosfoglicerato 297
3-fosfoglicerato 295
Fosfoglicerato 236
    fosfoglicerato mutase 328
    fosfoglicerato quinase 235, 296-297, 328-329
Fosfoglicoisomerase (PGI) 299
2-fosfoglicolato 304
Fosfoglicolato fosfatase 305
Fosfoglicomutase 299, 327, 328
α-fosfoglucano-hidro diquinase 301
Fosfoglucano-hidro diquinase 301
Fosfolipídeos 37
Fosforilação em nível de substrato 232, 329

Fosforilação, oxidativa 332
Fosforilação da cadeia respiratória 332
Fósforo 246, 1001
Fósseis-guia 926
Fóssil vivo 836
Fossilização 925
Fotoautotrofia 224, 274
Fotobionte 536, 690
Fotodiferenciação 473-474
Fotofobotaxia 491
Fotofosforilação 287, 293
    cíclica 292
Fotoinibição 293
Fotólise da água 285, 294
Fotomodulação 473-474
Fotomorfogênese 466
Fotomorfose 466, 467
Fotonastia 506, 515
Fótons 275
Fotoperiodismo 467-468, 976
Fotoperíodo 467-470
Fotorreceptor 473-474, 476, 480, 491, 497, 712, 721
Fotorrespiração 304
    série de reações 304, 305
Fotorreversibilidade 476
Fotossíntese 231, 274, 1004
    anoxigênica 632
    bloqueamento dos produtos finais 1007
    carência de água 318
    centro de reação 277
    concentração de dióxido de carbono 316
    dependência da luz 316
    dependência da temperatura 317, 1004
    dependência em relação ao CO_2 1004
    espectro de ação 278
    esquema Z 288
    oxigênica 634, 693
    ponto de compensação da luz 316, 1004
    reação luminosa 1005
    reação no escuro 294, 1005
    transporte de elétrons 284-285
    transporte de íons hidrogênio 285
Fotossíntese C_4 876
Fotossistema I 286, 291, 634
    estrutura 291
    fluxo de elétrons 291
    P700 285
Fotossistema II 632, 634
    antenas 283
    estrutura 289
    P680 285, 289
    proteína D1 289
    transporte de elétrons 289
Fototaxia 490
Fototrofia 628
Fototropina 497, 498, 515
Fototropismo 496, 498
    transporte de auxinas 499
Fouquieriaceae 901
Fóvea 776
Fracionamento celular 42
Fragaria (Morango) 888, 889

Fragmobasídios 672, 677
Fragmoplasto 69, 70, 624, 723, 726, 737, 742-743
Framboesa, ver *Rubus*
Francoaceae 879
Frankeniaceae 872
Frankia 634, 894
"Frauenhaarfarn", ver *Adiantum*
Fraxinus (Freixo) 906, 907, 930, 1080, 1100
Freixo, ver *Fraxinus*
Frequência alélica 585
Frigana 1100
Fritilária, ver *Fritillaria*
Fritillaria (Fritilária) 856
Fritschiella 734, 735
Fronde 764, 787
Fronde espacial 770, 781-782
Frulânia, ver *Frullania*
Frullania (Frulânia) 751, 752
Frústula 707
Fruta 1029
Frutano 33, 368
Fruta-pão, ver *Artocarpus*
Fruto 828
    sincárpico 828
Fruto carnoso 829
Fruto desagregado 829f
Fruto drupoide 829f
Fruto indeiscente 829f
Fruto oleaginoso 1029
Fruto seco 829
Fruto segmentado 829f
Fruto-2,6-bisfosfato (F2,6BP) 303
Fruto-estrelado, Carambola, ver *Averrhoa*
Frutos coricárpicos 828
Frutos deiscentes 829, 829f
Frutos unicarpelares 828
Frutose 31
Frutose-1,6-bisfosfatase (FBPase) 299
Frutose-1,6-bisfosfato (FBP) 297, 300
Frutose-1,6-bisfosfato fosfatase (FBPase) 302f
Frutose-2,6,bisfosfato quinase 303
Frutose-2,6-bisfosfato fosfatase 303
Frutose-6-fosfato 297, 299, 328
Frutose-6-fosfato quinase 299, 303
    ver também fosfofrutoquinase
FtsZ 53, 195-197, 116
Fucales 717
Fucoidina 718
Fucoxantina 280, 712
Fucus ("Sägetang") 641, 714, 717, 719, 741, 1118, 1119
Fuligo ("Lohblüte") 644
Fumagina 670
Fumana ("Nadelröschen") 897, 1082-1083
Fumarase 331
Fumarato 331
Fumaria (Fumária) 869
Fumária, ver *Fumaria*
Fumariaceae 869
Funaria (Funária) 757-761, 764f
Funária, ver *Funaria*

Função do ecossistema, biodiversidade 1060-1061
Funcho, ver *Foeniculum*
Fungicida 652, 688f
    sistêmico 678
Fungo alimentício 683, 685
Fungo celulósico 647
Fungo com corpo frutífero esférico, ver *Hypoxylon*
Fungo da ferrugem 674
Fungo do chá 662-663
Fungo quitinoso 652
Fungo tóxico 685
Fungo-acendedor 685
Fungo-carvão, Carvão-do-milho, ver *Ustilago*
Fungo-da-bétula, ver *Leccinum*
Fungo-da-oliveira, ver *Omphalotus*
Fungo-de-bétula, ver *Piptoporus*
Fungo-de-esgoto 650
Fungos 645, 646, 652
    biotróficos 538
    carnívoros 688
    causadores de doenças 677
    como causadores de doenças 687
    degradadores de madeira 686
    dolíporo 671
    filogenia 624
    fósseis 686
    heterotálicos 646
    homotálicos 646
    modo de vida 686
    necrotrofia 538
    ocorrência 686
    parede transversal 671
    perfuração da parede transversal 676
    pontoação 671
    poro 671
    simbiontes 687
    simbiose com cochonilha 678
    verdadeiros 652
Fungos imperfeitos 689
Fungos lamelares (Agaricales) 682
    lamela 681, 685
Fungos plasmodiais, celulares 642
Fungos sem lamelas 682
Fungos-alga 646
Fungos-de-ambrósia 687
Funículo 813
Furcellaria ("Drehtang") 697
Fusão celular 44, 82
Fusarium 741
Fusicladium 670, 671
Fusicocina 441, 540, 543
Fuso acromático 64, 67-68
Fynbos 1100

G

G1P (glicose-1-fosfato) 300, 327
G6P (glicose-6-fosfato) 299-300, 327
"Gabelzahnmoos", ver *Dicranum*
Gagea (Gageia) 856

Gageia, ver *Gagea*
Galactana 33
Galactose 31
Galacturonano 35-36
Galanthus (Campânula-branca) 859, 860
Galeopsis (Dente-furado) 603, 906, 907
Galha 523
Galhas de plantas 523
Galinsoga (Picão-branco) 918, 940
Gálio, ver *Galium*
Galium (Gálio) 905, 906, 1080-1081
Galvanotropismo 505
Gameta 71, 640
Gameta de repouso 738
Gameta nu 738
Gametângio 641, 715
Gametangióforo 747, 749
Gametangiogamia 641, 646, 657, 663
Gametocistos 646
Gametófito 641, 699
   feminino 799, 808-809f
   masculino 800, 815
Gameto-gametangiogamia 663, 697
Gametogamia 640
Gamona 488
Gancho da plúmula 457
GAPDH (gliceraldeído fosfato desidrogenase) 296, 297, 328, 329
   plastidial 296
Garança-europeia, ver *Rubia*
Garra-do-diabo, ver *Phyteuma*
Garryaceae, Garryales 903
Gasteromiceto, ver Gasteromycetales
Gasteromicetos 681
Gasteromycetales 683
Gaultheria 1092
Gavinha 157, 204-205
Gavinha caulinar 178-179
Geastrales 684
Geastrum (Estrela-da-terra) 684
Geissolomataceae 878
Geitonogamia 579
Gelidium 736
Gelsemiaceae 903
Gema auxiliar 173, 176-177, 792
Gema axilar 159
"Gemsheide", ver *Loiseleuria*
Gencianela, ver *Gentianella*
Gene 4, 239, 386, 407
   expressão 380
   responsivo a patógenos 547
Gene da avirulência 537
Gene de resistência 388, 537
Gene mutatório 563
Gênero 619, 903
Geneta 580, 954-955
Genética de populações 586
Gengibre, ver *Zingiber*
Genista (Giesta) 886
Genlisea 908
Genoma 380
   mitocondrial 396
   nuclear 380

   plastidial (plastoma) 396
   tamanho 381
Genomosperma 921
Genótipo 376, 559
Gentiana (Genciana) 903, 934, 1047-1048, 1054, 1085, 1092
Gentianaceae, Gentianales 903, 904f
Gentianella (Gencianela) 903, 1092
Gentiopicrin 903
Geófito 797
Geolegnia 648
Geosiphonales 659
Geosyphon 659
Geraniaceae, Geraniales 879
Geranilgeranil pirofosfato 359-360, 448
Geranilpirofosfato 359-360
Gerânio, ver *Geranium*
Geranium (Gerânio) 879
Gerbera 915
Germinação 825, 833
Germinação da semente 828
   giberelinas 452
Germinação epígea 202-204
Germinação hipógea 202-204
Gerontoplasto 111-112
Gerradinaceae 895
Gesneriaceae 906, 910, 931
Geum (Erva-benta) 888, 1085
Giberelinas 360, 448, 450
   alongamento de entrenós 451
   biossíntese 448
   efeitos 450
   estrutura 452
   expressão sexual 451
   fisiologicamente ativas 448
   formação de flores 451
   germinação de sementes 452
   transporte 448
Giesta, ver *Genista*
Gilia 59, 593
Gimnocarpo 680
Gimnospermas 523, 622
Gineceu 811-812
Ginja 888, 935
Ginkgo 808-809, 835, 930, 1047-1048, 1050, 1055
Ginkgopsida 799, 835, 929
Ginodioicia 802-803
Ginóforo 817
Ginomonoicia 802-803
Ginostégio 905
Ginostêmio 857
Girassol, ver *Helianthus*
Giz 736
Glacial 934
Glacophyceae 696
Gladíolo, ver *Gladiolus*
Gladiolus (Gladíolo) 857
Glândula de sal 373
"Glanzalge", ver *Chromulina*
"Glanzstäubling", ver *Leocarpus*
"Glatthafer" ver *Arrhenatherum*
Glauce, ver *Glaux*

Glaucobionta 622, 624, 695
Glaucocystis 696
Glaucophyta 695
Glaux (Glauce) 901
Gleba 684
Glechoma (Glecoma) 906
Glecoma, ver *Glechoma*
Gleicheniales 792
Glenodimium 703
Gliadina 371
Glicano 30
Gliceraldeído fosfato desidrogenase (GAPDH) 296, 297, 328, 329
Gliceraldeído-3-fosfato 296
Gliceraldeído-D-3-fosfato 297
Glicerato quinase 305
Glicéria, ver *Glyceria*
Glicerol-3-fosfato desidrogenase 340, 341, 343
Glicerol-3-quinase 343
Glicerolipídeo 341
Glicínia, ver *Wisteria*
Glicogênio 368, 643, 646
Glicolato oxidase 305
Glicolipídeo 37
Glicólise 327, 328
Glicoproteína 31, 372
Glicose 31, 327
Glicose-1-fosfato 327
Glicose-6-fosfato (GCP) 299-300, 327
Glicosídeo 31, 363f
   cianogênico 802-803
Glicosídeo de óleo de mostarda 895
Glifosato 346
Glioxissomo 88, 336, 343
Globularia (Globulária) 908, 934
Globulária, ver *Globularia*
Globulina 371
"Glockenhutmoos", ver *Encalypta*
Gloeocapsa 690
Gloeocapsomorpha 637
Gloeophyllum 686
Glomales 659
Glomeromycota 659
Glomus 65, 1000
Glossopterídeas 922
Glossopteris 929
α-glucano-hidro diquinase 301
Glucano-hidro diquinase 301
Glucanos 33
Glucosinolatos 321, 363, 802-803
   biossíntese 363-364
   degradação 365
β-glucuronidase 393
β-D-glucuronidase (GUS) 390
Gluma 866
Glutamato 319
   ciclo de glutamato sintase/glutamina sintetase 305
   glutamato desidrogenase 336
   glutamato sintase 319-320
   glutamato-glioxilato aminotransferase 305

Glutamina 319
   glutamina sintetase 319-320
   glutamina-2-oxoglutarato
      aminotransferase (GOGAT) 319
Glutenina 371
Glyceria (Glicéria) 1071
Glycine (soja) 888
Glyptolepis 839
Gnetales 625, 799, 836, 841-842
Gnetum 841-842
Godétia, ver *Clarkia*
GOGAT (glutamina-2-oxoglutarato
   aminotransferase) 319
Goivo, ver *Erysimum*
Goivo, ver *Matthiola*
Goivo-amarelo, ver *Cheiranthus*,
   Erysimum
Golfão-pequeno, ver *Nymphoides*
Golgi 47
Gomortegaceae 850
Gomphales 685
Gomphonema 709
Gonimocarpo 698
Goniostomum 705
Gonium 73, 733, 741
Gonotrofia 641, 746
Gonyaulax 703
Goodeniaceae 915-916, 918
Gordura 34-35, 343
Gorduras neutras 343
Gossypium (Algodoeiro) 897-898
Goupiaceae 881
Gracilaria 736
Gradiente de íons 232
Gradiente de pressão 325
Gradualismo 5
Grama-azul, ver *Poa*
Grama-azul, ver *Sesleria*
Grama-cachimbo, ver *Molinia*
"Grama-cristada", ver *Cynosurus*
Gramínea 863
Gramineae 863
Grana 107, 108
Grânulos polifosfatados 627
Grão de amido 112
Grão de pólen 800f, 806-807
Grão-de-bico, ver *Cicer*
Graphidales 693
Graphis ("Schriftflechte") 691f
Grau de ploidia 62
Gravimorfose 482
Gravitropismo 499, 500f
   auxina 504
   limiar de estímulo 501
   mecanismo de percepção 503
"Greiskraut", ver *Senecio*
Grevillea 871
Grímia, ver *Grimmia*
Grimmia (Grímia) 761-762
Grinellia 697
Griseliniaceae 910
Groselha, ver *Ribes*
Grossulariaceae 877-878

Grubbiaceae 900
"Grübchenflechte", ver *Sticta*
Grupo de células iniciais 715, 748, 787
Grupo de iniciais 766, 789
Grupo externo 615-616
Grupo funcional 954-955
Grupo prostético 29, 236
Guamatelaceae 878
Guanilil transferase 404
Guanina metiltransferase 404
Guarrige 1100
Gunnera 871
Gunneraceae, Gunnerales 871
Günz 935
Gutação 270
Gymnodinium 702-703
Gymnosporangium (Ferrugem-da-pera)
   675, 678
Gyromitra ("Lorchel") 667f
Gyrostemonaceae 895

H

H^+-ATPase 320, 513
"Haarfarn",ver *Trichomanes*
"Haargerste", ver *Elymus*
"Haarkelchmoos", ver *Trichocolea*
"Haarmützenmoos", ver *Polytrichum*
"Haarstäubling", ver *Trichia*
Haberlea 908, 931
"Habichtskraut", ver *Hieracium*
Hábitat 957-958
Hábitat híbrido 597
Hábito "arborescente" 764
Haematococcus 730, 731
Haemodoraceae 866
Haemophilus 634
Hagenia 1090
"Hainsimse", ver *Luzula*
Hakea 871, 980, 1100
Halicystis 728, 729
Halidrys ("Schotentang") 714
Halimeda 729, 740
Halimedales 728
"Hallimasch", ver *Armillaria*
Halófita 249, 1002, 1112
Halophytaceae 872
Halopteris 712
Haloragaceae 877
Haloxylon 1112
Hamamelidaceae 877
Hanguanaceae 866
Hansenula 661
Hapalosiphon 636, 742
Hapaxântica 445
Haplobiôntico 699
Haplo-dicarionte 641
Haplo-diplonte 641
Haplogenotípico 570
Haplolepideae 760f
Haplomitrium 751
Haplostêmone 804-805
Haptanthaceae 919

Háptero 747, 784, 785
Haptonema 704
Haptophyta 652, 704
"Hauhechel", ver *Ononis*
Haustório 179-180, 179-181, 538, 650,
   665, 674, 690, 692, 758, 792, 795
Hectorellaceae 872
Hedera (Hera) 910
Heléboro, ver *Helleborus*
Heliântemo, ver *Helianthemum*
Helianthemum (Heliântemo) 897, 934,
   936, 1085
Helianthus (Girassol) 599, 600, 917, 918
Helianthus tuberosus (Tupinambo)
α-hélice 27
Helichrysum (Sempre-viva) 918
Heliconia 1088
Heliconiaceae 868
Helleborus (Heléboro) 804, 869f, 1080-
   1081
"Hellerkraut", ver *Thlaspi*
Helóboro, Flor-da-verdade, ver *Veratrum*
Helvella ("Sattellorchel") 667-668
Helwingiaceae 910
Hemerobia 1070
Hemerocale, ver *Hemerocallis*
Hemerocallidaceae 857
Hemerocallis (Hemerocale) 804-805
Hemiangiocárpico 680
Hemicelulose 92-93, 367
Hemicriptófita 168, 797
Hemiparasito 523
Hemiterpenos 359
Hepática 625, 746, 747
   foliosa 751
   multiplicação vegetativa 748
Hepática talosa 747
Hepática-estrela, ver *Riccia*
Hera, ver *Hedera*
Heracleum (Acanto) 940
Herança 3
   biparental 573
   dissômica 568
   extracromossômica 573
   extranuclear 573
   materna 573
   paterna 573
   tetrassômica 568
Herbivoria 547
Herbívoros 521
Hercogamia 579, 819
Hernandiaceae 850
Hérnia das crucíferas, ver *Plasmodiophora*
Herniaria (Herniária) 873-874
Herniária, ver *Herniaria*
Herpotrichia 670
Heteranteria 804-805
Heterobasidion ("Wurzelschwamm") 686
Heterocarpia 831
Heterocistos 526, 533, 635
Heteroconte 647
Heterocromatina 49, 59, 401
Heterofilia 794

Heterogamético 756
Heterogaura 618
Heterogloeales 712
Heterokontobionta 622, 624, 701
　grupos heterotróficos 647
Heterokontophyta 652, 705
Heteromorfia 819
Heterose 599
Heterosiphonales 712
Heterospermia 831
Heterosporia 773-774, 786, 793
Heterospórico 801
Heterossomo 575-576
Heterostilia 578
Heterótrica 701, 725, 734, 742
Heterotrofia 224-225, 522, 628
Heterotrófico 702
Heterozigose 380
Heterozigoto 561
Hevea (Seringueira, Borracha-do-pará) 885
Hexoquinase 301, 327-328
Hexosefosfato isomerase 328
Hexose-P 299
Hexoses 30
Hibisco, ver *Althaea*
Hibridização 597, 599
Hibridização *in situ* 44
Híbridos F_1, capacidade vital reduzida 593
Hidatódio com epitema 271, 373
Hidatódios 135, 270, 786
Hidratação 262
Hidrênquima 131
Hidrócaris, ver *Alisma*, *Hydrocharis*
Hidrocoria 832
Hidrofilia 820
Hidrófito 765
Hidroide 755, 757, 759
Hidrolases 237
Hidroponia 243
Hidroxipiruvato redutase 305
Hieracium ("Habichtskraut") 917, 918, 1001
Hifa 646, 657, 663, 717
Hifa de ligação 681
Hifa de núcleos pareados 675
Hifa esquelética 681
Hifa receptora 676
Higrocasia 517
Higrófito 765, 797
Higromorfose 482
Higrotaxia 493
Higrotropismo 506
Hilo 825
Himantandraceae 850
Himanthalia ("Riementang") 719
Himênio 669, 678, 680f
Himenofilo, ver *Hymenophyllum*
Himenóforo 680
Himenomicetos 680
Hioscíamo, ver *Hyoscyamus*
Hipântio 817, 880
Hiperciclo 621

Hipertônico 261
Hipnosporocisto 655
Hipnozigoto 653, 656, 658, 712, 738
Hipociste, ver *Cytinus*
Hipocótilo 159, 827
Hipoderme 215-216
Hipófise 827
Hipógina 817
Hipolímnio 961
Hiponeustonte 741
Hipoteca 707
Hipótese de muitas etapas 4
Hipótese do crescimento ácido 440
Hipótese do hidrogênio 120
Hipótese guarda 538
Hipotônico 261
Hippocastanaceae 899
Hippophaë (Espinheiro-do-mar) 889
Hippophae 1046-1047, 1082-1083
Hippuris (Cavalinho-d'água) 908, 1050, 1068-1069
Histamina 348
Histologia 123
Histona acetilases 401
Histona desacetilases 401
Histonas (proteínas) 401
História terrestre, diversificação dos grupos de plantas mais importantes 798
Holártico 930
Holcus 999
Holobasídeo 672, 680
Holocarpia 648, 653
Holoceno 938
Holoparasitos 523
"Holzkeule", ver *Xylaria*
"Holzkohlenpilz", ver *Daldinia*
Homeostase 245
Homobasidiomycetidae 682
Homogamético 575-576
Homologia 155
Homoplasia 157, 616
Homorrizia 211, 215, 766
Homozigose 380, 561
Hoplestigmataceae 919
Hordelymus ("Waldgerste") 1072
Hordeum (cevada) 60, 866, 867
Hormocisto 637
Hormogoneae 636
Hormogônio 527, 636
Hormônio 455
Horneophyton 770
"Hornfarn", ver *Ceratopteris*
Hortaliças 1029
Hortelã 906
Hortênsia, ver *Hydrangea*
Housekeeping genes 380
Howea 595
Huaceae 881
Huerteales 895
Humiriaceae 881
Humulus (Lúpulo) 890, 891
Húmus 250, 962
Hyacinthaceae 857

Hydatellaceae 847
Hydnoraceae 851
Hydnum ("Stoppelpilz") 683
Hydra 724
Hydrangea (Hortênsia) 900
Hydrangeaceae 900
Hydrilla 815
Hydrocharis (Hidrócaris) 853, 1068-1069
Hydrocharitaceae 815, 853-854
Hydrocotyle (Erva-capitão) 910, 1118
Hydrodictyon (Rede-d'água) 733f, 733
Hydroleaceae 908
Hydrostachyaceae 900
Hydrurus ("Wasserschweif") 706
Hylaeanthe 868
Hylocomium ("Etagenmoos") 761, 762, 1116
Hymenochaetales 685
Hymenophyllales 791f
Hymenophyllum (Himenofilo) 793
Hyoscyamus (Hioscíamo) 804-805, 909, 911
Hyparrhenia 1110
Hypericaceae 881, 882
Hypericum (Erva-de-são-joão) 881-882, 1028, 1092
Hyphochytridiomyces 652
Hyphoderma 672
Hypholoma ("Schwefelkopf") 683
Hypocreales 670
Hypoxidaceae 857
Hypoxylon (Fungo com corpo frutífero esférico) 670

I

Iberis (Ibéris) 896
Ibéris, ver *Iberis*
Icacinaceae 902
Identidade de órgãos 428, 429
Idioblasto 133
Idiograma 62
"Igelhaubenmoos", ver *Metzgeria*
Ilex (Azevinho) 910, 1056, 1057, 1080-1081, 1102, 1104
Illiciaceae 847
Illicium (Anis-estrelado) 847
Impatiens (Beijo-de-frade) 516, 902, 939
Importação de proteínas 415, 416
Inaberturado 807-808
Incenso 899
Incompatibilidade 678f
　homogênica 647, 669
Incompatibilidade por hibridização 593
Íncuba 751
Incubadora 821
Índice de área foliar (IAF) 956-957, 974
Índice de decaimento 616
Índice de diversidade 1060
Índice de vegetação por diferença normalizada (NDVI)
Indução floral 465, 468-470
Indúsio 772, 790

Infecção da flor 673
Infecção de plântulas 672
Infecção por fungos 687
Inferência bayesiana 616
Inflorescência 171, 174, 819
Informação da posição 424
Infrutescência 830
Inhame, ver *Dioscorea*
Inibidora de proteinase 372
Iniciação da tradução
Iniciação da transcrição 402
Inserção 561
Insetívoras 206-209
Interação gene-a-gene 537, 538
Interação tritrófica 550
Intercepção 991
Interfase 64, 67, 69
Interglacial 934
Intermediário 641
Intina 806-807
Introgressão 599
Íntron 399
Intumescente 262
Intumescimento anisotrópico 517
Inula (Ênula) 918
Inulina 35-36, 915
Invasores 1055
Inversão 564, 565f, 566
Invertase 326
Invólucro 912, 915
Iodo 736
Ipomoea (Batata-doce) 910, 1043, 1118
Iridaceae 857, 858
Iridoide 802-803
Iris (Iris) 579, 601, 857, 858
Iris, ver *Iris*
Irvingiaceae 881
Isatis ("Waid") 896
Isídio 692
Isoachlya 649
Isoamilase 301
Isocitrato 331
    desidrogenase 331
    liase 344-345
Isoconte 723
Isoenzima 239, 575
Isoetales 776
Isóete, ver *Isoetes*
Isoetes (Isóete) 625, 776-778, 797
Isogametangiogamia 657
Isogamia 641, 729
Isolamento 592
Isomerase 237
Isopentenil pirofosfato 358, 360
Isopenteniladenina 442-443
Isoprenoide 358
Isosporia 770
Isotônico 261
Isótopo ^{15}N 999
Isótopo do carbono 1012
Isótopos, estáveis 991
ISSRs 575
Iteaceae 877

Iúca, Vela-de-pureza, ver *Yucca*
Ixerbaceae 878
Ixioliriaceae 857
Ixonanthaceae 881

J

Jancaea 931
Janelas de leitura, abertas 399
Jankea 908
Jarina, Marfim-vegetal, ver *Phytelephas*
Jarro, Cisterna, ver *Nepenthes*
Jasione (Botão-azul)
Jasmonatos 462
Jatropha (Pinhão-de-purga) 883-884, 1009
Joinvilleacea 862
Juglandaceae 892, 895, 930
Juglans (Nogueira) 894-895, 930
Julbernardia 1094
Juncaceae 863
Juncaginaceae 853
Junco, ver *Juncus*
Junco, ver *Trichophorum*
Junco-do-açude, ver *Schoenoplectus*
Junco-do-açude 862
Juncus (Junco) 862-863, 1067-1068
Jungermanniopsida 751
Juniperus (Zimbro) 840, 1082-1083, 1100, 1104, 1106
Jurássico 929

K

Kaempferia 868
"Kahlkopf", ver *Psilocybe*
Kalanchoë 877
Kanutia 999
"Kappengrünalge", ver *Oedogonium*
Karenia 703
"Kartoffelbovist", ver *Scleroderma*
Katablepharis 701
Kefir 662-663
Kerncaryophyllales 872
"Kernkeule", ver *Cordyceps*
Kinetoplastida 721
Kirchneriella 733
Kirkiaceae 899
Kiwi, ver *Actinidia*
Klebsormidium 742f
"Kleingabelzahnmoos", ver *Dicranella*
"Kletterfarn", ver *Lygodium*
Knautia (Flor-de-viúva) 915
"Knorpeltang", ver *Chondrus*
"Koboldmoos", ver *Buxbaumia*
Kobresia ("Nacktried") 862-863, 1109
Koeberliniaceae 895
Kombu 736
"Koralle", ver *Ramaria*
"Korallenwurz", ver *Corallorhiza*
"Kotkugelpilz", ver *Podospora*
Krameriaceae 881
"Kraushaaralge", ver *Ulothrix*

"Krebsschere", ver *Stratiotes*
"Kreideschimmel", ver *Endomyces*
Kryptopteridinium 703
"Kuchenflechte", ver *Lecanora*
"Kugelschneller", ver *Sphaerobolus*
"Kugelträgedrflechte", ver *Sphaerocarpos*

L

Labelo 857
Labiada 822
Laboulbeniales 664
Laboulbeniomycetidae 664
Laburno, ver *Laburnum*
Laburnum (Laburno) 886, 888
Labyrinthulomycetes 647
Lacandonia 856
Lacistermataceae 881
Lactarius ("Milchling") 685
Lactato desidrogenase 328
Lactona sesquiterpênica 802-803
Lactoridaceae 851
Lactuca (Alface) 917, 918
Laelia 859
Lagenaria (Cabaça) 891
Lagenidiales 648
Lamela 681, 685
Lamela média 91-92
Lamela periférica 705, 710, 712, 722
Lamiaceae, Lamiales 906, 907f
Lamiids 902
Lamina 63
Laminal 812
Laminaria (Laminária) 641, 714, 716, 718, 741, 1118
Laminária, ver *Laminaria*
Laminariales 715
Laminarina 705
Lamium (Urtiga-morta) 818, 906, 907
Lanariaceae 857
Lançamento dos esporos 681
Landolphia 855
Lantana 906
Laranja 899
Lardizabalaceae 869
Larício, ver *Larix*
Larix (Larício) 838, 1085, 1114
Larrea 1046-1047, 1098
Laser ("Rosskümmel") 913
Lasthenia 594
Lathraea ("Schuppenwurz") 908
Lathyrus 886
Laticífero 150
Lauraceae, Laurales 850, 930
Laurofilia 1102
Laurus (Louro) 851, 933, 1051, 1100, 1102
Lavandula (Lavanda) 906
Laxmanniaceae 857
Layia 558
Lebachia 839
Lecanora ("Kuchenflechte") 693
Lecanorales 669, 693

Lecanoromycetidae 669
Leccinum (Fungo-da-bétula) 687
Lectina 372, 529
Lecythidaceae 901
"Ledeflechte", ver *Dermatocarpon*
"Lederfaden", ver *Scytonema*
Ledocarpaceae 879
Ledum ("Porst") 1056, 1072
Leg-hemoglobina 531, 533
Legumina 371
Leguminosa 1029
Lei da ação das massas 227
Lei de Hagen-Poiseuille 259
Lei de Lambert-Beer 317
Lei de Mendel 569f
Leichenia 793
"Leimflechte", ver *Collema*
Leis da natureza 7-8
Leite-de-galinha, ver *Ornithogalum*
Lema 866
Lemanea 700, 742
Lemna (Lentilha-d'água) 623, 855, 855, 1026, 1068-1069
Lemnaceae 853, 855
Lenho inicial 188-189
Lenho tardio 188-189
Lens (lentilha) 888
Lentibulariaceae 906
Lenticela 139, 140
Lentilha, ver *Lens*
Lentilha-d'água, ver *Lemna*
Lentilha-d'água-anã 855
Lentinus ("Sägeblättling") 685
Leocarpus ("Glanzstäubling") 644
Leontopodium (Pè-de-leão) 918, 934, 936, 1054, 1085, 1109
Leotiomycetidae 668
Lepídio, ver *Lepidium*
Lepidium (Lepídio) 896
Lepidobotryaceae 881
Lepidocarpon 779-781
Lepidodendráceas 780-781
Lepidodendro, ver *Lepidodendron*
Lepidodendron (Lepidodendro) 779-780, 797, 927, 928
Lepidodinium 703
Lepidófita 778-779
Lepidospermae 780-781
Lepidostrobus 780-781
Lepidozamia 835
Leptoide 755, 757, 759
Leptomitales 650
Leptomitus 650
Leptospermum 1061-1062, 1100
Leptosporangiado 787
Leptoteno 71, 73
"Lerchensporn", ver *Corydalis, Pseudofumaria*
Lessonia 713, 716
Letharia (Líquen-dos-leões) 693
Leucobryum ("Weißmoos") 761, 763-764
Leucoplastos 109
Leucorchis 1048-1049

Levedura 661
Levístico, ver *Levisticum*
Levisticum (Levístico) 913
LHCII, ver Complexo de captação de luz
Liana 797, 1088
Liase 237
Liceales 645
Lício, ver *Lycium*
Licmophora 707
Licopina 280
Licopódio, ver *Lycopodium*
Licopódio 797
Licopódio com sementes 780-781
Licopódio plano, ver *Diphasium*
Licopódios 771
Ligação, glicosídica 31, 33
Ligação peptídica 26
Ligase (sintetase) 22, 237
Lignificação 100, 370
Lignina 368f, 767
Lígula 773-776, 797, 866
Lilás, ver *Syringa*
Liliaceae, Liliales 856
Liliidae 625
Lilium (Lírio) 804-805, 810, 856
Limão, ver *Citrus*
Limeaceae 872
Limitação (de recursos) 949-950
Limite das florestas 1075, 1090, 1106
Limite de complexidade 5
Limites de áreas de distribuição 1056
Limites de distribuição 5
Limnanthaceae 895
Limnocharitaceae 853
Limônio, ver *Limonium*
Limonium (Limônio) 872, 873, 1118
Linaceae 881, 883
Linaria (Linária) 909
Linária, ver *Linaria*
Lindenbergia 908
Linderniaceae 906
Língua-de-boi, ver *Ajuga*
Língua-de-cobra, ver *Ophioglossum*
Língua-de-veado, ver *Phyllitis*
Linho, ver *Linum*
Linnaeaceae 914
Linopteris 789
Linum (Linho) 883
Lipase 343
Lipídeo 33
Lipídeo de membrana 36-37f, 37
  biossíntese 341
Lipídeo de reserva 33-37, 343, 339
Lipídeos estruturais 33, 35-36, 339
Lipossomo 37
Líquen "com escudo", ver *Peltigera*
Líquen crostoso 690
Liquen em forma de taça, ver *Cladonia*
Líquen folioso 690
Líquen fruticoso 690
Líquen gelatinoso 690
Líquen tóxico 693
Líquen-amarelo, ver *Xanthoria*

Líquen-da-islândia, ver *Cetraria*
Líquen-das-renas, ver *Cladina*
Líquen-dos-leões, ver *Letharia*
Líquen-geográfico, ver *Rhizocarpon*
Liquenometria 693
Liquens 536, 624, 689, 690f, 691, 728, 734
Líquen–umbilicado, ver *Umbilicaria*
Liquidambar (Liquidâmbar) 932f, 1104
Liquidâmbar, ver *Liquidambar*
Líquido adoçado 670
Lírio, ver *Lilium*
Liriodendron (Tulipeira) 850, 930, 1104
Lírio-do-vale, ver *Convallaria*
Lisígeno 131
Lisimáquia, ver *Lysimachia*
Lithops (Pedras vivas) 875, 1061-1062, 1098
Lithothamnion 714, 740
Litófita 713
Litotrofia 628
L-lactato 329
Loasa (Loasa) 900
Loasa, ver *Loasa*
Loasaceae 900, 901
Lobelia (Lobélia) 915, 1092
Lobelioideae 915
Lóbulo 903
Local de crescimento 957-958
Locomoção 486
Loculicida 829
Lóculo 664
Lócus de autoincompatibilidade 575-576
Lodículas 866
Lodoicea (Nozes-de-seycheles) 1044-1045
Lodoiceae 861
Lofótrico 628
Loganiaceae 903
"Lohblüte", ver *Fuligo*
Loiseleuria (Rosinha-do-rochedo) 935, 1085
Lolium (Azevém) 1071, 1082-1083
Lomento 830
Lonicera (Madressilva) 914, 1080-1081
Lophiocarpaceae 872
Lophopyxidaceae 881
Lophozia ("Spitzmoos") 752
Loranthaceae 877
"Lorchel", ver *Gyromitra*
Lótus índico, ver *Nelumbo*
"Lotwurz", ver *Onosma*
Loureiro, ver *Daphne*
Louro, ver *Laurus*
Lowiaceae 868
L-triptofano 434
Ludwigia (Cruz-de-malta) 881
Luffa (Esponja) 891
Lunaria (Violeta-da-lua) 896
Lupinus (Tremoço) 886, 888, 1092
Lúpulo, ver *Humulus*
Luteína 280
Luz 275
Luz azul 515
Luzula ("Hainsimse") 862-863, 1048-1049

Luzuriagaceae 856
Lychnis (Assobios) 873
Lycium (Lício) 1098
Lycoperdales 683
Lycoperdon ("Weichbovist") 747
Lycopodiales 772
Lycopodiophytina 625, 771, 927
Lycopodiopsida 771
Lycopodites 773
Lycopodium (Licopódio) 772, 772f, 797
Lyginopteridopsida 920, 921
Lyginopteris 920, 921, 928
Lygodium ("Kletterfarn") 797, 932
Lyngbya 635
Lyonophyton 770
Lysimachia (Lisimáquia) 901
Lysionotus 910
Lythraceae 879, 880
Lythrum (Salicária) 881

M

Macaranga 1088
Macieira (ver também *Malus*) 1110
Macrocystis 713, 716-718, 741
Macroevolução 606
Macrofilo 766
Macronutrientes 245
Macrorganismos 5
Macrosporângio 767
Macrósporo 767
Macrozamia 834, 835
Madeira, Lenho 183-184, 187-188, 191
Madeira do pinheiro, coloração azul 686
Madressilva ver *Lonicera caprifolium*
Maesaceae 901
Magnésio 246
Magnetotaxia 494
Magnolia (Magnólia) 805-806, 850, 930, 1055, 1056
Magnoliaceae, Magnoliales 849f, 805-806, 850
Magnoliidae 625
Magnoliopsida 625, 799, 843
  angiospermas 622
Magriça, ver *Calluna*
Maiântemo, ver *Maianthemum*
Maianthemum (Maiântemo) 859
Majorana (Manjericão) 906
Malária 703
Malato 311, 313, 331
  malato desidrogenase 308, 309, 313, 331
  malato sintase 344, 345
  translocador de malato-2-oxoglutarato 305
  translocador de malato-glutamato 305
Malesherbiaceae 881
Malmequer-dos-bejos, ver *Caltha*
Maloideae 888
Malpighiaceae, Malpighiales 881f
Maltose 299f, 302
Malus (Maçã, Macieira) 888-889
Malva (Malva) 897-898

Malva, ver *Malva*
Malvaceae, Malvales 897-898, 931
Malvids 895
Mamão, ver *Carica*
Mamilária, ver *Mammilaria*
Mamillaria (Mamilária) 875
Mamoneira, ver *Ricinus*
Maná 693
Mandioca 885
Manganês 247
Mangifera (Mangueira) 899
Mangue, Manguezal 1003, 1118
Mangue-vermelho, ver *Rhizophora*
Manihot (Borracha-do-ceará) 885
Manitol 705, 736
Manjericão 906
Manúbrio 743-744
Mapa de distribuição 1048-1049, 1057
Mapeamento de QTL 752
Maqui 1100
Mar dos sargaços 740
Maracujá 882
Maranta (Araruta) 868
Marantaceae 868
Marattia 787
Marattiophytina 786
Marattiopsida 786
Maravilha, ver *Mirabilis*
Marcgraviaceae 901
Marchantia (Marchântia) 747-748, 749f, 764f, 1050
Marchântia, ver *Marchantia*
Marchantiales 748
Marchantiophytina 622, 625, 746-747
Marchantiopsida 747, 751
Maré vermelha 703
Marênquima medular 181-182
Margarida, ver *Bellis* 918
Margem 1068-1069, 1080-1081, 1083-1084
Marsilea (Trevo-de-quatro-folhas) 795-796, 1056
Marsileaceae 795
Marsúpio 751
Martyniaceae 906
Massa azeda 661
Massa das raízes 1016
Massa de sementes 1045-1046
Mássulas 858
Mastixia 931
Matéria seca 242
Matérias naturais vegetais 352
Matérias vegetais secundárias 352, 801
Matorral 1100
Matricaria (Camomila) 917-918
Matriz nuclear 58, 63
"Matriz vinagrente" 628
Matteuccia (Samambaia-ramalhete) 790, 791, 793
Matthiola (Goivo) 896
Máxima parcimônia 616
Mayacaceae 862
Mecanismo de coesão 518

Mecanismo de explosão causado pelo turgor 516
Mecanismo de lançamento causado pelo turgor 516
Medicago (Alfafa) 886
Medula 717
Medula oca 181-182, 782
Medusaandraceae 919
Medusagynaceae 881
"Meersenf", ver *Cakile*
Megachytriaceae 653
Megaconídio 669
Megafilo 766, 787, 789
Megaphyton 787, 788, 797
Megaprótalo 774, 795
Megasporângio 767, 775, 795, 799
Megasporangióforo 810
Megásporo 767, 774, 795, 799
Megasporófilo 810
Meiose 71,72
Meiósporo 641, 646
Meiosporocisto 655, 660
Melampsora 678
Melampsorella 678
Melampyrum ("Wachtelweizen") 908, 1080-1081
Melancia, ver *Citrullus*, *Cucumis*
Melanthiaceae 857
Melão 891
Melastomataceae 879, 880
Meliaceae 899
Melianthaceae 856, 879
Melissa (Erva-cidreira) 906
Melosira 709, 741
Membrana 35-36, 78
  peribacteroide 531
Membrana celular 46, 79f, 82
Membrana plasmática 46, 82
Membrana simbiossômica 526
Memecylaceae 879
Menap 935
Menispermaceae 869
Menta 906
Menyanthaceae 915, 919
Menyanthes (Trevo-aquático) 919, 936, 1068-1069
Merântio 819
Mercurialis (Azougue) 883, 884, 1072
Mericarpo 829
Meridion 742
Merismopedia 635, 636
Meristema 124, 128, 745, 761
  apical 124, 125, 127, 378
  do caule 427
  floral 427
Meristema caulinar 128, 378, 427
Meristema da raiz 378
Meristema fundamental 124
Meristema lateral 130
Meristema primário 124, 125
Meristema residual 126
Meristemoide 126
Meristoderme 717

Mesembryanthemum 875, 1061-1062, 1098
Mesocarpo 828
Mesofítico 929
Mesossomo 627
Mesostigmatophytina 720, 737
Mesotaeniaceae 737
Mesotaenium 737-738
Mesozoico 929
Mespilus (Nêspera) 889
Messel 931
Metabolismo 224, 225
Metabolismo ácido das crassuláceas (CAM) 313
    fixação de CO_2 313
Metabolismo do amido 301
Metabolismo do fenilpropano 354
Metabolismo do tetrapirrol 352
Metabolismo dos ácidos graxos 340
Metabolismo primário 224
Metabolismo secundário 224, 352
Metabólito secundário 802-803
Metabolização do amido 300
Metábolo 334
Metade do perído Boreal 938
Metáfase 67
Metal pesado 250, 1002
Metalotioneína 250
Metamorfose 155
Metapopulação 1040
Metasequoia (Metassequoia) 840
Metassequoia, ver *Metasequoia*
Metatopia 173
Metazoário 622
Methanobacterium 638
Método, radiométrico 926
Método de compensação 261
Método de radiocarbono 926
Métodos *Fingerprint* 575
Metrosideros 1054, 1102
Metroxylon (Sagu) 861
Métula 665
Metzgeria ("Igelhaubenmoos") 752
Miadesmia 780-781
Micélio 646
Micélio de brotação 646, 661
Micélio fibulado 679
Micélio rizoide 646
Micetismo 688
Micetoma 687
Micetozoário 642
Micobionte 536
Micologia 647
Micoplasmas 4f, 631
Micorriza 534, 659, 687, 780-781f, 787, 927, 1000
    ectoendomicorriza 535
    ectotrófica 534
    endomicorriza 536
    micorriza vesicular-arbuscular 534
Micose 665, 688
Micotoxicose 688
Micrasterias 738, 742

Microascales 669
Microbotryales 678
Microbotryum 678
Microclima 960
Microconídio 669
Microcorpos 88
Microcycas 637, 810, 835
Microespécies 582
Microevolução 605
Microfibrilas de celulose 99f
Microfilamento 51, 52f
Microfilo 766, 771
Microinjeção 44, 82
Micromanipulador 44
Micronutriente 247
Micrópila 814
Microprótalo 774, 795
Microrradioautografia 43-44
Microscopia confocal de varredura a *laser* 43-44
Microscopia óptica 42-44
Microscópio de fluorescência 43-44
Microscópio de polarização 43-44
Microscópio eletrônico 45
Microsorium 797
Microsphaera (Míldio-do-carvalho) 665, 666
Microsporângio 775, 795, 800
Microsporídios 654
Micrósporo 774, 795, 800
Microsporófilos 804
Microtúbulos 51, 52f
Migração 1053
"Milchling", ver *Lactarius*
Míldio 650, 665
Míldio-do-carvalho, ver *Microsphaera*
Milheto-pérola, ver *Pennisetum*
Milho, ver *Zea*
Milho-da-itália, ver *Setaria*
Mimosa (Dormideira, Sensitiva) 886
Mimosoideae 886
Mímulo, ver *Mimulus*
Mimulus (Mímulo) 592, 597, 908
Mindel 935
Minuartia (Minuártia) 1085
Minuártia, ver *Minuartia*
Mioceno 929
Miosina 54-55
Miosótis, ver *Myosotis*
Miosuro, ver *Myosurus*
Mirabilis (Maravilha) 573, 875
Mirica, ver *Myrica*
Miricária, ver *Myricaria*
Miriofilo, ver *Myriophyllum*
Mirmecocoria 831
Mirosinase 895
Mirra, ver *Commiphora*
Mirtilo, ver *Vaccinium*
Mischococcales 712
Misodendraceae 877
Mitocôndrias 49, 103, 104f, 330, 415
Mitose 54, 64-65, 67, 417
Mitósporo 646

Mitosporocisto 655, 658
Mitozoósporo 655
Mitrastemonaceae 901
Mixameba 643
Mixobactérias 626
Mixobionta 622, 624-643
Mixoflagelado 643-644
Mixotrofia 522, 740f
Mnium ("Sternmoos") 757, 758, 761
Modelo de crescimento, população 379
Modelo do mosaico fluído 79
Modo de vida, hipogeico 667
Mofo do tipo pincel, ver *Penicillium*
Mofo-da-água, ver *Saprolegnia*
Mofo-do-pão, ver *Neurospora*
Mofo-preto-do-pão, ver *Mucor*
Mofo-vermelho-do-pão 669
Mogno 899
Molibdênio 247
Molibdoproteína 319-320
Molinia (Grama-cachimbo) 1067-1068, 1071-1072, 1082-1083
Molluginaceae 872
Monadal 694, 721
Mônade 807-809
Monção 1094
Monilia 668
Monimiaceae 850
Monoblepharidales 653, 665
Monocamada lipídica e bicamada lipídica 37
Monocásio 170, 170
Monocotiledôneas 846, 852
Monofilia 617
Monofílica 823
Monoicia, monoico 646-647, 657, 663, 729, 757, 802-803, 819
Monopsis 918
Monossacarídeo 31-32, 34-35
Monossulcado 846
Monostroma 725
Monoterpeno 360
Monoterpenoide 802-803
Monótrico 628
Monotropa ("Fichtenspargel") 902
Monotropaceae 901
Monstera (Costela-de-adão) 855
Montano 1075, 1085
Montiniaceae 908
Moraceae 888, 891f, 930
Morango, ver *Fragaria*
Morchela fétida, ver *Phallus*
Morchella ("Morchel") 667f, 668
Morfologia 154
Morfotipo 976
Morinaceae 914
Moringaceae 895
Mortandade de olmos 890
Morte catastrófica 640
Morte celular 417
    com resposta de hiperssensibilidade 417, 537
    programada 417, 542, 640

Morte de peixes 703f
Morus (Amoreira) 890
Moscatelina, ver *Adoxa*
Mostarda, ver *Sinapis*
Mougeotia 739
Movimento 2
   ameboide 50
   autônomo 516
   intracelular 494
Movimento de cloroplastos 494-495
Movimento de coesão 518
Movimento de crescimento 516
Movimento de sono 795
Movimento de turgor 486, 516
Movimento estomático 513
Movimento flagelar 487
Movimentos estomáticos, estômatos 514
Movimentos higroscópicos 517
Movimentos livres 486
MTOC 58
Mucor (Mofo-preto-do-pão) 658, 688
Mucorales 658
Mudança de hospedeiro 675, 677
Mulinum 1111
Multifidina 714
Multiplicação 3
   vegetativa 746
Multistate character 613
Multivalente 568
Muntingiaceae 897
Murcha 264
Mureína 627, 636
Murtinho, ver *Vaccinium*
Musa (Banana) 867, 1088
Musaceae 868
Musanga 1088
Muscari (Muscari) 860
Muscari, ver *Muscari*
Muscites 747
Musgo 622, 625, 745, 752, 754
   cápsula de esporos 746
   ciclo de vida 745
   epifílico 765
   esporófito 746, 746f
   estômato 758
   folioso 745, 751
   formação de rochas 761
   gametófito 746
   modo de vida 764
   multiplicação vegetativa 758
   ocorrência 764
   talo 745
   taloso 751
Musgo branco, ver *Andreaea*
Musgo luminoso, ver *Schistostega*
Musgo pendente 765
Musgo-do-carvalho 693
Musgo-irlandês 736
Musgos 752
Mutação 563
Mutação cromossômica 564, 565
Mutação de sentido oposto 563
Mutação de transcrição 561

Mutação gênica 561
Mutação genômica 567
Mutação pontual 561
Mutação sem-sentido 563
Mutagênese, química 384
Mutantes, homeóticos 428
Mutisioideae 915
Mycobacterium 627, 634
Mycobionta 622, 624, 652, 690
Mycosphaerella 671
Myodocarpaceae 910
Myosotis (Miosótis) 903, 1055
Myosurus (Miosuro) 869
Myrica (Mirica) 932, 1054, 1080-1081, 1102
Myricaceae 892
Myricaria (Miricária) 872
Myriophyllum (Miriofilo) 877, 1068-1069
Myristica 850
Myristicaceae 850
Myrothamnaceae 871
Myrsinaceae 901
Myrtaceae, Myrtales 879, 880
Myrtus (Murta) 880, 933, 1100
Myxobacterales 632, 642
Myxomycetes 643
Myxomycota 643

N

"Nabeling", ver *Omphalina*
Nabo 896
Nabo forageiro, ver *Raphanus*
Nabo-branco 896
N-acetilglucosamina 529
"Nacktried", ver *Kobresia*
"Nadelröschen", ver *Fumana*
NADH desidrogenase 333, 335
   alternativa 334
   externa 334
NADP-enzima málica 309
Naja, ver *Najas*
Najadaceae 853
Najas (Naja) 853
Nanandro 735, 736
Nanismo 482
Nanoplâncton 740
Narciso, ver *Narcissus*
Narcissus (Narciso) 859, 860
Nardus (Capim hirsuto) 1085
Nartécio, ver *Narthecium*
Nartheciaceae 856
Narthecium (Nartécio) 856
Nasa 901
Nastia 485, 496, 506
Nathorstiana 777-778
Nathorstianaceae 777-778
ncistrocladaceae 872
NDVI (Índice de vegetação por diferença normalizada) 977
Necromassa 956-957
Néctar 676
Nectário septal 816

Nectários 373, 816
   extraflorais 817
Nectria ("Rotpustlpilz") 669
Negibacteriota 631
"*neighbor joining*" 614-615
Neisseria 634
Nelumbo (Lótus índico) 870
Nelumbonaceae 870
Nemacystus 715
Nematiphycus 720
Nematódeo 523, 524
Neofítico 929
Neopoliploidia 604
Neottia ("Nestwurz") 857
Neozoico 929
Nepenthaceae 872
Nepenthes (Jarro, Cisterna) 525, 872
Nereocystis 713, 716, 717, 741
Nerium (Oleander) 903, 933
Nervação em leque 771, 789
Nervura dicotômica 785
Nêspera, ver *Mespilus*
"Nestwurz", ver *Neottia*
Netrium 737
Neuradaceae 897
Neuropteris 928
Neurospora (Mofo-do-pão) 669
Nêuston 741
Neuwiedia 857
Neve vermelha 737
Nexina 806-807
Nicho ecológico 949
Nicotiana (Tabaco) 602, 909, 911
Nicotianamina 256
Nidulariales 684
Nigela, ver *Nigella*
Nigella (Nigela) 869
Ninfeia, ver *Nymphaea*
Nipa, ver *Nypa*
Níquel 248
Nissa, ver *Nyssa*
Nitella 742-744
Nitrariaceae 899
Nitrato (NO_3^-) 318
Nitrato redutase 319-320
   quinase 320
   regulação 321
Nitrito (NO_2^-) 318
Nitrito redutase 319-320
Nitrobacter 632
Nitrogenase 526, 531f
Nitrogênio 245, 1001
   absorção 318
   fixação de N2 526
Niveal 1075, 1085
Nível de complexidade da célula 2
Nível de organização 123
Nível do equador 806-807
Nó 160, 742-743
Nó central 708
Nó terminal 708
Noaea 1110
Noctiluca 703

Nódulos de raízes 528, 529f, 886
Nogueira, ver *Carya*
Nogueira, ver *Juglans*
Nomenclatura, filogenética 618
"*Nondisjunction*" 567
Nori 736
Norma de reação 559
Nós 742-743
Nosematose 654
Nostoc ("Schleimling") 526, 527, 635, 636f, 69f, 741, 762
Nostocales 637
Nothofagaceae 892
Nothofagus (Notofago) 892, 1052, 1061-1062, 1102, 1104, 1106
Notholaena ("Pelzfarn") 797
Notofago, ver *Nothofagus*
Novelo, ver *Scleranthus*
Noz 830
Noz-alada, ver *Pterocarya*
Nozes 892
Nozes-de-seycheles, ver *Lodoicea*
Noz-vômica, ver *Strychnos*
Nucelo 799, 801, 814
Nuclear 826
Núcleo 49, 58, 59
Núcleo do endosperma 824
Núcleo do saco embrionário, secundário 816
Núcleo polar 816
Núcleo primário 727
Núcleo secundário 727
Nucleofilamento 60
Nucleoide 114, 396, 626
Nucléolo 62-63
Nucleoma 380
Nucleômeros 60
Nucleomorfo 694, 702f, 721
Nucleoplasma 635
Nucleoporinas 64
Núcleos de restituição 581
Nucleosídeo 18
Nucleossomo 60
Nucleotídeo 18-19
Número cromossômico 782
Nuphar (Rosa-do-lago) 847-848, 1068-1069
"Nusseibe", ver *Torreya*
Nutações 516
Nutrição mineral 242
Nutriente 243, 244f
  absorção 250
  disponibilidade 250
  macronutriente 243
Nutrientes no solo 992
Nyctaginaceae 872
Nymphaea (Ninfeia) 804, 847-848, 932, 1068-1069
Nymphaeaceae, Nymphaeales 847-848
Nymphoides (Golfão-pequeno) 919
Nypa (Nipa) 861, 930
Nyssa (Nissa) 931f
Nyssaceae 900

O

Oásis 1098
Obdiplostemonia 818
Obturador 814
Oceano, ciclagem de nutrientes 1001
Ochnaceae 881
Ochroma 1088
Ochromonas 706
Ocimum (Orégano) 906
Ocótipo 584
Ócrea 872-873
Odontella 707
Oedogoniales 735
Oedogonium ("Kappengrünalge") 735, 742
Oenothera (Prímula) 880
Ófris, ver *Ophrys*
Oidium 666
Olacaceae 877
Olea (Oliveira) 906, 907, 933, 1100
Oleaceae 906, 907
Oleander, ver *Nerium*
Óleo de jojoba 872
Óleos 34-35, 343
Oleosina 34-35, 343
Oleossomo 49, 340, 343
Oligoceno 929
Oligofílico 823
Oligossacarídeo de lipoquitina 529
Oligoterpenos 362
Oliniaceae 879
Oliveira, ver *Olea*
Olmo, ver *Ulmus*
Olpidiaceae, Olpidiales 653, 656
Olpidiomycetes 656
Olpidium 646, 652f, 656
Oltmannsiella 731
Omphalina ("Nabeling") 693
Omphalotus (Fungo-da-oliveira) 687
Onagraceae 879, 880
Oncothecaceae 902
Oncovírus 630
Onobrychis (Esparceta) 886
Onomis ("Hauhechel") 1051
Onosma ("Lotwurz") 904
Ontogênese, ontogenia 40, 157
Oocardium 738
Oogamia 641, 730
Oogônio, filamento envoltório 743-744
Oomiceto 648
Oomycota 624, 647
Oosfera 648, 815
Oósporo 648, 743-744
Open reading frame (ORF) 399
Opérculo 863
Óperon 116
Ophioglossum (Língua-de-cobra) 782, 797
Ophiostoma 1027, 1071
Ophrys (Ófris) 592, 859
Opiliaceae 877
Opinas 545, 1028, 1055, 1099, 1112

Opistoconta 652
Opúncia, ver *Opuntia*
Opuntia (Opúncia) 874-875, 940
Orceína ou azul de tornesol, ver *Rocella*
Orchidaceae 857, 859
Orchidoideae 858, 859
Orchis (Erva-de-salepo) 858, 859
Ordenação 1076
Ordoviciano 926
Orégano, ver *Ocimum*
Orelha-de-judas, ver *Auricularia*
Organela 46
  semiautônoma 396
Organismo
  termófilo 5, 626f, 633
  transgênico 390
Organismo geneticamente modificado (OGM) 387
Organismos criófilos 5
Organismos fototróficos 5
Organithogalum (Leite-de-galinha) 860
Órgão fundamental 158
Órgão-dreno 326
Órgãos-fonte 326
Ornithocerus 702
Ornithopus (Serradela) 888, 1100
Orobanchaceae 906, 908f
Orobanche (Orobanque) 908
Orobanque, ver *Orobanche*
Orobioma 1106
Ortogênese 607
Ortoploide 567
Orvalho-do-sol, ver *Drosophyllum*
Oryza (Arroz) 866, 867
Oscillatoria 635, 636f, 741
Oscillatoriales 637
Osmômetro 260
Osmorregulação 246
Osmose 260
Osmunda (Samambaia-real) 790, 792, 793, 932
Osmundales 792
Ostíolo 669
Ostropales 693
Ostrya (Bordo) 893
Otidea 668
Ótimo ecológico 949-950
Oudemansiella ("Schleimrübling") 680
Ovário 812
Ovário 817
Ovo-de-bruxa 685
Oxalidaceae, Oxalidales 885
Oxalis (Trevo-azedo) 885, 1028
Oxaloacetato 308, 311, 331
β-oxidação
  ácido graxo 343
  andamento 344
Oxidação 231
Oxidase, alternativa 335
Oxidorredutase 237
Oxilipinos 461
Oxoglutarato desidrogenase 331
Oxyria (Azeda) 585, 935, 1085, 1116

P

Padina 741
Paeonia (Peônia) 877
Paeoniaceae 877
Painço, ver *Panicum*
Paineira, ver *Ceiba*
Pálea 866
Paleofítico 927
Paleontologia 3
Paleopoliploidia 604
Paleozoico 926
Paliurus 1100
Pallavicinites 927
Palmada (folha de palmeira) 860
Palmeira 860, 930
Palmeira pinada 860
Palmeira-anã, ver *Chamaerops*
Palmeira-parafuso, ver *Pandanus*
Pampa 1110
PAMP-triggered immunity (PTI) 543
Pandaceae 881
Pandanaceae, Pandanales 856, 931
Pandanus (Palmeira-parafuso) 1118
Pandorina 640, 731
Panicum (Painço) 866
Pântano 1081-1084
Pantoporado 807-808
Pantotremo 807-808
Papaver (Papoula) 869, 871, 937, 939
Papaveraceae 869, 871
Papillaria 761, 762
Papoula, ver *Papaver*
Papus 915
Paquiteno 72, 74
Paracarpo 813
Paracryphiaceae 910
Parafilia 617, 617f
Paráfise 757
Paralelismo 157
Paramilo 721
Páramos 1092
Parapátrica 594
Parasitaxus 840
Parasitismo 224, 225, 521, 1026
Parasito de líquen 691
Parasitos 521f
Parassexualidade 569, 629, 689
Parassimbionte 691
Parede 116
Parede celular 46, 91, 100
  primária 91-92, 95
  suberizada 101, 103
Parede de peptidoglicanos 695
Parede do grão de pólen 806-807
Parede primária 91-92, 95
Parede secundária 99
Parênquima 131
Parênquima cortical 182-183
Parênquima de reserva 131
Parênquima esponjoso 132, 201-202
Parênquima paliçádico 201-202
Parentesco 611-612, 614-615

Parentossomo 671
Parietal 813
Paris ("Einbeere") 856-857
Parmelia 691f
Parnassia (Parnássia) 881
Parnássia, ver *Parnassia*
Parnassiaceae 881
Paroníquia, ver *Paronychia*
Paronychia (Paroníquia) 874
Parsimônia 615-616
Partenocarpia 438
Partenogamia 663
Partenogênese 581
Parthenocissus ("Videira silvestre") 878, 879
Partícula de reconhecimento de sinal 414
Partícula de vírus 31
Passiflora (Flor-da-paixão) 882
Passifloraceae 881
Pastinaca (Pastinaca) 913, 999
Pathogen associated molecular patterns (PAMPs) 543
Patinho-d'água, ver *Salvinia*
Patogênese 539
Patógeno 521, 537
Paulownia (Paulównia) 908
Paulównia, ver *Paulownia*
Paulowniaceae 908
Pé-do-esporogônio (haustório) 758
Pectina 91-92, 367, 722
Pedaliaceae 906
Pé-de-atleta 688
Pé-de-leão, ver *Leontopodium*
Pediastrum 640, 734, 742
Pediculária, ver *Pedicularis*
Pedicularis (Pediculária) 908, 934
Pedinomonas 724
Pedosfera 962
Pedra-de-polir 736
Pedras vivas 875
Pelargonium (Pelargônio) 879
Película 701, 721
Peltigera (Líquen "com escudo") 692
Pelvetia 714
"Pelzfarn", ver *Cheilanthes, Notholaena*
Penaeaceae 879
Penicillium (Mofo do tipo pincel) 664, 665
Pennales 708
Pennantiaceae 910
Pennisetum (Milheto-pérola) 866, 1096, 1110
Pentadiplandraceae 895
Pentaphragmataceae 915
Pentaphyllaceae 901
Penthoraceae 877
Pentoses 30
Pentoxylon 922
Peônia, ver *Paeonia*
PEP carboxilase 309, 313f, 513
  PEP quinase 314
Pepino, ver *Cucumis*
Pepino-do-diabo, Pepino-de-são-gregório, ver *Echallium*

Peptídeo de trânsito 416
Peptídeo sinal 413
Peptidiltransferase 411
Peptidoglicano 628
Pequeno invólucro 912
Peraceae 881
Peranema 721
Pereira, ver *Pyrus*
Pereskia 874
Perfil da vegetação 814
Perianto 751, 802, 803
  duplo 803
Pericarpo 828
Periciclo 215-216
Periderme 137, 194-195
Peridermium 675
Peridinium 702, 703
Perídio 644, 666, 681
Peridíolos 684
Peridiscaceae 877
Perífise 675
Perígina 817
Perigônio 803
Período de crescimento 1017
Período frio 934
Período interglacial 934, 938
Período pós-aquecimento 938
Período pré-boreal 938
Períodos pluviais 934
Periplasma 663
Periplasmódio 767, 785
Perisperma 827
Perispório 680
Peristômio 759f, 760
Peritécio 664, 669
Peritécio de autofecundação 669
Perítrico 628
Perm 929
Permafrost 934
Pernettya 1092
Peronospora 650, 650f, 652
Peronosporaceae, Peronosporales 650
Peroxissomo 49, 88
  biogênese 414
Persea (Abacate) 851, 1100, 1102
Personada 822
Pervinca, ver *Vinca*
Pêssego 888
Pétala 803, 804
Petermanniaceae 856
Petrificação 925
Petrosaviacae, Petrosaviales 855
Petroselinum (Salsinha) 913
Petunia (Petúnia) 909
Peziza 666
Pezizaceae, Pezizales 666
Pezizomycetidae 666
"Pfifferling", ver *Cantharellus*
"Pflaumenflechte", ver *Evernia*
P_{fr}, fitocromo 477
Phacelia ("Büschelschön") 903
Phacus 721
Phaeoceros (Antóceros) 763

Phaeophyceae (Algas pardas) 712, 720
Phaeothamnion 705, 706
Phalaris (Capim-amarelo) 1071
Phallales 684
Phallus (Morchela fétida) 684
Phaseolus (Feijão) 888
Phellinaceae 915
Phellinus ("Feuerschwamm") 683, 686
Philadelphus (Falso jasmim) 900
Philesiaceae 856
Phillyrea (Filírea) 933
Philydraceae 866
Phlox (Flox) 902
Phoenix (Tamareira)) 861, 1098
Phormidium 741
Phragmidium 675f
Phragmites ("Cana", caniço) 1050, 1068-1069
Phrymaceae 906
Phycomycetes 646
Phyllanthaceae 881
Phyllitis (Língua-de-veado) 789-790
Phyllobacterium 634
Phyllocladus (Filoclado) 840, 1102, 1106
Phyllonomaceae 910
Phylocode 618
Physarum ("Blasenstäubling") 50
Physenaceae 872
Physoderma 653
Phytelephas (Palmeira-marfim) 861
Phyteuma (Garra-do-diabo) 915, 934
Phytolacca (Fitolaca) 875
Phytolaccaceae 872
Phytophthora 649f, 659
Picão, ver *Bidens*
Picão-branco, ver *Galinsoga*
Picea (Espruce) 838, 930, 933, 938, 984, 997, 1055, 1072, 1080-1081, 1085, 1106, 1114
Picnídios 675, 691
Picnósporo 675
Picramniaceae 878
Picrodendraceae 881
Pigmentos fotossintéticos 276
    acessórios 277
pigmentos-antena 277
"Pillenfarn", ver *Pilularia*
Pilobolus (Lançador de esporocisto) 652, 657-658
Pilriteiro, ver *Crataegus*
Pilularia ("Pillenfarn") 795-796
Pilus sexual 628
Pimenta, ver *Piper*
Pimentão, ver *Capsicum*
Pimpinella (Anis) 913
Pinaceae 808-809, 837, 838f
Pinguicula ("Fettkraut") 908
Pinhão-de-purga, ver *Jatropha*
Pinheiro, ver *Pinus*
Pinnularia 707
Pinus (Pinheiro) 585, 592, 800, 828, 837f, 838, 930, 979f, 1032-1033, 1045-1048, 1057, 1080-1081, 1085, 1100, 1104, 1106, 1109, 1114
Piper (Pimenta) 851, 1088

Piperaceae, Piperales 851
Piptoporus (Fungo-de-bétula) 685
Pirâmide alimentar 1017
Pirenoide 675, 691
Piridoxalfosfato 320
Pirimidina 18, 349, 350
Pirófita 980
Pirofosfatase 301
    inorgânica 301
Pirola, *Pyrola*
Piruvato 328, 330
    piruvato fosfato diquinase 309, 313
    piruvato quinase 328, 329
Piruvato desidrogenase 330
Pistache, ver *Pistacia*
Pistacia (Pistache) 899, 933, 1100
Pistia (Alface-d'água) 855
Pistillata 428
Pistilo 813
Pisum (Ervilha) 564, 572, 886-888
Pittosporaceae 910
Pixídio 829
Pizza primordial 621
Placa celular 70, 91-92
Placa de esclerênquima 789
Placenta 794, 812
Placentação central, livre 813
Plactostelo 772
Plagiomnium 757
Plâncton 740
Planície 1075
Planósporo 646
Planozigoto 730
Planta aquática 1068-1069
Planta C_3 308, 1013
Planta C_4 308, 1013
    anatomia 308, 1013
    fixação de CO_2 308-309, 311
    formadora de aspartato 311
    formadora de malato 308
Planta CAM 308, 1013
Planta em almofada 1108
Planta em ambiente calcário 249
Planta florífera 625, 843
Planta indicadora 249
Planta transgênica 392
    produção 390
Plantação de biomassa 1025
Plantaginaceae 906, 909
Plantago (Tanchagem) 587, 908, 939, 1032-1033, 1050
Plantas 9
    filogenia 624
    homeoídricas, peciloídricas 988
    linhagens de desenvolvimento 624
    transgênicas 387, 390, 545
Plantas acumuladoras 249
Plantas de dias curtos (PDC) 468-470
Plantas de dias longos (PDL) 467-470
Plantas de dias neutros 469-470
Plantas em ambientes com sílica 249
Plantas em áreas de lavoura e terrenos baldios 1067-1068

Plantas terrestres 624
    adaptação à vida terrestre 659
    evolução 624
    ricamente ramificada 767
Plantas terrestres ancestrais 767, 770
Plantas vasculares 625, 763, 767
Plasmídeo 6-7, 116, 388, 626
Plasmídeo como vetor, clonagem 388
Plasmídeo Sim 529
Plasmídeo Ti 389, 544
Plasmodesmo 96, 98, 252, 323, 430
Plasmódio 50, 70, 640, 643, 703
    reticular 721
Plasmódio de agregação 642
Plasmódio de fusão 642f
Plasmódio reticulado 647
Plasmodiophora (Hérnia das crucíferas) 645
Plasmodiophoromycetes 645
Plasmodiophoromycota 645
Plasmogamia 75, 824
Plasmólise 88, 89f, 261
Plasmopara 650, 652
Plasticidade, fenotípica 559
Plastídio 49, 106, 414, 694
    evolução 396
Plastocianina 286, 291
Plastocrono 952-953
Plastoglóbulos 34-35
Plastoma 107, 396, 573, 721
Platanaceae 870
Platanus (Plátano) 871, 930, 933, 1104
Platycerium (Chifre-de-veado) 797-798
Platygloea 672
Platymonas 724
Platysiphonia 699
Platysoma 791, 793
Plectênquima de corpos frutíferos 646
Plectonema 635
Pleiotrofia 563
Pleodorina 731
Plesiomorfia 614-615
Pleucrococcus 726, 742
Pleurobasídio 682
Pleuromeia 777-778, 797
Pleuromeiaceae 777-778
Pleurosigma 709
Pleurotaenium 738
Pleurotus (Shimeji) 679, 685, 688
Plicado 811
Plioceno 929
Plocospermataceae 906
Plumbaginaceae 872, 873
Plúmula 827
Plurilocular 712
Poa (Grama-azul) 976, 1050, 1071, 1092
Poaceae 862, 866f
Poales 862, 863, 864, 866f
Podécio 690
Podocarpaceae 523, 840
Podocarpo, ver *Podocarpus*
Podocarpus (Podocarpo) 1090, 1103, 1106

Podospora ("Kotkugelpilz") 669
Podostemaceae 881
Podridão por corrosão, *ver*
 Podridão-marrom
Podridão seca 652
Podridão-branca 686
Podridão-de-raízes 652
Podridão-marrom 686
Podridão-mole 686
Podridão-vermelha, *ver* Podridão-branca
Pogonatum ("Filzmützenmoos") 759
Polaridade 376, 421, 732
Polaridade celular 421-422
Polarização celular 422
Polemoniaceae 901
Polemônio, ver *Polemonium*
Polemonium (Polemônio) 902
Pólen 805-806
Poli (A) polimerase 405
Poliacetileno 802-803
Políades 808-809
Poliandria, primária 804-805
Poliandria secundária/desdobramento 804-805
Poliântica 445
Polifilia 617
Polifílica 823
Polígala, ver *Polygala*
Poligenia 563
Poli-haploide 568
Polimerase 22
Polimerase I 63
Polímero 367
Polimorfismo 559
Polinário 808-809, 857f, 905
Polínia 808-809, 857f, 905
Polinização 579, 800f, 817, 819
Polinização pela água 820
Polinização pelo vento 819
Polinização por animais 820
Poliploidia 567
Polipódio, ver *Polypodium*
Polissacarideo 30, 34-35f, 367
Polissacarídeo de reserva 33-35, 367
Polissacarídeos estruturais 33-35, 367
Polissomo 77
Politenia 419
Politerpeno 362
Pollenkit 808-809
Polo da raiz 766
Polpa 829, 899
Polyblepharidaceae 730
Polyblepharides 722, 730
Polychytrium 654
Polygala (Polígala) 888, 1067-1068
Polygalaceae 885, 888
Polygonaceae 872, 873
Polygonatum (Selo-de-salomão) 859, 860
Polygonum (Erva-de-bicho) 815, 872, 873
Polylepis 1090
Polyosmaceae 910
Polyphagus 653, 654, 688
Polypodiales 793

Polypodium (Polipódio) 603, 768, 789, 796-797
Polyporales 685
Polysiphonia 697-698
Polysphondylium 643
Polytoma 741
Polytrichanae 761, 764
Polytrichum ("Haarmützenmoos") 754-755, 757, 761-762, 764f, 1114
Pomelo 899
Pomo 830
Pontederaceae 866
Ponto vegetativo 125, 127, 782
Pontoação 101, 102, 701
Pontoação areolada 101
População 954-955
Populus (Choupo, Álamo) 881-882, 930, 1046-1047, 1068-1069, 1072, 1104, 1106, 1114
Porfirina 351
Porfirinas, tetrapirrois
Poriales 682, 685
Poricida 829
Porinas 106
Poro (na placa crivada) 98, 144
Poro 660
Poro de germinação 806-807
Poro nuclear 58, 64
Porphyra 714
"Porst", ver *Ledum*
Portador de esporos 671
Portulaca (Portulaca) 977, 1046-1047
Portulacaceae 872
Pós-glacial 938
Posidoniaceae 853
Pós-tradução 416
Potamogeto, ver *Potamogeton*
Potamogeton (Potamogeto) 853, 854, 936, 1068-1069
Potamogetonaceae 853, 854
Potássio 246
Potencial
 de membrana 230
 hídrico 229f
 osmótico 261
 redox 231
Potencial de membrana 81
Potencial eletroquímico 230, 233
Potencial hídrico 260, 262, 266, 984
 queda 267
Potencial matricial 262
Potencial químico 229, 230
Potentila, ver *Potentilla*
Potentilla (Potentila) 889, 935, 1048-1049, 1068-1069, 1071, 1080-1081
Poterioochromonas 9
Potômetro 268
Pottia 759, 765
Pottingeriaceae 881
PP$_i$-Frutose-6-fosfato quinase 328
Pradaria 1110
"Pradarias" submersas 742-743
Prasinophyceae 724

Prasiola 714, 724
Prasiolaceae 729
Pré-tegelen 935
Pré-boreal 938
Pré-cambriano 926
Preniltransferase 359
Pré-sequência 416
Pressão, hidrostática 260
Pressão de raiz 264, 271
Pressão de turgor 260
Pré-zigótico 593
Primobacteriota 631
Primofilices 770
Primoplantae 621, 622, 624
Primórdio do nódulo 529
Primórdios foliares 129
Primula (Prímula) 567, 578, 582, 901, 934, 1085
Prímula, ver *Oenothera*
Prímula, ver *Primula*
Primulaceae 901
Principal metabólito transportado 323
Probasídio 673, 677
Procâmbio 124, 129, 179-181
Procariotos 622
Procarpo 699
Processo Haber-Bosch 532
Processos de transporte
 ativos primários 233, 234
 passivos 234
Prochlorobacteriota 626, 637
Prochlorococcus 637
Prochloron 637
Prochlorothrix 637
Produção de alimentos 1028
Produção de biomassa 1017
Produção de carboidratos, mecanismos de regulação 302
Produção líquida do bioma 1021
Produção líquida do ecossistema 1020
Produção primária 1015
Produção primária bruta 1015
Produção primária líquida 1015, 1019
Produção secundária 1017
Produtividade quântica 285
Produtor primário 703
Produtores primários no mar 637, 708
Prófase 65, 67
Profundidade das raízes 1016
Progenotos 4, 621
Progimnospermas 919, 927
Prolamina 371
Prolongamento de rizoide 653
Promicélio 673
Promotor 35S 389, 541
Promotor 394, 399
Propágulos 746, 748-749, 781-782
Propágulos de protonema 761
Propenilaliína 348
Propionibacterium 634
Proplastídio 109
Prosopis 1096, 1098
Prótalo 765, 767, 768, 772, 774, 791

Protandria 579
Proteaceae, Proteales 870, 871
Protease Clp 413
Proteassomo 30, 412
Proteção contra a herbivoria 547
Proteína 14-3-3 320
Proteína carregadora de acil 341
Proteína de choque térmico 412
Proteína de membrana 78
Proteína de reserva 91, 371
Proteína de transferência de lipídeos 342
Proteína DELLA 450, 451
Proteína motora 54
Proteína quinase dependente de ciclina 418
Proteína Rieske 290
Proteína verde fluorescente (GFP) 43-44, 52, 108, 390, 393
Proteínas 24, 386
   estrutura 26f
   hidratação 245
   processamento 412
   processo 414
   ribossômicas 76
   separação 413
Proteínas de transporte, virais 430
Proteínas de transporte 430
Proteobactérias 632
Proterandria 579
Proterofítico 927
Proteroginia 579
Proteus 628
Protistas 1
Protoalcaloide 363
Protobionte 621
Protocélula 1, 626
Protococcales 732
Protófito 640
Protoginia 579
Protoginia 579
Protolepidodendraceae 778-779
Protolepidodendron 778-779
Protômero 29
Protomycetales 660
Protonema 746, 753f, 755-756, 761, 791
   Andreaeopsida 754
   Bryopsida 754
   Marchantiopsida 750
   Sphagnopsida 753
Protoplastídio 721
Protoplasto 82
Protostelo 770, 774
Prototaxites 720
Prototrofia 522
Pruccinia 675
Prunella 1001
Prunoideae 888
Prunus (Drupa) 888f, 889, 1102
Prymnesiales 704
Prymnesiophyta 704
Prymnesium 704
Psaronius 704
Psathyrella ("Faserling") 680

Pseudântio 819
Pseudoalcaloide 362
Pseudoangiocarpo 681
Pseudobulbo 857
Pseudofumaria ("Lerchensporn") 869
Pseudogamia 581
Pseudohydnum ("Eispilz") 682
Pseudomicélio 646
Pseudomônade 808-809
Pseudomonas 634
Pseudomureína 638
Pseudomyrmex 1027
Pseudoparênquima 696
Pseudoperenospora 650
Pseudoplasmódio 632
Pseudopódio 753-754
Pseudosporochnus 770, 771
Pseudotécio 664, 670-671
Pseudotsuga (Abeto-de-douglas) 1045-1046
Psilocybe ("Kahlkopf") 689
Psilófita, ver *Anogramma*
Psilófitas 768, 770
Psilophyton 770, 778-779, 919, 920, 927
Psilotáceas 780-781
Psilotales 780-781
Psilotophytina 625, 780-781
Psilotum 780-781, 781f
Pteridium (Samambaia-águia) 767, 788f
Pteridófita 764
Pteridophyllaceae 790, 792, 797, 1050
Pteridospermae 920-921
Pteridospermas 927
Pterocarya (Noz-alada) 895, 933
Pterostemonaceae 877
Ptychocarpus 788
Puccinellia ("Salzschwaden") 1081-1082
Puccinia (Ferrugem-amarela) 675f, 677f
Puelia 866
Pulmonaria (Pulmonária) 903
Pulmonária, ver *Pulmonaria*
Pulsatilla (Anêmona-pulsatila) 869, 1056, 1081-1082
Pulvinos, ver articulações foliares
Pulvinula 668
Puna 1092
Punctualismo 607
Punica (Romã) 880, 881
Purinas 18, 349, 350
Putranjivaceae 881, 895
Puya 862
Pyramimonas 724
Pyrenophora 671
Pyrodictium 638
Pyroideae 888
Pyrola (Pirola) 902
Pyrolaceae 901
Pyronema 663, 666, 667
Pyrrhophyta 702
Pyrus (Pera) 888, 889
Pythiaceae 651
Pythium 650, 651, 652

Q

Qualidade da água 741
Quaternário 934
Quebra-pedra, ver *Saxifraga*
Queda foliar, ver Abscisão
Quenopódio, ver *Chenopodium*
Quercus (carvalho) 892-893, 930, 933, 1018, 1023, 1031, 1045-1046, 1056f, 1074-1075, 1080f, 1083-1084, 1100, 1102, 1104
Quiasma 73-74
Quiinaceae 881
Quilha 886
Quillajaceae 885
Quimeras 420
Quimioautotrofia 224, 274
Quimionastia 507, 515
Quimiorreceptor 480
Quimiotaxia 488
Quimiotrofia 628
Quimiotropismo 505
Quina, ver *Chinchona* 906
Quinase dependente de ciclina 418
Quintiniaceae 910
Quiropterófila 824
Quitina 95, 367, 645
Quociente respiratório 337

R

Rabanete 896
Rábano, Raiz-forte, ver *Armoracia*
Radiação adaptativa 607
Radiação eletromagnética 275, 971
Radiação fotossinteticamente ativa 317
Radícula 827
Radiocristalografia 29
Rafe 708, 825
Rafflesia (Raflésia) 885
Rafflesiaceae 881, 885
Rafinose 323, 324
Raio do lenho 186-187
Raio liberiano 193-194
Raio medular 186-187, 1083-1084
Raiz 209-210, 212, 745
   absorção de nutrientes 252
   caulinar 789
   primária 215-216
   secundária 217-218
Raiz aérea 857
Raiz lateral 216-217
Raiz primária 766
Raiz-preta, ver *Scorzonera*
Ramaria ("Koralle") 683, 685
Rameta 580, 954-955
Rami, ver *Boehmeria*
Ramificação 640
   verdadeira/falsa 636
Ramonda 908, 931
Ranunculaceae, Ranunculales 869, 870f
Ranúnculo, ver *Ranunculus*

Ranunculus (Ranúnculo) 869, 879, 935, 1027, 1039f, 1072, 1085, 1116
Rapareaceae 862
RAPDs (*random amplified polymorphic DNAs*) 514
Raphanus (Nabo forrageiro) 896
Ras nuclear 415
"Raufuß-Röhrling" (*Licinum*) 687
"Rautenfarn", ver *Botrychium*
Rauvolfia 903
Razão vermelho/vermelho-distante 977
RE, ver Retículo Endoplasmático
Reação catabólica 224
Reação da aldolase 299
Reação de Hill 285
Reação de Mehler 292
Reação em cadeia da polimerase (PCR, **p**olymerase **c**hain **r**eaction) 575
Reação luminosa 274, 285
Reação redox 231
Reações anabólicas 224
Reator de algas 736
Receptáculo 684, 790, 817
Receptor 480, 486
Receptor de citocinina 447
Receptor de giberelinas 450
Receptores de etileno 460, 461
Recessivo 562
Recife de coral 749
Recombinação 71, 568, 571f
Recompensa 488, 820
Rede alimentar 954-955
Rede de Hartig 534
Rede *trans* de Golgi 84
Rede-d'água, ver *Hydrodictyon*
Reducionismo 8
Reforço 595
Refutação 7-8
Regeneração 376, 377, 420, 444, 1065-1066
Região do centrômero 385
Região organizadora do nucléolo 62
Regra da alternância 163
Regra da equidistância 163
Regra de prioridade 618
Regra de Van't-Hoff 229
"Reibeisenpilz", ver *Sistotrema*
Reino (Domínio) 626
Reino vegetal 621
Reinos florísticos 1061-1062
"Reitgras", ver *Calamagrostis*
Relação número de espécies/tamanho da área 1059
Relações hídricas 257, 265, 454
  ecologia 982
Relógio circadiano 472-473
Relógio fisiológico 471
Repetobasídio 682
Repetobasidium 672
Replicação 20-21
Reprodução 3, 580
Reprodução assexuada 580
Requeima da batata 652

Reseda (Reseda) 896
Reseda, ver *Reseda*
Resfriamento da transpiração 974
Resistência 538, 687
Resistência a herbicidas 564
Resistência ao calor 979
Resistência sistêmica adquirida 538
Resitência à geada 978
Respiração 327, 330, 1004
Respiração celular 105, 231, 327, 330, 334
  fatores externos 337
  ver também respiração
Respiração da glicose 327
  produtividade energética 335
"Respiração do solo" 1016
Respiração na presença de luz 304
Resposta de hipersensibilidade 542
Ressupinação 857
Restionaceae 862
Restriction fragment length polymorphism (RFLP) 575
Reticulado 605
Retículo endoplasmático 46, 83
Retículo endoplasmático liso 46, 83
Retículo endoplasmático rugoso 83
Retinal 493
Retrotransposon 386f
Retrovírus 629
RFLP (*restriction fragment length polymorphism*) 575
Rhabdodendraceae 872
Rhabdonema 708
Rhamnaceae 888
Rhamnus 1100
Rheum (Ruibarbo) 872, 873
Rhinanthus (Rinanto) 908
Rhipogonaceae 856
Rhipsalis 875, 1053
Rhizaria 621, 622, 624
Rhizidiaceae 653
Rhizidiomyces 649
Rhizobiaceae 634
Rhizobium, rizóbios 528, 530, 634, 886
Rhizocarpon (Líquen-geográfico) 691, 693
Rhizochrysis 705
Rhizomnium 756, 760, 761
Rhizophora (Mangue-vermelho) 883, 1003, 1061-1062, 1118
Rhizophoraceae 881, 883
Rhizophydium 653, 654
Rhizosolenia 708
Rhodobacter 632
Rhodobionta 622, 624, 696, 698
Rhodobryum ("Rosenmoos") 761, 762
Rhodendron (Rododendro) 901f, 938, 1057, 1085, 1090, 1092, 1102, 1104, 1109
Rhodomicrobium 632
Rhodophyta (Algas vermelhas) 696, 701
Rhodopseudomonas 629, 632
Rhodospirillaceae 632
Rhodospirillum 632
Rhodothamnus (Rododendro-anão) 934
Rhodymenia 714

Rhoipteleaceae 892
Rhopalodia 710
Rhus (Sumagre) 899, 1100
Rhychocoris 909
Rhynchocalycaceae 879
Rhynchospora ("Schnabelbinse") 1067-1068
Rhynia 768-770, 927
Rhytisma (Ritisma) 688
Ribes (Groselha) 877-878
Ribose 31
Ribose-5-fosfato 297
Ribossomo 46, 76, 116, 410
Ribozima 4, 234, 405, 411
Ribulose 31
Ribulose fosfato epimerase 297
Ribulose fosfato isomerase 297
Ribulose-1,5-bisfosfato 297
  Ribulose-1,5-bisfosfato carboxilase/oxigenase, ver Rubisco
Ribulose-5-fosfato 297
Riccia (Hepática-estrela) 751
Ricciaceae 751
Richea 1107
Ricina 372
Ricinus (Mamoneira) 825, 883
Rickettsia 634
Riella 748
"Riementang", ver *Himanthalia*
"Rippenfarn", ver *Blechnum*
Riss 935
Ritidoma 194-195
Ritisma, ver *Rhytisma*
Ritmo ácido diário, CAM 313
Ritmo circadiano 471-473
Rivularia 635, 637
Rizoderme 209-210, 215-216
Rizóforo 774
Rizoide 694, 712, 742-743, 745, 747, 753
Rizoide rugoso 747
Rizoides de procura 653
Rizoma 161, 166, 167, 768, 788
Rizoplasto 723
Rizosfera 251, 962
RNA 19-20, 23
  complexo silenciador induzido por RNA (RISC) 392
  edição 406
  heteronuclear 403
  polimerase 400, 403, 404, 689
RNA mensageiro (RNAm) 399
  estabilidade 406
  processamento 399, 403
  transcrito primário 399
RNA transportador 77
RNAr 76, 399
RNAsi (*small interfering* RNA) 392
RNAt 77, 399, 409
Robinia (Falsa-acácia) 888
Rocella (Orceína ou Azul de tornesol) 61, 693
Rododendro, ver *Rhododendron*
Rododendro-anão, ver *Rhodothamnus*

Rodopsina 493
Romã, ver *Punica*
Roridulaceae 901
Rosa (Rosa) 888, 889
Rosa, ver *Rosa*
Rosaceae, Rosales 888, 889*f*
Rosa-de-jericó, ver *Anastatica*
"Rosenmoos", ver *Rhodobryum*
Roseta-gigante 1090, 1092
Rosibacteriota 631
Rosidae 625
Rosídeas 846, 878
Rosinha-do-rochedo, ver *Loiseleuria*
Rosmarinus (Alecrim) 1100
Rosoideae 888
"Rosskümmel", ver *Laser*
Rostelo 857
Rota acetato-malonato 357
Rota acetato-mevalonato 358, 359
Rota da desóxi-D-xilulose-5 358
Rota das pentoses fosfato, oxidativa 337, 338
Rota de sinalização do etileno 459, 461
Rota do ácido diaminopimélico 648
Rota do chiquimato 346, 347*f*, 355
Rotas metabólicas
 anabólicas 335
 anfibólicas 335
 catabólicas 335
"Rotpustelpilz", ver *Nectria*
Rousseaceae 915
Rozella 653
Rubia (Garança-europeia) 905, 906
Rubiaceae 903, 905
Rubisco 295, 297
 rubisco ativase 296
Rubus (Amora-silvestre) 888, 889, 1116
Rudbeckia 1110
Rudimento seminal 800*f*, 813-814, 920
Ruibarbo, ver *Rheum*
Rumex (Azeda-miúda) 872, 873, 939, 1027, 1050
Ruppia 1081-1082
Ruppiaceae 853
Ruscaceae 857
Russula 678, 685
Russulales 685
Ruta 899
Rutaceae 899
Ruvilaria 636

S

Saale 935
Sabal 930, 932
Sabiaceae, Sabiales 871
Sabor amargo 903
Sabugueiro, ver *Sambucus*
Sacarose 298-300, 309, 313, 323*f*, 327, 367
Sacarose sintase 326, 367-368
Sacarosefosfato 299, 300
Sacarosefosfato sintase 302*f*, 320
 Sacarosefosfato fosfatase 304
 Sacarosefosfato quinase 304

Saccharomyces (Fermento do pão) 652, 661-663
Saccharomycetales 662-663
Saccharomycetes (Endomycetes) 661
Saccharomycodes 662-663
"Säckelblume", ver *Ceanothus*
"Sackflechte", ver *Solorina*
Saco de água 751
Saco embrionário 799, 801, 814
 dispórico 814
 monospórico 814
 tetraspórico 814
Saco polínico 800
Saco-de-tolo 660
Sáculo 627
Sáculo de mureína 628
S-adenosilmetionina (SAM) 457
"Sägeblättling, ver *Lentinus*
"Sägetang", ver *Fucus*
Sagitária, ver *Sagittaria*
Sagittaria (Sagitária) 853, 854
Sagu, ver *Metroxylon*
Sagu 861
Saintpaulia (Violeta-africana) 908
Sal 1002, 1118
"Salada-do-campo", ver *Valerianella*
Salgueiro, ver *Salix*
Salgueiro-anão 937
Salicaceae 881-882
Salicária, ver *Lythrum*
Salicornia (Salicórnia) 874*f*, 875, 1057, 1081-1082, 1112
Salicórnia, ver *Salicoraia*
Salix (Salgueiro) 881-882, 930, 935, 937, 938, 1046-1047, 1056, 1068-1069, 1072, 1085, 1104, 1114, 1116
Salmonella (Salmonela) 627, 634
Salpichlaena 797
Salsaparrilha, ver *Smilax*
Salsinha, ver *Petroselinum*
Salsola (Salsola) 1057, 1081-1082
Salsola, ver *Salsola*
Salvadoraceae 895
Salvia (Sálvia) 821-822, 1072, 1100
Sálvia, ver *Salvia*
Salvinia (Patinho-d'água) 793*f*, 797
Salviniaceae, Salviniales 793*f*, 797
"Salzschwaden", ver *Puccinellia*
SAM 128
Samambaia
 alternância de gerações 768
 ciclo de vida 768
 eusporangiada 786
 leptosporangiada 787
 multiplicação vegetativa 792
 verdadeira 625
Samambaia 622, 625, 745, 764, 767
 decíduas 797
 desenvolvimento embrionário 766
 modo de vida 797
 multiplicação vegetativa 781-782
 ocorrência 797
 sempreverdes 797

Samambaia aquática 793
Samambaia arborescente, ver *Cyathea*
Samambaia com sementes 920, 927
Samambaia vermífuga, ver *Dryopteris*
Samambaia-águia, ver *Pteridium*
Samambaia-do-mangue, ver *Acrostichum*
Samambaia-ramalhete, ver *Matteuccia*
Samambaia-real, ver *Osmunda*
Sambucus (Sabugueiro) 914
"Sandröschen", ver *Tuberaria*
"Sangria" 271
Sanguisorba (Botão-do-campo) 889
Sanicula 594
Santalaceae, Santalales 877
Sapato-de-vênus, ver *Cypripedium*
Sapindaceae, Sapindales 899
Saponina 360
Sapotaceae 901, 931
Saprobionte 686
Saprófita 224, 522, 538
Saprolegnia (Mofo-da-água) 648, 649
Saprolegniales 648, 649
Sapromiofílica 823
Sarcandra 849
Sarcina 628
Sarcobataceae 872
Sarcolaenaceae 897
Sarcoscypha 666
Sarcotesta 825
Sargaço, ver *Sargassum*
Sargassum (Sargaço) 719, 740
Sarna da maçã
Sarraceniaceae 901, 903
Sartroya 665
Sassafras (Sassafrás) 930
Sassafrás, ver *Sassafras*
"Sattellorchel", ver *Helvella*
Satureja (Alfavaca) 906
Saururaceae 851
Saussurea (Saussúrea) 1092, 1108
Saussúrea, ver *Saussurea*
Savana 1096
Saxifraga (Quebra-pedra) 877-878, 934*f*, 937, 1085, 1108
Saxifragaceae, Saxifragales 877-878
SBP-1 fosfatase 297
Scabiosa 914, 915
Scaffold attachment regions (SARs) 401
Scapania 752
Scenedesmus 640, 733*f*, 736, 742
"Schaumkraut", ver *Cardamine*
Schefflera 1088
"Scheinkamelia", ver *Stewartia*
Scheuchzeriaceae 853
Schinopsis 1094, 1096
Schisandraceae 847
Schistostega (Musgo luminoso) 761
Schizaea ("Spaltastfarn") 791
Schizaeales 793
Schizophyllum ("Spaltblättling") 681
Schizosaccharomyces 661-663
Schizothrix 637
Schlegeliaceae 906

"Schleimling", ver *Nostoc*
"Schleimrübling", ver *Ondemarsiella*
"Schmarotzerbecherling", ver *Sclerotinia*
"Schmetterlingsporling", ver *Coriolus*
"Schnabelbinse", ver *Rhynchospora*
Schoenoplectus (Junco-do-açude) 862, 863, 1068-1069
Schoepfiaceae 877
"Schönastmoos", ver *Eucladium*
"Schotentang", ver *Halidrys*
"Schraubenalge", ver *Spirogyra*
"Schriftfarn", ver *Ceterach*
"Schriftflechte", ver *Graphis*
"Schuppenfarn", ver *Cheilanthes*
"Schuppenwurz", ver Lathraea
"Schwefelkopf", ver *Hypholoma*
Sciadophyton 769-770
Sciadopityaceae 840
Sciadopitys (Abeto-guarda-chuva) 840, 932
Scirpus (Cirpo) 862-863, 1068-1069
Scleranthus (Novelo) 873
Scleroderma ("Kartoffelbovist") 672, 684
Sclerotinia ("Schmarotzerbecherling") 668
Scorzonera (Raiz-preta) 918
Scrophularia (Escrofulária) 908
Scrophulariaceae 906, 908
Scytonema ("Lederfaden") 690
Secale (Centeio) 866, 867
Seção 619
Seco-iridoide 914
Secreção 147, 372, 373f
Sedo, ver *Sedum*
Sedo-heptulose-1,7-bisfosfato (SBP) 297
Sedo-heptulose-7-fosfato 297
Sedum (Sedo) 818, 877, 878
Segregação, transgressiva 600
Seismonastia 509
Seiva do floema, composição 323
Selaginela, ver *Selaginella*
Selaginella (Selaginela) 625, 773, 775, 797, 988
    alternância de gerações 776
    heterosporia 776
Selaginellaceae, Selaginellales 773f
*Selaginellite s*776
Seleção 583, 585, 587
Seleção de espécies 607
Selênio 248
Selenocisteína 248
Selo-de-salomão, ver *Polygonatum*
Semente 801, 825, 828
    população 1039
Semente coberta 843
Sempervivo, ver *Sempervivum*
Sempervivum (Sempervivo) 877, 934
Sempre-viva, ver *Helichrysum*
Senecio ("Greiskraut") 600, 601, 918, 940, 1044-1045, 1050, 1092
Senescência 432, 446, 458
Sépala 803
Sepallata 428
Septicida 829

Septo 813
Septobasidiales 678
Septos 813
Sequência de endereçamento peroxissômico 414
Sequência de Kozak 404, 410
Sequência de Shine-Dalgarno 411
Sequência foliar 202-203
Sequestro do carbono 1023
Sequoia (Sequoia-sempre-verde) 840, 930f, 1102
Sequoiadendron (Árvore-mamute) 840, 980, 983, 1044, 1050, 1106
Serapilheira 956-957, 962
Serina-glioxilato aminotransferase 305
Seringueira, ver *Hevea*
Serradela, ver *Ornithopus*
Serratula 918
Sesamum 908
Sesleria (Grama-azul) 934, 1085
Sesquiterpeno 360
Seta 750
Seta 751f, 755, 758-759
Setaria (Milho-da-itália) 866
Setchellanthaceae 895
Sexina 806-807
Sexualidade 71
Sherardia 905
"Shiitake" 685
Shikimifrucht 847
Shimeji, ver *Pleurotus*
Shorea 897, 1094
Sideróforo 255
"Siebgitterstäubling", ver *Cribaria*
Sifonal 694
Sifonales 728
Sifonocladal 694
Sifonogamia 824
Sifonostelo 774, 779-780, 783
Sigilária, ver *Sigillaria*
Sigillaria (Sigilária) 779-781, 797, 927-928
Sigillariaceae 780-781
Silafina 707
Silenciamento de genes 392
Silene (Silene) 575-576, 873-874, 935, 1085, 1109
Silício 248
Silicoflagelado 706
Síliqua 830
Síliqua articulada 830
Siluriano 927
Simaroubaceae 899
Simbiogênese 120
Simbionte 742
Simbiose 521, 530, 536, 565, 1026
    corais com Dinophyta 704
    fixadora de nitrogênio do ar 526
Simbiose do tipo líquen 669
Simbiossomo 531f
Simetria corporal 9
Simetria floral 818
Simmondsia 872
Simmondsiaceae 872

Simpátrica 594
Simpetalia 804
Simplasto 252
Simplesiomorfia 615-616
Sinal de localização nuclear 415
Sinal de luz vermelha 977
Sinandria 804-805
Sinângio 780-782, 787f
Sinapis (Mostarda) 896, 939, 977
Sinapomorfia 615-616
Sincarpo 813
Sincício 70
Sinérgide 815
Singamia 71, 75, 568, 639
Sinônimo 618
Sinssepalia 804
Sintaxonomia 1072
Sintepalia 804
Síntese de celulose 368
Síntese de glutamato, citoplasmática 335
Síntese de liquens 691
Síntese de terpenos 358f, 360
Sintoma de carência 243
Sinúsia 1073
Sinzoósporo 711
Siparuna 850
Siparunaceae 850
Sirenina 655
Sistema ascorbato-glutationa 292
Sistema de absorção de ferro 256
Sistema de autoincompatibilidade heteromorfo 578
Sistema de condução de água, fechado 755, 764
Sistema de fitocromos 497
Sistema de ramificação 169
Sistema de recombinação 573-574
Sistema de sapróbios 741
Sistema radical 209-211
Sistemática
    filogenética (cladística) 614-615
    numérica (fenética) 613
Sistemina 550
Sistotrema ("Reibeisenpilz") 672
Sítio 957-958
Sitosterol 367
Sladeniaceae 901
Small interfering RNA (RNAsi) 392
Smilacaceae 856
Smilax (Salsparrilha) 92-93, 1100
Soda 736
Sódio 248
Soja, ver *Glycine*
Solanaceae, Solanales 908, 911f
Solanum 909, 1061-1062
Soldanela, ver *Soldanella*
Soldanella (Soldanela) 901, 1085
Solenoide 60
Solenophora ("Kreideflechte") 701
Solidago (Vara-de-ouro) 940, 1046-1047
Solo 250, 962
    classificação 966
    degradação 1031

granulometria 964
horizonte 964
potencial hídrico 263
tipos 964
valor do pH 251
Solorina ("Sackflechte") 691
Somatogamia 75, 641, 646, 663, 667f, 672, 678
Sombrinha-de-vênus, ver *Acetabularia*
Sonneratia 1003
Sorálio 692
Sorbus (Sorveira-brava) 888, 1106, 1114
Sordaria 669
Sordariales 669
Sordarionmycetidae 669
Sorédio, Sorédios 691-692
Sorghastrum 1110
Sorghum (Durra) 866
Soro 787f, 790, 794
Sorveira-brava, ver *Sorbus*
Sorveira-da-europa 888
"Spaltastfarn", ver *Schizaea* 748
"Spaltblättling", ver *Schizophyllum*
"Spaltzahnmoos", ver *Fissidens*
Sparganiaceae 862
Sparganium (Espargânio) 862, 1068-1069
Sphaerobolus ("Kugelscheneller") 684
Sphaerocarpales 748
Sphaerocarpos ("Kugelträgerflechte") 748
Sphaerosepalaceae 897
Sphaerotheca 665f
Sphagnopsida 753
Sphagnum 753f, 753, 764, 1067-1068f, 1072, 1081-1082, 1116
Sphenocleaceae 908
Sphenophyllaceae 785
Sphenophyllum 785-786, 928
Sphenostemonaceae 910
Spinacia (Espinafre) 875
Spiraea 889
Spiraeoideae 888
Spirillum (Espirilo) 628
Spirodela 855, 1026
Spirogyra ("Schraubenalge") 738, 739, 742
Spirotaenia 737
Spirulina 637, 741
"Spitzmoos", ver *Lophozia*
Splachnum 761, 762, 764
Spongiochloris 734
Sporodinia 658f
Sporogonites 746
Sporozoa 623
Stachys (Estaque) 906
Stachyuraceae 878
Stangeria 834
Stangeriaceae 835
Stanhopea 859
Stapelia ("Aasblume") 1098
Staphylea (Estafileia) 878
Staphyleaceae 878
Staphylococcus 634
"Starknervenmoos", ver *Cratoneuron*
Staurastrum 738, 742

Stauropteris 770f, 771
Stegnospermaceae 872
"Steinpilz", ver *Boletus*
Stellaria (Estelária) 873, 874, 1050
Stemonaceae 856
Stemonitis ("Fadenstaubling") 644
Stemonuraceae 910
Stephanodiscus 708, 741
Stephanosphaera 730, 731
Sterculiaceae 897
Stereum 683
"Sternmoos", ver *Mnium*
Stewartia ("Scheinkamelie") 805-806, 931
Sticta ("Grübchenflechte") 692
Stigeoclonium 726, 734, 735
Stigmatomyces 664
Stigonema 635, 636
Stigonematales 637
Stilbaceae 906
Stipa (Flexilha) 936, 1082-1083, 1110
"Stoppelpilz", ver *Hydnum*
"Strahlenpilz", ver *Actinomyces*
Strasburgeria 878
Strasburgeriaceae 878
Stratiotes ("Krebsschere") 853
Strelitziaceae 868
Streptocarpus (Estreptocarpo) 908
Streptochaeta 866
Streptococcus 629
Streptophyta 624, 720, 737, 745
Strobilurus 678, 689
Strophanthus 904
Strychnos (Noz-vômica) 903
Stylidiaceae 915
Stylites 777-778
Styracaceae 901
Styrax 933
Suaeda (Sueda) 1098, 1112
Subarbusto 1085, 1108
Subatlântico 938
Sub-boreal 938
Subclasse 619
Subdivisão 619
Suberina 103, 370f
Subespécie 619
Subfamília 619
Sub-himênio 683
Submarginal 812
Subrreino 619
Substância dos liquens 691
Substância repelente 488
Substâncias de reserva 33
Subtrópicos, desertos 1098
Succinil-CoA 331
Sucessão 1055, 1066-1067, 1070
Sucinato 331, 344
    desidrogenase 331, 334
    tioquinase 331
Súcuba 751
Suculência caulinar 177-178
Suculência foliar 204-205
Suculentas 1098
Sueda, ver *Suaeda*

Suillus 685
Sulcado 806-808
Sulco 806-807
Sulfeto 321
Sulfito 322
    redutase 322
Sulfobactérias, ver *Beggiatoa*
Sulfolipídeos 321-322
Sulfolobales 638
Sumagre, ver *Rhus*
Superexpressão de genes estranhos 541
Superordem 619
Superóxido dismutase 292
Superposição 818
Suprimento de água 482
Surianaceae 885
Suriella 742
Suspensor 124, 657, 773, 827
Sustentabilidade 1030
Sutura ventral 811
Swietenia 899
Symphogyna 751
Symphoricarpos (Baga-da-neve) 914
Symphytum ("Beinwell") 903, 904
Symplocaceae 901, 931
Synchytriaceae 653
Synchytrium 653
Synedra 707
Synura 706, 741
Syracosphaera 704
Syringa (Lilás) 906, 907
Syzygium (Cravo-da-índia) 880

T

T DNA 389, 544
    inserção do T DNA 384
Tabaco, ver *Nicotiana*
Tabebuia 1094
Taboa, ver *Typha*
Taccaceae 856
Taeniocrada 770
Tagetes 918
Taiga 1114
Takhtajania 851
Talaromyces 65
Talo 158
    Marchantia 748
    monocêntrico 653
    policêntrico 653
    semelhante ao de levedura 662-663
Talo filamentoso 640
Talo plectenquimático 646, 694
Talo tecidual 694, 725, 747
Talo tubular 640
Talófito 640
Tamanho do genoma 381
Tamareira, ver *Phoenix*
Tamaricaceae 872
Tamarix (Tamarisco) 872, 1098, 1119
Tamo, ver *Tamus*
Tamus (Tamo) 856
Tanchagem, ver *Plantago*

Tapete 767, 805-806
Tapete plasmodial 767, 782f, 793
Tapete plasmodial 805-806
Tapete secretor 767, 774, 776, 805-806
Taphrina 660
Taphrinomycetes 660
Tapisciaceae 895
Taraxacum (Dente-de-leão) 918, 1046-1047, 1054
"Tausendgüldenkraut", ver *Centaurium*
Taxa de crescimento, relativa 1010, 1011
Taxa de mutações 562
Taxa de transpiração 268
Taxaceae 838, 840f, 841
Taxia, taxias 485, 488, 493
    fototaxia 488
    tipos 488
    topotaxia 488
Taxodiaceae 840
Taxodium (Cipreste-do-pântano) 840, 930f
Taxol 54, 841
Táxon 611-612
Taxonomia 617
Taxus (Teixo) 841, 997, 1031
Teca, ver *Tectona*
Teca 707, 804
Tecido permanente 930
Tecido de revestimento 132
    secundário 137
    terciário 194-195
Tecido de transferência 761
Tecido dos musgos, sustentação 764
Tecido fundamental 131
Tecido nutritivo 801
Tecido túrgido 516
Tecidos condutores 143, 181-182
Tecidos de sustentação 99, 141
Tecidos meristemáticos 124
Técnica antissenso 392
Técnica da bicamada lipídica 254
Técnica da transferência de energia por ressonância fluorescente (FRET) 395
Técnica do afídeo 323
Técnica *Patch-Clamp* 44, 254
Tecnologia genética 387
    antibióticos 634
    degradação de resíduos 634
Tecophilaeaceae 857
Tectona (Teca) 1094
Tegelen 935
Tegumento 799, 801, 814
Teixo, ver *Taxus*
Teleomorfa 689
Teleonomia 8
Teleutósporo 676, 677
Teliósporo 673, 674
Telófase 67, 69
Telômero 62, 385, 766
Temperatura foliar 973
Tempo térmico 952-953
Tendências, evolutivas 606
Tensão de transpiração 271

Tenuinucelado 814
Teoria celular 40
Teoria da biogeografia de ilhas 1059
Teoria de fluxo de pressão 326
Teoria do teloma 766, 769, 920
    processos elementares 769
Teoria dos euântios 922
Teoria dos pseudântios 922
Teoria endossimbionte 5, 118, 119, 396
Teoria neosinangial 919, 920
Teosinto 597
Tépala(s) 803, 804
Terciário 929
Terminalia 1094
Termitomyces (Fungo-do-cupim)) 687
Termodinâmica 225f, 228
Termomorfoses 463
Termonastia 506
Termoperiodismo 463
Termotaxia 493
Termotropismo 505
Terófito 168, 797
Terpeno 354, 358-359, 361
Testa 801, 825
Testura paralela 99
Teto 806-807
Tetracarpaeaceae 877
Tetrachondraceae 906
Tétrade 807-809
Tetrameiósporo 698
Tetramelaceae 891
Tetrameristaceae 901
Tetraphis ("Vierzahnmoos") 761, 762
Tetrapirrol 351, 353
Tetrasporocisto 715, 716
Tetrasporófito 698
Tetrastichia 920, 921
Tetraterpenos 362
Tetraxylopteris 919, 920
Têucrio, ver *Teucrium*
Teucrium (Têucrio) 906, 1082-1083
Teuerling, ver *Cyathus*
Texus 997
Thallochrysis 705
Thamnidium 658
Thamnolia ("Wurmflechte") 690, 691
Theaceae 805-806, 901, 931
Thelypteris 792
Themidaceae 857
Theobroma (Cacau) 897, 898
Theophrastaceae 901
Thermoplasma 638
Thermoplasmales 639
Thermotoga 631
Thibacillus 634
Thiocapsa 632
Thiospirillum 632
Thismiaceae 856
Thlaspi ("Hellerkraut") 896
Thomandersiaceae 906
Thraustotheca 648, 649
Thurniaceae 862
Thymelaeaceae 897

Thymus (Tomilho) 906, 1100
Ticodendraceae 892
Tigmomorfose 482
Tigmonastia 507, 509
Tigmotaxia 493
Tigmotropismo 505
Tilacoide 107-109, 114-115, 636
Tilia (Tília) 897-898, 930, 1074-1075, 1080-1081, 1104
Tília, ver *Tilia*
Tiliaceae 897
Tillandsia 862, 932, 1061-1062, 1088, 1090, 1095
Tilletia (Cárie) 672, 674
Tilletiales 672
Tilos 192-193
"Tintling", ver *Coprinus*
Tiorredoxina 293
Tipificação 618
Tipo 618
Tipo de organização 623
Tipo filamentoso central 696
Tipo fonte 696
Tipo tre-halose 32
Tipos de áreas de distribuição 1047-1048
Tipos de folhas 157
Tirosina 346, 347
Tmesipteris 781-782
Tofieldiaceae 853
Tojo, ver *Ulex*
Tolypocladium 670
Tolypothrix 636
Tomate, ver *Solanum*
Tonoplasto 49, 88
Topoisomerase 20-21
Toranja 899
"Torfmoos", ver *Sphagnum*
Torreya ("Nusseibe") 838
Torricelliaceae 910
Tortula ("Drehzahnmoos") 761, 762, 765
Torulopsis 688
Totipotência 376
Totipotente 732
Tovariaceae 895
Toxina 353, 354, 539
    com especificidade ao hospedeiro 540
    inespecífica ao hospedeiro 540, 543
Toxina de murcha 634
Trachelomonas 721
Trachycarpus 1102
Traço de tinta 637, 742
Traço foliar 755
Tradescância, ver *Tradescantia*
Tradescantia (Tradescância) 867
Tradução 76, 401, 407
    alongamento 411
    inibição 412
    ribossomo 411
Tradução proteica 414
Tragacanto, ver *Astragalus*
Tragopogon (Barba-de-bode europeia) 604
Trailiella 699
Trama 681, 683

Trametes 681, 686
"Tränenpilz", ver *Dacrymyces*
Transaminase 319
Transcetolase 297
Transcrição 399f, 406
Transcriptase reversa 387
Transcriptossomo 402
Transdução 569
Transferase 237
Transferência gênica, transversal 573
Transformação 569
Transglicosidase 301
Transição 561
Translador 905
Translocação 564, 565
Translocação proteica 416
Translocação robertsoniana 564
Translocador 79
Translocador ADP/ATP 334
Translocador de glicerato-glicolato 305
Translocador de glicose 301-302
Translocador de maltose 301-302
Translocador de triosefosfato 299-300
Translócon 413
Transmisão 317
Transpiração 265, 268f, 985
Transportador ativo primário 234
Transportador de Cl⁻ do tipo simporte 513
Transportador de sacarose 394
Transportador do tipo antiporte 233, 234
Transportador do tipo simporte 233, 234
Transportador do tipo uniporte 233
Transporte ativo secundário 233
Transporte de água 266
    teoria da coesão 273
    xilema 271
Transporte de água de longa distância 259, 271
Transporte de assimilados, floema 325
Transporte de auxinas 436
Transporte de elétrons 106
Transporte fotossintético de elétrons 286, 288
Transposase 387
Transposon 6-7, 386, 561
Transversão 561
Trans-zeatina 442, 443
    ribosídeo 443
Trapa (Trapa) 881, 1068-1069
Trapa, ver *Trapa*
Traqueíde 767, 770
Traqueíde anelar 781-782
Traqueíde escalariforme 779-780
Traqueídes 145, 187-188
Traqueófitos 625, 763
Traumatotropismo 505
Trebouxia 690, 728, 734
Trebouxiophyceae 728
Tremella ("Zitterpilz") 682
Tremellales 682
Tremellomycetidae 682
Trentepohlia 690, 726, 742

Trentepohliophyceae 725
Trepadeira 797
Trepadeira por raízes 797
Treponema 634
Trevo, ver *Trifolium*
Trevo-aquático, ver Menyanthes
Trevo-azedo, ver Oxalis
Trevo-cervino, ver *Eupatorium*
Trevo-de-quatro-folhas, ver Marsilea
Triacilglicerol 343
Triássico 929
Tribo 619
Tribonema 710, 712
Tribonematales 712
Trical 694
Triceratium 707
Trichia ("Haarstäubling") 644, 747
Trichiales 645
Trichocereus 1093
Trichocolea ("Haarkelchmoos") 752
Trichomanes ("Haarfarn") 791
Trichomycetes 652, 656
Trichophorum (Junco) 1081-1082
Trichophyton 688
Trichosanthus 892
Tricocisto 703, 705
Tricógino 663, 697
Tricolpado 806-808, 846
Tricolporado 807-808
Tricoma 136, 139
Tricoma da raiz 137, 209-211
Tricoma vítreo 765
Trientale 901
Trientalis 901
Trifolium (Trevo) 584, 886, 1001, 1046-1048, 1050, 1071, 1082-1083
Triglicerídeo 34-35
Triglochin (Triglóquin) 853
Triglóquin, ver *Triglochin*
Trigo, ver *Triticum*
Trigo-sarraceno, ver *Fagopyrum*
Trilliaceae 856
Trimeniaceae 847
Trimerophyton 770
Triosefosfato 298
    triosefosfato isomerase 297, 328
Triose-P 299
Triporado 807-808
Triptamina 348
Triptofano 346-347
Trisetum (Aveia-amarela) 1071, 1082-1083
Tristilia 578
Triterpeno 360
Triticum (Trigo) 601, 603, 866-867, 987
Triuridaceae 856
Troca catiônica 252
Troca de acil 341
Trochodendraceae, Trochodendrales 871
Trofofilo 767
Trofomorfose 483
Trollius 869, 870
Tropaeilaceae 895

Tropaeolum (Capuchinho) 895
Trópicos
    floresta da montanha 1090
    floresta pluvial 1088
    florestas estacionais 1094
    montanhas 1092
    savana 1096
Tropismos 485, 496, 505
Trufa, ver *Tuber*
Trufa de Piemonte 668
Tsuga 930, 1106
Tuber (Trufa) 667-668
Tuber melanosporum 668
Tuberaceae 667
Tuberaria ("Sandröschen") 897
Tubérculo caulinar 176-177
Tubo crivado 144
Tubo de fertilização 648, 650
Tubo polínico 800
Tubulina 51, 53
Túbulo polar 654
Tufo 761, 765
Tufo de calcário 738
Tulasnella 672
Tulipa (Tulipa) 856
Tulipeira, ver *Liriodendron*
Tumor 444, 523
Tumor do colo da raiz 539, 544
Tundra 1116
Túnica 128
Tupinambo, ver *Helianthus tuberosus*
Turfa 753
Turfeira 1081-1084
Turfeira de altitude 764f
Turfeira de lignita 931
Turgor 88, 260
Turneraceae 881
Tussilagem, ver *Tussilago*
Tussilago (Tussilagem) 918
Typha (Taboa) 862, 1068-1069
Typhaceae 862

U
Ubiquinona 332
Ubiquitina 412
Ubiquitinação 30
UDPG 300
UDP-glicose pirofosforilase 299-300
ulcerado 806-808
Ulco 806-807
Ulex (Tojo) 886, 108, 1080-1081, 1083-1084
Ulmaceae 888, 890
Ulmária, ver *Filipendula*
Ulmus 890, 930, 1027
Ulothrix ("Kraushaaralge") 724f, 724, 742
Ulva (Alface-do-mar) 722, 725, 741
Ulvophyceae 725
Umbela 912
Umbelliferae 910
Umbilicaria (Líquen–umbilicado) 690
Uncinula 665, 666

Unicelular, desenvolvimento para multicelular 640
Unifacial 159
Unikontae 621, 622, 624
Unilocular 712
Unissexual 802-803
Uredinales 674-677
Uredomycetes (Urediniomycetes) 674
Uredósporo 676-677
Uroglena 706
Uromyces 674, 676, 678
Urospora 714
Urtica (Urtiga) 570, 891
Urticaceae 888
Urtiga, ver *Urtica*
Urtiga-morta, ver *Lamium*
Urze, Magriça, ver *Calluna*
Urze, ver *Erica*
Urze-campânula 902
Usnea 691
Uso da terra 1028
Uso de campos 1032-1033
Ustilaginales 672
Ustilago (Fungo-carvão, Carvão-do-milho) 672, 673, 673f
Ustomycetes (Ustilaginomycetes) 672
Utricularia (Utriculária) 908, 1068-1069
Utriculária, ver *Utricularia*
Utrículo 862
Uva-de-urso, ver *Arctostaphylos*

V

Vaccinium (Mirtilo) 902, 1072-1073, 1081-1082, 1085, 1090, 1092, 1114, 1116
Vacuolaria 705
Vacúolo 49, 81, 88-89
 com cristais de gipsita 738
Vagem, Legume 830
Vagínula 759
Vahliaceae 903
Valeriana (Valeriana) 914
Valeriana, ver *Valeriana*
Valerianaceae 914
Valerianella ("Salada-do-campo") 914
Vallisneria 853-854
Valonia 729
Valoniales 727
Valor C 62
Valor indicador 1073
Valsaceae 670
Valva silicosa 707, 709
Vanda 859
Vanilla (Baunilha) 859, 1095
Vanilloideae 858
Vara-de-ouro, ver *Solidago*
Variação adaptativa 585
Variação clinal 585
Variância 573-574
 adaptativa 585
 biológica 953-954
 genética 559f

Variedade 619
Vassoura-de-bruxa 660
Vaucheria 711, 742
Vegetação
 ártica 1116
 atual 1075
 costeira 1118
 global 1074-1075
 mediterrânea 1100
 potencial 1075
 temperada alpina 1108
Velame 857
Vellozia 988
Velloziaceae 856
Velocidade de crescimento 379
Venação 197-200
Venação dicotômica 771
Venação pinada 771, 789
Venação reticulada 771, 789
Ventrifixo 804
Venturia 670, 688
Veratophyllales 847
Veratrum (Helóboro, Flor-da-verdade) 856, 1109
Verbasco, ver *Verbascum*
Verbascose 324
Verbascum (Verbasco) 583, 908
Verbena (Verbena) 906
Verbena, ver *Verbena*
Verbenaceae 906
Vernalina 466
Vernalização 455, 465
Veronica (Verônica) 908, 909
Verônica, ver *Veronica*
Verossimilhança máxima 616
Verrucaria ("Warzenflechte") 714
Verrucariales 670
Vesícula 47, 86
Vesícula central 653
Vesícula com proteína de revestimento (vesícula COP) 87
Vesícula de flutuação 717
Vesícula de gás 635
Vesícula revestida 86, 87
Vetor de transformação 389
Véu (indúsio) 790
Véu 680
Vexilo 886
Vibrio 634
Vibriões 626
Viburno, ver *Viburnum*
Viburnum (Viburno) 914, 1082-1083
Vicia (Ervilha-de-cheiro) 886, 888
Vicilina 371
Victoria 847
Vida 2, 8, 621
Vida terrestre, adaptação à 648, 652
Videira, ver *Vitis*
"Videira silvestre", ver *Parthenocissus*

"Vierzahnmoos", ver *Tetraphis*
Vinca (Pervinca) 905
Vincetóxico 905
Vincetoxicum 905
Viola (Violeta) 881, 882
Violaceae 881, 882
Violaxantina 280
Violeta, ver *Viola*
Violeta-africana, ver *Saintpaulia*
Violeta-da-lua, ver *Lunaria*
Viridiplantae 722
Viroide 6-7, 24, 539
Virulência 687
Vírus 24, 430, 539
Vírus do mosaico da couve-flor (CaMV) 540
Vírus do mosaico do tabaco 430
Viscaceae 877
Viscídio 857
Visco, ver *Viscum*
Viscum (Visco) 877, 1028
Vitaceae 877, 879
Vitales 877, 879
Vitis (Videira) 878, 879, 930
Vivianiaceae 879
VNTRs 575
Vochysiaceae 879
β-voltas 27
Voltziales 836, 839, 929
Volutina 627
Volva 683
Volvocaceae, Volvocales 729, 731
Volvox (Vólvox) 640, 732
Vólvox, ver *Volvox*
Vorticelas 56
Vorticella 56

W

Waal 935
"Wachtelweizen", ver *Melampyrum*
"Waid", ver *Isatis*
"Walch", ver *Aegilops*
"Waldgerste", ver *Hordelymus*
"Wanzenkraut", ver *Cimicifuga*
"Warzenflechte", ver *Verrucaria*
"Wasserschweif", ver *Hydrurus*
Watt 1081-1084
"Weichbovist", ver *Lycoperdon*
"Weißmoos", ver *Leucobryum*
Welwitschia 841-843, 1050, 1098
Wilfiella 855
Winteraceae 851
Wisteria (Glicínia) 888
Wolfia 855
Wollemia 840
"Wollgras", ver *Eriophorum*
"Wulstling", ver *Amanita*
Würm 935
"Wurmflechte", ver *Thamnolia*
"Wurzelschwamm", ver *Heterobasidion*

X

Xanthomonas 634
Xanthoria (Líquen-amarelo) 690
Xanthorrhoea (Capim arborescente) 980, 1000
Xanthorrhoeaceae 857
Xantofilas 280
Xenasma 672
Xerocasia 517
Xerófito 765, 797
Xeromorfose 482
Xeronemataceae 857
Xilema 145
    capacidade condutora hidráulica 272
    cavitação 986
    embolia gasosa 273
    secundário 183-184
Xiloglucano-endotransglicosidase 451
Xilulose 31
    xilulose-5-fosfato 297
Xisto 637
Xylaria ("Holzkeule") 669-670
Xyridaceae 862

Y

Yucca (Iúca, Vela–de–pureza) 980, 1112

Z

Zamia 810, 827, 834f
Zamiaceae 835
Zanardinia
Zanichellia (Zaniquélia) 853-854
Zaniquélia, ver *Zannichellia*
Zannichelliaceae 853
Zea (milho) 594-595, 597, 866
Zeaxantina 280
Zebrina 867
Zelkova 933
Zigocacto, ver *Zygocactus*
Zigofilo, ver *Zygophyllum*
Zigósporo 657f
Zigoteno 72
Zigoto 71, 641
Zimbro, ver *Juniperus*
Zinco 247
Zingiber (Gengibre) 868
Zistrose, ver *Cistus*
"Zitterpilz", ver *Tremella*
"Zitterzahn", ver *Pseudohydnum*
Zoidiogamia 824
Zona altitudinal das floras 1053
Zona climática 958-959, 1085-1086
Zona de alongamento 179-181
Zona de polissapróbio 741
Zona híbrida 595
Zona mesossapróbia 741
Zona oligossapróbia 742
Zona pedicelar 812
Zona tubular 812
Zonas de vegetação, altitudinais 1075
Zonas latidunais das floras 1051
Zonobioma 1085-1086
Zoócito 9
Zooclorela 724
Zoofilia 820, 822
Zoopagales 656
Zooparasito 523
Zoophagus 688, 689
Zoósporo 646, 648
Zoosporocisto 648, 655
Zooxantela 704
Zostera (Zostera) 854, 1081-1082
Zostera, ver *Zostera*
Zosteraceae 853, 854
Zosterophyllum 769, 770, 927
Zwischenwirt 678
Zygnema (Alga conjugada) 739
Zygnemataceae 738
Zygnematophytina 720, 737
Zygocactus (Zigocacto) 875
Zygochytrium 653, 654
Zygomycetes (Mucoromycetes) 657
Zygomycota 656
Zygophyllaceae, Zigophyllales 881
Zygophyllum (Zigofilo) 1098
Zygorrhynchus 659

Abreviaturas

A	Adenina	g	Condutibilidade de difusão
ABA	Ácido abscísico	G	Guanina
ADP	Adenosina difosfato	GA	Giberelina A
AFE	Área foliar específica	Genes	*R* (de resistência a patógenos)
AFS	Espaço livre aparente	GFP	Proteína verde fluorescente
agg.	Agregado	GOGAT	Glutamina-2-oxoglutarato aminotransferase
AIA	Ácido indol-3-acético		
$A_{máx.}$	Assimilação máxima (CO_2)	GSI	Autoincompatibilidade gametofítica
AMP	Adenosina monofosfato	GTP	Guanosina trifosfato
APG	Grupo de filogenia das angiospermas	GUS	β-glucuronidase
ATP	Adenosina trifosfato	HIR – FR	Resposta em irradiância alta – vermelho-distante
C	Citosina		
CA	Análise de correspondência	HIR – R	Resposta em irradiância alta – vermelho
CAM	Metabolismo ácido das crassuláceas	HIR	Resposta em irradiância alta
cAMP	Adenosina monofosfato cíclico	IAF	Índice de área foliar
CCA	Análise de correspondência canônica	IAP	Índice de área da planta
CLAE	Cromatografia líquida de alta eficiência	kb, pkb	Quilobase, Pares de quilobases
cM	CentiMorgan	kDa	Quilodálton
COD	Carbono orgânico dissolvido	LAD	Densidade de área foliar
CUE	Eficiência na assimilação do CO_2	LFR	Resposta em fluência baixa
d	2-desoxi (ribo)-	LHC	Complexo de captação de luz
Da	Dálton	LRR-RLK	Quinase similar a receptor com domínio extracelular rico em leucinas
DFS	Espaço livre de Donnan		
DIC	Contraste diferencial de interferência	M	Molaridade
DNA	Ácido desoxirribonucleico	MAC	Meristema apical do caule
DNAc	DNA complementar	MAP	Proteína ativada por mitógeno
DNAcp	DNA do cloroplasto	ME	Microscópio eletrônico
DNAds	DNA fita dupla	MET	Microscópio eletrônico de transmissão
DNAmt	DNA mitocondrial	MEV	Microscópio eletrônico de varredura
DNApt	DNA plastidial	MFA	Massa foliar por área
DNase	Desoxirribonuclease	MOD	Matéria orgânica dissolvida
DNAss	DNA fita simples	MOS	Matéria orgânica do solo
dNTP	Desoxinucleosídeo trifosfato	M_r	Massa molecular relativa
EC	Estrias de Caspary	MTOC	Centro organizador de microtúbulo
EMS	Etilmetanossulfonato	MVA	Micorriza vesículo-arbuscular
EQ	Eficiência quântica	NAD^+	Nicotinamida adenina dinucleotídeo (oxidado)
ET	Evapotranspiração		
EUN	Eficiência do uso do nitrogênio	NADH	Nicotinamida adenina dinucleotídeo (reduzido)
FAD	Flavina adenina dinucleotídeo (oxidada)		
$FADH_2$	Flavina adenina dinucletídeo (reduzida)	$NADP^+$	Nicotinamida adenina dinucleotídeo fosfato (oxidado)
FMC	Fração de massa caulinar	NADPH	Nicotinamida adenina dinucleotídeo fosfato (reduzido)
FMF	Fração de massa foliar		
FMR	Fração de massa radicular	NDVI	Índice de vegetação por diferença normalizada
FR	Vermelho-distante (do inglês, *far red*)		

NHPr	Proteínas não histonas	RNAm	RNA mensageiro
NJ	*Neighbor joining*	RNAmi	microRNA
NMR	Ressonância magnética nuclear	RNAr	RNA ribossômico
NPC	Complexo do poro	RNase	Ribonuclease
NTP	Nucleosídeo trifosfato	RNAsi	RNA de interferência pequeno
PAGE	Eletroforese em gel de poliacrilamida	RNAsn	RNA nuclear pequeno
PAR	Radiação fotossinteticamente ativa	RNAt	RNA transportador
PAUP	Análise filogenética usando parcimônia	RNP	Complexo ribonucleoproteico
pb	Pares de bases	RON	Região organizadora do nucléolo
PCA	Análise de componentes principais	Rubisco	Ribulose-1,5-bisfosfato carboxilase/oxigenase
PCL	Ponto de compensação da luz		
PCO	Análise de coordenadas principais	RubP	Ribulose-1,5-bisfosfato
PCR	Reação em cadeia da polimerase	S	Unidade de Svedberg
PDC	Plantas de dias curtos	SEP	Sequência de endereçamento peroxissômico
PDL	Plantas de dias longos		
PEP	Fosfoenolpiruvato	SI	Autoincompatibilidade
PFD	Densidade de fluxo fotônico	SLN	Sinal de localização nuclear
PM	Parcimônia máxima	sp	Espécie
pmf	Força motriz de prótons	SR	Comprimento específico da raiz
PPB	Produção primária bruta	SSI	Autoincompatibilidade esporofítica
PPFD	Densidade fotossintética de fluxo fotônico	T	Timina (às vezes, também temperatura)
		TAL	Taxa de assimilação líquida
PPL	Produção primária líquida	TCR	Taxa de crescimento
PRS	Partícula de reconhecimento de sinal	TF	Fator de transcrição
PS	Fotossistema	TFP	Tipos funcionais de plantas
PTI	PAMP – Padrões moleculares associados a patógenos	Tr	Transpiração
		U	Uracila
PV	Ponto vegetativo	ULR	Taxa de unidade foliar
QR	Quociente respiratório	UPGMA	*Unweighted pair group method using arithmetic averages*
R	Respiração		
R	Vermelho (inglês, *red*)	VLFR	Resposta em fluência muito baixa
RAF	Razão de área foliar	VM	Verossimilhança máxima
RE	Retículo endoplasmático	WFS	Espaço livre de água
REL	Retículo endoplasmático liso	WSD	Déficit de saturação de água
RER	Retículo endoplasmático rugoso	WUC	Coeficiente do uso da água (do inglês, *water use coefficient*)
RNA	Ácido ribonucleico		
RNAhn	RNA heteronuclear	WUE	Eficiência no uso da água

Unidades e Símbolos

SI (Sistema internacional de unidades): Unidades básicas e símbolos

Grandeza	Unidade	Símbolo	Grandeza	Unidade	Símbolo
Corrente elétrica (I)	Ampere	A	Massa molecular (N)	Mol	mol
Comprimento (1)	Metro	m	Temperatura (T)	Kelvin	K
Intensidade luminosa	Candela	cd	Tempo (t)	Segundo	s
Massa (m)	Quilograma	kg			

Importantes unidades do SI derivadas

Grandeza	Unidade	Símbolo	Equivalente em unidades do SI
Pressão	Pascal	Pa	$1\ Pa = 1\ N\ m^{-2} = 1\ kg\ m^{-1}\ s^{-2}$
Carga elétrica	Coulomb	C	$1\ C = 1\ A\ s = 1\ J\ V^{-1}$
Tensão elétrica (voltagem)	Volt	V	$1\ V = 1\ J\ A^{-1}\ s^{-1} = 1\ W\ A^{-1}$
Resistência elétrica	Ohm	Ω	$1\ \Omega = 1\ m^2\ kg\ s^{-3}\ A^{-2}$
Energia, trabalho, quantidade de calor	Joule	J	$1\ J = 1\ W\ s = 1\ kg\ m^2\ s^{-2}$
	Eletrovolt	eV	$1\ eV = 1,602 \times 10^{-19}\ J$
Dose de energia (radiação ionizante)	Gray	Gy	$1\ Gy = 1\ J\ kg^{-1} = 1\ m^2\ s^{-2}$
Frequência	Hertz	Hz	$1\ Hz = 1\ s^{-1}$
Atividade catalítica (enzimas)	Katal	kat	$1\ kat = 1\ mol\ s^{-1}$
Força	Newton	N	$1\ N = 1\ kg\ m\ s^{-2}$
Energia mecânica, corrente de energia	Watt	W	$1\ W = 1\ kg\ m2\ s^{-3}$
Fluxo luminoso (= intensidade de luz)	Lux	lx	$1\ lx = 1\ lm\ m^{-2}$
Corrente luminosa	Lumen	lm	$1\ lm = 1\ cd\ sr^{-1}$ (sr = Steradiant)
Radioatividade	Becquerel	Bq	$1\ Bq = 1\ s^{-1}$

Unidades de radiação fotoquimicamente ativas

Grandeza	Equivalente em unidades do SI	Grandeza	Equivalente em unidades do SI
Fluência da energia	$J\ m^{-2}$	Quantidade de luz	$lm\ s$
Fluxo de energia	$J\ m^{-2}\ s^{-1} = W\ m^{-2}$	Fluência quântica (fluência fotônica)	$mol\ m^{-2}$
Quantidade de energia	J	Fluxo quântico (fluxo fotônico)	$mol\ m^{-2}\ s^{-1}$
Corrente de energia	$J\ s^{-1}$	Corrente quântica (corrente fotônica)	$mol\ s^{-1}$
Fluência da luz	$lm\ m^{-2}\ s$		

Unidades de fenômenos de transporte, processo de crescimento e processo de movimento

Grandeza	Equivalente em unidades do SI
Transporte	
Fluxo (J)	$mol\ m^{-2}\ s^{-1}$ ou $m^3\ m^{-2}\ s^{-1} = m\ s^{-1}$
Corrente (I)	$mol\ s^{-1}$ ou $m^3\ s^{-1}$
Crescimento, Movimento, Velocidade (v)	$m\ s^{-1}$

Unidades empregadas com frequência em fisiologia (não contidas no SI)

Grandeza	Unidade	Símbolo	Equivalente em unidades do SI
Pressão (p)	Bar	bar	1 bar = 105 Pa = 10^5 N m^{-2}
Massa (m)	Grama	g	1 g = 10^{-3} kg
	Tonelada	t	1 t = 10^3 kg
Massa molar	Grama mol^{-1}		1 g mol^{-1} = 10^{-3} kg mol^{-1}
Constante de sedimentação	Svedberg	S	1 S = 10^{-13} s
Concentração molar			
Molaridade	Mol litro^{-1}	M	mol l^{-1} = mol dm^{-3}
Molalidade	Mol quilograma^{-1}		mol kg^{-1}
Osmolaridade	Mol de partículas osmoticamente ativas por quilograma de solvente (água)		osmol kg^{-1}
Massa atômica (massa molecular)	Dálton	Da	1 Da = $1,6605 \times 10^{-27}$ kg
Temperatura (T)	Graus Celsius	°C	0 °C = 273,15 K
Volume (V)	Litro	l	1 L = 10^{-3} m^3 = 1 dm^3
Tempo (t)	Minuto	min	1 min = 60 s
	Hora	h	1 h = 3.600 s
	Dia	d	1 d = 86.400 s
	Ano	a	

Fatores de conversão para outras unidades

Grandeza	Unidade	Símbolo	Conversão em unidades do SI
Pressão	Atmosfera	atm	1 atm (760 mm da coluna de Hg) = 101325 Pa = 1,013 bar
	Torr	torr	1 torr = 101325 Pa: 760 = 133,3 Pa
Energia	Erg	erg	1 erg = 10^{-7} J
	Caloria	cal	1 cal = 4,1868 J
Dose de energia	Rad	rd	1 rd = 0,01 J kg^{-1}
Dose de íons	Röntgen	r	1 r = $2,58 \times 10^{-4}$ C kg^{-1}
Comprimento	Ångström	Å	1 Å = 10^{-10} m = 10^{-1} nm
Quantidade de quanta (quantidade de fótons)	Einstein	E	1 E = 1 mol quanta (fótons)
Radioatividade	Curie	Ci	1 Ci = $3,77 \times 1010$ Bq

Múltiplos e decimais de unidades (prefixos ou acessórios)*

Peta– (P)	10^{15}	Hecto– (h)	10^2	Micro– (μ)	10^{-6}
Tera– (T)	10^{12}	Deca– (da)	10^1	Nano– (n)	10^{-9}
Giga– (G)	10^9	Deci– (d)	10^{-1}	Pico– (p)	10^{-12}
Mega– (M)	10^6	Centi– (c)	10^{-2}	Femto– (f)	10^{-15}
Kilo– (k)	10^3	Mili– (m)	10^{-3}	Atto– (a)	10^{-18}

* Para evitar equívocos, recomenda-se o uso de potências nos cálculos.